PARTE II

FÍSICO-QUÍMICA

UNIDADE 5
Soluções

Capítulo 13
Soluções e dispersões coloidais: aspectos básicos, **284**

Capítulo 14
Unidades de concentração, **310**

Capítulo 15
Concentração das soluções que participam de uma reação química, **330**

Capítulo 16
Propriedades coligativas, **340**

UNIDADE 6
Reação química e calor

Capítulo 17
Termoquímica, **370**

UNIDADE 7
Princípios da reatividade

Capítulo 18
Cinética Química, **400**

Capítulo 19
Equilíbrios químicos, **434**

Capítulo 20
Acidez e basicidade em meio aquoso, **466**

Capítulo 21
Solubilidade: equilíbrios heterogêneos, **488**

UNIDADE 8
Reação química e eletricidade

Capítulo 22
Pilhas e baterias, **504**

Capítulo 23
Transformação química por ação da eletricidade e cálculos eletroquímicos, **544**

Capítulo 24
A Química na indústria e no ambiente, **574**

UNIDADE 5

SOLUÇÕES

Capítulo 13
Soluções e dispersões coloidais: aspectos básicos, 284

Capítulo 14
Unidades de concentração, 310

Capítulo 15
Concentração das soluções que participam de uma reação química, 330

Capítulo 16
Propriedades coligativas, 340

- Por que a água do mar, mesmo não poluída, não pode ser ingerida para matar a sede?
- E por que as pessoas que seguem uma dieta com restrição de íons sódio devem prestar atenção ao rótulo de refrigerantes e águas minerais?
- Órgãos ambientais e sanitários limitam a concentração de certas espécies no ar ou em materiais que ingerimos. Por quê?

Nesta unidade, abordaremos vários aspectos das soluções: a forma como se diferenciam de outros tipos de dispersão — suspensões, dispersões coloidais —; os fatores que favorecem ou dificultam a solubilidade de um gás em um líquido e de um sólido em um líquido; as várias formas de expressão da concentração de uma solução; a alteração de propriedades de um solvente em uma solução, de acordo com a sua concentração. Como nossa vida está diretamente ligada às soluções, inúmeros exemplos tirados do cotidiano servirão de referência nesse estudo.

Praia do Cajueiro, localizada no município de Cajueiro da Praia, Piauí. Foto de 2015.

CAPÍTULO 13
SOLUÇÕES E DISPERSÕES COLOIDAIS: ASPECTOS BÁSICOS

No café da manhã, costumamos consumir alimentos que, popularmente, são vistos como líquidos (leite, café, sucos, chás, entre outros). Mas, cientificamente, eles são diferentes formas de dispersão, assim como a manteiga, os queijos e as geleias.

ENEM
C1: H2 C7: H24
C5: H17

Este capítulo irá ajudá-lo a compreender:
- alguns tipos de solução;
- a solubilidade e os fatores que nela interferem;
- dispersões coloidais: onde são encontradas e seus usos.

Para situá-lo

Pense no aspecto de alguns itens que fazem parte de nossa alimentação ou que entram no preparo de certos pratos: leite, manteiga, queijo branco, requeijão, chantili, maionese, sorvete, claras em neve. Eles são exemplos de dispersões coloidais, um dos tipos de dispersão que estudaremos. Já café, chá, água, água com sal ou com açúcar constituem soluções, outro tipo de dispersão tratado neste capítulo.

Se perguntarmos a uma pessoa se manteiga, café, chá, creme de leite, suco de laranja e chantili são sólidos ou líquidos, é possível que ela aponte alguns desses alimentos como sólidos e outros como líquidos. Mas, apesar das diferenças quanto ao aspecto (compare o chá com o creme de leite, por exemplo), todos esses alimentos têm algo em comum: eles exemplificam tipos de dispersão. Essa afirmação pode causar algumas dúvidas. Por exemplo: O que são dispersões? Chá e água com açúcar não são exemplos de soluções?

Vamos pensar juntos: você sabe qual é o significado de **dispersar**? Se não sabe, recorra a um dicionário. Tente perceber se o sentido dado ao termo **dispersão** no contexto da Química é o mesmo sentido com o qual essa palavra é usada na linguagem do cotidiano.

Neste capítulo, vamos examinar com mais atenção dois tipos de dispersão – as soluções e as dispersões coloidais – para que você perceba as semelhanças e diferenças entre elas.

Para entender as dispersões coloidais, podemos continuar a pensar no mundo da cozinha. Se você já viu uma pessoa bater creme de leite fresco para obter chantili, usado no preparo de sobremesas, pode ter presenciado duas situações distintas: ou a pessoa obtém um creme consistente, uma dispersão coloidal, ou ela não consegue que o creme adquira a consistência desejada, caso em que são visíveis fases distintas, o que não ocorre no primeiro caso.

A maionese, que antigamente era quase sempre feita em casa, também podia não dar certo. Preparada com gemas batidas com óleo e alguns outros ingredientes, muitas vezes, ao se adicionar mais óleo à mistura já consistente, ela "desandava", transformando essa dispersão de aparência uniforme em algo que em nada lembrava a maionese industrializada, pois parte do óleo se separava do resto da mistura, formando uma fase superior (sobrenadante).

Muitos alimentos que fazem parte de nosso dia a dia, como chantili e maionese, são dispersões coloidais.

1. Visualize o momento em que uma garrafa de refrigerante é aberta. Às vezes, o conteúdo jorra, outras vezes não. Reflita: em que condições é mais provável que o refrigerante jorre da garrafa quando ela é aberta?

2. É comum salgar a água para cozinhar uma massa ou um legume; essa adição do sal de cozinha provoca alguma diferença quanto ao tempo que a água leva para entrar em ebulição e ao tempo de cozimento?

3. Quando se adiciona certa porção de sal de cozinha a uma quantidade fixa de água, que fatores influem para que o sistema obtido seja homogêneo ou heterogêneo?

4. Que diferenças há entre uma solução e uma dispersão coloidal?

> **Observação**
>
> **Refrigerantes** são bebidas sem nenhum valor nutricional e que contêm muito açúcar e sódio, além de conservantes e corantes. Nos refrigerantes *diet* ou *light*, o açúcar é substituído por adoçantes, que também não trazem benefícios à saúde. Por isso, apesar de as propagandas, em geral, associarem o consumo desse tipo de bebida a prazer, saciedade, descontração, juventude e amizade, o ideal é não consumir refrigerantes ou consumi-los com bastante moderação.

Neste capítulo, além de tratar de soluções e dispersões coloidais, vamos nos aprofundar na análise de fatores que influem em uma mistura de sal em água, fazendo com que ela constitua um sistema homogêneo ou heterogêneo. Faremos o mesmo tipo de análise para entender as variações possíveis em sistemas gás-líquido, como o da água gaseificada e o do oxigênio dissolvido nas soluções aquosas de nosso organismo.

Capítulo 13 • Soluções e dispersões coloidais: aspectos básicos

Estado físico das soluções

Vamos iniciar nosso estudo revendo alguns dos conceitos que você tem usado ao longo de seu curso de Química. Pense em exemplos de soluções comuns em seu cotidiano e relembre como se conceitua solução.

Veja abaixo como se pode preparar uma solução aquosa de sulfato de cobre(II).

Na imagem à esquerda, você pode observar o soluto e o solvente separados. Na imagem à direita, note a mistura homogênea que resulta do contato entre ambos, isto é, a solução.

Lembre-se de que:

- **soluto** é a substância que se dissolve no solvente (geralmente, há menor quantidade de soluto do que de solvente);
- **solvente** é o meio no qual um ou mais solutos se dissolvem;
- soluto + solvente ⟶ **solução**.

Muitos produtos que consumimos no nosso cotidiano são soluções, como a água mineral com gás, o café, o chá, entre outros. Todas essas soluções se encontram no estado líquido, estado físico predominante entre as soluções presentes no nosso cotidiano. Porém, nas soluções líquidas o estado físico dos solutos pode ser variável, como se observa nas figuras abaixo.

O CO_2 gasoso é um soluto encontrado na água gaseificada.

O "detergente" vendido no comércio é, na verdade, uma solução, na qual o detergente é um soluto no estado líquido.

O sal de cozinha (NaCl) é um soluto sólido.

Após analisar esses exemplos, podemos conceituar soluções:

Soluções são misturas homogêneas de duas ou mais substâncias. Elas podem ser obtidas pela adição de uma ou mais substâncias a outra, sem que elas alterem sua constituição química, formando uma só fase.

Repare que em todos os exemplos apresentados isso ocorreu sem que houvesse reação química, mas uma solução pode resultar de uma transformação química. Por exemplo, a solução de cloreto de sódio, NaCl(aq), pode ser obtida pela neutralização de uma solução aquosa de ácido clorídrico, HCl(aq), por outra de hidróxido de sódio, NaOH(aq).

Soluções líquidas

Como vimos, é comum associarmos o termo solução a um sistema líquido homogêneo. Isso porque estamos acostumados a ver soluções líquidas, já que a água tem a propriedade de dissolver muitas substâncias.

Vale lembrar que, embora aproximadamente três quartos da superfície terrestre estejam cobertos por água, 97,5% do total de água do planeta estão em mares e oceanos (água salgada), 1,7% está nas geleiras e calotas polares, e apenas 0,77% está disponível para o consumo – água encontrada em rios, lagos e aquíferos (água subterrânea). Ou seja, excluída a água que está no estado sólido (geleiras e calotas polares) e na atmosfera (estado gasoso), a quase totalidade desse líquido presente em nosso cotidiano está na forma de solução, o que faz dele, sem dúvida, o mais importante solvente natural.

Sem considerarmos as substâncias poluentes que o ser humano lança nas águas do nosso planeta, os oceanos contêm vários solutos, entre os quais podemos destacar íons, como Na^+, K^+, Mg^{2+}, Ca^{2+}, Cl^-, Br^-, HCO_3^-, SO_4^{2-}.

Além dessas espécies dissolvidas, há nos mares diversos materiais que não se dissolvem na água, como é o caso da areia.

Analise na figura abaixo uma possibilidade de obtenção de uma solução líquida.

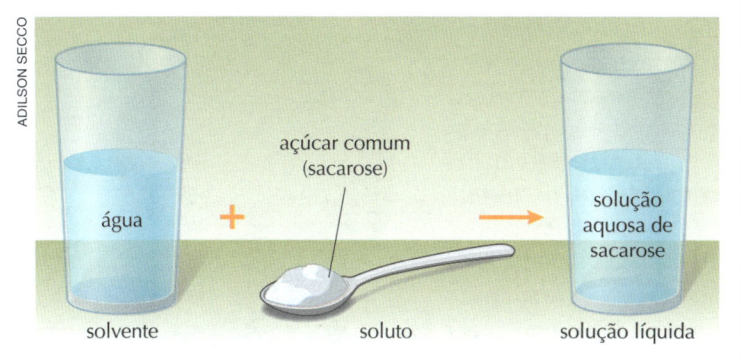

A solução resultante contém as moléculas iniciais de água (H_2O) e de sacarose ($C_{12}H_{22}O_{11}$), o que pode ser constatado por meio de testes químicos.

Saiba mais

Misturas gasosas

Se é certo que nossa vida está intimamente ligada às soluções aquosas líquidas, é certo também que, para respirar – e, portanto, viver –, não podemos prescindir de uma mistura homogênea gasosa: o ar (veja a composição do ar no gráfico abaixo). E, como você já viu, qualquer mistura de gases é homogênea, sendo, por isso, considerada solução por muitos. No entanto, neste livro não adotaremos essa posição, levando em conta a determinação da União Internacional de Química Pura e Aplicada (IUPAC), órgão internacional que padroniza nomenclatura, normas e conceitos usados em Química. Segundo a IUPAC, as misturas gasosas não devem ser chamadas de soluções.

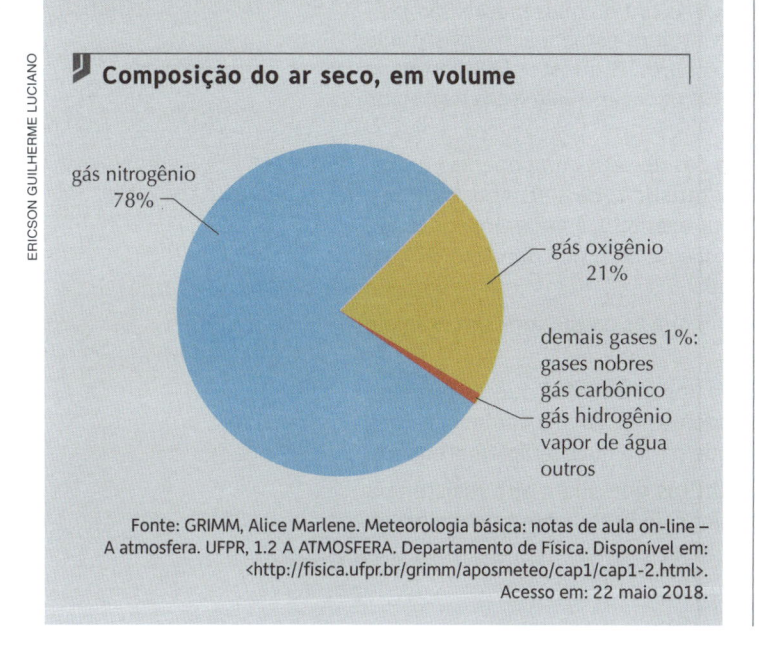

Composição do ar seco, em volume

- gás nitrogênio 78%
- gás oxigênio 21%
- demais gases 1%: gases nobres, gás carbônico, gás hidrogênio, vapor de água, outros

Fonte: GRIMM, Alice Marlene. Meteorologia básica: notas de aula on-line – A atmosfera. UFPR, 1.2 A ATMOSFERA. Departamento de Física. Disponível em: <http://fisica.ufpr.br/grimm/aposmeteo/cap1/cap1-2.html>. Acesso em: 22 maio 2018.

Soluções sólidas

A expressão **solução sólida** causa estranheza à maioria de nós porque não faz parte de nossa linguagem cotidiana.

As soluções sólidas são sistemas homogêneos obtidos pela adição de uma ou mais substâncias a outra (o solvente), sem que haja alteração das unidades que as constituem. Para que se tenha uma solução sólida, é importante que os átomos ou moléculas do(s) soluto(s) se acomodem na estrutura do componente predominante, o solvente, sem que a disposição geométrica das unidades deste último se altere.

Soluções sólidas podem ser formadas por metais, nos quais estão "dissolvidos" outros sólidos (por exemplo, estanho dissolvido em cobre, constituindo o bronze), líquidos (caso do mercúrio no solvente prata) ou gases (como o hidrogênio em paládio).

Muitas soluções sólidas metálicas são obtidas, primeiramente, em estado líquido.

Assim, a mistura níquel-cobre – que constitui uma solução em qualquer proporção – é obtida em fornos a temperaturas tão elevadas que os metais se fundem. Ligas desse tipo, que podem conter teores variáveis dos dois componentes, têm muitos usos: em equipamentos utilizados no processamento do petróleo e de seus derivados; em válvulas, bombas, eixos, parafusos, hélices e em partes de equipamentos usados em contato com a atmosfera e com a água do mar; em aquecedores de água e trocadores de calor; em componentes de dispositivos elétricos e eletrônicos etc.

Agora, vamos analisar a importância das ligas em nossa vida. Leia a seção *Conexões* a seguir.

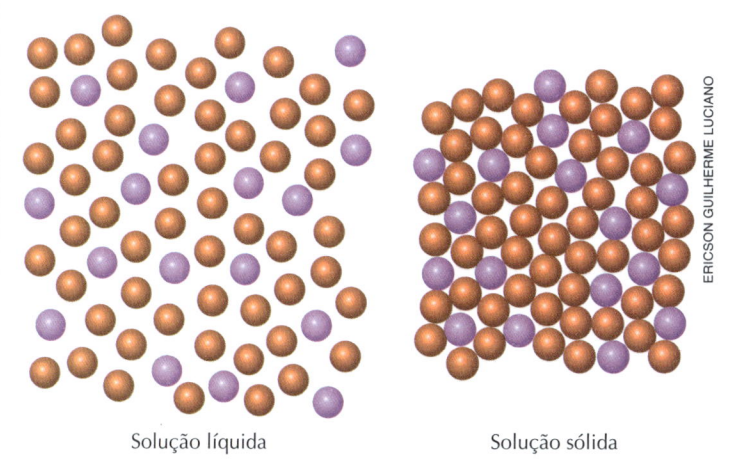

Solução líquida   Solução sólida

Uma possível representação da disposição dos átomos em uma mistura de dois metais no estado líquido e no estado sólido. No caso, os átomos do soluto e do solvente têm aproximadamente os mesmos raios atômicos, caso em que eles podem formar uma solução sólida em qualquer proporção. Exemplo desse tipo de solução é o da mistura de cobre e níquel, solúveis um no outro em todas as proporções, tanto no estado líquido quanto no sólido. Note que as unidades constituintes no estado sólido estão mais próximas do que no estado líquido.

Capítulo 13 • Soluções e dispersões coloidais: aspectos básicos

Saiba mais

Metalurgia dos povos africanos

Máscaras são as formas mais conhecidas da arte tradicional africana e representam elementos simbólicos e místicos.

A contribuição dos escravizados africanos à formação da cultura brasileira vai além da linguística, da culinária e da arte, ainda que a herança nessas áreas seja muito importante: eles trouxeram também a tecnologia ligada à confecção de peças de metal. A metalurgia era conhecida de povos africanos antes da chegada dos europeus ao continente. Em especial, os bantos (grupo de povos da África sul-equatorial) detinham conhecimentos avançados de fundição, sendo especialistas na metalurgia do ferro, metal que consideravam sagrado. Assim, o trabalho na fundição, reservado apenas aos homens, era cercado por segredos inacessíveis à maioria dos membros das comunidades.

Escravizados e trazidos para o Brasil, muitos desses especialistas exerceram nas fazendas o ofício de ferreiro, produzindo tanto ferramentas e objetos de uso pessoal dos fazendeiros – tesouras, facas etc. – como fornos de fundição.

Máscara fúnebre (século XIV, cidade de Ife, Nigéria, África) confeccionada pelos iorubás em liga de cobre. O processo de fundição era conhecido no continente antes do contato com os portugueses.

Conexões

As ligas metálicas: dos talheres às grandes estruturas

Poucos são os metais empregados praticamente puros na fabricação de objetos. Entre eles, podem ser citados:

- o **cobre**, que tem larga aplicação com alto teor de pureza, especialmente como condutor elétrico (nos fios da rede elétrica, por exemplo);
- o **alumínio**, que, por sua alta condutibilidade elétrica e térmica e baixa densidade, é uma das formas metálicas mais usadas (em panelas, latas de refrigerante, entre outros), perdendo apenas para os aços.

A maior parte dos metais é empregada na forma de ligas, nas quais um ou mais metais são predominantes. As ligas fazem parte de nosso cotidiano; entre as mais comuns estão o aço (constituído de ferro, carbono e de outros metais), o latão (cobre e zinco) e o ouro 18 quilates (18 partes de ouro e 6 partes de prata ou cobre). Os talheres e vários instrumentos musicais (veja fotos na página seguinte), por exemplo, são feitos de ligas metálicas.

Algumas propriedades de uma liga podem ser muito diferentes das de seus componentes puros. Já outras, como sua cor e densidade, estão relacionadas às características de seus constituintes. No entanto, podemos encontrar cores surpreendentes. O latão, por exemplo, é amarelo, apesar de ser formado por cobre (avermelhado) e zinco (cinza, quase branco), e há ligas de cobre-níquel com 75% em massa de cobre que apresentam coloração cinza-prateada.

Algumas ligas apresentam resistência elétrica superior à dos metais que as constituem. Um exemplo dessas ligas é a formada por cobre e manganês.

Os aços especiais têm resistência à corrosão muito superior à dos elementos que os formam. Em todos os aços temos necessariamente ferro e carbono, porém podemos ter também crômio, níquel, cobre, vanádio e manganês, entre outros, de acordo com a finalidade para a qual serão empregados.

As ligas de alumínio e magnésio vêm sendo usadas em estruturas que aliam alta resistência a baixa densidade, como bicicletas e aviões, já que são constituídas de metais pouco densos, ao contrário do aço.

Ligas especiais à base de titânio têm variados empregos; por exemplo, são usadas em implantes dentários e em pinos com que se fixam próteses, uma vez que têm a vantagem de não provocar rejeição quando em contato com tecido ósseo.

> Chamamos de **ligas** as misturas que têm propriedades semelhantes às dos metais e nas quais pelo menos um dos constituintes é um metal. Vale destacar que toda solução sólida metálica é uma liga, embora nem toda liga constitua uma solução sólida; isso depende da disposição de suas unidades e da interação entre elas.

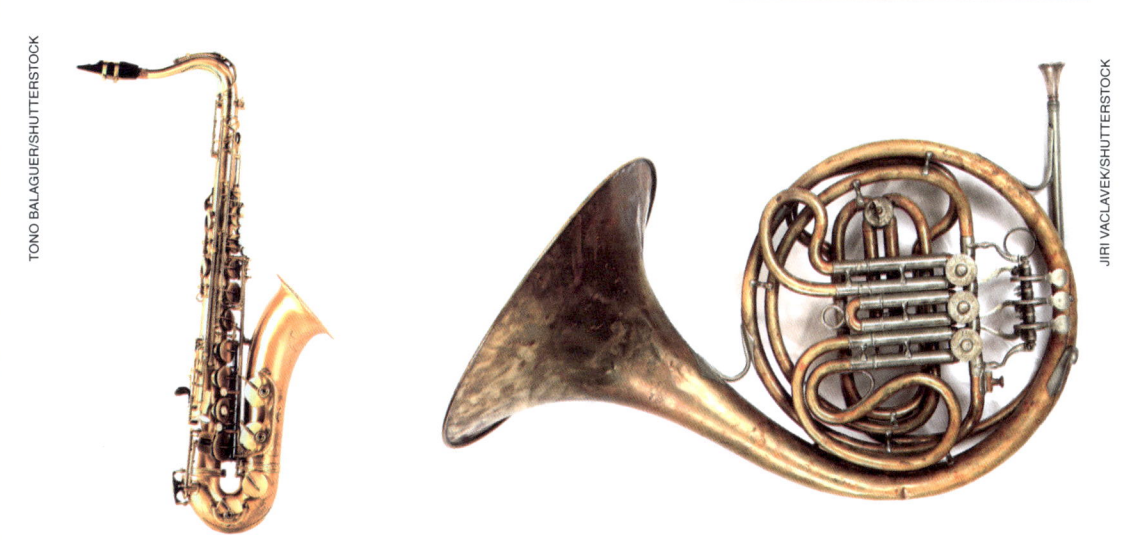

Muitos instrumentos musicais são feitos de ligas metálicas, como os dois instrumentos de sopro das fotos: um saxofone (à esquerda) e uma trompa (à direita).

Nas últimas décadas, ligas de titânio com zinco assumiram importante papel na arquitetura, por sua alta resistência a intempéries (tempestades, ventos muito fortes, seca etc.). Além disso, placas feitas com esse tipo de liga podem assumir variadas formas, dando margem ao exercício da criatividade artística.

Hotel em São Paulo (SP). Nessa obra, inaugurada em 2002, o arquiteto Ruy Ohtake recorreu a placas flexíveis de titânio em liga com zinco. Foto de 2013.

Constantemente, novas ligas são desenvolvidas e substituem ligas já existentes, em relação às quais, para determinados usos, apresentam vantagens.

Capítulo 13 • Soluções e dispersões coloidais: aspectos básicos

Conexões

No quadro abaixo, estão alguns exemplos de ligas e suas aplicações.

Elementos constituintes de várias ligas metálicas, incluindo algumas propriedades e aplicações			
Liga	Elementos constituintes	Propriedades	Aplicações
Aço (há inúmeros tipos, para vários usos)	Fe e C (em teores variáveis); podem conter Mn, Cr, V, Ni, Cu e traços de outros elementos	Branco-acinzentado	Indústria mecânica, pontes e estruturas (construção civil)
Aço inox	Aço comum, contendo Cr (cerca de 20%) e Ni (de 8% a 12%)	Inoxidável; boa aparência	Utensílios de cozinha, equipamentos odontológicos e cirúrgicos
Metal de solda (elétrica)	Pb e Sn	Baixa $T_{fusão}$	Solda de contatos elétricos
Níquel-cromo	Ni, Cr e Fe	$T_{fusão}$ elevada, baixa condutividade elétrica	Fios de resistência elétrica
Ouro x quilates	Au, Cu e/ou Ag	Dureza, inércia química, boa aparência	Joalheria
Bronze comercial	Cu (cerca de 90%) e Sn	Facilmente moldável	Engrenagens, decoração
Latão	Cu e Zn	Flexível, boa aparência	Tubos, torneiras, decoração

O número de **quilates** indica, em massa, quantas partes de ouro há em um total de 24 partes. Assim, o ouro 24 quilates é o ouro puro.
O ouro 18 quilates, por exemplo, tem 18 partes de ouro e 6 de cobre e/ou prata.

Mercúrio, ambiente e saúde

Amálgamas são misturas líquidas ou sólidas do mercúrio com outros metais. Quase todos os metais, com exceção do ferro e da platina, formam amálgamas. O contato do mercúrio (único metal líquido nas condições ambientes) com o ouro torna sua superfície "prateada".

A amalgamação é uma técnica utilizada para extrair metais de certos minérios. É o caso do ouro quando está disperso na rocha em meio a outros componentes. Ela também é usada para extrair prata nativa, separando-a da ganga – fração sem valor econômico na qual o metal se encontra disseminado.

Nesses casos, o ouro e a prata são separados das demais substâncias ao se amalgamarem no mercúrio. Como a temperatura de ebulição do mercúrio é bem menor do que a do ouro e da prata, pode-se separá-lo desses metais por aquecimento. No garimpo brasileiro, a recuperação do ouro costuma ser feita por aquecimento da amálgama a céu aberto, contaminando rios, florestas e, consequentemente, seres vivos, como peixes, fonte de alimento para o ser humano. Garimpeiros e moradores de comunidades ribeirinhas próximas a garimpos sofrem os reflexos da aspiração dos vapores tóxicos de mercúrio ou até pelo contato do mercúrio com a pele.

Como a amalgamação reduz a reatividade de um metal, as amálgamas de prata (misturas de prata e mercúrio) foram largamente empregadas, até agora, em obturações dentárias. Hoje, novos materiais odontológicos vêm substituindo as tradicionais amálgamas.

Consulte os valores de massas atômicas para resolver as questões.

1. Por que a maioria dos metais é usada na forma de ligas?

2. A liga de níquel-cromo é usada em resistências elétricas por sua baixa condutibilidade elétrica e sua alta temperatura de fusão. Quantos gramas de cada metal há em 150 g dessa liga com 60% em massa de Ni e 40% em massa de Cr?

3. O alumínio vem sendo empregado na forma de ligas que o tornam mais resistente à tração e à corrosão. Alguns aviões grandes podem usar cerca de 50 toneladas dessa liga. Suponha que a liga tenha 4% em massa de cobre e por volta de 1% em massa do total de magnésio, manganês e outros elementos.
   a) Qual é a massa de cobre usada?
   b) Qual é a quantidade de matéria nessa liga, expressa em mol de alumínio?

4. O ouro 12 quilates tem 12 partes de ouro e 12 partes de outro metal. Suponha que o outro metal seja o cobre.
   a) Qual é a porcentagem em massa de cobre nessa amostra? E a de ouro?
   b) Qual é a relação entre o número de átomos de cobre e o de ouro na amostra?

5. Certa amálgama dentária contém 71% de prata, 20% de estanho, 4% de cobre, 2% de zinco e 3% de mercúrio (porcentagens em massa).
   a) Se esses metais fossem colocados separadamente em meio ácido, quais seriam atacados? Equacione na forma iônica.
   b) Qual dos metais da amostra está presente em menor quantidade de átomos?

O que é solubilidade?

Ao adoçarmos chá, podemos perceber que as primeiras porções de açúcar se dissolvem na água sem deixar resíduo. Porém, se novas porções forem acrescentadas, acabarão formando um depósito de sólido no fundo do copo. Nesse caso, teremos uma solução saturada de açúcar em contato com açúcar sólido no fundo. **Soluções saturadas** são aquelas que contêm a máxima quantidade de soluto que pode ser dissolvida em um solvente, a certa temperatura. O resíduo (parte do sólido que não é dissolvido) chama-se **corpo de fundo** ou **corpo de chão**. Visualize essas fases na solução ilustrada ao lado.

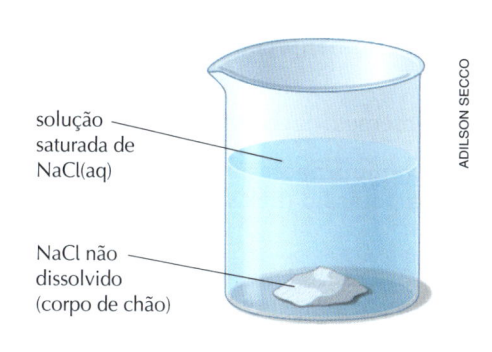

Se tivermos 100 g de água, a 18 °C, poderemos dissolver nela, no máximo, 35,9 g de cloreto de sódio. Isso significa que, se acrescentarmos 100 g de NaCl a 100 g de água, teremos 35,9 g dissolvidos e 64,1 g constituindo o corpo de chão. Dizemos que o coeficiente de solubilidade do cloreto de sódio, a 18 °C, é 35,9 g por 100 g de água ou 359 g por quilograma de água.

> **Coeficiente de solubilidade**, ou simplesmente **solubilidade**, é a quantidade máxima de uma substância capaz de ser dissolvida em uma quantidade fixa de solvente, em determinadas condições de temperatura e pressão.

A solubilidade pode ser expressa em quantidade de soluto (em g) por quantidade de solvente (em 100 g ou em 1 L, por exemplo).

Variação do coeficiente de solubilidade de algumas substâncias em função da temperatura

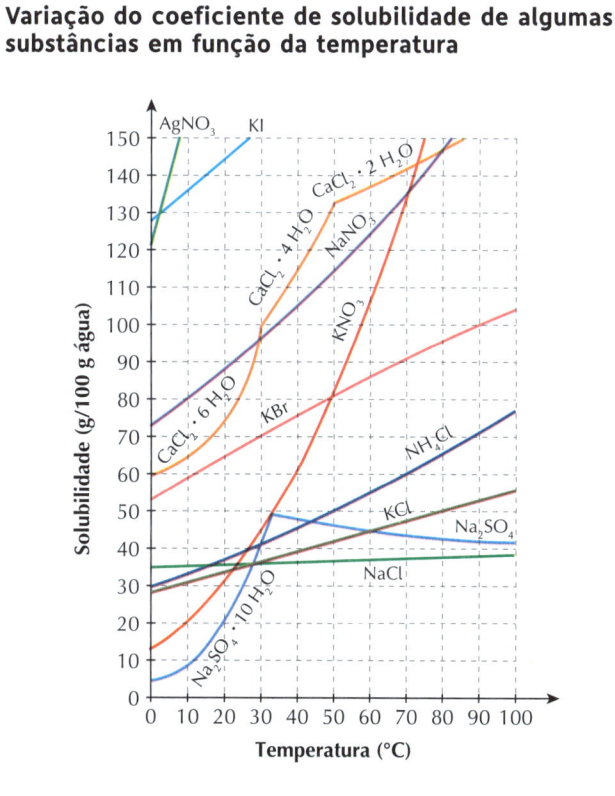

Repare que os sais hidratados, como $CaCl_2 \cdot 6\ H_2O$ e $Na_2SO_4 \cdot 10\ H_2O$, apresentam pontos de inflexão nas curvas de variação do coeficiente de solubilidade × temperatura. Eles correspondem a alterações no soluto, um sal hidratado, cujas unidades perdem moléculas de água.

Fonte: NUFFIELD FOUNDATION. *Química*: libro de datos. Barcelona: Reverté, 1976. p. 90-95.

Geralmente, a solubilidade de um sólido em um líquido varia bastante com a temperatura. Pelos exemplos representados no gráfico acima, pode-se perceber que o mais comum é que um aumento de temperatura provoque um aumento de solubilidade, às vezes bastante acentuado, como no caso do nitrato de potássio (KNO_3). São raros os casos em que a solubilidade praticamente não varia com a temperatura, como ocorre com o cloreto de sódio (NaCl) ou em que o aumento de temperatura provoca um decréscimo de solubilidade, como ocorre com o sulfato de sódio (Na_2SO_4).

Atividades

1. Identifique no gráfico da página anterior duas substâncias cuja solubilidade aumenta com o aumento de temperatura.

2. Qual é a solubilidade do brometo de potássio (KBr) a 70 °C?

3. Qual é a temperatura mínima necessária para dissolver 60 g de nitrato de potássio (KNO_3) em 100 g de H_2O?

4. O hidróxido de cálcio, $Ca(OH)_2$, é uma substância cuja solubilidade decresce com o aumento da temperatura. Analise a seguir a tabela de solubilidade dessa base em água.

Solubilidade do hidróxido de cálcio em água	
Temperatura (°C)	Solubilidade (mg/100 g de água)
0	130
10	125
20	119
30	109
40	102
50	92
60	82

Fonte: NUFFIELD FOUNDATION. *Química*: libro de datos. Barcelona: Reverté, 1976. p. 90-92. Nota: Os valores de solubilidade foram convertidos de gramas de hidróxido de cálcio por 100 g de água para miligramas de hidróxido de cálcio por quilograma de água.

O gráfico correspondente a essa tabela está esboçado a seguir. A linha vermelha é a reta média traçada com base nos pontos referentes aos dados experimentais.

Solubilidade do hidróxido de cálcio × temperatura (°C)

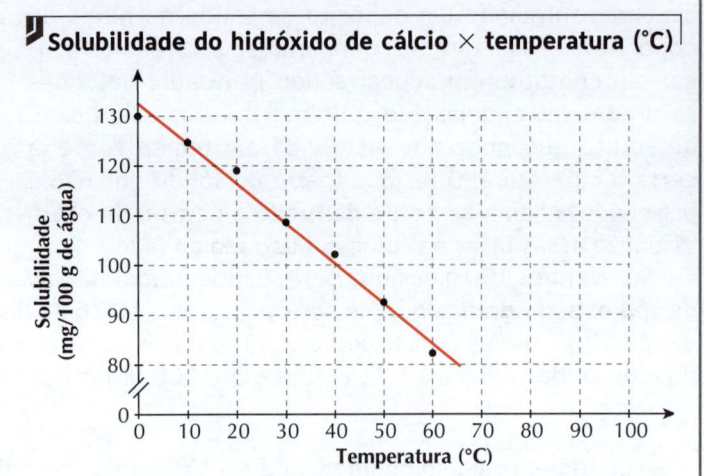

a) Usando uma folha de papel quadriculado ou um computador, refaça o gráfico acima usando a mesma escala do gráfico da página anterior.

b) Comparando o gráfico acima com o que você construiu no item anterior, comente a influência da escala na leitura correta dos gráficos.

c) Compare as curvas de variação de solubilidade dos sais em água da página anterior com o gráfico acima.
O que podemos afirmar sobre a solubilidade do $Ca(OH)_2$ em água?

Diferenciando alguns termos

Observe as imagens abaixo.

Em uma **solução diluída**, a quantidade de matéria do soluto é pequena em relação à quantidade do solvente.

Na **solução concentrada**, ocorre o contrário: há uma grande quantidade de soluto em relação à quantidade de solvente.

Vale também observar que os adjetivos **grande** e **pequena** são termos pouco precisos do ponto de vista científico. De qualquer modo, podemos dizer que determinada solução é mais concentrada ou é mais diluída do que outra, conforme as legendas das imagens ao lado informam.

Você já viu que **uma solução é saturada** quando contém a máxima quantidade possível de soluto para certa quantidade de solvente, isto é, quando possui a máxima quantidade de substância dissolvida de modo que o sistema resultante tenha uma única fase. Na imagem abaixo, a solução que sobrenada o sólido não dissolvido (corpo de fundo) é saturada.

$KMnO_4$ (solução concentrada)

$KMnO_4$ (solução diluída)

A solução da direita é mais diluída do que a da esquerda, isto é, a mais clara contém menor quantidade de permanganato de potássio ($KMnO_4$) para um mesmo volume de solução do que a mais escura.

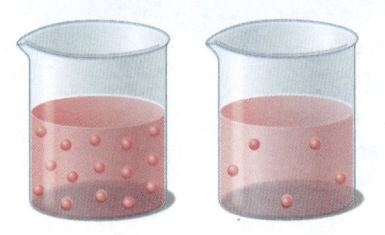

Representação de duas soluções contendo o mesmo solvente e o mesmo soluto nas mesmas condições de temperatura e pressão. À esquerda, a solução mais concentrada; à direita, a mais diluída.

$CuSO_4(aq)$

$CuSO_4 \cdot 5\ H_2O(s)$

Neste sistema, podemos identificar duas fases: o sólido no fundo do recipiente e a solução sobrenadante (acima do sólido), que é saturada.

Uma solução é insaturada do momento em que se inicia a dissolução de uma substância em um solvente até qualquer situação anterior ao ponto de saturação, a partir do qual são obtidas duas fases.

Uma solução é supersaturada quando contém mais soluto dissolvido do que o limite determinado pelo coeficiente de solubilidade. Por isso mesmo, apenas em condições especiais é que se obtém uma solução desse tipo.

Trata-se de uma **situação de equilíbrio instável**, que pode ser rompido com relativa facilidade.

Por exemplo, imagine que 60 g de acetato de sódio ($Na^+CH_3COO^-$) são colocados em 100 g de água e aquecidos até a temperatura de 50 °C, de modo que todo o sal se dissolva. Deixa-se, então, essa solução esfriar lentamente e em total repouso (sem nenhum tipo de agitação ou movimentação do sistema), até ela chegar aos 20 °C. A essa temperatura, é possível que a mistura ainda seja homogênea, apesar de a solubilidade do acetato de sódio, a 20 °C, ser 46,5 g de acetato de sódio/100 g de água. Logo, dizemos que a solução obtida está supersaturada.

Se agitarmos o frasco em que a solução se encontra, poderemos provocar a deposição imediata de 13,5 g de acetato de sódio (60 − 46,5) g, ou seja, 46,5 g continuam em solução e 13,5 g passam a formar o corpo de chão, constituído por $NaCH_3COO$ sólido.

Como se percebe pelas definições dadas anteriormente, **solução saturada** não é sinônimo de **solução concentrada**.

Entenda por que isso acontece pensando no seguinte exemplo: a 18 °C, a solubilidade do fluoreto de magnésio (MgF_2) em água é de 0,0076 g por 100 mL de água.

Ora, uma solução com 0,0076 g de MgF_2 a cada 100 g de água (lembre-se de que a densidade da água é 1 g/mL) é bastante diluída, uma vez que contém muito mais solvente do que soluto, porém é saturada, pois tem o máximo possível de soluto (0,0076 g) para essa quantidade de solvente (100 g).

De maneira geral, dependendo da solubilidade de uma substância em água, temos a situação mostrada na figura ao lado.

Porém, a solução saturada de MgF_2, apesar de diluída, é mais concentrada do que outra de uma substância com solubilidade ainda menor. Por exemplo, o fluoreto de cálcio (CaF_2) tem solubilidade $1{,}6 \cdot 10^{-4}$ g/100 mL. Uma solução saturada desse sal será ainda mais diluída do que a solução saturada de MgF_2.

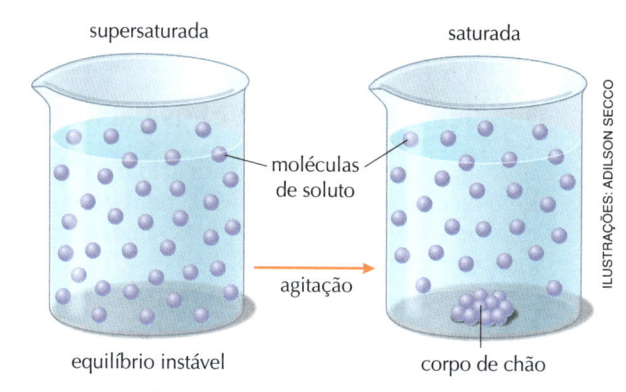

As duas soluções representadas na ilustração têm concentrações de soluto diferentes, embora estejam à mesma temperatura. No béquer à direita, além da solução, há uma fase sólida.

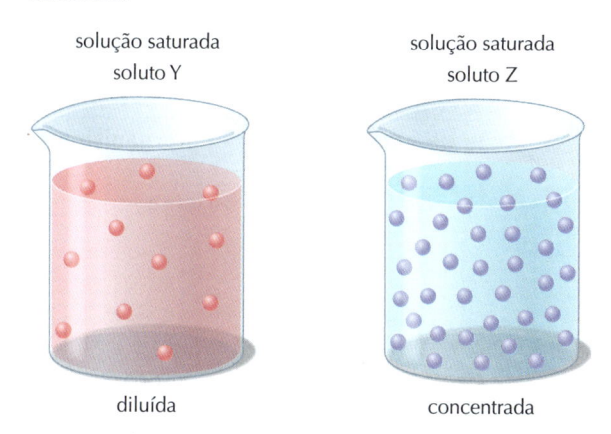

Entre as soluções representadas, conclui-se que: Y tem baixa solubilidade em água; Z tem maior solubilidade em água do que Y.

Atividade

A 18 °C, a solubilidade do cloreto de magnésio ($MgCl_2$) é de 55,8 g por 100 g de água. Nessa temperatura, 150 g de $MgCl_2$ foram misturados em 200 g de água. Pergunta-se:
a) O sistema obtido é homogêneo ou heterogêneo?
b) Qual é a massa de sólido dissolvida na água?
c) Qual é a massa de $MgCl_2$ depositada?
d) O que pode ocorrer se aquecermos a mistura?

*Você pode resolver as questões de 1 a 5, 8 e 9, 14 a 21 da seção **Testando seus conhecimentos**.*

Soluções de gás em líquido

Como você sabe, o ar isento de poluentes é uma mistura de gases, sendo o nitrogênio e o oxigênio os gases predominantes. Mas será que, em iguais condições de temperatura e pressão, esses dois gases têm a mesma solubilidade em água? Não, pois diferentes gases têm diferentes solubilidades em um mesmo solvente.

O gás oxigênio tem uma solubilidade em água (g/kg H_2O) que é praticamente o dobro da do nitrogênio. Isso é importante para os seres aquáticos, pois garante a eles um teor de oxigênio mais elevado do que o de nitrogênio (gás predominante no ar). E se o ar contiver gases poluentes, qual deles poderá atingir mais facilmente nossos pulmões? Vale lembrar que qualquer gás, ao chegar à mucosa respiratória, que é úmida, entra em contato com água. Por isso, para responder a essa questão, é importante considerar a solubilidade do gás poluente na água. Leia o boxe *Conexões*, a seguir.

Conexões

Química e Biologia – A chuva ácida e seus efeitos no organismo humano

A água da chuva é levemente ácida. O dióxido de carbono (CO_2) presente no ar é responsável por uma concentração de íons H^+ relativamente baixa, não só porque o ácido carbônico (H_2CO_3) formado é um eletrólito fraco, mas também porque só uma pequena fração do CO_2 se dissolve em água, dando origem ao ácido.

Mas, se a chuva normalmente já é ácida, com pH em torno de 5,6, devido ao CO_2 naturalmente presente no ar, a chamada chuva ácida tem pH ainda abaixo desse valor.

Quando falamos em chuva ácida, estamos nos referindo a situações em que outros gases de origem **antropogênica**, em contato com a água, intensificam a acidez natural da chuva, devida à presença de seu constituinte natural, o dióxido de carbono. A chuva ácida é responsável por danos a construções, esculturas e outras estruturas que estejam em espaços abertos; além disso, afeta o ambiente de modo geral (florestas e rios, por exemplo).

Quanto ao organismo humano, o esquema a seguir pode dar uma ideia das principais consequências da chuva ácida.

Antropogênico: diz-se de tudo o que decorre de atividades humanas, diferentemente daquilo que ocorre naturalmente, sem ação humana.

Ação de partículas ácidas no organismo humano

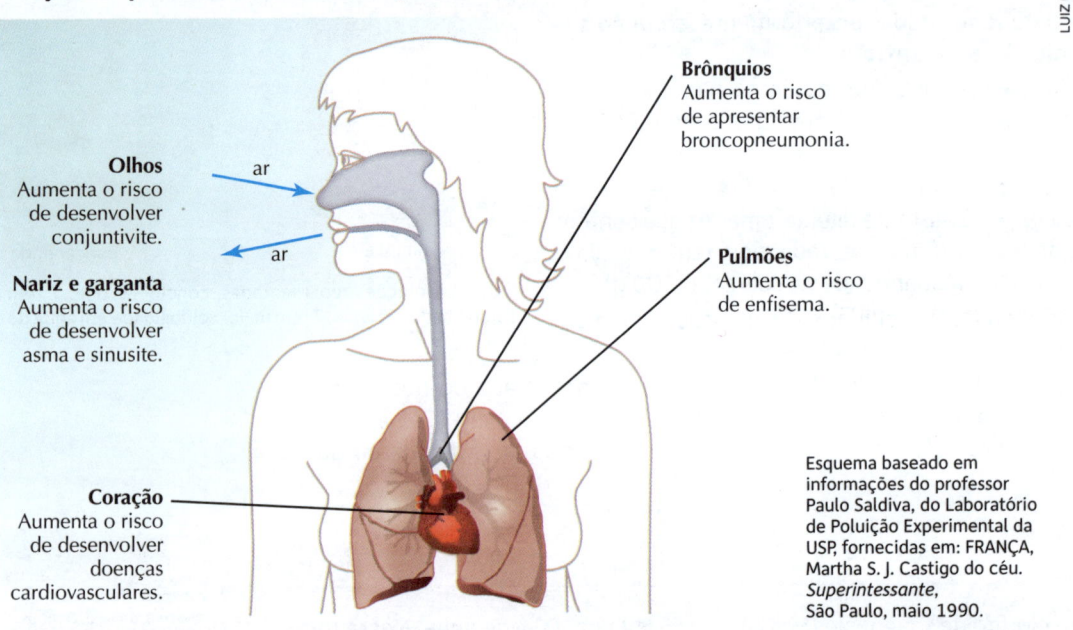

Olhos — Aumenta o risco de desenvolver conjuntivite.

Nariz e garganta — Aumenta o risco de desenvolver asma e sinusite.

Coração — Aumenta o risco de desenvolver doenças cardiovasculares.

Brônquios — Aumenta o risco de apresentar broncopneumonia.

Pulmões — Aumenta o risco de enfisema.

Esquema baseado em informações do professor Paulo Saldiva, do Laboratório de Poluição Experimental da USP, fornecidas em: FRANÇA, Martha S. J. Castigo do céu. *Superinteressante*, São Paulo, maio 1990.

No quadro abaixo você tem alguns dados de solubilidade de gases. Consulte-o para responder às questões.

1. Explique a diferença entre "chuva ácida" e a chuva ter caráter ácido.

2. Qual dos compostos da tabela é mais solúvel em água? Quantas vezes, aproximadamente, esse gás é mais solúvel em água que o menos solúvel? Equacione a reação desse óxido com água.

3. Se, em determinadas condições, o dióxido de enxofre é oxidado pelo O_2 do ar, qual o produto formado? Equacione a reação desse produto com água.

4. Mesmo em locais com alta concentração de NO_2, um dos gases presentes em atmosferas poluídas de grandes cidades, esse gás é pouco citado como causador da acidez da chuva. Por quê?

Gás	Solubilidade (g/kg de H_2O a 20 °C e 1 atm)
CO_2	1,688
H_2S	3,846
SO_2	112,80
NO_2	0,0617

Fonte de pesquisa: NUFFIELD FOUNDATION. *Química*: libro de datos. Barcelona: Reverté, 1976.

Influência da temperatura

A solubilidade de um gás em um líquido depende da temperatura e da pressão. Antes de prosseguirmos, vamos fazer uma experiência bem simples.

Química: prática e reflexão

Já vimos que variações de temperatura alteram a solubilidade em água da maioria dos sólidos iônicos; geralmente, a solubilidade desses compostos aumenta com a temperatura. Agora vamos analisar o que acontece quando o soluto é um gás para responder à pergunta: Qual a influência da temperatura na solubilidade de um gás em água?

Material necessário

- 2 balões (bexigas) para encher
- água gelada ($\approx$ 10 °C)
- água quente ($\approx$ 60 °C)
- 2 garrafas PET de 1,5 L de água mineral gaseificada à temperatura ambiente
- 2 recipientes (onde caibam o conteúdo de 1 garrafa PET e mais aproximadamente 1 L de água)

Procedimento

1. Abram uma das garrafas e, imediatamente, "fechem-na" com um balão, como mostra o esquema ao lado. Façam o mesmo com a outra garrafa.
2. Coloquem a água gelada em um dos recipientes e, dentro dele, uma das garrafas tampada com o balão.
3. Coloquem a água quente no outro recipiente e, dentro dele, a outra garrafa tampada com o balão.
4. Aguardem alguns minutos.

Esquema da montagem de um dos sistemas do experimento.

Descarte dos resíduos: O balão pode ser descartado na lixeira destinada ao lixo reciclável, e os resíduos líquidos podem ser descartados diretamente no ralo de uma pia.

Analisem suas observações

1. O que vocês observaram? Comparem suas observações sobre os dois balões.
2. Que relação vocês supõem que a temperatura tem com o resultado que observaram?

Gases dissolvidos em água

Um dos procedimentos utilizados para destruir os microrganismos presentes na água e torná-la adequada ao consumo é aquecê-la até a ebulição e esperar que ela retorne à temperatura ambiente.

A sensação que experimentamos ao beber um copo de água potável fresca é diferente da sensação que temos ao beber um copo de água fresca que passou por aquecimento prévio. Por que isso ocorre?

Se aquecermos uma panela com água, os gases constituintes do ar (N_2, O_2, e outros) nela dissolvidos escaparão gradativamente da solução, porque vão passar a ser menos solúveis em água do que eram à temperatura inicial, mais baixa. Analogamente, ao retirarmos da geladeira uma garrafa de refrigerante, podemos observar ao abri-la o aumento da quantidade de bolhas de dióxido de carbono gasoso. Isso ocorre porque parte do CO_2 dissolvido no líquido sob temperatura mais baixa escapa da solução em temperatura mais alta (ambiente).

Na tabela, encontram-se os valores da solubilidade do gás oxigênio em água, a 1 atm, em diversas temperaturas.

Solubilidade do oxigênio em água em diferentes temperaturas	
Temperatura (°C)	Solubilidade de O_2 a 1 atm (mg/100 g de H_2O)
0	14,6
10	11,3
20	9,10
30	7,60
40	6,50
50	5,60
60	5,00
70	4,00
80	3,00
100	0

Fontes: 1. SOLUBILITY of oxygen in water. Disponível em: <http://www.colby.edu/chemistry/CH331/O2%20Solubility.html>. 2. OXYGEN solubility in fresh water: salinity. Disponível em: <https://www.engineeringtoolbox.com/oxygen-solubility-water-d_841.html>. Acessos em: 22 maio 2018.

Nota: Os valores de solubilidade são aproximados.

Capítulo 13 • Soluções e dispersões coloidais: aspectos básicos

Atividades

1. Represente, recorrendo a modelos, a dissolução do O_2 na água à temperatura ambiente e a uma temperatura superior à ambiente.

2. Usando um papel milimetrado (ou quadriculado), construa um gráfico de solubilidade em função da temperatura com base nos dados da tabela da página anterior. Depois responda: nesse caso, o que você acha que acontece quando a temperatura passa de 100 °C?

Conexões

Os efeitos da solubilidade dos gases sobre a vida aquática: um desafio para o Brasil

O fato de a solubilidade dos gases na água diminuir com o aumento da temperatura tem importância para toda a vida aquática e, consequentemente, para o ambiente como um todo. Quando água aquecida é lançada em lagos, rios e mares, a temperatura desses meios aumenta, o que reduz a solubilidade do oxigênio. Se essa diminuição for grande, compromete a sobrevivência de peixes e de outras espécies.

Por isso, sem falar na questão dos resíduos tóxicos, por si sós prejudiciais à vida aquática, a água aquecida proveniente de esgotos industriais ou de reatores nucleares contribui para a morte de peixes e de outros seres que dependem do oxigênio dissolvido na água para sobreviver.

No Brasil, além dessa água aquecida, muitos rios, lagos e trechos de mar recebem, também, esgoto doméstico não tratado. O trecho abaixo, extraído de documento do IBGE (2011), evidencia o problema.

> Diversos municípios lançam esgoto não tratado em rios, lagos ou lagoas (30,5% do total dos municípios), e utilizam estes **corpos receptores** para vários usos [...], como o abastecimento de água, a recreação, a irrigação e a aquicultura.
>
> SANEAMENTO e meio ambiente. Disponível em: <https://biblioteca.ibge.gov.br/visualizacao/livros/liv53096_cap3.pdf>. Acesso em: 22 maio 2018.

Segundo o mesmo documento de onde foi tirado o trecho anterior, quando não há redes básicas de saneamento, no caso do esgotamento sanitário, uma das soluções alternativas encontradas pela população é o lançamento do esgoto sem tratamento diretamente em rios, riachos, córregos, lagos, represas, açudes etc. Assim, um dos desafios que o Brasil tem de enfrentar é garantir o acesso de toda a população ao saneamento básico.

Analise o mapa ao lado, que mostra o percentual de domicílios com rede de esgoto no país.

Corpo receptor: lago, rio, córrego, riacho, igarapé etc.

MAPA do saneamento no Brasil. Disponível em: <http://www.deepask.com/goes?page=Mapa-do-saneamento-no-Brasil:-Veja-domicilios-com-acesso-a-rede-de-esgoto>. Acesso em: 5 mar. 2018.

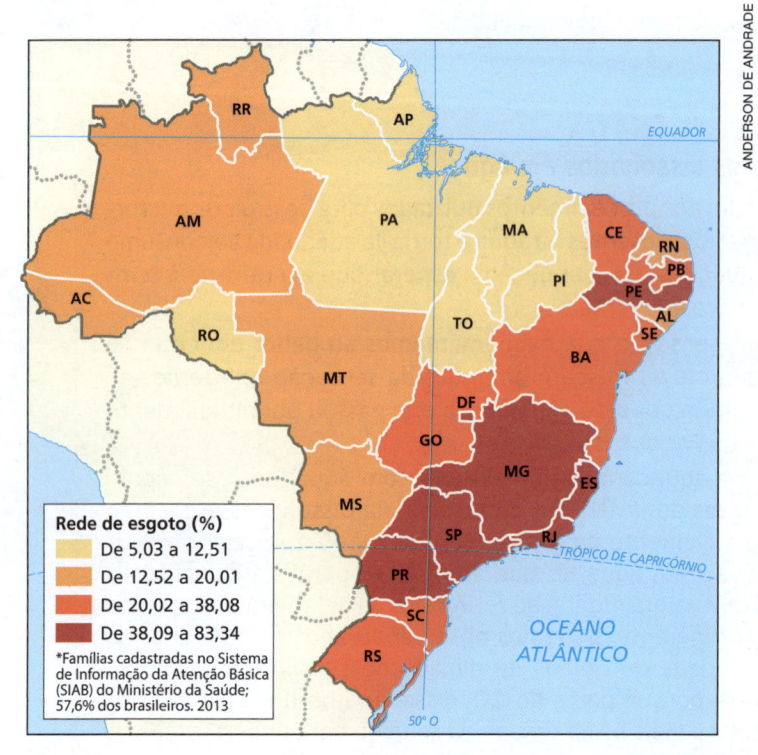

Mapa de domicílios com acesso à rede de esgoto no Brasil em percentual do total de famílias*

Rede de esgoto (%)
- De 5,03 a 12,51
- De 12,52 a 20,01
- De 20,02 a 38,08
- De 38,09 a 83,34

*Famílias cadastradas no Sistema de Informação da Atenção Básica (SIAB) do Ministério da Saúde; 57,6% dos brasileiros. 2013

Depois de coletado, o esgoto sanitário precisa ser tratado antes de a água ser devolvida aos cursos de água. Os dados de 2016 abaixo, referentes a dois estados brasileiros, revelam que, além do desafio de universalizar a coleta e o tratamento do esgoto, também precisamos vencer as desigualdades entre as regiões e os estados:

	Coleta de esgoto	Tratamento de esgoto
Rondônia (região Norte)	4,07%	6,33%
São Paulo (região Sudeste)	88,76%	62,84%

Fonte: SNIS (2016). INSTITUTO TRATA BRASIL. Disponível em: <http://www.tratabrasil.org.br/saneamentono-brasil>. Acesso em: 6 mar. 2018.

1. Segundo esse mapa, que regiões brasileiras têm a maior carência quanto ao percentual de domicílios com acesso à rede de esgoto?
2. Ainda de acordo com esse mapa, em qual região brasileira nenhum dos estados tem mais do que um quinto dos domicílios com acesso a rede de esgotos?
3. O provável aumento das temperaturas médias na superfície terrestre decorrente do aquecimento global potencializa os problemas causados pelo lançamento de esgotos em cursos de água sem prévio tratamento. Explique por que, usando seus conhecimentos químicos.
4. Pesquise: na região onde você vive, existe algum rio, riacho, lago, etc. que recebe esgoto não tratado? Os prejuízos à vida aquática já podem ser percebidos? Converse com os colegas sobre o caso: como o problema poderia ser resolvido? Por que, possivelmente, ainda não foram tomadas providências para solucioná-lo?

Influência da pressão

No início deste capítulo, você refletiu sobre o que pode acontecer quando se abre uma garrafa de refrigerante – um exemplo de sistema de gás dissolvido em líquido.

Agora, vamos nos concentrar na questão da relação entre a pressão de um gás e sua solubilidade em um líquido. Para isso, o exame de situações da vida cotidiana é útil.

Atividades

Se colocarmos uma garrafa de água mineral gasosa ao sol e depois de duas horas a abrirmos rapidamente, seu conteúdo jorrará, molhando o que estiver por perto.

1. Compare a pressão da solução contida na garrafa antes e depois da abertura.
2. Uma garrafa de refrigerante é armazenada numa geladeira (a 5 °C) e outra garrafa de refrigerante, idêntica à primeira, é armazenada à temperatura ambiente (25 °C). Ao abri-los, qual deverá apresentar maior efervescência? Que conclusão você tira desse fato?

Pressão elevada é o recurso utilizado pela indústria na preparação de refrigerantes, vinhos espumantes, cervejas e outras bebidas que contêm gás carbônico.

A água mineral gasosa é engarrafada a uma pressão da ordem de 4 atm. Quando se abre uma garrafa de água mineral com gás, a pressão sobre o líquido cai para um valor em torno de 1 atm, e o CO_2 sai rapidamente da solução. Se o recipiente permanecer destampado, mais gás sairá da bebida, pois a pressão parcial do CO_2 no ar é muito baixa.

A solubilidade de um gás em um líquido se torna tanto maior quanto maior é a pressão desse gás sobre a solução.

Vamos pensar no modelo em que as partículas de gás carbônico em contato com a solução aquosa desse gás estão em um cilindro com êmbolo móvel.

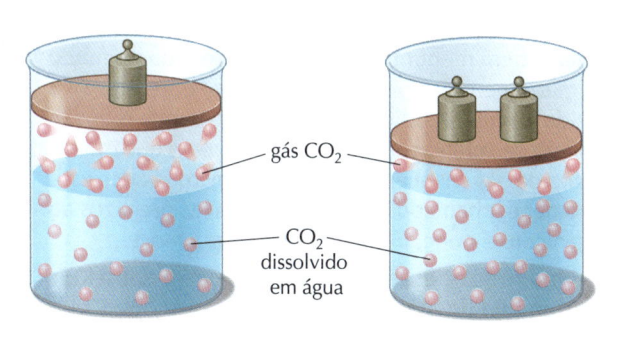

Com o aumento da pressão, aumenta a solubilidade do CO_2 em água.

Quando o gás é pressionado a ocupar menor volume, um maior número de moléculas do gás passa para a solução: a solubilidade do gás, portanto, aumenta.

A solubilidade (S) de um gás em um líquido é diretamente proporcional à pressão (P) do gás. Essa relação entre solubilidade de um gás em um líquido e a pressão exercida sobre ele corresponde à **lei de Henry**; ela pode ser expressa por:

$$S = k \cdot P \quad \text{(Lei de Henry)}$$

A constante de proporcionalidade **k** varia com a temperatura e com a natureza do gás – há gases muito solúveis e outros pouco solúveis.

Quando um gás genérico X participa de uma mistura, P corresponde à pressão parcial do gás na mistura (p_X).

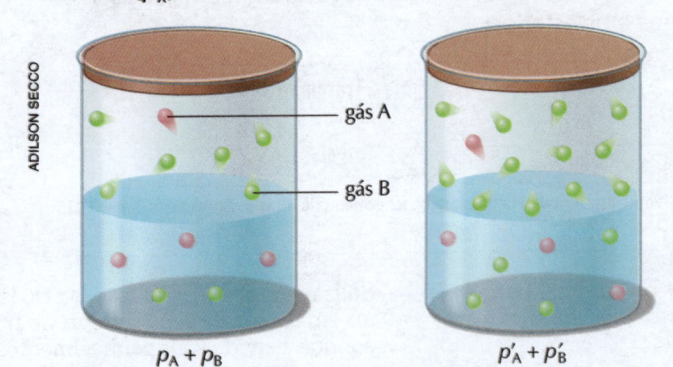

gás A
gás B

$p_A + p_B$ $p'_A + p'_B$

Outra forma de visualização da lei de Henry. Com o aumento da concentração do gás B (aumento de sua pressão parcial), a concentração de gás B dissolvido no líquido também aumenta ($p'_B > p'_A$).

Fonte: MASTERTON, W. L.; SLOWINSKI, E. J. *Química geral superior*. 4. ed. Rio de Janeiro: Interamericana, 1978. p. 239.

Conexões

Mergulho e despressurização

Para os mergulhadores que usam cilindro com ar comprimido, o momento da despressurização é bastante delicado. Vejamos por quê.

À medida que vai se aproximando do fundo do mar, um mergulhador é submetido a pressões cada vez mais elevadas, o que explica a grande concentração de ar dissolvido em seu sangue.

Isso ocorre porque a pressão exercida sobre ele é a soma da pressão hidrostática (da coluna de água acima do mergulhador) com a pressão atmosférica.

Quando o mergulhador volta à superfície, ocorre uma redução significativa da solubilidade dos constituintes do ar em seu sangue, já que apenas a pressão atmosférica – bem menor do que aquela que atua no fundo do mar ou em sua proximidade – age sobre ele. Se a subida for muito rápida, pode acontecer uma redução abrupta da solubilidade do ar, fazendo com que muitas bolhas de gás cheguem ao sangue do mergulhador. Esse fenômeno, chamado embolia, traz graves prejuízos ao organismo e pode, inclusive, provocar a morte.

Para reduzir esses riscos, costuma-se substituir o nitrogênio do ar contido no cilindro por hélio, que é menos solúvel no sangue do que o oxigênio e o nitrogênio, o que reduz a influência da diferença de pressão sobre a solubilidade do hélio, em relação aos componentes do ar.

Estando no fundo do mar, o mergulhador sofre a pressão hidrostática somada à atmosférica. A foto mostra um mergulhador no Mar Vermelho.

Um mergulhador sobe de uma profundidade de 10 m (onde está sob pressão de, aproximadamente, 1520 mmHg) para a superfície (onde a pressão é de 760 mmHg). Suponha que no ar do cilindro haja 20% de O_2 e 80% de N_2, em volume. (Lembre-se de que a pressão parcial do N_2 é 4 vezes a do O_2.)

1. Com a subida do mergulhador, em quantas vezes a solubilidade do N_2 em mol/L diminui?

2. Caso o mergulhador saia da água e suba em uma montanha a 1 000 m de altura, o que ocorrerá com a quantidade relativa dos gases constituintes do ar que chegam a seus pulmões?

Atividades

1. Certa indústria utiliza água para refrigeração de seus maquinários. Quando essa água é descartada no rio mais próximo, a temperatura da água pluvial alcança 30 °C.

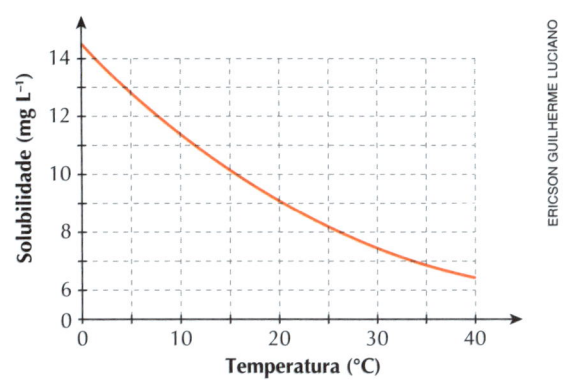

Solubilidade do gás oxigênio em água a várias temperaturas, na pressão atmosférica de 1 atm (760 mmHg).

Fonte: <http://qnesc.sbq.org.br/online/qnesc22/a02.pdf>. Acesso em: 31 mar. 2018.

a) Há peixes que demandam menor concentração de oxigênio para sobreviver do que outros. Com base nessas informações e na análise do gráfico acima, determine a demanda máxima de oxigênio exigida por uma espécie para sobreviver nessa água.

b) Que atitude cidadãos e poder público devem adotar em relação a uma indústria que incorpora, entre os procedimentos de produção, o despejo de água aquecida em um rio, prejudicando o ambiente?

2. Suponha um lago em uma cidade a 1 000 m de altitude e outro ao nível do mar. Se ambos estiverem à mesma temperatura, qual deles terá maior quantidade de oxigênio dissolvido por litro de água? Justifique sua resposta.

3. Considere os dados de solubilidade que constam da tabela a seguir e responda:

Temperatura (°C)	Solubilidade de O_2 (m_{O_2}/V_{H_2O} (g/L))
0	0,0141
10	0,0109
20	0,0092
25	0,0083
30	0,0077
35	0,0070
40	0,0065

a) Qual é a razão ambiental para limitar em 40 °C a temperatura máxima das **águas residuais**?

b) Se a temperatura da água sofrer um aumento de 20 °C para 35 °C, qual a variação da massa de O_2 dissolvido em um volume de 10,0 m³ de água?

4. A solubilidade do gás metano em benzeno, a 25 °C e 1 atm, é de $3,5 \cdot 10^{-1}$ mol/L. Qual é a solubilidade do metano em benzeno a 25 °C e 2 atm em g/L? Massa molar do metano: 16 g/mol.

QUESTÃO COMENTADA

5. (Fuvest-SP) Certo refrigerante é engarrafado, saturado com dióxido de carbono (CO_2) a 5 °C e 1 atm de CO_2 e então fechado. Um litro desse refrigerante foi mantido algum tempo em ambiente à temperatura de 30 °C. Em seguida, a garrafa foi aberta ao ar (pressão atmosférica = 1 atm) e agitada até praticamente todo o CO_2 sair. Nessas condições (30 °C e 1 atm), qual o volume aproximado de CO_2 liberado?

Dados: massa molar do CO_2 = 44 g/mol; volume molar dos gases a 1 atm e 30 °C = 25 L/mol; solubilidade do CO_2 no refrigerante a 5 °C e sob 1 atm = 3,0 g/L

a) 0,40 L.   c) 1,7 L.   e) 4,0 L.
b) 0,85 L.   d) 3,0 L.

Sugestão de resolução

Se a solubilidade do CO_2 no refrigerante a 5 °C e sob 1 atm é igual a 3,0 g/L, e se o volume do refrigerante é igual a 1 L, então há 3,0 g de CO_2 no refrigerante; se a massa molar do CO_2 é 44 g/mol, então:

1 mol CO_2 ——— 44 g
n ——— 3,0 g

$n = \dfrac{3,0}{44}$ mol

Mas, quando a temperatura da garrafa é alterada, a massa de gás e a quantidade de matéria não se alteram. Ou seja: massa de CO_2 a 5 °C e 1 atm = 3,0 g, e massa de CO_2 a 30 °C e 1 atm = 3,0 g.

Então, nela há $\dfrac{3,0}{44}$ mol de CO_2. Como o volume de 1 mol na temperatura em que o gás é liberado é 25 L, podemos calcular:

1 mol CO_2 ——— 25 L
$\dfrac{3,0}{44}$ mol CO_2 ——— V $V = 1,7$ L

Resposta: alternativa **c**

Águas residuais: aquelas que contêm impurezas porque já foram utilizadas em residências, comércios e indústrias. O grau de impureza dessas águas pode variar bastante porque antes de saírem de uma indústria, por exemplo, elas podem ter passado por tratamento químico para eliminar os resíduos industriais.

Você pode resolver as questões de 10 a 13 da seção Testando seus conhecimentos.

Soluções: um dos tipos de dispersão

Como você já deve saber, há dois tipos de mistura: as homogêneas (soluções verdadeiras ou simplesmente soluções) e as heterogêneas. Mas nem sempre a distinção entre elas é tão simples.

Vamos fazer uma analogia. Uma mata fechada, vista de longe, pode parecer bastante homogênea, porém o mesmo não ocorre quando a olhamos de perto. Dependendo de quanto nos aproximarmos, serão visíveis diferenças de forma, cor e tamanho entre os vegetais que constituem a mata. Algo semelhante acontece com as unidades que constituem uma mistura. (Vale lembrar que essa é apenas uma comparação, e o único objetivo dela é contribuir para que você entenda que a capacidade do observador de ver as partículas de um soluto em uma mistura interfere naquilo que se consegue definir como homogêneo ou heterogêneo.) Entretanto, no caso de certas misturas, não poderemos fazer essa distinção visualmente – nem a olho nu nem com microscópios sofisticados.

Com base no "aspecto", de acordo com o "grau de aproximação" de um sistema, vamos classificar as **dispersões**.

Compare os três exemplos de dispersão representados a seguir. Neles, o dispersante ou dispergente (substância predominante) é o mesmo: a água. Já o disperso (componente que tem suas unidades diminutas disseminadas no dispersante) varia: sal, amido de milho e areia.

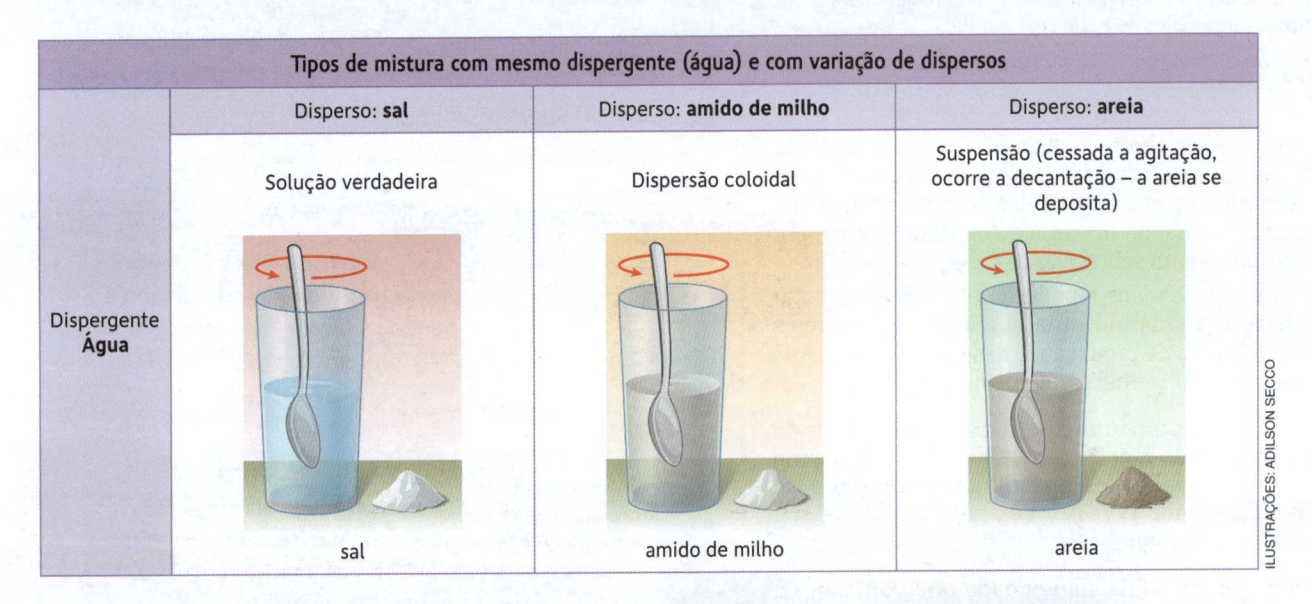

Tipos de mistura com mesmo dispergente (água) e com variação de dispersos			
	Disperso: **sal**	Disperso: **amido de milho**	Disperso: **areia**
Dispergente **Água**	Solução verdadeira sal	Dispersão coloidal amido de milho	Suspensão (cessada a agitação, ocorre a decantação – a areia se deposita) areia

Os dois casos extremos de dispersão (água com sal e água com areia) são mais fáceis de ser caracterizados: as soluções – uniformes, mesmo quando observadas com instrumentos ópticos – e as suspensões – formadas por fases que são visíveis mesmo a olho nu e que podem ser separadas por decantação.

Entre esses dois tipos de mistura, há a dispersão coloidal (amido de milho em água). Visualmente, a mistura de amido de milho e água tem aspecto de um líquido uniforme branco e opaco; no entanto, as diminutas unidades do disperso podem ser identificadas recorrendo a instrumentos ópticos, como os ultramicroscópios.

O amido de milho em água é um exemplo de dispersão coloidal.

Química: prática e reflexão

Neste experimento, vocês vão analisar de que maneira a luz atravessa uma solução e uma dispersão coloidal. A questão a ser respondida é: Qual é a diferença entre a propagação da luz por uma solução e sua propagação por uma dispersão coloidal?

Material necessário

- 2 copos de vidro liso ou 2 béqueres
- água
- 1 pitada de sal
- ≈ 1 colher (de sopa) de leite
- 1 lanterna comum ou 1 lanterna pequena, como a de LED, com diâmetro em torno de 1 cm
- 1 pedaço de cartolina escura (cerca de 10 cm × 10 cm)
- 1 lápis apontado
- fita-crepe

Observação

A parte final do experimento deve ser feita em ambiente escuro (ou, ao menos, escurecido).

Procedimento

1. Se vocês usarem uma lanterna comum, façam um pequeno furo no centro da cartolina com a ponta do lápis. Cubram o foco de luz da lanterna com a cartolina, de modo que o furo fique próximo do centro do foco. Com a fita-crepe, fixem bem a cartolina em torno da lanterna. Certifiquem-se de que, ao ligar a lanterna, o feixe de luz que atravessa o orifício da cartolina seja estreito, como mostrado na figura abaixo.

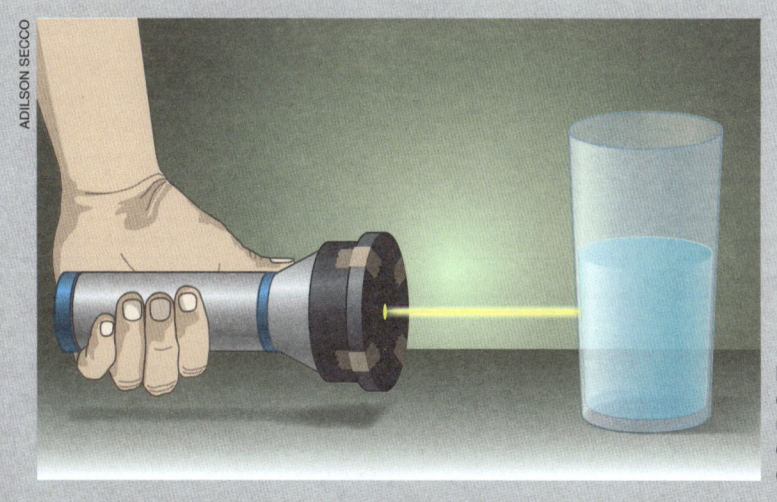

Feixe de luz incidindo em um copo contendo uma solução de água e cloreto de sódio (sal de cozinha).

2. Coloquem quantidades aproximadamente iguais de água nos dois copos, de modo que o líquido atinja pouco mais da metade da capacidade. Acrescentem o sal à água de um dos copos e o leite ao outro. Mexam um pouco as misturas obtidas.

3. Posicionem a lanterna verticalmente, em relação à lateral do copo, de forma que o feixe de luz atravesse a mistura de sal em água. Observem o que acontece. Façam o mesmo no segundo copo.

Descarte dos resíduos: Os resíduos líquidos do experimento podem ser descartados diretamente no ralo de uma pia; a cartolina pode ser reutilizada ou descartada na lixeira destinada aos recicláveis.

Analisem suas observações

1. Que diferença vocês observaram quanto ao "caminho" do feixe de luz nas duas situações?
2. A que vocês atribuem o efeito obtido no sistema que contém um pouco de leite?

O estado coloidal: uma situação intermediária

Em 1861, o químico escocês Thomas Graham (1805-1869) verificou que havia certas soluções cujas unidades dispersas eram incapazes de atravessar sacos de **pergaminho**. Por terem aspecto semelhante ao da cola, essas soluções foram chamadas de **coloides**, termo que vem do grego e significa "da natureza da cola". Posteriormente, o termo "coloides" passou a ser empregado mesmo quando as soluções não têm aspecto pegajoso.

Na verdade, tais partículas não atravessavam os sacos de pergaminho porque eram maiores do que os orifícios deles. Com base nessa informação, você pode deduzir que essas unidades devem ser maiores do que as dos dispersos das soluções, constituídos de íons comuns e moléculas. Para dar uma ideia aproximada das dimensões das partículas que constituem o disperso, veja as ordens de grandeza a seguir:

Pergaminho: pele de caprino ou ovino preparada de forma a tornar-se própria para nela se escrever.

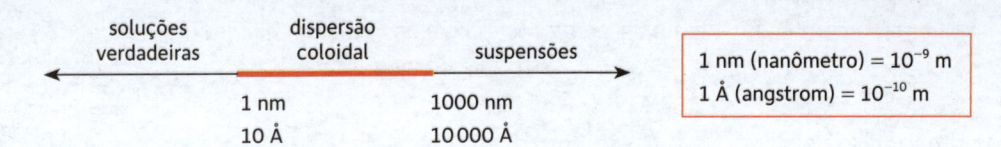

```
soluções          dispersão
verdadeiras       coloidal          suspensões
←——————————|——————————————|——————————————→
                1 nm              1000 nm
                10 Å              10000 Å
```

$1\ nm\ (nanômetro) = 10^{-9}\ m$
$1\ Å\ (angstrom) = 10^{-10}\ m$

A mudança de determinadas condições permitiu aos cientistas perceberem que uma mesma substância pode formar, em um meio, uma dispersão coloidal e, em outras condições, uma suspensão. Assim, o fator determinante para que se tenha uma solução verdadeira, uma dispersão coloidal ou uma suspensão é o estado de divisão das partículas do disperso, e não sua natureza química.

Não há uma divisão rígida entre os três tipos de mistura: as dimensões das unidades das dispersões coloidais são muito próximas às das unidades das soluções (verdadeiras), por isso apresentam várias propriedades comuns. Porém, as dispersões em que unidades do disperso são bem maiores podem ter características muito próximas às das suspensões.

No quadro abaixo, estão listadas algumas propriedades das dispersões coloidais e dos demais tipos de dispersão. Trata-se de uma divisão bastante simplificada, adotada por razões didáticas.

Principais características das dispersões			
	Solução	Dispersão coloidal	Suspensão
Disperso	Átomos, íons, moléculas	Aglomerados	Grandes aglomerados
Diâmetro	$d < 1\ nm$	$1\ nm < d < 1000\ nm$	$d > 1000\ nm$
Visibilidade	Não é visível	Visível no ultramicroscópio	Visível a olho nu
Exemplos	Sal em água	Gelatina em água	Água barrenta

Ultramicroscópio é um microscópio dotado de iluminação lateral ao sistema que se observa (que fica sobre um fundo negro). Nele, os dispersos aparecem como pontos brilhantes sobre fundo escuro. Observe no esquema abaixo a diferença entre um microscópio comum e um ultramicroscópio.

Ultracentrífuga é a centrífuga na qual, graças às grandes velocidades obtidas, é possível decantar as unidades do disperso, no caso de soluções coloidais, o que não ocorre em soluções (verdadeiras).

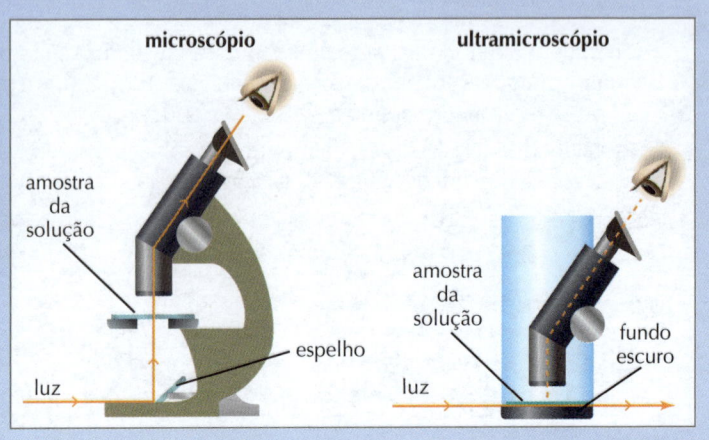

Dispersões coloidais

As dispersões coloidais estão presentes no nosso cotidiano. Isso ocorre porque, em princípio, os dispersos, em qualquer dos três estados da matéria (sólido, líquido ou gasoso), podem formar, com dispergentes (sólidos, líquidos), dispersões coloidais.

Nas imagens abaixo você pode ver alguns exemplos de dispersões coloidais.

Gelatina: sol de colágeno (proteína animal) disperso em água.

Aerossol líquido: dispersão coloidal de partículas líquidas entre os gases atmosféricos.

Sol: nome dado a soluções coloidais que têm aspecto de solução. Trata-se de dispersos sólidos em meio líquido. Exemplo característico é o da gelatina colocada em água quente. Quando a mistura obtida para fazer a gelatina é resfriada, obtém-se um gel; nesse caso, o disperso é líquido e o dispersante é sólido.

Flutuadores: espumas sólidas.

Safira: sol-sólido de íons (Fe^{2+} e Ti^{4+}) dispersos no sólido (óxido de alumínio). É a presença dos íons que garante o tom azulado à pedra.

Fumaça: dispersão coloidal de partículas sólidas entre os gases atmosféricos.

Espuma: dispersão coloidal do ar na solução líquida de sabão.

Além desses exemplos de dispersão coloidal, podemos mencionar outros de muita importância:
- nos **seres vivos**: as células de animais e vegetais contêm sistemas coloidais responsáveis por funções vitais;
- na **indústria**: os coloides têm vários usos, como na fabricação de tintas (os pigmentos estão em dispersão coloidal) e cosméticos;
- em nossa **alimentação**: são muitos os exemplos de coloides: pudins, queijos cremosos, requeijão, manteiga, maionese, entre outros.

Você pode resolver as questões 6 e 7 da seção Testando seus conhecimentos.

Atividades

Leia o texto e responda às questões.

Oxigênio sob pressão: uso médico

O ar contém aproximadamente um quinto de O_2, substância essencial à nossa vida. Em determinadas condições, nossas células sofrem hipóxia, isto é, dispõem de concentração de O_2 inferior àquela de que necessitam; essa carência de O_2 exige ação imediata para que esse déficit seja suprido.

Nem sempre o aumento da porcentagem de oxigênio no ar fornecido ao indivíduo que apresenta hipóxia é suficiente para salvá-lo. Por exemplo, quando a pessoa está envenenada por monóxido de carbono (CO), grande parte da hemoglobina do sangue deixa de se ligar ao O_2 para unir-se ao CO, interrompendo o papel dessa proteína no transporte de O_2 dos pulmões aos tecidos. Sem O_2 nos tecidos, a morte do paciente torna-se iminente.

Como reverter tal processo, se algumas vezes nem mesmo o O_2 puro (100%) é suficiente para substituir a união hemoglobina-CO por hemoglobina-O_2?

A solução pode ser administrar O_2 praticamente puro a alta pressão, 2 ou 3 atm. Com a pressão elevada, uma quantidade maior de oxigênio se dissolve no plasma sanguíneo, fornecendo aos tecidos o O_2 de que necessitam para se recuperar.

Em situações de envenenamento por CO ou por outras substâncias, pode-se recorrer às câmaras hiperbáricas. Nelas, o O_2 puro pode ser ministrado sob pressão elevada, o que também é útil como tratamento complementar em outras terapias.

No entanto, o O_2 puro ministrado por períodos prolongados torna-se tóxico para o organismo: o tecido dos pulmões começa a ser destruído, e o sistema nervoso central também pode ser danificado.

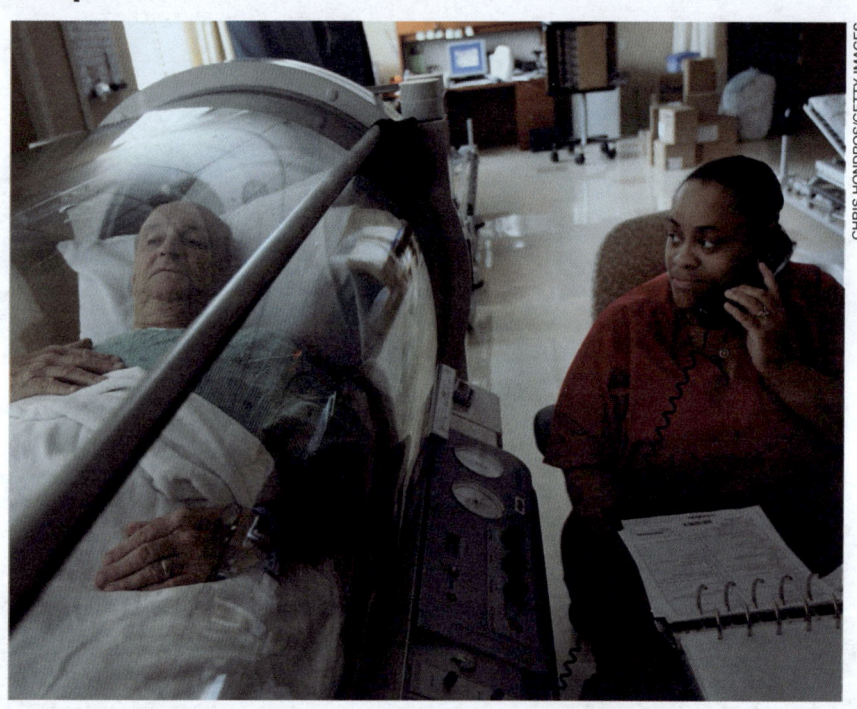

Paciente dentro de câmara hiperbárica em hospital estadunidense. A responsável técnica pelo aparelho comunica-se com o paciente por meio de um interfone.

1. Segundo o médico e alquimista europeu Paracelso (1493-1541), "a diferença entre o remédio e o veneno está na dose". Essa afirmação é atualmente parte do conhecimento popular. As informações do texto reforçam ou contradizem essa afirmação? Explique.

2. Por que a despressurização do paciente, após passar algum tempo em uma unidade hiperbárica, merece cuidados?

3. Compare a despressurização dos mergulhadores com a do paciente da câmara hiperbárica. No caso do uso médico, faria sentido o emprego do gás hélio? Se necessário, releia o texto "Mergulho e despressurização" (página 298).

4. Pesquise os problemas de saúde que podem ser tratados em uma câmara hiperbárica.

5. A medicina hiperbárica estuda e trata as patologias relacionadas aos ambientes pressurizados. O médico hiperbaricista é também o responsável, após avaliar o paciente, pela indicação ou não de tratamento na câmara hiperbárica. A medicina hiperbárica se dedica ao tratamento das doenças sofridas por mergulhadores, mas não apenas as pessoas que mergulham por esporte se beneficiam dos avanços desse ramo da medicina. Pesquise e socialize com os colegas: que profissionais trabalham em ambientes pressurizados?

Testando seus conhecimentos

Caso necessário, consulte as tabelas no final desta Parte.

1. (UPM-SP) A tabela abaixo mostra a solubilidade do sal X, em 100 g de água, em função da temperatura.

Temperatura (°C)	Massa (g) sal X / 100 g de água
0	16
10	18
20	21
30	24
40	28
50	32
60	37
70	43
80	50
90	58

Com base nos resultados obtidos, foram feitas as seguintes afirmativas:

I. A solubilização do sal X, em água, é exotérmica.

II. Ao preparar-se uma solução saturada do sal X, a 60 °C, em 200 g de água e resfriá-la, sob agitação até 10 °C, serão precipitados 19 g desse sal.

III. Uma solução contendo 90 g de sal e 300 g de água, a 50 °C, apresentará precipitado.

Assim, analisando-se as afirmativas acima, é correto dizer que

a. nenhuma das afirmativas está certa.
b. apenas a afirmativa II está certa.
c. apenas as afirmativas II e III estão certas.
d. apenas as afirmativas I e III estão certas.

2. (IME-RJ) A figura a seguir representa as curvas de solubilidade de duas substâncias A e B.

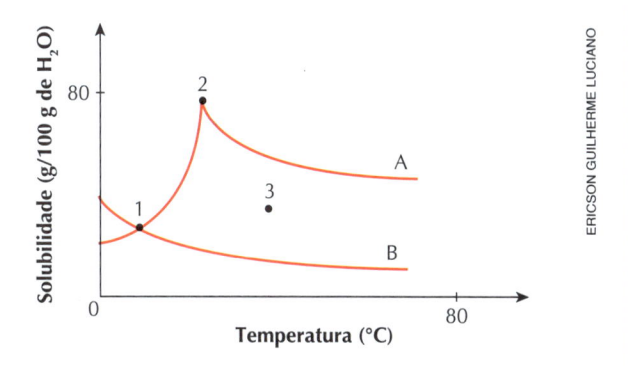

Com base nela, pode-se afirmar que:

a. No ponto 1, as soluções apresentam a mesma temperatura mas as solubilidades de A e B são diferentes.

b. A solução da substância A está supersaturada no ponto 2.

c. As soluções são instáveis no ponto 3.

d. As curvas de solubilidade não indicam mudanças na estrutura dos solutos.

e. A solubilidade da substância B segue o perfil esperado para a solubilidade de gases em água.

3. (PUCC-SP) Considere a tabela abaixo da solubilidade do açúcar comum (sacarose) submetido a várias temperaturas.

Temperatura (°C)	Solubilidade (g/100 mL de água)
0	180
20	204
30	220
40	238
100	488

No preparo de uma calda com açúcar, uma receita utiliza 1 kg de açúcar para 0,5 litro de água. Nesse caso, a temperatura mínima necessária para que todo o açúcar se dissolva é

a) 0 °C.
b) 20 °C.
c) 30 °C.
d) 40 °C.
e) 100 °C.

4. (UFRGS-RS) Observe o gráfico e a tabela abaixo, que representam a curva de solubilidade aquosa (em gramas de soluto por 100 g de água) do nitrato de potássio e do nitrato de sódio em função da temperatura.

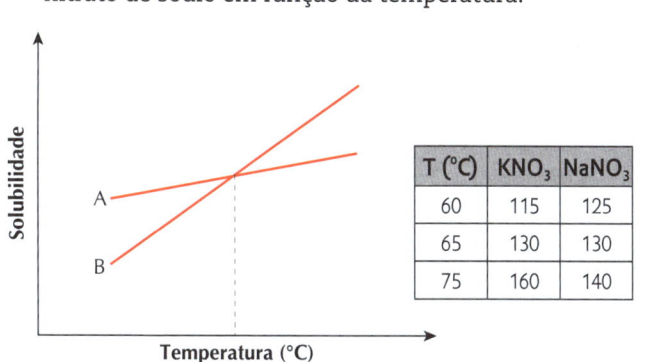

T (°C)	KNO₃	NaNO₃
60	115	125
65	130	130
75	160	140

Assinale a alternativa que preenche corretamente as lacunas do enunciado abaixo, na ordem em que aparecem.

A curva A diz respeito ao _____ e a curva B, ao _____. Considerando duas soluções aquosas saturadas e sem precipitado, uma de KNO₃ e outra de NaNO₃, a 65 °C, o efeito da diminuição da temperatura acarretará a precipitação de _____.

a. nitrato de potássio – nitrato de sódio – nitrato de potássio
b. nitrato de potássio – nitrato de sódio – nitrato de sódio
c. nitrato de sódio – nitrato de potássio – nitrato de sódio
d. nitrato de sódio – nitrato de potássio – ambas
e. nitrato de potássio – nitrato de sódio – ambas

5. (Acafe-SC) Um técnico preparou 420 g de uma solução saturada de nitrato de potássio (KNO₃, dissolvida em água) em um béquer a uma temperatura de 60 °C. Depois deixou a solução esfriar até uma temperatura de 40 °C, verificando a presença de um precipitado.

A massa aproximada desse precipitado é: (desconsidere a massa de água presente no precipitado)

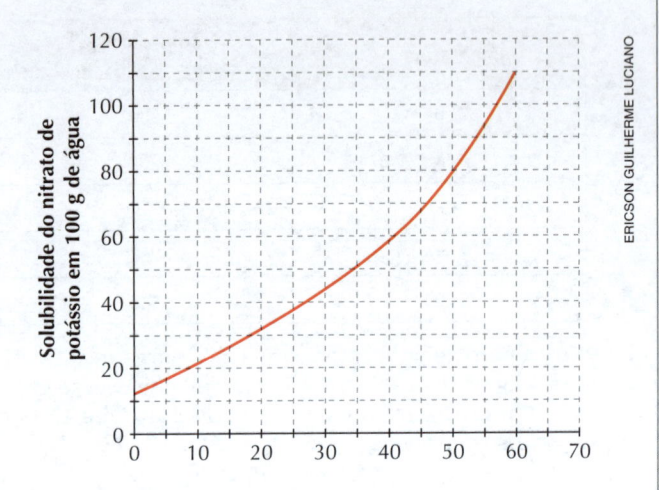

[Gráfico: Solubilidade do nitrato de potássio em 100 g de água vs temperatura (°C), curva crescente de aproximadamente 10 em 0°C até ~110 em 60°C]

a. 100 g.
b. 60 g.
c. 50 g.
d. 320 g.

6. (UCS-RS) Um sistema coloidal é uma mistura heterogênea cujo diâmetro médio das partículas do disperso se encontra na faixa de 1 a 1000 nm (1 nm = 10^{-9} m). As partículas do disperso podem ser bolhas de gás, gotas líquidas ou partículas sólidas.

São exemplos de sistemas coloidais:
a. creme de leite, gasolina e soro fisiológico.
b. água sanitária, vidro e geleia.
c. leite, pedra-pomes e neblina.
d. chantilly, álcool hidratado e nuvens.
e. isopor, soro glicosado e molho de tomate.

7. (UEL-PR) A força e a exuberância das cores douradas do amanhecer desempenham um papel fundamental na produção de diversos significados culturais e científicos. Enquanto as atenções se voltam para as cores, um coadjuvante exerce um papel fundamental nesse espetáculo. Trata-se de um sistema coloidal formado por partículas presentes na atmosfera terrestre, que atuam no fenômeno de espalhamento da luz do Sol.

Com base no enunciado e nos conhecimentos acerca de coloides, considere as afirmativas a seguir.
  I. São uma mistura com partículas que variam de 1 a 1000 nm.
  II. Trata-se de um sistema emulsificante.
  III. Consistem em um sistema do tipo aerossol sólido.
  IV. Formam uma mistura homogênea monodispersa.

Assinale a alternativa correta.
a. Somente as afirmativas I e II são corretas.
b. Somente as afirmativas I e III são corretas.
c. Somente as afirmativas III e IV são corretas.
d. Somente as afirmativas I, II e IV são corretas.
e. Somente as afirmativas II, III e IV são corretas.

8. (Fuvest-SP) O rótulo de um frasco contendo determinada substância X traz as seguintes informações:

Propriedade	Descrição ou valor
Cor	Incolor
Inflamabilidade	Não inflamável
Odor	Adocicado
Ponto de fusão	–23 °C
Ponto de ebulição a 1 atm	77 °C
Densidade a 25 °C	1,59 g / cm³
Solubilidade em água a 25 °C	0,1 g / 100 g de H₂O

a. Considerando as informações apresentadas no rótulo, qual é o estado físico da substância contida no frasco, a 1 atm e 25 °C? Justifique.
b. Em um recipiente, foram adicionados, a 25 °C, 56,0 g da substância X e 200,0 g de água. Determine a massa da substância X que não se dissolveu em água. Mostre os cálculos.
c. Complete o esquema, representando a aparência visual da mistura formada pela substância X e água quando, decorrido certo tempo, não for mais observada mudança visual. Justifique.

Dado: densidade da água a 25 °C = 1,00 g/cm³

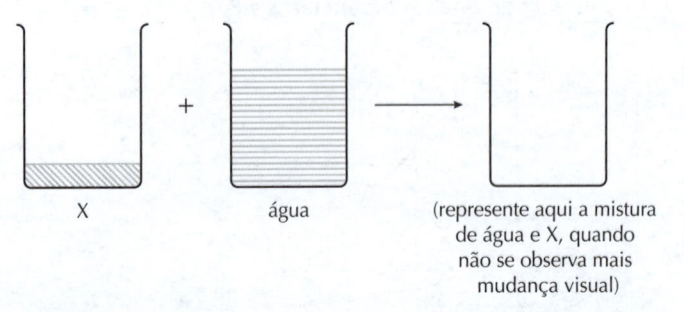

[Esquema: béquer com X + béquer com água → béquer vazio (representa aqui a mistura de água e X, quando não se observa mais mudança visual)]

9. (PUC-SP) Em 10 tubos de ensaio, cada um contendo 5,0 cm³ de água a 40 °C, são colocadas as seguintes massas de um sólido desconhecido: 0,5 g no primeiro, 1,0 g no segundo, 1,5 g no terceiro e assim por diante, até 5,0 g no décimo tubo. Em seguida os tubos são agitados e observa-se que todo o sólido se dissolveu nos seis primeiros tubos, e que há aumento da quantidade de sólido que não se dissolve nos tubos restantes.

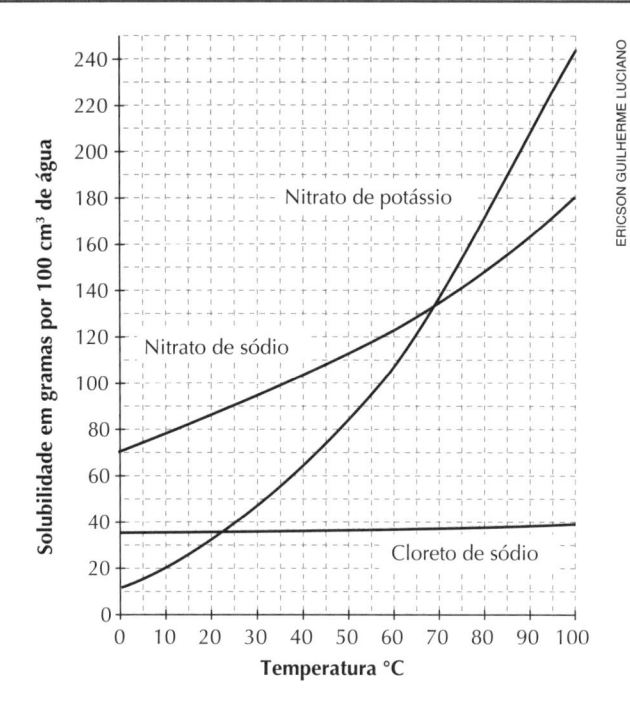

Entre os sais considerados na curva de solubilidade em função da temperatura, o(s) sólido(s) desconhecido(s) pode(m) ser

a. Apenas o KNO_3
b. Apenas o $NaCl$
c. Apenas o $NaNO_3$
d. Apenas o KNO_3 e o $NaNO_3$
e. Nenhum dos 3 sais

10. (ITA-SP) A 25 °C e 1 atm, uma amostra de 1,0 L de água pura foi saturada com oxigênio gasoso (O_2) e o sistema foi mantido em equilíbrio nessas condições. Admitindo-se comportamento ideal para o O_2 e sabendo-se que a constante da Lei de Henry para esse gás dissolvido em água é igual a $1,3 \cdot 10^{-3}$ mol L^{-1} atm^{-1}, nas condições do experimento, assinale a opção CORRETA que exprime o valor calculado do volume, em L, de O_2 solubilizado nessa amostra.

a. $1,3 \cdot 10^{-3}$
b. $2,6 \cdot 10^{-3}$
c. $3,9 \cdot 10^{-3}$
d. $1,6 \cdot 10^{-2}$
e. $3,2 \cdot 10^{-2}$

11. (Unesp) Uma água mineral gasosa, de grande aceitação em todo o mundo, é coletada na fonte e passa por um processo no qual água e gás são separados e recombinados – o gás é reinjetado no líquido – na hora do engarrafamento. Esse tratamento permite ajustar a concentração de CO_2, numa amostra dessa água, em 7 g/L. Com base nessas informações, é correto afirmar que:

a. a condutividade elétrica dessa água é nula, devido ao caráter apolar do dióxido de carbono que ela contém.
b. uma garrafa de 750 mL dessa água, posta à venda na prateleira de um supermercado, contém 3 L de CO_2.
c. essa água tem pH na faixa ácida, devido ao aumento da concentração de íons $[H_3O]^+$ formados na dissolução do CO_2.
d. o grau de pureza do CO_2 contido nessa água é baixo, pois o gás contém resíduos do solo que a água percorre antes de ser coletada.
e. devido ao tratamento aplicado no engarrafamento dessa água, seu ponto de ebulição é o mesmo em qualquer local que seja colocada a ferver.

12. (Unicamp-SP) A questão do aquecimento global está intimamente ligada à atividade humana e também ao funcionamento da natureza. A emissão de metano na produção de carnes e a emissão de dióxido de carbono em processos de combustão de carvão e derivados do petróleo são as mais importantes fontes de gases de origem antrópica. O aquecimento global tem vários efeitos, sendo um deles o aquecimento da água dos oceanos, o que, consequentemente, altera a solubilidade do CO_2 nela dissolvido. Este processo torna-se cíclico e, por isso mesmo, preocupante. A figura abaixo, preenchida de forma adequada, dá informações quantitativas da dependência da solubilidade do CO_2 na água do mar, em relação à pressão e à temperatura.

a. De acordo com o conhecimento químico, escolha adequadamente e escreva em cada quadrado da figura o valor correto, de modo que a figura fique completa e correta: solubilidade em gramas de CO_2/100 g água: **2, 3, 4, 5, 6, 7**; temperatura /°C: **20, 40, 60, 80, 100 e 120**; pressão/atm: **50, 100, 150, 200, 300, 400**. Justifique sua resposta.

b. Determine a solubilidade molar do CO_2 na água (em gramas/100 g de água) a 40 °C e 100 atm. Mostre na figura como ela foi determinada.

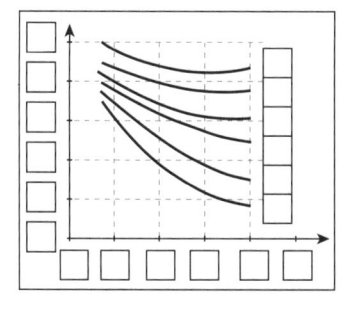

13. (Unesp) A maior parte dos mergulhos recreativos é realizada no mar, utilizando cilindros de ar comprimido para a respiração. Sabe-se que:

I. O ar comprimido é composto por aproximadamente 20% de O_2 e 80% de N_2 em volume.
II. A cada 10 metros de profundidade, a pressão aumenta de 1 atm.
III. A pressão total a que o mergulhador está submetido é igual à soma da pressão atmosférica mais a da coluna de água.
IV. Para que seja possível a respiração debaixo d'água, o ar deve ser fornecido à mesma pressão a que o mergulhador está submetido.
V. Em pressões parciais de O_2 acima de 1,2 atm, o O_2 tem efeito tóxico, podendo levar à convulsão e morte.

A profundidade máxima em que o mergulho pode ser realizado empregando ar comprimido, sem que seja ultrapassada a pressão parcial máxima de O_2, é igual a:

a. 12 metros.
b. 20 metros.
c. 30 metros.
d. 40 metros.
e. 50 metros.

14. (Fuvest-SP) Observa-se que uma solução aquosa saturada de HCl libera uma substância gasosa. Uma estudante de química procurou representar, por meio de uma figura, os tipos de partículas que predominam nas fases aquosa e gasosa desse sistema — sem representar as partículas de água. A figura com a representação mais adequada seria

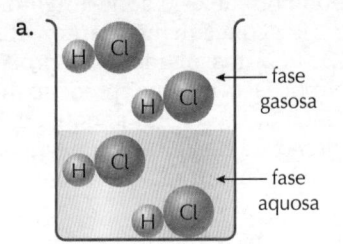

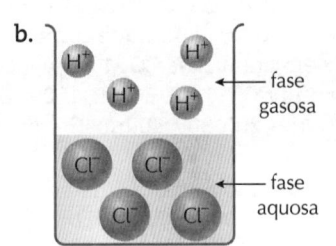

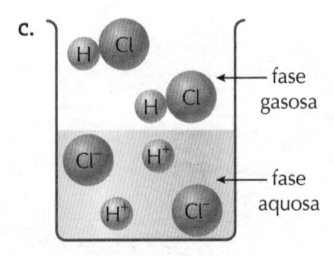

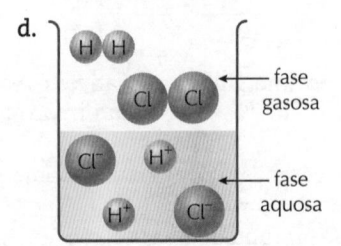

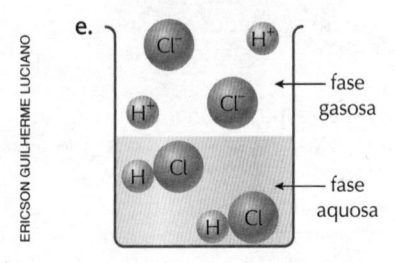

15. (UPM-SP) As curvas de solubilidade têm grande importância no estudo das soluções, já que a temperatura influi decisivamente na solubilidade das substâncias. Considerando as curvas de solubilidade dadas pelo gráfico, é correto afirmar que

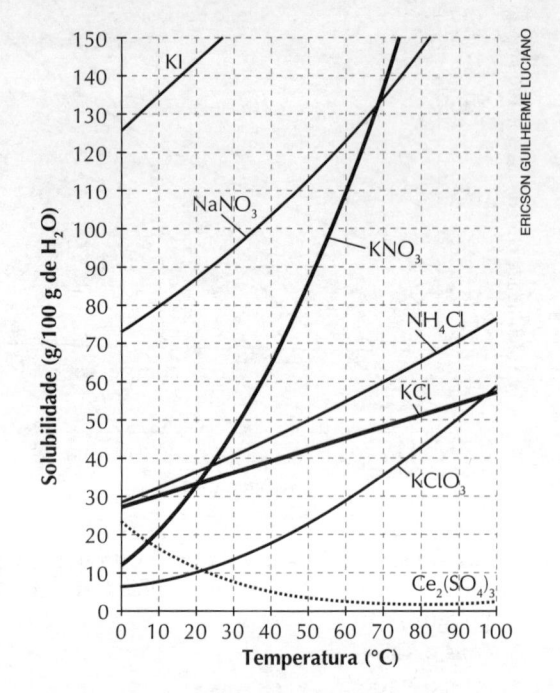

a. há um aumento da solubilidade do sulfato de cério com o aumento da temperatura.
b. a 0 °C o nitrato de sódio é menos solúvel que o cloreto de potássio.
c. o nitrato de sódio é a substância que apresenta a maior solubilidade a 20 °C.
d. resfriando-se uma solução saturada de $KClO_3$, preparada com 100 g de água, de 90 °C para 20 °C, observa-se a precipitação de 30 g desse sal.
e. dissolvendo-se 15 g de cloreto de potássio em 50 g de água a 40 °C, obtém-se uma solução insaturada.

16. (PUC-RJ) Observe o gráfico a seguir.

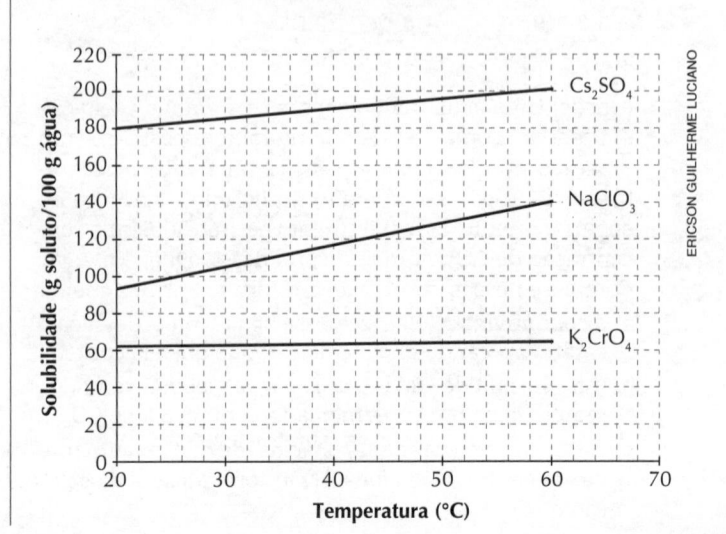

A quantidade de clorato de sódio capaz de atingir a saturação em 500 g de água na temperatura de 60 °C, em grama, é **aproximadamente igual a**:

a. 70
b. 140
c. 210
d. 480
e. 700

17. (UPE) O gráfico a seguir mostra curvas de solubilidade para substâncias nas condições indicadas e pressão de 1 atm.

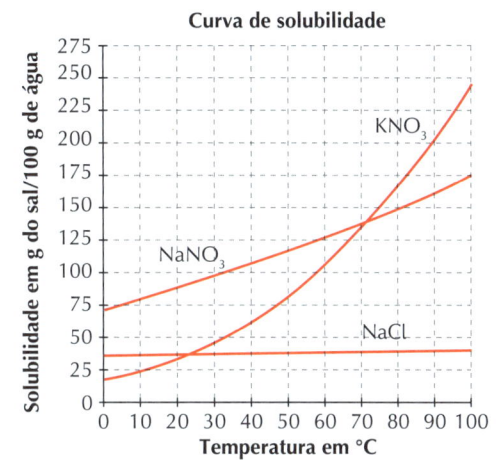

Curva de solubilidade

[Gráfico: Solubilidade em g do sal/100 g de água vs Temperatura em °C, mostrando curvas de KNO_3, $NaNO_3$ e NaCl]

A interpretação dos dados desse gráfico permite afirmar CORRETAMENTE que

a. compostos iônicos são insolúveis em água, na temperatura de 0 °C.
b. o cloreto de sódio é pouco solúvel em água à medida que a temperatura aumenta.
c. sais diferentes podem apresentar a mesma solubilidade em uma dada temperatura.
d. a solubilidade de um sal depende, principalmente, da espécie catiônica presente no composto.
e. a solubilidade do cloreto de sódio é menor que a dos outros sais para qualquer temperatura.

18. (Udesc-SC) A figura abaixo representa a curva de solubilidade de alguns sais.

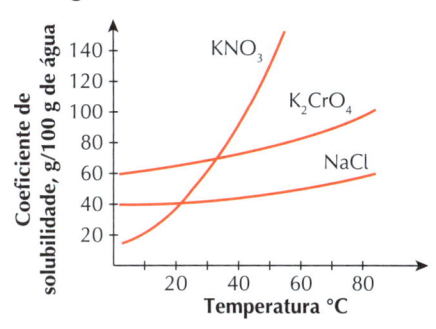

[Gráfico: Coeficiente de solubilidade, g/100 g de água vs Temperatura °C, mostrando curvas de KNO_3, K_2CrO_4 e NaCl]

Assinale a alternativa que representa, sequencialmente, a massa (em gramas) de nitrato de potássio que é cristalizada e a massa que permanece na solução, quando uma solução aquosa saturada desse sal a 50 °C é resfriada para 20 °C.

a. 90 g e 40 g
b. 40 g e 90 g
c. 90 g e 130 g
d. 10 g e 65 g
e. 05 g e 40 g

19. (UEM-PR) Um determinado sal X apresenta solubilidade de 12,5 gramas por 100 mL de água a 20 °C. Imagine que quatro tubos contêm 20 mL de água cada e que as quantidades a seguir do sal X foram adicionadas a esses tubos:

Tubo 1: 1,0 grama;

Tubo 2: 3,0 gramas;

Tubo 3: 5,0 gramas;

Tubo 4: 7,0 gramas.

Após agitação, mantendo-se a temperatura a 20 °C, coexistirão solução saturada e fase sólida no(s) tubo(s)

a. 1.
b. 3 e 4.
c. 2 e 3.
d. 2, 3 e 4.
e. 2.

20. (Udesc-SC) A tabela a seguir refere-se à solubilidade de um determinado sal nas respectivas temperaturas:

Temperatura (°C)	Solubilidade do Sal (g/100 g de H_2O)
30	60
50	70

Para dissolver 40 g desse sal a 50 °C e 30 °C, as massas de água necessárias, respectivamente, são:

a. 58,20 g e 66,67 g
b. 68,40 g e 57,14 g
c. 57,14 g e 66,67 g
d. 66,67 g e 58,20 g
e. 57,14 g e 68,40 g

21. (Uespi) Certa substância X pode ser dissolvida em até 53 g a cada 100 mL de água (H_2O). As soluções formadas por essa substância, descritas a seguir, podem ser classificadas, respectivamente, como:

1. 26,5 g de X em 50 mL de H_2O
2. 28 g de X em 100 mL de H_2O
3. 57,3 g de X em 150 mL de H_2O
4. 55 g de X em 100 mL de H_2O

a. Insaturada, Insaturada, Saturada com precipitado e Saturada.
b. Saturada, Saturada, Saturada com precipitado e Insaturada.
c. Saturada com precipitado, Insaturada, Saturada e Saturada.
d. Saturada com precipitado, Insaturada, Insaturada e Saturada.
e. Saturada, Insaturada, Insaturada e Saturada com precipitado.

Mais questões: no livro digital, em **Vereda Digital Aprova Enem** e **Vereda Digital Suplemento de revisão e vestibulares**; no *site*, em **AprovaMax**.

CAPÍTULO 14

UNIDADES DE CONCENTRAÇÃO

Muitos sucos de frutas são ricos em vitamina C, mas a concentração dessa vitamina varia conforme a fruta. Por exemplo, nos sucos concentrados de laranja-pera, de mexerica poncã e de maracujá, a concentração é de, respectivamente, 730 mg/L, 415 mg/L e 135 mg/L.

ENEM
C1: H2　C5: H17
C2: H7　C7: H24

Este capítulo vai ajudá-lo a compreender:

- formas de exprimir concentração: mol/L, g/L, porcentagem em massa ($p\%$), partes por milhão (ppm);
- a importância de saber identificar a concentração de uma solução no cotidiano.

Para situá-lo

Como você sabe, a água é uma substância essencial para nossa sobrevivência. Na verdade, o ser humano resiste por muito mais tempo sem alimento do que sem água. Em temperatura amena e sem fazer esforço físico, um adulto mantém-se vivo de 3 a 5 dias (excepcionalmente, um pouco mais) sem beber água. Já um bebê, cujo organismo apresenta porcentagem de água bem mais alta que a do organismo adulto, em lugar quente, pode morrer em algumas horas se for privado de água.

A água participa de inúmeros processos que ocorrem no interior de nossas células e que são responsáveis por nos manter vivos. Em média, precisamos beber diariamente dois litros de água. Porém, em dias muito quentes ou quando se executa atividade física desgastante, essa quantidade deve ser ainda maior.

Quando nosso organismo dispõe de menos água do que necessita, ficamos desidratados. Essa desidratação pode ser consequência da ingestão insuficiente de água ou de perdas excessivas que podem ou não estar relacionadas com doenças. Por exemplo, em corridas, o organismo perde muita água em decorrência do suor e da respiração ofegante. Desequilíbrios orgânicos que ocasionem vômito ou diarreia também provocam perda de água, podendo levar à desidratação.

Vale lembrar que eletrólitos (como os sais de Na^+ e K^+) são importantes constituintes das células e, em condições saudáveis, devem ter sua concentração (relação entre unidades de soluto e de solução) praticamente inalterada. No entanto, no processo de desidratação, o organismo elimina sais junto com a água; por isso, em certos casos, é preciso administrar uma solução para repor esses eletrólitos, que são íons importantes para a hidratação das células (os íons sódio, por exemplo, facilitam a retenção da água).

Em casos bem simples, a hidratação pode ser feita pela ingestão de água mineral, de procedência conhecida, de água de coco, de hidratantes usados por esportistas e de soro caseiro. Em casos mais graves, a administração de soro (solução aquosa contendo eletrólitos e glicose) deve ser intravenosa (feita no interior das veias).

Vamos agora refletir sobre um tipo de informação presente no rótulo da água mineral e do soro usado em hospitais: a concentração, objeto de estudo deste capítulo.

Leia as informações contidas no rótulo do frasco de soro mostrado a seguir:

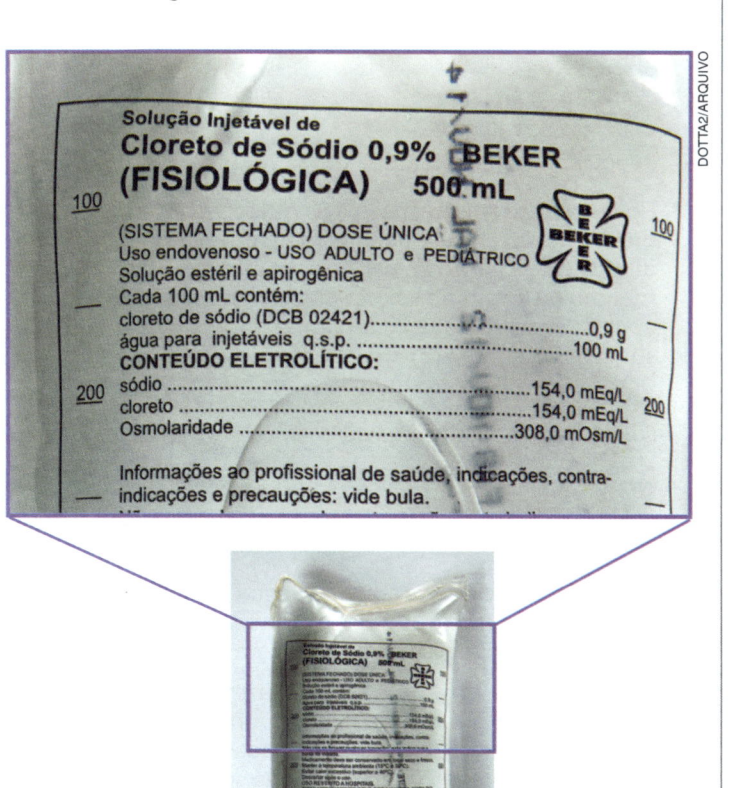

Bolsa de soro hospitalar.

Observe no rótulo as informações sobre a quantidade de cloreto de sódio em relação ao volume de água. Quais são elas? Qual é o volume da solução disponível na bolsa de soro?

A água mineral sem gás é uma mistura homogênea que contém, além da água, espécies como os íons hidrogenocarbonato, cloreto, sódio, cálcio, bário, magnésio, fosfato, nitrato e potássio. Observe, abaixo, a composição química que aparece no rótulo de uma água mineral. A relação entre a massa de sódio e o volume da solução é a concentração de íons sódio na mistura, em mg/L.

Composição química em mg/L:

Hidrogenocarbonato	2,98	Cloreto	0,01
Sódio	0,662	Magnésio	0,033
Potássio	0,499	Sulfato	0,02
Cálcio	menor que 0,5	Nitrato	0,17

Características físico-químicas: pH a 20 °C:
Temperatura da água na fonte   22 °C
Resíduo de evaporação a 180 °C   10 mg/L

Geralmente, o rótulo das garrafas de água mineral informa a relação entre as massas dos sais ou dos íons dissolvidos e o volume da água mineral, como se observa na tabela acima. (A tabela é reprodução de parte de um rótulo.)

> O **soro caseiro** é indicado contra a desidratação em casos de emergência. Preparado com 1 L de água filtrada e fervida por 5 min, 1 colher de café rasa de sal (3,5 g) e 2 colheres de sopa de açúcar (20 g), ele dura 24 horas. O Ministério da Saúde disponibiliza o soro de reposição oral em postos de saúde e em unidades da rede Farmácia Popular, pois o preparo inadequado do soro caseiro pode ter consequências indesejáveis, agravando o estado de saúde da pessoa desidratada.

1. Um indivíduo hospitalizado precisa tomar um soro com indicação 0,9% em massa de cloreto de sódio. Se o soro acabar e uma enfermeira colocar um punhado de sal na água destilada de um frasco de 1 litro, ela poderá substituir o soro industrializado pela solução obtida? Por quê?

2. O que significa dizer que a solução de cloreto de sódio tem concentração 0,9% em massa?

3. Se for administrado a um paciente, via intravenosa, 0,5 L desse soro hospitalar, quantos gramas de NaCl ele receberá?

4. A concentração de sódio indicada no rótulo de água mineral acima é de 0,662 mg/L. Qual é a massa de sódio ingerida por um indivíduo que bebe 2 litros dessa água?

Você já deve conhecer algumas formas de exprimir a concentração, e, neste capítulo, verá casos bastante frequentes no dia a dia. Vamos analisar, por exemplo, o que significa dizer que uma água fluoretada tem 0,7 ppm de flúor, ou que um vinagre tem acidez de 6%, ou ainda que o ar em uma região tem concentração de ozônio superior a 200 microgramas por metro cúbico.

Concentração: convenção

Com base nos exemplos analisados até aqui, você deve ter concluído que, além de saber quais substâncias uma solução contém, é importante conhecer a concentração dessas substâncias na solução. Você provavelmente já sabe que há duas formas de exprimir concentração: em g/L e em mol/L. Vamos retomar tais conceitos e estudar outras maneiras de expressar a relação entre quantidades de soluto e solução ou de soluto e solvente.

Para facilitar nossas indicações, vamos adotar a seguinte representação:
- índice 1: soluto
- índice 2: solvente
- sem índice: solução

Por exemplo:

massa de soluto: $m_1 = 5$ g

quantidade de matéria (mol) de solvente: $n_2 = 5$ mol

volume da solução: $V = 1$ L

Porcentagem (p%) e título (τ) em massa

Agora, vamos estudar o que significa um valor de porcentagem como o que apareceu na abertura do capítulo (0,9% de NaCl no frasco de soro contendo 500 mL), porém consideraremos outro tipo de produto: o vinagre. O ácido acético é um composto orgânico presente no vinagre.

Em certos rótulos de vinagre, costuma aparecer a indicação "acidez 6%". O que significa isso?

Significa que cada 100 g da solução contém 6 g de ácido acético (soluto). Portanto, cada 100 g de solução contém 94 g de H_2O (solvente).

Em 500 g da solução, teremos 5 vezes mais soluto e solvente do que em 100 g. Então:

Soluto: $(5 \cdot 6)$ g de $H(CH_3COO) = 30$ g de $H(CH_3COO)$
Solvente: $(5 \cdot 94)$ g de $H_2O = 470$ g de H_2O

De outra forma:

$$500 \text{ g} \longrightarrow 100\% \text{ (solução)}$$
$$m_1 \longrightarrow 6\% \text{ (solução)}$$
$$m_1 = 30 \text{ g}$$

Note que a relação $\frac{m_1}{m}$ independe da amostra considerada. Ou seja, se considerarmos uma amostra de 100 g ou de 500 g ou de 1 kg de solução, obteremos a mesma relação – adimensional, isto é, um número puro, sem unidade – o **título** da solução.

> **Título** (em massa) de uma solução, representado por τ, é a relação entre as massas do soluto (m_1) e a massa total da solução ($m = m_1 + m_2$).
>
> $$\tau = \frac{m_1}{m} \text{ (sem unidade)}$$

Assim como o título, a porcentagem em massa de soluto também independe da amostra, já que, se a massa da amostra (solução) for maior, a massa do soluto será, também, proporcionalmente maior.

Traduzindo o que dissemos para relações matemáticas, temos:

$$\frac{m_1}{m} = \frac{6 \text{ g}}{100 \text{ g}} = \frac{0,06 \text{ kg}}{1 \text{ kg}} = \frac{30 \text{ g}}{500 \text{ g}} = 0,06$$

mas $0,06 = \frac{6}{100} \longrightarrow 6\%$ em massa

Generalizando, podemos dizer que:

> A **porcentagem em massa (p%)** expressa uma relação porcentual entre a massa do soluto e a massa da solução:
>
> $$p\% = \frac{m_1}{m} \cdot 100\% \quad \text{ou} \quad \boxed{p\% = \tau \cdot 100\%}$$

Atividades

1. Uma solução de ácido clorídrico cuja massa é 500 g tem 36% de HCl. Calcule a massa de água na solução.

2. Suponha que se acrescentem 500 g de água à solução referida na questão anterior. Com relação à nova solução, dê o valor da:
   a) massa de HCl;
   b) massa de água;
   c) massa de solução;
   d) porcentagem em massa;
   e) relação entre as porcentagens em massa de solução antes e após a diluição.

3. Com base em suas respostas às questões anteriores, indique a relação entre a porcentagem em massa da solução diluída e da solução inicial, ou seja, diga quantas vezes aumentou ou diminuiu a porcentagem em massa da solução após a massa da solução ter aumentado **x** vezes. Explique sua resposta.

4. Que massa de água devemos acrescentar a 9,0 g de NaOH sólido para preparar uma solução 15% em massa?

5. Se 300 g de solução de KOH têm concentração 10% em massa, calcule:
   a) a massa de KOH;
   b) a massa de água.

6. Suponha que se queira adicionar água à solução do exercício anterior de modo que ela passe a ter concentração 2,5% em massa. Que massa de água deverá ser acrescentada?

   Sugestão: Faça dois quadros; no primeiro, represente os dados da solução inicial **A** e, no segundo, os dados da solução **B** (depois da diluição). Em cada quadro indique m_1 (massa do soluto), m (massa total da solução) e m_2 (massa do solvente). Qual desses valores permanece inalterado?

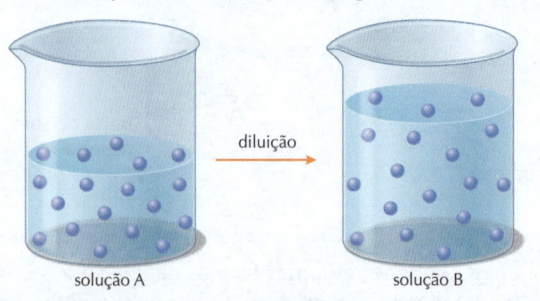

solução A → diluição → solução B

A diluição da solução **A** (mais concentrada), originando a solução **B** (menos concentrada), não altera a quantidade de soluto. Lembre-se: as bolinhas representam moléculas ou íons que não são visíveis. Trata-se apenas de uma representação do que ocorre no mundo invisível.

Densidade de uma solução

Você já deve estar bastante familiarizado com o conceito de densidade. Vamos agora retomá-lo e analisar suas implicações no estudo das soluções.

Quando estudamos as propriedades das substâncias, vimos que a **densidade**, ou melhor, a **massa específica**, é uma entre as propriedades que podemos adotar para caracterizar uma substância. Relembrando com alguns exemplos:

Densidade da água líquida:

$$d_{H_2O(l)} = 0,9970 \text{ g/cm}^3 \approx 1 \text{ g/cm}^3 = 1 \text{ kg/L (a 25 °C, 101 325 kPa)}$$

Densidade do mercúrio líquido:

$$d_{Hg(l)} = 13,5336 \text{ g/cm}^3 \approx 13,5 \text{ g/cm}^3 = 13,5 \text{ kg/L (a 25 °C, 101 325 kPa)}$$

Esses valores podem ser assim interpretados:
- cada litro de água líquida tem massa aproximada de 1 quilograma;
- cada litro de mercúrio líquido tem massa aproximada de 13,5 quilogramas.

A densidade de um material qualquer, inclusive de uma solução, pode ser calculada pela relação $\frac{m}{V}$.

$$d = \frac{m}{V} \quad \begin{array}{l} m\text{: massa da solução} \\ V\text{: volume da solução} \end{array}$$

Mas é preciso ficar atento ao seguinte: a **densidade não é uma forma direta de exprimir concentração**; a **densidade da solução** relaciona a massa total da solução (massa do soluto + massa do solvente) com o volume dessa solução. Já as diversas formas de exprimir a concentração de uma solução relacionam quantidades de soluto com quantidades de solução. Apesar disso, a densidade de uma solução depende de sua concentração, como veremos adiante.

A relação entre concentração de uma solução e sua densidade pode ser entendida com um exemplo comum do nosso cotidiano: considere uma mistura de etanol com gasolina (gasool), cuja densidade é variável de acordo com a proporção etanol/gasolina. A mistura dessas duas substâncias contendo aproximadamente 22% de etanol (em volume) vem sendo usada no Brasil como combustível de automóveis. O controle dessa composição é feito com o uso do densímetro (veja as fotos **A** e **B** ao lado).

O densímetro é um instrumento que permite medir a densidade de um líquido. Quanto mais denso for o líquido, menos o densímetro afundará nele e maior será o valor da densidade lida.

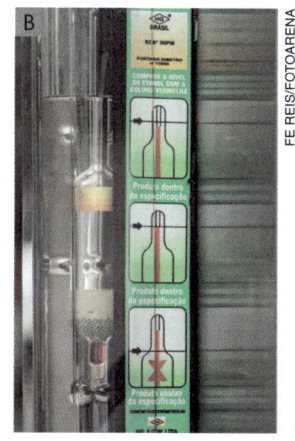

A rigor, para líquidos, ao mencionar o valor da densidade, devemos indicar também a temperatura e a pressão em que essa densidade foi determinada.

Vamos analisar um exemplo numérico que nos permite relacionar uma forma de exprimir concentração (no caso, porcentagem em massa) com a densidade da solução.

Considere duas soluções de HCl(aq):

Solução **A**: 20% $d_A \longrightarrow$ 1,1 g/mL

Como essa solução tem densidade 1,1 g/mL, podemos concluir que cada 1 mL de solução tem massa 1,1 g:

Se $V_A = 1$ mL $\longrightarrow$ $m_A = 1,1$ g (solução a 20%)

Como a porcentagem em massa é 20%, podemos escrever:

solução   soluto
100 g ——— 20 g
1,1 g ——— m_{1A}

$m_{1A} = 0,22$ g (soluto) $m_{2A} = 0,88$ g (solvente) $m_A = 1,1$ g (solução)

Interpretação dos resultados:

Cada 1 mL da solução **A** tem massa 1,1 g, sendo 0,22 g de soluto e 0,88 g de solvente.

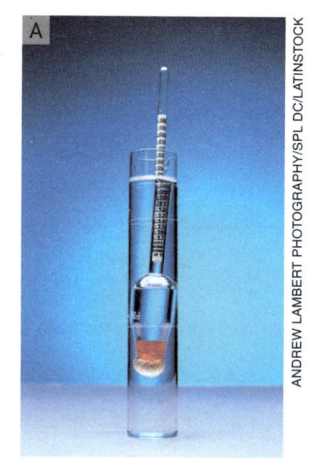

Os densímetros são usados, por exemplo, para detectar se a gasolina das bombas de combustível (mistura etanol-gasolina) está dentro das especificações técnicas. Uma indicação junto à bomba permite que o usuário saiba até que nível do densímetro o produto está de acordo com a especificação.

Solução **B**: 40% $d_B \longrightarrow$ 1,2 g/mL

Pode-se fazer o mesmo raciocínio: Se d_B = 1,2 g/mL, cada 1 mL de solução tem massa 1,2 g.

Se V_B = 1 mL $\longrightarrow$ m_B = 1,2 g (solução a 40%)

Como a porcentagem em massa é 40%, temos:

solução	soluto
100 g	40 g
1,2 g	m_{1B}

m_{1B} = 0,48 g (soluto)
m_{2B} = 0,72 g (solvente)
m_B = 1,2 g (solução)

Cada 1 mL da solução **B** tem 1,2 g de massa, sendo 0,48 g de soluto e 0,72 g de solvente.

Note que uma solução mais concentrada que outra (com porcentagem em massa mais alta do que outra) tem também densidade mais alta que a outra (menos concentrada).

Atividades

1. Considere a afirmação: "A densidade de uma solução é uma forma de exprimir concentração semelhante à porcentagem em massa ou à concentração em g/L". Ela é verdadeira? Justifique sua resposta.

Para resolver os exercícios de 2 a 8, baseie-se no seguinte: uma solução de um sal em água tem densidade 1,2 g/mL. Ela foi obtida com a dissolução de 120 g de soluto em água suficiente para formar 0,6 L de solução.

2. Calcule a massa de 1 L dessa solução.

3. Exprima sua densidade em g/L.

4. Calcule a massa de 0,6 L dessa solução.

5. Calcule a massa de água em 0,6 L dessa solução.

6. Calcule a porcentagem de soluto nessa solução.

7. Calcule a massa de soluto em gramas para 1 L de solução, isto é, a concentração em g/L.

8. Explique por que dizer que a densidade vale 1,2 g/mL é diferente de dizer que a concentração vale 1,2 g/mL.

9. Um frasco contém uma solução de ácido sulfúrico concentrado, representada por H_2SO_4 (conc.); no rótulo dessa solução existem as seguintes informações: densidade 1,84 g/mL e 96% em massa. Calcule a massa, em gramas, de H_2SO_4 em 1 L de solução.

10. Suponha que um técnico de laboratório, usando a solução de ácido sulfúrico mencionada no exercício anterior, precise exprimir a concentração em g/L e em mol/L. Ele dispõe do valor da massa molar do H_2SO_4: 98 g/mol. Que valores, em g/L e em mol/L, ele encontrará?

QUESTÕES COMENTADAS

Para resolver os exercícios 11 e 12, baseie-se no seguinte: uma solução aquosa de NaOH tem 20% em massa de soluto e densidade 1,22 g/cm³.

11. Qual a massa de NaOH em 100 cm³ dessa solução?

Sugestão de resolução

Se d = 1,22 g/cm³:

1 000 cm³ de solução —— 1 220 g de solução

100 cm³ de solução —— 122 g de solução

Portanto:

100% —— 122 g
20% —— x x = 24,4 g

Como a solução tem 20% em massa, 100 cm³ de solução têm 24,4 g de soluto.

12. A amostra do exercício anterior é levada à fervura até que a porcentagem de NaOH passe a 30%. Quanto de água foi evaporado?

Sugestão de resolução

Com base na questão anterior, tínhamos que:

100 cm³ de solução:

m_i = 122 g solução $\longrightarrow$ 24,4 g de NaOH

Com a evaporação, a massa de soluto não se altera. Então:

24,4 g —— 30% m_f = 81,33 g
m_f —— 100%

Mas, sendo m_i = 122 g e m_f = 81,33 g, evaporaram 122 g − 81,33 g = 40,67 g de H_2O.

Concentração em g/L

Você já deve conhecer o significado da concentração em g/L introduzida no capítulo 9, Parte 1. Vamos retomar essa forma de exprimir concentração, pois se trata de uma das mais usadas.

É possível que, ao resolver o exercício 1 desta página, você tenha relembrado o conceito de concentração de uma solução em g/L. Vamos analisar outro exemplo.

Se um balão volumétrico de 1 L contém 10,6 g de carbonato de sódio (Na_2CO_3), pode-se dizer que a concentração da solução é igual a 10,6 g/L. Mas, e se transferirmos 200 mL (0,2 L) dessa solução para um béquer, qual será a concentração da solução? Reflita: se a solução que está no balão e no béquer é exatamente a mesma, a concentração em um recipiente também será igual à concentração no outro. O que há de diferente entre a solução do balão e a do béquer? A diferença está na quantidade de soluto e no volume da solução.

Analise estas relações:

Balão

$m_1 = 10{,}6$ g $\qquad V = 1$ L

Béquer

$m_1' = \dfrac{10{,}6 \text{ g}}{5} = 2{,}12$ g $\qquad V' = \dfrac{1 \text{ L}}{5} = 0{,}2$ L

$$\dfrac{m_1}{V} = \dfrac{10{,}6 \text{ g}}{\text{L}} = \dfrac{2{,}12 \text{ g}}{0{,}2 \text{ L}} = 10{,}6 \text{ g/L}$$

A interpretação dessas informações permite dizer que em 0,2 L de solução há 2,12 g de soluto, e isso equivale a dizer que, para cada 1 L de solução, há 10,6 g de soluto.

Generalizando:

A concentração em gramas/litro, C, indica a massa de soluto presente em cada litro de solução.

Matematicamente, a concentração pode ser indicada por:

$$C = \dfrac{m_1}{V}$$

m_1: massa de soluto em gramas
V: volume da solução em litros

Atividades

Os exercícios 1 e 2 baseiam-se nesta informação: certo vinagre contém 3% em massa de ácido acético; sua densidade é de 1 g/mL.

1. Calcule a concentração desse vinagre em g/L.

2. Uma receita culinária requer 1,5 g de ácido acético. Que volume desse vinagre equivale à massa de ácido necessária?

Frasco de vinagre (ácido acético com baixa concentração).

Os exercícios de 3 a 7 baseiam-se nesta informação: quando está na sua forma "pura", o ácido acético é chamado de glacial, pois se solidifica a 16,7 °C, assumindo aspecto de gelo em temperatura próxima à do ambiente. Uma solução de ácido acético glacial cuja densidade é 1,04 g/mL tem 99,8% em massa de ácido acético.

3. Qual é a massa de ácido acético em 200 mL dessa solução?

4. Uma ginecologista precisa de uma solução de ácido acético a 3% (**massa por volume**). Ela usará essa solução para realizar uma colposcopia, procedimento através do qual se retira material do colo do útero da paciente para análise; a solução facilita a inserção no canal vaginal do equipamento usado no exame. Determine o volume final da solução ginecológica a ser preparada partindo de 200 mL do ácido acético glacial e o volume de água que deve ser adicionado para obter essa solução.

5. Qual é a massa final da solução de ácido acético 3% (m/V) obtida a partir de 200 mL do ácido glacial? Admita que a densidade da água líquida é 1,0 g/mL e explique os cálculos envolvidos.

6. Com a diluição do ácido acético glacial, sua concentração fica reduzida. Qual é a relação entre a concentração inicial e a concentração final de ácido acético?

7. Nessa operação de diluição, estabeleça uma relação entre as concentrações (inicial e final) das soluções de ácido acético e seus volumes (inicial e final).

8. Tem-se 0,5 L de uma solução cuja concentração em NaOH é de 80 g/L. Deseja-se fazer com que a concentração da solução passe a 20 g/L. Para isso, calcule:
a) a massa de NaOH disponível na solução inicial;
b) a massa final de NaOH após a diluição;
c) o volume final da solução;
d) o volume de água a ser acrescentado.

Concentração em mol/L

Analise o esquema abaixo, que representa o preparo de uma solução de concentração conhecida para rever o conceito de concentração em mol/L, que você provavelmente já conhece.

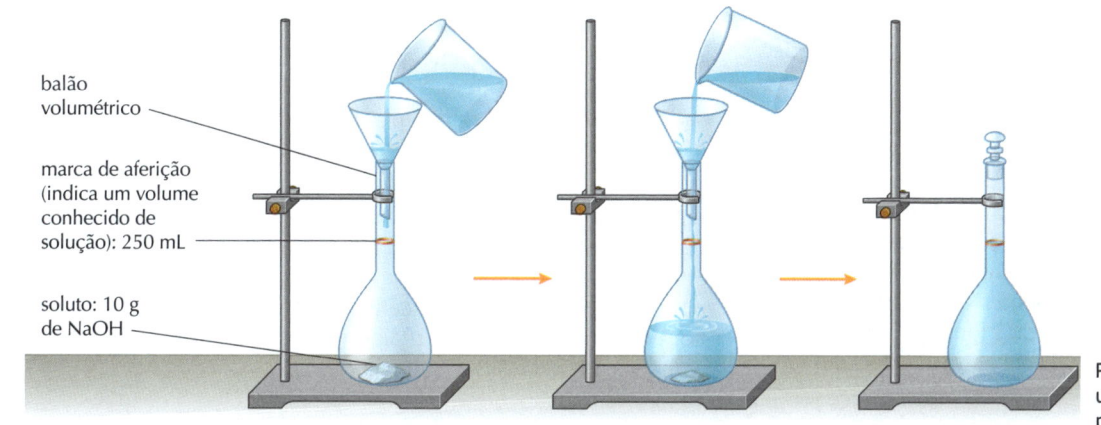

balão volumétrico

marca de aferição (indica um volume conhecido de solução): 250 mL

soluto: 10 g de NaOH

Preparação de 250 mL de uma solução de NaOH a partir de 10 g de soluto.

Qual é a quantidade de hidróxido de sódio (NaOH), em mol, presente em 250 mL de solução? Essa quantidade de soluto corresponde aos 10 g de NaOH que foram dissolvidos, ou seja:

$M_{NaOH} = 40$ g/mol $\longrightarrow$ $n_{NaOH} = \dfrac{10 \text{ g}}{40 \text{ g}}$ mol $= 0{,}25$ mol de NaOH

Essas informações podem ser assim interpretadas:

A mistura contém 0,25 mol de NaOH em 250 mL (0,25 L) de solução, o que equivale a 1 mol de NaOH para cada litro de solução. Dizemos então que a solução tem concentração 1 mol/L.

> **A concentração em quantidade de matéria, *c*,** indica a quantidade de matéria (em mol) de soluto presente em cada litro de solução.
>
> Matematicamente, o conceito pode ser traduzido pela expressão:
>
> $$c = \dfrac{n_1}{V} \quad \dfrac{\text{mol}}{\text{L}}$$

Adota-se, também, o símbolo [ ] para indicar a concentração em mol/L de uma espécie química. Por exemplo, [H^+] refere-se à concentração em mol/L de íons H^+ em uma solução.

A concentração em mol/L refere-se à quantidade de matéria (mol) de soluto por volume de solução, expresso em litros.

Observações

- É possível que você ainda encontre, como sinônimos de **concentração em mol/L**, as expressões **concentração molar** e **molaridade** ($\mathcal{M}$), às quais está associada a unidade **molar** (equivalente a mol/L). Mas essas duas expressões são consideradas obsoletas e devem ser abandonadas.
- Embora em Química, nas formas de exprimir concentração mais comuns, adote-se como unidade de volume o litro (L), de acordo com o Sistema Internacional (SI) as unidades de volume devem ser expressas em m^3 ou dm^3 (equivalente ao litro).

Atividades

1. Uma solução de ácido sulfúrico diluído tem concentração 0,2 mol/L. Explique o que isso quer dizer.

2. No rótulo de uma garrafa de água mineral, leem-se as informações reproduzidas na tabela ao lado.

   Qual é a concentração de fluoreto de sódio em mol · L^{-1}?

   Dado: Massa molar do NaF = 42 g · mol^{-1}.

3. Baseie-se no exercício anterior e calcule a concentração em mol/L de íons Mg^{2+} e de íons HCO_3^- na água mineral mencionada. Massa molar do $Mg(HCO_3)_2$ = 146 g/mol.

Conteúdo: 1 litro	
Sais minerais	Composição
hidrogenocarbonato de magnésio	15,30 mg
hidrogenocarbonato de potássio	10,20 mg
hidrogenocarbonato de bário	0,04 mg
fluoreto de sódio	0,80 mg
cloreto de sódio	7,60 mg
nitrato de sódio	17,00 mg

Conexões

Química e Biologia – Cálcio: um elemento importante em nosso organismo

Para que nosso organismo funcione de maneira saudável, os rins e os intestinos devem manter controladas as concentrações de uma série de espécies presentes no sangue. Vamos analisar o caso dos íons cálcio (Ca^{2+}).

Um adulto armazena no organismo entre 1 kg e 2 kg de cálcio, 99% dele depositado nos ossos e dentes. Parte dos íons Ca^{2+} presente nos ossos, na forma de compostos insolúveis, participa constantemente de trocas com o sangue que chega aos tecidos ósseos e sai deles; ou seja, parte do cálcio acumulado nos ossos passa ao plasma sanguíneo; ao mesmo tempo, íons Ca^{2+} presentes no sangue chegam aos tecidos ósseos, integrando-se a eles, compensando os íons Ca^{2+} que haviam deixado os ossos. Para conservar a concentração ideal dos íons Ca^{2+} próxima de 9 mg/100 mL de sangue, nosso metabolismo retira cálcio dos ossos e volta a depositá-lo neles.

Além de sua importância na formação e manutenção de ossos e dentes, o cálcio é fundamental na coagulação do sangue, na transmissão de impulsos nervosos, na contração e no relaxamento muscular e na regulação do ritmo cardíaco.

O controle do teor de cálcio no sangue é feito pelas glândulas paratireoides e pela tireoide. Quando a concentração de Ca^{2+} no plasma sanguíneo fica baixa, as glândulas paratireoides atuam no sentido de aumentá-la, retirando cálcio dos ossos; por outro lado, quando essa concentração fica alta, a calcitonina, hormônio produzido pela tireoide, é capaz de baixá-la, graças à deposição de íons Ca^{2+} pelos ossos.

O excesso de cálcio no organismo pode levar à formação de cálculos renais, como veremos no capítulo 21.

Na tabela a seguir, você dispõe de informações relativas às diferentes necessidades de ingestão de cálcio, de acordo com as fases da vida. No entanto, não basta que a alimentação contemple alimentos ricos em cálcio, como vegetais, leite e seus derivados, pois, para que ele seja absorvido, o organismo requer a participação da vitamina D, que pode ser obtida expondo a pele aos raios ultravioleta emanados pelo Sol. Isso explica por que é importante tomar sol, principalmente no caso de crianças e idosos – estes especialmente sujeitos à osteoporose, doença que você vai conhecer a seguir. Devemos lembrar, entretanto, que, para a saúde da pele, o sol do início da manhã ou do final da tarde é o mais adequado.

A tabela a seguir permite compreender as diferentes necessidades de ingestão de cálcio, conforme o sexo e a faixa etária e na gravidez.

Recomendações de ingestão de cálcio (em mg/dia) por faixa etária e na gravidez		
Faixa etária	Sexo masculino	Sexo feminino
0-6 meses – 210	9-13 anos – 1300	9-13 anos – 1300
7-12 meses – 270	14-18 anos – 1300	14-18 anos – 1300
1-3 anos – 500	19-50 anos – 1000	19-50 anos – 1000
4-8 anos – 800	51 a > 70 anos – 1200	51 a > 70 anos – 1200
		Gravidez – 1000

Fonte: DIETARY Reference Intakes (DRI). *Recommended Intakes for Individuals, Elements*. 2001. Disponível em: <https://hospitalsiriolibanes.org.br/sua-saude/Paginas/falta-calcio-pode-causar-danos-osseos-musculares.aspx>. Acesso em: 15 mar. 2018.

> Até os 18 anos, nosso organismo necessita de grande quantidade de cálcio em relação ao peso – é a época de acelerado crescimento e de armazenamento de cálcio para suprir as perdas em outras fases da vida.

A questão da osteoporose

A osteoporose, doença que provoca o enfraquecimento dos ossos, afeta milhões de brasileiros, principalmente mulheres na menopausa. A perda de massa óssea é normal, especialmente após os 35-40 anos, mas, mesmo antes do fim dos ciclos menstruais, as mulheres têm, em média, uma perda mais acentuada que a dos homens.

> **Menopausa:** período fisiológico após a última menstruação espontânea da mulher, espaço de tempo em que estão sendo encerrados os ciclos menstruais e ovulatórios; o início da menopausa só pode ser considerado após um ano do último fluxo menstrual, uma vez que, durante esse intervalo, a mulher ainda pode, ocasionalmente, menstruar.

O gráfico a seguir permite que você analise a diferença entre homens e mulheres, quanto à perda de massa óssea ao longo da vida.

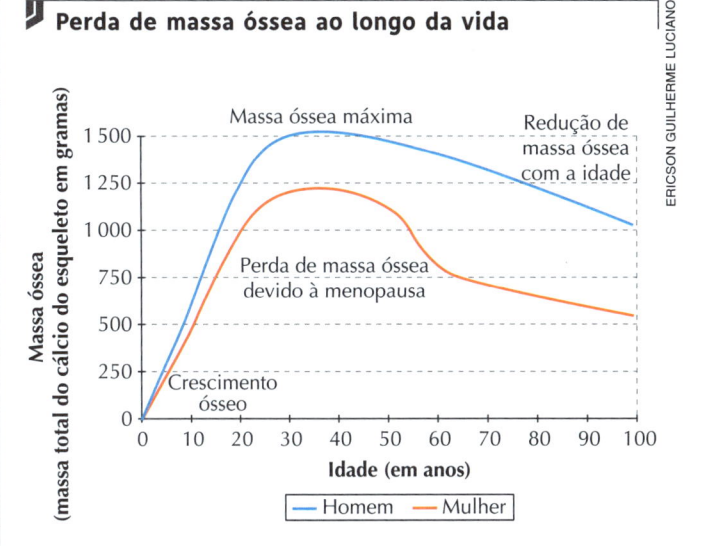

Perda de massa óssea ao longo da vida

Fonte: BEANTOWNPHYSIO. *Osteoporosis*. Disponível em: <http://www.beantownphysio.com/pt-tip/archive/osteoporosis.html>. Acesso em: 15 mar. 2018.

Repare que o pico de massa óssea, isto é, a quantidade máxima de massa óssea armazenada, é maior para homens do que para mulheres. Além disso, em média, a partir de 40 anos, as mulheres têm uma perda de cálcio relativa mais intensa do que a dos homens, e isso ocorre por um período de tempo maior que no caso do sexo masculino.

Veja na tabela abaixo os alimentos com maior teor de cálcio.

Alimentos com maior teor de cálcio	
Alimentos	Quantidade de cálcio (mg)
Iogurtes (iogurte desnatado: 245 g)	488
Leite de vaca (leite desnatado: 300 mL)	300
Queijos (*cottage*: 30 g)	153
Castanha ou nozes (castanha-do-pará: 70 g)	123
Leguminosas (feijão: 1 concha, 100 g)	60
Folhosos (couve cozida: 20 g)	25
Derivados de soja (tofu: 120 g)	138

Fonte: DIETARY Reference Intakes (DRI). *Recommended Intakes for Individuals*. 2001. Disponível em: <https://hospitalsiriolibanes.org.br/sua-saude/Paginas/faltacalcio-pode-causar-danos-osseos-musculares.aspx>. Acesso em: 15 mar. 2018.

Castanha-do-pará: boa fonte de cálcio.

> Conexões

1. Qual é a massa aproximada de cálcio em um organismo humano adulto?

2. Se a massa molar do cálcio é 40 g/mol, qual é a quantidade de matéria equivalente a esse total de cálcio?

3. Por que a adequada concentração de cálcio no sangue é fundamental para nosso organismo?

4. Qual é a concentração ideal de cálcio no sangue, expressa em g/L?

5. Exprima, em mol/L, o valor que você deu como resposta à questão anterior.

6. Quais são as glândulas envolvidas na manutenção da concentração do cálcio sanguíneo? Explique como elas agem.

7. Qual é a diferença essencial entre o cálcio que está no plasma sanguíneo e o dos ossos? Como se dá o intercâmbio entre essas formas de cálcio?

8. Faça uma pesquisa sobre a osteoporose e informe-se sobre os seguintes aspectos:

- fatores que predispõem um indivíduo a essa doença;
- estimativas de incidência dessa doença na população brasileira;
- hábitos que se deve manter desde a infância para evitar a doença na idade adulta;
- relação de alimentos que não devem ser ingeridos junto com os que contêm cálcio.

Consulte fontes de pesquisa confiáveis e indique-as.

No dia combinado com o professor, socialize os resultados com os colegas. Avaliem com o professor a possibilidade de organizar na escola uma pequena campanha de prevenção à osteoporose, espalhando cartazes com informações sobre a doença e dicas de prevenção.

Atividades

1. A concentração média de íons potássio (K^+) no soro sanguíneo é 0,195 g/L. Qual é a concentração em mol/L desses íons no sangue?

2. Considere soluções aquosas 10^{-3} mol/L das substâncias:

   A – nitrato de cálcio   C – fosfato de sódio
   B – nitrato de amônio   D – nitrato de sódio

   a) Qual tem maior concentração em mol/L de cátions?
   b) Qual tem maior concentração em mol/L de ânions?
   c) Quais têm iguais concentrações de um mesmo íon?
   d) Quais as concentrações de íons NO_3^- das soluções A e B?

3. Considere 500 mL de solução 0,2 mol/L de hidróxido de sódio (NaOH) e 300 mL de solução 1 mol/L do mesmo soluto. Qual é a concentração (mol/L) da solução obtida pela mistura das duas soluções?

   Sugestão: Comece calculando a quantidade de NaOH existente em cada solução. Considere o volume da solução obtida como a soma dos volumes das soluções iniciais. Aliás, em caso de misturas de soluções em que não há informação sobre o volume final, podemos sempre fazer tal tipo de aproximação.

4. A 200 mL de uma solução 0,1 mol/L de $Ba(NO_3)_2$ são adicionados 200 mL de uma solução 0,8 mol/L de KNO_3. Com relação à solução final, calcule:

   a) a quantidade de matéria de Ba^{2+}.
   b) a quantidade de matéria de K^+.
   c) a quantidade de matéria de NO_3^-.
   d) a concentração em mol/L de Ba^{2+}.
   e) $[K^+]$.
   f) $[NO_3^-]$.

5. (UFMG) Considere as seguintes soluções aquosas que contêm íons sódio (Na^+) e outros íons.

NaCl	0,1 mol/L	1 L
NaOH	0,1 mol/L	0,1 L
Na_2CO_3	0,05 mol/L	2 L
Na_2SO_4	0,1 mol/L	0,5 L
Na_3PO_4	0,05 mol/L	0,1 L

A solução que tem a maior concentração de íons Na^+ é:
a) NaCl
b) NaOH
c) Na_2CO_3
d) Na_2SO_4
e) Na_3PO_4

Você pode resolver as questões de 1 a 7, 9, 11, 12, 16 e 24 da seção Testando seus conhecimentos.

Conexões

Química e comportamento – Tratamento dos cabelos

O soluto da água oxigenada, solução bastante conhecida, é o peróxido de hidrogênio (H_2O_2). Pelo fato de o composto H_2O_2 ser solúvel em água em qualquer proporção, a solução é comercializada em diversas concentrações, o que permite escolher a mais adequada a cada uso.

As soluções de baixa concentração têm sido empregadas em hospitais como antissépticos, sendo úteis na desinfecção de equipamentos e ambientes hospitalares, por exemplo. Até algumas décadas atrás, o uso de água oxigenada era indicado para a limpeza doméstica de ferimentos, porque ela se decompõe rapidamente quando entra em contato com a catalase, enzima encontrada no sangue e na maioria dos tecidos do corpo humano, liberando oxigênio. Hoje a recomendação é lavar o ferimento com água e sabão.

As soluções mais concentradas são empregadas como agentes branqueadores, por exemplo, na indústria têxtil.

Em salões de beleza, a água oxigenada é usada para descolorir cabelos, preparando-os para a aplicação de tintura. Como o meio básico torna o peróxido de hidrogênio um oxidante mais eficaz, a água oxigenada é usada em mistura com a amônia para atacar os corantes naturais do cabelo, como a melanina (quanto mais escuro o cabelo, maior seu teor de melanina).

Cabelo liso ou cabelo crespo?

Estruturas químicas determinam as diferentes ondulações dos cabelos.

De acordo com as etnias, há três tipos básicos de cabelo: afro-americano, oriental e caucasiano. Nas imagens acima, as diferenças entre os cabelos quanto à ondulação são evidentes. Que estruturas químicas explicam tais diferenças?

Diante dos apelos insistentes da mídia, é comum – especialmente entre as mulheres, mas também entre os homens – o desejo de mudar os cabelos, numa busca por igualar-se ao padrão estético exibido em comerciais, filmes, novelas, capas de revista. Com isso, muitas pessoas se submetem a tinturas, clareamentos, alisamentos e permanentes, consumindo produtos e serviços da chamada indústria da beleza.

Em alisamentos e permanentes, inicialmente é preciso empregar um agente químico redutor que destrua ligações S — S da proteína natural dos fios de cabelo, a queratina. Essa ligação, chamada de dissulfeto (veja, ao lado, esquema representativo das ligações na queratina em que são visíveis as ligações S — S), é a responsável pela diversidade de tipos de cabelo verificada entre a população brasileira, produto de nossa multiplicidade de origens e etnias.

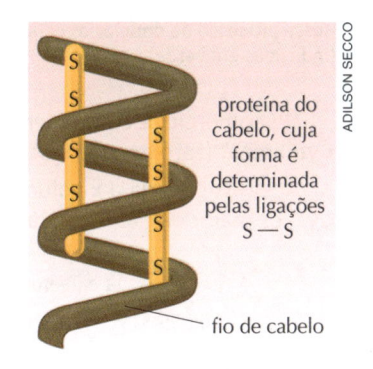

proteína do cabelo, cuja forma é determinada pelas ligações S — S

fio de cabelo

O tipo de cabelo é definido pelas ligações S — S.

... — CH_2 — S — S — CH_2 ... ... CH_2 — SH HS — CH_2 ...
... — CH_2 — S — S — CH_2 ... ... CH_2 — SH HS — CH_2 ...
... — CH_2 — S — S — CH_2 ... $\xrightarrow{\text{agente redutor}}$ ... CH_2 — SH HS — CH_2 ...
... — CH_2 — S — S — CH_2 ... ... CH_2 — SH HS — CH_2 ...
... — CH_2 — S — S — CH_2 ... ... CH_2 — SH HS — CH_2 ...

cadeias carbônicas no cabelo natural (unidas por ligações S — S)

cadeias carbônicas no cabelo "preparado" para o alisamento ou a permanente (separadas, com ligações S — S rompidas)

Capítulo 14 • Unidades de concentração

Conexões

No caso do alisamento, o que ocorre está mostrado esquematicamente na figura ao lado.

Tanto para clarear os cabelos quanto para fazer permanentes, é possível recorrer à água oxigenada como agente oxidante. No caso da permanente, após a ação do redutor, quando ligações S — S foram desfeitas, o cabelo é enrolado com bigudis (veja foto abaixo).

Depois disso, é aplicado o chamado "neutralizador" contendo H_2O_2, que faz o papel contrário: as ligações S — S são restabelecidas.

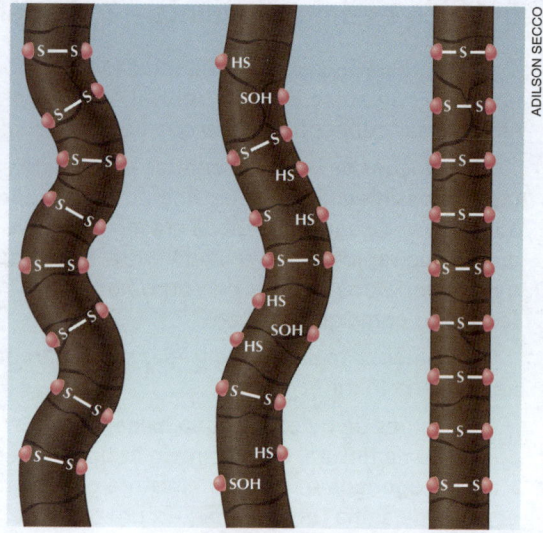

À esquerda, estrutura simplificada de uma proteína de fio de cabelo crespo, com várias pontes S — S; ao centro, representação do que acontece depois que o cabelo é submetido à ação de um redutor, com ligações S — S desfeitas; à direita, a estrutura após o alisamento.

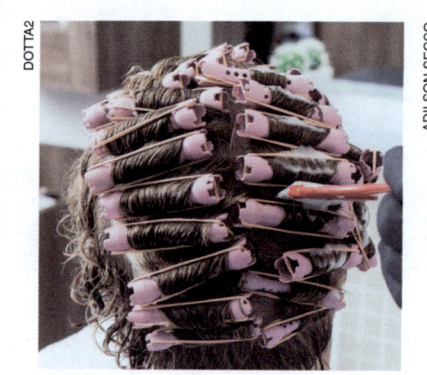

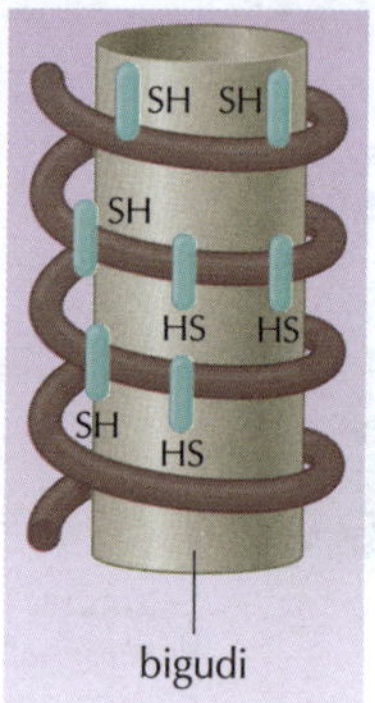

Formam-se ligações S — H próximas umas das outras.

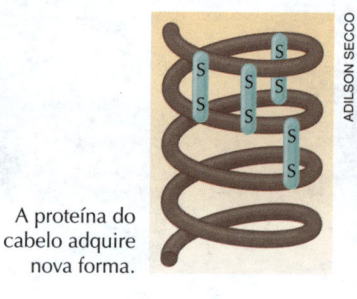

A proteína do cabelo adquire nova forma.

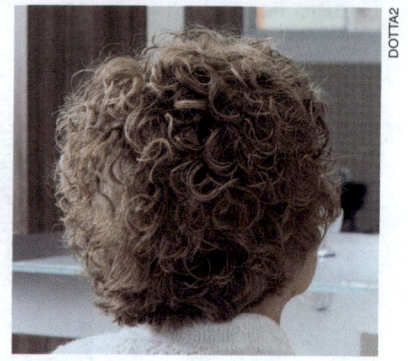

O cabelo é embebido com um agente oxidante.

Nesse processo de ondular os cabelos, as ligações S — S são rompidas, e novas ligações são formadas (indicadas em verde).

Permanente: resultado de reações de oxirredução.

No comércio, é comum encontrarmos soluções de H_2O_2 com a indicação "água oxigenada a **x** volumes" (foto ao lado). Qual é o significado dessa indicação da concentração?

Água oxigenada a **x** volumes é a que pode liberar, pela decomposição do H_2O_2, um volume **x** vezes maior de gás O_2 a 1 atm e a 0 °C.

Água oxigenada		Volume de O_2 (1 atm, 0 °C) obtido por decomposição do H_2O_2
Volume	Concentração	
1 mL	10 volumes	10 mL
1 L	20 volumes	20 L

Frasco de água oxigenada a 20 volumes.

1. Analise as figuras em que são esquematizadas as alterações da proteína do cabelo responsáveis pelas duas etapas necessárias ao processo da permanente. O que acontece com o número de oxidação do O no H_2O_2 e do S nas ligações S — S e S — H?

2. Calcule a concentração em mol/L de uma água oxigenada a "20 volumes". Dado: volume molar a 0 °C e 1 atm: 22,4 L.

3. Como você explicaria a um leigo as diferenças entre um cabelo crespo e um liso? Por que quem tem cabelo crespo se queixa de que ele é volumoso e quem tem o cabelo liso se queixa do contrário?

QUESTÃO COMENTADA

Uma concentração de 0,4% em volume de CO no ar é letal. As pessoas não devem permanecer em locais onde haja risco de a concentração de CO atingir esse limite. Supondo que nas condições ambientes o volume molar de CO seja igual a 24 L, expresse essa concentração letal em g/L. M_{CO} = 28 g/mol.

Sugestão de resolução

Se o ar não pode conter mais do que 0,4% em volume de CO, isso significa que, de cada 100 L da mistura de gases no ar, não se pode ultrapassar 0,4 L de CO, ou: de cada 1 L de ar, não se pode ultrapassar (0,4 ÷ 100) L de CO = $4 \cdot 10^{-3}$ L de CO por litro de ar.

Como o volume molar do CO é 24 L e sua massa molar é 28 g/mol, podemos relacionar:

24 L de CO —— 28 g

$4 \cdot 10^{-3}$ L de CO/L de ar —— C

$C = 4{,}66 \cdot 10^{-3}$ g/L

Resposta: Um ambiente com $4{,}66 \cdot 10^{-3}$ g/L de CO no ar representa risco de morte para as pessoas.

Partes por milhão (ppm)

Quando a concentração de um componente numa solução é muito baixa, costuma-se expressá-la em **partes por milhão**, ou, simplesmente, **ppm**.

> A concentração em ppm indica quantas unidades de um componente há em 1 000 000, ou 10^6, unidades da mistura.

Preste atenção aos exemplos.

- Quando dizemos que uma água é imprópria para beber por ter $50 \cdot 10^{-3}$ ppm em massa de íons Pb^{2+}, queremos dizer que há $50 \cdot 10^{-3}$ g de Pb^{2+} em 10^6 g (1 t) de água. Nesse caso, trata-se de uma relação massa/massa.

  Como 10^6 g de água são 10^6 mL (pois a densidade da água é ≈ 1 g/mL), também temos, nesse caso, uma relação massa/volume, ou seja, 50 mg de chumbo para 1 000 000 mL (ou 1 000 L de água).

- Uma concentração de monóxido de carbono (CO) superior a 4,5 ppm ao longo de 8 horas compromete a qualidade do ar. Isso significa que, mantendo todos os componentes do ar nas mesmas condições de pressão e temperatura, temos: de cada 1 000 000 mol de ar, 4,5 mol são de CO.

> **Cuidado!**
>
> Quando utilizamos ppm, devemos indicar se esse tipo de expressão da concentração se refere à massa ou ao volume; porém, podemos dizer que:
>
> - para soluções gasosas, usualmente, utiliza-se ppm em volume, que também pode ser representada por ppmv; em outros casos, geralmente, utiliza-se ppm em massa;
> - em soluções aquosas, é comum indicar ppm em massa/volume, pois como se trata de soluções bastante diluídas e a densidade da água é ≈ 1 g/mL, sua massa em gramas corresponde numericamente a seu volume em mL (ou cm³); isso porque, para soluções aquosas diluídas, a densidade da solução corresponde, praticamente, à densidade da água.

No caso de baixíssimas concentrações

Além da indicação em partes por milhão, existem outras formas de exprimir concentração: micrograma por metro cúbico (µg/m³) e até mesmo parte por bilhão (ppb).

Há espécies químicas presentes no ambiente ou em organismos vivos que têm sérias consequências mesmo quando estão em baixíssimas concentrações. Alguns exemplos dessas espécies foram dados anteriormente no capítulo, como é o caso do monóxido de carbono no ar e dos íons de metais pesados, como os de chumbo, cádmio e mercúrio, na água que bebemos ou em alimentos que ingerimos. Nesses casos, essas formas de exprimir concentração tornam-se especialmente relevantes.

Atividades

1. Uma xícara de chá preto contém 0,3 mg de flúor. Se o volume de água da xícara é de 200 mL, qual é a concentração, em ppm, de flúor nessa solução?

2. Para ter uma boa qualidade do ar em relação à presença de CO, o teor desse gás não deve ser superior a 4,5 ppm. Admitindo que um fumante passivo chegue a respirar teores de 38 ppm de CO no ar, que relação existiria entre o teor de CO nesse ar e o teor de CO no ar de boa qualidade?

3. Expresse o valor 38 ppm de CO no ar em porcentagem em volume. Qual é a vantagem de utilizar a unidade ppm?

4. Uma pessoa que vivia em local sem água tratada ingeria diariamente, por orientação do dentista, um comprimido contendo 1 mg de flúor para prevenir a ocorrência de cáries. Ela mudou-se para uma cidade onde a água é tratada e contém flúor na concentração 0,7 ppm. A quantos litros de água fluoretada equivale o comprimido que ela ingeria?

*Você pode resolver as questões 8, 10, 13, 15, 20, 25, 29 e 30 da seção **Testando seus conhecimentos**.*

Diluir e concentrar uma solução

Para preparar soluções de determinada concentração a partir de uma solução de concentração conhecida, é comum que, em laboratório, se recorra a operações de diluição. Observe, abaixo, os equipamentos utilizados para fazer o procedimento de diluição.

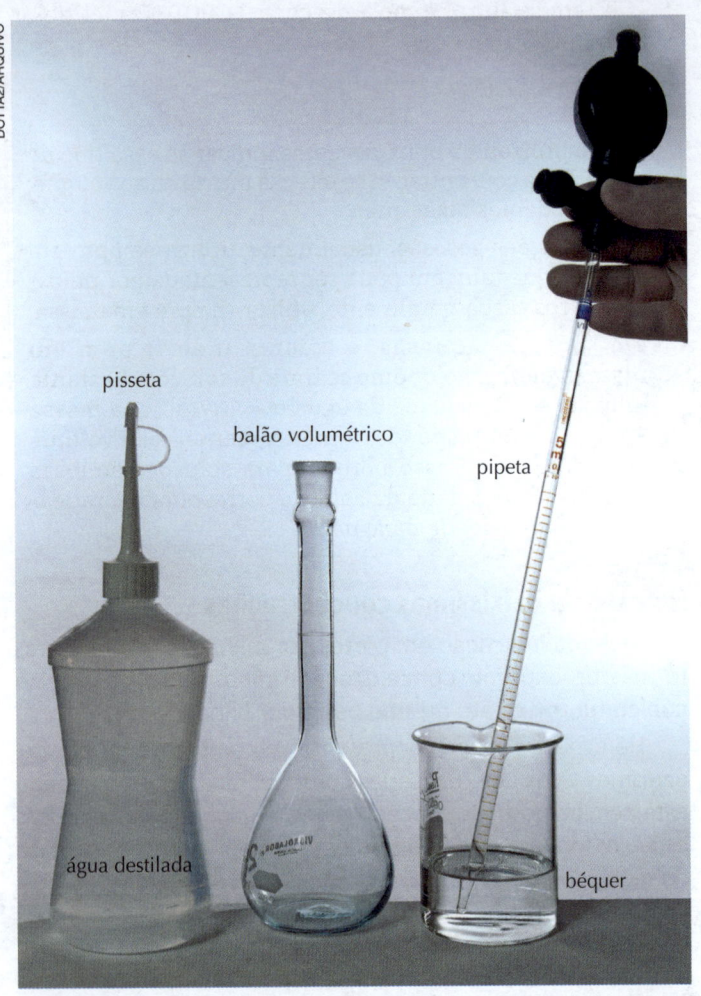

Equipamentos de laboratório utilizados para realizar operações de diluição de concentrações.

Ao resolver alguns dos exercícios que propusemos, você já raciocinou sobre os aspectos quantitativos envolvidos em processos de diluição. Revendo algumas de suas resoluções, você pode concluir que a diluição implica:

- aumento (em massa e volume) do solvente e, consequentemente, da solução;
- manutenção da quantidade de soluto (massa, quantidade de matéria); isto é, quando acrescentamos solvente a uma solução, a quantidade de soluto permanece inalterada;
- redução da concentração da solução; isto é, a relação entre as quantidades de soluto e de solução fica menor porque, apesar de a quantidade de soluto não se alterar, a quantidade do solvente e a da solução aumentam.

Mas o que ocorre em um processo desse tipo? Vamos considerar um exemplo genérico.

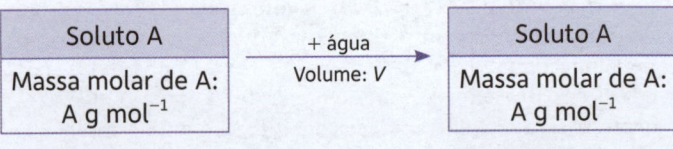

Soluto A	+ água	Soluto A
Massa molar de A: A g mol^{-1}	Volume: V	Massa molar de A: A g mol^{-1}

Solução inicial
Massa de soluto (g): m_1
Volume da solução (L): V_i
Concentração (g L^{-1}): C_i

Solução final
Massa de soluto (g): m_1
Volume da solução (L): V_f
$V_f = V_i + V$

Se, por exemplo, quisermos relacionar a concentração em g/L de ambas as soluções, teremos:

$$C_i = \frac{m_1}{V_i} \qquad C_f = \frac{m_1}{V_f}$$

Como a massa do soluto **A** (m_1) não se altera com a diluição, podemos igualar as expressões de m_1 para ambas as soluções:

$$m_1 = C_i \cdot V_i \qquad m_1 = C_f \cdot V_f$$

Podemos escrever:

$$C_i \cdot V_i = C_f \cdot V_f$$

Da expressão obtida, é possível deduzir que as concentrações das soluções, antes e depois da diluição, são inversamente proporcionais aos volumes, ou seja, quanto maior for o aumento do volume da solução – pelo acréscimo de água –, menor será a concentração da solução final.

Raciocínio semelhante poderia ser feito com a concentração em mol/L, pois, sendo a massa do soluto **A** idêntica em ambas as soluções, a quantidade de matéria, n_1, também será igual:

$$c_i = \frac{n_1}{V_i} \qquad c_f = \frac{n_1}{V_f}$$

$$n_1 = c_i \cdot V_i \qquad n_1 = c_f \cdot V_f$$

Podemos escrever:

$$c_i \cdot V_i = c_f \cdot V_f$$

Ou seja, **as concentrações** em mol/L das soluções, assim como as concentrações em g/L, **antes e depois da diluição, são inversamente proporcionais a seus volumes.**

Assim como fizemos anteriormente, usando o exemplo da concentração (em grama por litro e mol por litro), podemos pensar de maneira semelhante com relação a qualquer outra forma de exprimir concentração. Note, porém, que, mesmo sem a explicação acima, seria possível, apenas refletindo sobre os conceitos estudados até aqui, resolver problemas envolvendo a diluição (ou a concentração de uma solução por evaporação do solvente). Para isso, bastaria atentar às informações relativas ao soluto dessa solução, uma vez que, seja em um processo de diluição, seja de concentração de uma solução, todas as informações relativas à quantidade de soluto se conservam; já as que dizem respeito ao solvente e à solução se alteram e, com isso, a concentração da solução final também se altera.

Quando se evapora o solvente de uma solução para torná-la mais concentrada, o raciocínio é semelhante; a diferença está no fato de o volume da solução final ser menor que o da solução inicial.

Você pode resolver as questões 14, 17, 18, 19, 21, 23, 28, 32 e 34 da seção Testando seus conhecimentos.

Mistura de soluções

Mesmo soluto

Ao resolver alguns dos exercícios deste capítulo, você teve de lidar com misturas de duas soluções de um mesmo soluto, mas com concentrações diferentes. Com isso, você pôde:
- fazer os cálculos relativos ao soluto de cada uma das soluções que foram misturadas (massa, quantidade de matéria);
- somar esses valores, considerando que ambos os solutos estarão na solução final;
- considerar que o volume da solução final é (praticamente) a soma dos volumes das soluções misturadas;
- calcular a concentração na mistura final com base nos cálculos anteriores.

Generalizando, podemos esquematizar o raciocínio:

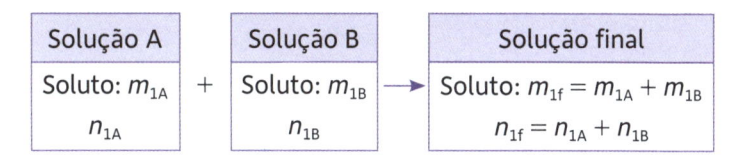

Solução A	Solução B	Solução final
Soluto: m_{1A}	Soluto: m_{1B}	Soluto: $m_{1f} = m_{1A} + m_{1B}$
n_{1A}	n_{1B}	$n_{1f} = n_{1A} + n_{1B}$

Volume da solução A: V_A

Volume da solução B: V_B

Volume (final): $V_f = V_A + V_B$

Com base nessas informações, podemos escrever:

$$C_A = \frac{m_{1A}}{V_A} \quad C_B = \frac{m_{1B}}{V_B} \quad C_f = \frac{m_{1A} + m_{1B}}{V_A + V_B}$$

Podemos substituir m_{1A} e m_{1B} na expressão de C_f:

$$C_f (g\ L^{-1}) = \frac{m_{1A} + m_{1B}}{V_A + V_B}$$

Analogamente, no caso da concentração em mol/L, podemos escrever:

$$c_f (mol\ L^{-1}) = \frac{n_{1A} + n_{1B}}{V_A + V_B}$$

O valor da concentração na solução final, em g/L ou em mol/L, será um intermediário entre os valores iniciais (trata-se de uma média ponderada, de modo que esse **valor final será mais próximo da concentração da solução de maior volume**).

Para cálculos de outras formas de exprimir concentração, basta que você raciocine de forma semelhante.

Solutos diferentes, sem que haja reação química entre eles

Vamos agora considerar solutos diferentes (substâncias ou íons) quando não ocorre reação química entre eles.

São frequentes os casos em que uma solução é constituída por mais de um soluto. Nesses casos, será que há alguma dificuldade para calcular a concentração de cada espécie constituinte? Não: basta raciocinar com cada espécie de soluto (íon ou substância) nas soluções a serem misturadas (m_1 ou n_1) e depois fazer os cálculos para a solução final, levando em conta o volume dessa mistura.

Neste capítulo, já foi necessário fazer um raciocínio desse tipo, quando íons, como o NO_3^-, por exemplo, estavam presentes em duas soluções (exercício 2 da página 318), de modo que na solução final devíamos somar a quantidade de matéria de NO_3^- de ambas as soluções (como fizemos no caso de mistura de mesmo soluto).

Atividades

1. Um suco de laranja contém vitamina C na concentração de 330 mg/L. Ao preparar uma laranjada, 100 mL desse suco são diluídos a 500 mL com água. Qual é a concentração, em mg/L, de vitamina C na laranjada?

2. Uma amostra de 200 mL de água do mar contendo 0,50 mol/L de cloreto de sódio (NaCl) é misturada a 300 mL de cloreto de cálcio ($CaCl_2$) 0,10 mol/L. Admitindo que todo o cloreto da solução final tenha se originado dessas substâncias, determine a concentração desse íon na solução resultante.

3. Um grupo de pessoas em uma embarcação ficou à deriva, em alto-mar. Após alguns dias nessa situação, passou a haver risco de a água potável disponível acabar. Um dos passageiros lembrou que eles ainda dispunham de 600 L de água potável e que, se conseguissem obter uma solução com no máximo 10 g cloreto de sódio por L (concentração próxima da de um soro fisiológico), seria possível beber a água do mar, garantindo a sobrevivência do grupo por mais tempo. Se a água do mar tem concentração de sais próxima de 30 g/L, supondo que o soluto seja apenas NaCl, calcule:
   a) Quantos litros dessa solução é possível obter usando toda a água potável disponível?
   b) Qual é o volume de água do mar que deve ser usado?

4. Um técnico de laboratório precisa usar 500 mL de uma solução cuja concentração em íons Ca^{2+} seja igual a 0,2 mol/L. Ele dispõe de 1 L de uma solução aquosa de $Ca(NO_3)_2$ cuja concentração é de 82 g/L. Sabendo que a massa molar do nitrato de cálcio é igual a 164 g/mol, responda:
   a) Qual é o volume de $Ca(NO_3)_2(aq)$ que ele deverá utilizar para obter a solução desejada?
   b) Que volume de água deve ser adicionado à amostra da solução de $Ca(NO_3)_2(aq)$?
   c) Qual é a concentração em íons $NO_3^-(aq)$ na solução após a diluição?
   d) Qual é a concentração em mol/L de Ca^{2+}?

Algumas relações entre as formas de exprimir concentração das soluções

Título (em massa)

$$\tau = \frac{m_1}{m} \text{ sem unidade}$$

$$m_1 = \tau \cdot m$$

$$\tau \cdot m = C \cdot V \quad \text{ou} \quad \tau \cdot \frac{m}{V} = C$$

Concentração g/L

$$C = \frac{m_1}{V} \text{ (unidade: g/L)}$$

$$m_1 = C \cdot V$$

Mas $\frac{m}{V} = d$ (densidade da solução em g/L)

$$\boxed{C = \tau \cdot d} \quad (d \text{ em g/L}) \text{ ou}$$

$$\boxed{C = \tau \cdot d \cdot 1000} \quad (d \text{ em g/mL})$$

Porcentagem (em massa) e **ppm** (em massa)

Porcentagem em massa ($p\%$)

$$\left. \begin{array}{l} m_1 \text{ — } m \\ p\% \text{ — } 100 \end{array} \right\} p\% = \frac{m_1}{m} \cdot 100 \Rightarrow \frac{m_1}{m} = \frac{p\%}{100} \quad (1)$$

Partes por milhão em massa (ppm)

$$\left. \begin{array}{l} m_1 \text{ — } m \\ ppm \text{ — } 1\,000\,000 \end{array} \right\} ppm = \frac{m_1}{m} \cdot 10^6 \Rightarrow \frac{m_1}{m} = \frac{ppm}{10^6} \quad (2)$$

Igualando as expressões (1) e (2), temos:

$$\frac{p\%}{100} = \frac{ppm}{10^6} \Rightarrow ppm = \frac{10^6}{10^2} \cdot p\% \Rightarrow \boxed{ppm = p\% \cdot 10^4}$$

Concentração (g/L) e **concentração** (mol/L)

$$C = \frac{m_1}{V} \frac{g}{L} \qquad c = \frac{n_1}{V} \frac{mol}{L}$$

$$V = \frac{m_1}{C} \frac{g}{g/L} \quad \text{e} \quad V = \frac{n_1}{c\,mol/L} mol$$

Então: $\frac{m_1}{C} = \frac{n_1}{c}$ (3)

Mas n_1 (quantidade de matéria do soluto) corresponde à relação:

$$\boxed{n_1 = \frac{m_1}{M_1} \text{ mol}}$$

Substituindo essa relação em (3):

$$\frac{m_1}{C_1} = \frac{\frac{m_1}{M_1}}{c_1} \qquad \frac{m_1}{C} = \frac{m_1}{M_1 c} \qquad \boxed{C = c \cdot M_1}$$

Ou seja, a concentração em g/L, C, é igual à concentração em mol/L, c, multiplicada pelas massa molar do soluto.

Relações entre soluções concentradas e diluídas

	Concentração inicial	Concentração final	Relação entre as concentrações
Concentração (g/L)	$C_i = \frac{m}{V}$ $m_1 = C_i V_i$	$C_f = \frac{m}{V}$ $m_1 = C_f V_f$	$C_i V_i = C_f V_f$
Concentração (mol/L)	$c_i = \frac{n}{V}$ $n_1 = c_i V_i$	$c_f = \frac{n}{V}$ $n_1 = c_f V_f$	$c_i V_i = c_f V_f$
Título	$\tau_i = \frac{m}{m}$ $m_1 = \tau_i m_i$	$\tau_f = \frac{m_f}{m}$ $m_1 = \tau_f m_f$	$\tau_i m_i = \tau_f m_f$
Fração molar do soluto	$X_{1i} = \frac{n}{n}$ $n_1 = X_{1i} n_i$	$X_{1f} = \frac{n}{n}$ $n_1 = X_{1f} n_f$	$X_{1i} n_i = X_{1f} n_f$

Observação

A fração molar do soluto corresponde à quantidade de matéria do soluto em relação à quantidade de matéria total (soluto mais solvente, isto é, $n_1 + n_2$).

Testando seus conhecimentos

Caso necessário, consulte as tabelas no final desta Parte.

1. (FGV-SP) O rótulo da embalagem de uma marca de leite integral comercializada na cidade de São Paulo apresenta a informação nutricional seguinte:

1 copo (200 mL) contém 248 mg de cálcio

A concentração de cálcio nesse leite integral, em mol/L, é
- a. $3{,}1 \cdot 10^{-1}$.
- b. $3{,}1 \cdot 10^{-2}$.
- c. $3{,}1 \cdot 10^{-3}$.
- d. $8{,}2 \cdot 10^{-2}$.
- e. $8{,}2 \cdot 10^{-3}$.

2. (IFTO) Um copo de 180 mL de suco de laranja é adoçado com 61,56 g de açúcar comum (sacarose: $C_{12}H_{22}O_{11}$). Calcule a concentração em quantidade de matéria do açúcar neste suco.
- a. 0,1 mol/L.
- b. 0,5 mol/L.
- c. 0,01 mol/L.
- d. 1 mol/L.
- e. 2 mol/L.

3. (UFPR) Durante a temporada de verão, um veranista interessado em química fez uma análise da água da Praia Mansa de Caiobá. Pôs para evaporar ao ar livre 200 mL de água dessa praia, e o material sólido resultante ele colocou no forno de sua casa, ligado a 180 °C, por algumas horas. Ao pesar o material resultante, ele encontrou 6 gramas de sólido como resultado. Supondo que o material encontrado pelo veranista era NaCl (59 g/mol), assinale a alternativa que apresenta a concentração desse sal na água do mar em mol/L.
- a. 0,5.
- b. 1.
- c. 3,4.
- d. 0,2.
- e. 0,1.

4. (IFTM-MG) Descoberta em 1921 pelos pesquisadores canadenses Frederick G. Banting e Charles H. Best, a insulina é o hormônio que se encarrega de reduzir os níveis anormais de glicose no sangue. Na doença chamada diabetes melito registra-se uma grave alteração do metabolismo dos hidratos de carbono (açúcares), em consequência da produção e secreção insuficientes de insulina. O primeiro sintoma que aparece na fase aguda do diabetes melito é o excesso de glicose no sangue (hiperglicemia), acompanhado quase sempre do excesso de glicose na urina (glicosúria) e da eliminação de grandes volumes de urina (poliúria). Quando a glicose atinge níveis superiores a cerca de 180 mg/dL no sangue, tende a ser eliminada na urina.

A glicose, fórmula molecular $C_6H_{12}O_6$, se presente na urina, pode ter sua concentração determinada pela medida da intensidade da cor resultante da sua reação com um reagente específico, o ácido 3,5-dinitrossalicílico, conforme ilustrado no gráfico:

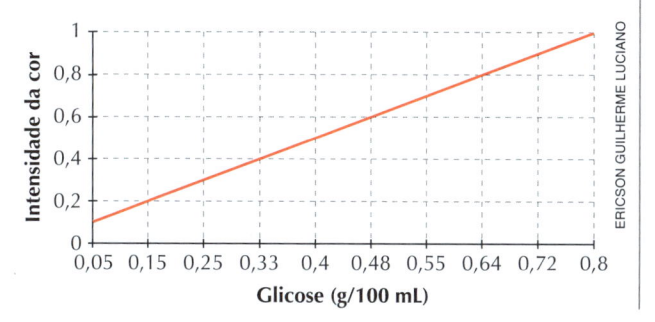

Imaginemos que uma amostra de urina, submetida ao tratamento acima, tenha apresentado uma intensidade de cor igual a 0,4 na escala do gráfico. Pode-se concluir que a quantidade aproximada de glicose nessa amostra é:
- a. 033 g de glicose por litro de urina.
- b. 0,33 g de glicose por mL de urina.
- c. 3,3 g de glicose por litro de urina.
- d. 3,3 g de glicose por 100 mL de urina.
- e. 33 mg de glicose por litro de urina.

5. (PUCC-SP)

> Nossa dieta é bastante equilibrada em termos de proteínas, carboidratos e gorduras, mas deixa a desejar em micronutrientes e vitaminas. "O brasileiro consome 400 miligramas de cálcio por dia, quando a recomendação internacional é de 1 200 miligramas"(...). É um problema cultural, mais do que socioeconômico, já que os mais abastados, das classes A e B, ingerem cerca da metade de cálcio que deveriam.
>
> (**Revista Pesquisa Fapesp**, junho de 2010, p. 56)

Ao tomar um copo de leite (200 mL), uma pessoa ingere 240 miligramas de cálcio. Para ingerir a quantidade diária recomendada desse elemento somente pelo leite, ela deve consumir, em L,
- a. 1,0.
- b. 1,5.
- c. 2,0.
- d. 2,3.
- e. 2,5.

6. (Unioeste-PR) Uma garrafa de refrigerante apresenta a informação de que 500 mL do produto possui 34 g de carboidrato. Supondo que todo o carboidrato presente esteja na forma de sacarose ($C_{12}H_{22}O_{11}$), a opção que mostra corretamente a concentração aproximada deste açúcar em mol L^{-1} é
- a. $20 \cdot 10^{-4}$.
- b. $20 \cdot 20^{-3}$.
- c. $20 \cdot 10^{-2}$.
- d. $20 \cdot 10^{-1}$.
- e. $20 \cdot 10$.

7. (Ufpel-RS) Segundo algumas orientações nutricionais, a dose diária recomendada de vitamina C ($C_6H_8O_6$), a ser ingerida por uma pessoa adulta, é de $2{,}5 \cdot 10^{-4}$ mol. Se uma pessoa consome, diariamente, uma cápsula de 440 mg dessa vitamina, a dose consumida por esse paciente é X vezes maior do que a recomendada. Nesse caso, X equivale a quanto?

8. (IFPE) O sulfato ferroso faz parte da composição de remédios indicados para combater a anemia (deficiência de ferro). Esses remédios são usados para combater a deficiência alimentar de ferro, prevenção de anemia e reposição das perdas de ferro por dificuldades na absorção. Considere um vidro de remédio de 200 mL que contém 3,04 g de sulfato ferroso dissolvido na solução. Assinale a alternativa que indica corretamente a concentração, em quantidade de matéria por litro (mol/L), do ferro(II) no sulfato ferroso, presente neste remédio.

Dados: Fe = 56, S = 32, O = 16
- a. 0,05.
- b. 0,20.
- c. 0,60.
- d. 0,10.
- e. 0,40.

Capítulo 14 • Unidades de concentração

Testando seus conhecimentos

9. (Unisc-RS) O sulfato de cobre anidro ($CuSO_4$) apresenta coeficiente de solubilidade aproximado de 19,50 g L^{-1}. Analise as alternativas a seguir e assinale a única verdadeira.

Dado: $CuSO_4$: 159,609 g · mol^{-1}
a. Uma solução a 25 g L^{-1} será classificada como saturada.
b. Uma solução que apresente concentração 2 mol L^{-1} é dita diluída.
c. A solução preparada pela dissolução de 10 g de $CuSO_4$ em 100 mL de água não apresentará precipitado.
d. Uma solução $1,0 \cdot 10^{-2}$ mol L^{-1} é classificada como concentrada.
e. Uma solução 10 g L^{-1} é mais concentrada que outra solução 0,03 mol L^{-1}.

10. (UCS-RS) Os alvejantes sem cloro podem ser utilizados tanto em roupas brancas quanto nas de cor, sem descolori-las, pois não contêm hipoclorito de sódio em sua composição. O princípio ativo desse tipo de alvejante é o peróxido de hidrogênio, na concentração de 5% (v/v).

Supondo-se que uma dona de casa tenha utilizado 200 mL desse alvejante em uma máquina de lavar roupas contendo 5 L de água, a quantidade de peróxido de hidrogênio adicionado às roupas será de
a. 2 mL.
b. 5 mL.
c. 10 mL.
d. 25 mL.
e. 50 mL.

11. (Enem) Determinada estação trata cerca de 30 000 litros de água por segundo. Para evitar riscos de fluorose, a concentração máxima de fluoretos nessa água não deve exceder a cerca de 1,5 miligrama por litro de água. A quantidade máxima dessa espécie química que pode ser utilizada com segurança, no volume de água tratada em uma hora, nessa estação, é:
a. 1,5 kg.
b. 4,5 kg.
c. 96 kg.
d. 124 kg.
e. 162 kg.

12. (IFPE) Bebidas isotônicas são desenvolvidas com a finalidade de prevenir a desidratação, repondo líquidos e sais minerais que são eliminados através do suor durante o processo de transpiração. Considere um isotônico que apresenta as informações no seu rótulo:

TABELA NUTRICIONAL CADA 200 mL CONTÉM	
Energia	21,1 Kcal
Glicídios	6,02 g
Proteínas	0,0 g
Lipídios	0,0 g
Fibra alimentar	0,0 g
Sódio	69 mg
Potássio	78 mg

Assinale a alternativa que corresponde à concentração, em quantidade de matéria (mol/L), de sódio e potássio, respectivamente, nesse recipiente de 200 mL.

São dadas as massas molares, em g/mol: Na = 23 e K = 39
a. 0,020 e 0,02
b. 0,015 e 0,01
c. 0,22 e 0,120
d. 0,34 e 0,980
e. 0,029 e 0,003

13. (Enem) A hidroponia pode ser definida como uma técnica de produção de vegetais sem necessariamente a presença de solo. Uma das formas de implementação é manter as plantas com suas raízes suspensas em meio líquido, de onde retiram os nutrientes essenciais.

Suponha que um produtor de rúcula hidropônica precise ajustar a concentração do íon nitrato (NO_3^-) para 0,009 mol/L em um tanque de 5 000 litros e, para tanto, tem em mãos uma solução comercial nutritiva de nitrato de cálcio 90 g/L. As massas molares dos elementos N, O e Ca são iguais a 14 g/mol, 16 g/mol e 40 g/mol, respectivamente.

Qual o valor mais próximo do volume da solução nutritiva, em litros, que o produtor deve adicionar ao tanque?
a. 26   b. 41   c. 45   d. 51   e. 82

14. (Enem) O álcool hidratado utilizado como combustível veicular é obtido por meio da destilação fracionada de soluções aquosas geradas a partir da fermentação de biomassa. Durante a destilação, o teor de etanol da mistura é aumentado, até o limite de 96% em massa. Considere que, em uma usina de produção de etanol, 800 kg de uma mistura etanol/água com concentração 20% em massa de etanol foram destilados, sendo obtidos 100 kg de álcool hidratado 96% em massa de etanol.

A partir desses dados, é correto concluir que a destilação em questão gerou um resíduo com uma concentração de etanol em massa
a. de 0%.
b. de 8,0%.
c. entre 8,4% e 8,6%.
d. entre 9,0% e 9,2%.
e. entre 13% e 14%.

15. (Uema) Considere uma solução aquosa de sulfato de cobre penta hidratado, cuja concentração é 500 ppm.
a. Calcule a concentração da solução em mol/L e, para efeito de cálculo, considere as seguintes massas molares: Cu = 64; S = 32; O = 16; H = 1.
b. Submetendo essa solução à evaporação, até o volume final de 400 mL, estime, por meio de cálculo, sua nova concentração molar.

Nota dos autores: os formuladores da questão usaram a terminologia mais antiga, molar, como sinônimo de "em mol/L".

16. (Fatec-SP) Compostos de cobre(II), entre eles o $CuSO_4$, são empregados no tratamento de águas de piscinas como algicidas. Recomenda-se que a concentração de $CuSO_4$ não ultrapasse o valor de 1 mg/L nessas águas.

Sendo assim, considerando uma piscina de formato retangular que tenha 10 m de comprimento, 5 m de largura e 2 m de profundidade, quando cheia de água, a massa máxima de sulfato de cobre que poderá se dissolver é, em gramas, igual a

a. 100.   b. 200.   c. 300.   d. 400.   e. 500.

17. (Ufes) A embalagem do "sal *light*", um sal de cozinha comercial com reduzido teor de sódio, traz a seguinte informação: "Cada 100 gramas do sal contém 20 gramas de sódio".

    Determine

    a. a porcentagem (em massa) de NaCl nesse sal;
    b. a quantidade de íons sódio existentes em 10,0 g desse sal;
    c. a concentração de NaCl (em mol/L) em uma solução preparada pela dissolução de 10,0 gramas desse sal em 25,0 gramas de água, sabendo que a densidade da solução resultante foi de 1,12 g/cm³;

18. (Uerj) Uma amostra de 5 L de benzeno diluído, armazenado em um galpão fechado de 1 500 m³ contendo ar atmosférico, evaporou completamente. Todo o vapor permaneceu no interior do galpão.

    Técnicos realizaram uma inspeção no local, obedecendo às normas de segurança que indicam o tempo máximo de contato com os vapores tóxicos do benzeno.

    Observe a tabela:

TEMPO MÁXIMO DE PERMANÊNCIA (h)	CONCENTRAÇÃO DE BENZENO NA ATMOSFERA (mg · L⁻¹)
2	4
4	3
6	2
8	1

    Considerando as normas de segurança, e que a densidade do benzeno líquido é igual a 0,9 g · mL⁻¹, o tempo máximo, em horas, que os técnicos podem permanecer no interior do galpão, corresponde a:

    a. 2   b. 4   c. 6   d. 8

19. (Unicamp-SP) A maioria dos homens que mantêm o cabelo escurecido artificialmente utiliza uma loção conhecida como tintura progressiva. Os familiares, no entanto, têm reclamado do cheiro de ovo podre nas toalhas, porque essa tintura progressiva contém enxofre em sua formulação. Esse cosmético faz uso do acetato de chumbo como ingrediente ativo. O íon chumbo, Pb^{2+}, ao se combinar com o íon sulfeto, S^{2-}, liberado pelas proteínas do cabelo ou pelo enxofre elementar (S_8) presente na tintura, irá formar o sulfeto de chumbo, que escurece o cabelo. A legislação brasileira permite uma concentração máxima de chumbo igual a 0,6 gramas por 100 mL de solução.

    a. Escreva a equação química da reação de formação da substância que promove o escurecimento dos cabelos, como foi descrito no texto.
    b. Calcule a massa, em gramas (duas casas decimais), de $Pb(C_2H_3O_2)_2 \cdot 3 H_2O$, utilizada na preparação de 100 mL da tintura progressiva usada, sabendo-se que o Pb^{2+} está na concentração máxima permitida pela legislação.

    Dados de massas molares em g mol⁻¹: Pb = 207, $C_2H_3O_2$ = 59 e H_2O = 18.

20. (UFTM-MG) Uma amostra de água mineral da cidade de Araxá (MG) apresentou a concentração de íons Ca^{2+} igual a 16 mg · L⁻¹. Considerando-se que o teor de cálcio na água é devido à presença do mineral bicarbonato de cálcio e que o total de íons bicarbonato nessa água decorre apenas deste composto, afirma-se que a quantidade em mol de HCO_3^- em um litro desta água mineral é igual a

    a. $4,0 \cdot 10^{-4}$.   c. $2,0 \cdot 10^{-3}$.   e. $8,0 \cdot 10^{-3}$.
    b. $8,0 \cdot 10^{-4}$.   d. $4,0 \cdot 10^{-3}$.

21. (Enem) O soro fisiológico é uma solução aquosa de cloreto de sódio (NaCl) comumente utilizada para higienização ocular, nasal, de ferimentos e de lentes de contato. Sua concentração é 0,90% em massa e densidade igual a 1,00 g/mL.

    Qual massa de NaCl, em grama, deverá ser adicionada à água para preparar 500 mL desse soro?

    a. 0,45   c. 4,50   e. 45,00
    b. 0,90   d. 9,00

22. (Uerj) Em análises metalúrgicas, emprega-se uma solução denominada nital, obtida pela solubilização do ácido nítrico em etanol.

    Um laboratório de análises metalúrgicas dispõe de uma solução aquosa de ácido nítrico com concentração de 60% m/m e densidade de 1,4 kg/L. O volume de 2,0 mL dessa solução é solubilizado em quantidade de etanol suficiente para obter 100,0 mL de solução nital.

    Com base nas informações, a concentração de ácido nítrico, em g · L⁻¹, na solução nital é igual a:

    a. 10,5   b. 14,0   c. 16,8   d. 21,6

23. (Udesc) Para limpeza de superfícies como concreto, tijolo, dentre outras, geralmente é utilizado um produto com nome comercial de "ácido muriático". A substância ativa desse produto é o ácido clorídrico (HCl), um ácido inorgânico forte, corrosivo e tóxico. O volume de HCl em mililitros, que deve ser utilizado para preparar 50,0 mL de HCl 3 mol/L, a partir da solução concentrada com densidade de 1,18 g/cm³ e 37% (m/m) é, aproximadamente:

    a. 150 mL   d. 8,7 mL
    b. 12,5 mL   e. 87 mL
    c. 125 mL

24. (PUC-RJ) Em 900 mL de água destilada foram dissolvidos 0,5 mol de NaCl e 0,5 mol de KCl. A seguir, avolumou-se a solução a 1 000 mL.

    A concentração de Cl⁻ em quantidade de matéria (mol L⁻¹) da solução resultante é:

    a. 1   b. 2   c. 3   d. 4   e. 5

Testando seus conhecimentos

25. (Fuvest-SP) Um estudante utilizou um programa de computador para testar seus conhecimentos sobre concentração de soluções. No programa de simulação, ele deveria escolher um soluto para dissolver em água, a quantidade desse soluto, em mol, e o volume da solução. Uma vez escolhidos os valores desses parâmetros, o programa apresenta, em um mostrador, a concentração da solução. A tela inicial do simulador é mostrada a seguir.

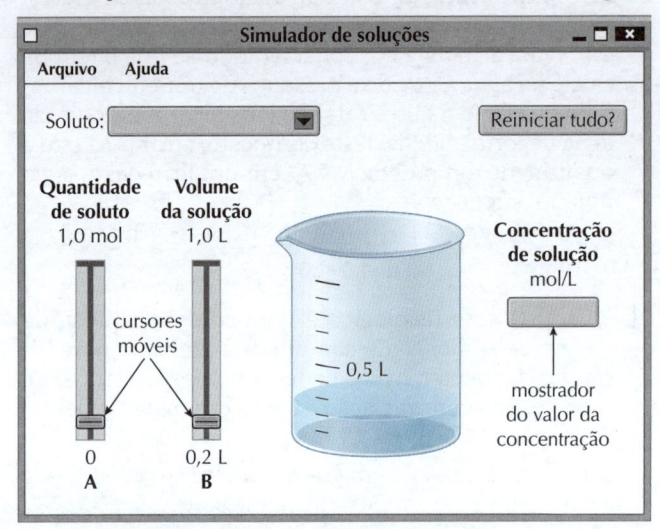

O estudante escolheu um soluto e moveu os cursores A e B até que o mostrador de concentração indicasse o valor 0,50 mol/L. Quando esse valor foi atingido, os cursores A e B poderiam estar como mostrado em

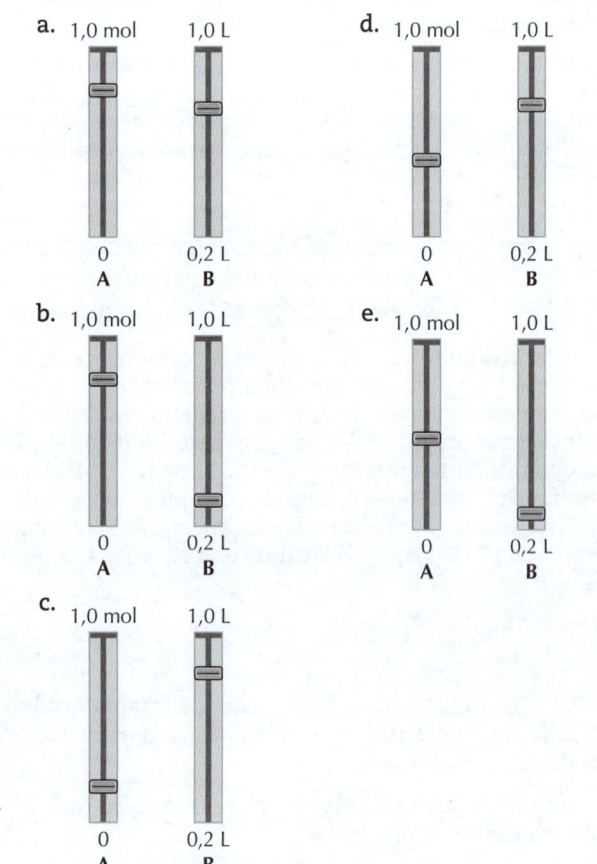

a. A: 1,0 mol / B: 0,2 L
b. A: 1,0 mol / B: 0,2 L
c. A: 1,0 mol / B: 0,2 L
d. A: 1,0 mol / B: 0,2 L
e. A: 1,0 mol / B: 0,2 L

26. (UEA-AM)

"A salinidade da água do rio Amazonas, na região de Óbidos, PA, é cerca de 0,043 g por quilograma. Nessa mesma região, a concentração de íons cloreto é de 2,6 g por tonelada."

GEPEQ/IQ-USP. *Química e a sobrevivência*: hidrosfera – fonte de minerais. 2005. Adaptado.

A participação em massa de íons cloreto na salinidade do rio Amazonas, na região de Óbidos, é de aproximadamente

a. 0,1%.
b. 0,3%.
c. 2%.
d. 4%.
e. 6%.

27. (Unicamp-SP) Como um químico descreve a cerveja? "Um líquido amarelo, homogêneo enquanto a garrafa está fechada, e uma mistura heterogênea quando a garrafa é aberta. Constitui-se de mais de 8.000 substâncias, entre elas o dióxido de carbono, o etanol e a água. Apresenta um pH entre 4,0 e 4,5, e possui um teor de etanol em torno de 4,5% (v/v)."

Sob a perspectiva do químico, a cerveja

a. apresenta uma única fase enquanto a garrafa está fechada, tem um caráter ligeiramente básico e contém cerca de 45 gramas de álcool etílico por litro do produto.
b. apresenta duas fases logo após a garrafa ser aberta, tem um caráter ácido e contém cerca de 45 mL de álcool etílico por litro de produto.
c. apresenta uma única fase logo após a garrafa ser aberta, tem um caráter ligeiramente ácido e contém cerca de 45 gramas de álcool etílico por litro de produto.
d. apresenta duas fases quando a garrafa está fechada, tem um caráter ligeiramente básico e contém 45 mL de álcool etílico por 100 mL de produto.

28. (Enem) O álcool hidratado utilizado como combustível veicular é obtido por meio da destilação fracionada de soluções aquosas geradas a partir da fermentação de biomassa. Durante a destilação, o teor de etanol da mistura é aumentado, até o limite de 96% em massa. Considere que, em uma usina de produção de etanol, 800 kg de uma mistura etanol/água com concentração 20% em massa de etanol foram destilados, sendo obtidos 100 kg de álcool hidratado 96% em massa de etanol. A partir desses dados, é correto concluir que a destilação em questão gerou um resíduo com uma concentração de etanol em massa

a. de 0%.
b. de 8,0%.
c. entre 8,4% e 8,6%.
d. entre 9,0% e 9,2%.
e. entre 13% e 14%.

29. (Unesp) De acordo com o Relatório Anual de 2016 da Qualidade da Água, publicado pela Sabesp, a concentração de cloro na água potável da rede de distribuição deve estar entre 0,2 mg/L, limite mínimo, e 5,0 mg/L, limite máximo. Considerando que a densidade da água potável seja igual à da água pura, calcula-se que o valor médio desses limites, expresso em partes por milhão, seja

a. 5,2 ppm.
b. 18 ppm.
c. 2,6 ppm.
d. 26 ppm.
e. 1,8 ppm

30. (UPE) De acordo com um comunicado emitido pela Academia Americana de Pediatria, em 2015, não existem problemas na higienização dos dentes dos bebês e das crianças com cremes dentais que contêm flúor em sua composição. No entanto, esses produtos devem apresentar uma concentração de flúor entre 0,054 e 0,13 (título em massa), para se obter uma proteção adequada contra as cáries.

Foram realizados testes de qualidade relativos à presença do flúor nos seguintes cremes dentais recomendados para bebês e crianças:

Creme dental	Concentração de flúor (ppm)
I	500
II	750
III	1000
IV	1350
V	1800

Passaram, no teste de qualidade, apenas os cremes dentais
a. I e II
b. III e IV.
c. II e III.
d. III, IV e V.
e. II, III e IV.

31. (Unesp) A adição de cloreto de sódio na água provoca a dissociação dos íons do sal. Considerando a massa molar do cloreto de sódio igual a 58,5 g mol^{-1}, a constante de Avogadro igual a 6,0 · 10^{23} mol^{-1} e a carga elétrica elementar igual a 1,6 · 10^{-19} C, é correto afirmar que, quando se dissolverem totalmente 117 mg de cloreto de sódio em água, a quantidade de carga elétrica total dos íons positivos é de
a. 1,92 · 10^2 C.
b. 3,18 · 10^2 C.
c. 4,84 · 10^2 C.
d. 1,92 · 10^4 C.

32. (Aman-RJ) Em uma aula prática de Química, o professor forneceu a um grupo de alunos 100 mL de uma solução aquosa de hidróxido de sódio de concentração 1,25 mol · L^{-1}. Em seguida solicitou que os alunos realizassem um procedimento de diluição e transformassem essa solução inicial em uma solução final de concentração 0,05 mol · L^{-1}. Para obtenção da concentração final nessa diluição, o volume de água destilada que deve ser adicionado é de
a. 2 400 mL.
b. 2 000 mL.
c. 1 200 mL.
d. 700 mL.
e. 200 mL.

33. (Enem) A utilização de processos de biorremediação de resíduos gerados pela combustão incompleta de compostos orgânicos tem se tornado crescente, visando minimizar a poluição ambiental. Para a ocorrência de resíduos de naftaleno, algumas legislações limitam sua concentração em até 30 mg/kg para solo agrícola e 0,14 mg/L para água subterrânea. A quantificação desse resíduo foi realizada em diferentes ambientes, utilizando-se amostras de 500 g de solo e 100 mL de água, conforme apresentado no quadro.

Ambiente	Resíduo de naftaleno (g)
Solo I	1,0 · 10^{-2}
Solo II	2,0 · 10^{-2}
Água I	7,0 · 10^{-6}
Água II	8,0 · 10^{-6}
Água III	9,0 · 10^{-6}

O ambiente que necessita de biorremediação é o(a)
a. solo I.
b. solo II.
c. água I.
d. água II.
e. água III.

34. (Fuvest-SP) Uma usina de reciclagem de plástico recebeu um lote de raspas de 2 tipos de plásticos, um deles com densidade 1,10 kg/L e outro com densidade 1,14 kg/L. Para efetuar a separação dos dois tipos de plásticos, foi necessário preparar 1 000 L de uma solução de densidade apropriada, misturando-se volumes adequados de água (densidade = 1,00 kg/L) e de uma solução aquosa de NaCl, disponível no almoxarifado da usina, de densidade 1,25 kg/L. Esses volumes, em litros, podem ser, respectivamente,
a. 900 e 100.
b. 800 e 200.
c. 500 e 500.
d. 200 e 800.
e. 100 e 900.

Mais questões: no livro digital, em **Vereda Digital Aprova Enem** e **Vereda Digital Suplemento de revisão e vestibulares**; no site, em **AprovaMax**.

CAPÍTULO 15
CONCENTRAÇÃO DAS SOLUÇÕES QUE PARTICIPAM DE UMA REAÇÃO QUÍMICA

A criação de peixes, camarões, moluscos ou outros organismos aquáticos exige controle de acidez da água, já que a concentração elevada de íons $H^+(aq)$ interfere na produtividade da criação. Na foto, piscicultores manejam tanques-rede usados na criação de tilápias. Município de Buritama, São Paulo, 2012.

ENEM
C2: H7   C7: H24
C5: H17

Este capítulo vai ajudá-lo a compreender:

- o que é titulação de uma solução;
- um modo de determinar a concentração das soluções de reagentes e de produtos envolvidos em uma reação;
- a importância da titulação em vários contextos, como a verificação de parâmetros de qualidade da água ou do leite e a correção da acidez da água.

Para situá-lo

Em culinária, é importante saber quais ingredientes produzem os diferentes gostos: doce, salgado, azedo e amargo. Por exemplo, qual fruta cítrica um cozinheiro deve escolher se quiser acrescentar um toque bem azedo a uma torta: limão, tangerina, laranja-lima ou laranja-pera? O gosto azedo é característico dos ácidos, e não é preciso realizar procedimentos em um laboratório de análises químicas para descobrir qual dessas quatro frutas tem maior acidez (concentração de H^+), pois nesse caso o teste do paladar é suficiente: o limão é a mais ácida e a mais azeda. Deve ser, portanto, a fruta escolhida pelo cozinheiro.

Você certamente conhece diversas frutas cítricas, mas saberia organizá-las por ordem de acidez?

A determinação da acidez em amostras de leite é um dos parâmetros utilizados para avaliar sua qualidade.

No entanto, há situações em que é necessário determinar com precisão a acidez de uma solução. Por exemplo, um dos parâmetros usados por profissionais responsáveis por avaliar a qualidade de um leite é sua acidez. E, assim como esse, há outros casos em que se precisa conhecer o valor da concentração de determinada espécie em uma solução. É o que ocorre com profissionais que trabalham com a criação de peixes, camarões (foto à direita), moluscos ou outros organismos aquáticos (aquicultura). Eles têm de controlar a acidez da água, já que a concentração elevada de íons $H^+(aq)$ – baixo pH – interfere diretamente na produção dos peixes e de outras espécies aquáticas. Conhecendo a $[H^+]$ (concentração de íons H^+), esses profissionais podem recorrer à calagem da água, ou seja, à adição de quantidade adequada de carbonato de cálcio – substância capaz de reagir com os íons H^+ –, reduzindo a acidez da água até que ela se torne propícia à aquicultura.

E de que forma um aquicultor pode determinar a concentração de íons H^+ na água? Há várias formas. Uma delas é recorrer a um equipamento conhecido como pH-metro (peagômetro); com ele se mede a concentração em mol/L de H^+, como veremos no capítulo 20. Outra forma consiste em determinar a concentração de uma espécie em solução utilizando a análise volumétrica ou **titulação**, técnica que não se limita à determinação da concentração de um ácido.

Existem outros profissionais que se valem desse tipo de análise. Por exemplo: como você sabe, a água que bebemos é uma solução na qual várias espécies estão dissolvidas. Para que uma amostra de água seja considerada potável, deve satisfazer a uma série de parâmetros, entre os quais o de não ultrapassar certa concentração máxima de íons cloreto. A Portaria nº 518/GM, de 2004, publicada pelo Ministério da Saúde, limitou a concentração de íons cloreto a 250 mg/L. A verificação do cumprimento desse e de outros limites é responsabilidade de órgãos públicos, e os profissionais responsáveis pela avaliação da qualidade da água têm de medir essas concentrações.

Vista aérea de lagoas de cultivo de camarão, em Tibau do Sul, Rio Grande do Norte. Foto de 2014.

A determinação da concentração de cloreto (Cl^-) é feita por meio de uma reação de precipitação, usando-se para isso uma solução aquosa de concentração conhecida de nitrato de prata ($AgNO_3$).

1. De que forma as equações relativas aos processos têm importância no cálculo das quantidades a serem usadas para acertar o pH das aquiculturas? Há outras informações necessárias para fazer esse cálculo?

2. A solução de nitrato de prata de concentração conhecida deve ser preparada usando-se instrumentos de medida. Para isso, determina-se a massa do sal (medida na balança) e o volume final da solução (medido em um balão volumétrico). A partir dos coeficientes de acerto, é possível determinar a proporção entre os reagentes que, nesse caso, é de 1 mol Cl^- : 1 mol $AgNO_3$. Conhecendo o volume de solução de nitrato de prata (concentração conhecida) que reage com determinado volume de uma solução de cloreto (concentração desconhecida), é possível determinar a concentração de Cl^- na solução. Então reflita: como descobrir essa concentração?

Neste capítulo, você vai ver como se determina a concentração de uma espécie em solução por meio da análise volumétrica e também como se pode prever a concentração final de uma solução quando os reagentes que lhe deram origem estão fora da proporção estequiométrica. Exemplos de situações relevantes para nossa vida em que esses conhecimentos são utilizados vão ajudá-lo a compreender a importância que eles têm.

Capítulo 15 • Concentração das soluções que participam de uma reação química

Reagentes em proporção estequiométrica

Conforme você pôde recordar no início deste capítulo, quando duas soluções de solutos diferentes, em condições adequadas, são colocadas em contato, pode ocorrer uma reação química, o que é útil para determinar a concentração de uma delas. Para entender melhor o assunto, vamos recorrer a um exemplo que, infelizmente, tem sido frequente no noticiário. Leia as manchetes:

Por fraude em leite e derivados no RS, MP denuncia 41 pessoas

Zero Hora, Porto Alegre, 24 mar 2017. Disponível em: <https://gauchazh.clicrbs.com.br/economia/noticia/2017/03/por-fraude-em-leite-e-derivados-no-rs-mp-denuncia-41-pessoas-9756053.html>. Acesso em: 15 mar. 2018.

Operação contra fraudes no leite prende 16 suspeitos na região Sul

BÄCHTOLD, Felipe. Folha de S.Paulo, São Paulo, 20 out. 2014. Disponível em: <http://www1.folha.uol.com.br/cotidiano/2014/10/1535554-operacao-contra-fraudes-no-leite-prende-16-suspeitos-na-regiao-sul.shtml>. Acesso em: 15 mar. 2018.

Em primeiro lugar, coloca-se esta questão: de que maneira é possível saber se um leite foi fraudado, isto é, foi adulterado?

Há uma série de testes padronizados que devem ser feitos pela empresa que processa o leite recebido dos produtores para avaliar se ele está de acordo com os parâmetros sanitários. Esses testes também são aplicados pelos laboratórios que analisam as amostras de leite recolhidas pelos órgãos de vigilância sanitária para controle de qualidade. Por meio dos testes, verificam-se a temperatura, a densidade, o teor de gordura e a acidez das amostras.

Vamos nos deter na análise da acidez do leite. Em perfeitas condições sanitárias, o leite é ligeiramente ácido, devido à presença de componentes como dióxido de carbono, CO_2(aq), caseína, entre outros. Essa acidez natural pode aumentar em consequência da formação de ácido láctico, proveniente da fermentação da lactose (presente no leite), na qual atuam enzimas produzidas por bactérias também contidas no leite.

O ácido láctico ($C_3H_6O_3$) é um monoácido, ou seja, tem apenas um hidrogênio ionizável, o que está em vermelho na fórmula estrutural ao lado. Por isso vamos representá-lo por $H(C_3H_5O_3)$.

A dosagem de íons H^+ na solução pode ser feita com uma solução de concentração conhecida de NaOH(aq), por exemplo, 0,1 mol/L. Mas, de acordo com a equação abaixo, a proporção é de 1 mol de ácido para 1 de base.

$$H(C_3H_5O_3)(aq) + NaOH(aq) \longrightarrow Na(C_3H_5O_3)(aq) + HOH(l)$$

Se NaOH(aq) tem concentração de 0,1 mol/L, podemos concluir que, em 1,7 mL, há 0,00017 mol de NaOH, pois:

0,1 mol NaOH —— 1 L = 1 000 mL
n —— 1,7 mL

n = 0,00017 mol NaOH

Como a proporção é de 1 mol de ácido láctico por 1 mol de NaOH, nos 10 mL (0,01 L) de leite, estão disponíveis 0,00017 mol do ácido, o que permite concluir que a concentração de ácido nesse leite é dada por: $\dfrac{0{,}00017 \text{ mol}}{0{,}01 \text{ L}} = 0{,}017$ mol/L

Mas vejamos, neste fragmento de uma notícia, outro exemplo infelizmente comum nas estradas de rodagem do país.

Produto tóxico cai em rio após acidente com caminhão-tanque na BR-376

A carga é de ácido fosfórico, um produto líquido, tóxico e inflamável.
Parte do produto que vazou atingiu o Rio São João, que desemboca em Garuva (SC)

Um caminhão-tanque carregado com [...] ácido fosfórico tombou na pista no km 668 da BR-376, no sentido Curitiba (PR) – Joinville (SC) [...]. Cerca de 2 mil litros da carga vazaram na pista e podem ter atingido o rio São João, que desemboca em Garuva (SC).

LEITÓLES, Fernanda et al. Gazeta do Povo, Curitiba, 21 out. 2010. Vida e cidadania. Disponível em: <http://www.gazetadopovo.com.br/vida-e-cidadania/produto-toxico-cai-em-rio-apos-acidente-com-caminhao-tanque-na-br-376-05ka6s0gubq5aje9r14333pla>. Acesso em: 15 mar. 2018.

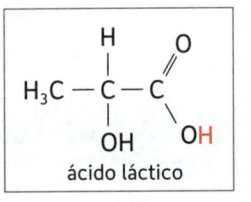

Numa situação como essa, além do corpo de bombeiros e da polícia rodoviária, são acionados órgãos responsáveis pela segurança e pelo meio ambiente (defesa civil e agências ambientais, por exemplo). Uma das opções dos técnicos e dos bombeiros é neutralizar o ácido o mais rápido possível, impedindo que ele atinja outros veículos e pessoas e chegue ao curso de água. Neste caso específico, isso poderia ser feito usando-se, por exemplo, cal virgem (óxido de cálcio impuro). Mas como saber a massa necessária de óxido de cálcio (CaO)? Suponha que a única informação disponível seja a de que tenham escoado do veículo 2 mil litros de ácido fosfórico. Para conhecer a concentração dessa solução, basta que se proceda à determinação da concentração de uma amostra qualquer desse ácido. Com base nisso, pode-se calcular a quantidade de cal necessária para neutralizar os 2 mil litros da solução de ácido fosfórico (H_3PO_4) derramados na estrada.

E como seria determinada a concentração de uma solução de H_3PO_4(aq)?

Vamos relembrar alguns conceitos relacionados aos cálculos envolvendo as quantidades das substâncias que tomam parte em uma reação (os cálculos estequiométricos).

A reação entre a solução de ácido fosfórico (H_3PO_4) e a de hidróxido de potássio (KOH) pode ser representada pela equação:

$$\underset{\text{ácido fosfórico}}{1\ H_3PO_4(aq)} + \underset{\text{hidróxido de potássio}}{3\ KOH(aq)} \longrightarrow \underset{\text{fosfato de potássio}}{1\ K_3PO_4} + \underset{\text{água}}{3\ H_2O(l)}$$

Os coeficientes de acerto da equação permitem deduzir a proporção (em mol) entre os reagentes e os produtos. Ou seja: cada 1 mol de ácido reage com 3 mol de base, originando 1 mol de sal e 3 mol de água.

Abaixo você tem uma ilustração na qual estão indicados exemplos de valores de concentração (mol/L) e volume relativos às soluções reagentes, de acordo com a proporção em mol obtida da equação. Analise-os para conferir se, de fato, estão coerentes.

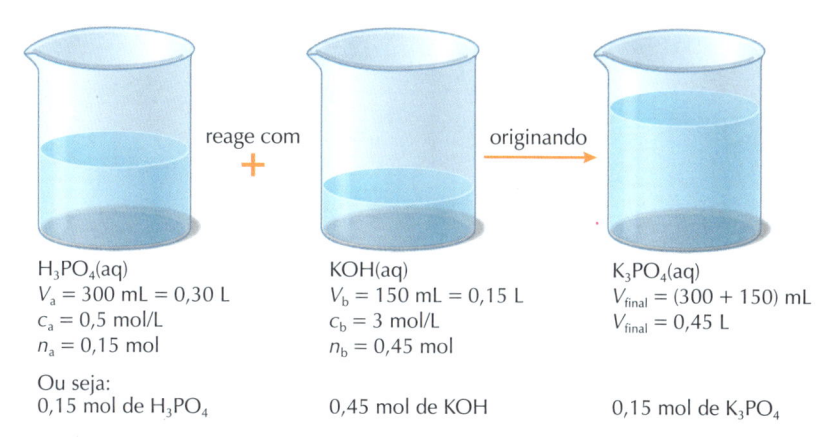

H_3PO_4(aq)
$V_a = 300$ mL $= 0,30$ L
$c_a = 0,5$ mol/L
$n_a = 0,15$ mol

reage com +

KOH(aq)
$V_b = 150$ mL $= 0,15$ L
$c_b = 3$ mol/L
$n_b = 0,45$ mol

originando →

K_3PO_4(aq)
$V_{final} = (300 + 150)$ mL
$V_{final} = 0,45$ L

Ou seja:
0,15 mol de H_3PO_4

0,45 mol de KOH

0,15 mol de K_3PO_4

Com base nessas informações, podemos concluir que os reagentes estão em proporção estequiométrica, isto é, as quantidades de matéria do ácido fosfórico e do hidróxido de potássio estão na mesma proporção que os coeficientes de acerto. Assim, ambos são consumidos totalmente, de tal modo que ao final não haverá mais ácido nem base. Vamos analisar mais profundamente o exemplo apresentado.

Qual é a concentração em mol/L da solução final em relação:
- **ao ácido?** É praticamente zero; $c \approx 0$, porque após a reação não há mais H_3PO_4.
- **à base?** É praticamente zero; $c \approx 0$, porque após a reação não há mais KOH.
- **ao K_3PO_4?**

$n_{K_3PO_4} = 0,15$ mol
$V_{final} = 0,45$ L
$c_{K_3PO_4} = \dfrac{0,15\ mol}{0,45\ L} = 0,33$ mol/L (c representa a concentração em mol L^{-1})

O rigor químico nos impede de dizer que, em uma solução neutra, as concentrações de íons H^+ e OH^- são zero: dizemos que elas são praticamente zero. Voltaremos a essa questão no capítulo 20.

Observação

A água formada na reação foi omitida no esquema, visto que a quantidade produzida na reação é muito pequena em relação aos volumes da solução.

Consideramos que o volume final corresponde à soma dos volumes das soluções iniciais, o que, dentro de certos limites, é aceitável. Mas, quando colocamos as soluções em contato, como é possível visualizar se os reagentes estão em quantidades estequiométricas? Em outros termos: como saber quando os íons H^+ provenientes do ácido foram neutralizados pelos íons OH^- provenientes da base, sem que haja excesso de nenhum deles? No caso de reações de neutralização, como a usada no exemplo, recorre-se ao uso de um indicador ácido-base, que muda de cor quando se adiciona a primeira gota de excesso de um dos reagentes. Assim, a concentração da solução-problema pode ser determinada com base na estequiometria da reação.

Atividades

Releia o trecho de notícia sobre o acidente com caminhão-tanque (página 332) para responder às questões.

1. O subtítulo da notícia contém um erro químico na descrição do produto que vazou do caminhão-tanque. Qual é o erro?

2. Conforme a legislação, se aquele acidente causasse danos ambientais, seriam multados o comprador e o vendedor do produto, além da empresa transportadora.

   Na sua opinião, multar quem causa acidentes que provocam danos ambientais é uma boa forma de prevenir esse tipo de problema? Por quê?

A análise volumétrica

Titulação

Uma das etapas do processo de análise envolve a preparação da solução-padrão, isto é, da solução de concentração conhecida. Para isso, recorre-se a instrumentos de medida usados em laboratório, mostrados abaixo.

Uma **balança digital semianalítica** pode ser utilizada para determinar com precisão a massa de uma amostra. Para isso, o prato da balança deve estar livre da interferência de correntes de ar.

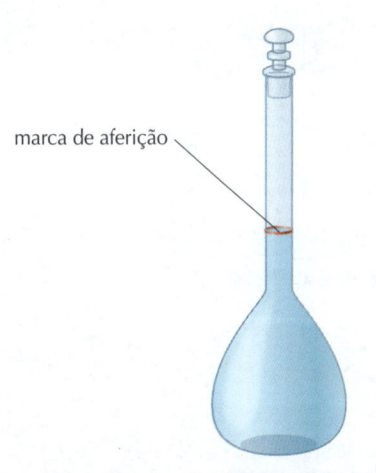

A amostra de soluto sólido, cuja massa foi determinada em uma balança é colocada no **balão volumétrico** e solubilizada por acréscimo de solvente. O volume final da solução é o volume indicado pela marca de aferição.

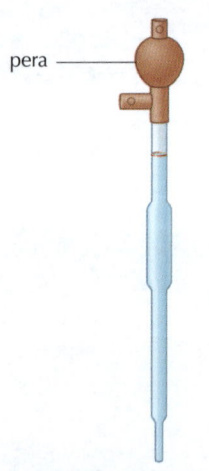

A **pipeta** permite transferir um volume conhecido de líquido de um recipiente para outro. Para regular a entrada e a saída de líquido com segurança, usa-se a pera de borracha.

A **bureta** é usada para medir o volume da solução gasto em uma reação.

A **pipeta** permite transferir de um recipiente para outro, com grande precisão, certo volume de amostra de uma solução cuja concentração é desconhecida. Usualmente, essa solução é transferida para um erlenmeyer, no qual sua concentração poderá ser determinada por meio de uma titulação.

A **titulação** consiste em gotejar a solução de concentração conhecida, por meio de uma **bureta**, até o momento em que a reação se completa, quando então os reagentes estão presentes em proporção estequiométrica. Interrompe-se, então, a adição da **solução titulante** e lê-se, na bureta, o volume gasto.

A determinação do instante em que a adição de titulante (solução na bureta) deve ser interrompida é, geralmente, feita por meio de um **indicador** (substância que muda de cor quando os reagentes estão em proporção estequiométrica).

Quando se titula um **ácido forte** com uma **base forte**, costuma-se usar como indicador uma solução alcoólica de **fenolftaleína**. Essa solução é incolor em meio com pH inferior a 8,5 e rósea em solução com pH superior a esse valor.

A determinação da concentração de uma base usando-se uma solução-padrão de ácido é chamada **alcalimetria** (o termo **álcali** refere-se à base). Analogamente, a determinação da concentração de um ácido recorrendo-se ao uso de uma base de concentração conhecida é chamada **acidimetria**.

Nas fotos abaixo estão representados três momentos da titulação de uma solução de ácido sulfúrico, H_2SO_4(aq), usando uma solução-padrão de hidróxido de sódio, NaOH(aq).

Um volume conhecido de solução de H_2SO_4(aq) é pipetado e colocado em um erlenmeyer, junto com algumas gotas de fenolftaleína.

À medida que se goteja a solução de NaOH(aq), o ácido sulfúrico do erlenmeyer vai sendo neutralizado. Deve-se agitar o erlenmeyer periodicamente para garantir a homogeneização da solução resultante. Durante o processo, enquanto o meio contiver ácido em excesso, o sistema permanecerá incolor.

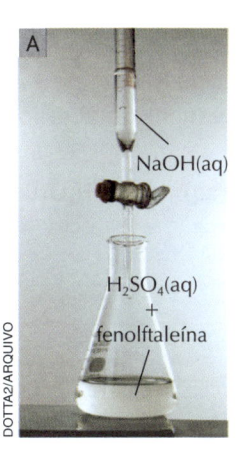

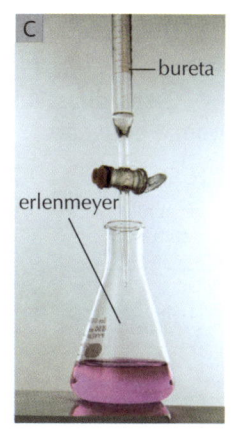

Três momentos da titulação de um ácido por uma base de concentração conhecida (na bureta), utilizando-se fenolftaleína como indicador. Em **A**, a titulação ainda não terminou, isto é, a neutralização ainda não foi atingida; em **B**, ocorre a mudança de cor do indicador e, se agitarmos a solução, veremos que ela adquiriu leve tom róseo; em **C**, a quantidade de base utilizada ultrapassou a necessária para a neutralidade da mistura.

A primeira gota de NaOH(aq) que corresponder a um excesso dessa substância em relação ao ácido fará com que o meio fique básico, e observaremos uma mudança de cor abrupta na solução: de incolor para rosa.

Chamamos essa mudança brusca de coloração de um indicador de **viragem**. Graças à viragem de um indicador, podemos conhecer com precisão o ponto final da titulação, isto é, podemos perceber o momento em que reagentes e produtos estão em proporção estequiométrica.

Vamos analisar a titulação de H_2SO_4(aq) com solução padronizada de NaOH cuja concentração é conhecida: 0,2 mol/L.

V_{NaOH} gasto (lido na bureta) = 40 mL = $40 \cdot 10^{-3}$ L

$V_{H_2SO_4}$ pipetado (que foi colocado no erlenmeyer) = 25 mL = $25 \cdot 10^{-3}$ L

A partir da concentração da solução de NaOH, 0,2 mol/L, e do volume consumido, 40mL, podemos calcular:

$$0{,}2 \text{ mol NaOH} \longrightarrow 1\,000 \text{ mL}$$
$$n_{NaOH} \longrightarrow 40 \text{ mL} \qquad n_{NaOH} = 8 \cdot 10^{-3} \text{ mol de NaOH}$$

$$H_2SO_4(aq) + 2\,NaOH(aq) \longrightarrow Na_2SO_4(aq) + 2\,H_2O(l)$$
ácido sulfúrico — hidróxido de sódio — sulfato de sódio — água

Com base nessa equação de neutralização sabemos que, para cada 1 mol de H_2SO_4 que reage, são consumidos 2 mol de NaOH, o que nos permite calcular:

$$1 \text{ mol de } H_2SO_4 \longrightarrow 2 \text{ mol de NaOH}$$
$$n_{H_2SO_4} \longrightarrow 8 \cdot 10^{-3} \text{ mol de NaOH}$$

$n_{H_2SO_4} = 4 \cdot 10^{-3}$ mol $\qquad c_{H_2SO_4} = \dfrac{4 \cdot 10^{-3} \text{ mol}}{25 \cdot 10^{-3} \text{ L}} = 0{,}16$ mol/L

Portanto, utilizando equipamentos relativamente simples e uma solução básica de concentração conhecida, é possível titular uma solução ácida.

Atividades

Se necessário, consulte os valores de massas atômicas na Tabela Periódica que se encontra no final desta Parte.

1. Que quantidade de matéria de íons hidróxido (OH^-) é necessária para neutralizar 1 mol de íons H^+?

2. Quantos mililitros de solução 0,2 mol/L de H_2SO_4 são necessários para neutralizar 20 mL de solução 0,2 mol/L de NaOH?

3. Um produto de limpeza consiste basicamente de uma solução de NH_3 em água; uma amostra de 10 mL do produto consome na neutralização 40 mL de HCl 1,0 mol/L. Calcule a concentração em g/L de amônia no produto. Considere que a equação de neutralização envolvida na titulação é:

$$NH_3(aq) + HCl(aq) \longrightarrow NH_4Cl(aq)$$

QUESTÃO COMENTADA

4. (Unifesp) Os dados do rótulo de um frasco de eletrólito de bateria de automóvel informam que cada litro da solução deve conter aproximadamente 390 g de H_2SO_4 puro. Com a finalidade de verificar se a concentração de H_2SO_4 atende às especificações, 4,00 mL desse produto foram titulados com solução de NaOH 0,800 mol/L. Para consumir todo o ácido sulfúrico dessa amostra, foram gastos 40,0 mL da solução de NaOH. Dado: massa molar de H_2SO_4 = 98,0 g/mol.

   a) Com base nos dados obtidos na titulação, discuta se a especificação do rótulo é atendida.
   b) Escreva a fórmula e o nome oficial do produto que pode ser obtido pela evaporação total da água contida na solução resultante do processo de titulação efetuado.

Sugestão de resolução

a) De acordo com o enunciado, cada litro da solução deve conter aproximadamente 390 g de ácido sulfúrico. Uma amostra de 4,00 mL da solução cuja concentração se deseja verificar consome na neutralização 40,0 mL de NaOH(aq) de concentração 0,800 mol/L. Essas substâncias reagem de acordo com a equação abaixo, da qual se pode deduzir a proporção em quantidade de matéria envolvida:

$$2\,NaOH(aq) + H_2SO_4(aq) \longrightarrow Na_2SO_4(aq) + 2\,H_2O$$
$$2\,mol \quad\quad\quad 1\,mol$$

Mas, se foram gastos 40,0 mL de NaOH de concentração 0,800 mol/L, o total de base consumido em quantidade de matéria é dado por:

$$0,800 \cdot 40,0 \cdot 10^{-3}\,mol\,de\,NaOH$$

Então, podemos escrever:

2 mol NaOH ——— 1 mol H_2SO_4
$0,800 \cdot 40,0 \cdot 10^{-3}$ mol NaOH ——— $n_{H_2SO_4}$

$n_{H_2SO_4} = 1,6 \cdot 10^{-2}$ mol $V_{H_2SO_4} = 4,0$ mL

$$c_{H_2SO_4} = \frac{n_{H_2SO_4}}{V(L)} = \frac{1,6 \cdot 10^{-2}\,mol}{4 \cdot 10^{-3}\,L} = 4,0\,mol/L$$

Como a massa molar do H_2SO_4 é igual a 98 g/mol, a concentração de ácido na solução é de $4 \cdot 98$ g/L, isto é, 392 g/L. Ou seja, a especificação do rótulo é atendida.

b) No final, obtém-se Na_2SO_4 (sulfato de sódio).

Você pode resolver as questões de 1 a 7, 14 e 18 da seção Testando seus conhecimentos.

Reagentes fora da proporção estequiométrica

Vamos analisar agora outra situação: aquela em que a mistura de duas soluções cujos solutos reagem entre si é feita sem obedecer à proporção estequiométrica.

Nesse caso, após a reação, além da presença dos produtos formados, restará certa quantidade de um dos reagentes – o que estava em excesso em relação ao outro. Veja o exemplo.

Na reação entre 200 mL de H_2SO_4(aq) de concentração 1 mol/L e 200 mL de KOH(aq) de concentração 3 mol/L, qual é a quantidade de matéria (mol) de ácido (H_2SO_4) e de base (KOH) disponível? Vejamos:

Quantidade de matéria de H_2SO_4:
$$n_{H_2SO_4} = 1\,mol/L \cdot 0,2\,L = 0,2\,mol\,de\,H_2SO_4$$

Quantidade de matéria de KOH:
$$n_{KOH} = 3\,mol/L \cdot 0,2\,L = 0,6\,mol\,de\,NaOH$$

Essas duas substâncias em contato reagem de acordo com a equação:

$$H_2SO_4(aq) + 2\,KOH(aq) \longrightarrow K_2SO_4(aq) + 2\,H_2O(l)$$
ácido sulfúrico hidróxido de potássio sulfato de potássio água

	H_2SO_4	KOH		K_2SO_4
Início	0,2 mol	0,6 mol		-----
Reação	0,2 mol	0,4 mol	forma-se	0,2 mol
Após a reação	-----	0,2 mol		0,2 mol

Quanto aos volumes: $V_a = 0,2$ L; $V_b = 0,2$ L; $\boxed{V_{mistura} = 0,4\,L.}$

Temos condições agora de responder às questões formuladas a seguir.

Qual é a concentração em mol/L da solução final em relação:
- ao ácido?

$$n_{H_2SO_4} \approx 0$$

- à base?

$n_{KOH_{final}}$ = 0,6 mol − 0,4 mol = 0,2 mol de NaOH
   inicial   reage   resta

$$c_{KOH} = \frac{0,2\,mol}{0,4\,L} = 0,5\,mol/L$$

- ao sal K_2SO_4?

$n_{K_2SO_4}$ = 0 + 0,2 mol = 0,2 mol de K_2SO_4
   inicial formado   final

$$c_{K_2SO_4} = \frac{0,2\,mol}{0,4\,L} = 0,5\,mol/L$$

Atividade

20 mL de solução de $Ca(OH)_2$ 10^{-2} mol/L são acrescentados a 20 mL de solução de HCl $5 \cdot 10^{-2}$ mol/L.

a) A mistura final é ácida ou básica? Justifique sua resposta.
b) Qual é a concentração em mol/L de íons H^+ ou OH^- em excesso na solução obtida?

Você pode resolver as questões 8, 10 a 13, 15 e 17 da seção Testando seus conhecimentos.

Testando seus conhecimentos

Caso necessário, consulte as tabelas no final desta Parte.

1. **(PUC-RJ)** Uma solução aquosa de nitrato de prata (0,050 mol L^{-1}) é usada para se determinar, por titulação, a concentração de cloreto em uma amostra aquosa. Exatos 10,00 mL da solução titulante foram requeridos para reagir com os íons Cl$^-$ presentes em 50,00 mL de amostra. Assinale a concentração, em mol L^{-1}, de cloreto, considerando que nenhum outro íon na solução da amostra reagiria com o titulante.

   Dado:
   $$Ag^+(aq) + Cl^-(aq) \longrightarrow AgCl(s)$$
   a. 0,005
   b. 0,010
   c. 0,025
   d. 0,050
   e. 0,100

2. **(FFFCMPA-RS)** Numa titulação ácido-base de 15,0 mL de ácido sulfúrico (H_2SO_4), foram gastos 22,5 mL de solução de NaOH 0,2 mol/L. Então, a concentração molar de ácido da solução titulada será de:
   a. 0,15 mol/L
   b. 0,20 mol/L
   c. 0,30 mol/L
   d. 0,60 mol/L
   e. 1,50 mol/L

   Nota dos autores: Na questão foi usada a expressão concentração molar em vez de concentração em mol/L.

3. **(IME-RJ)** Uma solução aquosa A, preparada a partir de ácido bromídrico, é diluída com água destilada até que sua concentração seja reduzida à metade. Em titulação, 50 mL da solução diluída consomem 40 mL de uma solução hidróxido de potássio 0,25 mol/L. Determine a concentração da solução A, em g/L.

4. **(UEPG-PR)** A titulação de uma amostra de calcário (carbonato de cálcio impuro), de massa 20 g, consome 100 mL de solução 72 g/L de ácido clorídrico. Sobre o assunto, assinale o que for correto.
   Dados: H = 1 g/mol; Ca = 40 g/mol; C = 12 g/mol; O = 16 g/mol; Cl = 35 g/mol
   01. A fórmula do carbonato de cálcio é $CaCO_3$.
   02. A concentração do ácido clorídrico em mol/L é 2.
   04. A porcentagem de pureza do calcário é 50%.
   08. O ácido clorídrico é um oxi-ácido considerado forte em meio aquoso.

   Dê como resposta a soma das proposições corretas.

5. **(Unesp)** A dipirona sódica mono-hidratada (massa molar = 351 g/mol) é um fármaco amplamente utilizado como analgésico e antitérmico. De acordo com a Farmacopeia Brasileira, os comprimidos desse medicamento devem conter de 95% a 105% da quantidade do fármaco declarada na bula pelo fabricante. A verificação desse grau de pureza é feita pela titulação de uma solução aquosa do fármaco com solução de iodo (I_2) a 0,050 mol/L, utilizando amido como indicador, sendo que cada mol de iodo utilizado na titulação corresponde a um mol de dipirona sódica mono-hidratada.

   Uma solução aquosa foi preparada pela dissolução de um comprimido de dipirona sódica mono-hidratada, cuja bula declara conter 500 mg desse fármaco. Sabendo que a titulação dessa solução consumiu 28,45 mL de solução de iodo 0,050 mol/L, calcule o valor da massa de dipirona sódica mono-hidratada presente nesse comprimido e conclua se esse valor de massa está ou não dentro da faixa de porcentagem estabelecida na Farmacopeia Brasileira.

6. **(Unesp)** A atuação da hidrazina como propelente de foguetes envolve a seguinte sequência de reações, iniciada com o emprego de um catalisador adequado, que rapidamente eleva a temperatura do sistema acima de 800 °C:

   $$3\,N_2H_4(l) \longrightarrow 4\,NH_3(g) + N_2(g)$$
   $$N_2H_4(l) + 4\,NH_3(g) \longrightarrow 3\,N_2(g) + 8\,H_2(g)$$

   Dados: Massas molares, em g·mol^{-1}: N = 14,0; H = 1,0

   Volume molar, medido nas Condições Normais de Temperatura e Pressão (CNTP) = 22,4 L

   Calcule a massa de H_2 e o volume total dos gases formados, medido nas CNTP, gerados pela decomposição estequiométrica de 1,0 g de $N_2H_4(l)$.

7. **(Uerj)** Para prevenção do bócio, doença causada pela falta de iodo no organismo, recomenda-se a adição de 0,005%, em massa, de iodato de potássio ao sal de cozinha. O iodato de potássio é produzido pela reação entre o iodo molecular e o hidróxido de potássio, que forma também água e iodeto de potássio.

   Escreva a equação química completa e balanceada para a obtenção do iodato de potássio e determine a massa, em gramas, do íon iodato presente em 1 kg de sal de cozinha.

8. **(Fuvest-SP)** Um recipiente contém 100 mL de uma solução aquosa de H_2SO_4 de concentração 0,1 mol/L. Duas placas de platina são inseridas na solução e conectadas a um LED (diodo emissor de luz) e a uma bateria, como representado abaixo.

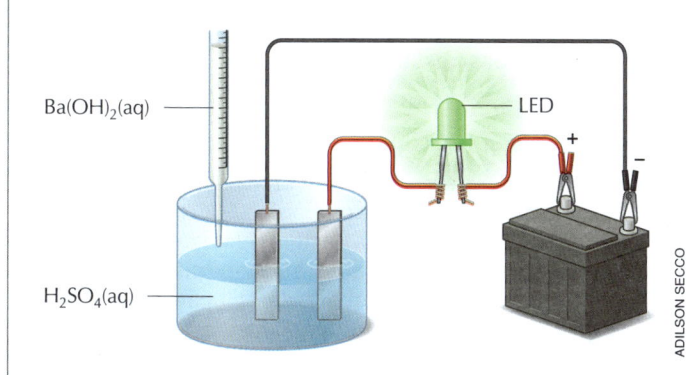

   A intensidade da luz emitida pelo LED é proporcional à concentração de íons na solução em que estão inseridas as placas de platina.

Nesse experimento, adicionou-se, gradativamente, uma solução aquosa de Ba(OH)$_2$, de concentração 0,4 mol/L, à solução aquosa de H$_2$SO$_4$, medindo-se a intensidade de luz a cada adição. Os resultados desse experimento estão representados no gráfico abaixo. Sabe-se que a reação que ocorre no recipiente produz um composto insolúvel em água.

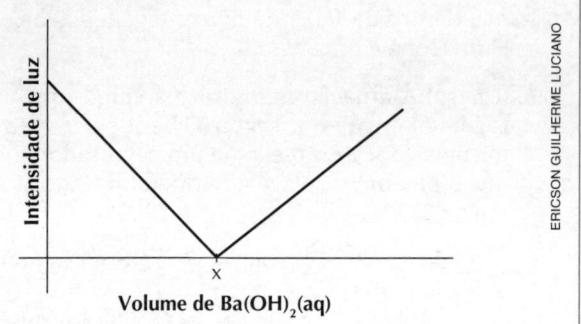

[Gráfico: Intensidade de luz × Volume de Ba(OH)$_2$(aq), com ponto mínimo x]

a. Escreva a equação química que representa essa reação.
b. Explique por que, com a adição de solução aquosa de Ba(OH)$_2$, a intensidade de luz decresce até um valor mínimo, aumentando a seguir.
c. Determine o volume adicionado da solução aquosa de Ba(OH)$_2$ que corresponde ao ponto x no gráfico. Mostre os cálculos.

9. (PUC-SP) Uma amostra de 2,00 g formada por uma liga metálica contendo os metais cobre e prata foi completamente dissolvida em ácido nítrico concentrado. À solução aquosa resultante foi adicionada solução aquosa de NaCl em excesso. O precipitado formado foi filtrado e, após seco, obteve-se 1,44 g de sólido. A partir desse experimento pode-se concluir que o teor de prata na liga metálica é de

a. 34%.
b. 43%.
c. 54%.
d. 67%.
e. 72%.

Dados: CuCl$_2$ é um sal solúvel em água, enquanto que AgCl é um sal insolúvel em água.

10. (UFMG) Para determinar-se a quantidade de íons carbonato, CO$_3^{2-}$, e de íons bicarbonato, HCO$_3^-$, em uma amostra de água, adiciona-se a esta uma solução de certo ácido. As duas reações que, então, ocorrem estão representadas nestas equações:

I. CO$_3^{2-}$(aq) + H$^+$(aq) ⟶ HCO$_3^-$(aq)

II. HCO$_3^-$(aq) + H$^+$(aq) ⟶ H$_2$CO$_3$(aq)

Para se converterem os íons carbonato e bicarbonato dessa amostra em ácido carbônico, H$_2$CO$_3$, foram consumidos 20 mL da solução ácida. Pelo uso de indicadores apropriados, é possível constatar-se que, na reação I, foram consumidos 5 mL dessa solução ácida e, na reação II, os 15 mL restantes. Considerando-se essas informações, é CORRETO afirmar que, na amostra de água analisada, a proporção inicial entre a concentração de íons carbonato e a de íons bicarbonato era de

a. 1 : 1.
b. 1 : 2.
c. 1 : 3.
d. 1 : 4.

11. (Fuvest-SP) Para investigar o efeito de diferentes poluentes na acidez da chuva ácida, foram realizados dois experimentos com os óxidos SO$_3$(g) e NO$_2$(g). No primeiro experimento, foram coletados 45 mL de SO$_3$ em um frasco contendo água, que foi em seguida fechado e agitado, até que todo o óxido tivesse reagido. No segundo experimento, o mesmo procedimento foi realizado para o NO$_2$. Em seguida, a solução resultante em cada um dos experimentos foi titulada com NaOH(aq) 0,1 mol/L, até sua neutralização.

As reações desses óxidos com água são representadas pelas equações químicas balanceadas:

H$_2$O(l) + SO$_3$(g) ⟶ H$_2$SO$_4$(aq)

H$_2$O(l) + 2 NO$_2$(g) ⟶ HNO$_2$(aq) + HNO$_3$(aq)

a. Determine o volume de NaOH(aq) utilizado na titulação do produto da reação entre SO$_3$ e água. Mostre os cálculos.
b. Esse volume é menor, maior ou igual ao utilizado no experimento com NO$_2$(g)? Justifique.
c. Uma das reações descritas é de oxirredução. Identifique qual é essa reação e preencha a tabela, indicando os reagentes e produtos das semirreações de oxidação e de redução.

Note e adote:

Considere os gases como ideais e que a água contida nos frascos foi suficiente para a reação total com os óxidos.

Volume de 1 mol de gás: 22,5 L, nas condições em que os experimentos foram realizados.

d. Reação:

Apresentam alteração no número de oxidação	Semirreação de oxidação	Semirreação de redução
Reagente		
Produto		

12. (Uerj) O fenômeno da "água verde" em piscinas pode ser ocasionado pela adição de peróxido de hidrogênio em água contendo íons hipoclorito. Esse composto converte em cloreto os íons hipoclorito, eliminando a ação oxidante e provocando o crescimento exagerado de microrganismos. A equação química abaixo representa essa conversão:

H$_2$O$_2$(aq) + NaClO(aq) ⟶ NaCl(aq) + O$_2$(g) + H$_2$O(l)

Para o funcionamento ideal de uma piscina com volume de água igual a 4 · 10^7 L, deve-se manter uma concentração de hipoclorito de sódio de 3 · 10^{-5} mol · L^{-1}.

Calcule a massa de hipoclorito de sódio, em quilogramas, que deve ser adicionada à água dessa piscina para se alcançar a condição de funcionamento ideal.

Admita que foi adicionada, indevidamente, nessa piscina, uma solução de peróxido de hidrogênio na concentração de 10 mol · L^{-1}. Calcule, nesse caso, o volume da solução de peróxido de hidrogênio responsável pelo consumo completo do hipoclorito de sódio.

13. (PUC-PR) O hidróxido de cálcio – Ca(OH)$_2$ – também conhecido como cal hidratada ou cal extinta, trata-se de um importante insumo utilizado na indústria da construção civil. Para verificar o grau de pureza (em massa) de uma amostra de hidróxido de cálcio, um laboratorista pesou 5,0 gramas deste e dissolveu completamente em 200 mL de solução de ácido clorídrico 1 mol/L. O excesso de ácido foi titulado com uma solução de hidróxido de sódio 0,5 mol/L na presença de fenolftaleína, sendo gastos 200 mL até completa neutralização. O grau de pureza da amostra analisada, expresso em porcentagem em massa, é de

a. 78%.
b. 82%.
c. 86%.
d. 90%.
e. 74%.

14. (FCMAE-SP) Para determinar a pureza de uma amostra de ácido sulfúrico (H$_2$SO$_4$), uma analista dissolveu 14,0 g do ácido em água até obter 100 mL de solução. A analista separou 10,0 mL dessa solução e realizou a titulação, utilizando fenolftaleína como indicador. A neutralização dessa alíquota foi obtida após a adição de 40,0 mL de uma solução aquosa de hidróxido de sódio (NaOH) de concentração 0,5 mol L^{-1}.

O teor de pureza da amostra de ácido sulfúrico analisado é, aproximadamente,

a. 18,0%.
b. 50,0%.
c. 70,0%.
d. 90,0%.

15. (FMABC-SP)

Dados: massa molar (g · mol^{-1}):

C$_{12}$H$_{22}$O$_{11}$ = 342; C$_3$H$_6$O$_3$ = 90; NaOH = 40.

A lactose é o açúcar presente no leite. Formada por dois monossacarídeos, a galactose e a glicose, a lactose é representada pela fórmula molecular C$_{12}$H$_{22}$O$_{11}$. Algumas bactérias presentes no leite são capazes de fermentar a lactose, produzindo exclusivamente o ácido láctico (C$_3$H$_6$O$_3$), um ácido monoprótico.

$$C_{12}H_{22}O_{11} + H_2O \longrightarrow 4\ C_3H_6O_3$$

Uma amostra de 20 mL de leite de vaca apresenta, inicialmente, 1,00 g de lactose. O leite dessa amostra foi fermentado e o ácido láctico gerado foi titulado utilizando-se uma solução aquosa de hidróxido de sódio (NaOH) 0,20 mol · L^{-1}. Foram necessários 35 mL da solução alcalina para neutralizar completamente o ácido. Considerando que o único ácido presente na amostra é o ácido láctico proveniente da fermentação do leite, a porcentagem de lactose ainda presente no leite é de aproximadamente

a. 20%.
b. 30%.
c. 40%.
d. 50%.

16. (UPM-SP) Foram misturados 100 mL de solução aquosa de cloreto de sódio 0,1 mol · L^{-1} com 200 mL de solução aquosa de nitrato de prata 0,2 mol · L^{-1}. Considerando que as condições sejam favoráveis à ocorrência da reação, é **INCORRETO** afirmar que

a. o cloreto formado é insolúvel em meio aquoso.
b. o cloreto de sódio será totalmente consumido.
c. haverá excesso de 0,03 mol de nitrato de prata.
d. ocorrerá a precipitação de 0,01 mol de cloreto de prata.
e. a concentração do nitrato de prata na solução final é de 0,03 mol · L^{-1}.

17. (UEFS-BA) A diluição de soluções concentradas, denominadas de soluções-estoque, a exemplo das apresentadas na tabela, é uma prática rotineira em laboratórios de análises químicas. Um dos cuidados que se deve tomar na diluição de uma solução-estoque, de um ácido ou de uma base, é a adição da solução concentrada na água para evitar acidentes com o respingo e o calor liberado durante a diluição.

Solução-estoque	Concentração da solução, mol L^{-1}, 25 °C
Hidróxido de sódio, NaOH(aq)	6,0
Ácido clorídrico, HCl(aq)	12,0

Considerando-se as informações e as propriedades das soluções, é correto concluir:

a. A massa de hidróxido de sódio contida em 2,0 L da solução-estoque é de 240,0 g.
b. A diluição de soluções concentradas de um ácido e de uma base libera calor porque é um processo endotérmico.
c. A quantidade de matéria do soluto na solução-estoque é sempre menor do que a quantidade de matéria na solução diluída.
d. A diluição de 100,0 mL da solução 6,0 mol · L^{-1} de NaOH(aq) em 200,0 mL de água reduz pela metade a concentração da solução-estoque.
e. A concentração molar da solução obtida pela mistura de 50,0 mL da solução-estoque de ácido clorídrico com 150,0 mL de água é de 3,0 mol · L^{-1}.

18. (UPM-SP) Na neutralização de 30 mL de uma solução de soda cáustica (hidróxido de sódio comercial), foram gastos 20 mL de uma solução 0,5 mol/L de ácido sulfúrico, até a mudança de coloração de um indicador ácido-base adequado para a faixa de pH do ponto de viragem desse processo. Desse modo, é correto afirmar que as concentrações molares da amostra de soda cáustica e do sal formado nessa reação de neutralização são, respectivamente,

a. 0,01 mol/L e 0,20 mol/L.
b. 0,01 mol/L e 0,02 mol/L.
c. 0,02 mol/L e 0,02 mol/L.
d. 0,66 mol/L e 0,20 mol/L.
e. 0,66 mol/L e 0,02 mol/L.

Mais questões: no livro digital, em **Vereda Digital Aprova Enem** e **Vereda Digital Suplemento de revisão e vestibulares**; no *site*, em **AprovaMax**.

CAPÍTULO 16

PROPRIEDADES COLIGATIVAS

De acordo com a cultura popular, o banho de sal grosso tem poder revigorante. Saber isso não basta para rir com a tirinha: ela é engraçada apenas para quem possui certos conhecimentos de Química e Biologia. Você sabe por que uma lesma não poderia tomar um banho de sal grosso?

GONSALES, Fernando. *Folha de S.Paulo*, 1º fev. 2011.

Este capítulo vai ajudá-lo a compreender:
- o que é pressão de vapor;
- os efeitos da adição de um soluto a um solvente na pressão de vapor, na temperatura de ebulição e na temperatura de congelamento do solvente;
- o que é pressão osmótica;
- os usos das propriedades coligativas na Medicina;
- as propriedades coligativas e a interpretação de processos naturais, inclusive fisiológicos.

ENEM
C1: H2
C5: H 17 e H 18
C7: H24

Fisiológico: relativo à Fisiologia, estudo das funções e do funcionamento normal dos seres vivos, em especial dos processos físico-químicos que ocorrem em células, tecidos, órgãos e sistemas dos seres vivos sadios.

Para situá-lo

Ao ler o nome deste capítulo, você conseguiu entender qual é o assunto tratado nele? Levantou alguma hipótese?

O adjetivo **coligativo** não faz parte da nossa linguagem do dia a dia, mas você verá que ele se refere a propriedades das soluções que estão envolvidas em fatos muito corriqueiros. Essas propriedades, além disso, contribuem para regular o metabolismo dos seres vivos e permitem o enfrentamento de questões de natureza tecnológica relacionadas a processos industriais e a procedimentos médicos.

Vamos começar a refletir sobre as propriedades coligativas com base em alguns exemplos.

Você já observou o que acontece quando uma salada é temperada muito tempo antes de chegar à mesa? O aspecto das folhas – alface, rúcula, agrião, entre outras – muda: elas murcham. Por que será que isso ocorre?

E, se você já observou um peixe fresco – como bacalhau, pirarucu ou outro – e um peixe que tenha sido submetido ao processo de salga (foto ao lado), também deve ter notado a diferença entre eles. Que peixe dura mais, o fresco ou o salgado? O salgado, pois a salga é um recurso usado para conservar peixes e outros tipos de carne. Mas como se explica quimicamente a eficiência desse método tradicional?

A salga é um recurso usado para garantir que peixes (como o bacalhau que aparece na foto) e outros tipos de carne se conservem adequados ao consumo por mais tempo.

Outro exemplo diz respeito ao hábito comum entre nós, brasileiros, de tomar cafezinhos ao longo do dia e de servir café às visitas. Para preparar o café de forma tradicional, muita gente acrescenta açúcar à água antes de aquecê-la; já outros aquecem apenas a água, deixando que cada pessoa adoce seu café a gosto. Os mais exigentes costumam preferir esta última forma de preparo, e especialistas nesse assunto também recomendam que a temperatura da água a ser misturada com o café seja inferior a 100 °C, aproximadamente de 92 °C (antes, portanto, que ela atinja a "fervura", quando à pressão de 1 atm). Por que será?

Especialistas em café desaconselham que se adicione açúcar à água antes de aquecê-la. Por quê?

1. Em algumas regiões brasileiras, em dias muito frios, ocorre a formação de uma camada fina de gelo nas estradas. A imagem ao lado mostra um agente rodoviário aplicando cloreto de sódio sobre a superfície gelada de uma estrada para melhorar a segurança na circulação de veículos. Você saberia qual é o fundamento químico para esse procedimento?

2. Que relação pode haver entre as duas recomendações dos apreciadores e especialistas em café (não adoçar a água e não deixar a água "ferver")?

3. Nas regiões polares, onde a temperatura ambiente é muito baixa, existem no mar grandes *icebergs* (blocos de gelo). Ainda assim, uma imensa quantidade de água se mantém líquida, mesmo em temperaturas negativas. Ficam para nós duas questões: a água não se solidifica a 0 °C, mantendo-se líquida abaixo dessa temperatura? Por que isso acontece nessa situação?

4. Uma pessoa desidratada deve tomar soro intravenoso. Se um auxiliar de enfermagem, por um motivo qualquer, distrair-se e trocar o soro de concentração adequada por uma solução mais diluída, isso poderá pôr em risco a vida do paciente? Por quê?

Aplicação de cloreto de sódio na BR 116, em trecho no Rio Grande do Sul. Foto de 2011.

Neste capítulo, vamos nos aprofundar no estudo de propriedades das soluções que estão diretamente relacionadas a essas situações. Você será capaz de responder às questões propostas e a muitas outras igualmente interessantes.

O que são propriedades coligativas?

Para começar a entender as situações propostas anteriormente, vamos retomar um fato que você já deve conhecer e que é usado para diferenciar substância de mistura.

A água (pura) entra em ebulição a 100 °C, ao nível do mar, e essa temperatura se mantém constante enquanto ocorre a mudança de estado. Isso vale para qualquer substância, ou seja: em uma dada pressão, cada substância tem uma temperatura de ebulição; se tivermos apenas água, nessa pressão, a temperatura permanecerá constante durante a ebulição. Já em uma mistura de água e sal, a água inicia a ebulição em temperatura superior a 100 °C, ao nível do mar, e esse valor vai aumentando à medida que a mudança de estado prossegue.

A temperatura de início da ebulição é tanto maior quanto maior for a concentração das partículas que estão em solução, mas independe da natureza delas. Para esclarecer essa afirmação, vamos usar um exemplo: considere duas soluções aquosas de diferentes solutos (uma de sacarose, outra de glicose), ambas com a mesma concentração (por exemplo, 0,01 mol/L); nas duas soluções, a ebulição da água começará em igual temperatura, desde que elas estejam sob a mesma pressão. Por isso, dizemos que a temperatura de ebulição é uma propriedade coligativa.

À medida que a ebulição ocorre, há vaporização do solvente, fazendo com que a concentração de partículas do soluto aumente, o que explica o fato de a temperatura de ebulição também aumentar ao longo do processo.

Quanto maior a concentração de sal na solução usada para cozinhar o macarrão, maior a diferença entre a temperatura de início da ebulição da água da solução (com sal) e a de início da ebulição se tivermos apenas água. O fato de a temperatura de ebulição da água com sal ser maior que a temperatura de ebulição da água é uma propriedade coligativa porque depende da concentração da solução.

Capítulo 16 • Propriedades coligativas **341**

Propriedades coligativas de uma solução são aquelas que dependem da concentração das partículas de soluto na solução, e não da natureza dessas partículas.

A partir de agora, vamos estudar propriedades coligativas das soluções que alteram propriedades físicas do solvente. Por exemplo: entre as propriedades coligativas relacionadas a fatos cotidianos, estão as alterações ocorridas na temperatura de ebulição e de solidificação características de uma substância, alterações essas que ocorrem quando essa substância atua como solvente, sendo parte de uma solução. Inicialmente, vamos analisar uma propriedade que envolve a maior ou a menor tendência à evaporação de um líquido; para isso, é preciso entender um conceito: o de pressão de vapor de uma substância.

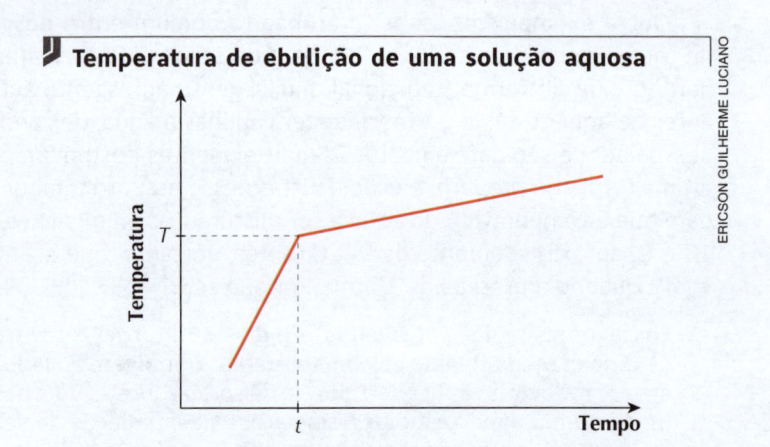

Temperatura de ebulição de uma solução aquosa

Após atingir a temperatura T, a água da solução aquosa entra em ebulição. À medida que a quantidade de água da solução diminui, a temperatura de ebulição aumenta.

Pressão de vapor

A evaporação de líquidos em sistemas abertos é um fenômeno bastante comum em nosso cotidiano. Ela ocorre, por exemplo, com a água de uma poça (foto ao lado) ou da roupa que seca no varal. Com o decorrer do tempo, a água líquida presente na poça ou na roupa passa para a atmosfera na forma de vapor de água.

Esse processo é influenciado por vários fatores, como:
- a temperatura: quanto maior a temperatura, mais facilmente o processo ocorrerá;
- a presença ou não de ventos: quanto maior a corrente de ar, maior a remoção das moléculas do vapor em contato com o líquido, favorecendo a vaporização;
- a superfície de contato entre o líquido e o ar atmosférico: quanto maior for a superfície, maior será a velocidade do processo.

Mas e se a evaporação ocorrer em um recipiente fechado?

Se refletirmos com base em modelos moleculares, poderemos diferenciar as duas situações, conforme as figuras a seguir ilustram.

Após a chuva, a água das poças evapora, passando para a atmosfera.

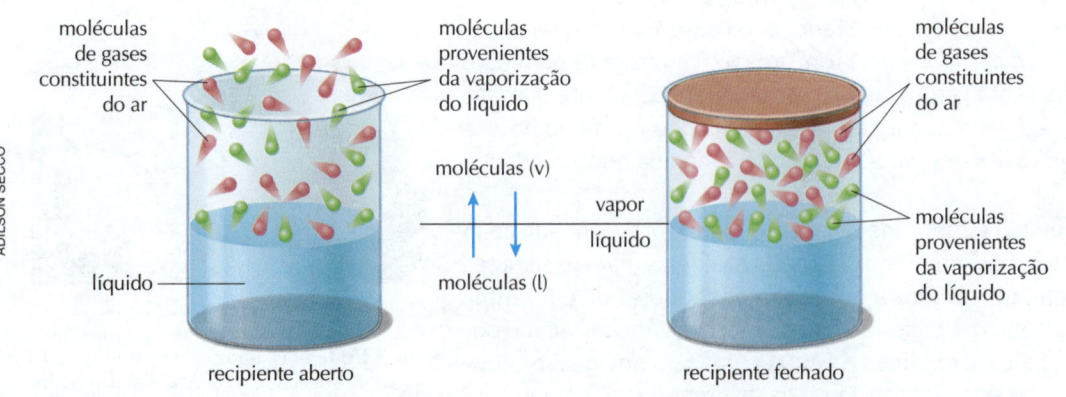

As ilustrações representam, do ponto de vista submicroscópico, a evaporação de um líquido em recipiente aberto (moléculas abandonam a fase líquida) e fechado (moléculas saem do líquido e também voltam a ele). Atenção! Representamos uma unidade do ar por uma esfera vermelha, mas isto é uma simplificação, pois o ar é constituído por várias substâncias.

Para que você entenda melhor como ocorre o processo em que moléculas deixam o líquido e retornam a ele, vamos analisar vários momentos da vaporização de uma substância em um sistema fechado sem ar.

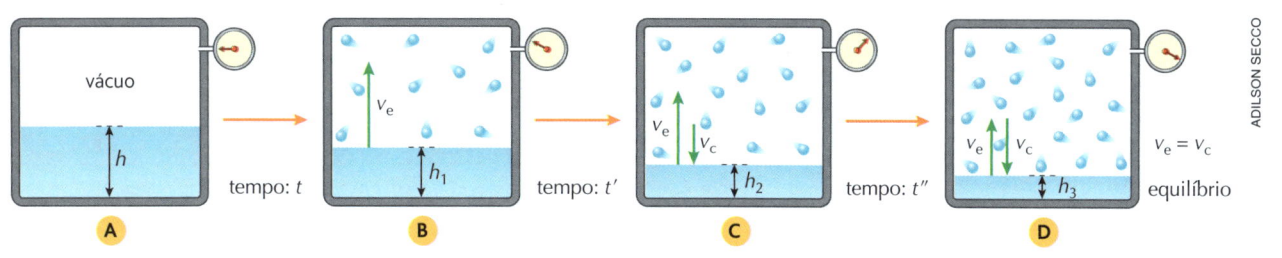

Na ilustração estão representados quatro momentos da vaporização de um líquido colocado no vácuo. As imagens associam aspectos macroscópicos desse processo (pressão do vapor, lida no manômetro, e altura do líquido) a representações em nível molecular.

v_e: velocidade de evaporação; v_c: velocidade de condensação. $h > h_1 > h_2 > h_e$

Vamos analisar cada um dos quatro momentos da vaporização de um líquido representados na figura.

- Moléculas de uma substância no estado líquido (figura **A**): as que apresentam energia cinética suficiente vencem as interações intermoleculares; assim se inicia a vaporização do líquido, e o espaço vazio (vácuo) vai sendo ocupado por moléculas do vapor (figura **B**).
- Com o passar do tempo, a velocidade de evaporação (v_e) vai diminuindo, e começa a acontecer o processo contrário: a condensação do vapor (figura **C**).
- Atingida a situação de equilíbrio, o nível do líquido se mantém constante (figura **D**), dando a impressão ao observador de que o processo cessou. Na realidade, os dois processos – evaporação e condensação – continuam ocorrendo na mesma velocidade ($v_e = v_c$), de modo que o nível do líquido não muda. Dizemos que o equilíbrio atingido é dinâmico (evaporação e condensação continuam ocorrendo). Por isso, se uma quinta situação fosse inserida na ilustração, ela seria idêntica à representada na figura **D**.

O vapor emanado do líquido exerce uma pressão sobre a superfície desse líquido que alcança seu valor máximo quando se atinge a situação de equilíbrio (dinâmico), podendo então ser chamada de **pressão ou tensão máxima de vapor** ou, simplesmente, **pressão de vapor**.

> Pressão máxima de vapor de um líquido é a pressão exercida por seus vapores quando eles se encontram em equilíbrio dinâmico com o líquido.

Atividades

Para responder às questões 1 e 2, baseie-se em suas observações cotidianas e considere a seguinte situação: Três frascos abertos idênticos contendo volumes iguais de água, álcool e acetona são mantidos abertos.

1. Qual dos três líquidos é o mais volátil, ou seja, o que tem mais facilidade de se vaporizar?
2. Em qual dos líquidos as moléculas são mais fortemente atraídas umas pelas outras?
3. Que características devem ter os perfumes, ou outros produtos, para que possamos sentir o seu cheiro? Responda usando os termos **volátil** e **pressão de vapor**.
4. Em um dia quente, deixamos um frasco de perfume aberto. O que acontece?
5. De que maneira a temperatura influi no processo de vaporização?

A natureza do líquido e a pressão de vapor

Leia os dados da tabela ao lado.

Com base nesses dados, é possível deduzir que a pressão de vapor de um líquido depende da natureza desse líquido e da temperatura em que ele se encontra.

Quanto maior a volatilidade do líquido, maior sua pressão de vapor. Ou seja, na mesma temperatura, a pressão de vapor do éter é maior que a do etanol e a da água porque o éter é o líquido mais volátil entre eles.

Variação da pressão de vapor de alguns líquidos em função da temperatura			
Temperatura (°C)	Pressão de vapor (mmHg)		
	Água	Etanol (álcool comum)	Éter comum
0	4,6	12,2	185,3
20	17,5	43,9	442,2
40	55,3	135,3	921,3
100	760,0	1 693,3	4 859,4

Fonte: KAVANAH, P. et al. *Concepts in modern Chemistry*. New York: Cambridge, 1976. p. 34.

Temperatura e pressão de vapor de um líquido

Se você pensar no que ocorre com um líquido à medida que ele é aquecido, poderá deduzir que, quanto maior sua temperatura, maior será a sua pressão de vapor. Essa relação é coerente com os dados da tabela anterior. Observe a figura abaixo.

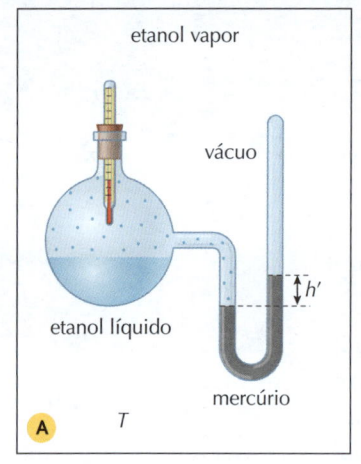

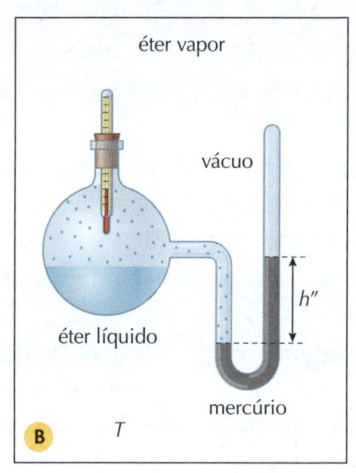

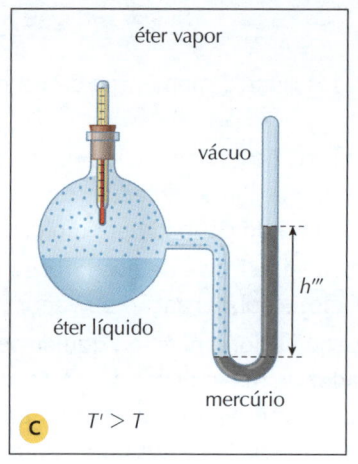

A ilustração representa as diferentes pressões de vapor de dois líquidos de volatilidades distintas (etanol em **A** e éter etílico em **B**) e de um mesmo líquido (éter etílico) em duas temperaturas diferentes (**B** e **C**). O vapor é invisível e está sendo representado por pontos para facilitar a compreensão.

Fonte: KOTZ, J. C.; TREICHEL JR., P. *Chemistry & chemical reactivity*. 3rd ed. Orlando: Saunders College, 1996. p. 616.

Nos esquemas **A**, **B** e **C**, temos situações em que o equilíbrio líquido-vapor foi atingido. Analisando **A** e **B**, podemos notar a diferença entre os desníveis da coluna de mercúrio, isto é:

$$h'' > h', \text{ ou seja, } p_{\text{éter}} > p_{\text{etanol}}$$

Por outro lado, como em **C** a temperatura do éter é maior do que em **B**, concluímos que:

$$p_{\text{éter}_C} \geq p_{\text{éter}_B}$$

No gráfico ao lado, podemos obter informações semelhantes às que analisamos. Das substâncias representadas, o clorofórmio é a mais volátil; ou seja, se fixarmos uma temperatura qualquer – por exemplo, 40 °C –, sua pressão de vapor será maior que a do etanol e das demais substâncias. Já o octan-1-ol é o que tem as pressões de vapor mais baixas em qualquer temperatura. Por outro lado, a pressão de vapor se torna tanto maior quanto maior é a temperatura. Assim, a água a 40 °C tem pressão de vapor próxima de 50 mmHg; já a 100 °C sua pressão de vapor é igual a 760 mmHg.

O clorofórmio é, entre os líquidos representados, o que apresenta a maior pressão de vapor; é, portanto, o mais volátil. Já o octan-1-ol é o menos volátil.

Fonte: BETTELHEIM, F. A.; MARCH, J. *Introduction to General, Organic & Biochemistry*. 4th ed. Orlando: Harcourt Brace College, 1995. p. 151.

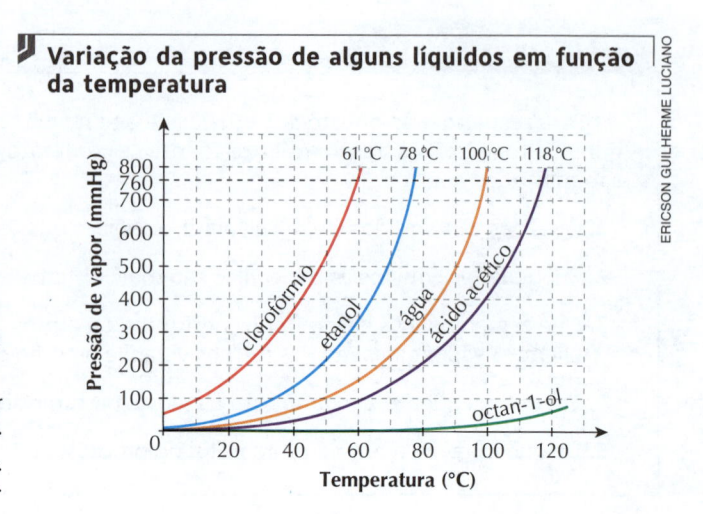

Temperatura de ebulição e pressão

Sabemos que a água, assim como qualquer outro líquido, tende a evaporar-se, isto é, passar ao estado de vapor, mesmo em temperaturas inferiores a seu ponto de ebulição.

Quando colocamos uma panela com água no fogo, podemos observar a formação de bolhas antes que ela ferva. Essas bolhas surgem graças aos gases que compõem o ar e que estão dissolvidos na água. Com o aumento da temperatura, eles vão se desprendendo (ficam menos solúveis a temperaturas mais altas). Depois de certo tempo, vão se formando bolhas de vapor de água.

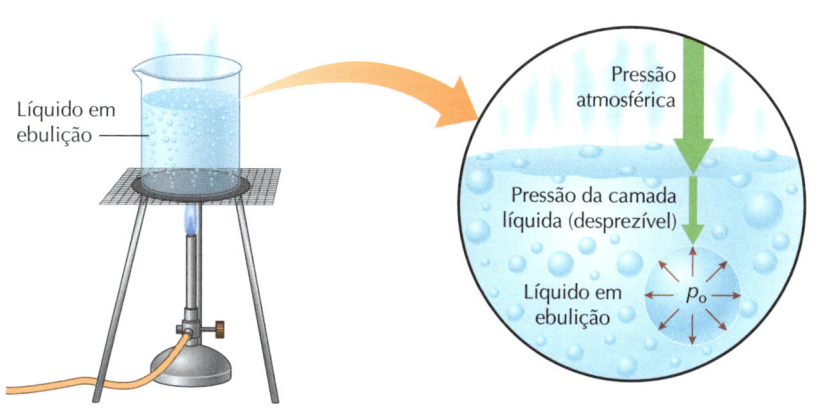

A figura associa o aquecimento do líquido com sua pressão de vapor. Quando o valor da pressão de vapor do líquido se iguala ao valor da pressão atmosférica, as bolhas de vapor ascendem à superfície, e o líquido entra em ebulição.

Dizemos que a água entra em ebulição quando há formação de grande número de bolhas (porções de vapor cercadas de líquido), que sobem para a superfície do líquido. Para que esse vapor consiga deixar o líquido, é necessário que a pressão do vapor seja, no mínimo, igual à pressão atmosférica local, conforme mostra a "ampliação" de uma bolha na ilustração acima. Quando a pressão no interior das bolhas da superfície do líquido se torna maior que a atmosférica, essas bolhas se rompem (estouram), liberando o vapor.

Como a pressão atmosférica se torna tanto maior quanto menor é a altitude, a temperatura de ebulição em locais de menor altitude é maior que nos de maior altitude.

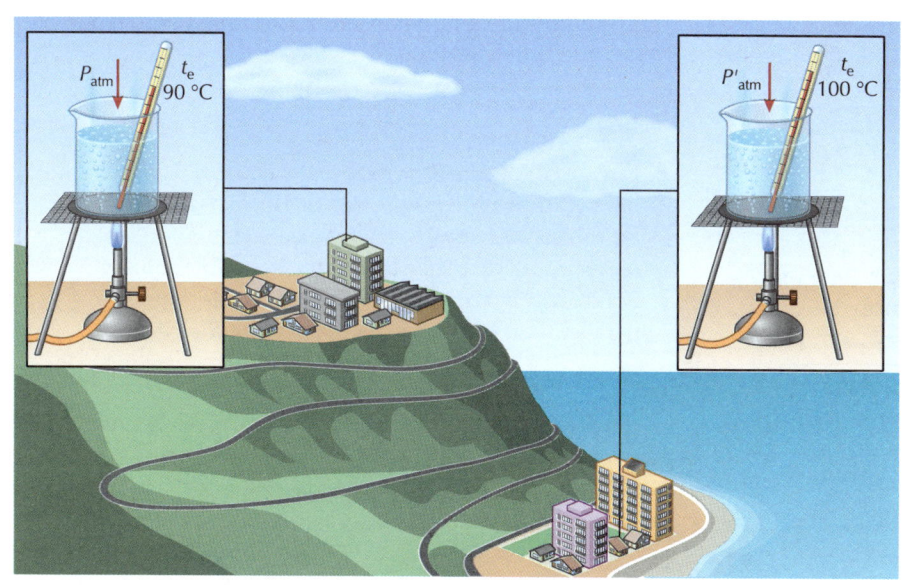

Esquema da influência da pressão atmosférica na temperatura de ebulição da água ($P'_{atm} > P_{atm}$).

Por isso, em cidades como Curitiba, Belo Horizonte e Brasília, que estão acima do nível do mar, a pressão atmosférica é inferior a 760 mmHg, o que explica que lá a água ferva abaixo de 100 °C. O gráfico ao lado relaciona a pressão de vapor da água com a temperatura.

Concluindo: quanto maior a altitude local, menor a pressão atmosférica e, portanto, menor a temperatura de ebulição.

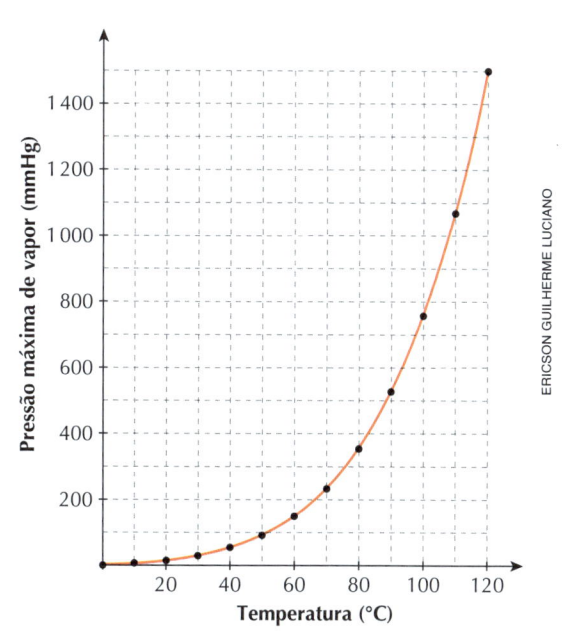

A 760 mmHg, a temperatura de ebulição da água é 100 °C, mas a 180 mmHg é de cerca de 60 °C.

Fonte: KAVANAH, P. et. al. *Concepts in modern chemistry*. New York: Cambridge, 1976. p. 33.

Capítulo 16 • Propriedades coligativas

Atividades

1. No gráfico da página 344, considere o valor da pressão 760 mmHg (pressão atmosférica ao nível do mar). Com base em tal valor, responda:
   a) Em que temperatura o clorofórmio tem essa pressão de vapor?
   b) Qual é a temperatura de ebulição do etanol?
   c) Por que, com base no gráfico, podemos dizer que a temperatura de ebulição da água a 1 atm é 100 °C, a do etanol 78 °C e a do clorofórmio 61 °C?

2. Você já viu que a temperatura de ebulição da água pura é menor que a da água de uma solução 0,1 mol/L de sacarose e que o aumento da temperatura de ebulição é uma propriedade coligativa.

   Com base no conceito de propriedade coligativa, responda:

   A temperatura de ebulição da água de uma solução 0,2 mol/L de sacarose tem o mesmo valor que a da solução 0,1 mol/L do mesmo soluto? Justifique.

3. Uma pessoa que vive em Fortaleza (CE) se muda para La Paz, na Bolívia, cidade situada a mais de 3600 m de altitude.
   a) Em qual das cidades a temperatura de ebulição da água é mais alta?
   b) Em qual delas o tempo necessário para preparar as refeições é maior?

4. a) Em panelas de pressão, a água ferve a temperaturas superiores a 120 °C.
   b) Explique a razão de esse valor ser bem mais alto que os 100 °C. Que vantagens as panelas de pressão apresentam?

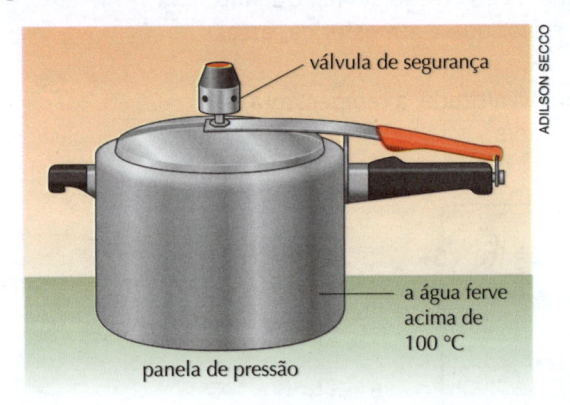

   [Ilustração: panela de pressão com válvula de segurança; a água ferve acima de 100 °C]

5. No gráfico estão representadas as pressões de vapor dos líquidos A e B em função da temperatura.

   Variação da pressão de vapor de dois líquidos em função da temperatura

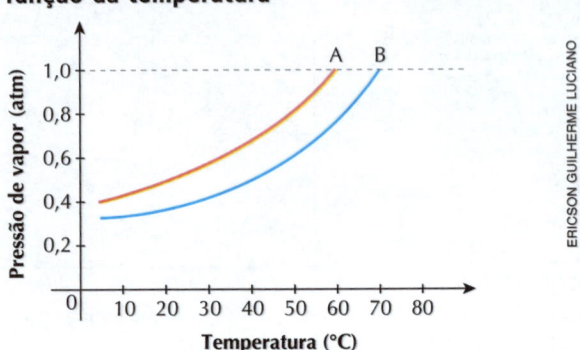

   [Gráfico: Pressão de vapor (atm) × Temperatura (°C), curvas A e B atingindo 1,0 atm próximo a 60–70 °C]

   a) Qual dos líquidos é mais volátil?
   b) Considere a temperatura de 50 °C. Qual é o valor aproximado das pressões de vapor de A e B?
   c) Em que temperaturas A e B têm pressão de vapor 1 atm?

6. Em que temperaturas A e B entram em ebulição ao nível do mar?

7. O clorofórmio tem temperatura de ebulição 61 °C, a 1 atm de pressão (ao nível do mar). Em determinado local, exposto à atmosfera, o clorofórmio entra em ebulição à temperatura ambiente, ou seja, sem ter sido submetido a aquecimento. Explique como é possível que isso aconteça.

QUESTÃO COMENTADA

8. Em uma solução 0,1 mol/L de NaCl, a água tem temperatura de ebulição maior do que a verificada na solução 0,1 mol/L de sacarose. Lembrando que a temperatura de ebulição de uma solução é uma propriedade coligativa, use seus conhecimentos químicos para levantar hipóteses que expliquem tal diferença.

Sugestão de resolução

Embora aparentemente as duas soluções tenham a mesma concentração, o NaCl é um composto iônico e, por isso, ao se dissolver em água, dissocia-se em íons $Na^+(aq)$ e $Cl^-(aq)$. Desse modo, a concentração de partículas, na forma de íons, na solução do sal é bem maior do que na solução molecular de açúcar (sacarose). Se a dissociação iônica do sal for total (100%), a diferença entre a temperatura de ebulição da água em solução de NaCl e a temperatura de ebulição da água pura será o dobro da diferença entre a temperatura de ebulição da água em solução de sacarose e a temperatura de ebulição da água pura.

Você pode resolver as questões 1 e 2 da seção Testando seus conhecimentos.

Pressão de vapor e temperatura de ebulição: solvente puro × solvente em solução

Compare os processos esquematizados abaixo. Neles estão representadas as informações coletadas em experimentos nos quais há a vaporização de uma substância no estado líquido (à esquerda) e dessa mesma substância como solvente de uma solução (à direita).

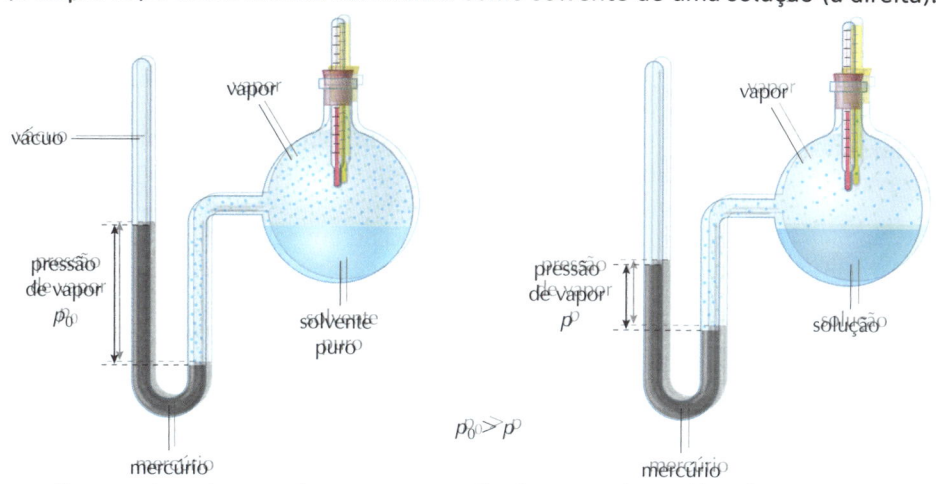

O que acontece com a pressão de vapor de um líquido quando a ele adicionamos um soluto não volátil? Os pontos são usados com finalidade didática: representam as moléculas do vapor.

Os experimentos revelam que a pressão de vapor de um líquido puro é maior do que a pressão de vapor do mesmo líquido quando nele é dissolvido um soluto não volátil à mesma temperatura.

Agora vamos analisar o que ocorre nesse processo, do ponto de vista submicroscópico, com base na dissolução do cloreto de sódio em água.

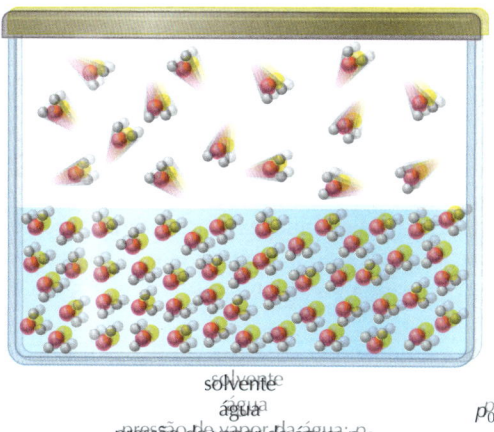

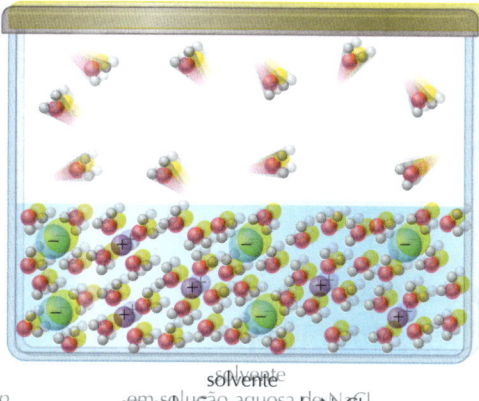

A adição de NaCl à água (representada à direita) provoca uma redução da pressão de vapor p em relação à da água (p_0).

Fonte: KOTZ, J. C.; TREICHEL JR., P. *Chemistry & chemical reactivity*. 3rd ed. Orlando: Saunders College, 1996. p. 669.

O gráfico ao lado traduz a variação da pressão de vapor e da temperatura para um líquido puro e para o mesmo líquido quando há soluto dissolvido nele.

Assim, podemos concluir que o **acréscimo de soluto não volátil a um líquido abaixa sua pressão de vapor**.

Qual é o efeito da adição de um soluto na temperatura de ebulição de um solvente?

A curva azul corresponde a uma solução obtida pela dissolução de um soluto molecular em benzeno. A 60 °C, essa solução tem pressão de vapor 54 mmHg abaixo da do benzeno puro ($\Delta p = 54$ mmHg). A temperatura de ebulição do benzeno na solução é 5,1 °C maior do que a temperatura de ebulição do benzeno puro (80 °C).

Fonte: KOTZ, J. C.; TREICHEL JR., P. *Chemistry & chemical reactivity*. 3rd ed. Orlando: Saunders College, 1996. p. 672.

Para que um líquido entre em ebulição, seus vapores devem atingir a pressão da atmosfera local, representada por p no gráfico a seguir.

Analisando as três curvas, podemos concluir que o acréscimo de soluto não volátil a um líquido eleva a temperatura de ebulição do líquido. Essa elevação da temperatura de ebulição será tanto maior quanto maior for a concentração da solução.

Ou seja, a presença do soluto não volátil faz com que a pressão de vapor do líquido diminua e sua temperatura de ebulição aumente. Esses efeitos serão tanto maiores quanto maior for a concentração da solução da qual o solvente faz parte.

Variação da pressão de vapor de um solvente puro, em solução e em solução mais concentrada, em função da temperatura

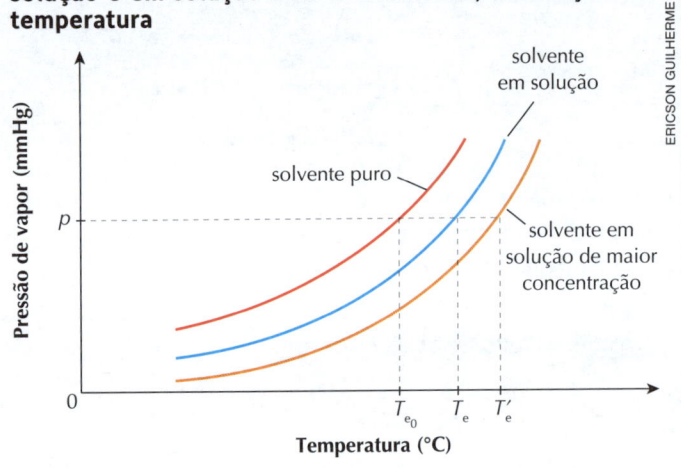

A temperatura de ebulição do solvente, quando puro (T_{e_0}), é menor do que quando em solução (T_e); concentrações maiores da solução provocam maiores aumentos da temperatura.

Relacionando concentração, pressão de vapor e temperatura de ebulição do solvente em uma solução

Observe com atenção as representações da vaporização da água:

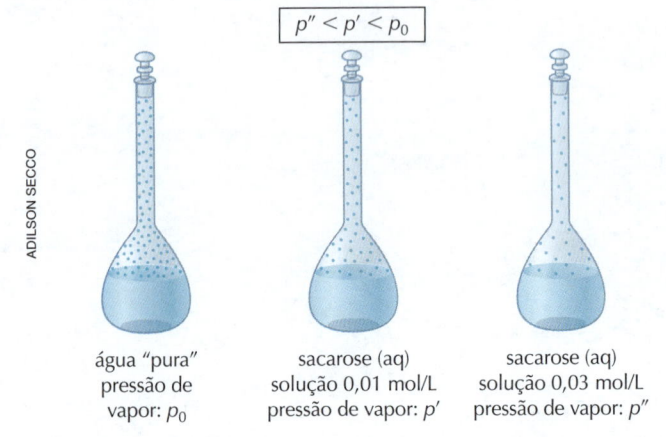

$p'' < p' < p_0$

água "pura"
pressão de vapor: p_0

sacarose (aq)
solução 0,01 mol/L
pressão de vapor: p'

sacarose (aq)
solução 0,03 mol/L
pressão de vapor: p''

Representação da influência da concentração da solução na pressão de vapor da água. O vapor é invisível; está sendo representado por bolinhas para facilitar a compreensão.

Pelo que acabamos de examinar nesta figura e pela interpretação do gráfico ao lado, podemos concluir que:

- se a concentração de uma solução aumentar, a pressão de vapor do solvente diminuirá;
- se a concentração de uma solução aumentar, a temperatura de ebulição de seu solvente também aumentará.

Resumindo:

Tanto a redução da pressão de vapor de um líquido por adição de um soluto não volátil – que é chamada de **efeito tonoscópico** – como o aumento da temperatura de ebulição de um solvente por adição de um soluto não volátil – que é chamado de **efeito ebulioscópico** – dependem da concentração das partículas de soluto em solução, e não da natureza do soluto. Trata-se, portanto, de **propriedades coligativas**. Assim, soluções aquosas 0,1 mol/L de sacarose, ureia ou glicose têm a mesma temperatura inicial de ebulição e a mesma pressão de vapor.

Atividades

1. O café é uma bebida preparada pela dissolução de parte dos componentes do pó de café em água quente. Algumas pessoas têm o costume de requentar a bebida; suponha que, ao aquecê-lo, uma pessoa deixe o café preparado ferver. Nesse caso, a temperatura de ebulição será maior ou menor do que a da água? Relacione sua resposta à pressão de vapor da água.

2. (UFPR) Considere dois procedimentos distintos no cozimento de feijão. No procedimento **A**, foi usada uma panela de pressão contendo água e feijão, e no procedimento **B** foi usada uma panela de pressão contendo água, feijão e sal de cozinha. Com relação a esses procedimentos, é correto afirmar:
   a) O cozimento será mais rápido no procedimento **B**, graças ao aumento do ponto de ebulição da solução **B**.
   b) O cozimento será mais rápido no procedimento **A**, graças ao aumento do ponto de ebulição da solução **B**.
   c) O cozimento será mais rápido no procedimento **A**, graças à sublimação sofrida pelo sal de cozinha.
   d) O cozimento será mais rápido no procedimento **B**, graças à sublimação sofrida pelo sal de cozinha.
   e) O tempo de cozimento será o mesmo nos procedimentos **A** e **B**.

3. Os aerossóis usados em produtos em *spray*, como inseticidas, repelentes e desodorantes, consistem basicamente na mistura de dois líquidos guardados na mesma embalagem. Um deles é o constituinte que se deseja que saia do recipiente em jato, o outro é o chamado propelente, uma substância capaz de impulsionar o produto para fora do tubo. Na maioria dos casos, o propelente é um gás que foi comprimido e, por isso, está na forma líquida.
   a) O que acontece com o propelente quando se aciona a válvula do recipiente? Como se pode explicar esse fato?
   b) Para que uma substância seja eficiente como propelente, é desejável que, na temperatura em que será usada, ela tenha pressão de vapor alta ou baixa?

4. Na tabela a seguir, são dadas algumas propriedades relativas a dois dos principais propelentes usados em aerossóis. Trata-se de dois hidrocarbonetos (compostos binários de C e H) extraídos de gases do petróleo.

Propriedades físicas de alguns dos propelentes mais comuns na indústria de aerossóis		
Propelente	Isobutano	Propano
Fórmula química	C_4H_{10}	C_3H_8
Massa molecular	58,123	44,096
Pressão de vapor a 21,1 °C (mmHg)	2 325	6 375
Temperatura de ebulição a 1 atm (°C)	−11,7	−42,1

a) Na temperatura 21,1 °C, desconsiderados outros fatores, qual dos dois combustíveis é mais indicado como propelente? Por quê?

b) Considere o gráfico abaixo, no qual estão indicadas as curvas de pressão de vapor *versus* temperatura de várias substâncias usadas como propelentes. Entre as substâncias representadas no gráfico, qual tem maior pressão de vapor a 40 °C?

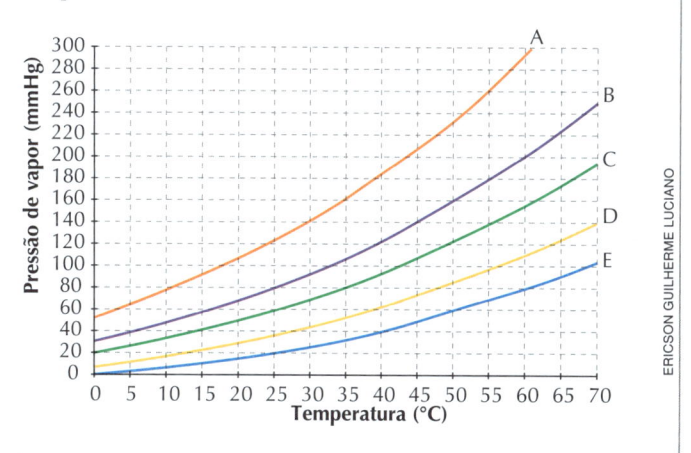

c) Quando a pressão na unidade em que foi construído o gráfico é igual a 80, qual é a temperatura de ebulição das substâncias A e E?

Você pode resolver as questões 8, 9 e 14 da seção Testando seus conhecimentos.

Diagrama de fases

Mudanças de estado como a fusão, a solidificação ou a vaporização são tão comuns em nosso cotidiano que dificilmente as notamos. Já a sublimação e a sublimação inversa (cristalização) são mudanças de estado muito menos comuns em condições ambientes. No entanto, de modo geral, dependendo da pressão e da temperatura, qualquer substância pode passar do estado sólido diretamente para o gasoso e vice-versa. Para tornar mais claro o que foi dito, vamos analisar gráficos nos quais as variáveis pressão × temperatura permitem perceber as relações entre os três estados físicos de uma substância. Gráficos como esses são chamados de diagramas de fases.

Diagrama de fases é o gráfico que relaciona as condições de temperatura e pressão em que uma fase é estável (sólida, líquida, gasosa) e aquelas nas quais duas ou mais fases podem coexistir em equilíbrio.

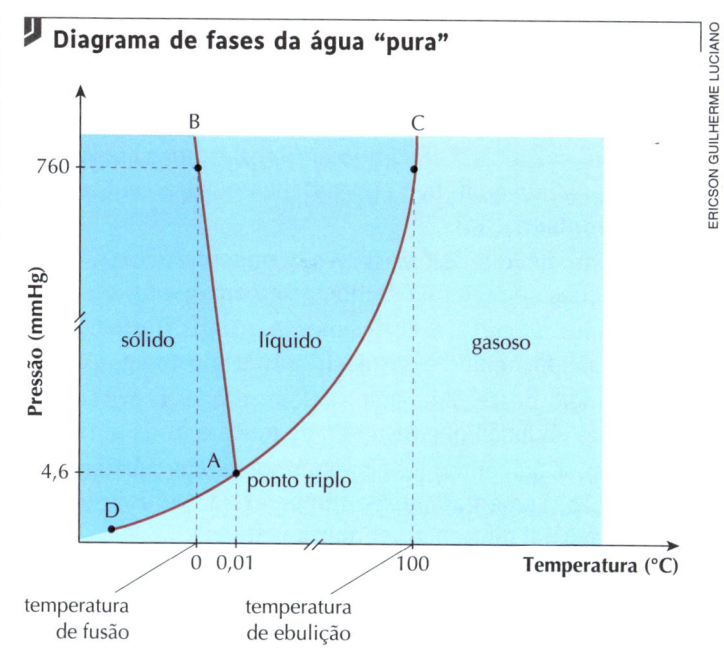

Diagrama de fases da água "pura"

Na região mais à esquerda do gráfico (em azul mais escuro), estão representadas as condições de pressão e temperatura em que a água se mantém no estado sólido. Na região à direita do gráfico (em azul mais claro), estão representadas as condições de pressão e temperatura em que a água se mantém no estado gasoso. Na região central, temos as condições de pressão e temperatura para que a água permaneça no estado líquido. Vale lembrar que cada uma das linhas (AB, AC e AD) corresponde a uma mudança de estado: fusão, ebulição, sublimação.

Fonte: RUSSELL, J. B. *Química geral*. 2. ed. São Paulo: Makron Books, 1994. p. 537.

Observação

Neste gráfico, a escala dos dois eixos nem sequer se aproxima do que seria "correto". Essa forma de representação, com uma interrupção no eixo vertical, é usualmente adotada porque o espaço da folha do livro seria insuficiente para representar os dois valores de pressão escolhidos.

Para compreender esse diagrama de fases, é importante entender o significado das linhas AB, AC, AD. Cada uma delas nos permite conhecer as pressões e as temperaturas em que duas fases estão em equilíbrio uma com a outra. A linha AC corresponde a uma parte da curva que relaciona a pressão de vapor da água líquida com a temperatura; em qualquer temperatura e pressão correspondente a essa linha, a água líquida está em equilíbrio com o vapor de água. No ponto **A**, essas duas fases estão em equilíbrio a cerca de 0 °C (na verdade, 0,01 °C) e 5 mmHg (a rigor, 4,6 mmHg). Repare que, de acordo com essa linha, a 100 °C teremos esse equilíbrio a 760 mmHg, correspondente à temperatura de ebulição da água.

Por um raciocínio análogo ao feito anteriormente, a linha AD é parte da curva de pressão de vapor do gelo em função da temperatura e, portanto, no ponto **A** (a cerca de 0 °C e 5 mmHg), coexistem em equilíbrio gelo e vapor de água. Do mesmo modo, a linha obtida pela união dos pontos AB é parte da curva correspondente às condições de temperatura e pressão em que a água líquida e o gelo coexistem (fusão).

Capítulo 16 • Propriedades coligativas **349**

Em resumo, nesse diagrama, cada uma das três regiões indicadas no gráfico representa uma das fases. A linha que separa as regiões indica as condições nas quais dois estados físicos podem coexistir em equilíbrio. Excluído o ponto **A**, temos o seguinte: na linha que contém o ponto **B**, há equilíbrio entre os estados sólido e líquido (essa linha é parte da curva de fusão); na linha que contém o ponto **C**, há equilíbrio entre os estados líquido e gasoso (ela faz parte da curva de ebulição); e, na que contém o ponto **D**, há equilíbrio entre os estados sólido e gasoso (ela é parte da curva de sublimação).

O ponto em que as três curvas se encontram (**A**) é chamado de **ponto triplo**; ele corresponde às condições de pressão e temperatura em que os três estados físicos coexistem.

No caso da água, exclusivamente a 0,01 °C e 4,6 mmHg, temos simultaneamente água nos estados sólido, líquido e gasoso (ponto triplo da água).

Por meio desse diagrama, podemos fazer previsões sobre as alterações de temperatura de fusão e de ebulição que resultam de mudanças da pressão externa.

Assim, se aumentarmos a pressão sobre uma substância, sua temperatura de ebulição (equilíbrio líquido-gás) aumentará, e sua temperatura de fusão (equilíbrio sólido-líquido) diminuirá, apesar de, na água, tal diferença ser muito pequena.

Vamos aproveitar o diagrama de fases para adicionar a ele as curvas relativas à solução obtida quando a água é acrescentada a um soluto não volátil.

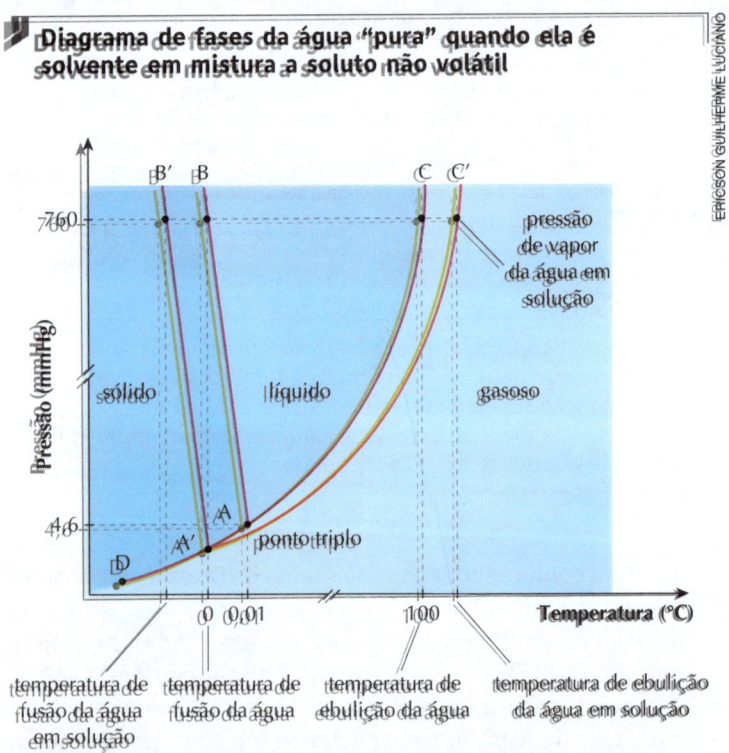

Diagrama de fases da água "pura" quando ela é solvente em mistura a soluto não volátil

Observações

- Em certas condições, o comportamento de um sistema pode não estar exatamente de acordo com o diagrama. Assim, por exemplo, podemos aquecer a água acima de 100 °C (na pressão de 1 atm) sem que ela ferva. Dizemos que, nesse caso, há **superaquecimento**. Nessas condições, pode ocorrer repentinamente uma ebulição muito violenta. Ao trabalhar em laboratório, evitamos esse fenômeno colocando cacos de porcelana ou mármore (as chamadas "pedras de ebulição") no líquido que está sendo aquecido. A superfície desses materiais favorece a formação de bolhas e impede o superaquecimento.

- Analogamente, é possível acontecer a **superfusão**, fenômeno em que uma substância permanece líquida apesar de se encontrar abaixo da temperatura de solidificação. Um pequenino cristal da substância sólida acrescentado ao líquido serve como germe da cristalização, propiciando o imediato congelamento.

A presença de um soluto não volátil na água, além de reduzir sua pressão de vapor, altera sua temperatura de ebulição e de solidificação.

Fonte: RUSSELL, J. B. *Química geral*. 2. ed. São Paulo: Makron Books, 1994. p. 537.

Neste gráfico, assim como no anterior, há indicação de interrupção no eixo vertical; por isso, não se pode levar em conta a escala. Ainda assim, o conjunto desses dois gráficos é útil para entender as relações entre o abaixamento do ponto de congelamento e do ponto de fusão do solvente numa solução, em relação a ele quando está puro.

Temperatura de solidificação: solvente puro × solvente em solução

Vamos retomar o diagrama de fases da página anterior para que fiquem mais claras as relações entre uma substância no estado líquido e quando ela é o solvente de uma solução, quanto às seguintes propriedades: redução da temperatura de solidificação e aumento da temperatura de ebulição.

Diagrama de fases da água e suas alterações quando ela é parte de uma solução

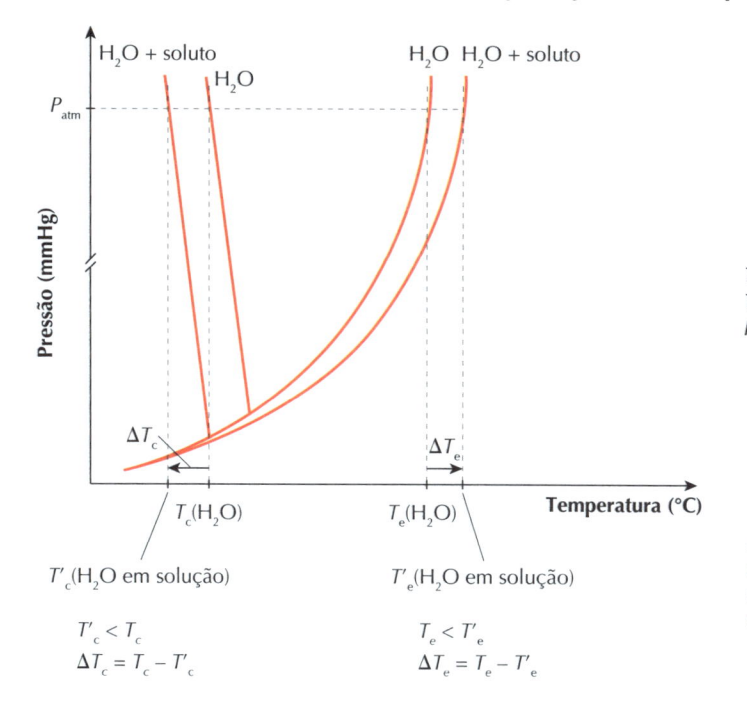

T_e – temperatura de ebulição
T_c – temperatura de solidificação
P_{atm} – pressão atmosférica

$T'_c < T_c$
$\Delta T_c = T_c - T'_c$

$T_e < T'_e$
$\Delta T_e = T'_e - T_e$

A presença de um soluto não volátil na água causa aumento da temperatura de ebulição e redução da temperatura de solidificação e da pressão do vapor.

Fonte: RUSSELL, J. B. *Química geral*. 2. ed. São Paulo: Makron Books, 1994. p. 537.

A ausência de escala mencionada nas páginas 349 e 350 também ocorre aqui.

Quando se adiciona um soluto a uma substância que o dissolve, essa adição ocasiona um aumento da temperatura de ebulição do solvente e abaixa sua temperatura de congelamento (T_c) assim como o aumento da temperatura de ebulição. Esse efeito, chamado **abaixamento crioscópico**, ΔT_c ($T_c - T'_c$), é uma **propriedade coligativa**, assim como o aumento da temperatura de ebulição, já que depende da concentração das partículas de soluto e independe da natureza dessas partículas.

Concluindo:

> O acréscimo de um soluto não volátil a um líquido causa uma redução de sua temperatura de solidificação e um aumento de sua temperatura de ebulição. Quanto maior for a concentração de partículas de soluto na solução, maiores serão esses efeitos (aumento de T_e e redução de T_c).

Você pode resolver as questões 4 a 7, 10, 11 e 13 da seção Testando seus conhecimentos.

Osmose

É possível que você tenha ideia do significado do verbo **difundir** e do substantivo dele derivado: **difusão**. Esses termos são bastante usados quando nos referimos a gases. Por exemplo, quando estamos longe do local em que uma comida está sendo preparada, sentimos o cheiro porque os gases exalados no processo de cozimento se difundem pelo ar e atingem nossas narinas. Agora vejamos outro exemplo de difusão recorrendo à situação indicada na ilustração.

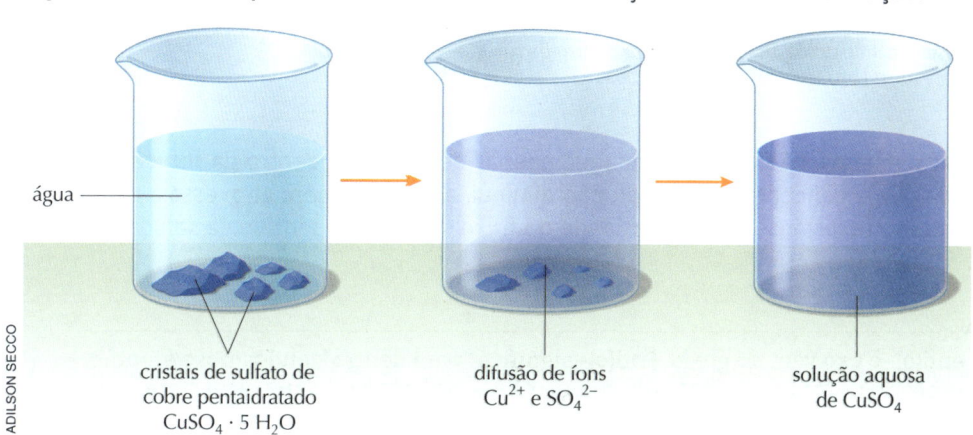

água

cristais de sulfato de cobre pentaidratado
$CuSO_4 \cdot 5\,H_2O$

difusão de íons Cu^{2+} e SO_4^{2-}

solução aquosa de $CuSO_4$

O esquema ilustra o processo de dissolução do sulfato de cobre sólido em água e o que ocorre a partir dele: a difusão dos íons Cu^{2+} e SO_4^{2-} na solução. A cor azulada que o sistema assume, conforme esses processos ocorrem, é devida aos íons Cu^{2+} em solução.

No caso representado na página anterior, unidades constituintes do sal hidratado $CuSO_4 \cdot 5\,H_2O$ (íons Cu^{2+} e íons SO_4^{2-}) se difundem entre as moléculas de água até que a solução final adquira a mesma concentração em todos os pontos. Tal fenômeno é espontâneo.

Agora, vamos analisar a osmose, um tipo de difusão intermediado por uma membrana. Talvez você já conheça a palavra **osmose**, pois ela é muito usada em Biologia, dada sua importância na fisiologia.

> **Osmose** é um processo de difusão de solvente que ocorre através de uma membrana que permite a passagem do solvente sem permitir a passagem do soluto; por isso, dizemos que essa membrana é **semipermeável**.

Observe a figura abaixo.

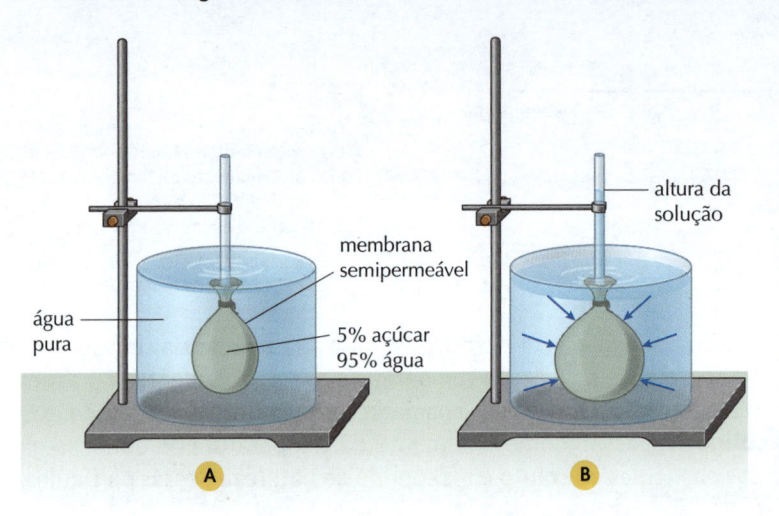

A água passa naturalmente pela membrana semipermeável em ambos os sentidos; no caso, predomina a passagem do solvente no sentido da solução. Isso pode ser percebido porque, na situação final (**B**), a parte interna da solução de água com açúcar, envolta na membrana, aumenta de volume e a altura da solução no tubo de vidro aumenta.

Fonte: KOTZ, J. C.; TREICHEL JR., P. *Chemistry & chemical reactivity*. 3rd ed. Orlando: Saunders College, 1996. p. 680.

Reflita: no processo ilustrado acima, a porcentagem de açúcar na solução continuará igual a 5%?

Com base no exemplo de osmose analisado, é possível estender as conclusões para uma solução de um soluto genérico, com qualquer concentração. Analise a figura a seguir.

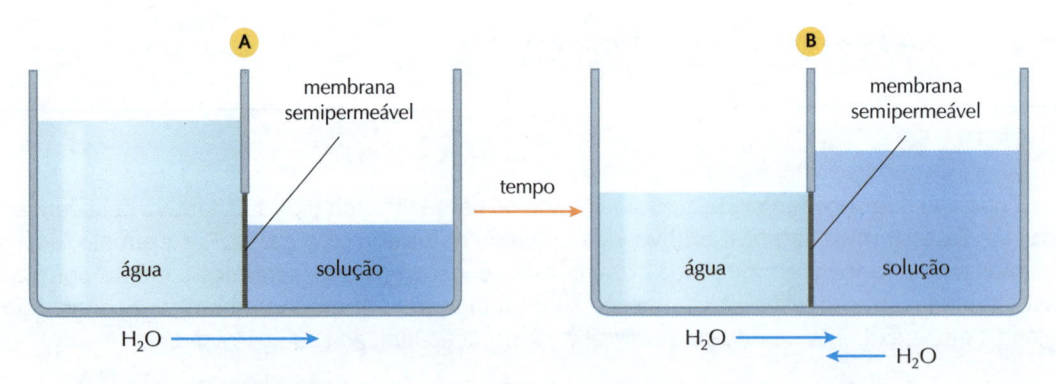

(→) Endosmose: movimento da água de fora para dentro da solução.
(←) Exosmose: movimento inverso ao da endosmose.

No início (esquema **A**), há passagem de água apenas de fora para dentro da solução (endosmose). À medida que a concentração da solução diminui, a água também atravessa a membrana em sentido contrário (exosmose), e a intensidade do fluxo de água no sentido da solução diminui (esquema **B**).

> **Observação**
>
> Os prefixos **end(o)-** e **exo** vêm do grego. **End(o)-** significa "para dentro"; **endosmose** é, então, a osmose que ocorre de fora para dentro da solução. **Exo-**, ao contrário, quer dizer "fora, para fora"; portanto, **exosmose** é a osmose que se dá de dentro para fora da solução.

Genericamente, o processo que ocorre em nível molecular pode ser assim representado:

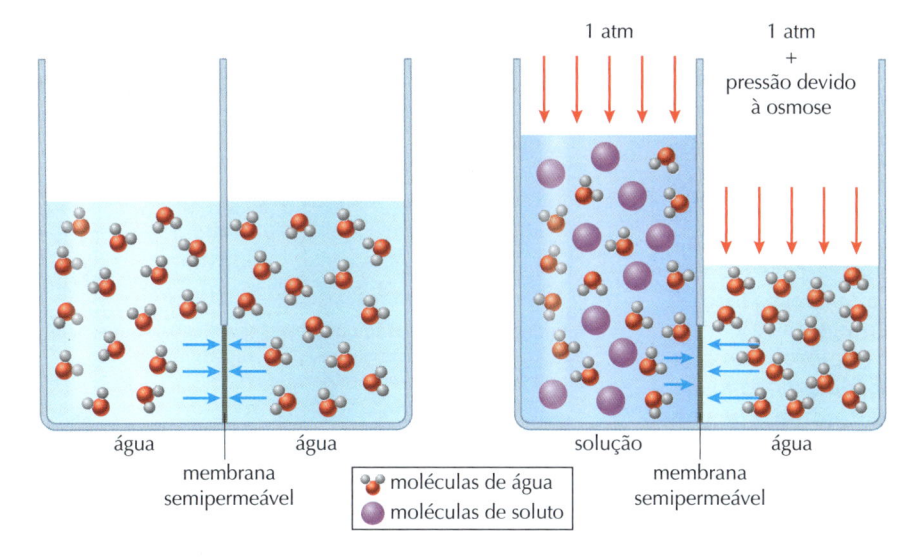

Representação simplificada da osmose.

Fonte: BETTELHEIM, F. A.; MARCH, J. *Introduction to General, Organic & Biochemistry*. 4th ed. Orlando: Harcourt Brace College, 1995. p. 186.

Na figura, estão esquematizados dois recipientes, abertos (pressão atmosférica = 1 atm), cada um contendo dois compartimentos separados por membrana permeável apenas à água. Nos recipientes estão representados modelos moleculares de dois sistemas. No recipiente da esquerda, que contém somente água, as setas de igual tamanho indicam que a velocidade com que a água atravessa a membrana é a mesma nos dois sentidos. No recipiente da direita, o efeito osmótico da solução do compartimento à esquerda intensifica a passagem da água no sentido da direita para a esquerda, forçando a diluição da solução (as setas horizontais azuis procuram dar uma ideia desse efeito da passagem da água pela membrana semipermeável).

Supondo, agora, que o soluto seja NaCl e o solvente H_2O, podemos utilizar o seguinte esquema para representar o que ocorreria nesse processo:

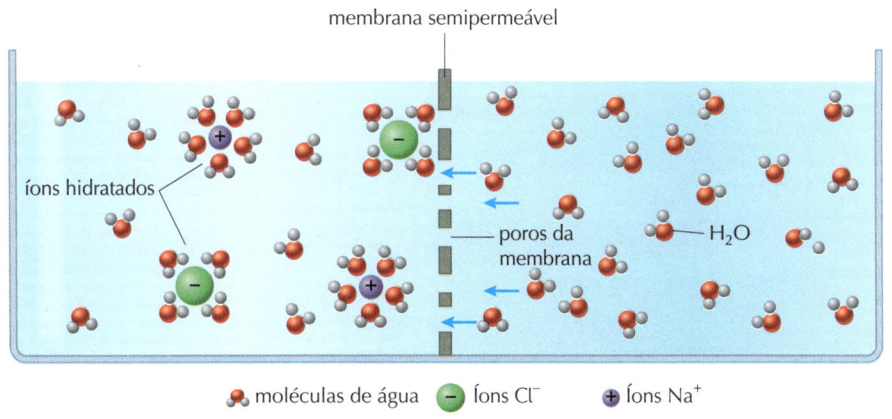

Fonte: KOTZ, J. C.; TREICHEL JR., P. *Chemistry & chemical reactivity*. 3rd ed. Orlando: Saunders College, 1996. p. 681.

Modelo representativo da passagem das moléculas de água por uma membrana semipermeável que separa esse solvente da solução aquosa de cloreto de sódio, NaCl(aq).

Pressão osmótica

Analisando a primeira figura desta página, podemos notar que, na presença de soluto não volátil, a pressão exercida sobre a superfície do solvente corresponde à soma da pressão atmosférica com a pressão que é consequência do processo de osmose. Como se conceitua e se determina essa pressão devida à osmose? É o que vamos estudar.

Pressão osmótica (Π) é a pressão externa que se deve exercer em uma solução para impedir a osmose, isto é, para impedir o fluxo de um solvente em direção a essa solução, através de uma membrana semipermeável.

Capítulo 16 • Propriedades coligativas

Assim, no caso esquematizado ao lado, a pressão mecânica exercida pelo pistão sobre a solução é a pressão mínima que, aplicada à solução, é capaz de impedir a sua diluição; ela é a pressão osmótica da solução.

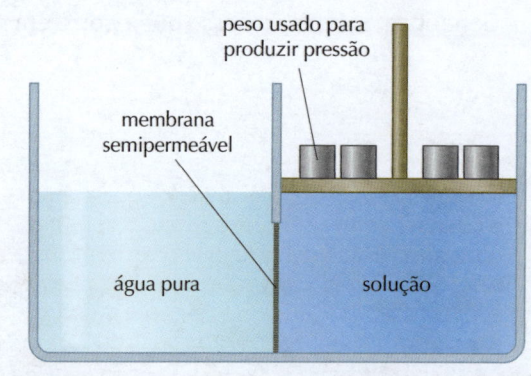

> **Observação**
>
> Uma confusão muito comum entre os que estudam o conceito de pressão (de um gás, de vapor ou osmótica) é associá-lo a uma grandeza vetorial, do tipo da força-peso: a pressão é uma grandeza escalar, não vetorial. Conforme você já deve saber, a pressão é a relação entre o módulo da força ($\vec{F}$) e a área sobre a qual essa força é exercida. Lembre-se: levar uma pisada de alguém que está calçando um sapato de salto fino (tipo agulha) é muito mais doloroso do que ser pisado por uma pessoa que esteja usando calçado esportivo, de salto mais grosso. Por quê? Porque, no caso do salto fino, o peso é exercido sobre uma área muito menor, e a pressão da pisada sobre o pé da "vítima" será maior!

A figura indica a pressão que deve ser aplicada à superfície da solução (pressão osmótica) para impedir que a água atravesse a membrana semipermeável.

Se duas soluções de mesma concentração forem postas em contato através de uma membrana semipermeável (figura ao lado), não haverá alteração no nível do líquido, pois elas têm a mesma pressão osmótica. Essas soluções são chamadas **soluções isotônicas**.

Nos dois lados do recipiente representado na figura, observa-se que o nível das soluções permanece inalterado, indicando que o solvente (no caso, a água) passa para ambos os lados com a mesma velocidade, razão pela qual não se visualiza mudança de nível nas soluções.

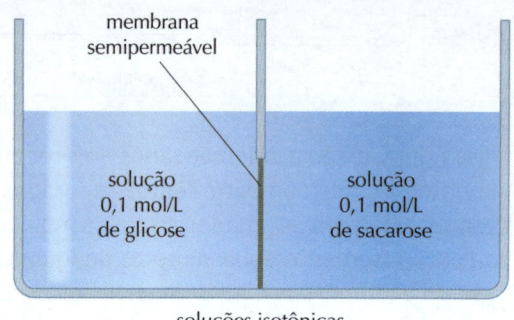

No esquema estão representadas duas soluções de igual concentração de partículas, ainda que de solutos diferentes, separadas por membrana semipermeável.

Soluções com pressões osmóticas diferentes

Vamos analisar o que ocorre quando duas soluções com diferentes concentrações (mol/L) de solutos distintos são separadas por uma membrana semipermeável. Observe a ilustração abaixo.

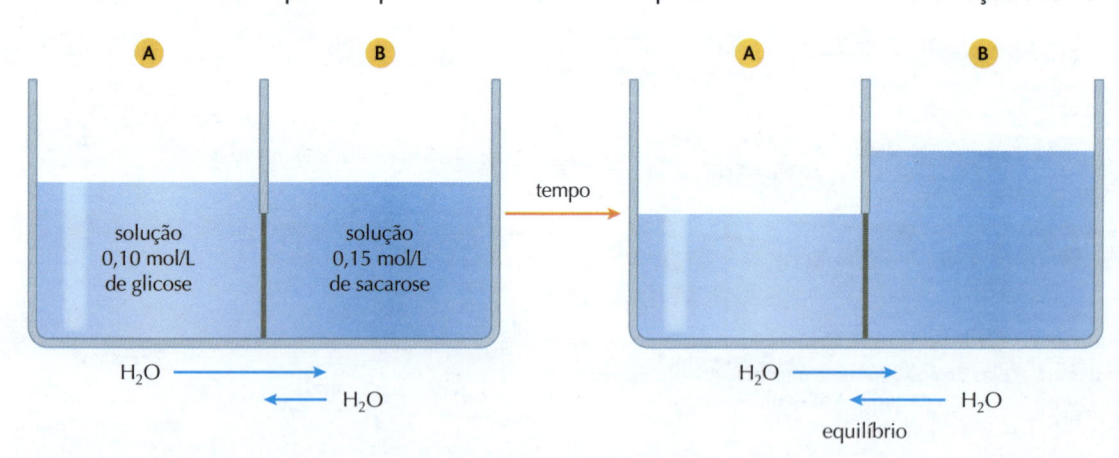

Representação do efeito osmótico entre soluções de diferentes concentrações.

Inicialmente, a velocidade com que a água passa para o meio mais concentrado é maior do que a velocidade com que passa em sentido contrário. Como consequência, haverá aumento do nível do líquido no lado correspondente à solução mais concentrada e redução da altura do líquido na parte correspondente à solução mais diluída.

A solução inicial **B** é **hipertônica** em relação à solução **A**. Como há tendência de as pressões osmóticas se igualarem, as concentrações também tendem a se igualar, e a situação final de equilíbrio será atingida com a redução do nível da solução de menor concentração e o aumento do nível da solução **B**, de maior concentração inicial. Ou seja, haverá diluição da solução mais concentrada (**B**) e aumento da concentração da que era mais diluída (**A**), **hipotônica** em relação à solução **B**.

> **Observação**
>
> O prefixo **hiper-**, de origem grega, significa "além, excesso". Assim, solução hipertônica é aquela que apresenta maior pressão osmótica que outra.
>
> Já o prefixo **hipo-**, também de origem grega, significa "posição inferior, escassez". Solução hipotônica é a que apresenta menor pressão osmótica que outra.

Pressão osmótica: uma propriedade coligativa

O que significa dizer que a pressão osmótica é uma propriedade coligativa? Significa que ela depende da concentração da solução e independe da natureza do soluto. Analise a figura:

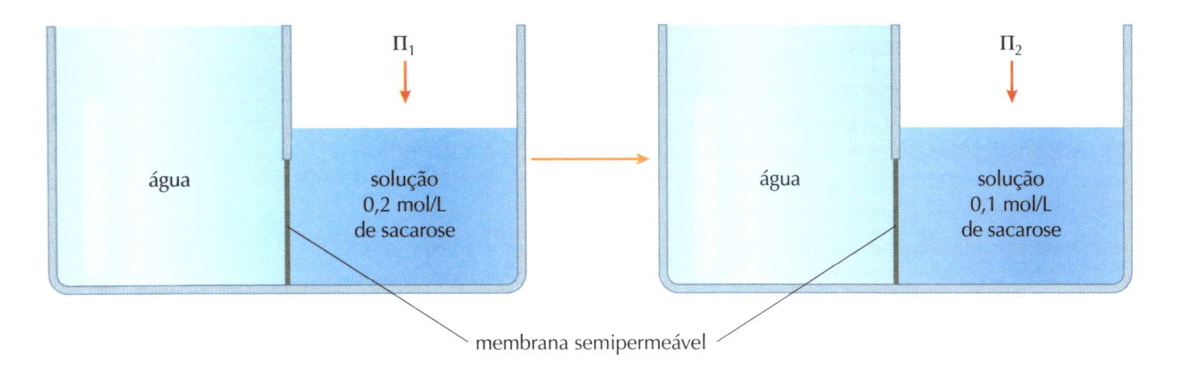

A pressão osmótica da solução mais concentrada (Π_1) é maior que a pressão osmótica da que tem menor concentração (Π_2). Pressão osmótica e concentração da solução são grandezas diretamente proporcionais ($\Pi_1 > \Pi_2$).

Quanto maior é a concentração de uma solução, maior será sua pressão osmótica.

Química: prática e reflexão

Você sabia que o preparo de uma simples salada envolve processos físico-químicos? O que acontece com a superfície de um pepino cortado, quando ele é mergulhado em uma solução salina?

Material necessário
- 1 pepino japonês (fino)
- sal comum
- água
- 1 faca
- 1 colher de sopa
- 2 tigelas (ou outros recipientes que comportem metade do pepino)

Procedimentos
1. Cortem o pepino ao meio.
2. Coloquem metade do pepino em uma tigela, metade em outra.
3. Completem as tigelas com água, de modo que todo o pepino fique em contato com o líquido.
4. Numa das tigelas, adicionem 1 colher de sopa de sal.
5. Esperem no mínimo 4 horas e retirem os pedaços de pepino dos líquidos.
6. Juntem as duas partes do pepino, de maneira que ele fique com o formato que tinha antes de ser cortado. Fiquem atentos: para chegar à conclusão desejada, vocês precisam saber qual parte do pepino estava na água com sal e qual parte estava apenas na água.

Descarte dos resíduos: Os pedaços do pepino podem ser descartados no lixo comum, e os resíduos líquidos podem ser descartados no ralo de uma pia.

Analisem suas observações
1. O que aconteceu com cada uma das partes do pepino?
2. Expliquem suas observações com base no que estudaram.

Conexões

Química e Biologia – A osmose celular

É provável que, em Biologia, você já tenha estudado a osmose, pois ela é de grande importância no mecanismo de funcionamento das células.

O funcionamento das células é bastante complexo. Além da água, muitas substâncias em solução aquosa são capazes de atravessar a membrana plasmática, como os gases oxigênio e dióxido de carbono e outras substâncias constituídas por pequenas moléculas. Porém, como a água entra na célula e sai dela muito rapidamente, estabelece-se um equilíbrio osmótico entre a célula e as soluções que a envolvem.

Vale destacar que as células estão rodeadas por fluidos aquosos, como o sangue e a linfa, nos animais, e a seiva, nos vegetais.

Dependendo da concentração das soluções nas quais são colocadas, as células animais e vegetais podem inchar ou contrair-se, conforme exemplificam as figuras:

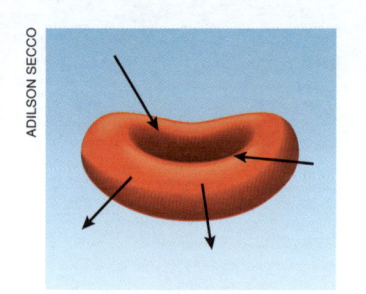

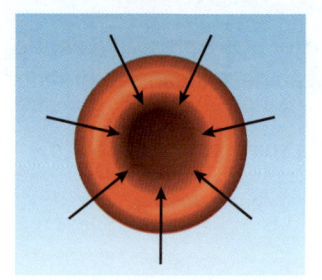

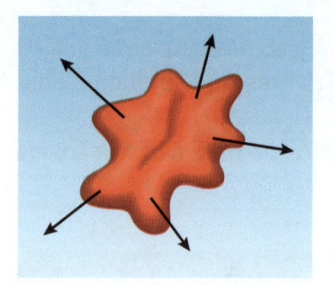

Fonte: KOTZ, J. C.; TREICHEL JR., P. *Chemistry & chemical reactivity*. 3rd ed. Orlando: Saunders College, 1996. p. 683.

As figuras representam hemácias em contato com três tipos de solução. Na imagem da esquerda, o interior da célula tem concentração igual à do meio; na do centro, tem concentração maior que a do meio; na da direita, tem concentração menor que a do meio. As setas indicam o fluxo predominante de água.

Quando uma célula é colocada em solução hipotônica, a água entra pela membrana plasmática (película que reveste as células de todos os seres vivos), e a célula intumesce, podendo até se romper.

Em células vegetais e nas bactérias, existe uma parede rígida (constituída de celulose) que envolve a membrana plasmática, impedindo o intumescimento excessivo. Ou seja, essas células têm a capacidade de ficar cheias (em estado de inturgescência) sem explodir.

Alguns tipos de antibiótico são eficazes no combate às bactérias porque impedem a formação dessa espécie de parede que funciona como um bloqueador do processo osmótico; assim, como as bactérias se encontram em meios hipotônicos, a entrada descontrolada de água acaba por estourá-las.

Já as células animais – como as hemácias ou glóbulos vermelhos (células sanguíneas), por exemplo – usualmente não têm revestimento externo; então, ao serem colocadas em soluções hipotônicas, rompem-se (figura a seguir). É por isso que se deve preparar o soro para hidratar um paciente, por via intravenosa, de modo que seja isotônico em relação a essas células.

No caso de soluções hipertônicas, as células – especialmente as animais – perdem água e tendem a se contrair, enrugando-se e perdendo o formato original.

plasma — meio hipotônico — Δt

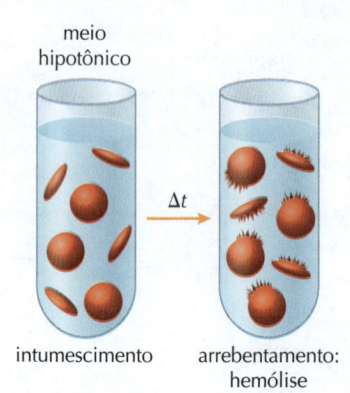

hemácias — intumescimento — arrebentamento: hemólise

O esquema representa o processo que ocorre com hemácias colocadas em solução com pressão osmótica inferior à do seu interior. Na imagem à esquerda, elas estão em seu meio natural; ao serem colocadas em um meio hipotônico, elas começam a aumentar de volume (imagem do meio) e, com a entrada de um volume maior de água, suas membranas se rompem (imagem à direita).

Ilustração produzida com base em: KOTZ, J. C.; TREICHEL JR., P. *Chemistry & chemical reactivity*. 3rd ed. Orlando: Saunders College, 1996. p. 683.

Seres aquáticos

Os animais que vivem em água doce têm, no interior de suas células, uma concentração de sais superior à da água onde vivem. Pelo fenômeno da osmose, há a tendência de a água entrar nas células para igualar as concentrações, mas esses animais têm um mecanismo que impede que suas células estourem: eliminam o excesso de água de seu interior (figura abaixo, à direita). Já os animais que vivem nos ambientes marinhos dispõem de um mecanismo inverso, que impede que a água saia continuamente de suas células, evitando que elas murchem (figura abaixo, à esquerda).

O fenômeno da osmose poderia provocar a saída de água das células de animais marinhos, que são hipotônicas em relação à água do mar. Porém esses animais, como o cavalo-marinho da imagem (cerca de 10 cm de comprimento), possuem adaptações biológicas para que não ocorra perda excessiva de água por osmose.

Os animais de água doce, como o pirarucu (cerca de 2,5 m de comprimento), dispõem de um mecanismo natural capaz de impedir que a água do meio (hipotônica em relação às células) entre nessas células por osmose até estourá-las. Fotos sem proporção de tamanho entre si.

É por essa razão que muitos animais aquáticos não podem se adaptar em um meio diferente de seu *habitat*. Assim, quando soluções muito concentradas são lançadas na água de rios, elas podem ocasionar a morte de seres aquáticos, especialmente os microscópicos.

Por outro lado, a água doce, se lançada no mar em grande quantidade, pode causar o mesmo tipo de desequilíbrio por causa da diluição das soluções constituintes da água do mar.

1. Por que é fundamental o cuidado com a concentração do soro administrado por via endovenosa?

2. Lançar soluções de concentrações elevadas em um ecossistema aquático pode causar sérios danos, mesmo que elas não contenham substâncias nocivas para os seres que vivem nesse ambiente. Explique essa afirmação.

3. A osmose celular é uma forma de transporte passivo. A expressão **transporte passivo** é usada em citologia para indicar a passagem de substâncias pela membrana celular que ocorre espontaneamente. Outro mecanismo pelo qual uma substância atravessa a membrana celular é o **transporte ativo**. Pesquise:
   a) Em que consiste o processo de transporte ativo?
   b) Qual é a importância da "bomba de sódio e potássio"?

Atividades

1. Imagine uma solução aquosa de permanganato de potássio ($KMnO_4$) congelando bem lentamente. Se, após algum tempo, retirarmos do sistema um pouco do gelo formado, notaremos que a solidificação passará a ocorrer numa temperatura inferior.
   a) Explique como usar o processo exposto acima para purificar a água.
   b) A água de um *iceberg* é pura?
   c) Por que a temperatura de solidificação fica menor à medida que o processo descrito acima ocorre?

2. Baseie-se na seguinte informação para responder às perguntas a, b e c: A temperatura de solidificação da água na solução 0,1 mol/L de cloreto de sódio (NaCl) é mais baixa do que a de uma solução 0,1 mol/L de glicose ($C_6H_{12}O_6$).
   a) Ao se aquecerem essas soluções, qual delas fica com temperatura de ebulição mais alta?
   b) Qual delas tem pressão osmótica maior?
   c) Como se justifica o fato de a água contida na solução de cloreto de sódio ter pontos de fusão e ebulição diferentes dos correspondentes à água que está na solução de glicose?

3. Baseie-se no diagrama de fases do dióxido de carbono (abaixo) para responder às questões.

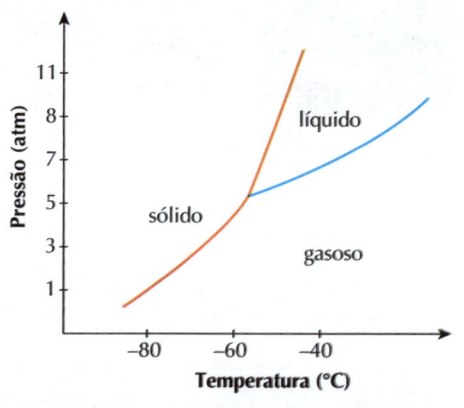

   a) Em que condições de pressão podemos fundir o gelo-seco (CO_2 sólido)?
   b) À pressão de 1 atm e −60 °C, o CO_2 se funde?
   c) Sob pressão ambiente, a que mudança de estado associamos o gelo-seco? Por quê?
   d) Compare o diagrama de fases do CO_2 com o da água (página 349). Por que à pressão ambiente o CO_2 sublima facilmente e a água não?

4. Considere os sistemas:
   A: água pura
   B: solução de glicose 18 g/L
   C: solução de glicose 0,2 mol/L
   Dado: Massa molar da glicose ($C_6H_{12}O_6$): 180 g/mol
   a) Que sistema tem maior temperatura de ebulição?
   b) Qual deles apresenta maior temperatura de solidificação?
   c) Qual deles tem maior pressão osmótica?
   d) Para chegar às respostas das questões anteriores, você partiu de uma característica que esses sistemas apresentam. Qual? Por que ela foi escolhida?

Soluções eletrolíticas e as propriedades coligativas

Você já sabe que compostos iônicos, ao se dissolverem em água, sofrem um processo chamado dissociação iônica. Que importância tem esse processo quando se pensa em propriedades como a temperatura de fusão da água ou a pressão osmótica de uma solução desse tipo (eletrolítica)?

Considere, por exemplo, a dissociação que ocorre com o cloreto de bário sólido, $BaCl_2(s)$, ao ser dissolvido em água. O processo pode ser representado por:

$$BaCl_2(s) \longrightarrow Ba^{2+}(aq) + 2\ Cl^-(aq)$$
cloreto de bário — íons bário — íons cloreto

Suponha que nesse processo ocorra 100% de dissociação, ou seja, que para cada 1 mol de $BaCl_2$ colocado em água obtenhamos 3 mol de íons (1 mol de Ba^{2+} e 2 mol de Cl^-).

Com base nesse fato, pode-se concluir que qualquer efeito coligativo (provocado por uma propriedade coligativa) será mais intenso em soluções eletrolíticas do que em soluções moleculares de igual concentração. Esse raciocínio vale também para substâncias moleculares que se ionizam em água, como ocorre com os ácidos. Exemplificando:

$$HCl(g) + H_2O(l) \longrightarrow H_3O^+(aq) + Cl^-(aq)$$
cloreto de hidrogênio — água — íons hidroxônio — íons cloreto

Se admitirmos que a porcentagem de ionização seja próxima de 100%, para cada 1 mol de HCl teremos 2 mol de íons (1 mol de H_3O^+ e 1 mol de Cl^-).

A figura abaixo recorre à glicose e ao cloreto de sódio para esclarecer a diferença entre as propriedades coligativas de uma solução cujo soluto é molecular (glicose) e as de uma solução cujo soluto é um eletrólito (cloreto de sódio).

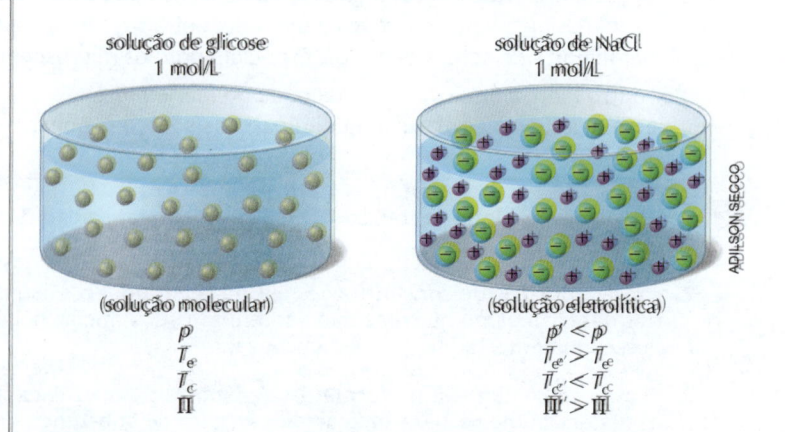

solução de glicose 1 mol/L (solução molecular)
p
T_e
T_c
Π

solução de NaCl 1 mol/L (solução eletrolítica)
$p' < p$
$T_e' > T_e$
$T_c' < T_c$
$\Pi' > \Pi$

Modelos representativos do que ocorre em nível molecular com duas soluções de mesma concentração em quantidade de matéria. A da esquerda é molecular e a da direita é eletrolítica.

Π (letra grega pi) representa a pressão osmótica.

Nas figuras estão destacadas as diferenças entre os dois tipos de solução quanto à intensidade dos efeitos coligativos. Por exemplo, quando o soluto é iônico, apresenta maior pressão osmótica do que quando é molecular.

> **Concluindo:**
> Se tivermos duas soluções de igual concentração em mol/L, uma molecular e outra iônica, esta última terá:
> - pressão de vapor mais baixa;
> - temperatura de ebulição mais alta;
> - temperatura de solidificação mais baixa;
> - pressão osmótica mais alta.

Pressão osmótica: aspectos quantitativos

Como você já sabe, a pressão osmótica, assim como as demais propriedades coligativas, depende da concentração das espécies químicas existentes em solução, sejam elas moléculas ou íons.

Jacobus Henricus van't Hoff (1852-1911), cientista holandês, deixou importantes contribuições para o desenvolvimento da Química. Pela relevância de sua obra, foi agraciado com o primeiro prêmio Nobel de Química, em 1901. Estudos sobre a osmose fizeram parte de seus trabalhos.

Em 1887, van't Hoff determinou, com base em trabalhos experimentais, a expressão que relaciona pressão osmótica (Π) com concentração, em mol/L, para uma solução molecular:

$$\Pi = c \cdot R \cdot T$$

Em que:
Π: pressão osmótica
c: concentração da solução em mol/L
R: constante universal dos gases
T: temperatura em K

Como $c = \dfrac{n_1}{V}$, também podemos escrever:

$$\Pi = \dfrac{n_1}{V} \cdot R \cdot T \text{ ou } \Pi \cdot V = n_1 \cdot R \cdot T \qquad \Pi = c \cdot R \cdot T$$

A expressão $\Pi = c \cdot R \cdot T$ indica que a pressão osmótica é diretamente proporcional à concentração em mol/L da solução.

É também diretamente proporcional à temperatura termodinâmica da solução.

Lembre-se: $T_{(K)} = t_{(°C)} + 273$

A expressão de van't Hoff é semelhante à equação geral dos gases perfeitos:

$$P \cdot V = n \cdot R \cdot T$$

Como você já teve várias oportunidades de estudar, o valor de R depende das unidades empregadas. Por exemplo:

$$R = 0{,}082 \text{ atm L mol}^{-1} \text{ K}^{-1}$$
$$R = 8{,}3 \text{ kPa L mol}^{-1} \text{ K}^{-1}$$

Assim como outras propriedades coligativas, a medida da pressão osmótica pode ser empregada na determinação de massas moleculares, especialmente de solutos cujo valor de massa molar (g/mol) é alto. Nesses casos, mesmo em baixa concentração, o valor da pressão osmótica é grande o suficiente para que se possa determinar a massa molar sem erro.

Atividades

QUESTÕES COMENTADAS

1. (Unicamp-SP) O cloreto de potássio é muitas vezes usado em dietas especiais como substituto de cloreto de sódio. O gráfico abaixo mostra a variação do sabor de uma solução aquosa de cloreto de potássio em função da concentração desse sal. Ao se preparar uma sopa (1,5 litro), foi colocada a quantidade mínima de KCl, necessária para obter sabor "salgado", sem os componentes "amargo" e "doce".

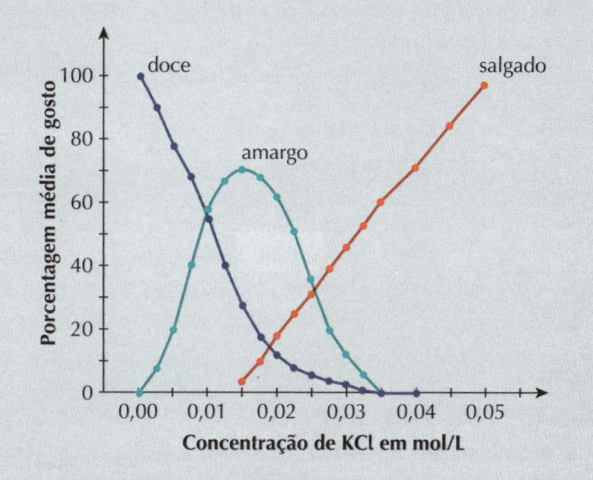

a) Qual a quantidade, em gramas, de KCl adicionado à sopa?

b) Qual a pressão osmótica Π, a 57 °C, desta solução de KCl? $\Pi = cRT$, em que c é a concentração de partículas em mol/L; $R = 0{,}082$ L atm K^{-1}; T é a temperatura absoluta.

Sugestão de resolução

a) Para se obter uma sopa salgada, é necessário que os sabores "amargo" e "doce" sejam desprezíveis, isto é, não contribuam para o sabor do alimento. Analisando o gráfico, pode-se concluir que essa condição é obtida quando a concentração de KCl é igual a 0,035 mol · L^{-1}. Então, podemos calcular:

1 L de solução ——— 0,035 mol de KCl
1,5 L de solução ——— x mol de KCl

x = 0,0525 mol de KCl

Como 1 mol de KCl tem massa 74,5 g, deduz-se que 0,0525 mol de KCl tem massa igual a 3,91 g de KCl. Ou seja, devem ser adicionados à sopa 3,91 g de KCl.

b) O KCl em meio aquoso encontra-se dissociado, de acordo com a equação:

$$KCl(aq) \longrightarrow K^+(aq) + Cl^-(aq)$$

Ou seja, para cada conjunto iônico KCl, há 2 íons (um K^+ e outro Cl^-). Assim, a concentração de íons em solução será igual a $0{,}035 \cdot 2$ mol · L^{-1} = 0,070 mol · L^{-1}.

Capítulo 16 • Propriedades coligativas

De acordo com a expressão fornecida, $\Pi = cRT$, para calcular a pressão osmótica devemos substituir os valores:
$T = (57 + 273)$; $K = 330$ K; $R = 0,082$ atm·L·mol·K^{-1}
$\Pi = 0,070$ mol·L^{-1} · $0,082$ atm·L·mol^{-1}·K^{-1} · 330 K =
$= 1,89$ atm

A pressão osmótica dessa solução será de 1,89 atm.

2. Tem-se uma solução de hemoglobina, cuja pressão osmótica a 27 °C é 18,7 mmHg. Se a concentração da solução é 64,5 g/L, determine a massa molecular da hemoglobina.

$R = 62,3$ mmHg·L·mol^{-1}·K^{-1}

Sugestão de resolução

Tomando por base a expressão $\Pi = cRT$, nela podemos substituir os valores fornecidos:

$$\Pi = 18,7 \text{ mmHg}; c = 64,5 \text{ g/L};$$
$$R = 62,3 \text{ mmHg·L·mol}^{-1}\text{·K}^{-1};$$
$$T = (27 + 273) \text{ K}$$

$$18,7 \text{ mmHg} = \frac{64,5 \text{ g·L}^{-1} \cdot 62,3 \text{ mmHg·L·mol}^{-1}\text{·K}^{-1} \cdot 300 \text{ K}}{M}$$

Massa molar = 64 466 g/mol

Massa molecular = 64 466 u

A massa molecular da hemoglobina é 64 466 u.

Note que, como dissemos anteriormente, o uso da medida da pressão osmótica é útil quando a substância tem massa molecular elevada; esse é o caso da hemoglobina (proteína presente em nosso sangue).

3. Esboce um gráfico de pressão osmótica (Π) em função da concentração em mol/L.

4. Qual é a concentração em g/L de uma solução aquosa de glicose ($C_6H_{12}O_6$) para que, na mesma temperatura, tenha a mesma pressão osmótica que o sangue? (Pressão osmótica do sangue: 7,7 atm a 37 °C; $M_{C_6H_{12}O_6} = 180$ g/mol.)

*Você pode resolver as questões 3, 12 e 15 a 24 da seção **Testando seus conhecimentos**.*

Conexões

Química e ambiente – Obtendo água potável a partir da água do mar

🔊 Hemodiálise

"É doce morrer no mar", diz a canção de mesmo nome do cantor e compositor baiano Dorival Caymmi (1914-2008). Note que a escolha do adjetivo **doce** (que no contexto quer dizer "suave") certamente não foi gratuita, pois ele contrasta com a ideia de salgado (o mar), contribuindo para tornar o verso mais expressivo.

Também parece contrastante a ideia de que se possa morrer de sede no mar, mas isso é um fato. Mesmo que não esteja contaminada, a água do mar não é **potável**, por causa dos desequilíbrios hídricos que causa em nosso organismo. Por isso, se uma pessoa escapar de um naufrágio e conseguir chegar a uma ilha, caso nessa ilha não haja rios, lagos ou outras fontes de água doce, ela enfrentará uma grande contradição: terá todo o mar a seu dispor, mas vai passar sede, pois, sem tratamento, a água do mar não serve para beber.

Potável: bebível, saudável.

Nosso corpo pode resistir por mais tempo à falta de comida do que à de água. Nossas necessidades diárias de água são elevadas: cerca de 2 L. Mas quanto tempo podemos resistir? O tempo varia de acordo com uma série de condições, como o clima, o estado de saúde, a idade da pessoa, etc. Às vezes, ouvimos notícias que nos surpreendem: depois de um terremoto, por exemplo, alguém é resgatado com vida após mais de uma semana embaixo de destroços. São, porém, casos excepcionais, pois sem água não é comum resistir por mais de cinco dias e, antes disso, muitas de nossas funções vitais ficam seriamente prejudicadas.

No caso do suposto náufrago, talvez ele possa conseguir um pouco de água potável e ampliar suas chances de sobreviver se tiver como construir uma espécie de destilador. Você consegue imaginar como seria? Seria preciso fazer uma fogueira para aquecer e vaporizar a água, contando com uma superfície de material que fosse bom condutor de calor – como uma tampa de panela de alumínio, por exemplo –, onde se pudesse conseguir a condensação do vapor.

Agora, vamos pensar em uma situação que ocorre em locais de clima desértico. Muitos desses locais, apesar de se situarem à beira-mar, dispõem de pouca água potável. Nesse caso, separar o sal da água por destilação seria muito caro porque requereria muita energia. Então como fazer?

> **Para assistir**
>
> *As aventuras de Pi*, de Ang Lee. Estados Unidos, 2012 (125 min). A família de Pi Patel é dona de um zoológico localizado em Pondicherry, na Índia, mas decide recomeçar a vida no Canadá, onde os animais do zoo seriam vendidos. Durante a travessia, uma terrível tempestade afunda o navio. Só Pi consegue sobreviver, mas tem de dividir o espaço de um bote salva-vidas com uma zebra, um orangotango, uma hiena e um feroz tigre-de-bengala. Durante mais de 200 dias no Pacífico, ele luta para conseguir água potável e comida.

Osmose reversa

Do ponto de vista econômico, a inversão do processo natural de osmose, apesar de ainda cara, é mais interessante do que a destilação, pois não implica mudança de fase. Esse processo, que começou a ser utilizado em meados do século XX para a obtenção de água potável a partir da água do mar, vem se aperfeiçoando, e seu uso tem se ampliado. Atualmente, a dessalinização da água do mar, em grande escala, para o abastecimento humano acontece em vários países, como a Espanha, que começou a fazê-la nas Ilhas Canárias – região naturalmente carente de água potável e que fica longe do continente – e já conta com o sistema na área continental, inclusive em grandes cidades, como Barcelona.

Uma pressão da ordem de 30 atm, aplicada na superfície da água salgada, provoca a inversão do processo natural de passagem da água por uma membrana semipermeável, ou seja, passa a predominar o fluxo de água da solução mais concentrada para a mais diluída (osmose reversa).

Até pouco tempo atrás, a maior usina de dessalinização por osmose reversa do planeta era a de Tel Aviv, Israel (foto abaixo), capaz de produzir 624 milhões de litros diários de água potável, porém recentemente foi construída em Ras al-Khair, na Arábia Saudita, uma usina desse tipo com capacidade de produção de 1 bilhão de litros por dia. A Califórnia, nos Estados Unidos, também conta com água obtida por esse processo: em San Diego, já está em funcionamento a maior usina dessalinizadora do país. Outros países também têm recorrido a essa alternativa (Austrália, África do Sul, Kuwait, algumas ilhas do Caribe, etc.), mas a verdade é que o emprego dessa tecnologia, quando visa ao atendimento de número elevado de pessoas, tem se restringido às nações mais ricas.

Usina de dessalinização por osmose reversa em Israel. Foto de 2012.

A principal dificuldade técnica desse processo reside na obtenção de uma membrana semipermeável que reúna simultaneamente várias características: que seja permeável apenas à água, e não a outras substâncias nela dissolvidas; que possa ser usada em larga escala; que seja capaz de resistir ao uso prolongado sob alta pressão (em torno de 30 atm). O aprimoramento técnico das membranas tem sido o grande desafio para que o processo de osmose reversa seja economicamente viável para a dessalinização da água do mar em larga escala. A tecnologia que associa fontes de energia limpa (solar) ao processo também contribui para isso.

Mas o aprimoramento das membranas não é importante apenas no processo de dessalinização da água para consumo. A água obtida por osmose reversa também é empregada, por exemplo, pela indústria farmacêutica, na produção de remédios e produtos químicos; em hospitais, tanto na higienização de materiais como em equipamentos de hemodiálise, usados no tratamento de pacientes com problema renal grave (foto abaixo), etc. A osmose reversa é ainda utilizada na indústria para recuperar águas residuais, obtendo água de reúso.

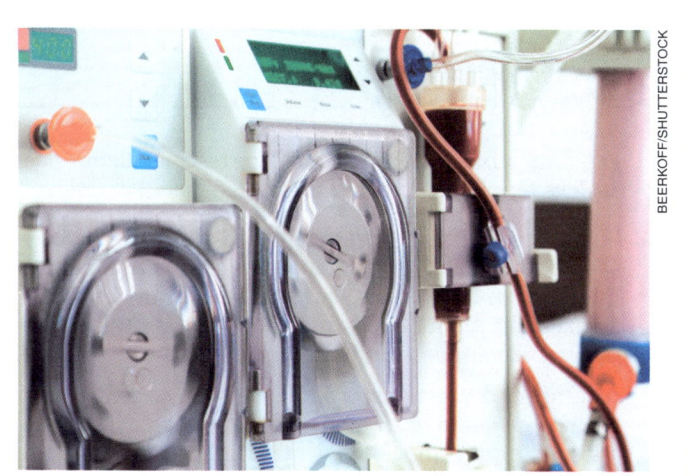

A hemodiálise é um tratamento realizado em pacientes com insuficiência renal crônica ou aguda, que surge quando os rins não são capazes de eliminar substâncias nocivas à saúde devido à falência de seus mecanismos excretores. Durante o processo da hemodiálise, o paciente tem seu sangue filtrado por uma espécie de rim artificial que remove as toxinas por meio da osmose reversa.

Atualmente, muitos equipamentos de dessalinização por osmose reversa de pequeno e médio porte vêm sendo instalados no Brasil, especialmente no Nordeste, onde vários problemas econômicos e sociais estão associados à escassez de água. Veja abaixo a representação esquemática da osmose reversa.

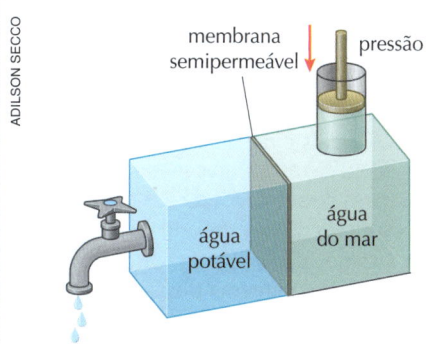

Representação esquemática da obtenção de água potável a partir da água do mar através do processo de osmose reversa.

Fonte: CHANG, R. *Chemistry*. 5th ed. Highstown: McGraw-Hill, 1994. p. 505.

Nessa região, a prática tem sido adotada em locais afastados do litoral, já que no **Semiárido** a água de lagoas, por exemplo, pode ser salobra (possuir teor de sais mais alto do que a usada em estações de tratamento comuns). Mas outras regiões brasileiras, que não costumavam sofrer com a falta de água, também têm enfrentado problemas decorrentes de estiagens prolongadas. É o caso da cidade de São Paulo (SP), por exemplo. Pode-se pensar que a solução para esse grande centro urbano fosse a construção de usinas de dessalinização, no entanto especialistas advertem que essa não é a melhor alternativa em razão da distância que separa a cidade do mar, entre outras razões. De qualquer forma, mesmo em cidades costeiras, é preciso analisar vários aspectos antes de decidir-se pela tecnologia da osmose reversa, inclusive porque a dessalinização gera não apenas a água potável, mas também água com alto teor de sais, o que requer atenção quanto à forma de descarte desse rejeito, para evitar impacto ambiental.

Semiárido: região de clima semiárido que inclui os seguintes estados: Alagoas, Bahia, Ceará, Minas Gerais, Paraíba, Pernambuco, Piauí, Rio Grande do Norte e Sergipe.

1. Por que não podemos beber a água do mar?
2. Em casos de desidratação, aconselha-se administrar soro, que contém glicose e cloreto de sódio dissolvidos. Por que esse procedimento auxilia na reidratação celular?
3. Por que a osmose reversa é economicamente vantajosa em relação às outras formas de dessalinização?
4. Com base na expressão que relaciona a pressão osmótica de uma solução com sua concentração em quantidade de matéria, dê uma explicação para o fato de a osmose reversa exigir pressões tão elevadas.

Atividades

1. Para fritar um bife de modo que fique bem suculento, não se deve temperar a carne com antecedência. Por quê?

2. Microvarizes – chamadas popularmente de vasinhos – são pequenos vasos sanguíneos dilatados nas pernas que se tornam visíveis na forma de linhas em tons arroxeados. Acometem principalmente as mulheres e não costumam ocasionar incômodos.

   A secagem desses vasinhos dilatados – a escleroterapia – é um procedimento médico antigo, mas ainda hoje adotado para removê-los. Uma das alternativas para conseguir esse ressecamento consiste na injeção de uma solução de glicose bastante concentrada – cerca de 75% é a concentração de glicose considerada mais adequada.

   Explique esse processo, que permite que o vaso sanguíneo seque e a dilatação desapareça, forçando o sangue a buscar uma nova alternativa de circulação.

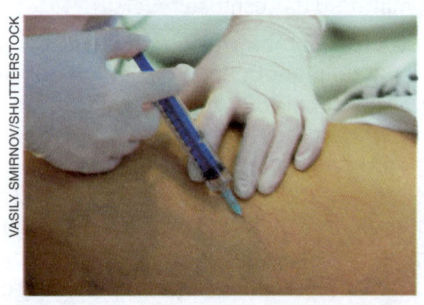

Médico aplicando solução concentrada de glicose em uma paciente para secar microvarizes.

Para ler

THIS, Hervé. *Um cientista na cozinha*. São Paulo: Ática.
Como transformar, em poucos segundos, uma mistura quente em um sorvete? Por que o leite derrama quando ferve, e a água não? Como fazer 24 litros de maionese com uma única gema de ovo? Por trás dos truques e segredos de cozinha, existem explicações científicas. É o que mostra o autor nesse livro que revela segredos da química culinária com criatividade e humor.

Resgatando o que foi visto

Nesta unidade, você teve a oportunidade de aprender a respeito dos vários tipos de dispersão, estudou o importante papel das dispersões coloidais e das ligas metálicas em nossa vida e ampliou seus conhecimentos sobre as soluções. Especificamente sobre estas últimas, estudou aspectos como solubilidade de uma substância em dado solvente, as diferentes variações de solubilidade das substâncias em função dos fatores que nela influem e a forma como a concentração das espécies dissolvidas em uma solução influencia suas propriedades.

No início da unidade, perguntamos por que a água do mar, mesmo não poluída, não pode ser ingerida para matar a sede e por que as pessoas que seguem uma dieta com restrição de íons sódio devem prestar atenção ao rótulo de refrigerantes e águas minerais. Agora você é capaz de responder a essas questões de modo mais consistente do que antes do estudo desta unidade? E quanto às questões das seções *Para situá-lo* desta unidade?

Testando seus conhecimentos

Caso necessário, consulte as tabelas no final desta Parte.

1. (UFRGS-RS) Observe o gráfico abaixo, referente à pressão de vapor de dois líquidos, A e B, em função da temperatura.

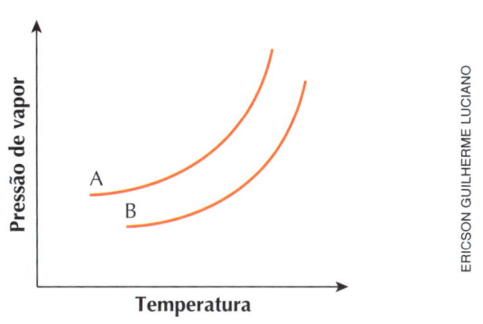

Considere as afirmações abaixo, sobre o gráfico.
I. O líquido B é mais volátil que o líquido A.
II. A temperatura de ebulição de B, a uma dada pressão, será maior que a de A.
III. Um recipiente contendo somente o líquido A em equilíbrio com o seu vapor terá mais moléculas na fase vapor que o mesmo recipiente contendo somente o líquido B em equilíbrio com seu vapor, na mesma temperatura.

Quais estão corretas?
a. Apenas I.
b. Apenas II.
c. Apenas III.
d. Apenas II e III.
e. I, II e III.

2. (UEG-GO) As propriedades físicas dos líquidos podem ser comparadas a partir de um gráfico de pressão de vapor em função da temperatura, como mostrado no gráfico hipotético a seguir para as substâncias A, B, C e D.

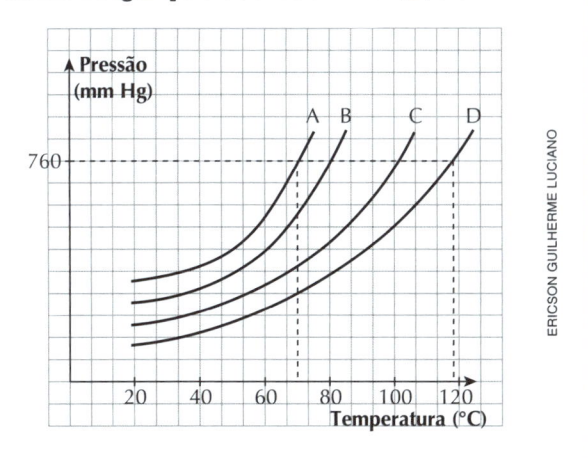

Segundo o gráfico, o líquido mais volátil será a substância:
a. A.
b. B.
c. C.
d. D.

3. (UPM-SP) Ao investigar as propriedades coligativas das soluções, um estudante promoveu o congelamento e a ebulição de três soluções aquosas de solutos não voláteis (A, B e C), ao nível do mar. O resultado obtido foi registrado na tabela abaixo.

Solução	Ponto de congelamento (°C)	Ponto de ebulição (°C)
A	– 1,5	101,5
B	– 3,0	103,0
C	– 4,5	104,5

Após a análise dos resultados obtidos, o estudante fez as seguintes afirmações:
I. a solução A é aquela que, dentre as soluções analisadas, apresenta maior concentração em $mol \cdot L^{-1}$.
II. a solução B é aquela que, dentre as soluções analisadas, apresenta menor pressão de vapor.
III. a solução C é aquela que, dentre as soluções analisadas, apresenta menor volatilidade.

De acordo com os dados fornecidos e com seus conhecimentos, pode-se dizer que apenas
a. a afirmação I está correta.
b. a afirmação II está correta.
c. a afirmação III está correta.
d. as afirmações I e II estão corretas.
e. as afirmações II e III estão corretas.

4. (Fuvest-SP) A adição de um soluto à água altera a temperatura de ebulição desse solvente. Para quantificar essa variação em função da concentração e da natureza do soluto, foram feitos experimentos, cujos resultados são apresentados a seguir. Analisando a tabela, observa-se que a variação de temperatura de ebulição é função da concentração de moléculas ou íons de soluto dispersos na solução.

Volume de água (L)	Soluto	Quantidade de matéria de soluto (mol)	Temperatura de ebulição (°C)
1	—	—	100,00
1	NaCl	0,5	100,50
1	NaCl	1,0	101,00
1	sacarose	0,5	100,25
1	$CaCl_2$	0,5	100,75

Dois novos experimentos foram realizados, adicionando-se 1,0 mol de Na_2SO_4 a 1 L de água (experimento A) e 1,0 mol de glicose a 0,5 L de água (experimento B). Considere que os resultados desses novos experimentos tenham sido consistentes com os experimentos descritos na tabela. Assim sendo, as temperaturas de ebulição da água, em °C, nas soluções dos experimentos A e B, foram, respectivamente, de
a. 100,25 e 100,25.
b. 100,75 e 100,25.
c. 100,75 e 100,50.
d. 101,50 e 101,00.
e. 101,50 e 100,50.

5. (UFRGS-RS) As figuras abaixo representam a variação da temperatura, em função do tempo, no resfriamento de água líquida e de uma solução aquosa de sal

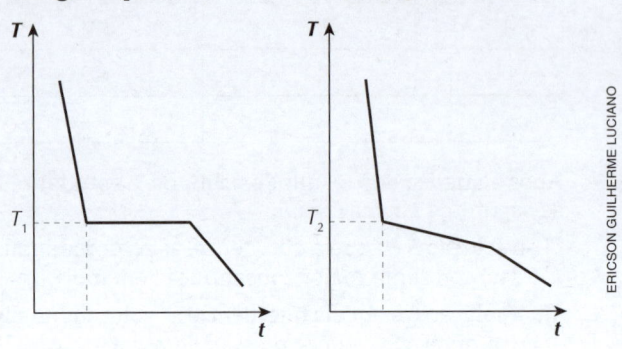

Considere as seguintes afirmações a respeito das figuras.

I. A curva da direita representa o sistema de água e sal.
II. $T_1 = T_2$.
III. T_2 é inferior a 0 °C.

Quais estão corretas?

a. Apenas I.
b. Apenas II.
c. Apenas III.
d. Apenas I e III.
e. I, II e III.

6. (UPE/SSA) Dia de churrasco! Carnes já temperadas, churrasqueira acesa, cervejas e refrigerantes no freezer. Quando a primeira cerveja é aberta, está quente! Sem desespero, podemos salvar a festa. Basta fazer a mistura frigorífica. É simples: colocar gelo em um isopor, com dois litros de água, meio quilo de sal e 300 mL de etanol (46° GL). Em três minutos, as bebidas (em lata) já estarão geladinhas e prontas para o consumo. Basta se lembrar de lavar a latinha antes de abrir e consumir. Ninguém vai querer beber uma cervejinha ou um refrigerante com gosto de sal, não é?

Sobre a mistura frigorífica, são feitas as seguintes afirmações:

I. O papel da água é aumentar a superfície de contato da mistura, fazendo todas as latinhas estarem imersas no mesmo meio.
II. O sal é considerado um soluto não volátil, que, quando colocado em água, abaixa o ponto de fusão do líquido. Esse efeito é denominado de crioscopia.
III. Ocorre uma reação química entre o sal e o álcool, formando um sal orgânico. O processo é endotérmico, portanto o sistema se torna mais frio.
IV. O sal pode ser substituído por areia, fazendo a temperatura atingida pela mistura se tornar ainda mais baixa.
V. Na ausência de álcool, outro líquido volátil, por exemplo, a acetona, pode ser utilizado.

Estão CORRETAS

a. I, II e III.
b. I, II e V.
c. II, III e V.
d. I, II e IV.
e. III, IV e V.

7. (Unicamp-SP) Alguns trabalhos científicos correlacionam as mudanças nas concentrações dos sais dissolvidos na água do mar com as mudanças climáticas. Entre os fatores que poderiam alterar a concentração de sais na água do mar podemos citar: evaporação e congelamento da água do mar, chuva e neve, além do derretimento das geleiras. De acordo com o conhecimento químico, podemos afirmar corretamente que a concentração de sais na água do mar

a. aumenta com o derretimento das geleiras e diminui com o congelamento da água do mar.
b. diminui com o congelamento e com a evaporação da água do mar.
c. aumenta com a evaporação e o congelamento da água do mar e diminui com a chuva ou neve.
d. diminui com a evaporação da água do mar e aumenta com o derretimento das geleiras.

8. (UERN) Um estudante de química, realizando um experimento em laboratório, colocou dois copos iguais e nas mesmas condições de temperatura e pressão, dentro de uma tampa transparente. No copo 1 continha apenas água e, no copo 2, uma solução de 0,3 mol/L de cloreto de sódio.

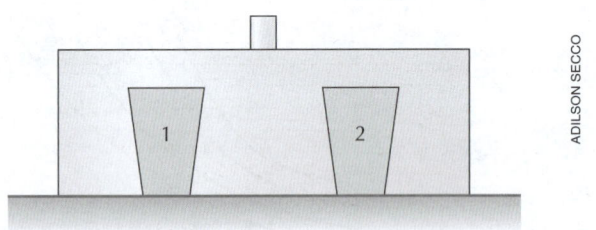

Com relação ao experimento, é correto afirmar que o estudante chegou à seguinte conclusão:

a. O ponto de ebulição nos dois copos é igual.
b. A pressão de vapor no copo 1 é menor que a do copo 2.
c. A solução presente no copo 2 congela mais rápido que a do copo 1.
d. Com o decorrer do tempo, o volume do copo 1 diminui e o do copo 2 aumenta.

9. (UFMG) Um balão de vidro, que contém água, é aquecido até que essa entre em ebulição. Quando isso ocorre,

• desliga-se o aquecimento e a água para de ferver;
• fecha-se, imediatamente, o balão; e, em seguida,

- molha-se o balão com água fria; então,
- a água, no interior do balão, volta a ferver por alguns segundos.

Assim sendo, é CORRETO afirmar que, imediatamente após o balão ter sido molhado, no interior dele,

a. a pressão de vapor da água aumenta.
b. a pressão permanece constante.
c. a temperatura da água aumenta.
d. a temperatura de ebulição da água diminui.

10. (UFSC) Em relação às proposições abaixo, é correto afirmar que:

01. um alpinista no topo do Morro do Cambirela precisará de mais energia para ferver a água contida em uma chaleira do que um turista que estiver nas areias da Praia de Jurerê, considerando-se volumes iguais de água.

02. a água para cozimento do macarrão, se já estiver adicionada de sal de cozinha, entra em ebulição em uma temperatura maior do que a água pura.

04. ao temperar com azeite de oliva uma salada com folhas úmidas pelo processo de lavagem, forma-se uma mistura homogênea entre a água retida na superfície das folhas e o azeite.

08. a combustão de gasolina em um motor de automóvel é um fenômeno químico que representa uma reação exotérmica.

16. o derretimento de uma barra de chocolate em um dia quente de verão é exemplo de uma transformação química.

32. em um mesmo dia e sob as mesmas condições de temperatura e pressão ambientes, a água potável de um reservatório aberto evapora a uma taxa maior do que a água do mar na Praia dos Ingleses.

64. o odor característico do vinagre sentido ao se temperar uma salada é decorrente da transformação química sofrida pelas moléculas de ácido acético, que passam do estado líquido ao estado gasoso.

11. (PUC-RS) Para responder à questão, analise o texto e as afirmativas que seguem.

Uma forma de gelar bebidas rapidamente consiste em preparar um recipiente com gelo e água e adicionar sal grosso ou álcool. A mistura assim produzida é denominada mistura refrigerante, pois atinge temperaturas abaixo de 0 °C e proporciona um excelente meio de gelar as latas e garrafas colocadas dentro dele.

Sobre esse processo, afirma-se:

I. Uma mistura de gelo, água e açúcar pode ser usada como mistura refrigerante.
II. A temperatura de congelamento de uma mistura de gelo, água e areia é de cerca de 0 °C.
III. Uma mistura de gelo, água e álcool tem duas fases e três componentes.
IV. A adição de sal grosso ao gelo com água proporciona temperaturas mais baixas do que a adição de sal fino na mesma quantidade.

De acordo com as informações acima, são corretas apenas as afirmativas

a. I e II.
b. I e III.
c. II e III.
d. II e IV.
e. III e IV.

12. (Enem) Osmose é um processo espontâneo que ocorre em todos os organismos vivos e é essencial à manutenção da vida. Uma solução 0,15 mol/L de NaCl (cloreto de sódio) possui a mesma pressão osmótica das soluções presentes nas células humanas. A imersão de uma célula humana em uma solução 0,20 mol/L de NaCl tem, como consequência, a

a. adsorção de íons Na^+ sobre a superfície da célula.
b. difusão rápida de íons Na^+ para o interior da célula.
c. diminuição da concentração das soluções presentes na célula.
d. transferência de íons Na^+ da célula para a solução.
e. transferência de moléculas de água do interior da célula para a solução.

13. (Fuvest-SP) A porcentagem em massa de sais no sangue é de aproximadamente 0,9%. Em um experimento, alguns glóbulos vermelhos de uma amostra de sangue foram coletados e separados em três grupos. Foram preparadas três soluções, identificadas por X, Y e Z, cada qual com uma diferente concentração salina. A cada uma dessas soluções foi adicionado um grupo de glóbulos vermelhos. Para cada solução, acompanhou-se, ao longo do tempo, o volume de um glóbulo vermelho, como mostra o gráfico abaixo.

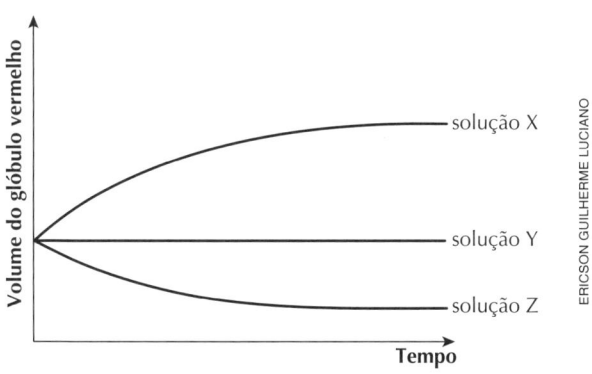

Com base nos resultados desse experimento, é correto afirmar que

a. a porcentagem em massa de sal, na solução Z, é menor do que 0,9%.
b. a porcentagem em massa de sal é maior na solução Y do que na solução X.
c. a solução Y e a água destilada são isotônicas.
d. a solução X e o sangue são isotônicos.
e. a adição de mais sal à solução Z fará com que ela e a solução X fiquem isotônicas.

14. (Fuvest-SP) Louis Pasteur realizou experimentos pioneiros em Microbiologia. Para tornar estéril um meio de cultura, o qual poderia estar contaminado com agentes causadores de doenças, Pasteur mergulhava o recipiente que o continha em um banho de água aquecida à ebulição e à qual adicionava cloreto de sódio. Com a adição de cloreto de sódio, a temperatura de ebulição da água do banho, com relação à da água pura, era _____. O aquecimento do meio de cultura provocava _____. As lacunas podem ser corretamente preenchidas, respectivamente, por:

a. maior; desnaturação das proteínas das bactérias presentes.
b. menor; rompimento da membrana celular das bactérias presentes.
c. a mesma; desnaturação das proteínas das bactérias.
d. maior; rompimento da membrana celular dos vírus.
e. menor; alterações no DNA dos vírus e das bactérias.

15. (Fuvest-SP) Nas figuras abaixo, estão esquematizadas células animais imersas em soluções salinas de concentrações diferentes. O sentido das setas indica o movimento de água para dentro ou para fora das células, e a espessura das setas indica o volume relativo de água que atravessa a membrana celular.

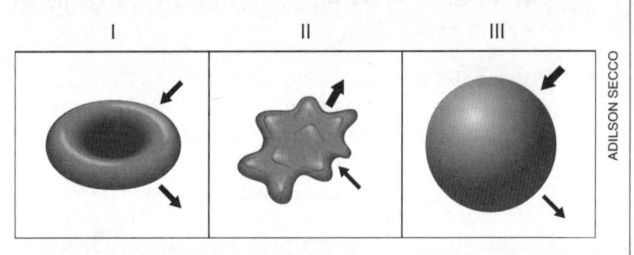

A ordem correta das figuras, de acordo com a concentração crescente das soluções em que as células estão imersas, é:

a. I, II e III.
b. II, III e I.
c. III, I e II.
d. II, I e III.
e. III, II e I.

16. (Udesc) Quando um soluto não volátil é adicionado a um determinado solvente puro, uma solução é formada e suas propriedades físico-químicas podem ser alteradas. Este fenômeno é denominado efeito coligativo das soluções.

Considere estes efeitos e analise as proposições.

I. O abaixamento da pressão máxima de vapor de um líquido faz com que este tenha um maior ponto de ebulição. Tal fato é possível quando uma colher de sopa de açúcar (sacarose) é adicionada a uma panela contendo 1 litro de água, por exemplo. Este fenômeno é conhecido como ebulioscopia ou ebuliometria.

II. Uma tática interessante para acelerar o resfriamento de bebidas consiste na adição de sal de cozinha ao recipiente com gelo em que elas estão imersas. Neste caso, o efeito crioscópico está presente. Considerando um número idêntico de mols de cloreto de sódio e brometo de magnésio em experimentos distintos, o efeito coligativo resultante será o mesmo, pois este independe da natureza da substância utilizada.

III. A pressão osmótica do sangue humano é da ordem de 7,8 atm devido às substâncias nele dissolvidas. Desta forma, é fundamental que, ao se administrar uma determinada solução contendo um medicamento via intravenosa, a pressão osmótica deste último seja hipotônica em relação à da corrente sanguínea, sob o risco de que as hemácias possam se romper ao absorverem um excesso de partículas administradas.

Assinale a alternativa **correta**.

a. Somente a afirmativa I é verdadeira.
b. Somente as afirmativas I e III são verdadeiras.
c. Somente as afirmativas I e II são verdadeiras.
d. Somente as afirmativas II e III são verdadeiras.
e. Somente a afirmativa III é verdadeira.

17. (UEMG) Ebulioscopia é a propriedade coligativa, relacionada ao aumento da temperatura de ebulição de um líquido, quando se acrescenta a ele um soluto não volátil. Considere as três soluções aquosas a seguir:

Solução A = NaCl 0,1 mol/L

Solução B = sacarose 0,1 mol/L

Solução C = $CaCl_2$ 0,1 mol/L

As soluções foram colocadas em ordem crescente de temperatura de ebulição em

a. C, A, B.   b. B, A, C.   c. A, B, C.   d. C, B, A.

18. (Enem) Alguns tipos de dessalinizadores usam o processo de osmose reversa para obtenção de água potável a partir da água salgada. Nesse método, utiliza-se um recipiente contendo dois compartimentos separados por uma membrana semipermeável: em um deles coloca-se água salgada e no outro recolhe-se a água potável. A aplicação de pressão mecânica no sistema faz a água fluir de um compartimento para o outro. O movimento das moléculas de água através da membrana é controlado pela pressão osmótica e pela pressão mecânica aplicada.

Para que ocorra esse processo é necessário que as resultantes das pressões osmótica e mecânica apresentem

a. mesmo sentido e mesma intensidade.
b. sentidos opostos e mesma intensidade.
c. sentidos opostos e maior intensidade da pressão osmótica.
d. mesmo sentido e maior intensidade da pressão osmótica.
e. sentidos opostos e maior intensidade da pressão mecânica.

19. (Enem) Uma das estratégias para conservação de alimentos é o salgamento, adição de cloreto de sódio (NaCl), historicamente utilizado por tropeiros, vaqueiros e sertanejos para conservar carnes de boi, porco e peixe.

O que ocorre com as células presentes nos alimentos preservados com essa técnica?

a. O sal adicionado diminui a concentração de solutos em seu interior.
b. O sal adicionado desorganiza e destrói suas membranas plasmáticas.
c. A adição de sal altera as propriedades de suas membranas plasmáticas.

d. Os íons Na⁺ e Cl⁻ provenientes da dissociação do sal entram livremente nelas.

e. A grande concentração de sal no meio extracelular provoca a saída de água de dentro delas.

20. (UEL-PR) Ambientes dulcícolas e marinhos possuem condições físico-químicas distintas que influenciaram a seleção natural para dar origem, respectivamente, aos peixes de água doce e aos peixes de água salgada, os quais possuem adaptações fisiológicas para sobreviverem no ambiente em que surgiram.

Considerando a regulação da concentração hidrossalina para a manutenção do metabolismo desses peixes, pode-se afirmar que os peixes de água doce eliminam _____ quantidade de urina _____ em comparação com os peixes marinhos, que eliminam _____ quantidade de urina _____.

Assinale a alternativa que preenche, correta e respectivamente, as lacunas do enunciado.

a. grande, diluída, pequena, concentrada.
b. grande, concentrada, grande, diluída.
c. grande, concentrada, pequena, diluída.
d. pequena, concentrada, grande, diluída.
e. pequena, diluída, grande, concentrada.

21. (UPE/SSA)

A sardinha vem sendo utilizada na pesca industrial de atum. Quando jogados ao mar, os cardumes de sardinha atraem os cardumes de atuns, que se encontram em águas profundas. Porém, estudos têm mostrado que o lambari, conhecido no Nordeste como piaba, é mais eficiente para essa atividade. O lambari se movimenta mais na superfície da água, atraindo os atuns com maior eficiência. Apesar de ser um peixe de água doce, o lambari não causa nenhum prejuízo ao ecossistema. Ao ser colocado no oceano, ele sobrevive por cerca de 30 minutos, no máximo.

Adaptado de: http://revistagloborural.globo.com/

No uso dessa tecnologia pesqueira, os lambaris morrem porque

a. são tipicamente hiposmóticos e não sobrevivem em concentrações isosmóticas.
b. desidratam, pois estavam em um ambiente isotônico onde a salinidade variava muito.
c. passam para um ambiente aquático hipertônico, apresentando uma contínua perda de água por osmose.
d. absorvem muita água e não têm como eliminá-la dos seus organismos, por isso incham até explodir.
e. passam para um ambiente aquático hipotônico, apresentando uma contínua absorção de água por osmose.

22. (FMJ-SP) Considere os sistemas 1, 2 e 3 numa mesma temperatura e o comportamento de cada um desses sistemas representados no gráfico.

1. Água pura.
2. Solução aquosa 0,5 mol · L⁻¹ de glicose.
3. Solução aquosa 0,5 mol · L⁻¹ de KCl.

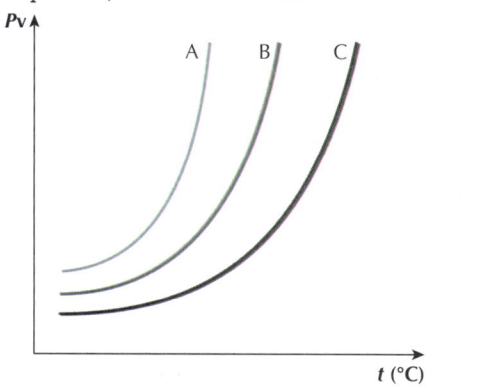

a. Associe cada um dos sistemas (1, 2 e 3) a cada uma das curvas (A, B e C) e indique qual o sistema mais volátil.
b. A adição de um soluto não volátil aumenta ou diminui a pressão máxima de vapor de um solvente? Justifique sua resposta.

23. (UEM-PR) O Mar Morto contém uma concentração de aproximadamente 30 g de vários tipos de sais por 100 mL de água. A concentração salina normal dos outros oceanos é de 30 g para 1 L de água.

Algumas concentrações iônicas em g L⁻¹ na água do Mar Morto são: 181,4 de Cl^-; 4,2 de Br^-; 0,4 de SO_4^{2-}; 14,1 de Ca^{2+}; 32,5 de Na^+; 35,2 de Mg^{2+} e 6,20 de K^+. Considerando essas informações, assinale o que for **correto**.

01. Analisando-se as concentrações iônicas do Mar Morto e com base no sistema linear:

$$\begin{cases} 4x + y + 3z = 36{,}06 \\ 5y - 2z = [Na^+] \\ 3z = [Br^-] \end{cases}$$

pode-se afirmar que $x = [K^+]$.

02. O fator de diluição da água dos oceanos em relação ao Mar Morto é de 1 : 10.

04. A concentração de SO_4^{2-} no Mar Morto é de $5 \cdot 10^{-3}$ mol L⁻¹.

08. A concentração de sais no Mar Morto faz com que esta água evapore mais rapidamente do que nos outros oceanos por causa do aumento na pressão de vapor.

16. A água dos oceanos pode tornar-se potável a partir da aplicação da osmose reversa.

24. (Uece) O soro fisiológico e a lágrima são soluções de cloreto de sódio a 0,9% em água, sendo isotônicos em relação às hemácias e a outros líquidos do organismo. Considerando a densidade absoluta da solução 1 g/mL a 27 °C, a pressão osmótica do soro fisiológico será aproximadamente

Dados: Na = 23; Cl = 35,5; R = 0,082 atm L mol⁻¹ K⁻¹.

a. 10,32 atm.   c. 7,57 atm.
b. 15,14 atm.   d. 8,44 atm.

UNIDADE 6
REAÇÃO QUÍMICA E CALOR

Capítulo 17
Termoquímica, 370

Os processos químicos envolvendo a liberação e a absorção de calor são de fundamental importância para o funcionamento de vários setores da indústria. A foto mostra um alto-forno (forno especial destinado a transformar minério de ferro em ferro metálico) em funcionamento em uma usina siderúrgica em Volta Redonda, Rio de Janeiro.

Nesta unidade, vamos ver de que forma algumas reações químicas e transformações físicas funcionam como fonte de calor enquanto outras se mostram úteis para retirar calor de seu entorno.

- **De onde vem o calor necessário para que esse alto-forno funcione?**

CAPÍTULO 17

TERMOQUÍMICA

Quem vai a um posto de combustível abastecer o automóvel encontra várias opções. Muitos carros de passeio possuem tecnologia *flex* e podem ser abastecidos com gasolina e/ou etanol, que vão gerar a energia necessária para manter o motor em funcionamento. Mas, na hora de escolher o combustível, que fatores devem ser levados em conta? Será que todos os combustíveis fornecem a mesma quantidade de energia ao motor?

ENEM
C1: H2
C5: H17 e H18
C7: H26

Este capítulo vai ajudá-lo a compreender:

- as reações exotérmicas e endotérmicas;
- a origem do calor envolvido em transformações a pressão constante (variação de entalpia);
- a equação termoquímica e suas interpretações, incluindo a representação gráfica;
- a energia de ligação, o calor de formação e de combustão;
- as diversas fontes de energia química em nossa vida e a importância de escolher a mais adequada.

Para situá-lo

Você já sabe que uma das questões atuais que mais preocupam a população mundial é o modo de conciliar a produção de energia e o impacto ambiental mínimo. A Termoquímica e o conhecimento químico, de maneira geral, podem contribuir para que se consiga produzir as chamadas **energias "limpas"**. Como? Indicando, por exemplo, como substituir as matérias-primas que implicam consumo de recursos de que a natureza dispõe em quantidade finita (como o petróleo) pelos chamados recursos renováveis, que não se esgotam facilmente, podendo ser produzidos várias vezes (caso da cana-de-açúcar, obtida em plantações). A Termoquímica também pode contribuir para se chegar a uma produção energética que não agrave o efeito estufa.

Energias "limpas": aquelas que são produzidas a partir de uma fonte renovável (por exemplo, o lixo orgânico) e cuja produção causa baixo impacto ambiental.

Um exemplo de aplicação da Termoquímica na produção de "energias limpas" é o **biogás**. Veja: a **decomposição anaeróbia** (que ocorre na ausência de ar) de lixo orgânico – restos de alimentos, cascas de frutas, pedaços de folhas etc. – produz gases que causam impacto ambiental porque são ricos em gás metano (CH_4), substância que tem poder maior que o dióxido de carbono de intensificar o efeito estufa. Uma maneira de viabilizar a obtenção de energia com base nesse lixo consiste em recobri-lo com água, de modo que não tenha contato com elevada concentração de oxigênio – se tal recobrimento não fosse realizado, outro tipo de decomposição ocorreria, a aeróbia. Com isso, a matéria orgânica se degrada, produzindo gás combustível, o biogás, constituído principalmente por metano (CH_4). Se o processo ocorrer em recipiente fechado – o **biodigestor**, dotado apenas de uma válvula de segurança para evitar que a pressão interna comprometa a estrutura do equipamento (veja figura abaixo) –, o gás formado poderá ser usado como combustível. O gás metano produzido nesse processo, em determinadas condições, forma com o ar uma mistura explosiva, por isso deve ser armazenado e manuseado com cuidado.

Reações de combustão, como você sabe, **liberam calor**, ou seja, são **processos exotérmicos**. Portanto, a queima do biogás é um processo exotérmico. A energia liberada nessa queima pode ser utilizada, por exemplo, para cozinhar alimentos – procedimento que envolve reações que, por sua vez, **consomem energia** e, por isso, são chamadas de **endotérmicas** (o prefixo **endo-** quer dizer "para dentro").

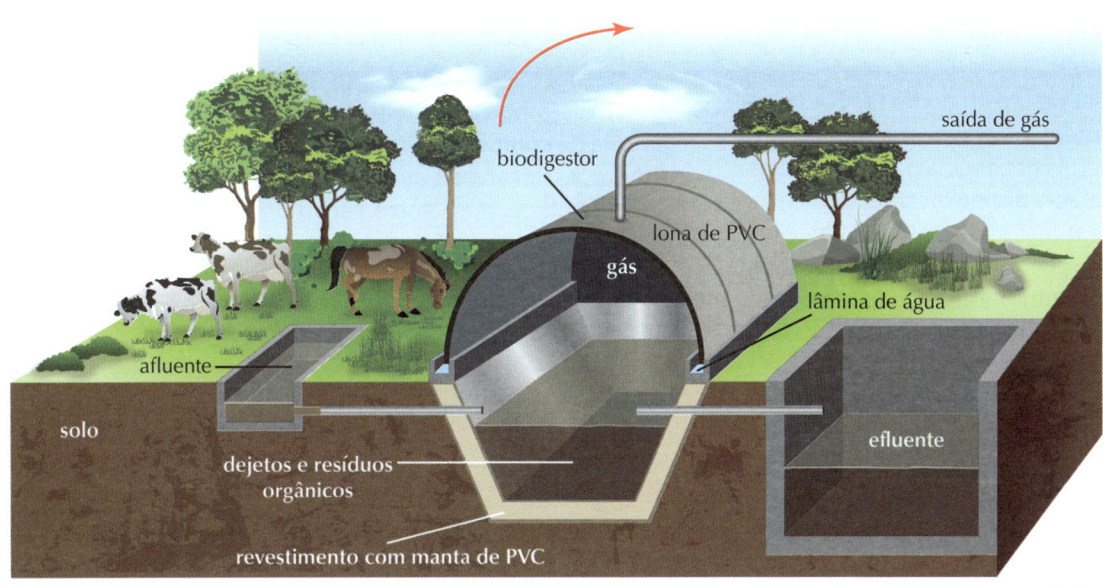

Representação esquemática de biodigestor. Existem vários tipos de biodigestor. Os mais comuns utilizam dejetos de animais e lixo orgânico. No biodigestor, esses resíduos se decompõem na ausência de oxigênio, formando um gás combustível, o chamado biogás, que é uma fonte de energia renovável.

Fonte: EMBRAPA. *Sistemas de tratamento de dejetos suínos*: inventário tecnológico.

1. Nos debates entre economistas ou políticos sobre as questões relacionadas ao desenvolvimento de nosso país, são comuns as referências às crescentes demandas de energia e, portanto, à necessidade de ampliar a capacidade instalada de "gerar" energia e à busca por novas alternativas para "produzi-la". Explique a relação entre a capacidade de um país de "gerar" energia e seu desenvolvimento econômico.

2. Na atividade 1, a palavra **gerar** foi grafada entre aspas. Por que, se fosse escrita sem as aspas, ela poderia dar uma ideia distorcida da capacidade humana de obter determinada forma de energia?

3. Em sua opinião, de que forma o uso de biodigestores pode contribuir para minimizar o impacto ambiental causado pela "geração" de energia?

4. Mencione usos que a energia obtida pelo processo de degradação da matéria orgânica pode ter no cotidiano.

5. Observe o esquema ilustrado acima e procure explicar por que se retira o gás metano pela parte superior do biodigestor.

Neste capítulo, vamos estudar os conceitos envolvidos na liberação ou na absorção de calor por um sistema em que ocorre uma reação química. Muitos processos relevantes em nosso cotidiano podem ser analisados sob esse prisma.

Efeitos térmicos das reações e seus usos no cotidiano

Quando se assa uma *pizza* em forno a lenha, o calor usado nesse processo provém de reações químicas que envolvem a combustão de substâncias presentes na madeira. Mas não é apenas para preparar alimentos que precisamos de energia térmica. Muitos processos industriais também necessitam de energia para que sejam viabilizados e, em muitos deles, reações químicas são usadas para fornecer calor. Além disso, grande parte de nossos meios de transporte se utiliza da energia térmica produzida em reações de combustão.

Conhecimentos científicos – incluindo os da área da Termoquímica – e avanços da tecnologia têm sido essenciais para a obtenção de energia para o desenvolvimento de nossa sociedade. E hoje em dia, em que se procuram **matrizes energéticas** menos agressivas ao ambiente, tornaram-se ainda mais importantes, como você já deve ter tido oportunidade de refletir, não apenas no estudo de Química, mas também no de outras disciplinas.

As combustões fazem parte de um grupo de reações químicas que ocorrem liberando energia. Geralmente, são reações desse tipo que fornecem a energia necessária para que outros processos químicos aconteçam. Para exemplificar, lembre-se de que é do petróleo que se obtém o gás de cozinha, a gasolina, o óleo diesel e outras **frações** que, por meio da combustão, permitem o cozimento dos alimentos e têm viabilizado quase todo o nosso transporte. Trata-se, no caso, de energia não renovável e "suja", porque a combustão desses materiais gera produtos que poluem o ambiente e agravam o efeito estufa.

> **Matriz energética:** conjunto de fontes de energia.
> **Fração:** parcela de uma mistura obtida por processo de destilação, extração etc.

A combustão de gases como o metano (CH_4), o propano, (C_3H_8) e o butano (C_4H_{10}) libera a energia que é absorvida pelos alimentos. Essa energia é necessária para produzir as reações químicas que ocorrem durante o cozimento.

O óleo diesel é utilizado como combustível de caminhões e de outros veículos e é bastante poluente. No caso do diesel brasileiro, que contém alto teor de compostos de enxofre, sua combustão libera muito dióxido de enxofre. Regulações do Conama (Conselho Nacional do Meio Ambiente) vêm levando a reduções no teor de enxofre, o que explica indicações em postos de gasolina do tipo: S-50, S-10. Quanto mais baixo o número que acompanha o S, melhor o resultado da combustão do diesel para o ambiente.

Em muitos países, a maior parte da energia elétrica vem sendo produzida em usinas termelétricas que utilizam carvão e óleo diesel. No Brasil, a energia gerada em usinas termelétricas não representa a maior parte da matriz energética, embora a partir dos anos 1990 o país tenha construído várias delas, que utilizam como combustível gás natural, carvão, óleo e biocombustíveis (estes empregados ainda em pequena escala).

Considerando o tempo de existência da civilização humana, muitos dos exemplos de utilização de energia aqui analisados são recentes. No entanto, as reações químicas como fonte de energia fazem parte do cotidiano da humanidade desde antes da existência da Química como ciência. Além disso, para o funcionamento de nosso organismo, ingerimos alimentos que nos fornecem energia, inclusive térmica, para realizar nossas inúmeras tarefas diárias.

> **Gás natural** é o nome dado a um combustível não renovável que pode ser encontrado tanto com o petróleo quanto isolado, em depósitos subterrâneos. Trata-se de uma mistura de várias substâncias que contém perto de 75% de metano.

As mais importantes fontes de energia química para nossa vida vêm de **compostos de carbono**: carboidratos, proteínas e gorduras. Assim como nossos alimentos, os combustíveis mais usados também têm, entre seus constituintes, o elemento **carbono**: etanol, carvão, petróleo e gás natural.

A energia necessária para nos mantermos vivos provém, basicamente, dos nutrientes presentes nos alimentos.

No caso dos combustíveis obtidos de fontes não renováveis – as fontes fósseis (caso do carvão, do petróleo e do gás natural) –, esses materiais se formaram de restos de seres vivos (plantas e pequenos animais marinhos, por exemplo) por meio de processos de transformação que ocorreram ao longo de séculos.

As plantas constituem uma possibilidade de armazenamento de energia química a partir da energia luminosa. Lembre-se de que, por meio do processo de fotossíntese, as plantas (bem como alguns outros seres vivos, como as algas) transformam o gás carbônico e a água em carboidratos. É graças a essa possibilidade de armazenamento de energia solar nas plantas e em outros seres fotossintetizantes, por meio da transformação da energia luminosa em energia química, que a vida dos animais que se alimentam delas, inclusive a nossa, se torna possível.

Fotossíntese: reação em que o sistema (planta) absorve energia luminosa do Sol para produzir carboidratos, os quais são utilizados na respiração da planta (reação de combustão).

Por tudo o que você estudou até aqui, já deve estar convencido de que energia é indispensável para a vida; na geração de energia, seja ela térmica ou de outro tipo (elétrica, por exemplo), os processos químicos são fundamentais.

Processos exotérmicos e endotérmicos

Como vimos, quando ocorre uma reação química, há certa quantidade de energia térmica envolvida; essa propriedade relacionada às transformações químicas permite classificá-las em **exotérmicas** e **endotérmicas**.

Transformações exotérmicas

Reações exotérmicas são aquelas que liberam calor para o ambiente; as combustões são exemplos desse tipo de reação, sendo largamente empregadas em nosso dia a dia justamente por isso. Um exemplo de uso bastante conhecido é a queima do etanol (usado como combustível em automóveis). A equação que representa essa transformação exotérmica é:

$$C_2H_6O(l) + 3\ O_2(g) \longrightarrow 2\ CO_2(g) + 3\ H_2O(g) + calor$$

etanol (combustível) — oxigênio (comburente) — dióxido de carbono — água

Nesse caso, conforme a **lei de conservação da energia**, a energia inicial do sistema (etanol + oxigênio) é maior do que a energia final do sistema (dióxido de carbono + água), já que certa quantidade de energia foi liberada para o ambiente na forma de calor.

> Reação exotérmica: $E_{reagentes} > E_{produtos}$

Acabamos de fazer referência à **lei de conservação da energia**. O que estabelece essa lei? Você sabe que, em um sistema fechado em que ocorre uma reação, a massa e o número de átomos se conservam (o que é coerente com a lei de Lavoisier); analogamente, de acordo com a lei da conservação da energia, **a energia não pode ser criada nem destruída**; no entanto, uma forma de energia pode ser transformada em outra.

As reações químicas envolvidas na combustão da madeira também são exotérmicas: esse é um exemplo de transformação de energia química em energia térmica.

No interior do forno, a madeira queima. As reações exotérmicas envolvidas na combustão da madeira fornecem energia para que a *pizza* asse.

Vamos examinar outros exemplos.

O gás de botijão – que, por estar sob pressão, encontra-se liquefeito – tem sido usado como fonte de energia em sistemas de aquecimento, por meio da combustão das substâncias que o constituem (propano e butano). Uma das transformações que ocorrem quando se queima essa mistura pode ser equacionada por:

$$C_4H_{10}(g) + \frac{13}{2}\ O_2(g) \longrightarrow 4\ CO_2(g) + 5\ H_2O(g) + calor$$

butano — oxigênio — dióxido de carbono — água

Em nosso organismo ocorrem reações que liberam energia e que têm papel importante em nossa vida. A glicose ($C_6H_{12}O_6$), por exemplo, sofre uma reação que pode ser equacionada, de modo simplificado, como segue:

$$C_6H_{12}O_6(s) + 6\ O_2(g) \longrightarrow 6\ CO_2(g) + 6\ H_2O(l) + calor$$

glicose — oxigênio — dióxido de carbono — água

Nessa reação, a glicose funciona como combustível, que, reagindo com o oxigênio (obtido da respiração), origina dióxido de carbono, água e energia térmica.

Mesmo em sistemas que envolvem apenas mudanças de estado físico, podemos entender essas transformações como situações nas quais a energia térmica é absorvida ou liberada para o ambiente.

Lembre-se de que, nos exemplos que estamos estudando, a palavra **sistema** designa o conjunto das substâncias envolvidas em uma reação química ou em uma mudança de estado.

Para exemplificar, pense no processo que ocorre em uma panela com água fervente. Quando o vapor que sai da água em ebulição entra em contato com a superfície inicialmente mais fria da tampa da panela, cede calor à tampa e, dessa forma, condensa-se. Dizemos que a **condensação é um processo exotérmico**, pois o vapor de água cede calor para o ambiente – o que explica que a tampa, bem próxima do vapor, se aqueça. No caso, podemos considerar que temos um **sistema fechado**, isto é, que troca calor, mas praticamente não troca matéria com o ambiente externo.

A condensação é um processo exotérmico. Isso pode ser observado mais facilmente quando, como na foto ao lado, uma pessoa levanta a tampa de uma panela com água em ebulição (**sistema aberto**): podemos ver que se formam gotículas de água líquida na tampa.

Capítulo 17 • Termoquímica

Transformações endotérmicas

As reações químicas que ocorrem com **absorção de calor** são chamadas **reações endotérmicas**. A obtenção de óxido de cálcio (cal virgem) a partir de carbonato de cálcio (calcário) é uma reação desse tipo. Podemos representá-la por:

$$CaCO_3(s) + calor \longrightarrow CaO(s) + CO_2(g)$$
$$\text{carbonato de cálcio} \qquad \text{óxido de cálcio} \quad \text{dióxido de carbono}$$

Reação endotérmica: $E_{reagentes} < E_{produtos}$

Nesse caso, a reação ocorre com absorção de energia. Na prática, podemos medir a quantidade de energia liberada ou absorvida pelo sistema.

Reações em que o sistema recebe calor do ambiente não são, em geral, tão evidentes. Um exemplo é a fotossíntese. No cozimento de alimentos também ocorrem reações, muitas vezes complexas, possibilitadas pela absorção de energia.

Alguns processos físicos comuns no cotidiano também são endotérmicos. É o caso da fusão da água sólida (gelo) e da evaporação da água líquida. Esquematicamente, temos:

Fusão:

$$H_2O(s) + calor \longrightarrow H_2O(l) \quad \text{ou} \quad H_2O(s) \longrightarrow H_2O(l) - calor$$
$$\text{gelo} \qquad \text{água líquida} \qquad \text{gelo} \qquad \text{água líquida}$$

Vaporização:

$$H_2O(l) + calor \longrightarrow H_2O(g) \quad \text{ou} \quad H_2O(l) \longrightarrow H_2O(g) - calor$$
$$\text{água líquida} \qquad \text{vapor de água} \qquad \text{água líquida} \qquad \text{vapor de água}$$

Tanto na fusão quanto na vaporização, o ambiente perde calor (energia térmica), e o sistema em transformação ganha calor.

A **Termoquímica** ocupa-se do estudo de efeitos térmicos associados às reações e às transformações físicas, como mudanças de estado e dissoluções.

Veja a representação genérica das duas possibilidades de reação, em um sentido (direta) e no sentido contrário (inversa).

Processo exotérmico

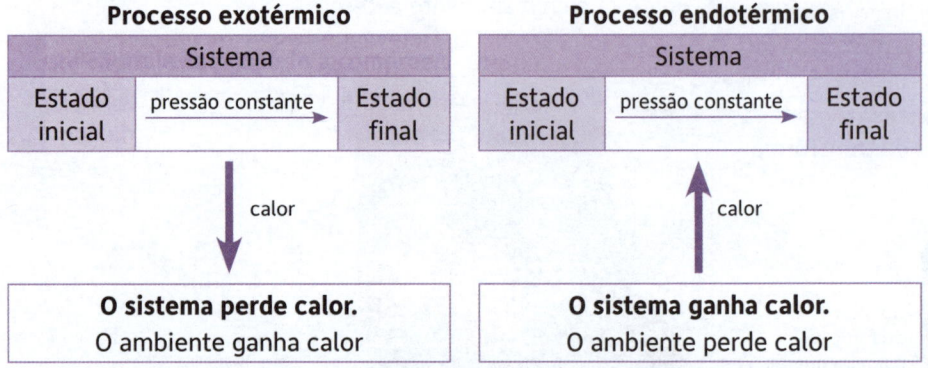

Sistema: Estado inicial —pressão constante→ Estado final
↓ calor
O sistema perde calor.
O ambiente ganha calor

Processo endotérmico

Sistema: Estado inicial —pressão constante→ Estado final
↑ calor
O sistema ganha calor.
O ambiente perde calor

Talvez você se pergunte: que relação existe entre a energia liberada ou absorvida em uma reação química e as substâncias envolvidas nessa transformação? Essa relação tem a ver com um balanço do total da energia que está envolvida na quebra de ligações químicas e na formação de novas ligações, assim como nas mudanças de estado físico, entre outras alterações (químicas e físicas) que acontecem com as unidades constituintes dos reagentes nesse processo.

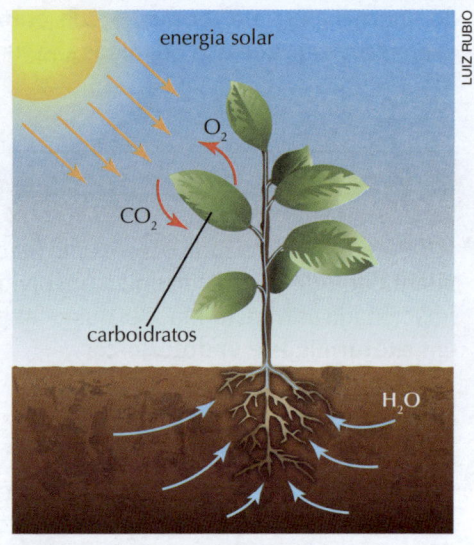

A fotossíntese é exemplo de reação endotérmica: por meio dela, as plantas transformam CO_2 e H_2O em carboidratos e O_2.

Quando um bombeiro usa um jato de água para apagar um incêndio, os materiais da combustão perdem calor, e a água ganha calor. Dessa forma, a chama pode ser apagada. É importante lembrar que o vapor de água é invisível, e a névoa que se forma à medida que a água se aproxima da chama é constituída de gotículas de água que se originam quando o vapor de água se resfria, ao atingir regiões em que a temperatura é mais baixa que a dele ao se formar.

A medida do calor

O calor envolvido em transformações físicas ou químicas é medido em um equipamento chamado **calorímetro**.

Existem vários tipos de calorímetro. Um dos tipos usados para fazer essas medidas é provido de um termômetro e possui **paredes adiabáticas**, isto é, que dificultam as trocas de calor com o ambiente. Podemos dizer que esse tipo de calorímetro é um **sistema isolado** (não troca matéria nem calor com o meio externo).

Assim, se quisermos determinar, por exemplo, o calor liberado em uma reação, podemos usar um calorímetro, como o representado ao lado.

A água que envolve a bomba calorimétrica absorve parte do calor liberado na combustão do material (frasco de reação). Pela variação de temperatura da água contida no calorímetro, medida pelo termômetro, estima-se o calor envolvido no processo.

Representação esquemática de um dos tipos de calorímetro em corte frontal. Se no frasco de reação ocorrer uma reação exotérmica, como uma combustão, o calor liberado provocará o aumento da temperatura da água que cerca o local da reação e de todo o sistema, porque, após algum tempo, ele entra em equilíbrio térmico.

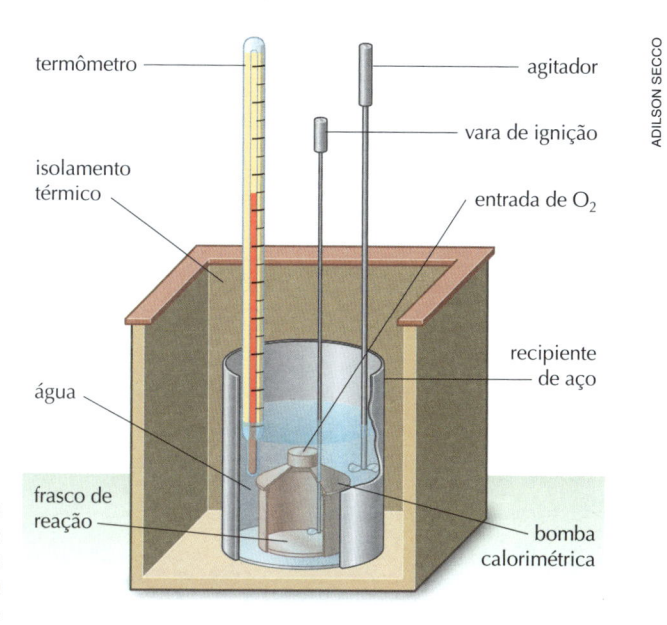

Fonte: CHANG, R. *Chemistry*. 5. ed. Highstown: McGraw-Hill, 1994. p. 217.

Unidades de calor

Para chegar ao valor do calor envolvido em uma reação, recorremos a uma equação da Calorimetria, parte da Termologia, da qual já tratamos e que possivelmente você já aprendeu em suas aulas de Física.

> A unidade que representa a quantidade de calor no Sistema Internacional (SI) é o joule (J). No entanto, a caloria (cal) e a quilocaloria (kcal) são empregadas com frequência. Temos:
>
> 1 caloria (cal) = 4,184 J
>
> 1 quilocaloria (kcal) = 1 000 cal = 10^3 cal
>
> 1 quilojoule (kJ) = 1 000 J = 10^3 J

A expressão que relaciona o calor envolvido na reação com a variação de temperatura que ela provoca é:

$$Q = m \cdot c \cdot \Delta t$$

Em que:
m: massa total das soluções
c: **calor específico** (quantidade de calor fornecida a 1 g de um material para elevar sua temperatura em 1 °C)

$$\Delta t = t' - t$$

t: temperatura inicial das soluções
t': temperatura final após a reação

Se o processo envolve soluções aquosas e diluídas, consideramos que o calor específico seja o da água:

$$c_{\text{água}} = 1 \text{ cal g}^{-1} \text{ °C}^{-1}.$$

Para esclarecer, vamos examinar um exemplo:

• um calorímetro contém 400 g de água. Nele ocorre uma reação que provoca o aquecimento dessa água, de uma temperatura inicial de 20 °C até 70 °C. Qual é a quantidade de calor liberada na reação? É dado o equivalente em água do calorímetro: 20 g.

No calorímetro, há agitador, termômetro etc. que retiram calor do sistema. Essa perda de calor equivale ao que seria absorvido por 20 g de água. É por isso que dizemos que o equivalente em água do calorímetro é 20 g. Considerando esses dados, podemos calcular o calor liberado na reação.

$$m_{\text{água}} = 400 \text{ g} + 20 \text{ g} = 420 \text{ g}$$

$$c = 1 \text{ cal g}^{-1} \text{ °C}^{-1} \text{ (calor específico da água)}$$

$$\Delta t = t' - t \longrightarrow \Delta t = 70 \text{ °C} - 20 \text{ °C} = 50 \text{ °C}$$

$$Q = m \cdot c \cdot \Delta t$$

$$Q = 420 \text{ g} \cdot \frac{1 \text{ cal}}{\text{g °C}} \cdot 50 \text{ °C} = 21\,000 \text{ cal} = 21 \text{ kcal}$$

Como 1 cal equivale a 4,184 J:

$$Q = 21 \text{ kcal ou } Q = 87,9 \text{ kJ}$$

As quantidades de matéria, em mol, dos reagentes e produtos envolvidos na reação química que ocorreu no calorímetro podem então ser relacionadas com o calor liberado, permitindo-nos escrever a equação química correspondente a determinado processo, associando a ela a quantidade de energia correspondente. É com base nesse procedimento que são determinados os valores de energia associados a equações químicas.

Química: prática e reflexão

Como se faz para determinar a quantidade de calorias de alimentos e bebidas?

Material necessário

- alimentos secos (pão torrado, castanhas, bolachas etc.), de preferência com dados sobre o valor energético
- 1 a 4 tubos de ensaio idênticos
- 1 pinça de madeira (ou prendedor de roupas de madeira)
- 1 suporte universal e 1 garra (ou prendedor de roupas de madeira)
- 1 termômetro com escala de −10 °C a 110 °C
- 1 clipe para papel
- lamparina a álcool ou bico de Bunsen
- fósforos de segurança
- fita adesiva ou isolante
- água destilada (ou de torneira)
- balança (se houver)

Cuidado!

Não coma ou beba em laboratório; nunca coloque os materiais do laboratório na boca ou em contato com outra parte do corpo; mantenha os cabelos presos; use óculos de segurança e avental de mangas compridas; use luvas refratárias; não toque os reagentes com as mãos; cuidado ao manipular a lamparina a álcool ou o bico de Bunsen.

Procedimentos

1. Se vocês dispuserem de equipamentos de laboratório (suporte e garra), prendam o tubo de ensaio no suporte utilizando a garra. Caso contrário, um de vocês pode segurar o tubo com uma pinça de madeira (ou prendedor de roupas).
2. Adicionem a água até um terço da altura do tubo de ensaio.
3. Coloquem o termômetro no tubo, aguardem alguns instantes, leiam e anotem a temperatura inicial da água.
4. Abram o clipe na parte externa sem, contudo, fazer o mesmo em seu interior. Envolvam sua parte interna com a fita adesiva ou isolante, recobrindo-a algumas vezes para facilitar o manuseio, como mostra a figura **A**.
5. Cortem os alimentos em pedaços iguais. Pesem um dos alimentos, anotem sua massa e espetem-no no clipe aberto (sugere-se iniciar pelo pão torrado).
6. Acendam a chama da lamparina, ou do bico de Bunsen, utilizando um fósforo de segurança. Aproximem da chama o alimento espetado. (Aconselha-se prender o clipe em uma pinça de madeira ou prendedor de roupas.)
7. Quando o alimento estiver queimando, afastem-no do fogo e aproximem-no do fundo do tubo de ensaio com água, como mostra a imagem **B**.

Duas etapas do experimento: (**A**) preparo do clipe; (**B**) queima de pão e tubo de ensaio com água e termômetro. Ilustração produzida para este conteúdo.

8. Quando a combustão do alimento chegar ao fim, agitem rapidamente a água do tubo de ensaio, meçam sua temperatura (temperatura final da água) e anotem o valor.
9. Repitam o procedimento com os outros alimentos, lembrando de retirar a água que estava no tubo para que ele volte à temperatura ambiente. Enquanto isso, usem um novo tubo de ensaio com água e meçam a temperatura inicial da água.

Fonte: Programa Construindo Sempre, Aperfeiçoamento de Professores PEB II. *Química*: módulo 1. São Paulo: CENP/SEE, 2003. p. 17-19.

Descarte dos resíduos: Os resíduos sólidos do experimento podem ser descartados no lixo comum; a água pode ser descartada na pia.

Analisem suas observações

1. Analisem seus resultados colocando em ordem crescente os valores de temperatura que anotaram e calculem o calor liberado na combustão desses alimentos. Para isso, construam uma tabela com o nome do alimento, os valores da temperatura inicial e final da água e os valores da quantidade de calor liberada.
    a) Qual alimento provocou maior alteração de temperatura?
    b) É possível relacionar as medidas anotadas com o valor energético dos alimentos? Justifiquem.
2. Sugiram uma alternativa para o caso de não haver uma balança disponível. Como a ausência da balança afeta os resultados?
3. Por que foi necessária a troca da água no tubo de ensaio? Há necessidade de trocar o tubo de ensaio a cada teste?
4. A interpretação das medidas obtidas nesse experimento deve ser relativizada, uma vez que ele foi realizado com várias limitações. Quais são elas? O que deve ter havido com parte do calor liberado na reação? Sugiram uma alternativa para minimizar essas limitações.

Variação de entalpia (ΔH)

Suponha uma reação química que envolva reagente no estado gasoso. Se essa reação ocorrer em um sistema cujo volume seja mantido constante, o calor envolvido no processo poderá ser diferente daquele que seria obtido se ela fosse realizada sob pressão constante.

Na prática, a variação de energia liberada ou absorvida em uma reação química pode ser medida com o auxílio de calorímetros, submetidos à pressão atmosférica – a pressão, portanto, é constante.

> Quando uma reação ocorre a **pressão constante** (condição usual em laboratórios e no ambiente), a energia envolvida é chamada de **variação de entalpia**. A variação de entalpia (ΔH) medida experimentalmente, a pressão constante, corresponde à diferença entre a energia térmica total dos produtos (estado final) e dos reagentes (estado inicial).
>
> $$\Delta H = \sum H_{produtos} - \sum H_{reagentes}$$

Vamos representar graficamente a variação de energia (H × desenvolvimento da reação) recorrendo a equações que indiquem o ΔH envolvido, nas reações de síntese e de decomposição de água.

Uma reação exotérmica: a síntese da água

$$H_2(g) + \frac{1}{2} O_2(g) \longrightarrow H_2O(l) \quad \Delta H = -285,8 \text{ kJ/mol (25 °C, 1 atm)}$$
(hidrogênio) (oxigênio) (água)

Dessa forma:

$$H_2O(l) \longrightarrow H_2(g) + \frac{1}{2} O_2(g) \quad \Delta H = +285,8 \text{ kJ/mol (25 °C, 1 atm)}$$
(água) (hidrogênio) (oxigênio)

Observe que, de acordo com a convenção usada na Termoquímica, o sinal negativo de ΔH indica que a energia térmica do sistema diminuiu (reação exotérmica); e o sinal positivo de ΔH indica que a energia térmica do sistema aumentou (reação endotérmica). De qualquer forma, **a referência é sempre o sistema**, e não o ambiente.

Variação de entalpia de síntese da água em função do desenvolvimento da reação

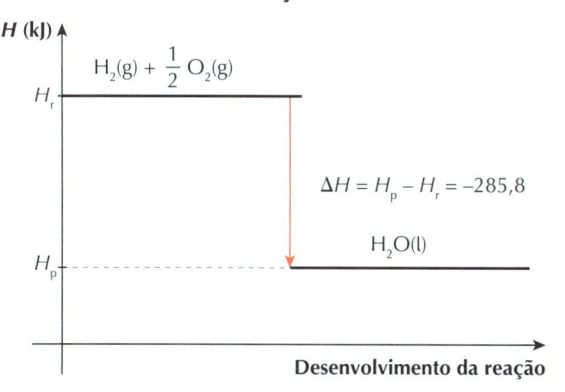

$$\Delta H = H_p - H_r = -285,8$$

Como interpretar a equação termoquímica de síntese da água? Quando 1 mol de gás H_2 e $\frac{1}{2}$ mol de gás O_2 reagem a 25 °C e a 1 atm para originar 1 mol de $H_2O(l)$, o **sistema perde** 285,8 kJ.

Variação de entalpia de decomposição da água em função do desenvolvimento da reação

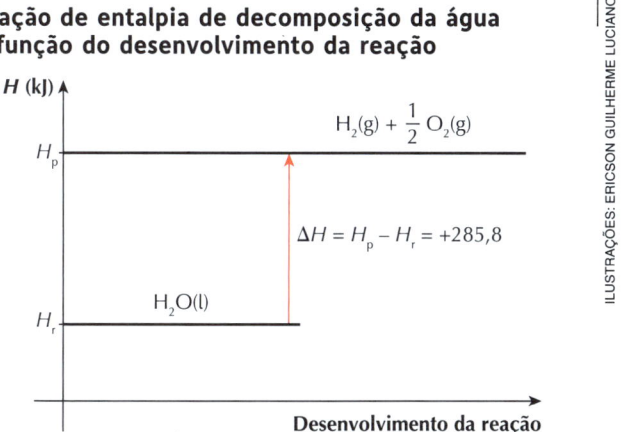

$$\Delta H = H_p - H_r = +285,8$$

Como interpretar a equação termoquímica da decomposição da água? Quando 1 mol de $H_2O(l)$ se decompõe a 25 °C e a 1 atm para originar 1 mol de gás H_2 e $\frac{1}{2}$ mol de gás O_2, o **sistema recebe** 285,8 kJ.

Apesar disso, ainda encontramos outra forma de representação, em que o calor aparece como se fosse produto de uma reação exotérmica ou o reagente de uma reação endotérmica:

$$H_2(g) + \frac{1}{2} O_2(g) \longrightarrow H_2O(l) + 285,8 \text{ kJ (exotérmica)}$$

$$285,8 \text{ kJ} + H_2O(l) \longrightarrow H_2(g) + \frac{1}{2} O_2(g) \text{ (endotérmica)}$$

Equação termoquímica

As equações químicas que acabamos de utilizar nas reações de síntese e decomposição da água são exemplos de equações termoquímicas.

Nelas são indicados os valores de entalpia de reação (ΔH).

O ΔH de uma reação química depende de uma série de fatores:
- da quantidade de matéria, em mol, das substâncias envolvidas;
- do estado físico dessas substâncias;
- da temperatura e da pressão;
- do arranjo cristalino, no caso de substância sólida.

Por isso, além da representação usual comum a todas as equações químicas, devem aparecer, nas equações termoquímicas, indicações correspondentes a todos os fatores acima. Quando a temperatura e a pressão não são mencionadas, subentendem-se condições ambientais padronizadas: 25 °C e 1 atm.

Em resumo:

> $\Delta H > 0$ indica reação **endotérmica**. Na transformação endotérmica, sob pressão constante, o **sistema ganha calor** e o seu **entorno perde**.
>
> $\Delta H < 0$ indica reação **exotérmica**. Na transformação exotérmica, sob pressão constante, o **sistema perde calor** e o seu **entorno ganha**.

Entalpia de reação

> **Entalpia de reação** (ΔH), ou calor de reação, é a variação de entalpia referente às quantidades de matéria, em mol, de reagentes especificados nos coeficientes de acerto da equação de reação.

$$N_2(g) + 3\,H_2(g) \longrightarrow 2\,NH_3(g) \qquad \Delta H = -91{,}9 \text{ kJ/mol (25 °C, 1 atm)}$$

nitrogênio   hidrogênio   amônia

Interpretação: Para cada mol de nitrogênio gasoso que reage com 3 mol de hidrogênio gasoso, dando origem a 2 mol de amônia gasosa, a pressão constante, são liberados aproximadamente 92,0 kJ.

A quantidade de calor e a estequiometria

A quantidade de calor associada a uma reação é diretamente proporcional à quantidade de matéria (mol) de seus participantes.

Assim, se na síntese de 2 mol de NH_3 gasoso (34 g) são liberados cerca de 92 kJ, na síntese de 1 mol de NH_3 gasoso (17 g) são liberados aproximadamente 46 kJ. Veja outra possibilidade de representação:

$$\frac{1}{2}N_2(g) + \frac{3}{2}H_2(g) \longrightarrow NH_3(g) \qquad \Delta H = 45{,}9 \text{ kJ/mol (25 °C, 1 atm)}$$

nitrogênio   hidrogênio   amônia

Atividades

1. Baseie-se na equação termoquímica abaixo para fazer o que se pede.

   $$N_2(g) + 2\,O_2(g) \longrightarrow 2\,NO_2(g) \qquad \Delta H = +67{,}6 \text{ kJ}$$

   a) Interprete a equação expressando-a de forma discursiva.
   b) Trata-se de processo endotérmico ou exotérmico?
   c) Represente-a graficamente (H em função do desenvolvimento da reação).
   d) Escreva a equação termoquímica em que o dióxido de nitrogênio se decompõe em substâncias simples.
   e) Que quantidade de calor é envolvida quando são obtidos 3 mol de NO_2 através da síntese total?

2. Verifica-se experimentalmente que, quando se dissolve etanol na água, há aumento de temperatura da mistura. É possível afirmar que a dissolução de etanol em água é um processo endotérmico?

3. 32,75 g de zinco metálico, Zn(s), reagem com $CuSO_4$(aq), em excesso. Sabe-se que nessa reação cada mol de zinco consumido libera 52 kcal.

a) Escreva a equação termoquímica dessa reação.

b) Qual é o calor liberado nessas condições?

c) Se o calor liberado for integralmente usado para aquecer 1 L de água que está a 30 °C, qual será a temperatura final da água?

São dados: massa molar do Zn: 65,5 g/mol; calor específico da água: $1\ cal \cdot g^{-1}\ °C^{-1}$; densidade da água: 1 g/mL; expressão fundamental da calorimetria: $Q = m \cdot c \cdot \Delta t$.

QUESTÃO COMENTADA

4. (Fuvest-SP) Nas condições ambientes, ao inspirar, puxamos para nossos pulmões, aproximadamente, 0,5 L de ar, então aquecido da temperatura ambiente (25 °C) até a temperatura do corpo (36 °C). Fazemos isso cerca de $16 \cdot 10^3$ vezes em 24 h. Se, nesse tempo, recebermos, por meio da alimentação, $1,0 \cdot 10^7$ J de energia, a porcentagem aproximada dessa energia, que será gasta para aquecer o ar inspirado, será de:

a) 0,1%.   b) 0,5%.   c) 1%.   d) 2%.   e) 5%.

Dados: ar atmosférico nas condições ambiente:

densidade = 1,2 g/L   calor específico = $1,0\ J \cdot g^{-1} \cdot °C^{-1}$

Sugestão de resolução

A cada respiração, são inspirados 0,5 L de ar, e, em um dia, inspiramos cerca de $16 \cdot 10^3$ vezes. Portanto, o volume de ar inspirado em 1 dia é dado por: $V = 8 \cdot 10^3$ L. Como a densidade do ar nas condições fornecidas é 1,2 g/L, podemos escrever:

$$d = \frac{m}{V} \longrightarrow 1,2\ g/L = \frac{m}{8 \cdot 10^3\ L}$$

Logo, $m = 9,6 \cdot 10^3$ g. Como esse ar terá de ser aquecido de 25 °C a 36 °C, $\Delta t = 11$ °C. Com base nesse e nos demais valores fornecidos, podemos substituir na equação da calorimetria ($Q = m \cdot c \cdot \Delta t$) e calcular:

$Q = 9,6 \cdot 10^3\ g \cdot 1,0\ J\ g^{-1}\ °C^{-1} \cdot 11\ °C$

$Q = 105,6 \cdot 10^3$ J

Mas a energia liberada por meio da alimentação é de $1,0 \cdot 10^7$ J. A porcentagem dessa energia que será gasta para aquecer o ar pode ser calculada pela relação:

$1,0 \cdot 10^7$ J —— 100%

$105,6 \cdot 10^3$ J —— p% $p\% = \dfrac{1,056 \cdot 10^5}{10^7} \cdot 100 \approx 1\%$

Ou seja, para aquecer o ar, nas condições fornecidas, nosso organismo gasta 1% da energia que recebe pela alimentação.

Resposta: alternativa **c**.

Você pode resolver as questões 1 a 6, 11 e 17 da seção Testando seus conhecimentos.

Estado físico e variação de entalpia

Quando a água passa do estado líquido para o gasoso, ela retira calor do ambiente, isto é, o ambiente transfere calor às moléculas da água líquida. Por meio do calor, são vencidas as interações que mantêm as moléculas de água unidas. Quer dizer, essa energia é usada para afastar as moléculas que constituíam o líquido, permitindo a passagem para o estado gasoso. Isso explica a diferença entre as quantidades de calor liberadas nos processos:

$H_2(g) + \dfrac{1}{2} O_2(g) \longrightarrow H_2O(g)$ $\Delta H_1 = -241,8$ kJ/mol (25 °C, 1 atm)
hidrogênio   oxigênio   vapor de água

$H_2(g) + \dfrac{1}{2} O_2(g) \longrightarrow H_2O(l)$ $\Delta H_2 = -285,8$ kJ/mol (25 °C, 1 atm)
hidrogênio   oxigênio   água líquida

Capítulo 17 • Termoquímica

Assim, a síntese de água líquida libera mais calor do que a síntese de água gasosa, ou seja, a entalpia da síntese de $H_2O(l)$ é, em módulo, maior do que a de $H_2O(g)$.

Variação de entalpia da síntese de água gasosa

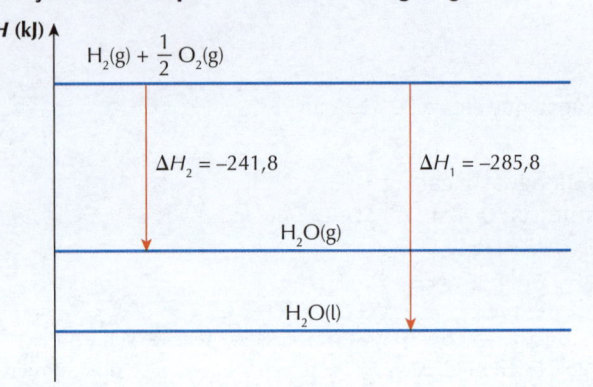

H (kJ)

$H_2(g) + \frac{1}{2} O_2(g)$

$\Delta H_2 = -241,8$

$\Delta H_1 = -285,8$

$H_2O(g)$

$H_2O(l)$

Do gráfico anterior, podemos concluir que a vaporização da água é endotérmica, o que está de acordo com nossa experiência de vida.

Poderíamos representar a vaporização de água assim:

Variação de entalpia da vaporização da água

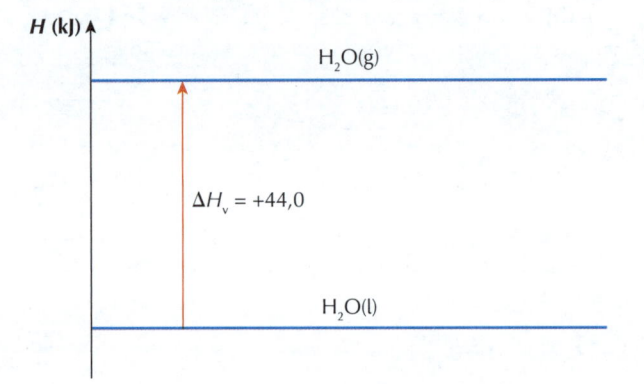

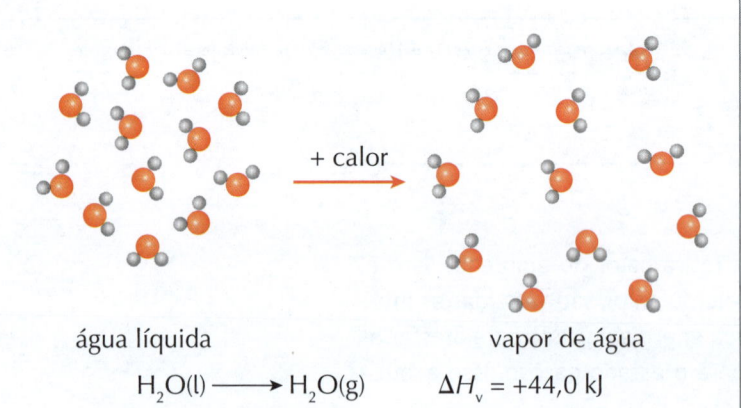

H (kJ)

$H_2O(g)$

$\Delta H_v = +44,0$

$H_2O(l)$

água líquida + calor → vapor de água

$H_2O(l) \longrightarrow H_2O(g)$ $\Delta H_v = +44,0$ kJ

Para passar para o estado gasoso, a pressão constante, as moléculas que constituem a água precisam de energia para romper as forças que as mantêm associadas no estado líquido.

Isso significa que: $\Delta H_v = H_{H_2O(g)} - H_{H_2O(l)} = +44,0$ kJ/mol

O valor +44,0 kJ é a **entalpia molar de vaporização** (ΔH_v) da água.

Interpretação: para que 1 mol de H_2O líquida (18 g) vaporize, a pressão constante, temos que fornecer ao sistema 44,0 kJ.

Se a síntese da água líquida é mais exotérmica do que a da água gasosa, pode-se concluir que a síntese da água sólida (gelo) é ainda mais exotérmica:

Variação de entalpia da síntese de água sólida

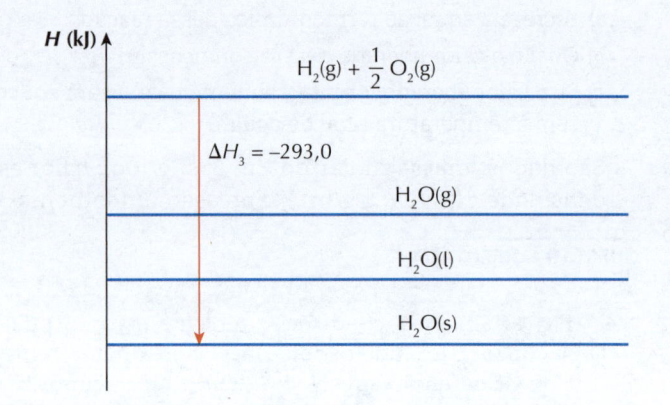

H (kJ)

$H_2(g) + \frac{1}{2} O_2(g)$

$\Delta H_3 = -293,0$

$H_2O(g)$

$H_2O(l)$

$H_2O(s)$

Analogamente, no caso da fusão da água, temos:

Variação de entalpia de fusão de água

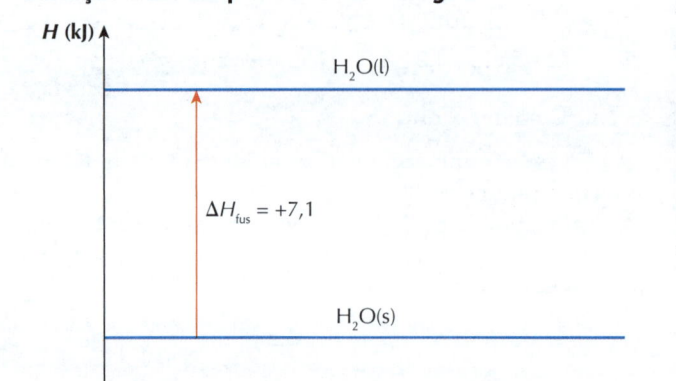

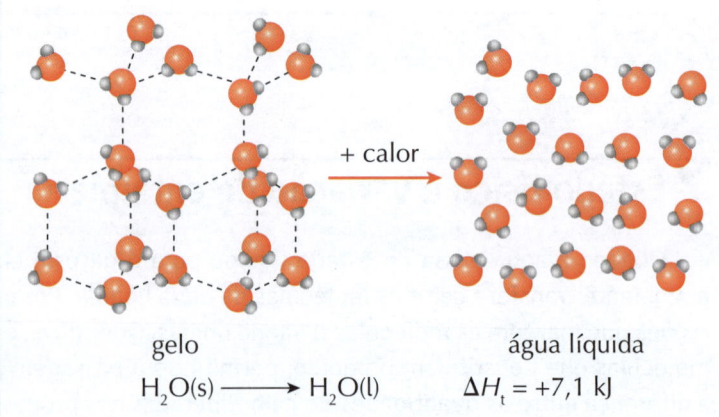

H (kJ)

$H_2O(l)$

$\Delta H_{fus} = +7,1$

$H_2O(s)$

gelo + calor → água líquida

$H_2O(s) \longrightarrow H_2O(l)$ $\Delta H_f = +7,1$ kJ

Para passar para o estado líquido, as moléculas precisam de energia térmica para romper as forças que as mantêm associadas no estado sólido.

O valor 7,1 kJ é a **entalpia molar de fusão** (ΔH_{fus}) da água.

Usam-se como sinônimos de **entalpia molar de vaporização** e **entalpia molar de fusão** os termos **calor molar de vaporização** e **calor molar de fusão**.

> **Observação**
>
> Em Física, é empregado o conceito de **calor latente** (calor envolvido em mudança de estado) tomando-se como referência 1 g da substância.
>
> A conversão de qualquer calor latente de mudança de estado em entalpia de mudança de estado pode ser feita levando-se em conta que a massa molar da água é 18 g/mol. Assim:
>
> 1 mol de $H_2O(l)$ ⟶ 1 mol de $H_2O(g)$ $\Delta H_V = +44,0$ kJ/mol
>
> 18 g — 44,0 kJ   x = 2,44 kJ/g
> 1 g — x   (calor latente de ebulição da água)

Entalpia de substâncias simples

Analise as equações termoquímicas:

$C(graf) + O_2(g) \longrightarrow CO_2(g)$ $\Delta H = -393,5$ kJ/mol
carbono grafita   oxigênio   dióxido de carbono   (25 °C, 1 atm)

$C(diam) + O_2(g) \longrightarrow CO_2(g)$ $\Delta H' = -395,6$ kJ/mol
carbono diamante   oxigênio   dióxido de carbono   (25 °C, 1 atm)

As duas equações são bastante semelhantes, diferindo apenas quanto à forma como os átomos de carbono se ligam para constituir essas duas substâncias simples. Como são formados pelo mesmo elemento, a grafita e o diamante são formas alotrópicas do carbono. Abaixo, os dois processos são representados graficamente.

Variação de entalpia da combustão do diamante e da grafita

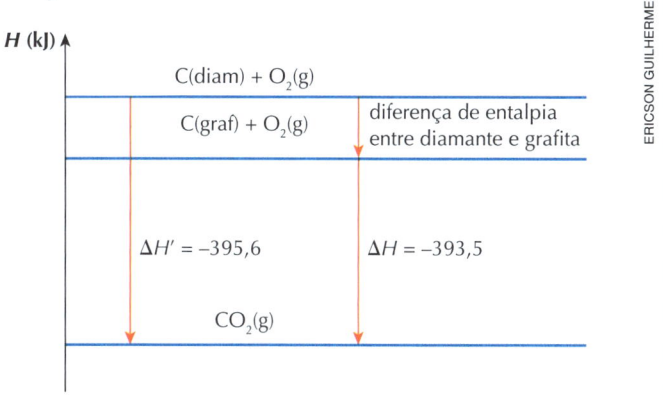

H (kJ)

C(diam) + O_2(g)

C(graf) + O_2(g)   diferença de entalpia entre diamante e grafita

$\Delta H' = -395,6$ $\Delta H = -393,5$

CO_2(g)

A diferença entre os valores de ΔH e $\Delta H'$ está na diferença de entalpia existente entre as formas alotrópicas do carbono. Pelo gráfico, fica claro que:

$$\Delta H_{C(diam)} > \Delta H_{C(graf)}$$

Mas qual é a entalpia do C(graf)? E a do C(diam)?

Até agora discutimos a variação de entalpia (ΔH) sem mencionarmos o valor da entalpia específica de uma dada substância, já que é impossível medi-la.

Assim como no estudo da queda de um corpo atribuímos arbitrariamente o valor zero à energia potencial gravitacional do solo, também **por convenção** fixamos que

> a entalpia de substâncias simples, na forma alotrópica mais estável, nas condições-padrão (25 °C e 1 atm), é zero: $H = 0$.

H = 0 (1 atm, 298 K)	H > 0 (1 atm, 298 K)
carbono grafita: C(graf)	carbono diamante: C(diam)
enxofre rômbico: S(rômb)	enxofre monoclínico: S(mon)
oxigênio: O_2(g)	ozônio: O_3(g)

Ou seja, nessas condições, oxigênio, grafita e enxofre rômbico têm entalpia zero, enquanto formas alotrópicas menos estáveis dos mesmos elementos (ozônio, diamante, enxofre monoclínico etc.) têm entalpia diferente de zero.

Vale ressaltar que substâncias simples de elementos que só se apresentam de uma forma têm entalpia zero a 25 °C. É o caso dos metais (Fe(s), Ni(s), Cu(s) etc.), do hidrogênio, H_2(g), e do nitrogênio, N_2(g).

Diamante e grafita, formas alotrópicas do carbono, têm entalpias diferentes. A 25 °C e 1 atm, a grafita tem $H = 0$ por convenção.

Entalpia de formação

Entalpia de formação ou **calor de formação** de uma substância é a variação de entalpia (ΔH_f) associada à reação de síntese de 1 mol da substância, a partir de seus elementos constituintes na forma mais estável, a 25 °C e 1 atm.

Por exemplo:

$$H_2(g) + \frac{1}{2} O_2(g) \longrightarrow H_2O(l) \quad \Delta H_f = -285{,}8 \text{ kJ/mol } (25 °C, 1 \text{ atm})$$

hidrogênio   oxigênio   água

Essa equação indica que a entalpia de formação da H_2O líquida é $-285{,}8$ kJ. Mas:

$\Delta H = H_f(\text{produtos}) - H_f(\text{reagentes})$

$\Delta H_f(H_2O, l) = H_f(H_2O, l) - \left[H_f(H_2, g) + H_f(O_2, g) \right]$

Como H_2 e O_2 estão nas condições padronizadas, temos:

$H_f(H_2, g) = 0$ e $H_f(O_2, g) = 0$

$\Delta H_f(H_2O, l) = H_f(H_2O, l)$ ou $H_f(H_2O, l) = -285{,}8$ kJ/mol

Na tabela abaixo, estão os valores da entalpia de formação de algumas substâncias, a 1 atm e 25 °C.

Entalpia-padrão de formação (298,15 K; 1 atm)					
Composto	Estado físico	ΔH_f (kJ mol^{-1})	Composto	Estado físico	ΔH_f (kJ mol^{-1})
H_2O	g	−241,8	H_2SO_4	l	−814,0
H_2O	l	−285,8	CO	g	−110,5
H_2O	s	−293,0	CO_2	g	−393,5
H_2O_2	l	−187,8	NO	g	+91,3
SO_2	g	−296,8	NO_2	g	+34,2
SO_3	g	−395,8	NH_3	g	−45,9

Fonte: LIDE, David R. (Ed.). Standard Thermodynamic Properties of Chemical Substances. In: *CRC Handbook of Chemistry and Physics*. 89. ed. Boca Raton, FL: CRC/Taylor and Francis, 2009.

Você pode resolver as questões 12, 13, 21 e 31 da seção Testando seus conhecimentos.

Atividades

1. Indique quais são os processos exotérmicos, quais têm ΔH positivo e represente-os por equação termoquímica.
   a) Condensação do vapor de álcool.
   b) Vaporização do mercúrio líquido.
   c) Sublimação do iodo.
   d) Formação do gelo a partir da água líquida.

2. Observe as equações a seguir:
   I. $S(\text{rômb}) + \frac{3}{2} O_2(g) \longrightarrow SO_3(g)$
   II. $SO_2(g) + \frac{1}{2} O_2(g) \longrightarrow SO_3(g)$
   III. $S(\text{mon}) + \frac{3}{2} O_2(g) \longrightarrow SO_3(g)$
   IV. $H_2(g) + S(\text{rômb}) + 2 O_2(g) \longrightarrow H_2SO_4(l)$
   V. $H_2(g) + S(\text{mon}) + 2 O_2(g) \longrightarrow H_2SO_4(l)$
   VI. $H_2O(g) + SO_3(g) \longrightarrow H_2SO_4(l)$

   a) Quais delas podem ser associadas ao calor de formação:
      • do trióxido de enxofre?
      • do ácido sulfúrico (líquido)?
   b) Justifique sua resposta.

3. Consulte a tabela com as entalpias de formação, acima, para resolver as questões seguintes.
   a) Dê o valor correspondente à formação de $SO_2(g)$.
   b) Represente a formação de $SO_2(g)$ por meio de equação termoquímica.
   c) Faça sua representação em gráfico H em função do desenvolvimento da reação.

4. Com base nos valores da tabela de entalpias de formação, represente a equação termoquímica relativa à formação do:
   a) monóxido de carbono;
   b) gás carbônico.

QUESTÃO COMENTADA

5. Represente as respostas dadas à questão anterior em um único gráfico de H em função do desenvolvimento da reação.

Sugestão de resolução

Em ambas as equações termoquímicas relativas à entalpia de formação, as substâncias reagentes são idênticas: C e O_2. Como, segundo a definição de entalpia de formação, os reagentes devem estar na forma mais estável (cuja entalpia é zero), temos que partir de C grafita e $O_2(g)$. Tanto a síntese do CO quanto a do CO_2 têm $\Delta H < 0$; portanto, a entalpia dos produtos é negativa.

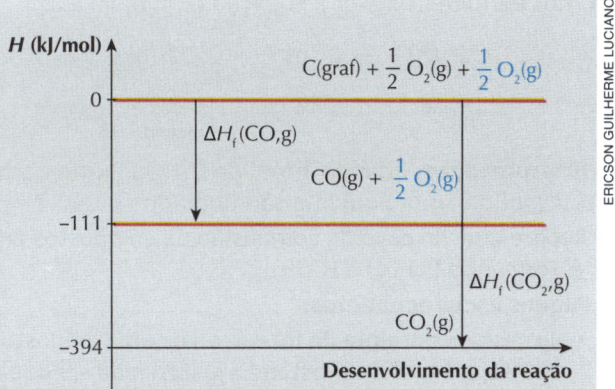

$$C(graf) + \frac{1}{2} O_2(g) \longrightarrow CO(g) \quad \Delta H_{CO} \approx -111 \text{ kJ mol}^{-1}$$

$$C(graf) + O_2(g) \longrightarrow CO_2(g) \quad \Delta H_{CO} \approx -394 \text{ kJ mol}^{-1}$$

Observe no gráfico que os diferentes coeficientes do O_2 são acertados indicando-se na síntese do CO a saída de $\frac{1}{2}$ mol de O_2 para cada 1 mol de grafite. Desse modo, o coeficiente de acerto do O_2 na equação da síntese do CO_2 fica correto.

6. Com base nos dados obtidos no exercício 4, qual a diferença entre os valores do calor liberado na síntese do $CO_2(g)$ a partir da grafita (síntese total) e do CO(g)?

7. Com base na questão comentada, escreva a equação termoquímica da síntese de 2 mol de CO(g).

8. Considere a equação termoquímica:

$$Ca(s) + \frac{1}{2} O_2(g) \longrightarrow CaO(s) \quad \Delta H = 635{,}6 \text{ kJ}$$

Qual é o valor de H(CaO, s)?

Entalpia de combustão

Observe a figura abaixo, que representa momentos do trabalho de pistões de um motor antigo, a explosão de quatro tempos.

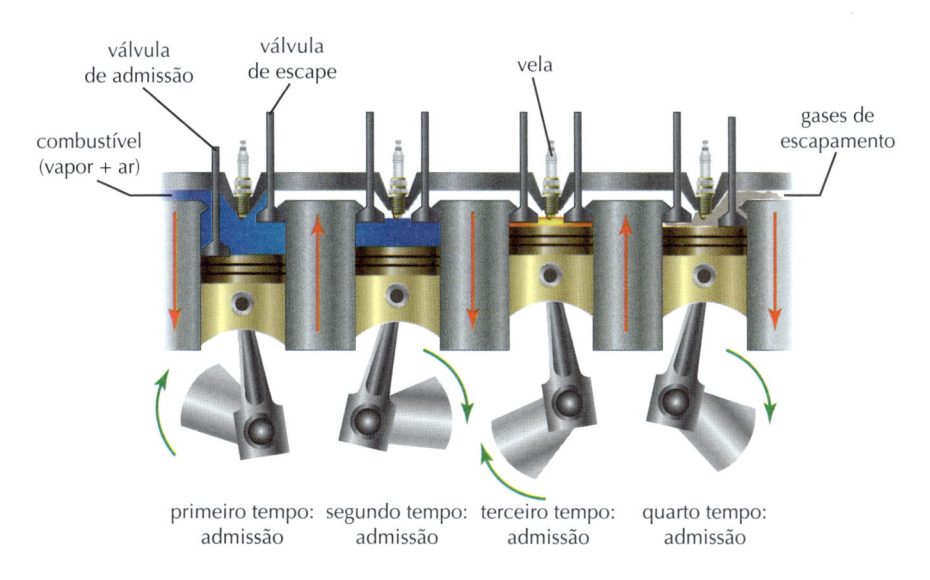

Nesse tipo de motor, os pistões movem-se devido à transformação da entalpia relativa à reação de combustão da gasolina, do álcool, do óleo *diesel* ou de outros combustíveis em energia mecânica.

Fonte: Universidade Federal do Rio Grande do Sul. Departamento de Engenharia Mecânica. *Motor Otto*: o resgate de uma era. Disponível em: <http://www.mecanica.ufrgs.br/mmotor/otto.htm>. Acesso em: 16 jun. 2018.

Entalpia de combustão ou **calor de combustão** de uma substância é a variação de entalpia (ΔH) associada à combustão de 1 mol da substância, estando os participantes da reação a 25 °C e 1 atm (estado-padrão).

Por exemplo, a informação "A entalpia de combustão do etano (C_2H_6 gasoso) é $-1560,7$ kJ/mol" nos permite escrever a equação termoquímica:

$$C_2H_6(g) + \frac{7}{2} O_2(g) \longrightarrow 2\ CO_2(g) + 3\ H_2O(l) \quad \Delta H_t = -1560,7 \text{ kJ/mol}$$
$$\text{(25 °C, 1 atm)}$$

etano oxigênio dióxido de carbono água

Interpretação: quando 1 mol de $C_2H_6(g)$ sofre combustão, formam-se 2 mol de gás carbônico, 3 mol de água líquida e são liberados 1 560,7 kJ (ou 373,0 kcal) nas condições padrão.

Repare que, no caso da combustão de compostos orgânicos, supõe-se que ela seja completa, isto é, formando $CO_2(g)$ e $H_2O(l)$.

Alguns esclarecimentos:

- No caso da **entalpia de formação** de um composto, a referência é a **quantidade de produto** – ou seja, 1 mol da substância sintetizada –, enquanto na **entalpia de combustão** toma-se por base o **combustível** – isto é, a quantidade fixada, 1 mol, refere-se a um reagente.
- Lembre-se: toda reação de combustão é uma fonte de energia térmica. Isso significa que teremos sempre $\Delta H_c < 0$ (processo exotérmico).

Atividades

1. Consulte a tabela de valores de entalpia de formação de várias substâncias, na página 382.
   a) Escreva a equação termoquímica correspondente à formação do dióxido de enxofre.
   b) A equação termoquímica mencionada pode representar a entalpia de combustão? Explique.

2. A entalpia de combustão do enxofre rômbico é igual à do enxofre monoclínico? Justifique graficamente.

3. Conhecidas as entalpias de formação das substâncias abaixo, determine a entalpia de combustão do metano, $CH_4(g)$, a 25 °C e 1 atm.

Substância	H_f (kJ/mol)
CH_4	−74,6
CO_2	−393,5
H_2O	−285,8

Você pode resolver as questões 7, 8, 14 a 16, 18 a 20, 22 a 25, 28, 29 e 33 da seção Testando seus conhecimentos.

Conexões

Química e saúde – Os alimentos e seu valor calórico

Observe os dados da tabela abaixo, que informa o valor nutricional de alguns alimentos em kcal, e a reprodução de parte de um rótulo de um produto, na próxima página.

Alimentos – Massa, energia aproximada e medidas usuais de consumo correspondentes			
Alimento	Massa (g)	Energia (kcal)	Medidas usuais de consumo
tomate comum	80	15	4 fatias
alface	120	15	15 folhas
queijo tipo *mozarela*	45	120	3 fatias
manteiga	9,8	73	½ colher de sopa
batata cozida	202,5	150	1 ½ unidade
pão francês	50	150	1 unidade
bife grelhado	65	190	1 unidade
ovo frito	50	190	2 unidades
açúcar refinado	28	110	1 colher de sopa

Fonte: BRASIL. Ministério da Saúde. Secretaria de Atenção à Saúde. *Guia alimentar para a população brasileira*: promovendo a alimentação saudável. Brasília, 2008. Disponível em: <http://bvsms.saude.gov.br/bvs/publicacoes/guia_alimentar_populacao_brasileira_2008.pdf>. Acesso em: 15 jun. 2018.

Os alimentos e o corpo

INFORMAÇÃO NUTRICIONAL			
Porção de 30 g (3/4 xícara)			30 g produto + 125 mL de leite semidesnatado
Quantidade por porção		% VD (*)	
Valor energético	116 kcal = 487 kJ	6	173 kcal = 727 kJ
Carboidratos	25 g dos quais	8	31 g
Açúcares	12 g	**	18 g
Proteínas	1,2 g	2	5,4 g
Gorduras totais	1,1 g	2	2,8 g
Gorduras saturadas	0,4 g	2	1,4 g
Gorduras trans	não contém	**	0 g
Fibra alimentar	1 g	4	1 g

* % Valores Diários de referência com base em uma dieta de 2 000 kcal ou 8 400 kJ. Seus valores diários podem ser maiores ou menores dependendo de suas necessidades energéticas.

** VD não estabelecidos.

Representação de parte de um rótulo de um cereal matinal com informações nutricionais e calóricas. Dele não constam nutrientes importantes como vitaminas e sais minerais.

Os alimentos que ingerimos passam por uma série de processos em nosso organismo, que se iniciam pela transformação de moléculas mais complexas em outras mais simples. De cada reação participam catalisadores que são biologicamente fundamentais, as enzimas, capazes de reduzir o tempo necessário para que as transformações sejam efetivadas.

A energia liberada nessas etapas é utilizada por nosso organismo no desempenho de diversas funções essenciais. O excedente de energia é acumulado no organismo na forma de gordura. Um aspecto interessante do metabolismo de um nutriente no organismo humano é que o total de energia envolvido em tal processo (após todas as etapas) é igual ao que seria obtido por combustão desse nutriente. Por exemplo, considere a combustão da glicose:

$$C_6H_{12}O_6(s) + 6\ O_2(g) \longrightarrow 6\ CO_2(g) + 6\ H_2O(l) \quad \Delta H = -2\,802,5\ kJ/mol\ (25\ °C, 1\ atm)$$

glicose   oxigênio   dióxido de carbono   água

1. Que alimentos da tabela fornecida têm valor calórico mais baixo? E que alimentos têm valor calórico mais alto?

2. Do ponto de vista energético, a quantos gramas de tomate equivalem 10 g de manteiga?

3. Transforme em kJ/g o conteúdo calórico do tomate comum, o da batata cozida e o da manteiga.

4. Considere que os componentes básicos do tomate, da batata e da manteiga são, respectivamente, fibras, carboidratos e gordura. Com base nessa informação, coloque esses componentes em ordem decrescente quanto ao teor calórico.

5. Para medir o conteúdo calórico de um nutriente, realizamos sua combustão em um calorímetro. No organismo, para gerar essa mesma energia medida no calorímetro, o nutriente passa por processos metabólicos que envolvem várias etapas. O que a combustão tem em comum com o processo ocorrido no organismo, que permite medir no calorímetro a energia fornecida por um alimento?

6. Considere as informações.

A obesidade é caracterizada pelo acúmulo excessivo de gordura corporal no indivíduo. Para o diagnóstico em adultos, o parâmetro utilizado mais comumente é o índice de massa corporal (IMC).

O IMC é calculado dividindo-se o peso do paciente pela sua altura elevada ao quadrado.

É o padrão utilizado pela Organização Mundial da Saúde (OMS), que identifica o peso normal quando o resultado do cálculo do IMC está entre 18,5 e 24,9. [...]

Sociedade Brasileira de Endocrinologia e Metabologia. *Obesidade*. Disponível em: <http://www.endocrino.org.br/obesidade>. Acesso em: 15 jun. 2018.

a) Calcule seu IMC. Ele se encontra na faixa adequada?

b) Segundo outro trecho do artigo acima, a obesidade "é fator de risco para uma série de doenças". Pesquise:
- O que significa dizer que a obesidade é um fator de risco para doenças?
- Para quais doenças a obesidade é fator de risco?

c) Órgãos nacionais e internacionais voltados à promoção da saúde estudam formas de reduzir os índices de obesidade entre a população. De que forma a redução desses índices poderia repercutir na economia do Brasil? Por quê?

Lei de Hess

Considere a seguinte situação prática: um químico precisa determinar a entalpia de formação do monóxido de carbono. Como se pode fazer isso?

Inicialmente, vamos indicar a equação termoquímica de formação do CO:

$$C(graf) + \frac{1}{2} O_2(g) \longrightarrow CO(g) \quad \Delta H_f (CO, g)$$

carbono grafita — oxigênio — monóxido de carbono

No entanto, procedendo à reação da grafita com o oxigênio, poderemos obter a mistura $CO(g) + CO_2(g)$ ou somente $CO_2(g)$, uma vez que a reação de combustão ocorre em etapas e cada uma delas é mais ou menos favorecida pelas condições experimentais:

$$C(graf) + \frac{1}{2} O_2(g) \longrightarrow CO(g) \quad\quad C(graf) + O_2(g) \longrightarrow CO_2(g)$$

carbono grafita — oxigênio — monóxido de carbono | carbono grafita — oxigênio — dióxido de carbono

$$CO(g) + \frac{1}{2} O_2(g) \longrightarrow CO_2(g)$$

monóxido de carbono — oxigênio — dióxido de carbono

As informações relativas às entalpias de combustão da grafita e do CO (25 °C, 1 atm) obtidas na questão 5 da página 383 podem ser assim representadas:

(1) $C(graf) + O_2(g) \longrightarrow CO_2(g) \quad \Delta H \approx -394 \text{ kJ/mol}$

(2) $CO(g) + \frac{1}{2} O_2(g) \longrightarrow CO_2(g) \quad \Delta H \approx -283 \text{ kJ/mol}$

A determinação da **entalpia de combustão da grafita** originando CO(g) é a própria **entalpia de formação do CO(g)** e pode ser calculada de duas formas:

• **pela expressão:**

$$\Delta H = H_{produtos} - H_{reagentes}$$

Da equação 1, acima, deduzimos o valor da entalpia de formação do CO_2, pois, como a entalpia de formação dos reagentes é zero, $\Delta H_f(CO_2, g) = -394$ kJ/mol.

Da equação 2, obtemos a entalpia do CO:

$\Delta H \approx 283 \text{ kJ/mol} = \Delta H_f(CO_2, g) - \Delta H_f(CO, g)$

$\Delta H \approx 283 \text{ kJ/mol} = 394 \text{ kJ/mol} - \Delta H_f(CO, g)$

$\Delta H_f(CO) \approx 111 \text{ kJ/mol}$

• **graficamente:**

$H_f(CO, g) \approx [-394 - (-283)] \text{ kJ/mol}$

$H_f(CO, g) \approx -111 \text{ kJ/mol}$

Variação de entalpia de combustão da grafita

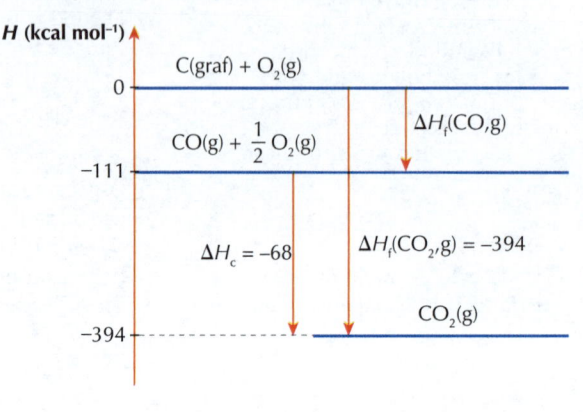

H (kcal mol^{-1})

0 — C(graf) + O_2(g)

−111 — CO(g) + $\frac{1}{2}O_2$(g)

$\Delta H_c = -68$

$\Delta H_f(CO, g)$

$\Delta H_f(CO_2, g) = -394$

−394 — CO_2(g)

Analisando graficamente as energias envolvidas na combustão da grafita e do monóxido de carbono, é possível determinar a energia de combustão da grafita, que tem como produto o monóxido de carbono gasoso.

Você teve oportunidade de fazer um experimento (página 376) para determinar o valor calórico de alguns nutrientes. O valor calórico de um nutriente determinado em laboratório é igual ao da energia que nosso organismo obtém desse nutriente, apesar de, no organismo, a obtenção de energia ser feita por um caminho bem mais complexo, envolvendo vários processos bioquímicos.

Isso pode ser justificado da seguinte maneira: se o sistema inicial (reagentes) e o final (produtos) de duas transformações forem idênticos, a energia envolvida também o será, independentemente de essas transformações não envolverem as mesmas etapas.

Voltando à nossa questão inicial: como resolver o problema de determinar a entalpia de formação do monóxido de carbono?

Podemos calcular o ΔH da transformação do C(graf) em CO recorrendo a um caminho hipotético:

$$
\begin{array}{lll}
(1)\ C(graf) + O_2(g) \longrightarrow CO_2(g) & & \Delta H_1 \approx -394\ kJ/mol \\
(2)\ (invertida)\ CO_2(g) \longrightarrow CO(g) + \frac{1}{2}O_2(g) & & \Delta H_2 \approx -(-283\ kJ/mol) \\
\hline
C(graf) + \frac{1}{2}O_2(g) \longrightarrow CO(g) & & \Delta H = \Delta H_1 + \Delta H_2 \approx -111\ kJ/mol
\end{array}
$$

Evidentemente, esse raciocínio está de acordo com a lei da conservação da energia e é semelhante à solução gráfica.

No entanto, o químico e médico suíço Germain Henri Hess (1802-1850) foi quem testou em experimentos a possibilidade de realizar um processo variando as etapas intermediárias. Ou seja, os reagentes (ponto de partida) e os produtos (obtidos no final) eram os mesmos, porém o "caminho" para chegar a esses produtos variava. De qualquer modo, o total de energia térmica envolvido em todos os processos era igual. Por suas contribuições, Hess é considerado por muitos historiadores um dos responsáveis pelos avanços da Termoquímica. Em 1840, com base em suas pesquisas, ele apresentou a lei que ficou conhecida como **lei de Hess**:

"A quantidade de calor associada a um dado processo depende somente dos estados inicial e final, e não dos estados intermediários".

Adaptando esse enunciado ao conceito de variação de entalpia, pode-se dizer que:

> "A variação de entalpia associada a um dado processo depende somente da entalpia dos estados inicial e final, e não dos estados intermediários".

Observações

- Na resolução de problemas, de acordo com a lei de Hess, você deverá procurar obter como soma a equação cujo ΔH se quer determinar. Comece por escrever as equações termoquímicas com base nos dados.
- Se, para chegar a essa soma, for necessário inverter alguma equação, o valor correspondente de ΔH também terá o sinal invertido.
- Se, para chegar à equação global, uma das reações tiver seus coeficientes multiplicados por n, seu ΔH também terá que ser multiplicado por n.

Atividade

Muitos atletas, quando sofrem uma contusão, recorrem a compressas quentes ou frias para evitar consequências mais sérias da lesão. Na falta de gelo ou de água quente, podem usar bolsas plásticas que contêm água e um sólido – cloreto de cálcio anidro ou nitrato de amônio –, mantidos separados dentro dela (a água pode estar dentro de uma ampola, por exemplo). Quando, no momento de usar a bolsa, se provoca o contato do sólido com o líquido, ocorrem as transformações representadas abaixo:

$$CaCl_2(s) \xrightarrow{H_2O} Ca^{2+}(aq) + 2\ Cl^-(aq) \quad \Delta H = -82{,}8\ kJ/mol\ (25\ °C,\ 1\ atm)$$
cloreto de cálcio — íons cálcio — íons cloreto

$$NH_4NO_3(s) \xrightarrow{H_2O} NH_4^+(aq) + NO_3^-(aq) \quad \Delta H = +25{,}7\ kJ/mol\ (25\ °C,\ 1\ atm)$$
nitrato de amônio — íons amônio — íons cloreto

a) Por meio da dissolução, que substância permite esfriar a parte do corpo que sofreu contusão?

b) Nas bolsas instantâneas que usam o cloreto de cálcio, o rótulo especifica que se trata do cloreto de cálcio anidro. O que quer dizer o adjetivo **anidro** e por que ele é incluído, nesse caso?

c) Qual é a quantidade de calor liberada na dissolução de 55,5 g de $CaCl_2$? (M_{CaCl_2} = 111 g/mol)

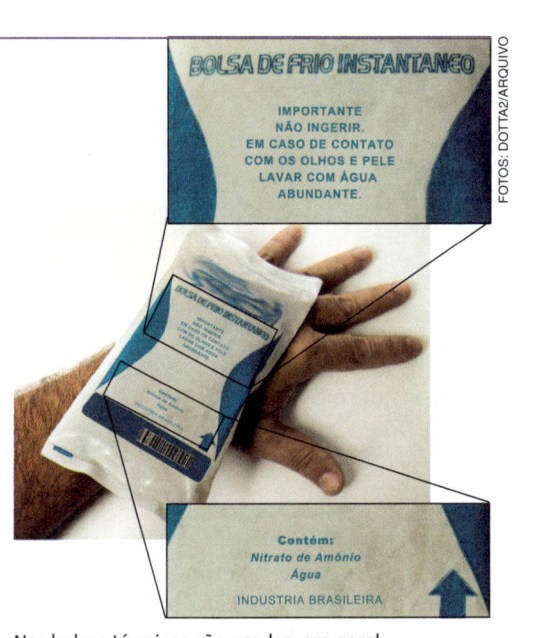

Nas bolsas térmicas são usadas, em geral, dissoluções endotérmicas (bolsas frias) ou exotérmicas (bolsas quentes) de um sólido. O contato do sólido com a água provoca o resfriamento de bolsas como a mostrada na foto.

Energia de ligação

Em termos de energia, o que acontece com dois átomos de H que se unem por ligação covalente para formar a molécula H_2?

A molécula de H_2 corresponde à situação de maior estabilidade, em que a energia do conjunto é a mínima (−436 kJ por mol). Isso significa que devemos fornecer 436 kJ a 1 mol de moléculas de H_2 no estado gasoso, para separá-las em átomos, ou seja, a ruptura de ligações químicas é um processo endotérmico. Dizemos que a energia de ligação H — H é 436 kJ.

> **Energia de ligação** é a energia absorvida por um sistema gasoso, a 25 °C e 1 atm, de modo que 1 mol de ligações entre 2 átomos seja quebrado.

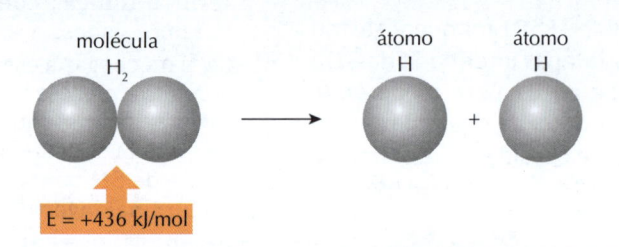

$H_2(g) \longrightarrow 2\ H(g) \qquad \Delta H = +436\ kJ$

A energia de ligação ou entalpia de ligação é sempre positiva, porque a ruptura de ligações químicas é um processo endotérmico.

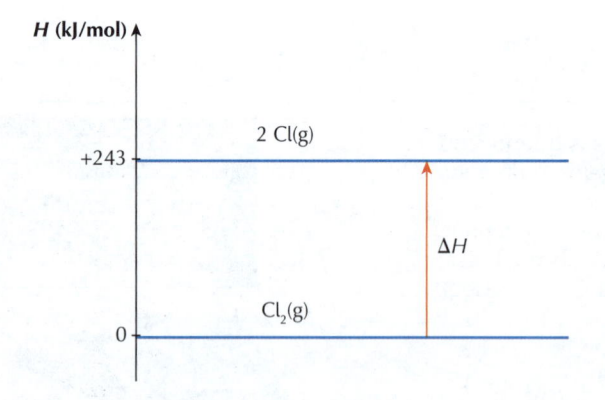

Considere o exemplo:
$Cl_2(g) \longrightarrow 2\ Cl(g) \qquad \Delta H = +243\ kJ$

Atenção!

Apesar do nome – **energia de ligação** –, o processo ao qual o conceito está associado corresponde ao de **quebra de ligação** ($\Delta H > 0$). Quando os átomos se unem por meio do compartilhamento de pares de elétrons, isto é, ao ocorrer a ligação propriamente dita, há liberação de energia ($\Delta H < 0$).

A energia de ligação e os modelos explicativos da ligação covalente

É importante destacar que, independentemente da natureza das ligações químicas, quando átomos se unem para formar uma substância é porque o novo conjunto será mais estável do que aquele constituído pelos átomos isolados. Isso implica que, após o estabelecimento das ligações, o conjunto obtido tenha menor energia potencial.

A primeira explicação capaz de justificar a ligação covalente – do ponto de vista energético – surgiu em 1927. Baseados na Mecânica Quântica, dois físicos alemães, Walter Heitler (1904-1981) e Fritz Wolfgang London (1900-1954), calcularam a energia da interação de dois átomos de hidrogênio, com base na distância entre eles.

Imaginemos dois átomos de H isolados:

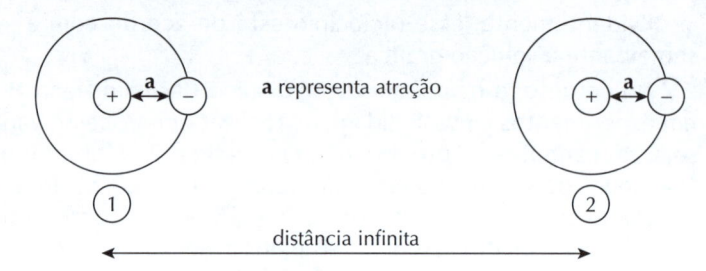

a representa atração

À medida que esses átomos se aproximam, surgem interações de natureza elétrica, devido a suas cargas.

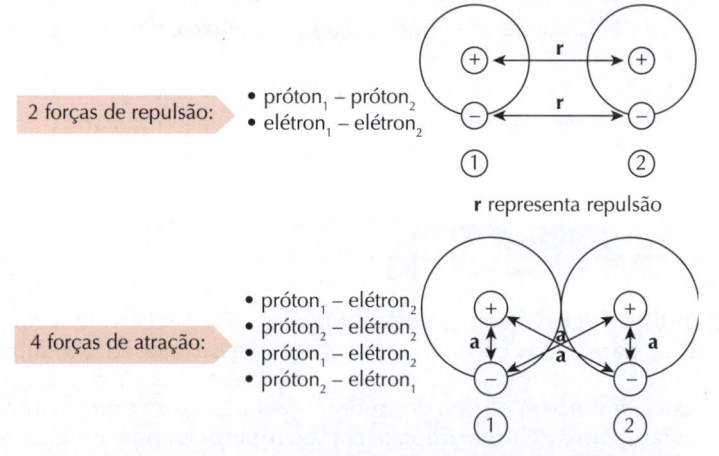

2 forças de repulsão:
• próton$_1$ – próton$_2$
• elétron$_1$ – elétron$_2$

r representa repulsão

4 forças de atração:
• próton$_1$ – elétron$_2$
• próton$_2$ – elétron$_2$
• próton$_1$ – elétron$_2$
• próton$_2$ – elétron$_1$

Na molécula de H_2, na qual os átomos de H estão ligados por um par de elétrons, a energia do conjunto é mínima.

Observe o gráfico que representa a variação da energia × distância internuclear (d) dos átomos de H.

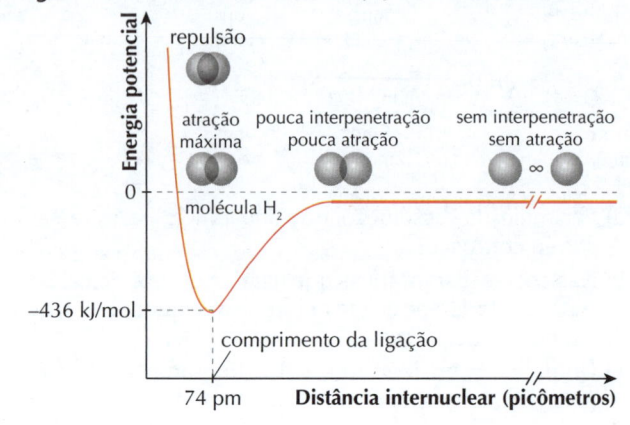

Arbitrariamente, consideramos como 0 (zero) a energia potencial do conjunto de átomos de H isolados — quando estão a uma distância em que não interagem, considerada infinita. Observe no gráfico que, **quando $d \to \infty$, a energia potencial $\to$ 0**.

Quando a distância entre os dois núcleos de hidrogênio atinge o valor 74 pm, a energia do sistema corresponde ao mínimo de energia potencial (-436 kJ por mol de H_2). Nessas condições, o conjunto atinge a máxima estabilidade, de modo que os átomos de H se unem, formando moléculas H_2. O valor 74 pm corresponde à distância internuclear na molécula, quando há equilíbrio entre atração e repulsão.

Observe que, se os átomos se aproximassem mais, a energia do conjunto passaria a ser maior do que -436 kJ/mol.

Isso ocorreria porque, a distâncias menores, haveria um crescimento das forças de repulsão entre as cargas de mesmo sinal (próton-próton e elétron-elétron).

Pelo gráfico, pode-se notar que **a energia liberada quando 1 mol de conjuntos H — H se forma é igual a 436 kJ/mol.**

Então, deveremos **fornecer 436 kJ a 1 mol de moléculas H_2 para separá-las em seus átomos constituintes**.

Essa energia necessaria para a quebra de 1 mol de ligações corresponde à energia de ligação H — H ($\Delta H = +436$ kJ/mol).

Atividades

QUESTÃO COMENTADA

1. (UFPE) Utilize as energias de ligação da tabela a seguir para calcular o valor absoluto do ΔH de formação (em kJ/mol) do cloroetano a partir de eteno e do HCl.

Ligação	Energia (kJ/mol)	Ligação	Energia (kJ/mol)
H — H	435	C — Cl	339
C — C	345	C — H	413
C = C	609	H — Cl	431

Sugestão de resolução

A equação da reação em relação à qual é pedido o ΔH é:

$$H_2C=CH_2 + HCl \longrightarrow H_3C-CH_2Cl$$

Tomando por base a lei de Hess, podemos resolver essa questão analisando essa reação como se ela fosse o resultado dos seguintes processos:

$H_2C=CH_2 \longrightarrow 2\ H_2C{=}\qquad\qquad \Delta H = +609$ kJ/mol

$H-Cl \longrightarrow H + Cl \qquad\qquad \Delta H = +431$ kJ/mol

$H_2C{=} + H \longrightarrow H_3C- \qquad\qquad \Delta H = -431$ kJ/mol

$H_2C{=} + Cl \longrightarrow H_2ClC- \qquad\qquad \Delta H = -339$ kJ/mol

$H_3C- + -CH_2Cl \longrightarrow H_3C-CH_2Cl \qquad \Delta H = -345$ kJ/mol

A soma desses processos indicados fornece o ΔH solicitado:

$\Delta H = (+609 + 431 - 413 - 339 - 345)$ kJ/mol

$\Delta H = -57$ kJ/mol

Outra forma de resolver a questão consiste em fazer **a soma das energias de ligação a serem quebradas, com o sinal positivo, e das energias de ligação das uniões de átomos, com o sinal negativo**. Na verdade, nesse processo descrito, também se está usando a lei de Hess, apesar de não se indicar cada uma das quebras de ligação e das uniões de átomos.

Embora seja mais trabalhoso indicar cada etapa, conforme fizemos nesta resolução, o raciocínio fica mais organizado e claro.

*Para resolver as **três próximas questões**, baseie-se no seguinte:*

A energia de ligação F — F vale 159 kJ · mol⁻¹.

2. Represente graficamente a informação fornecida sobre a energia de ligação F — F.

3. Escreva a equação termoquímica relativa à união de átomos de F para formar 1 mol de $F_2(g)$.

4. Represente graficamente a equação do exercício 3.

5. Considere a afirmação:

"A equação $N_2(g) + 2\ H_2(g) \longrightarrow N_2H_4(l)$ representa um processo cujo ΔH é certamente negativo, ou seja, é exotérmico, uma vez que nesse processo há uniões de átomos através de ligações covalentes".

Você concorda com essa afirmação? Justifique.

6. (Fuvest-SP) Pode-se conceituar energia de ligação química como sendo a variação de entalpia (ΔH) que ocorre na quebra de 1 mol de uma dada ligação. Assim, na reação representada pela equação:

$NH_3(g) \longrightarrow N(g) + 3\ H(g) \quad \Delta H = 1\ 170$ kJ/mol NH_3

são quebrados 3 mols de ligação N — H, sendo, portanto, a energia de ligação N — H igual a 390 kJ/mol. Sabendo-se que na decomposição:

$N_2H_4(g) \longrightarrow 2\ N(g) + 4\ H(g), \Delta H = 1\ 720$ kJ/mol N_2H_4,

são quebradas ligações N — N e N — H, qual é o valor, em kJ/mol, da energia de ligação N — N?

a) 80
b) 160
c) 344
d) 550
e) 1330

7. (Fuvest-SP) Com base nesses dados:

Ligação	Energia de ligação (kJ/mol)
H — H	436
Cl — Cl	243
H — Cl	432

Pode-se estimar que o ΔH da reação representada por $H_2(g) + Cl_2(g) \longrightarrow 2HCl(g)$, dado em kJ por mol de HCl(g), é igual a:

a) –92,5
b) –185
c) –247
d) +185
e) +92,5

8. (UFV-MG) O flúor (F_2) e o hidrogênio (H_2) são gases à temperatura ambiente e reagem explosivamente, produzindo o gás fluoreto de hidrogênio, liberando 537 kJ · mol⁻¹ de energia.

a) Escreva a equação balanceada para esta reação.
b) A energia da ligação F – F é igual a 158 kJ · mol⁻¹ e a da ligação H — H é 432 kJ · mol⁻¹. A energia de ligação H — F é _____ kJ · mol⁻¹.
c) A reação entre 0,1 mol de F_2 e 0,1 mol de H_2 liberará _____ kJ.

9. (Fuvest-SP) As energias das ligações H — H e H — Cl são praticamente iguais. Na reação representada a seguir há transformação de H_2 em HCl com liberação de energia: $H_2 + Cl_2 \longrightarrow 2HCl +$ energia

Compare, em vista desse fato, a energia da ligação Cl — Cl com as outras citadas.

Observações!

Na tentativa de mecanizar uma forma de resolver exercícios referentes à entalpia de uma reação sem ter que pensar nos conceitos envolvidos, muitos estudantes acabam confundindo dois tipos de resolução que apareceram no capítulo. Lembre-se:

- Para usar a expressão **ΔH = ΣHp – ΣHr**, é preciso conhecer as entalpias de formação das substâncias que participam da reação (reagentes e produtos).
- Quando se dispõe de energias de ligação, faz-se um balanço do que é gasto no rompimento de ligações (usando esses valores) e na formação de novas ligações (empregando as energias de ligação com sinal contrário) e procede-se a uma somatória desses valores. O que está em jogo no caso? É a lei de Hess (conservação da energia).

---

*Você pode resolver as questões 35 a 39 da seção **Testando seus conhecimentos**.*

Resgatando o que foi visto

Nesta unidade, vimos que o calor está envolvido em diversas transformações químicas, desde aquelas fundamentais ao funcionamento de altos-fornos, em usinas, até as que possibilitam aos seres vivos obter energia para suas atividades. Saber determinar a quantidade de energia liberada em uma dessas transformações químicas, a combustão, permite que você avalie, por exemplo, em que condições é mais vantajoso utilizar um combustível específico em um automóvel. Pesquise o preço atual da gasolina comum e do etanol em sua cidade e responda às perguntas do "Para Situá-lo" que inicia o capítulo – que fatores devem ser levados em conta ao escolher o combustível do automóvel e a quantidade de energia que os combustíveis fornecem ao motor –, fundamentando sua resposta.

Testando seus conhecimentos

Caso necessário, consulte as tabelas no final desta Parte.

1. (UFSM-RS) Com relação aos processos de mudança de estado físico de uma substância, pode-se afirmar que são endotérmicos:
a. vaporização – solidificação – liquefação.
b. liquefação – fusão – vaporização.
c. solidificação – fusão – sublimação.
d. solidificação – liquefação – sublimação.
e. sublimação – fusão – vaporização.

2. (Unicamp-SP) O livro *O Pequeno Príncipe*, de Antoine de Saint-Exupéry, uma das obras literárias mais traduzidas no mundo, traz ilustrações inspiradas na experiência do autor como aviador no norte da África. Uma delas, a figura (a), parece representar um chapéu ou um elefante engolido por uma jiboia, dependendo de quem a interpreta.

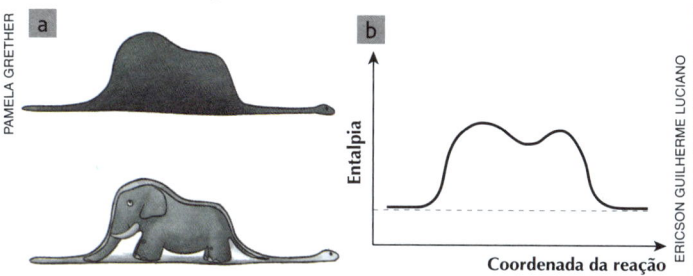

Para um químico, no entanto, essa figura pode se assemelhar a um diagrama de entalpia, em função da coordenada da reação (figura b). Se a comparação for válida, a variação de entalpia dessa reação seria
a. praticamente nula, com a formação de dois produtos.
b. altamente exotérmica, com a formação de dois produtos.
c. altamente exotérmica, mas nada se poderia afirmar sobre a quantidade de espécies no produto.
d. praticamente nula, mas nada se poderia afirmar sobre a quantidade de espécies no produto.

3. (PUCC-SP) A partir das equações termoquímicas:

$H_2(g) + \frac{1}{2} O_2(g) \longrightarrow H_2O(g) \quad \Delta H = -242$ kJ/mol

$H_2(g) + \frac{1}{2} O_2(g) \longrightarrow H_2O(l) \quad \Delta H = -286$ kJ/mol

é possível prever que na transformação de 2,0 mols de água líquida em vapor-d'água haverá:
a. liberação de 44 kJ.
b. absorção de 44 kJ.
c. liberação de 88 kJ.
d. absorção de 88 kJ.
e. liberação de 99 kJ.

4. (Unesp) Considere a decomposição da água oxigenada, representada pela equação:

$H_2O_2(l) \longrightarrow H_2O(l) + \frac{1}{2} O_2(g) \quad \Delta H = -98,2$ kJ/mol

Com base na informação sobre a variação de entalpia, classifique a reação como exotérmica ou endotérmica e justifique sua resposta. Calcule a variação de entalpia na decomposição de toda a água oxigenada contida em 100 mL de uma solução aquosa antisséptica que contém água oxigenada na concentração de 3g/100 mL.

Massa molar H_2O_2: 34 g/mol

5. (Fuvest-SP) O biogás pode substituir a gasolina na geração de energia. Sabe-se que 60%, em volume, do biogás são constituídos de metano, cuja combustão completa libera cerca de 900 kJ/mol.

Uma usina produtora gera 2 000 litros de biogás por dia. Para produzir a mesma quantidade de energia liberada pela queima de todo o metano contido nesse volume de biogás, será necessária a seguinte quantidade aproximada (em litros) de gasolina:
a. 0,7
b. 1,0
c. 1,7
d. 3,3
e. 4,5

Note e adote

Volume molar nas condições de produção de biogás: 24 L/mol.

Energia liberada na combustão completa da gasolina: $4,5 \cdot 10^4$ kJ/L.

Nota dos autores: A combustão completa do metano, CH_4, gera dióxido de carbono e água.

6. (Uerj) Substâncias com calor de dissolução endotérmico são empregadas na fabricação de balas e chicletes, por causarem sensação de frescor. Um exemplo é o xilitol, que possui as seguintes propriedades:

Propriedade	Valor
massa molar	152 g/mol
entalpia de dissolução	+ 5,5 kcal/mol
solubilidade	60,8 g/100g de água a 25 °C

Considere M a massa de xilitol necessária para a formação de 8,04 g de solução aquosa saturada de xilitol, a 25 °C.

A energia, em quilocalorias, absorvida na dissolução de M corresponde a:
a. 0,02
b. 0,11
c. 0,27
d. 0,48

7. (PUC-RS) O suor é necessário para manter a temperatura do corpo humano estável. Considerando que a entalpia de formação da água líquida é –68,3 kcal/mol e a de formação do vapor de água é de –57,8 kcal/mol e desconsiderando os íons presentes no suor, é correto afirmar que na eliminação de 180 mL de água pela transpiração são
a. liberadas 10,5 kcal.
b. absorvidas 105 kcal.
c. liberadas 126,10 kcal.
d. absorvidas 12,61 kcal.
e. absorvidas 1050 kcal.

8. (Udesc) Dados os calores de reação nas condições padrões para as reações químicas abaixo:

$$H_2(g) + \frac{1}{2} O_2(g) \longrightarrow H_2O(l) \quad \Delta H^0 = -68,3 \text{ kcal}$$

$$C(s) + O_2(g) \longrightarrow CO_2(g) \quad \Delta H^0 = -94,0 \text{ kcal}$$

$$C_2H_2(g) + \frac{5}{2} O_2(g) \longrightarrow 2 CO_2(g) + H_2O(l) \quad \Delta H^0 = -310,6 \text{ kcal}$$

Pode-se afirmar que a entalpia padrão do acetileno, C_2H_2, em kcal/mol, é:
a. −310,6
b. −222,5
c. −54,3
d. +54,3
e. +222,5

9. (UFG-GO) A variação de entalpia (ΔH) é uma grandeza relacionada à variação de energia que depende apenas dos estados inicial e final de uma reação. Analise as seguintes equações químicas:

I. $C_3H_8(g) + 5 O_2(g) \rightarrow 3 CO_2(g) + 4 H_2O(l) \quad \Delta H^0 = -2220 \text{ kJ}$

II. $C(\text{grafite}) + O_2(g) \rightarrow CO_2(g) \quad \Delta H^0 = -394 \text{ kJ}$

III. $H_2(g) + \frac{1}{2} O_2(g) \rightarrow H_2O(l) \quad \Delta H^0 = -286 \text{ kJ}$

Ante o exposto, determine a equação global de formação do gás propano e calcule o valor da variação de entalpia do processo.

10. (PUC-SP) Para projetar um reator, um engenheiro precisa conhecer a energia envolvida na reação de hidrogenação do acetileno para a formação do etano:

$$C_2H_2(g) + 2 H_2(g) \longrightarrow C_2H_6(g)$$

Embora não tenha encontrado esse dado tabelado, ele encontrou as seguintes entalpias padrão de combustão:

$C_2H_2(g) + \frac{5}{2} O_2(g) \longrightarrow 2 CO_2(g) + H_2O(l) \quad \Delta H^{\circ}_c = -1301 \text{ kJ/mol}$

$C_2H_6(g) + \frac{7}{2} O_2(g) \longrightarrow 2 CO_2(g) + 3 H_2O(l) \quad \Delta H^{\circ}_c = -1561 \text{ kJ/mol}$

$H_2(g) + \frac{1}{2} O_2(g) \longrightarrow H_2O(l) \quad \Delta H^{\circ}_c = -286 \text{ kJ/mol}$

A energia liberada na obtenção de 12,0 t de etano a partir dessa reação de hidrogenação é de
a. 312 kJ.
b. 260 kJ.
c. $1,25 \cdot 10^8$ kJ.
d. $1,04 \cdot 10^8$ kJ.
e. $1,04 \cdot 10^7$ kJ.

11. (Udesc) O etanol é utilizado amplamente como combustível, já que na combustão de um mol de etanol há uma liberação de energia de $\Delta H = -1370 \text{ kJ} \cdot \text{mol}^{-1}$.

A energia liberada na queima de 184 g de etanol é:
a. +548 kJ
b. +5 480 kJ
c. −5,48 kJ
d. −548 kJ
e. −5 480 kJ

Dado: fórmula molecular do etanol: C_2H_6O

12. (FGV-SP) O Teflon é um polímero sintético amplamente empregado. Ele é formado a partir de um monômero que se obtém por pirólise do trifluormetano.

O trifluormetano, CHF_3, é produzido pela fluoração do gás metano, de acordo com a reação

$$CH_4(g) + 3 F_2(g) \longrightarrow CHF_3(g) + 3HF(g)$$

Dados:

	ΔH^0_f (kJ·mol^{-1})
$CHF_3(g)$	−1437
$CH_4(g)$	−75
$HF(g)$	−271

A entalpia-padrão da reação de fluoração do gás metano, em kJ · mol^{-1}, é igual a
a. −1633.
b. −2175.
c. −2325.
d. +1633.
e. +2175.

Nota dos autores: Trifluorometano seria o nome mais adequado ao CHF_3.

13. (Uerj) O trióxido de diarsênio é um sólido venenoso obtido pela reação do arsênio (As) com o gás oxigênio. Sua entalpia padrão de formação é igual a –660 kJ · mol^{-1}. Escreva a equação química completa e balanceada da obtenção do trióxido de diarsênio. Em seguida, calcule a quantidade de energia, em quilojoules, liberada na formação desse sólido a partir da oxidação de 1,5 kg de arsênio.

Massas Molares: As = 75 g/mol O = 16g/mol

14. (UPM-SP) A hidrazina, cuja fórmula química é N_2H_4, é um composto químico com propriedades similares à amônia, usado entre outras aplicações como combustível para foguetes e propelente para satélites artificiais.

Em determinadas condições de temperatura e pressão, são dadas as equações termoquímicas abaixo.

I. $N_2(g) + 2 H_2(g) \longrightarrow N_2H_4(g) \quad \Delta H = +95,0 \text{ kJ/mol}$

II. $H_2(g) + \frac{1}{2} O_2(g) \longrightarrow H_2O(g) \quad \Delta H = -242 \text{ kJ/mol}$

A variação de entalpia e a classificação para o processo de combustão da hidrazina, nas condições de temperatura e pressão das equações termoquímicas fornecidas são, de acordo com a equação

$$N_2H_4(g) + O_2(g) \longrightarrow N_2(g) + 2 H_2O(g),$$

respectivamente,
a. −579 kJ/mol; processo exotérmico.
b. +389 kJ/mol; processo endotérmico.
c. −389 kJ/mol; processo exotérmico.
d. −147 kJ/mol; processo exotérmico.
e. +147 kJ/mol; processo endotérmico.

15. (Fuvest-SP) O "besouro bombardeiro" espanta seus predadores, expelindo uma solução quente. Quando ameaçado, em seu organismo ocorre a mistura de soluções aquosas de hidroquinona, peróxido de hidrogênio e enzimas, que promovem uma reação exotérmica, representada por:

$$C_6H_4(OH)_2(aq) + H_2O_2(aq) \xrightarrow{\text{enzimas}} C_6H_4O_2(aq) + 2 H_2O(l)$$

O calor envolvido nessa transformação pode ser calculado, considerando-se os processos:

$C_6H_4(OH)_2(aq) \longrightarrow C_6H_4O_2(aq) + H_2(g)$ $\Delta H° = +177\ kJ \cdot mol^{-1}$

$H_2O(l) + \frac{1}{2} O_2(g) \longrightarrow H_2O_2(aq)$ $\Delta H° = +95\ kJ \cdot mol^{-1}$

$H_2O(l) \longrightarrow \frac{1}{2} O_2(g) + H_2(g)$ $\Delta H° = +286\ kJ \cdot mol^{-1}$

Assim sendo, o calor envolvido na reação que ocorre no organismo do besouro é:
a. $-558\ kJ \cdot mol^{-1}$
b. $-204\ kJ \cdot mol^{-1}$
c. $+177\ kJ \cdot mol^{-1}$
d. $+558\ kJ \cdot mol^{-1}$
e. $+585\ kJ \cdot mol^{-1}$

16. (Unicamp-SP) Em 12 de maio de 2017 o Metrô de São Paulo trocou 240 metros de trilhos de uma de suas linhas, numa operação feita de madrugada, em apenas três horas. Na solda entre o trilho novo e o usado empregou-se uma reação química denominada térmita, que permite a obtenção de uma temperatura local de cerca de 2 000 °C. A reação utilizada foi entre um óxido de ferro e o alumínio metálico. De acordo com essas informações, uma possível equação termoquímica do processo utilizado seria
a. $Fe_2O_3 + 2\ Al \longrightarrow 2\ Fe + Al_2O_3$; $\Delta H = +852\ kJ \cdot mol^{-1}$
b. $FeO_3 + Al \longrightarrow Fe + AlO_3$; $\Delta H = -852\ kJ \cdot mol^{-1}$
c. $FeO_3 + Al \longrightarrow Fe + AlO_3$; $\Delta H = +852\ kJ \cdot mol^{-1}$
d. $Fe_2O_3 + 2\ Al \longrightarrow 2\ Fe + Al_2O_3$; $\Delta H = -852\ kJ \cdot mol^{-1}$

17. (Udesc) A Termoquímica estuda a energia e o calor associados a reações químicas e/ou transformações físicas de substâncias ou misturas. Com relação a conceitos, usados nessa área da química, assinale a alternativa **incorreta**.
    a. A quebra de ligação química é um processo endotérmico. Já a formação de ligações são processos exotérmicos. Dessa forma, a variação de entalpia para uma reação química vai depender do balanço energético entre quebra e formação de novas ligações.
    b. A variação de energia que acompanha qualquer transformação deve ser igual e oposta à energia que acompanha o processo inverso.
    c. A entalpia H de um processo pode ser definida como o calor envolvido no mesmo, medido à pressão constante. A variação de entalpia do processo permite classificá-lo como endotérmico, quando absorve energia na forma de calor, ou exotérmico, quando libera energia.
    d. O fenômeno de ebulição e o de fusão de uma substância são exemplos de processos físicos endotérmicos.
    e. A lei de Hess afirma que a variação de energia deve ser diferente, dependendo se um processo ocorrer em uma ou em várias etapas.

18. (Enem) O ferro é encontrado na natureza na forma de seus minérios, tais como a hematita (α-Fe_2O_3), a magnetita (Fe_3O_4) e a wustita (FeO). Na siderurgia, o ferro-gusa é obtido pela fusão de minérios de ferro em altos-fornos em condições adequadas. Uma das etapas nesse processo é a formação de monóxido de carbono. O CO (gasoso) é utilizado para reduzir o FeO (sólido), conforme a equação química:

$$FeO(s) + CO(g) \longrightarrow Fe(s) + CO_2(g)$$

Considere as seguintes equações termoquímicas:

$Fe_2O_3(s) + 3\ CO(g) \longrightarrow 2\ Fe(s) + 3\ CO_2(g)$
$\Delta_r H^\theta = -25\ kJ/mol$ de Fe_2O_3

$3\ FeO(s) + CO_2(g) \longrightarrow Fe_3O_4(s) + CO(g)$
$\Delta_r H^\theta = -36\ kJ/mol$ de CO_2

$2\ Fe_3O_4(s) + CO_2(g) \longrightarrow 3\ Fe_2O_3(s) + CO(g)$
$\Delta_r H^\theta = +47\ kJ/mol$ de CO_2

O valor mais próximo de $\Delta_r H^\theta$, em kJ/mol de FeO, para a reação indicada do FeO (sólido) com o CO (gasoso), é
a. -14.
b. -17.
c. -50.
d. -64.
e. -100.

19. (Unesp) A areia comum tem como constituinte principal o mineral quartzo (SiO_2), a partir do qual pode ser obtido o silício, que é utilizado na fabricação de *microchips*. A obtenção do silício para uso na fabricação de processadores envolve uma série de etapas. Na primeira, obtém-se o silício metalúrgico, por reação do óxido com coque, em forno de arco elétrico, à temperatura superior a 1900 °C. Uma das equações que descreve o processo de obtenção do silício é apresentada a seguir:

$$SiO_2(s) + 2\ C(s) \longrightarrow Si(l) + 2\ CO(g)$$

Dados:
$\Delta H°_f(SiO_2) = -910,9\ kJ \cdot mol^{-1}$
$\Delta H°_f(CO) = -110,5\ kJ \cdot mol^{-1}$

De acordo com as informações do texto, é correto afirmar que o processo descrito para a obtenção do silício metalúrgico corresponde a uma reação:
a. endotérmica e de oxirredução, na qual o Si^{4+} é reduzido a Si.
b. espontânea, na qual ocorre a combustão do carbono.
c. exotérmica, na qual ocorre a substituição do Si por C.
d. exotérmica, na qual ocorre a redução do óxido de silício.
e. endotérmica e de dupla troca.

20. (Unesp) Analise os três diagramas de entalpia.

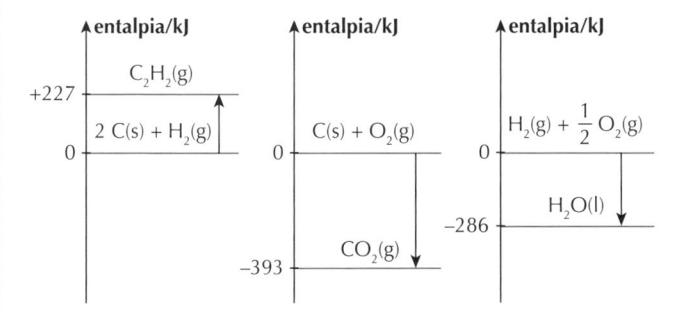

Diagrama 1: entalpia/kJ; +227: $C_2H_2(g)$; 0: $2\ C(s) + H_2(g)$
Diagrama 2: entalpia/kJ; 0: $C(s) + O_2(g)$; -393: $CO_2(g)$
Diagrama 3: entalpia/kJ; 0: $H_2(g) + \frac{1}{2} O_2(g)$; -286: $H_2O(l)$

O ΔH da combustão completa de 1 mol de acetileno, $C_2H_2(g)$, produzindo $CO_2(g)$ e $H_2O(l)$ é
a. $+1140\ kJ$.
b. $+820\ kJ$.
c. $-1299\ kJ$.
d. $-510\ kJ$.
e. $-635\ kJ$.

21. (Uerj) A equação química abaixo representa a reação da produção industrial de gás hidrogênio.

$$H_2O(g) + C(s) \longrightarrow CO(g) + H_2(g)$$

Na determinação da variação de entalpia dessa reação química, são consideradas as seguintes equações termoquímicas, a 25 °C e 1 atm:

$H_2(g) + \frac{1}{2} O_2(g) \longrightarrow H_2O(g)$ $\Delta H^0 = -242,0$ kJ

$C(s) + O_2(g) \longrightarrow CO_2(g)$ $\Delta H^0 = -393,5$ kJ

$O_2(g) + 2\,CO(g) \longrightarrow 2\,CO_2(g)$ $\Delta H^0 = -477,0$ kJ

Calcule a energia, em quilojoules, necessária para a produção de 1 kg de gás hidrogênio e nomeie o agente redutor desse processo industrial.

22. (Uerj) A capacidade poluidora de um hidrocarboneto usado como combustível é determinada pela razão entre a energia liberada e a quantidade de CO_2 formada em sua combustão completa. Quanto maior a razão, menor a capacidade poluidora. A tabela abaixo apresenta a entalpia-padrão de combustão de quatro hidrocarbonetos.

Hidrocarboneto	Entalpia-padrão de combustão (kJ · mol⁻¹)
octano	−5 440
hexano	−4 140
benzeno	−3 270
pentano	−3 510

A partir da tabela, o hidrocarboneto com a menor capacidade poluidora é:

a. octano   b. hexano   c. benzeno   d. pentano

23. (UEFS-BA)

Substância	Entalpia de formação (kJ mol⁻¹)
C_2H_5OH (l), etanol	−277,8
$CO_2(g)$	−393,5
$O_2(g)$	0
$H_2O(l)$	−286,0

Um motociclista foi de Salvador-BA para Feira de Santana-BA, percorrendo no total 110,0 km. Para percorrer o trajeto, sua motocicleta *flex* consumiu 5 litros de etanol (C_2H_5OH, d = 0,8 g · cm⁻³), tendo um consumo médio de 22,0 km/L. Com base nos dados de entalpia de formação de algumas substâncias, o calor envolvido na combustão completa por litro de etanol foi, em kJ, aproximadamente,

a. −1 367   c. −18 200   e. −23 780
b. +1 367   d. +10 936

24. (Unicamp-SP) Uma reportagem em revista de divulgação científica apresenta o seguinte título: Pesquisadores estão investigando a possibilidade de combinar hidrogênio com dióxido de carbono para produzir hidrocarbonetos, com alto poder energético, "ricos em energia". O texto da reportagem explicita melhor o que está no título, ao informar que "em 2014 um grupo de pesquisadores desenvolveu um sistema híbrido que usa bactérias e eletricidade, conjuntamente, em um coletor solar, para gerar hidrogênio a partir da água, e fazer sua reação com dióxido de carbono, para produzir isopropanol", como representa a equação a seguir.

$3\,CO_2 + 4\,H_2 \longrightarrow C_3H_8O + 2,5\,O_2$ $\Delta_r H^0 = +862$ kJ/mol

a. Considerando que a entalpia padrão de formação da água é −286 kJ/mol, qual é a quantidade de energia que seria utilizada na produção de 1 mol de isopropanol, a partir de água e CO_2, da maneira como explica o enunciado?

b. Qual seria a energia liberada pela queima de 90 gramas de isopropanol obtido dessa maneira? Considere uma combustão completa e condição padrão.

25. (FMJ-SP) O ácido sulfúrico é a substância química mais utilizada pela indústria, tanto que seu consumo *per capita* constitui um importante indicador do desenvolvimento técnico de um país. A principal forma de obtenção do ácido sulfúrico pela indústria utiliza três etapas:

1ª Obtenção do dióxido de enxofre a partir da queima da pirita, mineral formado por íons Fe(II) e íons dissulfeto:

$$FeS_2(s) + O_2(g) \longrightarrow Fe_2O_3(s) + SO_2(g)$$

2ª Obtenção do trióxido de enxofre:

$2\,SO_2(g) + O_2(g) \longrightarrow 2SO_3(g)$ $\Delta H = -100$ kJ

3ª Produção de ácido sulfúrico pela reação entre o trióxido de enxofre e água:

$SO_3(g) + H_2O(l) \longrightarrow H_2SO_4(aq)$ $\Delta H = -130$ kJ

(http://mundoeducacao.bol.uol.com.br. Adaptado.)

a. Escreva a equação balanceada da reação de formação do dióxido de enxofre a partir da pirita. Determine a variação do número de oxidação do enxofre nessa reação.

b. Determine a entalpia da reação de formação de 1 mol de H_2SO_4(aq) a partir do SO_2(g). Classifique essa reação quanto ao calor de reação.

26. (UFSC) Após produzido, o etanol pode ser utilizado para gerar energia, por exemplo, em motores a combustão. Considere a equação química (não balanceada) de combustão completa do etanol (anidro):

$C_2H_6O(l) + O_2(g) \longrightarrow CO_2(g) + H_2O(g)$ $\Delta_r H^0 = -1367$ kJ/mol

Informação adicional: considere a densidade do etanol anidro igual a 0,789 g/mL (25 °C).

Com base no exposto acima, é correto afirmar que:

01. a soma dos menores coeficientes estequiométricos inteiros da equação balanceada de combustão do etanol é 9.

02. a reação de combustão completa do etanol é um processo exotérmico.

04. a molécula de O_2(g) é o agente redutor na reação de combustão.

08. na combustão completa de 11,66 L de etanol, são liberados $2,73 \times 10^5$ kJ de energia.

16. a combustão completa de 250 mL de etanol produzirá 154 g de água.

32. o número de oxidação do átomo de carbono no dióxido de carbono é 12.

64. a combustão completa de 0,200 mol de etanol a 100 °C em uma câmara de 500 mL resultará em uma pressão interna de 24,5 atm.

Dê como resposta a soma dos números correspondentes às alternativas corretas.

27. (Aman-RJ) Algumas viaturas militares administrativas possuem motores à combustão que utilizam como combustível a gasolina. A queima (combustão) de combustíveis como a gasolina, nos motores à combustão, fornece a energia essencial para o funcionamento dessas viaturas militares. Considerando uma gasolina na condição padrão (25 °C e 1 atm), composta apenas por n-octano (C_8H_{18}) e que a sua combustão seja completa (formação exclusiva de CO_2 e H_2O gasosos como produtos), são feitas as seguintes afirmativas:

Dados:

Entalpias de formação ($\Delta H°_f$)			Massas Atômicas		
$H_2O(g)$	$CO_2(g)$	$C_8H_{18}(l)$	C	O	H
−242 kJ/mol	−394 kJ/mol	−250 kJ/mol	12 u	16 u	1 u

I. a combustão da gasolina (C_8H_{18}) é uma reação exotérmica;

II. na combustão completa de 1 mol de gasolina, são liberados 16 mols de gás carbônico (CO_2);

III. a entalpia de combustão (calor de combustão) dessa gasolina é −5080 kJ/mol ($\Delta H_C = -5080$ kJ/mol);

IV. o calor liberado na combustão de 57 g de gasolina é de 1270 kJ.

Das afirmativas apresentadas estão corretas apenas a

a. I, II e III.
b. I, III e IV.
c. I e II.
d. II e IV.
e. I e III.

28. (Fuvest-SP) A energia liberada na combustão do etanol de cana-de-açúcar pode ser considerada advinda da energia solar, uma vez que a primeira etapa para a produção do etanol é a fotossíntese. As transformações envolvidas na produção e no uso do etanol combustível são representadas pelas seguintes equações químicas:

$6\ CO_2(g) + 6\ H_2O(g) \longrightarrow C_6H_{12}O_6(aq) + 6\ O_2(g)$

$C_6H_{12}O_6(aq) \longrightarrow 2\ C_2H_5OH\ (l) + 2\ CO_2(g)$
$$\Delta H = -70\ kJ/mol$$

$C_2H_5OH\ (l) + 3O_2(g) \longrightarrow 2\ CO_2(g) + 3\ H_2O(g)$
$$\Delta H = -1235\ kJ/mol$$

Com base nessas informações, podemos afirmar que o valor de ΔH para a reação de fotossíntese é

a. −1305 kJ/mol.
b. +1305 kJ/mol.
c. +2400 kJ/mol.
d. −2540 kJ/mol.
e. +2540 kJ/mol.

29. (Enem) O benzeno, um importante solvente para a indústria química, é obtido industrialmente pela destilação do petróleo. Contudo, também pode ser sintetizado pela trimerização do acetileno catalisada por ferro metálico sob altas temperaturas, conforme a equação química:

$$3\ C_2H_2(g) \longrightarrow C_6H_6(l)$$

A energia envolvida nesse processo pode ser calculada indiretamente pela variação de entalpia das reações de combustão das substâncias participantes, nas mesmas condições experimentais:

I. $C_2H_2(g) + \frac{5}{2} O_2(g) \longrightarrow 2\ CO_2(g) + H_2O(l)$
$$\Delta H_c° = -310\ kcal/mol$$

II. $C_6H_6\ (l) + \frac{15}{2} O_2(g) \longrightarrow 6\ CO_2(g) + 3\ H_2O(l)$
$$\Delta H_c° = -780\ kcal/mol$$

A variação de entalpia do processo de trimerização, em kcal, para a formação de um mol de benzeno é mais próxima de

a. −1090.
b. −150.
c. −50.
d. +157.
e. +470.

30. (Enem) No que tange à tecnologia de combustíveis alternativos, muitos especialistas em energia acreditam que os álcoois vão crescer em importância em um futuro próximo. Realmente, álcoois como metanol e etanol têm encontrado alguns nichos para uso doméstico como combustíveis há muitas décadas e, recentemente, vêm obtendo uma aceitação cada vez maior como aditivos, ou mesmo como substitutos para gasolina em veículos. Algumas das propriedades físicas desses combustíveis são mostradas no quadro seguinte.

Álcool	Densidade a 25 °C (g/mL)	Calor de combustão
Metanol (CH_3OH)	0,79	−726,0
Etanol (CH_3CH_2OH)	0,79	−1367,0

BAIRD, C. *Química ambiental.* São Paulo: Artmed, 1995. (Adaptado.)

Dados: massas molares em g/mol:

H = 1,0; C = 12,0; O = 16,0.

Considere que, em pequenos volumes, o custo de produção de ambos os álcoois seja o mesmo. Dessa forma, do ponto de vista econômico, é mais vantajoso utilizar:

a. metanol, pois sua combustão completa fornece aproximadamente 22,7 kJ de energia por litro de combustível queimado.

b. etanol, pois sua combustão completa fornece aproximadamente 29,7 kJ de energia por litro de combustível queimado.

c. metanol, pois sua combustão completa fornece aproximadamente 17,9 MJ de energia por litro de combustível queimado.

d. etanol, pois sua combustão completa fornece aproximadamente 23,5 MJ de energia por litro de combustível queimado.

e. etanol, pois sua combustão completa fornece aproximadamente 33,7 MJ de energia por litro de combustível queimado.

31. (Enem) Um dos problemas dos combustíveis que contêm carbono é que sua queima produz dióxido de carbono. Portanto, uma característica importante, ao se escolher um combustível, é analisar seu calor de combustão (ΔH_c^0), definido como a energia liberada na queima completa de um mol de combustível no estado padrão. O quadro seguinte relaciona algumas substâncias que contêm carbono e seu ΔH_c^0.

Substância	Fórmula	ΔH_c^0 (kJ/mol)
Benzeno	$C_6H_6(l)$	−3 268
Etanol	$C_2H_5OH(l)$	−1 368
Glicose	$C_6H_{12}O_6(s)$	−2 808
Metano	$CH_4(g)$	−890
Octano	$C_8H_{18}(l)$	−5 471

ATKINS, P. *Princípios de Química*. Bookman, 2007 (adaptado).

Neste contexto, qual dos combustíveis, quando queimado completamente, libera mais dióxido de carbono no ambiente pela mesma quantidade de energia produzida?

a. Benzeno.
b. Metano.
c. Glicose.
d. Octano.
e. Etanol.

32. (Enem) O aproveitamento de resíduos florestais vem se tornando cada dia mais atrativo, pois eles são uma fonte renovável de energia. A figura representa a queima de um bio-óleo extraído do resíduo de madeira, sendo ΔH_1 a variação de entalpia devido à queima de 1 g desse bio-óleo, resultando em gás carbônico e água líquida, e ΔH_2 a variação de entalpia envolvida na conversão de 1 g de água no estado gasoso para o estado líquido.

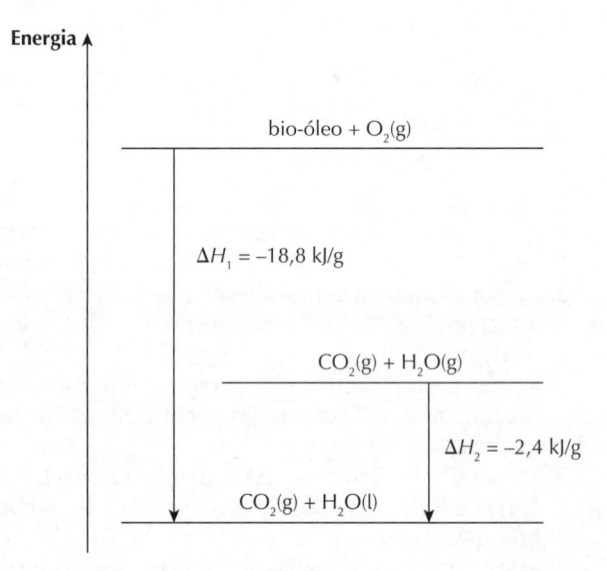

A variação de entalpia, em kJ, para a queima de 5 g desse bio-óleo resultando em CO_2 (gasoso) e H_2O (gasoso) é:

a. −106.
b. −94,0.
c. −82,0.
d. −21,2.
e. −16,4.

33. (Unesp) Insumo essencial na indústria de tintas, o dióxido de titânio sólido puro (TiO_2) pode ser obtido a partir de minérios com teor aproximado de 70% em TiO_2 que, após moagem, é submetido à seguinte sequência de etapas:

I. aquecimento com carvão sólido
$TiO_2(s) + C(s) \rightarrow Ti(s) + CO_2(g)$
$\Delta H_{reação} = +550$ kJ · mol⁻¹

II. reação do titânio metálico com cloro molecular gasoso
$Ti(s) + 2\ Cl_2(s) \rightarrow TiCl_4(l)$
$\Delta H_{reação} = -804$ kJ · mol⁻¹

III. reação do cloreto de titânio líquido com oxigênio molecular gasoso
$TiCl_4(l) + O_2(g) \rightarrow TiO_2(s) + 2\ Cl_2(g)$
$\Delta H_{reação} = -140$ kJ · mol⁻¹

Considerando as etapas I e II do processo, é correto afirmar que a reação para produção de 1 mol de $TiCl_4(l)$ a partir de $TiO_2(s)$ é:

a. exotérmica, ocorrendo liberação de 1 354 kJ.
b. exotérmica, ocorrendo liberação de 254 kJ.
c. endotérmica, ocorrendo absorção de 254 kJ.
d. endotérmica, ocorrendo absorção de 1 354 kJ.
e. exotérmica, ocorrendo liberação de 804 kJ.

34. (FCMMG) Este diagrama registra as energias envolvidas na formação da água sólida, líquida e gasosa, bem como outras transformações.

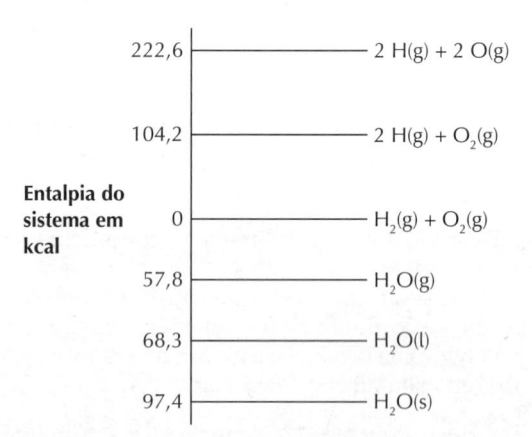

Analisando o diagrama, assinale a alternativa **incorreta**:

a. O calor de fusão de 3,0 mols de água é 87,3 kcal.
b. O valor da energia de ligação H — H é de 104,2 kcal/mol.
c. A entalpia de formação de 36 g de água sólida é de 194,8 kcal.
d. A dissociação de 1,0 mol de água, nas condições ambientes, absorve 290,9 kcal.

35. (UFJF-MG) O hidrogênio cada vez mais tem ganhado atenção na produção de energia. Recentemente, a empresa britânica *Intelligent Energy* desenvolveu uma tecnologia que pode fazer a bateria de um smartphone durar até uma semana. Nesse protótipo ocorre a reação do oxigênio atmosférico com o hidrogênio armazenado produzindo água e energia.

a. Escreva a equação química da reação descrita acima e calcule a sua variação de entalpia a partir dos dados abaixo.

Ligação	H — H	H — O	O = O
Energia de ligação (kJ mol^{-1})	437	463	494

b. Um dos grandes problemas para o uso do gás hidrogênio como combustível é o seu armazenamento. Calcule o volume ocupado por 20 g de hidrogênio nas CNTP.

c. Atualmente, cerca de 96 % do gás hidrogênio é obtido a partir de combustíveis fósseis, como descrito nas reações abaixo. Essa característica é considerada uma desvantagem para o uso do hidrogênio. Justifique essa afirmativa.

Carvão: $C(s) + H_2O(l) \rightarrow CO(g) + H_2(g)$

Gás natural: $CH_4(g) + H_2O(l) \rightarrow CO(g) + 3\,H_2(g)$

36. (PUC-SP) Dado:

Energia de ligação	C — H	C — C	H — H
	413 kJ · mol^{-1}	346 kJ · mol^{-1}	436 kJ · mol^{-1}

A reação de hidrogenação do etileno ocorre com aquecimento, na presença de níquel em pó como catalisador. A equação termoquímica que representa o processo é

$C_2H_4(g) + H_2(g) \rightarrow C_2H_6(g) \quad \Delta H^\theta = -137$ kJ · mol^{-1}

A partir dessas informações, pode-se deduzir que a energia de ligação da dupla ligação que ocorre entre os átomos de C no etileno é igual a

a. 186 kJ · mol^{-1}
b. 599 kJ · mol^{-1}
c. 692 kJ · mol^{-1}
d. 736 kJ · mol^{-1}

37. (Unicamp-SP) No funcionamento de um motor, a energia envolvida na combustão do *n*-octano promove a expansão dos gases e também o aquecimento do motor. Assim, conclui-se que a soma das energias envolvidas na formação de todas as ligações químicas é:

a. maior que a soma das energias envolvidas no rompimento de todas as ligações químicas, o que faz o processo ser endotérmico.
b. menor que a soma das energias envolvidas no rompimento de todas as ligações químicas, o que faz o processo ser exotérmico.
c. maior que a soma das energias envolvidas no rompimento de todas as ligações químicas, o que faz o processo ser exotérmico.
d. menor que a soma das energias envolvidas no rompimento de todas as ligações químicas, o que faz o processo ser endotérmico.

38. (Fuvest-SP) Sob certas condições, tanto o gás flúor quanto o gás cloro podem reagir com hidrogênio gasoso, formando, respectivamente, os haletos de hidrogênio HF e HCl, gasosos. Pode-se estimar a variação de entalpia (ΔH) de cada uma dessas reações, utilizando-se dados de energia de ligação. A tabela apresenta os valores de energia de ligação dos reagentes e produtos dessas reações a 25 °C e 1 atm.

Molécula	H_2	F_2	Cl_2	HF	HCl
Energia de ligação (kJ/mol)	435	160	245	570	430

Com base nesses dados, um estudante calculou a variação de entalpia (ΔH) de cada uma das reações e concluiu, corretamente, que, nas condições empregadas,

a. a formação de HF(g) é a reação que libera mais energia.
b. ambas as reações são endotérmicas.
c. apenas a formação de HCl(g) é endotérmica.
d. ambas as reações têm o mesmo valor de ΔH.
e. apenas a formação de HCl(g) é exotérmica.

39. (UPM-SP) O gás propano é um dos integrantes do GLP (gás liquefeito de petróleo) e, desta forma, é um gás altamente inflamável.

Abaixo está representada a equação química NÃO BALANCEADA de combustão completa do gás propano.

$C_3H_8(g) + O_2(g) \rightarrow CO_2(g) + H_2O(v)$

Na tabela, são fornecidos os valores das energias de ligação, todos nas mesmas condições de pressão e temperatura de combustão.

Ligação	Energia de Ligação (kJ · mol^{-1})
C — H	413
O = O	498
C = O	744
C — C	348
O — H	462

Assim, a variação de entalpia da reação de combustão de um mol de gás propano será igual a

a. −1670 kJ.
b. −6490 kJ.
c. +1670 kJ.
d. −4160 kJ.
e. +4160 kJ.

Mais questões: no livro digital, em **Vereda Digital Aprova Enem** e **Vereda Digital Suplemento de revisão e vestibulares**; no *site*, em **AprovaMax**.

UNIDADE 7

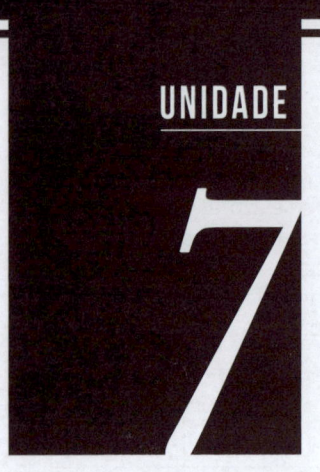

PRINCÍPIOS DA REATIVIDADE

Capítulo 18
Cinética Química, 400

Capítulo 19
Equilíbrios químicos, 434

Capítulo 20
Acidez e basicidade em meio aquoso, 466

Capítulo 21
Solubilidade: equilíbrios heterogêneos, 488

- Como é possível estabelecer a forma de iniciar as explosões de fogos de artifício e de controlar a velocidade com que elas ocorrem?
- Que artifícios a indústria química usa para obter compostos como a amônia?

Aspectos importantes das reações já foram abordados em seu curso de Química. Nesta unidade, vamos estudar fatores que podem influir em uma reação para torná-la mais rápida ou para que ocorra mais lentamente. Além desses, estudaremos também outros fatores, que podem contribuir para viabilizar reações na prática, para aumentar a quantidade obtida de determinado produto ou para melhorar seu rendimento.

Espetáculo proporcionado pela queima de fogos de artifício no município de Itutinga, em Minas Gerais. Foto de 2009.

CAPÍTULO 18

CINÉTICA QUÍMICA

Você já observou que, quando cortamos uma pera, a parte da polpa que fica em contato com o ar escurece rapidamente? O mesmo ocorre com outras frutas, como a maçã e a banana, e também com a batata, a cana-de-açúcar, etc. Isso acontece porque, com o corte, algumas células são rompidas, liberando substâncias que reagem com o oxigênio do ar. Essas substâncias formam um composto colorido que altera a aparência e o gosto desses alimentos. Existem formas de desacelerar esse processo, como estudaremos adiante.

ENEM
C1: H2
C5: H17
C7: H24

Este capítulo vai ajudá-lo a compreender:

- a taxa (velocidade) de reação;
- a teoria das colisões;
- o que é energia de ativação;
- os recursos que alteram o tempo gasto para a obtenção dos produtos de uma reação;
- a aplicação dos conceitos da Cinética Química no cotidiano: conservação de medicamentos e alimentos, enzimas, implosões, catálises automotivas, entre outras.

Para situá-lo

Convivemos com transformações químicas desde a infância, elas são parte de nosso cotidiano. Mas existe uma reação em especial que costuma fascinar crianças e adultos: são as propiciadas por queimas de fogos de artifício, comuns em festas de final de ano, em festas juninas, na abertura de eventos esportivos e comemorativos.

Nessas ocasiões, para apreciar a beleza de um foguete subindo aos céus ou de uma chuva de prata – tipos comuns de fogos de artifício –, temos de nos manter bem atentos e sabemos a razão: trata-se de um espetáculo rápido, que acaba em pouco tempo. (Vale lembrar que a queima de fogos envolve pequenas explosões que liberam bastante calor e de forma violenta, o que sempre demanda cuidados, tanto de quem manuseia o material quanto dos espectadores, que devem manter-se a uma distância segura dos fogos.)

Já quem se dispusesse a aguardar que a cor de ferrugem aparecesse em uma palhinha de aço exposta ao ambiente não precisaria se manter tão alerta. Nesse caso, além de o processo não causar o mesmo impacto, o tempo necessário para que a mudança de cor seja observada é bem maior, pois o processo é lento, se comparado com o que é necessário para que uma explosão ocorra.

Com base nesses dois exemplos, podemos concluir que o tempo necessário para que reações químicas se efetivem varia bastante. É o que vamos estudar neste capítulo, refletindo sobre fatos que você conhece.

Por exemplo, o **tempo** e a **forma de armazenamento** de alimentos podem comprometer suas qualidades nutricionais, além de conferir a eles sabor desagradável. Isso acontece porque nutrientes como vitaminas e gorduras, entre outros, em contato com o ar, podem se transformar, originando substâncias diferentes das que compunham os alimentos originalmente. Assim, quando você examina o rótulo de um alimento, especialmente no caso dos industrializados, encontra uma série de siglas que correspondem a aditivos. Milhares de aditivos têm seu uso autorizado por órgãos de controle sanitário, mas devem ser utilizados dentro de certo prazo, fora do qual causariam problemas à nossa saúde. Parte dos aditivos serve para melhorar o sabor ou o aspecto do alimento, mas muitos têm por função evitar que ele se deteriore rapidamente. Entre estes últimos, podemos citar dois grupos: os **antioxidantes** e os **conservantes**.

Os antioxidantes evitam, em especial, a oxidação de gorduras em alimentos ricos nessas substâncias, como manteigas e maioneses. Alguns desses antioxidantes são substâncias contidas em alimentos naturais; é o caso do ácido cítrico, presente na laranja, no limão, na mexerica e em outras frutas cítricas.

Já os conservantes evitam que enzimas produzidas por microrganismos acelerem a deterioração dos alimentos; eles são usados na maioria dos produtos industrializados, pois possibilitam que eles durem muito mais tempo sem estragar.

A **temperatura** é outro fator que pode afetar a rapidez com que um alimento se deteriora – note que estamos falando sobre o tempo adequado para o consumo após a abertura da embalagem e o contato do alimento com o ambiente, e não sobre o prazo de validade indicado no rótulo, o qual se refere à conservação do alimento na embalagem fechada.

1. Por que alguns alimentos frescos devem ser conservados no *freezer* ou congelador da geladeira? Exemplifique.

2. O Brasil perde grandes quantidades de alimentos, especialmente daqueles que devem ser mantidos frescos durante o transporte entre o produtor e o distribuidor. Levante algumas hipóteses que expliquem essas perdas.

Caminhão sendo carregado com abacaxis. Frutal, Minas Gerais. Foto de 2014.

3. Uma pessoa guarda na geladeira, mas fora do *freezer*, duas porções de carne de mesmo peso. Uma delas é de carne moída, a outra é uma peça inteira. As porções de carne permanecem na geladeira por alguns dias. Quando a pessoa vai pegá-las para preparar um prato, vê que uma das porções não pode ser aproveitada. Qual delas estragou? Que raciocínio você fez para chegar a essa conclusão?

4. Suponha que duas peças de ferro – uma pintada e outra sem pintura – estejam em um mesmo ambiente. Qual delas enferrujará primeiro?

Neste capítulo, analisaremos a velocidade das reações químicas e os fatores que a influenciam. Assim, seremos capazes de entender por que algumas reações são tão rápidas que se tornam imperceptíveis a nossos olhos, enquanto outras podem levar anos para ocorrer em circunstâncias normais; veremos também que é possível influir em muitos desses processos, retardando alguns deles e tornando outros mais rápidos.

O tempo para que uma reação aconteça: algumas reflexões

As reações químicas têm permitido à humanidade resolver muitas das questões que a desafiam. No entanto, para tirar proveito das reações, é necessário entender como influir na velocidade delas – de que forma é possível acelerar as reações excessivamente lentas ou retardar as muito rápidas. Vale destacar que nem sempre é interessante reduzir a velocidade de uma reação ou acelerar outra – por exemplo, que vantagem haveria em tornar mais rápida a formação da ferrugem em um portão de ferro ou em acelerar o processo de deterioração de um alimento?

Vamos analisar mais casos que deixam claro que há enorme variação de uma reação para outra quanto ao tempo que levam para se efetivar.

Por exemplo, o processo de transformação natural da celulose contida nos vegetais envolve reações muito lentas, que ocorrem em ambiente pobre em oxigênio, como é o caso de florestas soterradas. Por esse processo, chamado incarbonização, há um enriquecimento progressivo no teor de carbono dos vários materiais formados a partir da celulose, que ocorre em várias etapas:

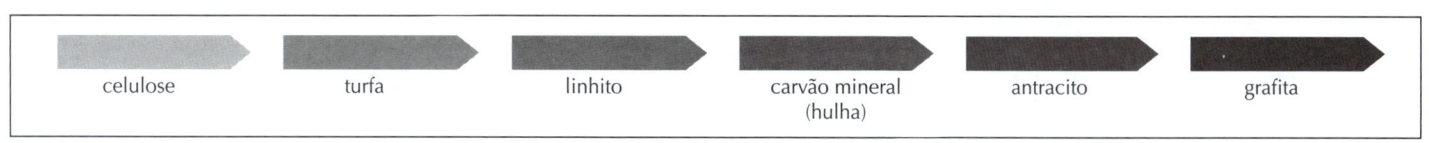

celulose → turfa → linhito → carvão mineral (hulha) → antracito → grafita

Etapas da transformação da celulose em grafita. Entre os tipos de combustível que constam desse diagrama de barras, o que tem proporcionalmente menos carbono e mais oxigênio é a madeira (rica em celulose), e o que tem proporcionalmente mais carbono é a grafita (constituída basicamente por carbono).

Com o enriquecimento em carbono, há o empobrecimento em oxigênio; assim, entre esses seis tipos naturais de combustível, a madeira (rica em celulose) é a que contém maior teor de oxigênio. Quanto mais tempo tenha se passado desde que o processo de transformação se iniciou, maior será a queda no teor de oxigênio e o crescimento no teor de carbono.

A hulha, também conhecida como carvão mineral, provém de vegetais soterrados há aproximadamente 200 milhões de anos, mas ainda contém muitos compostos oxigenados. Se, no entanto, a aquecemos para retirar dela uma série de produtos, rapidamente obtemos o coque, constituído de carbono praticamente puro, usado como redutor em muitos processos industriais; ou seja, o aquecimento acelera o processo de enriquecimento em carbono, com a saída de substâncias hidrogenadas, oxigenadas e nitrogenadas na forma gasosa, cujo emprego também é importante. Algo semelhante é feito para obter o chamado carvão vegetal, usado para fazer um churrasco, por exemplo: ele é obtido pela queima da madeira e, dessa forma, os compostos que se formam no processo contêm oxigênio, hidrogênio e nitrogênio.

Outro exemplo que demonstra a variação na velocidade das reações químicas são as estalactites e estalagmites, que se formam nas cavernas calcárias muito lentamente, ao longo de dezenas de anos, por meio da precipitação do carbonato de cálcio, conforme a equação:

$$Ca(HCO_3)_2(aq) \longrightarrow CaCO_3(s) + H_2O(l) + CO_2(g)$$

hidrogenocarbonato de cálcio — carbonato de cálcio — água — dióxido de carbono

A incarbonização e a formação de estalactites e estalagmites são exemplos de processos muito lentos se comparados às implosões provocadas para demolir rapidamente grandes construções. Essas implosões tornaram-se possíveis com o desenvolvimento da tecnologia baseada no uso da nitroglicerina e garantem eficiência e expressiva redução do tempo necessário para concluir uma demolição.

Assim, quando comparamos a velocidade das reações envolvidas no processo de incarbonização da celulose ou de formação das estalactites e estalagmites com a das reações que formam a ferrugem, consideramos estas últimas muito rápidas. Porém, o enferrujamento é lento se comparado à duração de uma explosão, pois é aos poucos que um pedaço de ferro exposto ao ar vai sendo recoberto por uma substância alaranjada, a ferrugem. Na verdade, no caso do enferrujamento, embora o processo seja sempre muito lento em relação à explosão da dinamite, o tempo para que a ferrugem se instale depende de vários fatores, como o teor de umidade do ar, a presença ou não de certos poluentes, peculiaridades da composição desse ferro (embora o nome indique a presença de apenas um componente químico, outras substâncias podem fazer parte dele), entre outros.

Reações químicas – lentas e rápidas – se processam aos milhares em nosso organismo a cada dia. As reações relacionadas à visão, por exemplo, ocorrem em frações de segundo e nos possibilitam captar a imagem de um objeto; outras reações, como as envolvidas na formação da glicose a partir de compostos como o amido ou na degradação de gorduras, levam um intervalo de tempo maior para se completarem.

No dia a dia, é importante conhecer as condições que tornam certas reações mais rápidas ou mais lentas para conseguir controlar essa velocidade. Por isso, o ramo da Físico-Química que estuda como intervir para aumentar ou reduzir o tempo necessário para a obtenção dos produtos de uma reação assume especial importância: a Cinética Química.

Cinética Química é o estudo da **velocidade das reações** e dos passos em que elas ocorrem. Dessa forma, a Cinética Química contribui para que possamos **acelerar algumas reações lentas**, de modo a atenuar ou eliminar seus efeitos indesejáveis (por exemplo, produtos poluentes gerados na queima de combustíveis e que seriam liberados no ar através do escapamento, em veículos automotivos, são transformados em substâncias menos agressivas ao ambiente) ou mesmo **retardar reações** que comprometam nossa qualidade de vida, como as reações que levam à degradação dos nutrientes que constituem os alimentos.

Interior da Caverna do Diabo, em Eldorado (SP). A formação de estalactites e estalagmites nas cavernas calcárias resulta de reações químicas muito lentas. Estalactites são as formações que pendem do teto; estalagmites (não visíveis na foto) são as que se desenvolvem do chão. Foto de 2010.

Implosão de prédio abandonado em São Paulo (SP). Reações químicas que liberam grande quantidade de energia em frações de segundo podem realizar o trabalho que, por outro processo, demoraria vários dias para ser executado. Foto de 2012.

Esse ramo da ciência também é útil para atuarmos mais eficazmente na manutenção ou recuperação de nossa saúde, ajudando a entender como as substâncias agem no organismo para que se possa influir na velocidade com que o fazem. Além disso, é útil no controle da velocidade das reações envolvidas em processos industriais, agilizando-os e reduzindo custos.

Evidentemente, a aplicação de qualquer conhecimento científico requer cuidadosa avaliação tanto de seus aspectos vantajosos quanto dos possíveis riscos e prejuízos. Por isso é fundamental que todos nós tenhamos uma formação científica básica, que nos permita tomar posição quanto à aplicação de conhecimentos científicos em questões que nos dizem respeito como cidadãos.

Por outro lado, cientistas e profissionais que se utilizam desses conhecimentos devem estar sintonizados com a sociedade: não se pode hoje conceber um cientista restrito a seu campo de conhecimento; ou seja, é preciso que o pesquisador não esteja ligado apenas a seus próprios interesses de pesquisa, sem estabelecer conexões com outros pesquisadores, supondo que a ciência seja neutra e que aspectos sociais, políticos, econômicos e ambientais, entre outros, devam ser objeto exclusivo da preocupação de cientistas sociais – sociólogos, cientistas políticos, economistas, ambientalistas etc. O emprego de qualquer nova tecnologia tem de levar em conta tanto seus aspectos desejáveis como os indesejáveis, que precisam ser ponderados.

O conceito de taxa (velocidade) de uma reação química

Imagine que uma colher de açúcar seja colocada próximo de um formigueiro. Quantas formigas serão atraídas na direção da colher de açúcar? Veja abaixo como podemos registrar o número de formigas que chegam ao açúcar em certo intervalo de tempo.

Número de formigas por intervalo de tempo	
Intervalo de tempo (minutos)	Número de formigas
0	0
1	10
2	18
3	24
...	...

Com base nesses dados, podemos determinar a velocidade com que as formigas são atraídas para o açúcar, fazendo o cálculo do número de insetos que chegam ao açúcar num dado intervalo de tempo.

- intervalo de 0 a 1 minuto:

  $\Delta t = 1$ min

  número de formigas: 10

  $v_1 = \dfrac{10 \text{ formigas}}{1 \text{ min}}$

- intervalo de 1 a 2 minutos:

  $\Delta t = 1$ min

  número de formigas: 8

  $v_2 = \dfrac{8 \text{ formigas}}{1 \text{ min}}$

- intervalo de 2 a 3 minutos:

  $\Delta t = 1$ min

  número de formigas: 6

  $v_3 = \dfrac{6 \text{ formigas}}{1 \text{ min}}$

A velocidade em qualquer intervalo de tempo, genericamente representada por v_i (v_1, v_2, v_3...), corresponde à "velocidade de atração", e Δt corresponde ao intervalo de tempo referente a essa variação.

Para calcular a **velocidade média** (v_m) no intervalo de 0 a 3 minutos, temos:

$$v_m = \dfrac{24 \text{ formigas}}{3 \text{ min}} = \dfrac{8 \text{ formigas}}{1 \text{ min}}$$

Repare que, no exemplo das formigas, a velocidade com que elas são atraídas ao açúcar não é constante, tendo diminuído com o tempo: a cada minuto transcorrido, o número de formigas atraídas diminui. Isso também acontece com as moléculas de um reagente, como vamos analisar adiante. Em todo caso, **a comparação para por aí**; por exemplo, no caso do sistema que analisaremos, os reagentes e produtos são gasosos e, como você sabe, as moléculas de uma substância no estado gasoso movimentam-se com grande velocidade e têm energia cinética muito alta, o que as distancia do exemplo das formigas. Além disso, lembre-se de que as formigas continuam sendo formigas e o açúcar continua sendo açúcar, enquanto numa reação química isso não ocorre.

Vamos agora analisar dados experimentais obtidos para a seguinte reação:

$$CO(g) + NO_2(g) \longrightarrow CO_2(g) + NO(g)$$

monóxido de carbono — dióxido de nitrogênio (castanho) — dióxido de carbono — óxido nítrico (incolor)

À medida que essa reação acontece, ocorre o descoramento gradual da mistura gasosa inicial. Isso porque, com exceção do reagente NO_2, que é castanho, os demais gases são incolores.

Na tabela abaixo, você encontra os valores da concentração de $CO(g)$, em mol/L – indicada por [CO] –, medidos a 400 °C; a concentração inicial de CO é igual à de NO_2 e vale 0,10 mol/L.

Concentração de CO no decorrer da reação com NO_2					
[CO]	0,10	0,067	0,050	0,040	0,033...
Intervalo de tempo (s)	0	10	20	30	40

Fonte: MASTERTON, W. L.; SLOWINSKI, E. J. *Química geral superior*. 4. ed. Rio de Janeiro: Interamericana, 1978. p. 307.

Observação

Como a quantidade de cada um dos reagentes decresce com o tempo, devido à formação de produtos, a velocidade de reação em relação aos reagentes tem sinal negativo, pois a variação da quantidade de um reagente corresponde à diferença entre a quantidade final e a inicial. No entanto, comumente consideramos **o módulo dessa variação**, fazendo com que a **velocidade**, em relação a qualquer participante da reação, seja **positiva**.

Vamos calcular a variação da concentração de CO(g) (em módulo) e a velocidade dessa reação para a maioria dos intervalos de tempo:

- intervalo de 0 a 10 segundos: $\Delta t = 10$ s
  variação da concentração de CO: $|\Delta[CO]| = |0,067 - 0,10| = 0,033$ mol/L

$$v_{(0 \text{ a } 10)} = \frac{0,033 \text{ mol L}^{-1}}{10 \text{ s}} = 0,0033 \frac{\text{mol}}{\text{s L}} = 3,3 \cdot 10^{-3} \frac{\text{mol}}{\text{s L}}$$

- intervalo de 10 a 20 segundos: $\Delta t = 10$ s
  variação da concentração de CO: $|\Delta[CO]| = |0,050 - 0,067| = 0,017$ mol/L

$$v_{(10 \text{ a } 20)} = \frac{0,017 \text{ mol L}^{-1}}{10 \text{ s}} = 0,0017 \frac{\text{mol}}{\text{s L}} = 1,7 \cdot 10^{-3} \frac{\text{mol}}{\text{s L}}$$

- intervalo de 20 a 30 segundos: $\Delta t = 10$ s
  variação da concentração de CO: $|\Delta[CO]| = |0,040 - 0,050| = 0,010$ mol/L

$$v_{(20 \text{ a } 30)} = \frac{0,010 \text{ mol L}^{-1}}{10 \text{ s}} = 0,0010 \frac{\text{mol}}{\text{s L}} = 1,0 \cdot 10^{-3} \frac{\text{mol}}{\text{s L}}$$

Como nessa reação **os coeficientes de acerto de reagentes e produtos são idênticos, a velocidade da reação**, expressa em mol $L^{-1} s^{-1}$, **independe da substância**, já que, para cada 1 mol de um reagente consumido, há 1 mol de outro reagente sendo consumido ou 1 mol de cada produto formado.

Podemos, então, definir velocidade média (v_m) de uma reação química por:

$$v_m = \frac{|\text{variação da quantidade de substância}|}{\text{intervalo de tempo}}$$

A velocidade média diminui com o tempo, como podemos observar no gráfico ao lado, para os valores calculados para o CO.

No exemplo analisado, todos os coeficientes de acerto são iguais. Cabe observar, porém, que, quando isso não ocorre, para fazer referência à velocidade da reação, ou se especifica a substância, ou se utiliza a que tem coeficiente de acerto 1.

Velocidade de consumo de CO em função do tempo

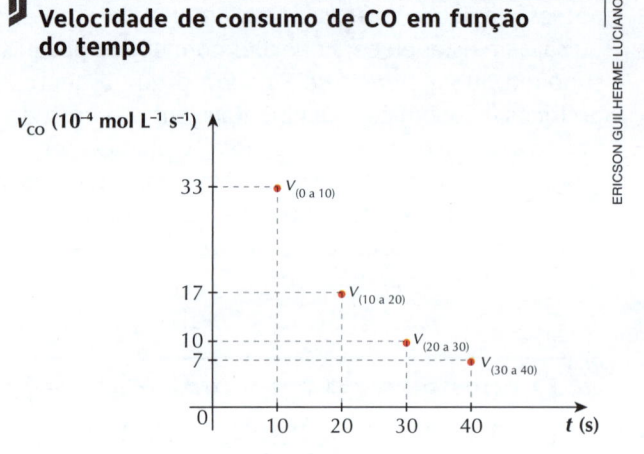

Fonte: MASTERTON, W. L.; SLOWINSKI, E. J. *Química geral superior*. 4. ed. Rio de Janeiro: Interamericana, 1978. p. 307-308.

Atividades

1. A amônia (NH_3), substância importante na fabricação de adubos nitrogenados, pode ser obtida a partir de nitrogênio (N_2) e hidrogênio (H_2), gasosos. A equação representativa do processo é:

$$N_2(g) + 3 H_2(g) \longrightarrow 2 NH_3(g)$$

Com base nessa equação e em seus conhecimentos, responda: à medida que o tempo passa, o que ocorre com as quantidades dos reagentes nitrogênio (N_2) e hidrogênio (H_2)? E com a quantidade do produto?

2. Suponha que, inicialmente, haja em um balão 3 mol de N_2 e 6 mol de H_2 e, após 1 minuto, 2 mol de NH_3.
   a) Quais são as quantidades iniciais ($t = 0$) de nitrogênio (N_2), hidrogênio (H_2) e amônia (NH_3), em mol?
   b) Após 1 min, que quantidade de matéria de N_2 reagiu? E de H_2?
   c) Após 1 min, que quantidade de matéria de NH_3 se formou?
   d) Após 1 min, que quantidade de matéria de N_2, H_2 e NH_3 há no balão?

3. Baseando-se nos dados das questões anteriores e na informação de que, após 2 minutos, resta no balão 1,2 mol de N_2, responda:
   a) No intervalo de 1 a 2 min, que quantidade de matéria, em mol, de N_2 reagiu? E de H_2?
   b) Que quantidade de matéria, em mol, de NH_3 se formou no intervalo de 1 a 2 min?
   c) Após 2 min, que quantidade de matéria, de N_2, H_2 e NH_3, há no balão?

Para responder às próximas quatro questões e calcular a velocidade média de reação, em cada intervalo de tempo, considere:

$$v_m = \frac{|\text{quantidade de matéria final} - \text{quantidade de matéria incial}|}{\text{intervalo de tempo}}$$

4. No intervalo de 0 a 1 min, qual foi a velocidade média de reação em relação a N_2, a H_2 e a NH_3, respectivamente?

5. No intervalo de 1 a 2 min, qual foi a velocidade de reação em relação a N_2, a H_2 e a NH_3, respectivamente?

6. Em qualquer intervalo, as velocidades de reação, em relação a N_2, H_2 e NH_3, são numericamente diferentes. Explique por quê.

7. O que aconteceu com a velocidade média da reação, em valor absoluto, com o decorrer do tempo?

Para resolver as questões a seguir, baseie-se nas seguintes informações:
Inicialmente, a concentração de N_2O_5 (que está dissolvido em tetracloreto de carbono) é 1,40 mol/L.

$$N_2O_5(g) \longrightarrow 2\,NO_2(g) + \frac{1}{2}O_2(g)$$

pentóxido de dinitrogênio — dióxido de nitrogênio — oxigênio

8. Qual é a concentração inicial de NO_2 e de O_2 em mol/L?

9. Após 1 h, ainda há N_2O_5 no recipiente e sua concentração é igual a 1,08 mol/L. Calcule a velocidade média da decomposição da substância no intervalo de 0 a 1 h.

10. Com base nas informações da questão anterior, calcule a quantidade, em mol, de N_2O_5 que reagiu no intervalo de 0 a 1 h.

11. Faça o mesmo que foi proposto na questão anterior para as quantidades de NO_2 e O_2 formadas.

12. Com base nas questões anteriores, calcule as concentrações, em mol/L, de NO_2 e de O_2 após 1 h.

13. Calcule a velocidade média de formação de NO_2 e de O_2 no intervalo de 0 a 1 h.

14. Após 2 h, a concentração de N_2O_5 vale 0,80 mol/L. Calcule a velocidade média de decomposição dessa substância no intervalo de 1 a 2 h.

15. Com base nas informações do exercício 14, calcule a concentração de NO_2 e de O_2 após 2 h.

16. Calcule a velocidade média de formação de NO_2 e de O_2 no intervalo de 1 h a 2 h.

17. Após 3 h, $[N_2O_5]$ vale 0,59 mol/L. Calcule a velocidade média de decomposição de N_2O_5 no intervalo de 2 a 3 h.

18. Após 5 h, $[N_2O_5]$ vale 0,34 mol/L. Calcule a concentração de NO_2 e de O_2.

19. Considerando os dados da decomposição do N_2O_5, do início até 9 h, faça um gráfico de concentração de N_2O_5 (mol/L) em função do tempo. São dadas as $[N_2O_5]$ às 7 h: 0,17; às 8 h: 0,12; às 9 h: 0,10.

20. Compare a velocidade da reação em relação ao N_2O_5 nos diversos intervalos de tempo (0 a 1 h, 1 a 2 h etc.). O que se pode concluir?

21. Reproduza em seu caderno o quadro ao lado. Nele insira informações fornecidas nos exercícios anteriores e as respostas que já encontrou. Tome por base o preenchimento inicial.

	$N_2O_5(g)$	$\longrightarrow$	$2\,NO_2(g)$ +	$\frac{1}{2}O_2(g)$
$t = 0$	1,40 mol L^{-1}	—	0	0
reagiu	0,32 mol L^{-1}	formando	0,64 mol L^{-1}	0,16 mol L^{-1}
$t = 1$ h	1,08 mol L^{-1}	—	0,64 mol L^{-1}	0,16 mol L^{-1}
reagiu	/////////////	formando	/////////////	/////////////
$t = 2$ h	/////////////	—	/////////////	/////////////

22. Calcule a velocidade média da reação no intervalo de 0 a 9 h em relação a N_2O_5, NO_2 e O_2.

23. Compare o significado do que você calculou na questão anterior com as velocidades médias nos intervalos de 0 a 1 h e de 1 a 2 h. O que se pode dizer?

*Você pode resolver as questões 1, 2, 3, 7 e 23 da seção **Testando seus conhecimentos**.*

A teoria das colisões e as mudanças na velocidade das reações

Teoria das colisões

Em seu cotidiano e no curso de Química, você já estudou os recursos usados para alterar a velocidade de uma reação. Vamos agora nos aprofundar a esse respeito.

Química: prática e reflexão

Que fatores tornam a reação de um comprimido efervescente com água mais rápida ou mais lenta?

Material necessário

- 4 recipientes (copos ou frascos) de vidro idênticos
- 1 pedaço de papel
- 4 comprimidos efervescentes idênticos
- água quente
- água gelada
- água à temperatura ambiente

Procedimento – parte 1

- Coloquem água à temperatura ambiente em dois recipientes, enchendo-os até a metade.
- Triturem um dos comprimidos efervescentes ainda dentro da embalagem.
- Simultaneamente, adicionem o comprimido triturado em um dos recipientes com água e um outro comprimido efervescente (inteiro) no outro recipiente.
- Observem o que acontece.

Analisem suas observações

1. Qual comprimido desaparece mais rapidamente com a água?
2. Que variável diferencia os dois procedimentos?
3. Formulem uma hipótese que justifique o resultado.

Procedimento – parte 2

- Coloquem em um recipiente água gelada, enchendo-o até a metade, e, em outro, a mesma quantidade de água aquecida.
- Coloquem um comprimido (inteiro) em cada recipiente, ao mesmo tempo.
- Observem o que acontece.

Descarte dos resíduos: Os resíduos podem ser descartados no ralo de uma pia.

Analisem suas observações

4. O que se observa?
5. A que fator vocês atribuem a diferença entre o que se observa em um copo e no outro?

A teoria das colisões

Para explicar as constatações experimentais que acabamos de discutir, os estudos da Cinética Química levaram à proposição da teoria das colisões.

Vamos considerar o **fator concentração** e usar uma **analogia** para analisá-lo. Observe:

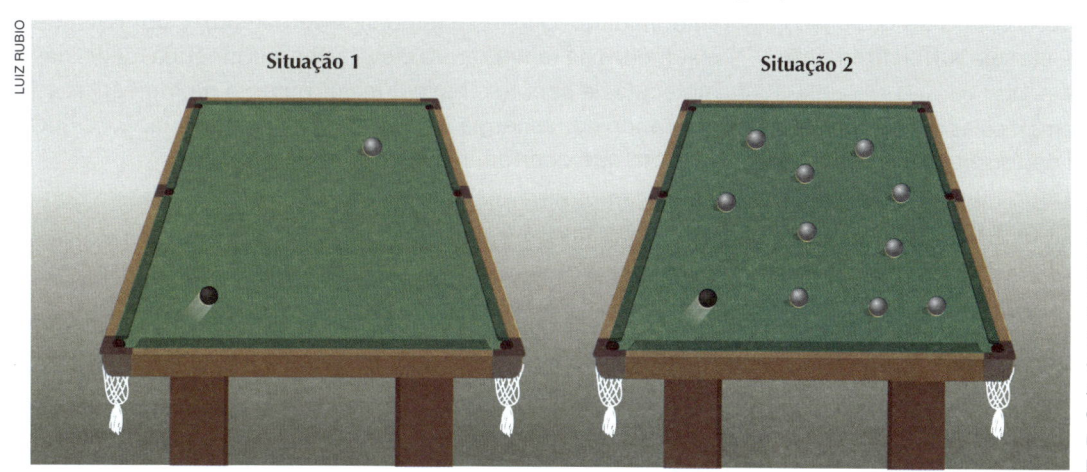

Situação 1: mesa de bilhar com duas bolas, uma preta e uma branca.
Situação 2: mesa de bilhar com uma bola preta e dez brancas. Em qual das duas situações será mais fácil provocar o choque de uma bola preta com uma branca? Evidentemente, na segunda situação, em que o número de bolas brancas é maior. Quanto maior o número de bolas, maior a probabilidade de choques.

Segundo a **teoria das colisões**, o que determina a velocidade de reação é **a natureza e a quantidade de choques moleculares**, o que explica a analogia feita com as bolas de bilhar.

Alguns esclarecimentos: cabe observar que, como ocorre com qualquer analogia científica, a analogia entre a colisão das bolas de bilhar e o choque de moléculas apresenta muitas limitações. Basta lembrar que o choque entre as bolas implica alteração substancial da quantidade de energia mecânica, o que não acontece no nível molecular: os choques entre moléculas não implicam perda de energia cinética e, por isso, diz-se que são perfeitamente elásticos. No caso das bolas de bilhar, o choque não fará com que elas se deformem ou se rompam, o que é bem diferente no caso de colisões moleculares, como veremos adiante.

Assim, **para haver transformação química, é essencial que haja colisão entre moléculas**. Quanto maior for o número de colisões entre as espécies reagentes, maior será a velocidade de reação.

Quando se aumenta a concentração de um reagente, há maior frequência de choques entre as moléculas.

De modo geral, a velocidade de uma reação será tanto maior quanto maior for a **concentração das soluções reagentes** ou a **superfície de contato** entre as espécies que reagem. Veja a foto ao lado.

No entanto, nem todos os choques moleculares têm como consequência a formação de novas substâncias. Por quê?

Para haver transformação, é necessário haver quebra de ligações químicas e formação de novas ligações, o que requer **colisões eficazes** (ou efetivas), nas quais são indispensáveis duas condições:

- orientação favorável das moléculas em choque;
- colisão suficientemente energética.

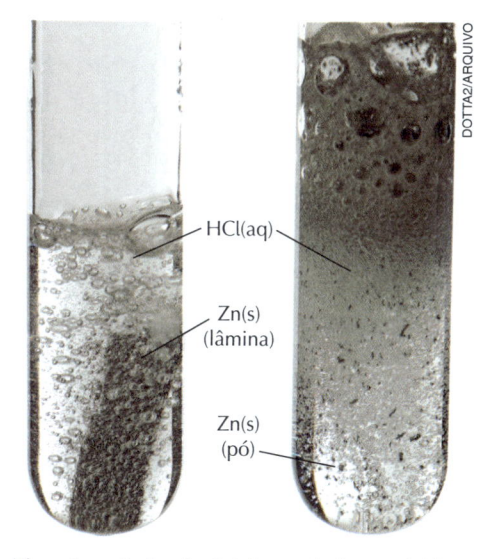

Zinco em diferentes estados de divisão reagindo com ácido clorídrico. Em pó, esse metal reage com velocidade maior do que em lâmina. Isso porque, no pó, é maior o número de átomos disponíveis para se chocar com íons $H^+(aq)$ da solução de ácido clorídrico.

Para exemplificar, vamos considerar a reação representada por:

$$CO(g) + NO_2(g) \longrightarrow CO_2(g) + NO(g)$$

Para que a reação entre os gases monóxido de carbono (CO) e dióxido de nitrogênio (NO_2) ocorra, formando CO_2 e NO, é preciso que as moléculas do CO colidam com as de NO_2 e que os átomos estejam orientados espacialmente de modo favorável. Observe a figura ao lado.

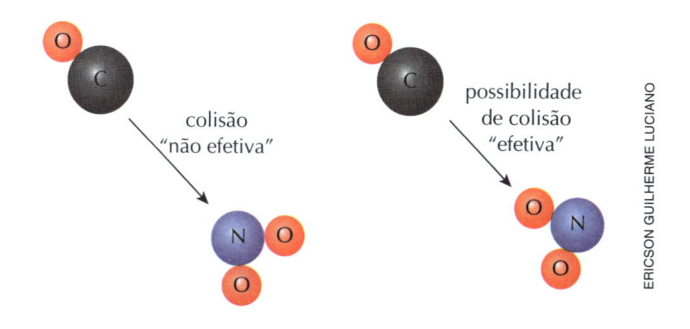

Representação de duas situações de colisão entre uma molécula de CO e uma de NO_2: à direita, a orientação da colisão favorece a ocorrência de um choque eficaz; à esquerda, ao contrário, ela não favorece a formação dos produtos (CO_2 e NO).

Fonte: MASTERTON, W. L.; SLOWINSKI, E. J. *Química geral superior*. 4. ed. Rio de Janeiro: Interamericana, 1978. p. 321.

Sinônimos da expressão colisão eficaz: colisão efetiva ou **útil**; **choque efetivo** ou **útil**.

O esquema mostra que, se o átomo de C do CO se chocar com o átomo de N da molécula de NO_2, não haverá a transformação em dióxido de carbono (CO_2) e monóxido de nitrogênio (NO). Porém, a colisão do átomo de C com o de O, do NO_2, poderá originar produtos, desde que ela seja **suficientemente energética** para abalar a ligação N = O.

Ou seja, além da **orientação** das moléculas que se chocam, é essencial que a **energia cinética** delas seja suficiente para enfraquecer as ligações que mantêm unidos os átomos na molécula reagente. Há, portanto, um valor mínimo de energia para tal. Assim sendo, podemos definir:

Energia de ativação (E_a) é a energia mínima necessária para que os reagentes possam se transformar em produtos.

Ao atingir a energia de ativação, os reagentes são transformados em um intermediário, altamente instável, chamado de complexo ativado.

Vamos retomar o exemplo considerado. A equação que representa o processo é:

$$CO(g) + NO_2(g) \longrightarrow CO_2(g) + NO(g)$$

monóxido de carbono + dióxido de nitrogênio → dióxido de carbono + monóxido de nitrogênio

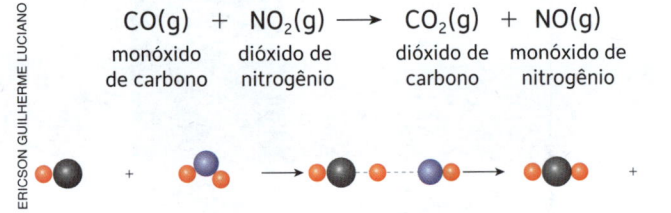

Podemos supor que, intermediariamente, se forme um conjunto OC ⋯ O ⋯ NO, em que uma das ligações N = O, do NO_2, esteja enfraquecida (linha tracejada), com O na iminência de desligar-se da molécula NO_2 para se unir ao C do CO.

Observe o gráfico da energia em função do caminho da reação para essa transformação.

Entalpia da reação entre CO e NO_2

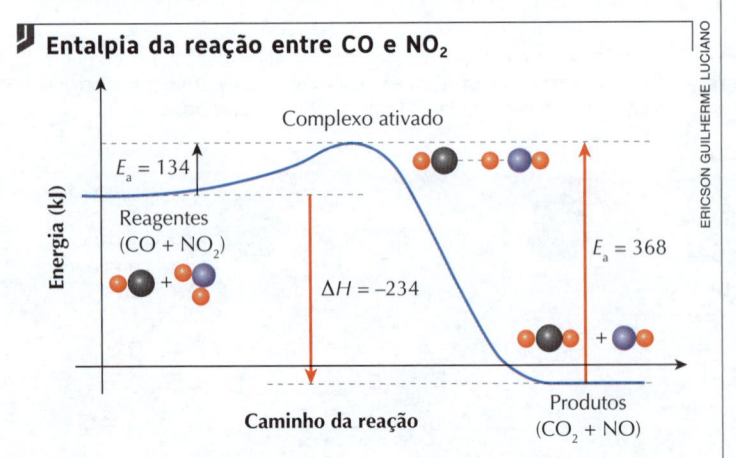

Complexo ativado
$E_a = 134$
Reagentes (CO + NO_2)
$\Delta H = -234$
$E_a = 368$
Produtos (CO_2 + NO)
Caminho da reação

O gráfico mostra que a energia que deve ser fornecida ao sistema para a reação ter início é 134 kJ (energia de ativação). A reação é exotérmica: libera 234 kJ para cada mol de CO(g) e NO_2(g) que reage.

Fonte: MASTERTON, W. L.; SLOWINSKI, E. J. *Química geral superior*. 4. ed. Rio de Janeiro: Interamericana, 1978. p. 317.

Nota: As unidades foram convertidas do original, em kcal, para kJ.

O complexo ativado tem entalpia maior do que a de reagentes e produtos. A energia de ativação vale 134 kJ/mol.

Quanto maior for a energia de ativação de uma reação espontânea, menor será a velocidade da reação, já que haverá menos moléculas se chocando com energia acima desse valor mínimo. O inverso também é verdadeiro. É por isso que o aumento da temperatura eleva a energia cinética média das moléculas e com isso haverá maior número de moléculas se chocando com energia igual ou superior à de ativação, o que faz com que ocorram mais colisões eficazes.

Façamos uma analogia para tornar mais claros esses conceitos. Observe a figura:

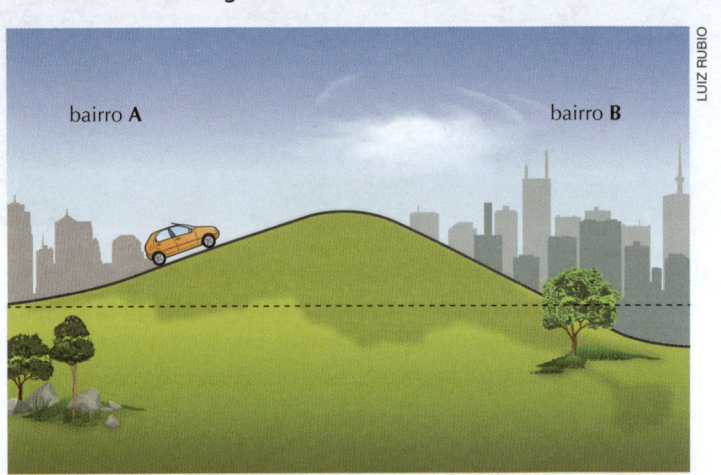

bairro **A** — bairro **B**

Apesar de o local de partida (bairro **A**) corresponder a uma energia potencial maior que a do local de destino (bairro **B**), se entre esses lugares houver uma região mais alta que **A**, portanto com energia potencial maior que a relativa a ela, isso dificultará o percurso entre os bairros **A** e **B**.

Imagine que uma pessoa esteja em um bairro **A** de certa cidade e queira se dirigir ao bairro **B**, que dista poucos quilômetros do bairro **A** e está a uma altitude pouco menor que a dele. Nessa analogia, a região superior do morro (veja a ilustração) corresponderia ao complexo ativado; isto é, se não houvesse a necessidade de atingir o topo do morro (região com maior energia potencial que a dos bairros **A** e **B**), para ir de **A** até **B** bastaria descer, isto é, deslocar-se de uma região de maior energia potencial para outra de menor energia.

Algo semelhante ocorre com a reação analisada: nesse caso, a entalpia dos reagentes é maior que a dos produtos; ainda assim, como a entalpia do complexo ativado é superior à dos reagentes, é preciso que os reagentes ganhem energia para atingir o nível de entalpia do complexo ativado. Ou seja, mesmo nesse caso, em que a reação libera calor para o ambiente, é necessário fornecer calor aos reagentes para que a reação ocorra.

Vale lembrar que a analogia se valeu de objetos do mundo macroscópico, que são, em todos os sentidos, bem diferentes dos elementos do "universo" das moléculas. Além disso, aqui consideramos apenas um objeto, o automóvel, e, no caso das moléculas, ao menos duas delas terão de se chocar para que se atinja a energia do complexo ativado. Com o exemplo, pretende-se apenas que você reflita sobre o que há em comum entre o percurso do automóvel e a energia de reagentes ao se transformarem em produtos.

Considere uma reação **1**, exotérmica, e sua inversa, reação **2**, endotérmica.

O que se pode deduzir quanto à velocidade e quanto ao valor da energia de ativação da reação **2**, se comparados aos da reação **1**?

Compare os dois gráficos:

Diagrama de entalpia da reação entre CO(g) e NO$_2$(g)

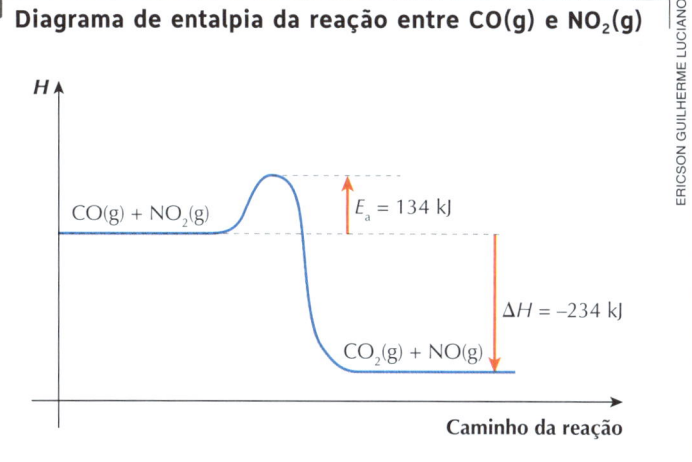

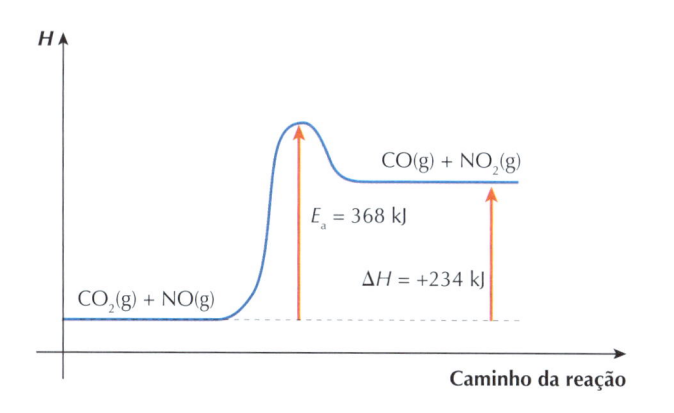

[Gráfico 1: H vs Caminho da reação, mostrando CO(g) + NO$_2$(g) com E_a = 134 kJ, descendo a CO$_2$(g) + NO(g), ΔH = −234 kJ]

(1) CO(g) + NO$_2$(g) ⟶ CO$_2$(g) + NO(g) ΔH = −234 kJ
E_a = 134 kJ   Exotérmica

[Gráfico 2: H vs Caminho da reação, mostrando CO$_2$(g) + NO(g) subindo com E_a = 368 kJ até CO(g) + NO$_2$(g), ΔH = +234 kJ]

(2) CO$_2$(g) + NO(g) ⟶ CO(g) + NO$_2$(g) ΔH = +234 kJ
E_a = 368 kJ   Endotérmica

Fonte: MASTERTON, W. L.; SLOWINSKI, E. J. *Química geral superior*. 4. ed. Rio de Janeiro: Interamericana, 1978. p. 317.

> A reação endotérmica é mais lenta do que a exotérmica, pois sua energia de ativação é maior.

Atividades

1. Por que alguns medicamentos trazem na embalagem a recomendação expressa de que devem ser mantidos em local fresco?

2. Com base no que estudamos sobre velocidade de reação, explique a razão de:
   a) uma carne no *freezer* poder ser conservada por um tempo maior do que no congelador de uma geladeira e por muito mais tempo do que a 20 °C;
   b) se utilizar panela de pressão, em vez de panela comum, para ganhar tempo no preparo de alimentos.

3. Por que a velocidade média da reação de decomposição do N$_2$O$_5$ (analisada em várias questões da página 405) cai com o tempo?

4. Considere a equação:

   $$N_2(g) + 3\,H_2(g) \longrightarrow 2\,NH_3(g) \qquad \Delta H = -92 \text{ kJ}$$

   Ela representa a reação de síntese, cuja energia de ativação é 668 kJ/mol.
   a) Represente-a em um gráfico H em função do desenvolvimento da reação, indicando o complexo ativado.
   b) Faça o mesmo que no item a para a reação inversa (decomposição).
   c) Qual dessas duas reações tem maior energia de ativação?
   d) Qual das reações deve ocorrer com maior velocidade?

5. Duas moléculas de dois reagentes gasosos chocam-se com energia superior à energia de ativação. Podemos, com certeza, afirmar que elas se transformarão em produto? Por quê?

6. O gás metano (CH$_4$), produzido na degradação do lixo orgânico, é uma substância combustível. Esse gás, assim como outros combustíveis, requer que uma chama ou faísca inicie sua queima. No entanto, em minas de carvão, infelizmente é comum ocorrerem explosões e desmoronamentos causados por essa combustão. Explique por que isso acontece.

7. (Fatec-SP) Uma indústria necessita conhecer a mecânica das reações para poder otimizar sua produção. O gráfico representa o mecanismo de uma reação hipotética:

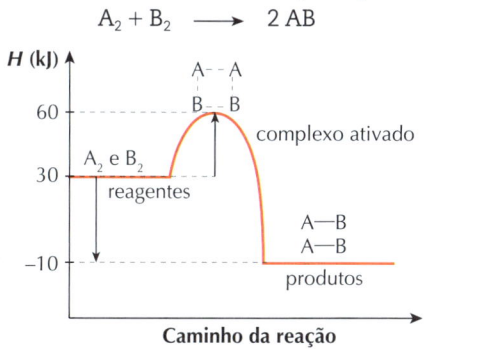

   $$A_2 + B_2 \longrightarrow 2\,AB$$

   [Gráfico: H (kJ) vs Caminho da reação. Reagentes A$_2$ e B$_2$ a 30 kJ; complexo ativado (A--A, B--B) a 60 kJ; produtos (A—B, A—B) a −10 kJ]

   A análise do gráfico permite concluir corretamente que
   a) temos uma reação endotérmica, pois apresenta $\Delta H = -10$ kJ.
   b) temos uma reação exotérmica, pois apresenta $\Delta H = +10$ kJ.
   c) a energia do complexo ativado é 30 kJ.
   d) a energia de ativação para a reação direta é 30 kJ.
   e) a energia de ativação para a reação inversa é 40 kJ.

*Você pode resolver as questões 4, 5, 8, 16, 20 e 26 da seção **Testando seus conhecimentos**.*

Conexões

Química e Biologia – Quente ou frio?

Assim como os demais mamíferos, somos animais cuja temperatura se mantém constante independentemente da temperatura do local onde nos encontramos.

Todas as reações do complexo bioquímico representado por nosso organismo, como as envolvidas na respiração e na digestão, ocorrem nessa temperatura, que é de cerca de 36,7 °C.

O responsável por manter nossos órgãos internos a essa temperatura é o hipotálamo, parte do cérebro que funciona como um termostato. A temperatura é mantida por meio do equilíbrio entre o calor obtido do processo metabólico dos tecidos internos e o calor perdido pelos órgãos periféricos (pele, glândulas sudoríparas, etc.).

Embora a temperatura ideal do organismo humano varie entre 36 °C e 36,7 °C, especialistas afirmam que, em condições saudáveis, é possível nossa temperatura atingir até 1 grau acima desse intervalo; temperaturas acima desse limite já caracterizam a febre.

Mas o que é a febre? Apesar de causar mal-estar e de, em certos casos, representar riscos, ela não é uma doença; trata-se de um sintoma, uma forma de resposta do organismo a algo que não funciona bem nele, que pode ser um problema causado por agente externo, como um vírus, ou uma doença em um órgão interno.

Fonte: <http://drauziovarella.com.br/letras/f/febre/>. Acesso em: 2 maio 2018.

Quando estamos com febre, todas as reações químicas ocorridas em nosso organismo passam a ter sua velocidade aumentada. Uma elevação em 1 °C ou 2 °C na temperatura faz com que elas se acelerem substancialmente. Com o aumento da temperatura corporal, o metabolismo se acelera, produzindo mais calor. Nesse processo, o ritmo respiratório aumenta, pois a demanda por oxigênio passa a ser maior. Com isso, perdemos mais água, comprometendo o sistema circulatório, o que torna mais difícil a eliminação de calor pela pele. Acima de 41,5 °C, as funções celulares ficam muito prejudicadas, e o indivíduo perde a consciência; por isso, febres altas podem ser fatais.

De modo análogo, a queda de temperatura também é prejudicial, já que reduz a atividade metabólica do organismo. Se em caso de febre nosso organismo consome mais oxigênio, quando a temperatura fica abaixo do normal, ocorre o inverso: a demanda por O_2 é reduzida.

Em certas cirurgias cardíacas, nas quais é necessário reduzir a chegada de O_2 ao cérebro do paciente por certo tempo, é comum os médicos utilizarem procedimentos para baixar a temperatura do corpo. Com isso, o cérebro recebe quantidade menor de oxigênio sem ser afetado – ao contrário, na temperatura normal, a falta de O_2 no cérebro por mais de 5 minutos causa danos irreversíveis ao organismo.

Para responder às perguntas, baseie-se no seguinte:

Considere dois grupos de animais:
- grupo **A**: peixe, rã, lagartixa, lagarto;
- grupo **B**: cachorro, gato, ser humano, chimpanzé.

Lagarto.

Chimpanzé.

Se, em um dia frio, encostarmos a mão em qualquer animal do grupo **A** e, em seguida, em qualquer animal do grupo **B**, teremos sensações térmicas opostas. Um grupo de animais corresponde aos pecilotérmicos e o outro aos homotérmicos.

1. Pense sobre o significado do radical de origem grega hom(o)-, presente em diversas palavras da língua portuguesa, e diga o que significa **homotérmico**.

2. Enquanto os animais do grupo ao qual pertencemos mantêm a temperatura constante, independentemente do meio onde se encontram, os do outro grupo não o fazem. Deduza então qual é o significado da palavra **pecilotérmico**.

3. Por que, quando encostamos a mão em um animal do grupo **A**, temos a sensação de frio?

4. Em visita ao zoológico em um dia frio, podemos ver que jacarés e crocodilos tendem a ficar muito tempo parados, dormindo ou se movimentando muito vagarosamente. Redija uma explicação que relacione essa observação ao que você estudou.

Fatores que influem na velocidade de uma reação

Agora vamos analisar os recursos mais adotados para tornar uma reação mais rápida.

Temperatura

A relação entre o aumento da temperatura e o aumento da velocidade das reações químicas faz parte do conhecimento **empírico** da humanidade há séculos.

Mesmo antes de ter o conhecimento formal do conceito de reação química ou de velocidade de reação, a humanidade já se valia do fogo produzido em reações de combustão para cozinhar seus alimentos e construir armas e objetos de trabalho; há cerca de 4 mil anos, os chineses conseguiram obter o ferro com base em seu minério, recorrendo ao calor produzido na queima da madeira.

No século XIX, o importante químico holandês Jacobus Henricus van't Hoff (1852-1911), tentando estabelecer uma relação matemática entre temperatura e velocidade de reação com base nos experimentos que fez, sugeriu que um aumento de 10 °C na temperatura de um sistema provoca a duplicação da velocidade da reação.

Essa regra empírica é muito aproximada e tem muitas exceções. Porém, van't Hoff deixou claro que variações de temperatura têm influência significativa na velocidade das reações químicas.

Como vimos, segundo a teoria das colisões, para que haja reação química entre duas moléculas, é preciso que haja colisão orientada e suficientemente energética (igual à energia de ativação ou maior que ela).

Ora, um aumento de temperatura faz com que a velocidade das moléculas aumente. Consequentemente, a energia cinética média também aumentará e, com isso, haverá maior probabilidade de as moléculas se chocarem com energia suficiente para provocar uma transformação química.

Empírico: baseado na experiência e na observação.

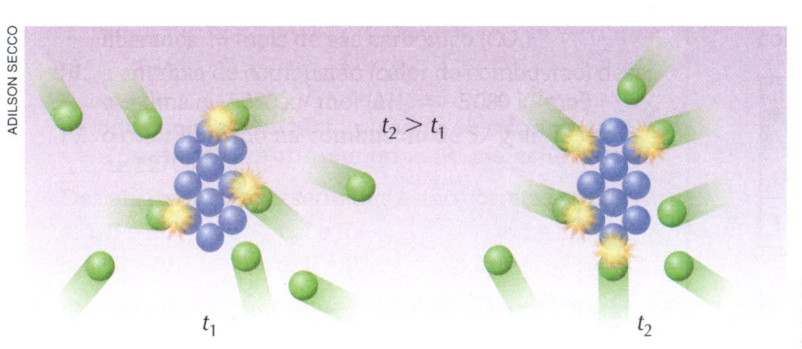

Na temperatura t_2, a probabilidade de ocorrência de colisões eficazes entre as partículas é maior.

Por meio de experimentos simples, como os sugeridos na seção *Química: prática e reflexão*, é possível perceber que há ligação entre a temperatura e a velocidade de uma reação, tanto nos sistemas homogêneos quanto nos heterogêneos. Pode-se afirmar que **aumentar a temperatura de um sistema implica aumentar a velocidade de reação**:

maior temperatura ⟶ maior velocidade de reação

Em qualquer amostra de reagente, há um grande número de unidades, as quais podem ter energias cinéticas diferentes.

Vamos analisar a curva de distribuição de energia ao lado.

Para que você possa compreender o significado deste gráfico, nas atividades a seguir vamos fazer uma analogia com uma situação que você conhece bem: as notas obtidas pelos alunos de uma escola.

Distribuição da energia cinética de um grupo de moléculas

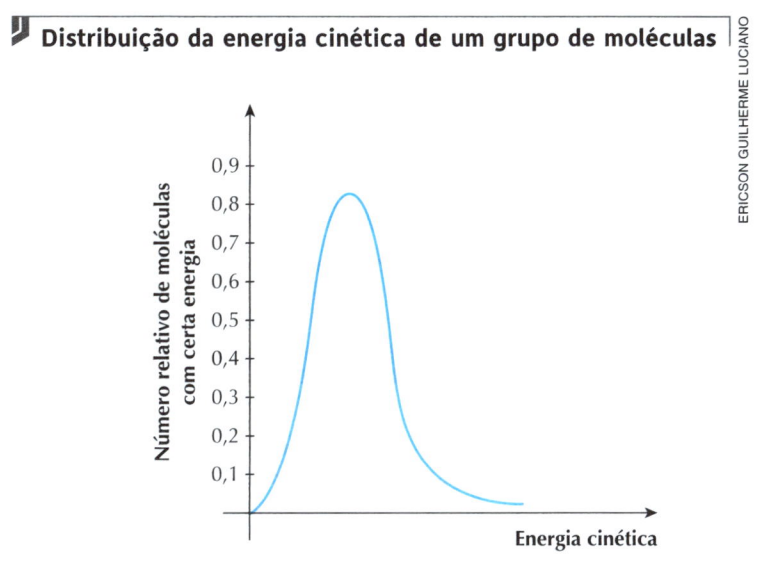

Atividades

Considere o rendimento escolar de um mesmo grupo de alunos em dois anos consecutivos, 2017 e 2018.

O rendimento corresponde aos primeiros bimestres do 1º ano (2017) e do 2º ano (2018).

Número de alunos		
Nota	1º ano (2017)	2º ano (2018)
0,0 – 1,0	2	1
1,1 – 2,0	10	4
2,1 – 3,0	34	14
3,1 – 4,0	68	25
4,1 – 5,0	100	45
5,1 – 6,0	68	62
6,1 – 7,0	34	64
7,1 – 8,0	10	60
8,1 – 9,0	0	40
9,1 – 10,0	0	11
	Total: 326	Total: 326

Você pode interpretar a tabela assim:

- dois alunos tiraram nota entre 0,0 e 1,0 em 2017; já em 2018, somente um aluno obteve nota no mesmo intervalo;
- dez alunos obtiveram nota entre 1,1 e 2,0, em 2017, e somente quatro, em 2018;
- e assim por diante.

1. Em um papel milimetrado, represente, por meio de gráfico de barras, o número de alunos × nota para os dois anos (use cores diferentes de lápis). Pelos pontos médios das barras, faça curvas correspondentes às duas situações.

2. Em termos gerais, do 1º ano para o 2º, o que ocorreu com o rendimento do grupo?

3. Por que a curva do 2º ano ficou mais achatada? Para que lado ela se deslocou?

4. Contando os quadrinhos da área quadriculada de ambas as curvas, explique por que o rendimento médio da turma melhora e a curva traçada necessariamente se achata.

5. Suponha que a nota considerada satisfatória (a média mínima) seja 6,0. Indique-a no gráfico e explique como ele nos fornece a informação de que no 2º ano há mais alunos acima da média.

Se considerada a energia cinética média de suas moléculas, o aumento da temperatura de um sistema em reação tem efeito semelhante ao "achatamento" e deslocamento da curva de número de alunos com certa nota em razão da melhoria do rendimento da classe de um ano para outro.

Agora voltemos às curvas de distribuição de energia cinética das moléculas, comparando duas temperaturas diferentes.

Quando a temperatura aumenta, há mais moléculas com energia cinética maior. Com isso, a curva de distribuição se desloca para a direita. Assim, quanto maior a temperatura, maior o número de moléculas com energia cinética superior à energia de ativação.

Quanto maior for a energia de ativação de uma reação, mais sua velocidade será afetada pelo aumento de temperatura. Por exemplo, as reações envolvidas no cozimento dos alimentos possuem energia de ativação alta. Por isso, panelas de pressão, que permitem que sejam atingidas temperaturas mais altas, são capazes de tornar o cozimento mais rápido.

Em resumo, podemos dizer que:

maior número de moléculas com maior temperatura → energia cinética média igual ou superior à energia de ativação → maior número de colisões efetivas → maior velocidade de reação

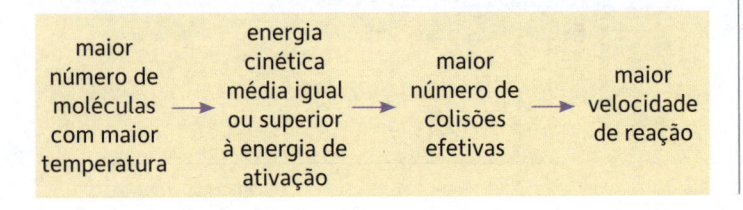

Distribuição de energia cinética de um grupo de moléculas em duas temperaturas distintas

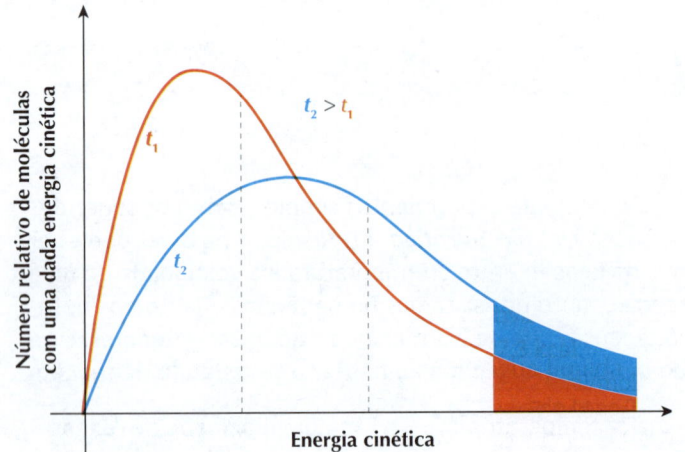

À temperatura t_2, há mais moléculas com energia superior à de ativação do que na temperatura t_1.
t_1: temperatura mais baixa
t_2: temperatura mais alta

Fonte: BLOOMFIELD, M. M.; STEPHENS, L. J. *Chemistry and The Living Organism*. 6th ed. New York: John Wiley Sons, 1996. p. 194.

Concentração

Nas atividades a seguir, vamos novamente pensar em um conceito químico com base em fatos que você conhece.

Atividades

Baseie-se no texto a seguir para responder às questões.

Em nosso dia a dia, podemos observar que combustíveis como o álcool, a gasolina e o éter podem ficar expostos ao oxigênio do ar sem que haja combustão. No entanto, em hospitais, o risco de incêndio representado por essas substâncias é grande, por isso algumas medidas preventivas são adotadas. Por exemplo, em centros cirúrgicos, o assoalho é coberto por materiais que isolam a eletricidade, e há um cuidado especial em reparar fios defeituosos que possam produzir faíscas; além disso, em certas dependências de um hospital é proibido lidar com fogo. Por que na atmosfera hospitalar o risco de incêndio é maior do que em outros ambientes também repletos de combustível, como postos de gasolina, por exemplo? A resposta está na outra substância que participa das combustões.

1. Que gás presente no ar propicia a queima dos combustíveis?
2. Por que a reação entre um combustível e o O_2, apesar de espontânea, pode não ocorrer?
3. Uma faísca elétrica ou uma brasa podem fazer uma reação acontecer rapidamente. Explique que papel elas têm.
4. Nos hospitais, é frequente a presença do gás que alimenta as combustões, o O_2, armazenado em balões, para uso médico. Qual é sua utilidade?
5. Considere um local em que uma pessoa com dificuldades respiratórias recebe gás oxigênio de um balão. Por que nesse local há maior risco de ocorrerem reações de combustão mais violentas do que em outro local? Em relação ao comburente, que diferença explica a maior velocidade de combustão no hospital?

Observe agora as fotos da reação de combustão do ferro feita em diferentes concentrações de oxigênio, O_2(g).

Palha de aço queimando em atmosfera normal.

Palha de aço queimando em atmosfera rica em O_2.

No ar atmosférico, a velocidade da combustão da palha de aço é menor do que no recipiente em que há atmosfera rica em O_2, pois a concentração do O_2 na atmosfera normal é menor.

Vamos analisar o fator concentração à luz da teoria das colisões.

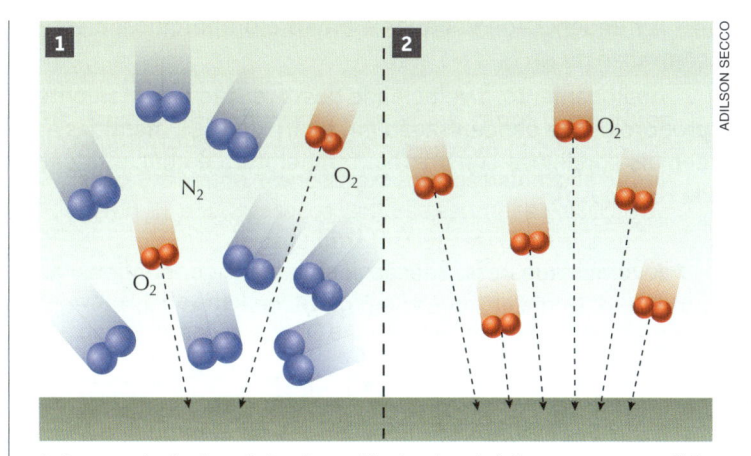

1. Representação de colisões das moléculas de oxigênio com uma superfície quando esse gás está misturado aos demais componentes do ar.
2. Representação de colisões dessas moléculas quando há apenas a substância oxigênio (quando ele está presente como substância praticamente pura). Para facilitar a compreensão, na imagem **1** o ar está representado apenas por seus componentes principais – nitrogênio e oxigênio.

Nos recipientes que contêm oxigênio, O_2(g), em concentração maior do que no ar, tem-se também maior probabilidade de choques entre as moléculas de O_2 e os átomos do ferro da palha de aço.

Agora, vamos analisar o efeito da concentração dos reagentes em um sistema homogêneo. Por exemplo:

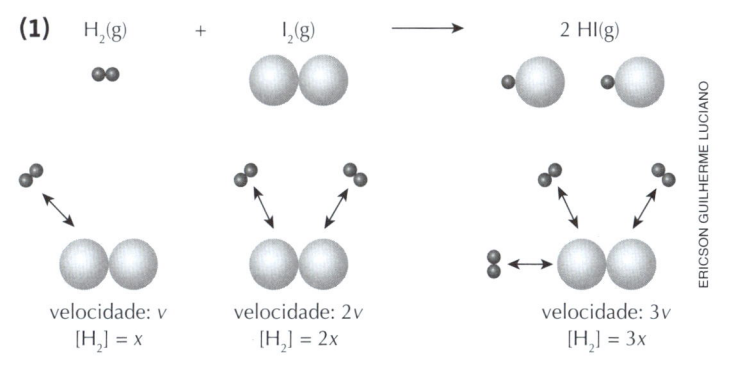

(1) $H_2(g) + I_2(g) \longrightarrow 2\ HI(g)$

velocidade: v — $[H_2] = x$
velocidade: $2v$ — $[H_2] = 2x$
velocidade: $3v$ — $[H_2] = 3x$

Influência da concentração de hidrogênio na velocidade da reação entre hidrogênio e iodo, ambos gasosos.

A frequência de choques efetivos é proporcional à concentração de H_2 gasoso. A velocidade dessa reação é diretamente proporcional à concentração em mol/L de H_2(g), mantidas as demais condições constantes (temperatura e concentração de I_2 gasoso).

$$v_1 \propto [H_2]$$
(α significa "diretamente proporcional")

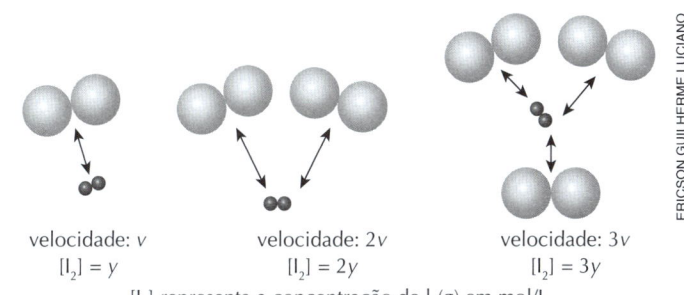

velocidade: v — $[I_2] = y$
velocidade: $2v$ — $[I_2] = 2y$
velocidade: $3v$ — $[I_2] = 3y$

$[I_2]$ representa a concentração de I_2(g) em mol/L

A concentração de iodo influi na velocidade da reação da mesma forma que a concentração de hidrogênio.

A frequência de choques efetivos é proporcional à concentração de I_2.

Analogamente, a velocidade dessa reação é diretamente proporcional à concentração em mol/L do $I_2(g)$, mantidas as demais condições constantes (temperatura e concentração de H_2 gasoso).

$$v_1 \alpha [I_2]$$

A velocidade dessa reação será também proporcional ao produto das concentrações em mol/L de $[H_2]$ e $[I_2]$:

$$v_1 \alpha [H_2][I_2]$$
$$v_1 = k_1[H_2][I_2]$$

k_1 é a constante de velocidade. Essa constante depende da reação e da temperatura do sistema.

(2) $2\ HI(g) \longrightarrow 2\ H_2(g) + I_2(g)$
iodeto de hidrogênio — hidrogênio — iodo

Verifica-se que a velocidade da reação inversa à síntese do HI é diretamente proporcional ao quadrado da concentração em mol/L de HI:

$$v_2 = k_2[HI]^2$$

No caso, k_2 é a constante de velocidade da decomposição do HI em dada temperatura.

Para uma reação que acontece em um sistema heterogêneo, **a quantidade de sólido não influi na velocidade da reação**, embora a superfície de contato influa. Por isso, é a concentração dos participantes da fase líquida ou da gasosa que aparece na expressão da velocidade da reação.

Relação entre a velocidade de uma reação e a concentração dos reagentes

Com base no exemplo analisado, talvez você acredite ser possível estabelecer uma equação genérica que expresse a velocidade de uma reação em função da concentração de seus reagentes. Vários cientistas ao longo do tempo tentaram estabelecer esse tipo de relação; no entanto, a lei que relaciona velocidade instantânea com concentração só pode ser determinada **experimentalmente**.

Os dados de velocidade da reação abaixo equacionada foram obtidos em diversos experimentos, nos quais, a cada vez, variou-se a concentração de apenas um dos reagentes, mantendo-se as demais variáveis constantes (temperatura e concentração dos demais reagentes).

$S_2O_8^{2-}(aq) + 2\ I^-(aq) \longrightarrow 2\ SO_4^{2-}(aq) + I_2(aq)$
íons persulfato — íons iodeto — íons sulfato — iodo

Experimento	$[S_2O_8^{2-}]$	$[I^-]$	Velocidade inicial (mol L^{-1} s^{-1})
1	0,080	0,034	$2,2 \cdot 10^{-4}$
2	0,080	0,017	$1,1 \cdot 10^{-4}$
3	0,160	0,017	$2,2 \cdot 10^{-4}$

Fonte: CHANG, R. *Chemistry*. 5th ed. Highstown: McGraw-Hill, 1994. p. 525.

Repare que o que variou entre os experimentos **1** e **2** foi a concentração de íons iodeto. Ela foi reduzida à metade – passou de 0,034 mol L^{-1} para 0,017 mol L^{-1}. E o que ocorreu com a velocidade? Também foi reduzida à metade, passando de $2,2 \cdot 10^{-4}$ mol L^{-1} s^{-1} para $1,1 \cdot 10^{-4}$ mol L^{-1} s^{-1}. Ou seja, a velocidade da reação é diretamente proporcional à concentração de iodeto, elevada à primeira potência.

Fato semelhante ocorreu com o $S_2O_8^{2-}$, o que se percebe comparando os experimentos **2** e **3**: dobrando-se a concentração de $S_2O_8^{2-}$, a velocidade da reação também dobrou. Portanto, a velocidade da reação também é proporcional à concentração de $S_2O_8^{2-}$, elevada à primeira potência.

Com isso, pode-se deduzir que a lei da velocidade dessa reação é:

$$v = k\ [S_2O_8^{2-}]\ [I^-]$$

em que **k** é uma constante que depende da natureza da reação e da temperatura na qual ela é realizada.

Há reações em que a concentração de alguns reagentes aparece elevada ao quadrado, ao cubo ou até mesmo a zero, no caso de um reagente cuja concentração não interfira na velocidade da reação (você sabe que qualquer número elevado a zero é igual a 1).

Baseados nesses dados experimentais, os cientistas deduzem por qual percurso os reagentes se transformam em produtos, ou seja, por qual mecanismo a reação acontece.

Mecanismo de uma reação

Analise atentamente as equações:

(1) $CO(g) + NO_2(g) \longrightarrow CO_2(g) + NO(g)$
monóxido de carbono — dióxido de nitrogênio — dióxido de carbono — monóxido de nitrogênio

(2) $5\ Fe^{2+}(aq) + MnO_4^-(aq) + 8\ H^+ \longrightarrow$
íons ferro(II) — íon permanganato — íons hidrogênio

$\longrightarrow 5\ Fe^{3+}(aq) + Mn^{2+}(aq) + 4\ H_2O(l)$
íons ferro(III) — íon manganês — água

Os coeficientes de acerto da equação **(1)** podem nos "sugerir" que uma molécula de $CO(g)$ deve colidir com uma molécula de $NO_2(g)$ para que origine uma molécula de cada um dos produtos. Por raciocínio semelhante, a equação **(2)** nos leva a supor que deveria ocorrer o choque simultâneo de 5 íons Fe^{2+}, 1 íon MnO_4^- e 8 íons H^+, o que, convenhamos, é altamente improvável que aconteça.

Na realidade, qualquer reação química complexa que ocorra a uma velocidade razoável é a soma de uma série de processos mais simples chamados **etapas de reação**.

Chamamos de **mecanismo de reação** o conjunto de etapas segundo as quais os reagentes interagem para originar os produtos.

Considere o exemplo:

$$NO_2(g) + CO(g) \longrightarrow NO(g) + CO_2(g)$$

dióxido de nitrogênio + monóxido de carbono → monóxido de nitrogênio + dióxido de carbono

Examinando a equação, poderíamos supor que fosse válida a expressão:

$$v = k\,[NO_2]\,[CO]$$

No entanto, experimentalmente, verifica-se que, se a concentração de $NO_2(g)$ dobrar, mantidas a concentração de CO e a temperatura, a velocidade quadruplicará. Além disso, a velocidade independe da concentração de CO, o que pode ser mais bem entendido com as tabelas que expressam resultados experimentais:

$[NO_2]$	$[CO]$	Velocidade de reação (T constante)
x	y	v
2x	y	4v

$[NO_2]$	$[CO]$	Velocidade de reação (T constante)
x	y	v
x	2y	v

A que modelo recorreram os cientistas para explicar esses dados experimentais?

Eles propuseram um mecanismo de reação em duas etapas:

(1) Etapa lenta: $2\,NO_2(g) \longrightarrow NO_3(g) + NO(g)$

dióxido de nitrogênio → trióxido de nitrogênio + monóxido de nitrogênio

(2) Etapa rápida: $NO_3(g) + CO(g) \longrightarrow NO_2(g) + CO_2(g)$

trióxido de nitrogênio + monóxido de carbono → dióxido de nitrogênio + dióxido de carbono

Equação "soma" $NO_2(g) + CO(g) \longrightarrow NO(g) + CO_2(g)$

dióxido de nitrogênio + monóxido de carbono → monóxido de nitrogênio + dióxido de carbono

Mas o que significa dizer que a etapa (1) é mais lenta do que a (2)?

Suponha a seguinte situação: um esportista tem o desafio de realizar um conjunto de duas atividades em um tempo inferior ao obtido por outro esportista, que as realizou um mês antes. Em primeiro lugar, ele deve escalar uma montanha; depois, deve saltar do topo dessa montanha, voltando ao ponto de partida (veja as fotos).

Escalar a montanha.

Saltar. O equipamento usado para o salto chama-se *wingsuit* ("traje para voar").

Agora reflita: certamente, a primeira parte da tarefa é muito mais demorada do que a segunda; assim, o tempo total para realizar o desafio é praticamente o tempo gasto para escalar a montanha.

Agora transponha esse raciocínio para a análise da reação.

A etapa **(1)**, $2\ NO_2(g) \longrightarrow NO_3(g) + NO(g)$, por ser lenta, determina a velocidade do processo. Por isso, apesar de a equação global ser:

$$NO_2(g) + CO(g) \longrightarrow NO(g) + CO_2(g)$$
$$v = k\ [NO_2]^2$$

temos uma **reação de segunda ordem** (de ordem 2 em relação a NO_2 e de ordem zero em relação a CO). O número 2, que indica "segunda ordem", é o expoente da concentração em mol/L do NO_2 na etapa lenta.

Concluímos que **a velocidade de uma reação é determinada por sua etapa mais lenta**.

Ordem de uma reação

Para dar um exemplo do que seja ordem em uma reação, vamos supor duas situações possíveis com base em uma equação genérica:

$$A + 2\ X \longrightarrow Z$$

Etapa única

Se a reação acontecer em uma só etapa, teremos:
$$v = k[A]^1[X]^2$$

Nesse caso, a reação é de terceira ordem, ou de ordem 3 (soma dos expoentes 1 e 2).

Duas etapas

Se a reação ocorrer em duas etapas, teremos:

$$A + X \longrightarrow Y\ (lenta)$$
$$Y + X \longrightarrow Z\ (rápida)$$

Nesse caso, a reação é de segunda ordem, ou de ordem 2, correspondente à soma dos expoentes (1 + 1) de **A** e **X**.

Apresentamos duas suposições de mecanismo para que você perceba que essa reação, apesar de sugerir a ordem 3 (1 e 2 são coeficientes de acerto de **A** e **X**), poderá ter ordem diferente desse valor, o que é estabelecido **experimentalmente**.

Lembre-se: em **sistemas heterogêneos, a quantidade de sólido não influi na velocidade da reação**, portanto é impróprio falar em concentração dessa substância.

Superfície de contato

O experimento proposto na página 406 mostra que, ao colocarmos um comprimido efervescente inteiro em água, a reação é mais lenta do que ao colocarmos um comprimido triturado. Além disso, podemos notar que as bolhas de gás que se formam saem da superfície sólida do comprimido. Quebrando ou triturando o sólido, aumentamos sua superfície em contato com o líquido.

Em uma reação que ocorre em um sistema heterogêneo, a superfície de contato entre os reagentes é um dos fatores determinantes da velocidade de reação.

Por exemplo, quanto maior a superfície de contato entre o sólido e o gás, maior será a frequência de colisões entre as unidades dos reagentes e, portanto, maior será a velocidade de reação.

Como a superfície de contato entre a madeira e o O_2 do ar é maior no caso da serragem (e menor no caso das toras), a velocidade de combustão também será maior.

O comprimido triturado (no segundo copo) produz maior quantidade de bolhas de gás por unidade de tempo.

Atividades

1. Considere a reação abaixo equacionada, que ocorre em sistema homogêneo, em uma só etapa, e escreva a expressão de velocidade dessa reação.

$$2\ NO(g) + Cl_2(g) \longrightarrow 2\ NOCl(g)$$

2. Considere a equação de reação:

$$C_2H_5I(g) + H_2O(l) \longrightarrow C_2H_5OH(g) + H^+(aq) + I^-(aq)$$

Para determinar a velocidade de reação, pode-se recorrer a medidas periódicas da condutividade elétrica do sistema. Explique por quê.

QUESTÃO COMENTADA

3. (UFRGS-RS) Durante o estudo cinético da reação genérica 2 A + B ⟶ A₂B, foram obtidos os seguintes dados experimentais:

[A] mol/L	[B] mol/L	Velocidade de formação de A₂B (mol/L · s)
0,1	0,1	$2 \cdot 10^{-2}$
0,1	0,2	$8 \cdot 10^{-2}$
0,2	0,1	$2 \cdot 10^{-2}$

Baseando-se nos dados experimentais, assinale a alternativa que apresenta a ordem da reação em relação a **A** e **B**, respectivamente:

a) 2 e 1.   c) 1 e 1.   e) 2 e zero.
b) 1 e 2.   d) zero e 2.

Lembre-se de que a expressão da velocidade e, portanto, as ordens relativas a cada reagente são determinadas experimentalmente.

Sugestão de resolução

Comparando a primeira linha da tabela com a segunda, podemos notar que a concentração (mol L⁻¹) de **B** dobra. Que efeito essa alteração produz na velocidade? A velocidade quadruplica, indicando que o expoente da concentração de **B** será 2. Essa conclusão, realizada mentalmente, também poderá ser obtida pelo cálculo correspondente, como se segue.

Genericamente, podemos dizer que:

$$v = k\,[A]^x\,[B]^y$$

Vamos aplicá-la a cada uma das linhas da tabela:

primeira linha: $v_1 = k \cdot (0,1)^x \cdot (0,1)^y$
segunda linha: $v_2 = k \cdot (0,1)^x \cdot (0,2)^y$
terceira linha: $v_3 = k \cdot (0,2)^x \cdot (0,1)^y$

Para determinar x e y, podemos dividir essas expressões duas a duas:

$$\frac{(\text{primeira}): v_1}{(\text{segunda}): v_2} = \frac{k \cdot (0,1)^x \cdot (0,1)^y}{k \cdot (0,1)^x \cdot (0,2)^y} = \frac{2 \cdot 10^{-2}}{8 \cdot 10^{-2}} \Rightarrow$$

$$\Rightarrow \frac{(0,1)^y}{(0,2)^y} = \left(\frac{1}{4}\right) = \left(\frac{1}{2}\right)^y \therefore y = 2$$

$$\frac{(\text{primeira}): v_1}{(\text{terceira}): v_3} = \frac{k \cdot (0,1)^x \cdot (0,1)^y}{k \cdot (0,2)^x \cdot (0,1)^y} = \frac{2 \cdot 10^{-2}}{2 \cdot 10^{-2}} \Rightarrow$$

$$\Rightarrow \frac{(0,1)^x}{(0,2)^x} = 1 = \left(\frac{1}{2}\right)^x \therefore x = 0$$

$$v = k\,[A]^0\,[B]^2$$

Resposta: alternativa **d**.

Com base nos dados da questão 3, resolva as questões de 4 a 7.

4. Escreva a expressão da velocidade da reação.

5. De que ordem é a reação?

6. Se triplicarmos a concentração de **A**, o que ocorrerá com a velocidade da reação?

7. Se triplicarmos a concentração de **B**, o que ocorrerá com a velocidade da reação?

Você pode resolver as questões 10, 11, 12, 15, 18, 21 e 29 da seção Testando seus conhecimentos.

Catalisadores em ação

Leia este trecho de uma reportagem sobre o museu Inhotim, localizado em Minas Gerais.

O admirável milagre de Inhotim

Um empresário de mineração levanta um dos maiores museus ao ar livre do mundo em MG

[...] Inhotim tornou-se o surpreendente catalisador econômico de uma região voltada à mineração que hoje está com a cotação em baixa. A imensa maioria do exército de 1 000 pessoas que trabalha lá, entre jardineiros, empregados de manutenção, operários, garçons, guias e vigilantes vem da pequena cidade próxima de Brumadinho.

BARCA, A. J. *El País*, 9 abr. 2015. Disponível em: <http://brasil.elpais.com/brasil/2015/04/08/cultura/1428519276_569961.html>. Acesso em: 2 maio 2018.

Entende-se, pela reportagem, que a região onde o museu Inhotim foi construído, tradicionalmente mineradora, não estava passando por um bom momento econômico. A abertura do museu trouxe nova vida ao local, gerando empregos diretos e indiretos. Ou seja, o museu teve o efeito de revitalizar e de acelerar mudanças, daí o emprego da expressão "surpreendente **catalisador** econômico" para qualificar a instituição.

Na linguagem cotidiana, não científica, qualquer fator que acelere uma decisão, que intensifique ou estimule um processo pode ser chamado de catalisador, mas fique atento para não se confundir: na linguagem da Química, **catalisador** não se refere a qualquer fator que acelera uma reação, mas especificamente a uma **substância** capaz de aumentar a velocidade de uma reação e que é recuperada ao final do processo.

Sem o uso de catalisadores, a produção industrial estaria seriamente comprometida, tendo em vista que a maioria absoluta dos produtos é resultado de alguma reação que envolve catalisadores. O emprego de catalisadores nos sistemas de exaustão dos automóveis é importante porque contribui para a redução da poluição ambiental.

Os catalisadores são específicos de cada processo, isto é, uma substância que funciona como catalisador para uma reação pode não funcionar como tal para outra. Pode ocorrer até mesmo o contrário: uma substância que catalisa uma transformação pode reduzir a velocidade de outra – nesse caso, dizemos que ela funciona como um **inibidor**, substância que diminui a velocidade de uma reação.

Como o emprego de catalisadores reduz custos industriais, algumas empresas mantêm segredo sobre as substâncias que empregam para acelerar seus processos produtivos.

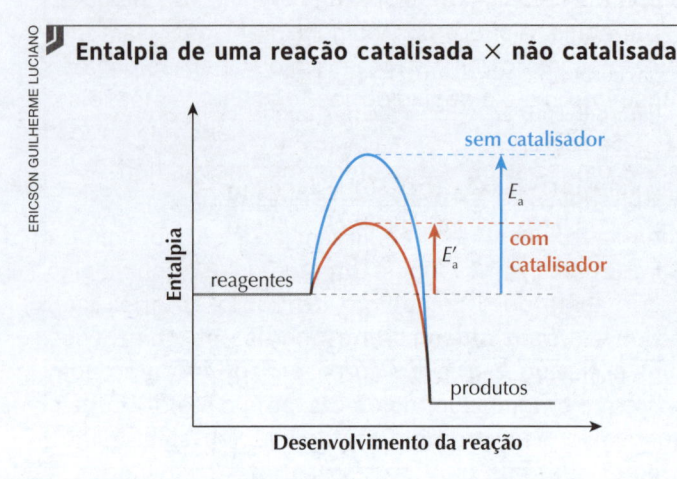

Entalpia de uma reação catalisada × não catalisada

E_a: energia de ativação sem catalisador
E'_a: energia de ativação com catalisador

Esboço de gráfico mostrando o abaixamento da energia de ativação de uma reação quando se usa catalisador.

Este túnel em Florianópolis, Santa Catarina (foto de 2013), liga o centro a outros bairros. O túnel permite ao motorista vencer a montanha mais rapidamente do que se tivesse que contorná-la; é um caminho alternativo, que pode ser percorrido com menor gasto de energia. De modo análogo, na reação, a adição de um catalisador torna desnecessário elevar a energia do sistema até que atinja valor correspondente ao complexo ativado da reação em sua ausência.

Como age um catalisador

Os mecanismos de catálise não são totalmente conhecidos. De qualquer modo, o acréscimo de um catalisador a um sistema em reação propicia que essa reação aconteça com energia de ativação mais baixa do que se ocorresse sem o catalisador.

Do ponto de vista da energia, vamos comparar a decomposição do óxido nitroso sem catalisador com a que ocorre usando-se um catalisador (ouro, por exemplo).

$N_2O(g) \longrightarrow N_2(g) + \frac{1}{2}O_2(g)$ $E_a = 251{,}0$ kJ
monóxido de dinitrogênio   nitrogênio   oxigênio $\Delta H = -81{,}5$ kJ/mol (sem catalisador)

$N_2O(g) \xrightarrow{Au} N_2(g) + \frac{1}{2}O_2(g)$ $E'_a = 121$ kJ
monóxido de dinitrogênio   nitrogênio   oxigênio $\Delta H = -81{,}5$ kJ/mol (com catalisador)

O gráfico abaixo, no qual estão indicadas essas duas alternativas, explica as diferentes energias de ativação.

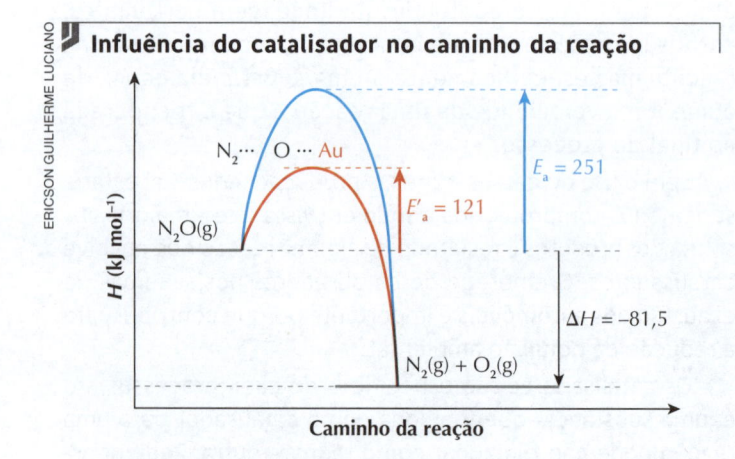

Influência do catalisador no caminho da reação

A adição do catalisador ouro altera o caminho da reação, diminuindo a energia de ativação necessária para que ocorra a decomposição do óxido nitroso.

Fonte: MASTERTON, W. L.; SLOWINSKI, E. J. *Química geral superior*. 4. ed. Rio de Janeiro: Interamericana, 1978. p. 318.

Como você pode concluir pelo gráfico, os complexos ativados das duas situações são diferentes um do outro; por essa razão, as energias de ativação também o são. O ouro associa-se ao N_2O, enfraquecendo suas ligações, de modo que a reação se torna mais rápida.

Vamos destacar dois tipos de catálise: a homogênea e a heterogênea.

Catálise homogênea

Ocorre quando o catalisador e os reagentes formam uma só fase. O catalisador reage com alguns participantes do processo numa etapa e se regenera em outra. Dessa forma, a reação torna-se mais rápida, e o catalisador pode ser recuperado ao final do processo. Vamos, a seguir, analisar alguns exemplos.

Obtenção do trióxido de enxofre

Consideremos a obtenção do SO_3, catalisada por óxidos de nitrogênio. Tal reação foi, durante muitos anos, uma etapa importante da obtenção do ácido sulfúrico (H_2SO_4) no processo chamado de câmaras de chumbo.

Processo de obtenção do H_2SO_4 a partir do S:

(1) $S(s)$ + $O_2(g)$ $\longrightarrow$ $SO_2(g)$
enxofre + oxigênio $\longrightarrow$ dióxido de enxofre

(2) $SO_2(g)$ + $\frac{1}{2} O_2(g)$ $\xrightarrow{catalisador}$ $SO_3(g)$
dióxido de enxofre + oxigênio $\longrightarrow$ trióxido de enxofre

(3) $H_2O(l)$ + $SO_3(g)$ $\longrightarrow$ $H_2SO_4(aq)$
água + trióxido de enxofre $\longrightarrow$ ácido sulfúrico

A transformação **2**, de SO_2 em SO_3, é uma reação em fase gasosa. Analisemos o papel do $NO_2(g)$, catalisador dessa reação:

$SO_2(g)$ + $NO_2(g)$ $\longrightarrow$ $SO_3(g)$ + $NO(g)$
dióxido de enxofre + dióxido de nitrogênio $\longrightarrow$ trióxido de enxofre + monóxido de nitrogênio

$NO(g)$ + $\frac{1}{2} O_2(g)$ $\longrightarrow$ $NO_2(g)$
monóxido de nitrogênio + oxigênio $\longrightarrow$ dióxido de nitrogênio

Equação "soma": $SO_2(g)$ + $\frac{1}{2} O_2(g)$ $\xrightarrow{NO_2(g)}$ $SO_3(g)$
dióxido de enxofre + oxigênio $\longrightarrow$ trióxido de enxofre

Note que o $NO_2(g)$, que é reagente em uma etapa, se regenera em outra, como se não tivesse participado da reação.

Os gráficos abaixo mostram o consumo porcentual de ácido sulfúrico por região do globo e sua importância econômica como matéria-prima para a obtenção de vários produtos, especialmente fertilizantes, na indústria brasileira.

Mais de 80% do ácido sulfúrico consumido no Brasil é usado para a produção de fertilizantes; a maior parte dessa demanda é destinada à produção de ácido fosfórico. A sigla SSP representa Superfosfato Simples, fertilizante fosfatado obtido da reação de H_2SO_4 com fosfatos minerais, as apatitas.

Fonte: Disponível em: <http://www.h2so4.com.br/downloads/Download/COBRAS-2017/COBRAS%202017%20-%20Vale%20Fertilizantes%20-%20Perspectivas%20do%20mercado%20de%20%C3%A1cido%20sulf%C3%BArico.pdf>. Acesso em: 18 mar. 2018.

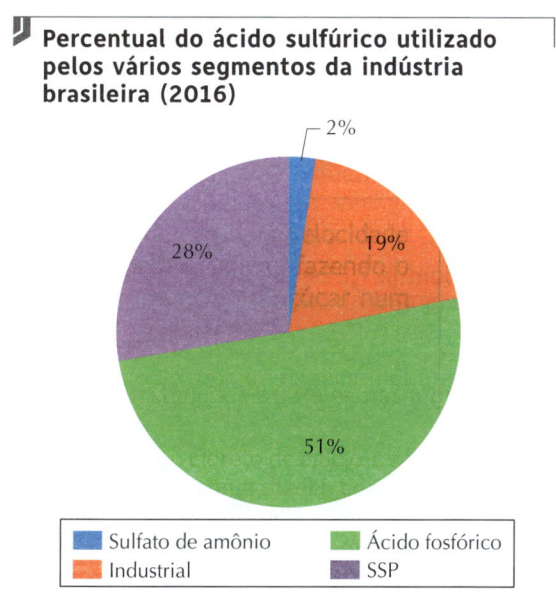

Percentual do ácido sulfúrico utilizado pelos vários segmentos da indústria brasileira (2016)
- Sulfato de amônio: 2%
- Industrial: 19%
- Ácido fosfórico: 51%
- SSP: 28%

Consumo mundial de ácido sulfúrico (2017)
(Nordeste da Ásia, Japão, Sudeste da Ásia, Europa Central, Oceania, Europa Ocidental, Oriente Médio, Sudoeste da Ásia, Europa Oriental, América Latina, África, América do Norte, China)

Fonte: *Chemical Economics Handbook*. Outubro de 2017.

Obtenção do ácido acético

Entre os ácidos orgânicos, o ácido acético ocupa papel de destaque por seu emprego na fabricação de plásticos, fibras sintéticas e outros produtos de usos diversos. (Entre os ácidos inorgânicos, o H_2SO_4 é economicamente o mais importante.)

A preparação do ácido acético pode ser conseguida a partir de metanol e monóxido de carbono, usando iodeto de cobalto(II) como catalisador.

$$CH_3OH(l) + CO(g) \xrightarrow{\text{iodeto de cobalto(II)}} H_3C-\underset{\substack{\| \\ O}}{C}-OH(l)$$

metanol — monóxido de carbono — ácido acético

Nas últimas décadas, os cientistas têm desenvolvido uma classe de catalisadores que são compostos metálicos, muitos deles contendo ródio (Rh), solúveis no meio em que a reação se processa.

Esses novos catalisadores têm resultado em processos mais econômicos. Entre outras vantagens, eles: custam menos do que os metais nobres, até então empregados em outros tipos de catálises; podem ser separados dos produtos da reação em condições ambientes; atuam de forma seletiva, isto é, podem tornar mais rápida a reação que nos interessa, sem acelerar outras que poderiam causar dificuldades caso ocorressem.

Catálise heterogênea

Ocorre quando o catalisador e os reagentes constituem fases distintas, havendo uma superfície de contato entre eles.

No caso de reações em que os reagentes são gasosos, é comum o uso de metais. Analise os exemplos:

Hidrogenação de compostos orgânicos insaturados

Compostos insaturados são os que possuem duplas ou triplas ligações entre átomos de carbono, dos quais representamos um fragmento:

$$\cdots-C=C-\cdots + H_2 \xrightarrow{\text{catalisador}} \cdots-\underset{H}{C}-\underset{H}{C}-\cdots$$

Essa reação, catalisada por metais como níquel (Ni), platina (Pt), paládio (Pd) etc., é usada, por exemplo, na obtenção de margarina a partir de óleos vegetais (mistura em que predominam compostos que possuem duplas ligações entre átomos de carbono). O metal catalisa a hidrogenação de um óleo vegetal na produção da margarina.

Síntese da amônia

Na obtenção de amônia, muito importante na produção de ácido nítrico e de fertilizantes, recorre-se ao uso da catálise heterogênea. Outras condições para que esse processo tenha bom rendimento são analisadas no capítulo 19.

$$N_2(g) + 3 H_2(g) \xrightarrow{\text{catalisador}} 2 NH_3(g)$$

nitrogênio — hidrogênio — amônia

É na superfície do catalisador que se dá a quebra das ligações entre os átomos de nitrogênio e entre os átomos de hidrogênio.

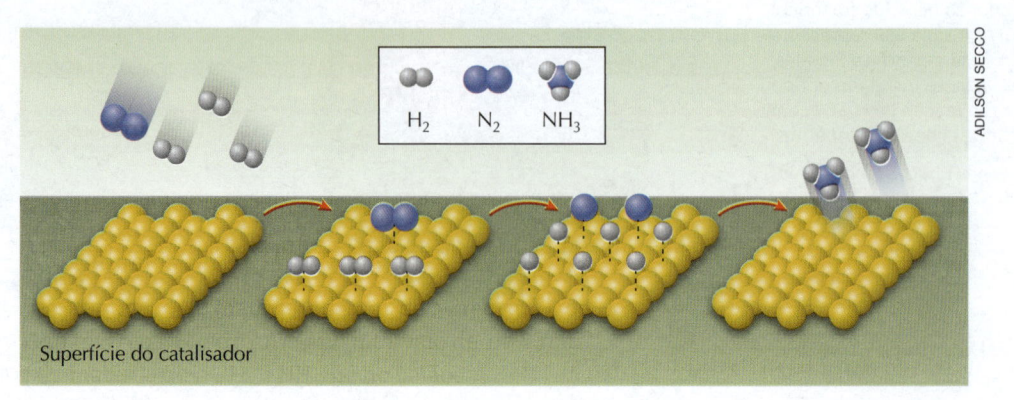

Ação de um catalisador sólido em uma reação entre substâncias gasosas.

Fonte: CHANG, R. *Chemistry*. 5th ed. Highstown: McGraw-Hill, 1994. p. 549.

Catálise automotiva

Os catalisadores automotivos têm a função de tornar completas as combustões dos hidrocarbonetos, acelerando a transformação do CO em CO_2. Ou seja, facilitam o processo em que a oxidação do C atinge o Nox máximo (+4). Assim:

$$2 \overset{+2}{C}O(g) + O_2(g) \xrightarrow{catalisador} 2 \overset{+4}{C}O_2(g)$$

monóxido de carbono — oxigênio — dióxido de carbono

$$2 \overset{+\frac{9}{4}}{C_8}H_{18}(l) + 25\, O_2(g) \xrightarrow{catalisador} 16 \overset{+4}{C}O_2(g) + 18\, H_2O(g)$$

isoctano (componente da gasolina) — oxigênio — dióxido de carbono — água

Como catalisadores automotivos, podem ser empregados platina (Pt), paládio (Pd), irídio (Ir), ródio (Rh) ou seus óxidos.

Além disso, esses catalisadores são também utilizados para converter os óxidos de nitrogênio prejudiciais à saúde em substâncias menos nocivas, como analisaremos no capítulo 24.

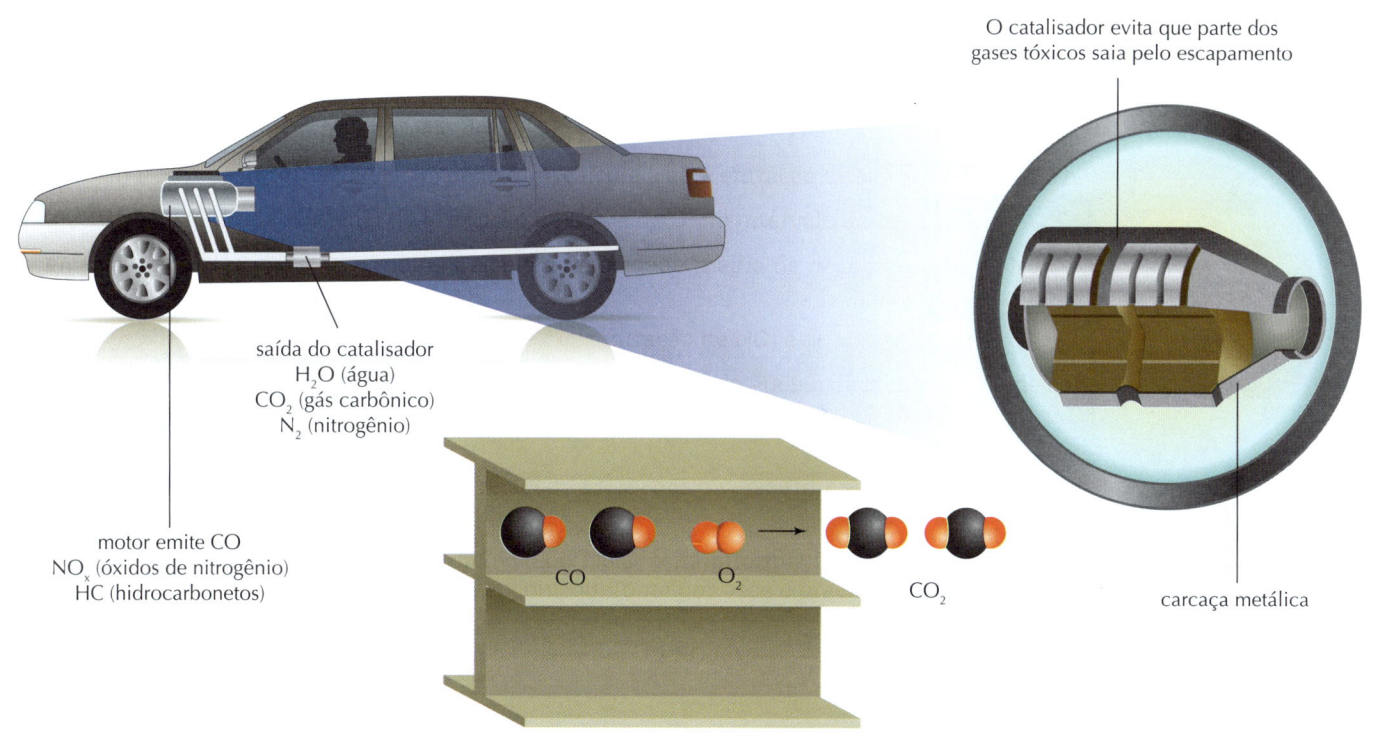

$$2\, NO(g) \xrightarrow{catalisador} N_2(g) + O_2(g)$$

monóxido de nitrogênio — nitrogênio — oxigênio

O catalisador evita que parte dos gases tóxicos saia pelo escapamento

saída do catalisador
H_2O (água)
CO_2 (gás carbônico)
N_2 (nitrogênio)

motor emite CO
NO_x (óxidos de nitrogênio)
HC (hidrocarbonetos)

favo de cerâmica com platina (catalisador)

carcaça metálica

A grande superfície do catalisador, Pt, acelera a transformação do CO (tóxico) em CO_2 (não tóxico).

Fonte: UNIVERSITY OF CALIFORNIA. College of Chemistry. *Three way catalytic converter*. Berkeley, 2009.

Para assistir

Assista ao vídeo (disponível em: <https://www.youtube.com/watch?v=W6dIsC_eGBI>, acesso em: 2 maio 2018) e veja como funciona o sistema de exaustão dos veículos.

Você pode resolver as questões 6, 9, 13, 14, 17, 19, 22, 24, 25, 27, 28 e 30 da seção **Testando seus conhecimentos**.

Conexões

Química e Biologia – Enzimas

Nas aulas de Ciências e Biologia, é provável que você tenha tido a oportunidade de aprender a respeito das enzimas. Em nosso sistema digestório, as grandes moléculas (macromoléculas) que constituem os macronutrientes (carboidratos, lipídios e proteínas) percorrem vários órgãos e neles passam por reações químicas que as transformam em moléculas menores. Esse processo se inicia na boca, onde uma enzima chamada **amilase** ou **ptialina**, presente na saliva, tem papel importante na hidrólise das moléculas de amido (um carboidrato presente na batata, por exemplo). Parte das moléculas de amido presentes no alimento transforma-se em maltose $(C_{12}H_{22}O_{11})_n$, um carboidrato bem mais simples do que o amido. Vale esclarecer que o amido $(C_6H_{10}O_5)_n$ é uma substância macromolecular, isto é, constituída por moléculas cuja massa molecular pode atingir valores de centenas de milhares, nas quais há unidades que se repetem; n representa um número variável e muito alto dessas unidades. Com base nessa breve explicação, é possível entender a importância de mastigar bem os alimentos; quando não mastigamos bem, não garantimos uma eficiente mistura do alimento com a saliva e, com isso, a quantidade de moléculas de amido que sofre a hidrólise (reação de decomposição por ação da água) é menor do que se a mastigação fosse bem-feita.

Genericamente, podemos dizer que enzimas são substâncias complexas, essenciais à vida, que catalisam os processos bioquímicos. Elas têm um papel fundamental nos processos biológicos que catalisam. São capazes de aumentar mais de um milhão de vezes a velocidade de uma reação, atuando de forma específica em certas substâncias, enquanto o resto do sistema permanece inalterado. Vamos esquematizar esse processo:

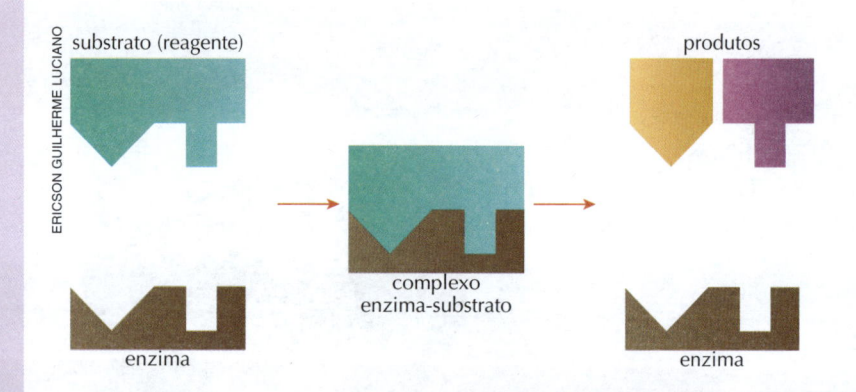

A figura representa um modelo de catálise em que o reagente se une à enzima, formando com ela uma estrutura complexa que resulta na regeneração da enzima e na formação dos produtos. O mecanismo costuma ser designado por **chave-fechadura**, embora essa denominação e a figura possam dar uma ideia pouco fiel desse processo, que é bastante complexo.

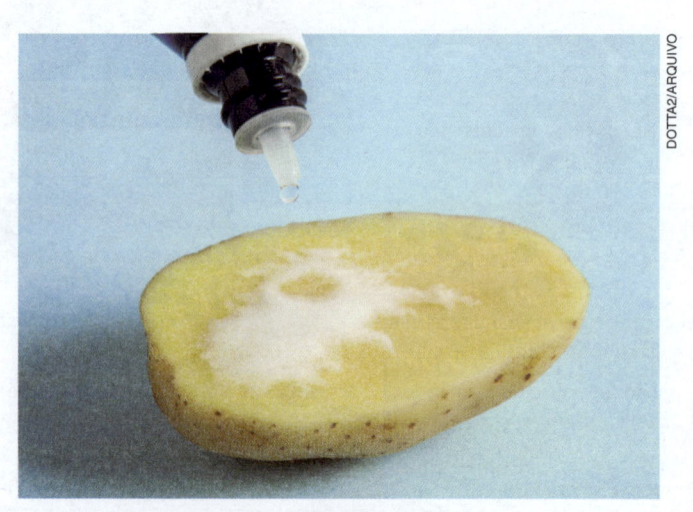

A catalase, enzima presente no sangue e também na batata, acelera a decomposição da água oxigenada, H_2O_2, viabilizando a formação de grande quantidade de O_2 em curto espaço de tempo, o que pode ser observado pela formação de bolhas sobre o pedaço de carne e na batata, nos quais se goteja água oxigenada. Isso explica o grande uso que essas soluções tiveram na limpeza de ferimentos. O O_2 mata as bactérias anaeróbias, que não vivem em meio oxigenado. Atualmente, considera-se preferível lavar bem o ferimento com muita água e sabão a usar água oxigenada.

Assim como qualquer catalisador, **a enzima altera o percurso da reação**, baixando a energia de ativação. Veja isso representado nos gráficos:

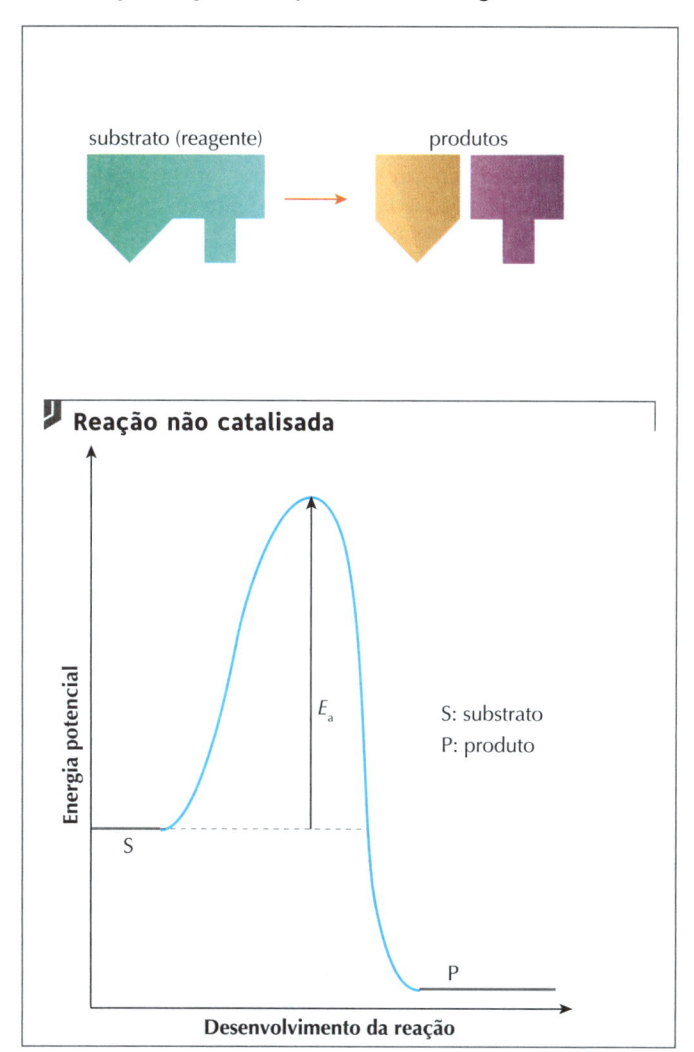

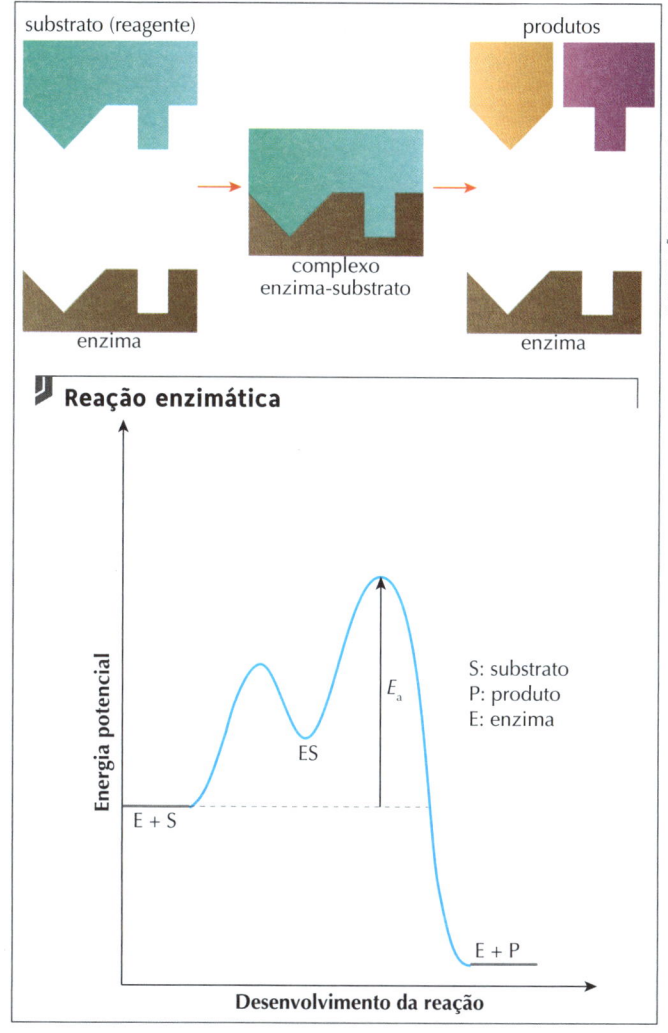

Reação não catalisada

S: substrato
P: produto

Reação enzimática

S: substrato
P: produto
E: enzima

A comparação dos gráficos evidencia a diminuição da energia de ativação e a alteração do caminho da reação quando em presença de uma enzima.

Fonte dos gráficos: CHANG, R. *Chemistry*. 5. ed. Highstown: McGraw-Hill, 1994. p. 553.

Estima-se que uma célula contenha, em média, 3 000 enzimas, cada uma delas atuando como catalisador homogêneo de uma reação específica.

Influência da luz e da eletricidade

Ondas eletromagnéticas, como as da luz visível, podem acelerar reações químicas.

É o caso da sensibilização de filmes fotográficos, que contêm sais de prata, e da aceleração da decomposição de água oxigenada, cuja velocidade aumenta quando essa substância entra em contato com a luz.

As faíscas elétricas, como as produzidas quando damos a "partida" nos motores de automóvel, são outra forma de fornecer energia de ativação às substâncias reagentes para que a reação de combustão possa ocorrer. Por isso, nos locais em que há concentrações elevadas de combustíveis ou de oxigênio (como ocorre nos hospitais), são comuns os avisos para evitar brasas e faíscas elétricas.

Símbolo usado comercialmente para alertar sobre o perigo da presença de faísca elétrica em ambientes com combustíveis.

Atividades

1. Luz e calor são exemplos de catalisadores? Por quê?

2. Baseie-se neste diagrama de energia de uma reação, comparando o desenvolvimento da reação com catalisador a seu desenvolvimento sem catalisador, para responder às questões 2, 3 e 4.
   a) A reação é endotérmica ou exotérmica?
   b) Qual é o valor de ΔH?
   c) Qual é a energia de ativação na ausência de catalisador?
   d) Qual é a energia de ativação da reação na presença de catalisador?
   e) Qual é a diferença entre a energia de ativação com e sem catalisador?

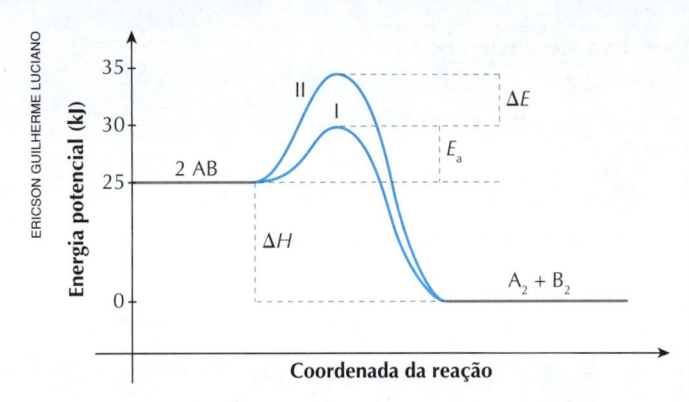

3. Considere a reação $A_2 + B_2 \longrightarrow 2\,AB$ e responda:
   a) Qual é a correspondente variação de entalpia?
   b) A reação corresponde a processo exotérmico ou endotérmico?
   c) Qual é o valor da energia de ativação na ausência de catalisador?
   d) Qual é o valor da energia de ativação na presença de catalisador?
   e) Qual é a diferença entre a energia de ativação com catalisador e sem catalisador?

4. Observe sua resposta ao item **e** das questões 2 e 3. Há diferenças? Por quê?

5. Um antibiótico pode ser administrado em comprimidos ou em suspensão (para facilitar sua administração a crianças pequenas). Na bula que acompanha o medicamento, há uma série de informações ao paciente sobre os cuidados com o armazenamento do produto, tais como conservá-lo em temperatura entre 15 °C e 30 °C e ao abrigo da umidade. A suspensão oral, após reconstituição, ficará estável por 14 dias em temperatura ambiente; portanto, ao se encerrar o tratamento com esse antibiótico, o frasco não deve ser guardado para futura reutilização. Explique as diferenças de conduta quanto à conservação entre os comprimidos e a suspensão.

6. As carnes contêm grande quantidade de um dos macronutrientes, as proteínas – compostos formados por longas moléculas contendo um número muito grande de átomos de carbono interligados.

   As proteínas presentes nas fibras da carne podem deixá-la dura. Carnes duras, se forem recobertas por amaciantes industrializados ou naturais, como o suco de abacaxi, tornam-se mais macias. A que você atribui esse resultado?

7. ....

   O carbono contido no carvão mineral ou no carvão vegetal (obtido pela queima da madeira) é importante no processo industrial de obtenção de ferro e aço (o C reduz o ferro do óxido de ferro presente no minério de ferro). Infelizmente, porém, em nosso país, muito carvão vegetal ainda tem sido obtido de modo irregular, com o uso de madeira nativa retirada ilegalmente de áreas de preservação ou de terras indígenas. Além disso, em alguns locais, as pessoas que trabalham nas carvoarias são submetidas a condições de trabalho inadequadas, quando não exploradas em regime de escravidão. Expostas a um ambiente agressivo sem o uso de equipamento de proteção individual (EPIs), adquirem doenças provocadas pelos gases tóxicos. O trabalho infantil nas carvoarias é outra preocupação, apesar da fiscalização.

   Fonte: INSTITUTO Observatório Social. *O aço da devastação*: crimes ambientais e trabalhistas na Amazônia. São Paulo, jun. 2011. Edição especial.

   ....

   Para posicionar-se a esse respeito, sugerimos:
   a) Leia o poema "Meninos carvoeiros", de Manuel Bandeira.

   Trabalhadores em carvoaria clandestina, em área desmatada (AM). Foto de 2005.

   b) Assista aos documentários indicados abaixo; depois, pesquise para comparar as condições denunciadas com as atuais:
   - *Os carvoeiros*, de Nigel Noble. Brasil, 1999 (62 minutos): famílias que ganham a vida produzindo carvão vegetal no interior de Minas Gerais, de Mato Grosso do Sul e do Pará; denúncia do desmatamento e exploração do trabalho infantil e semiescravo. Disponível em: <https://filmow.com/os-carvoeiros-t60821/>. Acesso em: 2 maio 2018;
   - *Vivendo os tombos/Carvoeiros*, de Dileny Campos. Brasil, 1977 (9 minutos): premiado documentário sobre o trabalho de extração e fabricação do carvão vegetal em Pompeu (MG). Disponível em: <https://vimeo.com/39163150>. Acesso em: 2 maio 2018.
   c) Pesquise os principais problemas decorrentes da inalação de substâncias produzidas no processo de obtenção do carvão.

   Seu professor organizará atividades coletivas a respeito; participe de uma discussão sobre o assunto.

Testando seus conhecimentos

Caso necessário, consulte as tabelas no final desta Parte.

1. (UFRR) Considere a reação de combustão completa do metano (não balanceada):

$$CH_4(g) + O_2(g) \longrightarrow CO_2(g) + H_2O(l)$$

   Se admitirmos que a velocidade média constante de consumo de metano é de 0,25 mol/min, a massa de gás carbônico, em gramas, produzida em 1 hora será de:
   a. 111
   b. 1320
   c. 540
   d. 132
   e. 660

2. (Uepa) Preparar o sagrado cafezinho de todos os dias, assar o pão de queijo e reunir a família para almoçar no domingo. Tarefas simples e do cotidiano ficarão mais caras a partir desta semana. O preço do gás de cozinha será reajustado pelas distribuidoras pela segunda vez este ano, com isso, cozinhar ficará mais caro. A equação química que mostra a queima do butano (gás de cozinha), em nossas residências é:

$$C_4H_{10}(g) + \frac{13}{2} O_2(g) \longrightarrow 4\,CO_2(g) + 5\,H_2O(l)$$

   O quadro abaixo ilustra a variação da concentração do gás butano em mols/L em função do tempo:

$[C_4H_{10}]$ (mol/L)	22,4	20,8	18,2	16,6	15,4	14,9
Tempo (horas)	0	1	2	3	4	5

   As velocidades médias da queima do gás de cozinha nos intervalos entre 0 a 5 e 1 a 3 horas são respectivamente:
   a. $-1,5$ mols/L $\cdot$ h e $-2,1$ mols/L $\cdot$ h
   b. $1,5$ mols/L $\cdot$ h e $2,1$ mols/L $\cdot$ h
   c. $1,5$ mols/L $\cdot$ h e $-2,1$ mols/L $\cdot$ h
   d. $2,1$ mols/L $\cdot$ h e $1,5$ mol/L $\cdot$ h
   e. $-1,5$ mols/L $\cdot$ h e $2,1$ mols/L $\cdot$ h

3. (PUC-RJ) Considere a reação de decomposição da substância **A** na substância **B** e as espécies a cada momento segundo o tempo indicado.

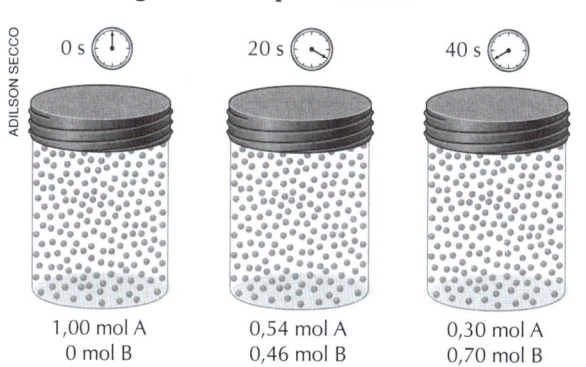

   0 s — 1,00 mol A ; 0 mol B
   20 s — 0,54 mol A ; 0,46 mol B
   40 s — 0,30 mol A ; 0,70 mol B

   Sobre a velocidade dessa reação, é correto afirmar que a velocidade de:
   a. decomposição da substância **A**, no intervalo de tempo de 0 a 20 s, é 0,46 mol s^{-1}.
   b. decomposição da substância **A**, no intervalo de tempo de 20 a 40 s, é 0,012 mol s^{-1}.
   c. decomposição da substância **A**, no intervalo de tempo de 0 a 40 s, é 0,035 mol s^{-1}.
   d. formação da substância **B**, no intervalo de tempo de 0 a 20 s, é 0,46 mol s^{-1}.
   e. formação da substância **B**, no intervalo de tempo de 0 a 40 s, é 0,70 mol s^{-1}.

4. (Fuvest-SP) Um estudante desejava estudar, experimentalmente, o efeito da temperatura sobre a velocidade de uma transformação química. Essa transformação pode ser representada por:

$$A + B \longrightarrow P$$

   Após uma série de quatro experimentos, o estudante representou os dados obtidos em uma tabela:

	Número do experimento			
	1	2	3	4
Temperatura (°C)	15	20	30	10
Massa de catalisador (mg)	1	2	3	4
Concentração inicial de A (mol/L)	0,1	0,1	0,1	0,1
Concentração inicial de B (mol/L)	0,2	0,2	0,2	0,2
Tempo decorrido até que a transformação se completasse (em segundos)	47	15	4	18

   Que modificação deveria ser feita no procedimento para obter resultados experimentais mais adequados ao objetivo proposto?
   a. Manter as amostras à mesma temperatura em todos os experimentos.
   b. Manter iguais os tempos necessários para completar as transformações.
   c. Usar a mesma massa de catalisador em todos os experimentos.
   d. Aumentar a concentração dos reagentes **A** e **B**.
   e. Diminuir a concentração do reagente **B**.

5. (Fuvest-SP) Investigou-se a velocidade de formação de gás hidrogênio proveniente da reação de Mg metálico com solução aquosa de HCl. Uma solução aquosa de HCl foi adicionada em grande excesso, e de uma só vez, sobre uma pequena chapa de magnésio metálico, colocada no fundo de um erlenmeyer. Imediatamente após a adição, uma seringa, com êmbolo móvel, livre de atrito, foi adaptada ao sistema para medir o volume de gás hidrogênio produzido, conforme mostra o esquema a seguir.

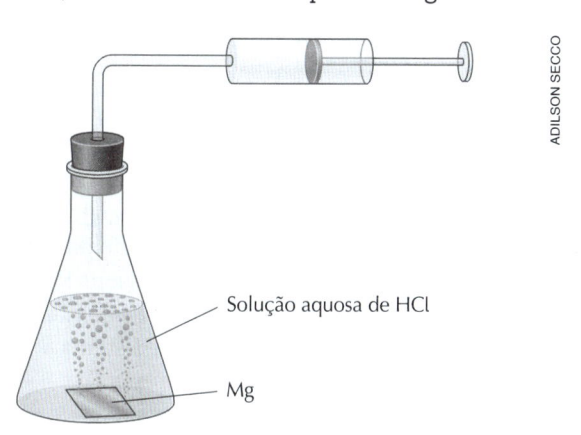

Os dados obtidos, sob temperatura e pressão constantes, estão representados na tabela abaixo e no gráfico da alternativa **b**.

a. Analisando os dados da tabela, um estudante de Química afirmou que a velocidade de formação do gás H_2 varia durante o experimento. Explique como ele chegou a essa conclusão.

Em um novo experimento, a chapa de Mg foi substituída por raspas do mesmo metal, mantendo-se iguais a massa da substância metálica e todas as demais condições experimentais.

b. No gráfico abaixo, esboce a curva que seria obtida no experimento em que se utilizou raspas de Mg.

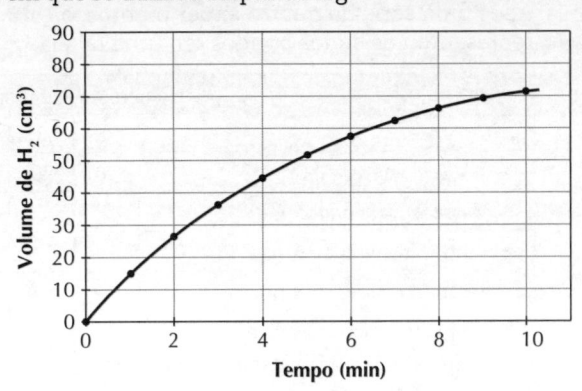

Tempo (min)	Volume de H_2 acumulado (cm³)
0	0
1	15
2	27
3	36
4	44
5	51
6	57
7	62
8	66
9	69
10	71

6. (UFPR) A reação entre NO e H_2, a uma dada temperatura, é descrita pela equação:

$$2\,NO(g) + 2\,H_2(g) \longrightarrow N_2(g) + 2\,H_2O(g)$$

Como ocorre redução da pressão no decorrer da reação, a variação $\Delta P(N_2)/\Delta t$ pode ser medida pela diminuição da pressão total. Expressão que descreve a lei de velocidade para essa reação:

$$\frac{\Delta P(N_2)}{\Delta t} = k \cdot P(H_2)^a \cdot P(NO)^b$$

	$P_0(H_2)$/(torr)	$P_0(NO)$/(torr)	$\Delta P(N_2)/\Delta t$/(torr·s⁻¹) (velocidades iniciais)
1	289	400	1,60
2	147	400	0,77
3	400	300	1,03
4	400	152	0,25

Com base nessas informações, determine:

a. Os valores inteiros que melhor descrevam as ordens de reação a e b.

b. A unidade da constante de velocidade, k.

7. (Unesp) Em um laboratório de química, dois estudantes realizam um experimento com o objetivo de determinar a velocidade da reação apresentada a seguir.

$$MgCO_3(s) + 2\,HCl(aq) \longrightarrow MgCl_2(aq) + H_2O(l) + CO_2(g)$$

Sabendo que a reação ocorre em um sistema aberto, o parâmetro do meio reacional que deverá ser considerado para a determinação da velocidade dessa reação é:

a. a diminuição da concentração de íons Mg^{2+}.
b. o teor de umidade no interior do sistema.
c. a diminuição da massa total do sistema.
d. a variação da concentração de íons Cl^-.
e. a elevação da pressão do sistema.

8. (Fuvest-SP) Para estudar a velocidade da reação entre carbonato de cobre ($CuCO_3$) e ácido nítrico (HNO_3), foram feitos três experimentos, em que o volume de dióxido de carbono (CO_2) produzido foi medido em vários intervalos de tempo. A tabela apresenta as condições em que foram realizados esses experimentos. Nos três experimentos, foram utilizadas massas idênticas de carbonato de cobre e a temperatura foi mantida constante durante o tempo em que as reações foram acompanhadas.

Condições experimentais	Experimento 1	Experimento 2	Experimento 3
Volume de HNO_3 de concentração 0,10 mol/L (mL)	50	50	100
Volume de água adicionado (mL)	0	50	0
Temperatura (°C)	20	20	20

Os dados obtidos nos três experimentos foram representados em um gráfico de volume de CO_2 em função do tempo de reação. Esse gráfico está apresentado a seguir.

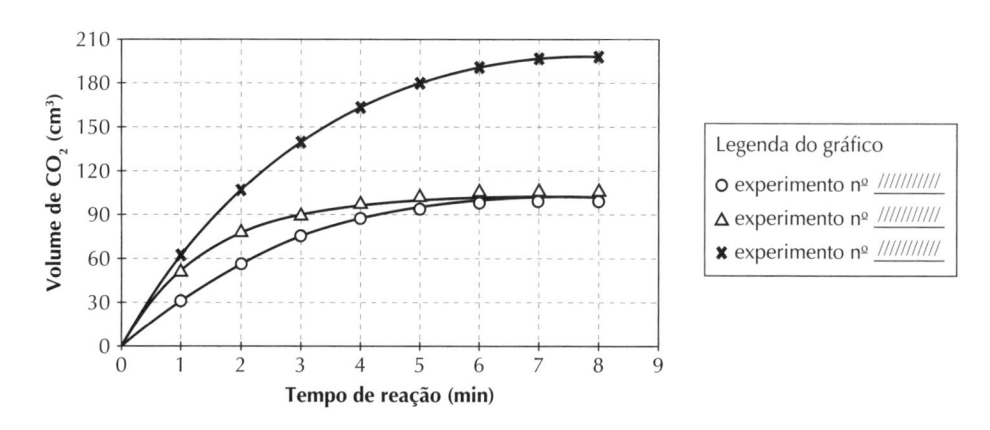

a. Escreva a equação química balanceada que representa a reação que ocorreu entre o carbonato de cobre e o ácido nítrico.

b. Com base nas condições empregadas em cada experimento, complete a legenda do gráfico com o número do experimento. Considere irrelevante a perda de volume de CO_2 coletado devido à dissolução na solução. Justifique suas respostas.

c. Nos três experimentos, o mesmo reagente estava em excesso. Qual é esse reagente? Explique.

9. (UFMG) O propeno, $CH_3 - CH = CH_2$, ao reagir com o brometo de hidrogênio, HBr, produz uma mistura de dois compostos – o brometo de n-propila, $CH_3 - CH_2 - CH_2Br$, e o brometo de isopropila, $CH_3 - CHBr - CH_3$. As reações responsáveis pela formação desses compostos estão representadas nestas duas equações:

Reação I

$CH_3 - CH = CH_2 + HBr \longrightarrow CH_3 - CH_2 - CH_2Br \quad \Delta H = 150 \text{ kJ/mol}$
Brometo de n-propila

Reação II

$CH_3 - CH = CH_2 + HBr \longrightarrow CH_3 - CHBr - CH_3 \quad \Delta H = -160 \text{ kJ/mol}$
Brometo de isopropila

Sabe-se que a velocidade da reação II é maior que a da reação I. Comparando-se essas duas reações, é CORRETO afirmar que, na II:

a. a energia de ativação é maior.
b. a energia do estado de transição é menor.
c. a energia dos reagentes é maior.
d. a energia liberada na forma de calor é menor.

10. (PUC-SP) O ânion bromato reage com o ânion brometo em meio ácido gerando a substância simples bromo segundo a equação:

$$BrO_3^-(aq) + 5\ Br^-(aq) + 6\ H^+(aq) \longrightarrow 3\ Br_2(aq) + 3\ H_2O(l)$$

A cinética dessa reação foi estudada a partir do acompanhamento dessa reação a partir de diferentes concentrações iniciais das espécies $BrO_3^-(aq)$, $Br^-(aq)$ e $H^+(aq)$.

Experimento	$[BrO_3^-]$ (mol·L^{-1})	$[Br^-]$ (mol·L^{-1})	$[H^+]$ (mol·L^{-1})	Taxa relativa
1	0,10	0,10	0,10	v
2	0,20	0,10	0,10	2v
3	0,10	0,30	0,10	3v
4	0,20	0,10	0,20	8v

Ao analisar esse processo foram feitas as seguintes observações:

I. Trata-se de uma reação de oxirredução.
II. O ânion brometo (Br^-) é o agente oxidante do processo.
III. A lei cinética dessa reação é $v = k[BrO_3^-][Br^-][H^+]^2$.

Pode-se afirmar que estão corretas
a. I e II, somente.
b. I e III, somente.
c. II e III, somente.
d. I, II e III.

11. (Uepa) De um modo geral, a ordem de uma reação é importante para prever a dependência de sua velocidade em relação aos seus reagentes, o que pode influenciar ou até mesmo inviabilizar a obtenção de um determinado composto. Sendo assim, os dados da tabela abaixo mostram uma situação hipotética da obtenção do composto "C", a partir dos reagentes "A" e "B".

Experimento	[A] mol L^{-1}	[B] mol L^{-1}	Velocidade inicial (mol L^{-1}s^{-1})
01	0,1	0,1	$4,0 \times 10^{-5}$
02	0,1	0,2	$4,0 \times 10^{-5}$
03	0,2	0,1	$16,0 \times 10^{-5}$

A partir dos dados da tabela acima, é correto afirmar que a reação: A + B $\longrightarrow$ C, é de:
a. 2ª ordem em relação a "A" e de ordem zero em relação a "B".
b. 1ª ordem em relação a "A" e de ordem zero em relação a "B".
c. 2ª ordem em relação a "B" e de ordem zero em relação a "A".
d. 1ª ordem em relação a "B" e de ordem zero em relação a "A".
e. 1ª ordem em relação a "A" e de 1ª ordem em relação a "B".

12. (UFPA) Os resultados de três experimentos, feitos para encontrar a lei de velocidade para a reação $2\ NO(g) + 2\ H_2(g) \longrightarrow N_2(g) + 2\ H_2O(g)$, encontram-se na Tabela 1 abaixo.

Tabela 1 – Velocidade inicial de consumo de NO(g)

Experimento	[NO] inicial (mol L^{-1})	[H$_2$] inicial (mol L^{-1})	Velocidade de consumo inicial de NO (mol L^{-1} s^{-1})
1	$4,0 \times 10^{-3}$	$2,0 \times 10^{-3}$	$1,2 \times 10^{-5}$
2	$8,0 \times 10^{-3}$	$2,0 \times 10^{-3}$	$4,8 \times 10^{-5}$
3	$4,0 \times 10^{-3}$	$4,0 \times 10^{-3}$	$2,4 \times 10^{-5}$

De acordo com esses resultados, é correto concluir que a equação de velocidade é
a. $v = k[NO][H_2]^2$
b. $v = k[NO]^2[H_2]^2$
c. $v = k[NO]^2[H_2]$
d. $v = k[NO]^4[H_2]^2$
e. $v = k[NO]^{\frac{1}{2}}[H_2]$

13. (FCM-PB) Conhecer os fundamentos teóricos da cinética química é de grande importância, principalmente para as indústrias químicas. Afinal, acelerando-se as reações, reduz-se o tempo gasto com a produção, tornando os processos químicos mais econômicos e os produtos finais mais competitivos no mercado. Com relação à cinética das reações, considere o mecanismo abaixo da reação de decomposição do peróxido de hidrogênio em presença de íons iodeto.

Etapa 1: $H_2O_2(aq) + I^-(aq) \longrightarrow H_2O(l) + IO^-(aq)$
(lenta)

Etapa 2: $H_2O_2(aq) + IO^-(aq) \longrightarrow H_2O(l) + O_2(g) + I^-(aq)$
(rápida)

Com base no mecanismo, assinale a alternativa correta.
a. O íon $IO^-(aq)$ é o intermediário da reação.
b. O íon $I^-(aq)$ atua aumentando a energia de ativação.
c. A água é o complexo ativado da reação.
d. A lei de velocidade do processo é $v = k[H_2O_2]^2$.
e. A segunda etapa é a determinante da velocidade.

14. (UFPR) Diagramas de energia fornecem informações importantes, tanto termodinâmicas quanto em relação ao mecanismo de reação, pois permitem determinar o número de etapas reacionais, presença de intermediários e ainda reconhecer qual etapa é mais lenta. A lei de velocidade é determinada pela etapa lenta de reação. A seguir são fornecidos diagramas de energia para três reações hipotéticas.

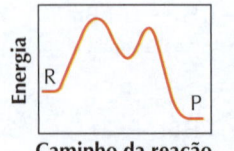

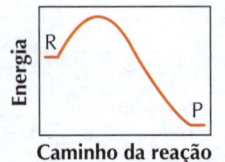

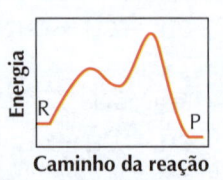

Caminho da reação (i)   Caminho da reação (ii)   Caminho da reação (iii)

a. Para cada diagrama de energia, indique se a reação libera (exergônica) ou absorve (endergônica) energia.
b. Para cada diagrama de energia, indique se a reação ocorre em uma ou mais etapas. Nesse último caso indique quantas etapas e qual etapa determinará a lei de velocidades.

15. (UFRGS-RS) Uma reação genérica em fase aquosa apresenta a cinética descrita abaixo.

$$3A + B \longrightarrow 2C \qquad v = k[A]^2[B]$$

A velocidade dessa reação foi determinada em dependência das concentrações dos reagentes, conforme os dados relacionados a seguir.

[A] (mol L^{-1})	[B] (mol L^{-1})	v (mol L^{-1} min^{-1})
0,01	0,01	$3,0 \times 10^{-5}$
0,02	0,01	x
0,01	0,02	$6,0 \times 10^{-5}$
0,02	0,02	y

Assinale, respectivamente, os valores de x e y que completam a tabela de modo adequado.
a. $6,0 \times 10^{-5}$ e $9,0 \times 10^{-5}$
b. $6,0 \times 10^{-5}$ e $12,0 \times 10^{-5}$
c. $12,0 \times 10^{-5}$ e $12,0 \times 10^{-5}$
d. $12,0 \times 10^{-5}$ e $24,0 \times 10^{-5}$
e. $18,0 \times 10^{-5}$ e $24,0 \times 10^{-5}$

16. (Enem) Alguns fatores podem alterar a rapidez das reações químicas. A seguir destacam-se três exemplos no contexto da preparação e da conservação de alimentos:

1. A maioria dos produtos alimentícios se conserva por muito mais tempo quando submetidos à refrigeração. Esse procedimento diminui a rapidez das reações que contribuem para a degradação de certos alimentos.
2. Um procedimento muito comum utilizado em práticas de culinária é o corte dos alimentos para acelerar o seu cozimento, caso não se tenha uma panela de pressão.
3. Na preparação de iogurtes, adicionam-se ao leite bactérias produtoras de enzimas que aceleram as reações envolvendo açúcares e proteínas lácteas.

Com base no texto, quais são os fatores que influenciam a rapidez das transformações químicas relacionadas aos exemplos 1, 2 e 3, respectivamente?
a. Temperatura, superfície de contato e concentração.
b. Concentração, superfície de contato e catalisadores.
c. Temperatura, superfície de contato e catalisadores.
d. Superfície de contato, temperatura e concentração.
e. Temperatura, concentração e catalisadores.

17. (Ufop-MG) Considere o gráfico a seguir, que mostra a variação de energia de uma reação que ocorre na ausência e na presença de catalisador.

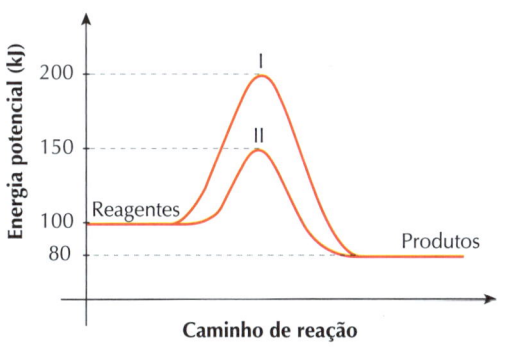

a. Qual das duas curvas refere-se à reação não catalisada?
b. Qual a função do catalisador nesse processo?
c. Qual a energia do complexo ativado na reação catalisada?
d. Calcule o calor de reação, ΔH, dessa reação.

18. (UFRGS-RS) A possibilidade de reação do composto A se transformar no composto B foi estudada em duas condições diferentes. Os gráficos abaixo mostram a concentração de A, em função do tempo, para os experimentos 1 e 2.

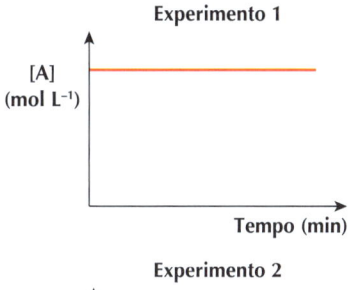

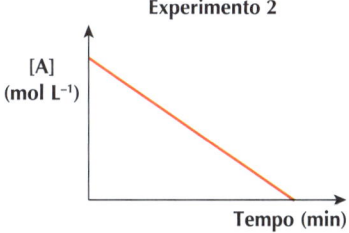

Em relação a esses experimentos, considere as afirmações abaixo.
I. No primeiro experimento, não houve reação.
II. No segundo experimento, a velocidade da reação diminui em função do tempo.
III. No segundo experimento, a reação é de primeira ordem em relação ao composto A.

Quais são corretas?
a. Apenas I.
b. Apenas II.
c. Apenas III.
d. Apenas I e III.
e. I, II e III.

19. (UEM-PR) Sobre a reação química apresentada e com base nos conceitos químicos e biológicos envolvidos, assinale o que for **correto**.

$$6\ CO_2 + 6\ H_2O + Luz \longrightarrow \text{Açúcares} + 6\ O_2$$

01. A concentração de CO_2 atua como fator limitante da fotossíntese.
02. Em temperaturas superiores a 35 °C, as plantas aumentam sua taxa de fotossíntese porque as enzimas envolvidas funcionam melhor em altas temperaturas.
04. Se a clorofila é responsável por absorver a luz do sol para ativar a reação da fotossíntese, mas não é consumida durante o processo, ela pode ser considerada o catalisador da fotossíntese.
08. As plantas retiram calor do ambiente para realizar a fotossíntese; portanto, trata-se de uma reação endotérmica.
16. Na ausência de outros gases poluentes, como SO_2 e NO_2, as chuvas são neutras, pois o CO_2 não é capaz de acidificar a chuva.

Testando seus conhecimentos

20. (Fuvest-SP) Quando certos metais são colocados em contato com soluções ácidas, pode haver formação de gás hidrogênio. Abaixo, segue uma tabela elaborada por uma estudante de Química, contendo resultados de experimentos que ela realizou em diferentes condições.

Experimento	Reagentes		Tempo para liberar 30 mL de H_2	Observações
	Solução de HCl(aq) de concentração 0,2 mol/L	Metal		
1	200 mL	1,0 g de Zn (raspas)	30 s	Liberação de H_2 e calor
2	200 mL	1,0 g de Cu (fio)	Não liberou H_2	Sem alterações
3	200 mL	1,0 g de Zn (pó)	18 s	Liberação de H_2 e calor
4	200 mL	1,0 g de Zn (raspas) + 1,0 g de Cu (fio)	8 s	Liberação de H_2 e calor

Após realizar esses experimentos, a estudante fez três afirmações:

I. A velocidade da reação de Zn com ácido aumenta na presença de Cu.
II. O aumento na concentração inicial do ácido causa o aumento da velocidade de liberação do gás H_2.
III. Os resultados dos experimentos 1 e 3 mostram que, quanto maior o quociente superfície de contato/massa total de amostra de Zn, maior a velocidade de reação.

Com os dados contidos na tabela, a estudante somente poderia concluir o que se afirma em

a. I.   b. II.   c. I e II.   d. I e III.   e. II e III.

---

21. (UFRGS-RS) Na reação $NO_2(g) + CO(g) \rightarrow CO_2(g) + NO(g)$ a lei cinética é de segunda ordem em relação ao dióxido de nitrogênio e de ordem zero em relação ao monóxido de carbono. Quando, simultaneamente, dobrar-se a concentração de dióxido de nitrogênio e reduzir-se a concentração de monóxido de carbono pela metade, a velocidade da reação

a. será reduzida a um quarto do valor anterior.
b. será reduzida à metade do valor anterior.
c. não se alterará.
d. duplicará.
e. aumentará por um fator de 4 vezes.

22. (UFG-GO) A água oxigenada comercial é uma solução de peróxido de hidrogênio (H_2O_2) que pode ser encontrada nas concentrações de 3, 6 ou 9% (m/v). Essas concentrações correspondem a 10, 20 e 30 volumes de oxigênio liberado por litro de H_2O_2 decomposto. Considere a reação de decomposição do H_2O_2 apresentada a seguir

$$2\ H_2O_2(aq) \rightarrow 2\ H_2O(aq) + O_2(g)$$

Qual gráfico apresenta a cinética de distribuição das concentrações das espécies presentes nessa reação?

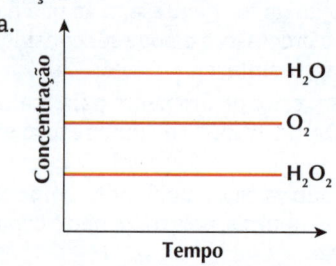

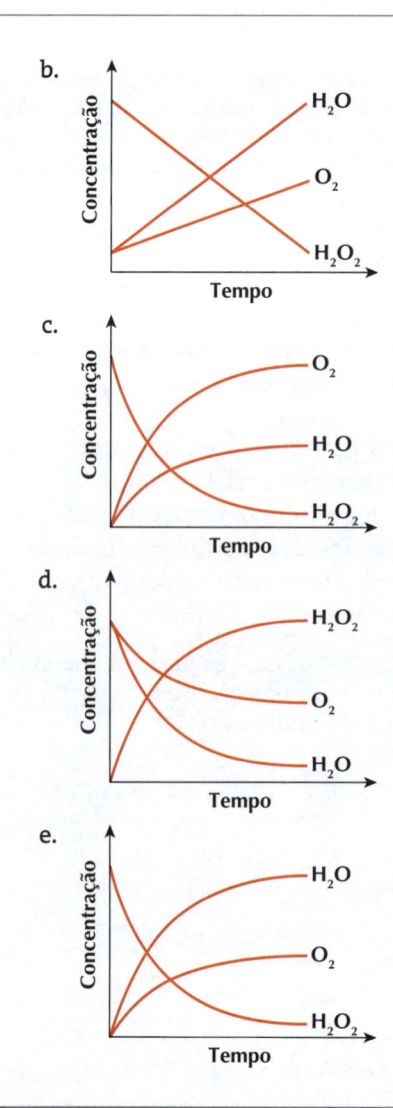

23. (Udesc) Se um comprimido efervescente que contém ácido cítrico e carbonato de sódio for colocado em um copo com água, e mantiver-se o copo aberto, observa-se a dissolução do comprimido acompanhada pela liberação de um gás. Assinale a alternativa correta sobre esse fenômeno.
  a. A massa do sistema se manterá inalterada durante a dissolução.
  b. A velocidade de liberação das bolhas aumenta com a elevação da temperatura da água.
  c. Se o comprimido for pulverizado, a velocidade de dissolução será mais lenta.
  d. O gás liberado é o oxigênio molecular.
  e. O fenômeno corresponde a um processo físico.

24. (UFRN/PSS) Leia o texto abaixo:

> Para reciclar sucata de alumínio, basta aquecê-la até a temperatura de fusão do alumínio, que é de 660 °C. O alumínio derretido é transformado em lingotes, que são vendidos às indústrias que o usam. Às vezes, vem ferro junto com o alumínio. Para separá-lo, usa-se um ímã, antes de jogar a sucata de alumínio no forno de fusão. Quando a sucata de alumínio é de latas de refrigerante, a gente precisa prensar um monte de latas para formar um pacote menor. É que as latas são de alumínio muito fino e na temperatura do forno de fusão seriam atacadas pelo oxigênio do ar. O alumínio formaria óxido de alumínio e perderíamos todo o alumínio. Quando as latas estão prensadas, o oxigênio não chega lá tão facilmente e o alumínio derrete antes de ser atacado pelo oxigênio.
>
> Texto adaptado: *Telecurso 2000*, Química, Aula 24.

Do ponto de vista da Cinética, prensar as latas de alumínio diminui a velocidade da reação porque diminui
  a. a energia de ativação do complexo ativado da etapa lenta, no mecanismo da reação.
  b. a concentração do alumínio na etapa lenta, no mecanismo da reação.
  c. a superfície de contato entre o metal e o oxigênio.
  d. a concentração de oxigênio.

25. (Vunesp) Um professor de química apresentou a figura como sendo a representação de um sistema reacional espontâneo.

Em seguida, solicitou aos estudantes que traçassem um gráfico da energia em função do caminho da reação, para o sistema representado. Para atender corretamente à solicitação do professor, os estudantes devem apresentar um gráfico como o que está representado em:

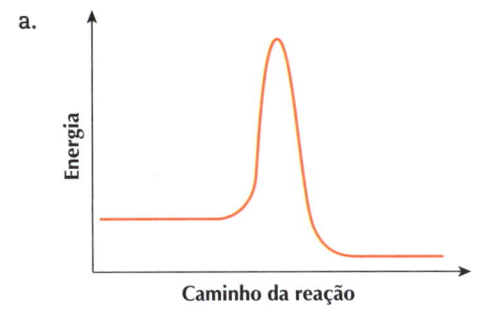

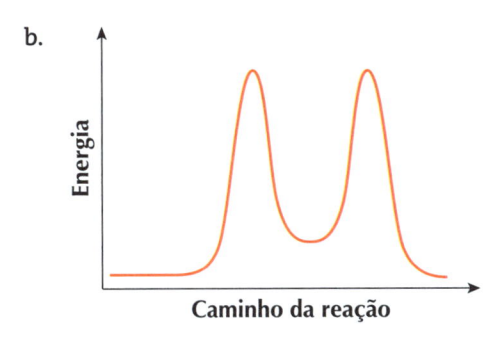

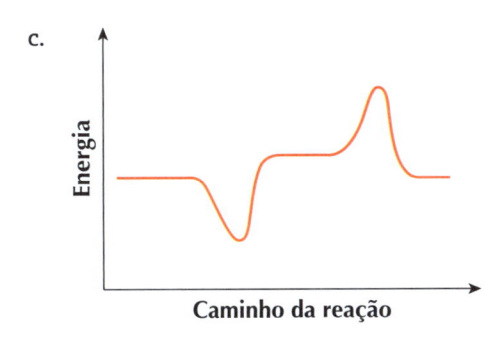

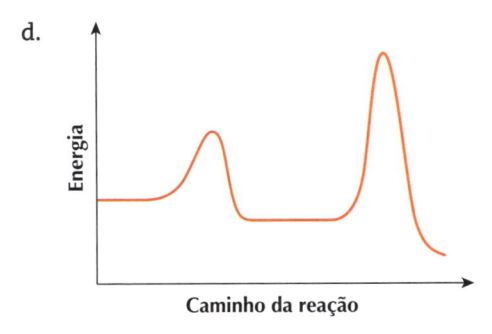

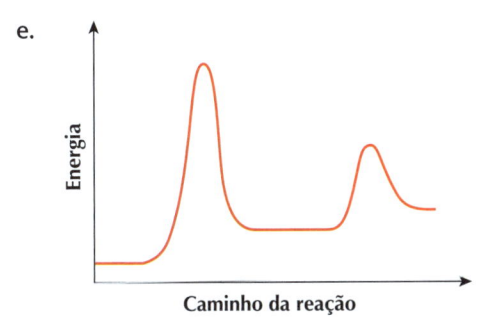

26. (Unifesp) Em uma aula de laboratório de química, foram realizados três experimentos para o estudo da reação entre zinco e ácido clorídrico. Em três tubos de ensaio rotulados como I, II e III, foram colocados em cada um $5,0 \times 10^{-3}$ mol (0,327 g) de zinco e 4,0 mL de solução de ácido clorídrico, nas concentrações indicadas na figura. Foi anotado o tempo de reação até ocorrer o desaparecimento completo do metal. A figura mostra o esquema dos experimentos, antes da adição do ácido no metal.

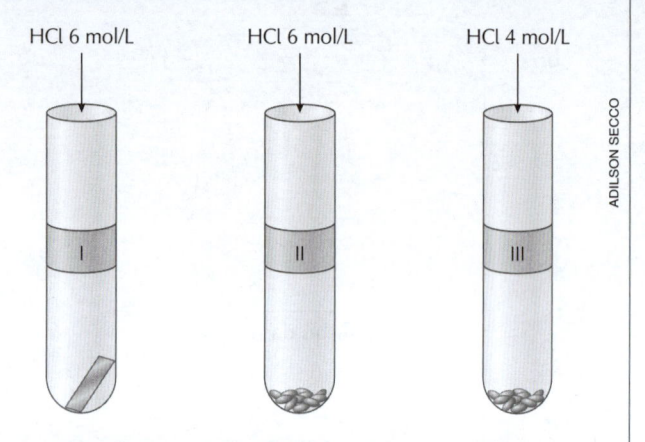

HCl 6 mol/L   HCl 6 mol/L   HCl 4 mol/L
     I   II   III

a. Qual experimento deve ter ocorrido com menor tempo de reação? Justifique.
b. Determine o volume da solução inicial de HCl que está em excesso no experimento III. Apresente os cálculos efetuados.

27. (UFC-CE) O diagrama de energia em função do caminho de reação para um sistema hipotético é representado abaixo.

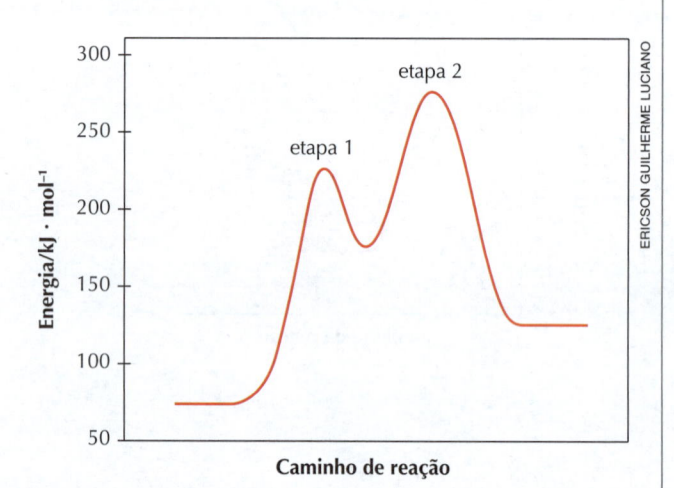

(gráfico: Energia/kJ · mol⁻¹ vs. Caminho de reação, com etapa 1 em ~225 e etapa 2 em ~275)

Em função do gráfico acima, responda corretamente.
a. Qual é a etapa determinante da reação?
b. Qual é o valor da energia de ativação da etapa determinante da reação?
c. Classifique esta reação como exotérmica ou endotérmica.

28. (UEPG-PR) O hipoclorito de sódio, NaClO, é utilizado em produtos desinfetantes. Dependendo das condições, esse se decompõe, levando à formação de oxigênio. Para avaliar o efeito da temperatura e da concentração na reação de decomposição do NaClO foram realizados os seguintes experimentos:

1. Solução de NaClO 5,0%, T = 25 °C
2. Solução de NaClO 5,0%, T = 35 °C
3. Solução de NaClO 5,0%, T = 15 °C
4. Solução de NaClO 2,5%, T = 25 °C

O gráfico abaixo mostra o volume de O_2 coletado em função do tempo para cada um dos experimentos realizados. De acordo com esses resultados, assinale o que for correto.

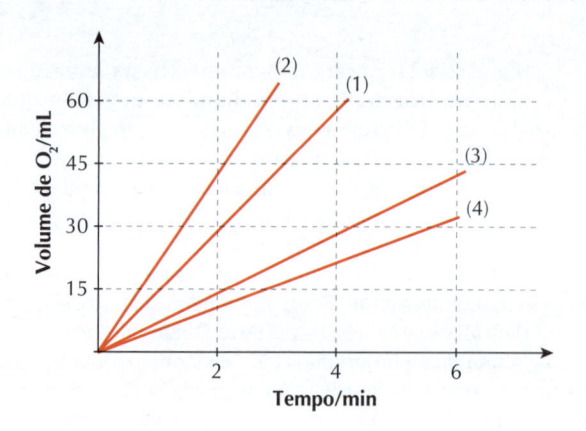

(gráfico: Volume de O_2/mL vs. Tempo/min, com curvas (1), (2), (3), (4))

01. A temperatura afeta a velocidade da reação de decomposição.
02. A quantidade de oxigênio produzida no experimento 3, após 4 minutos, será de 30 mL.
04. A velocidade da reação é triplicada após 2 minutos, ao variar a temperatura de 15 °C para 35 °C.
08. A velocidade da reação no experimento 1 é de aproximadamente 15 mL de O_2 por minuto.
16. A concentração de hipoclorito de sódio não afeta a velocidade da reação de decomposição.

29. (PUC-SP) O fluoreto de nitrila (NO_2F) é um composto explosivo que pode ser obtido a partir da reação do dióxido de nitrogênio (NO_2) com gás flúor (F_2), descrita pela equação.

$$2\ NO_2(g) + F_2(g) \longrightarrow 2\ NO_2F(g)$$

A tabela a seguir sintetiza os dados experimentais obtidos de um estudo cinético da reação.

Experimento	$[NO_2]$ em mol · L⁻¹	$[F_2]$ em mol · L⁻¹	v inicial em mol · L⁻¹ · s⁻¹
1	0,005	0,001	2×10^{-4}
2	0,010	0,002	8×10^{-4}
3	0,020	0,005	4×10^{-4}

A expressão da equação da velocidade nas condições dos experimentos é

a. $v = k[NO_2]$
b. $v = k[NO_2][F_2]$
c. $v = k[NO_2]^2[F_2]$
d. $v = k[F_2]$

30. (UEM-PR) Considerando que a reação elementar abaixo ocorra em sistema fechado, e com iguais concentrações dos reagentes gasosos A e B, assinale o que for **correto**.

$$a A + b B \longrightarrow Produtos$$

01. $v = k [A]^a [B]^b$, em que "a" e "b" são os coeficientes estequiométricos da reação.
02. Se aumentarmos as concentrações de A e B, aumentaremos a probabilidade de haver colisões efetivas.
04. A probabilidade de ocorrência de choques intermoleculares do tipo (A, A) é $\frac{1}{2}$.
08. Se a entalpia dos produtos for maior que as entalpias dos reagentes A e B, a reação será endotérmica.
16. Se usarmos platina para catalisar a reação entre A e B, a catálise será homogênea.

31. (Unicamp-SP) Graças a sua alta conversão energética e à baixa geração de resíduos, o gás hidrogênio é considerado um excelente combustível. Sua obtenção a partir da fermentação anaeróbia de biomassas, como bagaço de cana, glicerol, madeira e resíduos do processamento da mandioca, abundantes e de baixo custo, parece ser uma boa alternativa tecnológica para o Brasil. A velocidade da fermentação, bem como os diferentes produtos formados e suas respectivas quantidades, dependem principalmente do tipo de substrato e do tipo de microrganismo que promove a fermentação. As equações e a figura abaixo ilustram aspectos de uma fermentação de 1 litro de solução de glicose efetuada pela bactéria *Clostridium butyricum*.

Equação 1: $C_6H_{12}O_6(aq) + 2 H_2O(l) \longrightarrow 2 CH_3COOH(aq) + 4 H_2(g) + 2 CO_2(g)$

Equação 2: $C_6H_{12}O_6(aq) + 2 H_2O(l) \longrightarrow CH_3CH_2CH_2COOH(aq) + 2 H_2(g) + 2 CO_2(g)$

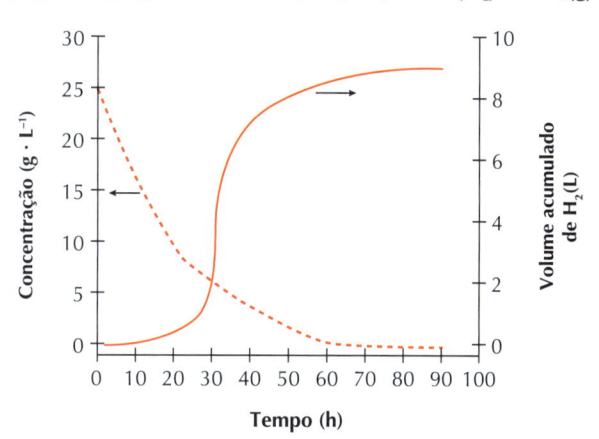

a. Levando em conta as informações presentes no texto e na figura, e considerando que a fermentação tenha ocorrido, concomitantemente, pelas duas reações indicadas, qual ácido estava presente em maior concentração (mol · L⁻¹) ao final da fermentação, o butanoico ou o etanoico? Justifique sua resposta.
b. A velocidade instantânea da fermentação, em qualquer ponto do processo, é dada pela relação entre a variação da quantidade de hidrogênio formado e a variação do tempo. De acordo com o gráfico, quanto tempo após o início da fermentação a velocidade atingiu seu valor máximo? Justifique sua resposta.

Nota dos autores: As fórmulas dos ácidos etanoico (acético) e butanoico são, respectivamente: CH_3COOH e $CH_3CH_2CH_2COOH$.

Dados: massa molar da glicose: 180 g · mol⁻¹; volume molar do hidrogênio: 25 L · mol⁻¹.

Mais questões: no livro digital, em Vereda Digital Aprova Enem e Vereda Digital Suplemento de revisão e vestibulares; no *site*, em AprovaMax.

CAPÍTULO 19
EQUILÍBRIOS QUÍMICOS

Alpinistas no monte Everest, localizado na fronteira entre o Nepal e a China. Além de enfrentar as intempéries, alpinistas que escalam montanhas muito altas, como o Everest, também precisam vencer a baixa pressão do ar. Como o organismo deles reage para se adaptar à baixa concentração de oxigênio no ar?

ENEM
C1: H2
C5: H17 e H18
C7: H24 e H26

Este capítulo vai ajudá-lo a compreender:

- os conceitos e as propriedades dos equilíbrios químicos;
- o conceito e a expressão matemática da constante de equilíbrio;
- a influência de temperatura, pressão e concentração na situação de equilíbrio;
- o princípio de Le Chatelier;
- a pressão ambiente e o equilíbrio sanguíneo;
- a síntese da amônia: importância industrial, histórica e socioeconômica; aspectos éticos.

Para situá-lo

No estudo de Química que fez até aqui, você pôde refletir a respeito de vários sistemas nos quais ocorrem simultaneamente processos em sentidos contrários, isto é, processos reversíveis, caso da ebulição e da condensação de um líquido, por exemplo. Agora vamos pensar sobre algumas situações cotidianas.

Relembre o conceito de dissolução de um gás em um líquido visto no Capítulo 13. Imagine o processo de produção de uma garrafa de água gaseificada, em uma indústria de bebidas: para que o dióxido de carbono (CO_2) seja dissolvido na água, é necessário que ele seja injetado a uma pressão elevada na garrafa que contém água mineral; a garrafa, então, é tampada, e o gás é mantido em equilíbrio com o líquido.

Assim como nos refrigerantes, na água gaseificada (água com gás) o CO_2 é injetado sob pressão elevada no líquido. É por isso que, se o olharmos atentamente, seremos capazes de observar o desprendimento de algumas bolhas.

Se girarmos um pouco a tampa da garrafa, deixando que parte do seu interior entre em contato com o ambiente, observaremos uma grande formação de bolhas. Ou seja, com essa ação sobre a água contendo o gás dissolvido, influenciamos o equilíbrio entre a água gaseificada e o gás não dissolvido (lembre-se de que o líquido nunca preenche o volume total da garrafa), causando a liberação de gás na forma de bolhas no líquido.

Agora, se separarmos duas garrafas idênticas de água com gás, colocarmos uma na geladeira e deixarmos a outra exposta ao sol e, após um mesmo intervalo de tempo, agitarmos as duas, a quantidade de bolhas formadas não será exatamente a mesma. Você saberia explicar por quê?

Duas garrafas de água gaseificada antes (foto à esquerda) e depois da agitação (foto à direita). A garrafa 1 foi exposta ao sol e a garrafa 2 ficou na geladeira. Em ambas há CO_2; parte dele encontra-se na forma de gás, $CO_2(g)$, e o restante, dissolvido na água, $CO_2(aq)$. Que diferenças há entre os dois sistemas? Quais são os fatores que podem interferir na quantidade de gás dissolvido na água?

Neste capítulo veremos, entre outros conceitos, como a temperatura é capaz de influenciar uma situação de equilíbrio.

Você provavelmente se recorda do processo químico que ocorre quando o $CO_2(g)$ entra em contato com a água. Mas, mesmo que você não esteja bem lembrado dele, pense no seguinte: o que acontece quando se coloca sumo de limão em um copo de refrigerante ou de água gaseificada?

Nesse caso, a observação é feita em um sistema aberto, mas vamos refletir sobre o que aconteceria em um sistema fechado com base na imagem ao lado.

Note que, sem que a temperatura fosse alterada ou sem que tivéssemos acrescentado ácido ao conjunto $CO_2(g)$ — $H_2O(l)$, isto é, se não tivéssemos interferido no sistema, ele permaneceria na mesma situação de equilíbrio que foi atingida depois de certo tempo da introdução do gás na garrafa.

1. Com base nas informações dadas, diga se o sistema fechado constituído da mistura de $CO_2(g)$ e água(l) é reversível ou irreversível. Justifique.

2. Quando abrimos e agitamos uma garrafa de água com gás que foi exposta ao sol, a quantidade de bolhas formadas é diferente da que observamos ao abrir e agitar uma garrafa de água com gás bem gelada. Como você justifica essa diferença? Se invertermos as condições de temperatura em que se encontram as garrafas, colocando na geladeira a que estava no sol e no sol a que estava na geladeira, o que acontecerá?

3. Quando você olha uma garrafa fechada de refrigerante, por exemplo, em um local onde a temperatura se mantém constante, consegue observar alguma diferença na concentração de gás ao longo do tempo? Como você poderia explicar isso do ponto de vista das unidades que constituem essas substâncias?

4. Tendo em mente o que ocorre após a adição de sumo de limão à água com gás, responda: por que beber um copo de refrigerante pode provocar a eructação (arroto)?

Adição de sumo de limão concentrado à água com gás contida em uma garrafa. Observe a formação de bolhas. Como podemos explicar esse efeito? O que aconteceria se fosse adicionada uma base a essa solução final?

O conceito de equilíbrio, muito importante no estudo da Química, é o foco deste capítulo. Ele também é abordado em outros capítulos desta unidade, nos quais equilíbrios químicos particulares – ácido-base, precipitação – serão analisados. Esperamos que, ao final desse estudo, você seja capaz de aprofundar suas explicações sobre situações como as que aqui foram introduzidas e sobre outras mais complexas.

A situação de equilíbrio

Imagine certa quantidade de água contida em um tanque fechado e em temperatura constante. A quantidade de água pode manter-se constante nas duas situações descritas a seguir.

Se não retirarmos água do tanque nem acrescentarmos mais água à já existente, o nível desse líquido permanecerá constante. Nesse caso, teremos um **equilíbrio estático**, e a água contida no tanque será sempre a mesma.

Exemplo de **equilíbrio estático** – a água que permanece no interior de um tanque fechado (x permanece constante).

equilíbrio estático

Capítulo 19 • Equilíbrios químicos **435**

Mas e se uma torneira verter água em um tanque, de modo que, a cada minuto, o volume de líquido que chega a ele seja idêntico ao volume de água que escoa pelo ralo existente no fundo do tanque?

No caso, a quantidade de água no interior do tanque também permanecerá constante ao longo do tempo; porém, nesta segunda situação, teremos um **equilíbrio dinâmico**, e a água contida no tanque será constantemente renovada. Embora as unidades moleculares que constituem o líquido sejam invisíveis, é razoável supor, pelo que estudamos até aqui, que o total de moléculas que constituem a água do interior do tanque permaneça constante, pois o número de moléculas que chega ao tanque por minuto deve ser idêntico ao que sai dele pelo ralo.

Em resumo, nos dois exemplos, o **nível do líquido no tanque não varia**; porém, em um caso, o equilíbrio é estático e, no outro, dinâmico.

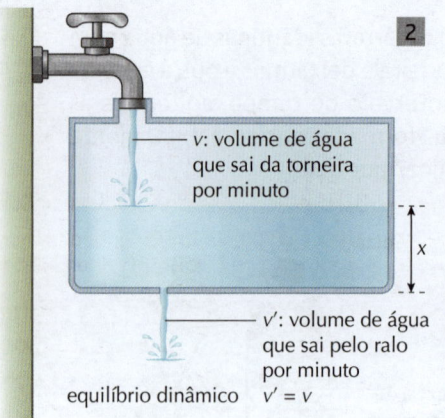

Exemplo de **equilíbrio dinâmico** – depósito cuja quantidade de água que chega por minuto é idêntica à que escoa pelo ralo (x permanece constante).

O equilíbrio líquido-vapor

No capítulo 16, analisamos o que ocorre com um líquido em um sistema fechado. Vamos retomar esse processo observando o esquema a seguir:

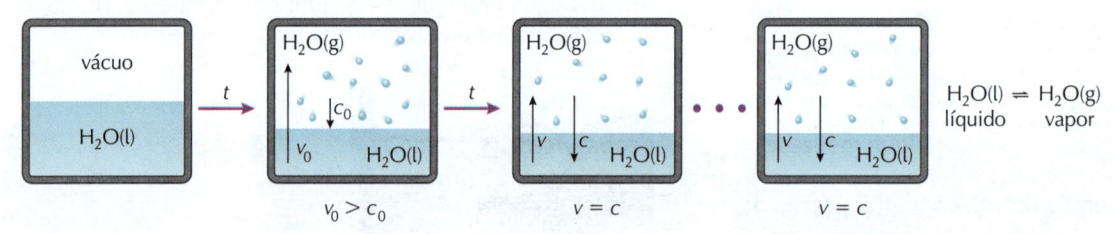

$$H_2O(l) \rightleftharpoons H_2O(g)$$
líquido   vapor

O líquido começa a vaporizar com velocidade v_0. Com o tempo, parte do vapor se condensa, inicialmente com velocidade baixa, c_0. À medida que o tempo passa, a velocidade de vaporização diminui e a de condensação aumenta, até ser atingido o equilíbrio, em que $v = c$. Repare que, quando a situação de equilíbrio é atingida, o número de unidades que representam as moléculas constituintes do vapor de água permanece constante.

Lembre-se: as figuras representam um processo em nível submicroscópico, envolvendo unidades invisíveis formadas por átomos.

Nesse caso, estão envolvidos processos inversos:

$$H_2O(l) \xrightarrow{\text{vaporização}} H_2O(g) \quad \Delta H > 0 \text{ (endotérmico)}$$
água líquida   vapor de água

$$H_2O(g) \xrightarrow{\text{liquefação}} H_2O(l) \quad \Delta H < 0 \text{ (exotérmico)}$$
vapor de água   água líquida

O equilíbrio dinâmico final é assim representado:

$$H_2O(l) \rightleftharpoons H_2O(g)$$
água líquida   vapor de água

Do ponto de vista submicroscópico, esse processo poderia ser assim representado:

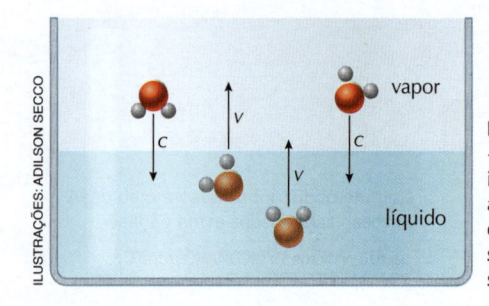

Na figura está representada a situação de equilíbrio vaporização-condensação. Com a utilização de modelos moleculares, ilustra-se que o número de moléculas que deixa o líquido é igual ao número de moléculas que volta a ele. O modelo é coerente com a constância de propriedades macroscópicas do sistema, situação em que o nível do líquido e a pressão de vapor não mais se alteram (pressão a 20 °C: 17,5 mmHg).

Para que você possa entender melhor esse processo, vamos recorrer novamente a uma analogia envolvendo, no caso, moscas e lixo.

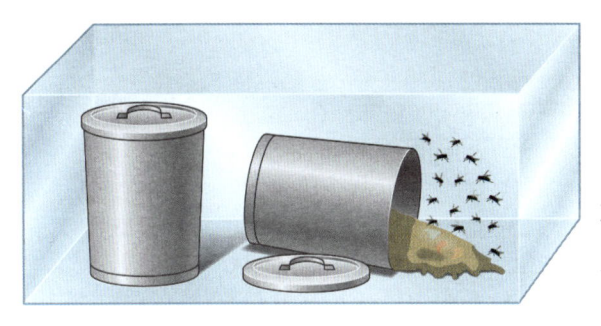

A figura representa uma grande caixa transparente, fechada com duas lixeiras e algumas moscas; como uma das lixeiras está virada, o conteúdo se espalha, e as moscas se aglomeram em torno do lixo.

Como você pode observar, as moscas representadas na figura são atraídas na direção do lixo derramado.

Mas o que acontecerá se a outra lixeira também virar nas proximidades da primeira?

Quando a outra lixeira é virada, as moscas começam a se deslocar da lixeira que já estava virada em direção à que acabou de virar. Logo começa a haver o movimento contrário; porém, após algum tempo, o número de moscas que se deslocam para o lixo recém-esparramado é maior que o número de moscas que se deslocam em sentido contrário.

As moscas começam a se dirigir ao local onde o lixo acabou de se espalhar. O número de moscas tende a decrescer na região próxima da primeira lixeira e a crescer no entorno da segunda.

Observação

Nessa **situação hipotética**, não estamos levando em conta como as moscas, seres vivos, se comportariam na prática. Nosso único objetivo é que você compreenda que, quando a segunda lixeira vira, uma suposta situação de equilíbrio dinâmico será alterada. Embora após esse fato as moscas continuem moscas e o lixo continue lixo, podemos pensar sobre essa situação e compreender o que acontece em sistemas em que novas substâncias se formam.

O que pode acontecer se o processo continuar? Imagine que se atinja uma situação hipotética de equilíbrio: como ela se daria? O equilíbrio teria de ser **dinâmico**, já que as moscas continuam a se movimentar, isto é, continuam a sair de uma das porções de lixo e chegar à outra; nesse caso, o número de moscas em cada porção se torna constante, porque o número desses insetos que saem de uma porção é igual ao número de moscas que voltam.

A figura representa o processo em que moscas se deslocam entre duas porções de lixo. Em uma situação fictícia de equilíbrio, as moscas são atraídas para cada uma das superfícies em velocidades iguais. Já a quantidade de insetos em cada superfície não será necessariamente a mesma. Por exemplo, se uma das porções de lixo for maior, haverá maior concentração de moscas sobre ela.

Não se esqueça de que aqui estamos nos valendo de uma analogia, associando o que poderia acontecer quando moscas interagem com lixo a um processo invisível, de transformação química, em nível molecular, que conduz a uma situação de equilíbrio.

O equilíbrio químico em sistema homogêneo

Reações reversíveis e irreversíveis

Até aqui, quase na totalidade das vezes, no estudo que você tem feito sobre reações químicas, tem encontrado equações químicas com apenas uma seta apontada para a direita, indicando um único sentido de transformação: de reagentes para produtos. Vamos retomar um exemplo em que esse tipo de equação é adequado para representar um processo de transformação – a reação de um metal (magnésio, Mg) com um ácido, o ácido clorídrico (HCl):

$$Mg(s) + 2\,HCl(aq) \longrightarrow MgCl_2(aq) + H_2(g)$$

magnésio — ácido clorídrico — cloreto de magnésio — hidrogênio

Nesse caso, se colocarmos um pedaço de magnésio metálico em contato com o excesso de ácido clorídrico em solução, notaremos a saída de gás (o hidrogênio) e, depois de algum tempo, notaremos que o magnésio "some", ou seja, é totalmente consumido, restando uma solução incolor (de cloreto de magnésio aquoso).

Dizemos que reações desse tipo são **irreversíveis**, ou seja, não se consegue inverter esse processo de modo espontâneo: cloreto de magnésio exposto a hidrogênio não origina naturalmente magnésio e ácido clorídrico; é preciso que se forneça energia ao sistema em que se encontram. Como veremos no capítulo 23, é possível inverter o processo dado como exemplo recorrendo a uma fonte de energia elétrica – um gerador de corrente elétrica contínua, como uma bateria.

No entanto, em algumas equações químicas, você já teve a oportunidade de encontrar uma dupla seta ($\rightleftharpoons$) separando reagentes de produtos. Vamos relembrar a equação em que amônia em água origina íons amônio e hidróxido:

$$NH_3(g) + H_2O(l) \rightleftharpoons NH_4^+(aq) + OH^-(aq)$$

amônia — água — íons amônio — íons hidróxido

Como se pode interpretar a dupla seta? O que ela indica é que o gás amoníaco pode reagir com água, originando os íons $NH_4^+(aq)$ e $OH^-(aq)$, assim como o processo inverso pode ocorrer.

Se, em determinadas condições, tanto é possível acontecer uma reação quanto sua inversa, dizemos que essas reações são **reversíveis**.

Agora, vamos analisar o que ocorre com a velocidade e com a concentração dos reagentes de uma reação e de sua inversa em um processo reversível.

Uma observação experimental

Vamos começar analisando os resultados experimentais de transformações químicas reversíveis (**1** e **2**) representadas por:

$$N_2O_4(g) \xrightarrow{1} 2\,NO_2(g)$$

tetróxido de dinitrogênio (gás incolor) — dióxido de nitrogênio (gás castanho)

$$2\,NO_2(g) \xrightarrow{2} N_2O_4(g)$$

dióxido de nitrogênio — tetróxido de dinitrogênio

Observe as ilustrações a seguir, atentando para a representação das mudanças que ocorrem ao longo do tempo nas situações **A** e **B** (t_e representa o tempo necessário para que o equilíbrio seja atingido).

Na situação **A**, o gás N_2O_4, incolor, é inicialmente colocado em um balão, a temperatura constante. O sistema muda de aspecto à medida que o tempo passa.

Na situação **B**, o gás NO_2, de coloração castanha, é inicialmente colocado em um balão, a temperatura constante. O sistema muda de aspecto à medida que o tempo passa.

Situação A

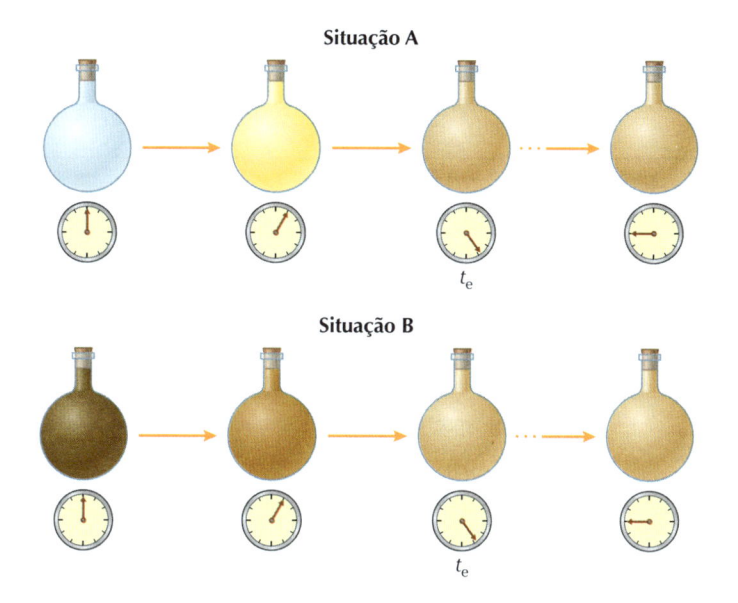

A intensificação da cor evidencia que a transformação de N_2O_4 (gás incolor) em NO_2 (gás castanho-avermelhado) é favorecida em relação à reação inversa.

Situação B

O clareamento da coloração no interior do balão mostra que a transformação de NO_2 (gás castanho-avermelhado) em N_2O_4 (gás incolor) é favorecida em relação à reação inversa.

O modelo molecular abaixo pode representar esse processo:

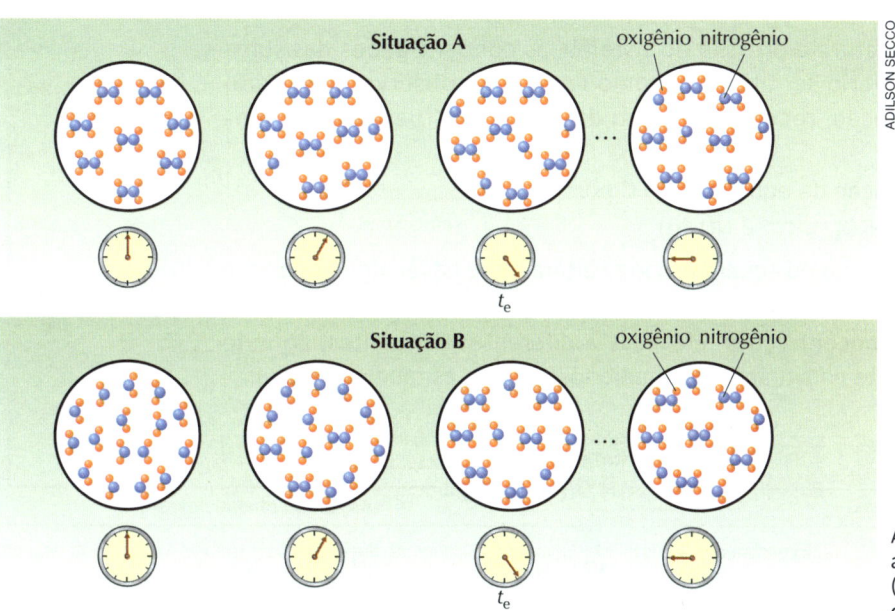

Situação A — oxigênio nitrogênio

Situação B — oxigênio nitrogênio

A figura ilustra, do ponto de vista molecular, a transformação de parte do N_2O_4 em NO_2 (situação **A**) e a transformação de parte do NO_2 em N_2O_4 (situação **B**).

Para representar as situações **A** e **B** que acabamos de analisar, valemo-nos dos gráficos abaixo, sem levar em conta valores extraídos da prática.

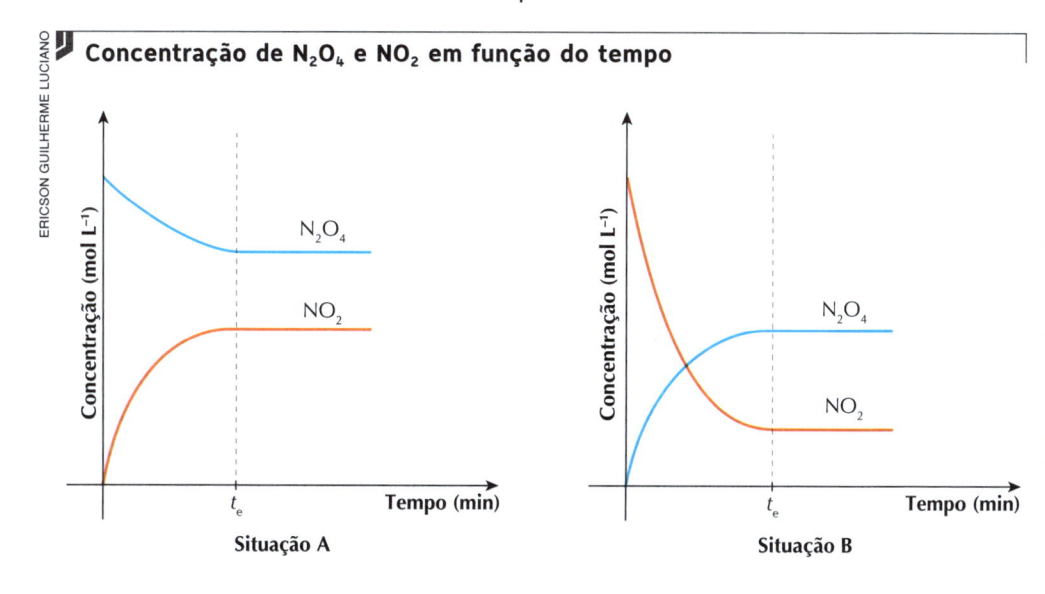

Concentração de N_2O_4 e NO_2 em função do tempo

Situação A

Situação B

Os dois gráficos representam as concentrações de N_2O_4 e NO_2 em função do tempo. Na situação **A**, a concentração do N_2O_4 diminui com o tempo, e a de NO_2, inicialmente igual a zero, aumenta com o tempo, até que ambas fiquem constantes decorrido o tempo t_e (tempo de equilíbrio); na situação **B**, ocorre exatamente o contrário: a concentração de N_2O_4, inicialmente igual a zero, aumenta com o tempo, e a de NO_2 diminui, até o instante em que o equilíbrio é estabelecido (após o tempo t_e), a partir do qual as concentrações de ambos ficam constantes.

Fonte: CHANG, R. *Chemistry*. 5. ed. Highstown: McGraw-Hill, 1994. p. 565.

Capítulo 19 • Equilíbrios químicos

Há ainda a possibilidade de uma situação **C**, em que colocamos inicialmente no balão uma mistura de NO_2 com N_2O_4. Representando graficamente o que ocorre na situação **C**, temos:

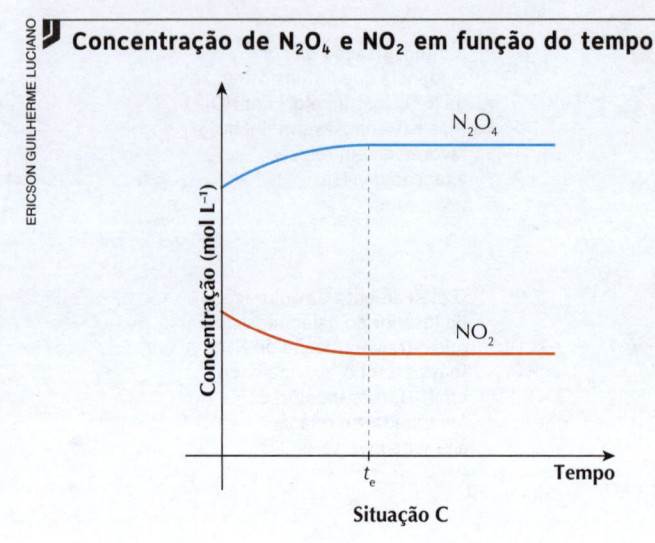

Concentração de N_2O_4 e NO_2 em função do tempo

Situação C

Gráfico representando as concentrações de N_2O_4 (reagente) e NO_2 (produto) em função do tempo: a concentração de N_2O_4 aumenta com o tempo até se estabilizar, após t_e (tempo de equilíbrio), e a de NO_2 diminui com o tempo, até ficar constante, decorrido o tempo t_e.

Fonte: CHANG, R. *Chemistry*. 5. ed. Highstown: McGraw-Hill, 1994. p. 565.

Mantidas as condições de temperatura e pressão do sistema, as concentrações das substâncias não mais variam após o equilíbrio ser atingido, como você pôde observar nos 3 gráficos anteriores. A IUPAC, por convenção, recomenda o uso das setas $\rightleftharpoons$ para indicar uma situação de equilíbrio.

Assim, podemos representar a situação de equilíbrio em **C** por:

$$N_2O_4 \rightleftharpoons 2\ NO_2(g)$$

Como a concentração dessas substâncias no equilíbrio não se altera, deve haver alguma relação constante que envolva essas concentrações.

O cálculo das relações entre as concentrações, elevadas a diferentes expoentes, permite verificar qual delas se mantém constante na situação de equilíbrio. Observe as tabelas a seguir.

Tabela com alguns valores experimentais obtidos a 25 °C, referentes ao sistema $N_2O_4(g) \rightleftharpoons 2\ NO_2(g)$

Experimento	Concentrações ao atingir o equilíbrio	
	$[NO_2]$	$[N_2O_4]$
(I)	0,0547	0,643
(II)	0,0475	0,491
(III)	0,0523	0,594
(IV)	0,0457	0,448

Relação entre as concentrações de $NO_2(g)$ e $N_2O_4(g)$ no equilíbrio

Experimento	$\dfrac{[NO_2]}{[N_2O_4]}$	$\dfrac{[NO_2]^2}{[N_2O_4]}$
(I)	$\dfrac{0,0547}{0,643} = 0,0851$	$\dfrac{(0,0547)^2}{0,643} = 4,65 \cdot 10^{-3}$
(II)	$\dfrac{0,0475}{0,491} = 0,0967$	$\dfrac{(0,0475)^2}{0,491} = 4,60 \cdot 10^{-3}$
(III)	$\dfrac{0,0523}{0,594} = 0,0880$	$\dfrac{(0,0523)^2}{0,594} = 4,60 \cdot 10^{-3}$
(IV)	$\dfrac{0,0457}{0,448} = 0,102$	$\dfrac{(0,0457)^2}{0,448} = 4,66 \cdot 10^{-3}$

Fonte das tabelas: CHANG, R. *Chemistry*. 5. ed. Highstown: McGraw-Hill, 1994. p. 565.

A análise dos dados dessas tabelas permite verificar que a relação $\dfrac{[NO_2]^2}{[N_2O_4]}$ mantém-se aproximadamente igual a $4,6 \cdot 10^{-3}$.

Dizemos que, a 25 °C, para o equilíbrio $N_2O_4(g) \rightleftharpoons 2\ NO_2(g)$, $K = \dfrac{[NO_2]^2}{[N_2O_4]}$

K ou K_c é a constante desse equilíbrio a 25 °C.

A seguir, vamos fazer algumas generalizações sobre os equilíbrios químicos.

A constante de equilíbrio expressa em concentração: K_c

Até aqui, analisamos dois sistemas reversíveis: um físico, relativo à mudança de estado: $H_2O(l) \underset{2}{\overset{1}{\rightleftarrows}} H_2O(g)$; outro químico: $N_2O_4(g) \underset{2}{\overset{1}{\rightleftarrows}} 2\,NO_2(g)$.

Nos dois casos, após atingir o equilíbrio, há algumas constatações experimentais em comum:
- visualmente, os sistemas não mais se modificam (volume da fase líquida e coloração, por exemplo).
- a concentração das espécies químicas presentes não mais se altera.

Tudo isso pode ser explicado com base na igualdade das velocidades dos processos direto e inverso:

$$\text{Equilíbrio: } v_1 = v_2$$

v_1: velocidade da transformação 1
v_2: velocidade da transformação 2

A situação de equilíbrio químico é análoga à que analisamos para a vaporização e a condensação do líquido na página 412: trata-se de um **equilíbrio dinâmico**. Ou seja, após o equilíbrio ser atingido, as propriedades macroscópicas do sistema (o aspecto, por exemplo) não se alteram. No entanto, do ponto de vista submicroscópico, das unidades invisíveis que constituem as substâncias, as mudanças continuam a ocorrer com igual velocidade. Embora o total de átomos de cada elemento presente no sistema permaneça constante, a todo instante algumas moléculas (ou íons) do reagente desapareçam, dando origem a moléculas (ou íons) de produto, e vice-versa, de modo que o número total de moléculas pode variar.

Considere uma reação reversível genérica:

$$aA + bB \underset{2}{\overset{1}{\rightleftarrows}} cC + dD$$

Se inicialmente ($t = 0$) tivermos **somente as espécies A e B** no sistema, poderemos representar o que ocorre pelo gráfico 1 no que se segue à explicação, abaixo.

Concentração de reagente × produto em função do tempo

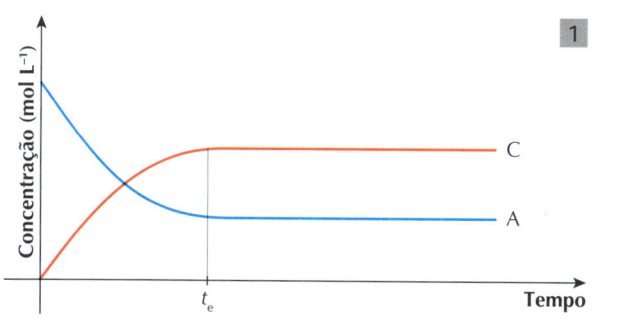

t_e: tempo gasto para que o equilíbrio seja atingido

Concentração de um produto e de um reagente × tempo de reação: a concentração do produto (C) aumenta e a do reagente (A) diminui até que o equilíbrio seja estabelecido, decorrido o tempo t_e. A partir desse instante, desde que não se alterem as condições do sistema, as concentrações permanecem constantes.

Lembre-se: **o equilíbrio é dinâmico**, ou seja, as reações continuam ocorrendo, mas com velocidades iguais: $v_1 = v_2$.

Resumindo, podemos afirmar que:
- a situação de **equilíbrio químico** é atingida por um sistema reversível em reação quando, em consequência da igualdade entre a velocidade de uma reação e a de sua inversa (veja o gráfico 2), suas propriedades macroscópicas permanecem constantes;

Velocidade de uma reação e de sua inversa em função do tempo

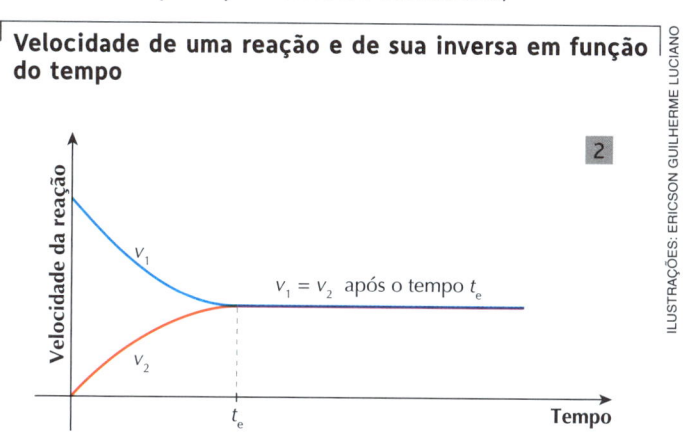

t_e: tempo gasto para que o equilíbrio seja atingido

Velocidade da reação direta (v_1) e da reação inversa (v_2) × tempo de reação. Com o tempo, v_1 diminui e v_2 aumenta; a partir do momento em que o sistema entra em equilíbrio (após o tempo t_e), as velocidades das reações direta e inversa se igualam.

- para relacionar a expressão da constante desse equilíbrio genérico, anteriormente representado, com a expressão da velocidade das reações nos dois sentidos, vamos considerar que as reações direta e inversa desse sistema homogêneo sejam processos elementares (que ocorrem em uma só etapa):

$$aA + bB \underset{2}{\overset{1}{\rightleftarrows}} cC + dD$$

$$v_1 = k_1 \cdot [A]^a \cdot [B]^b \qquad v_2 = k_2 \cdot [C]^c \cdot [D]^d$$

No equilíbrio, $v_1 = v_2$; então:

$$k_1 \cdot [A]^a \cdot [B]^b = k_2 \cdot [C]^c \cdot [D]^d \longrightarrow \frac{k_1}{k_2} = \frac{[C]^c \cdot [D]^d}{[A]^a \cdot [B]^b}$$

Como k_1 e k_2 são constantes, a relação $\frac{k_1}{k_2}$ também é constante. Tal relação, representada por K_c, é a constante de equilíbrio, expressa em termos das concentrações em mol/L.

$$K_c = \frac{k_1}{k_2} = \frac{[C]^c \cdot [D]^d}{[A]^a \cdot [B]^b}$$

Em que:
[C] e [D]: concentração em mol/L dos produtos **C** e **D**
c e **d**: coeficientes dos produtos **C** e **D** na equação
[A] e [B]: concentração em mol/L dos reagentes **A** e **B**
a e **b**: coeficientes dos reagentes **A** e **B** na equação

Note que, da forma como foi definida, K_c corresponde a uma expressão em que, no numerador, aparecem as concentrações, em quantidade de matéria, dos produtos; no denominador, as dos reagentes.

Atividades

1. O que ocorre com a velocidade da reação direta e inversa quando um sistema atinge o equilíbrio? Do ponto de vista macroscópico, como se pode caracterizar um sistema nessas condições?

2. Na situação de equilíbrio, a concentração de um reagente fica igual à de um produto? Explique.

3. Que papel tem um catalisador em um sistema no qual ocorrem reações reversíveis? Como ele atua?

4. Uma das substâncias mais importantes produzidas pela indústria química é a amônia (NH_3), básica para a produção de fertilizantes. Considere o gráfico de concentração (mol/L) que representa o processo de síntese desse composto, a partir de nitrogênio e hidrogênio, em determinadas condições experimentais.

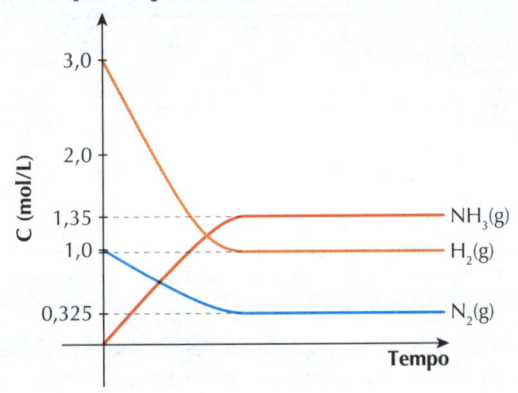

[Gráfico: eixo y C (mol/L) com valores 3,0; 2,0; 1,35; 1,0; 0,325. Curvas identificadas como $NH_3(g)$, $H_2(g)$ e $N_2(g)$ ao longo do Tempo.]

Baseie-se nesses dados e:

a) escreva a equação que representa essa síntese;
b) calcule a constante desse equilíbrio nas condições fornecidas;
c) explique por que não se pode calcular essa constante utilizando a concentração obtida quando a concentração do hidrogênio fica igual à da amônia.

QUESTÃO COMENTADA

5. (FMTM-MG) A reação

$$C(s) + CO_2(g) \rightleftharpoons 2\,CO(g)$$

ocorre a altas temperaturas. A 700 °C, um frasco de 2,0 litros contém 0,10 mol de CO, 0,20 mol de CO_2 e 0,40 mol de C no equilíbrio.

a) Calcule a constante de equilíbrio da reação expressa em termos de concentração, K_c.
b) Qual seria o valor de K_c para a mesma reação a 700 °C, se as quantidades em equilíbrio no frasco de 2,0 L fossem de 0,10 mol de CO, 0,20 mol de CO_2 e 0,80 mol de C? Justifique a resposta.

Sugestão de resolução

a) Como o carbono é sólido e, portanto, não faz parte do equilíbrio homogêneo (a fase é constituída pela mistura de gases, sempre homogênea), a constante de equilíbrio será dada pela expressão:

$$K_c = \frac{[CO]^2}{[CO_2]}$$

Como os valores de concentração fornecidos referem-se à situação de equilíbrio, temos:

$$K_c = \frac{\left(\dfrac{0,1}{2,0}\right)^2}{\left(\dfrac{0,2}{2,0}\right)} = 0,025$$

b) O valor de K não sofrerá alteração, pois ele independe da concentração das espécies presentes, isto é, sendo a mesma reação, na mesma temperatura, o K_c será o mesmo. Repare que apenas a quantidade de matéria de carbono C(s) diferencia uma situação de outra, mas como ele é sólido não interfere no valor da constante, pois não faz parte da fase constituída pela mistura de gases.

Reflita sobre a seguinte situação e tente responder às próximas questões:

Suponha um balão com as substâncias A e B, capazes de reagir até atingir o equilíbrio homogêneo, genericamente representado por:

$$aA + bB \underset{2}{\overset{1}{\rightleftharpoons}} cC + dD$$

Um catalisador é colocado no sistema em reação.

6. O que ocorre com a velocidade da reação **1**?

7. E o que ocorre com a energia de ativação da reação **1**?

8. A adição do catalisador vai alterar a energia de ativação da reação **2**?

9. O catalisador vai influir nas concentrações de **C** e **D** finais?

10. Os catalisadores são muito úteis em processos industriais que se valem de equilíbrios químicos. Por quê?

Você pode resolver as questões 1, 2, 3 e 17 da seção Testando seus conhecimentos.

Sobre o sistema em equilíbrio

Vamos destacar agora alguns aspectos da situação de equilíbrio aos quais você deve ficar atento.

- O valor de K_c depende da reação considerada e da temperatura e independe das concentrações das espécies presentes no meio reacional.

- Quanto maior o valor numérico de K_c, maior o numerador da expressão, ou seja, maior a concentração dos produtos e, portanto, maior o rendimento em produtos.

- Quanto menor o valor de K_c, menor a concentração dos produtos, ou seja, menor o rendimento da reação direta e mais alto o da reação no sentido dos reagentes.

- A constante de equilíbrio K_c recebe nomes particulares, de acordo com o sistema ao qual se refere (constante de ionização, K_i, constante de hidrólise, K_h, e outros).

- É comum que se trate a constante de equilíbrio como um número puro, isto é, sem unidades, caso contrário, para cada equilíbrio, os expoentes das unidades de concentração iriam variar bastante. Observe a expressão de K_c para os equilíbrios abaixo, supostamente elementares:

$$H_2(g) + I_2(g) \rightleftharpoons 2\,HI(g) \qquad K_c = \frac{[HI]^2}{[H_2]\cdot[I_2]}$$

hidrogênio   iodo   iodeto de hidrogênio

$$N_2(g) + 3\,H_2(g) \rightleftharpoons 2\,NH_3(g) \qquad K_c = \frac{[NH_3]^2}{[N_2]\cdot[H_2]^3}$$

nitrogênio   hidrogênio   amônia

- Os valores de concentração em mol/L que aparecem na expressão de K_c correspondem às concentrações das substâncias presentes após o equilíbrio ser atingido. Isto é, a constante refere-se ao equilíbrio, e não a qualquer situação anterior em que as velocidades das reações direta e inversa ainda não se igualaram.

- Líquidos e sólidos puros, que não fazem parte de uma solução em equilíbrio, não constam da expressão da constante de equilíbrio. Por exemplo, se em um sistema tivermos um componente sólido e uma mistura de gases, não poderemos pensar em uma "concentração" da substância sólida, uma vez que a substância nem sequer está dissolvida (não está em solução). Ou seja, o sólido não faz parte da fase em que se encontra(m) o(s) gás (gases). Considere o processo equacionado abaixo:

$$CaCO_3(s) \rightleftharpoons CaO(s) + CO_2(g) \qquad K_c = [CO_2]$$

carbonato de cálcio (sólido)   óxido de cálcio (sólido)   dióxido de carbono (gás)

Observe que $CaCO_3(s)$ e $CaO(s)$ não aparecem na expressão da constante de equilíbrio da reação. A concentração do $CO_2(g)$ em equilíbrio com os dois sólidos só dependerá da temperatura. Lembre-se de que a constante de equilíbrio varia com a temperatura.

Como já vimos, um catalisador propicia caminhos de reação com energias de ativação mais baixas e, com isso, acelera a reação. Lembre-se de que o complexo ativado das reações, direta e inversa, envolvidas em um equilíbrio é o mesmo. Sendo assim, a adição de um catalisador aumenta a velocidade de ambas:

$$aA + bB \underset{\text{sentido 2}}{\overset{\text{sentido 1}}{\rightleftharpoons}} cC + dD$$

v_1(com catalisador) $>$ v_1(sem catalisador)

v_2(com catalisador) $>$ v_2(sem catalisador)

A adição de catalisador faz com que as velocidades das reações em um sentido e no sentido inverso se igualem em menor intervalo de tempo.

t_e(com catalisador) $<$ t_e(sem catalisador)

Podemos então concluir que:

- o catalisador permite que o equilíbrio seja atingido em um tempo menor;
- o catalisador não afeta a constante de equilíbrio ou a concentração dos participantes na situação de equilíbrio.

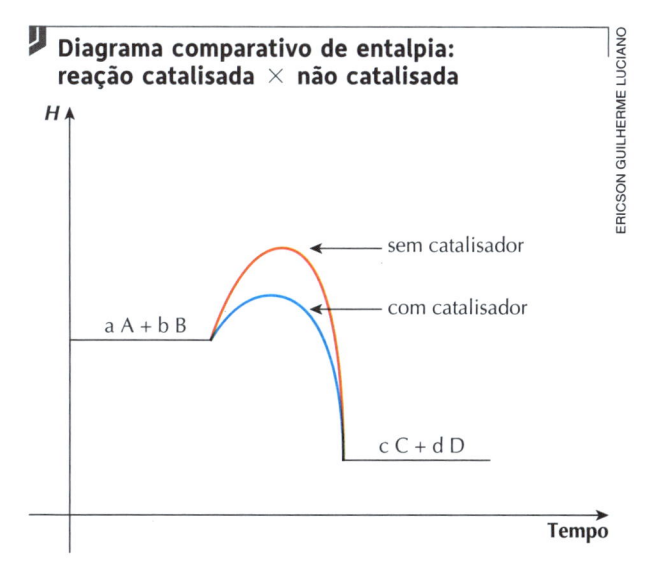

Diagrama comparativo de entalpia: reação catalisada × não catalisada

Atividades

1. Considere a equação abaixo e os valores de K_c.

$$N_2(g) + O_2(g) \rightleftharpoons 2\,NO(g)$$

$K_c = 1 \cdot 10^{-30}$ (a 25 °C) e $K_c = 0{,}10$ (a 2 000 °C)

Em que temperatura se obtém maior quantidade de NO ao ser atingido o equilíbrio? Suponha que se tenha partido de concentrações em mol/L iguais às dos reagentes nas duas situações.

> **QUESTÃO COMENTADA**

2. Dois mol de $H_2(g)$ e 5 mol de $CO_2(g)$ são colocados em um balão fechado e aquecidos a uma temperatura constante. Ao ser estabelecido o equilíbrio

$$H_2(g) + CO_2(g) \rightleftharpoons H_2O(g) + CO(g),$$

verifica-se que existem ainda 3,2 mol de CO_2. Calcule a constante desse equilíbrio na mesma temperatura. As perguntas que seguem podem ajudá-lo a resolver este exercício. Em seu caderno, preencha um quadro, conforme indicado a seguir, com as respostas obtidas.

Alguns valores já estão relacionados.

a) Qual a quantidade inicial de CO_2 em mol?
b) Qual a quantidade final de CO_2 em mol?
c) Qual a quantidade, em mol, de CO_2 que sofreu alteração química (reação) no processo?
d) Que quantidade de matéria de H_2 deve ter reagido com o CO_2?
e) Qual a quantidade inicial de H_2 em mol?
f) Qual a quantidade final de H_2 em mol?
g) Que quantidade de matéria de CO deve ter se formado?
h) Que quantidade de matéria de H_2O deve ter se formado?

Sugestão de resolução

Vamos organizar as informações dadas.

$$H_2(g) + CO_2(g) \rightleftharpoons H_2O(g) + CO(g)$$

Início	2,0 mol			0
Reagiram	1,8 mol		formando	1,8 mol
Equilíbrio (final)		3,2 mol		1,8 mol

a) 5 mol
b) 3,2
c) Se no início havia 5 mol de CO_2 e no final 3,2 mol, reagiram (5 − 3,2) mol, ou seja, 1,8 mol de CO_2.
d) De acordo com a equação, para cada 1 mol de CO_2 que reage, é consumido 1 mol de H_2. Então, para 1,8 mol de CO_2, gasta-se 1,8 mol de H_2.
e) 2 mol.
f) Se inicialmente havia 2 mol de H_2, e 1,8 mol reage, resta, no final, 0,2 mol de H_2.
g) e h) Por raciocínio semelhante ao feito para o item d, obtemos 1,8 mol de cada produto.

$$H_2(g) + CO_2(g) \rightleftharpoons H_2O(g) + CO(g)$$

Início	2,0 mol	5 mol		0	0
Reagiram	1,8 mol	1,8 mol	formando	1,8 mol	1,8 mol
Equilíbrio (final)	0,2 mol	3,2 mol		1,8 mol	1,8 mol

$$K = \frac{[H_2O][CO]}{[H_2][CO_2]} = \frac{\frac{1,8}{V} \cdot \frac{1,8}{V}}{\frac{0,2}{V} \cdot \frac{3,2}{V}} = 5$$

A constante desse equilíbrio é 5.

> Você pode resolver as questões 17 e 18 da seção **Testando seus conhecimentos**.

A constante de equilíbrio expressa em pressão parcial: K_p

Quando um sistema em equilíbrio envolve substâncias no estado gasoso, é possível exprimir a constante de equilíbrio em função das pressões parciais de seus participantes. Você poderá entender essa relação analisando a equação geral dos gases perfeitos para um gás qualquer, genericamente representado por

$$p_x V = n_x RT$$

Em que:

p_x: pressão parcial de um gás X
V: volume do recipiente
n_x: quantidade de matéria do gás X, em mol
R: constante universal dos gases
T: temperatura (K)

Nessa equação, vamos substituir $\frac{n_x}{V}$ por [X].

Lembre que [X] representa a concentração do gás X em mol/L. Assim:

$$p_x = \frac{n_x}{V} RT \longrightarrow p_x = [X]RT \longrightarrow \text{ou: } [X] = \frac{p_x}{RT} \quad (1)$$

Ou seja, em dada temperatura, a pressão parcial é proporcional à concentração de um gás em uma mistura. Assim, vamos retomar o que vimos sobre a constante em termos de concentração, nela substituindo a relação obtida em (1).

Seja uma equação genérica, em que os coeficientes de acerto coincidirão com os expoentes das concentrações na expressão da constante de equilíbrio:

$$aA + bB \underset{2}{\overset{1}{\rightleftharpoons}} cC + dD$$

Como você sabe, a constante de equilíbrio em termos de concentração será dada por:

$$K_c = \frac{[C]^c [D]^d}{[A]^a [B]^b}$$

Substituindo as concentrações pela expressão obtida (1), temos:

$$K_c = \frac{\left(\frac{p_C}{RT}\right)^c \left(\frac{p_D}{RT}\right)^d}{\left(\frac{p_A}{RT}\right)^a \left(\frac{p_B}{RT}\right)^b}$$

Colocando $\frac{1}{(RT)}$ em evidência, temos:

$$K_c = \frac{\frac{1}{(RT)^{c+d}} p_C^c p_D^d}{\frac{1}{(RT)^{a+b}} p_A^a p_B^b} = \frac{(RT)^{a+b} p_C^c p_D^d}{(RT)^{c+d} p_A^a p_B^b}$$

$$K_c = (RT)^{(a+b)-(c+d)} \frac{p_C^c p_D^d}{p_A^a p_B^b}$$

Em certa temperatura, $(RT)^{a+b-(c+d)}$ é uma constante que depende apenas da reação; por isso, podemos substituir $\frac{p_C^c p_D^d}{p_A^a p_B^b}$ por outra constante: K_p.

K_p é a constante de equilíbrio expressa em função das pressões parciais das substâncias participantes (p_A, p_B, p_C, p_D ...).

- K_p depende da temperatura e da reação considerada. Seu valor não varia com a concentração em mol/L das substâncias presentes no equilíbrio nem com suas pressões parciais.

- K_p pode ser diferente de K_c. No entanto, para relacionar essas duas constantes, basta utilizar a equação geral dos gases perfeitos; com base nela, é possível estabelecer a relação entre pressão parcial e concentração em mol/L, pois: $p_x = [X]RT$.

Atividades

1. Qual a constante de equilíbrio, expressa em termos de pressões parciais (K_p), para os sistemas abaixo?
   a) $N_2(g) + 3\,H_2(g) \rightleftharpoons 2\,NH_3(g)$
   b) $N_2O_4(g) \rightleftharpoons 2\,NO_2(g)$

2. Em um sistema gasoso, quando o equilíbrio químico é atingido, isso significa que os gases componentes têm a mesma pressão parcial. Essa afirmação é correta? Justifique.

3. Considere a equação correspondente a um sistema em equilíbrio:

   $$2\,NOBr(g) \rightleftharpoons 2\,NO(g) + Br_2(g)$$

   Se partirmos de 1 mol de NOBr(g), quando o equilíbrio for atingido, a 25 °C, teremos 0,66 mol de NOBr. Se o volume do balão no qual a mistura se encontra é de 144 L, calcule:
   a) a quantidade em mol de NO(g) e $Br_2(g)$ quando o equilíbrio é atingido;
   b) a constante de equilíbrio expressa em termos de concentração em mol/L (K_c);
   c) a porcentagem de dissociação do NOBr(g);
   d) as pressões parciais dos gases participantes do equilíbrio;
   e) a constante de equilíbrio em termos de pressões parciais (K_p).

*Você pode resolver as questões 4, 16, 19, 23 e 26 da seção **Testando seus conhecimentos**.*

Influindo na situação de equilíbrio

Para auxiliá-lo na compreensão do que ocorre quando se interfere na situação de equilíbrio, acompanhe o exemplo a seguir, que supõe um sistema em **equilíbrio dinâmico**.

Imagine um aquário com 11 peixes (figura **A**). Os peixes estão constantemente passando do compartimento da esquerda para o da direita, e vice-versa. Nessa condição de equilíbrio, o número de peixes em cada parte do aquário se mantém constante: 3 à esquerda, 6 à direita e 2 na conexão que une as duas partes.

Suponha agora que se acrescentem 11 peixes do lado esquerdo, mantendo-se as quantidades de alimento e oxigênio e a temperatura adequadas à vida.

O equilíbrio anterior será perturbado, e o sistema buscará uma nova situação de equilíbrio. Como haverá disputa por alimento, espaço e oxigênio, a tendência é que, inicialmente, passem mais peixes da esquerda para a direita do que da direita para a esquerda, até que um novo equilíbrio se estabeleça.

Embora essa seja uma nova situação de equilíbrio, diferente da anterior – no compartimento menor, passamos de 3 para 6 peixes e, no maior, de 6 para 12 (figura **B**) –, a relação entre o número de peixes do lado direito e o número de peixes do lado esquerdo permanece a mesma. Além disso, por se tratar de uma situação de equilíbrio dinâmico, análoga à anterior, o número de peixes que vão da esquerda para a direita é igual ao número de peixes que fazem o percurso inverso, no mesmo intervalo.

Evidentemente, o equilíbrio inicial poderia ser rompido de outras maneiras, por exemplo, acrescentando-se mais alimento em um dos lados do aquário; mas, apesar dessa alteração, o sistema poderia chegar a uma nova situação de equilíbrio.

Vale relembrar que a situação descrita é hipotética, uma vez que peixes, sendo seres vivos, poderiam não se comportar exatamente dessa forma. O que se pretendeu foi fazer uma analogia que ajude a compreender o que ocorre em dimensões bem diferentes, no nível molecular, conforme veremos ao estudar o princípio de Le Chatelier.

A

No aquário hipotético representado acima, a distribuição dos peixes no espaço é, aproximadamente, constante: o número de peixes que passam para o lado esquerdo é igual ao número de peixes que vão para o lado direito. Essa situação de equilíbrio é dinâmica porque os peixes estão continuamente mudando de lado.

B

Mesmo com mais peixes, o número de peixes que passam da esquerda para a direita é, em média, igual ao número de peixes que vão da direita para a esquerda. Essa situação é análoga à do equilíbrio químico, em que a velocidade da reação no sentido direto é igual à velocidade da reação no sentido inverso. Repare que a relação do número de peixes nas duas partes do aquário é a mesma nos dois exemplos: $\frac{3}{6} = \frac{6}{12}$.

Princípio de Le Chatelier

Analogamente ao que descrevemos no exemplo do sistema hipotético peixes-aquário, é possível provocar alterações em um equilíbrio químico por meio de variações de temperatura ou da adição de uma substância, entre outras formas.

Para compreender como um sistema químico em equilíbrio responde a mudanças, vamos discutir as duas questões a seguir.

Como a temperatura influi na composição de um equilíbrio?

O gás dióxido de nitrogênio (NO_2), de coloração castanha, contido em um balão de vidro, é colocado em dois banhos de diferentes temperaturas, como vemos nas imagens ao lado.

Nessa experiência, está em jogo o equilíbrio de dimerização (processo em que a fórmula molecular do produto é o dobro da do reagente) do NO_2.

Balão contendo NO_2 em temperatura próxima a 100 °C.

O mesmo balão após o resfriamento a 0 °C. Se a coloração inicial é bastante atenuada a 0 °C, é porque nessa temperatura a concentração do NO_2 está bem baixa.

$$2\ NO_2(g) \underset{2}{\overset{1}{\rightleftarrows}} N_2O_4(g)$$

dióxido de nitrogênio (castanho)   tetróxido de dinitrogênio (incolor)

O abaixamento da temperatura favorece a reação de transformação do dióxido de nitrogênio (gás de coloração castanha) em tetróxido de dinitrogênio (gás incolor).

Pela observação experimental, conclui-se que o aumento de temperatura favorece a reação no sentido **2**, enquanto a redução favorece a reação no sentido **1**. Isso significa que, de acordo com a temperatura, o ponto final do equilíbrio fica deslocado mais no sentido da produção de N_2O_4 ou no da produção do NO_2. Vamos agora analisar o ΔH das reações:

$$2\ NO_2(g) \overset{1}{\longrightarrow} N_2O_4(g) \quad \Delta H_1 < 0\ \text{(exotérmica)}$$

dióxido de nitrogênio (castanho)   tetróxido de dinitrogênio (incolor)

$$N_2O_4(g) \overset{2}{\longrightarrow} 2\ NO_2(g) \quad \Delta H_2 > 0\ \text{(endotérmica)}$$

tetróxido de dinitrogênio (incolor)   dióxido de nitrogênio (castanho)

Concluímos, então, que o aumento de temperatura favorece a reação endotérmica, isto é, aquela que absorve o calor fornecido pelo ambiente; por outro lado, a redução de temperatura favorece a reação exotérmica.

$$2\ NO_2(g) \underset{2}{\overset{1}{\rightleftarrows}} N_2O_4(g) \quad \Delta H < 0\ \text{(exotérmica)}$$

dióxido de nitrogênio   tetróxido de dinitrogênio

> **redução de temperatura** ⟶ sentido **1** ⟶ **reação exotérmica**
> **aumento de temperatura** ⟶ sentido **2** ⟶ **reação endotérmica**

Como a concentração das substâncias participantes influi na posição final do equilíbrio?

Vamos analisar a influência da adição de um ácido ou de uma base em um sistema em equilíbrio, dicromato-cromato:

$$Cr_2O_7^{2-}(aq) + H_2O(l) \underset{2}{\overset{1}{\rightleftarrows}} 2\ CrO_4^{2-}(aq) + 2\ H^+(aq)$$

íons dicromato   água   íons cromato   íons hidrogênio

446   Química - Novais & Tissoni

A foto **A** (figura ao lado) mostra que a solução de um dicromato ($Cr_2O_7^{2-}$) é alaranjada, enquanto a do cromato (CrO_4^{2-}) é amarela.

No entanto, o acréscimo de uma base a essas soluções as torna amareladas, sugerindo a predominância de íons CrO_4^{2-} (foto **B**). Isto é, a adição de base favorece a reação no sentido **1** (à direita), formando mais íons cromato.

Se adicionarmos íons H^+ ao CrO_4^{2-} em meio básico, a cor mudará para laranja, tubo à esquerda da foto **C**.

Em resumo:

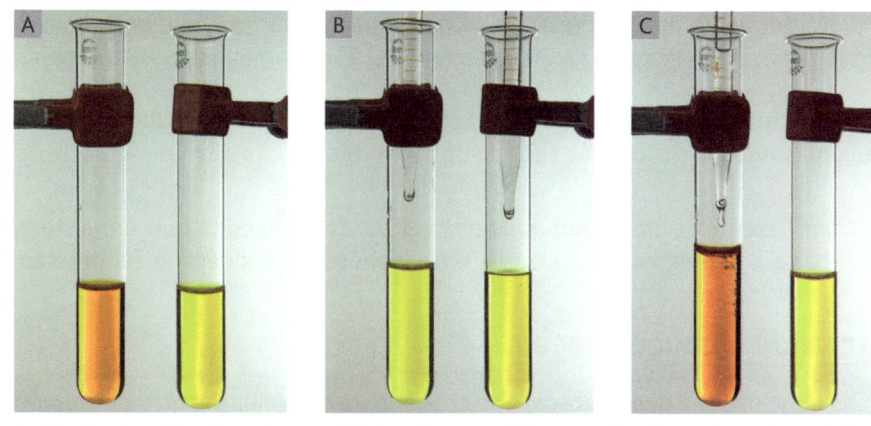

Em função da acidez do meio, o equilíbrio entre as espécies cromato-dicromato pode se deslocar, favorecendo o aumento da concentração de um ou outro íon.

	CrO_4^{2-}(aq)	$Cr_2O_7^{2-}$(aq)
Solução inicial	amarelada	alaranjada
Acréscimo de base	amarelada	amarelada
Acréscimo de ácido	alaranjada	alaranjada

Esquematizando, temos:

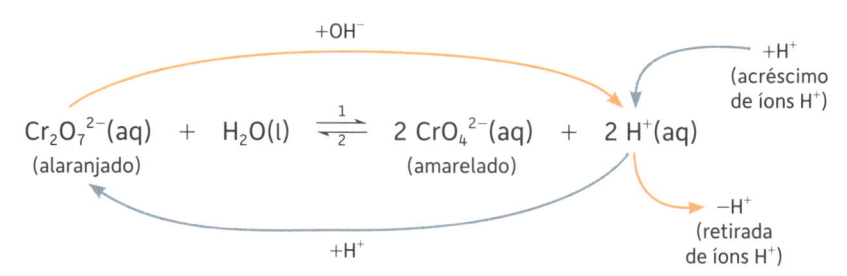

$$Cr_2O_7^{2-}(aq) + H_2O(l) \underset{2}{\overset{1}{\rightleftharpoons}} 2\,CrO_4^{2-}(aq) + 2\,H^+(aq)$$
(alaranjado)   (amarelado)

+OH^- leva ao produto; +H^+ (acréscimo de íons H^+) leva ao reagente; −H^+ (retirada de íons H^+) leva ao produto; +H^+ leva ao reagente.

Os íons OH^- funcionam como empobrecedores do meio ácido, já que reagem com íons H^+, neutralizando-os para formar água:

$$H^+(aq) + OH^-(aq) \longrightarrow H_2O(l)$$
íons hidrogênio   íons hidróxido   água

Então:
- retirando H^+, favorecemos o sentido **1**, o que implica a formação de mais H^+ e mais CrO_4^{2-};
- acrescentando H^+, favorecemos o sentido **2**, o que implica o consumo de parte desse H^+, originando mais $Cr_2O_7^{2-}$.

A rigor, a mudança de cor, por si só, não prova que boa parte do dicromato se transformou em cromato, ou vice-versa. A comprovação pode ser feita com base na reação de precipitação equacionada por:

$$Ba^{2+}(aq) + CrO_4^{2-}(aq) \longrightarrow BaCrO_4(s)$$
íons bário   íons cromato   cromato de bário (precipitado amarelo)

Quando há predomínio de íons CrO_4^{2-}, a adição de pequenas amostras de solução de Ba^{2+} ocasiona a precipitação de $BaCrO_4$ amarelo; no caso do predomínio de $Cr_2O_7^{2-}$, nas mesmas condições, não há precipitação.

	Acréscimo de base	Acréscimo de ácido	Acréscimo de Ba^{2+}
CrO_4^{2-}	amarelado	alaranjado	precipitado amarelo ($BaCrO_4$)
$Cr_2O_7^{2-}$	amarelado	alaranjado	nada ocorre

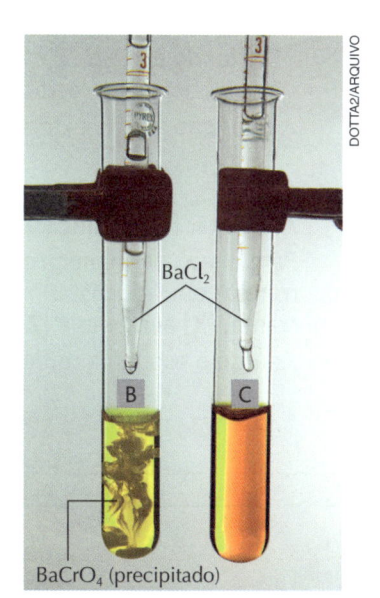

À esquerda, um dos tubos de ensaio com solução amarelada, obtida quando, a partir de $K_2Cr_2O_7$(aq) e K_2CrO_4(aq), adicionou-se solução de NaOH. Nele está sendo acrescentada solução de íons Ba^{2+}, o que provoca o aparecimento de sólido amarelo. À direita, um dos tubos com solução alaranjada – que havia sido obtida por adição de ácido às soluções de $K_2Cr_2O_7$(aq) e K_2CrO_4(aq) –, à qual está sendo adicionada uma solução contendo íons Ba^{2+}. Neste último caso, a solução permanece com o mesmo aspecto, pois só os íons CrO_4^{2-} formam precipitado amarelo com Ba^{2+} – o $BaCrO_4$ – e apenas no tubo à esquerda há concentração desses íons suficiente para tal precipitação.

Capítulo 19 • Equilíbrios químicos

Por intermédio da interpretação de experimentos como o que acabamos de descrever, o químico francês Henry-Louis Le Chatelier (1850-1936) propôs em 1888 a generalização a seguir.

> **Princípio de Le Chatelier**: "Se um sistema em equilíbrio for submetido a uma perturbação, o sistema responderá no sentido de minimizar o efeito da mudança provocada por ela".

Com base nesse princípio, podemos prever as alterações que um sistema sofre ao ser perturbado. A seguir, vamos aplicá-lo, em variações de: concentração, pressão, temperatura.

Alterando a concentração

As conclusões a que acabamos de chegar para o equilíbrio entre os íons cromato e dicromato podem ser estendidas para o equilíbrio genericamente indicado:

$$xX + yY \underset{2}{\overset{1}{\rightleftharpoons}} zZ + wW$$

Vamos supor algumas variações na concentração de **X**:

- Se aumentarmos a concentração de **X**, o sistema aumentará a taxa da reação no sentido **1**, consumindo parte da substância **X** acrescentada, até que uma nova situação de equilíbrio seja estabelecida. Consequentemente, obteremos maior concentração de produtos (**Z** e **W**).
- Se reduzirmos a concentração de **X**, como reação a essa ação, o sistema responderá gastando parte de **Z** e **W** – sentido **2** –, originando mais **X**, de modo que as condições de equilíbrio sejam restabelecidas.

A oposição à ação externa pode ser verificada pela expressão da constante de equilíbrio:

$$K_c = \frac{[Z]^z \cdot [W]^w}{[X]^x \cdot [Y]^y}$$

Aumentar [**X**] significa aumentar o valor numérico do denominador.

Para que K_c permaneça constante, [**Y**] diminui, aumentando [**Z**] e [**W**]. Se diminuirmos [**X**], ocorrerá o contrário: estaríamos diminuindo o denominador da fração. Para que K_c permaneça constante, [**Y**] aumenta e [**Z**] e [**W**] diminuem.

Analise o esquema referente ao sistema representado pela equação genérica:

$$A(g) \underset{2}{\overset{1}{\rightleftharpoons}} B(g) \qquad K_c = \frac{[B]}{[A]}$$

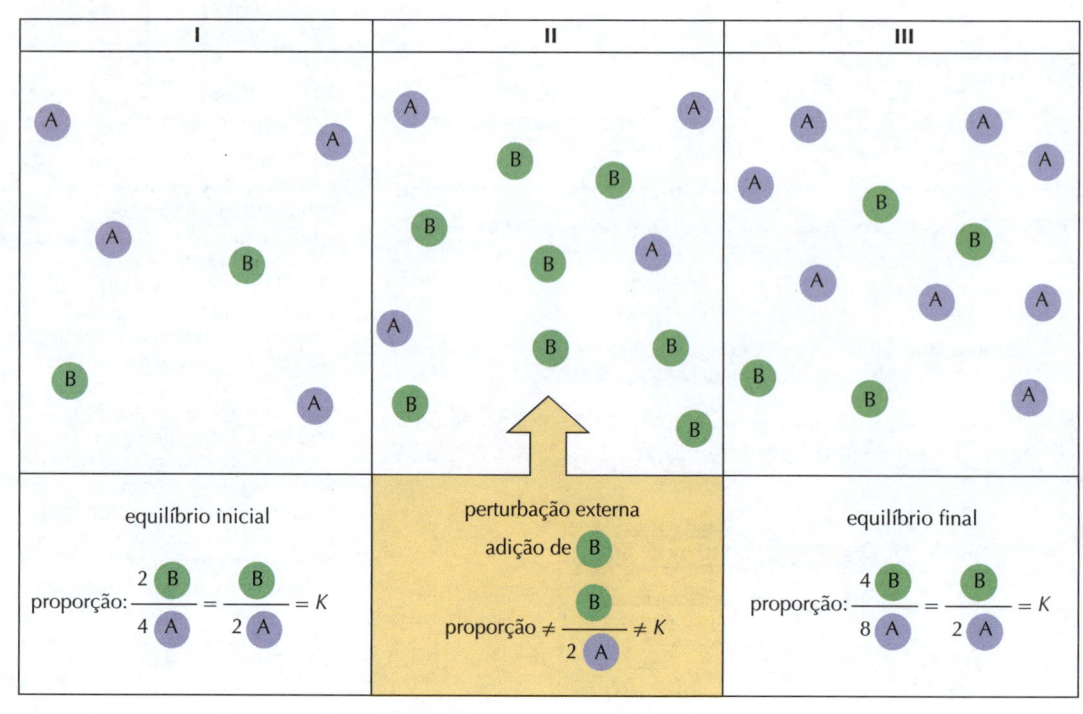

I	II	III
equilíbrio inicial	perturbação externa adição de B	equilíbrio final
proporção: $\dfrac{2\,B}{4\,A} = \dfrac{B}{2\,A} = K$	proporção $\neq \dfrac{B}{2\,A} \neq K$	proporção: $\dfrac{4\,B}{8\,A} = \dfrac{B}{2\,A} = K$

As unidades de B acrescentadas ao sistema (**II**) propiciam maior número de colisões, aumentando a velocidade da reação no sentido 2. Com isso, parte das unidades B é convertida em A (**III**), de modo que a relação inicial entre moléculas (1 B : 2 A) é mantida na nova situação de equilíbrio.

Conexões

Química e Biologia – O teor de hemoglobina no sangue e a altitude

Quando acompanhamos a seleção brasileira de futebol em um jogo numa cidade situada a grande altitude, em geral percebemos que o rendimento dos atletas é inferior ao habitual. Por que isso acontece?

Se uma pessoa vive em uma cidade localizada ao nível do mar ou em outros lugares de baixa altitude e vai para um local alto, situado, por exemplo, 3 km acima do nível do mar, ela fica sujeita a indisposições, tais como dor de cabeça, cansaço, náusea.

Essas indisposições são consequência de uma redução da concentração de oxigênio no sangue.

A redução da concentração de O_2 no sangue interfere no equilíbrio que envolve a seguinte reação:

$$Hm(aq) + O_2(aq) \rightleftharpoons HmO_2(aq) \qquad K_c = \frac{[HmO_2]}{[Hm] \cdot [O_2]}$$

hemoglobina   oxigênio   oxiemoglobina

Ao nível do mar, onde a pressão é 1 atm, a pressão parcial do O_2 nessa mistura é aproximadamente 0,20 atm.

No entanto, a 3 km de altitude, a pressão parcial cai para cerca de 0,12 atm. Essa queda de pressão força o sistema (constituído por hemoglobina, oxigênio e oxiemoglobina) a uma situação de equilíbrio diferente da estabelecida ao nível do mar; para minimizar a queda de pressão, o sistema responde no sentido de favorecer a reação que propicia o aumento da pressão parcial – e, portanto, da concentração – do O_2, ou seja, no sentido de formação dos reagentes, **reduzindo a quantidade de oxiemoglobina**; esse processo é chamado de **hipóxia** e explica os sintomas sentidos por uma pessoa cujo organismo não esteja adaptado a esse local.

La Paz, na Bolívia, e Cusco, no Peru, são exemplos de cidades situadas em altitudes superiores a 3 000 m, nas quais a concentração de O_2 no ar é baixa. Como o organismo das pessoas que vivem nesses locais ou que permanecem nele por algum tempo se adapta à situação? O metabolismo produz naturalmente mais hemoglobina, o que favorece o aumento do teor de oxiemoglobina no organismo. Estudos mostram que pessoas que vivem em lugares altos podem ter até 50% a mais de hemoglobina do que as que moram em zonas litorâneas. Para quem não é morador dessas regiões, a adaptação leva de duas a três semanas.

Vista da cidade de La Paz, na Bolívia, que fica mais de 3 600 m acima do nível do mar; ao fundo, a cordilheira dos Andes. Em grandes altitudes, a menor concentração de O_2 no ar pode causar hipóxia.

1. Redija uma explicação para o fenômeno de hipóxia com base na expressão da constante K_c. Use a linguagem própria da Química.

2. Justifique, com base no princípio de Le Chatelier, a afirmação de que a altitude influi no teor de hemoglobina.

Alterando a pressão

Alterações de pressão são especialmente importantes em sistemas nos quais participam substâncias na fase gasosa. De acordo com o princípio de Le Chatelier, um aumento de pressão força o sistema a uma nova condição de equilíbrio em que essa ação externa seja minimizada; isso acontece quando é favorecida a reação no sentido em que há redução da quantidade de moléculas presentes na fase gasosa e, portanto, da quantidade de matéria das substâncias nessa fase; com menor número de moléculas no sistema, a interferência externa que provocou o aumento de pressão será reduzida. Lembre-se: a pressão é proporcional à quantidade de matéria, isto é, $p \propto n$, pois: $p = \dfrac{nRT}{V}$.

Ou seja, o efeito do fator externo – **aumento de pressão** – sobre o sistema em equilíbrio será minimizado, favorecendo a reação no **sentido da redução do número de moléculas**.

$$2\,X(g) \underset{2}{\overset{1}{\rightleftarrows}} 3\,Y(g)$$

redução de pressão → sentido 1 **maior quantidade de matéria**

sentido 2 **menor quantidade de matéria** ← aumento de pressão

Um bom exemplo da influência da pressão no equilíbrio de um sistema gasoso é o da síntese do gás amoníaco a partir de hidrogênio e nitrogênio gasosos, como mostra a equação abaixo.

$$\underset{\text{nitrogênio}}{N_2(g)} + \underset{\text{hidrogênio}}{3\,H_2(g)} \underset{2}{\overset{1}{\rightleftarrows}} \underset{\text{amônia}}{2\,NH_3(g)}$$

Pela equação, podemos notar que, para cada 4 moléculas de reagentes (1 de nitrogênio e 3 de hidrogênio), formam-se 2 moléculas de gás amoníaco. Um aumento de pressão favorece o sentido em que há diminuição do número de moléculas, isto é, o sentido 1, o da síntese do $NH_3(g)$, aumentando o rendimento em $NH_3(g)$. Isso porque a redução da quantidade de matéria (síntese) provoca a redução da pressão total da mistura; consequentemente, o efeito perturbador do aumento da pressão sobre o sistema será atenuado.

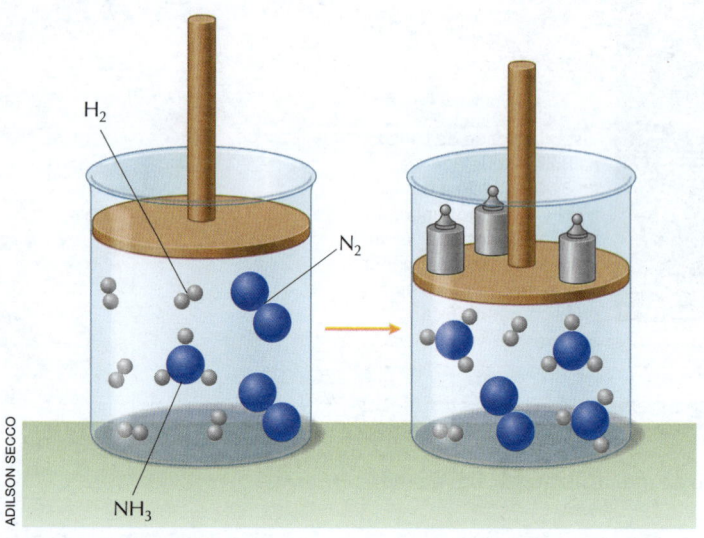

O aumento da pressão favorece o sentido em que há formação de menor número de moléculas de substâncias no estado gasoso.

Analise o equilíbrio equacionado a seguir:

$$\underset{\text{nitrogênio}}{N_2(g)} + \underset{\text{oxigênio}}{O_2(g)} \underset{2}{\overset{1}{\rightleftarrows}} \underset{\substack{\text{monóxido de}\\\text{nitrogênio}}}{2\,NO(g)}$$

Esse equilíbrio não será afetado por mudanças de pressão, pois para cada 2 moléculas de reagentes formam-se 2 de produtos.

Alguns esclarecimentos

- Todo o raciocínio feito só é válido se a variação de pressão da mistura decorrer de gases que participem do processo. Por exemplo, se em um balão onde ocorre a reação entre N_2 e H_2 houver aumento da pressão total por causa de introdução de moléculas de gás neônio, não haverá deslocamento do equilíbrio de síntese do NH_3. É fácil perceber o porquê disso: as pressões parciais do N_2, do H_2 e do NH_3 não sofreram alteração.

- Para prever se haverá alterações, por causa da pressão, em reações nas quais participam líquidos ou sólidos, além de gases, devemos considerar apenas a fase gasosa. Assim, por exemplo, no sistema:

$$\underset{\substack{\text{carbonato}\\\text{de cálcio}}}{CaCO_3(s)} \rightleftarrows \underset{\substack{\text{dióxido}\\\text{de carbono}}}{CO_2(g)} + \underset{\substack{\text{óxido}\\\text{de cálcio}}}{CaO(s)} \quad K_p = p_{CO_2}$$

a decomposição do carbonato de cálcio por aquecimento é favorecida a baixas pressões. Evidentemente, a pressão alta desloca o equilíbrio no sentido de que o gás CO_2 seja consumido, formando mais $CaCO_3$, um dos componentes sólidos desse sistema.

Alterando a temperatura

Agora vamos generalizar o que se observa no experimento descrito na página 446, relativo à mudança de temperatura de um sistema em equilíbrio:

$$aA + bB \underset{2}{\overset{1}{\rightleftarrows}} cC + dD \qquad \Delta H < 0 \text{ (exotérmica)}$$

Segundo o princípio de Le Chatelier, temos:

Ação sobre o sistema	Reação favorecida
aumento de temperatura	sentido 2 (**endotérmica**)
redução de temperatura	sentido 1 (**exotérmica**)

O aquecimento favorece o equilíbrio no sentido da reação endotérmica, já que esta absorve parte do calor, anulando parcialmente o efeito desse fator externo – o aquecimento – que atua sobre o sistema.

É bom relembrar que um aumento de temperatura acelera qualquer reação química; porém, em um equilíbrio, as reações (nos sentidos **1** e **2**) são desigualmente alteradas.

É por essa razão que a constante de equilíbrio depende da temperatura. Para que você possa entender melhor, considere o equilíbrio da síntese do $NO(g)$:

$$\underset{\text{nitrogênio}}{N_2(g)} + \underset{\text{oxigênio}}{O_2(g)} \underset{2}{\overset{1}{\rightleftarrows}} \underset{\substack{\text{monóxido de}\\\text{nitrogênio}}}{2\,NO(g)} \quad \Delta H = +180{,}5\text{ kJ}$$

Como a síntese do NO é endotérmica, ela é favorecida pelo aumento da temperatura, o que explica o fato de o valor da constante de equilíbrio ser mais alta a temperatura mais alta:

- a 25 °C, $K = 4,5 \cdot 10^{-31}$;
- a 627 °C, $K = 6,7 \cdot 10^{-10}$.

O baixíssimo valor de K à temperatura ambiente explica o fato de N_2 e O_2 coexistirem no ar sem reagir. No entanto, o aquecimento do ar a temperaturas elevadas, como no motor de um automóvel, leva à produção do NO, um dos componentes do *smog* fotoquímico que polui os grandes centros urbanos, causando problemas à saúde. No capítulo 24 essa questão é aprofundada.

Smog em Liaocheng, na China, em 2015. Muitos países desenvolvidos já passaram pelas crises de poluição atmosférica que os chineses enfrentam atualmente.

Atividades

1. Avalie as reações abaixo representadas e diga se podem ter seu rendimento aumentado ao se elevar a pressão. Justifique suas respostas.

Obs.: a temperatura é mantida constante.
a) $CaCO_3(s) \longrightarrow CaO(s) + CO_2(g)$
b) $2 HgO(s) \longrightarrow 2 Hg(l) + O_2(g)$
c) $N_2(g) + 3 H_2(g) \longrightarrow 2 NH_3(g)$
d) $H_2(g) + Cl_2(g) \longrightarrow 2 HCl(g)$

QUESTÃO COMENTADA

2. (UFMG) Um mol de hidrogênio gasoso e um mol de iodo gasoso foram misturados em um frasco fechado com volume de 10 litros. Esses gases reagem entre si, conforme representado na equação que se segue, e, após algum tempo, o sistema atinge o equilíbrio:

$$H_2(g) + I_2(g) \rightleftharpoons 2 HI(g)$$

No gráfico abaixo, está representada a variação da concentração de H_2 e de HI, em função do tempo.

Do instante em que os gases foram misturados até o tempo t_1, foi mantida a temperatura de 400 °C. No tempo t_1, a temperatura foi aumentada para 940 °C. Entre os tempos t_1 e t_2, apenas a concentração de HI está representada.

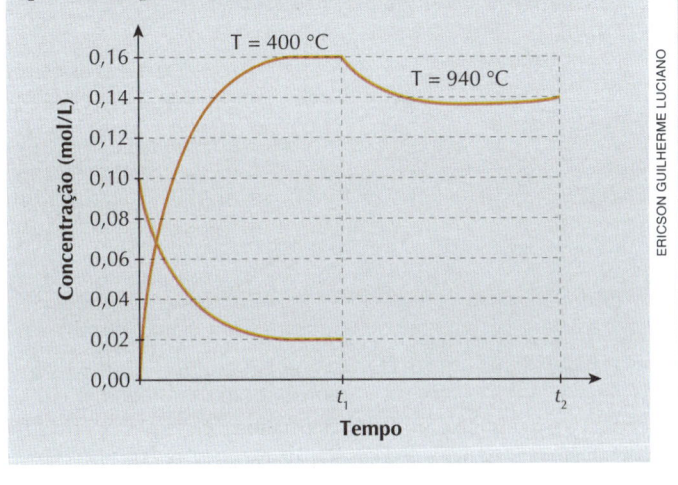

a) Indique se a reação de formação de HI é endotérmica ou exotérmica. Justifique sua resposta.

b) Calcule o valor da constante de equilíbrio a 400 °C. (Deixe seus cálculos registrados, explicitando, assim, seu raciocínio.)

c) Indique se a constante de equilíbrio dessa reação, à temperatura de 940 °C, é menor, igual ou maior que a constante de equilíbrio a 400 °C. Justifique sua resposta, **sem fazer cálculos**.

Sugestão de resolução

a) A reação de formação de HI é exotérmica, pois o aumento de temperatura favoreceu a reação inversa, no sentido de consumir HI, como mostra o gráfico, e o aumento da temperatura favorece a reação endotérmica (decomposição do HI).

b) $K_c = \dfrac{[HI]^2}{[H_2][I_2]} = \dfrac{(0,16)^2}{0,02 \cdot 0,02} = 64$

c) A constante de equilíbrio, à temperatura de 940 °C, é menor do que a constante de equilíbrio a 400 °C. Tomando por base a equação da constante de equilíbrio, na temperatura de 940 °C, há menor concentração de produto, HI(g), e maior concentração dos reagentes.

3. (Unicamp-SP) Na alta atmosfera ou em laboratório, sob a ação de radiações eletromagnéticas (ultravioleta, ondas de radio etc.), o ozônio é formado através de reação endotérmica:

$$3 O_2 \rightleftharpoons 2 O_3$$

a) O aumento da temperatura favorece ou dificulta a formação do ozônio?
b) E o aumento da pressão? Justifique a resposta.

4. (Unicamp-SP) Num recipiente fechado é realizada a seguinte reação à temperatura constante:

$$SO_2(g) + \frac{1}{2} O_2(g) \rightleftharpoons SO_3(g)$$

a) Sendo v_1 a velocidade da reação direta e v_2 a velocidade da reação inversa, qual a relação $\frac{v_1}{v_2}$ no equilíbrio?

b) Se o sistema for comprimido mecanicamente, ocasionando um aumento de pressão, o que acontecerá com o número total de moléculas?

Leia as informações a seguir para responder às questões 5 a 8.

O salitre do chile ($NaNO_3$ impuro) e outras fontes naturais de nitrogênio, até o final do século XIX, representavam tanto os melhores fertilizantes de solo quanto a melhor matéria-prima para a fabricação de explosivos – como a pólvora ou a dinamite. O cientista Fritz Haber (1868-1934) conseguiu viabilizar um processo de laboratório que permite obter amônia, NH_3, do N_2 do ar e de H_2, gás que poderia ser preparado facilmente. Partindo de NH_3, a fabricação de fertilizantes e nitratos tornava-se simples e dispensava o uso do salitre do chile.

5. Escreva a equação da síntese do $NH_3(g)$.

6. A formação do NH_3 envolve um processo que atinge um equilíbrio químico. Do ponto de vista da síntese do NH_3, você supõe que seja interessante realizar essa síntese a baixa ou a alta pressão? Por quê?

7. Levando em conta as informações da pergunta anterior e o fato de a entalpia de formação do NH_3 ser $-41,3$ kJ/mol, você supõe que para aumentar o rendimento em NH_3 seja melhor fazer a reação em temperaturas altas ou baixas?

8. No que diz respeito ao tempo necessário para atingir o equilíbrio, diretamente influenciado pela velocidade das reações direta e inversa, analise as vantagens e desvantagens do uso de:
a) catalisador;
b) baixas temperaturas.

*Você pode resolver as questões 5 a 15, 20, 21, 22, 24, 28, 29 e 30 da seção **Testando seus conhecimentos**.*

Driblando o equilíbrio para produzir mais amônia

Na produção industrial da amônia (NH_3), é importante conciliar dois aspectos: o **rendimento** em NH_3 e o **tempo** necessário para que o equilíbrio seja atingido. Com base nas questões propostas nas atividades acima, é possível chegar às conclusões a seguir.

- Pressões elevadas são úteis, tendo em vista que a síntese do NH_3 envolve a redução do número de moléculas em fase gasosa (veja o gráfico abaixo).

$$N_2(g) + 3 H_2(g) \rightleftharpoons 2 NH_3(g)$$
nitrogênio   hidrogênio   amônia

- A opção de trabalhar com pressões mais ou menos altas depende da análise de condições técnicas e econômicas.
- São empregadas temperaturas razoavelmente altas. Do ponto de vista do rendimento em NH_3 (observe o segundo gráfico abaixo), seria interessante manter a temperatura baixa; no entanto, dessa forma o equilíbrio demoraria mais tempo para ser atingido. Isso porque tanto a velocidade da reação de síntese do NH_3 quanto a de sua inversa diminuiriam (ambas são afetadas por alterações de temperatura).
- O uso de catalisadores reduz o tempo necessário para que o equilíbrio seja atingido. A retirada de NH_3 do sistema, à medida que esse composto se forma, aumenta o rendimento em NH_3, se for possível fazê-lo.

Variação da porcentagem de amônia em função da pressão

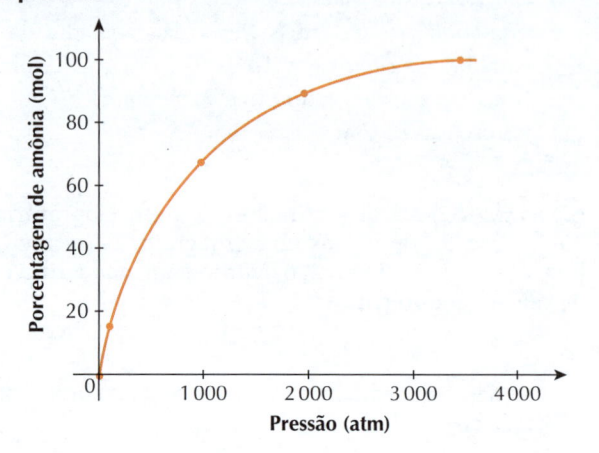

Variação da porcentagem de reagentes e produtos em função da temperatura

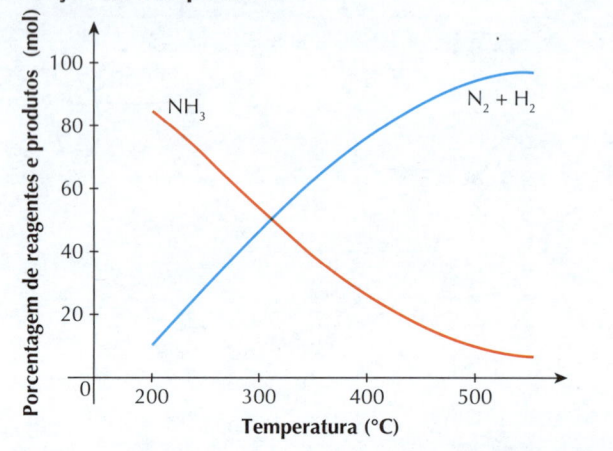

Fonte das duas tabelas: CHANG, R. *Chemistry*. 5. ed. Highstown: McGraw-Hill, 1994. p. 591.

Viagem no tempo

Síntese da amônia: a produção de alimentos e o poderio alemão na Primeira Guerra Mundial

O desenvolvimento da síntese industrial da amônia é bastante ilustrativo de como aspectos sociais, econômicos e políticos estão profundamente relacionados com o progresso científico e tecnológico.

No final do século XIX, os compostos nitrogenados naturais eram essenciais para a fertilização do solo. Nessa época, alguns cientistas previam para meados do século XX uma potencial catástrofe, decorrente do rápido esgotamento das reservas naturais desses compostos. Na América Latina, encontravam-se as principais fontes naturais dessas substâncias nitrogenadas: as de salitre do chile (nitrato de potássio impuro), no Chile, e os depósitos de guano (formado por excrementos de pássaros), no Peru.

A necessidade de produzir alimentos apontava para a urgência da criação de um processo industrial que permitisse fixar o nitrogênio, elemento fartamente disponível na atmosfera na forma de gás N_2. Esse processo também seria útil na produção de matéria-prima para a fabricação de explosivos.

Em 1914, quando a Primeira Guerra Mundial se iniciou, os inimigos da Alemanha imaginavam que o bloqueio britânico impediria os navios alemães de buscar compostos nitrogenados na América Latina. Assim, o país viveria um processo de escassez de alimentos e de explosivos que o forçaria a encerrar a guerra em tempo relativamente curto.

Porém, bem antes dessa época, o cientista alemão Fritz Haber (1868-1934) havia investigado a possibilidade de sintetizar NH_3 em laboratório. Em 1908, ele conseguiu aprimorar essa síntese, tornando a produção de NH_3 viável.

Em 1911, já estava em funcionamento na Alemanha a primeira indústria capaz de produzir esse composto. Assim, em 1914, com a construção de diversas fábricas tinha fôlego para enfrentar um longo período de guerra.

Em 1908, apesar de ter recorrido ao uso de catalisadores, a pressões e temperaturas elevadas, Haber conseguiu um rendimento ainda relativamente baixo, da ordem de 8% de NH_3. Na viabilização industrial do processo de Haber, foi fundamental a participação de outro químico alemão, Karl Bosch (1874-1940), que anteriormente havia estudado metalurgia e engenharia mecânica e que, com sua equipe, conseguiu encaminhar a solução de três problemas:

- criação de um reator: conseguiu fazer um reator resistente, recipiente dentro do qual os gases reagiam, com possibilidade de suportar pressão e temperaturas elevadas;
- produção de um catalisador: o melhor resultado conseguido foi aquele em que óxidos metálicos (como os de potássio, alumínio e cálcio) eram adicionados ao ferro;
- obtenção econômica de nitrogênio e hidrogênio: inicialmente se obtinha o H_2 por eletrólise da água, o que, em escala industrial, era muito caro.

Controverso, Haber esteve envolvido na criação de armas químicas devastadoras usadas durante a Primeira Guerra Mundial. Ainda assim, ganhou o prêmio Nobel de Química em 1918 – sob o protesto de outros cientistas –, por suas contribuições à síntese do amoníaco, e Bosch recebeu o prêmio em 1931, por suas contribuições à Engenharia Química a altas pressões.

Fábrica de fertilizantes em Ludwigshafen, Alemanha. Foto de 1930.

---

1. Por que, durante a Primeira Guerra Mundial, a Alemanha teve condições de sustentar o conflito por tempo bem maior do que o suposto por seus inimigos?

2. O nitrato de sódio ($NaNO_3$), principal componente do salitre do chile, é um sal bastante solúvel em água. Há relação entre essa característica e o fato de as maiores reservas naturais do composto encontrarem-se em região desértica? Explique.

Produção de amônia

Para entender as condições adotadas em processos industriais de produção de amônia, é importante analisar algumas questões, como a influência da temperatura no valor da constante de equilíbrio da síntese dessa substância. Analise os valores da tabela ao lado.

Apesar de os valores de K_c serem tanto maiores quanto menor a temperatura, torna-se impossível, como vimos, o trabalho a baixas temperaturas por causa do tempo necessário para se atingir o equilíbrio.

Variação da constante de equilíbrio da síntese de amônia em função da temperatura	
t (°C)	K_c
25	$6{,}0 \cdot 10^5$
200	$6{,}5 \cdot 10^{-1}$
300	$1{,}1 \cdot 10^{-2}$
400	$6{,}2 \cdot 10^{-4}$
500	$7{,}4 \cdot 10^{-5}$

Fonte: CHANG, R. *Chemistry*. 5th ed. Highstown: McGraw-Hill, 1994. p. 591.

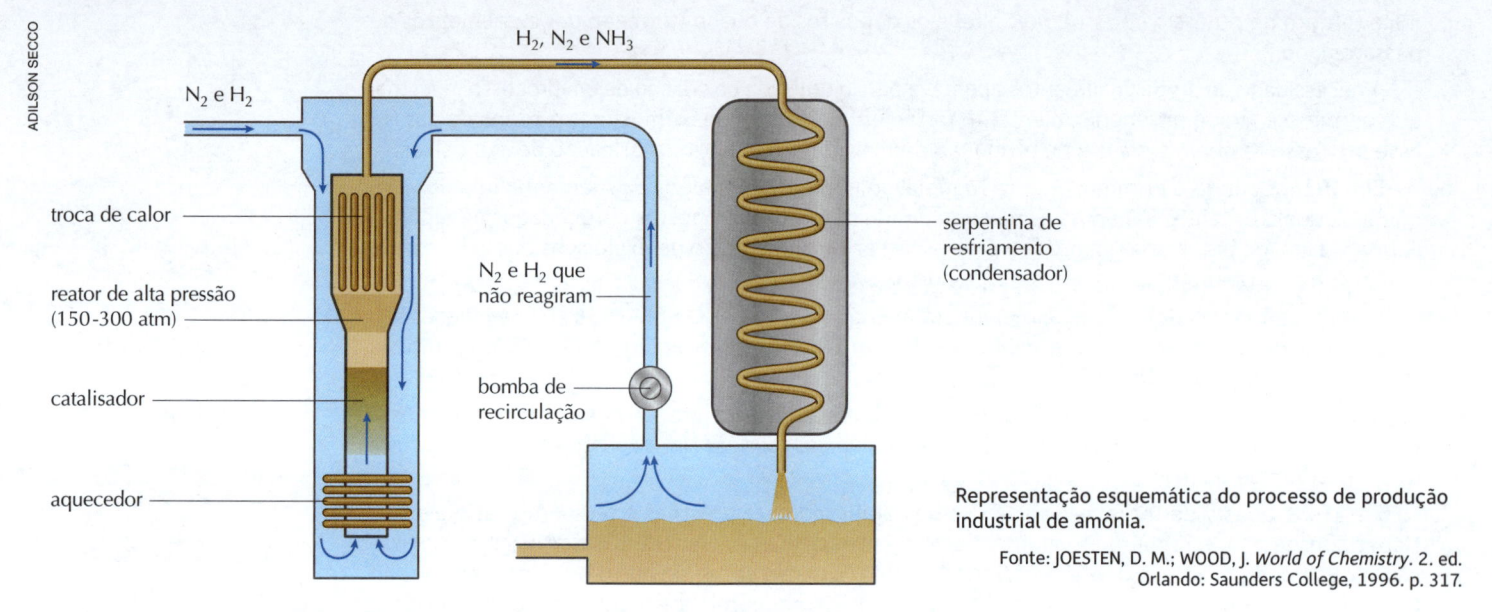

Representação esquemática do processo de produção industrial de amônia.

Fonte: JOESTEN, D. M.; WOOD, J. *World of Chemistry*. 2. ed. Orlando: Saunders College, 1996. p. 317.

Importância econômica e social da síntese de Haber-Bosch

A síntese de Haber-Bosch representou uma enorme contribuição para a solução da fome de bilhões de pessoas, em todo o mundo, graças ao papel que teve, e continua tendo, na produção de NH_3, essencial para a produção de fertilizantes em larga escala.

A produção da amônia é relativamente barata, em especial tendo em vista suas aplicações e sua relevância para que outros produtos importantes sejam obtidos. Além de a amônia ser usada como gás refrigerante em geladeiras e na fabricação de fertilizantes, também é empregada na produção de ácido nítrico e de sais dele derivados, plásticos, fibras, resinas e explosivos. Vale destacar que explosivos como o 2, 4, 6-trinitrato de tolueno (TNT) e a nitroglicerina (na forma de dinamite) são de grande utilidade quando empregados na mineração e na engenharia civil, poupando trabalho braçal; entretanto, infelizmente, também são empregados com fins bélicos.

Por tudo isso, um dos indicadores do desenvolvimento industrial de um país relaciona-se com sua produção e consumo de amônia, uma vez que a partir dela muitas substâncias podem ser fabricadas.

Principais produtores de amônia (2017)	
Países em ordem decrescente de produção	Produção em milhares de toneladas
China	46 000
Rússia	13 000
Índia	11 000
Estados Unidos	10 500
Indonésia	5 000
Outros	25 260

Nota: No ano de 2017, a produção mundial de amônia foi de 150 mil toneladas, ano em que o Brasil produziu 1 mil tonelada de amônia.

Fonte: U.S. Geological Survey. *Mineral Commodity Summaries*, jan. 2018. Disponível em: <https://minerals.usgs.gov/minerals/pubs/commodity/nitrogen/mcs-2018-nitro.pdf.>. Acesso em: 28 jun. 2018.

Saiba mais

Impacto ambiental dos fertilizantes nitrogenados

A síntese de amônia desenvolvida por Haber-Bosch permitiu a produção em escala mundial de fertilizantes nitrogenados, o que aumentou em 30% a 50% a produtividade da agricultura em grande parte do planeta. E a importância dos fertilizantes nitrogenados vem se ampliando: hoje, cerca de metade da humanidade tem, possivelmente, sua subsistência alimentar associada ao processo de fixação de nitrogênio de Haber-Bosch.

Porém, esses benefícios implicam efeitos nocivos ao ambiente. Por exemplo, em 2005, cerca de 100 milhões de toneladas de nitrogênio foram utilizadas globalmente na agricultura, mas apenas 17% desse volume foram consumidos pela humanidade na forma de alimentos. Essa eficiência baixa do uso de nitrogênio na agricultura causa impacto ambiental. Cerca de 40% do nitrogênio usado em fertilizantes e desperdiçado por práticas agrícolas incorretas retorna à sua forma atmosférica não reativa, mas a maior parte desse elemento químico contamina ambientes terrestres e aquáticos e a atmosfera, contribuindo para diminuir a biodiversidade. O nitrogênio perdido também altera o balanço dos gases do efeito-estufa, influencia o ozônio atmosférico e acidifica o solo, entre outros efeitos.

Fonte: BORGES, Jerry. Uma descoberta que mudou o mundo. *Ciência Hoje*, 3 dez. 2008.
Disponível em: <http://cienciahoje.org.br/coluna/uma-descoberta-que-mudou-o-mundo/>.
Acesso em: 28 jun. 2018.

Atividades

1. A quantidade de amônia (NH_3) produzida por um país pode ser um indicador de sua importância econômica. Por quê?

2. Observe a ilustração que esquematiza o processo de produção industrial de amônia (página 454). Qual é a vantagem do uso do condensador na síntese de Haber-Bosch?

3. Se o desenvolvimento industrial de um país pode ser avaliado pela produção e pelo consumo de amônia, por que o maior produtor mundial não são os Estados Unidos, principal potência econômica do planeta, e sim a China (veja a tabela da página anterior)? Pesquise para responder, se necessário.

4. Uma das aplicações mais importantes da amônia reside na obtenção de um dos ácidos de grande emprego industrial, o ácido nítrico (HNO_3). Esse ácido é produzido pelo processo de Ostwald, segundo o qual:

- a amônia reage com o oxigênio do ar, sob telas catalíticas de platina, gerando monóxido de nitrogênio, $NO(g)$;
- o monóxido de nitrogênio é oxidado por ação do oxigênio, gerando dióxido de nitrogênio, $NO_2(g)$;
- o dióxido de nitrogênio, sob pressão, reage com a água, formando ácido nítrico e monóxido de nitrogênio que volta ao processo.

As equações, não balanceadas, das etapas desse processo são:

$NH_3 + O_2 \longrightarrow NO + H_2O$

$NO + O_2 \longrightarrow NO_2$

$NO_2 + H_2O \longrightarrow HNO_3 + NO$

a) Balanceie as três equações; assinale os processos que forem de oxirredução, indicando os agentes oxidante e redutor.

b) Explique por que a terceira equação é uma auto-oxirredução.

5. Como você já deve ter observado, há óculos cujas lentes ficam tanto mais escuras quanto mais expostas à luz solar. O inverso também acontece, isto é, as lentes clareiam à medida que o ambiente fica mais escuro. Como funcionam algumas dessas lentes fotocromáticas?

Nessas lentes, que chegam a reduzir em 80% a luminosidade que atinge os olhos, ocorre um processo de oxirredução que é reversível, o que possibilita a inversão do processo:

$$\text{luz} + AgCl(s) \rightleftharpoons 2\,Ag(s) + Cl_2(g) + \text{luz}$$

Essas lentes são obtidas pela incorporação de uma mistura de cloreto de prata, AgCl, e cloreto de cobre(I), CuCl, ao vidro, de modo que a equação acima representada corresponde à soma de dois processos:

Semiequação de oxidação:

$2\ Cl^- \longrightarrow Cl_2 + 2\ e^-$

Semiequação de redução:

$2\ Ag^+ + 2\ e^- \longrightarrow 2\ Ag$

a) Quanto mais prata é produzida (escurecendo as lentes), mais os olhos ficam protegidos da luz. Recorrendo ao princípio de Le Chatelier, explique como a exposição ao sol se relaciona com a produção do espelho de prata.

b) Por que a baixa luminosidade favorece o clareamento das lentes?

6. Fritz Haber é um cientista que desperta debates sobre a ética na ciência. Leia estas informações sobre ele, depois faça o que se pede.

[...]
No início do século XX, membros da comunidade científica e da elite econômica despertaram para o risco da falta de alimentos para atender a uma população que crescia descontroladamente, diante da perspectiva de esgotamento das reservas naturais e do alto preço dos nitratos importados do Chile e do Peru, usados, entre outras coisas, para a produção de fertilizantes agrícolas.

Sob incentivo do governo alemão, uma eficiente associação entre industriais, banqueiros e universidades permitiu que cientistas fizessem pesquisas científicas, e, em 1908, Fritz Jacob Haber já conseguira aprimorar a síntese de amônia, tornando sua produção viável. [...]

Quando a Primeira Guerra Mundial começou, Alemanha e Áustria-Hungria uniram-se contra França, Inglaterra e Rússia. Nessa época, apesar dos tratados entre países pelo fim do uso de gases venenosos e outros recursos violentos em batalhas, o chefe do Estado Maior alemão propôs uma pesquisa sobre gases irritantes e lacrimogêneos, a fim de obrigar as tropas inimigas a sair de suas trincheiras. Haber coordenou o trabalho de pesquisadores e, em 1915, sob seu comando pessoal, foram soterrados centenas de barris de cloro, ao longo de uma linha de cerca de 6 quilômetros. Quando o gás cloro foi liberado, os danos físicos aos soldados franceses foram terríveis: corrosão de partes do corpo, hemorragia e asfixia, entre outros.

Os alemães acabaram perdendo a guerra, mas Haber continuou suas pesquisas em relação às armas químicas, além de aumentar a produção de amônia, ela também foi útil na produção de material bélico.

Com o fim do império alemão e a proclamação da república, em 1918, Haber passou a ser procurado como criminoso da guerra e refugiou-se na Suíça; quando, em 1918, recebeu o Nobel de Química, a repercussão negativa foi enorme.

De volta à Alemanha, ele retomou as pesquisas alegando o objetivo de produzir substâncias para combater pragas da agricultura – e prosseguiu na busca por novas armas químicas. [...]

SIMAAN, Arkan. Grandeza e decadência de Fritz Haber. Disponível em: <https://www.spq.pt/magazines/BSPQuimica/622/article/30001245/pdf>. Acesso em: 3 ago. 2018.

a) Discuta com os colegas e o professor:

- O trabalho científico de Fritz Haber ajudou simultaneamente a vida e a destruição da vida humana. Vocês concordam com essa afirmação? Por quê?
- Considerando a participação ativa de Fritz Haber na guerra, reflitam: a quem cabe a responsabilidade por controlar os usos que são feitos das descobertas e invenções científicas e tecnológicas?

b) Forme um grupo com alguns colegas e pesquisem:

- Segundo informações do texto acima, foi a associação entre industriais, banqueiros e universidades que tornou possível, na época, fazer as pesquisas que resultaram na síntese da amônia; ou seja, indústrias e bancos contribuíram com dinheiro para que cientistas se dedicassem às pesquisas e inventos. Que instituições são responsáveis por financiar as pesquisas científicas no Brasil hoje?
- Fritz Haber foi casado com Clara Immerwahr (1870-1915), que era doutora em Química – título raro para uma mulher naquela época –, porém as competências dessa química brilhante foram abafadas após seu casamento. Façam uma pesquisa sobre mulheres que se destacaram na Química ao longo da história, superando obstáculos – entre eles o preconceito de gênero – para conseguir estudar e executar suas pesquisas.

Clara Immerwahr, primeira mulher alemã a obter doutorado em Química.

Testando seus conhecimentos

Caso necessário, consulte as tabelas no final desta Parte.

1. (UFPA) O gráfico abaixo refere-se ao comportamento da reação

   "$A_2 + B_2 \rightleftharpoons 2\,AB$".

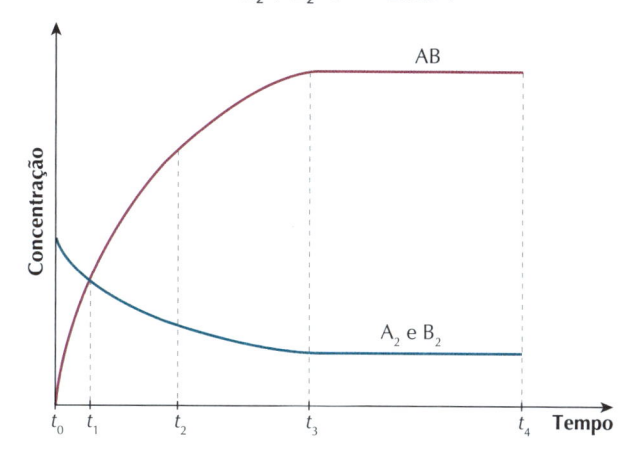

   Pode-se afirmar que o equilíbrio dessa reação será alcançado quando o tempo for igual a
   a. t_0.
   b. t_1.
   c. t_2.
   d. t_3.
   e. t_4.

2. (Fuvest-SP) A uma determinada temperatura, as substâncias HI, H_2 e I_2 estão no estado gasoso. A essa temperatura, o equilíbrio entre as três substâncias foi estudado, em recipientes fechados, partindo-se de uma mistura equimolar de H_2 e I_2 (experimento A) ou somente de HI (experimento B).

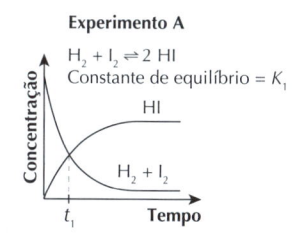

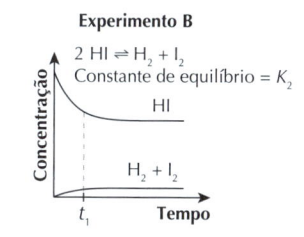

   Experimento A
   $H_2 + I_2 \rightleftharpoons 2\,HI$
   Constante de equilíbrio = K_1

   Experimento B
   $2\,HI \rightleftharpoons H_2 + I_2$
   Constante de equilíbrio = K_2

   Pela análise dos dois gráficos, pode-se concluir que
   a. no experimento A, ocorre diminuição da pressão total no interior do recipiente, até que o equilíbrio seja atingido.
   b. no experimento B, as concentrações das substâncias (HI, H_2 e I_2) são iguais no instante t_1.
   c. no experimento A, a velocidade de formação de HI aumenta com o tempo.
   d. no experimento B, a quantidade de matéria (em mols) de HI aumenta até que o equilíbrio seja atingido.
   e. no experimento A, o valor da constante de equilíbrio (K_1) é maior do que 1.

3. (UFRGS-RS) A constante de equilíbrio da reação $CO(g) + 2\,H_2(g) \rightleftharpoons CH_3OH(g)$ tem o valor de 14,5 a 500 K. As concentrações de metanol e de monóxido de carbono foram medidas nesta temperatura em condições de equilíbrio, encontrando-se, respectivamente, 0,145 mol · L^{-1} e 1 mol · L^{-1}. Com base nesses dados, é correto afirmar que a concentração de hidrogênio, em mol · L^{-1}, deverá ser
   a. 0,01.
   b. 0,1.
   c. 1.
   d. 1,45.
   e. 14,5.

4. (FCMPB) A amônia (NH_3) é um produto bastante utilizado na refrigeração devido ao elevado calor de vaporização; na agricultura, como fertilizante; e na composição de alguns produtos de limpeza. A produção deste produto pode ser realizada por meio do processo de Haber-Bosch, que rendeu o prêmio Nobel da Química a seus idealizadores, Fritz Haber e a Carl Bosch, em 1918 e 1931, respectivamente. No processo, os gases nitrogênio (N_2) e hidrogênio (H_2) são combinados diretamente a uma temperatura de 500 °C, utilizando o ferro como catalisador. No sistema em equilíbrio, as pressões parciais de cada gás são: pN_2 = 0,8 atm; pH_2 = 2,0 atm e pNH_3 = 0,4 atm. Calcule as constantes K_p e K_c para esse equilíbrio, a 27 °C, e marque a alternativa que contém os valores corretos destas constantes, respectivamente.

   (Dado: Volume do recipiente = 2 000,0 mL; R = 0,082 atm · L · K^{-1} · mol^{-1}
   a. 4 e 2 420,6
   b. 0,025 e 15,1
   c. 0,25 e 151,3
   d. 40 e 24 206,4
   e. 0,1 e 60,5

5. (FGV-SP) A produção de suínos gera uma quantidade muito grande e controlada de dejetos, que vem sendo empregada em bioconversores para geração de gás metano. O metano, por sua vez, pode ser utilizado para obtenção de gás H_2. Em uma reação denominada reforma, o metano reage com o vapor d'água na presença de um catalisador formando hidrogênio e dióxido de carbono de acordo com o equilíbrio

$$CH_4(g) + H_2O(g) \rightleftharpoons 3\,H_2(g) + CO_2(g) \qquad \Delta H > 0$$

O deslocamento do equilíbrio no sentido da formação do H_2 é favorecido por:
   I. aumento da pressão;
   II. adição do catalisador;
   III. aumento da temperatura.

É correto apenas o que se afirma em
a. I.
b. I e II.
c. II.
d. II e III.
e. III.

6. (Udesc) Para a reação em equilíbrio $N_2(g) + 3\,H_2(g) \rightleftharpoons 2\,NH_3(g)$ $\Delta H = -22$ kcal; assinale a alternativa que **não** poderia ser tomada para aumentar o rendimento do produto.
a. Aumentar a concentração de H_2
b. Aumentar a pressão
c. Aumentar a concentração de N_2
d. Aumentar a temperatura
e. Diminuir a concentração de NH_3

7. (IFSC) Quando queimamos um palito de fósforo ou uma folha de papel, a reação ocorre completamente, ou seja, até que um dos reagentes seja totalmente consumido.

Em outras reações, no entanto, não ocorre o consumo total de nenhum reagente, isso porque a reação pode acontecer nos dois sentidos:

Reagentes $\rightleftharpoons$ Produtos

Com base no texto acima, assinale a soma da(s) proposição(ões) **correta(s)**.
01. A reação citada no primeiro parágrafo do texto indica uma reação do tipo irreversível.
02. No caso da equação química genérica apresentada, se as velocidades da reação direta e inversa forem iguais estabelece-se um equilíbrio químico.
04. Uma vez estabelecido o equilíbrio químico, não há como alterar as velocidades das reações direta ou inversa.
08. A constante de equilíbrio de uma reação química é calculada pela relação entre as concentrações de produtos e reagentes no momento do equilíbrio, elevadas aos seus respectivos coeficientes estequiométricos.
16. Uma constante de equilíbrio alta indica que a reação inversa prevalece sobre a direta.
32. O equilíbrio pode ser deslocado no sentido do consumo dos produtos se aumentarmos a concentração dos reagentes.

8. (Fatec-SP) A produção de alimentos para a população mundial necessita de quantidades de fertilizantes em grande escala, sendo que muitos deles se podem obter a partir do amoníaco.

Fritz Haber (1868-1934), na procura de soluções para a otimização do processo, descobre o efeito do ferro como catalisador, baixando a energia de ativação da reação.

Carl Bosch (1874-1940), engenheiro químico e colega de Haber, trabalhando nos limites da tecnologia no início do século XX, desenha o processo industrial catalítico de altas pressões e altas temperaturas, ainda hoje utilizado como único meio de produção de amoníaco e conhecido por processo de Haber-Bosch.

Controlar as condições que afetam os diferentes equilíbrios que constituem o processo de formação destes e de outros produtos, otimizando a sua rentabilidade, é um dos objetivos da Ciência/Química e da Tecnologia para o desenvolvimento da sociedade.

<http://nautilus.fis.uc.pt/spf/DTE/pdfs/fisica_quimica_a_11_homol.pdf>. Acesso em: 28 set. 2012.

Considere a reação de formação da amônia
$N_2(g) + 3 H_2(g) \rightleftharpoons 2 NH_3(g)$
e o gráfico, que mostra a influência conjunta da pressão e da temperatura no seu rendimento.

A análise do gráfico permite concluir, corretamente, que
a. a reação de formação da amônia é endotérmica.
b. o rendimento da reação, a 300 atm, é maior a 600 °C.
c. a constante de equilíbrio (K_c) não depende da temperatura.
d. a constante de equilíbrio (K_c) é maior a 400 °C do que a 500 °C.
e. a reação de formação da amônia é favorecida pela diminuição da pressão.

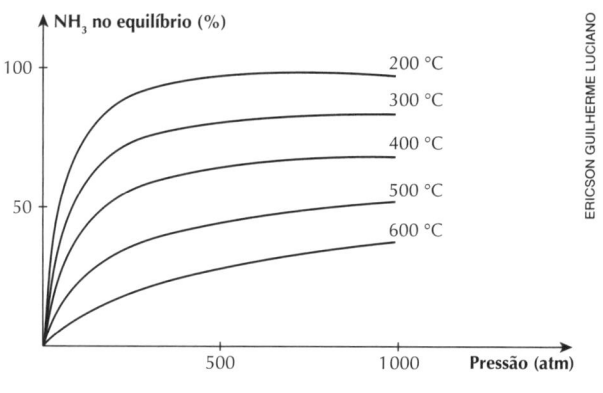

9. (UFPE) Industrialmente, a síntese da amônia é realizada através da reação:

$N_2(g) + 3 H_2(g) \rightleftharpoons 2 NH_3(g)$. Assumindo que esta reação tenha atingido o equilíbrio, podemos dizer que:

0-0) a adição de mais nitrogênio provocará a formação de mais amônia.

1-1) a remoção de amônia provocará a formação de mais amônia.

2-2) a adição de um catalisador irá provocar a formação de mais amônia.

3-3) um aumento de temperatura irá favorecer a reação no sentido exotérmico.

4-4) uma diminuição do volume reacional irá provocar a formação de mais amônia.

10. (UFSM-RS) A maçã é apreciada pelos cantores, pois ajuda na limpeza das cordas vocais. O aroma das maçãs pode ser imitado adicionando-se acetato de etila, $CH_3COOCH_2CH_3$. O acetato de etila pode ser obtido a partir da reação de esterificação:

$CH_3COOH(aq) + HOCH_2CH_3(aq) \rightleftharpoons CH_3COOCH_2CH_3(aq) + H_2O(l)$

Na temperatura de 25 °C, o valor da constante de equilíbrio, K_C, é 4,0. Marque verdadeira (V) ou falsa (F) nas seguintes afirmações:

( ) A adição de acetato de etila aumenta K_C.

( ) A adição de um catalisador diminui K_C.

( ) A adição de acetato de etila desloca o equilíbrio no sentido da formação dos reagentes.

( ) A adição de ácido acético não desloca o equilíbrio.

( ) A adição de ácido acético não altera o K_C. A sequência correta é

a. F – F – V – F – V.
b. V – V – F – F – V.
c. F – V – V – V – F.
d. V – F – F – F – V.
e. F – V – F – V – F.

11. (PUC-SP) Uma das reações utilizadas para a demonstração de deslocamento de equilíbrio, devido à mudança de cor, é a representada pela equação a seguir:

$2 CrO_4^{2-} (aq) + 2 H^+(aq) \rightleftharpoons Cr_2O_7^{2-} (aq) + H_2O(l)$

sendo que o cromato (CrO_4^{2-}) possui cor amarela e o dicromato ($Cr_2O_7^{2-}$) possui cor alaranjada.

Sobre esse equilíbrio foram feitas as seguintes afirmações:

I. A adição de HCl provoca o deslocamento do equilíbrio para a direita.

II. A adição de NaOH resulta na cor alaranjada da solução.

III. A adição de HCl provoca o efeito do íon comum.

IV. A adição de dicromato de potássio não desloca o equilíbrio.

As afirmações corretas são:
a. I e II.
b. II e IV.
c. I e III.
d. III e IV.

12. (Uerj) O monóxido de carbono, formado na combustão incompleta em motores automotivos, é um gás extremamente tóxico. A fim de reduzir sua descarga na atmosfera, as fábricas de automóveis passaram a instalar catalisadores contendo metais de transição, como o níquel, na saída dos motores.

Observe a equação química que descreve o processo de degradação catalítica do monóxido de carbono:

$$2\ CO(g) + O_2(g) \underset{}{\overset{Ni}{\rightleftharpoons}} 2\ CO_2(g) \qquad \Delta H = -283\ kJ \cdot mol^{-1}$$

Com o objetivo de deslocar o equilíbrio dessa reação, visando a intensificar a degradação catalítica do monóxido de carbono, a alteração mais eficiente é:
a. reduzir a quantidade de catalisador
b. reduzir a concentração de oxigênio
c. aumentar a temperatura
d. aumentar a pressão

13. (Uece) Um estudante de química retirou água do seguinte sistema em equilíbrio:

$$2\ NO_2(g) + CH_4(g) \rightleftharpoons CO_2(g) + 2\ H_2O(l) + N_2(g)$$

Em seguida, esse aluno constatou acertadamente que
a. a concentração de metano diminuiu.
b. o equilíbrio se desloca para a esquerda.
c. a concentração do dióxido de carbono diminuiu.
d. a concentração do nitrogênio gasoso diminuiu.

14. (UPE/SSA) É comum ocorrer a eructação, mais conhecida por arroto, após a ingestão de refrigerante. A água gaseificada é um componente importante dos refrigerantes. Ela é produzida pela mistura de água e gás carbônico, sob baixa temperatura, em que se estabelece o seguinte equilíbrio químico:

$$2\ H_2O(l) + CO_2(g) \rightleftharpoons H_3O^+(aq) + HCO_3^-(aq)$$

Considerando o equilíbrio químico indicado, um dos fatores que NÃO influencia na eructação após a ingestão de refrigerantes é a(o)
a. elevação da temperatura no interior do estômago.
b. acréscimo da concentração de íons hidrônio por causa do suco gástrico.
c. presença do ácido clorídrico que funciona como catalisador para a reação inversa.
d. aumento do volume no interior do estômago em comparação com o refrigerante envasado.
e. diminuição da pressão no interior do estômago em comparação com o refrigerante envasado.

15. (Unimontes-MG) A clorofila, pigmento responsável pela cor verde dos vegetais, pode sofrer mudanças na sua estrutura química quando é submetida ao aquecimento. Isso pode ocorrer durante o cozimento dos vegetais destinados à alimentação. Durante esse processo, a cor verde escura é substituída pela cor verde amarelada das feofitinas, devido à substituição do íon magnésio da clorofila por íons H$^+$ provenientes de ácidos liberados ou adicionados ao sistema. A reação de feofitinização é descrita pela equação a seguir:

$$C_{32}H_{30}ON_4Mg\begin{smallmatrix}COOCH_3\\ \\COOC_{20}H_{39}\end{smallmatrix}(aq) + 2\ H^+(aq) \rightleftharpoons C_{32}H_{30}ON_4H_2\begin{smallmatrix}COOCH_3\\ \\COOC_{20}H_{39}\end{smallmatrix}(aq) + Mg^{2+}(aq)$$

clorofila → feofitina

Em relação às alterações da cor dos vegetais por cozimento, é CORRETO afirmar que
a. a adição de suco de limão favorece a formação da feofitina.
b. a mudança de cor evidencia uma transformação física.
c. a adição de bicarbonato de sódio favorece a formação da feofitina.
d. o aquecimento evidencia a cor verde escura da clorofila.

16. (UFPE) A reação de decomposição do flúor molecular (F_2) gasoso em átomos de flúor gasosos possui uma constante de equilíbrio igual a $3 \cdot 10^{-11}$. Se a pressão inicial de flúor molecular for de 120 bar, a pressão dos átomos de flúor no equilíbrio será de $n \cdot 10^{-5}$. Calcule o valor de n.

17. (PUC-SP) Durante uma transformação química, as concentrações das substâncias participantes foram determinadas ao longo do tempo. O gráfico ao lado resume os dados obtidos ao longo do experimento.
A respeito do experimento, foram feitas algumas afirmações:
  I. A e B são reagentes e C é o produto da reação estudada.
  II. A reação química estudada é corretamente representada pela equação: B + 2 C ⟶ A
  III. Não houve consumo completo dos reagentes, sendo atingido o equilíbrio químico.
  IV. A constante de equilíbrio dessa reação, no sentido da formação de A, nas condições do experimento é menor do que 1.

Estão corretas apenas as afirmações:
a. I e IV.   b. II e III.   c. II e IV.   d. III e IV.

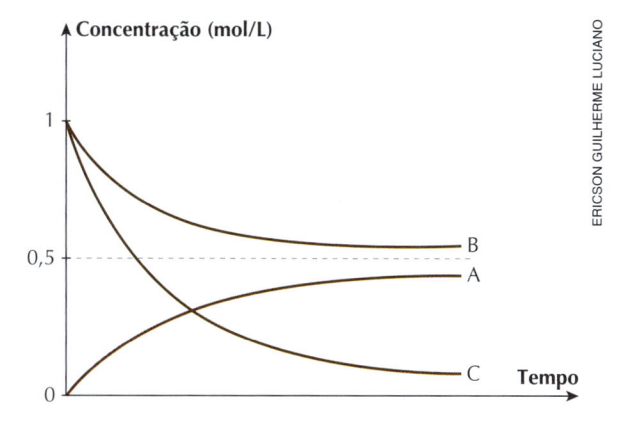

18. (Udesc) As reações químicas dependem de colisões eficazes que ocorrem entre as moléculas dos reagentes. Quando se pensa em sistema fechado, é de se esperar que as colisões ocorram entre as moléculas dos produtos em menor ou maior grau, até que se atinja o equilíbrio químico. À temperatura ambiente, o $NO_2(g)$, gás castanho-avermelhado, está sempre em equilíbrio com o seu dímero, o $N_2O_4(g)$, gás incolor. Em um experimento envolvendo a dissociação de $N_2O_4(g)$ em $NO_2(g)$ coletaram-se os seguintes dados: a amostra inicial de $N_2O_4(g)$ utilizada foi de 92g, em um dado momento a soma dos componentes $N_2O_4(g)$ e $NO_2(g)$ foi de 1,10 mol. Com base nesses dados, pode-se dizer que a quantidade dissociada em mols de $N_2O_4(g)$ é:
a. 0,20   b. 0,10   c. 0,40   d. 0,60   e. 0,80

19. (Udesc) A ideia de equilíbrio químico foi proposta pela primeira vez pelo químico francês Claude Louis Berthollet em seu livro *Essai de Statique Chimique,* em 1803. Basicamente, diz-se que uma reação química está em equilíbrio quando a proporção entre reagentes e produtos se mantém constante ao longo do tempo.
Considerando o conceito de equilíbrio químico, assinale a alternativa **correta**.
a. Para a reação em equilíbrio $2\ SO_2(g) + O_2(g) \rightleftarrows 2\ SO_3(g)$ a 1000 K, o valor da constante de equilíbrio é 0,215 quando $P_{SO_2} = 0,660$ atm, $P_{O_2} = 0,390$ atm e $P_{SO_3} = 0,0840$ atm.
b. No equilíbrio químico entre íons cromato e dicromato em meio aquoso, $2\ CrO_4^{2-}(aq) + 2\ H^+(aq) \rightleftarrows Cr_2O_7^{2-}(aq) + H_2O(l)$, a adição de hidróxido de sódio irá privilegiar a formação de íons dicromato em solução.
c. Considerando a equação química que descreve o processo industrial para a síntese de amônia (processo Haber-Bosch): $N_2(g) + 3\ H_2(g) \rightleftarrows 2\ NH_3(g)$, é possível afirmar que, uma vez aumentada a pressão do sistema pela injeção de um gás inerte ou compressão do sistema, o equilíbrio químico é deslocado no sentido de formação dos produtos.
d. Os valores de K_a em meio aquoso para os ácidos cloroso e nitroso são $1,0 \cdot 10^{-2}$ e $4,3 \cdot 10^{-4}$, respectivamente. Com base nestes dados é possível afirmar que o pH de uma solução de $HClO_2$ será maior que o de uma solução de HNO_2, considerando soluções com concentrações idênticas.
e. A adição de um catalisador a um sistema em equilíbrio altera o valor numérico de sua constante, pois reduz sua energia de ativação.

20. (PUC-SP) A amônia é um produto industrial de grande relevância, sendo matéria-prima para a produção de fertilizantes. A amônia é obtida em larga escala pelo processo Haber, em que são empregados nitrogênio e hidrogênio sob alta pressão a 450 °C.
A equação que representa o processo é

$$N_2(g) + 3\ H_2(g) \rightleftarrows 2\ NH_3(g)$$

sendo que o K_c dessa reação a 25 °C é de $3,5 \cdot 10^8$, enquanto que o K_c medido a 450 °C é de 0,16. Sobre a reação de síntese da amônia foram feitas as seguintes afirmações.
  I. Trata-se de uma reação de oxirredução em que o gás hidrogênio é o agente redutor.
  II. Trata-se de um processo endotérmico e por isso é realizado em alta temperatura.
  III. Alterar a pressão dos reagentes modifica o valor de K_c.
  IV. A 450 °C a velocidade de formação de amônia seria bem maior do que a 25 °C, considerando-se que as pressões parciais dos reagentes no início da reação fossem as mesmas em ambas as temperaturas. Estão corretas apenas as afirmações

a. I e II   b. II e IV   c. III e IV   d. I e III   e. I e IV

21. (PUC-SP) A conversão do tetróxido de dinitrogênio em dióxido de nitrogênio é representada pela seguinte equação:

$$N_2O_4(g) \rightleftharpoons 2\,NO_2(g)$$
Incolor   castanho

Em um experimento didático, um aluno determinou as constantes de equilíbrio em função das pressões parciais (K_p) dessa reação, como ilustra a tabela.

Constantes de equilíbrio (K_p) para a reação de dissociação do N_2O_4.	
temperatura (K)	K_p
300	1,0
400	48
500	$1,7 \cdot 10^3$

No relatório desse aluno sobre o experimento, foram encontradas as seguintes afirmações:

I. A 300 K, a pressão parcial do N_2O_4 é igual à pressão parcial do NO_2.

II. A coloração dos gases N_2O_4 e NO_2 em equilíbrio dentro de um balão imerso em água em ebulição é mais escura que em um balão imerso em banho de gelo.

III. Mantida a temperatura de 300 K, ao diminuir o volume do balão em que os gases NO_2 e N_2O_4 se encontram em equilíbrio, obtém-se uma nova condição de equilíbrio com $K_p < 1,0$.

IV. A reação de dissociação do N_2O_4 em NO_2 é endotérmica.

Estão corretas somente as afirmações

a. I e III.   b. II e IV.   c. III e IV.   d. I, II e III.   e. II, III e IV.

22. (UEL-PR) O odor de muitas frutas e flores deve-se à presença de ésteres voláteis. Alguns ésteres são utilizados em perfumes, doces e chicletes para substituir o aroma de algumas frutas e flores. Como exemplos, podemos citar o acetato de isopentila, que dá o odor característico de banana e o acetato de etila, que dá o odor das rosas. Este último provém da reação entre o ácido acético e o álcool etílico, como demonstrado na reação a 100 °C.

$$CH_3COOH(l) + CH_3CH_2OH(l) \rightleftharpoons CH_3COOCH_2CH_3(l) + H_2O(l) \quad K_C = 3,8$$

Se as concentrações de $CH_3COOCH_2CH_3(l)$ e $H_2O(l)$ forem dobradas em seus valores no equilíbrio, na mesma temperatura, então o valor de K_C será igual a:

a. 7,6   b. 3,8   c. 1,9   d. 0,95   e. 1,27

23. (Uece) O tetróxido de dinitrogênio gasoso, utilizado como propelente de foguetes, dissocia-se em dióxido de nitrogênio, um gás irritante para os pulmões, que diminui a resistência às infecções respiratórias.

Considerando que no equilíbrio a 60 °C, a pressão parcial do tetróxido de dinitrogênio é 1,4 atm e a pressão parcial do dióxido de nitrogênio é 1,8 atm. Qual a constante de equilíbrio K_p?

24. (FICSAE-SP) O trióxido de enxofre (SO_3) é obtido a partir da reação do dióxido de enxofre (SO_2) com o gás oxigênio (O_2), representada pelo equilíbrio a seguir.

$$2\,SO_2(g) + O_2(g) \rightleftharpoons 2\,SO_3(g) \quad \Delta H^0 = -198\ kJ$$

A constante de equilíbrio, K_C, para esse processo a 1000 °C é igual a 280. A respeito dessa reação, foram feitas as seguintes afirmações:

I. A constante de equilíbrio da síntese do SO_3 a 200 °C deve ser menor que 280.

II. Se na condição de equilíbrio a 1000 °C a concentração de O_2 é de 0,1 mol $\cdot$ L^{-1} e a concentração de SO_2 é de 0,01 mol $\cdot$ L^{-1}, então a concentração de SO_3 é de 2,8 mol $\cdot$ L^{-1}.

III. Se, atingida a condição de equilíbrio, o volume do recipiente for reduzido sem alteração na temperatura, não haverá alteração no valor da constante de equilíbrio, mas haverá aumento no rendimento de formação do SO_3.

IV. Essa é uma reação de oxirredução, em que o dióxido de enxofre é o agente redutor.

Estão corretas apenas as afirmações:

a. II e IV.   b. I e III.   c. I e IV.   d. III e IV.

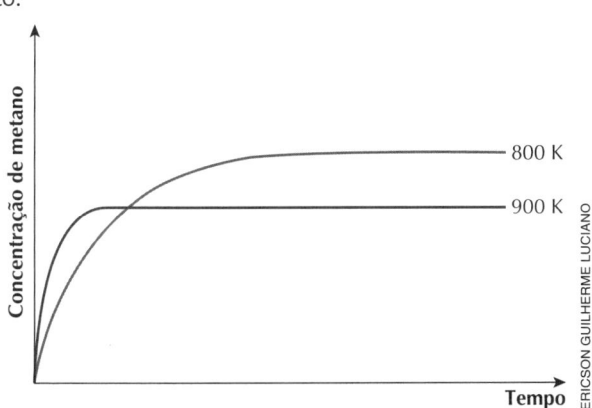

25. (Fuvest-SP) Recifes de coral são rochas de origem orgânica, formadas principalmente pelo acúmulo de exoesqueletos de carbonato de cálcio secretados por alguns cnidários que vivem em colônias. Em simbiose com os pólipos dos corais, vivem algas zooxantelas. Encontrados somente em mares de águas quentes, cujas temperaturas, ao longo do ano, não são menores que 20 °C, os recifes de coral são ricos reservatórios de biodiversidade. Como modelo simplificado para descrever a existência dos recifes de coral nos mares, pode-se empregar o seguinte equilíbrio químico:

$$CaCO_3(s) + CO_2(g) + H_2O(l) \rightleftharpoons Ca^{2+}(aq) + 2\ HCO_3^-(aq)$$

a. Descreva o mecanismo que explica o crescimento mais rápido dos recifes de coral em mares cujas águas são transparentes.

b. Tomando como base o parâmetro solubilidade do CO_2 em água, justifique por que ocorre a formação de recifes de coral em mares de água quente.

26. (Enem) Vários ácidos são utilizados em indústrias que descartam seus efluentes nos corpos d'água, como rios e lagos, podendo afetar o equilíbrio ambiental. Para neutralizar a acidez, o sal carbonato de cálcio pode ser adicionado ao efluente, em quantidades apropriadas, pois produz bicarbonato, que neutraliza a água. As equações envolvidas no processo são apresentadas:

I. $CaCO_3(s) + CO_2(g) + H_2O(l) \rightleftharpoons Ca^{2+}(aq) + 2\ HCO_3^-(aq)$

II. $HCO_3^-(aq) \rightleftharpoons H^+(aq) + CO_3^{2-}(aq)$ $\quad K_1 = 3{,}0 \cdot 10^{-11}$

III. $CaCO_3(s) \rightleftharpoons Ca^{2+}(aq) + CO_3^{2-}(aq)$ $\quad K_2 = 6{,}0 \cdot 10^{-9}$

IV. $CO_2(g) + H_2O(l) \rightleftharpoons H^+(aq) + HCO_3^-(aq)$ $\quad K_3 = 2{,}5 \cdot 10^{-7}$

Com base nos valores das constantes de equilíbrio das reações II, III e IV a 25 °C, qual é o valor numérico da constante de equilíbrio da reação I?

a. $4{,}5 \cdot 10^{-26}$ **b.** $5{,}0 \cdot 10^{-5}$ **c.** $0{,}8 \cdot 10^{-9}$ **d.** $0{,}2 \cdot 10^{5}$ **e.** $2{,}2 \cdot 10^{26}$

27. (UFRGS-RS) A água mineral com gás pode ser fabricada pela introdução de gás carbônico na água, sob pressão de aproximadamente 4 atm.

Sobre esse processo, considere as afirmações abaixo.

I. Quando o gás carbônico é introduzido na água mineral, provoca a diminuição na basicidade do sistema.

II. Quando a garrafa é aberta, parte do gás carbônico se perde e o pH da água mineral fica mais baixo.

III. Como o gás carbônico é introduzido na forma gasosa, não ocorre interferência na acidez da água mineral.

Quais estão corretas?

a. Apenas I.
b. Apenas III.
c. Apenas I e II.
d. Apenas II e III.
e. I, II e III.

28. (Ibmec-RJ) Num recipiente fechado, de volume constante, hidrogênio gasoso reage com excesso de carbono sólido, formando gás metano, como descrito na equação:

$$C(s) + 2\ H_2(g) \rightleftharpoons CH_4(g)$$

Essa reação foi realizada em duas temperaturas, 800 e 900 K e, em ambos os casos, a concentração de metano foi monitorada, desde o início do processo, até certo tempo após o equilíbrio ter sido atingido. O gráfico apresenta os resultados desse experimento:

Após as informações, foram feitas algumas considerações. Assinale a alternativa que indica considerações corretas:

I. A adição de mais carbono, após o sistema atingir o equilíbrio, favorece a formação de mais gás metano.

II. A reação de formação do metano é exotérmica.

III. O número de moléculas de metano formadas é o mesmo de moléculas de hidrogênio consumidas na reação.

IV. O resfriamento do sistema em equilíbrio de 900 K para 800 K provoca uma diminuição da concentração de metano.

a. I
b. II
c. I e II
d. II e III
e. III

29. (UEFS-BA) A dissolução do cloreto de cobalto(II), CoCl$_2$(s), em ácido clorídrico, HCl (aq), leva à formação do sistema em equilíbrio químico representado pela equação química reversível.

$$Co(H_2O)_6^{2+}(aq) + 4\,Cl^-(aq) \rightleftharpoons CoCl_4^{2-}(aq) + 6\,H_2O(l) \quad \Delta H > zero$$
$$\text{Rosa} \qquad\qquad\qquad\qquad \text{Azul}$$

À temperatura ambiente, a coexistência de íons, Co(H$_2$O)$_6^{2+}$(aq) de cor rosa, com íons, de cor azul, CoCl$_4^{2-}$(aq), confere à solução uma coloração violeta. Entretanto, considerando o princípio de Le Chatelier, quando o equilíbrio químico é perturbado por fatores como adição ou remoção de um reagente ou produto, variação da temperatura ou da pressão, o equilíbrio desloca-se até que um novo estado de equilíbrio seja estabelecido.

A partir da análise das informações e da equação química, que representa o sistema em equilíbrio, é correto concluir:

a. A reação química que ocorre no sentido direto, da esquerda para a direita, é exotérmica.
b. A adição de íons cloreto no sistema em equilíbrio aumenta a concentração de íon.
c. A retirada de moléculas de água do sistema em equilíbrio aumenta a intensidade da cor rosa.
d. O aquecimento do sistema em equilíbrio favorece a formação do íon que torna a solução azul.
e. O aumento da pressão sobre o sistema em equilíbrio químico favorece a formação de íons cloreto.

30. (UPM-SP) Considere o processo representado pela transformação reversível equacionada abaixo.

$$A_2(g) + B_2(g) \rightleftharpoons 2\,AB(g) \quad \Delta H > 0$$

Inicialmente, foram colocados em um frasco com volume de 10 L, 1 mol de cada um dos reagentes. Após atingir o equilíbrio, a uma determinada temperatura T, verificou-se experimentalmente que a concentração da espécie AB(g) era de 0,10 mol/L.

São feitas as seguintes afirmações, a respeito do processo acima descrito.

I. A constante K_C para esse processo, calculada a uma dada temperatura T, é 4.
II. A concentração da espécie A$_2$(g) no equilíbrio é de 0,05 mol/L.
III. Um aumento de temperatura faria com que o equilíbrio do processo fosse deslocado no sentido da reação direta.

Assim, pode-se confirmar que

a. é correta somente a afirmação I.
b. são corretas somente as afirmações I e II.
c. são corretas somente as afirmações I e III.
d. são corretas somente as afirmações II e III.
e. são corretas as afirmações I, II e III.

31. (Fuvest-SP) Muitos medicamentos analgésicos contêm, em sua formulação, o ácido acetilsalicílico, que é considerado um ácido fraco (constante de ionização do ácido acetilsalicílico = $3,2 \cdot 10^{-4}$). A absorção desse medicamento no estômago do organismo humano ocorre com o ácido acetilsalicílico em sua forma não ionizada.

pH do suco gástrico: 1,2 a 3,0
Massa molar do ácido acetilsalicílico: 180 g/mol
Ácido acetilsalicílico:

a. Escreva a equação química que representa a ionização do ácido acetilsalicílico em meio aquoso, utilizando fórmulas estruturais.
b. Escreva a expressão da constante de equilíbrio para a ionização do ácido acetilsalicílico. Para isto, utilize o símbolo AA para a forma não ionizada e o símbolo AA$^-$ para a forma ionizada.
c. Considere um comprimido de aspirina contendo 540 mg de ácido acetilsalicílico, totalmente dissolvido em água, sendo o volume da solução 1,5 L. Calcule a concentração, em mol/L, dos íons H$^+$ nessa solução. Em seus cálculos, considere que a variação na concentração inicial do fármaco, devido à sua ionização, é desprezível.
d. No pH do suco gástrico, a absorção do fármaco será eficiente? Justifique sua resposta.

Nota dos autores: A representação HO—C(=O)— que é parte da fórmula corresponde a HO—C(=O)—, sendo o H ligado ao O, o responsável pela acidez do composto AAS.

32. (USCS-SP) A solubilidade do oxigênio em água pode ser representada pela equação $O_2(g) \rightleftharpoons O_2(aq)$. A constante da lei de Henry, cuja fórmula é apresentada a seguir, permite calcular a concentração do gás dissolvido em função da sua pressão parcial na atmosfera.

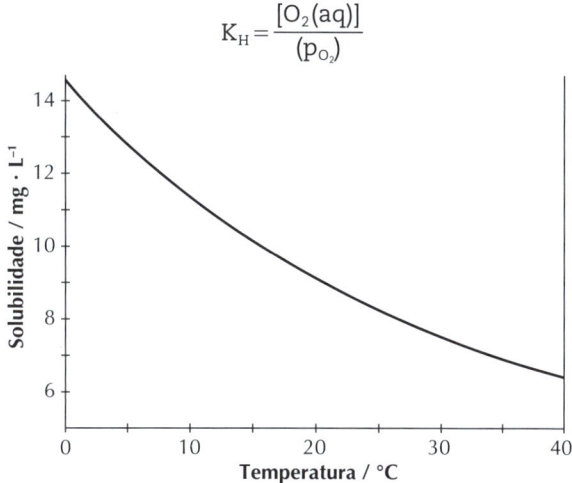

$$K_H = \frac{[O_2(aq)]}{(p_{O_2})}$$

a. A dissolução do gás oxigênio na água é um processo endotérmico ou exotérmico? Justifique sua resposta com base no gráfico.

b. A constante K_H do gás oxigênio, a 25 °C, vale aproximadamente $1{,}7 \cdot 10^{-6}$ mol L^{-1} mmHg^{-1}.

Considerando que a pressão parcial do O_2 na atmosfera ao nível do mar vale 160 mmHg, calcule a solubilidade do O_2 em água, em mol L^{-1}, e indique o que acontecerá com o valor de K_H em um local de altitude mais elevada.

33. (PUC-RJ)

"Novo catalisador transforma CO_2 em produto industrial."

"Na Espanha, um novo catalisador foi desenvolvido, permitindo a transformação de dióxido de carbono (CO_2) em produtos orgânicos para utilização industrial.

Os resultados do estudo estão publicados na revista «Angewandte Chemie».

Disponível em: <http://www.cienciahoje.pt/30>.
Acesso em: 25 jun. 2015. Adaptado.

Esse novo catalisador na reação do CO_2 atua:
a. deslocando o equilíbrio químico de sua reação reversível.
b. aumentando a velocidade da reação química.
c. controlando a pressão da reação já que o CO_2 é um gás.
d. controlando a temperatura por se tratar de uma reação termoquímica.
e. alterando a constante de equilíbrio na formação de produtos orgânicos.

34. (UEPG-PR) NH_3, O_2, NO e H_2O encontram-se misturados em um meio reacional em equilíbrio, que pode ser expresso pela equação

$$4\ NH_3(g) + 5\ O_2(g) \rightleftharpoons 4\ NO(g) + 6\ H_2O(g)$$

Mantendo-se a temperatura e o volume constantes, e considerando-se alterações que podem ocorrer neste equilíbrio e os possíveis efeitos, assinale o que for correto.
01. A adição de NO não provoca mudança na quantidade H_2O no meio reacional.
02. A adição de NO provoca um aumento na concentração de O_2.
04. A remoção de O_2 provoca um aumento na concentração de NH_3.
08. A adição de NH_3 faz com que haja um aumento no valor da constante de equilíbrio da reação, K_c.
16. A remoção de NO provoca uma diminuição na concentração de NH_3.

Mais questões: no livro digital, em **Vereda Digital Aprova Enem** e **Vereda Digital Suplemento de revisão e vestibulares**; no *site*, em **AprovaMax**.

CAPÍTULO 20
ACIDEZ E BASICIDADE EM MEIO AQUOSO

Na foto, o nadador brasileiro Daniel Dias, que já conquistou quinze medalhas paraolímpicas. Para chegar a esse nível, são necessárias muitas horas de treino na piscina. Para não irritar a pele e os olhos dos atletas, a água das piscinas deve ser mantida em condições ideais, inclusive de pH. Na imagem, o atleta em competição disputada em Glasgow, Escócia, em 2015.

ENEM
C1: H2
C5: H17 e H18
C7: H24

Este capítulo vai ajudá-lo a compreender:
- o equilíbrio iônico de ácidos e bases;
- o produto iônico da água;
- o conceito de pH;
- o pH de soluções salinas;
- a relação entre acidez e digestão estomacal.

Para situá-lo

Você deve saber que alguns extratos de flores e frutos podem ser usados como indicadores de variação de pH, porque mudam de cor de acordo com a acidez ou a basicidade do meio onde se encontram, podendo ser usados, por isso, para avaliar o pH de uma solução.

É interessante notar, porém, que em alguns casos as próprias plantas fornecem informações sobre a variação de pH do solo. Um exemplo interessante é o das hortênsias (cujo nome científico é *Hydrangea macrophylla*, que significa "bebedora de água"). Diferentemente do que muitos imaginam, elas não têm cor fixa: a cor que suas flores adquirem depende da acidez ou da basicidade da terra onde o arbusto é plantado. Quando o solo apresenta valores de pH abaixo de 5,5, as flores são mais azuladas. Já em valores acima de 6, são mais rosadas, chegando até a ser brancas.

O pH do solo varia de acordo com a composição rochosa do seu entorno (concentração de sais, metais, óxidos, etc.). Regiões ricas em calcário apresentam solo de caráter alcalino, enquanto o solo argiloso, como o de regiões pantanosas e beiras de rio, tem caráter ácido.

A cor das hortênsias varia de acordo com o teor de acidez do solo. Em solo de pH baixo, as hortênsias são azuladas; já em solo de pH elevado, são róseas ou brancas.

A acidez do solo, em geral, compromete a produtividade das lavouras. Dessa forma, o pH é uma das indicações para se afirmar se um solo é fértil ou não – em geral, o solo ideal para cultivo apresenta pH entre 5,5 e 5,8.

Uma prática inadequada para a remoção de resíduos vegetais antes de um plantio são as queimadas. Nesse caso, as cinzas produzidas costumam ser usadas para reduzir a acidez do solo, pois elas têm caráter alcalino. Essa técnica, porém, empobrece o solo, porque retira dele nutrientes, como os compostos de nitrogênio, que têm papel importante no desenvolvimento vegetal; além disso, elimina microrganismos também importantes no processo de crescimento das plantas. Isso sem falar nos produtos originados da queima, como a fuligem, o gás carbônico e outras substâncias presentes na fumaça. Além de causarem poluição na região próxima da queimada, pela ação dos ventos, as partículas podem atingir locais afastados, provocando problemas respiratórios até mesmo em moradores de regiões distantes.

1. No Brasil, são mais frequentes as hortênsias azuis. O que isso indica sobre os solos brasileiros?
2. As hortênsias azuis têm maior valor comercial do que as rosadas. No entanto, há produtores brasileiros que alteram a acidez do solo para obter hortênsias cor-de-rosa. Sugira uma forma de fazer essa alteração.
3. Por que você acha que muitos indicadores de base são extraídos de plantas?
4. Você sabe qual é a relação entre o pH e a acidez de um meio? Se diluirmos um ácido, o que acontece com seu pH?

A compreensão das questões mencionadas até aqui exige que se analisem e se entendam, do ponto de vista dos equilíbrios, as diferenças entre os vários tipos de ácido (fortes e fracos), de base (fortes e fracas) e de sal, cujas soluções têm caráter ácido ou básico. É o que você estudará neste capítulo.

Recordando o conceito de Arrhenius

Apesar de usualmente não se fazer referência ao químico sueco Svante August Arrhenius (1859-1927) ao se falar em ácido ou base, o conceito de ácido e base elaborado por ele tem sido utilizado em várias situações de seu curso de Química. De fato, é esse conceito que está subentendido quando, por exemplo, em uma situação corriqueira, nos referimos a um ácido.

Tendo em vista o amplo uso desse conceito, até mesmo fora do âmbito científico, e sua importância no estudo do conteúdo deste capítulo, vamos retomá-lo agora.

Ácidos segundo Arrhenius

Ácidos como o clorídrico, o nítrico e o acético são exemplos de ácidos de Arrhenius que você conhece. Agora, vamos analisar a ionização de um ácido genérico, HA, em água:

$$HA(g) \text{ ou } (l) + H_2O(l) \underset{2}{\overset{1}{\rightleftarrows}} H_3O^+(aq) + A^-(aq)$$

ácido — água — íons oxônio — ânions do ácido

Ou, por simplificação, podemos escrever:

$$HA(aq) \underset{2}{\overset{1}{\rightleftarrows}} H^+(aq) + A^-(aq)$$

$$K_a = \frac{[H^+] \cdot [A^-]}{[HA]}$$

K_a: **constante de ionização** de um ácido, também chamada constante de acidez.

Em vez de K_a, podemos usar K_i (**i** indica ionização).

Para ácidos cuja constante de ionização é alta, como no caso do ácido clorídrico, HCl, a formação de íons é favorecida (sentido 1). Nesse caso, em soluções diluídas, a maior parte das moléculas HCl é convertida em íons H^+ e Cl^-, e o ácido é considerado forte. Nesse caso, é costume indicar o processo:

$$HCl(aq) \longrightarrow H^+(aq) + Cl^-(aq)$$

ácido clorídrico — íons hidrogênio — íons cloreto

Podemos diferenciar um ácido forte de um fraco comparando as condutibilidades elétricas de suas soluções aquosas.

Soluções aquosas de ácidos fortes conduzem relativamente bem a corrente elétrica, ao passo que soluções de ácidos fracos a conduzem mal. Isso porque, no caso do ácido forte, há grande concentração de íons livres relativamente à concentração de moléculas que não se ionizaram:

$$[H^+] \cdot [A^-] > [HA]$$

Quando um ácido apresentar constante de acidez, K_a, baixa, ele será considerado fraco, e, evidentemente, teremos na situação de equilíbrio muito mais moléculas HA do que íons H^+ e A^-. Isso justifica o fato de os ácidos fracos serem maus condutores de eletricidade, quando comparados aos fortes.

Entre os exemplos de ácido fraco que você conhece, vamos nos valer do ácido acético, um composto orgânico presente no vinagre; a ionização desse ácido, em água, produz um número relativamente baixo de íons, quando comparado ao de moléculas não ionizadas do ácido, $H(H_3CCOO)$, e deve ser assim equacionada:

$$H_3C-C\overset{O}{\underset{O-H}{\diagdown}} (aq) \rightleftarrows H^+(aq) + H_3C-C\overset{O}{\underset{O^-}{\diagdown}} (aq)$$

ácido acético — cátions hidrogênio (hidrônio) — ânions acetato

	No equilíbrio predominam
K_a alta → ácido forte	**íons H^+** em relação a moléculas HA
K_a baixa → ácido fraco	**moléculas HA** em relação a íons H^+

Exemplo de ácido forte:
- ácido perclórico

$$HClO_4(aq) \rightleftarrows H^+(aq) + ClO_4^-(aq)$$

ácido perclórico   íons hidrogênio   íons perclorato

$$K_a = \frac{[H^+] \cdot [ClO_4^-]}{[HClO_4]} \approx 10^{-10}$$

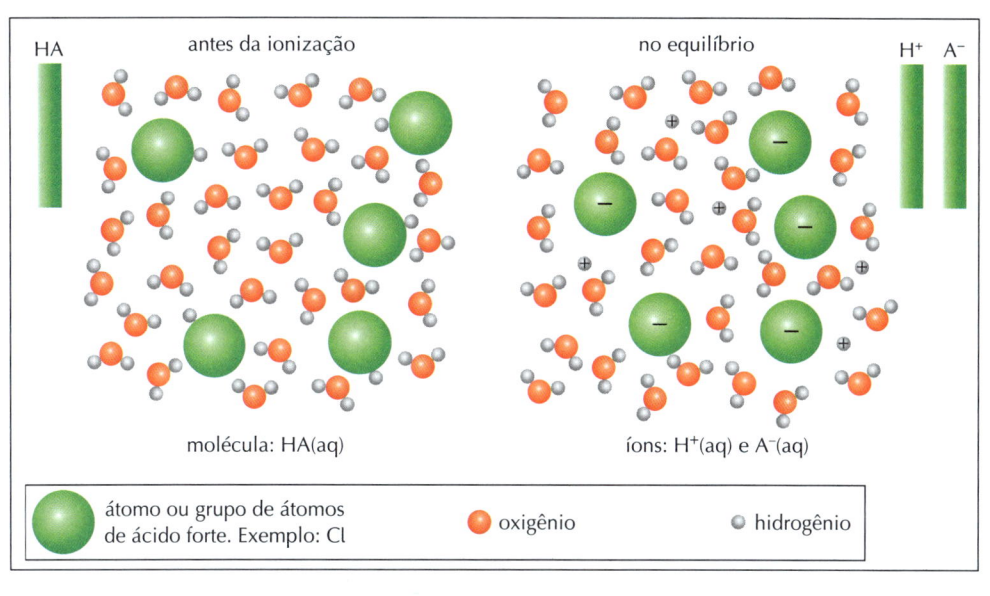

Representação esquemática da ionização de um ácido forte. A figura representa, em nível molecular, o processo de ionização de um ácido forte (à esquerda, o ácido antes da ionização; à direita, os produtos desse processo). As barras verdes à esquerda e à direita da ilustração evidenciam que o total de moléculas de ácido forte (HA) que havia antes do processo de ionização transforma-se em íons H^+ e A^-.

Ilustração produzida com base em: CHANG, R. *Chemistry*. 5. ed. Highstown: McGraw-Hill, 1994. p. 610.

Exemplo de ácido fraco:
- ácido cianídrico

$$HCN(aq) \rightleftarrows H^+(aq) + CN^-(aq)$$

ácido cianídrico   íons hidrogênio   íons cianeto

$$K_a = \frac{[H^+] \cdot [CN^-]}{[HCN]} \approx 4,0 \cdot 10^{-10}$$

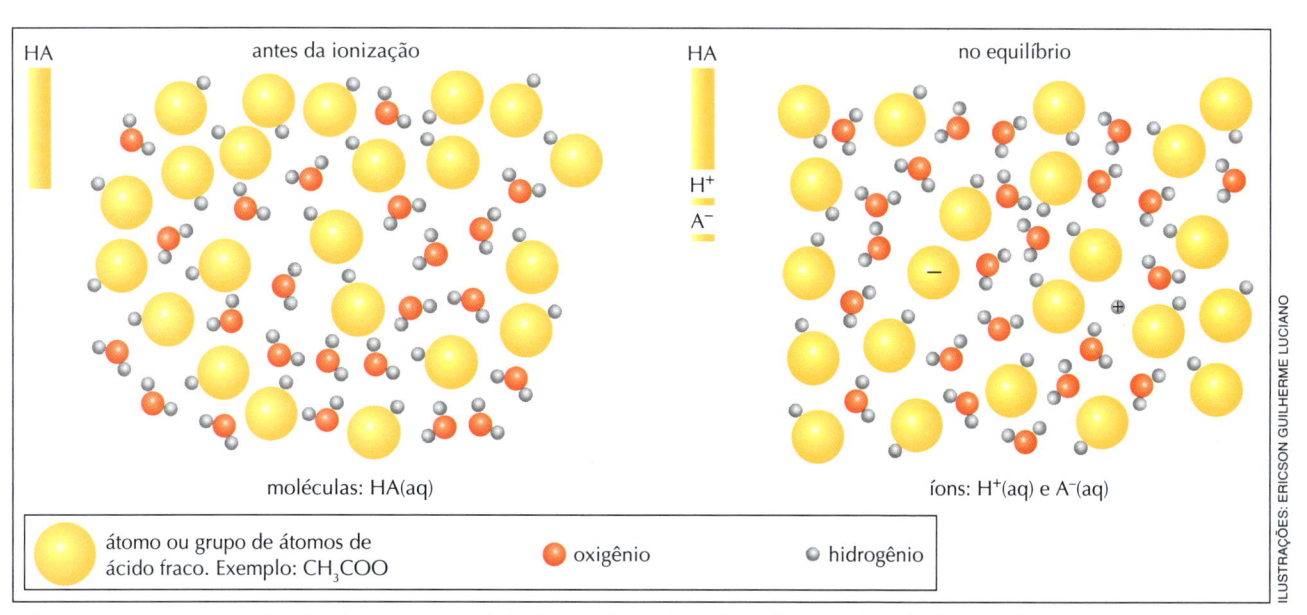

A figura representa, em nível molecular, o processo de ionização de um ácido fraco (à esquerda, o ácido antes da ionização; à direita, os produtos desse processo). As barras amarelas evidenciam que a quantidade de moléculas de ácido fraco (HA) que havia antes do início do processo não é muito diferente da quantidade de moléculas ao final dele; por isso o número de íons produzidos é relativamente pequeno e, quando o equilíbrio é atingido, temos a maior parte das espécies na forma HA e íons H^+ e A^- em pequena quantidade.

Ilustração produzida com base em: CHANG, R. *Chemistry*. 5. ed. Highstown: McGraw-Hill, 1994. p. 610.

Capítulo 20 • Acidez e basicidade em meio aquoso

As bases de Arrhenius

O hidróxido de sódio, NaOH, é um exemplo típico de base forte. Trata-se de um composto iônico, sólido nas condições ambientes e que, ao se dissolver em água, sofre dissociação.

$$NaOH(s) \xrightarrow{\text{água}} Na^+(aq) + OH^-(aq)$$
hidróxido de sódio / íons sódio / íons hidróxido

No caso das bases inorgânicas, não costumamos falar da constante de basicidade, pois, com exceção da amônia, $NH_3(g)$, a força de uma base está diretamente relacionada a sua solubilidade em água. Ou seja, com exceção da amônia, as bases inorgânicas fracas são as pouco solúveis; por isso, em água, constituem equilíbrios heterogêneos, os quais serão analisados no próximo capítulo.

Quanto à amônia, substância molecular, gasosa nas condições ambientes (chamada, nesse caso, de gás amoníaco), como já vimos em outras oportunidades, ioniza-se em água, de acordo com o equilíbrio equacionado por:

$$NH_3(g) + H_2O(l) \rightleftharpoons NH_4^+(aq) + OH^-(aq)$$
amônia / água / íons amônio / íons hidróxido

Essa relação de equilíbrio também pode ser representada por:

$$NH_4OH(aq) \rightleftharpoons NH_4^+(aq) + OH^-(aq)$$
hidróxido de amônio / íons amônio / íons hidróxido

A constante dessa ionização, K_b, é baixa, indicando que o hidróxido de amônio é uma **base fraca**. A solução dessa base contém $NH_3(g)$, $H_2O(l)$ e uma baixa concentração de íons $NH_4^+(aq)$ e $OH^-(aq)$.

$$K_b = \frac{[NH_4^+] \cdot [OH^-]}{[NH_3]} \quad K_b \text{ tem valor baixo}$$

(poucos íons OH^- livres em relação a NH_3)

Vale relembrar que, apesar de serem usados o nome hidróxido de amônio e a fórmula NH_4OH, efetivamente não existe um composto que atenderia a essas características.

> **Observações**
> - As constantes de ionização (dissociação) dos ácidos fortes normalmente são omitidas, pois é possível considerar que esses ácidos estejam totalmente ionizados.
> - Para representar a constante de ionização, é comum usar K_a para ácidos, K_b para bases ou K_i tanto para ácidos quanto para bases.
> - O valor de K_i varia com a temperatura e com o grau de ionização α.
> - Na mesma temperatura, quanto maior for o valor de K_a, maior será a força de um ácido.
> - A representação $[A^-]$ indica concentração em mol/L dos íons A^-. Lembre-se: os íons H^+ fornecidos por um ácido reagem com os íons OH^- de uma base para formar água:
>
> $$H^+(aq) + OH^-(aq) \longrightarrow H_2O(l)$$
> íons hidrogênio / íons hidróxido / água

Em um circuito elétrico fechado por uma solução de $NH_3(aq)$, uma base fraca, a lâmpada acende com pequena intensidade em comparação às bases fortes, pois a quantidade de íons livres é pequena.

Lei da diluição de Ostwald

Se você entendeu bem o que acontece com um sistema que envolve processos reversíveis até que o equilíbrio dinâmico seja atingido, poderá deduzir a expressão relativa à **lei da diluição de Ostwald**. Ela diz respeito à relação entre a **constante de dissociação de um eletrólito fraco** (ácido ou base) e a concentração da solução desse ácido.

Suponhamos n mol de um ácido genérico HA sendo colocados em água, de modo que, para cada mol inicial, somente uma fração α se ionize:

	HA(aq) ⇌	H⁺(aq)	A⁻(aq)
Início	n mol	0	0
Ionizam-se	$n\alpha$ mol formando	$n\alpha$ mol	$n\alpha$ mol
Equilíbrio	$(n - n\alpha)$ mol	$n\alpha$ mol	$n\alpha$ mol

$$K_a = \frac{[H^+] \cdot [A^-]}{[HA]} = \frac{\frac{n\alpha}{V} \cdot \frac{n\alpha}{V}}{\frac{n - n\alpha}{V}} = \frac{n^2\alpha^2}{V \cdot (n - n\alpha)} = \frac{n^2\alpha^2}{V \cdot n(1 - \alpha)} = \frac{n}{V} \cdot \frac{\alpha^2}{(1 - \alpha)}$$

Mas $\frac{n}{V}$ representa a concentração do ácido em mol/L, [HA]. Temos, então, a expressão da lei da diluição de Ostwald:

$$K_a = \frac{[HA] \cdot \alpha^2}{1 - \alpha}$$

α: grau de dissociação expresso em decimal
[HA]: concentração do HA (mol/L)

A fórmula matemática acima expressa os trabalhos do químico alemão Friedrich Wilhelm Ostwald (1853-1932), que podem ser assim resumidos:

- quanto mais diluída for a solução de um eletrólito (quanto maior for V), maior será seu grau de dissociação (α).

O gráfico ao lado mostra que a porcentagem de ionização do ácido acético cai acentuadamente com a concentração da solução. Assim, aproximadamente 4% do ácido acético são ionizados em solução 0,01 mol/L, enquanto apenas 1,3% é ionizado em solução 0,1 mol/L.

Tal conclusão está contida na expressão da lei da diluição de Ostwald. Vamos analisar a fórmula e interpretá-la:

$$K_a = \frac{n}{V} \cdot \frac{\alpha^2}{(1-\alpha)}$$

- K_a é uma constante, ou seja, se não há mudança de temperatura, K_a apresenta sempre o mesmo valor. Se V (volume de solução) aumentar com a diluição, para que a relação permaneça constante, o numerador deverá aumentar. Mas n, quantidade de matéria inicial do ácido, não se altera com a diluição; portanto, α^2 deverá aumentar.
- Para eletrólitos muito fracos, como o valor de α é relativamente baixo, podemos dizer que $1 - \alpha \approx 1$. Nesse caso, vale a expressão:

$$K_a = [HA] \cdot \alpha^2 \text{ (eletrólitos fracos)}$$

O fato de **a diluição** de um ácido levar a um **aumento de seu grau de ionização** significa que, para uma mesma concentração de ácido, a diluição levará a uma concentração de íons relativamente maior.

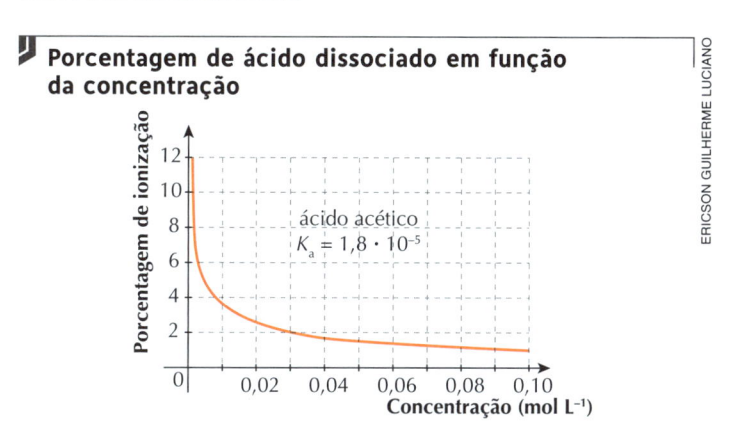

Porcentagem de ácido dissociado em função da concentração

Gráfico elaborado com base em: MASTERTON, W. L.; SLOWINSKI, E. J. *Química geral superior*. 4. ed. Rio de Janeiro: Interamericana, 1978. p. 372.

Atividades

1. Considere a constante de ionização (K_i) e o grau de ionização (α) de um eletrólito. Qual deles nos dará a informação mais segura sobre a força desse eletrólito? Justifique sua resposta.
2. Explique como a diluição de um eletrólito se relaciona com seu grau de ionização.

QUESTÃO COMENTADA

3. Uma solução 1 mol/L de ácido acético H(H₃CCOO) tem grau de ionização 0,42%. Calcule:
   a) a concentração de H⁺ expressa em mol/L;
   b) a constante de ionização do ácido acético.

   Sugestão: Construa um quadro em que apareçam as concentrações inicial e final no equilíbrio. Lembre-se de que $\alpha = \frac{0,42}{100}$.

Sugestão de resolução

a) O grau de ionização 0,42% indica que, de cada 100 mol de ácido acético, 0,42 mol se ioniza, originando 0,42 mol de H⁺ e 0,42 mol de CH₃COO⁻. Como partimos de 1 mol/L do ácido, obteremos 0,0042 mol/L ou $4,2 \cdot 10^{-3}$ mol de cada um dos íons.

b) Por se tratar de um monoácido, H(CH₃COO), vamos representá-lo por HA:

	HA	⇌	H⁺	+	A⁻
Antes da ionização (mol/L)	1	/////////	0		0
Ioniza-se (mol/L)	$4,2 \cdot 10^{-3}$	formando	$4,2 \cdot 10^{-3}$		$4,2 \cdot 10^{-3}$
Equilíbrio (mol/L)	$1 - 4,2 \cdot 10^{-3}$	/////////	$4,2 \cdot 10^{-3}$		$4,2 \cdot 10^{-3}$

Como a diferença (1 − 0,0042) é praticamente igual a 1, temos:

$$K_a = \frac{[H^+][A^-]}{[HA]} = \frac{(4,2 \cdot 10^{-3})(4,2 \cdot 10^{-3})}{1} = 1,76 \cdot 10^{-5}$$

Química: prática e reflexão

Como os indicadores ácido-base nos ajudam a entender alterações em um equilíbrio químico?

Vocês já sabem que os indicadores ácido-base nos permitem determinar se uma solução é ácida ou básica. Vários extratos vegetais podem ser usados para esse fim. É o caso do extrato alcoólico de flores coloridas, como as azaleias, os cravos e as rosas vermelhas, entre outros. Eles podem ser obtidos macerando-se as pétalas das flores com etanol, até que se veja uma solução alcoólica colorida; essa mistura deve ser filtrada (em papel-filtro); a solução obtida corresponde à coloração do indicador em meio neutro, cujo pH é 7.

Um indicador que pode ser obtido facilmente é o extraído do repolho roxo, o qual será usado nesta prática.

Material necessário

- 2 folhas de repolho roxo
- Panela ou outro recipiente que possa ser levado ao fogo (béquer, por exemplo)
- Faca
- Tábua de cozinha
- Água sem gás.
- 1 copo de vidro
- 6 tubos de ensaio ou frascos pequenos de vidro incolor
- Etiquetas para identificar o conteúdo de cada tubo de ensaio
- 1 canudinho de refrigerante
- Água mineral sem gás
- Hidróxido de amônio (vendido em farmácias e supermercados com o nome de amoníaco)
- Um pouco de sumo de limão
- Vinagre branco
- 1 colher rasa de chá de bicarbonato de sódio dissolvido em mais ou menos meio copo de água. O bicarbonato pode ser comprado em supermercado.

Procedimento

1. Piquem com cuidado o repolho roxo usando a faca e a tábua.
2. Coloquem na panela o repolho cortado, cubram com água e levem ao fogo por aproximadamente 10 minutos, até obter uma solução arroxeada. Esperem esfriar.
3. Em cada um dos tubos de ensaio, coloquem pequenos volumes, aproximadamente iguais, de hidróxido de amônio, sumo de limão, vinagre e solução de bicarbonato de sódio. Etiquetem cada um deles para identificar o conteúdo.
4. Adicionem um pouco do extrato de repolho roxo em cada tubo de ensaio.
5. Observem as mudanças de cor e anotem-nas.
6. Peguem um tubo de ensaio limpo, coloquem um pouco de água mineral e um pouco do extrato de repolho roxo.
7. Com um canudinho de refrigerante, soprem nessa mistura de água + extrato de repolho roxo. Prestem atenção para que a ponta do canudo, oposta à que está na boca, esteja mergulhada na solução, de modo que o ar expirado provoque bolhas na solução. Assoprem até que ocorra alguma mudança de cor. Anotem os resultados observados.

Descarte dos resíduos: após a neutralização do NH_4OH por vinagre, todas as soluções podem ser descartadas na pia. As folhas de repolho devem ser descartadas no lixo orgânico.

Analisem suas observações

1. Baseando-se no esquema de cores abaixo e nos pHs associados a elas, digam quais soluções são ácidas e quais são básicas.

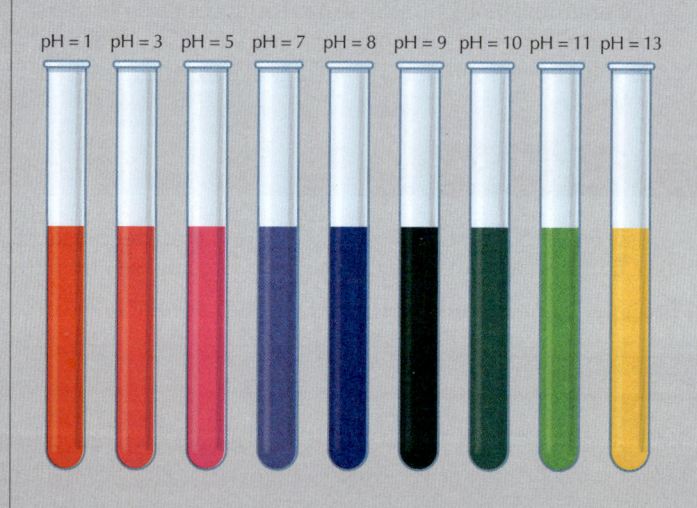

pH = 1   pH = 3   pH = 5   pH = 7   pH = 8   pH = 9   pH = 10   pH = 11   pH = 13

ADILSON SECCO

2. Quais são os pHs aproximados das soluções que você preparou?
3. O bicarbonato de sódio é um sal e o dióxido de carbono, expelido na respiração, é um óxido. Proponham uma explicação para o que observaram com relação ao caráter dessas duas substâncias (ácido ou básico).
4. Podemos representar genericamente o que ocorre quando um indicador ácido-base é colocado em solução por:

$$HInd(aq) \rightleftarrows H^+(aq) + Ind^-(aq)$$
$$\text{cor x} \qquad\qquad\qquad \text{cor y}$$

No caso do indicador usado, identifiquem a cor x, da espécie molecular, $HInd(aq)$, e y, dos íons $Ind^-(aq)$.

5. Como seria possível mudar a cor da solução de sumo de limão, usando alguma das soluções disponíveis? Expliquem.

Efeito do íon comum

O princípio de Le Chatelier pode ser aplicado para analisar os efeitos da adição de íons que também participam do equilíbrio de ionização de um ácido fraco a uma solução desse ácido.

Pode-se usar como exemplo de ácido fraco o acético, presente no vinagre, ao qual será adicionado um acetato solúvel, como o acetato de sódio. O que acontecerá em decorrência da adição de $NaCH_3COO$ à solução do ácido acético?

Vamos analisar inicialmente o equilíbrio de ionização desse ácido. Lembre-se de que, apesar de possuir 4 átomos de H por molécula, trata-se de um monoácido; por isso, para facilitar, vamos representar esse processo por:

$$H(CH_3COO)(aq) \rightleftarrows H^+(aq) + (CH_3COO)^-(aq)$$

ácido acético — íons hidrogênio — íons acetato

Se a uma solução desse ácido adicionarmos um sal solúvel contendo íons acetato, como o acetato de sódio, teremos que considerar o processo de dissociação iônica que resulta na liberação de íons acetato:

$$Na^+(CH_3COO)^-(aq) \longrightarrow Na^+(aq) + (CH_3COO)^-(aq)$$

acetato de sódio — íons sódio — íons acetato

Ora, no equilíbrio de ionização do ácido acético já existem íons $(CH_3COO)^-$; então, os íons $(CH_3COO)^-$ acrescentados com a adição do sal causam um aumento momentâneo da concentração desses íons, provocando uma "resposta" do sistema no sentido de reduzir a intensidade da ionização, ou seja, no sentido de regenerar moléculas do ácido.

Teremos, portanto, o favorecimento do processo contrário à ionização:

$$H(CH_3COO)(aq) \rightleftarrows H^+(aq) + (CH_3COO)^-(aq)$$
$$(CH_3COO)^-(aq)$$

Generalizando, se adicionarmos um sal solúvel, B^+A^-, à solução de ácido fraco HA, o que ocorrerá?

$$B^+A^-(s) \longrightarrow B^+(aq) + A^-(aq) \quad A^-\text{(proveniente do sal BA)}$$
$$HA(aq) \rightleftarrows H^+(aq) + A^-(aq)$$

A adição de íon comum reduzirá a acidez do ácido fraco.

E se adicionarmos à solução de uma base fraca, como o hidróxido de amônio, NH_4OH, um sal solúvel com íon comum, como o cloreto de amônio, NH_4Cl, o que ocorrerá?

Vamos considerar agora o equilíbrio de dissociação de uma base fraca BOH:

$$NH_4^+Cl^-(aq) \longrightarrow NH_4^+(aq) + Cl^-(aq)$$
$$NH_4OH(aq) \rightleftarrows NH_4^+(aq) + OH^-(aq)$$

No exemplo analisado anteriormente, teremos o favorecimento do equilíbrio no sentido da formação de NH_4OH. Isso ocorre porque o sal NH_4Cl fornece íons NH_4^+ decorrentes do processo de dissociação e interfere nesse sentido.

Generalizando, se adicionarmos um sal solúvel, B^+A^-, à solução de uma base fraca BOH, o que ocorrerá?

$$B^+A^-(aq) \longrightarrow B^+(aq) + A^-(aq) \quad B^+ \textbf{(proveniente do sal BA)}$$
$$BOH(aq) \rightleftarrows B^+(aq) + OH^-(aq) \quad B^+ \textbf{(proveniente do sal BA)}$$

Concluindo:

O acréscimo de íons comuns a um eletrólito fraco reduz seu grau de ionização e, consequentemente, enfraquece-o ainda mais.

> **QUESTÃO COMENTADA**
>
> Explique o efeito provocado pela adição de um acetato, por exemplo, NaCH₃COO, a uma solução de ácido acético na qual existe o equilíbrio:
>
> $$HCH_3COO(aq) \rightleftharpoons CH_3COO^-(aq) + H^+(aq)$$
>
> **Sugestão de resolução**
>
> Vamos começar por representar o processo que ocorre quando o NaCH₃COO (sal solúvel) é colocado em água.
>
> (I) $NaCH_3COO \xrightarrow{\text{água}} Na^+(aq) + \underset{\text{acetato}}{CH_3COO^-(aq)}$
>
> (II) $HCH_3COO \rightleftharpoons H^+(aq) + \underset{\text{acetato}}{CH_3COO^-(aq)}$
>
> O íon acetato proveniente da dissociação do acetato de sódio (I) aumenta a concentração de um dos produtos da ionização do ácido (II), os íons acetato, o que, de acordo com o princípio de Le Chatelier, favorece a associação de parte desses íons H⁺, originando mais ácido acético (sentido da reação para a esquerda).

Produto iônico da água

Moléculas de água, que são polares, sofrem autoionização, apesar de isso ocorrer em pequena intensidade. O processo de autoionização está representado abaixo:

$$\underset{\text{água}}{H_2O(aq)} + \underset{\text{água}}{H_2O(aq)} \rightleftharpoons \underset{\substack{\text{íons}\\\text{hidroxônio}}}{H_3O^+(aq)} + \underset{\substack{\text{íons}\\\text{hidróxido}}}{OH^-(aq)}$$

Simplificando:

$$\underset{\text{água}}{H_2O(l)} \rightleftharpoons \underset{\substack{\text{íons}\\\text{hidrogênio}}}{H^+(aq)} + \underset{\substack{\text{íons}\\\text{hidróxido}}}{OH^-(aq)} \qquad K_c = \frac{[H^+] \cdot [OH^-]}{[H_2O]}$$

Para cada litro de água "pura", a autoionização produz somente 10^{-7} mol de íons H⁺ e 10^{-7} mol de íons OH⁻ a 25 °C.

No equilíbrio, predominam as moléculas de água, o que é coerente com o baixo valor da constante de ionização da água, que examinaremos adiante.

Considerando o valor da densidade da água, 1 g/mL, a partir das concentrações de H⁺ e OH⁻ na água, a 25 °C, podemos calcular:

Volume   **Massa**

1 L de H₂O ⟶ 1000 g de H₂O $\xrightarrow{M_{H_2O} = 18 g/mol}$ $n = \dfrac{1000 \text{ g}}{18 \text{ g/mol}} = 55,5$ mol

$[H^+] = 10^{-7}$ mol/L

$[OH^-] = 10^{-7}$ mol/L

$[H_2O] = (55,5 - 10^{-7})$ mol/L ≈ 55,5 mol/L

Repare que a [H₂O] final é praticamente igual à [H₂O] inicial: 55,5 mol/L, já que o grau de ionização é muito baixo. Isso explica o fato de haver, na expressão da constante de equilíbrio, a substituição do produto $K_c \cdot [H_2O]$ por uma nova constante, K_w.

$$K_c = \frac{[H^+] \cdot [OH^-]}{[H_2O]} \qquad \boxed{K_w = [H^+] \cdot [OH^-]}$$

> O *w* que aparece em K_w provém da palavra *water* ("água", em inglês). K_w é chamado **produto iônico da água**. Seu valor a 25 °C é $1,0 \cdot 10^{-14}$.

Água "pura"

A partir da expressão do produto iônico da água, vamos analisar as concentrações em íons H⁺ e OH⁻ quando se tem apenas a substância água.

$$H_2O \rightleftharpoons H^+ + OH^-$$

$K_w = [H^+] \cdot [OH^-] = 1{,}0 \cdot 10^{-14}$ (25 °C)
$K_w = x \cdot x = 1{,}0 \cdot 10^{-14}$
$x = 1{,}0 \cdot 10^{-7}$

$[H^+] = [OH^-] = 1{,}0 \cdot 10^{-7}$ mol/L

Soluções ácidas

Em soluções ácidas, a concentração de H⁺ é mais alta do que na água "pura", pois o ácido é um fornecedor de íons H⁺. Portanto, a 25 °C:

$[H^+] > 10^{-7}$ mol/L ⟶ $[OH^-] < 10^{-7}$ mol/L, pois o produto $[H^+] \cdot [OH^-]$ é igual a 10^{-14}. Podemos chegar à mesma conclusão analisando o equilíbrio iônico da água com base no princípio de Le Chatelier: íons H⁺ adicionados consumirão íons OH⁻ formando H₂O, o que reduz a concentração de OH⁻.

$$H_2O(l) \rightleftharpoons H^+(aq) + OH^-(aq)$$

acréscimo de ácido à água

em consequência: redução de íons OH⁻

Soluções básicas

Analogamente às soluções ácidas, a concentração de OH⁻, no caso das soluções básicas, será mais alta do que na água "pura" e, com isso, a concentração de H⁺ será mais baixa do que na água "pura".

Portanto, a 25 °C:

$[OH^-] > 10^{-7}$ mol/L ⟶ $[H^+] < 10^{-7}$ mol/L

$$H_2O(l) \rightleftharpoons H^+(aq) + OH^-(aq)$$

em consequência: redução de íons H⁺

acréscimo de base à água

Resumindo:

Água "pura"	$[H^+] = 10^{-7}$ mol/L; $[OH^-] = 10^{-7}$ mol/L	$K_w = 1{,}0 \cdot 10^{-14}$ (25 °C)
Soluções ácidas	$[H^+] > 10^{-7}$ mol/L; $[OH^-] < 10^{-7}$ mol/L	$K_w = 1{,}0 \cdot 10^{-14}$ (25 °C)
Soluções básicas	$[H^+] < 10^{-7}$ mol/L; $[OH^-] > 10^{-7}$ mol/L	$K_w = 1{,}0 \cdot 10^{-14}$ (25 °C)

Na foto 1, as três lâmpadas (a de diodo – a menor, no canto esquerdo da mesa –, a de 40 W e a de 60 W) acendem porque entre os fios há um eletrólito forte (ácido clorídrico); na foto 2, como o béquer contém uma base fraca (hidróxido de amônio), apenas a lâmpada de diodo e a de 40 W acendem; e na foto 3, como o líquido é água destilada (mau condutor), apenas a lâmpada de diodo acende.

Atividades

1. Tem-se uma solução 0,01 mol/L de NaOH(aq) a 25 °C. Calcule a concentração (mol/L) de íons:
   a) OH⁻
   b) Na⁺
   c) H⁺

2. Tem-se uma solução 10^{-5} mol/L de Ba(OH)₂(aq). Calcule a concentração em mol/L em íons:
   a) Ba²⁺
   b) OH⁻
   c) H⁺

   Nota: Na concentração dada, considere Ba(OH)₂ totalmente dissociado em íons.

3. Uma solução de H₂SO₄ tem $1 \cdot 10^{-5}$ mol de H⁺/L. Supondo o ácido totalmente ionizado, calcule a concentração:
   a) em mol/L de OH⁻;
   b) em g/L do ácido sulfúrico.
   Massa molar H₂SO₄ = 98 g/mol.

4. Baseie-se na tabela que contém valores K_w em função da temperatura t em °C para responder às questões.

t (°C)	$K_w \cdot (10^{-14})$
0	0,29
25	1,01
50	5,48

Fonte de pesquisa: KOTZ, J. C.; TREICHEL JR., P. *Chemistry & Chemical Reactivity*. 3. ed. Orlando: Saunders College, 1996. p. 811.

a) Com o aumento da temperatura, o que acontece com o valor de K_w?
b) A ionização da água é endotérmica ou exotérmica? Por quê?
c) Na água "pura", a 50 °C, o valor de [H⁺] será maior, menor ou igual a $1{,}0 \cdot 10^{-7}$ mol/L?

Capítulo 20 • Acidez e basicidade em meio aquoso

Conexões

Química e Biologia – Acidez estomacal

Como você sabe, os alimentos que ingerimos começam a ser digeridos ainda na boca: por ação da saliva, moléculas maiores, que constituem os carboidratos, já começam sua transformação em moléculas menores.

Quando o bolo alimentar chega ao estômago, entra em contato com o suco gástrico, que é bastante ácido (seu pH é inferior a 2) por conter ácido clorídrico, responsável pela presença de íons H^+ e Cl^-. Esses íons têm origem principalmente em processos químicos que ocorrem nas células da mucosa estomacal (células parietais) e que envolvem o CO_2, um dos produtos de nosso metabolismo, um óxido ácido que, em água, origina íons H^+ de acordo com as equações:

$$CO_2(g) + H_2O(l) \rightleftharpoons H_2CO_3(aq)$$
dióxido de carbono — água — ácido carbônico

$$H_2CO_3(aq) \rightleftharpoons HCO_3^-(aq) + H^+(aq)$$
íons hidrogenocarbonato — íons hidrogênio

Os íons HCO_3^- produzidos são trocados por íons Cl^- do plasma sanguíneo via transporte ativo. Os íons Cl^-, então, difundem espontaneamente das células parietais para o interior do estômago. Os íons H^+ são bombeados para fora das células parietais por transporte ativo, ao mesmo tempo que os íons K^+ são transportados para o interior das células. A produção de íons H^+, essenciais ao processo digestivo, é estimulada pela digestão.

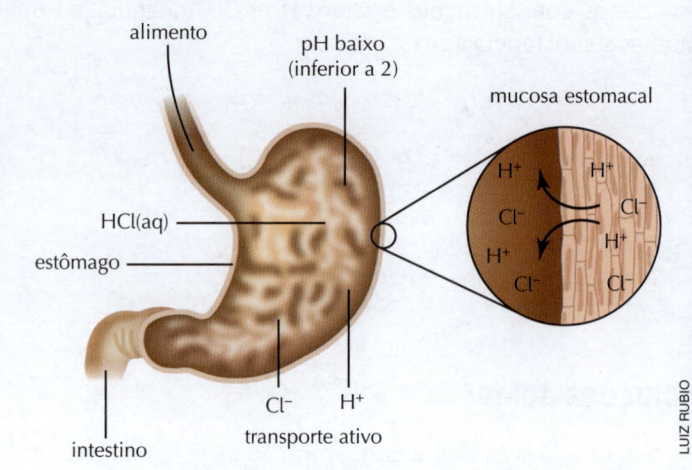

Ilustração produzida com base em: 1. CHANG, R. *Chemistry*. 5. ed. Highstown: McGraw-Hill, 1994. p. 621. 2. KOTZ, J. C.; TREICHEL JR., P. *Chemistry & Chemical Reactivity*. 3. ed. Orlando: Saunders College, 1996. p. 826.

A acidez estomacal em nível normal provoca pequenos sangramentos nas paredes estomacais, num processo que é **fisiológico**, não ocasiona sintomas; em poucos dias, há renovação completa das células afetadas. No entanto, o excesso de acidez pode causar problemas, especialmente úlceras locais.

A ingestão de antiácidos é um dos recursos usados para combater a excessiva acidez estomacal.

> **Fisiológico:** que diz respeito ao funcionamento normal, saudável, dos seres vivos.

---

1. A concentração normal de ácido clorídrico estomacal corresponde a aproximadamente $3 \cdot 10^{-2}$ mol/L. Supondo uma produção diária de 2,5 L de suco gástrico, faça o que se pede.
   a) Calcule a quantidade aproximada de íons H^+, em mol, no estômago.
   b) Imagine que, em um indivíduo, a concentração de HCl no estômago tenha passado a $1 \cdot 10^{-1}$ mol/L. Calcule a massa necessária de $Mg(OH)_2$ em um leite de magnésia para a concentração de HCl retornar a $3 \cdot 10^{-2}$ mol/L. Massa molar do $Mg(OH)_2$: 58 g/mol.

2. Explique a relação entre a produção de dióxido de carbono e a concentração de íons H^+ no estômago.

pH e pOH

A concentração de íons H^+, chamada de concentração hidrogeniônica, indica se uma solução é ácida ou básica. Agora pense no seguinte: uma solução tem $[H^+]$ igual a $1,0 \cdot 10^{-5}$ mol/L; outra tem $[H^+]$ igual a $1,0 \cdot 10^{-9}$ mol/L. Compará-las quanto à acidez implica trabalhar com números pouco práticos. Foi por isso que o bioquímico dinamarquês Söreh Peter Lauritz Sörensen (1868-1938), em 1909, propôs o uso do pH como forma quantitativa de exprimir a acidez ou a basicidade de um meio.

$$pH = -\log [H^+]$$

O pH é o logaritmo negativo da concentração hidrogeniônica. Tal logaritmo é decimal (base 10). Veja os exemplos na tabela a seguir:

$[H^+]$	$\log [H^+]$	pH
$1 = 10^0$	0	0
$0,01 = 10^{-2}$	-2	2
$0,0001 = 10^{-4}$	-4	4

Note que, quanto mais alta for a acidez de uma solução, mais baixo será seu pH, e vice-versa.

Genericamente: $[H^+] = 10^{-x}$ mol/L. Então, pH = x.

Água "pura" e pH

Considere o equilíbrio de ionização da água:

$$H_2O \rightleftharpoons H^+ + OH^-$$

Na água "pura":

$[H^+] = [OH^-]$

$\log 10^{-14} = 2 \log [H^+]$

$\log 10^{-14} = -2 \log [H^+]$

Como $-\log [H^+] = $ pH, temos:
$+14 = 2 \cdot$ pH $\longrightarrow$ pH $= 7$
$K_w = 10^{-14} = [H^+] \cdot [OH^-]$ (a 25 °C)
Então: $10^{-14} = [H^+]^2$

Analogamente ao pH, podemos definir o pOH de uma solução por:
pOH $= -\log [OH^-]$

Então, na **água "pura"**, a 25 °C, temos:

pH = pOH = 7

Vale lembrar
$\log a \cdot b = \log a + \log b$
$\log a^x = x \log a$
$\log \frac{a}{b} = \log a - \log b$

Em Química, quando o **p** minúsculo antecipa um símbolo, ele designa o logaritmo negativo. Por isso, podemos também dizer que o pK_w da água, a 25 °C, é 14.

Soluções ácidas e pH

Em soluções ácidas, como vimos, a concentração de H^+ é mais alta do que a de OH^-, já que o ácido fornece H^+. Aplicando as propriedades dos logaritmos, como fizemos anteriormente, temos:

soluções ácidas $\begin{cases} pH < 7 \\ pOH > 7 \end{cases}$

Soluções básicas e pH

Em soluções básicas, temos: $[OH^-] > 10^{-7}$ mol/L.

soluções básicas $\begin{cases} pH > 7 \\ pOH < 7 \end{cases}$

pH de alguns materiais

Material	pH aproximado	Material	pH aproximado
ácido de bateria (automóvel)	0,5	leite	6,3 – 6,6
suco gástrico	1,0 – 3,0	saliva	6,5 – 7,5
refrigerante	2,0 – 4,0	água "pura"	7,0
suco de limão	2,2 – 2,4	sangue humano	7,3 – 7,5
vinagre	2,4 – 3,4	suco pancreático	7,8 – 8,0
suco de laranja	3,0 – 4,0	água do mar	7,8 – 8,3
café	5,0 – 5,1	leite de magnésia	10,5
urina	4,8 – 7,5	produto de limpeza com amônia	10,5 – 11,7
chuva (sem poluição)	6,2	limpa-forno	14,0

Fontes: 1. MASTERTON, W. L.; SLOWINSKI, E. J. *Química geral superior*. Rio de Janeiro: Interamericana, 1978. 2. BETTELHEIM, F. A.; MARCH, J. *Introduction to General, Organic & Biochemistry*. Orlando: Harcourt Brace College, 1995. 3. SNYDER, C. H. *The Extraordinary Chemistry of Ordinary Things*. New York: John Wiley & Sons, 1995.

Resumindo:

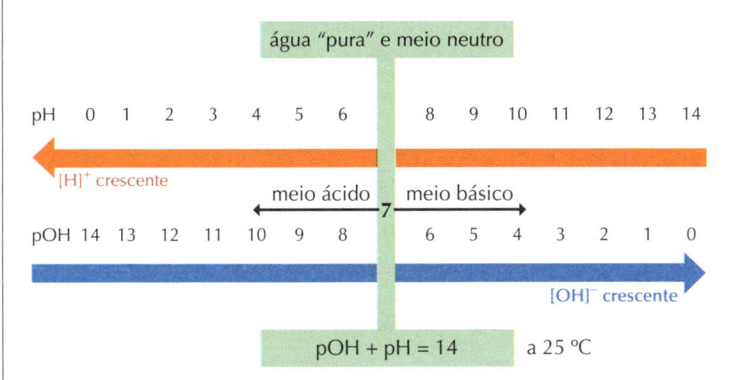

água "pura" e meio neutro

pH 0 1 2 3 4 5 6   8 9 10 11 12 13 14

$[H]^+$ crescente   meio ácido   meio básico

pOH 14 13 12 11 10 9 8   6 5 4 3 2 1 0

$[OH]^-$ crescente

pOH + pH = 14   a 25 °C

Atividades

1. Informe o que se pode concluir a respeito da neutralidade, da acidez e da basicidade, a 25 °C, de uma solução aquosa:
   a) 0,1 mol/L de HCl.
   b) 0,1 mol/L de KOH.
   c) cujo pH é igual a 3.
   d) cujo pOH é igual a 8.
   e) cujo pH é igual a 12.
   f) cujo pH é igual a 7.

2. Coloque em ordem decrescente de pOH os sistemas: água do mar, amônia, leite de magnésia, suco de limão.

3. Considere uma solução cujo pH é 2 e faça o que se pede.
   a) Calcule a concentração em mol/L em íons OH^-.
   b) Essa solução é ácida ou básica?
   c) De onde provêm os íons OH^-?

4. Relacione a concentração de íons H⁺ de uma solução de pH = 1 com outra de pH = 4.
Sugestão: Aproveite seu trabalho do exercício anterior.

5. Reproduza no caderno o quadro seguinte e complete-o, considerando t = 25 °C.

Sistema	$[H^+]$/mol L^{-1}	$[OH^-]$/mol L^{-1}	pH	pOH	Meio
HClO$_4$: 0,1 mol/L	10^{-1}	10^{-13}	1	13	ácido
água "pura"	/////////	/////////	/////////	/////////	/////////
KOH: 0,001 mol/L	/////////	/////////	/////////	/////////	/////////
H$_2$SO$_4$: 5 × 10^{-5} mol/L	/////////	/////////	/////////	/////////	/////////

Como funcionam os indicadores ácido-base

Como já vimos, inclusive na seção *Química: prática e reflexão*, indicadores ácido-base são substâncias que mudam de cor de acordo com as alterações no pH da solução em que se encontram. O equilíbrio que envolve a mudança de cor pode ser representado por:

$$HInd(aq) \rightleftharpoons H^+(aq) + Ind^-(aq)$$
cor x cor y

Para que uma substância desse tipo possa ser utilizada como indicador, é preciso que tenha como característica mudar de cor de modo rápido e visível: por acréscimo de ácido (os íons H⁺ deslocam o equilíbrio para a forma molecular) assume a cor x; por acréscimo de base (os íons OH⁻ retiram íons H⁺ do meio, para formar água, e com isso favorecem a formação dos íons Ind⁻) assume a cor y. Essas mudanças de cor devem ser visíveis, ocorrendo diante de pequenas alterações de pH.

No quadro a seguir, estão alguns exemplos desses indicadores e das cores que assumem, de acordo com o pH.

Alguns indicadores ácido-base			
Indicador	Cor		pH de mudança de cor
	Meio ácido	Meio básico	
alaranjado de metila	alaranjada	amarela	3,1 – 4,4
vermelho de metila	vermelha	amarela	4,2 – 6,3
azul de bromotimol	amarela	azul	6,0 – 7,6
fenolftaleína	incolor	rosa	8,3 – 10,0

Fonte: CHANG, R. *Chemistry*. 5. ed. Highstown: McGraw-Hill, 1994. p. 671.

Como os indicadores sofrem viragem em intervalos de pH bem específicos, conforme o meio em que se vá trabalhar, haverá indicadores mais adequados que outros. Assim, para verificar o pH da água de uma piscina, usa-se um indicador, e para determinar o pH da água de um aquário usa-se outro.

Os papéis indicadores universais de pH permitem medidas mais precisas de pH do que as que se podem conseguir com um único indicador (fenolftaleína ou alaranjado de metila, por exemplo). Neles, são empregadas misturas de diversos indicadores.

Como vimos anteriormente, muitas frutas e flores são fontes de indicadores ácido-base. A polpa de açaí serve para esse fim, inclusive a que é comercializada congelada. Observe, nas fotos, como podemos proceder:

A adição de álcool à polpa de açaí promove a extração da solução indicadora de pH (à esquerda). Ela pode ser filtrada e usada como indicador. Na imagem **B**, à mistura de álcool com açaí no recipiente à esquerda, juntou-se um componente ácido (cor vermelha) e à direita, um básico (verde). No centro, vemos a coloração marrom correspondente a um meio neutro.

A determinação precisa do pH de uma solução pode ser feita verificando-se a condutibilidade elétrica da solução em um pHmetro (peagômetro). Veja um na foto abaixo.

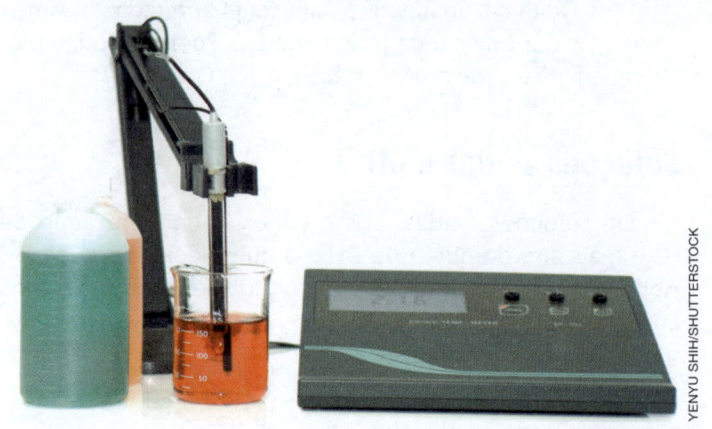

Peagômetro.

Atividades

1. Tem-se uma solução de hidróxido de potássio, KOH, cujo pH é 13, a 25 °C. Se 1 L dessa solução for diluído até que o volume seja 10 L, qual será o novo pH da solução?

QUESTÃO COMENTADA

2. Calcule o pH de uma solução a 25 °C, obtida pela mistura de volumes iguais de:

a) água e ácido nítrico 0,2 mol/L;

b) hidróxido de sódio 0,4 mol/L e ácido nítrico 0,2 mol/L.

Sugestão de resolução

a) Considerando que os volumes da água (V) e da solução de ácido nítrico são iguais, o volume total da solução diluída pode ser considerado igual a 2 V.
Como a acidez provém basicamente da solução de HNO_3 de concentração 0,2 mol/L, um monoácido, podemos dizer que a quantidade de matéria de H^+ será dada por $n_{H^+} = 0,2\ V$ mol.

Na solução diluída, a concentração de íons H^+ pode ser calculada dividindo-se a quantidade de matéria de H^+ por 2 V, o volume final da solução diluída:

$$[H^+] = \frac{n_{H^+}}{2\ V} = \frac{0,2\ V\ \text{mol}}{2\ V\ L} = 0,1\ \text{mol/L} = 10^{-1}\ \text{mol/L}$$

Como pH $= -\log[H^+]$,
conclui-se que pH $= -\log 10^{-1} = 1$.

b) Neste caso, haverá uma reação entre NaOH e HNO_3. Como o ácido nítrico é um monoácido e o NaOH é uma monobase, eles reagem na proporção em mol de 1 : 1. Mas qual é a quantidade de matéria disponível de cada um deles? No caso do NaOH, é igual a 0,4 V mol e, no do HNO_3, 0,2 V mol.
Assim sendo, ao final da reação de neutralização entre esses dois eletrólitos fortes, restam de NaOH: 0,4 V mol $-$ 0,2 V mol $=$ 0,2 V mol.
Como o volume final da mistura é igual a 2 V, podemos calcular $[OH^-] = \dfrac{0,2\ V\ \text{mol}}{2\ V} = 0,1\ \text{mol}\ OH^-/L$.
Sendo pOH $= -\log[OH^-] = 1$, como pH + pOH = 14, temos pH = 13.

Soluções salinas são neutras?

O termo **neutralização**, quando empregado para indicar a reação entre ácido e base, transmite a ideia de que, ao se obter um sal, chega-se a um meio neutro. Será que isso é sempre verdadeiro? No experimento que você realizou deve ter verificado que o bicarbonato de sódio, um sal, tem caráter básico.

Você já aprendeu também que os agricultores costumam reduzir a acidez do solo acrescentando a ele cal (óxido de cálcio), um óxido básico, ou carbonatos, como o carbonato de cálcio, $CaCO_3$, por exemplo, na forma de calcário – o carbonato de cálcio, um sal, e outros carbonatos também funcionam como neutralizantes de íons H^+.

Descarregamento de calcário a ser usado para reduzir a acidez do solo, em Novo Horizonte do Norte (MT), em 2013. A reação de neutralização pode ser equacionada da seguinte maneira: O acréscimo de $CaCO_3$ reduz a acidez do solo, aumentando o pH graças à reação:
$CaCO_3(s) + 2\ H^+(aq) \longrightarrow Ca^{2+}(aq) + H_2O(l) + CO_2(g)$

Da mesma forma, para reduzir a alcalinidade de um meio, pode-se acrescentar o sal cloreto de amônio, NH_4Cl.

Vamos raciocinar: de que ácido e de que base derivam os sais mencionados?

Na_2CO_3 $\begin{cases} \text{ácido fraco: } H_2CO_3 \\ \text{base forte: NaOH} \end{cases}$ A solução de Na_2CO_3 é alcalina

NH_4Cl $\begin{cases} \text{ácido forte: HCl} \\ \text{base fraca: } NH_4OH \end{cases}$ A solução de NH_4Cl é ácida.

E no caso do NaCl?

NaCl $\begin{cases} \text{ácido forte: HCl} \\ \text{base forte: NaOH} \end{cases}$ A solução de NaCl é neutra.

Simplificando, você pode raciocinar assim:

> Se um sal é derivado de ácido e base fortes, fornece soluções neutras.
> Quando o ácido é forte e a base é fraca (ou o inverso), a solução tem o caráter do eletrólito mais forte.

Na verdade, quando colocamos em água sais derivados de ácidos e/ou bases fracos, ocorre uma **reação de hidrólise**. Analise o exemplo:

• Sal derivado de base forte e ácido fraco

KCH_3COO derivado de $\begin{cases} \text{ácido acético: } CH_3COOH \\ \text{hidróxido de potássio: KOH} \end{cases}$
acetato de potássio

Observe os vários processos que estão em jogo:

$KCH_3COO \longrightarrow K^+ + CH_3COO^-$ (dissociação iônica)

$H_2O \rightleftharpoons \cancel{H^+} + OH^-$

$CH_3COO^- + \cancel{H^+} \rightleftharpoons HCH_3COO$
___
$CH_3COO^- + H_2O \rightleftharpoons HCH_3COO + OH^-$

Nesse caso obtém-se **meio básico**.

Generalizando, podemos dizer que quando um sal tem:

- **cátion derivado de base fraca**, por hidrólise, libera íons H⁺:

  $B^+ + H_2O \rightleftharpoons BOH + H^+$ **pH < 7 (meio ácido)**

  Exemplo: NH₄Cl aquoso (pH < 7).

- **ânion derivado de ácido fraco**, por hidrólise, libera íons OH⁻:

  $A^- + H_2O \rightleftharpoons HA + OH^-$ **pH > 7 (meio básico)**

  Exemplo: KCN aquoso (pH > 7).

- **cátion derivado de base forte e ânion derivado de ácido forte não se hidrolisam**. Por essa razão, sais derivados de ácido forte e base forte fornecem meio neutro (pH = 7). Exemplo: NaCl aquoso (pH = 7).

No caso de sal derivado de ácido fraco e base fraca, o meio resultante poderá ser neutro ou ligeiramente ácido ou básico, dependendo da relação entre os valores de K_a e K_b, respectivamente do ácido e da base. Exemplo: NH₄CN.

Atividades

1. Explique por que é possível usar uma solução de sulfato de ferro(II) para tornar o solo ácido, permitindo obter hortênsias rosadas.

2. Informe se cada um dos sais abaixo, em solução aquosa, fornece meio ácido, básico ou neutro:
   a) KNO₃
   b) Na₂S

3. Suponha que 0,1 mol de ácido nítrico reaja com 0,1 mol de hidróxido de amônio em solução aquosa. A solução resultante será ácida, básica ou neutral? Explique.

4. As aftas, ulcerações que se formam na mucosa bucal, podem ter muitas causas, por isso quem tem aftas com frequência deve procurar orientação médica. Embora existam medicamentos eficientes para fazê-las cicatrizar, muitas pessoas ainda costumam colocar bicarbonato de sódio (NaHCO₃) sobre as aftas para combatê-las. Raciocinando com base no processo de hidrólise desse sal, explique a base química desse uso.

5. Considerando que cada enzima atua mais eficientemente em determinada faixa de pH, pesquise e explique por que a aplicação de ácido cítrico a frutas cortadas retarda o escurecimento da parte da fruta exposta ao ar.

6. Leia este fragmento extraído de uma notícia e faça o que se pede.

   Alta taxa de acidez no rio Negro só permite banhos de até meia hora, diz engenheiro ambiental

   Apesar de existir risco à pele, a acidez atua como um controlador de **vetores**, *o que pode justificar a quase inexistência do* **vibrião colérico** *em regiões banhadas pelo rio mais simbólico de Manaus*

   Se medirmos o pH (potencial de hidrogênio) de um limão, o grau de acidez é de aproximadamente 2,2. O mesmo teste, feito nas águas do rio Negro, em horário de muito sol, registrou em torno de 4,2. É um nível muito alto, mesmo considerando que, na escala (que vai de 0 a 7), os valores sejam invertidos, ou seja, quanto mais próximo de zero, mais ácido. Conclusão: a acidez de um limão é apenas duas vezes maior que a do rio Negro.

   BRILHANTE, Nelson. *A Crítica*. Manaus, 26 abr. 2015. Disponível em: <http://acritica.uol.com.br/manaus/Alta-Rio-Negro-permite-minutos_0_1345665448.html>. Acesso em: 14 mar. 2016.

   a) Corrija o equívoco químico que consta do texto.
   b) Que vantagem há em o pH da água do rio Negro ser baixo?
   c) O título dessa notícia é representado pela fala de um engenheiro ambiental. Você sabe quais são as funções principais de um engenheiro ambiental? Pesquise o que faz um profissional dessa área e as habilidades que deve ter para exercer bem suas funções.

7. Na abertura do capítulo, chamamos a atenção sobre a importância do pH para os seres vivos. Com base no que estudou até aqui, em seus conhecimentos sobre outras disciplinas e em fontes confiáveis de pesquisa, redija um texto expositivo sobre a importância do pH para a agricultura, a piscicultura ou o organismo humano (escolha apenas um desses três temas). Tenha em mente um leitor não especialista no assunto.

   - Para comprovar que o pH é importante para os seres vivos – dentro do tema que você escolheu –, dê exemplos de situações em que variações de pH são prejudiciais e exemplos de situações em que o pH adequado de uma solução traz benefícios. Mencione também formas de regular o pH de diferentes soluções, de modo que ele passe a ser favorável.
   - Use a linguagem própria da Química, porém acrescente as explicações que considerar necessárias para que seu leitor (que é leigo) compreenda o assunto. Dê exemplos e faça comparações para tornar o texto ainda mais claro.
   - Complemente o texto com fotos (acompanhadas de legenda), esquemas, gráficos e tabelas.
   - Indique, no final, as fontes de pesquisa.

   No capítulo 24 há informações sobre o assunto que podem ser úteis para o desenvolvimento desta atividade.

   Vetor: todo ser vivo capaz de transmitir um agente infeccioso (parasita, bactéria ou vírus).

   Vibrião colérico: bactéria causadora da cólera (doença infecciosa aguda).

Testando seus conhecimentos

Caso necessário, consulte as tabelas no final desta Parte.

1. (Enem) Os refrigerantes têm-se tornado cada vez mais o alvo de políticas públicas de saúde. Os de cola apresentam ácido fosfórico, substância prejudicial à fixação de cálcio, o mineral que é o principal componente da matriz dos dentes. A cárie é um processo dinâmico de desequilíbrio do processo de desmineralização dentária, perda de minerais em razão da acidez. Sabe-se que o principal componente do esmalte do dente é um sal denominado hidroxiapatita. O refrigerante, pela presença da sacarose, faz decrescer o pH do biofilme (placa bacteriana), provocando a desmineralização do esmalte dentário. Os mecanismos de defesa salivar levam de 20 a 30 minutos para normalizar o nível do pH, remineralizando o dente. A equação química seguinte representa esse processo:

$$Ca_5(PO_4)_3OH(s) \underset{\text{mineralização}}{\overset{\text{desmineralização}}{\rightleftarrows}} 5\ Ca^{2+}(aq) + 3\ PO_4^{3-}(aq) + OH^-(aq)$$

GROISMAN, S. Impacto do refrigerante nos dentes é avaliado sem tirá-lo da dieta. Disponível em: http://www.isaude.net. Acesso em: 1 maio 2010 (adaptado).

Considerando que uma pessoa consuma refrigerantes diariamente, poderá ocorrer um processo de desmineralização dentária, devido ao aumento da concentração de

a. OH^-, que reage com os íons Ca^{2+}, deslocando o equilíbrio para a direita.
b. H^+, que reage com as hidroxilas OH^-, deslocando o equilíbrio para a direita.
c. OH^-, que reage com os íons Ca^{2+}, deslocando o equilíbrio para a esquerda.
d. H^+, que reage com as hidroxilas OH^-, deslocando o equilíbrio para a esquerda.
e. Ca^{2+}, que reage com as hidroxilas OH^-, deslocando o equilíbrio para a esquerda.

2. (Uepa) O ácido oxálico é um ácido dicarboxílico tóxico e presente em plantas, como espinafre e azedinhas. Embora a ingestão de ácido oxálico puro seja fatal, seu teor na maioria das plantas comestíveis é muito baixo para apresentar um risco sério. É um bom removedor de manchas e ferrugem, sendo usado em várias preparações comerciais de limpeza. Além disso, a grande maioria dos cálculos renais são constituídos pelo oxalato de cálcio monohidratado, um sal de baixa solubilidade derivado deste ácido. Levando em consideração a reação abaixo, assinale a alternativa correta:

$$C_2H_2O_4(s) + H_2O(l) \rightleftarrows C_2HO_4^-(aq) + H_3O^+(aq) \qquad K_c = 6 \cdot 10^{-2}$$

a. a K_c da reação: $C_2HO_4^-(aq) + H_3O^+(aq) \rightleftarrows C_2H_2O_4(s) + H_2O(l)$ é: 16,66.
b. a K_c da reação: $C_2HO_4^-(aq) + H_3O^+(aq) \rightleftarrows C_2H_2O_4(s) + H_2O(l)$ é: $-6 \cdot 10^{-2}$
c. se a concentração da solução for multiplicada por 2, qual o valor do $K_1 = 12 \cdot 10^{-2}$.
d. o ácido oxálico é um ácido forte.
e. a adição de HCl à solução não altera o equilíbrio da reação.

3. (Enem) Após seu desgaste completo, os pneus podem ser queimados para a geração de energia. Dentre os gases gerados na combustão completa da borracha vulcanizada, alguns são poluentes e provocam a chuva ácida. Para evitar que escapem para a atmosfera, esses gases podem ser borbulhados em uma solução aquosa contendo uma substância adequada. Considere as informações das substâncias listadas no quadro.

Substância	Equilíbrio em solução aquosa	Valor da constante de equilíbrio
Fenol	$C_6H_5OH + H_2O \rightleftarrows C_6H_5O^- + H_3O^+$	$1,3 \cdot 10^{-10}$
Piridina	$C_5H_5N + H_2O \rightleftarrows C_5H_5NH^+ + OH^+$	$1,7 \cdot 10^{-9}$
Metilamina	$CH_3NH_2 + H_2O \rightleftarrows CH_3NH_3^+ + OH^-$	$4,4 \cdot 10^{-4}$
Hidrogenofosfato de potássio	$HPO_4^{2-} + H_2O \rightleftarrows H_2PO_4^- + OH^-$	$2,8 \cdot 10^{-2}$
Hidrogenosulfato de potássio	$HSO_4^- + H_2O \rightleftarrows SO_4^{2-} + H_3O^+$	$3,1 \cdot 10^{-2}$

Dentre as substâncias listadas no quadro, aquela capaz de remover com maior eficiência os gases poluentes é o(a):

a. fenol
b. piridina
c. metilamina
d. hidrogenofosfato de potássio
e. hidrogenosulfato de potássio

4. (Fuvest-SP) Algumas gotas de um indicador de pH foram adicionadas a uma solução aquosa saturada de CO_2, a qual ficou vermelha. Dessa solução, 5 mL foram transferidos para uma seringa, cuja extremidade foi vedada com uma tampa (Figura I). Em seguida, o êmbolo da seringa foi puxado até a marca de 50 mL e travado nessa posição, observando-se liberação de muitas bolhas dentro da seringa e mudança da cor da solução para laranja (Figura II). A tampa e a trava foram então removidas, e o êmbolo foi empurrado de modo a expulsar totalmente a fase gasosa, mas não o líquido (Figura III). Finalmente, a tampa foi recolocada na extremidade da seringa (Figura IV) e o êmbolo foi novamente puxado para a marca de 50 mL e travado (Figura V). Observou-se, nessa situação, a liberação de poucas bolhas, e a solução ficou amarela. Considere que a temperatura do sistema permaneceu constante ao longo de todo o experimento.

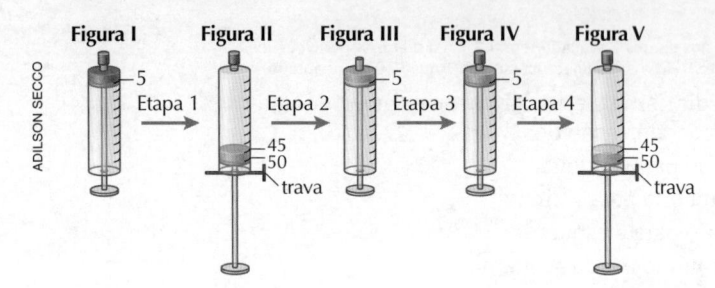

Dados:			
pH	1,0 1,5 2,0 2,5 3,0 3,5 4,0 4,5 5,0 5,5 6,0 6,5 7,0 7,5		
Cor da solução contendo o indicador de pH	vermelho	laranja	amarelo

a. Explique, incluindo em sua resposta as equações químicas adequadas, por que a solução aquosa inicial, saturada de CO_2, ficou vermelha na presença do indicador de pH.
b. Por que a coloração da solução mudou de vermelho para laranja ao final da Etapa 1?
c. A pressão da fase gasosa no interior da seringa, nas situações ilustradas pelas figuras II e V, é a mesma? Justifique.

5. (Enem) As misturas efervescentes, em pó ou em comprimidos, são comuns para a administração de vitamina C ou de medicamentos para azia. Essa forma farmacêutica sólida foi desenvolvida para facilitar o transporte, aumentar a estabilidade de substâncias e, quando em solução, acelerar a absorção do fármaco pelo organismo. As matérias-primas que atuam na efervescência são, em geral, o ácido tartárico ou o ácido cítrico que reagem com um sal de caráter básico, como o bicarbonato de sódio ($NaHCO_3$), quando em contato com a água. A partir do contato da mistura efervescente com a água, ocorre uma série de reações químicas simultâneas: liberação de íons, formação de ácido e liberação do gás carbônico – gerando a efervescência.

As equações a seguir representam as etapas da reação da mistura efervescente na água, em que foram omitidos os estados de agregação dos reagentes, e H_3A representa o ácido cítrico.

I. $NaHCO_3 \longrightarrow Na^+ + HCO_3^-$
II. $H_2CO_3 \rightleftarrows H_2O + CO_2$
III. $HCO_3^- + H^+ \rightleftarrows H_2CO_3$
IV. $H_3A \rightleftarrows 3H^+ + A^-$

A ionização, a dissociação iônica, a formação do ácido e a liberação do gás ocorrem, respectivamente, nas seguintes etapas:

a. IV, I, II e III
b. I, IV, III e II
c. IV, III, I e II
d. I, IV, II e III
e. IV, I, III e II

6. (Enem) Uma dona de casa acidentalmente deixou cair na geladeira a água proveniente do degelo de um peixe, o que deixou um cheiro forte e desagradável dentro do eletrodoméstico. Sabe-se que o odor característico de peixe se deve às aminas e que esses compostos se comportam como bases. Na tabela são listadas as concentrações hidrogeniônicas de alguns materiais encontrados na cozinha, que a dona de casa pensa em utilizar na limpeza da geladeira.

Material	Concentração de H_3O^+ (mol/L)
Suco de limão	10^{-2}
Leite	10^{-6}
Vinagre	10^{-3}
Álcool	10^{-8}
Sabão	10^{-12}
Carbonato de sódio/barrilha	10^{-12}

Dentre os materiais listados, quais são apropriados para amenizar esse odor?

a. Álcool ou sabão.
b. Suco de limão ou álcool.
c. Suco de limão ou vinagre.
d. Suco de limão, leite ou sabão.
e. Sabão ou carbonato de sódio/barrilha.

7. (UFPR) Folhas de repolho-roxo exibem cor intensa devido à presença de pigmentos. Processando-se algumas folhas num liquidificador com um pouco de água, extrai-se um líquido de cor roxa, que, posteriormente, passa por uma peneira. Foram realizados os seguintes experimentos, seguidos das observações:

- Sobre volume de meio copo (~100 mL) do extrato líquido, adicionaram-se 20 mL de solução salina de cloreto de sódio (1 mol L^{-1}). A cor roxa do extrato foi mantida.
- Sobre volume de meio copo do extrato líquido, adicionou-se suco de um limão. A cor do extrato líquido se tornou vermelha.

Foi observado aspecto opaco (turvo) no extrato líquido logo em seguida à sua separação das folhas de repolho, e esse aspecto se manteve durante todos os experimentos.

Sobre esse experimento, considere as seguintes afirmativas:

1. A mudança de cor de roxa para vermelha no segundo experimento é evidência de que ocorreu uma transformação química no extrato.
2. O extrato líquido é uma mistura homogênea.
3. Nos 20 mL de solução salina existem $1,2 \cdot 10^{22}$ íons Na$^+$ e $1,2 \cdot 10^{22}$ íons Cl$^-$.

Assinale a alternativa correta.

a. Somente a afirmativa 1 é verdadeira.
b. Somente a afirmativa 2 é verdadeira.
c. Somente as afirmativas 1 e 3 são verdadeiras.
d. Somente as afirmativas 2 e 3 são verdadeiras.
e. As afirmativas 1, 2 e 3 são verdadeiras.

8. (UFRN) A toxina botulínica (a mesma substância com que se produz o botox, usado no tratamento antirruga) vem sendo estudada pela Universidade Federal de Minas Gerais (UFMG) com o objetivo de se diminuir a intensidade dos movimentos feitos pelo estômago e tornar a digestão mais lenta, em casos de obesidade crônica. A toxina é produzida por determinadas bactérias, cuja reprodução é inibida por pH inferior a 4,5, por temperatura próxima a 100 °C e pela presença de nitritos e nitratos como aditivos.

Sendo assim, para produzir a toxina botulínica, em um meio de cultivo dessas bactérias, a concentração de íons H$^+$ deve estar entre

a. 10^{-3} e 10^{-4} mol/L.
b. 10^{-1} e 10^{-2} mol/L.
c. 0 e 10^{-4} mol/L.
d. 10^{-5} e 10^{-6} mol/L.

9. (PUC-RJ) Cloreto de sódio é um sal muito solúvel em água e os seus íons não reagem com os íons da água. Considerando o sistema aquoso com [H$^+$] = [OH$^-$] e, sendo [H$^+$] [OH$^-$] = 10^{-14}, a 25 °C, o pH de uma solução aquosa de NaCl, nessa temperatura, é:

a. 2   b. 5   c. 11   d. 9   e. 7

10. (Enem)

Em um experimento, colocou-se água até a metade da capacidade de um frasco de vidro e, em seguida, adicionaram-se três gotas de solução alcoólica de fenolftaleína. Adicionou-se bicarbonato de sódio comercial, em pequenas quantidades, até que a solução se tornasse rosa. Dentro do frasco, acendeu-se um palito de fósforo, o qual foi apagado assim que a cabeça terminou de queimar. Imediatamente, o frasco foi tampado. Em seguida, agitou-se o frasco tampado e observou-se o desaparecimento da cor rosa.

MATEUS, A. L. *Química na cabeça*. Belo Horizonte: UFMG, 2001 (adaptado).

A explicação para o desaparecimento da cor rosa é que, com a combustão do palito de fósforo, ocorreu o(a)

a. formação de óxidos de caráter ácido.
b. evaporação do indicador fenolftaleína.
c. vaporização de parte da água do frasco.
d. vaporização dos gases de caráter alcalino.
e. aumento do pH da solução no interior do frasco.

11. (UFRGS-RS) O ácido fluorídrico, solução aquosa do fluoreto de hidrogênio (HF) com uma constante de acidez de $6,6 \cdot 10^{-4}$, tem, entre suas propriedades, a capacidade de atacar o vidro, razão pela qual deve ser armazenado em recipientes plásticos. Considere as afirmações abaixo, a respeito do ácido fluorídrico.

I. É um ácido forte, pois ataca até o vidro.
II. Tem, quando em solução aquosa, no equilíbrio, concentração de íons fluoreto muito inferior à de HF.
III. Forma fluoreto de sódio insolúvel, quando reage com hidróxido de sódio.

Quais estão corretas?

a. Apenas I.   c. Apenas III.   e. I, II e III.
b. Apenas II.   d. Apenas I e II.

12. (UFRGS-RS) A tabela abaixo relaciona as constantes de acidez de alguns ácidos fracos.

Ácido	Constante
HCN	$4,9 \cdot 10^{-10}$
HCOOH	$1,8 \cdot 10^{-4}$
CH$_3$COOH	$1,8 \cdot 10^{-5}$

A respeito das soluções aquosas dos sais sódicos dos ácidos fracos, sob condições de concentrações idênticas, pode-se afirmar que a ordem crescente de pH é

a. cianeto < formiato < acetato.
b. cianeto < acetato < formiato.
c. formiato < acetato < cianeto.
d. formiato < cianeto < acetato.
e. acetato < formiato < cianeto.

13. (UEPG-PR) 0,1 mol do ácido HBr é adicionado em água suficiente para formar 1,0 L de solução. Dada a constante de equilíbrio do ácido, $K_a = 1 \cdot 10^9$, assinale o que for correto sobre esta solução de ácido.

01. A concentração da solução de HBr é 0,1 mol/L.
02. A concentração de íons OH$^-$ em solução é $1 \cdot 10^{-14}$ mol/L.
04. O HBr é um ácido forte.
08. A concentração de íons H$_3$O$^+$ em solução é 1,0 mol/L.
16. O pH desta solução é 1.

Testando seus conhecimentos

14. (Ifal) O potencial de hidrogênio (pH) das soluções é dado pela função: pH = −log[H⁺], onde [H⁺] é a concentração do cátion H⁺ ou H₃O⁺ na solução. Se, em uma solução, a concentração de H⁺ é 2 · 10⁻⁸, qual o pH dessa solução? Adote: log 2 = 0,3.
   a. 2,4.   b. 3,8.   c. 6,7.   d. 7,7.

15. (Acafe-SC) O seriado televisivo "Breaking Bad" conta a história de um professor de química que, ao ser diagnosticado com uma grave doença, resolve entrar no mundo do crime sintetizando droga (metanfetamina) com a intenção inicial de deixar recursos financeiros para sua família após sua morte. No seriado ele utilizava uma metodologia na qual usava metilamina como um dos reagentes para síntese da metanfetamina.

$$CH_3NH_2(aq) + H_2O(l) \rightleftharpoons CH_3NH_3^+(aq) + OH^-(aq)$$

Dados: constante de basicidade (K_b) da metilamina a 25 °C: 3,6 · 10⁻⁴; log 6 = 0,78.

O valor do pH de uma solução aquosa de metilamina na concentração inicial de 0,1 mol/L sob temperatura de 25 °C é:
   a. 2,2   b. 11,78   c. 7,8   d. 8,6

16. (Ueg-GO) Uma solução de hidróxido de potássio foi preparada pela dissolução de 0,056 g de KOH em água destilada, obtendo-se 100 mL dessa mistura homogênea.

Dado: MM (KOH) = 56 g mol⁻¹

De acordo com as informações apresentadas, verifica-se que essa solução apresenta
   a. pH = 2   b. pH < 7   c. pH = 10   d. pH = 12   e. pH > 13

17. (FCMAE-SP) Dados: K_a do CH₃COOH = 2,0 × 10⁻⁵ mol · L

Uma solução preparada a partir da dissolução de ácido acético em água destilada até completar o volume de um litro apresenta pH igual a 3,0. A quantidade de matéria de ácido acético inicialmente dissolvida é aproximadamente igual a
   a. 1 · 10⁻⁶ mol.   b. 1 · 10⁻³ mol.   c. 5 · 10⁻² mol.   d. 1 · 10⁻² mol.

Texto para a próxima questão.

Chama-se titulação a operação de laboratório realizada com a finalidade de determinar a concentração de uma substância em determinada solução, por meio do uso de outra solução de concentração conhecida. Para tanto, adiciona-se uma solução-padrão, gota a gota, a uma solução-problema (solução contendo uma substância a ser analisada) até o término da reação, evidenciada, por exemplo, com uma substância indicadora. Uma estudante realizou uma titulação ácido-base típica, titulando 25 mL de uma solução aquosa de Ca(OH)₂ e gastando 20,0 mL de uma solução padrão de HNO₃ de concentração igual a 0,10 mol · L⁻¹.

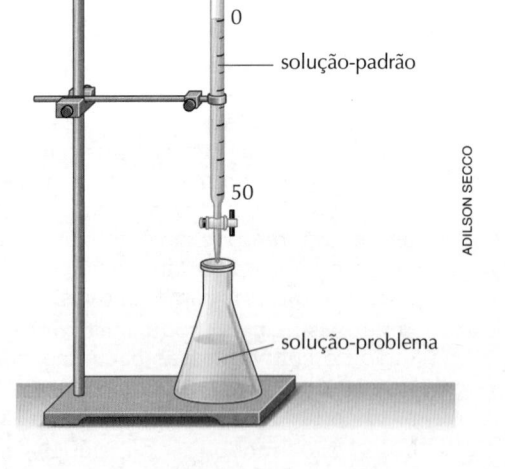

18. (Unesp) Para preparar 200 mL da solução-padrão de concentração 0,10 mol · L⁻¹ utilizada na titulação, a estudante utilizou uma determinada alíquota de uma solução concentrada de HNO₃, cujo título era de 65,0%(m/m) e a densidade de 1,50 g · mL⁻¹.

Admitindo-se a ionização de 100% do ácido nítrico, expresse sua equação de ionização em água, calcule o volume da alíquota da solução concentrada, em mL, e calcule o pH da solução-padrão preparada.

Dados:
Massa molar do HNO₃ = 63,0 g · mol⁻¹
pH = − log[H]

19. (Uerj) Hortênsias são flores cujas cores variam de acordo com o pH do solo, conforme indica a tabela:

Considere os seguintes aditivos utilizados na plantação de hortênsias em um solo neutro:

NaHCO₃   CaO   Al₂(SO₄)₃   KNO₃

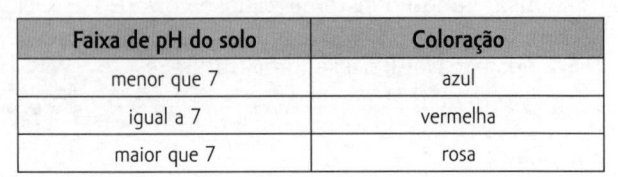

Faixa de pH do solo	Coloração
menor que 7	azul
igual a 7	vermelha
maior que 7	rosa

Indique a cor das flores produzidas quando se adiciona KNO₃ a esse solo e a fórmula química do aditivo que deve ser acrescentado, em quantidade adequada, para produzir hortênsias azuis.

Em seguida, dentre os aditivos, nomeie o óxido e apresente a equação química completa e balanceada da sua reação com a água.

20. (PUC-RJ) Com água destilada (pH 7), foram preparadas duas soluções aquosas. Uma de ácido clorídrico 0,20 mol L^{-1} e uma de hidróxido de sódio 0,10 mol L^{-1}. A 100 mL da solução do ácido se junta 100 mL da solução da base e acrescenta-se água destilada até o volume de 1,0 L.

Considerando o excesso de um dos reagentes na reação do ácido com a base e a posterior diluição, o pH da solução resultante é:

a. 2,0   b. 4,0   c. 5,0   d. 7,0   e. 9,0

21. (Fuvest-SP)

O produto iônico da água, $K(w)$, varia com a temperatura conforme indicado no gráfico 1.

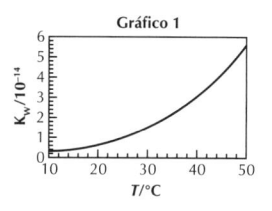

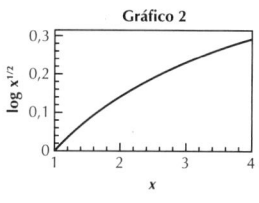

a. Na temperatura do corpo humano, 36 °C,
   1 - qual é o valor de $K(w)$?
   2 - qual é o valor do pH da água pura e neutra? Para seu cálculo, utilize o gráfico 2.

b. A reação de autoionização da água é exotérmica ou endotérmica? Justifique sua resposta, analisando dados do gráfico 1.

Assinale, por meio de linhas de chamada, todas as leituras feitas nos dois gráficos.

Texto para a próxima questão.

Danos de alimentos ácidos

O esmalte dos dentes dissolve-se prontamente em contato com substâncias cujo pH (medida da acidez) seja menor do que 5,5. Uma vez dissolvido, o esmalte não é reposto, e as partes mais moles e internas do dente logo apodrecem. A acidez de vários alimentos e bebidas comuns é surpreendentemente alta; as substâncias listadas ao lado, por exemplo, podem causar danos aos seus dentes com contato prolongado. (BREWER. 2013, p. 64).

Comida/Bebida	pH
Suco de limão/lima	1,8 – 2,4
Café preto	2,4 – 3,2
Vinagre	2,4 – 3,4
Refrigerantes de cola	2,7
Suco de laranja	2,8 – 4,0
Maçã	2,9 – 3,5
Uva	3,3 – 4,5
Tomate	3,7 – 4,7
Maionese/molho de salada	3,8 – 4,0
Chá preto	4,0 – 4,2

22. (Uneb-BA) A acidez dos alimentos é determinada pela concentração de íons de hidrogênio [H⁺], em mol L^{-1}. Em Química, o pH é definido por pH = colog[H⁺] = –log[H⁺].

Sabendo-se que uma amostra de certo alimento apresentou concentração de íons de hidrogênio igual a 0,005 mol L^{-1} e considerando que colog 2 = –0,3, pode-se afirmar que, de acordo com a tabela ilustrativa, a amostra corresponde a

01. maionese/molho de salada.
02. suco de limão/lima.
03. maçã.
04. chá preto.
05. café preto.

23. (Unesp) Considere a tabela, que apresenta indicadores ácido-base e seus respectivos intervalos de pH de viragem de cor.

Indicador	Intervalo de pH de viragem	Mudança de cor
1. púrpura de *m*-cresol	1,2 – 2,8	vermelho – amarelo
2. vermelho de metila	4,4 – 6,2	vermelho – alaranjado
3. tornassol	5,0 – 8,0	vermelho – azul
4. timolftaleína	9,3 – 10,5	incolor – azul
5. azul de épsilon	11,6 – 13,0	alaranjado – violeta

Para distinguir uma solução aquosa 0,0001 mol/L de HNO_3 (ácido forte) de outra solução aquosa do mesmo ácido 0,1 mol/L, usando somente um desses indicadores, deve-se escolher o indicador

a. 1.   b. 4.   c. 2.   d. 3.   e. 5.

24. (Unicamp-SP) Fertilizantes são empregados na agricultura para melhorar a produtividade agrícola e atender à demanda crescente por alimentos, decorrente do aumento populacional. Porém, o uso de fertilizantes leva a alterações nas características do solo, que passa a necessitar de correções constantes. No Brasil, o nitrogênio é adicionado ao solo principalmente na forma de ureia, $(NH_2)_2CO$, um fertilizante sólido que, em condições ambiente, apresenta um cheiro muito forte, semelhante ao da urina humana. No solo, a ureia se dissolve e reage com a água conforme a equação

$$(NH_2)_2CO(s) + 2\,H_2O(aq) \longrightarrow 2\,NH_4^+(aq) + CO_3^{2-}(aq)$$

Parte do nitrogênio, na forma de íon amônio, se transforma em amônia, conforme a equação

$$NH_4^+(aq) + H_2O(aq) \longrightarrow NH_3(aq) + H_3O^+(aq)$$

Parte do nitrogênio permanece no solo, sendo absorvido através do ciclo do nitrogênio.

a. Na primeira semana após adubação, o solo, nas proximidades dos grânulos de ureia, torna-se mais básico. Considerando que isso se deve essencialmente à solubilização inicial da ureia e à sua reação com a água, explique como as características dos produtos formados explicam esse resultado.

b. Na aplicação da ureia como fertilizante, ocorrem muitos processos que levam à perda e ao não aproveitamento do nitrogênio pelas plantas. Considerando as informações dadas, explique a influência da acidez do solo e da temperatura ambiente na perda do nitrogênio na fertilização por ureia.

25. (FMJ-SP) Os medicamentos podem apresentar-se sob diferentes formas farmacêuticas, tais como comprimido, solução, gel e suspensão. Duas formas distintas de apresentação são citadas a seguir:

- suspensão aquosa de hidróxido de alumínio ($Al(OH)_3$): utilizada para neutralizar o ácido clorídrico (HCl) no estômago, a partir da formação de cloreto de alumínio e água.
- solução oftálmica: utilizada para aliviar a sensação de ardor e irritação dos olhos.

A tabela apresenta as propriedades de três indicadores ácido-base.

Indicador	Faixa de transição (pH)	Cor ácida	Cor básica
Azul de timol	8,0 – 9,6	amarela	azul
Vermelho de metila	4,8 – 6,0	vermelha	amarela
α-naftolftaleína	7,3 – 8,7	rosa	verde

(Daniel C. Harris. *Análise química quantitativa*, 2001.)

a. Escreva a equação balanceada da reação que ocorre entre o hidróxido de alumínio e o ácido clorídrico.

b. Uma solução oftálmica foi testada com dois dos indicadores da tabela, e apresentou cor amarela com o azul de timol e cor amarela com o vermelho de metila. Qual é a faixa de pH dessa solução oftálmica? Considerando que o pH dessa solução é o valor médio da faixa de pH obtida, qual é a cor dessa solução quando testada com o indicador α-naftolftaleína?

26. (Unicamp-SP)

A calda bordalesa é uma das formulações mais antigas e mais eficazes que se conhece. Ela foi descoberta na França no final do século XIX, quase por acaso, por um agricultor que aplicava água de cal nos cachos de uva para evitar que fossem roubados; a cal promovia uma mudança na aparência e no sabor das uvas. O agricultor logo percebeu que as plantas assim tratadas estavam livres de antracnose. Estudando-se o caso, descobriu-se que o efeito estava associado ao fato de a água de cal ter sido preparada em tachos de cobre. Atualmente, para preparar a calda bordalesa, coloca-se o sulfato de cobre em um pano de algodão que é mergulhado em um vasilhame plástico com água morna. Paralelamente, coloca-se cal em um balde e adiciona-se água aos poucos. Após quatro horas, adiciona-se aos poucos, e mexendo sempre, a solução de sulfato de cobre à água de cal.

(Adaptado de Gervásio Paulus, André Muller e Luiz Barcellos, *Agroecologia aplicada*: práticas e métodos para uma agricultura de base ecológica. Porto Alegre: EMATER-RS, 2000, p. 86.)

Na formulação da calda bordalesa fornecida pela EMATER, recomenda-se um teste para verificar se a calda ficou ácida:

Coloca-se uma faca de aço carbono na solução por três minutos. Se a lâmina da faca adquirir uma coloração marrom ao ser retirada da calda, deve-se adicionar mais cal à mistura. Se não ficar marrom, a calda está pronta para o uso. De acordo com esse teste, conclui-se que a cal deve promover

a. uma diminuição do pH, e o sulfato de cobre(II), por sua vez, um aumento do pH da água devido à reação $SO_4^{2-} + H_2O \longrightarrow HSO_4^- + OH^-$.

b. um aumento do pH, e o sulfato de cobre(II), por sua vez, uma diminuição do pH da água devido à reação $Cu^{2+} + H_2O \longrightarrow Cu(OH)^+ + H^+$.

c. uma diminuição do pH, e o sulfato de cobre(II), por sua vez, um aumento do pH da água devido à reação $Cu^{2+} + H_2O \longrightarrow Cu(OH)^+ + H^+$.

d. um aumento do pH, e o sulfato de cobre(II), por sua vez, uma diminuição do pH da água devido à reação $SO_4^{2-} + H_2O \longrightarrow HSO_4^- + OH^-$.

27. (FMJ-SP)

O pH do sangue de mamíferos é um reflexo do estado do balanço ácido-base do corpo. Um dos tampões biológicos do sangue é representado pelo seguinte equilíbrio químico:

$$CO_2(g) + H_2O(l) \rightleftharpoons H_2CO_3(aq) \rightleftharpoons H^+(aq) + HCO_3^-(aq)$$

A diminuição (acidose) ou o aumento (alcalose) do pH do sangue pode causar sérios problemas e até mesmo ser fatal, como representado na figura.

A acidose metabólica é a forma mais frequentemente observada entre os distúrbios do equilíbrio ácido-base e pode ser causada por diversos fatores, tais como diabetes grave e insuficiência renal. Uma compensação natural da acidose metabólica pelo corpo é **a alteração** da taxa de respiração.

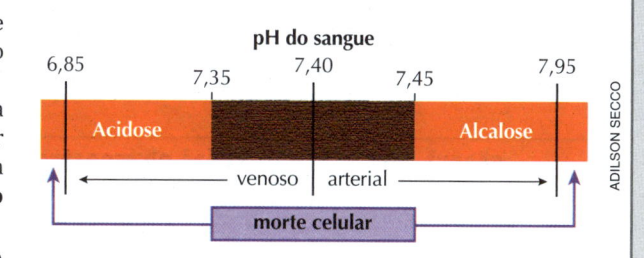

(http://qnesc.sbq.org.br. Adaptado.)

a. No último período do texto, o termo em destaque "a alteração" pode ser substituído por "o aumento" ou "a diminuição"?

Justifique a sua resposta analisando o equilíbrio químico.

b. De acordo com o esquema, em condições de não morte celular, um distúrbio do equilíbrio ácido-base do sangue de uma pessoa que perde íons bicarbonato devido a uma diarreia severa desencadearia um quadro de acidose ou alcalose?

Justifique sua resposta analisando o equilíbrio químico.

28. (FMABC-SP) Os indicadores ácido base são substâncias cuja cor se altera em uma faixa específica de pH. Cada indicador atua como um ácido fraco, havendo um equilíbrio entre a forma protonada (HInd) e a sua base conjugada (Ind). Cada uma dessas espécies apresenta cores diferentes, dessa forma a tonalidade da solução depende da concentração das duas espécies. A equação a seguir resume as características do equilíbrio químico em solução aquosa desses corantes.

$$\underset{\text{cor A}}{HInd(aq)} + H_2O(l) \rightleftharpoons \underset{\text{cor B}}{H_3O^+(aq) + Ind^-(aq)}$$

A tabela a seguir apresenta a faixa de viragem (mudança de cor) de alguns indicadores ácido base.

Indicador	Cor em pH abaixo da viragem	Intervalo aproximado de pH de mudança de cor	Cor em pH acima da viragem
Violeta de metila	Amarelo	0,0 – 1,6	Azul-púrpura
Alaranjado de metila	Vermelho	3,1 – 4,4	Amarelo
Azul de bromotimol	Amarelo	6,0 – 7,6	Azul
Fenolftaleína	Incolor	8,2 – 10,0	Rosa-carmim
Amarelo de alizarina R	Amarelo	10,3 – 12,0	Vermelho

A respeito desses indicadores foram feitas algumas observações:

I. A forma protonada (HInd) da fenolftaleína é incolor.
II. A constante de ionização (K_a) do violeta de metila é menor do que a constante de ionização do azul de bromotimol.
III. Para confirmar que um suco de limão apresenta pH entre 2 e 3, bastaria testá-lo com violeta de metila.
IV. O alaranjado de metila é um ácido mais forte do que a fenolftaleína.

Estão corretas apenas as afirmações:

a. I e II.   **b.** I e III.   **c.** II e IV.   **d.** I e IV.

Mais questões: no livro digital, em **Vereda Digital Aprova Enem** e **Vereda Digital Suplemento de revisão e vestibulares**; no *site*, em **AprovaMax**.

CAPÍTULO 21

SOLUBILIDADE: EQUILÍBRIOS HETEROGÊNEOS

Gruta do Lago Azul, em Bonito, Mato Grosso do Sul (foto de 2012). Observe as formações calcárias pendentes do teto, as estalactites. Qual é a relação entre essas formações naturais tão procuradas por turistas e a Química?

ENEM
C1: H2
C5: H17 e H18
C7: H24

Este capítulo vai ajudá-lo a compreender:

- a solubilidade em g/L e mol/L;
- o produto de solubilidade;
- a solubilidade na presença de íon comum;
- o emprego decompostos pouco solúveis em radiografias de contraste;
- as formações calcárias em cavernas e rodolitos e as ameaças a elas.

Para situá-lo

Você conhece alguém que tenha tido cólica renal? Pessoas que já tiveram essas cólicas costumam relatar que elas são muito fortes e que nunca sentiram dor igual. Em geral, esses sintomas surgem quando cálculos – popularmente chamados de "pedras nos rins" – se deslocam dos rins e descem até a bexiga pelas vias urinárias.

Os cálculos são formações endurecidas que podem surgir em diversas partes do corpo, embora sejam mais comuns nos rins. Eles se desenvolvem quando compostos insolúveis presentes no sangue formam pequenos cristais que, com o tempo, vão se agregando e dão origem a aglomerados maiores, mais difíceis de serem dissolvidos.

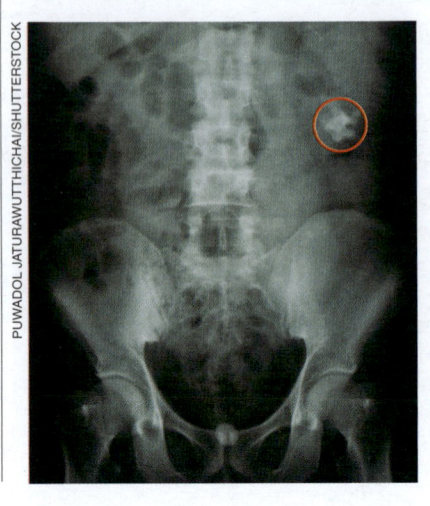

Radiografia de abdômen na qual se observa um cálculo, circulado em vermelho, no rim esquerdo (lado direito da imagem) e pedra de bexiga, perceptível na área opaca na parte inferior da imagem. Essas pedras são constituídas por resíduos cristalinos, insolúveis na urina, que se unem, formando os cálculos de tamanho maior.

Na formação dos cálculos, atuam vários fatores, inclusive características próprias do metabolismo de cada indivíduo. De qualquer forma, o que está em jogo nessa formação é a solubilidade em água de compostos presentes no organismo. Apesar de já termos estudado o conceito de solubilidade – no caso, a solubilidade de sais em água –, vamos nos aprofundar nesse assunto. E você vai entender por que as pessoas que bebem pouca água são mais sujeitas à formação de cálculos renais.

Segundo urologistas, esse problema de saúde é relativamente frequente; cerca de 10% das pessoas terão uma ou mais crises ao longo da vida; uma curiosidade é que ele atinge bem mais homens do que mulheres. Além disso, a calculose, um dos nomes adotados para esse mal, é muito mais frequente em regiões de clima desértico. E ela também tem maior incidência quando a temperatura ambiente é mais alta – isso explica o fato de ser mais comum em locais de clima quente e durante os meses de verão.

Mais de uma centena de componentes foram identificados em cálculos renais, porém a maioria dos cálculos é constituída por oxalato de cálcio, e em quase todos há presença de íons cálcio, Ca^{2+}.

A urina atua na eliminação de cristais sólidos de sais e minerais. Quando bebemos pouco líquido, a urina fica mais concentrada em espécies constituintes de cristais insolúveis em água; com isso, aumenta a probabilidade de haver formação de cálculos renais. Recomenda-se então um consumo mínimo de 2,5 litros de água por dia às pessoas que já tiveram pedra nos rins ou que têm histórico desse problema na família. Outras recomendações são esvaziar a bexiga antes de senti-la cheia e evitar a ingestão de refrigerantes de cola, ricos em fosfato.

Médicos especialistas recomendam às pessoas que têm tendência a desenvolver pedras nos rins beber mais de 2 litros de água por dia para reduzir os riscos da formação de novos cálculos.

1. Procure explicar o fato de haver maior incidência de cálculos renais entre a população de regiões desérticas ou de clima muito quente do que entre a população de locais de temperatura mais amena.

2. Entre os sais inorgânicos, os que contêm cálcio são os mais frequentes constituintes de cálculos renais. Com base em seus conhecimentos, você saberia dizer por que sais de sódio ou potássio não fazem parte desses cálculos?

3. O oxalato de cálcio é o sal de cálcio mais comumente encontrado nos cálculos renais. Sendo a solubilidade do CaC_2O_4, a 20 °C, igual a 0,00067 g/100 mL de água, para dissolver completamente 0,01 mol desse sal, qual seria o volume de água necessário? Massa molar do CaC_2O_4 = 128 g/mol.

4. Uma das recomendações médicas para evitar a formação de cálculos consiste na baixa ingestão de bebidas que contenham fosfatos, como é o caso das colas. Qual é a razão dessa recomendação?

Neste capítulo, vamos retomar as questões que envolvem a solubilidade de substâncias iônicas em água, enfocando as do tipo do oxalato de cálcio, que têm baixa solubilidade em água. No processo de dissolução, chega-se a um equilíbrio, no qual, como já vimos, é possível interferir para que uma nova condição de equilíbrio seja estabelecida.

Além dos exemplos analisados nesta seção, vamos nos deter em outros importantes processos de dissolução de sólido em água que levam a situações de equilíbrio em sistemas heterogêneos sólido-líquido. Alguns deles ocorrem na natureza, na formação de estruturas calcárias – constituídas basicamente por carbonato de cálcio –, as quais estão presentes em cavernas e no fundo do mar; estudaremos, então, fatores que interferem nesses processos, como, por exemplo, algumas ações humanas.

Conceituando o equilíbrio sólido-líquido

Vamos analisar agora um caso particular de equilíbrio que envolve um sistema de duas fases: uma sólida e outra líquida. Esse tipo de sistema já foi objeto de nossa atenção no capítulo 13, quando abordamos o conceito de solubilidade e a possibilidade de parte de um sólido – no caso, o soluto – não se dissolver em contato com uma solução saturada desse soluto. Isso ocorre quando, em determinada temperatura, a quantidade de solvente é insuficiente para dissolver todo o sólido disponível. A foto ao lado deve ajudá-lo a relembrar esse conceito.

No sistema heterogêneo ao lado, o sulfato de cobre pentaidratado sólido, $CuSO_4 \cdot 5\ H_2O(s)$, no fundo do béquer, está em equilíbrio com uma solução aquosa saturada de $CuSO_4(aq)$.

Dissolução de um sólido molecular

Vejamos o que ocorre com o iodo sólido, do momento em que é colocado em etanol até atingir o equilíbrio. Lembre-se de que o iodo (I_2) e o etanol (C_2H_5OH), um álcool, são substâncias moleculares. Preste atenção na foto ao lado, que mostra os primeiros cristais de iodo se dissolvendo em álcool.

E em nível molecular, o que deve estar acontecendo? Para responder a essa questão, podemos recorrer a um modelo que represente as partículas de iodo e de etanol envolvidas nessa dissolução. Não se esqueça de que **modelos** são recursos criados pelos cientistas para explicar observações experimentais e elaborar teorias e, portanto, não podem ser confundidos com a realidade. No caso, trata-se de uma interpretação da dissolução que acontece em escala submicroscópica. Observe o esquema abaixo:

Béquer com cristais de iodo, $I_2(s)$, começando a se dissolver em álcool. À medida que o iodo se dissolve, a solução vai assumindo uma coloração castanha.

Atenção!
A rigor, no parágrafo ao lado, quando se fala em álcool, a referência é ao álcool "puro", isto é, o "álcool absoluto". Lembre-se de que mesmo o álcool 96 °GL (92,8 INPM) é uma mistura formada por 96% em volume de etanol e 4% em volume de água.

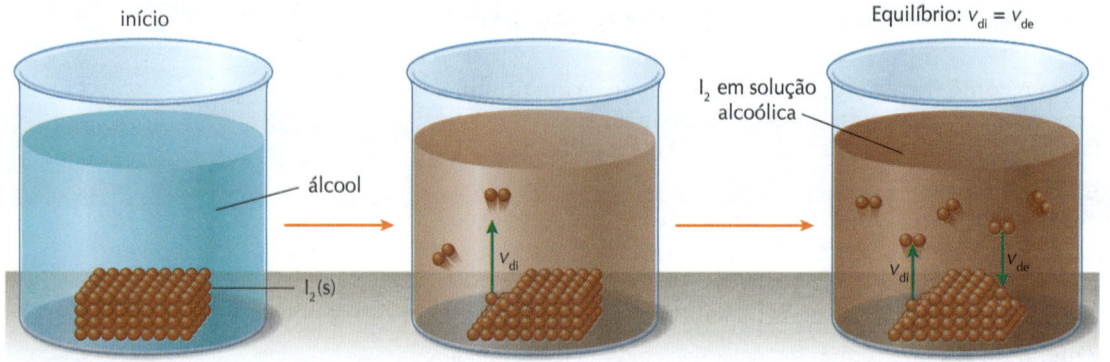

O esquema representa o processo de dissolução de iodo (nível molecular) em álcool. Note que, na situação de equilíbrio, a velocidade de dissolução do iodo (v_{di}) é igual à sua velocidade de deposição no sólido (v_{de}). Ao final do processo, teremos duas fases: uma sólida, do iodo que permanece no fundo do béquer, e outra de solução alcoólica saturada de iodo.

Como pode ser interpretado o processo que acabamos de representar? No início, apenas moléculas de iodo (I_2) deixam o sólido e se dissolvem no álcool, de modo que o álcool vai assumindo coloração castanha. Com o tempo, também o processo contrário ocorre, isto é, moléculas de I_2 em solução alcoólica retornam ao sólido.

Inicialmente, a velocidade de dissolução (v_{di}) tem valor máximo. À medida que o tempo passa, a velocidade de dissolução vai diminuindo; já a velocidade de deposição de I_2 no sólido (v_{de}), que tem valor zero quando I_2 é colocado no álcool – pois até esse momento não havia moléculas de iodo em solução –, cresce com o tempo. Ao ser atingido o **equilíbrio dinâmico**, a coloração castanha da solução não mais se alterará, pois:

$$v_{di} = v_{de} \begin{cases} v_{di} = \text{velocidade de dissolução de } I_2 \text{ em etanol} \\ v_{de} = \text{velocidade de deposição de } I_2 \text{ no sódio} \end{cases}$$

Em determinada temperatura, chegamos a uma concentração de iodo dissolvido em álcool que permanecerá constante independentemente da quantidade de iodo sólido no sistema. Aliás, como analisamos no capítulo 19, em nenhum equilíbrio heterogêneo o sólido aparece na expressão da constante de equilíbrio. Na verdade, não se pode falar em concentração do sólido, uma vez que a fase sólida não faz parte da solução; vale destacar também que **a(s) concentração(ões) da(s) espécie(s) em solução não depende(m) da quantidade de sólido** com o qual se encontra(m) em equilíbrio. Sendo assim, no caso analisado, essa constante é dada por: $K = [I_2]$.

Dissolução de sólidos iônicos e o produto de solubilidade

E se o sólido for iônico? Nesse caso, além do equilíbrio de dissolução, haverá a **dissociação iônica** desse composto em água. Vamos considerar, por exemplo, o cloreto de prata (AgCl), um sólido com baixíssima solubilidade em água. Quando o AgCl(s) é posto em água, **uma pequena fração do sólido se solubiliza**; pode-se pensar, então, que há uma solução saturada sobrenadante de AgCl(aq), que fica, portanto, acima do sólido não dissolvido e **contém a máxima concentração dos íons Ag⁺(aq) e Cl⁻(aq)** em solução aquosa. Isso porque, na solubilização do AgCl, haverá dissociação, com formação de Ag⁺(aq) e Cl⁻(aq). Podemos representar o conjunto dos dois processos – a dissolução do AgCl e sua dissociação iônica – por:

$$AgCl(s) \rightleftharpoons Ag^+(aq) + Cl^-(aq)$$
cloreto de prata — íons prata — íons cloreto

Depois de algum tempo, a velocidade com que o cloreto de prata sólido se dissocia é igual à velocidade com que ele se forma a partir dos íons Ag⁺ e Cl⁻ em solução. Quando isso acontece, o sistema atingiu o equilíbrio.

A constante relativa ao equilíbrio será dada por:

$$K_{PS} = [Ag^+] \cdot [Cl^-]$$

A constante K_{PS} é chamada de **produto de solubilidade**.

O valor de K_{PS} **varia com a temperatura**. Aliás, como já foi analisado, a solubilidade é afetada por variações de temperatura.

Vamos agora transpor o raciocínio acerca do equilíbrio entre AgCl(s) e AgCl(aq) para um sal em que a proporção entre cátion e ânion não é 1 : 1.

Como vimos no início deste capítulo, os cálculos renais se formam quando, em determinadas condições, uma ou mais substâncias pouco solúveis em água se depositam, compondo agregados sólidos. Por esse motivo, pessoas com propensão a formar cálculos devem beber muita água.

Embora o sal mais comumente encontrado em cálculos seja o oxalato de cálcio, o fosfato de cálcio, $Ca_3(PO_4)_2$, também pode ser um componente desses cálculos. No caso do fosfato de cálcio, podemos equacionar:

$$Ca_3(PO_4)_2(s) \rightleftharpoons 3\,Ca^{2+}(aq) + 2\,PO_4^{3-}(aq)$$
fosfato de cálcio — íons cálcio — íons fosfato

$$K_{PS} = [Ca^{2+}]^3 \cdot [PO_4^{3-}]^2$$

> **Observação**
>
> Substâncias que têm K_{PS} baixo são pouco solúveis em água. É comum que elas sejam tratadas como "insolúveis" em água. Entretanto, vale ressaltar que, por menor que seja o produto de solubilidade de uma substância, sempre haverá solubilização de uma porção mínima da amostra sólida.

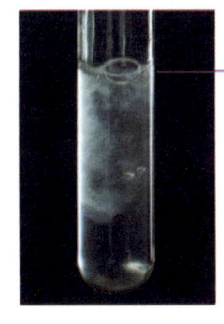

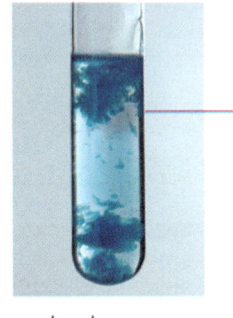

Precipitados de hidróxidos de ferro(III), alumínio e cobre, bases pouco solúveis em água, cujo valor de K_{PS} é muito baixo.

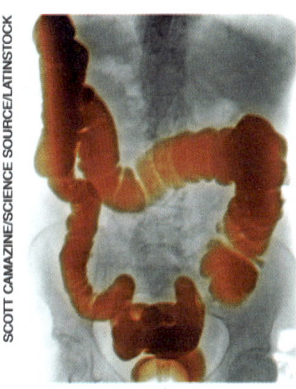

Radiografia abdominal de uma mulher idosa saudável. A visibilidade de parte do aparelho digestório é conseguida graças ao uso do sulfato de bário como **contraste**, um sal branco que foi colorizado nessa imagem. O $BaSO_4$ é empregado em exames desse tipo porque é capaz de bloquear a passagem dos raios X, e sua ingestão não causa danos ao organismo. Isso porque, apesar de os íons Ba^{2+} nos serem tóxicos, como eles provêm da dissociação de um sal de bário e, no caso, o $BaSO_4$ é praticamente insolúvel em água, a concentração desses íons é baixíssima.

Produto de solubilidade de algumas substâncias, a 25 °C	
Substância	K_{PS}
sulfeto de prata, Ag_2S	$6{,}0 \cdot 10^{-51}$
hidróxido de ferro(III), $Fe(OH)_3$	$1{,}1 \cdot 10^{-36}$
hidróxido de alumínio, $Al(OH)_3$	$1{,}8 \cdot 10^{-33}$
sulfeto de chumbo, PbS	$3{,}4 \cdot 10^{-28}$
sulfeto de cádmio, CdS	$8{,}0 \cdot 10^{-28}$
sulfeto de níquel, NiS	$1{,}4 \cdot 10^{-24}$
hidróxido de cobre(II), $Cu(OH)_2$	$2{,}2 \cdot 10^{-20}$
carbonato de chumbo, $PbCO_3$	$3{,}3 \cdot 10^{-14}$
sulfato de bário, $BaSO_4$	$1{,}1 \cdot 10^{-10}$
carbonato de cálcio, $CaCO_3$	$8{,}7 \cdot 10^{-9}$
cloreto de chumbo, $PbCl_2$	$2{,}4 \cdot 10^{-4}$

Fonte: CHANG, R. *Chemistry*. 5th ed. Highstown: McGraw-Hill, 1994. p. 681.

> **Contraste:** substância administrada a um paciente que fará exames de imagem, como radiologia ou ressonância magnética, a fim de facilitar a visualização das estruturas anatômicas; o contraste pode ser administrado ao paciente por via oral ou intravenosa.

Você pode resolver as questões 1, 3, 9, 12 e 21 da seção Testando seus conhecimentos.

Conexões

Química e natureza – As rochas vivas de Abrolhos

Berçário da vida marinha, a região de Abrolhos localiza-se no litoral da Bahia, quase na altura do Espírito Santo, no oceano Atlântico. Conhecida por abrigar grande **biodiversidade**, ela também possui uma extensa área de recifes de coral e o maior banco de algas calcárias do mundo.

O carbonato de cálcio é o principal constituinte dessas e de outras rochas calcárias. Esse sal, cuja solubilidade em água é muito pequena, é um dos tipos de composto muito pouco solúveis que são analisados neste capítulo.

Leia a seguir trechos de uma reportagem sobre o trabalho de um grupo de pesquisadores brasileiros que mapeou as reservas calcárias na região de Abrolhos.

> **Biodiversidade:** conjunto de todas as espécies de seres vivos existentes em uma região ou época.

....

Costa do Espírito Santo e da Bahia abriga o maior banco de algas calcárias do mundo

[...] Em uma área de quase 21 mil quilômetros quadrados, semelhante à do estado de Alagoas, o fundo do oceano é rochoso. Está coberto por esferas duras de tamanhos variados [...]. Essas esferas são nódulos de calcário depositado por algas vermelhas de milímetros de comprimento que vivem em sua superfície. Também conhecidas como rodolitos, essas estruturas criam um ambiente com reentrâncias e saliências que servem de abrigo para peixes, crustáceos e invertebrados.[...] o banco de rodolitos de Abrolhos [...] produz 25 milhões de toneladas de calcário por ano ou 5% da produção global desse mineral [...].

Rodolitos no fundo do mar na região de Abrolhos.

"Os rodolitos são chamados vulgarmente de rochas vivas por causa das algas que formam seu exterior", conta Gilberto Menezes Amado Filho, biólogo do Instituto de Pesquisa Jardim Botânico do Rio de Janeiro, um dos autores do mapeamento publicado [...]

[...] Eles são importantes para a vida de outros organismos por servir de abrigo e proporcionar um ambiente mais rico biologicamente do que um fundo de areia. [...]

Do ponto de vista ambiental, os rodolitos têm ainda outra função importante: ajudam a retirar carbono da atmosfera, influenciando a regulação do clima do planeta. Eles absorvem o gás carbônico (CO_2) diluído na água e o transformam em calcário, mas estão ameaçados pelas atividades humanas. A maior ameaça é o aumento da acidez do mar, consequência da elevação dos níveis de CO_2 na atmosfera – em boa parte por queima de combustíveis fósseis. "Um terço do carbono emitido por atividades humanas e adicionado à atmosfera é absorvido pelos oceanos", diz Amado Filho. "Estima-se que até o fim do século, o pH da água do mar diminua 0,4 unidade, tornando-a mais ácida. Estruturas carbonáticas de recifes, atóis e bancos de rodolitos serão dissolvidas." Essa mudança também deve reduzir a calcificação dos organismos marinhos em 40%.

[...]

....

SILVEIRA, Evanildo da. *Pesquisa Fapesp*, São Paulo, 196, jun. 2012. Disponível em: <http://revistapesquisa.fapesp.br/2012/06/14/as-rochas-vivas-de-abrolhos/>. Acesso em: 7 maio 2018.

---

1. Segundo a publicação, quais são as principais funções dos rodolitos na vida aquática?

2. Por que os rodolitos são chamados de "rochas vivas"?

3. Segundo o texto, os rodolitos retiram carbono do ambiente. O carbono do ambiente está na forma elementar? Explique sua resposta com base no que conhece.

4. Em que medida o excesso de dióxido de carbono, CO_2, interfere no equilíbrio natural dos rodolitos? Explique.

5. Qual destas conclusões é permitida pelas informações dadas no trecho da reportagem? Justifique sua escolha.
   a) A acidificação dos mares pode contribuir para desregular o clima do planeta.
   b) A desregulação do clima do planeta levará a um aumento da acidez da água do mar.

Atividades

1. Baseie-se nos produtos de solubilidade abaixo e responda.

Substância	K_{PS} a 25 °C
sulfato de chumbo(II), $PbSO_4$	$2,5 \cdot 10^{-8}$
sulfato de bário, $BaSO_4$	$1,1 \cdot 10^{-10}$
cloreto de prata, $AgCl$	$1,8 \cdot 10^{-10}$
fosfato de cálcio, $Ca_3(PO_4)_2$	$2,1 \cdot 10^{-33}$
hidróxido de ferro(III), $Fe(OH)_3$	$1,1 \cdot 10^{-36}$

   a) Qual das substâncias tem maior solubilidade em mol/L?
   b) Qual das substâncias tem menor solubilidade em mol/L?
   c) Qual é a concentração dos íons Ba^{2+}, em mol/L, numa solução saturada de $BaSO_4$?
   d) Considere $PbSO_4$ e $BaSO_4$ colocados em água. Das soluções que sobrenadam esses sólidos, qual tem maior concentração em íons SO_4^{2-}?

2. Escreva a expressão do produto de solubilidade, K_{PS}, para os compostos:
   a) Ag_2CrO_4
   b) Ag_3PO_4
   c) $Ca_3(PO_4)_2$

3. Um pouco de brometo de prata sólido, $AgBr(s)$, está em contato com uma solução saturada desse sal. Se à solução saturada de AgBr acrescentarmos brometo de sódio, NaBr (sal solúvel), provocaremos alteração no equilíbrio de solubilidade. O que ocorrerá a partir dessa adição?

QUESTÃO COMENTADA

4. (Unicamp-SP) Há uma certa polêmica a respeito da contribuição do íon fosfato, consumido em excesso, para o desenvolvimento da doença chamada osteoporose. Esta doença se caracteriza por uma diminuição da absorção de cálcio pelo organismo, com consequente fragilização dos ossos. Sabe-se que alguns refrigerantes contêm quantidades apreciáveis de ácido fosfórico, H_3PO_4, e dos ânions, $H_2PO_4^-$ e HPO_4^{3-}, originários de sua dissociação (ionização). A diminuição da absorção do cálcio pelo organismo dever-se-ia à formação do composto fosfato de cálcio, que é pouco solúvel.

   a) Sabe-se que $H_2PO_4^-$ e HPO_4^{2-} são ácidos fracos, que o pH do estômago é aproximadamente 1 e que o do intestino é superior a 8. Nestas condições, em que parte do aparelho digestório ocorre a precipitação do fosfato de cálcio? Justifique.
   b) Escreva a equação química da reação entre os cátions cálcio e os ânions fosfato.

Sugestão de resolução

a) No estômago (pH = 1, aproximadamente), o meio é ácido: predominam os íons $H^+(aq)$, e os equilíbrios de ionização do ácido fosfórico serão favorecidos no sentido da formação de ácido fosfórico:

$$H_3PO_4(aq) \rightleftharpoons 3\,H^+(aq) + PO_4^{3-}(aq)$$

Já no intestino (pH > 8), ao contrário, o meio é básico: a concentração de $OH^-(aq)$ é maior que a de $H^+(aq)$. Com isso, o equilíbrio de ionização do ácido fosfórico é favorecido no sentido da formação de íons fosfato.

$$H_3PO_4(aq) \rightleftharpoons 3\,H^+(aq) + PO_4^{3-}(aq)$$
$$+$$
$$3\,OH^-(aq)$$
$$\downarrow$$
$$3\,H_2O(l)$$

O aumento da concentração de íons fosfato favorece a precipitação do fosfato de cálcio, $Ca_3(PO_4)_2$, de acordo com a equação:

$$3\,Ca^{2+}(aq) + 2\,PO_4^{3-}(aq) \rightleftharpoons Ca_3(PO_4)_2(s)$$

Portanto, no intestino as condições de precipitação do fosfato de cálcio são mais favoráveis.

b) $3\,Ca^{2+}(aq) + 2\,PO_4^{3-}(aq) \rightleftharpoons Ca_3(PO_4)_2(s)$

5. Considere duas substâncias A e B que, à mesma temperatura, têm aproximadamente a mesma solubilidade em água, em g/L.
   a) Podemos afirmar que elas têm solubilidades, em mol/L, aproximadamente iguais? Por quê?
   b) Podemos assegurar que A e B têm produtos de solubilidade aproximadamente iguais? Por quê?

6. Suponha uma solução aquosa de cloreto de prata (AgCl) em contato com AgCl no estado sólido. A ela acrescentamos cloreto de sódio (NaCl).
   a) O que acontecerá com a quantidade de cloreto de prata no fundo do frasco? Explique.
   b) O acréscimo de cloreto (Cl^-) altera a solubilidade do cloreto de prata, expressa em mol/L? Como?
   c) O acréscimo de cloreto (Cl^-) altera o produto de solubilidade do cloreto de prata? Por quê?

7. Considere o K_{PS} do iodeto de prata (AgI) igual a $1 \cdot 10^{-16}$. Numa solução saturada de AgI, calcule a concentração em mol/L de:
   a) íons Ag^+
   b) íons I^-
   c) AgI

8. Considere a concentração em mol/L de iodeto de prata, AgI, de uma solução saturada desse sal. Ela será tanto maior quanto maior for a quantidade de AgI depositada no fundo do frasco? Justifique sua resposta.

QUESTÃO COMENTADA

9. (UCSal-BA) A 25 °C, o produto de solubilidade do PbS é $1 \cdot 10^{-28}$. Assim, a 25 °C, a solubilidade desse sal em água é de:
a) $2 \cdot 10^{-7}$ mol/litro
b) $2 \cdot 10^{-14}$ mol/litro
c) $2 \cdot 10^{-28}$ mol/litro
d) $1 \cdot 10^{-14}$ mol/litro
e) $1 \cdot 10^{-28}$ mol/litro

Sugestão de resolução

Admitindo que a solubilidade do sulfeto de chumbo(II) seja x mol/L:

$$PbS(s) \rightleftharpoons Pb^{2+}(aq) + S^{2-}(aq)$$
$$x \text{ mol/L} \qquad x \text{ mol/L} \qquad x \text{ mol/L}$$

Numa solução saturada:

$$K_{PS} = [Pb^{2+}] \cdot [S^{2-}]$$
$$1 \cdot 10^{-28} = x \cdot x$$
$$1 \cdot 10^{-28} = x^2$$
$$x = 1 \cdot 10^{-14} \text{ mol/L}$$

Isso indica que a concentração de $Pb^{2+}(aq)$ e $S^{2-}(aq)$ é 10^{-14} mol/L.

Resposta: alternativa **d**.

---

10. Tem-se uma solução que contém cloreto de sódio e iodeto de sódio, sendo o valor de [I⁻] 0,1 mol/L e o de [Cl⁻] 0,1 mol/L. Se adicionarmos, gota a gota, uma solução de nitrato de prata, qual é o sal que se precipitará primeiro? Equacione e explique. São dados os produtos de solubilidade:

AgCl: $1{,}6 \cdot 10^{-10}$ \qquad AgI: $1{,}0 \cdot 10^{-16}$

11. O sulfato de bário em solução saturada é usado em exames radiológicos do aparelho digestório. Tendo em vista que os íons Ba^{2+}, acima de certa concentração, são tóxicos para o ser humano, a concentração desses íons na solução que sobrenada acima da fase sólida não poderia ultrapassar cerca de 275 mg por litro de sangue. Além de usar quantidades de sulfato de bário em água que não permitam que $[Ba^{2+}]$ sequer se aproxime desse valor, é comum acrescentar-se à mistura um sulfato solúvel. Sabendo que o K_{ps} do sulfato de bário é igual a $1{,}1 \cdot 10^{-10}$, pergunta-se:
a) Por que a adição de sulfato confere maior segurança à saúde do paciente?
b) Se a solução acrescentada tiver $[SO_4^{2-}] = 0{,}1$ mol/L, qual será a máxima $[Ba^{2+}]$ livre em solução? Observe que a concentração de íons SO_4^{2-} da solução adicionada é muito maior que a proveniente da pequena fração do sulfato de bário que se dissolve em água.

12. O K_{PS} do carbonato de prata, numa dada temperatura, vale $8{,}0 \cdot 10^{-12}$. Calcule:
a) a solubilidade do carbonato de prata (Ag_2CO_3) em mol/L;
b) a solubilidade do Ag_2CO_3 em g/L ($M_{Ag_2CO_3} = 276$ g/mol).

QUESTÃO COMENTADA

13. Tem-se uma solução de cloreto de cálcio cuja concentração é 10^{-2} mol/L. Conhecido o produto de solubilidade do fluoreto de cálcio, a 20 °C ($1{,}0 \cdot 10^{-10}$), calcule a concentração mínima em íons F⁻ (mol/L) para que haja precipitação do CaF_2.

Sugestão de resolução

O cloreto de cálcio ($CaCl_2$) é um sal bastante solúvel em água:

$$CaCl_2(s) \longrightarrow Ca^{2+}(aq) + 2\,Cl^{-}(aq)$$
$$10^{-2} \text{ mol/L} \qquad 10^{-2} \text{ mol/L}$$

$$CaF_2(s) \rightleftharpoons Ca^{2+}(aq) + 2\,F^{-}(aq)$$

$$K_{PS} = [Ca^{2+}] \cdot [F^{-}]^2$$
$$1 \cdot 10^{-10} = 10^{-2} \cdot [F^{-}]^2$$
$$[F^{-}]^2 = 10^{-8}$$
$$[F^{-}] = 1 \cdot 10^{-4} \text{ mol/L}$$

---

14. (Fuvest-SP, adaptada) Considere os equilíbrios abaixo:

$Ag^+(aq) + Cl^-(aq) \rightleftharpoons AgCl(s) \qquad K = 0{,}60 \cdot 10^{10}$

$Ag^+(aq) + I^-(aq) \rightleftharpoons AgI(s) \qquad K = 1{,}0 \cdot 10^{16}$

a) Qual dos sais de prata é mais solúvel? Justifique.
b) Qual a concentração em g/L de AgI em uma solução saturada desse sal?
c) Calcule a concentração de íons $Ag^+(aq)$ em uma solução saturada de AgI.
d) Qual a quantidade máxima, em gramas, de cloreto de prata que pode ser dissolvida em 100 mL de água? M = (AgCl) 143 g/mol

15. (PUCC-SP) Nas estações de tratamento da água, comumente provoca-se a formação de flocos de hidróxido de alumínio para arrastar partículas em suspensão. Suponha que o hidróxido de alumínio seja substituído pelo hidróxido férrico. Qual a menor concentração de íons Fe^{3+}, em mol/L, necessária para provocar a precipitação da base, numa solução que contém $1{,}0 \cdot 10^{-3}$ mol/L íons OH^-?

Dado: Produto de solubilidade do $Fe(OH)_3 = 6{,}0 \cdot 10^{-38}$
a) $2{,}0 \cdot 10^{-41}$ \qquad d) $6{,}0 \cdot 10^{-35}$
b) $2{,}0 \cdot 10^{-38}$ \qquad e) $6{,}0 \cdot 10^{-29}$
c) $2{,}0 \cdot 10^{-35}$

16. Leia um trecho de uma matéria publicada no site do Parlamento Europeu (redigida em português de Portugal), depois responda às questões.

Proibir os fosfatos nos detergentes para melhorar a qualidade das águas

A qualidade da água e da vida aquática poderá melhorar substancialmente com a redução das descargas de fosfatos nas águas residuais. Na sequência da proposta de proibição da utilização de fosfatos em detergentes para a roupa, apresentada pela Comissão Europeia, os membros da comissão parlamentar do Ambiente, Saúde Pública e Segurança Alimentar defenderam ontem a extensão da proibição aos detergentes utilizados nas máquinas de lavar loiça. A votação em plenário está prevista para Novembro.

Os fosfatos são utilizados nos detergentes para diminuir a dureza da água e permitir uma limpeza eficiente, mas quando são despejados em lagos e rios facilitam a proliferação de algas, que por sua vez matam os peixes e outras espécies, por falta de oxigénio.

Disponível em: <http://www.europarl.europa.eu/news/pt/newsroom/20110610STO21210/Proibir-os-fosfatos-nos-detergentes-para-melhorar-a-qualidade-das-%C3%A1guas>. Acesso em: 8 maio 2018.

a) No texto europeu, percebe-se a preocupação com o uso de fosfatos (PO_4^{3-}), uma preocupação que não existe no Brasil. Na sua opinião, como isso se explica?

b) Na Europa, os íons fosfato são empregados nos detergentes por causa da "água dura". Pesquise o significado da expressão e diga por que os íons fosfato não devem estar presentes nos detergentes.

c) Pesquise a razão de os rios repletos de espumas e outros poluentes exalarem mau cheiro.

d) Você viu que os detergentes em si não são tóxicos, porém, quando a quantidade de espuma sobre a água dos rios é muito grande, ela acaba causando sérios problemas. Procure uma explicação para o prejuízo causado pela redução do contato das águas com o ambiente.

Leia o texto a seguir para responder às questões de 17 a 20.

Tratamento de efluentes com elevado teor de sulfatos

[...]
A presença de alto teor de sulfatos na água pode causar gosto amargo e provocar diarreia e desidratação tanto nos seres humanos quanto nos animais. Problemas de corrosão em encanamentos na rede coletora também são frequentes devido à presença de altos níveis de sulfatos na água.

As características dos efluentes industriais dependem das matérias-primas, das águas de abastecimento e do processo industrial. No processo em estudo, o efluente é proveniente da produção de ácido sulfônico, ou seja, do processo de sulfonação do alquilbenzeno linear, o mais importante precursor para a fabricação de tensoativos biodegradáveis para o setor de detergentes domésticos e produtos de limpeza industrial.

Para eliminar o ácido sulfúrico residual, procede-se à lavagem destas tubulações com solução de hidróxido de sódio. Esta água de lavagem caracteriza o efluente em estudo.

Alguns dados químicos do efluente estudado:

Parâmetros	Resultado
pH	11,90
Sulfatos	20,110 mg/L
Óleos e graxas	26,5 mg/L
ABS (detergentes)	10,4 mg/L

Os tratamentos de efluentes com alto teor de sulfatos se dividem em três tipos principais: físico-químico através de coagulantes, por precipitação química de sulfatos e tratamento biológico anaeróbio.

Os processos de tratamentos químicos ocorrem por meio de reações químicas que removem poluentes ou facilitam um tratamento posterior do efluente.

A precipitação química pela adição de sais de bário, chumbo e cálcio é uma alternativa, principalmente se aplicada ao tratamento de efluentes com alto teor de sulfato. Neste caso, os custos para separação e disposição apropriada dos grandes volumes de lodo gerado, bem como a toxicidade dos resíduos, deverão ser observados.

O tratamento biológico anaeróbio também tem sido utilizado para remoção de íons sulfato. O sulfato é utilizado por microrganismos redutores de sulfato na geração dos íons sulfeto S^{2-} em solução tendo consequentemente a precipitação de íons metálicos como sulfetos insolúveis no lodo e a redução de matéria orgânica e sulfato no efluente.

O processo biológico faz a remoção do sulfato, transformando-o em sulfeto. "O efluente com sulfato é diluído em esgoto doméstico para se obter uma concentração que possa ser reduzida pelo sistema, de até 3 000 miligramas (mg) por litro".

"Em 48 horas, é possível reduzir o teor de sulfato de 3 mil mg para 2 a 3 mg por litro", conta o engenheiro químico Arnaldo Sarti, da Escola de Engenharia de São Carlos. "Nos testes, conseguiu-se 92% de remoção dos sulfatos."

BASTOS, Faesa Cristina Fernandes. Disponível em: <http://www.techoje.com.br/site/techoje/categoria/detalhe_artigo/1117>. Acesso em: 7 maio 2018. Adaptado.

17. Por que é importante tratar os efluentes de um processo industrial antes de lançá-lo nos esgotos?

18. No caso apresentado na matéria, o que se procura eliminar são os íons sulfato. Releia o sexto parágrafo e explique quimicamente todas as informações presentes nele.

19. Considere as informações presentes no sétimo parágrafo e responda às questões abaixo:
a) Qual é o papel dos microrganismos nesse tratamento?
b) Como os íons sulfeto são removidos dos efluentes?

20. No caso do processo químico usado na indústria de detergentes, era preciso evitar resíduos de ácido sulfúrico. Explique como se obteve um meio básico (pH: 11,9) a partir dos efluentes.

Você pode resolver as questões 2, 4, 5, 11, 13 a 17, 19, 22 a 24, 27 a 29 e 31 da seção Testando seus conhecimentos.

Resgatando o que foi visto

Nesta unidade, foram discutidos aspectos relativos às formas de intervir em um processo químico, tornando-o mais lento ou mais rápido. Também analisamos como se comportam processos reversíveis e de que forma podemos favorecer ou dificultar a obtenção de determinadas substâncias em sistemas que atingem um equilíbrio dinâmico. Retome as perguntas feitas na abertura desta unidade e as que constam nas seções *Para situá-lo* dos capítulos 18 a 21. Verifique se ao concluir o estudo desta unidade você modificaria suas respostas anteriores.

Testando seus conhecimentos

Caso necessário, consulte as tabelas no final desta Parte.

1. (Unimontes-MG) Em um tubo de ensaio contendo solução aquosa saturada de cloreto de sódio foi adicionada uma solução concentrada de ácido clorídrico, ocorrendo o que pode ser observado na figura.

Adição de HCl: observam-se alguns cristais de NaCl que precipitam da solução.

Dada a equação que representa o equilíbrio de solubilidade do cloreto de sódio, NaCl(s) $\rightleftharpoons$ Na$^+$(aq) + Cl$^-$(aq), assinale a alternativa **correta**.

a. A adição do íon comum cloreto favorece o equilíbrio para a esquerda.
b. O ácido clorídrico reage com cloreto de sódio formando um precipitado.
c. A solubilidade do cloreto de sódio é aumentada pela adição de HCl.
d. A adição do íon comum aumenta a solubilidade do cloreto de sódio.

2. (UFGD-MS) Sabe-se a solubilidade de algumas substâncias variam em função da temperatura, a fim de evitar-se erros experimentais os químicos normalmente mantêm a temperatura constante durante os experimentos. Em uma determinada temperatura, a solubilidade do sulfato de prata (Ag$_2$SO$_4$) em água é $2,0 \cdot 10^{-2}$ mol/L. Qual é o valor do produto de solubilidade (K_{ps}) deste sal considerando esta mesma temperatura?

a. $K_{ps} = 6,4 \cdot 10^{-5}$
b. $K_{ps} = 3,2 \cdot 10^{-5}$
c. $K_{ps} = 32 \cdot 10^{-5}$
d. $K_{ps} = 64 \cdot 10^{-5}$
e. $K_{ps} = 0,64 \cdot 10^{-5}$

3. (Unigranrio-RJ) Um precipitado é uma substância que se separa da solução, formando fase sólida. Pode ser coloidal ou cristalino e pode ser removido da solução por centrifugação e filtração. O precipitado é formado quando a solução se torna supersaturada. Em equilíbrios que envolvem compostos levemente solúveis em água a constante de equilíbrio é chamada de produto de solubilidade, K_s ou K_{ps}. Uma solução saturada de cloreto de prata contém 0,0015 g de substância dissolvida por litro. O produto de solubilidade do composto citado é aproximadamente:

Dados (unidades de massa atômica): Cl = 35,5 e Ag = 108

a. $1,1 \cdot 10^{-10}$
b. $1,0 \cdot 10^{-14}$
c. $3,5 \cdot 10^{-7}$
d. $2,5 \cdot 10^{-3}$
e. $6,7 \cdot 10^{-4}$

4. (UERN) A solubilidade do nitrato de cálcio em água e $2,0 \cdot 10^{-3}$ mol/litro em uma determinada temperatura. O K_{ps} deste sal à mesma temperatura é:

a. $8 \cdot 10^{-8}$.
b. $8 \cdot 10^{-10}$.
c. $3,2 \cdot 10^{-10}$.
d. $3,2 \cdot 10^{-8}$.

5. (Uniube-MG) Os íons cálcio e ácido oxálico presentes na alimentação humana podem, através de uma reação de precipitação oriunda das atividades fisiológicas do organismo, produzir o oxalato de cálcio, um dos principais constituintes dos cálculos renais (pedra nos rins). As medidas laboratoriais indicam que a concentração média desse sal na urina de uma pessoa adulta sem distúrbios metabólicos é da ordem de 6,7 mg/L. Sendo assim, podemos afirmar que, à temperatura corpórea, 37 °C, o produto de solubilidade (K_{ps}) do oxalato de cálcio para um paciente metabolicamente compensado é de, aproximadamente:

Dados: CaC$_2$O$_4$: M = 128 g/mol

a. $2,7 \cdot 10^{-9}$
b. $7,3 \cdot 10^{-18}$
c. $2,8 \cdot 10^{-8}$
d. $5,2 \cdot 10^{-5}$
e. $1,1 \cdot 10^{-4}$

6. (Uerj) Em um experimento, foram misturadas duas soluções aquosas a 25 °C, cada uma com volume igual a 500 mL. Uma delas tem como soluto o brometo de potássio na concentração de 0,04 mol · L^{-1}; a outra tem como soluto o nitrato de chumbo(II).

A mistura reagiu completamente, produzindo uma solução saturada de brometo de chumbo(II), cuja constante do produto de solubilidade, também a 25 °C, é igual a $4 \cdot 10^{-6}$ mol^3 · L^{-3}.

Calcule a concentração, em mol · L^{-1}, da solução inicial de nitrato de chumbo(II) e indique sua fórmula química.

7. (UFSC)

Vazamento da Alunorte polui rio e causa morte de peixes no PA

Recentemente foram divulgados, pelo Laboratório de Química Analítica e Ambiental da Universidade Federal do Pará (UFPA), os primeiros resultados do estudo preliminar dos níveis de contaminação ambiental no Rio Murucupi. No dia 27 de maio ele foi atingido pelo vazamento de lama vermelha da planta industrial da Alunorte, localizada em Barcarena, a 123 quilômetros de Belém. Depois da coleta de amostras de água, do solo, de sedimentos, de peixes e de plantas, foi informado pela responsável técnica pelo estudo que os índices de cloreto, a turbidez da água, os níveis de oxigênio dissolvidos no ambiente aquático e a concentração de metais – ferro, alumínio, cádmio e cobre – não estão em conformidade com a legislação ambiental. "Os peixes são utilizados como bioindicadores dos ecossistemas aquáticos e sua mortandade sinaliza um grande desequilíbrio ambiental que pode prejudicar, seriamente, a saúde e as atividades econômicas do homem", afirma a química. No caso do Rio Murucupi, entre as prováveis causas da morte dos peixes, a pesquisa indica: o aumento da turbidez da água, causada pela presença da lama vermelha; a presença de alumínio solubilizado pelo aumento do pH, o que mata os animais sufocados ou o excesso de cobre na água, que, em doses elevadas, é extremamente nocivo. Já "Os altos valores encontrados para cloreto de sódio indicam o uso do HCl como agente neutralizante da soda cáustica, presente no processo de produção da alumina". Essa tese é reforçada pelo pH neutro encontrado no Rio Murucupi que, normalmente, apresenta características ácidas (pH em torno de cinco).

Disponível em: <https://www.anda.jor.br/2009/06/vazamento-da-alunorte-polui-rio-com-metais-no-pa/>. Acesso em: 8 maio 2018. (Texto adaptado)

Dados adicionais:

– A lama vermelha é constituída por partículas muito finas e normalmente retém todo o ferro, titânio e sílica presentes na bauxita, além do alumínio que não foi extraído durante o refino, combinado com o sódio sob a forma de um silicato hidratado de alumínio e sódio de natureza zeolítica com pH muito alto.

– Turbidez: é a medida da dificuldade de um feixe de luz atravessar uma certa quantidade de água, conferindo uma aparência turva à mesma.

– $Al(OH)_3 + OH^- \rightleftarrows Al(OH)_4^-$ (1)

Considerando o texto e os dados apresentados, assinale a(s) proposição(ões) CORRETA(S).

01. A presença da lama vermelha aumentou a turbidez da água.
02. Segundo o texto, a concentração dos metais Fe, Al, Cd e Cu, no rio Murucupi, não está em conformidade com a legislação ambiental.
04. O produto de solubilidade do $Al(OH)_3$ pode ser assim representado: $K_{ps} = [Al^{+3}] \cdot [OH^-]$.
08. A ocorrência dos altos índices de cloreto de sódio encontrados no rio é resultado da reação de neutralização dada a seguir: $HCl + NaOH \rightleftarrows NaCl + H_2O$.
16. Segundo a equação (1) acima, o aumento do pH provoca o deslocamento do equilíbrio para a esquerda, segundo princípio de Le Châtelier.
32. Se o pOH da lama vermelha fosse igual a 12, a concentração de íons [H]+ necessária para neutralizar uma amostra de 1 L da solução seria igual a 2.
64. Nos rios poluídos, os metais do tipo alumínio ou cobre em excesso podem matar os peixes, pois eles se encontram dissolvidos na forma metálica.

8. (Fuvest-SP) Recifes de coral são rochas de origem orgânica, formadas principalmente pelo acúmulo de exoesqueletos de carbonato de cálcio secretados por alguns cnidários que vivem em colônias. Em simbiose com os pólipos dos corais, vivem algas zooxantelas. Encontrados somente em mares de águas quentes, cujas temperaturas, ao longo do ano, não são menores que 20 °C, os recifes de coral são ricos reservatórios de biodiversidade. Como modelo simplificado para descrever a existência dos recifes de coral nos mares, pode-se empregar o seguinte equilíbrio químico:

$CaCO_3(s) + CO_2(g) + H_2O(l) \rightleftarrows Ca^{2+}(aq) + 2\ HCO_3^-(aq)$

a. Descreva o mecanismo que explica o crescimento mais rápido dos recifes de coral em mares cujas águas são transparentes.
b. Tomando como base o parâmetro solubilidade do CO_2 em água, justifique por que ocorre a formação de recifes de coral em mares de água quente.

9. (Unicamp-SP) Nos Jogos Olímpicos de Beijing houve uma preocupação em se evitar a ocorrência de chuvas durante a cerimônia de abertura. Utilizou-se o iodeto de prata no bombardeamento de nuvens nas vizinhanças da cidade para provocar chuva nesses locais e, assim, evitá-la no Estádio Olímpico. O iodeto de prata tem uma estrutura cristalina similar à do gelo, o que induz a formação de gelo e chuva sob condições específicas.

a. Sobre a estratégia utilizada em Beijing, veiculou-se na imprensa que "o método não altera a composição da água da chuva". Responda se essa afirmação é correta ou não e justifique.
b. Escreva a expressão da constante do produto de solubilidade do iodeto de prata e calcule sua concentração em mol $\cdot$ L^{-1} numa solução aquosa saturada a 25 °C.

Dado: A constante do produto de solubilidade do iodeto de prata é $8,3 \cdot 10^{-17}$ a 25 °C.

10. (IFSC) O produto da solubilidade (K_{ps}) é um parâmetro importante para determinar a solubilidade de um composto em determinado solvente, além de outros aspectos físico-químicos. A seguir, apresenta-se um gráfico que relaciona a solubilidade do composto XY em água (em gramas de soluto/L) para diferentes temperaturas (desconsidere a variação de volume).

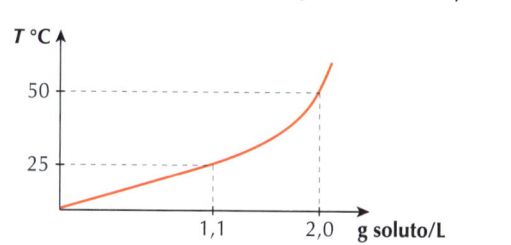

Variação da solubilidade do composto XY com a temperatura.

Dados: K_{ps} (50 °C): $4 \cdot 10^{-4}$.

Reação de ionização: $XY \rightleftarrows X^+ + Y^-$

Massa Molar de X = 100 g/mol

Suponha uma solução aquosa de 1 L com adição de 2 g do soluto XY, a 50°C. Com relação aos princípios físicos e químicos envolvidos nesta situação, assinale a proposição correta ou a soma das proposições corretas.

01. Não há precipitado na solução descrita.
02. A solução é saturada, com presença de precipitado.
04. A solução é saturada.
08. A concentração de íons X+ no solvente é de 0,02 mol/L.
16. O valor do Kps varia com a temperatura.
32. O composto X é um sal exotérmico, pois o aumento da temperatura eleva sua solubilidade.

Capítulo 21 • Solubilidade: equilíbrios heterogêneos **497**

Testando seus conhecimentos

11. (UFPB) O ferro, na forma de íons Fe^{2+} e Fe^{3+}, é um metal que deve ser monitorado quando se controla a qualidade da água para consumo humano. O valor máximo permitido (VMP) pela legislação brasileira para o teor de ferro na água potável é 0,3 mg/L. Em águas superficiais, o ferro predomina como Fe^{3+}, enquanto em águas subterrâneas, predominam compostos de Fe^{2+}.

O excesso de Fe^{2+} presente em águas subterrâneas pode ser reduzido, precipitando-o segundo a reação a seguir representada:

$$Fe^{2+}(aq) + 2\,OH^-(aq) \rightleftarrows Fe(OH)_2(s)$$

Uma amostra de água subterrânea, ao ser analisada, apresentou teor de Fe^{2+} igual a $5 \cdot 10^{-6}$ mol/L, que é maior que o VMP. Sabendo que o produto de solubilidade (K_{ps}) do $Fe(OH)_2$ é $2 \cdot 10^{-15}$ a 25 °C, é correto afirmar que $Fe(OH)_2$ começa a precipitar quando a concentração molar de íons hidroxila for superior a:

a. $4 \cdot 10^{-10}$ mol/L
b. $2 \cdot 10^{-5}$ mol/L
c. $5 \cdot 10^{-6}$ mol/L
d. $4 \cdot 10^{-8}$ mol/L
e. $2 \cdot 10^{-15}$ mol/L

12. (UEPB) Cândido Portinari é considerado um dos maiores pintores brasileiros, sendo o de maior projeção internacional. No ano de 1954 começou a sentir o efeito do contato diuturno com as tintas, apresentando doses anormais de chumbo no organismo. Entretanto, mesmo contra as recomendações médicas, voltou a usar tinta a óleo para pintar quadros, quando seu estado de saúde se agravava, vindo a falecer em 1962.

O chumbo pode ser encontrado em uma grande quantidade de tintas em forma de sais e óxidos, dentre os quais o cromato de chumbo (amarelo) e o tetróxido de trichumbo (vermelho). Uma reação de identificação do íons Pb(II) é sua precipitação em meio aquoso, que consiste na conversão de um composto de chumbo relativamente solúvel em um composto praticamente insolúvel.

Composto	Fórmula	K_{ps}
Cloreto de chumbo	$PbCl_2$	$1,7 \cdot 10^{-5}$
Cromato de chumbo	$PbCrO_4$	$3 \cdot 10^{-13}$
Fluoreto de chumbo	PbF_2	$3,7 \cdot 10^{-8}$
Sulfato de chumbo	$PbSO_4$	$1,6 \cdot 10^{-8}$

Com base nas informações acima escolha a alternativa que contém a substância indicada para a identificação do chumbo II por precipitação em meio aquoso. Considere que todos os sais de metais alcalinos são muito solúveis em água.

a. $PbCrO_4$
b. $LiCl$
c. Na_2SO_4
d. K_2CrO_4
e. RbF

13. (UFRN) Uma das formas de se analisar e tratar uma amostra de água contaminada com metais tóxicos como Cd(II) e Hg(II) é acrescentar à amostra sulfeto de sódio em solução aquosa ($Na_2S(aq)$), uma vez que os sulfetos desses metais podem se precipitar e serem facilmente removidos por filtração.

Considerando os dados a seguir:

Sal	Constantes do produto de solubilidade K_{ps} $(mol/L)^2$ 25 °C
CdS	$1,0 \cdot 10^{-28}$
HgS	$1,6 \cdot 10^{-54}$

$$CdS(s) \rightleftarrows Cd^{2+}(aq) + S^{2-}(aq) \qquad K_{ps} = [Cd^{2+}] \cdot [S^{2-}]$$

a) Explique, baseado nos valores de K_{ps}, qual sal se precipitará primeiro ao se adicionar o sulfeto de sódio à amostra de água contaminada.
b) Suponha que a concentração de Cd^{2+} na amostra é de $4,4 \cdot 10^{-8}$ mol/L. Calcule o valor da concentração de S^{2-} a partir da qual se inicia a precipitação de CdS(s).

14. (UEM-PR/PAS) O $CaCO_3$ é um sal pouco solúvel em água. Sabe-se que o valor da constante do produto de solubilidade (K_{ps}) do $CaCO_3$, a 25 °C, é igual a $4,0 \cdot 10^{-10}$. Dado: Massa molar do $CaCO_3$ = 100 g/mol.

$$CaCO_3(s) \rightleftarrows Ca^{+2}(aq) + (CO_3)^{-2}(aq) \qquad \Delta H > 0$$

Com relação a esse equilíbrio, assinale o que for **correto**.
01. O valor da constante do produto de solubilidade não depende da temperatura.
02. A solubilidade desse sal, a 25 °C, é de 2,0 mg/L.
04. A quantidade máxima desse sal que se dissolve em 6,0 L de água, a 25 °C, é de 12,0 mols.
08. Esse tipo de equilíbrio é chamado de heterogêneo.
16. A dissolução desse sal em água é um processo exotérmico.

15. (UFS-SE/PSS) O AgCl tem solubilidade de $1,9 \cdot 10^{-4}$ g/100 mL, a 25 °C.

Analise as proposições abaixo.
a. A concentração em mol/L da solução saturada de AgCl, a 25 °C, é $1,3 \cdot 10^{-5}$.
b. Em cada 100 mL de solução saturada, a 25 °C, há $1,9 \cdot 10^{-4}$ g de íons Ag^+.
c. A porcentagem em massa do Cl^-, no AgCl, é de, aproximadamente, 25%.
d. Para determinar a concentração de Cl^-, a partir do K_{ps} do AgCl, realiza-se o cálculo $[Cl^-] = K_{ps} \cdot [Ag^+]$.

16. (UEG-GO) Considere uma solução contendo $1,0\,mol \cdot L^{-1}$, dos íons Cl^- e Br^- e não contendo íons Ag^+. Nessa solução dissolveram-se cristais de $AgNO_3$. Considere que o volume da solução permaneceu constante durante a adição do sal de prata e, nesse caso, de posse dos valores dos produtos de solubilidade dos sais de prata que se formam nesse processo, responda:

Sal de prata	K_{ps}
AgCl	$1,6 \cdot 10^{-10}$
AgBr	$7,7 \cdot 10^{-13}$

a. Qual sal se precipitará primeiro? Explique.
b. Qual a concentração mínima de Ag^+ necessária para iniciar a precipitação do sal do composto identificado no item a?

17. (Fuvest-SP) Preparam-se duas soluções saturadas, uma de oxalato de prata ($Ag_2C_2O_4$) e outra de tiocianato de prata (AgSCN). Esses dois sais têm, aproximadamente, o mesmo produto de solubilidade (da ordem de 10^{-12}). Na primeira, a concentração de íons prata é $[Ag^+]_1$ e, na segunda, $[Ag^+]_2$; as concentrações de oxalato e tiocianato são, respectivamente, $[C_2O_4^{2-}]$ e $[SCN^-]$. Nesse caso, é correto afirmar que

a. $[Ag^+]_1 = [Ag^+]_2$ e $[C_2O_4^{2-}] < [SCN^-]$
b. $[Ag^+]_1 > [Ag^+]_2$ e $[C_2O_4^{2-}] > [SCN^-]$
c. $[Ag^+]_1 > [Ag^+]_2$ e $[C_2O_4^{2-}] = [SCN^-]$
d. $[Ag^+]_1 < [Ag^+]_2$ e $[C_2O_4^{2-}] < [SCN^-]$
e. $[Ag^+]_1 = [Ag^+]_2$ e $[C_2O_4^{2-}] > [SCN^-]$

18. (ITA-SP) Assinale a opção correta que corresponde à variação da concentração de íons Ag^+ provocada pela adição, a 25 °C, de um litro de uma solução 0,02 mol · L^{-1} em NaBr a um litro de uma solução aquosa saturada em AgBr. Dado: K_{ps} AgBr (298 K) = $5,3 \cdot 10^{-13}$.

a. $3 \cdot 10^{-14}$.
b. $5 \cdot 10^{-11}$.
c. $7 \cdot 10^{-7}$.
d. $1 \cdot 10^{-4}$.
e. $3 \cdot 10^{-2}$.

19. (UFPR) O hidróxido de magnésio atua na neutralização do suco digestivo estomacal, sendo por isso amplamente utilizado na formulação de antiácidos. Baseado no equilíbrio $Mg(OH)_2 \rightleftarrows Mg^{+2} + 2\ OH^-$, com constante de produto de solubilidade (K_{ps}) igual a $1,2 \cdot 10^{-11}$, a solubilidade molar e a concentração de íons hidroxila presentes numa solução saturada de $Mg(OH)_2$ são, respectivamente (considere $\sqrt[3]{3} = 1,44$):

a. $1,44 \cdot 10^{-4}$ mol · L^{-1}; $2,88 \cdot 10^{-4}$.
b. $1,44 \cdot 10^{-4}$ mol · L^{-1}; $1,44 \cdot 10^{-4}$.
c. $2,89 \cdot 10^{-4}$ mol · L^{-1}; $0,72 \cdot 10^{-4}$.
d. $3,46 \cdot 10^{-6}$ mol · L^{-1}; $0,72 \cdot 10^{-4}$.
e. $1,2 \cdot 10^{-11}$ mol · L^{-1}; $1,44 \cdot 10^{-4}$.

20. (UFCE) Considere uma solução a 25 °C contendo 0,20 mol · L^{-1} de Sr^{2+} e 0,20 mol · L^{-1} de Ba^{2+}, à qual se adiciona lentamente Na_2SO_4, para dar origem a compostos insolúveis.

Dados: $K_{ps}(SrSO_4) = 8 \cdot 10^{-7}$ $mol^{-2} \cdot L^{-2}$;
$K_{ps}(BaSO_4) = 1 \cdot 10^{-10} \cdot L^{-2}$.

a. Estime a concentração de íons SO_4^{2-} no momento em que ocorrer a precipitação do primeiro composto insolúvel.
b. Desconsiderando a existência de diluição, estime a concentração de íons Ba^{2+} quando iniciar a precipitação de $SrSO_4$.

21. (Aman-RJ) Os corais fixam-se sobre uma base de carbonato de cálcio ($CaCO_3$), produzido por eles mesmos. O carbonato de cálcio em contato com a água do mar e com o gás carbônico dissolvido pode estabelecer o seguinte equilíbrio químico para a formação do hidrogenocarbonato de cálcio:

$$CaCO_3(s) + CO_2(g) + H_2O(l) \longrightarrow Ca(HCO_3)_2(aq)$$

Considerando um sistema fechado onde ocorre o equilíbrio químico da reação mostrada acima, assinale a alternativa correta.

a. Um aumento na concentração de carbonato causará um deslocamento do equilíbrio no sentido inverso da reação, no sentido dos reagentes.
b. A diminuição da concentração do gás carbônico não causará o deslocamento do equilíbrio químico da reação.
c. Um aumento na concentração do gás carbônico causará um deslocamento do equilíbrio no sentido direto da reação, o de formação do produto.
d. Um aumento na concentração de carbonato causará, simultaneamente, um deslocamento do equilíbrio nos dois sentidos da reação.
e. Um aumento na concentração do gás carbônico causará um deslocamento do equilíbrio no sentido inverso da reação, no sentido dos reagentes.

22. (PUCC-SP) Para responder a esta questão, utilize o texto.

Registro de um mar letal

Uma análise química de rochas calcárias coletadas nos Emirados Árabes é o indício mais contundente até agora de que o pior evento de extinção em massa da Terra pode ter sido causado pela acidificação dos oceanos – o mesmo processo que o excesso de gás carbônico produzido pela humanidade provoca nos mares. O evento aconteceu há 250 milhões de anos, quando 90% das espécies biológicas foram extintas, especialmente as de vida marinha. Uma equipe internacional de geólogos analisou o conteúdo de isótopos de boro e de outros elementos de rochas que se formaram a partir da precipitação de carbonato de cálcio no fundo do mar durante o evento de extinção. A análise concluiu que, durante um período de 5 mil anos, a água do mar chegou a ficar 10 vezes mais ácida devido ao gás carbônico dissolvido, devido a um evento de vulcanismo nos continentes da época. A acidez é letal para diversas criaturas marinhas, pois dificulta a absorção de cálcio.

(Adaptado de: Revista Pesquisa FAPESP, n. 232, p. 15)

a. A água do mar, atualmente, possui pH = 8. Segundo o texto, ao ficar dez vezes mais ácida devido ao gás carbônico dissolvido, qual a concentração de íons H^+ a que a água do mar chegou? E qual era o valor do pH? Demonstre seus cálculos.

b. A formação do carbonato de cálcio sólido está representada a seguir.

$$Ca^{2+}(aq) + CO_3^{2-}(aq) \longrightarrow CaCO_3(s)$$

Sabendo que a solubilidade do $CaCO_3 = 1,3 \cdot 10^{-4}$ g/100 mL de água, a 18 °C, e que a concentração de íons $Ca^{2+}(aq)$, na água do mar, é de 0,4 g/L, calcule a massa de $CaCO_3(s)$ que pode ser obtida a partir de 1 000 L de água do mar, nessa temperatura.

Dados:

Massas molares (g/mol)

C = 12,0; O = 16,0; Ca = 40,0

23. (UERJ) Um inconveniente no processo de extração de petróleo é a precipitação de sulfato de bário (BaSO$_4$) nas tubulações. Essa precipitação se deve à baixa solubilidade desse sal, cuja constante do produto de solubilidade é 10^{-10} mol^2 · L^{-2}, a 25 °C. Admita um experimento no qual foi obtido sulfato de bário a partir da reação entre cloreto de bário e ácido sulfúrico. Apresente a equação química completa e balanceada da obtenção do sulfato de bário no experimento e calcule a solubilidade desse sal, em mol · L^{-1}, em uma solução saturada, a 25 °C.

24. (Acafe-SC) Baseado nos conceitos sobre solubilidade, analise as afirmações a seguir.

 I. Nitrato de prata e cromato de potássio podem ser considerados sais solúveis em água.
 II. Não haverá precipitação de sulfato de bário em uma mistura de 250 mL de solução 4 · 10^{-4} mol/L de sulfato de sódio com 250 mL de solução 4 · 10^{-5} mol/L de cloreto de bário.
 III. Cloreto de sódio, cloreto de cálcio e cloreto de prata são sais solúveis em água.
 IV. Uma solução saturada de hidróxido de alumínio possui maior pH que uma solução saturada de hidróxido de ferro(III).

Dados: Para resolução dessa questão considere temperatura de 25 °C.

Constante do produto de solubilidade (K_s) do hidróxido de alumínio, hidróxido de ferro(III) e sulfato de bário respectivamente: 1,3 · 10^{-33}, 4 · 10^{-38} e 1 · 10^{-10}.

Todas as afirmações corretas estão em:
a. II – III – IV   c. I – IV
b. I – II – IV   d. I – III

25. (FMP-RJ) Considere o texto a seguir para responder à questão.

Grande parte dos pacientes com hiperparatiroidismo brando exibe poucos sinais de doença óssea e raras anormalidades inespecíficas, em consequência da elevação do nível do cálcio, mas apresenta tendência extrema à formação de cálculos renais. Isso se deve ao fato de que o excesso de cálcio e fosfato absorvidos pelos intestinos ou mobilizados dos ossos no hiperparatiroidismo será finalmente excretado pelos rins, ocasionando aumento proporcional nas concentrações dessas substâncias na urina. Em decorrência disso, os cristais de oxalato tendem a se precipitar nos rins, dando origem a cálculos com essa composição.

a. O produto de solubilidade do oxalato de cálcio (CaC$_2$O$_4$) a 25 °C é 2,6 · 10^{-19}. Determine a concentração de íons C$_2$O$_4^{2-}$ eliminados pela urina, sabendo-se que a concentração dos íons cálcio presente no exame EAS (Elementos Anormais e Sedimentos) é de 4 · 10^{-3} mol · L^{-1} e que, nesse caso, a urina apresenta uma solução saturada de oxalato de cálcio.

b. A reação de hidrólise do oxalato de cálcio está abaixo representada.

$$C_2O_4^{2-} + 2\,H_2O \longrightarrow H_2C_2O_4 + 2\,OH^-$$

Se um paciente tem uma dieta rica em alimentos cítricos como, por exemplo, brócolis, repolho, fígado, couve-flor, couve, espinafre, tomate, etc., bem como rica em frutas como limão, morango, acerola e laranja dificultará a formação dos cristais de oxalato encontrados na urina.

Justifique essa dieta como tratamento alimentar com base no Princípio de Le Chatelier.

26. (UFRGS-RS) O equilíbrio de solubilidade do cloreto de prata é expresso pela reação Ag (s) $\longrightarrow$ 2 Ag$^+$ (aq) + Cl$^-$(aq), cuja constante de equilíbrio tem o valor 1,7 · 10^{-10}. Sobre esse equilíbrio, é correto afirmar que

a. uma solução em que [Ag$^+$] = [Cl$^-$] = 1,0 · 10^{-5} mol · L^{-1} será uma solução supersaturada.
b. a adição de cloreto de prata sólido a uma solução saturada de AgCl irá aumentar a concentração de cátions prata.
c. a adição de cloreto de sódio a uma solução saturada de AgCl irá diminuir a concentração de cátions prata.
d. a adição de nitrato de prata a uma solução supersaturada de AgCl irá diminuir a quantidade de AgCl precipitado.
e. a mistura de um dado volume de uma solução em que [Ag$^+$] = 1,0 · 10^{-6} mol · L^{-1}, com um volume igual de uma solução em que [Cl$^-$] = 1,0 · 10^{-6} mol · L^{-1} irá produzir precipitação de AgCl.

27. (Uece) O sulfeto de cádmio é um sólido amarelo e semicondutor, cuja condutividade aumenta quando se incide luz sobre o material. É utilizado como pigmento para a fabricação de tintas e a construção de foto resistores (em detectores de luz). Considerando o K_{ps} do sulfeto de cádmio a 18 °C igual a 4 · 10^{-30} (cf tabela Umland – Bellama – Química General, p. 643, 3ª Edição), a solubilidade do sulfeto de cádmio àquela temperatura, com α (alfa) = 100%, será

a. 2,89 · 10^{-13} g/L.   c. 1,83 · 10^{-13} g/L.
b. 3,75 · 10^{-13} g/L.   d. 3,89 · 10^{-13} g/L.

28. (Fatec-SP) Para obtermos 100 mL de uma solução aquosa saturada de hidróxido de cálcio, Ca(OH)$_2$, para o experimento, devemos levar em consideração a solubilidade desse composto. Sabendo que o produto de solubilidade do hidróxido de cálcio é 5,5 · 10^{-6}, a 25 °C, a solubilidade dessa base em mol/L é, aproximadamente,

Dados:

Ca(OH)$_2$(s) $\rightleftarrows$ Ca^{2+}(aq) + 2 OH$^-$(aq)

K_{ps} = [Ca^{2+}] · [OH$^-$]^2

a. 1 · 10^{-2} c. 2 · 10^{-6} e. 5 · 10^{-6}
b. 1 · 10^{-6} d. 5 · 10^{-4}

29. (IME-SP) Admitindo que a solubilidade da azida de chumbo Pb(N$_3$)$_2$ em água seja 29,1 g/L, pode-se dizer que o produto de solubilidade (K_{ps}) para esse composto é:

(Dados: N = 14 g/mol, Pb = 207 g/mol)

a. 4,0 · 10^{-3} c. 2,0 · 10^{-4} e. 3,0 · 10^{-4}
b. 1,0 · 10^{-4} d. 1,0 · 10^{-3}

30. (Uepa) As estalactites são formações que ocorrem em tetos de cavernas, ao longo dos anos, em função da decomposição do bicarbonato de cálcio dissolvido na água que, após evaporação desta, leva à cristalização do carbonato de cálcio, segundo a equação química 1, representada abaixo.

Equação 1: $Ca(HCO_3)_2(aq) \longrightarrow CaCO_3(s) + H_2O(g) + CO_2(g)$

A dissolução de $CaCO_3(s)$ em água (equação química 2) é muito baixa e é uma das etapas de formação de estalactite. A dissociação iônica do carbonato de cálcio está representada na equação química.

Equação 2: $CaCO_3(s) \rightleftharpoons CaCO_3(aq)$

Equação 3: $CaCO_3(aq) \rightleftharpoons Ca^{2+}(aq) + CO_3^{2-}(aq)$

Analisando as reações de equilíbrio representadas pelas equações 2 e 3, a alternativa correta é:

a. na equação 2, a velocidade de dissolução é maior do que a de precipitação.
b. na equação 3, a adição de $CaCO_3$ (aq) desloca o equilíbrio para a direita.
c. a constante de equilíbrio K_c da equação 3 é

$$K_c = \frac{2[Ca^{2+}(aq)][CO_3^{2-}(aq)]}{[CaCO_3(aq)]}$$

d. a constante de equilíbrio K_c da equação 3 é

$$K_c = \frac{[CaCO_3(aq)]}{[Ca^{2+}(aq)][CO_3^{2-}(aq)]}$$

e. na equação 2, a velocidade de dissolução é diferente da de precipitação.

31. (UFG-GO) A figura a seguir apresenta quatro tubos de ensaio contendo diferentes soluções e informações sobre as constantes do produto de solubilidade.

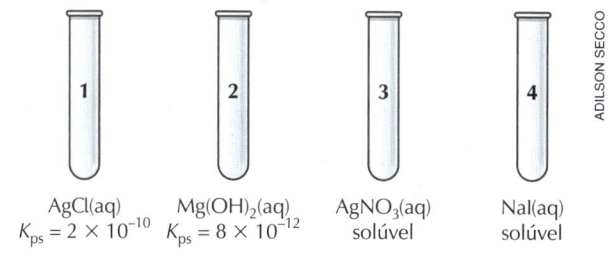

Tubo 1: AgCl(aq), $K_{ps} = 2 \times 10^{-10}$
Tubo 2: $Mg(OH)_2$(aq), $K_{ps} = 8 \times 10^{-12}$
Tubo 3: $AgNO_3$(aq) solúvel
Tubo 4: NaI(aq) solúvel

Dados:

K_{ps} para o AgI = $8 \cdot 10^{-17}$

$\sqrt{2} = 1{,}42$

$\sqrt[3]{2}\ 2 = 1{,}26$

Considerando o exposto,

a. determine qual das substâncias presentes nos tubos 1 e 2 possui menor solubilidade. Justifique sua resposta utilizando o cálculo da solubilidade, em mol · L^{-1};
b. determine se haverá formação de precipitado após a mistura de alíquotas das soluções presentes nos tubos 3 e 4.

Considere que, após a mistura, as concentrações dos íons Ag$^+$ e I$^-$ sejam iguais a $1{,}0 \cdot 10^{-4}$ mol · L^{-1}.

32. (Acafe-SC) O hidróxido de alumínio pode ser usado em medicamentos para o combate de acidez estomacal, pois este reage com o ácido clorídrico presente no estômago em uma reação de neutralização. A alternativa que contém a [OH$^-$] em mol/L de uma solução aquosa saturada de hidróxido de alumínio, sob temperatura de 25 °C é:

Dados: constante do produto de solubilidade do hidróxido de alumínio a 25 °C: $1{,}0 \cdot 10^{-33}$.

a. $3 \cdot 10^{-9} \cdot \sqrt[4]{\frac{1000}{27}}$ mol/L
b. $10^{-9} \cdot \sqrt[4]{\frac{1000}{27}}$ mol/L
c. $10^{-9} \cdot \sqrt[4]{\frac{1000}{3}}$ mol/L
d. $3 \cdot 10^{-9} \cdot \sqrt[4]{\frac{1000}{3}}$ mol/L

33. (Uneb-BA) A Grande Fonte Prismática descarrega uma média de 2 548 litros de água por minuto, é a maior de Yellowstone, com 90 metros de largura e 50 metros de profundidade, e funciona como muitos dos recursos hidrotermais do parque. A água subterrânea profunda é aquecida pelo magma e sobe à superfície sem ter depósitos minerais como obstáculos. À medida que atinge o topo, a água se resfria e afunda, sendo substituída por água mais quente vinda do fundo, em um ciclo contínuo. A água quente também dissolve parte da sílica, SiO_2(s), presente nos riolitos, rochas ígneas vulcânicas, sobre o solo, criando uma solução que forma um depósito rochoso sedimentar e silicoso na área ao redor da fonte. Os pigmentos iridescentes são causados por micróbios — cianobactérias — que se desenvolvem nessas águas quentes. Movendo-se da extremidade mais fria da fonte ao longo do gradiente de temperatura, a cianobactéria *Calothrix* vive em temperaturas não inferiores a 30 °C, também pode viver fora da água e produz o pigmento marrom, que emoldura a fonte. A *Phormidium*, por outro lado, vive entre 45 °C e 60 °C e cria o pigmento laranja, ao passo que *Synechococcus* suporta temperaturas de até 72 °C e é verde-amarelo.

(A GRANDE... 2013. p. 62-63).

Considerando-se as informações do texto sobre A Grande Fonte Prismática de Yellowstone, a terceira maior fonte de água hidrotermal do planeta, é correto afirmar:

01. A água da Grande Fonte Prismática de Yellowstone é própria para beber.
02. O ciclo contínuo de substituição da água fria por água quente ocorre de acordo com a variação da densidade em função da temperatura da água.
03. A presença de sílica, SiO_2(aq), na água hidrotermal de Yellowstone, produz abaixamento do ponto de ebulição da água, à pressão local.
04. A pressão de vapor da solução aquosa de sílica a 100 °C é maior que a da água pura nessa temperatura.
05. O depósito de rocha sedimentar silicosa na área ao redor da fonte vai se formando à medida que o coeficiente de solubilidade de SiO_2(aq) na água aumenta com o aumento da temperatura.

UNIDADE 8
QUÍMICA: ELETRICIDADE, PRODUÇÃO INDUSTRIAL E AMBIENTE

Capítulo 22
Pilhas e baterias, 504

Capítulo 23
Transformação química por ação da eletricidade e cálculos eletroquímicos, 544

Capítulo 24
A Química na indústria e no ambiente, 574

Uma das maneiras de recobrir um metal com crômio consiste em passar uma corrente elétrica contínua em uma solução contendo íons crômio.

- Que processos químicos estão envolvidos no recobrimento de um objeto por crômio?
- Que processos químicos são usados para produzir corrente elétrica contínua útil para realizar uma cromação?
- Os minérios dos quais obtemos os metais, tão importantes em nossa civilização, podem se esgotar. Como lidar com esse problema?
- O ozônio é um gás bastante reativo em condições ambientes. Essa característica funciona a nosso favor, mas também se revela um risco à nossa saúde. Por quê?

Nesta unidade, vamos estudar os aspectos envolvidos na relação entre reações químicas que produzem energia elétrica e o processo inverso, isto é, a energia elétrica propiciando reações químicas. Estudaremos também processos de obtenção de substâncias economicamente importantes e as questões que envolvem a contaminação e o tratamento do ar, da água e do lixo.

Cloudgate, escultura do artista indiano-britânico Anish Kapoor (1954-) exposta em Chicago (Estados Unidos). Conhecida como "O feijão", a peça tem um brilho intenso, que se deve à sua superfície cromada, isto é, recoberta por crômio. A cromação impede que a escultura se oxide, mesmo exposta ao ar, e é um procedimento muito empregado para evitar, por exemplo, a ferrugem em peças de ferro. Uma das maneiras de recobrir um metal com outro é a galvanização. Em que ela consiste?

CAPÍTULO 22

PILHAS E BATERIAS

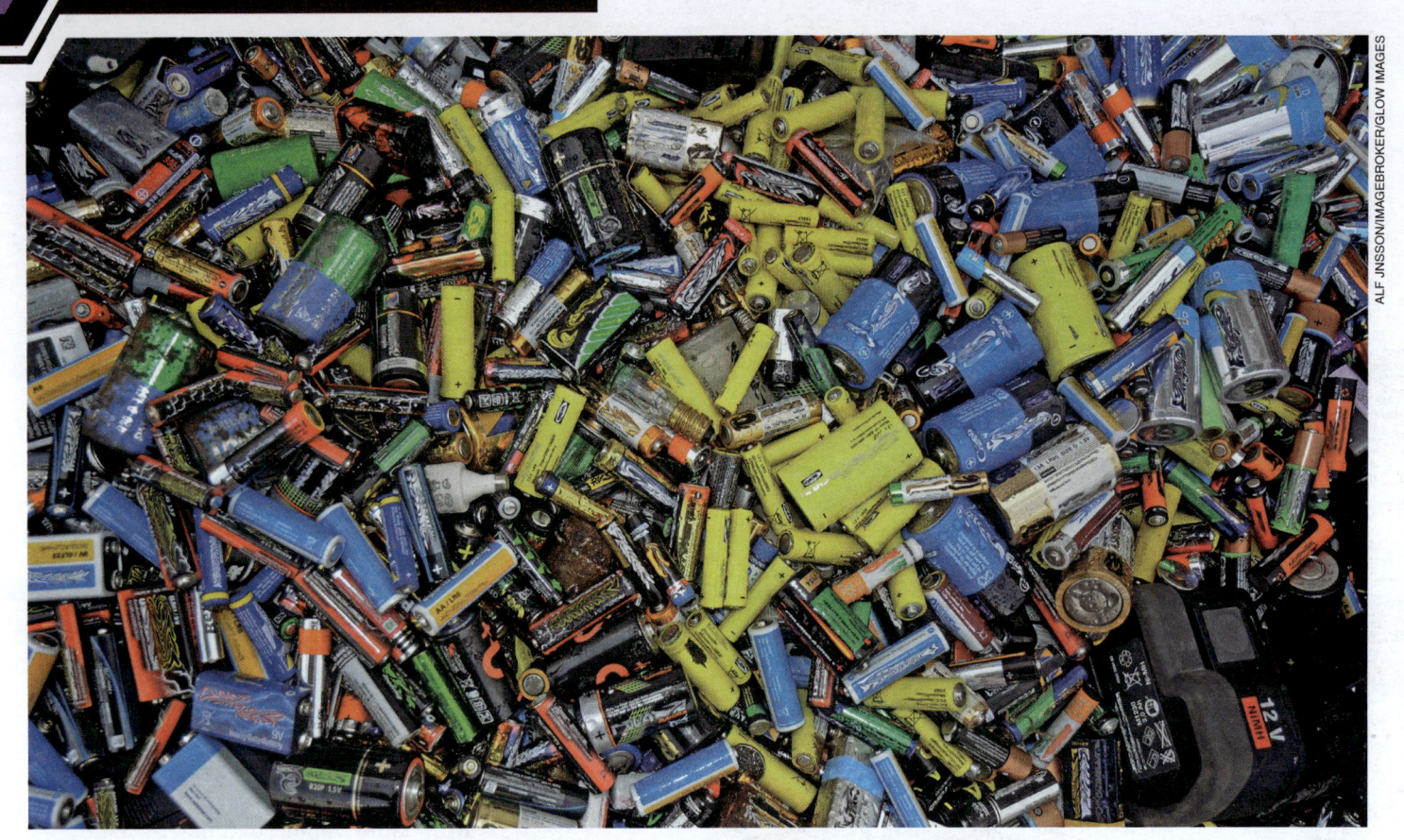

Muitos dos equipamentos eletrônicos que usamos no dia a dia funcionam a pilha ou bateria – sistemas que produzem energia elétrica por meio de reações químicas. Conforme suas características, uma pilha ou bateria pode ser mais eficiente para um tipo de aparelho do que para outro. Essas características são determinantes também para o destino desses dispositivos após o uso, pois alguns contêm metais pesados. Qual é a importância de manter a concentração desses metais dentro de certos limites como forma de preservação da vida?

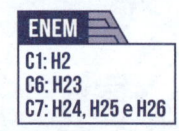

ENEM
C1: H2
C6: H23
C7: H24, H25 e H26

Este capítulo vai ajudá-lo a compreender:

- a relação entre reações de oxirredução e o funcionamento de pilhas e baterias;
- o que é a "voltagem" das pilhas;
- o descarte de pilhas e baterias: questões ambientais e legais.

Para situá-lo

Se você conversar com alguém mais velho, da geração de seus avós, ouvirá dele o que representou a invenção do "radinho de pilha", nos anos 1950: funcionando a pilha, e não mais preso à tomada na parede, o aparelho podia ser levado a qualquer parte e, por isso, tornou-se um sucesso. Nas décadas de 1970 e 1980, o radinho de pilha ainda era largamente usado em nosso país.

Outra revolução foi trazida pelas baterias automotivas, que, há cerca de 100 anos, facilitaram a partida no motor elétrico de caminhões, ônibus e carros de passeio, entre outros.

Além desses usos das pilhas e baterias, vale ressaltar sua importância no funcionamento de equipamentos médico-hospitalares, como aparelhos de audição e de monitoramento cardíaco de 24 horas e marca-passos.

Em razão dos múltiplos usos desses geradores portáteis, das vantagens e desvantagens de cada tipo e, ainda, das características que os tornam mais ou menos adequados a cada finalidade, a variedade de tipos de pilhas e baterias vem crescendo nas últimas décadas. A utilidade desses geradores torna-se cada vez maior, diante do uso crescente de celulares, *smartphones*, *notebooks*, *tablets*...

Até cerca de 1915, os carros dispunham de uma manivela, na parte dianteira, que deveria ser acionada para que o motor começasse a funcionar. Foi com a fabricação das primeiras baterias que os motoristas puderam deixar de girar a manivela.

A mobilidade permitida pelas baterias tem outra aplicação útil: as cadeiras de rodas elétricas (como a da foto acima), movidas a bateria, são mais simples de impulsionar e poupam o cadeirante de fazer esforço com os braços.

O desenvolvimento de novas pilhas e baterias permitiu a mobilidade de diversos aparelhos eletrônicos, os quais, para maior comodidade do usuário, tornaram-se cada vez menores. A mobilidade também leva a um uso mais intenso dos aparelhos: imagine como seria poder usá-los apenas quando ligados a uma fonte convencional de energia elétrica.

É importante lembrar que muitas dessas conquistas, que trouxeram avanços no campo da saúde, maior conforto e melhorias nas condições de vida em geral, só foram possíveis graças à ampliação dos conhecimentos científicos incorporados às inovações tecnológicas. Nossa condição humana, no entanto, permanentemente nos coloca novos desafios e, diante deles, é certo que diferentes tipos de geradores de energia elétrica surgirão.

De qualquer forma, seja de que tipo forem, as pilhas e baterias funcionam com base em processos químicos capazes de impulsionar elétrons através de um circuito elétrico no qual esses geradores estejam incluídos. Mas de que tipo são as reações químicas que podem liberar elétrons para fios elétricos de um circuito?

Vale relembrar como ocorrem as transformações em que elétrons são transferidos de uma espécie para outra.

1. O que acontece quando uma placa de magnésio metálico é mergulhada em uma solução aquosa de sulfato de cobre cuja coloração é azul? Como explicar esse fato do ponto de vista dos elétrons?

2. Como esse processo pode ser equacionado?

3. Nesse processo, o que acontece com o número de oxidação (Nox) do magnésio? E com o do cobre? Que nome se dá ao processo em que o Nox de um elemento diminui? E no caso em que o Nox aumenta?

4. Reações desse tipo são de oxirredução, e delas participam um agente oxidante e um redutor. Qual é o papel do magnésio? E o dos íons cobre?

5. No caso em questão, da forma como a reação foi proposta, os elétrons têm condições de realizar um trabalho de natureza elétrica, isto é, de ser impulsionados através de um circuito de modo a fazer funcionar um equipamento (como um relógio digital ou uma calculadora)? Por quê?

Lâminas de zinco e cobre presas a um pedaço de melancia podem gerar eletricidade. O voltímetro da figura mede a tensão elétrica gerada pela "pilha" formada. O que ocorre nessa "pilha"?

Neste capítulo, vamos ver como pilhas e baterias são construídas para entender de que modo os processos em que há transferência de elétrons podem gerar energia elétrica para múltiplas finalidades. Também vamos explorar questões eletroquímicas de importância socioeconômica e ambiental, como o fato de, à beira-mar, ser mais fácil a formação de ferrugem e os recursos para evitar que estruturas metálicas sejam danificadas por esse processo.

Capítulo 22 • Pilhas e baterias

Das pilhas antigas às atuais

Para entender como funcionam as pilhas atuais, vamos começar verificando quais foram os conhecimentos que levaram à construção das primeiras pilhas, no século XVIII.

Viagem no tempo

Como surgiram as pilhas elétricas?

Filho de família rica, o italiano Luigi Galvani (1737-1798) graduou-se em Medicina e Filosofia pela Universidade de Bolonha, onde também foi professor. No início de suas atividades acadêmicas, dividiu-se entre a cirurgia e as pesquisas no campo da anatomia, no qual deixou muitas contribuições. No entanto, seus estudos de fisiologia do sistema nervoso e muscular, desenvolvidos a partir da década de 1770, acabaram por levá-lo à realização de experimentos relacionados à eletricidade; esses estudos representaram um marco no campo da neurofisiologia. Suas contribuições nessas áreas fizeram dele um cientista bastante reconhecido.

São particularmente importantes, em relação ao que vamos estudar neste capítulo, as observações que ele realizou por volta de 1780, ao verificar que músculos recém-retirados de uma rã se contraíam quando conectados simultaneamente a dois metais diferentes. Para Galvani, parecia claro que havia uma relação entre a contração muscular e a passagem de corrente elétrica. No entanto, restava uma dúvida: a origem da energia elétrica estava nos músculos ou nos metais? Ele associou a eletricidade aos tecidos vivos, fazendo referência à existência de "eletricidade animal". Embora essa conclusão não tenha sido confirmada em estudos posteriores, a associação entre a eletricidade e a contração muscular foi confirmada.

Nomes de vários instrumentos e procedimentos que envolvem eletricidade derivam do nome desse cientista, como **células galvânicas** (pilhas), **galvanômetros** (instrumentos de medida) e **galvanoplastia** (técnica de recobrimento de metais através de processo eletrolítico, que será estudada no capítulo 23).

O também italiano Alessandro Giuseppe Volta (1745-1827) partiu de um pressuposto diferente do de Galvani: o de que a eletricidade teria origem nos metais. Esse físico tentava provar que só existia um tipo de eletricidade, independentemente de sua origem. Por isso, em vez de tecidos de organismos vivos, fez testes usando ferro, cobre e tecido molhado. Variando os metais, rapidamente se convenceu de que seu raciocínio fazia sentido.

Em 1800, Volta publicou seus trabalhos sobre a construção de um equipamento capaz de produzir corrente elétrica contínua, a **pilha de Volta**, e apresentou seu invento à comunidade científica da *Royal Society* de Londres. Na verdade, o equipamento que ele usou consistia em um conjunto de pilhas associadas em série (o polo positivo de uma ligado ao negativo da seguinte). Desse modo, obteve a primeira **bateria elétrica**, nome dado a esse conjunto de pilhas, e comprovou que os tecidos animais eram dispensáveis à produção de eletricidade.

Volta fez uma série de alterações em sua bateria para torná-la mais eficiente. De qualquer maneira, seu grande mérito consistiu em criar uma forma muito útil de produzir e usar **corrente elétrica**, com muito mais possibilidades de aplicação do que a **eletricidade estática**, até então empregada.

Como homenagem, alguns termos da Física foram criados com base no nome desse cientista: **célula voltaica** (para as cubas eletrolíticas), **volt (V)** (unidade de diferença de potencial do Sistema Internacional) e **voltímetro** (instrumento para medir a diferença de potencial).

Representação feita em 1800 do experimento de Galvani: a eletricidade natural captada pelo para-raios provocava a contração dos músculos de uma rã.

Volta e sua pilha, de Yan' Dargent. Gravura do século XIX (colorizada).

Anatomia: ramo da Medicina que estuda a forma e a estrutura dos diferentes elementos constituintes do corpo humano.

Volta não conseguiu entender o papel desempenhado pelo condutor líquido que empregou para embeber o tecido usado na "pilha" de discos metálicos; apesar disso, pôde constatar que a intensidade da corrente elétrica produzida era tanto maior quanto maior o número de placas metálicas utilizadas na pilha.

Como sempre acontece no campo das ciências – e nas conquistas da humanidade de maneira geral –, o trabalho de um cientista pode e deve ser aprimorado por outros. No caso do gerador de Volta, a corrente elétrica oscilava e tendia a esgotar-se rapidamente. Na tentativa de obter uma fonte de energia que mantivesse por mais tempo uma corrente elétrica significativa, o inglês John Frederic Daniell (1790-1845), usando uma placa de cobre imersa em uma solução de sulfato de cobre conectada a uma placa de zinco imersa em uma solução de sulfato de zinco, obteve, em 1836, um sistema conhecido como **pilha de Daniell**, que estudaremos a seguir.

Pilha de Volta, formada por discos de cobre e zinco intercalados por pedaços de tecido embebidos em salmoura, exposta no Tempio Voltiano (museu dedicado a Alessandro Volta, em Como, Itália). Pela primeira vez a humanidade produzia corrente elétrica.

1. Explique a ligação histórica entre os estudos de anatomia e a descoberta dos geradores elétricos.
2. Que problema Galvani tentava esclarecer? E Volta?
3. De que modo a pilha de Daniell tem relação com as pesquisas de seus antecessores, Volta e Galvani?
4. Que aprimoramento Daniell tentou fazer no experimento de Volta?
5. Qual é a importância dos estudos desses cientistas para a vida atual?
6. Valendo-se de seus conhecimentos químicos e biológicos, diga de onde provém a capacidade dos seres vivos de conduzir corrente elétrica. Se necessário, pesquise.
7. Conduzir corrente elétrica é o mesmo que gerar corrente elétrica? Explique.

Química: prática e reflexão

Que características devem ter os materiais usados para gerar eletricidade e de que forma devem estar dispostos?

Material necessário

- 1 recipiente pequeno para preparo da solução
- cerca de 50 mL de água de torneira
- 2 colheres (de sopa) de sal de cozinha
- 1 bastão de vidro ou 1 colher
- 6 pedaços de feltro ou papel absorvente (papel toalha ou papel-filtro) cortados em quadrados medindo cerca de 3 cm de lado
- 2 pedaços de fio de cobre de cerca de 15 cm, descascados nas pontas
- 6 placas de cobre medindo cerca de 2 cm × 2 cm
- 6 arruelas de zinco ou 6 placas de zinco medindo cerca de 2 cm × 2 cm
- 1 pedaço de palha de aço
- fita isolante ou fita adesiva comum
- 1 lâmpada de 1,5 V, como um LED (diodo emissor de luz) vermelho
- 1 multímetro ou voltímetro (se houver)

Procedimento

1. No recipiente, adicionem o sal de cozinha à água e misturem bem com o auxílio de um bastão de vidro ou de uma colher. Essa solução será utilizada para embeber os pedaços de feltro ou de papel absorvente.
2. Para diminuir a resistência elétrica, lixem as placas de cobre e de zinco e as extremidades desencapadas dos fios de cobre usando a palha de aço.
3. Com a fita isolante ou adesiva, prendam a uma placa de cobre uma das extremidades de um dos fios de cobre.
4. A montagem da pilha deve ser feita em camadas, como as de um sanduíche. Para começar, utilizem a placa de cobre presa ao fio de cobre; em seguida, peguem um pedaço cortado do feltro ou do papel absorvente embebido na solução de sal e o coloquem por cima da placa de cobre, no lado oposto ao do fio de cobre. O próximo passo é colocar a arruela ou placa de zinco por cima.
5. Continuem montando a pilha, colocando outra placa de cobre em cima da arruela ou placa de zinco. A sequência será sempre esta: placa de cobre, feltro ou papel absorvente embebido na solução, arruela ou placa de zinco; reiniciem com a placa de cobre (sem intercalar com o feltro ou papel absorvente embebido na solução).

6. A última peça a ser colocada será uma arruela ou placa de zinco, que deve ser presa a uma das extremidades do outro fio de cobre usando a fita isolante ou adesiva.

7. A fim de facilitar o manuseio, passem fita isolante ou adesiva em volta das placas para garantir que elas continuem empilhadas.

8. Conectem as extremidades livres dos fios de cobre à lâmpada. Observem o resultado.

9. Se houver um multímetro disponível, meçam a diferença de potencial ("voltagem") fornecida pelo sistema e comparem-na com a necessária para acender a lâmpada. Meçam também a diferença de potencial em apenas um conjunto do sistema (placa de cobre – feltro/papel absorvente – arruela/placa de zinco).

Descarte dos resíduos: A solução de sal de cozinha pode ser descartada no ralo de uma pia; o restante do material pode ser guardado para futuro reaproveitamento.

Analisem suas observações

1. A lâmpada acendeu? Por quê?

2. Considerando que a lâmpada acendeu, ela se manteve acesa por muito tempo? Justifique o que observou.

3. Qual é a finalidade do feltro ou papel absorvente? Por que ele foi embebido na solução de sal de cozinha? Justifique a escolha dessa solução.

Caso vocês tenham usado um multímetro ou voltímetro, respondam também às próximas questões.

4. Qual foi a diferença de potencial medida em apenas um conjunto? Qual é a relação entre a diferença de potencial do sistema completo e a desse conjunto?

5. Qual foi a diferença de potencial medida no sistema? O que você entende por esse valor? Se houvesse menos conjuntos no sistema, esse valor seria alterado? Justifique.

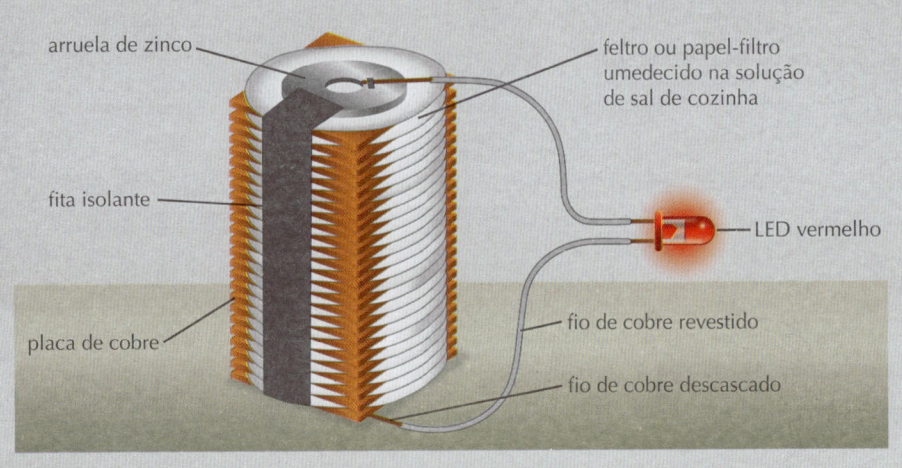

Esquema de montagem da pilha do experimento.

Saiba mais

Algumas relações

Provavelmente você já teve oportunidade de trocar as pilhas de algum equipamento eletrônico (controle remoto, brinquedo, etc.). Sempre que se faz isso, pode-se notar que uma pilha tem seu polo positivo para um lado enquanto a outra tem o polo negativo para esse mesmo lado, de modo que o polo ⊖ de uma está conectado ao polo ⊕ da outra por meio de um metal. Esquematicamente, teríamos algo do tipo:

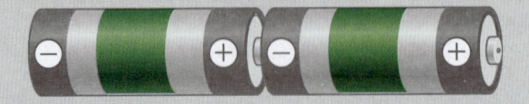

Quanto maior a "voltagem" requerida para fazer um equipamento funcionar, maior será o número necessário de pilhas unidas dessa forma. Esse tipo de ligação – a **ligação em série** – é semelhante ao empilhamento dos pratos metálicos da pilha de Volta, e **a corrente elétrica que atravessa todas as pilhas interligadas é a mesma**.

Agora pense no seguinte: na página 505 você viu a foto de uma melancia com duas placas metálicas interligadas por um fio condutor de eletricidade, uma de zinco e outra de cobre. Um voltímetro, um medidor de tensão elétrica interligado às placas metálicas, indica que na melancia há algo semelhante aos íons em solução aquosa presentes na salmoura que embebeu o feltro (ou papel entre as placas de zinco e cobre usadas na pilha construída no experimento da seção "Química: prática e reflexão".) entre as placas de zinco e cobre. Por outro lado, se ambas as placas fossem do mesmo metal, o efeito seria o mesmo? Não. Você já aprendeu que há metais com maior tendência a perder elétrons que outros e que, para gerar energia elétrica, não poderíamos ter duas placas do mesmo metal, isto é, com igual tendência a perder elétrons.

A química da pilha

Pilha de Daniell

Que tipo de reação química ocorre em uma pilha ou bateria?

Nesses equipamentos, acontecem processos que envolvem a transferência de elétrons, isto é, trata-se de reações de **oxirredução**.

Essas reações de oxirredução são **espontâneas** e, por isso, pilhas e baterias são capazes de gerar energia elétrica. Ou seja: **a energia produzida nessas reações químicas transforma-se em energia elétrica**.

Vamos considerar a pilha de Daniell. Nela ocorre espontaneamente esta reação:

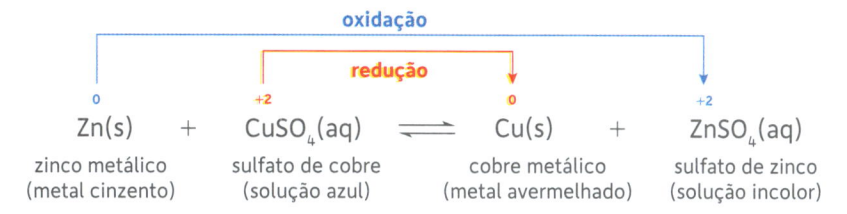

$$\underset{\substack{\text{zinco metálico}\\\text{(metal cinzento)}}}{\overset{0}{Zn(s)}} + \underset{\substack{\text{sulfato de cobre}\\\text{(solução azul)}}}{\overset{+2}{CuSO_4(aq)}} \rightleftarrows \underset{\substack{\text{cobre metálico}\\\text{(metal avermelhado)}}}{\overset{0}{Cu(s)}} + \underset{\substack{\text{sulfato de zinco}\\\text{(solução incolor)}}}{\overset{+2}{ZnSO_4(aq)}}$$

(oxidação / redução)

Nessa reação espontânea, há transferência direta de elétrons: o zinco metálico (Zn^0) fornece elétrons para os íons cobre (Cu^{2+}) em solução. Mas essa transferência não é uma fonte de energia eficiente. Por quê?

Nesse processo espontâneo, há aumento de temperatura, isto é, produção de calor, energia que não pode ser transformada em trabalho de natureza elétrica e, portanto, pouco útil.

- lâmina de Zn^0
- solução de $CuSO_4$
- A superfície de zinco fica escurecida em contato com o $CuSO_4(aq)$
- cobre pulverizado

Observe as duas lâminas (uma de zinco e outra de cobre) da foto da direita. A de zinco, que foi retirada da solução, está bastante escurecida na parte inferior em consequência da reação do zinco com os íons $Cu^{2+}(aq)$; o escurecimento decorre da deposição de cobre pulverizado sobre o zinco. Note que o aspecto dessa parte da lâmina é bem diferente do de uma lâmina de cobre polida.

Com base nessa reação, como podemos obter energia elétrica capaz de realizar trabalho?

É necessário **separar fisicamente o processo de oxidação do de redução**, de modo que os elétrons provenientes da oxidação circulem por um fio, podendo realizar **trabalho elétrico**: acender uma lâmpada, acionar um motor, etc. Essa transferência requer que os agentes oxidante (o que se reduz) e redutor (o que se oxida) estejam separados ou colocados em um meio em que a mobilidade dos íons presentes no processo seja, em parte, restrita, o que poderá ser mais bem esclarecido adiante.

No dia a dia, temos contato com as chamadas pilhas "secas". Para compreender como funcionam esses geradores, começaremos por descrever um tipo de pilha que contém soluções aquosas.

Observe ao lado o esquema da pilha de Daniell, baseada na reação entre zinco e sulfato de cobre:

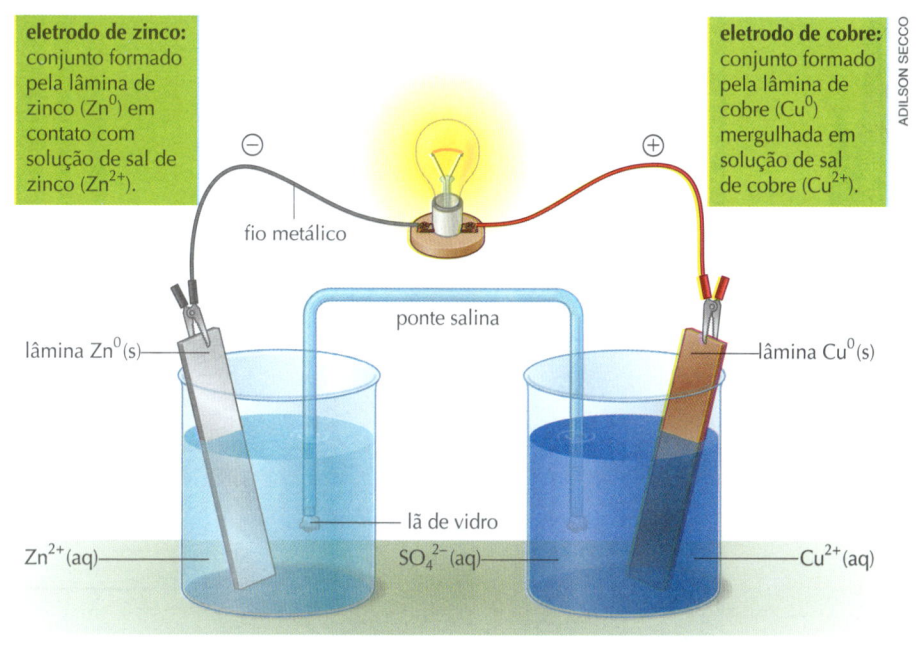

eletrodo de zinco: conjunto formado pela lâmina de zinco (Zn^0) em contato com solução de sal de zinco (Zn^{2+}).

eletrodo de cobre: conjunto formado pela lâmina de cobre (Cu^0) mergulhada em solução de sal de cobre (Cu^{2+}).

- fio metálico
- lâmina $Zn^0(s)$
- ponte salina
- lâmina $Cu^0(s)$
- lã de vidro
- $Zn^{2+}(aq)$
- $SO_4^{2-}(aq)$
- $Cu^{2+}(aq)$

Esquema representativo da pilha de Daniell.

Fonte: MASTERTON, W. L.; SLOWINSKI, E. J. *Química geral superior*. 4. ed. Rio de Janeiro: Interamericana, 1978. p. 442.

Para que a corrente elétrica circule, é necessário que o circuito esteja fechado. Pelo **fio metálico** que une as duas placas metálicas, movimentam-se os **elétrons** e, pela **ponte salina**, os **íons**. A ponte salina pode ser construída com um tubo de vidro em forma de U (ou como o da ilustração), fechado nas extremidades com lã de vidro e cheio de uma solução aquosa de um sal – geralmente nitrato de potássio (KNO_3) – que não participe da reação química da pilha. O conteúdo desse tubo é que permitirá a circulação da corrente elétrica entre as duas soluções iônicas em contato com os metais.

Como funciona uma pilha?

Conforme você teve a oportunidade de recordar, o zinco tem maior tendência a oxidar-se do que o cobre, isto é, o Zn tem maior poder redutor, já que tem mais facilidade de perder elétrons. Quando a pilha está em funcionamento, o processo que ocorre com o zinco pode ser assim representado:

$Zn^0(s) \xrightarrow{oxidação} Zn^{2+}(aq) + 2\,e^-$

Os elétrons liberados pela oxidação do zinco metálico (Zn) fluem pelo fio condutor e chegam à placa de cobre.

$Cu^{2+}(aq) + 2\,e^- \xrightarrow{redução} Cu^0(s)$

Os íons Cu^{2+} tendem espontaneamente a receber elétrons, reduzindo-se a cobre metálico (Cu^0).

À medida que a pilha vai funcionando, há **gasto da lâmina de zinco**, que se **oxida**, com o consequente **aumento da concentração de Zn^{2+}** em solução. No outro eletrodo, temos a **deposição de cobre**, devido à **redução de íons Cu^{2+}**. Nesse processo, a concentração de Cu^{2+} vai diminuindo, provocando um leve clareamento da coloração azul da solução – essa cor se deve à presença dos íons Cu^{2+}.

Qual é o papel da ponte salina?

À medida que o Zn metálico se oxida, a solução vai aumentando sua concentração em íons Zn^{2+}. Por sua vez, conforme os íons Cu^{2+} se reduzem, a concentração de íons sulfato (SO_4^{2-}) presentes na solução vai se tornando maior do que a de íons Cu^{2+}.

Para **manter a neutralidade de cargas**, ocorre um movimento organizado de íons: de cátions em direção à solução do sal de Cu^{2+} e/ou de ânions em direção à solução de Zn^{2+}. Dessa corrente iônica participam inclusive os íons da ponte salina: cátions potássio (K^+) dirigem-se à semicélula de cobre, e ânions nitrato (NO_3^-), à de zinco. Tudo isso ocorre ao mesmo tempo que os elétrons fluem no fio metálico, graças à reação de oxirredução.

O eletrodo de zinco (conjunto $Zn^0 \mid Zn^{2+}$) é o ânodo, e o de cobre (conjunto $Cu^0 \mid Cu^{2+}$), o **cátodo**, pois:

ânodo é o eletrodo para onde se dirigem os ânions;
cátodo é o eletrodo para onde se dirigem os cátions.

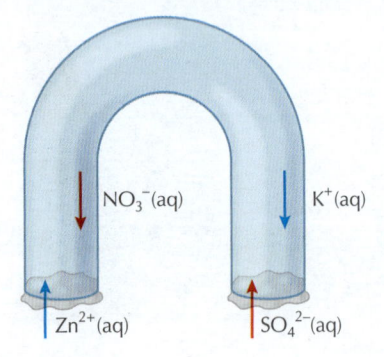

Os termos **semicélula**, **semipilha** e **eletrodo** podem ser usados como sinônimos indicativos dos processos globais que ocorrem nas pilhas, isto é, que envolvem a forma oxidada e a reduzida de cada polo.

Representação esquemática de um tubo em U contendo solução aquosa de nitrato de potássio (KNO_3), usado como ponte salina em pilhas.

Convenção da pilha

⊖ ânodo: $Zn^0(s) \xrightarrow{oxidação} Zn^{2+}(aq) + 2\,e^-$

⊕ cátodo: $Cu^{2+}(aq) + 2\,e^- \xrightarrow{redução} Cu^0(s)$

$Zn^0(s) + Cu^{2+}(aq) \rightleftarrows Cu^0(s) + Zn^{2+}(aq)$

Polo negativo é o eletrodo que fornece elétrons ao circuito externo.

Polo positivo é o eletrodo que recebe elétrons do circuito externo.

Equação global da pilha

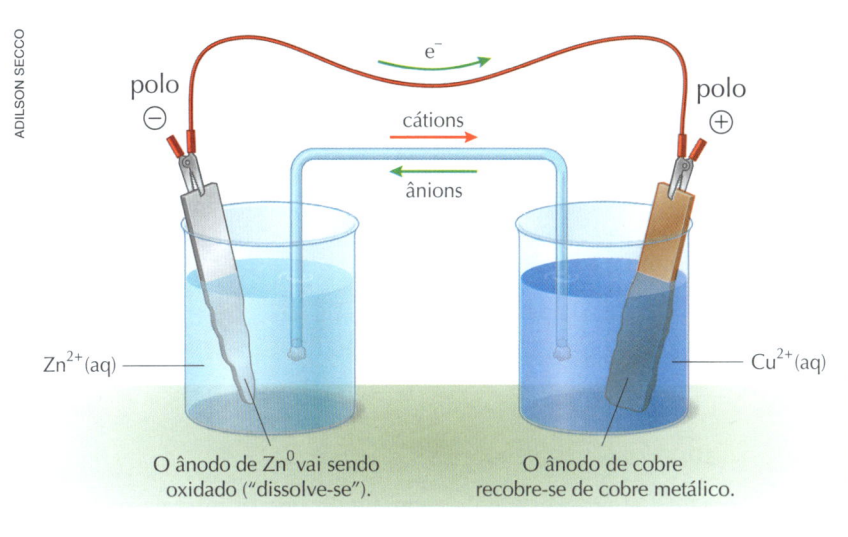

A oxidação do zinco e a redução do cobre fazem com que um fluxo de elétrons percorra o fio metálico que une os dois eletrodos. Esse fluxo corresponde a uma corrente elétrica contínua.

O ânodo de Zn^0 vai sendo oxidado ("dissolve-se").

O ânodo de cobre recobre-se de cobre metálico.

Acertando os ponteiros da Química com a Física

Apesar de sabermos que em um fio metálico são os elétrons que se movimentam, no estudo dos fenômenos elétricos convencionou-se que o sentido da **corrente elétrica** (*i*) **é contrário ao movimento dos elétrons**.

Desse modo, internacionalmente, considera-se que uma **corrente convencional** é hipoteticamente constituída de cargas positivas em movimento. Por isso, por convenção, o sentido da corrente é contrário ao do movimento dos elétrons.

Em Eletricidade, costuma-se representar um gerador pelo símbolo ⊖|⊕. O traço maior representa o polo positivo e o menor, o negativo. De acordo com essa convenção, a corrente elétrica sempre sai do polo ⊕ e chega ao polo ⊖, circulando pela parte externa do gerador. Abaixo está representado o que ocorre no interior de um gerador como o que foi marcado na cor rosa no esquema anterior.

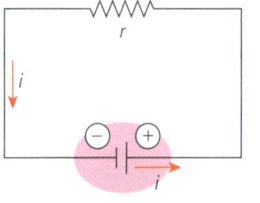

Representação de circuito elétrico usando a simbologia adotada na Eletrodinâmica, em que *r* é a resistência elétrica e *i*, a corrente convencional (na parte externa do gerador); *i* tem sentido contrário ao dos elétrons.

- eletrodo para onde se dirigem os ânions
- polo onde ocorre a oxidação

- eletrodo para onde se dirigem os cátions
- polo onde ocorre a redução

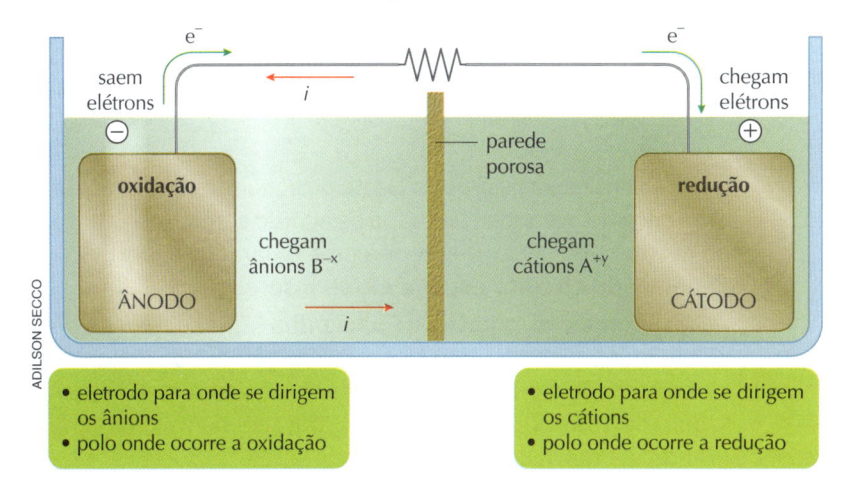

Representação esquemática dos componentes básicos de uma pilha. No ânodo (eletrodo negativo), ocorre oxidação. No cátodo (eletrodo positivo), ocorre redução.

Cabe lembrar que, para que o sistema funcione como gerador, é preciso que, no interior da pilha (parte marcada em verde na ilustração anterior), não haja rápida mistura dos vários tipos de íons presentes. Para isso ser possível, as partes próximas do cátodo e do ânodo podem estar conectadas por uma ponte salina ou parede porosa, ou ainda fazer parte de meio pastoso no qual os íons se movam lentamente.

O processo que ocorre na parte interna da pilha, assinalada em rosa na representação abaixo, também pode ser representado por:

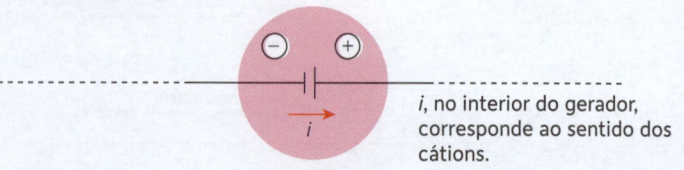

i, no interior do gerador, corresponde ao sentido dos cátions.

Atividades

1. Considere uma pilha que faz parte de um circuito elétrico com fios e uma lâmpada.
   a) Quais são as partículas com carga elétrica que se movimentam através dos fios?
   b) Quais são as partículas com carga elétrica que se movimentam na solução (parte interna) da pilha?

Considere a pilha esquematizada e responda às questões de 2 a 16. No processo, o alumínio vai sendo gasto.

Conforme a pilha funciona, o alumínio metálico é consumido.

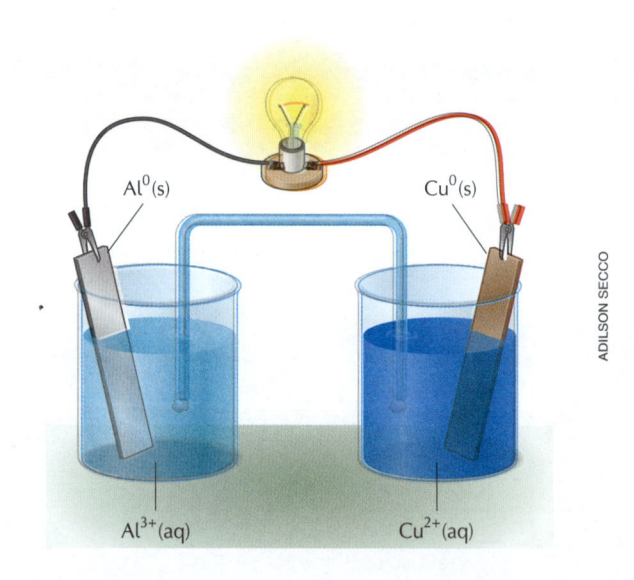

$Al^0(s)$ $Cu^0(s)$

$Al^{3+}(aq)$ $Cu^{2+}(aq)$

2. Em que sentido circulam os elétrons no fio que une os polos do gerador na parte externa do circuito?

3. Em qual das semipilhas deve estar havendo redução?
4. Equacione a semirreação de redução.
5. Equacione a semirreação de oxidação.
6. Escreva a equação global dessa pilha. (**Atenção**: não se esqueça de igualar o número de elétrons da oxidação com o da redução.)
7. Qual é a espécie oxidante?
8. Qual é a espécie redutora?
9. Qual é o polo positivo?
10. Qual é o polo negativo?
11. Qual é o sentido do movimento dos cátions na ponte salina?
12. Qual é o cátodo?
13. Qual é o sentido do movimento dos ânions na ponte salina?
14. Qual é o ânodo?
15. Escreva a equação global dessa pilha, supondo que o sal de alumínio seja $Al_2(SO_4)_3$ e o de cobre seja $CuSO_4$.
16. Se trocarmos a semipilha $Al^0 \mid Al^{3+}$ por $Ag^0 \mid Ag^+$, o polo do cobre passa a ser negativo. Faça um esquema da pilha indicando o sinal dos polos, o cátodo, o ânodo e a equação global.
17. Com base nas pilhas referentes às questões anteriores e considerando as espécies Al^0, Al^{3+}, Cu^0, Cu^{2+}, Ag^0 e Ag^+, responda:
    a) Qual das espécies tem maior tendência a se oxidar?
    b) Qual delas tem maior caráter oxidante?

Esclarecendo o significado de alguns conceitos: força eletromotriz e diferença de potencial de uma pilha

Quando dizemos, por exemplo, que uma bateria fornece 12 volts, estamos nos referindo ao que popularmente se chama de "voltagem" ou tensão elétrica desse gerador. Essa grandeza física, mais propriamente designada pela expressão **diferença de potencial** (U), varia de acordo com a intensidade de corrente elétrica (i) que percorre o gerador e, portanto, **depende do circuito em que ele se insere**.

Já a **força eletromotriz de uma pilha** (E) ou potencial de célula independe do circuito no qual o gerador se encontra e corresponde à diferença de potencial, quando não há passagem de corrente elétrica ($i = 0$); trata-se por isso de uma **grandeza "teórica"**.

Para que fique mais claro em que condições E se aproxima de U, observe a figura abaixo e acompanhe o raciocínio seguinte.

Na representação acima:
U: diferença de potencial;
E: força eletromotriz;
r: resistência interna do gerador;
i: intensidade de corrente.

De acordo com a expressão $U = E - r \cdot i$, U torna-se igual a E se:

- a corrente que passa pelo circuito for muito baixa (tender a zero), isto é, se $ri \rightarrow 0$. Pois, como:
$$U = E - r \cdot i \rightarrow U = E - 0 \rightarrow U = E$$

- a resistência interna da pilha tender a zero, ou seja, se as substâncias que constituem a célula eletroquímica não oferecerem resistência à passagem da corrente, o que corresponde à situação ideal em que $r = 0$. Assim:
$$U = E - r \cdot i \rightarrow U = E - 0 \rightarrow U = E$$

> A **diferença de potencial (ddp)** ou "voltagem" é a medida de capacidade de um gerador de impulsionar elétrons através de um circuito externo. Os elétrons em movimento podem realizar trabalho útil, e essa tensão elétrica está relacionada à capacidade de realização desse trabalho de natureza elétrica.

O instrumento usado para medir a diferença de potencial entre os polos de um gerador é o **voltímetro**. A unidade de medida utilizada é o **volt (V)**.

No estudo da Eletroquímica, podemos encontrar expressões consideradas equivalentes: **força eletromotriz** (f.e.m.), potencial de célula ou, menos rigorosamente, tensão ou diferença de potencial, que, em linguagem coloquial, é chamada de "voltagem".

Utilizando um voltímetro, é possível medir a "voltagem" de uma pilha ou bateria, como as de automóveis.

Do que depende a força eletromotriz de uma pilha? Ela depende:

- dos eletrodos que a constituem;
- da concentração das soluções empregadas;
- da temperatura.

À medida que uma pilha úmida (do tipo da pilha de Daniell) é usada, a concentração das soluções nos eletrodos se altera; por isso a "voltagem" que ela fornece varia com o uso.

Representação esquemática da pilha

A *International Union of Pure and Applied Chemistry* (IUPAC) adotou uma convenção para representar de modo esquemático uma pilha.

Indica-se **à esquerda o ânodo** (polo ⊖) e à **direita o cátodo** (polo ⊕). Um traço vertical indica separação de fases e dois traços verticais, ponte salina.

De acordo com essa convenção, a pilha de Daniell é representada por:

$$Zn^0 | Zn^{2+} || Cu^{2+} | Cu^0$$
$$1 \text{ mol/L} \quad 1 \text{ mol/L}$$

Na indicação das espécies oxidada e reduzida que constituem uma mesma fase, a separação entre elas é indicada por vírgula. Por exemplo, no caso de um eletrodo de platina mergulhado em solução aquosa contendo as espécies Fe^{2+}(aq) e Fe^{3+}(aq), deve-se indicar: $Fe^{3+}, Fe^{2+} | Pt$.

Potencial de eletrodo

Na prática, podemos determinar a força eletromotriz entre dois eletrodos, mas não é possível fazer o mesmo para o valor do potencial de cada um deles, isoladamente. Por isso, o potencial de um eletrodo é estabelecido tomando como referência o eletrodo-padrão de hidrogênio, ao qual se atribui, arbitrariamente, o potencial zero.

O eletrodo-padrão de hidrogênio

O eletrodo-padrão de hidrogênio é composto por um tubo invertido no qual é inserida uma placa presa por um fio, ambos de platina. Por uma abertura lateral, injeta-se gás hidrogênio à pressão de 100 kPa ($\approx$ 1 atm).

A platina é o metal usado nesse eletrodo porque adsorve o hidrogênio (retém moléculas do gás em sua superfície) e também por apresentar baixíssima reatividade, não sendo atacada pelo ácido presente na solução.

Por essa razão, você verá muitas vezes esse eletrodo representado por: $H^+ | Pt(H_2)$ ou $H^+ | H_2 | Pt$.

Capítulo 22 • Pilhas e baterias **513**

Observe que a forma oxidada do eletrodo é o H⁺ proveniente de um ácido. Se o ácido for H_2SO_4, por exemplo, sua concentração deverá ser 0,5 mol/L, uma vez que [H⁺] deve ser igual a 1 mol/L.

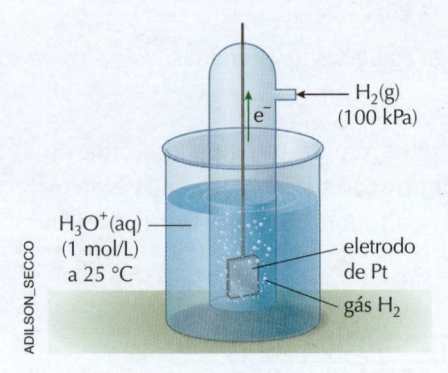

Representação do eletrodo-padrão de hidrogênio. Na superfície da platina, Pt, ocorre o processo que pode ser indicado por:

$2\ H^+(aq) + 2\ e^- \longrightarrow H_2(g)$.

Ilustração produzida com base em: RUSSELL, J. B. *Química geral*. 2. ed. São Paulo: Makron Books, 1994. v. 2. p. 273.

Por convenção, adota-se que o potencial do eletrodo de hidrogênio é zero, nas seguintes condições:

$E°_{H^+ | H_2} = 0\ V$

25 °C, 100 kPa

[H⁺] = 1 mol/L

Medindo o E° de redução de eletrodos

Para medir o $E°$ (potencial-padrão de redução) de um eletrodo, montam-se pilhas nas quais **um dos eletrodos é o padrão de hidrogênio**, e o outro é aquele cujo $E°$ se pretende determinar. Por serem eletrodos-padrão, subentende-se que ambos estão a 25 °C, 100 kPa, com concentração em íons H⁺ igual a 1,0 mol/L.

Determinando o E° do eletrodo Ni⁰ | Ni²⁺

Seja a pilha-padrão Ni | Ni²⁺ || H⁺ | H₂ | Pt.

Como foi dito anteriormente, nessa representação as formas reduzida e oxidada de cada semipilha estão separadas por um traço, e a indicação || representa a ponte salina que une os eletrodos. Vale lembrar que a IUPAC recomenda que o ânodo fique à esquerda.

Pense inicialmente no seguinte: entre Ni e H₂, qual tem mais tendência a se oxidar? Lembre-se de que Ni⁰(s) reage com ácidos, liberando H₂(g). O níquel tem, portanto, maior caráter redutor.

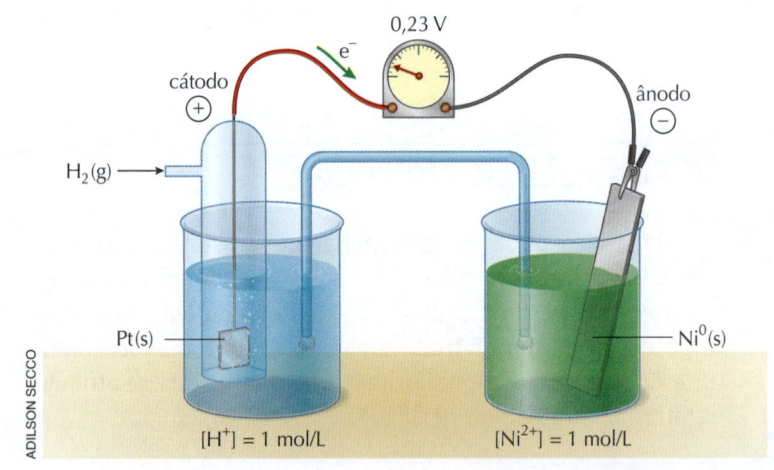

Esquema da determinação do $E°$ do eletrodo-padrão Ni⁰ | Ni²⁺.

$Ni^0(s) \xrightarrow{\text{oxidação}} Ni^{2+}(aq) + 2\ e^-$

$2\ H^+(aq) + 2\ e^- \xrightarrow{\text{redução}} H_2(g)$

Equação global: $Ni^0(s) + 2\ H^+(aq) \rightleftarrows Ni^{2+}(aq) + H_2(g)$

$E_{pilha} = E°_{\text{oxidação do Ni}^0} + E°_{\text{redução do H}^+}$

$E_{pilha} = E°_{Ni^0 | N^{2+}} + E°_{H^+ | H_2} = 0,233\ V$

$E°_{H^+ | H_2} = 0\ V$ (por convenção)

$E_{pilha} = E°_{Ni^0 | N^{2+}} = 0,23\ V$

514 Química - Novais & Tissoni

Como nesse processo o Ni(s) está se oxidando, 0,23 V é o **potencial-padrão de oxidação da semipilha Ni⁰|Ni²⁺**. Inversamente, o **potencial-padrão de redução da semipilha Ni²⁺|Ni⁰** é −0,23 V.

$$Ni^0(s) \xrightarrow{\text{oxidação}} Ni^{2+}(aq) + 2\,e^- \quad E°_{Ni^0|Ni^{2+}} = +0,23\text{ V}$$
(potencial-padrão de oxidação)

$$Ni^{2+}(aq) + 2\,e^- \xrightarrow{\text{redução}} Ni^0(s) \quad E°_{Ni^{2+}|Ni^0} = -0,23\text{ V}$$
(potencial-padrão de redução)

Atividades

Suponha uma pilha construída com os eletrodos-padrão Ag⁺|Ag e Pt(H₂)|H⁺.

1. O E_{pilha} é de 0,80 V. Com base no que você estudou, esquematize essa pilha e calcule o potencial-padrão (E°) de:
   a) oxidação de Ag⁰|Ag⁺;
   b) redução de Ag⁺|Ag⁰.

2. Interprete o significado químico do potencial-padrão de redução Ag⁺|Ag⁰, comparando-o com o potencial-padrão de redução do par Ni²⁺|Ni⁰, que aparece no texto acima.

Determinando o E° do eletrodo Cu⁰|Cu²⁺

Vamos ver como se determina o potencial-padrão do eletrodo de cobre.
Como o cobre apresenta menos tendência de oxidar-se que o hidrogênio, temos:

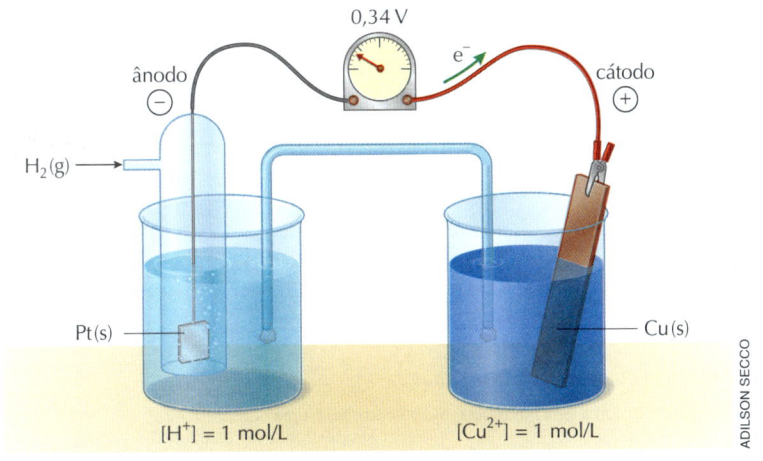

Esquema de determinação do E° do eletrodo-padrão Cu²⁺|Cu⁰.

$$H_2(g) \xrightarrow{\text{oxidação}} 2\,H^+(aq) + 2\,e^-$$
$$Cu^{2+}(aq) + 2\,e^- \xrightarrow{\text{redução}} Cu^0(s)$$

Equação global: $Cu^{2+}(aq) + H_2(g) \rightleftharpoons Cu^0(s) + 2\,H^+(aq)$

$$E_{pilha} = E°_{\text{oxidação do } H_2|H^+} + E°_{\text{redução do } Cu^{2+}|Cu^0}$$
$$E_{pilha} = E°_{H_2|H^+} + E°_{Cu^{2+}|Cu^0} = 0,34\text{ V}$$
$$E°_{H_2|H^+} = 0\text{ V (por convenção)}$$
$$E_{pilha} = E°_{Cu^{2+}|Cu^0} = 0,34\text{ V}$$

Ou seja, o potencial-padrão de redução do Cu²⁺ é +0,34 V.
Da pilha montada, podemos deduzir que:

$$Cu^0(s) \xrightarrow{\text{oxidação}} Cu^{2+}(aq) + 2\,e^- \quad E°_{Cu^0|Cu^{2+}} = -0,34\text{ V} \text{ (potencial-padrão de oxidação)}$$

$$Cu^{2+}(aq) + 2\,e^- \xrightarrow{\text{redução}} Cu^0(s) \quad E°_{Cu^{2+}|Cu^0} = +0,34\text{ V} \text{ (potencial-padrão de redução)}$$

A tabela dos potenciais-padrão

Por meio de processos semelhantes aos que acabamos de examinar, construíram-se tabelas com os valores dos potenciais-padrão de eletrodos. Eles se referem sempre a soluções 1 mol/L, a 25 °C e 100 kPa.

A IUPAC determina que a tabela de potenciais-padrão seja organizada para os valores de redução.

Potenciais-padrão de redução (25 °C, 100 kPa, concentração dos íons: 1 mol/L)

Semiequação de redução			Potencial de redução $E°$ (V)
Li^+(aq)	+ 1 e^- →	Li^0(s)	−3,05
Mg^{2+}(aq)	+ 2 e^- →	Mg^0(s)	−2,36
Al^{3+}(aq)	+ 3 e^- →	Al^0(s)	−1,66
Zn^{2+}(aq)	+ 2 e^- →	Zn^0(s)	−0,76
Fe^{2+}(aq)	+ 2 e^- →	Fe^0(s)	−0,44
Cd^{2+}(aq)	+ 2 e^- →	Cd^0(s)	−0,40
Ni^{2+}(aq)	+ 2 e^- →	Ni^0(s)	−0,23
Sn^{2+}(aq)	+ 2 e^- →	Sn^0(s)	−0,14
Pb^{2+}(aq)	+ 2 e^- →	Pb^0(s)	−0,13
2 H^+(aq)	+ 2 e^- →	H_2(g)	0,00 (por definição)
Cu^{2+}(aq)	+ 2 e^- →	Cu^0(s)	+0,34
I_2(s)	+ 2 e^- →	2 I^-(aq)	+0,54
Fe^{3+}(aq)	+ 1 e^- →	Fe^{2+}(aq)	+0,77
Ag^+(aq)	+ 1 e^- →	Ag^0(s)	+0,80
Br_2(l)	+ 2 e^- →	2 Br^-(aq)	+1,09
Cl_2(g)	+ 2 e^- →	2 Cl^-(aq)	+1,36
Au^{3+}(aq)	+ 3 e^- →	Au^0(s)	+1,40
F_2(g)	+ 2 e^- →	2 F^-(aq)	+2,87

caráter oxidante crescente ↓ caráter redutor crescente ↑

Observação

Pequenas diferenças nos valores de E° podem aparecer em questões de exames de seleção.

Nota: No final da Parte II, você encontra uma tabela mais completa de potenciais-padrão.

Fonte: ATKINS, P. W.; JONES, L. *Princípios de química*: questionando a vida moderna e o ambiente. Trad. Ignez Caracelli et al. Porto Alegre: Bookman, 2002. A17.

Atividades

1. Por que o E° de redução do par H^+ | H_2 vale 0?

2. O que significa o E° de redução do par Zn^{2+} | Zn^0 ser negativo?

3. Se o E° de redução do Zn^{2+} | Zn^0 é negativo, o que você pode afirmar a respeito do caráter redutor do zinco, se comparado ao do hidrogênio?

   Vamos interpretar alguns dados dessa tabela de potenciais-padrão de redução.

4. Entre as espécies da tabela (íons e substâncias simples), qual tem maior:
   a) tendência a sofrer redução?
   b) tendência a sofrer oxidação?
   c) caráter oxidante?
   d) caráter redutor?

5. É possível o F_2 oxidar o Cl^-? Por quê?

6. É possível o I_2 oxidar o Cl^-? Por quê?

7. O zinco metálico pode reagir com solução aquosa de Mg^{2+}, transformando-se em cátion de zinco (Zn^{2+})? Por quê?

8. De acordo com a tabela, o Li^+ pode ser um agente redutor? Por quê?

Você pode resolver as questões 2 a 4; 6 a 8; 14, 18 e 20 da seção Testando seus conhecimentos.

Fazendo previsões sobre uma pilha

Analisemos uma pilha construída com os eletrodos $Mg^0 \mid Mg^{2+}$ e $Ag^+ \mid Ag^0$.

Vamos copiar da tabela as semiequações de redução com os respectivos valores de $E°$:

$$Mg^{2+}(aq) + 2\,e^- \longrightarrow Mg^0(s) \qquad E° = -2,36\text{ V}$$
$$Ag^+(aq) + 1\,e^- \longrightarrow Ag^0(s) \qquad E° = +0,80\text{ V}$$

Como podemos interpretar esses dados?

O valor mais alto de $E°$ de redução é o do par $Ag^+ \mid Ag^0$, o que indica que os íons Ag^+ têm maior tendência de se reduzir do que os íons Mg^{2+}. Mas, se os íons Ag^+ se reduzem, então o magnésio metálico (Mg^0) se oxida.

No caso do **processo de oxidação**, vamos **inverter a semiequação de redução fornecida e o respectivo valor de** $E°$:

$$Mg^0(s) \xrightarrow{\text{oxidação}} Mg^{2+}(aq) + 2\,e^- \qquad E°_{\text{oxidação}} = -(-2,36\text{ V})$$
$$2\,Ag^+(aq) + 2\,e^- \xrightarrow{\text{redução}} 2\,Ag^0(s) \qquad E°_{\text{oxidação}} = +0,80\text{ V}$$

Equação global: $Mg^0(s) + 2\,Ag^+(aq) \rightleftarrows Mg^{2+}(aq) + 2\,Ag^0(s) \quad \Delta E° = +3,16\text{ V}$

Para calcular o $E°$ da pilha, soma-se o $E°$ de oxidação (sempre com sinal contrário ao da redução) com o $E°$ de redução: no caso, o $E°$ da pilha vale 3,16 V ($\Delta E° = 3,16$ V).

Verifique que, no cálculo do $E°$ de uma pilha, **o sinal do $E°$ de um dos eletrodos tem de ser trocado** em relação ao fornecido na tabela de $E°$. É onde ocorrerá o processo inverso (o de oxidação, já que a tabela fornece o potencial-padrão de redução).

Sabemos que os elétrons saem da semicélula em que há oxidação; então, o Mg^0 é o polo $\ominus$. Analisando esses dados, podemos esquematizar, para uma pilha qualquer:

$$E° = E°_{\text{oxidação}} + E°_{\text{redução}}$$

> **Observação**
>
> Note que a semiequação de redução deve ser multiplicada por 2, pois o número de elétrons cedidos na oxidação é sempre igual ao número de elétrons recebidos na redução.

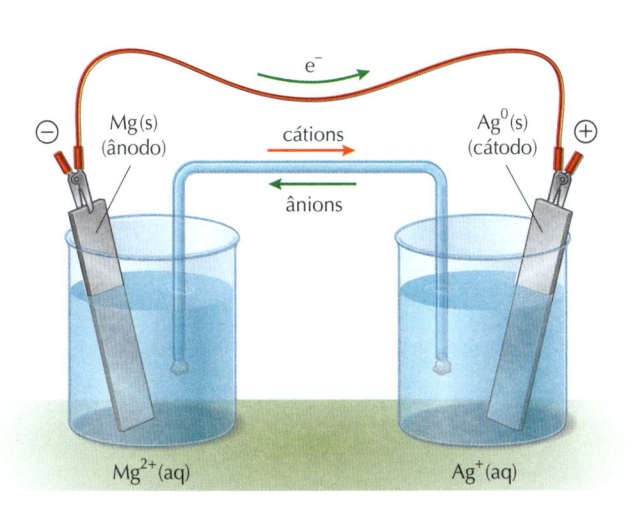

Algumas observações importantes

- Multiplicar uma semiequação por 2 não significa mudar o valor de $E°$, uma vez que tal valor corresponde a uma concentração padronizada (1 mol de íons/L de solução). Isto é, **o potencial de eletrodo não é uma grandeza estequiométrica**. Assim, quando se fala no $E°$ de redução do par $Ag^+ \mid Ag^0$, não importa se ele fará parte de uma pilha com $Cu^0 \mid Cu^{2+}$ ou com $Al^0 \mid Al^{3+}$. O que mudam são as proporções entre os reagentes:

$$2\,Ag^+(aq) + Mg^0(s) \longrightarrow Mg^{2+}(aq) + 2\,Ag^0(s)$$
$$\quad 2\text{ mol} \quad : \quad 1\text{ mol}$$

$$3\,Ag^+(aq) + Al^0(s) \longrightarrow 2\,Al^{3+}(aq) + 3\,Ag^0(s)$$
$$\quad 3\text{ mol} \quad : \quad 1\text{ mol}$$

- O $E°$ de redução de $Ag^+ \mid Ag^0$ vale +0,80 V nos dois casos, porque, se o potencial de redução é o padrão, fica subentendido que a solução é 1 mol/L (1 mol de íons Ag^+ por litro de solução). O fato de a solução de Ag^+ ter concentração 1 mol/L independe de 1 mol de magnésio consumir 2 mol de Ag^+ ou de 1 mol de alumínio reagir com 3 mol de Ag^+.

- O E da pilha vai se alterando à medida que a pilha é usada, pois o E de seus eletrodos deixa de ser padrão ($E°$). A concentração das soluções muda no decorrer da reação, isto é, deixamos de ter a concentração inicial: 1 mol/L. Para essas outras concentrações, há uma equação de correção do $E°$, da qual faz parte outra variável: a temperatura (não mais limitada a 25 °C). Essa equação não será trabalhada neste livro.

Atividades

Para resolver os exercícios a seguir, sempre que necessário, consulte a tabela de potenciais-padrão de redução no final desta parte.

1. Para os itens a, b e c a seguir, esquematize pilhas, indicando:
   - polos positivo e negativo;
   - cátodo e ânodo;
   - sentido dos elétrons no fio que liga os polos;
   - força eletromotriz da pilha em condições-padrão;
   - equações de oxidação, de redução e global da pilha.

   a) $Zn^0 \mid Zn^{2+}$ e $Ag^+ \mid Ag^0$
   b) $Zn^0 \mid Zn^{2+}$ e $Sn^{2+} \mid Sn^0$
   c) $Cu^0 \mid Cu^{2+}$ e $Au^{3+} \mid Au^0$

QUESTÃO COMENTADA

2. (Fuvest-SP) Um tipo de bafômetro usado pela polícia rodoviária para medir o grau de embriaguez dos motoristas consiste em uma pilha eletroquímica que gera corrente na presença de álcool (no ar expirado), devido à reação:

$$2\ CH_3CH_2OH(g) + O_2(g) \longrightarrow 2\ CH_3CHO(g) + 2\ H_2O(l)$$

O "suspeito" sopra através de um tubo para dentro do aparelho onde ocorre, se o indivíduo estiver alcoolizado, a oxidação do etanol a etanal e a redução do oxigênio a água, em meio ácido e em presença de catalisador (platina).

a) Sabendo-se que a semirreação que ocorre em um dos eletrodos é:

$$CH_3CH_2OH \longrightarrow CH_3CHO + 2\ H^+ + 2\ e^-,$$

escreva a semirreação que ocorre no outro eletrodo.

b) Sendo $E_1^°$ e $E_2^°$, respectivamente, os potenciais-padrão de redução, em meio ácido, dos eletrodos ($CH_3CHO \longrightarrow CH_3CH_2OH$) e ($O_2, H_2O$), para que a reação da pilha ocorra é necessário que $E_1^°$ seja maior ou menor do que $E_2^°$? Explique.

Sugestão de resolução

a) Se num eletrodo está ocorrendo a oxidação do álcool, necessariamente no outro deverá haver redução. O elemento que é reduzido é o oxigênio. Assim, o elemento oxigênio deverá ter seu número de oxidação alterado de zero (O_2) para –2 (H_2O):

$$\frac{1}{2} O_2(g) + 2\ H^+(aq) + 2\ e^- \longrightarrow H_2O(l).$$

Note que, para que o O_2 se transforme em água, deve haver participação dos íons 2 H^+ do meio ácido. Repare que as cargas desses íons H^+ (+2) ficam equilibradas pelos elétrons (dois) envolvidos na redução.

b) Considerando E_1^0 o potencial-padrão de redução de H_3C-CHO a H_3C-CH_2-OH e $E_2^°$ o potencial-padrão de redução do O_2 a H_2O, podemos concluir que, já que o álcool se oxidou, seu potencial de redução é menor do que o potencial de redução do O_2 e, portanto, o potencial de redução do H_3C-CHO fornecido deve ser invertido e somado ao potencial de redução do O_2 a H_2O. Para que a redução aconteça, ΔE deve ser positivo, então:

$$\Delta E = E_2^° + (-E_1^°) > 0.$$

Isto é, o $E_2^°$ (do O_2 a H_2O) é maior que o $E_1^°$ (do H_3C-CHO a H_3C-CH_2-OH).

A reação de oxirredução é espontânea?

Para ajudá-lo a responder a essa pergunta, vamos analisar a equação não balanceada de uma reação que servirá de base para raciocinarmos:

$$Mn^{2+}(aq) + Ni^{2+}(aq) + 2\ H_2O(l) \rightleftharpoons Ni^0(s) + MnO_2(s) + 4\ H^+(aq)$$

Se essa reação for espontânea, corresponderá a uma pilha, um processo capaz de gerar energia, cujo $E°$ seja positivo. Assim, é preciso analisar o que ocorreria em cada polo dessa pilha hipotética. Para isso, vamos escrever as semiequações que correspondem à reação que queremos saber se é espontânea ou não, acompanhadas dos respectivos $E°$, **sem esquecer de inverter o sinal do $E°$ da semiequação de oxidação:**

$$Mn^{2+}(aq) + 2\ H_2O(l) \xrightarrow{oxidação} MnO_2(s) + 4\ H^+(aq) + 2\ e^- \quad E_{oxi}^° = -(+1,23\ V)$$

$$Ni^{2+}(aq) + 2\ e^- \xrightarrow{redução} Ni^0(s) \quad E_{red}^° = -0,23\ V$$

$$E° = -1,23\ V + (-0,23\ V) \quad E° = -1,46\ V$$

Se o $E°$ da suposta pilha é negativo, fica fácil concluir que não se trata de uma possível pilha, na medida em que ela não geraria eletricidade ($E° < 0$). Assim, a reação não é espontânea no sentido anteriormente representado. Já o processo inverso seria possível:

$$Ni^0(s) + MnO_2(s) + 4\,H^+(aq) \rightleftharpoons Mn^{2+}(aq) + Ni^{2+}(aq) + 2\,H_2O(l)$$

Segundo esse processo, o metal níquel (Ni^0) seria oxidado por dióxido de manganês (MnO_2) em meio ácido.

Atividade

QUESTÃO COMENTADA

(Fuvest-SP) Um experimentador tentou oxidar zinco (Zn) com peróxido de hidrogênio (H_2O_2), em meio ácido. Para isso, adicionou ao zinco solução aquosa de peróxido de hidrogênio, em excesso, e, inadvertidamente, utilizou ácido iodídrico [HI(aq)] para acidular o meio. Para sua surpresa, obteve vários produtos.

a) Escreva as equações químicas balanceadas que representam as reações de oxirredução ocorridas no experimento, incluindo a que representa a decomposição do peróxido de hidrogênio, pela ação catalítica do metal.

b) Poderá ocorrer reação entre o peróxido de hidrogênio e o ácido iodídrico? Justifique, utilizando semirreações e os correspondentes potenciais-padrão de redução.

Dados:

Potenciais-padrão de redução (V):

- peróxido de hidrogênio, em meio ácido, dando água 1,78;
- oxigênio (O_2), em meio ácido, dando peróxido de hidrogênio 0,70;
- iodo (I_2) dando íons iodeto 0,54;
- íons H^+ dando hidrogênio gasoso (H_2) 0,00;
- íons Zn^{2+} dando zinco metálico $-0{,}76$.

Sugestão de resolução

a) O zinco atuando como catalisador na decomposição do peróxido de hidrogênio:

$$H_2O_2(aq) + 2\,H^+(aq) + 2\,e^- \longrightarrow 2\,H_2O(l) \qquad E° = +1{,}78\ V$$

$$H_2O_2(g) \longrightarrow O_2(g) + 2\,H^+(aq) + 2\,e^- \qquad E° = -(0{,}70\ V)$$

$$\overline{2\,H_2O_2(aq) \rightleftharpoons 2\,H_2O(l) + O_2(g)} \qquad \Delta E° = +1{,}08\ V$$

A oxidação de iodeto a iodo na presença de peróxido de hidrogênio:

$$2\,I^-(aq) \longrightarrow I_2(s) + 2\,e^- \qquad E° = -(0{,}54\ V)$$

$$H_2O_2(aq) + 2\,H^+(aq) + 2\,e^- \longrightarrow 2\,H_2O(l) \qquad E° = +1{,}78\ V$$

$$\overline{H_2O_2(aq) + 2\,H^+(aq) + 2\,I^-(aq) \rightleftharpoons I_2(s) + 2\,H_2O(l)} \qquad \Delta E° = +1{,}24\ V$$

A oxidação do zinco:

$$Zn(s) \longrightarrow Zn^{2+}(aq) + 2\,e^- \qquad E° = -(-0{,}76\ V)$$

$$H_2O_2(aq) + 2\,H^+(aq) + 2\,e^- \longrightarrow 2\,H_2O(l) \qquad E° = +1{,}78\ V$$

$$\overline{H_2O_2(aq) + 2\,H^+(aq) + Zn(s) \rightleftharpoons Zn^{2+}(aq) + 2\,H_2O(l)} \qquad \Delta E° = +2{,}54\ V$$

b) Sim, porque a reação é espontânea ($\Delta E° > 0$, conforme o processo equacionado acima).

Caráter oxidante e redutor

Analise as espécies que constam na tabela de potenciais-padrão de redução, no final desta parte, e verifique: **qual tem maior tendência a reduzir-se?**

O F_2 tem o maior $E°$ de redução: +2,87 V.

O F_2, ao reduzir-se, necessariamente oxida outra espécie; portanto, F_2 é a espécie com maior caráter oxidante entre as que constam da tabela de $E°$.

Analogamente, podemos verificar: **qual tem maior tendência a oxidar-se?**

O Li, cujo $E°$ de oxidação é o maior, +3,05 V, tem como correspondente inverso o $E°$ de redução do Li^+. O Li^0 é a espécie com maior caráter redutor.

Fazendo um raciocínio semelhante a esse, é possível comparar o caráter oxidante ou redutor de diferentes espécies químicas.

> **Observação**
>
> Dizer que Li^0 tem o maior caráter redutor é bem diferente de afirmar que Li^+ tem o maior caráter redutor. Esta última é uma afirmação errada!
>
> Li^0 (forma metálica de Nox zero) pode se oxidar e, portanto, pode atuar como redutor.
>
> Li^+ (cátion em que o Nox é +1) não pode se oxidar e, portanto, não pode ser agente redutor.
>
> O mesmo vale para os outros pares forma oxidada/forma reduzida. Por isso, **é preciso muita atenção!**

Atividades

QUESTÃO COMENTADA

1. (UFMG-Adaptada) Na figura abaixo, está representada uma pilha, construída com duas placas idênticas de Pb(s) imersas em soluções de $Pb(NO_3)_2$(aq) de concentrações diferentes.

   O galvanômetro indica a passagem de corrente elétrica.

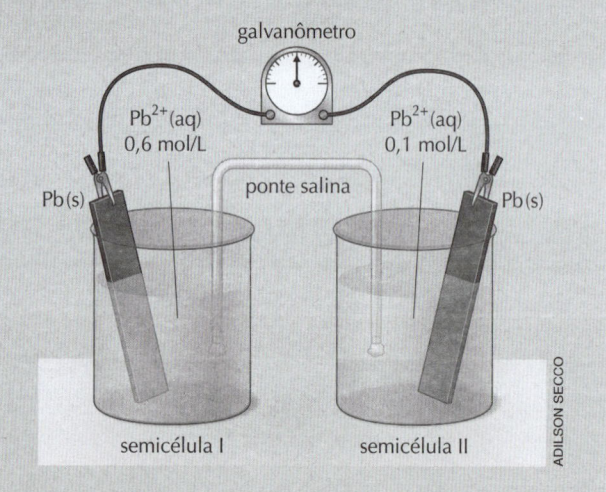

   [Figura: pilha com semicélula I contendo Pb(s) em Pb^{2+}(aq) 0,6 mol/L e semicélula II contendo Pb(s) em Pb^{2+}(aq) 0,1 mol/L, conectadas por ponte salina e galvanômetro]

   a) Essa pilha funciona até que a concentração dos íons Pb^{2+}(aq), nas duas semicélulas, se iguale. Escreva as equações balanceadas das semirreações que ocorrem nas semicélulas **I** e **II**.

   b) Considerando os constituintes dessa pilha, indique a espécie oxidante e a redutora e a semicélula em que cada uma dessas espécies se localiza.

   Sugestão de resolução

   a) Considerando que a concentração nas duas semicélulas deve se igualar, temos que a concentração de íons Pb^{2+} formados na semicélula **I** deve aumentar e que a concentração de íons Pb^{2+} na semicélula **II** deve diminuir. Então podemos considerar as semiequações:

   I. $Pb(s) \longrightarrow Pb^{2+}(aq) + 2\,e^-$

   II. $Pb^{2+}(aq) + 2\,e^- \longrightarrow Pb(s)$

   b) A espécie oxidante é aquela submetida ao processo de redução; portanto, Pb^{2+}(aq) da semicélula **II**. Já a espécie redutora é aquela que se oxida; portanto, Pb(s) da semicélula **I**.

Para resolver os exercícios a seguir, sempre que necessário, consulte a tabela de potenciais-padrão de redução no final deste livro.

2. Considere os metais zinco, níquel, estanho, prata e cobre. Quais podem reagir com ácidos, originando gás hidrogênio?

3. Equacione, na forma iônica, as reações possíveis relativas aos metais da questão anterior.

4. Considere os metais ouro, prata, níquel e cádmio. Quais podem reagir com íons de chumbo (Pb^{2+}) em solução?

5. Equacione, na forma iônica, as reações possíveis relativas aos metais da questão anterior.

6. Considere os seguintes ânions em solução aquosa: S^{2-}, F^-, Cl^-, I^-.

   a) Quais podem ser oxidados pelo Br_2(aq) para formar substâncias simples?

   b) Qual deles tem maior caráter redutor?

   c) Considere os pares formados por esses íons e as formas oxidadas de substâncias simples. Qual das espécies tem maior caráter oxidante?

   d) Equacione uma reação, na forma iônica, envolvendo uma das espécies fornecidas em que se manifeste o caráter oxidante mencionado no item anterior.

Você pode resolver as questões 5, 9 a 13, 19 e 22 a 25 da seção Testando seus conhecimentos.

A corrosão: um problema a ser enfrentado

Você já deve ter visto objetos de cobre recobertos de azinhavre (camada de cor verde que se forma na superfície de cobre ou latão), joias de prata sem brilho e escurecidas ou peças de ferro cobertas por ferrugem.

Usualmente empregamos o termo **corrosão** para designar o processo de oxidação que ocorre na superfície de um metal, dando origem a íons.

A corrosão é causa de enormes prejuízos quando atinge a estrutura de pontes e edifícios, a parte metálica de automóveis, navios, máquinas, etc.

Saiba mais

Além de comprometer os bens arquitetônicos de um país, a corrosão destrói também suas riquezas. Estudo realizado nos Estados Unidos, em 2002, concluiu que o problema consome de 1% a 5% do Produto Interno Bruto (PIB) dos países desenvolvidos. Para a maior economia do mundo, a estadunidense, a perda é de aproximadamente US$ 300 bilhões por ano – cerca de 3% do PIB –, apesar de existirem regras rígidas de controle da qualidade nas construções. Aproximadamente 25% do ferro produzido nos Estados Unidos é usado para substituir o que é gasto em corrosão.

No Brasil, estima-se que as perdas correspondem a cerca de 4% do PIB, segundo dados do Instituto de Metais Não Ferrosos (ICZ).

Fontes: NATIONAL Association of Corrosion Engineer. *Corrosion Costs and Preventive Strategies in the United States*. Disponível em: <http://www.nace.org/uploadedFiles/Publications/ccsupp.pdf>. Acesso em: 10 abr. 2018.

MARQUES, William. *Aplicações Internacionais da Galvanização Contra a Corrosão em Pontes e Viadutos*. Disponível em: <http://www.icz.org.br/upfiles/arquivos/apresentacoes/Bridges-Brazil-2013.pdf>. Acesso em: 10 abr. 2018.

A Catedral Metropolitana de São Paulo (SP), conhecida como Catedral da Sé, inaugurada em 1954, é uma construção em que predomina o estilo **neogótico**. Sua enorme cúpula, feita de cobre, passou a ter coloração esverdeada devido à formação de azinhavre (mistura de compostos produzidos na oxidação do cobre em contato com o ar). Por isso, quando de sua restauração (2000-2002), foi usada uma técnica para o cobre ser envelhecido à força. Foto de 2015.

Neogótico: diz-se do movimento artístico e arquitetônico surgido no século XVII, na Europa, e que ainda tinha certa importância no início do século XX (a Sé começou a ser construída em 1913). O estilo neogótico retoma características do estilo gótico medieval.

Na foto, de 2015, detalhe da ponte de ferro Marechal Hermes, que, sobre o Rio São Francisco, liga os municípios de Pirapora e Buritizeiro, em Minas Gerais. Podem-se notar as marcas da ferrugem. A corrosão de metais representa enorme prejuízo econômico, artístico e ambiental.

Química: prática e reflexão

Que condições favorecem o desenvolvimento da ferrugem?

Material necessário
- 4 pregos (não recobertos por película incolor)
- 4 frascos de vidro idênticos, transparentes e incolores (por exemplo, frascos de remédio ou condimento) com tampa plástica
- água
- óleo
- um pedaço de palha de aço
- produto desidratante, como: secantes vendidos em supermercado, cloreto de cálcio anidro (vendido em casas de produtos para a manufatura de perfumes), saquinhos de sílica-gel (presentes em muitos medicamentos, bolsas de couro e produtos eletrônicos)
- uma pitada de sal de cozinha

Procedimento
1. Esfreguem os pregos com a palha de aço.
2. Coloquem um prego em cada frasco.
3. No primeiro frasco, acrescentem água, de modo que o prego fique parcialmente imerso.
4. No segundo, adicionem água e uma pitada de sal de cozinha, recobrindo o prego.
5. No terceiro, coloquem o agente desidratante junto com o prego; tampem o frasco imediatamente.
6. No quarto frasco, coloquem o óleo recobrindo o prego.
7. Para realizar suas observações, certifiquem-se de que os quatro frascos estejam tampados.

Descarte dos resíduos: Os pregos podem ser descartados em uma lixeira; os resíduos líquidos podem ser descartados diretamente no ralo de uma pia; já o agente desidratante pode ser guardado em um frasco fechado em local destinado aos materiais usados em experimentos para futuro reaproveitamento.

Analisem suas observações
1. Observem os frascos depois de três dias e depois de cinco dias. Anotem suas observações.
2. Comparem entre si as observações feitas para os quatro frascos, destacando as condições que favoreceram e as que dificultaram a formação da ferrugem.
3. Formulem algumas hipóteses para explicar o que observaram.

Corrosão: aspectos econômicos, sociais e ambientais

Como dissemos, a corrosão tem efeitos negativos sobre bens artístico-culturais da humanidade e efeitos perversos no campo econômico.

Ela causa grandes transtornos e prejuízos financeiros quando atinge, por exemplo, instalações de estruturas metálicas que ficam submersas ou enterradas, como as empregadas em cabos de comunicação e energia elétrica, gasodutos e oleodutos; estruturas metálicas aéreas, como torres de transmissão de energia elétrica usadas em comunicação – transmissão de TV e telefonia –, pontes e viadutos; tanques de armazenamento de produtos diversos; metais usados em meios de transporte (automóveis, ônibus, caminhões, trens, navios, aviões). Em todos esses casos, é desejável que as estruturas metálicas sejam duráveis, por dois motivos principais: **porque o metal corroído pode causar acidentes e porque se trata de equipamentos caros**.

Ainda que sejam complexos os cálculos das perdas provocadas pela corrosão, especialistas estimam que, em países industrializados, elas representam pouco mais de 3,5% do Produto Interno Bruto (PIB), e 25% delas poderiam ser evitadas se fossem implementadas certas medidas, entre as quais a **prevenção à formação da ferrugem** e a utilização de materiais mais adequados a cada situação. Além dos prejuízos financeiros, há os prejuízos indiretos, mais difíceis de quantificar, como os causados pela paralisação acidental de trens e metrôs em razão da corrosão de conexões elétricas, entre outras estruturas (o que leva milhares de pessoas a atrasar-se no trabalho e a perder compromissos, gerando também perdas financeiras e causando estresse).

Quanto aos aspectos ambientais, vale destacar que o Protocolo de Quioto (1997), um dos acordos internacionais para o combate às alterações climáticas e ao aquecimento global, defende o uso de medidas anticorrosivas. Elas seriam uma das formas de controlar a poluição do planeta, uma vez que, diminuindo a corrosão por ferrugem, aumenta-se a durabilidade dos produtos de aço e, desse modo, reduzem-se os poluentes resultantes dos processos industriais que seriam necessários para repor os produtos deteriorados. Diminuindo a necessidade de substituir os produtos de aço com tanta frequência, seria possível poupar o ambiente: a extração de minérios do solo degrada regiões montanhosas, reduzindo-as a vales.

Como o combate à formação da ferrugem envolve o conhecimento acumulado por profissionais de várias áreas, podemos dizer que as melhores soluções requerem a contribuição de químicos, engenheiros químicos, mecânicos, eletricistas e metalurgistas, entre outros.

Processos químicos envolvidos na formação da ferrugem

O O_2 do ar tem papel essencial na formação da ferrugem que resulta da corrosão do ferro e do aço. Esse processo complexo implica a oxidação do Fe metálico a Fe^{2+} e Fe^{3+} – a coloração avermelhada da ferrugem provém dos íons ferro(III). **Não se trata de um simples processo de oxidação superficial do ferro** quando em contato com o O_2 do ar, mas de um **processo eletroquímico**. Isso pode ser justificado com base na constatação de que o comprometimento de estruturas de ferro também ocorre em regiões distantes da superfície do metal que está em contato com o ar – por exemplo, na parte interna de armações usadas na construção civil.

Com base nas observações feitas no experimento anterior, você deve ter notado a importância da água (umidade do ar) e do sal na formação da ferrugem. A explicação para a **participação da água e dos íons no processo eletroquímico** é a seguinte: em qualquer amostra de ferro, comumente estão presentes **pequenas porções de metais mais nobres** do que ele (como o Cu e o Sn, entre outros), o que leva à formação de pilhas em que o Fe^0 sofre oxidação, funcionando como polo ⊖, isto é, como ânodo, enquanto o outro metal funciona como cátodo. A água tem papel fundamental nesse processo porque permite que os **íons presentes se movimentem** – a solução eletrolítica formada pelos íons em solução constitui uma ponte salina – e, com isso, torna-se possível "fechar" o circuito elétrico.

Vamos representar o processo envolvido na formação da ferrugem por meio das semiequações de oxidação e redução.

Semiequação anódica:

$$Fe^0(s) \xrightarrow{\text{oxidação}} Fe^{2+}(aq) + 2\ e^-$$

Semiequação catódica: podem ocorrer três processos de redução, de acordo com a concentração de O_2, a acidez ou a neutralidade da solução. Para simplificar o raciocínio, vamos considerar apenas a representação na qual estão englobadas a redução do hidrogênio (de +1 a 0: H_2O a H_2) e a do oxigênio (de 0 a −2: O_2 a H_2O):

$$O_2(g) + 2\ H_2O(l) + 4\ e^- \xrightarrow{\text{redução}} 4\ OH^-(aq)$$

Os íons Fe^{2+} formados no ânodo, em contato com íons OH^+, originam $Fe(OH)_2$:

$$2\ Fe^0(s) \xrightarrow{\text{oxidação}} 2\ Fe^{2+}(aq) + 4\ e^-$$
$$O_2(g) + 2\ H_2O(l) + 4\ e^- \xrightarrow{\text{redução}} 4\ OH^-(aq)$$

Equação global: $2\ Fe^0(s) + 2\ H_2O(l) + O_2(g) \longrightarrow 2Fe(OH)_2(s)$

De acordo com as condições, podem formar-se produtos diferentes, entre os quais $2\ Fe_2O_3 \cdot H_2O(s)$, de cor avermelhada.

Na verdade, a ferrugem é uma forma hidratada de óxido de ferro(III). Como a quantidade de água de hidratação varia, costumamos representá-la pela fórmula $Fe_2O_3 \cdot x\ H_2O$.

O processo de enferrujamento pode ser esquematizado por:

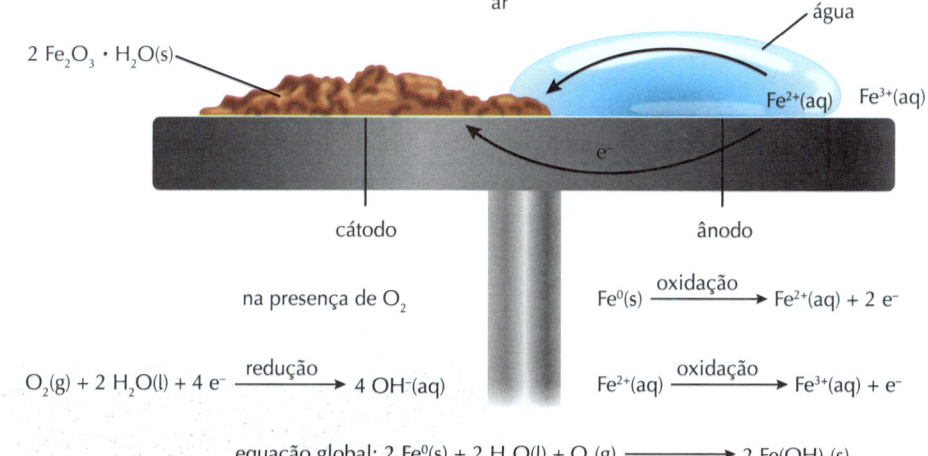

na presença de O_2

$$O_2(g) + 2\ H_2O(l) + 4\ e^- \xrightarrow{\text{redução}} 4\ OH^-(aq)$$

$$Fe^0(s) \xrightarrow{\text{oxidação}} Fe^{2+}(aq) + 2\ e^-$$

$$Fe^{2+}(aq) \xrightarrow{\text{oxidação}} Fe^{3+}(aq) + e^-$$

equação global: $2\ Fe^0(s) + 2\ H_2O(l) + O_2(g) \longrightarrow 2\ Fe(OH)_2(s)$

A equação global representa somente uma das possibilidades de oxidação do ferro, uma vez que ela prossegue originando íons Fe^{3+}, responsáveis pela cor da ferrugem.

Fonte: CHANG, R. *Chemistry*. 5th ed. Highstown: McGraw-Hill, 1994. p. 790.

O fato de a água ser indispensável para que os íons se movam entre os polos explica por que é mais difícil enfrentar o problema da ferrugem em cidades à beira-mar.

Evitando a ferrugem

Aparentemente, a maneira mais simples de evitar a oxidação do ferro é seu total isolamento do ar, o que pode ser conseguido recobrindo o metal com tintas ou esmaltes, por exemplo. Mas esse processo tem inconvenientes: qualquer pequeno orifício na superfície de cobertura permite que a ferrugem se instale e progrida sob a tinta.

Há outros recursos de proteção cujos mecanismos de funcionamento são diferentes. São eles:
- recobrir o ferro com uma película de estanho;
- associar o ferro a outros metais, como zinco e magnésio.

O zarcão (à base de $Pb_3O_4 \equiv PbO \cdot Pb_2O_3$) é o pigmento alaranjado usado na cobertura de superfícies de ferro antes da tinta, a fim de evitar a ferrugem. Vale lembrar que, sem o recobrimento posterior com tinta, o zarcão representa risco à saúde humana e ao ambiente, pois os íons Pb^{2+} são tóxicos.

Atividades

São dados os E° de redução das semirreações, equacionadas na tabela abaixo.

Considere os metais Mg, Zn e Sn e responda:

	$E°(V)$
$Mg^{2+}(aq) + 2\ e^- \longrightarrow Mg^0(s)$	$-2,36$
$Zn^{2+}(aq) + 2\ e^- \longrightarrow Zn^0(s)$	$-0,76$
$Fe^{2+}(aq) + 2\ e^- \longrightarrow Fe^0(s)$	$-0,44$
$Sn^{2+}(aq) + 2\ e^- \longrightarrow Sn^0(s)$	$-0,14$

1. Qual(is) dos três metais tem (têm) mais tendência a se oxidar que o Fe^0?
2. Qual(is) das espécies tem (têm) mais tendência a se reduzir que o Fe^{2+}?
3. Latas de ferro costumam ser recobertas por estanho. Qual é o papel desse metal?
4. Suponha que haja um orifício em uma lata de ferro recoberta por estanho. Haverá alguma consequência para o ferro?
5. Por que as latas de ferro estanhadas costumam ser recobertas por esmalte?
6. Mg e Zn são conhecidos como "metais de sacrifício". Eles "sacrificam-se" no lugar do ferro. O que isso quer dizer?
7. Para proteger o ferro utilizando magnésio, é necessário recobrir a superfície do ferro com magnésio?
8. Explique por que a proteção do ferro por Mg é chamada de proteção catódica.

Os metais de sacrifício

Associar um metal mais redutor ao ferro para protegê-lo é uma forma de fazer com que esse metal se oxide em vez do ferro; nesse caso, o $E°$ de oxidação do metal deve ser maior que o do Fe^0.

Vamos considerar o que acontece no caso de o metal ser o zinco:

$$Zn^{2+}(aq) + 2\ e^- \longrightarrow Zn^0(s) \qquad E° = -0,76\ V$$
$$Fe^{2+}(aq) + 2\ e^- \longrightarrow Fe^0(s) \qquad E° = -0,44\ V$$
$$\overline{Zn^0(s) + Fe^{2+}(aq) \rightleftarrows Zn^{2+}(aq) + Fe^0(s)}$$
$$\text{redutor} \quad \text{oxidante}$$

O ferro do casco de navios está sujeito a intensa corrosão por ficar em contato permanente com os íons dissolvidos na água do mar. Metais como o Mg^0 e o Zn^0 podem ser sacrificados, oxidando-se no lugar do ferro.

Quando o assunto é corrosão, em geral se pensa no problema do ferro, destruído pela ferrugem, e não se dá muita importância à corrosão dos outros metais, como o **alumínio**, de largo emprego e com maior tendência a se oxidar do que o ferro. Por quê?

O produto da oxidação do alumínio, o óxido de alumínio (Al_2O_3), é uma substância branca que adere à superfície do metal como uma camada protetora, evitando a continuidade da oxidação. Isso explica por que, aparentemente, o alumínio não sofre corrosão. No caso da ferrugem, ocorre o contrário: por tratar-se de um material poroso, ela deixa o ferro permanentemente exposto, o que facilita o prosseguimento de sua oxidação – por isso a transformação do ferro é tão evidente.

Metais mais nobres do que o ferro, como a prata e o cobre, podem, na presença de ar contendo sulfeto de hidrogênio (H_2S) e dióxido de carbono (CO_2), oxidar-se formando, respectivamente, o sulfeto de prata (Ag_2S) e o carbonato de cobre(II) ($CuCO_3 \cdot 5\ H_2O$). Essas substâncias também funcionam como uma camada protetora sobre o metal, ocultando seu brilho.

Antes do uso generalizado das canalizações plásticas, os canos eram de ferro. Magnésio ou zinco eram utilizados como proteção catódica: diante deles, o ferro funciona como cátodo (polo em que não ocorre oxidação) e, por isso, não se desgasta.

Atividades

QUESTÃO COMENTADA

1. (Unicamp-SP) Um corpo metálico quando exposto ao ar e à umidade pode sofrer um processo de corrosão (oxidação), o que pode deixá-lo impróprio para a função a que se destinava.

a) Uma das formas de se minimizar esse processo é a "proteção catódica": prende-se um "metal de sacrifício" no corpo que se deseja proteger do processo de oxidação. Suponha que você deseja fazer a proteção catódica de uma tubulação em ferro metálico. Qual das substâncias da tabela abaixo você usaria? Justifique.

Potenciais-padrão de redução	
Semirreação de redução	E^0(volts)
$F_2(g) + 2\ e^- \longrightarrow 2\ F^-(aq)$	+2,87
$Br_2(aq) + 2\ e^- \longrightarrow 2\ Br^-(aq)$	+1,08
$Ag^+(aq) + e^- \longrightarrow Ag(s)$	+0,80
$Cu^{2+}(aq) + 2\ e^- \longrightarrow Cu(s)$	+0,34
$Ni^{2+}(aq) + 2\ e^- \longrightarrow Ni(s)$	−0,25
$Fe^{2+}(aq) + 2\ e^- \longrightarrow Fe(s)$	−0,44
$Mg^{2+}(aq) + 2\ e^- \longrightarrow Mg(s)$	−2,37

b) Uma outra forma de evitar a corrosão é a galvanização: deposita-se sobre o corpo metálico uma camada de um outro metal que o proteja da oxidação. Das substâncias da tabela acima, qual você usaria para galvanizar uma tubulação em ferro metálico? Justifique.

Sugestão de resolução

a) Magnésio, pois o potencial de redução do par Mg^{2+}, Mg^0 é menor do que o do par Fe^{2+}, Fe^0; isso significa que o potencial de oxidação do Mg a Mg^{2+} (do processo inverso ao de redução) é maior que o necessário para reduzir os íons de Fe^{2+}.

b) Poderiam ser usados Ag^0, Cu^0 ou Ni^0, que apresentam potenciais de oxidação menores que o do Fe^0. Apesar de F_2 e Br_2 cumprirem o requisito de ter potencial de oxidação menor que o do ferro, não são metais (essas substâncias são gases à temperatura ambiente e não podem ser utilizadas para a galvanização).

2. O magnésio colocado nos cascos de navio serve para evitar a corrosão do ferro? E o estanho? Explique.

Você pode resolver as questões 1, 15, 16, 17 e 21 da seção Testando seus conhecimentos.

Baterias e pilhas em nosso cotidiano

Mesmo uma pessoa sem conhecimentos de química sabe que pilhas e baterias são importantes como fontes portáteis de energia elétrica.

Esses geradores elétricos funcionam com base nos mesmos processos eletroquímicos que estudamos até aqui; no entanto, apresentam modificações que os tornam mais interessantes para o uso diário.

Por que as pilhas que estudamos até agora não são funcionais como geradores elétricos portáteis?

Porque são pouco práticas, já que contêm soluções eletrolíticas. Além disso, por terem alta resistência elétrica, não são adequadas ao uso comercial.

A produção de pilhas e baterias mais sofisticadas possibilita o uso de diversos equipamentos sem a necessidade de contato com uma fonte elétrica convencional.

Para fornecer corrente elétrica apreciável, teriam uma queda de tensão muito rápida ($U = E - r \cdot i$), de modo que, em pouco tempo, a "voltagem" fornecida cairia consideravelmente.

O termo **bateria** inicialmente foi usado para designar um conjunto de pilhas ligadas em série. Hoje em dia, porém, até pilhas unitárias são chamadas de baterias, em especial quando podem ser recarregadas e utilizadas novamente, como as de telefones sem fio e celulares. Sem dúvida, do ponto de vista econômico, as baterias que podem ser recarregadas diversas vezes são mais vantajosas do que pilhas comerciais, que não permitem recarga. Por isso costumam-se classificar as baterias em:

- baterias primárias: não recarregáveis;
- baterias secundárias ou simplesmente baterias: recarregáveis.

A possibilidade de recarga de uma pilha depende da existência de íons móveis que, recebendo energia elétrica, regeneram os reagentes, isto é, participam da reação química inversa à que ocorre durante a descarga.

Entre as pilhas de uso comum, não recarregáveis, destaca-se a pilha Leclanché, semelhante às pilhas secas comuns, que analisaremos a seguir.

Pilhas secas comuns

As pilhas secas foram inventadas em 1866 pelo francês Georges Leclanché (1839-1882) e continuam sendo utilizadas até nossos dias em rádios, lanternas, *flashes*, etc. Nessas pilhas, a parede de zinco funciona como ânodo:

⊖ **ânodo:** $Zn^0(s) \longrightarrow Zn^{2+}(aq) + 2\ e^-$

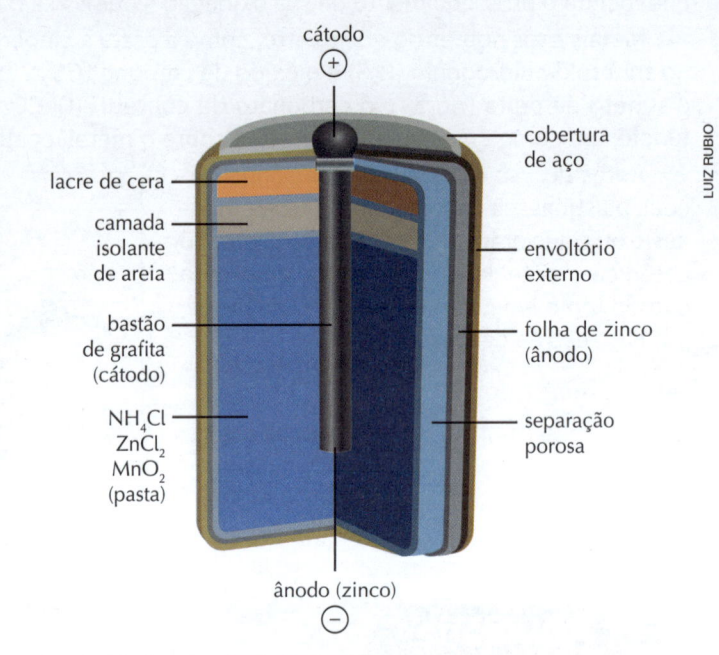

Esquema de pilha seca (corte esquemático).

Fonte: CHANG, R. *Chemistry*. 5th ed. Highstown: McGraw-Hill, 1994. p. 784.

Pilhas secas do tipo Leclanché ainda são comercializadas e têm baixo custo. Atualmente, há muitos outros tipos de pilhas secas, como veremos adiante.

O cátodo consiste em um bastão central de grafita em contato com uma pasta úmida contendo MnO_2, carvão em pó e eletrólitos (os eletrólitos são uma mistura de $ZnCl_2$ e NH_4Cl).

⊕ **cátodo:** no cátodo ocorre a **redução do MnO_2** pela recepção de elétrons.

Na realidade, a pilha não é totalmente seca, e nela ocorrem várias reações químicas complexas. Uma das semirreações que ocorrem no cátodo é assim representada:

$$2\ NH_4^+(g) + 2\ e^- \longrightarrow 2\ NH_3(g) + H_2(g)$$

Quando os gases H_2 e NH_3 ficam armazenados ao redor do cátodo, podem impedir que os íons fluam no interior da pilha, fazendo com que a corrente diminua. Isso acontece porque os gases são maus condutores de eletricidade e, em consequência, acabam aumentando a resistência elétrica interna. Esse é um problema frequente, já que a absorção gasosa é lenta.

Quando as bolhas gasosas formadas junto do eletrodo central são desfeitas, os íons podem migrar, isto é, a corrente volta a circular, permitindo que as reações ocorram.

As pilhas secas **não permitem recarga** e fornecem aproximadamente 1,5 V.

Atividade

Quando os gases H_2 e NH_3 se acumulam ao redor do cátodo de grafita da pilha de Leclanché, podemos resolver o problema, temporariamente, de duas maneiras:

- retirando a pilha do equipamento em que está sendo usada;
- utilizando algum sistema que impeça o aquecimento das substâncias químicas à medida que a pilha é usada.

a) Como se explica o primeiro procedimento?
b) Qual é a relação entre o aumento de temperatura e a formação de maior número de bolhas?
c) Algumas pessoas tentam "recuperar uma pilha esgotada" colocando-a na geladeira. Chegam a ter a ilusão de que o problema foi resolvido porque ela volta a funcionar temporariamente; após pouco tempo, contudo, deixa de funcionar definitivamente. Apesar de quase todos os reagentes estarem esgotados, o resfriamento possibilita obter alguma energia elétrica dessa pilha. Lembrando-se da formação dos gases, explique por que isso acontece.

Pilhas secas alcalinas

As pilhas secas alcalinas têm grande emprego no cotidiano. Funcionam de modo bastante semelhante ao das pilhas de Leclanché. O processo que ocorre no ânodo é o mesmo: a oxidação do zinco. No cátodo também ocorre a redução do manganês do MnO_2. Entretanto, em vez de NH_4Cl, utiliza-se KOH, o que justifica o uso da expressão **pilhas alcalinas**, isto é, básicas.

⊖ **ânodo:** $Zn^0(s) \longrightarrow Zn^{2+}(aq) + 2\,e^-$

⊕ **cátodo:** $2\,MnO_2(s) + H_2O(l) + 2\,e^- \longrightarrow Mn_2O_3(s) + 2\,OH^-(aq)$

Que vantagens têm essas pilhas sobre as de Leclanché?

Apesar de mais caras que as pilhas secas comuns, as alcalinas apresentam uma série de vantagens. Além de mais duráveis, produzem mais energia que as de Leclanché, pois, ao contrário destas últimas, mesmo no caso de corrente elétrica mais alta, não há queda acentuada da tensão.

Como vimos, o uso da pilha de Leclanché leva à formação de gases maus condutores de eletricidade, ou seja, a resistência interna da pilha (r) torna-se alta. Mas, de acordo com a expressão $U = E - r \cdot i$, se a **resistência** (r) é alta, quando a corrente elétrica (i) também for alta, a diferença de potencial (U) efetivamente disponível para ser utilizada como fonte de energia elétrica será baixa. Repare que, nesse caso, o produto $r \cdot i$ será alto, e esse valor será subtraído do valor de E (a máxima tensão que seria possível obter com a pilha).

Nas pilhas alcalinas, como não há formação de gases, não existe esse tipo de problema.

Pilhas de mercúrio

As pilhas de mercúrio são similares às de Leclanché e às alcalinas com relação ao processo que ocorre no ânodo: oxidação do zinco. No cátodo, ocorre a redução dos íons Hg^{2+} do HgO.

⊖ **ânodo:** $Zn^0(s) \longrightarrow Zn^{2+}(aq) + 2\,e^-$

⊕ **cátodo:** $HgO(s) + H_2O(l) + 2\,e^- \longrightarrow Hg(l) + 2\,OH^-(aq)$

Nesse tipo de pilha, tanto o zinco como o óxido de mercúrio em pó são compactados. Entre eles é colocada uma pasta de papel umedecido contendo NaOH ou KOH, que funciona como ponte salina. Essa pilha fornece 1,35 V. Suas principais vantagens são o tamanho pequeno e a manutenção constante da voltagem durante o uso.

O mecanismo do relógio funciona graças à energia química da pilha $Zn\,|\,Zn^{2+}\,||\,Hg^{2+}\,|\,Hg$.

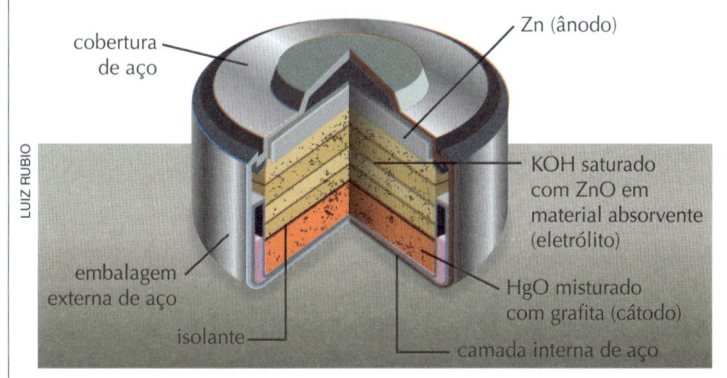

Esquema de pilha de mercúrio (corte esquemático).

Fonte: CHANG, R. *Chemistry*. 5th ed. Highstown: McGraw-Hill, 1994. p. 784.

Essas pilhas são empregadas sempre que necessitamos de pilhas pequenas, como no caso de relógios, calculadoras, etc. São muito úteis na Medicina, especialmente em aparelhos auditivos.

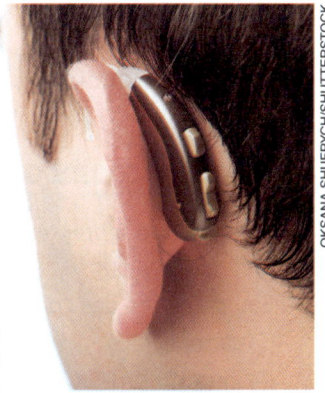

Um dos tipos de pilha usados em aparelhos auditivos é a de mercúrio.

O principal inconveniente dessas pilhas é o fato de o mercúrio causar sérios problemas de poluição ambiental e intoxicações. Eventualmente, o compartimento selado das pilhas pode se romper, deixando escapar parte do mercúrio na forma de vapor – o limite de tolerância para o ser humano é de 33 microgramas de Hg por grama de creatinina da urina e de 0,04 miligramas por metro cúbico de ar no ambiente de trabalho.

O problema é tão sério que, em 1999, o Conselho Nacional do Meio Ambiente (Conama) regulamentou a fabricação e o descarte de pilhas e baterias. Foi fixado o valor dos teores máximos admissíveis de mercúrio no ambiente e em organismos, de acordo com normas estabelecidas pelo Ministério do Trabalho e com as recomendações da Organização Mundial da Saúde (OMS).

Mercúrio em sua forma líquida.

Desde que as empresas fabricantes de pilhas foram legalmente obrigadas a reduzir substancialmente a concentração de mercúrio empregada, as pilhas que contêm até 0,025% em massa de mercúrio, do tipo das que aqui analisamos, podem ser descartadas com o lixo doméstico comum, em aterros sanitários licenciados. Cabe destacar, entretanto, que muitas cidades ainda não contam com aterros sanitários, acumulando seus resíduos sólidos em lixões a céu aberto; além disso, mesmo que em cada pilha o teor de mercúrio seja reduzido, no lixo de grandes metrópoles pode acumular-se uma quantidade tão grande de pilhas, que a quantidade desse elemento se torna significativa – e danosa. Por tudo isso, é importante que os cidadãos adquiram a consciência e o hábito de não descartá-las no lixo, sob pena de contaminar o solo e os mananciais com metal pesado.

Baterias de chumbo

O esquema a seguir representa a bateria de 12 V usada nos automóveis, que consiste em 6 pilhas de 2 V ligadas em série.

Em cada uma das "pilhas", temos:

⊕ **cátodo**: $PbO_2(s) + 4\,H^+(aq) + 2\,e^- \longrightarrow Pb^{2+}(aq) + 2\,H_2O(l)$

⊖ **ânodo**: $Pb^0(s) \longrightarrow Pb^{2+}(aq) + 2\,e^-$

Durante a **descarga** da bateria, há consumo de ácido sulfúrico. Os íons provenientes do H_2SO_4 permitem o recobrimento das placas de chumbo por $PbSO_4(s)$, um composto com baixíssima solubilidade em água formado na reação de precipitação entre os íons Pb^{2+} e SO_4^{2-}.

$$Pb^{2+}(aq) + SO_4^{2-}(aq) \longrightarrow PbSO_4(s)$$

Para gerar energia elétrica (descarga da bateria), ocorre a transformação:

energia química ⟶ energia elétrica

Em condições normais de bom funcionamento, à medida que o carro se movimenta, a bateria é recarregada, isto é, ela passa a atuar como receptor, invertendo o processo da descarga:

energia elétrica ⟶ energia química

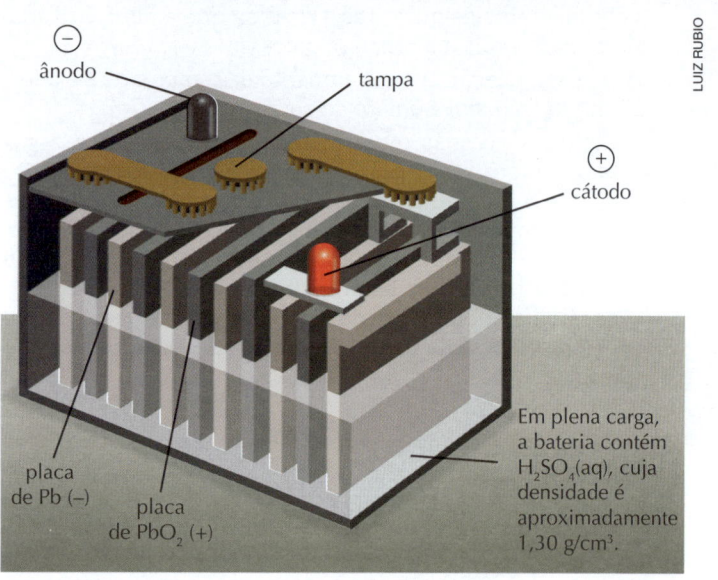

Representação esquemática de uma bateria de automóvel.
Fonte: CHANG, R. *Chemistry*. 5th ed. Highstown: McGraw-Hill, 1994. p. 785.

Baterias de níquel-cádmio

Essas baterias são bastante populares por serem leves e produzirem diferença de potencial constante durante a descarga.

⊖ **ânodo**: $\quad Cd^0(s) + 2\,OH^-(aq) \longrightarrow Cd(OH)_2(s) + 2\,e^-$

⊕ **cátodo**: $NiO(OH)(s) + H_2O(l) + e^- \longrightarrow Ni(OH)_2(s) + OH^-(aq)$

Observe a variação do Nox do Ni:

reagente: $\overset{3+}{Ni}O(OH) \longrightarrow$ produto: $\overset{2+}{Ni}(OH)_2$

Durante a descarga dessa bateria, o hidróxido de níquel(II) formado, por ser muito pouco solúvel em água, permanece na superfície do eletrodo.

Esse tipo de bateria traz um inconveniente: se colocada para recarregar sem que sua carga tenha se esgotado, não acumulará energia suficiente para ser usada durante o número de horas previsto. Esse tipo de limitação, dessa e de outras pilhas mais antigas, é conhecido como "efeito memória".

Conexões

Química e meio ambiente – Os perigosos íons de metais pesados

Os sais constituídos por cátions de metais pesados, como Cd^{2+}, Hg^{2+}, Cu^{2+}, Pb^{2+}, entre outros, são tóxicos porque, por meio do ataque a ligações S — S, **provocam a desnaturação de proteínas**.

Como você já deve ter estudado em Biologia, a desnaturação de uma proteína é o processo em que a proteína tem suas estruturas secundárias, terciárias e quaternárias alteradas, sem afetar a estrutura primária responsável pela sequência de aminoácidos. Nas células vivas, a desnaturação pode ser revertida apenas quando ocorre em pequena extensão.

A intoxicação por mercúrio é uma das mais graves, como veremos a seguir.

A tragédia de Minamata

A "doença de Minamata" é uma intoxicação aguda por íons de mercúrio(II), Hg^{2+}. No caso que lhe deu nome, foi provocada pela ingestão de peixe contaminado e levou centenas de pessoas à morte. Em muitas outras causou insanidade, problemas ósseos e de visão, entre outros; houve ainda muitos casos de mães intoxicadas que geraram bebês com graves problemas de malformação.

A tragédia foi causada pelos efluentes lançados por uma indústria química na região da baía de Minamata (Japão), em meados do século XX. A indústria teve suas atividades interrompidas em 1968, após intervenção governamental. Apenas no final do século XX a baía de Minamata foi declarada livre dos íons tóxicos; com isso, os peixes, até então barrados por uma rede que os impedia de circular pela água poluída, voltaram a nadar livremente.

Um caso brasileiro

No Brasil, chama atenção a contaminação por mercúrio na região amazônica. Os garimpos, nos quais o ouro é extraído por meio do amálgama de mercúrio, contaminaram as águas e a vegetação da região ao longo das últimas décadas: estima-se que até os anos 1990, 2 mil toneladas de mercúrio já tinham sido lançadas nos solos, nos rios e na atmosfera da região.

O aquecimento do amálgama, feito com maçarico, é uma prática adotada nos garimpos amazônicos para remover o mercúrio da mistura. O vapor de mercúrio liberado contamina o ambiente, convertendo-se parcialmente em um cátion orgânico, o metilmercúrio, $[Hg(CH_3)]^+$. Essa espécie, bastante tóxica, vai se acumulando ao longo da cadeia alimentar (veja o esquema abaixo). A ingestão de peixes contaminados é a principal causa de intoxicação por mercúrio da população ribeirinha dessa região, o que inclui populações indígenas.

Como o íon metilmercúrio encontrado nos peixes é bem absorvido por nosso organismo (absorção superior a 95%), a contaminação torna-se mais séria do que no caso da ingestão de formas inorgânicas de mercúrio (metal, óxidos e sais de mercúrio).

As concentrações de metilmercúrio são maiores no sangue do que em qualquer outro líquido do corpo. O sangue materno contaminado por mercúrio atinge o feto por meio da placenta, causando malformações congênitas, pois a concentração dessa espécie no feto pode atingir um valor 30% superior à encontrada na gestante. A contaminação também pode ocorrer por meio da amamentação.

Recorre-se à análise de fios de cabelo ou da urina para avaliar o nível de contaminação de um ser humano com mercúrio. Em várias regiões amazônicas, a análise de fios de cabelo revela índices superiores a 50 ppm de mercúrio, que é o limite aceitável sugerido pela Organização Mundial da Saúde (OMS).

Populações indígenas da Amazônia, como os Caiapó da aldeia Gorotire, sofreram e ainda sofrem as consequências do garimpo baseado no uso de mercúrio. Na foto, indígena da aldeia Gorotire, Cuiabá (MT), 2013.

jacaré
carne: 1,9 mg/kg
fígado: 19 mg/kg

cabelo humano
47 mg/kg

peixes
predador: 1,3 mg/kg
outros: 0,21 mg/kg

sedimento (0-5 cm)
0,067 mg/kg
3.500 kg (total)

solo inundado
(0-5 cm) 0,071 mg/kg
8.800 kg (total)

Esquema da concentração e massa de mercúrio (Hg) acumulada no reservatório de Tucuruí (PA). Ele mostra que os peixes grandes acumulam maiores concentrações de mercúrio (1,3 mg de Hg/kg) do que os peixes que lhes servem de alimento. O jacaré e o ser humano, como estão mais acima na cadeia alimentar, acumulam concentrações ainda mais altas.

Fonte: LACERDA, L. D.; MENESES, C. F. de. O mercúrio e a contaminação dos reservatórios no Brasil. Revista *Ciência Hoje*, Rio de Janeiro, v. 19, n. 110, jun. 1995.

1. A respeito da contaminação de populações ribeirinhas na região amazônica, leia a notícia a seguir.

   > Estudioso dos ciclos químicos do mercúrio na bacia Amazônica há 30 anos, o norte-americano Bruce Forsberg diz que pessoas contaminadas sofrem uma queda gradual na capacidade motora.
   > "São pessoas que sobrevivem da pesca e estão perdendo a destreza das mãos", afirma.
   > Segundo o pesquisador, os estudos não apontam em que momento os sinais aparecem.
   > O pesquisador do Instituto de Química da Unesp Vinícius Marques Gomes diz que o sistema nervoso central é o alvo de metilmercúrio e a falta de coordenação motora é o primeiro sinal clínico.
   > Surdez e perda visual, olfativa e do paladar são consequências da intoxicação e, dependendo do tempo de exposição, os sintomas são irreversíveis.
   > [...]
   >
   > BRASIL, Kátia. Sintomas da exposição ao mercúrio podem ser irreversíveis. *Folha de S. Paulo*, 30 set. 2012. Disponível em: <http://www1.folha.uol.com.br/equilibrioesaude/1161251-sintomas-da-exposicao-ao-mercurio-podem-ser-irreversiveis.shtml>. Acesso em: 10 abr. 2018.

   Converse com os colegas e o professor.
   a) Que graves consequências estão implicadas na afirmação feita no segundo parágrafo?
   b) O fato de não ser possível fixar o momento em que os sintomas da intoxicação começarão a aparecer torna mais difícil a solução do problema. Por quê?

2. Sugira maneiras de acabar com a contaminação por mercúrio na região amazônica. Para isso, faça uma pesquisa em jornais, revistas ou na internet.

Células de combustível

Como o próprio nome sugere, células de combustível geram eletricidade por meio de reações de combustão, processos que envolvem oxirredução.

A célula de combustível, baseada na oxidação do hidrogênio, produz energia, de acordo com o processo:

$$2\,H_2(g) + O_2(g) \longrightarrow 2\,H_2O(l)$$

Nesse processo, a oxidação do hidrogênio e a redução do oxigênio ocorrem em compartimentos separados, no ânodo e no cátodo.

⊖ **ânodo:** $\quad H_2(g) + 2\,OH^-(aq) \longrightarrow 2\,H_2O(l) + 2\,e^-$

⊕ **cátodo:** $\quad \frac{1}{2}O_2(g) + H_2O(l) + 2\,e^- \longrightarrow 2\,OH^-(aq)$

Equação global: $\quad H_2(g) + \frac{1}{2}O_2(g) \rightleftharpoons H_2O(l)$

Os íons OH^- indicados provêm do eletrólito $KOH(aq)$.

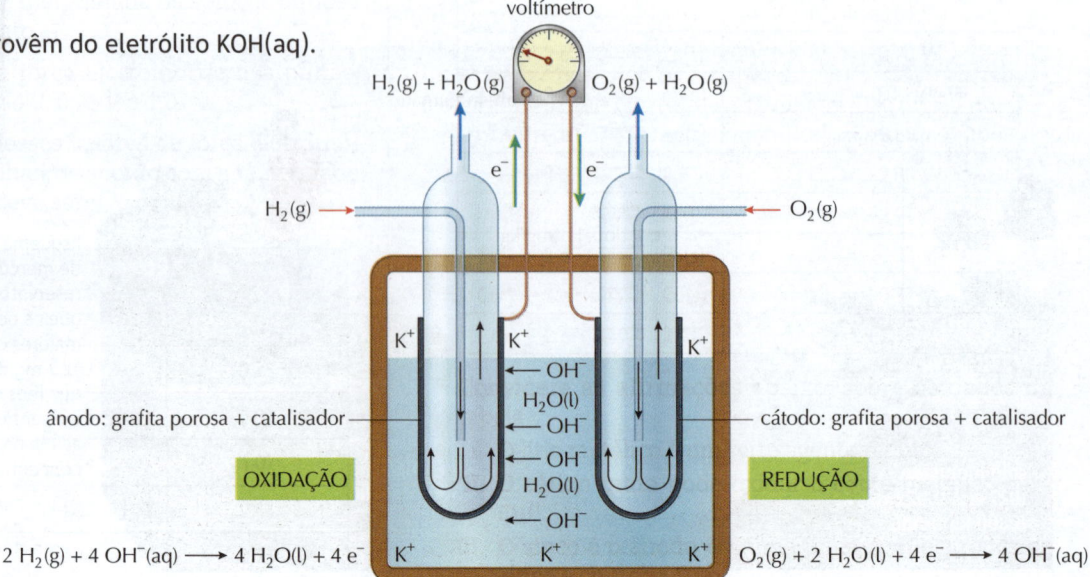

Representação de um tipo de célula de combustível (corte esquemático).

Fonte: JOESTEN, D. M.; WOOD, J. *World of Chemistry*. 2nd ed. Orlando: Saunders College, 1996. p. 305.

ânodo: grafita porosa + catalisador — OXIDAÇÃO

cátodo: grafita porosa + catalisador — REDUÇÃO

$2\,H_2(g) + 4\,OH^-(aq) \longrightarrow 4\,H_2O(l) + 4\,e^-$

$O_2(g) + 2\,H_2O(l) + 4\,e^- \longrightarrow 4\,OH^-(aq)$

$2\,H_2(g) + O_2(g) \rightleftharpoons 2\,H_2O(l)$

A mais conhecida aplicação das células de combustível é a geração de energia em espaçonaves. Essas células têm se mostrado úteis por possuírem baixo peso em relação à grande quantidade de energia gerada. Além disso, têm a vantagem de não poluir o local, pois o produto da reação é a água.

Ao contrário das demais pilhas, nas quais os reagentes ficam armazenados em compartimentos internos, a célula de combustível de hidrogênio **usa gases e requer um abastecimento contínuo dos reagentes gasosos**: H_2 e O_2. Para que você tenha uma ideia das características dessa fonte de energia, vamos fazer algumas comparações com as tradicionalmente usadas.

Ao longo de sua história, a humanidade tem usado os combustíveis fósseis (petróleo, carvão, gás natural) como principais fontes de energia. No entanto, além dos problemas de poluição decorrentes desse uso, tais fontes são pouco eficientes para a obtenção de energia elétrica em usinas termelétricas.

Nessas usinas termelétricas, a energia térmica obtida na combustão (energia química) é empregada para vaporizar a água (energia térmica); o vapor então gerado movimenta as turbinas (energia mecânica) e produz energia elétrica. Nessas transformações (energia química ⟶ energia térmica ⟶ energia mecânica ⟶ energia elétrica), há perdas de energia que atingem mais de 60%, mesmo nas usinas mais eficientes – nesse caso, o índice de conversão não atinge 40%.

Já no caso da transformação de energia da célula de combustível, é possível atingir uma eficiência de 60%.

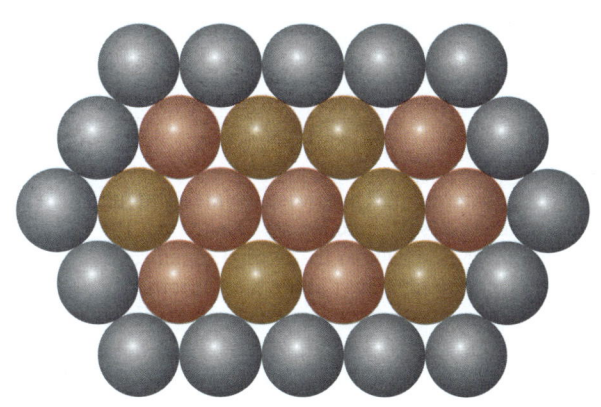

O uso de platina como catalisador em células de combustível tem sido dificultado, entre outras razões, pelo alto custo. Em 2012, pesquisadores da Agência de Pesquisa em Ciência e Tecnologia de Cingapura publicaram um trabalho segundo o qual, se a platina for usada apenas na parte externa do catalisador, com a parte central formada por uma liga de ouro e cobre, o catalisador será cinco vezes mais eficiente do que se for constituído apenas por platina. Na imagem, um modelo do catalisador no qual as esferas acinzentadas representam átomos de platina, as de cor ocre, átomos de ouro e as alaranjadas, átomos de cobre.

Fonte: SUPERIOR fuel cell material developed. *Science Daily*, 24 Aug. 2012. Disponível em: <http://www.sciencedaily.com/releases/2012/08/120824103022.htm>. Acesso em: 10 abr. 2018.

Apesar dessa alta eficiência, muitas pesquisas continuam sendo feitas para melhorar o aproveitamento desse tipo de célula. Por isso, há variações quanto ao tipo de eletrólito utilizado (substituindo o KOH que usamos no exemplo), ao catalisador, à temperatura de operação ou às formas de solucionar o abastecimento e o armazenamento de hidrogênio. Uma das maneiras de enfrentar essa questão é transformar o metanol, CH_3OH, em hidrogênio no próprio veículo; outra é fazer a substituição do gás por metanol. Neste último caso, a semirreação do ânodo passa a ser:

$$CH_3OH(l) + H_2O(l) \longrightarrow CO_2(g) + 6H^+(aq) + 6e^-$$
metanol água dióxido de carbono íons hidrogênio

Logicamente, esse tipo de substituição introduz um inconveniente: a liberação de dióxido de carbono em vez de vapor de água.

As células de combustível, apesar de terem sido inventadas no século XIX, só passaram a ser usadas como forma de conversão de energia química em elétrica na década de 1960, quando foram utilizadas pelos estadunidenses em veículos espaciais. Nas últimas décadas, diante de novos desafios para solucionar questões de abastecimento de energia, levando em conta a redução da emissão de poluentes por veículos automotivos, esse tipo de célula vem ganhando espaço.

Atividades

1. As baterias de automóvel contêm solução de ácido sulfúrico. Para testar se uma bateria necessita ser carregada ou substituída, costuma-se utilizar um densímetro, como mostrado na foto abaixo.

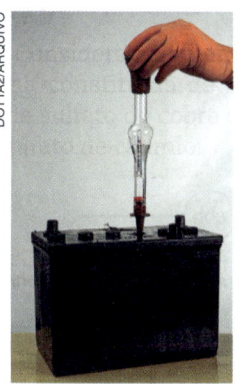

   Bateria sendo testada. Qual a densidade da solução de H_2SO_4?

   a) Que informação indireta sobre a solução de ácido o densímetro nos dará?
   b) Consulte as semiequações da página 528 sobre a bateria de chumbo e explique por que a informação fornecida pelo densímetro a respeito da solução de ácido sulfúrico pode ser bastante relevante.

Para responder às questões de 2 a 4, baseie-se no seguinte:

Em 13 de abril de 1970, quando a Apollo 13 se preparava para pousar na Lua, sua pilha de combustível explodiu. O problema dos pilotos da aeronave não era só de energia, mas também de abastecimento de água.

2. Explique a última frase do trecho acima.

3. Como funciona a pilha de combustível?

4. Por que há riscos de explosão se o equipamento apresentar alguma falha?

*Você pode resolver as questões 26 a 30 da seção **Testando seus conhecimentos**.*

Conexões

Química e meio ambiente – Pilhas e baterias de celulares e *notebooks*: o que fazer com elas?

Quando a bateria de um celular não pode mais ser recarregada, é comum o usuário não saber o que fazer com ela. Parte dessa dúvida provém da falta de hábito de ler o rótulo do gerador para obter essas informações. Entretanto, é verdade que leigos podem não entender o significado e/ou a importância de algumas dessas informações, sem falar nos produtos que, ilegalmente, são comercializados sem fornecer os dados necessários. Atualmente, a legislação nos garante acesso a essas informações e a outras de que possamos necessitar; elas podem ser obtidas junto ao fabricante ou a quem as comercializa.

Estima-se que uma porcentagem significativa das pilhas alcalinas comercializadas – que, ao menos teoricamente, podem ser descartadas com o lixo doméstico – sejam **produtos contrabandeados**, de conteúdo duvidoso, e que cheguem a conter até dez vezes mais mercúrio e sete vezes mais chumbo do que os limites tolerados. Outro problema é que, segundo dados de 2014, mais de 17 % do total de resíduos sólidos produzidos no Brasil ainda são depositados em **lixões a céu aberto** – o que inclui grande quantidade de pilhas e baterias.

O legal e o ideal

Analise os quadros a seguir, que resumem os procedimentos que devem ser adotados em relação a baterias e pilhas usadas, segundo a Resolução nº 401 do Conselho Nacional do Meio Ambiente (Conama), em vigor desde 2008.

Pilhas e baterias destinadas a aterros sanitários		
Tipo/Sistema	Aplicações mais usuais	Destino
Comuns e alcalinas Zinco/magnésio Alcalina/manganês	Brinquedo, lanterna, rádio, controle remoto, rádio-relógio, equipamento fotográfico	O usuário deve entregar a pilha ou bateria em postos de coleta autorizados, assistências técnicas ou estabelecimentos que comercializem esses produtos, os quais ficam responsáveis pela destinação ambientalmente adequada. Desde que os níveis de metal pesado estejam de acordo com a resolução do Conama, essas pilhas e baterias podem ser descartadas em aterros sanitários licenciados pelo Instituto Brasileiro do Meio Ambiente e dos Recursos Naturais Renováveis (Ibama).
Especial Níquel-metal-hidreto (NiMH)	Telefone celular, telefone sem fio, filmadora, *notebook*	
Especial Íons de lítio	Telefone celular e *notebook*	
Especial Zinco-Hg	Aparelhos auditivos	
Especial Lítio	Equipamento fotográfico, relógio, agenda eletrônica, calculadora, filmadora, *notebook*, computador	
Pilhas especiais do tipo botão e miniatura, de vários sistemas	Equipamento fotográfico, agenda eletrônica, calculadora, relógio, sistema de segurança e alarmes	

Pilhas e baterias destinadas a recolhimento		
Tipo/Sistema	Aplicações mais usuais	Destino
Bateria de chumbo e ácido	Indústrias, automóvel, filmadora	O usuário deve entregar a pilha ou bateria em postos de coleta autorizados, assistências técnicas ou estabelecimentos que comercializem esses produtos, os quais ficam responsáveis pela devolução aos respectivos fabricantes ou importadores.
Pilhas e baterias de níquel-cádmio	Telefone celular, telefone sem fio, barbeador e outros aparelhos que usam pilhas e baterias recarregáveis	
Pilhas e baterias de óxido de mercúrio	Instrumentos de navegação e aparelhos de instrumentação e controle	

Fontes das duas tabelas: PILHAS e baterias destinadas ao lixo doméstico. Disponível em: <http://ambientes.ambientebrasil.com.br/residuos/pilhas_e_baterias/pilhas_e_baterias_destinadas_ao_lixo_domestico.html>. Acesso em: 10 abr. 2018.
BRASIL. Ministério do Meio Ambiente. *Resolução Conama n. 401*, de 4 de novembro de 2008. DOU, n. 215, 5 nov. 2008. Seção 1, p. 108-109. Disponível em: <http://www.mma.gov.br/port/conama/legiabre.cfm?codlegi=589>. Acesso em: 10 abr. 2018.

As pilhas e baterias entregues em postos de coleta autorizados, assistências técnicas e estabelecimentos comerciais que vendam esses produtos serão, então, remetidas a fabricantes e importadores para reutilização, reciclagem ou armazenagem que não comprometa o ambiente. Atualmente, entidades não diretamente ligadas aos fabricantes também coletam esses resíduos tendo em vista a preservação ambiental.

Posto de coleta de pilhas e baterias em São Paulo (SP), 2014.

1. Entre os íons usados em pilhas e baterias, quais representam maiores riscos ao ambiente?

2. Em sua concepção, o que poderia ser feito para minimizar os problemas ambientais ocasionados pela presença de tais íons em pilhas e baterias, levando em conta o enorme consumo desses produtos atualmente? Apresente pelo menos um argumento para embasar sua proposta.

3. Certos recursos energéticos e tecnológicos podem trazer tanto benefícios quanto prejuízos ao ambiente e à sociedade, e decidir como lidar com eles requer conhecimentos de várias áreas. Explique essa afirmação, aplicando-a ao caso específico de pilhas e baterias.

4. Neste trecho de uma reportagem, é possível encontrar algumas opiniões sobre o sistema que, conforme o Conama, deve responsabilizar-se pela coleta e reciclagem de pilhas e baterias.

   ....

   O promotor público Paulo Charqueiro afirma que é fácil para as empresas fabricantes de pilhas tentarem – e conseguirem – burlar o que dizem as resoluções do Conama. Os níveis de determinadas substâncias presentes nas unidades são os responsáveis por determinar se elas poderão ser descartadas em lixo comum ou enviadas aos fabricantes.

   "É só diminuir um pouco a presença dessas substâncias na composição. Dessa maneira, os fabricantes jogam para a cidade a responsabilidade sobre o resíduo", explica, ao lembrar que elas seguem igualmente tóxicas e prejudiciais ao meio ambiente. Caso as empresas fabricantes se recusem a receber o material tóxico, elas poderão ser passíveis de ações judiciais.

   [...]

   O tratamento final que deve ser dado às pilhas é particular, conforme a composição química de cada uma. [...] No entanto, um dos principais problemas é a inexistência da composição de metais no corpo da pilha.

   "Se não é explícito de forma clara os metais que cada uma contém, como vamos saber como descartar?", questiona Nestor Batista [autor de pesquisa sobre coleta e reciclagem de pilhas]. O problema agrava-se pois as pessoas, em sua maioria, não guardam as embalagens até o final da vida útil das baterias. [...]

   PILHAS descartadas indevidamente prejudicam meio ambiente. *Diário Popular*, Pelotas, 5 fev. 2010. Disponível em: <http://www.diariopopular.com.br/index.php?n_sistema=3056&id_noticia=MTk2MDM=&id_area=Mg==>. Acesso em: 12 abr. 2018.

   ....

   a) Você concorda com a opinião do promotor público expressa nos dois primeiros parágrafos? Justifique.
   b) De acordo com Nestor Batista, que fatos contribuem para o problema do descarte irregular das pilhas?
   c) Proponha uma forma de reduzir a probabilidade de pilhas e baterias serem descartadas de forma irregular.

Atividades

Leia este fragmento de notícia. Depois, responda às questões que se seguem.

Lixo eletrônico jogado com demais resíduos é perigo à natureza e à população em Manaus

Prefeitura não tem controle do descarte de pilhas, baterias e lâmpadas e nem plano de reciclar.

[...] O descarte correto do lixo eletrônico ainda é um desafio na cidade, como explica a engenheira ambiental Nayandra Pereira. Segundo ela, na capital amazonense, ainda não é dada a importância devida ao descarte e reciclagem do lixo do tipo eletrônico, que tem substâncias que podem contaminar seriamente o ambiente e a saúde humana. "Há postos de coleta insuficientes e a população não é bem informada a respeito deste tipo de descarte, o que favorece o aumento da poluição causada por materiais. Esses materiais possuem substâncias nocivas em sua composição [...]

MENEZES, Álik. Lixo eletrônico jogado com demais resíduos é perigo à natureza e à população em Manaus. *A Crítica*, 29 jan. 2018. Disponível em: <https://www.acritica.com/channels/manaus/news/descarte-correto-de-lixo-eletronico-esbarra-em-falta-de-postos-de-coleta-em-manaus>. Acesso em: 12 abr. 2018.

1. A engenheira ambiental faz referência a "substâncias nocivas". Considerando a composição de pilhas e baterias, que elementos nocivos ao ambiente elas contêm?

2. Que consequências para o ambiente e para a saúde humana tem o descarte inadequado de pilhas e baterias? Pesquise para responder, se necessário.

3. Faça uma pesquisa sobre a obsolescência programada e a obsolescência perceptiva. Depois escreva um texto argumentativo apresentando seu ponto de vista sobre essas duas estratégias comerciais. Use seus conhecimentos de mundo e o que aprendeu no capítulo para fundamentar seu posicionamento. Para obter informações, consulte (acessos em: 15 abr. 2018):

   - <https://canaltech.com.br/produtos/uma-analise-da-obsolescencia-programada-e-o-acumulo-de-lixo-eletronico-no-mundo-102156/ >
   - <https://www.ecycle.com.br/5736-obsolescencia-perceptiva>
   - <http://planetasustentavel.abril.com.br/noticia/desenvolvimento/obsolescenciaprogramada-os-produtos-sao-feitos-para-durar-pouco-778525.shtml>

   Nota: Inicie o texto explicando ao leitor o que é obsolescência programada e perceptiva e apresentando sua opinião sobre essas práticas; na sequência, forneça argumentos (incluindo conhecimentos químicos e falas de cientistas, por exemplo) para provar a validade de sua posição e tentar convencer o leitor a aderir a ela; na conclusão, retome a posição defendida e proponha uma solução para a questão.

Atividade em grupo

4. Forme um grupo com quatro colegas para pesquisar os tipos de pilha e de bateria mais usados no Brasil atualmente. Para cada tipo, registrem:

   - os componentes;
   - as reações químicas envolvidas na produção de eletricidade;
   - as vantagens;
   - os problemas ambientais decorrentes do uso e do descarte irregular de pilhas e baterias;
   - a legislação ambiental vigente relativa ao uso, ao descarte e ao reaproveitamento dos resíduos;
   - os riscos à saúde dos trabalhadores que produzem pilhas e baterias e as formas como o Estado brasileiro os protege desses riscos.

   Com base na pesquisa, converse com os colegas de grupo sobre os seguintes temas:

   - vantagens e desvantagens de cada tipo de gerador;
   - necessidade de obtenção de energia × preservação do ambiente: o que é mais importante?
   - relação entre consumismo e produção excessiva de lixo tóxico.

   Ao final, registrem as principais conclusões a que chegaram.

Testando seus conhecimentos

Caso necessário, consulte as tabelas no final desta Parte.

1. (Enem) Utensílios de uso cotidiano e ferramentas que contêm ferro em sua liga metálica tendem a sofrer processo corrosivo e enferrujar. A corrosão é um processo eletroquímico e, no caso do ferro, ocorre a precipitação do óxido de ferro(III) hidratado, substância marrom pouco solúvel, conhecida como ferrugem. Esse processo corrosivo é, de maneira geral, representado pela equação química:

$$4\,Fe(s) + 3\,O_2(g) + 2\,H_2O(l) \longrightarrow \underbrace{2\,Fe_2O_3 \cdot H_2O(s)}_{\text{ferrugem}}$$

Uma forma de impedir o processo corrosivo nesses utensílios é
a. renovar sua superfície, polindo-a semanalmente.
b. evitar o contato do utensílio com o calor, isolando-o termicamente.
c. impermeabilizar a superfície, isolando-a de seu contato com o ar úmido.
d. esterilizar frequentemente os utensílios, impedindo a proliferação de bactérias.
e. guardar os utensílios em embalagens, isolando-os do contato com outros objetos.

2. (FFFCMPA-RS) Quando uma lâmina de ferro é mergulhada numa solução de um sal de mercúrio, ela fica recoberta por mercúrio metálico porque esse metal
a. é menos solúvel do que o ferro.
b. é líquido à temperatura ambiente.
c. tem potencial de redução maior do que o do ferro.
d. é mais volátil do que o ferro.
e. tem densidade maior do que a do ferro.

3. (UFRGS-RS) Células eletroquímicas podem ser construídas com uma ampla gama de materiais, até mesmo metais nobres como prata e ouro. Observe, abaixo, as semirreações de redução

$Ag^+(aq) + e^- \rightleftarrows Ag(s)$ $E° = 0,80\,V$

$Au^{3+}(aq) + 3\,e^- \rightleftarrows Au(s)$ $E° = 1,50\,V$

Assinale com V (verdadeiro) ou F (falso) as seguintes afirmações a respeito de uma célula eletroquímica, constituída de ouro e prata.

( ) Um dos eletrodos poderia ser construído com ouro em água pura; e o outro, prata em água pura.

( ) Uma pilha construída com placas metálicas de ouro e prata, em contato com os respectivos sais, teria força eletromotriz padrão de 0,70 V.

( ) Essa célula eletroquímica produz aumento da massa de ouro metálico.

A sequência correta de preenchimento dos parênteses, de cima para baixo, é
a. F-F-V
b. V-F-F
c. F-V-F
d. V-F-V
e. F-V-V

4. (Enem) A revelação das chapas de raios X gera uma solução que contém íons prata na forma de $Ag(S_2O_3)_2^{3-}$. Para evitar a descarga desse metal no ambiente, a recuperação de prata metálica pode ser feita tratando eletroquimicamente essa solução com uma espécie adequada. O quadro apresenta semirreações de redução de alguns íons metálicos.

Semirreação de redução	E°(V)
$Ag(S_2O_3)_2^{3-}(aq) + e^- \rightleftarrows Ag(s) + 2\,S_2O_8^{2-}(aq)$	+0,02
$Cu^{2+}(aq) + 2\,e^- \rightleftarrows Cu(s)$	+0,34
$Pt^{2+}(aq) + 2\,e^- \rightleftarrows Pt(s)$	+1,20
$Al^{3+}(aq) + 3\,e^- \rightleftarrows Al(s)$	−1,66
$Sn^{2+}(aq) + 2\,e^- \rightleftarrows Sn(s)$	−0,14
$Zn^{2+}(aq) + 2\,e^- \rightleftarrows Zn(s)$	−0,76

BENDASSOLLI, J. A. et al. Procedimentos para a recuperação de Ag de resíduos líquidos e sólidos. *Química Nova*, v. 26, n. 4, 2003 (adaptado).

Das espécies apresentadas, a adequada para essa recuperação é
a. Cu(s).
b. Pt(s).
c. Al^{3+}(aq).
d. Sn(s).
e. Zn^{2+}(aq).

5. (IME-RJ) Dada a reação $Cu + 2\,HCl \longrightarrow CuCl_2 + H_2$, assinale a afirmativa correta sabendo-se que os potenciais-padrão de redução do cobre e do hidrogênio são respectivamente 0,34 V e 0,00 V.
a. A reação produz corrente elétrica.
b. A reação não ocorre espontaneamente.
c. A reação ocorre nas pilhas de Daniell.
d. O cobre é o agente oxidante.
e. O hidrogênio sofre oxidação.

6. (UTF-PR) O texto a seguir foi extraído do livro "Tio Tungstênio. Memórias de uma infância Química, de Oliver Sacks, editora Companhia das Letras, p. 161.

"... O grau de eletropositividade entre os metais condizia com sua reatividade química, o que explicava sua capacidade de reduzir ou substituir elementos menos positivos.

Esse tipo de substituição, sem nenhuma noção clara de seu fundamento lógico, fora explorado pelos alquimistas na produção de revestimentos metálicos ou 'árvores'. Essas árvores eram feitas inserindo-se um bastão de zinco, por exemplo, em uma solução de outro sal metálico (como um sal de prata). Isso resultava em um deslocamento da prata pelo zinco, e a prata metálica precipitava-se da solução com aparência de uma estrutura arbórea brilhante, quase fractal".

O texto se refere ao deslocamento de um íon metálico quando em solução aquosa por um metal.

Com base na tabela de potenciais de redução para alguns metais, pode-se afirmar que o metal que formaria uma estrutura arbórea com o íon zinco é:

Equação de redução	$E°_{(red)}$ (V) a 25 °C
$Cu^{2+}(aq) + 2\,e^- \longrightarrow Cu(s)$	+0,34
$Pb^{2+}(aq) + 2\,e^- \longrightarrow Pb(s)$	−0,13
$Ni^{2+}(aq) + 2\,e^- \longrightarrow Ni(s)$	−0,25
$Fe^{2+}(aq) + 2\,e^- \longrightarrow Fe(s)$	−0,44
$Zn^{2+}(aq) + 2\,e^- \longrightarrow Zn(s)$	−0,76
$Mg^{2+}(aq) + 2\,e^- \longrightarrow Mg(s)$	−2,36

a. cobre
b. chumbo
c. níquel
d. ferro
e. magnésio

7. (Enem) A calda bordalesa é uma alternativa empregada no combate a doenças que afetam folhas de plantas. Sua produção consiste na mistura de uma solução aquosa de sulfato de cobre(II), $CuSO_4$, com óxido de cálcio, CaO, e sua aplicação só deve ser realizada se estiver levemente básica. A avaliação rudimentar da basicidade dessa solução é realizada pela adição de três gotas sobre uma faca de ferro limpa. Após três minutos, caso surja uma mancha avermelhada no local da aplicação, afirma-se que a calda bordalesa ainda não está com a basicidade necessária. O quadro apresenta os valores de potenciais-padrão de redução (E°) para algumas semirreações de redução.

Semirreação de redução	E°(V)
$Ca^{2+} + 2\,e^- \longrightarrow Ca$	−2,87
$Fe^{3+} + 3\,e^- \longrightarrow Fe$	−0,04
$Cu^{2+} + 2\,e^- \longrightarrow Cu$	+0,34
$Cu^+ + e^- \longrightarrow Cu$	+0,52
$Fe^{3+} + e^- \longrightarrow Fe^{2+}$	+0,77

MOTTA, I. S. *Calda bordalesa*: utilidades e preparo. Dourados: Embrapa, 2008 (adaptado).

A equação química que representa a reação de formação da mancha avermelhada é:

a. $Ca^{2+}(aq) + 2\,Cu^+(aq) \longrightarrow Ca(s) + 2\,Cu^{2+}(aq)$.
b. $Ca^{2+}(aq) + 2\,Fe^{2+}(aq) \longrightarrow Ca(s) + 2\,Fe^{3+}(aq)$.
c. $Cu^{2+}(aq) + 2\,Fe^{2+}(aq) \longrightarrow Cu(s) + 2\,Fe^{3+}(aq)$.
d. $3\,Ca^{2+}(aq) + 2\,Fe(s) \longrightarrow 3\,Ca(s) + 2\,Fe^{3+}(aq)$.
e. $3\,Cu^{2+}(aq) + 2\,Fe(s) \longrightarrow 3\,Cu(s) + 2\,Fe^{3+}(aq)$.

8. (UFRGS-RS) Abaixo estão relacionadas algumas semirreações e seus respectivos potenciais-padrão de redução, em solução aquosa.

$O_3 + 2\,H^+ + 2\,e^- \rightleftharpoons O_2 + H_2O \quad E°_{red} = +2,07\,V$

$H_2O_2 + 2\,H^+ + 2\,e^- \rightleftharpoons 2\,H_2O \quad E°_{red} = +1,77\,V$

$HClO + H^+ + e^- \rightleftharpoons \frac{1}{2}Cl_2 + H_2O \quad E°_{red} = +1,63\,V$

$MnO_4^- + 8\,H^+ + 5\,e^- \rightleftharpoons Mn^{2+} + 4\,H_2O \quad E°_{red} = +1,51\,V$

A partir desses dados, é correto afirmar que:

a. uma solução aquosa de hipoclorito poderá oxidar os íons Mn^{2+}.
b. uma solução aquosa de H_2O_2 é um forte agente redutor.
c. o ozônio tem uma forte tendência a ceder elétrons em solução aquosa.
d. a adição de H_2O_2 a uma solução aquosa, contendo oxigênio dissolvido, promove a formação de ozônio gasoso.
e. o permanganato, entre as substâncias relacionadas, é o mais poderoso agente oxidante.

9. (FMABC-SP) Dados: Potencial de redução padrão em solução aquosa (E^θ_{RED}):

$Ag^+(aq) + e^- \longrightarrow Ag(s) \quad E^\theta_{RED} = 0,80\,V$

$Cu^{2+}(aq) + 2\,e^- \longrightarrow Cu(s) \quad E^\theta_{RED} = 0,34\,V$

$Pb^{2+}(aq) + 2\,e^- \longrightarrow Pb(s) \quad E^\theta_{RED} = -0,13\,V$

$Ni^{2+}(aq) + 2\,e^- \longrightarrow Ni(s) \quad E^\theta_{RED} = -0,25\,V$

$Fe^{2+}(aq) + 2\,e^- \longrightarrow Fe(s) \quad E^\theta_{RED} = -0,44\,V$

$Zn^{2+}(aq) + 2\,e^- \longrightarrow Zn(s) \quad E^\theta_{RED} = -0,76\,V$

É comum em laboratórios didáticos a construção de pilhas utilizando-se de duas semicélulas eletroquímicas, cada uma contendo uma lâmina de um metal imersa em uma solução de concentração $1,0\,mol \cdot L^{-1}$ de cátions do próprio metal.

Essas duas semicélulas são conectadas com um fio condutor (em geral de cobre) unindo as lâminas metálicas e uma ponte salina (em geral contendo solução aquosa de nitrato de potássio) que permite a passagem de íons entre as soluções.

Em um laboratório foram encontradas as seguintes semicélulas eletroquímicas: Ag^+/Ag, Cu^{2+}/Cu, Pb^{2+}/Pb, Ni^{2+}/Ni, Fe^{2+}/Fe, Zn^{2+}/Zn, possibilitando a montagem de diversas pilhas.

A pilha que apresenta a menor ddp entre essas opções tem

a. o metal Pb no polo negativo e o metal Cu no polo positivo.
b. o metal Ag no polo negativo e o metal Zn no polo positivo.
c. o metal Ni no polo negativo e o metal Pb no polo positivo.
d. o metal Cu no polo negativo e o metal Ag no polo positivo.

10. (UPF-RS) A figura abaixo apresenta a representação de uma célula eletroquímica (pilha) e potenciais de redução das semirreações.

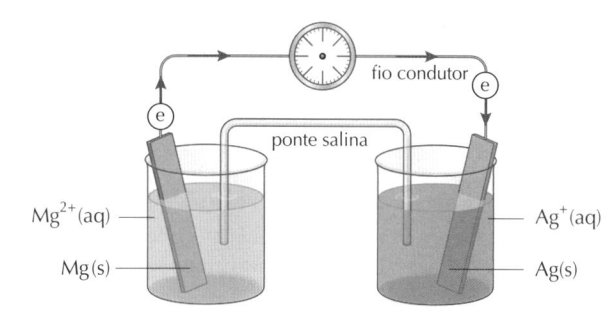

$Mg^{2+}(aq) + 2\,e^- \longrightarrow Mg(s) \quad E° = -2,37\,V$

$Ag^+(aq) + e^- \longrightarrow Ag(s) \quad E° = +0,80\,V$

Considerando-se a informação dada, analise as seguintes afirmações:

I. O eletrodo de prata é o polo positivo, no qual ocorre a redução.
II. O magnésio é o agente oxidante da pilha.
III. A diferença de potencial (ddp) da pilha representada na figura é de +3,17 V.
IV. O sentido do fluxo dos elétrons se dá do catodo para o ânodo.

É incorreto apenas o que se afirma em:
a. I e II.
b. I e III.
c. II e III.
d. II e IV.
e. III e IV.

11. (Enem) A invenção do LED azul, que permite a geração de outras cores para compor a luz branca, permitiu a construção de lâmpadas energeticamente mais eficientes e mais duráveis do que as incandescentes e fluorescentes. Em um experimento de laboratório, pretende-se associar duas pilhas em série para acender um LED azul que requer 3,6 volts para o seu funcionamento. Considere as semirreações de redução e seus respectivos potenciais mostrados no quadro.

Semirreação de redução	$E°$ (V)
$Ce^{4+}(aq) + e^- \longrightarrow Ce^{3+}(aq)$	+1,61
$Cr_2O_7^{2-}(aq) + 14\,H^+(aq) + 6\,e^- \longrightarrow 2\,Cr^{3+}(aq) + 7\,H_2O\,(l)$	+1,33
$Ni^{2+}(aq) + 2\,e^- \longrightarrow Ni(s)$	−0,25
$Zn^{2+}(aq) + 2\,e^- \longrightarrow Zn(s)$	−0,76

Qual associação em série de pilhas fornece diferença de potencial, nas condições-padrão, suficiente para acender o LED azul?

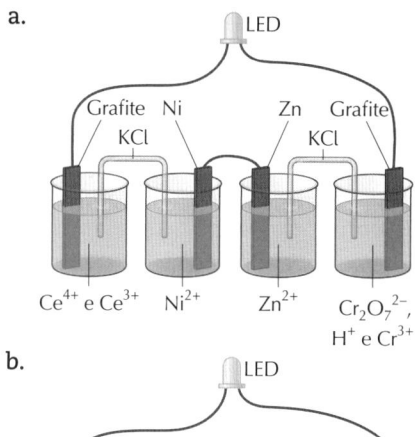

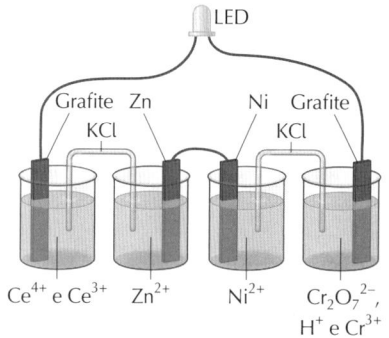

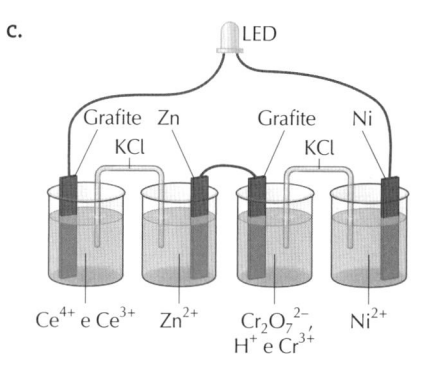

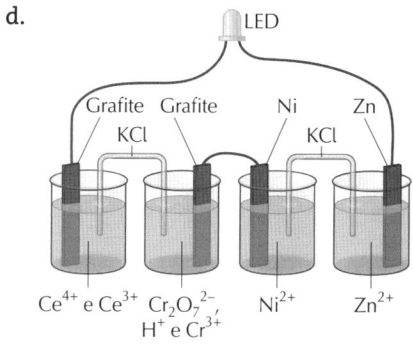

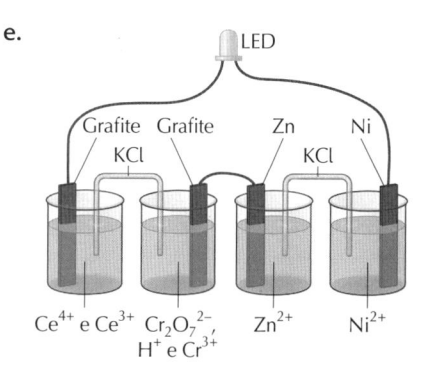

a. Grafite–Ni | Zn–Grafite ; Ce^{4+} e Ce^{3+} , Ni^{2+} , Zn^{2+} , $Cr_2O_7^{2-}$, H^+ e Cr^{3+}

b. Grafite–Zn | Ni–Grafite ; Ce^{4+} e Ce^{3+} , Zn^{2+} , Ni^{2+} , $Cr_2O_7^{2-}$, H^+ e Cr^{3+}

c. Grafite–Zn | Grafite–Ni ; Ce^{4+} e Ce^{3+} , Zn^{2+} , $Cr_2O_7^{2-}$, H^+ e Cr^{3+} , Ni^{2+}

d. Grafite–Grafite | Ni–Zn ; Ce^{4+} e Ce^{3+} , $Cr_2O_7^{2-}$, H^+ e Cr^{3+} , Ni^{2+} , Zn^{2+}

e. Grafite–Grafite | Zn–Ni ; Ce^{4+} e Ce^{3+} , $Cr_2O_7^{2-}$, H^+ e Cr^{3+} , Zn^{2+} , Ni^{2+}

12. (Fuvest-SP) Um estudante realizou um experimento para avaliar a reatividade dos metais Pb, Zn e Fe. Para isso, mergulhou, em separado, uma pequena placa de cada um desses metais em cada uma das soluções aquosas dos nitratos de chumbo, de zinco e de ferro. Com suas observações, elaborou a seguinte tabela, em que (sim) significa formação de sólido sobre a placa e (não) significa nenhuma evidência dessa formação:

Solução	Metal		
	Pb	Zn	Fe
$Pb(NO_3)_2(aq)$	(não)	(sim)	(sim)
$Zn(NO_3)_2(aq)$	(não)	(não)	(não)
$Fe(NO_3)_2(aq)$	(não)	(sim)	(não)

A seguir, montou três diferentes pilhas galvânicas, conforme esquematizado.

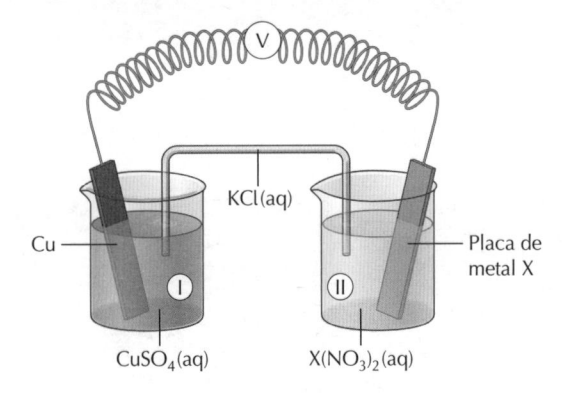

Nessas três montagens, o conteúdo do béquer I era uma solução aquosa de $CuSO_4$ de mesma concentração, e essa solução era renovada na construção de cada pilha. O eletrodo onde ocorria a redução (ganho de elétrons) era o formado pela placa de cobre mergulhada em $CuSO_4(aq)$. Em cada uma das três pilhas, o estudante utilizou, no béquer II, uma placa de um dos metais X (Pb, Zn ou Fe), mergulhada na solução aquosa de seu respectivo nitrato.

O estudante mediu a força eletromotriz das pilhas, obtendo os valores: 0,44 V; 0,75 V e 1,07 V.

A atribuição correta desses valores de força eletromotriz a cada uma das pilhas, de acordo com a reatividade dos metais testados, deve ser

	Metal x		
	Pb	Zn	Fe
a.	0,44	1,07	0,75
b.	0,44	0,75	1,07
c.	0,75	0,44	1,07
d.	0,75	1,07	0,44
e.	1,07	0,44	0,75

13. (Enem)

TEXTO I

Biocélulas combustíveis são uma alternativa tecnológica para substituição das baterias convencionais. Em uma biocélula microbiológica, bactérias catalisam reações de oxidação de substratos orgânicos. Liberam elétrons produzidos na respiração celular para um eletrodo, onde fluem por um circuito externo até o cátodo do sistema, produzindo corrente elétrica. Uma reação típica que ocorre em biocélulas microbiológicas utiliza o acetato como substrato.

AQUINO NETO, S. Preparação e caracterização de bioanodos para biocélula a combustível etanol/O_2. Disponível em: www.teses.usp.br. Acesso em: 23 jun. 2015 (adaptado).

TEXTO II

Em sistemas bioeletroquímicos, os potenciais padrão ($E^{o'}$) apresentam valores característicos. Para as biocélulas de acetato, considere as seguintes semirreações de redução e seus respectivos potenciais:

$2\ CO_2 + 7\ H^+ + 8\ e^- \longrightarrow CH_3COO^- + 2\ H_2O \quad E^{o'} = -0,3\ V$

$O_2 + 4\ H^+ + 4\ e^- \longrightarrow 2\ H_2O \quad E^{o'} = 0,8\ V$

SCOTT, K.; YU, E. H. Microbial electrochemical and fuel cells: fundamentals and applications Woodhead Publishing Series in Energy, n. 88, 2016 (adaptado).

Nessas condições, qual é o número mínimo de biocélulas de acetato, ligadas em série, necessárias para se obter uma diferença de potencial de 4,4 V?
a. 3
b. 4
c. 6
d. 9
e. 15

14. (UFRGS-RS) A tabela abaixo relaciona algumas semirreações e seus respectivos potenciais padrão de redução em solução aquosa.

$Li^+ + e^-$	$\rightleftharpoons$	$Li(s)$	$\varepsilon^0_{red} = -3,04\ V$
$Zn^{2+} + 2\ e^-$	$\rightleftharpoons$	$Zn(s)$	$\varepsilon^0_{red} = -0,76\ V$
$2\ H^+ + 2\ e^-$	$\rightleftharpoons$	$H_2(g)$	$\varepsilon^0_{red} = 0,00\ V$
$Ag^+ + e^-$	$\rightleftharpoons$	$Ag(s)$	$\varepsilon^0_{red} = +0,80\ V$
$F_2 + 2\ e^-$	$\rightleftharpoons$	$2\ F^-$	$\varepsilon^0_{red} = +2,89\ V$
$K^+ + 2\ e^-$	$\rightleftharpoons$	$K(s)$	$\varepsilon^0_{red} = -2,94\ V$
$Pb^{2+} + 2\ e^-$	$\rightleftharpoons$	$Pb(s)$	$\varepsilon^0_{red} = -0,13\ V$
$Cu^{2+} + 2\ e^-$	$\rightleftharpoons$	$Cu(s)$	$\varepsilon^0_{red} = +0,34\ V$
$Cl_2 + 2\ e^-$	$\rightleftharpoons$	$2\ Cl^-$	$\varepsilon^0_{red} = +1,36\ V$

Considere as afirmações abaixo, sobre os dados da tabela.

I. O lítio metálico é um forte agente redutor.
II. O cátion prata pode oxidar o cobre metálico para Cu^{2+}.
III. O zinco é o ânodo em uma pilha com eletrodos de zinco e chumbo.

Quais estão corretas?
a. Apenas I.
b. Apenas II.
c. Apenas III.
d. Apenas I e II.
e. I, II e III.

15. (UPE/SSA) Em um estaleiro, o casco de aço de um navio foi totalmente recoberto com novas placas de magnésio metálico.

Dados: $Mg(s) \rightleftharpoons Mg^{2+}(aq) + 2\,e^-$ $\quad E°_{red} = -2,37\,V$

$Fe(s) \rightleftharpoons Fe^{2+}(aq) + 2\,e^-$ $\quad E°_{red} = -0,44\,V$

Sobre esse tipo de processo, qual alternativa está **correta**?

a. O magnésio possui menor poder de redução que o principal constituinte da estrutura do navio, por isso é "sacrificado" para protegê-la.
b. O magnésio ganha elétrons para o ferro, que se mantém protegido, mesmo que exposto ao ar, pois a reação de oxirredução continua.
c. O revestimento de magnésio funciona como um anodo em um circuito de eletrólise, evitando que o ferro se envolva em processos de oxirredução.
d. O metal de sacrifício vai reagir com a água do mar, protegendo o ferro da mesma forma que as tintas antiferrugem existentes no mercado da construção civil.
e. A reação que ocorre na presença do metal de sacrifício é denominada de pilha eletroquímica, uma vez que a diferença de potencial entre os reagentes é negativa.

16. (Enem)

> Alimentos em conserva são frequentemente armazenados em latas metálicas seladas, fabricadas com estanho, metal brilhante e de difícil oxidação. É comum que a superfície interna seja ainda revestida por uma camada de verniz à base de epóxi, embora também existam latas sem esse revestimento, apresentando uma camada de estanho mais espessa.
>
> SANTANA, V. M. S. A leitura e a química das substâncias. **Cadernos PDE**.
> Ivaiporã: Secretaria de Estado da Educação do Paraná (SEED);
> Universidade Estadual de Londrina, 2010 (adaptado).

Comprar uma lata de conserva amassada no supermercado é desaconselhável porque o amassado pode

a. alterar a pressão no interior da lata, promovendo a degradação acelerada do alimento.
b. romper a camada de estanho, permitindo a corrosão do ferro e alterações do alimento.
c. prejudicar o apelo visual da embalagem, apesar de não afetar as propriedades do alimento.
d. romper a camada de verniz, fazendo com que o metal tóxico estanho contamine o alimento.
e. desprender camadas de verniz, que se dissolverão no meio aquoso, contaminando o alimento.

17. (ITA-SP) Considere duas placas X e Y de mesma área e espessura. A placa X é constituída de ferro com uma das faces recoberta de zinco. A placa Y é constituída de ferro com uma das faces recoberta de cobre. As duas placas são mergulhadas em béqueres, ambos contendo água destilada aerada. Depois de um certo período, observa-se que as placas passaram por um processo de corrosão, mas não se verifica a corrosão total de nenhuma das faces dos metais. Considere sejam feitas as seguintes afirmações a respeito dos íons formadas em cada um dos béqueres:

I. Serão formados íons Zn^{2+} no béquer contendo a placa X.
II. Serão formados íons Fe^{2+} no béquer contendo a placa X.
III. Serão formados íons Fe^{2+} no béquer contendo a placa Y.
IV. Serão formados íons Fe^{3+} no béquer contendo a placa Y.
V. Serão formados íons Cu^{2+} no béquer contendo a placa Y.

Então, das afirmações acima, estão corretas:

a. apenas I, II e IV.
b. apenas I, III e IV
c. apenas II, III e IV
d. apenas II, III e V
e. apenas IV e V

18. (PUC-RJ) Considere o esquema abaixo, que representa uma pilha constituída de metal cobre em solução aquosa de sulfato de cobre e metal cádmio em solução de sulfato de cádmio.

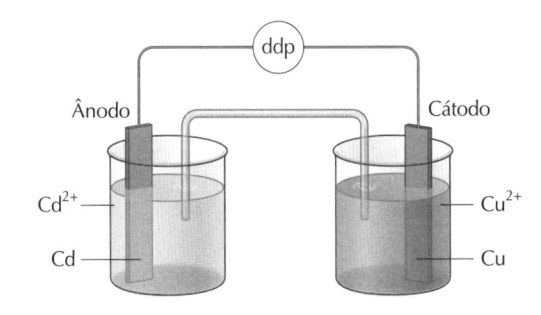

Uma tabela fornece a informação de que os potenciais padrões de redução do Cu^{2+} e do Cd^{2+} são, respectivamente, 0,34 V e −0,40 V e que a prata é um elemento mais nobre que o cobre.

Assinale a opção que mostra a ordem decrescente de facilidade de oxidação dos três metais citados e a diferença de potencial (ddp) da pilha indicada na figura.

a. Cu > Ag > Cd; −0,74 V
b. Cd > Cu > Ag; +0,74 V
c. Ag > Cu > Cd; −0,06 V
d. Cd > Cu > Ag; +0,06 V
e. Ag > Cd > Cu; −0,74 V

19. (UFPI/PSIU) O íon permanganato (MnO_4^-) é um importante agente oxidante usado, por exemplo, no tratamento de ferimentos. Dados em cada caso o potencial padrão de redução:

- $F_2(g) + 2\,e^- \longrightarrow 2\,F^-(aq)$ $\qquad$ $E° = +2,87\,V$
- $Co^{3+}(aq) + e^- \longrightarrow Co^{2+}(aq)$ $\qquad$ $E° = +1,82\,V$
- $MnO_4^-(aq) + 8\,H^+(aq) + 5\,e^- \longrightarrow Mn^{2+}(aq) + 4\,H_2O(l)$ $\qquad$ $E° = +1,51\,V$
- $Cl_2(g) + 2\,e^- \longrightarrow 2\,Cl^-(aq)$ $\qquad$ $E° = +1,36\,V$
- $Cr_2O_7^{2-} + 14\,H^+(aq) + 6\,e^- \longrightarrow 2\,Cr^{3+}(aq) + 7\,H_2O(l)$ $\qquad$ $E° = +1,33\,V$
- $NO_3^-(aq) + 4\,H^+(aq) + 3\,e^- \longrightarrow NO(g) + 2\,H_2O(l)$ $\qquad$ $E° = +0,96\,V$

Dentre as espécies apresentadas, considerando o processo espontâneo, o íon permanganato provocará a oxidação de:

a. F^-, Co^{2+} e Cl^- $\quad$ b. NO, Cl^- e Cr^{3+} $\quad$ c. Co^{2+}, F^- e NO $\quad$ d. Cr^{3+}, F^- e Cl^- $\quad$ e. Cl^-, Co^{2+} e NO

20. (UFPR) Considere a seguinte célula galvânica.

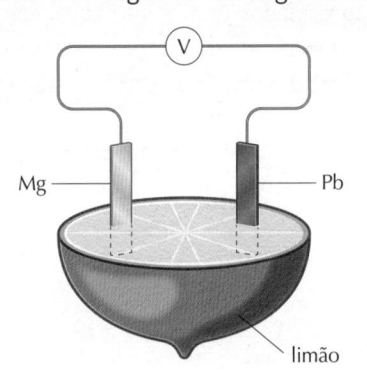

Dados:

$Mg^{2+}(aq) + 2\,e^- \longrightarrow Mg(s)$ $\qquad$ $E° = -2,36\,V$
$Pb^{2+}(aq) + 2\,e^- \longrightarrow Pb(s)$ $\qquad$ $E° = -0,13\,V$
$2\,H^+(aq) + 2\,e^- \longrightarrow H_2(g)$ $\qquad$ $E° = 0,00\,V$

Sobre essa célula, assinale a alternativa incorreta.
a. A placa de magnésio é o polo positivo.
b. O suco de limão é a solução eletrolítica.
c. Os elétrons fluem da placa de magnésio para a placa de chumbo através do circuito externo.
d. A barra de chumbo é o catodo.
e. No anodo ocorre uma semirreação de oxidação.

21. (UFSCar-SP) Deseja-se armazenar uma solução de $NiCl_2$, cuja concentração é de 1 mol/L a 25 °C; para isso dispõe-se de recipientes de:

I. cobre;
II. lata comum (revestimento de estanho);
III. ferro galvanizado (revestimento de zinco);
IV. ferro.

Dados os potenciais-padrão de redução:

$Zn^{2+}(aq) + 2\,e^- \rightleftarrows Zn(s)$ $\qquad$ $-0,76\,V$
$Fe^{2+}(aq) + 2\,e^- \rightleftarrows Fe(s)$ $\qquad$ $-0,44\,V$
$Ni^{2+}(aq) + 2\,e^- \rightleftarrows Ni(s)$ $\qquad$ $-0,25\,V$
$Sn^{2+}(aq) + 2\,e^- \rightleftarrows Sn(s)$ $\qquad$ $-0,14\,V$
$Cu^{2+}(aq) + 2\,e^- \rightleftarrows Cu(s)$ $\qquad$ $+0,34\,V$

a solução de $NiCl_2$ poderá ser armazenada, sem que haja a redução dos íons Ni^{2+} da solução, nos recipientes

a. I e II, apenas
b. I, II e IV, apenas
c. III e IV, apenas
d. I, III e IV, apenas
e. I, II, III e IV

22. (FFFCMPA-RS) Os potenciais de redução padrão dos elementos químicos níquel, prata, manganês e cobre são dados a seguir:

$Mn^{2+} + 2\,e^- \longrightarrow Mn^0$ $\qquad$ $E° = -1,18\,V$
$Ni^{2+} + 2\,e^- \longrightarrow Ni^0$ $\qquad$ $E° = -0,25\,V$
$Cu^{2+} + 2\,e^- \longrightarrow Cu^0$ $\qquad$ $E° = +0,34\,V$
$Ag^+ + e^- \longrightarrow Ag^0$ $\qquad$ $E° = +0,80\,V$

Assinale a alternativa correta no que diz respeito aos sistemas eletroquímicos construídos com estas substâncias.

a. Uma pilha padrão formada pelo par metálico prata e cobre produzirá uma DDP de 1,14 V.
b. Ao se mergulhar uma barra de prata metálica (Ag^0) em solução aquosa de manganês (Mn^{2+}) ocorrerá, espontaneamente, a redução da prata.
c. Uma pilha padrão formada pelo par metálico manganês e cobre produzirá uma DDP de −0,38 V.
d. Ao se mergulhar uma barra de níquel metálico (Ni^0) em solução aquosa de prata (Ag^+) ocorrerá, espontaneamente, a redução da prata.
e. Não haverá reação de oxirredução numa pilha que possua o par metálico níquel e manganês.

23. (PUC-MG) Considere os quatro dispositivos eletroquímicos que têm as seguintes associações da meia pilha: Cu^{2+}/Cu com as meias pilhas Fe^{2+}/Fe, Sn^{2+}/Sn, Ni^{2+}/Ni e Cd^{2+}/Cd.

Sendo dados os seguintes potenciais de redução, a 25 °C:

$E°\,(Cu^{2+}/Cu) = +0,34\,V$
$E°\,(Fe^{2+}/Fe) = -0,44\,V$
$E°\,(Sn^{2+}/Sn) = -0,14\,V$
$E°\,(Ni^{2+}/Ni) = -0,25\,V$
$E°\,(Cd^{2+}/Cd) = -0,40\,V$

Assinale o dispositivo que fornecerá o menor potencial:
a. ferro $\quad$ b. estanho $\quad$ c. níquel $\quad$ d. cádmio

24. (UFAL-PSS) A reação representada por

$$Cl_2(g) + 2\,Br^-(aq) \rightarrow Br_2(l) + 2\,Cl^-(aq)$$

pode ser realizada borbulhando-se cloro em uma solução aquosa contendo $Br^-(aq)$. A energia química dessa reação não pode ser aproveitada transformando-a em energia elétrica. Diz-se que isso acontece porque o sistema não é "ordenado". Obtém-se um sistema "ordenado" construindo-se uma pilha onde a energia da reação que ocorre pode se transformar em energia elétrica. A pilha é formada por dois eletrodos.

eletrodos $\begin{cases} Pt, Cl_2(g), Cl^-(aq) \\ Pt, Br_2(l), Br^-(aq) \\ Pt\ \text{é suporte condutor} \end{cases}$ soluções aquosas

de concentração 1 mol/L cujos potenciais-padrão de redução (E°) são:

$$Cl_2(g) + 2\,e^- \longrightarrow 2\,Cl^-(aq)\ldots + 1{,}4\ \text{volt}$$
$$Br_2(l) + 2\,e^- \longrightarrow 2\,Br^-(aq)\ldots + 1{,}0\ \text{volt}$$

Analise as proposições abaixo:

a. A associação correta desses dois eletrodos, para que haja produção de energia elétrica quando o circuito é fechado é
$\overline{P}t, Br_2(l), Br^-(aq) // Cl^-(aq), Cl_2(g), \overset{+}{P}t$

b. A reação que ocorre, responsável pela produção de energia elétrica é
$Br_2(l) + 2\,Cl^-(aq) \longrightarrow Cl_2(g) + 2\,Br^-(aq)$

c. O catodo da pilha formada pela associação desses eletrodos é onde ocorre a redução, ou seja,
$Cl_2(g) + 2\,e^- \longrightarrow 2\,Cl^-(aq)$

d. Quando há produção de energia elétrica, em um dos polos ocorre a reação representada por
$2\,Cl^-(aq) \longrightarrow Cl_2(g) + 2\,e^-$

e. O anodo da pilha formada pela associação desses eletrodos é onde ocorre a oxidação.

Nota dos autores: Pode haver mais do que uma proposição verdadeira.

25. (Fuvest-SP) Constrói-se uma pilha formada por:

- um eletrodo, constituído de uma placa de prata metálica, mergulhada em uma solução aquosa de nitrato de prata de concentração 0,1 mol/L.
- outro eletrodo, constituído de uma placa de prata metálica, recoberta de cloreto de prata sólido, imersa em uma solução aquosa de cloreto de sódio de concentração 0,1 mol/L.
- uma ponte salina de nitrato de potássio aquoso, conectando esses dois eletrodos.

Constrói-se outra pilha, semelhante à primeira, apenas substituindo-se AgCl(s) por AgBr(s) e NaCl(aq, 0,1 mol/L) por NaBr(aq, 0,1 mol/L).

Em ambas as pilhas, quando o circuito elétrico é fechado, ocorre produção de energia.

a. Dê a equação global da reação da primeira pilha. Justifique o sentido em que a transformação se dá.

b. Dê a equação da semirreação que ocorre no polo positivo da primeira pilha.

c. Qual das pilhas tem maior força eletromotriz? Justifique sua resposta com base nas concentrações iônicas iniciais presentes na montagem dessas pilhas e na tendência de a reação da pilha atingir o equilíbrio.

Para a primeira pilha, as equações das semirreações de redução, em meio aquoso, são:

$$Ag^+(aq) + e^- \longrightarrow Ag(s)$$
$$AgCl(s) + e^- \longrightarrow Ag(s) + Cl^-(aq)$$

Produtos de solubilidade:
AgCl... $1{,}8 \cdot 10^{-10}$;
AgBr... $5{,}4 \cdot 10^{-13}$.

26. (UFPE) O dióxido de manganês é uma substância utilizada em cátodos de algumas pilhas e baterias. Em uma pilha alcalina, a reação produz o hidróxido de manganês (II). Sabendo-se que a massa atômica do manganês e do oxigênio são respectivamente 54,94 g/mol e 16,00 g/mol, analise as afirmativas abaixo.

1. O dióxido de manganês é um agente redutor e, para cada mol dessa substância, 2 mols de elétrons são transferidos.
2. 173,88 g de dióxido de manganês podem trocar no máximo 4 mols de elétrons.
3. O estado de oxidação do manganês no dióxido de manganês é +4.
4. A semirreação de conversão de um mol, de dióxido de manganês a hidróxido de manganês (II), consome dois mols de moléculas de água.

Estão corretas:

a. 1, 2, 3 e 4
b. 1 e 3 apenas
c. 2 e 3 apenas
d. 2, 3 e 4 apenas
e. 1 e 4 apenas

27. (UFJF-MG/PISM) O alumínio é um excelente agente redutor e, portanto, não pode ser utilizado na confecção de tanques para transporte e armazenagem de ácido clorídrico. Por outro lado, pode ser usado no transporte de ácido nítrico, uma vez que o alumínio é rapidamente oxidado formando uma camada protetora de óxido de alumínio que protege o metal de outros ataques.

Semirreações	E°
$Al^{3+}(aq) + 3\,e^- \rightleftharpoons Al(s)$	−1,66 V
$2\,H^+(aq) + 2\,e^- \rightleftharpoons H_2(g)$	+ 0,00 V
$4\,H^+(aq) + 2\,NO_3^-(aq) + 2\,e^- \rightleftharpoons 2\,NO_2(g) + 2\,H_2O(l)$	+ 0,80 V
$Cu^{2+}(aq) + 2\,e^- \rightleftharpoons Cu(s)$	+ 0,34 V
$O_2(g) + 2\,H_2O(l) + 4\,e^- \rightleftharpoons 4\,OH^-(aq)$	+ 0,40 V

a. Por que o alumínio não pode ser usado no transporte de ácido clorídrico? Escreva a reação química para justificar sua resposta.

b. Com base nos potenciais padrão discuta a possibilidade de substituição do alumínio pelo cobre no transporte de ácido clorídrico.

c. O cobre pode ser usado no transporte de ácido nítrico? Escreva a reação química para justificar sua resposta.

d. O uso de tanques de cobre está sujeito ao processo de corrosão pelo oxigênio do ar formando uma camada esverdeada (mistura de óxidos e hidróxidos de cobre). Calcule o potencial padrão que representa este processo.

28. (UFJF-MG/PISM) O esmalte do dente é constituído de um material muito pouco solúvel em água e cujo principal constituinte é a hidroxiapatita ($Ca_5(PO_4)_3OH$). Na presença de água, a hidroxiapatita estabelece o seguinte equilíbrio químico:

$$Ca_5(PO_4)_3OH(s) \longrightarrow 5\ Ca^{2+}(aq) + 3\ PO_4^{3-}(aq) + OH^-(aq)$$

a. A deterioração dos dentes é agravada com a doença bulimia, que faz com que o HCl existente no estômago seja eliminado junto com o vômito. De acordo com o equilíbrio acima, como a bulimia agrava a deterioração dos dentes?

b. Na placa bacteriana, as bactérias metabolizam o açúcar, transformando-os em ácidos orgânicos que contribuem para a formação de cáries. Dentre os principais ácidos formados na placa estão os ácidos: acético ($K_a = 1{,}58 \cdot 10^{-5}$) e lático ($K_a = 1{,}58 \cdot 10^{-4}$). Qual destes ácidos é o mais fraco?

c. O pH normal da boca é 7,0. A diminuição do pH na boca pode ser causada diretamente pelo consumo de frutas ácidas e bebidas, podendo chegar a um pH 6,0 em poucos minutos. Calcule as concentrações de íons hidrogênio antes e depois da ingestão de frutas ácidas e bebidas.

d. Antigamente, o processo de obturação dos dentes era conhecido como amálgama. Se o amálgama (Sn_8Hg) fizer contato com uma coroa de ouro de um dente vizinho uma reação de óxido-redução, na presença de oxigênio, pode ocorrer:

$Sn^{2+}(aq) + Hg(s) + 16\ e^- \longrightarrow Sn_8Hg(s) \quad E° = -0{,}13\ V$

$4\ O_2(g) + 16\ H^+(aq) + 16\ e^- \longrightarrow 8\ H_2O(l) \quad E° = +1{,}23\ V$

Qual é o agente oxidante e o agente redutor deste processo?

Nota dos autores:
A primeira semiequação fornecida no item **d** não está balanceada.

29. (Aman-RJ) Células galvânicas (pilhas) são dispositivos nos quais reações espontâneas de oxidorredução geram uma corrente elétrica. São dispostas pela combinação de espécies químicas com potenciais de redução diferentes. Existem milhares de células galvânicas possíveis. Considere as semirreações abaixo e seus respectivos potenciais de redução nas condições padrão (25 °C e 1 atm).

$Al^{3+}(aq) + 3\ e^- \longrightarrow Al\ (s) \quad \Delta E°\ red = -1{,}66\ V$

$Au^{3+}(aq) + 3\ e^- \longrightarrow Au\ (s) \quad \Delta E°\ red = +1{,}50\ V$

$Cu^{2+}(aq) + 2\ e^- \longrightarrow Cu\ (s) \quad \Delta E°\ red = +0{,}34\ V$

Baseado nas possibilidades de combinações de células galvânicas e suas representações esquemáticas recomendadas pela União Internacional de Química Pura e Aplicada (IUPAC), são feitas as seguintes afirmativas:

I. a diferença de potencial (d.d.p.) da pilha formada pelas espécies químicas alumínio e cobre e representada esquematicamente por $Al(s)\,|\,Al^{3+}(aq)\,\|\,Cu^{2+}(aq)\,|\,Cu(s)$ é de +1,52 V (nas condições-padrão);

II. na pilha formada pelas espécies químicas cobre e ouro e representada esquematicamente por $Cu(s)\,|\,Cu^{2+}(aq)\,\|\,Au^{3+}(aq)\,|\,Au(s)$, a reação global corretamente balanceada é:

$3\ Cu\ (s) + 2\ Au^{3+}\ (aq) \longrightarrow 3\ Cu^{2+}\ (aq) + 2\ Au(s)$

III. na pilha formada pelas espécies químicas cobre e ouro e representada esquematicamente por Cu (s) | Cu^{2+}(aq) || Au^{3+} (aq) | Au (s), o agente redutor é o Cu(s);

IV. a representação IUPAC correta de uma pilha de alumínio e ouro (Al-Au) é Au (s) |Au^{3+}(aq) || Al^{3+}(aq) |Al (s).

Estão corretas apenas as afirmativas

a. I e II.
b. II e III.
c. III e IV.
d. I, II e IV.
e. I, III e IV.

30. (UEFS-BA)

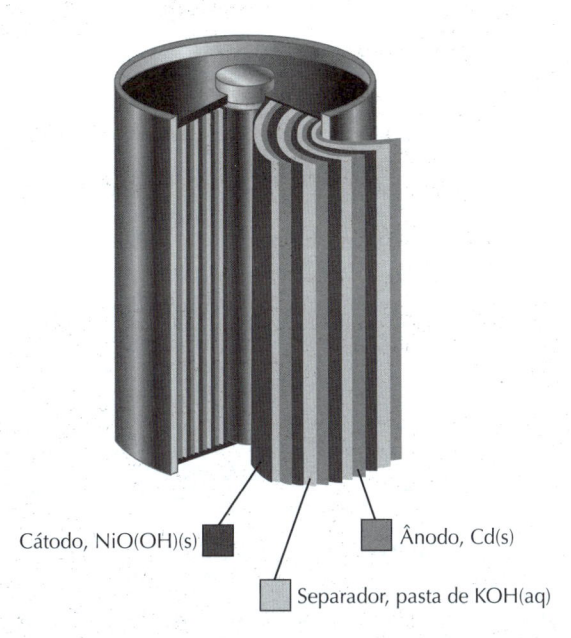

Cátodo, NiO(OH)(s)
Ânodo, Cd(s)
Separador, pasta de KOH(aq)

A bateria de Ni-Cd (níquel-cádmio), em verdade, é uma única célula galvânica e foi uma das primeiras baterias recarregáveis a ser desenvolvida. O descarregamento dessa bateria constitui o processo espontâneo de produção de eletricidade, enquanto o carregamento é o processo eletrolítico inverso. Apesar de ser possível recarregá-la até quatro mil vezes, as baterias Ni-Cd vêm sendo substituídas pelas baterias de íon lítio, devido à alta toxicidade do cádmio, cujo descarte é muito nocivo ao meio ambiente, se não for feito de forma adequada. Analisando-se o esquema da célula galvânica de Ni-Cd, vê-se que os componentes estão dispostos em camadas, de modo a permitir maior superfície de contato entre os eletrodos.

Pela observação aprofundada da representação da bateria Ni-Cd, chega-se à correta conclusão de que

a. $Cd(s) + 2NiO(OH)(s) + 2H_2O(l) \longrightarrow 2Ni(OH)_2(s) + Cd(OH)_2(s)$ representa a equação química total balanceada durante o carregamento da bateria.

b. $2NiO(OH)(s) + 2H_2O(l) + 2\,e^- \longrightarrow 2Ni(OH)_2(s) + 2OH^-(aq)$ representa a semirreação de oxidação do níquel que ocorre no ânodo, durante o descarregamento da bateria.

c. $Cd(s) + 2OH^-(aq) \longrightarrow Cd(OH)_2(s)$ representa a semirreação de oxidação do cádmio que ocorre no ânodo, durante o carregamento da bateria.

d. a pasta de eletrólitos à base de água constituída por hidróxido de potássio atua como ponte salina entre os eletrodos, permitindo o fluxo de cargas durante o carregamento e o descarregamento da bateria.

e. uma grande diferença de potencial entre os eletrodos implica menor energia gerada, durante a transferência de elétrons, no descarregamento da bateria.

Mais questões: no livro digital, em **Vereda Digital Aprova Enem** e **Vereda Digital Suplemento de revisão e vestibulares**; no *site*, em **AprovaMax**.

CAPÍTULO 23
TRANSFORMAÇÃO QUÍMICA POR AÇÃO DA ELETRICIDADE E CÁLCULOS ELETROQUÍMICOS

Estatueta do Oscar, usada para premiar anualmente os escolhidos pela Academia de Artes e Ciências Cinematográficas de Hollywood (Estados Unidos). Na foto, a douração da estatueta, feita por processo eletroquímico, Chicago (Estados Unidos), 2007. Até 2015, a estatueta era feita em liga de estanho e recoberta com ouro 14 quilates. A partir de 2016, ela começa a ser feita em bronze e recoberta com ouro 24 quilates. De que maneira é possível recobrir com ouro uma peça de estanho?

ENEM
C1: H2
C6: H23
C7: H24, H25 e H26

Este capítulo vai ajudá-lo a compreender:

- o funcionamento da eletrólise;
- a carga dos polos (ânodo e cátodo) em eletrólises e em pilhas;
- a eletrólise de compostos iônicos no estado líquido e em soluções;
- as principais aplicações da eletrólise;
- as relações entre a carga elétrica envolvida em um processo de oxirredução e a massa das substâncias participantes;
- a importância dos estudos de Faraday.

Para situá-lo

Em seu curso de Química, têm sido abordados os aspectos negativos da corrosão metálica, especialmente no caso da formação da ferrugem. Em particular, no capítulo anterior, vimos alternativas para evitar a formação da ferrugem, um problema que é ainda mais sério em regiões litorâneas, onde, não se restringindo à superfície de objetos e peças metálicas, põe em risco estruturas da construção civil e compromete a sustentação de prédios, pontes e outras construções.

Uma alternativa para tratar o aço, evitando sua corrosão eletroquímica, consiste em recobri-lo com um metal que o proteja do contato com o oxigênio e a umidade. Nesse processo, procura-se fazer com que o metal usado como proteção cubra perfeitamente a superfície do aço, de modo que não reste nenhum orifício por onde os reagentes do processo de corrosão entrem em contato com ele.

O processo eletroquímico empregado nesse recobrimento, para evitar a corrosão metálica, é chamado **galvanização**. Ele também é usado para embelezar uma peça; é o caso do recobrimento de brincos e outros objetos de adorno com ouro – observe, por exemplo, a foto de abertura deste capítulo.

Mas voltemos bastante no tempo, para falar de galvanizações feitas na Antiguidade.

Em 1936, escavações feitas em ruínas de uma vila nos arredores de Bagdá, no Iraque (país localizado na região da antiga Mesopotâmia), levaram à descoberta de um pequeno pote de argila com 15 cm de altura; estudos realizados pelo arqueólogo alemão Wilhelm Konig chegaram a uma conclusão bastante surpreendente: de acordo com seus cálculos, a peça deveria ter cerca de 2 000 anos. A surpresa não residia no fato de o pote ser muito antigo, mas no conhecimento da civilização que o construiu.

No interior desse pote, havia um cilindro feito com lâmina de cobre cuja extremidade era soldada por uma liga semelhante às usadas atualmente (chumbo-estanho); a parte inferior do cilindro era tampada com uma placa de cobre e vedada com um tipo de asfalto. Uma camada de asfalto fechava a parte superior do pote e mantinha suspensa uma haste de ferro no interior do cilindro de cobre; essa haste apresentava várias marcas indicativas de que tinham sido corroídas provavelmente por contato com ácido. O antropólogo chamou o objeto de **bateria de Bagdá**. Estudos posteriores realizados com uma réplica desse objeto comprovaram que se tratava de um **gerador de eletricidade**; para isso, o cilindro de cobre foi preenchido com uma solução de sulfato de cobre, gerando uma ddp de 0,5 V entre seus polos.

O mesmo arqueólogo analisou alguns objetos metálicos pertencentes ao Museu de Bagdá, que haviam sido encontrados na mesma região (sul do Iraque). Esses objetos foram criados no século III a.C. e eram, portanto, bem mais antigos do que a bateria de Bagdá. A retirada de um fragmento da película superficial desses objetos, de aspecto acinzentado, revelou que eles eram **de cobre, mas recobertos por prata**. Com base nesses estudos arqueológicos e em outros posteriores, em que o sulfato de cobre foi substituído por sucos de fruta ácidos, foram obtidos valores de voltagem ainda maiores que 0,5 V. As evidências acumuladas levaram ao reconhecimento de que povos da Mesopotâmia, já no século III a.C., dominavam técnicas de galvanoplastia (recobrimento da superfície de um metal por outro, usando eletricidade); ou seja, eles tinham conhecimentos, ainda que **empíricos**, de eletroquímica, área do conhecimento cujas bases teóricas só se desenvolveram muitos séculos depois.

1. Em grandes construções, como os estádios erguidos para a Copa do Mundo realizada no Brasil em 2014, costumam ser usadas estruturas de ferro galvanizado. Explique as razões para a escolha desse material.

2. Em locais úmidos, especialmente à beira-mar, o uso do ferro em grandes construções exige que se tomem cuidados especiais. Por quê?

3. Que aspectos foram considerados por Wilhelm Konig e demais pesquisadores para concluir que as descobertas realizadas em sítios arqueológicos do Oriente Médio envolviam conhecimentos eletroquímicos?

4. Um ourives precisa recobrir um anel com 4 mg de ouro. Para isso utiliza uma solução de sal de ouro(III). De quais informações ele precisa para saber por quanto tempo terá de passar uma corrente elétrica de 1 C/s pela solução?

Empírico: baseado na experiência e na observação.

Ourives: artesão que lida com metais preciosos, como ouro e prata.

Vista aérea do Estádio Beira-Rio, em Porto Alegre (RS), cuja estrutura emprega grande quantidade de aço galvanizado. Foto de 2014.

Neste capítulo, vamos estudar alguns processos eletroquímicos de recobrimento de metais; vamos também analisar o emprego da eletricidade na obtenção de metais e de outras substâncias de importância industrial. E, ainda, veremos como é possível relacionar a massa de um material a ser depositado sobre outro com a corrente elétrica média circulante e o tempo de uso da energia elétrica no período.

Como funciona a eletrólise

Antes da introdução de novos conceitos, reflita com base no que você já conhece e responda às questões a seguir.

Atividades

1. Considere as reações abaixo equacionadas:

    $Ca(s)$ + $Cl_2(g)$ ⟶ $CaCl_2(s)$
    cálcio   cloro   cloreto de cálcio

    $CaCl_2(s)$ ⟶ $Ca(s)$ + $Cl_2(g)$
    cloreto   cálcio   cloro
    de cálcio

    a) Qual delas tem maior tendência a ocorrer espontaneamente?
    b) Em que você se baseou para dar sua resposta?

2. Considere o cloreto de cálcio ($CaCl_2$) no estado sólido e no estado líquido. Qual deles conduz melhor a corrente elétrica? Por quê?

3. Considere a síntese do $CaCl_2$. Do ponto de vista dos elétrons, que processo ocorre com o cálcio nessa síntese? E com o cloro?

4. Considere agora a decomposição eletrolítica do $CaCl_2$ líquido, isto é, a reação inversa à síntese. Do ponto de vista dos elétrons, que processo ocorre com o cálcio? E com o cloro?

5. Escreva as semiequações que representam os processos parciais que devem ocorrer nos eletrodos.

> Chamamos de **eletrólise** a **reação de oxirredução não espontânea**, que é possível graças ao fornecimento de energia elétrica por um gerador elétrico.

Considere a eletrólise do composto iônico cloreto de níquel(II), $NiCl_2$, em solução aquosa:

$$Ni^{2+}(aq) + 2\,Cl^-(aq) \xrightarrow{\text{corrente elétrica}} Ni^0(s) + Cl_2(g)$$

Nesse processo, os cátions Ni^{2+} sofrem redução, e os ânions Cl^-, oxidação. A eletrólise é, portanto, uma reação de oxirredução.

Analise o esquema a seguir, supondo os íons Ni^{2+} e Cl^- em solução no interior da cuba eletrolítica.

Na eletrólise, a ligação entre os polos da bateria (**gerador**) e os eletrodos da cuba eletrolítica (**receptor**) é feita por fios metálicos, nos quais circulam elétrons. O circuito é fechado por eletrólitos que conduzem corrente elétrica, graças ao movimento de íons.

O gerador fornece uma diferença de potencial elétrico capaz de forçar os ânions do receptor a ceder elétrons ao polo negativo e os cátions a receber elétrons do polo positivo.

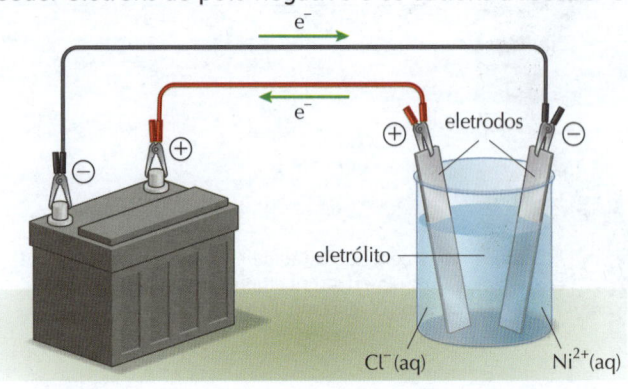

Fonte: MASTERTON, W. L.; SLOWINSKI, E. J. *Química geral superior*. 4. ed. Rio de Janeiro: Interamericana, 1978. p. 435.

Resumindo:

- o **polo positivo** do receptor (cuba eletrolítica) **atrai os ânions** cloreto (Cl^-), que aí se oxidam, perdendo elétrons. Esses elétrons se deslocam pelo fio metálico, voltando ao gerador para depois seguir em direção ao polo negativo do receptor. Por atrair ânions, o **polo positivo** é o **ânodo**;

- o **polo negativo atrai os cátions** (Ni^{2+}), que nele sofrem redução, recebendo elétrons provenientes do gerador. Por atrair cátions, o **polo negativo** é o **cátodo**.

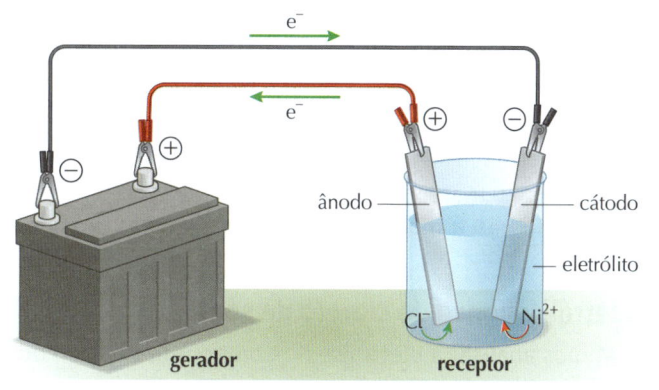

O esquema representa a eletrólise do $NiCl_2$ em solução aquosa; desse processo participam apenas os cátions $Ni^{2+}(aq)$ e os ânions $Cl^-(aq)$. Os ânions Cl^- oxidam-se no ânodo – polo positivo desse receptor –, cedendo elétrons ao eletrodo. Os elétrons que fluem pelo fio elétrico chegam ao cátodo – polo negativo –, para o qual os cátions Ni^{2+} são atraídos e onde recebem elétrons, ocorrendo, então, a redução desses íons.

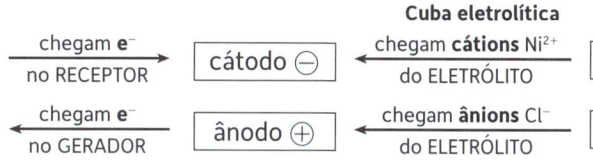

Cuba eletrolítica

| chegam e^- no RECEPTOR → | cátodo ⊖ | ← chegam cátions Ni^{2+} do ELETRÓLITO | $Ni^{2+} + 2\,e^-$ | REDUÇÃO |
| chegam e^- no GERADOR ← | ânodo ⊕ | ← chegam ânions Cl^- do ELETRÓLITO | $Cl^- - e^-$ | OXIDAÇÃO |

O processo de recobrimento de uma superfície por níquel metálico é chamado **niquelação**. Talvez você não identifique facilmente objetos niquelados, mas é provável que reconheça peças cromadas. A **cromação** (recobrimento por crômio), além de melhorar o aspecto de objetos metálicos, é muito útil para aumentar a durabilidade do aço. Mas qual é a relação entre os objetos niquelados e os cromados? Tanto na niquelação quanto na cromação recorre-se à eletrólise de soluções que contêm íons do metal (níquel ou crômio) com o qual se pretende recobrir outro metal. No entanto, não é simples fazer o recobrimento eletrolítico de aço por crômio, porque ele não adere firmemente ao aço. Por isso, para que um metal seja cromado, antes ele deve ser niquelado. Isso explica por que chaves, torneiras e outros objetos, após certo tempo de uso, podem "descascar": a camada externa que "descasca" é de crômio, e por baixo dela se vê a camada de níquel.

Cuba eletrolítica:

Analisaremos a seguir exemplos de eletrólise com eletrodos inertes, ou seja, bons condutores de eletricidade, mas que não são alterados durante o processo, como os de platina ou de grafita.

Trompete com acabamento niquelado.

O recobrimento por crômio não ocorre facilmente em objetos de aço. Para contornar esse problema, primeiro é feita a niquelação, e só então se faz a cromação. Por esse motivo, é comum que objetos cromados, após algum tempo de uso, apresentem regiões com aspecto diferente, nas quais a camada externa descascou.

Eletrólise ígnea

Você sabe que compostos iônicos são, em geral, sólidos em condições ambientes padronizadas (25 °C, 100 kPa). Nessas condições, eles não conduzem corrente elétrica devido à pouca mobilidade de seus íons. No entanto, acima da temperatura de fusão, no estado líquido, eles passam a conduzi-la e, por isso, podem ser eletrolisados.

Chamamos de ígnea a eletrólise de um composto iônico acima de sua temperatura de fusão. O que significa o adjetivo **ígneo**?

Ígneo quer dizer "relativo a fogo, que é de fogo ou se assemelha a ele"; portanto, é uma palavra que remete a calor. Assim, na eletrólise ígnea do cloreto de sódio (NaCl) será necessário aquecer o composto acima de 800 °C para que ele se funda, isto é, passe do estado sólido ao líquido.

> Quando o material que constitui o eletrodo participa do processo eletrolítico, dizemos que **o eletrodo não é inerte**. Veremos um exemplo desse tipo de eletrodo mais adiante.

A eletrólise ígnea do cloreto de sódio

Vamos analisar a eletrólise do componente básico do sal comum, o cloreto de sódio, NaCl, no estado líquido.

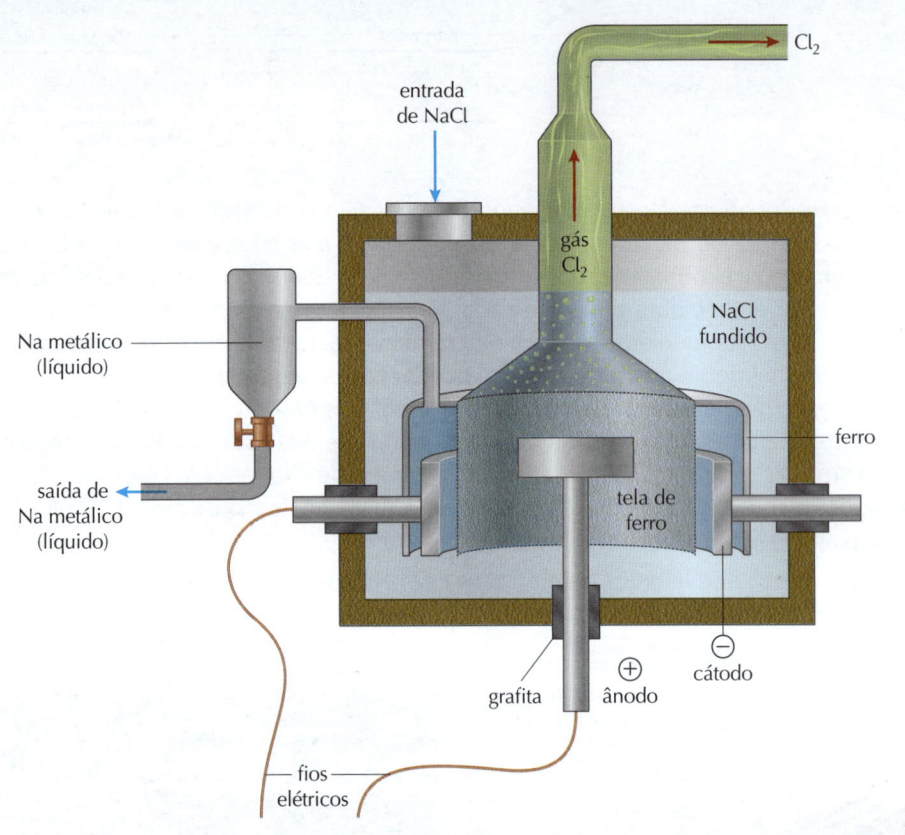

Representação de célula Downs, usada na produção de sódio metálico (Na⁰) por eletrólise. O sódio sai do sistema em estado líquido, pois a temperatura na célula é cerca de 600 °C, e a temperatura de fusão do sódio metálico é um pouco inferior a 98 °C.

Fonte: MASTERTON, W. L.; SLOWINSKI, E. J. *Química geral superior*. 4. ed. Rio de Janeiro: Interamericana, 1978. p. 436.

⊖ cátodo: $Na^+(l) + e^- \xrightarrow{redução} Na^0(s)$

⊕ ânodo: $Cl^-(l) \xrightarrow{oxidação} \frac{1}{2}\overset{0}{Cl_2}(g) + e^-$

Equação global: $Na^+(l) + Cl^-(l) \xrightarrow{eletrólise} Na^0(s) + \frac{1}{2}\overset{0}{Cl_2}(g)$

A eletrólise ígnea do cloreto de sódio (NaCl) requer uma voltagem mínima de 4,07 V para ocorrer, pois ela engloba:

redução do Na^+ $E^0_{red} = -2,71$ V

oxidação do Cl^- $E^0_{ox} = -1,36$ V

> A ddp (diferença de potencial) do processo é negativa (−4,07 V), indicando que o sistema formado pelo NaCl líquido necessita receber energia elétrica, isto é, trata-se de um receptor (reação não espontânea). Assim, para forçar a ocorrência dessa reação, temos de aplicar uma ddp superior a esse valor.

Atividades

Compare os sistemas produtores de energia elétrica – os **geradores** (que você estudou no capítulo 22) – com os sistemas que recebem energia elétrica (cubas eletrolíticas) – os **receptores**, que acabamos de apresentar.

1. Onde há reação química espontânea: nos geradores ou nos receptores?

2. E onde a reação química é "forçada" a ocorrer: nos geradores ou nos receptores?

3. O que significa o termo **cátodo** em cada um desses dois casos? E o termo **ânodo**?

4. Considere uma pilha, isto é, um gerador.
   a) Em que polo ocorre a redução? Explicite a carga do polo, especificando se ele funciona como cátodo ou ânodo.
   b) Em que sentido os elétrons se movimentam no fio?
   c) Em que sentido os cátions se movem dentro da pilha? E os ânions?

5. Proceda como na questão anterior, agora analisando a cuba eletrolítica, um receptor.

6. Compare os processos eletroquímicos que ocorrem durante a descarga de uma pilha com os que ocorrem na eletrólise em uma cuba eletrolítica. Anote as semelhanças e/ou diferenças em um quadro.

Você pode resolver as questões 1 a 7 e 13 da seção Testando seus conhecimentos.

Comparando geradores e receptores

Vamos sintetizar o que estudamos sobre as reações químicas que ocorrem em pilhas e eletrólises.

No esquema ao lado, à direita, representamos processos genéricos interligados de oxirredução espontânea (da pilha) e não espontânea (da eletrólise). O circuito elétrico representado na parte central da figura representa os mesmos processos de acordo com as convenções da Eletrodinâmica.

Gerador (pilha)

⊖ cátodo: $Z^+(aq) + e^- \xrightarrow{redução} Z^0(s)$

⊕ ânodo: $X^0(s) \xrightarrow{oxidação} X^+(aq) + e^-$

Equação global: $Z^+(aq) + X^0(s) \longrightarrow Z^0(s) + X^+(aq)$

$\Delta E > 0$ **(processo espontâneo)**

Receptor (cuba eletrolítica)

⊖ cátodo: $A^+(aq) + e^- \xrightarrow{redução} A^0(s)$

⊕ ânodo: $B^-(aq) \xrightarrow{oxidação} B^0(s) + e^-$

Equação global: $A^+B^-(aq) \xrightarrow{eletrólise} A^0(s) + B^0(s)$

$\Delta E < 0$ **(processo não espontâneo)**

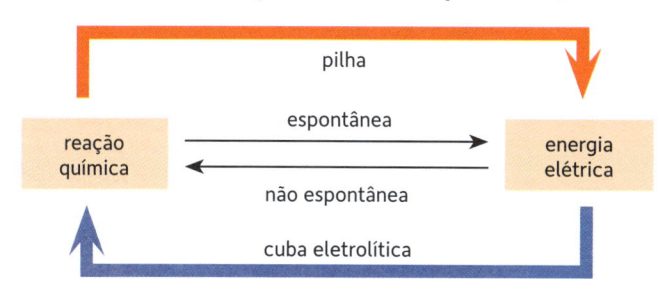

A corrente elétrica originada por uma pilha (processo espontâneo) pode provocar uma eletrólise (processo não espontâneo).

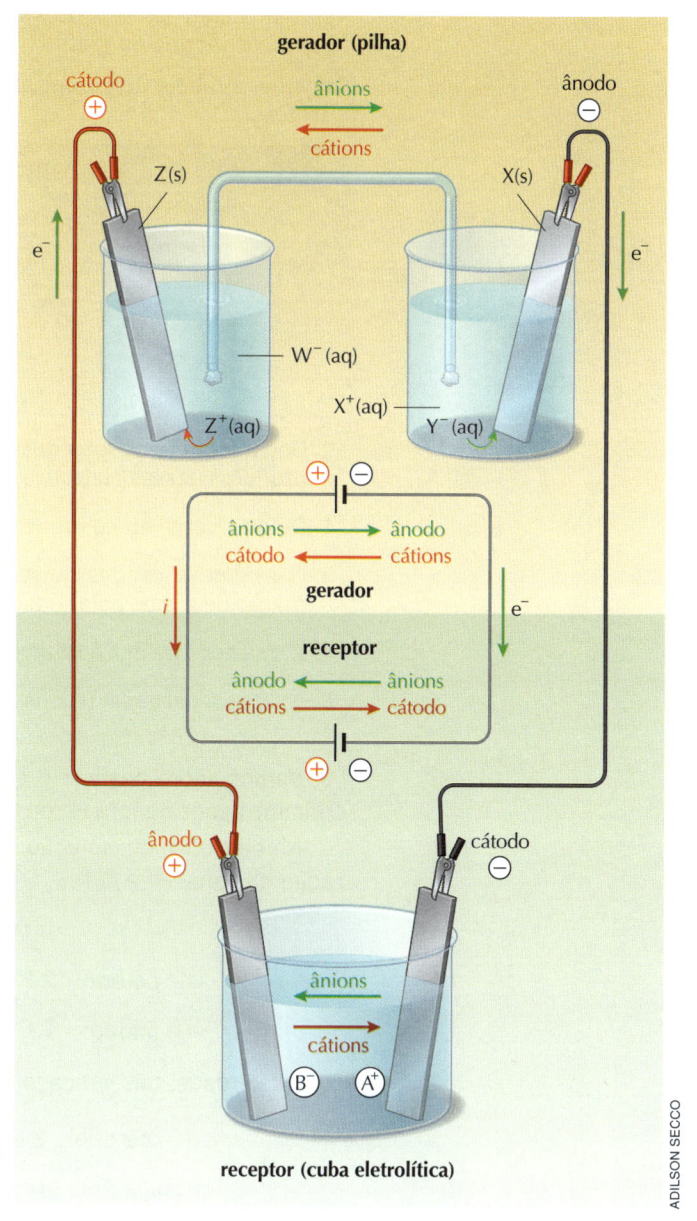

Atividades

1. Equacione os processos do cátodo, do ânodo e da reação global da eletrólise ígnea dos compostos abaixo. Não se esqueça de equilibrar as cargas elétricas.
   a) KI(l).
   b) $AlBr_3$(l).

2. Considere os conjuntos de íons abaixo. Indique qual das espécies se reduz mais facilmente no cátodo de uma célula eletrolítica. Consulte os valores dos potenciais de redução no final do livro.
   a) K^+, H^+, Cu^{2+}, Fe^{2+}.
   b) Mg^{2+}, Zn^{2+}, Ag^+, H^+.

Eletrólise em solução aquosa

Antes de analisarmos exemplos de eletrólises em solução aquosa, reflita com base no que você já sabe e faça as atividades a seguir.

Atividades

Veja no quadro os produtos da eletrólise de algumas soluções, quando são utilizados eletrodos inertes, de platina ou grafita.

Consulte a tabela de potenciais de redução no final do livro e analise o quadro para responder às questões.

Produtos da eletrólise de algumas soluções		
Reagente	Produto	
Eletrólito	Cátodo	Ânodo
NaCl(aq)	H_2(g)	Cl_2(g)
$CuCl_2$(aq)	Cu(s)	Cl_2(g)
$AgNO_3$(aq)	Ag(s)	O_2(g)
K_2SO_4(aq)	H_2(g)	O_2(g)

1. Considerando os íons que constituem os sais do quadro, observa-se que, em alguns casos, os produtos dessas eletrólises não são originados nos sais. Quais são eles?

2. De que forma esses produtos podem ter se formado?

3. Considere os cátions constituintes dos sais eletrolisados. Entre esses metais, os que levaram à formação de gás no polo ⊖ são os de potencial-padrão de redução alto ou baixo?

4. A que você atribui a relativa facilidade de obtenção de cloro, Cl_2?

5. Por que a chegada de íons nitrato, NO_3^-, ao ânodo não dá origem ao gás nitrogênio?

Vamos agora analisar o que acontece quando aplicamos uma ddp à água contendo baixas concentrações de íons H^+ ou OH^-.

Na eletrólise em solução aquosa, há competição entre os íons do eletrólito e os da autoionização da água: H^+ e OH^-.

$$H_2O(l) \rightleftharpoons H^+(aq) + OH^-(aq)$$

$$\ominus \text{ cátodo: } 2\,H^+(aq) + 2\,e^- \xrightarrow{\text{redução}} H_2(g)$$

$$\oplus \text{ ânodo: } 2\,OH^-(aq) \xrightarrow{\text{oxidação}} 2\,e^- + H_2O(l) + \frac{1}{2}O_2(g)$$

Na verdade, tais indicações são simplificações dos processos que efetivamente ocorrem:

$$\ominus \text{ cátodo: } 2\,H_2O(l) + 2\,e^- \xrightarrow{\text{redução}} H_2(g) + 2\,OH^-(aq)$$

$$\oplus \text{ ânodo: } H_2O(l) \xrightarrow{\text{oxidação}} 2\,H^+(aq) + \frac{1}{2}O_2(g) + 2\,e^-$$

O quadro a seguir resume, de modo simplificado, a facilidade de descarga dos íons. Essa facilidade de descarga não depende dos valores de E^0, exclusivamente; há outros fatores que acabam tornando a redução do H^+ mais difícil que a de alguns cátions metálicos, como Fe^{2+} e Zn^{2+}.

	Ordem em que os íons chegam aos polos		
Cátodo	**Antes do H⁺** todos os cátions (com exceção dos mencionados na coluna "Depois do H⁺")	H^+ ↑ água ↓ OH^-	**Depois do H⁺** H^+ e cátions dos metais alcalinos: Li^+, Na^+, K^+, Rb^+, Cs^+ cátions dos metais alcalinoterrosos: Mg^{2+}, Ca^{2+}, Sr^{2+}, Ba^{2+}, Al^{3+}
Ânodo	**Antes do OH⁻** ânions não oxigenados: Cl^-, Br^-, I^-, S^{2-}; exceção: F^-		**Depois do OH⁻** F^- ânions oxigenados ânions orgânicos

Eletrólise de solução aquosa diluída de nitrato de prata, $AgNO_3$(aq)

Nessa eletrólise, competirão os íons prata, Ag^+(aq), e hidrogênio, H^+(aq), no cátodo, e os íons nitrato, NO_3^-(aq), e hidróxido, OH^-(aq), no ânodo. Esses íons provêm dos processos:

$$AgNO_3(s) \xrightarrow[\text{dissociação}]{H_2O} Ag^+(aq) + NO_3^-(aq)$$

$$H_2O(l) \xrightleftharpoons[\text{autoionização}]{} H^+(aq) + OH^-(aq)$$

Redução: é o íon Ag^+ que sofre redução, pois esse cátion tem maior tendência a se reduzir do que o H^+.

⊖ **cátodo:** $Ag^+(aq) + e^- \xrightarrow{\text{redução}} Ag^0(s)$

Oxidação: de modo simplificado, podemos pensar que é o íon OH^- que sofre oxidação, pois esse ânion tem maior tendência a se oxidar do que o NO_3^-

⊕ **ânodo:** $2\,OH^-(aq) \xrightarrow{\text{oxidação}} 2\,e^- + H_2O(l) + \frac{1}{2}O_2(g)$

Para representar o processo todo, isto é, tanto o que é envolvido na redução quanto o que é envolvido na oxidação, temos de multiplicar a equação do cátodo por 2. Desse modo, igualam-se os números de elétrons das duas semirreações:

$$2\,Ag^+(aq) + 2\,e^- \longrightarrow 2\,Ag^0(s)$$
$$2\,OH^-(aq) \longrightarrow 2\,e^- + H_2O(l) + \frac{1}{2}O_2(g)$$
$$\overline{2\,Ag^+(aq) + 2\,OH^-(aq) \longrightarrow 2\,Ag^0(s) + H_2O(l) + \frac{1}{2}O_2(g)}$$

A equação que escrevemos indica somente os íons que sofreram alteração. No entanto, lembre-se de que não há grande concentração de íons OH^- livres, já que eles provêm da autoionização da água. Devemos então refletir com base nos íons provenientes dos processos anteriormente equacionados:

$AgNO_3(aq) \longrightarrow Ag^+(aq) + NO_3^-(aq)$ $\qquad$ $H_2O(l) \rightleftharpoons H^+(aq) + OH^-(aq)$
(dissociação iônica) $\qquad\qquad\qquad\qquad\qquad$ (autoionização da água)

Entre os cátions presentes na solução, Ag^+(aq) e H^+(aq), os íons prata têm maior facilidade em reduzir-se:

$2\,Ag^+(aq) + 2\,e^- \longrightarrow 2\,Ag^0(s)$ $\qquad$ semiequação de redução

Entre os ânions, o hidróxido (OH^-) é o que se oxida mais facilmente, de acordo com a semiequação:

$2\,OH^-(aq) \longrightarrow H_2O(l) + \frac{1}{2}O_2(g) + 2\,e^-$ $\qquad$ semiequação de oxidação

Somando-se as equações de dissociação iônica do $AgNO_3$, o equilíbrio iônico da água e as semiequações de oxidação e de redução, temos:

$2\,Ag^+(aq) + 2\,\cancel{NO_3^-}(aq) + 2\,H_2O(l) \longrightarrow 2\,Ag^0(s) + 2\,\cancel{NO_3^-}(aq) + 2\,H^+(aq) + H_2O(l) + \frac{1}{2}O_2(g)$

ou

$2\,Ag^+(aq) + H_2O(l) \longrightarrow 2\,Ag^0(s) + \frac{1}{2}O_2(g) + 2\,H^+(aq)$

Portanto, a eletrólise do nitrato de prata, $AgNO_3$(aq), torna o meio ácido, uma vez que os íons nitrato (NO_3^-), provenientes da dissociação do nitrato de prata, e os íons hidrogênio (H^+), provenientes da autoionização da água, não são consumidos no processo. Lembre-se: nesse caso, não faz sentido pensar na formação de HNO_3, porque, como ele é um eletrólito forte, encontra-se muito ionizado – assim sendo, em solução predominam íons: H^+ e NO_3^- (aq).

Eletrólise de solução aquosa diluída de ácido sulfúrico, H_2SO_4(aq)

Nesse caso, estão em jogo os processos:

$$H_2SO_4(aq) \longrightarrow H^+(aq) + HSO_4^-(aq)$$
$$HSO_4^-(aq) \longrightarrow H^+(aq) + SO_4^{2-}(aq)$$
$$H_2O(l) \rightleftharpoons H^+(aq) + OH^-(aq)$$

Vamos representar os processos do cátodo e do ânodo simplificadamente:

⊖ cátodo: $2\ H^+(aq) + 2\ e^- \xrightarrow{redução} H_2(g)$

⊕ ânodo: $2\ OH^-(aq) \xrightarrow{oxidação} H_2O(l) + \frac{1}{2}O_2(g) + 2\ e^-$

A soma desses processos nos leva à equação:

$$2\ H_2O(l) \longrightarrow H_2O(l) + H_2(g) + \frac{1}{2}O_2(g)$$

$$H_2O(l) \longrightarrow H_2(g) + \frac{1}{2}O_2(g)$$

Ou seja, **é a água a substância que efetivamente se eletrolisa**, embora seja necessária a presença de expressiva quantidade de íons em solução para que a corrente elétrica possa fluir, através dela, possibilitando a reação de eletrólise.

Observações

- A água pura não é um bom condutor de eletricidade, pois a concentração em íons H^+ e OH^- provenientes de sua autoionização é baixa. Lembre-se: $K_w = 10^{-14}$ a 25 °C e sob pressão de 100 kPa. Por isso, a "eletrólise da água" requer um eletrólito que não participe da oxirredução.
- Se consultarmos os valores de potencial-padrão de redução de cátions metálicos e dos íons H^+, poderemos concluir erradamente ser mais fácil a redução do H^+ ($E°_{red} = 0$ V) que a do Zn^{2+} ($E°_{red} = -0,76$ V) ou a do Fe^{2+} ($E°_{red} = -0,44$ V). A redução dos íons H^+ é mais difícil do que a dos íons Zn^{2+}, porque, à medida que se forma o hidrogênio, H_2(g), esse gás tem a tendência de acumular-se ao redor do eletrodo. Isso acaba por "exigir" um acréscimo de tensão (sobretensão) para que a formação de H_2(g) prossiga. Lembre-se de que os gases não são bons condutores de energia elétrica, a menos que estejam a baixíssima pressão.

Química: prática e reflexão

Você pode resolver as questões 8 a 10, 14 e 15 da seção Testando seus conhecimentos.

É possível montar uma pilha e com ela fazer uma eletrólise em meio aquoso?

Material necessário

- 2 béqueres de 250 mL
- 2 tubos em "U"
- 1 lâmina de zinco bem polida
- 1 lâmina de cobre bem polida
- 2 eletrodos de grafita (grafita de lapiseira)
- 2 pedaços de fios de cobre (finos)
- 4 "jacarés" (terminal elétrico para realizar ligações rápidas e não permanentes)
- 1 pouco de algodão
- 250 mL de solução 1 mol/L de sulfato de zinco ($ZnSO_4$)
- 250 mL de solução 1 mol/L de sulfato de cobre(II) ($CuSO_4$)
- 250 mL de solução saturada de nitrato de potássio (KNO_3)
- 250 mL de solução 1 mol/L de iodeto de potássio (KI)
- 1 frasco com solução de amido
- 1 frasco conta-gotas com fenolftaleína ou outro indicador ácido-base

Cuidado!

Nunca coloque os materiais do laboratório na boca ou em contato com outra parte do corpo; não os aspire; use óculos de segurança, avental de mangas compridas e luvas de látex.

Material tóxico: não jogue os resíduos na pia nem na lixeira.

Não coma ou beba no laboratório.

Procedimento

1. Coloquem a solução de KNO_3 no tubo em "U" e fechem as extremidades com algodão, evitando que fiquem bolhas de ar.
2. Coloquem a solução de $CuSO_4$ em um dos béqueres e nela mergulhem a lâmina de cobre bem polida.
3. Coloquem a solução de $ZnSO_4$ no outro béquer e nela mergulhem a lâmina de zinco bem polida.
4. Introduzam cada extremidade da ponte salina, isto é, do tubo em "U" cheio de $KNO_3(aq)$, em um béquer, de acordo com a ilustração ao lado.
5. No outro tubo em "U", coloquem a solução de KI.
6. Montem a aparelhagem conforme a ilustração ao lado.
7. Deixem o sistema funcionando por 10 minutos e acrescentem, no ramo representado pela letra **A**, 2 gotas de fenolftaleína e, no ramo representado pela letra **B**, 2 gotas da solução de amido.
8. Observem e anotem suas observações.

Descarte dos resíduos: Os eletrodos podem ser guardados para futuros experimentos; as soluções podem ser diluídas em água e descartadas no ralo da pia.

Analisem suas observações

1. Em que parte do sistema está o gerador de eletricidade?
2. Qual é a reação química responsável pela geração de energia? Equacionem.
3. Indiquem, em uma representação esquemática do sistema, o movimento dos elétrons e da corrente, *i*, nos fios.
4. Que reação ocorre no processo eletrolítico? Equacionem.
5. Para que serve o amido (se não souber, pesquise)? E a fenolftaleína?

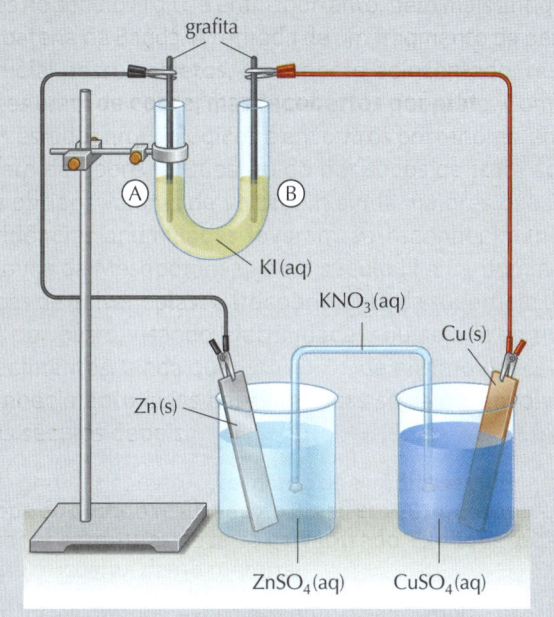

Esquema da eletrólise de uma solução aquosa de iodeto de potássio (KI). A corrente para essa eletrólise é obtida pela pilha $Zn^0 \mid Zn^{2+} \parallel Cu^{2+} \mid Cu^0$.

Viagem no tempo

A história da eletrólise e suas implicações para os avanços da Química

Datam do início do século XIX os estudos de dois importantes cientistas – o sueco Jöns Jacob Berzelius (1779-1848) e o inglês Humphry Davy (1778-1829) – sobre os efeitos da condução de corrente elétrica através de algumas substâncias no estado líquido ou através de soluções aquosas de outras substâncias. Apesar de esses trabalhos terem sido fundamentais para os avanços nessa área, o termo **eletrólise**, utilizado até hoje, só foi introduzido posteriormente (1832) pelo cientista inglês Michael Faraday (1791-1867), discípulo de Davy e que teve papel marcante na história da Química e da Física, como veremos mais adiante.

As contribuições de Davy

Em 1795, Davy trabalhou como aprendiz de um hábil cirurgião e farmacêutico, época em que adquiriu muitos conhecimentos práticos de Química. Também entrou em contato com as ideias de Lavoisier e leu um livro que o cientista francês publicara, o que o motivou a repetir experimentos descritos no livro e a realizar muitos outros. Seu interesse crescente por esses temas levou-o a abandonar a área médica e desenvolver seus estudos na área de Química como **autodidata**.

Autodidata: quem se instrui por esforço próprio, sem a ajuda de professores.

Em pouco tempo, já era reconhecido como um químico bastante importante. Logo no início do século XIX, publicou um trabalho sobre o óxido nitroso (N_2O), o chamado gás hilariante, um composto que, quase trinta anos antes, havia sido obtido pelo inglês Joseph Priestley (1733-1804), o qual detalhara sua descoberta em uma publicação. Davy, que tinha o perigoso hábito de cheirar as substâncias que manipulava, notou que o N_2O, além de provocar o riso – na verdade, ele provoca contrações musculares que se assemelham a risos –, aliviava dores, isto é, tinha efeito anestésico. Deve-se a esses trabalhos a descoberta e o uso do primeiro anestésico produzido em laboratório, um grande avanço para a realização de procedimentos cirúrgicos, com substancial redução das sensações dolorosas. Vale ressaltar, porém, que esse uso em procedimentos médicos e odontológicos levou algumas décadas para ser adotado.

A intensa produção intelectual de Davy, conhecido por sua grande capacidade de pesquisar e estudar, explica por que, ainda muito jovem, ele galgou posições de destaque em instituições importantes. Foi pesquisador e professor de Química na Royal Institution, em Londres, onde pôde descobrir as propriedades anestésicas do óxido nitroso e aprofundar seus estudos sobre a decomposição de certos compostos por meio da passagem de corrente elétrica em suas soluções aquosas.

Saiba mais

No contexto do Iluminismo

Quando Berzelius e Humphry Davy nasceram, vigorava na Europa o Iluminismo, movimento intelectual do século XVIII que pregava uma nova forma de pensar e de entender o mundo, segundo a razão, e não mais segundo crenças religiosas. Por meio do conhecimento racional, o ser humano poderia transformar o mundo. Porém o ensino deveria deixar de ser atribuição da Igreja e tornar-se **laico**: por meio da difusão do conhecimento baseado na razão, os iluministas acreditavam que poderiam iluminar as mentes humanas, tirá-las da escuridão da ignorância.

Os pensadores iluministas afirmavam ainda que o homem deveria buscar respostas para as questões que, até então, haviam sido explicadas somente pela fé e pelo misticismo – o clima era, portanto, propício às indagações das ciências, que evoluíram enormemente ao longo do século XVIII.

> **Laico:** que não pertence ao clero nem a uma ordem religiosa.

Na época, eram conhecidas perto de quarenta substâncias simples (então designadas "corpos simples"), sendo a maioria delas metais. Vários pesquisadores tentaram obter outras substâncias elementares com base em óxidos metálicos conhecidos, recorrendo aos métodos químicos então utilizados, mas não tiveram êxito.

Porém, no início do século XIX, a invenção da pilha elétrica de Volta, inspirada nos trabalhos de Galvani, provocou mudanças significativas. Como afirmou Davy, "a pilha soou como um alarme para os experimentadores de toda a Europa". Em pouco tempo, foi conseguida a eletrólise da água levemente acidificada. Esse processo simples, que originava dois gases e confirmava a lei de Lavoisier, trazia algo de intrigante. Por que os dois gases saíam em polos diferentes – o hidrogênio no negativo e o oxigênio no positivo?

Como professor da Royal Institution, Davy pôde dedicar-se, nessa instituição, a pesquisar os fenômenos eletrolíticos. Já que a corrente elétrica era capaz de separar os constituintes da água, ele pensou que seria possível fazer o mesmo com os óxidos. Para isso, construiu baterias potentes e submeteu soluções aquosas de compostos à eletrólise.

Esperava, dessa forma, chegar a novas substâncias simples. No entanto, obtinha hidrogênio e oxigênio, como se a eletrólise fosse da água, sem que houvesse alteração do composto em solução. Tentou, então, passar corrente elétrica através de compostos sólidos, constatando que isso era impossível. Repetiu o experimento com as substâncias fundidas (no estado líquido, sem a presença de água), atingindo finalmente seu propósito inicial.

Assim, em 1807, Davy provou que a soda – nome popular do carbonato de sódio (Na_2CO_3) – e a potassa – nome popular do carbonato de potássio (K_2CO_3) – não eram substâncias simples, pois pela eletrólise desses sais fundidos obteve, respectivamente, o sódio e o potássio.

Gravura do século XIX que mostra Davy (à direita), em seu laboratório, usando uma bateria para eletrolisar sais de sódio e potássio, processo pelo qual, em 1807, obteve Na e K nas formas metálicas.

A obtenção dessas substâncias e a grande reatividade desses dois metais causaram grande impacto entre os cientistas. Na Royal Institution, Davy realizou inúmeras conferências, para as quais eram atraídas muitas pessoas interessadas em conhecer as novas descobertas científicas; como muitos desses frequentadores eram pessoas ricas, tais eventos atraíam recursos financeiros para a instituição. Nas conferências, ele realizava demonstrações experimentais de suas descobertas no campo da eletrólise e, com elas, procurava causar impacto. Em uma delas, deixou a plateia fascinada ao colocar um pedaço de potássio em água: além de o metal, descoberto por ele, movimentar-se sobre a superfície da água com grande velocidade, pegava fogo, emitindo luz intensa de coloração violeta.

Nos anos seguintes, Davy comprovou que diversas substâncias conhecidas eram compostas e, por meio da eletrólise ígnea de algumas delas, obteve "corpos simples", como eram então chamados, por exemplo, o cálcio, o estrôncio, o bário e o magnésio.

Utilizando processo eletrolítico, concluiu que o ácido clorídrico não continha oxigênio, o que abalou a ideia de ácido introduzida por Lavoisier – e aceita como verdadeira por seus contemporâneos já havia três décadas: a de que ácidos contêm oxigênio.

Ainda por meio eletrolítico, em 1813, Davy obteve o iodo.

Humphry Davy realizando uma palestra, em caricatura do inglês James Gillray, produzida em 1809.

Por meio de observações realizadas na eletrólise de alguns compostos, Davy constatou que, enquanto certas substâncias se dirigem ao polo de carga positiva, outras se dirigem ao polo oposto. Qual seria a relação entre a substância e a carga do polo ao qual ela se encaminha?

Embora ele ainda não tivesse chegado a conclusões próximas às atuais, com relação à constituição de algumas substâncias – se eram simples ou compostas –, começou a elaborar um raciocínio para explicar essa questão que o intrigava. O hidrogênio, por exemplo, encaminhava-se ao local com carga negativa e era repelido pelo material carregado positivamente; com o oxigênio ocorria exatamente o contrário. Afirmou então que essas forças atrativas e repulsivas eram suficientemente energéticas para superar as "afinidades" entre as substâncias. Tentando esclarecer: ele quis dizer que o hidrogênio tinha uma afinidade natural com o oxigênio, com o qual tendia a permanecer unido (formando a água); no entanto, as superfícies carregadas que constituíam o circuito elétrico eram capazes de vencer tal "afinidade". Esse raciocínio estava ligado às ideias de seu assistente na Royal Institution, Michael Faraday, que associava a capacidade de migração para os polos (chamados por ele de cátodo e ânodo) à afinidade química entre as substâncias.

As contribuições de Berzelius

Se Davy foi o primeiro a relacionar a reatividade química aos fenômenos eletrolíticos, foi o sueco **Berzelius** quem criou uma **teoria eletroquímica da combinação**.

Berzelius, em seus estudos de Medicina, interessou-se por alguns tópicos da Química e improvisou um laboratório em seu quarto, onde fazia seus experimentos. Entre eles, despertou-lhe especial interesse o funcionamento da pilha de Volta. Dedicou-se ao estudo dos fenômenos eletroquímicos e tratou deles em sua tese de doutoramento em Medicina (1802), investigando o **efeito da corrente elétrica** sobre soluções aquosas de alguns sais, ácidos e da amônia.

Os resultados de sua pesquisa, publicados em 1803, foram ignorados pela comunidade científica. Somente após as publicações de Davy, em 1807, os trabalhos de Berzelius passaram a ser valorizados. No entanto, entre outras inúmeras contribuições fundamentais para o desenvolvimento da Química, ele desenvolveu uma importante teoria explicativa para a Eletroquímica que marcou indelevelmente a Química nos anos 1810: a teoria eletroquímica da combinação. Conforme essa teoria, cada "corpo simples" e cada "corpo composto" teria uma polaridade elétrica de intensidade variável, de modo que as reações químicas passaram a ser explicadas com base na interação entre cargas opostas.

O cientista sueco Jöns Jacob Berzelius, retratado em 1843.

Sua teoria das combinações químicas, baseada na eletrólise, apoiava-se na ideia de que cada substância apresentaria uma preponderância de caráter eletropositivo ou eletronegativo, que seria responsável pelo grau de afinidade entre substâncias de caráter oposto. Essa teoria continuou exercendo influência no meio científico por muito tempo após a morte de Berzelius, tendo sido modificada apenas quando se constatou que ela não se aplicava a compostos moleculares, como a ureia, o etanol e o ácido acético, entre outros. Isso porque a estrutura dessas substâncias não pode ser justificada com base na afinidade entre cargas opostas.

Berzelius, portanto, utilizou os experimentos eletroquímicos para explicar a afinidade química que intrigava os cientistas da época; a partir de seus trabalhos, a existência da carga elétrica passou a ser relevante na explicação do comportamento da matéria e de suas transformações. Isso contribuiu para que se considerasse a existência de carga elétrica no modelo atômico que Dalton propusera um pouco antes – vale lembrar que, segundo Dalton, o átomo poderia ser associado a uma esfera (sem carga elétrica).

Berzelius obteve diversas substâncias simples, como cério, selênio, silício, zircônio, tório, lítio e vanádio. Foram os avanços propiciados pelos estudos eletroquímicos que permitiram a ampliação do conhecimento de substâncias simples ao longo do século XIX. Essas pesquisas levaram ao fortalecimento dos estudos desenvolvidos por Lavoisier e ao enfraquecimento da concepção de Aristóteles, para quem a matéria era formada de água, ar, terra e fogo.

---

1. Qual foi a contribuição de Davy para a obtenção de substâncias elementares?

2. A obtenção de substâncias simples, como o sódio e o potássio metálicos, por processo eletrolítico, foi difícil de ser viabilizada. Por quê?

3. A eletrólise da água acidificada sugeriu a Davy uma indagação importante: por que os dois gases saíam em polos diferentes, o hidrogênio no negativo e o oxigênio no positivo? Como Davy e, posteriormente, Berzelius interpretaram esse fato?

4. Qual é a relação entre os trabalhos de Lavoisier, Dalton e Berzelius?

Aplicações de eletrólise

A galvanização

Inicialmente, usava-se o termo galvanização apenas para designar o processo de recobrimento de um objeto metálico por uma ou mais finas camadas metálicas, por meio de uma eletrólise em solução aquosa. Atualmente esse termo abrange também outras técnicas por meio das quais se consegue recobrir com metal até mesmo superfícies plásticas.

Para que serve a galvanização? Para proteger um metal da corrosão ou, simplesmente, para melhorar seu aspecto. Como vimos anteriormente, uma peça de ferro ou aço cromada (recoberta de crômio), niquelada (recoberta por níquel) ou zincada (recoberta por zinco) torna-se menos sujeita à corrosão.

O balde à esquerda foi galvanizado e, por isso, manteve o brilho metálico, o que não aconteceu com o da direita, cuja superfície foi danificada.

O objeto a ser recoberto pela camada metálica deve ser o cátodo, de modo que os íons em solução possam sofrer redução na superfície do objeto.

⊖ cátodo: $Cr^{3+}(aq) + 3\ e^- \xrightarrow[\text{cromação}]{\text{redução}} Cr^0(s)$

ou

⊖ cátodo: $Ni^{2+}(aq) + 2\ e^- \xrightarrow[\text{niquelação}]{\text{redução}} Ni^0(s)$

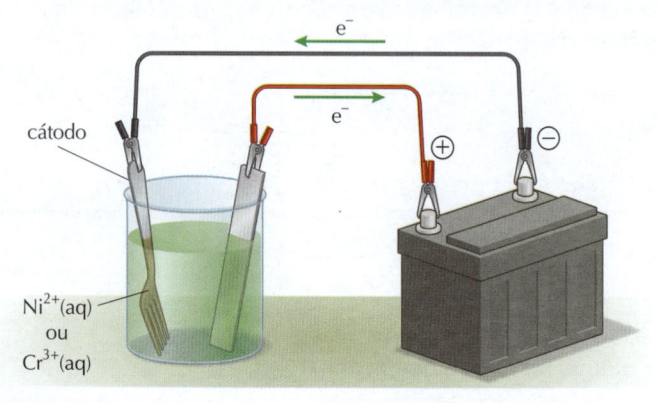

Representação esquemática da galvanização de um garfo (niquelação ou cromação).

Quanto ao ânodo, há duas possibilidades:
- eletrodo inerte, de Pt, por exemplo: nesse caso, o metal de cobertura deve estar em solução, na forma de íon;
- eletrodo não inerte, isto é, que participa do processo, pois ele próprio contém o metal de cobertura: nesse caso, o metal do eletrodo sofre oxidação; sendo assim, o ânodo é consumido. Por exemplo:

⊕ ânodo: $Cr^0(s) \xrightarrow{\text{oxidação}} Cr^{3+}(aq) + 3\ e^-$

⊕ ânodo: $Ni^0(s) \xrightarrow{\text{oxidação}} Ni^{2+}(aq) + 2\ e^-$

Purificando o cobre

Para purificar o cobre, recorremos à eletrólise de solução aquosa de sal de cobre, $Cu^{2+}(aq)$, nas seguintes condições:
- ânodo: cobre impuro mergulhado em solução de $Cu^{2+}(aq)$;
- cátodo: cobre puro mergulhado em solução de $Cu^{2+}(aq)$.

Nesse caso, o cobre constituinte do ânodo sofrerá oxidação, transformando-se em íons $Cu^{2+}(aq)$; costuma-se dizer que ele se "dissolve". Trata-se, portanto, de eletrodo não inerte e que, por isso, participa do processo eletroquímico.

Em resumo, temos:

⊖ cátodo: $Cu^{2+}(aq) + 2\ e^- \xrightarrow{\text{redução}} Cu^0(s)$

⊕ ânodo: $Cu^0(s) \xrightarrow{\text{oxidação}} Cu^{2+}(aq) + 2\ e^-$

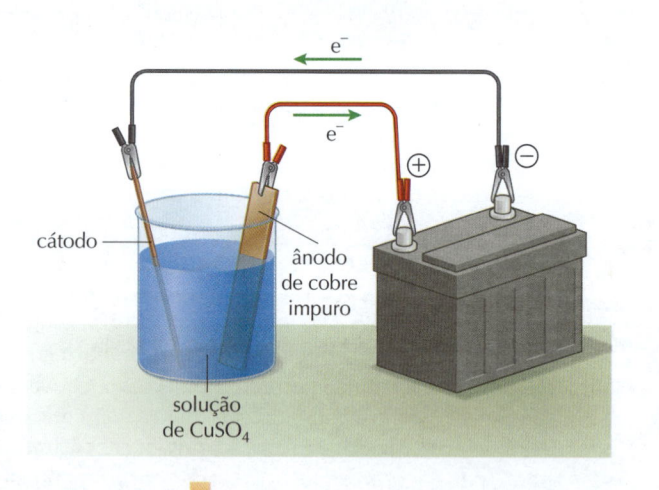

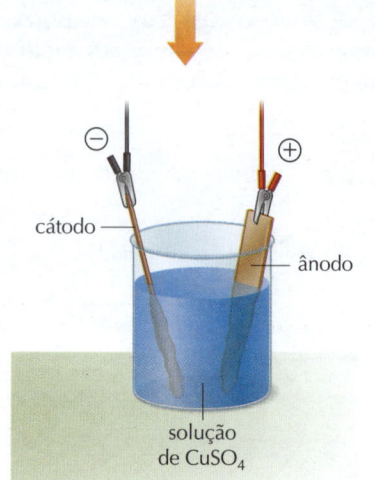

Representação do processo de purificação eletrolítica do cobre. Abaixo, um corte do esquema, mostrando as alterações observadas nos eletrodos após certo tempo.

Ao final do processo, teremos um depósito de cobre puro sobre o cátodo. Todo o cobre depositado no cátodo provém da redução dos íons Cu^{2+} da solução. A concentração de íons de Cu^{2+} não diminui ao longo da eletrólise, pois, à medida que ocorre a oxidação do cobre no ânodo, novos íons Cu^{2+} se formam na solução, repondo os que se reduzem no cátodo.

Suponha que o cobre utilizado como matéria-prima em uma indústria metalúrgica esteja impurificado por prata, ouro ou platina.

Conforme ocorre a eletrólise, o que acontece com esses metais mais nobres do que o cobre?

Os metais mais nobres que estejam impurificando o cobre depositam-se abaixo do ânodo, já que se mantêm na forma metálica. Ou seja, como esses metais têm menor tendência a oxidar-se do que o cobre, não sofrem alteração. Desse modo, a purificação eletrolítica do cobre também torna viável a recuperação de metais valiosos misturados com ele.

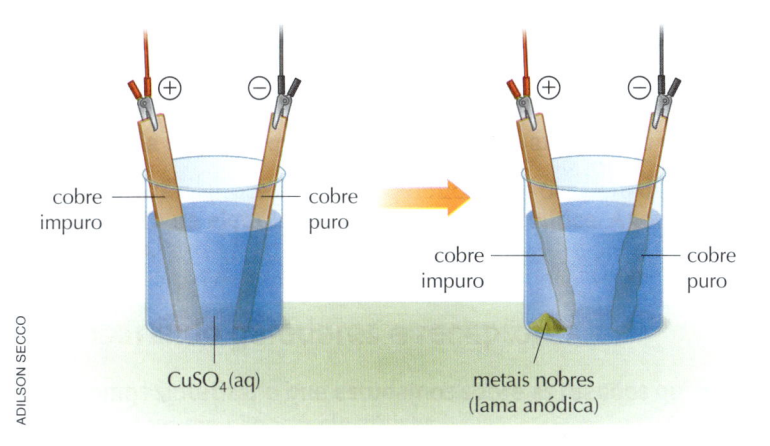

Utilização de um eletrodo de cobre impuro como ânodo para obter cobre com alta porcentagem de pureza no cátodo.

Obtenção de substâncias por eletrólise

Muitas substâncias podem ser obtidas por eletrólise, o que é particularmente importante na indústria química. Por exemplo, podem ser obtidos metais (alcalinos, alcalinoterrosos e alumínio), não metais, como o cloro (Cl_2), ou compostos, como hidróxido de sódio (NaOH).

A indústria de cloro-soda

Atividades

1. Uma pessoa tenta recobrir uma peça decorativa metálica com camadas de outros metais, recorrendo a uma deposição eletrolítica realizada em solução aquosa.

    a) O polo da cuba onde se colocará o metal a ser recoberto deve ser ligado por um fio a uma fonte de corrente contínua (pilha ou bateria) por meio de eletrólise. A que polo desse gerador deve ser ligado o fio: positivo ou negativo? O polo representado pelo metal a ser recoberto constituirá um cátodo ou um ânodo?

    b) Suponha que a peça a ser recoberta seja de ferro. Considerando os metais Ag, Au, Sn, Mg, pergunta-se: qual desses metais não tem condições de recobrir o ferro? Justifique sua resposta.

2. Uma empresa de desobstrução de canalizações fez publicidade de um sistema segundo o qual, através de eletrólise, eliminam-se as "incrustações de sais e ferrugem". O diretor da empresa explica que o aparelho colocado na bomba de recalque produz uma pequena corrente elétrica, de modo que as partículas liberadas nesse processo, por atrito, removem os sólidos aderidos ao cano. Suponha que uma das substâncias que obstruem o cano seja a ferrugem – para simplificar, considere apenas o óxido de ferro(III) hidratado.

    a) Que processo deverá ocorrer com o ferro(III) para que a crosta de ferrugem seja removida? Explique.
    b) Por que essa tecnologia impediria que se formasse ferrugem novamente?

Você pode resolver as questões 11 a 13 e 16 da seção Testando seus conhecimentos.

Para ler

SOALHEIRO, Bárbara. *Como fazíamos sem...*
São Paulo: Panda Books, 2006.

A obra mostra como era a vida nos tempos em que ainda não havia objetos, aparelhos e costumes que hoje são imprescindíveis, como fósforos, óculos, talheres, escova de dentes, geladeira, telefone, internet, televisão, elevador, anestesia, sobrenome, banho, dinheiro, entre outros.

Viagem no tempo

Edison, a lâmpada... e muito mais

Vimos anteriormente que, na primeira metade do século XIX, houve importantes descobertas no campo da eletroquímica, como o desenvolvimento da pilha de Volta, e no campo da eletrólise, o que permitiu progressos na obtenção de substâncias e no surgimento de teorias para explicar os fenômenos químicos. Esses fatos tiveram grande impacto científico, tecnológico e social. Uma das maiores mudanças ocorridas no período foi o estabelecimento da iluminação elétrica.

Já no início do século XIX, Davy conseguira obter uma fonte luminosa, o arco voltaico, passando uma corrente elétrica por dois filamentos de carvão, que, após um primeiro contato, eram afastados, e uma descarga elétrica provocava a luminosidade.

Depois dele, muitos inventores criaram outros tipos de fonte de luz. Uma, no entanto, se destacou: a primeira lâmpada **incandescente** comercializável, inventada em 1879 pelo estadunidense Thomas Alva Edison (1847-1931). O modelo inicial usava uma haste de barbante carbonizado muito fina em uma ampola de vidro de onde havia sido retirado o ar (vácuo). Quando o carvão é aquecido a cerca de 600 °C, passa a emitir luz. A luminosidade decorre do **efeito Joule**. Esse é o nome que se dá ao fenômeno que ocorre quando um condutor elétrico é percorrido por uma corrente elétrica com a transformação da **energia elétrica** em **energia térmica** – o que explica o funcionamento de ferros e chuveiros elétricos. Portanto, a luz obtida na lâmpada decorria do aquecimento do carvão.

Modelo de lâmpada incandescente produzida por Thomas Edison em 1879 (Museu Alemão de Ciência e Tecnologia, Munique, Alemanha).
Quando iniciou suas pesquisas, Edison fazia lâmpadas com filamentos de platina, devido à alta temperatura de fusão desse material. Ele descobriu, porém, que o oxigênio presente no ar atacava e enfraquecia o filamento aquecido, o que o levou a retirar o ar de dentro do bulbo da lâmpada. Entretanto, a platina ainda era muito cara para ser comercializada em lâmpadas para residências. Por isso ele desenvolveu um filamento de barbante carbonizado, que era mais barato e se comportava bem no vácuo, sendo capaz de incandescer por 13 horas seguidas.

Fonte: RUTGERS University. *The Thomas Edison papers*: Edison's patents. Disponível em: <http://edison.rutgers.edu/patents.htm>. Acesso em: 18 abr. 2018.

Como essa lâmpada a carvão era muito pouco durável, Edison substituiu o carvão por ligas metálicas. Com algumas variações, essas lâmpadas foram usadas até 2015, quando foram substituídas por outros tipos mais econômicos, nos quais não há desperdício de energia na forma de calor.

Edison, de origem pobre e sem estudos formais, foi um empreendedor e inventor excepcional. Em 1880, fundou a Edison Electric Illuminating Company, que produzia energia elétrica em corrente contínua, e, com ela, a primeira usina de geração elétrica, que alimentava um sistema de distribuição de energia em Nova York, Estados Unidos. Ele precisava, no entanto, resolver como cobrar de cada usuário a energia consumida. No início, a cobrança era feita pelo número de lâmpadas conectadas por cliente, mas essa forma era ineficiente. Foi então que Edison, com base nos trabalhos de Faraday, desenvolveu um medidor químico do consumo de energia elétrica. O medidor era formado por placas de zinco imersas em uma solução contendo íons de zinco. As placas eram conectadas ao terminal de entrada do imóvel do consumidor. Conforme a corrente fluía pela solução, a massa de zinco da placa de carga positiva aumentava. Todo mês a placa era pesada, e o consumo era calculado com base na diferença de massa.

Thomas A. Edison, cientista e inventor, em seu laboratório em Nova Jersey (Estados Unidos, década de 1910), com uma de suas invenções, a lâmpada elétrica incandescente de uso doméstico. Ao todo, Edison registrou 1093 **patentes** de suas invenções nos Estados Unidos (e outras em 34 países ao redor do mundo), sendo a primeira conquistada quando tinha apenas 21 anos.

Fonte: RUTGERS University. *The Thomas Edison papers*: Edison's patents. Disponível em: <http://edison.rutgers.edu/patents.htm>. Acesso em: 18 abr. 2018.

Incandescente: aquilo que, por aquecimento, emite radiação visível; que arde em brasa.

Patente: título que assegura ao autor de uma invenção sua propriedade e uso exclusivos.

1. Com base no que você já aprendeu sobre Eletroquímica, explique o processo que ocorre na placa usada como medidor de consumo de energia. Represente-o por semiequação.

2. Que relação há entre o aumento da massa de zinco na placa de carga positiva e a quantidade de elétrons (a carga elétrica) que chega à casa?

3. Imagine que, em certo período, a diferença de massa da placa de zinco de um medidor tenha sido de 130,8 g. Sabendo que a massa molar do zinco é 65,4 g/mol, quantos elétrons devem ter circulado pelas instalações elétricas da casa?

Reunindo conhecimentos

Com base no que foi visto até aqui, é possível relacionar a quantidade de carga elétrica produzida em uma pilha ou fornecida em um processo eletrolítico com a massa e a quantidade de matéria (em mol) das substâncias participantes.

Nos dias de hoje, recorrendo ao corpo de conhecimentos organizados que as Ciências Naturais acumularam, podemos fazer esses cálculos. No entanto, nem sempre foi assim. Não podemos nos esquecer de que todo o conhecimento atual é produto de pesquisas e modelos elaborados e reelaborados por inúmeros estudiosos que nos antecederam, muitos deles em tempos longínquos, quando, além de haver muito menos informações acumuladas, existia o grande entrave representado pelo nível tecnológico dos equipamentos.

Edison trabalhando em um experimento em seu laboratório, por volta de 1910. Observe que, embora o aparato tecnológico dessa época fosse menor que nos dias de hoje, seu laboratório era bem equipado.

Atividades

Leia as informações para fazer o que se pede.

No início do século XX, o físico estadunidense Robert Andrews Millikan (1868-1953) determinou experimentalmente a carga do elétron. Ele obteve gotículas de óleo de dimensões muito reduzidas que foram lançadas entre as placas de um condensador elétrico. Lá elas foram submetidas a raios X para que ficassem eletrizadas. Se a elas não fosse aplicada nenhuma força elétrica, as gotículas cairiam por ação da gravidade. Millikan recorreu à variação de campos elétricos, conseguindo paralisar uma gotícula de óleo em queda entre essas placas. Essa paralisação da gotícula aconteceu porque a força elétrica gerada entre as placas do condensador havia se igualado à força gravitacional.

Com base nas medidas realizadas e recorrendo a fórmulas matemáticas, Millikan pôde calcular a carga elétrica da gotícula. Repetiu inúmeras vezes o mesmo procedimento, realizando as medidas correspondentes a cada um deles, o que lhe permitiu calcular a carga elétrica de grande número de gotículas.

Qual foi o resultado de todo esse trabalho experimental? Millikan constatou que todas as gotículas adquiriam uma carga elétrica múltipla de $1{,}6 \cdot 10^{-19}$ C (C é o símbolo de coulomb). A partir dessa constatação, deduziu que a carga de um elétron era de $1{,}6 \cdot 10^{-19}$ C. Por quê? Ele já sabia que um material qualquer passa a ter carga elétrica quando ganha ou perde um ou mais de um elétron. Assim, cada uma das gotículas deveria ter carga elétrica equivalente a um número inteiro de vezes a carga elementar de um elétron:

- carga do elétron = $1{,}6 \cdot 10^{-19}$ C
- $1 \text{ C} = \dfrac{1 \text{ ampere}}{1 \text{ segundo}}$

Representação esquemática da experiência de Millikan.
Fonte: KOTZ, J. C. & TREICHEL JR., P. *Chemistry & chemical reactivity*. 3. ed. Orlando: Saunders College Publishing, 1996. p. 66.

Tome por base as informações anteriores para responder às questões, considerando os processos eletroquímicos em que ocorrem as semirreações indicadas:

1. Redução do cátion Na^+.
   a) Equacione essa semirreação de redução.
   b) Para que um cátion se reduza, quantos elétrons são necessários?
   c) Para que 1 mol de Na^+ se reduza, quantos elétrons são necessários? Qual a quantidade de elétrons em mol?
   d) Qual a quantidade de eletricidade em coulombs envolvida na redução de 1 mol de Na^+?
   e) Expresse a resposta do item anterior em faradays (1 F = 96 500 C).

2. Refaça os itens da questão anterior, utilizando o cátion Mg^{2+}.

3. Refaça os itens da questão 1, utilizando o cátion Cr^{3+}.

4. Retome suas respostas anteriores e calcule as massas em gramas de Na, Mg e Cr depositadas no cátodo quando um circuito for percorrido por um mol de elétrons.

De que forma a experiência de Millikan nos permite fazer cálculos relativos a reações químicas envolvendo elétrons? Analise cuidadosamente as relações a seguir.

carga do elétron = $1,6 \cdot 10^{-19}$ coulombs

$\downarrow \times$ 1 mol de elétrons

$\approx$ 96 500 C

Assim:

carga de 1 mol de e⁻ = 1 faraday (F) = 96 500 C

carga elétrica $\longrightarrow$ massa depositada correspondente à ação de 1 mol de e⁻

1 F = 96 500 C

Se você fizer esse cálculo usando dois algarismos significativos ($6,0 \cdot 10^{23} \cdot 1,6 \cdot 10^{-19}$), encontrará para F um valor bem diferente de 96 500 C. Já se o cálculo for feito usando maior número de casas após a vírgula para os valores da constante de Avogadro ($6,0221415 \cdot 10^{23}$ mol⁻¹) e da carga do elétron ($1,60217733 \cdot 10^{-19}$ C), obterá um valor bem próximo do mencionado.

Atividades

1. A massa de ferro obtida quando certa quantidade de eletricidade atua em uma solução contendo Fe^{2+} é diferente da massa de ferro que se forma quando a mesma quantidade de eletricidade atua em uma solução com Fe^{3+}. Por quê?

2. Duas cubas eletrolíticas estão ligadas em série, uma contendo Cu^{2+} e a outra, Fe^{3+}. Qual é a relação entre as quantidades de ferro e cobre depositadas em seus cátodos?

3. Considere a pilha: $Mg^0 \mid MgSO_4 \parallel AgNO_3 \mid Ag^0$.
   a) Quando 1 átomo de magnésio se oxida a Mg^{2+}, quantos elétrons são usados na reação?
   b) Para que 1 mol de Mg^0 se oxide, quantos elétrons são usados?
   c) Qual é a massa de 1 mol de Mg^0?
   d) Qual é a quantidade de elétrons (em mol) envolvida na oxidação de meio mol de Mg^0?
   e) Qual é a quantidade de eletricidade envolvida na oxidação de meio mol de Mg^0?

QUESTÃO COMENTADA

4. (Unicamp-SP) Em um determinado processo eletrolítico, uma pilha mostrou-se capaz de fornecer $5,0 \cdot 10^{-3}$ mol de elétrons, esgotando-se depois.
   a) Quantas pilhas seriam necessárias para se depositar 0,05 mol de cobre metálico, a partir de uma solução de Cu^{2+}, mantendo-se as mesmas condições do processo eletrolítico?
   b) Quantos gramas de cobre seriam depositados nesse caso?

Sugestão de resolução

a) De acordo com a semiequação de redução, indicada abaixo, podemos saber a quantidade de elétrons necessária para que 0,05 mol de Cu se deposite no eletrodo de carga negativa:

$Cu^{2+}(g) + 2\ e^- \longrightarrow Cu(s)$

2 mol e⁻   1 mol Cu   n = 0,10 mol e⁻
n mol e⁻   0,05 mol Cu

Como cada pilha fornece $5,0 \cdot 10^{-3}$ mol e⁻, serão necessários $\dfrac{0,10 \text{ mol e}^-}{5,0 \cdot 10^{-3} \text{ mol pilhas}}$, isto é, $\dfrac{10 \cdot 10^{-2}}{5,0 \cdot 10^{-3}} \text{ pilhas} =$

= 20 pilhas

b) Sendo a massa molar do Cu 63,5 g/mol, quando 0,05 mol de cobre for depositado, a massa de cobre será: 0,05 mol · 63,5 g/mol = 3,175 g.

Você pode resolver as questões 17 e 18 da seção Testando seus conhecimentos.

Viagem no tempo

Faraday: grandes contribuições à ciência

A primeira metade do século XIX foi marcante para o desenvolvimento da Química como ciência. Nesse período, destacaram-se os trabalhos de vários cientistas ingleses, que possibilitaram avanços significativos não apenas nessa área, mas também na Física, como os dos físicos James Prescott Joule (1818-1889) e Baron Kelvin (1824-1907), essenciais para o estudo da Termodinâmica.

Como você sabe, a Teoria Atômica de Dalton, responsável pelo "nascimento" do modelo de átomo com base na ciência experimental, foi publicada em 1808 pelo inglês John Dalton (1766-1844). Essa teoria, as leis das reações químicas que ela foi capaz de explicar, caso das leis de Lavoisier e de Proust, costumam ser consideradas o início da Química como ciência.

Conforme vimos anteriormente, nessa mesma época, Davy e Berzelius contribuíram muito para o desenvolvimento da Química, no que diz respeito tanto à identificação de substâncias simples quanto a aspectos teóricos baseados na eletrólise.

Um dos mais notáveis cientistas do século XIX, o inglês Michael Faraday (1791-1867), filho de uma família humilde e de pouca escolaridade, começou a estudar Química em livros aos quais tinha acesso trabalhando como aprendiz de encadernador. Montou um laboratório muito simples em sua casa e passou a frequentar conferências na Royal Institution, chegando a ser assistente de laboratório de Davy.

Assim, desde que, em 1820, o cientista dinamarquês Hans Christian Oersted (1777-1851) demonstrou experimentalmente que uma corrente elétrica poderia produzir efeito magnético, Faraday pensou na possibilidade inversa, isto é, que o magnetismo poderia induzir uma corrente elétrica.

Uma década após o experimento de Oersted, Faraday chegou a conclusões muito importantes a respeito de dois circuitos elétricos próximos: quando a corrente elétrica começava a circular em um deles (ou deixava de fazê-lo), no outro circuito surgia uma corrente momentânea. Pouco depois, ele descobriu que o movimento de um ímã que se aproximava ou se afastava de um circuito produzia o mesmo efeito. Demonstrou, assim, que correntes elétricas podiam ser produzidas por ímãs em movimento e relacionou campos elétricos aos magnéticos.

Além de ter dado contribuições teóricas importantes para a **Eletricidade** e o **Magnetismo**, anos mais tarde Faraday produziu o **primeiro motor elétrico**.

Suas contribuições foram mais relevantes para o desenvolvimento da Física que para o da Química. Por exemplo, ele sugeriu que o Universo consistiria em campos que se originam em partículas, ideia fundamental para a Física contemporânea. Os geradores elétricos, descobertos em 1831 e úteis até a atualidade, baseiam-se em princípios decorrentes dos experimentos de Faraday.

Faraday e a Química

Faraday publicou trabalhos sobre diversos campos da Química. Foi o primeiro a liquefazer gases, como amônia e cloro, e a isolar compostos orgânicos.

Com 25 anos, Faraday ministrava, com sucesso, conferências na Royal Institution, tendo sucedido Davy como diretor da instituição, em 1825.

Foi o primeiro a estudar a eletrólise quantitativamente, entre 1831 e 1834, enunciando as **Leis da Eletrólise**, com base em algumas questões, como as duas indicadas a seguir.

1. A quantidade de substância produzida em uma eletrólise varia com a quantidade de carga elétrica que passa pela solução?

Faraday verificou que uma dada quantidade de carga elétrica ocasiona transformação química em uma solução de H_2SO_4(aq), produzindo sempre a mesma quantidade de H_2(g), independentemente da concentração de ácido, do tamanho dos eletrodos ou da diferença de potencial aplicada; ou seja, **a quantidade de substância produzida por eletrólise é diretamente proporcional à quantidade de carga elétrica que circula, independentemente de outros fatores**. Essa proporcionalidade é representada por: $m \propto \Delta Q$.

2. A mesma intensidade de corrente elétrica circula durante o mesmo intervalo de tempo em diferentes células eletroquímicas nas quais são obtidas diferentes substâncias, cujas massas variam. Do que dependem essas massas?

Para que você entenda melhor a conclusão à qual chegou Faraday, volte ao item **d** das questões 1, 2 e 3, das atividades da página 559. Você deve ter calculado que, para reduzir à forma metálica:

- 1 mol de Na^+ necessita de uma quantidade de eletricidade de cerca de 96 500 C;
- 1 mol de Mg^{2+} necessita de uma quantidade de eletricidade de 193 000 C ou 2 · 96 500 C;
- 1 mol de Cr^{3+} necessita de uma quantidade de eletricidade de cerca de 289 500 C ou 3 · 96 500 C.

Voltando à questão à qual Faraday procurava responder, note que, se a mesma corrente elétrica atravessar, durante o mesmo intervalo de tempo, as três células eletroquímicas em que essas reduções estão ocorrendo, para cada 1 mol de sódio obtido, teremos $\frac{1}{2}$ mol de magnésio e de $\frac{1}{3}$ mol de crômio.

Tais quantidades podem ser transformadas em massa se usarmos os valores de massas molares desses elementos; podemos dizer então que, para cada 23 g de sódio, teremos $\frac{1}{2}$ · 24 g de magnésio e $\frac{1}{3}$ · 52 g de crômio.

Na linguagem usada por Faraday, **as massas depositadas são proporcionais à massa equivalente de cada substância**. Ou seja:

- no caso do sódio: $m_{Na} \propto \frac{23}{1}$
- no caso do magnésio: $m_{Mg} \propto \frac{24}{2}$
- no caso do crômio: $m_{Cr} \propto \frac{52}{3}$

Note que há proporcionalidade entre as massas depositadas e a relação entre massas molares e número de elétrons envolvidos na redução de 1 átomo do metal:

$m \propto \frac{\text{massa molar (metal)}}{x}$ 	Na: x = 1; Mg: x = 2; Cr: x = 3.

Vale relembrar que o raciocínio que lhe propusemos só pode ser feito com base no que sabemos atualmente sobre os fenômenos eletrolíticos, e isso pressupõe, inclusive, os conhecimentos que Faraday acumulou em suas pesquisas.

No trabalho que publicou em 1834, que reunia seus estudos de três anos sobre as leis da Eletrólise, Faraday introduziu o vocabulário básico da Eletroquímica, usando pela primeira vez os termos **ânodo**, **cátodo**, **íons**, **eletrodo**, **eletrólito** e **eletrólise**.

O termo **íon** (do grego, "viajante; que anda") foi introduzido por Faraday para designar cada parte de um composto que sofre descarga nos eletrodos. No entanto, os íons de Faraday ainda eram representações imprecisas em relação às atuais, que só puderam ser estabelecidas após a Teoria da Dissociação de Arrhenius (1884). Por exemplo, no caso do sulfato de sódio (Na_2SO_4), os íons, segundo Faraday, eram NaO^+ e SO_2^- (com base nos estudos anteriores de Berzelius), em vez de Na^+ e SO_4^{2-} como se sabe hoje. De qualquer forma, sem o trabalho de Faraday, os estudos de Jacobus Henricus van't Hoff (1852-1911), Friedrich Wilhelm Ostwald (1853-1932) e Svante August Arrhenius (1859-1927) não teriam a dimensão que alcançaram.

A palavra **eletrodo** (do grego, "rota da eletricidade") serviu para designar os bastões onde ocorrem a oxidação e a redução e que eram imersos no líquido usado na célula eletrolítica.

Os termos **ânodo** ("estrada alta") e **cátodo** ("estrada baixa"), ambos de origem grega, foram adotados por analogia do movimento das cargas elétricas com o de uma corrente de água. Segundo propusera Benjamin Franklin (1706-1790), em 1752, a eletricidade flui do polo positivo para o negativo. Consequentemente, assim como a água se movimenta do local mais alto para o mais baixo, a corrente elétrica iria do ânodo (polo positivo da cuba eletrolítica) para o cátodo (polo negativo, no caso da eletrólise). Mais tarde, descobriu-se que o movimento efetivo não é o das cargas positivas, mas sim o de elétrons que fluem do polo positivo (ânodo da eletrólise) para o polo negativo (cátodo da eletrólise).

Faraday foi um pesquisador extremamente dedicado e acabou atingindo importância científica maior do que a de Davy, seu antigo mestre. Ao lado de sir Isaac **Newton** (1643-1727), Galileu **Galilei** (1564-1642) e James Clerk **Maxwell** (1831-1879), foi considerado por Albert **Einstein** (1879-1955) um dos maiores físicos de todos os tempos.

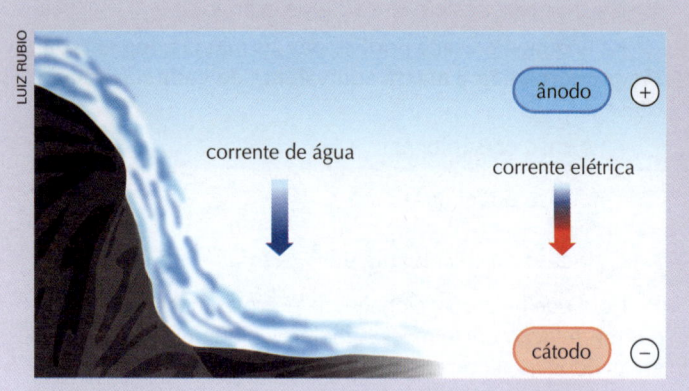

Representação da analogia adotada por Faraday ao introduzir os termos ânodo e cátodo.

1. De que forma Faraday aproveitou o trabalho de Oersted sobre corrente elétrica?

2. Os estudos de Faraday sobre Eletricidade e Magnetismo foram importantes para a produção de energia mecânica. Dê exemplo de algum recurso tecnológico atual que empregue esses conhecimentos.

3. Mencione algumas contribuições de Faraday para o campo da Química.

4. Quais foram as duas principais conclusões experimentais de Faraday sobre os aspectos quantitativos da eletrólise?

5. Do ponto de vista do vocabulário eletroquímico, Faraday foi bastante importante. Esclareça essa afirmação por meio de exemplos.

6. A palavra **ânodo**, de origem grega, significa "estrada alta" e foi usada por Faraday porque ele acreditava haver semelhança entre o movimento da corrente elétrica e o de um curso de água correndo do local mais alto para o mais baixo. De acordo com os conhecimentos que temos hoje sobre o movimento dos elétrons, essa palavra é adequada? Explique.

Relacionando corrente elétrica e massa

A intensidade média de corrente elétrica (i) que flui em um condutor é dada por:

$$i = \frac{\Delta Q}{\Delta t}$$

- i: corrente que flui no circuito (A)
- ΔQ: quantidade de carga elétrica que passa pelo condutor (C)

$$1\,A = \frac{1\,C}{1\,s} \longrightarrow \Delta Q = i \cdot \Delta t$$

Δt: intervalo de tempo considerado (s)

No Sistema Internacional (SI), a unidade de carga elétrica é o coulomb (C), a de tempo é o segundo (s) e a de corrente elétrica é o ampere (A).

É possível fazer cálculos estequiométricos do tipo que você conhece, tomando por base a expressão matemática que define corrente elétrica. Assim:

$$\Delta Q = i \cdot \Delta t \longrightarrow \Delta Q = 96\,500\,C = 1\,\text{faraday}$$

↑
1 mol de elétrons

Atividades

1. Para recobrir um anel com 4 mg de ouro, submete-se uma solução contendo Au^{3+} à corrente de 1 ampere. Qual é o tempo necessário para completar a operação?

QUESTÃO COMENTADA

2. (UTFPR) Uma alternativa para a diminuição de poluição gerada pela queima de combustíveis fósseis é a utilização de motores de combustão movidos pela queima de hidrogênio. A forma mais prática para produção de gás hidrogênio é a eletrólise de salmoura. A eletrólise da salmoura é utilizada industrialmente para obtenção de gás cloro e solução de soda cáustica. Com base nisto, calcule o volume de gás hidrogênio (sob CNTP) que é gerado quando se eletrolisa uma salmoura, por 2 horas, utilizando uma corrente elétrica de 10 A. (1 mol de gás ideal em CNTP ocupa 22,7 L.)

a) 2,24 L.
b) 8,5 L.
c) 150 L.
d) 3,0 L.
e) 30 L.

Sugestão de resolução

Se o tempo em que a corrente atravessa a solução é de 2 h, devemos começar por transformar 2 h em segundos:
$2 \cdot 60 \cdot 60\,s = 7\,200\,s$

Como a quantidade de carga elétrica que passa pelo circuito é dada por $\Delta Q = i \cdot \Delta t$, e $i = 10$ A, temos:

$\Delta Q = 10\,A \cdot 7\,200\,s$

Para que 1 mol de H_2 se forme, é preciso que 2 mol de átomos de H de número de oxidação +1 reduzam-se a 0. Para isso, são necessários 2 mol de elétrons.

Como 1 mol de elétrons $\longrightarrow$ 96 500 C
n mol de elétrons $\longrightarrow$ 10 A · 7 200 s
n ≈ 0,75 mol de elétrons $\longrightarrow$ 0,375 mol H_2

Mas 1 mol de H_2 ocupa 22,7 L. Assim, 0,375 mol H_2 ocupa 0,375 mol · 22,7 L = 8,5 L.

Resposta: alternativa **b**.

Você pode resolver as questões 19 a 38 da seção *Testando seus conhecimentos*.

3. Certa solução aquosa de um sal de ferro pode conter íons de Fe^{2+} ou de Fe^{3+}. Um professor de Química pede a um aluno que determine se essa solução corresponde a um sal de Fe(II) ou de Fe(III), contando apenas com material para realizar uma eletrólise com eletrodos inertes. Para saber qual a massa ferro que será depositada no cátodo, o aluno mede a massa do eletrodo que será usado como cátodo antes e depois de submeter a solução de $FeCl_x$ a uma corrente elétrica de 0,30 A durante 1h15 min. Após esse tempo de eletrólise, a diferença de massa do eletrodo é de 0,392 g. Conhecida a massa molar do Fe, 56 g/mol, e a carga de 1 mol de elétrons, 96 500 C, pergunta-se: qual a carga do íon metálico determinada pelo aluno?

Conexões

Química e indústria – A produção de alumínio

Excluindo-se o ferro, o alumínio é o metal mais empregado no mundo, porque, além de ser o metal obtido de minérios que são os mais abundantes na crosta terrestre, reúne características como: baixa densidade, elevada resistência mecânica, ótima condutibilidade elétrica (pouco inferior à do cobre) e resistência à oxidação (na verdade, o óxido de alumínio formado recobre a superfície do metal, impedindo que a oxidação prossiga). A boa condutibilidade elétrica e a resistência à oxidação explicam o uso do alumínio em substituição ao cobre em fios elétricos, especialmente porque o cobre é mais caro, o que motiva quadrilhas a roubar fiações elétricas em várias cidades do Brasil e de outros países da América Latina, causando grandes transtornos (como a interrupção do funcionamento de trens e metrôs, por exemplo). Já a baixa densidade e a boa resistência mecânica explicam o uso do alumínio em bicicletas e outros equipamentos esportivos.

O minério de alumínio mais comum é a **bauxita**, e o Brasil é privilegiado com relação às reservas desse minério, porque possui grandes jazidas, especialmente no Pará e em Minas Gerais.

Vamos retomar parte da história de sua obtenção. Hans Christian Oersted (1777-1851), o mesmo cientista que descobriu a relação entre eletricidade e magnetismo, foi quem conseguiu obter o alumínio metálico pela primeira vez, em 1825. Para isso, valeu-se do potássio metálico, obtido por Davy aproximadamente duas décadas antes. O potássio, K, é um agente redutor bastante eficiente, o que permitiu a Oersted obter pequenas amostras de alumínio metálico, Al.

A forma mais eficiente de obtenção desse metal foi criada por um estadunidense, Charles Martin Hall (1863-1914), que, aos 22 anos, obteve alumínio metálico em seu laboratório doméstico por meio da eletrólise ígnea do óxido de alumínio, Al_2O_3.

Foto de Charles Martin Hall (década de 1880), que descobriu uma forma de obter maior quantidade de alumínio metálico do que a do autor da primeira obtenção desse metal.

A eletrólise ígnea do óxido de alumínio (alumina), componente da bauxita, não era fácil de realizar, porque a temperatura de fusão do Al_2O_3 é muito alta: 2 072 °C.

A dificuldade inicial foi superada pelo francês Paul Louis-Toussaint Héroult (1863-1914), que dissolveu o Al_2O_3 em um mineral fundido, a criolita, Na_3AlF_6, e com isso a temperatura de fusão reduziu-se para cerca de 1 000 °C.

Podemos representar o processo de Hall por:

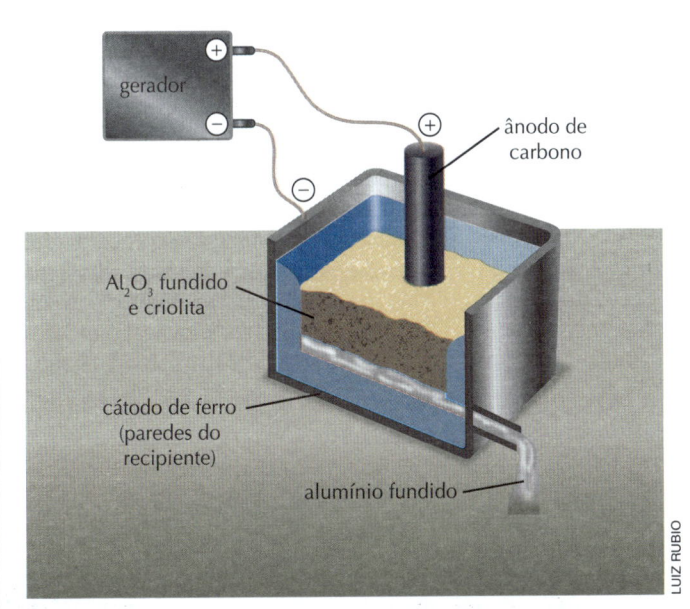

⊖ cátodo: $2 Al^{3+}(l) + 6 e^- \longrightarrow 2 Al^0(l)$
⊕ ânodo: $3 O^{2-}(l) \longrightarrow \frac{3}{2} O_2(g) + 6 e^-$
___
$2 Al^{3+}(l) + 3 O^{2-}(l) \longrightarrow 2 Al^0(l) + \frac{3}{2} O_2(g)$

Processo Hall-Héroult: nessa eletrólise, as paredes do recipiente de ferro têm o papel de cátodo. Atualmente, uma mistura de fluoretos de alumínio, cálcio e sódio é usada em substituição à criolita, o que permite trabalhar com temperaturas ainda menores. A camada de líquido acima do alumínio funciona como proteção contra a oxidação do metal.

Atividades

Forme um grupo com alguns colegas para fazer as atividades.

1. Leiam este trecho de uma reportagem, o gráfico que mostra o índice de reciclagem de latas de alumínio no Brasil e em outros países e, por último, as informações sobre a reciclagem de alumínio.

Brasil supera próprio recorde em reciclagem de alumínio

[...] os custos do uso de energia na indústria se elevaram e a produção primária do alumínio encareceu, por isso a reutilização do material, a partir da reciclagem, ganhou mais força, com 98,4%, 1,3% a mais que em 2013, quando tinha estabelecido um recorde.

Entre março de 2014 e o mesmo mês de 2015, o preço da energia no Brasil teve um aumento de 60% segundo dados do Instituto Brasileiro de Geografia e Estatísticas (IBGE) [...].

BRASIL supera próprio recorde em reciclagem de alumínio. *Exame*, 9 nov. 2015. Disponível em: <http://exame.abril.com.br/economia/noticias/brasil-supera-proprio-recorde-em-reciclagem-de-aluminio>. Acesso em: 19 abr. 2018.

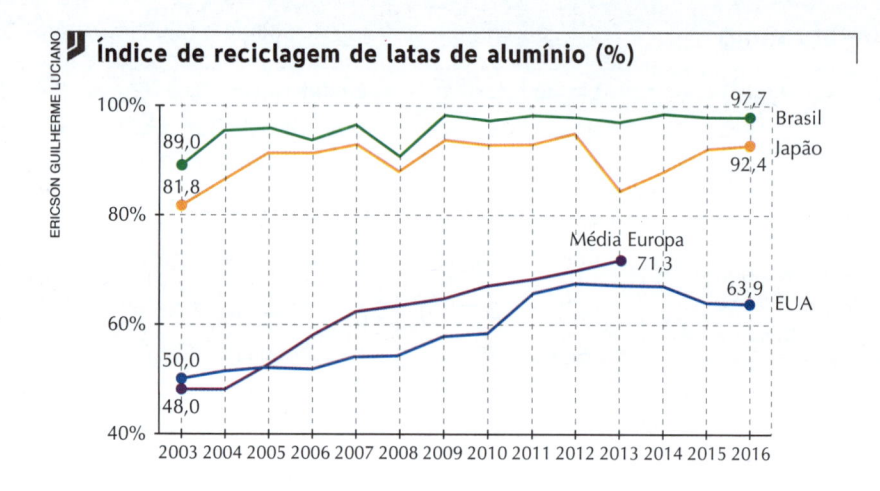

Índice de reciclagem de latas de alumínio (%)

(Gráfico com dados de 2003 a 2016: Brasil 89,0 → 97,7; Japão 81,8 → 92,4; Média Europa 71,3 (2013); EUA 50,0 → 63,9; valor inicial EUA/Europa 48,0)

Fonte: ASSOCIAÇÃO Brasileira do Alumínio (Abal). Disponível em: <http://abal.org.br/estatisticas/nacionais/reciclagem/latas-de-aluminio/>. Acesso em: 19 abr. 2018.

Para reciclar o alumínio, usa-se apenas 5% da energia utilizada para produzi-lo com base na bauxita. Em 2011, a reciclagem de latas de alumínio para bebidas permitiu ao país uma economia de 3 780 GWh de energia elétrica, o equivalente ao consumo residencial anual de 6,5 milhões de brasileiros em 2 milhões de residências. Foram 248 mil toneladas de matéria-prima reaproveitada, evitando a extração de 1,2 milhão de toneladas de bauxita.

Fonte: ASSOCIAÇÃO Brasileira dos Fabricantes de Latas de Alta Reciclabilidade. *Recorde sobre Recorde*. Disponível em: <http://www.abralatas.org.br/recorde-sobrerecorde/>. Acesso em: 9 dez. 2015.

latas de alumínio amassadas → reciclagem → lata nova + E

A reciclagem de várias latas de alumínio dá origem a uma nova lata, economizando energia suficiente para deixar acesa uma lâmpada LED de 15 watts por mais de 100 horas.

Pesquisem a produção de alumínio por reciclagem no Brasil para responder às questões:

a) Como é feita a coleta de alumínio no país? Quais são os principais atores desse processo e de que forma ele acontece?

b) Como a coleta seletiva de lixo, feita em ampla escala, poderia influenciar nossa produção de alumínio? Sugiram formas de melhorar a qualidade de vida de catadores, numa situação em que todo o lixo fosse recolhido por meio de coleta seletiva.

2. A reciclagem do alumínio é uma forma **sustentável** de produção do alumínio.

a) Expliquem o significado do adjetivo sustentável na afirmação acima. Pesquisem, se necessário.

b) O que torna a produção do alumínio por reciclagem uma prática sustentável?

c) Expliquem por que não se pode considerar essa afirmação totalmente verdadeira nas condições em que a reciclagem de alumínio é realizada no Brasil, se levarmos em conta o conceito de sustentabilidade.

3. Com base no que foi visto nesta unidade, expliquem os diferentes consumos de energia explicitados na tabela.

Consumo de energia elétrica na indústria brasileira do alumínio em 2011			
	Bauxita	Alumínio primário*	Reciclagem**
produção (10^3 t)	33 695	1 440	511
consumo de energia elétrica (GWh)	438	22 909	358
consumo específico (MWh/t)	0,013	15,9	0,7

* Alumínio primário é o obtido pelo processo de transformação da bauxita.

** Recuperação de sucata.

Lembre-se: o prefixo mega, representado por M, equivale a 10^6; o prefixo giga, representado por G, equivale a 10^9

1 Megawatt-hora (MWh) equivale a 1 000 000 Wh ou, pelo SI, $3,6 \cdot 10^9$ joules ou $3,6 \cdot 10^9$ J.

1 Gigawatt-hora (GWh) = 10^9 Wh ou $3,6 \cdot 10^{12}$ joules ou $3,6 \cdot 10^{12}$ J.

Fonte: ASSOCIAÇÃO Brasileira do Alumínio. Relatório de sustentabilidade 2012. Relatório de Sustentabilidade da Indústria do Alumínio 2012. 5. ed. São Paulo, 2012. p. 46.

4. Considere o processo de obtenção de alumínio a partir de alumina, óxido de alumínio.

a) Equacione o processo, indicando as alterações de Nox.

b) Com base no quadro fornecido na questão anterior, referente à produção brasileira de alumínio em 2011, calcule as massas de óxido de alumínio

• que foi usada na obtenção anual de alumínio, de modo convencional.

• que seria necessária para obter o alumínio que foi obtido graças à reciclagem.

Dadas as massas molares (g/mol): Al, 27; O, 16.

5. Em 1979, o cineasta Cacá Diegues lançou o filme *Bye bye, Brasil*, sobre uma trupe de artistas populares que viaja pelo interior do Brasil, em especial ao longo da rodovia Transamazônica, fazendo do caminhão o palco de suas apresentações.

O filme permite conhecer um pouco do Brasil no final da década de 1970 e início da década de 1980, quando o país ainda vivia sob uma ditadura militar. Pesquisem os itens a seguir e registrem os dados mais importantes:

• contexto sociopolítico brasileiro à época em que a rodovia Transamazônica foi projetada e construída;

• justificativas para o investimento econômico e humano nessa obra e consequências para a região;

• relação entre o trajeto da Transamazônica e a bauxita;

• qualidade de vida dos mineiros que trabalham na região da Transamazônica, com ênfase nos impactos da atividade sobre a saúde;

• principais dificuldades enfrentadas por povos indígenas que vivem hoje na região da Transamazônica.

Testando seus conhecimentos

Caso necessário, consulte as tabelas no final desta Parte.

1. (Enem) A figura mostra o funcionamento de uma estação híbrida de geração de eletricidade movida a energia eólica e biogás. Essa estação possibilita que a energia gerada no parque eólico seja armazenada na forma de gás hidrogênio usado no fornecimento de energia para a rede elétrica comum e para abastecer células a combustível.

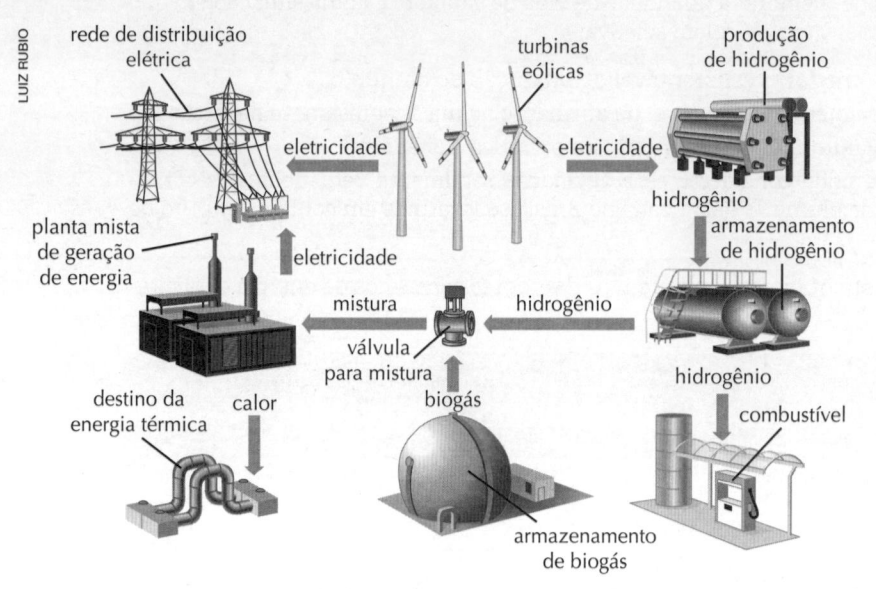

Disponível em: <www.emertrag.com>. Acesso em: 24 abr. 2015. (adaptado).

Mesmo com ausência de ventos por curtos períodos, essa estação continua abastecendo a cidade onde está instalada, pois o(a)

a. planta mista de geração de energia realiza eletrólise para enviar energia à rede de distribuição elétrica.
b. hidrogênio produzido e armazenado é utilizado na combustão com o biogás para gerar calor e eletricidade.
c. conjunto de turbinas continua girando com a mesma velocidade, por inércia, mantendo a eficiência anterior.
d. combustão da mistura biogás-hidrogênio gera diretamente energia elétrica adicional para a manutenção da estação.
e. planta mista de geração de energia é capaz de utilizar todo o calor fornecido na combustão para a geração de eletricidade.

2. (Fatec-SP) Para a cromação de um anel de aço, um estudante montou o circuito eletrolítico representado na figura, utilizando uma fonte de corrente contínua.

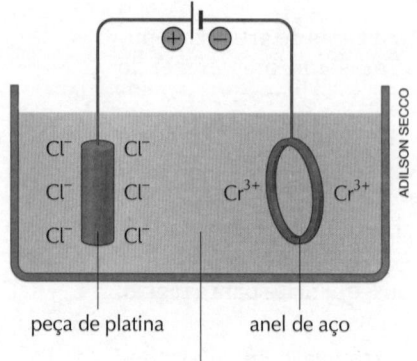

peça de platina   anel de aço

solução aquosa de $CrCl_3$

Durante o funcionamento do circuito, é correto afirmar que ocorre

a. liberação de gás cloro no anodo e depósito de cromo metálico no catodo.
b. liberação de gás cloro no catodo e depósito de cromo metálico no anodo.
c. liberação de gás oxigênio no anodo e depósito de platina metálica no catodo.
d. liberação de gás hidrogênio no anodo e corrosão da platina metálica no catodo.
e. liberação de gás hidrogênio no catodo e corrosão do aço metálico no anodo.

3. (Enem)

Eu também podia decompor a água, se fosse salgada ou acidulada, usando a pilha de Daniell como fonte de força. Lembro o prazer extraordinário que sentia ao decompor um pouco de água em uma taça para ovos quentes, vendo-a separar-se em seus elementos, o oxigênio em um eletrodo, o hidrogênio no outro. A eletricidade de uma pilha de 1 volt parecia tão fraca, e no entanto podia ser suficiente para desfazer um composto químico, a água.

SACKS, O. *Tio Tungstênio*: memórias de uma infância química.
São Paulo: Cia. das Letras, 2002.

O fragmento do romance de Oliver Sacks relata a separação dos elementos que compõem a água.

O princípio do método apresentado é utilizado industrialmente na:

a. obtenção de ouro a partir de pepitas.
b. obtenção de calcário a partir de rochas.
c. obtenção de alumínio a partir de bauxita.
d. obtenção de ferro a partir de seus óxidos.
e. obtenção de amônia a partir de hidrogênio e nitrogênio.

4. (Enem) O alumínio é um metal bastante versátil, pois, a partir dele, podem-se confeccionar materiais amplamente utilizados pela sociedade. A obtenção do alumínio ocorre a partir da bauxita, que é purificada e dissolvida em criolita fundida (Na_3AlF_6) e eletrolisada a cerca de 1 000 °C. Há liberação de dióxido de carbono (CO_2), formado a partir da reação de um dos produtos da eletrólise com o material presente nos eletrodos. O ânodo é formado por barras de grafita submergidas na mistura fundida. O cátodo é uma caixa de ferro coberta de grafita. A reação global do processo é:

$$2\ Al_2O_3(l) + 3\ C(s) \longrightarrow 4\ Al(l) + 3\ CO_2(g)$$

a. cátodo: $Al^{3+} + 3e^- \longrightarrow Al$
   ânodo: $\begin{cases} 2\ O^{2-} \longrightarrow O_2 + 4e^- \\ C + O_2 \longrightarrow CO_2 \end{cases}$

b. cátodo: $\begin{cases} 2\ O^{2-} \longrightarrow O_2 + 4e^- \\ C + O_2 \longrightarrow CO_2 \end{cases}$
   ânodo: $Al^{3+} + 3\ e^- \longrightarrow Al$

c. cátodo: $\begin{cases} Al^{3+} + 3e^- \longrightarrow Al \\ 2\ O^{2-} \longrightarrow O_2 + 4e^- \end{cases}$
   ânodo: $C + O_2 \longrightarrow CO_2$

d. cátodo: $\begin{cases} Al^{3+} + 3e^- \longrightarrow Al \\ C + O_2 \longrightarrow CO_2 \end{cases}$
   ânodo: $2\ O^{2-} \longrightarrow O_2 + 4e^-$

e. cátodo: $2\ O^{2-} \longrightarrow O_2 + 4e^-$
   ânodo: $\begin{cases} Al^{3+} + 3e^- \longrightarrow Al \\ C + O_2 \longrightarrow CO_2 \end{cases}$

5. (UEG-GO) A galvanização é um processo que permite dar um revestimento metálico a determinada peça. A seguir é mostrado um aparato experimental, montado para possibilitar o revestimento de uma chave com níquel.

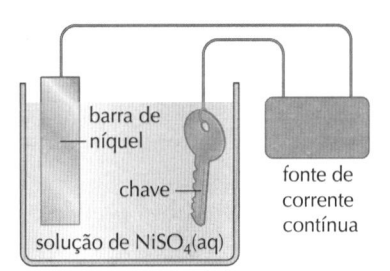

No processo de revestimento da chave com níquel ocorrerá, majoritariamente, uma reação de X, representada por uma semirreação Y. Nesse caso, o par X, Y pode ser representado por

a. redução, $Ni^+ + 1e^- \longrightarrow Ni(s)$
b. redução, $Ni(s) \longrightarrow Ni^{2+} + 2e^-$
c. oxidação, $Ni^{2+} + 2e^- \longrightarrow Ni(s)$
d. oxidação, $Ni(s) \longrightarrow Ni^{2+} + 2e^-$
e. redução, $Ni^{2+} + 2e^- \longrightarrow Ni(s)$

6. (UPM-SP) De acordo com os conceitos de eletroquímica, é correto afirmar que

a) a ponte salina é a responsável pela condução de elétrons durante o funcionamento de uma pilha.
b) na pilha representada por $Zn(s)/Zn^{2+}(aq)//Cu^{2+}(aq)/Cu(s)$, o metal zinco representa o cátodo da pilha.
c) o resultado positivo da ddp de uma pilha, por exemplo, +1,10 V, indica a sua não espontaneidade, pois essa pilha está absorvendo energia do meio.
d) na eletrólise o ânodo é o polo positivo, onde ocorre o processo de oxidação.
e) a eletrólise ígnea só ocorre quando os compostos iônicos estiverem em meio aquoso.

7. (Unama-AM) A transformação do cloreto de sódio ao sofrer eletrólise ígnea está representada pela equação abaixo:

$$NaCl \xrightarrow{900\ °C} Na^+ + Cl^-$$

A semirreação ocorrida no cátodo é:

a. $Na(s) + 1e^- \longrightarrow Na^+$
b. $Cl^- \longrightarrow Cl + 1e^-$
c. $Na^+ + 1e^- \longrightarrow Na(s)$
d. $Na^+ + Cl^- \longrightarrow Na(s) + Cl(g)$

8. (Cefet-MG) A água do mar possui uma quantidade apreciável de íon magnésio, que pode ser extraído e precipitado como hidróxido de magnésio. Posteriormente, o hidróxido é convertido em cloreto por tratamento com ácido clorídrico. Após a evaporação da água, o cloreto de magnésio fundido é submetido à eletrólise. Sobre essa técnica, é correto afirmar que se:

a. forma gás cloro no pólo negativo.
b. trata de um processo espontâneo.
c. obtém magnésio metálico no cátodo.
d. formam massas de substâncias iguais nos eletrodos.
e. mantém constante o número de oxidação do cloreto durante o processo.

9. (FMP-RJ) A galvanoplastia é uma técnica que permite dar um revestimento metálico a uma peça, colocando tal metal como polo negativo de um circuito de eletrólise. Esse processo tem como principal objetivo proteger a peça metálica contra a corrosão.

Vários metais são usados nesse processo, como, por exemplo, o níquel, o cromo, a prata e o ouro. O ouro, por ser o metal menos reativo, permanece intacto por muito tempo.

Deseja-se dourar um anel de alumínio e, portanto, os polos são mergulhados em uma solução de nitrato de ouro III, $[Au(NO_3)_3]$.

Ao final do processo da eletrólise, as substâncias formadas no cátodo e no ânodo são, respectivamente,

a. N_2 e Au
b. Au e NO_2
c. H_2 e NO_3
d. O_2 e H_2
e. Au e O_2

10. (Enem) A eletrólise é um processo não espontâneo de grande importância para a indústria química. Uma de suas aplicações é a obtenção do gás cloro e do hidróxido de sódio, a partir de uma solução aquosa de cloreto de sódio. Nesse procedimento, utiliza-se uma célula eletroquímica, como ilustrado.

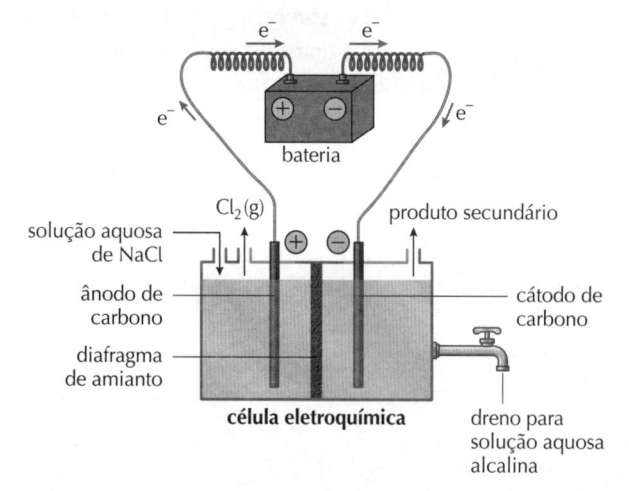

SHREVE, R. N.; BRINK JR., J. A. **Indústria de processos químicos**. Rio de Janeiro: Guanabara Koogan, 1997. (adaptado).

No processo eletrolítico ilustrado, o produto secundário obtido é o

a. vapor de água.
b. oxigênio molecular.
c. hipoclorito de sódio.
d. hidrogênio molecular.
e. cloreto de hidrogênio.

11. (Enem) A obtenção do alumínio dá-se a partir da bauxita ($Al_2O_3 \cdot 3\ H_2O$), que é purificada e eletrolisada numa temperatura de 1000 °C. Na célula eletrolítica, o ânodo é formado por barras de grafita ou carvão, que são consumidas no processo de eletrólise, com formação de gás carbônico, e o cátodo é uma caixa de aço coberta de grafita.

A etapa de obtenção do alumínio ocorre no

a. ânodo, com formação de gás carbônico.
b. cátodo, com redução do carvão na caixa de aço.
c. cátodo, com oxidação do alumínio na caixa de aço.
d. ânodo, com depósito de alumínio nas barras de grafita.
e. cátodo, com o fluxo de elétrons das barras de grafita para a caixa de aço.

12. (UFRN) A galvanoplastia é uma técnica que permite dar um revestimento metálico a uma peça, como se mostra na figura abaixo:

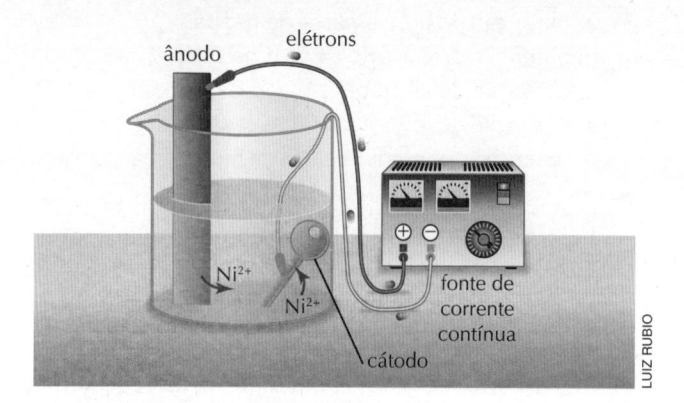

No processo mostrado na figura,

a. o níquel metálico do ânodo se reduz, enquanto os íons Ni^{2+} se oxidam, depositando-se como níquel metálico, na superfície da chave.
b. o níquel metálico do ânodo se oxida, enquanto os íons Ni^{2+} se reduzem, depositando-se, como níquel metálico, na superfície da chave.
c. o fluxo da corrente elétrica é de cátodo para ânodo, fazendo com que os íons Ni^{2+} se reduzam e se depositem na peça metálica.
d. o fluxo da corrente elétrica é de cátodo para ânodo, fazendo com que o Ni metálico se reduza e se deposite na peça metálica.

Nota dos autores: A banca chamou de fluxo da corrente elétrica o do movimento dos elétrons, e não o da corrente convencional.

13. (UEM-PR) Após a redução do $Cu_2S(s)$ em um processo metalúrgico chamado ustulação, o cobre apresenta impurezas e é purificado em um processo de eletrólise com eletrodos ativos utilizando-se uma solução aquosa de sulfato de cobre II, um eletrodo de cobre puro e um outro formado pelo cobre impuro obtido na ustulação, de acordo com o esquema abaixo. Assinale o que for **correto**.

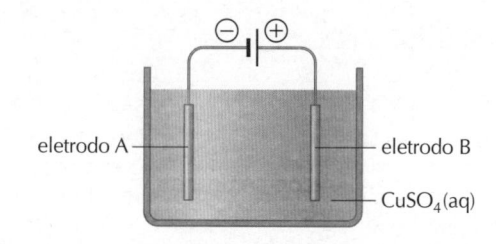

01. O eletrodo A é formado pelo cobre com impurezas.
02. À medida que o processo eletrolítico avança, o cátodo diminui a sua massa.
04. No ânodo ocorre a oxidação do cobre segundo a reação Cu(s) $\longrightarrow$ Cu^{2+}(aq) + 2e$^-$.
08. No cátodo ocorre a redução do cobre segundo a reação Cu^{2+}(aq) + 2e$^-$ $\longrightarrow$ Cu(s).
16. O processo que forma o cobre puro é também conhecido como refino eletrolítico.

Dê como resposta a soma dos números correspondentes às alternativas corretas.

14. (UCS-RS) Centenas de milhares de toneladas de magnésio metálico são produzidas anualmente, em grande parte para a fabricação de ligas leves. De fato, a maior parte do alumínio utilizado hoje em dia contém 5% em massa de magnésio para melhorar suas propriedades mecânicas e torná-lo mais resistente à corrosão. É interessante observar que os minerais que contêm magnésio não são as principais fontes desse elemento. A maior parte do magnésio é obtida a partir da água do mar, na qual os íons Mg^{2+} estão presentes em uma concentração de 0,05 mol/L. Para obter o magnésio metálico, os íons Mg^{2+} da água do mar são inicialmente precipitados sob a forma de hidróxido de magnésio, com uma solução de hidróxido de cálcio. O hidróxido de magnésio é removido desse meio por filtração, sendo finalmente tratado com excesso de uma solução de ácido clorídrico. Após a evaporação do solvente, o sal anidro obtido é fundido e submetido ao processo de eletrólise ígnea.

Considerando as informações do texto acima, assinale a alternativa correta.

a. A filtração é um processo físico que serve para separar misturas homogêneas de um sólido disperso em um líquido ou em um gás.
b. A massa de Mg^{2+} presente em 500 mL de água do mar é de 2,025 g.
c. A eletrólise ígnea do sal anidro produz, além do magnésio metálico, um gás extremamente tóxico e de odor irritante.
d. O hidróxido de magnésio é uma monobase fraca, muito solúvel em água.
e. O processo de eletrólise é um fenômeno físico, em que um ou mais elementos sofrem variações nos seus números de oxidação no transcorrer de uma reação química.

15. (UPE) Para a produção de fios elétricos, o cobre deve possuir 99,9% de pureza. Para tanto, o cobre metalúrgico (impuro) passa por um processo, que gera o cobre eletrolítico, conforme está ilustrado na figura abaixo.

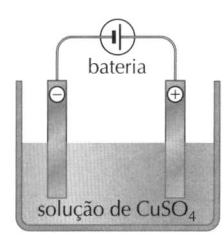

bateria
solução de $CuSO_4$

Adaptado de: <http://www.acervodigital.unesp.br/bitstream/123456789/46363/4/2ed_qui_m4d7.pdf>. Acesso em: 25 jul. 2018.

Sobre esse processo, são feitas as afirmações a seguir:
I. No catodo (−), que é o cobre puro, ocorre depósito de mais cobre em virtude da redução do Cu^{2+}.
II. A corrosão faz a solução aumentar a concentração de Cu^{2+}, que é atraído para o catodo, formando cobre metálico livre das impurezas.
III. Uma solução aquosa de $NiSO_4$ aumentaria a deposição de cobre puro no catodo.
IV. No anodo (+), existe a oxidação do cobre metálico.

Está **correto**, apenas, o que se afirma em
a. I, II e III.
b. I, II e IV.
c. II, III e IV.
d. I e IV.
e. III.

16. (UFPR) Um estudante montou um arranjo experimental para investigar a condutividade de algumas soluções aquosas. Para isso, ele usou água destilada, uma fonte de tensão e um amperímetro (A), conforme esquematizado a seguir:

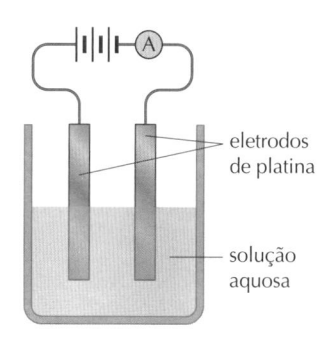

eletrodos de platina
solução aquosa

Os resultados experimentais foram apresentados na seguinte tabela:

Experimento	Soluto	Corrente medida	Observações visuais
A	Açúcar	zero	Não houve alteração perceptível.
B	Ácido sulfúrico	0,5 A	Houve evolução de gases em ambos os eletrodos.
C	Sulfato de cobre	0,5 A	Houve evolução de gás em um eletrodo e houve deposição de cobre no outro eletrodo.

a. Por que o amperímetro não registrou corrente no experimento A e registrou nos experimentos B e C?
b. Quais foram os gases liberados no experimento B no eletrodo positivo? E no eletrodo negativo?
c. Qual foi o gás liberado no experimento C? Em qual eletrodo (ânodo ou cátodo) houve deposição de cobre?

17. (Unesp)

A pilha Ag-Zn é bastante empregada na área militar (submarinos, torpedos, mísseis), sendo adequada também para sistemas compactos. A diferença de potencial desta pilha é de cerca de 1,6 V à temperatura ambiente. As reações que ocorrem nesse sistema são:

No cátodo: $Ag_2O + H_2O + 2e^- \longrightarrow 2\,Ag + 2\,OH^-$

No ânodo: $Zn \longrightarrow Zn^{2+} + 2e^-$

$Zn^{2+} + 2\,OH^- \longrightarrow Zn(OH)_2$

Reação global: $Zn + Ag_2O + H_2O \longrightarrow 2\,Ag + Zn(OH)_2$

(Cristiano N. da Silva e Julio C. Afonso. "Processamento de pilhas do tipo botão". *Quím. Nova*, vol. 31, 2008. Adaptado.)

a. Identifique o eletrodo em que ocorre a semirreação de redução. Esse eletrodo é o polo positivo ou o negativo da pilha?

b. Considerando a reação global, calcule a razão entre as massas de zinco e de óxido de prata que reagem. Determine a massa de prata metálica formada pela reação completa de 2,32 g de óxido de prata.

18. (UFPI/PSIU) A produção de muitos metais, por exemplo Al, Na e Cu, é realizada, na maioria dos casos, através de eletrólise dos sais dos respectivos metais.

Assinale com V (verdadeira) ou F (falsa) as afirmativas abaixo.

( ) Para produzir 1 mol de Al a partir do Al^{3+}, haverá um maior consumo de energia do que para produzir 1 mol de Na a partir do Na^+.

( ) Para produzir 2 mols de Na a partir do Na^+, haverá o mesmo consumo de energia que para produzir 1 mol de Cu a partir do Cu^{2+}.

( ) Para produzir 2 mols de Cu a partir do Cu^{2+}, haverá um maior consumo de energia do que para produzir 1 mol de Al a partir do Al^{3+}.

( ) Para produzir 3 mols de Na a partir do Na^+, haverá o mesmo consumo de energia que para produzir 1 mol de Al a partir do Al^{3+}.

19. (Enem) A eletrólise é muito empregada na indústria com o objetivo de reaproveitar parte dos metais sucateados. O cobre, por exemplo, é um dos metais com maior rendimento no processo de eletrólise, com uma recuperação de aproximadamente 99,9%. Por ser um metal de alto valor comercial e de múltiplas aplicações, sua recuperação torna-se viável economicamente.

Suponha que, em um processo de recuperação de cobre puro, tenha-se eletrolisado uma solução de sulfato de cobre(II) ($CuSO_4$) durante 3 h, empregando-se uma corrente elétrica de intensidade igual a 10 A. A massa de cobre puro recuperada é de aproximadamente:

Dados: Constante de Faraday F = 96 500 C; Massa molar em g/mol: Cu = 63,5.

a. 0,02 g.
b. 0,04 g.
c. 2,40 g.
d. 35,5 g.
e. 71,0 g.

20. (Fuvest-SP) Em uma oficina de galvanoplastia, uma peça de aço foi colocada em um recipiente contendo solução de sulfato de cromo (III) [$Cr_2(SO_4)_3$], a fim de receber um revestimento de cromo metálico. A peça de aço foi conectada, por meio de um fio condutor, a uma barra feita de um metal X, que estava mergulhada em uma solução de um sal do metal X. As soluções salinas dos dois recipientes foram conectadas por meio de uma ponte salina. Após algum tempo, observou-se que uma camada de cromo metálico se depositou sobre a peça de aço e que a barra de metal X foi parcialmente corroída.

A tabela a seguir fornece as massas dos componentes metálicos envolvidos no procedimento:

	Massa inicial (g)	Massa final (g)
Peça de aço	100,00	102,08
Barra de metal X	100,00	96,70

a. Escreva a equação química que representa a semirreação de redução que ocorreu nesse procedimento.

b. O responsável pela oficina não sabia qual era o metal X, mas sabia que podia ser magnésio (Mg), zinco (Zn) ou manganês (Mn), que formam íons divalentes em solução nas condições do experimento. Determine, mostrando os cálculos necessários, qual desses três metais é X.

Note e adote:
massas molares (g/mol)
Mg ..... 24; Cr ...... 52; Mn ...... 55; Zn 65

21. (Fuvest-SP) Células a combustível são opções viáveis para gerar energia elétrica para motores e outros dispositivos. O esquema representa uma dessas células e as transformações que nela ocorrem.

$H_2(g) + \frac{1}{2}O_2(g) \longrightarrow H_2O(g) \qquad \Delta H = -240\ kJ/mol\ de\ H_2$

A corrente elétrica (i), em ampere (coulomb por segundo), gerada por uma célula a combustível que opera por 10 minutos e libera 4,80 kJ de energia durante esse período de tempo, é

a. 3,32.
b. 6,43.
c. 12,9.
d. 386.
e. 772.

Note e adote:
Carga de um mol de elétrons = 96 500 coulomb.

22. (UPM-SP) Um dos modos de se produzirem gás hidrogênio e gás oxigênio em laboratório é promover a eletrólise (decomposição pela ação da corrente elétrica) da água, na presença de sulfato de sódio ou ácido sulfúrico. Nesse processo, usando para tal um recipiente fechado, migram para o cátodo (polo negativo) e ânodo (polo positivo), respectivamente, H_2 e O_2. Considerando-se que as quantidades de ambos os gases são totalmente recolhidas em recipientes adequados, sob mesmas condições de temperatura e pressão, é correto afirmar que

Dados: massas molares (g · mol⁻¹) H = 1 e O = 16.

a. o volume de H_2 (g) formado, nesse processo, é maior do que o volume de O_2 (g).
b. serão formados 2 mols de gases para cada mol de água decomposto.
c. as massas de ambos os gases formados são iguais no final do processo.
d. o volume de H_2 (g) formado é o quádruplo do volume de O_2 (g) formado.
e. a massa de O_2 (g) formado é o quádruplo da massa de H_2 (g) formado.

23. (Uece) Duas células galvânicas ligadas em série contêm, respectivamente, íons Cu^{2+} e Au^{3+}. No cátodo da primeira são depositados 0,0686 g de cobre. A massa de ouro que será depositada, ao mesmo tempo, no cátodo da outra célula, em gramas, será, aproximadamente,

a. 0,140. c. 0,430.
b. 0,280. d. 0,520.

24. (ITA-SP) Deseja-se depositar uma camada de 0,85 g de níquel metálico no catodo de uma célula eletrolítica, mediante a passagem de uma corrente elétrica de 5 A através de uma solução aquosa de nitrato de níquel. Assinale a opção que apresenta o tempo necessário para esta deposição, em minutos (dado = massa molar do níquel: 58,69)

a. 4,3 c. 5,9
b. 4,7 d. 9,3

25. (Aman-RJ) No ano de 2014, os alunos da EsPCEx realizaram um experimento de eletrólise durante a aula prática no Laboratório de Química. Nesse experimento, foi montado um banho eletrolítico, cujo objetivo era o depósito de cobre metálico sobre um clipe de papel, usando no banho eletrolítico uma solução aquosa 1 mol/L de sulfato de cobre II. Nesse sistema de eletrólise, por meio de uma fonte externa, foi aplicada uma corrente constante de 100 mA, durante 5 minutos. Após esse tempo, a massa aproximada de cobre depositada sobre a superfície do clipe foi de:

Dados: massa molar Cu = 64 g/mol; 1 Faraday = 96 500 C

a. 2,401 g. d. 0,095 g.
b. 1,245 g. e. 0,010 g.
c. 0,987 g.

26. (Fuvest-SP) Um estudante realizou um experimento para verificar a influência do arranjo de células eletroquímicas em um circuito elétrico. Para isso, preparou 3 células idênticas, cada uma contendo solução de sulfato de cobre(II) e dois eletrodos de cobre, de modo que houvesse corrosão em um eletrodo e deposição de cobre em outro. Em seguida, montou, sucessivamente, dois circuitos diferentes, conforme os Arranjos 1 e 2 ilustrados. O estudante utilizou uma fonte de tensão (F) e um amperímetro (A), o qual mediu uma corrente constante de 60 mA em ambos os casos.

a. Considere que a fonte foi mantida ligada, nos arranjos 1 e 2, por um mesmo período de tempo. Em qual dos arranjos o estudante observará maior massa nos eletrodos em que ocorre deposição? Justifique.

b. Em um outro experimento, o estudante utilizou apenas uma célula eletroquímica, contendo 2 eletrodos cilíndricos de cobre, de 12,7 g cada um, e uma corrente constante de 60 mA. Considerando que os eletrodos estão 50 % submersos, por quanto tempo o estudante pode deixar a célula ligada antes que toda a parte submersa do eletrodo que sofre corrosão seja consumida?

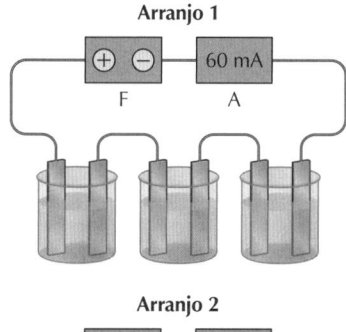

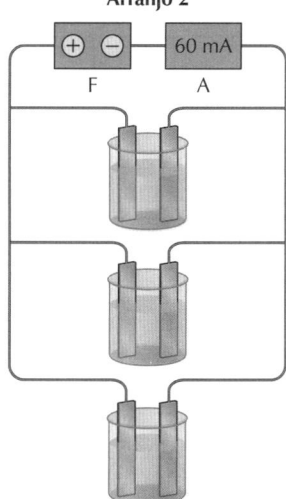

Arranjo 1

Arranjo 2

Note e adote:
Considere as três células eletroquímicas como resistores com resistências iguais. Massa molar do cobre: 63,5 g/mol

1 A = 1 C/s
Carga elétrica de 1 mol de elétrons: 96 500 C.

27. (Unesp) Em um experimento, um estudante realizou, nas Condições Ambiente de Temperatura e Pressão (CATP), a eletrólise de uma solução aquosa de ácido sulfúrico, utilizando uma fonte de corrente elétrica contínua de 0,200 A durante 965 s. Sabendo que a constante de Faraday é 96 500 C/mol e que o volume molar de gás nas CATP é 25 000 mL/mol, o volume de H_2 (g) desprendido durante essa eletrólise foi igual a

a. 30,0 mL.
b. 45,0 mL.
c. 10,0 mL.
d. 25,0 mL.
e. 50,0 mL.

28. (Unicamp-SP) A galvanoplastia consiste em revestir um metal por outro a fim de protegê-lo contra a corrosão ou melhorar sua aparência. O estanho, por exemplo, é utilizado como revestimento do aço empregado em embalagens de alimentos. Na galvanoplastia, a espessura da camada pode ser controlada com a corrente elétrica e o tempo empregados. A figura abaixo é uma representação esquemática desse processo.

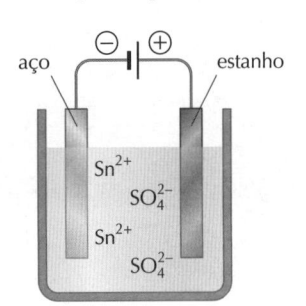

Considerando a aplicação de uma corrente constante com intensidade igual a $9{,}65 \cdot 10^{-3}$ A, a massa depositada de estanho após 1 min 40 s será de aproximadamente

a. 0,6 mg e ocorre, no processo, a transformação de energia química em energia elétrica.
b. 0,6 mg e ocorre, no processo, a transformação de energia elétrica em energia química.
c. 1,2 mg e ocorre, no processo, a transformação de energia elétrica em energia química.
d. 1,2 mg e ocorre, no processo, a transformação de energia química em energia elétrica.

Dados: 1 mol de elétrons corresponde a uma carga de 96 500 C; Sn: 119 g · mol^{-1}.

29. (Uepa) Um artesão de joias utiliza resíduos de peças de ouro para fazer novos modelos. O procedimento empregado pelo artesão é um processo eletrolítico para recuperação desse tipo de metal. Supondo que este artesão, trabalhando com resíduos de peças de ouro, solubilizados em solventes adequados, formando uma solução contendo íons Au^{3+}, utilizou uma cuba eletrolítica na qual aplicou uma corrente elétrica de 10 A por 482,5 minutos, obtendo como resultado ouro purificado.

Dados: Au = 197 g/mol; constante de Faraday = 96 500 C/mol.

O resultado obtido foi:

a. 0,197 gramas de Au
b. 1,97 gramas de Au
c. 3,28 gramas de Au
d. 197 gramas de Au
e. 591 gramas de Au

30. (UFCE) O aspecto brilhante de peças metálicas vem se destacando em projetos personalizados de automóveis, motocicletas e bicicletas. Isto ocorre no intuito de prolongar a beleza, além de proteger contra a corrosão. A obtenção deste revestimento ocorre por meio de um processo denominado cromação, que consiste na dissolução do trióxido de crômio (CrO_3) em meio ácido, com posterior eletrólise reduzindo o crômio (VI) a crômio metálico. A reação que representa este processo é:

$$CrO_3(s) + 6\,H^+(aq) + 6\,e^- \longrightarrow Cr(s) + 3\,H_2O(l)$$

Dados: 1 F = 96 500 C · mol^{-1}
A · s = C

A massa (em g) de crômio metálico obtida durante oito horas de eletrólise contínua a 10 A é:

a. 12
b. 26
c. 34
d. 48
e. 67

31. (PUC-PR) Atualmente, os problemas ecológicos têm afetado muito o ambiente. Efeito estufa, chuva ácida e outros fenômenos estão associados, principalmente, à queima de combustíveis fósseis. Por isso, há uma grande importância no desenvolvimento de novas tecnologias energéticas. Acredita-se que, dentro de alguns anos, o hidrogênio será o combustível mais utilizado, uma vez que sua reação com gás oxigênio só produz água. Uma das melhores formas para a obtenção de H_2 é a eletrólise aquosa com eletrodos inertes.

Supondo uma cuba com KOH aquoso, qual o tempo em que uma corrente de 50 A produzirá 22,4 litros de gás hidrogênio?

$$2\,H^+(aq) + 2\,e^- \longrightarrow H_2(g)$$

a. 64 minutos e 20 segundos
b. 32 minutos e 10 segundos
c. 16 minutos e 10 segundos
d. 3 860 minutos
e. 82 minutos e 45 segundos

Nota dos autores: A banca pressupôs que o gás esteja medido a 0 °C e 1 atm e, nessas condições, o volume molar é igual a 22,4 L/mol.

32. (UPE) Uma solução diluída de ácido sulfúrico foi eletrolisada com eletrodos inertes durante um período de 193 s. O gás produzido no cátodo foi devidamente recolhido sobre a água à pressão total de 785 mmHg e à temperatura de 27 °C. O volume obtido do gás foi de 246 mL. A corrente utilizada na eletrólise é igual a:

Dados: 1 F = 96 500 C, R = 0,082 L · atm/mol · K, Pressão de vapor da água a 27 °C é 25 mmHg.

a. 16 A
b. 12 A
c. 10 A
d. 18 A
e. 25 A

33. (UFG-GO) Em metalurgia, um dos processos de purificação de metais é a eletrodeposição. Esse processo é representado pelo esquema abaixo, no qual dois eletrodos inertes são colocados em um recipiente que contém solução aquosa de $NiCl_2$.

Dados: Constante de Faraday: 96 500 C/mol
Massa molar do Ni: 59 g/mol

Baseado no esquema apresentado:

a. escreva as semirreações que ocorrem no cátodo e no ânodo, e calcule a corrente elétrica necessária para depositar 30 g de Ni(s) em um dos eletrodos durante um período de uma hora;
b. calcule a massa de $NiCl_2$, com excesso de 50%, necessária para garantir a eletrodeposição de 30 g de Ni(s).

34. (UFPR) As baterias são indispensáveis para o funcionamento de vários dispositivos do dia a dia. A primeira bateria foi construída por Alessandro Volta em 1800, cujo dispositivo consistia numa pilha de discos de zinco e prata dispostos alternadamente, contendo espaçadores de papelão embebidos em solução salina. Daí vem o nome "pilha" comumente utilizado.

Dados:
$Ag^+ + e^- \longrightarrow Ag$ E^0 (V)   0,80
$Zn^{2+} + 2e^- \longrightarrow Zn$ −0,76
$1 A = C \cdot s^{-1}$ $F = 96\,500\, C \cdot mol^{-1}$
Massa Molar (g mol^{-1}): Ag = 108; Zn = 65

a. De posse dos valores de potencial padrão de redução (E°), calcule o potencial padrão da pilha de Zn/Ag.

b. Considere que, com uma pilha dessas, deseja-se manter uma lâmpada acesa durante uma noite (12 h). Admita que não haverá queda de tensão e de corrente durante o período. Para mantê-la acesa, a corrente que passa pela lâmpada é de 10 mA. Calcule a massa de zinco que será consumida durante esse período.

35. (UPM-SP) Pode-se niquelar (revestir com uma fina camada de níquel) uma peça de um determinado metal. Para esse fim, devemos submeter um sal de níquel(II), normalmente o cloreto, a um processo denominado eletrólise em meio aquoso. Com o passar do tempo, ocorre a deposição de níquel sobre a peça metálica a ser revestida, gastando-se certa quantidade de energia. Para que seja possível o depósito de 5,87 g de níquel sobre determinada peça metálica, o valor da corrente elétrica utilizada, para um processo de duração de 1000 s, é de

Dados: Constante de Faraday = 96 500 C;
Massas molares em (g/mol) Ni = 58,7

a. 9,65 A.
b. 10,36 A.
c. 15,32 A.
d. 19,30 A.
e. 28,95 A.

36. (IME-RJ) Uma empresa de galvanoplastia produz peças especiais recobertas com zinco. Sabendo que cada peça recebe 7 g de Zn, que é utilizada uma corrente elétrica de 0,7 A e que a massa molar do zinco é igual a 65 g/mol, qual o tempo necessário para o recobrimento dessa peça especial? (Constante de Faraday: $1 F = 96\,500\, C \cdot mol^{-1}$)

a. 4 h e 45 min.
b. 6 h e 30 min.
c. 8 h e 15 min.
d. 10 h e 30 min.
e. 12 h e 45 min.

37. (Acafe-SC) Sob condições apropriadas em uma cuba eletrolítica ocorreu a eletrólise de uma solução aquosa de sulfato de cobre II. Nesse processo ocorreu a formação de cobre e o desprendimento de um gás.

Dados: O = 16 g/mol; Cu = 63,5 g/mol.
semirreação catódica: $Cu^{2+}(aq) + 2e^- \longrightarrow Cu(s)$
semirreação anódica: $2\, H_2O(l) \longrightarrow O_2(g) + 2e^- + 4\, H^+(aq)$

O volume do gás produzido quando medido na CNTP é:

a. 2,24 L
b. 1,12 L
c. 6,35 L
d. 3,2 L

CAPÍTULO 24
A QUÍMICA NA METALURGIA E NO AMBIENTE

A foto mostra o desmatamento causado pela exploração mineral na Serra do Navio (AP). Nesse local, destaca-se a extração de manganês (Mn), um elemento químico de grande importância por fornecer qualidades especiais aos aços, usados na fabricação de inúmeros objetos e na construção de grandes estruturas. Foto de 1999.

ENEM
C1: H2 e H7
C3: H8 e H12
C5: H17, H18 e H19

Este capítulo vai ajudá-lo a compreender sobre:
- Metais importantes: mineração, obtenção e aplicações.
- Qualidade do ar e da água; poluição: fontes e efeitos sobre os seres vivos.
- Tratamento da água e dos esgotos.

Para situá-lo

A demanda por recursos naturais é uma das questões pelas quais somos desafiados a refletir e a nos posicionar. Como sabemos, na natureza contamos com recursos renováveis e não renováveis.

Nas últimas décadas tem crescido a constatação de que é preciso, sempre que possível, substituir o uso de recursos **não renováveis** – como é o caso dos combustíveis fósseis – por recursos **renováveis – como o etanol e outros biocombustíveis** –, levando em conta os impactos que causam no ambiente.

Por isso, questões que envolvem a substituição de petróleo ou carvão por fontes de energia "limpa" vêm ocupando estudiosos de várias áreas e ultrapassam o aspecto energético. Nesse sentido, avanços em pesquisas têm permitido, por exemplo, o uso de compostos extraídos de vegetais na obtenção de plásticos (como a partir da cana de açúcar), reduzindo, dessa forma, o emprego de derivados de petróleo.

Neste capítulo vamos abordar um tipo de recurso não renovável: os minérios. Pela importância que têm em nossa sociedade, daremos destaque a alguns minérios e às substâncias obtidas a partir deles.

Vale destacar que, embora as atividades das indústrias de mineração e química sejam vistas como prejudiciais ao ambiente, a ausência de produtos obtidos graças a elas dificultaria muito a vida e o bem-estar de grande parte da população mundial. Sem elas, não teríamos acesso a produtos de higiene, medicamentos, meios de transporte, combustíveis usados em diversas situações de nosso cotidiano, além de um sem-número de recursos com os quais contamos em nossa vida. Nosso desafio reside na linha tênue que separa, de um lado, a necessidade de produzir materiais importantíssimos para a sociedade e, de outro, a preservação de recursos para as gerações futuras, respeitando a biodiversidade, além de garantir a qualidade do ar e da água. Ou seja, de que forma nossa civilização pode avançar, assegurando a produção de inúmeros materiais, sem perder de vista o que aqui destacamos?

1. O Brasil dispõe de importantes riquezas minerais; alguns dos minérios disponíveis respondem por grande parte do nosso PIB. Você pode citar alguns exemplos desses recursos minerais, relacionando-os com exemplos de materiais que se podem obter deles?

2. Os metais tiveram grande importância na história das civilizações. Explique a afirmação.

3. Se você mora em um centro urbano, ou próximo de indústrias, provavelmente está acostumado a prestar atenção em informações relativas à qualidade do ar. Entre elas são frequentes as menções aos índices de partículas e de ozônio. De onde provém o ozônio? E as partículas fuliginosas?

Tendo em vista exatamente a importância da qualidade do ar e da água, fundamentais para nossa vida, neste capítulo vamos analisá-los; sobre a água, serão abordados aspectos importantes, tanto do ponto de vista dos seres humanos quanto dos seres aquáticos que nela vivem. Já houve muitas oportunidades de você refletir sobre algumas condições essenciais para que a água de um local seja adequada à sobrevivência de seres aquáticos; ainda que esse assunto seja próprio da área de Biologia, nesta obra ele já foi tratado algumas vezes.

> **Produto Interno Bruto (PIB):** índice monetário associado à riqueza de um país ou região; ele corresponde à soma de tudo o que é produzido – tanto em bens quanto em serviços – durante um período de tempo determinado.

Rio Pinheiros (SP). O descarte inadequado de resíduos torna-se evidente quando observamos essa imagem. Que custo tem para todos nós esse tipo de descuido? Foto de 2017.

Diversas informações e muitos conceitos químicos relativos à obtenção de substâncias, ao uso de recursos naturais e à qualidade do ar e da água, dos quais nossa sobrevivência depende, têm sido abordados nesta obra. Neste capítulo, muitos aspectos ligados a esses temas serão retomados e alguns outros ampliados ou introduzidos. De qualquer forma, a proposta desta abordagem é tornar esse conjunto de conceitos e informações mais organizado, destacando alguns pontos que merecem a reflexão de todos. Com isso, esperamos contribuir para que você tenha mais elementos para se posicionar diante de questões ambientais, o que é fundamental para o exercício de sua cidadania.

Minérios e obtenção dos metais

De modo a situá-lo diante da diversidade de substâncias encontradas na natureza, antes de entrar no estudo dos minerais, vamos fazer algumas generalizações, no sentido de simplificá-lo.

Principais fontes naturais dos elementos químicos

Como já tivemos a oportunidade de analisar, a maior parte dos elementos químicos naturais não se apresenta na forma de substâncias simples. Eles fazem parte de compostos, os quais geralmente estão misturados a outros componentes de menor importância econômica.

A tabela abaixo indica as substâncias mais frequentes nas quais os elementos químicos são encontrados na natureza.

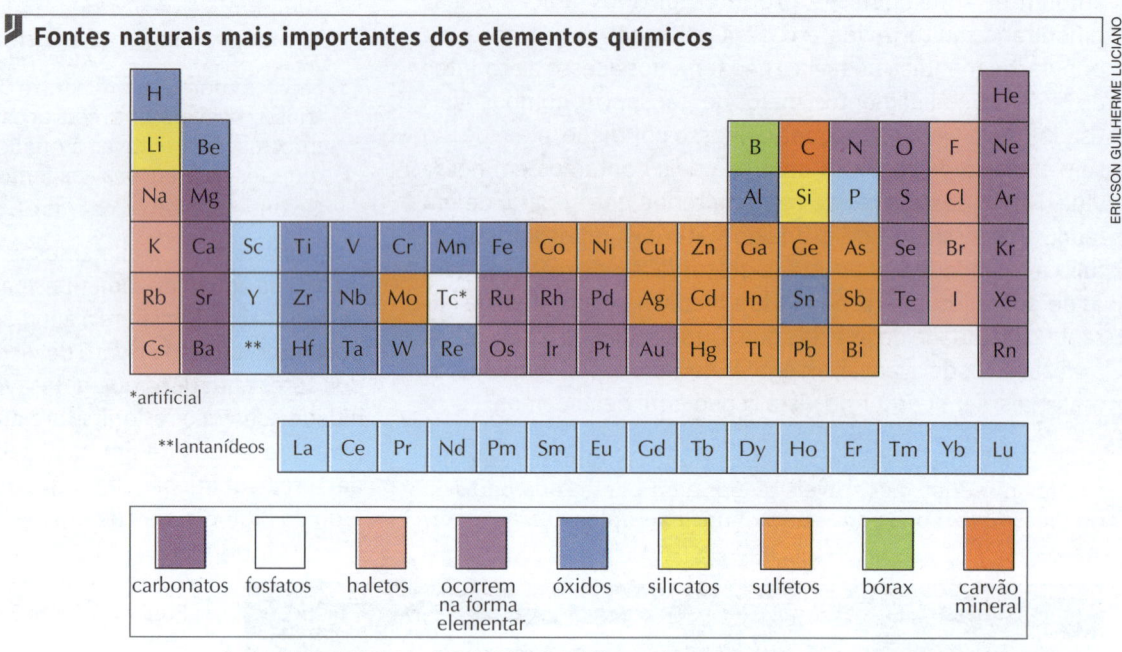

Fontes naturais mais importantes dos elementos químicos

[Tabela periódica colorida indicando fontes naturais dos elementos]

*artificial

**lantanídeos: La Ce Pr Nd Pm Sm Eu Gd Tb Dy Ho Er Tm Yb Lu

Legenda de cores: carbonatos, fosfatos, haletos, ocorrem na forma elementar, óxidos, silicatos, sulfetos, bórax, carvão mineral

Fonte: MASTERTON, W. L.; SLOWINSKI, E. J. Química geral superior. Rio de Janeiro: Interamericana, 1978, p. 130.

Os haletos solúveis (F^-, Cl^-, Br^-, I^-) são encontrados nos oceanos ou em depósitos sólidos. É o caso do cloreto de sódio, NaCl, do brometo de potássio, KBr, entre outros. Os gases nobres presentes no ar, na forma de substâncias simples, são separados dessa mistura gasosa por liquefação e posterior destilação fracionada do ar liquefeito.

Mineiros trabalhando na extração de enxofre elementar, no interior de um vulcão na ilha de Java, Indonésia, região conhecida como Círculo de Fogo do Pacífico, localizada no norte do Oceano Pacífico. Foto de 2016.

Além de a grande maioria dos elementos químicos se encontrarem na natureza na forma de compostos, como dissemos, essas substâncias encontram-se misturadas umas às outras; algumas dessas misturas constituem minérios. Quando uma mistura de substâncias é considerada minério?

Minério é o nome que se dá à rocha que contém grande quantidade de um elemento químico, livre ou combinado com outros elementos, desde que tenha importância econômica; essa importância advém da concentração do elemento químico na rocha-mãe e da viabilidade de sua extração.

A tabela a seguir apresenta exemplos de minérios dos quais são extraídos diferentes elementos químicos.

Exemplos de importantes minérios		
Metal	Minério	
Fe	hematita	Fe_2O_3
Fe	magnetita	$Fe_3O_4 \equiv FeO \cdot Fe_2O_3$
Au	ouro nativo	Au
Cu	cobre nativo	Cu
Cu	calcopirita	$CuFeS_2 \equiv CuS \cdot FeS$
Ag	prata nativa	Ag
Ag	argentita	Ag_2S
Hg	cinábrio	HgS
Sn	cassiterita	SnO_2
Pb	galena	PbS
Zn	blenda do zinco	ZnS
Mn	pirolusita	MnO_2
Cr	cromita	$Cr_2FeO_4 \equiv FeO \cdot Cr_2O_3$
Al	bauxita	$Al_2O_3 \cdot H_2O$

A camada superficial da crosta terrestre contém, em quantidades variáveis, grande número de elementos químicos; os átomos constituintes desses elementos quase na totalidade estão combinados na forma de compostos, os quais se encontram misturados a outras substâncias.

Na tabela a seguir são apresentadas as **porcentagens em massa** dos metais mais abundantes na crosta terrestre. Muitos dos que têm grande importância econômica, como cobre (Cu), tório (Th), urânio (U), mercúrio (Hg), platina (Pt) e ouro (Au), são pouco abundantes. O mesmo acontece com os minérios que são fonte de elementos químicos e de compostos que ganharam importância com os avanços de tecnologias da informação e comunicação: como é o caso dos minérios de lítio usados em baterias de celulares e computadores portáteis, e de metais de terras-raras — caso do cério (Ce), usado em catalisadores automotivos, do európio (Eu), empregado em televisores e na fabricação de cristais líquidos de telas de computadores, por exemplo. No Capítulo 5 da Parte I (seção *Conexões*), já foi abordada a importância das terras-raras.

Superfície da crosta	
Elemento	% em massa
O	46,6
Si	27,7
Al	8,1
Fe	5,0
Ca	3,6
Na	2,8
K	2,6
Mg	2,1
Total dos demais	1,5

Disponível em: <http://hyperphysics.phy-astr.gsu.edu/hbase/Tables/elabund.html>. Acesso: 27 maio 2018.

Em Itabira (MG), existia o Pico do Cauê, com 1 340 m de altitude, fonte de minério de ferro. **(A)** Em 1942, o minério começou a ser explorado pela Companhia Vale. **(B)** Vista da mesma área de exploração do minério de ferro, em 2012. Em cinco décadas, foi retirado um bilhão de toneladas de minério.

O mapa e a tabela a seguir permitem que você analise dados sobre as reservas minerais brasileiras, situando nossa posição em relação aos demais países.

Principais regiões com depósito de minerais

Fonte: Instituto Brasileiro de Mineração.

Classificação da produção e das reservas minerais brasileiras no mundo				
Minerais	Produção brasileira	Posição no *ranking* mundial	Reservas brasileiras	Posição no *ranking* mundial
Bauxita	14%	3º	6,8%	5º
Cobre	2%	5º	2%	13º
Rochas ornamentais	7,7%	3º	5,6%	6º
Ouro	2,3%	12º	3,3%	9º
Minério de ferro	17%	2º	11%	5º
Caulim	6,8%	5º	28%	2º
Manganês	20%	2º	1,1%	6º
Nióbio	98%	1º	98%	1º
Tantalita	28%	2º	50%	1º
Estanho	4,1%	5º	13%	3º
Zinco	2,4%	12º	0,85%	6º

Fonte: PNM 2030/IBRAM – 2012.

Atividades

Recorra à tabela "Fontes naturais mais importantes dos elementos químicos", na página 576, para responder às questões 1 a 3.

1. Que metais são encontrados na natureza na forma de substâncias simples? A que grupo da tabela periódica pertencem?

2. O enxofre é o único não metal sólido em condições ambientes padronizadas. Assim como alguns metais, pode ser obtido com alto teor de pureza. Nessa obtenção são preferencialmente utilizados processos físicos ou químicos?

3. Alguns ânions simples de compostos metálicos são mais frequentemente encontrados nos minérios. Quais são os dois mais comuns?

4. **Atividade de grupo interdisciplinar**

   Com a orientação de seu professor, o grupo deverá fazer uma pesquisa para obter dados atuais que permitam analisar e debater algumas questões importantes para nosso país:

   a) Valor monetário aproximado (em US$) que o Brasil exporta na forma de minério bruto (de ferro e alumínio).

   b) Valor monetário aproximado (em US$) que o Brasil exporta/importa na forma metálica de ferro e de alumínio.

   c) Qual é o principal país importador do minério de ferro brasileiro? E de alumínio?

   d) Os minérios mencionados no item a correspondem a *commodities*. O que se entende por *commodities*? Caso não saibam, pesquisem. Vocês consideram importante que o Brasil deixe de ser um grande exportador de *commodities*? Por quê?

   e) Mencionem ao menos duas providências que deveriam ser tomadas para o país passar a ser exportador de metais e não de minérios.

Ferro e aço

Os minérios de ferro constituem a **principal riqueza mineral brasileira**, sendo a hematita (mineral cujo componente principal é o óxido de ferro(III) – Fe_2O_3) o mais importante deles. É a partir desses minérios que obtemos o ferro metálico, utilizado na fabricação de grande variedade de equipamentos e peças. Como vimos, na forma de aço, uma liga contendo pequenas quantidades de carbono, o material passa a ter propriedades que ampliam suas possibilidades de uso, por ser mais flexível, apresentar maior resistência à ferrugem etc. Os aços especiais têm aplicações diversas, de acordo com o metal adicionado (Cr, Mn, Nb, Cu, entre outros).

Ucrânia, Rússia, China, Austrália e Brasil são os países que possuem as maiores reservas de minério de ferro. Veja os dados de 2015 no gráfico a seguir.

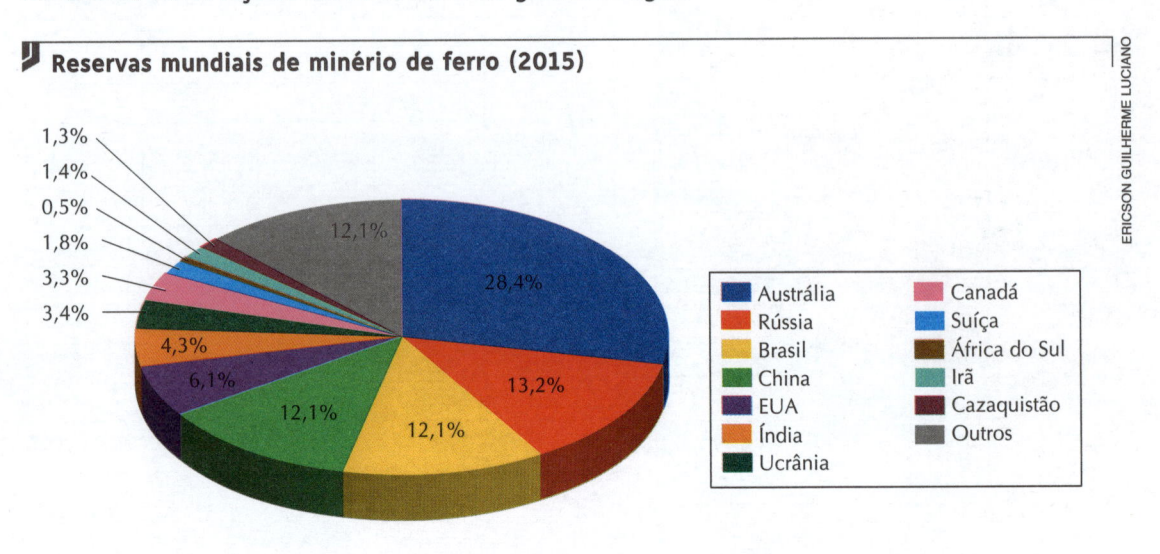

Reservas mundiais de minério de ferro (2015)

País	%
Austrália	28,4%
Rússia	13,2%
Brasil	12,1%
China	12,1%
EUA	6,1%
Índia	4,3%
Ucrânia	3,4%
Canadá	3,3%
Suíça	1,8%
África do Sul	0,5%
Irã	1,4%
Cazaquistão	1,3%
Outros	12,1%

Fonte: *United States Geological Survey*. Departamento de Pesquisas Econômicas Bradesco.

Viagem no tempo

Química e História – A Idade do Ferro

Nos primórdios de nossa civilização, uma liga metálica contendo ferro e níquel, originada de meteoritos que atingiram a Terra em períodos anteriores, permitiu a grupos humanos que a encontraram utilizá-la na obtenção de instrumentos cortantes.

Embora alguns metais tenham sido obtidos por nossos antepassados por aquecimento de materiais retirados da natureza, esse processo, inicialmente, não permitiu que eles obtivessem o ferro metálico, pois a transformação do minério requer temperaturas muito altas.

Por volta de 1 500 a.C., o ferro metálico foi obtido casualmente quando, durante a queima de madeira na presença de minério de ferro, a temperatura alcançada foi suficientemente alta para promover a redução dos compostos de ferro a ferro metálico.

Como se explica a obtenção acidental de uma temperatura mais alta?

Quando se aquece a madeira na presença de baixa concentração de gás oxigênio (ar rarefeito), parte do carbono não chega a atingir os valores mais altos de Nox (+2 no caso do CO e +4 no caso do CO_2) e, ao final, a maior parte resta na forma de carbono sólido Nox (zero), com teor de pureza relativamente alto. O carbono assim obtido (chamado de carvão vegetal por originar-se da madeira), ao reagir com O_2, atinge temperaturas mais altas do que as obtidas na queima da madeira.

No entanto, o ferro metálico obtido em temperatura muito elevada tem teor de pureza alto e, por isso, suas propriedades em relação às aplicações do metal não são tão favoráveis quanto as da liga natural ferro-carbono.

O acaso agiu a favor da humanidade e, em 1 200 a.C., com a incorporação ao ferro de parte do carbono presente no carvão vegetal, obteve-se o aço, o que se relaciona com o início da **Idade do Ferro**.

Considera-se que a Idade do Ferro tenha começado em 1 000 a.C., já que a partir dessa época os aços passaram a ser obtidos em quantidade suficiente para que grande número de armas e ferramentas fossem fabricadas.

Fatos históricos que marcaram as antigas civilizações estão ligados ao domínio dessa tecnologia, uma vez que grupos que adotavam armas de ferro dominaram outros que conheciam apenas armas de bronze.

1. Por que a humanidade teve mais dificuldade em obter o ferro do que outros metais?
2. O "ferro" obtido pelo ser humano nos primórdios de nossa civilização é idêntico ao dos meteoritos? Por quê?
3. Qual a importância histórica da descoberta do ferro metálico?
4. A queima do carvão vegetal pode gerar gases combustíveis, como o monóxido de carbono, CO, quando é feita em contato com pouco ar. Escreva duas equações químicas de combustão do carbono, uma supondo que se forme CO e outra em que se obtenha dióxido de carbono, CO_2. Analise-as e procure explicar a afirmação inicial deste enunciado.
5. Escreva uma equação química que explique o fato de o CO ser combustível.
6. O "acaso" permitiu que na queima da madeira fossem atingidas temperaturas mais elevadas, durante a metalurgia do ferro. Explique de que modo esse fato acabou possibilitando que se conseguisse uma forma de ferro superior ao ferro puro.

Obtenção do ferro

Durante o século XIX, no processo metalúrgico de obtenção do ferro, o carvão vegetal foi substituído pelo carvão mineral e posteriormente pelo coque. Esta última forma tem teor de carbono mais elevado que o dos carvões anteriormente usados.

Atualmente, o ferro e os diversos tipos de aço são obtidos em altos-fornos.

Nos altos-fornos há a redução dos óxidos de ferro a ferro metálico pela utilização do coque (C) ou do monóxido de carbono (CO):

Redução do ferro: $Fe_2O_3(s) + 3\ CO(g) \longrightarrow 2\ Fe(l) + 3\ CO_2(g)$
óxido de ferro(III) — monóxido de carbono — ferro metálico — gás carbônico

Essa equação é uma indicação muito simplificada dos complexos processos químicos que ocorrem nas várias regiões do forno.

Na parte inferior do alto-forno é injetado ar quente enriquecido com oxigênio, O_2, permitindo a queima do coque, que aquece o alto-forno. A energia liberada nessa reação é usada na redução do Fe_2O_3.

Na foto, transporte de hematita, minério rico em Fe_2O_3 extraído da Mina Timbopeba, em Mariana (MG).

Queima do coque:

$$2\ C(s) + O_2(g) \longrightarrow 2\ CO(g)\ \Delta H < 0\ \text{(exotérmica)}$$

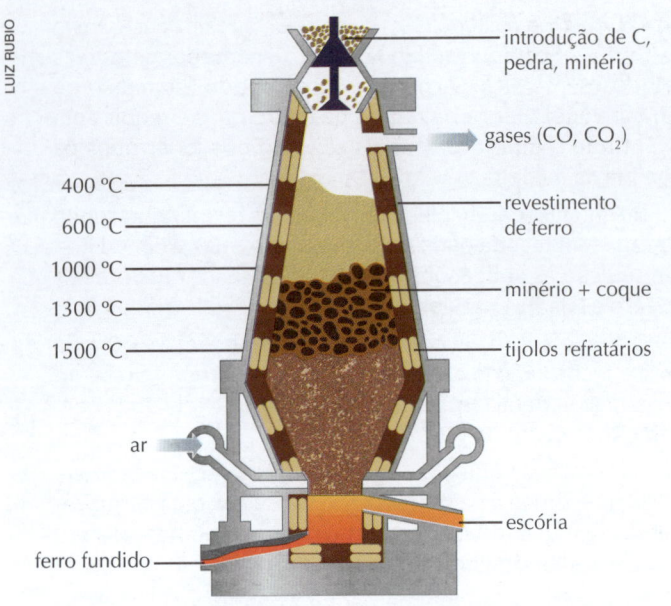

Esquema, em corte, de um alto-forno, com indicação de: introdução de C, pedra, minério; gases (CO, CO$_2$); revestimento de ferro; minério + coque; tijolos refratários; ar; ferro fundido; escória. Temperaturas indicadas: 400 °C, 600 °C, 1000 °C, 1300 °C, 1500 °C.

No esquema está representado, em corte, um alto-forno. A redução do óxido de ferro ocorre em etapas, desde o topo até a base do alto-forno, onde o ferro líquido vai se acumulando, sendo retirado em intervalos de 4 a 6 horas. Comumente se usa excesso de CO para garantir que não ocorra a reação inversa: oxidação do ferro a óxidos de ferro. É por isso que os gases que se formam no alto-forno contêm de 20% a 30% desse gás, extremamente tóxico.

O ferro que sai do alto-forno, chamado ferro-gusa, contém impurezas que devem ser eliminadas; ele contém até 5% de carbono em massa, que deve ser parcialmente removido até restar um máximo de aproximadamente 1,5% desse elemento. A esse ferro com baixos teores de carbono são adicionados manganês, Mn, crômio, Cr, vanádio, V, cobre, Cu, etc., de acordo com as características desejadas para o emprego desse aço. As ligas assim obtidas constituem os vários tipos de aço.

Os minérios de ferro contêm impurezas que constituem a **ganga** (resíduo não aproveitável), de composição variável. Em geral, a ganga contém sílica, que pode ser eliminada pela reação com carbonato de cálcio, CaCO$_3$, adicionado ao minério e carvão.

Eliminação da sílica:

$$CaCO_3(s) \xrightarrow{\Delta} CaO(s) + CO_2(g)$$
$$CaO(s) + SiO_2(s) \longrightarrow CaSiO_3(s)\ \text{metassilicato de cálcio}$$

A escória, constituída especialmente de metassilicato de cálcio, CaSiO$_3$, flutua sobre o ferro fundido, protegendo-o da oxidação enquanto não é removida. Se essa escória for rica em fósforo, poderá ser aproveitada na preparação de cimento ou de fertilizantes.

O ferro líquido obtido em um alto-forno pode ser transportado para moldes, originando por solidificação o ferro-gusa; é possível também ser diretamente convertido em aço.

A transformação do ferro em aço consiste, basicamente, na remoção do enxofre e do fósforo e parte do carbono. Para isso, o ferro é levado a fornos.

Nesses fornos as impurezas são eliminadas e podem ser adicionados outros metais, como manganês, crômio, vanádio, de acordo com o tipo de aço desejado. Como já vimos, as características do aço dependem de seu teor de carbono e do metal adicionado.

O aço é a liga metálica de maior uso em nossa civilização, sendo utilizado tanto em objetos simples, comuns em nossa vida diária – talheres, ferramentas –, como em navios e complexas estruturas de tecnologia sofisticada.

> **Ganga:** conjunto das impurezas que devem ser removidas de um minério. Palavra usada por Olavo Bilac no poema "Língua Portuguesa" para dar ao nosso idioma importância análoga à que o ouro tem diante da ganga, da qual deve ser separado.

Vista de cobertura de vidro com estrutura em aço em centro comercial. Essen, Alemanha. Foto de 2006.

Reciclagem do aço

Por meio da reciclagem, podemos obter aço a partir de sucata desse material, gastando apenas 70% dos recursos que seriam necessários no processo industrial descrito anteriormente e com um consumo de água 75% menor. A produção de aço por reciclagem tem ainda, em relação ao processo convencional, a vantagem de evitar o lançamento de 85% dos poluentes produzidos no processo convencional e de poupar o ambiente da grande quantidade de resíduos produzidos na atividade de extração do minério.

Ustulação: retirando metais de sulfetos

Na tabela "Fontes naturais mais importantes dos elementos químicos", da página 576, você pode observar que muitos minérios importantes são constituídos de sulfetos. Assim, cobre, Cu, prata, Ag, mercúrio, Hg, chumbo, Pb, e zinco, Zn, são alguns exemplos de metais que, na natureza, estão combinados com enxofre. A ustulação consiste no aquecimento de um sulfeto metálico em corrente de ar, permitindo a obtenção dos metais dos respectivos minérios:

$$HgS(s) + O_2(g) \longrightarrow Hg(l) + SO_2(g)$$

sulfeto de mercúrio(II) — oxigênio — mercúrio — dióxido de enxofre

No caso da ustulação do sulfeto de zinco, duas reações químicas se sucedem:

$$2\ ZnS(s) + 3\ O_2(g) \longrightarrow 2\ ZnO(s) + 2\ SO_2(g)$$

sulfeto de zinco — oxigênio — óxido de zinco — dióxido de enxofre

Em uma segunda etapa, o óxido de zinco, ZnO, por ação do monóxido de carbono (agente redutor), é reduzido a zinco metálico.

$$\overset{+2}{Zn}O(s) + \overset{+2}{C}O(g) \longrightarrow \overset{0}{Zn}(s) + \overset{+4}{C}O_2(g)$$

óxido de zinco — monóxido de carbono — zinco — dióxido de carbono

O dióxido de enxofre, SO_2, resultante do processo de ustulação, se não for adequadamente tratado, causa agressões ao ambiente, contribuindo inclusive para a formação da chuva ácida.

Alumínio

O alumínio é o metal mais abundante na crosta terrestre. Tem largo emprego industrial, graças a suas propriedades:

- baixa densidade comparada à de outros metais ($d = 2,7$ g/cm^3);
- temperatura de fusão relativamente baixa, (TE = 660 °C);
- elevada resistência mecânica;
- ótima condutibilidade elétrica (pouco inferior à do cobre);
- resistência à oxidação.

Essas propriedades, principalmente a combinação baixa densidade-força somada à sua abundância natural e custo de produção relativamente baixo, fazem com que o alumínio tenha grande emprego prático, sendo superado apenas pelo ferro.

O minério de alumínio mais comum é a bauxita (Al_2O_3), sendo que as maiores reservas encontram-se na Austrália, na República da Guiné, na Jamaica e no Brasil, especialmente no Pará e em Minas Gerais. Com grandes jazidas de bauxita, descobertas na década de 1980, o Brasil está em uma posição privilegiada com relação às reservas desse minério.

Como vimos no capítulo anterior, a obtenção do alumínio metálico a partir da bauxita demanda grande quantidade de energia elétrica, uma vez que ela é feita por processo eletrolítico – a **eletrólise ígnea**, exigindo que o eletrólito tenha que ser mantido a temperatura elevada, para permanecer líquido. Por essa razão, apesar de existirem em nosso território grandes reservas de bauxita, o Brasil não figura entre os maiores produtores mundiais – Estados Unidos, Canadá, França e Alemanha.

Resistência à oxidação

Quando uma panela de alumínio é areada, o brilho reaparece, pois o Al_2O_3 superficial é removido pelo atrito com a palha de aço.

O alumínio é bastante resistente ao ataque químico por outras substâncias. Mas por que ele é tão pouco reativo, sendo seu potencial de oxidação bem elevado? Como já vimos, o alumínio, quando exposto ao ar, oxida-se e acaba protegido pelo Al_2O_3 formado que o recobre, constituindo uma película que, por ser muito compacta, impede que a oxidação prossiga. Essa resistência à oxidação explica seu elevado uso, por exemplo, em embalagens de refrigerantes, aviação, panelas; apesar disso, é muitas vezes submetido a tratamentos especiais que o tornam ainda mais resistente ao ataque químico.

Aluminotermia

Uma das aplicações do alumínio reside em seu uso como redutor na obtenção de outros metais, por meio do processo chamado **aluminotermia**.

Vamos retomar outros processos de obtenção de metais que você já estudou para que possa estabelecer uma relação entre esses métodos e a aluminotermia.

Quando o componente básico de um minério é um **óxido metálico, a obtenção do metal geralmente é feita por reação com carbono, C, ou monóxido de carbono, CO**, que funcionam como **agentes redutores**.

No caso da obtenção de metais muito reativos (como sódio, Na, potássio, K, e alumínio, Al), pode ser usada a eletrólise ígnea, como analisamos no capítulo 23.

> **Aluminotermia:** também chamada de **termite**, é o processo em que um óxido metálico é reduzido por alumínio em pó.

Capítulo 24 • A química na metalurgia e no ambiente

Alguns metais podem ser obtidos de seus óxidos pela reação com o alumínio. Esse processo, chamado aluminotermia, pode ser usado para obter metais como, cobalto, Co, e crômio, Cr, que são menos reativos do que ele (têm potencial de oxidação mais baixo que o do alumínio).

$$3\ CoO(s) + 2\ Al(s) \longrightarrow Al_2O_3(s) + 3\ Co(s) \quad \Delta H < 0$$

$$Cr_2O_3(s) + 2\ Al(s) \longrightarrow Al_2O_3(s) + 2\ Cr(s) \quad \Delta H < 0$$

Além do cobalto e do crômio, a aluminotermia pode ser usada na obtenção de manganês, vanádio, entre outros metais.

Pelo fato de a aluminotermia ser um processo altamente exotérmico, a ação redutora do alumínio pode ser empregada em soldas metálicas de trilhos de ferro, hélices etc.

Sugestões de vídeos

Metrô-SP – Troca de Trilhos – Solda aluminotérmica
https://www.youtube.com/watch?v=wVOZ50dMK1g
Solda aluminotermica Usiminas Cubatão
https://www.youtube.com/watch?v=S2iCcrhyML4

Solda em trilhos de trem, feita por aluminotermia.

Atividades

Leia o fragmento de texto extraído de um jornal para responder às questões de **1** a **3**.

Carros terão cada vez mais alumínio para cumprir exigências ambientais

Uso do material leve está relacionado a menor emissão de poluentes. Metas na Europa ficam mais exigentes a cada ano.

(...) As metas globais de frear emissões de gases causadores do efeito estufa estão motivando a aderência ao alumínio em vez de outros metais *mais pesados* como o aço. (...)

Disponível em: <http://g1.globo.com/carros/noticia/2016/03/carros-terao-cada-vez-mais-aluminio-para-cumprir-exigencias-ambientais.html>. Acesso em: 26 maio 2018.

1. Segundo o texto, o uso de alumínio em veículos é vantajoso. Que argumentos são usados para defender essa ideia?

2. A expressão marcada em itálico destaca imprecisão contida no texto. Corrija-a.

3. Com base nessa informação, explique por que a substituição do aço por alumínio influi no peso dos carros.

Leia trecho de matéria publicada no jornal *Folha de S.Paulo*, e responda às questões **4** e **5**.

Mudança no parque Jamanxim, no PA, abre caminho para garimpo (jun. 2017)

Proposta com o objetivo declarado de "organizar e regularizar o processo de ocupação", a APA (Área de Proteção Ambiental) Rio Branco abre caminho para a mineração e o desmatamento em uma das florestas mais preservadas do Pará.

(...) O megagarimpo, para extração ilegal de cassiterita, é vizinho ao parque Jamanxim e tem cerca de 6 km de extensão.

"A área é vítima de saqueio madeireiro e de uma nova onda de garimpos, nisso se resume sua ocupação. Com a APA, podemos esperar a área ser tomada por grileiros. Aos crimes ambientais que hoje acontecem se somará o desmatamento"(...)

Disponível em: <http://www1.folha.uol.com.br/ambiente/2017/06/1893089-mudanca-no-parque-jamanxim-no-pa-abre-caminho-para-garimpo.shtml>. Acesso em: 29 maio 2018.

4. Por que ambientalistas se preocupam com a autorização para a prática do garimpo?

5. A cassiterita, cujo componente principal é SnO_2, por reação com monóxido de carbono, CO, permite que se obtenha estanho. Equacione o processo e identifique semelhanças entre essa reação e a usada na obtenção do ferro.

6. O Brasil possui uma das maiores reservas de minérios de manganês. Um desses minérios é a pirolusita, cujo principal constituinte é o dióxido de manganês, MnO_2. A aluminotermia é o processo usado para obter a forma metálica do elemento, a partir do MnO_2. Qual a função do alumínio nesse processo de oxirredução? Equacione esse processo.

7. (Fuvest-SP) O ferro-gusa, produzido pela redução do óxido de ferro em alto-forno, é bastante quebradiço, tendo baixa resistência a impactos. Sua composição média é a seguinte:

% em massa	Elemento
94,00	Fe
4,40	C
0,56	Si
0,39	Mn
0,12	P
0,18	S
0,35	outros

Para transformar o ferro-gusa em aço, é preciso mudar sua composição, eliminando alguns elementos e adicionando outros. Na primeira etapa desse processo, magnésio pulverizado é adicionado à massa fundida de ferro-gusa, ocorrendo a redução do enxofre. O produto formado é removido. Em uma segunda etapa, a massa fundida recebe, durante cerca de 20 minutos, um intenso jato de oxigênio, que provoca a formação de CO, SiO_2, MnO e P_4O_{10}, os quais também são removidos. O gráfico a seguir mostra a variação da composição do ferro, nessa segunda etapa, em função do tempo de contato com o oxigênio.

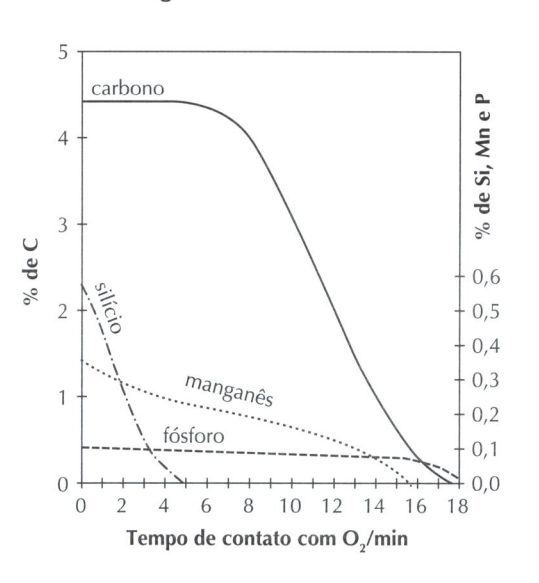

Para o processo de produção do aço:

a) Qual equação química representa a transformação que ocorre na primeira etapa? Escreva-a.

b) Qual dos três elementos, Si, Mn ou P, reage mais rapidamente na segunda etapa do processo? Justifique.

c) Qual a velocidade média de consumo de carbono, no intervalo de 8 a 12 minutos?

8. (Unicamp-SP) Uma maneira de se produzir ferro metálico de uma forma "mais amigável ao meio ambiente" foi desenvolvida por dois cientistas, um norte-americano e um chinês, que constataram a surpreendente solubilidade dos minérios de ferro em carbonato de lítio líquido, em temperaturas ao redor de 800 °C. No processo, a eletrólise dessa solução, realizada com uma corrente elétrica de alta intensidade, leva à separação dos elementos que compõem os minérios e à produção do produto desejado.

a) O artigo que relata a descoberta informa que os elementos que formam o minério são produzidos separadamente em dois compartimentos, na forma de substâncias elementares. Que substâncias são essas? Dê os nomes e as fórmulas correspondentes.

b) O processo atual de obtenção de ferro consiste na utilização de alto forno, que funciona a uma temperatura entre 1300 e 1500 °C, com adição de carbonato para a reação de transformação do minério. Considerando todas as informações dadas, apresente duas diferenças entre o processo atual e o novo. Explique separadamente como essas diferenças justificam que o novo processo seja caracterizado como "mais amigável ao meio ambiente".

Questões químicas do ambiente: qualidade do ar e da água

Você pode resolver as questões 1 e 16 da seção Testando seus conhecimentos.

Sem dúvida o processo de obtenção de substâncias metálicas, algumas das quais acabamos de analisar, envolve a produção de inúmeros poluentes do ar e da água. Esses e outros aspectos merecem nossa atenção, como analisaremos agora.

Qualidade do ar

O ar é puro?

Como já tivemos a oportunidade de analisar, o ar que constitui a nossa atmosfera é uma mistura de gases (capítulo 13). Por isso, a expressão "ar puro" não tem relação com o uso que se faz em Química da palavra "puro" (e de seus derivados). Na verdade, o adjetivo diz respeito à qualidade do ar que respiramos.

Os principais componentes do **ar seco**, não poluído, são:

Nome	Fórmula	Porcentagem em volume
Nitrogênio	N_2	78,1
Oxigênio	O_2	20,9
Argônio	Ar	0,93
Gás carbônico	CO_2	0,035

Nota: A concentração de alguns componentes do ar pode apresentar pequenas variações quando se compara uma região do planeta com outra; é o caso, por exemplo, do dióxido de carbono, CO_2.

Além desses gases, estão presentes em menor quantidade neônio, Ne, hélio, He, criptônio, Kr, xenônio, Xe, hidrogênio, H_2, e metano, CH_4.

Preocupações com a qualidade do ar

A preocupação com a qualidade do ar tem ganhado muito espaço na mídia. Uma rápida busca no noticiário, via internet, irá evidenciar notícias a esse respeito e até mudanças na legislação no sentido de garantir a qualidade do ar que respiramos.

O consumo de energia no mundo vem aumentando, especialmente a partir da revolução industrial (entre o final do século XVIII e o início do século XIX). No entanto, foi a partir de meados do século XX, após a Segunda Guerra Mundial, que o consumo de energia aumentou substancialmente, atingindo atualmente proporções preocupantes, conforme o gráfico abaixo evidencia. Verifica-se que, quanto maior é o PIB de um país e mais alto o padrão de vida de sua população, maior é o consumo de energia.

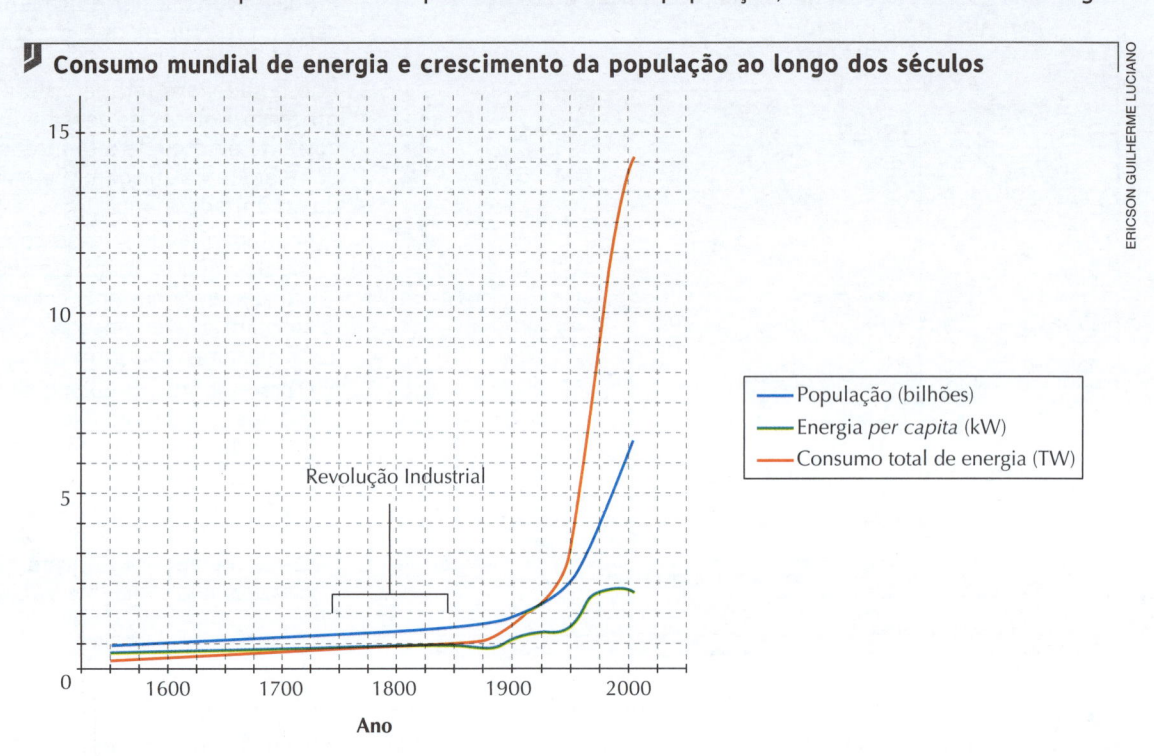

Consumo mundial de energia e crescimento da população ao longo dos séculos

- População (bilhões)
- Energia per capita (kW)
- Consumo total de energia (TW)

Vale lembrar:
k, quilo, 10^3 (1 mil)
G, giga, 10^9 (1 bilhão)
T, tera, 10^{12} (1 trilhão)

Nesse aspecto, vale relembrar as duas questões centrais, que constituem o foco de nossas preocupações: uma relativa ao uso nem sempre eficiente das fontes de energia, o que gera desperdícios; a outra relativa à natureza das principais matrizes energéticas que são "sujas" – os combustíveis fósseis (carvão e petróleo) –, responsáveis pela produção dos principais poluentes que vamos analisar adiante; esse uso também tem sido associado à intensificação do efeito estufa, do qual já tratamos anteriormente. O gráfico a seguir pode lhe ajudar a relembrar a que estamos nos referindo; nele estão os dados brasileiros comparando os anos de 1995 e 2015 sobre o consumo de energia por fonte, expresso em porcentagem.

tep: sigla para "tonelada equivalente de petróleo"; é uma unidade de energia definida como sendo o calor liberado na combustão de uma tonelada de petróleo cru. Vale, aproximadamente, 10^{10} cal ou a, aproximadamente, 42 gigajoules ou 42 GJ.

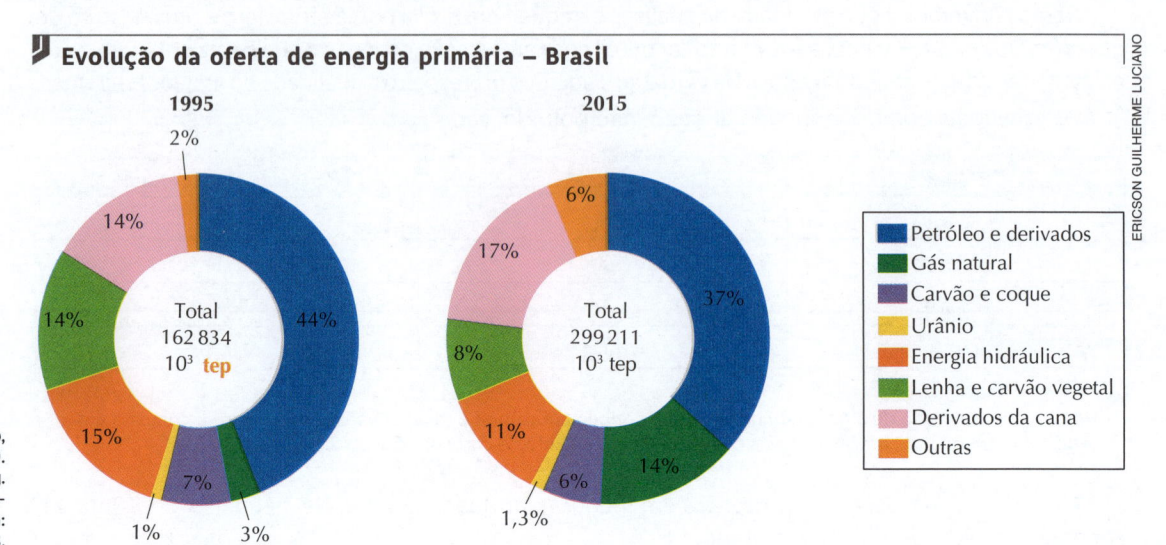

Evolução da oferta de energia primária – Brasil

1995 — Total 162 834 10^3 tep
- Petróleo e derivados: 44%
- Gás natural: 3%
- Carvão e coque: 7%
- Urânio: 1%
- Energia hidráulica: 15%
- Lenha e carvão vegetal: 14%
- Derivados da cana: 14%
- Outras: 2%

2015 — Total 299 211 10^3 tep
- Petróleo e derivados: 37%
- Gás natural: 14%
- Carvão e coque: 6%
- Urânio: 1,3%
- Energia hidráulica: 11%
- Lenha e carvão vegetal: 8%
- Derivados da cana: 17%
- Outras: 6%

Fonte: Instituto Brasileiro de Petróleo, Gás e Biocombustíveis (IBP). Disponível em: <https://www.ibp.org.br/observatorio-do-setor/oferta-de-energia-primaria-brasil>. Acesso em: 26 maio 2018.

Estabelecer as condições padrão de qualidade do ar não é uma questão simples porque, se por um lado podemos determinar nossos limites de tolerância a uma substância em particular em curto espaço de tempo, por outro lado não é fácil saber quais serão seus efeitos em nosso organismo a longo prazo. Além disso, há a possibilidade de ocorrerem efeitos sinérgicos.

> **Efeito sinérgico:** é o nome que se dá ao resultado da ação de várias substâncias juntas, em que uma potencializa o efeito da outra. Isto é, a absorção do conjunto de poluentes produz prejuízo maior ao organismo do que o que teríamos se somássemos os efeitos de cada um deles, isoladamente.

Conceito de poluente do ar

É preciso ter cuidado para não se deixar ludibriar com a aparente ausência de poluição em um belo dia de céu azul. Como já vimos, há substâncias gasosas que nos fazem muito mal e que não têm cheiro ou cor, o que nos impede de percebê-las. E o que é pior: nossa consciência fica livre de fazermos nossa parte para evitar que elas continuem a danificar nossa saúde e o ambiente.

> **Poluente:** qualquer substância presente no ar que, tendo em vista sua concentração, possa tornar esse ar impróprio, nocivo ou ofensivo à saúde, inconveniente ao bem-estar público, danoso aos materiais, à fauna e à flora ou prejudicial à segurança, ao uso e gozo da propriedade e às atividades normais da comunidade.
>
> Fonte: Cetesb – Companhia de Tecnologia de Saneamento Ambiental de São Paulo.

Um exemplo interessante de utilização favorável dos danos causados por esses agressores ambientais foi comprovado no uso de plantas para monitorar a presença de poluentes, como ocorre com a que é conhecida como **coração-roxo**. Estudos realizados pelo Laboratório de Poluição Atmosférica Experimental da Universidade de São Paulo (USP) comprovaram que essa planta, cujo nome científico é *Tradescantia pallida*, ajuda a monitorar a qualidade do ar. Isso é possível porque o seu DNA (ácido desoxirribonucleico) funciona como um registro dos poluentes e de suas mudanças.

A planta conhecida por coração-roxo atua como um bioindicador da poluição atmosférica. Por meio do monitoramento de determinadas mudanças sofridas pelo vegetal, os pesquisadores conseguem avaliar a qualidade do ar no local.

Amostras dessas plantas, colocadas em determinados locais, são periodicamente recolhidas e encaminhadas para a USP e para o Ipen (Instituto de Pesquisas Energéticas e Nucleares), responsáveis por detectar os poluentes encontrados. No Brasil, a cidade de Santo André (SP) foi a primeira em que esse procedimento foi implantado.

Tipos de poluente do ambiente urbano

Os poluentes urbanos podem ser de dois tipos: **poluentes primários** e **poluentes secundários**.

Poluentes primários são aqueles lançados pela fonte que os produz diretamente na atmosfera. Já os poluentes secundários são os que se formam no ambiente, por meio de interações envolvendo poluentes primários.

Por meio de painéis como o da foto, podemos conhecer o nível da qualidade do ar que respiramos em determinada região. Ipatinga (MG). Foto de 2018.

Principais fontes de poluição do ar e principais poluentes primários

Uma verdade inconveniente

Fontes naturais

Embora a maior parte da poluição ambiental decorra de ações humanas, isto é, seja de origem **antropogênica**, parte dela é **natural**.

Entre os exemplos de poluentes de origem natural, podemos mencionar os vulcões, cujas erupções lançam à atmosfera gases e partículas sólidas; "nuvens" de partículas finamente divididas são transportadas por ventos fortes de regiões em que o solo se encontra sem vegetação.

Vista aérea da cratera do vulcão Halema'umau, no Havaí (2008). Nessas erupções, além da emissão de material particulado, são lançadas à atmosfera grandes quantidades de gases: dióxido de enxofre (SO_2), sulfeto de hidrogênio (H_2S), monóxido de carbono (CO), óxidos de nitrogênio – monóxido de nitrogênio (NO) e dióxido de nitrogênio (NO_2) – e hidrocarbonetos – compostos constituídos apenas de carbono e hidrogênio.

Capítulo 24 • A química na metalurgia e no ambiente

Fontes antropogênicas

Fontes antropogênicas são aquelas originadas por ação humana. Entre elas as mais importantes são:

- **Combustões** – as queimas de vegetação, de carvão (para uso doméstico e industrial), de madeira (para a obtenção de carvão vegetal), de óleos e derivados de petróleo para a obtenção de energia (em veículos automotores, em indústrias e usinas termoelétricas), de resíduos sólidos são exemplos bastante comuns.

As queimadas podem ocorrer por razões naturais ou por ações humanas – como nos incêndios criminosos e nas queimadas controladas para remover a vegetação de uma área para posterior plantio. As regiões que apresentam temperatura elevada são muito suscetíveis a queimadas nos períodos mais secos do ano, quando a umidade relativa do ar está mais baixa, o que favorece a propagação de focos de incêndio.

No Brasil, é possível acompanhar as regiões em que estão acontecendo queimadas de matas, por meio do *site* do Inpe, Instituto Nacional de Pesquisas Espaciais (Centro de Previsão de Tempo e Estudos Climáticos), disponível em: <http://meioambiente.cptec.inpe.br/>; acesso em: 23 julho 2018.

- **Atividades industriais e de outras áreas produtivas** – nesses casos, os componentes das emissões variam bastante com o tipo de atividade.

A fumaça industrial é um componente importante da poluição atmosférica.

Os poluentes emitidos em atividades humanas variam bastante, embora alguns deles sejam mais frequentes. De modo geral, essas fontes são responsáveis pela emissão, principalmente, de: material particulado, dióxido de enxofre (SO_2), trióxido de enxofre (SO_3), monóxido de carbono (CO), **hidrocarbonetos**, compostos orgânicos oxigenados (contendo carbono, hidrogênio e oxigênio), óxidos de nitrogênio, genericamente representados por NO_x, e cloreto de hidrogênio (HCl).

> **Hidrocarbonetos:** compostos constituídos apenas por carbono e hidrogênio. Entre os exemplos desses compostos, podemos citar: o gás metano, CH_4, fonte de energia que pode ser obtida do lixo orgânico; o butano, C_4H_{10}, um dos compostos presentes no gás de botijão e os compostos constituintes da gasolina.

As emissões preponderantes de monóxido de carbono e hidrocarbonetos provêm dos veículos leves, e as de óxidos de nitrogênio, dos veículos pesados.

Material particulado

Pequenas partículas com diâmetro inferior a 10 micrômetros (10 μm), presentes na atmosfera, são um grave problema de contaminação ambiental. Você pode imaginar por quê? Porque podem atingir nossos alvéolos pulmonares; o efeito dessas pequenas partículas depende de sua natureza química.

Já partículas maiores, com diâmetro superior a 10 micrômetros (10 μm), são retidas na parte superior do aparelho respiratório.

Algumas partículas sólidas podem se acumular nos pulmões, ocasionando a chamada pneumoconiose, doença comum em trabalhadores das minas. Em fase inicial, essa doença ocasiona inflamação dos pulmões; porém, com o tempo eles tornam-se fibrosos, perdem a elasticidade, o que impede que se expandam, tornando as trocas gasosas que ocorrem na respiração cada vez mais difíceis.

Vamos destacar agora alguns problemas decorrentes da existência desse tipo de poluição:

- tornam a atmosfera mais turva, o que causa redução da visibilidade, além de sujar as superfícies de edifícios, veículos, móveis, objetos, por exemplo, e, em muitos casos, provocam corrosão dos materiais;
- são retidas nos alvéolos pulmonares, comprometendo as trocas gasosas entre o oxigênio e o dióxido de carbono;
- algumas contêm substâncias tóxicas, com propriedades carcinogênicas (que podem desencadear o câncer) – é o que acontece, por exemplo, com partículas finas de fuligem que podem carregar esse tipo de compostos;
- algumas substâncias acentuam os efeitos de gases irritantes presentes no ar, ou catalisam a transformação desses gases, originando substâncias mais tóxicas (efeito sinérgico). Assim, por exemplo, a presença conjunta de material particulado e dióxido de enxofre tem maior efeito nocivo do que a soma das consequências de cada um desses poluentes.

Fontes de material particulado

Podemos classificar essas fontes em:

- naturais, que correspondem ao arraste de pó pelo vento, a atividades vulcânicas, partículas de cloreto de sódio dispersas no ar em regiões litorâneas, entre outras;
- decorrentes da ação humana, que se dão nas combustões – industriais, em usinas termoelétricas, automóveis, locomotivas, aviões, incineradores de lixo, queimadas da madeira (de florestas), entre outras – ou em processos industriais – fábricas de cimento, cal, cerâmica, fundições etc.

Poluentes gasosos

Antes de nos determos nos mais importantes poluentes que comprometem a qualidade do ar que respiramos, vamos falar um pouco sobre um gás que, embora seja um poluente do ar das grandes cidades, exerce papéis positivos em nossa vida: o **ozônio**.

Uma introdução necessária: ozônio, nosso aliado e nosso inimigo

O ozônio é um gás eficiente como bactericida, graças aos átomos de oxigênio livres, altamente reativos, liberados no instante de sua decomposição:

$$O_3(g) \longrightarrow O_2(g) + O(g)$$

Ele é obtido por transformação do O_2, mediante descarga elétrica:

$$3\,O_2(g) \xrightarrow{\text{descarga elétrica}} 2\,O_3(g)$$

Apesar dessa e de outras propriedades que podem ser usadas a nosso favor, no ambiente o ozônio tem papel contraditório e é de conhecimento público sua participação na chamada **camada de ozônio**, região que é parte da estratosfera; sobre esse papel, logo adiante serão feitos esclarecimentos.

A disseminação dessa expressão na vida do cidadão comum fica evidente com sua utilização em charges do tipo da que se segue.

Chargistas fazem humor, chamando a atenção para a possível interpretação literal de "buraco" que muitos associam à camada de ozônio.

Embora o senso comum nos leve a atribuir ao ozônio apenas seu papel benéfico, de protetor da vida, a presença desse gás na baixa atmosfera é motivo de grande preocupação, o que é fácil constatar em algumas chamadas do noticiário. Logo adiante voltaremos a enfocar o ozônio, abordando o papel indesejável que ele pode exercer em nossa saúde.

Você deve se recordar de que o ar próximo à superfície terrestre é uma mistura gasosa formada por substâncias bastante estáveis, como nitrogênio (N_2), oxigênio (O_2), argônio (Ar), gás carbônico (CO_2) e água (H_2O). Nessa região, a troposfera – até aproximadamente 10 km de altitude –, praticamente não existe ozônio. Apesar disso, é possível sentir o cheiro de ozônio durante uma tempestade, quando as descargas elétricas provocam a transformação de $O_2(g)$ em $O_3(g)$ (talvez você reconheça esse cheiro, se já teve contato com aparelhos que usam esse gás para desinfetar a água).

No entanto, graças à sua pequena estabilidade, mesmo à temperatura ambiente, o ozônio tende rapidamente a se transformar novamente em oxigênio:

$$2\,O_3(g) \longrightarrow 3\,O_2(g)$$

Em regiões atmosféricas superiores, o ozônio está naturalmente presente. A já mencionada camada de ozônio faz parte da estratosfera, região da atmosfera entre 10 km e 50 km de altitude. Nessa região, a concentração dessa substância é mais alta. A uma altitude de aproximadamente 28 km, a concentração de O_3 é máxima: há cerca de 5 moléculas de O_3 para cada 1 milhão de moléculas de O_2.

A camada de ozônio protege os seres vivos da ação nociva de fração da radiação ultravioleta (UV-B). Por isso, o ozônio é um dos gases que têm sido foco das atenções da comunidade científica, dos governos e da mídia.

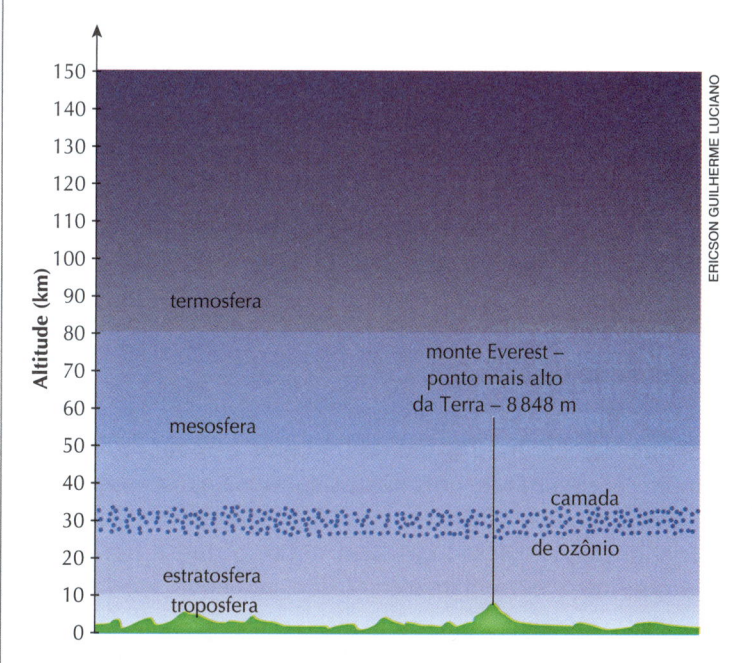

Camadas da atmosfera, com destaque para a camada de ozônio. O termo "camada" é usado porque o O_3 se encontra presente em uma região cuja extensão horizontal é imensa, chegando, em algumas altitudes, a envolver completamente a Terra; diante dessa extensão horizontal, sua espessura pode ser considerada pequena.

Capítulo 24 • A química na metalurgia e no ambiente

Viagem no tempo

A camada de ozônio e o Prêmio Nobel de 1995

Em 1974, os cientistas Mário J. Molina (1943-) e F. Sherwood Rowland (1927-2012) foram considerados alarmistas ao chamar a atenção da comunidade científica para os riscos da destruição da camada de ozônio pela ação dos CFCs, os clorofluorocarbonetos. No trabalho que publicaram então, revelaram que a extensão dessa "destruição" do ozônio só poderia ser constatada anos mais tarde, já que os CFCs permaneceriam atuando na redução da concentração do O_3 estratosférico por muitos anos. Isso implicaria que, quando a destruição dessa camada fosse mais claramente mensurável, o problema não teria como ser revertido a curto prazo. E foi o que infelizmente aconteceu. Por isso, em 1995, o mexicano Molina e o estadunidense Rowland ganharam o Prêmio Nobel de Química, juntamente com o holandês Paul Crutzen (1933-).

Rowland ficou intrigado porque as quantidades de CFC-11 (CCl_3F) e CFC-12 (CCl_2F_2) encontradas por outros cientistas na atmosfera eram muito próximas das lançadas ao ambiente. Quer dizer, ao contrário da quase totalidade dos poluentes que após um tempo relativamente curto desaparecem da atmosfera, esses CFCs mantinham-se sem se alterar por muito tempo.

Molina associou-se a Rowland para pesquisar o percurso e a durabilidade dos CFCs na atmosfera. Esses cientistas concluíram que, apesar de essas substâncias serem bastante estáveis em regiões próximas da superfície (troposfera), decompunham-se na estratosfera por ação de ondas ultravioleta. Nessa decomposição dos CFCs são liberados átomos de cloro, que reagem com as moléculas de ozônio; **um único átomo de Cl é capaz de decompor milhares de moléculas de O_3**. Dessa forma, concluíram que as emissões de CFCs na troposfera têm relação com um processo muito posterior: a redução da camada de ozônio. Ao atingirem regiões mais altas da atmosfera, os CFCs dão origem ao **Cl**, que tem **efeito catalítico na decomposição do O_3**.

Dez anos depois, outros cientistas constataram que havia um "buraco na camada de ozônio" no polo Sul. Esse fato favoreceu a formulação de um acordo entre países, o Protocolo de Montreal, assinado em 1987, com o objetivo de viabilizar ações de cooperação internacional para banir a utilização dos clorofluorocarbonetos, CFCs, e de outros compostos que danificam a camada de ozônio. Mas foi somente em janeiro de 1995 que, por meio de um satélite da Nasa, foi possível confirmar a relação entre CFCs e O_3, prevista por Molina e Rowland. Isso explica o fato de o Prêmio Nobel de Química só ter sido concedido aos dois cientistas após quase vinte anos da publicação de seus estudos na revista científica *Nature*.

Atividade em grupo

Façam uma pesquisa a respeito dos estudos sobre a camada de ozônio e os acordos internacionais que objetivam reduzir a sua destruição, bem como sobre os estudos relativos ao tema que vêm sendo elaborados pelo Instituto Nacional de Pesquisas Espaciais (Inpe), em <http://meioambiente.cptec.inpe.br/>; acesso em 23 julho 2018. Em seguida, redijam um texto no qual constem:

- localização da camada de ozônio;
- papel da camada de ozônio na manutenção da vida na Terra;
- utilização dos CFCs;
- substituintes dos CFCs;
- principais medidas internacionais de proteção à camada de ozônio;
- como têm variado as dimensões do "buraco" na camada de ozônio na região polar, nos últimos anos.

Observação

Não se esqueçam de utilizar fontes confiáveis e de indicá-las na bibliografia empregada para a realização do trabalho.

Monóxido de carbono: CO

Como você já teve oportunidade de aprender, o monóxido de carbono é um gás incolor e inodoro; isso é muito preocupante, pois nossos sentidos não conseguem detectá-lo. Por isso, é possível ficarmos expostos a altas concentrações desse gás sem notar, o que é perigoso, já que ele é extremamente tóxico, podendo até mesmo causar a morte.

A hemoglobina do sangue tem a função de transportar o oxigênio inalado a todas as células do nosso organismo, conforme o processo abaixo equacionado:

$$O_2(g) + \text{hemoglobina(aq)} \rightleftharpoons \text{oxiemoglobina(aq)} \quad K_{oxi}$$

Quando inalamos ar poluído por monóxido de carbono, esse composto, ao chegar aos pulmões e entrar em contato com o sangue, interfere no processo de transporte de oxigênio pela hemoglobina. Isso porque o CO forma com a hemoglobina um complexo (carboxiemoglobina, HbCO) mais estável do que aquele que o O_2 forma com a hemoglobina (oxiemoglobina, HbO_2).

$$CO(g) + \text{hemoglobina(aq)} \rightleftharpoons \text{carboxiemoglobina(aq)} \quad K_{carboxi}$$

$$O_2(g) + \text{hemoglobina(aq)} \rightleftharpoons \text{oxiemoglobina(aq)} \quad K_{oxi}$$

Como $K_{carboxi} > K_{oxi}$, o CO tem condições de remover o O_2 da oxiemoglobina:

$$CO(g) + HbO_2(aq) \rightleftharpoons HbCO(aq) + O_2(g) \quad K_{conversão}$$

Na temperatura do corpo (aproximadamente 36,5 °C), o valor da constante desse equilíbrio, $K_{conversão}$, é aproximadamente 200. Ou seja, nessa condição de equilíbrio é preponderante a formação da carboxiemoglobina em relação à reação que origina oxiemoglobina. Quanto maior a concentração de CO em contato com nosso sangue, menor a possibilidade de a hemoglobina transportar o O_2, dando origem à oxiemoglobina, HbO_2. Consequentemente, o processo vital de oxigenação das células pode ser comprometido.

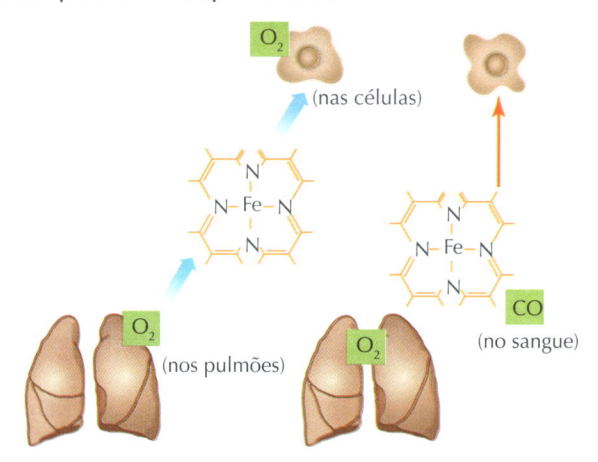

Associando-se ao ferro da hemoglobina, o CO dificulta o transporte de O_2 até as células.

Como você sabe, quem vive em regiões urbanas está exposto a monóxido de carbono, em concentrações variáveis. Os efeitos dessa exposição dependem dos valores dessas concentrações e do tempo de exposição; a tabela ao lado dá uma ideia geral dessa relação. De qualquer forma, é importante destacar que o nível de carboxiemoglobina do sangue é o fator determinante para dimensionar as consequências dessa exposição no organismo.

A câmara hiperbárica à qual nos referimos no Capítulo 13 é um recurso usado para tentar reverter envenenamento por monóxido de carbono. Por meio dela a pessoa intoxicada inala oxigênio a alta pressão. Ainda assim, se o envenenamento tiver impedido o transporte de O_2 por alguns minutos, poderá haver danos permanentes em algumas células vitais.

Mulheres fumantes são propensas a ter filhos com peso abaixo do normal. A explicação mais aceita para isso é que o CO inalado pela mãe ao fumar reduz a oxigenação celular do feto, dificultando seu desenvolvimento.

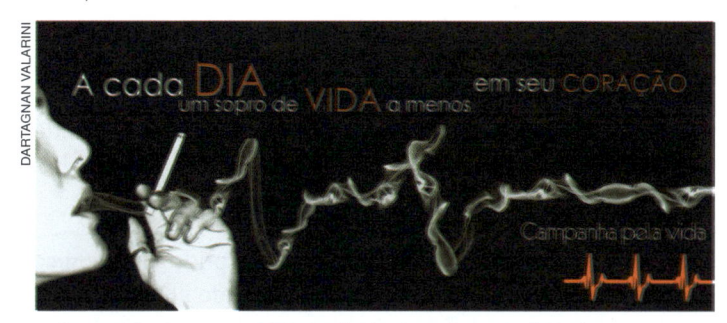

A fumaça do cigarro contém monóxido de carbono, reduzindo a capacidade de a hemoglobina transportar oxigênio. Ambientes em que muitas pessoas fumam prejudicam também os "fumantes passivos" — não fumantes que se encontram nesses locais. Isso explica porque, nos últimos anos, muitos mecanismos legais vêm restringindo, no Brasil e no mundo, o fumo em ambientes fechados.

Concentração de CO, tempo de exposição, níveis de carboxiemoglobina e efeitos sobre a saúde

Quantidade aproximada de CO (ppm) no ambiente		% HbCO	Efeitos
1h de exposição	8h de exposição		
55-80	15-16	2,5-3	Diminuição da função cardíaca em indivíduos debilitados, alterações na corrente sanguínea após prolongada exposição.
110-70	30-45	4-6	Diminuição da capacidade visual, redução da vigilância e decréscimos na capacidade máxima de trabalho.
280-575	75-155	10-20	Fraca dor de cabeça, cansaço, dispneia em esforço, vasodilatação cutânea, alterações eletrofisiológicas e problemas psicomotores gerais
575-860	155-235	20-30	Dores de cabeça intensas e náuseas
860-1155	235-310	30-40	Fraqueza muscular, náuseas, vômitos, visão obscura e dores de cabeça intensas
1430-1710	390-470	50-60	Síncope, convulsões e coma
1710-2000	470-550	60-70	Coma, atividade cardíaca e respiração debilitada, às vezes fatal
2000-2280	550-630	70-80	Falência respiratória e morte

PERES, Fábio de Faria. Meio Ambiente e Saúde: os efeitos fisiológicos da poluição do ar no desempenho físico — o caso do monóxido de carbono (CO). *Arquivos em Movimento.* Rio de Janeiro, v. 1, n. 1, p. 55-63, janeiro/junho 2005.

Observando a tabela anterior sobre os efeitos do monóxido de carbono em nosso organismo, é possível notar que, mesmo em concentrações relativamente baixas, são comuns os casos de pessoas que, em locais onde há vazamento desse gás, perdem a capacidade de estimar o tempo e têm seus reflexos prejudicados.

Gases emanados dos canos de escapamento de veículos a gasolina, que emitem monóxido de carbono, são, por isso, associados a envenenamentos, alguns deles fatais, dependendo da concentração de monóxido de carbono atingida.

Vale destacar que há algumas décadas o gás encanado, combustível usado em residências e indústrias, continha concentração elevada de CO e os vazamentos de gás podiam ocasionar sérios problemas de envenenamento.

Fontes de monóxido de carbono

Na natureza, a matéria orgânica em decomposição anaeróbia – isto é, na ausência de ar – produz gás metano, CH_4, que pode originar monóxido de carbono, CO. Porém, graças a outros mecanismos também naturais, o CO é absorvido por fungos, de modo que não se acumula no ambiente.

A alta concentração de CO na atmosfera de alguns centros urbanos é consequência de reações de combustão incompleta de derivados de petróleo ou de carvão em veículos automotores e indústrias. Nesses processos de obtenção de energia, o CO se forma quando há combustão incompleta das substâncias combustíveis. Já a combustão completa desses compostos leva à formação de CO_2 e H_2O. Se, por alguma razão, a combustão for incompleta, forma-se CO e, junto com ele, frequentemente, a fuligem.

Analise as equações de combustão de isoctano, C_8H_{18}, um dos hidrocarbonetos presentes na gasolina:

Combustão completa: $C_8H_8(l) + \frac{25}{2} O_2(g) \longrightarrow 8\ CO_2(g) + 9\ H_2O(g)$
dióxido de carbono

Combustões incompletas: $C_8H_8(l) + \frac{17}{2} O_2(g) \longrightarrow 8\ CO(g) + 9\ H_2O(g)$
monóxido de carbono

$C_8H_8(l) + \frac{9}{2} O_2(g) \longrightarrow 8\ C(s) + 9\ H_2O(g)$
fuligem

A partir da análise das proporções em quantidade de matéria entre combustível (no caso o isoctano) e oxigênio, indicadas nas equações químicas, você pode perceber que **atmosferas pobres em O_2 favorecem as reações de combustão incompletas**. Por essa razão, manter os bicos de gás limpos, além de reduzir o consumo de gás – a combustão incompleta gera menor quantidade de energia –, também reduz os riscos de envenenamento por CO em ambientes pouco ventilados.

Dióxido de enxofre: SO_2

Como você já teve a oportunidade de aprender em capítulos anteriores, o gás SO_2 é um dos mais frequentes poluentes atmosféricos dos grandes centros urbanos. Em contato com a secreção úmida do aparelho respiratório, é responsável por problemas pulmonares; por isso, em regiões poluídas por SO_2, aumentam os casos de bronquite e enfisema pulmonar.

Fontes de dióxido de enxofre

Grande parte do dióxido de enxofre que torna a atmosfera inadequada é um poluente secundário, isto é, tem origem em outro poluente. Por exemplo, uma das possibilidades de formação de SO_2 corresponde a reações de oxidação, como a do gás sulfídrico, H_2S, representada por:

$$2\ H_2S(g) + 3\ O_2(g) \longrightarrow 2\ SO_2(g) + 2\ H_2O(l)$$

Como poluente primário, forma-se em combustões do carvão e dos derivados de petróleo (que contêm compostos de enxofre). Isso explica a importância da remoção dessas substâncias do petróleo, cujas frações serão utilizadas como combustíveis de veículos. Por isso, nos grandes centros urbanos, o SO_2 atmosférico e consequências de teores elevados de compostos de enxofre nos combustíveis. Se parte desses compostos é retirada do petróleo na refinaria, o problema é amenizado.

No Brasil, a legislação do Conselho Nacional do Meio Ambiente, Conama, prevê a redução paulatina dos teores de enxofre nos derivados de petróleo. Infelizmente, nem sempre tais aspectos legais se efetivam.

Nos processos metalúrgicos em que há ustulação de sulfetos metálicos, também é produzido o SO_2, como vimos anteriormente neste capítulo.

Outros compostos de enxofre

O sulfeto de hidrogênio, H_2S, é um gás que tem cheiro característico de ovo podre e prejudica a oxigenação do sangue. Ele resulta da decomposição anaeróbia (em ausência de ar) de matéria orgânica (ela contém compostos sulfurados). Algumas atividades industriais também produzem essa substância.

O H_2S é um dos responsáveis pela formação do SO_2, que, dependendo das condições, pode se transformar em trióxido de enxofre, SO_3, este bem mais irritante para as vias respiratórias do que o SO_2. Esses óxidos de enxofre são os principais responsáveis pela chuva ácida.

Atividades

1. Explique o significado de efeito sinérgico.
2. Cite três problemas decorrentes da presença de qualquer material particulado no ar.
3. Os efeitos do monóxido de carbono no organismo humano variam de acordo com sua concentração no ar. Mencione alguns deles.
4. Explique por que pessoas presas em congestionamentos, em locais pouco ventilados, como túneis, por exemplo, podem chegar à inconsciência, sem conseguir pedir socorro.
5. De onde provém o monóxido de carbono presente nos centros urbanos?
6. Explique, recorrendo a conceitos estudados em equilíbrios, por que o monóxido de carbono impede a oxidação celular.

Para responder às questões de 7 a 11, baseie-se no gráfico a seguir.

Ele se refere à concentração média anual de dióxido de enxofre, SO_2, no ar da região metropolitana do Rio de Janeiro no período entre 2002 e 2006.

Evolução média anual de SO_2 em áreas da Região Metropolitana do Rio de Janeiro

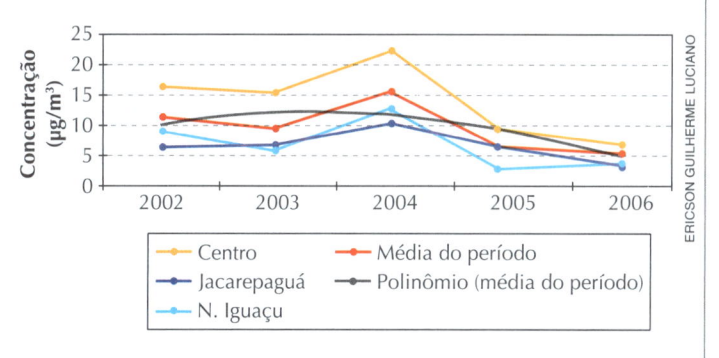

[Gráfico: Concentração ($\mu g/m^3$) vs. anos 2002-2006, com curvas para Centro, Jacarepaguá, N. Iguaçu, Média do período e Polinômio (média do período)]

7. Em linhas gerais, o que foi acontecendo ao longo do tempo com a concentração média de SO_2?
8. O que chama a atenção com relação ao ano 2004?
9. Em 2004, em que local a concentração de SO_2 foi a mais alta? Qual foi o seu valor aproximado?
10. Sendo a massa molar do SO_2 64 g/mol, exprima a concentração da resposta anterior em mol/L.
11. Por que a unidade usada para expressar a concentração foi $\mu g/m^3$, e não mol/L?
12. Produza um pequeno texto no qual, em dois ou três parágrafos, você possa exprimir suas ideias quanto às formas de minimizar o problema dos materiais particulados. Tome por base duas situações extraídas de notícias obtidas em jornais, revistas ou na internet.

Óxidos de nitrogênio e *smog* fotoquímico

Entre os vários óxidos de nitrogênio existentes, três são reconhecidos como componentes naturais da atmosfera: o monóxido de nitrogênio ou óxido nítrico, NO, o monóxido de dinitrogênio ou óxido nitroso, N_2O, e o dióxido de nitrogênio, NO_2. Genericamente, costumamos designar por NO_x esses óxidos que participam do ar atmosférico.

Cerca de 97% dos óxidos de nitrogênio são componentes naturais da atmosfera e somente 3% resultam de atividades humanas.

Fontes de óxidos de nitrogênio

As principais fontes dos óxidos de nitrogênio estão nos escapamentos de automóveis, nas indústrias de fertilizantes, nas usinas de ferro e aço, nas indústrias químicas e nas usinas termoelétricas.

Monóxido de nitrogênio

O NO é um gás que, diretamente, não causa qualquer problema à nossa saúde. Ao contrário, ele é produzido em nosso metabolismo e tem papel importante na manutenção de células e tecidos, atuando como **mensageiro químico em muitos processos**, como no armazenamento da memória de longo prazo, na manutenção da pressão sanguínea e da ereção masculina.

Fontes de energia capazes de produzir altas temperaturas permitem a reação entre os dois principais componentes do ar, formando NO, segundo a equação:

$$N_2(g) + O_2(g) \xrightarrow{energia} 2\,NO(g)$$
$$\text{gás incolor}$$

Isso explica a formação de óxido nítrico durante as tempestades quando as descargas elétricas (raios) fornecem energia suficiente para que o nitrogênio e o oxigênio (componentes do ar) reajam. Processos de combustão também produzem calor, o que favorece a síntese do NO; é o que acontece com a combustão da gasolina no motor dos automóveis.

Com a energia proveniente de descargas elétricas (raios), os gases N_2 e O_2, constituintes do ar atmosférico, podem reagir formando NO.

Apesar de não ser nocivo ao organismo humano, o óxido nítrico funciona como matéria-prima para que outros poluentes sejam formados, o que veremos a seguir.

Justamente uma das funções dos catalisadores automotivos é a de acelerar a decomposição do NO, evitando a formação desse tipo de poluição:

$$NO(g) \xrightarrow{catalisador} \frac{1}{2}N_2(g) + \frac{1}{2}O_2(g)$$

O NO, não tóxico, em contato com o ar é facilmente oxidado a NO_2.

$$\underset{incolor}{2\,NO(g)} + O_2(g) \longrightarrow \underset{castanho}{2\,NO_2(g)}$$

O dióxido de nitrogênio é um gás bastante tóxico que irrita as mucosas do aparelho respiratório, ocasionando sintomas semelhantes aos do enfisema pulmonar. Devido à sua grande solubilidade em água, o NO_2 penetra profundamente no sistema respiratório, podendo dar origem a compostos nitrogenados, alguns dos quais são carcinogênicos, ou seja, desencadeiam o desenvolvimento de câncer. O NO_2 é também um dos componentes do *smog* fotoquímico que polui os ambientes urbanos.

Smog fotoquímico

> ***Smog* fotoquímico**: nome que se dá à mistura de poluentes secundários formados pela ação das radiações solares sobre hidrocarbonetos, óxidos de nitrogênio e, principalmente, ozônio.

Vamos analisar qual é o papel do NO_2 no *smog* fotoquímico. Esse gás funciona como uma fonte de átomos de oxigênio (oxigênio nascente), o que justifica seu elevado caráter oxidante. O processo se dá por meio da decomposição do NO_2, por ação da luz.

$$NO_2(g) \xrightarrow{radiação\ luminosa} NO(g) + \underset{oxigênio\ nascente}{O(g)}$$

São esses átomos de oxigênio, altamente reativos, que iniciam uma sequência de transformações químicas nas quais se formam substâncias que irritam os olhos; **o mais importante componente dessa mistura é o ozônio, O_3**.

O *smog* fotoquímico contém ainda outros compostos orgânicos oxigenados. Esse *smog* oxidante, típico de grandes metrópoles como São Paulo, Los Angeles e Cidade do México, está **associado ao agravamento de problemas respiratórios**, como a asma, que ocasiona redução da capacidade respiratória.

O ozônio causa envelhecimento precoce e reduz a capacidade de resistência às infecções respiratórias; afeta as plantas, inibindo a fotossíntese; danifica objetos de borracha, como pneus e corantes de tintas. Esse O_3 que fica próximo da crosta terrestre, na troposfera, também contribui para o agravamento do efeito estufa.

Padrões de qualidade do ar

Estudos científicos a respeito dos efeitos dos poluentes sobre a saúde humana permitiram definir parâmetros de qualidade do ar; eles indicam concentrações ambientais máximas toleráveis relativas a um grupo dessas substâncias.

Os padrões nacionais foram estabelecidos pelo Ibama e aprovados pelo Conama, por meio da Resolução Conama 03/90. Desde então, as substâncias adotadas como indicadores de qualidade do ar são as mesmas usadas internacionalmente, isto é, SO_2, poeira em suspensão, CO e oxidantes fotoquímicos (expressos em termos de concentração de O_3), hidrocarbonetos totais e óxidos de nitrogênio (NO e NO_2). Há dois tipos de padrão de qualidade do ar:

- **Padrão primário**, que corresponde à concentração limite de determinado poluente que, se atingida, causa **problemas imediatos à população**. Por isso, manter a concentração abaixo do padrão primário é uma meta a ser atingida a curto e médio prazo.
- **Padrão secundário**, que corresponde a uma concentração menor ou igual à do padrão primário. Em concentrações abaixo do padrão secundário, em geral é mínimo o efeito negativo sobre os seres vivos e o ambiente.

Ilustração retratando o início da industrialização na cidade de Manchester, região da Inglaterra onde foi detectado o *smog*. Essa palavra, resultante da fusão de *smoke* (fumaça) e *fog* (nevoeiro), no final do século XIX e início do século XX, referia-se à poluição rica em SO_2 e de caráter redutor (ao contrário do *smog* fotoquímico).

Fonte: Gleason's, Pictorial Drawing Room Companion, november 18, 1854.

É uma referência que se pretende atingir em longo prazo; trata-se de **meta desejável**, pois, se um poluente tiver concentração abaixo do padrão secundário, geralmente não ocasionará prejuízos à vida e ao ambiente.

Analise alguns exemplos desses valores dos padrões primários e secundários de poluentes fixados pela resolução do Conama (1990):

Poluente	Tempo de amostragem	Padrão primário µg/m³	Padrão secundário µg/m³
Dióxido de enxofre	24 horas	365	100
Dióxido de enxofre	Média aritmética anual	80	40
Ozônio	1 hora	160	160

Fonte de pesquisa: Cetesb-SP.

Índices de qualidade do ar

A partir da medida da concentração de alguns poluentes, órgãos, como a Cetesb-SP e a Feema-RJ, divulgam diariamente um índice de qualidade do ar. Esses índices constam da tabela a seguir. No *site* do Inpe (http://meioambiente.cptec.inpe.br/), é possível obter informações sobre a qualidade do ar de várias cidades brasileiras.

Índice	Qualidade do ar
0-50	Boa
51-100	Aceitável
101-199	Inadequada
200-299	Má
300-399	Péssima
> 400	Crítica

Fonte de pesquisa: Cetesb-SP.

Vamos refletir sobre o significado de alguns desses índices.

- Para o dióxido de enxofre, o índice 50 (correspondente a 80 µg/m³ de SO_2) é o limite de concentração desse poluente para que a qualidade do ar seja boa. Esse valor corresponde ao padrão primário de qualidade do ar anual. Ou seja, é o valor máximo de média aritmética anual que se deve ter em SO_2 para que o ar possa ser considerado de boa qualidade.

- Para o SO_2, o índice 100 (correspondente a 365 µg/m³ de SO_2) indica o limite desse poluente para que a qualidade do ar seja aceitável; acima desse valor ela passa a ser preocupante.

- Para o monóxido de carbono, o índice 200 corresponde a uma concentração de 17 mg/m³ de CO, e o índice 400, equivalente a uma média de 46 mg/m³, indica emergência, isto é, risco iminente para a vida.

Atividades

1. (Unicamp-SP) Há poucos anos, cientistas descobriram que está ocorrendo um fenômeno que pode afetar muito o equilíbrio da biosfera da Terra. Por esta contribuição, os químicos Mario Molina, Paul Crutzen e F. Sherwood Rowland receberam o Prêmio Nobel de Química em 1995.

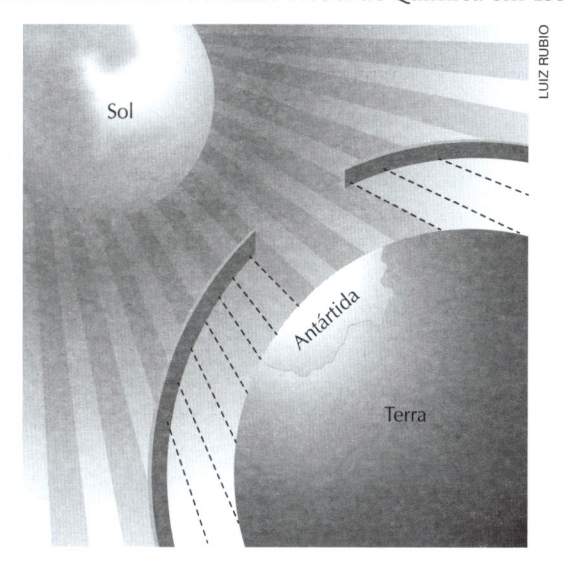

Esse fenômeno esquematizado na figura e, em termos químicos, pode ser representado de maneira simples pelas seguintes equações químicas:

I. $CF_2Cl_2(g) \longrightarrow Cl(g) + CF_2Cl(g)$
II. $Cl(g) + O_3(g) \longrightarrow ClO(g) + O_2(g)$
III. $ClO(g) + O(g) \longrightarrow Cl(g) + O_2(g)$

a) Que fenômeno é esse?
b) Considerando as equações químicas anteriores, qual é a substância, resultante da atividade humana, que provoca esse fenômeno? Escreva, por extenso, o nome dos elementos químicos que constituem a molécula dessa substância.
c) Qual a relação do fenômeno mostrado na figura com objetos como geladeira e aparelho de ar-condicionado e com embalagens em aerossol?

Atenção

A representação usada não contempla o fato de o "buraco" da camada de ozônio indicar apenas uma redução da concentração de ozônio em relação à ideal/natural. Ela pode levar à ideia do senso comum de efeito orifício.

2. Quais são alguns dos papéis importantes do óxido nítrico, NO, em nosso organismo?

3. Qual é a relação do NO com a formação de poluentes?

4. Quais são as principais fontes de óxidos de nitrogênio?

5. Qual é a origem do termo "fotoquímico"?

6. Quais são as principais consequências do *smog* fotoquímico?

7. Que papel tem um catalisador de automóvel na redução do *smog* fotoquímico?

Para resolver os exercícios de 8 a 10, baseie-se no gráfico abaixo, que mostra a variação das concentrações de CO e NO_2 ao longo de um dia em Almada (Portugal).

8. A partir de que horas a concentração de NO_2 cresce?

9. Em que período do dia a concentração de CO atinge o valor mais alto? E o mais baixo?

10. Formule uma hipótese que justifique sua resposta à questão 8?

11. Após um dia de Natal, um jornal de São Paulo publicou uma notícia afirmando que, apesar de nesse dia o número de veículos transitando pelas ruas ter sido muito baixo, o índice de ozônio havia sido bastante elevado. Você considera provável que nesse dia de Natal o céu estivesse nublado? Por quê?

Variação da concentração média de alguns poluentes atmosféricos ao longo do dia

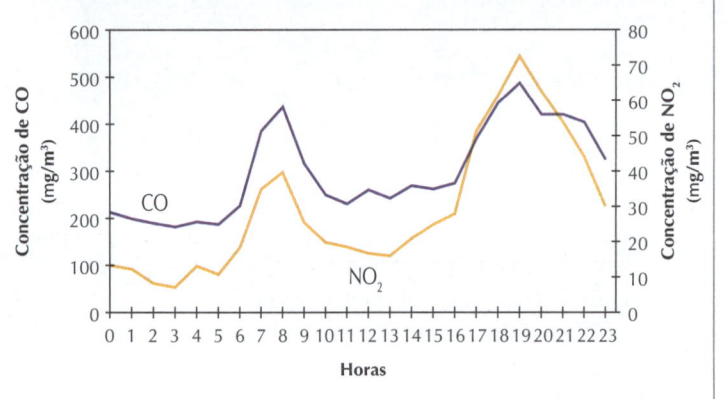

Disponível em: <http://poupa-dinheiro-salva-planeta.webnode.pt/o-exemplo-da-cidade-de-almada/ambiente-em-almada/ar-e-ruido-em-almada/>. Acesso em: 26 maio 2018.

As chuvas ácidas

Apesar de a expressão "chuva ácida" ter-se tornado relativamente conhecida há pouco mais de duas décadas, foi usada pela primeira vez por um químico inglês, em 1852. Essa expressão foi adotada para indicar a precipitação pluviométrica semelhante à ocorrida em Manchester, na Inglaterra, no início da Revolução Industrial, época em que as indústrias da região obtinham energia a partir da queima do carvão mineral.

Como você já teve oportunidade de aprender, mesmo a chuva não poluída é levemente ácida; ela tem pH ao redor de 5,6 devido ao dióxido de carbono, CO_2, presente no ar que, em água, fornece íons H^+. Porém, a palavra "ácida" é reservada para as chuvas cujo pH é inferior a 5,6.

Principais causas da chuva ácida

Fontes naturais

Entre os fatores que contribuem para a formação das chuvas ácidas, os principais são as erupções vulcânicas, responsáveis por emissões de dióxido de enxofre, (SO_2) e de hidretos, como sulfeto de hidrogênio (H_2S), cloreto de hidrogênio (HCl) e brometo de hidrogênio (HBr).

Fatores antropogênicos

Conforme já foi abordado, o dióxido de enxofre, SO_2, é um óxido de caráter ácido, pois em contato com a água origina o ácido sulfuroso, H_2SO_3, um eletrólito fraco. O problema torna-se mais sério quando lembramos que, na atmosfera, o SO_2 oxida-se, transformando-se em SO_3, trióxido de enxofre, e este, ao reagir com a água, produz ácido sulfúrico, H_2SO_4.

A oxidação pode ocorrer por ação:

- do ozônio:

$$SO_2(g) + O_3(g) \longrightarrow SO_3(g) + O_2(g)$$

- do oxigênio e da luz solar:

$$2\ SO_2(g) + O_2(g) \longrightarrow 2\ SO_3(g)$$

A acidez das chuvas é favorecida também pelos óxidos de nitrogênio. Entre eles, destaca-se o dióxido de nitrogênio (NO_2), que, como vimos, faz parte do *smog* fotoquímico.

Consequências da chuva ácida

Além de comprometerem edificações e obras de arte, as chuvas ácidas têm consequências desastrosas para os seres vivos em geral, destruindo florestas, provocando a morte de plantas e animais aquáticos, causando prejuízos à nossa saúde, como vimos no Capítulo 11 ao analisar os óxidos ácidos.

As florestas naturais são as mais afetadas, pois frequentemente se desenvolvem em solos pobres, que dependem bastante do recobrimento natural, comprometido pela chuva ácida. A vida vegetal ainda é prejudicada pela acidez em decorrência da liberação de íons potencialmente tóxicos, como os de Al^{3+}, Zn^{2+}, Pb^{2+}, Cu^{2+}, Cd^{2+}.

Árvores nas montanhas polonesas destruídas pela chuva ácida. Foto de 2011.

Alternativas para reduzir o problema

Reduzir a emissão de óxidos ácidos, especialmente os de enxofre, parece ser a medida mais óbvia para atenuar o problema da chuva ácida. No entanto, tal medida requer decisões que envolvem políticas públicas e investimentos, geralmente elevados. Isso porque boa parte da demanda mundial de energia é suprida com o uso de combustíveis fósseis (carvão, derivados do petróleo), seja na obtenção de energia mecânica ou de energia térmica, em reações nas quais esses óxidos são gerados. Processos industriais também produzem óxidos desse tipo. Assim sendo, é importante desenvolver e utilizar tecnologias que minimizem a quantidade desses gases lançada ao ambiente.

Vale lembrar que, por força da lei, a partir de 2005 o diesel brasileiro deveria diminuir os limites máximos de emissão de SO_2 na atmosfera; no entanto, em 2008 esses limites ainda não haviam sido atingidos. As mesmas razões explicam por que nossa gasolina sequer poderia ser exportada: ela contém teores de enxofre superiores ao limite aceito por outros países.

Para reduzir a acidez de rios e solos há alternativas simples, como, por exemplo, acrescentar à água hidróxido de cálcio, $Ca(OH)_2$, ou carbonato de cálcio, $CaCO_3$; o emprego deste último é representado pela equação:

$$CaCO_3(s) + 2\,H^+(aq) \longrightarrow Ca^{2+}(aq) + H_2O(l) + CO_2(g)$$

Para reduzir a emissão de óxidos de nitrogênio, um dos recursos utilizados é o emprego de catalisadores automotivos. No caso do dióxido de enxofre, SO_2, há duas alternativas principais: a mais cara consiste em eliminar o enxofre dos combustíveis fósseis; a outra, em removê-lo à medida que o SO_2 se forma, usando, por exemplo, o óxido de cálcio, CaO, para essa finalidade.

Acordo entre países

Em 1991 foi assinado um acordo entre Estados Unidos e Canadá para controlar a emissão de substâncias causadoras de chuvas ácidas. Isso porque os principais gases responsáveis pela sua formação, o dióxido de enxofre (SO_2) e o dióxido de nitrogênio, (NO_2) quando emitidos por um dos países, podem ser arrastados pelas correntes de ar e provocar o efeito de chuva ácida no outro. Ou seja, não há fronteiras que delimitem a poluição.

Ainda na primeira Conferência Mundial do Meio Ambiente, realizada em Estocolmo em 1972, foi dado o alarme: se a emissão de gases formadores da chuva ácida prosseguisse na mesma proporção verificada até então, grande parte dos lagos estaria morta em cinquenta anos. Vale destacar que o fenômeno da chuva ácida decorria especialmente da poluição produzida na Inglaterra, a milhares de quilômetros da Suécia. O dióxido de enxofre produzido na queima do carvão, em usinas termelétricas britânicas, era transportado por correntes de ar para outros países do continente europeu.

Esse fato deixa claro por que a poluição do ar requer a cooperação entre países e Estados diferentes. A queima de carvão com alto teor de enxofre na usina termelétrica de Bagé (RS), por exemplo, tem sido responsabilizada pela ocorrência de chuva ácida no Uruguai.

Atividades

1. O ozônio é um dos gases que mais preocupam os responsáveis pelo monitoramento da qualidade do ar em São Paulo. Explique a razão disso.

2. Redija algumas explicações para o fato de a chuva ácida estar associada à industrialização inglesa.

3. Obras de arte produzidas em calcário, mármore ou ferro podem ser danificadas por chuvas ácidas. Explique por meio de equações químicas como isso ocorre.

4. A chuva ácida é um problema que pode afetar lugares distantes da fonte poluente. Explique por quê.

5. Indique algumas consequências dos efeitos negativos da chuva ácida para o ambiente.

6. O SO_2 pode ser formado pela reação de H_2S proveniente da oxidação anaeróbia da matéria orgânica, com O_2.
   a) Equacione essa reação.
   b) Quantos milhões de toneladas de H_2S devem ser oxidados para que se formem 194 milhões de toneladas de SO_2 – valor correspondente à produção mundial de SO_2 proveniente dessa oxidação no final da década de 1980?

7. Uma das alternativas de eliminação do SO_2 da mistura de gases emitidos por indústrias é a reação de cal (CaO) com SO_2 e com O_2 do ar. Sabendo que nessa reação se forma sulfato de cálcio como único produto:
   a) equacione essa reação.
   b) indique os agentes oxidante e redutor, bem como os números de oxidação alterados nesse processo.

8.

   "[...] Além de dissolver cimento e calcário e reduzir o pH de lagos e riachos, a chuva ácida lava importantes nutrientes do solo, prejudicando plantas e liberando minerais tóxicos que podem alcançar hábitats aquáticos. [...]"

   Disponível em: <http://www2.uol.com.br/sciam/noticias/emissoes_de_nitrogenio_trazem_de_volta_a_chuva_acida.html>. Acesso em: 30 maio 2018.

   a) Por que a afirmação de que a chuva ácida dissolve carbonato de cálcio não está, cientificamente, precisa?
   b) Considere a afirmação do texto: "a chuva ácida lava importantes nutrientes do solo, [...] liberando minerais tóxicos que podem alcançar hábitats aquáticos". Por que a liberação de minerais tóxicos em ambientes aquáticos é preocupante? Suponha que no solo haja óxido de chumbo e equacione o processo que justifique essa liberação.

9. Bruscos decréscimos de pH ocasionam a morte de grande quantidade de peixes. Em países frios esse fato é relativamente comum na primavera, quando a neve descongela. Durante o inverno, os compostos ácidos ficam retidos na neve. Quando a temperatura sobe, inicialmente ocorre a fusão da neve poluída, liberando grande quantidade de substâncias que tornam o meio ácido, reduzindo o pH em até 1,5 unidade. O fato de a água poluída derreter antes do que o restante da água está relacionado a uma propriedade coligativa. Qual é ela? Explique.

*Você pode resolver as questões 3 a 7, 9 e 10, 12, 13 e 15 da seção **Testando seus conhecimentos**.*

Dispersão de poluentes

Condições geográficas e meteorológicas influem muito na velocidade de dispersão dos poluentes no ar. A falta de ventos impede a dispersão de substâncias que poluem o ar. Outro fator que prejudica a dispersão de poluentes é a **inversão térmica**, um processo natural, importante em locais situados em bacias, isto é, terrenos rodeados de áreas mais altas (montanhas, penhascos). Esse fenômeno acaba assumindo grande importância em regiões poluídas, uma vez que impede a dispersão de poluentes por dificultar o deslocamento do ar: uma camada de ar, praticamente estática, acima dos poluentes funciona como uma tampa que impede que eles se dispersem – as figuras a seguir auxiliam a compreensão do processo. Apesar de em cidades muito poluídas a inversão térmica ser associada ao período do **outono** e **inverno**, época em que ocasiona sérios problemas ambientais, ela pode acontecer em outros períodos.

Em épocas mais quentes, o ar em contato com a superfície terrestre fica menos denso, o que facilita sua difusão: formam-se correntes de convecção, que, auxiliadas pelos ventos, dissipam os poluentes (caso da primeira ilustração).

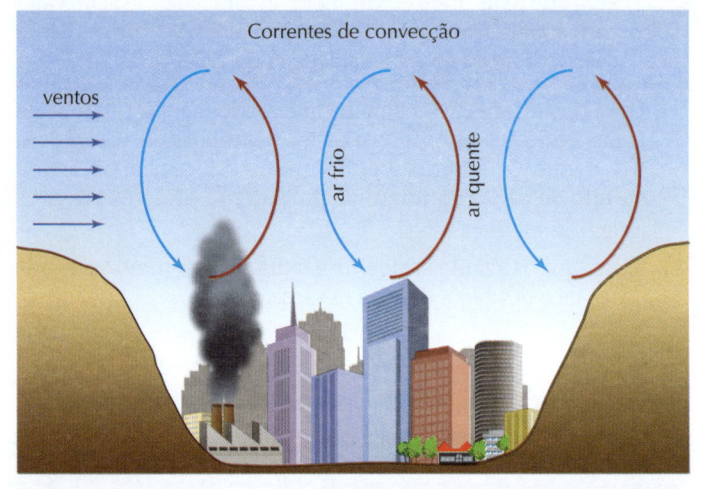

Em condições normais, o ar mais próximo da terra é aquecido por radiação e condução. Essa massa de ar mais leve (menos densa) tende a subir, empurrando o ar mais frio para baixo, criando uma corrente de convecção que é a forma normal de circulação do ar. A formação dessa corrente auxilia os ventos na dispersão dos poluentes, já que o ar quente os carrega para camadas superiores da atmosfera.

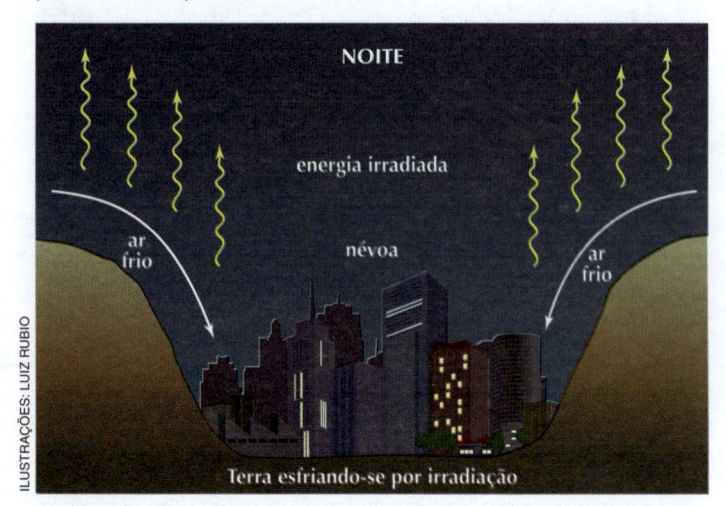

Em função de condições climáticas, como resfriamento do solo, umidade e formação de neblina, entre outros, pode haver formação de uma camada de névoa, impedindo que a radiação solar alcance a Terra.

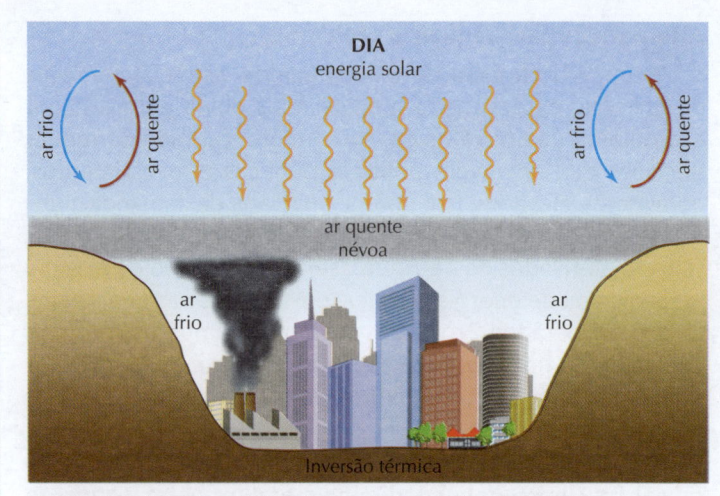

A radiação solar é absorvida pela camada formada pelo nevoeiro, aquecendo a camada superior de ar mais próxima. Assim, a corrente de convecção ocorre normalmente, porém na parte acima da névoa. Já na parte inferior, o ar que está mais frio (portanto, mais denso) fica parado, o que causa um aumento da concentração de poluentes. Cabe ressaltar que a inversão térmica é um fenômeno atmosférico normal, porém o seu risco encontra-se no possível acúmulo de poluentes na camada mais baixa da atmosfera.

Fonte de pesquisa: LENZI, E.; FAVERO, L. O. B. *Introdução à Química da atmosfera*: Ciência, vida e sobrevivência. Rio de Janeiro: LTC, 2000. p. 37.

É muito comum observarmos a formação de uma faixa marrom-acinzentada nos céus de grandes metrópoles como São Paulo (SP), dado o fenômeno da inversão térmica e a alta concentração de poluentes na atmosfera. Foto de 2014.

Atividades

1. Relacione a época do ano (chuvosa, verão, inverno, com ventos etc.) com os fenômenos mais agudos de poluição.

2. O que é inversão térmica?

3. Em que medida a possibilidade de dispersão de poluentes está relacionada com a topografia local?

Atividade

Sobre o efeito estufa

Em vários momentos da sua vida escolar, você já deve ter estudado sobre a intensificação do efeito estufa. Mas, neste momento, você e seus colegas devem se reunir para trabalhar em grupo.

Muitos especialistas em clima têm alertado sobre a necessidade de suavizar os efeitos do aquecimento global. Desde as últimas décadas do século passado, a comunidade internacional se organizou para pesquisar e discutir soluções em âmbito mundial para enfrentar questões que comprometem o ambiente e o clima (Programa das Nações Unidas para o Meio Ambiente) e periodicamente divulgam resultados de eventos sobre o assunto (IPCC, *Intergovernmental Panel on Climate Change* – Painel Intergovernamental sobre Mudança Climática).

Pesquise em livros, revistas especializadas e sites confiáveis (oriente-se com seu professor) quais são:

- os principais problemas esperados para a vida na Terra com o agravamento do efeito estufa;
- as medidas que os especialistas propõem que sejam tomadas para evitá-los;
- o que são créditos de carbono e o que podem significar para o Brasil.

Como cidadão atuante que busca solução para os problemas que afetam a humanidade, proponha mudanças no seu comportamento e no de sua comunidade, tendo em vista minimizar esses problemas.

Água poluída e não poluída

Considera-se poluída a água inadequada para beber, para fazer nossa higiene, para irrigar o solo ou para ser usada em diferentes atividades, incluindo as industriais.

A poluição da água pode decorrer de concentração inadequada de cátions e ânions tóxicos, de substâncias ácidas ou básicas, de algumas substâncias orgânicas, da presença de radioisótopos, de organismos patogênicos (que causam diarreia, por exemplo), ou até mesmo da baixa concentração de oxigênio causada por temperatura elevada.

Você já teve oportunidade de estudar que **o conceito de água poluída é relativo**, pois a água imprópria para beber – não potável – pode ser própria, por exemplo, para a limpeza ou para a irrigação. Na natureza a água sempre contém algumas espécies (iônicas ou moleculares) dissolvidas, ainda que em baixíssimas concentrações. Mas isso pode ser irrelevante, porque diversas substâncias naturalmente dissolvidas na água potável, além de serem inofensivas, podem até ser essenciais à vida.

A questão dos esgotos

Um dos problemas mais sérios de países em desenvolvimento, como o Brasil, é o lançamento de esgotos de origem doméstica e industrial nas águas dos rios.

Esgotos domésticos

Embora os problemas de poluição ambiental tenham se intensificado com a disseminação do processo industrial, desde o início do século XIX, muito antes de a industrialização se intensificar, as fontes naturais de água já eram contaminadas por excrementos humanos, provenientes da limpeza de sanitários. Muitas doenças, como cólera e tifo, resultam desse tipo de contaminação.

DBO e a concentração de matéria orgânica

A existência na água de produtos da excreção animal ou de outras matérias orgânicas (originárias de resíduos industriais ou da decomposição de animais e plantas), até certo ponto, representa um benefício aos seres aquáticos, pois essa matéria orgânica serve diretamente de alimento a peixes e organismos mais simples, como fungos e bactérias, que a decompõem, originando dióxido de carbono (CO_2). No entanto, para isso, o processo metabólico desses organismos consome parte do oxigênio (O_2) dissolvido na água. Consequentemente, concentrações elevadas de matéria orgânica favorecem a proliferação de bactérias. Mas, se no processo de respiração as bactérias aeróbias consomem O_2, elas reduzem a concentração de oxigênio dissolvido na água.

Simplificadamente, podemos dizer que, **quanto maior for a concentração de matéria orgânica na água de um lago ou rio, maior será a quantidade de O_2 demandada por essa água contaminada**. Como a necessidade de oxigênio é resultado da atividade bacteriana, portanto de natureza bioquímica, fala-se na Demanda Bioquímica de Oxigênio (DBO), índice referente à capacidade que uma amostra orgânica tem de consumir o oxigênio dissolvido em 1 L de água.

> **Demanda Bioquímica de Oxigênio (DBO)** é a medida da quantidade de oxigênio consumido por uma amostra de água poluída, expressa em **mg de O_2/L**. Quanto maior é o valor da DBO, mais poluída é a água.

Os microrganismos conseguem viver aerobiamente em ambientes que contenham até 1 mg de O_2/L. No entanto, os peixes em geral precisam de ambientes com 3 ou 4 mg de O_2/L, havendo alguns, como a truta, que requerem concentrações mais altas. Além disso, há microrganismos que, na ausência de O_2, reduzem nitratos e sulfatos para conseguir oxigênio. Nesse caso, o rio passa a exalar um forte mau cheiro, especialmente devido à amônia (NH_3) proveniente da redução dos nitratos e ao gás sulfídrico (H_2S) formado na redução dos sulfatos, e suas águas tornam-se escuras por causa da formação de sulfetos de metais como os de chumbo ou de ferro, por exemplo.

Tratamento dos esgotos domésticos

Um dos problemas mais sérios de saúde pública no Brasil tem sido a qualidade de nosso saneamento básico. O sistema é deficiente pelo baixo percentual de esgoto coletado (fato que já analisamos no Capítulo 13) e da pequena fração deste submetida a tratamento, como mostram os dados no mapa a seguir.

Se o esgoto for tratado em uma Estação de Tratamento de Esgoto (ETE), antes de ser lançado em reservas naturais de água, torna-se possível atingir uma redução da ordem de 90% do valor da DBO.

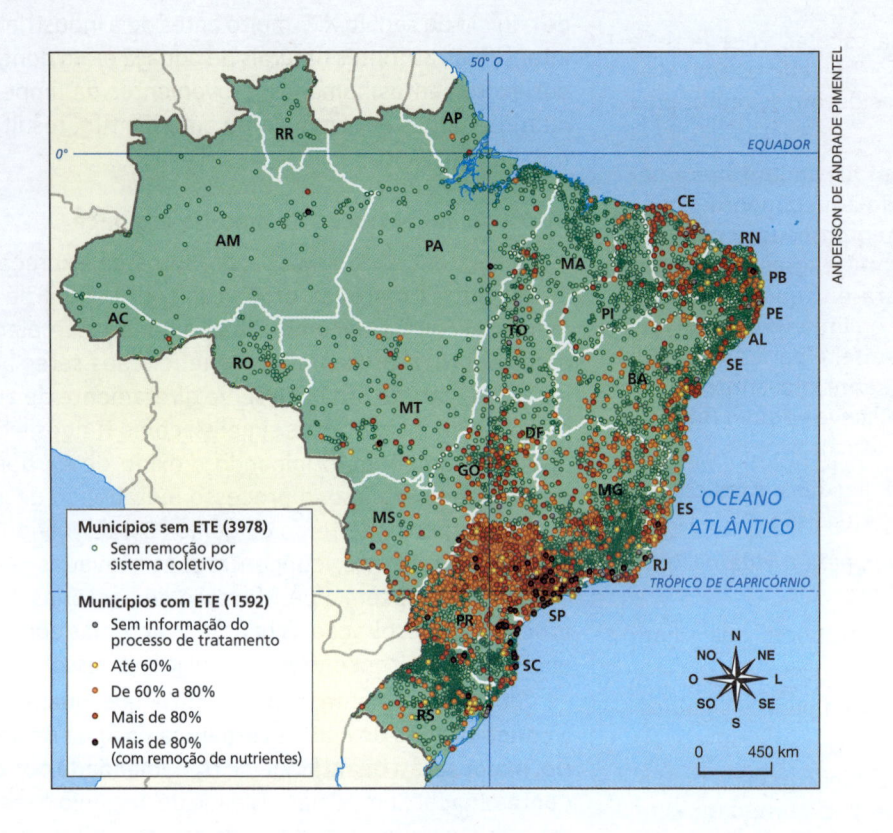

O mapa a seguir permite que você tenha uma visão mais abrangente da situação da coleta e tratamento de esgotos no Brasil.

Panorama geral da coleta e tratamento de esgotos

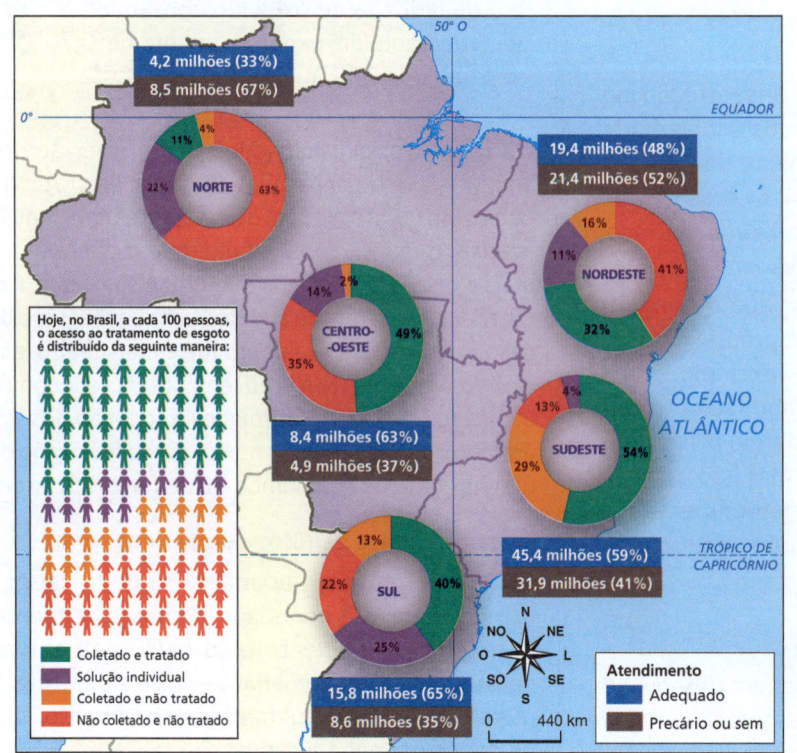

Fonte: Atlas esgotos: despoluição de bacias hidrográficas/ Agência Nacional de Águas, Secretaria Nacional de Saneamento Ambiental – Brasília: ANA, 2017. 88 p. Disponível em: <http://atlasesgotos.ana.gov.br>. Acesso em: 30 maio 2018.

Estação de Tratamento de Esgoto – ETE

Uma estação desse tipo tem a finalidade de tratar os esgotos domésticos de modo a deixá-los em condições de serem lançados em rios, lagos ou no mar, sem causar danos. Em linhas gerais, o processo de tratamento do esgoto passa pelas seguintes etapas:

- Retirada das impurezas grosseiras – sólidos, gorduras e areia. Basicamente, usam-se tubulações e grades com orifícios de diferentes tamanhos e, por fim, caixas de areia, de modo a barrar os detritos de várias dimensões.
- Remoção da matéria orgânica e desinfecção da água.

Lagoas de estabilização podem ser usadas para cumprir essa remoção; nessas lagoas, a água residuária pode ser submetida a processo anaeróbio (envolvendo bactérias que decompõem a matéria orgânica, na ausência de oxigênio) ou aeróbio. O processo aeróbio pode se dar com a introdução natural de oxigênio (fotossíntese) ou por meio do uso de aeradores. A desinfecção se dá com o uso do cloro, por exemplo. O processo é eficiente, pois, além de a DBO reduzir-se em 90%, os coliformes fecais atingem valores próximos de zero.

A ETE da Penha, no Rio de Janeiro (RJ), tem capacidade de processar 1 600 L/s de esgoto. Foto de 2012.

Esgotos industriais

Como os países em estágios socioeconômicos e culturais diferentes vêm enfrentando a questão?

Da produção industrial surgem muitos resíduos indesejáveis. Muitos países desenvolvidos recorriam a aterros para armazenar esses resíduos e, durante muito tempo, essa era considerada uma boa solução para o problema. No entanto, nesses dejetos industriais há substâncias solúveis na água da chuva que, penetrando no solo, alcançam depósitos de água superficiais e subterrâneos. Os aterros acabam criando, portanto, problemas de poluição a mananciais ou represas que armazenam a água antes que ela seja tratada.

O recolhimento de resíduos industriais em cilindros metálicos, que eram posteriormente enterrados, foi outra prática considerada interessante para enfrentar essa questão. Porém, com o passar do tempo, ocorria a corrosão do metal e a consequente liberação dos poluentes que acabavam contaminando a água subterrânea ou de superfície.

Nas últimas décadas, países desenvolvidos, como os Estados Unidos, constatando que o problema do esgoto industrial não podia ser resolvido pelos métodos até então adotados, investiram muitos recursos em um programa de tratamento de resíduos industriais, de modo a evitar a contaminação da água.

Entre os resíduos que causam poluição da água, podemos mencionar os que contêm certos íons metálicos, como os de bário, cádmio, crômio, chumbo, mercúrio, prata e íons de elementos químicos não metálicos, como selênio e arsênio; determinados pesticidas; íon cianeto, CN^-; solventes halogenados, como o tetracloreto de carbono, CCl_4, resíduos da manufatura de pesticidas, da produção dos derivados de petróleo e de compostos clorados e rejeitos de substâncias usadas na indústria (química, farmacêutica etc.).

Casos brasileiros

No Brasil, temos vivido problemas ambientais decorrentes da descarga de resíduos industriais em cursos d'água, de modo voluntário ou acidental. Entre os casos recentes que chocaram o país, podemos mencionar:

- **Mariana (MG):** Em novembro de 2015, ocorreu um vazamento em uma barragem que acomodava os rejeitos da mineração de ferro, de responsabilidade de um empreendimento formado por duas empresas de mineração; ele ocasionou a destruição de parte do município de Mariana, localizado na região de Ouro Preto, próximo de Belo Horizonte. Esse fato comprometeu as águas do Rio Doce, atingindo muitos rios da região e até o mar, no litoral do Espírito Santo. Metais pesados como chumbo e mercúrio, além de arsênio, contaminaram essas águas. Dois anos depois dessa tragédia, ainda eram avaliados os danos causados ao ambiente. Quanto à cidade e a seus habitantes, muitos de nós podemos ter uma pálida ideia das dificuldades enfrentadas, acompanhando diversas reportagens apresentadas no noticiário das tevês.
- **Barcarena (PA):** Em 2018, uma empresa norueguesa foi responsável por um vazamento de resíduos tóxicos da mineração, contaminando diversas comunidades no estado do Pará.

Descobriu-se que essa empresa de grande porte utilizava tubulação clandestina para lançar os efluentes não tratados dessa mineração em nascentes do rio Muripi. A concentração de íons alumínio detectada nas águas dos rios da região afetada por esses lançamentos ilegais é cerca de vinte vezes superior ao permitido, tornando essa água consumida pela população inadequada ao consumo.

Atividades

1. Ao mencionar um problema de contaminação da Baía de Sepetiba-RJ, um texto associa a região à expressão "a principal fonte de mariscos do Rio de Janeiro". Caso você não se lembre das características do grupo dos mariscos ao qual pertencem os mexilhões, recorra a uma fonte de pesquisa e explique a relevância da informação que está entre aspas.

2. Refletindo sobre o ocorrido em Minamata (analisado no capítulo anterior) e os eventos semelhantes que ocorreram no Brasil, o que podemos sugerir para:
   a) impedir desastres semelhantes?
   b) resolver os problemas que temos hoje, quanto à contaminação por metais pesados?

3. Se os habitantes ribeirinhos da região amazônica contaminada por mercúrio se alimentarem de peixes do seu entorno deverão sofrer problemas de saúde. Quais são eles?

Poluição da água por compostos orgânicos não biodegradáveis

Sacos plásticos, garrafas PET e muitos outros compostos de carbono que foram sintetizados pelo ser humano não são biodegradáveis. Isso significa que os microrganismos do ambiente aquático não conseguem transformar esses compostos em outros mais simples, em tempo suficiente para que o equilíbrio natural não seja afetado. Isso acontece porque esses microrganismos não produzem enzimas para catalisar a oxidação dessas substâncias, geralmente sintéticas. A questão que se coloca é que resíduos desse tipo, provenientes da indústria, da agricultura e até mesmo do lixo urbano, continuam a ser lançados nas águas dos rios e mares, poluindo-as. Entre os compostos desse tipo, destacam-se **os detergentes, os inseticidas e os defensivos agrícolas** em geral.

Detergentes

Cada vez mais empregados em substituição aos sabões, os detergentes, entre os quais os chamados "sabões em pó", causam danos ao ambiente. O lançamento desses compostos, especialmente os não degradáveis, nas águas dos rios pode ser detectado pela formação de espumas, em geral bastante volumosas, que recobrem extensas áreas das superfícies de rios e lagos.

Os detergentes em si não são tóxicos, mas podem provocar vários danos ambientais. Nos esgotos, reduzem a capacidade de biodegradação da matéria orgânica, uma vez que matam as bactérias decompositoras. Mesmo os que são degradáveis levam certo tempo para que esse processo ocorra. Por isso, é preocupante que, em curto intervalo de tempo, grandes quantidades desses compostos se acumulem nos esgotos.

Espumas tóxicas flutuando sobre o rio Tietê que corta a cidade de Pirapora do Bom Jesus, em São Paulo. Foto de 2015.

Outras formas de poluição

Além dos detergentes, outras ações causam poluição das águas:

- Aumento da temperatura – Como já vimos, o aumento da temperatura ocasionado pelo lançamento de água aquecida nos mares e rios diminui a concentração de oxigênio dissolvido, o que acaba tornando o ambiente inadequado para a vida de espécies aquáticas.
- Alterações de concentração – A mudança da concentração de substâncias dissolvidas na água (sais, íons H^+ e OH^-) pode ocasionar a morte de seres aquáticos em função do fenômeno da osmose, que foi abordado no Capítulo 16.
- Mudanças do pH – Peixes e a maioria dos seres aquáticos são adaptados para viver em determinadas faixas de pH; alterações acentuadas de pH podem causar a morte de seres vivos que não suportam alterações acentuadas na concentração de íons H^+.

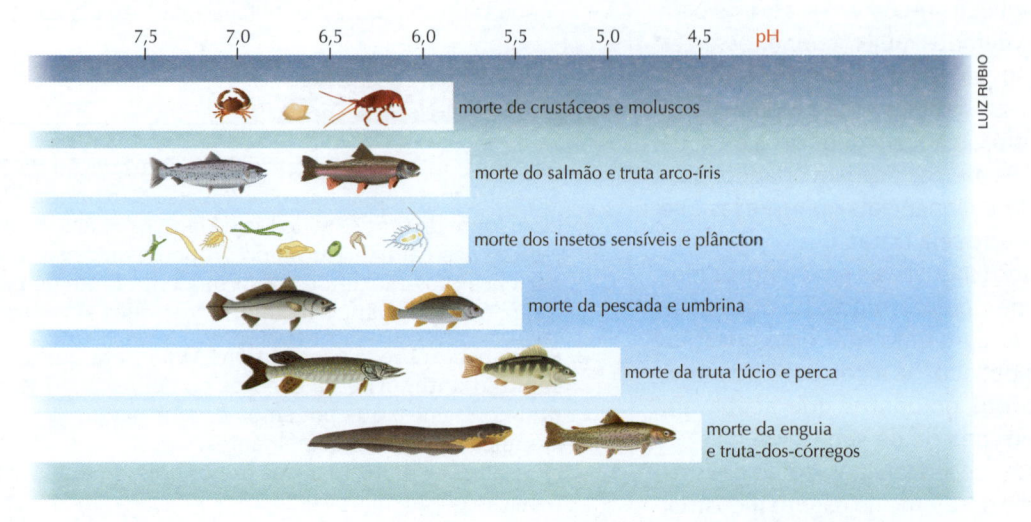

pH	7,5	7,0	6,5	6,0	5,5	5,0	4,5
morte de crustáceos e moluscos							
morte do salmão e truta arco-íris							
morte dos insetos sensíveis e plâncton							
morte da pescada e umbrina							
morte da truta lúcio e perca							
morte da enguia e truta-dos-córregos							

Nesse quadro, estão representadas algumas espécies aquáticas e as faixas de pH às quais estão adaptadas. Essas faixas variam de um meio ligeiramente básico (7,5) a ácido (abaixo de 7,0). Repare que, abaixo de 6,0, em meio ácido muitas espécies já não sobrevivem.

Obtendo água mais limpa

A falta de água potável para muitos habitantes da Terra no século XXI é um tema que deve fazer parte de nossas preocupações. Disso decorre a necessidade de centralizarmos esforços para usar a água potável apenas para as atividades em que ela é essencial.

Vamos agora retomar alguns aspectos relativos ao tratamento da água – processo que ocorre em grande escala em instalações apropriadas chamadas estações de tratamento. Esse processo tem o objetivo de obter água potável, isto é, própria para consumo humano.

Tratamento e qualidade da água

Dependendo das características do manancial usado no abastecimento de água de uma população, é possível dispensá-la de tratamento ou, ao menos, simplificar os procedimentos necessários para que se torne potável. Algumas grandes metrópoles, dispondo de mananciais de boa qualidade, cuidam seriamente de protegê-los, o que dispensa o tratamento convencional. É o caso de Nova Iorque, Roma e Madri. Ribeirão Preto (SP), cidade com aproximadamente 700 mil habitantes, é abastecida com água retirada do Aquífero Guarani; em função de sua boa qualidade, essa água é apenas clorada e fluoretada.

Mas, na maioria dos casos, a água tem que passar por várias etapas de um tratamento convencional. Vamos resumi-las a seguir.

De modo geral, a água proveniente de uma represa ou rio contém diversos tipos de impurezas: sólidos em suspensão (como areia e limo), substâncias sólidas finamente divididas (às vezes em estado coloidal), substâncias em solução aquosa, além de microrganismos (bactérias, protozoários, plânctons). Se a água só contivesse partículas em suspensão, o tratamento poderia ser feito por simples **decantação** ou por **filtração** desses sólidos.

Entretanto, para assegurar a retirada de espécies químicas e microrganismos indesejáveis presentes no líquido, o tratamento deve envolver outras etapas: mistura rápida, floculação, decantação, filtração, desinfecção.

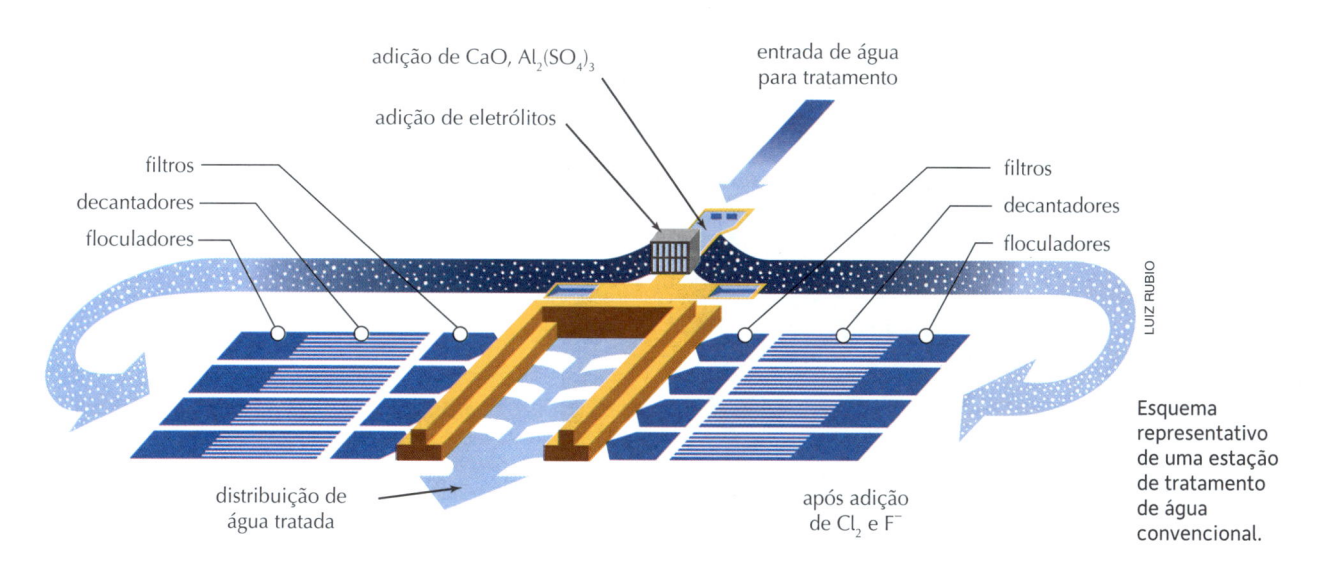

Esquema representativo de uma estação de tratamento de água convencional.

Mistura rápida

Essa etapa do tratamento tem a função de distribuir rapidamente, e de forma homogênea, substâncias químicas na água a ser tratada. Esse procedimento físico garante a dispersão uniforme das substâncias que vão reagir com toda a água que será tratada, graças à energia mecânica, por exemplo.

O sulfato de alumínio, $Al_2(SO_4)_3$, tem sido um dos reagentes usados, pois em contato com a água reage dando origem a coágulos, nos quais impurezas da água aderem. Ele é fácil de transportar e de utilizar, além de ser barato. Frequentemente, em etapas posteriores adicionam-se cal e cloro para cumprir outros papéis que analisaremos a seguir.

Floculação

Como já vimos, o $Al_2(SO_4)_3$ em água sofre dissociação iônica, seguida de hidrólise:

$$Al_2(SO_4)_3(s) \xrightarrow{H_2O} 2\, Al^{3+}(aq) + 3\, SO_4^{2-}(aq)$$

Como a hidrólise dos íons Al^{3+} é facilitada em meio básico, no caso de a água não ter a alcalinidade necessária para que a hidrólise ocorra, acrescenta-se o óxido de cálcio, CaO (a cal) ou carbonato de sódio, Na_2CO_3 (comercialmente conhecido por barrilha), ou outra substância que garanta pH alcalino.

Podemos representar a hidrólise do Al^{3+} pela seguinte equação química:

$$Al^{3+}(aq) + 3\ H_2O(l) \longrightarrow Al(OH)_3(s) + 3\ H^+(aq)$$

Além de originar um composto de aspecto gelatinoso (coágulos do hidróxido de alumínio), o processo torna o meio ácido. O acréscimo de substância de caráter básico impede que o pH fique muito baixo. Esse é o papel do carbonato, CO_3^{2-}, que também sofre hidrólise:

$$CO_3^{2-}(aq) + H_2O(l) \rightleftharpoons HCO_3^-(aq) + OH^-(aq)$$

A **floculação** propriamente dita consiste no processo em que os coágulos de hidróxido de alumínio ($Al(OH)_3$) vão se aglomerando, formando os flocos que adsorvem em sua superfície partículas diminutas e outras unidades, que aderem à superfície gelatinosa desse coloide.

Adsorção é o nome que se dá ao fenômeno de retenção de um gás, de um líquido ou de um sólido na superfície de um sólido. No caso, as partículas de hidróxido de alumínio adsorvem em sua superfície partículas de sujeira e outras impurezas.

Para ajudar no processo de aglutinação das partículas sólidas, podem ser acionadas pás, cuja função é agitar lentamente a mistura. São os flocos, formados pelo $Al(OH)_3$ ao qual aderem impurezas presentes na água, que sofrem o processo de decantação.

Decantação

Os decantadores são tanques onde se procura evitar a turbulência. A mistura deve circular em baixa velocidade para que haja a deposição dos flocos de hidróxido de alumínio aos quais impurezas ficaram aderidas.

Tanque de decantação na reserva biológica do Tinguá, Rio de Janeiro.

Filtração

A água, ao ser retirada pela parte superior dos tanques de decantação, está livre de boa parte das impurezas existentes no início do tratamento; ela passa, então, por camadas de carvão mineral, areia de granulações apropriadas, pedregulhos e cascalhos. Dessa forma, ela é **filtrada**, retendo nesses filtros partículas sólidas que ainda restavam.

Desinfecção

Após a filtração, a água ainda pode conter microrganismos, que devem ser eliminados pelo processo de **desinfecção**. Esse tratamento deve garantir que a água permaneça livre de infectantes por todo o trajeto a ser percorrido, desde a estação de tratamento até o local em que será consumida.

Verduras, legumes e água contaminados com esgotos provocam doenças como hepatite, leptospirose, cólera. O problema pode ser resolvido com a lavagem de verduras cruas com água contendo produtos comercializados para esse fim ou com solução obtida pela diluição de solução de água sanitária em água.

Uma das possibilidades de desinfecção da água é a **cloração**. Nesse processo, pode-se utilizar o cloro na sua forma gasosa, o $Cl_2(g)$; mas também é possível executar essa desinfecção com o uso de diversas outras substâncias cloradas. Por exemplo, podemos recorrer à adição de cloreto hipoclorito de cálcio, $Ca(ClO)_2$, conhecido como **cal clorada**. Nesse caso, a solução aquosa leva a um equilíbrio:

$$Cl^-(aq) + OCl^-(aq) + H_2O(l) \rightleftharpoons Cl_2(g) + 2\ OH^-(aq)$$

No caso da adição de **cloro**, uma das formas de desinfecção usadas em estações de tratamento, utiliza-se o cloro (Cl_2) armazenado no estado líquido, em cilindros metálicos sob pressão.

Há estações de tratamento que utilizam ozônio (O_3) para fazer a desinfecção da água. É o que ocorre em várias cidades da França e da Alemanha e que começa a ser adotada no Brasil, em Campinas-SP, por exemplo. Para a mesma finalidade também podem ser usadas radiações ultravioleta ou substâncias com poder desinfetante, tais como bromo, Br_2, iodo, I_2, e permanganato de potássio, $KMnO_4$. De qualquer modo, na escolha da forma mais adequada de desinfecção, devem ser levados em conta vários aspectos: custo do processo (em países como o Brasil, que ainda têm muitas demandas no campo do pleno atendimento da população ao saneamento básico, esse aspecto acaba sendo priorizado); a capacidade de o processo eliminar os vários tipos de infectantes – bactérias, protozoários, entre outros. Quanto a essas questões, pesquisadores podem ter papel importante em busca de melhores alternativas, conforme ilustram as matérias a seguir.

Campinas (SP) usa alternativa 'verde' para tratar água

Marília Rocha, *F. S.Paulo*, 2 de setembro de 2012

Tem novidade na água de Campinas (a 93 km de São Paulo): a empresa de saneamento da cidade está testando uma alternativa mais econômica e eficaz para tratá-la. Em vez do cloro, aposta no uso de ozônio.

Iniciado em fevereiro, o projeto da Sanasa é considerado viável para substituir 80% do cloro utilizado. (...)

Disponível em: <https://www1.folha.uol.com.br/fsp/cotidiano/64134-campinas-usa-alternativa-verde-para-tratar-agua.shtml>. Acesso em: 4 jun. 2018.

Pesquisa identifica plantas capazes de tratar águas de São Paulo com maior eficiência

SETENTA E QUATRO ESPÉCIES DE VEGETAÇÃO DETECTADAS PODEM SER UTILIZADAS NA CIDADE ATRAVÉS DO USO DE INFRAESTRUTURA VERDE

Agencia Universitária de Pesquisas, AUN – USP 25 setembro 2017
Disponível em: <https://paineira.usp.br/aun/index.php/2017/09/25/pesquisa-identifica-plantas-capazes-de-tratar-aguas-de-sao-paulo-com-maior-eficiencia/>. Acesso em: 2 jun. 2018.

A fluoretação das águas

No Capítulo 14 deste volume já abordamos a importância da adição de compostos de flúor na água.

Atividade

Com base naquilo que estudamos até aqui, e sob a orientação do seu professor, você e seus colegas devem pesquisar em livros e *sites* da internet para se aprofundar em um tema relativo à água; abaixo estão algumas sugestões para ajudá-lo nessa escolha:

- Alternativas de reaproveitamento de água.
- As questões de coleta e tratamento de esgoto na região em que vivem.
- O rio Tietê-SP: o que aconteceu com ele ao longo do tempo.
- Rios que foram maltratados no passado e se recuperaram – como se deu esse processo.
- Poluição na bacia amazônica.
- Vazamento da barragem de Mariana e suas consequências.
- O Caso de Barcarena (PA) e suas consequências.
- A situação dos esgotos no Brasil.
- Relação entre tratamento de esgoto e de água.

Não se esqueça de indicar as fontes de consulta, não sem antes verificar se são confiáveis.

*Você pode resolver as questões 2, 8, 11 e 14 da seção **Testando seus conhecimentos**.*

Resgatando o que foi visto

Nesta unidade, você pôde aprender os fundamentos da Eletroquímica nos capítulos 22 e 23; para isso, os conceitos do capítulo 10 da Parte I foram essenciais. No capítulo 24, ao estudar aspectos da obtenção de metais, novamente o mesmo capítulo 10 revelou-se necessário, assim como o capítulo 23. Na segunda parte do capítulo 24, o estudo do ar e da água propiciou que fossem revistos desde conceitos da Parte I - capítulos 3, 10 e 11 - e outros abordados nos capítulos 14, 19 e 20.

Faça um esboço de todas as ligações com capítulos anteriores que foram importantes para o estudo desta unidade.

Testando seus conhecimentos

Caso necessário, consulte as tabelas no final desta Parte.

1. (Enem) A obtenção do alumínio dá-se a partir da bauxita ($Al_2O_3 \cdot 3\,H_2O$), que é purificada e eletrolisada numa temperatura de 1 000 °C. Na célula eletrolítica, o ânodo é formado por barras de grafita ou carvão, que são consumidas no processo de eletrólise, com formação de gás carbônico, e o cátodo é uma caixa de aço coberta de grafita. A etapa de obtenção do alumínio ocorre no:

a. ânodo, com formação de gás carbônico.
b. cátodo, com redução do carvão na caixa de aço.
c. cátodo, com oxidação do alumínio na caixa de aço.
d. ânodo, com depósito de alumínio nas barras de grafita.
e. cátodo, com fluxo de elétrons das barras de grafita para a caixa de aço.

2. (Enem)

> Em Bangladesh, mais da metade dos poços artesianos cuja água serve à população local está contaminada com arsênio proveniente de minerais naturais e de pesticidas. O arsênio apresenta efeitos tóxicos cumulativos. A ONU desenvolveu um kit para tratamento dessa água a fim de torná-la segura para o consumo humano. O princípio desse kit é a remoção do arsênio por meio de uma reação de precipitação com sais de ferro(III) que origina um sólido volumoso de textura gelatinosa.
>
> Disponível em: http:itciaea.org. Acesso em: 11 dez. 2012 (adaptado).

Com o uso desse kit, a população local pode remover o elemento tóxico por meio de

a. fervura.
b. filtração.
c. destilação.
d. calcinação.
e. evaporação.

3. (Enem)

> O abastecimento de nossas necessidades energéticas futuras dependerá certamente do desenvolvimento de tecnologias para aproveitar a energia solar com maior eficiência. A energia solar é a maior fonte de energia mundial. Num dia ensolarado, por exemplo, aproximadamente 1 kJ de energia solar atinge cada metro quadrado da superfície terrestre por segundo. No entanto, o aproveitamento dessa energia é difícil porque ela é diluída (distribuída por uma área muito extensa) e oscila com o horário e as condições climáticas. O uso efetivo da energia solar depende de formas de estocar a energia coletada para uso posterior.
>
> BROWN, T. **Química: a Ciência Central.** São Paulo: Pearson Prentice Hall, 2005.

Atualmente, uma das formas de se utilizar a energia solar tem sido armazená-la por meio de processos químicos endotérmicos que mais tarde podem ser revertidos para liberar calor. Considerando a reação:

$$CH_4(g) + H_2O(v) + calor \rightleftharpoons CO(g) + 3\,H_2(g)$$

E analisando-a como potencial mecanismo para o aproveitamento posterior da energia solar, conclui-se que se trata de uma estratégia

a. insatisfatória, pois a reação apresentada não permite que a energia presente no meio externo seja absorvida pelo sistema para ser utilizada posteriormente.
b. insatisfatória, uma vez que há formação de gases poluentes e com potencial poder explosivo, tornando-a uma reação perigosa e de difícil controle.
c. insatisfatória, uma vez que há formação de gás CO que não possui conteúdo energético passível de ser aproveitado posteriormente e é considerado um gás poluente.
d. satisfatória, uma vez que a reação direta ocorre com absorção de calor e promove a formação das substâncias combustíveis que poderão ser utilizadas posteriormente para obtenção de energia e realização de trabalho útil.
e. satisfatória, uma vez que a reação direta ocorre com liberação de calor havendo ainda a formação das substâncias combustíveis que poderão ser utilizadas posteriormente para obtenção de energia e realização de trabalho útil.

4. (Unicamp-SP) Cerca de $\frac{1}{4}$ de todo o dióxido de carbono liberado pelo uso de combustíveis fósseis é absorvido pelo oceano, o que leva a uma mudança em seu pH e no equilíbrio do carbonato na água do mar. Se não houver uma ação rápida para reduzir as emissões de dióxido de carbono, essas mudanças podem levar a um impacto devastador em muitos organismos que possuem esqueletos, conchas e revestimentos, como os corais, os moluscos, os que vivem no plâncton, e no ecossistema marinho como um todo.

Levando em conta a capacidade da água de dissolver o dióxido de carbono, há uma proposta de se bombear esse gás para dentro dos oceanos, em águas profundas. Considerando-se o exposto no texto inicial e a proposta de bombeamento do dióxido de carbono nas águas profundas, pode-se concluir que esse bombeamento

a. favoreceria os organismos que utilizariam o carbonato oriundo da dissolução do gás na água para formar suas carapaças ou exoesqueletos, mas aumentaria o nível dos oceanos.
b. diminuiria o problema do efeito estufa, mas poderia comprometer a vida marinha.
c. diminuiria o problema do buraco da camada de ozônio, mas poderia comprometer a vida marinha.
d. favoreceria alguns organismos marinhos que possuem esqueletos e conchas, mas aumentaria o problema do efeito estufa.

5. (Enem)

O processo de dessulfurização é uma das etapas utilizadas na produção do diesel. Esse processo consiste na oxidação do enxofre presente na forma de sulfeto de hidrogênio (H_2S) a enxofre (SO_2) e, então, esse gás é usado para oxidar o restante do H_2S. Os compostos de enxofre remanescentes e as demais moléculas presentes no diesel sofrerão combustão no motor.

MARQUES FILHO, J. Estudo da fase térmica do processo Claus utilizando fluidodinâmica computacional. São Paulo: USP, 2004 (adaptado).

O benefício do processo Claus é que, na combustão do diesel, é minimizada a emissão de gases

a. formadores de hidrocarbonetos.
b. produtores de óxidos de nitrogênio.
c. emissores de monóxido de carbono.
d. promotores da acidificação da chuva.
e. determinantes para o aumento do efeito estufa.

6. (Uece) Os clorofluorcarbonos, descobertos por Thomas Midgley Jr. (1899-1944), não são tóxicos, nem reativos, nem explosivos e foram bastante utilizados em extintores, refrigerantes, propelentes de aerossol e, posteriormente, como agente refrigerante em geladeiras e aparelhos de ar condicionado. Tais gases, no entanto, estão causando a destruição da camada de ozônio. No que diz respeito a clorofluorcarbonos e ozônio, assinale a afirmação verdadeira.

a. Os CFCs também produzem chuva ácida e o efeito estufa.
b. Na estratosfera, são decompostos pela radiação infravermelha e liberam cloro, que ataca o ozônio produzindo monóxido de cloro e oxigênio.
c. Na troposfera, grandes quantidades de ozônio acarretam poluição atmosférica.
d. Aumentos na radiação infravermelha podem aumentar o ozônio na estratosfera, acarretando o aquecimento global.

Nota dos autores: Apesar do uso consagrado do termo clorofluorcarbonos para designar os CFCs, o termo mais adequado é clorofluorocarbonetos.

7. (Enem)

Diesel é uma mistura de hidrocarbonetos que também apresenta enxofre em sua composição. Esse enxofre é um componente indesejável, pois o trióxido de enxofre gerado é um dos grandes causadores da chuva ácida. Nos anos 1980, não havia regulamentação e era utilizado óleo diesel com 13 000 ppm de enxofre. Em 2009, o diesel passou a ter 1 800 ppm de enxofre (S1800) e, em seguida, foi inserido no mercado o diesel S500 (500 ppm). Em 2012, foi difundido o diesel S50, com 50 ppm de enxofre em sua composição. Atualmente, é produzido um diesel com teores de enxofre ainda menores.

Os impactos da má qualidade do óleo diesel brasileiro. Disponível em: www.cnt.org.br. Acesso em: 20 dez. 2012 (adaptado).

A substituição do diesel usado nos anos 1980 por aquele difundido em 2012 permitiu uma redução percentual de emissão de SO_3 de

a. 86,2%.
b. 96,2%.
c. 97,2%.
d. 99,6%.
e. 99,9%.

8. (Fuvest-SP) O fitoplâncton consiste em um conjunto de organismos microscópicos, encontrados em certos ambientes aquáticos. O desenvolvimento desses organismos requer luz e CO_2, para o processo de fotossíntese, e requer também nutrientes contendo os elementos nitrogênio e fósforo.

Considere a tabela que mostra dados de pH e de concentrações de nitrato e de oxigênio dissolvidos na água, para amostras coletadas durante o dia, em dois diferentes pontos (A e B) e em duas épocas do ano (maio e novembro), na represa Billings, em São Paulo.

	pH	Concentração de nitrato (mg/L)	Concentração de oxigênio (mg/L)
Ponto A (novembro)	9,8	0,14	6,5
Ponto B (novembro)	9,1	0,15	5,8
Ponto A (maio)	7,3	7,71	5,6
Ponto B (maio)	7,4	3,95	5,7

Com base nas informações da tabela e em seus próprios conhecimentos sobre o processo de fotossíntese, um pesquisador registrou três conclusões:

I. Nessas amostras, existe uma forte correlação entre as concentrações de nitrato e de oxigênio dissolvidos na água.

II. As amostras de água coletadas em novembro devem ter menos CO_2 dissolvido do que aquelas coletadas em maio.

III. Se as coletas tivessem sido feitas à noite, o pH das quatro amostras de água seria mais baixo do que o observado.

É correto o que o pesquisador concluiu em

a. I, apenas.
b. III, apenas.
c. I e II, apenas.
d. II e III, apenas.
e. I, II e III.

9. (Unicamp-SP) A derrubada de florestas para mineração causa indignação em muitos cidadãos preocupados com a proteção ambiental. Contudo, não se observa o mesmo nível de preocupação em relação à atividade pecuária. A produção de carne é também responsável pelo desmatamento e por cerca de 18% da emissão de gases do efeito estufa. A evolução da emissão total de gás carbônico equivalente da humanidade (em Gt CO_2 eq por ano) é mostrada na figura **A**. Já a figura **B** mostra a emissão anual média de gás carbônico equivalente (em t CO_2 eq por pessoa por ano) somente com a alimentação, para duas diferentes dietas.

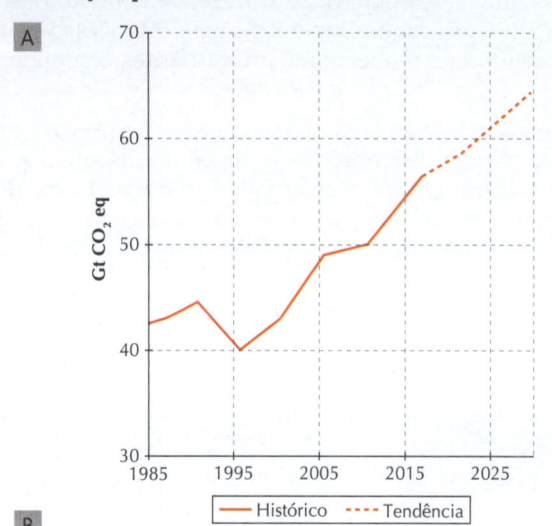

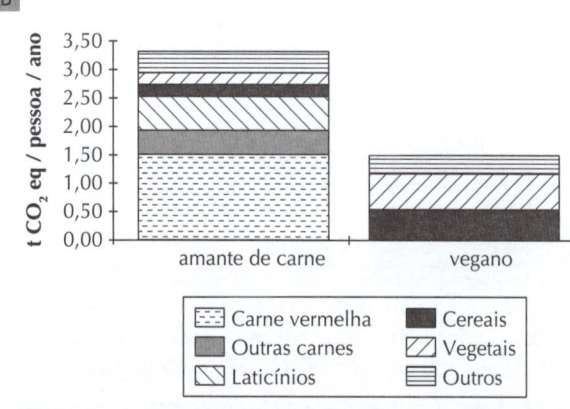

A [Gráfico: Gt CO_2 eq vs anos (1985-2025), mostrando Histórico e Tendência, variando de cerca de 42 em 1985 a mais de 60 em 2025]

B [Gráfico de barras: t CO_2 eq / pessoa / ano para "amante de carne" (~3,30) e "vegano" (~1,50), com categorias: Carne vermelha, Outras carnes, Laticínios, Cereais, Vegetais, Outros]

Figura A: adaptada de PBL Netherlands Environment Agency. Disponível em <www.pbl.nl>. Figura B: adaptada de Shrink That Footprint. Disponível em <www.shrinkthatfootprint.com>. Acessados em 15/10/2017.

a. Considerando que toda a população mundial seja "amante de carne", qual é a porcentagem de emissão de CO_2 equivalente devida somente à alimentação, em relação à emissão total? Mostre os cálculos.

b. Se, em 2018, toda a população da Terra resolvesse adotar uma dieta vegana, a emissão total de gases voltaria ao nível de qual ano? Justifique sua resposta. Considere que toda a população atual seja "amante de carne".

Dados: a população mundial atual é de $7{,}6 \cdot 10^9$ habitantes;
Gigatoneladas (Gt) = $1{,}0 \cdot 10^9$ toneladas.

10. (Fuvest-SP) O Brasil produziu, em 2014, 14 milhões de toneladas de minério de níquel. Apenas uma parte desse minério é processada para a obtenção de níquel puro.

Uma das etapas do processo de obtenção do níquel puro consiste no aquecimento, em presença de ar, do sulfeto de níquel (Ni_2S_3), contido no minério, formando óxido de níquel (NiO) e dióxido de enxofre (SO_2). O óxido de níquel é, então, aquecido com carvão, em um forno, obtendo-se o níquel metálico. Nessa última etapa, forma-se, também, dióxido de carbono (CO_2).

a. Considere que apenas 30 % de todo o minério produzido em 2014 foram destinados ao processo de obtenção de níquel puro e que, nesse processo, a massa de níquel puro obtida correspondeu a 1,4 % da massa de minério utilizada. Calcule a massa mínima de carvão, em quilogramas, que foi necessária para a obtenção dessa quantidade de níquel puro.

b. Cada um dos gases produzidos nessas etapas de obtenção do níquel puro causa um tipo de dano ambiental.

Explique esse fato para cada um desses gases.

Note e adote:

Massa molar (g/mol):	
Ni	58,8
C	12,0
O	16,0

11. (UPF-RS)

A água da piscina olímpica de saltos ornamentais ficou verde após a falta de alguns produtos químicos que modificam o pH da água, mas ela não apresenta nenhum problema para a saúde dos atletas, indicou a Federação Internacional de Natação (FINA). No momento da prova feminina de saltos ornamentais na plataforma de 10 metros, era perceptível o contraste entre a água verde onde as atletas mergulhavam e o azul-claro da piscina vizinha, de polo aquático.
<https:gauchazh.clicrbs.com.br/esportes/olimpiada/noticia/2016/08/misterio-da-agua-verde-dos-saltos-ornamentais-e-solucionado_7234855.html>

O tratamento de água envolve diversos processos, dentre os quais a adição de sulfato de alumínio ($Al_2(SO_4)_3$). A equação que representa corretamente a dissociação iônica do sulfato de alumínio em meio aquoso, com os coeficientes estequiométricos devidamente ajustados, é:

a. $Al_2(SO_4)_3(s) \xrightarrow{H_2O(l)} 2\ Al^{2+}(aq) + 3\ SO_4^{3-}(aq)$

b. $Al_2(SO_4)_3(s) + 3\ H_2O(l) \longrightarrow 2\ Al(OH)_3(s) + 3\ H^+(aq) + 3\ SO_4^{2-}(aq)$

c. $Al_3(SO_4)_2(s) \xrightarrow{H_2O(l)} 3\ Al^{3+}(aq) + 2\ SO_4^{2-}(aq)$

d. $Al_2(SO_4)_3(s) + 3\ H_2O(l) \longrightarrow 2\ Al^{3+}(aq) + 3\ H^+(aq) + 3\ SO_4^{2-}(aq) + 2\ OH^-(aq)$

e. $Al_2(SO_4)_3(s) \xrightarrow{H_2O(l)} 2\ Al^{3+}(aq) + 3\ SO_4^{2-}(aq)$

12.

(Enem) As lâmpadas fluorescentes apresentam vantagens como maior eficiência luminosa, vida útil mais longa e redução do consumo de energia. Contudo, um dos constituintes dessas lâmpadas é o mercúrio, que apresenta sérias restrições ambientais em função de sua toxidade. Dessa forma, as lâmpadas fluorescentes devem passar por um processo prévio de descontaminação antes do descarte ou reciclagem do material. O ideal é que nesse processo se tenha o menor impacto ambiental e, se possível, o mercúrio seja recuperado e empregado em novos produtos.

DURÃO JR., W.A.; WINDMOLLER, C.C. A questão do mercúrio em lâmpadas fluorescentes. *Química Nova na Escola*, n. 28, 2008 (adaptado).

Considerando os impactos ambientais negativos, o processo menos indicado de descontaminação desse metal presente nas lâmpadas seria o(a)

a. encapsulamento, no qual as lâmpadas são trituradas por via seca ou úmida, o material resultante é encapsulado em concreto e a disposição final do resíduo é armazenada em aterros.

b. lixiviação ácida, com a dissolução dos resíduos sólidos das lâmpadas em ácido (HNO_3), seguida de filtração e neutralização da solução para recuperar os compostos de mercúrio.

c. incineração, com a oxidação das lâmpadas junto com o lixo urbano em altas temperaturas, com redução do material sólido e lançamento dos gases e vapores para a atmosfera.

d. processo térmico, no qual o resíduo é aquecido em sistema fechado para vaporizar o mercúrio e em seguida ocorre o resfriamento para condensar o vapor e obter o mercúrio elementar.

e. separação por via química, na qual as lâmpadas são trituradas em sistema fechado, em seguida aditivos químicos são adicionados para a precipitação e separação do mercúrio.

13. (Fuvest-SP) Segundo relatório do Painel Intergovernamental de Mudanças Climáticas (IPCC), inúmeras gigatoneladas de gases do efeito estufa de origem antropogênica (oriundos de atividades humanas) vêm sendo lançadas na atmosfera há séculos. A figura mostra as emissões em 2010 por setor econômico.

Com base na figura e em seus conhecimentos, aponte a afirmação correta.

a. Os setores econômicos de Construção e Produção de outras energias, juntos, possuem menores emissões de gases do efeito estufa antropogênicos do que o setor de Transporte, tendo como principal exemplo ocorrências no sudeste asiático.

b. As maiores emissões de CH_4 de origem antropogênica devem-se ao setor econômico da Agricultura e outros usos da terra, em razão das queimadas, principalmente no Brasil e em países africanos.

c. As maiores emissões de gases do efeito estufa de origem antropogênica vinculadas à Produção de eletricidade e calor ocorrem nos países de baixo IDH, pois estes não possuem políticas ambientais definidas.

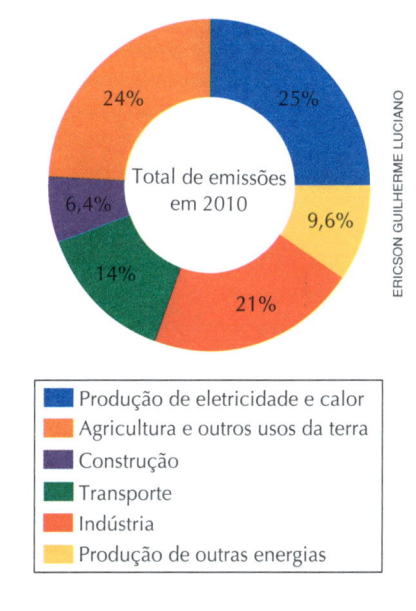

d. Um quarto do conjunto de gases do efeito estufa de origem antropogênica lançados na atmosfera é proveniente do setor econômico de Produção de eletricidade e calor, em que predomina a emissão do CO_2, ocorrendo com grande intensidade nos EUA e na China.

e. A Indústria possui parcela significativa na emissão de gases do efeito estufa de origem antropogênica, na qual o N_2O é o componente majoritário na produção em refinarias de petróleo do Oriente Médio e da Rússia.

14. (Fuvest-SP) Considere um aquário tampado contendo apenas água e plantas aquáticas, em grande quantidade, e iluminado somente por luz solar. O gráfico que melhor esboça a variação de pH da água em função do horário do dia, considerando que os gases envolvidos na fotossíntese e na respiração das plantas ficam parcialmente dissolvidos na água, é:

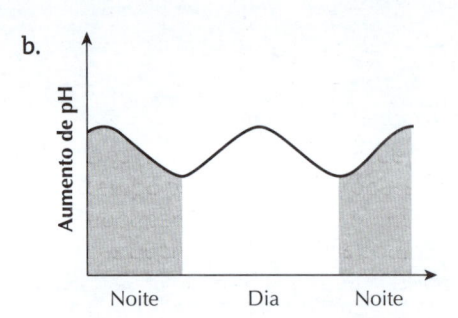

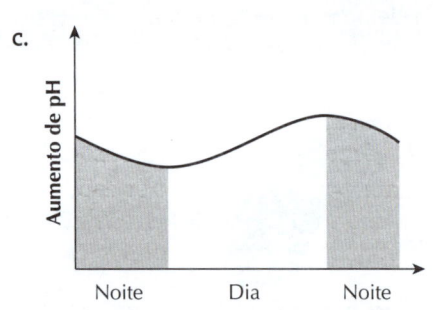

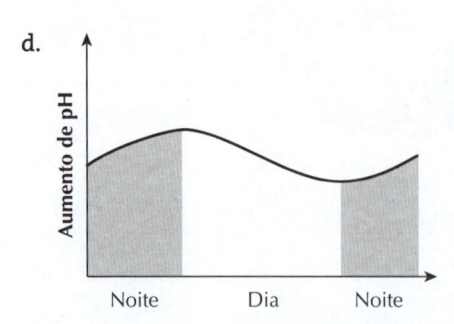

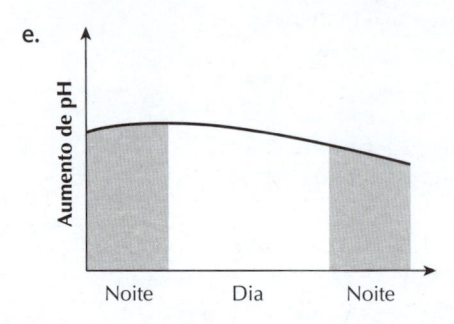

a.
b.
c.
d.
e.

15. (UFJF-MG) Analise as reações químicas de alguns óxidos presentes na atmosfera e marque a alternativa que descreve a qual processo de poluição ambiental elas estão relacionadas.

$$2\ NO_2(g) + H_2O(l) \longrightarrow HNO_3(aq) + HNO_2(aq)$$

$$CO_2(g) + H_2O(l) \longrightarrow H_2CO_3(aq)$$

$$SO_2(g) + H_2O(l) \longrightarrow H_2SO_3(aq)$$

a. Camada de ozônio.
b. Efeito estufa.
c. Chuva ácida.
d. Aquecimento global.
e. Inversão térmica.

16. (Uefs-BA) Desde a antiguidade, o homem utiliza metais para a fabricação de utensílios diversos. A partir do século XVIII, a metalurgia tornou-se uma ciência, em que os processos metalúrgicos passaram a ser estudados e explicados, alavancando a obtenção dos metais a partir de minérios. A metalurgia é uma sequência de processos que visa à obtenção de um elemento metálico a partir de seu minério. Quanto maior a tendência do metal para sofrer corrosão, maior é a dificuldade de obtê-lo a partir do minério.

Sobre a obtenção de metais na metalurgia, é correto afirmar:

I. O alumínio é um metal de fácil obtenção a partir de seu minério, a bauxita, pois esse, por possuir baixa tendência em oxidar, é facilmente reduzido de Al^{3+} para Al^0, se comparado a outros metais menos nobres, como o ferro e o chumbo.

II. Metais, como o ferro e o zinco, para serem obtidos a partir de seus minérios, devem ser aquecidos na presença de uma substância que vai provocar a redução desses metais, como o monóxido de carbono, que é um agente redutor.

III. O alumínio possui inúmeras aplicações, mas, por ser um metal pouco nobre, é difícil de ser obtido e sua redução é realizada em um processo denominado eletrólise.

IV. A prata é um metal nobre, sua principal fonte é o minério argentita (Ag_2S), sendo que o processo de obtenção da prata metálica é realizado pelo aquecimento desse minério, que reage com o oxigênio, provocando a oxidação da prata.

A alternativa em que todas as afirmativas indicadas estão corretas é a

01. I e II.
02. I e IV.
03. II e III.
04. III e IV.
05. I, II e IV.

RESPOSTAS

SEÇÃO TESTANDO SEUS CONHECIMENTOS

CAPÍTULO 13 Soluções e dispersões coloidais: aspectos básicos

1. a.
2. e.
3. b.
4. d.
5. a.
6. c.
7. b.
8. a) A 25 °C, a substância será líquida, pois sua temperatura de fusão (temperatura em que ocorre a mudança de estado de sólido para líquido) é −23 °C e a de ebulição é 77 °C (mudança de estado líquido para gasoso).

   b) A 25 °C: 0,1 g de x —— 100 g de água

   x —— 200 g de água

   x = 0,2 g (poderão ser dissolvidos)

   Ao adicionarmos 56 g de sal em 200 g de água, 55,8 g permanecerão no estado sólido.

   c) O aspecto visual da mistura será heterogêneo, constituído de duas fases: a líquida consiste na solução que contém 0,2 g de sal dissolvidos em 200 g de água e a sólida será formada pelo sal não dissolvido (corpo de fundo).

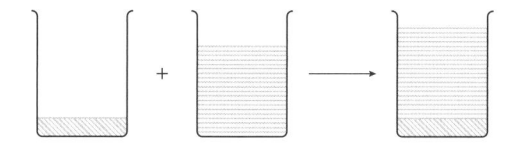

9. a.
10. e.
11. c.
12. a) A solubilidade de um gás num líquido é inversamente proporcional à temperatura e diretamente proporcional à pressão. Assim:

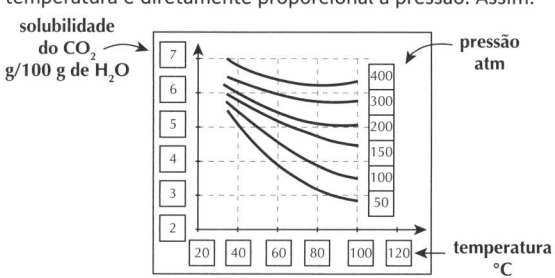

    b) Com base no gráfico, obtemos o valor de 5,5 g de CO_2 em 100 g de água.

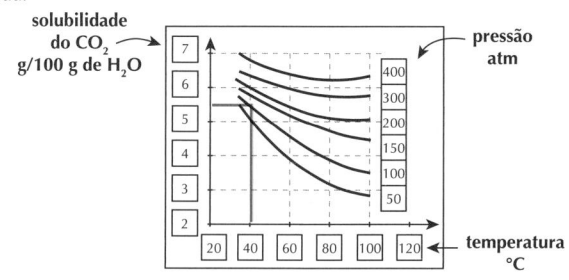

    Considerando a massa molar do CO_2 como 44 g/mol e o valor de densidade da água do mar igual a 1 g/mL, a solubilidade molar é 1,25 mol/L.

13. e.
14. c.
15. e.
16. e.
17. c.
18. a.
19. d.
20. c.
21. e.

CAPÍTULO 14 Unidades de concentração

1. b.
2. d.
3. a.
4. c.
5. a.
6. c.
7. A dose consumida pelo paciente é 10 vezes maior que a dose recomendada.
8. d.
9. e.
10. c.
11. e.
12. b.
13. b.
14. d.
15. a) A concentração da solução de $CuSO_4 \cdot 5\ H_2O$ é de $2 \cdot 10^{-6}$ mol/L.

    b) A concentração final é de $5 \cdot 10^{-6}$ mol/L.
16. a.
17. a) A porcentagem em massa do cloreto de sódio é 50,9%.

    b) Em 10,0 g desse sal há $5,2 \cdot 10^{22}$ íons Na^+.

    c) A concentração de NaCl é 2,8 mol/L.
18. b.
19. a) $Pb^{2+} + S^{2-} \longrightarrow PbS$

    b) A massa máxima de $Pb(C_2H_3O_2)_2 \cdot 3\ H_2O$ em 100 mL de solução é 1,10 g.
20. b.
21. c.
22. c.
23. b.
24. a.
25. d.
26. e.
27. b.
28. d.
29. c.
30. c.
31. a.
32. a.
33. b.
34. c.

CAPÍTULO 15 — Concentração das soluções que participam de uma reação química

1. b.
2. a.
3. $C = 32{,}4$ g/L
4. $01 + 02 + 04 = 07$
5. A massa de dipirona sódica monoidratada é 491 mg e, portanto, o fármaco está dentro da porcentagem estabelecida na Farmacopeia Brasileira (acima de 95%).
6. A massa de hidrogênio é 0,125 g e o volume dos gases formados é 2,08 L.
7. $3\, I_2 + 6\, KOH \rightarrow 1\, KIO_3 + 5\, KI + 3\, H_2O$
   A massa de íons iodato em 1 kg de sal de cozinha é 0,04 g.
8. a) $H_2SO_4(aq) + Ba(OH)_2(aq) \rightarrow BaSO_4(s) + 2\, H_2O(l)$

   b) A luz emitida é proporcional à quantidade de íons em solução. Conforme se adiciona hidróxido de bário ao ácido sulfúrico, são produzidos sulfato de bário (sal insolúvel) e água. O acréscimo de hidróxido de bário inicialmente reduz a condutibilidade da solução, na medida em que a formação de sulfato de bário diminui a quantidade de íons livres, até o total consumo do ácido sulfúrico (ponto x). Depois disso, com a adição de hidróxido de bário, como essa base se dissocia liberando os íons bário (Ba^{2+}) e hidroxila (OH^-), essa mistura passa a permitir a passagem da corrente elétrica, o que provocará que a emissão de luz pela lâmpada aconteça novamente.

   c) Em 100 mL da solução de ácido de concentração 0,1 mol/L, calculamos:

   0,1 mol de H_2SO_4 —————— 1 000 mL
   n —————— 100 mL

   $n = 0{,}01$ mol de H_2SO_4

   A partir da equação balanceada, concluímos que para neutralizar completamente 0,01 mol de H_2SO_4 é necessário 0,01 mol de $Ba(OH)_2$. Pela concentração de hidróxido de bário fornecida (0,4 mol/L), calculamos o volume equivalente a essa quantidade de matéria.

   0,4 mol de $Ba(OH)_2$ —————— 1 000 mL
   0,01 mol de $Ba(OH)_2$ —————— y

   $y = 25$ mL de solução de $Ba(OH)_2$

9. c.
10. b.
11. a) Considerado o volume molar dos gases nas condições do experimento, 22,5 L, e o fato de o volume do óxido coletado ser 45 mL, temos:

    1 mol de SO_3 —————— 22,5 L
    n —————— 0,045 L

    $n = 0{,}002$ mol de SO_3

    Da proporção estequiométrica da equação entre SO_2 e H_2SO_4, deduzimos que se formou 0,002 mol de ácido sulfúrico.

    A partir dessa quantidade de matéria do ácido, calculamos o volume de base utilizada na titulação, de acordo com a equação:

    $H_2SO_4(aq) + 2\, NaOH(aq) \rightarrow Na_2SO_4(aq) + 2\, H_2O(l)$

    A proporção estequiométrica entre o ácido e a base é de 1 : 2; então, os 0,002 mol de ácido reagiu com 0,004 mol da base. Sendo a concentração da base, 0,1 mol/L, calculamos o volume utilizado:

    1 mol de NaOH —————— 1000 mL
    0,004 mol de NaOH —————— y

    $y = 40$ mL de NaOH

    b) A quantidade de matéria de dióxido de nitrogênio em 45 mL também será 0,002 mol, pois os gases estão nas mesmas condições de temperatura e pressão.

    De acordo com a equação fornecida no enunciado, quando "dissolvemos" 1 mol desse gás em água, obtemos 2 mol de ácido, sendo 1 mol de HNO_3 e 1 mol de HNO_2:

    $2\, NO_2(g) + H_2O(l) \rightarrow 1\, HNO_3(aq) + 1\, HNO_2(aq)$

    A proporção estequiométrica entre NO_2 e os ácidos é de 2 : 2 ou 1 : 1. Portanto, são formados 0,002 mol de ácidos, 0,001 mol de HNO_3 e 0,001 mol de HNO_2 a partir de 0,002 mol de NO_2.

    Novamente, a partir da quantidade de matéria dos ácidos, podemos calcular o volume de base utilizada na titulação. As reações envolvidas no processo são representadas pelas equações:

    $1\, HNO_3(aq) + 1\, NaOH(aq) \rightarrow NaNO_3(aq) + 1\, H_2O(l)$
    $1\, HNO_2(aq) + 1\, NaOH(aq) \rightarrow NaNO_2(aq) + 1\, H_2O(l)$

    Como a quantidade de matéria de ambos os ácidos é igual, concluímos que cada 2 mol desses ácidos consomem 2 mol de base. Ou seja, são utilizados 0,002 mol da base. O volume utilizado é calculado por:

    0,1 mol —————— 1000 mL
    0,002 mol —————— z

    $z = 20$ mL

    O volume de NaOH gasto com o dióxido de nitrogênio é menor que o volume da base gasto com trióxido de enxofre.

    c) Reação de oxirredução:

    $\overset{+4\ -2}{2\,NO_2}(g) + \overset{+1\ -2}{H_2O}(l) \rightarrow \overset{+1\ +5\ -2}{HNO_3}(aq) + \overset{+1\ +3\ -2}{HNO_2}(aq)$

    É uma reação de auto-oxirredução, pois o reagente NO_2 oxida-se transformando-se em HNO_3 e também sofre redução originando HNO_2.

Apresentam alteração no número de oxidação	Semirreação de oxidação	Semirreação de redução
Reagente	NO_2	NO_2
Produto	HNO_3	HNO_2

12. O volume da solução aquosa de peróxido de hidrogênio de concentração 10 mol/L responsável pelo consumo completo do hipoclorito será de 120 L.
13. e.
14. c.
15. c.
16. e.
17. e.
18. d.

CAPÍTULO 16 — Propriedades coligativas

1. d.
2. a.
3. c.
4. d.
5. d.
6. b.
7. c.
8. d.
9. d.
10. $02 + 08 + 32 = 42$
11. a.
12. e.
13. b.
14. a.
15. c.
16. a.
17. b.
18. e.
19. e.
20. a.
21. c.
22. a) Dos três sistemas, a água pura apresentará maior pressão de vapor e será o sistema mais volátil. Entre a solução aquosa de KCl e a de glicose, a primeira apresenta menor pressão de vapor porque há um número de partículas superior (1 mol) do que a solução aquosa de glicose (0,5 mol):

    KCl $\longrightarrow$ K^+ + Cl^-
    0,5 mol   0,5 mol   0,5 mol
    _____
    1 mol de partículas

    Em uma dada temperatura do gráfico, a pressão de vapor de A é maior que a de B que é maior que a de C. Portanto, os sistemas A, B e C são, respectivamente, água, solução de glicose e solução de KCl.

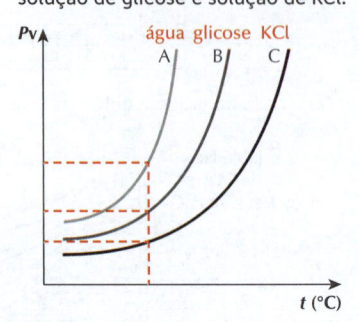

    b) A adição de um soluto não volátil diminui a pressão de vapor de um sistema, o que resulta em menor volatilidade.

23. $01 + 02 + 16 = 19$
24. c.

CAPÍTULO 17 — Termoquímica

1. e.
2. d.
3. d.
4. O sinal negativo da variação de entalpia informada indica que a decomposição da água oxigenada é um processo exotérmico (entalpia dos produtos é menor que a dos reagentes).
   $\Delta H = -8{,}66$ kJ
5. b.
6. b.
7. b.
8. d.
9. $3\,C(\text{grafite}) + 4\,H_2(g) \longrightarrow C_3H_8(g)$ $\Delta H° = -106$ kJ
10. c.
11. e.
12. b.
13. $As(s) + \dfrac{3}{2} O_2(g) \longrightarrow As_2O_3(s)$
    São liberados 6 600 kJ na oxidação de 1,5 kg de arsênio.
14. a.
15. b.
16. d.
17. e.
18. b.
19. a.
20. c.
21. Para produzir 1 kg de H_2 são necessários 43 500 kJ.
    O agente redutor é o carbono, C.
22. d.
23. e.
24. a) Para produzir 1 mol de isopropanol, são necessários 2 006 kJ.
    b) A energia liberada na queima de 90 g de isopropanol é 3 009 kJ.
25. a) $2\,FeS_2(s) + \dfrac{11}{2} O_2(g) \longrightarrow Fe_2O_3(s) + 4\,SO_2(g)$
    Variação do Nox do enxofre: -1 para $+4$
    b) Para a reação:
    $2\,SO_2(g) + O_2(g) + 2\,H_2O(l) \longrightarrow 2\,H_2SO_4(aq)$ $\Delta H = -360$ kJ
    Então, para a formação de 1 mol de H_2SO_4 a partir de SO_2, são liberados 180 kJ, $\Delta H = -180$ kJ; a reação é, portanto, exotérmica.
26. 01 + 02 + 08 + 11
27. e.
28. e.
29. b.
30. d.
31. c.
32. c.
33. b.
34. d.
35. a) $H_2(g) + \dfrac{1}{2} O_2(g) \longrightarrow H_2O(g)$ $\Delta H = -242$ kJ/mol
    b) O volume ocupado por 20 g de hidrogênio é 224 L.
    c) Se o hidrogênio for obtido a partir de combustíveis fósseis, conforme indicado nas equações fornecidas, além dele, de um combustível "limpo", forma-se monóxido de carbono, um gás bastante tóxico, que compromete a qualidade do ar se não for transformado antes de ser lançado no ambiente.
36. b.
37. c.
38. a.
39. a.

CAPÍTULO 18 — Cinética química

1. e.
2. a.
3. b.
4. c.
5. a) Pela análise da tabela, nota-se que o volume de hidrogênio produzido a cada minuto no experimento não é constante. Como a velocidade de formação do gás hidrogênio está relacionado ao volume de gás H_2 produzido pelo intervalo de tempo, pode-se concluir que a velocidade de formação varia durante o experimento.
   b) [gráfico: Volume de H_2 (cm³) × Tempo (min), curvas "raspas de magnésio" e "chapa de magnésio"]
6. a) $a \approx 1$ $b \approx 2$
   b) $k = \dfrac{\text{torr}^{-2}}{s}$
7. c.
8. a) $CuCO_3(s) + 2\,HNO_3(aq) \longrightarrow Cu(NO_3)_2(aq) + H_2O(l) + CO_2(g)$
   b) Legenda do gráfico
   ○ experimento nº 2
   △ experimento nº 1
   × experimento nº 3
   c) $CuCO_3$ é o reagente em excesso, pois quando há alteração do volume de ácido nítrico há variação do volume de CO_2 formado.
9. b.
10. b.
11. a.
12. c.
13. a.
14. a) Diagrama i: reação exergônica. Energia (produtos) < Energia (reagentes)
    Diagrama ii: reação exergônica. Energia (produtos) < Energia (reagentes)
    Diagrama iii: reação exergônica. Energia (produtos) < Energia (reagentes)
    b) Diagrama i: duas etapas. A etapa mais lenta é aquela que apresenta maior energia de ativação.
    Diagrama ii: uma etapa.
    Diagrama iii: duas etapas. A etapa mais lenta é aquela que apresenta maior energia de ativação.
15. d.
16. c.
17. a) Curva I
    b) A adição do catalisador propicia que a reação aconteça com energia de ativação mais baixa do que se ocorresse sem o catalisador.
    c) 50 kJ
    d) -20 kJ
18. a.
19. 01 + 04 + 08 = 13
20. d.
21. e.
22. e.
23. b.
24. c.
25. d.
26. a) O experimento II. No experimento II há maior concentração de HCl do que no experimento III e maior superfície de contato do que no experimento I.
    b) $Zn(s) + 2\,HCl(aq) \longrightarrow ZnCl_2(aq) + H_2(g)$
    Quantidade de matéria (em mol) de HCl necessária para reagir totalmente com o zinco:
    1 mol de Zn ——— 2 HCl
    $5{,}0 \cdot 10^{-3}$ mol de Zn ——— x HCl
    $x = 1{,}0 \cdot 10^{-2}$ mol de HCl
    No experimento III foi adicionado 4 mL de uma solução de HCl de concentração 4 mol/L. A quantidade de matéria de HCl nessa amostra é:
    4 mol de HCl ——— 1 000 mL
    y ——— 4 mL
    $y = 1{,}6 \cdot 10^{-2}$ mol de HCl
    Subtraindo a quantidade de matéria inicial de HCl (y) da quantidade de matéria de HCl que reagiu (x), obtém-se o excesso de HCl (em mol) no experimento III:
    $1{,}6 \cdot 10^{-2}$ mol $- 1{,}0 \cdot 10^{-2}$ mol $= 0{,}6 \cdot 10^{-2}$ mol de HCl (quantidade em excesso)
    Volume de HCl, em mL, adicionado em excesso:
    1 L ——— 4 mol de HCl
    V_{excesso} ——— $0{,}6 \cdot 10^{-3}$ mol de HCl
    $V_{\text{excesso}} = 1{,}5$ mL de solução de HCl
27. a) A etapa lenta é a etapa determinante da velocidade da reação. De acordo com o gráfico a etapa 1, que apresenta a energia de ativação mais alta, é a etapa lenta.
    b) $E_a = 150$ kJ · mol^{-1}
    c) A reação é endotérmica, pois a diferença entre a energia dos produtos e a energia dos reagentes é maior que zero.
28. 01 + 02 + 04 + 08 = 15
29. b.
30. 01 + 02 + 08 = 11

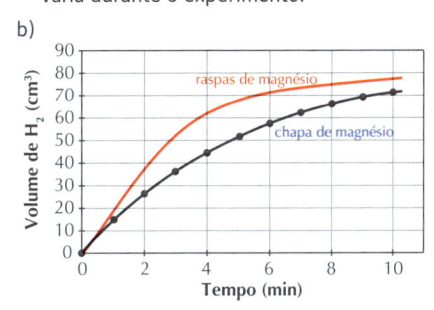

31. a) De acordo com o gráfico, utilizou-se 25 g de glicose para obter-se 9 L de H_2.

$$n_{glicose} = \frac{25\ g}{180\ g \cdot mol^{-1}} \approx 0{,}14\ mol$$

$$n_{H_2} = \frac{9\ L}{25\ L \cdot mol^{-1}} = 0{,}36\ mol$$

Considerando as equações químicas, tem-se:

$$\begin{array}{cccc} 1\ C_6H_{12}O_6 & \longrightarrow & 2\ CH_3COOH + 4\ H_2 + 2\ CO_2 \\ 1 & & 2 & 4 \\ n & & 2n & 4n \end{array}$$

$$\begin{array}{cccc} 1\ C_6H_{12}O_6 & \longrightarrow & C_3H_7COOH + 2\ H_2 + 2\ CO_2 \\ 1 & & 1 & 2 \\ 0{,}14 - n & & 0{,}14 - n & 2 \cdot (0{,}14 - n) \end{array}$$

Assim, a quantidade produzida de H_2 é:
$\{4n + [2 \cdot (0{,}14 - n)]\} = 0{,}36\ mol$
$n = 0{,}04\ mol$

Pela estequiometria das equações formaram 2n mol de ácido etanoico ($2 \cdot 0{,}04\ mol = 0{,}08\ mol$) e $0{,}14 - n$ mol de ácido butanoico ($0{,}14 - 0{,}04\ mol = 0{,}10\ mol$). Portanto, formou-se mais ácido butanoico.

b) Quanto maior a inclinação da reta tangente à curva no gráfico, maior será a velocidade instantânea. Pelo gráfico, a curva atinge a inclinação máxima após 30 horas de fermentação.

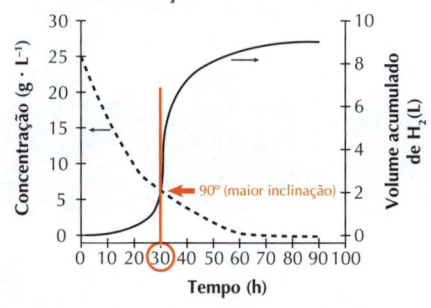

CAPÍTULO 19 — Equilíbrios químicos

1. d.
2. e.
3. b.
4. b.
5. e.
6. d.
7. 01 + 02 + 08 = 11
8. d.
9. 0-0) Verdadeira.
1-1) Verdadeira.
2-2) Falsa.
3-3) Falsa.
4-4) Verdadeira.
10. a.
11. c.
12. d.
13. a.
14. c.
15. a.
16. $n = 6$
17. b.
18. b.
19. c.
20. e.
21. b.
22. b.
23. $K_p \approx 2{,}31$
24. d.
25. a) A maior incidência de luz ocasionada pela transparência da água facilita o processo de fotossíntese, gerando mais energia em menos tempo, levando ao crescimento mais rápido das algas.

b) Quanto maior a temperatura, menor a solubilidade do gás. Portanto, em águas quentes, a quantidade de $CO_2(g)$ dissolvido será menor, sendo que o equilíbrio será deslocado para a formação dos produtos, favorecendo a formação de $CaCO_3(s)$, constituinte dos exoesqueletos dos corais. A reação que representa o equilíbrio é dada por:

$$CaCO_3(g) + CO_2(g) + H_2O(g) \rightleftharpoons Ca^{2+}(aq) + 2\ HCO_3^-(aq)$$

26. b.
27. a.
28. b.
29. d.
30. e.
31. a) [estrutura química do ácido acetilsalicílico em equilíbrio com sua forma ionizada + $H^+(aq)$]

b) $K = \dfrac{[AA^-] \cdot [H^+]}{[AA]}$

c) $[H^+] = 8 \cdot 10^{-4}$ mol/L

d) O H^+ proveniente do HCl do suco gástrico provocará o efeito do íon comum no equilíbrio, favorecendo a formação dos reagentes (AA). Como o fármaco é mais bem absorvido na forma não ionizada (AA), sua absorção será eficiente no pH do suco gástrico.

32. a) De acordo com o gráfico, conforme a temperatura diminui, a solubilidade do gás oxigênio aumenta. A diminuição da temperatura favorece o processo no sentido exotérmico; portanto, a dissolução do oxigênio em água é um processo exotérmico.

b) Aplicando a fórmula:

$$K_H = \dfrac{[O_2(aq)]}{(p_{O_2})}$$

$$1{,}7 \cdot 10^{-6} = \dfrac{[O_2(aq)]}{160}$$

$[O_2(aq)] = 2{,}72 \cdot 10^{-4}$ mol/L

Em locais com altitude elevada, a temperatura diminui e a pressão parcial do oxigênio também, favorecendo o equilíbrio no sentido exotérmico, no caso, da dissolução de oxigênio em água; ou seja, a concentração de oxigênio dissolvido na água será maior e K_H aumenta.

33. b.
34. 02 + 04 + 16 = 22

CAPÍTULO 20 — Acidez e basicidade em meio aquoso

1. b.
2. a.
3. d.
4. a) A reação química entre o CO_2 e o H_2O pode ser representada por:

$$CO_2(g) + H_2O(l) \rightleftharpoons HCO_3^-(aq) + H^+(aq)$$

A solução se tornou vermelha porque o meio ficou ácido devido à formação de íons H^+.

b) Ao puxar o êmbolo, o volume do sistema aumenta, o que faz com que o equilíbrio $CO_2(aq) \rightleftharpoons CO_2(g)$ seja perturbado e favoreça a reação no sentido de formação de CO_2 gasoso. Com isso, a solução terá menor concentração de dióxido de carbono aquoso e ficará menos ácida, mudando a coloração de vermelha para laranja.

c) Não é a mesma. O volume do interior da seringa não se alterou nas situações II e V, mas houve maior liberação de bolhas na situação II, ou seja, houve maior liberação de CO_2 gasoso, o que resulta uma pressão da fase gasosa maior do que na situação V.

5. e.
6. c.
7. c.
8. d.
9. e.
10. a.
11. b.
12. c.
13. 01 + 04 + 16 = 21
14. d.
15. b.
16. d.
17. c.
18. pH = 1; $V = 1{,}29$ mL
19. Adição de KNO_3: hortênsias vermelhas; hortênsias azuis: adição de $Al_2(SO_4)_3$.

CaO: óxido de cálcio;
equação: $CaO + H_2O \longrightarrow Ca(OH)_2$

20. a.
21. a) $K_w = 2{,}4 \cdot 10^{-14}$; pH = 6,8

b) De acordo com o gráfico 1, o aumento da temperatura leva ao aumento no valor de K_w e, consequentemente, ao aumento da concentração de íons H^+ e OH^-. Portanto, a elevação da temperatura favorece a reação no sentido da ionização da água, ou seja, a autoionização da água é um processo endotérmico.

22. 02
23. a.
24. a) A reação da ureia com a água produz íons NH_4^+ e CO_3^{2-}, os quais sofrem hidrólise:

$$CO_3^{2-}(aq) + H_2O(l) \rightleftharpoons HCO_3^-(aq) + OH^-(aq)$$
(meio básico)

$$NH_4^+(aq) + H_2O(l) \rightleftharpoons NH_3(aq) + H_3O^+(aq)$$
(meio ácido)

Como, de acordo com o texto, após a primeira semana de adubação o solo torna-se básico nas regiões próximas dos grânulos do fertilizante, pode-se concluir que a hidrólise do íon carbonato é mais predominante do que a do íon amônio.

b) Influência da acidez: De acordo com a segunda equação fornecida no enunciado, pode-se concluir que o aumento da acidez do solo (aumento da [H_3O^+]) favorece o equilíbrio no sentido de formação dos reagentes. Com isso, ocorre aumento da concentração de íons amônio que participam do ciclo do nitrogênio e parte dele é convertido em gás nitrogênio (N_2) por bactérias desnitrificantes e liberado para a atmosfera. Por essa razão, o aumento da acidez do solo eleva a perda do nitrogênio pelas plantas.

Influência da temperatura ambiente: Na hidrólise do íon amônio, a amônia gasosa encontra-se em equilíbrio com sua forma aquosa. Quanto maior for a temperatura ambiente, maior será a perturbação desse equilíbrio que favorecerá a reação no sentido de formação da amônia gasosa (processo endotérmico) que escapará para o ambiente. Ou seja, a elevação da temperatura aumentará a perda de nitrogênio utilizado pelas plantas. Também pode-se explicar essa perda por solubilidade, ou seja, a elevação de temperatura diminui a solubilidade da amônia em água e, com isso, a oferta de nitrogênio para as plantas.

25. a) $3\ HCl + Al(OH)_3 \longrightarrow AlCl_3 + 3\ H_2O$

b) Faixa de pH da solução oftálmica: $6 < pH < 8$. Cor da solução com α-naftolftaleína: rosa.

26. b.

27. a) Pode ser substituído por "o aumento", uma vez que o processo de respiração expelirá CO_2. O aumento da respiração diminuirá a concentração de CO_2 no sangue, o que perturbará o equilíbrio e favorecerá o sentido de formação dos reagentes. Com isso, ocorre a diminuição da concentração de H^+ e, consequentemente, a acidez do sangue.

b) Acidose, pois ao diminuir a concentração de HCO_3^-, o equilíbrio será perturbado e favorecerá o sentido de formação dos produtos. Isso provoca aumento da concentração de H^+ e, consequentemente, aumento da acidez no sangue (acidose).

28. d.

CAPÍTULO 21 Solubilidade: equilíbrios heterogêneos

1. a.
2. b.
3. a.
4. d.
5. a.
6. [$Pb(NO_3)_2$] = 0,02 mol/L
7. 01 + 02 + 08 = 11
8. a) Em águas transparentes, a maior incidência de luz facilita a fotossíntese, processo realizado pelas algas, diminuindo a concentração de dióxido de carbono, deslocando o equilíbrio para a formação dos produtos (esquerda), aumentando a concentração de $CaCO_3$, que é o principal constituinte dos corais, aumentando a velocidade do crescimento dos corais.

b) Em águas quentes, a quantidade de $CO_2(g)$ dissolvido será menor, porque para um gás, quanto maior a temperatura, menor a solubilidade. Diminuindo a concentração de $CO_2(g)$ o equilíbrio será deslocado para a esquerda, favorecendo a formação de $CaCO_3(s)$ constituinte dos exoesqueletos dos corais.

9. a) Se considerarmos as primeiras gotas de chuva, após o bombardeamento com iodeto de prata, a afirmação é incorreta, pois nessa água existirão micelas de AgI(s). Com o prosseguimento da chuva, essa contaminação da água por AgI não mais ocorrerá.

b) $K_{ps} = [Ag^+][I^-]$; [AgI] = $9,1 \cdot 10^{-9}$ mol/L

10. 01 + 04 + 08 + 16 = 29
11. b.
12. d.
13. a) Precipitará primeiro o HgS, pois, de acordo com a tabela, tem o menor K_{ps}, ou seja, é o menos solúvel.

b) [S^{2-}] = $2,3 \cdot 10^{-21}$ mol/L

14. 02 + 08 = 10
15. a) Verdadeira.
b) Falsa.
c) Verdadeira.
d) Falsa.

16. a) AgBr precipitará primeiro, pois tem o menor K_{ps}.

b) [Ag^+] = $7,7 \cdot 10^{-13}$ mol/L

17. b.
18. c.
19. a.
20. a) [SO_4^{2-}] = $5 \cdot 10^{-10}$ mol/L
b) [Ba^{2+}] = $2,5 \cdot 10^{-5}$ mol/L

21. c.
22. a) [H^+] = 10^{-7} mol/L; pH = 7
b) m_{CaCO_3} = 998,7 g

23. $BaCl_2(aq) + H_2SO_4(aq) \longrightarrow BaSO_4(s) + 2\ HCl(aq)$
Solubilidade = 10^{-5} mol · L^{-1}

24. c.
25. a) [$C_2O_4^{2-}$] = $6,5 \cdot 10^{-17}$ mol/L

b) A ingestão dos alimentos citados aumenta a concentração de íons H^+ que reagem com os íons OH^- formados na hidrólise do oxalato de cálcio. Nessa reação, a concentração de íons OH^- diminui e, dessa forma, a reação direta de hidrólise do oxalato de cálcio é favorecida. Consequentemente, diminui-se a formação de cristais de oxalato de cálcio.

26. c.
27. a.
28. a.
29. a.
30. b.
31. a) A substância do tubo I apresenta menor solubilidade.
b) Haverá formação de precipitado.

32. a.
33. 02

CAPÍTULO 22 Pilhas e baterias

1. c.
2. c.
3. e.
4. d.
5. b.
6. e.
7. e.
8. a.
9. c.
10. d.
11. c.
12. a.
13. b.
14. e.
15. a.
16. b.
17. b.
18. b.
19. b.
20. a.
21. a.
22. d.
23. b.
24. a, c e e.
25. a) Para determinar a equação global, precisamos discriminar, entre elas, qual será a semirreação de redução e a de oxidação da pilha. O cátodo será o eletrodo situado na cuba com maior concentração de Ag^+ disponível para redução a Ag^0. Na primeira cuba temos o sal $AgNO_3$, que é altamente solúvel. Se temos uma concentração de 0,1 mol/L do sal, teremos também 0,1 mol/L do íon Ag^+ nesse eletrodo. Já a segunda cuba é constituída de AgCl, sal muito pouco solúvel, e NaCl, sal com alta solubilidade. A concentração de Ag^+ é dada pelo produto de solubilidade do sal levando em conta a concentração de Cl^- no meio, proveniente da dissociação do cloreto de sódio em água. Sendo a concentração desse sal 0,1 mol/L, teremos a mesma concentração para seu ânion Cl^-. Logo:

$K_{ps} = [Ag^+] \cdot [Cl^-]$

$1,8 \cdot 10^{-10} = [Ag^+] \cdot 0,1$

$[Ag^+] = 1,8 \cdot 10^{-9}$ mol/L

Portanto, como a concentração de íons é maior na primeira cuba, elétrons saem desse eletrodo (cátodo) em direção ao outro até que se estabeleça o equilíbrio de concentrações. Determinamos então a equação global a partir das semirreações catódica e anódica:

Cátodo, redução: $Ag^+(aq) + e^- \longrightarrow Ag^0(s)$
Ânodo, oxidação: $\underline{Ag^0(s) + Cl^-(aq) \longrightarrow AgCl(s) + e^-}$
Global: $Ag^+(aq) + Cl^-(aq) \longrightarrow AgCl(s)$

b) $Ag^+(aq) + e^- \longrightarrow Ag^0(s)$

c) A força eletromotriz de uma pilha desse tipo, de concentração, depende da diferença de concentração das soluções das semicélulas. Ou seja, quanto maior a diferença de concentração entre o cátodo e o ânodo, maior será a força eletromotriz da pilha. A segunda pilha tem um de seus eletrodos recobertos por AgBr. Esse sal é ainda menos solúvel do que o AgCl, constituinte da segunda cuba da primeira pilha. Seu K_{ps} é $5,4 \cdot 10^{-13}$, enquanto o do cloreto de prata (como vimos no item **a**) é $1,8 \cdot 10^{-10}$. Logo, na segunda pilha haverá maior diferença de concentração de íons Ag^+ entre os eletrodos, o que explica que nela a força eletromotriz seja maior.

26. d.
27. a) Em contato com um ácido, o alumínio metálico é oxidado à sua forma iônica:
$6 H^+(aq) + 2 Al(s) \rightleftharpoons 3 H_2(g) + 2 Al^{3+}(aq)$

b) O cobre pode substituir o alumínio no transporte de ácido clorídrico, pois apresenta um potencial-padrão de redução de Cu^{2+}/Cu maior que o do eletrodo-padrão de hidrogênio. Ou seja, Cu não se oxida na presença de íons $H^+(aq)$.

c) O cobre não pode ser usado para transportar o ácido nítrico concentrado, pois $NO_3^-(aq)/NO_2(g)$ apresenta maior potencial de redução que $Cu^{2+}(aq)/Cu(s)$; logo, Cu é oxidado por ácido nítrico, de acordo com a equação:
$4 H^+(aq) + 2 NO_3^-(aq) + Cu(s) \rightleftharpoons$
$\rightleftharpoons 2 NO_2(g) + 2 H_2O(l) + Cu^{2+}(aq)$

d) As semirreações e seus respectivos potenciais-padrão de redução que representam o processo de oxidação do cobre metálico pelo gás oxigênio são:
$Cu^{2+}(aq) + 2 e^- \rightleftharpoons Cu(s) \quad E° = +0,34 V$
$O_2(g) + 2 H_2O(l) + 4 e^- \rightleftharpoons$
$\rightleftharpoons 4 OH^-(aq) \quad E° = +0,40 V$
Logo: $E°_{pilha} = E°_{redução} + E°_{oxidação} = +0,40 V + (-0,34 V) = 0,06 V$

28. a) A bulimia agrava a deterioração dos dentes, pois o HCl eliminado com o vômito reage com a hidroxila (OH^-); o consumo de íons hidroxila favorece o equilíbrio no sentido dos produtos, solubilizando a hidroxiapatita.

b) O ácido acético apresenta menor constante de dissociação quando comparado ao ácido lático; portanto, é o mais fraco.

c) A relação entre pH e concentração de H^+ é dada por $pH = -\log[H^+]$. Assim, a concentração de íons H^+ antes da ingestão de frutas ácidas (pH = 7,0) é 10^{-7} mol/L, e é 10^{-6} mol/L após essa ingestão (pH = 6,0).

d) Pelos potenciais-padrão de redução informados, sabemos que O_2 irá reduzir-se, passando do Nox 0 a -2 (O^{2-}). O oxigênio é o agente oxidante da reação e, portanto, Sn_8Hg é o agente redutor.

29. b.
30. d.

CAPÍTULO 23 — Transformação química por ação da eletricidade e cálculos eletroquímicos

1. b.
2. a.
3. c.
4. a.
5. e.
6. d.
7. c.
8. c.
9. e.
10. d.
11. e.
12. b.
13. $04 + 08 + 16 = 28$
14. c.
15. b.
16. a) A solução de glicose (açúcar) não é eletrolítica, isto é, não possui íons livres; por isso não conduz eletricidade, ao contrário das soluções dos experimentos B e C.

b) A reação global envolvida na eletrólise de ácido sulfúrico(aq) é representada por:
$2 H_2O(l) \rightarrow 2 H_2(g) + 1 O_2(g)$
No eletrodo negativo é liberado gás hidrogênio e no positivo gás oxigênio.

c) As semiequações envolvidas na eletrólise do sulfato de cobre(II) em solução aquosa são:
No cátodo, há redução dos íons cobre(II):
$1 Cu^{2+}(aq) + 2 e^- \rightarrow 1 Cu(s)$
No ânodo, há oxidação dos íons hidróxido:
$4 OH^-(aq) \rightarrow 2 H_2O + 1 O_2(g) + 4 e^-$
Ou seja, o gás liberado é o oxigênio. O cobre metálico é depositado no cátodo.

17. a) A semirreação de redução ocorre no cátodo que é o polo positivo da pilha.

b) A razão entre as massas de zinco e de óxido de prata que reagem nessa pilha é 0,278. A massa de prata metálica formada pela reação completa de 2,32 g de óxido de prata é 2,16 g.

18. V; V; V; V
19. d.
20. a) $Cr^{3+}(aq) + 3 e^- \rightarrow Cr(s)$
b) A massa de um mol de X é 55 g; portanto, o metal é o manganês (Mn).

21. b.
22. a.
23. a.
24. d.
25. e.
26. a) A massa depositada será maior no arranjo 1.
b) A célula deve ficar ligada por um tempo menor que 3 216 67 s.

27. d.
28. b.
29. d.
30. b.
31. a.
32. c.
33. a) As semiequações envolvidas na eletrólise do cloreto de níquel(II) em solução aquosa são:
Ânodo: $2 Cl^-(aq) \rightarrow Cl_2(g) + 2 e^-$
Cátodo: $Ni^{2+}(aq) + 2 e^- \rightarrow Ni(s)$
A corrente elétrica é 27,3 A.
b) A massa de cloreto de níquel(II) é 99,15 g.

34. a) $E° = 1,56 V$
b) Serão depositados 0,145 g de zinco.

35. d.
36. c.
37. a.

CAPÍTULO 24 — A química na metalurgia e no ambiente

1. e.
2. b.
3. d.
4. b.
5. d.
6. c.
7. d.
8. d.
9. a) Do gráfico B obtemos a relação quantidade de CO_2 para "amantes da carne" 3,3 t CO_2/pessoa/ano e com ela calculamos a massa que uma população mundial consumidora de carne produz

3,3 t de CO_2 —————— 1 pessoa
x —————— $7,6 \cdot 10^9$ pessoas
$x = 25 \cdot 10^9$ t de CO_2

Segundo o gráfico A, a emissão total de CO_2 em 2017 foi de $58 \cdot 10^9$ t, logo:
$58 \cdot 10^9$ t —————— 100%
$25 \cdot 10^9$ t —————— y
$y = 43,1\%$

b) Novamente, pelo gráfico B obtemos a informação de que a quantidade de CO_2 emitida a partir da alimentação de veganos é de 1,5 t CO_2/pessoa/ano; portanto, uma população mundial vegana produz
1,5 t de CO_2 —————— 1 pessoa
x —————— $7,6 \cdot 10^9$ pessoas
$x = 11,4 \cdot 10^9$ t de CO_2

Comparando esse valor com o obtido no item **a**, concluímos que uma população mundial composta em 100% por "amantes da carne" gera ($25 \cdot 10^9$ t $- 11,4 \cdot 10^9$ t) $13,6 \cdot 10^9$ t a mais de CO_2 do que uma de veganos. E ainda uma redução de $44,4 \cdot 10^9$ t de CO_2 emitidos anualmente pela troca da dieta. Por comparação, pelo gráfico A esse novo nível de emissão de CO_2 seria equivalente àqueles dos anos de 1989, 1991 e 2001.

10. a) Foram necessários $6 \cdot 10^6$ kg de carvão.
b) CO_2: aumento do efeito estufa e SO_2: chuva ácida, uma vez que o dióxido de enxofre é um óxido ácido, isto é, sua solução aquosa reduz o pH da chuva. O SO_2 também se oxida a SO_3 que em água gera ácido sulfúrico, um eletrólito forte que produz reduções ainda mais significativas no pH da água da chuva.

11. e.
12. c.
13. d.
14. c.
15. c.
16. 03

TABELAS PARA CONSULTA

Potenciais-padrão de redução (a 25 °C)

Semirreação	$E°(V)$	Semirreação	$E°(V)$
$F_2(g) + 2\,e^- \longrightarrow 2\,F^-(aq)$	+2,87	$2\,H^+(aq) + 2\,e^- \longrightarrow H_2(g)$	0, por definição
$O_3(g) + 2\,H^+(aq) + 2\,e^- \longrightarrow O_2(g) + H_2O(l)$	+2,07	$Fe^{3+}(aq) + 3\,e^- \longrightarrow Fe^0(s)$	−0,04
$S_2O_8^{2-}(aq) + 2\,e^- \longrightarrow 2\,SO_4^{2-}(aq)$	+2,05	$Pb^{2+}(aq) + 2\,e^- \longrightarrow Pb^0(s)$	−0,13
$H_2O_2(aq) + 2\,H^+(aq) + 2\,e^- \longrightarrow 2\,H_2O(l)$	+1,78	$Sn^{2+}(aq) + 2\,e^- \longrightarrow Sn^0(s)$	−0,14
$Au^+(aq) + 1\,e^- \longrightarrow Au^0(s)$	+1,69	$Ni^{2+}(aq) + 2\,e^- \longrightarrow Ni^0(s)$	−0,23
$Pb^{4+}(aq) + 2\,e^- \longrightarrow Pb^{2+}(aq)$	+1,67	$Co^{2+}(aq) + 2\,e^- \longrightarrow Co^0(s)$	−0,28
$2\,HClO(aq) + 2\,H^+(aq) + 2\,e^- \longrightarrow Cl_2(g) + 2\,H_2O(l)$	+1,63	$PbSO_4(s) + 2\,e^- \longrightarrow Pb^0(s) + SO_4^{2-}(aq)$	−0,36
$MnO_4^-(aq) + 8\,H^+(aq) + 5\,e^- \longrightarrow Mn^{2+}(aq) + 4\,H_2O(l)$	+1,51	$Cd^{2+}(aq) + 2\,e^- \longrightarrow Cd^0(s)$	−0,40
$Au^{3+}(aq) + 3\,e^- \longrightarrow Au^0(s)$	+1,40	$Fe^{2+}(aq) + 2\,e^- \longrightarrow Fe^0(s)$	−0,44
$Cl_2(g) + 2\,e^- \longrightarrow 2\,Cl^-(aq)$	+1,36	$S(s) + 2\,e^- \longrightarrow S^{2-}(aq)$	−0,48
$Cr_2O_7^{2-}(aq) + 14\,H^+(aq) + 6\,e^- \longrightarrow 2\,Cr^{3+}(aq) + 7\,H_2O(l)$	+1,33	$O_2(g) + 1\,e^- \longrightarrow O_2^-(aq)$	−0,56
$O_3(g) + H_2O(l) + 2\,e^- \longrightarrow O_2(g) + 2\,OH^-(aq)$	+1,24	$Cr^{3+}(aq) + 3\,e^- \longrightarrow Cr^0(s)$	−0,74
$O_2(g) + 4\,H^+(aq) + 4\,e^- \longrightarrow 2\,H_2O(l)$	+1,23	$Zn^{2+}(aq) + 2\,e^- \longrightarrow Zn^0(s)$	−0,76
$MnO_2(s) + 4\,H^+(aq) + 2\,e^- \longrightarrow Mn^{2+}(aq) + 2\,H_2O(l)$	+1,23	$2\,H_2O(l) + 2\,e^- \longrightarrow H_2(g) + 2\,OH^-(aq)$	−0,83
$Pt^{2+}(aq) + 2\,e^- \longrightarrow Pt^0(s)$	+1,20	$Cr^{2+}(aq) + 2\,e^- \longrightarrow Cr^0(s)$	−0,91
$Br_2(l) + 2\,e^- \longrightarrow 2\,Br^-(aq)$	+1,09	$Mn^{2+}(aq) + 2\,e^- \longrightarrow Mn^0(s)$	−1,18
$NO_3^-(aq) + 4\,H^+(aq) + 3\,e^- \longrightarrow NO(g) + 2\,H_2O(l)$	+0,96	$Al^{3+}(aq) + 3\,e^- \longrightarrow Al^0(s)$	−1,66
$2\,Hg^{2+}(aq) + 2\,e^- \longrightarrow Hg_2^{2+}(aq)$	+0,92	$Mg^{2+}(aq) + 2\,e^- \longrightarrow Mg^0(s)$	−2,36
$OCl^-(aq) + H_2O(l) + 2\,e^- \longrightarrow Cl^-(aq) + 2\,OH^-(aq)$	+0,89	$Na^+(aq) + 1\,e^- \longrightarrow Na^0(s)$	−2,71
$Hg^{2+}(aq) + 2\,e^- \longrightarrow Hg^0(l)$	+0,85	$Ca^{2+}(aq) + 2\,e^- \longrightarrow Ca^0(s)$	−2,87
$NO_3^-(aq) + 2\,H^+(aq) + 1\,e^- \longrightarrow NO_2(g) + H_2O(l)$	+0,80	$Sr^{2+}(aq) + 2\,e^- \longrightarrow Sr^0(s)$	−2,89
$Ag^+(aq) + 1\,e^- \longrightarrow Ag^0(s)$	+0,80	$Ba^{2+}(aq) + 2\,e^- \longrightarrow Ba^0(s)$	−2,91
$Hg_2^{2+}(aq) + 2\,e^- \longrightarrow 2\,Hg^0(l)$	+0,79	$Ra^{2+}(aq) + 2\,e^- \longrightarrow Ra^0(s)$	−2,92
$Fe^{3+}(aq) + 1\,e^- \longrightarrow Fe^{2+}(aq)$	+0,77	$Cs^+(aq) + 1\,e^- \longrightarrow Cs^0(s)$	−2,92
$MnO_4^-(aq) + 2\,H_2O(l) + 3\,e^- \longrightarrow MnO_2(s) + 4\,OH^-(aq)$	+0,60	$Rb^+(aq) + 1\,e^- \longrightarrow Rb^0(s)$	−2,93
$I_2(s) + 2\,e^- \longrightarrow 2\,I^-(aq)$	+0,54	$K^+(aq) + 1\,e^- \longrightarrow K^0(s)$	−2,93
$Cu^+(aq) + 1\,e^- \longrightarrow Cu^0(s)$	+0,52	$Li^+(aq) + 1\,e^- \longrightarrow Li^0(s)$	−3,05
$O_2(g) + 2\,H_2O(l) + 4\,e^- \longrightarrow 4\,OH^-(aq)$	+0,40		
$Cu^{2+}(aq) + 2\,e^- \longrightarrow Cu^0(s)$	+0,34		
$Hg_2Cl_2(s) + 2\,e^- \longrightarrow 2\,Hg^0(l) + 2\,Cl^-(aq)$	+0,27		
$SO_4^{2-}(aq) + 4\,H^+(aq) + 2\,e^- \longrightarrow H_2SO_3(aq) + H_2O(l)$	+0,17		
$Cu^{2+}(aq) + 1\,e^- \longrightarrow Cu^+(aq)$	+0,15		
$Sn^{4+}(aq) + 2\,e^- \longrightarrow Sn^{2+}(aq)$	+0,15		
$NO_3^-(aq) + H_2O(l) + 2\,e^- \longrightarrow NO_2^-(aq) + 2\,OH^-(aq)$	+0,01		

Caráter oxidante crescente (↑) — Caráter redutor crescente (↓)

Fonte: ATKINS, P. W.; JONES, L. *Princípios de Química*: questionando a vida moderna e o ambiente. 5. ed. Trad: R. B. de Alencastro. Porto Alegre: Bookman, 2012. p. 810.

Tabela periódica dos elementos químicos

Grupo Família																	
1 1A	2 2A	3 3B	4 4B	5 5B	6 6B	7 7B	8 8B	9 8B	10 8B	11 1B	12 2B	13 3A	14 4A	15 5A	16 6A	17 7A	18 8A

Legenda:
- P = período
- Símbolo
- número atômico
- nome do elemento
- massa atômica
- ■ metais
- ■ não metais

Período	1A	2A	3B	4B	5B	6B	7B	8B	8B	8B	1B	2B	3A	4A	5A	6A	7A	8A
1	1 H Hidrogênio 1,0																	2 He Hélio 4,0
2	3 Li Lítio 6,9	4 Be Berílio 9,0											5 B Boro 10,8	6 C Carbono 12,0	7 N Nitrogênio 14,0	8 O Oxigênio 16,0	9 F Flúor 19,0	10 Ne Neônio 20,2
3	11 Na Sódio 23,0	12 Mg Magnésio 24,3											13 Al Alumínio 27,0	14 Si Silício 28,1	15 P Fósforo 31,0	16 S Enxofre 32,1	17 Cl Cloro 35,5	18 Ar Argônio 40,2
4	19 K Potássio 39,1	20 Ca Cálcio 40,1	21 Sc Escândio 45,0	22 Ti Titânio 47,9	23 V Vanádio 50,9	24 Cr Crômio 52,0	25 Mn Manganês 54,9	26 Fe Ferro 55,8	27 Co Cobalto 58,9	28 Ni Níquel 58,7	29 Cu Cobre 63,6	30 Zn Zinco 65,4	31 Ga Gálio 69,7	32 Ge Germânio 72,6	33 As Arsênio 74,9	34 Se Selênio 79,0	35 Br Bromo 79,9	36 Kr Criptônio 83,8
5	37 Rb Rubídio 85,5	38 Sr Estrôncio 87,6	39 Y Ítrio 88,9	40 Zr Zircônio 91,2	41 Nb Nióbio 92,9	42 Mo Molibdênio 96,0	43 Tc Tecnécio	44 Ru Rutênio 101,1	45 Rh Ródio 102,9	46 Pd Paládio 106,4	47 Ag Prata 107,9	48 Cd Cádmio 112,4	49 In Índio 114,8	50 Sn Estanho 118,7	51 Sb Antimônio 121,8	52 Te Telúrio 127,6	53 I Iodo 126,9	54 Xe Xenônio 131,3
6	55 Cs Césio 132,9	56 Ba Bário 137,3	57-71 La-Lu	72 Hf Háfnio 178,5	73 Ta Tântalo 180,9	74 W Tungstênio 183,8	75 Re Rênio 186,2	76 Os Ósmio 190,2	77 Ir Irídio 192,2	78 Pt Platina 195,1	79 Au Ouro 197,0	80 Hg Mercúrio 200,6	81 Tl Tálio 204,4	82 Pb Chumbo 207,2	83 Bi Bismuto 209,0	84 Po Polônio	85 At Astato	86 Rn Radônio
7	87 Fr Frâncio	88 Ra Rádio	89-103 Ac-Lr	104 Rf Rutherfórdio	105 Db Dúbnio	106 Sg Seabórgio	107 Bh Bóhrio	108 Hs Hássio	109 Mt Meitnério	110 Ds Darmstádtio	111 Rg Roentgênio	112 Cn Copernício	113 Nh Nihônio	114 Fl Fleróvio	115 Mc Moscóvio	116 Lv Livermório	117 Ts Tennesso	118 Og Oganessônio

Série dos lantanídeos:

57 La Lantânio 138,9	58 Ce Cério 140,1	59 Pr Praseodímio 140,9	60 Nd Neodímio 144,2	61 Pm Promécio	62 Sm Samário 150,4	63 Eu Európio 152,0	64 Gd Gadolínio 157,3	65 Tb Térbio 158,9	66 Dy Disprósio 162,5	67 Ho Hólmio 164,9	68 Er Érbio 167,3	69 Tm Túlio 168,9	70 Yb Itérbio 173,0	71 Lu Lutécio 175,0

Série dos actinídeos:

89 Ac Actínio	90 Th Tório 232,0	91 Pa Protactínio 231,0	92 U Urânio 238,0	93 Np Netúnio	94 Pu Plutônio	95 Am Amerício	96 Cm Cúrio	97 Bk Berquélio	98 Cf Califórnio	99 Es Einstênio	100 Fm Férmio	101 Md Mendelévio	102 No Nobélio	103 Lr Laurêncio

Fonte: IUPAC. Versão da Tabela Periódica dos Elementos publicada em 8 jan. 2016. Disponível em: <http://iupac.org/fileadmin/user_upload/news/IUPAC_Periodic_Table-8jan16.pdfx. Acesso em: 4 maio 2018.

Notas: De acordo com a União Internacional da Química Pura e Aplicada (cuja sigla em inglês é IUPAC), não são expressos os valores de massa atômica cujos isótopos não são encontrados em amostras naturais terrestres. Na fonte original, são indicados a massa atômica para os elementos H, Li, Mg, B, C, N, O, Si, S, Cl, Br e Tl. Os elementos químicos de números 113, 115, 117 e 118 foram reconhecidos pela IUPAC no final de 2015 e assim foram traduzidos para o português: nihônio, Nh, moscóvio, Mc, tenesso, Ts, oganessônio, Og.

Reprodução proibida. Art. 184 do Código Penal e Lei 9.610 de 19 de fevereiro de 1998.

PARTE III

QUÍMICA ORGÂNICA

UNIDADE 9
Dos núcleos atômicos às interações moleculares

Capítulo 25
Estudo da radioatividade, suas aplicações e implicações ambientais, **620**

Capítulo 26
Esclarecendo questões sobre a estrutura da matéria, **650**

Capítulo 27
Ligações químicas: um aprofundamento, **670**

UNIDADE 10
Fundamentos da Química Orgânica

Capítulo 28
Desenvolvimento da Química Orgânica, **686**

Capítulo 29
Petróleo, gás natural e carvão: fontes de hidrocarbonetos, **698**

Capítulo 30
Funções orgânicas oxigenadas, **730**

Capítulo 31
Funções nitrogenadas, halogenadas e sulfuradas, **762**

Capítulo 32
Isomeria, **784**

UNIDADE 11
Reações orgânicas

Capítulo 33
Reações de adição e substituição, **808**

Capítulo 34
Outras reações orgânicas, **822**

Capítulo 35
Polímeros: obtenção, usos e implicações, **844**

UNIDADE 12
Química e alimentos

Capítulo 36
Nutrição e principais nutrientes, **874**

UNIDADE 9
DOS NÚCLEOS ATÔMICOS ÀS INTERAÇÕES MOLECULARES

Capítulo 25
Estudo da radioatividade, suas aplicações e implicações ambientais, 620

Capítulo 26
Esclarecendo questões sobre a estrutura da matéria, 650

Capítulo 27
Ligações químicas: um aprofundamento, 670

Todos os morangos desta fotografia foram colhidos no mesmo dia. No entanto, os morangos à esquerda foram irradiados logo.

Você sabia que a radioatividade pode ser usada para conservar alimentos? Ao submeter os alimentos a uma quantidade de radiação controlada e por tempo determinado, é possível reduzir a velocidade de processos fisiológicos dos vegetais e também eliminar ou diminuir a quantidade de microrganismos presentes no material irradiado sem causar prejuízo ao alimento ou ao consumidor.
• Você conhece outras aplicações da radioatividade? Quais?

Nesta unidade, você vai estudar o fenômeno da radioatividade, suas aplicações socioeconômicas e seus impactos ambientais, além de aprofundar seu conhecimento sobre estrutura da matéria.

CAPÍTULO 25

ESTUDO DA RADIOATIVIDADE, SUAS APLICAÇÕES E IMPLICAÇÕES AMBIENTAIS

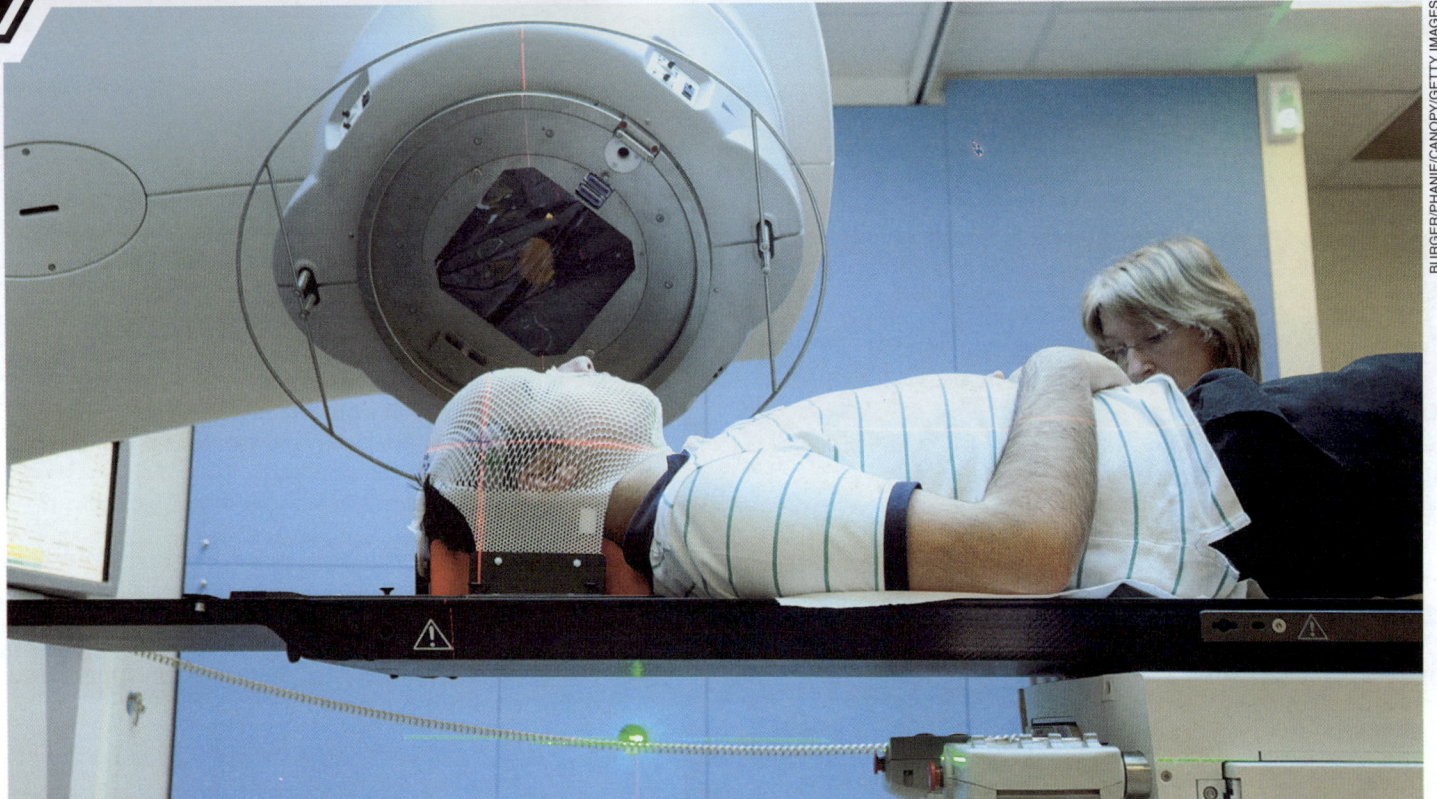

A radioterapia é uma técnica utilizada para destruir células tumorais. Na radioterapia externa, a fonte da radiação é deslocada de seu compartimento de segurança, blindado, dentro do equipamento, e posicionada sobre um orifício que permite a passagem de um feixe de radiação concentrado sobre a região a ser tratada. Foto de 2012.

ENEM
C5: H17 e H19
C6: H22
C7: H24

Este capítulo vai ajudá-lo a compreender:
- algumas formas de radiação;
- o conceito de meia-vida;
- os fenômenos de fissão nuclear e fusão nuclear;
- algumas aplicações da radioatividade e suas consequências.

Para situá-lo

Embora a radioatividade seja frequentemente associada a algum malefício (bombas atômicas, contaminação radioativa, lixo radioativo), esse fenômeno, bastante comum, tem tido inúmeras aplicações na sociedade e nas ciências. Tanto a imagem de abertura desta unidade como a do capítulo exemplificam algumas de suas contribuições.

Os primeiros relatos sobre a radioatividade surgiram no final do século XIX e, devido à importância das descobertas relacionadas a esse fenômeno, diversos cientistas receberam prêmios Nobel. O texto a seguir aponta alguns impactos dessas descobertas e o contexto histórico em que ocorreram.

[...]
[...]. A divulgação da descoberta do rádio e de suas propriedades (as manchetes relativas a ele geralmente ocupavam a página de rosto dos jornais, tal como já ocorrera com os raios X anos antes) fez com que as pessoas, já fascinadas quando do surgimento dos raios X, passassem a vê-la como um novo e encantador fenômeno. Os jovens eram particularmente envolvidos por aquela sensacional era da ciência, que não conhecera precedentes no século XIX. Vivia-se então a *belle époque* na Europa, onde a ciência ocupava lugar de destaque: as novas invenções ou aquelas que se popularizaram (telefone, cinema, automóvel, avião, rádio etc.) revolucionavam o modo de ver, pensar e viver

o cotidiano. [...] A sociedade norte-americana também foi extremamente receptiva às últimas novidades envolvendo a radioatividade, até mesmo se dizia que "o rádio é aceito pelo corpo humano assim como a luz solar pelas plantas". Tudo isso explica o papel dominante desse elemento na fase inicial da história da radioatividade.

[...]

A partir de cerca de 1910, começaram a circular revistas e informativos científicos na Europa e nos Estados Unidos destinados particularmente a jovens. Nessas publicações, os grandes feitos com base no progresso científico eram explicados em detalhe e em linguagem acessível a esse público-alvo. A radioatividade ocupava espaço privilegiado em muitas de suas edições, tendo como foco o rádio e suas aplicações comerciais da época (medicina e manufatura de tintas luminosas) e possíveis novos usos (por exemplo, fonte de energia e combustível). [...]

[...]

Produtos com radioatividade adicionada

O grande interesse suscitado pela radioatividade levou ao aparecimento de "teorias" que visavam justificar a aplicação de terapias e a oferta dos mais diversos produtos com radioatividade adicionada, prometendo ao consumidor a satisfação [...].

[...]

A beleza feminina foi um grande mercado para a radioatividade como exemplificado numa propaganda de um jornal de época, destinada às mulheres ávidas por beleza permanente [...]. Em toda a linha de produtos – cremes, sabões, xampus, compressas, sais de banho... – garantia-se a presença de rádio autêntico e legítimo: "a maior ajuda da natureza para a beleza da mulher". Esses produtos tinham a propriedade de "rejuvenescer e revitalizar a pele". [...]

[...]

Nos anos 1920, foram muito comuns propagandas de compressas e almofadas radioativas destinadas ao tratamento de artrite, neurite, asma, bronquite, insônia...

[...]

Diversos consumidores apresentaram efeitos indesejáveis devido ao uso desses produtos. Por exemplo, muitas usuárias do Radior [produto destacado na imagem abaixo] tiveram queimaduras, úlceras e câncer de pele, e mesmo o reembolso de US$ 5.000,00 não cobria as despesas médicas. [...]

LIMA, R. S.; PIMENTEL, L. C. F.; AFONSO, J. C. O despertar da radioatividade ao alvorecer do século XX. *Química Nova na Escola*, v. 33, n. 2, maio 2011. Disponível em: <http://qnesc.sbq.org.br/online/qnesc33_2/04-HQ10509.pdf>. Acesso em: 16 jul. 2018.

Propaganda de 1918, de produtos de beleza radioativos para mulheres.

1. Há diferenças entre um material radioativo e um material que foi irradiado? Justifique.

2. A imagem de abertura do capítulo cita uma aplicação da radioatividade. Você conhece outra(s)? Em caso positivo, faça um breve resumo dela(s).

3. O texto menciona que invenções como telefone, cinema, automóvel, avião, rádio etc. revolucionavam o modo de ver, pensar e viver o cotidiano. Você concorda com essa afirmação? Você acha que novas invenções continuam mudando o dia a dia das pessoas?

Neste capítulo, estudaremos os processos naturais e artificiais que tornam um material radioativo e as aplicações da radiação. O estudo mais aprofundado da estrutura da matéria é fundamental para a compreensão das estruturas das substâncias orgânicas, foco de estudo deste volume. Também analisaremos de que forma os cientistas obtiveram elementos artificiais recorrendo ao uso dos conhecimentos da radioatividade e como fizeram para chegar à radioatividade artificial. Muito importante em nosso estudo será entender os múltiplos usos que fazemos das emissões radioativas.

O que é radioatividade?

Mesmo quem nunca se aprofundou nesse assunto, certamente, de alguma forma, já teve contato com o tema radioatividade. Quem, por exemplo, nunca ouviu falar do uso de radiações em exames e tratamentos médicos e/ou odontológicos? Ou na importância do uso de equipamentos de proteção pelos profissionais que manuseiam máquinas de radiografias ou lidam com materiais radioativos?

De modo simplificado, pode-se definir **radioatividade** como o fenômeno pelo qual os átomos de um elemento emitem "raios" que são invisíveis. Essa radiação pode ser constituída de partículas subatômicas (como prótons e nêutrons), de radiação eletromagnética ou de ambas.

Viagem no tempo

A descoberta da radioatividade: um grande avanço da Ciência

No final do século XIX, a cientista polonesa Marie Sklodowska Curie (1867-1934) realizava pesquisas com o objetivo de esclarecer algumas dúvidas sobre um tipo de radiação emitido por compostos de urânio e que era capaz de impressionar chapas fotográficas.

Esses "raios" tinham sido descobertos ocasionalmente dois anos antes por Henri Becquerel (1852-1908), quando o cientista trabalhava com um composto de urânio – o sulfato de potássio e uranilo.

Várias histórias de descobertas realizadas no final do século XVIII e início do século XIX estão bastante interligadas. Vamos recuar um pouco no tempo para examinar alguns fatos que envolveram essas descobertas.

Em 1895, o físico alemão Wilhelm Conrad Röntgen (1845-1923), ao fazer experimentos de descarga elétrica em ampolas de gases a baixa pressão, descobriu os raios X. Esse nome – **raios X** – foi atribuído por Röntgen à sua descoberta porque ele desconhecia a natureza dessas radiações. Em 1901, em decorrência dessa descoberta, ele se tornou o primeiro cientista a receber o Prêmio Nobel de Física, e os raios X rapidamente passaram a ser usados em radiografias para detectar fraturas ósseas.

Röntgen verificou experimentalmente que os raios X, quando atingiam **materiais fluorescentes**, faziam com que eles emitissem luz. Já o que movia as pesquisas do francês Becquerel era descobrir se o contrário também seria possível, isto é, se uma substância fluorescente emitiria raios X. Partindo dessa hipótese, Becquerel colocou cristais de um material fluorescente (um composto de urânio) sobre uma chapa fotográfica recoberta com papel preto e expôs todo esse conjunto à luz solar. O papel preto foi usado para eliminar os efeitos das várias radiações que constituem a luz solar, pois, enquanto os raios X eram capazes de atravessar esse papel, o mesmo não ocorria com a luz solar. Se os raios solares provocassem fluorescência nos cristais, eles passariam a emitir raios X.

> **Material fluorescente:** substância capaz de emitir luz após exposição a certos tipos de radiações, mesmo invisíveis, como os raios X e as radiações ultravioleta (UV) emitidas pelo Sol.

A hipótese de Becquerel aparentemente se confirmara, mas ele teria de repeti-la para validar seus resultados. O acaso, porém, contribuiu para que o conhecimento científico avançasse. Como o céu parisiense estava muito nublado naqueles dias, Becquerel viu-se obrigado a esperar por um dia ensolarado. Guardou então em local escuro o conjunto – os cristais de composto de urânio recobertos por papel escuro e as chapas fotográficas.

Quando ia retomar seus experimentos, teve uma enorme surpresa: apesar da ausência de exposição à luz solar, as chapas apresentavam muitas marcas. Com isso, ele concluiu que o composto de urânio deveria ser o responsável por essas emissões.

Seria o urânio o responsável por essa radioatividade?

Essa era a questão que Marie Curie tentava, então, esclarecer realizando pesquisas em um importante trabalho compartilhado com seu marido, Pierre Curie (1859-1906).

Para isso, extraía e purificava o urânio do minério pechblenda, e acabou por descobrir, entre as impurezas, um novo elemento químico – o polônio –, que mais tarde se descobriu ser 400 vezes mais radioativo do que o urânio. Na sequência do mesmo tipo de trabalho, descobriu o elemento químico rádio (900 vezes mais radioativo do que o urânio).

A descoberta desses elementos atraiu o interesse da comunidade científica da época para a radioatividade. Além disso, acabou por confirmar que aquela era uma propriedade de determinados isótopos de alguns elementos.

Selo da República Centro-Africana de 1977 em homenagem a Marie Sklodowska Curie e a seu marido, Pierre Curie.

Qual seria a razão de alguns isótopos de rádio, polônio e urânio terem facilidade em emitir essas radiações? Para responder a essa pergunta tinha de se admitir que o átomo era divisível, ao contrário do que pensavam os cientistas da época. Marie Curie ganhou o prêmio Nobel duas vezes: em 1903, por descobertas no campo da radioatividade, quando dividiu o prêmio de Física com seu marido e com Becquerel; e em 1911, quando recebeu o prêmio Nobel de Química pela descoberta do polônio e do rádio.

- Os cientistas de língua inglesa se valem de uma palavra que não tem equivalente em português – *serendipity* – para designar a capacidade de um pesquisador aproveitar uma observação casual e, a partir dela, realizar pesquisas que possam levá-lo a novas descobertas científicas. Em seu caderno, liste os exemplos de *serendipity* mencionados no texto.

Quais são as emissões naturais?

Qual é a essência das radiações emitidas naturalmente por materiais radioativos? Na tentativa de esclarecer essa questão, o físico Ernest Rutherford (1871-1937) realizou, em 1887, um experimento por meio do qual conseguiu separar as radiações emitidas, determinando a natureza dessas emissões.

Utilizando uma amostra de material radioativo (polônio) envolto por um bloco de chumbo, Rutherford fez com que um feixe dessas radiações passasse entre duas placas carregadas com cargas de sinais contrários e colidissem com um anteparo fluorescente.

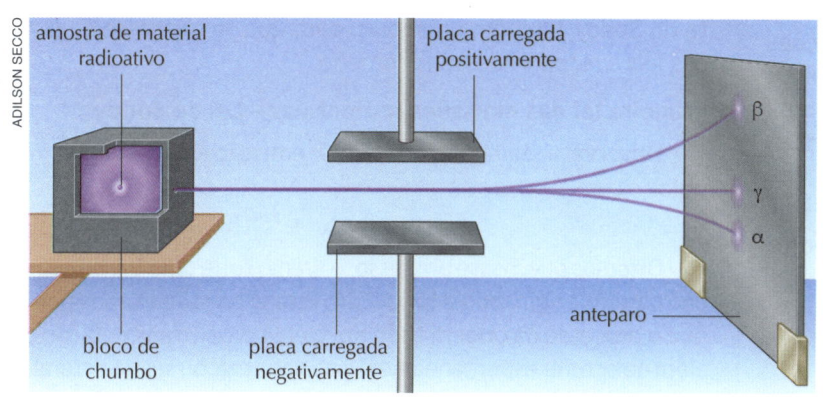

Representação do experimento de Rutherford mostrando a separação das radiações emitidas por um material radioativo.
Ilustração produzida para este conteúdo.
Fonte: CHANG, R. *Chemistry*. 5th ed. Highstown: McGraw-Hill, 1994. p. 38.

Analisando o resultado de vários experimentos semelhantes ao de Rutherford, vamos responder à questão: quais são as características dessas radiações?

Radiações alfa (α)

- Possuem carga elétrica +2, ou seja, o dobro da carga de um próton.
- Têm número de massa 4, idêntico ao dos núcleos do elemento hélio ($_2^4$He), com 2 prótons e 2 nêutrons.
- São emitidas com grande velocidade (até 30 000 km/s).
- Possuem grande energia, sendo, porém, barradas por uma folha de papel ou por uma lâmina de alumínio de 0,1 mm de espessura.
- As radiações alfa são representadas por $_2^4\alpha$ ou $_2^4$He.

Radiações beta (β)

- Possuem carga elétrica −1.
- São elétrons emitidos pelo núcleo dos átomos (veremos adiante como isso ocorre).
- São emitidas a velocidades muito altas e podem chegar perto da velocidade da luz (300 000 km/s).
- Possuem poder de penetração maior do que o das partículas α, sendo barradas por placas de alumínio de 5 mm de espessura ou de chumbo de 1 mm de espessura.
- Como as radiações beta nada mais são do que elétrons, podem ser representadas por $_{-1}^0\beta$ ou $_{-1}^0$e.

Radiações gama (γ)

- Não possuem carga elétrica.
- São ondas eletromagnéticas semelhantes aos raios X, porém mais energéticas.
- Têm velocidade igual à da luz, como todas as ondas eletromagnéticas.
- Possuem grande poder de penetração, atravessando aço com até 15 cm de espessura.
- Por não possuírem carga elétrica ou massa, as radiações gama são representadas por γ.

Observação

As radiações α e β, por apresentarem massa, também são chamadas de partículas, o que não ocorre com a radiação γ.

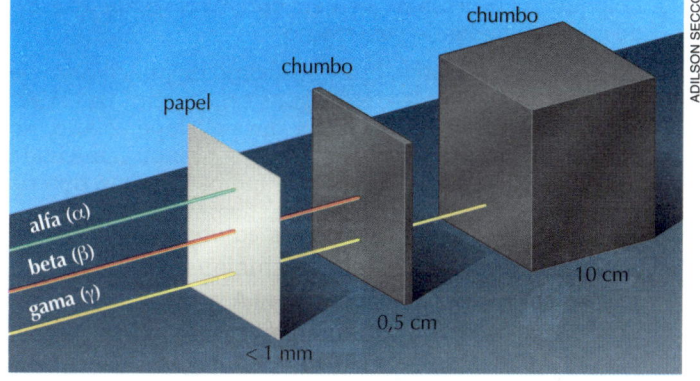

Representação da capacidade relativa de penetração dos três tipos de radiação naturais. As partículas α, que têm massa maior e carga elétrica mais alta, são barradas por uma folha de papel. As partículas β são interceptadas por placas de chumbo de 0,5 cm de espessura. Já as radiações γ são barradas por paredes de aço com mais de 15 cm de espessura ou de chumbo com 10 cm de espessura.

Fonte: KOTZ, J. C.; TREICHEL JR., P. *Chemistry & chemical reactivity*. 3rd ed. Orlando: Saunders College, 1996. p. 1088.

As transformações radioativas e a Química

No início do século XX, Rutherford e seu aluno, o químico Frederick Soddy (1877-1956), afirmaram que, quando um átomo emitia naturalmente partículas α e β, originava um novo elemento – declaração que encontrou muita resistência por contrariar a ideia de indivisibilidade do átomo.

A radioatividade implica alterações no núcleo do átomo – o que explica o termo **reações nucleares** –, nas quais estão em jogo quantidades de energia muito superiores às de uma reação química explosiva (vale lembrar que em todas as reações químicas há alterações eletrônicas, mas os núcleos atômicos permanecem inalterados). Por isso, a radioatividade não constitui um campo específico da Química, e sim da Física. Apesar disso, trata-se de assunto que apresenta inúmeras interfaces com a Química, pois essa ciência se dedica ao estudo da matéria.

No quadro a seguir estão as principais diferenças entre os processos químicos e os radioativos.

Reações químicas	Reações nucleares
Conservam os elementos químicos presentes (núcleos).	Geralmente transformam átomos de um elemento químico em átomos de outro.
A reatividade química de um elemento varia com o tipo de ligação da qual ele participa, com seu número de oxidação etc. Ex.: o rádio elementar e o cloreto de rádio ($RaCl_2$) têm comportamentos químicos diferentes.	A reatividade nuclear de um elemento independe das ligações químicas das quais ele participa. Ex.: a mesma forma isotópica, esteja na forma de substância simples (Ra) ou de composto ($RaCl_2$), tem propriedades nucleares idênticas.
Diferentes isótopos de um elemento têm propriedades químicas iguais. Ex.: $^{12}_{6}C + O_2 \longrightarrow CO_2$ $^{14}_{6}C + O_2 \longrightarrow CO_2$	Propriedades nucleares de formas isotópicas diferentes podem ser muito diferentes. Ex.: o $^{12}_{6}C$ é muito estável, enquanto o $^{14}_{6}C$ é um isótopo radioativo, pois emite radiações espontaneamente.
Implicam variações de energia desprezíveis em relação às dos processos nucleares.	Implicam enormes variações de energia. Ex.: são utilizadas em usinas nucleares e em bombas (atômicas ou de hidrogênio).

Atividades

1. Qual é a diferença essencial entre as radiações alfa e gama? O que há de comum entre elas?

2. Considerando que a massa do próton e a do nêutron são iguais e de valor aproximado a $1{,}67 \cdot 10^{-27}$ kg e que a massa do elétron é $9{,}11 \cdot 10^{-31}$ kg, qual é a relação entre a massa de uma partícula α e a de uma partícula β?

3. Coloque as partículas α, β e γ em ordem crescente de acordo com seu poder de penetração.

4. Um minério radioativo estava próximo de um cilindro de chumbo, cujas paredes têm alguns centímetros de espessura. Dentro do cilindro havia um envelope escuro, no qual estava um filme fotográfico que acabou manchado pela radiação emitida pela fonte radioativa. Que tipo de radiação deve ter atingido o filme? Justifique.

5. Há isótopos radioativos naturais que continuam emitindo radiações por milhares de anos. Outros, como o netúnio-237, supõe-se que tenham existido em algum período na Terra, mas não existem mais. Qual seria uma possível explicação para essa diferença?

Leis das emissões radioativas

A tentativa de conhecer mais a respeito do fenômeno da radioatividade natural levou Soddy a aprofundar-se no tema. Ele estudou a sequência de alterações que transformam um núcleo atômico em outro em decorrência da emissão de radiações α, β e γ, as chamadas séries radioativas naturais. Ele também foi um dos autores das leis da radioatividade. O cientista polonês Kasimir Fajans (1887-1975), que trabalhou independentemente de Soddy, também colaborou para que se chegasse a uma das leis a respeito desse fenômeno.

Primeira lei das emissões radioativas – Lei de Soddy

Observe a equação relativa à emissão de partículas α pelo ^{238}U:

$$^{238}_{92}U \longrightarrow ^{4}_{2}\alpha + ^{234}_{90}Th$$

Dizemos que, nesse processo, o urânio sofre uma transmutação natural, originando o tório-234. Essa expressão é usada porque o processo dá origem a um novo elemento (transmutação), além de ocorrer espontaneamente na natureza, ou seja, é natural.

A representação da emissão de partículas α pelo ^{238}U está de acordo com a lei de Soddy (emissão de partículas), que pode ser assim enunciada:

> Se um isótopo de um elemento radioativo emite partículas α, transforma-se em outro elemento, que possui 2 unidades a menos no número atômico (Z) e 4 no número de massa (A).

Vale lembrar que a amostra do elemento radioativo é constituída por muitos átomos, e a lei se refere àqueles que se transmutam em um novo tipo de átomo.

> Os isótopos de um elemento podem ser representados de diversas maneiras, como ^{234}Th, Th-234 ou tório-234. Outra forma bastante comum de aparecer em questões de exames ou textos de divulgação científica é o nome do isótopo seguido de seu número de massa sem utilização de um hífen, como tório 234.

Segunda lei das emissões radioativas – Lei de Soddy e Fajans

Vamos conhecer agora outra lei relativa à radioatividade. Considere o exemplo:

$$^{234}_{90}Th \longrightarrow ^{0}_{-1}\beta + ^{234}_{91}Pa$$

Nessa equação de transmutação natural, os átomos do elemento tório (^{234}Th) dão origem a átomos de outro elemento químico, o protactínio-234 (^{234}Pa). Como ambos têm o mesmo número de massa, pode-se dizer que o tório-234 se transmuta em seu isóbaro.

Assim, a lei de Soddy e Fajans (emissão de partículas β) pode ser enunciada da seguinte maneira:

> Quando um isótopo de um elemento radioativo emite partículas β, ele se transforma em outro elemento, um isóbaro dele, com uma unidade a mais no número atômico.

Mas como é possível um núcleo aumentar o número de prótons e emitir elétrons?

Atualmente, sabe-se que o nêutron é uma partícula que pode se subdividir em três outras mais simples, próton, elétron e neutrino, conforme a equação abaixo:

1 nêutron ⟶ 1 próton + 1 elétron + 1 neutrino

$^{1}_{0}n \longrightarrow {}^{1}_{1}H$ ou $^{1}_{1}p$ + $^{0}_{-1}\beta$ ou $^{0}_{-1}e$ + $^{0}_{0}\nu$

Portanto, as partículas β, apesar de serem elétrons, não provêm da eletrosfera. Essas partículas vêm da desintegração de uma partícula do núcleo: o nêutron. Como o neutrino é uma partícula de carga nula e massa desprezível, a "quebra" do nêutron acarreta o aparecimento de 1 próton.

A equação de transmutação é a representação de um processo nuclear. Em qualquer equação nuclear é preciso balancear os números atômicos e de massa.

Observe alguns exemplos de equação de transmutação:

$^{234}_{91}Pa \longrightarrow {}^{0}_{-1}\beta + {}^{234}_{92}U$ $^{226}_{88}Ra \longrightarrow {}^{4}_{2}\alpha + {}^{222}_{86}Rn$

A: 234 = 0 + 234   A: 226 = 4 + 222

Z: 91 = (−1) + 92   Z: 88 = 2 + 86

Você pode resolver as questões 3, 7, 19, 21 e 27 da seção Testando seus conhecimentos.

Atividades

1. Considere duas amostras de etanol (C_2H_5OH) – combustível muito utilizado em veículos automotivos – que diferem quanto ao isótopo de carbono que as constitui.

A amostra A contém somente carbono-12, enquanto a amostra B, carbono-14. Compare as duas amostras quanto à possibilidade de sofrerem:

a) combustão;

b) emissão radioativa.

Justifique suas respostas.

2. Considere a série de desintegrações:

$^{238}_{57}A \xrightarrow{\alpha} B \xrightarrow{\alpha} C \xrightarrow{\beta} D \xrightarrow{\beta} E$

Quais letras representam isótopos? Quais representam isóbaros?

QUESTÃO COMENTADA

3. Considere um isótopo de plutônio com 94 prótons e 148 nêutrons. Se, a partir desse isótopo, houver emissão sucessiva de três partículas alfa e cinco partículas beta, qual será o número de prótons e o de nêutrons do átomo resultante? Consulte a Tabela Periódica no final do livro para escrever o símbolo químico que representa esse átomo.

Sugestão de resolução:

O número de massa do isótopo de plutônio pode ser calculado pela soma do número de prótons e de nêutrons, ou seja, A = 94 + 148 = 242.

Uma das formas de encontrar o átomo resultante é separar as emissões alfa e beta em duas equações:

$^{242}_{94}Pu \longrightarrow 3\,{}^{4}_{2}\alpha + {}^{a}_{b}X$ $^{a}_{b}X \longrightarrow 5\,{}^{0}_{-1}\alpha + {}^{c}_{d}Y$

E identificar os números atômico e de massa de X e Y.

$\begin{cases} 242 = 3 \cdot 4 + a \\ a = 230 \end{cases}$ $\begin{cases} 230 = 5 \cdot 0 + c \\ c = 230 \end{cases}$

$\begin{cases} 94 = 3 \cdot 2 + b \\ b = 88 \end{cases}$ $\begin{cases} 88 = 5 \cdot (-1) + d \\ d = 93 \end{cases}$

$^{230}_{88}X$ $^{230}_{93}Y$

Número de prótons: 93

Número de nêutrons: 230 − 93 = 137

$^{230}_{93}Np$

4. Leia o texto a seguir e responda ao que se pede:

O setor de medicina nuclear do país, cujos procedimentos para diagnóstico ou terapia utilizam radiofármacos, conta com 432 serviços de medicina nuclear (SMN) distribuídos por todo o território brasileiro. Os radiofármacos fornecidos pela CNEN [Comissão Nacional de Energia Nuclear] propiciam a realização de aproximadamente um milhão e meio de procedimentos de medicina nuclear por ano, sendo que aproximadamente 30% contam com cobertura do Sistema Único de Saúde (SUS).

O portfólio de produtos da CNEN conta atualmente com 38 (trinta e oito) radiofármacos fornecidos para a área médica [...] iodo-123, iodo-131, cromo-51, flúor-18, samário-153, índio-111 e lutécio-177 [...].

A principal unidade produtora da CNEN é o IPEN, localizado em São Paulo, que produz atualmente 38 diferentes radiofármacos [...]. O IEN, localizado no Rio de Janeiro, produz o FDG-18F, iodo-123 ultrapuro [...]; o CDTN, em Belo Horizonte, produz o FDG-18F e Na18F; e o CRCN-NE, em Recife, produz [...] o FDG-18F. Além desses, o IPEN fornece fios de irídio-192 e sementes de iodo-125, ambos utilizados em tratamentos oncológicos, por meio de procedimentos de braquiterapia. [...]

BRASIL. Comissão Nacional de Energia Nuclear (CNEM). *Produção de radiofármacos*. Disponível em: <http://www.cnen.gov.br/radiofarmacos>. Acesso em: 16 jul. 2018.

a) Esclareça qual é o significado dos números indicados após o nome dos elementos iodo, cromo, flúor, samário, índio, lutécio e irídio.

b) Use a notação $^{A}_{Z}E$ para representar todos os radioisótopos mencionados nesta seção. Consulte a Tabela Periódica no final do livro para indicar os números atômicos e os símbolos dos elementos.

c) Explique com suas palavras o significado do termo **radiofármaco**.

Capítulo 25 • Estudo da radioatividade, suas aplicações e implicações ambientais

Meia-vida

Tempo de meia-vida

Como podemos explicar o fato de ainda existirem na natureza elementos que sofrem desintegração espontaneamente?

De forma simplificada, podemos responder a essa questão dizendo que não há desintegração de todos os átomos de uma só vez. Assim, após certo intervalo de tempo, apenas uma parte dos átomos de ^{238}U, por exemplo, sofre transmutação. Prosseguindo, também só parte de uma amostra de ^{234}Th formado se transforma em ^{234}Pa, e assim por diante.

> O tempo necessário para que o número de isótopos radioativos (radioisótopos) se reduza à metade, em consequência do decaimento radioativo, é chamado de **meia-vida** e representado por $t_{\frac{1}{2}}$.

Analisando o gráfico do decaimento exponencial de uma amostra qualquer (ao lado acima), pode-se concluir que, após uma meia-vida, o número de átomos (x) cai para a metade do inicial $\left(\dfrac{x}{2}\right)$; após outra meia-vida, o número de átomos se reduz à metade da metade do inicial $\left(\dfrac{x}{4}\right)$, e assim por diante.

A curva que exprime a relação entre a quantidade do elemento radioativo que ainda não se desintegrou (expressa em átomos, quantidade de matéria ou massa) e o tempo tem sempre a mesma forma: o que varia é o valor da meia-vida, como podemos ver na curva exponencial de decaimento do oxigênio-15 ao lado.

Decaimento exponencial de uma amostra qualquer

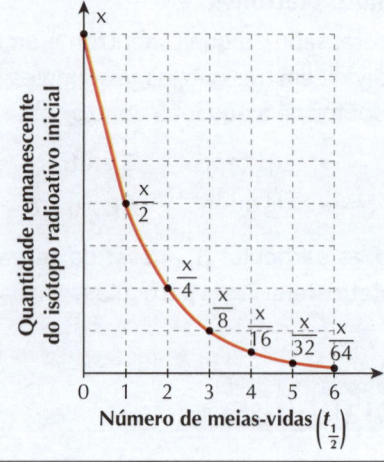

Decaimento exponencial do oxigênio-15

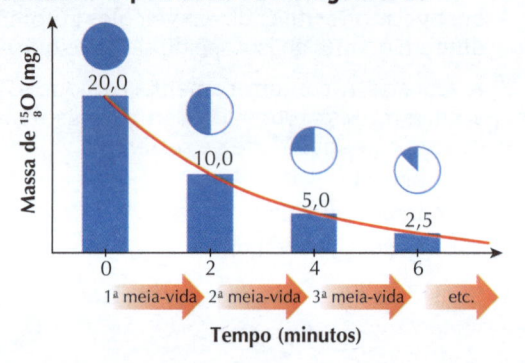

Você pode resolver as questões 2, 5, 6, 8, 10 a 15, 20 e 29 da seção Testando seus conhecimentos.

Atividades

1. Tem-se uma amostra de 8 g de um isótopo radioativo cuja meia-vida é de 120 dias. Após 360 dias, qual será a massa do isótopo radioativo ainda presente?

QUESTÃO COMENTADA

2. (Fuvest-SP) O decaimento radioativo de uma amostra de Sr-90 está representado no gráfico abaixo. Partindo-se de uma amostra de 40,0 g, após quantos anos, aproximadamente, restarão apenas 5,0 g de Sr-90?

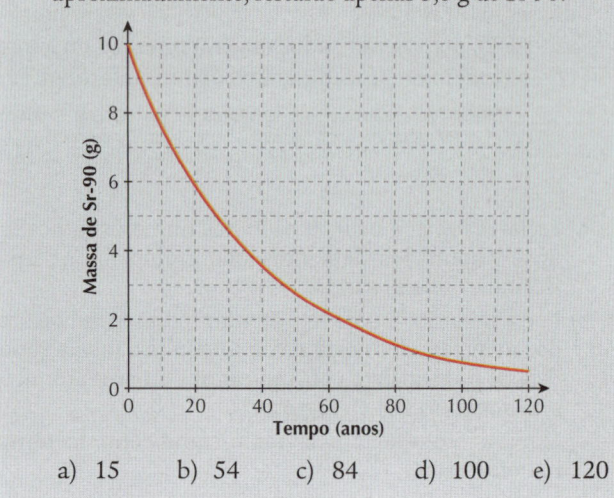

a) 15   b) 54   c) 84   d) 100   e) 120

Sugestão de resolução:

A partir do gráfico, podemos obter o valor da meia-vida do Sr-90, isto é, do tempo necessário para que metade da amostra radioativa se desintegre. Quando $t = 0$ (amostra inicial adotada para exprimir esse decaimento), $m = 10$ g.

Para que essa amostra se reduza a 5 g, são necessários aproximadamente 28 anos. Então, $t_{\frac{1}{2}} \approx 28$ anos. Vamos agora considerar a amostra inicial 40,0 g:

$$40,0 \text{ g} \xrightarrow{28 \text{ anos}} 20,0 \text{ g} \xrightarrow{28 \text{ anos}} 10,0 \text{ g} \xrightarrow{28 \text{ anos}} 5,0 \text{ g}$$

$$t = 3 \cdot 28 \text{ anos} = 84 \text{ anos}$$

Podemos resolver também pela fórmula que exprime o termo geral de uma progressão geométrica (PG):

$$m_{final} = \dfrac{m_{inicial}}{2^x} \quad \text{em que x é a meia-vida.}$$

Assim, substituindo os valores na expressão, temos:

$$5,0 = \dfrac{40,0}{2^x} \Rightarrow 2^x = 8 \Rightarrow x = 3$$

3 é o número de meias-vidas que transcorreu, e esse total corresponde a $3 \cdot 28$ anos = 84 anos.

Resposta: alternativa **c**.

3. Em 13 de setembro de 1987, ocorreu em Goiânia (GO) o maior acidente envolvendo material radioativo no Brasil. Na tragédia, quase 1000 pessoas foram contaminadas pelo radioisótopo e quatro delas faleceram em decorrência da exposição. Leia o texto a seguir sobre esse trágico episódio.

[...]
A tragédia começou quando dois jovens catadores de materiais recicláveis abrem um aparelho de radioterapia em um prédio público abandonado, no dia 13 de setembro de 1987, no centro de Goiânia. Eles pensavam em retirar [...] o metal para vender e ignoravam que dentro do equipamento havia uma cápsula contendo césio-137, um metal radioativo.

Apesar de o aparelho pesar cerca de 100 kg, a dupla o levou para casa de um deles, no centro. Já no primeiro dia de contato com o material, ambos começaram a apresentar sintomas de contaminação radioativa, como tonteiras, náuseas e vômitos. Inicialmente, não associaram o mal-estar ao césio-137, e sim à alimentação.

Depois de cinco dias, o equipamento foi vendido para [...], dono de um ferro-velho localizado no Setor Aeroporto, também na região central da cidade. Neste local, a cápsula foi aberta e, à noite, [...] [o dono] constatou que o material tinha um brilho azul intenso e levou o material para dentro de casa.

[O dono], sua esposa [...] e outros membros de sua família também começaram a apresentar sintomas de contaminação radioativa, sem fazer ideia do que tinham em casa. Ele continuava fascinado pelo brilho do material. Entre os dias 19 e 26 de setembro, a cápsula com o césio foi mostrada para várias pessoas que passaram pelo ferro-velho e também pela casa da família. [...]

G1 GOIÁS. Maior acidente radiológico do mundo, césio-137 completa 26 anos, 13 set. 2013. Disponível em: <http://g1.globo.com/goias/noticia/2013/09/maior-acidente-radiologico-do-mundo-cesio-137-completa-26-anos.html>. Acesso em: 16 jul. 2018.

a) Considere que cerca de 90 g de cloreto de césio-137 ($^{137}CsCl$) se encontrava na cápsula violada no acidente. Se a meia-vida do isótopo de césio-137 é de 30 anos, estime aproximadamente quantos anos serão necessários para que a massa de cloreto de césio-137 seja inferior a 1 g.

b) Materiais como cápsulas e equipamentos que utilizam compostos radioativos devem apresentar um símbolo que identifique o risco de manusear o produto (produtos inflamáveis e corrosivos, por exemplo, apresentam, respectivamente, os símbolos abaixo). Qual é o símbolo utilizado para produtos radioativos? Pesquise em *sites* e livros, caso seja necessário.

Conexões

Química e tecnologia – Detector de fumaça

Detectores de fumaça são muito utilizados para prevenir incêndios e outros acidentes graves provocados pelo aumento da temperatura. Esse dispositivo também "denuncia" fumantes que burlam os regulamentos que proíbem o fumo em determinados lugares.

Como funciona um detector de fumaça?

Um dispositivo bastante usado baseia-se na desintegração de um isótopo radioativo – o amerício-241. Esse isótopo tem meia-vida de 432 anos e decai por emissão de partículas α, conforme a equação:

$$^{241}_{95}Am \longrightarrow \; ^{4}_{2}He + \; ^{237}_{93}Np$$

Detector de fumaça doméstico. Um alarme sonoro é disparado em caso de presença de fumaça no ambiente.

Conexões

Observe na representação do detector de fumaça que entre as placas de detecção há uma fonte radioativa (amerício-241). Como as partículas α têm grande poder de ionização, basta que ocorra uma pequena emissão dessas partículas para que o gás entre as placas de detecção tenha seus elétrons removidos e se ionizem. Essa ionização permite que o circuito elétrico se feche e por ele circule uma corrente elétrica de baixa intensidade. Se houver fumaça nesse local, os íons se unirão às partículas de fumaça, reduzindo a intensidade de corrente elétrica, e o alarme será acionado.

Representação do funcionamento de um detector de fumaça. A presença de fumaça na região onde se encontram os íons reduz a corrente elétrica que passa pelo circuito, acionando o alarme sonoro.

Fonte: KOTZ, J. C.; TREICHEL JR., P. *Chemistry & chemical reactivity*. 3rd ed. Orlando: Saunders College, 1996. p. 1107.

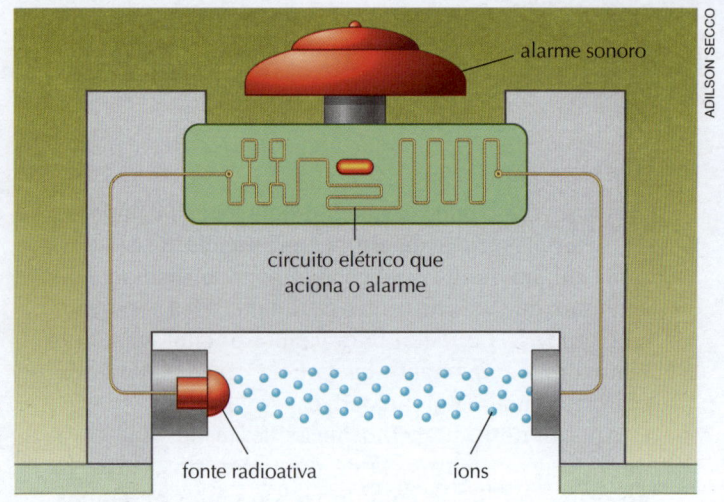

1. Considerando que a desintegração do amerício-241 libera somente partículas α, qual material é mais adequado para diminuir o perigo de contaminação: papel, alumínio ou chumbo?

2. Redija em seu caderno uma explicação sobre o papel da fumaça no sentido de fazer o alarme do detector disparar.

Reações nucleares

Como vimos, a radioatividade natural foi descoberta no final do século XIX. Pouco tempo se passou até que o ser humano conseguisse "provocar" processos de transmutação. Em 1919, Rutherford usou uma fonte de partículas α para bombardear o gás nitrogênio e obteve, nesse processo, átomos de flúor. Veja a equação que representa o processo:

$$^{14}_{7}N + ^{4}_{2}He \longrightarrow ^{18}_{9}F$$

Como o isótopo do flúor (^{18}F) é muito instável, sua transmutação em ^{17}O ocorre rapidamente. Nesse processo há emissão de um próton: Observe:

$$^{18}_{9}F \longrightarrow ^{17}_{8}O + ^{1}_{1}H$$

Podemos representar todo esse processo em uma única equação:

$$^{14}_{7}N + ^{4}_{2}\alpha \longrightarrow ^{17}_{8}O + ^{1}_{1}H$$

O bombardeamento de núcleos com partículas foi objeto de pesquisa de vários cientistas. Por meio do bombardeamento do berílio com partículas α, por exemplo, foram obtidas radiações enormemente penetrantes, os "raios de berílio".

Em 1932, o físico inglês James Chadwick (1891-1974), interpretando um experimento em que havia esse bombardeamento, sugeriu que os "raios de berílio" eram nêutrons, isto é, partículas com massa igual à dos prótons e sem carga elétrica.

Observe a equação nuclear que representa esse processo:

$$^{9}_{4}Be + ^{4}_{2}\alpha \longrightarrow ^{12}_{6}C + ^{1}_{0}n$$

nêutron

Pelo fato de não terem carga, os nêutrons não são repelidos pelos núcleos e por isso podem atravessar os materiais com facilidade.

Para bombardear núcleos com partículas, é necessário que elas sejam aceleradas. Para isso, são usados os aceleradores, como o de Van de Graaf, o cíclotron, o bétatron e o LHC, sigla do inglês *Large Hadron Collisor* (Grande Colisor de Hádrons), entre outros.

Vista do interior do LHC, mantido por laboratório europeu dedicado a pesquisas nucleares (CERN – Conseil Européen pour la Recherche Nucléaire), localizado na fronteira entre Suíça e França. Foto de 2013.

Radioatividade artificial

Em 1934, os físicos Irène Joliot-Curie (1897-1956) – filha do casal Curie – e seu marido Frédéric Joliot-Curie (1900-1958) obtiveram o primeiro isótopo artificial radioativo. Eles bombardearam o alumínio com partículas α e chegaram a um isótopo radioativo do fósforo:

$$^{27}_{13}Al + ^{4}_{2}\alpha \longrightarrow \, ^{30}_{15}P + ^{1}_{0}n$$

O $^{30}_{15}P$, espontaneamente, emite pósitron – partícula com massa igual à do elétron e de carga elétrica de mesma intensidade, mas de sinal contrário, que pode ser representada por $^{0}_{+1}\beta$.

$$^{30}_{15}P \longrightarrow \, ^{30}_{14}Si + \, ^{0}_{+1}\beta$$
pósitron

O $^{30}_{15}P$ é um **radioisótopo artificial**. Aliás, a maioria dos isótopos radioativos são obtidos em laboratório.

Todos os isótopos dos elementos transurânicos (cujo Z é maior do que 92) são radioativos e foram obtidos pelo ser humano (artificiais). Observe outras equações de transmutação nuclear, como, por exemplo, a que representa a obtenção do primeiro elemento transurânico – o netúnio –, que ocorreu em 1940.

$$^{238}_{92}U + \, ^{2}_{1}H \longrightarrow \, ^{238}_{93}Np + 2\, ^{1}_{0}n$$
netúnio   nêutron

O $^{238}_{93}Np$ obtido artificialmente tem meia-vida de 21 dias e, por desintegração, fornece o plutônio:

$$^{238}_{93}Np \longrightarrow \, ^{238}_{94}Pu + \, ^{0}_{-1}\beta + \gamma$$
plutônio   elétron   radiação gama

No quadro abaixo estão representadas partículas subatômicas envolvidas em processos naturais de transmutação nuclear (α, β, γ) ou artificiais:

Representações adotadas para partículas subatômicas			
Partícula	Representação	Partícula	Representação
alfa	$^{4}_{2}\alpha$	dêuteron	$^{2}_{1}H$
beta	$^{0}_{-1}\beta$	pósitron	$^{0}_{+1}\beta$
gama	$^{0}_{0}\gamma$	neutrino	$^{0}_{0}\nu$
próton	$^{1}_{1}H$	nêutron	$^{1}_{0}n$

Fissão nuclear e bomba atômica

Por meio do bombardeamento do urânio com nêutrons, cientistas tentavam obter elementos artificiais com Z maior do que 92, os chamados transurânicos. Foi dessa forma que, em 1938, os químicos Otto Hahn (1879-1968) e Fritz Strassmann (1902-1980) conseguiram fissionar (isto é, "quebrar") o urânio-235 (^{235}U).

> Chamamos de **fissão nuclear** a reação nuclear em que um núcleo de um átomo bombardeado por nêutrons se divide (fissiona) em núcleos menores e mais leves. Nesse processo, ocorre a liberação de grande quantidade de energia e a emissão de nêutrons.

Como interpretar esse fato?

Otto Robert Frisch (1904-1979) e Lise Meitner (1878-1968), ao interpretarem os experimentos de Hahn e Strassmann, concluíram que, se um núcleo de massa atômica elevada sofre fissão, obtêm-se átomos de massa mediana e enorme quantidade de energia.

$$^{235}_{92}U + ^{1}_{0}n \longrightarrow ^{141}_{56}Ba + ^{92}_{36}Kr + 3\,^{1}_{0}n \qquad \Delta H = -2 \cdot 10^{10} \text{ kJ/mol}$$

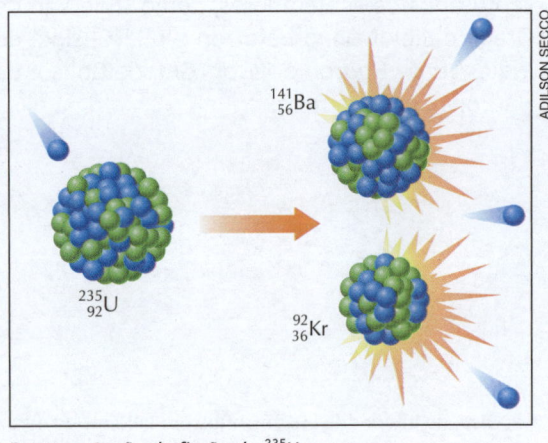

Representação da fissão do ^{235}U.

Fonte: KOTZ, J. C.; TREICHEL JR., P. *Chemistry & chemical reactivity*. 3rd ed. Orlando: Saunders College, 1996. p. 1106.

Por causa do nazismo, Lise Meitner deixou a Alemanha e foi para a Suécia, levando consigo informações sobre a fissão nuclear. Essas informações foram posteriormente divulgadas em Washington durante uma reunião de físicos. Com isso, outros cientistas puderam executar experimentos e constataram a possibilidade de "quebrar" o núcleo do urânio por meio de nêutrons.

O fato mais significativo da reação de fissão é que nela são produzidos mais nêutrons do que os necessários para que o processo de fissão se inicie. Assim, quando um **único nêutron** bombardeia um núcleo, **libera três nêutrons**, que serão responsáveis por 3 novas fissões, que por sua vez liberam 9 nêutrons, e assim por diante.

Como a fissão do ^{235}U é extremamente rápida, ela provoca um processo de reações em cadeia que é explosivo. A energia liberada nesse processo pode ser usada nas bombas atômicas ou, se a reação em cadeia for controlada, em reatores nucleares, para a produção de energia elétrica.

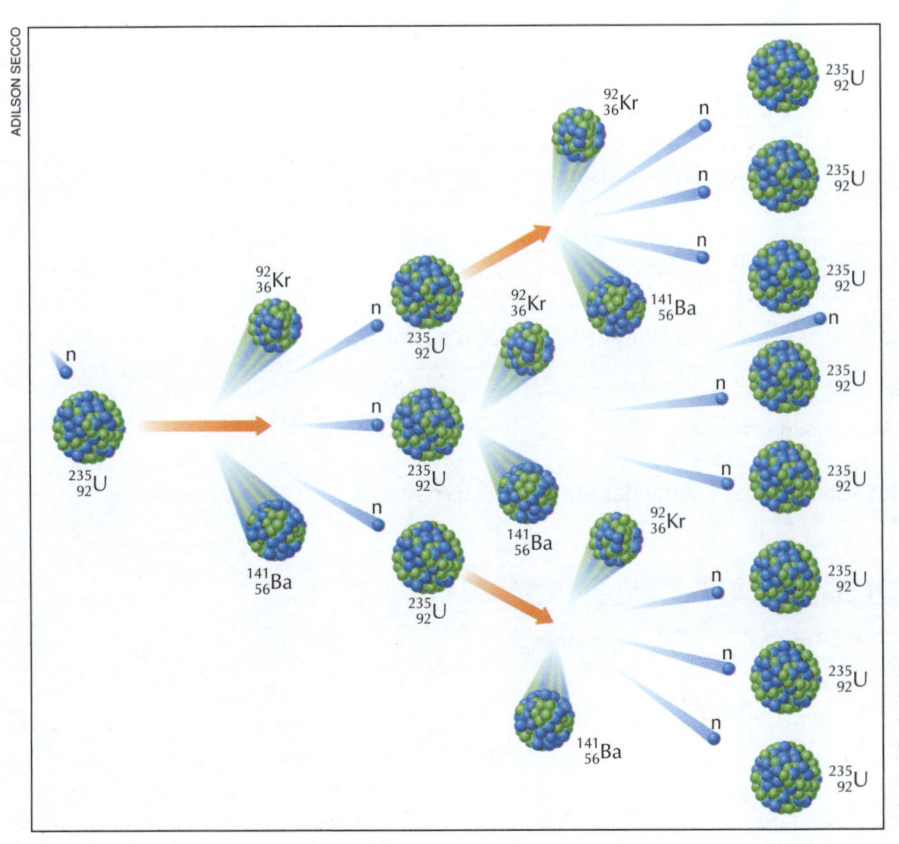

Representação da fissão nuclear, uma reação em cadeia. Cada nêutron produzido na fissão de um átomo é responsável pela quebra de outros núcleos atômicos.

Fonte: KOTZ, J. C.; TREICHEL JR., P. *Chemistry & chemical reactivity*. 3rd ed. Orlando: Saunders College, 1996. p. 1108.

Energia atômica e destruição

Em 6 de agosto 1945, contrariando a posição de um conjunto de cientistas, os Estados Unidos da América detonaram duas bombas atômicas no Japão: uma na cidade de Hiroshima e outra, logo depois, em Nagasaki. A incrível potência desse artefato já havia sido comprovada, quando os Estados Unidos detonaram uma bomba atômica em região desértica do Novo México, em julho de 1945.

A bomba de Hiroshima causou a morte de cerca de 70 mil pessoas e devastou completamente 9 km², em alguns segundos. Sua potência era de 20 quilotons, o equivalente a 20 mil toneladas do explosivo químico TNT, o trinitrotolueno.

Na bomba lançada em Hiroshima foi usado o urânio-235 (^{235}U) e, na de Nagasaki, o plutônio-239 (^{239}Pu). Porém, nos dois casos formaram-se novos elementos, os quais também podiam ser radioativos.

Em consequência das radiações, os habitantes dessas cidades que sobreviveram apresentaram vários problemas de saúde. Muitos casos de leucemia e de crianças que nasceram com deficiências devido a alterações genéticas são apenas alguns exemplos do desastre causado pelas explosões atômicas.

Destruição causada pela explosão de bomba atômica em Hiroshima, Japão (1945). Cerca de 90% dos prédios da cidade foram destruídos, 70 mil pessoas morreram imediatamente e dezenas de milhares após a explosão.

Conexões

Química e História – A bomba atômica e a Guerra Fria

Depois dos Estados Unidos, a União Soviética também obteve a tecnologia para construir bombas atômicas. Começou então um período da história do século XX que ficou conhecido como Guerra Fria e se estendeu do final da Segunda Guerra Mundial até 1989, quando a União Soviética se desintegrou. No texto abaixo, o historiador Eric Hobsbawm comenta esse período.

....

Gerações inteiras se criaram à sombra de batalhas nucleares globais que, acreditava-se firmemente, podiam estourar a qualquer momento, e devastar a humanidade. Na verdade, mesmo os que não acreditavam que qualquer um dos lados pretendia atacar o outro achavam difícil não ser pessimistas, pois a Lei de Murphy é uma das mais poderosas generalizações sobre as questões humanas ("Se algo pode dar errado, mais cedo ou mais tarde vai dar"). À medida que o tempo passava, mais e mais coisas podiam dar errado, política e tecnologicamente, num confronto nuclear permanente baseado na suposição de que só o medo da "destruição mútua inevitável" (adequadamente expresso na sigla MAD, das iniciais da expressão em inglês – *mutually assured destruction*) impediria um lado ou outro de dar o sempre pronto sinal para o planejado suicídio da civilização. Não aconteceu, mas por cerca de quarenta anos pareceu uma possibilidade diária.

A peculiaridade da Guerra Fria era a de que, em termos objetivos, não existia perigo iminente de guerra mundial. Mais que isso: apesar da retórica apocalíptica de ambos os lados, mas sobretudo do lado americano, os governos das duas superpotências aceitaram a distribuição global de forças no fim da Segunda Guerra Mundial [...].

HOBSBAWM, Eric. *Era dos extremos:* o breve século XX. Trad. Marcos Santarrita. São Paulo: Companhia das Letras, 1995. p. 224.

....

1. Explique com suas palavras por que a Guerra Fria se baseava no medo da "destruição mútua inevitável".

2. A sigla MAD, *mutually assured destruction*, que significa "destruição mútua inevitável", forma uma palavra do idioma inglês que pode ser considerada um julgamento sobre a Guerra Fria. Consulte o significado dessa palavra em um dicionário de inglês para entender qual é esse julgamento.

3. Atualmente, a posse da bomba atômica não está mais restrita a um ou dois países no mundo.

   a) Você sabe dizer o nome de outros países que possuem a bomba atômica? Caso não saiba, procure em livros de história ou em *sites* confiáveis, como de jornais ou universidades.

   b) Em sua opinião, o planeta Terra sofre risco de destruição devido ao fato de vários países possuírem bombas atômicas?

A fusão nuclear e a bomba de hidrogênio

A fusão de isótopos de hidrogênio, semelhante à equacionada a seguir, é responsável pela liberação de uma quantidade de energia bem maior que a produzida em reações de fissão nuclear.

$$_1^2H + _1^2H \longrightarrow _2^4He$$
$$\text{deutério} \quad \text{deutério}$$

> Chamamos de **fusão nuclear** a reação nuclear em que núcleos de átomos leves se unem e originam átomos com números de massa maior que os dos átomos que lhes deram origem.

No Sol e em muitas outras estrelas, os processos de fusão nuclear, responsáveis pela produção de energia, são espontâneos.

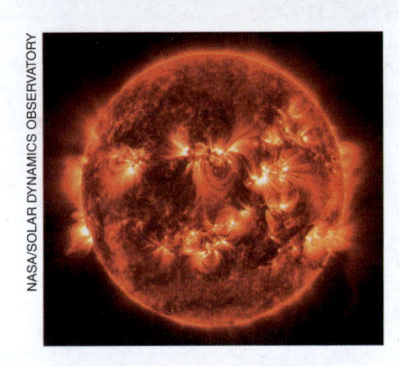

Na superfície solar acontecem diversas erupções decorrentes de reações de fusão nuclear. Foto feita pela Nasa em um período de cinco dias, em maio de 2015.

No entanto, para que a fusão nuclear envolvida na bomba de hidrogênio aconteça, é preciso desencadeá-la por meio de processos de fissão nuclear, os únicos capazes de propiciar uma temperatura suficientemente alta para fornecer a energia térmica necessária para a fusão dos núcleos de ^2H e ^3H. A energia liberada na bomba de hidrogênio equivale à energia de aproximadamente 50 bombas atômicas.

Nesse processo ocorre a fusão de núcleos de deutério e trítio, que pode ser representada pela seguinte equação:

$$_1^2H + _1^3H \longrightarrow _2^4He + _0^1n$$

É possível controlar o processo de fissão nuclear em reatores nucleares, o que permite transformar energia nuclear em energia elétrica. Já no caso da fusão nuclear, ainda não é possível realizá-la de forma controlada.

Em 1989, a notícia, veiculada pela imprensa internacional, de que cientistas estadunidenses haviam conseguido realizar a fusão nuclear em temperatura ambiente – a chamada **fusão a frio** – causou grande impacto no mundo todo. Se, de fato, a fusão de núcleos leves de hidrogênio (que podem ser obtidos da água) ocorresse sem a necessidade de altíssimas temperaturas, teríamos realizado o sonho de obter energia a partir de uma fonte barata e abundante – a água –, o que até hoje não se viabilizou.

*Você pode resolver as questões 1, 16 a 18, 22, 24 a 26, 28 e 30 da seção **Testando seus conhecimentos**.*

Atividades

1. Copie as equações nucleares a seguir em seu caderno e complete-as com símbolos, números atômicos e de massa e coeficientes estequiométricos.
   a) $_{///}^{238}U + _{///}^{12}C \longrightarrow _{98}^{///}Cf + 5\,_0^1n$
   b) $_{///}^{2}H + _1^1H \longrightarrow _{///}^{///}He$
   c) $_{///}^{235}U + _0^1n \longrightarrow _{37}^{90}/// + _{55}^{144}Cs + ////\,_0^1n$
   d) $_6^{14}C \longrightarrow _{///}^{14}N + ////$
   e) $_{92}^{238}U \longrightarrow _{///}^{///}\alpha + ////$

2. Considere a atividade anterior e escolha uma equação que exemplifique:
   a) fissão nuclear;
   b) fusão nuclear;
   c) obtenção de elemento transurânico;
   d) emissão natural de partícula α.

3. Frequentemente encontramos a palavra **combustível** associada tanto a butano (C_4H_{10}) como a urânio-235. Porém, essas associações têm significados essencialmente diferentes. Mencione, ao menos, três diferenças entre esses dois combustíveis.

4. O elemento férmio-250 pode ser obtido a partir de outro, igualmente transurânico, o califórnio-249. De acordo com essas informações:
   a) o que significa dizer que o Cf e o Fm são transurânicos?
   b) escreva a equação de transmutação que origina o Fm-250;
   c) escreva a equação correspondente à emissão de uma partícula α pelo Fm-250.

5. Pesquise músicas, poemas ou outras formas artísticas que tratam da destruição causada pelo uso inadequado da radioatividade pelo ser humano, como a canção "A rosa de Hiroxima", cuja letra é um poema de Vinicius de Moraes. Discuta com seus colegas como essas formas artísticas tratam o tema.

Nota dos autores: A grafia original do nome do poema foi mantida.

Conexões

Mulheres na Ciência

Entre tantos cientistas que participaram do desenvolvimento dos estudos sobre a radioatividade, três chamam a atenção, não apenas porque seu esforço, suas descobertas e intuições científicas foram de enorme importância, mas também porque são mulheres num mundo – o das ciências – que ainda é mais masculino que feminino: Marie Sklodowska Curie, Irène Joliot-Curie e Lise Meitner. Vamos conhecer um pouco mais da vida dessas pioneiras e de sua luta para poder exercer a ciência.

Marie Curie nasceu em Varsóvia, na Polônia, na época dominada pela Rússia e pela Alemanha e dividida entre esses dois países. Filha de pais professores, teve uma infância infeliz em razão da perseguição que os russos impunham aos poloneses, até mesmo nas escolas. Apesar de ter sido uma aluna brilhante e de ter se formado aos 16 anos em primeiro lugar em todas as matérias, Marie não poderia continuar os estudos, pois o governo russo proibia mulheres de frequentar a universidade. Como sua família estava empobrecida, a futura cientista teve de resignar-se a trabalhar durante seis anos como governanta em uma casa de família, antes de, aos 23 anos, finalmente poder inscrever-se na Faculdade de Ciência da Universidade de Paris. Nessa época conheceu o físico Pierre Curie (1859-1906), com quem se casou. Juntos passaram a estudar a radioatividade, recém-descoberta por Henri Becquerel. Foi com esses dois cientistas que Marie dividiu seu primeiro prêmio Nobel, em Física, em 1903. Mas ela prosseguiu suas investigações, que a levaram à descoberta do polônio (batizado em homenagem a sua terra natal) e do rádio. Os dois achados lhe valeram o segundo Nobel, em Química, em 1911. Naquele tempo não se conheciam os efeitos do manuseio de materiais radioativos sobre a saúde, e uma leucemia provavelmente causada pela radiação levou Marie Curie à morte, em 1934 – seus cadernos permanecem radioativos até hoje.

Marie Curie (sentada) e sua filha Irène (em pé), em foto de 1925.

Irène Joliot-Curie, filha de Marie e Pierre Curie, recebeu o Nobel de Química em 1935 pela descoberta da radiação artificial. Ela e o marido, também cientista, tiveram papel importante não apenas na ciência, mas também na política: durante a Segunda Guerra Mundial, atuaram na resistência francesa contra a ocupação nazista e na proteção de cientistas. Além disso, temendo que conhecimentos sobre a fissão nuclear tivessem uso militar, durante a guerra deixaram de fazer publicações sobre o assunto e guardaram todos os dados sobre fissão nuclear nos cofres da Academia Francesa de Ciência, de onde só foram retirados em 1949. Como acontecera com sua mãe, o trabalho com o polônio custou a saúde de Irène, e ela morreu de leucemia em 1956.

Lise Meitner, em 1916. Descobridora da fissão nuclear, ela viu o mérito por essa descoberta ser atribuído a Otto Hahn.

Lise Meitner nasceu em Viena (Áustria), em uma família liberal de origem judia. Ainda criança desejou entender as leis da natureza, mas o caminho foi árduo, como mostra o texto a seguir.

Utilizando-se de uma entrada particular, Lise Meitner entrou em seu laboratório no porão – e lá ficou. A antiga carpintaria reformada era a única sala do Instituto de Química de Berlim em que podia entrar. Nenhuma mulher – com exceção, claro, das faxineiras – poderia ir ao andar de cima com os homens. Proibida até mesmo de utilizar-se do toalete do edifício de Química, era obrigada a servir-se das instalações de um hotel na mesma rua.

Durante dois anos, de 1907 a 1909, Meitner realizou no porão experiências com radiação, tomando o cuidado de nunca ser vista no andar superior. [...] às vezes ansiava tão desesperadamente por ouvir uma conferência de química que se esgueirava pelo anfiteatro do andar superior e escondia-se atrás da fileira de cadeiras para escutar.

Conexões

Dez anos depois, Lise era diretora de um Centro de Física Radioativa em Berlim. [...] Com 60 anos, decifrou a experiência do século explicando que, inacreditavelmente, o núcleo de um átomo podia ser seccionado e liberar enormes quantidades de energia. Seu parceiro alemão recebeu o Prêmio Nobel pela experiência de fissão que ela iniciara e explicara.

McGRAYNE, Sharon B. *Mulheres que ganharam o prêmio Nobel em Ciências:* suas vidas, lutas e notáveis descobertas. São Paulo: Marco Zero, 1994.

....

Numa época em que as mulheres estavam ainda começando a conquistar seus direitos (por exemplo, o voto feminino só foi instituído no Reino Unido em 1918, nos Estados Unidos em 1920 e no Brasil em 1932), cientistas como Marie, Irène e Lise tiveram de lutar contra uma série de impedimentos. Marie Curie teve apoio do marido e reconhecimento mundial – mas foi uma exceção entre tantas cientistas que não contaram com nenhum incentivo.

....

Muitas delas enfrentaram enormes obstáculos. Foram confinadas em laboratórios de porões ou em escritórios de sótãos. Esconderam-se atrás de móveis para assistir a conferências científicas. Por muito tempo, trabalharam como voluntárias em universidades dos Estados Unidos, sem remuneração até um período tão recente como o final dos anos 50. A ciência era considerada árdua, rigorosa e lógica; as mulheres deviam ser meigas, fracas e ilógicas. Como consequência, mulheres cientistas eram seres anormais.

MCGRAYNE, Sharon B. *Mulheres que ganharam o prêmio Nobel em Ciências:* suas vidas, lutas e notáveis descobertas. São Paulo: Marco Zero, 1994.

....

Chegar ao topo

Desde que foi criado, em 1901, o prêmio Nobel já foi entregue a mais de 900 pessoas e instituições notáveis nas seguintes áreas: Física, Química, Medicina (ou Fisiologia), Economia, Literatura e Paz. Mas a desproporção é grande: apenas cerca de 6% dos ganhadores são mulheres. E, além disso, o Nobel da Paz e o de Literatura é que tiveram o maior número de vencedoras mulheres. Conclui-se que poucas mulheres cientistas chegam ao topo. Um conjunto de fatores colabora para isso.

....

A maioria das mulheres cientistas desiste de suas carreiras – e a culpa é nossa

Um estudo alemão tentou entender por que as mulheres que começam a trabalhar com ciência abandonam suas pesquisas. Descobriu que a culpa é de fatores sociais

As mulheres desistem cedo de trabalhar com ciência. É uma desistência evidenciada por números: [...] 76% dos cientistas de nível sênior que recebem bolsas de pesquisa no país são homens. Pesquisadores seniores são aqueles cientistas experientes, que já passaram pelo doutorado há alguns anos e conduziram trabalhos relevantes. Nesse grupo, há poucas mulheres. Entre os pesquisadores jovens, em início de carreira, a divisão é equitativa. Metade das bolsas financia mulheres. A conclusão? Conforme o tempo passa, as mulheres cientistas abandonam o laboratório, sem nunca atingir o topo de suas profissões. Isso é ruim para a ciência, e não acontece por falta de talento delas.

O problema não é exclusividade do Brasil. Em novembro, a Elsevier, uma grande editora de periódicos científicos, [...] tentou descobrir por que as mulheres que começam a trabalhar na área não continuam. Analisou casos na Alemanha. Por lá, como no Brasil, as mulheres ingressam na universidade, fazem mestrado, doutorado e depois abandonam suas carreiras. [...] [As conclusões] Apontam que pesam contra elas problemas muito semelhantes aos enfrentados por mulheres em outras profissões. As cientistas têm de resistir ao sexismo do ambiente de trabalho e precisam equilibrar suas carreiras com a responsabilidade de criar filhos e cuidar da casa.

[...]

"Na Alemanha, a maioria dos casais diz que uma divisão igualitária das tarefas domésticas é o ideal", diz Anke Lipinsky, pesquisadora do Centro para Excelência das Mulheres na Ciência [...]. "Mas, no fim das contas, as normas sociais cobram que essa responsabilidade fique a cargo da mulher." As pessoas acham compreensível que pais jovens varem a noite no laboratório. As jovens mães, por outro lado, precisam voltar para casa e cuidar das crianças. Além disso, diz Anke, o pai que pede uma rotina de trabalho mais flexível é malvisto – mesmo entre os cientistas.

[...]

O problema não está apenas em casa. Há também questões relativas à dinâmica entre orientadores e suas orientandas. Os primeiros anos após o doutorado são importantes para definir o futuro de uma pesquisadora. É quando ela decide se vai continuar a se dedicar à pesquisa ou se vai mudar de carreira, diz o estudo da Elsevier. "E os orientadores tendem a oferecer menos apoio para as cientistas que para seus colegas homens", diz Anke. Ao longo dos anos de formação, as mulheres são desencorajadas a seguir carreiras ou linhas de pesquisa identificadas como masculinas. Ainda faltam pesquisas para determinar qual o impacto do sexismo nessa fase da carreira. Acontece que ele é difícil de inferir – muitas vezes, ocorre de maneira velada: "Ninguém lhe diz que você não pode ser cirurgiã porque você é mulher", diz a cientista brasileira Elisa Brietzke. "Eles dizem: 'ah, eu acho que você tem mais aptidão para fazer pediatria, porque você se relaciona bem com crianças'." [...]

CISCATI, Rafael. *Época*, Rio de Janeiro, Globo, 11 dez. 2015. Disponível em: <http://epoca.globo.com/vida/noticia/2015/12/maioria-das-mulheres-cientistas-desiste-de-suas-carreiras-e-culpa-e-nossa.html>. Acesso em: 17 jul. 2018.

1. De acordo com o trecho do livro *Mulheres que ganharam o prêmio Nobel em Ciências*, até os anos 1950, "as mulheres deviam ser meigas, fracas e ilógicas".
   a) O que você pensa dessa visão das mulheres? Ela corresponde à realidade?
   b) Hoje em dia ainda se tem essa imagem das mulheres? Explique.

2. Segundo a reportagem da revista *Época*, quais são os motivos que levam as mulheres a desistir da carreira científica?

3. Sexismo é a discriminação baseada no sexo de uma pessoa. Você já testemunhou algum episódio em que houve manifestação de sexismo explícita ou velada contra uma mulher (de qualquer idade)? Relate o episódio.

4. Releia:

   > Além disso, diz Anke, o pai que pede uma rotina de trabalho mais flexível é malvisto – mesmo entre os cientistas.

   a) Qual é a razão da discriminação e contra quem se dirige, nesse caso? Qual sua opinião sobre esse tipo de discriminação?
   b) O trecho termina ressaltando que esse tipo de discriminação acontece "mesmo entre os cientistas". O fato de até mesmo cientistas – pessoas em geral muito estudadas e habituadas ao raciocínio lógico – manifestarem esse tipo de preconceito permite chegar a que conclusão, sobre a presença do sexismo em nossa sociedade?

5. Como a discriminação contra as mulheres poderia ser eliminada das relações familiares e de trabalho? Discuta com os colegas e proponha soluções que poderiam ser adotadas não só pelos cidadãos, no seu dia a dia, mas também pelas empresas privadas e pelo poder público.

6. O talento para as ciências pode se manifestar igualmente, e desde a infância, em meninos e meninas. Pesquise: qual é o caminho que um estudante do Ensino Médio, seja homem, seja mulher, deve se dispor a percorrer se quiser tornar-se um cientista e trabalhar com pesquisa na área da Química ou da Física?

7. Dois elementos da Tabela Periódica foram nomeados em homenagem a Marie Curie e a Lise Meitner. Consulte-a e diga quais são esses elementos.

Efeitos da radioatividade

Todos os tipos de radiações nucleares têm o potencial de alterar mecanismos químicos que ocorrem normalmente nas células dos organismos vivos. As consequências das radiações nos seres humanos vêm sendo bem documentadas, principalmente quanto aos aspectos biológicos decorrentes de fatos dramáticos, como as explosões de Hiroshima e Nagasaki, no Japão, ou o acidente nuclear de Chernobyl, na antiga União Soviética.

Os efeitos danosos da radioatividade dependem do número de desintegrações por segundo (medido em curies ou **becquerels**), do nível de energia da radiação produzida e da possibilidade de o radioisótopo ser incorporado à cadeia alimentar ou a um organismo vivo.

Uma célula que recebe um fluxo de partículas de alta energia pode ter suas enzimas, seus hormônios ou seus cromossomos destruídos.

Em geral, as células que se dividem mais rapidamente são as mais afetadas pelas radiações, como as células da medula óssea, entre outras. Os efeitos das radiações em nosso organismo podem ser divididos em dois grandes grupos: os somáticos, que se manifestam somente entre a população exposta à radiação, e os genéticos, que passam para os descendentes desses indivíduos. Frequentemente, os efeitos somáticos, como o surgimento de câncer, levam certo tempo para aparecer.

Segundo o Instituto Nacional do Câncer (Inca), o câncer de pele é o mais frequente no Brasil, correspondendo a cerca de 25% de todos os tumores diagnosticados no país. A exposição natural à radiação ultravioleta (do Sol) é apontada como o principal agente causador de câncer de pele. A transformação de células normais em cancerosas decorre de uma série de alterações celulares que podem levar, em média, de 5 a 20 anos para se manifestar.

> **Becquerel (Bq):** unidade de medida da atividade de um material radioativo do Sistema Internacional. 1 Bq corresponde a uma desintegração por segundo. O **curie (Ci)** corresponde a $3{,}7 \cdot 10^{10}$ Bq.

A gravidade dos efeitos tardios ou imediatos das radiações no organismo depende da dose da radiação e da extensão da área que foi submetida a ela. Doses fracas de radiação podem não acarretar efeitos muito sérios entre os descendentes das pessoas atingidas. Sob radiação mais intensa, mulheres grávidas podem ter a gestação interrompida, com morte do feto.

Em curto prazo, doses elevadas de radiação podem causar efeitos como queda de cabelo, vômitos, diarreias, hemorragias, febres. Em caso de grandes doses, um organismo debilitado pode morrer.

Medida dos efeitos das radiações no organismo

As unidades mais importantes para exprimir a quantidade de energia absorvida pelo organismo são:
- **rad**: derivada da expressão inglesa *radiation absorbed dose*, corresponde à transferência de 10^{-2} joule (J) de energia a cada 1 quilograma de nosso organismo; a unidade antiga era o röntgen (R);
- **gray** (Gy): unidade do Sistema Internacional, corresponde a 1 joule de radiação ionizante uniformemente absorvida para cada 1 quilograma de nosso organismo.

Para exprimir os danos biológicos causados ao organismo, são usadas as unidades:
- **rem**: derivada de *röntgen equivalent for men*;
- **sievert** (Sv): unidade do Sistema Internacional equivalente à dose de uma radiação igual a 1 joule por quilograma.

$$1 \text{ rem} = 10^{-2} \text{ Sv}$$

Doses anuais ao redor de 0,5 rem não causam maiores problemas ao organismo; já doses superiores, mesmo que por curto espaço de tempo, são preocupantes. Consulte o quadro abaixo.

Efeitos biológicos de acordo com a dose de radiação	
Dose (rem)	Efeito biológico
0-5	Nenhum efeito detectável.
5-20	Possíveis efeitos de longo prazo e possível dano cromossômico.
20-100	Redução temporária no número de células do sangue.
100-200	Náusea, fadiga, queda de cabelos, redução da resistência a infecções, possivelmente seguidas de proliferação cancerosa.
200-300	Efeitos severos da dose anterior e hemorragias. Dose letal – 10% a 35% das pessoas afetadas morrem em 30 dias.
300-400	Efeitos severos; destruição da medula óssea e dos intestinos. Dose letal – 50% a 70% das pessoas afetadas morrem em até 30 dias.
400-1000	Dose letal – 60% a 95% das pessoas afetadas morrem em até 30 dias.
1000-5000	Dose letal – 100% das pessoas afetadas morrem em até 10 dias.

Fonte: Radiation Effects on Humans. *Atomicarchive.com*. Disponível em: <http://www.atomicarchive.com/Effects/effects15.shtml>. Acesso em: 17 jul. 2018.

Cabe lembrar que os raios X usados em radiografias, apesar de menos energéticos, têm a mesma natureza que as radiações γ (ondas eletromagnéticas) e podem também causar problemas dependendo da quantidade. Daí a necessidade de os técnicos em radiologia usarem proteção. Ao fazer um raio X comum, pode-se receber até 0,04 rem.

Para ler

***Vozes de Tchernóbil – a história oral do desastre nuclear*, de Svetlana Aleksiévitch.**
São Paulo: Companhia das Letras, 2016.
A escritora e jornalista bielorrussa Svetlana Aleksiévitch (1948-), ganhadora do Prêmio Nobel de Literatura de 2015, traz neste livro relatos de diversas pessoas que viveram o desastre nuclear mais grave do século XX, ocorrido na usina nuclear de Chernobyl, na Ucrânia, em 1986. A grafia *Tchernóbil*, no título da obra, foi uma opção da tradutora.

Contaminação por radionuclídeos

O caso mais sério é o de contaminação por **radionuclídeos**, que ocorre quando o indivíduo ingere, inala ou absorve pela pele substâncias que contêm elementos radioativos. Além de a pessoa estar irradiando a si mesma – suas células estão recebendo as radiações emitidas pelo radionuclídeo –, ela age como fonte de radiação capaz de irradiar a outros seres.

Radionuclídeo: nuclídeo radioativo.

Nuclídeo: átomo caracterizado por um número de massa e um número atômico determinados, e que tem vida média suficientemente longa para permitir a sua identificação com um elemento químico.

Fonte: FERREIRA, Aurélio Buarque de Holanda. *Novo dicionário eletrônico Aurélio versão 7.0*. 5. ed. Curitiba: Positivo, 2010.

Observe os efeitos da contaminação por radioisótopos no esquema a seguir.

Efeitos da contaminação por radioisótopos no organismo humano

Iodo-131
Concentra-se quase exclusivamente na glândula tireoide, que pesa apenas 30 g. Anos ou décadas mais tarde, sua radioatividade provoca o câncer.
$t_{\frac{1}{2}}$ = 8 dias

Telúrio-132
É tóxico e radioativo, afeta o metabolismo do fígado e pode torná-lo canceroso.
$t_{\frac{1}{2}}$ = 3 dias

Rutênio-106
Metal nobre radioativo, destrói os glóbulos vermelhos e provoca a leucemia.
$t_{\frac{1}{2}}$ = 372 dias

Trítio (^{3}H)
Isótopo da bomba de hidrogênio, instala-se de preferência nas glândulas de reprodução e modifica a herança genética.
$t_{\frac{1}{2}}$ = 12 anos

Criptônio-85
Na forma de gás, ao ser inalado, espalha-se por todo o organismo. Em dois anos, pode provocar leucemia
$t_{\frac{1}{2}}$ = 11 anos

Césio-137
Afeta todos os músculos, além do fígado e do baço.
$t_{\frac{1}{2}}$ = 11 anos

Estrôncio-90
Metal alcalinoterroso, destrói a medula óssea e os constituintes do sangue. Afeta todos os ossos do corpo.
$t_{\frac{1}{2}}$ = 28 anos

Plutônio-239
Matéria-prima da bomba atômica e da bomba de hidrogênio, provoca lesões nos ossos, no fígado e nos pulmões. Provoca todas as formas de câncer e possui uma das mais altas meias-vidas.
$t_{\frac{1}{2}}$ = 24 mil anos

Bário-140
Acumula-se nos ossos e pode provocar câncer até duas ou três décadas mais tarde.
$t_{\frac{1}{2}}$ = 13 dias

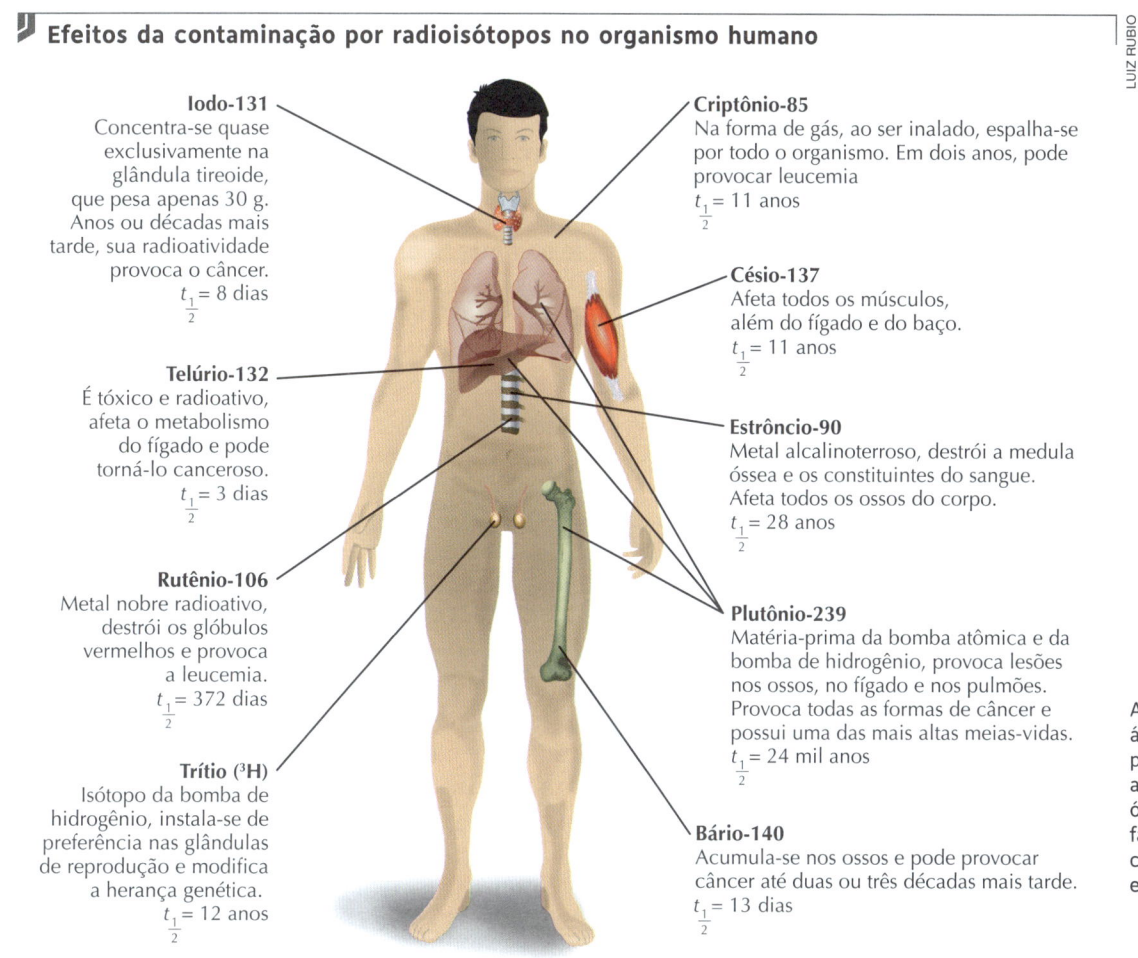

Ao invadirem o corpo pelo ar, pela água, pelos alimentos ou pela pele, os elementos radioativos acabam se alojando em diferentes órgãos e tecidos e neles podem favorecer o aparecimento do câncer, até muitos anos após a exposição.

Reatores nucleares: fonte de energia

Durante muito tempo, diversos países, entre os quais os europeus, priorizaram as usinas termelétricas, que têm o grave inconveniente de poluir o ar e de contribuir para o agravamento do efeito estufa. Por isso, nas últimas décadas, muitos desses países têm investido em projetos de construção de reatores nucleares visando à produção de eletricidade.

Esquema de um reator nuclear

- haste de controle
- haste de urânio combustível
- reator nuclear
- sódio fundido ou água líquida sob alta pressão (leva o calor para o gerador de vapor)
- trocador de calor
- bomba
- água fria
- turbina a vapor (gera eletricidade)
- condensador (vapor de turbina é condensado por água fria)
- água quente

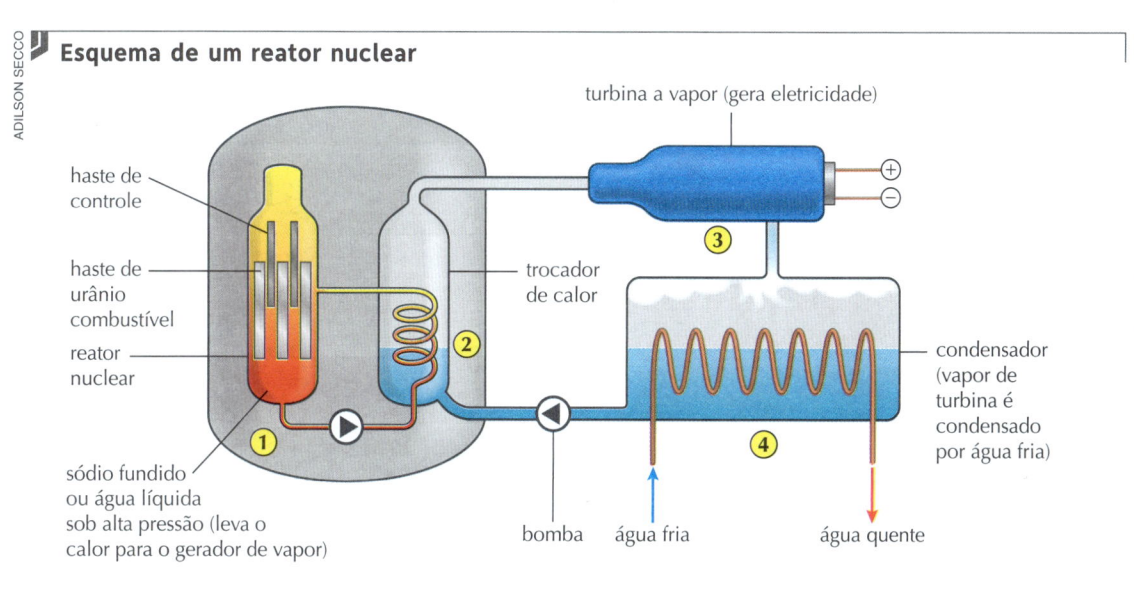

Esquema de reator nuclear: (**1**) o calor liberado na fissão nuclear aquece o líquido do reator, que se movimenta até a serpentina a, aproximadamente, 320 °C; (**2**) o calor é transferido para a água, gerando vapor, responsável pelo movimento das turbinas que fornecem eletricidade (**3**); depois de passar pelas turbinas, o vapor é resfriado e convertido em líquido (**4**) graças à água fria que circula na serpentina, retomando o processo.

Fonte: KOTZ, J. C.; TREICHEL JR., P. *Chemistry & chemical reactivity*. 3rd ed. Orlando: Saunders College, 1996. p. 1108.

Capítulo 25 • Estudo da radioatividade, suas aplicações e implicações ambientais

A tecnologia nuclear, no que se refere à construção da usina e à obtenção do combustível, é extremamente cara. Por outro lado, a quantidade de energia que se pode obter nos processos nucleares é excepcionalmente maior do que a obtida em combustões comuns.

Quando 1 g de ^{235}U sofre fissão, obtêm-se 20 milhões de kcal, enquanto 1 g de petróleo fornece, aproximadamente, 11 kcal, e 1 g de álcool comum, 7 kcal. Compare:

Combustão nuclear

$$^{235}_{92}U + ^{1}_{0}n \longrightarrow ^{90}_{38}Sr + ^{144}_{54}Xe + 2\,^{1}_{0}n$$

$$\Delta H = -4 \cdot 10^9 \frac{\text{kcal}}{\text{mol de U}}$$

Massa molar do ^{235}U = 235 g/mol $\longrightarrow \Delta H = -\dfrac{4 \cdot 10^9 \text{ kcal}}{235 \text{ g}}$ $\approx -2 \cdot 10^7$ kcal/g de U

Combustão do etanol

$$C_2H_5OH(l) + 3\,O_2(g) \longrightarrow 2\,CO_2(g) + 3\,H_2O(l)$$

$$\Delta H = -\frac{326,7 \text{ kcal}}{\text{mol de } C_2H_5OH}$$

Massa molar do C_2H_5OH = 46 g/mol $\longrightarrow$

$\longrightarrow \Delta H = -\dfrac{326,7 \text{ kcal}}{46 \text{ g}} \approx -7$ kcal/g de C_2H_5OH

> **Combustível nuclear** é a matéria que sofre fissão no reator. Para chegar a ele, é preciso proceder ao enriquecimento, processo que aumenta o teor do isótopo fissionável em uma amostra. Assim, o enriquecimento do urânio torna a porcentagem de ^{235}U mais alta que a presente em seu minério.

A maior parte das usinas nucleares usa ^{235}U. No entanto, apenas 0,7% do urânio natural é o 235, por isso em breve ele estará esgotado. É possível usar também ^{232}Th (tório) ou ^{239}Pu (plutônio), que é obtido a partir do ^{238}U por meio da reação nuclear:

$$^{238}_{92}U + ^{1}_{0}n \longrightarrow ^{239}_{94}Pu + 2\,^{0}_{-1}\beta$$

A fissão do ^{239}Pu também fornece diversos nêutrons, como ocorre na fissão do ^{235}U, o que permite a continuação da reação em cadeia.

Apesar da quantidade de energia que fornecem, as usinas nucleares têm sido muito questionadas por causa do risco de acidentes, que, quando ocorrem, apresentam consequências muito sérias e podem continuar afetando o ambiente por muitos anos.

Outra questão importante a levar em conta é que a maioria das usinas nucleares utiliza água para o resfriamento do reator. Se a água, depois de aquecida, for lançada ao meio ambiente, apesar de não estar contaminada, afetará a sobrevivência de algumas espécies. Isso porque a elevação de temperatura da água reduz a solubilidade dos gases em água, como o oxigênio, prejudicando todo o ecossistema.

Usinas nucleares no Brasil

A implantação da primeira usina nuclear em território nacional gerou muita polêmica, e essa questão continua alimentando debates acalorados entre os vários especialistas envolvidos no assunto. De qualquer forma, a análise de questões ambientais e de natureza estratégica centraliza os argumentos a respeito do tema.

Por exemplo: boa parte do potencial hidrelétrico do país encontra-se na Amazônia. Por essa região estar distante dos grandes centros, os custos da energia proveniente de fontes hídricas são altos. Além disso, a construção de hidrelétricas acarreta impactos ambientais de grandes proporções.

As condições bastante privilegiadas quanto às possibilidades de produção de energia elétrica, em relação ao contexto mundial, explicam por que muitos especialistas em energia consideram que, no Brasil, as usinas nucleares deveriam ter papel complementar ao das hidrelétricas, sem, no entanto, substituí-las. Já as usinas termelétricas atenderiam à demanda por energia quando, nos períodos de seca, diminuísse a produção das hidrelétricas.

O acordo nuclear Brasil-Alemanha, assinado em 1975 pelo então presidente Ernesto Geisel, teve no meio científico muitos opositores, principalmente em razão de o acordo incluir a adoção de tecnologia estrangeira e também pelo tipo de reatores previstos.

A obra do complexo de Angra dos Reis começou no início da década de 1970, foi inaugurada em 1981 e passou a ser efetivamente utilizada a partir de 1985. Desse ano até 1998 foi desligada 25 vezes e só atingiu plena capacidade de produção em 1997.

Central Nuclear Almirante Álvaro Alberto, mais conhecida como Angra I e II. Angra do Reis (RJ), 2015.

Tantos atrasos ocorreram devido a defeitos em equipamentos e paralisações decorrentes de ações judiciais, que cobravam um plano de emergência que viabilizasse a retirada da população em caso de acidente.

O projeto de Angra, assim como o dos reatores de outros países ocidentais, conta com recursos de segurança, como o edifício de contenção em torno do reator, além de outras barreiras, o que não existia em Chernobyl, na ex-União Soviética (local onde houve, em 1986, o pior acidente nuclear da história). A importância desses equipamentos de segurança pode ser entendida se considerarmos o que ocorreu em 1979 em *Three Mile Island* (EUA). Nesse acidente, o mais grave da história dos Estados Unidos, aconteceu o problema mais sério que pode haver com um reator: chegou a ocorrer a fusão, ainda que parcial, de seu núcleo. Como o sistema contava com vários equipamentos de segurança, o material ficou contido na usina, e somente alguns gases vazaram, o que impediu que o problema se tornasse ainda maior.

A usina de Angra II teve suas obras iniciadas em 1976 e começou a funcionar somente em 1999, 23 anos após o início de sua construção e 16 anos após a data prevista inicialmente.

Em 2016, uma terceira unidade da central nuclear, Angra III, estava sendo construída. Em conjunto, as três unidades serão capazes de gerar metade da energia elétrica consumida no estado do Rio de Janeiro.

Outros usos da radioatividade

Além de ser usada na Medicina e para gerar energia elétrica, a radioatividade tem outros empregos importantes. Vamos ver alguns deles.

Indústria

Os materiais radioativos têm sido empregados pela indústria para detectar eventuais defeitos em tubulações metálicas, motores, partes internas de navios e aviões. A incidência de radiação por uma região do material e o concomitante uso de um detector de radiação na região oposta pode demonstrar, por exemplo, um ponto de vazamento.

O fato de as radiações terem grande poder de esterilização explica que elas sejam empregadas, também, na indústria de materiais hospitalares — bandagens, gazes, drogas e vacinas — em substituição ao método tradicional de esterilização, no qual é necessário aquecer o material a temperaturas entre 150 °C e 170 °C.

Agricultura

A obtenção de variedades melhoradas de vegetais a partir de mutação natural pode requerer anos de produção e seleção. Com a irradiação de sementes e plantas, é possível aumentar em cerca de mil vezes a taxa de mutações genéticas. Dessa forma, podem-se obter plantas que produzam mais, amadureçam em períodos menores e sejam mais resistentes a doenças.

A erradicação de insetos que são considerados pragas agrícolas ou que transmitem doenças pode ser conseguida com a irradiação de machos. Após esse tratamento, eles se tornam estéreis e são liberados no local em que se deseja controlar o número desses insetos. Eles competem pelas fêmeas com os machos férteis, o que acaba reduzindo o número de descendentes. Após algumas gerações, é possível que o local fique livre deles.

Além disso, o uso de isótopos radioativos permite o estudo do crescimento, do metabolismo e da absorção de nutrientes, garantindo avanços tecnológicos na produção agrícola.

Vírus Zika

Usar a radiação nuclear para eliminar ou reduzir a população do mosquito *Aedes aegypti*, que transmite o vírus Zika, será um dos temas centrais que o diretor-geral da Agência Internacional de Energia Atômica da Organização das Nações Unidas (AIEA), Yukiya Amano, apresentará a vários países em viagem pelas Américas que começa na segunda-feira [25/01/2016].

O vírus Zika está relacionado ao aumento de casos de microcefalia em bebês na América Latina.

"A tecnologia para a esterilização de insetos é muito eficaz na redução ou erradicação da população de mosquitos e outros portadores de doenças", explicou Amano em entrevista na véspera de partir para o Panamá, primeira escala da visita de duas semanas pela região da América Central e México.

[...]

A esterilização nuclear de insetos já teve êxito contra a mosca tsé-tsé, na África, que transmite a chamada "doença do sono" em humanos e afeta também o gado.

O diretor da agência da ONU lembrou, no entanto, que a entidade ainda trabalha na aplicação desta técnica sobre os mosquitos transmissores de outras doenças, como o Zika, e advertiu que o problema "não será resolvido da noite para o dia".

Além disso, será necessário combinar a esterilização dos mosquitos com outras técnicas e medidas [...].

EBC Brasil. Agência da ONU para energia atômica oferece tecnologia nuclear contra vírus Zika, 23 jan. 2016. Disponível em: <http://agenciabrasil.ebc.com.br/internacional/noticia/2016-01/agencia-da-onu-para-energia-atomica-oferece-tecnologia-nuclear-contra>. Acesso em: 17 jul. 2018.

- O texto menciona a necessidade de combinar a esterilização dos mosquitos com outras técnicas e medidas. Sabendo que a dengue e a chikungunya são doenças causadas pelo mesmo vetor do vírus Zika, o *Aedes aegypti*, e que o método de prevenção do vírus Zika é o mesmo que o adotado para a dengue, proponha três ações individuais e três ações comunitárias para a prevenção dessas doenças.

Conservação de alimentos

Produtos agrícolas usados em nossa alimentação são sujeitos a enormes perdas que podem atingir até 50% da colheita. É possível minimizar essa perda com refrigeração, armazenamento em recipientes fechados e utilização de substâncias químicas.

Irradiar um alimento, isto é, submetê-lo à ação de radiações, pode ser um aliado importante no combate às pragas que destroem os produtos agrícolas armazenados: as radiações matam insetos e retardam o desenvolvimento de bactérias, fungos e leveduras. A irradiação também é usada para evitar que certas raízes ou tubérculos (como cebolas e batatas) brotem durante o armazenamento.

Essa tecnologia de irradiação de alimentos é, portanto, muito adequada para reduzir as perdas de alimentos, especialmente no ritmo atual, em que a produção agrícola tem demonstrado descompasso com as demandas por comida.

Mas como a radiação atua nesses produtos agrícolas? Ela ioniza alguns átomos que constituem moléculas vitais de bactérias e microrganismos, alterando essas estruturas moleculares, o que provoca sua morte.

Esse processo de irradiação não implica contaminação radioativa do alimento, apesar de, em alguns casos, provocar mudanças de cor e textura. É importante esclarecer: alimento irradiado não emite radiação e, portanto, não é radioativo. A irradiação é um procedimento que envolve menos riscos do que a utilização de certos agrotóxicos, de efeito semelhante.

Em muitos casos, os produtos agrícolas são colocados em contêineres, que passam através de fontes radioativas. Esse tipo de tratamento elimina, por exemplo, a bactéria *Salmonella*, algumas vezes encontrada nas carnes de aves e em ovos.

A irradiação com raios gama provenientes do Co-60 ou Cs-137 é comum em países europeus, no Canadá, no México e nos Estados Unidos e, em menor escala, também é usada no Brasil. Esse processo prolonga até mesmo a validade de alimentos submetidos à refrigeração e à pasteurização. Considerando que um frango se conserva por três dias no refrigerador, após a irradiação o prazo de validade pode passar para três semanas.

O que é irradiação de alimentos?

A irradiação é um dos processos utilizados pela indústria de alimentos para aumentar a vida útil e o tempo de prateleira dos produtos. Além de conservar, o mecanismo também mata insetos, bactérias patogênicas, fungos e leveduras, retarda a maturação e senescência (envelhecimento) de frutas e inibe o brotamento de bulbos e tubérculos. [...]

O alimento – embalado ou a granel – é submetido a uma quantidade controlada de radiações ionizantes por tempo predeterminado. [...]. As fontes utilizadas para irradiar alimentos são isótopos radioativos, como césio-137, cobalto-60, raios X [...].

[...]

O Brasil faz pesquisas sobre alimentos irradiados desde 1975. Gradativamente, o leque de alimentos que poderiam ser irradiados foi aumentando. Entre os mais comumente irradiados estão a carne de vaca, porco e aves, nozes, batata, trigo, farinha de trigo, frutas, verduras e variados tipos de chás, ervas e condimentos. No Brasil irradiam-se principalmente cebolas, batatas, peixes, trigo e farinhas, papaia, morango, arroz e carne de porco.

[...]

Como nos demais métodos de conservação de alimentos (pasteurização e congelamento, por exemplo), a irradiação ocasiona perdas de macro e micronutrientes, bem como variações na cor, sabor, textura e odor. Muitas vitaminas são praticamente extintas do alimento: até 90% da vitamina A na carne de frango, 86% da vitamina B em aveia e 70% da vitamina C em suco de frutas. À medida que o tempo de estocagem aumenta, outros nutrientes são perdidos: proteínas são desnaturadas e as vitaminas A, B12, C, E e K sofrem alterações semelhantes às do processo térmico (pasteurização).

Comparação entre alimentos não irradiados (esquerda) e irradiados (direita).

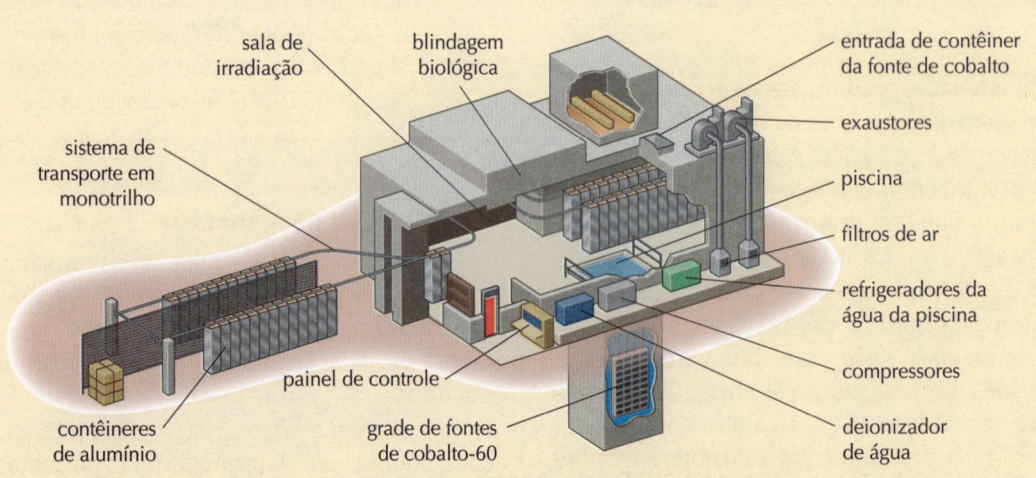

Esquema de um irradiador industrial. Consiste em uma sala com paredes de concreto, com dois metros de espessura, que contém a fonte de irradiação (^{60}Co). Um sistema de esteiras transporta automaticamente o produto para dentro do ambiente de irradiação e, após a irradiação, o remove de lá.

Fonte: COSTA, N.; FURLAN, G. R., ITEPAN, N. M. *Radioproteção em irradiadores de grande porte de categoria III*. Disponível em: <http://www.iaea.org/inis/collection/NCLCollectionStore/_Public/42/093/42093165.pdf>. Acesso em: 17 jul. 2018.

No entanto, o Centro de Energia Nuclear na Agricultura (CENA/USP) defende que, apesar da perda nutricional, as alterações químicas não são nocivas ou perigosas. Em entrevista ao *site* da Unicamp, um físico do Centro de Desenvolvimento da Tecnologia Nuclear (CDTN) da Universidade atribui o receio que a população tem de consumir esses alimentos à constituição de um "imaginário negativo" ligado à questão nuclear. A não aceitação por parte das pessoas decorre, entre outros fatores, da relação que se faz entre irradiação e radioatividade.

Segundo ele, a contaminação radioativa pressupõe o contato físico com uma fonte radioativa, enquanto a irradiação é a energia emitida de uma fonte de radiação. Dessa forma, os alimentos irradiados não se tornam radioativos, pois não contêm a fonte de radiação (apenas recebem a energia).

[...]

CINTRA, Lydia. O que é irradiação de alimentos? *Superinteressante*, 13 dez. 2013. Disponível em: <http://super.abril.com.br/blogs/ideias-verdes/o-que-e-irradiacao-de-alimentos/>. Acesso em: 30 mar. 2016.

Atividades

1. O uso da radioatividade pelo ser humano acabou trazendo diversos problemas, entre eles doenças decorrentes de mutações genéticas. No entanto, também trouxe benefícios. Explique essa afirmação.

2. A irradiação de alimentos é regida por legislação. Faça uma pesquisa sobre o assunto e apresente sugestões de procedimentos que possam garantir à sociedade que a ingestão desse tipo de alimento não causará problemas à saúde das pessoas.

3. O texto sobre irradiação de alimentos menciona que esse processo ocasiona perdas consideráveis de alguns macronutrientes e micronutrientes. Diante dessas informações, é fundamental que o consumidor consiga identificar os alimentos que passaram por esse processo e crie o hábito de ler as informações nutricionais em seus rótulos a fim de selecionar aqueles com valor nutricional mais adequado. Você já analisou as informações nutricionais de um alimento? Que informações estão presentes?

Geologia e Arqueologia

A idade de uma rocha ou de um fóssil pode ser determinada pela quantidade de carbono radioativo presente nesse organismo. De que forma?

Na natureza, o carbono está na proporção aproximada de 1 átomo de ^{14}C (radioativo) para cada 10^{12} átomos de ^{12}C (não radioativo). As plantas incorporam o ^{14}C por meio da fotossíntese, e os animais, à medida que ingerem plantas ou outros animais. Consequentemente, os seres vivos estão sempre recebendo compostos de carbono, dos quais uma pequeníssima fração é constituída de ^{14}C.

Quando um ser vivo morre, deixa de incorporar novos átomos de ^{14}C. Os átomos de ^{14}C radioativo que já estavam nesse organismo vão se desintegrando, de acordo com a equação:

$$^{14}_{6}C \longrightarrow {}^{14}_{7}N + {}^{0}_{-1}\beta$$

Assim, é possível determinar a época em que uma planta ou um animal morreu porque, com o fim das atividades vitais, cessa a entrada de ^{14}C no organismo.

Pelo gráfico ao lado, você pode perceber que a meia-vida do carbono-14 é de aproximadamente 5 600 anos. No eixo vertical desse gráfico está representada a concentração de carbono na atmosfera, indicada em ppb (partes por bilhão).

Também podemos determinar a idade de uma rocha ou da Terra por processo análogo ao que descrevemos para o carbono por meio de teores de determinados isótopos presentes em minérios.

Na atmosfera, a quantidade de ^{14}C permanece praticamente constante, pois os raios cósmicos presentes no ambiente contêm nêutrons, que, ao se chocarem com o nitrogênio atmosférico, formam continuamente ^{14}C:

$$^{14}_{7}N + {}^{1}_{0}n \longrightarrow {}^{14}_{6}C + {}^{1}_{1}p$$

Você pode resolver as questões 4, 9 e 23 da seção Testando seus conhecimentos.

Fóssil de peixe (*Rhacolepis buccalis*) do Período Cretáceo (cerca de 110 milhões de anos), proveniente da Chapada do Araripe (CE). Instituto de Geociências da USP, São Paulo (SP), 2012. A idade de um fóssil pode ser estimada pela quantidade de carbono radioativo presente.

Curva de decaimento do isótopo ^{14}C

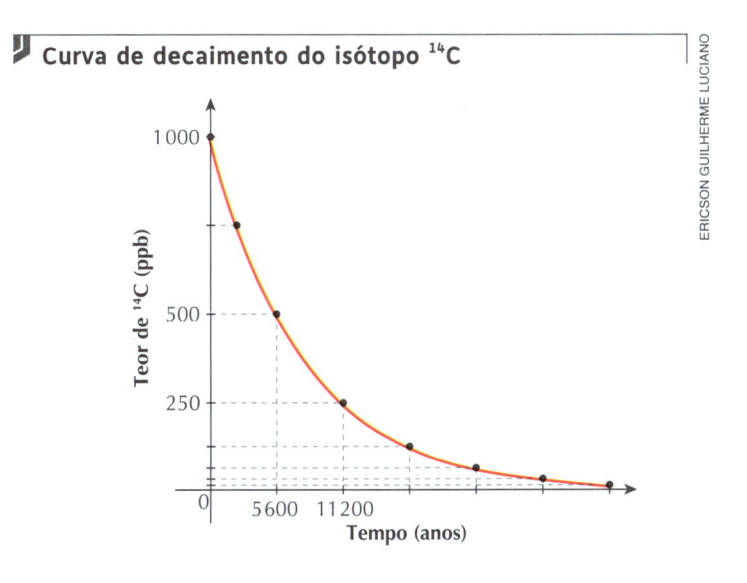

Atividades

1. Notícia veiculada por um jornal de grande circulação em maio de 1996 referia-se a uma escola infantil construída em 1969 no terreno onde funcionara o laboratório de Marie Curie. A escola fora interditada devido à detecção de níveis preocupantes de gás radônio. Para resolver o problema foram vedadas rachaduras existentes no concreto do depósito de lixo sob o prédio e instalaram-se novos equipamentos de ventilação. Apesar dessas providências e das garantias dos cientistas de que tudo está sob controle, alguns pais continuaram inseguros. A escola acabou sendo fechada em 1998.

Fonte: FRANCESES querem fechar "escola radioativa". *Folha de S.Paulo*, São Paulo, 3 maio 1996. Disponível em: <http://www1.folha.uol.com.br/fsp/1996/5/03/mundo/7.html>. Acesso em: 17 jul. 2018.

a) No depósito estavam armazenados resíduos do elemento rádio, usado no laboratório de Curie. Explique, por meio de equação, como se formou o gás radônio.

b) Comente o efeito das duas providências tomadas para resolver o problema.

2. Leia o texto a seguir e responda ao que se pede:

[...] Para fabricar o elemento 113, a equipe coordenada pelo cientista Kosuke Morita usou um acelerador de partículas. Milhões de partículas do elemento zinco, que tem 30 prótons no seu núcleo, foram arremessadas contra uma chapa metálica contendo bismuto (83 prótons). O acelerador fez com que o zinco viajasse a 10% da velocidade da luz, único jeito de vencer a rejeição que dois núcleos repletos de cargas positivas têm um sobre o outro. "O choque precisa gerar mais energia do que eles gastam tentando se repelir" [...]. Como resultado, alguns núcleos de zinco e de bismuto se uniram, dando origem ao efêmero elemento de número atômico 113. [...]

Para receber o carimbo da comissão conjunta da Iupac [União Internacional de Química Pura e Aplicada] e da Iupap [União Internacional de Física Pura e Aplicada], o mesmo experimento terá de ser repetido por outros laboratórios. Se o resultado for semelhante ao obtido pelo instituto japonês, o país ganha o direito de batizar o novo elemento. Neste ano, por exemplo, as entidades aprovaram os testes realizados por um grupo de pesquisa formado por americanos e russos, que nomearam de fleróvio e livermório os números 114 e 116 da Tabela Periódica, achados um ano antes.

CARVALHO, R. Japoneses encontram o elemento 113 da Tabela Periódica. *Veja*. São Paulo, 26 set. 2012. Disponível em:<http://veja.abril.com.br/noticia/ciencia/japoneses-encontram-o-elemento-113-da-tabela-periodica>. Acesso em: 17 jul. 2018.

a) Faça uma pesquisa na internet sobre o elemento de número atômico 113 e liste os isótopos formados pelo seu decaimento.

b) Um dos isótopos naturais do radônio é o ^{222}Rn. Ele é um dos membros de uma série radioativa conhecida como "família do urânio". Essa série, que se inicia com o ^{238}U, passa pelo ^{234}Th, ^{234}Pa, ^{234}U, ^{230}Th, ^{226}Ra, ^{222}Rn... ^{206}Pb. Equacione os processos radioativos que levam à formação do ^{222}Rn a partir do urânio-238.

3. A terceira usina nuclear brasileira, Angra 3, está prevista para entrar em operação comercial em dezembro de 2018. Ela será capaz de gerar mais de 12 milhões de megawatts-hora (MWh) por ano e terá capacidade maior que Angra 2. Considerando que o consumo médio mensal de cada residência é de 120 quilowatts-hora (kWh), pode-se afirmar que o número de residências que serão atendidas anualmente pela usina Angra 3 é, aproximadamente, superior a:

a) 100 000.
b) 8 333.
c) 100 000 000.
d) 8 333 333.

4. O fragmento abaixo faz parte de um livro-reportagem escrito pelo jornalista americano John Hersey em 1946. O livro *Hiroshima* é composto basicamente de entrevistas com seis sobreviventes da bomba atômica, que relatam suas lembranças do acontecimento.

O jovem cirurgião trabalhava sem método, tratando primeiro dos que estavam mais próximos, e logo constatou que o corredor se apinhava cada vez mais. Em meio às escoriações e aos cortes apresentados pela maioria das vítimas que se encontravam no hospital, começou a deparar-se com queimaduras pavorosas. Compreendeu então que feridos de fora chegavam sem parar. E eram tantos que ele resolveu deixar de lado os casos de menor gravidade [...]. Em pouco tempo, havia pacientes deitados e agachados nas enfermarias, nos laboratórios, nos quartos e demais dependências, nos corredores, nas escadas, no saguão, no pórtico, nos degraus do pórtico, na entrada de veículos, no pátio, nas ruas vizinhas. [...] Um número enorme de estudantes procurara o hospital. Numa cidade de 245 mil habitantes, cerca de 100 mil haviam morrido ou iriam morrer em breve; outros 100 mil estavam feridos. Pelo menos 10 mil feridos se arrastaram até o melhor hospital de Hiroshima, que não tinha condições de abrigá-los, pois contava apenas 600 leitos e já estavam ocupados. A multidão que se aglomerava no interior do hospital chorava.

AGÊNCIA Estado, 9 set. 2002. Disponível em: <http://cultura.estadao.com.br/noticias/geral,leia-trecho-de-hiroshima-de-john-hersey,20020909p2550>. Acesso em: 17 jul. 2018.

a) Para dar ideia da grande quantidade de feridos que chegava ao hospital, o jornalista enumera os lugares onde eles se aglomeravam. Quais eram esses lugares?

b) O fragmento transcrito não menciona a faixa etária dos feridos. No entanto, podemos afirmar que havia um grande número de jovens entre eles. Localize o trecho que nos permite fazer essa afirmação.

c) Escreva um parágrafo relacionando o texto acima com esta frase do físico alemão Albert Einstein (1879-1955):

"o acidente de adquirir autoridade por meio do estudo do reino natural deu-me uma terrível e fascinante responsabilidade sobre o reino social".

5. Edward Teller (1908-2003) foi um físico húngaro naturalizado estadunidense que participou da construção das bombas atômicas utilizadas em Hiroshima e Nagasaki. Veja o que ele diz sobre o desenvolvimento de armas nucleares:

> [...] Nunca me interessei em ver fotos dos impactos em Hiroshima e Nagasaki. O meu trabalho era construir a bomba, fazer a ciência progredir. O que se fez com as minhas descobertas não me diz respeito. [...] Eu acredito que a beleza da ciência não deve conhecer limites. Não temos de nos preocupar com política, dinheiro ou mesmo questões éticas. Nosso dever como cientistas é descobrir sempre mais. Mas reconheço que o saber sem moral é incompleto, assim como moral sem ciência de pouco vale [...].

Agora, leia o trecho a seguir, que trata de outro físico que trabalhou no desenvolvimento de armas nucleares para a antiga União Soviética na mesma época.

> [...] Nascido em Moscou em 1921, filho de um cientista, Andrei Dmitrievich Sakharov, como Teller, também acreditava na necessidade de não se limitar o conhecimento e o saber. [...] ele desenhou a bomba de hidrogênio russa [...] e o artefato foi detonado [...] em 1953. Sakharov não gostou do que viu. Pela primeira vez, o cientista "teórico puro" deu lugar ao cidadão que põe em xeque o valor moral de suas invenções. [...]
>
> A consciência dos atos ocorreu num crescendo. Em 1957, começou a investigar os danos biológicos dos testes nucleares e escreveu um artigo alertando para os efeitos da radiação mesmo que de nível pouco elevado. Segundo ele, a detonação de uma bomba de um megaton causaria a morte, por câncer, de 10 mil pessoas que nem sequer saberiam o que lhes provocara a doença fatal. Mais tarde, em 1968, foi ainda mais desafiador com o panfleto Reflexões sobre o Progresso, a Coexistência Pacífica e a Liberdade Intelectual, em que atacava duramente o sistema político soviético e exigia que a ciência se preocupasse com o futuro das gerações. [...]

PESQUISA Fapesp. Ed. 79, set. 2002. *A crítica da razão pura*. Disponível em:<http://revistapesquisa.fapesp.br/2002/09/01/a-critica-da-razao-pura/>. Acesso em: 17 jul. 2018.

Você concorda com a ideia de que os cientistas não devem se preocupar com questões éticas? Justifique sua resposta.

6. A formação de uma estrela inicia-se a partir de uma nuvem molecular, isto é, um tipo de nuvem interestelar formada por gás e poeira. Quando uma região mais densa dessa nuvem se condensa sob ação da gravidade são formados pequenos fragmentos, as chamadas protoestrelas. Por meio de processos complexos que envolvem compressão do gás, a temperatura e a pressão do fragmento aumentam atingindo valores de alguns milhares de graus Celsius. Diversas reações de fusão nuclear se iniciam nessas condições e algumas delas estão indicadas a seguir:

$${}^{12}_{6}C + {}^{12}_{6}C \longrightarrow {}^{x}_{10}Ne + {}^{4}_{2}He$$

$${}^{12}_{6}C + {}^{12}_{6}C \longrightarrow {}^{23}_{11}Na + {}^{y}_{1}H$$

$${}^{12}_{6}C + {}^{12}_{6}C \longrightarrow {}^{z}_{12}Mg + {}^{1}n$$

Identifique os números de massa em cada reação nuclear.

7. O radioimunoensaio (RIE) é uma técnica que utiliza marcadores radioativos e foi desenvolvida na década de 1960. Empregado na área da medicina, essa técnica permite quantificar hormônios e drogas em uma amostra sanguínea. Considerando que foi utilizado 0,04 μCi de iodo-125 em uma amostra, calcule a radioatividade em becquerels.

Dado: curie é uma unidade de medida de quantidade de material radioativo em que uma unidade equivale à desintegração de $3,7 \cdot 10^{10}$ núcleos a cada segundo, ou seja, $3,7 \cdot 10^{10}$ Bq.

8. Leia o texto a seguir e responda ao que se pede:

> Imagine um veneno capaz de matar um adulto com uma dose de apenas 1 micrograma. Pior ainda: com apenas 1 grama desse material, um terrorista seria capaz de matar 10 milhões de pessoas. Pode parecer mentira, mas esse "veneno" existe naturalmente em nosso planeta [...].
> [...]
> O polônio possui características que o tornam perfeito para ser usado em crimes de envenenamento. Por ser um emissor de partículas alfa, a radiação do elemento possui curto alcance, sendo incapaz de atravessar paredes.
>
> Na verdade, a radiação do polônio pode até mesmo ser interrompida por uma folha de papel ou pela camada de células mortas da nossa pele. Isso torna o "veneno" muito fácil de ser transportado, podendo ser levado, inclusive, em um pequeno pote de vidro bem fechado.
>
> Porém, o polônio se torna letal ao ser ingerido ou inalado pelo ser humano, já que as partículas radioativas estarão, assim, em contato direto com os tecidos internos do corpo. Basta 1 micrograma de polônio 210 para matar uma pessoa de 80 kg.
> [...]
> O que nos deixa mais seguros é a dificuldade encontrada para se conseguir o elemento. Estima-se que a produção mundial de polônio 210 não ultrapasse 100 gramas por ano. Além disso, o polônio possui uma meia-vida muito curta, de 138 dias, e isso faz com que o elemento tenha que ser obtido e utilizado muito rapidamente.
> [...]

Felipe Arruda. Polônio: o mais letal dos venenos. Disponível em: <https://www.tecmundo.com.br/quimica/15082-polonio-o-mais-letal-dos-venenos.htm>. Acesso em: 17 jul. 2018.

a) De acordo com as informações apresentadas no texto e seus conhecimentos, que tipo de radiação é emitida pelo polônio-210? Justifique sua resposta.

b) Estime aproximadamente quanto tempo será necessário para que a massa de polônio-210 produzida em um ano seja inferior a 25 g.

Testando seus conhecimentos

Caso necessário, consulte as tabelas no final desta Parte.

1. (UEL-PR) O desastre de Chernobyl ocorreu em 1986, lançando grandes quantidades de partículas radioativas na atmosfera. Usinas nucleares utilizam elementos radioativos com a finalidade de produzir energia elétrica a partir de reações nucleares.

   Com base nos conhecimentos sobre os conceitos de radioatividade, assinale a alternativa correta.
   a. A desintegração do átomo de $^{210}_{83}Bi$ em $^{210}_{84}Po$ ocorre após a emissão de uma onda eletromagnética gama.
   b. A desintegração do átomo $^{235}_{92}U$ em $^{231}_{90}Th$ ocorre após a emissão de uma partícula beta.
   c. A fusão nuclear requer uma pequena quantidade de energia para promover a separação dos átomos.
   d. A fusão nuclear afeta os núcleos atômicos, liberando menos energia que uma reação química.
   e. A fissão nuclear do átomo de $^{235}_{92}U$ ocorre quando ele é bombardeado por nêutrons.

2. (UCS-RS) Em cinco anos, se não faltarem recursos orçamentários, o Brasil poderá se tornar autossuficiente na produção de radioisótopos, substâncias radioativas que podem ser usadas no diagnóstico e no tratamento de várias doenças, além de ter aplicações na indústria, na agricultura e no meio ambiente. O ouro-198, por exemplo, é um radioisótopo que tem sido frequentemente empregado pela chamada "Medicina Nuclear" no diagnóstico de problemas no fígado.

   Supondo que um paciente tenha ingerido uma substância contendo 5,6 mg de ^{198}Au, a massa (em miligramas) remanescente no organismo do mesmo depois de 10,8 dias será igual a:

   Dado: $t_{\frac{1}{2}}$ do ^{198}Au = 2,7 dias

   a. 0,175.
   b. 0,7.
   c. 1,4.
   d. 0,35.
   e. 2,8.

   Observação
   Admita que não tenha ocorrido excreção do radioisótopo pelo paciente durante o período de tempo descrito no texto.

3. (UERN) Em 1900, o físico francês Antoine Henri Becquerel (1852-1908) comparou esses desvios sofridos pelas partículas beta com os desvios que os elétrons realizavam, quando também eram submetidos a um campo eletromagnético. O resultado foi que eram iguais; com isso, viu-se que as partículas beta eram na realidade elétrons.

   Disponível em: <http://www.brasilescola.com/quimica/emissaobeta.htm>. Acesso em: 17 maio 2016.

   É correto afirmar que, quando um núcleo emite uma partícula β, seu número atômico:
   a. diminui uma unidade e seu número de massa não se altera.
   b. aumenta uma unidade e seu número de massa não se altera.
   c. diminui uma unidade e seu número de massa se altera de uma unidade.
   d. aumenta uma unidade e seu número de massa se altera de uma unidade.

4. (Enem) A falta de conhecimento em relação ao que vem a ser um material radioativo e quais os efeitos, consequências e usos da irradiação pode gerar o medo e a tomada de decisões equivocadas, como a apresentada no exemplo a seguir. "Uma companhia aérea negou-se a transportar material médico por este portar um certificado de esterilização por irradiação."

   Física na Escola, v. 8, n. 2, 2007. (adaptado).

   A decisão tomada pela companhia é equivocada, pois:
   a. o material é incapaz de acumular radiação, não se tornando radioativo por ter sido irradiado.
   b. a utilização de uma embalagem é suficiente para bloquear a radiação emitida pelo material.
   c. a contaminação radioativa do material não se prolifera da mesma forma que as infecções por microrganismos.
   d. o material irradiado emite radiação de intensidade abaixo daquela que ofereceria risco à saúde.
   e. o intervalo de tempo após a esterilização é suficiente para que o material não emita mais radiação.

5. (UFG-GO) Em junho de 2013, autoridades japonesas relataram a presença de níveis de trítio acima dos limites tolerados nas águas subterrâneas acumuladas próximo à central nuclear de Fukushima. O trítio, assim como o deutério, é um isótopo do hidrogênio e emite partículas beta (β).

   Ante o exposto:
   a. escreva a equação química que representa a fusão nuclear entre um átomo de deutério e um átomo de trítio com liberação de um nêutron (n);
   b. identifique o isótopo do elemento químico formado após o elemento trítio emitir uma partícula beta.

6. (UFG-GO) No acidente ocorrido na usina nuclear de Fukushima, no Japão, houve a liberação do iodo radioativo 131 nas águas do Oceano Pacífico. Sabendo que a meia-vida do isótopo do iodo radioativo 131 é de 8 dias, o gráfico que representa a curva de decaimento para uma amostra de 16 gramas do isótopo $^{131}_{53}I$ é:

   a.

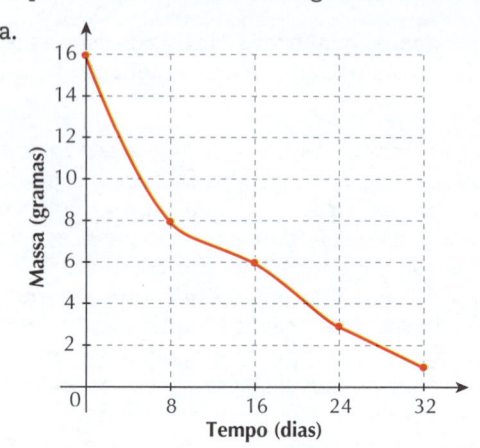

b.

c.

d.

e.

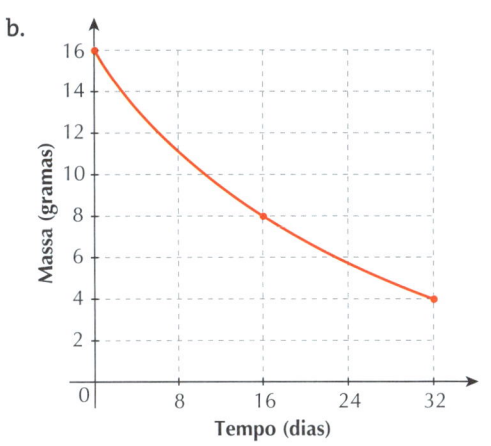

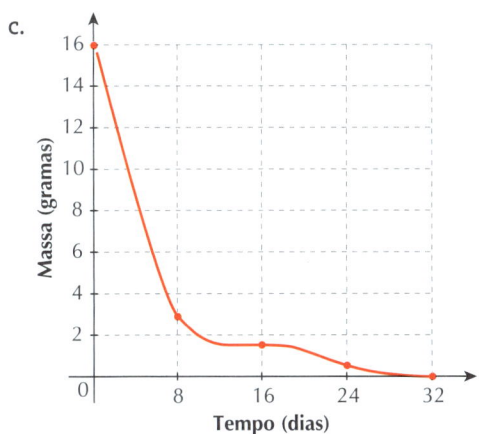

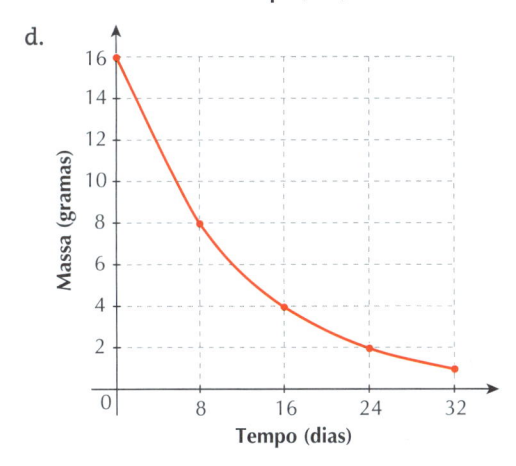

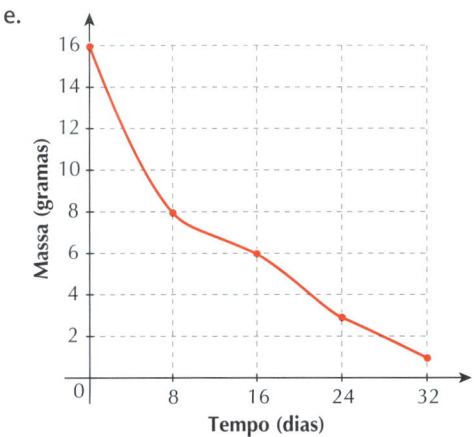

7. (PUCC-SP) O isótopo do elemento césio de número de massa 137 sofre decaimento segundo a equação:

$$^{137}_{55}Cs \longrightarrow X + ^{0}_{-1}\beta$$

O número atômico do isótopo que X representa é igual a:

a. 54.
b. 56.
c. 57.
d. 136.
e. 138.

8. (PUC-SP) Foram estudados, independentemente, o comportamento de uma amostra de 100 mg do radioisótopo bismuto-212 e o de uma amostra de 100 mg do radioisótopo bismuto-214. Essas espécies sofrem desintegração radioativa distinta, sendo o bismuto-212 um emissor β, enquanto o bismuto-214 é um emissor α.

As variações das massas desses radioisótopos foram acompanhadas ao longo dos experimentos. O gráfico a seguir ilustra as observações experimentais obtidas durante as primeiras duas horas de acompanhamento.

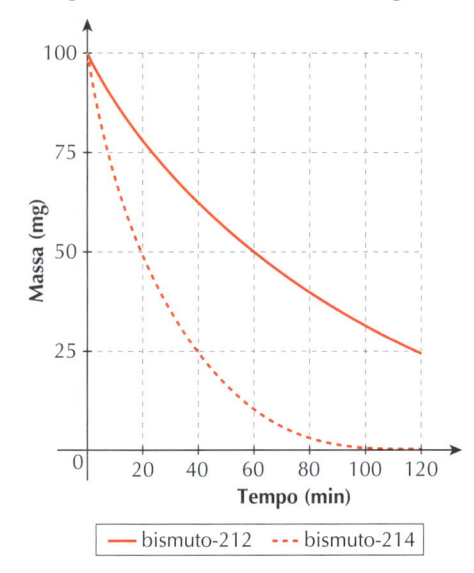

Sobre esse experimento é **incorreto** afirmar que:

a. a meia-vida do Bi é de 60 minutos.
b. após aproximadamente 25 minutos do início do experimento, a relação entre a massa de ^{212}Bi e a massa de ^{212}Po é igual a 3.
c. no decaimento do ^{214}Bi forma-se o isótopo ^{210}Tl.
d. após 4 horas do início do experimento, ainda restam 12,5 mg de ^{212}Bi sem sofrer desintegração radioativa.

9. (UPE-PE) Alguns radioisótopos são utilizados como traçadores na agricultura nuclear. O isótopo P-32 é um dos mais utilizados na agropesquisa, introduzido em fertilizantes na forma de fosfatos PO_4^{3-}, o que permite o estudo da absorção e do metabolismo das plantas. A meia-vida desse radioisótopo é igual a 14 dias e ele sofre decaimento β, produzindo um isótopo do enxofre.

Sobre esse processo, é **correto** afirmar que:

a. o decaimento β produz um núcleo isótopo do núcleo emissor.

b. o núcleo formado após o decaimento β tem o mesmo número de massa do isótopo P-32.

c. um solo que foi tratado com 250 g de um fertilizante marcado com P-32 terá 62,5 g desse isótopo após 28 dias.

d. passado um período de semidesintegração, a massa de enxofre produzida é igual à massa de P-32 contida inicialmente no fertilizante utilizado.

e. o uso de radioisótopos que emitem radiação β causa prejuízo ao solo e ao produto agrícola, uma vez que eles passam a ser fonte de emissão radioativa.

10. (UEPG-PR) A natureza das radiações emitidas pela desintegração espontânea do urânio 234 é representada na figura abaixo. A radiação emitida pelo urânio 234 é direcionada pela abertura do bloco de chumbo e passa entre duas placas eletricamente carregadas. O feixe se divide em três outros feixes que atingem o detector nos pontos 1, 2 e 3. O tempo de meia-vida do urânio 234 é 245 000 anos. Sobre a radioatividade, assinale o que for correto.

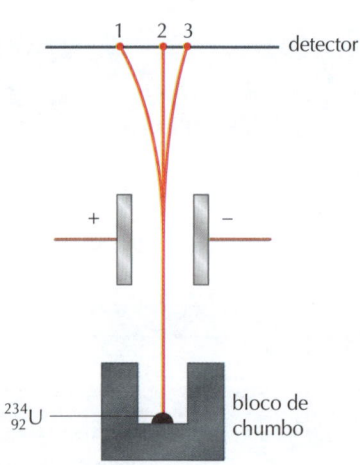

01. A radiação que atinge o ponto 1 é a radiação β (beta), que são elétrons emitidos por um núcleo de um átomo instável.

02. A radiação γ (gama) é composta por ondas eletromagnéticas que não sofrem desvios pelo campo elétrico e, por isso, elas atingem o detector no ponto 2.

04. A massa de 100 g de urânio 234 leva 490 000 anos para reduzir a 25 g.

08. A radiação α (alfa) é composta de núcleos do átomo de hélio (2 prótons e 2 nêutrons).

16. O decaimento radioativo do urânio 234 através da emissão de uma partícula α (alfa) produz átomos de tório 230 (Z = 90).

Dê como resposta a soma dos números correspondentes às alternativas corretas.

11. (Fuvest-SP) O ano de 2017 marca o trigésimo aniversário de um grave acidente de contaminação radioativa, ocorrido em Goiânia em 1987. Na ocasião, uma fonte radioativa, utilizada em um equipamento de radioterapia, foi retirada do prédio abandonado de um hospital e, posteriormente, aberta no ferro-velho para onde fora levada. O brilho azulado do pó de césio 137 fascinou o dono do ferro-velho, que compartilhou porções do material altamente radioativo com sua família e amigos, o que teve consequências trágicas. O tempo necessário para que metade da quantidade de césio 137 existente em uma fonte se transforme no elemento não radioativo bário 137 é trinta anos.

Em relação a 1987, a fração de césio 137, em %, que existirá na fonte radioativa 120 anos após o acidente, será, aproximadamente,

a. 3,1.
b. 6,3.
c. 12,5.
d. 25,0.
e. 50,0.

12. (Aman-RJ) "À medida que ocorre a emissão de partículas do núcleo de um elemento radioativo, ele está se desintegrando. A velocidade de desintegrações por unidade de tempo é denominada velocidade de desintegração radioativa, que é proporcional ao número de núcleos radioativos. O tempo decorrido para que o número de núcleos radioativos se reduza à metade é denominado meia-vida."

USBERCO, João e SALVADOR, Edgard. Química. 12. ed. Reform. São Paulo: Editora Saraiva, 2009. (Volume 2: Físico-Química).

Utilizado em exames de tomografia, o radioisótopo flúor-18 (18F) possui meia-vida de uma hora e trinta minutos (1 h 30 min). Considerando-se uma massa inicial de 20 g desse radioisótopo, o tempo decorrido para que essa massa de radioisótopo flúor-18 fique reduzida a 1,25 g é de

Dados: log 16 = 1,20; log 2 = 0,30

a. 21 horas.
b. 16 horas.
c. 9 horas.
d. 6 horas.
e. 1 hora.

13. (FMP-RJ) O berquélio é um elemento químico cujo isótopo do ^{247}Bk de maior longa vida tem meia-vida de 1 379 anos. O decaimento radioativo desse isótopo envolve emissões de partículas α e β sucessivamente até chegar ao chumbo, isótopo estável ^{207}Pb.

O número de partículas emitidas e o tempo decorrido para que certa quantidade inicial se reduza de 3/4 são, respectivamente,

a. 10 α, 5 β e 2 758 anos
b. 5 α, 6 β e 690 anos
c. 10 α, 4 β e 1 034 anos
d. 4 α, 8 β e 1 034 anos
e. 5 α, 10 β e 2 758 anos

14. (UEG-GO) No dia 13 de setembro de 2017, fez 30 anos do acidente radiológico Césio-137, em Goiânia-GO. Sabe-se que a meia-vida desse isótopo radiativo é de aproximadamente 30 anos. Então, em 2077, a massa que restará, em relação à massa inicial da época do acidente, será

a. 1/2   c. 1/8   e. 1/24
b. 1/4   d. 1/16

15. (Unicamp-SP) A braquiterapia é uma técnica médica que consiste na introdução de pequenas sementes de material radiativo nas proximidades de um tumor. Essas sementes, mais frequentemente, são de substâncias como ^{192}Ir, ^{103}Pd ou ^{125}I. Estes três radioisótopos sofrem processos de decaimento através da emissão de partículas $_{-1}^{0}\beta$. A equação de decaimento pode ser genericamente representada por $_{P}^{A}X \longrightarrow _{P'}^{A'}Y + _{-1}^{0}\beta$, em que X e Y são os símbolos atômicos, A e A' são os números de massa e p e p' são os números atômicos dos elementos.

a. Tomando como modelo a equação genérica fornecida, escolha apenas um dos três radioisótopos utilizados na braquiterapia, consulte a tabela periódica e escreva sua equação completa no processo de decaimento.

b. Os tempos de meia-vida de decaimento (em dias) desses radioisótopos são: ^{192}Ir (74,2), ^{103}Pd (17) e ^{125}I (60,2). Com base nessas informações, complete o gráfico que aparece no espaço de resolução, identificando as curvas A, B e C com os respectivos radioisótopos, e colocando os valores nas caixas que aparecem no eixo que indica o tempo.

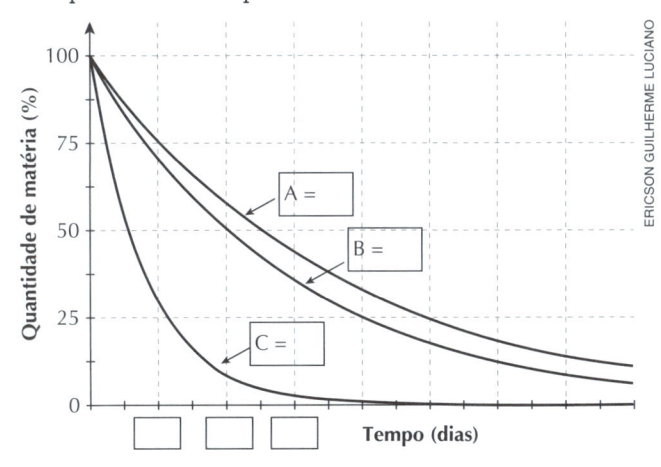

16. (Unicamp-SP) Um filme de ficção muito recente destaca o isótopo, muito abundante na Lua, como uma solução para a produção de energia limpa na Terra. Uma das transformações que esse elemento pode sofrer, e que justificaria seu uso como combustível, está esquematicamente representada na reação abaixo, em que aparece como reagente.

De acordo com esse esquema, pode-se concluir que essa transformação, que liberaria muita energia, é uma

a. fissão nuclear, e, no esquema, as esferas mais escuras representam os nêutrons e as mais claras os prótons.

b. fusão nuclear, e, no esquema, as esferas mais escuras representam os nêutrons e as mais claras os prótons.

c. fusão nuclear, e, no esquema, as esferas mais escuras representam os prótons e as mais claras os nêutrons.

d. fissão nuclear, e, no esquema, as esferas mais escuras são os prótons e as mais claras os nêutrons.

17. (Uerj) O berquélio (Bk) é um elemento químico artificial que sofre decaimento radioativo. No gráfico, indica-se o comportamento de uma amostra do radioisótopo ^{249}Bk ao longo do tempo.

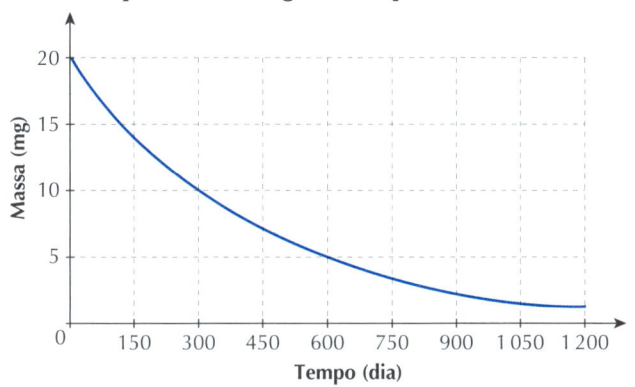

Sabe-se que a reação de transmutação nuclear entre o ^{249}Bk e o ^{48}Ca produz um novo radioisótopo e três nêutrons.

Apresente a equação nuclear dessa reação. Determine, ainda, o tempo de meia-vida, em dias, do ^{249}Bk e escreva a fórmula química do hidróxido de berquélio II.

18. (Fatec-SP) Leia o texto.

Lise Meitner, nascida na Áustria em 1878 e doutora em Física pela Universidade de Viena, começou a trabalhar, em 1906, com um campo novo e recente da época: a radioquímica. Meitner fez trabalhos significativos sobre os elementos radioativos (descobriu o protactínio, Pa, elemento 91), porém sua maior contribuição à ciência do século XX foi a explicação do processo de fissão nuclear. A fissão nuclear é de extrema importância para o desenvolvimento de usinas nucleares e bombas atômicas, pois libera grandes quantidades de energia. Neste processo, um núcleo de U-235 (número atômico 92) é bombardeado por um nêutron, formando dois núcleos menores, sendo um deles o Ba-141 (número atômico 56) e três nêutrons.

Embora Meitner não tenha recebido o prêmio Nobel, um de seus colaboradores disse: "Lise Meitner deve ser honrada como a principal mulher cientista deste século".

Fonte: KOTZ, J. e TREICHEL, P. *Química e Reações Químicas*. Rio de Janeiro. Editora LTC, 1998. Adaptado.
FRANCO, Dalton. *Química, Cotidiano e Transformações*. São Paulo. Editora FTD, 2015. Adaptado.

O número atômico do outro núcleo formado na fissão nuclear mencionada no texto é

a. 34   b. 35   c. 36   d. 37   e. 38

19. (Aman-RJ) Considere as seguintes afirmativas:
  I. O poder de penetração da radiação alfa (α) é maior que o da radiação gama (γ).
  II. a perda de uma partícula beta (β) por um átomo ocasiona a formação de um átomo de número atômico maior.
  III. A emissão de radiação gama a partir do núcleo de um átomo não altera o número atômico e o número de massa deste átomo.
  IV. a desintegração de $^{226}_{88}Ra$ a $^{214}_{83}Bi$ envolve a emissão consecutiva de três partículas alfa (α) e duas betas (β).

  Das afirmativas apresentadas estão corretas apenas:
  a. I e II.
  b. I e III.
  c. I e IV.
  d. II e III.
  e. II e IV.

20. (Enem) Glicose marcada com nuclídeos de carbono-11 é utilizada na medicina para se obter imagens tridimensionais do cérebro, por meio de tomografia de emissão de pósitrons. A desintegração do carbono-11 gera um pósitron, com tempo de meia-vida de 20,4 min, de acordo com a equação da reação nuclear:

$$^{11}_{6}C \longrightarrow {}^{11}_{5}B + {}^{0}_{1}e$$
(pósitron)

A partir da injeção de glicose marcada com esse nuclídeo, o tempo de aquisição de uma imagem de tomografia é de cinco meias-vidas.

Considerando que o medicamento contém 1,00 g do carbono-11, a massa, em miligramas, do nuclídeo restante, após a aquisição da imagem, é mais próxima de
a. 0,200.
b. 0,969.
c. 9,80.
d. 31,3.
e. 200.

21. (PUC-RJ) Na equação do processo nuclear
$^{14}_{7}N + {}^{1}_{1}H \longrightarrow {}^{11}_{6}C + {}^{4}_{2}He$, constata-se que no núcleo do isótopo

a. $^{14}_{7}N$ há 14 prótons.
b. $^{1}_{1}H$ há 1 nêutron.
c. $^{11}_{6}C$ há 5 elétrons.
d. $^{4}_{2}He$ há 2 nêutrons.
e. $^{14}_{7}N$ há 21 prótons.

22. (UFPR) Águas termais, exploradas em diversos destinos turísticos, brotam naturalmente em fendas rochosas. O aquecimento natural dessas águas, na sua grande maioria, deve-se ao calor liberado em processos radioativos de elementos presentes nos minerais rochosos que são transferidos para a água no fluxo pelas fendas. O gás radônio (^{222}Rn) é o provável responsável pelo aquecimento de diversas águas termais no Brasil. O ^{222}Rn se origina do rádio (^{226}Ra), na série do urânio (^{238}U), naturalmente presente em granitos. O tempo de meia-vida ($t_{1/2}$) do ^{222}Rn é de 3,8 dias, e esse se converte em polônio (^{218}Po), que por sua vez possui um $t_{1/2}$ de 3,1 minutos. Considerando as informações dadas, considere as seguintes afirmativas:

1. A conversão de ^{222}Rn em ^{218}Po é um processo exotérmico.
2. A conversão de ^{226}Ra em ^{222}Rn emite quatro partículas β.
3. Na série de decaimento, do ^{238}U ao ^{218}Po, cinco partículas α são emitidas.
4. Após 3,8 dias da extração da água termal, a concentração de ^{218}Po atingirá a metade do valor da concentração inicial de ^{222}Rn.

Assinale a alternativa correta.
a. Somente a afirmativa 1 é verdadeira.
b. Somente as afirmativas 2 e 4 são verdadeiras.
c. Somente as afirmativas 1 e 3 são verdadeiras.
d. Somente as afirmativas 2 e 3 são verdadeiras.
e. Somente as afirmativas 1, 3 e 4 são verdadeiras.

23. (UPE-PE) Entre os elementos químicos produzidos pelo homem, a obtenção do mendelévio (Md, Z = 101), a partir do einstênio (Es, Z = 99), talvez tenha sido a mais dramática. O Es foi obtido acidentalmente, pela explosão de uma usina nuclear no Oceano Pacífico, em 1952. Toda a quantidade existente desse elemento foi usada, para um bombardeamento com núcleos de hélio, no acelerador de partícula da Universidade de Berkeley. O resultado foi a formação de uma pequena quantidade do isótopo 256 do mendelévio, que tem meia-vida igual a 1,5 h.

Analise as afirmativas a seguir:
  I. O einstênio produzido na explosão da usina foi o isótopo 252.
  II. Se inicialmente foram produzidos 0,05 g do mendelévio, após três horas, restariam $1,25 \times 10^{-2}$ g do isótopo.
  III. O mendelévio é um elemento químico hipotético, uma vez que faltam registros de reações químicas envolvendo os seus átomos.
  IV. A fim de produzir novos elementos químicos, são necessários processos que envolvem uma pequena quantidade de energia, grande espaço físico e água para resfriamento do sistema.

Está CORRETO o que se afirma apenas em
a. I e II.
b. I e III.
c. II e III.
d. II e IV.
e. I, III e IV.

24. (Enem)

A bomba
reduz neutros e neutrinos, e abana-se com leque da reação em cadeia

ANDRADE, C. D. *Poesia completa e prosa*. Rio de Janeiro, 1973 (fragmento).

Nesse fragmento de poema, o autor refere-se à bomba atômica de urânio. Essa reação é dita "em cadeia" porque na
a. fissão do ^{235}U ocorre liberação de grande quantidade de calor, que dá continuidade à reação.
b. fissão do ^{235}U ocorre liberação de energia, que vai desintegrando o isótopo ^{238}U, enriquecendo-o em mais ^{235}U.
c. fissão do ^{235}U ocorre uma liberação de nêutrons, que bombardearão outros núcleos.

d. fusão do ^{235}U com ^{238}U ocorre formação de neutrino, que bombardeará outros núcleos radioativos.

e. fusão do ^{235}U com ^{238}U ocorre formação de outros elementos radioativos mais pesados, que desencadeiam novos processos de fusão.

25. (Unesp) No que diz respeito aos ciclos de combustíveis nucleares empregados nos reatores, a expressão "fértil" refere-se ao material que produz um nuclídeo físsil após captura de nêutron, sendo que a expressão "físsil" refere-se ao material cuja captura de nêutron é seguida de fissão nuclear.

(José Ribeiro da Costa. *Curso de introdução ao estudo dos ciclos de combustível*, 1972. Adaptado.)

Assim, o nuclídeo Th-232 é considerado fértil, pois produz nuclídeo físsil, pela sequência de reações nucleares:

^{232}Th + ^{1}n ⟶ ^{233}Th ⟶ ^{233}Pa + β^{-}

^{233}Pa ⟶ nuclídeo físsil + β^{-}

O nuclídeo físsil formado nessa sequência de reações é o

a. ^{234}U.
b. ^{233}Pu.
c. ^{234}Pa.
d. ^{233}U.
e. ^{234}Pu.

26. (PUCC-SP) A fusão nuclear é um processo em que dois núcleos se combinam para formar um único núcleo, mais pesado. Um exemplo importante de reações de fusão é o processo de produção de energia no sol, e das bombas termonucleares (bomba de hidrogênio). Podemos dizer que a fusão nuclear é a base de nossas vidas, uma vez que a *energia solar*, produzida por esse processo, é indispensável para a manutenção da vida na Terra.

Reação de fusão nuclear: ^{2}H + ^{3}H ⟶ ^{4}He + n

(Adaptado de: http://portal.if.usp.br)

Representam isótopos, na reação de fusão nuclear apresentada, APENAS:

a. ^{2}H e ^{4}He.
b. ^{3}H e ^{4}He.
c. ^{2}H e n.
d. ^{2}H e ^{3}H.
e. ^{4}He e n.

27. (UPF-RS) No fim do século XIX, o físico neozelandês Ernest Rutherford (1871-1937) foi convencido por J. J. Thomson a trabalhar com o fenômeno então recentemente descoberto: a radioatividade. Seu trabalho permitiu a elaboração de um modelo atômico que possibilitou o entendimento da radiação emitida pelos átomos de urânio, polônio e rádio. Aos 26 anos de idade, Rutherford fez sua maior descoberta. Estudando a emissão de radiação de urânio e do tório, observou que existem dois tipos distintos de radiação: uma que é rapidamente absorvida, que denominamos radiação alfa (α), e uma com maior poder de penetração, que denominamos radiação beta (β).

Sobre a descoberta de Rutherford podemos afirmar ainda:

I. A radiação alfa é atraída pelo polo negativo de um campo elétrico.

II. O baixo poder de penetração das radiações alfa decorre de sua elevada massa.

III. A radiação beta é constituída por partículas positivas, pois se desviam para o polo negativo do campo elétrico.

IV. As partículas alfa são iguais a átomos de hélio que perderam os elétrons.

Está(ão) **correta(s)** a(s) afirmação(ões):

a. I, apenas
b. I e II
c. III, apenas
d. I, II e IV
e. II e IV

28. (UFG-GO) A datação arqueológica consiste na quantificação do carbono-14 (^{14}C$_6$), um isótopo radioativo do carbono, em um determinado corpo ou objeto em estudo. O ^{14}C$_6$ é formado quando um nêutron proveniente dos raios cósmicos é capturado por um átomo de nitrogênio (^{14}N$_7$), expelindo um próton. O ^{14}C$_6$ decai espontaneamente para ^{14}N$_7$ com o tempo de meia-vida superior a 5 000 anos. Nesse processo de decaimento radioativo ocorre a emissão de:

a. partículas alfa
b. partículas beta
c. partículas gama
d. prótons
e. nêutrons

29. (Unesp) Durante sua visita ao Brasil em 1928, Marie Curie analisou e constatou o valor terapêutico das águas radioativas da cidade de Águas de Lindoia, SP. Uma amostra de água de uma das fontes apresentou concentração de urânio igual a 0,16 μg/L. Supondo que o urânio dissolvido nessas águas seja encontrado na forma de seu isótopo mais abundante, ^{238}U, cuja meia-vida é aproximadamente 5 · 10^9 anos, o tempo necessário para que a concentração desse isótopo na amostra seja reduzida para 0,02 μg/L será de

a. 5 · 10^9 anos
b. 10 · 10^9 anos
c. 15 · 10^9 anos
d. 20 · 10^9 anos
e. 25 · 10^9 anos

30. (FGV-SP) A braquiterapia é uma modalidade de radioterapia, na qual pequenas cápsulas ou fios contendo as fontes radioativas são colocados em contato com o tecido tumoral a ser tratado. Cápsulas contendo ouro-198 são empregadas para essa finalidade, e cada átomo decai com a emissão de radiação gama e uma partícula beta, $_{-1}^{0}$β que inibem o crescimento das células cancerígenas.

O produto do decaimento do ouro-198 é

a. ouro-197.
b. ouro-199.
c. platina-198.
d. mercúrio-197.
e. mercúrio-198.

Mais questões: no livro digital, em **Vereda Digital Aprova Enem** e **Vereda Digital Suplemento de revisão e vestibulares**; no *site*, em **AprovaMax**.

CAPÍTULO 26

ESCLARECENDO QUESTÕES SOBRE A ESTRUTURA DA MATÉRIA

Queima de fogos de artifício em praia do Rio de Janeiro. Foto de 2014.

ENEM
C5: H17   C7: H24

Este capítulo vai ajudá-lo a compreender:
- o modelo atômico de Bohr e o modelo orbital;
- a distribuição eletrônica por subníveis;
- a massa atômica.

Para situá-lo

Dourado, vermelho, verde, prateado... a queima de fogos de artifício exibe lindas cores que iluminam o céu em alguns momentos do nosso cotidiano. Por trás desse espetáculo, há um conhecimento químico que foi construído para explicar as diferentes cores observadas e o comportamento dos materiais.

No capítulo anterior, você estudou a radioatividade – fenômeno descoberto no final do século XIX e que, a partir do início do século XX, passou a desempenhar papel importante em diversos campos do conhecimento, com implicações em diferentes setores. Entre as inúmeras conquistas, figura o modelo nuclear de Rutherford, que foi apresentado no capítulo 4 da Parte 1 deste livro para que você adquirisse conhecimentos básicos de Química.

Nas páginas seguintes, vamos retomar o percurso científico que levou à evolução dos modelos atômicos, analisar de que forma os experimentos realizados por Rutherford levaram à proposição da existência do núcleo e estudar os fundamentos do modelo de órbita eletrônica (Bohr) e de orbital. Para isso, você retomará o que estudou na Parte 1 deste livro.

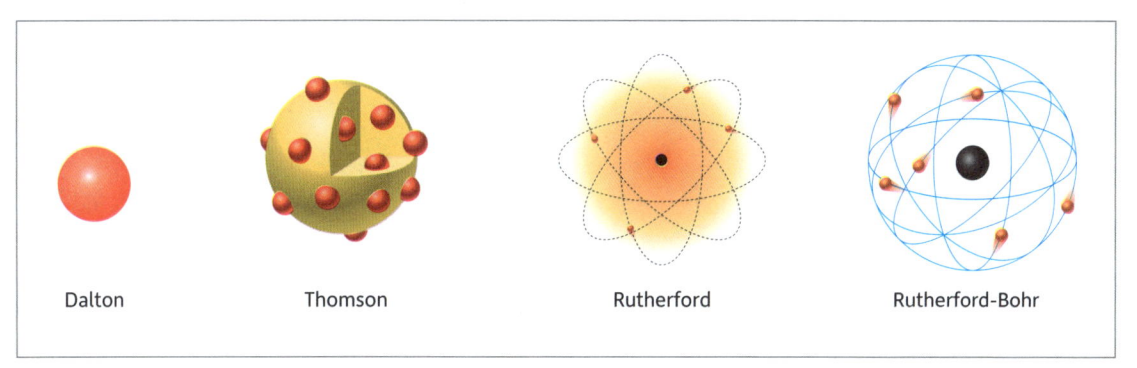

Representação de alguns modelos atômicos estudados.

1. Quais eram as principais diferenças entre o modelo de átomo proposto por Thomson e o proposto por Rutherford?
2. Na sua opinião, quando um modelo não consegue explicar novos fenômenos, ele precisa ser descartado?
3. De que forma a descoberta da radioatividade contribuiu para que os modelos atômicos fossem modificados?
4. A descoberta da existência de isótopos de elementos químicos foi importante para a determinação mais precisa das massas atômicas. Por quê?

Neste capítulo, vamos aprofundar seus conhecimentos sobre a estrutura da matéria.

Relembrando o modelo atômico de Rutherford

Os experimentos realizados por Rutherford e colaboradores, nos quais um feixe de partículas α incidia em uma fina lâmina de ouro, indicaram que havia regiões "vazias" no átomo e que toda a carga positiva estaria concentrada em uma região – o núcleo.

Experimento de Rutherford

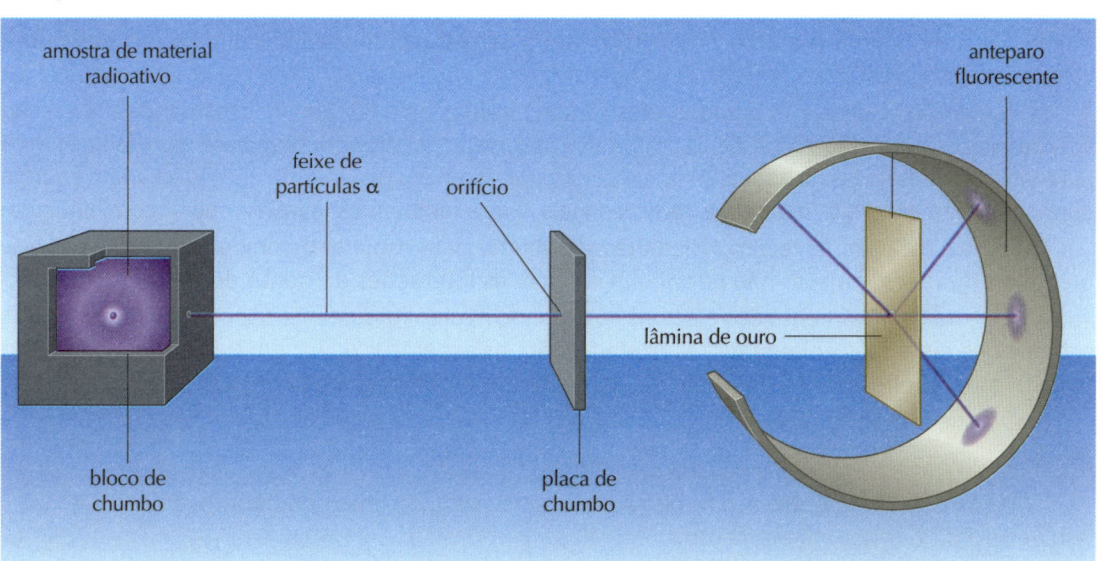

A radiação α não é visível, mas deixa marcas no anteparo fluorescente. A placa de chumbo na imagem tem a finalidade de impedir que o feixe de radiação α passe por outro lugar que não seja o orifício da placa.

Fonte: CHANG, R. *Chemistry*. 5th ed. Highstown: McGraw-Hill, 1994. p. 39.

Modelo de átomo de Rutherford

R: raio do átomo
r: raio do núcleo

$$100\ 000 > \frac{R}{r} > 10\ 000$$

eletrosfera

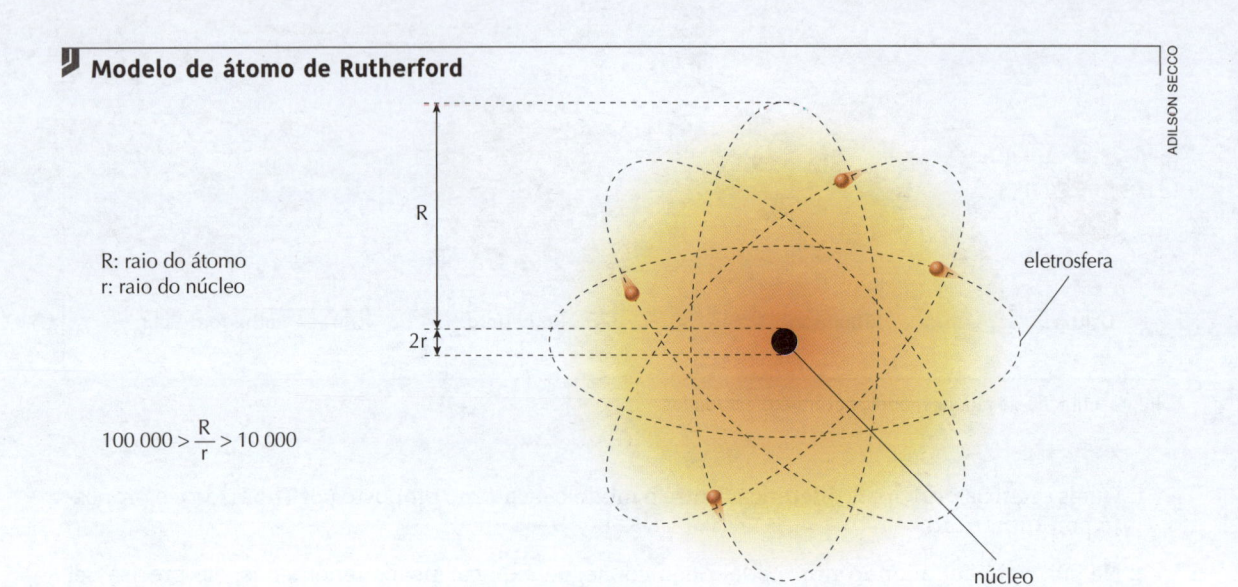

núcleo

Fonte: RUSSELL, J. B. *Química geral*. 2. ed. São Paulo: Makron Books, 1994. v. 1. p. 239.

Atenção

O esquema está totalmente fora de proporção. Se a relação entre as dimensões átomo-núcleo estivesse correta, seria necessário um espaço muitíssimo maior do que o desta folha.

A análise detalhada dos resultados experimentais obtidos pela equipe de Rutherford praticamente não deixou dúvidas quanto à sua validade. Restava uma grande questão: como explicar a estabilidade desse átomo?

No modelo atômico proposto por Rutherford, também chamado de modelo nuclear, o átomo seria formado por duas regiões: o núcleo, que estaria no centro e concentraria praticamente toda a massa do átomo, e a eletrosfera, em que os elétrons estariam espalhados e se movimentando em torno do núcleo.

Um novo modelo atômico

Na Parte 1 deste livro, você estudou que o modelo proposto por Rutherford não respondia a uma questão: "Como o átomo proposto poderia ser estável, possuindo um núcleo **positivo** e elétrons **negativos**?".

Se os elétrons estivessem parados, eles seriam atraídos pelo núcleo, incorporando-se a ele (de acordo com as leis da Eletrostática, cargas elétricas opostas se atraem). Com base nas leis de Eletromagnetismo conhecidas na época, se os elétrons estivessem em movimento, eles irradiariam energia continuamente e a órbita diminuiria cada vez mais, o que também os levaria a colidir com o núcleo.

Em outras palavras, as leis da Física Clássica válidas para explicar o comportamento e o movimento de "grandes" objetos não permitiam explicar as interações do ponto de vista subatômico.

A proposta do movimento dos elétrons ao redor do núcleo foi sustentada por Bohr com base nos estudos que ele e seus colaboradores fizeram sobre os espectros da luz emitida por um elemento quando este recebe energia por meio de aquecimento ou de descarga elétrica.

Mas o que é espectro?

Chamamos de **espectro** a distribuição das radiações eletromagnéticas provenientes da luz solar ou emitidas por um elemento.

É essa característica de emitir luz ao receber energia que explica o que vemos em lâmpadas ou na queima de fogos de artifício.

O espectro da luz branca

Ao observarmos um arco-íris, notamos as diversas cores que compõem a parte que podemos ver das radiações solares, ou seja, a luz branca. Lembre-se de que a radiação ultravioleta, que também constitui a luz solar, por exemplo, não é visível. Quando os raios solares atravessam as gotículas de água do ar, sofrem refração, isto é, mudam de direção. Como cada uma das radiações que compõem a luz solar sai em uma direção diferente, elas passam a ser visualizadas de modo distinto. No século XVII, Issac Newton (1643-1727) estudou o fenômeno da decomposição da luz ao fazer a luz branca atravessar um prisma.

Ao atravessar um prisma, a luz branca sofre refração, fenômeno que resulta na separação de suas cores: violeta, azul, anil, verde, amarelo, laranja e vermelho. No arco-íris ocorre o mesmo fenômeno: parte da luz solar é refratada para dentro das gotas de água suspensas no ar.
Em ambos os casos, o **espectro é contínuo**, já que as cores estão emendadas umas às outras.

Modelo de Bohr

Vamos analisar o espectro do hidrogênio, uma substância simples gasosa, quando submetido a uma descarga elétrica em uma ampola.

Veja na ilustração ao lado que, ao contrário do que ocorre com a decomposição da luz branca, o espectro obtido não apresenta todas as cores. Note também que elas não estão emendadas umas às outras, ou seja, o **espectro é descontínuo**. As linhas que correspondem a comprimentos de onda distintos estão bem afastadas umas das outras, e o conjunto delas corresponde ao **espectro de linhas** do elemento.

Observe a seguir os espectros de dois elementos químicos:

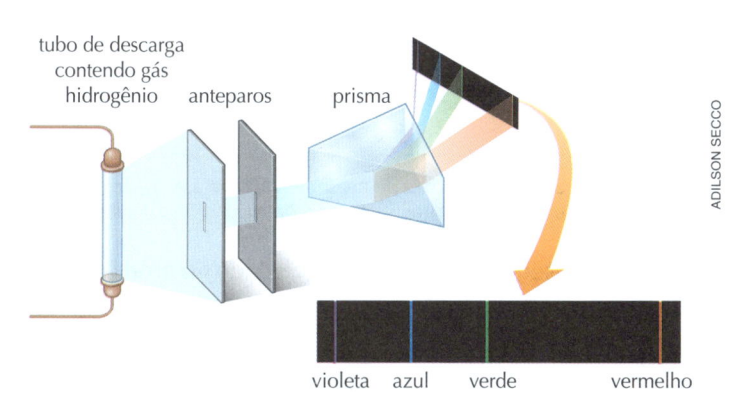

A luz emitida pelo gás contido no tubo de descarga passa por alguns anteparos com fenda, produzindo um feixe de luz que incide em um prisma. A luz é separada, pelo fenômeno da refração, nos diferentes comprimentos de onda que a compõem, e estes são detectados em uma chapa fotográfica.

Fonte: KOTZ, J. C.; TREICHEL, P. M.; WEAVER, G. C. Química geral e reações químicas. São Paulo: Saraiva, 2010. v. 1. p. 266.

O comprimento de onda que corresponde a cada uma das linhas é diferente para cada elemento. Em outras palavras, o espectro de linhas de um elemento é característico dele, não havendo, portanto, espectros iguais para elementos químicos diferentes.

Capítulo 26 • Esclarecendo questões sobre a estrutura da matéria

Em 1913, Niels Bohr observou que o estudo dos espectros levava à evidência de que as leis do Eletromagnetismo, válidas até então, não explicavam o comportamento dos elétrons. Por meio de experimentos relacionados aos espectros de linhas de elementos, Bohr e colaboradores propuseram uma série de postulados:

- um elétron se move ao redor do núcleo em órbita circular;
- um átomo possui um número limitado de órbitas, cada uma delas caracterizada por determinada energia;
- cada órbita é chamada de **estado estacionário**, possuindo um determinado valor de energia;
- enquanto o elétron permanece em movimento numa órbita, **não emite nem absorve energia**;
- quando se fornece energia a um elétron, ele salta de uma órbita para outra mais externa (**estado excitado**) e de maior energia. A energia absorvida corresponde à diferença entre os dois níveis de energia:

$$\Delta E = E_2 - E_1$$

- o elétron que passou para um estado excitado tende a voltar à órbita primitiva (estado fundamental) e nesse processo emite energia, na forma de ondas eletromagnéticas, correspondente à diferença de energia entre os dois níveis, ΔE.

Modelo de Bohr.

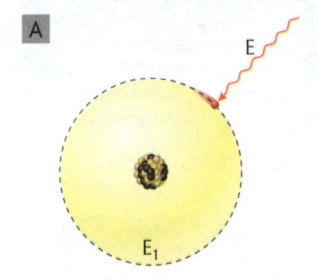

A

E_1: órbita estacionária

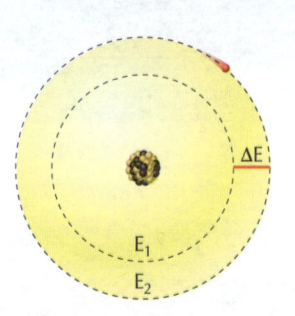

$E_2 - E_1$: ΔE (energia absorvida)
E_2: órbita transitória
elétron em estado excitado

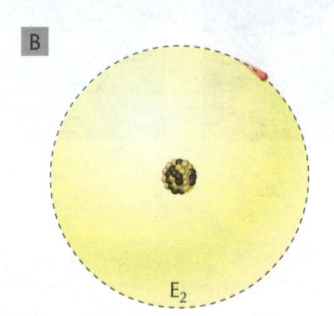

B

$E_2 - E_1$: ΔE (energia emitida)
E_2: órbita transitória
elétron em estado excitado

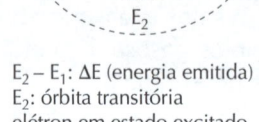

O elétron salta de uma órbita de menor energia para outra de maior energia quando fornecemos energia (situação A). Quando o elétron de um estado excitado retorna à órbita primitiva, emite energia na forma de ondas eletromagnéticas (situação B).

Bohr conseguiu justificar a estabilidade do átomo construindo um modelo em que os elétrons se movimentam ao redor do núcleo – sem a colisão entre as partículas – em órbitas circulares definidas, chamadas de camadas eletrônicas ou níveis de energia.

É importante destacar que Bohr conseguiu calcular com precisão as linhas de espectro do hidrogênio e os resultados coincidiram com os dados experimentais.

Você pode resolver as questões 4 e 18 da seção Testando seus conhecimentos.

Saiba mais

A Química dos fogos de artifício

A imagem ao lado mostra um espetáculo de cores que ilumina o céu e é bastante comum no Brasil na passagem de ano ou em outras datas festivas. O que você provavelmente não sabe é que esse efeito está relacionado com o conteúdo deste capítulo.

Podemos dizer que um fogo de artifício é formado basicamente por uma mistura de propelente (material que dá impulsão ao fogo de artifício), pólvora e sais. A queima da pólvora libera energia que promove os elétrons do estado fundamental dos cátions para níveis eletrônicos mais energéticos (estado excitado). Quando esses elétrons retornam para o nível de energia inicial (estado fundamental), emitem energia na forma de luz. Como o conjunto de cores emitidas por um elemento (seu espectro) é característico dele, cada coloração que observamos no céu é devida a um cátion de um elemento químico diferente.

A tabela ao lado relaciona as cores observadas nos fogos de artifício aos cátions responsáveis por elas.

Um procedimento utilizado na Química para detecção de íons metálicos, o teste da chama, envolve um processo semelhante ao que ocorre nos fogos de artifício. Nele, uma amostra é aquecida em um bico de Bunsen e observa-se a cor da chama produzida.

Amarelo	Íons sódio
Azul-esverdeado	Íons cobre
Vermelho	Íons cálcio
Vermelho-carmim	Íons estrôncio
Verde	Íons bário

Teste de chama para quatro sais. O primeiro contém íon estrôncio. Os seguintes contêm íon cobre, íon potássio e íon cálcio, respectivamente.

Atividades

1. Quais são as principais diferenças entre o modelo de átomo de Rutherford e o proposto por Bohr?

2. Associe os modelos atômicos da coluna da esquerda com as descrições de alguma característica do átomo de cada modelo indicadas na coluna à direita.
   - (a) Modelo de Dalton
   - (b) Modelo de Thomson
   - (c) Modelo de Rutherford
   - (d) Modelo de Bohr
   - (I) Elétrons se movimentando ao redor de um núcleo.
   - (II) Elétrons em órbitas circulares de energia quantizada.
   - (III) Elétrons incrustados em uma esfera de carga positiva.
   - (IV) esfera indivisível e indestrutível.

3. Leia a charge ao lado:

   O autor da tirinha faz humor com um fenômeno comum com que você já teve contato em seus estudos de Química. Qual é o nome desse fenômeno e quais partículas foram representadas pelo autor?

Modelo orbital

O aperfeiçoamento técnico que permitiu a obtenção de linhas de espectro mais finas e os avanços da Física no estudo de partículas permitiram que o conceito de órbita – caminho definido por onde o elétron se movimenta sem perder ou absorver energia – introduzido por Bohr fosse substituído pelo de **orbital**. Para entendê-lo, podemos utilizar a seguinte analogia:

Capítulo 26 • Esclarecendo questões sobre a estrutura da matéria

Suponha que se assinalem em um mapa os locais onde você se encontra de hora em hora, durante certo período. Nele, é possível notar que você passa a maior parte de seu tempo na cidade em que reside, havendo nela certos locais em que você está presente com mais frequência, como sua casa, a de um amigo, a escola em que você estuda etc.

Poderíamos assinalar no mapa a **região mais provável** de encontrá-lo, o que não exclui a possibilidade de você sair dela e até mesmo do país. De forma análoga, há regiões ao redor do núcleo de um átomo na qual é mais provável encontrar um dado elétron.

> **Orbital** é a região do espaço ao redor do núcleo em que há maior probabilidade de encontrar o elétron.

A imagem abaixo ilustra o orbital de mais baixa energia. Como veremos adiante, cada orbital pode ser representado por uma forma no espaço. Por exemplo, nesse caso, a forma geométrica é esférica. A probabilidade de encontrar um elétron é representada imageticamente por uma "nuvem" de elétrons que, nesse caso, diminui quanto mais se afasta do núcleo.

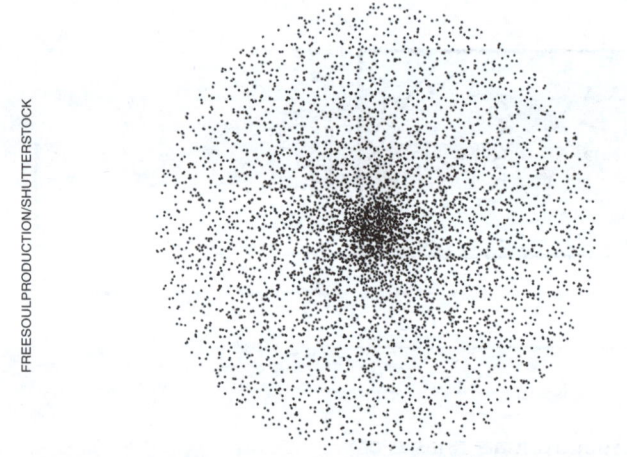

Representação do orbital de menor energia.

Podemos representar graficamente a probabilidade de encontrar o elétron em uma região. Veja abaixo o exemplo para o elétron do hidrogênio.

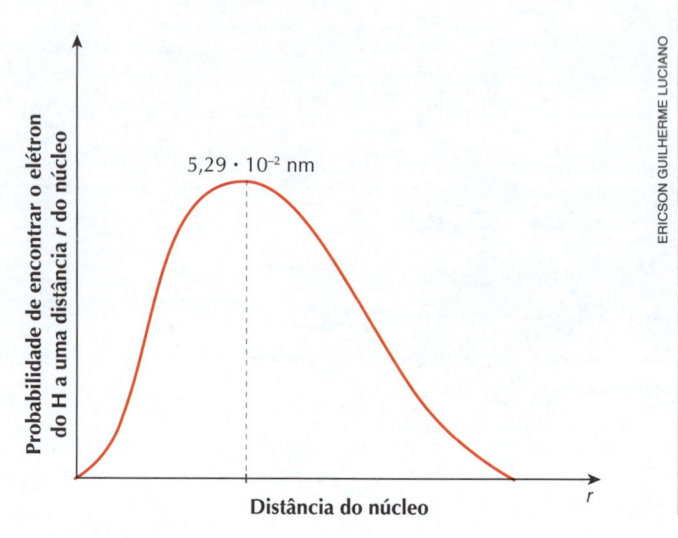

Observe no gráfico que a probabilidade de encontrar o elétron atinge o máximo quando a distância alcança $5{,}29 \cdot 10^{-2}$ nm do núcleo. Abaixo desse valor, a probabilidade diminui quanto maior for a proximidade do núcleo, e, acima desse valor, a probabilidade de encontrar o elétron diminui quanto maior for a distância do núcleo.

É importante não confundir orbital de um elétron (região em que é mais provável encontrá-lo) com forma da trajetória desse elétron. A região do espaço correspondente a um orbital foi definida a partir de cálculos matemáticos complexos, que não fazem parte do currículo do Ensino Médio e envolvem probabilidade.

Níveis de energia e orbitais

Vale lembrar, conforme você viu na Parte 1 deste livro, que o modelo das camadas eletrônicas proposto por Bohr é coerente com o espectro descontínuo dos elementos químicos que você estudou neste capítulo, ou seja, há um número limitado de camadas, também chamadas de níveis de energia, em que o elétron pode permanecer em movimento ao redor do núcleo, sem emitir ou receber energia.

Os diversos estados energéticos dos elétrons foram representados por letras (K, L, M, N, O, P e Q) e identificados por números (1, 2, 3, 4, 5, 6 e 7), e, a partir dessas camadas eletrônicas bem como da quantidade de máxima de elétrons que pode ter cada uma delas, você pode escrever a **configuração** ou **distribuição eletrônica** para alguns elementos químicos (capítulo 4 da Parte 1).

Cada camada eletrônica pode ter um número de orbitais disponíveis. A tabela a seguir ilustra a relação entre os níveis de energia, o número máximo de elétrons e o número de orbitais em cada nível.

Camada	Nível	Número máximo de elétrons ($2n^2$)	Número de orbitais disponíveis (n^2)
K	1	$2 \cdot 1^2 = 2$	1
L	2	$2 \cdot 2^2 = 8$	4
M	3	$2 \cdot 3^2 = 18$	9
N	4	$2 \cdot 4^2 = 32$	16

Subníveis de energia e orbitais

Com o desenvolvimento de instrumentos cada vez mais precisos, foi possível perceber que algumas linhas do espectro eram formadas por duas ou mais linhas muito próximas. Para explicar esse fenômeno, cientistas propuseram que os níveis de energia eram formados por subdivisões, os **subníveis de energia**. Cada subnível de energia é representado pela letra **s**, **p**, **d** ou **f** e apresenta um determinado número de orbitais. Cada orbital comporta no máximo 2 elétrons (observe a terceira e a quarta colunas da tabela acima).

Subnível s

O subnível **s** possui um único orbital. Esse orbital é representado por uma esfera.

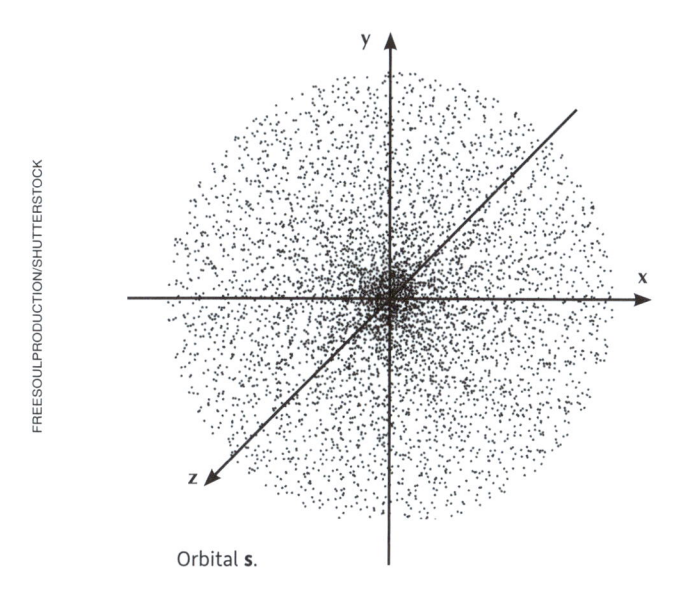

Orbital **s**.

Subnível p

O subnível **p** possui três orbitais que diferem quanto à sua orientação espacial.

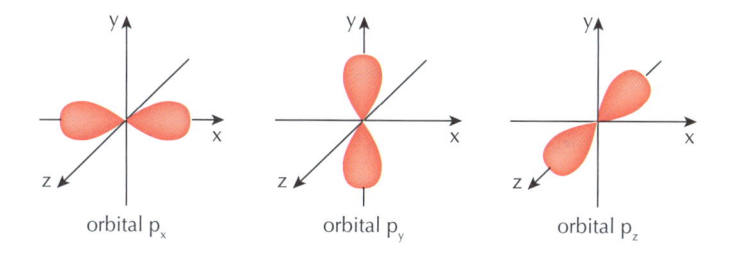

orbital p_x — orbital p_y — orbital p_z

Subníveis d e f

O subnível **d** comporta cinco orbitais e o subnível **f** até sete orbitais. Os orbitais desses subníveis apresentam formatos mais complexos e que não serão objetos de estudo deste capítulo.

A tabela abaixo relaciona as quatro primeiras camadas e o número de orbitais que cada camada comporta.

Nível	Número de orbitais disponíveis	Subnível e número de orbitais por subnível
1 (camada K)	1	s: 1 orbital
2 (camada L)	4	s: 1 orbital p: 3 orbitais
3 (camada M)	9	s: 1 orbital p: 3 orbitais d: 5 orbitais
4 (camada N)	16	s: 1 orbital p: 3 orbitais d: 5 orbitais f: 7 orbitais

Distribuição eletrônica

No capítulo 4 da Parte 1 deste livro, você estudou sobre a distribuição de elétrons em camadas eletrônicas. Agora podemos aprofundar esse conhecimento utilizando os orbitais. Veja os exemplos:

- hidrogênio ($_1$H): $1s^1$

  Isso significa que o hidrogênio tem 1 elétron, indicado em azul, no subnível **s** do nível 1, indicado em vermelho.

  O expoente do **s**, destacado em azul, indica o número de elétrons no subnível.

- hélio ($_2$He): $1s^2$

  Já essa representação indica que o hélio possui 2 elétrons no subnível **s** do nível 1.

- lítio ($_3$Li): $1s^2 2s^1$

  Nesse caso, o nível 1 (camada K) ficou preenchido com 2 elétrons, restando 1 elétron para o subnível **s** do 2º nível.

- nitrogênio ($_7$N): $1s^2 2s^2 2p^3$

  O nitrogênio possui 2 elétrons no subnível **s** do nível 1, 2 elétrons no subnível **s** do nível 2 e 3 elétrons no subnível **p** do nível 2. Lembre-se de que o subnível **p** apresenta 3 orbitais, cada um podendo conter dois elétrons.

Observe o esquema abaixo, no qual se dispõem as energias dos orbitais em ordem crescente. Cada esfera ilustrada no diagrama representa um orbital. Note que o número de esferas do subnível s de todos os níveis é igual a 1, ou seja, um orbital em cada subnível s. O mesmo raciocínio pode ser feito para os outros subníveis.

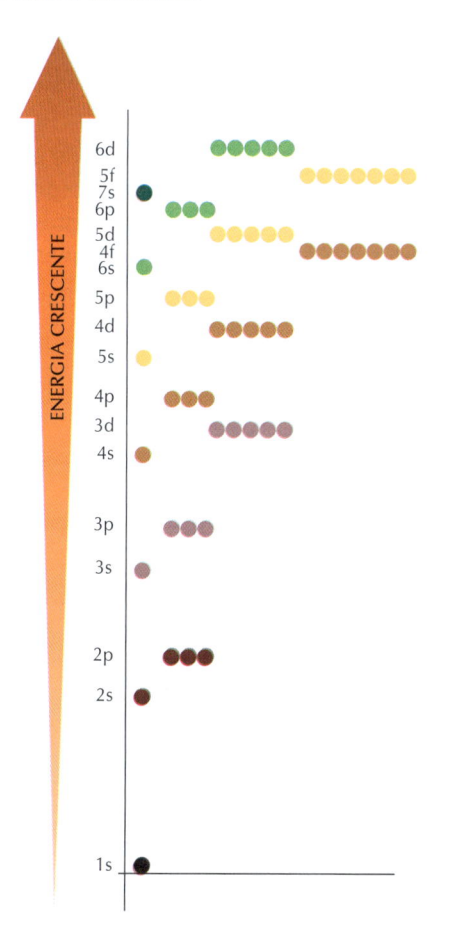

Também é possível notar no diagrama a seguinte ordem energética para os orbitais:

1s 2s 2p 3s 3p **4s** 3d 4p 5s ...

Isso quer dizer que o orbital 4s, apesar de estar mais afastado do núcleo que o 3d, deve ser preenchido antes do 3d, já que o conteúdo energético do 4s é menor que o do 3d.

Se você observar o esquema, poderá notar que a energia de certos orbitais é muito próxima. Compare os subníveis 6s e 4f.

O modelo ao lado, que coloca os níveis e subníveis em ordem crescente de energia, ficou conhecido como **diagrama de Pauling** e é utilizado até hoje em razão de sua praticidade para determinar a configuração eletrônica de um elemento.

Associando configurações eletrônicas à classificação periódica

Conforme você estudou na Parte 1 deste livro, é possível, a partir da configuração eletrônica de um elemento, associá-lo à sua posição na Tabela Periódica. Observe a distribuição eletrônica de alguns elementos do grupo 1 (família 1A) da Tabela Periódica:

$_3$Li: $1s^2 2s^1$

$_{11}$Na: $1s^2 2s^2 2p^6 3s^1$

$_{19}$K: $1s^2 2s^2 2p^6 3s^2 3p^6 4s^1$

$_{37}$Rb: $1s^2 2s^2 2p^6 3s^2 3p^6 4s^2 3d^{10} 4p^6 5s^1$

Note que todos os elementos desse grupo apresentam 1 elétron no nível mais energético ou, em outras palavras, 1 elétron na camada de valência. O nível da camada de valência coincide com o período no qual o elemento está posicionado na Tabela Periódica. Por exemplo, o lítio é do 2º período, o que pode ser percebido pelo número 2 do nível mais externo.

Se repetirmos essa análise para os demais elementos representativos, notaremos uma semelhança no número de elétrons no nível mais energético entre os elementos de um mesmo grupo.

> Para os elementos representativos (família A), o número da família coincide com o número de elétrons que os átomos possuem no último nível.

Ou seja, se a configuração eletrônica de um elemento representativo for fornecida (por exemplo, a distribuição eletrônica do nitrogênio é $1s^2 2s^2 2p^3$), podemos descobrir sua localização na Tabela Periódica. No caso, o nitrogênio está no 2º período – nível mais energético – e na família 5A – apresenta 5 elétrons no nível mais energético (2 elétrons no subnível s e 3 no subnível p).

A tabela abaixo relaciona o subnível mais externo e os elementos da Tabela Periódica.

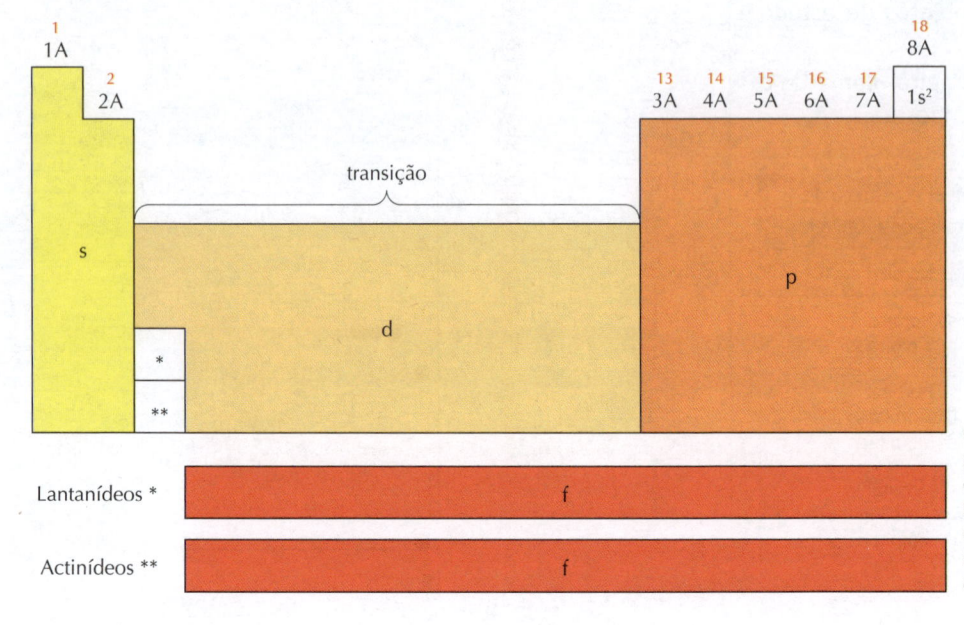

O hélio tem 2 elétrons e, por isso, possui apenas a camada K preenchida ($1s^2$). Portanto, o seu subnível mais energético é o s e não o p como os demais elementos do seu grupo.

Observe a distribuição eletrônica de alguns elementos:

Gases nobres

$_{18}$Ar: $1s^2 2s^2 2p^6 3s^2 3p^6$

$_{36}$Kr: $1s^2 2s^2 2p^6 3s^2 3p^6 4s^2 3d^{10} 4p^6$

Elementos de transição interna

$_{26}$Fe: $1s^2 2s^2 2p^6 3s^2 3p^6 4s^2 3d^6$

$_{26}$Fe: [Ar]$4s^2 3d^6$

$_{48}$Cd: $1s^2 2s^2 2p^6 3s^2 3p^6 4s^2 3d^{10} 4p^6 5s^2 4d^{10}$

$_{48}$Cd: [Kr]$5s^2 4d^{10}$

> **Observação**
>
> Apesar de o termo "família" e da notação (1A, 2A, 3B etc.) não serem mais adotados pela IUPAC, ainda é comum sua ocorrência em exames e publicações. O nome de cada coluna é grupo e os grupos são numerados de 1 a 18 sem o uso de letras.

Uma notação bastante comum é o encurtamento da configuração eletrônica de um elemento ou íon utilizando como referência um elemento do grupo dos gases nobres. O ferro (Fe), por exemplo, possui parte da configuração eletrônica idêntica à do argônio (Ar), um gás nobre, conforme destacado em vermelho. Assim, podemos representar a configuração do ferro como a configuração do argônio, [Ar], mais os níveis e subníveis que restarem ($4s^2 3d^6$).

O mesmo raciocínio pode ser usado para o cádmio (Cd), que apresenta parte da configuração eletrônica idêntica ao criptônio (Kr), destacada em azul, acrescida dos níveis e subníveis $5s^2 4d^{10}$.

Atividades

Você pode resolver as questões 1, 3, 5, 6, 7, 8, 11, 12 e 19 a 23 da seção Testando seus conhecimentos.

1. Faça a distribuição eletrônica dos elementos:

a) $_4$Be   b) $_5$B   c) $_8$O   d) $_{28}$Ni

2. Quantos níveis e subníveis foram usados para fazer a distribuição eletrônica dos elementos da atividade 1?

QUESTÃO COMENTADA

3. (PUC-RJ) Um elemento químico, representativo, cujos átomos possuem, em seu último nível, a configuração eletrônica $4s^2 4p^3$, está localizado na tabela periódica dos elementos nos seguintes grupo e período, respectivamente:

a) IIB e 3º   b) IIIA e 4º   c) IVA e 3º   d) IVB e 5º   e) VA e 4º

Sugestão de resolução

Conforme descrito no enunciado da questão, a configuração eletrônica do nível mais energético do elemento é $4s^2 4p^3$. O número 4 indica que o elemento é do 4º período. Como o subnível de maior energia é do tipo p, o elemento em questão é representativo e se encontra nas famílias 3A a 8A. Sabemos que a quantidade de elétrons no último nível de energia coincide com o número do grupo nos elementos representativos. Portanto, o elemento é do grupo 5A (2 elétrons do subnível s e 3 do subnível p).

Resposta: alternativa **e**.

4. Consulte a Tabela Periódica e faça a distribuição eletrônica dos elementos a seguir. Indique se o elemento é classificado como representativo, de transição ou gás nobre.

a) $_{10}$Ne   b) $_{17}$Cl

Massas atômicas, números atômicos e a classificação periódica

Frequentemente, ao estudarmos alguns conceitos científicos construídos ao longo de anos ou séculos por meio do trabalho incansável de inúmeros pesquisadores, temos a tendência, um tanto pretensiosa, de nos fazermos perguntas como:

"Por que esses cientistas pensaram tamanho absurdo?".

"Essa teoria envolve uma interpretação aceita em certa época, mas que, hoje, sabemos estar totalmente errada. Então, qual é a importância de estudá-la?"

Para tornar mais claro que as primeiras décadas do século XX foram fundamentais para a Física e a Química, vamos relembrar algumas questões científicas que, desde o século XIX, estavam sem resposta satisfatória e que assim permaneceram mesmo após os experimentos de Thomson e Rutherford.

Viagem no tempo

A determinação das massas atômicas no século XIX: embates e certezas

Quando John Dalton (1766-1844) publicou sua teoria atômica, logo no início do século XIX, propôs que os átomos dos diversos elementos diferiam em peso, introduzindo assim a noção de **peso atômico** (atualmente, **massa atômica**) – conceito que explicou em seu livro *Novo sistema de filosofia química*, de 1808. Para evitar que você se confunda com essas duas expressões, a partir deste ponto do texto usaremos apenas massa atômica.

Dalton procurava determinar os pesos atômicos relativos dos elementos (isto é, o peso atômico de um elemento em relação ao de um outro). Por quê?

Ele sabia que, se descobrisse o peso relativo dos átomos dos diversos elementos, seria possível determinar a relação entre os números de átomos que se unem para formar uma "molécula" (o termo está entre aspas porque naquela época Dalton utilizava a expressão átomo composto para se referir à combinação de átomos) de uma substância e, portanto, determinar as fórmulas das substâncias resultantes dessa combinação. Para acompanhar seu raciocínio, vamos tomar o exemplo da água. Na reação de síntese da água, a massa de oxigênio consumida é oito vezes maior que a de hidrogênio. Com base nesse dado, Dalton supôs que a massa de um átomo de hidrogênio fosse $\frac{1}{8}$ da massa de um átomo de oxigênio. Isso seria verdade se a água fosse formada por átomos de oxigênio e hidrogênio na proporção 1 : 1, o que poderia ser traduzido na fórmula HO. Já se a proporção fosse de 1 átomo de O : 2 átomos de H (o que posteriormente se confirmou), os átomos de hidrogênio teriam a massa igual a $\frac{1}{16}$ da massa dos átomos de oxigênio.

Talvez você esteja se perguntando: por que ele começou a "chutar" a proporção entre os átomos como sendo 1 : 1? Dalton tinha como certo que seria impossível determinar a relação entre o número de átomos de cada elemento em uma substância. Por isso, ele tomou como ponto de partida o seguinte: se, independentemente das condições experimentais adotadas, a reação de combinação entre dois elementos levar sempre a um mesmo composto, é porque ela ocorre na proporção mais simples, ou seja, a relação de átomos de 1 : 1. Foi por isso que ele supôs que, na água, a proporção dos dois elementos era de 1 : 1 e que, portanto, o hidrogênio teria $\frac{1}{8}$ da massa atômica do oxigênio – a reação entre hidrogênio e oxigênio sempre o levava a obter água.

Além dos pontos destacados até aqui, Dalton introduziu em seu livro outra importante contribuição à Química: a adoção de **símbolos** para representar os elementos químicos e o embrião do que hoje chamamos de **fórmula estrutural** de uma substância – à qual só foi possível chegar com a contribuição posterior do trabalho de outros cientistas.

Em 1819, dois franceses – Pierre Louis Dulong (1785-1838) e Alexis Thérèse Petit (1791-1820) – chegaram à fórmula que permitiu obter valores mais próximos dos que conhecemos, atualmente, para vários elementos metálicos. Trata-se de uma fórmula empírica, isto é, deduzida exclusivamente a partir da generalização de observações experimentais. Segundo eles, para cada elemento, o produto da massa atômica pelo calor específico é constante. Lembre-se: o calor específico é uma propriedade específica de uma substância; trata-se da quantidade de calor necessária para que 1 g de uma substância eleve sua temperatura em 1 °C.

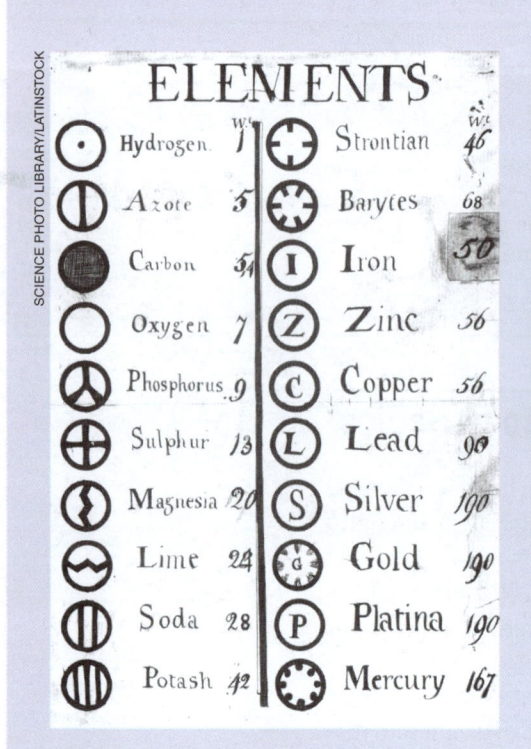

Dalton coletando gás dos pântanos (rico em metano). À esquerda, os símbolos que ele sugeriu para os elementos. Repare que, nessa relação, em inglês, estão misturados elementos e compostos, caso de cal, *lime* (CaO), da soda (NaOH) e da potassa, *potash* (KOH). Isso porque naquela época não se conheciam técnicas e instrumentos capazes de decompor esses materiais. Acreditava-se que essas substâncias eram simples.

Na mesma época, Jöns Jakob Berzelius (1779-1848) verificou que, no óxido de zinco, 4,03 g de zinco estão combinados com 1 g de oxigênio. Pelos indícios decorrentes de seus experimentos, supôs que nesse composto os átomos dos dois elementos estavam na proporção de 1 átomo de zinco para 2 de oxigênio; assim sendo, o zinco teria massa atômica oito vezes maior que a do oxigênio. Ou seja, se, por exemplo, a massa atômica do oxigênio fosse fixada em 16, a do zinco seria 128.

Mas, pelos cálculos de Dulong e Petit, o valor da massa atômica do zinco era a metade do suposto por Berzelius, o que o levou a concluir que o óxido de zinco deveria apresentar a proporção de 1 átomo de Zn : 1 átomo de O.

Em 1826, Berzelius publicou uma tabela com as massas atômicas de vários elementos, que, com raras exceções, são bem próximas das atuais. Observe alguns exemplos:

	Tabela de Berzelius (1826)	Tabela atual
prata (Ag)	216	108
alumínio (Al)	27,3	26,9
bismuto (Bi)	213	209
magnésio (Mg)	25,3	24,3
chumbo (Pb)	207,1	207,2

Grande parte da dificuldade para determinar as massas atômicas dos elementos foi resolvida com os trabalhos de Joseph-Louis Gay-Lussac (1778-1850) e, posteriormente, de Amedeo Avogadro (1776-1856), abordados no capítulo 12 deste livro. A partir desses trabalhos, alguns aspectos da teoria atômica de Dalton também puderam ser reformulados.

Gay-Lussac determinou experimentalmente a proporção dos volumes (V) de gás hidrogênio e oxigênio que reagiam para formar água:

2 V de hidrogênio : 1 V de oxigênio → 2 V de vapor de água

Foi a partir desse trabalho de Gay-Lussac que Dalton supôs:

2 partículas de hidrogênio + 1 partícula de oxigênio → 2 partículas de água

Como sua teoria baseava-se na ideia de que as unidades constituintes da matéria eram átomos, Dalton viu-se diante de uma dificuldade: teria de imaginar átomos de oxigênio quebrados na metade!

Por discordar da ideia de que o átomo poderia ser fracionado, Dalton questionou bastante os resultados de Gay-Lussac.

Em 1811, o cientista italiano Avogadro resolveu esse enigma ao sugerir que o erro de Dalton estava em considerar que as unidades constituintes do oxigênio e do hidrogênio eram átomos em vez de moléculas diatômicas.

Avogadro interpretou assim os resultados de Gay-Lussac:

2 moléculas de H_2 + 1 molécula de O_2 ⟶ 2 moléculas de H_2O

A hipótese que Avogadro formulara afirmava que "volumes iguais de quaisquer gases, nas mesmas condições de temperatura e pressão, contêm o mesmo número de moléculas". Se, de fato, ela estivesse correta, as massas moleculares poderiam ser determinadas. Havia um limitador importante para que isso ocorresse: suas ideias não foram aceitas por conceituados cientistas da época.

Um outro italiano, Stanislao Cannizzaro (1826-1910), valeu-se da hipótese de Avogadro e meio século depois conseguiu determinar massas atômicas e moleculares.

Seu método consistia em medir a massa de compostos binários de hidrogênio contidos em recipientes de volumes idênticos, a igual temperatura e pressão; determinava ainda a massa de hidrogênio em cada uma das amostras desses compostos. Ao fazer várias medições, ele obteve dados como os da tabela:

Compostos de hidrogênio V = 1 L (1 atm, 25 °C)	Massa da amostra (g)	Massa de H na amostra (g)
cloreto de hidrogênio	1,49	0,041
fluoreto de hidrogênio	0,82	0,041
cianeto de hidrogênio	1,10	0,041
sulfeto de hidrogênio	1,39	0,082
amônia	0,69	0,123

A análise de outros dados levou Cannizzaro a supor que certos compostos, como o cloreto de hidrogênio ou o fluoreto de hidrogênio, tinham somente 1 átomo de H por molécula; o mesmo não se verificava em outros compostos binários, como o sulfeto de hidrogênio, no qual havia 2 átomos de H por molécula – ou duas vezes mais átomos de hidrogênio do que de enxofre (S); ou na amônia, em que a proporção seria de 3 átomos de H por molécula.

Analogamente, pela análise dos dados obtidos para 1 L de compostos oxigenados, a 25 °C e 1 atm, pode-se chegar à conclusão de que o valor mínimo da massa de oxigênio é 0,65 g, e os demais são múltiplos inteiros desse valor. De acordo com a relação:

$$\frac{m_H \text{ mínima}}{m_O \text{ mínima}} = \frac{0,041}{0,65} = \frac{1}{16}$$

Ao adotar um raciocínio semelhante ao exposto, Cannizzaro concluiu que, se a massa atômica do H valesse 1, a do O deveria valer 16. Cabe dizer que, apesar de o raciocínio exposto ser bastante lógico, não foi o suficiente para convencer a comunidade científica da época – quase 20 anos foram necessários para que os cálculos feitos por Cannizzaro tivessem aceitação, ou seja, a aceitação ocorreu quase 70 anos após a formulação da hipótese de Avogadro!

Viagem no tempo

No início do século XX, o uso de espectrógrafos de massa – aparelhos que utilizam descargas elétricas em gases a baixa pressão, conforme será explicado na seção **Conexões** – permitiu obter valores bastante precisos de massas atômicas.

Mais uma vez, é interessante lembrar que houve um longo caminho a percorrer antes de se chegar aos valores atuais de massa atômica. Foi a necessidade de explicar novas evidências experimentais que levou à formulação de hipóteses, as quais foram reformuladas a partir de novos resultados experimentais, e assim por diante.

1. Qual foi a primeira suposição de Dalton sobre as unidades constituintes da água?

2. De que forma a fórmula HO foi posta em xeque pelas experiências de Gay-Lussac? Explique.

3. O sistema de notação química, segundo o qual os símbolos dos elementos derivam de seu nome latino, foi uma das importantes contribuições de Berzelius. Cite outro legado para a Química deixado por esse cientista.

4. Avogadro sugeriu uma "correção" à teoria atômica de Dalton. Qual foi ela? Explique.

5. De que maneira o trabalho de Avogadro contribuiu para as pesquisas de Cannizzaro relativas às massas atômicas?

6. Várias amostras gasosas de compostos nitrogenados foram analisadas. Todas elas apresentam volume igual a 3 L a 27 °C e pressão de 1 atm. As massas dessas amostras e os respectivos valores de % em massa de nitrogênio de cada uma constam do quadro abaixo. Copie o quadro no caderno e responda.

Compostos nitrogenados $V = 3$ L (1 atm, 27 °C)	Massa da amostra (g)	% de N no composto	Massa de N na amostra (g)
A	20,73	82,35	
B	131,7	25,92	
C	56,10	30,43	
D	36,58	46,66	
E	39,02	87,50	

a) Qual o número provável de átomos de nitrogênio na fórmula de cada composto?
b) Qual a massa de nitrogênio em cada amostra?

7. Sabendo que **A** é amônia, **B** é pentóxido de dinitrogênio, **C** é dióxido de nitrogênio, **D** é monóxido de nitrogênio e **E** é hidrazina (N_2H_4), escreva as fórmulas moleculares desses compostos e confira suas respostas com o item a da questão 6.

A existência de isótopos e o conceito de massa atômica

A existência de isótopos (conceito abordado no capítulo 4 da Parte 1) foi cientificamente proposta em 1913. Como isso ocorreu?

No final do século XIX e início do século XX, o estudo da radioatividade possibilitou identificar 45 novos tipos de átomos (supostamente 45 novos elementos químicos). No entanto, no minucioso trabalho de Dmitri Ivanovich Mendeleiev (1834-1907), havia somente doze espaços vagos na Tabela Periódica, e cada um deles correspondia a um elemento químico. Como explicar essa aparente incoerência?

A resposta foi dada pelo químico inglês Soddy, autor de uma das leis da radioatividade, discutida no capítulo anterior. Foi ele quem propôs que um mesmo espaço na Tabela Periódica poderia ser ocupado por mais de um tipo de átomo: eles teriam a mesma **carga nuclear** e massas atômicas diferentes. Soddy deu a eles o nome **isótopos**, termo que tem origem no grego e significa "mesmo lugar" – *iso* = "mesmo"; *topos* = "lugar".

Por quê? Lembre-se de que átomos isótopos são do mesmo elemento químico e, portanto, são representados pelo mesmo símbolo químico. Eles ocupam a mesma vaga na classificação periódica.

Massa atômica: conceito atual

Quando um estudante do Ensino Médio consulta uma tabela de massas atômicas, ele geralmente procura os valores necessários para realizar cálculos que envolvem massas molares de elementos e de substâncias.

Até aqui temos evitado nos aprofundar sobre a diferença entre massa atômica e massa molar. Agora, vamos analisar essa diferença por meio de alguns exemplos.

Qual é a massa de um átomo de hélio, expressa em gramas?

Na consulta às tabelas de massa atômica, encontramos: massa atômica do He → 4

Quando associamos ao valor 4 a unidade **grama**, temos a massa de 1 mol de hélio:

1 mol de He ⟶ 4 g
↓
$6 \cdot 10^{23}$ átomos He ⟶ 4 g
1 átomo He ⟶ x

massa de 1 átomo = $6{,}6 \cdot 10^{-24}$ g

Qual é a massa de um átomo de carbono, expressa em gramas?

Portanto:

massa atômica do C ⟶ 12
1 mol de C ⟶ 12 g
↓
$6 \cdot 10^{23}$ átomos C ⟶ 12 g
1 átomo C ⟶ y

$y = 2 \cdot 10^{-23}$ g

Quando escrevemos esses valores sem utilizar a notação científica, temos:

massa de um átomo de hélio ⟶
⟶ 0,000 000 000 000 000 000 000 006 600 g
massa de um átomo de carbono ⟶
⟶ 0,000 000 000 000 000 000 000 020 000 g

A ordem de grandeza da massa de um átomo torna evidente que o grama não é a unidade mais adequada para exprimir essa massa. Aliás, a massa de um átomo é tão pequena em relação ao mundo macroscópico que tem de ser calculada indiretamente.

Ao se fazer uma medida qualquer, usa-se como referência um **padrão**, que é definido **arbitrariamente**. Se para as atividades do nosso cotidiano o **quilograma** (unidade fundamental de massa do Sistema Internacional), o **grama** e a **tonelada** (no caso de quantidades maiores) são unidades de medida bastante adequadas, no caso da massa atômica é mais apropriado usar a **unidade de massa atômica (u)**.

Vamos fazer uma analogia, recorrendo a uma unidade hipotética – o ul. Imagine que se adotasse como padrão de medida a massa de **1 gomo de laranja**. Vamos representá-la por **ul**. Poderíamos exprimir a massa de qualquer objeto em relação a ela. Por exemplo:

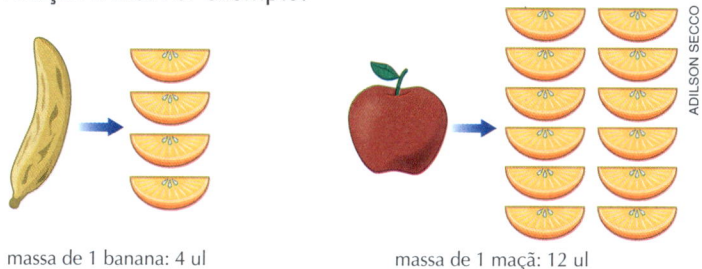

massa de 1 banana: 4 ul   massa de 1 maçã: 12 ul

Mas voltemos à **unidade de massa atômica**.

Inicialmente os cientistas escolheram o **hidrogênio** como padrão de unidade de medida, pois ele é o **elemento químico** cujos átomos têm massa menor. Depois dele, vários outros elementos foram adotados como padrão para massas atômicas. Em 1961, escolheu-se o ^{12}C como padrão – átomos de carbono com número de massa 12 (A = 12).

Por que a unidade de massa atômica se refere a ^{12}C?

Em primeiro lugar porque, após a verificação da existência de isótopos, ficou clara a necessidade de adotar como referência um isótopo particular de um elemento. Voltando à analogia com as frutas: como há muitos tipos de laranja, não bastaria adotar como padrão de medida o gomo de qualquer laranja, pois os gomos variam conforme o tipo de laranja.

Em segundo lugar porque, em relação aos demais elementos utilizados para medidas de massas atômicas (hidrogênio e oxigênio), o carbono é mais fácil de ser armazenado, pois as substâncias simples que ele constitui são sólidas nas condições ambientais padronizadas.

> **Unidade de massa atômica (u)** é a massa de $\frac{1}{12}$ do átomo de ^{12}C.

Quando dizemos que um elemento tem massa atômica seis, afirmamos que seu átomo tem massa seis vezes $\frac{1}{12}$ da massa do ^{12}C, ou que esse elemento tem massa igual à metade do átomo de ^{12}C.

Lembre-se de que $^{12}_{6}C$, assim como qualquer átomo de C, tem número atômico seis (Z = 6). O $^{12}_{6}C$, em particular, possui número de massa 12, que corresponde à soma do número de partículas responsáveis pela massa de um átomo: prótons + nêutrons.

$^{12}_{6}C$ ⟶ 1 átomo C ⟶ 6 prótons
                         ⟶ 6 nêutrons

Capítulo 26 • Esclarecendo questões sobre a estrutura da matéria

Mas qual é a massa de 1 átomo de $^{12}_{6}C$? É 12 **u**.

1 u corresponde aproximadamente à massa de um próton, que é praticamente igual à de um nêutron, para nosso nível de aprofundamento.

$$u \approx 1{,}66 \cdot 10^{-27} \text{ kg}$$

Voltando à nossa analogia, vamos imaginar uma caixa contendo laranjas com massas variadas: pode-se calcular a **massa média** de uma laranja; no entanto, é quase certo que essa massa provavelmente não corresponderá à massa de uma laranja em particular.

Da mesma forma, você já sabe que um elemento pode apresentar vários isótopos, cujas massas são diferentes. É por isso que os valores de massa atômica encontrados nas tabelas são a média ponderal das massas atômicas dos isótopos desse elemento, como analisaremos adiante.

> **Massa atômica** de um elemento é a massa média de seus átomos expressa em unidades de massa atômica (u).

Ou, definindo de outra forma:

> **Massa atômica** de um elemento é a massa média de seus átomos expressa em relação à massa de $\frac{1}{12}$ do átomo de ^{12}C.

Atenção

Quando se escreve o valor da massa atômica de um elemento, a unidade u não é escrita.

Quando um elemento não apresenta isótopos naturais, sua massa atômica coincide com a massa de cada um de seus átomos, pois são todos iguais.

Ainda se utiliza o termo peso atômico como sinônimo de massa atômica, o que, no entanto, deve ser evitado.

Massa atômica e composição isotópica de um elemento

Como é calculada a massa atômica de um elemento que possui isótopos naturais?

Vamos analisar como exemplo o carbono, elemento-chave na Química Orgânica, que estudaremos nos próximos capítulos.

Numa tabela de massas atômicas que apresente os valores de massas atômicas com seis algarismos significativos, encontraremos para o carbono o seguinte valor:

massa atômica do C = 12,0111

De onde provém esse valor? Provém da média ponderada entre os isótopos naturais:

$$^{12}C: 98{,}89\% \text{ e } ^{13}C: 1{,}11\%$$

Como interpretar esses dados?

De cada **10 000** átomos do C disponível na natureza, **9 889** são do ^{12}C e **111** são do ^{13}C.

Ou seja, a massa de 10 000 átomos de C, expressa em **u**, corresponde a:

10 000 átomos de C $\longrightarrow$ 9 889 · 12 + 111 · 13 = 120 111

Portanto, a massa média de um átomo de C é:

$$\frac{120\,111}{10\,000} = 12{,}0111$$

Os valores de **massas atômicas dos elementos** que você encontra na Tabela Periódica correspondem à média ponderada das massas atômicas das diversas formas isotópicas de cada elemento.

Assim como usamos o termo **massa atômica** para nos referirmos à massa de um elemento, para as substâncias utilizamos massa molecular. Por exemplo, a **massa molecular** do metano (CH_4) está diretamente relacionada às massas atômicas dos elementos que constituem a molécula dessa substância, no caso o C e o H.

> **Massa molecular** de uma substância é o número que indica quantas vezes sua molécula tem a massa maior que $\frac{1}{12}$ do ^{12}C.

As massas de um átomo, de um íon ou de uma molécula são pouco usadas do ponto de vista prático. Por isso, trabalha-se com amostras cujas massas são numericamente iguais às massas atômicas e moleculares, porém associadas à unidade grama (g).

A determinação do número de átomos que existem em 12 g de carbono, em 24 g de magnésio, 197 g de ouro, por exemplo, levou ao valor $6{,}0 \cdot 10^{23}$ – **Constante de Avogadro**.

Definição atual de mol

A definição, pela União Internacional de Química Pura e Aplicada (a sigla em inglês é IUPAC), do ^{12}C como padrão de massas atômicas levou o Sistema Internacional de Unidades (SI) a adotar o mol como unidade de **quantidade de matéria**.

Até há pouco, essa definição relacionava o conceito de mol ao número de átomos contidos em uma massa, 0,012 quilograma de ^{12}C. Em 2018, a IUPAC adotou o conceito que você já estudou:

> O **mol**, cujo símbolo é mol, é a unidade de quantidade de matéria do SI. O mol contém, exatamente, $6{,}02214076 \cdot 10^{23}$ unidades elementares de quantidade de uma substância.

Apesar da habitual confusão no tocante à expressão **quantidade de matéria** de uma amostra, ela se refere à quantidade de mol e não à sua massa ou ao seu volume. Assim, para determinarmos a quantidade de matéria existente em um frasco que contém água, devemos saber a quantidade de mols de moléculas que há nessa porção de água.

Você pode resolver as questões 2, 9, 10 e 13 a 17 da seção Testando seus conhecimentos.

Conexões

Química e História

Isótopos naturais e massa atômica

Como os cientistas sabem qual a composição isotópica de cada elemento?

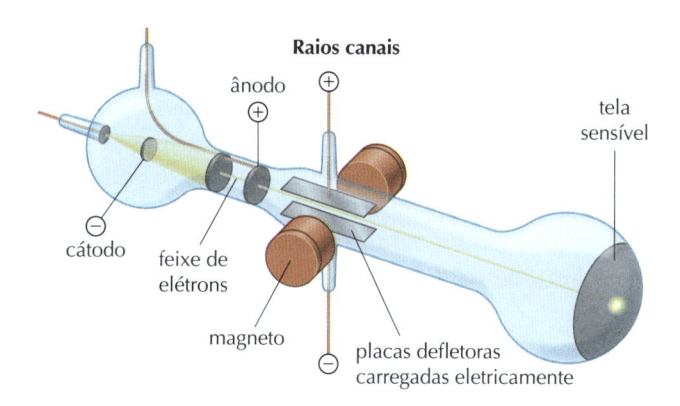

Por meio de experimentos com ampolas contendo gases rarefeitos, Thomson pôde determinar a influência dos campos elétricos e magnéticos na deflexão sofrida pelos raios positivos (também chamados de raios canais) que se formavam dentro do tubo de descarga.

Em 1912, após Rutherford ter proposto seu modelo atômico, Thomson observou um fato bastante intrigante: quando o gás usado era o neônio, a deflexão dos íons positivos deixava marcas em pontos diferentes da chapa fotográfica em que eram detectados. Por que isso ocorria?

A partir dessa nova questão e dos resultados das pesquisas e estudos de Thomson, desenvolveu-se o trabalho do químico britânico Francis William Aston (1877-1945), que demonstrou ser possível separar os íons de acordo com sua massa no chamado **espectrógrafo de massa** (1919). Aston verificou que, quando o gás usado era o neônio, apareciam duas linhas na chapa fotográfica, uma correspondente aos átomos com massa 20 e outra para os de massa 22. Ao comparar a intensidade da marca que ambos os isótopos deixavam no filme, calculou que os íons de massa 20 eram dez vezes mais numerosos que os de massa 22, o que permitia calcular a massa atômica do neônio. Por suas pesquisas sobre a separação de isótopos, Aston recebeu o Prêmio Nobel de Química de 1922.

Espectrógrafo de massa

---

1. Recorra ao texto para mostrar que, muitas vezes, uma questão levantada a partir das pesquisas de um cientista suscita uma nova pesquisa e, por conseguinte, permite avanços no conhecimento.

2. "O final do século XIX e as duas primeiras décadas do século XX foram fundamentais para os avanços científicos a respeito da estrutura da matéria." Releia esse capítulo e o anterior e retome o que neles foi estudado para justificar a frase destacada.

3. Por que muitos desses progressos, tão importantes para o desenvolvimento da Química, ligam-se aos avanços obtidos no campo da Física? Esclareça com exemplos.

4. A partir da análise da ilustração desta página, o que você pode deduzir sobre o elemento boro?

Massas atômicas e classificação periódica

Historicamente, todas as tentativas de organizar os elementos químicos com o intuito de facilitar seu estudo basearam-se nas suas **massas atômicas**.

Quando, em 1869, Julius Lothar Meyer (1830-1895) e Dmitri Ivanovich Mendeleiev chegaram à Tabela Periódica dos Elementos, essencialmente igual à que utilizamos hoje, eles se basearam nos valores de massas atômicas estabelecidos até então, pois ainda era desconhecido o uso do espectrógrafo de massas para uma determinação mais precisa. No entanto, utilizando esse critério, Mendeleiev chegava a uma organização dos elementos químicos que não satisfazia às suas conclusões experimentais. Relembrando exemplos do que já analisamos na Parte 1: o **iodo** ficava abaixo de O, S e Se (atual coluna 16) e o telúrio ficava na atual 17, a coluna de F, C, e Br, o que o levou a inverter as posições de I e Te.

Mas quando e de que forma se percebeu que as inversões feitas por Mendeleiev, em 1869, estavam corretas? Esse esclarecimento ocorreu em 1913, quando o físico britânico Henry Gwyn Jeffreys Moseley (1887-1915) introduziu o conceito de número atômico (Z) dos elementos. Esse número corresponde à quantidade de prótons do núcleo dos átomos dos elementos, isto é, à sua carga nuclear.

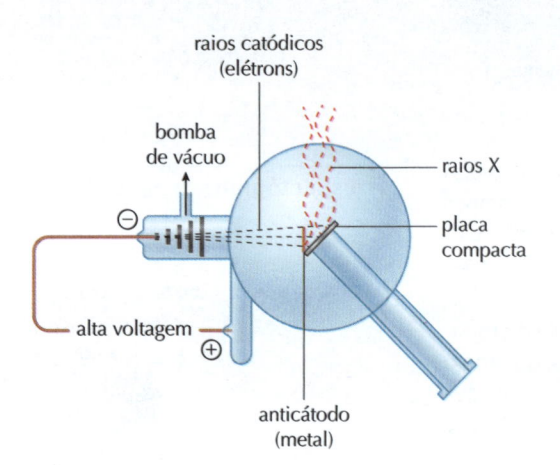

Ampola de Coolidge: Os raios X são ondas eletromagnéticas de mesma natureza que a luz (apesar de mais energéticos). Essas ondas são obtidas pelo choque de elétrons altamente acelerados (produzidos nas ampolas de descargas elétricas em gases a baixa pressão) contra um anteparo. Elas são tanto mais energéticas quanto mais acelerados os elétrons emitidos pelo cátodo e quanto mais duro for o metal constituinte do anteparo (anticátodo).

O trabalho de Moseley consistiu no bombardeamento de placas metálicas (o metal usado variava) com elétrons de alta energia cinética. No choque dos elétrons com os metais são emitidos raios X, cuja frequência varia de acordo com o valor de Z do metal utilizado, o que possibilitou ao cientista realizar cálculos que determinassem esse valor.

Atividades

1. Um estudante calculou a massa de um átomo de Cl, chegando ao valor de 35,5 g. Diante desse resultado, seu professor disse que aquele átomo de cloro deveria ser um caso gravíssimo de "obesidade atômica". Explique o sentido da brincadeira do professor.

2. A massa atômica do magnésio é 24. Esse valor numérico tem um significado **relativo** ao padrão de massas atômicas, definido a partir do ^{12}C. Qual é esse significado?

3. Calcule a massa atômica aproximada do cloro, sabendo que há duas formas isotópicas naturais: ^{35}Cl, 75%, e ^{37}Cl, 25%.

4. Leia o texto a seguir e responda ao que se pede:

   Ovos, sal de cozinha, feijão e tantos outros alimentos presentes no dia a dia têm ligação direta com a química. [...].

   É por meio da comida que o ser humano consegue minerais essenciais para o organismo. Eles possuem substâncias compostas por elementos químicos em forma de íons e são fáceis de serem encontrados. Estão presentes na casca do ovo, em alguns legumes, no sal de cozinha e também no feijão, alimentos que podem ser comprados em qualquer supermercado e levados para cozinha de casa.

   [...]

   G1 PE. Alimentos têm substâncias químicas essenciais ao ser humano, 19 ago. 2014. Disponível em: <http://g1.globo.com/pernambuco/vestibular-e-educacao/noticia/2014/08/alimentos-tem-substancias-quimicas-essenciais-ao-ser-humano.html>. Acesso em: 7 fev. 2018.

   Sabendo que o sal de cozinha é formado pelos íons sódio ($_{11}Na^+$) e cloro ($_{17}Cl^-$), faça a distribuição eletrônica dessas partículas. A configuração eletrônica desses íons se assemelha com a de algum elemento da Tabela Periódica?

Testando seus conhecimentos

Caso necessário, consulte as tabelas no final desta Parte.

Se necessário, consulte a Tabela Periódica dos elementos químicos no final desta Parte III.

1. (UFPR) As propriedades das substâncias químicas podem ser previstas a partir das configurações eletrônicas dos seus elementos. De posse do número atômico, pode-se fazer a distribuição eletrônica e localizar a posição de um elemento na tabela periódica, ou mesmo prever as configurações dos seus íons. Sendo o cálcio pertencente ao grupo dos alcalinos terrosos e possuindo número atômico Z = 20, a configuração eletrônica do seu cátion bivalente é:

a. $1s^2 2s^2 2p^6 3s^2$
b. $1s^2 2s^2 2p^6 3s^2 3p^6$
c. $1s^2 2s^2 2p^6 3s^2 3p^6 4s^2$
d. $1s^2 2s^2 2p^6 3s^2 3p^6 4s^2 3d^2$
e. $1s^2 2s^2 2p^6 3s^2 3p^6 4s^2 4p^2$

2. (UEFS-BA) A safira azul usada na confecção de joias é um cristal constituído por óxido de alumínio, $Al_2O_3(s)$, substância química incolor, contendo traços dos elementos químicos ferro e titânio, responsáveis pela cor azul.

Considerando a informação associada aos conhecimentos da Química, é correto afirmar:

a. O átomo de titânio tem configuração eletrônica, em ordem crescente de energia, representada por [Ar] $4s^2 3d^2$.
b. A cor do material é uma propriedade química utilizada na identificação de substâncias químicas.
c. O óxido de alumínio, $Al_2O_3(s)$, é um composto que apresenta caráter básico em solução aquosa.
d. O isótopo do elemento químico ferro representado por $_{26}^{56}Fe$ é constituído por 26 elétrons, 26 nêutrons e 30 prótons.
e. A cor azul é resultante da promoção do elétron de um nível de menor energia para um nível mais energético no átomo.

3. (UEPG-PR) Sobre a configuração eletrônica e a Teoria do Octeto, assinale o que for correto.

01. O átomo de número atômico 15, ao perder 3 elétrons, adquire a configuração de gás nobre.
02. Os halogênios, como o flúor e o cloro, atingem o octeto quando recebem elétrons na camada de valência.
04. Os metais alcalinos terrosos adquirem configuração eletrônica de gás nobre quando formam íons com número de carga +2.
08. Átomos dos elementos do grupo 1 da tabela periódica, como o sódio e o potássio, possuem uma tendência acentuada a perder elétrons da camada de valência.

Dê como resposta a soma dos números associados às afirmações corretas.

O texto a seguir é referente às questões 4 e 5.

No interior do tubo da lâmpada fluorescente existem átomos de argônio e átomos de mercúrio. Quando a lâmpada está em funcionamento, os átomos de Ar ionizados chocam-se com os átomos de Hg. A cada choque, o átomo de Hg recebe determinada quantidade de energia que faz com que seus elétrons passem de um nível de energia para outro, afastando-se do núcleo. Ao retornar ao seu nível de origem, os elétrons do átomo de Hg emitem grande quantidade de energia na forma de radiação ultravioleta. Esses raios não são visíveis, porém eles excitam os elétrons do átomo de P presente na lateral do tubo, que absorvem energia e emitem luz visível para o ambiente.

4. (Ifsul-RS) O modelo atômico capaz de explicar o funcionamento da lâmpada fluorescente é

a. Modelo de Dalton.
b. Modelo de Thomson.
c. Modelo de Rutherford.
d. Modelo de Bohr.

5. (Ifsul-RS) A configuração eletrônica do elemento que possui maior eletronegatividade, dentre os elementos presentes na lâmpada fluorescente, é

a. $1s^2, 2s^2, 2p^6, 3s^2, 3p^3$
b. $1s^2, 2s^2, 2p^6, 3s^2, 3p^6$
c. $1s^2, 2s^2, 2p^6, 3s^2, 3p^6, 4s^2, 3d^{10}, 4p^6, 5s^2, 4d^{10}, 5p^6, 6s^2, 4f^{14}, 5d^{10}$
d. $1s^2, 2s^2, 2p^6, 3s^2, 3p^6, 3d^{10}, 4s^2, 4p^6, 4d^{10}, 4f^{14}, 5s^2, 5p^6, 5d^{10}, 6s^2$

6. (UFJF-MG/PISM-2015) O metal que dá origem ao íon metálico mais abundante no corpo humano tem, no estado fundamental, a seguinte configuração eletrônica: nível 1: completo; nível 2: completo; nível 3: 8 elétrons; nível 4: 2 elétrons

Esse metal é denominado:

a. ferro (Z = 26).
b. silício (Z = 14).
c. cálcio (Z = 20).
d. magnésio (Z = 12).
e. zinco (Z = 30).

7. (UFSM-RS/PS) A alimentação é essencial, pois é dela que o homem obtém os nutrientes necessários ao funcionamento de seu organismo. Nas últimas décadas, ocorreram mudanças significativas nos hábitos alimentares, havendo um aumento do consumo de alimentos industrializados.

Assim, analise as afirmações:

I. O ácido fosfórico presente em refrigerantes do tipo "cola" é um ácido triprótico representado pela fórmula H_3PO_4.
II. O ferro é essencial para a saúde; sua deficiência pode levar à anemia grave, por isso é recomendado o consumo de alimentos ricos em ferro, como a carne bovina. A configuração eletrônica do elemento ferro no estado fundamental é $1s^2 2s^2 2p^6 3s^2 3p^6 4s^2 3d^6$.
III. As balinhas que "estouram" na boca contêm, em sua composição, dois ingredientes: o ácido cítrico ($H_3C_6H_5O_7$) e o bicarbonato de sódio ($NaHCO_3$). Os dois, ao se dissolverem na boca, produzem a efervescência. A reação entre o bicarbonato de sódio e o ácido cítrico é de oxirredução.
IV. A água salgada (H_2O + NaCl), utilizada para cozer alimentos, ferve em uma temperatura constante, pois se constitui de uma mistura homogênea simples.

Estão corretas

a. apenas I e II.
b. apenas I e III.
c. apenas II e IV.
d. apenas III e IV.
e. I, II, III e IV.

8. (UPF-RS) A obtenção industrial do chumbo metálico Pb(s) ocorre a partir da redução do minério galena PbS(s). Depois de extraído, o chumbo metálico pode ser usado na proteção contra partículas radioativas, na fabricação de munições para armas de fogo, aditivo da gasolina e pigmentos para tintas, entre outras aplicações. Considerando o elemento químico chumbo, analise as afirmativas abaixo:

I. Sua configuração eletrônica no estado fundamental é [Xe] $6s^2 4f^{14} 5d^{10} 6p^2$, possuindo, portanto, quatro elétrons na camada de valência.

II. O raio atômico do átomo neutro de chumbo é maior do que o raio iônico do respectivo íon Pb^{2+}.

III. Em sua eletrosfera existem somente cinco níveis de energia com elétrons distribuídos.

IV. O principal minério de obtenção do chumbo é a galena, PbS(s), encontrada na natureza e resultante da ligação iônica entre íons Pb^{2+} e S^{2-}.

Está correto o que se afirma em:
a. apenas I, II e IV.
b. apenas II, III e IV.
c. apenas I, II e III.
d. apenas I, III e IV.
e. todas as alternativas.

9. (PUC-RJ) Potássio, alumínio, sódio e magnésio, combinados ao cloro, formam sais que dissolvidos em água liberam os íons K^+, Al^{3+}, Na^+ e Mg^{2+}, respectivamente. Sobre esses íons é CORRETO afirmar que:
a. Al^{3+} possui raio atômico maior do que Mg^{2+}.
b. Na^+ tem configuração eletrônica semelhante à do gás nobre Argônio.
c. Al^{3+}, Na^+ e Mg^{2+} são espécies químicas isoeletrônicas, isto é, possuem o mesmo número de elétrons.
d. K^+ possui 18 prótons no núcleo e 19 elétrons na eletrosfera.
e. K^+ e Mg^{2+} são isótonos, isto é, os seus átomos possuem o mesmo número de nêutrons.

10. (UEL-PR) As bebidas isotônicas, muito utilizadas por atletas, foram desenvolvidas para repor líquidos e sais minerais perdidos pelo suor durante a transpiração. Um determinado frasco de 500 mL desta bebida contém 225 mg de íons sódio, 60,0 mg de íons potássio, 210 mg de íons cloreto e 30,0 g de carboidrato.
Com relação aos íons presentes nesse frasco, é correto afirmar:
Dados:
Número de Avogrado = $6,0 \cdot 10^{23}$
Número atômico Na = 11; Cl = 17; K = 19
Massas molares (g/mol) Na = 23,0; Cl = 35,5; K = 39,0

a. Os íons sódio têm 10 prótons na eletrosfera e 11 elétrons no núcleo do átomo.
b. Os íons potássio apresentam igual número de prótons e elétrons.
c. A configuração eletrônica dos elétrons do íon cloreto é: K = 2, L = 8, M = 7.
d. A somatória das cargas elétricas dos íons é igual a zero.
e. A massa total dos íons positivos é maior que a massa total dos íons negativos.

11. (Uerj) O ácido não oxigenado formado por um ametal de configuração eletrônica da última camada $3s^2 3p^4$ é um poluente de elevada toxicidade gerado em determinadas atividades industriais.

Para evitar seu descarte direto no meio ambiente, faz-se a reação de neutralização total entre esse ácido e o hidróxido do metal do 4º período e grupo IIA da tabela de classificação periódica dos elementos.

A fórmula do sal formado nessa reação é:
a. CaS
b. $CaCl_2$
c. MgS
d. $MgCl_2$

12. (UFPB/PSS)

Atividade física intensa e prolongada de um atleta provoca perdas de sais minerais que são importantes para o equilíbrio orgânico (equilíbrio hidroeletrolítico). Substâncias minerais como sódio, potássio, magnésio, cálcio, entre outros, regulam a maioria das funções de contração muscular.

Disponível em: <http://www.saudenainternet.com.br/portal_saude/bebidasisotonicas-e-sua-finalidade.php>. Acesso em: 5 jul. 2010. (Adaptado)

Considerando as substâncias citadas, identifique as afirmativas corretas:

( ) Sódio e magnésio são metais de transição.
( ) Potássio e cálcio são elementos representativos.
( ) O cátion sódio tem configuração eletrônica semelhante à de um gás nobre.
( ) Sódio e magnésio pertencem a um mesmo período da classificação periódica.
( ) Magnésio e cálcio pertencem a um mesmo grupo da classificação periódica.

13. (UFRGS-RS) A massa atômica de alguns elementos da tabela periódica pode ser expressa por números fracionários, como, por exemplo, o elemento estrôncio, cuja massa atômica é de 87,621, o que se deve
a. à massa dos elétrons.
b. ao tamanho irregular dos nêutrons.
c. à presença de isótopos com diferentes números de nêutrons.
d. à presença de isóbaros com diferentes números de prótons.
e. à grande quantidade de isótonos do estrôncio.

14. (Uerj) Em 1815, o médico inglês William Prout formulou a hipótese de que as massas atômicas de todos os elementos químicos corresponderiam a um múltiplo inteiro da massa atômica do hidrogênio. Já está comprovado, porém, que o cloro possui apenas dois isótopos e que sua massa atômica é fracionária. Os isótopos do cloro, de massas atômicas 35 e 37, estão presentes na natureza, respectivamente, nas porcentagens de:
a. 55% e 45%
b. 65% e 35%
c. 75% e 25%
d. 85% e 15%

15. (PUC-RJ) Oxigênio é um elemento químico que se encontra na natureza sob a forma de três isótopos estáveis: oxigênio 16 (ocorrência de 99%); oxigênio 17 (ocorrência de 0,60%) e oxigênio 18 (ocorrência de 0,40%). A massa atômica do elemento oxigênio, levando em conta a ocorrência natural dos seus isótopos, é igual a:
a. 15,84   c. 16,014   e. 16,188
b. 15,942   d. 16,116

16. (PUCC-SP) O bronze campanil, ou bronze de que os sinos são feitos, é uma liga composta de 78% de cobre e 22% de estanho, em massa. Assim, a proporção em mol entre esses metais, nessa liga, é, respectivamente, de 1,0 para
Dados: Massas molares (g/mol)
Cu = 63,5   Sn = 118,7
a. 0,15.   b. 0,26.   c. 0,48.   d. 0,57.   e. 0,79.

17. (Imed-RS) Assinale a alternativa que apresenta a massa, em gramas, de um átomo de Vanádio. Considere: $MA_V = 51$ u e o n° de Avogadro: $6,02 \cdot 10^{23}$.
a. $8,47 \cdot 10^{-23}$ g
b. $8,47 \cdot 10^{23}$ g
c. $307 \cdot 10^{-23}$ g
d. $307 \cdot 10^{23}$ g
e. $3,07 \cdot 10^{21}$ g

18. (Cefet-MG) A indústria de alimentos apresenta grande interesse em substâncias classificadas como aromas, pois podem tornar seus produtos mais atrativos aos consumidores. Um dos grupos de pesquisa do CEFET-MG sintetiza e analisa esses aromas comerciais. Entre as análises realizadas está a espectrometria de massas, capaz de identificar as substâncias por meio do emprego de feixes de alta energia, responsáveis pela retirada de um elétron de cada molécula de aroma.

Se um aroma hipotético é simbolizado pela letra A, então, após a análise de espectrometria de massas, sua representação será
a. A.   b. A^+.   c. A_2.   d. A^-.

19. (Aman-RJ) Quando um átomo, ou um grupo de átomos, perde a neutralidade elétrica, passa a ser denominado de íon. Sendo assim, o íon é formado quando o átomo (ou grupo de átomos) ganha ou perde elétrons. Logicamente, esse fato interfere na distribuição eletrônica da espécie química. Todavia, várias espécies químicas podem possuir a mesma distribuição eletrônica.

Considere as espécies químicas listadas na tabela a seguir:

I	II	III	IV	V	VI
$_{20}Ca^{2+}$	$_{16}S^{2-}$	$_9F^{1-}$	$_{17}Cl^{1-}$	$_{38}Sr^{2+}$	$_{24}Cr^{3+}$

A distribuição eletrônica $1s^2, 2s^2, 2p^6, 3s^2, 3p^6$ (segundo o Diagrama de Linus Pauling) pode corresponder, apenas, à distribuição eletrônica das espécies
a. I, II, III e VI.   c. III, IV e V.   e. I, V e VI.
b. II, III, IV e V.   d. I, II e IV.

20. (Udesc) O peróxido de hidrogênio pode ser usado por células do sistema imune animal como mecanismo de defesa.

a. Indique o número de oxidação do oxigênio no peróxido de hidrogênio.
b. Qual é a distribuição eletrônica do oxigênio (Z = 8) nas camadas e nos subníveis?

21. (Udesc) Para que as pessoas hipertensas (pressão alta) possam levar uma vida normal, além da medicação, os médicos costumam prescrever dietas com baixo teor de sódio. Na verdade, esta recomendação médica refere-se aos íons sódio (Na^+) que são ingeridos quando se consome principalmente sal de cozinha (Na^+Cl^-) e não ao consumo de sódio. Apesar de o átomo (Na) e de o íon (Na^+) apresentarem nomes e símbolos semelhantes, eles apresentam comportamentos químicos muito diferentes.

Em relação ao contexto:
a. Desenhe a estrutura de Lewis para a molécula de NaCl.
b. Faça a distribuição eletrônica do sódio.
c. Dê o nome das seguintes moléculas: $CaSO_4$, KCl, $BaNO_3$.

22. (UCS-RS) Durante muitos anos, supôs-se que o íon Al^{3+} fosse completamente inofensivo e atóxico ao homem. O hidróxido de alumínio, por exemplo, é muito utilizado para o tratamento de indigestões. Já o sulfato de alumínio é usado no tratamento de água potável. Contudo, há indicações de que o íon alumínio talvez não seja tão inofensivo quanto se pensava, pois ele provoca intoxicações agudas em pessoas com insuficiência renal, além de se acumular no cérebro de pacientes com doença de Alzheimer.

O íon Al^{3+}
a. combina-se com o ânion hidroxila, na proporção de 1 : 2, respectivamente, para formar o hidróxido correspondente.
b. apresenta distribuição eletrônica $1s^2\ 2s^2\ 2p^6\ 3s^2\ 3p^1$.
c. dá origem a um ácido, ao combinar-se com o ânion sulfato.
d. tem 3 elétrons na sua camada de valência.
e. é menor do que o átomo de alumínio no estado fundamental.

23. (Udesc) Os elementos químicos sódio, ferro e fósforo são de grande importância para a sociedade, pois possuem inúmeras aplicações. Estes três elementos possuem a seguinte distribuição eletrônica:

Na – $1s^2\ 2s^2\ 2p^6\ 3s^1$

Fe – $1s^2\ 2s^2\ 2p^6\ 3s^2\ 3p^6\ 4s^2\ 3d^6$

P – $1s^2\ 2s^2\ 2p^6\ 3s^2\ 3p^3$

A partir das distribuições eletrônicas acima, assinale a alternativa **incorreta**.
a. O ferro é um elemento de transição interna.
b. O fósforo é um elemento pertencente ao grupo do nitrogênio.
c. O sódio é um metal alcalino.
d. O fósforo é um não metal.
e. O ferro é um metal.

CAPÍTULO 27

LIGAÇÕES QUÍMICAS: UM APROFUNDAMENTO

Os modelos e as representações químicas nos ajudam a compreender melhor os materiais e suas características.

ENEM
C5: H17
C7: H24

Este capítulo vai ajudá-lo a compreender:
- geometria molecular;
- momento dipolar e polaridade;
- interações moleculares.

$CO(g) + NO_2(g) \longrightarrow CO_2(g) + NO(g)$

Fonte: MASTERTON, W. L.; SLOWINSKI, E. J. *Química geral superior*. 4. ed. Rio de Janeiro: Interamericana, 1978. p. 321.

Para situá-lo

Ao longo da sua trajetória de aprendizagem nas disciplinas das Ciências da Natureza (Química, Física e Biologia), você teve contato com diversos modelos e os utilizou para interpretar e analisar situações ou fenômenos que acontecem ou podem ocorrer ao seu redor. Na Química, por exemplo, os modelos podem desempenhar diversas funções, como transformar algo abstrato (átomos) em concreto ou visível (modelos atômicos), ou auxiliar a elaboração de explicações (colisões "efetivas" e mecanismo de reações).

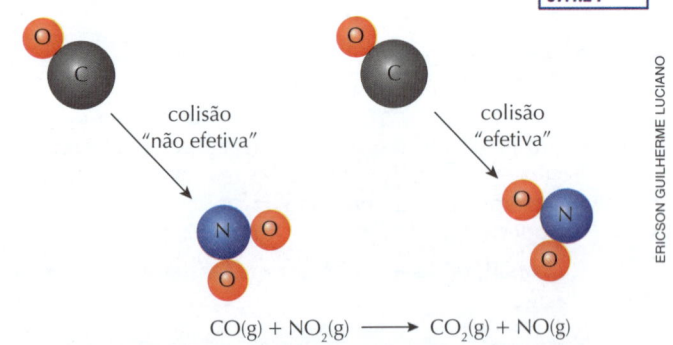

Para ocorrer a reação entre o CO e o NO_2, é necessário que a colisão aconteça com determinada orientação. Lembre-se de que, além da orientação favorável, é necessário que as moléculas tenham energia suficiente para que, ao colidirem, haja o rompimento das ligações dos reagentes.

Por meio de representações, como os modelos de moléculas em três dimensões e as fórmulas, você pode interpretar diferentes transformações químicas (reações de oxirredução, neutralização, pilhas, etc.). Neste capítulo, no entanto, o foco será na substância e em algumas propriedades físicas dela, como temperaturas de fusão e de ebulição, e solubilidade.

1. O texto menciona que os modelos são muito comuns nas Ciências da Natureza. Cite um modelo que você utilizou na Biologia e outro na Física.

2. A água apresenta massa molar de 18 g/mol e temperatura de ebulição 100 °C a 1 atm. Já o neônio, nas mesmas condições, possui temperatura de ebulição −246 °C e massa molar de 20 g/mol. Qual das duas substâncias tem suas unidades mais fortemente atraídas no estado líquido?

Neste capítulo, vamos estudar as interações moleculares.

Propriedades das substâncias

A maioria do conteúdo desta Parte 3 focaliza as substâncias constituídas pelo carbono. Para entendê-las e prever algumas propriedades de substâncias, vamos estudar alguns conceitos sobre a estrutura da matéria.

Geometria molecular

A **teoria da repulsão dos pares eletrônicos**, desenvolvida por Ronald James Gillespie (1924-) e Ronald Sydney Nyholm (1917-1971), possibilitou prever a geometria molecular a partir da fórmula eletrônica de uma substância.

Os átomos (ou grupos de átomos) ligados ao átomo central de uma molécula ou íon dispõem-se no espaço de modo que a força de repulsão entre os elétrons do nível mais externo desse átomo central seja a menor possível.

Mas de que maneira esses átomos devem ficar dispostos em torno do átomo central para que a repulsão entre seus elétrons seja mínima?

Lembre-se de que as forças de natureza elétrica diminuem quando as cargas se afastam. Por isso, quanto mais distanciados estiverem os elétrons das últimas camadas dos átomos envolvidos na ligação, menor será a força de repulsão entre eles.

Você já experimentou soltar, sobre uma superfície, um grupo de balões de festa igualmente cheios, unidos pela "boca" – cada um com 2, 3 ou 4 unidades?
Isso leva às configurações espaciais representadas nas fotos acima e permite uma analogia com a disposição de ligantes em torno do átomo central, localizado no ponto em que as bexigas se unem: as bexigas verdes remetem a dois ligantes; as vermelhas, a três ligantes; e as amarelas, a quatro ligantes.

Vamos agora examinar as geometrias de algumas moléculas com dois ligantes (CO_2 e HCN), três ligantes (H_2CO) e quatro ligantes (CH_4).

Dióxido de carbono (CO_2)

Para que a força de repulsão entre os pares eletrônicos envolvidos nas duplas-ligações que unem o átomo de C a cada um dos átomos de O seja mínima, esses elétrons devem ficar o mais afastados possível uns dos outros. Nesse caso, os núcleos dos três átomos dispõem-se em linha reta, formando uma molécula linear.

:Ö::C::Ö:
fórmula eletrônica

O=C=O 180°
fórmula estrutural

molécula linear

Cianeto de hidrogênio (HCN)

Para que a força de repulsão entre os pares eletrônicos da ligação simples (H — C) e da ligação tripla (C ≡ N) seja mínima, eles devem formar o maior ângulo possível (180°).

H:C::N:
fórmula eletrônica

H — C ≡ N 180°
fórmula estrutural

molécula linear

Metanal (H_2CO)

No metanal os três átomos ao redor do átomo central (carbono) se dispõem de modo que os dois pares de elétrons das duas ligações C — H e os dois pares de elétrons que ligam o C ao O atinjam o máximo grau de afastamento entre eles. Com esse arranjo, os núcleos dos átomos ocupam as posições próximas aos vértices de um triângulo equilátero.

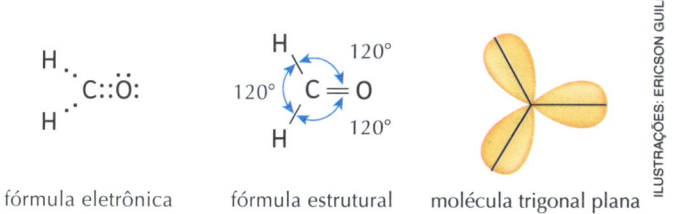

fórmula eletrônica

fórmula estrutural (120°, 120°, 120°)

molécula trigonal plana

Metano (CH$_4$)

De forma semelhante aos exemplos analisados, os quatro pares eletrônicos envolvidos nas ligações do C devem ficar o mais afastados possível uns dos outros. Assim, os quatro ligantes do C dispõem-se no espaço em posições correspondentes aos vértices de um tetraedro.

O quadro a seguir resume alguns casos importantes justificados pela teoria da repulsão dos pares eletrônicos.

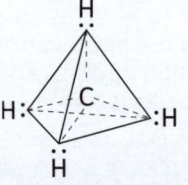

fórmula eletrônica 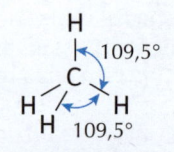   fórmula estrutural    molécula tetraédrica

Átomo central	Ligações envolvidas	Disposição espacial	Exemplos	Modelo de esferas e bastão
carbono	só simples	tetraédrica	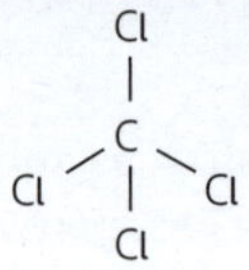 tetracloreto de carbono	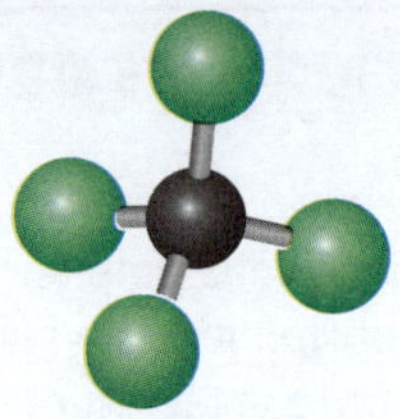
	1 simples e 1 tripla	linear	cianeto de hidrogênio	
	2 simples e 1 dupla	trigonal plana	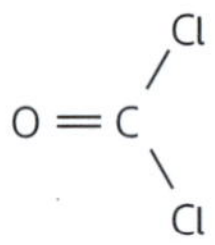 fosfogênio	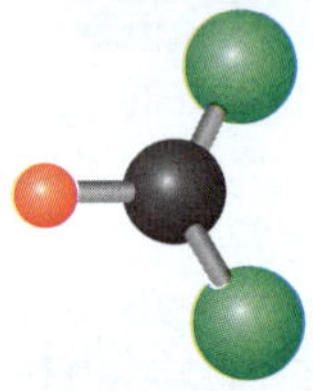
	2 duplas	linear	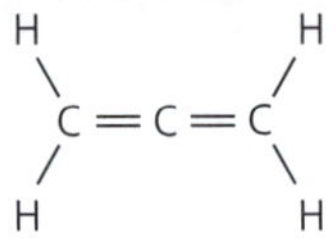 propadieno	
nitrogênio	só simples	piramidal	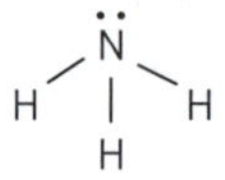 amônia	
oxigênio	só simples	angular	 água	

Momento dipolar ($\vec{\mu}$) e polaridade

Como você sabe, em uma ligação química, cada átomo atrai os elétrons da sua camada de valência com intensidade diferente. Quanto maior for o valor de eletronegatividade de um átomo, maior será a capacidade desse átomo de atrair os elétrons da sua ligação com outro átomo. Assim, em ligações covalentes, podemos ter uma ligação apolar – quando os elétrons são igualmente compartilhados entre os átomos da ligação química – e uma ligação polar – quando um átomo mais eletronegativo atrai com maior intensidade a nuvem de elétrons, produzindo dipolos elétricos ($\delta+$ e $\delta-$).

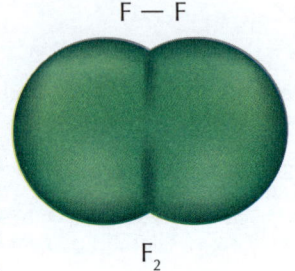

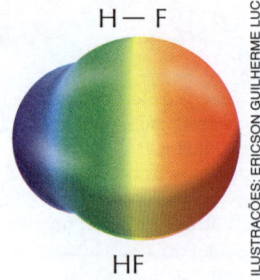

Densidade eletrônica calculada para moléculas de F$_2$ e HF. As cores representam a densidade de elétrons em uma região. Observe que, no caso do F$_2$, há uma única cor, o que indica que não há uma região com alta densidade eletrônica. Isso significa que não há formação de dipolos elétricos, o que resulta em uma molécula apolar. Já na molécula HF, a cor azul indica uma região com baixa densidade eletrônica ($\delta+$) e a cor vermelha, uma região com alta densidade de elétrons ($\delta-$). Portanto, essa molécula é polar.

Em Física, se, em um corpo eletricamente neutro, o centro de cargas positivas não coincide com o de cargas negativas, diz-se que existe um dipolo. A medida da intensidade desse dipolo é chamada de **momento de dipolo elétrico**. Na Química, de forma análoga, podemos avaliar a polaridade ou não de uma molécula levando em conta o momento de dipolo (momento dipolar) de cada ligação química.

O momento de dipolo ($\vec{\mu}$) é uma grandeza vetorial: apresenta módulo, sentido e direção. O sentido do vetor de momento de dipolo, segundo a IUPAC (do inglês *Internacional Union of Pure and Applied Chemistry*, que em português quer dizer União Internacional de Química Pura e Aplicada), parte da carga negativa para a positiva. Apesar disso, você encontrará em livros (de ensino médio e ensino superior) e exames o sentido oposto, ou seja, partindo da carga positiva para a negativa.

$$F - F \qquad \overset{\vec{\mu}}{^{\delta+}H - F^{\delta-}}$$

molécula apolar   molécula polar
($\vec{\mu} = 0$)   ($\vec{\mu} \neq 0$)

Os casos anteriores se referem a moléculas mais simples formadas pela união de dois átomos (diatômica). Mas e quando houver três ou mais átomos?

Nesses casos, é necessário somar os vetores de momento de dipolo de cada ligação e considerar a geometria da molécula. Se a somatória desses vetores, isto é, o vetor de **momento de dipolo resultante ($\vec{\mu}_R$) for igual a zero**, a molécula será **apolar**. Se for diferente de zero, ela será **polar**.

Observe o quadro a seguir, que apresenta a polaridade de algumas substâncias comuns em nosso cotidiano, como água, amônia e gás carbônico, e de alguns compostos de carbono.

Substância	Geometria	Momentos dipolares	Polaridade
H_2O (água)	angular	($\vec{\mu}_R \neq 0$)	polar
NH_3 (amônia)	piramidal	$\vec{\mu}_R \neq 0$	polar
CO_2 (gás carbônico)	linear	$\vec{\mu}_R = 0$	apolar
CH_4 (metano)	tetraédrica	$\vec{\mu}_R = 0$	apolar
$CHCl_3$ (clorofórmio)	tetraédrica	$\vec{\mu}_R \neq 0$	polar

Observação

O tamanho das setas nas representações da tabela não representa a intensidade do vetor.

Capítulo 27 • Ligações químicas: um aprofundamento

Conexões

Vetores na Física e na Química

A soma e as propriedades dos vetores são conceitos bastante utilizados no ensino de Física e muito úteis na previsão da polaridade de uma molécula em Química. Lembre-se de que toda grandeza vetorial é formada por direção, sentido e módulo.

Imagine que duas pessoas estão disputando um cabo de guerra – jogo em que cada pessoa puxa um lado da corda de modo a trazer o jogador adversário para próximo de si –, conforme mostra a imagem a seguir:

Se as pessoas puxarem a corda com a mesma intensidade e não houver outras forças atuando, nenhuma delas trará o jogador adversário para próximo de si, ou seja, o vetor resultante será igual a zero devido à soma de vetores ($\vec{F}_1$ e $\vec{F}_2$) de mesma intensidade, mas de sinais contrários. Lembre-se de que, nesse caso, os vetores têm a mesma direção (horizontal) e sentidos opostos (o vetor $\vec{F}_1$ parte da direita para a esquerda e o $\vec{F}_2$ da esquerda para a direita).

De forma análoga, essa situação é semelhante à que ocorre em uma molécula diatômica apolar, como o Cl_2. Cada átomo na ligação atrai para si, com a mesma intensidade, a nuvem de elétrons. Como a intensidade da atração é a mesma, mas de sinal contrário, o momento de dipolo da molécula é nulo.

No caso abaixo, qual seria o vetor resultante?

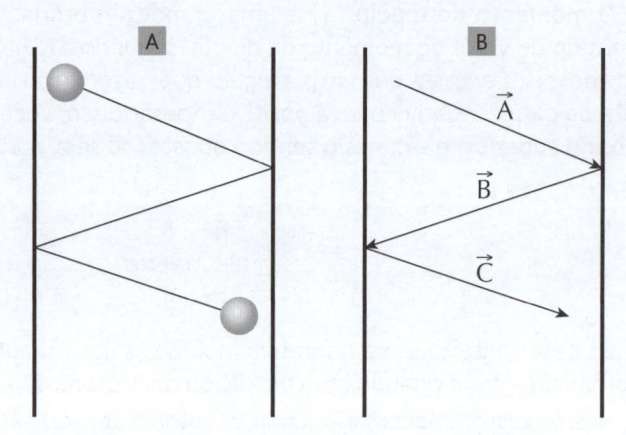

A figura A mostra o deslocamento de uma bola ao colidir com as paredes de um corredor. A figura B mostra o movimento que esse objeto executa, dividindo-o em três deslocamentos ($\vec{A}$, $\vec{B}$ e $\vec{C}$).

Fonte: UNIVERSIDADE Católica de Brasília. Laboratório de Física. *Soma das grandezas vetoriais*. Disponível em: <https://www.ucb.br/sites/100/118/Laboratorios/Mecanica/somavetoresteoria.pdf>. Acesso em: 10 jul. 2018.

Para resolver esse problema, pode-se deslocar o vetor $\vec{A}$ para uma região qualquer do espaço e em seguida transferir o vetor $\vec{B}$ para essa região, de modo que a origem do vetor $\vec{B}$ coincida com a extremidade do vetor $\vec{A}$. Repete-se o mesmo procedimento com o vetor $\vec{C}$, como mostra a representação abaixo. Assim, o vetor resultante $\vec{R}$ corresponde ao vetor cuja origem coincide com a origem do primeiro vetor e com a extremidade do último vetor.

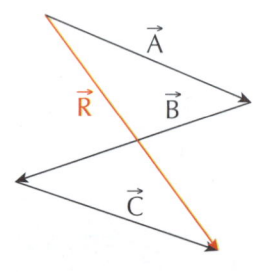

Interações moleculares

Como você já deve ter estudado, a interação que existe entre moléculas, íons ou aglomerados iônicos ajuda a compreender o comportamento e as propriedades das substâncias, como sua condutibilidade elétrica, temperaturas de fusão e de ebulição, entre outras.

Tendo como opções cloreto de sódio (composto iônico) e água (composto molecular), se alguém lhe perguntasse qual das duas substâncias apresenta maior temperatura de fusão, você provavelmente deduziria que é a primeira, devido à forte atração eletrostática entre íons sódio e cloreto. Mas qual seria sua resposta se as duas substâncias fossem moleculares, como metano (CH_4) e clorofórmio (CH_3Cl)?

Para responder a essa questão, é preciso entender as interações que podem se estabelecer entre os constituintes dessas substâncias.

Diversos cientistas estudaram as forças de atração e de repulsão que se estabelecem entre as moléculas. Vamos estudar três dessas interações: as que ocorrem entre dipolos permanentes, as que ocorrem entre dipolos induzidos (também chamados de dipolos instantâneos ou força de London) e as ligações de hidrogênio.

> Quando não ocorre interação entre as moléculas que constituem uma substância, esta forçosamente se encontra no estado gasoso, obedecendo às Leis dos Gases Perfeitos. Johannes Diderik van der Waals (1837-1923) foi o cientista responsável pela introdução de correções nas equações dos gases perfeitos ou ideais, tornando-as adequadas aos gases reais.
>
> Em homenagem a esse cientista, as forças de interação envolvendo moléculas (polares ou apolares) foram denominadas **interações** (ou forças) **de van der Waals**. Porém, um tipo de interação, as ligações de hidrogênio, é considerado um caso à parte, como veremos adiante.

Dipolo permanente-dipolo permanente

Essa interação ocorre em moléculas polares, ou seja, dipolos permanentes, como o HCl. Nela, há a atração entre a região de baixa densidade eletrônica ($\delta+$) de uma molécula e a de alta densidade eletrônica ($\delta-$) de uma molécula vizinha, e vice-versa.

De forma geral, as interações do tipo dipolo permanente-dipolo permanente são mais fortes que as interações dipolo induzido-dipolo induzido.

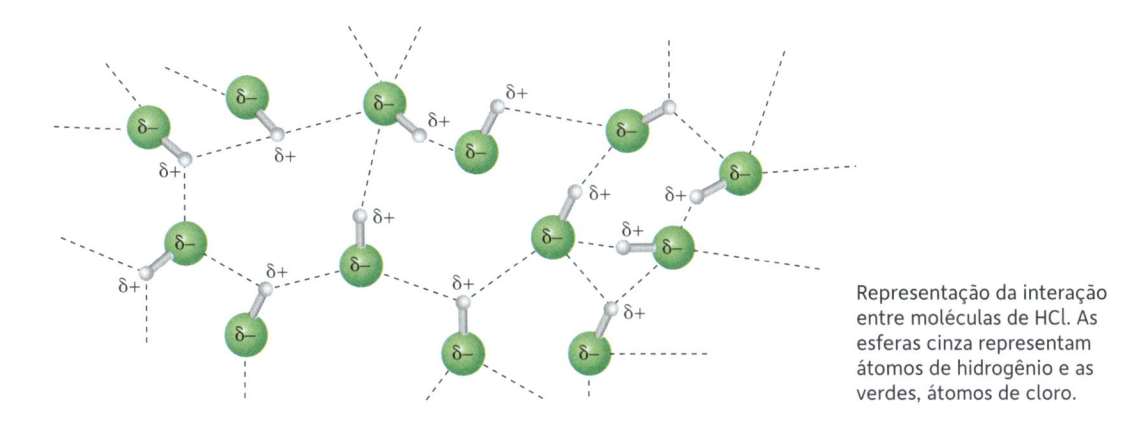

Representação da interação entre moléculas de HCl. As esferas cinza representam átomos de hidrogênio e as verdes, átomos de cloro.

Dipolo induzido-dipolo induzido

Quando moléculas apolares se aproximam, podem induzir a formação de dipolos instantâneos. Isso ocorre porque, com a aproximação entre as moléculas, há a repulsão da nuvem eletrônica, o que provoca um deslocamento dos elétrons para a região oposta, produzindo assim dipolos instantâneos.

As interações de dipolo induzido-dipolo induzido (dipolo instantâneo-dipolo instantâneo) são frequentemente chamadas de interações (ou forças) de London, em homenagem ao físico Fritz Wolfgang London (1900-1954), que explicou esse comportamento.

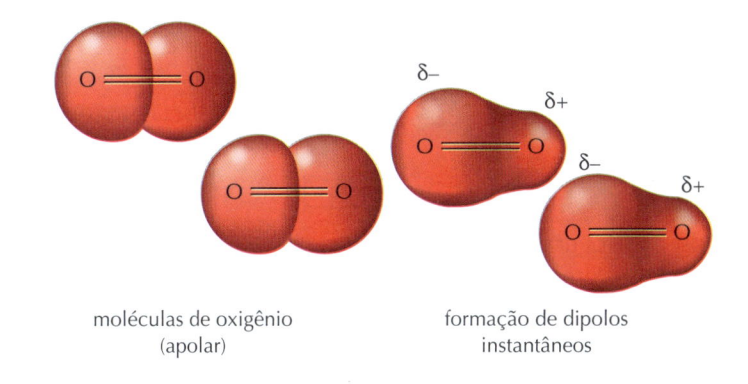

moléculas de oxigênio (apolar)

formação de dipolos instantâneos

Representação da formação de dipolos instantâneos.

Ligações de hidrogênio

As ligações de hidrogênio, chamadas antigamente de pontes de hidrogênio, são um caso particular de interação dipolo permanente-dipolo permanente. Esse tipo de interação molecular é mais forte do que as anteriores e ocorre em moléculas em que o átomo de hidrogênio está ligado a átomos de flúor, oxigênio ou nitrogênio. Como nesse tipo de ligação a diferença de eletronegatividade entre os átomos é maior, ocorre uma maior polarização da ligação, e isso resulta em uma atração mais intensa entre as moléculas (entre o átomo de hidrogênio de uma molécula e o átomo de flúor, oxigênio ou nitrogênio de outra molécula).

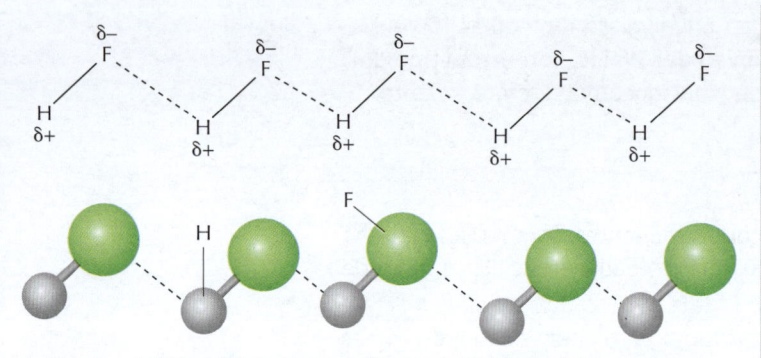

As ligações de hidrogênio entre as moléculas de HF são tão intensas que, mesmo em estado gasoso, mantém grupos de 3 ou 4 moléculas associadas (H_2F_2, H_3F_3...). As linhas pontilhadas representam ligações de hidrogênio intermoleculares.

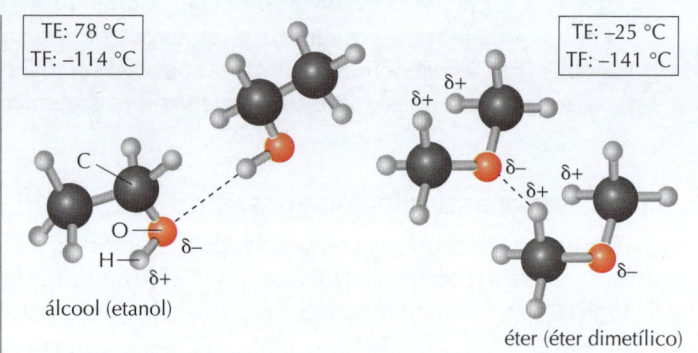

álcool (etanol) — TE: 78 °C; TF: –114 °C

éter (éter dimetílico) — TE: –25 °C; TF: –141 °C

As interações entre as moléculas de éter (dipolo permanente-dipolo permanente) são bem mais fracas que as ligações de hidrogênio entre as moléculas de álcool, o que explica o fato de a substância etanol ter temperaturas de fusão e de ebulição maiores que as do éter dimetílico.

Interações moleculares e mudanças de estado

Como você deve ter percebido na imagem anterior, a intensidade da interação intermolecular explica as diferenças de temperaturas de fusão e de ebulição de substâncias distintas. Quanto mais intensa for essa interação, maior será a energia necessária para "romper" essa atração, o que resulta em valores maiores de temperatura de fusão e de ebulição.

Na tabela abaixo estão as temperaturas de ebulição e de fusão de algumas substâncias moleculares apolares. Analise-as e procure relacioná-las com o tamanho das moléculas que as constituem.

Substância	Massa molar (g/mol)	Temperatura de fusão (°C)	Temperatura de ebulição (°C)
CH_4 (metano)	16	–182,5	–161,5
CH_3CH_3 (etano)	30	–182,8	–88,6
$CH_3CH_2CH_2CH_2CH_3$ (pentano)	72	–129,7	36,1
$CH_3CH_2CH_2CH_2CH_2CH_2CH_2CH_3$ (octano)	114	–56,8	125,7

Fonte: LIDE, David R. (Ed.). *CRC Handbook of Chemistry and Physics*. 89th ed. (Internet Version). Boca Raton, FL: CRC/Taylor and Francis, 2009.

As temperaturas de ebulição e de fusão de substâncias moleculares apolares (ligações dipolo induzido-dipolo induzido) dependem da superfície de contato das moléculas. Quanto maior for o tamanho da molécula, maior será a interação entre as moléculas, o que, em geral, resulta em maiores valores de temperatura de fusão e de ebulição.

Interações moleculares e solubilidade

De forma geral, podemos prever se uma substância pode ser solúvel em outra comparando a polaridade de ambas. Há uma tendência de substâncias polares se dissolverem melhor em solventes polares, e de substâncias apolares se dissolverem melhor em solventes apolares.

Como podemos explicar essa situação?

Quando o sólido é uma substância iônica, como cloreto de sódio (NaCl), seus íons podem interagir fortemente com as moléculas polares do solvente (como a água) e, com isso, ocorrer a "quebra" do retículo cristalino do sólido. Já no caso de o soluto ser uma substância molecular polar, como o etanol (CH_3CH_2OH), pode ocorrer a interação entre os dipolos dessa substância e os dipolos do solvente. Se essa interação for mais intensa que a atração entre moléculas do soluto, vai ocorrer sua dissolução.

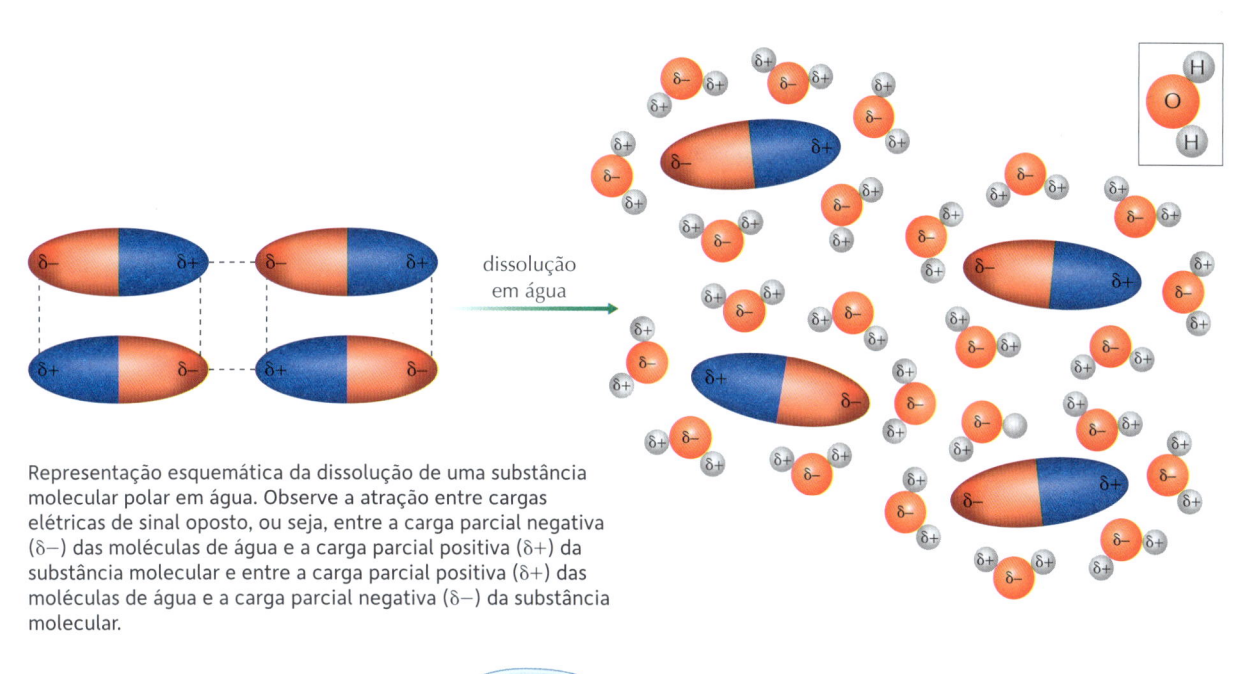

Representação esquemática da dissolução de uma substância molecular polar em água. Observe a atração entre cargas elétricas de sinal oposto, ou seja, entre a carga parcial negativa ($\delta-$) das moléculas de água e a carga parcial positiva ($\delta+$) da substância molecular e entre a carga parcial positiva ($\delta+$) das moléculas de água e a carga parcial negativa ($\delta-$) da substância molecular.

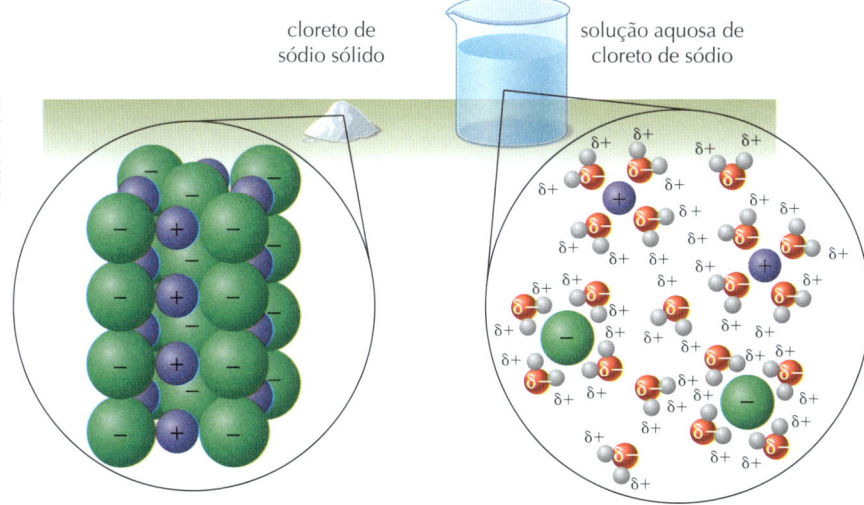

Representação esquemática da dissolução de um composto iônico (cloreto de sódio) em água. Para que um sólido iônico se dissolva em água, é necessário que esse solvente vença as intensas forças de atração entre os íons de cargas opostas, interpondo-se entre eles e, com isso, desmanchando o retículo cristalino iônico. Com a dissolução, a água (solvente polar) estabelece interações com os íons do tipo íon-dipolo.

Cabe destacar que essa tendência não é uma regra. Há exceções, como o CaF_2 (composto polar), que é pouquíssimo solúvel em água (solvente polar), e o iodo (composto apolar), que se dissolve bem em etanol (solvente polar). Além disso, a formação de dipolos instantâneos em moléculas apolares favorece a dissolução da substância em solventes polares mesmo que de forma mínima (praticamente insolúvel).

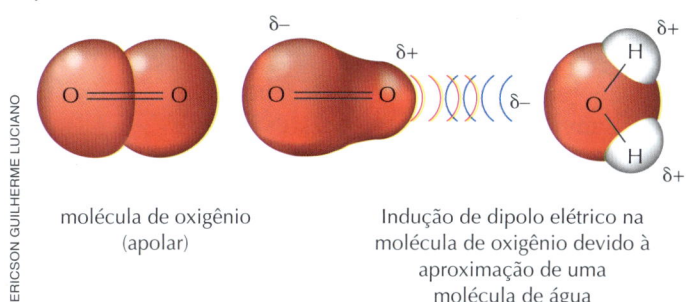

A aproximação entre moléculas de água e moléculas de oxigênio induz à formação de dipolos instantâneos (nas moléculas de oxigênio), o que resulta em uma atração mútua e, como consequência, na solubilização do gás oxigênio em água. Lembre-se de que essa interação é fraca e de que o gás oxigênio tem baixa solubilidade em água.

Capítulo 27 • Ligações químicas: um aprofundamento

Atividades

1. O metanal é um gás solúvel em água cuja fórmula estrutural está representada abaixo.

$$H-C=O$$
$$|$$
$$H$$

Essa substância é polar ou apolar? Esquematize os momentos dipolares.

2. Etanol (C_2H_5OH) e dióxido de carbono (CO_2) têm massas moleculares relativamente próximas; no entanto, suas temperaturas de ebulição são bem diferentes. Com base apenas na natureza das interações moleculares, diga qual das duas substâncias tem maior temperatura de ebulição. Justifique essa escolha.

3. Apesar de ser uma substância apolar, o gás oxigênio se dissolve muito pouco em água, um solvente polar. Isso pode ser explicado pela formação de dipolos instantâneos nas moléculas de oxigênio que favorecem a dissolução da substância em água. Mesmo em concentrações pequenas, o oxigênio dissolvido é fundamental ao ecossistema aquático. Explique o motivo.

4. A análise do quadro abaixo permite verificar que, apesar de a massa molecular do metano (CH_4) ser praticamente igual à da água (H_2O), as temperaturas de ebulição dessas substâncias são bastante diferentes. Explique esse fato.

Substância	Temperatura de ebulição (°C)	Massa molecular
água (H_2O)	100	18
metano (CH_4)	−161,5	16

5. Observe as fórmulas estruturais a seguir.

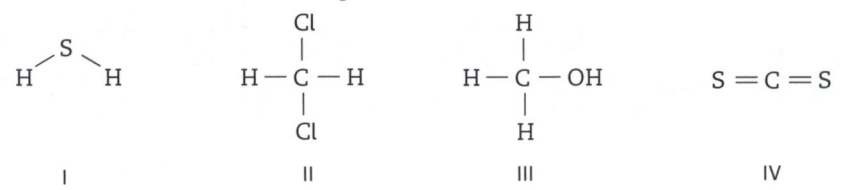

I. $H-S-H$

II. $CHCl_2-$ (H-C-H com Cl acima e Cl abaixo)

III. $H-C(H)(H)-OH$

IV. $S=C=S$

Quais dessas substâncias representadas são polares?
a) I e II.　　b) II e III.　　c) I, II e III.　　d) II, III e IV.　　e) I e IV.

6. O éter dimetílico, também conhecido como metoximetano, é um gás incolor nas condições ambientes e apresenta como isômero, isto é, como substância de mesma fórmula molecular, o etanol. Observe as fórmulas estruturais desses dois compostos ao lado.

De acordo com seus conhecimentos, justifique a razão de o éter dimetílico ser um gás nas condições ambientes enquanto o etanol é um líquido.

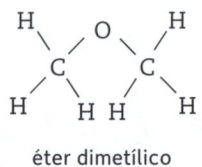

éter dimetílico　　　　etanol

7. Observe as fórmulas dos compostos a seguir e identifique em cada um dos pares a substância que apresenta maior temperatura de ebulição. Justifique sua resposta.

   I. O_2 e Na_2O　　　　II. HCl e Cl_2　　　　III. H_2O e CO_2

Resgatando o que foi visto

Nesta unidade, você estudou o fenômeno da radioatividade, suas diferentes aplicações e implicações ambientais.

Além disso, teve a oportunidade de retomar conceitos abordados em diversos momentos de seu curso de Química, como massa atômica e número de massa, e aprofundá-los.

Entre os aspectos abordados nesta unidade, você deve ter percebido que, por meio de modelos, podemos explicar e até prever as propriedades físicas de uma substância, como solubilidade, temperaturas de fusão e de ebulição, entre outras.

Liste os conceitos e modelos que estudou nesta unidade e estabeleça relações entre eles na forma de um esquema ou fluxograma. Compartilhe o material produzido com seu colega e compare as semelhanças e diferenças encontradas.

Testando seus conhecimentos

Caso necessário, consulte as tabelas no final desta Parte.

1. (FCMAE-SP) O gráfico ao lado representa a pressão de vapor de quatro solventes em função da temperatura.

Ao analisar o gráfico foram feitas as seguintes observações:

I. Apesar de metanol e etanol apresentarem ligações de hidrogênio entre suas moléculas, o etanol tem maior temperatura de ebulição, pois sua massa molecular é maior do que a do metanol.

II. É possível ferver a água a 60 °C, caso essa substância esteja submetida a uma pressão de 20 kPa.

III. Pode-se encontrar o dissulfeto de carbono no estado líquido a 50 °C, caso esteja submetido a uma pressão de 120 kPa.

Pode-se afirmar que
a. somente as afirmações I e II estão corretas.
b. somente as afirmações I e III estão corretas.
c. somente as afirmações II e III estão corretas.
d. todas as afirmações estão corretas.

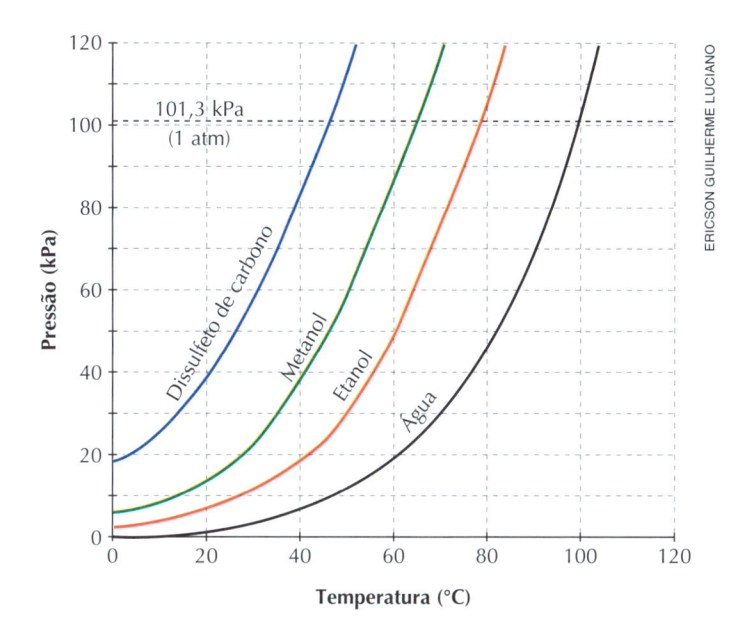

2. (Cefet-MG)

....

O consumo excessivo de bebidas alcoólicas tornou-se um problema de saúde pública no Brasil, pois é responsável por mais de 200 doenças, conforme resultados de pesquisas da Organização Mundial de Saúde (OMS).

Disponível em: <http://brasil.estadao.com.br/noticias/geral,consumo-de-alcool-aumenta43-5-no-brasil-em-dez-anos-afirma-oms,70001797913> Acesso em: 11 set. 2017 (adaptado).

....

O álcool presente nessas bebidas é o etanol (CH_3CH_2OH), substância bastante volátil, ou seja, que evapora com facilidade. Sua fórmula estrutural está representada abaixo.

Considerando-se as ligações químicas e interações intermoleculares, o modelo que representa a volatilização do etanol é:

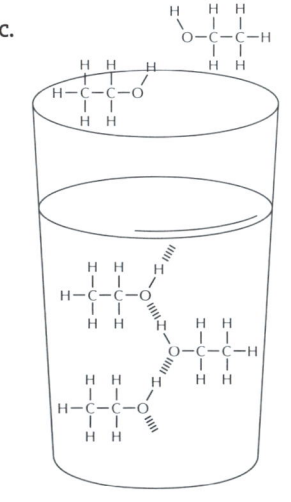

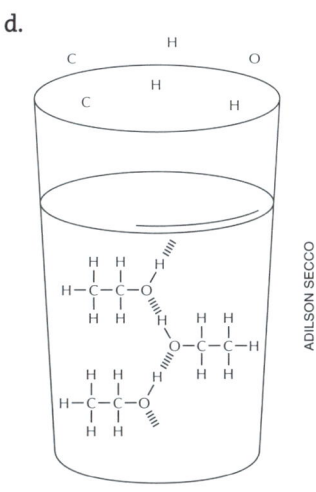

Capítulo 27 • Ligações químicas: um aprofundamento

3. (UFJF-MG) O selênio quando combinado com enxofre forma o sulfeto de selênio, substância que apresenta propriedades antifúngicas e está presente na composição de xampus anticaspa. Qual o tipo de ligação química existente entre os átomos de enxofre e selênio?
a. Covalente.
b. Dipolo-dipolo.
c. Força de London.
d. Iônica.
e. Metálica.

4. (UPM-SP) Assinale a alternativa que apresenta compostos químicos que possuam, respectivamente, ligação covalente polar, ligação covalente apolar e ligação iônica.
a. H_2O, CO_2 e NaCl.
b. CCl_4, O_3 e HBr.
c. CH_4, SO_2 e HI.
d. CO_2, O_2 e KCl.
e. H_2O, H_2 e HCl.

5. (PUC-MG) Dentre as alternativas abaixo, assinale a que corresponde a uma substância covalente polar, covalente apolar e iônica, respectivamente.
a. N_2, CH_4 e $MgCl_2$
b. CCl_4, NaCl e HCl
c. H_2SO_4, N_2 e $MgCl_2$
d. O_2, CH_4 e NaCl

6. (Aman-RJ)

Compostos contendo enxofre estão presentes, em certo grau, em atmosferas naturais não poluídas, cuja origem pode ser: decomposição de matéria orgânica por bactérias, incêndio de florestas, gases vulcânicos etc. No entanto, em ambientes urbanos e industriais, como resultado da atividade humana, as concentrações desses compostos são altas. Dentre os compostos de enxofre, o dióxido de enxofre (SO_2) é considerado o mais prejudicial à saúde, especialmente para pessoas com dificuldade respiratória.

(Adaptado de BROWN, T.L. et al., Química, a Ciência Central. 9. ed., Ed. Pearson, São Paulo, 2007).

Em relação ao composto SO_2 e sua estrutura molecular, pode-se afirmar que se trata de um composto que apresenta

Dado: número atômico S = 16 ; O = 8
a. ligações covalentes polares e estrutura com geometria espacial angular.
b. ligações covalentes apolares e estrutura com geometria espacial linear.
c. ligações iônicas polares e estrutura com geometria espacial trigonal plana.
d. ligações covalentes apolares e estrutura com geometria espacial piramidal.
e. ligações iônicas polares e estrutura com geometria espacial linear.

7. (Famerp-SP) A ligação química existente entre os átomos de cloro na molécula do gás cloro é do tipo covalente
a. dupla apolar.
b. simples polar.
c. tripla apolar.
d. simples apolar.
e. tripla polar.

8. (Enem)

Partículas microscópicas existentes na atmosfera funcionam como núcleos de condensação de vapor de água que, sob condições adequadas de temperatura e pressão, propiciam a formação das nuvens e consequentemente das chuvas. No ar atmosférico, tais partículas são formadas pela reação de ácidos (HX) com a base NH_3, de forma natural ou antropogênica, dando origem a sais de amônio (NH_4X), de acordo com a equação química genérica:

$$HX(g) + NH_3(g) \longrightarrow NH_4X(s)$$

FELIX. E. P.; CARDOSO, A. A. Fatores ambientais que afetam a precipitação úmida. *Química Nova na Escola*, n. 21, maio 2005 (adaptado).

A fixação de moléculas de vapor de água pelos núcleos de condensação ocorre por
a. ligações iônicas.
b. interações dipolo-dipolo.
c. interações dipolo-dipolo induzido.
d. interações íon-dipolo.
e. ligações covalentes.

9. (PUC-SP) As propriedades das substâncias moleculares estão relacionadas com o tamanho da molécula e a intensidade das interações intermoleculares. Considere as substâncias a seguir, e suas respectivas massas molares.

$$CH_3 - \underset{\underset{CH_3}{|}}{\overset{\overset{CH_3}{|}}{C}} - CH_3 \qquad CH_3 - CH_2 - \overset{\overset{O}{\parallel}}{C} - CH_3$$

dimetilpropano   butanona

$$CH_3 - CH_2 - \overset{\overset{O}{\parallel}}{C}\diagdown OH$$

ácido propanoico

$$CH_3 - CH_2 - CH_2 - CH_2 - CH_3$$
pentano

$$CH_3 - CH_2 - CH_2 - CH_2 - OH$$
butan-1-ol

A alternativa que melhor associa as temperaturas de ebulição (Teb) com as substâncias é

Teb	10 °C	36 °C	80 °C	118 °C	141 °C
a.	dimetilpropano	pentano	butanona	butan-1-ol	ácido propanoico
b.	ácido propanoico	dimetilpropano	pentano	butanona	butan-1-ol
c.	dimetilpropano	pentano	butanona	ácido propanoico	butan-1-ol
d.	pentano	dimetilpropano	butan-1-ol	butanona	ácido propanoico

10. (Ifsul-RS) A tabela abaixo relaciona as substâncias às suas aplicações.

Substância	Aplicação
NH_3	Produtos de limpeza.
CH_4	Matéria-prima para produção de outros compostos.
SO_2	Antisséptico, desinfetante.

A alternativa que relaciona as substâncias com a sua geometria molecular é, respectivamente:
a. trigonal plana, tetraédrica e angular.
b. trigonal plana, piramidal e linear.
c. piramidal, tetraédrica e linear.
d. piramidal, tetraédrica e angular.

11. (PUC-MG) A geometria das moléculas pode ser determinada fazendo-se o uso do modelo de repulsão dos pares eletrônicos.

Dentre as alternativas abaixo, assinale a que corresponde à combinação CORRETA entre estrutura e geometria.
a. H_2O – Geometria Linear
b. NH_4^+ – Geometria Tetraédrica
c. CO_2 – Geometria Angular
d. BF_3 – Geometria Piramidal

12. (Cefet-MG) Associe os compostos a seus respectivos tipos de geometria e de interações intermoleculares.

Geometrias	Interações	Compostos
( ) CO_2	A - linear	1 - ligação de hidrogênio
( ) NH_3	B - angular	2 - dipolo permanente
( ) SO_2	C - piramidal	3 - dipolo induzido
( ) $B(CH_3)_3$	D - tetraédrica	
	E - trigonal plana	

A sequência correta encontrada é:
a. A3, C1, B2, E3.
b. A2, B1, B3, C2.
c. B3, E2, A2, D3.
d. B3, C1, A2, D2.
e. B2, D2, A3, C1.

13. (UEPG-PR) Dadas as substâncias representadas abaixo, com relação às ligações químicas envolvidas nessas moléculas e os tipos de interações existentes entre as mesmas, assinale o que for correto.

$$H_2O \quad CO_2 \quad CCl_4 \quad NH_3 \quad ClF$$

01. Todas as moléculas apresentam ligações covalentes polares.
02. Nas substâncias H_2O e NH_3 ocorrem interações do tipo ligação de hidrogênio.
04. As moléculas CO_2 e CCl_4 são apolares.
08. As moléculas de CO_2 e ClF apresentam uma geometria molecular linear, enquanto a H_2O apresenta geometria molecular angular.
16. Todas as moléculas apresentam interações do tipo dipolo permanente-dipolo permanente.

Dê como resposta a soma dos números correspondentes às alternativas corretas.

14. (UTFPR) Os cinco desenhos a seguir representam frascos contendo água líquida abaixo da linha horizontal.

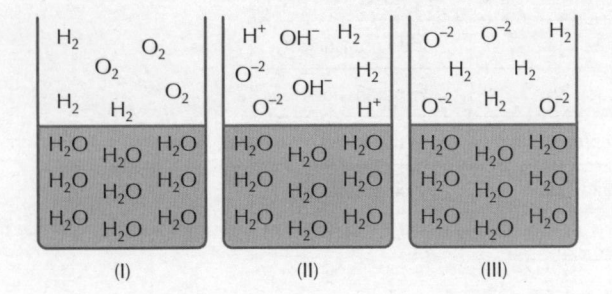

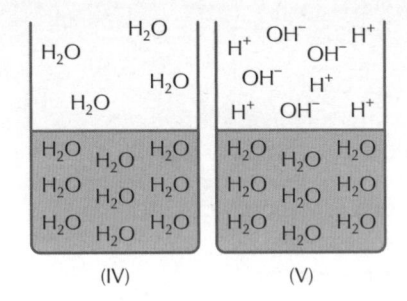

(I) (II) (III)
(IV) (V)

Assinale a alternativa que apresenta o frasco que melhor representa a evaporação da água.
a. I.
b. II.
c. III.
d. IV.
e. V.

15. (UCS-RS) O sulfeto de hidrogênio, H_2S, é um dos compostos responsáveis pela halitose, ou mau hálito. Ele é formado pela reação das bactérias presentes na boca com os restos de alimento. Apesar de apresentar estrutura semelhante à molécula de água, o H_2S é um gás à temperatura ambiente e pressão atmosférica, porque apresenta
a. forças intermoleculares mais fracas em relação às ligações de hidrogênio na água.
b. forças intermoleculares mais fortes em relação às ligações de hidrogênio na água.
c. ligação iônica, e a água apresenta geometria angular.
d. ligação covalente, e a água apresenta ligação iônica.
e. geometria linear e ligação covalente.

16. (UFPE) As interações intermoleculares são muito importantes para as propriedades de várias substâncias. Analise as seguintes comparações, entre a molécula de água, H_2O, e de sulfeto de hidrogênio, H_2S. (Dados: $_1H$, $_8O$, $_{16}S$).
( ) As moléculas H_2O e H_2S têm geometrias semelhantes.
( ) A molécula H_2O é polar e a H_2S é apolar, uma vez que a ligação H — O é polar, e a ligação H — S é apolar.
( ) Entre moléculas H_2O, as ligações de hidrogênio são mais fracas que entre moléculas H_2S.
( ) As interações dipolo-dipolo entre moléculas H_2S são mais intensas que entre moléculas H_2O, por causa do maior número atômico do enxofre.
( ) Em ambas as moléculas, os átomos centrais apresentam dois pares de elétrons não ligantes.

17. (UFRGS-RS) Na coluna da esquerda, abaixo, estão listados cinco pares de substâncias, em que a primeira substância de cada par apresenta ponto de ebulição mais elevado do que o da segunda substância, nas mesmas condições de pressão. Na coluna da direita, encontra-se o fator mais significativo que justificaria o ponto de ebulição mais elevado para a primeira substância do par. Associe corretamente a coluna da direita à da esquerda.

1. CCl_4 e CH_4
2. $CHCl_3$ e CO_2
3. NaCl e HCl
4. H_2O e H_2S
5. SO_2 e CO_2

( ) intensidade das ligações de hidrogênio
( ) massa molecular mais elevada
( ) estabelecimento de ligação iônica
( ) polaridade da molécula

A sequência correta de preenchimento dos parênteses, de cima para baixo, é
a. 2 – 4 – 1 – 3.
b. 2 – 4 – 3 – 5.
c. 3 – 5 – 4 – 1.
d. 4 – 1 – 3 – 5.
e. 4 – 5 – 1 – 3.

18. (Cefet-MG) A água, no estado sólido, tem sua densidade diminuída, o que pode ser verificado na superfície congelada dos lagos. Tal fenômeno é explicado por meio da _____ e pelas _____ formadas entre as moléculas de modo a aumentar o volume da água.

Os termos que completam, corretamente, as lacunas são, respectivamente
a. geometria angular e ligações de hidrogênio.
b. capacidade de dissolução e ligações polares.
c. dispersão eletrônica e interações dipolo-dipolo.
d. polaridade da molécula e interações dipolo induzido.

19. (UERN)

Os ácidos em maior ou menor grau são prejudiciais quando manuseados ou podem causar danos só de chegarmos perto. Alguns deles em temperatura ambiente são gases (isso se deve ao fato de apresentarem baixas temperaturas de ebulição) e a sua inalação pode provocar irritação das vias respiratórias.

(Sardella, Antonio. Química. Volume único. Série novo ensino médio. São Paulo: Ática, 2005. p. 74.)

De acordo com a tabela a seguir, determine a ordem crescente das temperaturas de ebulição dos ácidos.

Composto	Massa molecular
H_2S	34
H_2Se	81
H_2Te	129

a. $H_2S < H_2Se < H_2Te$
b. $H_2S < H_2Te < H_2Se$
c. $H_2Te < H_2Se < H_2S$
d. $H_2Te < H_2S < H_2Se$

20. (UEM-PR) As espécies CO_2, NO_2 e SO_2 são gases em condições normais de temperatura e de pressão. Assinale a(s) alternativa(s) **correta(s)** em relação a essas três espécies químicas.
01. Elas são espécies químicas moleculares.
02. Elas são espécies químicas polares.
04. Apenas uma delas possui geometria molecular linear.
08. Pelo menos uma delas possui geometria molecular trigonal plana.
16. Apenas uma delas possui um par de elétrons não ligantes no átomo central.

Dê como resposta a soma dos números correspondentes às alternativas corretas.

21. (Aman-RJ) Conversores catalíticos (catalisadores) de automóveis são utilizados para reduzir a emissão de poluentes tóxicos. Poluentes de elevada toxicidade são convertidos a compostos menos tóxicos. Nesses conversores, os gases resultantes da combustão no motor e o ar passam por substâncias catalisadoras. Essas substâncias aceleram, por exemplo, a conversão de monóxido de carbono (CO) em dióxido de carbono (CO_2) e a decomposição de óxidos de nitrogênio como o NO, o N_2O e o NO_2 (denominados NO_x) em gás nitrogênio (N_2) e gás oxigênio (O_2). Referente às substâncias citadas no texto e às características de catalisadores, são feitas as seguintes afirmativas:
I. a decomposição catalítica de óxidos de nitrogênio produzindo o gás oxigênio e o gás nitrogênio é classificada como uma reação de oxidorredução;
II. o CO_2 é um óxido ácido que, ao reagir com água, forma o ácido carbônico;
III. catalisadores são substâncias que iniciam as reações químicas que seriam impossíveis sem eles, aumentando a velocidade e também a energia de ativação da reação;
IV. o CO é um óxido básico que, ao reagir com água, forma uma base;
V. a molécula do gás carbônico (CO_2) apresenta geometria espacial angular.

Das afirmativas feitas estão corretas apenas as
a. I e II.
b. II e V.
c. III e IV.
d. I, III e V.
e. II, IV e V.

22. (UEPG-PR) Considerando-se os elementos químicos e seus respectivos números atômicos H (Z = 1), Na (Z = 11), Cl (Z = 17) e Ca (Z = 20), assinale o que for correto.
01. No composto $CaCl_2$ encontra-se uma ligação covalente polar.
02. No composto NaCl encontra-se uma ligação iônica.
04. No composto Cl_2 encontra-se uma ligação covalente polar.
08. No composto H_2 encontra-se uma ligação covalente apolar.

Dê como resposta a soma dos números correspondentes às alternativas corretas.

23. (Cefet-MG) Considere o conjunto de substâncias químicas:

BeH_2, BF_3, H_2O, NH_3 e CH_4.

O número de substâncias com geometria trigonal plana é igual a
a. 0.
b. 1.
c. 2.
d. 3.

24. (Udesc) Os tipos de ligações químicas dos compostos: NH_3; CO_2; Fe_2O_3; Cl_2; KI são, respectivamente:
a. covalente polar, covalente polar, iônica, covalente apolar, iônica.
b. covalente apolar, iônica, covalente polar, covalente apolar, iônica.
c. covalente apolar, covalente polar, iônica, covalente apolar, iônica.
d. covalente polar, covalente apolar, iônica, covalente polar, iônica.
e. covalente polar, covalente apolar, iônica, covalente apolar, covalente polar.

25. (UFRGS-RS) Por muito tempo, acreditou-se que os gases nobres seriam incapazes de formar compostos químicos. Entretanto, atualmente, sabe-se que, sob determinadas condições, é possível reagir um gás nobre, como o xenônio, e formar, por exemplo, o composto cuja síntese e caracterização foi descrita em 2010 e cuja estrutura está mostrada abaixo.

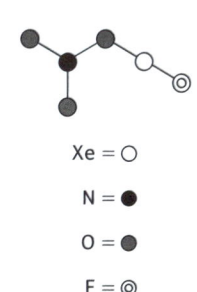

Xe = ○
N = ●
O = ●
F = ◎

Considere as seguintes afirmações sobre o composto acima.
I. Nesse composto, o xenônio está ligado a um íon fluoreto e a um íon nitrato.
II. Nesse composto, o xenônio tem geometria linear e o nitrogênio tem geometria trigonal plana.
III. Nesse composto, o xenônio tem estado de oxidação zero.

Quais estão corretas?
a. Apenas I.
b. Apenas II.
c. Apenas III.
d. Apenas I e II.
e. Apenas II e III.

UNIDADE 10

FUNDAMENTOS DA QUÍMICA ORGÂNICA

Capítulo 28
Desenvolvimento da Química Orgânica, 686

Capítulo 29
Petróleo, gás natural e carvão: fontes de hidrocarbonetos, 698

Capítulo 30
Funções orgânicas oxigenadas, 730

Capítulo 31
Funções nitrogenadas, halogenadas e sulfuradas, 762

Capítulo 32
Isomeria, 784

A imagem de abertura de unidade mostra uma realidade cada vez mais comum em supermercados e feiras livres: a oferta de produtos orgânicos.
• Em sua opinião, qual a diferença entre matéria orgânica e matéria inorgânica?

Nesta unidade você será convidado a iniciar seus estudos em Química Orgânica, área da Química cujos objetos de estudo têm muitas aplicações e implicações na sociedade.

Alimentos orgânicos vendidos em supermercados.

CAPÍTULO 28
DESENVOLVIMENTO DA QUÍMICA ORGÂNICA

Preço alto limita consumo de orgânicos; diferença chega a 270%
Folha de S.Paulo, 30 jul. 2015

Entidade lança campanha contra invasão de supostos produtos orgânicos no mercado
EBC Agência Brasil, 5 dez. 2015

Agricultor cria primeiro café orgânico em cápsulas do Distrito Federal
Correio Braziliense, 24 ago. 2015

Mercado de orgânicos avança no país e pequenos empreendedores aproveitam para lucrar
O Estado de S. Paulo, 30 abr. 2014

Vantagens da comida orgânica são marketing, diz geneticista
Folha de S.Paulo, 10 dez. 2015

Procura por alimentos orgânicos vem crescendo nos últimos anos
TVBRASIL EBC, 9 set. 2017

Uso de orgânicos vai além da culinária e chega aos cosméticos no Brasil
Folha de S.Paulo, 21 nov. 2017

ENEM C7: H24

Este capítulo vai ajudá-lo a compreender:
- a origem e o significado atual da Química Orgânica;
- as principais características e as representações dos compostos orgânicos.

Produtos naturais

Para situá-lo

Basta abrir um jornal ou uma revista ou ir a um supermercado para encontrar a palavra **orgânico**: verduras orgânicas, açúcar orgânico, café orgânico, carne orgânica, lixo orgânico e substância orgânica. Os exemplos são muitos.

Para entender melhor as informações às quais estamos expostos, é importante saber que a palavra **orgânico** apresenta diferentes significados dependendo do contexto em que ela é utilizada. Lixo orgânico, por exemplo, é todo material descartado de origem animal ou vegetal, como restos de comida, flores e folhas.

A imagem e a tabela a seguir apresentam, respectivamente, a produção de alimentos orgânicos no Brasil em 2016 e o preço de alguns alimentos em 2015.

Produção de alimentos orgânicos por região – Brasil, 2016

Regiões:
- 158 mil hectares
- 118 mil hectares
- 101 mil hectares
- 333 mil hectares
- 37 mil hectares

Produtos	Alimento orgânico (R$)	Alimento convencional (R$)
Suco	2,78	1,32
Achocolatado	10,79	4,35
Tomate	7,50	4,20
Banana	3,50	2,00
Alface	2,50	1,30
Pimentão	1,00	0,70
Azeite	27,98	15,98

Dados retirados de: <http://www.confea.org.br/media/Agronomia_analise_comparativa_de_precos_entre_produtos_organicos_e_convencionais_em_um_supermercado_e_hortfruti_em_olinda-_pe.pdf>. Acesso em: 13 mar. 2018.

1. Você sabe qual é a diferença entre um alimento orgânico e um convencional?

2. Qual região do Brasil é a maior produtora de alimentos orgânicos? E a menor?

3. Analisando os preços de alimentos orgânicos e convencionais, nota-se que os produtos produzidos convencionalmente são mais baratos do que os orgânicos.
   a) Na sua opinião, qual é a causa dessa diferença?
   b) Entre os alimentos listados na tabela, qual deles apresenta maior diferença de preço entre a produção convencional e a orgânica?

4. Há alguma relação entre os produtos orgânicos e a Química Orgânica?

Neste capítulo vamos estudar alguns fundamentos da Química Orgânica, sua origem e seu conceito atual. Além disso, você irá se aprofundar na linguagem simbólica utilizada pela Química.

Introdução à Química Orgânica

Até as primeiras décadas do século XIX, os cientistas acreditavam que as substâncias de origem biológica só poderiam ser sintetizadas por organismos vivos. Jöns Jacob Berzelius (1779-1848), que já era um cientista renomado, utilizou o termo **orgânico** para se referir a qualquer substância produzida por um organismo vivo – planta ou animal – e o termo **inorgânico** para se referir às substâncias obtidas de fontes minerais não vivas.

Berzelius, assim como inúmeros cientistas de sua época, defendia a teoria do vitalismo. Segundo os adeptos dessa corrente de pensamento, a síntese de compostos de origem biológica era impossível devido à ausência de um conteúdo não material, chamado de força vital, que era próprio dos seres vivos.

Em 1823, após concluir o curso de Medicina, Friedrich Wöhler (1800-1882) decidiu complementar sua formação em Estocolmo sob a supervisão de Berzelius. Em 1828, em um experimento, Wöhler aqueceu uma solução aquosa de cianato de amônio (uma substância inorgânica) e observou a formação de pequenos cristais. Ao isolar esses cristais da solução e analisar suas propriedades, constatou que o sólido era constituído de ureia – uma substância orgânica.

$$NH_4CNO(aq) \xrightarrow{\Delta} (NH_2)_2CO(s)$$

cianato de amônio (substância inorgânica) → ureia (substância orgânica)

Esse resultado mostrava que era possível obter uma substância orgânica partindo de uma substância inorgânica.

Apesar de não ter sido abalada pelo experimento de Wöhler, a teoria do vitalismo foi se enfraquecendo nas décadas seguintes por conta de novas descobertas e sínteses. Uma delas foi a obtenção do ácido acético a partir de substâncias inorgânicas conseguida por Adolph Wilhelm Hermann Kolbe (1818-1884), em 1845.

O açúcar, que pode ser obtido, por exemplo, da cana-de-açúcar, não poderia ser sintetizado em laboratório a partir de substâncias de origem mineral, de acordo com a teoria do vitalismo.

Química Orgânica: conceito atual

Você deve estar se perguntando qual é o campo de estudo da Química Orgânica. Se antigamente o adjetivo **orgânico** estava ligado à origem biológica, atualmente essa relação não vale mais.

A Química Orgânica é, hoje em dia, uma parte da Química que estuda a quase totalidade dos compostos de carbono, sejam eles naturais ou sintéticos. Porém, algumas substâncias que possuem carbono, como o dióxido de carbono (CO_2), o monóxido de carbono (CO), os sais de carbonatos (CO_3^{2-}), de hidrogenocarbonatos (HCO_3^-) etc., são estudadas pela Química Inorgânica, e não pela Orgânica, porque têm origem mineral.

As fotos abaixo mostram alguns materiais não naturais – isto é, obtidos por processos artificiais – que contêm substâncias orgânicas.

Produtos orgânicos e Química Orgânica

- A expressão **produto orgânico** tem um significado próprio para a Química. Para essa ciência, produto orgânico se refere a um composto orgânico produzido em uma transformação química.
- Já para a agricultura e o comércio, segundo o Ministério da Agricultura, produto orgânico é aquele "cultivado em um ambiente que considere sustentabilidade social, ambiental e econômica e valorize a cultura das comunidades rurais".
- Para que seja considerado orgânico, o alimento não pode ter sido cultivado com uso de agrotóxicos, hormônios, adubos sintéticos – também chamados de adubos químicos – e antibióticos em nenhuma etapa da produção.
- Como o consumidor conseguirá distinguir um alimento orgânico de um alimento comum? Desde 2011, o consumidor pode reconhecer um produto orgânico por meio de um selo de certificação, como você pode ver na imagem da página seguinte.

- Mas, atenção, é possível encontrar em rótulos de alimentos as expressões "produto orgânico" e "produto com ingrediente orgânico". Elas não são sinônimas: enquanto a primeira se refere a um produto com, no máximo, 5% de ingredientes não orgânicos (permitidos pelas regras de produção orgânica), a segunda se refere a produtos que contêm até 70% de ingredientes orgânicos.

Fontes: BRASIL. Ministério da Agricultura, Pecuária e Abastecimento. *Produtos orgânicos: o olho do consumidor*. Secretaria de Desenvolvimento Agropecuário e Cooperativismo. Brasília: Mapa/ACS, 2009. Disponível em: <http://www.redezero.org/cartilha-produtos-organicos.pdf>. Acesso em: 8 jul. 2018.

BRASIL. Ministério da Agricultura. Disponível em: <http://www.agricultura.gov.br/assuntos/sustentabilidade/organicos/perguntas-e-respostas>. Acesso em: 8 jul. 2018.

Observe as tabelas a seguir. Depois, responda às questões.

Horticultura/Floricultura (número de estabelecimentos)		
	Orgânica total	Orgânica certificada
Brasil	8 900	1 018
Principais estados:		
Paraná	1 300	217
Minas Gerais	1 208	71
Rio Grande do Sul	1 089	146
São Paulo	962	194
Bahia	933	31
Pernambuco	533	38
Santa Catarina	524	76
Outros	2 248	134

Lavouras permanentes (número de estabelecimentos)		
	Orgânica total	Orgânica certificada
Brasil	9 557	1 030
Principais estados:		
Bahia	2 450	223
Minas Gerais	1 257	192
Espírito Santo	658	64
Rio Grande do Norte	539	37
Pernambuco	636	49
São Paulo	489	86
Paraná	483	79
Rio Grande do Sul	462	83

Fonte: CENTRO de Estudos Avançados em Economia Aplicada. Esalq/USP. Disponível em:<http://www.cepea.esalq.usp.br/hfbrasil/edicoes/85/mat_capa.pdf>. Acesso em: 8 jul. 2018.

a) Segundo as tabelas, a maior parte dos estabelecimentos que produzem gêneros orgânicos tem certificação? Qual é a importância dessa certificação para o consumidor?

b) Você tem o hábito de consumir alimentos orgânicos? Se sim, costuma prestar atenção ao selo de certificação?

c) Faça uma pesquisa em jornais e *sites* confiáveis sobre o consumo de produtos orgânicos. Utilize as informações pesquisadas para montar uma tabela com vantagens e desvantagens do consumo desse tipo de produto.

O desenvolvimento da Química no século XIX e a estrutura dos compostos de carbono

Um aspecto do experimento de Wöhler que teve importância para a Química Orgânica foi a composição química das substâncias envolvidas. O cianato de amônio e a ureia tinham exatamente a mesma composição química – CH_4N_2O –, mas diferentes propriedades.

Como duas substâncias com propriedades distintas eram constituídas pelos mesmos elementos, na mesma proporção? Isso intrigou Berzelius e, em 1830, ele passou a designar as substâncias de mesma fórmula molecular, mas com propriedades diferentes, de **isômeros** (do grego *iso*, "mesmo, igual", e *meros*, "partes").

Isso significou que a representação por meio de uma fórmula molecular (na época, chamada de fórmula bruta) não era mais suficiente para diferenciar substâncias.

Em meados do século XIX, os cientistas começaram a elucidar a estrutura molecular dos compostos orgânicos. Entre as diversas contribuições para formar uma teoria estrutural, podemos destacar os trabalhos de dois cientistas: Friedrich August Kekulé (1829-1896) e Archibald Scott Couper (1831-1892).

Em 1848, o químico inglês Edward Frankland (1825-1899) realizara diferentes experimentos utilizando uma substância orgânica e zinco. Obtivera, como subproduto, um composto orgânico de zinco. Frankland continuou suas investigações utilizando outras substâncias orgânicas e substituindo o zinco por outros metais. Os resultados encontrados apontaram a existência de regularidades na combinação entre os metais e as substâncias orgânicas. Essa regularidade só foi explicada posteriormente pela teoria da valência formulada por Kekulé.

De acordo com essa teoria, os átomos de um elemento têm uma capacidade bem definida de combinação com outros átomos, chamada de **valência**. Assim, o hidrogênio, por exemplo, tinha valência 1, e o oxigênio, valência 2. A tetravalência do carbono, ou seja, a capacidade do átomo de carbono de se ligar com quatro outros átomos, foi proposta por Kekulé em 1857. No ano seguinte, Kekulé publicou um artigo expondo que os átomos de carbono poderiam ligar-se entre si, ou seja, poderiam formar cadeias carbônicas. Essa constatação também foi feita, de forma independente, por Couper. Embora seu artigo tenha sido publicado semanas depois do de Kekulé, seus trabalhos influenciaram os de outros cientistas e até mesmo o do próprio Kekulé. Observe as representações de ambos os cientistas e veja como as de Couper eram mais claras do que as utilizadas por Kekulé.

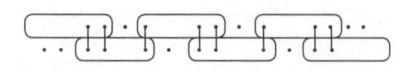

C ··· O ··· OH
⋮ ··· H²
C ··· H²
⋮
C ··· H³

Estrutura de Couper para o propanol. Os expoentes na fórmula indicam a quantidade de átomos, no caso hidrogênio.

Estrutura de Kekulé para uma cadeia carbônica. Os pontos representam átomos de hidrogênio; os bastões – chamados por Kekulé de "salsichas" – representam os átomos de carbono.

Fonte das imagens: CHEMISTRY World, 2008. Disponível em:<http://www.rsc.org/images/Couper_tcm18-119377.pdf>. Acesso em: 8 jul. 2018.

Saiba mais

Kekulé e a teoria da estrutura molecular

Quando ingressou na universidade, Kekulé pretendia estudar Arquitetura. Por coincidência, ao interessar-se pela Química, acabou por se aprofundar no aspecto da "arquitetura" molecular. Anos após a publicação da teoria da estrutura molecular, Kekulé relatou em que momento começou a conceber o que viria a ser o ponto mais criativo e revolucionário de sua teoria: a noção de que, nos compostos de carbono, os átomos desse elemento poderiam se ligar uns aos outros, formando cadeias. Segundo seu relato, ele viajava de ônibus em Londres, percorrendo ruas desertas, quando começou a sonhar acordado com átomos que dançavam ao seu redor. Alguns deles uniam-se aos pares, em trios, em quartetos e em longas cadeias. Chegando em casa, teria passado boa parte da noite colocando no papel essas ideias – o germe de sua teoria –, cujos pontos essenciais são: a tetravalência do carbono (o carbono forma quatro ligações covalentes) e o fato de os átomos de carbono poderem ligar-se uns aos outros, formando cadeias.

Representações de moléculas na Química Orgânica

Os trabalhos de Kekulé, Couper e de outros cientistas serviram de base para ampliar a compreensão sobre a estrutura dos compostos de carbono.

Atualmente, utilizamos diferentes fórmulas para representar as substâncias orgânicas, conforme você verá a seguir. O hexano (C_6H_{14}), por exemplo, que é um líquido incolor volátil e excelente combustível, pode ser representado por:

$$\begin{array}{c} H \quad H \quad H \quad H \quad H \quad H \\ | \quad | \quad | \quad | \quad | \quad | \\ H-C-C-C-C-C-C-H \\ | \quad | \quad | \quad | \quad | \quad | \\ H \quad H \quad H \quad H \quad H \quad H \end{array}$$

$$\begin{array}{c} | \quad | \quad | \quad | \quad | \quad | \\ -C-C-C-C-C-C- \\ | \quad | \quad | \quad | \quad | \quad | \end{array}$$

Cada representação acima é chamada de **fórmula estrutural plana**. Elas mostram todas as ligações que a molécula faz no plano. Nesse tipo de representação, os átomos de hidrogênio podem ou não ser representados.

Pode-se ainda recorrer a uma fórmula estrutural em que somente as ligações entre os átomos de carbono estão explícitas. Observe:

$$H_3C-CH_2-CH_2-CH_2-CH_2-CH_3$$

Há também a possibilidade de representar apenas a disposição das ligações entre os átomos de carbono na molécula. Nesse tipo de representação, os átomos de carbono e hidrogênio não são indicados na fórmula:

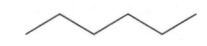

Cada vértice nessa fórmula indica um átomo de carbono e, como não há outros ligantes, subentende-se a presença de átomos de hidrogênio completando as quatro ligações de cada átomo de carbono.

Veja agora outro exemplo de composto orgânico, o ciclo-hexano (C_6H_{12}):

Cadeias carbônicas que formam uma estrutura cíclica podem ser representadas por figuras geométricas. No caso do ciclo-hexano, essa figura é um hexágono.

Quando aparecem átomos de outros elementos, eles devem ser indicados pelos símbolos correspondentes. Exemplos:

$H_3C-CH_2-O-CH_2-CH_3$

Fórmulas estruturais do éter dietílico

Fórmulas estruturais da etanonitrila

Você pode resolver as questões 2, 8, 9, 11, 12, 13 e 14 da seção Testando seus conhecimentos.

Saiba mais

Fórmulas na Química Orgânica: muitas formas de representar

No decorrer de seu estudo em Química Orgânica, você encontrará diferentes formas de representar as cadeias carbônicas, além das indicadas anteriormente. Em algumas delas, há pequenas variações, como a omissão de alguns traços que representam as ligações e a mudança de posição dos átomos de hidrogênio. Observe as fórmulas abaixo – todas representam a mesma substância (propan-2-ol).

Em alguns casos, quando há repetição de uma parte da estrutura da molécula, costuma-se indicá-la entre parênteses. Veja:

$CH_3CH_2CH_2CH_2CH_3$ ou $CH_3(CH_2)_3CH_3$

Classificação de cadeias carbônicas

As cadeias carbônicas podem ser classificadas de quatro formas. Vejamos cada uma delas.

- **Tipo de ligação entre os átomos de carbono**: quando a cadeia carbônica apresenta somente ligação simples entre átomos de carbono, ela é classificada como **saturada**. A presença de insaturação, ou seja, ligação dupla ou tripla entre átomos de carbono, classifica a cadeia como **insaturada**.
- **Presença de heteroátomo**: heteroátomo é um átomo de outro elemento químico que está ligado entre átomos de carbono. Quando isso ocorre, dizemos que a cadeia é **heterogênea**. Caso contrário, ela é classificada como **homogênea**.
- **Presença de ramificação**: quando os átomos de carbono estão ligados todos em sequência, ou seja, quando há apenas duas extremidades, a cadeia é classificada como **normal**. Quando há três ou mais extremidades, ela é classificada como cadeia **ramificada**.
- **Disposição dos átomos**: quando os átomos de carbono de uma cadeia se unem formando uma estrutura em anel, ela é classificada como **fechada** ou **cíclica**. Caso contrário, ela é classificada como **aberta** ou **acíclica**.

Veja, nos exemplos a seguir, como podem ser classificadas as cadeias carbônicas de alguns compostos orgânicos:

cadeia aberta, normal, saturada e heterogênea

cadeia aberta, ramificada, saturada e homogênea

cadeia fechada, normal, insaturada e homogênea

cadeia fechada, normal, saturada e heterogênea

Capítulo 28 • Desenvolvimento da Química Orgânica

Algumas cadeias carbônicas cíclicas podem ser classificadas como aromáticas, quando apresentam um núcleo aromático. Inicialmente a aromaticidade estava associada ao benzeno, representado a seguir, e seus derivados, por apresentarem um odor forte. Atualmente, essa propriedade está relacionada à alta estabilidade de certos anéis insaturados.

fórmulas estruturais que podem ser usadas para representar o benzeno

fórmulas estruturais de algumas substâncias que apresentam aromaticidade

Classificações dos átomos de carbono de uma cadeia

Em substâncias orgânicas, os átomos de carbono podem ser classificados de acordo com a quantidade de outros átomos de carbono aos quais estão ligados. Observe os dois exemplos abaixo.

Quando um átomo de carbono está ligado a, no máximo, outro átomo de carbono, ele é considerado um carbono primário. Quando está ligado a dois átomos de carbono, ele é secundário. Quando está ligado a três átomos de carbono, terciário; e é quaternário quando está ligado a quatro átomos de carbono.

C é primário
C é secundário
C é terciário
C é quaternário

Você pode resolver as questões 1, 3, 4, 5 e 10 da seção Testando seus conhecimentos.

Atividades

1. O buta-1,3-dieno pode ser usado como matéria-prima na fabricação de borracha. Na estrutura dessa substância (abaixo) não estão representados os átomos de hidrogênio. Coloque, em cada átomo de carbono, a quantidade de átomos de hidrogênio correspondente.

$$C = C - C = C$$

2. Dê as fórmulas moleculares dos compostos a seguir:
   a) Aciclovir, antiviral administrado em casos de infecção por herpes.

   b) Ácido acetilsalicílico, usado como analgésico e antipirético.

   c) Cafeína, substância presente no café e no chá preto.

3. A capsaicina, substância responsável pelo sabor característico das pimentas, pode ser representada pela seguinte fórmula estrutural:

Indique o número de átomos de carbono presentes nessa estrutura.

Grupos funcionais ou funções orgânicas

Antes mesmo de a Química obter *status* de ciência, muitos compostos orgânicos já eram conhecidos. Naquele período, por absoluta ausência de regras oficiais, os compostos recebiam nomes completamente arbitrários. Mais tarde, a comunidade científica estabeleceu regras oficiais para facilitar a troca de informações entre os cientistas – o primeiro congresso com essa finalidade ocorreu em Genebra, em 1892.

Como você sabe, o número de compostos de carbono cresceu bastante, principalmente a partir do século XX, e novas reuniões levaram a IUPAC, em 1957, a publicar um conjunto formal de regras de nomenclatura.

A nomenclatura orgânica está organizada de acordo com os **grupos funcionais**, que são compostos orgânicos cuja estrutura química é parecida e, por isso, apresentam comportamento químico semelhante. O ácido acético e o ácido cítrico, por exemplo, são duas substâncias orgânicas que fazem parte da mesma função orgânica, os ácidos carboxílicos.

ácido cítrico   ácido acético

Note que parte da estrutura, ou seja, COOH, é semelhante nos dois compostos.

O quadro a seguir lista alguns grupos funcionais que serão estudados neste volume.

Função orgânica ou grupo funcional	Fórmula genérica	Exemplo
hidrocarbonetos	moléculas constituídas somente de carbono e hidrogênio	CH_4 $\quad$ H_2C-CH_2 / H_2C-CH_2 $\quad$ $CH_2=CH_2$ $\quad$ $CH_3-C\equiv CH$
álcoois	R—OH	CH_3-OH ; ciclopentanol
cetonas	R—CO—R	$H_3C-CO-CH_3$; $H_3C-CO-C(CH_3)_2-CH_3$; ciclopentanona
aldeídos	R—CHO	$H-CHO$; H_3C-CHO ; ciclopentanocarbaldeído
ácidos carboxílicos	R—COOH	$H-COOH$; $(H_3C)_2CH-COOH$; ácido ciclo-hexanocarboxílico
éteres	R—O—R	$H_3C-O-CH_2-CH_3$; tetra-hidrofurano
aminas	$R_1-NR_2-R_3$	$H_3C-N(CH_3)-CH_3$; $H_3C-NH-CH_2-CH_3$; $H_3C-CH_2-NH_2$; di-hidropiridina

Nos próximos capítulos desta unidade você vai estudar mais esses e outros grupos funcionais, suas propriedades, nomenclatura e algumas de suas aplicações na sociedade.

Você pode resolver as questões 6 e 7 da seção Testando seus conhecimentos.

Capítulo 28 • Desenvolvimento da Química Orgânica

Atividades

1. Leia o trecho abaixo, retirado de um artigo da revista *Química Nova na Escola*, que aborda a importância da vitamina C. Em seguida, responda às questões.

....

[...] Quando a alimentação humana é deficiente em vitamina C, pode ocorrer [...] o desenvolvimento da doença conhecida como escorbuto. Os sintomas do escorbuto incluem: gengivas inchadas e com sangramento fácil, dentes abalados e suscetíveis a quedas, sangramentos subcutâneos e cicatrização lenta [...].

Por séculos, o escorbuto foi uma doença comum, principalmente entre os navegadores, que não dispunham de ///////////////////////// em suas viagens. Não era incomum perder grande parte de uma tripulação numa jornada marítima. Vasco da Gama perdeu mais da metade de seus marinheiros quando contornou o Cabo da Boa Esperança entre 1497 e 1499. [...]

FIORUCCI, Antonio Rogério; SOARES, Márlon Herbert Flora Barbosa; CAVALHEIRO, Éder Tadeu Gomes. A importância da vitamina C na sociedade através dos tempos. *Química Nova na Escola*, n. 17, maio 2003.

....

a) O trecho omitido no texto (hachura) se refere a alimentos ricos em vitamina C. De acordo com seus conhecimentos, cite o nome de ao menos um alimento com essa vitamina para completar corretamente a frase.

b) A vitamina C pode ser representada pela fórmula química abaixo. Quantos átomos de carbono primário estão presentes na fórmula? Qual é a fórmula molecular da vitamina C?

2. Escreva as fórmulas moleculares de cada uma das substâncias representadas pelas fórmulas estruturais abaixo.

a) $\text{CH}=\text{C}-\text{CHO}$, C_5H_{11} (substância usada em alguns perfumes; tem aroma de jasmim)

b) COOH, NH_2 (substância utilizada como aromatizante sintético; tem aroma de uva)

3. Um estudante de Ciências definiu as cadeias carbônicas normais como cadeias que apresentam apenas átomos de carbono primário e secundário. Essa afirmação é verdadeira? Como você definiria as cadeias ramificadas em termos da classificação dos átomos de carbono?

4. Com a fórmula C_3H_6 podemos ter mais de um composto orgânico. Represente as fórmulas estruturais deles.

5. Substâncias simples constituídas pelos elementos do grupo 17 da Tabela Periódica (por exemplo, F_2, Cl_2 e Br_2) reagem com compostos orgânicos insaturados. Nessa transformação, os átomos de halogênio se unem aos átomos de carbono da insaturação rompendo uma das ligações da dupla-ligação (ou da tripla-ligação). Considerando a equação a seguir, represente em seu caderno a fórmula estrutural do composto formado.

$$\text{H}_2\text{C}=\text{CH}_2 + \text{F}-\text{F} \longrightarrow$$

6. Leia o texto a seguir e responda ao que se pede.

....

Encontrada no leite adulterado no Rio Grande do Sul, a ureia não é uma substância facilmente identificada nos exames de controle de qualidade usados pela indústria de laticínios. Quem afirma é a química Júlia Tischer, do laboratório da Univates, em Lajeado, onde foram feitas as análises que detectaram a fraude revelada pelo Ministério Público (MP) [...].

De acordo com as investigações do MP, a adulteração ocorria entre a compra do leite cru na propriedade rural e o transporte para os postos de resfriamento. No meio do caminho, o produto era levado para galpões, onde era misturado a água e ureia [...] para aumentar o volume. [...]

"A ureia está presente no leite em teores normais de 10 até 16 miligramas por decilitro. E quando há teores muito acima isso é caraterístico de fraude. Nos ensaios identificou-se a presença de altos níveis de ureia e formol", conta ela. [...]

O MP estima que 100 milhões de litros de leite tenham sido adulterados nos últimos 12 meses no estado.

Indústria não faz teste para detectar nível de ureia no leite, diz especialista. *G1 RS*, 10 maio 2013. Disponível em:<http://g1.globo.com/rs/rio-grande-do-sul/noticia/2013/05/industria-nao-faz-teste-para-detectar-nivel-de-ureia-no-leite-diz-especialista.html>. Acesso em: 8 jul. 2018.

....

a) O texto da matéria se refere a uma operação desencadeada pelo Ministério Público que apura, desde 2013, adulterações do leite. De acordo com seus conhecimentos, a adição de água no leite pode ser considerada uma adulteração? Justifique.

b) O formol mencionado no texto é uma solução aquosa de metanal, considerada uma substância carcinogênica. Sabendo que sua fórmula estrutural está representada abaixo, identifique o grupo funcional e escreva sua fórmula molecular.

c) O primeiro parágrafo do texto aponta um fator que facilita a ocorrência de fraudes no leite. Identifique esse fator e sugira uma maneira de dificultar as fraudes.

d) Usando os dados citados no texto, faça uma estimativa da quantidade de pessoas que possivelmente ingeriu leite adulterado.

Testando seus conhecimentos

Caso necessário, consulte as tabelas no final desta Parte.

1. (PUC-RJ) Ao lado está representada a estrutura do ácido fumárico.

A respeito desse ácido, é correto afirmar que ele possui:
a. somente átomos de carbono secundários e cadeia carbônica normal.
b. átomos de carbono primários e secundários, e cadeia carbônica ramificada.
c. átomos de carbono primários e secundários, e cadeia carbônica insaturada.
d. átomos de carbono primários e terciários, e cadeia carbônica saturada.
e. átomos de carbono primários e terciários, e cadeia carbônica ramificada.

2. (Uece) A substância responsável pelo sabor amargo da cerveja é o mirceno, $C_{10}H_{16}$. Assinale a opção que corresponde à fórmula estrutural dessa substância.

a.
b.
c.
d.

3. (Unigranrio-RJ) O eugenol, ou óleo de cravo, é um forte antisséptico. Seus efeitos medicinais auxiliam no tratamento de náuseas, indigestão e diarreia. Contém propriedades bactericidas, antivirais, e é também usado como anestésico e antisséptico para o alívio de dores de dente. A fórmula estrutural deste composto orgânico pode ser vista abaixo:

O número de átomos de carbono secundário neste composto é:
a. 2
b. 3
c. 8
d. 7
e. 10

4. (PUC-RJ) O óleo de citronela é muito utilizado na produção de velas e repelentes. Na composição desse óleo, a substância representada a seguir está presente em grande quantidade, sendo, dentre outras, uma das responsáveis pela ação repelente do óleo.

A cadeia carbônica dessa substância é classificada como aberta,
a. saturada, homogênea e normal.
b. saturada, heterogênea e ramificada.
c. insaturada, ramificada e homogênea.
d. insaturada, aromática e homogênea.
e. insaturada, normal e heterogênea.

5. (Ifsul-RS) O 2,2,4-trimetilpentano, conforme a fórmula estrutural representada abaixo, é um alcano isômero do octano. Ele é o padrão (100) na escala de octanagem da gasolina e é impropriamente conhecido por iso--octano. Quanto maior é o índice de octanagem, melhor é a qualidade da gasolina.

(Fonte: http://blogdoenem.com.br/quimica-organica-hidrocarbonetos/).

Fórmula Estrutural do Iso-octano

Sobre a cadeia do iso-octano, afirma-se que ela é
a. saturada, aberta, normal e heterogênea.
b. insaturada, cíclica, normal e heterogênea.
c. saturada, aberta, ramificada e homogênea.
d. insaturada, cíclica, ramificada e homogênea.

6. (IFPE) Extrair um dente é um procedimento que não requer anestesia geral, sendo utilizados, nesses casos, os anestésicos locais, substâncias que insensibilizam o tato de uma região e, dessa forma, eliminam a sensação de dor. Você já pode ter entrado em contato com eles no dentista ou se o médico lhe receitou pomada para aliviar a dor de queimaduras.

Exemplos de anestésicos locais são o eugenol e a benzocaína, cujas fórmulas estruturais aparecem a seguir.

Exemplos de anestésicos locais

eugenol

benzocaína

Sobre as estruturas acima, é CORRETO afirmar que
a. o eugenol representa um hidrocarboneto insaturado.
b. a benzocaína possui uma estrutura saturada e homogênea.
c. as duas estruturas representam hidrocarbonetos insaturados e heterogêneos.
d. se verifica a presença de um grupo funcional ácido carboxílico no eugenol.
e. a benzocaína possui um grupo funcional amina e uma estrutura insaturada.

7. (UFRGS-RS) A levedura *Saccharomyces cerevisiae* é responsável por transformar o caldo de cana em etanol. Modificações genéticas permitem que esse micro-organismo secrete uma substância chamada farneseno, em vez de etanol. O processo produz, então, um combustível derivado da cana-de-açúcar, com todas as propriedades essenciais do diesel de petróleo, com as vantagens de ser renovável e não conter enxofre.

farneseno

Considere as seguintes afirmações a respeito do farneseno.
I. A fórmula molecular do farneseno é $C_{16}H_{24}$.
II. O farneseno é um hidrocarboneto acíclico insaturado.
III. O farneseno apresenta apenas um único carbono secundário.

Quais estão corretas?
a. Apenas I.
b. Apenas II.
c. Apenas III.
d. Apenas I e II.
e. I, II e III.

Texto para a próxima questão:

Ano Internacional da Cooperação pela Água

A Organização das Nações Unidas (ONU) declarou 2013 como o "Ano Internacional da Cooperação pela Água" com a finalidade de uma reflexão mundial sobre os desafios da gestão, acesso, distribuição e serviços relacionados a este recurso cada vez mais escasso no planeta.

Tratamento de Águas

Entres os grandes exploradores de fontes aquáticas estão as indústrias têxteis. Estas requerem grandes quantidades de água, corantes, entre outros produtos. O processamento têxtil é um grande gerador de dejetos poluidores de recursos hídricos. Uma técnica promissora para a minimização desse problema é a eletrofloculação, que tem se mostrado eficiente tanto no processo de reciclagem da água quanto do corante. A Fig. 1 mostra uma representação esquemática de um dispositivo de eletrofloculação e a estrutura química do corante índigo, bastante usado nas indústrias têxteis

(extraído do artigo "Tratamento da água de purificação do biodiesel utilizando eletrofloculação". *Química Nova*. vol. 35. n. 4. 2012)

a.

b.

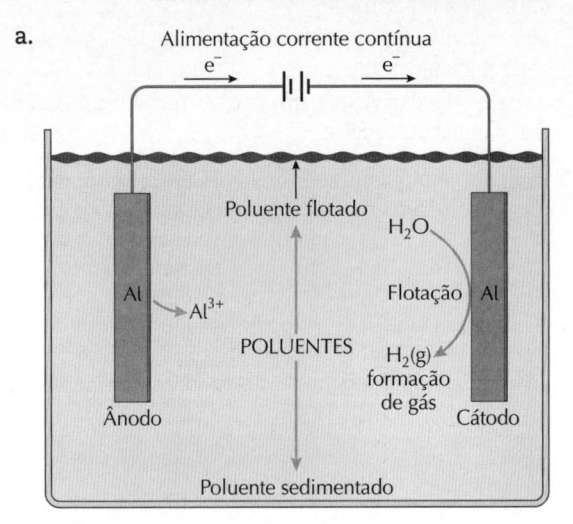

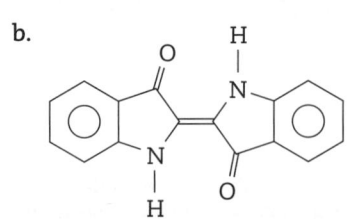

Fig. 1: a) Representação esquemática de um dispositivo de eletrofloculação. b) Estrutura do corante índigo usado em indústrias têxteis.

8. (UEPB) A fórmula molecular do corante índigo é:
a. $C_{16}H_{16}N_2O_2$
b. $C_{14}H_{16}N_2O_2$
c. $C_{16}H_{10}N_2O_2$
d. $C_{16}H_{10}NO$
e. CHNO

9. (UEA-AM) O óleo da amêndoa da andiroba, árvore de grande porte encontrada na região da Floresta Amazônica, tem aplicações medicinais como antisséptico, cicatrizante e anti-inflamatório. Um dos principais constituintes desse óleo é a oleína, cuja estrutura química está representada a seguir.

oleína

O número de átomos de carbono na estrutura da oleína é igual a
a. 16.
b. 18.
c. 19.
d. 20.
e. 17.

10. (Enem) As moléculas de *nanoputians* lembram figuras humanas e foram criadas para estimular o interesse de jovens na compreensão da linguagem expressa em fórmulas estruturais, muito usadas em química orgânica. Um exemplo é o NanoKid, representado na figura:

NanoKid

CHANTEAU, S. H. TOUR. J.M. *The Journal of Organic Chemistry*, v. 68, n. 23. 2003 (adaptado). (Foto: Reprodução)

Em que parte do corpo do NanoKid existe carbono quaternário?
a. Mãos.
b. Cabeça.
c. Tórax.
d. Abdômen.
e. Pés.

11. (UFRGS-RS) O ácido núdico, cuja estrutura é mostrada abaixo, é um antibiótico isolado de cogumelos como o *Tricholoma nudum*.

Ácido núdico

Em relação a uma molécula de ácido núdico, é correto afirmar que o número total de átomos de hidrogênio, de ligações duplas e de ligações triplas é, respectivamente,
a. 3 – 2 – 3.
b. 1 – 2 – 3.
c. 3 – 1 – 2.
d. 5 – 1 – 3.
e. 1 – 1 – 2.

12. (Fatec-SP) A fórmula estrutural abaixo representa o antraceno, substância importante como matéria-prima para a obtenção de corantes.

Examinando-se essa fórmula, nota-se que o número de átomos de carbono na molécula do antraceno é
a. 3.
b. 10.
c. 14.
d. 18.
e. 25.

O texto a seguir refere-se à questão de número 13.

A indústria de alimentos utiliza vários tipos de agentes flavorizantes para dar sabor e aroma a balas e gomas de mascar. Entre os mais empregados, estão os sabores de canela e de anis.

I-flavorizante de canela

II-flavorizante de anis

13. (FGV-SP) A fórmula molecular da substância I, que apresenta sabor de canela, é:
a. C_9H_8O.
b. C_9H_9O.
c. C_8H_6O.
d. C_8H_7O.
e. C_8H_8O.

14. (Uespi) A teofilina, um alcaloide presente em pequena quantidade no chá, é amplamente usada hoje no tratamento de asma. É um broncodilatador, ou relaxante do tecido brônquico, melhor que a cafeína, e ao mesmo tempo tem menor efeito sobre o sistema nervoso central. Sabendo que a fórmula estrutural da teofilina é:

pode-se afirmar que a fórmula molecular da teofilina é:
a. $C_2H_7N_4O_2$
b. $C_6H_7N_4O_2$
c. $C_7H_7N_4O_2$
d. $C_7H_8N_4O_2$
e. $C_6H_8N_4O_2$

CAPÍTULO 29
PETRÓLEO, GÁS NATURAL E CARVÃO: FONTES DE HIDROCARBONETOS

Na foto maior, acima, extração de carvão mineral em Candiota (RS), 2011. Acima, à esquerda, extração de gás natural e petróleo em Mossoró (RN), 2012. À direita, plataforma de petróleo no Rio de Janeiro (RJ), 2015.

Este capítulo vai ajudá-lo a compreender:
- a introdução às regras de nomenclatura;
- os principais grupos de hidrocarbonetos;
- o petróleo, o gás natural e o carvão como fontes de hidrocarbonetos.

ENEM
C5: H17
C7: H24

Para situá-lo

As imagens de abertura deste capítulo mostram locais de onde são extraídos o petróleo, o gás natural e o carvão mineral. Você sabe qual(is) é(são) a(s) semelhança(s) entre esses três materiais e para que eles são utilizados na sociedade?

O petróleo é um líquido oleoso formado por uma mistura de substâncias, com predomínio dos hidrocarbonetos – substâncias orgânicas constituídas somente por átomos de hidrogênio e carbono –, além de compostos de enxofre e íons metálicos, entre outros.

Já o gás natural é uma mistura de substâncias em que predomina o metano (CH_4), a mais simples das substâncias orgânicas. Considerada a sua origem, o gás natural é um combustível fóssil, assim como o petróleo e o carvão mineral.

Nos últimos anos, o consumo do gás natural aumentou em todo o mundo, principalmente por causa dos baixos níveis de contaminantes: sua combustão é mais limpa que a do carvão, a da lenha e a do óleo combustível. Isso significa que, quando usado em veículos automotivos, contribui para a redução da poluição urbana porque diminui a emissão de óxidos de enxofre e de material particulado. Além dessas vantagens, o gás natural não requer estocagem e, por ser menos denso que o ar, oferece maior segurança em casos de vazamentos.

O carvão pode ter duas fontes distintas: a mineral e a vegetal. O carvão de origem mineral é extraído de uma rocha sedimentar e, por isso, é considerado uma fonte de energia não renovável. O carvão de origem vegetal é obtido a partir da madeira; é, portanto, uma fonte de energia renovável.

Veículo movido a gás.

Observe que o petróleo consiste em um líquido oleoso e bastante viscoso.

Carvoaria para produção de carvão de eucalipto, árvore utilizada em reflorestamento. Entre Rios (BA), 2014.

1. Você sabe como é feita a produção de carvão vegetal a partir da madeira?
2. Você conhece alguns produtos que podem ser obtidos a partir do petróleo? Dê alguns exemplos.

Neste capítulo, vamos estudar o petróleo, o gás natural e o carvão e a importância deles para a sociedade. Também vamos conhecer o principal grupo de substâncias que os constituem, os hidrocarbonetos.

Petróleo, gás natural e carvão – relação com hidrocarbonetos

De certa forma, o título deste capítulo já anuncia que há relação entre uma classe de compostos orgânicos – os hidrocarbonetos – e importantes recursos naturais: petróleo, gás natural e carvão. Ouvimos falar desses recursos disponíveis na natureza desde a infância, dada a importância que eles têm nos hábitos da sociedade atual.

Mas qual é a relação entre esses recursos tão mencionados em noticiários e os hidrocarbonetos? Todos eles são fontes de hidrocarbonetos. Do petróleo e do gás natural são obtidos alcanos – hidrocarbonetos saturados de cadeia aberta –, e o carvão é rico em hidrocarbonetos aromáticos. Antes de tratar desses recursos naturais e dos processos de obtenção desse grupo de substâncias, vamos iniciar o estudo da nomenclatura e da classificação dos hidrocarbonetos.

Bases da nomenclatura de compostos orgânicos

Conforme você viu no capítulo anterior, o número de compostos orgânicos aumentou significativamente a partir do século XX. Com isso, houve a necessidade de criar um método sistemático para nomear essa diversidade de substâncias.

O principal objetivo da nomenclatura química é permitir a identificação das substâncias químicas e a comunicação entre diferentes pessoas e profissões.

A maior parte das substâncias de cadeia aberta e não ramificada tem seus nomes formados por três partes:

1. Prefixo: indica o número de átomos de carbono da cadeia. Observe o quadro:

Prefixos de acordo com o número de átomos de carbono da cadeia			
Número de átomos de carbono	Prefixo	Número de átomos de carbono	Prefixo
1	met	6	hex
2	et	7	hept
3	prop	8	oct
4	but	9	non
5	pent	10	dec

2. Infixo (parte central do nome): indica como são as ligações entre os átomos de carbono.
- **an:** apenas ligações simples
- **en:** uma dupla-ligação entre átomos de carbono
- **in:** uma tripla-ligação entre átomos de carbono
- **dien:** duas duplas-ligações entre átomos de carbono
- **trien:** três duplas-ligações entre átomos de carbono

3. Sufixo: indica o grupo funcional a que pertence a substância. Observe, a seguir, alguns exemplos:
- **hidrocarbonetos:** substâncias que apresentam apenas átomos de carbono e hidrogênio; têm sufixo **o**.
- **álcoois:** substâncias que apresentam um grupo OH ligado a um átomo de carbono saturado; têm sufixo **ol**.

Vamos examinar alguns exemplos de compostos:

$H_3C - CH_2 - CH_2 - CH_3$ but + an + o

- 4 átomos de carbono
- ligações simples entre os átomos de carbono
- grupo funcional: hidrocarboneto

nome da substância: butano

$H_2C = CH - CH_3$ prop + en + o

- 3 átomos de carbono
- 1 ligação dupla
- grupo funcional: hidrocarboneto

nome da substância: propeno

$HC \equiv CH$ et + in + o

- 2 átomos de carbono
- 1 ligação tripla
- grupo funcional: hidrocarboneto

nome da substância: etino

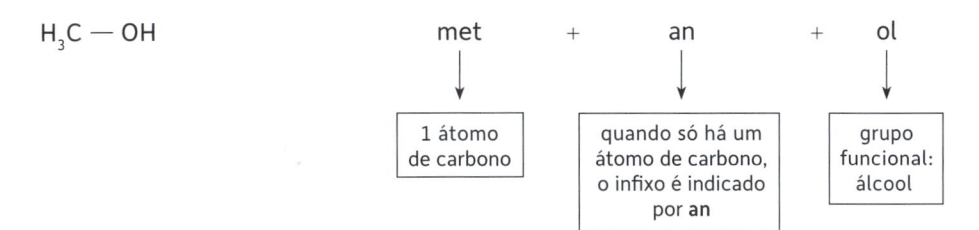

$H_3C—OH$ met + an + ol

- met → 1 átomo de carbono
- an → quando só há um átomo de carbono, o infixo é indicado por **an**
- ol → grupo funcional: álcool

nome da substância: metanol

Agora, repare nos dois hidrocarbonetos de cadeia normal com fórmula molecular C_4H_8:

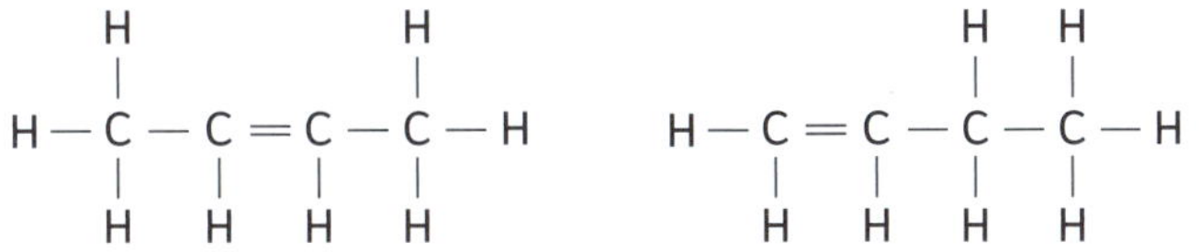

$$H—CH_2—CH=CH—CH_3 \qquad H_2C=CH—CH_2—CH_3$$

Essas duas substâncias têm a mesma fórmula molecular, mas são diferentes – são isômeros. Então, não podem ter o mesmo nome, embora ambas apresentem o mesmo prefixo (but), infixo (en) e sufixo (o). Como diferenciá-las?

Segundo a IUPAC, utilizam-se os **localizadores**, que são números que indicam a posição de insaturações, de ramificações ou de grupos funcionais. Nos casos acima, para indicar a posição da dupla-ligação, é necessário numerar a cadeia carbônica a partir da extremidade mais próxima a ela, como você pode observar a seguir.

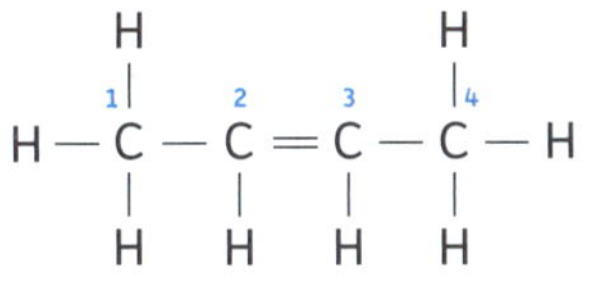

but-2-eno 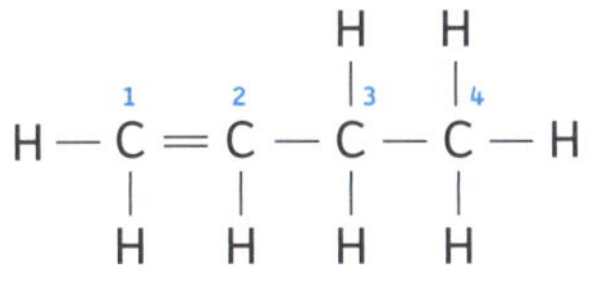   but-1-eno

Atenção!

Um mesmo composto pode ser representado de formas aparentemente diferentes. No entanto, se você seguir as regras de nomenclatura, poderá evitar uma possível confusão: se para duas representações o nome for o mesmo, é porque se trata do mesmo composto. Observe os exemplos:

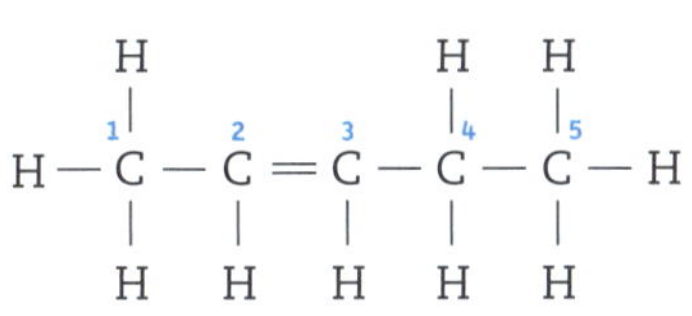

pent-2-eno   pent-2-eno

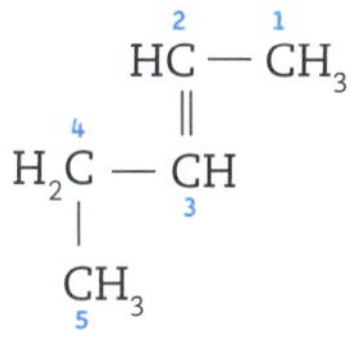

Observe, no exemplo à esquerda, que a posição da insaturação se encontra no carbono 2, independentemente da extremidade (esquerda ou direita) em que se inicia a numeração da cadeia carbônica. Já no exemplo à direita, a numeração da cadeia deve iniciar obrigatoriamente da esquerda para a direita. Note que, no nome das duas substâncias, o localizador da insaturação é indicado antes do infixo e é separado por hifens.

Nomenclatura de hidrocarbonetos de cadeia cíclica e de cadeia ramificada

Os exemplos indicados se referem apenas a hidrocarbonetos que apresentam cadeia aberta e normal. Mas como nomear cadeias cíclicas e/ou ramificadas?

Para nomear as cadeias cíclicas, seguem-se as mesmas regras de nomenclatura utilizadas nos exemplos anteriores. Basta acrescentar, antes do prefixo, a palavra **ciclo** para indicar que a cadeia carbônica é fechada. Observe os exemplos:

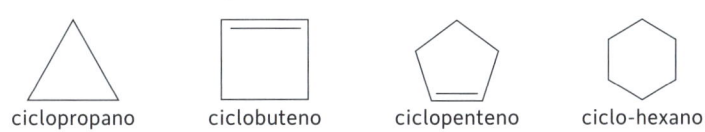

ciclopropano   ciclobuteno   ciclopenteno   ciclo-hexano

Observação

Quando há só uma insaturação em uma cadeia fechada, não é necessário indicar sua posição.

Para as cadeias carbônicas ramificadas, é necessário identificar a cadeia principal – que é a maior sequência de átomos de carbono ligados – e a(s) ramificação(ões), que é(são) chamada(s) de grupo(s) substituinte(s) ou, simplesmente, de grupo. Veja o exemplo a seguir:

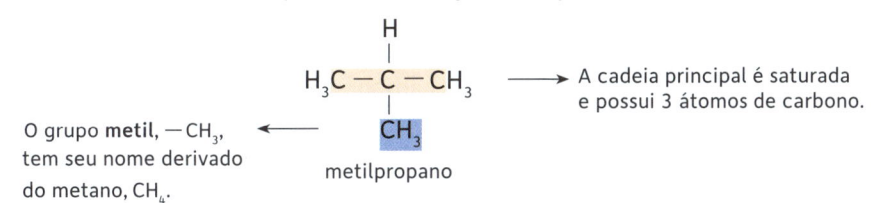

$$H_3C—CH(CH_3)—CH_3$$

metilpropano

- A cadeia principal é saturada e possui 3 átomos de carbono.
- O grupo **metil**, $—CH_3$, tem seu nome derivado do metano, CH_4.

Conformação de compostos orgânicos cíclicos

Capítulo 29 • Petróleo, gás natural e carvão: fontes de hidrocarbonetos

O nome dos grupos substituintes, como o grupo metil do exemplo acima, deve vir antes do nome da cadeia principal, que, no caso, é o propano.

Conhecer o nome de grupos substituintes mais simples vai ajudá-lo a nomear boa parte dos compostos orgânicos de cadeia ramificada. No final do livro, você encontrará uma tabela com as fórmulas e os nomes de diferentes grupos substituintes. Sempre que necessário, consulte-a.

Quiz – Conformação de compostos orgânicos cíclicos

Os grupos alquila

Os grupos alquila são grupos substituintes derivados de hidrocarbonetos saturados pela retirada de um átomo de hidrogênio. O nome de um grupo alquila obedece à seguinte estrutura:

prefixo indicativo do número de átomos de carbono (**met** = 1, **et** = 2, etc.) + **il** ou **ila**

O quadro a seguir apresenta, de forma simplificada, alguns grupos alquila.

Hidrocarboneto		Grupo alquila	
CH_4	H–C(H)(H)–H metano	H–C(H)(H)– metil	$-CH_3$
C_2H_6	H–C(H)(H)–C(H)(H)–H etano	H–C(H)(H)–C(H)(H)– etil	$-C_2H_5$
C_3H_8	H–C(H)(H)–C(H)(H)–C(H)(H)–H propano	H–C(H)(H)–C(H)(H)–C(H)(H)– propil	H–C(H)(H)–C(H)–C(H)(H)–H isopropil $-C_3H_7$

Observe que, no caso do propano, a retirada de um átomo de hidrogênio pode ocorrer do átomo de carbono que está na extremidade da cadeia carbônica, formando o grupo propil, ou do átomo de carbono central (posição 2), formando o grupo isopropil.

É importante destacar que, assim como ocorre com as insaturações, em muitos casos é necessário indicar a posição da ramificação. Observe os exemplos:

$$H_3C - CH_2 - \underset{\underset{CH_3}{|}}{CH} - CH_2 - CH_3$$
$$\text{1 \quad 2 \quad 3 \quad 4 \quad 5}$$
3-metilpentano

$$H_3C - \underset{\underset{CH_3}{|}}{CH} - CH_2 - CH_2 - CH_3$$
$$\text{1 \quad 2 \quad 3 \quad 4 \quad 5}$$
2-metilpentano

Note que a maior sequência de átomos de carbono, ou seja, a cadeia principal, apresenta 5 átomos de carbono e apenas ligações simples. Por isso, o nome da cadeia principal é pentano. O grupo substituinte (nesse caso, o metil) é indicado antes do nome da cadeia principal; quando houver necessidade, é antecedido pelo seu localizador.

Atividades

1. O gás natural encontrado na natureza é uma mistura de hidrocarbonetos e outros gases, como nitrogênio, dióxido de carbono, água, sulfeto de hidrogênio, cloreto de hidrogênio e impurezas em concentrações menores. A composição de cada uma dessas substâncias varia entre as reservas de gás natural devido a diversos fatores, como o processo de formação e as condições do ambiente em que o gás natural se acumulou.

A tabela ao lado apresenta a composição do gás natural utilizada no Rio de Janeiro, por amostragem.

a) Dê a fórmula molecular das substâncias identificadas no gás natural.

b) Qual é a porcentagem (em V/V) de substâncias orgânicas nas amostras de gás natural?

2. Dê o nome, segundo as regras da IUPAC, dos compostos representados a seguir.

a) $HC \equiv C - CH_3$

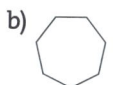

b) (heptágono — cicloheptano)

Composição do gás natural	
Substância	% (em V/V)
metano	90,40
etano	7,51
propano	1,11
butano	0,03
nitrogênio	0,56
gás carbônico	0,39

Fonte: PETROBRAS/CENPES. Disponível em: <http://sites.petrobras.com.br/minisite/premiotecnologia/pdf/TecnologiaGas_GasNatural_Motores.pdf>. Acesso em: 12 jul. 2018.

Hidrocarbonetos

Conforme você viu em páginas anteriores, os hidrocarbonetos são substâncias orgânicas constituídas somente por átomos de carbono e hidrogênio. De forma geral, são utilizados como combustíveis, solventes, matéria-prima para a fabricação de plásticos e detergentes, entre outras aplicações. Suas principais fontes naturais são o petróleo e o carvão mineral.

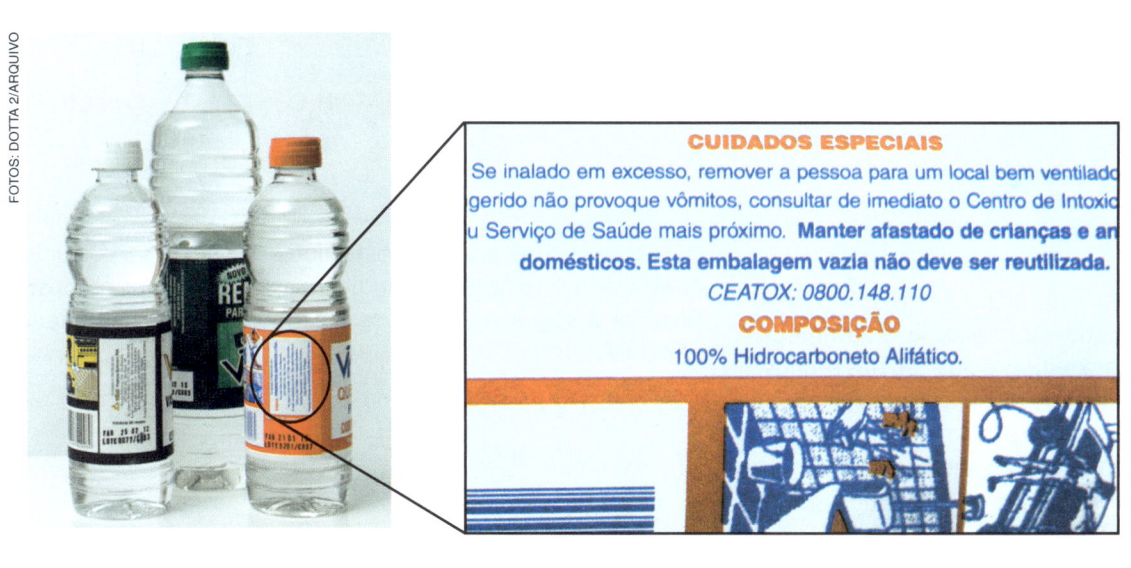

Frascos de solventes obtidos do petróleo. Na ampliação do rótulo de um desses produtos, é possível notar que sua composição é de hidrocarbonetos.

Os hidrocarbonetos podem ser subdivididos em grupos menores, como alcanos, alcenos, alcinos, alcadienos (ou dienos), cicloalcanos (ou ciclanos), cicloalcenos (ciclenos) e aromáticos. Nas próximas páginas, vamos nos aprofundar nesses subgrupos.

Alcanos

Muitos produtos usados no cotidiano, como solventes (aguarrás e tíner) e combustíveis (gás natural, gasolina, gás de cozinha e óleo diesel), são constituídos por um ou mais alcanos.

Alcanos são hidrocarbonetos de cadeia aberta cujas ligações entre os átomos de carbono são simples, ou seja, esse grupo de substâncias apresenta cadeia carbônica saturada.

O quadro a seguir apresenta alguns exemplos de alcanos.

Principais fontes e usos de alguns alcanos				
Nome	Fórmula molecular	Fórmula estrutural	Principal fonte natural	Principais usos
metano	CH_4	$H-\underset{\underset{H}{\mid}}{\overset{\overset{H}{\mid}}{C}}-H$	gás natural	Combustível de uso doméstico e veicular. Também é empregado em usinas termelétricas.
butano	C_4H_{10}	$H-\underset{H}{\overset{H}{C}}-\underset{H}{\overset{H}{C}}-\underset{H}{\overset{H}{C}}-\underset{H}{\overset{H}{C}}-H$	petróleo	Combustível (gás de botijão e de isqueiros).
2,2,4-trimetilpentano (iso-octano)	C_8H_{18}	$H-\underset{H}{\overset{CH_3}{C}}-\underset{CH_3}{\overset{CH_3}{C}}-\underset{H}{\overset{H}{C}}-\underset{H}{\overset{CH_3}{C}}-\underset{H}{\overset{H}{C}}-H$	petróleo	Combustível (um dos componentes da gasolina).
tetradecano	$C_{14}H_{30}$	$H_3C-(CH_2)_{12}-CH_3$	petróleo	Combustível para aviões a jato, óleo para iluminação, solvente.

Nomenclatura de alcanos

Já vimos como dar nome aos alcanos de cadeia normal, de acordo com as regras da IUPAC. Agora, vamos analisar alguns exemplos para entender como funcionam as regras de nomenclatura para alcanos mais complexos, com a cadeia contendo duas ou mais ramificações.

Observe o exemplo a seguir:

$$H_3\underset{1}{C}-\underset{2}{\overset{H}{\underset{CH_3}{C}}}-\underset{3}{\overset{H_2}{C}}-\underset{4}{\overset{H_2}{C}}-\underset{5}{CH_3}$$

O número **2** colocado na fórmula acima é necessário para indicar a que átomo de carbono está ligado o grupo metil ($-CH_3$). Lembre-se de que, para indicar a posição dos grupos substituintes, é necessário numerar a cadeia de referência, a chamada cadeia principal, a partir da extremidade mais próxima ao grupo substituinte – nesse caso, a esquerda.

E quando houver múltiplos grupos substituintes, como no caso a seguir?

$$H_3C-\underset{CH_3}{\overset{CH_3}{C}}-\overset{H_2}{C}-\underset{CH_3}{\overset{H}{C}}-CH_3$$

Primeiro, deve-se identificar a maior sequência de átomos de carbono, ou seja, a cadeia principal.

$$H_3C-\underset{CH_3}{\overset{CH_3}{C}}-\overset{H_2}{C}-\underset{CH_3}{\overset{H}{C}}-CH_3$$

Nesse caso, o nome da cadeia principal é **pentano**. Pode-se considerar que o alcano representado anteriormente é derivado do pentano pela substituição de três átomos de hidrogênio por três grupos metil.

$$H_3C-\underset{H}{\overset{H}{C}}-\overset{H_2}{C}-\underset{H}{\overset{H}{C}}-CH_3 \qquad H_3C-\underset{CH_3}{\overset{CH_3}{C}}-\overset{H_2}{C}-\underset{CH_3}{\overset{H}{C}}-CH_3$$

pentano

Como há três grupos substituintes, a dúvida seria: quais devem ser os números que indicam as posições dos grupos? Observe a seguir as duas possíveis numerações da cadeia principal:

$$H_3\underset{1}{\overset{5}{C}}-\underset{2}{\overset{4}{\underset{CH_3}{\overset{CH_3}{C}}}}-\underset{3}{\overset{3}{\overset{H_2}{C}}}-\underset{4}{\overset{2}{\underset{CH_3}{\overset{H_2}{C}}}}-\underset{5}{\overset{1}{CH_3}}$$

2,2,4-trimetilpentano   2,4,4-trimetilpentano

Observe que a posição dos grupos metil na numeração da cadeia principal escrita em azul é 2, 2 e 4. Já para a numeração em vermelho, esses grupos estão nas posições 2, 4 e 4. Quando há dois ou mais grupos iguais, utilizam-se os prefixos **di**, **tri**, **tetra**, **penta**, etc. antes do nome do grupo substituinte, e os localizadores são separados por vírgula, como se pode notar no exemplo dado. Para nomear alcanos com mais de uma ramificação, segundo as regras da IUPAC, deve-se considerar o sentido em que os localizadores apresentam os menores números. Assim, como os números 2,2,4 são menores do que 2,4,4, o nome do composto é 2,2,4-trimetilpentano.

Observe o exemplo a seguir:

$$H_3C-CH(CH_3)-CH(-CH_2-CH_3)-CH(CH_3)-CH_3$$

3-etil-2,4-dimetilpentano

Note que a fórmula dessa substância apresenta dois grupos substituintes diferentes, o metil ($-CH_3$) e o etil ($-CH_2CH_3$). Quando há dois ou mais grupos substituintes diferentes, deve-se indicar o nome dos grupos substituintes em ordem alfabética e separados por hífen.

Características gerais dos alcanos

Apesar de hoje termos um complexo industrial baseado nos alcanos, por muito tempo eles foram considerados quimicamente inertes e, por isso, eram chamados de parafinas – do latim *parum affinis*, que significa "pouca afinidade" ou "pouca reatividade". De fato, os alcanos são bem menos reativos que outros tipos de hidrocarbonetos.

Analisando a natureza das interações moleculares dos alcanos, podem-se deduzir algumas de suas propriedades físicas.

> **Atenção!**
>
> Muitas vezes, o localizador de uma ramificação, insaturação ou grupo funcional é omitido. Por exemplo:
>
> $$H_3C-CH(CH_3)-CH_3$$
>
> metilpropano
>
> Não se deve indicar o localizador quando não houver outra posição em cuja cadeia principal o grupo substituinte poderia ficar. Por exemplo, no caso acima, a única posição possível para o grupo metil é no segundo carbono porque, se esse grupo estivesse na extremidade da cadeia principal, ela teria quatro átomos de carbono (butano) e não três (propano). Observe a seguir.
>
> $$H_2C-CH_2-CH_3 \quad H_3C-CH_2-CH_2$$
> $$\;\;|\qquad\qquad\qquad\qquad\qquad\;\;|$$
> $$CH_3\qquad\qquad\qquad\qquad CH_3$$
>
> butano   butano

Propriedades físicas dos alcanos

As moléculas dos alcanos são apolares e, por isso, esses hidrocarbonetos são praticamente insolúveis em água e solúveis em solventes orgânicos de baixa polaridade, como o benzeno. As interações entre as moléculas dos alcanos são do tipo dipolo induzido–dipolo induzido – fracas se comparadas aos outros tipos de interações –, o que explica por que os alcanos de baixa massa molecular apresentam baixas temperaturas de fusão e de ebulição.

Observe e analise os dados da tabela:

Temperaturas de fusão e de ebulição de alcanos de cadeia normal					
Nome	Fórmula molecular	Temperatura de fusão (°C)	Temperatura de ebulição (°C)	Densidade (g mL^{-1})	Estado físico em condição ambiente
metano	CH_4	−182	−161	—	gás
etano	C_2H_6	−183	−89	—	gás
propano	C_3H_8	−188	−42	—	gás
butano	C_4H_{10}	−138	−0,5	—	gás
pentano	C_5H_{12}	−130	36	0,63	líquido
hexano	C_6H_{14}	−95	69	0,66	líquido
heptano	C_7H_{16}	−91	98	0,68	líquido
octano	C_8H_{18}	−57	126	0,70	líquido
nonano	C_9H_{20}	−53	151	0,72	líquido
decano	$C_{10}H_{22}$	−30	174	0,73	líquido

Fonte: LIDE, David R. (Ed.). Physical Constants of Organic Compounds. In: *CRC Handbook of Chemistry and Physics*. 89. ed. (Internet Version). Boca Raton, FL: CRC/Taylor and Francis, 2009. p. 3-4 – 3-523.

Generalizando, podemos dizer que, para os alcanos de cadeia normal, há um aumento gradativo da densidade e das temperaturas de fusão e ebulição com o aumento do número de átomos de carbono. É possível notar também que os quatro primeiros alcanos são gasosos nas condições ambientes (25 °C e 1 atm).

Metano

O metano (CH_4) é um gás inodoro muito inflamável e é o principal constituinte do gás natural.

A decomposição da matéria orgânica em ambiente pobre em oxigênio (O_2) produz metano, o que explica a denominação que essa substância recebia no século XIX – "gás dos pântanos". É exatamente por isso que a fermentação de esgoto e de outros materiais biodegradáveis, como o lixo orgânico, representa excelente alternativa para a produção de energia, reduzindo o acúmulo de resíduos que os seres humanos descartam na natureza.

A criação de animais, como bois, aves, ovelhas, porcos, etc., é uma fonte geradora de gás metano. A pecuária bovina, em particular, é uma das principais fontes de emissão de gás metano em países exportadores de carnes. Atualmente, o Brasil é o maior exportador do mundo de carne bovina e de frango.

Queima do gás produzido em aterro sanitário de Goiânia (GO), 2011. A queima impede que esse gás, mais problemático para a intensificação do efeito estufa do que o dióxido de carbono, seja liberado para a atmosfera.

*Você pode resolver a questão 1 da seção **Testando seus conhecimentos**.*

Conexões

Efeito estufa e aquecimento global

O efeito estufa é um fenômeno natural e possibilita a vida humana na Terra.

Parte da energia solar que chega ao planeta é refletida diretamente de volta ao espaço, ao atingir o topo da atmosfera terrestre – e parte é absorvida pelos oceanos e pela superfície da Terra, promovendo o seu aquecimento. Uma parcela desse calor é irradiada de volta ao espaço, mas é bloqueada pela presença de gases de efeito estufa que, apesar de deixarem passar a energia vinda do Sol (emitida em comprimentos de onda menores), são opacos à radiação terrestre, emitida em maiores comprimentos de onda. Essa diferença nos comprimentos de onda se deve às diferenças nas temperaturas do Sol e da superfície terrestre.

De fato, é a presença desses gases na atmosfera o que torna a Terra habitável, pois, caso não existissem naturalmente, a temperatura média do planeta seria muito baixa, da ordem de 18 °C negativos. A troca de energia entre a superfície e a atmosfera mantém as atuais condições, que proporcionam uma temperatura média global, próxima à superfície, de 14 °C.

Quando existe um balanço entre a energia solar incidente e a energia refletida na forma de calor pela superfície terrestre, o clima se mantém praticamente inalterado. Entretanto, o balanço de energia pode ser alterado de várias formas: (1) pela mudança na quantidade de energia que chega à superfície terrestre; (2) pela mudança na órbita da Terra ou do próprio Sol; (3) pela mudança na quantidade de energia que chega à superfície terrestre e é refletida de volta ao espaço, devido à presença de nuvens ou de partículas na atmosfera (também chamadas de aerossóis, que resultam de queimadas, por exemplo); e, finalmente, (4) graças à alteração na quantidade de energia de maiores comprimentos de onda refletida de volta ao espaço, devido a mudanças na concentração de gases de efeito estufa na atmosfera.

[...]

As emissões de gases de efeito estufa ocorrem praticamente em todas as atividades humanas e setores da economia: na agricultura, por meio da preparação da terra para plantio e aplicação de fertilizantes; na pecuária, por meio do tratamento de dejetos animais e pela fermentação entérica do gado; no transporte, pelo uso de combustíveis fósseis, como gasolina e gás natural; no tratamento dos resíduos sólidos, pela forma como o lixo é tratado e disposto; nas florestas, pelo desmatamento e degradação de florestas; e nas indústrias, pelos processos de produção, como cimento, alumínio, ferro e aço, por exemplo.

Gases de efeito estufa

Há quatro principais gases de efeito estufa (GEE), [...], regulados pelo Protocolo de Quioto:

– O dióxido de carbono (CO_2) é o mais abundante dos GEE, sendo emitido como resultado de inúmeras atividades humanas como, por exemplo, por meio do uso de combustíveis fósseis (petróleo, carvão e gás natural) e também com a mudança no uso da terra. A quantidade de dióxido de carbono na atmosfera aumentou 35% desde a era industrial, e este aumento deve-se a atividades humanas, principalmente pela queima de combustíveis fósseis e remoção de florestas. O CO_2 é utilizado como referência para classificar o poder de aquecimento global dos demais gases de efeito estufa;

– O gás metano (CH_4) é produzido pela decomposição da matéria orgânica, sendo encontrado geralmente em aterros sanitários, lixões e reservatórios de hidrelétricas (em maior ou menor grau, dependendo do uso da terra anterior à construção do reservatório) e também pela criação de gado e cultivo de arroz. Com poder de aquecimento global 21 vezes maior que o dióxido de carbono;

– O óxido nitroso (N_2O) cujas emissões resultam, entre outros, do tratamento de dejetos animais, do uso de fertilizantes, da queima de combustíveis fósseis e de alguns processos industriais, possui um poder de aquecimento global 310 vezes maior que o CO_2;

– O hexafluoreto de enxofre (SF_6) é utilizado principalmente como isolante térmico e condutor de calor; gás com o maior poder de aquecimento, é 23 900 vezes mais ativo no efeito estufa do que o CO_2;

[...]

Aquecimento global

Embora o clima tenha apresentado mudanças ao longo da história da Terra, em todas as escalas de tempo, percebe-se que a mudança atual apresenta alguns aspectos distintos. Por exemplo, a concentração de dióxido de carbono na atmosfera observada em 2005 excedeu, e muito, a variação natural dos últimos 650 mil anos, atingindo o valor recorde de 379 partes por milhão em volume (ppmv) – isto é, um aumento de quase 100 ppmv desde a era pré-industrial.

Outro aspecto distinto da mudança atual do clima é a sua origem: ao passo que as mudanças do clima no passado decorreram de fenômenos naturais, a maior parte da atual mudança do clima, particularmente nos últimos 50 anos, é atribuída às atividades humanas.

A principal evidência dessa mudança atual do clima é o aquecimento global, que foi detectado no aumento da temperatura média global do ar e dos oceanos, no derretimento generalizado da neve e do gelo, e na elevação do nível do mar, não podendo mais ser negada.

Atualmente, as temperaturas médias globais de superfície são as maiores dos últimos cinco séculos, pelo menos. A temperatura média global de superfície aumentou cerca de 0,74 °C, nos últimos cem anos. Caso não se atue neste aquecimento de forma significativa, espera-se observar, ainda neste século, um clima bastante incomum, podendo apresentar, por exemplo, um acréscimo médio da temperatura global de 2 °C a 5,8 °C, segundo o 4º Relatório do Painel Intergovernamental sobre Mudanças Climáticas (IPCC), de 2007.

[...]

Ministério do Meio Ambiente. Efeito estufa e aquecimento global. Disponível em: <http://www.mma.gov.br/informma/item/195-efeito-estufa-e-aquecimento-global>. Acesso em: 12 jul. 2018.

• Na região em que você reside, quais atividades humanas mais contribuem para a emissão de gases de efeito estufa? Pesquise em *sites* confiáveis e livros, caso seja necessário.

---

1. Consulte a tabela de temperaturas de fusão e de ebulição de alcanos de cadeia normal da página 705 e indique os estados físicos do pentano e do octano nas CATP (25 °C e $1 \cdot 10^5$ Pa).

2. Uma amostra de gás natural contém aproximadamente 12% (V/V) de etano, 85% (V/V) de metano e 3% (V/V) de outros gases. Considerando que M_{etano} = 30 g/mol e R = 0,082 atm L K^{-1} mol^{-1}, responda:

   a) Qual é a fórmula estrutural do etano?

   b) Determine a densidade do etano a 27 °C sob pressão de 1 atm.

   c) Um cilindro contém gás natural sob pressão de $10 \cdot 10^5$ Pa. Qual é a pressão parcial do metano nesse cilindro?

3. É possível ter um grupo alquila, como um metil, na posição 1? Justifique sua resposta.

Alcenos

Os alcenos mais simples, como o eteno e o propeno, são muito utilizados pela indústria petroquímica para a obtenção de diversos produtos, como solventes, plásticos e anestésicos.

Alcenos são hidrocarbonetos de cadeia aberta que possuem uma dupla-ligação.

Veja na tabela a seguir as temperaturas de fusão e de ebulição de alguns alcenos.

Temperaturas de fusão e de ebulição de alguns alcenos			
Nome	Fórmula	Temperatura de fusão (°C)	Temperatura de ebulição (°C)
eteno (etileno)	$CH_2 = CH_2$	−169	−104
propeno (propileno)	$CH_3 - CH = CH_2$	−185	−48
but-1-eno	$H_2C = CH - CH_2 - CH_3$	−185	−6
pent-1-eno	$CH_3 - CH_2 - CH_2 - CH = CH_2$	−165	+30

Fonte: LIDE, David R. (Ed.). Physical Constants of Organic Compounds. In: *CRC Handbook of Chemistry and Physics*. 89th ed. (Internet Version). Boca Raton, FL: CRC/Taylor and Francis, 2009. p. 3-4 – 3-523.

Observe que, assim como ocorre com os alcanos, há um aumento na temperatura de ebulição com o aumento da cadeia carbônica.

Nomenclatura dos alcenos

Com base no que você já viu sobre as regras de nomenclatura da IUPAC, é possível deduzir o que muda na nomenclatura dos alcenos em relação à dos alcanos. Vamos começar pelos alcenos de cadeia normal.

Alcenos de cadeia normal

Analise as três representações a seguir:

I. $H_2C = \overset{H}{C} - CH_2 - CH_3$ II. $H_3C - \overset{H_2}{C^2} - \overset{H}{C} = CH_2$ III. $H_3C - \overset{H}{C} = \overset{H}{C} - CH_3$

Observe que as fórmulas I e II correspondem ao mesmo alceno. Lembre-se de que a numeração da cadeia principal se inicia pela extremidade mais próxima à insaturação. Portanto, as fórmulas I e II representam a mesma substância e recebem o mesmo nome, ou seja, but-1-eno. Já a fórmula III corresponde a um alceno diferente, o but-2-eno.

O localizador de um grupo substituinte, grupo funcional ou de uma insaturação deve sempre vir antes da parte do nome ao qual está se referindo. Por exemplo, na indicação da posição de um grupo metil na cadeia principal, o número deve vir antes do termo metil; na de uma insaturação, deve vir antes do infixo; na de um grupo funcional, deve vir antes do sufixo.

Observe os exemplos:

$\begin{array}{c} H_3C \quad CH_3 \\ | \quad\quad | \\ H_3C - CH - CH - CH_3 \end{array}$ $H_3C - CH = CH - CH_2 - CH_3$ $\begin{array}{c} OH \\ | \\ H_3C - C - CH_3 \\ | \\ H \end{array}$

2,3-dimetilbutano
(os números 2 e 3 indicam as posições dos grupos metil)
hidrocarboneto (alcano)

pent-2-eno
(o número 2 indica a posição da insaturação)
hidrocarboneto (alceno)

propan-2-ol
(o número 2 indica a posição do grupo funcional —OH)
álcool

Alcenos de cadeia ramificada

Nos alcenos de cadeia ramificada, é necessário identificar a cadeia principal – a maior sequência de átomos de carbono que contém a dupla-ligação.

Veja os exemplos:

$H_3C - \overset{H_2}{C^2} - \overset{H_2}{C} - \overset{H}{C} - \overset{H}{C} - \overset{H}{C} = \overset{H}{C} - CH_3$
$\quad\quad\quad\quad\quad\quad | \quad\quad |$
$\quad\quad\quad\quad\quad CH_3 \quad CH_3$

$H_3C - \overset{H}{C} = \overset{}{C} - CH_3$
$\quad\quad\quad\quad | $
$\quad\quad\quad\; CH_2$
$\quad\quad\quad\quad |$
$\quad\quad\quad\; CH_3$

Note que a fórmula à esquerda apresenta oito átomos de carbono na cadeia principal, ou seja, o prefixo do nome dessa cadeia seria oct; a ligação dupla encontra-se no segundo átomo de carbono, por isso podemos indicar o infixo por 2-en; e o composto é um hidrocarboneto, cujo sufixo é o. Se esse composto não tivesse ramificações, seu nome seria oct-2-eno. Como os grupos metil estão na posição 4 e 5 da cadeia principal, o nome da substância é 4,5-dimetiloct-2-eno. A partir desse exemplo, podemos definir que a numeração da cadeia principal em alcenos ramificados considera a extremidade da cadeia mais próxima à insaturação, e não a(s) ramificação(ões).

Seguindo o mesmo raciocínio, a substância representada à direita é 3-metilpent-2-eno.

$$H_3\overset{1}{C} - \overset{2}{C} = \overset{3}{C} - CH_3$$
$$\overset{4}{C}H_2$$
$$\overset{5}{C}H_3$$
(com H no carbono 2)

Propriedades físicas dos alcenos

Os alcenos têm propriedades físicas semelhantes às dos alcanos, isto é, são praticamente insolúveis em água e solúveis em solventes de baixa polaridade. Quanto às temperaturas de fusão e ebulição, de forma geral, há um aumento desses valores conforme há um aumento na cadeia carbônica.

Atividades

1. Escreva a fórmula estrutural dos seguintes alcenos:
   a) eteno, também conhecido como etileno – substância que se desprende de alguns frutos durante seu amadurecimento;
   b) metilpropeno – substância que pode ser usada como matéria-prima na fabricação de propanona (acetona), solvente para esmalte de unhas.

2. O propeno, também chamado de propileno, é usado na fabricação de um plástico (polipropileno) utilizado em seringas de injeção. Escreva a fórmula estrutural dessa substância.

3. O ciclo-hexeno é uma substância combustível que apresenta temperatura de fusão −103 °C, temperatura de ebulição 82,9 °C e calor de combustão −3752 kJ/mol.
   a) Qual é a fórmula estrutural do ciclo-hexeno?
   b) Qual é sua fórmula molecular?
   c) Qual é o estado físico do ciclo-hexeno nas CATP (25 °C e $1 \cdot 10^5$ Pa)?
   d) Qual é a massa de ciclo-hexeno necessária para liberar 187,6 kJ?

Alcinos

O acetileno (C_2H_2) é um gás incolor cujo cheiro é semelhante ao do alho. É extremamente reativo e um pouco menos denso que o ar (sua massa molecular é 26, enquanto a massa molecular média do ar é 29). Devido a suas propriedades, é utilizado como combustível em maçaricos.

O acetileno, também chamado de etino, é o alcino mais simples desse subgrupo.

Nomenclatura dos alcinos

A nomenclatura dos alcinos, de acordo com a IUPAC, segue as mesmas regras apresentadas para os alcenos: caso seja necessária a numeração da cadeia principal, ela deve partir da extremidade mais próxima da tripla-ligação. Lembre-se de que o infixo que indica a tripla-ligação é o in. Veja a seguir os nomes e as fórmulas de alguns alcinos:

$HC \equiv CH$ $HC \equiv C - CH_3$ $HC \equiv C - CH_2 - CH_3$ $H_3C - \underset{CH_3}{\overset{CH_3}{C}} - \underset{H}{\overset{CH_3}{C}} - C \equiv CH$

etino   propino   but-1-ino   3,4,4-trimetilpent-1-ino

Soldagem com maçarico de acetileno.

> Os **alcinos** são hidrocarbonetos de cadeia aberta que possuem uma tripla-ligação.

Alcadienos (dienos) e polienos

> **Alcadienos**, também chamados de dienos, são hidrocarbonetos de cadeia aberta que possuem duas duplas-ligações entre átomos de carbono.

Costuma-se utilizar o termo **polieno** para indicar hidrocarbonetos de cadeia aberta com mais de duas duplas-ligações. A ocorrência desse grupo de substâncias é comum na natureza (leia o boxe abaixo).

A seguir estão representadas as fórmulas e os nomes de alguns alcadienos:

$$H_2C = C = CH_2$$
propadieno

$$H_2C = \overset{H}{C} - \overset{H}{C} = CH_2$$
buta-1,3-dieno

Saiba mais

Polienos na natureza

Na natureza há muitas substâncias coloridas que pertencem ao grupo dos hidrocarbonetos. Muitas delas apresentam em suas moléculas um grande número de duplas-ligações conjugadas, isto é, sequências de átomos de carbono em que duplas e simples ligações se alternam.

Os carotenoides, exemplos de hidrocarbonetos que apresentam duplas-ligações conjugadas, são pigmentos encontrados em muitas plantas, algas e fungos. Entre os carotenoides, algumas das substâncias mais conhecidas são o licopeno (associado à coloração do tomate e de outros vegetais, como o mamão, a beterraba, a goiaba e a melancia) e o betacaroteno (que dá cor à cenoura).

Alguns alimentos ricos em licopeno.

licopeno

Nomenclatura dos alcadienos

A nomenclatura dos alcadienos obedece às mesmas regras utilizadas para os alcenos e os alcinos, lembrando que o infixo nos alcadienos é **dien**.

Considerando a existência de duas duplas-ligações, como indicá-las na cadeia principal? Observe as duas formas possíveis de numerar a cadeia principal:

$$\overset{1}{H_2}\overset{}{C} = \overset{2}{C} = \overset{3}{CH} - \overset{4}{CH_2} - \overset{5}{CH_3}$$
$$\underset{5}{} \underset{4}{} \underset{3}{} \underset{2}{} \underset{1}{}$$

$$\overset{1}{H_3}C - \overset{2}{CH} = \overset{3}{CH} - \overset{4}{CH} = \overset{5}{CH} - \overset{6}{CH_2} - \overset{7}{CH_3}$$

Note que a numeração da cadeia em azul apresenta números menores para indicar a posição das duas duplas-ligações (no exemplo à esquerda, 1 e 2 são menores do que 3 e 4 e o mesmo ocorre com o exemplo à direita, em que os números 2 e 4 são menores do que 3 e 5). Pelas regras de nomenclatura da IUPAC, assim como ocorre com a indicação de duas ou mais ramificações, deve-se considerar o sentido em que os localizadores, no caso, da posição das duplas-ligações, são os menores números. Portanto, o nome para as duas substâncias representadas anteriormente é:

$$H_2\overset{1}{C}=\overset{2}{C}=\overset{3}{C}H-\overset{4}{C}H_2-\overset{5}{C}H_3$$
penta-1,2-dieno

$$H_3\overset{1}{C}-\overset{2}{C}H=\overset{3}{C}H-\overset{4}{C}H=\overset{5}{C}H-\overset{6}{C}H_2-\overset{7}{C}H_3$$
hepta-2,4-dieno

Observe que houve um acréscimo da vogal **a** após o prefixo (**pent** e **hept**). Isso sempre ocorrerá quando o infixo iniciar-se por uma consoante (por exemplo, dieno, trieno, etc.).

Essa regra de nomenclatura também é utilizada quando o hidrocarboneto apresenta mais de duas duplas-ligações, como os alcatrienos.

$$H_2\overset{1}{\underset{7}{C}}=\overset{2}{\underset{6}{C}}H-\overset{3}{\underset{5}{C}}H_2-\overset{4}{\underset{4}{C}}H=\overset{5}{\underset{3}{C}}=\overset{6}{\underset{2}{C}}H-\overset{7}{\underset{1}{C}}H_3$$
hepta-1,4,5-trieno
(os números 1,4 e 5 são menores do que 2,3 e 6)

Atividades

1. O betacaroteno (fórmula estrutural abaixo), presente na cenoura, na manga, no mamão e no pimentão, é um importante antioxidante e protege as membranas celulares.

betacaroteno

Outros exemplos de antioxidantes são a vitamina C, presente na acerola, no caju e na laranja, entre outras frutas, e a vitamina E, presente em óleos vegetais (milho, soja, algodão), ovos, germe de trigo, amendoim, gergelim, carne e nozes.

vitamina C

vitamina E

a) Qual das vitaminas, C ou E, deve ser mais solúvel em água? Justifique.
b) Das substâncias citadas (betacaroteno, vitamina E e vitamina C), qual corresponde a um hidrocarboneto?
c) Qual é a fórmula molecular da vitamina C?

2. A borracha sintética é formada pela união de moléculas de várias substâncias: metilpropeno, buta-1,3-dieno, 2-metilbut-1-eno. Escreva as fórmulas estruturais dessas substâncias.

3. Dê o nome para os seguintes compostos representados:

a) (estrutura)

b) $H_3C-\underset{\underset{CH_3}{|}}{\overset{\overset{CH_3}{|}}{C}}-\underset{\underset{CH_3}{|}}{\overset{\overset{CH_3}{|}}{CH}}$

c) $\underset{H_3C}{\overset{H}{\diagdown}}C=C\underset{CH_2-CH_3}{\overset{H}{\diagup}}$

d) $H_3C-\underset{\underset{H}{|}}{\overset{\overset{CH_3}{|}}{C}}-C\equiv CH$

4. Represente a fórmula estrutural das substâncias indicadas a seguir:
a) 2,4-dimetilpentano;
b) hex-2-eno.

Cicloalcanos

> Os **cicloalcanos**, também denominados ciclanos, são hidrocarbonetos cíclicos saturados.

Veja os exemplos a seguir.

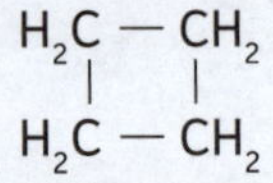

$H_2C - CH_2$
$H_2C - CH_2$
ciclobutano

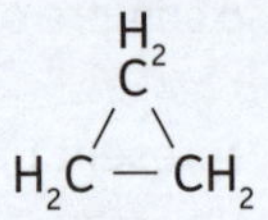

$\begin{matrix} & H_2 \\ & C \\ H_2C & - & CH_2 \end{matrix}$
ciclopropano

Nomenclatura dos cicloalcanos

A nomenclatura dos cicloalcanos segue as mesmas regras adotadas anteriormente. Quando o cicloalcano apresenta cadeia ramificada, considera-se a cadeia carbônica cíclica (o anel) sua cadeia principal e não é necessário indicar o localizador do grupo substituinte se a cadeia apresenta apenas uma ramificação. Observe os exemplos:

ciclo-octano

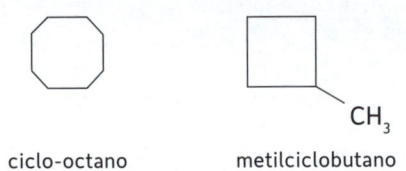

metilciclobutano

Quando a cadeia cíclica apresenta duas ou mais ramificações, é necessário indicar a posição de cada grupo substituinte. Para isso, enumera-se a cadeia principal iniciando por um dos átomos de carbono ligados a um grupo substituinte. Observe os exemplos:

1,1-dimetilciclopropano

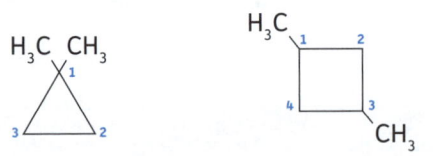

1,3-dimetilciclobutano

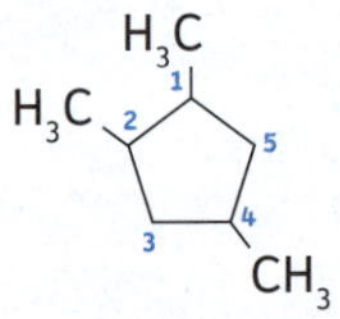

1,2,4-trimetilciclopentano

Note que o sentido da numeração não precisa ser horário; como você pode ver no terceiro exemplo, a numeração deve considerar os menores números para os localizadores dos grupos substituintes.

> **Atenção!**
>
> Muitas vezes, ao representar um composto orgânico, podemos omitir os átomos de carbono da cadeia principal. Observe os exemplos ao lado.
>
> Note também que os átomos de hidrogênio não foram representados nas fórmulas, com exceção daqueles que fazem parte do grupo metil.
>
> metilciclobutano
>
> ciclopentano

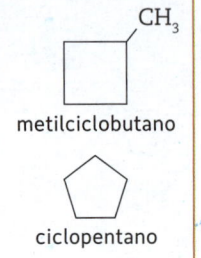

Características gerais dos cicloalcanos

Pela análise do comportamento químico dos cicloalcanos, observou-se um fato interessante: na reação do ciclopropano com H_2, ocorre, com relativa facilidade, a adição de hidrogênio na cadeia e a quebra do anel carbônico, ao passo que o ciclopentano, nas mesmas condições, não reage com o H_2.

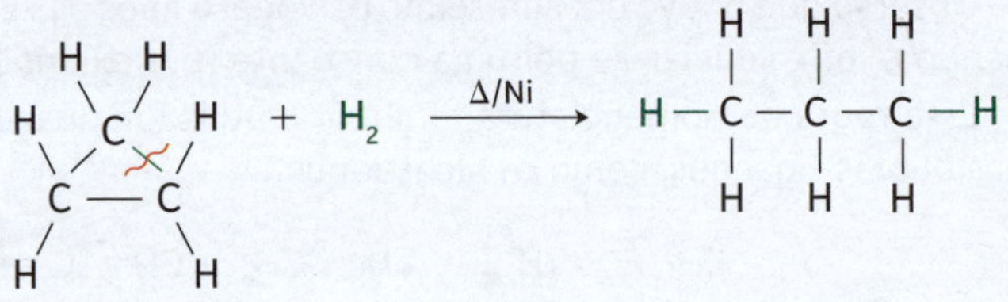

ciclopropano + H_2 $\xrightarrow{\Delta/Ni}$ $H-C-C-C-H$ (com H's)

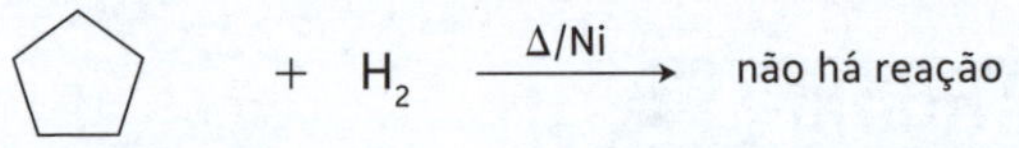

ciclopentano + H_2 $\xrightarrow{\Delta/Ni}$ não há reação

Para explicar essa diferença de comportamento, em 1885, o químico alemão Adolf von Baeyer (1835-1917) formulou uma teoria – conhecida como teoria das tensões. O foco dessa teoria reside na grande estabilidade das cadeias carbônicas, cujos ângulos formados pelas ligações entre os átomos de carbono estão próximos de 109°28'.

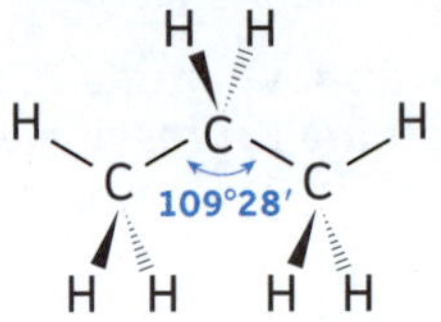

O ângulo de ligação entre os átomos de carbono na molécula do propano é 109°28'.

No caso dos cicloalcanos, os ângulos de ligação entre os átomos de carbono têm valores diferentes de 109°28', como você pode perceber a seguir:

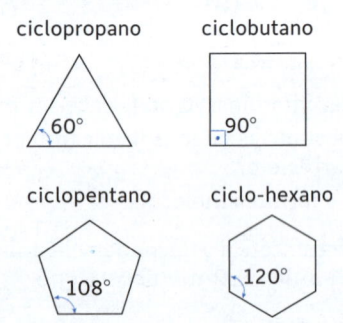

ciclopropano — 60°
ciclobutano — 90°
ciclopentano — 108°
ciclo-hexano — 120°

Baeyer propôs que o desvio dos valores desses ângulos provoca uma tensão molecular que reduz a estabilidade da cadeia cíclica. Quanto maior for o desvio do ângulo em relação ao valor 109°28', mais instável será a molécula e, portanto, maior será a reatividade da substância.

Baeyer acreditava que os átomos de carbono das cadeias cíclicas estavam no mesmo plano, ou seja, eram coplanares. Por essa linha de raciocínio, era de se esperar que o ciclopentano apresentasse maior estabilidade do que anéis contendo 6 ou mais átomos de carbono – já que os ângulos de ligação dessas moléculas são ≥ 120°. No entanto, essa previsão não se confirmou experimentalmente.

A explicação para essa diferença só veio anos mais tarde, quando cientistas consideraram o fato de que os átomos de carbono das cadeias cíclicas não estão em um único plano.

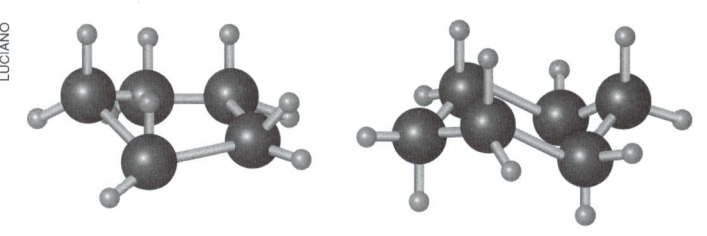

Os modelos atuais para os cicloalcanos não consideram que a cadeia cíclica esteja no mesmo plano, como supunha Baeyer. Considera-se que os ângulos de ligação do ciclopentano (figura à esquerda) sejam de 105° e os do ciclo-hexano (à direita), de 109° 28'.

Cicloalcenos

Cicloalcenos, também denominados ciclenos, são hidrocarbonetos cíclicos que apresentam uma dupla-ligação entre os átomos de carbono da cadeia cíclica.

Veja alguns exemplos a seguir:

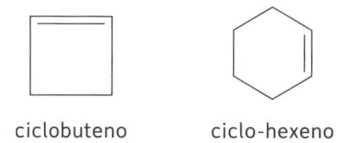

ciclobuteno   ciclo-hexeno

A nomenclatura desses compostos é semelhante à dos cicloalcanos. A numeração da cadeia, quando necessária, deve iniciar-se em um dos átomos de carbono da dupla-ligação e passar por ela. Assim, os átomos de carbono da dupla-ligação estarão sempre nas posições 1 e 2. Observe os exemplos:

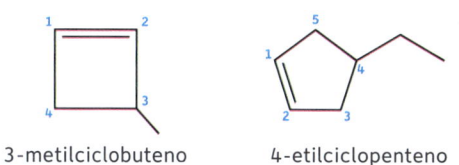

3-metilciclobuteno   4-etilciclopenteno

Como a localização da dupla-ligação não se altera quando só há uma insaturação, não é necessário indicar o número 1 antes do infixo **en**. Logo, o nome da substância, segundo as regras da IUPAC, é 3-metilciclobuteno e não 3-metilciclobut-1-eno.

Alguns hidrocarbonetos aromáticos

Qual é a origem do termo **aromático**?

Ele tem relação com as estruturas de algumas substâncias que, no passado, foram assim classificadas pelo cheiro forte que apresentavam. O principal representante desse grupo é o benzeno e seus derivados.

Algumas formas de representar o benzeno.

O benzeno é um líquido incolor, de cheiro forte, volátil, cuja temperatura de ebulição é 80 °C. Até o século XIX, era utilizado para a extração de fragrâncias naturais empregadas em perfumes. Pesquisas mais recentes, no entanto, apontaram que o benzeno é altamente tóxico e que a exposição prolongada a ele pode contribuir para o aparecimento de câncer. Por isso, essa substância tem sido substituída por outros solventes menos agressivos.

> **Atenção!**
>
> A benzina não tem relação com o benzeno: ela é uma mistura de hidrocarbonetos de baixa massa molecular, como pentano e hexano, e é obtida de uma das frações da destilação fracionada do petróleo.

Viagem no tempo

A procura por uma fórmula estrutural para o benzeno

No início da segunda década do século XIX, as ruas de Londres passaram a ser iluminadas com gás de iluminação. Ele era comprimido para que, condensado, fosse mais fácil armazená-lo. Em 1825, analisando o líquido obtido nesse processo, Michael Faraday (1791-1867) constatou que se tratava de uma nova substância e não de gás de iluminação condensado. A substância era constituída de carbono e hidrogênio, na proporção em átomos de 1 : 1. Posteriormente, Eilhard Mitscherlich (1794-1863) obteve o mesmo líquido da benzoína, uma resina retirada de algumas árvores. Após algumas controvérsias, o composto passou a ser chamado de benzeno.

O comportamento do benzeno, que teve sua fórmula molecular C_6H_6 determinada uma década depois de seu descobrimento, foi um desafio teórico para os químicos da época. Por quê? A maioria dos hidrocarbonetos nos quais o número de átomos de hidrogênio não era muito maior que os de carbono reagia com facilidade com substâncias como H_2, CO_2, entre outras, o que não acontecia com o benzeno.

Outros comportamentos do benzeno eram considerados inesperados, o que explica que ninguém tenha sido capaz de sugerir uma fórmula estrutural apropriada para ele antes que August Kekulé (1829-1896) o fizesse, em 1865.

Capítulo 29 • Petróleo, gás natural e carvão: fontes de hidrocarbonetos

Vale lembrar que, naquela época, os fundamentos teóricos da Química não permitiam elaborar explicações, do ponto de vista molecular, quanto a semelhanças e diferenças entre compostos que eram objeto de suas pesquisas. Nesse contexto, pode-se entender a importância atribuída ao trabalho teórico de Kekulé, no que se inclui a proposição da primeira fórmula estrutural coerente para o benzeno.

Os avanços da Química Orgânica nas últimas décadas do século XIX e todo o desenvolvimento industrial alemão no campo dos corantes sintéticos foram impulsionados pelas teorias de Kekulé e de seus colaboradores.

Esse cientista alemão afirmou ter chegado à sua teoria a respeito das valências do carbono sonhando "acordado" num ônibus londrino. Segundo ele, a fórmula estrutural do benzeno surgiu de modo semelhante, quando interrompeu o trabalho de escrita de um livro didático e cochilou.

"[...] Novamente os átomos estavam saltando diante dos meus olhos. Nessa hora, os grupos menores mantinham-se modestamente ao fundo. Meu olho mental, que se tornara mais aguçado por repetidas visões do mesmo tipo, podia agora distinguir estruturas maiores de conformações múltiplas: fileiras longas, às vezes mais apertadas, todas juntas, emparelhadas e entrelaçadas em movimento como os de uma cobra. Mas veja! O que era aquilo? Uma das cobras havia agarrado sua própria cauda e essa forma girava de modo caricato diante dos meus olhos. Acordei num salto e então passei o resto da noite desenvolvendo as consequências dessa hipótese."*

Fonte: ROBERTS, Royston M. *Descobertas acidentais em ciências*. 2 ed. Campinas: Papirus, 1995. p. 100-103.

***Nota dos autores**: O trecho citado é uma tradução inglesa do discurso de Kekulé publicado em 1958 e presente na referência citada.

Saiba mais

Grupos arila

Além dos grupos alquila, há outros grupos substituintes que são conhecidos por nomes distintos, como os grupos arila. Esses grupos são derivados de hidrocarbonetos aromáticos pela retirada de um átomo de hidrogênio e, muitas vezes, são representados em livros, textos de divulgação científica, artigos e exames pelo símbolo **Ar**.

O quadro ao lado apresenta os grupos arila mais comuns.

Hidrocarboneto	Grupo arila
C_6H_6 benzeno	—C_6H_5 fenil
C_7H_8 metilbenzeno	—C_7H_7 benzil

Nomenclatura dos hidrocarbonetos aromáticos

Pelas regras da IUPAC, o anel benzênico funciona como cadeia principal. Quando só há um grupo substituinte, não é necessário indicar o localizador do grupo substituinte.

metilbenzeno ou tolueno   etilbenzeno

Nos exemplos acima, há apenas um ligante substituindo um átomo de hidrogênio do anel benzênico. Agora, veja outros exemplos:

1,4-dietilbenzeno   1,2,3-trimetilbenzeno   1,3,5-trimetilbenzeno

O tolueno é matéria-prima de diversos compostos, como o explosivo TNT (trinitrotolueno), solventes e colas, o que é um problema, já que se trata de uma substância alucinógena e cancerígena. O etilbenzeno pode ser utilizado como matéria-prima para a obtenção de poliestireno. As embalagens de isopor, por exemplo, são constituídas de poliestireno expandido.

Note que a indicação da posição dos grupos substituintes segue as mesmas regras abordadas em cicloalcanos e cicloalcenos. No caso de compostos derivados do benzeno contendo dois ligantes iguais, ou seja, dois grupos substituintes idênticos, podem ser adotados os prefixos *orto*, *para* ou *meta*, para indicar a posição em vez de números.

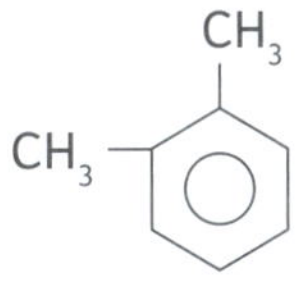

1,2-dimetilbenzeno ou
orto-dimetilbenzeno ou
o-dimetilbenzeno ou
o-xileno

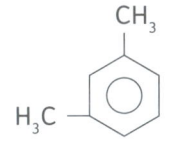

1,3-dimetilbenzeno ou
meta-dimetilbenzeno ou
m-dimetilbenzeno ou
m-xileno

1,4-dimetilbenzeno ou
para-dimetilbenzeno ou
p-dimetilbenzeno ou
p-xileno

1,2 ⟶ *orto* ou *o-*
1,3 ⟶ *meta* ou *m-*
1,4 ⟶ *para* ou *p-*

Importância dos hidrocarbonetos aromáticos

Os derivados do benzeno, além de solventes, são matéria-prima para a obtenção de produtos com múltiplos usos.

Do benzeno, podemos obter, por exemplo:

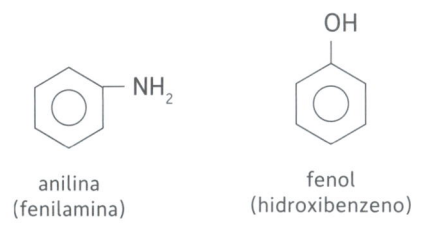

anilina
(fenilamina)

fenol
(hidroxibenzeno)

Alguns produtos que podem ser obtidos de hidrocarbonetos aromáticos.

A anilina é matéria-prima para a obtenção de diversas substâncias, entre as quais os corantes.

O fenol é um desinfetante capaz de matar microrganismos e importante para obter a baquelite (material bastante resistente ao calor e mau condutor de calor e de corrente elétrica, usado em tomadas, cabos de panelas, etc.).

Você pode resolver as questões 13, 17 e 20 da seção Testando seus conhecimentos.

Atividades

1. O benzo[a]pireno, cuja fórmula estrutural está representada ao lado, é uma substância cancerígena que pode ser encontrada na fumaça do cigarro e em carnes grelhadas ou defumadas sobre carvão.

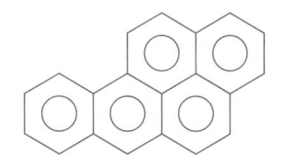

   Determine a fórmula molecular do benzo[a]pireno.

2. As espécies químicas do grupo BTX (benzeno, tolueno, xileno) são inflamáveis e estão presentes, em pequena proporção, na gasolina. Tolueno é o nome usual do metilbenzeno. Os xilenos correspondem a uma mistura de 1,2-dimetilbenzeno, 1,3-dimetilbenzeno e 1,4-dimetilbenzeno.

   Essas espécies são encontradas, com alguma frequência, em águas subterrâneas como consequência de vazamentos de gasolina dos tanques de postos de abastecimento.

   a) Escreva as fórmulas estruturais do benzeno, do tolueno e do 1,2-dimetilbenzeno.
   b) Escreva as fórmulas moleculares correspondentes.

3. O naftaleno é uma substância tóxica presente na naftalina e encontrado, em baixas concentrações, em combustíveis fósseis, como carvão e petróleo. Pequenas quantidades de naftaleno são liberadas em incêndios florestais e na combustão da madeira.

   A inalação prolongada de seus vapores pode provocar náusea, diarreia e dores de cabeça. Sabendo que sua solubilidade em água (a 20 °C) é, aproximadamente, 3,0 g/L e que sua fórmula estrutural é [naftaleno], responda:

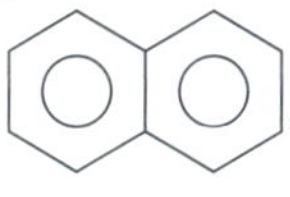

   a) Qual é sua fórmula molecular?
   b) Qual é a quantidade máxima de naftaleno, em gramas, que pode estar presente em 400 mL de solução aquosa dessa substância?

4. Dê o nome das substâncias representadas pelas fórmulas a seguir:
   a) 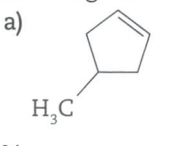 [estrutura]
   b) $H_3C - CH = C = CH_2$
   c) 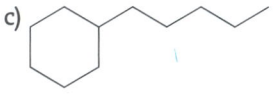 [estrutura]
   d) 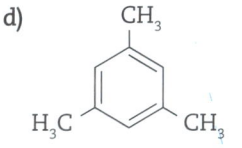 [estrutura]

Conexões

Compostos aromáticos e as ameaças à saúde

Oncologista alerta sobre benzeno em refrigerantes

A Pro-teste, órgão de Defesa do Consumidor, testou amostras de refrigerantes em laboratório e constatou a presença de substâncias nocivas na composição das bebidas. Algumas continham benzeno, um subproduto do petróleo, encontrado no gás dos refrigerantes e que, se for inalado todos os dias, pode aumentar os riscos de câncer.

[...] a quantidade de benzeno encontrada nas bebidas ainda é suportável pelos seres humanos. O problema é o excesso e a regularidade do consumo. [...]

GAZETA online. Vitória, 11 maio 2009. Disponível em: <http://gazetaonline.globo.com/_conteudo/2009/05/86256-oncologista+alerta+sobre+benzeno+em+refrigerantes.html>. Acesso em: 12 jul. 2018.

VENENO NO AR
A GASOLINA CONTÉM SOLVENTES QUE PODEM EVAPORAR E ENTRAR EM CONTATO COM O CORPO

SISTEMA NERVOSO — Existem vários relatos de dores de cabeça. Também foram relatados taquicardia, náusea e enjoo.

OLHOS — Benzeno, tolueno e xileno podem causar danos ao córtex visual, como a discriminação de cores.

MEDULA — O benzeno pode atingir as células de medula óssea, causando diminuição de leucócitos.

OUVIDOS — Frentistas tiveram alterações na percepção de altas frequências nos reflexos acústicos.

PELE E MUCOSAS — O contato é a porta de entrada e também pode resultar em irritações devido a longas exposições.

RODRIGO DAMATI/EDITORA GLOBO/AGÊNCIA O GLOBO

Frentista: profissão perigo

Ser frentista pode ser prejudicial à saúde. Duas pesquisas mostram que esses profissionais correm riscos porque ficam expostos aos solventes da gasolina (benzeno, tolueno e xileno), que evaporam durante o abastecimento e são absorvidos através da pele e respiração.

Thiago Leiros Costa, do Instituto de Psicologia da Universidade de São Paulo (USP), descobriu que frentistas podem ter a visão prejudicada, com dificuldade para distinguir cores e contrastes. Suspeita-se de dano ao córtex visual do cérebro. "Houve também correlação do tamanho do prejuízo nos testes com o tempo de trabalho. Quanto mais tempo de trabalho, piores os resultados", diz Costa.

Outro estudo reforça o alerta. Em 2012, fonoaudiólogas da Universidade Federal de Santa Maria (UFSM) encontraram problemas na audição dos trabalhadores. Detectaram alterações em altas frequências e no reflexo muscular que protege o ouvido interno de ruídos altos.

"O frentista há anos vem sendo exposto sem a devida proteção", afirma Lázaro Ribeiro de Souza, secretário de Saúde e Previdência Social do Sindicato dos Trabalhadores em Postos de Combustíveis da Bahia. [...].

Revista Galileu, 30 jan. 2014. Disponível em: <https://revistagalileu.globo.com/Revista/noticia/2014/01/frentista-profissao-perigo.html>. Acesso em: 12 jul. 2018.

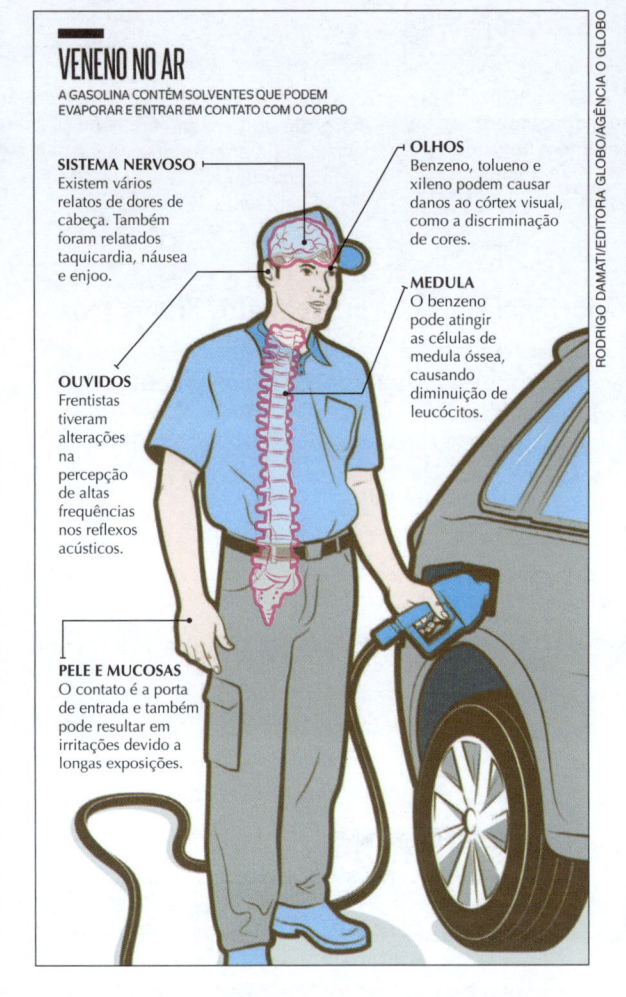

MTE exige mais segurança nos postos

Postos de combustíveis de Mato Grosso do Sul serão obrigados a redobrar os cuidados com a saúde de seus empregados.

[...] os trabalhadores em postos de combustíveis estão expostos a riscos de incêndio e explosões [...].

Eles correm risco também de sofrer intoxicação e contaminação devido à exposição pelo contato na pele, inalação e até possível intoxicação com produtos hidrocarbonetos aromáticos como benzeno, tolueno, etilbenzeno, xileno [...].

AQUINO, Wilson. O Progresso, Dourados (MS), 28 jun. 2012. Disponível em: <http://www.progresso.com.br/variedades/pets/mte-exige-mais-seguranca-nos-postos/71210>. Acesso em: 12 jul. 2018.

---

1. O que há em comum entre as notícias?

2. Dois dos textos relatam um fato ainda comum no Brasil: os problemas de saúde e os riscos que os frentistas correm trabalhando em postos de combustíveis. Em sua opinião, há meios de reduzir ou eliminar esses riscos? Justifique sua resposta.

Petróleo e gás natural: foco da Química, da economia e do jornalismo

O petróleo no tempo

A energia, e tudo o que se relaciona a ela, é parte importante do cotidiano, sendo tema frequente dos noticiários. No entanto, torna-se difícil pensar em energia – do ponto de vista econômico ou político – sem relacioná-la ao petróleo. Além disso, esse recurso é também matéria-prima essencial nas indústrias de todo o mundo.

Além de o petróleo ser fundamental para a economia, as mais importantes reservas desse recurso distribuem-se de modo bastante desigual pelo planeta. Não é por acaso que as áreas petrolíferas mais ricas, nas quais o óleo tem melhor qualidade e é mais facilmente explorável, têm sido palco de grandes negócios, guerras e conflitos. Observe quais são os maiores produtores mundiais de petróleo no gráfico a seguir.

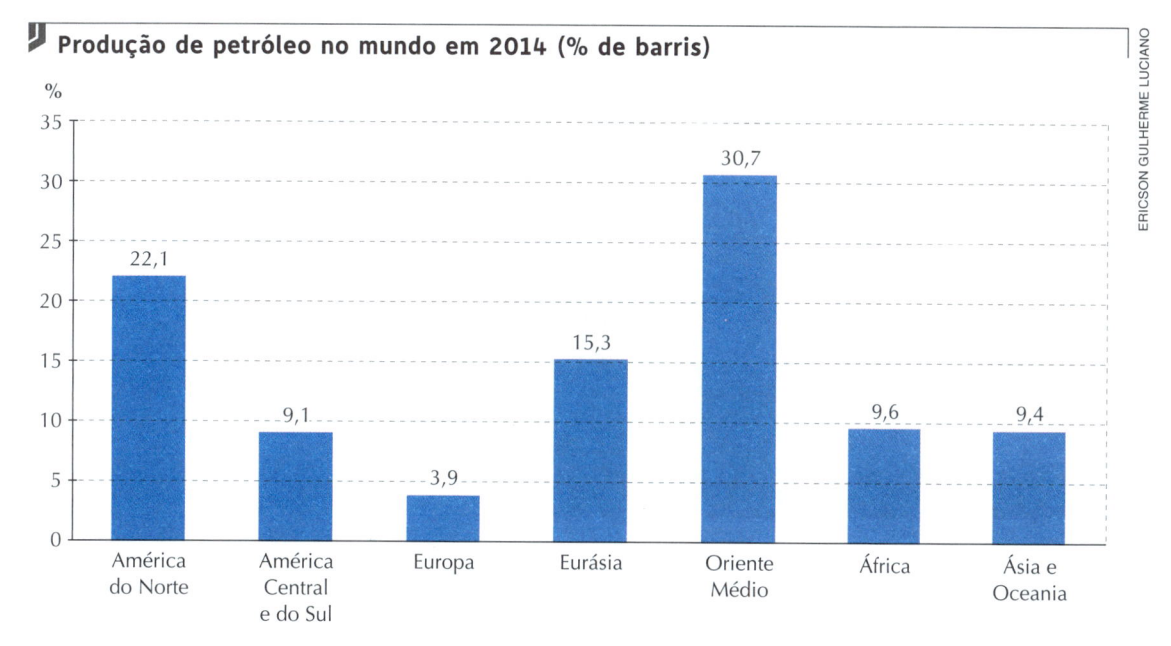

Produção de petróleo no mundo em 2014 (% de barris)

Região	%
América do Norte	22,1
América Central e do Sul	9,1
Europa	3,9
Eurásia	15,3
Oriente Médio	30,7
África	9,6
Ásia e Oceania	9,4

Gráfico construído a partir dos dados da agência estadunidense EIA. Disponível em: <https://www.eia.gov/beta/international/data/browser/#/?c=41000000020000600000000000000g0002000000000000000001&vs=INTL.44-1-AFRC-QBTU.A&vo=0&v=H&end=2015&showdm=y>. Acesso em: 12 jul. 2018.

Note que a produção da América do Norte e a do Oriente Médio em 2014 correspondem a mais da metade da produção mundial de petróleo.

Petróleo no Brasil: um pouco de história

Apesar de o petróleo ser conhecido desde a Antiguidade, época em que era usado em cerimônias religiosas, foi na segunda metade do século XIX que o chamado "ouro negro" despertou o interesse mundial, com as primeiras perfurações de poços petrolíferos nos Estados Unidos.

Uma das aplicações imediatas do petróleo nessa época diz respeito ao papel de um de seus derivados, o querosene, usado como combustível de lampiões na iluminação.

Qual foi a importância desse uso e do petróleo na vida dos brasileiros no século XIX? A possibilidade de extrair petróleo e dele um combustível que fosse empregado na iluminação pública motivou as tentativas pioneiras de encontrá-lo em solo brasileiro no período que se seguiu às primeiras explorações estadunidenses. Entretanto, até o final do século XIX, não houve sucesso.

No início desse século, os combustíveis adotados na iluminação pública de cidades brasileiras, como Recife, Rio de Janeiro e São Paulo, eram óleos de natureza animal e vegetal (como os de mamona e de baleia), materiais que foram mais tarde substituídos pelo gás de iluminação – mistura de gases extraída de outra fonte natural, a hulha (um carvão mineral). Foi apenas nas últimas décadas do século XIX que as lâmpadas elétricas chegaram a algumas cidades, embora até o início do século XX fosse comum o uso de gases combustíveis para a iluminação.

Para assistir

Sangue negro. Direção: Paul Thomas Anderson. EUA, 2008. 158 min. Filme que conta a história de um homem simples que, no final do século XIX, na Califórnia (EUA), descobre um poço de petróleo. Esse acontecimento lhe traz benefícios, mas também vários problemas.

Além de não ter sido importante nos primórdios da iluminação das cidades brasileiras, o petróleo também não teve destaque em outros segmentos, apesar da extração em solo brasileiro de alguns barris do óleo no final do século XIX. Nessa época, cerca de dez países já o extraíam de seus subsolos, usando-o inclusive para fins industriais. Foi nesse período que surgiram os primeiros motores a explosão e, com eles, o grande interesse em localizar e explorar novos poços – fontes de combustíveis para os transportes.

A localização de reservas de petróleo em solo brasileiro – como as de Lobato, na Bahia – e a participação de lideranças nacionalistas levaram à criação da Petrobras, na segunda metade do século XX, durante o governo de Getúlio Vargas (1882-1954). Foi a partir dessa época que o potencial das reservas nacionais despertou interesse econômico.

Produção de energia primária

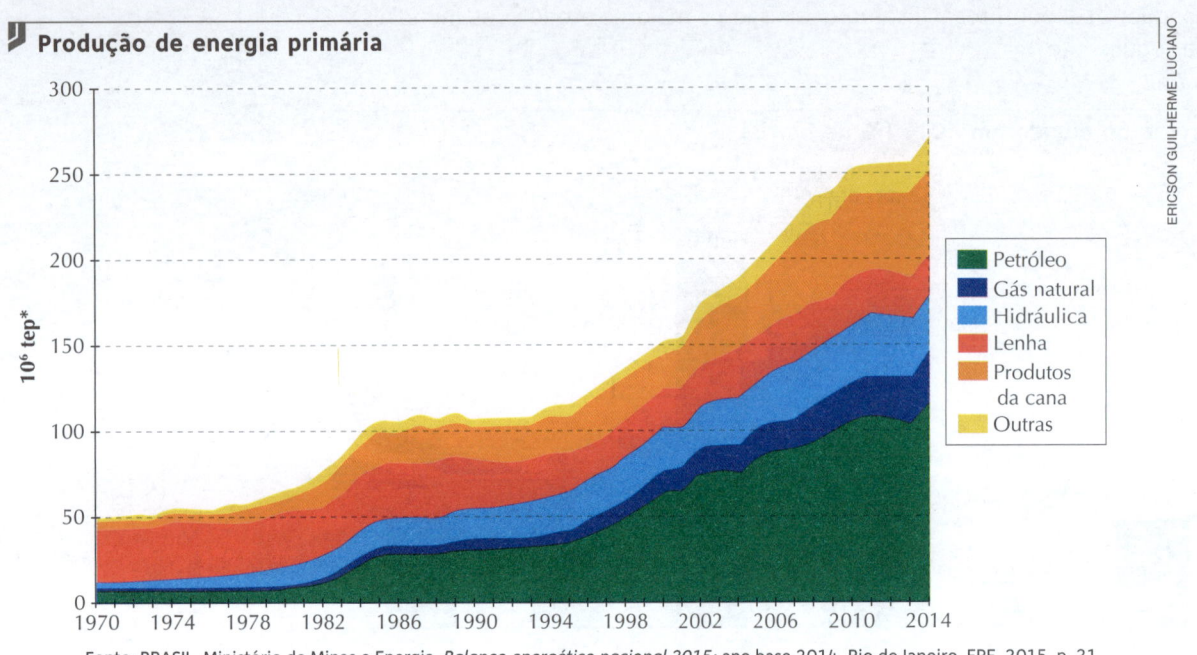

Fonte: BRASIL. Ministério de Minas e Energia. *Balanço energético nacional 2015:* ano base 2014. Rio de Janeiro, EPE, 2015. p. 21. Disponível em: <https://ben.epe.gov.br/downloads/Relatorio_Final_BEN_2015.pdf>. Acesso em: 12 jul. 2018.

*Nota: Tep é a sigla que indica tonelada equivalente de petróleo; 1 tep corresponde a $1 \cdot 10^7$ kcal ou $4,2 \cdot 10^7$ kJ.

A exploração de petróleo em plataformas marítimas ganhou importância nas últimas décadas do século XX. No entanto, foi apenas em meados dos anos 1990 que a exploração em águas profundas se tornou relevante. A partir de 2007, com a descoberta de grandes reservas de petróleo e gás na região chamada de pré-sal, milhares de metros abaixo do nível do mar, aumentou o interesse em pesquisar e desenvolver tecnologia para a retirada de petróleo dessas profundidades. Para o sucesso dessa extração, são necessários investimentos bastante altos. Apesar disso, o interesse nessas reservas se explica pela presença de "óleo leve" – expressão que nos últimos anos se tornou corriqueira quando os especialistas fazem referência ao petróleo brasileiro e que, na verdade, se refere a petróleo de menor densidade, correspondente a hidrocarbonetos de cadeias carbônicas menores. Isso porque essa mistura "leve" de compostos – retirados da região do pré-sal – tem qualidade superior à do óleo de regiões menos profundas.

Vale lembrar que, em torno das decisões sobre esses e outros investimentos no campo da energia, há muitos fatores a serem considerados, que envolvem a participação de profissionais de diversas áreas do conhecimento.

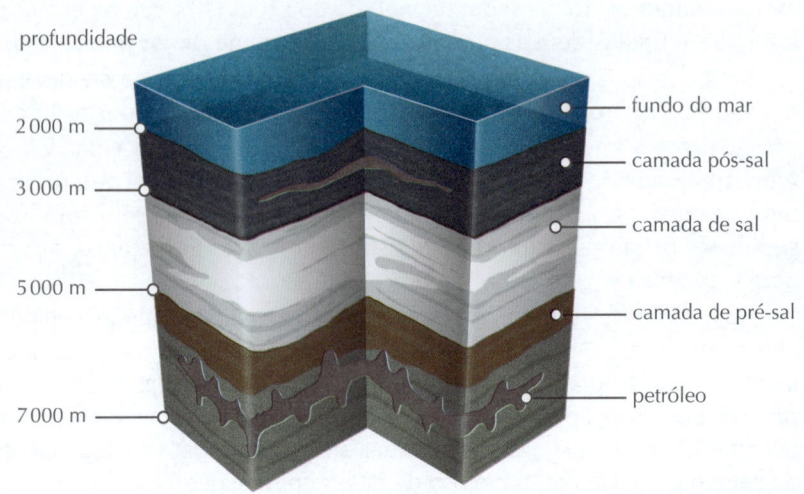

Esquema representativo do petróleo em camadas mais profundas (o pré-sal).

Origem do petróleo

O petróleo (do latim *petra* + *oleum*, óleo de pedra) é um líquido oleoso, cuja coloração pode variar. É encontrado em depósitos subterrâneos, onde, com o gás natural, fica aprisionado por rochas impermeáveis, que impedem seu afloramento à superfície do solo.

A teoria mais aceita em relação à origem do petróleo é a de que ele teria se formado a partir de matéria orgânica, como restos de algas, plantas e animais, soterrada há milhões de anos.

Condições geológicas favoráveis, como a pressão exercida pelas camadas superiores da crosta, a temperatura no subsolo e a ausência de oxigênio, permitiram que bactérias anaeróbias, por um processo muito lento, decompusessem a matéria orgânica mais complexa, originando uma mistura de compostos de carbono em que há predominância de hidrocarbonetos.

A teoria da origem do petróleo a partir dos seres vivos é reforçada por haver restos de organismos em jazidas petrolíferas, além de compostos de enxofre e fósforo, elementos que participam de proteínas, lipídios complexos e ácidos nucleicos presentes nos organismos.

Plataforma de petróleo na Baía de Guanabara, Niterói (RJ), 2014.

Extração de petróleo

A perfuração do solo pode fazer com que o petróleo esguiche, por causa da pressão exercida pelos gases que ocupam a parte superior do depósito. Frequentemente, no entanto, o petróleo deve ser bombeado até a superfície, sendo dali conduzido a depósitos. A forma de extração depende do tipo de jazida.

Refino do petróleo

Nas refinarias, o petróleo é submetido a operações que permitem separar as frações desejadas. Algumas delas passam por transformações antes de serem comercializadas.

Com exceção das refinarias particulares do Rio Grande do Sul e de Manguinhos, no Rio de Janeiro, até 1998 o refino de petróleo no Brasil era monopólio da Petrobras.

Até então, o país contava com 11 refinarias, as quais processavam 1,4 milhão de barris por dia. Em 2016, quase duas décadas depois, o país atingiu a marca de 13 refinarias, com a produção média de 2 milhões de barris de petróleo por dia.

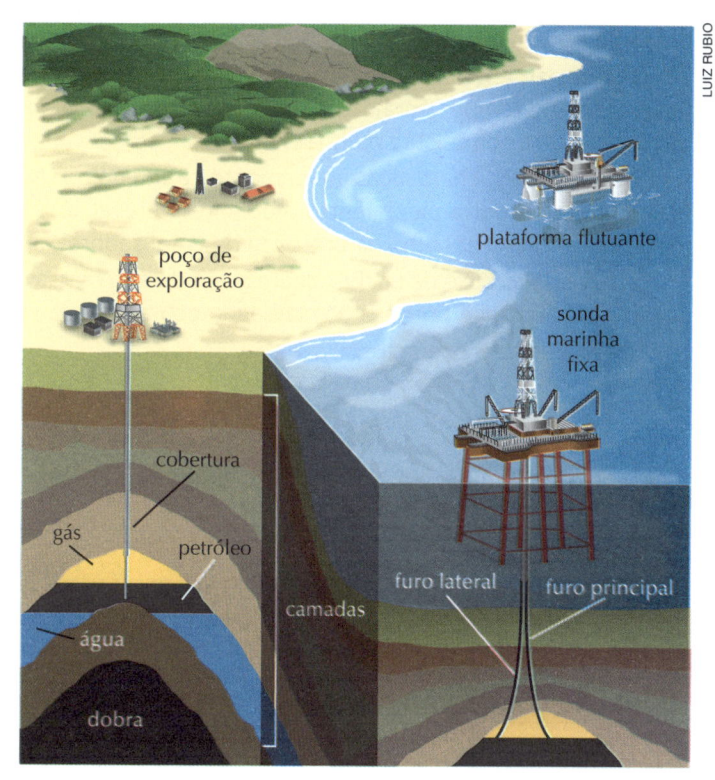

Extração de petróleo em terra e no mar.

Fonte: DOMINGOS, Luis Carlos Gomes. *Breve história do petróleo*: produção. Disponível em: <http://histpetroleo.no.sapo.pt/produ_2.htm>. Acesso em: 16 abr. 2016.

O refino inicia-se com a destilação fracionada, processo a partir do qual são obtidas as principais frações de petróleo. A parte destacada no esquema abaixo mostra o caminho do vapor, representado por setas, e o líquido que se condensa em cada altura está representado pela cor bege. É como se submetêssemos a amostra a diversas destilações simples, o que torna o processo de separação das diversas frações mais eficiente.

O resíduo final da destilação fracionada do petróleo é o asfalto.

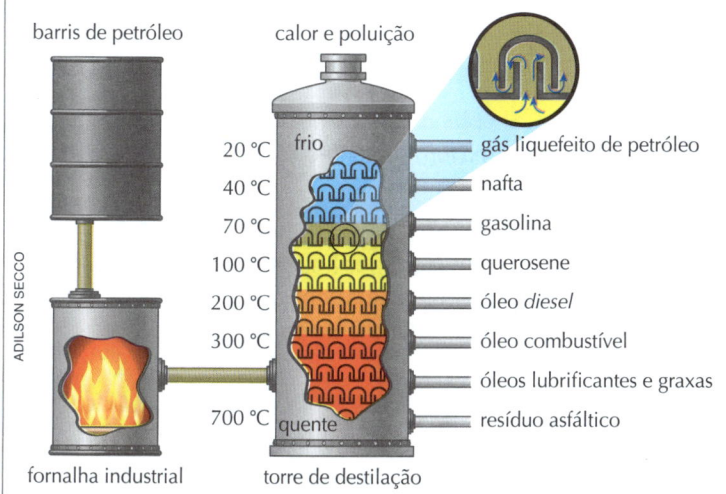

Esquema do refino do petróleo cru.

Capítulo 29 • Petróleo, gás natural e carvão: fontes de hidrocarbonetos

Craqueamento do petróleo

Aproximadamente 20% do petróleo bruto é formado por compostos de baixa temperatura de ebulição, que podem ser empregados como combustíveis nos motores de explosão.

Com a demanda crescente de gasolina, procurou-se obter do petróleo maiores quantidades desse combustível automotivo, o que foi possibilitado pelo craqueamento do petróleo.

O craqueamento consiste na quebra de hidrocarbonetos de alta massa molecular, encontrados nas frações de temperatura de ebulição mais alta. Ele permite a obtenção de moléculas menores que entram em combustão mais facilmente.

Esse processo, chamado craqueamento catalítico ou térmico, nada mais é do que uma pirólise (decomposição por aquecimento) mediante a elevação da temperatura até cerca de 500 °C, a pressões de 2 atm a 8 atm, na presença de catalisadores.

A partir da pirólise de um hidrocarboneto de alta massa molecular, como um alcano, é possível obter outros hidrocarbonetos de massa molecular menor.

Observe alguns exemplos:

$$\underset{\text{alcano}}{C_{15}H_{32}} \xrightarrow[\text{catalisador}]{\Delta} \underset{\text{alcano}}{C_8H_{18}} + \underset{\text{alceno}}{C_7H_{14}}$$

$$\underset{\text{alcano}}{C_{15}H_{32}} \xrightarrow[\text{catalisador}]{\Delta} \underset{\text{alcano}}{C_9H_{20}} + \underset{\text{alceno}}{C_3H_6} + \underset{\text{alceno}}{C_2H_4} + \underset{\text{carbono}}{C} + \underset{\text{hidrogênio}}{H_2}$$

Os alcenos obtidos no craqueamento podem ser usados como matéria-prima de outros produtos. Por exemplo, por reação de polimerização de alcenos, obtêm-se diversos tipos de plásticos.

Indústria petroquímica

Por meio dos processos que acabamos de abordar, podem ser obtidos diversos compostos orgânicos. A partir dessas substâncias, podemos obter muitas outras recorrendo a outras reações químicas.

Além disso, muitos produtos obtidos diretamente da destilação ou do craqueamento do petróleo são submetidos a outros processos, como a isomerização (que dá origem a um isômero) e a reforma catalítica. O objetivo de novas transformações que modifiquem a cadeia carbônica de hidrocarbonetos é obter um composto com maior aplicação econômica. Analise algumas equações que exemplificam esses processos da indústria petroquímica.

Isomerização

É o processo pelo qual alcanos de cadeias normais são transformados em alcanos ramificados, o que melhora a qualidade do combustível para uso em motores – alcanos de cadeia ramificada têm índice de octanagem mais alto do que os de cadeia normal.

$$\underset{\text{heptano } (C_7H_{16})}{H_3C-(CH_2)_5-CH_3} \xrightarrow[\text{catalisador}]{\Delta} \underset{\text{2-metil-hexano } (C_7H_{16})}{H_3C-\underset{\underset{CH_3}{|}}{CH}-(CH_2)_3-CH_3}$$

No exemplo, o heptano – alcano de cadeia normal – isomeriza-se, isto é, transforma-se em outro alcano de mesma fórmula molecular (C_7H_{16}), o 2-metil-hexano, cuja cadeia é ramificada.

Reforma catalítica

A reforma catalítica tem por finalidade converter parte dos alcanos de cadeias normais em hidrocarbonetos aromáticos e hidrogênio. O metilbenzeno, por exemplo, pode ser obtido a partir do heptano pelo seguinte processo:

$$\underset{\text{heptano}}{H_3C-(CH_2)_5-CH_3} \xrightarrow[\text{catalisador}]{\Delta} \underset{\text{metilbenzeno}}{C_6H_5-CH_3} + 4\,H_2$$

> **Atenção!**
>
> Em motores de explosão, o 2,2,4-trimetilpentano (iso-octano) é um combustível muito mais eficiente que o heptano de cadeia normal. Quando o heptano é usado, o combustível detona antes do que deveria, o que pode comprometer o funcionamento e a eficiência do motor. Por isso, atribuiu-se ao heptano o índice de octanagem 0 e, ao iso-octano, o índice de octanagem 100. Uma gasolina com índice de octanagem 90 equivale a uma mistura com 90% de iso-octano e 10% de heptano. O índice de octanagem é uma escala que indica a qualidade do combustível; quanto maior esse número, melhor a qualidade dele. Combustíveis usados em aviação, por exemplo, têm índice de octanagem superior a 100 devido à adição de antidetonantes.

Observe no esquema a seguir os produtos que podem ser obtidos a partir da reforma catalítica.

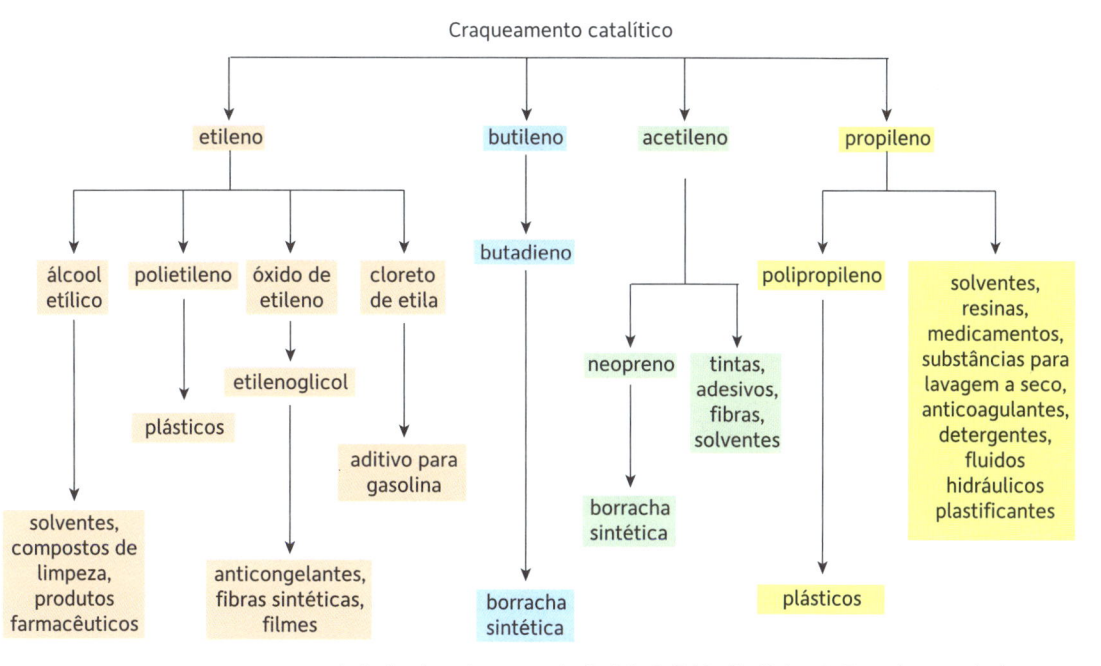

Craqueamento catalítico

- **etileno**
  - álcool etílico → solventes, compostos de limpeza, produtos farmacêuticos
  - polietileno → plásticos
  - óxido de etileno → etilenoglicol → anticongelantes, fibras sintéticas, filmes
  - cloreto de etila → aditivo para gasolina
- **butileno**
  - butadieno → borracha sintética
- **acetileno**
  - neopreno → borracha sintética
  - tintas, adesivos, fibras, solventes
- **propileno**
  - polipropileno → plásticos
  - solventes, resinas, medicamentos, substâncias para lavagem a seco, anticoagulantes, detergentes, fluidos hidráulicos plastificantes

Você pode resolver as questões 2 a 4, 6 a 8, 11, 14 a 16 e 18 da seção **Testando seus conhecimentos**.

Saiba mais

Gás de xisto: fonte de energia

Muito tem se discutido recentemente a respeito do potencial energético do gás de xisto. Ele é um gás abundante, barato, [...] e pode alterar a matriz energética de muitos países. Em algumas localidades, é possível que a utilização do gás de xisto substitua combustíveis fósseis convencionais e até interfira no desenvolvimento de energias renováveis.

O crescimento da exploração desse gás poderia também fazer com que países importadores de energia, especialmente as provenientes do gás natural, se tornassem autossuficientes, transformando consideravelmente as relações comerciais entre países, assim como oferta e demanda mundiais de energia.

O principal país a investir nessa nova fonte energética são os Estados Unidos, onde a autossuficiência na obtenção de energia se tornou uma questão crucial nas últimas décadas. [...]

[...]

O que é o gás de xisto?

O gás de xisto é um gás natural não convencional, encontrado entre as formações de xisto, que é uma rocha sedimentar localizada a três ou quatro quilômetros abaixo da terra, onde o gás está aprisionado. As recentes tecnologias desenvolvidas para a exploração da rocha, como a combinação da perfuração horizontal e o fraturamento hidráulico (realizado com jatos de água em alta pressão, com a adição de substâncias químicas), permitiram o acesso a grandes volumes de formações de xisto, que antes não eram economicamente viáveis de serem exploradas.

[...] A sua exploração tem causado preocupações ambientais em alguns países, como, por exemplo, na França, que baniu o fraturamento hidráulico no país. Enquanto isso, outros optaram por correr o risco ambiental na esperança de que as vantagens provenientes da autossuficiência energética e também do aquecimento da economia devido à geração de empregos sejam compensadoras.

[...]

Impactos ambientais

Os problemas ambientais têm origem na grande quantidade de água, combinada à areia e a uma mistura de substâncias químicas, utilizada na exploração.

Essa mistura é parcialmente recuperada e colocada de volta na superfície em lagoas, o que pode poluir o lençol freático e o solo, caso sejam vedadas de forma inadequada. Como as empresas relutam em revelar quais são exatamente as substâncias químicas utilizadas, as consequências ambientais são bastante incertas. Já há estudos realizados em áreas próximas às jazidas exploradas que mostram contaminação da água potável, especialmente na bacia de Marcellus, na Pensilvânia, e no sul do estado de Nova York.

Além disso, quando o gás é trazido à superfície, a pressão causada pelo processo de exploração pode levar a tremores e explosões, ameaçando as construções próximas.

[...]

ORLOVICIN, N.; LODI, A. L. *O futuro do xisto nos Estados Unidos*. Disponível em: <http://www.intlfcstone.com.br/content/upload/arquivos/Insight%20-%20G%C3%A1s%20de%20Xisto(1).pdf>. Acesso em: 26 abr. 2016.

Atividades

1. Analisando o quadro das frações típicas obtidas pela destilação do petróleo, o que você conclui sobre a relação entre o número de átomos de carbono de um hidrocarboneto e a temperatura de ebulição desse tipo de composto?

2. Quais são os principais usos das frações obtidas do petróleo?

3. A partir da informação reproduzida abaixo, dê as fórmulas moleculares dos alcanos nela mencionados.

   "Uma das frações obtidas do petróleo, conhecida por éter de petróleo, corresponde à mistura de alcanos na faixa entre 5 e 6 átomos de carbono."

Gás natural

O gás natural pode ser encontrado com o petróleo ou isolado em depósitos subterrâneos. Esse gás é uma mistura de substâncias cujo principal constituinte é o metano (os teores de metano, CH_4, em volume, variam entre as reservas de gás natural e podem atingir até 90% de metano). Além desse alcano, o gás natural é fonte de outros hidrocarbonetos, como C_2H_6 (etano), C_3H_8 (propano), C_4H_{10} (butano), bem como de N_2 (nitrogênio) e He (hélio), substâncias de uso industrial. A separação desses componentes da mistura natural é feita por destilação fracionada e, para isso, a solução gasosa é previamente submetida a baixa temperatura e alta pressão, condições nas quais o gás natural passa ao estado líquido.

O gás natural canalizado ou armazenado em botijões é usado como combustível doméstico no Brasil e em muitos países. Desde a década de 1990, o país conta com postos de abastecimento para veículos movidos a gás natural veicular (GNV), uma fonte de energia pouco poluente.

A partir do final do século XX, com a implantação do gasoduto Brasil-Bolívia e a descoberta de importantes reservas em território brasileiro, o gás natural passou a ser usado em usinas termelétricas e indústrias.

Carvão mineral: a hulha

A hulha, também chamada "carvão de pedra", é um material orgânico de origem vegetal, de aspecto geralmente escurecido (preto ou marrom), encontrado em minas subterrâneas ou superficiais localizadas em algumas regiões da Terra.

Chamamos genericamente de carvão cada uma das misturas combustíveis cujos teores de carbono estejam entre 60% e 90% em massa (turfa, linhito, hulha e antracito).

Árvores que ficaram soterradas por centenas de milhares (e até milhões) de anos sofrem um lento processo de incarbonização, isto é, de aumento do teor relativo de carbono. Nesse processo, por meio da ação de microrganismos, em condições nas quais a pressão e a temperatura são elevadas, a matéria orgânica constituinte desses vegetais perde H_2O e, progressivamente, há redução de seus teores de H, O, N e S. Esses elementos saem dos resíduos vegetais sólidos na forma de substâncias gasosas (hidrogenadas, oxigenadas, nitrogenadas e sulfuradas), as quais são produzidas em reações químicas que ocorrem no subsolo. Ao final desse processo, a porcentagem de carbono é bem maior que a dos outros elementos.

Os principais estágios desse processo são:

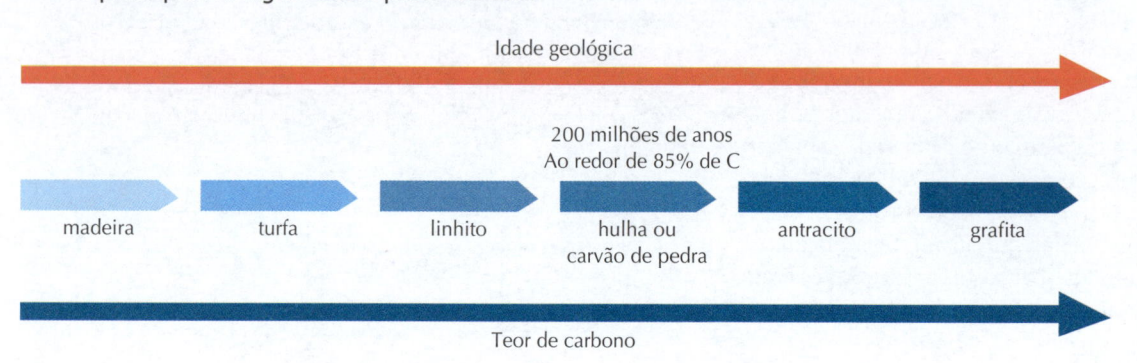

Idade geológica →

200 milhões de anos
Ao redor de 85% de C

madeira → turfa → linhito → hulha ou carvão de pedra → antracito → grafita

Teor de carbono →

Geralmente, o teor de enxofre do carvão é de 1% a 3% em massa. Tanto a queima do carvão como a do petróleo – se dele não forem removidos os compostos orgânicos sulfurados – levam à formação de dióxido de enxofre (SO_2), que ocasiona sérios problemas de poluição ambiental.

A hulha contém mais de 85% de carbono (em massa), elemento que se apresenta sob a forma de anéis hexagonais semelhantes aos encontrados na grafita. No entanto, nela constituem estruturas bem menos extensas. Além do carbono, a hulha contém cerca de 6% de hidrogênio, 10% de oxigênio, 2% de enxofre, 1% de nitrogênio e aproximadamente 10% de outros elementos (em massa).

As reservas naturais de hulha são estimadas na ordem de 10^{15} kg. Esse valor é muito superior ao das reservas mundiais de petróleo e gás natural, cuja vida útil é estimada, respectivamente, em 41 anos e 65 anos, enquanto, para o carvão, essa estimativa é de 219 anos, considerando o atual consumo dessas fontes de energia.

Usos da hulha

Até o início do século XX, a hulha foi o principal combustível empregado para o aquecimento doméstico. Aos poucos, o carvão usado nos fogões foi substituído pela fração gasosa obtida da destilação da hulha, o chamado gás de iluminação – o termo "iluminação" relaciona-se ao uso dessa fração gasosa para iluminar as cidades durante os séculos XVIII e XIX. Mais recentemente, a fração gasosa do petróleo e o gás natural começaram a substituir o gás da hulha.

Grande parte do carvão é empregada como fonte de energia térmica em fábricas e residências e nos transportes. Outra importante aplicação do carvão é como agente redutor de processos metalúrgicos, reduzindo, por exemplo, o Fe^{3+} do Fe_2O_3 – principal constituinte da hematita – em Fe^0, metal que pode ser usado na fabricação de aço.

Por meio da destilação seca da hulha, é possível separar adequadamente as diversas frações desse carvão mineral.

Campo das Princezas, Largo do Palácio, Recife, 1863-1868. Litogravura de Luís Schlappriz. O sistema de iluminação do Recife (PE) somente foi possível com o uso do gás produzido no gasômetro a partir da hulha.

Saiba mais

Como é obtido o carvão vegetal?

O carvão vegetal pode ser obtido por meio da carbonização da lenha. Nesse processo, a lenha é aquecida em fornos em ciclos de aquecimento e resfriamento ou em ambientes com baixa concentração de gás oxigênio.

No Brasil, a principal forma de obtenção do carvão vegetal é a partir da madeira do eucalipto, uma árvore utilizada em reflorestamento. Essa prática traz como benefício o não desmatamento de mata nativa.

No entanto, ainda é comum a retirada de madeira de árvores na Amazônia de forma ilegal.

Destilação seca da hulha

De modo resumido, podemos definir a destilação seca da hulha como o processo que envolve o aquecimento desse material sem solvente e evitando a entrada de ar. Com isso, é possível obter três frações que serão descritas a seguir.

Fração gasosa ou gás de iluminação

O gás de iluminação é uma mistura que contém, em mol, cerca de 50% de H_2, 30% de CH_4, 7% de CO, 5% de N_2, 4% de alcenos e pequenos teores de outros gases.

Fração líquida

Essa fração corresponde a duas outras:

- **águas amoniacais** – fase rica em amônia (NH_3), menos densa, que é empregada na fabricação de fertilizantes (sais nitrogenados) e na preparação do ácido nítrico (HNO_3);
- **alcatrão da hulha** – fase escura e densa, importante por ser a principal fonte natural de compostos aromáticos.

Por destilação do alcatrão da hulha, obtêm-se hidrocarbonetos aromáticos, como o benzeno, entre outros; são obtidos também outros tipos de compostos aromáticos, como fenóis, que serão estudados no próximo capítulo. Outro produto dessa destilação é o piche – resíduo empregado na impermeabilização e na pavimentação de ruas e rodovias.

Fração sólida

O resíduo sólido da destilação da hulha é o coque. Trata-se de um carvão poroso, praticamente puro, importante na siderurgia, em que é usado na obtenção do ferro e do aço. Nas siderúrgicas, a obtenção do ferro pode ser assim esquematizada:

Queima de coque
$$2\ C(s) + O_2(g) \longrightarrow 2\ CO(g)$$

Redução do ferro

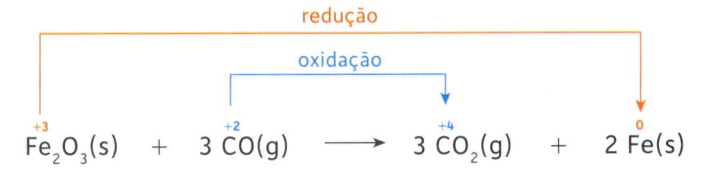

redução

oxidação

$$\overset{+3}{Fe_2O_3}(s) + 3\ \overset{+2}{CO}(g) \longrightarrow 3\ \overset{+4}{CO_2}(g) + 2\ \overset{0}{Fe}(s)$$

Atividades

Você pode resolver as questões 5, 9, 10, 12 e 19 da seção Testando seus conhecimentos.

1. O que ocorre com os vegetais no processo de incarbonização?

2. Quais são os dois principais componentes do gás de iluminação? Por que eles são combustíveis? Represente na forma de equação a combustão desses dois combustíveis.

3. Qual é a principal aplicação do coque para a indústria siderúrgica?

4. Considere o carvão vegetal e responda:
   a) Por que esse carvão é chamado de vegetal? Existe outro que não o seja?
   b) Por que se recorre ao calor para fabricá-lo?

5. Até pouco tempo atrás, a obtenção de energia elétrica em usinas termelétricas era muito rara no Brasil. Em outros países, porém, o carvão foi e ainda é uma fonte de energia elétrica importante.
   a) Qual é o inconveniente ambiental desse uso?
   b) Por que a descoberta de reservas de gás natural em algumas regiões do país tornou mais interessante o uso desse tipo de combustível em usinas termelétricas? Qual é a vantagem desse combustível em relação ao carvão?

6. O petróleo bruto é uma mistura de substâncias cujos componentes são separados por destilação fracionada. Desse processo são obtidos inúmeros combustíveis, como o gás natural, a gasolina, o gás utilizado nos botijões de cozinha, o querosene e o óleo diesel. A alta do preço do barril de petróleo não acarreta o aumento somente do preço dos combustíveis, mas também de uma série de outros produtos, como os plásticos. Por quê?

7. O metilciclo-hexano é um líquido inflamável, incolor e praticamente insolúvel em água. A exposição prolongada a seus vapores pode causar irritação do sistema respiratório e tontura. Sua temperatura de ebulição é 101 °C e sua densidade, a 20 °C, é de aproximadamente 0,8 g/mL.
   a) Qual é a massa correspondente a 600 mL de metilciclo-hexano?
   b) Qual é o volume correspondente a 2,4 kg de metilciclo-hexano?
   c) Determine sua fórmula estrutural.
   d) Qual é sua fórmula molecular?

8. O *para*-xileno é usado como matéria-prima para a obtenção do ácido tereftálico. Este, por sua vez, é empregado na obtenção do poli (tereftalato de etila, plástico conhecido como PET. Lembrando que *para*-xileno é o nome usual do 1,4-dimetilbenzeno, escreva sua fórmula estrutural.

9. As charges são gêneros textuais que aliam linguagem verbal e não verbal. Elas utilizam humor e ironia para fazer uma crítica. Observe a charge abaixo.

   a) Identifique o aspecto criticado pelo autor.
   b) Em grupo, pesquisem em *sites* confiáveis técnicas que podem ser utilizadas para lidar com a questão ambiental que é objeto de crítica do autor. Façam uma breve exposição oral sobre a técnica escolhida.

10. A camomila é uma planta que era muito utilizada no tratamento de doenças na época da Grécia antiga. Entre as substâncias presentes nessa planta, o camazuleno, cuja fórmula está representada ao lado, apresenta atividade anti-inflamatória reconhecida no meio científico.

    De acordo com a representação, indique a fórmula molecular do camazuleno e o número de átomos de carbono secundário.

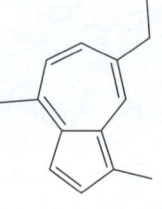

Testando seus conhecimentos

1. (UCS-RS)

O Pré-Sal é uma faixa que se estende ao longo de 800 quilômetros entre os estados de Santa Catarina e do Espírito Santo, abaixo do leito do mar, e engloba três bacias sedimentares (Espírito Santo, Campos e Santos). O petróleo encontrado nessa área está a profundidades que superam os 7 000 metros, abaixo de uma extensa camada de sal que conserva sua qualidade. A meta da Petrobras é alcançar, em 2017, uma produção diária superior a um milhão de barris de óleo nas áreas em que opera.

Disponível em: <http://www.istoe.com.br/reportagens/117228_PRE+SAL+UM+BILHETE+PREMIADO>. Acesso em: 2 mar. 15. (Adaptado.)

Em relação ao petróleo e aos seus derivados, assinale a alternativa correta.

a. A refinação do petróleo é a separação de uma mistura complexa de hidrocarbonetos em misturas mais simples, com um menor número de componentes, denominadas frações do petróleo. Essa separação é realizada por meio de um processo físico denominado destilação simples.

b. Os antidetonantes são substâncias químicas que, ao serem misturadas à gasolina, aumentam sua resistência à compressão e consequentemente o índice de octanagem.

c. O craqueamento do petróleo permite transformar hidrocarbonetos aromáticos em hidrocarbonetos de cadeia normal, contendo em geral o mesmo número de átomos de carbono, por meio de aquecimento e catalisadores apropriados.

d. A gasolina é composta por uma mistura de alcanos, que são substâncias químicas polares e que apresentam alta solubilidade em etanol.

e. A combustão completa do butano, um dos principais constituintes do gás natural, é um exemplo de reação de oxirredução, na qual o hidrocarboneto é o agente oxidante e o gás oxigênio presente no ar atmosférico é o agente redutor.

2. (Enem) O quadro apresenta a composição do petróleo.

Fração	Faixa de tamanho das moléculas	Faixa de ponto de ebulição (°C)	Usos
gás	C_1 a C_5	–160 a 30	combustíveis gasosos
gasolina	C_5 a C_{12}	30 a 200	combustível de motor
querosene	C_{12} a C_{18}	180 a 400	diesel e combustível de alto-forno
lubrificantes	maior que C_{16}	maior que 350	lubrificantes
parafinas	maior que C_{20}	sólidos de baixa fusão	velas e fósforos
asfalto	maior que C_{30}	resíduos pastosos	pavimentação

Para a separação dos constituintes com o objetivo de produzir a gasolina, o método a ser utilizado é a:
a. filtração.
b. destilação.
c. decantação.
d. precipitação.
e. centrifugação.

3. (UFG-GO) A fórmula de um alcano é C_nH_{2n+2}, onde **n** é um inteiro positivo. Neste caso, a massa molecular do alcano, em função de **n**, é, aproximadamente:
a. 12n
b. 14n
c. 12n + 2
d. 14n + 2
e. 14n + 4

4. (Unifesp) A figura mostra o esquema básico da primeira etapa do refino do petróleo, realizada à pressão atmosférica, processo pelo qual ele é separado em misturas com menor número de componentes (fracionamento do petróleo).

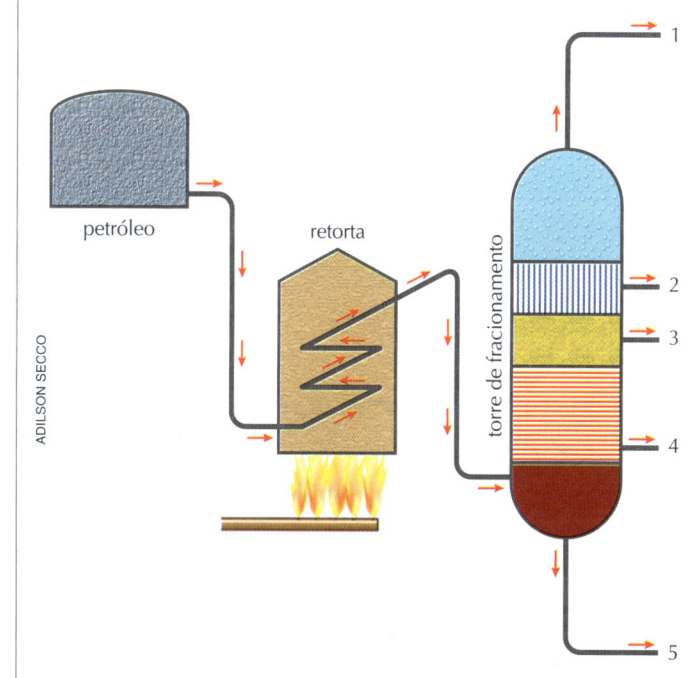

(Petrobras. O petróleo e a Petrobras em perguntas e respostas, 1986. Adaptado.)

a. Dê o nome do processo de separação de misturas pelo qual são obtidas as frações do petróleo e o nome da propriedade específica das substâncias na qual se baseia esse processo.

b. Considere as seguintes frações do refino do petróleo e as respectivas faixas de átomos de carbono: gás liquefeito de petróleo (C_3 a C_4); gasolina (C_5 a C_{12}); óleo combustível ($>C_{20}$); óleo diesel (C_{12} a C_{20}); querosene (C_{12} a C_{16}). Identifique em qual posição (1, 2, 3, 4 ou 5) da torre de fracionamento é obtida cada uma dessas frações.

5. (IFSC)

A Petrobras bateu mais um recorde mensal na extração de petróleo na camada do Pré-Sal. Em julho, a produção operada pela empresa chegou a 798 mil barris por dia (bpd), 6,9% acima do recorde histórico batido no mês anterior. No dia 8 de julho, também foi atingido recorde de produção: foram produzidos 865 mil barris por dia (bpd). Essa produção não inclui a extração de gás natural.

(Fonte: http://www.brasil.gov.br/economia-e-emprego/2015/08/pre-sal-novo-recorde-na-producao-de-petroleo-mensal)

Com base no assunto da notícia acima, assinale a alternativa CORRETA.
a. O gás natural é uma mistura de gases, sendo que o principal constituinte é o metano, de fórmula molecular CH_4.
b. O petróleo é utilizado somente para a produção de combustíveis e poderia ser totalmente substituído pelo etanol, menos poluente.
c. A camada do Pré-Sal se encontra normalmente próxima a vulcões onde, há milhares de anos, o petróleo se originou a partir de substâncias inorgânicas.
d. As substâncias que compõem o petróleo são hidrocarbonetos como: ácidos graxos, éteres e aldeídos.
e. As diferentes frações do petróleo são separadas em uma coluna de destilação, onde as moléculas menores como benzeno e octano são retiradas no topo e as moléculas maiores como etano e propano são retiradas na base da coluna.

6. (IFPE) O petróleo é uma mistura de várias substâncias, que podem ser separadas por um método adequado. A gasolina, o querosene e o óleo diesel são algumas das frações do petróleo.

Plataforma marítima de extração de petróleo.

Analise cada alternativa abaixo e indique a única verdadeira.
a. A gasolina vendida em Recife é de excelente qualidade por ser considerada uma substância pura.
b. A combustão completa da gasolina libera um gás que contribui para o aquecimento global.
c. O petróleo é inesgotável e é considerado um material renovável.
d. Um determinado aluno deixou cair acidentalmente 1 litro de gasolina dentro de um aquário contendo 8 litros de água e verificou a formação de um sistema homogêneo.
e. O processo de extração do petróleo através da plataforma marítima é totalmente seguro, não se tem conhecimento, até hoje, de nenhum acidente que tenha causado danos aos seres vivos.

7. (UEM-PR) Assinale o que for correto.
01. O gás liquefeito de petróleo (GLP) é uma das primeiras frações a ser obtida no processo de destilação fracionada, sendo composto por hidrocarbonetos de cadeia longa (C_{18}-C_{25}).
02. Uma das teorias mais aceitas atualmente para a origem do petróleo admite que este veio a se formar a partir de matéria orgânica.
04. O petróleo é um óleo normalmente escuro, formado quase que exclusivamente por hidrocarbonetos. Além dos hidrocarbonetos, há pequenas quantidades de substâncias contendo nitrogênio, oxigênio e enxofre.
08. O craqueamento catalítico converte óleos de cadeia grande em moléculas menores, que podem ser usadas para compor, entre outros produtos, a gasolina.
16. A ramificação das cadeias carbônicas dos compostos que formam a gasolina não é algo desejável, uma vez que isso diminui a octanagem do combustível.

Dê como resposta a soma dos números correspondentes às alternativas corretas.

8. (UPM-SP) A destilação fracionada é um processo de separação no qual se utiliza uma coluna de fracionamento, separando-se diversos componentes de uma mistura homogênea, que apresentam diferentes pontos de ebulição. Nesse processo, a mistura é aquecida e os componentes com menor ponto de ebulição são separados primeiramente pelo topo da coluna. Tal procedimento é muito utilizado para a separação dos hidrocarbonetos presentes no petróleo bruto, como está representado na figura a seguir.

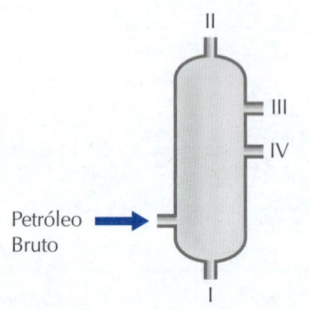

Assim, ao se realizar o fracionamento de uma amostra de petróleo bruto, os produtos recolhidos em I, II, III e IV são, respectivamente,
a. gás de cozinha, asfalto, gasolina e óleo diesel.
b. gás de cozinha, gasolina, óleo diesel e asfalto.
c. asfalto, gás de cozinha, gasolina e óleo diesel.
d. asfalto, gasolina, gás de cozinha e óleo diesel.
e. gasolina, gás de cozinha, óleo diesel e asfalto.

9. (UPE) A formulação de um determinado produto comercial contém, em massa, 58% de solvente e 40% de uma mistura gasosa formada por $CH_3(CH_2)_2CH_3$, $(CH_3)_2CHCH_3$ e $CH_3CH_2CH_3$, numa proporção de 65%, 15% e 20%, respectivamente.

Qual alternativa apresenta o produto que atende à descrição acima?
a. Desodorante aerossol
b. Extintor de incêndio
c. Gás de cozinha
d. Gás natural veicular – GNV
e. Gás refrigerante de geladeira

10. (FGV-SP)

> De acordo com dados da Agência Internacional de Energia (AIE), aproximadamente 87% de todo o combustível consumido no mundo são de origem fóssil.
> Essas substâncias são encontradas em diversas regiões do planeta, no estado sólido, líquido e gasoso e são processadas e empregadas de diversas formas.
> (www.brasilescola.com/geografia/combustiveis-fosseis.htm. Adaptado)

Por meio de processo de destilação seca, o *combustível I* dá origem à matéria-prima para a indústria de produção de aço e alumínio.

O *combustível II* é utilizado como combustível veicular, em usos domésticos, na geração de energia elétrica e também como matéria-prima em processos industriais.

O *combustível III* é obtido por processo de destilação fracionada ou por reação química, e é usado como combustível veicular.

Os combustíveis de origem fóssil I, II e III são, correta e respectivamente,
a. carvão mineral, gasolina e gás natural.
b. carvão mineral, gás natural e gasolina.
c. gás natural, etanol e gasolina.
d. gás natural, gasolina e etanol.
e. gás natural, carvão mineral e etanol.

11. (Uerj) A sigla BTEX faz referência a uma mistura de hidrocarbonetos monoaromáticos, poluentes atmosféricos de elevada toxidade. Considere a seguinte mistura BTEX:

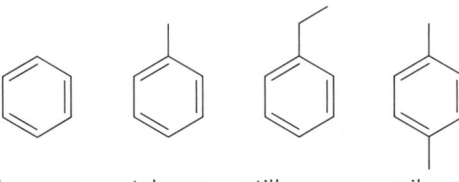

benzeno   tolueno   etilbenzeno   xileno

Ao fim de um experimento para separar, por destilação fracionada, essa mistura, foram obtidas três frações. A primeira e a segunda frações continham um composto distinto cada uma, e a terceira continha uma mistura dos outros dois restantes.

Os compostos presentes na terceira fração são:
a. xileno e benzeno
b. benzeno e tolueno
c. etilbenzeno e xileno
d. tolueno e etilbenzeno

12. (Enem) O potencial brasileiro para transformar lixo em energia permanece subutilizado – apenas pequena parte dos resíduos brasileiros é utilizada para gerar energia. Contudo, bons exemplos são os aterros sanitários, que utilizam a principal fonte de energia ali produzida. Alguns aterros vendem créditos de carbono com base no Mecanismo de Desenvolvimento Limpo (MDL), do Protocolo de Kyoto.

Essa fonte de energia subutilizada, citada no texto, é o
a. etanol, obtido a partir da decomposição da matéria orgânica por bactérias.
b. gás natural, formado pela ação de fungos decompositores da matéria orgânica.
c. óleo de xisto, obtido pela decomposição da matéria orgânica pelas bactérias anaeróbias.
d. gás metano, obtido pela atividade de bactérias anaeróbias na decomposição da matéria orgânica.
e. gás liquefeito de petróleo, obtido pela decomposição de vegetais presentes nos restos de comida.

13. (PUC-RJ)

Segundo as regras da IUPAC, a nomenclatura do composto representado acima é
a. 2-etil-hex-1-ano
b. 3-metil-heptano
c. 2-etil-hept-1-eno
d. 3-metil-hept-1-eno
e. 3-etil-hept-1-eno

14. (UEM-PR) O grande dilema da utilização indiscriminada de petróleo hoje em dia como fonte de energia é que ele também é fonte primordial de matérias-primas industriais, ou seja, reagentes que, submetidos a diferentes reações químicas, geram milhares de novas substâncias importantíssimas para a sociedade. A esse respeito, assinale o que for correto.
01. O craqueamento do petróleo visa a transformar moléculas gasosas de pequena massa molar em compostos mais complexos a serem utilizados nas indústrias químicas.
02. A destilação fracionada do petróleo separa grupos de compostos em faixas de temperatura de ebulição diferentes.
04. A gasolina é o nome dado à substância n-octano, obtida na destilação fracionada do petróleo.
08. O resíduo do processo de destilação fracionada do petróleo apresenta-se como um material altamente viscoso usado como piche e asfalto.
16. Grande parte dos plásticos utilizados hoje em dia tem como matéria-prima o petróleo.

Dê como resposta a soma dos números correspondentes às alternativas corretas.

15. (Uespi) Colunas de fracionamento gigantescas são usadas na indústria petroquímica para separar misturas complexas como petróleo cru. Considerando os produtos resultantes da destilação do petróleo, podemos afirmar que:
    1. as frações voláteis são usadas como gás natural, gasolina e querosene.
    2. as frações menos voláteis são usadas como diesel combustível.
    3. o resíduo que permanece depois da destilação é o asfalto, que é usado em rodovias.
    4. o querosene, um combustível utilizado em motores a jato, é destilado de 100 a 180 °C.

    a. 1 e 2 apenas
    b. 1 e 3 apenas
    c. 2 e 3 apenas
    d. 1, 2 e 3 apenas
    e. 1, 2, 3 e 4

16. (Uerj) O petróleo contém hidrocarbonetos policíclicos aromáticos que, absorvidos por partículas em suspensão na água do mar, podem acumular-se no sedimento marinho. Quando são absorvidos por peixes, esses hidrocarbonetos são metabolizados por enzimas oxidases mistas encontradas em seus fígados, formando produtos altamente mutagênicos e carcinogênicos. A concentração dessas enzimas no fígado aumenta em função da dose de hidrocarboneto absorvida pelo animal.

    Em um trabalho de monitoramento, quatro gaiolas contendo, cada uma, peixes da mesma espécie e tamanho foram colocadas em pontos diferentes no fundo do mar, próximos ao local de um derramamento de petróleo. Uma semana depois, foi medida a atividade média de uma enzima oxidase mista nos fígados dos peixes de cada gaiola. Observe os resultados encontrados na tabela abaixo:

Número de gaiola	atividade média da oxidase mista $\left(\dfrac{\text{unidades}}{\text{grama de fígado}}\right)$
1	$1{,}0 \times 10^{-2}$
2	$2{,}5 \times 10^{-3}$
3	$4{,}3 \times 10^{-3}$
4	$3{,}3 \times 10^{-2}$

    A gaiola colocada no local mais próximo do derramamento de petróleo é a de número:
    a. 1
    b. 2
    c. 3
    d. 4

O texto a seguir refere-se à questão de número 17.

Futebol é emoção no ar, ou melhor, no campo. É um espetáculo que mexe com todos e quase tudo, inclusive com a Química, que forma uma "verdadeira equipe" de produtos presentes nos estádios e sem a qual o espetáculo certamente seria menos colorido. Por exemplo, no gramado, podem estar os fertilizantes agrícolas como o cloreto de potássio e o sulfato de amônio, que, em conjunto com a água, mantêm verde, firme e uniforme a base em que rola a polêmica "jabulani". Mas há outros integrantes na equipe química: para os pés dos jogadores, está escalado o ABS utilizado na fabricação das travas das chuteiras, que permitem dribles e passes que encantam (ou desencantam) a torcida; para os uniformes, estão escalados tecidos mais leves e confortáveis, porém, mais resistentes a puxões; para segurar a bola, evitar dúvidas e liberar o grito de gol, está escalado o náilon da rede que cobre a meta. Na equipe química, também estão presentes as tintas especiais que pintam os rostos dos torcedores e os materiais sintéticos dos barulhentos tambores e "vuvuzelas". E para completar a festa, a Química, é claro, também vai saudar as equipes com o nitrato de potássio, empregado na fabricação de fogos de artifício. Como se pode ver, a Química tem participação garantida em qualquer campeonato.

Disponível em: <http://www.abiquim.org.br/vceaquim/tododia/14.asp>. Acesso em: 05 jul. 2010. (Adaptado)

17. (UFPB/PSS) O ABS é um termoplástico formado pelas três diferentes unidades moleculares: (A) *acrilonitrila*, (B) *buta-1,3-dieno* ou *1,3-butadieno* e (S) *estireno* (S, do inglês *styrene*), cuja fórmula estrutural é dada abaixo:

    $HC = CH_2$ (ligado a anel benzênico)

    (S)

    Sobre o estireno, é correto afirmar:
    a. É um hidrocarboneto saturado.
    b. É um hidrocarboneto aromático.
    c. É um ácido carboxílico.
    d. Apresenta cadeia heterogênea.
    e. Apresenta fórmula molecular é C_8H_6.

18. (UFRN) O Rio Grande do Norte é o maior produtor de petróleo do Brasil em terra. O petróleo bruto é processado nas refinarias para separar seus componentes por destilação fracionada. Esse processo é baseado nas diferenças das temperaturas de ebulição das substâncias relativamente próximas. A figura a seguir representa o esquema de uma torre de destilação fracionada para o refinamento do petróleo bruto. Nela, os números de 1 a 4 indicam as seções nas quais as frações do destilado são obtidas. Na tabela abaixo da figura, são apresentadas características de algumas das frações obtidas na destilação fracionada do petróleo bruto.

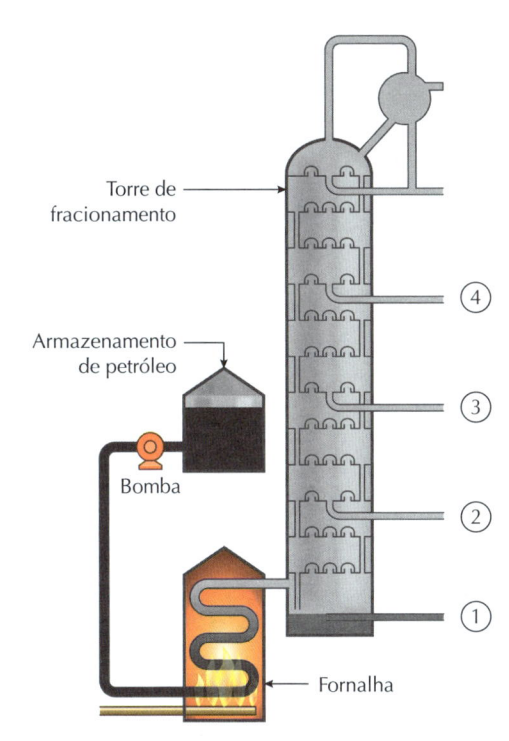

Fração	Número de átomos de carbono na molécula	Faixa da Temperatura de ebulição °C
gasolina	5 a 10	40 a 175
querosene	11 a 12	175 a 235
óleo combustível	13 a 17	235 a 305
óleo lubrificante	Acima de 17	Acima de 305

Para a análise da qualidade da destilação, um técnico deve coletar uma amostra de querosene na torre de destilação. Essa amostra deve ser coletada

a. somente na seção 3.
b. nas seções 2 e 3.
c. somente na seção 1.
d. somente na seção 4.
e. nas seções 1 e 4.

19. (UPE)

Um dos contaminantes do petróleo e do gás natural brutos é o H_2S. O gás sulfídrico é originário de processos geológicos, baseados em diversos mecanismos físico-químicos ou microbiológicos, os quais necessitam de: uma fonte de enxofre, por exemplo, íons sulfato; um mediador, como as bactérias ou as elevadas temperaturas de subsuperfície, e um agente catalisador cuja presença alterará a velocidade da reação de oxirredução da matéria-orgânica.

Um dos processos tecnológicos para a remoção do H_2S no petróleo se baseia na sua reação com o oxigênio, conforme indicado na equação (I).

$$2\,H_2S(g) + O_2(g) \longrightarrow 2\,S(s) + 2\,H_2O(l) \quad (I)$$

No entanto, com base na premissa econômica, é comum o lançamento contínuo de baixos teores de H_2S diretamente na atmosfera, sem tratamento, que acabam reagindo na atmosfera e retornando ao ambiente sob forma de SO_2, conforme mostra a equação II, indicada a seguir:

$$H_2S(g) + O_3(g) \longrightarrow SO_2(g) + H_2O(l) \quad (II)$$

Mainier, F. B.; Rocha, A.A. H_2S: novas rotas de remoção química e recuperação de enxofre. 2º Congresso Brasileiro de P&D em Petróleo & Gás (Adaptado)

Dados:

$$2\,H_2S(g) + 3\,O_2(g) \longrightarrow 2\,SO_2(s) + 2\,H_2O(l) \quad \Delta H = -1124\text{ kJ}$$

$$3\,S(s) + 2\,H_2O(l) \longrightarrow 2\,H_2S(g) + SO_2(g) \quad \Delta H = +233\text{ kJ}$$

I. O tipo de processamento dado ao petróleo e ao gás natural pode contribuir para a formação da chuva ácida.
II. A oxidação do H_2S com agentes oxidantes, como oxigênio, no tratamento do petróleo é um dos principais fatores que tem comprometido a existência da camada de ozônio.
III. O sulfato de cálcio ($CaSO_4$) e/ou o sulfato de bário ($BaSO_4$), presente(s) em sedimentos marinhos, serve(m) como fonte natural de SO_4^{2-} para os mecanismos de geração de H_2S que se misturam ao petróleo.
IV. Quando 16 kg de enxofre são produzidos, de acordo com a equação I, a variação de entalpia para a reação e a quantidade de calor produzido no tratamento oxidativo do H_2S com o oxigênio são, respectivamente, $\Delta H = -530$ kJ e $1,3 \times 10^5$ kJ.

Considerando as informações contidas no texto e o conhecimento acerca das temáticas envolvidas, está CORRETO apenas o que se afirma em

a. I e II.
b. II e III.
c. III e IV.
d. I, III e IV.
e. II, III e IV.

20. (Uerj) A exposição ao benzopireno é associada ao aumento de casos de câncer. Observe a fórmula estrutural dessa substância:

Com base na fórmula, a razão entre o número de átomos de carbono e o de hidrogênio, presentes no benzopireno, corresponde a:

a. $\dfrac{3}{7}$
b. $\dfrac{6}{5}$
c. $\dfrac{7}{6}$
d. $\dfrac{5}{3}$

CAPÍTULO 30

FUNÇÕES ORGÂNICAS OXIGENADAS

À esquerda, sorvete de abacaxi produzido a partir da fruta e, à direita, sorvete de abacaxi produzido com o uso de flavorizantes. Observe que a aparência dos dois é muito semelhante.

ENEM
C5: H17
C7: H24

Este capítulo vai ajudá-lo a compreender:

- as principais funções orgânicas oxigenadas;
- a nomenclatura e as características de álcoois, aldeídos, éteres, ácidos carboxílicos, cetonas, ésteres e fenóis;
- algumas aplicações de compostos orgânicos oxigenados.

Para situá-lo

Os sorvetes com sabor de abacaxi não são, necessariamente, preparados com a própria fruta. Algumas substâncias obtidas em laboratórios ou indústrias são capazes de conferir sabor de abacaxi, laranja, banana, maçã, pêssego, framboesa, entre outros, às misturas a que são incorporadas. Essas substâncias, chamadas de **flavorizantes**, aparecem indicadas, nas embalagens dos produtos em que estão presentes, com códigos em geral não identificados pelos consumidores. Boa parte dessas substâncias pertence ao grupo dos ésteres, uma função oxigenada.

Consumo de alimentos – recomendação do Ministério da Saúde

O Ministério da Saúde recomenda que se priorize o consumo de alimentos *in natura* ou minimamente processados, como frutas, legumes, verduras e cereais, que não apresentam substâncias artificiais em sua composição. Uma dieta baseada nesse tipo de alimento tende a ser nutricionalmente mais balanceada. Além disso, os efeitos a longo prazo de algumas substâncias artificiais podem não ser bem conhecidos. Considerando aspectos sociais, culturais e ambientais, priorizar esse tipo de alimento favorece hábitos culturais genuínos da região, como comer tapioca nas regiões Norte e Nordeste e pequi no Centro-Oeste, e a comercialização da produção de pequenos produtores que utilizam práticas agroecológicas.

O quadro a seguir traz alguns flavorizantes utilizados pela indústria de alimentos.

Flavorizantes e seus respectivos aromas			
Nome da substância	Aroma	Nome da substância	Aroma
etanoato de isoamila	banana	butanoato de etila	abacaxi
propanoato de isobutila	rum	metanoato de etila	rum, groselha, framboesa
etanoato de benzila	pêssego, rum	etanoato de octila	laranja
butanoato de metila	maçã	etanoato de isobutila	morango

Nem todos os flavorizantes são constituídos de ésteres. A vanilina, por exemplo, é um composto orgânico que apresenta mais de um grupo funcional (fenol, éter e aldeído) e é o principal constituinte do extrato da semente de baunilha. Seu nome IUPAC é 4-hidroxi-3-metoxibenzaldeído, popularmente conhecido como aroma de baunilha.

Vanilla planifolia, orquídea de onde é extraída a vanilina, substância usada como essência de baunilha na culinária.

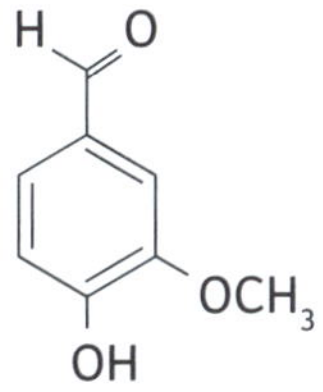

fórmula estrutural da vanilina (4-hidroxi-3--metoxibenzaldeído)

O maior produtor mundial de vanilina natural é Madagascar, no continente africano, mas ela também é produzida no México e na Polinésia. Devido a sua grande aplicação em alimentos, bebidas, perfumes e fármacos, a vanilina também é produzida por via sintética. A vanilina natural é bastante valorizada e seu preço varia muito, de acordo com a demanda e a qualidade do produto, podendo chegar a valores centenas de vezes maiores que o da vanilina sintética.

Além dos flavorizantes e perfumes, outras substâncias orgânicas oxigenadas têm importância histórica e social. O fenol, usado na desinfecção hospitalar, permitiu uma redução significativa do número de óbitos desde que começou a ser empregado para esse fim; o éter dietílico, introduzido como anestésico em procedimentos cirúrgicos, reduziu drasticamente o sofrimento dos pacientes; o etanol vem sendo utilizado como combustível; o ácido benzoico e o ácido cítrico, usados como conservantes em alimentos industrializados, propiciaram maior durabilidade a esses produtos, e o ácido acetilsalicílico, importante analgésico, é apenas um entre os muitos medicamentos que apresentam grupos funcionais oxigenados.

1. A aparência dos dois sorvetes apresentados na imagem da página anterior é muito semelhante. No entanto, você saberia dizer quais seriam as diferenças entre eles?

2. Nos perfumes há componentes que evaporam com facilidade (mais voláteis) e outros que não (menos voláteis). Considerando duas substâncias de massa molecular próxima, mas uma sendo um álcool e a outra um aldeído, qual delas deve ser mais volátil? Justifique sua resposta.

Neste capítulo vamos estudar as principais funções orgânicas oxigenadas – como álcoois, fenóis, éteres, aldeídos, cetonas, ácidos carboxílicos e ésteres –, as formas de nomeá-las e algumas características de cada grupo funcional.

Álcoois

Os **álcoois** são substâncias que possuem um ou mais grupos hidroxila (—OH) ligados a um átomo de carbono saturado. Genericamente, são representados por R—OH, em que R indica um grupo alquila.

Antes de iniciar os estudos sobre a nomenclatura e as características dos álcoois, observe as fórmulas estruturais e os nomes de alguns deles apresentados ao lado e responda às questões que seguem.

- O que você nota de semelhante em todas essas estruturas orgânicas? E no nome das substâncias, há alguma semelhança?
- As fórmulas estruturais abaixo representam substâncias que não apresentam a função álcool, embora tenham muita semelhança com ela.

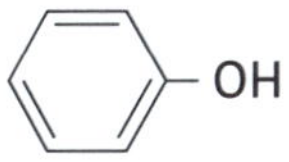

$\bigcirc$—OH (I) $H_2C = CH — OH$ (II)

$H_3C — CH_2 — OH$
etanol
(álcool etílico)

$H_3C — OH$
metanol
(álcool metílico)

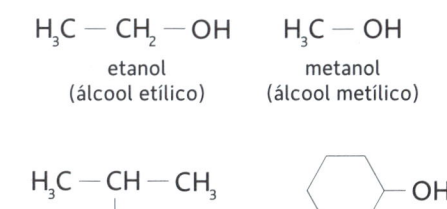

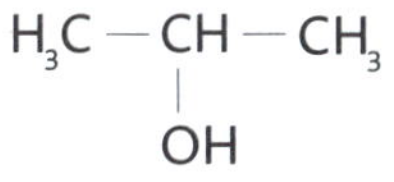

$H_3C — CH — CH_3$
          |
         OH
propan-2-ol
(álcool isopropílico)

$\bigcirc$—OH
ciclo-hexanol

A substância (I) pertence à função fenol. A substância (II) é bastante instável e pertence a uma função chamada enol.

Você nota alguma diferença entre os álcoois representados anteriormente e essas substâncias? Proponha uma forma de identificar a estrutura química dos álcoois.

Capítulo 30 • Funções orgânicas oxigenadas **731**

Nomenclatura dos álcoois

Para nomear um álcool, é necessário, em primeiro lugar, identificar a maior cadeia carbônica que contém o átomo de carbono ligado ao grupo OH.

$$H_3\overset{6}{C} - \overset{5}{C}H_2 - \overset{4}{C}H_2 - \overset{3}{\underset{\underset{\underset{CH_3}{\overset{|}{\underset{1}{C}}H_3}}{\overset{|}{\underset{2}{H}C - OH}}}{\overset{|}{\overset{CH_3}{|}}}}C - CH_3$$

Observe na representação acima que a maior cadeia carbônica que contém um átomo de carbono ligado ao OH está destacada pelos números em azul (6 átomos de carbono).

Se considerássemos somente a cadeia principal, sem as ramificações e a função álcool, teríamos um **hexano** (**hex** = 6 átomos de carbono; **an** = ligações simples entre os átomos de carbono; **o** = grupo funcional hidrocarboneto). Para o grupo OH, o sufixo utilizado é **ol**, como você pode ver nos casos a seguir:

$H_3C - OH$ $H_3C - CH_2 - OH$ ciclopentanol-OH
metanol   etanol

$H_3C - CH_2 - CH_2 - OH$ $H_3C - \overset{\overset{OH}{|}}{C}H - CH_3$
propan-1-ol   propan-2-ol

Note que as duas últimas fórmulas apresentam a mesma cadeia principal, mas diferem na posição do grupo OH.

Quando é necessário indicar a posição do grupo OH, a numeração da cadeia principal deve se iniciar na extremidade mais próxima ao grupo OH. Veja:

$$H_3\overset{3}{C} - \overset{2}{C}H_2 - \overset{1}{C}H_2 - OH$$

Essa numeração é utilizada para indicar a posição de ramificações ou de insaturações na cadeia principal. Observe mais alguns exemplos:

3-etilpentan-2-ol

2-metilpropan-2-ol

3,3-dimetil-hexan-2-ol

Lembre-se de que, se a cadeia principal possuir duas ramificações iguais, como dois grupos metil, é necessário indicar a posição de cada grupo separada por vírgula (por isso, no último exemplo há dois números separados por vírgula: **3,3**) e inserir o prefixo **di** antes do nome do grupo (**dimetil**). Se as ramificações forem diferentes, um grupo metil e outro etil, por exemplo, eles são indicados em ordem alfabética.

3-etil-2-metil-hexan-2-ol

Nomenclatura de classe funcional

Outra nomenclatura aceita pela IUPAC para designar alguns álcoois é conhecida como nomenclatura de classe funcional. Nela, utiliza-se o termo **álcool**, em palavra separada, seguido do nome do grupo substituinte sem o sufixo **il** e com a terminação **ílico**.

H_3COH $H_3C - CH_2OH$ $H_3C - \overset{\overset{H}{|}}{\underset{\underset{OH}{|}}{C}} - CH_3$
álcool metílico   álcool etílico   álcool isopropílico

álcool benzílico $CH_3CH_2CH_2CH_2OH$
                    álcool butílico

Saiba mais

Álcoois insaturados × enóis

É possível encontrar álcoois insaturados, ou seja, álcoois cuja cadeia principal apresenta dupla ou tripla-ligação. Quando a dupla-ligação ocorre em um átomo de carbono ligado ao grupo OH, o composto é considerado um **enol**. Observe os exemplos a seguir:

$$H_3C - \overset{\overset{OH}{|}}{C} = CH_2$$
prop-1-en-2-ol
(enol)

$$H_3C - \overset{\overset{OH}{|}}{C}H - CH = CH_2$$
but-3-en-2-ol
(álcool insaturado)

Os enóis, de forma geral, são instáveis e estabelecem um equilíbrio químico com seu isômero, tema que será abordado no capítulo 32.

Características gerais dos álcoois

Tendo em vista a polaridade da ligação O — H, os álcoois formam ligações de hidrogênio intermoleculares. Essa forte interação explica propriedades como a elevada solubilidade em água dos álcoois que possuem pequeno número de átomos de carbono por molécula e temperatura de ebulição alta em comparação com as dos hidrocarbonetos de massa molecular próxima. Veja na tabela seguinte a temperatura de ebulição e a solubilidade em água de alguns álcoois:

Temperatura de ebulição e solubilidade em água de alguns álcoois		
Álcool	Temperatura de ebulição (°C)	Solubilidade em água
metanol	65	solúvel
etanol	78	solúvel
propan-1-ol	97	solúvel
butan-1-ol	118	levemente solúvel

Fonte: LIDE, David R. (Ed.). Physical Constants of Organic Compounds. In: *CRC Handbook of Chemistry and Physics*. 89th ed. (Internet Version). Boca Raton, FL: CRC/Taylor and Francis, 2009.

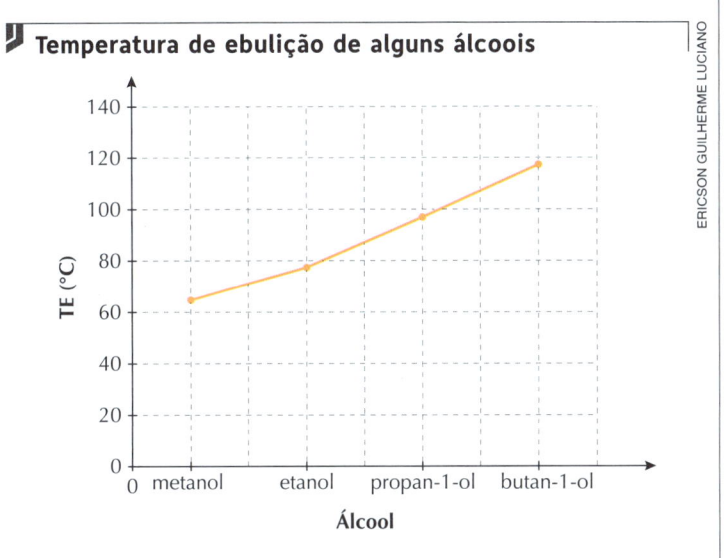

Temperatura de ebulição de alguns álcoois

O aumento da cadeia carbônica de um álcool, em geral, eleva sua temperatura de ebulição. Essa elevação ocorre porque, com o aumento da cadeia carbônica, aumenta a superfície de contato das moléculas e, consequentemente, as interações entre elas.

Atividades

1. A fórmula do álcool benzílico é:

   ⬡—CH$_2$OH

   a) Qual é a fórmula molecular dessa substância?
   b) Por que, apesar de ter uma estrutura muito semelhante à do benzeno, o álcool benzílico apresenta uma solubilidade considerável em água, ao contrário do benzeno, que é praticamente insolúvel?
   c) É possível prever se a temperatura de ebulição do metilbenzeno (tolueno) é maior ou menor que a do álcool benzílico? Justifique sua resposta.

2. Dê o nome IUPAC e a fórmula molecular do composto representado a seguir:

   ⬡—OH

3. Escreva a fórmula estrutural do 3-metilbutan-2-ol, substância também conhecida como álcool *sec*-isoamílico e usada como solvente.

4. A desidratação intermolecular do etanol é um exemplo de reação orgânica de grande aplicação industrial, pois por meio dela pode-se obter um dos plásticos mais consumidos atualmente, o polietileno. Nessa reação, o etanol é aquecido a 180 °C na presença de catalisador (H_2SO_4), produzindo eteno e água.

   Escreva a equação que representa a reação descrita acima.

Alguns álcoois importantes

Metanol

O metanol (CH_3OH) é um líquido incolor extremamente tóxico. Como inicialmente era obtido pela destilação seca da madeira, por muito tempo foi conhecido como "espírito da madeira" ou "álcool de madeira".

Atualmente, seu processo de obtenção é industrial e feito a partir da reação catalisada entre o monóxido de carbono e o hidrogênio, conforme indicado na equação a seguir:

$$CO(g) + 2\,H_2(g) \xrightarrow[\Delta,\,p]{\text{catalisador}} CH_3OH(g)$$

O metanol é o álcool de menor massa molar e, em pequenas concentrações, faz parte da fumaça proveniente da queima da madeira. O metanol é bem mais tóxico que o etanol. A ingestão de uma quantidade correspondente a 50 mL de metanol (40 g) pode ser fatal.

A toxicidade do metanol se deve à formação de metanal e ácido metanoico, causada por sua oxidação. Em nosso organismo essa oxidação é facilitada pela enzima álcool desidrogenase. Observe:

metanol + ½ O_2 →(enzima) metanal (aldeído fórmico) + H_2O

metanal (aldeído fórmico) + ½ O_2 →(enzima) ácido metanoico (ácido fórmico) + H_2O

Esses produtos da oxidação do metanol atacam células da retina e causam degeneração do nervo óptico, o que pode provocar cegueira definitiva.

Aplicações do metanol

Principais aplicações do metanol:

- é usado como solvente no processo de fabricação de inseticidas;
- atua em etapas dos processos industriais de obtenção de tintas, corantes, resinas e adesivos;
- é uma das matérias-primas para a obtenção do 2-metoxi-2-metilpropano (sigla em inglês MTBE), aditivo usado para melhorar o rendimento da gasolina;
- é matéria-prima para a produção de metanal (formaldeído), que, numa mistura com água, constitui o formol;
- é usado como combustível para aviões;
- é misturado à gasolina em alguns países;
- é usado para obter biodiesel;
- é uma das substâncias empregadas nas células de combustível.

Em destaque, célula de combustível à base de metanol, muito usada para fornecer energia a equipamentos portáteis.

Etanol

O etanol é conhecido comercialmente como álcool etílico ou simplesmente álcool, substância encontrada em combustíveis, tintas, bebidas alcoólicas e outros produtos, como tintura de iodo. Entre todas as substâncias orgânicas já obtidas de produtos naturais, o etanol é uma das mais importantes. A partir dele, é possível obter outras substâncias orgânicas que são insumos para a produção de diferentes materiais, como plásticos, borrachas sintéticas, entre outros.

Como se obtém o etanol?

- **Por hidratação do eteno (ou etileno)**

  Os países que refinam petróleo obtêm, como subproduto do craqueamento, o eteno. Por meio da adição de água ao eteno, ele é transformado em etanol.

$$H_2C=CH_2 + H-OH \xrightarrow{catalisador} \underset{etanol}{H_2C(H)-CH_2(OH)}$$

eteno

Nos Estados Unidos e no Japão, por exemplo, o etanol é produzido dessa maneira. Recentemente, para valer-se de recursos renováveis, nos Estados Unidos também tem sido usada a fermentação do amido retirado do milho para produzir parte do etanol.

- **Por fermentação**

  No Brasil, o etanol é obtido a partir da garapa da cana-de-açúcar. No processo de fermentação da sacarose presente na cana-de-açúcar atuam microrganismos produtores de enzimas (catalisadores provenientes de organismos vivos) que favorecem as reações:

$$\underset{sacarose}{C_{12}H_{22}O_{11}(aq)} + H_2O(l) \xrightarrow{invertase} \underset{glicose}{C_6H_{12}O_6(aq)} + \underset{frutose}{C_6H_{12}O_6(aq)}$$

$$\underset{glicose\ ou\ frutose}{C_6H_{12}O_6(aq)} \xrightarrow{zimase} \underset{etanol}{2\ C_2H_5OH(aq)} + \underset{gás\ carbônico}{2\ CO_2(aq)}$$

Aplicações do etanol

Principais usos do etanol:
- preparação de bebidas alcoólicas;
- solvente empregado na obtenção de tintas, vernizes, perfumes e essências;
- matéria-prima para obtenção de diversas outras substâncias, como o eteno, o etanal, o ácido acético, o éter dietílico, o acetato de etila e o cloreto de etila;
- bactericida de ação rápida;
- combustível.

Descarregamento de cana-de-açúcar em carreta depois de colheita mecanizada. São Manuel (SP), 2015.

O etanol: um depressor do sistema nervoso

Muitas propagandas procuram alimentar a imagem de bem-estar associada ao consumo de bebidas alcoólicas. No entanto, o efeito inverso também é parte integrante da ação do etanol no organismo humano.

Há pessoas que apresentam baixa tolerância a bebidas alcoólicas e estão mais sujeitas aos efeitos desagradáveis de curto prazo decorrentes de sua ingestão. O que explica essas diferenças?

O etanol não é uma substância com papel de destaque no complexo sistema de reações que ocorrem no interior das células. O fígado o identifica como tóxico e libera uma enzima, a álcool desidrogenase (indicada pela sigla ADH), que o oxida, transformando-o em etanal – um aldeído.

Quando uma pessoa ingere pequenas quantidades de etanol em um intervalo de tempo não muito curto, seu organismo é capaz de concluir essa transformação, que prossegue por ação de outra enzima, originando ácido etanoico. Esse ácido é um participante natural de nosso metabolismo. Mas isso requer tempo; assim, beber muito álcool de uma só vez pode causar problemas sérios – em alguns casos até a morte. Logo, o que explica o fato de algumas pessoas terem um nível elevado de tolerância ao álcool e outras não é a maior ou menor disponibilidade da enzima ADH.

Entre os efeitos negativos imediatos do álcool, podemos citar: indisposição estomacal – decorrente do aldeído e do ácido formados – e sobrecarga do fígado e dos rins. O uso abusivo de etanol pode provocar dependência física e psicológica, problemas graves no sistema nervoso e predisposição a diferentes doenças no fígado, como a hepatite alcoólica e a cirrose, e no estômago, como a gastrite crônica.

E qual é o efeito do etanol no sistema nervoso central?

Tecnicamente, dizemos que o etanol é um depressor do sistema nervoso central, o que não significa que essa substância torne uma pessoa deprimida assim que começa a beber; na verdade, ela atua como redutor da atividade do sistema nervoso central. Por isso, os consumidores de álcool ficam mais "relaxados" e "autoconfiantes". No Brasil, o motorista cometerá infração para qualquer quantidade (concentração) de etanol detectada no sangue; caso apresente concentrações maiores que 6,0 decigramas de etanol por litro de sangue, responderá criminalmente.

O etanol e outras drogas atuam sobre os neurotransmissores – moléculas que conectam uma célula nervosa (neurônio) a outra. Essas células são altamente especializadas na percepção e na elaboração de respostas a estímulos externos.

Há neurotransmissores que estimulam a atividade elétrica do cérebro, isto é, são excitatórios, e outros – os inibitórios – que a reduzem. Assim, por exemplo, o aumento da quantidade de um neurotransmissor inibitório – o ácido gama-aminobutírico (GABA) – explica os movimentos lentos, típicos de alguém que se excedeu na bebida. O aumento da quantidade de outro neurotransmissor no sistema nervoso central – a dopamina – explica as sensações prazerosas experimentadas por quem bebe.

Segundo o Ministério da Saúde, cerca de 12% das pessoas desenvolvem dependência do álcool em um processo lento, que comumente passa despercebido a quem bebe e àqueles que lhe são mais próximos.

1. Por que algumas pessoas são mais tolerantes ao álcool?
2. Qual é o efeito do etanol no sistema nervoso central?
3. O texto menciona que a dependência do álcool é um processo que passa despercebido a quem bebe e às pessoas próximas. Por quê?

Para ler

Álcool, cigarro e drogas, de Jairo Bouer. São Paulo: Panda Books, 2005. (Col. Bate-papo com Jairo Bouer).
A adolescência é uma fase de mudanças. E toda mudança gera algum grau de medo e angústia.
Numa conversa bastante franca, sem discurso moralista ou *slogans* simplistas, o psiquiatra Jairo Bouer esclarece os riscos do consumo de álcool, cigarro e drogas.

Conexões

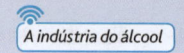

Química e sociedade – A importância do etanol brasileiro

No noticiário, o etanol usado como combustível aparece geralmente associado a questões ambientais e econômicas. Vamos entender um pouco as razões dessa associação e da popularidade do etanol.

Se no passado a economia ligada ao automóvel desenvolveu-se com base no petróleo, questões geopolíticas – como os embargos, as guerras e o aquecimento global – passaram a valorizar outras formas de combustível. Há mais de 30 anos, o Brasil vem acumulando conhecimento e tecnologia que abrangem todas as etapas da cadeia produtiva do etanol combustível – o plantio da cana-de-açúcar e todos os processos que envolvem a produção, o armazenamento e a distribuição do etanol em larga escala.

Em 1975, diante da crise mundial do petróleo, o governo brasileiro pôs em ação um programa – conhecido como Pró-Álcool – cujo objetivo era viabilizar a substituição da gasolina por etanol em veículos automotivos. Esse programa incentivou o desenvolvimento de pesquisas e de tecnologia tanto para a produção de motores a etanol como para a produção em larga escala desse novo combustível. O volume de etanol fabricado no país aumentou consideravelmente até meados da década seguinte, quando atingiu seu pico: mais de 12 bilhões de litros.

No início do programa de produção de etanol, em 1975, eram produzidos 50 milhões de toneladas de açúcar em 1 milhão de hectares; cerca de 30 anos depois, a safra passou a ser 12 vezes maior, embora a área ocupada tenha aumentado apenas sete vezes, o que é explicado pelos avanços tecnológicos do processo.

No final de 2006, duas instituições internacionais – a Agência Internacional de Energia (AIE) e o Banco Mundial – tornaram públicos os resultados de estudos multidisciplinares sobre os biocombustíveis produzidos no mundo. Esses estudos concluíram que o etanol produzido no Brasil é o que tem mais condições de competir com o petróleo. Além desse aspecto econômico, o etanol apresenta a vantagem de reduzir consideravelmente as emissões de gases de efeito estufa, pois é obtido da cana-de-açúcar – parte do dióxido de carbono liberado para o ambiente pela combustão do etanol é reabsorvida durante o processo de fotossíntese da cana-de-açúcar. No entanto, no balanço entre vantagens e desvantagens ambientais do uso de biocombustíveis, é importante considerar que, para o cultivo de sua matéria-prima, como a cana-de-açúcar, em algum momento foi necessário desmatar grandes áreas de vegetação nativa, por vezes por meio de queimadas. Além disso, esse cultivo utiliza fertilizantes, pesticidas e outros produtos químicos que também geram poluição. O esquema da página ao lado mostra a emissão de gases que causam o efeito estufa em diferentes etapas de produção de combustíveis fósseis e de biocombustíveis.

Alguns países, como os Estados Unidos, recorrem à produção de etanol a partir do milho. Porém, a mesma área plantada produz aproximadamente 60% de etanol em relação à plantação de cana.

Além dessa desvantagem, a produção industrial de etanol a partir do milho exige um consumo bem maior de derivados de petróleo. Vale lembrar que há usinas brasileiras totalmente autossuficientes do ponto de vista da energia consumida, pois aproveitam o bagaço e outros subprodutos da indústria da cana para garantir suas demandas. O país já é capaz de produzir plásticos a partir da cana-de-açúcar.

Usina de etanol em Cerqueira César (SP), 2014.

Emissão de gases de efeito estufa nos ciclos de produção de combustíveis fósseis e biocombustíveis

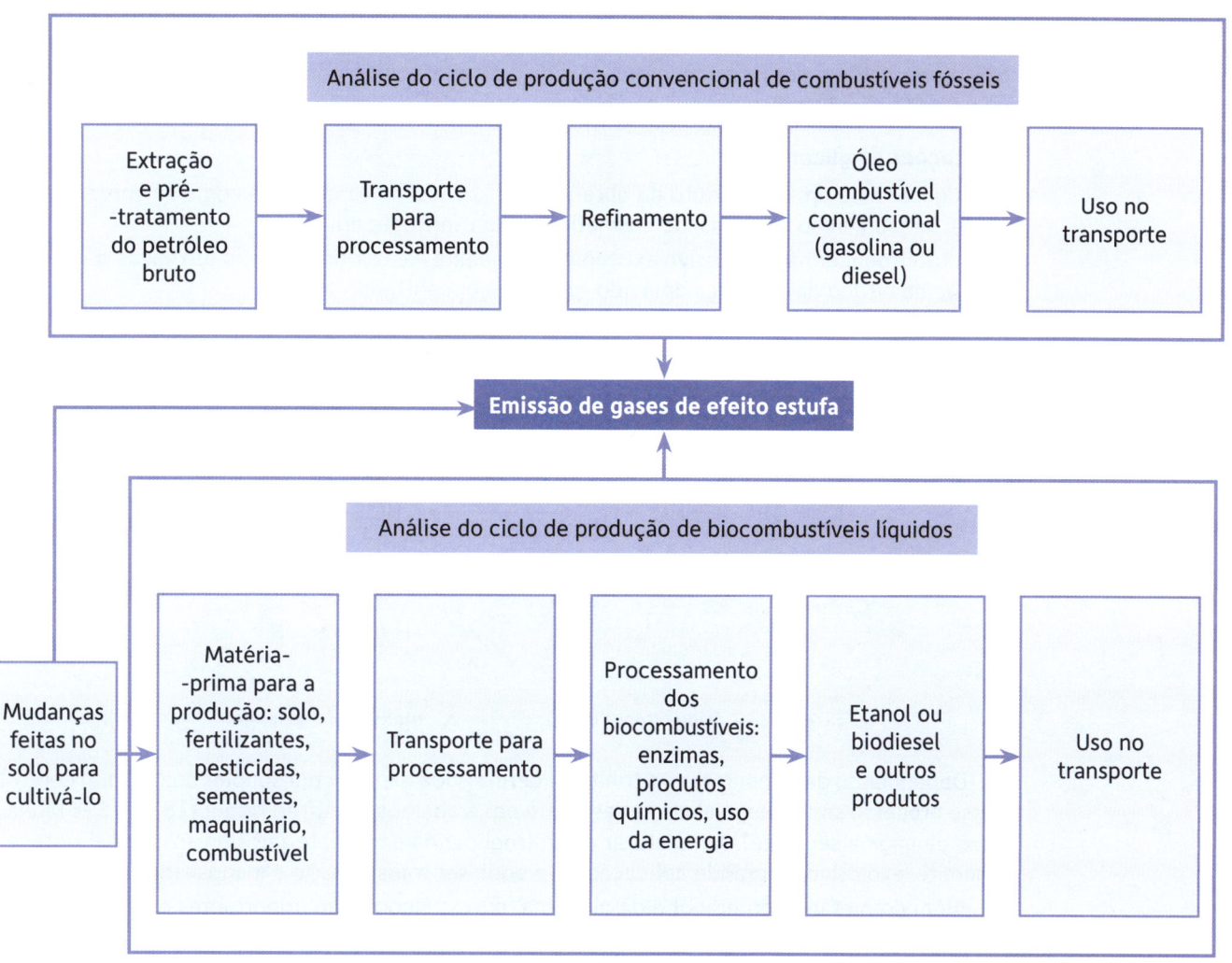

Análise do ciclo de produção convencional de combustíveis fósseis

Extração e pré-tratamento do petróleo bruto → Transporte para processamento → Refinamento → Óleo combustível convencional (gasolina ou diesel) → Uso no transporte

Emissão de gases de efeito estufa

Análise do ciclo de produção de biocombustíveis líquidos

Mudanças feitas no solo para cultivá-lo → Matéria-prima para a produção: solo, fertilizantes, pesticidas, sementes, maquinário, combustível → Transporte para processamento → Processamento dos biocombustíveis: enzimas, produtos químicos, uso da energia → Etanol ou biodiesel e outros produtos → Uso no transporte

Fonte: Organização das Nações Unidas para a Alimentação e a Agricultura (FAO).

Espera-se que, em 2019, o Brasil consiga produzir 58,8 bilhões de litros de etanol, o que corresponde, segundo dados do Ministério da Agricultura, Pecuária e Abastecimento, a mais de duas vezes o que era produzido até 2008.

Não há motivo, entretanto, para o país se acomodar diante da importância do etanol no cenário mundial, pois é preciso melhorar o rendimento e diversificar as matrizes energéticas, tendo em vista aspectos econômicos e ambientais.

1. O texto menciona que o etanol é um biocombustível com mais condições de competir com o petróleo e cita algumas vantagens e desvantagens de seu uso. Identifique-as.

2. De acordo com o esquema apresentado acima, a emissão de gases causadores do efeito estufa ocorre apenas durante o uso dos combustíveis por veículos? Cite em quais etapas do esquema ocorre essa emissão.

3. Apesar de o etanol apresentar as vantagens comentadas no texto, muitas pessoas preferem continuar usando gasolina em seus automóveis. Pesquisem e discutam os motivos dessa escolha.

Glicerina

A glicerina é uma substância líquida e viscosa. Observe sua fórmula estrutural:

$$\begin{array}{ccc} H_2C - CH - CH_2 \\ | \quad \ | \quad \ | \\ OH \ \ OH \ \ OH \end{array}$$

Apesar de ser mais conhecida como glicerina ou glicerol, de acordo com as regras da IUPAC a substância é chamada de propano-1,2,3-triol. Observe na fórmula da glicerina que ela apresenta três grupos OH e é por isso que, antes do sufixo **ol**, aparece no nome a indicação **tri**. Os números no nome (1, 2 e 3) indicam a posição de cada grupo OH.

Aplicações da glicerina

A glicerina é um subproduto da obtenção de sabões muito utilizado como solvente e lubrificante, na fabricação de tintas, de cosméticos e da trinitroglicerina.

A trinitroglicerina – explosivo existente na dinamite – é obtida por meio da reação da glicerina com ácido nítrico na presença de ácido sulfúrico concentrado:

glicerina + 3 ácido nítrico (HNO$_3$) $\xrightarrow{H_2SO_4 \text{(conc.)}}$ trinitrato de glicerina + 3 H$_2$O

Dependendo da temperatura, a trinitroglicerina pode explodir por simples agitação. O controle desse processo só foi possível como resultado dos trabalhos de Alfred Nobel (1833-1896) (leia o boxe da página seguinte). Ao misturar a trinitroglicerina com materiais porosos, Nobel obteve a dinamite, explosivo de grande aplicação, que pode ser transportado e manuseado.

Além do metanol, do etanol e da glicerina, outros álcoois são importantes para a sociedade, como o etilenoglicol, utilizado como anticongelante automotivo, e o propan-2-ol (também chamado de álcool isopropílico), usado na limpeza de equipamentos eletrônicos.

Atividades

1. Tendo como base a fórmula estrutural de suas moléculas, compare a temperatura de ebulição da glicerina (propano-1,2,3-triol) com a de um hidrocarboneto de mesmo número de átomos de carbono. Justifique sua resposta.

2. Considerando que o calor de combustão do etanol é 1368 kJ/mol, equacione a reação de combustão completa do etanol e calcule a massa necessária para obter 5 472 kJ de energia.

3. Examine as estruturas moleculares do álcool benzílico e do 1,4-dimetilbenzeno, conhecido comercialmente como *p*-xileno.
   a) Sob mesma pressão, qual deve apresentar maior temperatura de ebulição?
   b) Qual deles deve ser mais solúvel em ciclo-hexano?

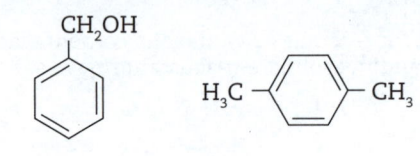

álcool benzílico   1,4-dimetilbenzeno

Alfred Nobel e a invenção da dinamite

O sueco Alfred Bernhard Nobel, além de outras invenções, legou à engenharia civil uma grande contribuição química: a invenção da dinamite, ocorrida em 1866.

Nobel tomou conhecimento da nitroglicerina (trinitrato de glicerila), substância obtida em 1847 por um pesquisador italiano, Ascanio Sobrero (1812-1888), e ficou bastante interessado nas propriedades da substância, devido a suas características explosivas.

A nitroglicerina é um dos explosivos químicos mais potentes que existem. Suas moléculas são muito instáveis, ou seja, pequena quantidade de energia é suficiente para que sua decomposição se inicie; quando isso acontece, o processo é muito rápido, liberando calor e grande quantidade de gases.

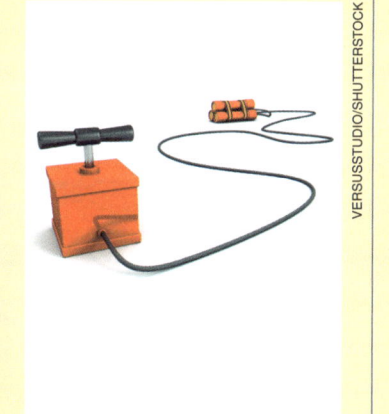

Nobel queria viabilizar uma forma de usar esse potencial explosivo da nitroglicerina, sem que aqueles que a manipulassem ou transportassem corressem riscos, já que, por conta da instabilidade dessa substância, um simples atrito ou o aumento de temperatura, por exemplo, podia causar sua explosão. Desse modo, durante seu transporte, uma brecada ou alteração brusca no movimento do veículo representavam grande risco.

O trabalho de Nobel consistiu em encharcar a nitroglicerina em um material absorvente, que lhe servisse de suporte. Tais componentes foram então envolvidos em uma camada protetora e conectados a um detonador (veja na ilustração ao lado) que produz uma pequena explosão capaz de explodir a nitroglicerina de forma controlada. Chamamos de dinamite o conjunto constituído pela nitroglicerina e pelos materiais usados para evitar sua explosão descontrolada.

Como a dinamite passou imediatamente a ser empregada na área de engenharia, na perfuração de túneis, na remoção de pedras e na mineração, Nobel, ainda jovem, tornou-se muito rico.

- Faça uma pesquisa sobre a vida de Alfred Nobel em livros e *sites*, procurando obter informações sobre a tragédia pessoal que o motivou a trabalhar na obtenção da dinamite e sobre a reação desse químico e inventor ao uso militar de sua descoberta.

- Redija um breve perfil biográfico, registrando, em ordem cronológica, os aspectos mais significativos da vida do cientista.

- Ao pesquisar na internet, tenha o cuidado de verificar se as fontes consultadas merecem crédito, pois muitas informações incorretas são divulgadas. Prefira *sites* ligados a universidades, órgãos governamentais, revistas, jornais e instituições culturais e sempre compare as informações de várias fontes.

- No final do texto, indique todas as fontes consultadas.

Alfred Bernhard Nobel (1833-1896).

Dinamite e detonador.

Fenóis

Fenóis são compostos que possuem um ou mais grupos OH ligados diretamente a um anel benzênico. Podem ser representados genericamente por R — OH (ou Ar — OH), em que R indica grupo arila (derivado de anel benzênico).

Observe as fórmulas dos fenóis apresentados a seguir.

fenol   o-cresol   m-cresol   p-cresol   hidroquinona

O mais simples dos fenóis, correspondente a um grupo OH ligado ao anel benzênico, é chamado apenas de **fenol**. Já no caso da inserção do grupo metil, há três tipos distintos de fenóis, de acordo com as posições relativas dos grupos OH e CH_3: o 2-metilfenol, também chamado de *orto*-cresol (*o*-cresol), o 3-metilfenol, conhecido também por *meta*-cresol (*m*-cresol) e o 4-metilfenol, chamado de *para*-cresol (*p*-cresol).

Os cresóis são encontrados, por exemplo, nas folhas de tabaco e no óleo cru. São empregados na obtenção de desinfetantes, inseticidas, tintas, etc. O desinfetante utilizado principalmente em locais em que há criação de animais, a creolina, contém em sua composição uma mistura desses cresóis.

Nomenclatura dos fenóis

Para nomear fenóis ramificados, numera-se a cadeia carbônica partindo do átomo de carbono ligado ao grupo OH. Assim como ocorre nos hidrocarbonetos cíclicos ramificados, a numeração da cadeia carbônica segue o sentido em que a localização da ramificação é a menor. Observe os exemplos:

2-etilfenol   3,4-dimetilfenol

Capítulo 30 • Funções orgânicas oxigenadas

Características gerais dos fenóis

Os fenóis são substâncias de caráter ácido pronunciado e que, por isso, neutralizam as bases:

$$\underset{\text{fenol}}{R-OH} + \underset{\text{base}}{NaOH} \longrightarrow R-O^-Na^+ + H_2O$$

Experimentalmente, é possível diferenciar um fenol de um álcool aromático recorrendo à sua capacidade de neutralizar uma base.

fenol + NaOH ⟶ reage

álcool aromático + NaOH ⟶̸ não reage

Como se obtêm os fenóis?

A fonte natural desses compostos é a hulha, da qual se separa, por destilação, o alcatrão, fração rica em fenóis.

Hulha.

Alcatrão de hulha.

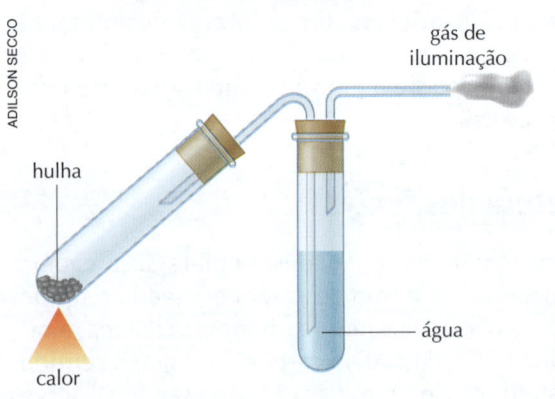

Esquema de aquecimento a seco da hulha em laboratório.

Aplicações dos fenóis

A substância fenol foi um dos primeiros compostos utilizados como antisséptico, no final do século XIX, para reduzir infecções em hospitais. Além disso, essa substância é usada para a obtenção da **baquelite** (veja no capítulo 35), de corantes orgânicos e de medicamentos.

A hidroquinona, que apresenta propriedades antioxidantes, é usada em reveladores fotográficos e como princípio ativo de cremes para clareamento de pele.

Revelação de foto convencional usando hidroquinona, também chamada de benzeno-1,4-diol, um redutor eficiente.

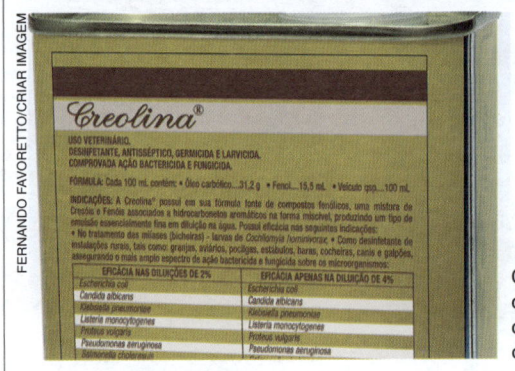

Você pode resolver a questão 7 da seção Testando seus conhecimentos.

O desinfetante conhecido por creolina é uma mistura de cresóis.

Saiba mais

Bebidas e alimentos podem conter fenóis?

Há um grupo de compostos fenólicos que, por seu efeito benéfico à saúde, comumente é citado por médicos e nutricionistas: os polifenóis, substâncias cujas moléculas apresentam diversos grupos fenol. São compostos que têm o potencial de combater os chamados radicais livres que se formam no organismo e, assim, reduzir a tendência de formação de **ateromas** coronarianos e de incidência de doenças como o câncer. Um desses compostos é o resveratrol, cuja fórmula, representada abaixo, indica a presença de três grupos fenólicos. Essa substância está presente em sementes e cascas de uvas escuras (como as do tipo isabel) e no suco dessas frutas, por exemplo.

resveratrol

Baquelite: resina sintética empregada em revestimentos.

Ateroma: placa que se forma nas paredes dos vasos sanguíneos, constituída por lipídios e tecido fibroso.

Atividades

1. Os metilfenóis (cresóis) são isômeros, isto é, apresentam mesma fórmula molecular.
   a) Qual é a fórmula molecular dos cresóis?
   b) Por que não há uma substância com o nome de 5-metilfenol?

2. O ácido salicílico foi uma das primeiras substâncias a serem utilizadas como analgésico. Devido a desconfortos estomacais, ele foi substituído pelo ácido acetilsalicílico.

ácido salicílico

ácido acetilsalicílico

   a) Em qual dessas substâncias aparece um grupo fenol?
   b) Qual é a fórmula molecular do ácido salicílico?

3. Em 100 g de brócolis cru há cerca de 0,03 mg de riboflavina (vitamina B2), que tem papel importante no metabolismo de gorduras, e 42 mg de vitamina C. A riboflavina tem a seguinte fórmula estrutural:

   a) Verifique se há grupos funcionais fenol e álcool nessa estrutura.
   b) Eventuais excessos de vitamina B2 são facilmente eliminados pela urina, em decorrência de sua solubilidade em água. Explique, com base em sua estrutura, o que contribui para essa solubilidade.

Éteres

Imagine como seria nossa vida sem a anestesia. Se um procedimento dentário mais doloroso ou uma simples sutura já representam certo sofrimento, como seria ser submetido a uma cirurgia de grande porte sem a ação de um anestésico?

A busca humana pelo alívio da dor é muito antiga, porém as experiências que levaram à anestesia tal como a conhecemos hoje iniciaram-se somente em meados do século XIX.

Um dos primeiros anestésicos foi o óxido nitroso (N_2O), conhecido como "gás hilariante" porque, em pequenas doses, provoca contração dos músculos faciais. Foi usado pela primeira vez pelo dentista estadunidense Horace Wells (1815-1848), em 1844.

Pouco tempo depois, cirurgiões conseguiram efeitos semelhantes realizando cirurgias com outro anestésico, agora líquido: o éter dietílico ($H_3C-CH_2-O-CH_2-CH_3$). O também dentista estadunidense William Thomas Green Morton (1819-1868) demonstrou para a comunidade científica o emprego do éter como anestésico em 1846, em Boston (Estados Unidos).

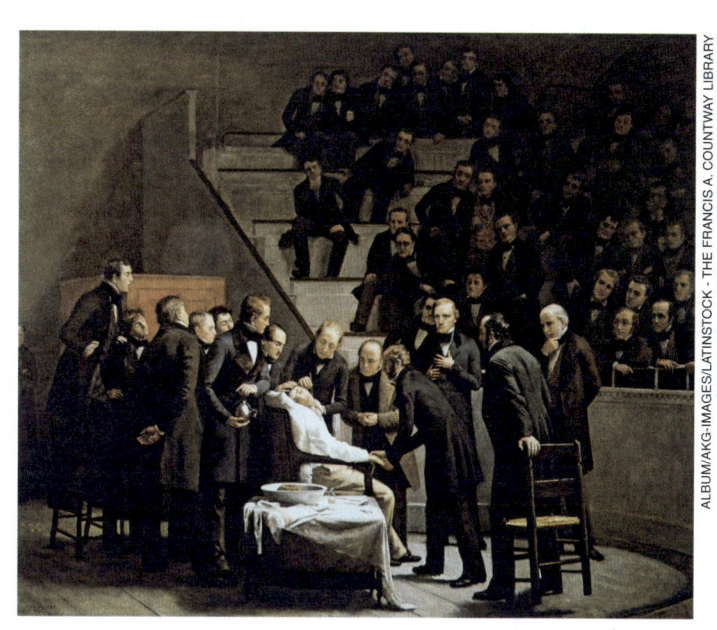

Primeira anestesia com éter, de Robert C. Hinckley (1853-1940). Óleo sobre tela, 1882. O artista retratou a demonstração do uso do éter como anestésico feita por William Thomas Green Morton em 1846. Biblioteca Médica de Boston, Estados Unidos.

Os resultados foram divulgados para diversos países, incluindo o Brasil, que realizou o primeiro procedimento com anestesia, de forma experimental, em 20 de maio de 1847. Durante muito tempo, Morton foi considerado o descobridor da anestesia utilizando éter. No entanto, historiadores encontraram evidências de que o médico estadunidense Crawford Williamson Long (1815-1878) já havia utilizado éter com essa finalidade quatro anos antes, em 1842, embora não tenha tornado pública para a comunidade científica sua descoberta.

Com o avanço das pesquisas, outros anestésicos não inflamáveis passaram a ser usados, como alguns compostos orgânicos halogenados que serão estudados no capítulo seguinte.

Os **éteres**, como o éter dietílico, são compostos que possuem um átomo de oxigênio entre átomos de carbono. Genericamente, podem ser assim representados:

R — O — R' (em que R pode ser um grupo alquila e/ou arila).

As fórmulas representadas abaixo exemplificam alguns éteres:

metoximetano (éter dimetílico)

etoxietano (éter dietílico)

éter difenílico

metoxietano (éter etílico e metílico)

Capítulo 30 • Funções orgânicas oxigenadas **741**

Nomenclatura dos éteres

Assim como ocorre com a função álcool, a IUPAC aceita duas formas de nomear os éteres. A primeira delas considera o menor grupo substituinte ligado ao átomo de oxigênio como prefixo do nome, substituindo o sufixo **il** por **oxi**. Em seguida, dá-se o nome do hidrocarboneto, que corresponde ao maior grupo substituinte. Observe o exemplo a seguir:

nome: metoxietano

$H_3C - O - CH_2 - CH_3$

metil (menor grupo substituinte) — etil (maior grupo substituinte)

Lembre-se de que o grupo substituinte etil (CH_3CH_2-) deriva do hidrocarboneto etano (CH_3CH_3). Veja outros exemplos.

$H_3C - CH_2 - O - CH_2 - CH_3$
etoxietano

metoxibenzeno (fenil-O-CH_3)

A outra forma de nomear os éteres é chamada de **nomenclatura de classe funcional**. Nela, utiliza-se o nome da classe funcional, ou seja, éter, em palavra separada, seguido do nome dos grupos substituintes, sem o sufixo **il**, e da terminação **ílico**. Se os grupos substituintes forem iguais, utiliza-se o prefixo **di** antes do nome do grupo substituinte. Caso contrário, coloca-se em ordem alfabética o nome de cada grupo substituinte separadamente. Veja os exemplos:

$H_3C - CH_2 - CH_2 - O - CH_2 - CH_2 - CH_3$
éter dipropílico

$H_3C - CH_2 - O - CH_2 - CH_2 - CH_3$
éter etílico e propílico

Características gerais dos éteres

Um éter sempre tem um álcool correspondente com a mesma fórmula molecular (isômero). E, por serem compostos de funções químicas diferentes, certamente apresentam comportamento químico distinto, como veremos adiante. Vale lembrar que, do ponto de vista estrutural, as moléculas dos éteres têm baixa polaridade e, por isso, as interações moleculares são fracas, o que não acontece no caso dos álcoois, cujas moléculas apresentam a ligação polar O — H, resultando em interações moleculares fortes, mantidas por ligações de hidrogênio.

Propriedades físicas dos éteres

Um éter apresenta sempre temperatura de ebulição muito inferior à do álcool de mesma fórmula molecular. Compare as temperaturas de ebulição de álcoois e éteres isômeros, indicadas na tabela ao lado.

Para os éteres também vale o que você estudou para compostos da função álcool: à medida que aumenta o número de átomos de carbono – e, consequentemente, a massa molecular –, também aumentam as temperaturas de fusão e de ebulição.

Comparando as temperaturas de ebulição de isômeros de álcool e éter, nota-se que os álcoois têm temperatura de ebulição maior do que a dos éteres por ter suas moléculas associadas por interações moleculares mais fortes (ligações de hidrogênio).

Comparação entre as temperaturas de ebulição de álcoois e éteres de mesma fórmula molecular		
Fórmula molecular	Isômeros	TE (°C)
C_2H_6O	álcool etílico, C_2H_5OH	78
C_2H_6O	éter dimetílico, CH_3OCH_3	−25
$C_4H_{10}O$	álcool butílico, $CH_3(CH_2)_2CH_2OH$	118
$C_4H_{10}O$	éter dietílico, $C_2H_5OC_2H_5$	35

Fonte: LIDE, David R. (Ed.). Physical Constants of Organic Compounds. In: *CRC Handbook of Chemistry and Physics*. 89th ed. (Internet Version). Boca Raton, FL: CRC/Taylor and Francis, 2009.

Éter dietílico

O éter dietílico ($C_2H_5OC_2H_5$) ou etoxietano é conhecido comercialmente como éter sulfúrico. Esse nome está ligado ao processo de obtenção desse composto, desenvolvido por um alquimista no século XVI – época em que não era possível compreender que o H_2SO_4 tivesse apenas ação desidratante, sem interferir na composição do éter. Em determinada condição, sob aquecimento, o etanol, na presença de ácido sulfúrico concentrado, produz éter dietílico. Esse processo envolve a perda de uma molécula de água para cada duas moléculas do álcool, conforme mostra a equação a seguir:

$$2\ C_2H_5OH(l) \xrightarrow[\Delta]{H_2SO_4\ (conc)} H_2O(l) + C_2H_5OC_2H_5(l)$$

Atividades

1. Os líquidos incolores de dois frascos estavam identificados só pela fórmula molecular: C_3H_8O. Sabe-se que o conteúdo de um deles é um álcool e o do outro, um éter.
   a) Dê o nome dos possíveis álcool(is) e éter(es) correspondentes.
   b) Considerando que essas substâncias são altamente inflamáveis, aponte um teste seguro para diferenciá-las.

2. A quercetina possui propriedades anti-inflamatórias. É encontrada em vegetais, como maçã e cebola, bem como no chá e em plantas medicinais. Sua fórmula estrutural é:

Identifique, nessa estrutura, os grupos funcionais que você conhece.

Aldeídos e cetonas

Os aldeídos e as cetonas apresentam semelhanças em sua fórmula estrutural. Trata-se da presença do grupo carbonila:

carbonila

Veja alguns exemplos:

- metanal (aldeído)
- propan-2-ona (cetona)
- propanal (aldeído)
- butan-2-ona (cetona)

Observe nas fórmulas acima que existem diferenças na estrutura desses dois grupos funcionais. Enquanto nos **aldeídos** a carbonila está localizada na extremidade da cadeia carbônica e ligada a um átomo de hidrogênio, nas **cetonas** ela está entre átomos de carbono. Genericamente, podemos representar um aldeído pela fórmula geral:

$$R - CHO \quad \text{ou} \quad R - C(=O)H$$

O R, nesse caso, pode ser um grupo alquila ou arila ou um átomo de hidrogênio. Já as cetonas podem ser representadas pela fórmula geral:

$$R - C(=O) - R'$$

Nomenclatura dos aldeídos

De acordo com as normas da IUPAC, o nome de aldeídos de cadeia aberta termina em **al**. Quanto ao restante do nome, basta seguir as regras adotadas para os demais tipos de compostos estudados. Lembre-se: como o grupamento funcional dos aldeídos está sempre na extremidade da cadeia carbônica, isto é, na posição 1, a numeração da cadeia principal já está definida, sem que haja necessidade de indicar numericamente o grupo aldeído. Veja os exemplos:

- butanal
- 3-metilbutanal

Nomenclaturas fundamentadas em nomes arbitrariamente dados aos ácidos carboxílicos de mesmo número de átomos de carbono são bastante utilizadas no caso dos aldeídos. Observe alguns exemplos:

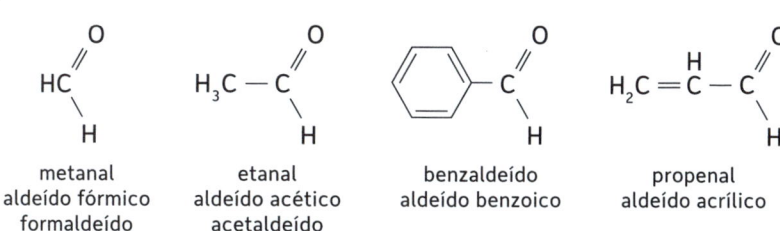

- metanal / aldeído fórmico / formaldeído
- etanal / aldeído acético / acetaldeído
- benzaldeído / aldeído benzoico
- propenal / aldeído acrílico

Nomenclatura das cetonas

Segundo a IUPAC, os nomes das cetonas terminam em **ona**. Ao contrário dos aldeídos, que apresentam o grupamento funcional na posição 1, nas cetonas o grupo carbonila **nunca** está na extremidade da cadeia. É por isso que é necessário indicar a posição em que se encontra a carbonila.

propan-2-ona   pentan-2-ona   4-metilpentan-2-ona   butano-2,3-diona

É importante destacar que duas cetonas (propan-2-ona e butan-2-ona) normalmente são indicadas em vestibulares, artigos científicos e jornais **sem** a indicação da posição do grupo funcional, ou seja, propanona e butanona. Isso ocorre porque não há outra posição possível para o grupo funcional.

Propriedades físicas de aldeídos e cetonas

A existência da carbonila faz com que aldeídos e cetonas tenham natureza polar (C: δ^+; O: δ^-), o que explica o fato de suas temperaturas de fusão e de ebulição serem mais altas que as dos compostos apolares de massa molecular próxima, como hidrocarbonetos, e as dos compostos de baixa polaridade, como os éteres. Como os aldeídos e as cetonas não têm hidrogênio ligado ao átomo de oxigênio, suas moléculas não interagem por meio de ligações de hidrogênio, como ocorre nos álcoois (ROH). Observe a tabela a seguir:

Temperaturas de ebulição de alguns aldeídos e cetonas					
Aldeídos			**Cetonas**		
Nome	Massa molar (g/mol)	Temperatura de ebulição (°C)	Nome	Massa molar (g/mol)	Temperatura de ebulição (°C)
etanal	44	21			
propanal	58	50	propan-2-ona	58	56
butanal	72	74	butan-2-ona	72	80
pentanal	86	103	pentan-2-ona	86	102
hexanal	100	128	hexan-2-ona	100	129
heptanal	114	156	heptan-2-ona	114	151

Fonte: LIDE, David R. (Ed.). Physical Constants of Organic Compounds. In: *CRC Handbook of Chemistry and Physics*. 89th ed. (Internet Version). Boca Raton, FL: CRC/Taylor and Francis, 2009.

Note que, assim como ocorre com outras funções orgânicas, o aumento da cadeia carbônica aumenta a temperatura de ebulição desses compostos.

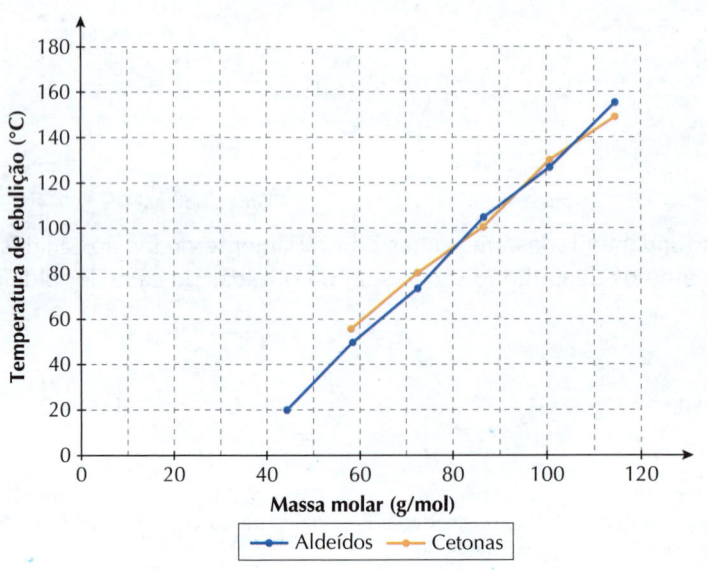

Gráfico elaborado com base na tabela acima.

Metanal ou formaldeído

O metanal é uma substância gasosa, incolor, de cheiro sufocante e solúvel em água. É manipulado, em geral, em soluções aquosas. O formol ou formalina é uma solução aquosa de metanal a 40% (massa/volume) usada para conservar tecidos e órgãos depois de serem retirados de cadáveres.

O formol (metanal em solução) é usado na conservação de cadáveres. Na foto, espécies de lagarto conservadas em formol.

O aldeído fórmico também está presente na fumaça proveniente da queima da madeira e é um dos agentes responsáveis pela preservação de alimentos defumados.

Já vimos que o metanol é uma substância de grande toxicidade e que a exposição a seus vapores, com o tempo, pode causar cegueira. Isso porque o metanol é oxidado no organismo a metanal por ação enzimática do álcool desidrogenase. O metanal produzido liga-se a proteínas encontradas na retina, inibindo o processo de oxigenação, o que pode resultar na atrofia do nervo óptico.

Carne defumada em mercado de São Paulo (SP), 2011. Defuma-se um alimento para conservá-lo. A ação do metanal produzido na queima da madeira tem papel importante nesse processo.

Como se obtém o metanal?

Industrialmente, o metanal é produzido pela oxidação do metanol.

$$H_3C-OH + \frac{1}{2}O_2 \xrightarrow{metal} HCHO + H_2O$$

metanol → metanal

Aplicações do metanal

O metanal pode ser usado como desinfetante; na preservação de cadáveres e peças anatômicas; na preservação da madeira e de peles de animais; na fabricação de polímeros, como a baquelite, e de resinas empregadas na fórmica; na obtenção de medicamentos e explosivos.

Etanal ou aldeído acético

O etanal ou aldeído acético é uma substância incolor, cuja temperatura de ebulição é de 21 °C. Dependendo das condições ambientes, pode ser encontrado no estado líquido ou no gasoso. Frequentemente, sentimos o cheiro de etanal proveniente dos escapamentos de carros movidos a etanol. Isso ocorre porque um dos produtos da oxidação do etanol é o etanal.

Como se obtém o etanal?

O etanal é obtido por oxidação do etanol, recorrendo à ação de enzimas, como a produzida pela levedura *Saccharomyces cerevisiae*, presente em vários frutos. O etanal é uma das substâncias responsáveis pelo cheiro de muitos frutos maduros.

$$H_3C-CH_2-OH + \frac{1}{2}O_2 \xrightarrow{enzima} H_3C-CHO + H_2O$$

etanol → etanal

Em locais onde o etanol não é obtido com baixo custo, chega-se ao etanal pela hidratação de etino (acetileno).

A reação é catalisada por Hg^{2+} e H_2SO_4:

$$HC\equiv CH + HOH \xrightarrow{Hg^{2+}/H^+} H_2C=CH-OH \rightleftarrows H_3C-CHO$$

etino + água → enol → etanal

Propan-2-ona ou acetona

A propan-2-ona, conhecida comercialmente como acetona, é uma substância com temperatura de ebulição de 56 °C.

É solúvel em água em quaisquer proporções e se dissolve em grande número de substâncias orgânicas. Por essa razão, é um importante solvente industrial, usado em tintas, vernizes, resinas e em alguns removedores de esmaltes.

Capítulo 30 • Funções orgânicas oxigenadas

A propan-2-ona normalmente é obtida pelo organismo como produto de uma das etapas do metabolismo das gorduras. Nessas condições, tende a ser eliminada rapidamente, sem se acumular, pois é produzida em pequenas quantidades que se oxidam a CO_2 e H_2O.

No caso de diabéticos, a quantidade de propan-2-ona é superior à que o organismo pode oxidar completamente, de modo que essa substância é excretada de maneira significativa na urina. Sua dosagem em exames de urina é usada para diagnóstico e monitoramento da doença.

A acetona (substância) é um dos componentes de alguns removedores de esmalte, conhecidos popularmente como acetonas. Como essa substância é controlada pela Polícia Federal, produtos que a contenham não podem ser comercializados para menores de 18 anos (Portaria n. 1274, de 25 de agosto de 2003).

Atividades

Você pode resolver as questões 1, 6, 9 e 17 da seção Testando seus conhecimentos.

QUESTÃO COMENTADA

1. (Unirio-RJ) A vanilina ou baunilha, cuja fórmula estrutural está representada ao lado, é uma substância de sabor e aroma agradável, daí o seu uso em perfumaria e culinária.

   a) Indique os grupos funcionais e dê o nome das respectivas funções químicas presentes na vanilina.

   b) Quantos átomos de hidrogênio são encontrados em 10 moléculas de vanilina?

   c) Calcule a porcentagem, em massa, de carbono que existe na vanilina.

Sugestão de resolução

1. a) fenol (OH), éter (O—CH₃), aldeído (C=O / H)

   b) A fórmula molecular da vanilina é $C_8H_8O_3$, ou seja, para cada molécula de vanilina estão presentes 8 átomos de hidrogênio. Em 10 moléculas teremos 80 átomos.

   c) Lembre-se de que as massas atômicas do carbono, hidrogênio e oxigênio são, respectivamente, 12, 1 e 16. Assim, pela fórmula molecular, é possível encontrar a massa molecular da vanilina ($12 \cdot 8 + 1 \cdot 8 + 16 \cdot 3 = 152$). Para encontrar a porcentagem em massa de carbono no composto, pode-se dividir a massa total de átomos de carbono ($12 \cdot 8 = 96$) pela massa molecular da vanilina (152) e multiplicar o resultado por 100.

   $$\frac{96}{152} \approx 0{,}632 \cdot 100 \approx 63{,}2\%$$

2. As fórmulas estruturais abaixo representam moléculas de substâncias naturais:

   eugenol (óleo de cravo)
   geraniol (óleo de rosas)
   aldeído cinâmico (canela)
   cis-jasmona (óleo de jasmim)

   a) Indique os grupos funcionais presentes em cada uma dessas substâncias.

   b) O eugenol e o cis-jasmona têm a mesma massa molar. Considerando as massas atômicas: C = 12; H = 1 e O = 16, determine a massa molar.

   c) Qual dessas substâncias deve apresentar maior temperatura de ebulição?

3. Quais são os grupos funcionais presentes em cada uma das moléculas representadas a seguir?

   benzaldeído (amêndoas amargas)
   salicilaldeído (ulmária)

4. Quando uma pessoa ingere bebida alcoólica em excesso, pode ter problemas de ressaca devido ao aldeído resultante do metabolismo do álcool – o etanal. Compare o número de oxidação médio do carbono no etanol e no etanal. A fórmula do etanal é dada ao lado.

5. Que tipo de reação ocorre na transformação do etanol em etanal mencionado na questão anterior?

6. Indique, para cada par de substâncias, a que apresenta maior temperatura de ebulição.
  a) Etano ou etanol.
  b) Propan-2-ol ou propan-2-ona.
  c) Benzeno ou fenol.
  d) Butan-2-ol ou éter dietílico.

Ácidos carboxílicos

No quadro abaixo, há vários exemplos de ácidos carboxílicos e de fontes onde podem ser encontrados. Observe suas fórmulas estruturais.

Ácidos carboxílicos		
Nome	Estrutura	Fonte
ácido pentanoico (ácido valérico)	$H_3C-(CH_2)_3-COOH$	Heliotrópio, flor do gênero *Valeriana*.
ácido benzoico (usado como conservante em alimentos)	C_6H_5-COOH	Morangos e amoras.
ácido hexanoico, ácido octanoico e ácido decanoico	ácido hexanoico (ácido caproico); ácido octanoico (ácido caprílico); ácido decanoico (ácido cáprico)	Os ácidos carboxílicos de 6, 8 e 10 átomos de carbono estão presentes no suor das cabras.
ácido butanoico	$H_3C-CH_2-CH_2-COOH$	O ácido butanoico está presente na manteiga rançosa.

Observe as estruturas de outros ácidos carboxílicos:

ácido metanoico (ácido fórmico)

ácido propanoico

Note que tanto as fórmulas representadas acima como as da página anterior apresentam o grupo COOH em uma extremidade da cadeia carbônica. Assim, podemos definir a função **ácidos carboxílicos** como substâncias que possuem o grupo carboxila (— COOH).

Genericamente, os ácidos carboxílicos podem ser representados pela fórmula:

em que R pode ser um grupo alquila ou arila ou um átomo de hidrogênio.

Nomenclatura dos ácidos carboxílicos

Os ácidos carboxílicos de cadeia aberta têm seu nome composto pela palavra **ácido** seguida do nome da cadeia carbônica. Para nomeá-los, usam-se os mesmos critérios conhecidos para as demais funções. O sufixo utilizado para indicar ácidos carboxílicos, de acordo com a IUPAC, é **oico**.

ácido propanoico

ácido 4-metil-hexanoico

Há nomes que estão bastante enraizados na Química e, portanto, são encontrados com frequência em muitos textos, artigos científicos e publicações da IUPAC. É o caso dos ácidos cujas fórmulas estão representadas a seguir.

ácido metanoico
ácido fórmico

ácido etanoico
ácido acético

ácido butanoico
ácido butírico

Os ácidos representados abaixo apresentam dois grupos carboxílicos:

ácido oxálico
(ácido etanodioico)

ácido butanodioico

HOOC — $(CH_2)_4$ — COOH

ácido adípico
(ácido hexanodioico)

Compostos com dois grupos COOH apresentam em sua nomenclatura o prefixo **di** antes do sufixo **oico** e a vogal **o** após o infixo **an**.

Saiba mais

Compostos com mais de um grupo funcional

Quando um composto apresenta mais de um grupo funcional, ou seja, é um composto de função mista, uma das funções passa a ser referência para determinar a numeração da cadeia principal e o sufixo. Os demais grupos funcionais são indicados de modo semelhante às ramificações, isto é, antecedendo o nome da cadeia principal. A IUPAC determina a ordem de prioridade das funções e, segundo ela, a função ácido carboxílico tem primazia em relação a todas as outras.

Quando o grupo OH, por exemplo, estiver presente com um ácido carboxílico, ele é indicado no nome pelo prefixo **hidroxi**. Veja os exemplos:

ácido 2-hidroxipropanoico
(também chamado de ácido láctico)
(substância presente no leite)

ácido 2,3-di-hidroxibutanodioico
(também chamado de ácido tartárico)
(substância presente no suco de uva)

Características gerais dos ácidos carboxílicos

A presença do grupo carboxila confere às moléculas dos ácidos carboxílicos grande polaridade. O átomo de hidrogênio do grupo carboxila constitui um centro de cargas positivas (δ^+) mais intenso do que o dos álcoois, uma vez que, além da polarização em razão de sua ligação com o átomo de oxigênio (elemento eletronegativo), há intensificação desse efeito devido ao grupo carbonila (C : δ^+; O : δ^-).

Os ácidos têm temperaturas de fusão e ebulição bem maiores do que as de seus isômeros ésteres e dos álcoois de massa molecular próxima devido às fortes ligações de hidrogênio. Na verdade, os ácidos carboxílicos constituem dímeros – duas moléculas iguais associadas.

ligação de hidrogênio

Propriedades físicas dos ácidos carboxílicos

Os ácidos carboxílicos com até quatro átomos de carbono são líquidos e miscíveis em água; os que apresentam cinco ou mais átomos de carbono têm sua solubilidade em água reduzida à medida que aumenta a cadeia. Ácidos com dez ou mais átomos de carbono são sólidos, praticamente insolúveis em água.

Temperaturas de fusão e ebulição e solubilidade em água de alguns ácidos carboxílicos				
Estrutura	Nomes	TF (°C)	TE (°C)	Solubilidade em 100 mL de água a 25 °C (g)
HCO_2H	ácido metanoico	ácido fórmico	8	101	∞
CH_3CO_2H	ácido etanoico	ácido acético	17	118	∞
$CH_3CH_2CO_2H$	ácido propanoico	ácido propiônico	−21	141	∞
$CH_3(CH_2)_2CO_2H$	ácido butanoico	ácido butírico	−6	164	∞
$CH_3(CH_2)_3CO_2H$	ácido pentanoico	ácido valérico	−34	186	4,97
$CH_3(CH_2)_4CO_2H$	ácido hexanoico	ácido caproico	−3	205	1,08
$CH_3(CH_2)_6CO_2H$	ácido octanoico	ácido caprílico	16	239	0,07
$CH_3(CH_2)_8CO_2H$	ácido decanoico	ácido cáprico	31	269	0,015

Fonte: LIDE, David R. (Ed.). Physical Constants of Organic Compounds. In: *CRC Handbook of Chemistry and Physics*. 89th ed. (Internet Version). Boca Raton, FL: CRC/Taylor and Francis, 2009.

Comportamento químico dos ácidos carboxílicos

Devido às propriedades ácidas que apresentam, essas substâncias mudam a cor de indicadores ácido-base e reagem com bases, com carbonatos e com bicarbonatos (de forma análoga aos ácidos inorgânicos). Os produtos orgânicos dessas reações são sais orgânicos (sais de ácidos carboxílicos).

ácido etanoico
(ácido acético)

sal de ácido carboxílico
etanoato de sódio
(acetato de sódio)

Os sais de sódio, potássio e amônio caracterizam-se por serem solúveis em água. Esse comportamento ocorre também com os sais orgânicos, mesmo que tenham elevado número de átomos de carbono, o que não acontece com os ácidos derivados desses sais.

O ácido cítrico presente no limão explica o caráter ácido da fruta. Na foto, a acidez é constatada pela mudança da cor do papel azul de tornassol.

Ácido acético ou ácido etanoico

Líquido incolor conhecido desde a alquimia, o ácido acético ou ácido etanoico é produto da oxidação do etanol presente no vinho. Depois de algum tempo, o vinho transforma-se em vinagre por ação de microrganismos. O líquido resultante tem sabor azedo devido à presença de ácido acético.

Esse ácido também é produzido na fermentação do pão. Nesse processo, além do ácido acético, forma-se ácido láctico. Essas substâncias são responsáveis pela maciez e pelo sabor típicos do pão.

A fermentação usada no preparo de pães produz os ácidos acético e láctico.

Como se obtém o ácido acético?

Industrialmente, o ácido acético pode ser obtido pela reação de metanol com monóxido de carbono na presença de catalisador:

$$CH_3OH(l) + CO(g) \xrightarrow{catalisador} CH_3CO_2H(l)$$

O ácido acético puro é conhecido como ácido acético glacial, pois, quando a temperatura ambiente é baixa, apresenta-se na forma sólida, lembrando o gelo – sua temperatura de fusão é 17 °C (ver tabela na página anterior).

*Você pode resolver as questões 10, 11, 16 e 23 da seção **Testando seus conhecimentos**.*

Aplicações do ácido acético

Além de seu emprego como tempero na alimentação (na forma de vinagre), esse ácido é usado na indústria de alimentos para a obtenção de conservas e flavorizantes, e na produção de outras substâncias, como o ácido acetilsalicílico, etc.

Conexões

Química e Biologia – As cãibras e a fadiga muscular

Os carboidratos, incluindo o açúcar comum – sacarose ($C_{12}H_{22}O_{11}$) –, e o ácido láctico ($C_3H_6O_3$) têm a mesma fórmula mínima (CH_2O). A expressão **ácido láctico** indica que há uma relação entre essa substância e o leite.

As bactérias existentes no leite fresco participam da transformação da lactose – um carboidrato natural do leite –, produzindo energia e ácido láctico. O ácido causa o aparecimento de coágulos, de modo que o leite se torna bastante espesso. A produção de iogurte, coalhada e queijo recorre a esse processo de forma controlada.

Quando praticamos exercícios físicos, nosso organismo utiliza como fonte de energia a glicose, $C_6H_{12}O_6$, um carboidrato proveniente de outro carboidrato, o glicogênio, $(C_6H_{10}O_5)_n$. O metabolismo da glicose leva à produção do ácido pirúvico, CH_3COCO_2H, que é metabolizado na presença do ar (isto é, aerobicamente), produzindo CO_2 e H_2O. Quando um exercício físico requer grande quantidade de energia em pouco tempo – caso de uma corrida, por exemplo –, nossos músculos podem demandar mais oxigênio do que o disponível. O organismo, no entanto, por meio de mecanismo anaeróbio (na ausência de oxigênio), consegue degradar o ácido pirúvico, produzindo a energia necessária para o movimento e ácido láctico. O aumento da quantidade de ácido láctico em nossos músculos é uma das principais causas do que sentimos em atividades físicas intensas: cansaço excessivo e ocorrência de cãibras musculares.

O ácido láctico produzido por nosso organismo é metabolizado pelo fígado. Por isso, se ingerimos quantidades excessivas de álcool (substância também metabolizada pelo fígado), o metabolismo do ácido láctico pode ser prejudicado, de modo que a concentração do ácido aumenta, produzindo uma sensação de fadiga.

Emmanuel Ngatuny, do Quênia (à direita na foto), correndo a 36ª Meia-Maratona de Berlim, Alemanha, em abril de 2016. Atletas submetidos a grande esforço físico costumam ter cãibras.

Atividades

1. A picada de formigas vermelhas contém ácido metanoico, também chamado de ácido fórmico. A palavra **fórmico** deriva do latim *formica*, que significa "formiga", o que explica a origem desse nome. Esse ácido foi isolado pela primeira vez por destilação do corpo de formigas. Escreva a fórmula molecular desse ácido.

2. Leia o texto a seguir e responda ao que se pede:

   O ácido benzoico e seus sais

   O ácido benzoico ocorre naturalmente nas ameixas e na maioria das frutas de bagas. Também já foi detectado nos queijos e no leite fermentado. O ácido benzoico não é muito solúvel em água (0,27% a 18 °C). A maioria das leveduras e mofos pode ser controlada com 0,05% a 0,1% de ácido não dissociado. [...]

   Os sais de cálcio, potássio e sódio são utilizados para inibir o desenvolvimento microbiano nos alimentos. O benzoato de sódio é um pó cristalino estável, de sabor suave e adstringente, com solubilidade em água fria de 66 g/100 mL a 20 °C (alta solubilidade), sendo que não interfere na coloração dos alimentos. Os benzoatos são eficazes na faixa de pH 2,5-4,0 e perdem boa parte de sua eficiência em pH > 4,5.

   [...] Trata-se de um agente antimicrobiano muito efetivo nos alimentos altamente ácidos, drinques de frutas, cidras, bebidas carbonatadas e picles. Também são usados em margarinas, molhos para salada, molho de soja e geleias.

   [...]

   ALMEIDA, Adalberto Luiz Faria de. *Food Ingredients Brasil*, n. 18. 2011. p. 45. Disponível em: <http://www.revista-fi.com/materias/186.pdf>. Acesso em: 9 jul. 2018.

   a) Equacione a ionização em água do ácido benzoico.
   b) Na faixa de pH eficaz para a ação conservante (entre 2,5 e 4,0), deve haver predominância de ácido benzoico ou de benzoato?

3. Observe a fórmula de um ácido carboxílico qualquer e responda: por que os ácidos carboxílicos apresentam temperaturas de ebulição mais elevadas que as cetonas de mesma massa molar?

4. Considerando a reação entre ácido pentanoico e carbonato de sódio, faça o que se pede nos itens a seguir:
   a) Escreva a equação química dessa transformação.
   b) Qual é o nome do sal orgânico formado?
   c) Consulte as massas atômicas na Tabela Periódica no final do livro e determine a massa de carbonato de sódio necessária para neutralizar 1 mol de ácido pentanoico.

5. Leia o texto e responda às questões a seguir.

   O corpo humano excreta substâncias cujo odor é desagradável. Elas são produzidas por glândulas localizadas nas axilas e na região ao redor do ânus e dos órgãos sexuais. Em 1991 foi identificado o principal responsável pelo odor das axilas: o ácido 3-metil-hex-2-enoico.

   $$H_3C - \underset{}{\overset{H_2}{C}} - \underset{}{\overset{H_2}{C}} - \underset{\underset{CH_3}{|}}{C} = \underset{}{\overset{H}{C}} - \underset{OH}{\overset{O}{C}}$$

   ácido 3-metil-hex-2-enoico

   Alguns tipos de bactérias que vivem em nossas axilas usam as secreções do local para obter energia em um processo químico que libera diversos compostos, entre os quais essa substância.

   Os desodorantes fabricados atualmente atacam as bactérias que produzem enzimas envolvidas no processo de formação desse ácido carboxílico.

   a) Na ausência de desodorantes, muitas pessoas recorrem ao hidrogenocarbonato de sódio ($NaHCO_3$) para reduzir o mau cheiro proveniente das axilas. Por quê?
   b) Do contato do ácido 3-metil-hex-2-enoico com o $NaHCO_3$ forma-se um produto derivado do ácido. Qual é esse produto?

Química: prática e reflexão

O vinagre, item comum nas casas brasileiras, é produzido pela fermentação acética do vinho. Nesse processo, ocorre oxidação do álcool do vinho em ácido acético. O vinagre para consumo humano deve ter teor de 4% (m/V) a 6% (m/V) de ácido acético, valor amparado pela legislação brasileira. Você conhece algum órgão, instituto ou agência que fiscaliza a composição de produtos?

Nesta atividade, você será convidado a analisar a composição (teor) de ácido acético em uma amostra de vinagre.

> **Cuidado!**
> Use óculos de segurança, avental de mangas compridas e luvas de látex.

Material

- 1 garrafa PET de 2,0 L cortada na parte superior (ver ilustração abaixo)
- fita-crepe
- 1 L de vinagre
- 100 g de hidrogenocarbonato de sódio (adquirido em farmácias)
- balança de prato ou de cozinha
- 1 béquer ou copo de 250 mL
- bastão de vidro ou colher (sopa)

Procedimento

1. Coloquem 1 L de vinagre na garrafa PET. Determinem a massa do conjunto (garrafa + vinagre) e anotem seu valor (A).
2. Coloquem em um béquer ou copo o correspondente a 100 g de hidrogenocarbonato de sódio. Anotem a massa do conjunto (copo + hidrogenocarbonato de sódio) (B).
3. Determinem a massa total do sistema (A + B).
4. Adicionem, lentamente, o hidrogenocarbonato de sódio ao vinagre.
5. Aguardem 5 minutos.
6. Agitem o sistema, com o bastão de vidro ou a colher, por mais 5 minutos.
7. Determinem a massa final do conjunto: garrafa PET com os reagentes (C) + copo vazio (D).
8. Determinem a variação de massa subtraindo a massa total do sistema no início (A + B) da massa total do sistema no final (C + D).

Esquema do equipamento

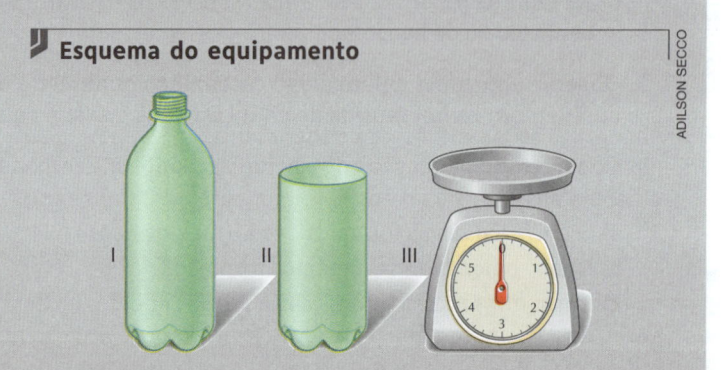

I – Garrafa PET de 2,0 L
II – Garrafa PET cortada com a borda recoberta com fita-crepe para que não fique cortante.
III – Balança

Descarte dos resíduos: O resíduo do experimento pode ser descartado diretamente na pia.

Analisem suas observações

1. Como vocês explicam a variação de massa do sistema?
2. Equacionem a reação entre o ácido acético e o hidrogenocarbonato de sódio e forneçam os nomes das substâncias envolvidas.
3. Qual é a massa de dióxido de carbono formada no experimento?
4. Que massa de ácido acético deve ter liberado essa quantidade de dióxido de carbono?
5. Admitindo que o volume de vinagre utilizado no experimento corresponde exatamente a 1 L, determinem a porcentagem, em m/V, de ácido acético no vinagre.
6. Os valores encontrados pelo seu grupo foram iguais aos dos outros grupos? Em caso negativo, justifiquem as possíveis causas dessas diferenças.

Ésteres

Os **ésteres** são substâncias obtidas pela reação entre um ácido carboxílico e um álcool (ou um fenol). O etanoato de etila, por exemplo, substância que pode ser utilizada como essência de maçã, é um éster (produto orgânico da reação entre ácido etanoico e etanol).

$$H_3C-COOH + H_3C-CH_2OH \rightleftharpoons H_3C-COO-CH_2-CH_3 + H_2O$$

ácido etanoico   etanol   etanoato de etila   água

Veja o quadro a seguir, que apresenta alguns exemplos de ésteres.

Alguns exemplos de ésteres	
Fórmula	Nome
H−C(=O)−O−CH₃	metanoato de metila (formiato de metila)
H₃C−C(=O)−O−CH(CH₃)−CH₃	etanoato de isopropila (acetato de isopropila)
C₆H₅−C(=O)−O−CH₃	benzoato de metila
H₃C−C(=O)−O−CH₂−CH₂−CH₂−CH₂−CH₃	etanoato de pentila (acetato de pentila)

Observe que os ésteres são compostos cuja estrutura é derivada de ácidos carboxílicos pela substituição do átomo de hidrogênio do grupo carboxila por R. Genericamente, podem ser representados por:

$$R-C(=O)-OR'$$

em que R pode ser um grupo alquila, arila ou átomo de hidrogênio e R' pode ser um grupo alquila ou arila.

Os ésteres podem ser encontrados tanto no reino animal como no vegetal. Essências vegetais devem seu perfume, em grande parte, à presença dessas substâncias. Óleos e gorduras também são ésteres de elevada massa molar.

Nomenclatura dos ésteres

O nome IUPAC dos ésteres é baseado no nome dos ácidos carboxílicos dos quais derivam.

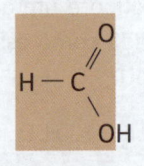

ácido metanoico
ácido fórmico

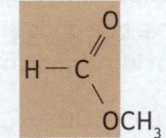

metanoato de metila
formiato de metila

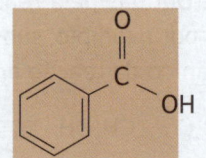

ácido benzoico

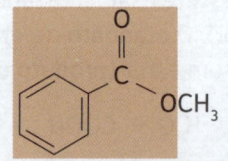

benzoato de metila

Note que a terminação **ico** do nome do ácido carboxílico é substituído por **ato**, de modo semelhante ao que se faz para dar nome aos sais. Em outras palavras, a nomenclatura de ésteres obedece à seguinte estrutura:

nome do ácido do qual deriva (substituindo o sufixo **ico** por **ato**) de nome do grupo substituinte (que substituiu o átomo de hidrogênio) sem o sufixo **il** + ila

Características gerais dos ésteres

A presença do grupamento carbonila $\left(\begin{array}{c}O\\ \parallel\\ C\end{array}\right)$ confere aos ésteres caráter polar semelhante ao dos aldeídos e das cetonas. Diferentemente dos ácidos carboxílicos, os ésteres não possuem grupo OH e, por isso, suas moléculas não se associam por ligações de hidrogênio, o que faz com que tenham temperaturas de ebulição mais baixas que as dos álcoois e ácidos carboxílicos de mesma massa molar.

Tanto o cheiro como o sabor de alguns alimentos são fruto de uma complexa mistura de compostos orgânicos, entre os quais estão os ésteres. Por isso, fabricantes de bebidas, balas, sorvetes e muitos outros produtos valem-se de ésteres que imitam o flavor natural.

> *Você pode resolver as questões 2 a 5, 8, 12 a 15, e 18 a 22 da seção Testando seus conhecimentos.*

Saiba mais

Corantes naturais e culturas indígenas

[...]
Nas sociedades indígenas, até hoje, a pintura corporal tem grande importância e seu significado é muito amplo, podendo ir da simples expressão de beleza e erotismo à indicação de preparação para a guerra, ou, até mesmo, como uma das formas de aplacar a ira dos demônios.

Além de proteger o corpo dos raios solares e das picadas de insetos, a ornamentação corporal é como se fosse uma segunda "pele" do indivíduo: a social em substituição à biológica. O padrão da pintura e o local de sua localização no corpo revela o status de seu detentor na sociedade.
[...]
A tinta usada [por indígenas do Alto Xingu] é preparada com sementes de urucu [ou urucum], que se colhe nos meses de maio e junho. As sementes são raladas em peneiras finas e fervidas em água para formar uma pasta. Com esta pasta são feitas bolas que são envolvidas em folhas, e guardadas durante todo o ano para as cerimônias de tatuagem. A tinta extraída do urucu também é usada para tingir os cabelos e na confecção de máscaras faciais.

[...] O urucu é usado modernamente para colorir manteiga, margarina, queijos, doces e pescado defumado, e o seu corante principal – a bixina – em filtros solares.
[...]

bixina

PINTO, Angelo C. *Corantes naturais e culturas indígenas*. Instituto de Química da Universidade Federal do Rio de Janeiro. Disponível em: <http://www.iflora.iq.ufrj.br/hist_interessantes/corantes.pdf>. Acesso em: 20 maio 2016.

Atividades

1. Com base nos dados da tabela abaixo, responda à questão que segue.

Ação germicida de várias concentrações de álcool etílico em solução aquosa contra o *Streptococcus pyogenes*					
Concentração do etanol (%)	Tempo (segundos)				
	10	20	30	40	50
100	−	−	−	−	−
90	+	+	+	+	+
80	+	+	+	+	+
70	+	+	+	+	+
60	+	+	+	+	+
50	−	−	+	+	+
40	−	−	−	−	−

− ausência de ação germicida (ocorre crescimento bacteriano).
+ ação germicida (ausência de crescimento bacteriano).

Fonte: SANTOS, Adélia Aparecida Marçal dos et al. Importância do álcool no controle de infecções em serviços de saúde. Anvisa, 2002. Disponível em: <http://www.anvisa.gov.br/servicosaude/controle/controle_alcool.pdf>. Acesso em: 9 jul. 2018.

Por que, em sua opinião, os hospitais costumam usar, como desinfetante, soluções aquosas de etanol de 60% a 90%?

2. A substância responsável pela essência de kiwi é o benzoato de metila.
  a) Equacione a reação entre ácido carboxílico e álcool que tem como produto orgânico esse éster e indique os nomes das substâncias envolvidas.
  b) Qual é a massa de ácido benzoico necessária para obter 326,4 g de essência, admitindo que o rendimento do processo seja de 60%?
  c) Qual será o efeito sobre o equilíbrio se, no meio em que a reação for executada, houver uma substância que absorva água?

3. O metanol pode ser obtido a partir do carvão em um processo realizado em duas etapas. Na primeira, o carvão incandescente reage com água no estado gasoso, formando monóxido de carbono (CO) e gás hidrogênio (H_2). Na segunda etapa, os gases CO e H_2 entram em contato a 300 atm e 300 °C e na presença de um catalisador apropriado. Essas condições favorecem a formação do metanol, um líquido incolor nas condições normais de temperatura e pressão (CNTP).

Metanol e etanol diferem estruturalmente apenas por um grupo metila. No entanto, o metanol é muito mais tóxico que o etanol. Isso se deve aos produtos do metabolismo dessas substâncias em nosso organismo. A toxicidade do metanol se deve indiretamente ao formaldeído e a do etanol, ao acetaldeído. A dose letal mediana (LD_{50}) do formaldeído por via oral em ratos, ou seja, a dose necessária para matar 50% da população analisada, é de 0,070 g/kg corporal. Para o acetaldeído, nas mesmas condições, o LD_{50} é de 1,9 g/kg corporal.

Ambos os álcoois podem ser utilizados como combustíveis, mas, diferentemente do etanol, o metanol queima com uma chama clara, o que dificulta sua visualização em ambientes muito iluminados. O metanol já foi o combustível utilizado nos carros de Fórmula Indy, mas, devido a sua periculosidade, foi substituído pela gasolina.

  a) Metanol, etanol, formaldeído e acetaldeído também recebem outro nome pelas regras da IUPAC. Que nomes são esses?
  b) Você classificaria o átomo de carbono ligado ao grupo OH no etanol como primário, secundário, terciário ou quaternário?
  c) Quantas vezes, aproximadamente, o formaldeído é mais tóxico que o acetaldeído?
  d) A quantidade de energia fornecida na queima por unidade de massa é uma grandeza conhecida como **poder calorífico**. Com base nos dados da tabela a seguir, determine qual dos dois combustíveis apresenta maior eficiência energética por unidade de massa.

Combustível	Massa molar (g/mol)	ΔH_c° (kJ/mol)
metanol	16	−726
etanol	46	−1 368

Fonte: ATKINS, P.; JONES, L. *Princípios de Química*: questionando a vida moderna e o meio ambiente. 5. ed. Porto Alegre: Bookman, 2012. p. 808.

4. No fim do século XIX, o fenol era utilizado como antisséptico em cirurgias. Contudo, como causava queimaduras severas, com o avanço da Química Orgânica ele foi substituído por derivados sintéticos. Entre esses derivados, encontra-se o 4-hexilresorcinol, que é um antisséptico mais potente e provoca menos danos à pele.

a) A partir da estrutura do 4-hexilresorcinol, determine os átomos de carbono primário e terciário presentes na molécula.

[Estrutura: anel benzênico com HO e OH em posições do resorcinol e cadeia hexílica terminando em CH₃]

b) Quem possui a maior solubilidade em solvente orgânico, o resorcinol ou o 4-hexilresorcinol?

c) Por que o 4-hexilresorcinol é classificado como um fenol e não como um álcool?

5. Leia os textos a seguir e faça o que se pede:

Mitos e realidades sobre o alcoolismo

O alcoolismo é um grave problema de saúde pública no Brasil, assim como em grande número de outros países. Estima-se que cerca de 10% da população brasileira seja dependente do álcool, enquanto um número bem maior experiencia problemas relacionados ao seu uso inadequado, como acidentes de trânsito, situações diversas de violência, perda de emprego, etc.

O uso de bebidas alcoólicas geralmente começa cedo, entre o início e meados da adolescência, com o grupo de amigos e/ou em casa. Você já deve ter percebido, além disso, que os abstêmios, as pessoas que nunca bebem álcool, são a minoria. A grande maioria bebe, ou pensa que bebe, "socialmente". De fato, o álcool está presente na maioria das ocasiões sociais, tornando-se quase onipresente em situações relacionadas a comemorações, alegria, relaxamento. Mas você já se perguntou sobre o que é um "beber social"? Quais os limites que diferenciam um padrão de uso moderado de um uso inadequado, abusivo? [...]

LARANJEIRA, Ronaldo; PINSKY, Ilana. Disponível em: <https://www.uniad.org.br/images/stories/publicacoes/texto/Mitos%20e%20realidades%20sobre%20o%20Alcoolismo.pdf>. Acesso em: 9 jul. 2018.

Já está valendo a lei [27/05/2015] que classifica como crime a venda de bebidas alcoólicas para menores. Antes, a prática era considerada como "contravenção penal" – uma ocorrência com penas mais leves. Agora, além de pagar multa, quem for pego vendendo bebida para adolescentes pode cumprir quatro anos de prisão.

Um senhor que prefere não se identificar convive com o alcoolismo há mais de 30 anos. Ele começou a beber aos 13 anos e, hoje, aos 62 anos, se recorda como era fácil comprar bebidas quando era adolescente. "Pai pedia para ir ao bar comprar. Bem, comprava normalmente. Mas eu me lembro de ter bebido em bar e de ter comprado também. Existia uma facilidade de comprar, mas, na época, era mais embalagem fechada."

Aos 46 anos ele conseguiu se livrar do vício depois de frequentar o grupo Alcoólicos Anônimos. Livre do vício, ele vive uma vida normal dedicada à família e ao trabalho, mas não esquece as perdas causadas pelo álcool. "Tive perdas materiais e morais. Eu perdi vários empregos, eu cheguei até a perder bolsa de estudos na faculdade. Eu não parava em emprego nenhum. Portanto, eu estou chegando aos 62 anos no próximo mês e não consegui me aposentar."

Quem sofreu com o alcoolismo desde muito cedo acredita que a lei será um avanço para a sociedade. [...]

COMÉRCIO REFORÇA AÇÕES para coibir venda de bebidas a menores. G1 Mogi das Cruzes e Suzano, 27 mar. 2015. Disponível em: <http://g1.globo.com/sp/mogi-das-cruzes-suzano/noticia/2015/03/comercio-reforca-acoes-para-coibir-venda-de-bebidas-menores.html>. Acesso em: 8 jul. 2018.

a) De acordo com o texto "Mitos e realidades sobre o alcoolismo", quando geralmente começa o uso de bebidas alcoólicas?

b) Segundo esse texto, quais problemas estão relacionados ao consumo do álcool?

c) O texto questiona: "Mas você já se perguntou sobre o que é um 'beber social'? Quais os limites que diferenciam um padrão de uso moderado de um uso inadequado, abusivo?". Reflita sobre essas questões, depois apresente sua opinião aos colegas, justificando-a com argumentos.

d) O segundo texto trata da mudança da legislação em relação à venda de bebidas alcóolicas para menores de idade. Qual foi essa mudança?

e) A mudança na legislação é uma das formas de coibir a venda de bebidas alcoólicas a menores de idade. Você acha que ela é suficiente?

Cite ou proponha ações para reduzir o consumo ilegal de bebidas alcoólicas pelos jovens.

6. Alguns fungos produzem e liberam a substância oct-1-en-3-ol, que atua como repelente de predadores, como lesmas. Com relação a essa molécula, responda:

a) Por que não podemos chamar essa substância simplesmente de octenol?

b) A fórmula estrutural indicada abaixo representa corretamente o composto mencionado no exercício? Justifique.

[Estrutura: cadeia carbônica com dupla ligação e OH terminal]

c) Essa substância utilizada como repelente é considerada um álcool ou um enol? Justifique.

7. Os ésteres são substâncias que desempenham papel importante na indústria alimentícia. Eles participam na composição de alimentos imitando e realçando sabores e aromas. É pela presença dessas substâncias que muitas vezes associamos um produto a determinado alimento natural, por exemplo, chicletes com sabor de frutas, salgadinhos com sabor de queijo, etc.

O caprilato de etila, cuja fórmula está representada abaixo, é utilizado em bebidas para imitar o sabor de pinha.

[Estrutura do caprilato de etila: éster com cadeia de 8 carbonos e grupo etila]

Dê o nome IUPAC para esse composto e sua fórmula molecular.

Testando seus conhecimentos

Caso necessário, consulte as tabelas no final desta Parte.

1. (Udesc) Assinale a alternativa que corresponde à nomenclatura correta, segundo a IUPAC (*International Union of Pure and Applied Chemistry*), para o composto cuja estrutura está representada abaixo.

a. 4-metil-2-acetil-octano
b. 5,7-dimetil-8-nonanona
c. 3,5-dimetil-2-nonanona
d. 3-metil-5-butil-2-hexanona
e. 4-metil-2-butil-5-hexanona

2. (Uece) O ácido pentanoico (conhecido como ácido valérico) é um líquido oleoso, com cheiro de queijo velho, tem aplicações como sedativo e hipnótico. Se aplicado diretamente na pele, tem uma efetiva ação sobre a acne.

$$CH_3 - CH_2 - CH_2 - CH_2 - C(=O) - OH$$
ácido pentanoico

De acordo com sua fórmula estrutural, seu isômero correto é o:

a. etóxi-propano.
b. 3-metil-butanal.
c. pentan-2-ona.
d. propanoato de etila.

3. (Enem)

Uma forma de organização de um sistema biológico é a presença de sinais diversos utilizados pelos indivíduos para se comunicarem. No caso das abelhas da espécie *Apis mellifera*, os sinais utilizados podem ser feromônios. Para saírem e voltarem de suas colmeias, usam um feromônio que indica a trilha percorrida por elas (composto A). Quando pressentem o perigo, expelem um feromônio de alarme (composto B), que serve de sinal para um combate coletivo. O que diferencia cada um desses sinais utilizados pelas abelhas são as estruturas e funções orgânicas dos feromônios.

composto A

$CH_3COO(CH_2)CH(CH_3)_2$
composto B

QUADROS, A. L. Os feromônios e o ensino de Química. *Química Nova na Escola*, n. 7, maio 1998 (adaptado).

As funções orgânicas que caracterizam os feromônios de trilha e de alarme são, respectivamente:

a. álcool e éster.
b. aldeído e cetona.
c. éter e hidrocarboneto.
d. enol e ácido carboxílico.
e. ácido carboxílico e amida.

4. (PUC-RJ) A substância representada possui um aroma agradável e é encontrada em algumas flores, como gardênia e jasmim.

De acordo com as regras da IUPAC, a sua nomenclatura é:

a. etanoato de fenila.
b. etanoato de benzila.
c. etanoato de heptila.
d. acetato de fenila.
e. acetato de heptila.

5. (UEM-PR) Analisando as estruturas dos compostos orgânicos a seguir, assinale a(s) alternativa(s) que apresenta(m) classificações corretas em relação às suas características.

a.
b.
c.
d.
e.

01. Quanto ao número de ramificações, em A são 2, em B é 1 e em C é 1.
02. Quanto ao tipo de cadeia carbônica, em B é insaturada, em C é saturada e em D é insaturada.
04. Quanto ao tipo de função, C é um hidrocarboneto, D é um éster e E é um ácido carboxílico.
08. Quanto ao tipo de hidrocarboneto, A é um alcano, B é um alceno e C é um aromático.
16. Quanto à nomenclatura, C é o pentil-benzeno, D é o butóxi-butano e E é o octanol.

Dê como resposta a soma dos números correspondentes às alternativas corretas.

6. (Uema) Leia o texto abaixo adaptado de um jornal local.

> Os esmaltes não são tão inofensivos quanto aparentam e podem causar alergias. No entanto, diversas marcas já têm linhas hipoalergênicas, que sinalizam a ausência de formaldeído (metanal) e tolueno (metil benzeno), compostos presentes no produto e que, segundo os médicos, têm altíssimo potencial alérgico, provocando irritação nas pálpebras, área mais comum de reação a esmaltes.
>
> Fonte: O ESTADO DO MARANHÃO. —3 FREE|? Entenda o que significa o termo. Disponível em: http://www.imirante.globo.com/oestadoma/noticias>. Acesso em: 24 nov. 2013.

As substâncias químicas destacadas no texto podem ser representadas, respectivamente, por
a. CHO_2 e $C_6H_5CH_3$
b. CH_2O e $C_6H_5CH_3$
c. CH_2O e $C_6H_4CH_3$
d. CHO_2 e C_6H_5
e. CH_2O e C_6H_5

7. (PUC-SP) Mentol ocorre em várias espécies de hortelã e é utilizado em balas, doces e produtos higiênicos.

Observe a estrutura do mentol e assinale a alternativa correta.
a. A fórmula molecular do mentol é $C_{10}H_{19}O$.
b. O mentol possui 3 carbonos secundários.
c. Possui um radical isopropil.
d. Possui a função orgânica fenol.

8. (IFBA) O ano de 2016 foi declarado Ano Internacional das Leguminosas (AIL) pela 68ª Assembleia-Geral das Nações Unidas, tendo a Organização para a Alimentação e Agricultura das Nações Unidas (FAO) sido nomeada para facilitar a execução das atividades, em colaboração com os governos. Os agrotóxicos fazem parte do cultivo de muitos alimentos (dentre eles as leguminosas) de muitos países com o objetivo de eliminar pragas que infestam as plantações. Porém, quando esses compostos são usados em excesso podem causar sérios problemas de intoxicação no organismo humano.

Na figura são apresentadas as estruturas químicas da Piretrina e da Coronopilina (agrotóxicos muito utilizados no combate a pragas nas plantações). Identifique as funções orgânicas presentes simultaneamente nas estruturas apresentadas:

a. Éter e Éster
b. Cetona e Éster
c. Aldeído e Cetona
d. Éter e Ácido Carboxílico
e. Álcool e Cetona

9. (FMP-RJ)

Árvore da morte

Esse é um dos seus nomes conhecidos, usado por quem convive com ela. Seus frutos, muitos parecidos com maçãs, são cheirosos, doces e saborosos. Também é conhecida como Mancenilheira da Areia – mas "árvore da morte" é o apelido que melhor escreve a realidade.

Sua seiva leitosa contém forbol, um componente químico perigoso e só de encostar-se à árvore, a pele pode ficar horrivelmente queimada. Refugiar-se debaixo dos seus galhos durante uma chuva tropical também pode ser desastroso, porque até a seiva diluída pode causar uma erupção cutânea grave.

Disponível em: <http://g1.globo.com/ciencia-e-saude/noticia/2016/06/a-arvore-da-morte-a-mais-perigosa-do-mundo-segundo-o-livro-dos-recordes.html>. Adaptado. Acesso em: 18 jul. 2016.

Considere a fórmula estrutural do forbol representada abaixo.

Uma das funções orgânicas e o nome de um dos grupamentos funcionais presentes em sua molécula são, respectivamente,
a. fenol e carbonila
b. cetona e carboxila
c. aldeído e hidroxila
d. álcool e carboxila
e. álcool e carbonila

10. (Uece) Na composição dos enxaguantes bucais existe um antisséptico para matar as bactérias que causam o mau hálito. Um dos mais usados possui a seguinte estrutura:

Esse composto é identificado com a função química dos
a. fenóis.
b. álcoois.
c. ácidos carboxílicos.
d. aromáticos polinucleares.

11. (Ifsul-RS) O ácido acético, fórmula estrutural $H_3C — COOH$, oficialmente é chamado de ácido
a. acetoico.
b. etanoico.
c. metanoico.
d. propanoico.

12. (UFJF-MG/PISM) O gengibre é uma planta herbácea originária da Ilha de Java, da Índia e da China, e é utilizado mundialmente na culinária para o preparo de pratos doces e salgados. Seu caule subterrâneo possui sabor picante, que se deve ao gingerol, cuja fórmula estrutural é apresentada a seguir:

gingerol

Quais funções orgânicas estão presentes na estrutura do gingerol?
a. Éster, aldeído, álcool, ácido carboxílico.
b. Éster, cetona, fenol, ácido carboxílico.
c. Éter, aldeído, fenol, ácido carboxílico.
d. Éter, cetona, álcool, aldeído.
e. Éter, cetona, fenol, álcool.

13. (Unisc) A vanilina (fórmula a seguir),

é o composto principal do aroma essencial da baunilha, largamente empregada como aromatizante em alimentos. Em sua estrutura química, observa-se a presença dos grupos funcionais das funções químicas
a. cetona, éster e fenol.
b. cetona, álcool e fenol.
c. fenol, cetona, éter.
d. fenol, aldeído e éter.
e. álcool, aldeído e éter.

14. (Fatec-SP) Leia o texto.

Feromônios são substâncias químicas secretadas pelos indivíduos que permitem a comunicação com outros seres vivos. Nos seres humanos, há evidências de que algumas substâncias, como o androstenol e a copulina, atuam como feromônios.

<http://tinyurl.com/hqfrxbb> Acesso em: 17.09.2016. Adaptado.

As fórmulas estruturais do androstenol e da copulina encontram-se representadas

androstenol   copulina

As funções orgânicas oxigenadas encontradas no androstenol e na copulina são, respectivamente,
a. fenol e ácido carboxílico.
b. álcool e ácido carboxílico.
c. álcool e aldeído.
d. álcool e cetona.
e. fenol e éster.

15. (PUC-MG) A Prednisona é um anti-inflamatório indicado para o tratamento de doenças endócrinas, respiratórias, dentre outras. Sua estrutura está representada abaixo.

É uma função orgânica presente na estrutura da Prednisona:
a. Éster
b. Aldeído
c. Cetona
d. Fenol

16. (PUCC-SP) Na revelação de uma *fotografia* analógica, ou seja, de película, uma das etapas consiste em utilizar uma solução reveladora, cuja composição contém hidroquinona.

Hidroquinona

A função orgânica que caracteriza esse composto é
a. álcool.
b. fenol.
c. ácido carboxílico.
d. benzeno.
e. cetona.

Testando seus conhecimentos

17. (UEPG-PR) Baseado nas estruturas das moléculas abaixo, responsáveis pelas fragrâncias da canela e do cravo da índia, respectivamente, assinale o que for correto.

I) Cinamaldeído   II) Eugenol

01. Ambas possuem um grupamento fenil.
02. Ambas possuem um grupamento aldeído.
04. Somente o eugenol possui um grupamento álcool.
08. Somente o cinamaldeído possui carbono terciário.
16. Somente o eugenol possui um grupo éter metílico.

Dê como resposta a soma dos números correspondentes às alternativas corretas.

18. (Imed-RS) Relacione os compostos orgânicos da Coluna 1 com o nome das suas respectivas funções orgânicas na Coluna 2.

Coluna 1

1. H—C(H)(H)—C(H)(H)—O—H

2. CH_3—CH_2—C(=O)—CH_3

3. CH_2=CH—CH_3

4. CH_3—CH_2—C(=O)—O—CH_3

5. CH_3—CH_2—O—CH_3

Coluna 2

( ) Éter.
( ) Alceno.
( ) Éster.
( ) Cetona.
( ) Álcool.

A ordem correta de preenchimento dos parênteses, de cima para baixo, é:
a. 4 – 3 – 5 – 2 – 1.
b. 5 – 3 – 4 – 2 – 1.
c. 5 – 1 – 2 – 4 – 3.
d. 1 – 2 – 3 – 4 – 5.
e. 5 – 4 – 3 – 2 – 1.

19. (Ifsul-RS) Determinada maionese industrializada possui, segundo seu rótulo, os seguintes ingredientes: óleo, ovos, amido modificado, suco de limão, vinagre, sal, açúcar, entre outras substâncias, tais como os antioxidantes:

BHA   BHT

Considerando suas estruturas, quais são as funções orgânicas presentes no BHA e qual a fórmula molecular do BHT?
a. fenol e éter; $C_{15}H_{24}O$.
b. álcool e éter; $C_{15}H_{24}O$.
c. fenol e éster; $C_{13}H_{22}O$.
d. álcool e éster; $C_{13}H_{22}O$.

20. (Uerj) A vanilina é a substância responsável pelo aroma de baunilha presente na composição de determinados vinhos. Este aroma se reduz, porém, à medida que a vanilina reage com o ácido etanoico, de acordo com a equação química abaixo.

ácido etanoico + vanilina → produto + H_2O

A substância orgânica produzida nessa reação altera o aroma do vinho, pois apresenta um novo grupamento pertencente à função química denominada:

a. éster
b. álcool
c. cetona
d. aldeído

21. (Aman-RJ) A *Aspirina* foi um dos primeiros medicamentos sintéticos desenvolvido e ainda é um dos fármacos mais consumidos no mundo. Contém como princípio ativo o Ácido Acetilsalicílico (AAS), um analgésico e antipirético, de fórmula estrutural plana simplificada mostrada ao lado:

Fórmula estrutural plana do Ácido Acetilsalicílico

Considerando a fórmula estrutural plana simplificada do AAS, a alternativa que apresenta corretamente a fórmula molecular do composto e os grupos funcionais orgânicos presentes na estrutura é:

a. $C_9H_8O_4$; amina e ácido carboxílico.
b. $C_{10}H_8O_4$; éster e ácido carboxílico.
c. $C_9H_4O_4$; ácido carboxílico e éter.
d. $C_{10}H_8O_4$; éster e álcool.
e. $C_9H_8O_4$; éster e ácido carboxílico.

22. (Uema) A bactéria anaeróbia *Clostridium botulinum* é um habitante natural do solo que se introduz nos alimentos enlatados mal preparados e provoca o botulismo. Ela é absorvida no aparelho digestivo e, cerca de 24 horas após a ingestão do alimento contaminado, começa a agir sobre o sistema nervoso periférico causando vômitos, constipação intestinal, paralisia ocular e afonia. Uma medida preventiva contra esse tipo de intoxicação é não consumir conservas alimentícias que apresentem a lata estufada e odor de ranço, devido à formação da substância $CH_3CH_2CH_2COOH$.

O composto químico identificado no texto é classificado como

a. cetona.
b. aldeído.
c. ácido carboxílico.
d. éster.
e. éter.

23. (Uerj) Na pele dos hipopótamos, encontra-se um tipo de protetor solar natural que contém os ácidos hipossudórico e nor-hipossudórico. O ácido hipossudórico possui ação protetora mais eficaz, devido à maior quantidade de um determinado grupamento presente em sua molécula, quando comparado com o ácido nor-hipossudórico, como se observa nas representações estruturais a seguir.

ácido hipossudórico | ácido nor-hipossudórico

O grupamento responsável pelo efeito protetor mais eficaz é denominado:

a. nitrila
b. hidroxila
c. carbonila
d. carboxila

CAPÍTULO 31

FUNÇÕES NITROGENADAS, HALOGENADAS E SULFURADAS

Aplicação de fertilizante em área em que foi colhido milho. Primavera do Leste (MT), 2014.

ENEM
C5: H17
C7: H24

Este capítulo vai ajudá-lo a compreender:
- as características gerais e a nomenclatura de compostos nitrogenados, halogenados e sulfurados;
- algumas aplicações de compostos pertencentes às funções nitrogenadas, halogenadas e sulfuradas.

Para situá-lo

A imagem acima mostra uma ação comum em plantações no Brasil e no mundo, a fertilização do solo. De acordo com o Ministério da Agricultura, Pecuária e Abastecimento, se utilizados de forma correta, os fertilizantes aumentam a produção agrícola.

Para o crescimento das plantas, é fundamental que o solo apresente alguns elementos químicos, chamados de **elementos essenciais**. Um deles é o nitrogênio. Como sua presença nas rochas não é abundante, muitos agricultores investem em fertilizantes que contenham esse elemento.

Entre as substâncias utilizadas como fertilizantes e fontes de nitrogênio, existem as inorgânicas, como o nitrato de potássio (KNO_3) e o nitrato de amônio (NH_4NO_3), e as orgânicas, como a ureia (CH_4N_2O). A matéria orgânica, como esterco bovino e restos vegetais, também é empregada como adubo e fonte de nitrogênio (sua decomposição libera no solo íons amônio, NH_4^+, que são captados pelas raízes das plantas).

Para não comprometer a produção e eliminar eventuais pragas, muitos agricultores utilizam agrotóxicos. Um deles, em especial, teve grande repercussão mundial, o DDT. Essa substância foi sintetizada pela primeira vez em 1873, mas suas propriedades inseticidas só foram descobertas em 1940 por Paul Hermann Müller (1899-1965).

Os estudos iniciais feitos com DDT mostraram que essa substância era um inseticida eficaz para uma grande variedade de pragas. Com a falta do piretro, inseticida natural obtido da trituração de flores secas de *Chrysanthemum cinerariaefolium* e *Chrysanthemum coccineu*, durante a Segunda Guerra Mundial, o DDT passou a ser utilizado por soldados aliados no combate a piolhos que transmitiam o agente causador do tifo. Durante a década de 1940, o DDT também passou a ser empregado na agricultura e no combate ao mosquito causador da malária.

Devido à grande aplicação e eficiência do DDT, Paul Hermann Müller ganhou o Prêmio Nobel de Fisiologia ou Medicina, em 1948. No entanto, em décadas posteriores descobriu-se que o DDT ficava retido no tecido adiposo de organismos e, como demorava para ser metabolizado, se acumulava na cadeia alimentar, afetando todo o ecossistema.

Com o resultado de novas pesquisas sobre o DDT, diversos países começaram a banir seu uso, sua fabricação e comercialização. No Brasil, por exemplo, a proibição de uso e de comercialização e a eliminação de estoque de DDT ocorreram em 2009.

1. Qual é a influência da adição de fertilizantes como sulfato de amônio e nitrato de amônio no pH do solo?
2. Desde 2004, o Brasil e países signatários da Convenção de Estocolmo se comprometeram a banir o uso do pesticida DDT. Explique a razão disso.
3. Leia o trecho ao lado, que traz a posição do Instituto Nacional do Câncer (Inca) sobre o uso de agrotóxicos, e responda às questões a seguir.

[...]
O modelo de cultivo com o intensivo uso de agrotóxicos gera grandes malefícios, como poluição ambiental e intoxicação de trabalhadores e da população em geral. As intoxicações agudas por agrotóxicos [...] afetam, principalmente, as pessoas expostas em seu ambiente de trabalho (exposição ocupacional). [...] Já as intoxicações crônicas podem afetar toda a população, pois são decorrentes da [...] presença de resíduos de agrotóxicos em alimentos e no ambiente [...]. Os efeitos adversos decorrentes da exposição crônica aos agrotóxicos podem aparecer muito tempo após a exposição [...]. Dentre os efeitos associados à exposição crônica a ingredientes ativos de agrotóxicos podem ser citados infertilidade, impotência [...] e câncer.

Os últimos resultados do Programa de Análise de Resíduos de Agrotóxicos (PARA) da Anvisa [Agência Nacional de Vigilância Sanitária] revelaram amostras com resíduos de agrotóxicos em quantidades acima do limite máximo permitido e com a presença de substâncias químicas não autorizadas para o alimento pesquisado. [...]

Vale ressaltar que a presença de resíduos de agrotóxicos não ocorre apenas em alimentos *in natura*, mas também em muitos produtos alimentícios processados pela indústria, como biscoitos, salgadinhos [...] e a soja, por exemplo. Ainda podem estar presentes nas carnes e leites de animais que se alimentam de ração com traços de agrotóxicos [...]. Portanto, a preocupação com os agrotóxicos não pode significar a redução do consumo de frutas, legumes e verduras, que são alimentos fundamentais em uma alimentação saudável e de grande importância na prevenção do câncer. O foco essencial está no combate ao uso dos agrotóxicos, que contamina todas as fontes de recursos vitais, incluindo alimentos, solos, águas, leite materno e ar. [...]

BRASIL. Ministério da Saúde. Instituto Nacional do Câncer (Inca). *Posicionamento do Inca sobre os agrotóxicos*. Disponível em: <http://www1.inca.gov.br/inca/Arquivos/comunicacao/posicionamento_do_inca_sobre_os_agrotoxicos_06_abr_15.pdf>. Acesso em: 8 jul. 2018.

a) Segundo o texto, profissionais como os agricultores podem ter a saúde prejudicada pelo uso de agrotóxicos? Em caso positivo, como isso poderia ser evitado?
b) Em sua opinião, o uso de agrotóxicos em quantidades acima do limite máximo permitido e de substâncias não autorizadas é um procedimento ético? Justifique.
c) O consumo de alimentos industrializados evita a ingestão de agrotóxicos? Justifique.

Neste capítulo vamos estudar compostos das funções orgânicas halogenadas, sulfuradas e nitrogenadas, suas aplicações, características e nomenclatura.

Compostos nitrogenados, halogenados e sulfurados

Para facilitar o estudo das principais funções orgânicas, costuma-se agrupá-las de acordo com sua constituição química. Por exemplo, as funções nitrogenadas compreendem os compostos orgânicos que apresentam átomos de carbono, hidrogênio, nitrogênio e, às vezes, oxigênio. Entre as funções nitrogenadas, vamos abordar os grupos funcionais: amina, amida e nitrocomposto. Já entre as funções halogenadas e sulfuradas, vamos estudar apenas um grupo funcional de cada um, os haletos orgânicos e tióis.

Aminas

As aminas são compostos nitrogenados largamente utilizados pela indústria para a produção de medicamentos e corantes e no tratamento de gás em refinarias petrolíferas. Na natureza podem ser encontrados, por exemplo, como produto da decomposição de material rico em proteína.

Podemos considerar as aminas como compostos derivados da amônia (NH_3) pela substituição de um ou mais átomos de hidrogênio por grupos alquila ou arila.

O cheiro forte característico dos peixes se deve à presença de aminas. Banca de peixes no Mercado Municipal de Bragança (PA), 2013.

As aminas podem ser classificadas de acordo com o número de grupos substituintes orgânicos. Assim, uma amina é classificada como primária quando só tem um grupo substituinte; como secundária, quando tem dois grupos substituintes; e como terciária, quando apresenta três grupos substituintes. Observe:

R — NH_2 R — N — R'   R — N — R'
                      | |
                      H   R"

amina primária   amina secundária   amina terciária

em que R, R' e R" são grupos alquila ou arila e podem ser iguais.

Algumas aminas que fazem parte do cotidiano	
Substância	Fórmula
Trimetilamina Substância que apresenta cheiro característico de peixe podre.	H_3C — N — CH_3 | CH_3
Fenilamina Substância tóxica utilizada na síntese de corantes.	C_6H_5—NH_2
Butano-1,4-diamina (ou putrescina) Substância formada na decomposição de aminoácidos presentes nas proteínas da carne de animais mortos.	H_2N—(CH_2)_4—NH_2
Pentano-1,5-diamina (ou cadaverina) Substância formada na decomposição de aminoácidos presentes nas proteínas da carne de animais mortos.	H_2N—(CH_2)_5—NH_2

Nomenclatura das aminas

Para nomear uma amina primária, utiliza-se o nome do hidrocarboneto do qual podemos considerar que a amina é derivada, substituindo o sufixo **o** (do nome do hidrocarboneto) por **amina**. Veja os exemplos a seguir:

CH_3 — NH_2 CH_3 — CH_2 — NH_2 C_6H_5—NH_2

metanamina   etanamina   benzenamina

Em aminas secundárias e terciárias assimétricas, ou seja, quando os grupos substituintes são diferentes, considera-se a maior cadeia carbônica como a cadeia principal, nomeando-a como uma amina primária. Para indicar o(s) grupo(s) substituinte(s) restante(s), escreve(m)-se o(s) nome(s) dele(s) precedido(s) por *N-* antes do nome da cadeia principal. O "*N-*" indica que o grupo substituinte está ligado ao átomo de nitrogênio.

Observe os exemplos:

grupo substituinte com maior cadeia carbônica (fenil)   grupo substituinte com menor cadeia carbônica (metil)

nome da substância: *N*-metilbenzenamina

N-etil-*N*-metilpropanamina   *N,N*-dietilpropanamina

Note no terceiro exemplo a presença de grupos substituintes iguais (os dois grupos etil). Nessa situação, escreve-se o nome do grupo substituinte precedido pelo prefixo **di**.

Outra forma aceita pela IUPAC para nomear as aminas consiste em dar os nomes dos grupos substituintes ligados ao átomo de nitrogênio seguidos da palavra **amina**. Se os grupos substituintes forem iguais, coloca-se o prefixo **di** ou **tri** antes do nome do grupo. Caso contrário, colocam-se os nomes dos grupos em ordem alfabética.

H_3C — CH_2 — CH_2 — NH_2 H_3C — N — CH_2 — CH_3
                                              |
propilamina   H
                                         etilmetilamina

H_3C — CH_2 — N — CH_2 — CH_3
              |
              CH_2
              |
              CH_3

trietilamina

Características gerais das aminas

Como as aminas são compostos polares e, com exceção das terciárias, possuem átomos de hidrogênio ligados a átomos de nitrogênio, elas podem formar ligações intermoleculares mais intensas (ligações de hidrogênio), o que tem relação direta com as propriedades físicas dessas substâncias, como as temperaturas de ebulição e de fusão e a solubilidade.

Temperatura de ebulição e de fusão de algumas aminas			
Fórmula	Nome	Temperatura de ebulição (°C)	Temperatura de fusão (°C)
$CH_3CH_2NH_2$	etilamina	16,5	−80,5
CH_3NH_2	metilamina	−6,3	−93,5
$(CH_3)_2NH$	dimetilamina	6,9	−92,2
$(CH_3)_3N$	trimetilamina	2,9	−117,1

Fonte: LIDE, David R. (Ed.). *CRC Handbook of Chemistry and Physics*. 87th ed. (Internet Version), 2007.

As aminas primárias com poucos átomos de carbono são solúveis em água. Já as aminas com longas cadeias carbônicas são mais solúveis em solventes menos polares, como éter dietílico e benzeno.

A anilina (fenilamina)

Considerando que a anilina é usada em inúmeros processos que permitem obter outros materiais, pode-se afirmar que, do ponto de vista da aplicabilidade, a **fenilamina**, também denominada anilina, é a mais importante das aminas.

Trata-se de um líquido incolor, oleoso e extremamente tóxico. Sua absorção através da pele ou por via respiratória pode ter consequências fatais.

A anilina é facilmente oxidada pelo ar e os produtos dessa oxidação são coloridos (amarelados, avermelhados). Tem grande aplicação como intermediária na obtenção de medicamentos, como é o caso de sulfas, analgésicos e antipiréticos (medicamentos usados para baixar a febre).

A sulfanilamida, constituinte básico das sulfas – primeiros medicamentos usados no combate a infecções –, é obtida por meio da reação da anilina com ácido sulfúrico. Observe suas fórmulas.

fenilamina (anilina)

sulfanilamida

O índigo é um corante azul que pode ser extraído de plantas e é usado na tintura de tecidos desde a Antiguidade. Essa substância pode ser obtida industrialmente a partir da anilina por um processo conhecido há mais de um século. Veja sua fórmula.

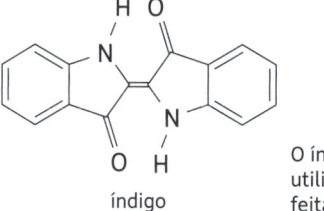

índigo

O índigo é o corante utilizado em roupas feitas em *jeans*.

Originalmente criado como roupa resistente para os mineiros nos Estados Unidos, o *jeans* hoje faz parte do vestuário de quase todas as pessoas.

A anilina também é muito importante para a indústria de corantes. Isso porque, a partir dela, são obtidas outras substâncias que, quando adicionadas a um material, lhe conferem cor, ou seja, são corantes. Mas atenção: o produto comercializado como "anilina", bastante comum em corantes alimentícios ou para tingir tecidos, não contém a substância anilina em sua composição, mas uma substância que foi obtida a partir dela.

Corantes conhecidos popularmente como anilinas são obtidos a partir de uma amina, a anilina.

Capítulo 31 • Funções nitrogenadas, halogenadas e sulfuradas

Saiba mais

Aminoácidos

No capítulo anterior, você viu alguns exemplos de compostos com mais de um grupo funcional, como a vanilina, o ácido láctico e o ácido tartárico. Os aminoácidos formam uma classe de substâncias de grande importância biológica que apresenta dois grupos funcionais: uma amina e um ácido carboxílico.

Os aminoácidos são importantes na constituição das proteínas e serão objeto de estudo no capítulo 36.

glicina

cisteína

leucina

Atividades

1. A constituição de todos os seres vivos é repleta de exemplos que tornam clara a importância das aminas e de outros compostos nitrogenados. Muitas poliaminas ilustram essa relação. Trata-se, como é possível deduzir do termo usado para classificá-las, de um grupo de compostos que possui mais de um grupo amina por molécula. Alguns exemplos de poliaminas encontram-se representados abaixo. A putrescina (a palavra indica sua relação com o processo de putrefação) e a cadaverina (termo associado a cadáver) são produzidas em processos de degradação de proteínas.

$H_2N(CH_2)_4NH_2$ putrescina

$H_2N(CH_2)_5NH_2$ cadaverina

espermidina

espermina

Com base nas representações fornecidas, responda:
a) Como podemos classificar a cadeia carbônica dessas aminas (aberta ou fechada, normal ou ramificada, heterogênea ou homogênea e saturada ou insaturada)?
b) Qual é a fórmula molecular da espermidina?
c) Classifique os grupos amina presentes na espermina e a espermidina em primária, secundária ou terciária.

2. Observe a tabela da página anterior e note que a trimetilamina, apesar de apresentar maior massa molar, tem temperatura de ebulição mais baixa. Como isso pode ser justificado?

3. A tabela abaixo fornece informações sobre a solubilidade, em água, de várias aminas.

Fórmula	Nome	Solubilidade em água
$CH_3CH_2NH_2$	etilamina	muito solúvel
$(CH_3)_3N$	trimetilamina	muito solúvel
$CH_3CH_2CH_2NH_2$	propan-1-amina	muito solúvel
$CH_3(CH_2)_6NH_2$	heptan-1-amina	pouco solúvel
$C_6H_5NH_2$	anilina	3,7 g/100 g

Fonte: LIDE, David R. (Ed.). Physical Constants of Organic Compounds. In: *CRC Handbook of Chemistry and Physics*. 89th ed. (Internet Version). Boca Raton, FL: CRC/Taylor and Francis, 2009. p. 3-4 – 3-523.

a) Como varia a solubilidade das aminas em função do aumento da cadeia carbônica?
b) Como você pode explicar esse resultado?

4. Represente a fórmula estrutural de uma amina de fórmula molecular C_3H_9N e dê o seu nome IUPAC.

5. Com base no que você estudou sobre interações moleculares, explique por que a metilamina (massa molar = 31 g/mol) tem temperatura de ebulição −6 °C, bem mais alta que a do etano (massa molar = 30 g/mol), que corresponde a −89 °C.

Amidas

Analise a fórmula estrutural e o nome de algumas amidas:

metanamida

propanamida

benzamida

Observe nos exemplos acima que as amidas apresentam um grupo carbonila e o átomo de carbono desse grupo está ligado a um átomo de nitrogênio. Genericamente, podemos representar a fórmula geral das amidas por:

em que R, R' e R'' podem indicar átomo de hidrogênio, grupo alquila e arila.

Da mesma forma que ocorre com as aminas, as amidas também podem ser classificadas em primárias, secundárias e terciárias, conforme mostram os exemplos a seguir:

amida primária (amida não substituída)

amida secundária (amida monossubstituída)

amida terciária (amida dissubstituída)

Saiba mais

Nitrocompostos – outro exemplo de função nitrogenada

Os nitrocompostos representam, além das aminas e amidas, um exemplo de função nitrogenada. Entre os principais compostos representantes desse grupo funcional estão: o trinitrotolueno (TNT) – utilizado como explosivo –, o nitrobenzeno – empregado na indústria como matéria-prima para a fabricação de anilina – e o nitrometano, combustível utilizado em aeromodelos e carros de competição.

trinitrotolueno (TNT)   nitrobenzeno   nitrometano

Nomenclatura das amidas

Para nomear uma amida primária, também chamada de amida não substituída, utiliza-se o nome do hidrocarboneto do qual podemos considerar que a amida é derivada, substituindo o sufixo **o** (do nome do hidrocarboneto) por **amida**. Veja os exemplos a seguir:

etanamida   propanamida

3-metilbutanamida

Note que, para indicar a posição de uma ramificação, considera-se a numeração partindo do átomo de carbono do grupo amida.

Para nomear amidas secundárias (monossubstituídas) e terciárias (dissubstituídas), considera-se a cadeia carbônica que apresenta a carbonila como cadeia principal, e os demais grupos são considerados substituintes. Assim, o nome das amidas obedece à seguinte estrutura:

N- + nome do grupo substituinte + nome do hidrocarboneto que corresponde à cadeia principal sem o sufixo + amida

N-metilmetanamida N,N-dimetiletanamida

dois grupos substituintes (metil) ligados ao átomo de nitrogênio

Lembre-se de que, assim como ocorre com as aminas, grupos substituintes iguais ligados ao átomo de nitrogênio são indicados pelo nome do grupo substituinte precedido pelo prefixo **di**.

A ureia

Tendo em vista suas inúmeras aplicações, a ureia é uma das amidas mais importantes para a sociedade. Nas condições normais de temperatura e pressão, é encontrada no estado sólido e apresenta cor branca. É utilizada como fertilizante, na obtenção de polímeros, muitos dos quais são componentes de colas e vernizes, e na fabricação de medicamentos **barbitúricos**, cremes hidratantes, etc.

> **Barbitúrico:** substância por muito tempo empregada no tratamento da insônia. A ocorrência de morte por sua ingestão acidental, o uso em homicídios e suicídios e o surgimento de novas drogas levaram à diminuição de seu uso para esse tipo de tratamento. Atualmente é utilizada para tratar convulsões e para induzir a anestesia geral.

Fertilizante à base de ureia.

Capítulo 31 • Funções nitrogenadas, halogenadas e sulfuradas

Como se obtém a ureia?

Industrialmente, o principal método utilizado para obter a ureia consiste na reação entre gás carbônico (CO_2) e amônia gasosa (NH_3) a pressões elevadas:

$$O=C=O + NH_3 + NH_3 \xrightarrow{\text{pressão elevada}} O=C(NH_2)(NH_2) + H_2O$$

gás carbônico + amônia → ureia

Alcaloides

Alcaloides são substâncias caracterizadas pela presença de cadeia carbônica cíclica contendo no anel um átomo de nitrogênio como heteroátomo. O nitrogênio presente nos alcaloides pode, portanto, apresentar-se na forma de amina secundária, amina terciária ou amida.

O termo **alcaloide** é derivado da palavra *álcalis*, que significa "básico". Isso porque as substâncias desse grupo apresentam essa propriedade, ou seja, têm caráter alcalino.

A pimenta-do-reino, por exemplo, é um ingrediente culinário que apresenta em sua composição substâncias que são alcaloides, como a piperina e a chavicina.

A nicotina, substância utilizada na agricultura como inseticida natural e presente no cigarro, também é um exemplo de alcaloide.

piperina — nicotina — chavicina

Saiba mais

Pimenta

A pimenta é um ingrediente antigo e muito utilizado pelas culinárias africana e indígena. Tanto os índios nativos do país, quanto os negros africanos que vieram como escravos consumiam pimentas em abundância. Os primeiros comiam-nas secas ou piladas, juntamente com farinha de mandioca (*quya*). Com a chegada dos escravos africanos ao Nordeste do Brasil – a primeira região a ser ocupada pelos colonizadores – o consumo de pimentas foi incrementado. A nobreza e o clero apreciaram muito a pimenta brasileira – a *Capsicum* – que, por ser mais suave, passou a ser preferida e exportada para Portugal.

As cozinhas dos engenhos, dirigidas por europeias e conduzidas por escravas africanas, herdaram vários aspectos da [culinária] indígena. Para acentuar o sabor dos alimentos, e também porque o sal e o açúcar eram produtos muito valiosos, as mulheres utilizavam temperos locais como o coentro, a salsa e a pimenta indígena (*Capsicum*). Por mais estranhos que fossem ao paladar dos portugueses, eles precisavam se adaptar aos novos gostos dos temperos brasileiros. [...]

capsaicina

A substância química que proporciona o caráter ardido e o sabor picante das pimentas – a capsaicina – causa a liberação de endorfinas e, consequentemente, uma sensação muito agradável de bem-estar. [...]

VAINSENCHER, Semira Adler. *Pimenta*. Recife: Fundação Joaquim Nabuco. Disponível em: <http://basilio.fundaj.gov.br/pesquisaescolar/index.php?option=com_content&view=article&id=602>. Acesso em: 8 jul. 2018.

Pimentas do gênero *Capsicum*, muito apreciadas pelos portugueses na época da colonização.

Saiba mais

Nicotina: origem e efeitos no organismo

A nicotina, substância orgânica pertencente ao grupo dos alcaloides, é sintetizada na natureza pelas raízes da planta chamada tabaco (*Nicotiana tabacum*) e conduzida até suas folhas, onde se concentra e repele insetos herbívoros. Devido a essa característica, a nicotina tem sido utilizada como inseticida tanto na agricultura tradicional quanto na orgânica.

Segundo estudos de mapeamento genético, é provável que o ancestral da espécie *Nicotiana tabacum* tenha surgido na América do Sul. O uso do tabaco pelo ser humano iniciou-se nas sociedades indígenas em cerimônias religiosas e rituais mágicos milhares de anos atrás.

O primeiro contato do tabaco com os europeus ocorreu no início do século XVI, com a viagem de Cristóvão Colombo ao continente americano. Depois, com a colonização europeia (espanhola, portuguesa, francesa e inglesa), a planta foi introduzida na Europa. Em pouco tempo, tornou-se uma das principais fontes de renda dos países que o comercializavam.

Uma pessoa inala, ao fumar, em média 2 500 substâncias nocivas ao organismo. A nicotina atua principalmente no sistema nervoso central e causa grande liberação de dopamina, que produz um estado de euforia e prazer, efeito que contribui para a dependência química. Com a exposição constante, o organismo aumenta o número de receptores nicotínicos, o que gera, como consequência, maior consumo de nicotina para produzir seus efeitos com a mesma intensidade. A interrupção ocasiona, por exemplo, mudanças de humor, ansiedade, irritabilidade e agressividade, sudorese, dificuldade de concentração, insônia e depressão. Esses sintomas são conhecidos como crise de abstinência.

Além de causar dependência química, a exposição contínua à fumaça de cigarro aumenta a chance de ocorrência de outras doenças, como pneumonia, bronquite, faringites, enfisema pulmonar e vários tipos de câncer, como de pulmão, garganta e laringe, e também o risco de problemas no coração.

Fontes: DOS SANTOS, C. F. M.; BRACHT, F.; DA CONCEIÇÃO, G. C. Esta que "é uma das delícias, e mimos desta terra...": o uso indígena do tabaco (*N. rustica* e *N. tabacum*) nos relatos de cronistas, viajantes e filósofos naturais dos séculos XVI e XVII. *Revista Topoi*, v. 14, n. 26, 2013. Disponível em: <http://www.scielo.br/pdf/topoi/v14n26/1518-3319-topoi-14-26-00119.pdf>; CENTRO BRASILEIRO de informações sobre drogas psicotrópicas (CEBRID). Tabaco. Disponível em: <http://www2.unifesp.br/dpsicobio/cebrid/folhetos/tabaco_.htm>; ROSENBERG, J. *Nicotina: droga universal*. Disponível em: <http://www2.inca.gov.br/wps/wcm/connect/ca56c88047ea6d0387d1cf9ba9e4feaf/nicotinadroga-universal.pdf?MOD=AJPERES&CACHEID=ca56c88047ea6d0387d1cf9ba9e4feaf>. Acessos em: 8 jul. 2018.

Atividades

1. Escreva a fórmula estrutural das seguintes amidas:
   a) butanamida;
   b) 2-metilpropanamida;
   c) etanodiamida.

   As fórmulas estruturais a seguir serão utilizadas para as atividades 2 a 4.

   (I) 2-metilfenol (o-cresol: anel benzênico com OH e CH₃)
   (II) pirrolidina (anel de 5 membros com NH)
   (III) éter etílico-metílico (CH₃–O–CH₂CH₃)
   (IV) amida (C(CH₃)₂–C(=O)–NH–)
   (V) 3-metilpentano
   (VI) éster (R–C(=O)–O–CH(CH₃)₂)

2. Considerando essas representações, podemos afirmar que esses compostos apresentam, respectivamente, as seguintes funções:
   a) álcool, amina, éter, amida, hidrocarboneto e ácido carboxílico.
   b) fenol, amida, éter, amina, hidrocarboneto e éster.
   c) álcool, amina, éster, amida, aldeído e ácido carboxílico.
   d) enol, amida, éster, amina, cetona e ácido carboxílico.
   e) fenol, amina, éter, amida, hidrocarboneto e éster.

3. Entre as fórmulas indicadas, qual(is) apresenta(m) cadeia carbônica fechada?

4. Represente a fórmula molecular de cada estrutura representada.

Haletos orgânicos

Os haletos orgânicos representam as funções halogenadas. São compostos derivados dos hidrocarbonetos pela substituição de um ou mais átomos de H por X (em que X representa um átomo de flúor (F), cloro (Cl), bromo (Br) ou iodo (I). Alguns deles, por estarem associados à contaminação do solo e da água, aparecem com frequência nos noticiários. Que tipo de uso se faz desses haletos?

Vamos analisar adiante.

Abaixo relacionamos alguns haletos orgânicos e suas características.

Características de alguns haletos orgânicos	
CCl_4	**Tetraclorometano (tetracloreto de carbono)** Líquido incolor, de densidade superior à da água. É pouco solúvel em água. Pode ser usado como solvente para substâncias de baixa polaridade, como óleos vegetais.
$CHCl_3$	**Triclorometano (clorofórmio)** Líquido incolor, mais denso do que a água e praticamente insolúvel nela. É usado como solvente de substâncias de baixa polaridade (óleos, gorduras, hidrocarbonetos, etc.)
$H_2C = CH - Cl$	**Cloroeteno (cloreto de vinila)** Matéria-prima para a fabricação do polímero PVC, material usado em encanamentos e tubulações.
(estrutura do tetrafluoroeteno)	**Tetrafluoroeteno** Matéria-prima para a fabricação de teflon, politetrafluoroetileno (PTFE), um polímero resistente a altas temperaturas e usado, por exemplo, em revestimento de panelas e frigideiras.
(estrutura do DDT)	**DDT** Agrotóxico muito comum algumas décadas atrás. Tem efeito cumulativo na cadeia alimentar, inclusive nos mamíferos. Em grandes concentrações, pode provocar problemas hepáticos e renais em seres humanos e outros animais.
(estrutura do BHC)	**BHC (hexaclorobenzeno)** Substância bastante tóxica que já foi muito utilizada como agrotóxico. No Brasil, essa substância foi usada no passado como inseticida para o controle de vetores da doença de Chagas.

Considerando os exemplos anteriores e seu conhecimento, é possível deduzir que os haletos orgânicos podem ser constituídos de cadeias carbônicas alifáticas (cadeias abertas), alicíclicas (cadeias fechadas sem anel benzênico) e aromáticas. Genericamente, podemos representá-los por:

$$R - X$$

em que R representa uma cadeia carbônica e X um átomo de F, Cl, Br ou I.

Conexões

Química e ambiente – Os CFCs e a camada de ozônio

A sigla CFC é usada para representar genericamente os clorofluorocarbonetos, um exemplo de haleto orgânico. Desde a década de 1970, foi se tornando claro que esses compostos reagem com o ozônio da chamada camada de ozônio: região da estratosfera (que se estende, aproximadamente, de 28 km a 50 km de altitude). A camada de ozônio funciona como uma barreira natural que bloqueia parte das radiações ultravioleta emitidas pelo Sol – que são nocivas à nossa saúde e à de outros seres vivos.

E de onde provêm os CFCs que agridem a natureza?

Os CFCs são compostos voláteis, atóxicos, não combustíveis e com baixa reatividade química; essas características fizeram deles substitutos ideais para duas substâncias tóxicas que eram usadas como gases refrigerantes em geladeiras e condicionadores de ar: o dióxido de enxofre (SO_2) e a amônia (NH_3). Com a expansão da produção desses equipamentos, a partir dos anos 1930, os CFCs passaram a ser produzidos em grande escala. No entanto, constatou-se que essas substâncias se difundem

$$Cl - \underset{\underset{Cl}{|}}{\overset{\overset{F}{|}}{C}} - F$$

diclorodifluorometano

Conexões

lentamente no ar e atingem a estratosfera. Nessa camada, a fração mais energética das radiações solares atinge as moléculas de CFC, provocando sua decomposição (fotólise), processo no qual são liberados átomos de cloro, bastante reativos, que têm papel relevante na destruição da camada de ozônio.

Podemos representar a ação do Cl (obtido pela fotólise do CFC) sobre o O_3 por:

$$Cl + O_3 \longrightarrow ClO + O_2$$
$$ClO + O \longrightarrow Cl + O_2$$
$$\overline{O_3 + O \xrightarrow{Cl} 2\,O_2}$$

Trata-se, portanto, de uma ação catalítica. Em 1995 foi concedido aos cientistas Mario Molina, Frank Wherwood Rowland e Paul Crutzen o Prêmio Nobel de Química por esclarecerem o mecanismo de ação e os riscos decorrentes da emissão dos CFCs na atmosfera.

Abaixo estão alguns dos principais compostos usados como refrigerantes.

Em decorrência do aumento de casos de câncer de pele, o Chile tem espalhado "solmáforos" – painéis que indicam o nível de radiação ultravioleta. Esses painéis alertam, também, sobre o tempo máximo de exposição ao sol para pessoas de pele clara e escura. Santo Domingo, Chile, 2015.

Nome comercial	Nome IUPAC	Usos	ODP*
CFC-11	triclorofluorometano	Refrigeradores e condicionadores de ar, espumantes e solventes (**propelentes** de aerossóis).	1,0
CFC-12	diclorodifluorometano	Refrigeradores, *freezers* e condicionadores de ar automotivos, espumantes e solventes (propelentes de aerossóis).	1,0
CFC-113	1,1,2-tricloro-1,2,2-trifluoroetano	Solventes para limpeza de componentes eletrônicos e peças de aeronaves.	0,8
halônio-1211	bromotrifluorometano	Extintores de incêndio portáteis.	3,0
halônio-1301	bromoclorodifluorometano	Extintores de incêndio fixos e de aeronaves.	10,0

> **Propelente:** substância capaz de impulsionar o produto (por exemplo, inseticida, creme de barbear, etc.) para fora do recipiente.

* O valor de ODP (*Ozone Depletion Potential*) indica o potencial de destruição da camada de ozônio que uma substância possui. O valor 1,0 foi adotado para o CCl_2F_2. Assim, o halônio-1301 tem um potencial de destruição do O_3 dez vezes maior que o do CCl_2F_2.

Vários acordos internacionais foram celebrados para impedir que grandes quantidades desses compostos continuem a ser lançados na atmosfera, sendo o mais importante deles o Protocolo de Montreal (1989).

Apesar dessas medidas, os que já estão na atmosfera continuarão destruindo a camada de ozônio por décadas devido à grande estabilidade desses compostos.

Os HCFCs são os compostos atualmente empregados como substitutos dos CFCs e halônios. Veja, no quadro a seguir, os valores de ODP de alguns deles e compare-os com os valores dos CFCs.

Nome comercial	Nome IUPAC	ODP
HCFC-22	monoclorodifluorometano	0,05
HCFC-123	2,2-dicloro-1,1,1-trifluoroetano	0,02
HCFC-141b	1,1-dicloro-1-fluoroetano	0,10

Os HCFCs são compostos bem mais reativos que os CFCs e, por isso, diferentemente destes, suas moléculas não se mantêm inalteradas até que eles atinjam a estratosfera. Apesar dessas vantagens – capazes de qualificá-los como bons substitutos dos CFCs em suas funções mais importantes –, há uma série de restrições em relação a eles, como a toxicidade de alguns, o fato de agravarem o efeito estufa e o custo bem mais alto em relação aos CFCs, o que dificulta o acesso da população mais carente a refrigeradores menos poluentes.

Capítulo 31 • Funções nitrogenadas, halogenadas e sulfuradas

> Conexões

Segundo o Ministério do Meio Ambiente (MMA), os países signatários do Protocolo de Montreal comprometeram-se, em 2007, a cumprir um novo cronograma para eliminar os HCFCs. A data é 2040 para os países em desenvolvimento, como o Brasil, e 2030 para os países desenvolvidos. Esse longo prazo é explicado pelo impacto que a substituição dessas substâncias causará no setor de refrigeração e nas indústrias de fabricação de espuma de poliuretano.

Fontes: <http://www.univasf.edu.br/~castro.silva/disciplinas/REFRIG/REFRIGERANTES.pdf> e <http://www.nfpa.org/~/media/files/research/research-foundation/symposia/2014-supdet/2014-papers/supdet2014robinextendedabstract.pdf?la5en>. Acesso em: 2 mar. 2016.

1. Examine alguns rótulos de aerossóis e anote que tipo de gás é usado como propelente em cada produto. Eles constam das tabelas apresentadas na página anterior?

2. Analise a mensagem implícita na tira reproduzida acima. Reflita a respeito dela e debata com seus colegas e professor, considerando os meios de que a sociedade dispõe para enfrentar essas questões.

Nomenclatura dos haletos orgânicos

A nomenclatura IUPAC para os haletos orgânicos considera o nome dos halogênios (cloro, fluoro, bromo e iodo) seguido do nome do hidrocarboneto que deriva desse haleto orgânico. A numeração dos átomos de carbono da cadeia, quando necessária, deve começar pela extremidade mais próxima do halogênio se a cadeia for saturada. Caso contrário, a insaturação tem preferência na numeração da cadeia.

bromometano   2,3-diclorobutano   iodobenzeno   2-iodo-3-metilbutano

Quando há mais de um átomo de halogênio presente no composto, segue-se a ordem alfabética dos nomes dos halogênios – bromo, cloro, flúor e iodo. Por exemplo: 1-cloro-2-fluoropropano.

Outra forma de nomenclatura aceita pela IUPAC para os haletos orgânicos obedece à seguinte estrutura:

haleto (fluoreto, cloreto, brometo ou iodeto) de nome dos grupos substituintes sem o sufixo "il" + ila

Dessa forma, o bromometano pode, também, ser chamado de brometo de metila, e o iodobenzeno, de iodeto de fenila. Alguns haletos têm nomes particulares, como é o caso do clorofórmio ($CHCl_3$).

Conexões

Química e Medicina – Os anestésicos halogenados

Os haletos de alquila passaram a ser muito usados como anestésicos a partir da segunda metade do século passado, principalmente por não serem inflamáveis. É o caso do clorofórmio ($CHCl_3$), que tem um efeito anestésico mais intenso que o do éter dietílico ($CH_3CH_2OCH_2CH_3$). Contudo, tanto o $CHCl_3$ quanto o tetraclorometano (CCl_4) são tóxicos. Já o diclorometano (CH_2Cl_2) tem baixa toxicidade, mas pequeno efeito anestésico.

Entre os exemplos de compostos halogenados adotados como anestésicos inaláveis, podemos citar o halotano (cujo uso data de meados do século XX), o isoflurano e o sevoflurano.

2-bromo-2-cloro-1,1,1-trifluoroetano
halotano

2-cloro-2-(difluorometoxi)-1,1,1-trifluoroetano
isoflurano

1,1,1,3,3,3-hexafluoro-2-(fluorometoxi)propano
sevoflurano

1. Do ponto de vista da identificação dos grupos funcionais, o que se pode dizer dos anestésicos mais modernos, como o sevoflurano e o isoflurano, em relação aos anestésicos mais antigos – éter comum e clorofórmio?

2. Levante hipóteses a respeito das vantagens dos anestésicos atuais em relação aos mais antigos. Justifique sua argumentação com base nas informações do texto.

Características dos haletos orgânicos

Muitos haletos orgânicos são utilizados como solventes de substâncias pouco polares.

É o caso do clorofórmio ($CHCl_3$) e do tetracloreto de carbono (CCl_4). Apesar de, em geral, os haletos orgânicos serem muito tóxicos, é vantajoso empregá-los como solventes por não serem inflamáveis. Por isso, os derivados clorados do etano e do etileno são muito empregados na indústria para solubilizar óleos e gorduras.

Como já foi dito, muitos derivados halogenados têm sido usados nos sistemas de refrigeração de geladeiras; tais compostos comercialmente são chamados de freons: é o caso do CCl_2F_2 (freon-12 ou CFC-12) ou simplesmente freon, como é mais conhecido.

De forma análoga ao que ocorre com outras funções orgânicas, quanto maior a cadeia carbônica do haleto orgânico, maior é a temperatura de ebulição. Veja a tabela abaixo:

Atenção!
Os vapores de clorofórmio são tóxicos; por isso, pessoas que manipulam essa substância devem utilizar equipamentos de proteção individual e trabalhar em local arejado ou com sistema de exaustão.

Comparação das temperaturas de ebulição (em °C) entre haletos orgânicos e hidrocarbonetos correspondentes					
	Y				
	H	F	Cl	Br	I
$CH_3 - Y$	−161,5	−78,4	−24,1	3,5	42,4
$CH_3CH_2 - Y$	−88,6	−37,7	12,3	38,5	72,3
$CH_3CH_2CH_2 - Y$	−42,1	−2,5	46,5	71,1	102,5

Fonte: LIDE, David R. (Ed.). Physical Constants of Organic Compounds. In: *CRC Handbook of Chemistry and Physics*. 89th ed. (Internet Version). Boca Raton, FL: CRC/Taylor and Francis, 2009.

Conexões

Química e ambiente – Os POPs e os riscos à vida

Para quase todos nós, a palavra POP lembra uma produção artística com apelo popular. Mas, do ponto de vista químico, trata-se de uma sigla que, usada no plural, possui conotação bem diferente.

POPs é a sigla de poluentes orgânicos persistentes. Esse grupo de compostos vem exigindo que os países tomem medidas de caráter global para evitar o agravamento de problemas que põem em risco nossa saúde e, de modo mais amplo, todo o ambiente.

Além de serem bastante estáveis no ambiente, os POPs acumulam-se ao longo da cadeia alimentar, podendo atingir locais distantes ao serem transportados pelo ar, pela água e até mesmo por espécies migratórias.

Desde 2004, os países signatários da Convenção de Estocolmo se comprometeram em banir 12 poluentes orgânicos persistentes. Um deles é o pesticida DDT e o outro é o hexaclorobenzeno (HBC), substância utilizada em inseticidas e como agrotóxico.

BHC (hexaclorobenzeno)
Esse composto foi usado como fungicida, mas seu principal emprego está relacionado a processamentos industriais.

DDT (diclorodifeniltricloroetano)
Composto que foi muito empregado como pesticida, principalmente a partir dos anos 1950. Por sua eficiência no combate aos vetores do tifo, da dengue e da malária, ainda é usado em alguns países para esse fim.

- Faça uma pesquisa na internet e indique quais foram os 12 POPs proibidos na Convenção de Estocolmo.

Atividades

Sempre que necessário, consulte a relação dos nomes dos grupos substituintes no final do livro.

1. A cloropropanona é uma das substâncias usadas como gás lacrimogênio.
   a) Qual é sua fórmula estrutural?
   b) Qual é o outro grupo funcional presente em suas moléculas?

2. Escreva a fórmula estrutural de:
   a) clorobenzeno.
   b) 2-bromobutano.
   c) 1,2-di-iodoetano.
   d) bromociclopentano.

3. Dê o nome IUPAC dos compostos representados a seguir:
   a) $H_3C - CH_2 - CH_2 - I$

   b)
   $$\begin{array}{c} H \quad F \\ | \quad | \\ H-C-C-F \\ | \quad | \\ H \quad Cl \end{array}$$

   c)
   $$\begin{array}{c} H \quad\quad I \\ \diagdown \quad \diagup \\ C = C \\ \diagup \quad \diagdown \\ H \quad\quad H \end{array}$$

4. A primeira borracha sintética produzida em grande escala foi o neopreno. Descoberto em 1930, esse material ganhou importância pelo amplo espectro de aplicações: em bolsas, equipamentos de mergulho, automóveis e aviões, entre muitos outros produtos. O neopreno é obtido a partir do 2-clorobuta-1,3-dieno (cloropreno).

   Represente a fórmula estrutural do cloropreno.

Tioálcoois ou mercaptanas

Você conhece várias funções orgânicas oxigenadas, como, por exemplo, os álcoois e as cetonas. Quando substituímos o oxigênio de um composto oxigenado por enxofre (oxigênio e enxofre pertencem ao grupo 16 da Tabela Periódica), temos um **tiocomposto** (um exemplo de função sulfurada). O termo **tio** indica a presença de enxofre.

Veja o exemplo abaixo:

$$H_3C — SH$$
metanotiol

A fórmula acima representa um tioálcool. Além dessa classe de compostos, podemos ter tioéter, tiocetona, tiofenol, etc. Antigamente, os tioálcoois eram também denominados mercaptanas, termo ainda adotado fora do âmbito científico.

O butano-1-tiol é um exemplo de tioálcool. Essa substância de odor desagradável é adicionada ao gás de cozinha, que é inodoro, para facilitar a detecção de vazamentos.

$$HS — CH_2 — CH_2 — CH_2 — CH_3$$
butano-1-tiol

Tioálcoois (tióis) são substâncias em que o grupo — SH está ligado diretamente a um átomo de carbono, em geral, de uma cadeia carbônica. Veja outros exemplos:

$$H_3C — CH_2 — SH$$
etanotiol

$$H_3C — \underset{\underset{SH}{|}}{CH} — CH_3$$
propano-2-tiol

Conexões

Química e natureza – Seres vivos e mau cheiro

Os tióis (mercaptanas) são responsáveis pelo odor característico de alhos e cebolas. O gambá é sempre lembrado quando se pensa em mau cheiro. Por quê? Esse animal tem uma glândula na região anal que secreta 3-metilbutano-1-tiol. Quando o gambá ergue a cauda, essa substância é excretada e o mau cheiro afasta o inimigo.

$$H_3C — \underset{\underset{CH_3}{|}}{\overset{\overset{H}{|}}{C}} — \underset{H_2}{C} — \underset{H_2}{C} — SH$$

3-metilbutano-1-tiol

Grupos — S — CH_3 e — SH contribuem para o mau cheiro de outras excreções animais.

Gases de nosso aparelho digestório

A flatulência, que pode ser responsável por uma sensação desagradável no estômago e no intestino, muitas vezes incluindo cólicas, é um mal que incomoda muitas pessoas. Ela decorre do volume excessivo de gases.

Uma parte desses gases é própria do processo de digestão de alimentos e bebidas gasosas. Outra parte é consequência direta da fermentação bacteriana que ocorre nos intestinos.

As bactérias intestinais atuam sobre os alimentos provocando maior ou menor quantidade de gases. Muitas dessas substâncias são inodoras – caso do hidrogênio e do metano, por exemplo –, outras têm cheiro forte e desagradável, como o escatol (3-metilindol).

Feijão, lentilha, grão-de-bico, ervilha, e também batata-doce, repolho, couve, nozes, leite e derivados são alimentos que favorecem a formação de gases com cheiro desagradável.

Principais gases do aparelho digestório

Inodoros

- Nitrogênio (N_2): origina-se principalmente do ar deglutido.
- Dióxido de carbono (CO_2): provém da corrente sanguínea, de processos de fermentação (com a participação de bactérias) e da reação de compostos carbonatados com ácidos, além da ingestão de bebidas gaseificadas.
- Hidrogênio (H_2): provém de processos de fermentação bacteriana.
- Metano (CH_4): produzido por processos de degradação bacteriana de diversas substâncias.

Gases com cheiro ruim

- Sulfeto de hidrogênio, escatol e metanotiol.

Conexões

1. Os compostos orgânicos provenientes de feijão, batata-doce e repolho contêm um elemento químico responsável pela formação de gases com mau cheiro. Você pode deduzir que elemento químico é esse?

2. A fórmula estrutural do indol é fornecida abaixo. Tendo em vista o nome 3-metilindol, qual é sua fórmula molecular?

indol

Atividades

1. Enquanto nas condições ambiente (1 atm, 25 °C) álcoois como metanol, etanol, etc. são líquidos, o metanotiol, que é um tioálcool, é um gás.

   a) Qual é a fórmula estrutural do metanotiol?
   b) Explique, por meio das forças intermoleculares, a diferença entre a temperatura de ebulição do metanol e a do metanotiol.

2. O nitrobenzeno é um líquido amarelado pouco solúvel em água, que tem alta temperatura de ebulição e é mais denso que a água. Pode ser usado como matéria-prima para a obtenção de anilina, substância importante na indústria de pigmentos. Em laboratório, pode ser obtido por aquecimento de uma mistura de benzeno e ácido nítrico na presença de ácido sulfúrico concentrado como catalisador.

   C_6H_6 + HO—NO_2 $\xrightarrow[H_2SO_4]{\Delta}$ C_6H_5—NO_2 + H_2O

   benzeno   ácido nítrico   nitrobenzeno   água

   Nesse processo, o produto (nitrobenzeno) permanece na presença do benzeno que não reagiu e da água que se formou na reação. Por essa razão, o sistema final apresenta duas fases (uma orgânica – correspondendo ao benzeno e ao nitrobenzeno – e uma aquosa – correspondendo à água).

   Podemos separar a fase orgânica da fase aquosa por decantação. Para separar o nitrobenzeno do benzeno, utiliza-se o método de ////////////////////.

   O trecho hachurado indica um método de separação de misturas empregado para esse caso. Qual é esse método?

3. Um grande número de compostos naturais e sintéticos de importância biológica são aminas. Observe a seguir as fórmulas estruturais de alguns exemplos.

   adrenalina   dopamina

   levodopa

   A adrenalina é um hormônio liberado pela glândula suprarrenal quando certos animais, como os seres humanos, se sentem em perigo. A dopamina é um neurotransmissor que age na regulação e no controle dos movimentos, bem como na motivação e aprendizagem. Níveis anormais dessa substância estão associados a desordens como a doença de Parkinson. A levodopa é um dos medicamentos mais importantes disponíveis no tratamento dessa doença.

   a) Identifique o grupo funcional que diferencia a dopamina da levodopa.
   b) Classifique as moléculas em aminas primárias, secundárias ou terciárias.
   c) As três moléculas apresentadas são derivadas da 2-feniletilamina. Desenhe a fórmula estrutural desse precursor sintético e indique a posição do(s) átomo(s) de carbono terciário da molécula.

4. A primeira substância orgânica halogenada de origem natural foi identificada no fim do século XIX no coral *Gorgonia cuvolini*. Na atualidade, são conhecidas por volta de 2 mil substâncias desse tipo, particularmente como moléculas de defesa de bactérias, fungos e organismos marinhos.

Analise a tabela a seguir, que relaciona a quantidade de compostos halogenados voláteis liberados para o ambiente por algumas algas, e faça o que se pede.

Coral *Gorgonia cuvolini*. República de Palau, Ilhas Carolinas, 2014.

	Faixa de concentrações de compostos halogenados voláteis encontrados em algas (expresso em 10^{-9} g/g de massa seca de alga)		
	Algas		
Substância	*Ascophyllum nodosum*	*Enteromorpha linz*	*Gigartina stellata*
$CHBr_3$	28-520	nd	3-19
$CHBr_2Cl$	14-550	150-460	nd-330
$CHBrCl_2$	nd-13	7-10	5-13
CH_2Br_2	nd-98	nd	nd
CH_2I_2	nd-11	nd	14-28
iodoetano	1-31	5-13	6-46
2-iodopropano	6-59	nd	nd
1-iodopropano	74-570	nd	2-4
1-iodobutano	nd-7	nd	2-23
1-iodopentano	5-66	nd	nd
1-bromopropano	nd-18	5-9	nd-3
1-bromopentano	nd	nd	nd

Nota: nd significa "não detectado".

Fonte: HUMANES, M. M.; MATOSO, C. M.; DA SILVA, J. A. L.; FRAÚSTO DA SILVA, J. J. R. Compostos halogenados voláteis de origem natural: alguns aspectos da sua interacção com o ozono atmosférico. *Química*. v. 58, 1995, p. 19. Disponível em: <http://www.spq.pt/magazines/BSPQ/582/article/3000708/pdf>. Acesso em: 25 mar. 2016.

Determine:

a) a fórmula estrutural do haleto orgânico extraído em maior quantidade da alga castanha *Ascophyllum nodosum*;

b) o nome do haleto orgânico liberado em maior quantidade pela alga verde *Enteromorpha linza*;

c) a fórmula molecular do único haleto orgânico liberado por todas as amostras de alga estudadas.

5. Leia o texto a seguir e faça o que se pede.

[...] O alho e a cebola são membros da família dos lírios. Os seus nomes botânicos são *Allium sativum* e *Allium cepa*. *Allium* deriva da palavra celta *all*, que significa "pungente". Tanto um como outro eram plantas cultivadas na Antiguidade e as suas origens vêm da Ásia Central.

Há milhares de anos, o alho e a cebola fizeram parte da medicina popular. [...]

[...]

Apesar de a alicina ser a responsável pelo cheiro do alho, um bulbo intacto não exala qualquer cheiro.

Em 1948, Arthur Stoll e Ewald Seebeck explicaram como é que a alicina se desenvolve no alho: o corte ou esmagamento dá origem a uma enzima chamada aliinase que atua numa substância sem cheiro, a aliina, que constitui cerca de 24% da massa de um bulbo de alho [...].

PEIXOTO, F. M. C. Alguns aspectos químicos do odor. *Química*, v. 52, 1994, p. 31-32. Disponível em: <http://www.spq.pt/magazines/BSPQ/576/article/3000618/pdf>. Acesso em: fev. 2016.

a) Considerando a fórmula estrutural da alicina a seguir, indique sua fórmula molecular.

b) Para intensificar o aroma que o alho deixa na comida, é melhor cozinhar os bulbos inteiros ou ralados? Justifique.

6. Na formulação dos xampus, um dos principais componentes são os detergentes sintéticos aniônicos. No Brasil, os mais comumente empregados são os alquilbenzenossulfonatos e os sulfatos de alquila. Esses compostos possuem caráter anfifílico, ou seja, uma parte da estrutura tem grande afinidade por substâncias apolares e a outra, por substâncias polares. É essa a característica responsável pelo poder de limpeza dessas substâncias. Dada a fórmula estrutural do dodecilbenzenossulfonato de sódio, identifique a parte da molécula que interage fortemente com água (A) e a parte que interage fortemente com gordura (B).

7. Leia o texto abaixo e responda à questão que segue.

Brasil é o principal consumidor de agrotóxicos em escala global

Desde 2008, o Brasil é o país que mais consome agrotóxicos, com uma média duas vezes superior ao resto do mundo. A Empresa Brasileira de Pesquisa Agropecuária (Embrapa) indica que essa utilização aumentou 700% nos últimos 40 anos. Contribuem para a "liderança" fatores como o papel da agropecuária na economia brasileira, a expansão da fronteira agrícola e o plantio de sementes transgênicas.

Dentre os alimentos que mais contêm agrotóxicos, estão aqueles da chamada hortifruticultura, que chegam à nossa mesa, casos do arroz, feijão, alface, couve, tomate e salsinha. Mas a preocupação vai além – a especialista em Saúde Coletiva e professora da Faculdade de Medicina da UFMG, Jandira Maciel, aponta que a pulverização aérea, usada principalmente nos grandes cultivos, pode trazer consequências negativas ao meio ambiente e às populações. "Essa pulverização aérea acarreta uma grande contaminação ambiental, envolvendo os solos e as águas, além das populações que habitam aquela região", afirma.

A relação com os agrotóxicos, que podem ser absorvidos pelo organismo por via oral, respiração ou contato com a pele, pode causar efeitos agudos e crônicos. Os primeiros se caracterizam por sintomas que costumam ser de menor gravidade, como dores de cabeça, náuseas, fraqueza muscular e indisposição. Esses sintomas são mais facilmente associados ao uso dos produtos, ao contrário dos efeitos crônicos – doenças que surgem a longo prazo, como câncer, depressão e má formação congênita.

[...]

FACULDADE de Medicina da Universidade Federal de Minas Gerais. Brazsil é o principal consumidor de agrotóxicos em escala global, 11 dez. 2015. Disponível em: <http://site.medicina.ufmg.br/inicial/brasil-e-o-principal-consumidor-de-agrotoxicos-em-escala-global/>. Acesso em: 8 jul. 2018.

a) De acordo com a pesquisa, quais alimentos apresentam mais agrotóxicos?

b) Que ações governamentais, coletivas ou individuais poderiam ser postas em prática para que o Brasil deixe o *status* de país que mais consome agrotóxicos? Pesquise esse tema em livros e *sites* de universidades e órgãos governamentais para fundamentar sua resposta.

8. Para que possamos perceber vazamentos, pequeníssimas quantidades de tióis são misturadas ao gás de cozinha. Essa ação traz confusão a quem sente cheiro semelhante ao desses compostos, inclusive imaginando que o odor provém de outros gases combustíveis, como H_2, CH_4, C_3H_8 e C_4H_{10}. Por quê?

Testando seus conhecimentos

Caso necessário, consulte as tabelas no final desta Parte.

1. (Uece) Os haletos orgânicos são muito utilizados como solventes na fabricação de plásticos, inseticidas e gás de refrigeração. Assinale a opção que associa corretamente a fórmula estrutural do haleto orgânico com seu nome IUPAC.

a. $H_3C - CH_2 - CHBr - CH_3$
   3-bromo-butano

b. F—⟨◯⟩—CH_3
   1-fluor-4-metil-fenol

c. $H_3C - CHF - CHCl - CHBr - CH_2 - CH_3$
   2-fluor-3-cloro-4-bromo-hexano

d. ⟨◯⟩—$CH_2 - CH_2 - Br$
   1-bromo-2-fenil-etano

2. (PUC-RJ) A substância química representada a seguir é utilizada na fabricação de espumas, por conta de seu efeito de retardar a propagação de chamas.

Nessa substância, está presente a função orgânica
a. amina
b. aldeído
c. cetona
d. ácido carboxílico
e. haleto orgânico

3. (UFRGS-RS) O ELQ-300 faz parte de uma nova classe de drogas para o tratamento de malária. Testes mostraram que o ELQ-300 é muito superior aos medicamentos usados atualmente no quesito de desenvolvimento de resistência pelo parasita.

ELQ-300

São funções orgânicas presentes no ELQ-300
a. amina e cetona.
b. amina e éster.
c. amida e cetona.
d. cetona e éster.
e. éter e ácido carboxílico.

4. (PUC-RJ) A esparfloxacina é uma substância pertencente à classe das fluoroquinolonas, que possui atividade biológica comprovada.

Analise a estrutura e indique as funções orgânicas presentes:
a. amida e haleto orgânico.
b. amida e éster.
c. aldeído e cetona.
d. ácido carboxílico e aldeído.
e. ácido carboxílico e amina.

5. (IFBA) A cor amarela do xixi se deve a uma substância chamada urobilina, formada em nosso organismo a partir da degradação da hemoglobina. A hemoglobina liberada pelas hemácias, por exemplo, é quebrada ainda no sangue, formando compostos menores que são absorvidos pelo fígado, passam pelo intestino e retornam ao fígado, onde são finalmente transformados em urobilina. Em seguida, a substância de cor amarelada vai para os rins e se transforma em urina, junto com uma parte da água que bebemos e outros ingredientes. Xixi amarelo demais pode indicar que você não está bebendo água o suficiente. O ideal é que a urina seja bem clarinha.

Quais são as funções orgânicas representadas na estrutura da urobilina?
a. Aldeído, Ácido Carboxílico e Cetona
b. Amida, Amina, Ácido Carboxílico
c. Cetona, Amina e Hidrocarboneto
d. Ácido Carboxílico, Amida e Fenol
e. Fenol, Amina e Amida

6. (Unioeste-PR) O ácido hipúrico, cuja fórmula estrutural está representada abaixo, é um bioindicador da exposição do trabalhador ao tolueno – um solvente aromático muito utilizado em tintas e colas. A biossíntese do ácido hipúrico no organismo ocorre pela reação do tolueno com o aminoácido glicina e, no laboratório, ele pode ser obtido pela reação do cloreto de benzoíla com a glicina em meio alcalino.

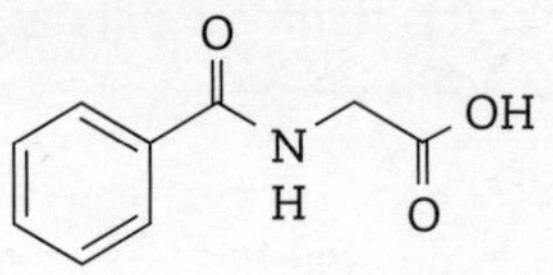

Na estrutura do ácido hipúrico, além do grupo ácido carboxílico, pode-se identificar a função oxigenada
a. cetona.
b. amida.
c. amina.
d. aldeído.
e. álcool.

7. (Aman-RJ) O composto denominado comercialmente por *Aspartame* é comumente utilizado como adoçante artificial, na sua versão enantiomérica denominada S,S-aspartamo. A nomenclatura oficial do Aspartame especificada pela *União Internacional de Química Pura e Aplicada (IUPAC)* é ácido 3-amino-4-[(benzil-2-metóxi-2-oxoetil)amino]-4-oxobutanoico e sua estrutura química de função mista pode ser vista abaixo.

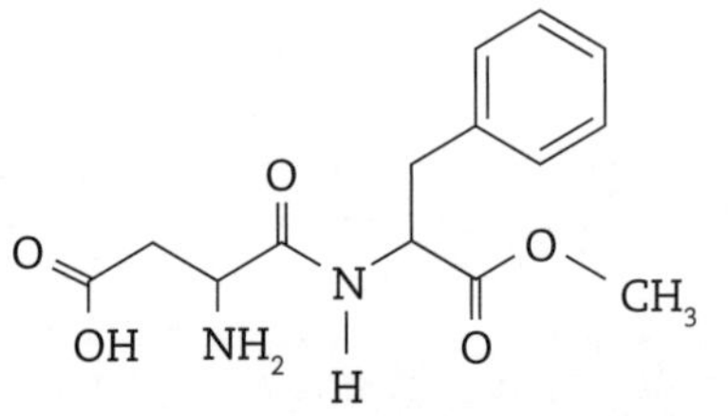

Estrutura do aspartame

A fórmula molecular e as funções orgânicas que podem ser reconhecidas na estrutura do Aspartame são:
a. $C_{14}H_{16}N_2O_4$; álcool; ácido carboxílico; amida; éter.
b. $C_{12}H_{18}N_2O_5$; amina; álcool; cetona; éster.
c. $C_{14}H_{18}N_2O_5$; amina; ácido carboxílico; amida; éster.
d. $C_{13}H_{18}N_2O_4$; amida; ácido carboxílico; aldeído; éter.
e. $C_{14}H_{16}N_3O_5$; nitrocomposto; aldeído; amida; cetona.

8. (UEL-PR) Estimulantes do grupo da anfetamina (ATS, *amphetamine-type stimulants*) são consumidos em todo o mundo como droga recreativa. Dessa classe, o MDMA, conhecido como ecstasy, é o segundo alucinógeno mais usado no Brasil. Em alguns casos, outras substâncias, como cetamina, mefedrona, mCPP, são comercializadas como ecstasy. Assim, um dos desafios da perícia policial é não apenas confirmar a presença de MDMA nas amostras apreendidas, mas também identificar sua composição, que pode incluir novas drogas ainda não classificadas.

As fórmulas estruturais das drogas citadas são apresentadas a seguir.

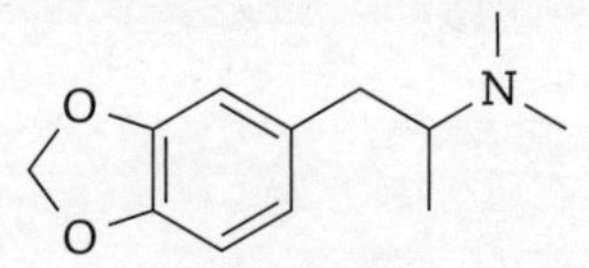

MDMA 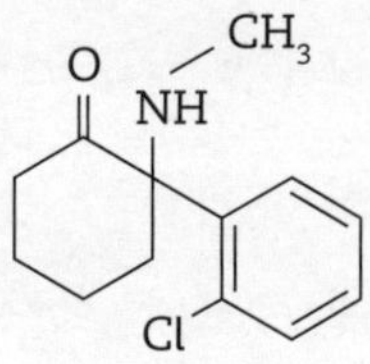   Cetamina

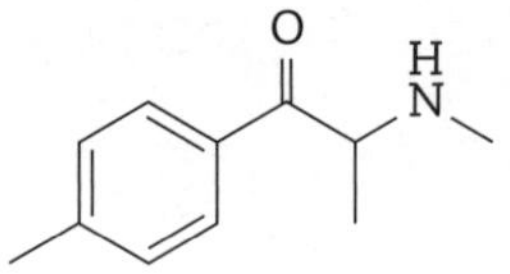

Mefedrona 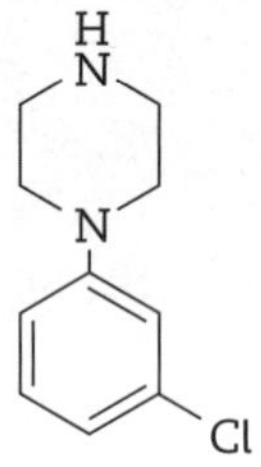   mCPP

Sobre as funções orgânicas nessas moléculas, assinale a alternativa correta.
a. Em todas as moléculas, existe a função amida.
b. Na molécula MDMA, existe a função éster.
c. Na molécula cetamina, existe a função cetona.
d. Na molécula mefedrona, existe a função aldeído.
e. Na molécula mCPP, existe a função amida ligada ao grupo benzílico.

9. (Uerj) Em determinadas condições, a toxina presente na carambola, chamada caramboxina, é convertida em uma molécula sem atividade biológica, conforme representado abaixo.

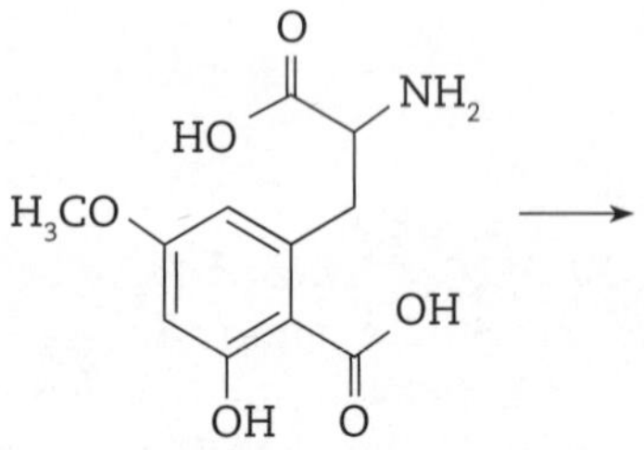

caramboxina

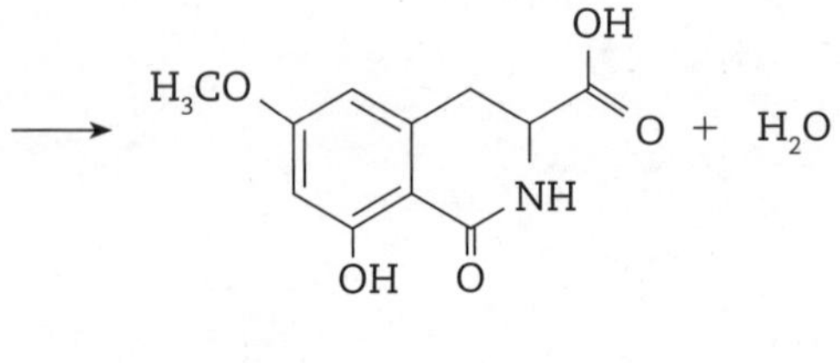

molécula X

Nesse caso, dois grupamentos químicos presentes na caramboxina reagem formando um novo grupamento.

A função orgânica desse novo grupamento químico é denominada:

a. éster
b. fenol
c. amida
d. cetona

10. (IFPE) Extrair um dente é um procedimento que não requer anestesia geral, sendo utilizados, nesses casos, os anestésicos locais, substâncias que insensibilizam o tato de uma região e, dessa forma, eliminam a sensação de dor. Você já pode ter entrado em contato com eles no dentista ou se o médico lhe receitou pomada para aliviar a dor de queimaduras.

Exemplos de anestésicos locais são o eugenol e a benzocaína, cujas fórmulas estruturais aparecem a seguir.

Exemplos de anestésicos locais

eugenol

benzocaína

Sobre as estruturas acima, é CORRETO afirmar que

a. o eugenol representa um hidrocarboneto insaturado.
b. a benzocaína possui uma estrutura saturada e homogênea.
c. as duas estruturas representam hidrocarbonetos insaturados e heterogêneos.
d. se verifica a presença de um grupo funcional ácido carboxílico no eugenol.
e. a benzocaína possui um grupo funcional amina e uma estrutura insaturada.

11. (UFPA) Na adrenalina, fórmula estrutural dada abaixo,

as funções orgânicas presentes são

a. álcool e éter.
b. éster e fenol.
c. fenol e cetona.
d. álcool, fenol e amina.
e. fenol, amida e álcool.

12. (Aman-RJ) A tabela abaixo cria uma vinculação de uma ordem com a fórmula estrutural do composto orgânico, bem como o seu uso ou característica:

Ordem	Composto Orgânico	Uso ou Característica
1	(fenol)	Produção de Desinfetantes e Medicamentos
2	$H-C(=O)H$	Conservantes
3	$H_3C-C(=O)-O-CH_2-CH_3$	Essência de Maçã
4	$H_3C-C(=O)-OH$	Componente do Vinagre
5	$H_3C-C(=O)-NH_2$	Matéria-prima para Produção de Plástico

A alternativa correta que relaciona a ordem com o grupo funcional de cada composto orgânico é:

a. 1 – fenol; 2 – aldeído; 3 – éter; 4 – álcool; 5 – nitrocomposto.
b. 1 – álcool; 2 – fenol; 3 – cetona; 4 – éster; 5 – amida.
c. 1 – fenol; 2 – álcool; 3 – éter; 4 – ácido carboxílico; 5 – nitrocomposto.
d. 1 – álcool; 2 – cetona; 3 – éster; 4 – aldeído; 5 – amina.
e. 1 – fenol; 2 – aldeído; 3 – éster; 4 – ácido carboxílico; 5 – amida.

13. (Uece) Em 2015, a dengue tem aumentado muito no Brasil. De acordo com o Ministério da Saúde, no período de 04 de janeiro a 18 de abril de 2015, foram registrados 745.957 casos notificados de dengue no País. A região Sudeste teve o maior número de casos notificados (489 636 casos; 65,6%) em relação ao total do País, seguida da região Nordeste (97 591 casos; 13,1%). A forma mais grave da enfermidade pode ser mortal: nesse período, teve-se a confirmação de 229 óbitos, o que representa um aumento de 45% em comparação com o mesmo período de 2014. São recomendados contra o *Aedes aegypti* repelentes baseados no composto químico que apresenta a seguinte fórmula estrutural:

Pela nomenclatura da IUPAC, o nome correto desse composto é
a. N,N-Dimetil-3-metilbenzamida.
b. N,N-Dietil-3-metilbenzamida.
c. N,N-Dietil-benzamida.
d. N,N-Dimetil-benzamida.

14. (Uepa) A imensa flora das Américas deu significativas contribuições à terapêutica, como a descoberta da lobelina (Figura abaixo), molécula polifuncionalizada isolada da planta *Lobelianicotinaefolia* e usada por tribos indígenas que fumavam suas folhas secas para aliviar os sintomas da asma.

lobelina

Sobre a estrutura química da lobelina, é correto afirmar que:
a. possui uma amina terciária
b. possui um aldeído
c. possui um carbono primário
d. possui uma amida
e. possui um fenol

15. (PUC-RJ) A seguir está representada a estrutura da dihidrocapsaicina, uma substância comumente encontrada em pimentas e pimentões.

Na dihidrocapsaicina, está presente, entre outras, a função orgânica
a. álcool.
b. amina.
c. amida.
d. éster.
e. aldeído.

16. (Uece) Cada alternativa a seguir apresenta a estrutura de uma substância orgânica aplicada na área da medicina. Assinale a opção que associa corretamente a estrutura a suas funções orgânicas.
a. O propranolol, fármaco anti-hipertensivo indicado para o tratamento e prevenção do infarto do miocárdio, contém as seguintes funções orgânicas: álcool e amida.

b. O eugenol, que possui efeitos medicinais que auxiliam no tratamento de náuseas, flatulências, indigestão e diarreia contém a função éter.

c. O composto abaixo é um antisséptico que possui ação bacteriostática e detergente, e pertence à família dos álcoois aromáticos.

d. O p-benzoquinona, usado como oxidante em síntese orgânica é um éster cíclico.

17. (Uece) Existem compostos orgânicos oxigenados que são naturais e estão presentes em processos metabólicos importantes, tais como o açúcar, a glicerina, o colesterol e o amido. Existem também compostos orgânicos presentes em produtos utilizados no cotidiano, como perfumes, plásticos, combustíveis, essências, entre outros. Esses compostos possuem grande importância econômica, pois participam de muitas reações realizadas em indústrias para a produção de diversos materiais.

Assinale a opção que corresponde somente a compostos orgânicos oxigenados.
a. Anilina, vinagre, adrenalina.
b. Naftaleno, éter etílico, ureia.
c. Formol, vitamina C, benzoato de etila.
d. Propanol, clorofórmio, creolina.

18. (UFRGS-RS) Em 1851, um crime ocorrido na alta sociedade belga foi considerado o primeiro caso da Química Forense. O Conde e a Condessa de Bocarmé assassinaram o irmão da condessa, mas o casal dizia que o rapaz havia enfartado durante o jantar. Um químico provou haver grande quantidade de nicotina na garganta da vítima, constatando assim que havia ocorrido um envenenamento com extrato de folhas de tabaco.

Nicotina

Sobre a nicotina, são feitas as seguintes afirmações.
I. Contém dois heterociclos.
II. Apresenta uma amina terciária na sua estrutura.
III. Possui a fórmula molecular $C_{10}H_{14}N_2$.

Quais estão corretas?
a. Apenas I.
b. Apenas II.
c. Apenas III.
d. Apenas I e II.
e. I, II e III.

19. (UEM-PR) O rótulo de um produto químico orgânico puro aponta a fórmula estrutural $C_{18}NO_2Cl$, sendo que o número de hidrogênios presentes estava rasurado. Baseando-se nessa fórmula, assinale a(s) alternativa(s) correta(s) quanto à descrição das possíveis funções orgânicas dessa molécula.
01. A molécula pode ser aromática e apresentar função ácido carboxílico.
02. A molécula pode apresentar ao mesmo tempo função cetona e função amida.
04. Quanto maior o número de insaturações na molécula, menor será o número de átomos de hidrogênio na fórmula estrutural.
08. O cloro pode estar presente na molécula como um heteroátomo ou fazendo parte de uma função cloreto de acila.
16. A molécula pode apresentar uma função amina e uma função éster.

Dê como resposta a soma dos números correspondentes às alternativas corretas.

20. (UFSM-RS)

Em busca de novas drogas para a cura do câncer, cientistas, no início da década de 1960, desenvolveram um programa para analisar ativos em amostras de material vegetal. Dentre as amostras, encontrava-se o extrato da casca do teixo-do-pacífico, *Taxus brevifolia*. Esse extrato mostrou-se bastante eficaz no tratamento de câncer de ovário e de mama.

No entanto, a árvore apresenta crescimento muito lento e, para a produção de 1 000 g de taxol, são necessárias as cascas de 3 000 árvores de teixo de 100 anos, ou seja, para tratar de um paciente com câncer, seria necessário o corte e processamento de 6 árvores centenárias.

O notável sucesso do taxol no tratamento do câncer estimulou esforços para isolar e sintetizar novas substâncias que possam curar doenças e que sejam ainda mais eficazes que essa droga.

Fonte: BETTELHEIM, F. A. *Introdução à química geral, orgânica e bioquímica*. São Paulo: Saraiva, 2012.

Observe, então, a estrutura:

Taxol

Observando a molécula do taxol, é correto afirmar que, dentre as funções orgânicas presentes, estão
a. álcool, amida e éster.
b. cetona, fenol e éster.
c. amida, ácido carboxílico e cetona.
d. álcool, ácido carboxílico e éter.
e. éter, éster e amina.

21. (IME-RJ) A eritromicina é uma substância antibacteriana do grupo dos macrolídeos muito utilizada no tratamento de diversas infecções. Dada a estrutura da eritromicina abaixo, assinale a alternativa que corresponde às funções orgânicas presentes.

a. Álcool, nitrila, amida, ácido carboxílico.
b. Álcool, cetona, éter, aldeído, amina.
c. Amina, éter, éster, ácido carboxílico, álcool.
d. Éter, éster, cetona, amina, álcool.
e. Aldeído, éster, cetona, amida, éter.

Mais questões: no livro digital, em **Vereda Digital Aprova Enem** e **Vereda Digital Suplemento de revisão e vestibulares**; no *site*, em **AprovaMax**.

CAPÍTULO 32

ISOMERIA

À esquerda, laranja. À direita, limão.

ENEM
C5: H18
C7: H24

Este capítulo vai ajudá-lo a compreender:

- a isomeria plana;
- a isomeria geométrica (*cis-trans*);
- a isomeria óptica;
- a importância biológica dos isômeros espaciais.

Para situá-lo

Compostos de mesma fórmula molecular, mas com propriedades diferentes, são chamados de **isômeros**, conceito que você estudou no capítulo 28. É o caso dos carboidratos frutose e glicose ($C_6H_{12}O_6$), presentes na laranja e no limão. Apesar de terem a mesma composição química, na molécula de frutose há o grupo característico das cetonas, enquanto na de glicose há o grupamento dos aldeídos.

Essa diferença estrutural explica as distintas propriedades que esses isômeros apresentam.

frutose   glicose

O fenômeno da isomeria é bastante comum na natureza, e o ser humano tem produzido diversas substâncias artificiais que apresentam isomeria. Para se ter uma ideia da importância desse assunto, boa parte dos medicamentos que possui em sua composição substâncias orgânicas apresentam isomeria. Entender as propriedades químicas dos medicamentos e sua interação com o organismo é fundamental para profissionais da área de Saúde, em especial os farmacologistas.

A tabela a seguir apresenta alguns compostos que são isômeros e informações sobre eles.

O ciclopentano é utilizado como matéria-prima para a produção de adesivos de borracha e resinas sintéticas.	ciclopentano	pent-1-eno	Encontrado na gasolina, o pent-1-eno é um dos produtos do craqueamento do petróleo.
O propan-1-ol é encontrado na natureza como um dos produtos da fermentação da batata e de alguns grãos.	propan-1-ol	propan-2-ol	O propan-2-ol, também chamado de álcool isopropílico, é utilizado como solvente na limpeza de componentes eletrônicos e como antisséptico e desinfetante em hospitais.
Um dos componentes do vinagre, o ácido acético pode ser obtido naturalmente pela fermentação de álcoois.	ácido acético	metanoato de metila	O metanoato de metila é usado como precursor para a produção de outras substâncias, como ácido fórmico e formamida.

1. Escreva a fórmula molecular das substâncias listadas na tabela.

2. Considerando os pares de isômeros ciclopentano e pent-1-eno; propan-1-ol e propan-2-ol; ácido acético e metanoato de metila, o que diferencia as substâncias em cada um dos pares?

3. A abertura deste capítulo traz imagens de duas frutas bastante comuns no Brasil: a laranja e o limão. O limoneno, substância que pode ser extraída da casca dessas frutas, apresenta isomeria. Um dos isômeros possui odor semelhante ao do limão-siciliano, enquanto o odor do outro é parecido com o da laranja. A fórmula estrutural plana dos dois isômeros está representada ao lado. Como é possível que dois isômeros tenham a mesma fórmula estrutural plana, mas apresentem propriedades diferentes, como o odor?

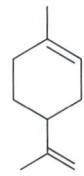

Neste capítulo, vamos estudar o fenômeno da isomeria e sua importância biológica e social.

O conceito de isomeria: um pouco de história

Ao longo do estudo de Química Orgânica que realizou até aqui, você já teve a oportunidade de analisar exemplos de compostos que apresentavam a mesma composição química, mas possuíam fórmulas estruturais diferentes.

Observe o caso a seguir.

$$H_2C=CH-CH_3 \quad\quad H_2C-CH_2 \text{ (ciclo)}$$

propeno   ciclopropano

Os dois compostos, propeno e ciclopropano, têm a mesma fórmula molecular (C_3H_6), mas apresentam fórmulas estruturais diferentes. Portanto, os dois compostos são isômeros.

Os primeiros isômeros identificados foram as substâncias inorgânicas fulminato de prata (AgCNO), pelo químico alemão Justus von Liebig (1803-1873) e pelo químico e físico francês Joseph Louis Gay-Lussac (1778-1850) em 1824, e cianato de prata (AgNCO), pelo químico alemão Friedrich Wöhler (1800-1882) em 1825. Note que o fenômeno da isomeria não é exclusivo da Química Orgânica.

Naquela época não existia o conceito de isomeria, que só foi formulado por Berzelius em 1830, conforme visto no capítulo 28. No entanto, Gay-Lussac já imaginava que, para explicar as diferentes propriedades dessas duas substâncias, deveria supor outro modo de combinação entre os "átomos".

Na mesma década, também foi observado o fenômeno da isomeria em compostos como a ureia e o cianato de amônio (conforme você viu no capítulo 28).

Atualmente, o fenômeno da isomeria é classificado em dois grandes grupos: a **isomeria constitucional** ou **plana** e a **isomeria espacial** ou **estereoisomeria**.

Viagem no tempo

A trajetória de Liebig

[...] Ao contrário de outros químicos que alcançaram renome, [Justus von] Liebig já sabia desde cedo qual seria sua profissão. "Químico", dizia ele, sob uma saraivada de vaias e risos, quando o professor e os colegas de classe perguntavam-lhe o que queria ser quando adulto. A "profissão" de químico era então algo meio nebuloso, indefinido. O pai Johann Georg [...] era comerciante de pigmentos, corantes, vernizes, e muitos dos produtos vendidos ele próprio fabricava em sua casa, e com eles experimentava, diante dos olhos de Justus. Atraíam a atenção do menino os "mágicos" que vinham às feiras em Darmstadt; observou como um deles fabricava uma substância explosiva dissolvendo prata em ácido nítrico e adicionando álcool, observação que levaria depois ao estudo dos fulminatos. O menino Justus visitou em Darmstadt os saboeiros, tintureiros e curtidores. Frequentou em Darmstadt o *Ludwig-Georgs-Gymnasium*, mas não concluiu os estudos. As muitas histórias de que teria sido expulso da escola por causa de seus "experimentos químicos" não passam de anedota, o motivo da interrupção dos estudos era mesmo financeiro. [...] Em 1819 trabalhou como aprendiz em uma farmácia em Heppenheim, de onde saiu não por causa da explosão "bem-sucedida" que teria lançado aos céus a janela de seu quarto no sótão, mas porque o pai não mais tinha condições de pagar os custos da aprendizagem com o farmacêutico Gottfried Pirsch (1792-1850) [...]. Diria Liebig mais tarde que aos 16 anos dominava, ainda que de forma assistemática, todo o conhecimento químico de seu tempo. De volta à casa dos pais, adquiriu conhecimentos químicos nos livros da biblioteca do grão-duque de Hessen, colocados à disposição do público desde 1817 [...]. Os relatos autobiográficos de Liebig, escritos no final da vida, como aqueles publicados por seu filho, o médico Georg von Liebig (1837-1907), colaboraram [...] para dar vida a muitos episódios anedóticos de sua infância e juventude.

[...]

MAAR, Juergen Heinrich. Justus von Liebig, 1803-1873. Parte 1: vida, personalidade, pensamento. *Química Nova*, São Paulo, v. 29, n. 5, set./out. 2006. Disponível em: <http://www.scielo.br/scielo.php?script=sci_arttext&pid=S0100-40422006000500039>. Acesso em: 2 jun. 2018.

Cartão em memória de Justus von Liebig. À esquerda de sua estátua, vê-se Liebig em seu laboratório. Observe uma lata de carne produzida pela sua empresa na parte inferior da imagem. Em 1847, Liebig desenvolveu um extrato concentrado de carne para comercializar esse alimento por um preço menor.

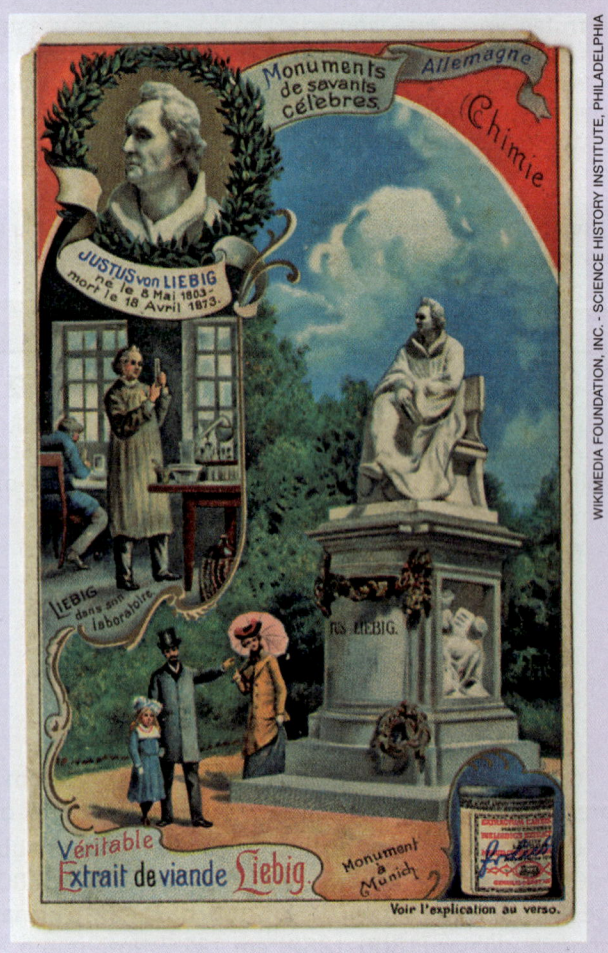

Isomeria constitucional ou plana

Quando dois isômeros podem ser diferenciados por meio de suas fórmulas estruturais planas, dizemos que são **isômeros constitucionais** ou **planos**. O propeno e o ciclopropano, por exemplo, são considerados isômeros planos.

A isomeria constitucional é dividida em grupos menores: a isomeria de cadeia, de posição, de função e de compensação.

Isomeria de cadeia

Quando dois isômeros pertencem à mesma função orgânica, mas apresentam diferenças na cadeia carbônica, eles são considerados isômeros de cadeia. Observe os exemplos:

$H_3C - CH_2 - CH_2 - CH_3$

butano (C_4H_{10})
hidrocarboneto (cadeia normal)

$H_3C - CH(CH_3) - CH_3$

metilpropano (C_4H_{10})
hidrocarboneto (cadeia ramificada)

$H_2C = CH - CH_2 - CH_2 - CH_3$

pent-1-eno (C_5H_{10})
hidrocarboneto (cadeia aberta)

ciclopentano (C_5H_{10})
hidrocarboneto (cadeia cíclica)

Isomeria de posição

Nesse caso, os isômeros pertencem à mesma função orgânica e a cadeia principal apresenta o mesmo número de átomos de carbono. Os isômeros de posição diferem entre si na posição de insaturações ou de grupos de átomos – ramificações ou grupos funcionais – ligados à cadeia principal.

Observe os exemplos a seguir e note as semelhanças e as diferenças em relação aos nomes dos compostos.

$H_3C - CH(CH_3) - CH(CH_3) - CH_3$

2,3-dimetilbutano (C_6H_{14})
hidrocarboneto

$H_3C - C(CH_3)_2 - CH_2 - CH_3$

2,2-dimetilbutano (C_6H_{14})
hidrocarboneto

$HC \equiv C - CH_2 - CH_3$

but-1-ino (C_4H_6)
hidrocarboneto

$H_3C - C \equiv C - CH_3$

but-2-ino (C_4H_6)
hidrocarboneto

$H_3C - CH(OH) - CH_2 - CH_3$

butan-2-ol ($C_4H_{10}O$)
álcool

$H_3C - CH_2 - CH_2 - CH_2 - OH$

butan-1-ol ($C_4H_{10}O$)
álcool

> **Observação**
>
> É preciso tomar muito cuidado com fórmulas estruturais que aparentam ser diferentes, mas são idênticas.
>
> Em caso de dúvida, siga as regras de nomenclatura para certificar-se de que elas têm nomes IUPAC diferentes. Observe o exemplo a seguir:
>
> $H_3C - CH_2 - CH_2 - CH_2 - CH_3$
> pentano
>
> $H_3C - CH_2 - CH_3$ (com $H_2C - CH_2$ abaixo)
> pentano
>
> As duas fórmulas representam o mesmo hidrocarboneto: o pentano.

Isomeria de função

Nesse caso, os isômeros apresentam grupos funcionais diferentes.

Observe os exemplos a seguir:

Isomeria álcool-fenol

fenilmetanol (C_7H_8O)
álcool

2-metilfenol (C_7H_8O)
fenol

Isomeria álcool-éter

$H_3C - CH_2 - OH$

etanol (C_2H_6O)
álcool

$H_3C - O - CH_3$

metoximetano (C_2H_6O)
éter

Isomeria aldeído-cetona

$H_3C - CH_2 - C(=O) - H$

propanal (C_3H_6O)
aldeído

$H_3C - C(=O) - CH_3$

propanona (C_3H_6O)
cetona

Isomeria ácido carboxílico-éster

$H_3C - CH_2 - C(=O) - OH$

ácido propanoico ($C_3H_6O_2$)
ácido carboxílico

$H - C(=O) - O - CH_2 - CH_3$

metanoato de etila ($C_3H_6O_2$)
éster

Saiba mais

Como diferenciar isômeros planos experimentalmente

Como os isômeros são substâncias distintas, uma das formas de diferenciar dois compostos isômeros consiste na análise de suas propriedades físicas, como temperatura de fusão e de ebulição. Em alguns casos também é possível diferenciá-los pelo seu comportamento químico. Fenóis e álcoois, por exemplo, reagem com sódio liberando gás hidrogênio, mas somente os fenóis são capazes de neutralizar bases fortes. Aldeídos podem ser oxidados a ácidos carboxílicos, o que não ocorre com as cetonas.

Observação

Há um caso de isomeria funcional que costuma ser estudado à parte – a **tautomeria** –, situação em que ocorre equilíbrio entre os isômeros funcionais, denominados **tautômeros**.

Veja os exemplos a seguir:

- equilíbrio ceto-enólico (entre uma cetona e um enol)

$$H-\underset{H}{\overset{H}{C}}-\overset{O}{\underset{\parallel}{C}}-CH_3 \rightleftharpoons H-\underset{H}{C}=\overset{OH}{C}-CH_3$$

cetona   enol

- equilíbrio aldo-enólico (entre um aldeído e um enol)

$$H-\underset{H}{\overset{H}{C}}-\overset{O}{\underset{\parallel}{C}}-H \rightleftharpoons H-\underset{H}{C}=\overset{OH}{C}-H$$

aldeído   enol

Quando o equilíbrio é atingido, há um percentual muito maior de cetona ou aldeído do que de enol. Essa diferença é representada pelo tamanho das setas de equilíbrio.

Isomeria de compensação

Para que dois isômeros sejam classificados como isômeros de compensação, é necessário que pertençam à mesma função orgânica, que a cadeia carbônica seja heterogênea e que nela o heteroátomo possa ocupar diferentes posições.

Entre os exemplos frequentes de isômeros de compensação estão os éteres (ROR'), os ésteres (RCOOR'), as aminas (com exceção das primárias, cuja cadeia é homogênea) e os tioéteres (RSR').

Observe o exemplo:

$$H_3C-O-CH_2-CH_2-CH_3$$
metoxipropano (C$_4$H$_{10}$O)
éter

$$H_3C-CH_2-O-CH_2-CH_3$$
etoxietano (C$_4$H$_{10}$O)
éter

Atividades

1. As temperaturas de fusão dos dois isômeros de fórmula molecular C$_2$H$_6$O são –139 °C e –115 °C. Sabendo que um dos isômeros é um álcool e o outro um éter, indique a temperatura de fusão que corresponde a cada um deles.

2. Como você explica essa diferença entre as duas temperaturas de fusão?

3. O que se espera do comportamento químico de dois isômeros que pertencem a funções diferentes (isômeros funcionais)?

4. Dê o nome de:
   a) um isômero funcional do ácido butanoico;
   b) um isômero de cadeia do but-1-eno;
   c) um isômero de compensação do pentanoato de metila;
   d) dois isômeros de cadeia do pentano;
   e) um isômero de posição da pentan-2-ona.

> Você pode resolver as questões 6, 7, 11, 13, 16, 17 e 22 da seção *Testando seus conhecimentos*.

Isomeria espacial ou estereoisomeria

Os isômeros espaciais só podem ser diferenciados por meio de fórmulas espaciais, nas quais são representadas as configurações tridimensionais das substâncias; por isso, também são chamados de estereoisômeros (a palavra *estéreo*, em grego, significa "sólido").

Iremos estudar dois tipos de isomeria espacial: a **cis-trans** e a **óptica**.

Isomeria *cis-trans*

A isomeria *cis-trans*, conhecida antigamente como isomeria geométrica, ocorre com frequência em cadeias abertas que apresentam dupla-ligação entre átomos de carbono ou em cadeias carbônicas cíclicas saturadas.

É possível encontrar duas substâncias com propriedades distintas com a fórmula estrutural CH$_3$CHCHCH$_3$. Observe a tabela abaixo:

Comparação de substâncias com propriedades distintas com a fórmula estrutural CH$_3$CHCHCH$_3$				
Substância	Fórmula plana	Temperatura de fusão (°C)	Temperatura de ebulição (°C)	Densidade (g/cm³)
A	H$_3$C — CH = CH — CH$_3$	–139	4	0,62
B	H$_3$C — CH = CH — CH$_3$	–106	1	0,59

Fonte de pesquisa: LIDE, David R. *CRC Handbook of Chemistry and Physics*. 87th ed. Boca Raton: CRC Press, 2007.

Pelas regras de nomenclatura, tanto a substância A como a B seriam chamadas de but-2-eno. No entanto, elas não podem ter o mesmo nome porque são substâncias distintas, o que fica evidenciado pelas propriedades específicas diferentes (temperaturas de fusão e de ebulição e densidade). Por isso, a elas são atribuídos os nomes *cis*-but-2-eno e *trans*-but-2-eno. Mas o que vai determinar que uma das substâncias seja *cis* e a outra, *trans*?

Observe a figura abaixo:

plano imaginário

cis-but-2-eno

trans-but-2-eno

Se traçássemos um plano imaginário contendo somente os dois átomos de carbono da insaturação e a ligação dupla, como representado acima, haveria a formação de duas regiões – também chamadas de **semiespaços**. Quando ligantes iguais estão em um mesmo semiespaço, temos a configuração *cis*. Note, no exemplo acima à esquerda, que os ligantes — H estão do mesmo lado em relação ao plano, assim como ocorre com os ligantes — CH_3. Se os ligantes iguais estiverem em lados opostos, teremos a configuração *trans*, que pode ser observada no exemplo acima à direita.

Para facilitar a indicação dos isômeros, podemos recorrer a modelos em três dimensões e a fórmulas de projeção, conforme as representações a seguir:

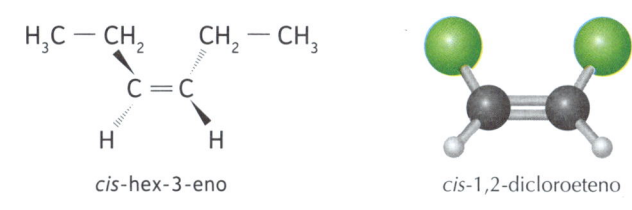

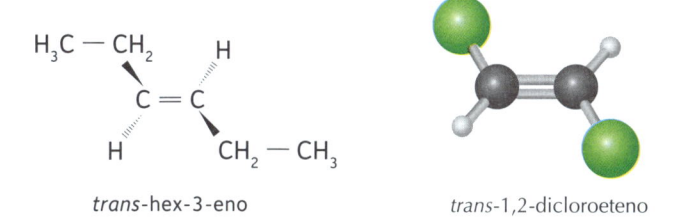

cis-hex-3-eno

cis-1,2-dicloroeteno

trans-hex-3-eno

trans-1,2-dicloroeteno

Fórmulas de projeção das configurações *cis* e *trans* do hex-3-eno (C_6H_{12}) e modelos tridimensionais das formas *cis* e *trans* do 1,2-dicloroeteno ($C_2H_2Cl_2$).

Observação

Você deve ter percebido que, nas fórmulas de projeção, algumas ligações foram representadas no formato de cunha preenchida (▲) e outras no formato de cunha tracejada (⋮). Essa forma de representação indica que os átomos de carbono da ligação dupla estão no mesmo plano que a folha de papel do livro e que as ligações representadas por (▲) estão projetadas para a frente da folha de papel, enquanto as representadas por (⋮) estão projetadas para trás da folha de papel.

Nos exemplos anteriores, os compostos com isomeria *cis-trans* apresentavam cadeia carbônica aberta com dupla-ligação. Por que esse fenômeno não ocorre em cadeia aberta saturada?

Se a ligação entre dois átomos de carbono for simples, os átomos de carbono podem rotacionar em torno da ligação simples sem romper a ligação química, como pode ser observado na representação a seguir:

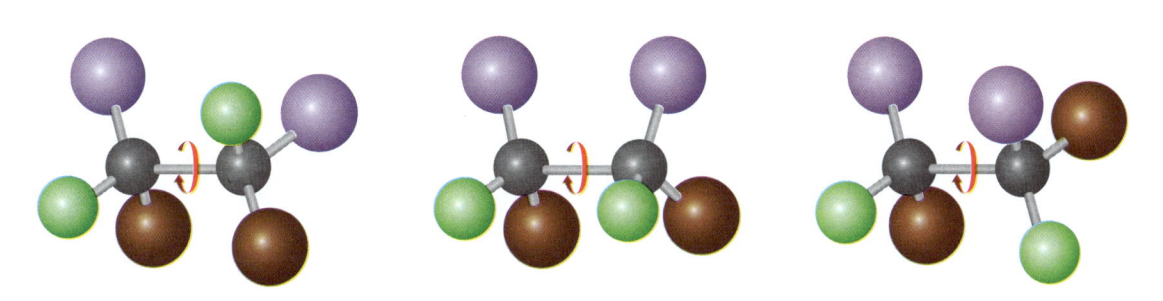

Capítulo 32 • Isomeria

Se a ligação entre os átomos de carbono for dupla, será impossível fazer uma rotação completa em um átomo de carbono sem que a ligação química se rompa.

Observe as imagens de modelos abaixo para que você possa compreender mais sobre esse assunto.

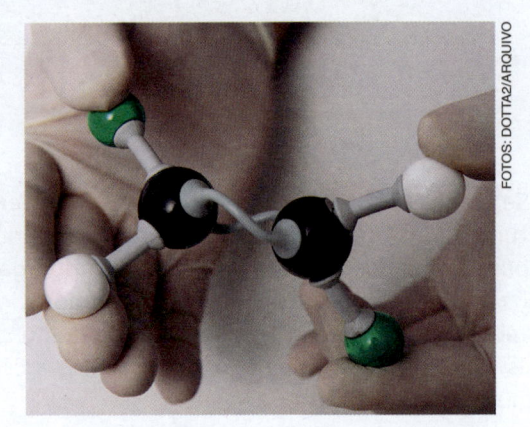

Os modelos permitem observar que os átomos de carbono unidos por ligação simples podem girar livremente um em relação ao outro (modelo do 1,2-dicloroetano, à esquerda), o que não ocorre na ligação dupla (modelo do 1,2-dicloroeteno, à direita). As esferas verdes representam átomos de cloro; as brancas, átomos de hidrogênio; as pretas, átomos de carbono; e os bastões, ligações químicas.

Cabe destacar que nem todos os compostos de cadeia carbônica aberta e com dupla-ligação são isômeros. Para que ocorra a isomeria *cis-trans* em compostos com dupla-ligação, é necessária a existência de dois ligantes diferentes em cada átomo de carbono da dupla-ligação. De forma genérica, podemos resumir essa informação assim:

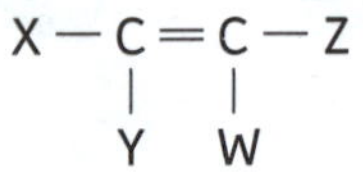

$$X-\underset{Y}{C}=\underset{W}{C}-Z$$

X deve ser diferente de **Y**.

Z deve ser diferente de **W**.

Um dos exemplos mais clássicos de isomeria *cis-trans* é o do ácido butenodioico, em que as formas *cis* e *trans* foram designadas por nomes essencialmente diferentes: ácido maleico e ácido fumárico.

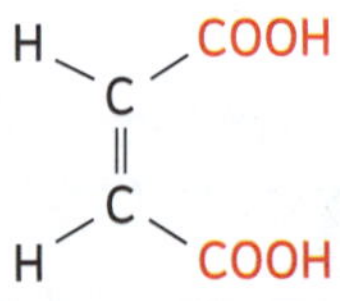

ácido *cis*-butenodioico 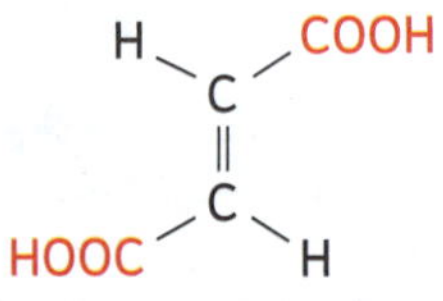   ácido *trans*-butenodioico

Isomeria *cis-trans* em compostos cíclicos

De forma semelhante ao que ocorre com a ligação dupla, os átomos de carbono de um anel (cicloalcanos) não podem fazer uma rotação completa sem que a ligação seja "quebrada" e, com isso, o anel seja rompido.

Para que ocorra esse tipo de isomeria, é necessário que haja dois ligantes (átomo, grupo substituinte ou grupo funcional) diferentes em dois átomos de carbono.

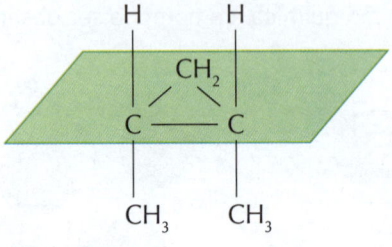

cis-1,2-dimetilciclopropano 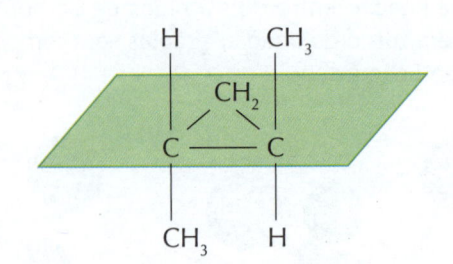   *trans*-1,2-dimetilciclopropano

Você pode resolver a questão 23 da seção Testando seus conhecimentos.

Note que, na configuração *cis*, os dois ligantes iguais (— H e — CH_3) estão do mesmo lado do plano imaginável. Já na forma *trans*, os ligantes iguais estão em lados opostos em relação ao plano.

Gordura *trans*

Nos últimos anos, o termo gordura *trans* ganhou uma posição de destaque no dia a dia em função da divulgação de possíveis malefícios à saúde decorrentes de seu consumo. Geralmente, as informações veiculadas pela mídia apenas apontam seus malefícios, sem uma explicação mais detalhada do significado desse termo. [...]

Óleos e gorduras

Os principais macronutrientes presentes nos alimentos são glicídios [carboidratos], proteínas e lipídios. Além da função energética, os lipídios conferem sabor e aroma ao alimento, também sendo fontes de substâncias essenciais ao organismo. Os principais tipos de lipídios são os óleos e as gorduras, sendo que sua diferença está no estado físico sob temperatura ambiente, pois óleos são líquidos e as gorduras são sólidas. Apesar dessa diferença, óleos e gorduras apresentam como componentes majoritários os triacilgliceróis. Na figura seguinte, é apresentada, de forma genérica, a reação química de formação de um triacilglicerol: um éster formado a partir do glicerol (álcool) e três moléculas de ácidos graxos (ácidos carboxílicos de ocorrência natural) em um processo catalisado por enzimas (lipases) ou meio ácido.

$$H_2C-OH \quad HO-\overset{O}{\underset{\|}{C}}-R_1$$
$$HC-OH \; + \; HO-\overset{O}{\underset{\|}{C}}-R_2 \; \rightleftarrows \; R_2-\overset{O}{\underset{\|}{C}}-O-CH \quad \overset{H_2C-O-\overset{O}{\underset{\|}{C}}-R_1}{\underset{H_2C-O-\overset{O}{\underset{\|}{C}}-R_3}{}} \; + \; 3\,H_2O$$
$$H_2C-OH \quad HO-\overset{O}{\underset{\|}{C}}-R_3$$

glicerol　　　ácidos graxos　　　　　　　triacilglicerol

Reação de formação de um triacilglicerol.

[...]
Em função da presença de uma insaturação entre átomos de carbono, tem-se a possibilidade de ocorrência dos dois isômeros geométricos: *cis* e *trans*. [...]. Apesar disso, [...], na natureza, os isômeros *cis* são formados preferencialmente na biossíntese de lipídios.

[...]
Apesar de não ser a forma predominante na natureza, ácidos graxos *trans* são encontrados em algumas bactérias, dos gêneros Vibrio e Pseudomonas, e em alguns vegetais como romã, ervilha e repolho. [...].

Na alimentação humana, as principais fontes de ácidos graxos *trans* são: a transformação por microrganismos em alimentos originados de animais ruminantes, [...], o processo de fritura de alimentos e o processo de hidrogenação parcial de óleos vegetais. [...]

Atualmente, os principais alimentos que contêm um significativo teor de ácidos graxos *trans* são: sorvetes, chocolates *diet*, barras achocolatadas, salgadinhos de pacote, bolos/tortas industrializados, biscoitos, bolachas com creme, frituras comerciais, molhos prontos para salada, massas folhadas, produtos de pastelaria, maionese, cobertura de açúcar cristalizado, pipoca de micro-ondas, sopas enlatadas, margarinas, cremes vegetais, gorduras vegetais hidrogenadas, pães e produtos de padarias e batatas fritas. Cabe destacar que a quantidade de ácidos graxos *trans* varia de forma significativa em diferentes tipos de alimentos industrializados e até mesmo dentro de uma mesma categoria de produto. [...]

MERÇON, F. O que é uma gordura *trans*? *Química Nova na Escola*, São Paulo, v. 32, n. 2, maio 2010. Disponível em: <http://sistemas.eel.usp.br/docentes/arquivos/427823/LOT2007/gorduratrans.pdf>. Acesso em: 16 jul. 2018.

1. A manteiga é um alimento rico em lipídios. Ela é classificada como gordura ou óleo? Justifique sua resposta com base nas informações do texto.

2. Analise a quantidade de gordura *trans* nas informações nutricionais de alguns alimentos que o texto menciona e construa uma tabela com esses dados. Quais alimentos apresentam a maior quantidade de gordura *trans* por grama de produto?

Conexões

Química e Medicina – Isomeria *cis-trans* e seres vivos

Compostos orgânicos na conformação *cis* ou na conformação *trans* podem agir de modo diferente em um processo bioquímico por causa da disposição espacial diferente dos átomos que constituem suas moléculas. Vamos ver um exemplo de isômeros geométricos em que só um deles tem papel importante em nosso organismo.

Em nossa visão há um processo de interconversão de isômeros *cis* e *trans*. Como ele se dá?

A retina – região sensível à detecção da luz – está localizada na parte posterior dos olhos. Nela há um pigmento constituído pela associação do 11-*cis*-retinal a uma proteína. Quando o 11-*cis*-retinal é atingido pela luz visível, transforma-se em seu isômero *trans*. É graças a essa alteração estrutural que ocorre a emissão de um impulso elétrico que vai do nervo óptico ao cérebro, ao mesmo tempo que a proteína associada à forma *trans* se separa desse aldeído. A forma *trans* converte-se novamente em forma *cis* por ação enzimática.

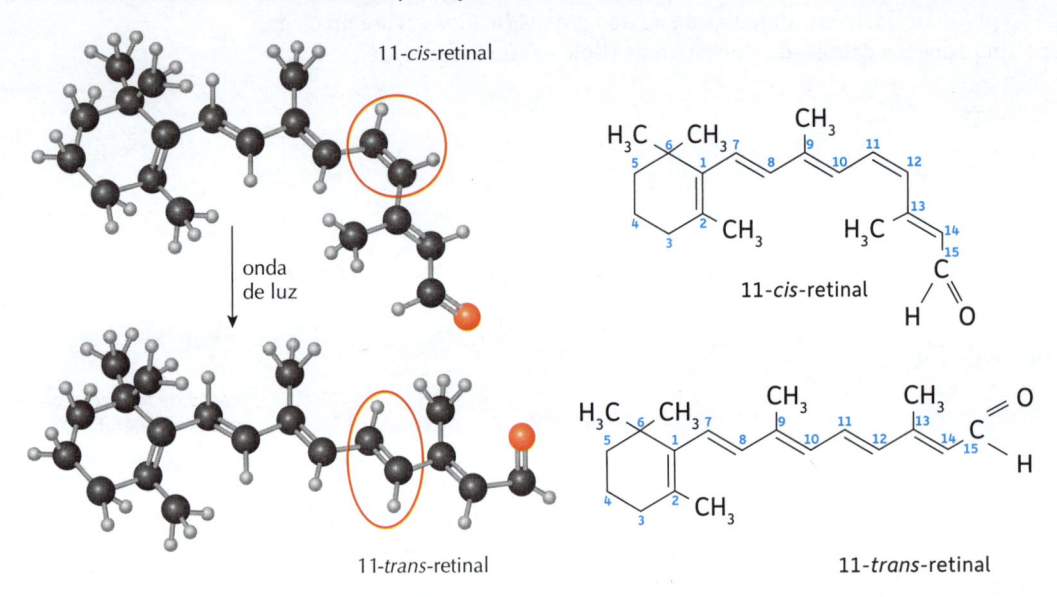

Representação da transformação do 11-*cis*-retinal em 11-*trans*-retinal.

Fonte: NELSON, D. L.; COX, M. M. *Lehninger Principles of Biochemistry*. 3rd ed. New York: W. H. Freeman, 2001. p. 361.

Simplificadamente, podemos representar essa transformação por:

$$11\text{-}cis\text{-retinal} \xrightleftharpoons[\text{enzima (retinal isomerase)}]{\text{luz}} 11\text{-}trans\text{-retinal} + \text{impulso elétrico}$$

É por meio da ingestão de alimentos ricos em vitamina A ou em betacaroteno que o organismo obtém o retinal. A expressão **vitamina A** é utilizada para indicar três moléculas com atividade biológica: o retinal, o retinol e o ácido retinoico.

retinol

ácido retinoico

Repare que a forma *trans* do retinal apresenta semelhanças estruturais com o retinol e o ácido retinoico (acima). A diferença entre esses compostos reside no grupamento funcional.

A tabela a seguir apresenta a quantidade de alguns nutrientes em uma importante fonte de vitamina A.

Massa de alguns nutrientes presentes em 100 g de cenoura crua	
Nutriente	Valor
carboidratos	9,58 g
proteína	0,93
vitamina C	5,9 mg
vitamina A	16 706 U.I.
vitamina K	13,2 µg

Fonte: ESCOLA Paulista de Medicina/Unifesp. Departamento de Informática em Saúde. Disponível em: <http://www.dis.epm.br/servicos/nutri/public/alimento/nutriente/id/11124>. Acesso em: 3 jun. 2018.

Nota: U.I. – unidades internacionais; µg – microgramas.

Batata-doce, cenoura e abóbora são alguns dos alimentos ricos em vitamina A.

A deficiência de vitamina A prejudica a visão, especialmente em local pouco iluminado.

1. Por que tanto o retinal como o retinol correspondem a diversos isômeros *cis-trans*?

2. Qual é a fórmula molecular do retinol, do retinal e do ácido retinoico?

3. Analise as fórmulas estruturais do *trans*-retinal e do retinol. Qual é a principal diferença entre elas?

Atividade

Dos compostos indicados a seguir, somente um apresenta isomeria *cis-trans*. Identifique-o e justifique por que os outros compostos não apresentam isomeria *cis-trans*. Lembre-se de representar por meio de fórmulas cada um desses compostos.

a) but-1-eno
b) ciclopentano
c) 2-metilpent-2-eno
d) 1,2-diclorociclopentano
e) but-2-ino
f) metilciclobutano

Capítulo 32 • Isomeria 793

Isomeria óptica

Você já sabe que a luz branca é constituída por ondas eletromagnéticas que se propagam em todos os planos (para relembrar esse conceito, veja o boxe *Química e Física – Luz polarizada*). No estudo da isomeria óptica, entretanto, utiliza-se a luz polarizada, na qual as ondas eletromagnéticas se propagam em um só plano.

Conexões

Química e Física – Luz polarizada

A luz branca é constituída por um conjunto de ondas eletromagnéticas que se propagam em infinitos planos. Já a luz polarizada se propaga em um só plano, conforme está indicado na representação ao lado.

Como podemos polarizar a luz?

A forma mais simples de polarizar a luz é interpor em sua trajetória materiais sintéticos empregados em lentes de óculos de sol. Essas lentes, chamadas polaroides, polarizam a luz solar, reduzindo significativamente a incidência de luminosidade nos olhos.

A imagem a seguir mostra um experimento com duas lentes polarizadoras.

Dois óculos superpostos reduzem a intensidade da luz que os atravessa (sem impedir que ela passe – foto da esquerda). Se um dos óculos sofrer um giro de 90° em relação ao outro, ocorre a eliminação total da passagem da luz (foto da direita).

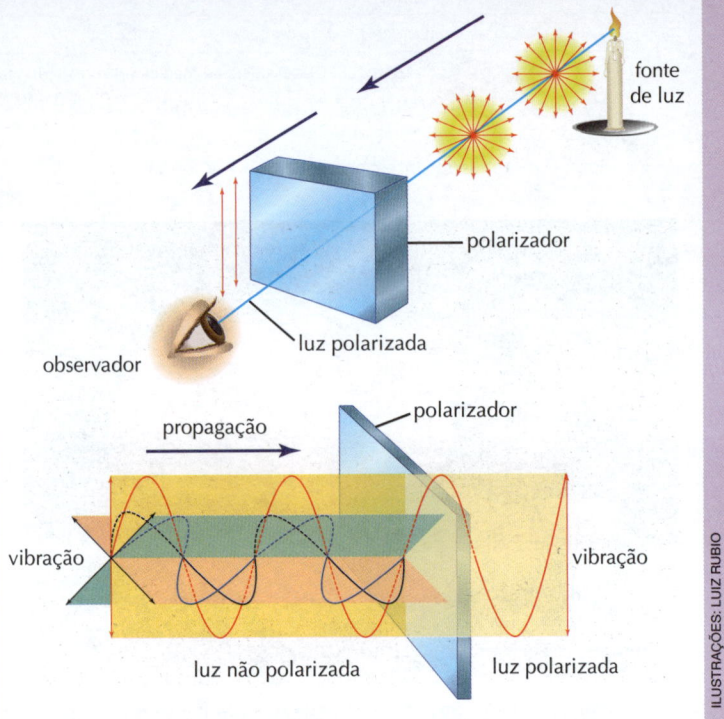

A luz vibra em todos os planos e, após atravessar um polarizador, passa a vibrar em um só plano.
Fonte: HEWITT, Paul G. *Física conceitual*. 9. ed. Porto Alegre: Bookman, 2006. p. 505-506.

Algumas substâncias têm a propriedade de girar o plano da luz polarizada. Esse fato, já conhecido desde o século XIX, foi dimensionado em aparelhos denominados polarímetros. Observe ao lado a representação esquemática desse aparelho.

Compostos que possuem mesma fórmula estrutural plana e fórmulas espaciais diferentes e que apresentam atividade óptica são chamados de **isômeros ópticos**. Se o efeito óptico do isômero é o de "girar" o plano da luz polarizada para a direita (*d* ou +), a substância é chamada de **dextrógira**. Se ela gira o plano da luz polarizada para a esquerda (*l* ou −), é nomeada **levógira**. Por convenção, costuma-se indicar cada isômero óptico pelas letras *d* ou *l* ou pelos sinais (+) ou (−) antes do nome da substância.

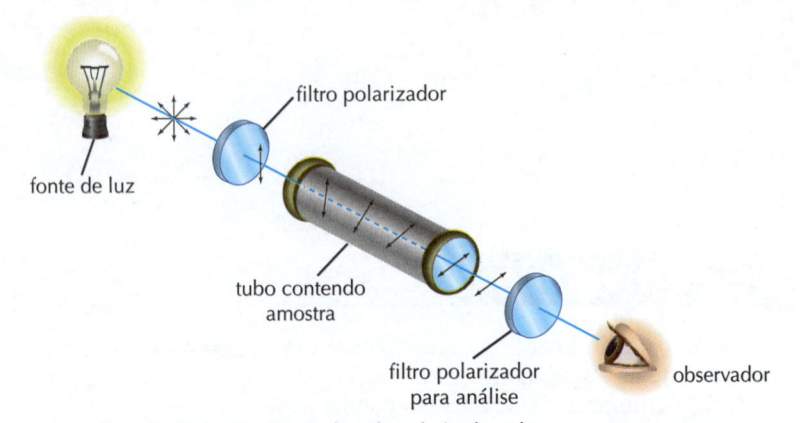

Esquema de um polarímetro. Passando pelo polarizador, a luz se propaga em apenas um plano (luz polarizada). Ao passar pelo tubo que contém a solução de uma substância opticamente ativa, a luz sofre desvio ("gira").
Fonte: HEWITT, Paul G. *Física conceitual*. 9. ed. Porto Alegre: Bookman, 2006. p. 505-506.

Atividade óptica e assimetria

Coloque sua mão direita sobre a esquerda. Atenção: sobrepor uma mão à outra não significa colocar palma sobre palma! Repare que não é possível coincidir polegar com polegar, indicador com indicador, e assim por diante. Por quê? Porque sua mão não é simétrica. Se ela fosse simétrica, o polegar e o dedo mínimo seriam idênticos, bem como o indicador e o dedo anelar.

Agora, faça o seguinte: coloque a palma de uma das mãos sobre a outra. Lentamente afaste-as por aproximadamente 20 cm e imagine que, entre elas, exista um espelho plano. Se a palma da mão que estiver na frente do espelho for a esquerda, sua imagem corresponderá à mão direita. Fato semelhante acontece com qualquer objeto assimétrico. Esse tipo de imagem formada no espelho é chamado de **especular**.

Mas qual é a relação das mãos com a isomeria?

Por meio de uma analogia, elas permitem entender o que ocorre com as moléculas.

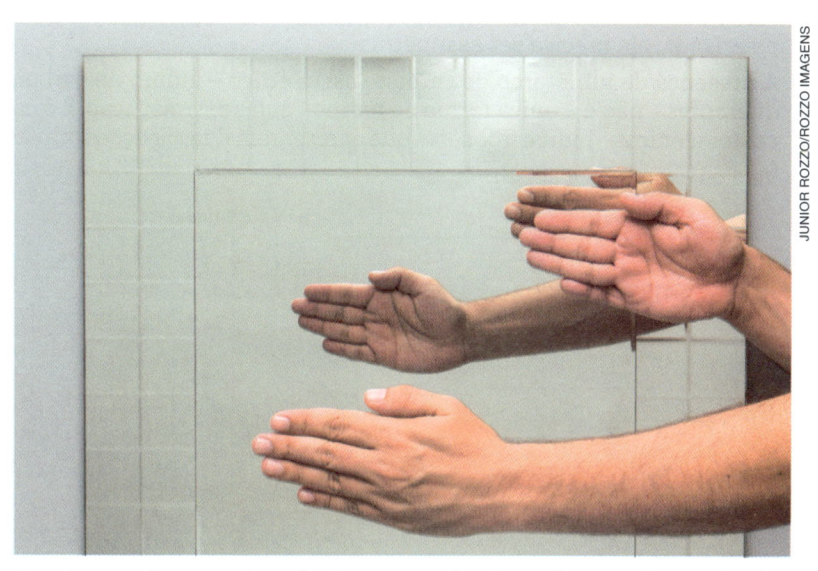

Ao colocar a mão esquerda em frente a um espelho plano, vê-se uma imagem igual à da mão direita e vice-versa.

Os isômeros ópticos relativos a uma mesma fórmula plana correspondem a moléculas com configurações espaciais assimétricas, de modo que uma delas corresponde à imagem da outra – como se estivessem diante de um espelho plano. É por isso que moléculas assimétricas são também chamadas de **quirais** – palavra que tem origem no grego, *cheir*, que significa "mão". Em 1848, o cientista Louis Pasteur (1822-1895) obteve cristais que possuíam atividade óptica, um deles era dextrógiro (+) e o outro, levógiro (−), e foram chamados enantiomorfos (*enantíos*, que, em grego, significa "oposto") ou antípodas ópticos, termos em desuso de acordo com a IUPAC, que recomenda **enantiômeros**.

Sempre que existir uma estrutura de aglomerados de átomos ligados que seja assimétrica, também haverá outra – seu isômero óptico – constituída por um arranjo que corresponda à sua imagem especular. Se as moléculas de determinada substância forem simétricas, ela não apresentará atividade óptica e, portanto, não possuirá isômero óptico.

Carbono assimétrico ou centro quiral

Quando um átomo de carbono possui quatro ligantes diferentes entre si, é chamado de **carbono assimétrico** ou **centro quiral**. Observe o exemplo representado ao lado.

O átomo de carbono destacado é assimétrico. Consequentemente, há duas formas opticamente ativas: (+) 2-bromobutano e (−) 2-bromobutano. A mistura formada por partes iguais de dois isômeros ópticos não possui atividade óptica e é chamada de **mistura racêmica**. Nas fórmulas estruturais, costuma-se indicar o(s) átomo(s) de carbono assimétrico por asterisco (*).

Quando há mais de um átomo de carbono assimétrico, cresce o número de isômeros ópticos. Assim, o 2,3-di-hidroxibutano, cujas moléculas têm dois átomos de carbono assimétrico diferentes, pode ter quatro isômeros ópticos e duas misturas racêmicas. Generalizando, se uma fórmula estrutural plana possui **n** átomos de carbono assimétrico, ela pode ter no máximo 2^n isômeros ópticos.

A disposição diferente dos átomos explica o fato de os isômeros ópticos terem algumas propriedades distintas. O cheiro característico do limão e da laranja deve-se ao limoneno. No entanto, essas frutas e suas árvores têm fragrâncias diferentes, pois cada uma delas corresponde a um isômero óptico do limoneno.

As diferentes propriedades dessas formas isômeras são muito importantes do ponto de vista bioquímico. É o que ocorre, por exemplo, com a glicose (+), cujo papel é importante em nosso metabolismo, ao contrário da glicose (−), que não atua nesse processo.

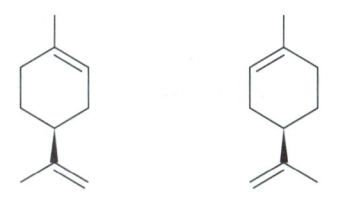

espelho plano

limoneno do limão   limoneno da laranja

> **Observação**
>
> Para que uma substância orgânica possua atividade óptica, ou seja, consiga girar o plano da luz polarizada, ela precisa ser **assimétrica**.
>
> A presença de um átomo de carbono assimétrico – átomo de carbono ligado a quatro ligantes diferentes – não é a única forma de ter moléculas assimétricas. É o caso, por exemplo, dos compostos alênicos – hidrocarbonetos que apresentam duas ligações duplas em um átomo de carbono.
>
> Veja os exemplos a seguir.

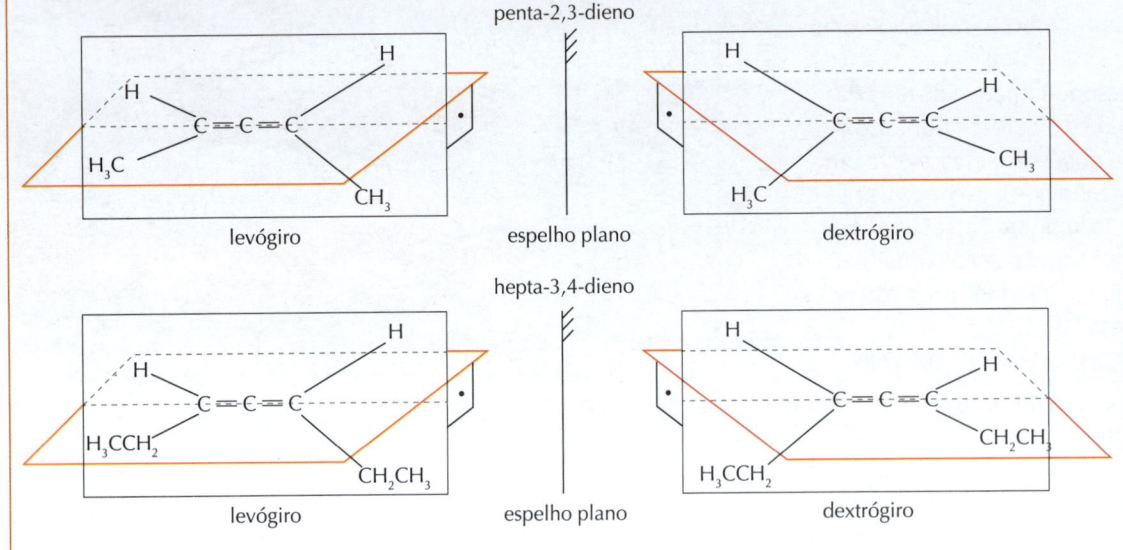

penta-2,3-dieno

levógiro   espelho plano   dextrógiro

hepta-3,4-dieno

levógiro   espelho plano   dextrógiro

Note que o penta-2,3-dieno (C_5H_8) não apresenta carbono assimétrico, mas é uma substância assimétrica, ou seja, apresenta dois isômeros ópticos: (+) penta-2,3-dieno e (−) penta-2,3-dieno. O mesmo raciocínio é válido para o hepta-3,4-dieno, que apresenta dois isômeros ópticos: (+) hepta-3,4-dieno e (−) hepta-3,4-dieno.

*Você pode resolver as questões 1 a 5, 8 a 10, 12 a 15, 18 a 21, 24 e 25 da seção **Testando seus conhecimentos**.*

Saiba mais

A natureza e a assimetria molecular

Isômeros ópticos podem desempenhar papéis bem diferentes do ponto de vista bioquímico. A *l*-glicose, por exemplo, não tem nenhuma participação no metabolismo do organismo humano, diferentemente da *d*-glicose.

Em sistemas biológicos, de modo geral, moléculas assimétricas têm papéis predominantes. As enzimas constituem o exemplo mais significativo de compostos em que há vários centros quirais. Em muitos animais, há uma enzima intestinal que atua na digestão de proteínas que possui 251 centros de assimetria, o que nos leva a pensar na possibilidade de existirem até 2^{251} estereoisômeros, ou seja, $3,62 \cdot 10^{75}$ compostos diferentes! Pense quantas vezes esse número é maior que a constante de Avogadro...

Mas há somente um isômero espacial, a forma utilizada pelo organismo, pois as enzimas só interagem com a substância cuja disposição espacial é compatível com a sua. Ou seja, de forma análoga, seria semelhante a um sistema de chave e fechadura, isto é, em que há o encaixe de uma molécula em outra. A seguir, há uma representação desse sistema.

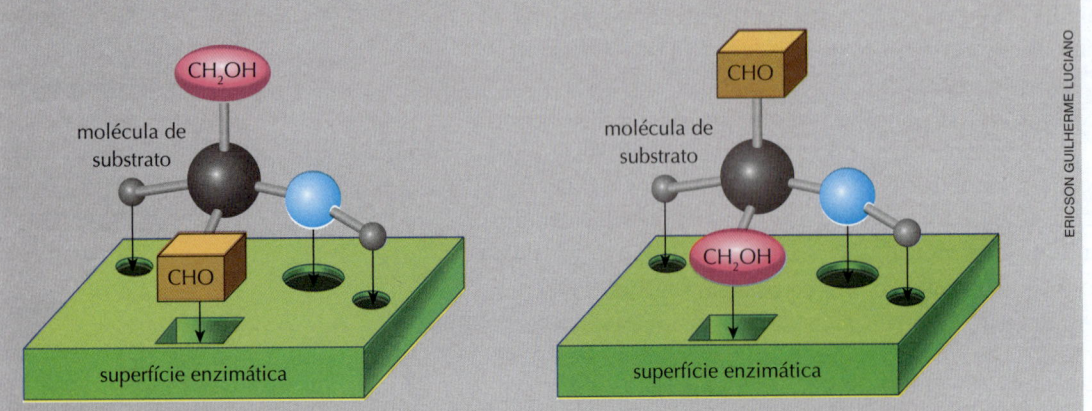

molécula de substrato   molécula de substrato

superfície enzimática   superfície enzimática

A representação esquemática à esquerda mostra a possibilidade de interação da enzima com um dos isômeros ópticos do gliceraldeído. À direita, é esclarecida a impossibilidade geométrica de interação da superfície da enzima com a outra forma enantiômera do gliceraldeído.

Fonte: BRUICE, P. Y. *Organic Chemistry*. 4th ed. Santa Barbara: Pearson, 2005.

Há também muitos exemplos de medicamentos que são quirais, de modo que somente uma disposição espacial dos átomos de certa molécula é usada para a obtenção de uma série de efeitos terapêuticos. Vamos examinar alguns exemplos específicos da ação de um isômero óptico.

Alguns exemplos de princípios ativos de fármacos em que apenas um dos isômeros ópticos apresenta a propriedade fisiológica desejada

ketamina	talidomida
Uma das formas da ketamina corresponde a um anestésico. Seu isômero óptico é um alucinógeno.	Um dos isômeros ópticos da talidomida tem propriedades sedativas; o outro é teratogênico.

aspartame

Um dos isômeros ópticos do aspartame tem sabor doce; o outro tem sabor amargo.

Fonte dos dados: Isomeria óptica: fármacos e quiralidade. *Química Nova Interativa*. Disponível em: <http://qnint.sbq.org.br/novo/index.php?hash=conceito.19>. Acesso em: 5 jun. 2018.

Viagem no tempo

Pasteur e os fundamentos das recentes sínteses assimétricas

O percurso de Louis Pasteur como cientista foi marcado por sua precocidade: ele conquistou o título de doutor pela Universidade de Sorbonne, de Paris, ainda muito jovem. Naquela época (1848), aos 25 anos, começou a estudar os cristais de tartarato de sódio que se formavam nos tonéis de vinho. O fato de ter passado sua infância em uma região vinícola pode ter motivado seu interesse pela produção de vinho e, portanto, pela fermentação.

Com a paciência que seu trabalho exigia, Pasteur conseguiu separar, dentre os minúsculos cristais de tartarato de sódio, dois tipos de cristais que apresentavam uma sutil diferença: eram quirais e um correspondia à imagem especular do outro. As propriedades químicas e físicas das duas formas eram idênticas, apenas com uma exceção: quando dissolvidas em água, originavam soluções que desviavam a luz polarizada em sentidos opostos. O mineralogista Jean-Baptiste Biot (1774- -1862), também francês, que estudara cristais assimétricos, assessorou Pasteur nessa pesquisa.

No entanto, a solução contendo quantidades iguais de ambos os tipos de cristais não tinha atividade óptica, e isso era o que acontecia com a solução que havia sido obtida a partir dos cristais que se formavam nos tonéis – aqueles dos quais as duas formas foram separadas. Antigamente, essa mistura de isômeros era considerada, impropriamente, outra forma de ácido tartárico (racêmica). *Racemus*, em latim, significa "cacho de uvas".

Quando os cristais têm sua forma desfeita por meio da dissolução, eles mantêm sua atividade óptica, pois a quiralidade de suas moléculas permanece inalterada e são elas que explicam a propriedade de "girar" o plano da luz polarizada.

O trabalho de Pasteur foi o ponto de partida para a compreensão da isomeria óptica e para o estudo das moléculas quirais.

Vamos agora avançar nos desdobramentos desse trabalho nos séculos XX e XXI. A produção de compostos orgânicos que apresentam isômeros ópticos normalmente leva à produção de misturas desses isômeros.

Especialmente no caso da obtenção de fármacos, o objetivo é chegar ao isômero que apresenta uma propriedade fisiológica específica. Isso implica, muitas vezes, a necessidade de separá-los, o que demanda tecnologia sofisticada e custos operacionais.

A história da talidomida esclarece por que pode ser muito importante separar os isômeros ópticos para fins farmacológicos. Na década de 1960, esse medicamento foi administrado a gestantes para atenuar enjoos, comuns no período inicial da gravidez. Em consequência desse uso, milhares de fetos tiveram má-formação. A descoberta de que apenas uma das formas era benéfica, enquanto a outra causava má-formação dos fetos, evidencia a necessidade de separar os isômeros.

Louis Pasteur (1822-1895), químico e microbiologista francês.

Cristais de tartarato de potássio em uma rolha de vinho tinto.

talidomida

O átomo de carbono marcado em vermelho é um centro de quiralidade.

Há pouco mais de três décadas, começou a ser desenvolvida uma nova forma de sintetizar apenas um dos isômeros ópticos: a síntese assimétrica. Processos de catálise assimétrica são alternativas mais baratas para a produção industrial em larga escala. Isso explica o Prêmio Nobel de Química de 2001, que foi concedido aos pioneiros desse tipo de pesquisa, os estadunidenses William Standish Knowles (1917-2012) e Karl Barry Sharpless (1941-) e o japonês Ryoji Noyori (1938-).

1. De que forma os conhecimentos sobre cristalografia foram importantes para o trabalho de Pasteur?

2. O ácido tartárico, substância estudada por Pasteur, é o ácido 2,3-di-hidroxibutanodioico. Escreva a fórmula estrutural plana dessa substância e assinale seus carbonos assimétricos. Lembre-se de que o prefixo **hidroxi** representa o grupo OH (álcool) em compostos que apresentam outro grupo funcional de maior prioridade na nomenclatura.

3. Leia o texto abaixo e faça as atividades seguintes.

   ....

   [...] Nos anos 1960, [a talidomida] foi responsável pelo nascimento de ao menos 12 mil crianças com deficiência, principalmente pelo encurtamento de braços e pernas.
   Em 1961, vários países retiraram a droga de circulação, o que só ocorreu após quatro anos no Brasil. No entanto, o país voltou a utilizá-la no tratamento da hanseníase.
   [...] O país teve a segunda e, agora, a terceira geração de vítimas da talidomida – fato inédito no mundo, segundo a Organização Mundial da Saúde. Ao todo, são 800 pessoas ainda vivas, a última diagnosticada há dois anos.
   [...]
   Em 2010, as vítimas da talidomida ganharam direito a indenização por danos morais. [...]

   Fonte: COLLUCCI, Cláudia. Filme traz história da talidomida no Brasil. *Folha de S.Paulo*, 6 dez. 2012. Saúde + Ciência. Disponível em: <https://www1.folha.uol.com.br/fsp/saudeciencia/82067-filme-traz-historia-da-talidomida-no-brasil.shtml.>. Acesso em: 16 jul. 2018.

   ....

   a) Que etapa do processo de fabricação da talidomida poderia ter evitado os problemas mencionados no texto?
   b) A talidomida voltou a ser comercializada em alguns países, como o Brasil, por conta de sua eficácia no tratamento da hanseníase, doença infecciosa que pode trazer consequências graves se não for tratada. Mesmo havendo diversas portarias que regulamentam o uso da talidomida, incluindo a proibição nacional de prescrição médica desse medicamento para mulheres em idade fértil, ocorreram novos casos entre 2005 e 2010, em grande parte devido à automedicação e à desinformação.

   Em grupos de três ou quatro alunos, discutam possíveis ações para que não existam novas vítimas do uso indevido da talidomida no país. Aproveitem para, a partir da discussão sobre o uso a talidomida, explorar o tema: "A automedicação – malefícios e combate". Elaborem cartazes esclarecendo os problemas dessa atitude e façam uma campanha de conscientização, que pode sair dos muros da escola e chegar até a comunidade.

Para assistir

Talidomida. Documentário da Associação Brasileira dos Portadores da Síndrome da Talidomida (ABPST). Disponível em: <http://www.talidomida.org.br/>. Acesso em: 3 jun. 2018. O documentário traz o depoimento de algumas vítimas da talidomida e de seus familiares, que contam um pouco da história da tragédia que essa droga causou.

Atividades

1. A anfetamina e a adrenalina podem ser representadas pelas fórmulas estruturais abaixo.

anfetamina

adrenalina

A anfetamina pode provocar, entre outros efeitos, aumento de pressão arterial, diarreias e irritabilidade. A adrenalina, por sua vez, pode agir como broncodilatador, razão pela qual costuma ser usada no tratamento de bronquite.

a) Quais são as funções orgânicas presentes na anfetamina e na adrenalina?
b) Essas substâncias podem se apresentar sob a forma de isômeros ópticos? Justifique.

2. O inseticida DDT tem a fórmula estrutural representada abaixo.

a) A que função orgânica pertence essa substância?
b) Essa substância apresenta isomeria óptica? Justifique.

3. Represente o equilíbrio aldoenólico de um enol de fórmula molecular C_3H_6O.

4. Os óleos essenciais são compostos naturais voláteis com importantes aplicações nas indústrias alimentícia e cosmética. Flores, folhas, cascas e frutos são matérias-primas para sua produção, dos quais são extraídos principalmente pela técnica de destilação por arraste de vapor. As fórmulas estruturais de três dos responsáveis pelo aroma do capim-limão (*Cymbopogon citratus*) estão representadas a seguir. Eles compõem cerca de 60% da massa do óleo essencial dessa planta.

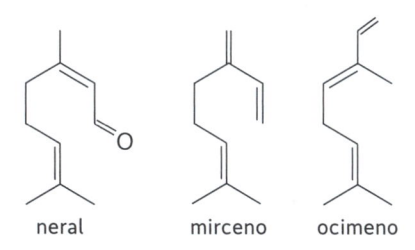

neral   mirceno   ocimeno

Capim-limão.

Qual(is) dos principais componentes do óleo essencial de capim-limão apresenta(m) isomeria geométrica?

5. Considere a fórmula estrutural plana do naproxeno, representada abaixo.

Um dos isômeros do naproxeno apresenta atividade anti-inflamatória, enquanto o outro é bastante prejudicial ao fígado. Como visto no incidente da talidomida, é muito importante separar os isômeros ou estabelecer métodos de síntese que produzam apenas o isômero desejado.

a) Identifique o átomo de carbono quiral e os grupos funcionais presentes na molécula de naproxeno.
b) Considerando uma mistura de quantidades iguais dos isômeros ópticos do naproxeno, qual será o desvio do plano da luz polarizada que será observado?

6. A fenilalanina é um aminoácido essencial ao ser humano e é obtido por meio da alimentação.

$$\text{C}_6\text{H}_5-\text{CH}_2-\overset{\overset{\displaystyle NH_2}{|}}{\text{CH}}-\text{COOH}$$

fenilalanina

A tabela a seguir compara a quantidade de fenilalanina em 100 g de alguns alimentos.

Quantidade de fenilalanina em 100 g de alguns alimentos					
Alimento	Fenilalanina (mg)	Alimento	Fenilalanina (mg)	Alimento	Fenilalanina (mg)
abacate	48	jabuticaba	30	melancia	10
abacaxi	32	kiwi	48	melão	17
acerola	33	laranja	30	morango	33
aveia	698	maçã	10	pera	22
banana-prata	44	mamão	29	pêssego	35
caqui	38	manga	29	uva	26

Fonte: Fenilcetonúria: tabelas com a quantidade de fenilalanina dos alimentos. KANUFRE, Viviane de Cássia et al. (Org.). Belo Horizonte: Nupad/FM/UFMG, 2010. Disponível em: <http://www.nupad.medicina.ufmg.br/wp-content/uploads/2014/06/tabelas_fenil.pdf>. Acesso em: 3 jun. 2018.

a) Analise a tabela e calcule a quantidade de fenilalanina, em miligramas, consumida por uma pessoa que ingeriu uma salada de frutas composta de:
25 g de melão picado
25 g de kiwi picado
25 g de maçã picada
25 g de abacaxi picado
25 g de melancia picada
25 g de morango picado
25 g de uva picada
25 g de mamão picado
25 g de manga picada
1 g de aveia

b) A fenilalanina apresenta atividade óptica? Em caso afirmativo, indique o carbono assimétrico.
c) Uma falha de origem genética no metabolismo normal da fenilalanina causa uma síndrome conhecida como fenilcetonúria. Sob orientação do professor, forme um grupo com mais dois alunos. Você e seus colegas de grupo devem pesquisar os sintomas da fenilcetonúria, o método diagnóstico conhecido como teste do pezinho e o tratamento. Em seguida, produzam um cartaz informativo para ser exposto em um lugar de grande circulação de pessoas na escola, como o corredor ou o pátio.

Resgatando o que foi visto

Nesta unidade, você estudou boa parte dos fundamentos da Química Orgânica, como as principais características e a nomenclatura de diferentes grupos funcionais. Além disso, teve a oportunidade de compreender o fenômeno da isomeria e sua importância para a sociedade.

O que mais chamou sua atenção no estudo dos capítulos desta unidade? Retome as perguntas que abrem a unidade e as que aparecem na seção *Para situá-lo* de cada capítulo. Após o estudo desta unidade, suas respostas seriam diferentes?

Testando seus conhecimentos

Caso necessário, consulte as tabelas no final desta Parte.

1. (Enem)

A talidomida é um sedativo leve e foi muito utilizado no tratamento de náuseas, comuns no início da gravidez. Quando foi lançada, era considerada segura para o uso de grávidas, sendo administrada como uma mistura racêmica composta pelos seus dois enantiômeros (R e S). Entretanto, não se sabia, na época, que o enantiômero S leva à malformação congênita, afetando principalmente o desenvolvimento normal dos braços e pernas do bebê.

COELHO, F. A. S. Fármacos e quiralidade. *Cadernos Temáticos de Química Nova na Escola*, São Paulo, n. 3, maio 2001 (adaptado).

Essa malformação congênita ocorre porque esses enantiômeros:
a. reagem entre si.
b. não podem ser separados.
c. não estão presentes em partes iguais.
d. interagem de maneira distinta com o organismo.
e. são estruturas com diferentes grupos funcionais.

2. (PUC-PR) Mais do que classificar os compostos e agrupá-los como funções em virtude de suas semelhanças químicas, a Química Orgânica consegue estabelecer a existência de inúmeros compostos. Um exemplo dessa magnitude é a isomeria, que indica que compostos diferentes podem apresentar a mesma fórmula molecular. A substância a seguir apresenta vários tipos de isomeria, algumas delas perceptíveis em sua fórmula estrutural e outras a partir do rearranjo de seus átomos, que poderiam formar outros isômeros planos.

A partir da estrutura apresentada, as funções orgânicas que podem ser observadas e o número de isômeros opticamente ativos para o referido composto são, respectivamente:
a. ácido carboxílico, amina e dois.
b. álcool, cetona, amina e oito.
c. ácido carboxílico, amida e quatro.
d. ácido carboxílico, amina e quatro.
e. álcool, cetona, amida e dois.

3. (PUC-SP) A melanina é o pigmento responsável pela pigmentação da pele e do cabelo. Em nosso organismo, a melanina é produzida a partir da polimerização da tirosina, cuja estrutura está representada a seguir.

Sobre a tirosina foram feitas algumas afirmações:
I. A sua fórmula molecular é $C_9H_{11}NO_3$.
II. A tirosina contém apenas um carbono quiral (assimétrico) em sua estrutura.
III. A tirosina apresenta as funções cetona, álcool e amina.

Está(ão) correta(s) apenas a(s) afirmação(ões):
a. I e II.
b. I e III.
c. II e III.
d. I.
e. III.

4. (Uerj) Duas das moléculas presentes no gengibre são benéficas à saúde: shogaol e gingerol. Observe suas fórmulas estruturais:

Aponte o tipo de isomeria espacial presente, respectivamente, em cada uma das estruturas.

Nomeie, ainda, as funções orgânicas correspondentes aos grupos oxigenados ligados diretamente aos núcleos aromáticos de ambas as moléculas.

5. (Uece) No olho humano, especificamente na retina, o *cis*-11-retinal se transforma no *trans*-11-retinal pela ação da luz e, assim, produz impulso elétrico para formar a imagem; por isso, o ser humano precisa de luz para enxergar. Esses dois compostos são isômeros. Observe as quatro moléculas a seguir:

No que diz respeito às moléculas apresentadas, assinale a afirmação verdadeira.
a. As moléculas I e II são isômeros de cadeia e I e IV são isômeros de posição.
b. As moléculas II e III são isômeros de posição e a molécula I pode apresentar isomeria geométrica *trans* e isomeria óptica.
c. As moléculas I e III são tautômeros, e a molécula IV pode apresentar isomeria geométrica *cis* e isomeria óptica.
d. As moléculas I e IV não são isômeros.

Capítulo 32 • Isomeria 801

Testando seus conhecimentos

6. (UEPG-PR) Com respeito aos compostos aromáticos citados abaixo, identifique quais apresentam isomeria de posição (*orto*, *meta* ou *para*) e assinale o que for correto.
(01) Etilbenzeno.
(02) Ácido benzoico.
(04) Dibromobenzeno.
(08) Tolueno.
(16) Xileno.

Dê como resposta a soma das alternativas corretas.

7. (Cefet-MG) O ácido butanoico é um composto orgânico que apresenta vários isômeros, entre eles substâncias de funções orgânicas diferentes.

Considerando ésteres e ácidos carboxílicos, o número de isômeros que esse ácido possui, é:
a. 3.
b. 4.
c. 5.
d. 7.
e. 8.

8. (Unifor-CE) A alanina (ácido 2-amino-propanoico) é um aminoácido que faz parte da estrutura das proteínas. Em relação à ocorrência de estereoisomeria, pode-se afirmar que a alanina apresenta um número de estereoisômeros igual:
a. 0
b. 2
c. 4
d. 6
e. 8

9. (Unesp) Considere os quatro compostos representados por suas fórmulas estruturais a seguir.

aspirina   glicina   alanina

vitamina A

a. Dê o nome da função orgânica comum a todas as substâncias representadas e indique qual dessas substâncias é classificada como aromática.
b. Indique a substância que apresenta carbono quiral e a que apresenta menor solubilidade em água.

10. (Uerj) Um mesmo composto orgânico possui diferentes isômeros ópticos, em função de seus átomos de carbono assimétrico. Considere as fórmulas estruturais planas de quatro compostos orgânicos, indicadas na tabela.

Composto	Fórmula estrutural plana
I	(estrutura com NH_2)
II	(estrutura com Br)
III	(estrutura com F, F)
IV	(estrutura com O)

O composto que apresenta átomo de carbono assimétrico é:
a. I
b. II
c. III
d. IV

11. (Uece) Isomeria é o fenômeno pelo qual duas substâncias compartilham a mesma fórmula molecular, mas apresentam estruturas diferentes, ou seja, o rearranjo dos átomos difere em cada caso. Observe as estruturas apresentadas a seguir, com a mesma fórmula molecular $C_4H_{10}O$:

I. $H_3C - CH_2 - O - CH_2 - CH_3$

II. $H_3C - CH - CH_2$
          |
          OH
         (com CH_3)

III. $H_3C - CH_2 - CH - CH_3$
                    |
                    OH

IV. $H_3C - CH_2 - CH_2 - CH_2$
                              |
                              OH

V. $H_3C - O - CH_2 - CH_2 - CH_3$

Assinale a opção em que as estruturas estão corretamente associadas ao tipo de isomeria.
a. Isomeria de função — II e III.
b. Isomeria de cadeia — III e IV.
c. Isomeria de posição — II e IV.
d. Isomeria de compensação — I e V.

12. (UFJF-MG/PISM) O óxido de propileno mostrado abaixo é amplamente utilizado na fabricação de polietileno. Recentemente, esta molécula foi detectada na nuvem interestelar gasosa, localizada a $2,8 \times 10^3$ anos luz do nosso planeta, próximo ao centro da Via Láctea.

Analise a estrutura do óxido de propileno e assinale a alternativa que melhor representa os tipos de isomeria que ela pode apresentar.

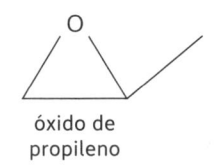

óxido de propileno

a. Isomeria geométrica e óptica.
b. Isomeria de função e geométrica.
c. Isomeria óptica e de função.
d. Isomeria de cadeia e de posição.
e. Isomeria de posição e tautomeria.

13. (FMP-RJ) Quando um talho é feito na casca de uma árvore, algumas plantas produzem uma secreção chamada resina, que é de muita importância para a cicatrização das feridas da planta, para matar insetos e fungos, permitindo a eliminação de acetatos desnecessários. Um dos exemplos mais importantes de resina é o ácido abiético, cuja fórmula estrutural é apresentada a seguir.

Um isômero de função mais provável desse composto pertence à função denominada
a. amina
b. éster
c. aldeído
d. éter
e. cetona

14. (Unesp) Examine as estruturas do ortocresol e do álcool benzílico.

ortocresol   álcool benzílico

O ortocresol e o álcool benzílico
a. apresentam a mesma função orgânica.
b. são isômeros.
c. são compostos alifáticos.
d. apresentam heteroátomo.
e. apresentam carbono quiral.

15. (UPM-SP) Determinado composto orgânico apresenta as seguintes características:
 I. Cadeia carbônica alifática, saturada, ramificada e homogênea.
 II. Possui carbono carbonílico.
 III. Possui enantiômeros.
 IV. É capaz de formar ligações de hidrogênio.

O composto orgânico que apresenta todas as características citadas acima está representado em:

a. H_3C—C(=O)—O—CH$_2$—CH(CH$_3$)—CH$_3$

b. H_3C—C(=O)—CH$_2$—CH$_2$—CH(OH)—CH$_3$

c. H_3C—CH(CH$_3$)—CH$_2$—CH$_2$—COOH

d. HO—C(=O)—CH$_2$—CH(CH$_3$)—CH$_2$—C(=O)—OH

e. OHC—CH$_2$—CH$_2$—CH(CH$_3$)—CH(OH)—CH$_3$

16. (Uerj) Um processo petroquímico gerou a mistura, em partes iguais, dos alcinos com fórmula molecular C_6H_{10}. Por meio de um procedimento de análise, determinou-se que essa mistura continha 24 gramas de moléculas de alcinos que possuem átomo de hidrogênio ligado a átomo de carbono insaturado.

A massa da mistura, em gramas, corresponde a:
a. 30
b. 36
c. 42
d. 48

17. (Uece) O 1,4-dimetoxi-benzeno é um sólido branco com um odor floral doce intenso. É usado principalmente em perfumes e sabonetes. O número de isômeros de posição deste composto, contando com ele, é:
a. 2.
b. 3.
c. 5.
d. 4.

Testando seus conhecimentos

18. (UEM-PR) Observe a lista de moléculas orgânicas abaixo e assinale a(s) alternativa(s) correta(s) a respeito da isomeria.

   butan-1-ol, isopropanol, éter dietílico, propanona, n-propanol, ciclopropano, propanal, propeno, metóxipropano, 1,2-dicloroeteno.

   01. O propanol e o propanal são isômeros de cadeia.
   02. Há pelo menos 2 pares de moléculas que podem ser classificados como isômeros funcionais.
   04. Somente uma molécula pode apresentar isomeria geométrica.
   08. As moléculas butan-1-ol, éter dietílico e metóxipropano podem ser classificadas, duas a duas, como isômeros de função duas vezes, e como metâmeros uma vez.
   16. Nenhuma das moléculas apresenta isomeria óptica.

   Dê como resposta a soma dos números correspondentes às alternativas corretas.

   Nota dos autores: Metâmero é o termo utilizado para isômeros de compensação.

19. (UPE) A imagem a seguir indica a sequência de uma simulação computacional sobre a análise de uma propriedade física exibida por um fármaco.

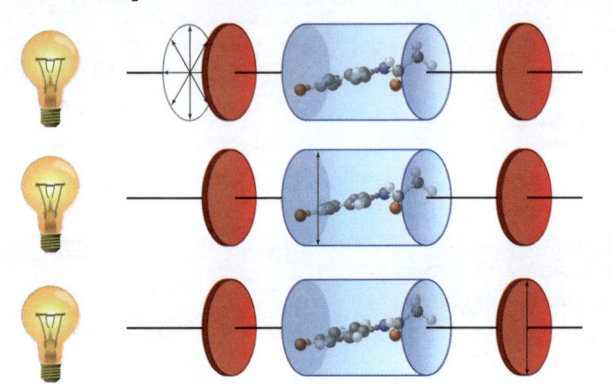

   (Disponível em: http://www.quimica.ufc.br/sites/default/files/flash/polarimetro_3.swf)

   Entre os fármacos indicados abaixo, qual(is) exibe(m) resposta similar ao observado nessa simulação?

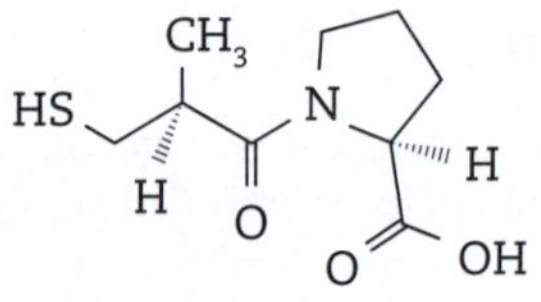

   captopril 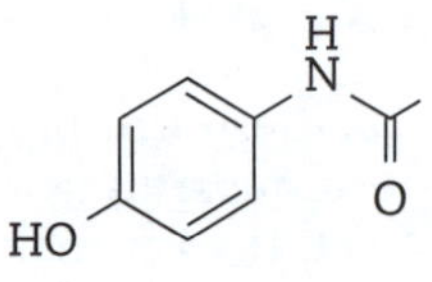   paracetamol 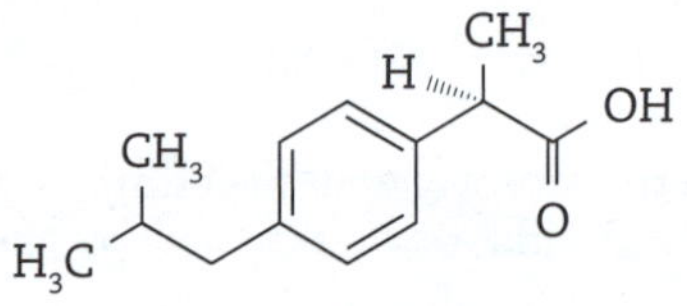   ibuprofeno

   a. Captopril
   b. Ibuprofeno
   c. Paracetamol
   d. Captopril e ibuprofeno
   e. Todos os fármacos apresentados

20. (UFTM-MG) A morfina e a metadona são analgésicos potentes e provocam graves efeitos colaterais, que vão desde problemas respiratórios à dependência química.

   Sobre as moléculas da morfina e da metadona, afirma-se que ambas apresentam:
   I. Grupo funcional amina.
   II. Dois anéis aromáticos.
   III. Dois átomos de carbono assimétrico.
   IV. Um átomo de carbono quaternário.

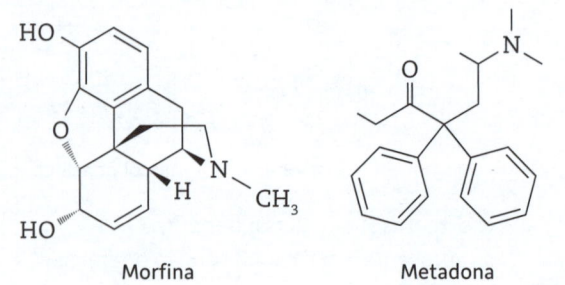

   Morfina   Metadona

   É correto o que se afirma apenas em
   a. I e II.
   b. I e IV.
   c. II e III.
   d. II e IV.
   e. III e IV.

21. (UFPB) Um dos produtos intermediários do processo de produção de resina PET é o *p*-xileno (1,4-dimetil-benzeno), cuja estrutura é mostrada na figura a seguir:

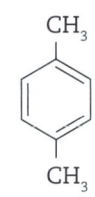

A partir da análise da estrutura desse composto, identifique as afirmativas corretas:

( ) O *p*-xileno é solúvel em benzeno.
( ) O *p*-xileno é insolúvel em água.
( ) O *p*-xileno apresenta isomeria ótica.
( ) O *p*-xileno é isômero de posição do 1,2-dimetil-benzeno.
( ) O *p*-xileno é isômero de função do 1,3-dimetil-benzeno.

22. (PUC-RJ) Na natureza, várias substâncias possuem isômeros, que podem ser classificados de várias maneiras, sendo uma delas a isomeria funcional. Assinale a opção que apresenta um isômero funcional do 2-hexanol.

a. (cicloexanona)
b. (fenol)
c. $CH_3-CH_2-CH_2-CH_2-CHO$
d. $CH_3-CO-CH_2-CH_2-CH_2-CH_3$
e. $CH_3-CH(CH_3)-CH_2-O-CH_2-CH_3$

23. (Uel-PR) Analise os pares de fórmulas a seguir.

I. H_3C-CH_2-COOH e $H_3C-COO-CH_3$

II. $H_3C-CO-CH_2-CH_2-CH_3$ e
$H_3C-CO-CHCH_3-CH_3$

III. $H_3C-NH-CH_2-CH_2-CH_3$ e
$H_3C-CH_2-NH-CH_2-CH_3$

IV. H_3C-CHO e $H_2C=CHOH$

V. $(CH_3)(H)C=C(CH_3)(H)$ e $(H)(CH_3)C=C(CH_3)(H)$

Associe cada par ao seu tipo de isomeria.

( ) A – Isomeria de cadeia
( ) B – Isomeria de função
( ) C – Isomeria de compensação
( ) D – Isomeria geométrica
( ) E – Tautomeria

Assinale a alternativa que apresenta a correspondência correta.
a. I-A, II-E, III-D, IV-B e V-C
b. I-B, II-A, III-C, IV-E e V-D
c. I-C, II-B, III-E, IV-D e V-A
d. I-D, II-C, III-B, IV-A e V-E
e. I-E, II-D, III-A, IV-C e V-B

24. (UFRGS-RS) Pasteur foi o primeiro cientista a realizar a separação de uma mistura racêmica nos respectivos enantiômeros. Ele separou dois tipos de cristais do tartarato duplo de amônio e sódio que haviam sido obtidos por cristalização em tanques de fermentação de uvas. Estes cristais eram de duas formas quirais opostas, um dos quais correspondia à imagem especular não superponível do outro.

Sobre esses cristais, são feitas as seguintes afirmações.

I. Os dois tipos de cristais apresentam o mesmo ponto de fusão.
II. Se um dos tipos de cristal for dissolvido em água e originar uma solução dextrógira, ao prepararmos outra solução, de mesma concentração, com o outro tipo de cristal, teremos uma solução levógira.
III. Uma solução aquosa que contenha a mesma quantidade de matéria dos dois tipos de cristais não deverá apresentar atividade ótica.

Quais estão corretas?
a. Apenas I.   d. Apenas II e III.
b. Apenas II.   e. I, II e III.
c. Apenas I e III.

25. (Ifsul-RS) O limoneno, representado a seguir por sua fórmula estrutural plana, pode ser encontrado de duas formas espaciais diferentes, sendo que apenas uma exala odor característico de limão e outra de laranja.

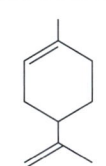

Essas diferentes formas espaciais correspondem a isômeros denominados
a. geométricos.   c. funcionais.
b. de posição.   d. óticos.

UNIDADE 11
REAÇÕES ORGÂNICAS

Capítulo 33
Reações de adição e substituição, 808

Capítulo 34
Outras reações orgânicas, 822

Capítulo 35
Polímeros: obtenção, usos e implicações, 844

Em laboratórios e indústrias há diversas maneiras de obter um produto orgânico. Em condições adequadas, é possível, inclusive, reproduzir em laboratório reações que ocorrem em nosso organismo e no de outros seres vivos.
- Você conhece alguma reação orgânica que ocorre no dia a dia?

Nesta unidade, você vai estudar algumas reações orgânicas importantes para a indústria e a sociedade, como a síntese de polímeros e a produção do etanol, entre outras.

Laboratório de indústria em Cambé (PR), 2015.

CAPÍTULO 33
REAÇÕES DE ADIÇÃO E SUBSTITUIÇÃO

A indústria alimentícia utiliza vários materiais obtidos artificialmente; é o caso de aditivos como conservantes, aromatizantes e antioxidantes. Embora esses compostos confiram durabilidade, qualidade e boa aparência aos alimentos, devem estar presentes em concentrações seguras para evitar prejuízo à saúde dos consumidores. Na foto, aplicação de recheio em indústria de biscoitos, 2010.

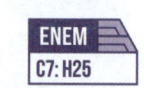

ENEM
C7: H25

Este capítulo vai ajudá-lo a compreender:
- as principais reações de adição, como hidrogenação, halogenação e hidratação;
- as principais reações de substituição, como nitração, sulfonação e halogenação.

Para situá-lo

Até o início do século XX, substâncias utilizadas para diversas finalidades, como as empregadas no tingimento de tecidos, na obtenção de remédios e na fabricação de materiais de limpeza, eram, em sua maioria, isoladas de fontes naturais. Naquela época, apenas algumas poucas substâncias orgânicas haviam sido obtidas artificialmente com teor de pureza elevado. Vale destacar que a determinação das estruturas dos compostos representava um grande desafio. Somente a partir de avanços teóricos que permitiram determinar as fórmulas estruturais das substâncias orgânicas então conhecidas é que se pôde pensar em caminhos para obter as estruturas dos compostos por meio de reações químicas. Com esses avanços no conhecimento científico, houve uma revolução no campo industrial quanto à obtenção dessas substâncias e de outras com finalidades semelhantes.

Hoje sabemos que, por meio de reações, podem ser obtidas desde as substâncias mais simples até as mais complexas, cuja produção requer muitos procedimentos químicos e físicos. Várias dessas substâncias são artificiais, ou seja, não são encontradas na natureza. Isso pode significar novas aplicações, contribuindo para a melhoria dos processos de produção, da qualidade de vida das pessoas, etc. No entanto, essas aplicações também podem apresentar aspectos negativos.

Existem exemplos de produtos sintéticos com as mais diversas finalidades, como alimentação, limpeza, geração de energia, entre outras.

Entre os produtos de limpeza, podemos mencionar como exemplo os detergentes líquidos e os chamados sabões em pó.

A obtenção da margarina pelo processo de hidrogenação de óleos vegetais representou nova alternativa alimentar, com vantagens e desvantagens em relação à manteiga. Entre as vantagens estão o baixo custo de produção e o maior prazo de validade, que permite estocá-la e transportá-la sem que perca suas qualidades nutritivas. Por outro lado, a esse produto são agregados vários aditivos artificiais (conservantes, estabilizantes, corantes, entre outros), os quais, dependendo da quantidade, podem causar problemas à saúde. Além disso, em sua obtenção formam-se as tão faladas gorduras *trans*, que contribuem para o aumento do colesterol ruim no organismo e, consequentemente, de problemas cardiovasculares, principal causa de mortes no Brasil.

Nas últimas décadas, o campo das sínteses orgânicas avançou significativamente. Preocupações atuais com sustentabilidade têm levado à busca pelo desenvolvimento de rotas sintéticas mais eficazes, não apenas quanto ao rendimento do processo químico, mas que permitam também economizar átomos e minimizar problemas de poluição, reduzindo a quantidade de resíduos gerados e prevendo o tratamento deles.

1. A Química Verde é um campo de pesquisa recente que tem como um dos seus objetivos a preservação do ambiente. Um dos princípios que precisam ser perseguidos por uma instituição de ensino ou indústria que deseja implementar a Química Verde é a utilização de matéria-prima proveniente de fontes renováveis; outro consiste em "economizar átomos". Como você interpreta essas ideias? Para responder, você pode recorrer a exemplos.

2. Observe o gráfico abaixo, que apresenta algumas recomendações médicas recebidas por pessoas diagnosticadas com colesterol alto no Brasil em 2013. Em seguida, responda: de acordo com o gráfico, qual foi a principal recomendação médica recebida por pessoas que apresentam colesterol alto? Relacione essa recomendação com o que você leu na abertura deste capítulo.

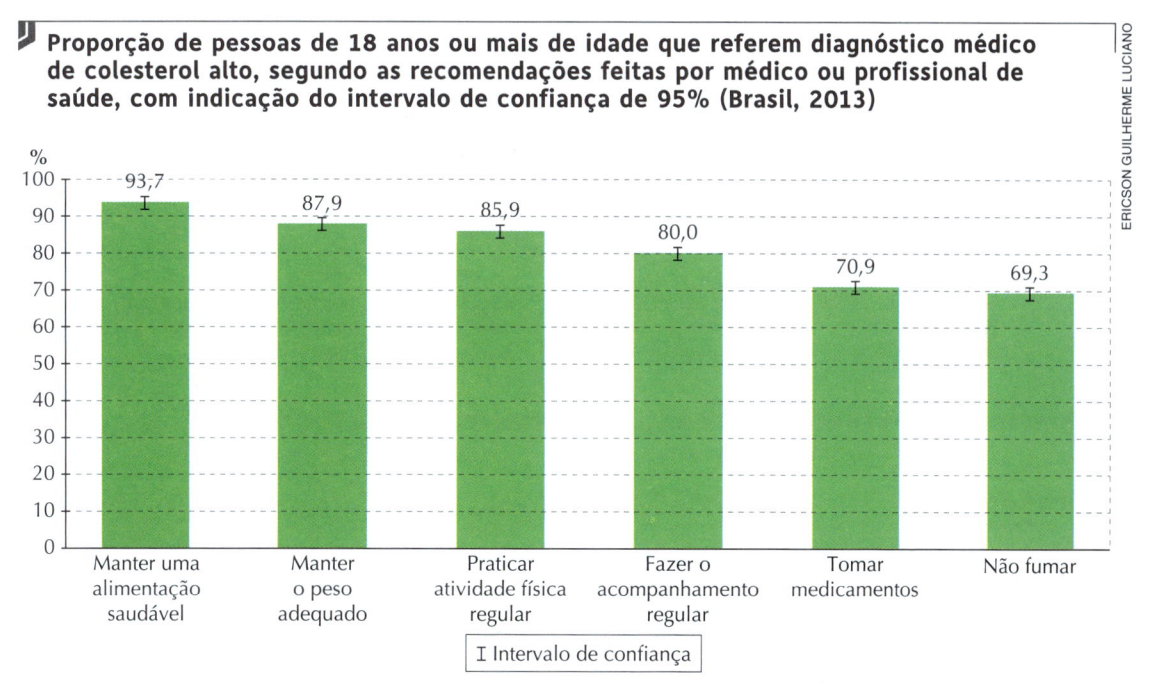

Proporção de pessoas de 18 anos ou mais de idade que referem diagnóstico médico de colesterol alto, segundo as recomendações feitas por médico ou profissional de saúde, com indicação do intervalo de confiança de 95% (Brasil, 2013)

Recomendação	%
Manter uma alimentação saudável	93,7
Manter o peso adequado	87,9
Praticar atividade física regular	85,9
Fazer o acompanhamento regular	80,0
Tomar medicamentos	70,9
Não fumar	69,3

I Intervalo de confiança

Fonte: IBGE. Diretoria de Pesquisas, Coordenação de Trabalho e Rendimento. *Pesquisa Nacional de Saúde*, 2013.

Neste capítulo, vamos estudar alguns tipos de reações orgânicas por meio das quais podem ser obtidos produtos como os mencionados nesta introdução, além de muitos outros.

Reações de adição

As reações de adição ocorrem em compostos que têm cadeia carbônica insaturada, ou seja, que apresentam ligação dupla ou tripla, como nos alcenos e alcinos. Nesse tipo de reação, uma das ligações da dupla ou da tripla-ligação é "rompida" e novas ligações com outros átomos ou grupos são feitas.

> Nas **reações de adição** ocorre a "quebra" de uma ligação insaturada (dupla ou tripla) e a formação de novas ligações com outros átomos ou grupos de átomos.

Observe o exemplo desse tipo de reação:

$$H-\underset{\underset{H}{|}}{\overset{\overset{H}{|}}{C}}=\underset{\underset{H}{|}}{\overset{\overset{H}{|}}{C}}-H + H-H \xrightarrow[\Delta]{Ni} H-\underset{\underset{H}{|}}{\overset{\overset{H}{|}}{C}}-\underset{\underset{H}{|}}{\overset{\overset{H}{|}}{C}}-H$$

eteno   hidrogênio   etano

Note que, na reação representada, uma das ligações da dupla é rompida e cada átomo de carbono da insaturação se liga a um átomo de hidrogênio. Dependendo da substância "adicionada" à cadeia carbônica, chamamos a reação por determinado nome, como hidrogenação (ou adição de hidrogênio), halogenação (ou adição de halogênio), hidratação (ou adição de água) ou adição de haleto de hidrogênio. Como podemos classificar a reação de adição apresentada no exemplo acima?

A margarina é obtida industrialmente por adição de hidrogênio a óleos vegetais.

Neste capítulo, você vai estudar com mais detalhes cada uma dessas reações.

Hidrogenação

Óleos e gorduras são constituídos por misturas de ésteres. Nos óleos, predominam ésteres de cadeia insaturada e, nas gorduras, os de cadeia saturada – caso da manteiga. Pela hidrogenação do óleo vegetal é possível obter a margarina, segundo a equação:

$$H_3C-\cdots-\overset{\overset{H}{|}}{C}=\overset{\overset{H}{|}}{C}-\cdots-\overset{\overset{O}{\parallel}}{C}_{OR} + H_2 \longrightarrow H_3C-\cdots-\underset{\underset{H}{|}}{\overset{\overset{H}{|}}{C}}-\underset{\underset{H}{|}}{\overset{\overset{H}{|}}{C}}-\cdots-\overset{\overset{O}{\parallel}}{C}_{OR}$$

Os óleos vegetais são formados por uma mistura de ésteres de longas cadeias carbônicas e de tamanho variado. O uso dos três pontos (...) é um recurso comum para indicar longas cadeias de carbono.

O exemplo descrito no início desta página também consiste em uma reação de hidrogenação.

Conexões

Química e consumidor

Você sabe como é fabricada a margarina?

Nas prateleiras dos supermercados, a grande dúvida: o que passar no pão, manteiga ou margarina? A diferença básica entre as duas poderia ser resumida no fato de que a primeira é de origem animal e a segunda, de origem vegetal. Mas todo resumo pode esconder detalhes importantes.

Origem vegetal ou industrial?

Tudo começa com um processo químico chamado hidrogenação. De forma simplificada, é o acréscimo de hidrogênio ao óleo vegetal, matéria-prima usada na fabricação da margarina. De óleo, ele passa a ser gordura, com ponto de fusão em temperatura mais alta e com maior estabilidade no processo de oxidação.

[...] a partir da hidrogenação os óleos se solidificam, dando origem à gordura hidrogenada, base da margarina. O problema é que o processo de hidrogenação dos óleos forma isômeros *trans* dos ácidos insaturados. [...]

A gordura *trans* também é encontrada em quantidades pequenas em animais como bois, cabras, ovelhas e búfalos (de 2 a 5% da gordura total desses animais). Mas, no caso dos óleos vegetais parcialmente hidrogenados, representam de 50 a 60% da gordura total.

[...]

A preocupação dos especialistas com relação às gorduras *trans* está concentrada especialmente nos produtos industrializados e não na gordura presente na carne e no leite naturais e integrais.

[...]

O processo de hidrogenação, que transforma óleo vegetal em margarina, causa a formação de grande quantidade de gordura *trans*.

Mas... e as margarinas sem gordura *trans*?

A partir da década de 1950, estudos demonstraram efeitos adversos relacionados a esse tipo de gordura, como ataques cardíacos, alguns tipos de câncer, diabetes, disfunção imunológica e obesidade.

Com a descoberta de tantos malefícios, muitas indústrias passaram a lançar no mercado margarinas livres do "problema". O que não quer dizer que elas tenham se tornado mais saudáveis.

Uma das saídas encontradas pelos fabricantes foi acrescentar à fabricação o processo de interesterificação [reação que será abordada no próximo capítulo], que não gera gordura *trans* e mantém a textura cremosa do produto. Todas as margarinas com zero *trans* têm gordura interesterificada, que nada mais é que um óleo vegetal modificado quimicamente.

Há também a margarina *light*, que contém alto teor de água e por isso é reduzida em gorduras e calorias quando comparada em um mesmo volume com as margarinas tradicionais.

Mesmo com as novas alternativas industriais, a qualidade do produto alimentício não mudou. Vale lembrar que a margarina é artificial, cuja base, um óleo vegetal produzido sob alta pressão e temperatura, é totalmente modificado pela hidrogenação química.

Após a hidrogenação, branqueadores modificam a cor acinzentada e retiram o odor desagradável que fica na gordura. Ao produto são adicionados pelo menos sete aditivos químicos sintéticos entre corantes, aromatizantes, espessantes e vitaminas sintéticas. A margarina vai então para os mercados com o rótulo de "alimento saudável".

[...]

A conhecida propaganda de margarina, que relaciona o consumo do produto a ambientes saudáveis e alegres, é em geral estrelada por atores [...] que formam a clássica "família feliz". Uma forma bastante convincente para arrebanhar um número crescente de consumidores ao longo dos anos. Entre 1910 e 1970, o consumo de gordura animal entre os norte-americanos baixou de 83% para 62% e o consumo de óleos vegetais e margarina aumentou 400%.

[...]

Até hoje, o apelo financeiro é determinante. Muitos produtos industrializados têm como base a gordura hidrogenada por seu baixo custo industrial – e um alto custo para a saúde.

CINTRA, L. Você sabe como é fabricada a margarina? *Superinteressante*, 10 maio 2013. Disponível em: <http://super.abril.com.br/blogs/ideias-verdes/voce-sabe-como-e-fabricada-a-margarina/>. Acesso em: 9 mar. 2016.

1. A autora do texto faz uma crítica ao teor das propagandas de margarina. Transcreva em seu caderno o trecho que comprova essa afirmação.

2. Você concorda com a crítica da autora? Justifique.

Halogenação

A halogenação corresponde à adição de um halogênio, que pode ser representado por X_2, em que X pode indicar Cl, Br e I.

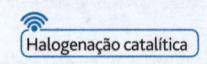

A reatividade do halogênio decresce do cloro para o iodo, ou seja, o cloro é mais reativo do que o bromo, que é mais reativo do que o iodo (Cl > Br > I). Observe os exemplos:

```
         H     H                          Cl  Cl
         |     |                          |   |
     H — C  =  C — H  +  Cl — Cl  ⟶   H — C — C — H
         |     |                          |   |
         H     H                          H   H
          eteno              cloro          1,2-dicloroetano
```

```
     H   H   H                                 H   H   Br  Br
     |   |   |                                 |   |   |   |
 H — C — C — C = C — H  +  Br — Br  ⟶  H — C — C — C — C — H
     |   |   |   |                             |   |   |   |
     H   H   H   H                             H   H   H   H
             but-1-eno           bromo            1,2-dibromobutano
```

Hidratação

Todos os países que consomem grande quantidade de petróleo obtêm, como subproduto do craqueamento, o eteno (etileno). Por meio da adição de água à dupla-ligação, o gás eteno é transformado em etanol. O processo pode ser representado pela equação:

$$H_2C = CH_2 + H_2O \xrightarrow{catalisador} H_3C - CH_2OH$$

eteno   água   etanol

Observe que tanto na reação do eteno com gás hidrogênio (reveja na página 810) como na reação do eteno com água é necessária a utilização de catalisador, indicado acima da seta. Nesse exemplo, o catalisador pode ser ácido fosfórico (H_3PO_4) em sílica ou ácido sulfúrico.

Alguns países, como os Estados Unidos, obtêm parte da produção de etanol pela hidratação do eteno. No entanto, diante do agravamento do efeito estufa, esse país investiu também no processo de fermentação do milho, que é um recurso renovável, para produzir etanol. No Brasil, o principal método industrial para obtenção do etanol é a fermentação da cana-de-açúcar.

Adição de haleto de hidrogênio (HX)

Os haletos de hidrogênio, representados genericamente por HX (em que X indica um átomo do elemento do grupo 17 da Tabela Periódica, ou seja, do grupo dos halogênios), reagem com hidrocarbonetos insaturados, de forma semelhante às transformações anteriores, produzindo haletos orgânicos. Observe o exemplo ao lado:

Como saber em qual átomo de carbono será adicionado o H, se os átomos de carbono da insaturação tiverem números diferentes de átomos de hidrogênio ligados?

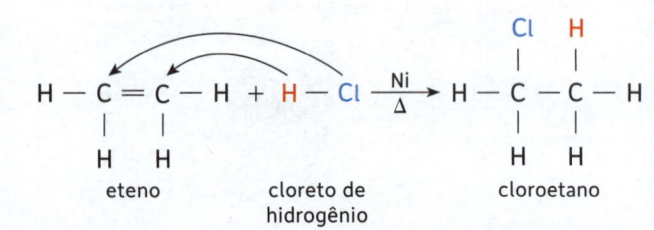

```
         H     H                            Cl  H
         |     |                            |   |
     H — C  =  C — H  +  H — Cl  —Ni/Δ→ H — C — C — H
         |     |                            |   |
         H     H                            H   H
          eteno    cloreto de               cloroetano
                   hidrogênio
```

```
     H   H                    H   Br  H              H   H   Br
     |   |   |                |   |   |              |   |   |
 H — C — C = C — H + H — Br ⟶ H — C — C — C — H  +  H — C — C — C — H
     |   |   |                |   |   |              |   |   |
     H   H   H                H   H   H              H   H   H
       propeno    brometo de   2-bromopropano       1-bromopropano
                  hidrogênio
```

A reação entre o propeno e o brometo de hidrogênio, representada ao lado, produz dois tipos de compostos: o 2-bromopropano e o 1-bromopropano. No entanto, um dos produtos, o 2-bromopropano, é obtido em maior quantidade (produto majoritário) e o 1-bromopropano quase não é formado (produto minoritário).

Por meio de experimentos envolvendo a reação de diferentes alcenos, como o que aparece no exemplo acima, com haletos de hidrogênio, o químico russo Vladimir Vasilyevich Markovnikov (1838-1904) observou que o átomo de hidrogênio do haleto se ligava preferencialmente ao átomo de carbono mais hidrogenado (o átomo que está ligado a mais átomos de hidrogênio) da dupla-ligação. Essa observação levou o cientista à formulação de uma regra, conhecida como regra de Markovnikov, muito útil para prever quais compostos serão formados em uma reação de adição. A hidratação de alcenos, como o propeno, também segue essa regra; ou seja, um dos átomos de hidrogênio da molécula de água se ligará ao átomo de carbono mais hidrogenado da dupla-ligação do propeno, enquanto o grupo OH se ligará ao átomo de carbono menos hidrogenado.

$$H_3C-CH=CH_2 + H-OH \longrightarrow H_3C-CH(OH)-CH_3$$

propeno + água → propan-2-ol (produto majoritário)

átomo de carbono menos hidrogenado da insaturação

átomo de carbono mais hidrogenado da insaturação

Observação

A regra de Markovnikov surgiu de uma constatação experimental. No entanto, algumas reações podem apresentar resultados diferentes do esperado pela regra. Nessa situação, os químicos costumam classificar essas reações como anti-Markovnikov.

Reação de adição em alcinos

Assim como ocorre com os alcenos, os alcinos podem sofrer reação de adição. Veja os exemplos a seguir:

$$H-C\equiv C-H + H-H \xrightarrow{Ni\ ou\ Pt} H_2C=CH_2$$
etino + hidrogênio → eteno

$$H_2C=CH_2 + H-H \xrightarrow{Ni\ ou\ Pt} H_3C-CH_3$$
eteno + hidrogênio → etano

$$H-C\equiv C-H + Cl-Cl \longrightarrow HClC=CHCl$$
etino + cloro → 1,2-dicloroeteno

$$HClC=CHCl + Cl-Cl \longrightarrow HCl_2C-CHCl_2$$
1,2-dicloroeteno + cloro → 1,1,2,2-tetracloroetano

Note que, como os alcinos apresentam uma ligação a mais na insaturação em relação aos alcenos, cada molécula de alcino pode reagir com o dobro de moléculas reagentes (como hidrogênio, cloro, água e haleto de hidrogênio), ou seja, a reação de adição pode ocorrer duas vezes.

Capítulo 33 • Reações de adição e substituição

Reação de adição em ciclanos (cicloalcanos)

Cadeias carbônicas cíclicas contendo 3 ou 4 átomos de carbono são instáveis devido às tensões do anel (assunto abordado no capítulo 29) e, por isso, reagem preferencialmente por adição, rompendo a cadeia cíclica.

Observe os exemplos a seguir:

$$H_2C\text{—}CH_2\text{—}CH_2 \text{ (ciclopropano)} + Cl_2 \longrightarrow Cl\text{—}CH_2\text{—}CH_2\text{—}CH_2\text{—}Cl \text{ (1,3-dicloropropano)}$$

$$\text{ciclobutano} + Br_2 \longrightarrow Br\text{—}CH_2\text{—}CH_2\text{—}CH_2\text{—}CH_2\text{—}Br \text{ (1,4-dibromobutano)}$$

Reação de adição em compostos aromáticos

Hidrocarbonetos aromáticos podem, sob determinadas condições (como presença de luz, altas temperaturas, pressões elevadas e/ou uso de catalisador), sofrer reações de adição. De forma geral, os compostos aromáticos têm uma tendência maior de reagir via substituição. No entanto, alguns produtos são obtidos pela reação de adição. Observe:

$$C_6H_6 + 3 H_2 \xrightarrow{Ni \text{ ou } Pt} C_6H_{12}$$

A maior parte do ciclo-hexano produzido pela indústria é proveniente da hidrogenação catalítica do benzeno.

O Polo Petroquímico de Camaçari (BA) (foto de 2013) realiza o processo de hidrogenação catalítica do benzeno. O produto formado, o ciclo-hexano, é empregado como matéria-prima para a produção de outras substâncias, como ácido adípico, que é utilizado para a obtenção de poliamidas (por exemplo, o náilon).

Atividades

1. Equacione a reação de adição de HBr a:
   a) 2-metilbut-2-eno;
   b) propino (até a saturação da cadeia).

2. Escreva a equação química que representa a reação de adição entre o ciclobutano e o cloreto de hidrogênio (HCl) e dê o nome do produto formado.

3. Podemos afirmar que o processo de obtenção de etanol a partir da hidratação do eteno pode ser considerado parte da "Química Verde"? Justifique sua resposta.

Reações de substituição

As reações de substituição ocorrem em compostos que têm cadeia carbônica pouco reativa, como os alcanos, cicloalcanos de cinco ou mais átomos de carbono e hidrocarbonetos aromáticos. No que consiste a reação de substituição?

De forma simplificada, podemos definir esse tipo de reação:

> Nas **reações de substituição** ocorre a troca de um ou mais átomos ou grupos de átomos de uma molécula orgânica por outro átomo ou grupos de átomos, mantendo sua estrutura carbônica.

Vamos analisar exemplos de substituição em alcanos.

Halogenação

Em alcanos, as reações de substituição por halogênios (Cl_2, Br_2 e I_2) ocorrem em altas temperaturas (de 250 °C a 400 °C) e na presença de luz ultravioleta. Observe o exemplo a seguir:

$$CH_4 + Cl_2 \xrightarrow[\Delta]{h\nu} CH_3Cl + HCl$$

metano → clorometano

A cloração pode prosseguir:

$$H_3CCl + Cl_2 \longrightarrow H_2CCl_2 + HCl$$

clorometano → diclorometano

Além desse derivado dissubstituído do metano, podemos obter o triclorometano ou clorofórmio ($HCCl_3$) e o tetraclorometano (CCl_4).

Diversas reações ocorrem em compostos que possuem vários átomos de hidrogênio substituíveis, de modo que se obtém uma mistura de compostos. A facilidade de substituição obedece à seguinte sequência:

$$H_{(C\text{ terciário})} > H_{(C\text{ secundário})} > H_{(C\text{ primário})}$$

Ou seja, o átomo de carbono ligado ao menor número de átomos de hidrogênio é o que preferencialmente perde o átomo de hidrogênio. Assim, na bromação de metilpropano o produto predominante é:

$$H_3C - \underset{\underset{CH_3}{|}}{\overset{\overset{H}{|}}{C}} - CH_3 + Br_2 \longrightarrow H_3C - \underset{\underset{CH_3}{|}}{\overset{\overset{Br}{|}}{C}} - CH_3 + H-Br$$

isobutano   2-bromo-2-metilpropano

O clorobenzeno, substância intermediária para a produção de certos corantes, pode ser obtido pela cloração do benzeno catalisada pelo cloreto de ferro(III):

benzeno + Cl_2 $\xrightarrow{FeCl_3}$ clorobenzeno + HCl

cloro   cloreto de hidrogênio

Saiba mais

Cloração e subprodutos

O clorometano é um gás incolor à temperatura ambiente, extremamente inflamável e pode ser obtido industrialmente pela cloração do metano. Nesse processo, como você viu acima, é formada uma mistura de cloroalcanos (clorometano, diclorometano, triclorometano e tetraclorometano) que podem ser separados pelo método de destilação. Esse tipo de reação, contudo, só é utilizado pelas indústrias quando há interesse nos outros produtos da reação; caso contrário, é empregada outra reação de substituição, representada a seguir:

$$CH_3OH(l) + HCl(g) \xrightarrow{ZnCl_2 \text{ ou } Al_2O_3, 350\ °C} CH_3Cl(g) + H_2O(g)$$

Nitração

Nesse tipo de reação, o composto orgânico (alcano, cicloalcanos com cinco ou mais átomos de carbono no anel e aromáticos) reage com HNO_3 concentrado e ocorre a substituição de um átomo de hidrogênio pelo grupo —NO_2. Observe os exemplos a seguir:

$$H_3C - \underset{\underset{H}{|}}{\overset{\overset{H}{|}}{C}} - CH_3 + HO-NO_2 \xrightarrow{\Delta} H_3C - \underset{\underset{H}{|}}{\overset{\overset{NO_2}{|}}{C}} - CH_3 + H_2O$$

propano   2-nitropropano

Nas reações de nitração, o grupo NO_2 substitui o átomo de hidrogênio que está ligado ao átomo de carbono menos hidrogenado. Em compostos aromáticos, a reação de nitração, catalisada pelo H_2SO_4 concentrado, é bastante utilizada pela indústria.

benzeno + $HO-NO_2$ $\xrightarrow[H_2SO_4]{\Delta}$ nitrobenzeno + H_2O

A produção, por exemplo, do trinitrotolueno (TNT) – importante explosivo utilizado na abertura de túneis e em implosões de grandes construções – ocorre pela nitração do tolueno.

Alguns aeromodelos utilizam como combustível o nitrometano (CH_3—NO_2), substância que é obtida pela nitração do metano (CH_4).

Sulfonação

É a reação de alcanos, hidrocarbonetos aromáticos ou cicloalcanos com cinco ou mais átomos de carbono no anel, com ácido sulfúrico (H_2SO_4) concentrado e aquecido. Nesse tipo de reação, um átomo de hidrogênio, por exemplo, é substituído por um grupo —SO_3H. Genericamente, podemos representar essa transformação por:

$$R-H + HO-SO_3H \xrightarrow{\Delta} R-SO_3H + H_2O$$

ácido sulfônico

A neutralização de um ácido sulfônico por NaOH permite obter detergentes, que são sais de sódio de ácidos sulfônicos de cadeia longa. No capítulo 34, voltaremos a essas substâncias, tão utilizadas no cotidiano.

$$R-SO_3H + NaOH \longrightarrow R-SO_3^- Na^+ + H_2O$$

alquil ou aril sulfonato de sódio

Reações de substituição em derivados do benzeno

Os átomos ou grupos de átomos diretamente ligados ao anel benzênico influem nas substituições aromáticas. De que modo?

Os ligantes do anel benzênico funcionam como dirigentes das reações de substituição que nele ocorrem, isto é, eles favorecem a substituição de átomos de hidrogênio em determinadas posições. Essas posições estão relacionadas ao local que esse ligante (átomo ou grupo de átomos) ocupa.

Vamos representar genericamente o ligante do anel benzênico por Y e distinguir dois grandes grupos de dirigentes: *orto-para* dirigentes e *meta* dirigentes.

Orto-para dirigentes

Quando um dos átomos ou grupos de átomos representados no quadro abaixo está ligado ao anel benzênico (Y), favorecem-se as reações de substituição nas posições *orto* e *para*.

Principais grupos *orto-para* dirigentes	
(anel benzênico com Y, setas indicando posições orto, orto e para)	$-NH_2$ $-OH$ $-OR$ (anel benzênico) $-R$ $-Cl$ $-Br$ $-I$

É importante destacar que os grupos *orto-para* dirigentes funcionam como ativantes do anel, ou seja, a presença desses grupos favorece a ocorrência de reações de substituição de átomos de hidrogênio do anel.

Meta dirigentes

Apenas as posições *meta*, em relação ao ligante Y, são favorecidas.

Principais grupos *meta* dirigentes	
(anel benzênico com Y, setas indicando posições meta, meta)	$-NO_2$ $-C\equiv N$ $-C(=O)OH$ $-C(=O)OR$ $-SO_3H$ $-C(=O)H$ $-C(=O)R$

Vale ressaltar que os grupos *meta* dirigentes funcionam como desativantes do anel, isto é, a presença desses grupos dificulta as reações de substituição de átomos de hidrogênio do anel.

Alquilação e acilação Friedel-Crafts

Por esses processos é possível introduzir radicais alquila ou acila em compostos aromáticos. Observe os exemplos a seguir:

alquilação Friedel-Crafts

$C_6H_6 + CH_3-Cl \xrightarrow{AlCl_3} C_6H_5-CH_3 + HCl$

acilação Friedel-Crafts

$C_6H_6 + H_3C-C(=O)-Cl \xrightarrow{AlCl_3} C_6H_5-C(=O)-CH_3 + HCl$

As reações de alquilação e acilação de Friedel-Crafts representaram um importante avanço no campo das sínteses orgânicas e, por isso, ficaram conhecidas pelo nome dos cientistas que as descobriram, em 1877. Até hoje, o processo constitui a rota preferencial para a inserção de um grupo alquila ou acila em anel benzênico.

A produção industrial do etilbenzeno, matéria-prima para a obtenção do estireno, é um exemplo de aplicação da reação de Friedel-Crafts. Esse hidrocarboneto foi importante na Segunda Guerra Mundial para obter a borracha de modo sintético. Até hoje é utilizado na fabricação do poliestireno que, quando expandido com ar, origina o "isopor", produto de largo emprego como isolante térmico.

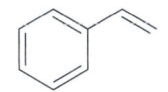

estireno (vinilbenzeno)

Nas últimas décadas, com a necessidade de desenvolver processos menos onerosos ao ambiente, a alquilação de Friedel-Crafts vem sendo muito estudada com o objetivo de minimizar a formação de subprodutos, bem como de substituir os derivados halogenados por **agentes alquilantes** menos tóxicos.

> **Agente alquilante:** de forma simplificada, podemos considerar que os agentes alquilantes são espécies químicas que têm a capacidade de transferir o grupo alquila de uma molécula para outra.

Viagem no tempo

A reação de Friedel-Crafts: inovação na pesquisa orgânica e alavanca para a produção de compostos aromáticos

Foi em 1877 que o francês Charles Friedel (1832-1899) e o estadunidense James Mason Crafts (1839-1917) chegaram a um tipo de reação importantíssima para o desenvolvimento da Química, que ficou conhecida como reação de Friedel-Crafts. Trata-se de mais um exemplo do que tem sido relatado neste livro: a partir de um resultado inesperado, esses químicos conseguiram vislumbrar novos horizontes de pesquisa.

Friedel e Crafts, percebendo o imenso potencial prático do que descobriram, patentearam os processos de preparação de hidrocarbonetos e cetonas – ambos aromáticos – tanto na França como na Inglaterra.

O trabalho de Friedel-Crafts abriu caminho para a obtenção de muitos produtos largamente usados – a aspirina, os detergentes, a gasolina de aviação e a borracha sintética.

Durante a Segunda Guerra Mundial havia grande demanda por borracha, devido ao elevado consumo de pneus em caminhões, helicópteros e aviões. Uma solução para esse problema foi o desenvolvimento de uma borracha sintética em curto espaço de tempo, graças à cooperação de cientistas, governantes, industriais, entre outros.

Essa borracha sintética, conhecida por GRS (*Government Rubber, Styrene type* – "borracha do governo, do tipo estireno"), tem como ponto de partida a obtenção do vinilbenzeno ou estireno. Em seguida, esse composto e o butadieno (C_4H_6) reagem entre si e originam o GRS por uma reação chamada de copolimerização – processo que será analisado no capítulo 35.

Esses produtos teriam sido obtidos naquela época sem o conhecimento da reação de Friedel-Crafts? Não, pois essa reação está na base da solução encontrada. Foi mediante esse processo que surgiu a possibilidade de inserir ligantes em anéis benzênicos, na presença de um catalisador metálico.

Para a história das ciências, esse trabalho inaugura um período em que os químicos assumem a possibilidade de criar compostos. Com isso, esses profissionais adquirem um novo *status*, pois a obtenção de uma substância exige que eles idealizem uma molécula, isto é, que estabeleçam um projeto.

ROBERTS, Royston M. *Descobertas acidentais em Ciências*. 2. ed. São Paulo: Papirus, 1995. p. 125-130.

A grande demanda por borracha durante a Segunda Guerra fez que a borracha sintética fosse desenvolvida em curto espaço de tempo. Na foto, tanque alemão utilizado na Segunda Guerra e capturado por soldados estadunidenses, 1943.

Atividades

1. Em um laboratório, colocaram-se para reagir 156 g de benzeno com excesso de cloro. No final da reação, obtiveram-se 112,5 g de clorobenzeno.

$$C_6H_6 + Cl_2 \xrightarrow{FeCl_3} C_6H_5Cl + HCl$$

   a) Determine o rendimento do processo.
   b) A reação é classificada como adição ou substituição? Justifique.

2. Equacione a reação de hidratação do ciclo-hexeno e indique o nome IUPAC do produto formado.

3. Suponha que um químico forense tenha recebido uma amostra líquida e incolor apreendida em uma operação policial relacionada ao narcotráfico. Considerando que dois solventes comumente utilizados nesse tipo de atividade criminosa são o hexano e o ciclo-hexeno, o perito propôs testar as amostras com solução de bromo em CCl_4 à temperatura ambiente. Descreva os possíveis resultados do teste, sabendo que ele dá positivo quando é observada a descoloração da solução de bromo, originalmente de cor castanha. Demonstre seu raciocínio.

4. Leia o texto a seguir e faça o que se pede.

Gás reforça tese de vida em Marte

A sonda Curiosity [curiosidade], da Agência Espacial Americana (Nasa), detectou picos de metano na atmosfera de Marte. [...]

Ao perfurar uma rocha, a Curiosity também detectou outras moléculas orgânicas [...].

As moléculas orgânicas encontradas também têm átomos de cloro, e incluem clorobenzeno e vários dicloroalcanos. O clorobenzeno é o mais abundante, com concentrações entre 150 e 300 ppb (partes por bilhão). O clorobenzeno não ocorre naturalmente na Terra, sendo sintetizado para uso na fabricação de agrotóxicos (inseticidas DDT), herbicidas, adesivos, tintas e borracha. O dicloropropano é usado como solvente industrial.

Gás reforça tese de vida em Marte. *Tribuna do Norte*, 20 dez. 2014. Disponível em: <http://tribunadonorte.com.br/noticia/ga-s-refora-a-tese-de-vida-em-marte/301383>. Acesso em: 8 jul. 2018.

   a) Equacione a reação de síntese do clorobenzeno a partir do benzeno, indicando as condições reacionais necessárias para que a reação ocorra com bom rendimento.
   b) O texto da reportagem apresenta um erro de nomenclatura de moléculas orgânicas. Identifique-o e justifique sua resposta.
   c) Pesquise a toxicidade do clorobenzeno em fichas de informação de segurança de produtos químicos (FISPQ) disponíveis em *sites* como o da Companhia Ambiental do Estado de São Paulo (Cetesb) e de instituições de ensino. Determine se a atmosfera de Marte, considerando apenas esse composto, seria tóxica aos seres humanos.

5. Leia o texto abaixo e resolva os itens seguintes.

O desenvolvimento de uma reação que revolucionou a síntese de compostos orgânicos rendeu [...] o Nobel de Química de 2005. [...]

A reação química desenvolvida pelos premiados é conhecida como metátese – termo de origem grega que significa "mudança de posição". [...]

Os laureados aprimoraram a metátese de moléculas orgânicas conhecidas como olefinas, nas quais há uma dupla-ligação entre dois átomos de carbono. [...]. "A metátese de olefinas permitiu a síntese simples e direta de um grande número de moléculas que são dificilmente obtidas por outros métodos", avalia o químico Eduardo Nicolau dos Santos, professor da Universidade Federal de Minas Gerais (UFMG).

A metátese de olefinas é conhecida desde o início dos anos 1950 [...]. Uma melhor compreensão desse processo só viria em um trabalho de 1970, pelo qual Yves Chauvin foi contemplado com parte do Nobel deste ano.

Neste estudo, Chauvin e seu aluno [...] apontaram o catalisador responsável por viabilizar a [...] metátese. A molécula em questão era um composto formado por um metal associado a um átomo de carbono com uma ligação dupla. Além disso, os franceses propuseram uma explicação em escala molecular da maneira como essa reação ocorria.

[...] Mas ainda faltava obter catalisadores mais eficazes e confiáveis – e foi isso que fizeram os outros dois premiados.

Schrock começou a trabalhar com a metátese de olefinas no início dos anos 1970. [...] ele concluiu que os catalisadores mais apropriados seriam feitos a partir de molibdênio e tungstênio [...].

Um outro avanço viria em 1992, quando a equipe de Robert Grubbs descobriu um catalisador à base de rutênio, estável no ar e ativo para mais tipos de olefinas que o obtido por Schrock. Os catalisadores desenvolvidos por Grubbs logo foram aplicados em vários laboratórios e se tornaram um padrão na área.

[...] A lista de compostos obtidos pela metátese de olefinas inclui produtos naturais essenciais para a pesquisa de novos fármacos, feromônios de insetos, herbicidas, aditivos para combustíveis e polímeros de grande interesse comercial. [...]

ESTEVES, B. A ciranda das moléculas. *Ciência Hoje on-line*, 5 out. 2010. Disponível em: <http://cienciahoje.org.br/acervo/a-ciranda-das-moleculas/>. Acesso em: 8 jul. 2018.

   a) Imagine que você e um colega foram convidados a escrever um dicionário de termos técnicos. Em dupla, produza um verbete sobre a reação de metátese.
   b) Justifique, utilizando um trecho do texto, a escolha de trabalhos relacionados às reações de metátese como os dos ganhadores do prêmio.
   c) Observando um modelo genérico de metátese representado a seguir, escreva a reação de metátese do hex-1-eno, sabendo que um dos produtos formado é o gás eteno.

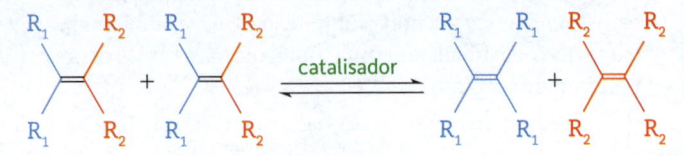

$$R_1R_1C=CR_2R_2 + R_1R_1C=CR_2R_2 \xrightleftharpoons{\text{catalisador}} R_1R_1C=CR_1R_1 + R_2R_2C=CR_2R_2$$

   d) Qual é a função do catalisador nas reações de metátese?

Testando seus conhecimentos

Caso necessário, consulte as tabelas no final desta Parte.

1. (Uece) O cloro ficou muito conhecido devido a sua utilização em uma substância indispensável a nossa sobrevivência: a água potável. A água encontrada em rios não é recomendável para o consumo, sem antes passar por um tratamento prévio. Graças à adição de cloro, é possível eliminar todos os microrganismos patogênicos e tornar a água potável, ou seja, própria para o consumo. Em um laboratório de química, nas condições adequadas, fez-se a adição do gás cloro em um determinado hidrocarboneto, que produziu o 2,3-diclorobutano. Assinale a opção que corresponde à fórmula estrutural desse hidrocarboneto.

   a. $H_2C = CH — CH_2 — CH_3$
   b. $H_3C — CH_2 — CH_2 — CH_3$
   c. $H_3C — CH = CH — CH_3$
   d. $H_2C — CH_2$
      $\ \ |\ \ \ \ \ \ \ \ |$
      $H_2C — CH_2$

2. (UFJF-MG) A 4-isopropilacetofenona é amplamente utilizada na indústria como odorizante devido ao seu cheiro característico de violeta. Em pequena escala, a molécula em questão pode ser preparada por duas reações características de compostos aromáticos: a alquilação de Friedel-Crafts e a acilação.

   Marque a alternativa que descreve os reagentes A e B usados na produção da 4-isopropilacetofenona.
   a. 1-cloropropano e cloreto de propanoíla.
   b. Cloreto de propanoíla e 1-cloroetano.
   c. Propano e propanona.
   d. 2-cloropropano e cloreto de etanoíla.
   e. 2-cloropropano e propanona.

3. (FMHIAE-SP) Os cicloalcanos reagem com bromo líquido (Br_2) em reações de substituição ou de adição. Anéis cíclicos com grande tensão angular entre os átomos de carbono tendem a sofrer reação de adição, com abertura de anel. Já compostos cíclicos com maior estabilidade, devido à baixa tensão nos ângulos, tendem a sofrer reações de substituição.

   Considere as substâncias ciclobutano e cicloexano, representadas a seguir.

   Em condições adequadas para a reação, pode-se afirmar que os produtos principais da reação do ciclobutano e do cicloexano com o bromo são, respectivamente,
   a. bromociclobutano e bromocicloexano.
   b. 1,4-dibromobutano e bromocicloexano.
   c. bromociclobutano e 1,6-dibromoexano.
   d. 1,4-dibromobutano e 1,6-dibromoexano.

4. (UFJF-MG/PISM)

   Existe uma nítida diferença de sabor dos peixes provenientes de água doce quando comparados aos peixes de água salgada. Esta diferença de sabor, marinado ou iodado dos peixes de água salgada, especialmente os criados em ambientes marinhos, se dá devido à presença dos compostos aromáticos 2-bromofenol e o 4-bromofenol presentes na dieta.

   Fonte: http://quimicanova.sbq.org.br/detalhe_artigo.asp?id=1732

   a. Escreva a equação química para a formação do 2-bromofenol e do 4-bromofenol a partir do fenol e Br_2, na presença de $FeBr_3$.
   b. O fenol é matéria-prima para a produção de outros fenóis usados como antissépticos, fungicidas e desinfetantes. Complete a sequência de reações que mostra a produção de 2-metilfenol e 4-metilfenol, indicando as substâncias A e B. Discuta a função de B na reação.

   c. O fenol também pode ser usado na produção do 4-nitrofenol. Este composto pode ser usado como indicador de pH, pois ele é amarelo em pH acima de 7 e incolor em pH abaixo de 6. Qual a cor do indicador na presença da água dos reservatórios 1 e 2 usados na piscicultura?
   Dados:
   Reservatório 1 - $[OH^-] = 10^{-6}$ mol L^{-1}
   Reservatório 2 - $[H_3O^+] = 5 \cdot 10^{-5}$ mol L^{-1}

5. (UEG-GO) Um mol de uma molécula orgânica foi submetido a uma reação de hidrogenação, obtendo-se ao final um mol do cicloalcano correspondente, sendo consumidos 2 g de $H_2(g)$ nesse processo. O composto orgânico submetido à reação de hidrogenação pode ser o
   a. cicloexeno
   b. 1,3-cicloexadieno
   c. benzeno
   d. 1,4-cicloexadieno
   e. naftaleno

6. (UEM-PR) Em reações de substituição de compostos aromáticos, assinale a(s) alternativa(s) correta(s) a respeito de grupos dirigentes de reação.

01. Grupos dirigentes doadores de elétrons são considerados ativantes do anel aromático e são chamados de *orto-para* dirigentes.
02. Um grupo OH ligado ao anel benzênico facilita a reação de substituição nas posições 2, 4 e 6 do anel.
04. Os grupos dirigentes doadores de elétrons — NH_2, — OH e — O — R apresentam a mesma intensidade de ativação do anel benzênico.
08. Uma reação de nitração do anel benzênico ocorre mais facilmente no tolueno do que no ácido benzoico.
16. O TNT (trinitrotolueno), produzido a partir de uma reação de nitração do tolueno, é composto de uma série de isômeros de posição com os três grupos nitro ocupando indistintamente três das cinco possíveis posições no tolueno.

Dê como resposta a soma dos números correspondentes às alternativas corretas.

7. (PUC-SP) As reações de cloração (halogenação) dos alcanos ocorrem na presença de gás cloro (Cl_2), sob condições ideais, e geralmente dão origem a diversos produtos contendo átomos de cloro. Por exemplo, no caso da cloração do metilbutano (C_5H_{12}), é possível obter quatro produtos diferentes. Esse tipo de reação é classificada como
 a. substituição.
 b. adição.
 c. acilação.
 d. combustão.
 e. saponificação.

8. (PUC-RJ) A cloração ocorre mais facilmente em hidrocarbonetos aromáticos, como o benzeno, do que nos alcanos. A reação a seguir representa a cloração do benzeno em ausência de luz e calor.

De acordo com esta reação, é CORRETO afirmar que:
 a. esta cloração é classificada como uma reação de adição.
 b. o hidrogênio do produto HCl não é proveniente do benzeno.
 c. o $FeCl_3$ é o catalisador da reação.
 d. o Cl^- é a espécie reativa responsável pelo ataque ao anel aromático.
 e. o produto orgânico formado possui fórmula molecular $C_6H_{11}Cl$.

9. (UFRGS-RS) Dois hidrocarbonetos I e II reagem com bromo, conforme mostrado abaixo.

$$C_xH_y + Br_2 \longrightarrow C_xH_{y-1}Br + HBr$$
$$C_xH_n + Br_2 \longrightarrow C_xH_nBr_2$$

É correto afirmar que I e II são, respectivamente,
 a. aromático e alcano.
 b. aromático e alceno.
 c. alcino e alcano.
 d. alcino e alceno.
 e. alceno e alcino.

10. (UEPG-PR) Considerando as reações abaixo, assinale o que for correto.

a.
b.

01. São reações de substituição.
02. O produto de B é uma cetona.
04. A reação B corresponde a uma acilação de Friedel-Crafts.
08. Na reação A, a utilização de $Br_2/FeBr_3$ no lugar de $Cl_2/FeCl_3$ produzirá o bromobenzeno.
16. Ambos os produtos são aromáticos.

Dê como resposta a soma dos números correspondentes às alternativas corretas.

11. (PUC-RJ) Considere que, na reação representada a seguir, 1 mol do hidrocarboneto reage com 1 mol de ácido bromídrico, sob condições ideais na ausência de peróxido, formando um único produto com 100% de rendimento.

+ HBr $\longrightarrow$ produto

A respeito do reagente orgânico e do produto dessa reação, faça o que se pede.
 a. Represente a estrutura do produto formado utilizando notação em bastão.
 b. Dê o nome do hidrocarboneto usado como reagente, segundo as regras de nomenclatura da IUPAC.
 c. Represente a estrutura de um isômero cíclico do hidrocarboneto (usado como reagente) constituído por um anel de seis átomos de carbono. Utilize notação em bastão.

12. (UERN) A reação de substituição entre o gás cloro e o propano, em presença de luz ultravioleta, resulta como produto principal, o composto:
 a. 1-cloropropeno.
 b. 2-cloropropano.
 c. 1-cloropropano.
 d. 2-cloropropeno.

13. (Cefet-MG) Reações de substituição radicalar são muito importantes na prática e podem ser usadas para sintetizar haloalcanos a partir de alcanos, por meio da substituição de hidrogênios por halogênios. O alcano que, por monocloração, forma apenas um haloalcano é o
 a. propano.
 b. ciclobutano.
 c. 2-metilpropano.
 d. 2,3-dimetilbutano.
 e. 1-metilciclopropano.

14. (Unifor-CE) Os alcenos sofrem reação de adição. Considere a reação do eteno com o ácido clorídrico (HCl) e assinale a alternativa que corresponde ao produto formado.
a. CH_3CH_3
b. $ClCH_2CH_2Cl$
c. $ClCHCHCl$
d. CH_3CH_2Cl
e. CH_2ClCH_2Cl

15. (Cefet-MG) Para sintetizar o 2,3-diclorobutano, um químico utilizou o gás cloro como um dos reagentes. Nesse caso específico, o segundo reagente necessário à síntese foi o
a. but-2-eno.
b. butan-2-ol.
c. but-1,3-dieno.
d. butan-1,3-diol.
e. butan-2,3-diol.

16. (UPE)

O sistema decalina-naftaleno vem sendo estudado há mais de 20 anos como uma das formas de superar o desafio de armazenar gás em veículos com célula a combustível, numa quantidade que permita viagens longas. Quando a decalina líquida é aquecida, ela se converte quimicamente em naftaleno ($C_{10}H_8$). O gás produzido borbulha para fora da decalina líquida à medida que ocorre a transformação. Por outro lado, o processo é revertido quando ocorre a exposição do naftaleno a esse mesmo gás, a pressões moderadas.

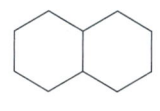

Decalina

(Disponível em: http://www2.uol.com.br/sciam/reportagens/abastecendo_com_hidrogenio_6.html)

Essa tentativa de desenvolvimento tecnológico se baseia
a. no isomerismo existente entre o sistema decalina-naftaleno.
b. no equilíbrio químico entre dois hidrocarbonetos saturados.
c. na produção de biogás a partir de hidrocarbonetos de origem fóssil.
d. na reversibilidade de reações de eliminação e de adição de moléculas de hidrogênio.
e. na formação de metano a partir de reações de substituição entre moléculas de hidrocarbonetos.

17. (Uece) O benzeno é usado principalmente para produzir outras substâncias químicas. Seus derivados mais largamente produzidos incluem o estireno, que é usado para produzir polímeros e plásticos, o fenol, para resinas e adesivos, e o ciclohexano, usado na manufatura de nylon. Quantidades menores de benzeno são usadas para produzir alguns tipos de borrachas, lubrificantes, corantes, detergentes, fármacos, explosivos e pesticidas.

A figura a seguir representa reações do benzeno na produção dos compostos G, J, X e Z, que ocorrem com os reagentes assinalados e condições necessárias.

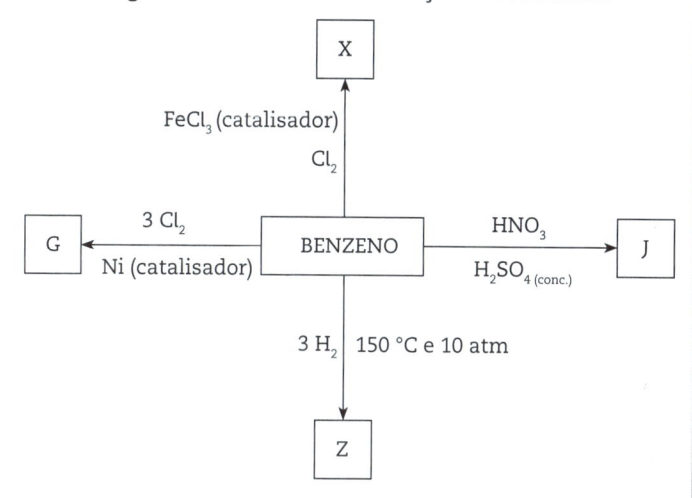

- X: $FeCl_3$ (catalisador), Cl_2
- G: $3\ Cl_2$, Ni (catalisador)
- J: HNO_3, H_2SO_4 (conc.)
- Z: $3\ H_2$, 150 °C e 10 atm

De acordo com o diagrama acima, assinale a afirmação correta.
a. O composto X é o cloro-ciclohexano.
b. O composto G é o hexacloreto de benzeno.
c. O composto J é o nitrobenzeno.
d. O composto Z é o ciclohexano.

18. (PUC-RJ) Alcenos são hidrocarbonetos muito utilizados na indústria química. No esquema abaixo, está representada a reação de adição de água ao alceno (A) catalisada por ácido, gerando o produto (B).

$$H_3C - \underset{\underset{H}{|}}{C} = CH - CH_2 - CH_2 - CH_3 + H_2O \xrightarrow{H^+} (B)$$
(A)

De acordo com estas informações, faça o que se pede:
a. Represente a fórmula estrutural do composto (B) obtido a partir de 1 mol do composto (A) com 1 mol de H_2O.
b. Dê o nome, segundo a nomenclatura oficial da IUPAC, dos compostos (A) e (B).
c. Represente a fórmula estrutural do isômero de posição do composto (A).

19. (PUC-RJ) Os alcenos e alcinos possuem cadeias insaturadas, o que confere maior reatividade desses hidrocarbonetos em relação aos alcanos. Com relação aos hidrocarbonetos, assinale a opção em que não ocorrerá uma reação de adição.
a. Etino + H_2O
b. Etano + Br_2
c. Eteno + Cl_2
d. Buteno + H_2O
e. Propino + Br_2

CAPÍTULO 34

OUTRAS REAÇÕES ORGÂNICAS

Plantação de cana-de-açúcar em Triunfo (PE), 2015.

Este capítulo vai ajudá-lo a compreender:
- as reações de eliminação;
- as reações de neutralização;
- as reações de esterificação;
- as reações de oxirredução.

ENEM
C5: H17
C7: H24
C7: H25

Para situá-lo

Ao observar uma plantação de cana-de-açúcar, como a presente na abertura deste capítulo, não imaginamos a infinidade de produtos que podem ser obtidos desse cultivo. O bagaço da cana e o etanol obtido pela fermentação dos açúcares são largamente utilizados para a geração de energia. O etanol também é usado como matéria-prima pelas indústrias para obter outros materiais, como eteno, ácido acético, etilenoglicol, cloreto de etila, butadieno, cetonas, éteres, ésteres, plásticos, entre outros.

Muitas dessas reações serão abordadas neste capítulo. Para ter uma ideia da importância do etanol para a indústria e a sociedade, leia o texto a seguir:

As metas de industrialização acelerada estabelecidas pelo governo brasileiro na década de 1950, com destaque para a indústria automobilística, tornaram o Brasil cada vez mais dependente do petróleo importado. A partir da década de 1970, o aumento do preço do petróleo, com forte impacto na balança comercial brasileira, destacou a necessidade de se buscar combustíveis alternativos aos derivados de petróleo. O Programa Nacional do Álcool, mais conhecido como *Proálcool*, criado em 1975, teve como objetivo estimular a produção do álcool, visando às necessidades do mercado interno e de uma política de combustíveis automotivos. O segundo choque do petróleo ocorrido em 1979-80 triplicou o preço do produto fazendo com que em 1980 sua importação representasse quase 50% da pauta de importação brasileira.

Diante desse quadro, a indústria brasileira, lastreada num forte e amplo setor agrícola, passa a desenvolver em maior intensidade um combustível de origem vegetal alternativo aos combustíveis derivados do petróleo. De aditivo à gasolina, o álcool passa a ser uma opção economicamente atraente e ambientalmente interessante por ser uma alternativa energética renovável que contribui com a redução no chamado "efeito estufa". Esse processo acabou por articular diferentes segmentos da economia brasileira, desde a base agrícola, a produção de combustíveis, a indústria metal-mecânica, a indústria automobilística, e finalmente a indústria química. Diante desse cenário, a discussão em torno do álcool combustível ganhou um significado que extrapola os limites da agroindústria e passou a sinalizar para a formação de uma nova matriz energética e, por conseguinte, um novo conjunto de possibilidades tecnológicas.

Isso porque o Proálcool não introduziu apenas um produto novo, mas criou um novo mercado, um novo ambiente empresarial e um conjunto de novas técnicas de produção. Com a introdução do álcool como fonte alternativa ao petróleo foram desenvolvidos novos motores adaptados ao novo combustível, as usinas que até então produziram somente açúcar se remodelaram para produzir também álcool, novas usinas foram criadas apenas para produção do álcool e, com o consumo crescente, novas variedades mais produtivas de cana-de-açúcar foram desenvolvidas. Além de competir com a gasolina "no tanque" dos automóveis, o álcool também se mostra como opção de origem vegetal para substituir produtos elaborados a partir de derivados de petróleo.

[...]

Além de seu uso como combustível, o etanol vem se transformando em matéria-prima pela indústria de transformação, como "etanol grau químico", a partir da conversão do álcool etílico para a produção de diferentes produtos químicos. Mesmo que, em nível mundial, 90% das sínteses de moléculas orgânicas sejam ainda à base de petróleo, a alcoolquímica poderá exercer o mesmo papel como fonte de matéria-prima para a indústria química através do etanol. [...]

DE PAUL, N. M.; FUCK, M. P.; DALCIN, R. B. Trajetórias tecnológicas do etanol: do Proálcool à alcoolquímica. *Espacios*, v. 33, n. 9, 2012. Disponível em: <http://www.revistaespacios.com/a12v33n09/12330907.html>. Acesso em: 14 jul. 2018.

Para responder às questões 1 e 2, analise o gráfico a seguir, que representa a produção de etanol no Brasil do período da criação do Proálcool até 2009.

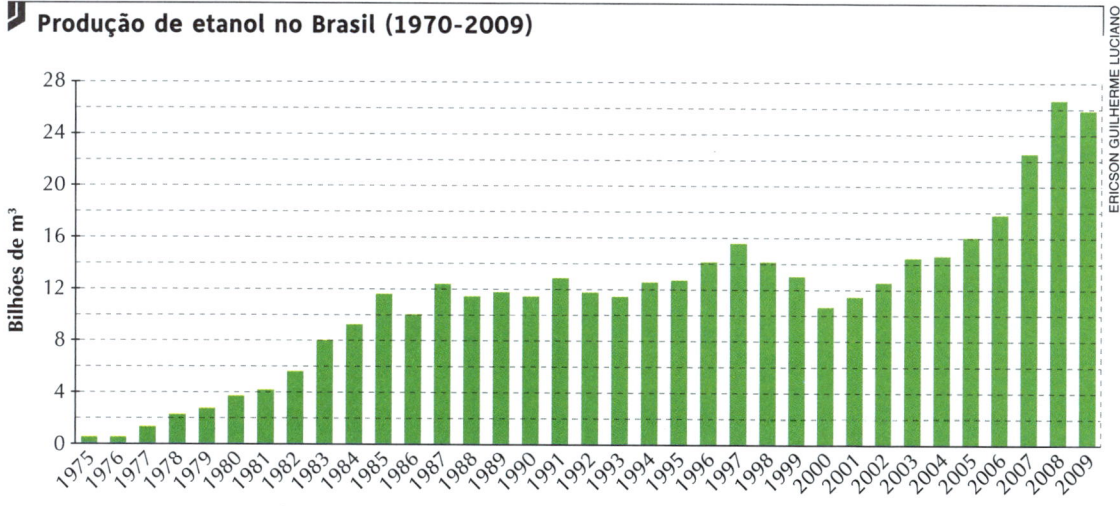

Produção de etanol no Brasil (1970-2009)

Fonte: CRUZ, M. G. da; GUERREIRO, E; RAIHER, A. P. A evolução da produção do etanol no Brasil, no período de 1975 a 2009. *Documentos Técnico-Científicos*, v. 43, n. 4, out./dez. 2012. Disponível em: <https://www.bnb.gov.br/projwebren/Exec/artigoRenPDF.aspx?cd_artigo_ren=1342>. Acesso em: 14 jul. 2018.

1. Com base nos dados do gráfico, em qual ano houve maior aumento da produção de etanol em comparação ao ano anterior?

2. Em quais anos houve declínio na produção de etanol?

Neste capítulo você vai estudar outras reações orgânicas importantes para a indústria e para a sociedade.

Reações de eliminação

As **reações de eliminação** são importantes métodos de preparação em laboratório de alcenos, alcinos, cicloalcanos e cicloalcenos. Nelas ocorre a saída de dois ou mais ligantes de uma cadeia carbônica, de tal forma que esse tipo de reação pode ser visto como inverso aos processos de adição a alcenos, alcinos e cicloalcanos (reações estudadas no capítulo anterior).

Podemos representar, de forma genérica, esse tipo de reação por:

$$H-\underset{\underset{H}{|}}{\overset{\overset{X}{|}}{C}}-\underset{\underset{H}{|}}{\overset{\overset{Z}{|}}{C}}-H \xrightarrow[H^+]{\Delta} H-\underset{\underset{H}{|}}{C}=\underset{\underset{H}{|}}{C}-H + XZ$$

Entre as reações de eliminação, uma das mais utilizadas pela indústria é a de desidratação de álcoois, que veremos a seguir.

Desidratação de álcoois

Para a Química, o significado do termo **desidratação** é muito semelhante ao do senso comum, ou seja, perda de água. Dependendo das condições da reação, a desidratação de álcoois pode ser **intramolecular** (o prefixo *intra* significa "dentro") – quando a eliminação envolve ligantes de uma molécula – ou **intermolecular** (o prefixo *inter* significa "entre") – quando envolve ligantes de duas moléculas.

Observe os exemplos:

- desidratação intramolecular de álcoois

- desidratação intermolecular de álcoois

Note que a desidratação intramolecular de álcoois produz hidrocarbonetos insaturados (alceno e cicloalceno, respectivamente). Já a desidratação intermolecular de álcoois produz éter. Observe também que as condições da desidratação determinam o produto da reação. Assim, por exemplo, a desidratação do etanol a 180 °C favorece a produção do eteno (etileno); a 140 °C, com adição contínua de etanol, obtém-se predominantemente o éter dietílico.

Foi pela desidratação do etanol com ácido sulfúrico que, no século XVI, o alquimista Valerius Cordus (1515-1554) obteve pela primeira vez o éter dietílico. O nome comercial dessa substância, éter sulfúrico, usado até hoje, originou-se da falsa ideia de que o ácido sulfúrico estivesse presente no produto obtido. Porém, em qualquer um dos tipos de desidratação, o ácido sulfúrico tem o papel de retirar água, ou seja, ele é o **agente desidratante**.

Atividades

Leia os textos e faça as atividades que seguem.

Alcoolquímica

A alcoolquímica é apresentada como o conjunto de processos que utiliza o álcool etílico (etanol) como matéria-prima para a fabricação de outros produtos. Este segmento da indústria química poderá vir a substituir a petroquímica, fazendo com que o etanol assuma o lugar do petróleo como matéria-prima.

O etanol (CH_3CH_2OH) é produzido pela fermentação de açúcares encontrados em diversos produtos vegetais (cana-de-açúcar, beterraba, milho, mandioca, entre outros).

Ele é incolor, volátil, inflamável, com cheiro e sabor característicos, sendo solúvel em água e em alguns compostos orgânicos. [...]

[...] O Brasil é o maior produtor mundial de cana-de-açúcar, por isso ocupa uma posição de destaque na produção mundial de etanol [...].

Produtos obtidos do etanol como matéria-prima

Várias indústrias têm proposto uma nova tecnologia de fabricação de resinas plásticas em que o etanol é utilizado para a criação do etileno, que é a matéria-prima usada na fabricação do polietileno de alta densidade (plástico comum presente em saquinhos de supermercados, embalagens de alimentos, entre outros).

A fabricação deste plástico verde ou ecológico é feita a partir do álcool etílico vindo da cana-de-açúcar, enquanto no processo tradicional a matéria-prima é originária de derivados do petróleo.

[...]

Além disso, o etileno é usado [...] na obtenção de derivados a partir dele, como: cloreto de etileno (usado na produção de borracha sintética), óxido de etileno (inseticida), etilenoglicol (usado como matéria-prima na produção de explosivos, plastificantes de resinas, solventes para tintas, entre outros) e etilenocloridrina (usado como matéria-prima na produção de, por exemplo, vidros sintéticos, solventes para óleos lubrificantes e adesivos).

[...]

BARROS, T. D. Agência Embrapa de Informação Tecnológica (Ageitec). Disponível em: <http://www.agencia.cnptia.embrapa.br/gestor/agroenergia/arvore/CONT000fbl23vn102wx5eo0sawqe333t7wt4.html>. Acesso em: 15 jul. 2018.

Plástico derivado do etanol de cana-de-açúcar ganha prêmio de sustentabilidade

O polietileno verde de baixa densidade (PEBD) produzido [...] à base de etanol de cana, conhecido como "I'm green™", foi o vencedor da categoria Produtos, no Ranking de Produtos e Serviços Sustentáveis do 6º Fórum pelo Desenvolvimento Sustentável – SUSTENTAR 2013. O evento, realizado em Belo Horizonte nos dias 29 e 30 de agosto [de 2010], é considerado um dos maiores encontros de sustentabilidade da América Latina.

Para o consultor de Emissões e Tecnologia da União da Indústria de Cana-de-Açúcar (Unica), Alfred Szwarc, um dos palestrantes do evento, a conquista só reforça a importância do uso de produtos de origem renovável como matéria-prima da indústria.

"O Brasil é um dos principais responsáveis pelo crescimento dos bioplásticos, especialmente por ser um dos maiores fornecedores mundiais de etanol para a produção de polietileno e PET verdes. Por serem originários de uma fonte renovável, esses produtos contribuem para a redução das emissões de gases causadores do efeito estufa (GEEs), ao capturar gás carbônico da atmosfera durante o processo de crescimento da cana," explicou Szwarc.

Sacola plástica feita de polietileno verde de baixa densidade (PEBD), a partir do etanol da cana-de-açúcar – matéria-prima renovável.

Constantemente, empresas [...] fabricam e desenvolvem tecnologias para o setor, contribuindo para tornar o país o maior produtor de biopolímeros do planeta.

Plástico derivado do etanol de cana-de-açúcar ganha prêmio de sustentabilidade. União da Indústria de Cana-de-Açúcar (Unica), 5 set. 2013. Disponível em: <http://www.unica.com.br/noticia/3815617592036376298/plastico-derivado-do-etanol-de-Cana-de-Acucar-ganha-premio-de-sustentabilidade/>. Acesso em: 15 jul. 2018.

1. Qual é a vantagem de produzir o plástico polietileno a partir do etanol e não da forma tradicional?

2. Você já reparou que produtos plásticos, como embalagens, recipientes etc. recebem um símbolo de reciclagem em que há a indicação de um número e, normalmente, um conjunto de letras? Pesquise em *sites* e livros sobre esses símbolos e escreva em seu caderno a representação para os plásticos mencionados no texto.

Reações de neutralização

A **neutralização** envolve a reação entre uma substância com caráter ácido e outra com caráter básico. Esse tipo de reação também ocorre com substâncias orgânicas com caráter ácido ou básico. Por exemplo, ácidos carboxílicos podem ser neutralizados por bases, carbonatos, bicarbonatos e óxidos de caráter básico, produzindo um sal orgânico e água.

É por meio dessa reação que alguns cremes combatem o cheiro desagradável do suor – que é formado por uma mistura de ácidos carboxílicos. Eles apresentam em sua composição substâncias com caráter básico, como óxido de zinco, hidróxido de magnésio ou bicarbonato de sódio.

Observe, a seguir, uma equação que exemplifica esse tipo de reação:

$$2\ H_3C-CH_2-CH_2-COOH\ +\ Mg(OH)_2 \longrightarrow Mg(H_3C-CH_2-CH_2-COO)_2\ +\ 2\ H_2O$$

ácido butanoico   hidróxido de magnésio   butanoato de magnésio (sal orgânico)   água

Os principais constituintes dos detergentes são os sais de sódio derivados de ácidos sulfônicos ($R-SO_3H$) – outro exemplo de substância orgânica de caráter ácido. Esses sais são obtidos pela neutralização do ácido, conforme mostra a equação a seguir:

$$R-SO_3H\ +\ NaOH \longrightarrow R\ SO_3^-Na^+\ +\ H_2O$$

ácido sulfônico   sal de ácido sulfônico

Os fenóis também reagem com bases, embora não reajam com sais de caráter básico, como o hidrogenocarbonato de sódio ($NaHCO_3$) e o carbonato de sódio.

$$C_6H_5-OH\ +\ NaOH \longrightarrow C_6H_5-O^-Na^+\ +\ H_2O$$

fenol   fenolato de sódio

As aminas são substâncias com caráter básico, assim como a amônia, podendo reagir com ácidos inorgânicos, como o ácido clorídrico, produzindo um sal de amônio.

Observe um exemplo:

$$H_3C-CH_2-NH_2\ +\ HCl \longrightarrow H_3C-CH_2-NH_3^+Cl^-$$

etilamina   ácido clorídrico   cloreto de etilamônio

A trietanolamina é uma substância que apresenta os grupos álcoois e amina, este último responsável pelo seu caráter básico. Essa substância está presente em alguns detergentes, produtos de higiene e em cosméticos e é utilizada como alcalinizante, ou seja, tem a função de neutralizar os ácidos presentes nesses produtos.

$$HO-CH_2CH_2-N(CH_2CH_2-OH)-CH_2CH_2-OH$$

trietanolamina

A trietanolamina está presente em alguns detergentes.

Reações de esterificação e de hidrólise de ésteres

A **esterificação** é uma reação muito importante para a obtenção de ésteres úteis ao ser humano, como flavorizantes, solventes, fibras de poliéster (matéria-prima para a fabricação de materiais sintéticos), entre outros. A reação inversa, chamada de **hidrólise**, também é muito usada, por exemplo, pela indústria de sabões, como veremos adiante.

A hidrólise de ésteres e a esterificação são reações reversíveis e, por isso, seja qual for o produto que se deseja obter, chega-se a uma situação de equilíbrio.

Considere, por exemplo, a reação de obtenção de benzoato de metila, substância utilizada pela indústria alimentícia para conferir o sabor de *kiwi* a um alimento, representada a seguir:

$$C_6H_5-COOH + HO-CH_3 \underset{\text{hidrólise}}{\overset{\text{esterificação}}{\rightleftarrows}} C_6H_5-COOCH_3 + H_2O$$

ácido benzoico   metanol   benzoato de metila

Por tratar-se de um processo que atinge uma situação de equilíbrio, é possível interferir no sistema para favorecer uma das reações. Por exemplo, a reação de hidrólise pode ser favorecida com o acréscimo de uma base que reagirá com o ácido formado. Já a reação de esterificação pode ser favorecida, por exemplo, com a retirada da água do sistema.

Podemos representar, de forma genérica, as duas reações da seguinte maneira:

$$R-\underset{OH}{\overset{O}{C}} + R'OH \underset{\text{hidrólise}}{\overset{\text{esterificação}}{\rightleftarrows}} R-\underset{OR'}{\overset{O}{C}} + HOH$$

ácido   álcool   éster   água
carboxílico   ou fenol

Saponificação

Os sabões são obtidos pela reação de gorduras, mais precisamente de triglicerídeos, com hidróxido de sódio (NaOH) ou hidróxido de potássio (KOH). Essa reação é chamada de **saponificação**. Os triglicerídeos são triésteres derivados da glicerina e de ácidos graxos, conforme está representado abaixo. Os ácidos graxos, conforme você viu em outros capítulos, podem ter cadeia saturada ou insaturada.

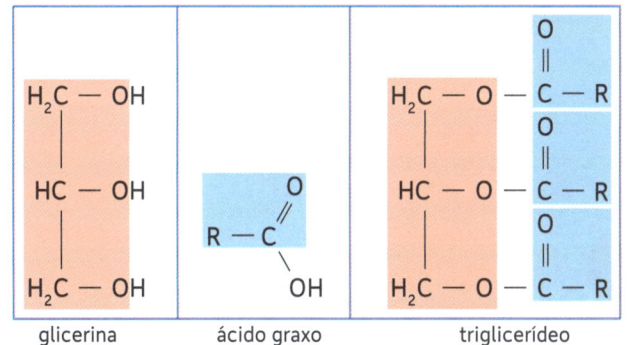

glicerina: H_2C-OH, $HC-OH$, H_2C-OH

ácido graxo: $R-\underset{OH}{\overset{O}{C}}$

triglicerídeo: $H_2C-O-\overset{O}{C}-R$, $HC-O-\overset{O}{C}-R$, $H_2C-O-\overset{O}{C}-R$

Os ácidos graxos são ácidos carboxílicos que contêm somente um grupo carboxila (—COOH) e a cadeia carbônica, geralmente, longa e com número par de átomos de carbono.

Você pode resolver as questões 1, 2, 3, 4, 6, 8, 9, 14, 15, 16, 20, 25 a 28 da seção Testando seus conhecimentos.

De forma genérica, podemos representar a reação de saponificação por:

triglicerídeo + 3 K^+OH^- → 3 $R-\overset{O}{C}-O^-K^+$ + glicerina

                              sal de um ácido graxo (sabão)

Quando a hidrólise é feita em meio básico, como ocorre na equação acima, o ácido carboxílico que seria formado dá origem a um sal orgânico; no caso, um sal de ácido graxo.

> No capítulo 36, você poderá observar alguns exemplos de ácidos graxos obtidos de óleos e gorduras animais e vegetais.

Capítulo 34 • Outras reações orgânicas

Saiba mais

Como os sabões e os detergentes atuam?

Os sabões e detergentes são agentes emulsificantes. O que isso significa?

Eles apresentam uma estrutura formada por cadeia carbônica longa com característica apolar e uma extremidade iônica. A parte apolar da estrutura de um sabão ou de um detergente tem afinidade com materiais de baixa polaridade (gordura, por exemplo) – dizemos que essa parte é **hidrofóbica**; a parte iônica tem afinidade com a água e é chamada de **hidrofílica**.

Isso faz com que uma extremidade da cadeia carbônica dos sabões se associe à gordura e a outra extremidade, à água.

Podemos ilustrar essas interações com o esquema abaixo.

> **Hidrofóbica:** que não tem afinidade com a água.
>
> **Hidrofílica:** que tem afinidade com a água.

$$H_3C - C^{H_2} - C^{H_2} - C^{H_2} - C^{H_2} - C^{H_2} - C^{H_2} - C^{H_2} - C^{H_2} - C^{H_2} - C^{H_2} - C^{H_2} - C^{H_2} - C^{H_2} - C^{H_2} - C^{H_2} - C\begin{smallmatrix}O\\\parallel\\O^-K^+\end{smallmatrix}$$

cadeia longa apolar — iônico

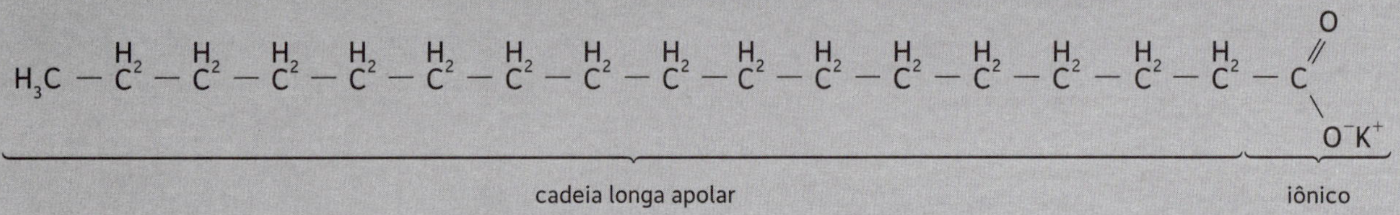

Fórmula estrutural do estereato de potássio, substância que pode ser obtida pela reação de saponificação do ácido esteárico (ácido graxo obtido, por exemplo, do sebo bovino).

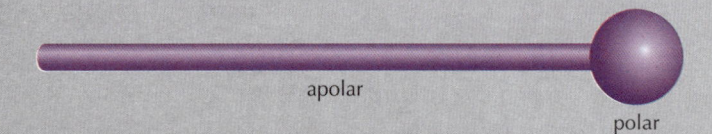

Esquema simplificado de uma molécula de sabão ou detergente. A cadeia longa apolar dessas moléculas está representada pelo bastão, e a esfera representa a parte iônica (polar).

Quando um sabão ou detergente entra em contato com um óleo (que também tem baixa polaridade), a parte apolar das moléculas do agente emulsificante (sabão ou detergente) interage com as gotículas de óleo. Lembre-se de que soluto apolar se dissolve melhor, na maioria dos casos, em solvente apolar. Assim, a parte polar do sabão (ou detergente) volta-se para a parte externa das partículas de óleo dispersas, conforme o esquema abaixo.

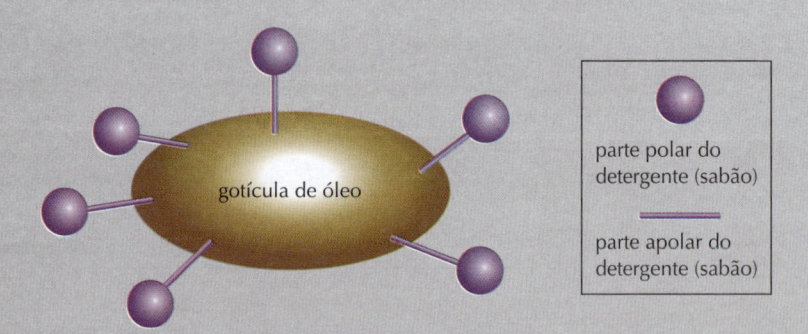

- parte polar do detergente (sabão)
- parte apolar do detergente (sabão)

Essa disposição favorece a interação da parte polar do sabão ou detergente com as moléculas de água, o que permite que o líquido (a água) seja capaz de remover esse tipo de substância durante a limpeza.

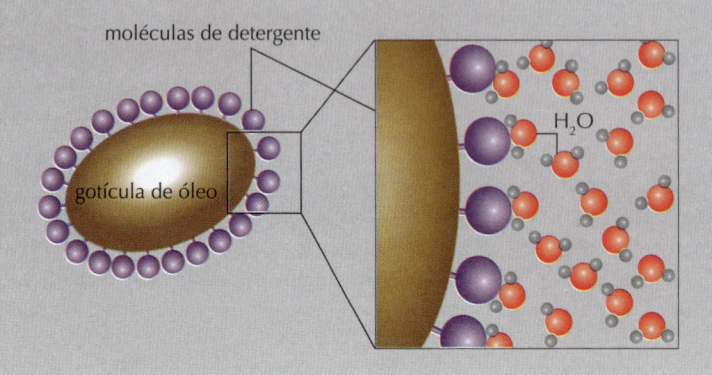

Representação da interação óleo-detergente-água. Ilustração produzida para este conteúdo.

Saiba mais

Produção de biodiesel – uma reação de transesterificação

A busca por alternativas que substituam o petróleo e seus derivados (gasolina, diesel, querosene etc.) tem aumentado nas últimas décadas. O surgimento dos biocombustíveis, como o bioetanol e o biodiesel, tem incentivado o setor agrícola e contribuído para a diminuição de poluentes atmosféricos.

O biodiesel, por exemplo, é um combustível derivado de fontes renováveis como óleos vegetais e gordura animal. No processo de obtenção desse combustível, os ésteres que compõem os óleos vegetais reagem com um álcool de cadeia curta – geralmente metanol ou etanol – e um catalisador. Os produtos formados nessa transformação são outro éster (o biodiesel) e outro álcool, conforme representado na reação a seguir:

$$\begin{array}{c} H_2C-OCOR' \\ | \\ HC-OCOR'' \\ | \\ H_2C-OCOR''' \end{array} + ROH \underset{}{\overset{catalisador}{\rightleftharpoons}} \begin{array}{c} ROCOR' \\ + \\ ROCOR'' \\ + \\ ROCOR''' \end{array} + \begin{array}{c} H_2C-OH \\ | \\ HC-OH \\ | \\ H_2C-OH \end{array}$$

éster álcool mistura de ésteres glicerol (um álcool)

A reação que ocorre entre um éster e um álcool produzindo um novo éster e outro álcool é chamada de transesterificação. Note na equação acima que a composição do biodiesel depende das características da cadeia carbônica (R', R'' e R''') dos ésteres que compõem o óleo vegetal.

Apesar de a criação de um Programa Nacional de Produção e Uso de Biodiesel (PNPB) ser tardia (final de 2004) em relação à implementação do Programa Nacional do Álcool (década de 1970), as ações da PNPB têm contribuído para geração de renda e emprego, inclusão da agricultura familiar na cadeia produtiva e redução da importação do diesel. Além dos benefícios ambientais relacionados à adição do biodiesel ao diesel ou à sua total substituição.

Bioetanol: também chamado de etanol renovável, é o etanol produzido a partir de materiais renováveis, como o bagaço de cana, o milho e a beterraba. O etanol também pode ser obtido a partir do petróleo e, nesse caso, ele não é considerado um bioetanol ou um combustível renovável.

Ônibus movido a biodiesel na cidade de Campinas-SP. Foto de 2012.

Atividades

1. O etanoato de etila (acetato de etila) é utilizado como essência artificial de maçã.
   a) Indique o nome das substâncias (ácido carboxílico e o álcool) a partir das quais se obtém essa essência.
   b) Equacione a reação envolvida.
   c) O que deve ocorrer com o rendimento do processo se a reação for efetuada na presença de uma substância higroscópica (substância que absorve água)?

2. Um dos aditivos usados em margarinas é o benzoato de sódio. O teor diário considerado seguro para esse conservante é de 5 mg/kg de massa corporal.
   a) Que massa desse conservante uma pessoa de 60 kg pode ingerir por dia?
   b) Uma marca de chocolate informa que o teor de benzoato de sódio usado como conservante é de 0,2% em massa. Qual é a massa desse chocolate que uma pessoa de 60 kg pode ingerir em um dia?

3. Para neutralizar o ácido cítrico presente em 100 mL de suco de limão, foram necessários 7,56 g de hidrogenocarbonato de sódio ($NaHCO_3$). Observe a fórmula do ácido cítrico abaixo e resolva as questões.

   a) Equacione a reação de neutralização total entre o ácido cítrico e o hidrogenocarbonato de sódio e dê o nome do produto orgânico formado.
   b) Determine a massa de ácido cítrico presente no suco de limão. Considere as massas atômicas: H = 1; C = 12; O = 16; Na = 23.
   c) Determine a porcentagem (em massa/volume) de ácido cítrico no suco de limão.

Reações de oxirredução

Reações de oxirredução são reações que envolvem a transferência de elétrons. A combustão de qualquer material é um exemplo de reação de oxirredução. A seguir estudaremos com detalhes algumas dessas reações.

Reações de combustão

Na queima de gás natural, seu principal componente, o gás metano, reage com gás oxigênio. Quando a queima é completa, formam-se dióxido de carbono e água. A reação libera, também, uma quantidade de calor proporcional à massa de metano envolvida na queima. O processo pode ser representado pela equação abaixo e envolve a transferência de elétrons entre as moléculas de metano e oxigênio:

$$CH_4(g) + 2\,O_2(g) \longrightarrow CO_2(g) + 2\,H_2O(g) \qquad \Delta H < 0$$

$$\underset{-4}{C}\quad \underset{0}{O_2}\quad \underset{+4\;-2}{CO_2}\quad \underset{-2}{H_2O}$$

perda de e⁻ (oxidação) → ganho de e⁻ (redução)

Na presença de O_2 em excesso, os compostos orgânicos tendem a originar produtos da combustão completa. No entanto, quando a quantidade não é suficiente para a completa oxidação dos átomos de carbono, ocorre a combustão incompleta. Nesta, em vez de CO_2, obtém-se CO ou fuligem – representada somente por C.

$$CH_4(g) + \frac{3}{2}O_2(g) \longrightarrow CO(g) + 2\,H_2O(g) \qquad \Delta H < 0$$

perda de e⁻ (oxidação) — ganho de e⁻ (redução)

$$CH_4(g) + O_2(g) \longrightarrow C(s) + 2\,H_2O(g) \qquad \Delta H < 0$$

perda de e⁻ (oxidação) — ganho de e⁻ (redução)

Tanto o monóxido de carbono como a fuligem produzida na combustão incompleta de combustíveis (gasolina, etanol combustível, diesel etc.) em veículos automotivos são considerados poluentes atmosféricos. O impacto ambiental e na saúde da população é maior nas grandes cidades devido à grande frota de veículos.

Vale lembrar:
Nas reações de oxirredução a espécie química que perde elétrons sofre **oxidação**; no exemplo acima, o metano. A espécie química que ganha elétrons sofre **redução**, o que ocorre, no exemplo acima, com o oxigênio.

O artista brasileiro Alexandre Orion (1978-) criou os crânios da obra *Ossários* limpando a fuligem das paredes do túnel Max Feffer, em São Paulo (SP). Com muita criatividade, o artista valeu-se do efeito perverso da fuligem presente no túnel para despertar os que ali circulam para o que essa poluição visível representa. Foto de 2006.

Conexões

Química e segurança no trabalho

Tragédias marcam a mineração no mundo, mas trabalho evoluiu

[...] Em [2009], um acidente na mina colombiana de San Fernando matou 73 operários. O incidente foi causado por uma explosão ligada à combustão de metano. [...]

No entanto, o trabalho em minas subterrâneas evoluiu muito nas últimas décadas. Hoje, grande parte da produção é mecanizada, o que melhorou as condições operacionais [...] Apesar das melhorias constantes, o risco de exposição a um ambiente como esse continua muito alto [...].

GOMES, A. C. Mineiros têm de aprender a superar riscos todos os dias. *Gazeta do Povo*. Curitiba, 17 out. 2010. Disponível em: <http://www.gazetadopovo.com.br/mundo/conteudo.phtml?id=1058018&tit=Mineiros-tem-de-aprender-a-superar-riscos-todos-os-dias>. Acesso em: 15 jul. 2018.

Equipamentos de proteção trouxeram mais segurança aos mineiros. Na foto, trabalho em mina de ouro na China. Foto de 2009.

1. Um dos maiores perigos encontrados nas minas de carvão é o grisu, um gás que se acumula nas galerias, muitas vezes devido à falta de ventilação. Sabendo que ele é constituído, principalmente, de gás metano, essa acumulação deve ocorrer, preferencialmente, nas regiões mais altas ou mais baixas das galerias?
2. Em sua opinião, como devemos lidar com os problemas de segurança no trabalho?

Oxidação enérgica em hidrocarboneto

Nas reações de oxidação abordadas anteriormente (combustão completa e incompleta), ocorre o rompimento de todas as ligações (simples, duplas e triplas) do composto orgânico. É possível, no entanto, romper somente as ligações insaturadas de hidrocarbonetos por meio de oxidantes fortes, como o dicromato de potássio ($K_2Cr_2O_7$) ou o permanganato de potássio ($KMnO_4$), em meio ácido e temperatura elevada.

Esses oxidantes provocam a quebra da cadeia carbônica de hidrocarbonetos insaturados, dando origem a compostos oxigenados. Esse tipo de reação é chamado de **oxidação enérgica**.

$$H_3C - \overset{-1}{C}H = \overset{-1}{C}H - CH_3 + 4\,[O] \xrightarrow{KMnO_4/H^+ \atop \Delta} H_3C - \overset{+3}{C}\!\!\underset{OH}{\overset{\displaystyle O}{\diagup\!\!\!\diagdown}} + H_3C - \overset{+3}{C}\!\!\underset{OH}{\overset{\displaystyle O}{\diagup\!\!\!\diagdown}}$$

but-2-eno → ácido acético + ácido acético

$$H_3C - \underset{H_3C}{\overset{0}{C}} = \underset{CH_3}{\overset{0}{C}} - CH_3 + 2\,[O] \xrightarrow{KMnO_4/H^+ \atop \Delta} \underset{H_3C\quad CH_3}{\overset{+2}{C}\!=\!O} + \underset{H_3C\quad CH_3}{\overset{+2}{C}\!=\!O}$$

2,3-dimetilbut-2-eno → propan-2-ona + propan-2-ona

> **Como prever o que se forma em uma oxidação enérgica**
>
> Se o átomo de carbono for primário, os produtos formados serão gás carbônico e água.
>
> Se o átomo de carbono for secundário, o produto obtido será um ácido carboxílico.
>
> Se o átomo de carbono da dupla-ligação for terciário, o produto formado da oxidação enérgica será uma cetona.

Oxidação por ozônio

O ozônio é um poluente atmosférico secundário formado a partir de substâncias que são liberadas pelo escapamento de veículos automotivos. Devido a seu caráter altamente oxidante, ele pode reagir com cadeias carbônicas insaturadas presentes, por exemplo, na borracha e em alguns plásticos. Em ambientes poluídos por ozônio, as borrachas naturais perdem suas características de flexibilidade e, sob tensão, podem se tornar quebradiças e comprometer a segurança das pessoas que utilizam esse produto (leia o texto a seguir).

Saiba mais

Reação do ozônio com a borracha natural

A estrutura química da borracha natural lhe confere propriedades como excelente flexibilidade, elasticidade, resistência à tração e isolamento elétrico, o que faz com que esta seja amplamente empregada no setor elétrico. Nesse setor, a borracha natural é utilizada na fabricação de ferramentas para manutenção de linha viva como luvas, mangas e lençóis isolantes.

Os equipamentos utilizados na manutenção de redes energizadas necessitam estar em perfeitas condições de uso e para isso são realizadas inspeções visuais e ensaios elétricos, regulamentados por normas nacionais e internacionais. As inspeções visuais são realizadas com o objetivo de verificar se o material não apresenta fissuras, rasgos, mudança de coloração, entre outros, enquanto os testes elétricos visam identificar se a ferramenta possui a característica de isolamento elétrico. Durante os testes elétricos, devido às descargas elétricas de corrente alternada (AC), o ar é ionizado [...] produzindo ozônio. Como a borracha natural apresenta baixa resistência ao ozônio, ocorre o aparecimento de fissuras alterando as propriedades do material, reduzindo a vida útil das ferramentas.

O ozônio (O_3) reage com as duplas-ligações da molécula de borracha natural, causando quebra e/ou rearranjo das cadeias poliméricas, o que pode diminuir a resistência mecânica e o isolamento elétrico, comprometendo a segurança dos técnicos durante a manutenção das redes elétricas.

[...]

LISEVSKI, C. I. et al. Estudo do efeito do ozônio gerado durante ensaios elétricos em equipamentos de segurança confeccionados em borracha natural. *Polímeros*, v. 22, n. 2, p. 142-148, 2012. Disponível em: <http://www.scielo.br/scielo.php?script=sci_arttext&pid=S0104-14282012000200008>. Acesso em: 23 mar. 2016.

O processo de oxidação com ozônio produz um composto instável, o **ozonídeo**, que, ao reagir com a água (hidrólise), produz aldeídos e/ou cetonas e peróxido de hidrogênio. Observe o exemplo a seguir:

but-2-eno + O_3 → ozonídeo (instável)

ozonídeo + H_2O → H_3C-CHO (aldeído) + H_3C-CHO (aldeído) + H_2O_2

Antigamente, a oxidação por ozônio era um método utilizado para identificar a posição de uma dupla-ligação em um composto. Isso porque, ao ser colocado em água, o produto dessas oxidações tem sua cadeia quebrada no local onde há a dupla-ligação, como você pode observar no exemplo acima.

Note que os dois compostos orgânicos formados apresentam uma cadeia com dois átomos de carbono, o que indica que a ligação dupla estava entre os átomos de carbono da posição 2 e 3 antes da **ozonólise**, processo que engloba a reação de adição do O_3 seguida da hidrólise do ozonídeo.

Na equação da página anterior, se substituirmos um átomo de hidrogênio que está ligado ao átomo de carbono da insaturação por um grupo metila (— CH_3), um dos produtos que se formam é uma cetona, no caso a propanona.

Viagem no tempo

Um pouco da história do ozônio

Em 1783, o filósofo e cientista holandês Martin van Marum descreveu pela primeira vez que o ar perto de sua máquina eletrostática (hoje no Museu de Haarlem, Holanda, baseada em garrafas de Leiden) adquiria um odor diferente quando emitia descargas elétricas. Em 1801, Cruickshank observou que o oxigênio produzido pela eletrólise de soluções de ácidos diluídos em certas condições possuía um odor característico e diferente. Esses dois investigadores apenas relataram as observações feitas, mas não procuraram descobrir qual substância era responsável por aquele odor.

Em 1840, Schönbein reconheceu que o odor gerado, tanto por uma descarga elétrica como pela eletrólise de soluções ácidas diluídas, era um novo gás ao qual denominou ozônio (do grego: οζειν = *ozein* = cheirar). Durante esses estudos, Schönbein sugeriu a hipótese de que o ozônio ou oxigênio ativo era produzido pela ruptura da ligação neutra oxigênio-oxigênio formando o ozônio (O^-) e seu isômero elétrico, o antiozônio (O^+).

$$O_2 \longrightarrow O^- + O^+$$

Em carta para Faraday, Schönbein revelou: I am far from believing that the above is correct but it is necessary to have a hypothesis on which to base further experiment. (Tradução: Realmente não acredito que a ideia acima esteja correta, mas é necessário ter uma hipótese sobre a qual basear experimentos futuros.) A partir dessa hipótese, seria previsível a formação de "ozonídeos" e "antiozonídeos" e isso incentivou vários pesquisadores a procurar, infrutiferamente, por essas espécies. Algumas propostas feitas sobre a real composição do ozônio não possuíam nenhuma evidência experimental: Williamson sugeriu que poderia ser peróxido de hidrogênio gasoso e Baumert considerou que o ozônio fosse uma forma oxidada do peróxido de hidrogênio, H_2O_3. Bequerel e Freny foram os primeiros a demonstrar que o oxigênio poderia ser totalmente convertido em ozônio. Isso foi feito usando um experimento relativamente simples: em um tubo de descargas elétricas contendo oxigênio foi gerado ozônio na presença de uma solução de KI [...], o ozônio era consumido na medida em que era formado. Após algum tempo, todo o oxigênio havia sido consumido, comprovando que o ozônio era uma forma alotrópica do oxigênio.

$$O_3 + 2\,KI + H_2O \longrightarrow I_2 + 2\,KOH + O_2$$

[...]

OLIVEIRA, A. R. M.; WOSCH, C. L. Ozonólise: a busca por um mecanismo. *Química Nova*, v. 35, n. 7, São Paulo, 2012. Disponível em: <http://www.scielo.br/scielo.php?script=sci_arttext&pid=S0100-40422012000700034#esq1>. Acesso em: 15 jul. 2018.

1. A segunda equação apresentada no texto é um exemplo de reação de oxirredução. Qual é a espécie química que se oxida?

2. O texto menciona uma situação que ocorre com frequência na Ciência: um resultado experimental pode favorecer a descoberta casual de uma substância. Identifique no texto essa situação.

Reações de oxidação e redução de compostos oxigenados

Assim como ocorre com as aminas, os álcoois podem ser classificados em primário, secundário e terciário, dependendo do átomo de carbono ligado ao grupo OH. Se esse átomo de carbono for primário, o álcool é classificado como primário; se for secundário, é um álcool secundário; e, se for terciário, é um álcool terciário. O reconhecimento dessa classificação em um álcool é importante para prever as reações de oxirredução envolvidas nesse composto.

A seguir estão esquematizadas as relações entre as formas oxidadas e reduzidas dos principais compostos oxigenados.

$$R-CH_2-OH \xrightarrow{\text{oxidação}} R-\underset{H}{\overset{O}{\underset{\|}{C}}} \xrightarrow{\text{oxidação}} R-\underset{OH}{\overset{O}{\underset{\|}{C}}}$$

álcool primário → aldeído → ácido carboxílico

$$R-\underset{R'}{\overset{H}{\underset{|}{\overset{|}{C}}}}-OH \xrightarrow{\text{oxidação}} R-\underset{R'}{\overset{|}{\underset{|}{C}}}=O \xrightarrow{\text{oxidação}} \text{não se oxida}$$

álcool secundário → cetona

$$R-\underset{R''}{\overset{R'}{\underset{|}{\overset{|}{C}}}}-OH \xrightarrow{\text{oxidação}} \text{não se oxida}$$

álcool terciário

> A oxidação de um álcool terciário ocorre somente em condições energéticas.

Note acima que é possível diferenciar os tipos de álcoois (primário, secundário e terciário) por meio de reações de oxirredução. No caso do álcool primário, o aldeído formado na reação pode ser oxidado novamente, produzindo um ácido carboxílico. Essas duas reações são utilizadas pela indústria para a produção de ácido acético (ácido etanoico) a partir do etanol. A fermentação do vinho, acelerada por enzimas, transformando-o em vinagre, também é um exemplo de reação de oxidação de álcoois primários.

A reação entre etanol e dicromato de potássio em meio ácido, princípio de funcionamento dos primeiros etilômetros (bafômetros), envolve a oxidação de um álcool primário.

$$2\,K_2Cr_2O_7 + 3\,H_3C-CH_2-OH + 8\,H_2SO_4 \longrightarrow 2\,Cr_2(SO_4)_3 + 2\,K_2SO_4 + 3\,H_3C-\underset{OH}{\overset{O}{\underset{\|}{C}}} + 11\,H_2O$$

dicromato de potássio (cor laranja) — etanol — sulfato de crômio(III) (cor verde) — ácido acético

Nesse processo, o átomo de carbono ligado ao grupo OH muda de Nox −1 (no etanol) para +3 (no ácido acético). O etanol, portanto, sofreu uma oxidação. O crômio, que no dicromato de potássio tem Nox +6, passou a ter Nox +3 no sulfato de crômio(III). O dicromato de potássio sofreu, portanto, uma redução.

A presença de etanol no hálito do motorista era detectada nos primeiros etilômetros pela formação de cristais verdes de sulfato de crômio(III).

Em condições apropriadas de temperatura e com o uso de catalisadores é possível reduzir ácidos carboxílicos e aldeídos a álcoois primários ou cetonas a álcoois secundários. Note que essas reações são inversas às reações de oxidação apresentadas na página anterior. Observe alguns exemplos:

$$H-\underset{H}{\overset{H}{\underset{|}{\overset{|}{C}}}}-\underset{H}{\overset{O}{\underset{\|}{C}}} + 2\,[H] \xrightarrow{\text{catalisador}} H-\underset{H}{\overset{H}{\underset{|}{\overset{|}{C}}}}-\underset{H}{\overset{H}{\underset{|}{\overset{|}{C}}}}-OH$$

$$H-\underset{H}{\overset{H}{\underset{|}{\overset{|}{C}}}}-\overset{O}{\underset{\|}{C}}-\underset{H}{\overset{H}{\underset{|}{\overset{|}{C}}}}-H + 2\,[H] \xrightarrow{\text{catalisador}} H-\underset{H}{\overset{H}{\underset{|}{\overset{|}{C}}}}-\underset{H}{\overset{OH}{\underset{|}{\overset{|}{C}}}}-\underset{H}{\overset{H}{\underset{|}{\overset{|}{C}}}}-H$$

O termo [H] é um símbolo utilizado para representar o hidrogênio atômico, também chamado de hidrogênio nascente, que é obtido pela "quebra" de moléculas de gás hidrogênio por meio de um catalisador, como níquel ou platina.

Você pode resolver as questões 5, 7, 10 a 13, 17 a 19 e 21 a 24 da seção Testando seus conhecimentos.

Reações de oxidação e redução não ocorrem somente com compostos oxigenados. Os nitrocompostos (R — NO_2), por exemplo, podem ser reduzidos a aminas primárias com o uso de catalisadores. O processo inverso, ou seja, a oxidação de aminas primárias a nitrocompostos, também é possível com a utilização de agentes oxidantes como o peróxido de hidrogênio (H_2O_2).

Química: prática e reflexão

É possível interromper ou retardar reações de oxidação?

Material necessário

- 3 béqueres ou copos com capacidade para 250 mL
- 3 etiquetas e caneta
- 3 chumaços pequenos de palha de aço de mesma massa
- suco de 1 limão
- água
- água oxigenada 10 volumes
- proveta
- papel absorvente

Cuidado!
Use luvas de látex.

Procedimentos

1. Com as etiquetas, identifiquem os béqueres ou copos A, B e C.
2. No recipiente A, coloquem um pequeno chumaço de palha de aço e acrescentem o suco de 1 limão e 125 mL de água (meio copo ou béquer).
3. No recipiente B, coloquem outro chumaço de palha de aço e adicionem 125 mL de água.
4. No recipiente C, coloquem somente o último chumaço da palha de aço.
5. Analisem os sistemas (recipientes A, B e C) ao longo do tempo em um período de 1 dia (por exemplo, no início do experimento, após 30 minutos, x horas e 1 dia).
6. Descrevam de forma organizada suas observações.
7. Ao final do tempo estabelecido, retirem com cuidado a palha de aço com papel absorvente, observem e descrevam o aspecto da palha nos três sistemas e das soluções finais.
8. Acrescentem 1 mL (aproximadamente 20 gotas) de água oxigenada nas soluções dos recipientes A e B. No caderno, descrevam os resultados observados.

Descarte dos resíduos: As soluções utilizadas, depois de filtradas e diluídas, podem ser descartadas diretamente no ralo da pia. Os resíduos sólidos relacionados à palha de aço devem ser descartados no lixo comum.

Analisem suas observações

1. Apresentem seus resultados na forma de uma tabela.
2. Interpretem, do ponto de vista da Química, os fenômenos observados. Não se esqueçam de justificar as diferenças observadas para os recipientes A e B.
3. Uma das razões de se sugerir que, nas refeições, se ingiram alimentos ricos em ferro com suco de limão ou de laranja é evitar que o ferro presente nos nutrientes seja oxidado a Fe^{3+}(aq), espécie química que nosso organismo não assimila. Na presença de vitamina C, esse ferro fica na forma de Fe^{2+}(aq).

Vocês veem alguma relação entre as conclusões do experimento e as informações fornecidas acima?

Atividades

1. Leia o texto a seguir e resolva o que se pede:

> [...] Segundo Eliane Gomes Fabri, pesquisadora do Centro de Horticultura – Setor Plantas Aromáticas e Medicinais do Instituto Agronômico de Campinas (IAC), em São Paulo, o mercado de urucum corresponde a 90% do total do consumo de corantes naturais no Brasil e a 70% de corantes naturais no mundo. Ela acrescenta que 40% da colheita brasileira são utilizados para a extração de bixina (o corante), 50% para a produção de colorífico e 10% para outras aplicações.
> [...]
>
> Demanda por corantes naturais aquece mercado brasileiro de urucum. *SNA News*, 21 jul. 2015. Disponível em: http://www.sna.agr.br/demanda-por-corantes-naturais-aquece-mercado-brasileiro-de-urucum/. Acesso em: 15 jul. 2018.

Frutos de urucum. A bixina é extraída de suas sementes.

Considere a estrutura da bixina representada abaixo:

a) Que grupos funcionais podem ser identificados no produto da reação da bixina com permanganato de potássio em meio ácido e temperatura elevada?

b) Calcule a quantidade de gás hidrogênio, em mols, necessária para a hidrogenação completa de 1 mol de moléculas de bixina.

2. Uma das principais aplicações do álcool isopropílico é como solvente para a limpeza de equipamentos eletrônicos delicados, em parte devido a sua ação desinfetante e grande volatilidade. Qual tipo de desidratação do álcool isopropílico forma um produto orgânico cujas interações intermoleculares predominantes são as do tipo dipolo permanente-dipolo permanente?

3. Feromônios são importantes mensageiros químicos utilizados pelos insetos com diferentes objetivos, desde comunicação até controle comportamental. Merecem destaque os feromônios liberados exclusivamente por abelhas-rainhas, os quais desempenham papel na estratificação da colmeia. Por exemplo, o feromônio mandibular da rainha atrai os zangões e inibe o desenvolvimento do sistema reprodutor das operárias. Esse feromônio é, na verdade, uma mistura de compostos, entre os quais as substâncias cujas fórmulas estruturais estão representadas a seguir.

9-ODA

9-HDA

Rainhas jovens não conseguem converter o 9-ODA (ácido 9-oxodeca-2-enoico) em 9-HDA (ácido 9-hidroxideca-2-enoico), diferentemente de rainhas em idade reprodutora.

a) Identifique o tipo de transformação química que, segundo o texto, as abelhas-rainhas jovens não são capazes de realizar.

b) Após analisar o nome das duas substâncias destacadas no texto, desenhe a fórmula estrutural do ácido 2-hidroxipropanoico.

4. A oxidação enérgica de um alceno produz gás carbônico e butanona. Qual é o nome do alceno?

5. Leia o texto abaixo e resolva as questões que seguem.

O tucumã-açu (*Astrocaryum macrocarpum*) é uma palmeira solitária com área de ocorrência nas Guianas, Amazonas e Pará [...]. Uma palmeira típica produz cerca de 50 quilos de frutos por ano, mesmo em solos pobres [...]. Do tucumã aproveita-se tudo; o óleo pode ser utilizado para produção de biodiesel, que é obtido através do processo de transesterificação, o qual envolve a reação do óleo vegetal com um álcool, utilizando como catalisador o hidróxido de sódio. Da casca, pode-se produzir carvão ecológico [...]. A gordura extraída das amêndoas é de excepcional qualidade, rica em ácido láurico, e utilizada como matéria-prima na fabricação de [...] um tipo especial de margarina [...].

FARIAS, F. A. et al. *Ácidos graxos no óleo fixo da polpa do tucumã-açu do Pará (*Astrocaryum macrocarpum*)*. Disponível em: <http://www.abq.org.br/cbq/2009/trabalhos/1/1-355-6762.htm>. Acesso em: 15 jul. 2018.

Frutos do tucumã-açu. Manaus (AM), 2009.

Admitindo o óleo de tucumã como um triglicerídeo exclusivamente derivado do ácido láurico ($C_{11}H_{23}$ — COOH), pedem-se:

a) a equação química balanceada da reação entre o ácido láurico e a glicerina, obtendo o óleo de tucumã;

b) a equação química balanceada de obtenção do sabão a partir do óleo e do hidróxido de sódio;

c) a equação química balanceada de obtenção do biodiesel a partir do óleo e do álcool metílico.

6. Leia o texto abaixo e responda aos itens a seguir.

Por que cobrar pela água?

A água dos rios, dos lagos e subterrânea sempre foi, na maioria dos países, um bem de livre acesso, pelo menos para os usuários que estavam nas suas margens. [...] Por que a cobrança agora? [...]

[...] O uso intensivo dos corpos hídricos, seja para captação, diluição de efluentes, geração de energia, etc., limita o uso da água por outros usuários. No médio e longo prazos podem gerar o comprometimento dos recursos hídricos para gerações futuras e a degradação de ecossistemas dependentes desses recursos. [...]

[...] O sistema de cobrança proposto para o estado de São Paulo, por exemplo, baseado na experiência francesa, considera os seguintes fatores de cobrança:
- Cobrança por captação: em R$/m³ de água captada;
- Cobrança por consumo: em R$/m³ de água captada e não retornada ao corpo hídrico;
- Cobrança por carga poluente remanescente lançada: em R$/kg de poluente lançado no corpo hídrico; os fatores de poluição considerados são:
    – Demanda Bioquímica de Oxigênio (DBO)
    – Demanda Química de Oxigênio (DQO)
    – Resíduo sedimentável
    – Carga inorgânica – Correspondente a metais, cianetos e fluoretos.

Tanto o sistema de cobrança aplicado na França como o proposto para o estado de São Paulo adotam coeficientes multiplicadores dos fatores de cobrança que tentam refletir a escassez do recurso e o impacto do uso. Assim, a água é mais cara para usuários localizados próximos às nascentes e mais barata para usuários localizados nos trechos de foz, por exemplo.

[...]

MAY, P. *Economia do meio ambiente*. 2. ed. Rio de Janeiro: Elsevier Brasil, 2010.

a) Em seu município é feita cobrança pelo uso da água? Quais são os fatores considerados na cobrança?

b) Os objetivos para a cobrança do uso da água, como fazer o usuário reconhecer esse recurso como um bem econômico, incentivando a racionalização de seu uso, estão sendo cumpridos? Debata com seus colegas.

c) Tanto a DBO como a DQO são técnicas de determinação da quantidade de matéria orgânica no corpo hídrico baseadas em reações de oxirredução. Pesquise a diferença entre esses dois indicadores de poluição.

Testando seus conhecimentos

Caso necessário, consulte as tabelas no final desta Parte.

1. (UPM-SP) Abaixo estão representadas as fórmulas estruturais de quatro compostos orgânicos.

A: $H_3C-CH_2-CH_2-COOH$
B: $H_3C-CH_2-CH(OH)-CH_3$
C: $H_3C-CH_2-CH(NH_2)-CH_3$
D: $H_3C-CH_2-O-CH_2-CH_3$

A respeito desses compostos orgânicos, é correto afirmar que:
a. todos possuem cadeia carbônica aberta e homogênea.
b. a reação entre A e B, em meio ácido, forma o éster butanoato de isobutila.
c. B e D são isômeros de posição.
d. o composto C possui caráter básico e é uma amina alifática secundária.
e. sob as mesmas condições de temperatura e pressão, o composto D é o mais volátil.

2. (UFPR) Um dos parâmetros que caracteriza a qualidade de manteigas industriais é o teor de ácidos carboxílicos presentes, o qual pode ser determinado de maneira indireta, a partir da reação desses ácidos com etanol, levando aos ésteres correspondentes. Uma amostra de manteiga foi submetida a essa análise e a porcentagem dos ésteres produzidos foi quantificada, estando o resultado ilustrado no diagrama ao lado.

Composição de ésteres formados
($C_{12}H_{24}O_2$, $C_{10}H_{20}O_2$, $C_8H_{16}O_2$, $C_6H_{12}O_2$, $C_{14}H_{28}O_2$)

O ácido carboxílico presente em maior quantidade na amostra analisada é o:
a. butanoico.
b. octanoico.
c. decanoico.
d. dodecanoico.
e. hexanoico.

3. (UPF-RS) A seguir, está representada a estrutura do éster responsável pelo *flavor* de abacaxi.

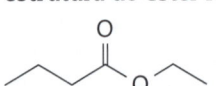

Marque a opção que indica corretamente os reagentes que podem ser usados para produzir esse éster via reação de esterificação catalisada por ácido.
a. $CH_3(CH_2)_2COCH_3 + CH_3CH_2CH_2CH_3$
b. $CH_3(CH_2)_2CHO + CH_3CH_2OH$
c. $CH_3(CH_2)_2COOH + CH_3CH_2OH$
d. $CH_3CH_2COOH + CH_3CH_2Cl$
e. $CH_3CH_2CH_2CH_2OH + CH_3COOH$

4. (Enem) O biodiesel é um biocombustível obtido a partir de fontes renováveis, que surgiu como alternativa ao uso do *diesel* de petróleo para motores de combustão interna. Ele pode ser obtido pela reação entre triglicerídeos, presentes em óleos vegetais e gorduras animais, entre outros, e álcoois de baixa massa molar, como o metanol ou etanol, na presença de um catalisador, de acordo com a equação química:

$$\begin{array}{c} CH_2-O-CO-R_1 \\ | \\ CH-O-CO-R_2 \\ | \\ CH_2-O-CO-R_3 \end{array} + 3\ CH_3OH \xrightarrow{catalisador} \begin{array}{c} CH_3-O-CO-R_1 \\ CH_3-O-CO-R_2 \\ CH_3-O-CO-R_3 \end{array} + \begin{array}{c} CH_2-OH \\ | \\ CH-OH \\ | \\ CH_2-OH \end{array}$$

A função química presente no produto que representa o biodiesel é
a. éter.
b. éster.
c. álcool.
d. cetona.
e. ácido carboxílico

5. (Uepa) Analise as reações e seus produtos orgânicos abaixo, para responder à questão.

1. C₆H₅—CH=CH₂ $\xrightarrow{\text{H}_2, \text{Ni}/25°C}$ C₆H₅—CH₂—CH₃

2. C₆H₆ + CH₃CH₂—Br $\xrightarrow{\text{AlCl}_3}$ C₆H₅—CH₂CH₃ + HBr

3. C₆H₅—CH₂CH₃ $\xrightarrow[\text{H}_2\text{SO}_4\text{aq.}]{\text{CrO}_3, \text{CH}_3\text{CO}_2\text{H}}$ C₆H₅—COOH

Quanto à classificação das reações acima, é correto afirmar que as mesmas são, respectivamente:
a. reação de substituição, reação de adição e reação de oxidação.
b. reação de hidrogenação, reação de alquilação e reação de oxidação.
c. reação de substituição, reação de eliminação e reação de oxidação.
d. reação de hidrogenação, reação de alquilação e reação de combustão.
e. reação de hidrogenação, reação de alquilação e reação de eliminação.

6. (Unesp) Considere a seguinte reação, em que R e R' são, respectivamente, os radicais etila e metila.

$$R-COOH + R'-OH \longrightarrow R-COOR' + H_2O$$

Dê os nomes das funções orgânicas envolvidas nessa reação (reagentes e produto). Escreva a fórmula estrutural do produto orgânico formado, representando todas as ligações químicas entre os átomos constituintes.

7. (Fuvest-SP) O 1,4-pentanodiol pode sofrer reação de oxidação em condições controladas, com formação de um aldeído A, mantendo o número de átomos de carbono da cadeia. O composto A formado pode, em certas condições, sofrer reação de descarbonilação, isto é, cada uma de suas moléculas perde CO, formando o composto B. O esquema a seguir representa essa sequência de reações:

1,4-pentanodiol $\xrightarrow{\text{oxidação}}$ A $\xrightarrow{\text{descarbonilação}}$ B

Os produtos A e B dessas reações são:

	A	B
a.	ácido 4-hidroxipentanoico (OH—CH(CH₃)—CH₂—CH₂—COOH)	1,3-butanodiol (CH₃—CH(OH)—CH₂—CH₂OH)
b.	ácido 4-hidroxipentanoico (OH—CH(CH₃)—CH₂—CH₂—COOH)	2-butanol (CH₃—CH(OH)—CH₂—CH₃)
c.	4-hidroxi... cetona (CH₃—CO—CH₂—CH₂—CH₂OH)	1-propanol (CH₃—CH₂—CH₂OH)
d.	4-hidroxipentanal (OH—CH(CH₃)—CH₂—CH₂—CHO)	2-butanol (CH₃—CH(OH)—CH₂—CH₃)
e.	4-hidroxipentanal (OH—CH(CH₃)—CH₂—CH₂—CHO)	3-hidroxibutanal (CH₃—CH(OH)—CH₂—CHO)

8. (UFSC) Os ésteres são utilizados como essências de frutas e aromatizantes na indústria alimentícia, farmacêutica e cosmética. Considere a reação entre um ácido carboxílico (I) e um álcool (II), de acordo com o esquema reacional abaixo, formando o éster representado pela estrutura III, que possui aroma de abacaxi e é usado em diversos alimentos e bebidas:

$$I + II \underset{b}{\overset{a}{\rightleftarrows}} H_3C-CH_2-CH_2-C\underset{O-CH_2-CH_3}{\overset{O}{\lessgtr}} + H_2O$$

III

Sobre o assunto, é correto afirmar que:
01. a reação que ocorre no sentido indicado pela letra "a" é denominada esterificação, ao passo que a reação que ocorre no sentido indicado por "b" é uma hidrólise.
02. o composto I é o ácido etanoico.
04. o composto II é o butan-1-ol.
08. o composto III é isômero de função do ácido hexanoico.
16. o composto I possui dois átomos de hidrogênio ionizáveis, o que o classifica como um ácido poliprótico.
32. a adição do composto I ou II em excesso favorecerá a reação no sentido indicado pela letra "b", deslocando o equilíbrio da reação para a esquerda.

Dê como resposta a soma dos números correspondentes às alternativas corretas.

9. (UEPG-PR) Sobre o composto abaixo, assinale o que for correto.
01. É um éster.
02. Tem ponto de ebulição menor que um ácido carboxílico de mesma massa molecular.
04. Sua hidrólise pode gerar o ácido propanoico.
08. É produzido em uma reação de esterificação entre ácido acético e 2-propanol.
16. Este composto pode fazer ligação de hidrogênio com outra molécula idêntica a esta.

Dê como resposta a soma dos números correspondentes às alternativas corretas.

10. (UEM-PR) As bebidas alcoólicas contêm certo teor de etanol. A ingestão habitual de bebidas alcoólicas, além de ocasionar o alcoolismo, pode causar danos irreversíveis ao cérebro, ao coração e ao fígado. A maior parte do álcool ingerido é metabolizada no fígado, onde, pela ação de enzimas, o etanol é convertido em acetaldeído, substância altamente tóxica, mesmo quando produzida em pequenas quantidades. Considerando os conceitos de oxirredução de moléculas orgânicas, de reação de desidratação, bem como a equação de representação do metabolismo do etanol no organismo, apresentada adiante, assinale o que for correto.

$$CH_3CH_2OH \xrightarrow{enzima} CH_3CHO \xrightarrow{enzima} CH_3COOH$$

01. A formação de acetaldeído ocorre por meio da oxidação do etanol, onde o número de oxidação do átomo de carbono aumenta de −1 para +1.
02. No processo de metabolização do etanol, o acetaldeído é um agente oxidante.
04. A oxidação do 2-propanol leva à formação do ácido carboxílico correspondente.
08. O ácido acético também pode ser formado a partir da hidrólise básica do acetato de etila.
16. A reação de desidratação intramolecular do etanol forma o eteno, o qual, através de ozonólise, leva à formação do formaldeído.

Dê como resposta a soma dos números correspondentes às alternativas corretas.

11. (Uece) Atualmente são conhecidos milhares de reações químicas que envolvem compostos orgânicos. Muitas dessas reações são genéricas, isto é, ocorrem com um grande número de funções.
Atente aos seguintes compostos:

I. $CH_3CHCH_2CH_3$
     $|$
     CH_3

II. CH_3COOCH_3

III. $CH_3CH_2COCH_3$

IV. CH_3CCHCH_3
       $|$
       CH_3

Considerando as reações dos compostos orgânicos acima, assinale a afirmação verdadeira.
a. Há possibilidade de obter cinco diferentes substâncias monocloradas a partir de I.
b. A substância III, em condições brandas, pode ser oxidada por uma solução neutra de $KMnO_4$.
c. A oxidação do álcool, obtido a partir da hidrólise de II, leva à formação do metanal.
d. Na oxidação enérgica, feita a quente com o composto IV, ocorre a formação de aldeído e ácido carboxílico.

12. (UFPR) O salicilato de metila é um produto natural amplamente utilizado como analgésico tópico para alívio de dores musculares, contusões etc. Esse composto também pode ser obtido por via sintética a partir da reação entre o ácido salicílico e metanol, conforme o esquema abaixo:

Ácido salicílico $\xrightarrow{\text{MeOH, H}^+ \text{ Aquecimento}}$ Salicicato de metila

A reação esquematizada é classificada como uma reação de:
a. esterificação.   b. hidrólise.   c. redução.   d. pirólise.   e. desidratação.

13. (UFSM-RS) As lavouras brasileiras são sinônimo de alimentos, que vão parar nas mesas das famílias brasileiras e do exterior. Cada vez mais, no entanto, com o avanço da tecnologia química, a produção agropecuária tem sido vista também como fonte de biomassa que pode substituir o petróleo como matéria-prima para diversos produtos, tais como etanol, biogás, biodiesel, bioquerosene, substâncias aromáticas, biopesticidas, polímeros e adesivos.

Por exemplo, a hidrólise ácida da celulose de plantas e materiais residuais resulta na produção de hidroximetilfurfural e furfural. Esses produtos são utilizados na geração de outros insumos, também de alto valor agregado, usados na indústria química.

O esquema de reações mostra a transformação da celulose no álcool furílico e a conversão deste em outros derivados.

CELULOSE $\xrightarrow{\text{H}_2\text{O/H}^+}$ Álcool furílico (1) $\xrightarrow{?}$ Furfural (2) $\xrightarrow{?}$ Ácido furoico (3)

Observando o esquema de reações, é correto afirmar que a transformação de 1 em 2 e a de 2 em 3 envolvem, respectivamente, reações de
a. hidrólise e oxidação.   c. oxidação e oxidação.   e. redução e redução.
b. redução e oxidação.   d. redução e hidrólise.

14. (Udesc) Analisando a reação a seguir, pode-se afirmar que:

$$\underset{1}{H_3C-COOH} + \underset{2}{HO-CH_2-CH_3} \xrightarrow[\text{etanol}]{H_2SO_4} \underset{3}{H_3C-COO-CH_2-CH_3} + \underset{4}{H_2O}$$

a. os reagentes 1 e 2 são um ácido carboxílico e um álcool, respectivamente, que reagem entre si formando um éter, cuja nomenclatura é etanoato de etila.
b. os reagentes 1 e 2 são um ácido carboxílico e um álcool, respectivamente, que reagem entre si formando um éster, cuja nomenclatura é etanoato de etila.
c. os reagentes 1 e 2 são dois ácidos carboxílicos porque apresentam grupos OH.
d. os reagentes 1 e 2 são dois álcoois porque apresentam grupos OH.
e. os reagentes 1 e 2 são um ácido carboxílico e um álcool, respectivamente, que reagem entre si formando uma cetona.

15. (UFJF-MG) Um método clássico para a preparação de álcoois é a hidratação de alcenos catalisada por ácido. Nessa reação, o hidrogênio se liga ao carbono mais hidrogenado, e o grupo hidroxila se liga ao carbono menos hidrogenado (regra de Markovnikov). Sabendo-se que os álcoois formados na hidratação de dois alcenos são, respectivamente, 2-metil-2-hexanol e 1-etilciclopentanol, quais são os nomes dos alcenos correspondentes que lhes deram origem?
a. 2-metil-2-hexeno e 2-etilciclopenteno.   d. 2-metil-1-hexeno e 2-etilciclopenteno.
b. 2-metil-2-hexeno e 1-etilciclopenteno.   e. 3-metil-2-hexeno e 2-etilciclopenteno.
c. 2-metil-3-hexeno e 1-etilciclopenteno.

16. (Fatec-SP)

> A incorporação de saberes e de tecnologias populares como, por exemplo, a obtenção do sabão de cinzas, a partir de uma mistura de lixívia de madeira queimada com grandes quantidades de gordura animal sob aquecimento, demonstra que já se sabia como controlar uma reação química, cuja finalidade, neste caso, era produzir sabão.
> De acordo com o conhecimento químico, o sabão de cinzas se forma mediante a ocorrência de reações químicas entre a potassa, que é obtida das cinzas, e os ácidos graxos presentes na gordura animal.
>
> (www.if.ufrgs.br/ienci/artigos/Artigo_ID241/v15_n2_a2010.pdf. Acesso em 21.09.2012. Adaptado)

A palavra potassa é usada em geral para indicar o carbonato de potássio (K_2CO_3), que, em meio aquoso, sofre hidrólise. A produção do sabão é possível porque a hidrólise da potassa leva à formação de um meio fortemente

a. ácido, promovendo a esterificação.
b. ácido, promovendo a saponificação.
c. alcalino, promovendo a esterificação.
d. alcalino, promovendo a saponificação.
e. ácido, promovendo a hidrólise da gordura.

17. (Enem) Hidrocarbonetos podem ser obtidos em laboratório por descarboxilação oxidativa anódica, processo conhecido como eletrossíntese de Kolbe. Essa reação é utilizada na síntese de hidrocarbonetos diversos, a partir de óleos vegetais, os quais podem ser empregados como fontes alternativas de energia, em substituição aos hidrocarbonetos fósseis. O esquema ilustra simplificadamente esse processo.

$$2 \text{ R-COOH} \xrightarrow[\text{metanol}]{\text{eletrólise, KOH}} \text{R-R} + 2\,CO_2$$

AZEVEDO, D. C.; GOULART, M. O. F. Estereosseletividade em reações eletródicas. *Química Nova*, n. 2, 1997 (adaptado).

Com base nesse processo, o hidrocarboneto produzido na eletrólise do ácido 3,3-dimetil-butanoico é o

a. 2,2,7,7-tetrametil-octano.
b. 3,3,4,4-tetrametil-hexano.
c. 2,2,5,5-tetrametil-hexano.
d. 3,3,6,6-tetrametil-octano.
e. 2,2,4,4-tetrametil-hexano.

18. (Cefet-MG) Os álcoois, quando reagem com permanganato de potássio, em meio ácido e com aquecimento, podem ser oxidados a aldeídos, cetonas ou ácidos carboxílicos. O álcool que, submetido às condições citadas, NÃO é capaz de reagir é o

a. etanol.
b. butan-2-ol.
c. cicloexanol.
d. 2-metil-propan-2-ol.
e. 2-metil-pent-1-en-3-ol.

19. (Enem) O permanganato de potássio ($KMnO_4$) é um agente oxidante forte muito empregado tanto em nível laboratorial quanto industrial. Na oxidação de alcenos de cadeia normal, como o 1-fenil-1-propeno, ilustrado na figura, o $KMnO_4$ é utilizado para a produção de ácidos carboxílicos.

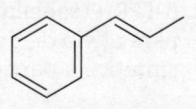

1-fenil-1-propeno

Os produtos obtidos na oxidação do alceno representado, em solução aquosa de $KMnO_4$, são:

a. Ácido benzoico e ácido etanoico.
b. Ácido benzoico e ácido propanoico.
c. Ácido etanoico e ácido 2-feniletanoico.
d. Ácido 2-feniletanoico e ácido metanoico.
e. Ácido 2-feniletanoico e ácido propanoico.

20. (Unifor-CE) Os ésteres são compostos orgânicos que apresentam o grupo funcional R'COOR". São empregados como aditivos de alimentos e conferem sabor e aroma artificiais aos produtos industrializados, imitam o sabor de frutas em sucos, chicletes e balas. Os compostos orgânicos que podem reagir para produzir o seguinte éster, por meio de uma reação de esterificação, são, respectivamente,

$$H_3C-CH_2-C(=O)-O-CH_2-CH_3$$

éster que apresenta aroma de abacaxi

a. ácido benzoico e etanol.
b. ácido butanoico e etanol.
c. ácido etanoico e butanol.
d. ácido metanoico e butanol.
e. ácido etanoico e etanol.

21. (UFRGS-RS) Um composto X, com fórmula molecular $C_4H_{10}O$, ao reagir com permanganato de potássio em meio ácido, levou à formação de um composto Y, com fórmula molecular $C_4H_8O_2$.

Os compostos X e Y são, respectivamente,

a. butan-1-ol ; ácido butanoico
b. butan-2-ol ; ácido 2-metilpropanoico
c. 2-metilpropan-2-ol ; ácido 2-metilpropanoico
d. etoxietano ; etanoato de etila
e. butan-1-ol ; metoxipropanona

22. (Unimontes-MG) Os álcoois I e II foram tratados, separadamente, com excesso de dicromato de sódio (agente oxidante) em meio ácido, com o objetivo de obter-se um ácido carboxílico, como ilustrado a seguir:

[Estruturas: I – ciclopentil-CH₂OH; II – ciclopentanol com CH₃; Resultado – ácido ciclopentanocarboxílico]

Baseado nas informações, pode-se afirmar que
a. o produto esperado se obtém a partir dos álcoois I e II.
b. o composto I, nesse processo, corresponde ao álcool oxidado.
c. apenas a partir do composto II se obtém o ácido ciclo pentanoico.
d. os compostos I e II são inertes nessa reação e não se obtém o produto.

23. (UFRGS-RS) O ácido lactobiônico é usado na conservação de órgãos de doadores. A sua síntese é feita a partir da lactose, na qual um grupo aldeído é convertido em grupo ácido carboxílico.
A reação em que um ácido carboxílico é formado a partir de um aldeído é uma reação de
a. desidratação.
b. hidrogenação.
c. oxidação.
d. descarboxilação.
e. substituição.

24. (ITA-SP) O composto 3,3-dimetil-1-penteno reage com água em meio ácido e na ausência de peróxidos, formando um composto X que, a seguir, é oxidado para formar um composto Y. Os compostos X e Y formados preferencialmente são, respectivamente,
a. um álcool e um éster.
b. um álcool e uma cetona.
c. um aldeído e um ácido carboxílico.
d. uma cetona e um aldeído.
e. uma cetona e um éster.

25. (Fuvest-SP) Uma das substâncias utilizadas em desinfetantes comerciais é o perácido de fórmula CH_3CO_3H.
A formulação de um dado desinfetante encontrado no comércio consiste em uma solução aquosa na qual existem espécies químicas em equilíbrio, como representado a seguir.
(Nessa representação, a fórmula do composto 1 não é apresentada.)

$H_3C-C(=O)-OOH + H_2O \rightleftharpoons$ composto 1 $+ H_2O_2$

Ao abrir um frasco desse desinfetante comercial, é possível sentir o odor característico de um produto de uso doméstico.
Esse odor é de
a. amônia, presente em produtos de limpeza, como limpa-vidros.
b. álcool comercial, ou etanol, usado em limpeza doméstica.
c. acetato de etila, ou etanoato de etila, presente em removedores de esmalte.
d. cloro, presente em produtos alvejantes.
e. ácido acético, ou ácido etanoico, presente no vinagre.

26. (Uerj) Ao abrir uma embalagem de chocolate, pode-se perceber seu aroma. Esse fato é explicado pela presença de mais de duzentos tipos de compostos voláteis em sua composição. As fórmulas A, B e C, apresentadas a seguir, são exemplos desses compostos.

A: C₆H₅–CH₂–CH₂–OH
B: C₆H₅–CH₂–CHO
C: CH₃–COOH

Escreva o nome do composto A e a fórmula estrutural do isômero plano funcional do composto B.
Utilizando fórmulas estruturais, escreva, também, a equação química completa da reação do etanol com o composto C. Em seguida, nomeie o composto orgânico formado nessa reação.

27. (UEPG-PR) No que se refere às reações químicas apresentadas nos itens I, II e III, assinale o que for correto.

I. $CH_3COOH + NaOH \longrightarrow CH_3COONa + H_2O$
II. $CH_3COOH + CH_3OH \longrightarrow CH_3COOCH_3 + H_2O$
III. $CH_3CH_2OH \longrightarrow CH_2CH_2 + H_2O$

01. A reação que tem como produto o acetato de sódio é uma reação de substituição.
02. A reação apresentada no item II é uma reação de esterificação.
04. As três reações apresentadas são exemplos de desidratação, pois resultam na eliminação de uma molécula de água.
08. A reversão da reação II é um exemplo de hidrólise.

Dê como resposta a soma dos números correspondentes às alternativas corretas.

28. (UFRGS-RS) Assinale a alternativa que preenche corretamente a lacuna do enunciado abaixo.
O polietileno é obtido através da reação de polimerização do etileno, que, por sua vez, é proveniente do petróleo. Recentemente, foi inaugurada, no Polo Petroquímico do RS, uma planta para a produção de "plástico verde". Nesse caso, o etileno usado na reação de polimerização é obtido a partir de etanol, uma fonte natural renovável, e não do petróleo. A reação de transformação do etanol (CH_3CH_2OH) em etileno ($CH_2=CH_2$) é uma reação de _____.
a. substituição.
b. adição.
c. hidrólise.
d. eliminação.
e. oxidação.

CAPÍTULO 35

POLÍMEROS: OBTENÇÃO, USOS E IMPLICAÇÕES

No dia a dia, é comum encontrarmos diversos objetos de plástico, como podemos ver na foto acima, à esquerda (Piaçabuçu, AL, 2015). Entretanto, o descarte inadequado de materiais acaba causando problemas ao meio ambiente, como podemos ver na foto acima, à direita, em que vários objetos de plástico, descartados inadequadamente, são trazidos pelas águas do mar até a praia (Bertioga, SP, 2010).

ENEM
C5: H17
C7: H25

Este capítulo vai ajudá-lo a compreender:
- algumas classificações de polímeros;
- formas de obtenção de alguns polímeros;
- o descarte de plástico e o meio ambiente.

Para situá-lo

As imagens de abertura do capítulo mostram duas situações antagônicas a respeito dos polímeros. De um lado, esses materiais estão cada vez mais inseridos no cotidiano, constituindo diferentes objetos, como garrafas e sacolas plásticas, roupas, etc. De outro, o consumo desenfreado desses materiais e o descarte inadequado provocam diversos impactos ao ambiente, afetando a economia e a saúde humana e de outros seres vivos (tartarugas – como a da foto ao lado –, aves e peixes acabam ingerindo esses materiais por confundi-los com alimento).

Os plásticos e outros materiais de natureza semelhante são bastante combatidos por ambientalistas e por todos os que se preocupam com a quantidade crescente de resíduos sólidos acumulados no ambiente em que vivemos.

Esses materiais, no entanto, não são úteis apenas para fabricar itens de consumo e lazer, como bolas de futebol, brinquedos, celulares, embalagens e pneus. Eles têm sido usados, de forma cada vez mais intensa, para resolver problemas de saúde, em restaurações dentárias, em válvulas cardíacas artificiais e em equipamentos ortopédicos. Por aliarem qualidades, como baixa densidade, facilidade de moldagem, resistência e estabilidade, a um custo relativamente baixo, muitos desses compostos são usados em procedimentos médicos, como é o caso de cirurgias de reparação.

Alguns fios usados em suturas cirúrgicas são feitos de materiais poliméricos que se degradam em contato com a pele em intervalo de tempo suficiente para que o corte cicatrize. Esse tipo de sutura elimina a necessidade de o paciente retirar os pontos.

1. Você conhece algum polímero ou plástico? Cite alguns exemplos e usos deles.

2. Indique outros problemas de descarte inadequado de plásticos além dos já relatados no texto.

3. Há perspectiva de substituir parcialmente o polietileno comum, que usa matéria-prima obtida do petróleo, pelo chamado "plástico verde" (polietileno obtido a partir do etanol). A primeira etapa da obtenção desse plástico é a transformação de etanol em etileno. Em que condições essa reação ocorre?

4. Leia os fragmentos de uma matéria da Revista *Fapesp*.

   ....

   [...] O polietileno de etanol foi certificado pelo laboratório [...], dos Estados Unidos, pela técnica do carbono-14, como um produto feito com 100% de matéria-prima renovável. A matéria-prima utilizada, no caso o etanol, é renovável, mas o produto final não é biodegradável. [...].

   [...] A grande vantagem ambiental do polietileno do álcool é que, para cada quilo de polímero produzido, são absorvidos em torno de 2,5 quilos de gás carbônico, o dióxido de carbono, da atmosfera pela fotossíntese da cana.

   ERENO, D. Plástico renovável. Revista *Fapesp*, ed. 142, dez. 2007. Disponível em: <http://revistapesquisa.fapesp.br/2007/12/01/plastico-renovavel/>. Acesso em: 16 jul. 2018.

   ....

   Explique o que você entende de cada um desses trechos.

5. Leia o texto a seguir e responda às questões.

   ....

   [...]
   O estudo da biodegradação de polímeros tem dois caminhos opostos. De um lado, temos muitas aplicações nas quais a resistência dos materiais aos ataques biológicos é necessária. Nessas aplicações, o polímero é exposto ao ataque de vários microrganismos e deve resistir a estes o máximo possível. Implantes dentais, ortopédicos e outros implantes cirúrgicos são expostos ao ataque biológico no corpo humano. Isolantes e pinturas também são objetos de ataque de microrganismos. Para todas essas aplicações, espera-se que o polímero tenha uma longa vida útil; ele deve ser biorresistente. Felizmente, a maior parte dos polímeros sintéticos de alta massa molecular desempenham esse papel. [...]

   Por outro lado, temos uma necessidade cada vez maior de plásticos biodegradáveis, já que para minimizar o impacto ambiental são requeridos polímeros que possam ser degradados e desapareçam por completo pela atuação de microrganismos. [...]

   CANGEM, J. M; SANTOS, A. M. dos; CLARO NETO, S. Biodegradação: uma alternativa para minimizar os impactos decorrentes dos resíduos plásticos. *Química Nova na Escola*, São Paulo, n. 22, nov. 2005. Disponível em: <http://qnesc.sbq.org.br/online/qnesc22/a03.pdf>. Acesso em: 16 jul. 2018.

   ....

   a. O que são plásticos biodegradáveis?
   b. O texto menciona a "necessidade cada vez maior de plásticos biodegradáveis" para minimizar o impacto ambiental da utilização de polímeros. Os plásticos biodegradáveis podem ser descartados em qualquer ambiente?

Até aqui foram analisados os compostos com cadeia carbônica contendo poucos átomos de carbono. Neste capítulo, você vai estudar moléculas enormes, que podem chegar a ter milhares de átomos, genericamente chamadas de macromoléculas (**macro** significa "grande"). Você também será convidado a conhecer formas de obtenção de alguns polímeros e seus usos.

Os polímeros e sua abrangência

O estudo da Química Orgânica até aqui permitiu abordar uma variedade de substâncias, desde as mais simples, como o metano – cujas moléculas têm apenas um átomo de carbono –, até outras, bem mais complexas, como o polietileno – um dos plásticos mais comuns e cujas moléculas podem apresentar de mil a 200 mil átomos de carbono.

Polímeros são materiais formados por compostos macromoleculares cujas unidades constituintes são formadas de um grande número de grupos de átomos – os monômeros –, os quais estão quimicamente ligados entre si.

Na natureza há muitos polímeros, como a borracha natural, o amido, a celulose, as proteínas, etc.

Há pouco mais de 100 anos, a indústria passou a produzir polímeros artificiais. Inicialmente, procuravam-se substitutos para a borracha, a seda e o algodão; porém, os avanços das pesquisas levaram à produção de uma diversidade tão grande de polímeros que muitos deles têm propriedades bem diferentes das encontradas em polímeros naturais.

Os fios de proteína que constituem as teias de aranha (foto da esquerda) têm qualidade superior à de um dos materiais sintéticos mais resistentes e flexíveis, o Kevlar® – polímero usado em coletes à prova de bala (foto da direita).

Atividades

1. Em embalagens plásticas é comum encontrarmos referências ao polímero empregado; nas que contêm produtos recicláveis, há uma espécie de triângulo, acompanhado de letras ou números. Procure em sua casa garrafas descartáveis de refrigerantes, apetrechos de cozinha (que não sejam metálicos ou de louça), baldes, frascos plásticos (por exemplo, de sorvete) com essa indicação. Observe os vários tipos de informação encontrada e anote-as. Em seguida, procure descobrir o nome do constituinte químico de cada um dos objetos (consulte o quadro da página 859).

2. Pesquise também em lojas, revistas, catálogos de vendas, propagandas e na internet o nome dos principais constituintes químicos utilizados em tecidos, boias, roupas de mergulho, coletes à prova de balas, roupas para ginástica, brinquedos, roupas para inverno, tubos e conexões (não metálicos), entre outros produtos.

3. Agora, tente responder:
   a) Em geral, esses produtos são naturais?
   b) Há algo em comum no nome químico da maioria dos produtos pesquisados. O que é?

Nas últimas décadas, grande parte dos compostos orgânicos produzidos industrialmente tem sido usada na obtenção de polímeros. Isso porque novos tipos de polímeros vêm sendo obtidos, abrangendo uma gama enorme de aplicações, como peças de vestuário, utensílios de cozinha, móveis, canalizações, frascos, seringas, válvulas coronarianas e coberturas.

Como parte significativa desses polímeros são plásticos, costuma-se dizer que vivemos a Idade dos Plásticos, em analogia à Idade da Pedra ou à do Bronze. Cabe destacar que nem todos os polímeros são plásticos (termo utilizado para materiais que podem ser moldados); há outros tipos de polímeros.

Objetos de plástico são abundantes no cotidiano.

Classificação dos polímeros

A necessidade de agrupar os materiais com características semelhantes, ou seja, de classificá-los, é comum na Química. Essa necessidade também ocorre em relação aos polímeros, que podem ser classificados de diversas formas:
- quanto à origem (polímero natural ou sintético);
- quanto à homogeneidade da cadeia (homopolímero ou copolímero);
- quanto ao tipo de reação de obtenção (polímero de adição ou polímero de condensação);
- quanto à capacidade de fundir (termoplástico ou termorrígido).

Há ainda outras classificações, mas elas não serão objeto de estudo desta coleção.

Polímeros naturais e sintéticos

Na atividade 2 desta página, você deve ter encontrado diferentes tipos de polímeros ao fazer a pesquisa solicitada. Poucos deles são encontrados na natureza, como a lã, a seda e o algodão. O quadro a seguir apresenta alguns exemplos de polímeros naturais e sintéticos conhecidos.

Tipo	Polímero	Monômero	Onde encontramos
Natural	proteínas	aminoácidos	seda, músculos, etc.
	amido	glicose	batata, farinha, etc.
	celulose	glicose	madeira, alimentos fibrosos, papel, etc.
	DNA	nucleotídeos	cromossomos e genes
Sintético	polietileno	etileno	sacos plásticos, recipientes plásticos, escovas de dentes, etc.
	PVC	cloroetileno	canalizações hidráulicas, plásticos para embalagens, etc.
	polifeniletileno (poliestireno)	feniletileno (estireno)	brinquedos, poliestireno expandido (isopor)
	poliéster	etano-1,2-diol e ácido hexanodioico	camisas, calças, tecidos de guarda-chuva, garrafas plásticas

O exame de algumas aplicações desses materiais sintéticos destaca os benefícios que trouxeram às pessoas. No entanto, diferentemente dos produtos naturais, eles não são biodegradáveis, ou seja, as bactérias disponíveis no ambiente não produzem enzimas capazes de degradá-los. Além disso, a produção de novos polímeros com aplicações inéditas levou ao acúmulo de lixo e fez desses compostos um sério problema ambiental.

Para reverter essa situação, algumas alternativas vêm sendo implementadas, como a produção de polímeros que podem ser degradados em pouco tempo (quando comparados aos demais), sem poluir o ambiente. O reaproveitamento de alguns plásticos também é uma forma importante de preservação dos recursos naturais, minimizando os danos ambientais.

Conexões

Química e meio ambiente – O que é um plástico biodegradável?

Todos os materiais plásticos são degradáveis, embora o mecanismo de degradação possa variar. A maior parte dos plásticos se degradará por meio de fragmentação das cadeias de polímeros quando expostas à luz ultravioleta (UV), oxigênio ou calor elevado.

A biodegradação, no entanto, só ocorre quando microrganismos vivos quebram as cadeias de polímeros consumindo o polímero como fonte de alimento. Muitos plásticos ditos biodegradáveis, no entanto, não são completamente consumidos por microrganismos.

Para que um plástico seja considerado biodegradável, ele precisa se degradar dentro de um período de tempo que não pode exceder 180 dias, de acordo com as normas internacionais.

Os plásticos biodegradáveis, por sua vez, de acordo com as recomendações da Avaliação do Desempenho de Embalagens Plásticas Ambientalmente Degradáveis e de Utensílios Plásticos Descartáveis para Alimentos, não podem simplesmente ser descartados na natureza ou em aterros, pois não há ambiente propício para sua degradação nesses locais. O melhor destino para os plásticos biodegradáveis é a compostagem.

INSTITUTO NACIONAL DO PLÁSTICO. Disponível em: <http://www.inp.org.br/pt/informe-se_PlasticoBio.asp>. Acesso em: 16 jul. 2018.

1. De acordo com o texto, como se pode definir plástico biodegradável?

2. Os plásticos biodegradáveis podem ser descartados livremente no ambiente? Explique.

Homopolímeros e copolímeros

Homopolímeros são polímeros obtidos por um único tipo de monômero, como, por exemplo, o polietileno, que será abordado mais adiante.

$$n\ H_2C = CH_2 \longrightarrow \cdots -CH_2-CH_2-CH_2-CH_2-CH_2-CH_2-\cdots$$

etileno (monômero) → polietileno (polímero)

Já os copolímeros são formados pela reação entre dois ou mais monômeros diferentes, como as borrachas sintéticas Buna-S e Buna-N.

estireno (feniletileno) + buta-1,3-dieno → buna-S (borracha sintética)

acrilonitrila + buta-1,3-dieno → buna-N (borracha sintética)

*Você pode resolver a questão 1 da seção **Testando seus conhecimentos**.*

Polímeros de adição

Os polímeros de adição são formados pela reação entre vários monômeros iguais sem que haja a eliminação de moléculas. Nesse tipo de reação, uma das ligações da dupla-ligação do monômero é rompida para que sejam formadas ligações simples entre os monômeros.

A tabela a seguir apresenta alguns exemplos de polímeros de adição, as reações para obtê-los e algumas características e aplicações.

Polímero	Reação de polimerização	Características e aplicações típicas
Polietileno (PE)	$n\ H_2C=CH_2 \xrightarrow{\text{catalisador} \atop \Delta, p} -[CH_2-CH_2]_n-$ etileno (monômero) → polietileno (polímero)	Os polietilenos mais comuns são: o de baixa densidade (PEBD) e o de alta densidade (PEAD). PEBD: muito flexível, macio e com baixa TF. Utilizado em sacolas, embalagens plásticas para alimentos e revestimentos para fios elétricos. PEAD: em relação ao PEBD, apresenta maior densidade, rigidez e TF e menor flexibilidade. É utilizado em garrafas plásticas e outros recipientes mais resistentes, como os usados para armazenar leite e água mineral.
Politetrafluoroetileno (Teflon®)	$n\ F_2C=CF_2 \xrightarrow{\text{catalisador} \atop \Delta, p} -[CF_2-CF_2]_n-$ tetrafluoroetileno (monômero) → politetrafluoroetileno (polímero)	Apresenta grande inércia química, resistência à radiação solar e baixo coeficiente de atrito. É utilizado em revestimentos de panelas, em próteses e válvulas e como isolante elétrico.
Polipropileno (PP)	$n\ H_2C=CH(CH_3) \xrightarrow{\text{catalisador} \atop \Delta, p} -[CH_2-CH(CH_3)]_n-$ propileno (propeno) (monômero) → polipropileno (polímero)	Mantém a forma em temperaturas bem superiores à temperatura ambiente. É utilizado em para-choques de automóveis, caixas de bateria, embalagens e frascos para alimentos, mamadeiras, brinquedos, capas e assentos de cadeira.
Policloreto de vinila (PVC)	$n\ H_2C=CHCl \xrightarrow{\text{catalisador} \atop \Delta, p} -[CH_2-CHCl]_n-$ cloreto de vinila (monômero) → policloreto de vinila (polímero)	Apresenta baixa flexibilidade e é praticamente insolúvel em gasolina e outros solventes orgânicos. É utilizado em canalizações, estofados, sacolas e bolsas de formato definido, filmes para embalar alimentos, toalhas, mangueiras de jardim, embalagens para xampus, brinquedos e pacotes para vários produtos de consumo.
Poliacrilonitrila (PAN)	$n\ H_2C=CH(CN) \xrightarrow{\text{catalisador} \atop \Delta, p} -[CH_2-CH(CN)]_n-$ acrilonitrila (monômero) → poliacrilonitrila (polímero)	Material facilmente transformado em fios e eficiente como isolante térmico. É utilizado em fibras têxteis para o inverno, como as acrílicas (usadas, por exemplo, em bichos de pelúcia, cobertores, carpetes).
Poliestireno (PS)	$n\ H_2C=CH(C_6H_5) \xrightarrow{\text{catalisador} \atop \Delta, p} -[CH_2-CH(C_6H_5)]_n-$ estireno (monômero) → poliestireno (polímero)	Um dos tipos de poliestireno mais comuns é o expandido, conhecido comercialmente como isopor. Apresenta baixa densidade e pode ser convertido em espuma plástica. É um material eficiente como isolante térmico. É utilizado em objetos moldados (pratos, xícaras, etc.) e copos transparentes. Na forma de isopor, é usado como isolante térmico e em toalhas descartáveis.
Poliacetato de vinila (PVA)	$n\ H_2C=CH(OCOCH_3) \xrightarrow{\text{catalisador} \atop \Delta, p} -[CH_2-CH(OCOCH_3)]_n-$ acetato de vinila (monômero) → poliacetato de vinila (polímero)	Tem baixa temperatura de fusão. É utilizado em vidros temperados de automóveis, gomas de mascar, tintas de látex e adesivos.

As fotos abaixo apresentam algumas aplicações de polímeros.

O PVC tem aplicação cada vez mais abrangente; hoje é usado até mesmo em garrafas e capacetes de segurança da construção civil.

Objetos feitos de lã acrílica, cujo polímero se chama poliacrilonitrila.

Objetos feitos de isopor, poliestireno expandido com gases, são usados como isolantes térmicos.

Polietileno

O polietileno é um dos polímeros com maior importância econômica. Devido a suas características, esse plástico foi utilizado como material isolante em radares militares. O desenvolvimento do processo industrial de obtenção do polietileno, assim como de outros plásticos, está bastante ligado à Segunda Guerra Mundial (1939-1945). Por ser moldado quando aquecido, o polietileno é um polímero classificado como termoplástico.

Viagem no tempo

O acaso e o polietileno

Entre 1932 e 1933, R. O. Gibson e alguns outros químicos que trabalhavam numa indústria na Inglaterra desenvolviam um programa de pesquisa sobre os efeitos de altas pressões sobre reações químicas. Para isso, tentaram provocar a reação entre eteno (etileno) e benzaldeído a uma temperatura de 170 °C, sob pressão de 1 400 atmosferas. O resultado foi a formação de um sólido esbranquiçado que foi identificado como sendo polietileno. Ao tentar repetir o experimento, houve uma explosão, causada pela energia liberada no processo.

A equipe de cientistas repetiu o processo num equipamento mais seguro. Durante o aquecimento, entretanto, houve um vazamento de gás, o que fez a pressão cair muito. Adicionou-se, então, mais etileno no equipamento.

Terminado o processo, observou-se que havia se formado uma quantidade expressiva (8 g) de um pó branco, o polietileno. Analisando os resultados, os pesquisadores concluíram que o etileno que foi colocado no momento do vazamento continha oxigênio na quantidade suficiente para iniciar a polimerização.

Fonte: GUITIÁN, Ramón. *Os polietilenos*. Allchemy Web. Instituto de Química da USP. Disponível em: <allchemy.iq.usp.br/pub/metabolizando/word-2/polietil.doc>. Acesso em: 16 jul. 2018.

1. Os cientistas que desenvolveram o polietileno estavam tentando obter um polímero?
2. Que problema técnico obrigou os químicos a interromper seu trabalho?
3. Que papel tem o gás que o acaso levou à câmara de reação?

Os tipos de polietileno

Talvez você já tenha visto as siglas PEBD (ou LDPE) e PEAD (ou HDPE) em alguns dos recipientes plásticos de sua casa. Mas qual é o significado dessas siglas?

A forma mais comum de polímero é denominada polietileno de baixa densidade (PEBD) ou, em inglês, *low-density polyethylene* (LDPE), conforme você já viu na tabela da página 848. Nesse tipo de polietileno, as moléculas são constituídas por aproximadamente 500 unidades de monômero e não têm condições de se organizar de modo compacto, o que dá mais flexibilidade ao material.

O PEBD é empregado para fazer sacolas, sacos de lixo e tampas flexíveis, por exemplo.

Se um saco plástico de polietileno for colocado numa caneca com água quente, ele amolecerá, pois sua temperatura de fusão é relativamente baixa (por volta de 105 °C).

Outra forma de polietileno foi obtida na década de 1950 por reação catalítica de polimerização feita a temperaturas relativamente baixas (60 °C). Nesse caso, o produto é um polietileno de alta densidade (PEAD) ou, em inglês, *high-density polyethylene* (HDPE), mais rígido que o PEBD e com temperatura de fusão mais alta (ao redor de 135 °C). As moléculas do PEAD podem chegar a 100 mil unidades de monômero.

Utiliza-se o PEAD na confecção de objetos menos deformáveis que os de PEBD, como os que aparecem na foto.

Atividades

1. Dos compostos indicados a seguir, um deles não representa um monômero. Identifique-o e justifique sua resposta.
   a) eteno
   b) propeno
   c) butano
   d) penta-1,3-dieno

2. O policlorotrifluoroetileno (PCTFE) é um polímero de adição empregado em equipamentos de processamento químico e em componentes e juntas elétricas. Sua unidade estrutural de repetição está representada ao lado.

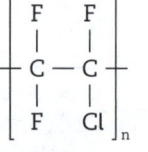

De acordo com seus conhecimentos, dê o nome e a fórmula estrutural do monômero do PCTFE.

Você pode resolver as questões 4, 6 a 8, 10, 11, 20, 22 e 26 da seção Testando seus conhecimentos.

Viagem no tempo

Teflon®: da bomba atômica para a frigideira

Teflon® é o nome comercial do politetrafluoroetileno; o símbolo ® indica que se trata de uma marca registrada. É um composto bastante rentável para seu fabricante, pois seu uso se estende desde frigideiras antiaderentes até roupas espaciais e válvulas artificiais para o coração. Sua descoberta resultou de um fato inesperado, bem aproveitado por um jovem químico, Roy J. Plunkett (1910-1994). O que houve? Em 1938, quando tentava preparar um gás refrigerante não tóxico a partir do tetrafluoroetileno, o químico não obteve gás algum – o que lhe causou surpresa.

Em vez de abandonar o tanque em que trabalhava para continuar a pesquisa do gás refrigerante, Plunkett decidiu pesquisar sobre o tanque "vazio". Certificando-se de que a válvula não estava com defeito, serrou o tanque e verificou o que havia em seu interior. Lá encontrou um pó branco e, como químico, deduziu o que havia ocorrido.

As moléculas do tetrafluoroetileno gasoso haviam se combinado umas com as outras, originando um material sólido. Até então não se tinha notícia da polimerização desse composto, mas isso seria capaz de explicar o mistério do tanque "vazio". Como esse composto possuía propriedades incomuns, Plunkett e outros químicos da empresa procuraram desenvolver um método para produzir o "politetrafluoroetileno".

Esse composto, um pó branco que lembrava cera, tinha propriedades notáveis: era mais inerte que a areia – não sendo afetado por ácidos ou bases fortes, por nenhum solvente nem pelo calor –, porém, em contraste com a areia, era extremamente "escorregadio". Apesar dessas propriedades incomuns que provocaram interesse, provavelmente, se não fosse a Segunda Guerra Mundial, em curto prazo nada teria sido feito com o novo polímero, já que se tratava de um produto caro. No entanto, poucos meses após essa descoberta, os cientistas que trabalhavam na criação da primeira bomba atômica precisaram de um material para as juntas de vedação que resistisse a um gás extremamente corrosivo – o hexafluoreto de urânio, UF_6. Esse material era usado para enriquecer o urânio, de modo a obter o U-235, usado na bomba atômica.

Foto do doutor Roy Plunkett em 1986.

Um general do exército estadunidense, responsável pelo projeto da bomba atômica, tomou conhecimento da descoberta desse polímero inerte e, mesmo sabendo que sua produção era bastante cara, resolveu investir nela. Com isso, o politetrafluoroetileno foi transformado em juntas de vedação e válvulas, que se mostram resistentes ao composto corrosivo de urânio. A companhia produziu o Teflon® para esse fim durante a guerra, mas a maioria das pessoas só soube de sua existência e de suas aplicações após o término do confronto.

Utensílios de cozinha como os da foto são revestidos internamente por Teflon®, apresentando características antiaderentes.

1. Você já aprendeu a respeito de alguns compostos que foram usados como gás refrigerante em geladeiras e condicionadores de ar. Cite algumas dessas substâncias (se precisar, pesquise).
2. Quando o cientista responsável pela descoberta do Teflon® chegou a esse material, esperava obter um gás refrigerante atóxico fluorado. Há alguma relação entre o reagente utilizado pelo cientista e as substâncias que você citou na questão anterior? Justifique.

Polímeros de condensação

Os polímeros de condensação são formados por dois ou mais monômeros diferentes que, ao reagirem, eliminam uma substância mais simples, geralmente água (H_2O) ou amônia (NH_3).

Vamos representar genericamente a reação que origina um polímero de condensação com a eliminação de moléculas de água:

$$H-A-H + HO-B-OH + H-A-H \cdots \xrightarrow[\Delta, p]{\text{catalisador}} \cdots -A-B-A-\cdots + n\,H_2O$$

A seguir, estudaremos alguns exemplos de polímeros de condensação, sua forma de obtenção e algumas aplicações.

Baquelite

A baquelite foi obtida por volta de 1907. É formada pela reação entre fenol e formaldeído e foi realizada pelo químico belga Leo Hendrik Baekeland (1863-1944), que utilizou pela primeira vez o substantivo **plástico**. Naquela época, esse termo designava resinas – **elastômeros** como o da borracha e das fibras elásticas.

A baquelite é um bom isolante elétrico, bastante resistente ao calor e a choques mecânicos, além de não ser combustível. Assim como outros polímeros de mesma natureza, pode ser moldada no primeiro aquecimento, tornando-se resistente, de modo que, se for novamente aquecida, praticamente não sofrerá mais deformação. É classificada, por isso, como um polímero termofixo. Essa rigidez pode ser explicada pela baixa mobilidade de suas unidades moleculares.

A baquelite ainda é usada como isolante térmico e elétrico, embora seu uso hoje seja mais restrito do que há um século, devido ao desenvolvimento de polímeros de menor custo.

Elastômero: termo que deriva das palavras **elástico** e *meros*, que significa "partes". Polímeros são classificados como elastômeros se apresentam a capacidade de se deformar e voltar ao seu tamanho e forma original quando a tensão é removida.

Representação da estrutura de baquelite.

A baquelite ainda é utilizada em produtos como cabos de panelas.

A polimerização da baquelite é feita pela reação entre fenol e formaldeído, conforme mostra a equação abaixo:

$$\text{fenol} + \text{formaldeído} + \text{fenol} + \text{formaldeído} + \text{fenol} \xrightarrow[\Delta, p]{\text{catalisador}}$$

$$\xrightarrow[\Delta, p]{\text{catalisador}} \cdots \left[\text{—fenol—CH}_2\text{—fenol—CH}_2\text{—fenol—CH}_2\text{—} \right]_n \cdots + n\, H_2O$$

Poliamidas

As poliamidas são obtidas pela reação de ácidos dicarboxílicos e compostos que possuem dois grupos amino. As moléculas desses polímeros contêm o grupo amida, também presente nas proteínas.

$$HN—C=O$$

A estrutura genérica de uma poliamida pode ser representada por:

$$\cdots —N(H)—R—N(H)—C(=O)—R'—C(=O)—N(H)—R—N(H)—\cdots$$

poliamida

Náilon

A poliamida mais conhecida e usada é o náilon 66, também chamado apenas de náilon. Ela é formada pela reação entre os monômeros hexano-1,6-diamina (hexametilenodiamina) e ácido hexanodioico (ácido adípico), apresentada na equação abaixo:

$$\cdots H\text{—}N(H)\text{—}(CH_2)_6\text{—}N(H)\text{—}H + HO\text{—}C(=O)\text{—}(CH_2)_4\text{—}C(=O)\text{—}OH + H\text{—}N(H)\text{—}(CH_2)_6\text{—}N(H)\text{—}H \cdots \longrightarrow$$

hexano-1,6-diamina ácido hexanodioico hexano-1,6-diamina

$$\longrightarrow \cdots —NH—(CH_2)_6—NH—\boxed{C(=O)—(CH_2)_4—C(=O)—NH—(CH_2)_6—NH}—\cdots + n\, H_2O$$

náilon 66

Em salmão, destacamos o grupo que é eliminado – no caso, a água (H_2O). Em verde, está destacada a unidade de repetição do polímero.

Outra forma de indicação dos polímeros é a representação da unidade de repetição entre colchetes, ou seja:

$$\left[\begin{array}{c} C—(CH_2)_4—C—NH—(CH_2)_6—NH \\ \| \quad\quad\quad\quad\quad \| \\ O \quad\quad\quad\quad\quad O \end{array} \right]$$

Observe que, na obtenção do náilon, são empregados dois monômeros com seis átomos de carbono na cadeia, por isso o nome náilon 66.

O náilon tem estrutura semelhante à da fibroína – a proteína da seda –, mas apresenta maior resistência à tração, é forte e resiste à abrasão. Pode ser usado tanto na confecção de roupas como em engrenagens ou peças nas quais é fundamental a alta resistência ao desgaste.

Operária inglesa em fábrica de produção de náilon na década de 1940.

A explicação mais provável para o náilon formar fibras fortes reside na existência de ligações de hidrogênio entre as cadeias do polímero. Observe a representação estrutural do náilon, na qual estão destacadas essas interações:

O náilon 66 se funde a 250 °C-260 °C e sua massa molecular varia de 10 000 a 20 000. O estiramento a frio aumenta o tamanho das fibras em até quatro vezes.

Viagem no tempo

Náilon: resultado de estudo, pesquisa e sorte

O acaso também foi importante na descoberta do náilon – polímero bastante empregado até hoje, o que explica seu grande valor comercial. O responsável pela obtenção desse importante recurso foi o químico estadunidense Wallace Hume Carothers (1896-1937), que, ao término da Primeira Guerra Mundial, coordenava uma pesquisa sobre polímeros naturais, como a seda e a borracha, com o objetivo de viabilizar a produção industrial de materiais sintéticos similares a estes.

Carothers conseguiu obter um poliéster – material que poderia ser transformado em fibra –, o que não foi motivo de comemoração nem para ele, nem para a empresa em que trabalhava. Por quê? O composto tinha baixa temperatura de fusão, característica que parecia inviabilizar seu uso na indústria têxtil.

Quando Carothers e seus colaboradores buscavam polímeros mais adequados para serem usados como fibra têxtil, um dos membros de sua equipe descobriu, casualmente, que era possível estirar uma bolinha do polímero, transformando-a em um fio muito longo, semelhante ao da seda (a bolinha, fixada na ponta de um bastão de vidro, foi puxada com força).

Os pesquisadores concluíram que o estiramento propiciava que as moléculas do polímero se orientassem no espaço, aumentando a resistência do produto.

A descoberta do náilon teve repercussão mundial por se tratar da "primeira fibra sintética". Em 1939, ela foi divulgada como "a seda sintética feita de carvão, ar e água!".

Logo após essa divulgação, as fibras de náilon adquiriram grande importância no vestuário; as roupas de náilon eram mais baratas e práticas que as de seda: não precisavam ser passadas a ferro, por exemplo. As meias de náilon foram substitutas naturais das meias de seda. Em maio de 1940, poucas horas depois de as meias serem postas à venda, cerca de 4 milhões de pares já haviam sido vendidos.

Anúncio de meias de náilon com desenho de Salvador Dalí, feito em 1944.

Durante a Segunda Guerra Mundial, todo o náilon produzido era destinado à confecção de paraquedas e roupas impermeáveis. Foram promovidas campanhas para que as mulheres doassem suas meias a fim de suprir a demanda do composto empregado na fabricação de paraquedas.

Kevlar®

Com baixíssima densidade e, ao mesmo tempo, grande resistência ao impacto, o Kevlar® é um material que pode ser um substituto para o aço. Essas propriedades explicam seu emprego, por exemplo, em equipamentos náuticos, no reforço de pneus, em trampolins, em coletes à prova de balas, em luvas protetoras para quem trabalha em altas temperaturas e em roupas para pilotos de carros de corrida.

Esse polímero também é um exemplo de poliamida. Nesse caso, uma poliamida aromática, obtida pela reação de condensação entre dois monômeros: o ácido tereftálico e o benzeno-1,4-diamina:

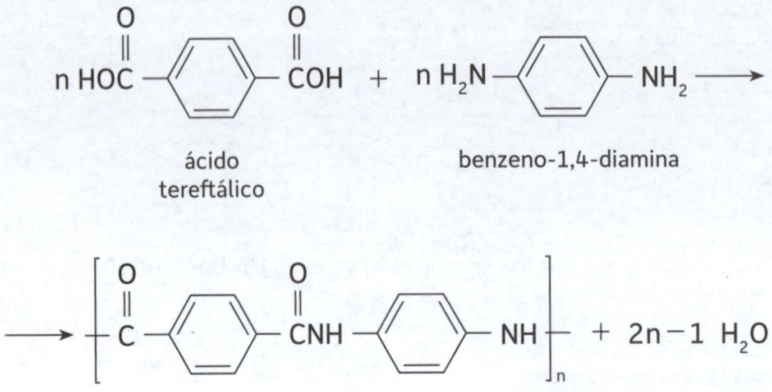

O Kevlar® é muito empregado em coletes à prova de balas, roupas e acessórios para pilotos de automobilismo, bem como em luvas de proteção para uso em altas temperaturas, entre outros. Isso porque é muito resistente ao impacto e tem alta temperatura de fusão.

Poliésteres

Poliésteres são polímeros de condensação obtidos por reação de esterificação de poliácidos (ou derivados deles) com poliálcoois.

De forma genérica, podemos representar a polimerização de um poliéster por:

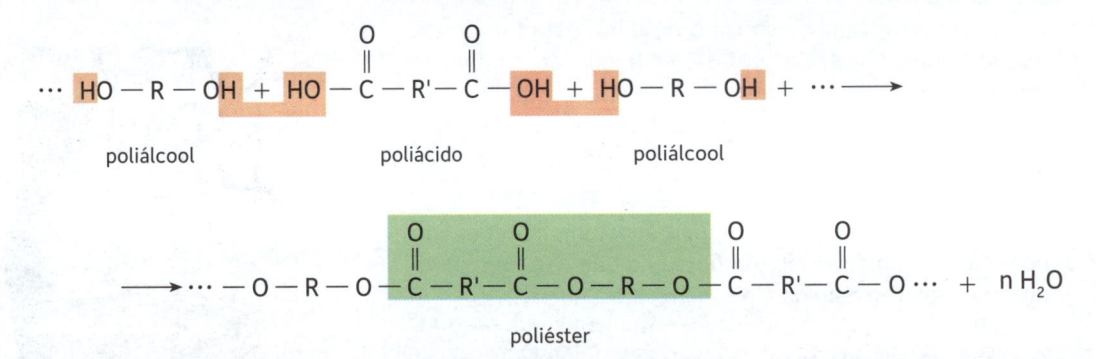

Tecidos feitos com poliéster têm a vantagem de não amassar.

Um dos polímeros mais empregados no cotidiano é um poliéster – o polietileno tereftalato – conhecido pela sigla PET. Esse polímero origina fios finos e fortes empregados na indústria têxtil.

A utilização das fibras de poliéster em peças do vestuário adquiriu importância pela praticidade das roupas confeccionadas com esse material: são fáceis de lavar e não amassam.

A sigla PET tornou-se bastante popular devido ao uso em larga escala em garrafas de refrigerantes, o que se deve à eficiência do polímero para bloquear a passagem de substâncias gasosas.

O PET, polietileno tereftalato, conhecido por seu uso em garrafas de refrigerantes, nas quais impede a saída de gases, vem sendo empregado em outros tipos de embalagens, bem como em vassouras, tecidos, etc.

Além do uso em fibras têxteis e em garrafas de refrigerantes, os poliésteres são empregados em filmes fotográficos, embalagens de alimentos e fitas para áudio e vídeo. Graças à possibilidade de serem enrolados, são usados em perucas e apliques de cabelo. Por serem quimicamente inertes e não tóxicos e por não ocasionarem alergias, inflamações ou a formação de coágulos, esses polímeros são excelentes substituintes de partes de vasos sanguíneos e da pele de vítimas de queimaduras.

O PET é um polímero de condensação resultante da reação entre os monômeros ácido tereftálico (ácido 1,4-benzenodioico) e etilenoglicol (etano-1,2-diol):

ácido tereftálico + etilenoglicol + ácido tereftálico ⟶ polietileno tereftalato

Policarbonatos

Os policarbonatos têm muitas aplicações: desde os CDs que inserimos nos equipamentos de som e computadores até os visores de capacetes que os astronautas usam em substituição aos de vidro. A associação de suas propriedades – resistência e possibilidade de serem obtidos com a transparência de um vidro – permite que tenham diversos usos, entre eles, em vidros à prova de balas.

Policarbonatos são usados em substituição ao vidro em lentes, mamadeiras, embalagens de CDs, coberturas transparentes, entre outros.

O Lexan®, um exemplo de policarbonato, é obtido pela seguinte reação:

n difenol + n fosgênio ⟶ Lexan® (um policarbonato) + 2n−1 HCl

> Você pode resolver as questões 2, 3, 5, 9, 13 a 16, 18, 19, 21, 23 a 25 e 26 da seção **Testando seus conhecimentos**.

Saiba mais

Poliuretanos: uma exceção à classificação

Os poliuretanos são copolímeros formados a partir da reação entre isocianatos e polióis – álcoois contendo dois ou mais grupos OH. Além de serem importantes na fabricação de espumas para colchões, travesseiros e almofadas, são usados como isolantes térmicos e acústicos. Também fazem parte das fibras de laicra, adotadas principalmente em roupas esportivas e de banho.

As poliuretanas são copolímeros usados como isolantes acústicos, térmicos e elétricos. São empregadas em esponjas para lavar louça, colchões, travesseiros, estofados, etc.

A equação abaixo representa, de forma genérica, um exemplo de obtenção de um poliuretano:

$$n\ O=C=N-\text{C}_6\text{H}_4-N=C=O\ +\ n\ HO-CH_2CH_2-OH \xrightarrow[\Delta,\,p]{\text{catalisador}}$$

di-isocianato de *para*-fenileno   etilenoglicol

$$\xrightarrow[\Delta,\,p]{\text{catalisador}} \left[\begin{array}{c} \text{O} \\ \parallel \\ -\text{C}-\text{NH}-\text{C}_6\text{H}_4-\text{NH}-\text{C}-\text{O}-\text{CH}_2\text{CH}_2-\text{O}- \\ \parallel \\ \text{O} \end{array} \right]_n$$

poliuretano

Alguns autores consideram que esse grupo de compostos é um polímero de condensação. Note, na equação acima, que os poliuretanos não eliminam substâncias menores (água, amônia, álcool, etc.). Ele também não pode ser considerado um exemplo típico de polímero de adição, pois não há o rompimento de uma das ligações da dupla-ligação carbono-carbono. O que ocorre nesses polímeros é um rearranjo das estruturas e ligações químicas, representado pelo mecanismo da reação:

$$\cdots O=C=N-\text{C}_6\text{H}_4-N=C=O + HO-CH_2CH_2-OH + O=C=N-\text{C}_6\text{H}_4-N=C=O\cdots \xrightarrow[\Delta,\,p]{\text{catalisador}}$$

$$\xrightarrow[\Delta,\,p]{\text{catalisador}} \left[\begin{array}{c} \text{O} \\ \parallel \\ -\text{C}-\text{NH}-\text{C}_6\text{H}_4-\text{NH}-\text{C}-\text{O}-\text{CH}_2\text{CH}_2-\text{O}- \\ \parallel \\ \text{O} \end{array} \right]_n$$

poliuretano

Síntese de poliuretano a partir de diisocianato de *para*-fenileno e etilenoglicol.

Fonte: CANGEMI, J. M.; DOS SANTOS, A. M.; CLARO NETO, S. Poliuretano: de travesseiros a preservativos, um polímero versátil. *Química Nova na Escola*, v. 31, n. 3, ago. 2009. Disponível em: <http://qnesc.sbq.org.br/online/qnesc31_3/02-QS-3608.pdf>. Acesso em: 16 jul. 2018.

Conexões

Química e Medicina – Os polímeros e as cirurgias

Nas últimas décadas, a Medicina avançou bastante. Alguns procedimentos que hoje em dia são rotineiros eram impensáveis há 20 ou 30 anos. O desenvolvimento de materiais sintéticos que podem ser usados em suturas internas foi importante para esse avanço.

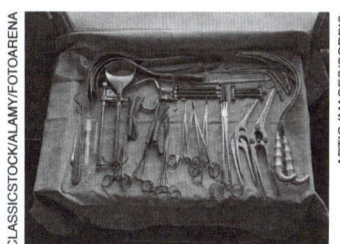

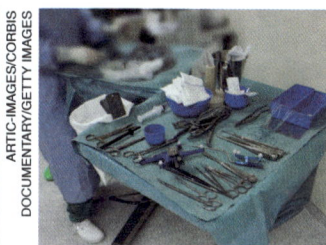

A foto à esquerda, de 1961, evidencia o predomínio de metais em equipamentos cirúrgicos, que necessitam de esterilização feita em autoclave, a alta temperatura. Na foto à direita, de 2007, há um número menor de objetos metálicos, muitos deles fabricados com polímeros, vantajosos por serem descartáveis, o que reduz o risco de infecções.

Os polímeros têm muitas características que os tornam ideais para esse uso, pois apresentam baixa densidade e alta resistência. Muitos são inertes; outros biodegradáveis. Apresentam, ainda, propriedades físicas (maciez, elasticidade) bastante adequadas às suturas.

Alguns materiais constituídos de polímeros que resistem à degradação são usados para substituir órgãos e tecidos, enquanto outros, cujas ligações se quebram facilmente, são empregados em suturas degradáveis. O copolímero obtido da união do ácido glicólico e do ácido láctico é um dos exemplos de polímero cujas moléculas são biodegradáveis.

$$n\ HOCH_2COH\ (\text{ácido glicólico}) + n\ HOCHCOH\text{—}CH_3\ (\text{ácido láctico}) \xrightarrow[-nH_2O]{\text{copolimerização}} [-CH_2COCHCO-]_n\ \text{com}\ CH_3$$

copolímero de ácido glicólico e ácido láctico

Os copolímeros do tipo do exemplo, depois de aproximadamente duas semanas, são degradados, dispensando a remoção dos pontos cirúrgicos. Na hidrólise desse polímero, formam-se os ácidos glicólico e láctico, excretados por mecanismos bioquímicos.

Outros polímeros

Mais recentemente, vem crescendo a produção de compósitos – materiais que contêm fibras incorporadas a plásticos e apresentam algumas propriedades peculiares, como, por exemplo, alta resistência associada a baixa densidade.

As conhecidas "fibras de vidro" (estrutura polimérica de dióxido de silício, SiO_2, com poliéster) e as fibras de grafita nada mais são do que plásticos reforçados por fibras.

O bagageiro das motos é feito de fibra de vidro.

O atleta brasileiro paralímpico Alan Oliveira e o estadunidense Blake Leeper usam próteses de perna feitas de fibra de carbono. Na foto, os dois no Campeonato Mundial de Atletismo Paralímpico de Lyon, na França, em 2013.

Os silicones – polímeros com cadeias de silício

As expressões "prótese de silicone", "borracha de silicone", "cera de silicone" são comuns no dia a dia.

Esses produtos são usados em implantes cirúrgicos, com finalidades estéticas e de reparação, substituindo vantajosamente as borrachas, e em ceras apropriadas para polimentos.

O silício – elemento do grupo do carbono – também pode formar cadeias. As cadeias Si — Si são menos estáveis que as cadeias Si — O — Si.

O silicone pode ser obtido por reação de condensação entre moléculas de di-hidrossilano: $CH_3CH_3CH_3$

O silicone tem múltiplas utilidades graças à sua alta maleabilidade.

Você pode resolver a questão 12 da seção Testando seus conhecimentos.

Atividades

Leia o texto a seguir e responda ao que se pede.

Plástico renovável

O forte aquecimento do mercado consumidor e a pressão nos custos das matérias-primas originadas do petróleo têm levado as indústrias de plástico a buscar, em fontes renováveis, matérias-primas substitutas para seus produtos. [...]

[...] "O processo, bastante eficiente, transforma 99% do carbono contido no álcool em etileno, matéria-prima do polietileno." O principal subproduto é a água, que pode ser purificada e reaproveitada.

[...]

Na planta piloto [...] é feita a transformação do etanol – obtido por um processo bioquímico de fermentação do caldo, centrifugação e destilação – em etileno. A conversão ocorre por um processo de desidratação, no qual são adicionados catalisadores – compostos que aceleram as reações químicas – ao etanol aquecido, que permitem a sua transformação em gás etileno. [...] O etileno polimerizado resulta no polietileno. [...]

Com o etileno produzido por essa tecnologia é possível fazer qualquer tipo de polietileno. [...]

Modernos catalisadores permitem obter um etileno tão puro quanto o produzido a partir do petróleo. A água liberada durante o processo de transformação do etanol em etileno será utilizada no sistema de produção de vapor para geração de energia elétrica. [...]

ERENO, D. Plástico renovável. *Pesquisa Fapesp*, São Paulo, ed. 142, dez. 2007. Disponível em: <http://revistapesquisa.fapesp.br/2007/12/01/plastico-renovavel/>. Acesso em: 16 jul. 2018.

1. Indique as etapas do processo de produção de polietileno a partir da cana-de-açúcar.

2. A transformação do etanol em etileno, matéria-prima para a produção de polietileno, envolve uma desidratação intramolecular. Qual seria o produto da reação se, por algum problema técnico, a desidratação do etanol fosse intermolecular?

3. O polímero obtido é classificado como polímero de adição ou de condensação?

Plásticos, lixo e reciclagem

Ciclo de vida de um produto

Quanto mais se evolui na descoberta de novos polímeros e de novas aplicações para os já conhecidos, mais e mais compostos desse tipo são consumidos. Deve-se ressaltar que, para preservar o ambiente, o incremento do consumo deve estar diretamente relacionado com o aumento percentual da quantidade de resíduos destinados à reciclagem.

Para que um plástico seja reciclado, é preciso separá-lo dos que são feitos de outro polímero. Não é possível, por exemplo, fundir uma mistura de PEAD, PEBD e PVC para obter novos objetos. Para que haja o efetivo aproveitamento das sobras de plástico, é necessário tratar cada um deles separadamente. Por isso, os frascos plásticos devem apresentar uma indicação do polímero que os constitui.

Você deve ter observado na pesquisa que fez no início deste capítulo que a maior parte dos plásticos brasileiros traz uma marca indicativa da possibilidade de reciclagem do material (simbolizada por um ciclo de formato triangular e setas), como a representada ao lado. Dentro desses símbolos é comum encontrarmos números ou siglas, como PET, PVC, PEAD, PEBD ou PP.

Símbolo que indica material reciclável.

Observe, no quadro abaixo, os símbolos numerados que foram acordados internacionalmente para indicar de que polímero o objeto é constituído.

Símbolo	Nome
1 PETE	PET, politereftalato de etileno
2 HDPE	PEAD, polietileno de alta densidade
3 PVC	PVC, cloreto de polivinila
4 LDPE	PEBD, polietileno de baixa densidade
5 PP	PP, polipropileno
6 PS	PS, poliestireno
7 OTHER	outros plásticos

No Brasil, embora a coleta seletiva do lixo ainda seja bastante restrita, tem-se avançado bastante na questão da reciclagem dos materiais e, em particular, no reaproveitamento de plásticos. Isso é importante porque a maior parte dos polímeros demora muito tempo para se degradar no ambiente.

Veja, na tabela abaixo, o tempo aproximado para que cada um dos materiais listados se decomponha.

Tempo de decomposição de alguns materiais	
Material	Tempo de decomposição
papel	3 a 6 meses
tecido	6 meses a 1 ano
filtro de cigarro e chicletes	5 anos
madeira pintada	13 anos
náilon	mais de 30 anos
plástico e metal	mais de 100 anos
vidro	1 milhão de anos
borracha	tempo indeterminado

Fonte: SANEPAR – Companhia de Saneamento do Paraná. Divisão de Gestão Ambiental da UFPR. Disponível em: <http://people.ufpr.br/~dga.pcu/decomposicao.htm>. Acesso em: 16 jul. 2018.

Veja, nos gráficos a seguir, os dados do histórico brasileiro de reciclagem de PET entre 1994 e 2012 e da reciclagem de plásticos em geral entre 2003 e 2012.

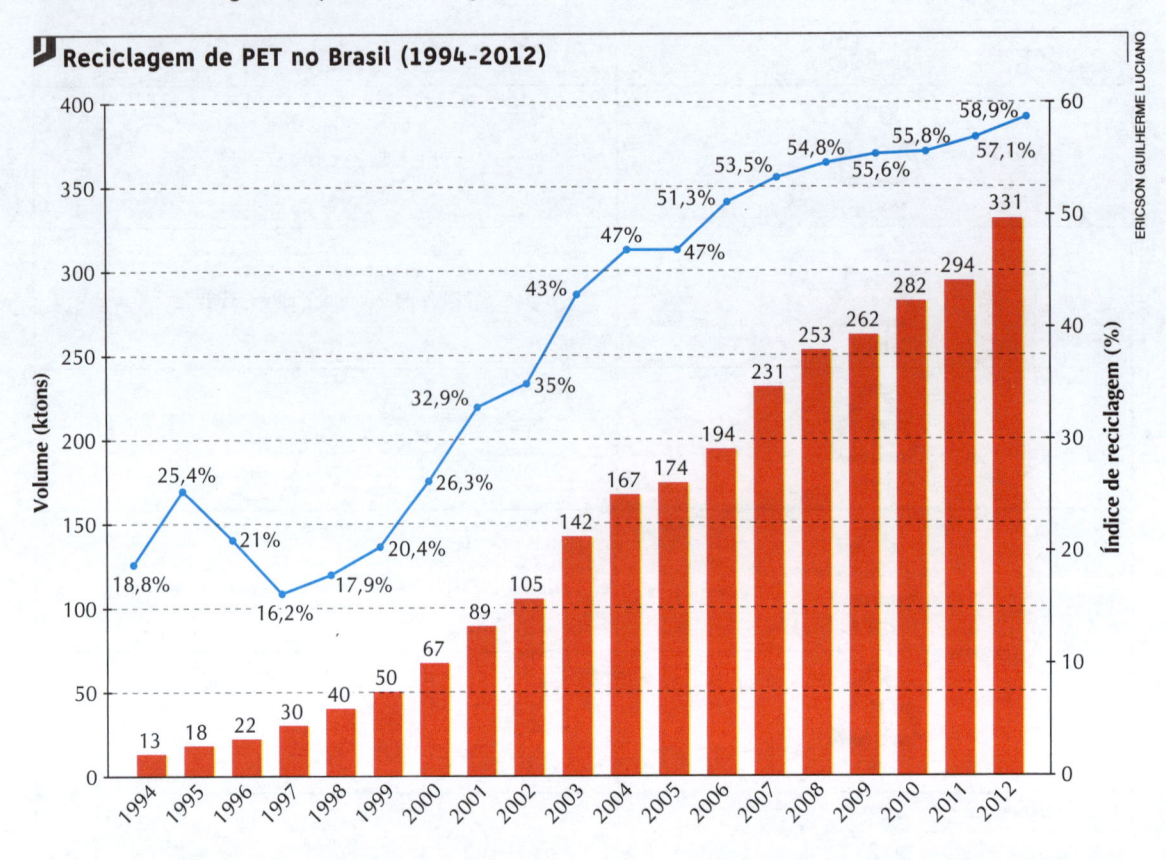

Reciclagem de PET no Brasil (1994-2012)

Ano	Volume (ktons)	Índice de reciclagem (%)
1994	13	18,8%
1995	18	25,4%
1996	22	21%
1997	30	16,2%
1998	40	17,9%
1999	50	20,4%
2000	67	26,3%
2001	89	32,9%
2002	105	35%
2003	142	43%
2004	167	47%
2005	174	47%
2006	194	51,3%
2007	231	53,5%
2008	253	54,8%
2009	262	55,6%
2010	282	55,8%
2011	294	57,1%
2012	331	58,9%

Fonte: ASSOCIAÇÃO Brasileira da Indústria do PET (Abipet). *9º Censo da Reciclagem de PET – Brasil: o ano 2012*, jul. 2013. Disponível em: <http://www.abipet.org.br/index.html?method=mostrarDownloads&categoria.id=3>. Acesso em: 16 jul. 2018.

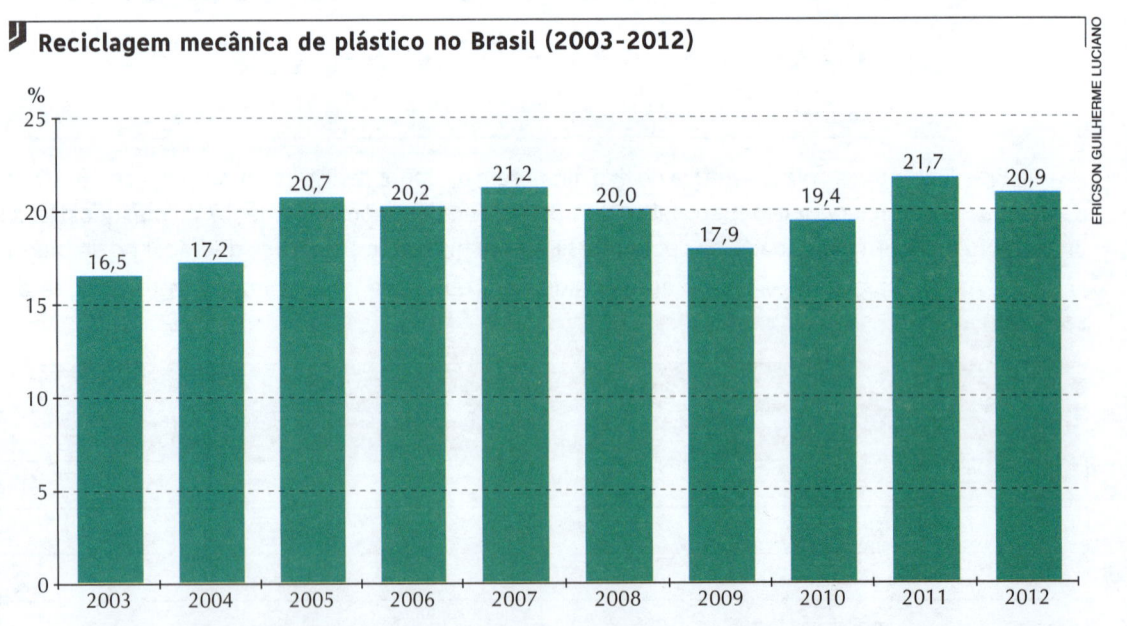

Reciclagem mecânica de plástico no Brasil (2003-2012)

Ano	%
2003	16,5
2004	17,2
2005	20,7
2006	20,2
2007	21,2
2008	20,0
2009	17,9
2010	19,4
2011	21,7
2012	20,9

Fonte: PLASTIVIDA – Instituto Sócio-Ambiental dos Plásticos. Monitoramento dos índices de reciclagem mecânica de plásticos no Brasil. Censo 2013 (ano base 2012), set. 2013. Disponível em: <http://www.plastivida.org.br/images/temas/Apresentacao_IRMP_2012.pdf>. Acesso em: 16 jul. 2018.

Concluindo, pode-se dizer que a solução do problema de acúmulo de lixo não biodegradável tem relação direta com a valorização e com os recursos destinados ao aprimoramento da educação, da conscientização e, portanto, do papel de cada um de nós como cidadãos. Só assim poderemos enfrentar de modo consciente essa questão que é de extrema importância, pois ameaça a vida no planeta.

> Você pode resolver a questão 17 da seção *Testando seus conhecimentos*.

Química: prática e reflexão

Vocês devem ter percebido ao longo deste capítulo que as características dos diferentes tipos de plásticos os tornam indispensáveis no dia a dia das pessoas. Como boa parte deles não se degrada com facilidade, se descartados inadequadamente, os plásticos acabam poluindo a água e o solo. A separação do lixo, isto é, a coleta seletiva é uma das formas de minimizar isso. Vocês sabem como podemos separar os diferentes tipos de plásticos para depois serem reciclados?

Material necessário

- 4 potes de sorvete ou recipientes com volume superior a 1 L
- densímetro de baixo custo
- água
- sal de cozinha
- álcool 54 °GL (46 °INPM)
- peneira pequena
- copo de vidro ou béquer com capacidade de 250 mL
- copo plástico de café
- colher (de plástico ou metal)
- caneta marcadora de vidro
- canetas com cores diferentes
- plásticos (PEAD, PP, PS e PVC) em pedaços pequenos

Procedimentos

Parte A: Preparo de solução de sal

- Em um pote de sorvete, adicionem aproximadamente 1 L de água e seis copos de café cheios de sal.
- Agitem a mistura até a completa dissolução.

Parte B: Comparação da densidade das soluções

- Com a caneta marcadora de vidro, identifiquem o pote contendo solução de sal com a letra A. Identifiquem os outros potes com as letras B, C e D.
- Adicionem cerca de 1 L de água no pote B e 1 L de álcool no pote C.
- Para cada solução, marquem o nível em que o líquido atinge o canudo (densímetro) utilizando canetas de cores diferentes.
- Anotem no caderno os resultados observados.

Parte C: Separação de plásticos

- Acrescentem a mistura de plásticos em pedaços no pote B. Em seguida, agitem a mistura e a deixem em repouso por 5 minutos.
- Anotem no caderno os resultados observados.
- Retirem, com auxílio da peneira, os pedaços de plásticos que flutuaram no pote B e os transfiram para o pote C.
- Com a colher, agitem a mistura do pote C e deixem-na em repouso por 5 minutos.
- Anotem no caderno os resultados observados.
- Peneirem a mistura do pote B transferindo o líquido para o pote D.
- Transfira os pedaços de plásticos para o pote A agitando a mistura em seguida. Deixe essa mistura em repouso por 5 minutos.
- Anote em seu caderno os resultados observados.

Descarte de resíduos: Os pedaços de plásticos, assim como as soluções, podem ser armazenados e utilizados em outras atividades experimentais.

Fonte: SANTA MARIA, L. C. de; LEITE, M. C. A. M. et al. Coleta seletiva e separação de plásticos. *Química Nova na Escola*, n. 17, maio 2003.

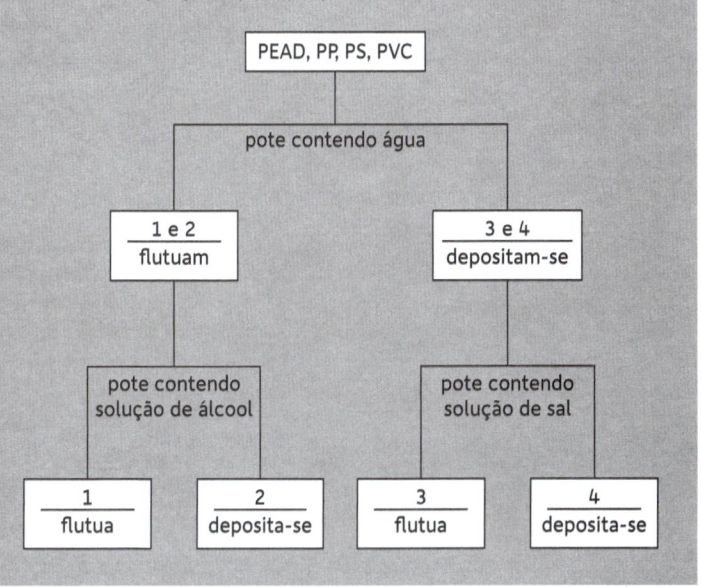

Analisem suas observações

1. O experimento realizado apresenta uma técnica simplificada para a separação de diferentes tipos de plásticos. Quais métodos de separação foram utilizados no experimento?

2. Considerando suas anotações na atividade e as informações presentes na tabela abaixo, identifique, no esquema a seguir, os plásticos 1, 2, 3 e 4.

Densidade de materiais plásticos	
Material	Densidade (g/cm³)
PEAD	0,94-0,96
PP	0,90-0,91
PS	1,04-1,08
PVC	1,22-1,30
Água	1,00

Fonte: SANTA MARIA, L. C. de; LEITE, M. C. A. M. et al. Coleta seletiva e separação de plásticos. *Química Nova na Escola*, n. 17, maio 2003.

```
              PEAD, PP, PS, PVC
                     │
              pote contendo água
                     │
          ┌──────────┴──────────┐
        1 e 2                 3 e 4
       flutuam             depositam-se
          │                     │
    pote contendo         pote contendo
   solução de álcool      solução de sal
          │                     │
       ┌──┴──┐              ┌───┴───┐
       1     2              3       4
    flutua deposita-se   flutua  deposita-se
```

Capítulo 35 • Polímeros: obtenção, usos e implicações

Atividades

1. A aramida é um polímero que apresenta alta resistência térmica e mecânica. Por conta dessas propriedades, essa fibra é empregada na confecção de coletes à prova de bala, esquis, roupas e luvas utilizadas por bombeiros, etc. Trata-se de um polímero de //////////////, que apresenta o grupo funcional //////////////. Sua elevada resistência deve-se à interação molecular do tipo //////////////, indicada pelas linhas pontilhadas na estrutura desse material representada a seguir.

Assinale a alternativa que completa corretamente as lacunas do texto.

a) condensação; amina; forças de London.
b) adição; amina; ligações de hidrogênio.
c) condensação; ácido carboxílico; ligações de hidrogênio.
d) adição, amida; forças de London.
e) condensação; amida; ligações de hidrogênio.

2. Das fórmulas estruturais apresentadas a seguir, quais representam monômeros que podem polimerizar por adição?

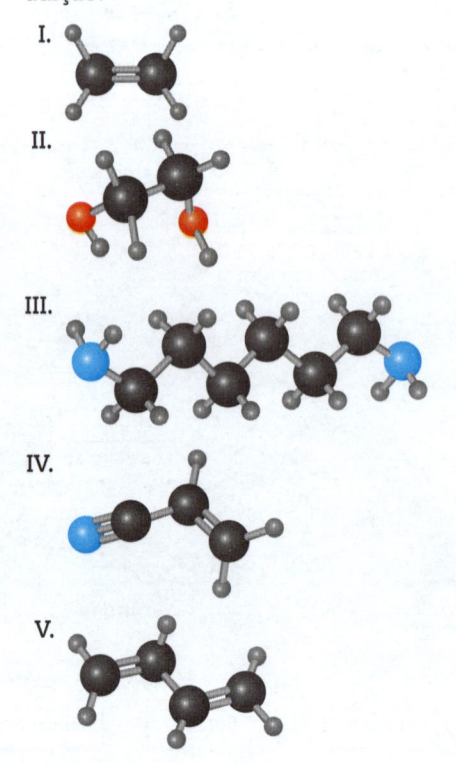

I.
II.
III.
IV.
V.

a) apenas II e III.
b) apenas V.
c) apenas I, IV e V.
d) apenas III e IV.
e) apenas I e V.

3. Poliamidas são polímeros termoplásticos de origem sintética ou natural que oferecem excelente resistência mecânica. Observe as fórmulas a seguir.

I. H_2N-⌬ e $HO-$⌬$-OH$

II. ⌬$-\overset{H}{N}-$⌬ e $HO-$⌬$-OH$

III. H_2N-⌬$-NH_2$ e $HO-$⌬$-OH$

IV. ⌬$-NH_2$ e $HO-$⌬$-OH$

V. H_2N-⌬$-NH_2$ e $HO-$⌬$-OH$

Podem ser formadas poliamidas apenas:
a) pelos pares II e III.
b) pelo par IV.
c) pelos pares II, III, IV e V.
d) pelos pares III e V.
e) pelos pares I e V.

4. Leia o texto abaixo e faça o que se pede a seguir.

Cientistas descobrem bactéria capaz de desintegrar plástico de garrafa PET

Microrganismo foi encontrado em usina de reciclagem de lixo no Japão. Molécula da criatura pode ser usada para tratar problema de poluição sólida.

Cientistas japoneses anunciaram [...] a descoberta de uma bactéria capaz de decompor completamente o polietileno tereftalato – o plástico do qual são feitas as garrafas PET, um dos problemas mais graves de poluição no planeta.

O microrganismo, que oferece uma perspectiva mais viável para tratar o acúmulo desse material no ambiente, foi encontrado em uma usina de reciclagem de lixo. A bactéria, batizada de *Ideonella sakaiensis*, se alimenta quase que exclusivamente de PET.

Segundo os cientistas, a descoberta é de certa maneira surpreendente, porque a bactéria aparenta ter adquirido a capacidade de degradar esse tipo de plástico em um processo que durou poucas décadas. Na escala da evolução biológica, é um piscar de olhos.

Em estudo na revista *Science*, o grupo liderado pelo biólogo Shosuke Yoshida, do Instituto de Tecnologia de Kyoto, descreve como uma colônia de microrganismos conseguiu degradar uma folha fina de PET em 6 semanas. Pode parecer muito tempo, mas é rápido para um tipo de plástico que leva centenas de anos para se decompor espontaneamente.

Para decompor o PET, a bactéria produz duas enzimas – moléculas biológicas que promovem reações químicas –, cuja função específica é degradar esse plástico. O PET é composto por uma estrutura molecular de carbono altamente estável, que quando atacada pela bactéria se rompe em componentes menores, que podem ser incorporados ao ambiente sem problemas.

[...] A descoberta é importante, afirmam, mas é preciso descobrir ainda meios práticos de produzir essas enzimas e usá-las em larga escala para tratar resíduos plásticos que poluem o ambiente, sobretudo nos oceanos.

De um jeito ou de outro, estudos sobre a *Ideonella sakaiensis* devem acelerar esse processo, já que tudo o que se conhecia antes era alguns fungos capazes de decompor PET parcialmente.

[...]

Cientistas descobrem bactéria capaz de desintegrar plástico de garrafa PET. *G1*, São Paulo, 10 mar. 2016. Disponível em: <http://g1.globo.com/natureza/noticia/2016/03/cientistas-descobrembacteria-capaz-de-desintegrar-plastico-de-garrafa-pet.html>. Acesso em: 31 mar. 2016.

- A matéria publicada menciona uma importante descoberta para a Química e para o meio ambiente. Identifique-a e explique o porquê de sua importância.

5. Leia o texto abaixo e resolva os itens a seguir.

O dilema das sacolas plásticas

[...] Depois de cidades do interior de São Paulo terem proibido a distribuição das embalagens em estabelecimentos comerciais, as primeiras capitais também entram na batalha. Mas um dilema se cria a partir da nova legislação: o que irá substituir as sacolinhas no vaivém de supermercados; nas entregas em domicílio de farmácias; e em outras tarefas do dia a dia que, nas últimas duas décadas, foram atribuídas quase que exclusivamente aos embrulhos de plástico?

Apresentado como solução moderna e prática nos anos 1980, esse tipo de sacola se tornou um dos vilões do meio ambiente. Estudos comprovam a nocividade das embalagens, dada a sua lenta degradação – levam até 500 anos para se decompor – e os prejuízos que podem causar ao meio ambiente. [...]

A partir de então, europeus e norte-americanos decidiram reduzir a circulação das embalagens. No Brasil, pouco a pouco, prefeituras criam medidas para coibir o uso. Resistente à abolição das sacolinhas, a indústria do plástico decidiu criar um outro modelo, mais resistente e com processo de decomposição muito mais rápido. A promessa é de que, em apenas seis meses, as chamadas sacolas oxibiodegradáveis se decomponham completamente.

Estudo do Instituto Plastivida – entidade que representa institucionalmente a cadeia produtiva do setor –, porém, desmistifica a teoria e a define como uma vilã ainda mais perigosa para a natureza. Na presença de luz, a embalagem oxibiodegradável sofre reações na cadeia polimérica e se transforma em pequenos fragmentos, de 1 cm a 2 cm quadrados, que são lançados no ambiente e causam problemas ainda maiores que a sacola tradicional. O produto chegou a ser adotado por redes de supermercado, mas praticamente todas as retiraram dos caixas ao saber do prejuízo. "Deixa de ser sacola fisicamente, mas está bem presente no meio ambiente", afirma a assessora técnica do Instituto Plastivida Silvia Rolim.

Diferentemente das sacolas tradicionais, as chamadas oxibiodegradáveis recebem um aditivo químico para acelerar o processo de pulverização, sendo lançadas no meio ambiente aleatoriamente, sem qualquer preocupação com sua destinação. "O importante é eliminar o consumo excessivo de sacolas, consumindo só o estritamente necessário e reaproveitando o máximo possível, mas as oxibiodegradáveis vão contra essa lógica. É um mal conceitual espantoso", avalia Silvia.

[...] Distribuída nos supermercados até o fim dos anos 1980, a sacola de papel perdeu espaço com a entrada do plástico, mas, dada a maior preocupação com questões ambientais, o retorno do papel pode ser uma solução. Estudos feitos nos Estados Unidos mostram que dois sacos de papel substituem até 14 unidades de plástico. As redes de supermercado justificam a resistência em adotar as novas embalagens pelo custo elevado. Cada unidade pode custar até 10 vezes mais que uma de plástico. "Há desperdício no uso da sacolinha. No comparativo um por um, o preço do papel é maior mesmo, mas é preciso comparar com o número de sacos que são tirados de circulação", explica o presidente do Sindicato das Indústrias de Celulose, Papel e Papelão de Minas Gerais [...].

[...] as sacolas de ráfia e lona requerem que o consumidor saiba de antemão que vai às compras e carregue consigo, no carro ou na bolsa, uma unidade das chamadas ecobags, ou sacolas ecológicas. Caso contrário, toda vez que for ao supermercado será preciso pagar por uma sacola nova.

[...]

ESCOLA DE Administração de Empresas da Fundação Getulio Vargas (FGV-EAESP). Disponível em: <https://www.correiobraziliense.com.br/app/noticia/ciencia-e-saude/2011/02/09/interna_ciencia_saude,236808/sacolas-plasticas-se-decompoem-rapidamente-mas-tambem-deixam-rastros.shtml>. Acesso em: 16 jul. 2018.

---

a) Quais são os prejuízos do uso desenfreado das sacolas plásticas e do seu descarte inadequado.
b) Explique a frase "Deixa de ser sacola fisicamente, mas está bem presente no meio ambiente".
c) Segundo o texto, "O importante é eliminar o consumo excessivo de sacolas, consumindo só o estritamente necessário e reaproveitando o máximo possível".

Em grupos, elabore um cartaz para incentivar a população a adotar práticas de consumo sustentáveis.

Resgatando o que foi visto

Nesta unidade você teve a oportunidade de resgatar alguns conceitos e compostos estudados na unidade anterior e aprofundar o estudo das reações orgânicas. Também aprendeu sobre um grupo de compostos orgânicos de grande importância socioeconômica e bastante presente no cotidiano: os polímeros.

O uso deles propiciou conforto e melhores condições de vida, mas também criou problemas. Faça um resumo do que lhe pareceu mais significativo e o compartilhe com seus colegas de classe.

Testando seus conhecimentos

Caso necessário, consulte as tabelas no final desta Parte.

1. (PUC-PR) O poliestireno (PS) é um polímero muito utilizado na fabricação de recipientes de plásticos, tais como: copos e pratos descartáveis, pentes, equipamentos de laboratório, partes internas de geladeiras, além do isopor (poliestireno expandido). Esse polímero é obtido na polimerização por adição do estireno (vinilbenzeno). A cadeia carbônica desse monômero é classificada como sendo:
   a. normal, insaturada, homogênea e aromática.
   b. ramificada, saturada, homogênea e aromática.
   c. ramificada, insaturada, heterogênea e aromática.
   d. ramificada, insaturada, homogênea e aromática.
   e. normal, saturada, heterogênea e alifática.

2. (Unimontes-MG) A reciclagem de um polímero depende de sua composição e da possibilidade de esse material ser processado várias vezes sem perder suas propriedades. Os tipos de polímeros e suas aplicações estão apresentados na tabela a seguir:

Tipos	Características	Exemplos de aplicações
Termoplásticos	Após aquecimento, podem ser moldados; podem ser fundidos ou dissolvidos em solvente para serem reprocessados.	CDs, garrafas PET, divisórias
Termorrígidos	Rígidos e frágeis. Embora sejam estáveis a variações de temperatura, o aquecimento para possível reprocessamento promove a decomposição do material; não podem ser fundidos.	Caixas-d'água, piscinas, tomadas
Elastômero	São elásticos e recuperam sua forma após cessar a aplicação de uma tensão; após sintetizados, não podem ser fundidos para possível reprocessamento.	Pneus, mangueiras

Considerando as características dos polímeros, podem ser reciclados:
   a. os termoplásticos e os termorrígidos.
   b. apenas os termoplásticos.
   c. os termoplásticos e os elastômeros.
   d. apenas os elastômeros.

3. (UFSM-RS) Não é de hoje que os polímeros fazem parte de nossa vida; progressos obtidos pelos químicos permitiram avanços importantes em diversas áreas. Os avanços científicos e tecnológicos têm possibilitado a produção de novos materiais mais resistentes ao ataque químico e ao impacto. O Kevlar tem sido utilizado na produção industrial de coletes à prova de balas, além de apresentar característica de isolante térmico. A obtenção desse polímero ocorre por meio da reação a seguir.

Com base nos dados, é correto afirmar que o polímero é obtido por uma reação de:
   a. condensação e ocorre entre um ácido carboxílico e uma amina secundária.
   b. desidratação e os grupos funcionais ligados ao anel benzênico ocupam a posição *orto* e *meta*.
   c. adição e o polímero resultante é caracterizado por uma poliamina alifática.
   d. condensação e o polímero resultante é caracterizado por uma poliamida aromática.
   e. polimerização e um dos reagentes é o ácido benzoico.

4. (Unicamp-SP) Mais de 2 000 plantas produzem látex, a partir do qual se produz a borracha natural. A *Hevea brasiliensis* (seringueira) é a mais importante fonte comercial desse látex. O látex da *Hevea brasiliensis* consiste em um polímero do *cis*-1,4-isopreno, fórmula C_5H_8, com uma massa molecular média de 1 310 kDa (quilodaltons). De acordo com essas informações, a seringueira produz um polímero que tem em média

a. 19 monômeros por molécula.
b. 100 monômeros por molécula.
c. 1 310 monômeros por molécula.
d. 19 000 monômeros por molécula.

Dados de massas atômicas em Dalton: C = 12 e H = 1.

5. (UEFS-BA) Polímeros são macromoléculas de origem natural ou sintética com amplo espectro de utilização, podem ser classificados de acordo com o grupo funcional característico, pela reação que os origina, no caso dos polímeros sintéticos, bem como por suas propriedades físicas.

Sabendo-se que PET ou PETE é a sigla para o poliéster poli(tereftalato de etileno) e baseando-se no conhecimento sobre polímeros e nas fórmulas estruturais representadas, é correto afirmar:

Ácido Tereftálico   Glicose

a. A produção do PET exige a utilização de dois monômeros, o etanodiol e o ácido benzeno-1,4-dioico.
b. A sacarose é um polímero natural, assim como a celulose e o amido, que tem como monômero a glicose.
c. As proteínas são poliamidas classificadas como polímeros sintéticos, pois são sintetizados pelo corpo humano, a partir de aminoácidos.
d. O polietileno e o poli(tereftalato de etileno) são classificados como polímeros de adição, porque as moléculas dos seus monômeros vão se adicionando.
e. As macromoléculas do polietileno se mantêm unidas por interações intermoleculares de ligações entre os hidrogênios de uma cadeia e os carbonos da outra cadeia carbônica.

6. (UFSC)

Funcionárias passam mal após inalar poli(metilmetacrilato)

Em agosto de 2016, funcionárias da equipe de limpeza de uma empresa de Maceió precisaram de atendimento médico após limpar o chão do almoxarifado sem equipamentos de proteção individual. No local, dois vidros contendo poli(metilmetacrilato) haviam caído no chão e quebrado, liberando o líquido para o ambiente. Essa substância química é tóxica e tem causado danos irreparáveis quando utilizada em procedimentos estéticos. O poli(metilmetacrilato) – PMMA – também é conhecido como "acrílico" e pode ser obtido a partir da polimerização, sob pressão, da molécula representada como I no esquema abaixo, na presença de catalisador e sob aquecimento:

I   PMMA

Disponível em: <http://g1.globo.com/al/alagoas/noticia/2016/08/funcionarias-do-pam-salgadinho-passam-mal-ao-inalar-produto-toxico.html>. [Adaptado]. Acesso em: 14 ago. 2016.

Sobre o assunto, é correto afirmar que:
01. o PMMA é um polímero de condensação.
02. a molécula de I apresenta a função orgânica éter.
04. a nomenclatura IUPAC de I é 2-metilprop-2-enoato de metila.
08. a molécula de I é o monômero do PMMA.
16. a molécula de I apresenta isomeria geométrica.
32. o catalisador, a pressão e o aquecimento influenciam a velocidade da reação de formação do PMMA.
64. o PMMA apresenta o radical metil ligado a um átomo de carbono insaturado.

Dê como resposta a soma dos números correspondentes às alternativas corretas.

7. (PUC-SP) Pesquisadores da Embrapa (Empresa Brasileira de Agropecuária) estudam há muito tempo os bioplásticos, nome dado pelos próprios pesquisadores. Esses bioplásticos, também conhecidos como biopolímeros, são obtidos da polpa e cascas de frutas ou de legumes. A vantagem desses bioplásticos seria diminuir o impacto ambiental provocado pelos plásticos sintéticos, porém não se sabe ainda se os bioplásticos não atrairiam animais enquanto estocados.

• Sobre os polímeros sintéticos e polímeros naturais, avalie as afirmativas abaixo e assinale a correta.
a. Polietileno, poliestireno e policloreto de vinila são exemplos de polímeros naturais.
b. O monômero utilizado na formação de um polímero sintético de adição precisa ter pelo menos uma dupla ligação entre carbonos.
c. As proteínas possuem como monômeros os aminoácidos e são exemplos de polímeros sintéticos.
d. Os polímeros sintéticos se deterioram em poucos dias ou semanas.

Testando seus conhecimentos

8. (Enem) Os polímeros são materiais amplamente utilizados na sociedade moderna, alguns deles na fabricação de embalagens e filmes plásticos, por exemplo. Na figura estão relacionadas as estruturas de alguns monômeros usados na produção de polímeros de adição comuns.

Acrilamida — Cloreto de vinila (cloropropeno) — Estireno — Etileno (eteno) — Propileno (propeno)

Dentre os homopolímeros formados a partir dos monômeros da figura, aquele que apresenta solubilidade em água é
a. polietileno.
b. poliestireno.
c. polipropileno.
d. poliacrilamida.
e. policloreto de vinila.

9. (UPE/SSA)

A picanha é um tipo de corte de carne bovina tipicamente brasileiro. Uma porção de 100 g de picanha contém 38% de proteínas, 35% de gordura saturada e 17% de colesterol. A seguir, é indicado um procedimento para a preparação de um hambúrguer de picanha. Peça para moer 800 g dessa carne, com 80 g da capa de gordura. Divida a carne em quatro partes e molde hambúrgueres com 10 cm de diâmetro. Em seguida, coloque em uma assadeira forrada com papel-manteiga, cubra com filme de PVC e leve à geladeira, por duas horas. Aqueça bem uma frigideira de teflon e unte-a com óleo. Depois, coloque a carne e tempere a parte superior com sal e pimenta. Doure por seis minutos. Vire e tempere novamente. Doure por mais cinco minutos e cubra com fatias de queijo.

Adaptado de http://m.folha.uol.com.br/comida/

Observando a estrutura de alguns polímeros listados abaixo:

I — $-(CF_2-CF_2)_n-$
II, III, IV, V

Assinale a alternativa que corresponde aos polímeros utilizados na preparação desse hambúrguer de picanha.
a. I e II.
b. III e IV.
c. II e III.
d. III e V.
e. IV e V.

10. (FMJ-SP) Os monômeros buta-1,3-dieno e 2-cloro-buta-1,3-dieno são muito utilizados na fabricação de borrachas sintéticas, sendo, este último, também conhecido como cloropreno, uma substância resistente a mudanças de temperatura, à ação do ozônio e ao clima adverso.
a. Escreva as fórmulas estruturais dos monômeros mencionados.
b. A partir do monômero 2-cloro-buta-1,3-dieno é obtido o poli-2-cloro-but-2-eno, conhecido comercialmente como neopreno, um elastômero sintético. Escreva a reação de obtenção do neopreno a partir do cloropreno e indique o tipo de isomeria espacial que ocorre nesse elastômero.

11. (UCS-RS) Polímeros são macromoléculas formadas por unidades químicas menores que se repetem ao longo da cadeia, chamadas monômeros. O processo de polimerização é conhecido desde 1860, mas foi somente no final do século XIX que se desenvolveu o primeiro polímero com aplicações práticas, o nitrato de celulose. A partir daí, com o conhecimento das reações envolvidas nesse processo e com o desenvolvimento tecnológico, foi possível sintetizar uma grande quantidade de novos polímeros. Atualmente, é tão grande o número desses compostos e tão comum a sua utilização, que é praticamente impossível "passar um único dia" sem utilizá-los.

Os polímeros, apresentados na COLUNA B, são produzidos a partir da reação de polimerização dos monômeros listados na COLUNA A.

Coluna A	Coluna B
1. (estireno)	( ) Poliacetato de vinila
2. (acetato de vinila)	( ) Poliestireno
3. (metacrilato de metila)	( ) Poliacrilontrila
4. (acrilonitrila)	( ) Polimetacrilato de metila

Associando a COLUNA A com a COLUNA B, de modo a relacionar o monômero que origina seu respectivo polímero, assinale a alternativa que preenche corretamente os parênteses, de cima para baixo.
a. 1 – 2 – 4 – 3
b. 4 – 3 – 2 – 1
c. 3 – 2 – 4 – 1
d. 1 – 3 – 4 – 2
e. 2 – 1 – 4 – 3

12. (UEM-PR) Assinale o que for correto.
01. O polietileno é utilizado na fabricação de sacolas e brinquedos.
02. A baquelite é obtida pela condensação do hidroxibenzeno com formaldeído.
04. O silicone é um polímero que contém silício.
08. O monômero que origina o poliestireno apresenta cadeia carbônica aromática.
16. Os polímeros polipropileno e politetrafluoretileno são sintetizados por meio de reações de condensação.

Dê como resposta a soma dos números correspondentes às alternativas corretas.

13. (Enem) O poli(ácido lático) ou PLA é um material de interesse tecnológico por ser um polímero biodegradável e bioabsorvível. O ácido lático, um metabólito comum no organismo humano, é a matéria-prima para produção do PLA, de acordo com a equação química simplificada:

Ácido d/l-lático → polimerização → (estrutura do PLA) 100 ≤ n ≤ 10 000

Que tipo de polímero de condensação é formado nessa reação?
a. Poliéster.
b. Polivinila.
c. Poliamida.
d. Poliuretana.
e. Policarbonato.

Responder à questão 14 com base no texto a seguir.

A sociedade moderna é bastante dependente de polímeros sintéticos. Essa dependência se manifesta em inúmeros produtos encontrados no cotidiano, a começar pelas garrafas de refrigerante, feitas de _____, e as sacolas de supermercado, feitas de _____.

As juntas e tubulações por onde passa a água encanada são geralmente fabricadas com _____, um polímero que contém átomos de um halogênio em sua estrutura. O "isopor" é um produto constituído de _____, o qual pode ser dissolvido em acetona para formar uma cola muito resistente.

14. (PUC-RS) As palavras/expressões que preenchem correta e respectivamente as lacunas do texto estão reunidas em
a. politereftalato de etileno – polietileno – policloreto de vinila – poliestireno
b. polietileno – polipropileno – polibutadieno – poliestireno
c. policarbonato – plástico verde – poliuretano – polipropileno
d. álcool polivinílico – PET – celuloide – poliamida
e. poliéster – polimetilmetacrilato – silicone – poli-isopreno

15. (Enem)

O uso de embalagens plásticas descartáveis vem crescendo em todo o mundo, juntamente com o problema ambiental gerado por seu descarte inapropriado. O politereftalato de etileno (PET), cuja estrutura é mostrada, tem sido muito utilizado na indústria de refrigerantes e pode ser reciclado e reutilizado. Uma das opções possíveis envolve a produção de matérias-primas, como o etilenoglicol (1,2-etanodiol), a partir de objetos compostos de PET pós-consumo.

Disponível em: www.abipet.org.br. Acesso em 27 fev. 2012 (adaptado).

Com base nas informações do texto, uma alternativa para a obtenção de etilenoglicol a partir do PET é a
a. solubilização dos objetos.
b. combustão dos objetos.
c. trituração dos objetos.
d. hidrólise dos objetos.
e. fusão dos objetos.

16. (UFSJ-MG) Os polímeros são macromoléculas de elevada massa molar, formadas pela repetição de unidades químicas pequenas e simples (os monômeros) ligadas covalentemente. Hoje em dia, são conhecidos diversos tipos de polímeros, com grande variedade de usos, de acordo com as suas características, como os apresentados abaixo:

Com base na estrutura química desses polímeros, é CORRETO afirmar que
a. o cloreto de polivinila apresenta ligações de hidrogênio.
b. a celulose contém grupos carbonílicos.
c. o polietileno é um alceno não ramificado.
d. o poliestireno contém grupos aromáticos.

17. (Enem/PPL) Garrafas PET (politereftalato de etileno) têm sido utilizadas em mangues, onde as larvas de ostras e de mariscos, geradas na reprodução dessas espécies, aderem ao plástico. As garrafas são retiradas do mangue, limpas daquilo que não interessa e colocadas nas "fazendas" de criação, no mar.

GALEMBECK, F. *Ciência Hoje*, São Paulo, v. 47, n. 280, abr. 2011 (adaptado).

Nessa aplicação, o uso do PET é vantajoso, pois
a. diminui o consumo de garrafas plásticas.
b. possui resistência mecânica e alta densidade.
c. decompõe-se para formar petróleo a longo prazo.
d. é resistente ao sol, à água salobra, a fungos e bactérias.
e. é biodegradável e poroso, auxiliando na aderência de larvas e mariscos.

18. (UEM-PR) Assinale a(s) alternativa(s) correta(s) a respeito de reações envolvendo produção e modificação de polímeros.

01. Nas reações de formação de polímeros de adição, como o PVC, há a geração de uma grande quantidade de subprodutos, que devem ser separados do produto final.
02. Um polímero de adição fabricado a partir de mais de um monômero recebe o nome de copolímero.
04. O processo de vulcanização diminui o número de ligações duplas na borracha natural, gerando ligações cruzadas entre diferentes cadeias do polímero através de pontes de enxofre.
08. Nas poliamidas, como o Náilon e o Kevlar, a presença de grupamentos amida é preponderante para as características de alta resistência desses polímeros, devido a fortes interações entre as cadeias, como as ligações de hidrogênio.
16. O processo de polimerização por condensação envolve sempre dois monômeros diferentes e não gera subprodutos.

Dê como resposta a soma dos números correspondentes às alternativas corretas.

19. (IFSC) O *nylon* é uma fibra têxtil sintetizada em laboratório, que faz parte da classe dos polímeros. Atualmente, a fibra orgânica *nylon* possui uma vasta utilização, mas no início do século XX (1927) ela surgiu "meio tímida" para substituir a seda (de preço elevado).

[...] Processo químico de obtenção do *nylon* .

Fonte: <http://www.mundoeducacao.com/quimica/nylon-um-polimero-resistente.htm>. Acesso: 1º abr. 2014.

Com base no texto e na equação apresentados acima, assinale a alternativa CORRETA.
a. A soma das massas molares dos reagentes resultará na massa do polímero formado.
b. A molécula resultante da reação acima é formada pela repetição do monômero apresentado, com fórmula estrutural igual a $C_4H_6O_2N_2$.
c. O *nylon* é um polímero de amina, ou seja, uma poliamina.
d. Um dos reagentes para formar o famoso polímero é uma diamina chamada pentanodiamina.
e. Um dos reagentes para formar o *nylon* é um ácido dicarboxílico chamado ácido hexanodioico.

20. (UFT-TO) O polipropileno é utilizado para produzir fibras de roupas, cordas, tapetes, para-choques de automóveis, dentre outros. Este é produzido através de reações sucessivas de adição de propileno (propeno). Qual é a estrutura do polímero produzido:

21. (UEPG-PR) O Dacron é um polímero obtido por reação de condensação entre 2 reagentes orgânicos, onde ocorre também a formação de água.

Sobre o Dacron, que tem parte de sua estrutura representada abaixo, assinale o que for correto.

$$-[-OOC-\text{C}_6\text{H}_4-COO-CH_2-CH_2-OOC-\text{C}_6\text{H}_4-COO-CH_2-CH_2-]-$$

01. Um dos reagentes utilizados para a síntese do Dacron é o benzoato de etila.
02. O Dacron é um poliéster.
04. O Dacron é sintetizado a partir de um ácido dicarboxílico aromático e do 1,2 etanodiol.
08. As cadeias do polímero podem estabelecer ligações cruzadas, formando redes.
16. O ácido butanodioico é um dos reagentes da síntese do Dacron.

Dê como resposta a soma dos números correspondentes às alternativas corretas.

22. (UFPB) O aumento nas vendas de veículos acarreta uma maior produção de borracha sintética, matéria-prima na fabricação de pneus. A seguir está apresentada uma reação de polimerização da borracha sintética.

$$n\,H_2C=CH-CH=CH_2 \xrightarrow[\text{catalisador}]{pT} -(H_2C-CH=CH-CH_2)_n-$$
$$\quad\quad\quad A \quad\quad\quad\quad\quad\quad\quad\quad\quad\quad\quad\quad B$$

Acerca dessas informações, identifique as afirmativas corretas:

( ) O composto **A** é o buta-1,3-dieno.
( ) O composto **B** é um biopolímero.
( ) A reação de polimerização consiste na união de vários monômeros.
( ) O composto **B** é um polímero de adição.
( ) A combustão do composto **A** forma álcool e água.

23. (Uece) Está sendo testada na empresa britânica Xeros a máquina de lavar roupas usando apenas 10% da água utilizada por uma lavadora convencional do mesmo tamanho. Para remover as sujeiras das roupas são usadas pastilhas de náilon (20 quilos de pastilhas para limpar 5 quilos de roupas). A máquina é mais econômica, ecologicamente correta e as pastilhas são reutilizáveis, tendo vida útil para até 500 lavagens. O náilon resulta da condensação da diamina com o diácido. Assinale a alternativa que mostra, respectivamente, essas duas funções orgânicas.

a. $H_2N-(CH_2)_6-NH_2$; $HOC-(CH_2)_4-COH$
b. $H_2NOC-(CH_2)_6-CONH_2$; $HOOC-(CH_2)_4-COOH$
c. $H_2N-(CH_2)_6-NH_2$; $HOOC-(CH_2)_4-COOH$
d. $H_2N-(CH_2)_6-NH_2$; $CH_3-(CH_2)_4-COOH-COOH$

24. (Uece) A Petrobras é a maior usuária mundial de dutos flexíveis, que levam o petróleo dos poços até as plataformas. A flexibilidade é fundamental para que os dutos suportem condições hostis, como profundidade e movimentação do mar. Os dutos flexíveis são constituídos de camadas poliméricas e metálicas intercaladas. Com relação aos polímeros assinale a alternativa correta.

a. Polímeros de condensação são obtidos pela reação de dois monômeros, com eliminação de uma substância mais simples. Ex.: reação de fenol e formaldeído com eliminação de água.
b. Polímero de adição é a soma de monômeros pequenos todos diferentes entre si. Ex.: adição de etileno e cloreto de vinila.
c. Copolímeros são polímeros obtidos a partir de monômeros pequenos e todos iguais entre si. Ex.: reação de moléculas de etileno para produzir o propileno.
d. Nos polímeros lineares, as macromoléculas não são encadeadas. Ex: polietileno.

25. (Fuvest-SP) O polímero PET pode ser preparado a partir do tereftalato de metila e etanodiol. Esse polímero pode ser reciclado por meio da reação representada por

$$\left[-\overset{O}{\underset{\|}{C}} - \underset{\text{benzeno}}{\bigcirc} - \overset{O}{\underset{\|}{C}} - O - CH_2 - CH_2 - O - \right]_n + 2n\ X \longrightarrow$$

$$n\ HO-CH_2-CH_2-OH + n\ CH_3O-\overset{O}{\underset{\|}{C}}-\underset{\text{benzeno}}{\bigcirc}-\overset{O}{\underset{\|}{C}}-OCH_3$$

etanodiol tereftalato de metila

em que o composto X é:
a. eteno.
b. metanol.
c. etanol.
d. ácido metanoico.
e. ácido tereftálico.

26. (FGV-SP) O polipropileno (PP), um termoplástico *commodity*, é uma das resinas que apresentou maior crescimento no consumo, nos últimos anos, devido à sua grande versatilidade em inúmeras aplicações. O monômero utilizado para obtenção do PP está representado na alternativa:

a. $\left[\begin{array}{c} CH_3 \\ | \\ \end{array} \right]$

b. estrutura com H, C=C, C≡N

c. $CH_2=CH-Cl$

d. propeno (estrutura)

e. estireno (estrutura)

27. (Udesc) O poli(tereftalato de etileno), PET, é um termoplástico muito utilizado em garrafas de refrigerantes. Esse composto pode ser obtido pela reação química representada pela equação:

$$H_3C-O-\overset{O}{\underset{\|}{C}}-\bigcirc-\overset{O}{\underset{\|}{C}}-O-CH_3 + HO-CH_2-CH_2-OH \longrightarrow$$

A B

$$\longrightarrow \left[O-\overset{O}{\underset{\|}{C}}-\bigcirc-\overset{O}{\underset{\|}{C}}-O-CH_2-CH_2 \right]_n + n\ CH_3OH$$

C D

Em relação aos compostos A, B e C e ao tipo de reação de polimerização, pode-se afirmar que o composto C é:
a. Um poliéster, produzido pela policondensação de um hidrocarboneto aromático e um diálcool.
b. Uma poliamida, produzida pela policondensação de uma diamina aromática e um diálcool.
c. Um poliéter aromático, produzido pela poliadição de um diéster e um diácido carboxílico.
d. Um poliéster, produzido pela policondensação de um diéster e um diálcool.
e. Um polímero vinílico, produzido pela poliadição de monômeros vinílicos.

UNIDADE 12

QUÍMICA E ALIMENTOS

Capítulo 36
Nutrição e principais nutrientes, 874

Muitas vezes, quando escolhemos determinado alimento, não nos preocupamos com seus constituintes químicos, como os aminoácidos e os ácidos graxos, ou mesmo com a quantidade de determinado nutriente.
- Você sabe quais informações estão presentes nos rótulos de produtos alimentícios?
- Já selecionou algum produto pelas informações nutricionais? Em caso afirmativo, em que situações?

Nesta unidade você irá estudar um pouco sobre a Química dos alimentos.

CAPÍTULO 36

NUTRIÇÃO E PRINCIPAIS NUTRIENTES

O hábito de fazer refeições balanceadas pode garantir o consumo de todos os nutrientes necessários ao organismo.

ENEM
C5: H17
C7: H24

Este capítulo vai ajudá-lo a compreender:
- as diferenças químicas entre os compostos de nossa alimentação;
- os papéis que alguns nutrientes desempenham em nosso organismo.

Para situá-lo

Proteínas, lipídios e carboidratos são componentes importantes de nossa alimentação. São chamados de macronutrientes porque o corpo humano precisa deles em quantidade relativamente grande.

As proteínas são encontradas, por exemplo, em ovos, leite, carne e feijões. Os lipídios estão presentes no leite e em seus derivados, nas margarinas, nos óleos vegetais (coco, girassol, soja, entre outros) e azeites. O açúcar (sacarose) que usamos para fazer doces, a batata, o arroz e as massas são exemplos de alimentos ricos em carboidratos.

Além desses três grupos de nutrientes, há outros que, mesmo em pequenas concentrações, desempenham papel relevante em nossa alimentação, como as vitaminas e os sais minerais. A vitamina C, ou ácido ascórbico, por exemplo, evita o escorbuto, atua como antioxidante e auxilia na absorção de íons de ferro.

Cada um desses componentes desempenha papel essencial no funcionamento do organismo humano e por isso é recomendável optar por uma alimentação equilibrada, em que todos estejam presentes em proporções adequadas.

A tabela a seguir apresenta a quantidade de alguns nutrientes em diferentes partes de certos alimentos de origem vegetal.

		Quantidade de alguns nutrientes em 100 g de certos alimentos (*)						
		Proteínas (g)	Carboidratos (g)	Lipídios (g)	Fibras (g)	Vitamina C (mg)	Carotenoides (mg)	Ferro (mg)
Abacaxi	Polpa	0,44	7,33	0,079	0,81	10,4	35,5	—
	Casca	**0,89**	4,07	**0,24**	**3,10**	**16,8**	0,48	—
Banana	Polpa	2,15	14,4	0,32	1,32	3,90	24,5	—
	Casca	1,10	2,19	**0,35**	1,29	**10,14**	0,008	—
Laranja	Polpa	0,98	2,49	0,30	0,92	32,6	15,2	—
	Casca	**1,20**	**12,1**	**0,71**	**6,48**	13,7	0,003	—
Limão	Polpa	1,01	1,00	0,24	1,21	29,8	9,20	—
	Casca	**3,07**	**2,43**	**0,92**	**6,71**	14,51	1,41	—
Maçã	Polpa	0,32	10,6	0,17	0,73	2,05	21,5	—
	Casca	**0,55**	4,71	**0,70**	**2,50**	**6,20**	0,903	—
Mamão	Polpa	0,52	9,19	0,27	1,27	56,4	99,3	—
	Casca	**1,59**	4,65	0,15	**1,94**	52,8	11,2	—
Cenoura	Polpa	0,68	3,56	0,078	1,11	6,24	118,9	—
	Casca	**0,90**	0,81	**0,22**	**1,45**	2,10	24,3	—
	Rama	2,76	0,50	0,42	3,19	16,65	12,4	25,5
Salsão	Folha	2,79	0,19	0,44	1,52	14,2	13,31	1,15
	Talo	—	—	—	—	3,17	2,83	**3,08**
Salsinha	Talo	1,16	1,97	0,48	3,66	32,67	0,002	—

* Os números em negrito indicam quando a casca, a rama ou o talo possuem maior valor nutricional que a polpa.

Fonte: ZANELLA, J. Nutrição: o valor do alimento que é jogado fora. *Jornal Unesp*, São Paulo, ano XX, n. 213, jul. 2006. Disponível em: <http://www.unesp.br/aci/jornal/213/desperdicio.php>. Acesso em: 30 mar. 2016.

Observe atentamente a tabela e repare que, com frequência, as partes dos alimentos que costumam ser descartadas concentram mais nutrientes que as partes costumeiramente consumidas.

1. Qual é a polpa de fruta mais rica em vitamina C?

2. Entre os alimentos listados na tabela, qual deles é mais rico em carboidratos? E em proteínas? E em lipídios?

3. Uma das maneiras de prevenir a anemia é comer alimentos ricos em ferro. Para o ferro ser mais efetivamente absorvido pelo organismo, esses alimentos devem estar associados à vitamina C. Relacione dois alimentos que cumpririam bem essas funções (ricos em ferro e em vitamina C).

4. Qual é a massa de ferro ingerida por um indivíduo que consome 20 g de rama de cenoura?

Neste capítulo serão desenvolvidas noções básicas sobre três componentes primordiais da alimentação humana: as proteínas, os lipídios e os carboidratos.

A importância da Bioquímica

Biologia é a ciência que estuda os seres vivos. No entanto, para compreender como e por que os tecidos e as células dos seres vivos agem de determinado modo, é necessário conhecer a química dos processos biológicos – a Bioquímica.

As substâncias envolvidas nesses processos são, em sua maioria, formadas por moléculas maiores do que as estudadas na Química Orgânica. As propriedades físicas e químicas dessas substâncias, entretanto, dependem essencialmente da estrutura molecular, da mesma forma que as de qualquer outro composto.

Apesar da complexidade das substâncias que fazem parte da "química da vida", o estudo da Bioquímica se fundamenta nos conhecimentos básicos da Química Orgânica, ou seja, na identificação de grupos característicos das classes funcionais, na existência ou não de ligações polares, de insaturações, e assim por diante. É isso que nos permite compreender as forças intermoleculares (biomolécula-biomolécula, biomolécula-solvente) e intramoleculares e, de modo mais amplo, os processos bioquímicos dos quais essas moléculas participam.

Como você já viu na abertura desta unidade, vamos conhecer neste capítulo um pouco sobre as proteínas, os lipídios e os carboidratos. Uma dieta balanceada depende da proporção ideal entre esses macronutrientes. Observe, na tabela ao lado, a porcentagem desses nutrientes em uma célula.

Percentual em massa dos principais componentes químicos da célula	
Composto	Porcentagem
Água	75 a 85
Íons inorgânicos	1
Carboidratos	1
Lipídios	2 a 3
Proteínas	7 a 10
Ácidos nucleicos	1

Fonte: OLIVEIRA, M. T. V. de A.; DE SOUZA, R. S.; VIDOTTO, A. *Componentes químicos da célula*. Programa de Pós-Graduação em Genética – Unesp. Disponível em: <http://www.bio.ibilce.unesp.br/~tercilia/graduacao/engenharia/aulas/componentes.PDF>. Acesso em: 30 mar. 2016.

Proteínas

O termo **proteína** vem do grego e significa "a mais importante", "a primeira". Isso porque as proteínas são encontradas em todas as células vivas e, depois da água, representam o principal componente das células. Elas são, por exemplo, os constituintes orgânicos básicos da pele, dos músculos, dos tendões, dos nervos e do sangue.

Em nosso organismo existem aproximadamente 100 mil proteínas que desempenham diferentes funções: catalisador biológico (enzima), anticorpo, hormônio e papel estrutural – já mencionado acima. Algumas proteínas também atuam na transferência de nutrientes (açúcares e aminoácidos, por exemplo) e metabólitos através da membrana celular.

O quadro abaixo destaca alguns exemplos de proteínas, bem como sua função biológica.

Alguns alimentos ricos em proteínas.

Classificação das proteínas de acordo com suas funções biológicas	
Tipo de proteína/Funções	Exemplos
Proteínas estruturais: participam da constituição do organismo.	• colágeno (presente nos ossos, em cartilagens, em tendões e na pele) • queratina (abundante nos pelos, cabelos e unhas)
Proteínas de transporte: transportam substâncias e partículas que participam do metabolismo.	• hemoglobina (transporta o oxigênio do sangue) • citocromo C (responsável por captar e ceder elétrons em oxirredução intracelular)
Proteínas de armazenamento: armazenam substâncias para serem usadas quando o organismo necessitar.	• albumina do ovo (existente na clara do ovo, sua ingestão fornece ao organismo jovem os aminoácidos necessários ao seu desenvolvimento)
Proteínas regulatórias: mantêm sob controle processos vitais.	• insulina (produzida pelo pâncreas, participa do metabolismo dos açúcares) • hormônio do crescimento
Proteínas protetoras: protegem o organismo contra agressões externas.	• anticorpos (reagem contra os agentes externos causadores de doenças) • fibrinogênio e trombina (agem na coagulação do sangue)
Proteínas contráteis: atuam em contrações musculares, permitindo o movimento e a locomoção.	• actina e miosina (atuam na contração muscular)
Toxinas: defendem o organismo de alguma ameaça.	• toxina botulínica (é venenosa para qualquer organismo que não seja aquele que o produz: o *Clostridium botulinum* – responsável pelo botulismo)
Enzimas: catalisam processos biológicos.	• amilase (catalisa a hidrólise do amido) • anidrase carbônica (catalisa a hidratação do CO_2 nas células dos glóbulos vermelhos)

Uma proteína pode assumir mais de uma função no organismo. Além disso, com os avanços no conhecimento dos mecanismos de ação de diversas proteínas, algumas mudanças podem acontecer. Por exemplo, há pouco tempo se atribuía às mioglobinas o papel de armazenar oxigênio no músculo. Mais recentemente, constatou-se que isso é válido para alguns animais aquáticos, como os golfinhos, que, ao mergulhar, precisam armazenar oxigênio. Já para a maioria dos animais terrestres, as mioglobinas têm outra função: facilitar a difusão de oxigênio dos capilares para as mitocôndrias.

Sendo assim, o quadro acima é uma forma simplificada de classificar as proteínas de acordo com sua função biológica.

Constituição das proteínas

Conforme você viu no capítulo anterior, as proteínas são polímeros naturais cujas unidades constituintes, os monômeros, são aminoácidos.

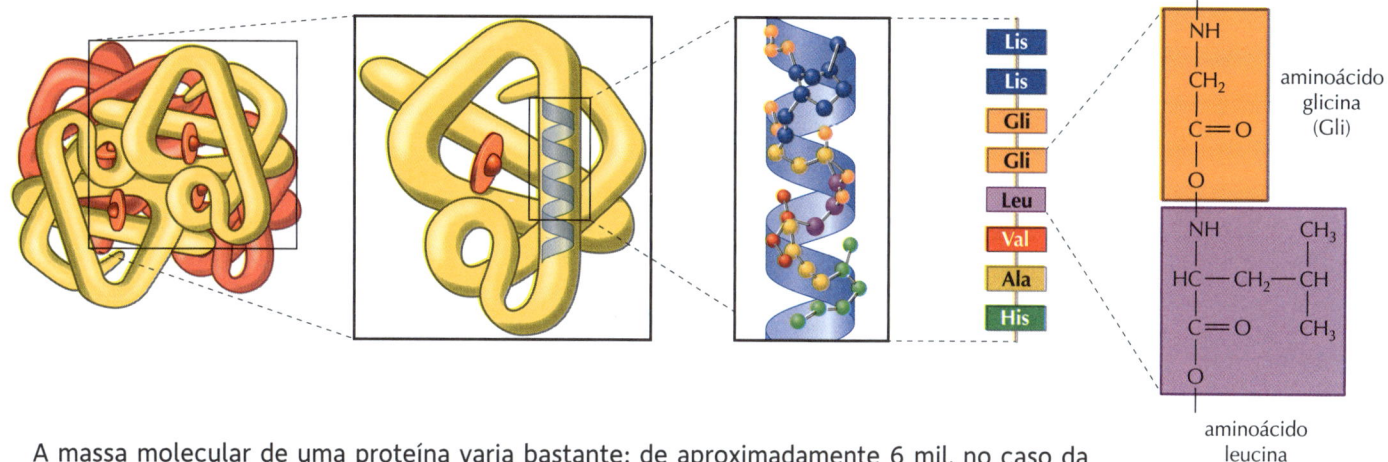

Representação dos diferentes níveis de estrutura proteica da molécula de hemoglobina. As siglas de três letras (Lis, Gli, Leu, Val, Ala e His) representam os aminoácidos que constituem esse trecho da proteína (respectivamente, lisina, glicina, leucina, valina, alanina e histidina).

Fonte: FRANCISCO JUNIOR, W. E.; FRANCISCO, W. Proteínas: hidrólise, precipitação e um tema para o ensino de Química. *Química Nova na Escola*, n. 24, nov. 2006. Disponível em: <http://qnesc.sbq.org.br/online/qnesc24/ccd1.pdf>. Acesso em: 25 mar. 2016.

A massa molecular de uma proteína varia bastante: de aproximadamente 6 mil, no caso da insulina, a alguns milhões – valores encontrados em algumas enzimas complexas.

É possível deduzir que a massa molecular de uma "pequena" proteína, como a insulina, é cerca de 100 vezes maior que a do ácido acético.

Aminoácidos

Os aminoácidos são compostos de função mista – amina e ácido carboxílico. Para a constituição das proteínas, os aminoácidos importantes são aqueles que têm o grupo amino ligado ao átomo de carbono vizinho ao grupamento carboxila (— COOH), como mostra a representação abaixo. Nesse caso, o grupo amino encontra-se ligado ao carbono 2 – lembre-se de que o grupo carboxila tem prioridade na nomenclatura de compostos –, também chamado de carbono alfa (α). Aminoácidos que apresentam o grupo amino no carbono 2 são denominados α-**aminoácidos**.

Observe, abaixo, a fórmula estrutural de três aminoácidos: a glicina, a alanina e a leucina.

glicina	A glicina (ácido 2-aminoetanoico), o mais simples dos aminoácidos.
alanina	Com exceção da glicina, todos os α-aminoácidos apresentam carbono assimétrico e, portanto, possuem atividade óptica. A alanina, devido à presença de um carbono assimétrico, pode apresentar as formas: *l*-alanina e *d*-alanina.
(−)-leucina	Do ponto de vista biológico, a ocorrência de isomeria óptica é extremamente importante, pois a disposição espacial dos átomos de uma molécula é essencial no papel que ela desempenha no metabolismo. Enquanto a leucina levógira tem sabor doce, seu isômero óptico, a dextrógira, possui gosto desagradável.

Capítulo 36 • Nutrição e principais nutrientes

Ligação peptídica

As proteínas são macromoléculas formadas pela reação de condensação de aminoácidos. A equação representada a seguir mostra essa reação entre dois aminoácidos:

A ligação que se forma quando o grupo carboxila de um aminoácido reage com o grupo amina de outro aminoácido é chamada de **ligação peptídica** e o composto, de **dipeptídeo**. As moléculas poliméricas obtidas pela reação de condensação de aminoácidos são chamadas de **polipeptídeos**. As proteínas podem ser formadas por uma ou mais cadeias polipeptídicas.

polipeptídeo

Quando aquecemos uma proteína em solução aquosa, ácida ou básica, ocorre o processo de quebra das ligações peptídicas, originando aminoácidos livres.

Em nosso organismo, esse processo ocorre naturalmente, sem a necessidade de aquecimento, dada a ação de enzimas que aceleram a hidrólise. Por meio dessas quebras, além de aminoácidos, podem ser obtidos grupos de dois ou três desses compostos associados (dipeptídeos, tripeptídeos); esses produtos são usados em novas sínteses.

Aminoácidos essenciais e nossa alimentação

O organismo humano só é capaz de sintetizar aproximadamente a metade dos 20 aminoácidos que utiliza para a produção de proteínas. Os outros aminoácidos necessários, cerca de 10, só podem ser obtidos por meio da ingestão de alimentos que os contenham e são chamados de **aminoácidos essenciais**.

Representação genérica de um aminoácido. O **X** pode ser um átomo (H) ou grupo de átomos e é diferente para cada aminoácido. Observe abaixo um exemplo de aminoácido.

cisteína

Aminoácidos utilizados pelo ser humano			
Aminoácidos essenciais	Abreviação/Símbolo	Aminoácidos não essenciais	Abreviação/Símbolo
Arginina	Arg	Alanina	Ala
Histidina	His	Aspargina	Asn
Isoleucina	Ile	Ácido aspártico	Asp
Leucina	Leu	Cisteína	Cis
Lisina	Lis	Ácido glutâmico	Glu
Metionina	Met	Glutamina	Gln
Fenilalanina	Fen (Phe)	Glicina	Gli
Treonina	Tre	Prolina	Pro
Valina	Val	Tirosina	Tir
Triptofano	Trp	Serina	Ser

Para que uma dieta seja saudável, deve-se optar por uma variedade de alimentos que contenham os aminoácidos essenciais. Leia os textos a seguir.

O porquê do arroz e feijão

De acordo com alguns autores, o Brasil foi o primeiro país a cultivar o arroz no continente americano. O arroz era o "milho-d'água" (abati-uaupé) que os tupis, muito antes de conhecerem os portugueses, já colhiam nos alagados próximos ao litoral.

Consta que integrantes da expedição de Pedro Álvares Cabral, após uma peregrinação por cerca de 5 km em solo brasileiro traziam consigo amostras de arroz, confirmando registros de Américo Vespúcio que trazem referência a esse cereal em grandes áreas alagadas do Amazonas. A prática da oricicultura no Brasil, de forma organizada [...], aconteceu em meados do século XVIII e daquela época até a metade do século XIX o país foi um grande exportador de arroz.

[...]

O arroz possui vários benefícios, pois é rico em vitaminas do complexo B, proteínas e ferro; é um alimento rico em amido, fornecendo energia e contribuindo para a absorção de proteína, além de ser um alimento de fácil digestão e que raramente provoca alergias. O feijão, por sua vez, contém mais proteína do que qualquer outro alimento de fonte vegetal, sendo fonte de vitaminas do complexo B, ferro, potássio, zinco e outros minerais essenciais.

[...], a combinação do feijão com arroz é perfeita, pois ambos fornecem os aminoácidos que auxiliam nosso corpo a formar suas próprias proteínas (músculos, pele, cabelos, unhas, ossos, cicatrização). E tudo isso porque os aminoácidos deficientes no feijão são justamente os que estão presentes no arroz. O arroz é pobre em aminoácidos lisina, presente no feijão. Este, por sua vez, não apresenta o aminoácido essencial metionina, abundante no arroz, daí a importância nutricional na formação proteica desta combinação tipicamente brasileira: "arroz com feijão". [...]

RGNUTRI. *O porquê do arroz e o feijão*. Disponível em: <http://www.rgnutri.com.br/sqv/saude/paf.php>. Acesso em: 28 mar. 2016.

1. De acordo com o texto, quem foram os primeiros habitantes do Brasil a coletar arroz?
2. Uma refeição composta apenas de arroz apresenta todos os aminoácidos essenciais? Justifique.

Vegetarianos, veganos e as proteínas

De onde os vegetarianos tiram a sua proteína?

Ao contrário da percepção geral da população, as carnes não são as únicas fontes de proteína. Além delas, também os alimentos de origem vegetal, quando consumidos em quantidade e variedade suficientes, são capazes de suprir todas as necessidades proteicas do organismo humano.

As principais fontes de proteína vegetal estão divididas em dois grupos: as leguminosas (feijões, lentilha, ervilha, grão-de-bico, soja e derivados) e oleaginosas (castanhas, nozes, amêndoas, sementes, de gergelim e girassol, entre outras). [...]

As proteínas vegetais têm valor biológico igual ao das carnes?

Um alimento de valor biológico é aquele que é capaz de fornecer todos os aminoácidos essenciais ao organismo humano. Outra terminologia usada é "proteína completa". [...]. As proteínas de origem animal apresentam um bom perfil de aminoácidos essenciais. Isso significa dizer que elas contêm esses nutrientes em quantidade equilibrada.

Em comparação e de forma geral, os vegetais não apresentam essa mesma qualidade, sendo raro encontrar todos os aminoácidos essenciais em um único alimento de origem vegetal. Apesar disso, o fato é que uma pessoa não consome apenas um tipo de alimento vegetal, mas sim uma variedade desses. Essa variedade é que torna possível que se obtenha todos os aminoácidos essenciais em uma dieta 100% vegetariana (vegana), pois o aminoácido que falta em um alimento vegetal pode ser encontrado em outro.

[...]

Nenhum alimento isolado, seja esse de origem vegetal ou animal, é capaz de fornecer todos os nutrientes necessários à saúde. [...]

Existe algum nutriente que não possa ser suprido com uma dieta 100% vegetariana (vegana)?

Sim. A vitamina B12 é o único nutriente que não pode ser obtido a partir de fontes vegetais. A vitamina B12 é produzida por bactérias, que por sua vez são consumidas por animais e assim essa vitamina vai parar em seus tecidos, que serão eventualmente consumidos por um animal carnívoro [...]. Ancestralmente, os seres humanos obtinham a sua vitamina B12 consumindo bactérias presentes no ambiente e que naturalmente contaminavam os seus alimentos. Com a modernização da dieta e a adoção de métodos de higiene pessoal e ambiental, o nosso consumo de bactérias foi reduzido drasticamente, o que é bom por muitos motivos. O único contraponto, que é a redução no consumo da vitamina B12, pode ser resolvido fazendo uso de um suplemento da vitamina, que é barato e seguro. Alguns alimentos são fortificados com esse nutriente e podem ser consumidos no lugar do suplemento. [...]

[...]

9 PERGUNTAS sobre nutrição vegetariana. Disponível em: <http://www.nutriveg.com.br/uploads/4/0/6/5/4065259/nutricaovegetariana.pdf>. Acesso em: 5 jul. 2018.

1. Qual é a diferença entre uma pessoa que adota uma dieta vegetariana e outra que adota uma vegana? Caso seja necessário, pesquise em livros e *sites* sobre o assunto.

2. Explique quais são os aspectos positivos e negativos que a adoção de métodos de higiene pessoal e ambiental provocou na alimentação.

Estrutura das proteínas

Conhecer de forma detalhada a estrutura de uma proteína tem sido um dos objetivos dos bioquímicos. Técnicas adequadas para levar à frente esse trabalho, porém, somente se tornaram disponíveis nos últimos 60 anos.

A análise de uma proteína hidrolisada permite verificar quais aminoácidos a constituem e em qual proporção. Uma etapa mais complexa desse trabalho é verificar a sequência dos aminoácidos na cadeia proteica. A insulina foi a primeira proteína cuja sequência de aminoácidos foi determinada. Essa descoberta aconteceu em meados do século XX e valeu ao bioquímico inglês Frederick Sanger (1918-2013) o Prêmio Nobel, em 1958.

A **sequência de aminoácidos** de uma proteína é chamada de **estrutura primária**. Essa sequência corresponde à cadeia peptídica, que pode conter aminoácidos iguais ou diferentes:

— A — B — C — A — X — C — A — Y —

Quanto maior é a variedade de aminoácidos que constituem a proteína, maior é o número de possibilidades diferentes de estrutura primária, o que nos dá ideia de quão complexas são as proteínas.

E por que é importante conhecer bem a estrutura de uma proteína?

Qualquer variação na sequência dos aminoácidos que constituem uma proteína pode alterar completamente o papel biológico dessa substância. Por exemplo, há um tipo de anemia, a falciforme, que decorre de uma alteração na estrutura primária de uma proteína. Observe:

- **hemoglobina saudável:**
  Val — His — Leu — Tre — Pro — Glu — Glu — Lis...
- **hemoglobina alterada (falciforme):**
  Val — His — Leu — Tre — Pro — Val — Glu — Lis...

Você pode resolver as questões 8, 10 a 12, 15, 19 e 20 da seção Testando seus conhecimentos.

Representação artística computadorizada de uma célula de glóbulo vermelho normal (à esquerda) e de uma célula de glóbulo vermelho característica de anemia falciforme (à direita).

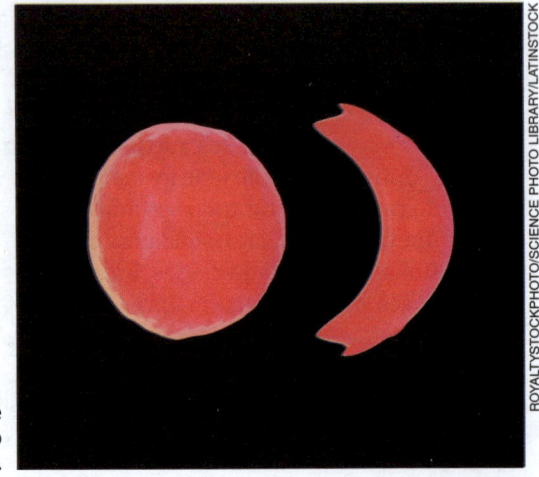

Viagem no tempo

A história da anemia falciforme

[...]

A maioria das pessoas recebe dos pais os genes para hemoglobina chamados A. Assim, estas pessoas, como recebem genes maternos e paternos, são denominadas "AA".

As pessoas com anemia falciforme recebem dos pais genes para uma hemoglobina conhecida como hemoglobina S, ou seja, elas são "SS".

[...]

A alteração genética que determina a doença Anemia Falciforme é decorrente de uma mutação dos genes ocorrida há milhares de anos, predominantemente no continente africano, onde houve três mutações independentes, atingindo os povos do grupo linguístico Bantu e os grupos étnicos Benin e Senegal.

Vários pesquisadores associam a mutação genética como resposta do organismo à agressão sobre os glóbulos vermelhos pelo *Plasmodium falciparum*, agente etiológico da malária. Esta hipótese é sustentada sob dois pontos de vista: milenarmente, a prevalência da malária é alta nestas regiões, e o fato de os portadores do traço falciforme [veja do que se trata o traço falciforme mais adiante] terem adquirido certa resistência a essa doença. As pessoas com anemia falciforme não são resistentes a malária.

Estudiosos de antropologia genética estimam que o tempo decorrido para que esta mutação se concretizasse foi de 70 000 a 150 000 anos passados, ou seja, 3 000 a 6 000 gerações.

Nas regiões da África, onde se deram as mutações, o gene HbS pode ser encontrado na população, em geral, em uma prevalência que varia de 30 a 40%. O fenômeno de mutação do gene HbS também ocorreu na península árabe, centro da Índia e norte da Grécia.

Com a emigração compulsiva dos povos africanos e pelos processos recentes de emigração da África, o gene foi difundido a todos os continentes, constituindo-se, na atualidade, a doença genética prevalente de caráter mundial.

[...]

Traço falciforme e anemia falciforme

O traço falciforme não é uma doença; significa que a pessoa herdou de um dos pais o gene para hemoglobina A e do outro, o gene para hemoglobina S, ou seja, ela é AS. As pessoas com traço falciforme são saudáveis e nunca desenvolvem a doença.

É importante saber, quando duas pessoas com o traço falciforme unem-se, elas poderão gerar filhos com anemia falciforme. Por isso, é importante que todas as pessoas, independentemente de sua cor ou etnia, façam o exame eletroforese da hemoglobina, antes de gerarem um filho, de forma que possam decidir com segurança a respeito das suas vidas reprodutivas.

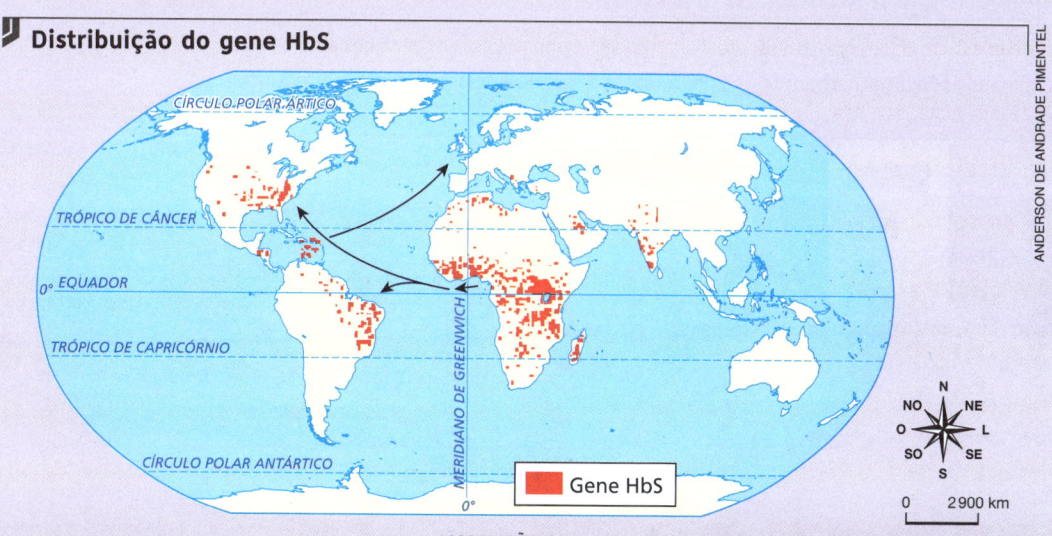

Distribuição do gene HbS

ASSOCIAÇÃO de Anemia Falciforme do Estado de São Paulo. Disponível em: <http://www.aafesp.org.br/index.php/anemia-falciforme>. Acesso em: 5 jul. 2018.

1. De acordo com o texto, qual é a relação entre a malária e a anemia falciforme?
2. Qual é a diferença entre anemia falciforme e traço falciforme?

Para acessar

Visite o endereço da internet indicado a seguir. Uma exploração das possibilidades de arranjo espacial das moléculas em uma proteína permitirá que você compreenda melhor essas configurações. Animações em biologia celular. Disponível em: <http://www.johnkyrk.com/aminoacid.pt.html>. Acesso em: 5 jul. 2018.

Saiba mais

A desnaturação de proteínas e nossa saúde

A desnaturação proteica é a destruição da estrutura tridimensional de uma proteína. Ela pode ser causada por diversos fatores, como o calor, as radiações eletromagnéticas de certos comprimentos de onda (como as emitidas em um micro-ondas ou a radiação ultravioleta), os ácidos e as bases, alguns solventes orgânicos, íons de metais pesados, etc.

proteína ativa → agente desnaturante → proteína inativa

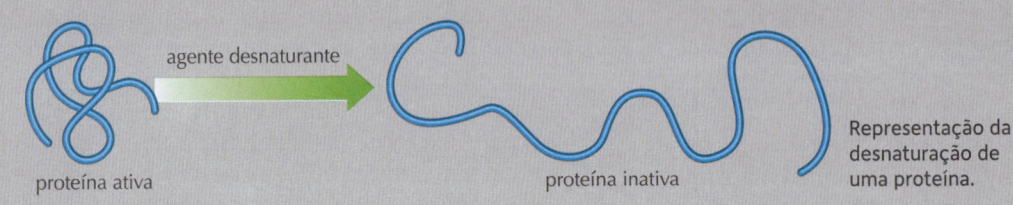

Representação da desnaturação de uma proteína.

Esse princípio é utilizado para a esterilização de equipamentos de uso cirúrgico e odontológico, os quais são submetidos a altas temperaturas, matando as bactérias que infectam determinado local, pois as proteínas que as constituem são desnaturadas.

Lipídios

A palavra **lipídio** vem do grego *lipos*, que significa "gordura". Lipídios são compostos orgânicos pouco solúveis em água e que se dissolvem em solventes orgânicos (como clorofórmio, éter e benzeno). Em relação a sua estrutura, muitos lipídios são ésteres formados pela reação de **ácidos graxos superiores** e álcoois.

Esse grupo de substâncias inclui os óleos, as gorduras, algumas vitaminas e alguns hormônios, além de muitos componentes não proteicos das membranas celulares.

Nas células, os lipídios fazem parte da estrutura da membrana, garantem que a célula disponha de energia para seu metabolismo, além de participarem da síntese de **prostaglandinas**, vitaminas e hormônios.

Alguns alimentos ricos em lipídio.

Ácidos graxos superiores: são ácidos graxos que apresentam cadeia carbônica com mais de dez átomos de carbono.
Prostaglandinas: compostos lipídicos derivados de ácido carboxílico, que desempenham importantes funções no organismo, como a vasodilatação.

Saiba mais

Classificação dos lipídios

Os lipídios podem ser classificados em relação a sua natureza química em três grandes grupos:
- lipídios simples ou ternários;
- lipídios complexos ou compostos;
- lipídios precursores e derivados.

Os lipídios simples são constituídos apenas por átomos de carbono, oxigênio e hidrogênio e são subdivididos em dois grupos menores:
- os glicerídeos, que são ésteres de glicerol, como os óleos e as gorduras (abordados em capítulos anteriores);
- os cerídeos, que são ésteres de álcoois acíclicos superiores (a cadeia carbônica desses álcoois é bem maior que a do glicerol), como as ceras.

As ceras são usadas, por exemplo, na fabricação de velas, graxas para sapato, na indústria de cosméticos, em produtos para a pele, entre outras aplicações. Na foto à esquerda, favo de mel, que é construído com a cera produzida pelas abelhas operárias.
Na foto ao lado (região do Seridó, RN, 2014), carnaúbas, palmeiras nativas do Nordeste brasileiro, de cujas folhas é extraída a cera de carnaúba, utilizada, por exemplo, para proteger frutas como a manga.

Os lipídios complexos podem apresentar outros elementos, como o fósforo e o nitrogênio, além de carbono, oxigênio e hidrogênio. Esse grupo, assim como os lipídios simples, é subdividido em dois outros grupos:

- os fosfolipídios, que fazem parte, por exemplo, da membrana plasmática das células e participam do transporte de lipídios no organismo;
- os glicolipídios, que têm papel importante no funcionamento do sistema nervoso.

Alimentos como chocolate, gema de ovo e margarina são ricos em fosfolipídios.

O último grupo de lipídios são os compostos produzidos pela hidrólise de lipídios simples ou complexos (os precursores), como o glicerol, ou os formados quando ácidos graxos são metabolizados, como os corpos cetônicos, as prostaglandinas e os esteroides.

Cabe salientar que, entre os esteroides alcoólicos – aqueles que possuem o grupo OH –, destaca-se o colesterol, cuja fórmula está representada ao lado.

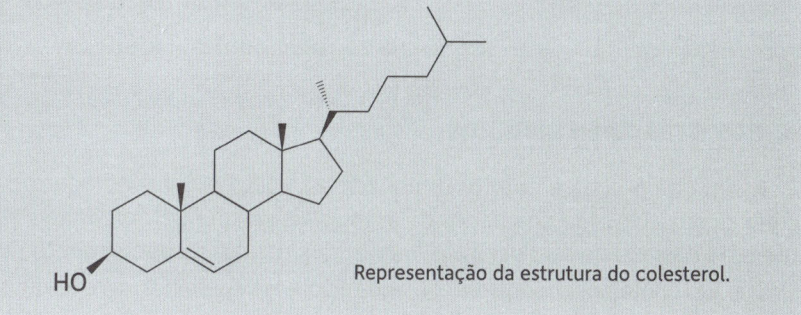

Representação da estrutura do colesterol.

Óleos e gorduras

Óleos e gorduras pertencem ao grupo de lipídios chamados de glicerídeos, conforme citado no boxe anterior. Os glicerídeos são formados por três grupos de ésteres derivados da glicerina, também chamada de glicerol, e de ácidos graxos.

A equação abaixo representa de forma genérica essa reação:

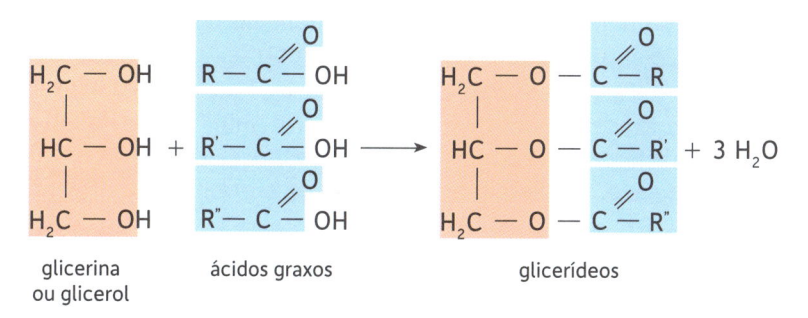

$$\begin{array}{c} H_2C-OH \\ | \\ HC-OH \\ | \\ H_2C-OH \end{array} + \begin{array}{c} R-CO-OH \\ R'-CO-OH \\ R''-CO-OH \end{array} \longrightarrow \begin{array}{c} H_2C-O-CO-R \\ | \\ HC-O-CO-R' \\ | \\ H_2C-O-CO-R'' \end{array} + 3\ H_2O$$

glicerina ou glicerol + ácidos graxos → glicerídeos

É a cadeia carbônica dos ácidos graxos, representados por R, R' e R", que irá determinar se o glicerídeo é classificado como saturado ou não. Por exemplo, as **gorduras** são glicerídeos sólidos nas condições ambientes e, de forma geral, predominam em sua constituição ácidos graxos de **cadeia saturada**. Já os óleos são glicerídeos líquidos nas condições ambientes e, de modo geral, predominam em sua constituição ácidos graxos de **cadeia insaturada**.

Você provavelmente deve ter visto a informação "gordura saturada" nas tabelas nutricionais de rótulos de alimentos e, com os conhecimentos de Química que possui, já é capaz de entender um pouco da estrutura dessas biomoléculas.

A tabela abaixo apresenta os ácidos graxos mais frequentes em óleos, gorduras e membranas biológicas.

Nº de átomos de carbono saturados	Nº de duplas-ligações	Fórmula	Nome comum	Temperatura de fusão (°C)
Saturados				
12	0	$CH_3(CH_2)_{10}CO_2H$	ácido láurico	43,9
14	0	$CH_3(CH_2)_{12}CO_2H$	ácido mirístico	54,1
16	0	$CH_3(CH_2)_{14}CO_2H$	ácido palmítico	62,7
18	0	$CH_3(CH_2)_{16}CO_2H$	ácido esteárico	69,9
20	0	$CH_3(CH_2)_{18}CO_2H$	ácido araquídico	75,4
Insaturados				
16	1	$CH_3(CH_2)_5CH=CH(CH_2)_7CO_2H$	ácido palmitoleico	0,5
18	1	$CH_3(CH_2)_7CH=CH(CH_2)_7CO_2H$	ácido oleico	13,4
18	2	$CH_3(CH_2)_4(CH=CHCH_2)_6CO_2H$	ácido linoleico*	−5,0
18	3	$CH_3CH_2(CH=CHCH_2)_3(CH_2)_6CO_2H$	ácido linolênico*	−10,0
20	4	$CH_3(CH_2)_4(CH=CHCH_2)_4CO_2H$	ácido araquidônico*	−49,5

Nota: Para os compostos assinalados com asterisco (*) os dados de temperatura de fusão referem-se a apenas um dos isômeros desses compostos que, por apresentarem duplas-ligações, têm isômeros *cis-trans*.

Fonte: GALLO, L. A. *Lipídios*. USP. Disponível em: <http://docentes.esalq.usp.br/luagallo/lipideos.html>. Acesso em: 5 jul. 2018.

Ácidos graxos essenciais

Assim como ocorre com os aminoácidos, nosso organismo não é capaz de sintetizar alguns ácidos graxos. Eles são chamados de **essenciais** porque desempenham papel fundamental na manutenção da saúde e no desenvolvimento dos tecidos, especialmente durante a infância.

O ácido linoleico, encontrado em muitos óleos vegetais, é um exemplo de ácido graxo essencial.

Dietas ricas em ácido linoleico baixam o nível de LDL – sigla em inglês que indica *Low-Density Lipoprotein*, **lipoproteína** de baixa densidade – no sangue. O LDL também é popularmente conhecido por "mau colesterol" ou "colesterol ruim".

O ácido linoleico permite que o organismo sintetize o ácido araquidônico, fundamental para a saúde, uma vez que dele são obtidos, por exemplo, compostos como as prostaglandinas. Esses compostos são muito importantes, porque participam de atividades fisiológicas, como a agregação das plaquetas do sangue, a contração e o relaxamento da musculatura lisa, o controle da pressão sanguínea e da temperatura do corpo, entre outras.

Além do LDL, é comum escutarmos em programas de televisão, jornais ou em matérias da internet sobre o HDL – *High-Density Lipoprotein*, lipoproteína de alta densidade –, conhecido no senso comum por "colesterol bom". Você sabe quais são as funções biológicas dessa lipoproteína?

O colesterol é considerado por muitas pessoas um "vilão". No entanto, essa substância é fundamental ao organismo. Constitui, por exemplo, as membranas celulares e é precursora da vitamina D e de alguns hormônios, entre eles os sexuais, como testosterona, estrogênio e progesterona. Devido à sua natureza química, é insolúvel em água e no sangue e, por isso, é transportado na corrente sanguínea pelas lipoproteínas.

> **Lipoproteína:** nome genérico dado aos compostos cujas moléculas apresentam fragmento de molécula de lipídio unido a outro de proteína.

*Você pode resolver as questões 16 e 17 da seção **Testando seus conhecimentos**.*

Saiba mais

As gorduras *trans* e os riscos à saúde

Conforme você viu no capítulo 34, a gordura *trans* pode ser formada, por exemplo, na hidrogenação de óleos vegetais para obter margarinas. Por que isso ocorre? Óleos são constituídos de compostos em que predominam ésteres de ácidos insaturados e que, ao serem hidrogenados, reduzem o número de duplas-ligações entre átomos de carbono. Portanto, mesmo após reação com H_2, parte das moléculas que constituem um óleo pode manter-se insaturada. É comum, nesse caso, que ligantes que estavam em posição *cis* passem a se dispor na forma *trans*.

A gordura *trans* também pode se formar no aquecimento de óleo. Esse é o principal risco de reutilizar óleos que já foram aquecidos.

Um exemplo de gordura *trans*

O ácido graxo elaídico, isômero do ácido oleico, é encontrado, por exemplo, em batatas fritas de lanchonetes tipo *fast-food*. Para indicar que o ácido elaídico tem uma dupla-ligação e que seus ligantes estão em posição *trans*, usa-se a notação C18:1 *trans* (estrutura com 18 átomos de carbono e 1 dupla-ligação com conformação *trans*).

Pesquisadores relacionaram a gordura *trans* ao aumento da incidência de infartos e derrames, por exemplo.

Além das frituras e dos alimentos industrializados que contêm gorduras hidrogenadas, carne, leite e seus derivados também podem conter gordura *trans*, ainda que em menor quantidade.

ácido oleico-*cis*

ácido elaídico-*trans*

É obrigatório que a presença de gordura *trans* seja informada na embalagem dos alimentos, desde que a quantidade por porção seja maior que o 0,2g, como é possível observar na informação nutricional do produto acima.

INFORMAÇÃO NUTRICIONAL PORÇÃO DE 300 g (1/2 PRATO)		
QUANTIDADE POR PORÇÃO		% VD (*)
VALOR ENERGÉTICO	316 kcal = 1326 kJ	16%
CARBOIDRATOS	33 g	11%
PROTEÍNAS	16 g	21%
GORDURAS TOTAIS	13 g	24%
GORDURAS SATURADAS	5,7 g	26%
GORDURAS *TRANS*	1,1 g	**
FIBRA ALIMENTAR	5,3 g	21%
SÓDIO	1314 mg	55%

(*)% VALORES DIÁRIOS DE REFERÊNCIA COM BASE EM UMA DIETA DE 2.000 kcal OU 8.400 kJ. SEUS VALORES DIÁRIOS PODEM SER MAIORES OU MENORES DEPENDENDO DE SUAS NECESSIDADES ENERGÉTICAS. **VD NÃO ESTABELECIDO.

Carboidratos

Carboidratos são macromoléculas constituídas por átomos de carbono, hidrogênio e oxigênio. A maioria desses compostos apresenta a fórmula $C_mH_{2n}O_n$ ou $C_m(H_2O)_n$, e por isso é chamada de hidrato de carbono. Os carboidratos também são conhecidos como açúcares ou glicídeos. Esta última palavra vem do grego *glykys* e significa "doce", já que muitos compostos de carboidratos apresentam sabor adocicado.

Os carboidratos são a principal fonte de energia do organismo humano e, em quantidade suficiente, impedem que proteínas sejam utilizadas para a produção de energia. Esse é um dos motivos pelos quais dietas sempre devem ser feitas sob acompanhamento de profissionais especializados, como médicos e nutricionistas. Apesar de a massa observada na balança diminuir com uma restrição severa de carboidratos, esse efeito pode ser causado pela perda de tecido muscular, e não pela diminuição do tecido adiposo. A perda de tecido muscular pode causar fraqueza, redução do tônus, desequilíbrio e outros prejuízos à saúde.

Alguns alimentos ricos em carboidratos.

Há carboidratos que não são metabolizados pelo organismo, como a celulose, produzida pelas plantas. No entanto, promovem um bom funcionamento do intestino, pois aumentam o bolo fecal e estimulam os movimentos peristálticos desse órgão.

As plantas verdes são capazes de realizar fotossíntese, por meio da qual sintetizam glicose, um exemplo de carboidrato a partir de dois compostos simples: a água e o gás carbônico. Nesse processo, são fundamentais a clorofila – pigmento que dá cor verde ao vegetal – e a luz solar.

Com a combinação de milhares de moléculas de glicose, forma-se a celulose, macromolécula natural responsável pela estrutura de suporte da planta. O amido, seu material de reserva energética, também é formado pela combinação de moléculas de glicose.

Quando os animais ingerem amido, obtêm dele a glicose, empregada na respiração aeróbica. O excesso de glicose é transportado para o fígado, onde sofre outro tipo de reação, que origina o glicogênio. Essa substância desempenha o papel de reserva energética em animais, semelhante ao papel que o amido exerce em plantas.

Quando um animal necessita de energia, decompõe o glicogênio, originando a glicose. Em contato com o O_2 transportado pelo sangue, a glicose se transforma em CO_2 e H_2O, liberando energia.

A glicose, a celulose, o amido e o glicogênio são alguns exemplos de carboidratos, substâncias essenciais em processos vitais.

Os carboidratos na forma de amido e de sacarose – o açúcar comum – participam diretamente de nossa alimentação. Já a celulose é o principal constituinte de fibras naturais, essenciais para a confecção de tecidos – como o linho e o algodão –, e da madeira – empregada na fabricação de móveis e na construção de habitações. A celulose também é matéria-prima para a obtenção do papel e de explosivos como a nitrocelulose.

As fibras de celulose são usadas em construções, como a que se vê na foto ao lado, no Parque Indígena do Xingu, Gaúcha do Norte (MT), 2013.

Classificação dos carboidratos

Podemos classificar os açúcares em monossacarídeos, oligossacarídeos e polissacarídeos de acordo com a possibilidade ou não de hidrólise.

Monossacarídeos

Os monossacarídeos são glicídeos que não hidrolisam. Entre eles, podem-se encontrar:

- as **aldoses**, que são compostos de função mista poliol-aldeído;
- as **cetoses**, que, por sua vez, são compostos de função mista poliol-cetona.

Podemos dizer que a *d*-glicose é uma aldo-hexose (substância cuja cadeia carbônica tem 6 átomos de carbono e apresenta as funções aldeído e álcool) e que a *d*-frutose é uma ceto-hexose (substância cuja cadeia carbônica tem 6 átomos de carbono e apresenta as funções cetona e álcool). Lembre-se de que o prefixo **hexa** indica uma cadeia de 6 átomos de carbono.

Na natureza, os monossacarídeos existentes são, em sua maioria, pentoses (5 átomos de carbono) e hexoses. As moléculas desses compostos são assimétricas, o que faz com que eles sejam opticamente ativos e apresentem isomeria espacial.

Observação

As letras *d* e *l* estão associadas somente à posição do OH do quinto átomo de carbono e não ao fato de suas soluções serem d(+), isto é, dextrógiras, ou l(−) levógiras. Você pode encontrar o sinal (+) ou (−) associado a cada nome se a solução aquosa for dextrógira ou levógira, respectivamente. Assim, no exemplo ao lado temos uma representação simplificada da d(+)-glicose.

Oligossacarídeos

Os oligossacarídeos (do grego *oligos*, que significa "pouco") são os glicídeos em que a hidrólise de uma molécula origina algumas (poucas) moléculas de monossacarídeos. A sacarose, presente no açúcar comum utilizado na cozinha, é um exemplo de oligossacarídeo. Observe a equação abaixo, que representa a hidrólise da sacarose:

$$C_{12}H_{22}O_{11} + H_2O \longrightarrow C_6H_{12}O_6 + C_6H_{12}O_6$$
$$\text{sacarose} \qquad\qquad\qquad \text{glicose} \quad \text{frutose}$$

Oligossacarídeos que produzem dois monossacarídeos por hidrólise também são chamados de dissacarídeos. Se forem formados três monossacarídeos, são denominados trissacarídeos e assim por diante.

Capítulo 36 • Nutrição e principais nutrientes

Polissacarídeos

Os polissacarídeos (do grego *polys*, que quer dizer "muitos") são glicídeos em que a hidrólise de uma molécula origina um número elevado de moléculas de monossacarídeos.

$$(C_6H_{10}O_5)_n + n\,H_2O \longrightarrow n\,C_6H_{12}O_6$$

amido (polissacarídeo)   glicose (monossacarídeo)

Estrutura cíclica dos açúcares

Em solução aquosa, mais de 99% das aldoses e cetoses contendo 5 ou mais átomos de carbono ciclizam-se, ou seja, a estrutura da cadeia aberta desses compostos forma anéis pela interação do grupo carbonila com um dos grupos alcoólicos.

A ciclização dos monossacarídeos torna esses compostos mais estáveis em solução aquosa. A forma cíclica pode assumir duas formas diferentes, como você pode observar no exemplo da glicose a seguir:

α-glicose   β-glicose

As letras α e β indicam a posição do grupo OH no carbono 1. Quando esse grupo OH está ligado para baixo, por convenção, chamamos a estrutura do composto de alfa (α). Se o grupo hidroxila estiver ligado para cima, como no segundo exemplo, temos uma estrutura beta (β).

Açúcares importantes e algumas de suas características

Os principais glicídeos encontram-se relacionados, resumidamente, no quadro a seguir:

Informações sobre alguns glicídeos				
Nomes	Fórmula molecular	Classificação	Principais fontes	Principais utilizações ou funções
glicose, glucose ou dextrose	$C_6H_{12}O_6$	monossacarídeo (aldo-hexose)	mel, muitas frutas (por exemplo, uva)	fonte de energia para organismos
frutose ou levulose	$C_6H_{12}O_6$	monossacarídeo (ceto-hexose)	mel, muitas frutas doces	fonte de energia para organismos
sacarose	$C_{12}H_{22}O_{11}$	oligossacarídeo (dissacarídeo)	cana-de-açúcar, beterraba	açúcar comum, processos fermentativos, produção de alimentos
celulose	$(C_6H_{10}O_5)_n$	polissacarídeo	algodão e outros vegetais (envolve a membrana plasmática dos vegetais)	produção de papel, películas fotográficas, fibras sintéticas
amido	$(C_6H_{10}O_5)_n$	polissacarídeo	raízes e sementes, como batata, mandioca, cereais (arroz, milho, etc.)	reserva de energia vegetal, culinária e testes para detectar presença de iodo
glicogênio	$(C_6H_{10}O_5)_n$	polissacarídeo	acumulado no fígado para consumo no próprio organismo	reserva de energia animal

Glicose, glucose ou dextrose

O termo **dextrose** é atribuído à glicose porque ela produz soluções dextrógiras. A oxidação da glicose, que acontece nos organismos vivos, é uma importante fonte de energia. Esse processo ocorre em etapas, porém podemos representá-lo simplificadamente pela equação:

$$C_6H_{12}O_6(aq) + 6\ O_2(g) \longrightarrow 6\ CO_2(g) + 6\ H_2O(l) \qquad \Delta H = -2\ 801\ kJ/mol$$

Frutose ou levulose

A frutose – açúcar das frutas – é um isômero da glicose que tem sabor doce mais acentuado. Como é naturalmente encontrada na forma levógira, também é conhecida como levulose.

Sacarose

A hidrólise da sacarose em meio ácido, ou por ação da enzima invertase (produzida por levedura), fornece igual quantidade de glicose e frutose. Como na hidrólise há mudança da atividade óptica da solução de (+) para (−), o processo é chamado inversão da sacarose (o que explica o nome da enzima invertase).

fórmula estrutural da sacarose

$$C_{12}H_{22}O_{11} + H_2O \xrightarrow{\text{invertase}} C_6H_{12}O_6 + C_6H_{12}O_6$$
$$\text{sacarose} \qquad\qquad\qquad \text{glicose} \quad\ \text{frutose}$$

A equação acima é uma das etapas de obtenção do etanol, pelo processo fermentativo, a partir da cana-de-açúcar.

Conexões

Química e saúde

O excesso de glicose no sangue caracteriza o diabetes, que pode causar diversos problemas de saúde. Entenda melhor essa doença lendo o texto a seguir.

O *Diabetes mellitus* configura-se hoje como uma epidemia mundial, traduzindo-se em grande desafio para os sistemas de saúde de todo o mundo. O envelhecimento da população, a urbanização crescente e a adoção de estilos de vida pouco saudáveis como sedentarismo, dieta inadequada e obesidade são os grandes responsáveis pelo aumento da incidência e prevalência do diabetes em todo o mundo.

Segundo estimativas da Organização Mundial de Saúde, o número de portadores da doença em todo o mundo era de 177 milhões em 2000, com expectativa de alcançar 350 milhões de pessoas em 2025. [...]

As consequências humanas, sociais e econômicas são devastadoras: são 4 milhões de mortes por ano relativas ao diabetes e suas complicações (com muitas ocorrências prematuras), o que representa 9% da mortalidade mundial total. O grande impacto econômico ocorre notadamente nos serviços de saúde, como consequência dos crescentes custos do tratamento da doença e sobretudo das complicações, como a doença cardiovascular, a diálise por insuficiência renal crônica e as cirurgias para amputações de membros inferiores.

O maior custo, entretanto, recai sobre os portadores, suas famílias, seus amigos e comunidade: o impacto na redução de expectativa e qualidade de vida é considerável.

A expectativa de vida é reduzida em média em 15 anos para o diabetes tipo 1 e em 5 a 7 anos no do tipo 2; os adultos com diabetes têm risco 2 a 4 vezes maior de doença cardiovascular e acidente vascular cerebral [...].

BRASIL. Ministério da Saúde. Secretaria de Atenção à Saúde. Departamento de Atenção Básica. *Diabetes mellitus*. Brasília, 2006. Disponível em: <http://bvsms.saude.gov.br/bvs/publicacoes/diabetes_mellitus.PDF>. Acesso em: 5 jul. 2018.

> Pesquise em livros ou *sites* confiáveis, como os de universidades e órgãos públicos, quais problemas metabólicos causam o excesso de glicose no sangue, característico do diabetes.

Celulose, amido e glicogênio

Tanto a celulose quanto o amido e o glicogênio são polímeros formados pela condensação de moléculas de glicose, porém são diferentes quanto ao tamanho da cadeia e às ramificações. Isso ocorre porque os monômeros que constituem cada um desses polímeros consistem em formas isoméricas distintas da glicose.

celulose

amido

glicogênio

Você pode resolver as questões 1, 2, 6, 7, 9, 13, 14 e 18 da seção Testando seus conhecimentos.

Essas três substâncias possuem massas moleculares elevadas e, em condições apropriadas (hidrólise ácida ou ação enzimática), podem gerar sacarídeos menores, caso o organismo necessite de energia. No entanto, no caso da celulose, as enzimas humanas não conseguem quebrar as ligações necessárias para produzir glicose, o que ocorre com algumas bactérias encontradas em animais herbívoros, capazes de digerir a celulose. Para nós, a substância de reserva nutritiva é o glicogênio; já a celulose não é digerida. Uma de suas principais funções no corpo humano é participar da formação do bolo fecal, por isso é chamada de **fibra alimentar**. As fibras de celulose são bastante resistentes porque suas cadeias se associam por ligações de hidrogênio. A celulose não possui sabor e é praticamente insolúvel em água.

O amido, por sua vez, é pouco solúvel em água fria e parcialmente solúvel em água quente. Além disso, ele possui a capacidade de reagir com tintura de iodo (iodo alcoólico), formando uma solução com coloração arroxeada bem intensa (observe a foto ao lado).

Quando gotejada em uma batata, a tintura de iodo provoca o aparecimento de coloração arroxeada por causa da presença do amido.

Atividades

1. A fórmula estrutural da maltose, um exemplo de dissacarídeo, está representada ao lado. Indique a fórmula molecular desse carboidrato.

2. Em que medida a clorofila e a luz solar são essenciais à nossa vida? Um animal pode indiretamente obter energia da luz solar? Explique como isso pode ocorrer.

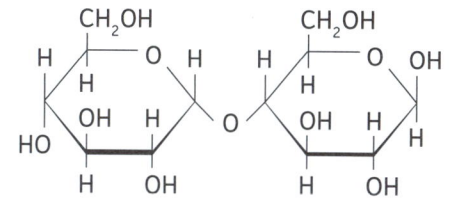

Química: prática e reflexão

O mel é um alimento bastante apreciado por seu sabor e valor nutritivo. Na tradição popular afirma-se também que ele tem propriedades medicinais. O mel é apenas um dos diversos alimentos dos quais se registram casos de adulteração. A adulteração de alimentos é, segundo a Lei Federal n. 9.677/98, crime hediondo contra a saúde pública. Geralmente, a adulteração do mel é feita por meio da adição de xarope de amido derivado de cana-de-açúcar ou milho (glicose comercial).

Material necessário

- 4 tubos de ensaio
- 3 pipetas de 1 mL ou seringas descartáveis sem agulha
- bagueta de vidro ou colher
- caneta marcadora de vidro
- balança
- solução de Lugol 5% (pode ser adquirida em farmácias)
- suspensão de amido em água a 1% recém-preparada
- solução aquosa de sacarose a 0,1 mol/L
- mel natural
- mel artificial (xarope de milho ou alimento à base de glicose comercial)
- conta-gotas
- água

Procedimento

1. Identifiquem os tubos de ensaio com números de 1 a 4.
2. No tubo 1, coloquem 1 mL da suspensão de amido.
3. No tubo 2, coloquem 1 mL da solução de sacarose.
4. No tubo 3, coloquem 1 g de mel natural.
5. No tubo 4, coloquem 1 g de mel artificial.
6. Adicionem 1 mL de água nos tubos 3 e 4. Em seguida, agitem.
7. Adicionem 2 gotas de solução de Lugol a cada tubo. Agitem e observem.

Atenção!

Use óculos de segurança, luvas de látex e avental de mangas compridas. Nunca coloque os materiais do laboratório na boca.

Descarte dos resíduos: Os líquidos dos tubos de ensaio podem ser descartados diretamente no ralo de uma pia; o restante do material pode ser limpo e armazenado para ser utilizado em outra atividade prática.

Fonte: CISTERNAS, J. R.; MONTE, O.; MONTOR, W. *Fundamentos teóricos e práticas em bioquímica*. São Paulo: Atheneu, 2011. p. 58-59.

Analisem suas observações

1. Sabendo que a solução de Lugol contém iodo e que este forma um complexo colorido com o amido, mas não com dissacarídeos, indique qual é a função da suspensão de amido e da solução de sacarose nesta atividade prática.
2. Quais foram as colorações observadas nos três tubos após a adição da solução de Lugol?
3. Pesquisem uma reportagem sobre adulteração de alimentos em jornais, revistas ou *sites* confiáveis. Preparem uma apresentação oral sobre a reportagem. Ao final das apresentações, escrevam um pequeno texto argumentativo sobre o tema.

Digestão dos alimentos

Digestão é o conjunto de processos de transformação de nutrientes em substâncias cujas moléculas são menores e adequadas para ser absorvidas e utilizadas pelo organismo.

Assim como qualquer processo bioquímico, a digestão é controlada por enzimas (substâncias que catalisam as reações nos seres vivos).

Em resumo, esse processo consiste nas seguintes transformações:

$$\text{carboidratos} \xrightarrow{\text{digestão}} \text{açúcares simples}$$

$$\text{proteínas} \xrightarrow{\text{digestão}} \text{aminoácidos}$$

$$\text{gorduras} \xrightarrow{\text{digestão}} \text{glicerol + ácidos graxos}$$

Observe a tabela a seguir. Nela estão indicados de forma simplificada alguns processos de transformação que ocorrem com os nutrientes que ingerimos.

Tabela simplificada da digestão química dos macronutrientes			
Órgão	Carboidratos	Proteínas	Lipídios
Boca	**Amilase salivar** amido > açúcares menores (por exemplo, maltose)	—	
Estômago		**Pepsina** proteínas > peptídeos	—
Pâncreas	**Amilase pancreática** amido > açúcares menores (por exemplo, maltose)	**Tripsina** proteínas > peptídeos **Quimotripsina** proteínas > peptídeos **Carboxipeptidase** peptídeos > peptídeos menores e aminoácidos	**Lipase pancreática** triglicerídeos > ácidos graxos e monoglicerídeos
Intestino delgado	**Maltase** maltose > glicose **Sacarase** sacarose > glicose e fructose **Lactase** lactose > glicose e galactose	**Peptidases** peptídeos > peptídeos menores e aminoácidos	—

Fonte: TORTORA, G. J.; DERRICKSON, B. *Corpo humano: fundamentos de anatomia e fisiologia*. 8. ed. São Paulo: Artmed, 2012. p. 505.

Na tabela acima, constam algumas das principais enzimas envolvidas no processo de digestão. Elas são essenciais ao aproveitamento da energia que provém dos macronutrientes.

Energia dos alimentos

Comparando os macronutrientes estudados – proteínas, lipídios e carboidratos –, os lipídios (gorduras) são os mais energéticos. O quadro abaixo mostra os valores da energia fornecida, em média, pelos diferentes tipos de nutrientes.

Teor energético de lipídios, carboidratos e proteínas		
Nutrientes	Energia (kcal/g)	Energia (kJ/g)
lipídios	9	37,6
carboidratos	4	16,7
proteínas	4	16,7

Suponha uma porção de 100 g de carne contendo 49 g de água, 15 g de proteína, 36 g de gorduras e 0,7 g de sais minerais.

O conteúdo de energia que essa carne armazena pode ser calculado da seguinte forma:

$(15 \cdot 16,7)$ kJ = 250,5 kJ (proteínas)

$(36 \cdot 37,6)$ kJ = 1 353,6 kJ (gorduras)

Total = 1 604,1 kJ (em 100 g de carne)

Ou: em 100 g de carne há, aproximadamente, 384,0 kcal.

> **Atenção!**
>
> É comum o uso de quilocalorias (kcal) na indicação do valor energético de nutrientes. Apesar disso, vale lembrar que o joule (J) é a unidade básica de energia do SI. Para transformar o valor de kcal para kJ, basta multiplicá-lo por 4,18, pois 1 cal equivale a 4,18 J.
>
> Em certos alimentos pode ser encontrado o símbolo Cal, representação não oficial de caloria. Note que o símbolo pode ser diferenciado do de caloria, cal, pela letra maiúscula da inicial.
>
> 1 Cal é equivalente a uma quilocaloria: 1 Cal = 1000 cal = 1 kcal.

A composição percentual dos principais nutrientes de alguns alimentos (veja a tabela abaixo) pode ajudar a analisar as diferenças entre eles quanto aos teores de proteínas, gorduras e carboidratos. Apesar de esses tipos de compostos serem o foco desta unidade, a tabela também mostra o percentual de água; no entanto, foram omitidos os sais minerais e as vitaminas, muito importantes em nossa alimentação.

Composição percentual (em massa) de alguns alimentos					
Alimentos	Água (%)	Proteínas (%)	Gorduras (%)	Carboidratos (%)	Energia/kcal (100 g)
alface	91,0	2,5	0,3	4,6	25,0
batata cozida	75,1	2,6	0,1	21,0	93,0
tomate cru	93,5	1,1	0,2	4,7	22,0
carne gorda crua	14,4	5,5	79,9	0,0	744,0
ovos	73,7	12,9	11,5	0,9	163,0
leite integral	87,4	3,5	3,5	4,9	65,0
maçã	84,4	0,2	0,6	14,5	58,0
banana	75,7	1,1	0,2	22,2	85,0

Os dados dessa tabela não devem ser entendidos como válidos para qualquer amostra de um mesmo alimento.

Fonte: JOESTEN, D. M.; WOOD, J. *World of Chemistry*. 2. ed. Orlando: Saunders College Publishing, 1996. p. 541.

A composição percentual dos nutrientes de cada alimento não costuma ser informada em rótulos de produtos. No entanto, nas informações nutricionais pode-se encontrar a quantidade de cada nutriente (carboidratos, proteínas, lipídios, etc.) em determinada porção de um alimento, bem como quanto essa quantidade representa em relação às necessidades nutricionais de uma dieta de 2 000 calorias. Observe o esquema abaixo.

Informação Nutricional Obrigatória

Você pode resolver as questões 3 a 5 da seção Testando seus conhecimentos.

Porção
É a quantidade medida do alimento que deve ser usualmente consumida por pessoas sadias a cada vez que o alimento é consumido, promovendo a alimentação saudável.

%VD
Percentual de Valores Diários (%VD) é um número em percentual que indica quanto o produto em questão apresenta de energia e nutrientes em relação a uma dieta de 2000 calorias.

INFORMAÇÃO NUTRICIONAL
Porção _g ou ml (medida caseira)

Quantidade por porção	% VD (*)
Valor energético	... kcal=...kJ
Carboidratos	g
Proteínas	g
Gorduras totais	g
Gorduras saturadas	g
Gorduras trans	g
Fibra alimentar	g
Sódio	mg

(*) % Valores Diários com base em uma dieta de 2 000 kcal ou 8 400 kJ. Seus valores diários podem ser maiores ou menores dependendo de suas necessidades energéticas.

Medida caseira
Indica a medida normalmente utilizada pelo consumidor para medir alimentos.
Por exemplo: fatias, unidades, potes, xícaras, copos, colheres de sopa.

A apresentação da medida caseira é obrigatória.
Esta informação vai ajudar você, consumidor, a entender melhor as informações nutricionais.

Cada nutriente apresenta um valor diferente para se calcular o VD
Veja os valores diários de referência!
Valor energético – 2 000 kcal / 8 400 kJ
Carboidratos – 300 g
Proteínas – 75 g
Gorduras totais – 55 g
Gorduras saturadas – 22 g
Fibra alimentar – 25 g
Sódio – 2 400 mg
Não há valor diário para as gorduras *trans*.

Fonte: AGÊNCIA Nacional de Vigilância Sanitária. *Manual de orientação aos consumidores: educação para o consumo saudável*. Disponível em: <http://portal.anvisa.gov.br/documents/33916/396679/manual_consumidor.pdf/e31144d3-0207-4a37-9b3b-e4638d48934b>. Acesso em: 5 jul. 2018.

Atividades

1. A melancia (*Citrullus lanatus* ou *Citrullus vulgaris*) é uma planta nativa da África cultivada em muitos países. Sua polpa contém 90% de água, além de citrulina, sacarose e vitaminas. A citrulina, cuja fórmula estrutural está representada a seguir, é um exemplo de:

   a) peptídeo.
   b) lipídio.
   c) carboidrato.
   d) aminoácido.
   e) ácido graxo.

2. Muitos dos medicamentos atualmente utilizados são peptídeos: hormônios, antibióticos e imunossupressores são alguns exemplos. Considere a equação abaixo, que representa a síntese de um dipeptídeo.

   $A + B \rightleftharpoons$ (estrutura do dipeptídeo) $+ H_2O$

   Nessa equação, as substâncias A e B podem ser substituídas por:

   a) (estruturas)
   b) (estruturas)
   c) (estruturas)
   d) (estruturas)
   e) (estruturas)

3. A síntese de proteínas e peptídeos em sistemas biológicos é um processo baseado na informação contida no DNA e realizado com a participação de enzimas. Assim, a ordem dos aminoácidos na estrutura de proteínas e peptídeos é altamente regulada e reprodutível. Em laboratório, é possível sintetizar essas moléculas utilizando aminoácidos em solução. No entanto, não se obtém como produto uma única substância. Quantos dipeptídeos diferentes podem resultar da mistura de 1 mL de soluções aquosas de glicina e de alanina de mesma concentração?

   alanina   glicina

   a) 2   b) 3   c) 4   d) 5   e) 6

4. Leia o texto a seguir e faça o que se pede.

   [...] Os grupos [sanguíneos] A e B diferem em apenas um tipo de monossacarídeo nos glicolipídios ou glicoproteínas das hemácias. No A está presente a N-acetilgalactosamina (uma galactose ligada a grupos químicos amino e acetil) e o B tem a galactose – a diferença entre esses dois carboidratos está em apenas alguns átomos, mas isso pode levar a um resultado fatal, se o indivíduo receber o tipo sanguíneo incompatível em uma transfusão. [...]

   Disponível em: <http://www.dbm.ufpb.br/~marques/Artigos/carboidratos.pdf>. Acesso em: 5 jul. 2018.

   Observe a fórmula estrutural da galactose, identifique a proposição incorreta nas alternativas abaixo e corrija-a.
   a) É um isômero da glicose.
   b) Participa da constituição da lactose.
   c) Apresenta atividade óptica.
   d) É um poli-hidroxialdeído.
   e) O tipo de interação intermolecular predominante são as forças de London.

5. Analise o gráfico a seguir, que mostra o efeito de diferentes dietas na concentração inicial de glicogênio muscular (um polímero de glicose com função de reserva energética) e o tempo até o músculo em exercício entrar em fadiga.

Qual dieta você acredita que seja recomendada para um atleta? Justifique sua resposta.

Relação entre a concentração inicial de glicogênio muscular e o tempo de performance

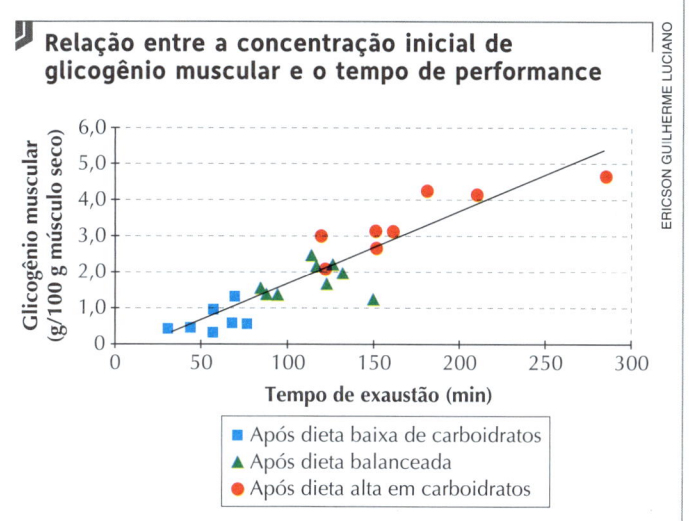

Glicogênio muscular (g/100 g músculo seco) vs. Tempo de exaustão (min)

- Após dieta baixa de carboidratos
- Após dieta balanceada
- Após dieta alta em carboidratos

Fonte: LIMA-SILVA, A. E. et al. *Metabolismo do glicogênio muscular durante o exercício físico: mecanismos de regulação*. Disponível em: <http://www.scielo.br/pdf/rn/v20n4/09.pdf>. Acesso em: 5 jul. 2018.

6. Alguns alimentos, naturalmente pobres em vitaminas, podem ser encontrados em versões industrializadas enriquecidos com essas substâncias. Dois exemplos são o óleo de soja e o leite. As vitaminas são uma classe de micronutrientes heterogêneos do ponto de vista da estrutura química e da atividade biológica, mas que podem ser classificadas em termos de propriedades químicas como substâncias de caráter polar ou apolar.

Abaixo estão representadas as fórmulas estruturais de quatro vitaminas.

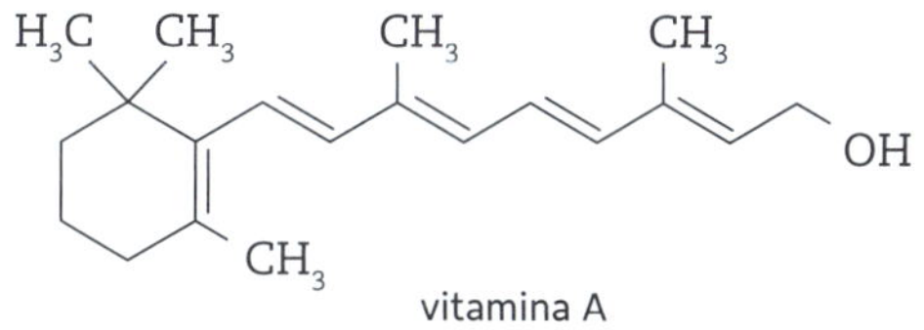

vitamina A

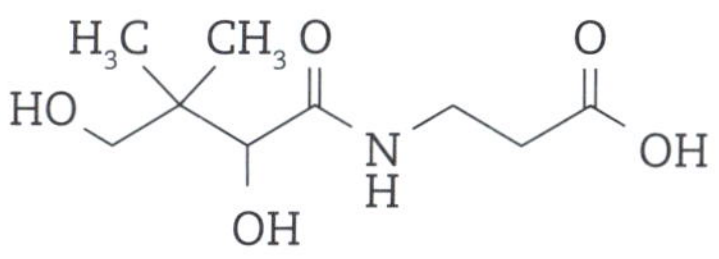

vitamina B_5

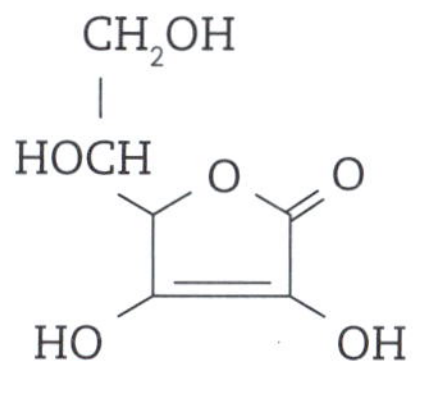

vitamina C

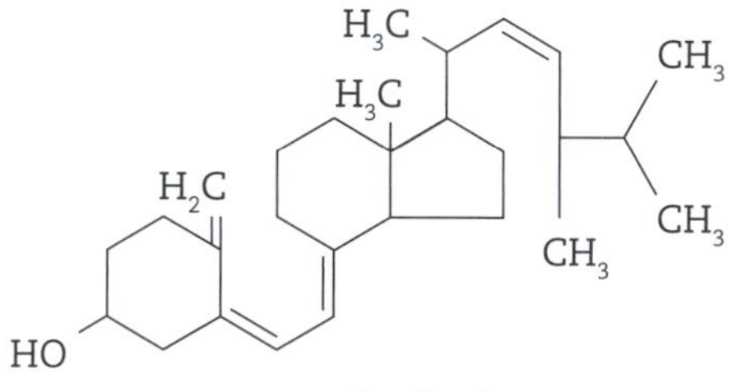

vitamina D_2

Em relação à polaridade das substâncias, é adequado adicionar, respectivamente, ao leite e ao óleo de soja, as vitaminas:

a) D e B_5.
b) B_5 e C.
c) A e B_5.
d) C e A.
e) A e D_2.

7. Leia o texto a seguir, publicado em 2004, e responda às questões propostas.

....

[...] Preocupada com o aumento da obesidade e dos distúrbios alimentares em crianças e adolescentes, a pesquisadora [Gabriela Halpern] resolveu avaliar a quantidade e o conteúdo de comerciais de alimentos veiculados nos horários direcionados ao público infanto-juvenil. Gabriela gravou, durante 30 dias, a programação de três emissoras da TV aberta. [...] abaixo, a classificação dos alimentos anunciados [...].

Classificação dos alimentos anunciados

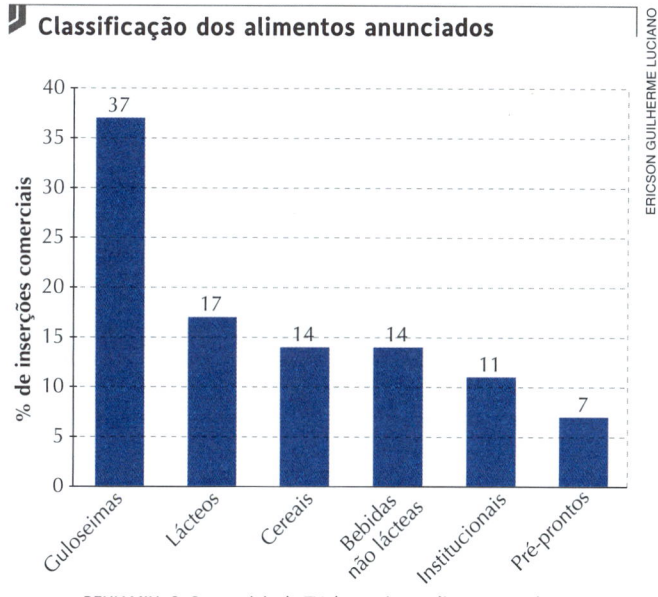

% de inserções comerciais:
- Guloseimas: 37
- Lácteos: 17
- Cereais: 14
- Bebidas não lácteas: 14
- Institucionais: 11
- Pré-prontos: 7

BENJAMIN, C. Comerciais de TV determinam alimentação das crianças. *Ciência Hoje on-line*, 6 maio 2004. Disponível em: <http://cienciahoje.org.br/comerciais-de-tv-determinam-alimentacao-das-criancas/>. Acesso em: 5 jul. 2018

....

- Com base nos resultados obtidos pela pesquisadora, pode-se afirmar que a maior parte das propagandas divulgou alimentos ricos em:

a) lipídios.
b) vitaminas.
c) carboidratos acrescidos de aditivos químicos, como corantes e flavorizantes.
d) sais minerais.
e) proteínas.

- Desde abril de 2014 a resolução 163 do Conselho Nacional dos Direitos da Criança e do Adolescente (Conanda), vinculado à Secretaria de Direitos Humanos da Presidência da República, considera abusiva e ilegal qualquer publicidade voltada às crianças. Em sua opinião, essa determinação é benéfica às crianças? Justifique sua resposta.

Capítulo 36 • Nutrição e principais nutrientes

Atividades

8. Analise a tabela a seguir, na qual o teor de aminoácidos de vários alimentos de origem vegetal é comparado com o da carne bovina.

Nutriente	Bife de boi	Feijões (em geral)	Tofu	Feijão-branco	Soja em grão
Proteína (g)	10,1	12,4	19,0	13,3	15,5
Triptofano (mg)	126,7	133,9	294,0	158,0	251,8
Treonina (mg)	431,7	476,9	824,4	560,9	752,3
Isoleucina (mg)	441,5	530,0	966,7	588,3	839,7
Leucina (mg)	825,2	949,9	1511,3	1064,1	1409,7
Lisina (mg)	859,6	861,1	1205,6	914,6	1152,8
Metionina + cisteína (mg)	339,4	298,8	458,0	345,2	512,1
Fenilalanina + tirosina (mg)	712,0	978,7	1644,4	1096,1	1559,6
Valina (mg)	499,3	613,8	986,5	697,2	864,4
Histidina (mg)	327,7	335,6	545,9	370,9	467,3

Fonte: Sociedade Vegetariana Brasileira. Disponível em: <http://www.svb.org.br/vegetarianismo1/saude>. Acesso em: 5 jul. 2018.

- Feijão e soja podem substituir adequadamente a carne bovina em uma dieta balanceada? Explique seu raciocínio.

9. Leia o texto abaixo e responda aos itens que seguem.

Segundo a Federação Internacional de Diabetes (IDF), cerca de 4,9 milhões de pessoas morreram em 2014 vítimas de complicações causadas pela doença. Para reverter esse quadro, o Grupo de Bioeletroquímica e Interfaces do Instituto de Química de São Carlos (IQSC) da USP está desenvolvendo um biochip, implantável no organismo, capaz de detectar os níveis de açúcar no sangue e alertar o paciente e o médico sobre as medições, em tempo real.

As pesquisas começaram por volta de 2008, lideradas pelo professor Frank Nelson Crespilho. O biochip consiste em duas fibras de carbono que são inseridas em um cateter e posicionadas dentro da veia. À medida que o sangue passa através do dispositivo, o chip consegue medir, instantaneamente, a concentração de açúcar no sangue. [...] A intenção é que o dispositivo, futuramente, possa enviar para um relógio ou um celular os valores obtidos na leitura das concentrações de açúcar no sangue. Assim, tanto o paciente como o médico poderiam saber em tempo real o atual quadro da diabetes. [...] Segundo Crespilho, o maior desafio atualmente é a biocompatibilidade, ou seja, criar materiais e mecanismos para que o corpo não rejeite os dispositivos. [...]

"É muito importante não gerar expectativas acerca dos dispositivos que estamos desenvolvendo. Ainda há várias etapas que precisam ser cumpridas. Tem muita pesquisa pela frente. Ficamos animados com os resultados, mas temos um compromisso com a sociedade e os resultados dependem de estudos até chegar à implementação de fato em seres humanos."

AGÊNCIA USP de Notícias. *Biochip promete auxílio na luta contra a diabetes*. Disponível em: <http://www.usp.br/agen/?p=225368>. Acesso em: 5 jul. 2018.

a) Um parâmetro importante no desenvolvimento de qualquer dispositivo implantável é a biocompatibilidade. O que significa esse parâmetro?

b) Imagine que em um dos testes realizados com o *biochip* em ratos saudáveis e diabéticos tenham-se obtido os resultados expressos no gráfico a seguir.

Qual barra corresponde ao teste do rato diabético? Justifique sua resposta.

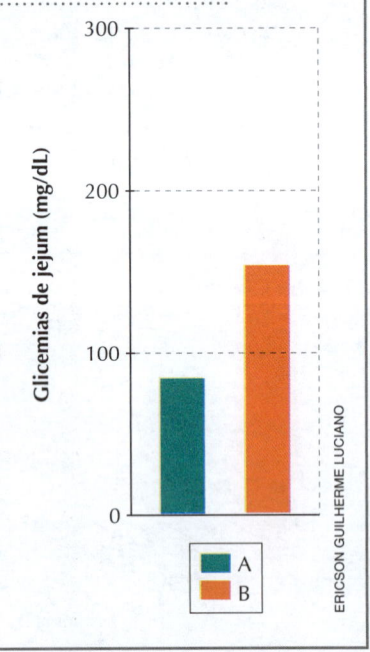

Resgatando o que foi visto

Nesta unidade, você teve a oportunidade de estabelecer relações entre o que estudou durante seus cursos de Química e de Biologia, especialmente em se tratando do papel dos nutrientes, fundamentais para nos manter vivos.

Entre os aspectos abordados anteriormente neste volume, você deve ter percebido a importância da presença de certos grupamentos funcionais nas biomoléculas, do caráter polimérico de muitas delas e da variedade de disposições espaciais que apresentam, resultando em diferentes papéis metabólicos.

Retome esses aspectos abordados na unidade e localize exemplos que evidenciem as afirmações anteriores.

Testando seus conhecimentos

Caso necessário, consulte as tabelas no final desta Parte.

1. (Enem)

Com o objetivo de substituir as sacolas de polietileno, alguns supermercados têm utilizado um novo tipo de plástico ecológico, que apresenta em sua composição amido de milho e uma resina polimérica termoplástica, obtida a partir de uma fonte petroquímica.

ERENO, D. Plásticos de vegetais. *Pesquisa Fapesp*, n. 179, jan. 2011 (adaptado)

Nesses plásticos, a fragmentação da resina polimérica é facilitada porque os carboidratos presentes:
a. dissolvem-se na água.
b. absorvem água com facilidade.
c. caramelizam por aquecimento e quebram.
d. são digeridos por organismos decompositores.
e. decompõem-se espontaneamente em contato com água e gás carbônico.

2. (Unicamp-SP) Em seu livro *Como se faz Química*, o Professor Aécio Chagas afirma que "quem transforma a matéria, sem pensar sobre ela, não é, e jamais será um químico". Considere alguns produtos que um cozinheiro reconhece nas linhas 1-4 do quadro a seguir, e aqueles que um químico reconhece nas linhas 5-8.

Linha	Cozinheiro	Linha	Químico
1	carne	5	extração
2	açúcar	6	carboidratos
3	chá	7	hidrocarboneto aromático
4	óleo	8	proteína

Um químico, familiarizado com as atividades culinárias, relacionaria as linhas:
a. 1 e 7, porque o aroma da carne se deve, principalmente, aos hidrocarbonetos aromáticos.
b. 3 e 5, porque a infusão facilita a extração de componentes importantes do chá.
c. 4 e 6, porque os carboidratos são constituintes importantes do óleo comestível.
d. 2 e 8, porque a proteína é um tipo especial de açúcar.

3. (IFPE) Bebidas isotônicas são desenvolvidas com a finalidade de prevenir a desidratação, repondo líquidos e sais minerais que são eliminados através do suor durante o processo de transpiração. Considere um isotônico que apresenta as informações no seu rótulo (veja abaixo).

Tabela nutricional Cada 200 mL contém	
energia	21,1 kcal
glucídios	6,02 g
proteínas	0,0 g
lipídios	0,0 g
fibra alimentar	0,0 g
sódio	69 mg
potássio	78 mg

Assinale a alternativa que corresponde à concentração, em quantidade de matéria (mol/L), de sódio e potássio, respectivamente, nesse recipiente de 200 mL.

São dadas as massas molares, em g/mol: Na = 23 e K = 39.
a. 0,020 e 0,02
b. 0,015 e 0,01
c. 0,22 e 0,120
d. 0,34 e 0,980
e. 0,029 e 0,003

4. (IFSC) Em uma embalagem de biscoitos água e sal foi encontrada a informação nutricional reproduzida abaixo.

Porção de 30 g (6 1/2 biscoitos)	Quantidade	*%VD
Valor calórico	125 kcal = 525 kJ	6
Carboidratos	21 g	7
Proteínas	2,7 g	4
Gorduras totais	3,3 g	6
Gorduras saturadas	0,7 g	3
Gordura *trans*	0,8 g	**
Fibra alimentar	1,3 g	5
Sódio	255 mg	11

*Valores diários com base em uma dieta de 2 000 kcal ou 8 400 kJ.
**Valor diário não estabelecido.

Com base na tabela, analise as seguintes proposições e indique a soma da(s) correta(s).
01. Se dissolvermos 30 g de biscoitos em 1 litro de água teremos uma solução com concentração aproximada de 0,25 g/L de sódio.
02. Em 3 gramas de biscoitos existe aproximadamente 1 milimol de sódio.
04. Cada grama de biscoito possui 1% das necessidades diárias de sódio que uma pessoa precisa.
08. Uma pessoa pode ingerir até um pacote (400 g) de bolachas água e sal por dia, sem prejudicar sua saúde em relação à quantidade de sódio.
16. Cada quilograma de biscoitos água e sal possuem aproximadamente $6 \cdot 10^{23}$ átomos de sódio.

5. (UFSJ-MG) Uma determinada torradinha de queijo é comercializada em pacotes de 300 gramas e contém a informação nutricional reproduzida abaixo em sua embalagem.

Porção de 30 g (4 unidades)	Quantidade por porção	*%VD
Valor energético	151 kcal = 633 kJ	8
Carboidratos	17 g	6
Proteínas	2,8 g	4
Gorduras totais	8,3 g	15
Gorduras saturadas	2,2 g	10
Gordura *trans*	0,0 g	**
Fibra alimentar	10,7 g	3
Sódio	307 mg	13

* Valores diários de referência com base em uma dieta de 2 000 kcal ou 8 400 kJ. Seus valores diários podem ser maiores ou menores dependendo de suas necessidades.
**Valor diário não estabelecido.

Analise as seguintes afirmativas em relação à torradinha:
I. Cada biscoito atende acerca de 2% das necessidades energéticas diárias em uma dieta normal.
II. O teor de sódio em 300 gramas do biscoito é de aproximadamente 1%.
III. O biscoito supre mais as necessidades diárias de carboidratos do que de gorduras.
IV. Uma porção de 30 gramas de biscoito contém 6,1 gramas de gorduras insaturadas.
V. Um indivíduo que comer um pacote desse biscoito por dia terá suprido 4% das necessidades diárias de proteínas.

De acordo com essa análise, estão corretas apenas as afirmativas
a. I, II e IV
b. I, II e III
c. II, IV e V
d. III, IV e V

6. (UFRGS-RS) A lisina é oxidada no organismo, formando a hidroxilisina, que é um componente do colágeno. Por outro lado, a degradação da lisina por bactérias durante a putrefação de tecidos animais leva à formação da cadaverina, cujo nome dá uma ideia de seu odor.

Assinale a afirmação correta em relação a estes compostos.
a. A hidroxilisina é um glicídio.
b. A cadaverina é um lipídio.
c. A lisina é uma proteína.
d. A lisina e a hidroxilisina são aminoácidos.
e. A hidroxilisina apresenta ligação peptídica.

7. (Uema)

Um dos principais ramos industriais da química é o segmento petroquímico. A partir do eteno, obtido da nafta derivada do petróleo ou diretamente do gás natural, a petroquímica dá origem a uma série de matérias-primas que permite ao homem fabricar novos materiais, substituindo com vantagens a madeira, peles de animais e outros produtos naturais. O plástico e as fibras sintéticas são dois desses produtos. **O polietileno de alta densidade (PEAD), o polietileno tereftalato (PET), o polipropileno (PP) e o policloreto de vinila (PVC)** são as principais resinas termoplásticas. Nas empresas transformadoras, essas resinas darão origem a autopeças, componentes para computadores e para a indústria aeroespacial e eletroeletrônica, a garrafas, calçados, brinquedos, isolantes térmicos e acústicos... Enfim, a tantos itens que fica difícil imaginar o mundo, hoje, sem o plástico, tantas e tão diversas são as suas aplicações.

Fonte: Disponível em: Acesso em: 16 jun. 2014.

As substâncias em destaque são exemplos de:
a. amidos
b. celulose
c. proteínas
d. ácidos nucleicos
e. polímeros sintéticos

8. (Unimontes-MG) O polímero cuja estrutura é mostrada ao lado, é produzido por uma reação de polimerização na qual a água é eliminada.

Sobre o monômero correspondente a esse polímero, é CORRETO afirmar:
a. Tem massa molar 68 g.
b. Tem 2 carbonos quirais.
c. Tem apenas um grupo funcional.
d. Constitui um aminoácido.

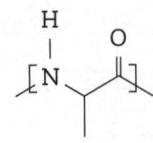

9. (Uece) A glicose e a frutose são as substâncias responsáveis pelo sabor doce do mel e das frutas. São isômeros, de fórmula $C_6H_{12}O_6$. Na digestão, a frutose é transformada em glicose, substância capaz de gerar energia para as atividades corporais. Essas substâncias são chamadas de hidratos de carbono ou carboidratos.

    Glicose e frutose possuem respectivamente os seguintes grupos funcionais:
    a. álcool e ácido carboxílico; álcool e cetona.
    b. álcool e aldeído; álcool e cetona.
    c. álcool e cetona; álcool e ácido carboxílico.
    d. álcool e cetona; álcool e aldeído.

10. (Unifesp) Alimentos funcionais são alimentos que, além de suprir as necessidades diárias de carboidratos, proteínas, vitaminas, lipídios e minerais, contêm substâncias que ajudam a prevenir doenças e a melhorar o metabolismo e o sistema imunológico. O quadro a seguir apresenta dois compostos funcionais investigados pela ciência.

alimentos	componentes ativos	propriedades
sálvia, uva, soja, maçã	ácido tânico (tanino)	ação antioxidante, antisséptica e vasoconstritora
sardinha, salmão, atum, truta	ômega-3 (ácido alfa-linolênico)	redução do colesterol e ação anti-inflamatória

    (http://ainfo.cnptia.embrapa.br. Adaptado.)

    a. Em relação à molécula de tanino, qual é o grupo funcional que une os anéis aromáticos ao anel não aromático e qual é o grupo funcional que confere características ácidas a esse composto?
    b. Escreva a equação química da reação entre o ácido alfa-linolênico e o metanol.

11. (Famema-SP) A fórmula representa a estrutura da leucina, um dos aminoácidos formadores de proteínas no organismo humano.

    a. Dê o número de átomos de carbono e de hidrogênio presentes em cada molécula de leucina.
    b. Na fórmula da leucina, representada a seguir, indique o átomo de carbono assimétrico e o átomo de carbono terciário.

12. (PUC-PR)

Os alimentos ricos em asparagina são, principalmente, alimentos ricos em proteína. A asparagina é um aminoácido não essencial porque independe da ingestão de alimentos ricos em nutrientes, pois o organismo consegue produzi-lo quando necessário. Uma das funções da asparagina é manter as células do sistema nervoso saudáveis e contribuir para a formação e manutenção de ossos, pele, unhas e cabelos, por exemplo. A asparagina serve para formar dentro do organismo novas proteínas de acordo com a necessidade do organismo em cada momento.

Disponível em: <http://www.tuasaude>.

Analisando o texto e a fórmula da asparagina apresentada ao lado, assinale a alternativa CORRETA.

Dado: Número atômico: H = 1, C = 6, N = 7, O = 8

a. Podemos encontrá-la em alimentos como carne e leite apenas.
b. Possui dois isômeros ópticos ativos, sendo possível a obtenção de uma mistura racêmica, a qual é opticamente ativa, ou seja, desvia o plano de luz polarizado.
c. Possui um isômero dextrógiro e dois isômeros levógiros.
d. Possui as seguintes funções orgânicas: amina, amida e ácido carboxílico.
e. Possui a função amina, a qual caracteriza o seu caráter ácido.

13. (UEM/PAS-PR) O aspartame é um aditivo alimentar utilizado para substituir o açúcar comum, sendo este cerca de 200 vezes mais doce que a sacarose. Com base na estrutura química do aspartame, assinale o que for correto.

aspartame

01. A molécula do aspartame é um dipeptídeo.
02. Na estrutura do aspartame está presente uma amina secundária.
04. Quando a molécula do aspartame é tratada com solução aquosa de H_2SO_4 e aquecida, ocorre a hidrólise do grupo amida e do grupo éster.
08. Quando o aspartame é dissolvido em água, ocorre a formação de um íon dipolar.
16. O aspartame pode ser classificado como uma proteína.

Dê como resposta a soma dos números correspondentes às alternativas corretas.

14. (Uema)

"Dieta das proteínas: mais músculos, menos barriga. A dieta das proteínas é uma aliada e tanto para emagrecer, acabar com os pneuzinhos e ainda turbinar os músculos. E o melhor: tudo isso sem perder o pique nem passar fome."

Fonte: Disponível em: <http://www.corpoacorpo.uol.br>. Acesso em: 07 mar. 2013.

As proteínas, substâncias indispensáveis para uma dieta saudável, são formadas pela união de um número muito grande de α-aminoácidos.

Sobre essa união, pode-se dizer que as proteínas são compostos formados

a. por α-aminoácidos hidrofóbicos, apenas.
b. pela reação de precipitação de α-aminoácidos.
c. pela combinação de cinco α-aminoácidos diferentes, apenas.
d. pela reação de polimerização (por condensação) de α-aminoácidos.
e. por substâncias orgânicas de cadeia simples e baixa massa molecular.

Para responder à questão 16, analise as informações a seguir.

Segundo a SABESP, apenas um litro de restos de óleo vegetal originado da fritura de alimentos, ao ser jogado na pia, é capaz de poluir cerca de 20000 litros de água dos rios. Isso gera a formação de filme flutuante, dificultando a troca gasosa e a oxigenação e, por conseguinte, impedindo a respiração e a fotossíntese.

Por outro lado, a reação entre óleo de fritura e álcool pode gerar o biodiesel, que, adicionado ao diesel de petróleo, diminui o impacto ambiental desse combustível. Além disso, como subproduto, ocorre a formação de glicerina, que pode ser usada na produção de resinas alquídicas, aplicadas na fabricação de vernizes, tintas e colas.

15. (PUC-RS) Pela análise dessas informações, é correto afirmar que

a. o diesel de petróleo consiste em um ácido graxo.
b. a reação entre um óleo comestível e um álcool origina ésteres.
c. o óleo vegetal é constituído de substâncias orgânicas polares.
d. a reação de formação do biodiesel tem por objetivo gerar ácidos graxos combustíveis.
e. o óleo comestível é um conjunto de ácidos graxos que, ao ser aquecido no processo de fritura de alimentos, produz o biodiesel.

16. (Uece) As gorduras *trans* devem ser substituídas em nossa alimentação. São consideradas ácidos graxos artificiais mortais e geralmente são provenientes de alguns produtos, tais como: óleos parcialmente hidrogenados, biscoitos, bolos confeitados e salgados. Essas gorduras são maléficas porque são responsáveis pelo aumento do colesterol "ruim" LDL, e também reduzem o "bom" colesterol HDL, causando mortes por doenças cardíacas.

colesterol

Com respeito a essas informações, assinale a afirmação verdadeira.

a. As gorduras *trans* são um tipo especial de gordura que contém ácidos graxos saturados na configuração *trans*.
b. Colesterol é um fenol policíclico de cadeia longa.
c. Na hidrogenação parcial, tem-se a redução do teor de insaturações das ligações carbono-carbono.
d. Ácido graxo é um ácido carboxílico (COH) de cadeia alifática.

17. (UFTM-MG) O amido é uma macromolécula formada a partir da interação de moléculas de glicose e funciona como reserva de energia nos vegetais, principalmente nas raízes. Quando o amido é ingerido pelo homem, sofre ação da enzima amilase, presente na saliva, e é convertido em glicose e carboidratos menores.

glicose → amido + n H₂O

A reação da produção do amido a partir da glicose é classificada como de polimerização por ___I___, e aquela que ocorre pela ação da enzima amilase é denominada reação de ___II___.

Assinale a alternativa que preenche respectivamente as lacunas I e II.

a. condensação e hidrólise.
b. condensação e hidrogenação.
c. condensação e oxidação.
d. adição e hidrogenação.
e. adição e hidrólise.

18. (UEM/PAS-PR) Isoleucina, Leucina e Valina são aminoácidos essenciais, ou seja, aminoácidos que não são produzidos pelo nosso organismo. Assim, nós precisamos ingeri-los por meio de alimentação ou por suplemento alimentar. Com base na estrutura química dos aminoácidos, assinale o que for correto.

leucina   isoleucina   valina

01. A carbonila é um grupo funcional presente nas estruturas dos aminoácidos.
02. A leucina possui um substituinte isobutil e a valina um substituinte isopropil.
04. Cada um dos aminoácidos citados possui em sua estrutura um centro quiral.
08. A molécula da isoleucina pode existir sob a forma de dois isômeros ópticos.
16. A leucina e a isoleucina são isômeros constitucionais de posição.

Dê como resposta a soma dos números correspondentes às alternativas corretas.

19. (UFPR) Peptídeos são formados pela combinação de aminoácidos, por meio de ligações peptídicas. O aspartame, um adoçante cerca de 200 vezes mais doce do que a sacarose (açúcar de mesa), é um peptídeo formado pela combinação entre fenilalanina na forma de éster metílico e ácido aspártico. O aspartame é formado pela ligação peptídica entre o grupo amino da fenilalanina com o grupo ácido carboxílico do ácido aspártico, em que uma molécula de água é liberada na reação em que se forma essa ligação.

fenilalanina (na forma do éster)   ácido aspártico

a. Apresente a estrutura do aspartame (notação em bastão).
b. Identifique na estrutura do aspartame a ligação peptídica citada.
c. Qual é a função química que corresponde à ligação peptídica?

Mais questões: no livro digital, em **Vereda Digital Aprova Enem** e **Vereda Digital Suplemento de revisão e vestibulares**; no *site*, em **AprovaMax**.

RESPOSTAS

SEÇÃO TESTANDO SEUS CONHECIMENTOS

CAPÍTULO 25 — Estudo da radioatividade, suas aplicações e implicações ambientais

1. e.
2. d.
3. b.
4. a.
5. a) $_1^2H + {}_1^3H \longrightarrow {}_2^4He + {}_0^1n$
   b) $_1^3H \longrightarrow {}_2^3He + {}_{-1}^0\beta$
6. d.
7. b.
8. d.
9. b.
10. 01 + 02 + 04 + 08 + 16 = 31
11. b.
12. d.
13. a.
14. c.
15. a) Para emissão de irídio: $_{77}^{192}Ir \longrightarrow {}_{78}^{192}Pt + {}_{-1}^0\beta$
    Para emissão de paládio: $_{46}^{103}Pd \longrightarrow {}_{47}^{103}Ag + {}_{-1}^0\beta$
    Para emissão de iodo: $_{53}^{125}I \longrightarrow {}_{54}^{125}Xe + {}_{-1}^0\beta$
    b) Gráfico: Quantidade de matéria (%) × Tempo (dias); curvas A = ^{192}Ir, B = ^{125}I, C = ^{103}Pd.
16. c.
17. $_{97}^{249}Bk + {}_{20}^{48}Ca \longrightarrow {}_{117}^{294}Ts + 3{}_0^1n$
    Meia-vida: 300 dias
    $Bk(OH)_2$
18. c.
19. d.
20. d.
21. d.
22. c.
23. a.
24. c.
25. d.
26. d.
27. d.
28. b.
29. c.
30. e.

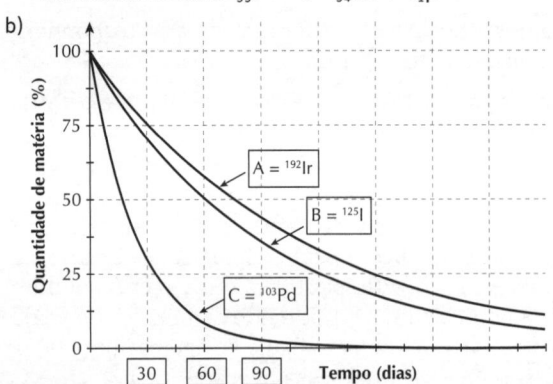

CAPÍTULO 26 — Esclarecendo questões sobre a estrutura da matéria

1. b.
2. a.
3. 02 + 04 + 08 = 14
4. d.
5. a.
6. c.
7. a.
8. a.
9. c.
10. e.
11. a.
12. F, V, V, V, V.
13. c.
14. c.
15. c.
16. a.
17. a.
18. b.
19. d.
20. a) $\overset{+1}{H} - \overset{-1}{O} - \overset{-1}{O} - \overset{+1}{H}$
    Nox(O) = −1
    b) $_8O: 1s^2 2s^2 2p^4$
21. a) $Na^+ [:\!\ddot{C}\!\ddot{l}\!:]^-$
    b) $_{11}Na: 1s^2 2s^2 2p^6 3s^1$
    c) $CaSO_4$ = sulfato de cálcio
       KCl = cloreto de potássio
       $BaNO_3$ = nitrato de bário
22. e.
23. a.

CAPÍTULO 27 Ligações químicas: um aprofundamento

1. d.
2. c.
3. a.
4. d.
5. c.
6. a.
7. d.
8. d.
9. a.
10. d.
11. b.
12. a.
13. 01 + 02 + 04 + 08 = 15
14. d.
15. a.
16. V, F, F, F, V.
17. d.
18. a.
19. a.
20. 01 + 04 + 16 = 21
21. a.
22. 02 + 08 = 10
23. b.
24. a.
25. d.

CAPÍTULO 28 Desenvolvimento da Química Orgânica

1. c.
2. c.
3. d.
4. c.
5. c.
6. e.
7. b.
8. c.
9. b.
10. a.
11. a.
12. c.
13. a.
14. d.

CAPÍTULO 29 Petróleo, gás natural e carvão: fontes de hidrocarbonetos

1. b.
2. b.
3. d.
4. a) Destilação fracionada. A diferença de temperatura de ebulição dos componentes do petróleo.
   b) Gás liquefeito (posição 1). Gasolina (posição 2). Querosene (posição 3). Óleo diesel (posição 4). Óleo combustível (posição 5).
5. a.
6. b.
7. 02 + 04 + 08 = 14
8. c.
9. a.
10. b.
11. c.
12. d.
13. e.
14. 02 + 08 + 16 = 26
15. d.
16. d.
17. b.
18. a.
19. d.
20. d.

CAPÍTULO 30 Funções orgânicas oxigenadas

1. c.
2. d.
3. a.
4. b.
5. 01 + 08 + 16 = 25
6. b.
7. c.
8. b.
9. e.
10. a.
11. b.
12. e.
13. d.
14. b.
15. c.
16. b.
17. 16
18. b.
19. a.
20. a.
21. e.
22. c.
23. d.

CAPÍTULO 31 — Funções nitrogenadas, halogenadas e sulfuradas

1. d.
2. e.
3. a.
4. e.
5. b.
6. b.
7. c.
8. c.
9. c.
10. e.
11. d.
12. e.
13. b.
14. a.
15. c.
16. b.
17. c.
18. e.
19. 01 + 02 + 04 + 16 = 23
20. a.
21. d.

CAPÍTULO 32 — Isomeria

1. d.
2. a.
3. a.
4. Shogaol: isomeria *cis-trans*.
   Gingerol: isomeria óptica.

   shogaol / gingerol

5. b.
6. 04 + 16 = 20
7. c.
8. b.
9. a) A função orgânica comum a todos os compostos é o ácido carboxílico.

   aspirina / glicina / alanina / vitamina A

   A única molécula a apresentar a parte aromática é a aspirina, que tem um anel benzênico.

   b) A alanina apresenta um átomo de carbono quiral destacado abaixo.

   alanina

   A vitamina A apresenta menor solubilidade em água, pois é predominantemente apolar, ao contrário das outras substâncias que apresentam caráter polar igual ao do solvente (água).

10. a.
11. d.
12. c.
13. b.
14. b.
15. e.
16. c.
17. b.
18. 02 + 04 + 08 + 16 = 30
19. c.
20. b.
21. V, V, F, V, F.
22. e.
23. b.
24. e.
25. d.

CAPÍTULO 33 — Reações de adição e substituição

1. c.
2. d.
3. b.
4. a)

$$2\ C_6H_5OH + 2\ Br_2 \xrightarrow{FeBr_3} \text{(orto-bromofenol)} + \text{(para-bromofenol)} + 2\ HBr$$

b) A: $CHCl_3$ – reagente de alquilação do tipo Friedel-Crafts
B: $AlCl_3$ – catalisador da reação

c) Reservatório 1: coloração amarela. Reservatório 2: incolor.

5. a.
6. 01 + 02 + 08 = 11
7. a.
8. c.
9. b.
10. 01 + 02 + 04 + 08 + 16 = 31
11. a) (estrutura com adição de HBr)

b) 3-etil-4-metil-hex-1-eno

c) Algumas possibilidades são: (cinco estruturas cíclicas)

12. b.
13. b.
14. d.
15. a.
16. d.
17. c.
18. a)

$$H_2C=CH-CH_2-CH_2-CH_3 + HOH \xrightarrow{H^+} H_3C-CH(OH)-CH_2-CH_2-CH_3$$

(A) → (B)

b) Composto (A): pent-1-eno
Composto (B): pentan-2-ol

c) $H_3C-CH=CH-CH_2-CH_3$

19. b

CAPÍTULO 34 — Outras reações orgânicas

1. e.
2. e.
3. c.
4. b.
5. b.

6. CH_3CH_2COOH = ácido carboxílico
   CH_3OH = álcool
   $CH_3CH_2COOCH_3$ = éster

$$H-\underset{H}{\overset{H}{C}}-\underset{H}{\overset{H}{C}}-\overset{O}{\underset{O-\underset{H}{\overset{H}{C}}-H}{C}}$$

7. d.
8. $01 + 08 = 09$
9. $01 + 02 + 04 = 07$
10. $01 + 16 = 17$
11. c.
12. a.
13. c.
14. b.
15. b.
16. d.
17. c.
18. d.
19. a.
20. b.
21. a.
22. b.
23. c.
24. b.
25. e.
26. Nome do composto A: 2-feniletan-1-ol.

Isômero funcional (cetona): C_8H_8O

$$H_3C-\underset{OH}{\overset{O}{C}} + HO-CH_2-CH_3 \underset{}{\overset{H^+}{\rightleftharpoons}} H_2O + H_3C-\underset{O-CH_2-CH_3}{\overset{O}{C}}$$

Composto C   Etanol   Etanoato de etila

O composto orgânico formado é o etanoato de etila ou acetato de etila.

27. $01 + 02 + 08 = 11$.
28. d.

CAPÍTULO 35 — Polímeros: obtenção, usos e implicações

1. d.
2. b.
3. d.
4. d.
5. a.
6. $04 + 08 + 32 = 44$
7. b.
8. d.
9. a.
10. a) $H_2C=CH-CH=CH_2$ $H_2C=\underset{Cl}{C}-CH=CH_2$

    buta-1,3-dieno   2-cloro-buta-1,3-dieno
                                          (cloropreno)

    b) $n\ H_2C=\underset{Cl}{C}-CH=CH_2 \longrightarrow \left[CH_2-\underset{Cl}{C}=CH-CH_2\right]_n$

    A substância apresenta isomeria *cis-trans*.

11. e.
12. $01 + 02 + 04 + 08 = 15$
13. a.
14. a.
15. d.
16. d.
17. d.
18. $02 + 04 + 08 = 14$
19. e.
20. c.
21. $02 + 04 = 06$

22. V, F, V, V, F.
23. c.
24. a.
25. b.
26. d.
27. d.

CAPÍTULO 36 — Nutrição e principais nutrientes

1. d.
2. b.
3. b.
4. 01 + 02 = 03
5. a.
6. d.
7. e.
8. d.
9. b.
10. a) O grupo funcional que une os anéis aromáticos ao anel não aromático é o carboxilato, característico da função éster.

    O grupo funcional que confere acidez à substância é o fenol.

    b) $R-COOH + HO-CH_3 \longrightarrow R-COO-CH_3 + H_2O$

11. a) 6 átomos de carbono e 13 átomos de hidrogênio

    b) [estrutura do aminoácido com CT e * indicados]

    CT = carbono terciário

    * = carbono assimétrico

12. d.
13. 01 + 04 + 08 = 13
14. d.
15. b.
16. c.
17. a.
18. 02 + 16 = 18
19. a) [estrutura do aspartame]

    b) [estrutura do aspartame com ligação peptídica destacada]

    c) Pertence à função amida.

TABELAS PARA CONSULTA

Grupos substituintes orgânicos monovalentes			
Terminação: il ou ila			
H_3C- metil	$H_3C-\underset{H_2}{C}-\underset{H_2}{C}-\underset{H_2}{C}-$ butil	fenil (anel benzênico)	$\text{(anel)}-\underset{H_2}{C}-$ benzil
$H_3C-\underset{H_2}{C}-$ etil	$H_3C-\underset{\underset{CH_3}{\|}}{\overset{H}{C}}-\underset{H_2}{C}-$ isobutil	o-toluil (anel com CH₃)	$H_3C-\underset{H_2}{C}-\underset{H_2}{C}-\underset{H_2}{C}-\underset{H_2}{C}-$ pentil
$H_3C-\underset{H_2}{C}-\underset{H_2}{C}-$ propil	$H_3C-\underset{H_2}{C}-\underset{\underset{\|}{}}{\overset{H}{C}}-CH_3$ sec-butil	m-toluil	$H_2C=\overset{H}{C}-$ vinil ou etenil
$H_3C-\underset{\|}{CH}-CH_3$ isopropil	$H_3C-\underset{\underset{CH_3}{\|}}{\overset{\|}{C}}-CH_3$ terc-butil	p-toluil	$H_2C=\overset{H}{C}-\underset{H_2}{C}-$ alil

Funções orgânicas		
Função	Grupo característico	Exemplos
hidrocarboneto	só possui C e H	H_3C-CH_3 etano; $H_2C=CH_2$ eteno (etileno); $HC\equiv CH$ etino (acetileno); ciclopropano; benzeno
derivado halogenado (haleto orgânico)	$-X$ (X = F, Cl, Br, I)	H_3C-I iodometano (iodeto de metila); clorobenzeno (cloreto de fenila)
álcool	$-OH$ (ligado a C saturado)	H_3C-OH metanol; $H_3C-\underset{H}{\overset{OH}{C}}-CH_3$ propan-2-ol
fenol	$-OH$ (ligado a anel benzênico)	fenol

Funções orgânicas

Função	Grupo característico	Exemplos
éter	— O — (entre C)	$H_3C — O — CH_3$ metoximetano (éter dimetílico)
aldeído	$-C(=O)H$ (ligado a C ou H)	$H-C(=O)H$ metanal (aldeído fórmico)
cetona	$-C(=O)-$ (entre C)	$H_3C-C(=O)-CH_3$ propan-2-ona
ácido carboxílico	$-C(=O)OH$ (ligado a C ou H)	$H_3C-C(=O)OH$ ácido etanoico (ácido acético)
éster	$R'-C(=O)-O-R''$ (R' = C ou H; R'' = C)	$H_3C-C(=O)-O-CH_3$ etanoato de metila
cloreto de ácido (cloreto de acila)	$-C(=O)Cl$ (ligado a C ou H)	$H_3C-C(=O)Cl$ cloreto de etanoíla (cloreto de acetila)
amida	$-C(=O)NH_2$ (ligado a C ou H)	$H-C(=O)NH_2$ metanamida (formamida)
amina	— N — (ao menos uma ligação de N com C)	H_3C-NH_2 metilamina (metanamina); $C_6H_5-NH_2$ fenilamina (anilina)
nitrocomposto	$-NO_2$ (ligado a C)	H_3C-NO_2 nitrometano
ácido sulfônico	$-SO_3H$ (ligado a C)	H_3C-SO_3H ácido metanossulfônico
tioálcool (tiol)	— SH (ligado a C)	H_3C-SH metanotiol

Tabela periódica dos elementos químicos

Grupo / Família		
P e r í o d o	**Símbolo**	número atômico / nome do elemento / massa atômica

Legenda: metais / não metais

1 / 1A	2 / 2A	3 / 3B	4 / 4B	5 / 5B	6 / 6B	7 / 7B	8 / 8B	9 / 8B	10 / 8B	11 / 1B	12 / 2B	13 / 3A	14 / 4A	15 / 5A	16 / 6A	17 / 7A	18 / 8A
1 H Hidrogênio 1,0																	2 He Hélio 4,0
3 Li Lítio 6,9	4 Be Berílio 9,0											5 B Boro 10,8	6 C Carbono 12,0	7 N Nitrogênio 14,0	8 O Oxigênio 16,0	9 F Flúor 19,0	10 Ne Neônio 20,2
11 Na Sódio 23,0	12 Mg Magnésio 24,3											13 Al Alumínio 27,0	14 Si Silício 28,1	15 P Fósforo 31,0	16 S Enxofre 32,1	17 Cl Cloro 35,5	18 Ar Argônio 40,2
19 K Potássio 39,1	20 Ca Cálcio 40,1	21 Sc Escândio 45,0	22 Ti Titânio 47,9	23 V Vanádio 50,9	24 Cr Crômio 52,0	25 Mn Manganês 54,9	26 Fe Ferro 55,8	27 Co Cobalto 58,9	28 Ni Níquel 58,7	29 Cu Cobre 63,6	30 Zn Zinco 65,4	31 Ga Gálio 69,7	32 Ge Germânio 72,6	33 As Arsênio 74,9	34 Se Selênio 79,0	35 Br Bromo 79,9	36 Kr Criptônio 83,8
37 Rb Rubídio 85,5	38 Sr Estrôncio 87,6	39 Y Ítrio 88,9	40 Zr Zircônio 91,2	41 Nb Nióbio 92,9	42 Mo Molibdênio 96,0	43 Tc Tecnécio	44 Ru Rutênio 101,1	45 Rh Ródio 102,9	46 Pd Paládio 106,4	47 Ag Prata 107,9	48 Cd Cádmio 112,4	49 In Índio 114,8	50 Sn Estanho 118,7	51 Sb Antimônio 121,8	52 Te Telúrio 127,6	53 I Iodo 126,9	54 Xe Xenônio 131,3
55 Cs Césio 132,9	56 Ba Bário 137,3	57-71 La-Lu	72 Hf Háfnio 178,5	73 Ta Tântalo 180,9	74 W Tungstênio 183,8	75 Re Rênio 186,2	76 Os Ósmio 190,2	77 Ir Irídio 192,2	78 Pt Platina 195,1	79 Au Ouro 197,0	80 Hg Mercúrio 200,6	81 Tl Tálio 204,4	82 Pb Chumbo 207,2	83 Bi Bismuto 209,0	84 Po Polônio	85 At Astato	86 Rn Radônio
87 Fr Frâncio	88 Ra Rádio	89-103 Ac-Lr	104 Rf Rutherfórdio	105 Db Dúbnio	106 Sg Seabórgio	107 Bh Bóhrio	108 Hs Hássio	109 Mt Meitnério	110 Ds Darmstádtio	111 Rg Roentgênio	112 Cn Copernício	113 Nh Nihônio	114 Fl Fleróvio	115 Mc Moscóvio	116 Lv Livermório	117 Ts Tennesso	118 Og Oganessônio

Série dos lantanídeos

| 57 La Lantânio 138,9 | 58 Ce Cério 140,1 | 59 Pr Praseodímio 140,9 | 60 Nd Neodímio 144,2 | 61 Pm Promécio | 62 Sm Samário 150,4 | 63 Eu Európio 152,0 | 64 Gd Gadolínio 157,3 | 65 Tb Térbio 158,9 | 66 Dy Disprósio 162,5 | 67 Ho Hólmio 164,9 | 68 Er Érbio 167,3 | 69 Tm Túlio 168,9 | 70 Yb Itérbio 173,0 | 71 Lu Lutécio 175,0 |

Série dos actinídeos

| 89 Ac Actínio | 90 Th Tório 232,0 | 91 Pa Protactínio 231,0 | 92 U Urânio 238,0 | 93 Np Netúnio | 94 Pu Plutônio | 95 Am Amerício | 96 Cm Cúrio | 97 Bk Berquélio | 98 Cf Califórnio | 99 Es Einstênio | 100 Fm Férmio | 101 Md Mendelévio | 102 No Nobélio | 103 Lr Laurêncio |

Fonte: IUPAC. Versão da Tabela Periódica dos Elementos publicada em 8 jan. 2016. Disponível em: <http://iupac.org/fileadmin/user_upload/news/IUPAC_Periodic_Table-8Jan16.pdf>. Acesso em: 4 maio 2018.

Notas: De acordo com a União Internacional da Química Pura e Aplicada (cuja sigla em inglês é IUPAC), não são expressos os valores de massa atômica para elementos cujos isótopos não são encontrados em amostras naturais terrestres. Na fonte original, são indicados intervalos de massa atômica para os elementos H, Li, Mg, B, C, N, O, Si, S, Cl, Br e Tl. Os elementos químicos de número atômico 113, 115, 117 e 118 foram reconhecidos pela IUPAC no final de 2015 e assim foram traduzidos para o português em 2018: nihônio, Nh, moscóvio, Mc, tenesso, Ts, oganessônio, Og.

Reprodução proibida. Art. 184 do Código Penal e Lei 9.610 de 19 de fevereiro de 1998.

REFERÊNCIAS BIBLIOGRÁFICAS

ASIMOV, I. *Asimov's Chronology of Science & Discovery*. New York: Harper Collins Publishers, 1994.

ATKINS, P. W. *Molecules*. New York: Scientific American Library, 1987.

BRADY, J. E.; HUMISTON, G. E. *Química geral*. 6. ed. Rio de Janeiro: Livros Técnicos e Científicos, 1986. 2 v.

BROWN, W. H. *Introduction to Organic Chemistry*. Orlando: Saunders College Publishing, 1997.

CHANG, R. *Chemistry*. 10. ed. New York: McGraw-Hill, 2010.

FAVRE, H. A.; POWELL, W. H. *Nomenclature of Organic Chemistry – IUPAC recommendations and Preferred Names 2013*. Cambridge: Royal Society of Chemistry, 2014.

KOTZ, J. C.; TREICHEL, P. M.; TOWNSEND, J. R. *Chemistry & Chemical Reactivity*. 8th ed. Belmont: Brooks/Cole, 2012.

LEVI, P. *A Tabela Periódica*. Rio de Janeiro: Relume-Dumará, 1994.

NOVAIS, V. L. D. *Estrutura da matéria e Química Orgânica*. São Paulo: Atual, 1993.

_____. *Ozônio*: aliado ou inimigo. São Paulo: Scipione, 1998.

PANICO, R. et al. *Guia IUPAC para nomenclatura de compostos orgânicos*. Trad. Ana Cristina Fernandes et al. Lisboa: Lidal, 2002.

RIVAL, M. *Os grandes experimentos científicos*. Rio de Janeiro: Zahar, 1997.

ROBERTS, R. M. *Descobertas acidentais em ciências*. 2. ed. Campinas: Papirus, 1995.

RODRIGUES, J. A. R. Recomendações da IUPAC para nomenclatura de moléculas orgânicas. *Química Nova na Escola*, n. 13, 2001.

RUSSELL, J. B. *Química geral*. 2. ed. São Paulo: Makron Books, 1994. 1 e 2 v.

SOLOMONS, T. W. G.; FRYHLE, C. B. *Química Orgânica*. Trad. Whei Oh Lin. 7 ed. Rio de Janeiro: Livros Técnicos e Científicos, 2001. v. 1.

_____. *Química Orgânica*. Trad. Whei Oh Lin. 7 ed. Rio de Janeiro: Livros Técnicos e Científicos. v. 2. 2002.

SITES CONSULTADOS

Acessos em: 10 ago. 2018.

Associação Brasileira da Indústria Química
<https://www.abiquim.org.br/>

IUPAC Gold Book
<http://goldbook.iupac.org>

Ministério do Meio Ambiente (MMA)
<http://www.mma.gov.br/>

Petrobras
<http://www.petrobras.com.br/pt/>

Plastivida
<http://www.plastivida.org.br/index.php/pt/>

Revista *Ciência Hoje*
<http://cienciahoje.org.br/>

Revista *Fapesp*
<http://revistapesquisa.fapesp.br/>

Revista *Química Nova na Escola* (QNEsc)
<http://qnesc.sbq.org.br/>

Site oficial do Prêmio Nobel
<http://nobelprize.org/>

SIGLAS DAS UNIVERSIDADES

Acafe-SC – Associação Catarinense das Fundações Educacionais

Aman-RJ – Academia Militar de Agulhas Negras

Cefet-MG – Centro Federal de Educação Tecnológica de Minas Gerais

Cefet-SP – Centro Federal de Educação Tecnológica de São Paulo

EBMSP-BA – Escola Bahiana de Medicina e Saúde Pública

Enem – Exame Nacional do Ensino Médio

Enem/PPL – Exame Nacional do Ensino Médio/Pessoas Privadas de Liberdade

Famema-SP – Faculdade de Medicina de Marília

Famerp-SP – Faculdade de Medicina de São José do Rio Preto

Fatec-SP – Faculdade de Tecnologia de São Paulo

FCM-PB – Faculdade de Ciências Médicas da Paraíba

FCMAE-SP – Faculdade de Ciências Médicas Albert Einstein

FCMMG – Faculdade de Ciências Médicas de Minas Gerais

FFFCMPA-RS – Fundação Faculdade Federal de Ciências Médicas de Porto Alegre

FGV-SP – Fundação Getúlio Vargas

FICSAE-SP – Faculdade Israelita de Ciências da Saúde Albert Einstein

FMABC-SP – Faculdade de Medicina do ABC

FMHIAE-SP – Faculdade de Medicina do Hospital Israelita Albert Einstein

FMJ-SP – Faculdade de Medicina de Jundiaí

FMP-RJ – Faculdade de Medicina de Petrópolis

Fuvest-SP – Fundação Universitária para o Vestibular

Ibmec-RJ – Instituto Brasileiro de Mercado de Capitais

Ifal – Instituto Federal de Educação, Ciência e Tecnologia de Alagoas

IFBA – Instituto Federal de Educação, Ciência e Tecnologia da Bahia

IFCE – Instituto Federal de Educação, Ciência e Tecnologia do Ceará

IFPE – Instituto Federal de Educação, Ciência e Tecnologia de Pernambuco

IFSC – Instituto Federal de Educação, Ciência e Tecnologia de Santa Catarina

IFSP – Instituto Federal de Educação, Ciência e Tecnologia de São Paulo

Ifsul-RS – Instituto Federal de Educação, Ciência e Tecnologia do Rio Grande do Sul

IFTM-MG – Instituto Federal de Educação, Ciência e Tecnologia do Triângulo Mineiro

IFTO – Instituto Federal de Educação, Ciência e Tecnologia do Tocantins

IME-RJ – Instituto Militar de Engenharia

IME-SP – Instituto Militar de Engenharia

Imed-RS – Faculdade Meridional

ITA-SP – Instituto Tecnológico de Aeronáutica

PUCCAMP-SP – Pontifícia Universidade Católica de Campinas

PUC-MG – Pontifícia Universidade Católica de Minas Gerais

PUC-PR – Pontifícia Universidade Católica do Paraná

PUC-RJ – Pontifícia Universidade Católica do Rio de Janeiro

PUC-RS – Pontifícia Universidade Católica do Rio Grande do Sul

PUC-SP – Pontifícia Universidade Católica de São Paulo

UCS-RS – Universidade de Caxias do Sul

Udesc – Universidade do Estado de Santa Catarina

UEA-AM – Universidade do Estado do Amazonas

Uece – Universidade Estadual do Ceará

UEFS-BA – Universidade Estadual de Feira de Santana

UEG-GO – Universidade Estadual de Goiás

UEL-PR – Universidade Estadual de Londrina

UEM-PR – Universidade Estadual de Maringá

UEM-PR/PAS – Universidade Estadual de Maringá/Processo de Avaliação Seriada

Uema – Universidade Estadual do Maranhão

UEMG – Universidade Estadual de Minas Gerais

UEPB – Universidade do Estado da Paraíba

UEPG-PR – Universidade Estadual de Ponta Grossa

Uerj – Universidade Estadual do Rio de Janeiro

Uern – Universidade do Estado do Rio Grande do Norte

Uepa – Universidade do Estado do Pará

Uespi – Universidade Estadual do Piauí

Ufal/PSS – Universidade Federal de Alagoas/Processo Seletivo Seriado

Ufam – Universidade Federal do Amazonas

UFC-CE – Universidade Federal do Ceará

UFG-GO – Universidade Federal de Goiás

UFGD-MS – Universidade Federal da Grande Dourados

UFJF-MG – Universidade Federal de Juiz de Fora

UFJF-MG/PISM – Universidade Federal de Juiz de Fora/Programa de Ingresso Seletivo Misto

UFMT – Universidade Federal do Mato Grosso

UFMG – Universidade Federal de Minas Gerais

Ufop-MG – Universidade Federal de Ouro Preto

UFPA – Universidade Federal do Pará

UFPB – Universidade Federal da Paraíba

UFPB/PSS – Universidade Federal da Paraíba/Processo Seletivo Seriado

Ufes – Universidade Federal do Espírito Santo

Ufpel-RS – Universidade Federal de Pelotas

UFPE – Universidade Federal de Pernambuco

UFPI/PSIU – Universidade Federal do Piauí/Programa Seriado de Ingresso à Universidade

UFPR – Universidade Federal do Paraná

UFRGS-RS – Universidade Federal do Rio Grande do Sul

UFRN/PSS – Universidade Federal do Rio Grande do Norte/Processo Seletivo Seriado

UFS-SE/PSS – Universidade Federal de Sergipe/Processo Seletivo Seriado

UFSCar-SP – Universidade Federal de São Carlos

UFSJ-MG – Universidade Federal de São João del-Rei

UFRN – Universidade Federal do Rio Grande do Norte

UFRR – Universidade Federal de Roraima

UFSC – Universidade Federal de Santa Catarina

UFSM-RS – Universidade Federal de Santa Maria

UFSM-RS/PSS – Universidade Federal de Santa Maria/Processo Seletivo Seriado

UFT-TO – Universidade Federal do Tocantins

UFTM-MG – Universidade Federal do Triângulo Mineiro

UFU-MG – Universidade Federal de Uberlândia

UFV-MG – Universidade Federal de Viçosa

Ulbra-RS – Universidade Luterana do Brasil

UPM-SP – Universidade Presbiteriana Mackenzie

Unama-AM – Universidade da Amazônia

Uneb-BA – Universidade do Estado da Bahia

Unesp-SP – Universidade Estadual Paulista Júlio de Mesquita Filho

Unicamp-SP – Universidade Estadual de Campinas

Unifor-CE – Universidade de Fortaleza

Unimontes-MG – Universidade Estadual de Montes Claros

Unifesp-SP – Universidade Federal de São Paulo

Unioeste-PR – Universidade Estadual do Oeste do Paraná

Unigranrio-RJ – Universidade do Grande Rio

Unisc-RS – Universidade de Santa Cruz do Sul

Uniube-MG – Universidade de Uberaba

UPF-RS – Universidade de Passo Fundo

UPE – Universidade Pernambuco

UPE/SSA – Universidade de Pernambuco/Sistema Seriado de Avaliação

USCS-SP – Universidade Municipal de São Caetano do Sul

UTFPR – Universidade Técnica Federal do Paraná

Vunesp – Fundação para o Vestibular da Universidade Estadual Paulista

Utilize este código QR para se cadastrar de forma mais rápida:

Ou, se preferir, entre em:
www.moderna.com.br/ac/livro
e siga as instruções para ter acesso aos conteúdos exclusivos do
Livro Digital

CÓDIGO DE ACESSO:

A 00024 QNOVAIS 1 43364

Faça apenas um cadastro. Ele será válido para:

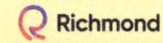

SANTILLANA EDUCAÇÃO — Richmond — SANTILLANA ESPAÑOL

Da semente ao livro,
sustentabilidade por todo o caminho

Plantar florestas
A madeira que serve de matéria-prima para nosso papel vem de plantio renovável, ou seja, não é fruto de desmatamento. Essa prática gera milhares de empregos para agricultores e ajuda a recuperar áreas ambientais degradadas.

Fabricar papel e imprimir livros
Toda a cadeia produtiva do papel, desde a produção de celulose até a encadernação do livro, é certificada, cumprindo padrões internacionais de processamento sustentável e boas práticas ambientais.

Criar conteúdos
Os profissionais envolvidos na elaboração de nossas soluções educacionais buscam uma educação para a vida pautada por curadoria editorial, diversidade de olhares e responsabilidade socioambiental.

Construir projetos de vida
Oferecer uma solução educacional Moderna é um ato de comprometimento com o futuro das novas gerações, possibilitando uma relação de parceria entre escolas e famílias na missão de educar!

Tacito Comunicação, Alexandre Santana e Estúdio Pingado

MODERNA

Apoio: TWO SIDES
www.twosides.org.br

Fotografe o Código QR e conheça melhor esse caminho.
Saiba mais em moderna.com.br/sustentavel

Vera Lúcia Duarte de Novais

Mestre em Educação pela PUC-SP. Bacharel e licenciada em Química pela USP-SP.
Foi professora em escolas da rede particular de Ensino Médio e de Ensino Superior,
coordenadora de área e orientadora educacional, formadora de professores e de gestores
escolares, além de pesquisadora na área de Ensino de Química e de Ensino a distância.

Murilo Tissoni Antunes

Licenciado em Química pela Universidade de São Paulo (USP).
Foi professor em escolas da rede particular de ensino e editor de livros didáticos.

Vereda Digital

QUÍMICA
Novais & Tissoni

VOLUME ÚNICO

1ª edição

MODERNA

© Vera Lúcia Duarte de Novais, Murilo Tissoni Antunes, 2018

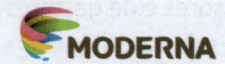

MODERNA

Coordenação editorial: Rita Helena Bröckelmann, Maíra Rosa Carnevalle
Edição de texto: Márcia Takeuchi/Atalante Editores (Coordenação), Angelo Stefanovits/Atalante Editores, Maurício Baptista/Atalante Editores, João Messias Júnior, Maria Carolina Bittencourt Gonçalves, Artur Guazzelli Leme Silva, Patrícia Araújo dos Santos
Assistência editorial: Emília Yamada/Atalante Editores, Rosa Santos/Atalante Editores
Gerência de *design* e produção gráfica: Everson de Paula
Coordenação de produção: Patricia Costa
Suporte administrativo editorial: Maria de Lourdes Rodrigues
Coordenação de *design* e projetos visuais: Marta Cerqueira Leite
Projeto gráfico: Marta Cerqueira Leite
Capa: Otávio dos Santos.
  Ícone 3D da capa: Diego Loza
Coordenação de arte: Wilson Gazzoni Agostinho
Edição de arte: Nilza Shizue Yoshida, Jorge Katsumata, Júnior Cavalcanti
Editoração eletrônica: Setup Bureau Editoração Eletrônica
Cartografia: Anderson de Andrade Pimentel
Coordenação de revisão: Elaine C. del Nero
Revisão: Alessandra Félix, Denise Ceron, Leandra Trindade, Márcia Leme, Renato Bacci, Renato da Rocha Carlos, Rita de Cássia Gorgati, Salete Brentan, Simone Garcia
Coordenação de pesquisa iconográfica: Luciano Baneza Gabarron
Pesquisa iconográfica: Márcia Mendonça
Coordenação de *bureau*: Rubens M. Rodrigues
Tratamento de imagens: Fernando Bertolo, Joel Aparecido, Luiz Carlos Costa, Marina M. Buzzinaro
Pré-impressão: Alexandre Petreca, Everton L. de Oliveira, Marcio H. Kamoto, Vitória Sousa
Coordenação de produção industrial: Wendell Monteiro
Impressão e acabamento: Bercrom Gráfica e Editora
Lote: 797.637
Cód: 12114848

Dados Internacionais de Catalogação na Publicação (CIP)
(Câmara Brasileira do Livro, SP, Brasil)

Novais, Vera Lúcia Duarte de
  Química, volume único / Novais & Tissoni . —
1. ed. — São Paulo : Moderna, 2018. — (Vereda Digital)

Bibliografia

1. Química (Ensino médio) I. Antunes, Murilo Tissoni.
II. Título. III. Série.

18-18271 CDD-540.7

Índices para catálogo sistemático:
1. Química : Ensino médio   540.7

Iolanda Rodrigues Biode – Bibliotecária – CRB-8/10014

ISBN 978-85-16-11484-8 (LA)
ISBN 978-85-16-11485-5 (LP)

Reprodução proibida. Art. 184 do Código Penal e Lei 9.610 de 19 de fevereiro de 1998.
Todos os direitos reservados
EDITORA MODERNA LTDA.
Rua Padre Adelino, 758 – Belenzinho
São Paulo – SP – Brasil – CEP 03303-904
Vendas e Atendimento: Tel. (0_ _11) 2602-5510
Fax (0_ _11) 2790-1501
www.moderna.com.br
2024
Impresso no Brasil

1 3 5 7 9 10 8 6 4 2

APRESENTAÇÃO

A você, estudante,

Desejamos que este livro seja um apoio importante para que você tenha sucesso na aprendizagem de Química. Para que isso ocorra, seu professor é fundamental, para orientar seu percurso, ajudando-o a superar dificuldades e incentivá-lo no crescimento pessoal e intelectual. Mas, sem dúvida, seu empenho, sua dedicação e seu desejo de aprender são os principais ingredientes para que esse objetivo seja atingido. É todo esse conjunto de participações, mais a interação com seus colegas, parceiros nessa jornada de crescimento, que lhe permitirá dominar os conhecimentos químicos previstos para esta etapa do ensino, os quais – independentemente da profissão que você venha a seguir – vão lhe possibilitar compreender e avaliar criticamente as informações que circulam, algumas delas relacionadas a questões fundamentais de nosso tempo, como a qualidade do ar e da água, a sustentabilidade, o aumento da produtividade agrícola e industrial e tantas outras que estão ligadas à melhoria das condições de vida.

Ao longo das três partes desta obra, você será convidado a realizar experimentos, a observar, a refletir, a relacionar diferentes conhecimentos, a formular hipóteses, a redigir explicações. Aprenderá, ainda, novas formas de representação de alguns processos naturais e conhecerá aspectos teóricos que estruturam as bases da Química e de outras ciências. Porém, para que essas atividades sejam produtivas, você precisará exercer algumas competências: ler e interpretar textos, realizar operações matemáticas básicas, elaborar e interpretar gráficos. Vale lembrar que essas competências serão exigidas de você não apenas na escola e não apenas nesta fase de sua vida, mas também em seu dia a dia de cidadão que quer participar das decisões coletivas, no mundo do trabalho, ou na administração das necessidades de sua vida particular.

Esperamos que seu desejo de aprender continue florescendo e que você se sinta cada vez mais motivado a estudar, a se posicionar criticamente em sociedade e a contribuir para a construção de um país mais justo, desenvolvido e ético. Sucesso!

Vera Novais e Murilo Tissoni

A meus amores, Clara, Gabi, Carol e Edu, dedico este trabalho, Vera.
Dedico meu trabalho à Sandra e agradeço pelo apoio e incentivo, Murilo.

ORGANIZAÇÃO DO LIVRO

Na coleção *Vereda Digital Química – Novais & Tissoni*, o conteúdo de cada ano letivo é encadernado em três partes separadas. Assim, você pode levar para a sala de aula apenas a *Parte* na qual se encontra o conteúdo estudado no momento.

Abertura de unidade
A imagem de abertura se relaciona a algum dos conteúdos que serão desenvolvidos. Um texto curto introduz os conteúdos a serem abordados e lança uma ou duas questões que serão esclarecidas ao longo da unidade.

Abertura de capítulo

Para situá-lo
Essa seção busca introduzir e/ou contextualizar o estudo que será feito no capítulo. Ao final, questões estimulam diferentes habilidades e valorizam seu conhecimento prévio.

Competências e habilidades do Enem
São indicadas diferentes competências e habilidades do Enem que serão desenvolvidas ao longo de cada capítulo.

Viagem no tempo
Nessa seção, além de curiosidades sobre alguns estudiosos, são exploradas passagens importantes da História da Ciência e o contexto em que conceitos, modelos e teorias foram desenvolvidos.

Conexões
Os conceitos químicos desenvolvidos no capítulo são relacionados aos de outras áreas da Ciência ou a situações do cotidiano.

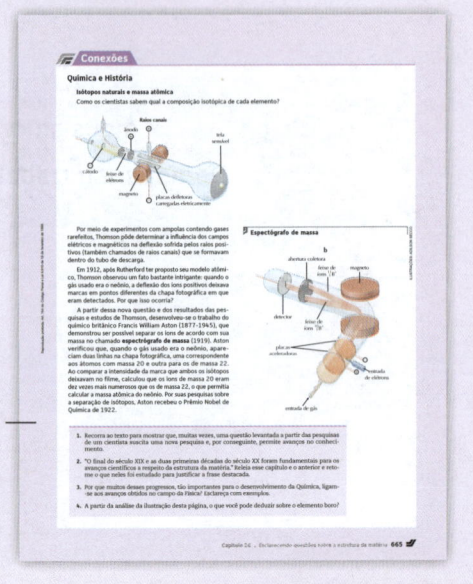

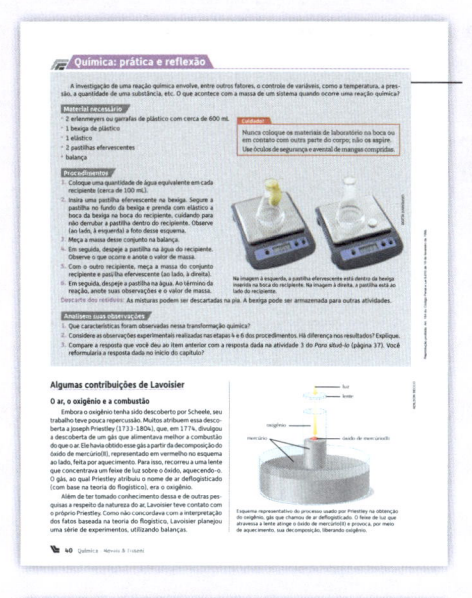

Química: prática e reflexão
Essa seção traz experimentos – com todas as orientações e recomendações de segurança necessárias –, além de questões que estimulam a reflexão.

Sugestões de filmes, livros e *sites*
Filmes, livros ou *sites* relacionados a algum assunto do capítulo são sugeridos.

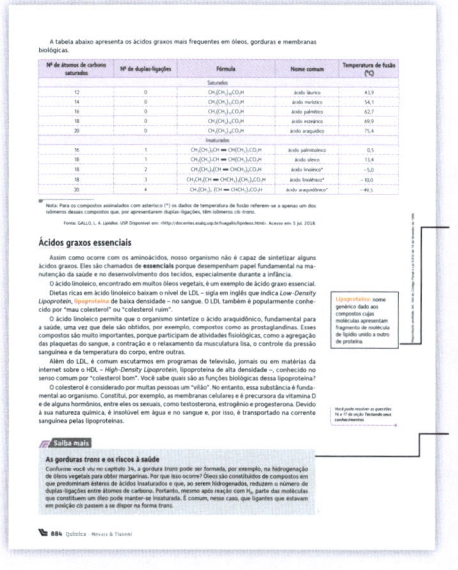

Glossário
O glossário traz o significado de palavras e expressões menos conhecidas, usadas nos textos ou nas atividades.

Boxes
Sempre que necessário, boxes complementam ou aprofundam assuntos tratados no capítulo.

Testando seus conhecimentos
Ao final de cada unidade, é apresentada uma seleção de questões tiradas do Exame Nacional do Ensino Médio (Enem) e de exames vestibulares de todo o país.

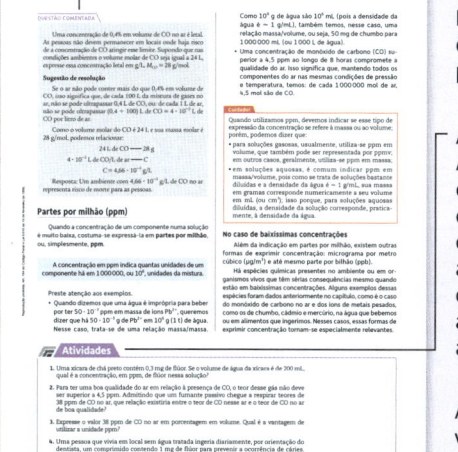

Questões comentadas
Para algumas questões, é apresentada uma possibilidade de resolução.

Atividades
Ao longo de cada capítulo, questões de diferentes graus de complexidade permitem a aplicação dos conteúdos desenvolvidos, além de possibilitarem a autoavaliação.

Ao longo do capítulo, você encontrará sugestões de atividades que já podem ser resolvidas.

Veja como estão indicados os materiais digitais no seu livro:

- **O ícone conteúdo digital**

  Pilha de Daniell — Nome do material digital

  Remissão para animações, trechos de vídeos e áudios que complementam o estudo de alguns temas dos capítulos.

Mais questões no **Vereda Digital Aprova Enem** e no **Vereda Digital Suplemento de revisão e vestibulares** disponíveis no livro digital.

ORGANIZAÇÃO DOS MATERIAIS DIGITAIS

A Coleção *Vereda Digital* apresenta um *site* exclusivo, com ferramentas diferenciadas e motivadoras para seu estudo. Tudo integrado com o livro-texto para tornar a experiência de aprendizagem mais intensa e significativa.

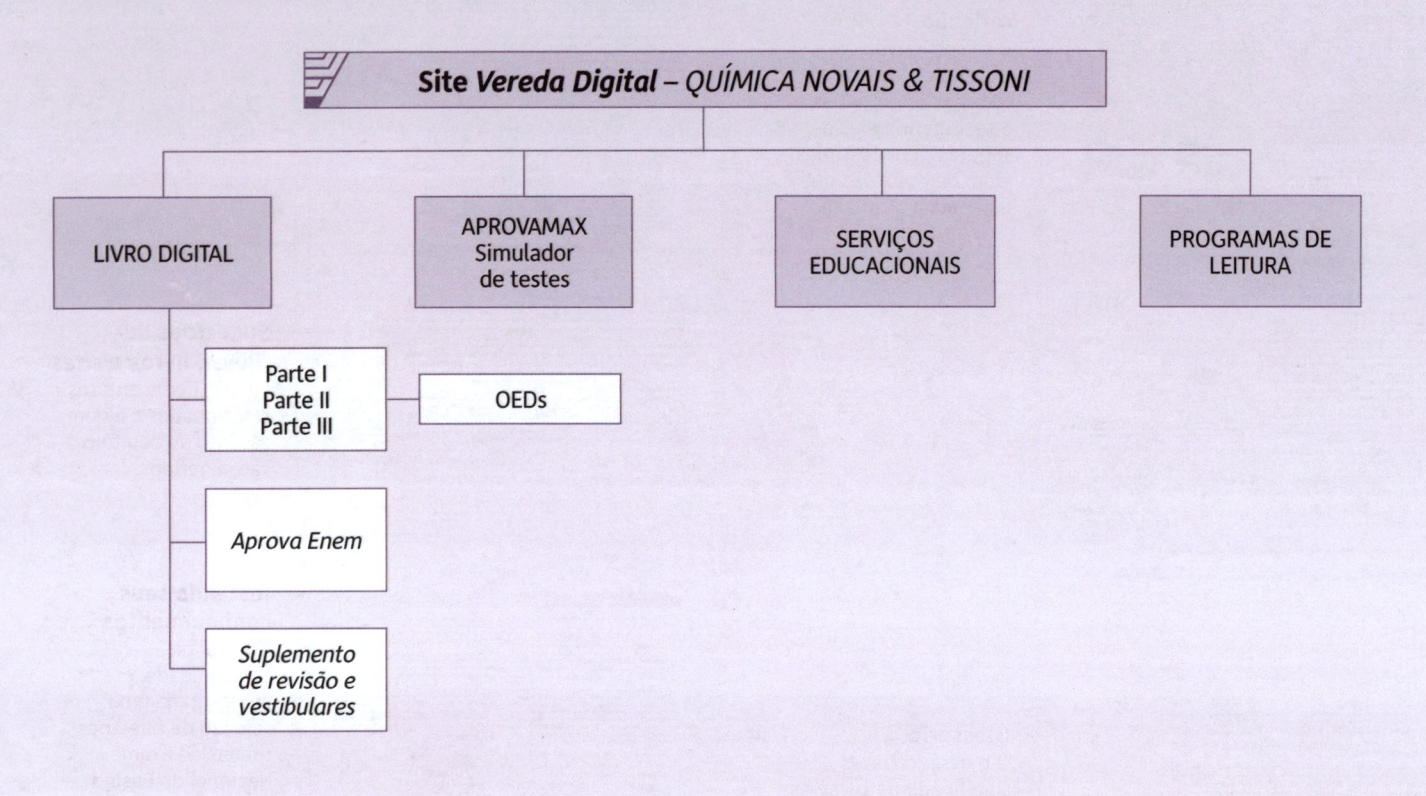

Site Vereda Digital – QUÍMICA NOVAIS & TISSONI

- LIVRO DIGITAL
  - Parte I / Parte II / Parte III → OEDs
  - *Aprova Enem*
  - *Suplemento de revisão e vestibulares*
- APROVAMAX Simulador de testes
- SERVIÇOS EDUCACIONAIS
- PROGRAMAS DE LEITURA

Livro digital com a tecnologia HTML5 para garantir melhor usabilidade, enriquecido com objetos educacionais digitais que consolidam ou ampliam o aprendizado; ferramentas que possibilitam buscar termos, destacar trechos e fazer anotações para posterior consulta. No livro digital, você encontra o livro com OEDs, o *Aprova Enem* e o *Suplemento de revisão e vestibulares*. Você pode acessá-lo de diversas maneiras: no seu *tablet* (Android ou iOS), no Desktop (Windows, MAC ou Linux) e *on-line* no *site* www.moderna.com.br/veredadigital.

OEDs – objetos educacionais digitais que consolidam ou ampliam o aprendizado.

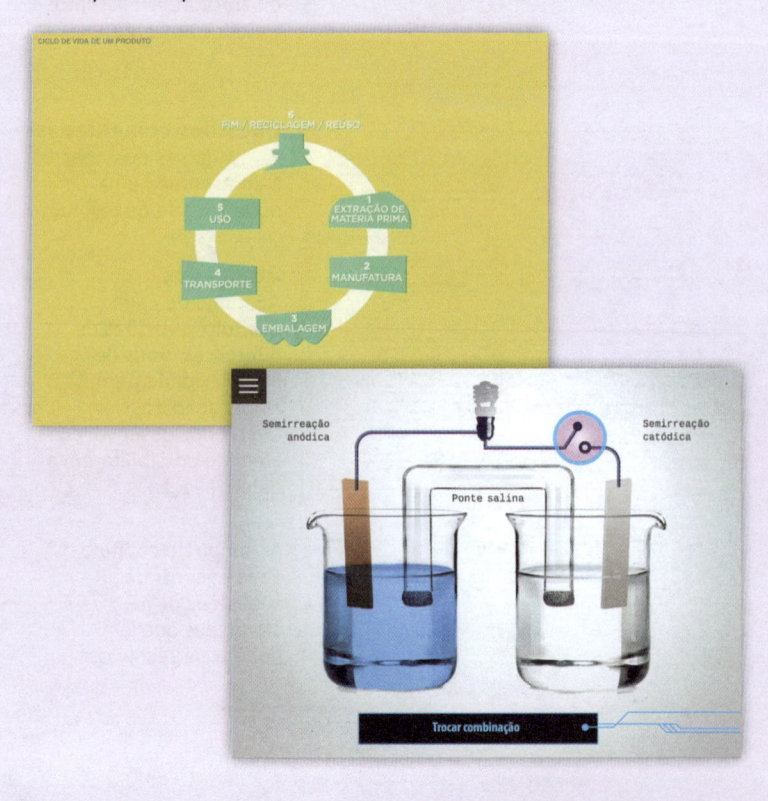

AprovaMax – simulador de testes com os dois módulos de prática de estudo – atividade e simulado –, você se torna o protagonista de sua vida escolar. Você pode gerar testes customizados para acompanhar seu desempenho e autoavaliar seu entendimento.

Aprova Enem – caderno digital com questões comentadas do Enem e outras questões elaboradas de acordo com as especificações desse exame de avaliação. Nosso foco é que você se sinta preparado para os maiores desafios acadêmicos e para a continuidade dos estudos.

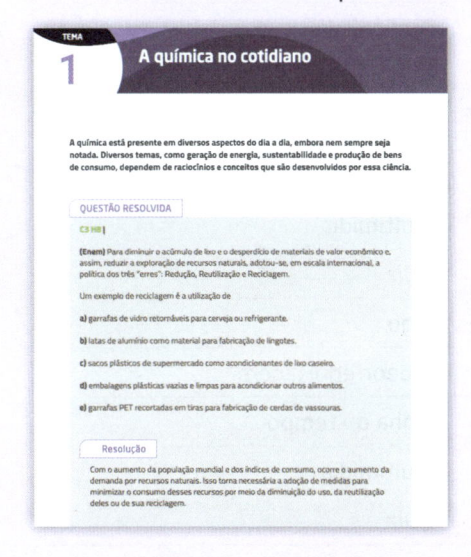

Suplemento de revisão e vestibulares – síntese dos principais temas do curso, com questões de vestibulares de todo o país.

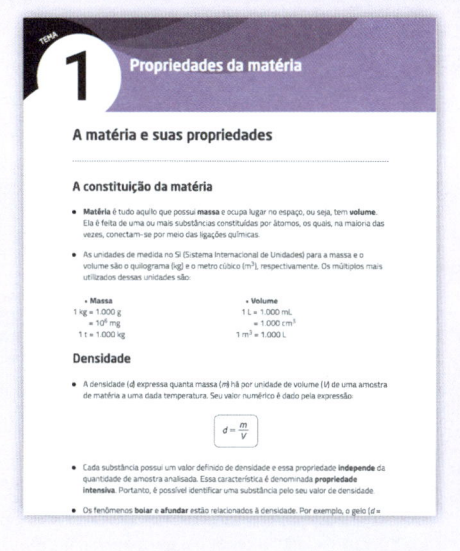

VEREDA APP

Aplicativo que permite a busca de termos e conceitos da disciplina e **simulações** com questões de vestibulares associadas. Você relembra o conceito e realiza uma **autoavaliação**. É uma ferramenta que o auxilia a desenvolver sua **autonomia**.

CONTEÚDO DOS MATERIAIS DIGITAIS

Lista de OEDs

Parte	Capítulo	Título do OED	Tipo
I	1	Investigação científica	Multimídia
I	1	Segurança em laboratório	Multimídia
I	4	Quem é quem na história da Ciência?	Atividade
I	8	Balanceamento de equações químicas	Simulador
I	12	Transformações dos gases	Simulador
II	15	Titulação	Vídeo de experimento
II	16	Osmose	Vídeo de experimento
II	16	Hemodiálise	Multimídia
II	17	Teoria das colisões	Multimídia
II	22	Pilha de Daniell	Simulador
II	22	Pilha seca	Animação
II	22	Célula a hidrogênio	Audiovisual
II	23	A indústria de cloro-soda	Audiovisual
II	24	Uma verdade inconveniente	Vídeo
III	25	Tempo de meia-vida	Multimídia
III	27	Interações intermoleculares	Multimídia
III	27	*Quiz* – Interações intemoleculares	*Quiz*
III	27	Mar negro	Jogo
III	28	Produtos naturais	Videorreportagem
III	29	O petróleo no tempo	Linha do tempo
III	29	Conformação de compostos orgânicos cíclicos	Multimídia
III	29	*Quiz* – Conformação de compostos orgânicos cíclicos	*Quiz*
III	30	A indústria do álcool	Vídeo
III	33	Halogenação catalítica	Animação
III	35	Ciclo de vida de um produto	Animação

Aprova Enem

- Introdução
- Matriz de referência de Ciências da Natureza e suas Tecnologias
- **Tema 1** A Química no cotidiano
- **Tema 2** Propriedades da matéria
- **Tema 3** Separação de misturas
- **Tema 4** A estrutura da matéria
- **Tema 5** A tabela periódica
- **Tema 6** Ligações químicas
- **Tema 7** Interações intermoleculares
- **Tema 8** Os compostos inorgânicos e suas propriedades químicas
- **Tema 9** Reações químicas: aspectos quantitativos e qualitativos
- **Tema 10** Termoquímica
- **Tema 11** Soluções
- **Tema 12** Cinética química
- **Tema 13** Equilíbrio químico
- **Tema 14** Oxirredução
- **Tema 15** Eletroquímica
- **Tema 16** Gases
- **Tema 17** Introdução à Química Orgânica
- **Tema 18** Hidrocarbonetos
- **Tema 19** Hidrocarbonetos cíclicos
- **Tema 20** Compostos orgânicos oxigenados I
- **Tema 21** Compostos orgânicos oxigenados II
- **Tema 22** Compostos orgânicos nitrogenados
- **Tema 23** Isomeria e polímeros
- **Tema 24** Biomoléculas

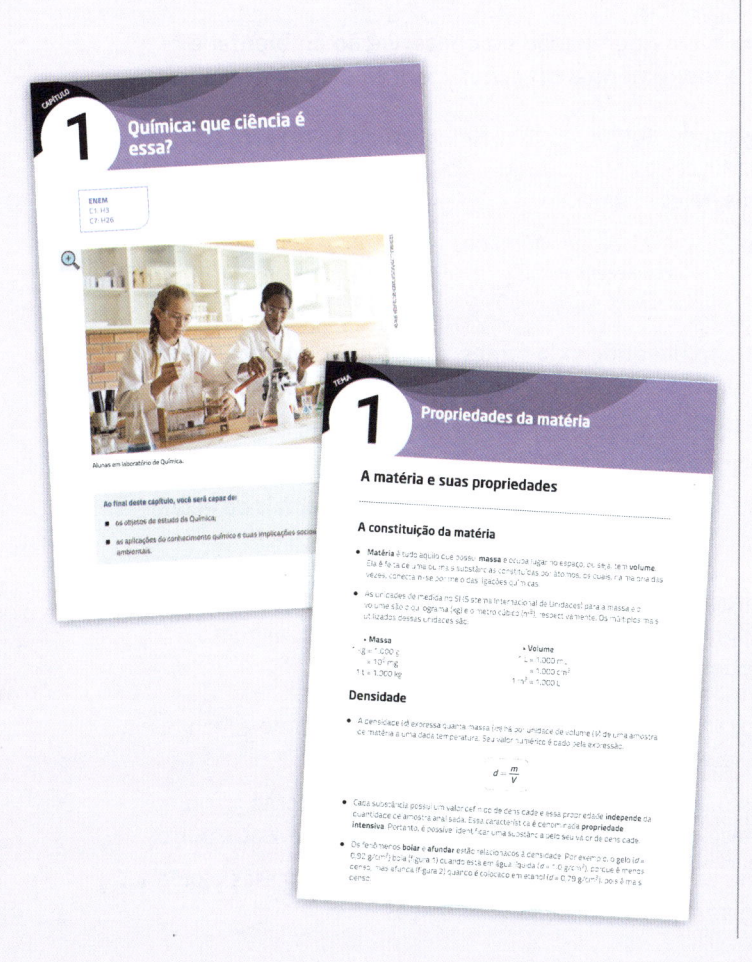

Suplemento de revisão e vestibulares

- **Tema 1** Propriedades da matéria
- **Tema 2** A estrutura da matéria
- **Tema 3** Tabela periódica
- **Tema 4** Ligações químicas
- **Tema 5** Funções e reações químicas
- **Tema 6** Cálculos químicos e estequiometria
- **Tema 7** Soluções
- **Tema 8** Propriedades coligativas
- **Tema 9** Termoquímica
- **Tema 10** Cinética química
- **Tema 11** Equilíbrio químico
- **Tema 12** Eletroquímica
- **Tema 13** Gases
- **Tema 14** Introdução à Química Orgânica
- **Tema 15** Hidrocarbonetos
- **Tema 16** Funções orgânicas
- **Tema 17** Isomeria
- **Tema 18** Reações orgânicas
- **Tema 19** Bioquímica e polímeros sintéticos

MATRIZ DE REFERÊNCIA DE CIÊNCIAS DA NATUREZA E SUAS TECNOLOGIAS — ENEM

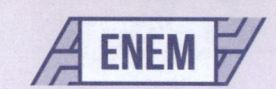

C1 — Competência de área 1

Compreender as ciências naturais e as tecnologias a elas associadas como construções humanas, percebendo seus papéis nos processos de produção e no desenvolvimento econômico e social da humanidade.

- **H1** Reconhecer características ou propriedades de fenômenos ondulatórios ou oscilatórios, relacionando-os a seus usos em diferentes contextos.
- **H2** Associar a solução de problemas de comunicação, transporte, saúde ou outro, com o correspondente desenvolvimento científico e tecnológico.
- **H3** Confrontar interpretações científicas com interpretações baseadas no senso comum, ao longo do tempo ou em diferentes culturas.
- **H4** Avaliar propostas de intervenção no ambiente, considerando a qualidade da vida humana ou medidas de conservação, recuperação ou utilização sustentável da biodiversidade.

C2 — Competência de área 2

Identificar a presença e aplicar as tecnologias associadas às ciências naturais em diferentes contextos.

- **H5** Dimensionar circuitos ou dispositivos elétricos de uso cotidiano.
- **H6** Relacionar informações para compreender manuais de instalação ou utilização de aparelhos, ou sistemas tecnológicos de uso comum.
- **H7** Selecionar testes de controle, parâmetros ou critérios para a comparação de materiais e produtos, tendo em vista a defesa do consumidor, a saúde do trabalhador ou a qualidade de vida.

C3 — Competência de área 3

Associar intervenções que resultam em degradação ou conservação ambiental a processos produtivos e sociais e a instrumentos ou ações científico-tecnológicos.

- **H8** Identificar etapas em processos de obtenção, transformação, utilização ou reciclagem de recursos naturais, energéticos ou matérias-primas, considerando processos biológicos, químicos ou físicos neles envolvidos.
- **H9** Compreender a importância dos ciclos biogeoquímicos ou do fluxo de energia para a vida, ou da ação de agentes ou fenômenos que podem causar alterações nesses processos.
- **H10** Analisar perturbações ambientais, identificando fontes, transporte e(ou) destino dos poluentes ou prevendo efeitos em sistemas naturais, produtivos ou sociais.
- **H11** Reconhecer benefícios, limitações e aspectos éticos da biotecnologia, considerando estruturas e processos biológicos envolvidos em produtos biotecnológicos.
- **H12** Avaliar impactos em ambientes naturais decorrentes de atividades sociais ou econômicas, considerando interesses contraditórios.

C4 — Competência de área 4

Compreender interações entre organismos e ambiente, em particular aquelas relacionadas à saúde humana, relacionando conhecimentos científicos, aspectos culturais e características individuais.

- **H13** Reconhecer mecanismos de transmissão da vida, prevendo ou explicando a manifestação de características dos seres vivos.
- **H14** Identificar padrões em fenômenos e processos vitais dos organismos, como manutenção do equilíbrio interno, defesa, relações com o ambiente, sexualidade, entre outros.
- **H15** Interpretar modelos e experimentos para explicar fenômenos ou processos biológicos em qualquer nível de organização dos sistemas biológicos.

C5 Competência de área 5	**H16** Compreender o papel da evolução na produção de padrões, processos biológicos ou na organização taxonômica dos seres vivos.
	Entender métodos e procedimentos próprios das ciências naturais e aplicá-los em diferentes contextos.
	H17 Relacionar informações apresentadas em diferentes formas de linguagem e representação usadas nas ciências físicas, químicas ou biológicas, como texto discursivo, gráficos, tabelas, relações matemáticas ou linguagem simbólica.
	H18 Relacionar propriedades físicas, químicas ou biológicas de produtos, sistemas ou procedimentos tecnológicos às finalidades a que se destinam.
	H19 Avaliar métodos, processos ou procedimentos das ciências naturais que contribuam para diagnosticar ou solucionar problemas de ordem social, econômica ou ambiental.
C6 Competência de área 6	**Apropriar-se de conhecimentos da física para, em situações-problema, interpretar, avaliar ou planejar intervenções científico-tecnológicas.**
	H20 Caracterizar causas ou efeitos dos movimentos de partículas, substâncias, objetos ou corpos celestes.
	H21 Utilizar leis físicas e/ou químicas para interpretar processos naturais ou tecnológicos inseridos no contexto da termodinâmica e(ou) do eletromagnetismo.
	H22 Compreender fenômenos decorrentes da interação entre a radiação e a matéria em suas manifestações em processos naturais ou tecnológicos, ou em suas implicações biológicas, sociais, econômicas ou ambientais.
	H23 Avaliar possibilidades de geração, uso ou transformação de energia em ambientes específicos, considerando implicações éticas, ambientais, sociais e/ou econômicas.
C7 Competência de área 7	**Apropriar-se de conhecimentos da química para, em situações-problema, interpretar, avaliar ou planejar intervenções científico-tecnológicas.**
	H24 Utilizar códigos e nomenclatura da química para caracterizar materiais, substâncias ou transformações químicas.
	H25 Caracterizar materiais ou substâncias, identificando etapas, rendimentos ou implicações biológicas, sociais, econômicas ou ambientais de sua obtenção ou produção.
	H26 Avaliar implicações sociais, ambientais e/ou econômicas na produção ou no consumo de recursos energéticos ou minerais, identificando transformações químicas ou de energia envolvidas nesses processos.
	H27 Avaliar propostas de intervenção no meio ambiente aplicando conhecimentos químicos, observando riscos ou benefícios.
C8 Competência de área 8	**Apropriar-se de conhecimentos da biologia para, em situações-problema, interpretar, avaliar ou planejar intervenções científico-tecnológicas.**
	H28 Associar características adaptativas dos organismos com seu modo de vida ou com seus limites de distribuição em diferentes ambientes, em especial em ambientes brasileiros.
	H29 Interpretar experimentos ou técnicas que utilizam seres vivos, analisando implicações para o ambiente, a saúde, a produção de alimentos, matérias-primas ou produtos industriais.
	H30 Avaliar propostas de alcance individual ou coletivo, identificando aquelas que visam à preservação e à implementação da saúde individual, coletiva ou do ambiente.

Fonte: BRASIL. Matriz de referência Enem. Brasília: MEC; Inep, 2011. Disponível em: <http://download.inep.gov.br/educacao_basica/enem/downloads/2012/matriz_referencia_enem.pdf>. Acesso em: mar. 2015.

SUMÁRIO DO LIVRO

PARTE I

UNIDADE 1
INTRODUÇÃO AO ESTUDO DA QUÍMICA

CAPÍTULO 1 Química: que ciência é essa?, 20
Atividades, 21
■ Como o conhecimento químico tem sido empregado, 22
Conexões – *Química e ambiente – Problemas × soluções*, 23
Viagem no tempo – *O fogo e a revolução tecnológica; Quando se inicia a Química?; Um esclarecimento*, 24
■ Os químicos estudam as transformações dos materiais, 27
As mudanças de estado: um tipo de transformação, 27 | Aquecer sempre provoca mudança de estado?, 27
Química: prática e reflexão, 29
Misturar é diferente de reagir, 29 | Que evidências indicam a ocorrência de reação?, 30
Conexões – *Química e energia*, 31
Atividades, 32
Testando seus conhecimentos, 33

CAPÍTULO 2 Leis das reações químicas e teoria atômica de Dalton, 36
■ O desenvolvimento da Química, 37
Dos gregos ao nascimento da Química, 37
Atividades, 39
A trajetória de Lavoisier e o esclarecimento da teoria do flogístico, 39
Química: prática e reflexão, 40
Algumas contribuições de Lavoisier, 40
■ Leis ponderais das reações químicas, 42
Lei da conservação da massa, 42
Atividade, 42
Lei das proporções definidas, 43
Atividades, 44
■ Teoria atômica de Dalton, 44
Atividades, 45
Testando seus conhecimentos, 47

CAPÍTULO 3 Substâncias e misturas, 50
Atividades, 50
■ Como diferenciar substância de mistura?, 51
Atividade, 51, 52
■ Caracterizando uma substância, 55
Critérios de pureza, 55
Atividades, 56
Substâncias simples e substâncias compostas, 57 | Modelos para representar substâncias simples e substâncias compostas, 59
Atividade, 60
■ Diferentes substâncias, um só elemento, 60
Conexões – *Química e tecnologia – Formas artificiais do carbono*, 63
Substância e mistura: diferenciação teórica, 64
Atividades, 65
■ Tipos de mistura, 66
Misturas homogêneas ou soluções, 66 | Misturas heterogêneas, 66
Atividades, 67
■ Separação de misturas, 67
Filtração, 67
Conexões – *Química e tecnologia*, 68
Peneiração, 69 | Decantação, 69 | Destilação, 70 | Evaporação, 70 | Dissolução fracionada, 71
Química: prática e reflexão, 71
Atividades, 71
Resgatando o que foi visto, 72
Testando seus conhecimentos, 73

UNIDADE 2
INTRODUÇÃO À ESTRUTURA DA MATÉRIA

CAPÍTULO 4 Estrutura atômica: conceitos fundamentais, 80
■ Modelos atômicos: lidando com partículas que não podemos ver, 81
Atividades, 82
■ Modelo atômico de Thomson, 82
■ Os átomos podem "quebrar"?, 84
■ Modelo nuclear de Rutherford, 85
■ A questão não respondida por Rutherford e o modelo de Rutherford-Bohr, 87
Outras partículas presentes no núcleo, 87
Atividades, 88
■ Número atômico (Z), 89
■ Elemento químico e símbolo, 89
■ Número de massa (A), 90
Isótopos, 90
Atividades, 91
Isóbaros, 91
Atividades, 91
■ Distribuição dos elétrons no átomo, 91
Uma orientação inicial sobre distribuição eletrônica, 92
Atividades, 92
■ A formação de íons, 92
Atividades, 93
Testando seus conhecimentos, 94

CAPÍTULO 5 Classificação periódica dos elementos químicos, 98
■ Classificar: uma necessidade das ciências, 99
Viagem no tempo – *A Tabela Periódica: um trabalho de muitos cientistas; O congresso para reorganização*, 100
■ A classificação atual dos elementos químicos, 101
Grupos e períodos, 102
Atividades, 104
Conexões – *Química e Economia – Terras-raras: importância na economia atual*, 105
■ Conceito de propriedade periódica, 107
Atividades, 108
■ Comparando raios de átomos aos de íons, 109
Atividades, 109
■ Dois grandes grupos: metais e não metais, 110
Metais, 110 | Não metais, 111
Atividades, 113
Testando seus conhecimentos, 114

CAPÍTULO 6 Ligações químicas: uma primeira abordagem, 116
■ Os gases nobres e a teoria eletrônica das ligações, 117
■ Ligação iônica, 117
Atividade, 119
Algumas generalizações, 120
■ Ligação covalente ou molecular, 120
Atividades, 121
Atividade, 122
Algumas generalizações sobre ligações químicas, 123
■ Natureza das ligações e comportamento das substâncias, 123
Substâncias iônicas, 124 |
Substâncias moleculares, 124 |
Eletronegatividade, ligações polares e apolares, 126
Atividades, 128
Resgatando o que foi visto, 128
Testando seus conhecimentos, 129

UNIDADE 3
ELETRÓLITOS E REAÇÕES QUÍMICAS: FUNDAMENTOS QUALITATIVOS E QUANTITATIVOS

CAPÍTULO 7 Ácidos, bases e sais, 134
■ Ácidos e bases, 135
Química: prática e reflexão, 135
Viagem no tempo – *Um pouco da história dos conceitos de ácido e base*, 136
■ Função química, 137
■ Propriedades funcionais, 137
Condutibilidade elétrica, 137
■ A teoria de Arrhenius, 139
Viagem no tempo – *Um jovem que abalou uma crença*, 139
Ácidos, 140 | Conceito de ácido de Arrhenius, 140
Atividades, 141
Ionização de poliácidos, 141 |
Força de um ácido, 141 |
Alguns ácidos de importância comercial, 142
Atividades, 143
■ Bases ou hidróxidos, 143
Conceito de base de Arrhenius, 143 |
Algumas bases de importância comercial, 144 |
Força das bases, 144
Atividades, 144
■ Sais, 145
Conceito de sal, 145 |
O que é neutralização?, 145 |
A neutralização, o pH e os indicadores, 146
Conexões – *Química e saúde – A reação de neutralização e o tabagismo*, 147
A reação de neutralização e os tipos de sal, 148
■ Nomenclatura de ácidos, bases e sais, 149
Atividades, 150
Testando seus conhecimentos, 152

CAPÍTULO 8 Reações químicas: estudo qualitativo, 154
■ Representando as reações, 155
Conexões – *Química, cotidiano e meio ambiente*, 156
■ Determinando coeficientes de acerto, 157
É preciso ter método no balanceamento por tentativas, 158
Atividades, 159
■ Reações de decomposição ou análise, 159
Decomposição do azoteto de sódio, 159 |
Decomposição térmica do calcário, 160 |
Decomposição por ação da luz e da eletricidade, 160
■ Reações de síntese ou adição, 160
Obtenção industrial do ácido clorídrico, 161 |
A combustão do hidrogênio, 161 |
Outros exemplos de reação de síntese, 161
Atividades, 161
■ Condições para que reações envolvendo eletrólitos ocorram, 162
Reações de neutralização, 162 | Reações de precipitação, 162
Química: prática e reflexão, 162
Conexões – *Química e defesa do consumidor*, 165
Atividades, 166
Reações com formação de eletrólitos mais fracos e/ou voláteis, 166
Química: prática e reflexão, 167
Tipos de reação que merecem destaque, 167
Atividades, 168
As reações e a redução do número de íons livres, 169
Atividades, 170
Testando seus conhecimentos, 171

CAPÍTULO 9 Cálculos químicos: uma iniciação, 174
- Mol: unidade fundamental para a Química, 175
Atividades, 178
- Massa atômica e massa molar de um elemento, 179
  - Massa molar e seu uso em cálculos químicos, 179
Atividades, 179
Viagem no tempo – *Massa atômica: do hidrogênio ao carbono-12; Massa atômica de um elemento químico que possui isótopos*, 180
- O mol e os cálculos por meio de reações, 181
Atividade, 181
Conexões – *Química e trabalho – O transporte de produtos perigosos*, 183
Atividades, 184
- Reagentes em solução, 184
  - Concentração de uma solução, 184
Química: prática e reflexão, 185
  - Concentração em quantidade de matéria por litro (mol/L), 186 | Reagente limitante, 186
Atividades, 186
Atividades, 188
- Reagentes com impurezas, 189
  - Cálculos que envolvem reagentes impuros, 189
Atividades, 190
- Rendimento de uma reação, 190
  - Comumente, o rendimento de um processo químico não é 100%. Por quê?, 191
- Reações em sequência, 191
Atividades, 192
- Cálculos envolvendo fórmulas químicas, 192
Atividades, 192
Conexões – *Química e agricultura – Os fertilizantes nitrogenados*, 193
Atividades, 194
  - Determinação da composição centesimal e da fórmula mínima de uma substância, 194
Testando seus conhecimentos, 197

CAPÍTULO 10 Reações de oxirredução, 202
- Conceitos importantes: oxidação e redução, 204
Atividades, 204
  - Um exemplo de reação de oxidação e redução, 204
- Número de oxidação, 204
  - Número de oxidação médio, 206
Atividades, 206
  - Algumas generalizações sobre o cálculo do Nox, 207
Atividade, 208
- Reações de oxirredução: agente oxidante e agente redutor, 208
Atividades, 209
Conexões – *Algumas reações de oxirredução presentes no cotidiano*, 210
  - Um tipo particular de oxirredução: substâncias simples com eletrólitos em solução, 212 | A substância simples é um não metal, 212
Atividades, 213
  - A substância simples é um metal, 213
Química: prática e reflexão, 213
Atividades, 216
- Balanceamento de uma reação de oxirredução, 216
Atividades, 218
Conexões – *Os bafômetros e as reações de oxirredução*, 218
  - Equações de oxirredução na forma iônica, 219
Atividades, 220
Testando seus conhecimentos, 222

CAPÍTULO 11 Óxidos, 226
- Introdução aos óxidos, 227
  - Nomenclatura dos óxidos, 228
Atividades, 228
  - Classificação dos óxidos, 229
Atividades, 232
Química: prática e reflexão, 233
Conexões – *Química e ambiente – A chuva ácida*, 234
Conexões – *Química e Medicina – O gás hilariante: monóxido de dinitrogênio (N_2O)*, 235
Atividades, 236
Resgatando o que foi visto, 238
Testando seus conhecimentos, 239

UNIDADE 4
ESTADO GASOSO

CAPÍTULO 12 Gases: importância e propriedades gerais, 244
- Por que estudamos os gases?, 246
  - Comparando o estado gasoso com os demais estados, 246
Atividade, 247
- Liquefação de um gás, 248
- Variáveis de estado de um gás, 249
- Pressão de um gás, 249
Conexões – *Química e Física: Stevin e Pascal*, 250
- Lei volumétrica de Gay-Lussac, 252
- Princípio de Avogadro, 253
  - Consequências do princípio de Avogadro, 254
Viagem no tempo – *Avogadro: um reconhecimento póstumo*, 255
- Volume molar de um gás, 255
  - Volume molar nas CNTP e nas CPTP, 255
Atividades, 255
- Lei dos gases, 256
Química: prática e reflexão, 256
Química: prática e reflexão, 256
  - Lei de Boyle, 257 | Lei de Charles e Gay-Lussac, 257 | Lei de Charles, 257
Atividades, 258
- Lei dos gases ideais, 259
Atividades, 259
  - Equação de estado e transformações gasosas, 260 | Lei dos gases (combinada), 260
Atividades, 260
- Como explicar o comportamento dos gases?, 261
  - Explicando a transformação isotérmica (Lei de Boyle), 261 | Explicando a transformação isovolumétrica, 261 | Explicando a transformação isobárica, 262 | Explicando o princípio de Avogadro, 262
Atividades, 263
- Densidade absoluta, 264
Atividades, 264
  - Como se calcula a densidade de um gás qualquer?, 264 | Como a densidade de um gás varia com a pressão e com a temperatura?, 264 | Densidade relativa dos gases, 264
Atividades, 265
- Misturas gasosas, 265
  - Pressão parcial de um gás, 265
Atividades, 267
Conexões – *Química e Biologia – Trocas gasosas na respiração*, 268
- Cálculos em reações químicas das quais participam gases, 269
Atividades, 270
Resgatando o que foi visto, 271
Testando seus conhecimentos, 272
Respostas da Parte I, 276
Tabelas para consulta, 279

PARTE *II*

UNIDADE 5
SOLUÇÕES

CAPÍTULO 13 Soluções e dispersões coloidais: aspectos básicos, 284
- Estado físico das soluções, 286
  - Soluções líquidas, 286 | Soluções sólidas, 287
Conexões – *As ligas metálicas: dos talheres às grandes estruturas*, 288
- O que é solubilidade?, 291
Atividades, 291
  - Diferenciando alguns termos, 292
Atividade, 293
  - Soluções de gás em líquido, 293
Conexões – *Química e Biologia – A chuva ácida e seus efeitos no organismo humano*, 294
  - Influência da temperatura, 295
Química: prática e reflexão, 295
Atividades, 296
Conexões – *Os efeitos da solubilidade dos gases sobre a vida aquática: um desafio para o Brasil*, 296
  - Influência da pressão, 297
Atividades, 297
Conexões – *Mergulho e despressurização*, 298
Atividades, 299
- Soluções: um dos tipos de dispersão, 300
Química: prática e reflexão, 301
  - O estado coloidal: uma situação intermediária, 302
Atividades, 304
Testando seus conhecimentos, 305

CAPÍTULO 14 Unidades de concentração, 310
- Concentração: convenção, 312
  - Porcentagem em massa (p%) e Título (τ) em massa, 312
Atividades, 312
  - Densidade de uma solução, 313
Atividades, 314
  - Concentração em g/L, 314
Atividades, 315
  - Concentração, c, em mol/L, 315
Atividades, 316
Conexões – *Química e Biologia – Cálcio: um elemento importante em nosso organismo*, 316
Atividades, 318
Conexões – *Química e comportamento – Tratamento dos cabelos*, 319
  - Partes por milhão (ppm), 321
Atividades, 321
- Diluir e concentrar uma solução, 322
- Mistura de soluções, 323
  - Mesmo soluto, 323 | Solutos diferentes, sem que haja reação química entre eles, 323
Atividades, 324
Testando seus conhecimentos, 325

CAPÍTULO 15 Concentração das soluções que participam de uma reação química, 330
- Reagentes em proporção estequiométrica, 332
Atividades, 334
  - A análise volumétrica, 334
Atividades, 336
- Reagentes fora da proporção estequiométrica, 336
Atividade, 336
Testando seus conhecimentos, 337

CAPÍTULO 16 Propriedades coligativas, 340
- O que são propriedades coligativas?, 341
- Pressão de vapor, 342

Atividades, 343
- A natureza do líquido e a pressão de vapor, 344 | Temperatura e pressão de vapor de um líquido, 344 | Temperatura de ebulição e pressão, 345

Atividades, 346
- Pressão de vapor e temperatura de ebulição: solvente puro × solvente em solução, 347 | Relacionando concentração, pressão de vapor e temperatura de ebulição do solvente em uma solução, 348

Atividades, 348
- Diagrama de fases, 349 | Temperatura de solidificação: solvente puro × solvente em solução, 350
- Osmose, 351
- Pressão osmótica, 353 | Soluções com pressões osmóticas diferentes, 354 | Pressão osmótica: uma propriedade coligativa, 355
- Química: prática e reflexão, 355
- Conexões – *Química e Biologia – A osmose celular*, 356

Atividades, 358
- Soluções eletrolíticas e as propriedades coligativas, 358 | Pressão osmótica: aspectos quantitativos, 359

Atividades, 359
- Conexões – *Química e ambiente – Obtendo água potável a partir da água do mar*, 360

Atividades, 362
Resgatando o que foi visto, 362
Testando seus conhecimentos, 363

UNIDADE 6
REAÇÃO QUÍMICA E CALOR

CAPÍTULO 17 Termoquímica, 370
- Efeitos térmicos das reações e seus usos no cotidiano, 372
- Processos exotérmicos e endotérmicos, 373
- Transformações exotérmicas, 373 | Transformações endotérmicas, 374 | A medida do calor, 375
- Química: prática e reflexão, 376
- Variação de entalpia (ΔH), 377
- Entalpia de reação, 378
- A quantidade de calor e a estequiometria, 378

Atividades, 378
- Estado físico e variação de entalpia, 379
- Entalpia de substâncias simples, 381
- Entalpia de formação, 382

Atividades, 382
- Entalpia de combustão, 383

Atividades, 384
- Conexões – *Química e Saúde – Os alimentos e seu valor calórico*, 384
- Lei de Hess, 386

Atividade, 387
- Energia de ligação, 388
- A energia de ligação e os modelos explicativos da ligação covalente, 388

Atividades, 389
Resgatando o que foi visto, 390
Testando seus conhecimentos, 391

UNIDADE 7
PRINCÍPIOS DA REATIVIDADE

CAPÍTULO 18 Cinética Química, 400
- O tempo para que uma reação aconteça: algumas reflexões, 401
- O conceito de taxa (velocidade) de uma reação química, 403

Atividades, 404
- A teoria das colisões e as mudanças na velocidade das reações, 406
- Química: prática e reflexão, 406
- A teoria das colisões, 407

Atividades, 409
Conexões – *Química e Biologia – Quente ou frio?*, 410
- Fatores que influem na velocidade de uma reação, 411
- Temperatura, 411

Atividades, 412
- Concentração, 413

Atividades, 413
- Relação entre a velocidade de uma reação e a concentração dos reagentes, 414 | Mecanismo de uma reação, 414 | Ordem de uma reação, 416 | Superfície de contato, 416

Atividades, 416
- Catalisadores em ação, 417
- Conexões – *Química e Biologia – Enzimas*, 422
- Influência da luz e da eletricidade, 423

Atividades, 424
Testando seus conhecimentos, 425

CAPÍTULO 19 Equilíbrios químicos, 434
- A situação de equilíbrio, 435
- O equilíbrio líquido-vapor, 436 |
- O equilíbrio químico em sistema homogêneo, 438
- A constante de equilíbrio expressa em concentração: K_c, 441

Atividades, 442
- Sobre o sistema em equilíbrio, 442

Atividades, 443
- A constante de equilíbrio expressa em pressão parcial: K_p, 444

Atividades, 445
- Influindo na situação de equilíbrio, 445
- Princípio de Le Chatelier, 446 |
- Alterando a concentração, 448
- Conexões – *Química e Biologia – O teor de hemoglobina no sangue e a altitude*, 449
- Alterando a pressão, 450
- Alterando a temperatura, 450

Atividades, 451
- Driblando o equilíbrio para produzir mais amônia, 452

Viagem no tempo – *Síntese da amônia: a produção de alimentos e o poderio alemão na Primeira Guerra Mundial*, 453
- Produção de amônia, 454

Atividades, 455
Testando seus conhecimentos, 457

CAPÍTULO 20 Acidez e basicidade em meio aquoso, 466
- Recordando o conceito de Arrhenius, 467
- Os ácidos de Arrhenius, 468 | As bases de Arrhenius, 470
- Lei da Diluição de Ostwald, 470

Atividades, 471
- Química: prática e reflexão, 472 | Efeito do íon comum, 473
- Produto iônico da água, 474
- Água "pura", 475 | Soluções ácidas, 475 | Soluções básicas, 475

Atividades, 475
- Conexões – *Química e Biologia – Acidez estomacal*, 476
- pH e pOH, 476
- Água "pura" e pH, 477 | Soluções ácidas e pH, 477 | Soluções básicas e pH, 477

Atividades, 477
- Como funcionam os indicadores ácido-base, 478

Atividades, 479
- Soluções salinas são neutras?, 479

Atividades, 480
Testando seus conhecimentos, 481

CAPÍTULO 21 Solubilidade: equilíbrios heterogêneos, 488
- Conceituando o equilíbrio sólido-líquido, 489
- Dissolução de um sólido molecular, 490
- Dissolução de sólidos iônicos e o produto de solubilidade, 491
- Conexões – *Química e natureza – As rochas vivas de Abrolhos*, 492

Atividades, 493
Resgatando o que foi visto, 495
Testando seus conhecimentos, 496

UNIDADE 8
QUÍMICA: ELETRICIDADE, PRODUÇÃO INDUSTRIAL E AMBIENTE

CAPÍTULO 22 Pilhas e baterias, 504
- Das pilhas antigas às atuais, 506
- Viagem no tempo – *Como surgiram as pilhas elétricas?*, 506
- Química: prática e reflexão, 507
- A química da pilha, 509
- Como funciona uma pilha?, 510 | Qual é o papel da ponte salina?, 510 | Convenção da pilha, 511 | Acertando os ponteiros da Química com a Física, 511

Atividades, 512
- Esclarecendo o significado de alguns conceitos: força eletromotriz e diferença de potencial de uma pilha, 512 | Representação esquemática da pilha, 513
- Potencial de eletrodo, 513
- O eletrodo-padrão de hidrogênio, 513 | Medindo o E° de redução de eletrodos, 514

Atividades, 515
- A tabela dos potenciais-padrão, 516

Atividades, 516
- Fazendo previsões sobre uma pilha, 517

Atividades, 518
- A reação de oxirredução é espontânea?, 518

Atividade, 519
- Caráter oxidante e redutor, 520

Atividades, 520
- A corrosão: um problema a ser enfrentado, 521
- Química: prática e reflexão, 522
- Corrosão: aspectos econômicos, sociais e ambientais, 522 | Processos químicos envolvidos na formação da ferrugem, 523 | Evitando a ferrugem, 524

Atividades, 524
- Os metais de sacrifício, 524

Atividades, 525
- Baterias e pilhas em nosso cotidiano, 526
- Pilhas secas comuns, 526

Atividade, 527
- Pilhas secas alcalinas, 527 | Pilhas de mercúrio, 527 | Baterias de chumbo, 528 | Baterias de níquel-cádmio, 528
- Conexões – *Química e Meio Ambiente – Os perigosos íons de metais pesados*, 529
- Células de combustível, 530

Atividades, 531
- Conexões – *Química e Meio Ambiente – Pilhas e baterias de celulares e notebooks: o que fazer com elas?*, 532

Atividades, 534
Testando seus conhecimentos, 535

CAPÍTULO 23 Transformação química por ação da eletricidade e cálculos eletroquímicos, 544
- Como funciona a eletrólise, 546

Atividades, 546
- Eletrólise ígnea, 547

Atividades, 549

Comparando geradores e receptores, 549
Atividades, 550
  Eletrólise em solução aquosa, 550
Atividades, 550
  Eletrólise de solução aquosa diluída de nitrato de prata, $AgNO_3(aq)$, 551 | Eletrólise de solução aquosa diluída de ácido sulfúrico, $H_2SO_4(aq)$, 552
Química: prática e reflexão, 552
Viagem no tempo – *A história da eletrólise e suas implicações para os avanços da Química*, 553
  Aplicações de eletrólise, 556 |
  A galvanização, 556 |
  Purificando o cobre, 556 |
  Obtenção de substâncias por eletrólise, 557
Atividades, 557
Viagem no tempo – *Edison, a lâmpada... e muito mais*, 558
  Reunindo conhecimentos, 559
Atividades, 559
Atividades, 560
Viagem no tempo – *Faraday: grandes contribuições à ciência*, 560
  Relacionando corrente elétrica e massa, 562
Atividades, 562
Conexões – *Química e indústria – A produção de alumínio*, 563
Atividades, 564
Testando seus conhecimentos, 566

CAPÍTULO 24 A Química na metalurgia e no ambiente, 574
  Minérios e obtenção dos metais, 575
  Principais fontes naturais dos elementos químicos, 575
Atividades, 578
  Ferro e aço, 578
Viagem no tempo – *Uma breve história dos metais e da metalurgia*, 579
Viagem no tempo – *A Idade do Ferro*, 579
  A reciclagem do aço, 581
  Ustulação: retirando metais de sulfetos, 581
  Alumínio, 581
  Resistência à oxidação, 581 |
  Aluminotermia, 581
Atividades, 582
  Questões químicas do ambiente: qualidade do ar e da água, 583
  Qualidade do ar, 583
  Preocupações com a qualidade do ar, 584
  Conceito de poluente do ar, 585
  Tipos de poluente do ambiente urbano, 585
  Principais fontes de poluição do ar e principais poluentes primários, 585
  Material particulado, 586
  Poluentes gasosos, 587
Viagem no tempo – *A camada de ozônio e o Prêmio Nobel de 1995*, 588
  Monóxido de carbono: CO, 588
  Dióxido de enxofre: SO_2, 590
Atividades, 591
  Óxidos de nitrogênio e *smog* fotoquímico, 591
  Padrões de qualidade do ar, 592
  Índices de qualidade do ar, 593
Atividades, 593
  As chuvas ácidas, 594
Atividades, 595
  Dispersão de poluentes, 596
Atividades, 596
  Água poluída e não poluída, 597
  A questão dos esgotos, 597
Atividades, 599
  Obtendo água mais limpa, 601
Atividades, 603
Resgatando o que foi visto, 603
Testando seus conhecimentos, 604
Respostas da Parte II, 609
Tabelas para consulta, 615

PARTE III

UNIDADE 9
DOS NÚCLEOS ATÔMICOS ÀS INTERAÇÕES MOLECULARES

CAPÍTULO 25 Estudo da radioatividade, suas aplicações e implicações ambientais, 620
  O que é radioatividade?, 621
Viagem no tempo – *A descoberta da radioatividade: um grande avanço da Ciência*, 622
  Quais são as emissões naturais?, 623
Atividades, 624
  Leis das emissões radioativas, 624
Atividades, 625
  Meia-vida, 626
Atividades, 626
Conexões – *Química e tecnologia – Detector de fumaça*, 627
  Reações nucleares, 628 |
  Radioatividade artificial, 629
  Fissão nuclear e bomba atômica, 630
  Energia atômica e destruição, 631
Conexões – *Química e História – A bomba atômica e a Guerra Fria*, 631
  A fusão nuclear e a bomba de hidrogênio, 632
Atividades, 632
Conexões – *Mulheres na Ciência*, 633
  Efeitos da radioatividade, 635 |
  Reatores nucleares: fonte de energia, 637 |
  Usinas nucleares no Brasil, 638 |
  Outros usos da radioatividade, 639
Atividades, 641
  Geologia e Arqueologia, 641
Atividades, 642
Testando seus conhecimentos, 644

CAPÍTULO 26 Aprofundando a estrutura da matéria, 650
  Relembrando o modelo atômico de Rutherford, 651
  Um novo modelo atômico, 652
  O espectro da luz branca, 653 |
  Modelo de Bohr, 653
Atividades, 655
  Modelo orbital, 655
  Níveis de energia e orbitais, 656 |
  Subníveis de energia e orbitais, 656
  Distribuição eletrônica, 657
  Associando configurações eletrônicas à classificação periódica, 658
Atividades, 659
  Massas atômicas, números atômicos e a classificação periódica, 659
Viagem no tempo – *A determinação das massas atômicas no século XIX: embates e certezas*, 660
  A existência de isótopos e o conceito de massa atômica, 662 | Massa atômica: conceito atual, 663
Conexões – *Química e História*, 665
  Massas atômicas e classificação periódica, 666
Atividades, 666
Testando seus conhecimentos, 667

CAPÍTULO 27 Ligações químicas: um aprofundamento, 670
  Propriedades das substâncias, 671
  Geometria molecular, 671 |
  Momento dipolar ($\vec{\mu}$) e polaridade, 672
Conexões – *Vetores na Física e na Química*, 674
  Interações moleculares, 674 | Ligações de hidrogênio, 676 | Interações moleculares e mudanças de estado, 676 | Interações moleculares e solubilidade, 676
Atividades, 678
Testando seus conhecimentos, 679

UNIDADE 10
FUNDAMENTOS DA QUÍMICA ORGÂNICA

CAPÍTULO 28 Desenvolvimento da Química Orgânica, 686
  Introdução à Química Orgânica, 687
  Química Orgânica: conceito atual, 688
  O desenvolvimento da Química no século XIX e a estrutura dos compostos de carbono, 690
  Representações de moléculas na Química Orgânica, 690
Atividades, 692
  Grupos funcionais ou funções orgânicas, 692
Atividades, 694
Testando seus conhecimentos, 695

CAPÍTULO 29 Petróleo, gás natural e carvão: fontes de hidrocarbonetos, 698
  Petróleo, gás natural e carvão – relação com hidrocarbonetos, 699
  Bases da nomenclatura de compostos orgânicos, 700
  Nomenclatura de hidrocarbonetos de cadeia cíclica e de cadeia ramificada, 701 |
  Os grupos alquila, 702
Atividades, 703
  Hidrocarbonetos, 703
  Alcanos, 703
Conexões – *Efeito estufa e aquecimento global*, 706
  Alcenos, 708
Atividades, 709
  Alcinos, 709 | Alcadienos (dienos) e polienos, 710
Atividades, 711
  Cicloalcanos, 712 | Cicloalcenos, 713 | Alguns hidrocarbonetos aromáticos, 713
Viagem no tempo – *A procura por uma fórmula estrutural para o benzeno*, 713
Atividades, 715
Conexões – *Compostos aromáticos e as ameaças à saúde*, 716
  Petróleo e gás natural: foco da Química, da economia e do jornalismo, 717
  Petróleo no Brasil: um pouco de história, 717
  Origem do petróleo, 719 |
  Extração do petróleo, 719 |
  Refino do petróleo, 719 |
  Craqueamento do petróleo, 720 |
  Indústria petroquímica, 720
Atividades, 722
  Gás natural, 722
  Carvão mineral: a hulha, 722
  Usos da hulha, 723 |
  Destilação seca da hulha, 723
Atividades, 724
Testando seus conhecimentos, 725

CAPÍTULO 30 Funções orgânicas oxigenadas, 730
  Álcoois, 731
  Nomenclatura dos álcoois, 732 | Características gerais dos álcoois, 733
Atividades, 733
  Alguns álcoois importantes, 733
Conexões – *Química e sociedade – A importância do etanol brasileiro*, 736
Atividades, 738
  Fenóis, 739

Nomenclatura dos fenóis, 739 | Características gerais dos fenóis, 740 | Como se obtêm os fenóis?, 740 | Aplicações dos fenóis, 740
Atividades, 741
■ Éteres, 741
Nomenclatura dos éteres, 742 | Características gerais dos éteres, 742 | Propriedades físicas dos éteres, 742 | Éter dietílico, 742
Atividades, 742
■ Aldeídos e cetonas, 743
Nomenclatura dos aldeídos, 743 | Nomenclatura das cetonas, 744 | Metanal ou formaldeído, 745 | Etanal ou aldeído acético, 745 | Propan-2-ona ou acetona, 745
Atividades, 746
■ Ácidos carboxílicos, 747
Nomenclatura dos ácidos carboxílicos, 748 | Características gerais dos ácidos carboxílicos, 748 | Propriedades físicas dos ácidos carboxílicos, 749 | Comportamento químico dos ácidos carboxílicos, 749 | Ácido acético ou ácido etanoico, 750
Conexões – *Química e Biologia* – *As cãibras e a fadiga muscular*, 750
Atividades, 751
Química: prática e reflexão, 752
■ Ésteres, 753
Nomenclatura dos ésteres, 754 | Características gerais dos ésteres, 754
Atividades, 755
Testando seus conhecimentos, 757

CAPÍTULO 31 **Funções nitrogenadas, halogenadas e sulfuradas, 762**
■ Compostos nitrogenados, halogenados e sulfurados, 763
■ Aminas, 764
Nomenclatura das aminas, 764 | Características gerais das aminas, 765 | A anilina (fenilamina), 765
Atividades, 766
■ Amidas, 766
Nomenclatura das amidas, 767 | A ureia, 767 | Alcaloides, 768
Atividades, 769
■ Haletos orgânicos, 769
Conexões – *Química e ambiente* – *Os CFCs e a camada de ozônio*, 770
Nomenclatura dos haletos orgânicos, 772
Conexões – *Química e Medicina* – *Os anestésicos halogenados*, 773
Características dos haletos orgânicos, 773
Conexões – *Química e ambiente* – *Os POPs e os riscos à vida*, 774
Atividades, 774
■ Tioálcoois ou mercaptanas, 775
Conexões – *Química e natureza* – *Seres vivos e mau cheiro*, 775
Atividades, 776
Testando seus conhecimentos, 779

CAPÍTULO 32 **Isomeria, 784**
■ O conceito de isomeria: um pouco de história, 785
Viagem no tempo – *A trajetória de Liebig*, 786
■ Isomeria constitucional ou plana, 787
Isomeria de cadeia, 787 | Isomeria de posição, 787 | Isomeria de função, 787 | Isomeria de compensação, 788
Atividades, 788
■ Isomeria espacial ou estereoisomeria, 788
Isomeria cis-trans, 788
Conexões – *Química e Medicina* – *Isomeria cis-trans e seres vivos*, 792
Atividade, 793
■ Isomeria óptica, 794
Conexões – *Química e Física* – *Luz polarizada*, 794
Atividade óptica e assimetria, 795
Viagem no tempo – *Pasteur e os fundamentos das recentes sínteses assimétricas*, 797
Atividades, 799
Resgatando o que foi visto, 800
Testando seus conhecimentos, 801

UNIDADE **11**
REAÇÕES ORGÂNICAS

CAPÍTULO 33 **Reações de adição e substituição, 808**
■ Reações de adição, 810
Hidrogenação, 810
Conexões – *Química e consumidor*, 811
Halogenação, 812 | Hidratação, 812 | Adição de haleto de hidrogênio (HX), 812 | Reação de adição em alcinos, 813 | Reação de adição em ciclanos (cicloalcanos), 814 | Reação de adição em compostos aromáticos, 814
Atividades, 814
■ Reações de substituição, 814
Halogenação, 814 | Nitração, 815 | Sulfonação, 815 | Reações de substituição em derivados do benzeno, 815 | Alquilação e acilação Friedel-Crafts, 816
Viagem no tempo – *A reação de Friedel-Crafts: inovação na pesquisa orgânica e alavanca para a produção de compostos aromáticos*, 817
Atividades, 818
Testando seus conhecimentos, 819

CAPÍTULO 34 **Outras reações orgânicas, 822**
■ Reações de eliminação, 824
Desidratação de álcoois, 824
Atividades, 825
■ Reações de neutralização, 826
■ Reações de esterificação e de hidrólise de ésteres, 826
Saponificação, 827
Atividades, 829
■ Reações de oxirredução, 830
Reações de combustão, 830
Conexões – *Química e segurança no trabalho*, 831
Oxidação enérgica em hidrocarboneto, 831 | Oxidação por ozônio, 832
Viagem no tempo – *Um pouco da história do ozônio*, 833
Reações de oxidação e redução de compostos oxigenados, 833
Química: prática e reflexão, 835
Atividades, 836
Testando seus conhecimentos, 838

CAPÍTULO 35 **Polímeros: obtenção, usos e implicações, 844**
■ Os polímeros e sua abrangência, 845
Atividades, 846
Classificação dos polímeros, 846
Conexões – *Química e meio ambiente* – *O que é um plástico biodegradável?*, 847
Viagem no tempo – *O acaso e o polietileno*, 849
Atividades, 850
Viagem no tempo – *Teflon®: da bomba atômica para a frigideira*, 850
Viagem no tempo – *Náilon: resultado de estudo, pesquisa e sorte*, 853
Conexões – *Química e Medicina* – *Os polímeros e as cirurgias*, 857
Atividades, 858
■ Plásticos, lixo e reciclagem, 858
Química: prática e reflexão, 861
Atividades, 862
Resgatando que foi visto, 863
Testando seus conhecimentos, 864

UNIDADE **12**
QUÍMICA E ALIMENTOS

CAPÍTULO 36 **Nutrição e principais nutrientes, 874**
■ A importância da Bioquímica, 875
■ Proteínas, 876
Constituição das proteínas, 877 | Aminoácidos essenciais e nossa alimentação, 878 | Estrutura das proteínas, 880
Viagem no tempo – *A história da Anemia falciforme*, 881
■ Lipídios, 882
Óleos e gorduras, 883 | Ácidos graxos essenciais, 884
■ Carboidratos, 886
Classificação dos carboidratos, 887 | Estrutura cíclica dos açúcares, 888 | Açúcares importantes e algumas de suas características, 888
Conexões – *Química e saúde*, 889
Atividades, 891
Química: prática e reflexão, 891
■ Digestão dos alimentos, 891
■ Energia dos alimentos, 892
Atividades, 894
Resgatando o que foi visto, 896
Testando seus conhecimentos, 897
Respostas da Parte III, 902
Tabelas para consulta, 908
Referências Bibliográficas, 911

PARTE I

QUÍMICA GERAL

UNIDADE 1
Introdução ao estudo da Química

Capítulo 1
Química: que ciência é essa?, **20**

Capítulo 2
Leis das reações químicas e teoria atômica de Dalton, **36**

Capítulo 3
Substâncias e misturas, **50**

UNIDADE 2
Introdução à estrutura da matéria

Capítulo 4
Estrutura atômica: conceitos fundamentais, **80**

Capítulo 5
Classificação periódica dos elementos químicos, **98**

Capítulo 6
Ligações químicas: uma primeira abordagem, **116**

UNIDADE 3
Eletrólitos e reações químicas: fundamentos qualitativos e quantitativos

Capítulo 7
Ácidos, bases e sais, **134**

Capítulo 8
Reações químicas: estudo qualitativo, **154**

Capítulo 9
Cálculos químicos: uma iniciação, **174**

Capítulo 10
Reações de oxirredução, **202**

Capítulo 11
Óxidos, **226**

UNIDADE 4
Estado gasoso

Capítulo 12
Gases: importância e propriedades gerais, **244**

UNIDADE 1

INTRODUÇÃO AO ESTUDO DA QUÍMICA

Capítulo 1
Química: que ciência é essa?, 20

Capítulo 2
Leis das reações químicas e teoria atômica de Dalton, 36

Capítulo 3
Substâncias e misturas, 50

PM Ambiental registra capina química em área de preservação no sul do ES

Século Diário, 14 jan. 2015. Disponível em: <http://seculodiario.com.br/public/jornal/materia/pm-ambiental-registracapina-quimica-em-area-de-preservacao-no-sul-do-es-1>. Acesso em: 23 out. 2015.

Explosão em indústria química mata 9 e fere 2 na China

Exame.com, 20 out. 2015. Disponível em: <http://seculodiario.com.br/public/jornal/materia/pm-ambiental-registra-capina-quimica-em-area-de-preservacao-no-sul-do-es-1>. Acesso em: 24 jul. 2018.

Nobel de Química sai para três pesquisadores da reparação de DNA

Empresa Brasil de Comunicação, EBC, 7 out. 2015. Disponível em: <http://www.ebc.com.br/noticias/internacional/2015/10/nobel-de-quimica-sai-para-tres-pesquisadores-da-reparacao-de-dna>. Acesso em: 24 jul. 2018.

- **Leia os títulos das notícias que abrem esta unidade. Você já tinha percebido como é comum depararmos com a palavra *química* em nosso cotidiano?**

Nesta unidade, vamos ver de que forma conhecimentos sobre a natureza da matéria se desenvolveram, se organizaram, passaram a ser elaborados com base em uma metodologia de pesquisa, se acumularam, se difundiram, dando origem à ciência Química. Também vamos retomar alguns conceitos básicos da área das Ciências da Natureza, como os de estados físicos da matéria e mudanças de estado. Analisaremos ainda outras possíveis alterações pelas quais um material passa e os conceitos de substância, substância simples, substância composta, além dos principais métodos para separar uma substância quando ela está misturada a outras.

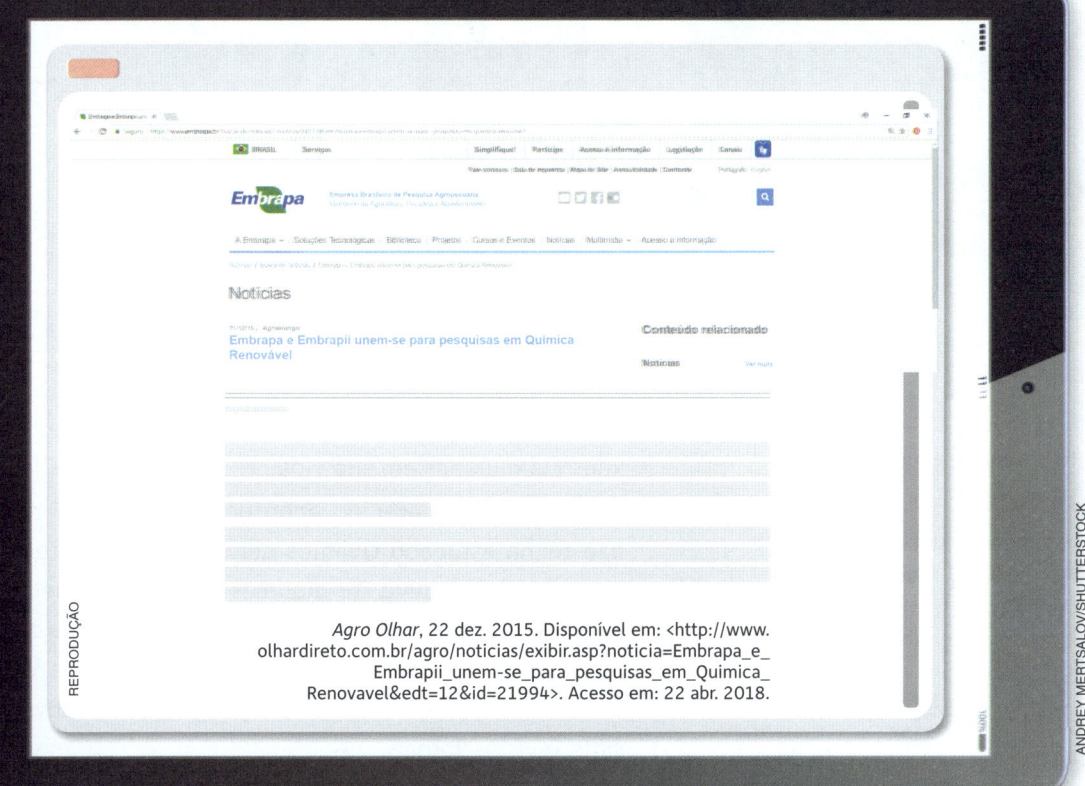

Portal Embrapa, 20 out. 2015. Disponível em: <https://www.embrapa.br/busca-de-noticias/-/noticia/6463353/projeto-estuda-influencia-da-composicao-quimica-de-solos-agricolas-na-qualidade-de-hortalicas>. Acesso em: 22 abr. 2018.

Agro Olhar, 22 dez. 2015. Disponível em: <http://www.olhardireto.com.br/agro/noticias/exibir.asp?noticia=Embrapa_e_Embrapii_unem-se_para_pesquisas_em_Quimica_Renovavel&edt=12&id=21994>. Acesso em: 22 abr. 2018.

CAPÍTULO 1

QUÍMICA: QUE CIÊNCIA É ESSA?

Alunas em laboratório de Química.

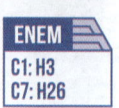

Este capítulo irá ajudá-lo a compreender:
- os objetos de estudo da Química;
- as aplicações do conhecimento químico e suas implicações socioeconômicas e ambientais.

Para situá-lo

Muitas pessoas nunca tiveram oportunidade de estudar Química; mesmo assim, já têm algumas ideias a respeito dessa ciência, elaboradas a partir das observações e reflexões acumuladas em sua vida.

Talvez algo parecido aconteça com você. Ainda que não tenha estudado Química como passará a fazer a partir de agora, já deve ter algumas noções a respeito dela. Esse conhecimento foi se constituindo por meio da observação de fatos do cotidiano, de conversas informais, de reflexões sobre informações divulgadas em programas de televisão, em *sites*, revistas, jornais.

Como ponto de partida, faça as atividades seguintes.

Atividades

1. Observe as tiras a seguir.

Que ideias a respeito da Química são ressaltadas nas tiras? Converse a respeito delas com seus colegas e com seu professor.

2. Leia, abaixo, o título de uma matéria e o pequeno texto que vem antes dele.

Ao terminar essa leitura, que ideia você tem sobre limpeza e química?

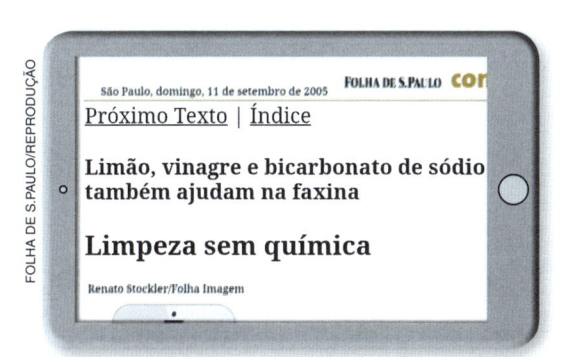

São Paulo, domingo, 11 de setembro de 2005 — FOLHA DE S.PAULO

Próximo Texto | Índice

Limão, vinagre e bicarbonato de sódio também ajudam na faxina

Limpeza sem química

Renato Stockler/Folha Imagem

GEROLLA, Giovanny. *Folha de S.Paulo*, São Paulo, 11 set. 2005. Disponível em: <http://www1.folha.uol.com.br/fsp/construcao/cs1109200501.htm>. Acesso em: 23 jul. 2018.

3. Em uma palestra sobre problemas associados ao cigarro, um médico afirmou: "É preciso evitar que as pessoas comecem a fumar porque não é fácil abandonar o cigarro, já que a nicotina causa dependência química". O que o médico quis dizer com essa afirmação?

4. Procure em jornais, revistas, letreiros, anúncios, fotos e na internet frases relacionadas à Química. Registre-as em seu caderno e avalie os aspectos positivos e negativos de cada uma delas. Não se esqueça de anotar as fontes de cada uma das informações.

5. Faça uma pesquisa com quatro ou cinco pessoas (que não sejam estudantes de Ensino Médio) e peça que relacionem palavras ou mencionem fatos que elas associam à Química. Registre esses dados em seu caderno.

   a) Com base em suas anotações, procure avaliar se a imagem que essas pessoas têm da Química é predominantemente positiva ou negativa.

   b) Compare o material que você listou na questão 4 com os dados colhidos na sua pesquisa. Há algo em comum entre eles? Qual a ideia geral que se tem da Química?

Este capítulo, além de propiciar uma reflexão sobre as ideias que você e seus colegas têm do campo de estudo da Química, permite a análise de alguns exemplos de transformações importantes para a aprendizagem das Ciências Naturais. Parte dele discute algumas das consequências das aplicações dos conhecimentos científicos.

Capítulo 1 • Química: que ciência é essa?

Como o conhecimento químico tem sido empregado

Talvez a maioria das pessoas não se dê conta, mas a Química está ligada ao dia a dia de todos os seres humanos, e isso independe de se viver no campo ou em uma grande cidade, de ter ou não boas condições econômicas. Entretanto, muitas pessoas associam a Química a tudo o que é artificial. Predomina também a ideia de que essa ciência seria uma das principais responsáveis por prejuízos à saúde e à preservação do equilíbrio ambiental e da **biodiversidade**. Ouvimos com frequência frases do tipo: "Cuidado! Não coma isso: tem química". Ou propagandas como: "Nossos produtos são isentos de substâncias químicas".

Mas, afinal, qual o campo de estudo da Química? Que papel tem essa ciência em nossa vida? Que uso os seres humanos fazem dela?

A Química é uma ciência que se ocupa principalmente do estudo dos materiais e suas transformações. Por isso, graças a seu desenvolvimento, tem sido possível obter um grande número de materiais.

Alguns exemplos evidenciam a relação entre o desenvolvimento da Química e os benefícios trazidos à humanidade.

A maioria dos tecidos das roupas que usamos nos dias de hoje foi obtida graças ao conhecimento químico. Algodão, seda, lã e outros materiais de origem animal ou vegetal, por exemplo, vêm convivendo com fibras sintéticas como o náilon, o poliéster e as lãs acrílicas. O náilon tem um emprego bastante amplo. Além de ser usado na confecção de roupas, é empregado, por exemplo, em engrenagens ou outras peças que necessitam ter alta resistência ao desgaste.

Objetos fabricados com materiais sintetizados pelo ser humano.

O desenvolvimento da Química associado ao da Metalurgia permitiu a criação de muitas **ligas metálicas**. Na prática, uma liga metálica é empregada no lugar do metal que a constitui quando apresenta características vantajosas para o fim a que se destina. O aço, por exemplo, que é uma liga constituída basicamente de ferro e carbono, é mais resistente e mais facilmente transformado em fios e em lâminas do que o ferro. Além disso, dependendo da porcentagem de cada componente nessa liga e da presença de outros metais, o tipo de aço produzido pode apresentar propriedades que o tornam vantajoso para certas aplicações. Por exemplo, os aços inoxidáveis (basicamente, liga de ferro, carbono e crômio) são mais resistentes à corrosão que aços comuns.

Além dos diversos tipos de aço, empregados tanto em objetos simples – como talheres e travessas – quanto em estruturas complexas e resistentes de grandes obras de engenharia, outras ligas metálicas são bastante conhecidas e usadas. É o caso dos vários tipos de latão, ligas contendo basicamente cobre e estanho, resistentes à corrosão e facilmente transformadas em fios, e dos bronzes, formados por cobre, estanho e outros componentes, ligas ainda mais resistentes e menos vulneráveis à corrosão que os latões.

Ponte sobre o rio Paranaíba, ligando os municípios de Porto Alencastro (MS) e Carneirinho (MG), 2013. O aço é empregado em estruturas da construção civil, especialmente no caso de grandes obras. É muito usado, por exemplo, na estrutura de pontes, pois torna mais rápida e fácil essa etapa da construção do que se elas fossem feitas em concreto.

Avanços da Bioquímica – campo responsável pelo estudo dos processos químicos que ocorrem nos seres vivos – têm permitido conhecer muitos mecanismos de funcionamento de organismos, favorecendo o desenvolvimento da Biologia Molecular e da Farmacologia, fundamentais ao progresso da Medicina. A cada dia, novos **princípios ativos** são sintetizados por pesquisadores ou isolados a partir de produtos naturais, que, após um período de testes, são usados no controle e, em muitos casos, na cura de inúmeras enfermidades, o que era inviável há algumas décadas.

Biodiversidade: termo criado em 1988, bastante usado nos últimos tempos para designar a variedade da vida em nosso planeta (flora, fauna, microrganismos), encontrada nos mais diferentes ambientes. Tendo em vista que as espécies e os ambientes que lhes dão suporte interagem, é desse processo que se dá a evolução das espécies. Nosso país possui a maior biodiversidade do mundo; estima-se que estejam no Brasil cerca de $\frac{2}{3}$ das espécies existentes na superfície terrestre. A preservação da biodiversidade é fundamental para nossa sobrevivência.

Liga metálica: material formado por vários componentes, sendo ao menos um deles um metal.

Princípio ativo: substância que atua como medicamento no combate a uma doença. Quando compramos um remédio e o vendedor nos oferece outro equivalente – um genérico, por exemplo –, devemos verificar se o princípio ativo é o mesmo. Quando se extrai um medicamento de uma planta, mesmo que ela contenha vários componentes químicos, um deles (às vezes mais que um) terá o efeito desejado no organismo, o princípio ativo.

Vários outros exemplos ainda poderiam ser citados. No entanto, não podemos nos esquecer de que, ao lado dessas conquistas, a utilização que se faz de muitos desses recursos também tem causado danos ao ambiente e à vida de modo geral. Embora algumas pessoas atribuam à Química a responsabilidade por esses problemas, é o ser humano que decide como o conhecimento químico vai ser usado. A Química é uma ciência que permite solucionar muitos desses problemas, desde que o ser humano tenha essa preocupação.

Saiba mais

Biologia Molecular e Farmacologia

A Biologia Molecular é um dos campos de estudo mais recentes da Biologia. Iniciada em meados do século XX, seu principal objeto reside no estudo de características genéticas, entre elas a participação dos cromossomos, do DNA, em fatores hereditários. Enquanto a Genética estuda esses mesmos fatores em nível celular, a Biologia Molecular, como o próprio nome indica, o faz em nível molecular – unidades diminutas que constituem essas estruturas e que também são objeto de estudo da Química. Esses estudos são de fundamental importância na busca de tratamentos e na pesquisa de novas drogas, campo específico de estudo da Farmacologia. Ou seja, todas essas áreas de estudo ligadas ao campo da Farmácia e da Medicina são muito dependentes dos conhecimentos químicos.

Conexões

Química e ambiente – Problemas × soluções

Vamos refletir um pouco sobre a importância da escolha de determinadas soluções para problemas enfrentados pela humanidade.

Inseticidas

No início dos anos 1940, com a descoberta da substância conhecida como DDT, imaginava-se que se teria conseguido, finalmente, combater insetos responsáveis por doenças e que destruíam a agricultura, sem causar danos à saúde humana e ao ambiente. Durante os 20 anos seguintes, a produção e o uso do DDT cresceram muito e as consequências disso começaram a ser percebidas.

Embora a utilização desse e de outros inseticidas tivesse impedido que grandes grupos populacionais fossem vítimas de doenças como a malária e o tifo, por exemplo, percebeu-se que eles permaneciam muito tempo no ambiente. Se, por um lado, essa característica permitia que eles atuassem por tempo suficiente para combater muitas gerações de insetos, por outro, causava problemas ao ambiente, muitos deles decorrentes do fato de se acumularem na cadeia alimentar.

Com o tempo, outras técnicas de combate a insetos passaram a ser empregadas, como o uso de inseticidas de menor durabilidade, de **feromônios** que atraem insetos e funcionam como armadilhas, e a esterilização de insetos por radiação.

> **Feromônio:** substância produzida por animais que provoca reações em outros da mesma espécie. Existem vários tipos de feromônios, como os sexuais, que provocam a atração sexual do sexo oposto.

CFCs

Os CFCs, clorofluorcarbonetos (impropriamente chamados de clorofluorcarbonos), foram muito usados em geladeiras, aparelhos de ar condicionado e aerossóis. Com o passar do tempo, revelaram-se prejudiciais à camada de ozônio – nome dado a uma região da atmosfera rica em gás ozônio. Essa camada nos protege de parte dos raios ultravioleta emitidos pelo Sol porque, ao absorvê-los, impede que nos atinjam e prejudiquem nossa saúde. Isso explica por que os CFCs vêm sendo substituídos por produtos que não destroem o gás presente nessa região da atmosfera. Proteger a camada de ozônio é importante para evitar queimaduras e câncer de pele, por exemplo.

Embalagem de inseticida em aerossol isento de CFCs.

Os combustíveis, a produção de energia e as questões ambientais

Certamente, uma das maiores fontes de agressão ao meio ambiente tem vindo do uso de combustíveis fósseis e de seus derivados – caso da gasolina, do óleo *diesel*, do carvão, entre outros. Por quê? Geralmente a energia utilizada para movimentar um veículo, aquecer um alimento, aumentar a temperatura de uma mistura a ser processada em uma siderúrgica, por exemplo, é obtida a partir desses combustíveis e tem como consequência a formação de poluentes, isto é, de materiais que, em curto ou longo prazo, causam prejuízos ao ambiente e à vida em geral.

Conexões

Um dos desafios da atualidade é reduzir as emissões desses poluentes, seja substituindo os combustíveis fósseis por etanol ou hidrogênio, por exemplo, seja utilizando energia solar ou eólica (energia gerada pelo vento) em substituição a fontes mais poluentes.

Por esse motivo, as questões ambientais vêm sendo discutidas pela sociedade e pela mídia. Vários encontros internacionais foram realizados nos últimos 25 anos com o objetivo de conscientizar a comunidade internacional sobre a necessidade de todos os países buscarem soluções para frear as agressões à natureza. Entre esses encontros, tivemos a ECO-92, realizada na cidade do Rio de Janeiro em 1992, e a Rio+20 em 2012; desde 1995, tem sido realizada, anualmente, a COP (Conferência das Partes da Convenção das Nações Unidas sobre a Mudança do Clima). Acordos internacionais, no entanto, não bastam para resolver essas questões. É necessária a contínua expansão do nível de conhecimento e de comprometimento de todos em relação às questões que envolvem o ambiente. A decisão de usar ou não determinado material, de que forma e em quais circunstâncias não deve depender apenas de uma legislação eficaz ou da maior agilidade dos órgãos públicos. A população tem de ser bem informada e atuante, capaz, assim, de compreender os principais aspectos envolvidos em cada decisão.

Poluição elevada obriga turistas a usarem máscaras. Cidade Proibida, antigo Palácio Imperial da China, Pequim (2015).

Peixes mortos na Lagoa Rodrigo de Freitas, Rio de Janeiro (RJ), em 2013. Chuvas intensas levam grande quantidade de matéria orgânica para a lagoa, que, ao se decompor, absorve o oxigênio da água, ocasionando a morte dos peixes.

1. Identifique no texto exemplos de usos benéficos e destrutivos que se pode fazer dos conhecimentos químicos.
2. Reúna-se com seus colegas e conversem sobre:
   • outros usos benéficos ou negativos que se pode fazer dos conhecimentos químicos;
   • o papel de cada um de nós para que a humanidade tire o melhor proveito possível dessa ciência.

Resuma em seu caderno as principais conclusões a que o grupo chegou. Depois, cada grupo elege um representante para apresentar suas conclusões a toda a classe. As conclusões foram semelhantes?

Viagem no tempo

O fogo e a revolução tecnológica

Há quanto tempo a humanidade se dedica ao estudo dos materiais, valendo-se de metodologias e critérios científicos, como se faz em Química? Se compararmos o tempo de existência do ser humano na Terra com o tempo de existência da Química como ciência, podemos dizer que esse campo de estudo se estruturou há relativamente pouco tempo. No entanto, sua prática sempre esteve ligada à vida humana. O fogo, por exemplo, representa um dos mais antigos recursos usados por nossos ancestrais para transformar materiais retirados da natureza.

A possibilidade de usar o fogo diferenciou o ser humano de outros animais. Em cavernas asiáticas, há vestígios de fogueiras feitas há 500 mil anos. Supõe-se que os povos primitivos o tenham encontrado na natureza – o fogo teria aparecido por ação de um raio, por exemplo – e, inicialmente, tenham aprendido a controlá-lo e a alimentá-lo. Imagina-se que só mais tarde se tenha conseguido produzir fogo atritando dois pedaços de madeira.

O domínio do fogo representou uma conquista importante para a humanidade, uma vez que proporcionou acesso à iluminação e proteção contra o frio. Também com a utilização do fogo foi possível obter metais a partir dos minérios retirados da natureza, como é o caso do cobre (4000 a.C.).

Há milhares de anos, o ser humano tem usado o calor do fogo, produzido em reações de combustão, para cozinhar os alimentos.

Para assistir

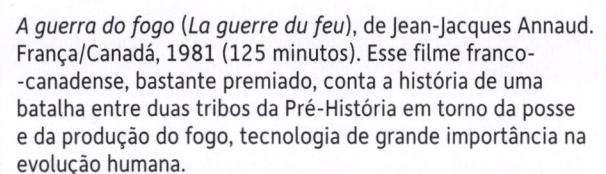

A guerra do fogo (*La guerre du feu*), de Jean-Jacques Annaud. França/Canadá, 1981 (125 minutos). Esse filme franco-canadense, bastante premiado, conta a história de uma batalha entre duas tribos da Pré-História em torno da posse e da produção do fogo, tecnologia de grande importância na evolução humana.

Voltando à questão sobre quando começou o estudo dos materiais, pode-se dizer que, desde as práticas iniciadas por nossos ancestrais, milhares de anos antes de Cristo – de caráter eminentemente empírico, isto é, baseadas somente nas observações e experiências vividas, sem a elaboração de teorias –, até a Química como ciência estruturada, houve um longo processo, que se estendeu até o início do século XIX.

Quando se inicia a Química?

Antes dessa discussão, é importante fazer alguns esclarecimentos. Não se pode dissociar uma descoberta ou o desenvolvimento de um conjunto de conhecimentos do contexto em que eles têm lugar. Isso quer dizer que todo processo de criação científica está intimamente ligado a múltiplos aspectos da sociedade em que ocorre – a organização social e econômica, as crenças religiosas, os aspectos psicológicos e filosóficos (que dizem respeito a como as pessoas dessa sociedade veem o mundo e o sentido que dão à própria existência, por exemplo).

O que se pretende destacar é que as descobertas que marcaram a Química no período em que ela começava a se estruturar como ciência fizeram parte de um processo que ocorreu em um período histórico e em certas sociedades que o favoreceram. Nesse sentido, vale ressaltar que esse processo foi influenciado pelo que aconteceu no decorrer do século XVI, quando houve avanços importantes no campo da Física e da Astronomia.

Esse período se caracterizou pelo **domínio da razão** e pela **experimentação**, em oposição às ideias dominantes na Idade Média (período histórico compreendido entre os séculos V e XVI), fortemente marcadas por interpretações místicas do cosmo. Isso provocou muitos choques. Foi marcante, por exemplo, o impacto causado pelos trabalhos do astrônomo italiano Galileu Galilei (1564-1642), que chegou a ser obrigado pela Santa Inquisição a negar sua teoria, uma vez que havia chegado à conclusão de que a Terra girava em torno do Sol, e não o Sol em torno da Terra. Além de Galileu, outros estudiosos passaram a valer-se de uma metodologia baseada em fatos observáveis e na experimentação.

Saiba mais

Galileu e a Santa Inquisição

No século XIII, diante do grande poder religioso e político da Igreja, sob a liderança do papa Gregório IX, foi criada a Santa Inquisição, um tribunal que julgava todos aqueles que, de alguma forma, pudessem ameaçar as crenças cristãs. Entre essas crenças estava a de que a Terra era o centro do Universo, baseada no filósofo Aristóteles. Ao expor ideias baseadas em observações astronômicas, feitas com um telescópio construído por ele mesmo, Galileu defendeu a tese de que o Sol era o centro do Universo. A publicação de sua obra *Diálogos sobre os dois grandes sistemas do mundo*, em 1632, não foi aceita pela Igreja. Ele foi preso e condenado pela Inquisição. Para evitar que fosse queimado vivo, decidiu renegar suas ideias em uma confissão diante dos que o julgavam.

Voltando à questão proposta no subtítulo, é difícil dizer com precisão quando se inicia a Química, até pelo fato de as primeiras práticas de natureza científica terem coexistido com outras, cujo caráter era bem diferente: as realizadas pelos alquimistas. Estas últimas foram praticadas por vários povos – egípcios, gregos, chineses, árabes etc. – desde o século IV a.C. e começaram a perder importância durante o século XVIII, quando procedimentos de caráter científico ganharam espaço no estudo da matéria e de suas transformações.

Os alquimistas realizavam um conjunto de práticas que tinha, entre suas principais motivações, a busca por uma maneira de transformar metais comuns em ouro e de obter um material que pudesse prolongar a vida; foi graças ao trabalho deles que muitos materiais foram obtidos. Pode-se dizer que foi da Alquimia que a Química, da maneira como é entendida hoje, se originou.

No entanto, considera-se que dois estudiosos marcaram a Química em seu início. O primeiro deles foi o estudioso irlandês Robert Boyle (1627-1691). Autor do livro *O químico cético* (*The sceptical chymist*), desenvolveu suas pesquisas na Inglaterra.

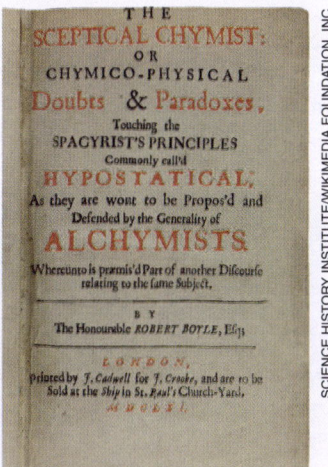

Página de abertura do livro de Robert Boyle, de 1661.

Capítulo 1 • Química: que ciência é essa? **25**

Viagem no tempo

Boyle realizou experimentos planejados, partindo da elaboração de uma questão que pretendia esclarecer. Para isso, realizou observações, medidas, anotações, elaborou hipóteses, testou-as, formulou explicações, repetiu procedimentos e, com base em muitos deles, estabeleceu generalizações. Deixou muitos trabalhos na área da Pneumática – do estudo dos gases, como veremos no capítulo 12.

O segundo foi o francês Antoine-Laurent de Lavoisier (1743-1794), que deixou inúmeras contribuições para o desenvolvimento da Química. Entre elas, vale destacar a **introdução do uso da balança** em seu trabalho **experimental**, assim como os estudos sobre a reação de combustão (que veremos mais adiante). Fez inúmeros experimentos, incluindo vários em que mediu as massas dos participantes de processos químicos. Formulou a lei da conservação das massas, sobre a qual nos aprofundaremos no capítulo 2.

Foi a partir dessa época, no final do século XVIII, que as técnicas para transformar os materiais passaram a ser exercidas usando uma metodologia baseada em investigações experimentais, próprias da Ciência moderna.

Essa metodologia tinha como ponto de partida a formulação de um problema. Mas como surge a indagação que propicia a experimentação? Ela pode nascer de outro experimento realizado pelo mesmo estudioso, de dúvidas sugeridas pelos trabalhos de outros estudiosos, de reflexões realizadas a partir de observações feitas ou de acontecimentos imprevistos que ocorrem durante um experimento e mudam o rumo da pesquisa.

A experimentação levará à coleta de dados, que pode ou não exigir a realização de medidas. Isso requer planejamento para que as condições do experimento estejam bem definidas. O registro dessas condições, bem como o das observações, garante a possibilidade de reprodução dos experimentos, viabilizando a comparação entre vários deles. Todo esse processo leva a novos problemas e a mudanças no curso das pesquisas, conduzindo à elaboração de teorias que expliquem os dados obtidos.

Um esclarecimento

A Ciência moderna foi marcada por uma visão mecanicista, racional, com ênfase na experimentação, no que pode ser observado. Havia também uma busca por certezas. Já a Ciência contemporânea abandonou essa busca por certezas absolutas, assumindo uma postura investigativa na busca de explicações, sujeitas a constantes revisões e reavaliações, já que suas conclusões são provisórias. Para a Ciência atual, a experimentação e a observação são apenas alguns dos recursos de que a busca pelo conhecimento dispõe. Sendo assim, não se pode afirmar que exista apenas um método científico ou uma única maneira de construir conhecimento no campo das Ciências Naturais.

---

1. Explique em que medida a Química, apesar de ser considerada por muitos uma ciência jovem, está ligada à vida humana desde os seus primórdios.

2. Relacione o domínio do fogo à Química.

3. Cite alguns procedimentos típicos de uma ciência experimental que permitiram à Química adquirir uma base teórica que a fundamentasse.

O conhecimento científico é construído a partir de dúvidas, surpresas e reconsiderações – A descoberta da penicilina

A descoberta da penicilina G pelo médico inglês Alexander Fleming (1881-1955), em 1928, é um marco na Medicina; o trabalho de Fleming, seguido pelo de outros estudiosos, viabilizou a produção do primeiro medicamento usado como antibiótico em 1941.

Fleming voltou da Primeira Guerra Mundial motivado pelo desejo de reduzir o sofrimento observado em soldados que tinham suas feridas infectadas pela bactéria *Staphylococcus aureus* e passou a realizar experimentos com culturas desse microrganismo. O cientista saiu de férias e esqueceu em seu laboratório algumas placas de cultura desprotegidas. Ao retomar a pesquisa, notou que elas estavam contaminadas por um bolor; a observação cuidadosa do material levou-o a notar que, em volta desse bolor, não havia mais bactérias. Fleming conduziu então sua equipe a um novo caminho: o objetivo de sua pesquisa era o de descobrir o que explicaria a destruição das bactérias ao redor das colônias de bolor.

Experimentos levaram à obtenção de um fungo, *Penicillium*, extraído do bolor, e os pesquisadores concluíram que esse fungo era o responsável pela produção de uma substância que tinha efeito bactericida: a penicilina.

Essa descoberta exemplifica a importância de o pesquisador manter-se atento à observação de aspectos não previstos de acordo com o objetivo da pesquisa inicial.

Foi, portanto, um acaso que levou à descoberta do primeiro antibiótico, mas isso só foi possível porque o cientista soube explorar um fato inesperado; a observação e a reflexão em torno desse fato nortearam a formulação de uma pergunta em torno da qual novos experimentos foram realizados.

Fonte: *Jornal Brasileiro de Patologia e Medicina Laboratorial*, v. 45, n. 5. Rio de Janeiro, out. 2009. Disponível em: <http://dx.doi.org/10.1590/S1676-24442009000500001>. Acesso em: 22 abr. 2018.

- Que ocorrência acidental motivou Fleming a fazer pesquisas que levaram à descoberta da penicilina?

Os químicos estudam as transformações dos materiais

Para introduzir a ideia de transformação de materiais, vamos analisar alguns sistemas. Mas o que são sistemas para a Química?

Chamamos de **sistema** o conjunto de materiais que são isolados de todos os outros com a finalidade de serem estudados.

Se as características iniciais de um sistema são diferentes das finais, dizemos que ele sofreu uma transformação.

As mudanças de estado: um tipo de transformação

Você está familiarizado com as transformações que ocorrem com a água quando é aquecida ou resfriada. Mas isso não ocorre apenas com a água. De maneira geral, os materiais presentes na natureza se transformam quando são aquecidos ou resfriados. Vamos falar um pouco sobre essas transformações.

Aquecendo estanho

É possível que você nunca tenha visto estanho; trata-se de um metal usado, por exemplo, em objetos de decoração e em soldas de componentes de circuitos eletrônicos.

Na soldagem de componentes de circuitos eletrônicos, como é o caso dos que compõem um computador, é usada uma liga de estanho na forma de fio.

Você sabe que, quando aquecemos um cubo de gelo, ao atingir certa temperatura, ele "derrete". Será que acontece algo semelhante com o estanho?

Ao aproximarmos um pouco de estanho sólido a uma chama, observamos o aparecimento de um líquido – como pode ser observado na foto abaixo – que nos lembra o mercúrio, – único metal líquido à temperatura ambiente, até pouco tempo bastante utilizado em termômetros clínicos.

O aquecimento do metal estanho produz um líquido de cor prateada que lembra o mercúrio.

Será que o aquecimento do estanho o transforma em mercúrio? Para saber se houve, de fato, uma transformação tão profunda – uma transformação química –, teríamos de comparar diversas propriedades do estanho líquido com uma série de propriedades do mercúrio. Por exemplo, podemos dizer que o estanho líquido não é mercúrio porque, quando se adiciona ácido clorídrico a ele, nota-se a liberação de bolhas, o que não ocorreria no caso do mercúrio.

Mas então o que o aquecimento provocou no estanho? Ele apenas passou do estado sólido para o estado líquido. Essa transformação é chamada de fusão e pode ser representada por:

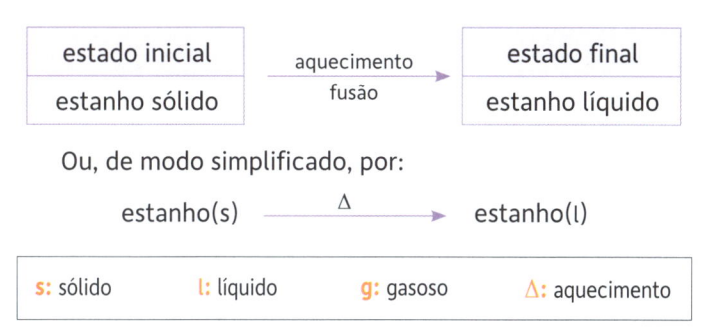

estado inicial	aquecimento	estado final
estanho sólido	fusão	estanho líquido

Ou, de modo simplificado, por:

$$\text{estanho(s)} \xrightarrow{\Delta} \text{estanho(l)}$$

s: sólido   **l:** líquido   **g:** gasoso   **Δ:** aquecimento

Se colocarmos o estanho líquido em uma superfície fria, obteremos esse metal na forma sólida. A passagem de um material do estado líquido para o estado sólido é chamada de **solidificação**. Na solda de circuitos eletrônicos, por exemplo, o estanho sólido passa para o estado líquido quando entra em contato com o ferro de solda a alta temperatura; já ao se depositar sobre a superfície bem mais fria da placa do circuito, ocorre o processo oposto e o estanho líquido se solidifica.

estado inicial	resfriamento	estado final
estanho líquido	solidificação	estanho sólido

$$\text{estanho(l)} \xrightarrow{\text{resfriamento}} \text{estanho(s)}$$

Aquecendo iodo

Será que todo sólido submetido a aquecimento funde? Vamos considerar o caso do iodo.

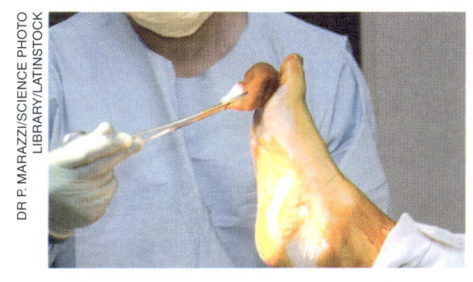

Talvez você associe o iodo a um líquido marrom-alaranjado, conhecido como "tintura de iodo", utilizado como antisséptico (foto de cima); esse líquido é uma mistura de iodo e álcool. Já o iodo (foto de baixo) é um sólido à temperatura ambiente.

Capítulo 1 • Química: que ciência é essa?

À temperatura ambiente, o iodo encontra-se na forma de cristais cinzentos e brilhantes. Assim que se inicia o aquecimento do iodo sólido em uma **capela** de um laboratório, nota-se imediatamente o aparecimento de vapores arroxeados. Esses vapores são tóxicos e, por isso, não devem ser inalados. Observe a imagem.

Quando os vapores de iodo esfriam, ele passa diretamente para o estado sólido.

> **Capela:** as capelas fazem parte dos equipamentos de laboratórios químicos para proteger as pessoas que nele trabalham quanto ao manuseio de produtos químicos tóxicos ou que podem liberar para o ambiente materiais prejudiciais à saúde. Nesse equipamento há um potente exaustor que minimiza o risco de essas substâncias se difundirem pelo espaço do laboratório.

O iodo não passa do estado sólido para o estado líquido quando é aquecido nas condições do ambiente; o sólido se transforma diretamente em vapor. Chama-se **sublimação** a mudança direta de estado físico de sólido para gasoso.

Em contato com uma superfície fria, o iodo na forma de vapor volta a ser sólido; portanto, o vapor de iodo se transforma diretamente em sólido com o abaixamento suficiente da temperatura.

Continuamos tendo iodo antes e depois dessas transformações, que podemos representar por:

estado inicial	aquecimento sublimação	estado final
iodo sólido	→	iodo gasoso

iodo(s) $\xrightarrow{\Delta}$ iodo(g)

estado inicial	resfriamento deposição ou sublimação inversa	estado final
iodo gasoso	→	iodo sólido

iodo(g) $\xrightarrow{resfriamento}$ iodo(s)

O que há em comum entre o aquecimento, seguido de resfriamento, da água, do estanho e do iodo?

Aquecimento e resfriamento de iodo, estanho e água são exemplos de **mudanças de estado físico**. Essas mudanças de estado são um dos tipos de **transformação física**.

> São atribuídos vários nomes à mudança de estado físico do estado gasoso para o sólido. De acordo com União Internacional de Química Pura e Aplicada (*International Union of Pure and Applied Chemistry* – Iupac), ela deve ser chamada **solidificação**.
>
> Em livros de nível superior de Física e Química são encontrados, também, os termos: ressublimação, sublimação inversa, deposição, entre outros.
>
> Nesta obra usaremos os termos **sublimação inversa** ou **deposição** para designar a mudança de estado de gás a sólido.

Vamos relembrar o nome dessas mudanças de estado usando o exemplo da água.

Mudanças de estado físico da água

sublimação
fusão → vaporização
solidificação ← condensação ou liquefação
estado sólido — estado líquido — estado gasoso
sublimação inversa ou deposição

Ilustração elaborada para este conteúdo.

> **Atenção!**
>
> O vapor de água não é visível. A "nuvem" que costumamos ver acima de uma panela com água aquecida é constituída por gotículas de água líquida. O vapor de água (invisível) que sai do líquido quente esfria ao entrar em contato com o ar, que se encontra em temperatura inferior. Com esse resfriamento, o vapor volta para o estado líquido (condensação).

Aquecer provoca sempre mudança de estado?

O açúcar comum refinado (sacarose) é um material que se caracteriza por um conjunto de propriedades: nas condições ambientes, é sólido, branco, doce e dissolve-se bem na água.

O que ocorre com ele quando é aquecido para fazer uma calda? À medida que é aquecido, a cor branca vai desaparecendo e progressivamente o produto do aquecimento vai escurecendo. Se passarmos do ponto de calda, obteremos um sólido escuro, um novo material com propriedades distintas das do sólido inicial. Observe o quadro.

	Estado inicial	Estado final
Cor	branca	preta
Sabor	doce	não é doce
Em água	dissolve-se bem	praticamente não se dissolve

açúcar $\xrightarrow{\Delta}$ produto preto

No aquecimento do açúcar refinado, observa-se a liberação de gases. O sólido obtido ao final, se resfriado, não voltará a ter as características que o açúcar possuía antes de ser aquecido, pois, com o aquecimento, ocorrem **transformações (ou reações) químicas**.

Química: prática e reflexão

Segurança em laboratório

O aquecimento de alguns materiais pode produzir materiais novos, com propriedades diferentes das iniciais, como ocorreu com o açúcar refinado. E quando se junta um material a outro, pode ocorrer uma reação química?

Material necessário
- 3 copos
- cerca de 300 mL de água
- 3 colheres (sopa) de vinagre
- 3 colheres (café) de bicarbonato de sódio
- 3 colheres (café) de detergente
- 1 colher (sopa)
- 1 colher (café)

Procedimentos
1. Coloquem quantidades iguais de água nos 3 copos e, em seguida, 1 colher (café) de detergente em cada um deles.
2. No primeiro copo, coloquem 3 colheres (sopa) de vinagre e 1 colher (café) de bicarbonato de sódio. Observem por alguns segundos.
3. No segundo copo, coloquem 2 colheres (café) de bicarbonato e observem por alguns segundos.
4. No terceiro copo, deixem apenas a água com o detergente.

Descarte dos resíduos: os resíduos da atividade podem ser descartados diretamente no ralo de uma pia.

Analisem suas observações
1. Anotem no caderno o que vocês observaram em cada um dos copos e comparem os resultados.
2. Por que vocês acham que foi misturado detergente à água?
3. O detergente foi colocado nos três copos com água. Em um deles, nada mais foi acrescentado. Por que vocês acham que foi adotado esse procedimento no terceiro copo?
4. Nos três copos da atividade foram misturados diferentes materiais. Em qual deles vocês acham que ocorreu reação química? Justifiquem sua resposta.

Misturar é diferente de reagir

O experimento anterior foi proposto para ajudá-lo a diferenciar misturar de reagir. Analise as situações a seguir.

Acrescentando sal à água

Quando se coloca um pouco de sal de cozinha na água, obtém-se um sistema incolor, de aspecto igual ao da água pura, e tem-se a impressão de que o sal desapareceu. Mas isso não ocorre.

Você já deve ter tido a oportunidade de experimentar água na qual foi misturado sal de cozinha (se não o fez, faça isso na cozinha de sua casa) e pôde verificar que o sabor salgado, uma propriedade desse material, é mantido nessa mistura. Dizemos que o sal se dissolve na água, originando uma **mistura homogênea** ou **solução**, isto é, nesse tipo de mistura não é possível distinguir os materiais misturados – sal e água.

Água e sal podem ser separados da solução por aquecimento: a água vaporiza-se e, ao encontrar uma superfície fria – como a tampa da panela onde a solução está –, condensa-se, enquanto o sal permanece no estado sólido, inalterado.

A **dissolução** do sal na água é um exemplo de **transformação física**.

Acrescentando água quente a uma xícara de chá

Você sabe que, se acrescentarmos mais água quente a uma xícara de chá colorido, ele vai assumir uma cor mais clara. Nesse caso, não há transformação química, apenas física.

Nesse processo houve acréscimo de água à solução – que já continha a água que foi usada em seu preparo; esse acréscimo provocou a **diluição** (da solução do chá preparado).

A solução inicial (A) contém chá (componentes do vegetal dissolvidos em certa quantidade de água quente). Com a adição de mais água, a solução inicial é diluída (B).

Acrescentando sumo de limão ao bicarbonato de sódio

Dizemos que o bicarbonato de sódio "reage" com o sumo de limão. A produção de bolhas é um indício de que algum tipo de material, inexistente no início, pode ter se formado.

Quando gotejamos sumo de limão em bicarbonato de sódio, observamos uma rápida efervescência, ou seja, uma intensa produção de gás. Ao final, obtém-se materiais com propriedades diferentes das dos materiais iniciais (bicarbonato de sódio e substâncias presentes no sumo de limão).

Observando e comparando as transformações que vimos até aqui, chegamos à conclusão de que há dois tipos de fenômenos:

- **transformações físicas:** em que não há formação de novos materiais – é o caso da dissolução do sal em água, da diluição de uma solução ou da mudança de estado físico de um material, como o aquecimento da água líquida até que ela se transforme em vapor.

- transformações químicas ou reações químicas: em que há transformação de um ou mais materiais em outro(s) – como na queima do açúcar refinado ou na interação entre sumo de limão e bicarbonato de sódio. Ou seja, podemos representar o que ocorre em uma reação química por:

estado inicial	reação química	estado final
reagentes	→	produtos

Antes de ocorrer uma reação química (estado inicial), as substâncias de um sistema são chamadas de **reagentes**; as substâncias já as que são obtidas após a reação (estado final) são chamadas de **produtos**.

Que evidências indicam a ocorrência de reação?

Normalmente, não bastam algumas simples observações para afirmar se, em um sistema, houve ou não reação química. Em todo caso, há alguns indícios, isto é, algumas pistas que, em seu conjunto, nos ajudam a compreender se uma reação ocorreu ou não. Vamos ver algumas delas.

- Produção de gases: quando o sumo de limão entra em contato com o bicarbonato de sódio, há formação de gás, que pode ser percebido, neste caso, pela efervescência.

Nesta foto há o registro da reação entre uma casca de ovo e ácido clorídrico, que gerou bolhas de dióxido de carbono.

- Formação de precipitado: outro indicativo de que em um sistema tenha ocorrido transformação química é a formação de um precipitado, ou seja, de um material sólido praticamente insolúvel em meio aquoso.

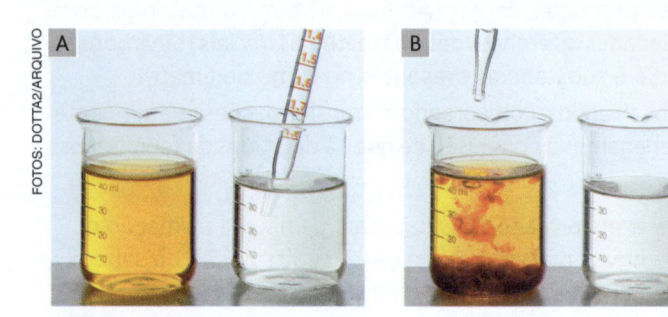

Quando se misturam as soluções aquosas de sulfato de ferro(III), de cor alaranjada, e hidróxido de sódio (A), forma-se um sólido insolúvel em água de cor castanho-avermelhada (B).

- Mudança de cor e aspecto: quando um pedaço de ferro fica em contato com o ambiente e interage com o ar umedecido, ocorrem reações químicas, originando a ferrugem. Com isso, a superfície do ferro, que era acinzentada, passa a ser alaranjada, o que é um sinal indicativo de que houve reação química.

A ferrugem que se forma na superfície de objetos ferrosos resulta de reações envolvendo o ferro, o oxigênio do ar e o vapor de água.

No processo de aquecimento de um alimento estão envolvidas reações químicas. Se o aquecimento prosseguir, o alimento pode queimar, passando a ter um aspecto semelhante ao do carvão.

A tira acima, ao mostrar o frango sendo "esturricado", ironiza seu sabor desagradável, bem diferente do de um frango assado. O sabor final decorre dos materiais formados após esse aquecimento excessivo.

Vale destacar que nem sempre uma mudança de cor, por si só, indica que houve transformação química.

- Alterações de energia: as queimas de combustíveis são exemplos de reações químicas nas quais há liberação de **energia térmica** e, em muitos casos, luz. A energia liberada nesse tipo de reação pode ser usada, por exemplo, para aumentar a temperatura de um alimento sobre a chama de um fogão. Essas reações de queima, também chamadas de combustão, são importantes fontes de energia usadas para diversos fins. Por exemplo, a energia liberada na combustão da gasolina é usada para movimentar um automóvel.

Com relação aos efeitos térmicos que acompanham as transformações, elas podem ser classificadas em:

- exotérmicas – quando liberam energia térmica para o ambiente (combustão, por exemplo);
- endotérmicas – quando absorvem energia térmica do ambiente (cozimento de um alimento, por exemplo).

> **Energia térmica:** energia que transita entre corpos que estão em temperaturas diferentes.

Conexões

Química e energia

Reações químicas como fonte de energia

O uso da energia térmica liberada em uma combustão faz parte do cotidiano de todos nós. Ao queimarmos o gás de cozinha de um fogão, nos valemos da energia liberada na queima desse combustível gasoso. Essa fonte de energia é usada, cotidianamente, para cozinhar os alimentos. No caso, a reação química transforma energia química em térmica. O mesmo vale para a combustão da gasolina ou do álcool, em um motor de explosão, responsável pela conversão da energia química proveniente da reação em energia mecânica, sem o que seria impossível o movimento do veículo.

Em qualquer caso, a combustão implica dois tipos de reagentes: o combustível (o etanol, por exemplo) e o comburente (é o caso do oxigênio presente no ar). É por essa razão que se pode combater o início de um incêndio impedindo o contato do combustível com o ar. Para isso, pode-se recorrer a um cobertor ou outro material que "abafe" a chama ou isole o combustível do ar. As reações de combustão comumente precisam ser iniciadas por uma fonte de energia: de uma chama, de uma faísca elétrica, por exemplo.

Em baterias e em pilhas, obtém-se energia elétrica a partir das reações químicas que ocorrem no interior desses equipamentos, isto é, há uma conversão da energia liberada nos processos químicos em energia elétrica. Tal energia pode ser utilizada para movimentar um motor ou ligar uma lanterna, por exemplo.

Em nosso organismo, reações químicas também são responsáveis pela obtenção da energia que nos permite respirar, pensar, andar etc.

É fácil concluir que a energia das reações é essencial para viabilizar processos naturais e outras atividades nas quais se necessite de energia.

Combustíveis como o carvão em pedra, ou a gasolina, o *diesel* e o gás, extraídos do petróleo, são chamados de fontes não renováveis de energia, isto é, a natureza dispõe de quantidades limitadas de recursos dos quais são retirados combustíveis como o carvão mineral e o petróleo. Já o etanol, proveniente da cana-de-açúcar, é um combustível renovável, uma vez que é possível obtê-lo por meio de novas plantações, assim como o vento que movimenta as pás de usinas eólicas.

A busca por novas alternativas

Devido à crescente preocupação com a preservação do ambiente nos dias atuais, vem crescendo o empenho de muitos países na busca por novas matrizes energéticas. Com elas, procura-se evitar o esgotamento de fontes não renováveis e desenvolver tecnologias que permitam transformações de um tipo de energia em outro com menor impacto ambiental. Assim, fontes de energia que não envolvam a queima de combustíveis fósseis (carvão e derivados de petróleo) tendem a ser mais usadas e aprimoradas.

O Nordeste é o maior produtor de energia eólica do Brasil. Na foto, Complexo Eólico União dos Ventos, em São Miguel do Gostoso (RN), 2015.

Atividades

1. Em uma atividade experimental, um estudante cortou uma maçã e a deixou exposta ao ambiente durante três horas. As fotografias a seguir mostram os resultados obtidos pelo estudante ao longo do tempo.

Maçã recém-cortada. Após 30 minutos de exposição.

Após 3 horas de exposição.

a) Descreva o que acontece com a maçã desde o estado inicial até 3 horas depois. Que transformações podem ser observadas?
b) Há algum indício de reação química? Quais?

2. Há extintores de incêndio que usam gás carbônico para apagar o fogo. Proponha uma explicação para o fato de, nessas condições, o combustível deixar de queimar.

3. Sobre cada transformação a seguir, indique, em seu caderno, os estados inicial e final e se ela é química ou física. No caso de tratar-se de mudança de estado, dê o nome.
a) Acrescentar álcool à água.
b) Colocar água no congelador por oito horas.
c) Queimar madeira.
d) O "desaparecimento" da naftalina guardada em um armário, deixando-o com "cheiro de naftalina".
e) A palha de aço que enferruja.

4. Leia o texto abaixo e responda às perguntas que seguem.

Para a conferência que discute o futuro do planeta, em Paris, a COP21 [ocorrida em dezembro de 2015], o Brasil leva a meta de aumentar de 28% para 33% até 2030 as fontes renováveis de energia, como eólica, solar, biomassa, entre elas o etanol, na matriz energética. A meta desconsidera as hidrelétricas que, embora sejam renováveis, causam impacto ambiental e social por causa das barragens.

A proposta tem o objetivo de reduzir o uso do carvão e de combustíveis derivados do petróleo, como o *diesel*, a gasolina e o querosene. Utilizados em aviões, caminhões, carros e nas usinas termelétricas – para geração de eletricidade –, são considerados vilões do efeito estufa, por liberar gás carbônico na atmosfera. Na 21ª Conferência das Partes da Convenção-Quadro das Nações Unidas sobre Mudanças Climáticas, que vai até 11 de dezembro, é esperado um acordo para diminuir os incentivos governamentais a esses combustíveis, os chamados subsídios.

[...]

Hoje o Brasil tem produzido energia elétrica de fato, principalmente por meio de usinas hidrelétricas. Junto com as fontes fósseis, as usinas são responsáveis por 83% do total da eletricidade gerada no país [...].

Segundo o Ministério de Minas e Energia, a eletricidade produzida pelo sol e pelos ventos era insignificante em 2004. Dez anos depois, por meio de financiamento estatal aliado à queda de preços dos equipamentos, a energia eólica chegou a 5% do total da eletricidade gerada em 2014, embora a energia fotovoltaica [obtida por meio das placas solares] ainda estivesse engatinhando (0,02%).

[...]

VIEIRA, Isabela (repórter); ADJUTO, Graça (edição). Dependente de hidrelétricas, Brasil quer mais energias renováveis. *EBC Agência Brasil*, 3 dez. 2015. Disponível em: <http://www.ebc.com.br/noticias/2015/12/dependente-de-hidreletricas-brasil-quer-mais-energias-renovaveis>. Acesso em: 22 abr. 2018.

a) De acordo com o texto, qual é a fonte de energia mais utilizada no Brasil? Ela é classificada como fonte renovável ou não renovável?
b) Dê exemplos de reações químicas envolvidas na obtenção de energia elétrica que contribuem para o agravamento do efeito estufa.
c) Em textos de jornais e livros é comum descrever os aspectos positivos das fontes renováveis de energia e desconsiderar os impactos negativos causados ao meio ambiente e à sociedade. Nessa matéria de jornal, no entanto, são citadas algumas desvantagens de uma fonte renovável. Qual é ela? Quais as desvantagens dessa fonte de energia?
d) Pesquise em *sites* e livros as desvantagens das outras fontes de energia renovável indicadas no texto e construa uma tabela com essas informações. Não se esqueça de utilizar fontes de pesquisa confiáveis e de indicá-las na atividade.
e) Quando não se tem acesso à energia elétrica e se necessita iluminar um ambiente, pode-se recorrer a reações químicas que fornecem luz. Dê exemplos desses usos.

5. Neste capítulo, você pôde refletir sobre fatos, conhecimentos e tecnologias associados ao campo de estudo da Química. O amplo leque de questões que podem ser analisadas do ponto de vista da Química permite elencar desde aspectos comuns de nosso dia a dia até aplicações que requerem conhecimentos e tecnologias bastante sofisticados, que muito têm contribuído para a melhoria de nossa qualidade de vida. Apesar disso, muitos dos problemas que preocupam a sociedade atual são atribuídos a essa ciência. Entretanto, a quem se deve atribuir boa parte dos problemas ambientais: à Química ou aos seres humanos? Escreva um pequeno texto, fundamentando sua posição a respeito.

Testando seus conhecimentos

1. (Enem) Um jornal de circulação nacional publicou a seguinte notícia:

   > Choveu torrencialmente na madrugada de ontem em Roraima, horas depois de os pajés caiapós Mantii e Kucrit, levados de Mato Grosso pela Funai, terem participado do ritual da dança da chuva, em Boa Vista.
   > A chuva durou três horas em todo o estado e as previsões indicam que continuará pelo menos até amanhã. Com isso, será possível acabar de vez com o incêndio que ontem completou 63 dias e devastou parte das florestas do estado.
   >
   > Jornal do Brasil, abr. 1998 (com adaptações).

   Considerando a situação descrita, avalie as afirmativas seguintes.
   I. No ritual indígena, a dança da chuva, mais que constituir uma manifestação artística, tem a função de intervir no ciclo da água.
   II. A existência da dança da chuva em algumas culturas está relacionada à importância do ciclo da água para a vida.
   III. Uma das informações do texto pode ser expressa em linguagem científica da seguinte forma: a dança da chuva seria efetiva se provocasse a precipitação das gotículas de água das nuvens.

   É correto o que se afirma em
   a. I, apenas.
   b. III, apenas.
   c. I e II, apenas.
   d. II e III, apenas.
   e. I, II e III.

2. (Enem) Na fabricação de qualquer objeto metálico, seja um parafuso, uma panela, uma joia, um carro ou um foguete, a metalurgia está presente na extração de metais a partir dos minérios correspondentes, na sua transformação e sua moldagem. Muitos dos processos metalúrgicos atuais têm em sua base conhecimentos desenvolvidos há milhares de anos, como mostra o quadro:

Milênio antes de Cristo	Métodos de extração e operação
quinto milênio a.C.	Conhecimento do ouro e do cobre nativos
quarto milênio a.C.	Conhecimento da prata e das ligas de ouro e prata Obtenção do cobre e chumbo a partir de seus minérios Técnicas de fundição
terceiro milênio a.C.	Obtenção do estanho a partir do minério Uso do bronze
segundo milênio a.C.	Introdução do fole e aumento da temperatura de queima Início do uso do ferro
primeiro milênio a.C.	Obtenção do mercúrio e dos amálgamas Cunhagem de moedas

   (J. A. VANIN, Alquimistas e Químicos)

   Podemos observar que a extração e o uso de diferentes metais ocorreram a partir de diferentes épocas. Uma das razões para que a extração e o uso do ferro tenham ocorrido após a do cobre ou estanho é

   a. a inexistência do uso de fogo que permitisse sua moldagem.
   b. a necessidade de temperaturas mais elevadas para sua extração e moldagem.
   c. o desconhecimento de técnicas para a extração de metais a partir de minérios.
   d. a necessidade do uso do cobre na fabricação do ferro.
   e. seu emprego na cunhagem de moedas, em substituição ao ouro.

3. (UPE/SSA) Analise a tirinha a seguir:

   (Disponível em: www.piraquara.pr.gov.br)

   Os processos que ocorrem em cada um dos quadrinhos da tirinha, respectivamente, são:
   a. fenômenos físicos, fusão e vaporização.
   b. fenômenos químicos, fusão e vaporização.
   c. fenômenos químicos, liquefação e evaporação.
   d. fenômenos físicos, condensação e evaporação.
   e. fenômenos químicos, sublimação e vaporização.

4. (Cefet-MG) Para iniciar o preparo de um bolo de maçã, uma dona de casa acendeu a chama de um forno a gás, usando fósforos. Em seguida, descascou e cortou as maçãs, acrescentando-as à mistura da massa já preparada, levando-a para o forno pré-aquecido. Com o passar do tempo, o volume do bolo expandiu devido ao fermento adicionado e, após o período de cozimento, a dona de casa retirou o bolo para servir um lanche que seria acompanhado de sorvete. Ao abrir a geladeira, verificou que o mesmo estava derretendo. Após o lanche, recolheu as sobras das maçãs, em processo de escurecimento, para descartá-las.

   As sequências sublinhadas correspondem, respectivamente, a fenômenos
   a. químico, físico, físico e físico.
   b. físico, físico, químico e químico.
   c. físico, químico, químico e físico.
   d. químico, químico, físico e químico.

5. (PUCC-SP) Uma revista traz a seguinte informação científica:

   > O gás carbônico no estado sólido é também conhecido como "gelo-seco". Ao ser colocado na temperatura ambiente, ele sofre um fenômeno chamado sublimação, ou seja, passa diretamente do estado sólido para o estado gasoso.

   É correto afirmar que a sublimação é um fenômeno
   a. químico, uma vez que o gás carbônico se transforma em água.
   b. físico, uma vez que ocorreu transformação de substância.

c. físico, uma vez que não ocorreu transformação de substância.
d. químico, uma vez que ocorreu transformação de substância.
e. químico, uma vez que não ocorreu transformação de substância.

6. (Enem) O ciclo da água é fundamental para a preservação da vida no planeta. As condições climáticas da terra permitem que a água sofra mudanças de fase e a compreensão dessas transformações é fundamental para se entender o ciclo hidrológico. Numa dessas mudanças, a água ou a umidade da terra absorve calor do sol e dos arredores. Quando já foi absorvido calor suficiente, algumas das moléculas do líquido podem ter energia necessária para recomeçar a subir para a atmosfera. A transformação mencionada no texto é a:
   a. fusão.
   b. liquefação.
   c. evaporação.
   d. solidificação.
   e. condensação.

7. (IFCE) Dentre as transformações abaixo, assinale a alternativa que apresenta um fenômeno químico:
   a. solidificação da parafina.
   b. sublimação da naftalina.
   c. obtenção de gelo a partir de água pura.
   d. obtenção de oxigênio líquido a partir do ar atmosférico.
   e. obtenção de amônia a partir de hidrogênio e nitrogênio.

8. (UFPB) A manutenção do ciclo da água na natureza, representado na figura abaixo, é imprescindível para garantir a vida na Terra.

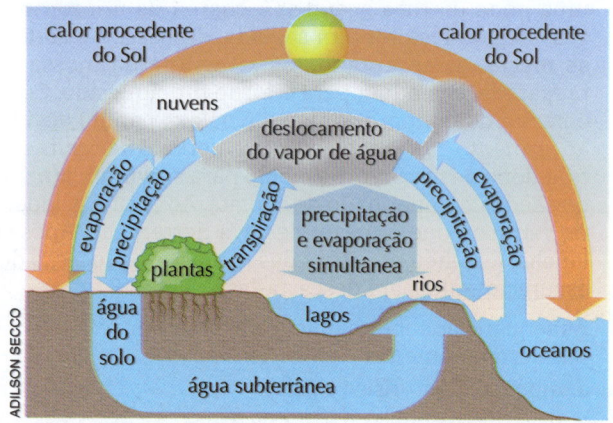

Adaptado de: PAULINO, W. R. *Biologia Atual*. v. 3. São Paulo: Ed. Ática, 1995, p. 157.

De acordo com a figura, é correto afirmar:
a. O ciclo da água envolve fenômenos físicos e químicos.
b. A formação de nuvens envolve liberação de calor.
c. A precipitação resulta da condensação do vapor de água.
d. A precipitação envolve absorção de calor.
e. A evaporação das águas dos rios, lagos e oceanos é um fenômeno químico.

9. (UTF-PR)

Cíntia acordou de manhã e escovou os dentes mantendo a torneira aberta. Ligou o chuveiro para **esquentar a água**, pois queria tomar um banho quente. Após o banho, penteou o cabelo. Não conseguiu pentear bem porque o **espelho estava embaçado**. Saiu do banheiro deixando a luz acesa e foi para a cozinha. Acendeu o fogão a gás. **A queima do gás** forneceu energia para a fervura da água. Fez o café. **Colocou açúcar no café com leite** e pôs uma fatia de pão na torradeira – mas o **pão queimou**. Tomou, então, só café com leite e saiu correndo para trabalhar.

Adaptado de: GEWANDSZNAJDER, F. *Ciências* - Matéria e Energia. 8ª série. São Paulo. Ed. Ática. 2006. p. 27.

No texto, em negrito, estão indicadas transformações físicas e transformações químicas. Destas transformações, o número de transformações químicas é igual a:
a. 1.   b. 2.   c. 3.   d. 4.   e. 5.

10. (IFSP) A mudança de fase denominada sublimação ocorre quando
    a. o gelo-seco é exposto ao ar ambiente.
    b. o gelo comum é retirado do congelador.
    c. um prego se enferruja com a exposição ao ar úmido.
    d. uma porção de açúcar comum é aquecida até carbonizar-se.
    e. uma estátua de mármore é corroída pela chuva ácida.

11. (UTF-PR) Uma alternativa recente ao processo de cremação de corpos tem sido a hidrólise alcalina, realizada com solução de hidróxido de potássio aquecida sob pressão até 150 °C. Nessas condições, o corpo é "dissolvido" na solução, restando apenas os ossos que são posteriormente queimados. Esse processo é considerado mais ambientalmente amigável que a queima, na qual aproximadamente 320 kg de gás carbônico são gerados. Considerando as informações acima, assinale a alternativa correta.
    a. A fórmula do hidróxido de potássio é POH.
    b. O gás carbônico é representado pela fórmula CO.
    c. A hidrólise alcalina é um processo físico.
    d. A cremação é um processo químico.
    e. O hidróxido de potássio é classificado como um óxido.

12. (UFRN) Assim como Monsieur Jourdain, o personagem de Molière, que falava em prosa sem sabê-lo, também nós realizamos e presenciamos transformações químicas, sem ter plenamente consciência disso. No dia a dia, muitas transformações químicas acontecem sem que pensemos nelas, como por exemplo:
    a. A sublimação do $I_2(s)$.
    b. A atração de um metal por um ímã.
    c. O congelamento da água.
    d. O amadurecimento de um fruto.

13. (UFU-MG) Analise os processos a seguir. Marque aquele que não representa uma transformação química.
    a. oxidação de ferramenta
    b. queimada da floresta
    c. evaporação do álcool
    d. digestão de sanduíche

14. (IFSC) Quando as substâncias reagem entre si ocorrem fatos bastante visíveis que confirmam a ocorrência da reação, e dentre eles, podemos destacar: desprendimento de gás e luz, mudança de coloração e cheiro, formação de precipitados etc.

Qual das alternativas abaixo envolve uma transformação química?
a. prensagem de latas de refrigerantes
b. liquefação do ar atmosférico
c. lançamento de uma nave espacial
d. coleta seletiva de lixo
e. mistura de álcool e gasolina para veículos automotores

15. (UEFS-BA) O Ciclo da Água na natureza inclui transformações físicas, a exemplo da evaporação, condensação e fusão, influenciadas pelas condições ambientais do Planeta. Entretanto, a quantidade total de água, que é essencial à vida, dissolve e transporta muitas substâncias químicas, permanece constante.

Considerando-se essas informações, é correto inferir:
a. O granizo, formado por água no estado sólido, é proveniente da condensação do vapor de água que compõe a atmosfera.
b. O solo arenoso permite a infiltração de água da chuva porque é constituído por substâncias químicas solúveis em água.
c. O oxigênio utilizado pelos peixes na sua respiração é originário da decomposição de moléculas de água que formam lagos, rios e oceanos.
d. A fusão das geleiras, com o aumento da temperatura do Planeta, implica a ruptura de ligações de hidrogênio entre as moléculas de água.
e. A quantidade total de água no Planeta permanece constante porque a água que evapora da superfície retorna constantemente ao solo, sob a forma de chuva.

16. (Unicamp-SP) As empresas que fabricam produtos de limpeza têm se preocupado cada vez mais com a satisfação do consumidor e a preservação dos materiais que estão sujeitos ao processo de limpeza. No caso do vestuário, é muito comum encontrarmos a recomendação para fazer o teste da firmeza das cores para garantir que a roupa não será danificada no processo de lavagem. Esse teste consiste em molhar uma pequena parte da roupa e colocá-la sobre uma superfície plana; em seguida, coloca-se um pano branco de algodão sobre sua superfície e passa-se com um ferro bem quente. Se o pano branco ficar manchado, sugere-se que essa roupa deve ser lavada separadamente, pois durante esse teste ocorreu um processo de
a. fusão do corante, e o ferro quente é utilizado para aumentar a pressão sobre o tecido.
b. liquefação do corante, e o ferro quente é utilizado para acelerar o processo.
c. condensação do corante, e o ferro quente é utilizado para ajudar a sua transferência para o pano branco.
d. dissolução do corante, e o ferro quente é utilizado para acelerar o processo.

17. (Unicamp-SP) Com a crise hídrica de 2015 no Brasil, foi necessário ligar as usinas termoelétricas para a geração de eletricidade, medida que fez elevar o custo da energia para os brasileiros. O governo passou então a adotar bandeiras de cores diferentes na conta de luz para alertar a população. A bandeira vermelha indicaria que a energia estaria mais cara. O esquema a seguir representa um determinado tipo de usina termoelétrica.

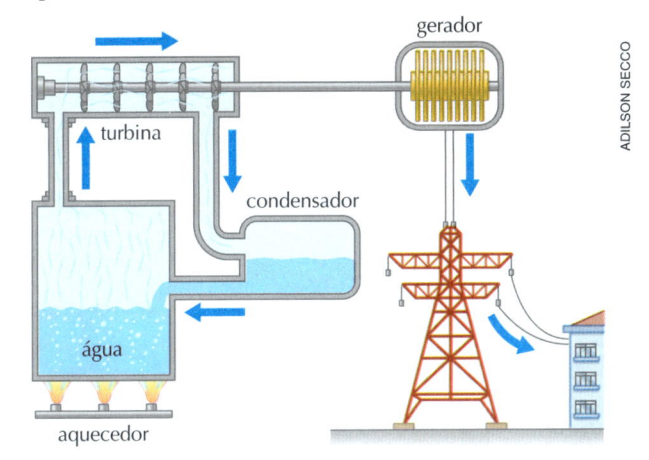

(Adaptado de BITESIZE. Thermal power stations. Disponível em http://www.bbc.co.uk/bitesize/standard/physics/energy_matters/generation_of_electricity/revision/1/. Acessado em 26/07/17.)

Conforme o esquema apresentado, no funcionamento da usina há
a. duas transformações químicas, uma transformação física e não mais que três tipos de energia.
b. uma transformação química, uma transformação física e não mais que dois tipos de energia.
c. duas transformações químicas, duas transformações físicas e pelo menos dois tipos de energia.
d. uma transformação química, duas transformações físicas e pelo menos três tipos de energia.

18. (Enem)

Algumas práticas agrícolas fazem uso de queimadas, apesar de produzirem grandes efeitos negativos. Por exemplo, quando ocorre a queima da palha de cana-de-açúcar, utilizada na produção de etanol, há emissão de poluentes como CO_2, SO_x, NO_x e materiais particulados (MP) para a atmosfera. Assim, a produção de biocombustíveis pode, muitas vezes, ser acompanhada da emissão de vários poluentes.

CARDOSO, A. A.; MACHADO, C. M. D.; PEREIRA, E. A. Biocombustível: o mito do combustível limpo. *Química Nova na Escola*, n. 28, maio 2008 (adaptado).

Considerando a obtenção e o consumo desse biocombustível, há transformação química quando
a. o etanol é armazenado em tanques de aço inoxidável.
b. a palha de cana-de-açúcar é exposta ao sol para secagem.
c. a palha da cana e o etanol são usados como fonte de energia.
d. os poluentes SO_x, NO_x e MP são mantidos intactos e dispersos na atmosfera.
e. os materiais particulados (MP) são espalhados no ar e sofrem deposição seca.

Mais questões: no livro digital, em **Vereda Digital Aprova Enem** e **Vereda Digital Suplemento de revisão e vestibulares**; no *site*, em **AprovaMax**.

CAPÍTULO 2

LEIS DAS REAÇÕES QUÍMICAS E TEORIA ATÔMICA DE DALTON

Durante o século XVII, no período em que a Química era gestada, alguns estudiosos se valeram de contribuições dos alquimistas e tinham uma forma bastante peculiar de explicar os fenômenos da natureza. Com o avanço da ciência e da tecnologia, os conceitos, as teorias e os recursos trouxeram novas questões e desafios aos pesquisadores. Na foto, a obra *O alquimista*, de David Teniers, 1649.

ENEM
C1: H3
C5: H17
C7: H24

Este capítulo vai ajudá-lo a compreender:
- a lei da conservação da massa;
- a lei das proporções definidas;
- a teoria atômica de Dalton.

Combustão de uma folha de papel.

Combustão de uma palha de aço.

Para situá-lo

No capítulo anterior, você começou a formular o conceito de transformação química, um dos temas centrais no estudo da Química. Vamos agora refletir sobre observações que podem ser feitas em nosso dia a dia a propósito de algumas dessas transformações.

Observe as fotos a seguir. Quando queimamos uma folha de papel, obtém-se um material escuro de massa menor que o papel tinha antes de queimar. Em contrapartida, a combustão da palha de aço produz um material de massa maior.

1. Como você explicaria essas observações aparentemente contraditórias?

Você já percebeu o que acontece com uma vela quando colocamos fogo em seu pavio? De início, a parafina que constitui a vela e que está próxima da chama passa por mudanças de estado. É o vapor obtido nessas mudanças que entra em combustão. Com o passar do tempo, a parafina da vela acaba e, com isso, a chama desaparece.

Agora pense na diferença entre o que acabamos de descrever e o que se pode deduzir ao observar as imagens abaixo.

À esquerda, a chama da vela se mantém acesa com o uso do ar contido no interior do vidro. À direita, a chama já se apagou, mesmo ainda havendo parafina.

Observe os valores de massa da vela durante a combustão.

2. O que é necessário para haver combustão?

3. Nas duas imagens, uma vela é queimada em local recoberto por uma campânula de vidro, em um processo do qual participa apenas o ar que está contido no interior da campânula. O que a balança indica? O que você pode deduzir com base nessas duas fotos?

4. Haveria alguma diferença se a queima da vela ocorresse sem a campânula de vidro?

5. Como você representaria as transformações do papel, da palha de aço e da vela? Quais são os reagentes e os produtos?

> **Campânula:** recipiente de vidro em forma de sino utilizado comumente como equipamento de laboratório.

A observação das situações experimentais sobre as quais você acabou de refletir é útil para que se possa entender como questões semelhantes foram interpretadas por alguns estudiosos nos séculos XVIII e XIX. Neste capítulo, além de conhecer as contribuições desses pesquisadores, vamos relacioná-las com a construção de alguns alicerces da Química, estabelecidos no início do século XIX.

O desenvolvimento da Química

> Há algo mais belo que as mais belas descobertas; é o conhecimento da maneira pela qual são feitas.
>
> Gottfried Wilhelm Leibniz (1646-1716), filósofo alemão.

Dos gregos ao nascimento da Química

Ao que tudo indica, foram os filósofos gregos os primeiros a especular sobre qual seria a constituição da matéria, há pouco mais de 2 500 anos.

Tales de Mileto (c. 624 a.C.-c. 558 a.C.), observando que a água poderia existir nas formas líquida e gasosa, propôs que todo o Universo era formado por água. Anaxímenes (c. 585 a.C.-c. 524 a.C.) acreditava que o ar fosse a base de tudo o que há na Terra. Heráclito (c. 540 a.C.-c. 475 a.C.), centrando suas reflexões na ideia de que no Universo tudo está em constante mudança, supôs ser o fogo a base de tudo o que existia.

Para Empédocles (c. 490 a.C.-c. 435 a.C.), além da água, do ar e do fogo, a terra participaria da constituição do Universo. Ele defendia a teoria dos quatro elementos, segundo a qual a interação entre esses quatro participantes seria regida por Amor, responsável pela união entre eles, e Ódio, responsável pela separação.

> **c.:** (cerca de) indica que há incerteza sobre a data.

De todas as concepções gregas sobre a matéria, uma das mais importantes é a de Leucipo (c. 480 a.C.-c. 420 a.C.), defendida também por seu aluno Demócrito (c. 460 a.C.-c. 370 a.C.). Segundo essa concepção, se, por hipótese, fosse possível fragmentar a amostra de um material qualquer pela metade e, em seguida, cada uma das partes fosse dividida ao meio e assim sucessivamente, chegaríamos a uma unidade imaginária, invisível e indivisível, chamada **átomo** (o termo vem do grego e significa "que não pode ser cortado", "indivisível").

Representação da teoria dos quatro elementos

A teoria dos quatro elementos foi proposta por Empédocles e posteriormente ampliada por Aristóteles. De acordo com ela, os quatro princípios constituintes de tudo o que há – ar, fogo, terra, água – se uniriam graças ao Amor e se separariam devido ao Ódio, e a interação entre eles formaria o quente, o seco, o frio e o úmido.

Pouco tempo depois, Aristóteles (384 a.C.-322 a.C.) criticou a concepção atomista e, retomando a teoria dos quatro elementos, completou-a, propondo que qualquer um deles poderia ser transformado em outro, já que na constituição dos quatro havia algo comum.

Apesar de os filósofos gregos terem sido os primeiros a se preocupar com a composição da matéria, não se podem confundir essas ideias com as que surgiram como consequência de trabalhos feitos a partir do século XVIII, uma vez que não havia vínculo entre elas e a experimentação. Aliás, por conta de seu *status* social privilegiado, para os filósofos gregos, a manipulação de materiais era impensável – eles valorizavam as atividades mentais, associando o trabalho manual ao trabalho escravo, socialmente desvalorizado.

Os alquimistas

No capítulo anterior, já nos referimos a técnicas que foram desenvolvidas por nossos antepassados e que lhes permitiram obter muitos materiais, entre os quais demos destaque aos trabalhos ligados à metalurgia, sem, no entanto, precisar quando essas práticas deixaram de ser consideradas alquímicas.

Mas o que vem a ser alquimia? Quando ela surgiu? Provavelmente você deve ter alguma ideia sobre o significado da palavra **alquimia**. Frequentemente ela é associada a algo místico, misterioso, o que não deixa de ser, em parte, verdadeiro.

É difícil precisar quando e onde a alquimia teve início. Mesmo quanto à origem dessa palavra, são encontradas várias versões. Uma das hipóteses liga a alquimia à metalurgia, o que daria a ela um caráter prático, embora a ligação com o sagrado e o místico se mantenha (por exemplo, os alquimistas usavam fórmulas e recitações mágicas para fazer invocações nos procedimentos de laboratório). A alquimia adquire importância no Egito, cerca de 300 d.C., devido à busca pela compreensão dos mistérios que envolvem a essência da matéria.

As práticas alquímicas se espalharam pela Europa, China e pelo mundo árabe desde o início da Era Cristã até o século XVII. Entre as motivações do trabalho dos alquimistas estavam a busca da **pedra filosofal** – que seria capaz de realizar a transmutação, isto é, a transformação de qualquer material em ouro – e do **elixir da vida** – material que teria a propriedade de garantir juventude e vida eterna.

Os alquimistas legaram à Química, por exemplo, receitas para a obtenção da pólvora, de alguns ácidos, bases e sais e do álcool (por meio da destilação do vinho). Supõe-se ainda que arsênio, antimônio, bismuto, fósforo e zinco tenham sido isolados por alquimistas. Também as técnicas de destilação e cristalização (que estudaremos mais adiante), além de equipamentos que utilizavam em seu trabalho, foram importantes contribuições para a Ciência moderna.

Durante o século XVII, no período em que a Química era gestada, alguns estudiosos se valeram de contribuições dos alquimistas – como técnicas e instrumentos de laboratório – e procuraram estabelecer generalizações com base em fatos experimentais. O irlandês **Robert Boyle** (1627-1691), por exemplo, foi responsável por sistematizar o conhecimento sobre muitos compostos e materiais formados por eles. A partir de experimentos realizados com gases, Boyle retomou algumas ideias dos filósofos gregos e formulou uma lei, que posteriormente ficou conhecida como lei de Boyle e que você conhecerá mais para a frente neste volume. Apesar de os estudos de Boyle terem pressuposto a existência de átomos, passou-se mais de um século para que essa ideia voltasse com o filósofo e cientista irlandês **John Dalton** (1766-1844) de modo mais consistente.

Robert Boyle foi um dos primeiros cientistas a criar teorias científicas com base experimental.

Em seu livro *O químico cético*, Boyle tentou diferenciar os trabalhos desenvolvidos por **alquimistas** e **químicos**. Concluiu que o componente mais simples da Terra era um **elemento** e que dele não se poderia obter nada mais simples. Conhecendo o trabalho de um alquimista que obtivera o fósforo branco da urina, refez o experimento, porém usando o fósforo branco para produzir chama, criando a primeira versão do palito de fósforo.

Foi no final do século XVIII que a Química passou a ter uma fundamentação teórica consistente. Dentre os estudos que contribuíram para isso, podemos destacar os do cientista francês Antoine-Laurent de Lavoisier (1743-1794). Já no início do século XIX, com a formulação da teoria atômica de Dalton (que veremos no final deste capítulo), a ideia da matéria constituída por corpúsculos indivisíveis, chamados átomos, atinge novo patamar, ao se associar aos trabalhos experimentais quantitativos – aqueles nos quais são realizadas medidas.

> **Elemento:** nos textos que fazem referência aos conhecimentos que antecedem o século XIX, a palavra **elemento** tem significado diferente do que é atualmente atribuído a elemento químico, conceito que será analisado mais adiante.

Atividades

1. Cite algumas contribuições "de natureza química" de povos que viveram antes de Cristo.
2. No que consistia a teoria dos quatro elementos?
3. Cite uma importante contribuição dos filósofos gregos para o conhecimento da constituição da matéria.
4. Qual é uma possível explicação para a ausência de base experimental nas concepções gregas sobre a constituição da matéria?
5. Os trabalhos anteriores ao século XVIII foram inúteis para a Química? Explique.
6. Quais foram as motivações iniciais dos alquimistas?

A trajetória de Lavoisier e o esclarecimento da teoria do flogístico

Antoine-Laurent de Lavoisier nasceu em Paris em 1743. Depois de terminar o curso de Direito, provavelmente por influência de seu pai, que era procurador do Parlamento, passou a estudar ciências (Matemática, Astronomia, Química, Botânica, Geologia e Mineralogia). Acabou mesclando a vida política com a de cientista.

Em 1768 ingressou na Académie Royale des Sciences (Academia Real de Ciências), fundada no século XVII por Luís XIV para promover a investigação científica na França – inicialmente como suplente, depois como presidente. Desenvolveu vários trabalhos de pesquisa na área da Química, como é o caso da produção de pólvora para o governo francês. Nesse tipo de atividade utilizava balanças de boa precisão para a época.

Entre as muitas contribuições de Lavoisier para o desenvolvimento da Química, três foram especialmente importantes: a concepção da conservação da massa, a definição de elemento químico e a formulação de uma nomenclatura química.

Retrato de Lavoisier e sua esposa, de Jacques-Louis David, 1788. Óleo sobre tela, 259,7 cm × 194,6 cm. Marie-Anne Pierrette Paulze (1758-1836), esposa de Lavoisier, teve grande participação em suas pesquisas.

A teoria do flogístico

A teoria do flogístico ou flogisto – do grego *phlogistós*, "inflamável" –, publicada pelo estudioso alemão Georg Ernst Stahl (1660-1734), em 1697, apresentava uma explicação para o fenômeno da combustão baseada na ideia de que, quando há queima, algo é liberado. Essa ideia já era defendida por seu compatriota, Johann Joachim Becher (1635-1682), cerca de três décadas antes. Segundo ela, muitos materiais, ao queimar, têm sua massa reduzida porque uma parte do material (o flogisto) era perdida na queima. Quanto aos metais, que ganhavam massa ao serem queimados – caso do magnésio, do alumínio e do ferro, por exemplo –, a teoria admitia que o flogisto perdido por eles na queima tinha massa negativa.

Dessa forma, a queima de uma folha de papel, que comentamos na abertura deste capítulo, serve para exemplificar o que Stahl interpretava como perda de flogisto. No caso da combustão da palha de aço, por raciocínio semelhante, Stahl diria que o flogisto do ferro seria negativo.

Nessa época, o oxigênio, componente do ar, fundamental para o processo de combustão feito no ambiente, ainda não havia sido descoberto. Foi Carl Wilhelm Scheele (1742-1786) quem descobriu o oxigênio, em 1771. Com essa descoberta, a teoria do flogístico passou a ser cada vez menos aceita.

Para ler

> BRAGA, Marco et al. *Lavoisier e a ciência do Iluminismo*. 2. ed. São Paulo: Atual, 2005. (Coleção Ciência no Tempo). Este livro contextualiza os trabalhos de Lavoisier com o desenvolvimento de diversas áreas; enfatiza aspectos históricos, sociopolíticos e econômicos do período em que o cientista viveu.

Química: prática e reflexão

A investigação de uma reação química envolve, entre outros fatores, o controle de variáveis, como a temperatura, a pressão, a quantidade de uma substância, etc. O que acontece com a massa de um sistema quando ocorre uma reação química?

Material necessário
- 2 erlenmeyers ou garrafas de plástico com cerca de 600 mL
- 1 bexiga de plástico
- 1 elástico
- 2 pastilhas efervescentes
- balança

Cuidado!
Nunca coloque os materiais de laboratório na boca ou em contato com outra parte do corpo; não os aspire.
Use óculos de segurança e avental de mangas compridas.

Procedimentos
1. Coloque uma quantidade de água equivalente em cada recipiente (cerca de 100 mL).
2. Insira uma pastilha efervescente na bexiga. Segure a pastilha no fundo da bexiga e prenda com elástico a boca da bexiga na boca do recipiente, cuidando para não derrubar a pastilha dentro do recipiente. Observe (ao lado, à esquerda) a foto desse esquema.
3. Meça a massa desse conjunto na balança.
4. Em seguida, despeje a pastilha na água do recipiente. Observe o que ocorre e anote o valor de massa.
5. Com o outro recipiente, meça a massa do conjunto recipiente e pastilha efervescente (ao lado, à direita).
6. Em seguida, despeje a pastilha na água. Ao término da reação, anote suas observações e o valor de massa.

Na imagem à esquerda, a pastilha efervescente está dentro da bexiga inserida na boca do recipiente. Na imagem à direita, a pastilha está ao lado do recipiente.

Descarte dos resíduos: As misturas podem ser descartadas na pia. A bexiga pode ser armazenada para outras atividades.

Analisem suas observações
1. Que características foram observadas nessa transformação química?
2. Considere as observações experimentais realizadas nas etapas 4 e 6 dos procedimentos. Há diferença nos resultados? Explique.
3. Compare a resposta que você deu ao item anterior com a resposta dada na atividade 3 do *Para situá-lo* (página 37). Você reformularia a resposta dada no início do capítulo?

Algumas contribuições de Lavoisier

O ar, o oxigênio e a combustão

Embora o oxigênio tenha sido descoberto por Scheele, seu trabalho teve pouca repercussão. Muitos atribuem essa descoberta a Joseph Priestley (1733-1804), que, em 1774, divulgou a descoberta de um gás que alimentava melhor a combustão do que o ar. Ele havia obtido esse gás a partir da decomposição do óxido de mercúrio(II), representado em vermelho no esquema ao lado, feita por aquecimento. Para isso, recorreu a uma lente que concentrava um feixe de luz sobre o óxido, aquecendo-o. O gás, ao qual Priestley atribuiu o nome de ar deflogisticado (com base na teoria do flogístico), era o oxigênio.

Além de ter tomado conhecimento dessa e de outras pesquisas a respeito da natureza do ar, Lavoisier teve contato com o próprio Priestley. Como não concordava com a interpretação dos fatos baseada na teoria do flogístico, Lavoisier planejou uma série de experimentos, utilizando balanças.

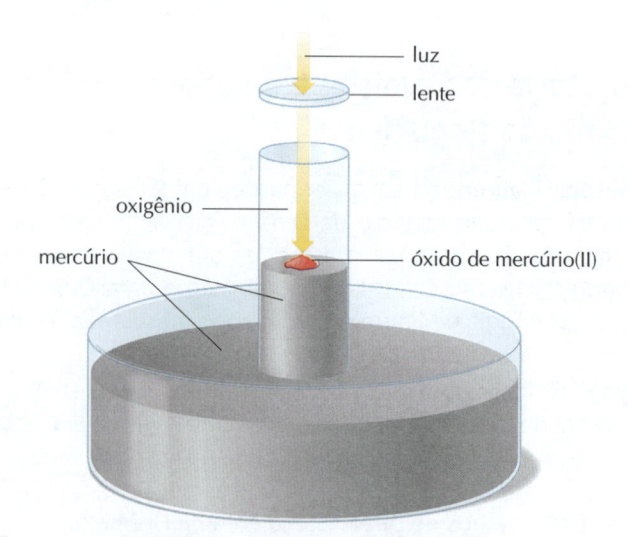

Esquema representativo do processo usado por Priestley na obtenção do oxigênio, gás que chamou de ar deflogisticado. O feixe de luz que atravessa a lente atinge o óxido de mercúrio(II) e provoca, por meio de aquecimento, sua decomposição, liberando oxigênio.

Entre seus experimentos, podemos mencionar o aquecimento do fósforo e do enxofre em ambiente aberto. Com isso, ele verificou que obtinha materiais de massas diferentes das de partida. Realizou também o aquecimento de outras substâncias, como o óxido de chumbo, notando o desprendimento de um gás.

Uma de suas experiências mais famosas foi a do aquecimento do mercúrio em um vaso selado durante 12 dias. Como resultado, observou a formação de um sólido vermelho, que atualmente sabemos tratar-se de óxido de mercúrio(II), e a redução de volume do "ar" em cerca de 20% (hoje sabemos que essa redução ocorre por causa do consumo do oxigênio presente no ar, quando há a reação com o mercúrio). Observe o esquema que representa o experimento que Lavoisier realizou.

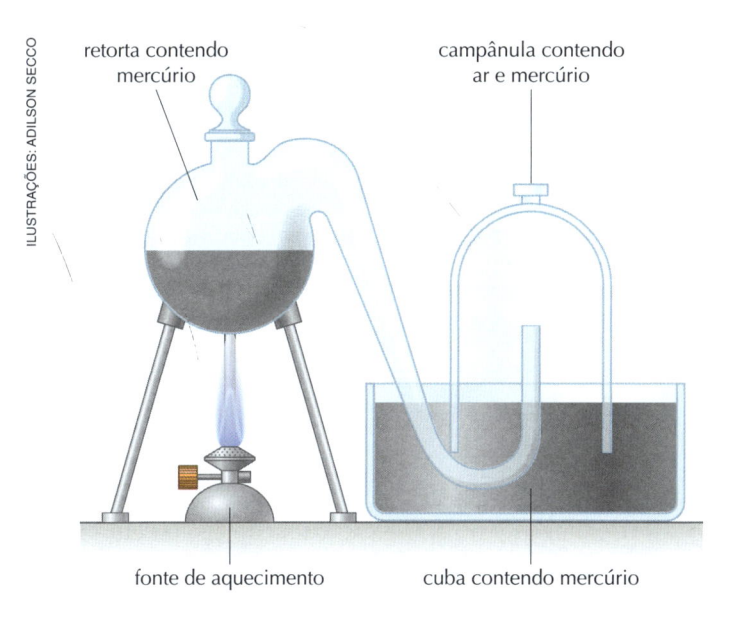

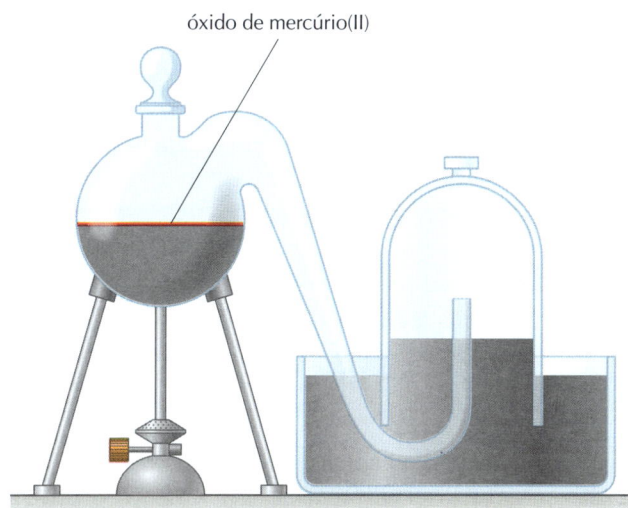

Esquema de um dos experimentos feitos por Lavoisier. Observe que o nível do mercúrio na campânula subiu, ocupando o lugar do ar (na verdade, oxigênio) que reagiu com o mercúrio produzindo um sólido avermelhado, o óxido de mercúrio(II).

Lavoisier realizou também o processo inverso, isto é, o aquecimento do óxido de mercúrio(II), notando que voltava a obter mercúrio e "ar" em quantidades idênticas às que foram consumidas no processo anterior.

Depois de uma série de experimentos, concluiu que o ar da atmosfera não continha apenas uma substância; o ar era, na verdade, uma mistura de diversos gases. Para ele, o ar da atmosfera era constituído de aproximadamente um quarto de "ar deflogisticado", ou seja, do ar que era respirável (essa parte respirável do ar é o oxigênio). Lavoisier identificou também outro constituinte do ar: o azoto (que hoje chamamos de nitrogênio).

Outra contribuição de Lavoisier foi a conclusão de que a água era constituída de hidrogênio e oxigênio.

Essas descobertas contribuíram para que seus contemporâneos abandonassem a ideia do flogisto.

Saiba mais

Nomenclatura química

Antigamente, não havia uma **sistematização** para nomear as substâncias. Desse modo, o nome delas, bem como os símbolos para representá-las, eram incompreensíveis para pessoas que não fossem iniciadas pelos **alquimistas**. Observe:

Nome antigo	Símbolo utilizado pelos alquimistas	Nome atual
ácido vitriólico		ácido sulfúrico

Diante dessa situação, um grupo de cientistas – Louis-Bernard Guyton-Morveau (1737-1816), Claude-Louis Berthollet (1748-1822), Antoine-François Fourcroy (1755-1809) e Lavoisier – publicou, em 1787, o *Méthode de nomenclature chimique* (*Método de nomenclatura química*), obra que tinha como um de seus objetivos aperfeiçoar a linguagem química. Lavoisier e os colaboradores buscaram, na medida do possível, utilizar a composição da substância para compor seu nome (por exemplo, o cloreto de sódio pode ser obtido pelas substâncias cloro e sódio).

A definição de elemento químico para Lavoisier

Em seu livro *O químico cético*, Boyle introduziu a ideia de elemento. Baseando-se nas teorias de Boyle, Lavoisier chamou de elemento químico todas as substâncias que não podemos decompor por nenhum processo (por exemplo, aquecimento). Atualmente, o conceito de elemento é bastante diferente e será discutido no capítulo 4.

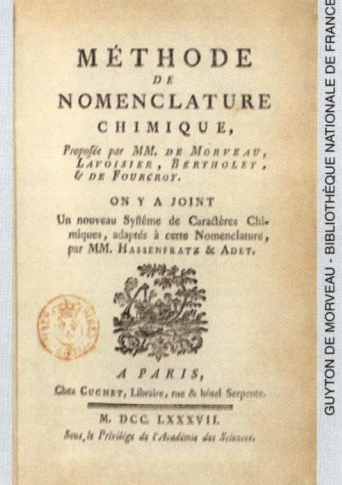

Página de apresentação do trabalho de nomenclatura química publicado por Morveau, Berthollet, Fourcroy e Lavoisier.

Leis ponderais das reações químicas

A palavra **ponderal** (do latim *pondus*, "peso") é utilizada na Química para se referir a leis relacionadas ao "peso" das substâncias nas reações químicas. Duas delas – a lei da conservação da massa, proposta por Lavoisier, e a lei das proporções constantes, proposta por Proust – foram fundamentais para o estabelecimento da Química como ciência no final do século XVIII e início do século XIX e serão abordadas adiante.

Esclarecimentos necessários

Peso e massa

No passado era comum a utilização do termo peso para se referir à massa de objetos, materiais, etc. No entanto, massa e peso não são sinônimos. Massa é uma propriedade relacionada à dificuldade de alterar a velocidade de um corpo. Por exemplo: o esforço necessário para empurrar um carrinho de supermercado cheio é maior do que o esforço feito para empurrá-lo vazio; isso porque a massa do carrinho cheio é maior. Peso é uma propriedade relacionada à força de atração entre o corpo e o astro (por exemplo, a Terra).

Quando alguém sobe em uma balança para verificar se engordou ou emagreceu, obtém uma medida de sua massa, por exemplo, 50 quilogramas ou 50 kg. No entanto, todos dizem que estão "se pesando". Por quê? É que as medidas de massa e peso de um corpo são proporcionais. Na verdade, a balança mede a força (peso) com que a Terra nos atrai e, quanto maior for a massa, maior será o peso correspondente.

O peso de um corpo corresponde, em módulo, ao produto da sua massa pela aceleração da gravidade do local. Assim, a massa de um corpo não varia se ele estiver na Terra, na Lua ou em outro astro. Já o peso de um corpo na Terra será 6 vezes maior do que na Lua.

Unidades de medida

Quando fazemos uma medição, associamos um número a uma unidade. Na tentativa de uniformizar as unidades de medida adotadas para cada grandeza, na década de 1960 foi estabelecido o Sistema Internacional de Unidades (SI). A massa é uma das grandezas básicas do SI.

No caso da massa, a unidade-padrão de medida é o quilograma (kg). Embora o quilograma seja a unidade-padrão, comumente são usados seus múltiplos e submúltiplos. Veja algumas dessas conversões no quadro abaixo:

Algumas unidades de massa e suas conversões	
Unidades de medida	Conversões
miligrama (mg)	$1\ mg = 10^{-6}\ kg = 10^{-3}\ g$
grama (g)	$1\ g = 10^{-3}\ kg$
quilograma (kg), unidade recomendada pelo SI	$1\ kg = 1\ 000\ g = 10^3\ g$
tonelada (t), unidade aceita pelo SI, ainda muito usada	$1\ t = 10^3\ kg$

Grandeza: chamamos de **grandeza** tudo o que pode ser medido. Temperatura, velocidade, comprimento, área, volume são exemplos de grandezas. Para fazer medidas, isto é, para associar um número a uma grandeza, temos de usar um instrumento de medida; para medir a temperatura de uma amostra de água ou de nosso corpo, por exemplo, usamos termômetros.

Lei da conservação da massa

Embora se atribua a Lavoisier a formulação da lei da conservação da massa, o mais adequado é afirmar que ele propôs que, se uma reação química ocorresse em um sistema fechado, haveria a conservação da massa. Ou seja, **a massa dos reagentes é igual à massa dos produtos.**

Em sua obra *Traité élémentaire de Chimie* (*Tratado elementar de Química*), de 1789, Lavoisier defendeu que qualquer ideia, por mais simples que fosse, deveria ser continuamente posta à prova por meio da experiência. Apesar disso, nessa publicação, a conservação da massa aparece como algo já sabido, que não é discutido em detalhe. Assim, segundo historiadores da Ciência, os textos originais de Lavoisier usam a palavra **axioma** para se referir ao que comumente se associa a essa "lei".

Vale destacar também que, embora seja frequente associar a Lavoisier o enunciado "Na natureza nada se perde, nada se cria, tudo se transforma", não há nenhum trabalho escrito por ele que faça referência a esse enunciado.

Axioma: premissa considerada necessariamente evidente e verdadeira, fundamento de uma demonstração, porém ela mesma indemonstrável, originada, segundo a tradição racionalista, de princípios inatos da consciência ou, segundo os empiristas, de generalizações da observação empírica [...].

INSTITUTO ANTÔNIO HOUAISS. *Dicionário eletrônico Houaiss da língua portuguesa.* Rio de Janeiro: Objetiva, 2010. Versão multiusuário 2009.

Atividade

Considere a informação:

O ferro (presente no arame, na palha de aço ou em outra forma) exposto ao ar após certo tempo transforma-se em ferrugem, isto é, adquire coloração avermelhada, passando a ter massa maior.

a) Como a teoria do flogístico explicaria essa alteração de massa?
b) A massa se conserva na formação da ferrugem? Como você faria para verificar isso?
c) Afora o ferro, de onde provêm os demais reagentes da transformação?

*Você pode resolver as questões de 1 a 3, 7, 10, 12 e 13 da seção **Testando seus conhecimentos.***

Observação

Ao fazer as atividades anteriores, é provável que você tenha percebido que, para comprovar a proposição de Lavoisier no caso da formação de ferrugem, teríamos de utilizar um sistema fechado.

Os reagentes do processo que origina a ferrugem são ferro (sólido) e substâncias gasosas provenientes do ar (oxigênio e vapor de água), de modo que: massa de ferro + massa dos gases (ar) incorporados à estrutura metálica = massa do ferro "enferrujado".

Se o experimento tivesse sido feito em recipiente fechado, não observaríamos o aumento de massa do sistema, pois os componentes do ar que se incorporaram ao ferro já fariam parte do sistema.

A conservação da massa, na verdade, é válida mesmo que a reação se dê em um sistema aberto ao ambiente. A dificuldade residiria em determinar a massa de substâncias no estado gasoso.

A composição das substâncias

Para que o conhecimento químico sobre os constituintes de um material avançasse, foram fundamentais os dados quantitativos relativos às reações químicas acumulados por alguns estudiosos, como foi o caso do francês Joseph-Louis Proust (1754-1826). Uma questão que o atraía: se variarmos a forma de obtenção de uma substância, sua composição será alterada?

Ele procedeu a uma análise cuidadosa de amostras de carbonato de cobre com duas origens diferentes: preparado em laboratório e retirado da natureza. Verificou que, independentemente da origem, havia uma proporção constante em massa de 5 partes de cobre para 4 de oxigênio e 1 de carbono.

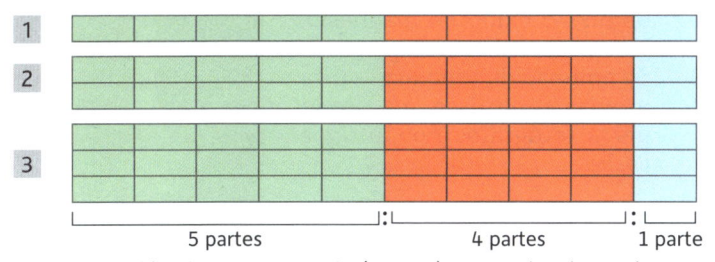

O esquema evidencia que a proporção (5 : 4 : 1) entre retângulos verdes, vermelhos e azuis é idêntica nas fitas 1, 2 e 3. Essa mesma proporção existe entre as massas de cobre, oxigênio e carbono no carbonato de cobre; ou seja, é constante e independe da amostra de carbonato de cobre.

Dessa forma, no limiar do século XIX, passou a ser possível identificar sistemas formados por várias substâncias, chamados de misturas – caso do ar, por exemplo, que é constituído de diferentes gases, entre os quais predominam o nitrogênio e o oxigênio –, e sistemas em que há apenas uma substância – caso da água, isenta de sais e gases dissolvidos, uma substância que tem composição fixa, isto é, para cada 8 g de oxigênio temos 1 g de hidrogênio. Esse tema será retomado e aprofundado nos próximos capítulos.

Saiba mais

Substância

Substância é uma palavra largamente usada em Química. No próximo capítulo vamos analisar mais detidamente seu significado; em todo caso, vale fazer um esclarecimento inicial. Pense no significado da frase abaixo:
"Eles discutiram e até brigaram, mas, do que eu ouvi, não havia diferença na substância do que disseram".
Nesse caso, poderíamos substituir "na substância" por "na essência", isto é, no que é básico, no que é fundamental; enfim, apesar da aparente divergência, as ideias centrais das duas pessoas eram semelhantes. Concorda?
Vamos agora fazer um paralelo entre esse significado e aquele que é usado em Química.
No capítulo anterior, vimos alguns exemplos de mudança de estado, um tipo de transformação física. Por exemplo, quando a água é aquecida até entrar em ebulição, ela muda de estado físico (de líquido para gasoso). No século VI a.C., o filósofo grego Tales de Mileto afirmava que, ao passar por essa mudança, a essência da água não era alterada. Essa ideia permanece válida, pois, apesar de diferentes quanto ao aspecto, em ambas as formas ela continua sendo a mesma substância: água.
Na prática, se tivermos um líquido incolor e quisermos saber se se trata de água, teremos de analisar uma série de propriedades desse líquido e comparar com as que estão registradas em livros de referência.

Lei das proporções definidas

Para saber se duas amostras de uma mesma substância procedentes de fontes diferentes apresentavam a mesma composição em massa, Proust fez experimentos em que repetia uma mesma reação química, variando e medindo as amostras das substâncias envolvidas.

Como exemplo, considere os dados sobre a decomposição da água, em que são obtidos hidrogênio e oxigênio.

Massas de oxigênio e hidrogênio obtidas pela decomposição de diferentes quantidades de água					
Experimento	água	→	oxigênio	+	hidrogênio
I	18 g		16 g		2 g
II	45 g		40 g		5 g
III	9 g		8 g		1 g
IV	180 g		160 g		20 g

Vamos calcular a relação massa de oxigênio/massa de hidrogênio para cada amostra de água formada nos diversos experimentos.

(I) $\dfrac{m_{\text{oxigênio}}}{m_{\text{hidrogênio}}} = \dfrac{16\text{ g}}{2\text{ g}} = 8$ 　　(III) $\dfrac{m_{\text{oxigênio}}}{m_{\text{hidrogênio}}} = \dfrac{8\text{ g}}{1\text{ g}} = 8$

(II) $\dfrac{m_{\text{oxigênio}}}{m_{\text{hidrogênio}}} = \dfrac{40\text{ g}}{5\text{ g}} = 8$ 　　(IV) $\dfrac{m_{\text{oxigênio}}}{m_{\text{hidrogênio}}} = \dfrac{160\text{ g}}{20\text{ g}} = 8$

Ao determinar a relação massa de água/massa de hidrogênio ou massa de água/massa de oxigênio, também vamos encontrar relações constantes, respectivamente iguais a 9 e 9/8.

Essas relações independem da origem da água (desde que ela esteja isenta de sais minerais e gases dissolvidos); ela pode tanto ter sido obtida da natureza (chuva, mar, lago, rio) quanto sintetizada em laboratório.

Proporção em massa:

água ⟶ oxigênio + hidrogênio
　9　　　:　　　8　　　:　　　1

A generalização, feita a partir de experimentos com diversas substâncias, levou Proust a concluir que, numa dada reação química, existe uma proporção constante entre as massas das substâncias participantes.

Essa lei ponderal, conhecida como **lei das proporções definidas**, foi publicada por Proust em 1799. Genericamente, podemos representá-la assim:

Experimento	X	+	Y	→	Z	+	W
I	x_1		y_1		z_1		w_1
II	x_2		y_2		z_2		w_2

em que **x, y, z, w** representam as massas das substâncias X, Y, Z e W:

$$\dfrac{x_1}{x_2} = \dfrac{y_1}{y_2} = \dfrac{z_1}{z_2} = \dfrac{w_1}{w_2}$$

Capítulo 2 • Leis das reações químicas e teoria atômica de Dalton

Atividades

1. Um dos experimentos realizados por Proust foi o da determinação das quantidades em massa de cobre, carbono e oxigênio em amostras de diferentes origens de carbonato de cobre. A tabela abaixo relaciona as massas, em gramas, de carbonato de cobre com as massas dos elementos que o compõem.

Composição de carbonato de cobre em função da massa			
Carbonato de cobre (g)	Cobre (g)	Carbono (g)	Oxigênio (g)
10,0	5,1	1,0	3,9
20,0	10,2	2,0	7,8
30,0	15,3	3,0	11,7
40,0	20,4	4,0	15,6
50,0	25,5	5,0	19,5

   a) Usando seu conhecimento sobre proporções e os dados da tabela, calcule a porcentagem, em massa, dos elementos que constituem o carbonato de cobre e represente-a em um gráfico "de pizza".
   b) Usando os dados da tabela, construa um gráfico (em papel quadriculado ou no computador) de massa de carbono (no eixo das ordenadas) em função da massa de carbonato de cobre (no eixo das abscissas).
   c) O que se pode concluir da tabela fornecida e do gráfico que você obteve na resposta anterior? Qual a relação de proporcionalidade entre as massas de carbono e de carbonato de cobre?
   d) Construa um gráfico que relacione a massa de carbono com a massa de cobre. Que conclusão se pode tirar do gráfico obtido?
   e) Se construíssemos um gráfico da massa de carbono em função da massa de oxigênio, você acha que encontraríamos uma forma diferente do gráfico anterior? De que maneira esse fato se relaciona com a lei das proporções definidas?

2. O cálcio sólido reage com cloro gasoso, originando cloreto de cálcio. Sabe-se que 40 g de cálcio reagem completamente com 71 g de cloro, originando 111 g de cloreto de cálcio.
   a) Uma pessoa provocou a reação entre uma amostra de cálcio e 14,2 g de cloro. Como resultado desse processo, obteve 22,2 g de cloreto de cálcio e ainda restou no recipiente 1 g de cálcio que não reagiu – diz-se que havia excesso de 1 g de cálcio. Qual a massa da amostra de cálcio utilizada na reação?
   b) Se colocarmos 80 g de cálcio para reagir com 150 g de cloro gasoso, obteremos apenas cloreto de cálcio? Por quê? Qual deverá ser a massa do cloreto de cálcio formado?
   c) Qual lei ponderal está envolvida no raciocínio utilizado para resolver os itens anteriores?

3. O magnésio sofre combustão (queima), originando um pó branco, o óxido de magnésio. Esse processo é acompanhado da emissão de uma luz branca intensa e, por isso, era usado pelos fotógrafos nos antigos *flashes*.

   Luz branca emitida pela combustão de magnésio metálico.

   Se 12 g desse metal produz, na combustão, 20 g de pó branco, responda:
   a) que massa de oxigênio do ar deve ter sido consumida no processo? Em que lei se baseia a resposta?
   b) calcule a relação entre a massa de magnésio que sofreu combustão e a massa de oxigênio consumida no processo.

4. Consultando os valores que aparecem na tabela **Massas de oxigênio e hidrogênio obtidas pela decomposição de diferentes quantidades de água**, na página anterior, construa gráficos (utilizando papel quadriculado ou o computador):
   a) da massa de água em função da massa de hidrogênio;
   b) da massa de oxigênio em função da massa de hidrogênio.

5. Ao se aquecer 1 kg de carbonato de cálcio, obtêm-se 560 g de óxido de cálcio, além de gás carbônico.
   a) Que massa de gás foi obtida?
   b) Qual a relação entre a massa do óxido de cálcio formado e a do carbonato de cálcio que se decompõe?

Você pode resolver as questões de 5, 6, 8, 9, 11, 14 da seção Testando seus conhecimentos.

Teoria atômica de Dalton

Com base nas massas das substâncias envolvidas nas reações, John Dalton (1766-1844) concluiu que a matéria é formada por pequenas partículas, que ele supôs indivisíveis. Os trabalhos que o levaram a essa conclusão foram publicados entre 1803 e 1827. Para Dalton, a ideia de átomo surgiu como uma possibilidade de justificar o que verificava experimentalmente.

As conclusões de seu trabalho foram coerentes com as leis ponderais das reações – como as que vimos anteriormente, de Lavoisier e Proust.

Os pontos básicos da chamada teoria atômica de Dalton, de modo simplificado, são os seguintes:

- A matéria é formada de partículas indivisíveis chamadas átomos.
- Átomos de um mesmo tipo (mesmo elemento) são iguais (em tamanho, forma, massa, por exemplo) e diferentes dos átomos de outro elemento.
- Os átomos podem se unir uns aos outros formando "átomos compostos" (atualmente, esses "átomos compostos" são chamados de moléculas).
- As reações químicas podem ser consideradas processos em que ocorrem união e separação de átomos.

Vamos supor uma reação genérica X + Y ⟶ Z, para que você possa compreender como a teoria atômica de Dalton é capaz de justificar as leis de Lavoisier e de Proust. Utilizaremos a seguinte representação:

átomo X: 🔴   átomo Y: 🔵
massa de 🔴: x   massa de 🔵: y   átomo composto Z: 🔴🔵

	X	+	Y	⟶	Z
1º experimento	$m_x = 3x$		$m_y = 3y$		$m_z = 3(x+y)$
2º experimento	$m_x = 8x$		$m_y = 8y$		$m_z = 8(x+y)$

Cores fantasia (átomos e moléculas não têm cor), sem escala (as representações são apenas modelos para facilitar a compreensão; as partículas não podem ser observadas diretamente nem com instrumentos).

Lavoisier: (1ª) $3x + 3y = 3(x+y)$ (2ª) $8x + 8y = 8(x+y)$

Proust: $\dfrac{(1^a)}{(2^a)} \dfrac{m_X}{m_Y} = \dfrac{3x}{3y} = \dfrac{8x}{8y} = \dfrac{x}{y}$ $\dfrac{m_X}{m_Z} = \dfrac{3x}{3(x+y)} = \dfrac{8x}{8(x+y)} = \dfrac{x}{(x+y)}$

A teoria atômica de Dalton mostrou-se coerente para explicar os resultados experimentais que levaram às leis ponderais; no entanto, apenas muitas décadas depois de sua formulação, é que ela foi totalmente aceita no meio científico. No final do século XIX descobriu-se que um átomo podia emitir espontaneamente partículas menores e, nas primeiras décadas do século XX, foi possível provocar a fissão do átomo, isto é, a "quebra" de alguns tipos de átomos, o que contrariava a ideia de sua indivisibilidade. Mesmo assim, até hoje muitos processos podem ser compreendidos pelo modelo de átomo proposto por Dalton.

John Dalton deixou importantes contribuições para diversas áreas das ciências, como a Química, a Física e a Meteorologia. Como veremos no capítulo 12, seus trabalhos colaboraram para a compreensão de algumas propriedades dos gases.

John Dalton desenvolveu trabalhos que o levaram a considerar que a matéria é descontínua (formada de pequenas partículas). Também estudou a incapacidade de algumas pessoas de distinguir cores (daltonismo), problema com que ele mesmo conviveu.

Atividades

1. Em um laboratório de Química, um grupo de alunos realiza um experimento com o objetivo de estudar a reação entre carbonato de cálcio e ácido clorídrico. A imagem a seguir mostra o estado inicial (antes da reação) e final (após a reação).

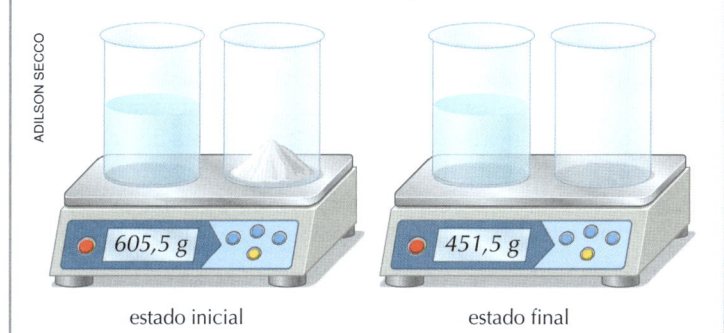

    estado inicial: 605,5 g   estado final: 451,5 g

    Considerando que nessa reação são formados cloreto de cálcio (dissolvido em meio aquoso), água e gás carbônico, quantos gramas de gás carbônico foram formados nesse experimento?

2. O metano é um gás combustível que pode ser obtido a partir do lixo orgânico. É formado apenas por carbono e hidrogênio (80 g são constituídos de 60 g de carbono e 20 g de hidrogênio). Qual a composição em porcentagem do metano (x% de carbono e y% de hidrogênio)?

3. O trióxido de enxofre, componente indesejável do ar poluído porque participa da chamada "chuva ácida", é constituído por 40% de enxofre e 60% de oxigênio. Qual a massa de enxofre necessária para reagir com 96 g de oxigênio originando trióxido de enxofre?

4. O nitrato de amônio, usado como fertilizante, é constituído de nitrogênio, oxigênio e hidrogênio. Sabe-se que em 80 g desse fertilizante são encontrados 28 g de nitrogênio, 48 g de oxigênio e 4 g de hidrogênio.

    a) Determine a porcentagem, em massa, de nitrogênio, oxigênio e hidrogênio no nitrato de amônio.

    b) Qual a massa de nitrogênio contida em 4,0 kg de nitrato de amônio?

Capítulo 2 • Leis das reações químicas e teoria atômica de Dalton

5. Qual a diferença essencial entre a concepção de átomo dos gregos e a de Dalton?

6. Segundo a teoria atômica de Dalton, como podemos interpretar uma reação química? Nela os átomos sofrem alteração?

QUESTÃO COMENTADA

7. Verifica-se num experimento que 2 g de hidrogênio reagem com 71 g de cloro para formar o cloreto de hidrogênio.
   a) Qual a massa de cloreto de hidrogênio formada quando 10 g de hidrogênio são colocados em contato com 380 g de cloro?
   b) Qual o reagente em excesso?
   c) Qual a massa do reagente em excesso?

Sugestão de resolução

a) De acordo com a proporção fornecida (2 : 71), deduz-se que é o cloro que está em excesso:

2 g de hidrogênio ——— 71 g de cloro

10 g de hidrogênio ——— x

$x = 355$ g de cloro

Se 10 g de hidrogênio reagem com 355 g de cloro, formam-se 365 g de cloreto de hidrogênio (lei de Lavoisier).

b) Considerando que reage apenas 355 g dos 380 g de cloro disponíveis, o reagente em excesso é o cloro.

c) A massa do excesso é dada por: 380 g – 355 g = 25 g de cloro.

8. Leia o texto abaixo e responda às questões.

A aspirina é uma substância sólida conhecida há mais de 100 anos. Seu nome químico é ácido acetilsalicílico (AAS) e, provavelmente, é o medicamento mais conhecido e mais vendido no mundo. Milhões de pessoas já se utilizaram da aspirina para diminuir dores e baixar a febre. Acontece que, nos últimos trinta anos, muitas pesquisas foram realizadas com a aspirina, tendo sido encontrados novos usos para esta droga centenária.

A história da aspirina começou há cerca de um século, quando o químico alemão Felix Hoffman pesquisava um medicamento para ser usado no tratamento da artrite, doença de seu pai. O objetivo dele era encontrar uma droga para substituir o salicilato de sódio, medicamento usado naquela época, mas que exigia grandes doses diárias e provocava irritação e fortes dores estomacais nos pacientes. Hoffman conseguiu preparar o ácido acetilsalicílico, que veio depois a ser chamado de aspirina. A nova droga tinha as mesmas propriedades do salicilato de sódio, conseguia melhorar a qualidade de vida dos portadores de artrite e gerava menos efeitos colaterais. [...]

[...]

Muitos estudos foram realizados com a aspirina nos últimos 30 anos, envolvendo grupos de pessoas que pertenciam a três categorias: pessoas com doenças cardiovasculares ou cerebrovasculares, pessoas em fase aguda de infarto e pessoas sadias. Nessas pesquisas, o uso da aspirina se mostrou de enorme importância na prevenção e tratamento de doenças cardiovasculares. Houve uma sensível diminuição no número de mortes e de infartos nos grupos considerados de risco.

[...]

Alguns trabalhos mais recentes tentam comprovar que a aspirina inibe o crescimento de vários tipos de tumores: endometrial, esofágico, gástrico, pulmonar e colorretal. Há também perspectivas do uso de aspirina para prevenção e tratamento de doenças que atacam o cérebro, como é o caso do mal de Alzheimer e de outras enfermidades degenerativas.

[...]

É importante observar, no entanto, que a aspirina pode gerar efeitos colaterais indesejáveis. Muitas pessoas não toleram a droga mesmo em baixas doses. A aspirina pode provocar dores estomacais, úlceras gástricas, diarreias, náuseas, sangramentos e hemorragias internas. Seu uso não é recomendado para quem possui problemas gástricos, renais ou biliares. Deve-se evitar também o uso indiscriminado, sem a devida prescrição médica.

MASSABNI, Antonio Carlos. Um velho medicamento com novos usos. *Química Viva*. Conselho Regional de Química – IV Região. Disponível em: <http://www.crq4.org.br/quimica_viva__aspirina>. Acesso em: 13 jul. 2018.

a) De acordo com o texto, a descoberta do ácido acetilsalicílico ocorreu devido às pesquisas do cientista Hoffman. Qual era o objetivo do seu estudo?

b) O ácido acetilsalicílico pode ser obtido pela reação entre anidrido acético e ácido salicílico segundo a equação a seguir:

anidrido acético + ácido salicílico ⟶

⟶ ácido acetilsalicílico + ácido acético

Se, para obter 180 g de ácido acetilsalicílico, são necessários 102 g de anidrido acético e 138 g de ácido salicílico, quantos gramas de ácido acético são formados nessa transformação?

c) A automedicação, ou seja, a utilização de medicamentos por conta própria, sem prescrição médica, é um hábito entre os brasileiros, principalmente para problemas considerados simples, como dores de cabeça e febre. No entanto, tal prática pode causar problemas à saúde e, em alguns casos, até a morte. De acordo com o texto, a aspirina é uma exceção? Justifique sua resposta.

d) Em grupos de três ou quatro alunos, pesquisem dados sobre acidentes envolvendo o uso de medicamentos sem prescrição médica no Brasil. Discutam as possíveis ações para combater a automedicação e elaborem uma apresentação com os resultados obtidos.

Testando seus conhecimentos

1. (Cefet-MG) Em um motor a combustão realizou-se lentamente a queima de 20 kg de um líquido inflamável. Todos os produtos obtidos nesse processo estavam no estado gasoso e foram armazenados em um reservatório fechado e sem qualquer vazamento. Ao final, constatou-se que a massa dos produtos foi maior do que a massa do combustível que havia sido adicionada.

A explicação para o fenômeno observado é que
a. em sistemas abertos, não se aplica a lei de Lavoisier.
b. no combustível, foi incorporado outro reagente químico.
c. no combustível, havia partículas sólidas que possuem maior massa do que os gases.
d. em um processo de combustão lenta, formam-se inesperados produtos de maior massa.

2. (UEL-PR) Leia o texto a seguir.

> Para muitos filósofos naturais gregos, todas as substâncias inflamáveis continham em si o elemento fogo, que era considerado um dos quatro elementos fundamentais. Séculos mais tarde, George Stahl ampliou os estudos sobre combustão com a teoria do flogístico, segundo a qual a combustão ocorria com certos materiais porque estes possuíam um "elemento" ou um princípio comum inflamável que era liberado no momento da queima. Portanto, se algum material não queimasse, era porque não teria flogístico em sua composição. Uma dificuldade considerável encontrada pela teoria do flogístico era a de explicar o aumento de massa dos metais após a combustão, em sistema aberto. Lavoisier critica a teoria do flogístico e, após seus estudos, conciliou a descoberta acidental do oxigênio feita por Joseph Priestley, com seus estudos, chegando à conclusão de que o elemento participante da combustão estava nesse componente da atmosfera (o ar em si) juntamente com o material, e não em uma essência que todos os materiais continham.
>
> (Adaptado de: STRATHERN, P. "O Princípio da Combustão". In: STRATHERN, P. *O Sonho de Mendeleiev*. Rio de Janeiro: Jorge Zahar, 2002. p. 175-193)

Com base no texto e nos conhecimentos sobre combustão, assinale a alternativa correta.
a. De acordo com a Lei de Lavoisier, ao queimar uma palha de aço, em um sistema fechado, a massa do sistema irá aumentar.
b. Ao queimar uma folha de papel em uma caixa aberta, a massa da folha de papel diminui, porque os produtos da combustão são gasosos e se dispersam na atmosfera.
c. Ao queimar uma vela sobre uma bancada de laboratório, a massa da vela se manterá constante, pois houve apenas uma mudança de estado físico.
d. Considere que, em um sistema fechado, 32,7 g de zinco em pó reagem com 4 g de gás oxigênio, formando 40,7 g de óxido de zinco (ZnO).
e. Na combustão do carvão, em um sistema fechado, 1 mol de C(s) reage com 1 mol de oxigênio formando 2 mol de dióxido de carbono (CO_2).

3. (Feevale-RS) Imagine que, em uma balança de pratos, conforme mostra a Figura 1, nos recipientes I e II, foram colocadas quantidades iguais de um mesmo sólido: palha de ferro ou carvão. Foi ateado fogo à amostra contida no recipiente II. Depois de cessada a queima, o arranjo tomou a disposição da Figura 2.

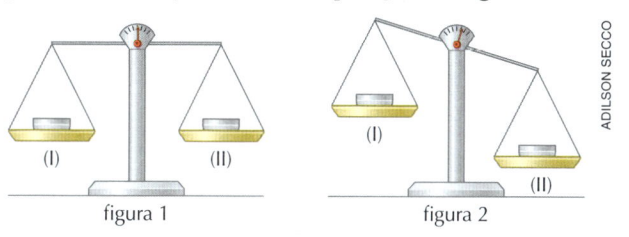

figura 1   figura 2

As equações para as reações envolvidas são apresentadas a seguir.

$$C(s) + O_2(g) \longrightarrow CO_2(g)$$
$$4\,Fe(s) + 3\,O_2(g) \longrightarrow 2\,Fe_2O_3(s)$$

Considerando o resultado do experimento (Figura 2), marque a alternativa que explica corretamente o que aconteceu.
a. O sólido contido nos dois recipientes é carvão, e, quando cessada a queima, o recipiente II ficou mais pesado, pois o carvão reagiu com o oxigênio do ar e transformou-se em CO_2.
b. O recipiente I continha carvão, e o recipiente II, palha de ferro. Quando cessada a queima, o recipiente II ficou mais pesado, já que na reação ocorreu a incorporação de oxigênio do ar no produto formado (Fe_2O_3).
c. O sólido contido nos dois recipientes é palha de ferro, e, quando cessada a queima, o recipiente II ficou mais pesado, já que na reação ocorreu a incorporação de oxigênio do ar no produto formado (Fe_2O_3).
d. O recipiente I continha palha de ferro, e o recipiente II, carvão. Quando cessada a queima, o recipiente II ficou mais pesado, pois o carvão reagiu com o oxigênio do ar e transformou-se em CO_2.
e. O sólido contido nos dois recipientes é carvão, e quando cessada a queima, o recipiente II ficou mais leve, pois o carvão reagiu com o oxigênio do ar e transformou-se em CO_2.

4. (Unesp-SP) A Lei da Conservação da Massa, enunciada por Lavoisier em 1774, é uma das leis mais importantes das transformações químicas. Ela estabelece que, durante uma transformação química, a soma das massas dos reagentes é igual à soma das massas dos produtos. Esta teoria pôde ser explicada, alguns anos mais tarde, pelo modelo atômico de Dalton. Entre as ideias de Dalton, a que oferece a explicação mais apropriada para a Lei da Conservação da Massa de Lavoisier é a de que:
a. Os átomos não são criados, destruídos ou convertidos em outros átomos durante uma transformação química.
b. Os átomos são constituídos por 3 partículas fundamentais: prótons, nêutrons e elétrons.
c. Todos os átomos de um mesmo elemento são idênticos em todos os aspectos de caracterização.
d. Um elétron em um átomo pode ter somente certas quantidades específicas de energia.
e. Toda a matéria é composta por átomos.

Testando seus conhecimentos

5. (PUC-RS) Em temperatura ambiente, colocou-se uma porção de palha de aço, previamente lavada com ácido acético para remoção de óxidos, no fundo de uma proveta. Imediatamente, colocou-se a proveta emborcada em um copo com água. Observou-se, após cerca de 30 minutos, que a água aumentou de volume dentro da proveta, conforme ilustração.

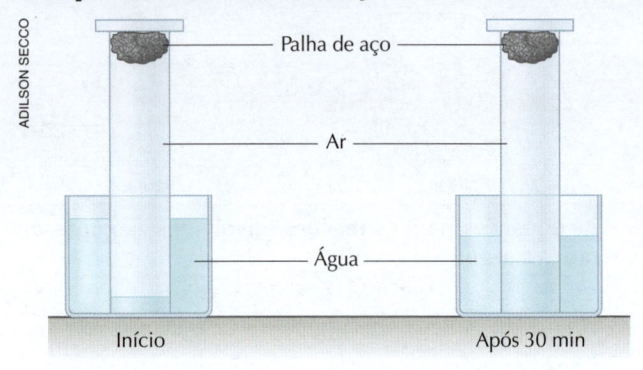

A hipótese mais provável para explicar o ocorrido é que
a. parte do ar dissolveu-se na água, fazendo com que a água ocupasse o lugar do ar dissolvido.
b. o ar contraiu-se pela ação da pressão externa.
c. 79% da quantidade de ar reagiu com a palha de aço.
d. parte da água vaporizou-se, pois o sistema está à temperatura ambiente.
e. o oxigênio presente no ar reagiu com o ferro da palha de aço, formando óxido de ferro.

6. (Enem) Atualmente, sistemas de purificação de emissões poluidoras estão sendo exigidos por lei em um número cada vez maior de países. O controle das emissões de dióxido de enxofre gasoso, provenientes da queima de carvão que contém enxofre, pode ser feito pela reação desse gás com uma suspensão de hidróxido de cálcio em água, sendo formado um produto não poluidor do ar.

A queima do enxofre e a reação do dióxido de enxofre com o hidróxido de cálcio, bem como as massas de algumas das substâncias envolvidas nessas reações, podem ser assim representadas:

enxofre (32 g) + oxigênio (32 g) ⟶ dióxido de enxofre (64 g)

dióxido de enxofre (64 g) + hidróxido de cálcio (74 g) ⟶ produto não poluidor

Dessa forma, para absorver todo o dióxido de enxofre produzido pela queima de uma tonelada de carvão (contendo 1% de enxofre), é suficiente a utilização de uma massa de hidróxido de cálcio de, aproximadamente,
a. 23 kg.   b. 43 kg.   c. 64 kg.   d. 74 kg.   e. 138 kg.

7. (Ufam) A Lei da Conservação das Massas foi publicada pela primeira vez em 1760, em um ensaio de Mikahil Lomonosov. No entanto, a obra não repercutiu na Europa Ocidental, cabendo ao francês Antoine Lavoisier o papel de tornar mundialmente conhecido o que hoje se chama Lei de Lavoisier. Em qualquer sistema, físico ou químico, nunca se cria nem se elimina matéria, apenas é possível transformá-la de uma forma em outra. Portanto, não se pode criar algo do nada nem transformar algo em nada (Na natureza, nada se cria, nada se perde, tudo se transforma). Os estudos experimentais realizados por Lavoisier levaram a concluir que, numa reação química que se processe num sistema fechado, a massa permanece constante. Aplicando a Lei de Lavoisier, determine a massa de dióxido de carbono formada na reação de 46 g de álcool etílico reagindo completamente com 96 g de oxigênio, sabendo que foram formados 54 g de água.
a. 142 g   b. 96 g   c. 90 g   d. 88 g   e. 46 g

8. (PUC-RS) Para responder à questão 8, analise o gráfico a seguir, referente a massas de reagentes e produtos que participaram de uma reação de obtenção do etino (acetileno).

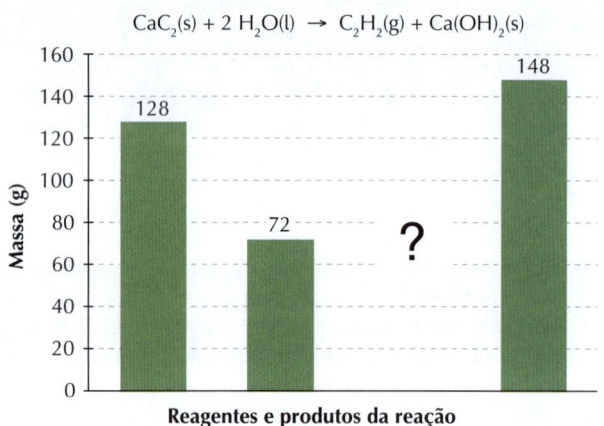

Reação de obtenção do etino
$CaC_2(s) + 2\ H_2O(l) \rightarrow C_2H_2(g) + Ca(OH)_2(s)$

A massa, em gramas, de etino obtido nessa reação, que corresponde à coluna representada pelo ponto de interrogação, é
a. 13   b. 26   c. 52   d. 74   e. 152

9. (PUC-SP) Um determinado metal queima ao ar para formar o respectivo óxido, um sólido de alta temperatura de fusão. A relação entre a massa do metal oxidado e a massa de óxido formado está representada no gráfico a seguir.

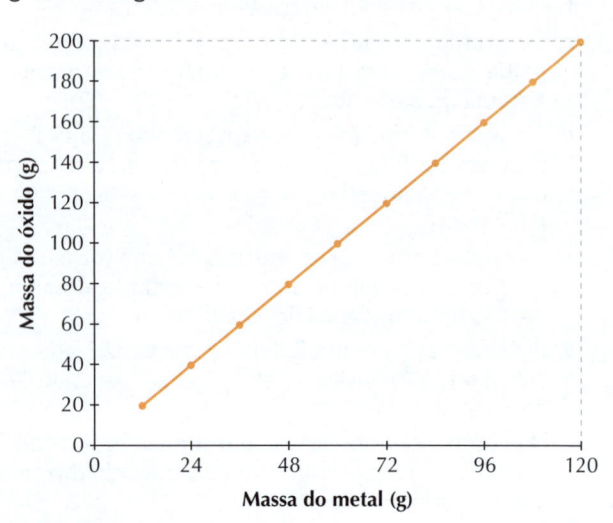

Durante um experimento, realizado em recipiente fechado, foi colocado para reagir 1,00 g do referido metal, obtendo-se 1,40 g do seu óxido. Considerando-se que todo o oxigênio presente no frasco foi consumido, pode-se determinar que a massa de oxigênio presente no sistema inicial é x. Em outro recipiente fechado, foram colocados 1,50 g do referido metal em contato com 1,20 g de oxigênio. Considerando que a reação ocorreu até o consumo total de pelo menos um dos reagentes, pode-se afirmar que a massa de óxido gerado é y. Sabendo que o metal em questão forma apenas um cátion estável e considerando que em todas as reações o rendimento foi de 100 %, os valores de x e y são, respectivamente,

a. 0,40 g e 2,70 g.
b. 0,40 g e 2,50 g.
c. 0,56 g e 2,50 g.
d. 0,56 g e 3,00 g.
e. 0,67 g e 2,70 g.

10. (UFMG) Em um experimento, soluções aquosas de nitrato de prata, $AgNO_3$, e de cloreto de sódio, NaCl, reagem entre si e formam cloreto de prata, AgCl, sólido branco insolúvel, e nitrato de sódio, $NaNO_3$, sal solúvel em água. A massa desses reagentes e a de seus produtos estão apresentadas neste quadro:

Massa das substâncias/g			
Reagentes		Produtos	
$AgNO_3$	NaCl	AgCl	$NaNO_3$
1,699	0,585	X	0,850

Considere que a reação foi completa e que não há reagentes em excesso.

Assim sendo, é **correto** afirmar que **X** – ou seja, a massa de cloreto de prata produzida – é:
a. 0,585 g.
b. 1,434 g.
c. 1,699 g.
d. 2,284 g.
e. 2,866 g.

11. (Fuvest-SP) Devido à toxicidade do mercúrio, em caso de derramamento desse metal, costuma-se espalhar enxofre no local para removê-lo. Mercúrio e enxofre reagem, gradativamente, formando sulfeto de mercúrio. Para fins de estudo, a reação pode ocorrer mais rapidamente se as duas substâncias forem misturadas num almofariz. Usando esse procedimento, foram feitos dois experimentos. No primeiro, 5,0 g de mercúrio e 1,0 g de enxofre reagiram, formando 5,8 g do produto, sobrando 0,2 g de enxofre. No segundo experimento, 12,0 g de mercúrio e 1,6 g de enxofre forneceram 11,6 g do produto, restando 2,0 g de mercúrio.
a. Mostre que os dois experimentos estão de acordo com a Lei da Conservação da Massa (Lavoisier) e a Lei das Proporções Definidas (Proust).*

* **Nota dos autores**: a questão conta com outro item.

12. (Uece) Há uma polêmica quanto à autoria da descoberta do gás oxigênio no século XVIII. Consta que a descoberta foi feita por Priestley, cabendo a Scheele a divulgação pioneira de sua existência e a Lavoisier seu batismo com o nome oxigênio, a descrição de suas propriedades e a constatação de sua importância na combustão e nos processos vitais. A descoberta do oxigênio possibilitou a Lavoisier o estabelecimento de uma importante lei e a revogação de uma teoria, que são, respectivamente,

a. Lei da Conservação da Massa e teoria da força vital.
b. Lei da Conservação da Massa e teoria do flogisto.
c. Lei da Ação das Massas e teoria da força vital.
d. Lei da Ação das Massas e teoria do flogisto.

13. (UEFS-BA) Com o objetivo de comprovar a Lei de Conservação das Massas em uma reação química — Lei de Lavoisier —, um béquer de 125,0 mL, contendo uma solução diluída de ácido sulfúrico, H_2SO_4(aq), foi pesado juntamente com um vidro de relógio, contendo pequena quantidade de carbonato de potássio, K_2CO_3(s), que, em seguida, foi adicionado à solução ácida. Terminada a reação, o béquer com a solução e o vidro de relógio vazio foram pesados, verificando-se que a massa final, no experimento, foi menor que a massa inicial. Considerando-se a realização desse experimento, a conclusão correta para a diferença verificada entre as massas final e inicial é

a. a Lei de Lavoisier não é válida para reações realizadas em soluções aquosas.
b. a Lei de Lavoisier só se aplica a sistemas que estejam nas condições normais de temperatura e de pressão.
c. a condição para a comprovação da Lei de Conservação das Massas é que o sistema em estudo esteja fechado.
d. o excesso de um dos reagentes não foi levado em consideração, inviabilizando a comprovação da Lei de Lavoisier.
e. a massa dos produtos de uma reação química só é igual à massa dos reagentes quando estes estão no mesmo estado físico.

14. (PUCC-SP) Em três experimentos sobre a combustão do carvão, C(s), foram obtidos os seguintes resultados:

Experimento	Reagentes		Produto	
	C(s)	+ O_2(g)	CO_2(g)	Sobrou sem reagir
I	12 g	32 g	44 g	–
II	18 g	48 g	66 g	–
III	24 g	70 g	88 g	6 g de oxigênio
IV	40 g	96 g	132 g	4 g de carbono

Os experimentos que seguem a lei de Lavoisier são:
a. I e II, somente.
b. I, II e III, somente.
c. II, III e IV, somente.
d. III e IV, somente.
e. I, II, III e IV.

Mais questões: no livro digital, em **Vereda Digital Aprova Enem** e **Vereda Digital Suplemento de revisão e vestibulares**; no *site*, em **AprovaMax**.

CAPÍTULO 3

SUBSTÂNCIAS E MISTURAS

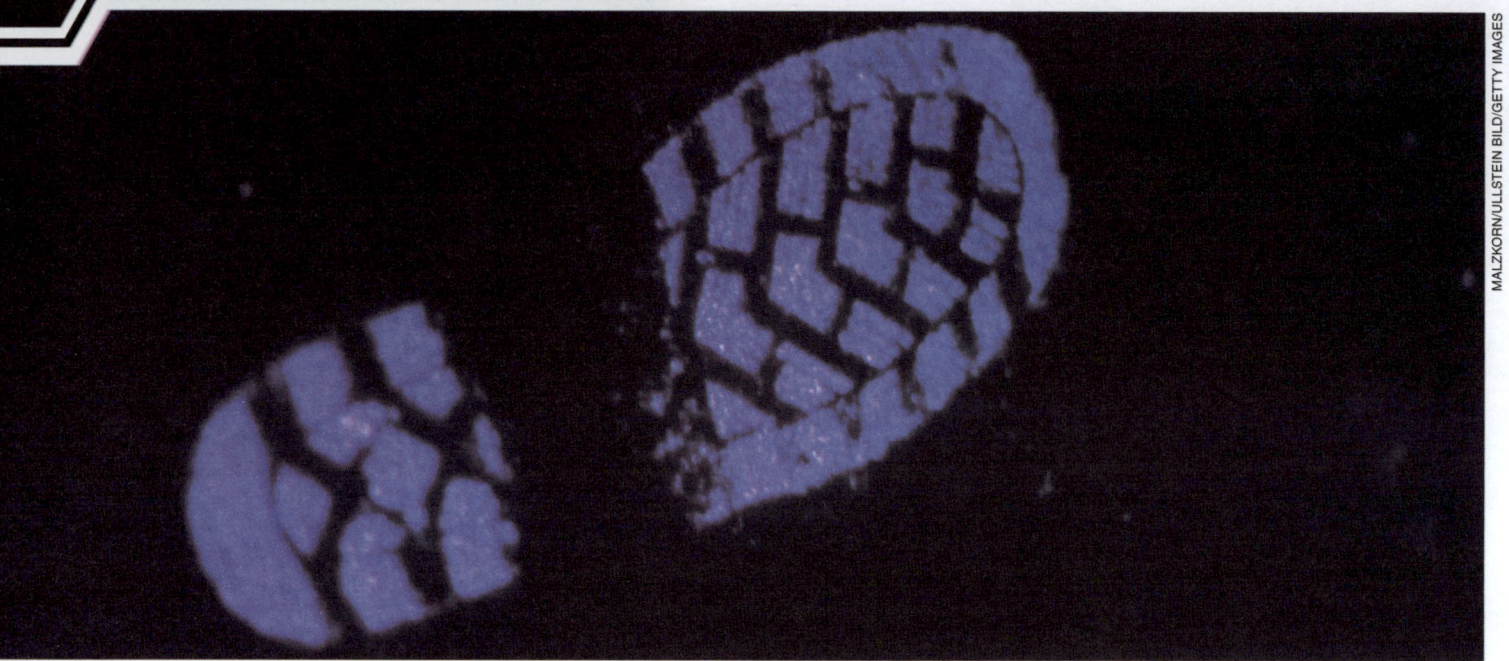

Uma substância chamada luminol é utilizada por peritos policiais para investigar crimes porque, após reagir com sangue, ela se torna visível no escuro, como nessa pegada.

Este capítulo vai ajudá-lo a compreender:

- as principais diferenças entre substância e mistura de substâncias;
- as diferenças entre substância simples e substância composta;
- como caracterizar uma mistura em homogênea ou heterogênea;
- alguns métodos de separação e suas aplicações no cotidiano.

Para situá-lo

Entre as atividades exercidas por um químico, algumas têm semelhanças com as de um detetive. Para desvendar aspectos obscuros que podem ajudá-lo a entender fatos não presenciados, o detetive deve fazer observações e colher uma série de dados que lhe permitam refletir e elaborar hipóteses coerentes com as informações de que dispõe. Por exemplo, colhendo impressões digitais, fios de cabelo e amostras de sangue, ele pode chegar a conclusões do tipo: quantos e quais são os envolvidos na ocorrência, e qual a participação de cada um no evento a ser desvendado.

Um químico também tem necessidade de obter informações sobre o que não é "visível" em relação a um material. Entre as atividades profissionais que exerce, uma consiste em descobrir qual ou quais são as substâncias constituintes de uma amostra que lhe é fornecida para ser analisada. Para isso, além de seus conhecimentos, ele terá de realizar uma série de procedimentos, como separar os componentes de uma mistura, fazer observações, experimentos, medições, que lhe permitem identificar cada uma das substâncias que constituem o material que é objeto de sua investigação.

Vamos então refletir sobre algumas questões próximas a suas experiências de vida que possam lhe dar uma ideia do que será analisado neste capítulo.

Atividades

1. Imagine que você esteja em uma cozinha e tenha diante de si duas amostras de sólidos brancos em pó, como as das fotos abaixo. Se souber com certeza que uma delas é de sal de cozinha e outra de açúcar, como poderia diferenciá-las?

2. Suponha também que você esteja em um laboratório e tenha de diferenciar dois líquidos incolores, sendo um o álcool comum (etanol) e outro o éter comum (éter etílico). Como você acha que seria possível diferenciá-los?

3. É comum, no dia a dia, ouvirmos as expressões: ar puro, água pura, ferro puro, puro azeite de oliva, cloro puro. A palavra **puro(a)**, nessas expressões, tem sentido positivo ou negativo? Que significado está sendo atribuído ao adjetivo **puro**?

4. Imagine que alguém lhe pergunte se a água que você bebe em casa é pura. Que resposta você daria supondo que, antes de usá-la para beber, ela tenha sido retirada de um filtro?

5. Quando a água chega a uma Estação de Tratamento de Água (ETA), em geral, não está em condições de ser consumida. Por quê? Usando apenas os sentidos, que características você observaria para diferenciar essa água da que é disponibilizada para consumo da população?

6. Como você já viu em capítulos anteriores, o aço é uma liga de ferro que contém carbono, além de pequenas quantidades de outros metais. De acordo com essa composição, as propriedades do aço e, consequentemente, as possibilidades de uso variam. Uma coisa é certa: essa liga não é ferro "puro". Nesse caso, a "impureza" é uma desvantagem? Explique.

Neste capítulo, vamos conhecer as diferenças entre mistura e substância e estudar os processos usados para separar os vários componentes de uma mistura. Veremos também modelos que auxiliam a compreender essas diferenças.

Como diferenciar substância de mistura?

Amostras de água de torneira ou de água mineral de diferentes procedências têm sempre as mesmas propriedades? Podemos perceber que, em geral, essas amostras podem apresentar gosto e cheiro diferentes. Mas por quê?

Todos esses líquidos são constituídos basicamente por água, mas eles também contêm outros materiais (por exemplo, sais dissolvidos), que são responsáveis pelas diferenças de odor, gosto e até cor da água.

Em noticiários de jornais e televisão e no dia a dia é comum a utilização da expressão "água pura" associada a água potável, ou seja, água própria para o consumo humano. No entanto, na Química, o termo **puro** tem um significado diferente; ele indica que a água é isenta de outros materiais (como os sais dissolvidos), ou seja, a água pura é constituída de uma única substância, a água.

Como você diferenciaria a água mineral (mistura de substâncias) de uma água pura (uma substância)? Você acha que o ar atmosférico é formado por uma única substância ou por uma mistura?

Uma maneira de diferenciar uma substância de uma mistura consiste em verificar se as mudanças de estado físico ocorrem ou não em temperaturas constantes.

Para exemplificar, vamos comparar o que se observa durante a ebulição da água (substância) e a da água com sal (mistura contendo cloreto de sódio – principal constituinte do sal de cozinha – dissolvido em água).

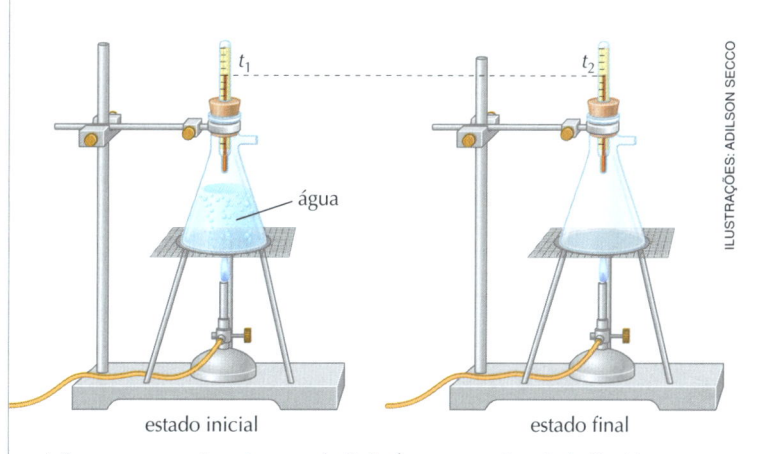

A água começa e termina sua ebulição (passagem do estado líquido para o gasoso) à mesma temperatura, ou seja, t_1 é igual a t_2.

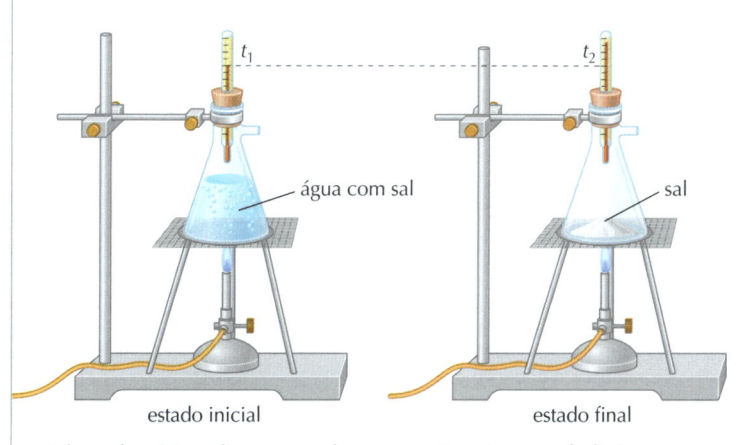

A água da mistura água com sal começa e termina sua ebulição (passagem do estado líquido para o gasoso) em temperaturas diferentes, t_2 é maior que t_1.

Atividade

Considere três garrafas contendo líquidos incolores. Uma delas contém somente água, outra contém água e sal de cozinha dissolvido e a terceira, água e álcool comum.

a. Imagine que se queira colocar um rótulo em cada uma delas. Para isso, é necessário descobrir o que cada uma contém. Talvez a primeira ideia que lhe venha à cabeça seja identificar os líquidos usando os órgãos dos sentidos. No entanto, não é seguro identificar uma amostra pelo cheiro e pelo gosto. Por quê?

b. Seria possível diferenciar o conteúdo dos três frascos por meio do aquecimento de uma amostra de cada um deles? Em caso positivo, explique como.

c. Se passássemos amostras dos três líquidos através de um funil com papel de filtro (dos usados para coar café), haveria possibilidade de fazer a diferenciação dos conteúdos? Por quê?

Observe a seguir o gráfico de temperatura em função do tempo relativo ao aquecimento da água, do estado sólido (gelo) ao estado gasoso (vapor de água), realizado no nível do mar.

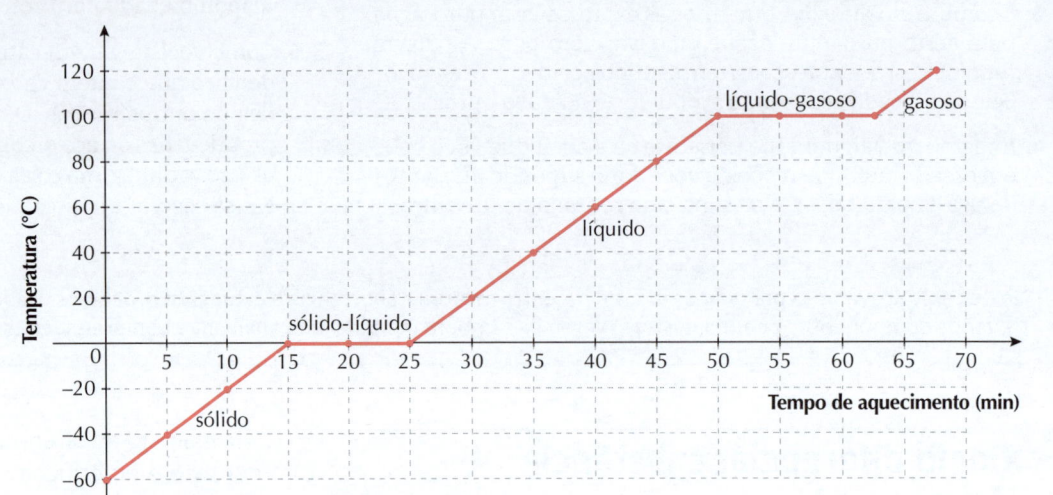

Variação de temperatura da água (°C) em função do tempo de aquecimento (min)

Esse gráfico é apenas um esboço, isto é, as inclinações das retas não correspondem a dados obtidos experimentalmente.

Atividade

Depois de analisar o gráfico, responda às questões:
a. No início (t = 0), qual é a temperatura da água e qual é seu estado físico?
b. O que ocorre no intervalo entre 15 min e 25 min?
c. Em que intervalo de tempo toda a amostra fica líquida?
d. O que se dá no intervalo entre 50 min e 63 min?
e. Qual é o estado físico da água após 63 min?

Durante as mudanças de estado físico de uma substância, a temperatura permanece constante. Isso é representado graficamente pelas linhas horizontais paralelas ao eixo do tempo – chamadas de **patamares**.

A temperatura em que uma substância "ferve", ou seja, em que entra em ebulição, é denominada **temperatura de ebulição**. No caso da água, ao nível do mar, esse valor corresponde a 100 °C.

No topo de uma montanha, a água entra em ebulição a uma temperatura inferior a 100 °C, que é o valor da temperatura de ebulição da água ao nível do mar, onde a pressão exercida pelo ar é igual a 1 atmosfera (1 atm).

Para uma mistura como a de água e sal, o gráfico terá aspecto semelhante ao que se segue.

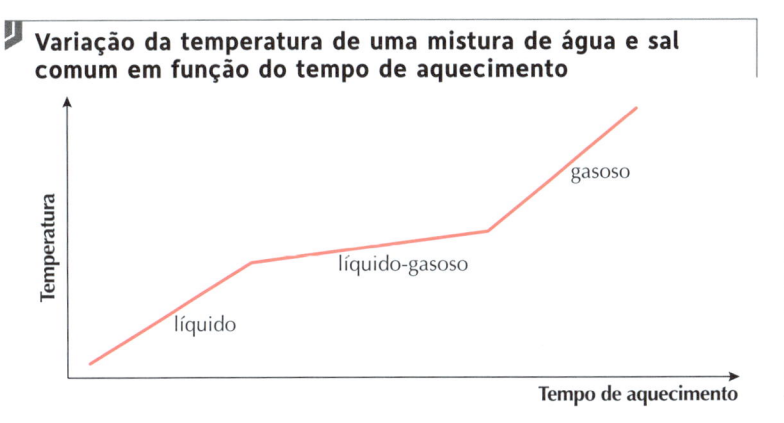

Variação da temperatura de uma mistura de água e sal comum em função do tempo de aquecimento

Note que, ao contrário do que acontece com a água pura, a temperatura de ebulição da mistura de água e sal de cozinha não se mantém constante durante a mudança de estado.

Fonte: MASTERTON, W. L.; SLOWINSKI, E. J. *Química geral superior*. 4. ed. Rio de Janeiro: Interamericana, 1978. p. 11.

De modo geral, no caso das misturas, a temperatura não se mantém constante durante as mudanças de estado. Assim, quando aquecemos uma mistura de água e sal, a ebulição da água se inicia em uma temperatura e termina em outra, mais alta. Ou seja, **não há patamares** (retas paralelas ao eixo do tempo) em gráficos de temperatura em função do tempo no caso das misturas. A mudança de estado se dá em um intervalo de temperatura, como mostra o gráfico acima.

Esclarecimentos necessários

Você pode resolver as questões de números 2 a 6 da Seção Testando seus conhecimentos.

Calor e temperatura

Quente e frio correspondem a diferença de temperatura?

Calor e temperatura são conceitos-chave no estudo da Termologia, parte da Física que estuda esses conceitos, muito usados na Química. Por isso, vale a pena fazer um breve esclarecimento sobre eles.

Em nosso cotidiano, é comum usarmos os termos **quente** e **frio**, valendo-nos de nossas sensações, para dar uma ideia da temperatura de um corpo. No entanto, esse tipo de informação não é confiável. Vamos ver um exemplo. Quando colocamos uma de nossas mãos em uma superfície metálica e a outra, simultaneamente, sobre uma superfície de madeira, ambas no mesmo ambiente há bastante tempo, temos a sensação de que o metal está mais frio do que a madeira. No entanto, o metal e a madeira devem estar à mesma temperatura, já que estão há certo tempo no mesmo ambiente. A sensação de que o metal é mais frio decorre do fato de que o calor transferido de nosso corpo (que está a uma temperatura maior do que a do ambiente) para o metal ocorre com maior rapidez do que o calor transferido para a madeira. Os adjetivos **quente** e **frio** são relativos e, portanto, não são precisos.

Se tirarmos uma garrafa de água da geladeira e a deixarmos em um ambiente no qual a temperatura é igual a 25 °C, o que ocorrerá? Passado algum tempo, a temperatura da água será igual à do ambiente, isto é, a água terá entrado em **equilíbrio térmico** com o ambiente. Para que a temperatura da água aumente, o ambiente cede calor para a água. Já no caso de um alimento que é retirado do fogão a uma temperatura elevada e colocado no mesmo ambiente, ocorre o contrário: à medida que a comida esfria, ela perde calor para o local onde se encontra.

De qualquer forma, dois corpos a temperaturas diferentes em um mesmo ambiente, depois de algum tempo, entram em equilíbrio térmico, isto é, passam a ter temperaturas iguais.

A energia transferida de um corpo para outro por causa da diferença de temperatura entre eles é chamada de calor. A energia é transferida do corpo de maior temperatura para o de menor temperatura. O corpo que cede calor tem sua temperatura diminuída e o que recebe calor tem sua temperatura aumentada. Assim, dois corpos em um mesmo sistema, isolado do ambiente, trocarão energia até que suas temperaturas se igualem.

O conceito de densidade

Dois corpos com a mesma massa têm a mesma densidade?

Você, provavelmente, já deve ter ouvido esta pergunta quando era criança: o que pesa mais, 1 "quilo" de chumbo ou 1 "quilo" de algodão? Essa é uma pergunta que, feita a uma criança, costuma causar certo impacto. Isso ocorre porque é comum que elas confundam a massa de um objeto (medida em uma balança) com o volume (espaço ocupado). No caso, as duas amostras têm massa de 1 quilograma, ou seja, ambas têm mesma massa e mesmo peso. A diferença está no espaço ocupado. O chumbo tem sua massa "concentrada" em volume menor que o do algodão.

Quando comparamos diferentes amostras de água líquida, nota-se certa coincidência entre o valor numérico que exprime a massa e o que exprime volume, o que não ocorre com outras substâncias. Isso porque a **densidade da água líquida equivale a 1 g/mL**. Ou seja, em outras palavras:

Volume	Água	Massa
1 mililitro de água	⟶	1 grama
1 000 mililitros (1 litro de água)	⟶	1 000 gramas (1 quilograma)

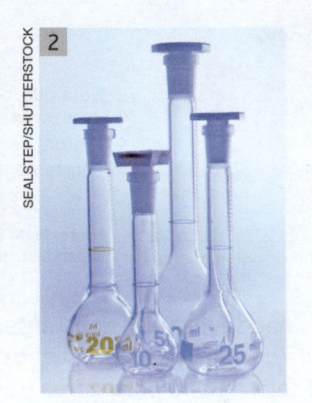

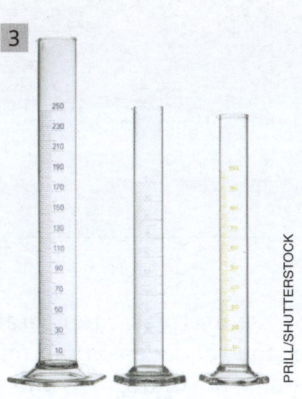

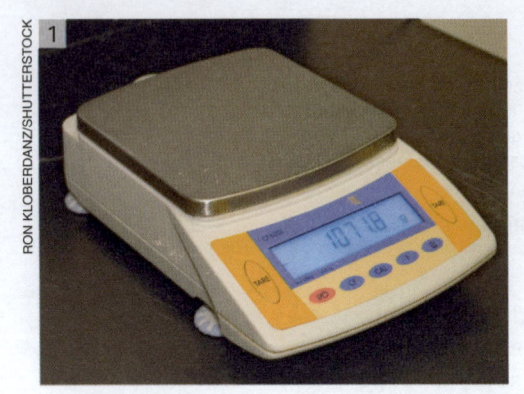

A balança (**1**) é um instrumento de medida de massa. Para medições de volume em laboratórios, é comum utilizar vidrarias, como balões volumétricos (**2**), provetas (**3**) e pipetas (**4**).

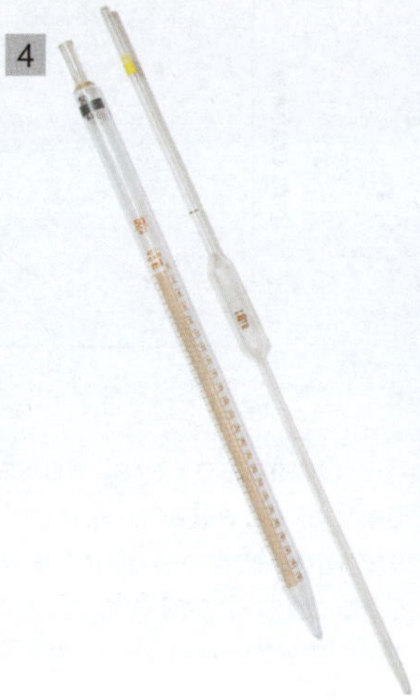

Compare estas outras situações:

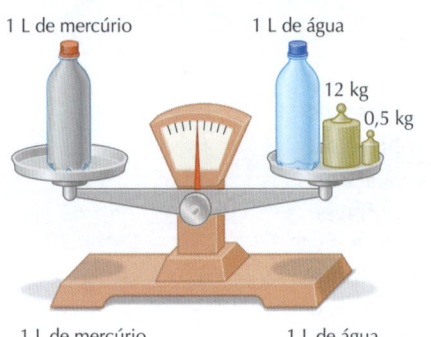

1 L de mercúrio corresponde a 13,5 kg
1 L de água corresponde a 1 kg
1 L de etanol corresponde a 0,8 kg
1 L de água corresponde a 1 kg

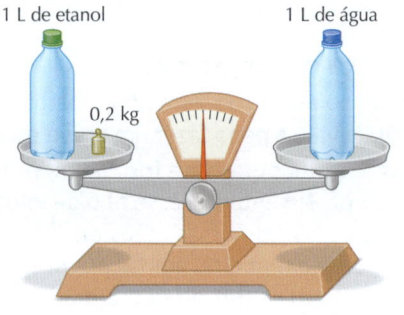

Volumes iguais de materiais diferentes têm massas diferentes. Ilustração produzida para este conteúdo.

Observe que, de acordo com a ilustração anterior, enquanto 1 litro de mercúrio tem massa igual à de 1 litro de água mais 12,5 kg, 1 litro de etanol tem massa menor que a de 1 litro de água.

Na tabela ao lado constam os dados de volume (em centímetro cúbico) de diferentes amostras de etanol a 20 °C e de massa (em grama) correspondente a esses volumes. A partir desses dados foi construído um gráfico que relaciona a massa de etanol (em g) com seu volume (em cm^3).

Etanol	
Massa (g)	Volume (cm^3)
0,8	1
8	10
16	20
80	100
160	200
400	500
800	1 000

Fonte: LIDE, David R. (Ed.). Physical Constants of Organic Compounds. In: *CRC Handbook of Chemistry and Physics*. 89th ed. (Internet Version). Boca Raton, FL: CRC/Taylor and Francis, 2009. p. 3-232.

Massa de etanol em função de seu volume

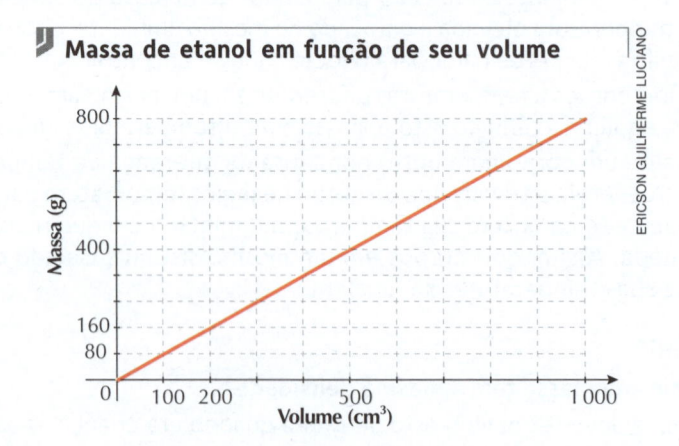

Note que, ao dividir os valores de massa de etanol pelos correspondentes valores de volume, obtemos uma relação proporcional:

$$\frac{80 \text{ g}}{100 \text{ cm}^3} = \frac{160 \text{ g}}{200 \text{ cm}^3} = \frac{400 \text{ g}}{500 \text{ cm}^3} = \ldots = \frac{0,8}{1 \text{ cm}^3} = 0,8 \frac{\text{g}}{\text{cm}^3}$$

Ou seja, uma relação constante para uma determinada temperatura.

Ou: $\dfrac{0,8\ g}{1\ cm^3} = \dfrac{8\ g}{10\ cm^3} = \dfrac{800\ g}{1000\ cm^3}$

O gráfico de massa × volume de qualquer material é uma reta que passa pela origem, pelo fato de **a massa e o volume** do material serem **diretamente proporcionais**. Apesar disso, não há sentido físico no valor zero para a massa e o volume.

Podemos resumir o que foi visto anteriormente da seguinte maneira:

> **Densidade** de um material é a relação entre sua massa e seu volume. O valor obtido é constante em dada temperatura e não depende da quantidade de material.
>
> $$\text{densidade} = \dfrac{\text{massa}}{\text{volume}} \quad \text{ou} \quad d = \dfrac{m}{V}$$

Respondendo à questão inicial, só é possível que dois corpos com a mesma massa tenham a mesma densidade se ocuparem o mesmo volume.

Caracterizando uma substância

Geralmente, para identificar uma substância, recorre-se a um conjunto de propriedades que ela tem. Algumas delas, como temperatura de ebulição, temperatura de fusão, solubilidade em água (quantidade máxima de uma substância que pode ser dissolvida em determinado volume de água) e densidade, são características da substância, ou seja, variam de um material para outro. Essas propriedades são chamadas de **específicas**. Outras propriedades, como a massa e o volume, não permitem a identificação das substâncias e são classificadas como **gerais**.

O sal que usamos no preparo de alimentos, conhecido como sal de cozinha, é formado principalmente por cloreto de sódio. Vamos analisar algumas das propriedades dessa substância. Observe a tabela ao lado.

Analisando essas propriedades do cloreto de sódio, podemos tirar algumas conclusões:
- abaixo de 800 °C ele é sólido;
- entre 800 °C e 1 465 °C é líquido;
- acima de 1 465 °C é gás;
- para dissolver (totalmente) 36,0 g de cloreto de sódio a 25 °C, são necessários 100 g de água.

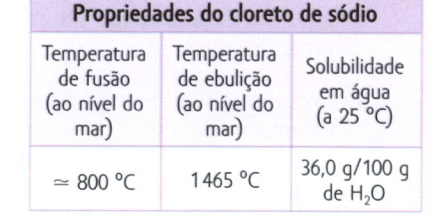

Propriedades do cloreto de sódio		
Temperatura de fusão (ao nível do mar)	Temperatura de ebulição (ao nível do mar)	Solubilidade em água (a 25 °C)
≃ 800 °C	1 465 °C	36,0 g/100 g de H_2O

Fonte: LIDE, David R. (Ed.). Physical Constants of Inorganic Compounds. In: *CRC Handbook of Chemistry and Physics*. 89th ed. (Internet Version). Boca Raton, FL: CRC/Taylor and Francis, 2009. p. 4-89.

sólido — 800 °C — líquido — 1 465 °C — gasoso → Temperatura
(Temperatura de fusão) (Temperatura de ebulição)

Isso quer dizer que, se uma amostra apresentar todas essas características, é bem provável que a substância seja cloreto de sódio.

Critérios de pureza

Como acabamos de ver, **o conjunto de propriedades específicas de uma substância serve para identificá-la**. As temperaturas de fusão e de ebulição, a densidade e a solubilidade são os testes mais comuns em laboratório para verificar se uma amostra contém uma única substância ou uma mistura de substâncias. Essas propriedades constituem alguns dos critérios de pureza.

Veja alguns exemplos na tabela ao lado. Note que a densidade a 25 °C do monóxido de carbono e do nitrogênio é idêntica. Isso quer dizer que, se uma pessoa estiver identificando uma amostra de uma substância desconhecida e obtiver um valor de densidade igual a 1,14 g/L (a 25 °C), não conseguirá identificá-la utilizando somente essa propriedade. Por isso, é importante destacar que, para caracterizar uma substância, é necessário conhecer o conjunto de suas propriedades específicas.

Propriedades de algumas substâncias a 1 atm			
Substância	Temperatura de fusão (°C)	Temperatura de ebulição (°C)	Densidade (g/L) a 25 °C
Hidrogênio	−259,3	−252,9	0,08
Nitrogênio	−210,0	−198,8	1,14
Oxigênio	−218,8	−118,6	1,31
Monóxido de carbono	−205,0	−191,5	1,14
Dióxido de carbono	−56,6	−78,5	1,80

Fonte: LIDE, David R. (Ed.). *CRC Handbook of Chemistry and Physics*. 87th ed. Internet Version. Boca Raton, FL: CRC/Taylor and Francis, 2007.

Atividades

1. Consultando a tabela a seguir, que indica as temperaturas de fusão e de ebulição de água, acetona, cobre, bromo, etanol e mercúrio, indique o estado físico de cada uma dessas substâncias nas temperaturas indicadas.

Temperaturas de fusão e ebulição de algumas substâncias puras (a 1 atm)						
	Água	Acetona	Cobre	Bromo	Etanol	Mercúrio
Temperatura de fusão (°C)	0	−94,7	1084,6	−7,2	−114,1	−38,8
Temperatura de ebulição (°C)	100,0	56,1	2562,0	58,8	78,3	356,6

   Fonte: LIDE, David R. (Ed.). CRC Handbook of Chemistry and Physics. 87th ed. Internet Version. Boca Raton, FL: CRC/Taylor and Francis, 2007.

   a) 10 °C   b) 240 °C   c) 1500 °C

2. Construa um gráfico temperatura (°C) × tempo (min) que represente o aquecimento de um sólido desde 0 °C até 150 °C, sabendo que se trata de uma substância pura que funde a 41 °C e cuja temperatura de ebulição é de 112 °C. A fusão se inicia aos 5 minutos e termina aos 11 minutos, e a ebulição ocorre no intervalo de 14 a 22 minutos.

   Qual é o estado físico da amostra aos 12 minutos de aquecimento?

3. Em uma atividade experimental, o professor forneceu aos grupos de alunos esferas de cobre de diferentes tamanhos e pediu a eles que encontrassem a densidade da amostra fornecida. Para tanto, um grupo de alunos fez os seguintes procedimentos:

   - Mediu a massa da amostra de cobre fornecida, obtendo um valor igual a 89 g.
   - Colocou água em um cilindro graduado (proveta) até uma marca de 30 mL.
   - Mergulhou no líquido a esfera de cobre e notou que o nível da água se deslocou para a marca de 40 mL.

   a) Considerando que as amostras fornecidas pelo professor eram de cobre puro, ou seja, não havia impurezas (outras substâncias), qual é a importância de vários grupos de alunos executarem medidas da densidade do mesmo metal?
   b) Qual é o valor aproximado da densidade do cobre obtida pelo grupo de alunos?
   c) O procedimento adotado pelo grupo de alunos é útil para identificar metais, mas ele poderia ser utilizado para amostras de açúcar? E de cortiça? Justifique sua resposta.

4. Na embalagem de um detergente em pó há uma indicação: 600 g. Imagine que você consiga encher 6 copos de 200 mL com o conteúdo do pacote.
   a) Qual é a massa do detergente?
   b) Qual é o volume total dos recipientes que contêm detergente?

5. Posteriormente, você compra outra marca de detergente em pó de mesma composição, com a indicação de 600 g na embalagem. Porém, só consegue encher 5 copos de 200 mL.
   a) Qual é a massa do detergente em pó do segundo pacote?
   b) Qual é o volume total dos recipientes que contêm detergente?
   c) Qual dos dois detergentes é mais denso? Considere que o volume do detergente corresponde ao volume total medido.

6. Na determinação da densidade dos detergentes dos dois pacotes, não se estava calculando apenas a densidade do detergente, caso contrário os valores encontrados deveriam ser idênticos. Explique a razão dessa diferença.

7. Reproduza a tabela abaixo em seu caderno e complete-a. Depois, faça as atividades seguintes.

Relação entre massa e volume para o ferro e para o oxigênio (a 25 °C e 1 atm)			
Ferro		Oxigênio	
Massa (g)	Volume (cm³)	Massa (g)	Volume (L)
/////////////	1,0	1,31	1,00
15,74	2,0	/////////////	2,00
157,4	/////////////	13,1	/////////////
/////////////	40	/////////////	1000

   Fonte: LIDE, David R. (Ed.). Physical Constants of Inorganic Compounds. In: CRC Handbook of Chemistry and Physics. 89th ed. Internet Version. Boca Raton, FL: CRC/Taylor and Francis, 2009. p. 4-79.

   a) Construa um gráfico de massa (g) em função do volume (cm³) para o ferro, se possível, em papel quadriculado.
   b) Qual é a densidade do ferro, em g/cm³?
   c) Qual é a densidade do gás oxigênio, em g/L?
   d) Calcule a massa de 1 cm³ (mL) de gás oxigênio. Qual é a densidade do oxigênio gasoso, em g/cm³?
   e) Explique o significado das densidades calculadas nos itens b e c.
   f) Qual é a relação entre a densidade do ferro e a do gás oxigênio? O que indica tal relação?

8. Observe o gráfico seguinte e responda às questões.

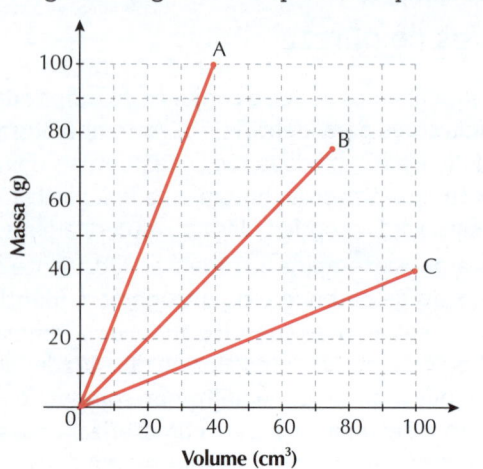

a) Qual é o volume de 50 g de A?
b) Qual é o volume de 40 g de B?
c) Qual é a densidade de A?
d) Qual é o volume de 100 g de C?
e) Coloque A, B e C em ordem crescente de densidade.

9. Leia o texto seguinte e responda às questões.

Meu tio e a densidade do tungstênio

Meu tio trouxe um minúsculo cilindro graduado de 0,5 mililitro, encheu-o com água até a marca de 0,4 mililitro e então colocou lá dentro os grânulos de tungstênio. A água subiu um vigésimo de mililitro. Escrevi os números exatos e fiz o cálculo – o tungstênio pesava pouco menos de um grama e sua densidade era (**A**). "Excelente", disse meu tio.

[...] "Agora tenho aqui vários metais diferentes, todos em grânulos. Que tal você praticar pesando-os, medindo seu volume e calculando sua densidade?" Passei a hora seguinte empolgadíssimo na tarefa, e descobri que meu tio me fornecera uma variedade imensa, que ia de um metal prateado, um pouco embaciado, com densidade menor que 2, a um de seus grânulos de osmirídio* (eu reconheci o metal), cuja densidade era quase doze vezes maior. Quando medi a densidade de um minúsculo grânulo amarelo, vi que era exatamente igual à do tungstênio – (**A**) para ser exato. "Está vendo?", meu tio comentou. "A densidade do ouro é quase igual à do tungstênio, mas a prata é bem mais leve. É fácil sentir a diferença entre ouro puro e prata revestida de ouro – mas seria difícil com o tungstênio revestido de ouro."

SACKS, Oliver. *Tio Tungstênio*: memórias de uma infância química. Trad. Laura Teixeira Motta. São Paulo: Companhia das Letras, 2002. p. 48-49.

a) Do texto extraído do romance *Tio Tungstênio*, foi retirado um número e substituído pela letra (A). Calcule o valor aproximado de A.
b) O trecho destacado contém um termo impróprio. Diga qual é e troque-o de modo a deixá-lo cientificamente correto.

* Osmirídio é uma liga metálica formada principalmente por ósmio e irídio.

Você pode resolver as questões de números 7 e de 9 a 12 da Seção Testando seus conhecimentos.

Para assistir

Tempo de despertar. Direção: Penny Marshall. Estados Unidos, 1990. 121 min. Adaptação para o cinema do livro *Tempo de despertar*, em que Oliver Sacks descreve sua experiência, entre 1969 e 1972, com pacientes sobreviventes de uma epidemia de encefalite letárgica, ocorrida entre os anos 1910-1920.

Oliver Sacks (foto) nasceu em Londres, em 1933. Foi um renomado neurologista e escritor. Graduou-se em Medicina pela Universidade de Oxford. Em 1965, mudou-se para Nova York, onde desenvolveu sua carreira como professor e médico especialista em desordens do sistema nervoso. Além de *Tio Tungstênio*, são suas obras *Alucinações musicais: relatos sobre a música e o cérebro*, *O homem que confundiu sua mulher com um chapéu*, *Um antropólogo em Marte*, *Tempo de despertar*, entre outros livros.

Vítima de câncer, faleceu em Nova York, em agosto de 2015.

Substâncias simples e substâncias compostas

Uma substância pode ser simples ou composta. Em que critério se baseia essa classificação?

Vamos analisar alguns experimentos que permitem diferenciá-las. Para isso, as substâncias serão submetidas a agentes físicos – como calor, luz, eletricidade.

Observe, então, as imagens relativas a dois momentos do aquecimento do óxido de mercúrio(II) – um sólido vermelho-alaranjado. O aquecimento do óxido de mercúrio(II) libera um gás incolor e permite observar a formação de um líquido prateado. Quando se aproxima um palito em brasa do gás liberado, aparece uma chama. Por isso, dizemos que esse gás é **comburente**, isto é, **alimenta a queima** da madeira do palito de fósforo.

Por mais que se aqueça o líquido obtido, não é possível decompô-lo em mais substâncias. A determinação de várias propriedades das duas substâncias obtidas permite concluir que:

- o líquido prateado é mercúrio – único metal líquido nas condições ambientes;
- o gás é o oxigênio, substância incolor, essencial para as combustões no ar e para nossa vida.

Óxido de mercúrio(II). Do aquecimento dessa substância obtêm-se duas outras.

óxido de mercúrio(II)

O oxigênio liberado pelo aquecimento do óxido de mercúrio(II) faz o palito em brasa acender. O anel formado no tubo de ensaio indica que outra substância se formou.

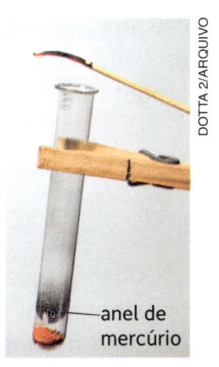

anel de mercúrio

Cuidado!
Não faça esse experimento. Ele requer cuidados que evitem a inalação de vapores de mercúrio, altamente tóxicos.

Agora vamos ver o que acontece quando se passa uma corrente elétrica em ácido clorídrico (figura ao lado).

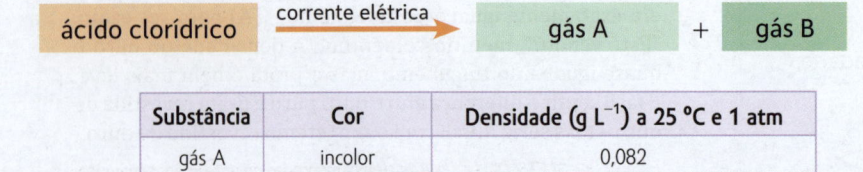

ácido clorídrico —corrente elétrica→ gás A + gás B

Substância	Cor	Densidade (g L⁻¹) a 25 °C e 1 atm
gás A	incolor	0,082
gás B	verde-amarelado	3,17

Com base nessas e em outras propriedades de cada gás, podemos identificar os gases A e B como hidrogênio e cloro, respectivamente.

ácido clorídrico —corrente elétrica→ gás hidrogênio + gás cloro

Quando uma substância, submetida apenas à ação de agentes físicos – como calor, luz, eletricidade –, é decomposta em outras, a substância de partida é chamada composta ou, simplesmente, composto.

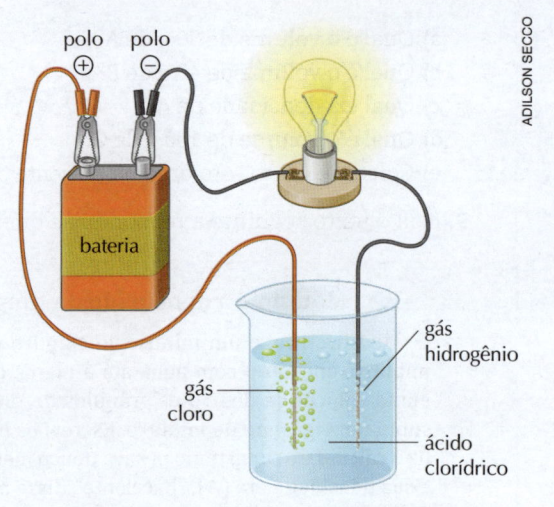

O esquema representa a decomposição de uma solução de ácido clorídrico (cloreto de hidrogênio aquoso) em hidrogênio gasoso e cloro gasoso, por ação da corrente elétrica (eletrólise).

Substância composta (composto) é aquela que, por ação de um agente físico, se decompõe formando duas ou mais substâncias.

A seguir estão representadas algumas reações de decomposição:

óxido de mercúrio(II)(s) —aquecimento→ mercúrio(l) + oxigênio(g)

$2\ HgO(s) \xrightarrow{\Delta} 2\ Hg(l) + O_2(g)$

cloreto de hidrogênio(aq) —corrente elétrica→ hidrogênio(g) + cloro(g)

$HCl(aq) \xrightarrow{\text{corrente elétrica}} H_2(g) + Cl_2(g)$

água(l) —$t > 2700\ °C$→ hidrogênio(g) + oxigênio(g)

$2\ H_2O(l) \xrightarrow{t > 2700\ °C} 2\ H_2(g) + O_2(g)$

Vale lembrar:
(s) – sólido
(l) – líquido
(g) – gás
(aq) – aquoso

As representações das transformações que aparecem indicadas acima, embaixo da escrita extensa dos processos, são chamadas de **equações químicas**. Estudaremos em capítulos mais à frente como se escreve uma equação e de que forma ela pode ser interpretada.

Uma decomposição por aquecimento, também chamada de decomposição térmica ou pirólise, muito importante para a sociedade, ocorre com o carbonato de cálcio – componente da rocha calcária. Por meio do aquecimento dessa substância, são obtidos dois novos compostos, o dióxido de carbono gasoso (gás carbônico) e o óxido de cálcio, comercialmente conhecido como cal, produto sólido largamente usado na construção civil.

carbonato de cálcio(s) —aquecimento→ óxido de cálcio(s) + dióxido de carbono(g)

$CaCO_3(s) \xrightarrow{\Delta} CaO(s) + CO_2(g)$

Observe que, em todos esses exemplos, há um único reagente (substância composta) que se transforma, por ação de agente físico, em mais de um produto. Note também que, nesse último exemplo, os produtos obtidos (CaO e CO_2) podem ser decompostos novamente. Já uma substância simples não pode ser decomposta.

Substância simples é aquela que, submetida a agentes físicos (luz, calor, eletricidade), não se decompõe em outras substâncias.

São exemplos de **substâncias simples**: mercúrio (Hg), oxigênio (O$_2$), hidrogênio (H$_2$), cloro (Cl$_2$), prata (Ag), ferro (Fe) e cobre (Cu).

Óxido de mercúrio(II) (HgO), ácido clorídrico (HCl), água (H$_2$O), óxido de cálcio (CaO) e dióxido de carbono (CO$_2$) são exemplos de **substâncias compostas**.

Modelos para representar substâncias simples e substâncias compostas

Tendo em vista que é impossível visualizar as unidades constituintes de uma substância, mesmo usando um microscópio óptico, torna-se importante recorrer a modelos que ajudem a representar os diferentes tipos de substâncias e a explicar processos de transformação em que elas estão envolvidas.

Os estudiosos do século XIX propuseram modelos com base na teoria atômica de Dalton. Como vimos no capítulo anterior, essa teoria era capaz de explicar as leis ponderais das reações químicas. Esses modelos são bastante úteis até hoje para explicar grande parte dos conceitos estudados durante o curso de Química do Ensino Médio.

Usando o modelo de Dalton, vamos diferenciar substâncias simples de compostas. Vale destacar que Dalton chamou de átomos compostos as unidades constituídas por conjuntos de átomos. Observe:

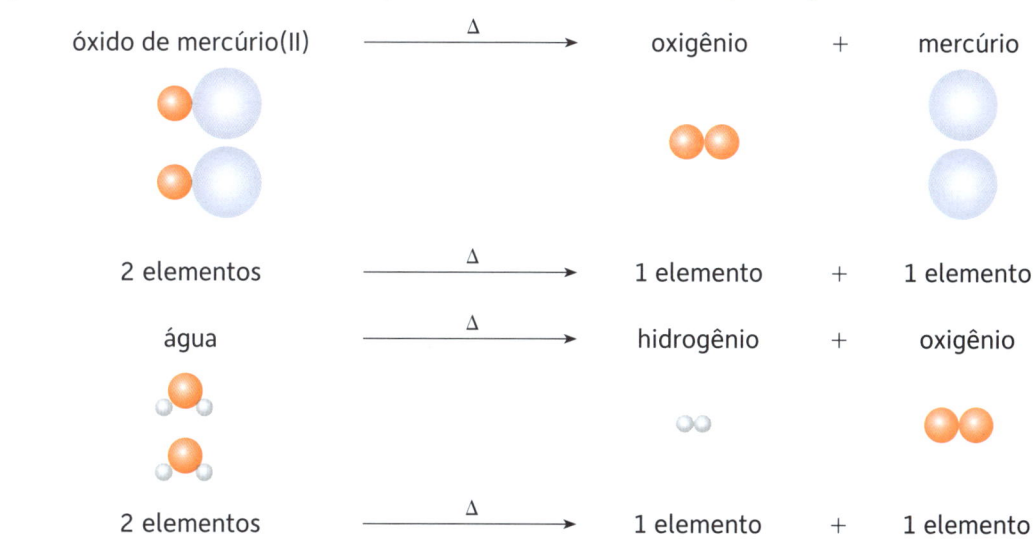

óxido de mercúrio(II) →Δ→ oxigênio + mercúrio

2 elementos →Δ→ 1 elemento + 1 elemento

água →Δ→ hidrogênio + oxigênio

2 elementos →Δ→ 1 elemento + 1 elemento

A representação é apenas um modelo, e as partículas representadas não podem ser observadas diretamente nem com instrumentos.

O óxido de mercúrio(II) e a água são exemplos de **compostos** formados por mais de um tipo de átomo (o óxido de mercúrio(II) é formado por mercúrio e oxigênio, e a água é formada por hidrogênio e oxigênio). Pode-se dizer que tanto o óxido de mercúrio(II) quanto a água são formados por **dois elementos químicos**. Os elementos químicos podem ser representados por **símbolos**, conforme a tabela ao lado.

Elemento	Símbolo
hidrogênio	H
oxigênio	O
carbono	C
mercúrio	Hg

As **substâncias** são constituídas por átomos de um mesmo elemento ou de elementos diferentes. Analise as representações das substâncias (simples e compostas) dos quadros abaixo; elas são feitas de duas formas: por meio de suas fórmulas e de modelos de bolas.

Substância simples	Modelo	Fórmula
hidrogênio		H$_2$
oxigênio		O$_2$
mercúrio		Hg

Substância composta	Modelo	Fórmula
água		H$_2$O
gás carbônico		CO$_2$
monóxido de carbono		CO

Você pode notar que as **substâncias simples são formadas por um só elemento químico**, embora muitas vezes suas unidades constituintes sejam formadas por mais de um átomo. O número escrito à direita e abaixo do símbolo do elemento (índice) indica o número de átomos do elemento na unidade constituinte. Assim, o índice 2 que aparece na fórmula do hidrogênio (H$_2$) indica o número de átomos de hidrogênio (H) que constitui cada molécula da substância simples hidrogênio.

Capítulo 3 • Substâncias e misturas 59

Atividade

O texto a seguir foi retirado de um *site* que tem a água como uma de suas preocupações ambientais. Leia-o com atenção e responda à questão seguinte.

A água pura (H_2O) é um líquido **formado por moléculas de hidrogênio e oxigênio**. Na natureza, ela é **composta por gases**, como oxigênio, dióxido de carbono e nitrogênio, dissolvidos entre as moléculas de água. [...]

ÁGUA: recursos hídricos. *Ambiente Brasil*. Disponível em: <http://ambientes.ambientebrasil.com.br/agua/recursos_hidricos/agua_-_recursos_hidricos.html>. Acesso em: 30 maio 2018.

Os trechos destacados encontram-se imprecisos do ponto de vista da linguagem científica. Reescreva-os em seu caderno de modo a torná-los mais adequados.

Diferentes substâncias, um só elemento

Vamos ver agora um caso pouco frequente, mas bastante interessante: a possibilidade de um mesmo elemento químico constituir substâncias simples diferentes, que também diferem quanto a suas propriedades. Esse fenômeno é chamado de **alotropia**, e as substâncias simples formadas são chamadas de **formas alotrópicas** do elemento que as constitui.

Formas alotrópicas do oxigênio

Observe a representação das duas substâncias simples que o elemento oxigênio forma: gás oxigênio e gás ozônio.

Gás oxigênio: O_2
- Cor: não tem (incolor).
- Essencial à respiração.
- É o comburente presente na atmosfera, isto é, é o constituinte do ar indispensável para que algum material combustível queime na presença do ar.

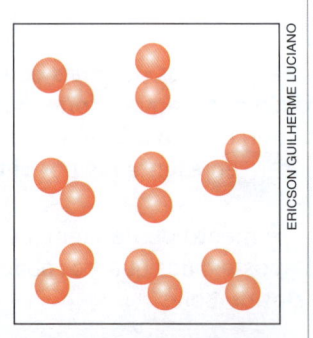

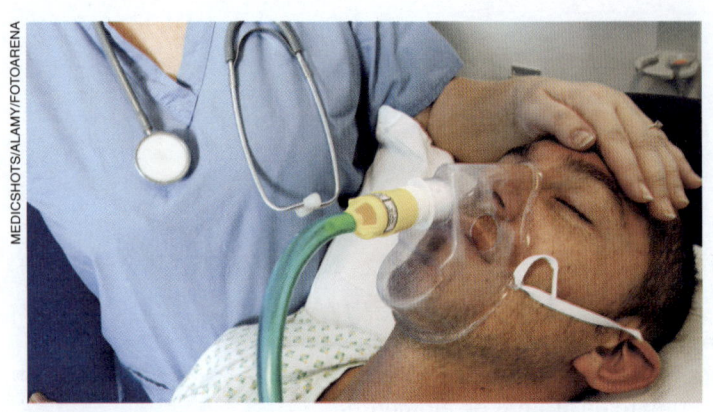

Cerca de 20% do volume do ar que respiramos é composto de oxigênio. Em balões de oxigênio, esse teor é bem mais elevado do que no ar, para aumentar a concentração de oxigênio no sangue.

Gás ozônio: O_3
- Cor: levemente azulada; odor: característico.
- Bactericida.
- Na estratosfera, que fica entre 30 km e 50 km de altitude, há uma região com alto teor desse gás, conhecida por "camada de ozônio", que absorve parte da radiação ultravioleta que vem do Sol. A incidência direta dessa radiação em nossa pele nos predispõe ao câncer de pele (é carcinogênica); o ozônio nessa região funciona como um protetor contra esse tipo de radiação.
- Na baixa atmosfera, o ozônio é capaz de agir como bactericida – quando em concentração relativamente baixa – e é um poluente do ar – quando em concentrações elevadas.

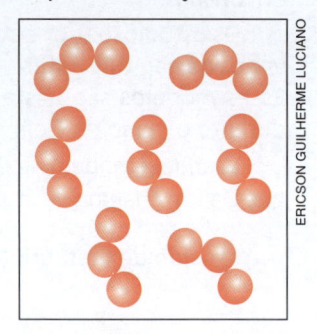

O gás ozônio é usado, por exemplo, no tratamento de água de piscinas em substituição ao cloro, que, em alguns usuários, pode causar irritação das vias aéreas e dos olhos.

A diferença de propriedades desses dois gases é consequência do fato de as moléculas que os constituem serem formadas por dois átomos no caso do gás oxigênio e três átomos no caso do gás ozônio. O gás oxigênio é formado por moléculas diatômicas (O_2) e o gás ozônio é formado por moléculas triatômicas (O_3).

Em dias ensolarados, a formação de ozônio é favorecida em locais de tráfego intenso porque ele é produzido por reações químicas entre gases emitidos por veículos automotivos. Trata-se de um problema sério em metrópoles e grandes centros urbanos. O trecho da matéria abaixo evidencia essa questão.

Não basta plantar árvores. Poluição por ozônio só vai cair com menos carros

Paula Moura

Reduzir a concentração do poluente ozônio nas metrópoles só é possível diminuindo a quantidade de veículos, concordam especialistas.

[...] Em sua tese de doutorado, o pesquisador Júlio Barboza Chiquetto, da USP (Universidade de São Paulo), fez várias simulações de cenários para ver o impacto de modificações na realidade sobre o comportamento da atmosfera.

[...] "Para reduzir poluição, só tem uma maneira: tem que reduzir as emissões. No caso do ozônio, reduzir emissões veiculares", diz Paulo Artaxo, pesquisador e membro do Painel Intergovernamental sobre Mudanças Climáticas (IPCC). [...] A OMS (Organização Mundial da Saúde) recomenda a medição dele juntamente com o material particulado 2,5 (mp2,5). Atualmente, em São Paulo, há 98 municípios com níveis crônicos de ozônio acima do considerado ideal pela OMS. Em 2013, a lista oficial indicava problemas de poluição em 90 localidades.

UOL Ciência e Saúde. 19 dez. 2016. Disponível em: <https://noticias.uol.com.br/meio-ambiente/ultimas-noticias/redacao/2016/12/19/reducao-de-poluicao-por-ozonio-so-e-possivel-com-menos-carros-em-sao-paulo.htm>. Acesso em: 20 fev. 2018.

Há outros casos de alotropia em que a diferença está na disposição espacial dos átomos, como veremos a seguir.

Formas alotrópicas do enxofre

O enxofre é um sólido amarelo encontrado principalmente em terrenos de origem vulcânica como impureza de alguns minérios (a pirita, por exemplo, que é composta principalmente por ferro e enxofre – FeS_2) e como subproduto do petróleo.

O elemento enxofre pode formar substâncias simples diferentes: o enxofre rômbico e o enxofre monoclínico. Elas correspondem a estruturas distintas, embora, em ambos os casos, suas unidades (moléculas) sejam formadas por oito átomos, representadas por S_8.

O cristal de enxofre é encontrado na forma rômbica a temperaturas de até 95,3 °C. Acima dessa temperatura, ele passa para a forma monoclínica. Apesar de ambas serem formadas por unidades com oito átomos de enxofre, a distribuição espacial de suas unidades é bastante diferente, o que explica as diferenças de propriedades: a densidade do enxofre rômbico, por exemplo, é 2,1 g/cm³ e a do enxofre monoclínico é 2,0 g/cm³.

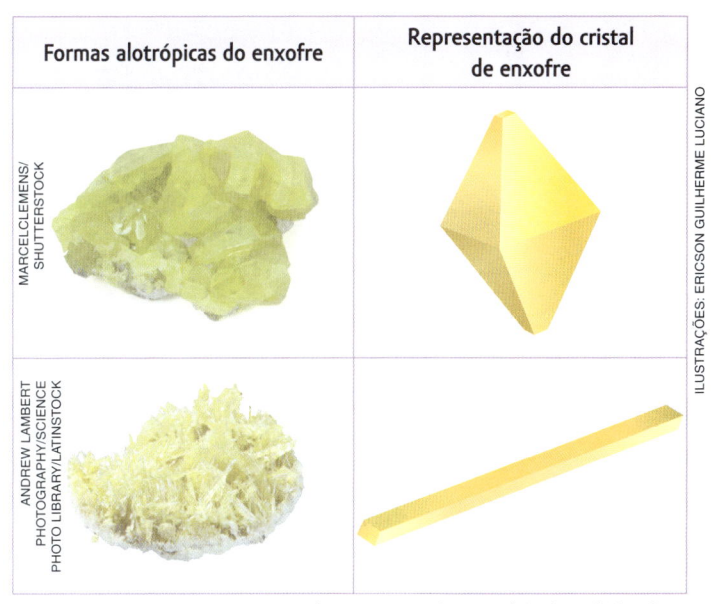

Formas alotrópicas do enxofre	Representação do cristal de enxofre

Fonte das representações: Royal Society of Chemistry.

Formas alotrópicas do fósforo

As duas principais substâncias simples constituídas pelo elemento fósforo são o **fósforo vermelho** e o **fósforo branco**.

A primeira, cujas moléculas são formadas pela união de um grande e variável número de grupos de 4 átomos de fósforo, $(P_4)_n$, é bastante conhecida por seu uso cotidiano em lixas de caixas de fósforos de segurança; já a segunda, P_4, foi utilizada várias vezes para fins bélicos, inclusive durante a Primeira Guerra Mundial (1914-1918), como constituinte de **armas químicas**.

Embora ambas sejam substâncias combustíveis, se expostas ao ar ambiente, têm comportamentos diferentes: o fósforo branco se incendeia espontaneamente (motivo pelo qual é armazenado em água), podendo causar sérias queimaduras se não for manipulado com cuidado; no caso do fósforo vermelho, é preciso fornecer-lhe energia para que a combustão se inicie – é o que fazemos, por exemplo, quando atritamos a cabeça do palito (que não contém fósforo) com a lixa da caixa de fósforos de segurança, onde esse elemento se encontra.

À esquerda, o fósforo vermelho e, à direita, o fósforo branco em água.

O fósforo branco, conhecido por WP (de *white phosphorus*), é usado para fins bélicos como bomba incendiária. Como é altamente solúvel em lipídios (gordura), partículas que entram na pele podem queimar rapidamente chegando até os ossos, além de causar danos ao pulmão e à garganta devido à formação de um ácido (ácido fosfórico).

Formas alotrópicas do carbono: diamante e grafita

Na natureza, é possível encontrar duas formas alotrópicas do carbono: o diamante e a grafita. O diamante, usado em objetos de adorno, é o material mais duro da natureza. Por essa razão, tem grande emprego industrial. A grafita que usamos para escrever é cinza-escura, apresenta brilho metálico e pode ser quebrada com pouco esforço. Por ser boa condutora elétrica, é empregada em pilhas elétricas e pode também ser usada como lubrificante.

Explosão de bomba de fósforo branco na cidade de Gaza, localizada na chamada Faixa de Gaza (território palestino próximo a Israel), em 2009.

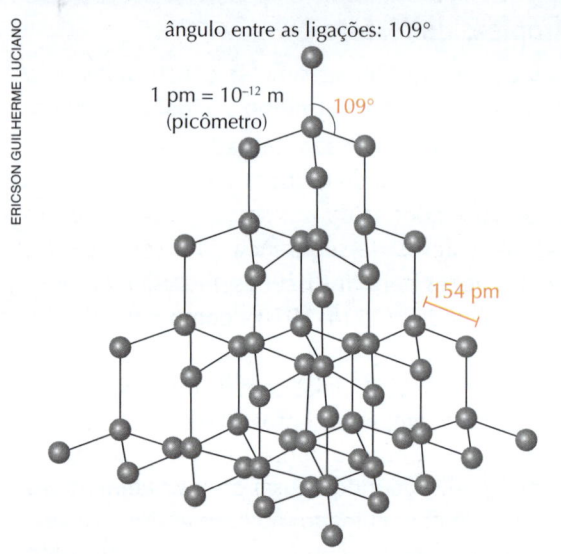

ângulo entre as ligações: 109°
1 pm = 10^{-12} m (picômetro)
109°
154 pm

Representação da estrutura cristalina do diamante.

Diamante bruto.

Diamantes lapidados.

Fonte da representação da estrutura cristalina do diamante: DUTCH, S. Diamond Structure. *Natural and Applied Sciences*. University of Wisconsin, Green Bay.

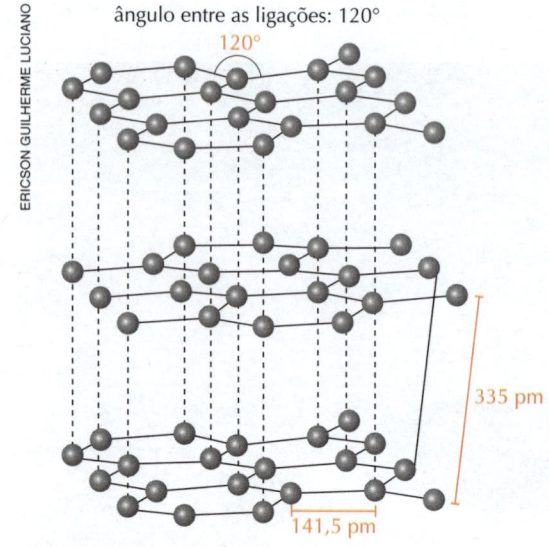

ângulo entre as ligações: 120°
120°
335 pm
141,5 pm

Representação da estrutura cristalina da grafita.

Amostra de grafita mineral.

Grafita usada para escrever.

Fonte da representação da estrutura cristalina da grafita: KOTZ, J. C.; TREICHEL JR., P. *Chemistry & Chemical Reactivity*. 3rd ed. Orlando: Saunders College, 1996. p. 105.

Conexões

Química e tecnologia – Formas artificiais do carbono

As buckybolas

Uma terceira forma alotrópica do carbono foi obtida em laboratório pelas equipes de Richard Errett Smalley (1943--2005), dos Estados Unidos, e Harold (Harry) Walter Kroto (1939-2016), da Inglaterra, há cerca de trinta anos.

A disposição dos átomos de carbono dessa forma alotrópica, conhecida por buckybolas (do inglês *buckyballs*) ou fulereno, lembra uma bola de futebol profissional. O nome original dessa forma de carbono é *buckminster fullerene*, em homenagem ao arquiteto estadunidense Richard Buckminster Fuller (1895-1983), que criou a estrutura geodésica.

Essa forma de carbono, de fórmula C_{60}, é a mais simples de uma família de fulerenos, cujos arranjos moleculares fechados podem atingir até 960 átomos de carbono.

Muitos químicos vêm realizando pesquisas sobre buckybolas, tendo em vista a enorme possibilidade de aplicações dessas substâncias, tanto na área médica, para viabilizar novas terapias (por exemplo, a de osteoporose), como em lubrificantes, combustíveis, baterias, entre outras.

As buckybolas assemelham-se a estruturas geodésicas, como a do museu em homenagem ao meio ambiente (The Biosphere), na cidade de Montreal, Canadá, que vemos na imagem acima. Foto de 2012.

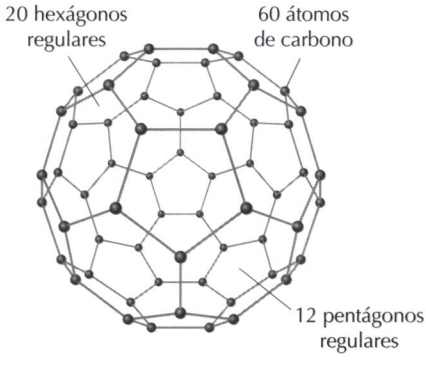

Representação da estrutura das buckybolas. Cada uma delas é formada por 60 átomos de carbono, dispostos em 20 hexágonos regulares e 12 pentágonos regulares.

Fonte da ilustração: KOTZ, J. C.; TREICHEL JR., P. *Chemistry & Chemical Reactivity*. 3rd ed. Orlando: Saunders College, 1996. p. 105.

Nanotubos de carbono

Os nanotubos, outra forma alotrópica do carbono, são um tipo de fulereno. Descritos pela primeira vez em 1952, foram amplamente divulgados na comunidade científica apenas em 1991. A palavra **nanotubo** remete tanto à forma quanto à dimensão (o prefixo *nano* vem do grego e significa "excessiva pequenez"): 100 mil vezes mais fino do que um fio de cabelo.

Micrografia de tunelamento colorida de nanotubos de carbono. Por meio dessa técnica, é possível observar a topologia da superfície do material estudado. Aumento de 6 000 000 de vezes para imagens de 6 cm × 6 cm.

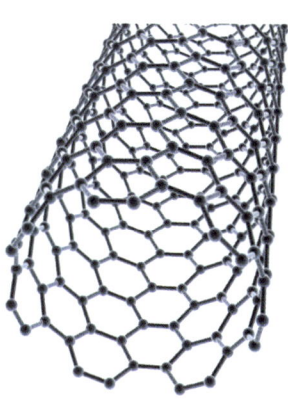

Representação de parte da estrutura de um nanotubo.

Diamantes artificiais

Desde meados do século XX, cientistas vêm obtendo diamantes artificiais que, apesar de serem formados por cristais irregulares, têm encontrado emprego industrial por sua elevada dureza (diamante vem do grego *adámas*: "indomável"), por conduzirem bem o calor, terem baixa resistência à passagem do som – o que possibilita seu uso em alto-falantes – e por serem pouco reativos – o que permite seu uso em próteses no corpo humano.

Mais recentemente, equipes de cientistas, incluindo brasileiros, têm se dedicado a pesquisar novas formas de diamantes artificiais e suas possibilidades de aplicação. Entre elas, podemos mencionar o uso de diamantes sintéticos em brocas adequadas a vários tipos de técnicas utilizadas em odontologia, para recobrimento de instrumentos médicos e peças de transplantes, funcionando como bactericida e inibidor da formação de coágulos sanguíneos, em ferramentas utilizadas em implantes ósseos e para o revestimento de bandejas usadas para transportar instrumental cirúrgico em hospitais.

1. Com base em seus conhecimentos e no que leu nesta seção e em outras fontes de pesquisa, faça um resumo sobre alguns empregos das formas de carbono naturais e artificiais.

2. A descoberta dos fulerenos rendeu o Prêmio Nobel de Química em 1996 aos cientistas R. Crul, H. Kroto e R. Smalley. Você já ouviu falar do Prêmio Nobel? O que ele representa? Faça uma pesquisa em livros e *sites* sobre esse assunto.

Substância e mistura: diferenciação teórica

Nos sistemas abaixo, estão representadas substâncias puras.

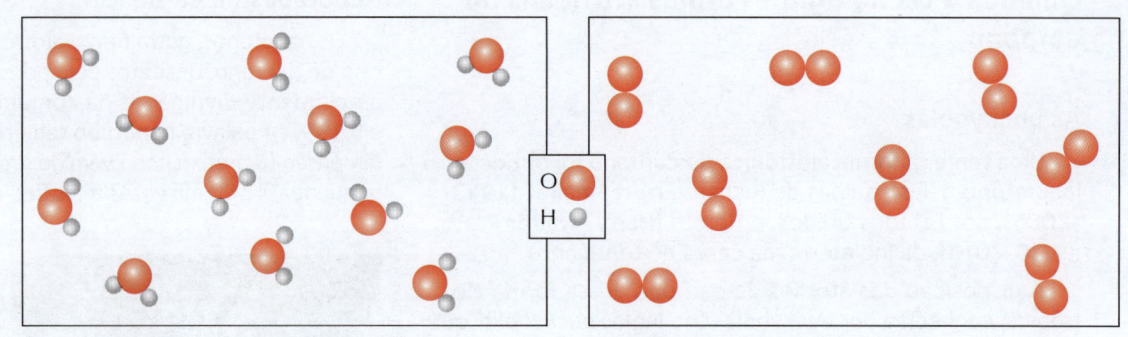

Água (H_2O), substância composta de H e O.

Oxigênio (O_2), substância simples.

Note que as ilustrações representam água e oxigênio. No que essas substâncias diferem?

A água é uma substância composta (constituída por mais de um elemento, H e O) e o oxigênio é uma substância simples (formada por um só elemento, O).

No caso de misturas, há diferentes tipos de aglomerados atômicos, e cada um desses tipos corresponde a uma substância. Observe a representação de uma mistura de substâncias.

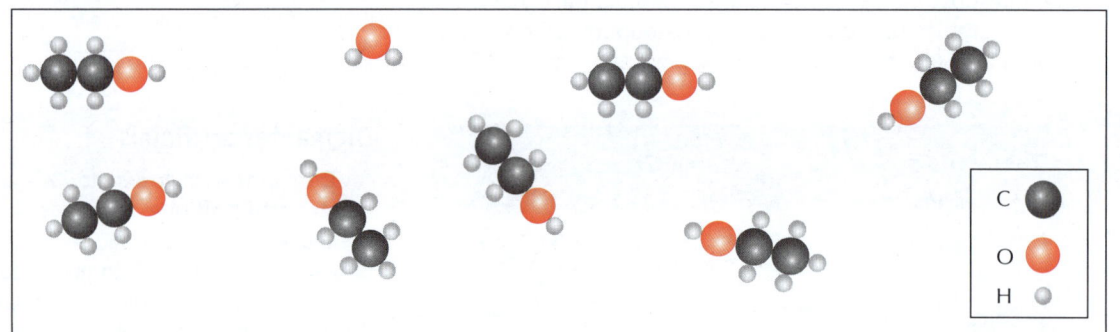

Representação do álcool comercial.

O álcool comercial é uma mistura de etanol (C_2H_5OH) que contém teores variáveis de água. O álcool 54 °GL tem 54 cm³ de etanol para cada 46 cm³ de água.

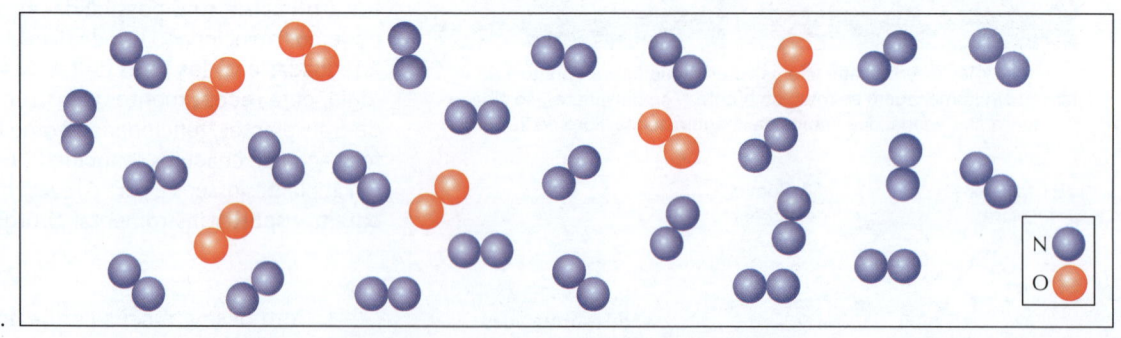

Representação do ar "puro".

O ar "puro" é uma mistura de diversos gases, na qual predominam dois: o oxigênio (O_2), com cerca de 20%, e o nitrogênio (N_2), com 80%, aproximadamente.

Em resumo, uma substância é formada por átomos ou aglomerados de átomos, cuja constituição é a mesma. As substâncias podem ser de dois tipos:

- **substâncias simples ou elementares** – formadas por um só elemento;
- **substâncias compostas (compostos)** – constituídas por dois ou mais elementos.

Já uma **mistura é constituída de várias substâncias**. Ela pode ser obtida quando essas substâncias são colocadas em contato sem se alterar, ou seja, quando não reagem entre si.

Atividades

1. Observe a foto abaixo. Mesmo sem ter conhecimentos de Química, uma pessoa atenta pode notar algo incoerente na propaganda da loja. Na sua opinião, o que seria?

2. Dadas as seguintes propriedades do cloro, qual deve ser seu estado físico em uma temperatura ambiente de aproximadamente 20 °C, a 1 atm de pressão?

Temperatura de fusão (°C) a 1 atm	Temperatura de ebulição (°C) a 1 atm	Cor
−101,5	−34,0	verde-amarelado

Fonte: LIDE, David R. (Ed.). Physical Constants of Inorganic Compounds. *CRC Handbook of Chemistry and Physics*. 89th ed. (Internet Version). Boca Raton, FL: CRC/Taylor and Francis, 2009. p. 4-58.

3. Com base nos dados das questões 1 e 2, nos conceitos de substância simples, substância composta e de elemento que você pôde construir até aqui, redija uma explicação possível para a confusão de informações sobre o cloro na propaganda.

4. Considere as seguintes informações:
   - Substâncias que contêm ferro devem fazer parte de uma alimentação saudável.
   - Sabe-se que ferro na forma metálica é atraído por ímãs, o que não acontece com compostos de ferro.

   Observa-se que:
   - Um medicamento que contém ferro, usado no tratamento da anemia, não é atraído por ímã.
   - Uma farinha enriquecida com ferro não é atraída por ímã.
   - Uma embalagem de cereais em flocos mostra que eles são atraídos por ímã.

   a) Se os flocos não forem atraídos por ímã, é porque não contêm ferro? Explique.
   b) Utilizando os conceitos de elemento, substância simples e substância composta, escreva um texto que explique o fato de o medicamento e a farinha não serem atraídos por ímãs, mas o cereal, sim.

5. Considere as fórmulas P_4, CO, C_3H_6O, N_2, O_3, C_4H_{10}.
   a) Quais representam substâncias simples?
   b) Quais são compostos binários, isto é, formados por dois elementos?
   c) Qual substância é simples e tetratômica?
   d) Quantos átomos formam uma molécula de butano, C_4H_{10}?
   e) Qual dessas substâncias está presente no ar não poluído?

6. Nos sistemas a seguir, átomos são representados por esferas. Para resolver os itens de a a d, reproduza em seu caderno o(s) que corresponde(m) ao que é descrito.

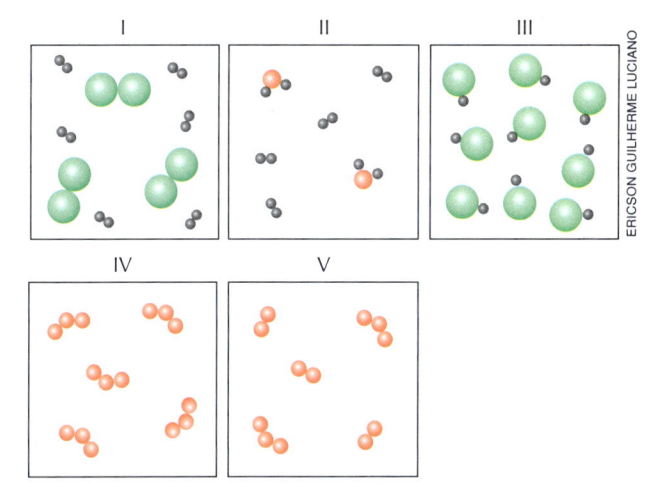

   Ilustrações produzidas para este conteúdo.

   a) Substância pura composta.
   b) Substância pura simples.
   c) Mistura de duas substâncias, uma simples e uma composta.
   d) Mistura de duas substâncias simples.

7. Complete em seu caderno o quadro abaixo para os sistemas I, II, III, IV e V representados anteriormente. As respostas relativas ao sistema I estão dadas.

	I	II	III	IV	V
Número de átomos	18	/////	/////	/////	/////
Número de elementos	2	/////	/////	/////	/////
Número de moléculas	9	/////	/////	/////	/////
Número de substâncias	2	/////	/////	/////	/////
Número de substâncias compostas	0	/////	/////	/////	/////
Número de substâncias simples	2	/////	/////	/////	/////

Capítulo 3 • Substâncias e misturas

Tipos de mistura

Já vimos que, quando duas ou mais substâncias são colocadas em contato e não há transformação química, isto é, quando não reagem entre si, elas originam uma mistura.

De acordo com o aspecto, as misturas podem ser classificadas em homogêneas e heterogêneas.

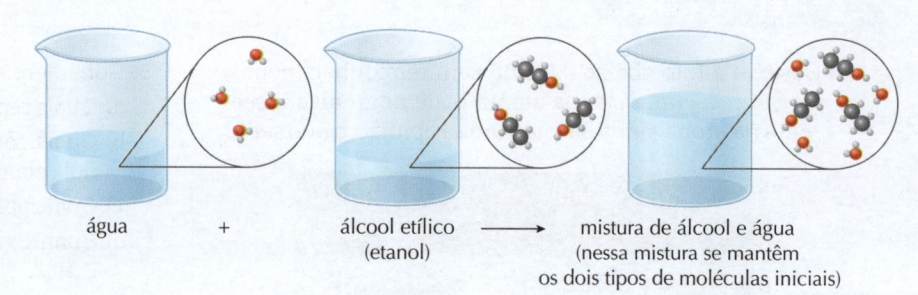

água + álcool etílico (etanol) ⟶ mistura de álcool e água (nessa mistura se mantêm os dois tipos de moléculas iniciais)

Representação de um béquer com água, outro com etanol e um terceiro com a mistura obtida quando se acrescenta água a etanol. Também estão representados os três líquidos, do ponto de vista submicroscópico, isto é, das unidades que os constituem.

Misturas homogêneas ou soluções

Misturas homogêneas ou **soluções** são as que têm o mesmo aspecto em todos os pontos, ainda que observadas com microscópios potentes. São exemplos de soluções: álcool comercial; ar isento de partículas sólidas (poeira); água com açúcar dissolvido; tintura de iodo (iodo dissolvido em álcool).

Todas as misturas gasosas são homogêneas. O ar isento de pequenas partículas sólidas também é um exemplo de mistura homogênea.

Em uma mistura homogênea ou solução, as unidades constituintes de um componente distribuem-se entre as do(s) outro(s), sem que seja possível distingui-los.

Observe as imagens e acompanhe a explicação.

A solução 2 é mais diluída do que a 1. A solução 3 é mais concentrada do que a 1. Ou seja:

- **Dissolver** significa misturar substâncias que não reagem entre si, formando solução.
- **Diluir** significa acrescentar mais solvente a uma solução.
- **Concentrar** significa adicionar mais soluto a uma solução ou retirar solvente dela.

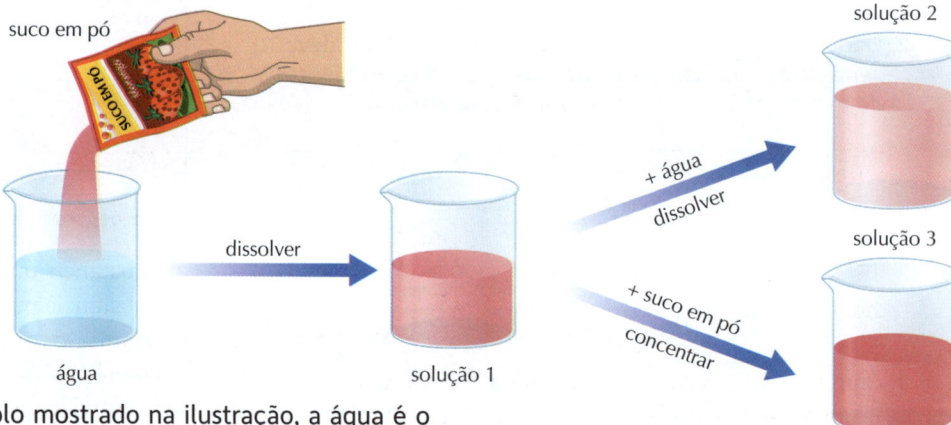

suco em pó

água → dissolver → solução 1

+ água, dissolver → solução 2

+ suco em pó, concentrar → solução 3

Para que fique mais claro, no exemplo mostrado na ilustração, a água é o **solvente**. Já o suco em pó contém várias substâncias que constituem o **soluto**.

Vale lembrar também que, como as misturas têm composição variável, não podem ser representadas por fórmulas.

Misturas heterogêneas

Misturas heterogêneas são as que apresentam regiões com diferentes aspectos, chamadas fases. As diversas fases de um sistema podem ser diferenciadas a olho nu ou por meio de microscópios de luz.

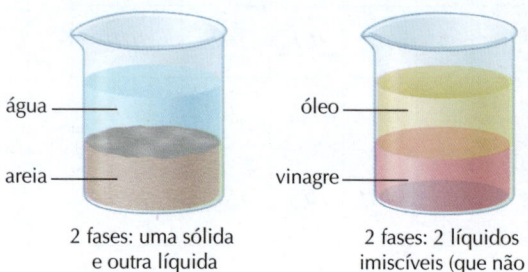

água / areia — 2 fases: uma sólida e outra líquida

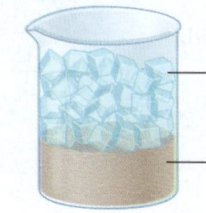

óleo / vinagre — 2 fases: 2 líquidos imiscíveis (que não se misturam)

cubos de gelo (todos os cubos de gelo são uma fase) / areia (os vários grãos de areia constituem uma só fase) — 2 fases: cada uma está dividida em várias partes com o mesmo aspecto

Misturas difásicas: apresentam duas fases.

> **Observação**
>
> Uma única substância pode se apresentar simultaneamente em duas ou três fases; é o caso do conjunto água líquida-gelo (heterogêneo). Por isso, mudanças de estado físico sólido-líquido, por exemplo, também são chamadas de mudanças de fase. 
>
> Água pura em duas fases: sólida e líquida.

Atividades

1. Explique como proceder para:
   a) diluir uma solução alcoólica de iodo (iodo dissolvido em álcool);
   b) concentrar uma solução aquosa de dicromato de potássio (dicromato dissolvido em água).

2. Qual é a diferença entre dissolver e diluir?

3. Considere os sistemas indicados a seguir para responder aos itens de **a** a **d**.
   I. Álcool em água.
   II. 3 cubos de gelo em solução aquosa de sal.
   III. Vapor de água + gás carbônico.
   IV. Vapor de água + 3 cubos de gelo.
   V. 1 colher de açúcar em 1 litro de água.
   VI. Nitrogênio + oxigênio.

   a) Quais constituem misturas?
   b) Quais são monofásicos?
   c) Qual é formado por uma substância (pura)?
   d) Quais contêm duas substâncias?

Você pode resolver as questões de números 13 a 15 da seção Testando seus conhecimentos.

Separação de misturas

Quase todos os materiais obtidos da natureza são misturas de substâncias. Muitas vezes o ser humano está interessado em um ou mais componentes de uma mistura e, para isso, realiza métodos de separação que permitem obtê-lo(s).

Você conhece algum método de separação? Como você faria para retirar os sais que estão dissolvidos na água do mar?

Vamos agora estudar alguns processos de separação de misturas e suas aplicações.

Filtração

Quando alguém passa aspirador de pó em um piso empoeirado, está fazendo com que o ar que contém essa poeira, ao passar pelo filtro no interior do equipamento, deixe retidas nele as partículas de poeira. Dizemos que essa mistura gás-sólido passou por uma filtração, separando o sólido (poeira) do gás (ar).

Outro exemplo da aplicação do método de filtração ocorre quando uma pessoa prepara um café de modo tradicional.

O coador de pano ou de papel que é colocado em um suporte é um filtro que retém o pó de café, deixando passar o líquido, uma solução de café em água. Nesse caso, a filtração separa a fase sólida da fase líquida.

Nos laboratórios, é muito frequente recorrer-se à filtração feita em funil de vidro. No processo, podem-se utilizar trompas de vácuo ou compressores de ar (ou bombas de vácuo), que reduzem a pressão dentro do recipiente, resultando em uma sucção que acelera o processo de filtração.

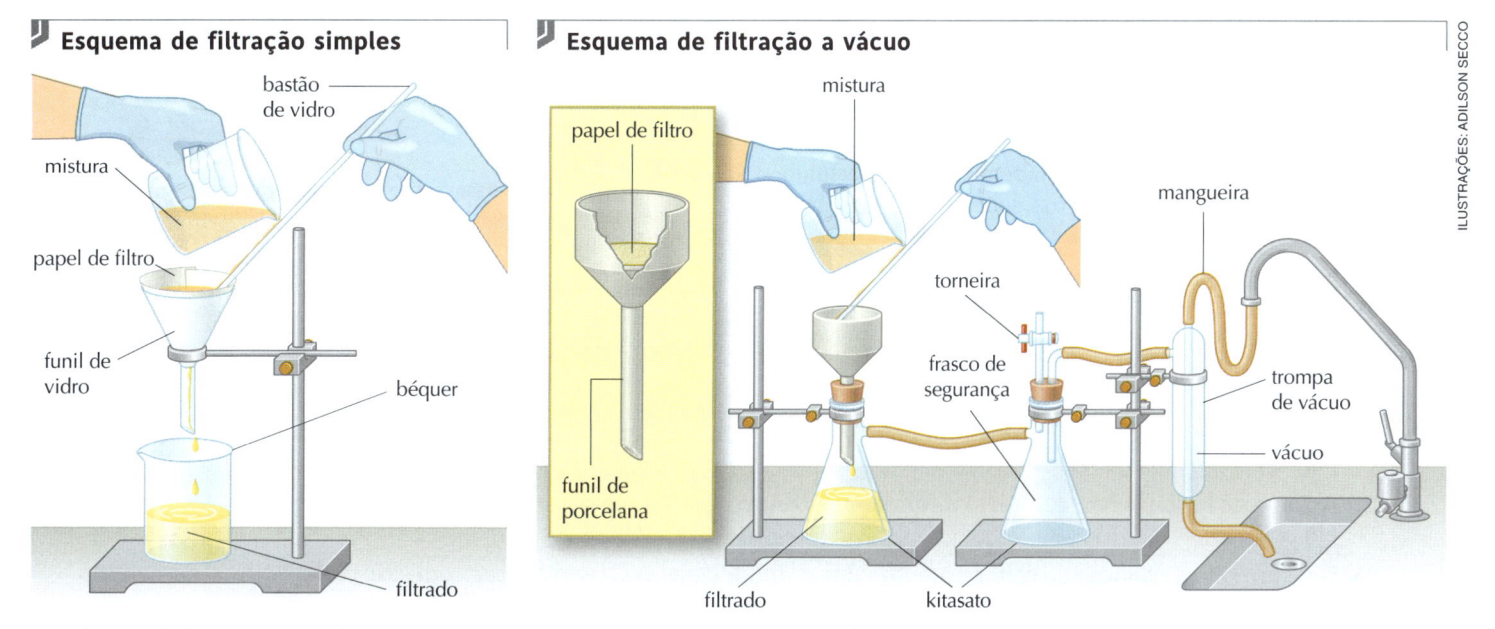

Esquema de filtração simples

Esquema de filtração a vácuo

Aparelhagem de laboratório para dois tipos de filtração: à esquerda, a filtração simples; à direita, a filtração a vácuo.

Agora reflita: é possível separar por filtração sal de cozinha da água em que está dissolvido? E os componentes da mistura óleo e água?

Para filtrar, é fundamental que a mistura seja heterogênea e que contenha pelo menos um componente no estado sólido, que ficará retido nos poros do filtro. Para que isso ocorra de maneira satisfatória, é preciso que os poros do filtro tenham dimensões menores que as dimensões das partículas do sólido. Portanto, não é viável separar sal de cozinha de água e óleo de água por filtração.

> A **filtração** é empregada para separar misturas heterogêneas de:
> - sólido-líquido;
> - sólido-gás.

Conexões

Química e tecnologia

Novos filtros: melhorando a vida das pessoas sem acesso a água potável

Como fazer para sobreviver em um lugar em que a única água disponível é imprópria para o consumo? Você já se imaginou tendo de ingerir água de uma lagoa barrenta, contaminada por microrganismos que transmitem doenças?

Essa é a realidade de muitas pessoas que vivem em regiões carentes de saneamento básico. De acordo com a Organização Mundial de Saúde (OMS), estima-se que, em 2014, cerca de 800 mil pessoas no mundo não tinham acesso a água potável. Em muitos locais, a água é conseguida em lagoas sujas, onde pessoas e animais dividem espaço.

Segundo dados de 2012 do Unicef e da Organização Mundial da Saúde, 6,6 milhões de crianças menores de 5 anos morrem todo ano vítimas de causas evitáveis, como diarreia, pneumonia ou malária.

Para tentar ajudar a reduzir esses índices, uma companhia suíça desenvolveu um filtro de água portátil e barato. Usando membranas têxteis com poros menores do que o diâmetro de um fio de cabelo, seguidas de uma resina impregnada com iodo e outra com carvão ativado, esse filtro é capaz de filtrar 99,99% dos parasitas e bactérias presentes na água, sem o uso de eletricidade. Ele é menos efetivo para os vírus, que são muito menores, e também não retém arsênio, presente em altos níveis nas águas subterrâneas de vários países, como Bangladesh, Índia, Chile e México.

Esses filtros têm sido entregues por grupos humanitários após desastres, como terremotos, e em locais de pobreza extrema, como Moçambique, Mianmar e Quênia. Apesar de não resolver o problema do acesso à água – já que muitas vezes é preciso percorrer longas distâncias para encontrar uma fonte de água, ainda que imprópria –, o uso desses filtros tem ainda outra vantagem: como as pessoas não precisam ferver a água para poder consumi-la, há uma redução no uso de combustíveis fósseis e de lenha, o que ajuda a diminuir a emissão de gases que contribuem para o efeito estufa.

Fontes: Scientific American Brasil. Filtro completo em um canudinho; Committing to Child Survival: A Promise Renewed Progress. *Report 2013*; World Health Organization. Arsenic.

Filtro de água portátil (versão família) utilizado para abastecer um galão de água na província ocidental do Quênia. O filtro portátil é uma opção barata que ajuda a reduzir o número de vítimas de doenças por uso de água não potável. Esse tipo de filtro pode abastecer uma família por cerca de três anos (ou 18 000 litros de água filtrada); já a versão individual é capaz de filtrar 1 000 litros de água, o suficiente para hidratar uma pessoa por um ano. Foto de 2011.

1. Por que esse tipo de filtro resolve, ao menos em parte, o problema da ausência de água tratada para o consumo em regiões carentes?
2. A que você atribui o fato de o texto informar que o filtro não elimina substâncias contendo arsênio em solução?
3. De que modo a evolução do conhecimento sobre o "mundo invisível" tem relação com esse recurso?

Peneiração

Peneiração é um método de separação de materiais usado para misturas heterogêneas formadas por sólido e líquido ou por dois ou mais sólidos de dimensões diferentes. Nesse processo, são usadas peneiras que tenham malhas de tamanhos diferentes.

Peneiração de areia em Rio Branco (AC). Foto de 2012.

Decantação

Ao deixarmos uma mistura heterogênea em repouso (de sólido e líquido, de líquido e líquido, de sólido e gás) em um recipiente (ou recinto), a fase mais densa deposita-se na parte inferior por ação da gravidade.

É o que ocorre com a poeira – partículas sólidas em suspensão no ar – que se deposita em móveis, no chão etc., ou com o vinagre, que, em uma mistura com óleo, usada no tempero da salada, fica na parte inferior da mistura.

De acordo com as características da mistura a ser separada, são adotados procedimentos compatíveis. Observe-os nas imagens.

A **decantação** é empregada para separar misturas heterogêneas de:
- sólido-líquido;
- líquido-líquido (funil de decantação);
- sólido-gás.

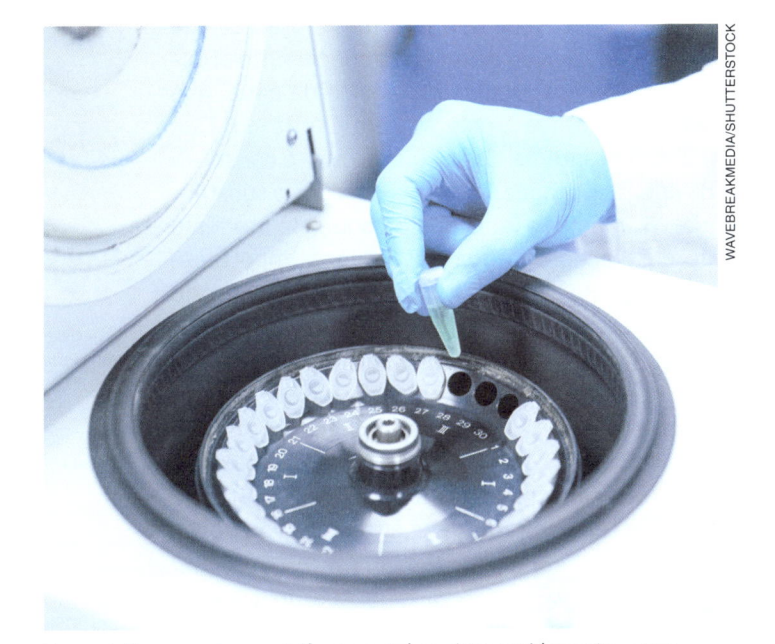

Em centrífugas e microcentrífugas, os tubos giram rapidamente, o que acelera o processo de decantação, fazendo o material mais denso se depositar no fundo do tubo.

Tanque de decantação em estação de tratamento de água em Teresina (PI). Nesses tanques, a sujeira (por exemplo, pequenas partículas sólidas) que está dispersa na água decanta no fundo do recipiente. Foto de 2015.

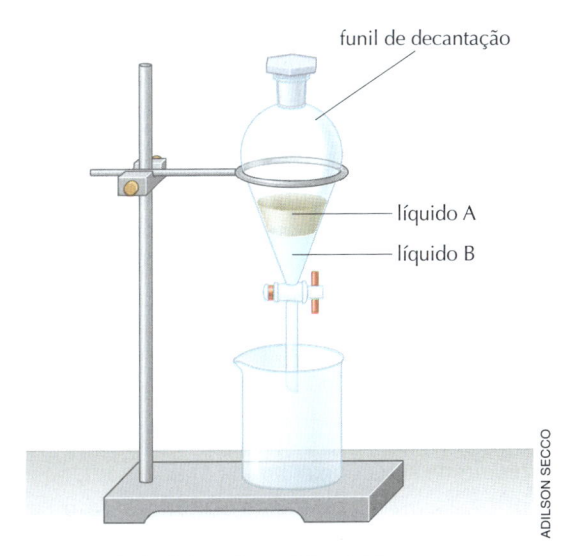

Esse tipo de funil é usado em laboratórios para separar líquidos imiscíveis (que formam mais do que uma fase). O mais denso é retirado quando se abre a torneira, e o menos denso, pela parte superior do funil.

Capítulo 3 • Substâncias e misturas

Destilação

Destilação é um processo de separação de misturas homogêneas em fase líquida. Nessa separação, o sistema é aquecido até que o componente que evapora com mais facilidade, ou seja, o mais volátil, atinja a temperatura de ebulição; os vapores obtidos passam por um condensador, equipamento onde são resfriados, voltando ao estado líquido.

A **destilação simples** normalmente é utilizada para separar os componentes de uma solução formada de líquido e sólido não volátil.

Observe, ao lado, o equipamento usado em laboratório na destilação simples.

O que acontece se utilizarmos o processo de destilação na água do mar? O aquecimento dessa mistura vai evaporar grande parte da água, que será condensada e coletada em um frasco. Essa água, diferentemente da água do mar, é constituída apenas por água, ou seja, é uma única substância. Chamamos a água que passou pelo processo de destilação de **água destilada**. É importante destacar que no balão de destilação, além do sólido, pode sobrar certo volume do líquido.

A **destilação fracionada** é utilizada normalmente para separar misturas formadas por líquidos miscíveis, ou seja, líquidos que juntos constituem uma solução. O grau de pureza dos líquidos coletados será tanto maior quanto maior for a distância entre as temperaturas de ebulição dos líquidos.

É na coluna de fracionamento que o vapor sobe e é, em parte, condensado. Esse líquido desce pela coluna em direção ao balão. Entretanto, nesse processo, o líquido condensado entra em contato com o vapor proveniente da vaporização e que está subindo; com a troca de calor entre o líquido e o vapor, a fase gasosa é enriquecida com o vapor proveniente do líquido de temperatura de ebulição mais baixa. O vapor entra no condensador onde é resfriado e, então, é recolhido em outro frasco. Observando a variação de temperatura evidenciada pelo termômetro, é possível medir a temperatura do vapor em equilíbrio com o líquido de cada componente. Assim, substituindo o frasco coletor, os líquidos podem ser separados.

Evaporação

Enquanto na destilação simples o interesse reside na substância líquida mais volátil, na **evaporação** o interesse está voltado para o sólido que está dissolvido.

Nesse método de separação, utilizado para misturas homogêneas formadas por sólido e líquido, ocorre o aquecimento da mistura até a

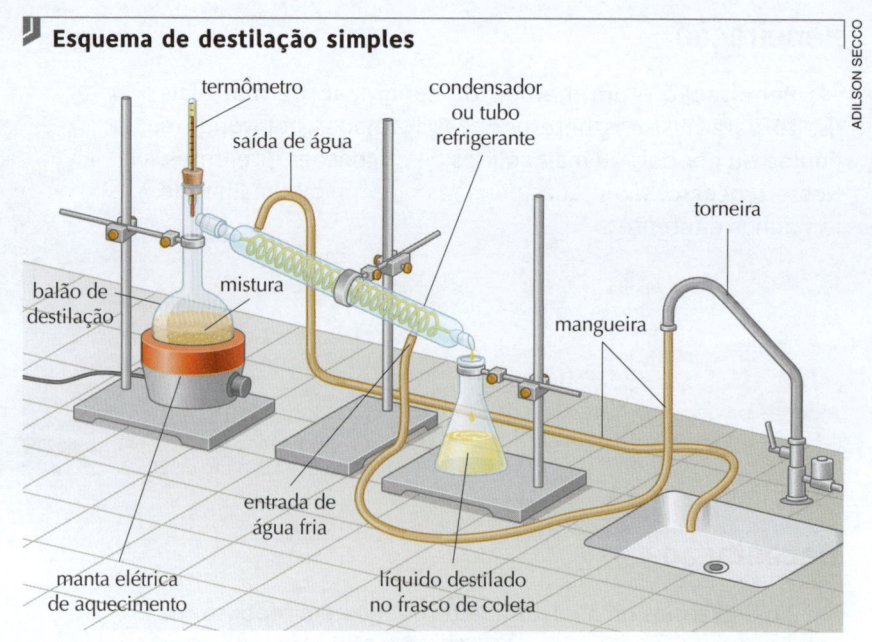

Esquema de destilação simples

Aparelhagem de laboratório para destilação simples.
Fonte: MASTERTON, W. L.; SLOWINSKI, E. J. *Química geral superior*. 4. ed. Rio de Janeiro: Interamericana, 1978. p. 13.

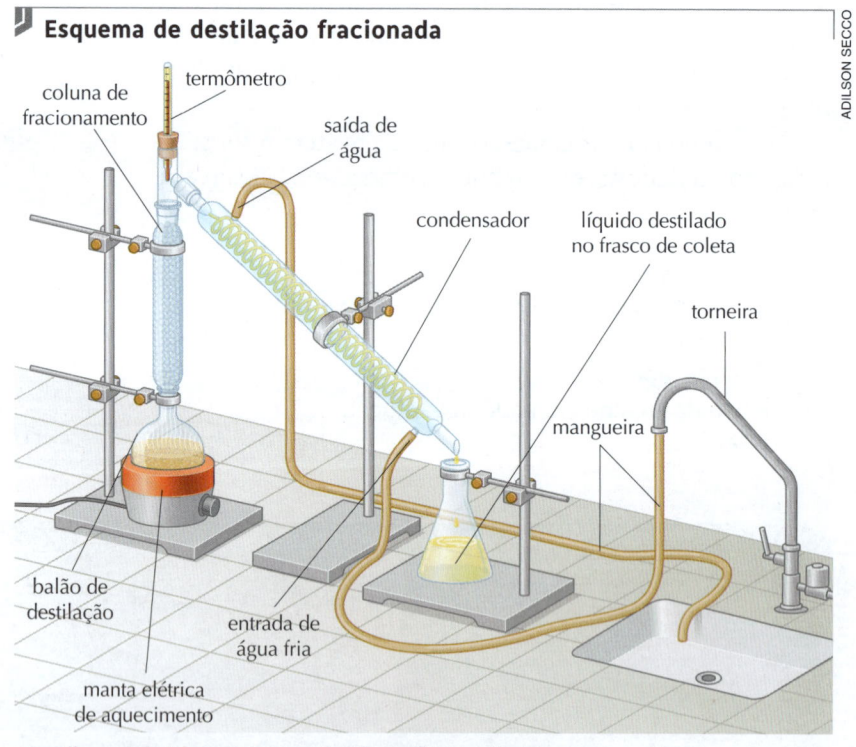

Esquema de destilação fracionada

Aparelhagem de laboratório para destilação fracionada.
Fonte: CHANG, R. *Chemistry*. 10th ed. New York: McGraw-Hill, 2010.

Salina em Araruama (RJ): a energia solar, auxiliada pelo vento, evapora a água do mar e resta o sal. Foto de 2013.

completa evaporação do líquido. Essa técnica é utilizada, por exemplo, para a obtenção de sal marinho a partir da evaporação da água do mar, processo que ocorre de maneira lenta e por ação da energia solar e eólica (dos ventos).

Dissolução fracionada

Dissolução fracionada é um processo de separação de misturas usado para separar sólido de sólido. Usa-se um solvente que seja capaz de dissolver somente um dos componentes da mistura, o que explica o nome: dissolução de parte, isto é, fração da mistura.

A dissolução fracionada é usada para separar, por exemplo, o cloreto de sódio da areia. Deve-se adicionar à mistura água em quantidade suficiente para dissolver o cloreto de sódio. Uma filtração faz com que a areia fique retida no filtro. O filtrado (material que passa pelo filtro, nesse caso, constituído de água e cloreto de sódio) é submetido a aquecimento para que a água seja eliminada e deixe o cloreto de sódio como resíduo.

Química: prática e reflexão

Será que a tinta preta das canetas esferográficas é constituída de um único corante? Que técnicas vocês utilizariam para descobrir isso?

Material necessário

- caneta esferográfica preta
- tira de papel de filtro de mais ou menos 2 cm de largura por 10 cm de comprimento
- álcool
- 1 copo de vidro

Procedimentos

1. Com a caneta, façam uma marca de mais ou menos 0,7 cm de diâmetro, a cerca de 3 cm de uma das extremidades do papel.
2. No copo, coloquem álcool até 1 cm de altura; mergulhem nele a extremidade da tira de papel mais próxima da marca de tinta. Somente a ponta deve ser mergulhada no álcool.
3. Observem e descrevam o que ocorre.

Analisem suas observações

1. A tinta da caneta contém somente uma substância corante?
2. A técnica de identificação proposta no início da atividade serve para identificar se a tinta é formada por uma substância ou por uma mistura?
3. Por que o álcool foi útil neste experimento?
4. Levantem hipóteses para explicar por que uma mancha "caminha" com velocidade maior que outra.

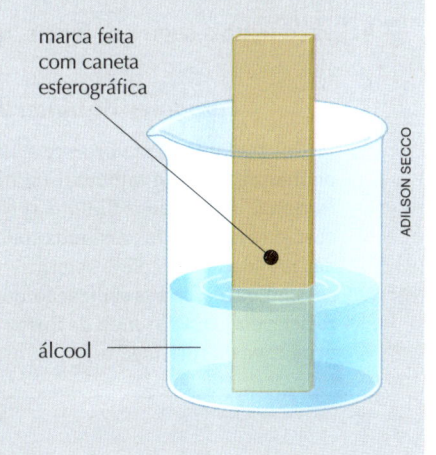

Atividades

1. No livro *Todas as letras* (Companhia das Letras, 1996), o compositor Gilberto Gil usa alguns termos e símbolos que são muito próprios da Química para analisar uma letra de seu parceiro João Donato. Na página 152 do livro dele, lê-se:

   [...] como se fosse composta de um número regular de átomos de uma substância simples, fundamental e conhecida, como H_2O.

   Gil não deve ter tido como objetivo escrever um texto quimicamente correto; em todo caso, diga que palavras seriam inadequadas e por quê. Redija o trecho novamente corrigindo os termos que não estão corretos do ponto de vista químico.

2. Os jornais vêm publicando notícias sobre queimadas e incêndios florestais no Brasil, como no Amazonas, em Rondônia, Goiás, Mato Grosso e Acre. Além dos danos

às florestas, a fumaça atinge regiões distantes do local da queimada. Na foto, estudantes usam máscaras de tecido em protesto contra essa situação.

Alunos da rede pública do município de Manacapuru, no estado do Amazonas, fazem protesto nas ruas contra as queimadas e o desmatamento usando máscaras contra fumaça. Foto de outubro de 2015.

Considerando que a fumaça contém gases tóxicos e partículas em suspensão, o uso de máscaras seria eficiente? Explique por quê.

3. É possível separar os componentes das misturas abaixo pelos processos propostos? Explique por quê.
   a) Sal de cozinha e água por filtração.
   b) Benzeno e álcool, por destilação fracionada (o álcool tem temperatura de ebulição = 78,5 °C e o benzeno tem temperatura de ebulição = 80 °C).
   c) Carbonato de cálcio e água (mistura heterogênea) por centrifugação.
   d) Açúcar e água por decantação.
   e) Gás propano e gás nitrogênio, por liquefação (temperatura de ebulição do propano = −41 °C; temperatura de ebulição do nitrogênio = −196 °C).

4. Leia o texto a seguir e, depois, responda às questões.

Catadores de materiais recicláveis

Os catadores de matérias reutilizáveis e recicláveis desempenham papel fundamental na implementação da Política Nacional de Resíduos Sólidos (PNRS), com destaque para a gestão integrada dos resíduos sólidos. De modo geral, atuam nas atividades da coleta seletiva, triagem, classificação, processamento e comercialização dos resíduos reutilizáveis e recicláveis, contribuindo de forma significativa para a cadeia produtiva da reciclagem.

Sua atuação, em muitos casos realizada sob condições precárias de trabalho, se dá individualmente, de forma autônoma e dispersa nas ruas e em lixões, como também, coletivamente, por meio da organização produtiva em cooperativas e associações.

A atuação dos catadores de materiais reutilizáveis e recicláveis [...] contribui para o aumento da vida útil dos aterros sanitários e para a diminuição da demanda por recursos naturais [...].

[...]

Fonte: Ministério do Meio Ambiente (MMA). Disponível em: <http://www.mma.gov.br/cidades-sustentaveis/residuos-solidos/catadores-de-materiais-reciclaveis>. Acesso em: 27 abr. 2018.

a) O trabalho realizado pelos catadores de materiais recicláveis e reutilizáveis envolve uma técnica de separação de misturas conhecida como catação. Esse método consiste na separação manual dos componentes de uma mistura que, na situação descrita pelo texto, pode ser a separação de materiais que são constituídos por vidro, metal, papel e plástico, por exemplo. Dê outros exemplos em que a catação pode ser empregada no cotidiano.

b) De acordo com o texto, a atuação desses trabalhadores contribui para aumentar a vida útil dos aterros sanitários e para diminuir a demanda de recurso natural. Explique por quê.

c) A atuação dos catadores de materiais recicláveis coloca, muitas vezes, a saúde do trabalhador em risco devido ao contato com materiais cortantes e à exposição a agentes biológicos. Em grupos de três ou quatro alunos, discuta possíveis ações para minimizar esse risco. Sob a orientação do professor, eleja um dos integrantes do grupo para apresentar as ideias aos demais colegas.

d) Além dos riscos à saúde que os catadores de materiais recicláveis correm, eles enfrentam outras dificuldades no exercício de sua profissão, como preconceitos, agressões, a falta de reconhecimento profissional e a invisibilidade perante a sociedade. Em grupos de três ou quatro alunos, pesquise em livros e *sites* as condições de vida desses trabalhadores. Reúna-se com seus colegas de grupo e discutam atitudes que poderiam ser tomadas para melhorar a qualidade de vida dos catadores. Eleja um dos integrantes do grupo para apresentar as propostas do grupo.

Você pode resolver as questões de números 16 a 22 da seção Testando seus conhecimentos.

Resgatando o que foi visto

As explicações elaboradas por estudiosos das ciências sobre a constituição da matéria e as transformações químicas pelas quais os materiais passam sofreram mudanças significativas em certos períodos de nossa história. De que forma essas mudanças ocorreram e que importância elas tiveram na estruturação da Química como a conhecemos hoje foram alguns dos aspectos abordados nesta unidade.

Alguns conceitos básicos para a aprendizagem da Química também foram contemplados: substância (simples e composta), mistura, entre outros; propriedades específicas de uma substância (temperatura de fusão, temperatura de ebulição, densidade). Procedimentos comuns em laboratórios e indústrias para separar os componentes de uma mistura e algumas formas simples usadas para identificá-los foram outros temas desenvolvidos na unidade.

Liste os conceitos que estudou e, de modo esquemático, estabeleça relações entre eles. Reflita: as ideias que você tinha a respeito desses conceitos e procedimentos mudaram do início do capítulo 2 para o final do capítulo 3? Como?

Testando seus conhecimentos

1. (Unicamp-SP) Na região Amazônica existe água em abundância, mas o acesso aos serviços de tratamento e de saneamento é limitado. Já nas regiões industrializadas do Sul e Sudeste, a situação se inverte: a maioria da população tem acesso aos serviços de tratamento de água e de saneamento, mas os mananciais adequados à captação de água estão escasseando. Para preservar esse importante recurso, algumas companhias de saneamento estão disponibilizando no mercado a chamada água de reúso, que é obtida após o tratamento do esgoto das cidades. A água de reúso não pode ser utilizada para as chamadas "finalidades nobres" (consumo humano ou animal e higiene pessoal), mas pode ser aproveitada, por exemplo, em diversos processos industriais. Dentre as alternativas abaixo, assinale aquela que traz três situações em que a água de reúso pode ser utilizada.
   a. Produção de vapor para geração de energia; descarga em vasos sanitários; limpeza de ruas.
   b. Descarga em vasos sanitários; uso em chuveiros e lavatórios; limpeza de praças.
   c. Produção de vapor para geração de energia; cocção de alimentos; descarga em vasos sanitários.
   d. Cocção de alimentos; uso em chuveiros e lavatórios; limpeza de pisos e paredes.
   e. Uso em chuveiros e lavatórios; limpeza de utensílios domésticos; limpeza de ruas.

2. (UFRGS-RS) Considere dois béqueres, contendo quantidades diferentes de duas amostras líquidas homogêneas A e B, a 25 °C, que são submetidos a aquecimento por 30 min, sob pressão de 1 atm, com fontes de calor equivalentes. A temperatura do líquido contido em cada béquer foi medida em função do tempo de aquecimento, e os dados obtidos foram registrados nos gráficos abaixo.

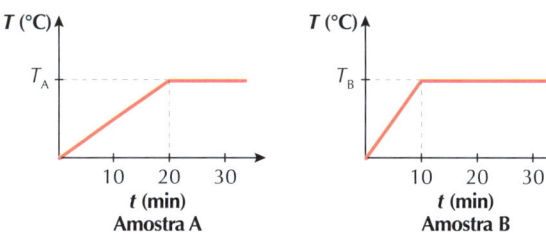

   Sobre esses dados, são feitas as afirmações abaixo.
   I. Se $T_A = T_B$, então a amostra A e a amostra B provavelmente são a mesma substância pura.
   II. Se as amostras A e B são constituídas pela mesma substância, então o volume da amostra B é menor que o volume de amostra A.
   III. A amostra A é uma mistura em que o líquido predominante é aquele que constitui a amostra B.

   Quais estão corretas?
   a. Apenas I.
   b. Apenas III.
   c. Apenas I e II.
   d. Apenas II e III.
   e. I, II e III.

3. (Uerj) Observe os diagramas de mudança de fases das substâncias puras A e B, submetidas às mesmas condições experimentais.

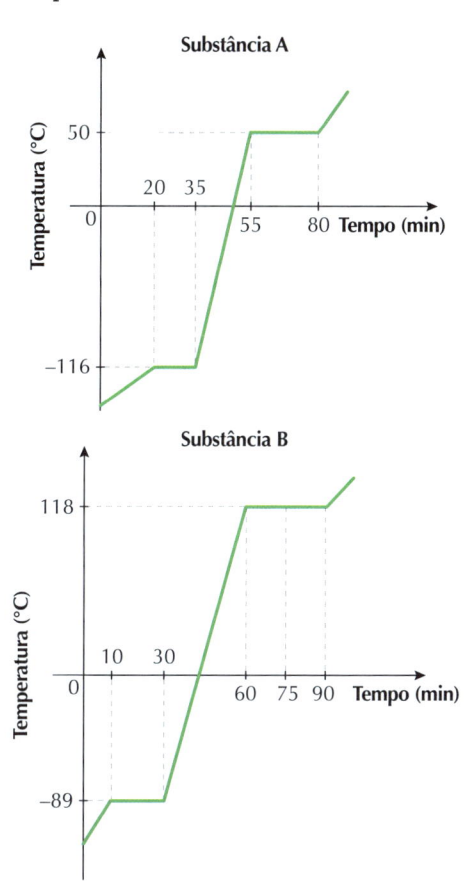

   Indique a substância que se funde mais rapidamente. Nomeie, também, o processo mais adequado para separar uma mistura homogênea contendo volumes iguais dessas substâncias, inicialmente à temperatura ambiente, justificando sua resposta.

4. (Uerj) Observe no diagrama as etapas de variação da temperatura e de mudanças de estado físico de uma esfera sólida, em função do calor por ela recebido. Admita que a esfera é constituída por um metal puro.

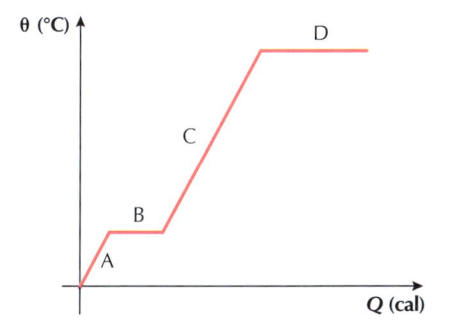

   Durante a etapa D, ocorre a seguinte mudança de estado físico:
   a. fusão
   b. sublimação
   c. condensação
   d. vaporização

Testando seus conhecimentos

5. (UFMG) A água é um dos principais fatores para a existência e manutenção da vida na Terra. Na superfície de águas muito frias, há uma tendência de se formar uma crosta de gelo, mas, abaixo dela, a água permanece no estado líquido. Isso permite que formas de vida como peixes e outros organismos consigam sobreviver mesmo em condições muito severas de temperatura.

Analise os dois gráficos abaixo que representam simplificadamente as variações de densidade de duas substâncias em temperaturas próximas às respectivas temperaturas de fusão (TF).

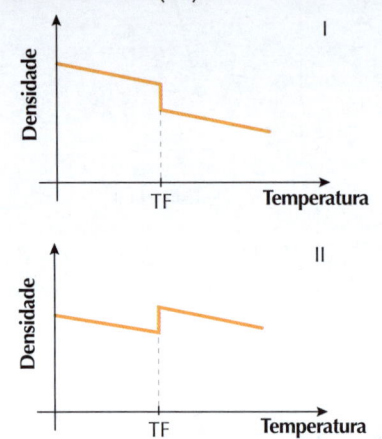

Assinale com um X a opção correta.

O gráfico que representa o comportamento da água é o ☐ I. ☐ II.

Justifique a sua escolha com base nas informações apresentadas e em outros conhecimentos sobre o assunto.

6. (UFMG) Uma amostra de água pura, inicialmente sólida, foi aquecida até algum tempo após sua completa fusão. A figura representa a variação da temperatura dessa amostra durante esse processo.

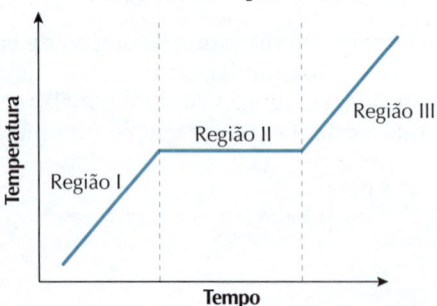

Assinale com um X a opção correta.

A fusão de uma substância é um processo ☐ endotérmico. ☐ exotérmico.

Considere que durante todo o processo a amostra de água receba um fluxo contínuo e uniforme de calor.
a. **Explique** por que a temperatura *aumenta* nas regiões I e III, indicadas no gráfico.
b. **Explique** por que a temperatura *não se altera* durante a fusão (região II, indicada no gráfico).

7. (Enem) Em nosso cotidiano, utilizamos as palavras "calor" e "temperatura" de forma diferente de como elas são usadas no meio científico. Na linguagem corrente, calor é identificado como "algo quente" e temperatura mede a "quantidade de calor de um corpo". Esses significados, no entanto, não conseguem explicar diversas situações que podem ser verificadas na prática.

Do ponto de vista científico, que situação prática mostra a limitação dos conceitos corriqueiros de calor e temperatura?
a. A temperatura da água pode ficar constante durante o tempo em que estiver fervendo.
b. Uma mãe coloca a mão na água da banheira do bebê para verificar a temperatura da água.
c. A chama de um fogão pode ser usada para aumentar a temperatura da água em uma panela.
d. A água quente que está em uma caneca é passada para outra caneca a fim de diminuir sua temperatura.
e. Um forno pode fornecer calor para uma vasilha de água que está em seu interior com menor temperatura do que a dele.

8. (Enem) O acúmulo de plásticos na natureza pode levar a impactos ambientais negativos, tanto em ambientes terrestres quanto aquáticos. Uma das formas de minimizar esse problema é a reciclagem, para a qual é necessaria a separação dos diferentes tipos de plásticos.

Em um processo de separação foi proposto o seguinte procedimento:
I. Coloque a mistura de plásticos picados em um tanque e acrescente água até a metade da sua capacidade.
II. Mantenha essa mistura em repouso por cerca de 10 minutos.
III. Retire os pedaços que flutuaram e transfira-os para outro tanque com uma solução de álcool.
IV. Coloque os pedaços sedimentados em outro tanque com solução de sal e agite bem.

Qual propriedade da matéria possibilita a utilização do procedimento descrito?
a. Massa
b. Volume
c. Densidade
d. Porosidade
e. Maleabilidade

9. (Fuvest-SP) Cinco cremes dentais de diferentes marcas têm os mesmos componentes em suas formulações, diferindo, apenas, na porcentagem de água contida em cada um. A tabela a seguir apresenta massas e respectivos volumes (medidos a 25°C) desses cremes dentais.

Marca de creme dental	Massa (g)	Volume (mL)
A	30	20
B	60	42
C	90	75
D	120	80
E	180	120

Supondo que a densidade desses cremes dentais varie apenas em função da porcentagem de água, em massa, contida em cada um, pode-se dizer que a marca que apresenta maior porcentagem de água em sua composição é

Dado: densidade da água (a 25 °C) = 1,0 g / mL.
a. A.   b. B.   c. C.   d. D.   e. E.

10. (Unesp-SP) Considere as seguintes características da moeda de R$ 0,10:

massa 4,8 g; diâmetro 20,0 mm; espessura 2,2 mm.

(www.bcb.gov.br)

Admitindo como desprezível o efeito das variações de relevo sobre o volume total da moeda e sabendo que o volume de um cilindro circular reto é igual ao produto da área da base pela altura e que a área de um círculo é calculada pela fórmula πr^2, a densidade do material com que é confeccionada a moeda de R$ 0,10 é de aproximadamente

a. 9 g/cm³.
b. 18 g/cm³.
c. 14 g/cm³.
d. 7 g/cm³.
e. 21 g/cm³.

11. (Fuvest-SP) Água e etanol misturam-se completamente, em quaisquer proporções. Observa-se que o volume final da mistura é menor do que a soma dos volumes de etanol e de água empregados para prepará-la. O gráfico a seguir mostra como a densidade varia em função da porcentagem de etanol (em volume) empregado para preparar a mistura (densidades medidas a 20 °C).

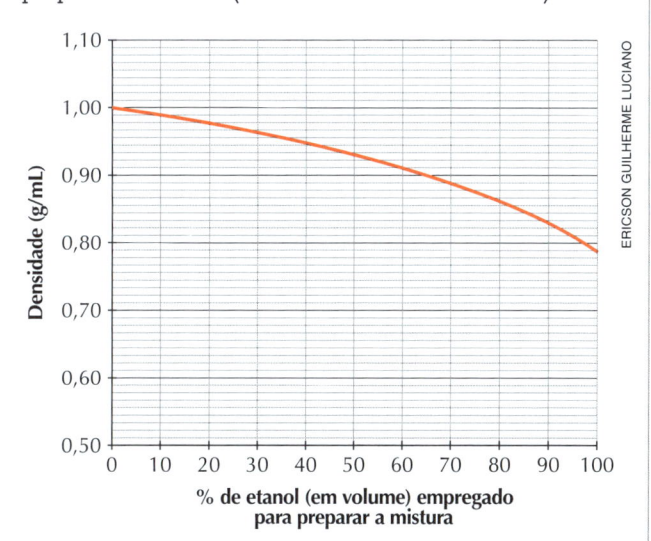

Se 50 mL de etanol forem misturados a 50 mL de água, a 20 °C, o volume da mistura resultante, a essa mesma temperatura, será de, aproximadamente,
a. 76 mL
b. 79 mL
c. 86 mL
d. 89 mL
e. 96 mL

12. (UFRGS-RS) Diamante e grafite são variedades alotrópicas do elemento carbono cujas densidades são, respectivamente,

$d(C_{diamante}) = 3,5$ g/cm³ $d(C_{grafite}) = 2,3$ g/cm³

Em um conto de fadas, uma jovem foi a um baile com um anel de diamante de 1,75 quilates cuja pedra tem um volume V_1 e, à meia-noite, esse diamante transformou-se em grafite. (dado: 1 quilate = 0,20 g)

O volume final dessa "pedra de grafite" será, aproximadamente,
a. $0,4 V_1$ b. $0,7 V_1$ c. $1,5 V_1$ d. $2,3 V_1$ e. $3,5 V_1$

13. (Fuvest-SP) Considere as figuras pelas quais são representados diferentes sistemas contendo determinadas substâncias químicas. Nas figuras, cada círculo representa um átomo, e círculos de tamanhos diferentes representam elementos químicos diferentes.

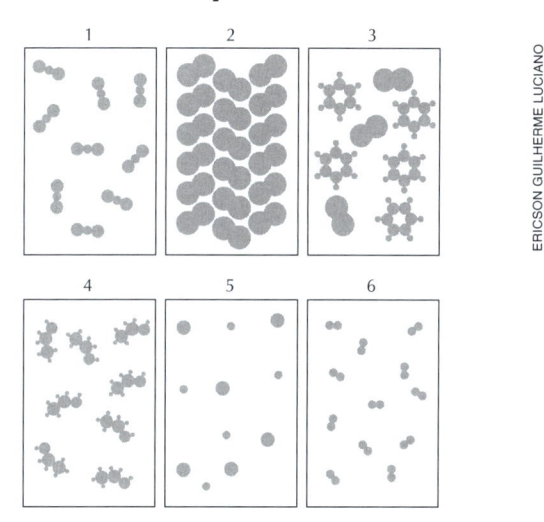

A respeito dessas representações, é correto afirmar que os sistemas

a. 3, 4 e 5 representam misturas.
b. 1, 2 e 5 representam substâncias puras.
c. 2 e 5 representam, respectivamente, uma substância molecular e uma mistura de gases nobres.
d. 6 e 4 representam, respectivamente, uma substância molecular gasosa e uma substância simples.
e. 1 e 5 representam substâncias simples puras.

14. (UTFPR) As pesquisas científicas têm mostrado que a existência de outras formas de vida fora da Terra passa pela busca de substâncias químicas que possam suportar esta hipótese. Até o momento já foram divulgadas notícias sobre a existência, em Europa, uma das 4 luas de Júpiter, de água (H_2O), uma mistura de compostos formada pela presença de oxigênio (O), enxofre ionizado (S) e gelo, além da suspeita de substâncias que poderiam ser formadas por cloro (Cl) e sais de carbonato (CO_3^{-2}); no cometa Lovejoy foi noticiada a existência de etanol (CH_3CH_2OH) e um glicoaldeído de açúcar ($HOCH_2CHO$); na atmosfera do planeta Marte noticiou-se a existência de vapor d'água (H_2O), e dos gases nitrogênio (N_2), monóxido de carbono (CO), óxido nítrico (NO), metano (CH_4) e gás carbônico (CO_2), entre outros.

Capítulo 3 • Substâncias e misturas   75

Sobre as substâncias químicas citadas no enunciado, assinale a alternativa correta.
a. Em Marte as substâncias citadas são todas compostas.
b. O etanol e o glicoaldeído de açúcar apresentam a mesma quantidade de átomos.
c. O gás carbônico representa uma mistura homogênea de carbono e oxigênio.
d. As substâncias simples citadas no texto compreendem N_2, O_2, S_8, Cl_2 e H_2O.
e. Em Europa atribui-se a existência de pelo menos 5 elementos químicos H, Cl, S, C e O.

15. (IFCE) Apresenta, respectivamente, uma substância pura simples, uma substância pura composta, um fenômeno físico e um químico a opção
    a. $CaCO_3$, Fe, derretimento de um *iceberg* e crescimento de uma planta.
    b. Fe, $CaCO_3$, derretimento de um *iceberg* e crescimento de uma planta.
    c. Fe, $CaCO_3$, derretimento de um *iceberg* e acender uma lâmpada.
    d. Fe, $CaCO_3$, formação de ferrugem e derretimento de um *iceberg*.
    e. Fe, $CaCO_3$, queima da gasolina nos motores de carros e crescimento de uma planta.

16. (Enem) Em visita a uma usina sucroalcooleira, um grupo de alunos pôde observar a série de processos de beneficiamento da cana-de-açúcar, entre os quais se destacam:
    1. A cana chega cortada da lavoura por meio de caminhões e é despejada em mesas alimentadoras que a conduzem para as moendas. Antes de ser esmagada para a retirada do caldo açucarado, toda a cana é transportada por esteiras e passada por um eletroímã para a retirada de materiais metálicos.
    2. Após se esmagar a cana, o bagaço segue para as caldeiras, que geram vapor e energia para toda a usina.
    3. O caldo primário, resultante do esmagamento, é passado por filtros e sofre tratamento para transformar-se em açúcar refinado e etanol.

    Com base nos destaques da observação dos alunos, quais operações físicas de separação de materiais foram realizadas nas etapas de beneficiamento da cana-de-açúcar?
    a. Separação mecânica, extração, decantação.
    b. Separação magnética, combustão, filtração.
    c. Separação magnética, extração, filtração.
    d. Imantação, combustão, peneiração.
    e. Imantação, destilação, filtração.

17. (Enem)

    Em Bangladesh, mais da metade dos poços artesianos cuja água serve à população local está contaminada com arsênio proveniente de minerais naturais e de pesticidas. O arsênio apresenta efeitos tóxicos cumulativos. A ONU desenvolveu um *kit* para tratamento dessa água a fim de torná-la segura para o consumo humano. O princípio desse *kit* é a remoção do arsênio por meio de uma reação de precipitação com sais de ferro(III) que origina um sólido volumoso de textura gelatinosa.

    Disponível em: http:itciaea.org. Acesso em: 11 dez. 2012 (adaptado).

    Com o uso desse *kit*, a população local pode remover o elemento tóxico por meio de
    a. fervura.
    b. filtração.
    c. destilação.
    d. calcinação.
    e. evaporação.

18. (Enem)

    Um grupo de pesquisadores desenvolveu um método simples, barato e eficaz de remoção de petróleo contaminante na água, que utiliza um plástico produzido a partir do líquido da castanha-de-caju (LCC). A composição química do LCC é muito parecida com a do petróleo e suas moléculas, por suas características, interagem formando agregados com o petróleo. Para retirar os agregados da água, os pesquisadores misturam ao LCC nanopartículas magnéticas.

    KIFFER, D. Novo método para remoção de petróleo usa óleo de mamona e castanha-de-caju. Disponível em: www.faperj.br. Acesso em: 31 jul. 2012 (adaptado).

    Essa técnica considera dois processos de separação de misturas, sendo eles, respectivamente,
    a. flotação e decantação.
    b. decomposição e centrifugação.
    c. floculação e separação magnética.
    d. destilação fracionada e peneiração.
    e. dissolução fracionada e magnetização.

19. (UPE/SSA) Realizou-se a seguinte atividade experimental no laboratório de uma escola: Em uma cápsula de porcelana, colocada sobre uma chapa de aquecimento, adicionou-se determinada quantidade de um sólido, o ácido benzoico ($C_7H_6O_2$). Depois, essa cápsula foi coberta com um pedaço de papel de filtro todo perfurado e colocou-se um funil de vidro em cima dele, cobrindo-o. Em seguida, vedou-se a saída do funil (a parte de menor diâmetro). Após a chapa ser ligada, percebeu-se uma névoa no interior do funil e, depois, a presença de cristais no formato de agulhas. Quais processos estão envolvidos nessa atividade experimental?
    a. Destilação e solidificação.
    b. Filtração e decantação.
    c. Fusão e evaporação.
    d. Sublimação e cristalização.
    e. Vaporização e condensação.

20. (Enem)

Belém é cercada por 39 ilhas, e suas populações convivem com ameaças de doenças. O motivo, apontado por especialistas, é a poluição da água do rio, principal fonte de sobrevivência dos ribeirinhos. A diarreia é frequente nas crianças e ocorre como consequência da falta de saneamento básico, já que a população não tem acesso à água de boa qualidade. Como não há água potável, a alternativa é consumir a do rio.

O Liberal. 8 jul. 2008. Disponível em: http://www.oliberal.com.br.

O procedimento adequado para tratar a água dos rios, a fim de atenuar os problemas de saúde causados por microrganismos a essas populações ribeirinhas, é a
a. filtração.
b. cloração.
c. coagulação.
d. fluoretação.
e. decantação.

21. (PUC-PR) Leia o texto a seguir:

"O roteiro de Paracatu de Baixo se repete ao longo das dezenas de cidades e distritos diretamente afetados na região: falta de informação, falta de suporte, descaso, medo. Em Barra Longa, município a 60 km do local do rompimento, a lama chegou doze horas depois, também sem aviso prévio. Rafaela Siqueira Mol, comerciante, lembra que a madrugada do dia 5 de novembro foi de terror. Ela ajudava sua tia, dona Margarida, a retirar seus materiais de bordado – em preparação para uma feira de artesanato – quando a água chegou, tão pesada que foi difícil abrir a porta da casa para sair. 'O rio estava enchendo devagar. Vinha muita sujeira, mas o pessoal falava que nem do leito ia sair. Lá para as três horas da manhã um policial disse que tudo seria alagado', lembra. Os caminhos da mineração até a lama – O processo de mineração funciona mais ou menos assim: identifica-se uma mina (morro ou serra) com concentração de ferro. As mineradoras começam a lavrar, que é o processo de extração do minério, com explosivos para desmontar a rocha. Depois, o minério vai para britagem e moagem, para reduzir o tamanho do grão, até que o ferro vire pó. Isso é feito em usinas específicas e não leva água. Onde se aloca esse resíduo, o solo fica impróprio para agricultura ou qualquer outra atividade."

Disponível em: https://www.brasildefato.com.br/node/33507/.

Analisando o texto, o qual retrata parte do acidente ambiental em Mariana, assinale a alternativa CORRETA.
a. Uma das etapas de refinação do minério de ferro é a flotação, a qual é utilizada com a ajuda de um líquido com densidade intermediária em relação aos componentes da mistura.
b. Podemos separar o referido minério de ferro através da dissolução fracionada e, posteriormente, imantação, de uma só vez.
c. Uma das etapas do processo de refino do minério dá-se por destilação fracionada, utilizado em separações de misturas heterogêneas.
d. O minério de ferro bruto será utilizado na fabricação de ligas iônicas, como o aço.
e. A mistura água com lama, proveniente do desastre ambiental, contém metais pesados.

22. (Fuvest-SP) Uma determinada quantidade de metano (CH_4) é colocada para reagir com cloro (Cl_2) em excesso, a 400 °C, gerando HCl(g) e os compostos organoclorados H_3CCl, H_2CCl_2, $HCCl_3$, CCl_4, cujas propriedades são mostradas na tabela. A mistura obtida ao final das reações químicas é então resfriada a 25 °C, e o líquido, formado por uma única fase e sem HCl, é coletado.

Composto	Ponto de fusão (°C)	Ponto de ebulição (°C)	Solubilidade em água a 25 °C (g/L)	Densidade do líquido a 25 °C (g/mL)
H_3CCl	−97,4	−23,8	5,3	—
H_2CCl_2	−96,7	39,6	17,5	1,327
$HCCl_3$	−63,5	61,2	8,1	1,489
CCl_4	−22,9	76,7	0,8	1,587

A melhor técnica de separação dos organoclorados presentes na fase líquida e o primeiro composto a ser separado por essa técnica são:
a. decantação; H_3CCl.
b. destilação fracionada; CCl_4.
c. cristalização; $HCCl_3$.
d. destilação fracionada; H_2CCl_2.
e. decantação; CCl_4.

UNIDADE 2

INTRODUÇÃO À ESTRUTURA DA MATÉRIA

Capítulo 4
Estrutura atômica: conceitos fundamentais, 80

Capítulo 5
Classificação periódica dos elementos químicos, 98

Capítulo 6
Ligações químicas: uma primeira abordagem, 116

A água adquire formas diferentes no mar e nos *icebergs*. No entanto, suas unidades básicas, as moléculas, são idênticas, formadas por hidrogênio e oxigênio. Como explicar as ligações entre esses elementos? Ilha Rei George, Antártida, 2013.

- Apenas 90 elementos naturais constituem uma imensa variedade de materiais. Como se explica isso?
- Qual a razão de, em pleno século XXI, recorrermos a modelos propostos no século XIX para explicar vários fatos?
- Todos que estudam um pouco de Química aprendem sobre a Tabela Periódica. Qual sua importância para o desenvolvimento do conhecimento da área?

Nesta unidade, vamos conhecer alguns conceitos básicos sobre a estrutura da matéria, como átomo, molécula, íons e a relação desses constituintes com as propriedades de um material.

Partindo do modelo de Dalton e dos fenômenos que ele não podia explicar, veremos ainda alguns dos modelos atômicos que o sucederam.

Vamos estudar também a Tabela Periódica dos elementos – uma forma de organizar conhecimentos químicos – e as propriedades e os modelos de representação de substâncias iônicas, moleculares e metálicas.

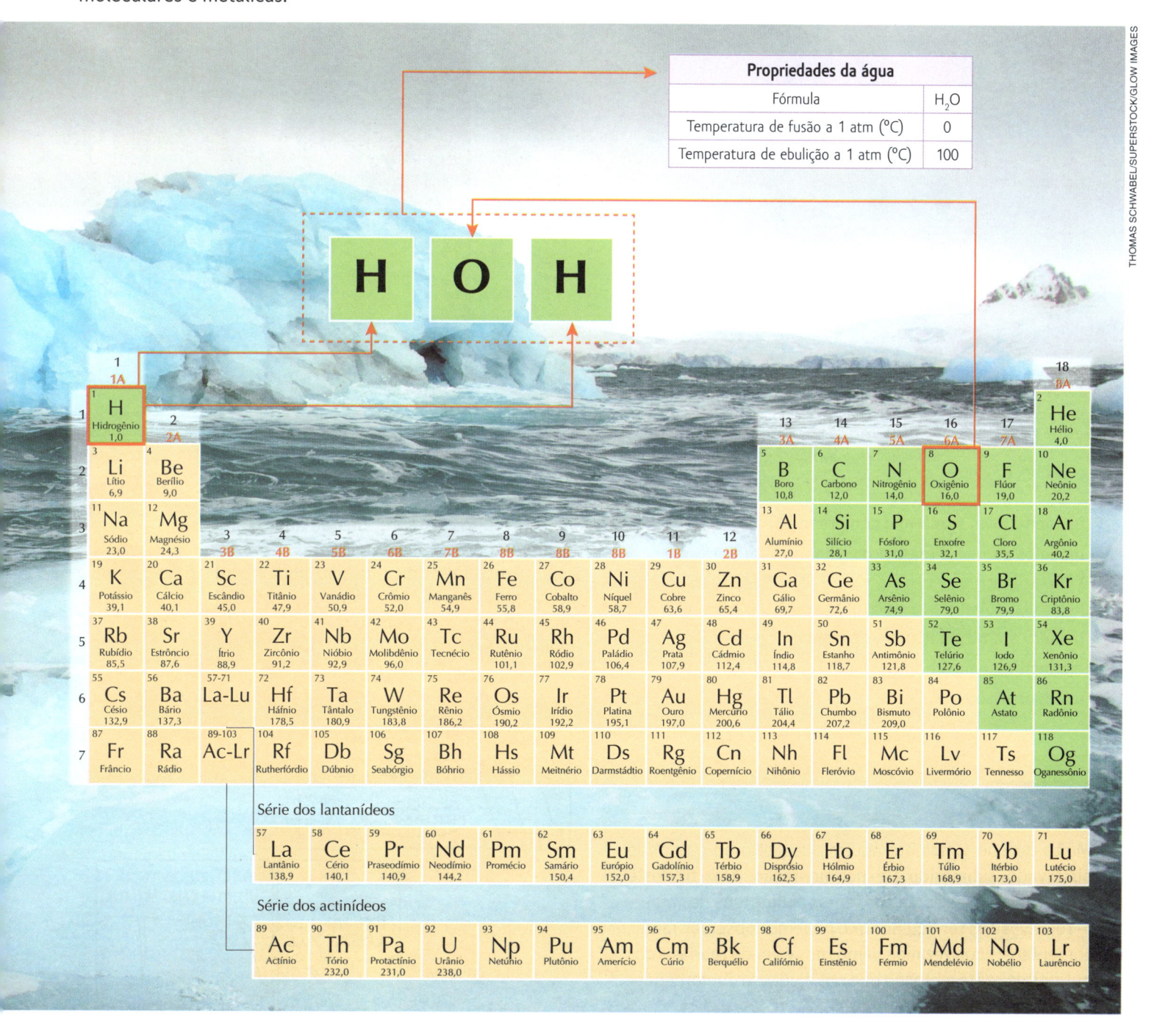

Propriedades da água	
Fórmula	H_2O
Temperatura de fusão a 1 atm (°C)	0
Temperatura de ebulição a 1 atm (°C)	100

CAPÍTULO 4

ESTRUTURA ATÔMICA: CONCEITOS FUNDAMENTAIS

A observação das três imagens de uma ponta de lápis, com diferentes aproximações, permite notar cada vez mais detalhes. Se pudéssemos enxergá-la mais de perto ainda, será que notaríamos novos detalhes?

ENEM
C5: H17
C7: H24

Este capítulo vai ajudá-lo a compreender:

- modelos atômicos (de Dalton, Thomson, Rutherford e Bohr);
- partículas subatômicas (elétrons, prótons e nêutrons);
- número atômico e número de massa;
- elemento químico e símbolo;
- isótopos e isóbaros.

Pense no seguinte: nem sempre é fácil imaginar aquilo que está muito "distante" do que nossos órgãos dos sentidos podem perceber. Quando olhamos de perto um punhado de areia, vemos detalhes que não podemos distinguir se observamos a areia do 15º andar de um edifício, por exemplo. O mesmo acontece com a grafita de um lápis, como a que você viu acima.

Agora leia a tira abaixo. Depois, responda às questões.

Para situá-lo

Muito do que vimos até aqui diz respeito ao que pode ser observado, submetido à experimentação. A partir deste capítulo, além desses **aspectos fenomenológicos** dos materiais – relativos aos fenômenos que podemos observar, medir, experimentar –, cada vez mais vamos nos valer de teorias e dos vários tipos de representação que nos ajudam a compreender o que não é visível.

1. Em que reside o humor da tira?
2. Por que você acha que o autor da tira citou o átomo? Que relação ele fez?
3. Você acha que um átomo poderia realmente incomodar a pulga?
4. Você consegue imaginar a dimensão de um átomo?

O modelo de Dalton, que você viu no capítulo 2, permite-nos imaginar os átomos como se fossem unidades esféricas. Esse modelo é adequado, por exemplo, para explicar a fusão do estanho, metal que, como você já estudou, se funde a uma temperatura relativamente baixa: 230 °C. Isso explica o fato de ele não ser usado em conexões de canalizações como as de gás, uma vez que, em caso de incêndio, ele se fundiria e o vazamento do gás contribuiria para agravar o incêndio.

É provável que você saiba que a maioria das substâncias aumenta de volume ao fundir. No entanto, há algumas exceções. Uma delas é a água, que, ao se fundir, diminui de volume. É por isso que, quando esquecemos uma garrafa de vidro totalmente cheia de água líquida no congelador de uma geladeira, ela, provavelmente, se quebra. A prata também é uma exceção: no estado sólido ocupa um espaço maior do que no estado líquido.

5. Usando o modelo de Dalton, procure representar em seu caderno a fusão do estanho.
6. Represente em seu caderno a solidificação da prata usando o modelo de Dalton.
7. De modo semelhante aos casos anteriores, represente, em seu caderno, a ebulição do mercúrio, o único metal líquido nas condições ambientes.

Neste capítulo, partindo do modelo atômico conhecido, vamos estudar outros modelos de átomo que surgiram em função da necessidade de explicar fatos experimentais e que serão úteis para que outros conceitos químicos sejam entendidos. Entre esses fatos, podemos citar a descarga elétrica que notamos quando, em dias secos, tiramos uma blusa de material sintético, ou quando, em um dia seco, ao passar um pente plástico em nossos cabelos, os fios não assentam.

Modelos atômicos: lidando com partículas que não podemos ver

Imaginar dimensões tão grandes como as que envolvem distâncias entre galáxias e tudo o que se relaciona com o Universo, gigantesco para nós, é extremamente difícil. O mesmo vale quando tratamos de algo infinitamente pequeno, como o átomo e suas partes.

Os átomos são tão diminutos que é impossível vê-los, por exemplo, através dos microscópios ópticos, que ampliam mais de mil vezes o objeto observado.

Desde 1914, os cientistas têm conseguido determinar posições e dimensões de átomos nos cristais de substâncias por meio do uso de raios X. Graças ao desenvolvimento da ciência e da tecnologia, sabemos que o diâmetro de um átomo mede, aproximadamente, entre $1 \cdot 10^{-10}$ m e $5 \cdot 10^{-10}$ m, quer dizer, de 0,0000000001 m a 0,0000000005 m. Os cientistas traduziriam esses valores por, respectivamente, 0,1 nm e 0,5 nm (1 nanômetro = 1 nm = 10^{-9} m).

Para você ter uma ideia da dimensão desse número, observe a tabela abaixo, que compara os diâmetros da Terra, de uma gota de água, de uma molécula de água, de um átomo de oxigênio e outro de hidrogênio.

Para acessar

Do macro ao micro

Para começar a ter uma ideia da dimensão do mundo dos átomos e moléculas, você pode acessar este *site* (acesso em: 12 jun. 2018): <https://www.youtube.com/watch?v=7S3cgUG4PNQ>.

A visita a esse *site* pode ajudá-lo a "viajar" do mundo "infinitamente grande" ao "infinitamente pequeno", bem distante da visão que temos quando examinamos um objeto do cotidiano.

Comparação dos diâmetros aproximados de diferentes corpos

Diâmetro aproximado	Terra	Gota de água	Molécula de água	Átomo de O	Átomo de H
	12 756 km	6,0 mm	0,182 nm	0,136 nm	0,046 nm
	12 756 000 m	0,006 m	0,000000000182 m	0,000000000136 m	0,000000000046 m
	$1,3 \cdot 10^7$ m	$6 \cdot 10^{-3}$ m	$1,9 \cdot 10^{-10}$ m	$1,4 \cdot 10^{-10}$ m	$0,5 \cdot 10^{-10}$ m

Fontes: LIDE, David R. (Ed.). Atomic Radii of the Elements and Properties of the Solar System. In: *CRC Handbook of Chemistry and Physics*. 89th ed. (Internet Version). Boca Raton, FL: CRC/Taylor and Francis, 2009. p. 9-49; 14-2; VILLERMAUX, Emmanuel; BOSSA, Benjamin. Single-drop fragmentation determines size distribution of raindrops. *Nature Physics*, 9 jul. 2009, v. 5, p. 697-702. Disponível em: <https://www.irphe.fr/~fragmix/publis/VB2009.pdf>. Acesso em: 4 jun. 2018.

Saiba mais

Primeiro microscópio eletrônico

Em 1931, Ernst Ruska (1906-1988), físico alemão, projetou e construiu o primeiro microscópio eletrônico, considerado um dos mais importantes inventos do século XX. Esse fato lhe rendeu o Prêmio Nobel de Física em 1986. Nessa época, esse microscópio já era capaz de ampliar objetos em até 1 milhão de vezes, isto é, era possível obter imagens de algo com dimensões de 10^{-6} m. Atualmente cientistas podem acompanhar, por exemplo, reações químicas e ter noção do posicionamento dos átomos individualmente (10^{-10} m), como se examinassem um mapa em relevo ou lessem um texto escrito em braile.

Fonte: RUSKA, August Friedrich Ernst. Molecular Expressions. *Science, Optics & You*. Florida State University. Disponível em: <http://micro.magnet.fsu.edu/optics/timeline/people/ruska.html>. Acesso em: 4 jun. 2018.

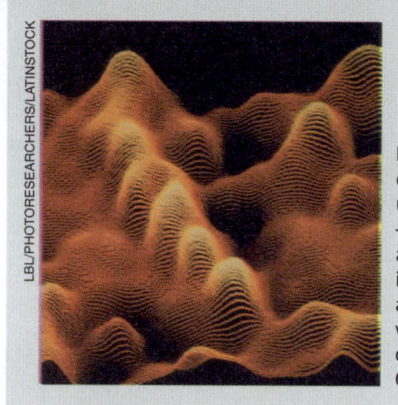

Imagem por micrografia de tunelamento de uma molécula de DNA – responsável pelo armazenamento da informação genética. Foto ampliada ≃ 2 000 000 de vezes em imagens de 6 cm × 7 cm. Colorizado artificialmente.

Atividades

1. Considerando que o diâmetro de um átomo de carbono mede, aproximadamente, 0,15 nm (1,5 · 10^{-10} m), desenhe em seu caderno um traço de 3 cm (0,03 m) utilizando a grafita de um lápis ou lapiseira. Em seguida, responda a estes itens:

   a) A grafita, conforme consta no capítulo anterior, é uma forma alotrópica do carbono. Suponha que o traço que você fez seja formado por átomos de carbono enfileirados um ao lado do outro. Quantos desses átomos constituem o traço de 3 cm?

   b) Tomamos o cuidado de utilizar os termos "considere" e "suponha" para tratar do diâmetro do carbono e do fato de os átomos de carbono estarem enfileirados lado a lado. Formule algumas hipóteses para justificar esse cuidado.

2. Considere a teoria atômica de Dalton, segundo a qual a matéria seria constituída de unidades indivisíveis, os átomos. Entre os fatos relatados abaixo, qual(is) pode(m) ser explicado(s) por meio dessa teoria? Justifique.

   a) Em uma reação química a massa total se conserva.

   b) Ao inserirmos os terminais de um circuito elétrico em uma solução aquosa de sal, esse sistema conduz corrente elétrica.

   c) A explosão da bomba atômica. Nesse processo, ocorre a fissão, isto é, a quebra dos átomos.

   d) Quando um líquido vaporiza, seu volume no estado gasoso é maior do que no estado líquido.

Modelo atômico de Thomson

Vimos que alguns processos podem ser entendidos recorrendo ao modelo de Dalton. Segundo esse modelo, os átomos se comportariam como se fossem unidades esféricas. Por meio dele, é possível explicar, por exemplo, a fusão do ferro, como se vê abaixo.

Possibilidade de representação da fusão do ferro metálico usando o modelo atômico de Dalton

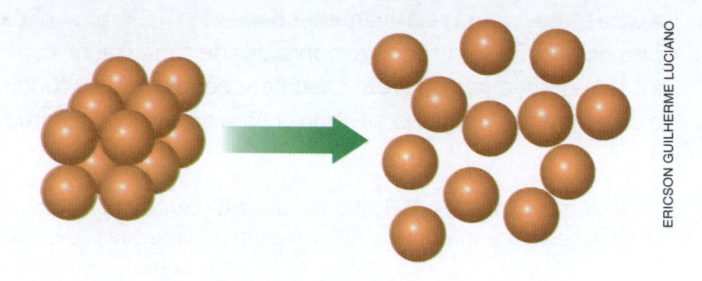

Ilustração produzida para este conteúdo.

Apesar de a teoria atômica de Dalton, divulgada no início do século XIX, ter sido importante para os avanços da Química e de ainda hoje valer para a compreensão de inúmeros fenômenos que estudamos, ela não permite explicar uma série de fatos experimentais, alguns dos quais passaram a ser conhecidos durante o século XIX. Por exemplo: ela não explicava fenômenos como a eletrização de um corpo por atrito ou as reações químicas provocadas pela passagem da corrente elétrica. Amplamente empregado pelo contemporâneo de Dalton, o químico britânico Humphry Davy (1778-1829), e pelo discípulo deste, o físico e químico Michael Faraday (1791-1867), na primeira metade do século XIX, esse processo – a eletrólise – levou à ideia de que os átomos estariam de alguma forma associados a cargas elétricas.

Quando se aproxima uma bexiga de cabelos secos e limpos, pode ocorrer uma eletrização da bexiga e dos cabelos, que se atraem, produzindo o eriçamento dos fios. Seria possível explicar esse fato com base no modelo atômico de Dalton?

Ao longo do século XIX, buscando entender melhor os fenômenos elétricos, vários estudiosos realizaram inúmeros experimentos e conseguiram provocar descargas elétricas em ampolas de vidro contendo gases rarefeitos, isto é, a baixa pressão. No interior dessas ampolas havia placas metálicas que se ligavam, por fios, a fontes de energia elétrica de alta tensão – uma das placas funcionava como polo positivo (ânodo) e a outra, como polo negativo (cátodo). O aspecto da luminosidade no interior da ampola variava de acordo com a tensão (voltagem) aplicada, o gás utilizado e a pressão do gás. Observe a ilustração.

Esquema de tubo de descarga elétrica contendo gás rarefeito

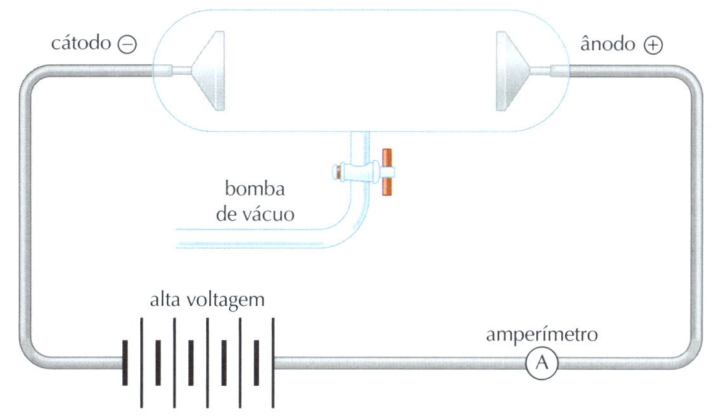

Na figura está indicada a ligação da ampola com uma bomba a vácuo. Essa bomba tem a finalidade de retirar gás do interior da ampola e pode deixá-la praticamente sem gás.

Fonte: The Cathode Ray Tube *site*. History and Physics Instruments. Disponível em: <https://www.crtsite.com/page6.html>. Acesso em: 4 jun. 2018.

Um desses estudiosos foi o físico inglês William Crookes (1832-1919). Ele realizou experimentos usando descargas elétricas em gases a baixíssima pressão (próxima do vácuo). Com a redução significativa da pressão no interior do tubo (gás rarefeito), uma luminosidade aparecia na parede da ampola em frente ao cátodo (polo negativo). Os raios que partiam do cátodo e iam em linha reta em direção ao lado oposto a ele passaram, então, a ser chamados de **raios catódicos** (observe a foto de um "Tubo de Crookes"). Crookes realizou inúmeras descargas, alterando algumas variáveis, como a posição das placas metálicas no interior do tubo, a natureza do gás usado, a inserção de um anteparo em frente à placa que funcionava como polo negativo, o cátodo, entre outras.

Algum tempo depois, o também físico inglês Joseph John Thomson (1856-1940), um dos cientistas que trabalhou com raios catódicos, constatou que eles possuíam massa, pois eram capazes de movimentar uma pequena hélice colocada dentro da ampola, eram barrados por um anteparo como o da cruz (veja a sombra que aparece no vidro, na foto "Tubo de Crookes") e mudavam de direção se a ampola ficasse entre as placas carregadas de um condensador – desviavam, aproximando-se da placa de carga positiva. Dando continuidade a seus experimentos, Thomson constatou que, independentemente do gás de início colocado na ampola ou do metal que constituía os eletrodos, a relação entre a carga e a massa das partículas que constituíam os raios catódicos era sempre a mesma. Assim, ele concluiu que os raios catódicos eram formados por um feixe de partículas idênticas, de carga negativa, e que essas partículas faziam parte dos átomos de toda a matéria. Essas partículas eram o que hoje conhecemos como elétrons.

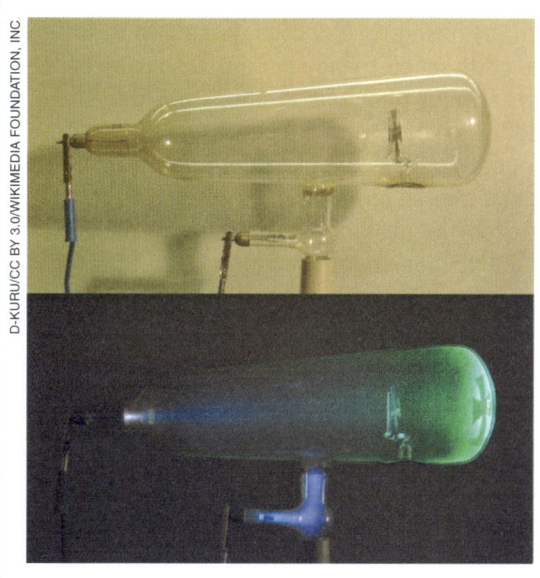

Tubo de Crookes.

Como os corpos são neutros, Thomson propôs a existência, no átomo, de cargas positivas, capazes de neutralizar as negativas (dos elétrons). Em 1898, após diversos experimentos, elaborou um modelo de átomo que consistia em uma esfera sólida positivamente carregada, na qual estariam distribuídos elétrons, de carga negativa.

O conjunto da esfera (de carga elétrica positiva) com os elétrons (de carga negativa) seria eletricamente neutro, ou seja, a soma das cargas dos elétrons presentes na esfera seria igual, mas de sinal contrário ao da carga distribuída no restante da esfera.

Modelo atômico de Thomson em corte

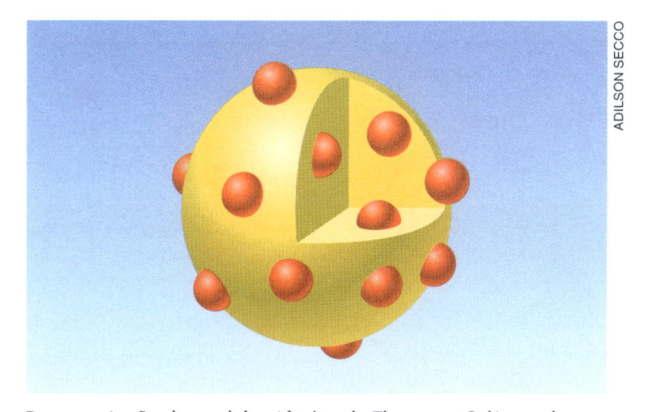

Representação do modelo atômico de Thomson. O átomo é um corpo eletricamente neutro, ou seja, a somatória das cargas elétricas positiva e negativa é igual à zero.

Fonte: CHEMICAL Heritage Foundation. Disponível em: <http://www.chemheritage.org/discover/media/distillations/054-holidaygreetings-2008.aspx>. Acesso em: 8 nov. 2015.

Esse modelo atômico pôde explicar os fenômenos elétricos, levando em conta que a entrada e a saída de elétrons no átomo provocariam um desequilíbrio das cargas elétricas. Desse modo, o átomo pode passar a ter um número de elétrons que faça com que o número de cargas negativas supere o de cargas positivas ou que seja inferior a ele. Os átomos que passam a ter carga elétrica diferente de zero são chamados de **íons**.

Ao admitir a existência de elétrons no átomo, o modelo atômico de Thomson permitiu explicar fenômenos que o modelo de Dalton não conseguia. É o caso do cabelo bastante seco e limpo que pode ser eletrizado por atrito com um pente de plástico: se os átomos que constituem os fios de cabelo, com o atrito, cederem elétrons para o pente, este ficará com carga elétrica negativa, e os cabelos, com carga positiva. Isso explica por que eles se atraem (cargas elétricas opostas se atraem). Os experimentos de decomposição de certas substâncias por meio da passagem da corrente elétrica (realizados no século XIX por Davy e Faraday) também puderam ser explicados por esse modelo.

De acordo com esse modelo, podemos explicar, então, o que acontecia nas ampolas do tipo das que descrevemos anteriormente: quando há certa quantidade de gás a baixa pressão no interior da ampola e se provoca uma descarga elétrica, os elétrons arrancados em virtude da elevada tensão elétrica aplicada entre os polos saem em alta velocidade do cátodo e, devido a sua alta energia, percorrem um caminho em linha reta em direção à parede oposta – e isso independe da posição do ânodo (polo positivo), embora a atração exercida por cargas elétricas seja capaz de desviar o feixe de elétrons.

Nas Ciências Naturais, novos modelos surgem a partir da constatação de que fatos experimentais até então desconhecidos não podem ser explicados por modelos anteriores. Ainda assim, dependendo do que se deseja estudar, teorias e modelos propostos há muito tempo podem continuar se mostrando úteis. Isso explica por que a representação de átomos como esferas, proposta no início do século XIX, continua sendo de grande valia para explicar diferentes fenômenos, como as mudanças de estado físico.

Os átomos podem "quebrar"?

Em 1896, o físico francês Antoine-Henri Becquerel (1852-1908) descobriu, acidentalmente, que amostras contendo urânio poderiam emitir raios espontaneamente; esses raios eram capazes não só de atravessar diversos materiais, mas também de deixar marcas em filmes fotográficos. O casal de físicos Marie Sklodowska Curie (1867-1934) e Pierre Curie (1859-1906), ao estudar esse fenômeno, descobriu que outros elementos tinham propriedade semelhante à do urânio – a de emitir radiações. Essa propriedade foi chamada de **radioatividade**.

Marie Sklodowska Curie, polonesa, e Pierre Curie, francês, em foto por volta de 1900; o casal e Antoine-Henri Becquerel ganharam o Prêmio Nobel de Física em 1903, por seus estudos sobre a radioatividade.
Em 1911, Marie Curie recebeu o Prêmio Nobel de Química pela descoberta de dois elementos radioativos (que emitem radiação): o rádio e o polônio – nome dado em homenagem à Polônia, país onde nasceu. Marie Curie foi a primeira mulher a receber um Prêmio Nobel e a primeira pessoa a receber dois deles.

Mas no que consistiam essas radiações? Buscando resposta a esse e outros questionamentos, o físico neozelandês Ernest Rutherford (1871-1937) propôs, em 1903, um experimento para determinar características dessas emissões radioativas. Ele inseriu uma amostra de material radioativo (polônio) na cavidade de um bloco de chumbo; nesse bloco havia uma pequena abertura para que as radiações emitidas saíssem em uma só direção, impedindo que elas se dispersassem. Um feixe dessas radiações passava entre duas placas de um condensador – uma com carga positiva e outra, negativa – e colidia com um anteparo fluorescente. Rutherford nomeou os feixes de radiação que chegavam ao anteparo de α, β e γ. Observe a ilustração.

Experimento de Rutherford sobre a natureza das radiações emitidas por material radioativo

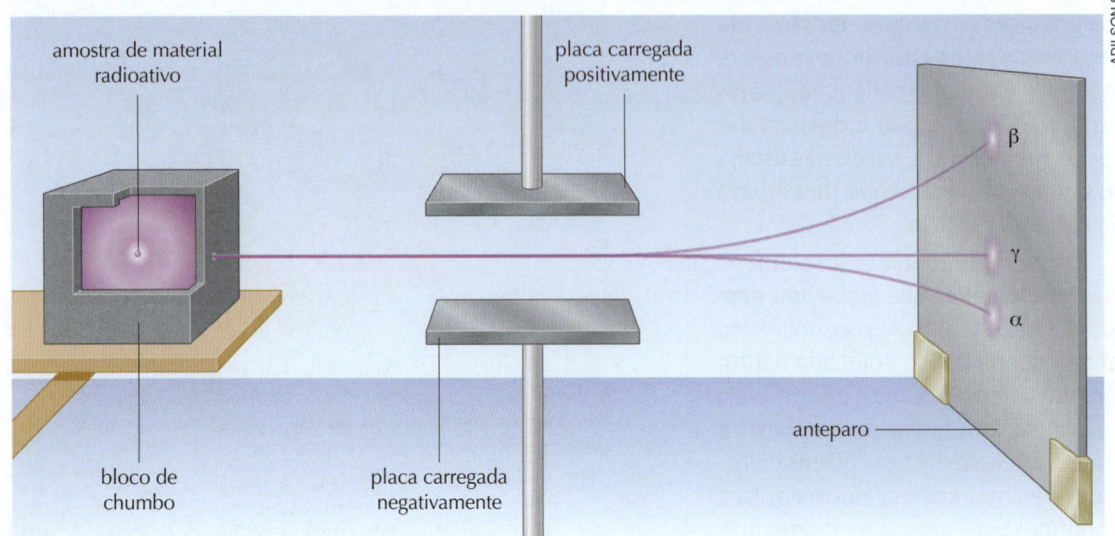

- amostra de material radioativo
- placa carregada positivamente
- β
- γ
- α
- anteparo
- bloco de chumbo
- placa carregada negativamente

Lembre-se de que a radiação não é visível; ela foi colorizada na ilustração apenas por razões didáticas.

Fonte: CHANG, R. *Chemistry*. 5. ed. Highstown: McGraw-Hill, 1994. p. 38.

O feixe de radiações emitidas pelo elemento ao atravessar o campo elétrico de um condensador se dividia em três direções. Ao chegar ao anteparo, essas radiações deixavam impressões no material fluorescente.

Com base nesse e em outros experimentos, Rutherford chegou às seguintes conclusões:

- os raios correspondiam a emissões de átomos naturalmente radioativos;
- as partículas que desviavam sua trajetória em direção à placa negativa deveriam ter carga positiva e foram chamadas de **partículas α** (alfa);
- as partículas que sofriam desvio em direção à placa positiva deveriam ter carga negativa e foram chamadas de **partículas β** (beta);
- as partículas α deveriam ter maior massa, uma vez que desviavam menos da direção inicial do que as partículas β;
- os raios que não eram desviados não tinham carga elétrica e foram chamados de **raios γ** (gama).

Modelo nuclear de Rutherford

Em 1911, Rutherford e alguns colaboradores realizaram uma série de experimentos com materiais radioativos que emitiam partículas α, cuja carga é positiva. Em um deles, incidiram um feixe de partículas em uma fina lâmina de ouro, de 10^{-3} mm de espessura, conforme ilustra a figura.

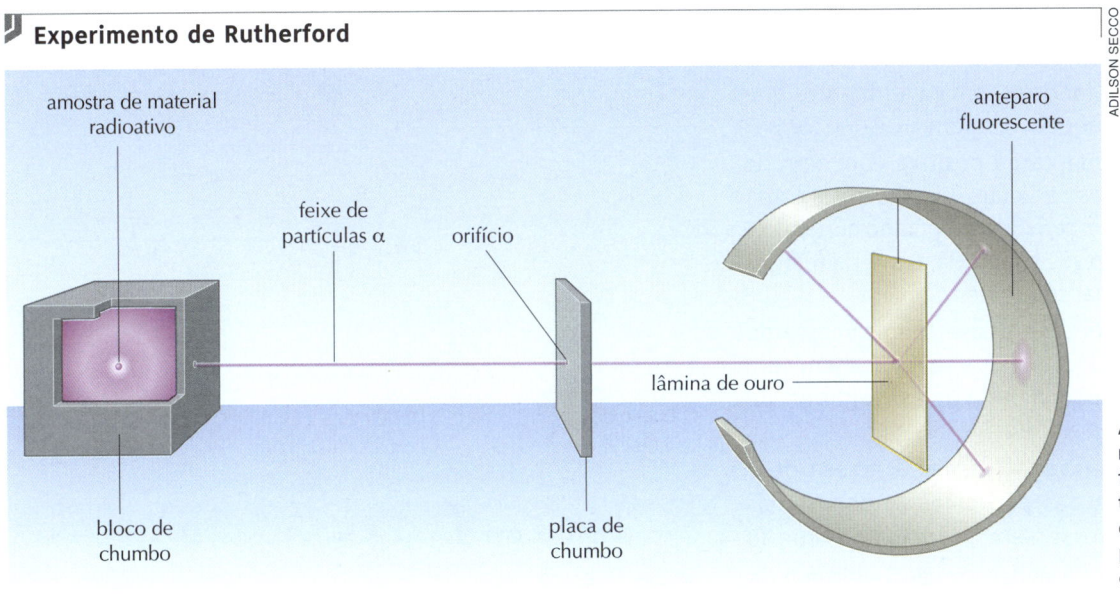

Experimento de Rutherford

A radiação α não é visível, mas deixa marcas no anteparo fluorescente. A placa de chumbo tem a finalidade de impedir que o feixe de radiação α passe por outro lugar que não seja o orifício da placa.

Fonte: CHANG, R. *Chemistry*. 5. ed. Highstown: McGraw-Hill, 1994. p. 39.

Com base no modelo de Thomson, Rutherford e sua equipe esperavam que as partículas atravessassem a lâmina metálica sem sofrer desvios expressivos. No entanto, observando as marcas detectadas no anteparo fluorescente, constataram que mais de 99% das partículas α atravessaram a finíssima lâmina de ouro que ficava entre o orifício de onde saíam as partículas e o anteparo fluorescente – elas eram responsáveis pela luminosidade intensa que aparecia no anteparo. Além disso, quase todas as partículas atravessavam a lâmina sem sofrer desvio. Isso indicava que havia regiões "vazias" nos átomos. Entretanto, também notaram que algumas partículas atravessavam a lâmina desviando um pouco da trajetória inicial e que pouquíssimas não a atravessavam.

O que mais surpreendeu a equipe de cientistas nesse experimento foi o fato de que essas poucas radiações que não atravessavam a lâmina metálica voltavam em direção à fonte de radiação. Rutherford descreveu seu espanto afirmando que isso tinha sido a coisa mais incrível que havia acontecido, que era quase "tão inacreditável quanto se atirássemos uma granada de 15 polegadas contra uma folha de papel e a granada voltasse e nos atingisse".

Capítulo 4 • Estrutura atômica: conceitos fundamentais

A ilustração abaixo procura interpretar esses resultados experimentais, representando os átomos da película metálica por esferas. Analise esse modelo submicroscópico.

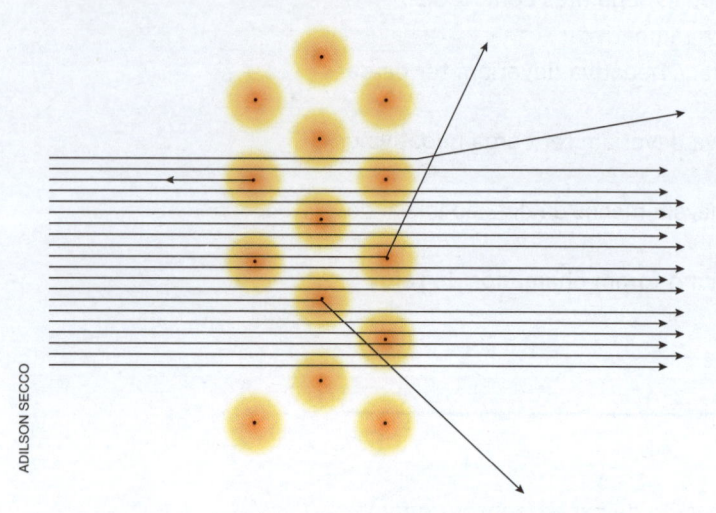

O que ocorreu: a maioria (mais de 99,9%) das partículas atravessou a lâmina sem desviar, como se ela não existisse; pouquíssimas a atravessaram com algum desvio e raríssimas voltaram em direção à fonte.

Fonte: KOTZ, J. C.; TREICHEL JR., P. *Chemistry & Chemical Reactivity*. 3rd ed. Orlando: Saunders College, 1996. p. 69.

Foi para explicar os resultados desses experimentos que Rutherford propôs um novo modelo de átomo. De que forma?
- O átomo deveria ter sua carga positiva concentrada (núcleo), de forma que as partículas α (também de carga positiva) que passassem próximo do núcleo seriam repelidas por ele e teriam sua trajetória desviada (cargas elétricas de mesmo sinal se repelem).
- O núcleo do átomo conteria quase toda a massa do átomo; por isso as partículas α que se chocassem com o núcleo (uma pequeníssima parte delas) voltariam no sentido da fonte que as emitira.
- O elétron, com carga negativa, teria massa desprezível em relação à das partículas α; por isso as partículas α que atravessassem a região ao redor do núcleo onde estariam os elétrons não mudariam de direção. Isso porque essas partículas α têm grande energia cinética, e o elétron tem massa desprezível em relação a elas.

Vale destacar que uma partícula α tem massa quase 8 mil vezes maior que a do elétron. Fazendo uma analogia, poderíamos imaginar algo como um caminhão (partícula α) em alta velocidade atropelando uma lata de ferro (o elétron).

O modelo de átomo proposto por Rutherford representou grande inovação em relação aos anteriores por supor a existência do núcleo atômico; o átomo seria uma esfera cujo raio teria dimensões da ordem de 10^{-8} cm, no centro da qual estaria o núcleo, cujas dimensões seriam da ordem de 10^{-12} cm. Para que você tenha ideia da relação entre as dimensões do raio do átomo e do núcleo, imagine que, se o núcleo "crescesse" até atingir 1 cm de diâmetro, o átomo teria de 100 m a 1 km de diâmetro.

Segundo o cientista, os elétrons estariam espalhados ao redor do núcleo, movendo-se em torno dele em uma região de baixa densidade – pequena massa ocupando um grande volume: a **eletrosfera**. No núcleo estariam todas as cargas positivas do átomo.

Para reforçar o que vimos, imagine um depósito de petróleo, cuja massa seja da ordem de $2 \cdot 10^8$ kg, isto é, 200 000 000 kg ou 200 mil toneladas; se, magicamente, pudéssemos remover todas as eletrosferas dos átomos nele existentes, ele passaria a ocupar um volume menor que o de uma gota. Ou seja, a matéria é constituída de diminutos núcleos, com carga positiva, extremamente densos, cercados por uma região praticamente "vazia", na qual estão os elétrons, de carga negativa.

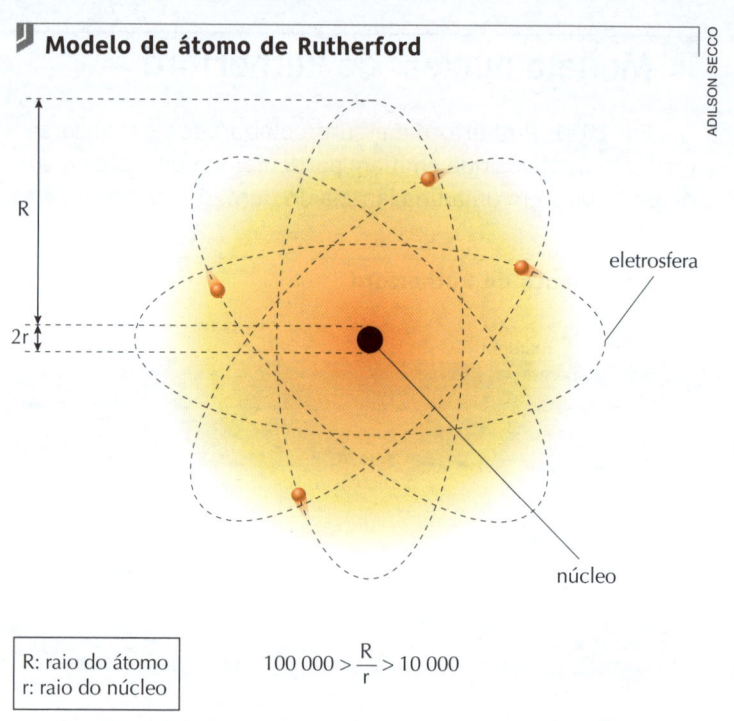

Modelo de átomo de Rutherford

R: raio do átomo
r: raio do núcleo

$$100\,000 > \frac{R}{r} > 10\,000$$

Fonte: RUSSELL, J. B. *Química geral*. 2. ed. São Paulo: Makron Books, 1994. v. 1. p. 239.

Observação

O esquema está totalmente fora de proporção. Se a relação entre as dimensões átomo-núcleo estivesse correta, seria necessário um espaço muitíssimo maior do que o desta folha.

A análise detalhada dos resultados experimentais obtidos pela equipe de Rutherford praticamente não deixou dúvidas quanto à sua validade. Restava uma grande questão: como explicar a estabilidade desse átomo?

Para acessar

Em: <https://commons.wikimedia.org/wiki/File:3D_anamation_of_the_Rutherford_atom.ogv> (acesso em: 16 abr. 2018), você pode ver a representação do modelo de Rutherford em três dimensões.

A questão não respondida por Rutherford e o modelo de Rutherford-Bohr

Como o átomo pode ser estável, isto é, como ele não se desintegra, possuindo um núcleo de carga positiva e elétrons de carga oposta?

Se os elétrons de carga negativa estivessem parados, deveriam ser atraídos pelo núcleo, incorporando-se a ele; tal raciocínio estava de acordo com as leis da **Eletrostática**, uma vez que cargas elétricas de sinais opostos se atraem.

Uma explicação natural para alguns cientistas era propor que o movimento dos elétrons deveria ser análogo ao movimento dos planetas em órbitas ao redor do Sol. Ora, mas com base nas leis do **Eletromagnetismo**, já conhecidas na época, elétrons em movimento irradiam energia continuamente. Com isso, o raio da órbita diminuiria, o que também levaria os elétrons a colidirem com o núcleo. Cálculos matemáticos indicam que isso ocorreria quase instantaneamente.

Ou seja, as leis da Física Clássica (como é o caso das usadas na Eletrostática e no Eletromagnetismo) que são válidas para descrever o movimento e as interações elétricas e magnéticas de objetos "do mundo macroscópico" – por exemplo, os raios que aparecem durante tempestades ou o funcionamento de um motor – não permitem explicar as interações entre as partículas subatômicas que constituem um átomo.

Nesta etapa do curso de Química, vamos nos limitar a uma ideia simplificada dessas explicações, porque os modelos atômicos propostos após o de Rutherford só podem ser explicados com base na **Mecânica Quântica**.

Um dos físicos responsáveis pelos estudos da Mecânica Quântica foi o dinamarquês Niels Bohr (1885-1962); ele complementou o modelo de Rutherford quanto ao movimento dos elétrons ao redor do núcleo. Para elaborar uma explicação relativa aos elétrons, esse cientista realizou experimentos sobre as várias radiações luminosas emitidas por um elemento químico; essa emissão acontece quando uma amostra contendo esse elemento recebe energia, seja por aquecimento, seja quando é submetido a descarga elétrica. Como os experimentos que realizou não podiam ser explicados pela Física Clássica, Bohr elaborou uma série de **postulados** válidos para o elétron do átomo de hidrogênio; entre os pontos que ele admitiu como verdadeiros para justificar o que ocorria com os elétrons de um átomo, podemos citar:

- um elétron gira ao redor do núcleo em órbita circular;
- um átomo possui um número limitado de órbitas que se diferenciam umas das outras pelo raio;
- enquanto um elétron permanece em movimento em uma órbita, não emite nem absorve energia;
- cada uma dessas órbitas é caracterizada por determinada energia.

A estabilidade do átomo foi justificada, portanto, por um modelo em que os elétrons giram ao redor do núcleo em **camadas eletrônicas** ou **níveis de energia**.

O conjunto do trabalho dos dois cientistas, um que introduziu o modelo nuclear do átomo e outro que explicou a configuração dos elétrons, deu origem ao **modelo de Rutherford-Bohr**.

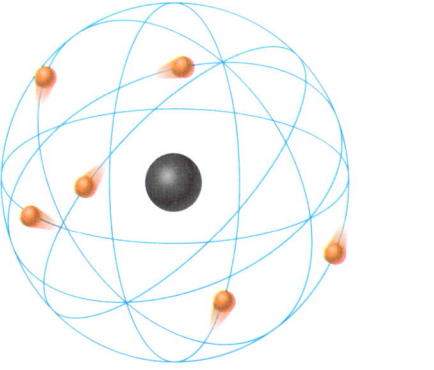

Modelo de Rutherford-Bohr.

Fonte: <https://upload.wikimedia.org/wikipedia/commons/5/5b/Atome_de_Rutherford.png>. Acesso em: 21 abr. 2018.

Outras partículas presentes no núcleo

No núcleo do átomo existem diversas partículas. Do ponto de vista químico, são importantes:

- os **prótons** – cuja existência foi provada em 1920, por Rutherford;
- os **nêutrons** – previstos por Rutherford, mas descobertos por James Chadwick (1891-1974) em 1932.

A carga elétrica do próton tem sinal contrário ao da carga elétrica do elétron. Assim, a carga do próton é $+1,06 \cdot 10^{-19}$ C e a do elétron é $-1,06 \cdot 10^{-19}$ C, em que C é o símbolo de coulomb – a unidade de medida de carga elétrica, cujo nome foi dado em homenagem ao físico Charles de Coulomb. Nesta fase inicial do curso de Química, é interessante considerar a relação entre as cargas dessas duas partículas, ou seja, a carga do próton dividida pela carga do elétron igual a 1, embora essas cargas tenham sinal contrário. Quer dizer, se considerarmos que a carga do próton é $+1$, a do elétron será -1.

Próton e nêutron têm massas praticamente iguais, porém quase 2 mil vezes maior que a do elétron: as massas do próton e do nêutron são iguais a $1,67 \cdot 10^{-27}$ kg, já a massa do elétron é igual a $9,11 \cdot 10^{-31}$ kg. Se atribuirmos ao próton a massa 1, o elétron terá massa aproximada de 1/1 840.

Eletrostática: parte da Eletricidade, é o campo da Física que estuda as propriedades e o comportamento de cargas elétricas em repouso, ou o equilíbrio de corpos que possuem carga elétrica, ou que são eletrizados.

Eletromagnetismo: campo da Física que estuda a relação entre a eletricidade e o magnetismo.

Mecânica Quântica: parte da Física iniciada com os estudos de Max Planck (1858-1947) em 1900, que tem por base o fato de os constituintes atômicos ora se comportarem como partículas, com massa e dimensões definidas, ora se manifestarem como ondas, semelhantes às que constituem a luz.

Postulado: proposição que, apesar de não provada ou demonstrada, é tomada como ponto de partida para desenvolver um raciocínio matemático ou uma teoria científica. Com base nesses postulados, Bohr conseguiu explicar os resultados experimentais que obtivera.

As relações entre características de algumas partículas presentes no átomo estão resumidas na tabela a seguir.

Características das partículas fundamentais do átomo			
Partículas	Massa (kg)	Massa relativa (assumindo como referência a massa do próton)	Carga elétrica relativa
próton (p^+)	$1,67 \cdot 10^{-27}$	1	+1
nêutron (n^0)	$1,67 \cdot 10^{-27}$	1	0
elétron (e^-)	$9,11 \cdot 10^{-31}$	1/1840	−1

Fonte: LIDE, David R. (Ed.). *CRC Handbook of Chemistry and Physics*. 89. ed. Boca Raton, FL: CRC/Taylor and Francis. 2009. p. 1-1.

Quem é quem na história da Ciência?

Saiba mais

O que é mesmo um modelo?

Até aqui falamos de alguns modelos que tratam de algo distante de nossa percepção visual. Talvez você tenha ficado com a impressão de que alguns deles deveriam ser abandonados, já que se mostram incompletos considerando descobertas mais recentes. Vale esclarecer um pouco mais essa questão.

Os modelos adotados no estudo da Física e da Química servem para entendermos fenômenos e, por isso, são bem diferentes, por exemplo, da maquete de um barco ou de uma casa, que representam algo visível e estático. No estudo da Química, os modelos devem ajudar a compreender como um sistema se comporta.

Ao estudar átomos, moléculas – que são conjuntos de átomos – e outras unidades que estruturam a matéria, temos que, de alguma forma, "**ver o que é invisível**".

Para facilitar a compreensão e a explicação do maior número possível de propriedades de um sistema é que os cientistas recorrem a **analogias**.

As analogias valem-se do que há em comum entre objetos totalmente diferentes; elas não podem ser confundidas com cópias aumentadas do sistema em estudo, isto é, o modelo não tem caráter fotográfico. Na verdade, valemo-nos de um sistema conhecido que tem comportamentos semelhantes àquele que queremos estudar. Um modelo será tanto melhor quanto maior for o número de semelhanças que possamos apontar.

Por exemplo, para explicar o comportamento de um gás, podemos fazer uma analogia entre o que ocorre com suas unidades invisíveis e as esferas que colocamos dentro de um globo para fazer um sorteio. Que tipo de comparação pode ser feita?

Com esse modelo, poderemos ter uma ideia mais clara de que, quanto mais gás é colocado em um recipiente, maior será o número de choques possíveis entre suas partículas e as paredes do recipiente, ou seja, maior será a pressão exercida pelo gás, o que é semelhante ao que ocorre com as esferas dentro do globo.

Da mesma forma, quando giramos a manivela do globo com mais intensidade, ocorre algo que se assemelha às moléculas do gás quando aumentamos sua temperatura.

Essa analogia, como qualquer outra, tem muitas limitações. Por exemplo, os choques entre as unidades que constituem um gás "não reduzem" a velocidade dessas partículas; o mesmo não ocorre com esferas que se chocam.

Um modelo pode ser chamado de teoria quando reúne uma série de hipóteses mais gerais ou uma série de equações matemáticas, permitindo a melhor compreensão de um fenômeno.

Como a ciência se transforma, o modelo utilizado para descrever determinado comportamento de um sistema pode ser substituído por outro. Isso ocorre quando o modelo primitivo não serve para explicar novas propriedades que foram percebidas em novos estudos sobre o fenômeno.

É isso que faz com que um modelo seja provisório e temporário, sujeito a alterações. Não perca de vista, porém, que ele é sempre uma **representação da realidade e não a realidade** – não é uma cópia do sistema em estudo.

O comportamento das esferas durante o giro do globo pode ser uma analogia ao que acontece com moléculas de gás em um recipiente.

Atividades

1. Compare o modelo atômico de Dalton com o de Thomson.

2. Qual foi a grande inovação introduzida por Rutherford no modelo atômico?

3. Observações experimentais levaram Rutherford a propor um modelo que intrigou os cientistas da época. Por quê?

4. Em que medida as observações experimentais de Rutherford permitiram concluir que se necessitava de uma "nova" Física?

5. Que modelos atômicos (de Dalton, Thomson ou Rutherford) podem explicar a existência de íons?

6. Para adquirir carga elétrica, um átomo deve ganhar ou perder partículas que o constituem. Quais são essas partículas? Que carga elétrica têm?

7. Quantos elétrons são necessários para equivaler à massa de 1 próton?

8. Quantos elétrons são necessários para "neutralizar" a carga de 1 próton?

9. Se um átomo tiver 36 prótons, quantos elétrons ele terá? Lembre-se de que o átomo não tem carga elétrica, ou seja, tem carga elétrica nula.

10. Se um átomo com 19 prótons, 19 elétrons e 20 nêutrons perde 1 elétron, o que ocorre com sua carga total? E com sua massa?

QUESTÃO COMENTADA

11. Suponha 10^3 átomos com 20 prótons, 20 elétrons, 20 nêutrons. Calcule:
   a) a relação entre a massa do núcleo e a massa da eletrosfera em um átomo.
   b) a relação entre a massa total dos núcleos e a massa total das eletrosferas do conjunto dos 10^3 átomos.

Sugestão de resolução

a) A massa do próton (x) é igual à do nêutron (x). Como há 20 prótons e 20 nêutrons no núcleo, podemos dizer que a massa do núcleo será igual a m_n:

$$m_n = 20x + 20x = 40x$$

Mas a massa do elétron é igual a $1/1\,840\ p^+$. Assim sendo, a massa da eletrosfera (m_e) será:

$$m_e = \frac{20x}{1840} = \frac{2x}{184}$$

A relação entre as massas do núcleo e da eletrosfera será:

$$\frac{m_n}{m_e} = \frac{40x}{\frac{2x}{184}} = 20 \cdot 184 = 3\,680 \text{ (em átomo)}$$

b) Em 10^3 átomos, teremos:

$$\frac{10^3 \cdot 40x}{10^3 \cdot \frac{2x}{184}} = 3\,680$$

12. Como um átomo com 12 prótons pode se transformar em íon positivo de carga elétrica +2?

*Você pode resolver as questões 1, 3, 4 e 11 a 13 da seção **Testando seus conhecimentos**.*

Número atômico (Z)

O número atômico de um elemento químico é característico dele; é por isso que esse número serve para diferenciá-lo de outro elemento.

Os números atômicos dos elementos foram determinados em 1913 pelo inglês Henry Moseley (1887-1915), cientista da equipe de Rutherford.

> **Número atômico** é o número de prótons existentes no núcleo de um átomo. Costuma ser representado por Z. Assim:
> Z = número atômico = número de prótons, ou $Z = n_{p^+}$

Se, por exemplo, o Z de um átomo é 10, isso significa que seu núcleo contém 10 prótons. Se o átomo for neutro, a eletrosfera será formada por 10 elétrons.

Elemento químico e símbolo

Suponha a seguinte situação: um recipiente contém 10^6 átomos, todos com 17 prótons. Temos, portanto, um só tipo de átomo, caracterizado pelo número de prótons presentes em seu núcleo. Dizemos que no recipiente há um elemento químico.

Elemento químico é o conjunto de átomos de mesmo número atômico.

Elemento químico ⇌ Número atômico (Z)

Elemento químico hidrogênio	Elemento químico hélio	Elemento químico oxigênio
está representando átomo de Z = 1, ou seja, com 1 próton no núcleo.	está representando átomo de Z = 2, ou seja, com 2 prótons no núcleo.	está representando átomo de Z = 8, ou seja, com 8 prótons no núcleo.

Atenção!

Sejam 7, 16, 1 000, 100 mil átomos – não importa o número –, todos com o mesmo número atômico, tem-se apenas um elemento químico.

Essa conceituação de elemento químico só foi possível após a determinação, por Moseley, da carga nuclear (dada pelo total das cargas dos prótons) e a consequente definição de número atômico. Esse conceito atual de elemento químico é distinto do que era usado pelos alquimistas e pelos estudiosos dos séculos XVIII e XIX.

Era prática comum, desde a época da Alquimia, a representação de elementos químicos por símbolos. Esses símbolos foram se modificando ao longo do tempo, até que, em 1818, o químico sueco Jöns Jakobs Berzelius (1779-1848) introduziu a notação que utiliza uma ou duas letras para representar cada um dos elementos químicos e que é usada até hoje com pequenas alterações. Na tabela a seguir, é possível observar como os símbolos de alguns elementos foram se alterando com o tempo.

Símbolos de alguns elementos químicos utilizados em diferentes épocas						
	1500	1600	1700	1783	1808	1818
Ouro	☼	♃R	☉	☉	Ⓖ	Au
Mercúrio	⚥	⚥	☿	☿	✴	Hg
Chumbo	♄	♃	♄	♄	Ⓛ	Pb

Fonte: CHEMICAL Heritage Foundation. Disponível em: <http://www.chemheritage.org/discover/collections/search.aspx?q=alchemical%20symbols&collectiontype=Fine%20Art&page=0>. Acesso em: 4 nov. 2015.

Na representação de Berzelius, quando há dois ou mais elementos cujos nomes começam com a mesma letra, recorre-se a uma segunda letra, minúscula. Os símbolos são internacionais e geralmente derivam do nome latino ou grego do elemento. Por isso, nem sempre o símbolo tem a inicial do nome do elemento em português. Observe alguns exemplos na tabela a seguir.

Elemento químico, seu símbolo e seu número atômico					
Elemento	Símbolo	Número atômico	Elemento	Símbolo	Número atômico
Hidrogênio (*Hydrogenium*)	H	1	Fósforo (*Phosphorus*)	P	15
Hélio (*Helium*)	He	2	Enxofre (*Sulphur*)	S	16
Carbono (*Carbonium*)	C	6	Potássio (*Kalium*)	K	19
Oxigênio (*Oxygenium*)	O	8	Crômio (*Chromium*)	Cr	24
Flúor (*Fluorum*)	F	9	Prata (*Argentum*)	Ag	47
Sódio (*Natrium*)	Na	11	Ouro (*Aurum*)	Au	79
Magnésio (*Magnesium*)	Mg	12	Mercúrio (*Hydragyrum*)	Hg	80

Número de massa (A)

Como vimos neste capítulo, as partículas que contribuem de maneira significativa para a massa de um átomo são os prótons e os nêutrons, constituintes do núcleo. Em razão disso, define-se:

Número de massa é a soma do número de prótons e do número de nêutrons de um átomo.

O número de massa é representado por A.

A = número de massa = número de prótons + número de nêutrons

$A = n_{p^+} + n_{n^0}$

Como $n_{p^+} = Z$ (número atômico), então $A = Z + n_{n^0}$

Costuma-se representar um elemento qualquer por um símbolo (abaixo usamos a letra E) associado a seus valores de número atômico (Z) e número de massa (A). Assim, genericamente, temos:

$$_Z^A E$$

$_8^{16}O$ indica átomos de oxigênio que possuem 8 prótons e 8 nêutrons, então $A = 8 + 8 = 16$.

$_8^{18}O$ indica $A = 18$. Sendo o oxigênio, $Z = 8$ ... $18 = 8 + n_{n^0}$ ... $n_{n^0} = 10$.

Lembre-se de que para átomos neutros: $M_{p^+} = M_{e^-}$

Assim, $_{17}^{35}Cl$ indica $Z = 17$, isto é, 17 prótons e 17 elétrons, então:

$A = Z + n_{n^0}$ ... $35 = 17 + n_{n^0}$ ... $n_{n^0} = 18$

Isótopos

Diferentemente do número atômico, o número de massa (A) não é característico de um elemento químico e, por isso, não serve para identificá-lo. Por exemplo, o gás oxigênio que respiramos é constituído por moléculas contendo átomos do mesmo elemento, O, com números de massa diferentes, embora todos tenham número atômico 8. Na natureza há três tipos de átomos de oxigênio: $_8^{16}O$, $_8^{17}O$, $_8^{18}O$.

Agora reflita: O que eles têm em comum? Qual é a diferença entre eles?

Eles diferem no número de nêutrons: ^{16}O tem 8 nêutrons; ^{17}O tem 9 nêutrons; ^{18}O tem 10 nêutrons, e, por isso, seus números de massa não são iguais.

Isótopos são átomos do mesmo elemento químico que diferem quanto ao número de nêutrons.

Dizemos que o oxigênio tem três **formas isotópicas** naturais. Veja outros isótopos naturais na tabela abaixo.

Abundância na natureza (em %) de alguns isótopos		
Elemento	Isótopo	Abundância
Hidrogênio $_1H$	^1H ^2H	99,98 0,02
Oxigênio $_8O$	^{16}O ^{17}O ^{18}O	99,76 0,04 0,20
Cloro ^{17}Cl	^{35}Cl ^{37}Cl	75,77 24,23
Sódio $_{11}Na$	^{23}Na	100

Fonte: BERGLUND, Michael; WIESER, Michael E. *Isotopic Compositions of the Elements 2009*. IUPAC. 14 jan. 2011. Disponível em: <http://ciaaw.org/pubs/TICE-2009.pdf>. Acesso em: 26 abr. 2018.

Observação

Os três isótopos de hidrogênio são indicados pelo símbolo H, uma vez que todos eles são do mesmo elemento químico. No entanto, o ^2H é, muitas vezes, representado por D, por ser chamado de deutério; a forma ^3H é chamada de trítio.

Atividades

1. A tabela acima indica que os átomos de um dos isótopos do H não têm nêutron. Identifique-o.
2. Qual dos isótopos do hidrogênio é chamado hidrogênio leve?
3. Se, em uma amostra qualquer, houver 10 000 átomos de hidrogênio, quantos provavelmente são de cada um dos isótopos?

Os diferentes isótopos de um elemento comportam-se quimicamente do mesmo jeito, pois todos eles são formas diferentes do mesmo elemento. A principal diferença entre eles está na massa de seus átomos. A água pesada, usada em reatores nucleares, é mais densa que a água comum por ser formada exclusivamente por hidrogênio $_1^2H$, o que explica a representação D_2O.

Isóbaros

Você sabe o que significa a palavra **isóbaro**? O termo deriva do grego e corresponde à junção de *iso*, que significa "igual", com *baros*, correspondente a "peso".

No caso, o termo **isóbaro** refere-se a átomos que têm núcleos com massas (pesos) iguais, mas que não são do mesmo elemento químico. É o caso dos átomos $_{19}^{40}K$, um dos isótopos do potássio, e $_{20}^{40}Ca$, isótopo do cálcio. Ou seja:

Isóbaros são átomos que têm o mesmo número de massa (A) e diferentes números atômicos (Z).

Os átomos $_{19}^{40}K$ e $_{20}^{40}Ca$ são isóbaros, tendo número de prótons (K: 19 e Ca: 20) e de nêutrons (K: 21 e Ca: 20) diferentes.

Atividades

Se necessário, consulte a tabela com os nomes, símbolos e números atômicos dos elementos químicos na página 106.

1. Qual é o número atômico e o símbolo do alumínio, usado em panelas?
2. Quantos elétrons tem um átomo de Fe?
3. Imagine que seja possível isolar uma amostra com 100 000 átomos de mesmo número atômico. Quantos elementos ela teria?
4. Considere que $_{17}^{35}X$ e $_{17}^{37}Y$ representem genericamente dois átomos. Sobre eles, responda:
   a) Quantos prótons e nêutrons tem X? E Y?
   b) Os átomos são de elementos diferentes?
   c) Se você souber que X corresponde a Cl, o que pode concluir a respeito do símbolo de Y? Por quê?

Você pode resolver as questões 2, 5, 6, 9, 14 a 18 e 20 da seção Testando seus conhecimentos.

Distribuição dos elétrons no átomo

Como vimos, Bohr complementou o modelo atômico de Rutherford propondo que os elétrons giram ao redor do núcleo, em camadas eletrônicas ou níveis de energia, e que isso é possível sem que eles percam energia.

Nos átomos de qualquer elemento, os elétrons se distribuem em até sete camadas (K, L, M, N, O, P e Q), cada uma delas comportando um número máximo de elétrons.

Distribuição eletrônica dos elementos					
Elemento	Camadas ou níveis de energia				
	K (n = 1)	L (n = 2)	M (n = 3)	N (n = 4)	O (n = 5)
$_2He$	2				
$_2Be$	2	2			
$_{11}Na$	2	8	1		
$_{32}Ge$	2	8	18	4	

Quanto maior for a distância entre o elétron e o núcleo, maior será sua energia. Assim, um elétron da camada L é mais energético do que um da camada K.

Acima, são fornecidas as distribuições eletrônicas de alguns elementos. Observe-as, analisando de que modo os elétrons ocupam os níveis na ordem crescente de energia.

Repare que, no caso da distribuição eletrônica dos elementos a seguir, não basta levar em conta o número máximo de elétrons de cada nível.

Distribuição eletrônica dos elementos					
Elemento	Camadas ou níveis de energia				
	K (n = 1)	L (n = 2)	M (n = 3)	N (n = 4)	O (n = 5)
$_{20}Ca$	2	8	10 [8]	2	
$_{38}Sr$	2	8	18	10 [8]	2

Capítulo 4 • Estrutura atômica: conceitos fundamentais

O que é possível notar? Apesar de as camadas M e N comportarem 18 elétrons, não são encontrados na natureza átomos com mais de 8 elétrons em sua camada externa.

Uma orientação inicial sobre distribuição eletrônica

Para fazer a distribuição eletrônica de uma parte dos elementos químicos, os chamados representativos (dessa categoria estão excluídos os elementos de números atômicos de 21 a 28; 39 a 46; 57 a 78 e maiores que 89):

- siga a sequência de preenchimento das camadas a partir do núcleo (K, L, M, ...), lembrando que cada camada comporta um número máximo de elétrons (a camada K, 2 elétrons; a L, 8; a M, 18; a N, 32; a O, 32; a P, 18; e a Q, 8); não coloque mais que 8 elétrons na última camada;
- se você tiver uma camada que permita 18 ou 32 elétrons e que seja a última de sua distribuição:
  - se o número de elétrons (n) a ser colocado for tal que 18 > n > 8, basta subtrair 8, passando o que resta para a outra camada. Reveja o exemplo do estrôncio, Sr;
  - se você colocar um número de elétrons (n) tal que 32 > n > 18, subtraia de n 18 elétrons e passe o que resta para a camada seguinte. Veja o exemplo:

$_{55}$Cs:	K	L	M	N	O	P
	2	8	18	27 18	0 9	1
				−18	−8	
				9	1	

$_{55}$Cs:	K	L	M	N	O	P
	2	8	18	18	8	1

Observação

As regras que acabamos de ver são úteis apenas para que você aprenda alguns conceitos básicos da Química. No entanto, **não valem para todos os elementos**. Basta que, por ora, você trabalhe com os números máximos de elétrons das três primeiras camadas (K: 2, L: 8, M: 18).

Atividades

1. Produtos usados na agricultura mencionam em sua embalagem os símbolos do nitrogênio (N), do potássio (K) e do fósforo (P). Faça a distribuição eletrônica das camadas (K, L, ...) para átomos desses elementos.
   a) $_7$N
   b) $_{19}$K
   c) $_{15}$P

2. Que característica comum existe entre as configurações eletrônicas dos elementos N e P, da questão anterior?

3. O carbono é o elemento-chave na constituição dos seres vivos. Estudando os vários tipos de substâncias dos quais ele participa, os cientistas desenvolveram uma série de materiais "inspirados" no carbono, à base de silício, como é o caso dos silicones. Faça a distribuição eletrônica do $_6$C e do $_{14}$Si e diga que semelhança há nas configurações desses dois elementos.

A formação de íons

Vimos que os átomos são eletricamente neutros porque possuem número de prótons (de carga positiva) igual ao de elétrons (de carga negativa). No entanto, átomos de um elemento químico podem perder ou ganhar elétrons. Quando isso ocorre, o íon fica com sua eletrosfera alterada em relação ao átomo, mas seu núcleo é preservado. Vamos ver qual é a consequência disso com alguns exemplos.

"O cálcio é um elemento fundamental na formação de nossos ossos." Quando ouvimos essa afirmação, talvez nos lembremos do leite, dos queijos e de outros alimentos ricos em cálcio. Ora, mas o cálcio é um metal e, como se sabe, nenhum de nós ingere esse elemento na forma metálica; ele é ingerido na forma de íons. Qual é a diferença na eletrosfera de um íon de cálcio e de um átomo desse elemento?

- O íon cálcio perdeu dois elétrons em relação ao átomo de cálcio.

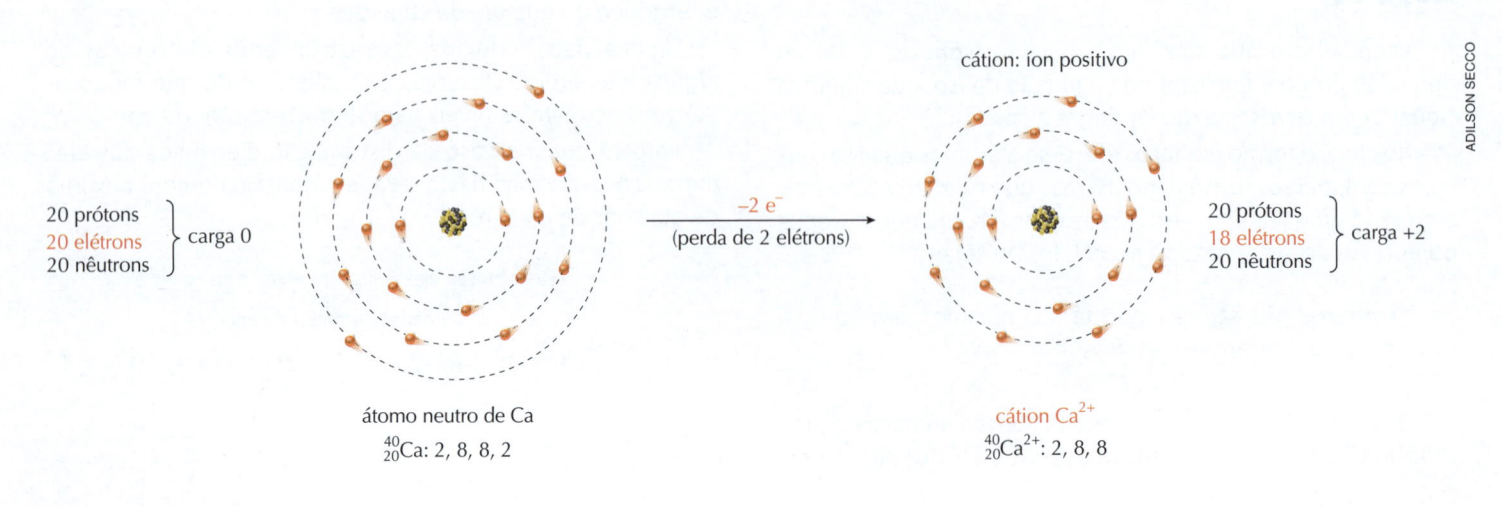

20 prótons
20 elétrons } carga 0
20 nêutrons

átomo neutro de Ca
$_{20}^{40}$Ca: 2, 8, 8, 2

−2 e⁻
(perda de 2 elétrons)

cátion: íon positivo

20 prótons
18 elétrons } carga +2
20 nêutrons

cátion Ca²⁺
$_{20}^{40}$Ca²⁺: 2, 8, 8

Nos capítulos anteriores, descrevemos algumas reações de combustão e vimos que nelas há sempre participação de gás oxigênio. Quando se queima o magnésio, por exemplo, cada átomo de magnésio proveniente do metal combina-se com um átomo de oxigênio proveniente do gás oxigênio, formando um composto. Nesse composto, o oxigênio está na forma de íon negativo, O^{2-} (ânion).

- O íon de oxigênio ganhou 2 elétrons em relação ao átomo de oxigênio.

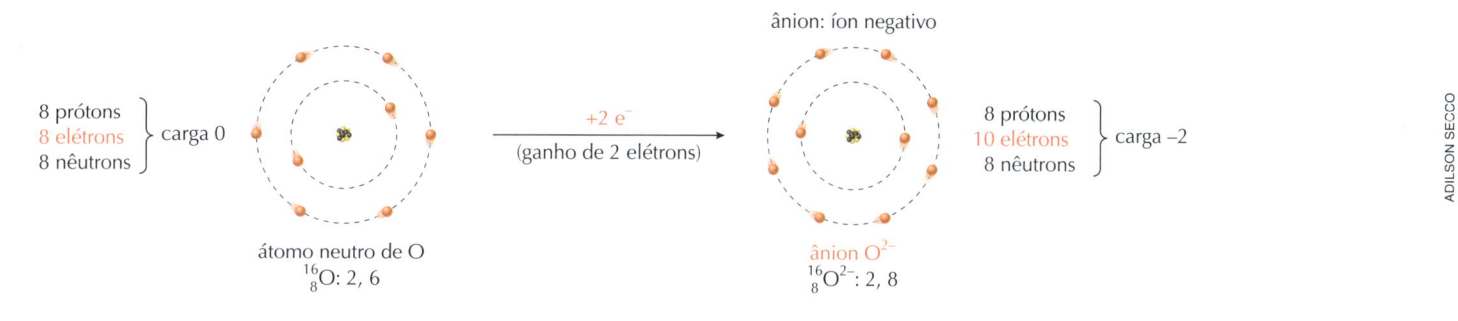

8 prótons
8 elétrons } carga 0
8 nêutrons

$\xrightarrow{+2\,e^-}$
(ganho de 2 elétrons)

ânion: íon negativo

8 prótons
10 elétrons } carga −2
8 nêutrons

átomo neutro de O
$^{16}_{8}O$: 2, 6

ânion O^{2-}
$^{16}_{8}O^{2-}$: 2, 8

Atividades

1. Um dos isótopos do elemento oxigênio disponíveis na natureza é o ^{17}O. Suponha uma amostra de óxido de cálcio (composto constituinte da cal, usada na construção civil) na qual todo o íon O^{2-} presente seja desse isótopo. Quantos prótons, elétrons e nêutrons existem em um íon $^{17}_{8}O^{2-}$?

2. Quando o ferro metálico enferruja, formam-se compostos contendo íons Fe^{2+} e Fe^{3+}. Considere esses íons do isótopo 56 do ferro. Quantos prótons, elétrons e nêutrons tem cada uma dessas espécies? Dado: número atômico do ferro: 26.

3. Ao responder à questão de uma prova, um aluno escreveu:

"Quando um átomo de $_{12}Mg$ perde 2 elétrons, transforma-se em outro elemento de número atômico 10, representado por $_{10}Ne^{2+}$".

Reescreva a afirmação, corrigindo-a.

4. Uma revista de estética enaltece o uso de argila verde como cicatrizante e na remoção de células mortas da superfície da pele. Entre os íons constituintes da argila verde são citados os de alumínio (Al^{3+}), magnésio (Mg^{2+}), cobre (Cu^{2+}), zinco (Zn^{2+}), cálcio (Ca^{2+}), potássio (K^+), lítio (Li^+) e sódio (Na^+). Alguns desses íons associam-se ao oxigênio, na forma de óxido, O^{2-}.

São dados os números atômicos: Li: 3, O: 8, Na: 11, Mg: 12, K: 19, Ca: 20, Cu: 29.

a) Explique a diferença do ponto de vista eletrônico entre a estrutura do átomo de $_{13}Al$ e do íon Al^{3+}.

b) Faça a distribuição dos elétrons em camadas do átomo de $_{20}Ca$ e do íon Ca^{2+}.

5. Leia o texto a seguir e responda ao que se pede.

Ministério trata como prioridade questão nuclear no país, diz presidente da INB

O Ministério da Ciência, Tecnologia e Inovação está tratando como prioridade a questão nuclear no Brasil. [...]. "É uma área estratégica para o país, não só para a geração de energia, aplicar em áreas como a medicina ou a produção de **radiofármacos** [compostos utilizados em medicina nuclear]", disse em entrevista à Agência Brasil.

[...]

O presidente da INB [Indústrias Nucleares do Brasil] também destacou que um projeto importante do país é o do reator produtor de radioisótopos para atender à demanda da medicina nuclear, estimada em torno de 2 milhões de procedimentos médicos para diagnóstico e tratamento de doenças. "O Brasil até hoje é dependente da importação do principal isótopo, o molibdênio, usado na produção desses radiofármacos".

Segundo ele, o Ministério pretende priorizar essa atividade estratégica.

GANDRA, Alana. Ministério trata como prioridade questão nuclear no país, diz presidente da INB. *EBC* (Agência Brasil), 21 jun. 2015. Disponível em: <http://www.ebc.com.br/noticias/2015/06/ministerio-trata-como-prioridade-questao-nuclear-no-pais-diz-presidente-da-inb>. Acesso em: 27 abr. 2018.

a) O texto menciona uma importante aplicação para o isótopo de molibdênio. Identifique-a.

b) Pesquise em livros e *sites* o significado de **medicina nuclear**, expressão utilizada no texto. Em seguida, produza um texto que explique seu significado no formato de verbete.

Verbete é um gênero textual comum em dicionários e enciclopédias que tem como objetivo explicar uma palavra ou expressão de forma sucinta e clara. A seguir, está um exemplo de verbete tirado do *Dicionário Houaiss eletrônico* (São Paulo: Objetiva, 2009):

Radiofármaco: preparado químico ou farmacêutico radioativo, usado como agente diagnóstico ou terapêutico.

c) Consultando a Tabela Periódica dos elementos da página 106, represente o isótopo de molibdênio e indique a quantidade de elétrons, prótons e nêutrons. Considere para isso que o número de massa do isótopo é 99. Não se esqueça de indicar, no símbolo do elemento, o número atômico e o número de massa.

Você pode resolver as questões 7, 8, 19 da seção **Testando seus conhecimentos**.

Capítulo 4 • Estrutura atômica: conceitos fundamentais

Testando seus conhecimentos

Caso necessário, consulte as tabelas no final desta Parte.

1. (UEFS-BA) Os modelos atômicos foram sendo modificados ao longo do tempo, a partir de evidências experimentais, a exemplo dos modelos de Thomson, proposto com base em experimentos com tubo de raios catódicos, e o de Rutherford, que, ao fazer incidir partículas alfa, α, sobre lâminas de ouro, observou que a maioria das partículas atravessava a lâmina, algumas desviavam e poucas eram refletidas.

A partir das considerações do texto, é correto destacar:
a. As partículas subatômicas de cargas elétricas opostas estão localizadas no núcleo do átomo, segundo Thomson.
b. O modelo de Thomson considera que o átomo é constituído por elétrons que ocupam diferentes níveis de energia.
c. O núcleo do átomo é denso e positivo com um tamanho muito menor do que o do seu raio atômico, de acordo com Rutherford.
d. As experiências com raios catódicos evidenciaram a presença de partículas de carga elétrica positiva nos átomos dos gases analisados.
e. O experimento conduzido por Rutherford permitiu concluir que as partículas positivas e negativas constituintes dos átomos têm massas iguais.

2. (UFRN) Um estudante recebeu um folheto, na Feira de Ciências, contendo a seguinte tirinha:

Com as partículas referidas no folheto, o estudante poderá "construir um isótopo do átomo" de:
a. sódio.   b. hélio.   c. boro.   d. hidrogênio.

3. (Cefet-MG) A figura ao lado representa um fenômeno ocorrido ao atritar um pente em uma flanela e depois aproximá-lo de papel picado pelo fato de o pente ficar eletrizado por atrito.

(Disponível em: <http://www.ebah.com.br/content/ABAAABKEgAH/eletrotcnica-i?part=3>. Acesso em: 21 set. 2017.)

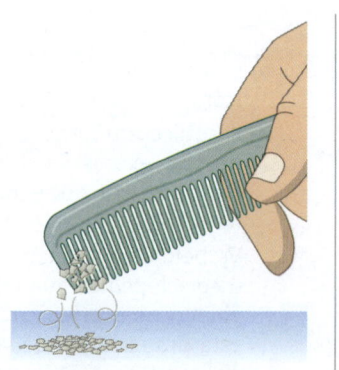

Tendo em vista a evolução dos modelos atômicos, de Dalton até Bohr, o primeiro modelo que explica o fenômeno da eletrização é o de
a. Bohr.
b. Dalton.
c. Thomson.
d. Rutherford.

4. (Cefet-MG) O filme *Homem de Ferro 2* retrata a jornada de Tony Stark para substituir o metal paládio, que faz parte do reator de seu peito, por um metal atóxico. Após interpretar informações deixadas por seu pai, Tony projeta um holograma do potencial substituto, cuja imagem se assemelha à figura a seguir.

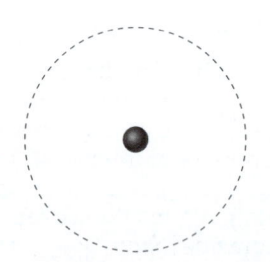

Essa imagem é uma representação do modelo de
a. Rutherford.   c. Dalton.
b. Thomson.   d. Bohr.

5. (UEPG-PR) Na natureza podem-se encontrar três variedades isotópicas do elemento químico urânio, representadas abaixo. Com relação a esses isótopos, no estado fundamental, assinale o que for correto.

$$U_{92}^{234} \quad U_{92}^{235} \quad U_{92}^{238}$$

(01) O urânio-234 possui 92 prótons e 92 elétrons.
(02) O urânio-235 possui 92 prótons e 143 nêutrons.
(04) Os três átomos possuem o mesmo número de massa.
(08) O urânio-238 possui 92 elétrons e 146 nêutrons.
Dê como resposta a soma dos números associados às afirmações corretas.

6. (IFCE) Ao longo da história da química, muitos modelos surgiram, para tentar explicar a complexidade do átomo, desde a crença de que ele seria uma minúscula esfera até a construção de um modelo matemático probabilístico. Com relação às características do átomo e ao conceito de elemento químico, é correto afirmar-se que:

a. a caracterização de um elemento químico ocorre pela determinação do seu número de massa.
b. os átomos de um mesmo elemento químico obrigatoriamente devem apresentar o mesmo número de nêutrons.
c. na eletrosfera, região que concentra toda a massa do átomo, encontram-se os elétrons.
d. o número de massa ou número de Moseley é a soma do número de prótons com o número de elétrons.
e. o elemento químico corresponde a um conjunto de átomos de mesma carga nuclear.

7. (Uespi) Os radioisótopos são hoje largamente utilizados na medicina para diagnóstico, estudo e tratamento de doenças. Por exemplo, o cobalto 60 é usado para destruir e impedir o crescimento de células cancerosas. Os números de prótons, de nêutrons e de elétrons no nuclídeo $^{60}_{27}Co^{3+}$ são, respectivamente:

a. 33, 27 e 24
b. 27, 60 e 24
c. 60, 33 e 27
d. 27, 33 e 27
e. 27, 33 e 24

8. (FGV-SP) A tabela seguinte apresenta dados referentes às espécies K, K+, Ca^{2+} e S^{2-}.

Espécie	Z	Nêutrons
K	19	22
K^+	19	22
Ca^{2+}	20	22
S^{2-}	16	18

Em relação a essas espécies, são feitas as seguintes afirmações:

I. K^+ e Ca^{2+} são isótonos.*
II. K e Ca^{2+} são isóbaros.
III. K^+ tem mais prótons que K.
IV. K^+ e S^{2-} têm o mesmo número de elétrons.

É correto apenas o que se afirma em:

a. I e II.
b. I e III.
c. I e IV.
d. II e III.
e. II e IV.

* **Nota dos autores:** Isótonos têm mesmo número de nêutrons.

9. (UFPB) As pilhas e baterias estão incorporadas ao cotidiano da vida moderna. Esses materiais geralmente contêm metais tóxicos, por exemplo, cádmio, cujo descarte de forma incorreta pode contaminar o meio ambiente. Utilizando a tabela periódica e sabendo que o número de massa do cádmio é 112, é correto afirmar que esse elemento possui:

	Número de prótons	Número de nêutrons	Número de elétrons
a.	20	20	20
b.	64	48	64
c.	20	32	20
d.	48	64	48
e.	48	112	64

10. (Fuvest) Neste texto, o autor descreve o fascínio que as descobertas em Química exerciam sobre ele, durante sua infância.

....

1   Eu adorava Química em parte por ela ser uma ciência de transformações, de inúmeros compostos baseados em algumas dúzias de elementos, eles próprios fixos, invariáveis e eternos. A noção de estabilidade e de invariabilidade dos
5   elementos era psicologicamente crucial para mim, pois eu os via como pontos fixos, como âncoras em um mundo instável. Mas agora, com a radioatividade, chegavam transformações das mais incríveis.
     (...)
10   A radioatividade não alterava as realidades da Química ou a noção de elementos; não abalava a ideia de sua estabilidade e identidade. O que ela fazia era aludir a duas esferas no átomo – uma esfera relativamente superficial e acessível, que governava a reatividade e a combinação química, e uma
15   esfera mais profunda, inacessível a todos os agentes químicos e físicos usuais e suas energias relativamente pequenas, onde qualquer mudança produzia uma alteração fundamental de identidade.

Oliver Sacks, *Tio Tungstênio*: memórias de uma infância química.

....

De acordo com o autor,

a. o trecho "eles próprios fixos, invariáveis e eternos" (L. 3) remete à dificuldade para a quebra de ligações químicas, que são muito estáveis.
b. "esfera relativamente superficial" (L. 13) e "esfera mais profunda" (L. 15) dizem respeito, respectivamente, à eletrosfera e ao núcleo dos átomos.
c. "esfera relativamente superficial" (L. 13) e "esfera mais profunda" (L. 15) referem-se, respectivamente, aos elétrons da camada de valência, envolvidos nas reações químicas, e aos elétrons das camadas internas dos átomos, que não estão envolvidos nas reações químicas.
d. as energias envolvidas nos processos de transformação de um átomo em outro, como ocorre com materiais radioativos, são "relativamente pequenas" (L. 16).
e. a expressão "uma alteração fundamental de identidade" (L. 16-17) relaciona-se à capacidade que um mesmo átomo tem de fazer ligações químicas diferentes, formando compostos com propriedades distintas das dos átomos isolados.

Testando seus conhecimentos

11. (UEL-PR) Gaarder discute a questão da existência de uma "substância básica", a partir da qual tudo é feito. Considerando o átomo como "substância básica", atribua V (verdadeiro) ou F (falso) às afirmativas a seguir.*

( ) De acordo com o modelo atômico de Rutherford, o átomo é constituído por duas regiões distintas: o núcleo e a eletrosfera.

( ) Thomson propôs um modelo que descrevia o átomo como uma esfera carregada positivamente, na qual estariam incrustados os elétrons, com carga negativa.

( ) No experimento orientado por Rutherford, o desvio das partículas alfa era resultado da sua aproximação com cargas negativas presentes no núcleo do átomo.

( ) Ao considerar a carga das partículas básicas (prótons, elétrons e nêutrons), em um átomo neutro, o número de prótons deve ser superior ao de elétrons.

( ) Os átomos de um mesmo elemento químico devem apresentar o mesmo número atômico.

Assinale a alternativa que contém, de cima para baixo, a sequência correta.

a. V, V, F, F, V. c. V, F, F, V, F. e. F, F, F, V, V.
b. V, F, V, F, V. d. F, V, V, V, F.

---
* **Nota dos autores**: Antes dessa questão da UEL, foi inserido um texto (Adaptado de: GAARDER, J. *O Mundo de Sofia*. Trad. de João Azenha Jr., São Paulo: Companhia das Letras, 1995. p. 43-44.) como referência para diversas questões. No entanto, a resolução desta questão prescinde da leitura do texto.

---

12. (Uece) Neste ano comemora-se o Ano Internacional da Química. Há pouco mais de 100 anos, ainda não se tinha muito conhecimento sobre o átomo. Em 1911, a experiência de Rutherford mudou tudo. Usando uma lâmina muito fina de ouro, bombardeou-a com partículas alfa. A maioria dessas partículas atravessou a lâmina sem sofrer desvios na trajetória, enquanto um pequeno número delas sofreu desvios muito grandes. A partir deste experimento, Rutherford concluiu que:

a. os elétrons ficariam distribuídos espaçadamente ao redor do núcleo, ocupando órbitas quaisquer.
b. os núcleos dos átomos são neutros.
c. o átomo tem em sua constituição pequenos espaços vazios.
d. o átomo é divisível, em oposição a Bohr, que o considera indivisível.

13. (Cefet-SP) Thomson determinou, pela primeira vez, a relação entre a massa e a carga do elétron, o que pode ser considerado como a descoberta do elétron. Portanto, a contribuição de Thomson para o modelo atômico foi:

a. a indivisibilidade do átomo
b. a descoberta de um núcleo positivo e uma eletrosfera negativa
c. a existência de partículas subatômicas
d. a descoberta dos níveis energéticos ocupados por elétrons
e. a existência elétrons girando em órbitas circulares

14. (Ufes) O urânio, fonte de energia para usinas nucleares, é um mineral muito importante, encontrado em rochas sedimentares na crosta terrestre. No urânio presente na natureza, são encontrados átomos que têm em seu núcleo 92 prótons e 143 nêutrons (U-235), átomos com 92 prótons e 142 nêutrons (U-234) e outros ainda, com 92 prótons e 146 nêutrons (U-238).
Quanto às características, os átomos de urânio descritos são:

a. isóbaros.   c. isótonos.   e. isômeros.
b. isótopos.   d. alótropos.

15. (UFSCar-SP) Uma tecnologia promissora para atender parte de nossas necessidades energéticas, sem a poluição gerada pela queima de combustíveis fósseis, envolve a transformação direta de parte da energia luminosa do Sol em energia elétrica. Nesse processo são utilizadas as chamadas células fotogalvânicas, que podem funcionar utilizando semicondutores extrínsecos de silício, constituídos por uma matriz de silício de alta pureza, na qual são introduzidos níveis controlados de impurezas. Essas impurezas são elementos químicos em cujas camadas de valência há um elétron a mais ou a menos, em relação à camada de valência do silício. Semicondutores do tipo *n* são produzidos quando o elemento utilizado como impureza tem cinco elétrons na camada de valência. Considerando os elementos B, P, Ga, Ge, As e In como possíveis impurezas para a obtenção de um semicondutor extrínseco de silício, poderão ser do tipo *n* apenas aqueles produzidos com a utilização de:

a. B.   c. Ga e Ge.   e. B, Ga e In.
b. Ge.   d. P e As.

16. (Unesp) Com a frase *Grupo concebe átomo "mágico" de silício*, a edição de 18.06.2005 da *Folha de S.Paulo* chama a atenção para a notícia da produção de átomos estáveis de silício com duas vezes mais nêutrons do que prótons, por cientistas da Universidade Estadual da Flórida, nos Estados Unidos da América. Na natureza, os átomos estáveis deste elemento químico são: $^{28}_{14}Si$, $^{29}_{14}Si$ e $^{30}_{14}Si$. Quantos nêutrons há em cada átomo "mágico" de silício produzido pelos cientistas da Flórida?

a. 14   b. 16   c. 28   d. 30   e. 44

17. (UTFPR) Em 2016 a União Internacional de Química Pura e Aplicada (IUPAC) confirmou a descoberta de mais quatro elementos, todos produzidos artificialmente, identificados nas últimas décadas por cientistas russos, japoneses e americanos, e que completam a sétima fila da tabela periódica. Eles se chamam Nihonium (símbolo Nh e elemento 113), Moscovium (símbolo Mc e elemento 115), Tennessine (símbolo Ts e elemento 117) e Oganesson (símbolo Og e elemento 118). As massas atômicas destes elementos são, respectivamente, 286, 288, 294, 294. Com base nas afirmações acima assinale a alternativa correta.

a. Esses elementos são representados por $^{113}_{286}Nh$, $^{115}_{288}Mc$, $^{117}_{294}Ts$ e $^{118}_{294}Og$
b. Os elementos Tennessine e Oganesson são isóbaros.
c. Estes elementos foram encontrados em meteoritos oriundos do espaço.
d. Os elementos Tennessine e Oganesson são isótopos.
e. Os quatro novos elementos são isótonos entre si.

18. (UPM-SP) Homenageando Nicolau Copérnico, o elemento químico 112 poderá receber o nome de Copernício. Tendo 165 nêutrons, esse elemento sintetizado na Alemanha em 1996 poderá ser representado por

a. $^{112}_{165}Cu$ b. $^{112}_{53}Co$ c. $^{277}_{112}Cp$ d. $^{277}_{112}C$ e. $^{277}_{165}Cr$

19. (UFSCar-SP) Um modelo relativamente simples para o átomo o descreve como sendo constituído por um núcleo contendo prótons e nêutrons, e elétrons girando ao redor do núcleo. Um dos isótopos do elemento Ferro é representado pelo símbolo $^{56}_{26}Fe$. Em alguns compostos, como a hemoglobina do sangue, o Ferro encontra-se no estado de oxidação 2+ (Fe^{2+}). Considerando-se somente o isótopo mencionado, é correto afirmar que no íon Fe^{2+}:

a. o número de nêutrons é 56, o de prótons é 26 e o de elétrons é 24.
b. o número de nêutrons + prótons é 56 e o número de elétrons é 24.
c. o número de nêutrons + prótons é 56 e o número de elétrons é 26.
d. o número de prótons é 26 e o número de elétrons é 56.
e. o número de nêutrons + prótons + elétrons é 56 e o número de prótons é 28.

20. (Enem) Os núcleos dos átomos são constituídos de prótons e nêutrons, sendo ambos os principais responsáveis pela sua massa. Nota-se que, na maioria dos núcleos, essas partículas não estão presentes na mesma proporção. O gráfico mostra a quantidade de nêutrons (N) em função da quantidade de prótons (Z) para os núcleos estáveis conhecidos.

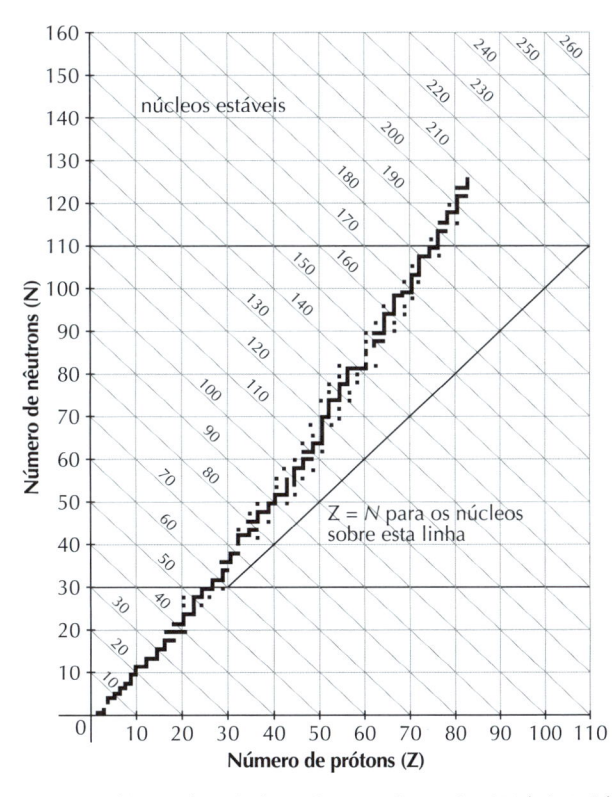

KAPLAN, I. *Física Nuclear*. Rio de Janeiro: Guanabara Dois, 1978 (adaptado).

O antimônio é um elemento químico que possui 50 prótons e possui vários isótopos – átomos que só se diferem pelo número de nêutrons. De acordo com o gráfico, os isótopos estáveis do antimônio possuem:

a. entre 12 e 24 nêutrons a menos que o número de prótons.
b. exatamente o mesmo número de prótons e nêutrons.
c. entre 0 e 12 nêutrons a mais que o número de prótons.
d. entre 12 e 24 nêutrons a mais que o número de prótons.
e. entre 0 e 12 nêutrons a menos que o número de prótons.

CAPÍTULO 5

CLASSIFICAÇÃO PERIÓDICA DOS ELEMENTOS QUÍMICOS

Observe o que está estampado no ônibus da imagem acima. Esse ônibus e também alguns táxis com a mesma estampa fazem parte de uma campanha de divulgação do Parque de Ciência e Tecnologia de Oxford, na Inglaterra. Você sabe o que representam essas estampas?

Este capítulo vai ajudá-lo a compreender:
- a classificação periódica;
- propriedades periódicas;
- a ligação metálica.

ENEM
C7: H24

Para situá-lo

Você já colecionou algum tipo de objeto? Se não, talvez conheça alguém que faça alguma coleção, como de camisas de times de futebol, miniaturas de automóveis, ingressos de *shows*, discos de vinil, CDs etc.

Agora imagine que um colecionador de selos (filatelista) tenha uma coleção de cerca de 2 mil selos e queira mostrar a uma pessoa alguns de seus exemplares raros. Se a coleção dele estiver bem organizada, conseguirá achá-los rapidamente, mas, se ela estiver desorganizada, não será nada fácil localizar um deles em especial.

Mesmo alguém que não tenha o hábito de fazer coleções, se contar com uma biblioteca particular numerosa, sentirá dificuldade de localizar determinado livro caso não tenha estabelecido alguma maneira organizada de guardá-los.

Para que o armazenamento de selos ou de livros seja organizado, é necessário estabelecer critérios de classificação.

Mas o que é classificar? Para começar a pensar sobre esse assunto, leia o texto a seguir, retirado de um ensaio do escritor argentino Jorge Luis Borges (1899-1986). Segundo esse autor, uma antiga enciclopédia chinesa classificava os animais de acordo com os seguintes critérios:

Esse é um dos selos conhecidos por "barba branca" – nome dado aos selos emitidos entre 1877 e 1888, com a imagem de dom Pedro II. Imagine como seria difícil encontrá-lo em uma coleção de 2 mil selos caso ela não fosse organizada.

[...]
a) pertencentes ao imperador;
b) embalsamados;
c) domesticados;
d) leitões;
e) sereias;
f) fabulosos;
g) cães em liberdade;
h) incluídos na presente classificação;
i) que se agitam como loucos;
j) inumeráveis;
k) desenhados com um pincel muito fino de pelo de camelo;
l) et cetera;
m) que acabam de quebrar a bilha;
n) que de longe parecem moscas.
[...]

BORGES, Jorge Luis. *Otras inquisiciones*. Madrid: Alianza Editorial, 1976.
(Tradução dos autores.)

1. Observe os critérios **a** e **c**. Há algo de estranho neles? Aponte outro par de critérios que se enquadram no mesmo caso.
2. Tente listar quantos critérios diferentes são usados para classificar os animais.
3. Você acha que esses critérios dão conta da classificação a que se pretendem?
4. Do mesmo modo que uma pessoa organiza um conjunto de livros ou CDs para facilitar seu manuseio, os cientistas também se valem de classificações para tornar mais racional o estudo de determinado campo do conhecimento. Para isso, adotam critérios de classificação, alguns dos quais você já deve ter visto – como é o caso dos adotados no estudo dos seres vivos, dos tipos de solos ou de climas. Também é o caso da classificação de substâncias em simples ou compostas, conforme o número de elementos químicos que participam delas. De acordo com esse critério, qual é a diferença entre substância simples e composta?
5. Ao estudar o capítulo anterior, você pode ter notado semelhanças entre alguns elementos químicos. Faça a distribuição eletrônica dos seguintes átomos: $_{11}Na$, $_{12}Mg$, $_{19}K$, $_{20}Ca$, $_{37}Rb$, $_{38}Sr$. De acordo com a configuração eletrônica, de quantas formas e como você poderia classificá-los?

Neste capítulo, vamos estudar desde as primeiras tentativas de classificar os elementos químicos até a elaboração da chamada Tabela Periódica, no século XIX. Veremos também que ela continua sendo material de consulta bastante útil no estudo da Química.

Um lembrete: para ter bons conhecimentos sobre a Tabela Periódica dos elementos químicos, não é necessário memorizar a disposição dos símbolos desses elementos na tabela. O principal objetivo dessa classificação é facilitar o estudo e a compreensão de uma série de regularidades relativas ao comportamento dos elementos químicos que constituem todos os materiais.

Classificar: uma necessidade das ciências

Para que você tenha ideia do contexto em que foram propostas as primeiras classificações dos elementos químicos, vale lembrar que, quando elas surgiram, no século XIX, na Europa, já haviam sido publicadas algumas obras importantes que sistematizavam conhecimentos de algumas áreas das ciências. Além do *Traité élémentaire de Chimie* (*Tratado elementar da Química*), de Lavoisier, do final do século XVIII, e do *New System of Chemical Philosophy* (*Novo sistema de filosofia química*), de Dalton, do início do século XIX, ainda podemos destacar:

- na Física, o *Principia Mathematica* (*Princípios matemáticos*), importante livro com as bases da Mecânica Clássica, lançadas por Isaac Newton (1642-1727) no final do século XVII;
- a publicação, no século XVIII, de diversos trabalhos do naturalista sueco Carl Lineu (1707-1778), nos quais foram estabelecidos os critérios de classificação e as bases da nomenclatura dos seres vivos, sendo os principais o *Systema Naturae* (*Sistema Natural*) – que dividiu a natureza em três reinos: animal, vegetal e mineral – e o *Species Plantarum* (*Espécies de plantas*) – que contém a classificação e os critérios de identificação de vegetais.

Por volta de 1830, pouco mais de 50 elementos químicos já haviam sido identificados, o que demandava dos pesquisadores alguma forma de organizá-los.

Várias tentativas de classificação surgiram nessa época, mas, de 1869 em diante, adotou-se, com algumas pequenas variações, a classificação proposta pelo russo Dmitri Ivanovich Mendeleev (1834-1907), a mais abrangente e, por isso, a de maior importância.

Como foi elaborada essa classificação periódica, da qual surgiu a que usamos hoje? Partindo de dados coletados experimentalmente sobre as substâncias constituídas pelos elementos químicos conhecidos na época, Mendeleev dispôs os elementos em ordem crescente de massa atômica, agrupando aqueles com propriedades semelhantes.

			Ti = 50	Zr = 90	? = 180
			V = 51	Nb = 94	Ta = 182
			Cr = 52	Mo = 96	W = 186
			Mn = 55	Rh = 104,4	Pt = 197,4
			Fe = 56	Ru = 104,4	Ir = 198
			Ni = Co = 59	Pd = 106,6	Os = 199
H = 1			Cu = 63,4	Ag = 108	Hg = 200
	Be = 9,4	Mg = 24	Zn = 65,2	Cd = 112	
	B = 11	Al = 27,4	? = 68	Ur = 116	Au = 197?
	C = 12	Si = 28	? = 70	Sn = 118	
	N = 14	P = 31	As = 75	Sb = 122	Bi = 210?
	O = 16	S = 32	Se = 79,4	Te = 128?	
	F = 19	Cl = 35,5	Br = 80	J = 127	
Li = 7	Na = 23	K = 39	Rb = 85,4	Cs = 133	Tl = 204
		Ca = 40	Cr = 87,6	Ba = 137	Pb = 207
		? = 45	Ce = 92		
		?Er = 56	La = 94		
		?Yt = 60	Di = 95		
		?In = 75,6	Th = 118		

Ao longo dos anos, Mendeleev publicava novas formas da Tabela Periódica. A imagem acima mostra o primeiro esboço da Tabela Periódica proposto pelo cientista em 1869. Nela, os elementos com propriedades semelhantes estão organizados na mesma linha.

Fonte: TOLENTINO, M.; ROCHA-FILHO, R. C.; CHAGAS, A. P. Alguns aspectos históricos da classificação periódica dos elementos químicos. *Química Nova*. São Paulo, v. 20, n. 1, fev. 1997.

Saiba mais

Massa atômica e Tabela Periódica

Dalton propôs que os átomos dos diversos elementos diferiam uns dos outros em massa (ele usou o termo "peso"). Foi ele quem introduziu, em seu livro *New System of Chemical Philosophy*, de 1808, o conceito de peso atômico, atualmente massa atômica, expressão que será utilizada daqui em diante.

Além de Dalton, outros cientistas determinaram experimentalmente as massas atômicas relativas dos elementos, isto é, a massa atômica de um elemento em relação à de outro. Esses valores tiveram importância fundamental para a organização dos elementos químicos, conforme será abordado no boxe *Viagem no tempo*.

Viagem no tempo

A Tabela Periódica: um trabalho de muitos cientistas

Entre as inúmeras tentativas de organização dos elementos químicos que antecederam a atual, podemos destacar:

- **As tríades de Döbereiner**: quando o químico alemão Johann Wolfgang Döbereiner (1780-1849) fazia suas pesquisas, eram conhecidos perto de 50 elementos. Agrupando elementos que tinham propriedades químicas semelhantes, Döbereiner acabou por perceber que a massa atômica de um correspondia, aproximadamente, à média aritmética de outros dois. Assim, propôs a formação de tríades (grupos de três elementos), tais como:

Li 7	Cl 35,5
Na 23	Br 80
K 39	I 127

> Note que a massa atômica do sódio (23) é a média aritmética das massas do lítio (7) e do potássio (39). Fato semelhante ocorre quando somamos as massas atômicas do iodo (127) com a do cloro (35,5) e dividimos por 2: obtemos um valor próximo de 80, massa atômica do bromo.

- **O parafuso telúrico de Chancourtois**: em 1862, o geólogo e mineralogista francês Alexandre-Émile Béguyer de Chancourtois (1820-1886) propôs uma organização dos elementos em ordem crescente de suas massas atômicas, dispostas em uma estrutura tridimensional, conforme mostra o esquema ao lado. Os elementos com propriedades semelhantes eram posicionados na mesma linha vertical.
- **A lei das oitavas de Newlands**: assim como seus antecessores, o químico inglês John Alexander Reina Newlands (1837-1898) estudou a periodicidade das propriedades dos elementos químicos e em 1864 propôs uma organização dos elementos químicos, em ordem crescente das massas atômicas, sugerindo que as semelhanças se repetiam de modo análogo às notas musicais (em oitavas).

Embora as propostas descritas tenham contribuído para se chegar à tabela atual, elas foram abandonadas por suas inúmeras limitações.

O congresso para reorganização

O final do século XVIII e a primeira metade do século XIX foram marcados pela evolução da Química como ciência. Nesse período, além das várias propostas para organizar os elementos, ampliou-se o número de elementos conhecidos.

Apesar disso, chegou-se à segunda metade do século XIX sem um consenso entre os estudiosos da época. Muitos deles não concordavam com a introdução do conceito de massa atômica porque não aceitavam a teoria atômica e, portanto, não raciocinavam em termos de átomos/elementos; havia diversidade quanto às fórmulas propostas para uma mesma substância, o que dificultava a comunicação entre os cientistas.

Era esse o panorama da Química quando ocorreu o 1º Congresso Internacional de Química, em Karlsruhe, Alemanha, em 1860. Organizado por dois importantes cientistas, o alemão August Kekulé von Stradonitz (1829-1896) e o francês Charles Adolphe Wurtz (1817-1884), o encontro reuniu 140 químicos de 12 países e tinha como objetivo eliminar divergências.

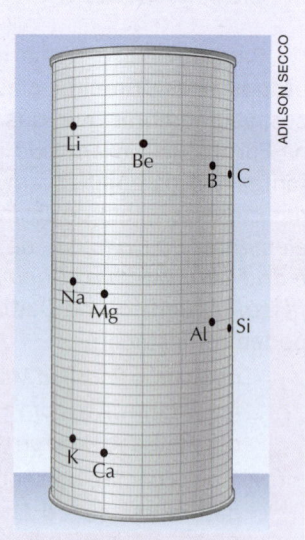

Esboço de parte do parafuso telúrico de Chancourtois.

Fonte: École Normale Supérieure. Culture Sciences Chimie. Disponível em: <http://culturesciences.chimie.ens.fr/content/la-classification-periodique-de-lavoisier-a-mendeleiev-1229#d0e264>. Acesso em: 4 maio 2018.

O congresso durou três dias, mas terminou sem consenso. Ainda assim, dois cientistas – o alemão Julius Lothar Meyer (1830-1895) e o russo Dmitri Ivanovich Mendeleev – foram fortemente estimulados pelo químico italiano Stanislao Cannizzaro (1826-1907) a organizar propostas de classificação periódica dos elementos. Eles se valeram das massas atômicas (pesos) que Cannizzaro havia apresentado no congresso.

Meyer procurou analisar as propriedades físicas (densidade e temperatura de fusão, por exemplo) de substâncias simples constituídas por elementos químicos conhecidos, relacionando-as com as massas atômicas desses elementos.

Apesar de o trabalho elaborado por Meyer indicar a tendência de repetição periódica de algumas propriedades dos elementos em relação às suas massas atômicas, o de Mendeleev foi mais completo, entre outras razões, por aprofundar o estudo com propriedades químicas e por prever as propriedades de elementos ainda não descobertos.

Em sua tabela, Mendeleev colocou os pouco mais de 60 elementos conhecidos na época **em ordem crescente de massas atômicas**. Mas o que parece mais incrível nesse trabalho é que ele deixou espaços vazios na tabela para que elementos então desconhecidos pudessem ser inseridos. Em relação a três desses elementos (gálio, germânio e escândio), Mendeleev chegou a fazer a descrição de muitas de suas propriedades, que se mostraram semelhantes às verificadas posteriormente, quando foram descobertos.

Enfim, o trabalho de Mendeleev representa um divisor de águas na história da Química por sua capacidade de pesquisar as informações acumuladas, reuni-las e sintetizá-las. Lembre-se de que na época ele não contava com determinados conhecimentos químicos que poderiam ter facilitado seu trabalho de elaboração da classificação periódica. Entre eles, podemos citar:

- muitos elementos químicos naturais, entre os quais os gases nobres, que se destacam pela falta de reatividade, eram desconhecidos;
- **não eram conhecidos os números atômicos** (número de prótons), usados para sequenciar os elementos na Tabela Periódica atual. Apesar disso, Mendeleev inverteu a posição de alguns elementos, com base nas massas atômicas (pesos atômicos) – ordem que ele adotara –, de modo a colocar elementos de comportamento químico semelhante nas mesmas verticais. Foi o caso do iodo (I), de massa atômica 127, e do telúrio (Te), de massa atômica 128.

Entretanto, a conclusão de que os elementos na classificação periódica estão na **mesma ordem crescente que a de seus números atômicos** só foi possível em 1913, anos após a morte de Mendeleev.

Dmitri Ivanovich Mendeleev, químico russo, é considerado o principal criador da primeira Tabela Periódica semelhante à que conhecemos hoje. Foto obtida no final do século XIX.

Atualmente é fácil entender a relação entre a classificação periódica e as configurações eletrônicas dos elementos. No entanto, é importante destacar que "[...] a Tabela Periódica pertence à química do século XIX".

BENSAUDE-VINCENT, B.; STENGERS, I. *História da Química*. Lisboa: Piaget, 1992. p. 202.

---

1. Por que a necessidade de classificar os elementos químicos surgiu somente no século XIX?
2. Qual é a ordem dos elementos na classificação de Mendeleev? E na atual?
3. Liste em seu caderno algumas dificuldades enfrentadas por Mendeleev para executar seu trabalho.
4. Que conhecimentos posteriores à morte de Mendeleev foram esclarecedores para a compreensão da organização dos elementos que ele propôs?
5. Havia pontos comuns entre o trabalho de Meyer e o de Mendeleev. Cite dois exemplos que mostrem por que o trabalho de Mendeleev acabou por ofuscar o trabalho de Meyer.

A classificação atual dos elementos químicos

Fique atento à imagem da página 103. Ela representa a classificação atual dos elementos químicos. Vamos começar a conhecer como é a estrutura atual da Tabela Periódica, outra maneira de chamar essa classificação.

Observe os números que aparecem acima e à esquerda de cada símbolo dos elementos químicos. Eles representam seu número atômico. Esses números só foram determinados em 1913, após a proposição do modelo do átomo nuclear; por isso não constavam da tabela proposta por Mendeleev, que morreu em 1907.

Na Tabela Periódica atual, o número 1 indica o número atômico do hidrogênio (H); o número 2 corresponde ao número atômico do hélio (He), e assim por diante. A disposição dos elementos na tabela, da esquerda para a direita, segue a ordem crescente de números atômicos.

> Como você viu no capítulo anterior, a determinação do número atômico foi feita por Henry Moseley a partir da coleta de dados experimentais, nos quais elétrons altamente acelerados (os raios catódicos, formados em ampolas nas quais se faz a descarga elétrica em gases rarefeitos) foram lançados sobre anteparos de metais variados, produzindo radiações semelhantes à luz, porém mais energéticas, os raios X (usados em radiografias). A frequência (número de ondas por segundo) dos raios X emitidos varia de acordo com o número atômico do elemento usado no anteparo. No capítulo 26, parte 3 desta obra, há um aprofundamento sobre as pesquisas que levaram Moseley à determinação do número atômico.

Grupos e períodos

Agora observe os números em preto (de 1 a 18) em cada uma das linhas verticais (colunas) da tabela; esses números indicam grupos. Cada coluna da tabela reúne os elementos de um mesmo grupo (18 no total). Antigamente, essas colunas eram conhecidas por família e recebiam um número e uma letra, indicados em vermelho na Tabela. As letras indicavam a divisão dos elementos químicos em dois grandes grupos: os **elementos representativos** – representados pela letra A (1A, 2A, 3A etc.) – e os **elementos de transição** – representados pela letra B (1B, 2B, 3B etc.).

Qual é a característica comum aos elementos que pertencem a um mesmo grupo da Tabela Periódica? Vamos ver um exemplo. Observe a distribuição eletrônica dos elementos que pertencem ao grupo 14 (carbono, silício, germânio, estanho e chumbo):

$_6$C: 2 - 4
$_{14}$Si: 2 - 8 - 4
$_{32}$Ge: 2 - 8 - 18 - 4
$_{50}$Sn: 2 - 8 - 18 - 18 - 4
$_{82}$Pb: 2 - 8 - 18 - 32 - 18 - 4

Como você pode perceber, todos os elementos desse grupo têm 4 elétrons no último nível de energia ou camada eletrônica.

Ter o mesmo número de elétrons no último nível de energia é uma característica eletrônica comum aos elementos de um mesmo grupo, considerando os elementos representativos. Assim, se observássemos a distribuição eletrônica dos elementos químicos do grupo 1, notaríamos que todos apresentam 1 elétron na última camada eletrônica; os do grupo 2, 2 elétrons; os do grupo 13, 3 elétrons; os do grupo 15, 5 elétrons; os do grupo 16, 6 elétrons; os do grupo 17, 7 elétrons; e os do grupo 18, 8 elétrons. A única exceção é o hélio (He), presente na coluna 18 e que apresenta uma única camada com 2 elétrons.

O comportamento químico de uma substância depende do número de elétrons existentes no último nível energético de seus átomos. Por isso **elementos de um mesmo grupo têm comportamento químico semelhante**.

Os grupos dos elementos representativos também são conhecidos com nomes especiais, como mostra o quadro abaixo.

> Observe no quadro ao lado que o hidrogênio não consta em nenhum grupo. Isso porque o hidrogênio é um caso especial. Ele apresenta uma configuração eletrônica semelhante à dos metais alcalinos – ou seja, um elétron na última camada –, mas não possui propriedades de uma substância simples metálica. Por isso, embora seja colocado na mesma coluna dos metais alcalinos, **o hidrogênio não é um metal alcalino!**

Grupo	Nome do grupo	Elementos presentes no grupo
1	Metais alcalinos	Li, Na, K, Rb, Cs, Fr
2	Metais alcalinoterrosos	Be, Mg, Ca, Sr, Ba, Ra
13	Grupo do boro	B, Al, Ga, In, Tl
14	Grupo do carbono	C, Si, Ge, Sn, Pb, Fl
15	Grupo do nitrogênio	N, P, As, Sb, Bi
16	Calcogênios	O, S, Se, Te, Po, Lv
17	Halogênios	F, Cl, Br, I, At
18	Gases nobres	He, Ne, Ar, Kr, Xe, Rn

Tabela Periódica dos Elementos

Grupo / Família																		
1 / 1A	2 / 2A	3 / 3B	4 / 4B	5 / 5B	6 / 6B	7 / 7B	8 / 8B	9 / 8B	10 / 8B	11 / 1B	12 / 2B	13 / 3A	14 / 4A	15 / 5A	16 / 6A	17 / 7A	18 / 8A
1 H Hidrogênio 1,0																		2 He Hélio 4,0
3 Li Lítio 6,9	4 Be Berílio 9,0											5 B Boro 10,8	6 C Carbono 12,0	7 N Nitrogênio 14,0	8 O Oxigênio 16,0	9 F Flúor 19,0	10 Ne Neônio 20,2
11 Na Sódio 23,0	12 Mg Magnésio 24,3											13 Al Alumínio 27,0	14 Si Silício 28,1	15 P Fósforo 31,0	16 S Enxofre 32,1	17 Cl Cloro 35,5	18 Ar Argônio 40,2
19 K Potássio 39,1	20 Ca Cálcio 40,1	21 Sc Escândio 45,0	22 Ti Titânio 47,9	23 V Vanádio 50,9	24 Cr Crômio 52,0	25 Mn Manganês 54,9	26 Fe Ferro 55,8	27 Co Cobalto 58,9	28 Ni Níquel 58,7	29 Cu Cobre 63,6	30 Zn Zinco 65,4	31 Ga Gálio 69,7	32 Ge Germânio 72,6	33 As Arsênio 74,9	34 Se Selênio 79,0	35 Br Bromo 79,9	36 Kr Criptônio 83,8
37 Rb Rubídio 85,5	38 Sr Estrôncio 87,6	39 Y Ítrio 88,9	40 Zr Zircônio 91,2	41 Nb Nióbio 92,9	42 Mo Molibdênio 96,0	43 Tc Tecnécio	44 Ru Rutênio 101,1	45 Rh Ródio 102,9	46 Pd Paládio 106,4	47 Ag Prata 107,9	48 Cd Cádmio 112,4	49 In Índio 114,8	50 Sn Estanho 118,7	51 Sb Antimônio 121,8	52 Te Telúrio 127,6	53 I Iodo 126,9	54 Xe Xenônio 131,3
55 Cs Césio 132,9	56 Ba Bário 137,3	57-71 La-Lu	72 Hf Háfnio 178,5	73 Ta Tântalo 180,9	74 W Tungstênio 183,8	75 Re Rênio 186,2	76 Os Ósmio 190,2	77 Ir Irídio 192,2	78 Pt Platina 195,1	79 Au Ouro 197,0	80 Hg Mercúrio 200,6	81 Tl Tálio 204,4	82 Pb Chumbo 207,2	83 Bi Bismuto 209,0	84 Po Polônio	85 At Astato	86 Rn Radônio
87 Fr Frâncio	88 Ra Rádio	89-103 Ac-Lr	104 Rf Rutherfórdio	105 Db Dúbnio	106 Sg Seabórgio	107 Bh Bóhrio	108 Hs Hássio	109 Mt Meitnério	110 Ds Darmstádtio	111 Rg Roentgênio	112 Cn Copernício	113 Nh Nihônio	114 Fl Fleróvio	115 Mc Moscóvio	116 Lv Livermório	117 Ts Tennesso	118 Og Oganessônio

Série dos lantanídeos

| 57 La Lantânio 138,9 | 58 Ce Cério 140,1 | 59 Pr Praseodímio 140,9 | 60 Nd Neodímio 144,2 | 61 Pm Promécio | 62 Sm Samário 150,4 | 63 Eu Európio 152,0 | 64 Gd Gadolínio 157,3 | 65 Tb Térbio 158,9 | 66 Dy Disprósio 162,5 | 67 Ho Hólmio 164,9 | 68 Er Érbio 167,3 | 69 Tm Túlio 168,9 | 70 Yb Itérbio 173,0 | 71 Lu Lutécio 175,0 |

Série dos actinídeos

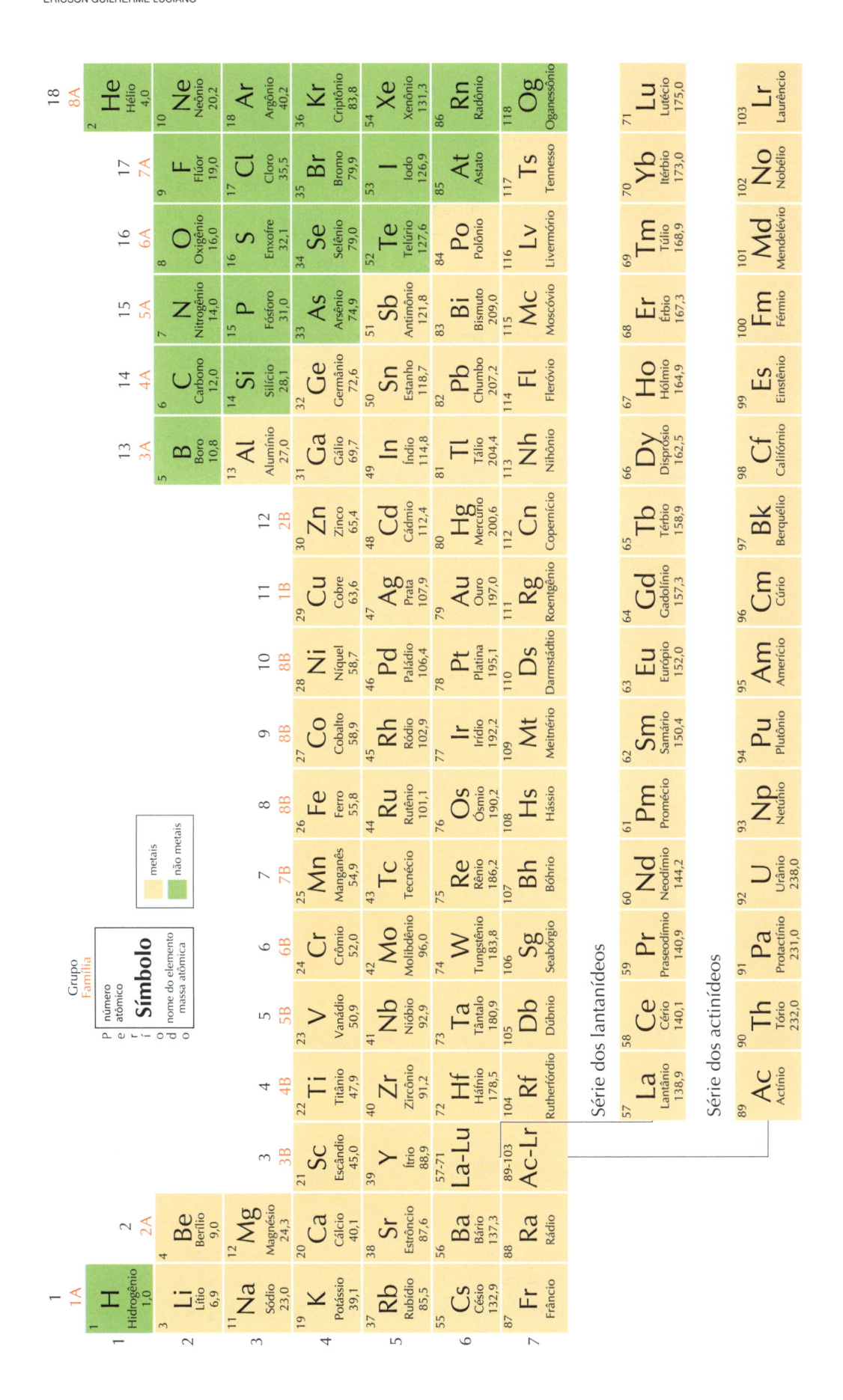

| 89 Ac Actínio | 90 Th Tório 232,0 | 91 Pa Protactínio 231,0 | 92 U Urânio 238,0 | 93 Np Netúnio | 94 Pu Plutônio | 95 Am Amerício | 96 Cm Cúrio | 97 Bk Berquélio | 98 Cf Califórnio | 99 Es Einstênio | 100 Fm Férmio | 101 Md Mendelévio | 102 No Nobélio | 103 Lr Laurêncio |

Legenda:
- P: número atômico
- e: Símbolo
- r: nome do elemento
- í: massa atômica
- metais
- não metais

Fonte: IUPAC. Versão da Tabela Periódica dos Elementos publicada em 8 jan. 2016. Disponível em: <http://iupac.org/fileadmin/user_upload/news/IUPAC_Periodic_Table-8Jan16.pdf>. Acesso em: 4 maio 2018.

Notas: De acordo com a União Internacional da Química Pura e Aplicada (cuja sigla em inglês é IUPAC), não são expressos os valores de massa atômica para elementos cujos isótopos não são encontrados em amostras naturais terrestres. Na fonte original, são indicados intervalos de massa atômica para os elementos H, Li, Mg, B, C, N, O, Si, S, Cl, Br e Tl. Os elementos químicos de número atômico 113, 115, 117 e 118 foram reconhecidos pela IUPAC no final de 2015 e assim foram traduzidos para o português em 2018: nihônio, Nh, moscóvio, Mc, tennesso, Ts, oganessônio, Og.

Capítulo 5 • Classificação periódica dos elementos químicos

Agora observe as linhas horizontais da Tabela Periódica da página anterior. Chamamos de **período** ou **série** cada linha horizontal da Tabela Periódica.

Mas qual é a característica eletrônica de elementos de um mesmo período? Observe:

1º período: H: 1 .... He: 2

2º período: Li: 2 – 1 .... N: 2 – 5

3º período: Al: 2 – 8 – 3 .... Cl: 2 – 8 – 7

4º período: Ca: 2 – 8 – 8 – 2 ..... Se: 2 – 8 – 18 – 6

Como você pode notar, o número do período coincide com o número de níveis eletrônicos utilizado na distribuição eletrônica pelos elementos que o compõem.

Assim, o elemento arsênio (As), de Z = 33 (2 – 8 – 18 – 5), localiza-se no 4º período e tem elétrons em 4 níveis eletrônicos. Os elementos do 5º período têm os elétrons distribuídos em 5 níveis energéticos, e assim por diante.

O 6º período é o mais longo da Tabela Periódica. Na coluna 3 desse período estão localizados os elementos que têm números atômicos de 57 a 71. Eles pertencem à chamada **série dos lantanídeos**, por ser iniciada pelo lantânio (La), de Z = 57. Eles fazem parte de um grupo de elementos de grande relevância no mundo atual: as terras-raras; isso porque são muito empregados em equipamentos de alta tecnologia (leia a seção *Conexões: Química e Economia*, na próxima página.).

O 7º período até há pouco apresentava lacunas, isto é, não era completo: nas últimas décadas ele foi sendo preenchido, à medida que novos elementos eram obtidos por físicos nucleares. Na coluna 3, os números de 89-103 constituem a **série dos actinídeos**, cujo primeiro elemento é o actínio (Ac), de Z = 89.

Os lantanídeos e actinídeos são chamados de elementos de **transição interna**. Essas duas séries usualmente estão dispostas abaixo da tabela.

Os elementos localizados depois do urânio (U), de Z = 92, são artificiais, isto é, só podem ser obtidos em laboratório. Esses elementos são chamados de **transurânicos**.

A representação da Tabela Periódica estendida – como se abríssemos o quadrinho em que se encontram os lantanídeos e os actinídeos – pode tornar mais claro o que foi dito anteriormente.

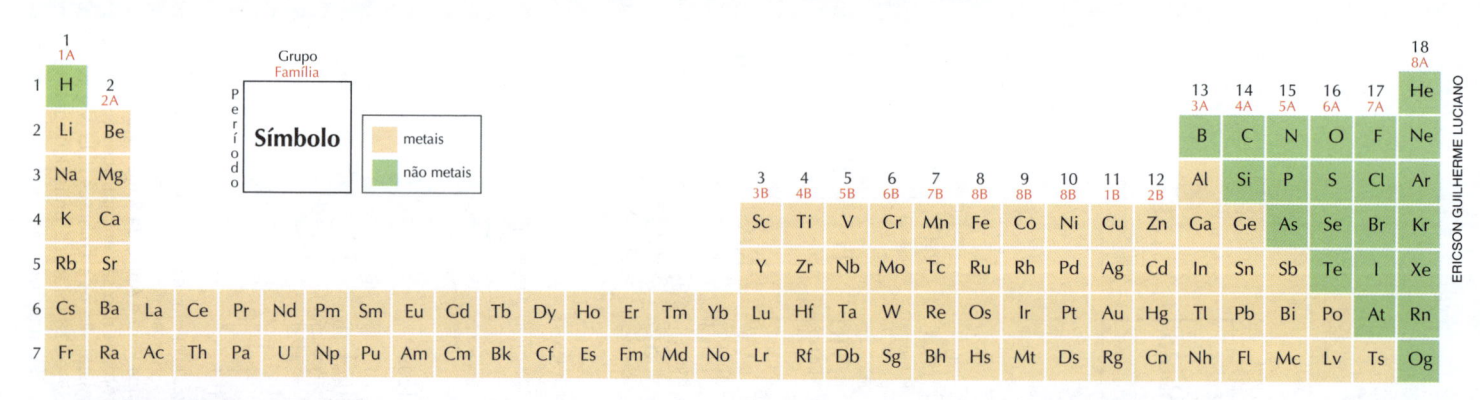

Atividades

1. Faça a distribuição eletrônica dos elementos abaixo indicando o grupo e o período a que pertence cada um deles.
   a) $_{10}$Ne (usado em anúncios luminosos)
   b) $_{20}$Ca (constituinte dos ossos)
   c) $_{34}$Se (importante no combate ao envelhecimento)
   d) $_{3}$Li (usado nas baterias de celulares e computadores)
   e) $_{6}$C (principal constituinte dos seres vivos)

2. Um átomo de halogênio tem 7 elétrons na camada de valência e está localizado no 3º nível eletrônico. Consulte a Tabela Periódica e indique o seu símbolo.

3. A que grupo da classificação periódica pertencem os elementos cujos números atômicos apresentam duas unidades a menos que os gases nobres do mesmo período?

4. Qual é o número atômico de um elemento pertencente ao:
   a) grupo 1, 4º período?
   b) grupo 17, 2º período?
   c) grupo 18, 4º período?

*Você pode resolver as questões 1, 2 e 7 da seção **Testando seus conhecimentos**.*

Conexões

Química e Economia – Terras-raras: importância na economia atual

De acordo com o que foi estabelecido pela IUPAC, a expressão **terras-raras** – ou elementos de terras-raras – corresponde a um grupo de 17 elementos químicos: os lantanídeos (números atômicos entre 57 e 71) mais o escândio ($_{21}$Sc) e o ítrio ($_{39}$Y), todos eles pertencentes à coluna 3 (grupo 3).

O nome atribuído a esses elementos tem relação com o aspecto dos minérios dos quais foram retirados os primeiros metais desse tipo (que lembravam terra) e com o fato de, na época, ter-se a ideia de que eles fossem muito raros. Com a evolução tecnológica, ficou mais viável a exploração de terras-raras. Mesmo assim, o fato de ocorrerem em concentrações muito pequenas, bastante misturados a outras substâncias, torna difícil o processo de separação.

O que associa esses elementos à economia contemporânea? É que eles estão presentes em muitos produtos eletrônicos de última geração ligados ao nosso cotidiano, como telefones celulares, painéis solares, *smartphones*, *tablets*, *lasers*, superímãs, telas de tevês, entre outros.

Na foto, em sentido horário a partir da parte central superior, estão óxidos dos seguintes elementos de terras-raras: praseodímio (Pr), cério (Ce), lantânio (La), neodímio (Nd), samário (Sm) e gadolínio (Gd).

Leia o trecho a seguir, de uma reportagem sobre terras-raras em Minas Gerais.

Terras-raras fazem Araxá ser cobiçada pelas mineradoras

Com menos de 100 mil habitantes, cidade atrai as gigantes do setor com produto essencial à informática.

[...]

O município de Araxá (MG) [...] virou o queridinho de gigantes do setor de mineração do Brasil, [...] que começaram a ver possibilidades de novos lucros na cidade.

O motivo vem da China, que concentra 97% da produção de terras-raras do mundo e, em 2010, passou a restringir suas vendas.

Terras-raras são elementos químicos essenciais na fabricação de eletrônicos de alta tecnologia, como tablets, smartphones e telas de LCD. [...]

CASTILHO, Araripe. *Folha de S.Paulo*, 19 ago. 2012. Disponível em: <http://www1.folha.uol.com.br/mercado/2012/08/1124201-terras-raras-fazem-araxa-mg-ser-cobicada-por-mineradoras.shtml>.Acesso em: 4 maio 2018.

Jazida de terras-raras em Tapira, cidade da região de Araxá (MG). Foto de 2014.

Capítulo 5 • Classificação periódica dos elementos químicos

Conexões

Localização das reservas brasileiras de terras-raras

Fonte: Reservas brasileiras e posição na Tabela Periódica.
In: FRANÇA, Martha San Juan. Terras que valem ouro.
Revista Unesp Ciência, abr. 2012.

1. Por que a denominação terras-raras não é uma "boa escolha" para esse grupo de 17 metais de transição?

2. A seu ver, quais são as razões do interesse mundial nas descobertas de reservas de terras-raras no Brasil?

3. O Brasil tem descoberto reservas exploráveis de terras-raras, embora seja a China o país que detém a maior riqueza desses recursos. Além da China, outro país que possui reservas importantes, descobertas há relativamente pouco tempo, é o Afeganistão.

   Em grupos, façam uma pesquisa em *sites* confiáveis da internet e em revistas científicas. Considerem os seguintes pontos:

   • Por que se diz que esses minerais são estratégicos? Qual o significado dessa expressão?
   • Considere o Brasil, a China e o Afeganistão. Quais são as principais questões envolvidas na exploração, importação e exportação desses minérios? Pondere sobre os aspectos que envolvem a história recente desses países, a existência ou não de conflitos internos e de estabilidade política, os interesses econômicos diversos dos países envolvidos, a existência ou não de quadros profissionais tecnicamente preparados para viabilizar a exploração e a comercialização dos recursos naturais, entre outras que possa julgar relevantes.

4. A exploração da jazida que aparece na foto da página anterior mostra alguns danos que a mineração pode causar ao ambiente. Pesquise, em livros e *sites*, os impactos ambientais e sociais relacionados à exploração de minérios.

Para ler

FRANÇA, Martha San Juan. *Terras que valem ouro*. Revista Unespciência, abr. 2012. Disponível em: <http://unespciencia.com.br/2012/04/01/unespciencia-29/>. Acesso em: 4 maio 2018.

SIMPSON, Sarah. As riquezas enterradas do Afeganistão. *Scientific American Brasil*. Ano 10, n. 114, nov. 2011.

SIMÕES, Janaína. Brasil tem uma das maiores reservas de terras-raras do planeta. *Inovação Tecnológica*, 24 maio 2011. Disponível em: <http://www.inovacaotecnologica.com.br/noticias/noticia.php?artigo=reservas-terras-raras-brasil&id=010160110524#.WvGxOaQvzIU>. Acesso em: 4 maio 2018.

Conceito de propriedade periódica

Na classificação ou Tabela Periódica, os grupos reúnem elementos com semelhanças no comportamento químico. Quanto às propriedades físicas, há uma tendência a que variem de forma gradativa. Vamos ver duas propriedades dos elementos químicos que são periódicas: o raio atômico e a energia de ionização.

Observe o quadro a seguir. Nele estão representados, em escala, os raios atômicos dos elementos de alguns grupos da tabela.

Nos grupos (verticais), o valor do raio atômico aumenta de cima para baixo. Nos períodos (horizontais), *grosso modo*, esse valor diminui da esquerda para a direita.

Variação nos raios atômicos, em picômetros, dos elementos representativos

1	2	13	14	15	16	17	18
H (37)							He (31)
Li (152)	Be (112)	B (82)	C (77)	N (70)	O (73)	F (72)	Ne (71)
Na (186)	Mg (160)	Al (143)	Si (118)	P (110)	S (103)	Cl (100)	Ar (98)
K (227)	Ca (197)	Ga (135)	Ge (122)	As (120)	Se (119)	Br (114)	Kr (112)
Rb (248)	Sr (215)	In (167)	Sn (140)	Sb (140)	Te (142)	I (133)	Xe (131)
Cs (265)	Ba (222)	Tl (170)	Pb (146)	Bi (150)	Po (168)	At (140)	Rn (141)

Picômetro: é uma unidade de medida de comprimento que equivale a 10^{-12} m.

Fonte: KOTZ, J. C.; TREICHEL JR., P. *Chemistry & chemical reactivity*. 3rd ed. Orlando: Saunders College, 1996. p. 377.

Saiba mais

Como é calculado o raio atômico?

Quando se pensa no raio de um átomo, pode-se imaginar que essa medida corresponda à distância entre seu núcleo, diminuto em relação ao átomo como um todo, e o elétron mais externo. Na verdade, isso é impossível. O que os estudiosos da estrutura da matéria conseguem determinar, então? A distância entre dois núcleos vizinhos. Desse modo, o conceito de raio atômico está relacionado com o nível de interação entre átomos de uma substância simples. Há casos em que as eletrosferas se interpenetram, devido a fortes interações entre os átomos (como a interação entre dois átomos de hidrogênio, por exemplo). Nesses casos, o raio se refere a determinada ligação química.

Se considerarmos uma molécula composta de dois átomos idênticos, o raio atômico (r) será igual à metade do valor da distância entre os núcleos.

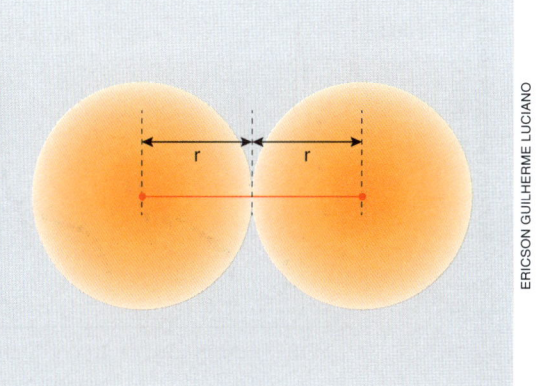

Atividades

1. Com base nos valores de raio atômico indicados no quadro da página anterior e na Tabela Periódica da página 103, faça um gráfico de raio atômico em função do número atômico para os elementos com Z de 1 a 20. Utilize papel quadriculado ou um computador.
   a) O que você nota sobre a forma do gráfico?
   b) A que grupo pertencem os elementos de maior raio atômico? E os de menor raio atômico?

2. Considere a informação: chamamos de **energia de ionização (E_i) a energia necessária para retirar o elétron mais externo do átomo de um elemento no estado gasoso**. A unidade de medida utilizada na energia de ionização é o elétron-volt, cujo símbolo é representado por eV.

Energia de ionização em função do número atômico										
Z	1	2	3	4	5	6	7	8	9	10
E_i (eV)	13,6	24,6	5,4	9,3	8,3	11,3	14,5	13,6	7,4	21,6
Z	11	12	13	14	15	16	17	18	19	20
E_i (eV)	5,1	7,6	6,0	8,1	10,5	10,4	13,0	15,8	4,3	6,1

Fonte: LIDE, David R. (Ed.). Ionization Energies of Atoms and Atomic Ions. *CRC Handbook of Chemistry and Physics*. 89th ed. Boca Raton, FL: CRC/Taylor and Francis, 2009. p. 10-203.

Observações
- Os valores foram arredondados para facilitar a elaboração do gráfico.
- Os valores que aparecem no quadro usado na questão 2 referem-se apenas à primeira energia de ionização, isto é, à energia necessária para retirar um único elétron por átomo. Trata-se do elétron que é mais facilmente removido do átomo.

   a) Construa um gráfico de primeira energia de ionização em função do número atômico, com base nos valores fornecidos. Utilize papel quadriculado ou um computador.
   b) O que você nota sobre a forma do gráfico?
   c) A que grupo pertencem os elementos de maior energia de ionização? E os de menor energia de ionização?

3. Você analisou duas propriedades periódicas – raio atômico e energia de ionização. Procure explicar, com suas palavras, o que é uma propriedade periódica.

Você teve a oportunidade de analisar exemplos e de construir gráficos que relacionam uma **propriedade periódica** com o **número atômico**. O que é um fenômeno periódico? Reflita sobre a frequência com que se repetem certos fatos: a data de seu aniversário, as estações do ano, o dia e a noite, o pingar de uma torneira, a publicação de uma revista ou de um jornal. São episódios que se repetem com certa regularidade, isto é, são periódicos.

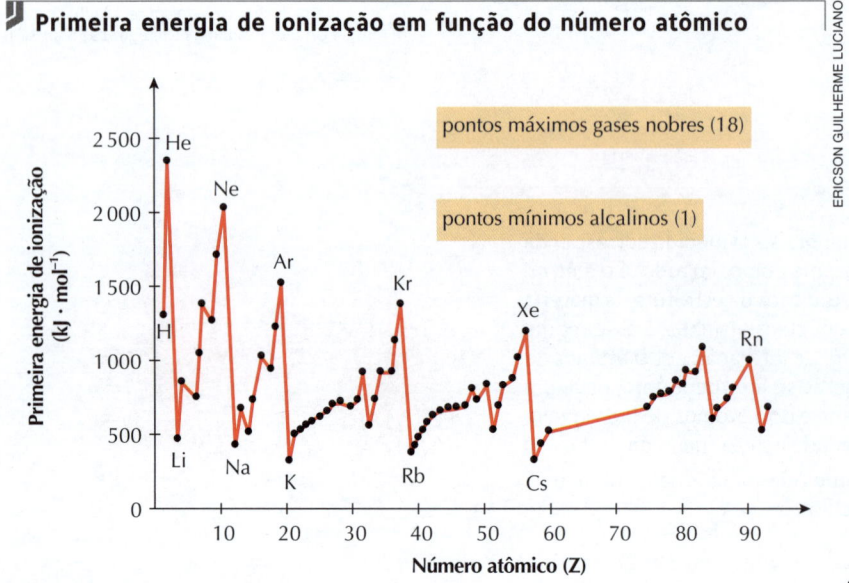

Apesar de as propriedades periódicas dos elementos não variarem de modo perfeito ao longo da Tabela Periódica, com base nessas variações é possível fazer previsões sobre o comportamento químico e os valores aproximados de algumas propriedades físicas dos elementos, de acordo com a posição que ocupam na tabela.

Compare o gráfico que você construiu com o que está ao lado.

Primeira energia de ionização em função do número atômico

(gráfico: pontos máximos gases nobres (18); pontos mínimos alcalinos (1))

Fonte: RUSSELL, J. B. *Química geral*. 2. ed. São Paulo: Makron Books, 1994. v. 1. p. 336.

Comparando raios de átomos aos de íons

Quando um átomo se transforma em íon, seu raio é alterado. Assim, o cátion Ca^{2+} é menor que o átomo neutro Ca. Por quê?

Observe o exemplo abaixo, à esquerda. Analisando as configurações eletrônicas do átomo e do íon de cálcio, nota-se que o Ca^{2+} tem uma camada eletrônica a menos que o Ca. Por isso genericamente podemos dizer que um **cátion é sempre menor que o átomo correspondente.**

E no caso de ânions? Com o aumento do número de elétrons na última camada, ocorre uma repulsão maior entre eles, o que resulta em um raio maior. Por isso **um ânion é maior do que o átomo correspondente** (veja abaixo, à direita, a representação do átomo e do íon de cloro).

$_{20}Ca: 2 - 8 - 8 - 2$ → $_{20}Ca^{2+}: 2 - 8 - 8$ ($-2\ e^-$)

$_{17}Cl: 2 - 8 - 7$ → $_{17}Cl^-: 2 - 8 - 8$ ($+1\ e^-$)

Espécies químicas de elementos distintos que possuem o mesmo número de elétrons (isoeletrônicas) têm raios diferentes porque a força de atração que o núcleo de um átomo – de carga positiva – exerce sobre cada elétron é tanto maior quanto maior for a carga nuclear. Ou seja, quanto mais prótons houver no núcleo de um átomo, mais seus elétrons se aproximam dele, fazendo com que o raio da espécie se torne menor. Observe as espécies representadas abaixo.

	Al^{3+}	Mg^{2+}	Na^+	Ne	F
Número de p^+	13	12	11	10	9
Número de e^-	10	10	10	10	10

Repare que as espécies representadas acima são isoeletrônicas. Elas têm, portanto, a mesma configuração eletrônica: 2–8 (10 elétrons); entretanto, têm tamanhos diferentes devido à maior atração pelo núcleo. Quanto maior a carga nuclear, maior a atração dos elétrons pelo núcleo, o que resulta em um raio menor.

Atividades

Para fazer estas atividades, consulte a Tabela Periódica da página 103.

1. Para responder às questões dos itens **a** e **b**, considere o seguinte:

    O potássio (K) é um elemento que exerce importante papel em nosso organismo, regulando, por exemplo, os batimentos cardíacos.
    a) Qual é o número de prótons e de elétrons de um átomo de K?
    b) Em nosso organismo, o potássio se encontra na forma de íons potássio de carga +1. Qual é o número de prótons e de elétrons do K^+?

2. O argônio (Ar) é um gás que, por não ser reativo, é usado quando se necessita de uma atmosfera que elimine o risco de incêndios. É o caso de seu emprego em soldagens de metais a altas temperaturas quando há risco de explosão. Qual é o número de prótons e de elétrons do Ar?

3. O cloro (Cl) é um elemento que está presente em fluidos de nosso organismo na forma de íons cloreto (Cl^-), atuando, por exemplo, na transmissão de impulsos nervosos. Qual é o número de prótons e de elétrons do Cl^-?

4. Considere as espécies K e K^+. Qual tem maior raio? Por quê?

5. Considere as espécies K^+, Ar e Cl^-. Qual tem maior raio? Por quê?

6. "Espécies isoeletrônicas têm mesmo raio." Você concorda com a afirmação? Por quê?

*Você pode resolver as questões 3, 4, 5, 6, 8, 9, 10 e 11 da seção **Testando seus conhecimentos**.*

Dois grandes grupos: metais e não metais

De acordo com um conjunto de propriedades (condutibilidade elétrica, condutibilidade térmica, por exemplo), os elementos podem ser classificados em metais e não metais. Observe a posição desses grupos na Tabela Periódica:

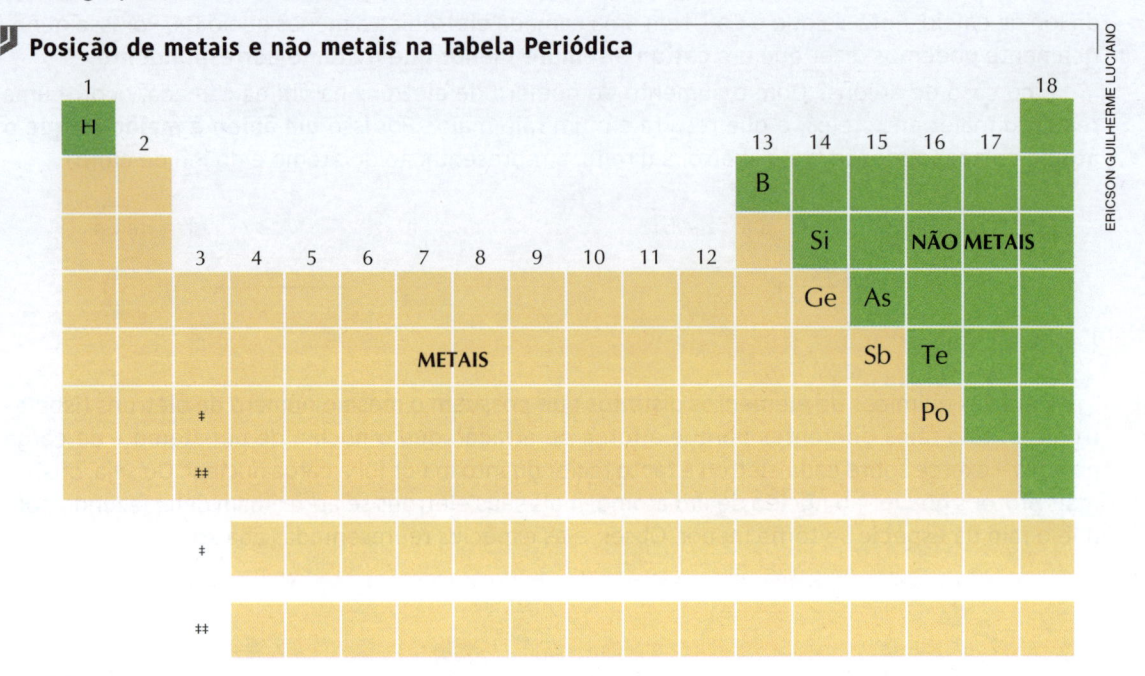

Posição de metais e não metais na Tabela Periódica

Os elementos simbolizados por B, Si, Ge, As, Sb, Te, Po eram, até há pouco tempo, chamados de semimetais. Oficialmente, hoje, B, Si, As e Te são considerados não metais, e Ge, Sb e Po, metais.

Metais

O enorme uso que as substâncias metálicas têm em nosso cotidiano é explicado por algumas **propriedades que as caracterizam**:

- são boas condutoras de eletricidade; por isso são empregadas em fios elétricos – geralmente de cobre – cobertos de plásticos, que são maus condutores elétricos (isolantes elétricos);
- apresentam brilho típico e cor cinzenta (exceção feita ao cobre e ao ouro);
- são boas condutoras de calor; por esse motivo são empregadas em panelas, assadeiras, ferros elétricos e outros aparelhos (por isso seguramos uma panela quente ou um ferro elétrico pelo cabo, feito de material mau condutor de calor – classificado como isolante térmico);
- apresentam baixa energia de ionização; graças a essa propriedade, metais perdem elétrons com relativa facilidade, transformando-se em cátions (isso explica a presença de íons metálicos em muitos compostos, como será possível constatar ao longo do estudo de Química).

Observe, agora, os valores de temperaturas de fusão e de ebulição de alguns metais:

Temperaturas de fusão e ebulição de alguns metais a 1 atm							
Metal	lítio	rubídio	césio	ouro	magnésio	mercúrio	tungstênio
Fórmula da substância simples	Li	Rb	Cs	Au	Mg	Hg	W
Temperatura de fusão (°C)	180,5	39,3	28,5	1 064,2	650,0	–38,8	3 422,0
Temperatura de ebulição (°C)	1 342,0	688,0	671,0	2 856,0	1 090,0	356,6	5 555,0

Fonte: LIDE, David R. (Ed.). Physical Constants of Inorganic Compounds. *CRC Handbook of Chemistry and Physics*. 89th ed. Boca Raton, FL: CRC/Taylor and Francis, 2009. p. 4-57, 4-65, 4-71, 4-73, 4-75, 4-85, 4-96.

Com base na tabela acima, procure refletir sobre o estado físico desses metais a 25 °C. Quais são sólidos? Quais são líquidos? Você conhece metais que, nas condições ambientes, estejam no estado gasoso? Alguns metais têm temperatura de fusão próxima da temperatura ambiente padronizada (25 °C); no que isso influi?

Você deve ter concluído que, a 25 °C e 1 atm (nível do mar), os metais na forma de substâncias simples são sólidos, com exceção do mercúrio, que é líquido.

A maioria das substâncias metálicas tem temperatura de fusão elevada. Entretanto, analisando os dados da tabela anterior, é possível notar que há metais com temperaturas de fusão relativamente mais baixas, como o rubídio (39,3 °C), o césio (28,5 °C) e o mercúrio (–38,8 °C).

Ligação metálica

Como se explica a alta condutividade elétrica dos metais?

Um material é **bom condutor de eletricidade** quando possui **cargas elétricas móveis**, isto é, cargas que podem se movimentar nesse material.

Uma das propriedades dos metais é o baixo número de elétrons nos níveis energéticos mais externos e os valores relativamente baixos das energias de ionização envolvidas na retirada dos elétrons mais afastados do núcleo. Tendo em vista a **baixa atração do núcleo pelos elétrons mais externos**, o modelo usado para explicar as propriedades dos metais supõe que esses elétrons possam se mover com liberdade entre os vários cátions metálicos. Lembre-se de que esses cátions nada mais são do que os núcleos dos átomos, de carga positiva, mais os elétrons que não fazem parte dessa nuvem de elétrons móveis; portanto, íons cujo saldo de carga é positivo. Esses cátions, geometricamente dispostos, ficam, portanto, imersos em uma "nuvem" ou "mar" de elétrons fracamente atraídos pelos seus núcleos. Esses elétrons móveis que constituem o chamado **gás eletrônico** funcionam como uma verdadeira cola que une os cátions e explicam a **alta condutividade elétrica e térmica** dos metais. O termo **gás** provém da analogia entre as partículas móveis de um gás e os elétrons livres do metal.

Modelo representativo do cristal de ferro

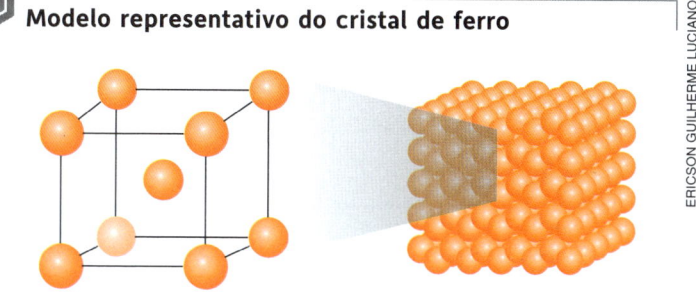

Na ampliação (representada à esquerda), podemos ver um esquema do retículo cristalino (representado à direita), unidade que se repete na estrutura do cristal.

Na forma de substância simples, um metal consiste em um agregado organizado com número (n) muito grande de átomos. Por isso poderíamos representá-los por Fe_n, Au_n etc., indicando que o número de átomos necessários para formar uma unidade básica da substância simples é variável. No entanto, por simplificação, representa-se um metal apenas por seu símbolo.

A geometria determinada pelos cátions que formam o retículo cristalino – a menor unidade que se repete na estrutura e que mantém as características da organização dos átomos no sólido cristalino – varia de acordo com o metal.

> **Observação**
>
> O modelo do gás eletrônico não é capaz de explicar certas propriedades dos metais. Por isso foram elaborados modelos mais complexos, que fogem aos objetivos deste curso.

Não metais

Os elementos não metálicos, na forma de substâncias simples, em geral são **maus condutores de calor e de eletricidade, não têm brilho e podem apresentar coloração variável**. Assim, à temperatura ambiente e pressão de 1 atm, o enxofre é um sólido amarelo, o cloro, um gás amarelo-esverdeado e o bromo, um líquido avermelhado.

Observe na tabela abaixo os valores de temperaturas de fusão e de ebulição de algumas substâncias simples não metálicas.

Temperaturas de fusão e ebulição a 1 atm de algumas substâncias simples não metálicas							
Não metal	flúor	cloro	bromo	iodo	oxigênio	enxofre	nitrogênio
Fórmula da substância simples	F_2	Cl_2	Br_2	I_2	O_2	S_8 (rômbico)	N_2
Temperatura de fusão (°C)	–219,7	–101,5	–7,2	113,7	–218,8	115,2	–210,0
Temperatura de ebulição (°C)	–188,1	–34,0	58,8	184,4	–182,9	444,6	–195,8

Fonte: LIDE, David R. (Ed.). Physical Constants of Inorganic Compounds. *CRC Handbook of Chemistry and Physics*. 89th ed. Boca Raton, FL: CRC/Taylor and Francis, 2009. p. 4-53, 4-58, 4-64, 4-67, 4-78, 4-79 e 4-92.

Considerando uma temperatura de 25 °C e 1 atm, ao analisar os dados da tabela, você pode concluir que o bromo é líquido; várias outras substâncias, como cloro, flúor, oxigênio e nitrogênio, são gasosas e outras, como iodo e enxofre, são sólidas.

> **Observação**
>
> O enxofre possui duas formas alotrópicas. A 95,3 °C, a forma rômbica (mais estável) se transforma na forma monoclínica, que se funde a 115,2 °C.

Capítulo 5 • Classificação periódica dos elementos químicos

Estados físicos das substâncias simples constituídas pelos elementos (a 25 °C, 1 atm)

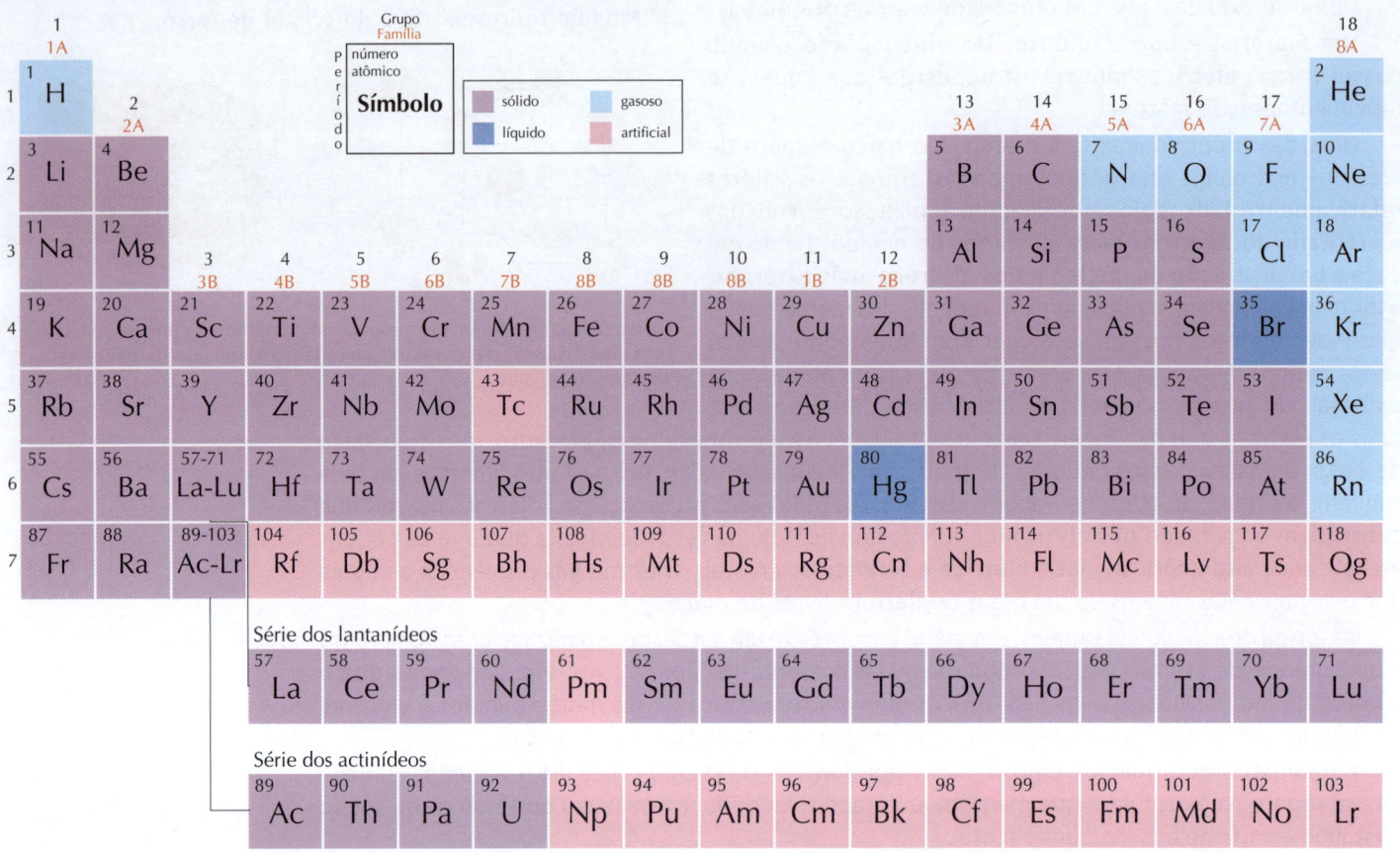

Fonte: DAYAH, Michael. *Dynamic Periodic Table*, 2013. Disponível em: <https://www.ptable.com/?lang=pt>. Acesso em: 4 maio 2018.

Atenção!

As propriedades atribuídas aos elementos são, em geral, propriedades das substâncias simples que eles formam. Assim, ao dizermos que o iodo é sólido, ou que tem temperatura de fusão 114 °C, ou ainda que é mau condutor de eletricidade, estamos nos referindo à substância simples iodo, representada por I_2 unidade formada por 2 átomos de iodo ligados entre si.

Observação

Outras propriedades das substâncias elementares são periódicas, embora tal periodicidade seja ainda menos regular do que as que mencionamos até aqui; mas, de modo geral, podemos esquematizar:

Densidade: as substâncias simples mais densas correspondem aos elementos do meio da tabela; via de regra, quanto maior seu número atômico, mais densos eles são:

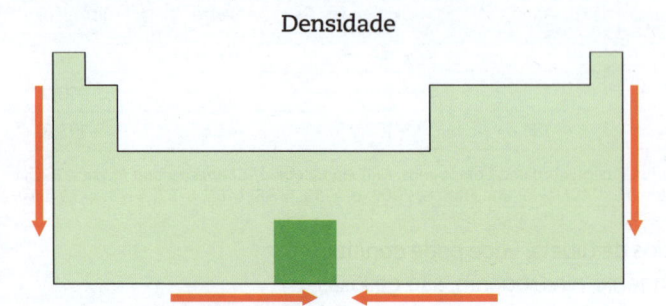

Densidade

As substâncias metálicas mais densas são o ósmio, o irídio e a platina, localizados, respectivamente, nos grupos 8, 9 e 10. A platina tem densidade acima de 21 g/cm³ e os dois outros metais têm densidade superior a 22,5 g/cm³.

Algo semelhante ocorre com as temperaturas de fusão e de ebulição. Na página 110, há um quadro com as temperaturas de fusão e de ebulição de algumas substâncias simples metálicas e, na página 111, de substâncias elementares não metálicas. Analise-as.

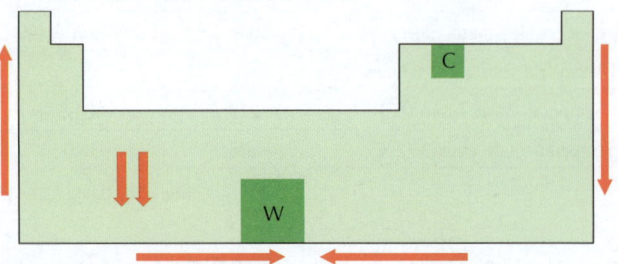

Temperaturas de fusão e ebulição

O tungstênio, W, usado até há pouco nas lâmpadas incandescentes, é o metal com maior temperatura de fusão (3 422 °C) e ebulição (5 555 °C). O carbono foi assinalado no esquema a fim de chamar a atenção para as suas formas alotrópicas, diamante e grafite, cujas temperaturas de fusão são ainda superiores às do W.

Atividades

Para resolver os exercícios de **1** a **5**, consulte a Tabela Periódica da página 103 e considere os elementos sódio, magnésio, carbono, hélio, fósforo, flúor e rubídio.

1. A que grupo e período pertence cada um deles?
2. Qual deve ter o maior raio atômico?
3. Quais são os gasosos a 25 °C, ao nível do mar? E quais são os sólidos nessas condições?
4. Quais são metais?
5. Pelo posicionamento na Tabela Periódica, você estima que o fósforo sólido seja um bom condutor de eletricidade? Por quê?
6. Qual é a cor de um objeto feito de cobre? Uma substância composta que contém íons de cobre deve ter necessariamente a mesma cor?
7. Leia o texto a seguir e responda ao que se pede.

O chumbo e a saúde humana

As propriedades tóxicas do chumbo e de seus compostos, apesar de conhecidas há muito tempo, continuam causando problemas para a saúde das pessoas e danos ao meio ambiente. Hoje não são mais utilizados encanamentos de chumbo e taças ou garrafas de bebidas fabricadas com este metal, como foi na Roma antiga. Tampouco são usadas tintas à base de óxido de chumbo, PbO, que podem intoxicar as pessoas e os animais.

A diminuição do uso de gasolina contendo chumbo, implementada há mais de duas décadas, reduziu significativamente a concentração desse metal no meio ambiente. Particularmente no Brasil, o chumbo adicionado à gasolina como agente antidetonante foi totalmente substituído pelo etanol, que também atua como antidetonante, impedindo ou retardando a detonação nos motores à explosão. Apesar de todos os cuidados, ainda são observados casos de intoxicações agudas e crônicas por chumbo, cada vez mais difíceis de serem diagnosticadas. No Brasil, este tipo de intoxicação não tem uma classificação adequada quanto à sua ocorrência, principalmente pela falta de um número maior de registros estatísticos sobre o assunto.

[...]

Atualmente, o chumbo ainda é um poluente presente nas nuvens de poeira que se formam nas demolições de prédios e residências pintados há muitos anos. As paredes de casas antigas contêm elevada quantidade de chumbo, uma vez que um dos pigmentos utilizados nas tintas era o óxido de chumbo, PbO. Quando as casas antigas são demolidas, este óxido de chumbo pode ser inalado pelos trabalhadores em elevada quantidade, causando distúrbios respiratórios. A exposição prolongada pode acarretar problemas mais sérios aos trabalhadores, com destaque àqueles de origem neurológica. [...]

[...] Além do chumbo, outros metais pesados como o mercúrio e o cádmio são altamente nocivos ao organismo humano. [...]

MASSABNI, Antonio Carlos; CORBI, Pedro Paulo; CAVICCHIOLI, Maurício. Agentes para desintoxicação. *Química viva* (CRQ-IV), mar. 2011. Disponível em: <https://www.crq4.org.br/o_chumbo_e_a_saude_humana_agentes_para_desintoxica>. Acesso em: 4 maio 2018.

a) De acordo com o texto, quais eram as principais fontes de exposição de chumbo no passado? E as atuais?
b) O texto menciona, além do chumbo, outros elementos prejudiciais à saúde humana. Indique quais são e em qual período da Tabela Periódica eles se encontram.

8. Em um jogo adaptado de batalha-naval utilizando a Tabela Periódica como tabuleiro, os alunos tentavam descobrir em que posição se encontravam os objetos de seu colega que foram dispostos na Tabela Periódica, como pode ser observado na fotografia abaixo. Para isso, cada aluno informava uma coordenada, por exemplo, G1 P1 – onde G1 indica o grupo 1 e P1, o 1º período da Tabela Periódica. Caso o aluno acertasse a posição do objeto, poderia informar novas coordenadas até acertar completamente a posição de todos os objetos.

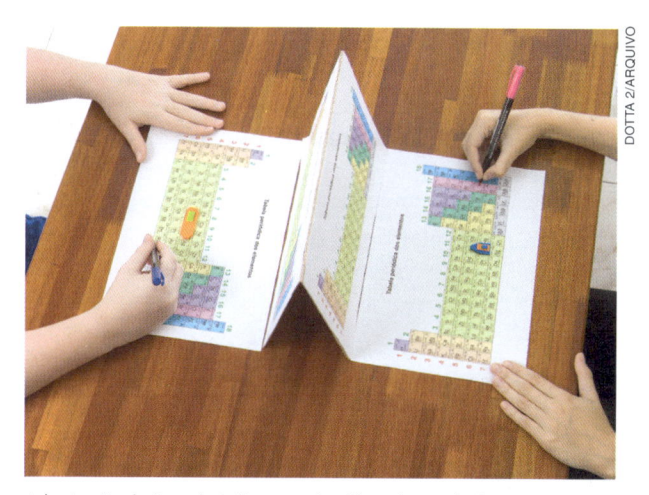

Adaptação do jogo batalha-naval utilizando a Tabela Periódica.

Consulte a Tabela Periódica da página 103 para responder aos itens abaixo e considere que os objetos não poderiam ocupar a região correspondente aos metais de transição interna – séries dos lantanídeos e dos actinídeos.

a) Um dos alunos acertou a posição do objeto de seu colega com as coordenadas: G13 P3 e G13 P4. Quantos elementos foram indicados pelo aluno? Quais foram?
b) Se um dos alunos tivesse colocado um objeto nos espaços correspondentes aos elementos molibdênio, tecnécio e rutênio, quais coordenadas teriam de ser ditas para descobrir a localização desse objeto?
c) O professor colocou na Tabela Periódica um objeto que ocupava um quadrado e deu as seguintes dicas para que os alunos descobrissem:

- é um elemento representativo;
- a última camada eletrônica do elemento apresenta 6 elétrons;
- o elemento apresenta elétrons nas camadas eletrônicas K, L, M e N.

De acordo com essas informações, em que parte da Tabela Periódica se localizava o objeto colocado pelo professor?

Testando seus conhecimentos

Caso necessário, consulte as tabelas no final desta Parte.

Consulte sempre a Tabela Periódica.

1. (Uece) Dmitri Mendeleiev, químico russo (1834-1907), fez prognósticos corretos para a tabela periódica, mas não soube explicar por que ocorriam algumas inversões na ordem dos elementos. Henry Moseley (1887-1915), morto em combate durante a primeira guerra mundial, contribuiu de maneira efetiva para esclarecer as dúvidas de Mendeleiev ao descobrir experimentalmente
   a. a primeira lei de recorrência dos elementos químicos.
   b. os gases nobres hélio e neônio.
   c. o número atômico dos elementos da tabela periódica.
   d. o germânio, batizado por Mendeleiev de ekasilício.

2. (Uerj) O selênio é um elemento químico essencial ao funcionamento do organismo, e suas principais fontes são o trigo, as nozes e os peixes. Nesses alimentos, o selênio está presente em sua forma aniônica Se^{2-}. Existem na natureza átomos de outros elementos químicos com a mesma distribuição eletrônica desse ânion.

   O símbolo químico de um átomo que possui a mesma distribuição eletrônica desse ânion está indicado em:
   a. Kr
   b. Br
   c. As
   d. Te

3. (UFPA) Sobre o processo de ionização de um átomo A, mostrado abaixo,

   $$A(g) + energia \longrightarrow A^+(g) + e^-$$

   são feitas as seguintes afirmativas:

   I. A energia de ionização aumenta à medida que o raio atômico diminui; sendo assim, é necessária uma quantidade de energia maior para remover elétrons de átomos menores.

   II. O cátion formado possui um raio maior que o raio do átomo pelo fato de a perda do elétron deixar o átomo carregado mais positivamente e assim diminuir a atração entre os elétrons resultantes e o núcleo, o que promove a expansão da nuvem eletrônica.

   III. A primeira energia de ionização é sempre a maior e, consequentemente, a remoção de elétrons sucessivos do mesmo átomo se torna mais fácil.

   IV. A energia de ionização em átomos localizados no mesmo período da tabela periódica aumenta no mesmo sentido do aumento da carga nuclear.

   Estão corretas as afirmativas
   a. I e III
   b. II e IV
   c. II e III
   d. I e IV
   e. I, II e IV

4. (PUC-RS) Considerando-se a posição dos elementos na tabela periódica, é correto afirmar que, entre os elementos indicados a seguir, o de menor raio e maior energia de ionização é o:
   a. alumínio.
   b. argônio.
   c. fósforo.
   d. sódio.
   e. rubídio.

5. (UFRGS-RS) O gálio (Ga) é um metal com baixíssimo ponto de fusão (29,8 °C). O cromo (Cr) é um metal usado em revestimentos para decoração e anticorrosão, e é um importante elemento constituinte de aços inoxidáveis. O potássio e o césio são metais altamente reativos.

   Assinale a alternativa que apresenta os átomos de césio, cromo, gálio e potássio na ordem crescente de tamanho.
   a. Ga < Cr < K < Cs.
   b. Cs < Cr < K < Ga.
   c. Ga < K < Cr < Cs.
   d. Cr < Cs < K < Ga.
   e. Ga < Cs < Cr < K.

6. (Enem) O cádmio, presente nas baterias, pode chegar ao solo quando esses materiais são descartados de maneira irregular no meio ambiente ou quando são incinerados. Diferentemente da forma metálica, os íons Cd^{2+} são extremamente perigosos para o organismo, pois eles podem substituir íons Ca^{2+}, ocasionando uma doença degenerativa nos ossos, tornando-os muito porosos e causando dores intensas nas articulações. Podem ainda inibir enzimas ativadas pelo cátion Zn^{2+}, que são extremamente importantes para o funcionamento dos rins. A figura a seguir mostra a variação do raio de alguns metais e seus respectivos cátions.

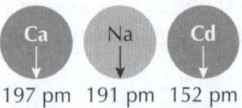

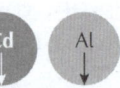

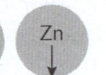

   Raios atômicos e iônicos de alguns metais

Ca	Na	Cd	Al	Zn
197 pm	191 pm	152 pm	143 pm	137 pm
Ca^{1+}	Na^{1+}	Cd^{2+}	Al^{3+}	Zn^{2+}
100 pm	102 pm	103 pm	53 pm	83 pm

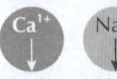

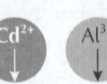

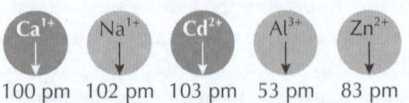

   ATKINS, P.; JONES, L. *Princípios de Química*: questionando a vida moderna e o meio ambiente. Porto Alegre: Bookman, 2001 (adaptado).

   Com base no texto, a toxicidade do cádmio em sua forma iônica é consequência de esse elemento:
   a. apresentar baixa energia de ionização, o que favorece a formação do íon e facilita sua ligação a outros compostos.
   b. possuir tendência de atuar em processos biológicos mediados por cátions metálicos com cargas que variam de +1 a +3.
   c. possuir raio e carga relativamente próximos aos de íons metálicos que atuam nos processos biológicos, causando interferência nesses processos.

d. apresentar raio iônico grande, permitindo que ele cause interferência nos processos biológicos em que, normalmente, íons menores participam.

e. apresentar carga +2, o que permite que ele cause interferência nos processos biológicos em que, normalmente, íons com cargas menores participam.

7. (UPM-SP) Um sério problema ecológico é causado pela presença de algumas espécies químicas tóxicas nos computadores descartados e jogados no lixo (mais de 10 milhões/ano só nos EUA).

Dentre elas, destacam-se: fósforo (Z = 15); boro (Z = 5); cádmio (Z = 48); chumbo (Z = 82); mercúrio (Z = 80) e arsênio (Z = 33). A respeito delas, é *incorreto* afirmar que:

a. o íon Hg^{2+} tem 78 elétrons.
b. átomos de fósforo e de arsênio pertencem à mesma família da tabela periódica.
c. o chumbo, que forma os óxidos PbO_2 e PbO, é um metal alcalino.
d. o cádmio e o mercúrio são elementos de transição.
e. os símbolos do chumbo e do boro são, respectivamente, Pb e B.

8. (Uerj) Os metais formam um grupo de elementos químicos que apresentam algumas propriedades diferentes, dentre elas o raio atômico. Essa diferença está associada à configuração eletrônica de cada um.

A ordenação crescente dos metais pertencentes ao terceiro período da tabela periódica, em relação a seus respectivos raios atômicos, está apontada em:

a. alumínio, magnésio e sódio
b. sódio, magnésio e alumínio
c. magnésio, sódio e alumínio
d. alumínio, sódio e magnésio

9. (Uerj) Para fabricar um dispositivo condutor de eletricidade, uma empresa dispõe dos materiais apresentados na tabela abaixo:

Material	Composição química
I	C
II	S
III	As
IV	Fe

Sabe-se que a condutividade elétrica de um sólido depende do tipo de ligação interatômica existente em sua estrutura. Nos átomos que realizam ligação metálica, os elétrons livres são os responsáveis por essa propriedade. Assim, o material mais eficiente para a fabricação do dispositivo é representado pelo seguinte número:

a. I
b. II
c. III
d. IV

10. (UFRGS-RS) Um aficionado do seriado TBBT, que tem como um dos principais bordões a palavra Bazinga, comprou uma camiseta alusiva a essa palavra com a representação dos seguintes elementos.

56	30	31
Ba	**Zn**	**Ga**
137,3	65,4	69,7

Em relação a esses elementos, considere as afirmações abaixo.

I. Zinco apresenta raio atômico maior que o bário.
II. Zn^{2+} e Ga^{3+} são isoeletrônicos.
III. Bário é o elemento que apresenta menor potencial de ionização.

Quais estão corretas?
a. Apenas I.
b. Apenas II.
c. Apenas III.
d. Apenas II e III.
e. I, II e III.

11. (UEFS-BA)

Elemento químico	1ª E.I.	2ª E.I.	3ª E.I.
X	520	7297	11810
Y	900	1757	14840

A energia de ionização é uma propriedade periódica muito importante, pois está relacionada com a tendência que um átomo neutro possui de formar um cátion. Observe na tabela os valores de energias de ionização (E.I. em kJ/mol) para determinados elementos químicos.

Com base nas variações das energias de ionização apresentadas na tabela, analise as afirmativas e marque com V as verdadeiras e com F, as falsas.

( ) X é um metal e possui 3 elétrons na camada de valência.
( ) Y é um metal e possui 2 elétrons na camada de valência.
( ) X pertence ao grupo 1 e Y, ao grupo 2 da Tabela Periódica, formando com o enxofre substâncias de fórmula molecular, respectivamente, X_2S e YS.
( ) Se X e Y pertencem ao mesmo período da Tabela Periódica, com ambos no estado neutro, Y possui maior raio atômico que X.

A alternativa que contém a sequência correta, de cima para baixo, é a
a. V V F F
b. V F V F
c. F V F V
d. F F V V
e. F V V F

Mais questões: no livro digital, em **Vereda Digital Aprova Enem** e **Vereda Digital Suplemento de revisão e vestibulares**; no *site*, em **AprovaMax**.

CAPÍTULO 6

LIGAÇÕES QUÍMICAS: UMA PRIMEIRA ABORDAGEM

Mina de cloreto de sódio do século XIII transformada em atração turística na Polônia. Foto de 2008.

Este capítulo vai ajudá-lo a compreender:
- ligações iônicas e covalentes;
- eletronegatividade e polaridade das ligações;
- fórmulas estruturais e de Lewis;
- propriedades de substâncias iônicas e covalentes.

Para situá-lo

Em capítulos anteriores, você teve oportunidade de estudar teorias e modelos elaborados por estudiosos da ciência. Foi convidado a conhecer mais sobre a linguagem e os símbolos utilizados em Química, bem como os constituintes das substâncias.

Observe a representação a seguir:

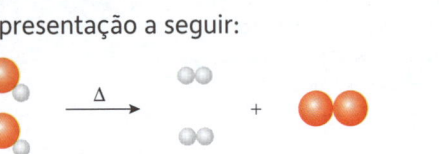

Essa representação é um dos recursos de linguagem utilizados em Química. Você sabe o que ela significa?

Outra forma de representação são as fórmulas, utilizadas para representar as substâncias.

As fórmulas estão associadas às unidades representativas de uma substância, constituída de aglomerados de partículas (átomos ou íons) ligadas. No caso da água, as unidades que a constituem, as moléculas, são formadas por dois átomos de hidrogênio e um de oxigênio, o que está explicitado em sua fórmula molecular, H_2O.

Nas condições em que se encontram, esses aglomerados existem naturalmente, o que nos permite deduzir que, quando os átomos dos elementos constituintes estão ligados, devem apresentar maior estabilidade do que se estivessem isolados. Uma molécula H_2O, por exemplo, deve ser mais estável do que seus constituintes, ou seja, os átomos de hidrogênio e oxigênio isolados.

Assim como se associa à água a fórmula H_2O, o cloreto de sódio é representado por NaCl. Já para representar o gás hélio, utilizado para encher balões de festa, é utilizado apenas seu símbolo, He. Qual é a razão dessa diferença?

Balão preenchido com o gás hélio. Esse gás é representado apenas por seu símbolo, assim como os demais gases formados pelos elementos do grupo 18 da Tabela Periódica.

Neste capítulo, vamos estudar algumas explicações sobre como os átomos se unem para formar substâncias. Vamos analisar também as fórmulas e os modelos associados a essas explicações, relacionando-os às propriedades dos diferentes tipos de substâncias.

Os gases nobres e a teoria eletrônica das ligações

Até a década de 1960, os cientistas não conheciam nenhum composto formado por gases nobres. Por isso, esses elementos eram chamados de inertes, isto é, não se ligavam quimicamente a outros átomos. Na natureza, os gases nobres são encontrados como átomos isolados. Se era verdade que os átomos desses elementos não se ligavam quimicamente, nem mesmo a átomos de elementos muito reativos, podia-se concluir que tinham grande estabilidade.

Foi por essa razão que as primeiras teorias relevantes que buscavam explicar as ligações químicas tomaram como referência os gases nobres. É importante destacar que essas teorias, embora muito úteis até os dias de hoje, não explicam todas as possibilidades de ligação entre os átomos dos vários elementos.

Duas dessas teorias, que veremos mais adiante, foram levadas a público, em 1916, de forma independente: uma era a do cientista alemão Walther Kossel (1888-1956), que tratava da ligação iônica, e a outra, a do estadunidense Gilbert Newton Lewis (1875-1946), cujo enfoque era a ligação covalente, complementada em 1919 por Irving Langmuir (1881-1957).

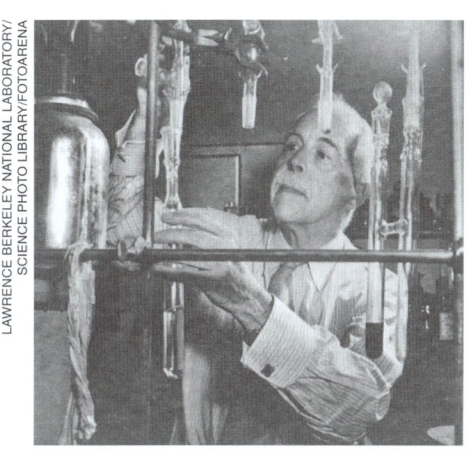

Gilbert Newton Lewis, físico-químico estadunidense, propôs em 1916 um modelo para explicar as ligações químicas. Foto de 1937.

É importante lembrar que, nessa época, havia apenas três anos que Bohr propusera a explicação sobre a estrutura atômica, usada como base dessas teorias.

Como você já viu, os gases nobres têm 8 elétrons no último nível de energia, chamado de **camada de valência**, exceção feita ao hélio, que tem apenas uma camada com 2 elétrons. Concluiu-se que essa configuração eletrônica conferia estabilidade ao átomo ou ao íon formado a partir dele. Foi com base nesse raciocínio que se elaborou a teoria eletrônica das ligações ou **teoria do octeto**, ou seja, a tendência de os elementos representativos apresentarem a última camada completa quando formam substâncias.

Ligação iônica

Ligação iônica é um tipo de ligação química que se dá por meio da atração entre íons de cargas opostas. Os íons se formam graças à transferência de elétrons de um átomo para outro. Em geral, há um átomo que tende a ceder elétrons (metal), constituindo o cátion, e outro que tende a recebê-los (não metal), constituindo o ânion.

Para que você entenda o que é uma ligação iônica, vamos ver como ela acontece no caso do cloreto de sódio (NaCl) e do cloreto de magnésio ($MgCl_2$).

Cloreto de sódio

Você viu no capítulo anterior que os metais conduzem corrente elétrica em razão da mobilidade de seus elétrons. Para que haja corrente elétrica, é necessário que partículas com carga elétrica estejam presentes e que possuam mobilidade. O cloreto de sódio no estado líquido é bom condutor elétrico por causa da mobilidade de seus íons. No estado sólido, porém, o cloreto de sódio é mau condutor de eletricidade porque os íons não estão livres para se movimentar.

Capítulo 6 • Ligações químicas: uma primeira abordagem

O modelo proposto por Kossel para explicar a ligação iônica no cloreto de sódio é coerente com a condutibilidade elétrica dessa substância no estado líquido. Veja por quê.

Sejam as configurações eletrônicas:

- $_{11}$Na: 2 – 8 – 1
- $_{17}$Cl: 2 – 8 – 7

Para que o sódio (Na) atinja a configuração eletrônica de um gás nobre, ou seja, tenha 8 elétrons na última camada, é necessário que perca seu último elétron; com isso, sua configuração fica idêntica à do neônio ($_{10}$Ne), o gás nobre mais próximo dele na Tabela Periódica. Para que o mesmo aconteça com o cloro (Cl), é preciso que ele aumente em um seu número de elétrons, isto é, que ganhe um elétron e fique com a configuração do argônio ($_{18}$Ar). Quando isso acontece, formam-se íons, pois o número de elétrons desses elementos fica diferente do número de prótons. Observe:

Na átomo		**Na$^+$** cátion	**Cl** átomo		**Cl$^-$** ânion
11 p$^+$	–1 e$^-$	11 p$^+$	17 p$^+$	+1 e$^-$	17 p$^+$
11 e$^-$	$\longrightarrow$	10 e$^-$	17 e$^-$	$\longrightarrow$	18 e$^-$
$n_{p^+} = n_{e^-}$		$n_{p^+} > n_{e^-}$	$n_{p^+} = n_{e^-}$		$n_{p^+} < n_{e^-}$

Na ligação iônica, temos sempre uma transferência de elétrons. Vamos representar o exemplo da formação de NaCl de outro modo:

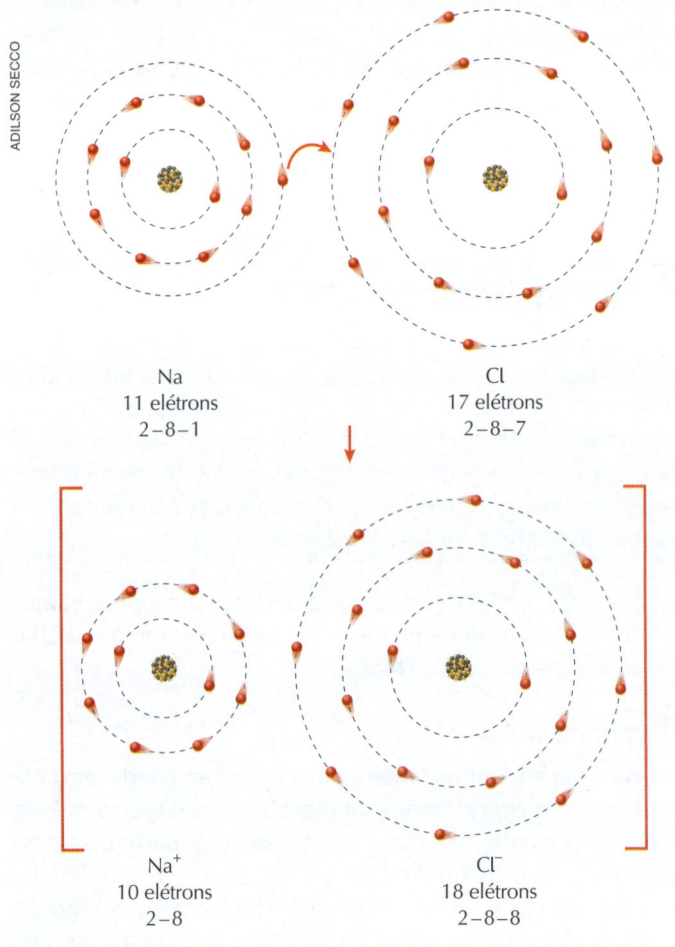

Na
11 elétrons
2–8–1

Cl
17 elétrons
2–8–7

Na$^+$
10 elétrons
2–8

Cl$^-$
18 elétrons
2–8–8

Representação da transferência de elétrons entre os átomos de Na e Cl, formando íons de cargas opostas, Na$^+$ e Cl$^-$. Lembre-se de que, na natureza, não são encontrados átomos de sódio ou de cloro isolados.

Podemos indicar o processo que origina a ligação iônica usando a notação de Lewis. De acordo com ela, representamos os elétrons do nível mais externo, chamado de camada de valência, de um átomo por pontos:

$$Na· + ·\ddot{\underset{..}{Cl}}: \longrightarrow [Na]^+ + [:\ddot{\underset{..}{Cl}}:]^-$$

Fórmula eletrônica ou **fórmula de Lewis** para o cloreto de sódio.

O cloreto de sódio pode também ser representado por sua fórmula iônica: Na$^+$Cl$^-$.

Após a ligação, continuamos tendo os mesmos elementos químicos e, portanto, os mesmos símbolos, já que não houve alteração dos núcleos atômicos.

Como os íons Na$^+$ e Cl$^-$ têm cargas de sinais opostos, eles se atraem; e, como a quantidade de carga é a mesma, eles formam um retículo cristalino na proporção 1 : 1. Tal retículo caracteriza-se pela distribuição geométrica dos íons no espaço. Observe a ilustração abaixo.

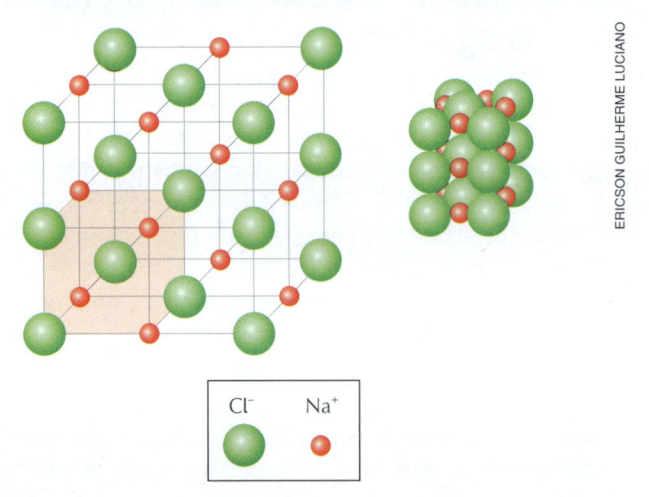

Dois modelos do retículo cristalino do NaCl. À esquerda, os íons foram representados mais afastados apenas para facilitar a visualização na qual os núcleos estão mais próximos. Observe que os íons Na$^+$ são menores que os íons Cl$^-$. O raio iônico do Na$^+$ é menor que o do Cl$^-$, o que explica essa diferença.

Fonte: CHANG, R. *Chemistry*. 5. ed. Highstown: McGraw-Hill, 1994. p. 55.

A ligação iônica origina um retículo cristalino iônico graças à interação entre os inúmeros íons que o constituem. A maioria dos compostos constituídos por íons encontra-se no estado sólido nas condições ambientes (25 °C, 1 atm).

Já dissemos que os átomos se ligam de modo que o conjunto formado tenha maior estabilidade do que o conjunto dos átomos isolados. Estudos posteriores permitem que essa ideia de maior estabilidade seja traduzida em termos de menor energia potencial, isto é, $E_{AB} < E_A + E_B$, em que:

- E representa a energia potencial;
- A e B representam átomos antes da ligação;
- AB representa o composto resultante da ligação.

Considere a analogia: um corpo que é largado a certa altura (onde tem certa energia potencial) cai até o solo, por exemplo, ficando em uma situação mais estável. Desse modo, sua energia potencial passa a ser menor que antes. No exemplo usado, a energia potencial em jogo é mecânica, enquanto a envolvida no caso das ligações químicas é de natureza elétrica.

Forma cúbica do cristal de cloreto de sódio, NaCl, visível a olho nu. Observe que ela é semelhante à forma do retículo cristalino, que não é visível nem com instrumentos ópticos sofisticados.

No capítulo anterior, vimos que a retirada de elétron de um átomo no estado gasoso corresponde a um consumo de energia que é chamado **energia de ionização**. Isso nos leva à questão: considerada a ligação presente no NaCl, de que forma um átomo como o de sódio ficaria mais estável perdendo um elétron se, para isso, é preciso fornecer-lhe energia?

Na verdade, há vários processos em jogo: a energia de ionização para formar o cátion, a energia envolvida na chegada do elétron ao átomo de cloro e a resultante das interações elétricas entre os íons Na^+ e Cl^-, que originam o sólido cloreto de sódio. Esta última contribui para a união entre os íons, originando o conjunto que é representado por NaCl.

Atividade

O fluoreto de cálcio é encontrado na natureza no minério chamado de fluorita. Trata-se do principal recurso usado para a obtenção do gás flúor. Levando em conta que o fluoreto de cálcio é um composto iônico formado por $_{20}Ca$ e $_9F$, responda:

a) Qual é a carga do cátion no fluoreto de cálcio?
b) E a carga do ânion?
c) Para que o conjunto que se forma seja eletricamente neutro, qual deve ser a proporção do número de cátions para o de ânions?
d) Faça uma representação da ligação usando a fórmula de Lewis. Não se esqueça de indicar as cargas.

Cloreto de magnésio

O cloreto de magnésio ($MgCl_2$) é uma substância usada para diversos fins. Pode ser encontrado em suplementos alimentares, pois é fonte de magnésio para o organismo pela facilidade de liberar íons Mg^{2+}. Também é usado como coagulante, por exemplo, na preparação de tofu a partir do leite de soja.

Como se dá a ligação química entre $_{12}Mg$ e $_{17}Cl$? Veja:

- $_{12}Mg$: 2 — 8 — 2 ⟶ grupo 2 ⟶ precisa perder 2 e^- para completar o octeto, ou seja, ter oito elétrons na última camada.
- $_{17}Cl$: 2 — 8 — 7 ⟶ grupo 7 ⟶ precisa receber 1 e^- para completar o octeto.

São necessários 2 átomos de Cl para 1 de Mg. De acordo com a representação de Lewis, temos:

Fórmula eletrônica ou fórmula de Lewis para o cloreto de magnésio.

Esquema simplificado da transferência de elétrons na ligação entre Mg e Cl			
	Mg	Cl	Cl
Antes da ligação	12 p^+	17 p^+	17 p^+
	12 e^-	17 e^-	17 e^-
Depois da ligação	12 p^+ $-2\,e^-$	17 p^+ $+1\,e^-$	17 p^+ $+1\,e^-$
	10 e^-	18 e^-	18 e^-

A fórmula do cloreto de magnésio é $MgCl_2$. Essa fórmula indica a proporção de 1 átomo de Mg para 2 de Cl. Ou melhor: essa proporção é de 1 cátion de carga +2, Mg^{2+}, para 2 ânions de carga –1, Cl^-. Assim, cada conjunto de 3 íons terá carga total zero.

Atividades

1. Tanto o ferro sólido como o cloreto de sódio (sal de cozinha) fundido conduzem corrente elétrica. O que há no ferro e no sal fundido que possa explicar tal comportamento?

2. Utilizando a notação de Lewis, represente a transferência de elétrons que dá origem aos compostos abaixo mencionados:
   a) Cloreto de potássio, formado por $_{19}K$ e $_{17}Cl$. Trata-se de um composto usado tanto na preparação de fertilizantes para a agricultura como no sal *diet*, usado na dieta de pessoas hipertensas.
   b) Óxido de cálcio, composto formado por $_{20}Ca$ e $_8O$, substância usada na construção civil, no preparo da argamassa.
   c) Hidreto de lítio, formado por $_3Li$ e $_1H$, uma substância bastante usada como gerador de gás hidrogênio – por simples adição de água, esse sólido libera H_2.

3. Quando o hidrogênio, H, recebe um elétron e se transforma em ânion, podemos dizer que esse elemento químico passa a ser hélio? Por quê?

4. Quantos prótons e quantos elétrons tem o íon de cálcio? (Veja no item **b** da questão 2.)

5. Por que o íon de oxigênio pode ser representado por O^{2-}?

6. Dê a fórmula de Lewis dos compostos binários formados pelos elementos:

   a) $_3$Li e $_8$O   b) $_{13}$Al e $_9$F   c) $_{13}$Al e $_8$O

7. Na canção "Quanta", Gilberto Gil faz referência a um sal de rádio.

   Suponha que o sal mencionado na letra seja o brometo de rádio. Localize o rádio (Ra) e o bromo (Br) na classificação periódica e escreva a fórmula desse composto. Indique também a carga do cátion e do ânion.

8. O césio-137 é usado em radioterapia. Que número de massa ele tem quando está na forma de cátion? Justifique.

9. Copie a tabela abaixo em seu caderno, preenchendo-a com os números corretos.

	Z	A	n_{p^+}	n_{e^-}	n_{n^0}
Íon Cl⁻	17	37	/////	/////	/////
Íon Ba²⁺	/////	/////	/////	54	81

10. Localize Mg, Al, Ca, Li e K na classificação periódica. Em seguida, responda:
    a) Em que grupos eles se encontram?
    b) Eles são metais ou não metais?
    c) Eles tendem a formar cátions ou ânions?
    d) Qual é o valor da carga de cada um dos íons desses elementos?
    e) Qual é a relação entre o valor da carga e a posição do elemento na classificação periódica?

11. Localize F, Cl, O, S na classificação periódica e responda:
    a) Em que grupos eles se encontram?
    b) Eles são metais ou não metais?
    c) Eles tendem a formar cátions ou ânions?
    d) Qual é o valor da carga de cada um dos íons?

12. Dê as fórmulas dos compostos binários dos pares de elementos abaixo. Indique, em cada caso, a carga dos íons formados.
    a) Ba e F   c) K e O
    b) Ca e Cl   d) Rb e H

13. Quantos cátions e ânions são necessários para formar um conjunto estável nos compostos da atividade anterior?

Você pode resolver as questões: 3, 4 e 6 da seção Testando seus conhecimentos.

Algumas generalizações

Íons dos metais

É possível o átomo de um metal perder 1, 2 ou 3 elétrons para se transformar em íon de carga +1, +2 e +3, respectivamente.

Cátions:

grupo 1 ⟶ $^A_Z E$ (E: Li, Na, K, Rb, Cs) $\xrightarrow{-1\ e^-}$ $^A_Z E^{1+}$

grupo 2 ⟶ $^A_Z E$ (E: Mg, Ca, Sr, Ba) $\xrightarrow{-2\ e^-}$ $^A_Z E^{2+}$

Íons dos não metais

Átomos dos grupos 17 e 16 e alguns do grupo 15 tendem a receber 1, 2 ou 3 elétrons, adquirindo, respectivamente, cargas −1, −2 e −3.

Ânions:

grupo 16 ⟶ $^A_Z E$ (E: O, S, Se, Te) $\xrightarrow{+2\ e^-}$ $^A_Z E^{2-}$

grupo 17 ⟶ $^A_Z E$ (E: F, Cl, Br, I) $\xrightarrow{+1\ e^-}$ $^A_Z E^{1-}$

O H, que tem um elétron na primeira camada, pode estabilizar-se recebendo mais um, já que esse nível comporta apenas dois elétrons.

Ligação covalente ou molecular

Assim como Kossel explicou a ligação iônica a partir da teoria do octeto, Lewis fez o mesmo em relação à ligação covalente.

> **Ligação covalente ou molecular** é a que se dá por compartilhamento de par de elétrons; os elétrons da ligação passam a pertencer aos dois átomos ligados. Chamamos molécula ao conjunto formado pelos átomos unidos por ligações covalentes.

Como se dá essa ligação? Veja os exemplos a seguir.

Cloro

O gás cloro é uma substância simples formada pelo elemento cloro, do grupo 17:

Elemento	Distribuição eletrônica	Para atingir o octeto
$_{17}$Cl	2 8 7	falta 1 elétron

Na ligação entre dois átomos de cloro, Cl, ambos precisam de um elétron para se estabilizar. Nesse caso, forma-se um par eletrônico para o qual cada um dos átomos de cloro fornece um elétron, que passa a ser compartilhado pelos dois átomos.

:C̈l̈ ⊙ C̈l̈: Fórmula eletrônica ou fórmula de Lewis para a molécula de cloro.

Esse tipo de ligação é chamado de covalente. Ela é formada pelo compartilhamento de par(es) de elétrons.

Após a ligação, o par de elétrons (assinalado) passa a pertencer aos dois átomos que, então, passam a ter 8 elétrons cada um, no último nível. O conjunto formado constitui a molécula de cloro e é eletricamente neutro, isto é, não há predomínio de cargas positivas ou negativas. Como não houve transferência de elétrons, não há íon.

O cloro é um gás esverdeado que tem propriedades bactericidas. É utilizado em estações de tratamento de água e em piscinas; em indústrias, é usado para o branqueamento de celulose e a fabricação de PVC; entre outros fins.

Além da fórmula de Lewis, usamos a **fórmula estrutural**, em que cada par eletrônico comum é representado por um traço (—), e a **fórmula molecular**, na qual o símbolo é acompanhado do número de átomos que participam da molécula – no caso, 2; por isso, Cl_2.

Fórmula eletrônica ou de Lewis	Fórmula estrutural	Fórmula molecular
:Cl ⊙⊙ Cl:	Cl — Cl	Cl_2

Metano

O metano, principal componente do gás natural, é uma alternativa de combustível menos poluente que a gasolina ou o carvão; isso porque sua queima dificilmente dá origem a fuligem ou monóxido de carbono, gás bastante tóxico. Recentemente foram localizadas grandes reservas desse gás no Brasil. O metano é um gás produzido em pântanos, plantações de arroz e no sistema digestório de animais, especialmente dos ruminantes (gado, por exemplo). Entretanto, quando liberado na atmosfera, esse gás tem efeito mais intenso que o do gás carbônico no agravamento do efeito estufa.

A substância metano é formada por átomos de dois elementos químicos: carbono e hidrogênio. Trata-se, portanto, de um **composto binário**.

Elemento	Distribuição eletrônica	Para atingir o octeto
$_6C$	2 4	faltam 4 elétrons
$_1H$	1	falta 1 elétron

Cada ligação covalente representa mais um elétron para cada átomo que nela está envolvido. Desse modo, para cada átomo de carbono são necessários 4 átomos de hidrogênio. O conjunto formado é a molécula de metano, representada por CH_4.

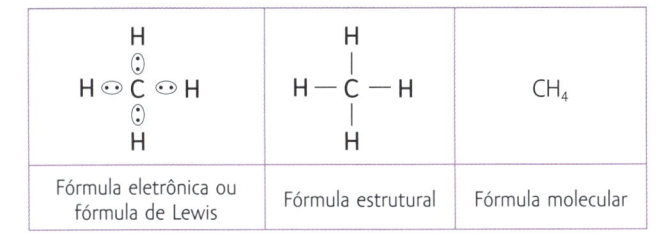

Fórmula eletrônica ou fórmula de Lewis	Fórmula estrutural	Fórmula molecular
H ⊙ C ⊙ H (com H acima e abaixo)	H—C—H (com H acima e abaixo)	CH_4

Gás natural: combustível fóssil geralmente presente em poços de petróleo e matéria-prima para o GNV (gás natural veicular).

Atividades

1. A água é uma substância líquida nas condições ambientes. Se seu comportamento é justificado por ligações covalentes, você considera que ela deve ser um bom condutor de eletricidade? Explique.

2. Nos itens **a**, **b** e **c**, abaixo, são fornecidas as fórmulas moleculares de algumas substâncias. Represente-as pela fórmula de Lewis.
   a) H_2O
   b) NH_3 (amônia, gás usado como refrigerante)
   c) H_2 (o combustível limpo)

3. Escreva as fórmulas estruturais de:
   a) HCl
   b) $CHCl_3$ (clorofórmio)

4. Para responder às questões dos itens de **a** a **e**, utilize as substâncias seguintes:
   - nitrogênio (N_2), o gás predominante no ar;
   - zinco (Zn), um dos componentes do bronze;
   - fluoreto de cálcio (CaF_2), substância que se forma na superfície dos dentes após a aplicação local de compostos de flúor pelos dentistas;
   - ozônio (O_3), gás que pode ser usado como bactericida;
   - níquel (Ni), presente em alguns aços;
   - cloreto de magnésio ($MgCl_2$), que pode ser empregado como anticoagulante;
   - água (H_2O);
   - iodo (I_2), usado como desinfetante para fins medicinais.

   a) Quais são substâncias compostas?
   b) Quais são compostos iônicos?
   c) Quais são metais (formados por ligação metálica)?
   d) Quais conduzem bem a corrente elétrica no estado sólido?
   e) Quais são substâncias simples?

Dióxido de carbono

O dióxido de carbono é um dos gases que expelimos na respiração. Ele se forma também na combustão de matérias orgânicas, como gás natural, petróleo, madeira, álcool. O excesso desse gás no ar é o principal responsável pela intensificação do efeito estufa, associado ao provável aumento da temperatura terrestre e ao risco de desequilíbrios climáticos.

A substância dióxido de carbono (ou gás carbônico) é um composto binário formado por $_6C$ e $_8O$. Cada átomo de carbono compartilha 4 pares de elétrons e cada átomo de oxigênio, 2 pares:

Elemento	Distribuição eletrônica	Para atingir o octeto
$_6C$	2 4	faltam 4 elétrons
$_8O$	2 6	faltam 2 elétrons

Fórmula eletrônica ou fórmula de Lewis	Fórmula estrutural	Fórmula molecular
:Ö ⊗ C ⊗ Ö:	O = C = O	CO_2

Nesse caso, existe dupla-ligação, isto é, 2 pares de elétrons entre o átomo de carbono e cada um dos átomos de oxigênio.

Nitrogênio

O gás nitrogênio (N_2) é uma substância simples formada pelo elemento nitrogênio ($_7N$) do grupo 15. Os átomos de nitrogênio têm de compartilhar 3 pares eletrônicos para atingir uma situação mais estável por meio de ligação covalente. As fórmulas abaixo são usadas para representar a substância nitrogênio:

Fórmula eletrônica ou fórmula de Lewis	Fórmula estrutural	Fórmula molecular
:N ⫶ N:	N ≡ N	N_2

Capítulo 6 • Ligações químicas: uma primeira abordagem

O nitrogênio é usado na indústria alimentícia para evitar o contato do alimento com o oxigênio atmosférico – substância responsável pela deterioração dos alimentos. É matéria-prima para obtenção de substâncias como a amônia, com a qual se produzem fertilizantes, por exemplo.

Nesse caso, existe tripla-ligação entre os átomos de nitrogênio, isto é, 3 pares eletrônicos são compartilhados entre os dois átomos.

Dióxido de enxofre

O dióxido de enxofre (SO_2) é um gás poluente que irrita o aparelho respiratório. A concentração desse gás é monitorada no ar das grandes metrópoles, como São Paulo. A maior parte dele provém da queima de combustíveis contaminados com substâncias que contêm enxofre. Observe a distribuição eletrônica para o S e o O e quantos elétrons são necessários para que a última camada eletrônica fique completa.

Elemento	Distribuição eletrônica			Para atingir o octeto
$_{16}S$	2	8	6	faltam 2 elétrons
$_8O$	2	6		faltam 2 elétrons
$_8O$	2	6		faltam 2 elétrons

Se nesse gás houvesse somente 1 S para 1 O, teríamos a configuração a seguir:

dupla-ligação
(covalente comum)

:S::Ö:

Como fica resolvida a estabilidade do outro O, que também necessita de 2 elétrons? Ele usa um dos pares eletrônicos do S não utilizado em outra ligação.

Essa ligação é chamada de **covalente coordenada** (antigamente chamada de covalente dativa). A representação mais antiga dessa ligação em uma fórmula estrutural é feita por uma seta que aponta para o átomo que "se vale" do par de elétrons de outro para completar a camada de valência.

Veja:

:Ö::S::Ö:	O ← S = O	SO_2
Fórmula eletrônica ou fórmula de Lewis	Fórmula estrutural	Fórmula molecular

Observações

- A ligação indicada com retângulo na fórmula eletrônica do SO_2 é covalente porque se dá por compartilhamento de par de elétrons, apesar de esses elétrons terem origem no átomo de enxofre.

  Modernamente, essa ligação é indicada por dois traços, como se fosse uma dupla-ligação covalente comum. Desse modo, o SO_2 é representado por:

  $$O = S = O$$

- Para haver esse tipo de ligação, é necessário que haja um átomo que disponha de pares eletrônicos não utilizados em outra ligação. Veja, por exemplo, a fórmula da substância abaixo:

  H:Ö:Cl:

  Fórmula eletrônica ou fórmula de Lewis para o ácido hipocloroso (HClO), formado quando o gás cloro é dissolvido em água.

  Como o átomo de cloro no ácido hipocloroso tem 6 elétrons (3 pares eletrônicos) não compartilhados, pode ainda efetivar mais 3 ligações com outros 3 átomos de oxigênio. Observe, abaixo, a fórmula dos compostos resultantes desses compartilhamentos.

H — O — Cl → O	H — O — Cl → O (↑O)	H — O — Cl → O (↑O ↓O)
$HClO_2$ ácido cloroso	$HClO_3$ ácido clórico	$HClO_4$ ácido perclórico

Atividade

Represente a fórmula eletrônica e a estrutural das substâncias seguintes, cujas fórmulas moleculares são fornecidas.

Observação: Nas moléculas das substâncias dos itens **b** a **d**, os carbonos (C) estão ligados entre si.

a) CH_2O – metanal ou formaldeído: é componente da solução de formol, usada para preservar cadáveres e tecidos de organismos vivos, nas indústrias de madeira, papel e celulose, na preparação de resinas; também é usada em abrasivos, plásticos, esmaltes sintéticos, tintas e vernizes. Trata-se de uma solução tóxica se inalada ou ingerida.

b) C_2H_6 – etano: é um subproduto do refino do petróleo, presente no gás natural, muito utilizado para a produção de eteno.

c) C_2H_4 – eteno: também chamado de etileno, é o hormônio responsável pelo amadurecimento das frutas. Possui também grande aplicação industrial na fabricação de polímeros.

d) C_2H_2 – etino: também chamado de acetileno, é usado em maçaricos, empregados em soldagens metálicas, porque neles é possível atingir temperaturas muito elevadas com a combustão.

e) H_2SO_4 – ácido sulfúrico: um dos compostos de maior importância industrial (é matéria-prima para a fabricação de muitos materiais); na estrutura das moléculas dessa substância, os dois átomos de H ligam-se a átomos de O.

Você pode resolver as questões: 1, 8, 9, 10, 11, 13, 14, 15 e 17 da seção Testando seus conhecimentos.

Algumas generalizações sobre ligações químicas

Os elementos dos grupos 14, 15, 16 e 17, além do hidrogênio, participam geralmente de ligações covalentes quando ligados a elementos desses mesmos grupos. Os elementos dos grupos 16 e 17 também podem participar de ligações iônicas quando são ligados a elementos dos grupos 1 e 2.

Veja no quadro a seguir o resumo dessas possibilidades.

		Ligação covalente	Exemplo
Grupo 17 (átomos precisam de 1 e⁻ para atingir o octeto) ·Ë:	⊙⊙Ë:	— E	H — Cl
	⊙⊙Ë[]	— E →	H — O — Cl → O
	⊙⊙Ë[]	↑ — E →	H — O — Cl → O (com O acima)
	⊙⊙Ë[]	↑ — E → ↓	H — O — Cl → O (com O acima e O abaixo)
	Ligação iônica	E⁻	F⁻, Cl⁻, Br⁻, I⁻
Grupo 16 (átomos precisam de 2 e⁻ para atingir o octeto) ·Ë·	⊙⊙Ë⊙⊙	— E —	H — S — H
	⊙⊙Ë⊙⊙	↑ — E —	O ↑ H — O — S — O — H
	⊙⊙Ë⊙⊙	↑ — E — ↓	O ↑ H — O — S — O — H ↓ O
	Ligação iônica	E²⁻	O²⁻
	Ligação iônica e covalente	— E⁻	H — O⁻
Grupo 15 (átomos precisam de 3 e⁻ para atingir o octeto) ·Ë·	⊙⊙Ë (com pontos)	— E — |	H — N — H | H
	⊙⊙Ë (com pontos)	↑ — E — |	O ↑ H — O — P — O — H | O — H
Grupo 14 (átomos precisam de 4 e⁻ para atingir o octeto) ·Ë·	⊙⊙Ë (com pontos)	| — E — |	H | H — C — H | H

Natureza das ligações e comportamento das substâncias

À medida que estudamos os modelos usados para explicar as ligações entre átomos, corremos o risco de esquecer que eles foram formulados para explicar o comportamento das substâncias. Mas, a partir dos modelos, podemos prever também algumas propriedades relacionadas à natureza das ligações dessas substâncias.

Substâncias iônicas

Se, em uma substância, há ao menos uma ligação iônica, então estão presentes cátions e ânions e, portanto, ela é iônica. Vamos destacar algumas propriedades das substâncias iônicas:

- Têm, em geral, **temperatura de fusão elevada**, pois a fusão implica uma desorganização das unidades constituintes do sólido, o que requer que se forneça muita energia para vencer a forte atração entre íons de cargas opostas. Por isso, em geral, são **sólidos nas condições ambientes**.
- Acima da temperatura de fusão, isto é, quando estão no estado **líquido**, **conduzem bem a corrente elétrica** graças à mobilidade dos íons.
- Substâncias iônicas que se dissolvem em água formam **soluções condutoras de corrente elétrica**. Isso porque a dissolução quebra a ligação entre os íons no retículo cristalino e esses íons possuem liberdade de movimento na solução.

Temperatura de fusão e estado físico de algumas substâncias iônicas (25 °C, 1 atm)

Substância	CuSO$_4$ · 5 H$_2$O* sulfato de cobre pentaidratado	NaCl cloreto de sódio	PbO óxido de chumbo(II)
Temperatura de fusão (°C)	560,0	800,7	887,0
Estado físico	sólido	sólido	sólido

* O sulfato de cobre anidro, CuSO$_4$ (não hidratado), é um sólido branco, enquanto o hidratado é azul e, por isso, representamos a quantidade de moléculas de água presente em sua fórmula.

Temperatura de fusão e estado físico de algumas substâncias iônicas (25 °C, 1 atm)

Substância	CuO óxido de cobre(II)	Fe$_2$O$_3$ óxido de ferro(III)	Cr$_2$O$_3$ óxido de crômio(III)	MgO óxido de magnésio
Temperatura de fusão (°C)	1 227,0	1 539,0	2 320,0	2 825,0
Estado físico	sólido	sólido	sólido	sólido

Substâncias moleculares

Nas tabelas a seguir estão reunidas propriedades de algumas substâncias moleculares. Repare que na primeira são mostrados apenas exemplos de substâncias simples e, na segunda, de substâncias compostas.

Estado físico, cor, temperaturas de fusão e de ebulição de algumas substâncias simples

Substância simples	H$_2$ hidrogênio	Cl$_2$ cloro	Br$_2$ bromo	I$_2$ iodo
Temperatura de fusão (°C)	–259,2	–101,5	–7,2	113,7
Temperatura de ebulição (°C)	–252,8	–34,0	58,8	184,4
Estado físico e cor	gás incolor	gás esverdeado	líquido marrom-avermelhado	sólido cinzento

Estado físico, cor, temperaturas de fusão e de ebulição de algumas substâncias compostas

Substância composta	H$_2$O água	HCl cloreto de hidrogênio	NH$_3$ amônia	C$_{10}$H$_8$ naftaleno
Temperatura de fusão (°C)	0,0	–114,2	–77,7	80,3
Temperatura de ebulição (°C)	100,0	–85,0	–33,3	217,9
Estado físico e cor	líquido incolor	gás incolor	gás incolor	sólido branco

Fonte das tabelas desta página: LIDE, David R. (Ed.). Physical Constants of Inorganic Compounds and Physical Constants of Organic Compounds. *CRC Handbook of Chemistry and Physics*. 89. ed. (Internet Version). Boca Raton: CRC/Taylor and Francis, 2009.

Glicerina, ácido bórico, ureia e glicose também são compostos moleculares.

Analisando os valores das temperaturas de mudança de estado das substâncias simples que constam da tabela, é possível perceber que o intervalo em que eles variam é relativamente amplo. Assim, entre as substâncias simples exemplificadas, encontramos desde valores muito baixos, como o da temperatura de fusão do hidrogênio (H_2), igual a 259,2 °C negativos (−259,2 °C), até 113,7 °C para o iodo (I_2).

Algo semelhante ocorre com os compostos. Entre os exemplos da tabela, a temperatura de ebulição da água é 100 °C e a do cloreto de hidrogênio (HCl) é −85,0 °C, portanto bem abaixo da temperatura ambiente, em torno de 25 °C, o que explica o fato de essa substância ser um gás nas condições ambientes.

Podemos, de modo simplificado, fazer algumas generalizações sobre as substâncias moleculares:

- Podem ser **encontradas nos três estados físicos** nas condições ambientes.
- Em geral têm **temperatura de fusão bem mais baixa** do que a das substâncias iônicas. Note que mesmo o iodo, que possui a temperatura de fusão mais alta entre os exemplos (113,7 °C), tem valor bem inferior ao do NaCl (800,7 °C), um dos compostos iônicos listados na tabela da página 124.
- Elas **não são boas condutoras de corrente elétrica no estado líquido**, ao contrário das substâncias iônicas.

Qual é a fórmula de uma substância simples?

Como alguém que está iniciando os estudos de Química pode representar cada um dos diferentes tipos de substâncias simples?

Com base no que foi estudado até aqui, é possível dizer que há dois tipos de substâncias simples:

- **Substâncias metálicas:** aquelas em que o elemento constituinte é um metal (é o caso da maior parte dos elementos químicos). De acordo com o que vimos no capítulo anterior, nelas os átomos se unem por ligação metálica, constituindo grandes agregados formados por um número enorme e indeterminado de átomos. De modo simplificado, todas podem ser representadas apenas pelo símbolo do metal correspondente. Exemplos: zinco (Zn), cobre (Cu), chumbo (Pb), ouro (Au), ferro (Fe), magnésio (Mg).
- **Substâncias moleculares:** aquelas constituídas pelos não metais. É o caso, por exemplo, do hidrogênio (H_2), flúor (F_2), bromo (Br_2), iodo (I_2) e nitrogênio (N_2).

Como alguns elementos químicos podem formar mais do que uma substância simples – fenômeno da alotropia que vimos no capítulo 3 –, destacamos, abaixo, os casos mais importantes, com as respectivas fórmulas.

Elementos e suas formas alotrópicas

C
- diamante, C (diam): C_n
- grafita, C (graf): C_n

O
- ozônio: O_3
- oxigênio: O_2

S
- rômbico, S (romb): S_8
- monoclínico, S(mono): S_8

P
- fósforo branco: P_4
- fósforo vermelho: P_n ou $(P_4)_n$

Na Tabela Periódica representada a seguir estão resumidas as fórmulas de algumas substâncias simples. Nela estão incluídos os gases nobres, cujas unidades são monoatômicas.

Fórmulas de algumas substâncias simples

* Elementos que constituem mais de uma substância simples.

1	2	3	4	5	6	7	8	9	10	11	12	13	14	15	16	17	18
H_2																	He
													C*	N_2	O_2 e O_3	F_2	Ne
														P*	S_8*	Cl_2	Ar
																Br_2	Kr
		METAIS														I_2	Xe
																	Rn

Capítulo 6 • Ligações químicas: uma primeira abordagem

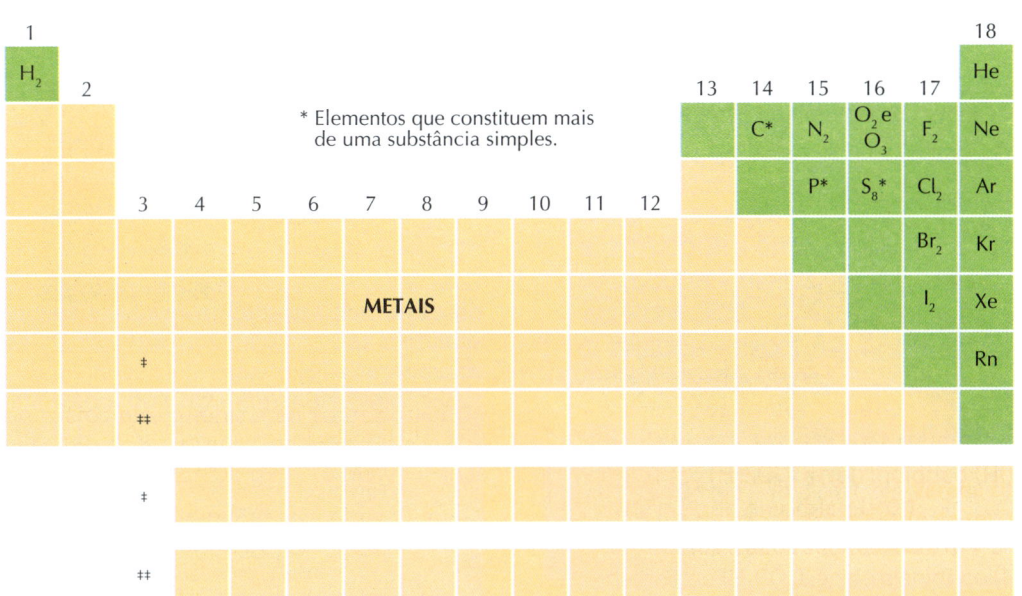

Eletronegatividade, ligações polares e apolares

Em uma ligação química, cada átomo atrai os elétrons da sua camada de valência com força diferente.

Vamos examinar os modelos de ligação em duas moléculas que você conhece:

:Cl̈—C̈l:
cloro
(substância simples)

H—C̈l:
cloreto de hidrogênio
(substância composta binária de H e Cl)

Tanto na substância cloro quanto no cloreto de hidrogênio, as ligações que unem os átomos são covalentes; no entanto, o par de elétrons que os liga não é compartilhado do mesmo modo nessas moléculas.

Na molécula de cloro (Cl_2), o par de elétrons é atraído com a mesma intensidade pelos dois átomos, uma vez que eles são do mesmo elemento. Dizemos que a ligação é **covalente apolar**.

Na molécula de cloreto de hidrogênio (HCl), o Cl atrai mais fortemente os elétrons que o H e, por isso, o par fica deslocado para o Cl, isto é, os elétrons da ligação não são igualmente compartilhados pelo H e pelo Cl. Assim, a região ao redor do Cl fica com maior concentração de cargas negativas e aquela ao redor do H, com maior concentração de cargas positivas. A ligação no HCl é, portanto, **polar**. Trata-se de uma situação intermediária entre a ligação covalente apolar (em que o par de elétrons é atraído com a mesma intensidade pelos dois átomos) e a ligação iônica (em que o elétron pertence a um dos átomos, o que fica com carga negativa, e o outro que perdeu o elétron passa a ter carga positiva).

A ligação apolar ocorre quando há ligação entre átomos do mesmo elemento. No caso de átomos de elementos diferentes, em geral há polarização, que poderá ser maior ou menor, dependendo da **diferença de eletronegatividade** dos elementos que participam dela.

A eletronegatividade está relacionada à capacidade de, em uma molécula, um átomo atrair o(s) elétron(s) envolvido(s) na ligação química.

O gráfico abaixo indica os valores de eletronegatividade dos elementos segundo Linus Carl Pauling (1901-1994), o primeiro cientista a propor, em 1939, uma escala relativa de eletronegatividade. Para estabelecer tais valores, ele fixou arbitrariamente o valor 4,0 para o flúor (F), que, segundo sua escala, é o mais eletronegativo dos elementos, determinando os demais por comparação. Os gases nobres foram excluídos porque, na época, não se conheciam ligações envolvendo átomos desses elementos.

Eletronegatividade segundo a escala de Pauling

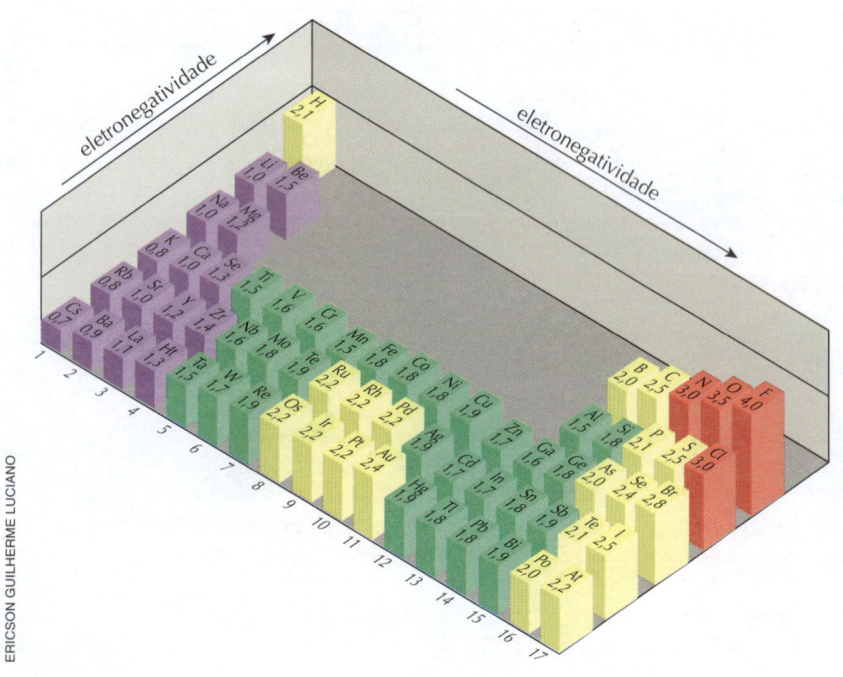

Linus Carl Pauling (1901-1994), químico estadunidense, ganhador do Nobel de Química, em 1954, por suas pesquisas sobre a natureza das ligações químicas e a elucidação de estruturas complexas; e do Nobel da Paz, em 1962, por suas ações a favor do fim dos testes nucleares. Foto de 1958.

Excluídos os gases nobres, as setas indicam a tendência de crescimento da eletronegatividade. Os elementos mais eletronegativos de um grupo são, de modo geral, os de menor número atômico, localizados na parte superior da Tabela Periódica. Em um período, a tendência de crescimento da eletronegatividade se dá no sentido do aumento do número atômico.

Fonte: Universidad de Valladolid. Escuela de Ingenierías Industriales. Dpto. Química Orgánica. Curso de introducción en Química General. Disponível em: <http://www.eis.uva.es/~qgintro/sisper/tutorial-05.html>. Acesso em: 9 maio 2018.

A eletronegatividade dos elementos é uma propriedade periódica que, em linhas gerais, tende a variar, na Tabela Periódica, da seguinte forma:

- Quanto mais à direita estiver um elemento num período, maior será sua eletronegatividade (**nos períodos cresce da esquerda para a direita**). Assim, quanto mais próximo de atingir a configuração eletrônica de gás nobre, maior será sua tendência de atrair elétrons.

- Quanto mais para baixo estiver um elemento em um grupo, menor será sua eletronegatividade (**nos grupos ela cresce de baixo para cima**). Vamos analisar dois halogênios (grupo 17), F (4,0) e Cl (3,0), ambos com 7 elétrons no último nível. A diferença entre eles está na distância que esses elétrons têm do núcleo.

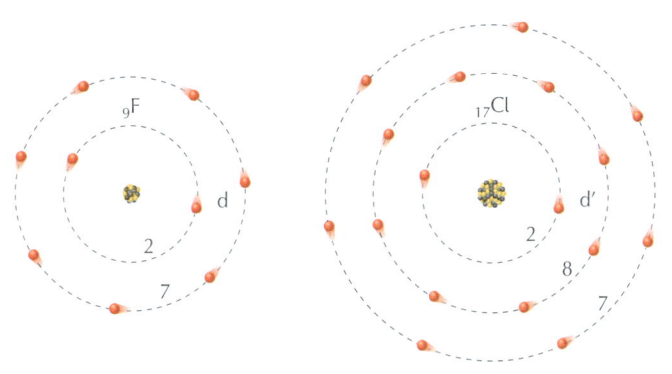

Esquema da distribuição eletrônica para o átomo de flúor (esquerda) e para o átomo de cloro (direita). Note que a distância do núcleo até a camada de valência no átomo de flúor é menor do que no átomo de cloro, ou seja, seu raio atômico é menor.

A atração entre cargas opostas é tanto maior quanto menor é a distância entre elas. Portanto, quanto menor a distância entre os elétrons ($\ominus$) e o núcleo ($\oplus$), maior a atração entre eles.

Um elemento de baixa eletronegatividade é bastante **eletropositivo**: é o caso dos metais, que perdem elétrons com mais facilidade que os outros elementos.

A ligação iônica entre dois átomos ocorre quando há diferença significativa de eletronegatividade entre ambos. Caso essa diferença não seja suficientemente grande para a transferência de elétrons, ocorrerá ligação covalente polar. Quando os átomos tiverem a mesma eletronegatividade, a ligação será apolar. Observe estes exemplos:

Elemento	Eletronegatividade
$_{11}Na$	0,9
$_9F$	4,0

Elemento	Eletronegatividade
$_{17}Cl$	3,0
$_9F$	4,0

Elemento	Eletronegatividade
$_9F$	4,0
$_9F$	4,0

Na· + ·F̈: ⟶ Na⁺ + :F̈:⁻ Na⁺F⁻	:C̈l⊷F̈: Cl — F	:F̈⊷F̈: F — F
Ligação iônica	Ligação covalente polar	Ligação covalente apolar

Hidrogênio (H_2), oxigênio (O_2), nitrogênio (N_2), bromo (Br_2), iodo (I_2), etc. são substâncias formadas por **moléculas apolares**.

Cloreto de hidrogênio (HCl) e água (H_2O) são substâncias formadas por moléculas que apresentam **ligações polares**.

Atividades

1. Por que o elemento de Z = 8 é mais eletronegativo que o de Z = 16?

2. Considere as ligações H — F; H — Br; H — P; H — C; H — O; H — H, consulte os valores de eletronegatividade e faça o que se pede:
   a) Qual é a ligação mais polar?
   b) Coloque as ligações dadas em ordem crescente de polaridade.

3. Considere os elementos Mg e O, cujas eletronegatividades são, respectivamente, 1,2 e 3,5.
   a) Eles devem formar composto iônico ou molecular? Por quê?
   b) Qual é seu estado físico nas condições ambientes?
   c) No estado sólido, eles conduzem corrente elétrica? E no estado líquido? Justifique suas respostas.

4. Leia o texto a seguir e responda às questões.

....

Todo mundo aprende na escola que átomos podem se ligar de dois modos: cedendo (e recebendo) ou compartilhando elétrons. Agora, um grupo de cientistas faz uma descoberta que obriga a uma revisão dos livros didáticos, ao demonstrar a existência de um terceiro método.

Detalhe: isso só acontece em ambientes submetidos a campos magnéticos extremos. Nada que possa se dar na Terra, ou mesmo no Sol, mas só em objetos muito densos, que produzem copiosa intensidade de magnetismo.

É o caso das anãs brancas e das estrelas de nêutrons. Ambas são cadáveres estelares, por assim dizer – objetos que um dia foram estrelas convencionais, mas esgotaram seu combustível e tiveram seu núcleo esmagado pela gravidade, compactando sua matéria ao extremo.

Simulando em computador o que aconteceria com átomos nas vizinhanças desses objetos, compondo sua atmosfera, o quarteto liderado pelo norueguês Trygve Helgaker, da Universidade de Oslo, constatou que eles podem se ligar em moléculas.

Mas o elo descoberto não se forma nem por ligações covalentes (em que átomos compartilham elétrons) nem por ligações iônicas (em que um átomo doa elétrons a outro). [...]

[...]

A reação, chamada de ligação paramagnética, é uma novidade no mundo da química e pode produzir moléculas improváveis, como hélio molecular (He_2). [...]

"Claramente essa ligação magnética não tem papel na química do cotidiano", disse Helgaker à *Folha*. "Mas ainda assim é interessante saber que uma ligação pode ser criada por forças magnéticas, embora ela só possa ter um papel sob condições astrofísicas extremas."

Até agora, as simulações de computador do grupo de Helgaker trabalharam só com átomos de hidrogênio e hélio – os menores e mais simples.

[...]

Por ora, contudo, todos os resultados estão restritos à teoria. Não existem métodos capazes de produzir na Terra, nem por um instante, campos magnéticos tão intensos.

[...]

Fonte: NOGUEIRA, Salvador. Estudo sugere um novo tipo de ligação química em estrela. *Folha de S.Paulo*, 20 jul. 2012.

....

a) De acordo com o texto, qual era o objetivo do grupo de cientistas?
b) O texto menciona que a ligação química descoberta "é uma novidade no mundo da química e pode produzir moléculas improváveis, como o hélio molecular". Explique por que o autor do texto considerou essa molécula improvável.

Resgatando o que foi visto

As mudanças de concepção a respeito da constituição da matéria e da organização do conhecimento químico foram marcantes no período que vai do final do século XVIII ao início do século XIX. Aspectos importantes que uniram estudos de físicos e químicos, muitos deles na época considerados filósofos naturais, foram destacados nesta unidade. Que importância há em conhecer esses aspectos históricos? Por que levou tanto tempo para que a ideia da existência de átomos fosse aceita pela comunidade científica? Por que se dá tanta importância ao trabalho de Dalton, Thomson e Mendeleev?

Avalie as respostas que você dá agora a essas questões e compare com o que você pensava no início deste estudo. Faça o mesmo em relação às perguntas que abriram esta unidade.

Testando seus conhecimentos

Caso necessário, consulte as tabelas no final desta Parte.

1. (Fuvest-SP) Na obra *O poço do Visconde*, de Monteiro Lobato, há o seguinte diálogo entre o Visconde de Sabugosa e a boneca Emília:

....

– Senhora Emília, explique-me o que é hidrocarboneto.
A atrapalhadeira não se atrapalhou e respondeu:
– São misturinhas de uma coisa chamada hidrogênio com outra coisa chamada carbono. Os carocinhos de um se ligam aos carocinhos de outro.

....

Nesse trecho, a personagem Emília usa o vocabulário informal que a caracteriza. Buscando-se uma terminologia mais adequada ao vocabulário utilizado em Química, devem-se substituir as expressões "misturinhas", "coisa" e "carocinhos", respectivamente, por:

a. compostos, elemento, átomos.
b. misturas, substância, moléculas.
c. substâncias compostas, molécula, íons.
d. misturas, substância, átomos.
e. compostos, íon, moléculas.

2. (UEPG-PR) Considerando-se os elementos químicos e seus respectivos números atômicos H (Z = 1), Na (Z = 11), Cl (Z = 17) e Ca (Z = 20), assinale o que for correto.

01. No composto $CaCl_2$ encontra-se uma ligação covalente polar.
02. No composto NaCl encontra-se uma ligação iônica.
04. No composto Cl_2 encontra-se uma ligação covalente polar.
08. No composto H_2 encontra-se uma ligação covalente apolar.

3. (Uerj) A nanofiltração é um processo de separação que emprega membranas poliméricas cujo diâmetro de poro está na faixa de 1 nm (1 nm = 10^{-9} m).

Considere uma solução aquosa preparada com sais solúveis de cálcio, magnésio, sódio e potássio. O processo de nanofiltração dessa solução retém os íons divalentes, enquanto permite a passagem da água e dos íons monovalentes (Consulte a tabela periódica).

As espécies retidas são:

a. sódio e potássio.
b. potássio e cálcio.
c. magnésio e sódio.
d. cálcio e magnésio.

4. (Uece) A estrutura com um arranjo ordenado de íons positivos imersos em um mar de elétrons caracteriza um cristal

a. iônico.
b. metálico.
c. molecular.
d. covalente.

5. (Uece) Ao nosso redor, encontra-se uma grande diversidade de substâncias. Elas se diferenciam por aspectos, tais como cor, estado físico, cheiro, sabor, capacidade de entrar em combustão, pontos de fusão e ebulição, densidade etc. Isso se deve à capacidade do átomo de combinar-se com outros átomos, quer seja de um mesmo elemento, quer seja de um elemento diferente, com a finalidade de realizar ligações químicas. O quadro a seguir mostra algumas propriedades de três substâncias (I, II e III).

Substância	Condutibilidade elétrica	Solubilidade em água	Ponto de fusão (°C)
I.	Não conduz quando sólido e líquido.	Solúvel	−34
II.	Conduz quando líquido e aquoso.	Solúvel	545
III.	Conduz quando sólido e líquido.	Insolúvel	1 123

Considerando-se essas informações, é correto afirmar que as substâncias I, II e III poderiam ser, respectivamente,

a. iônica, molecular e metálica.
b. molecular, metálica e iônica.
c. iônica, metálica e molecular.
d. molecular, iônica e metálica.

6. (Unesp-SP) A carga elétrica do elétron é $-1,6 \times 10^{-19}$ C e a do próton é $+1,6 \times 10^{-19}$ C. A quantidade total de carga elétrica resultante presente na espécie química representada por $^{40}Ca^{2+}$ é igual a

a. $20 \times (+1,6 \times 10^{-19})$ C.
b. $20 \times (-1,6 \times 10^{-19})$ C.
c. $2 \times (-1,6 \times 10^{-19})$ C.
d. $40 \times (+1,6 \times 10^{-19})$ C.
e. $2 \times (+1,6 \times 10^{-19})$ C.

7. (Enem) No ar que respiramos existem os chamados "gases inertes". Trazem curiosos nomes gregos, que significam "o Novo", "o Oculto", "o Inativo". E de fato são de tal modo inertes, tão satisfeitos em sua condição, que não interferem em nenhuma reação química, não se combinam com nenhum outro elemento e justamente por esse motivo ficaram sem ser observados durante séculos: só em 1962 um químico, depois de longos e engenhosos esforços, conseguiu forçar "o Estrangeiro" (o xenônio) a combinar-se fugazmente com o flúor ávido e vivaz, a façanha pareceu tão extraordinária que lhe foi conferido o Prêmio Nobel.

LEVI, P. **A tabela periódica**. Rio de Janeiro: Relume-Dumará, 1994 (adaptado).

Qual propriedade do flúor justifica sua escolha como reagente para o processo mencionado?

a. Densidade.
b. Condutância.
c. Eletronegatividade.
d. Estabilidade nuclear.
e. Temperatura de ebulição.

Capítulo 6 • Ligações químicas: uma primeira abordagem

8. (Fuvest-SP)

	1	2	3	4	5	6	7	8	9	10	11	12	13	14	15	16	17	18
1	H																	He
2	Li	Be											B	C	N	O	F	Ne
3	Na	Mg											Al	Si	P	S	Cl	Ar
4	K	Ca	Sc	Ti	V	Cr	Mn	Fe	Co	Ni	Cu	Zn	Ga	Ge	As	Se	Br	Kr
5	Rb	Sr	Y	Zr	Nb	Mo	Tc	Ru	Rh	Pd	Ag	Cd	In	Sn	Sb	Te	I	Xe
6	Cs	Ba	*	Hf	Ta	W	Re	Os	Ir	Pt	Au	Hg	Tl	Pb	Bi	Po	At	Rn
7	Fr	Ra	**	Rf	Db	Sg	Bh	Hs	Mt	Ds	Rg	Cn	Nh	Fl	Mc	Lv	Ts	Og

*	La	Ce	Pr	Nd	Pm	Sm	Eu	Gd	Tb	Dy	Ho	Er	Tm	Yb	Lu
**	Ac	Th	Pa	U	Np	Pu	Am	Cm	Bk	Cf	Es	Fm	Md	No	Lr

Analise a tabela periódica e as seguintes afirmações a respeito do elemento químico enxofre (S):

I. Tem massa atômica maior do que a do selênio (Se).
II. Pode formar com o hidrogênio um composto molecular de fórmula H_2S.
III. A energia necessária para remover um elétron da camada mais externa do enxofre é maior do que para o sódio (Na).
IV. Pode formar com o sódio (Na) um composto iônico de fórmula Na_3S.

São corretas apenas as afirmações

a. I e II.   b. I e III.   c. II e III.   d. II e IV.   e. III e IV.

9. (PUC-SP) A primeira energia de ionização de um elemento (1ª E.I.) informa a energia necessária para retirar um elétron do átomo no estado gasoso, conforme indica a equação:

$$X(g) \longrightarrow X^+(g) + e^- \quad E.I. = 7,6 \text{ eV}$$

A segunda energia de ionização de um elemento (2ª E.I.) informa a energia necessária para retirar um elétron do cátion de carga +1 no estado gasoso, conforme indica a equação:

$$X^+(g) \longrightarrow X^{2+}(g) + e^- \quad E.I. = 15,0 \text{ eV}$$

A tabela a seguir apresenta os valores das dez primeiras energias de ionização de dois elementos pertencentes ao 3º período da tabela periódica.

elemento	1ª E.I. (eV)	2ª E.I. (eV)	3ª E.I. (eV)	4ª E.I. (eV)	5ª E.I. (eV)	6ª E.I. (eV)	7ª E.I. (eV)	8ª E.I. (eV)	9ª E.I. (eV)	10ª E.I. (eV)
X	7,6	15,0	80,1	109,3	141,2	186,7	225,3	266,0	328,2	367,0
Z	13,0	23,8	39,9	53,5	67,8	96,7	114,3	348,3	398,8	453,0

Analisando os dados da tabela é possível afirmar que o tipo de ligação que ocorre entre os elementos X e Z e a fórmula do composto binário formado por esses elementos são, respectivamente,

a. ligação covalente, $SiCl_4$.
b. ligação iônica, $MgCl_2$.
c. ligação metálica, Mg_3Al_2.
d. ligação covalente, SCl_2.
e. ligação iônica, Na_2S.

10. (UFMG) O átomo neutro de um certo elemento **X** tem três elétrons de valência. Considerando-se o óxido, o hidreto e o cloreto desse elemento, o composto que está com a fórmula correta é:

a. XO_3 b. X_2O_3 c. X_3Cl_3 d. X_3H

11. (Fatec-SP) Para as questões I e II

Cinco amigos estavam estudando para a prova de Química e decidiram fazer um jogo com os elementos da Tabela Periódica:

cada participante selecionou um isótopo dos elementos da Tabela Periódica e anotou sua escolha em um cartão de papel;

os jogadores Fernanda, Gabriela, Júlia, Paulo e Pedro decidiram que o vencedor seria aquele que apresentasse o cartão contendo o isótopo com o maior número de nêutrons.

Os cartões foram, então, mostrados pelos jogadores.

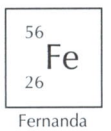

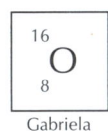

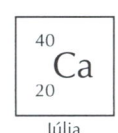

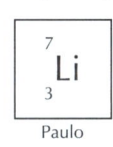

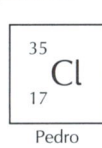

56 Fe 26	16 O 8	40 Ca 20	7 Li 3	35 Cl 17
Fernanda	Gabriela	Júlia	Paulo	Pedro

I. Observando os cartões, é correto afirmar que o(a) vencedor(a) foi
  a. Júlia.
  b. Paulo.
  c. Pedro.
  d. Gabriela.
  e. Fernanda.

II. A ligação química que ocorre na combinação entre os isótopos apresentados por Júlia e Pedro é
  a. iônica, e a fórmula do composto formado é CaCl.
  b. iônica, e a fórmula do composto formado é $CaCl_2$.
  c. covalente, e a fórmula do composto formado é ClCa.
  d. covalente, e a fórmula do composto formado é Ca_2Cl.
  e. covalente, e a fórmula do composto formado é $CaCl_2$.

12. (PUC-RJ) O flúor é um elemento de número atômico 9 e possui apenas um isótopo natural, o ^{19}F. Sobre esse elemento e seus compostos, é correto afirmar que:
  a. o isótopo natural do flúor possui 9 nêutrons.
  b. o íon F^- tem 8 elétrons.
  c. o flúor é um elemento da família dos elementos calcogênios.
  d. no gás flúor, F_2, se tem uma ligação covalente polar.
  e. na molécula do ácido fluorídrico, HF, o flúor é mais eletronegativo que o hidrogênio.

13. (UEMG) "Minha mãe sempre costurou a vida com fios de ferro." EVARISTO, 2014, p. 9.

Identifique na tabela a seguir a substância que possui as propriedades do elemento mencionado no trecho acima.

Substância	Estrutura	Condutividade elétrica	Ponto de fusão
A	íons	boa condutora	baixo
B	átomos	boa condutora	alto
C	moléculas	má condutora	alto
D	átomos	má condutora	baixo

A resposta **correta** é:
  a. Substância A.
  b. Substância B.
  c. Substância C.
  d. Substância D.

14. (Fuvest-SP) Existem vários modelos para explicar as diferentes propriedades das substâncias químicas, em termos de suas estruturas submicroscópicas. Considere os seguintes modelos:

I. moléculas se movendo livremente;
II. íons positivos imersos em um "mar" de elétrons deslocalizados;
III. íons positivos e negativos formando uma grande rede cristalina tridimensional.

Assinale a alternativa que apresenta substâncias que exemplificam, respectivamente, cada um desses modelos.

	I	II	III
a.	gás nitrogênio	ferro sólido	cloreto de sódio sólido
b.	água líquida	iodo sólido	cloreto de sódio sólido
c.	gás nitrogênio	cloreto de sódio sólido	iodo sólido
d.	água líquida	ferro sólido	diamante sólido
e.	gás metano	água líquida	diamante sólido

15. (PUC-SP) Potássio, alumínio, sódio e magnésio, combinados ao cloro, formam sais que dissolvidos em água liberam os íons K^+, Al^{3+}, Na^+ e Mg^{2+}, respectivamente. Sobre esses íons é CORRETO afirmar que:
  a. Al^{3+} possui raio atômico maior do que Mg^{2+}.
  b. Na^+ tem configuração eletrônica semelhante à do gás nobre Argônio.
  c. Al^{3+}, Na^+ e Mg^{2+} são espécies químicas isoeletrônicas, isto é, possuem o mesmo número de elétrons.
  d. K^+ possui 18 prótons no núcleo e 19 elétrons na eletrosfera.
  e. K^+ e Mg^{2+} são isótonos, isto é, os seus átomos possuem o mesmo número de nêutrons.

16. (Unesp-SP) Considere os elementos K, Co, As e Br, todos localizados no quarto período da Classificação Periódica. O elemento de maior densidade e o elemento mais eletronegativo são, respectivamente,
  a. K e As.
  b. Co e Br.
  c. K e Br.
  d. Co e As.
  e. Co e K.

17. (Fuvest-SP) Reescreva as seguintes equações químicas, utilizando estruturas de Lewis (fórmulas eletrônicas em que os elétrons de valência são representados por • ou x), tanto para os reagentes quanto para os produtos.
  a. $H_2 + F_2 \longrightarrow 2\,HF$
  b. $HF + H_2O \longrightarrow H_3O^+ + F^-$
  c. $2\,Na + F_2 \longrightarrow 2\,Na^+F^-$
  d. $HF + NH_3 \longrightarrow NH_4^+F^-$

Dados:	H	N	O	F	Na
número atômico	1	7	8	9	11
número de elétrons de valência	1	5	6	7	1

Mais questões: no livro digital, em **Vereda Digital Aprova Enem** e **Vereda Digital Suplemento de revisão e vestibulares**; no site, em **AprovaMax**.

UNIDADE 3

ELETRÓLITOS E REAÇÕES QUÍMICAS: FUNDAMENTOS QUALITATIVOS E QUANTITATIVOS

Capítulo 7
Ácidos, bases e sais, 134

Capítulo 8
Reações químicas: estudo qualitativo, 154

Capítulo 9
Cálculos químicos: uma iniciação, 174

Capítulo 10
Reações de oxirredução, 202

Capítulo 11
Óxidos, 226

- **Para que uma plantação seja produtiva, é comum que o agricultor tenha que modificar o teor de acidez do solo. Como isso pode ser feito?**
- **Muitos gases emitidos por veículos e indústrias poluem o ambiente. Alguns tratamentos químicos podem minimizar esses danos. De que forma?**
- **Que procedimentos reduzem ou ampliam a durabilidade de metais de grande uso em nossa vida?**

Em capítulos anteriores, você aprendeu algumas maneiras de classificar substâncias utilizando alguns critérios. É o caso das substâncias simples e compostas, iônicas, moleculares ou metálicas, por exemplo. Nesta unidade você vai conhecer mais alguns grupos de substâncias: ácidos, bases, sais e óxidos. Isso facilitará a aprendizagem de diversos tipos de reações químicas, que envolvem essas e outras substâncias.

O tomate, a laranja, o limão e o vinagre têm uma característica química comum. Qual é ela? Você sabe qual é a diferença entre o sal comum e o *light*?

CAPÍTULO 7

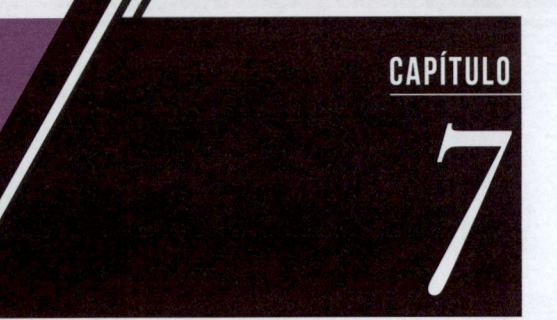

ÁCIDOS, BASES E SAIS

Muitos alimentos e produtos presentes em nosso dia a dia contêm ácidos. O ácido cítrico, por exemplo, está presente no tomate, no limão e na laranja; o ácido acético é encontrado no vinagre; o ácido bórico é um dos componentes da água boricada e do polvilho antisséptico; o ácido acetilsalicílico está presente em alguns medicamentos; e o ácido sórbico é um dos componentes de alguns cremes esfoliantes.

ENEM C7: H24 e H25

Este capítulo vai ajudá-lo a compreender:
- ácidos, bases e sais segundo o conceito de Arrhenius;
- nomenclatura e formulação de ácidos, bases e sais;
- indicadores ácido-base e pH.

Para situá-lo

Leia o trecho de uma reportagem e o título de uma matéria publicada em um *site*.

Para evitar a azia, especialistas recomendam não consumir alimentos gordurosos e frutas ácidas como limão e abacaxi [...]

KRIEGER, Jessica. Azia: conheça as causas e saiba quais alimentos evitar. Disponível em: <http://arevistadamulher.com.br/nutricao/content/2004905-azia-conheca-as-causas-e-saiba-quais-alimentos-evitar>. Acesso em: 9 maio 2018.

Mãe solo: tirinhas sinceras, ácidas e bem-humoradas sobre maternidade real

SALEH, Naíma. *Crescer*, 15 ago. 2016. Disponível em: <http://revistacrescer.globo.com/Curiosidades/noticia/2016/07/mae-solo-tirinhas-sinceras-acidas-e-bem-humoradas-sobre-maternidade-real.html>. Acesso em: 18 fev. 2018.

Agora, pense sobre o significado do adjetivo **ácido** em cada um dos contextos.

Por se tratar de uma palavra comum na linguagem cotidiana, é provável que você tenha uma ideia do significado desse termo e de seus derivados (**acidez**, por exemplo). Na primeira frase, **ácidas** se refere ao sabor (acre, azedo) característico de certas frutas, enquanto, na segunda, quer dizer "mordazes, agressivas" e exprime o tipo de crítica que as tiras praticam.

Se você examinar matérias publicadas em jornais e revistas impressos ou na internet, verá que não é difícil encontrar as palavras **ácido**, **acidez** e **acidificação**, usadas com certa variação de significado, conforme o contexto. Leia mais estes trechos de notícias.

Galeria parisiense expõe obras do artista capixaba Sami Hilal

[...] O artista utiliza a técnica do circuito impresso, trabalhando a imagem sobre uma placa de cobre. A imagem é trabalhada com uma tinta que não reage ao ácido.

"É semelhante à técnica da gravura em metal: você faz o desenho, coloca no ácido, o ácido grava, e você tem ali o desenho gravado na chapa. Meu desenho fica registrado, mas o ácido vaza, criando uma renda. Trabalho muito com a ausência, a perda da pátria, da língua", explica.

RFI Brasil, 13 jan. 2014. Disponível em: <http://www.brasil.rfi.fr/cultura/20140107-galeria-parisiense-expoe-obras-do-artista-capixaba-sami-hilal>. Acesso em: 18 fev. 2018.

Acidificação dos oceanos: um grave problema para o planeta

[...] As mudanças de temperatura, do clima, do nível de chuva ou até o número de animais podem causar o total desequilíbrio ambiental. O mesmo pode ser dito sobre a alteração do pH (índice que indica o nível de alcalinidade, neutralidade ou acidez de uma solução aquosa) dos oceanos.

Estudos preliminares apontam que a acidificação dos oceanos afeta diretamente organismos calcificadores, como alguns tipos de mariscos, algas, corais, plânctons e moluscos, dificultando sua capacidade de formar conchas, levando ao seu desaparecimento. Em quantidades normais de absorção de CO_2 pelo oceano, as reações químicas favorecem a utilização do carbono na formação de carbonato de cálcio $CaCO_3$, utilizado por diversos organismos marinhos na calcificação.

O aumento intenso das concentrações de CO_2 na atmosfera, e consequente diminuição de pH das águas oceânicas, acaba por alterar o sentido destas reações, fazendo com que o carbonato dos ambientes marinhos se ligue com os íons H^+, ficando menos disponível para a formação do carbonato. [...]

Por outro lado, outras pesquisas apontam para a direção oposta, afirmando que alguns microrganismos se beneficiam com esse processo. [...] A diminuição do pH altera a solubilidade de alguns metais, como por exemplo o Ferro III, que é um micronutriente essencial para o plâncton, tornando-o assim mais disponível, favorecendo um aumento da produção primária, que acarreta uma maior transferência de CO_2 para os oceanos. [...]

Disponível em: <https://www.ecycle.com.br/component/content/article/35-atitude/1382-acidificacao-dos-oceanos-um-grave-problema-para-o-planeta.html>. Acesso em: 18 jul. 2018.

1. A respeito dos dois textos acima, responda:
   a) Em qual dos trechos de notícia a acidez de um meio é associada a algo útil e positivo? Explique.
   b) Identifique, no texto dessas notícias, um trecho que menciona a medida usada para indicar o nível de acidez ou alcalinidade de um meio.
   c) A segunda notícia se refere ao monitoramento da acidez da água do oceano Ártico. Por que esse procedimento é importante?

2. Apesar de haver formas mais eficazes de tratar problemas de acidez estomacal, algumas pessoas costumam combater esse desconforto usando produtos como o leite de magnésia. Levante uma hipótese: que características desse material o tornam capaz de combater a acidez?

Neste capítulo, veremos os conceitos de ácido e base em solução aquosa segundo a teoria de Arrhenius.
Serão abordadas também as principais propriedades dos ácidos, bases e sais.

Ácidos e bases

Para ajudá-lo a entender algumas propriedades desses grupos de substâncias, faça o seguinte experimento.

Química: prática e reflexão

Nas páginas anteriores, você viu que a palavra **ácido** pode ter diferentes significados de acordo com o contexto. No entanto, quando se fala em manipulação de ácidos, as pessoas tendem a se preocupar com o perigo. Por quê?

Nesta atividade, você vai analisar o efeito de algumas soluções sobre corantes encontrados no chá-mate ou chá-preto. Você sabe que, se pingarmos vinagre ou sumo de limão sobre bicarbonato de sódio, observaremos o mesmo fenômeno: a formação de bolhas de gás (efervescência). A adição de sumo de limão ao chá produzirá o mesmo resultado que a adição de vinagre ao chá?

Material necessário

- 7 copos incolores comuns ou béqueres de 250 mL
- 7 etiquetas para identificação
- 1 colher (de café)
- cerca de 1 g de cal virgem, que pode ser adquirida em lojas de materiais de construção
- água
- funil ou suporte para coador de café
- papel de filtro (ou coador de café de papel)
- 1 xícara de chá-mate ou preto
- meio limão
- 20 mL de vinagre
- 3 conta-gotas

> **Cuidado!**
> - Use óculos de segurança e avental de mangas compridas.
> - Use luvas de látex.

Procedimentos

1. Etiquetem os 7 copos, numerando-os de 1 a 7.
2. Escrevam na etiqueta do copo **2** a expressão água de cal.
3. Preparem a mistura de água de cal colocando, no copo **1**, água até a metade e meia colher (de café) de cal; agitem. Após a agitação, coloquem mais meia colher de cal na água, agitem a mistura e filtrem-na, passando o conteúdo do copo **1** através do funil com papel de filtro (ou suporte para coador com coador de café de papel) para o copo **2**.
4. Coloquem volumes iguais de chá em cada um dos copos numerados de **3** a **6**.
5. No copo **4**, adicionem ao chá 5 gotas do sumo do limão.
6. Repitam o procedimento anterior no copo **5**, substituindo o sumo de limão por vinagre.
7. No copo **6**, adicionem ao chá uma colher (de café) da mistura do copo **2**.
8. No copo **7**, acrescentem ao chá 5 gotas do sumo do limão. Em seguida, adicionem, gota a gota, a mistura do copo **2** até observar alguma mudança no sistema.
9. Anotem no caderno os resultados observados.

> **Atenção!**
> - A dissolução da cal na água libera calor. Ela deve ser feita pela adição de pequenas quantidades de cal à água, seguida de agitação. Nunca coloquem água na cal!
> - O limão, em contato com a pele e as mucosas, pode causar queimaduras graves se houver posterior exposição a raios solares.

Descarte dos resíduos: as misturas dos copos **3** a **7** podem ser descartadas diretamente no ralo de uma pia; a mistura de água de cal pode ser etiquetada e armazenada em frascos de vidro para futuros experimentos; o papel de filtro (ou coador) e o filtrado podem ser descartados em lixo comum.

Analisem suas observações

1. Que mudança(s) ocorreu(ram) com o chá ao se adicionarem sumo de limão e vinagre a ele?
2. Considerando o texto introdutório e os resultados experimentais, o que o vinagre e o sumo de limão têm em comum para produzir o mesmo tipo de resultado?
3. Que resultados vocês observaram na oitava etapa do procedimento? Como vocês classificariam a água de cal?

Viagem no tempo

Um pouco da história dos conceitos de ácido e base

Antigas civilizações já conheciam substâncias de caráter ácido e de **caráter básico** (ou **alcalino**). O ácido acético (substância presente no vinagre), por exemplo, já era conhecido pelos egípcios, que o obtinham pela transformação do etanol (C_2H_5OH), álcool presente no vinho. É a presença do etanol, aliás, que explica por que, com o tempo e dependendo da forma como é armazenado, o vinho adquire sabor azedo. O gás amoníaco (NH_3), substância com propriedades básicas, também era conhecido pelos egípcios, que registraram em papiro a forma de obtê-lo.

> **Caráter básico ou alcalino:** considere, neste momento, que o caráter básico ou alcalino é uma característica de substâncias que têm a capacidade de neutralizar ácidos.

Embora tentativas de classificar as substâncias quanto à acidez e à basicidade tenham sido feitas anteriormente, uma das primeiras propostas consideradas relevantes foi a do irlandês Robert Boyle (1627-1691). Após vários experimentos, Boyle observou que todas as substâncias que apresentavam caráter ácido – e não apenas algumas delas – provocavam o efeito da mudança de cor no xarope de violetas (nessa época, já se conhecia um teste de mudança de cor, feito com xarope de violetas, que ficava vermelho em meio ácido e verde em meio alcalino). Ele realizou ampla pesquisa, usando vários extratos vegetais, entre os quais alguns empregados no tingimento de tecidos, como o de pau-brasil, cuja coloração varia de vermelho intenso, em meio ácido, a amarelado, em meio básico.

O uso de corantes por artesãos, na tinturaria, e por artistas, em pinturas, levou à constatação de que, com o tempo, ou na presença de certas substâncias, esses pigmentos tinham a coloração alterada. Graças a observações desse tipo, que permitem diferenciar um meio ácido de um básico mediante a mudança de cor, é que se passou a usar os chamados indicadores ácido-base, de grande valia até os dias de hoje. Em suas pesquisas, Boyle constatou que certos materiais não alteravam a coloração desses corantes e classificou-os como neutros.

Apoiando-se em experimentos, Boyle foi um dos primeiros a estabelecer formalmente que é ácida "qualquer substância que torne vermelhos os extratos de plantas". Observações posteriores, porém, levaram à conclusão de que nem todos os indicadores, diante de um meio ácido ou básico, respondiam com as mesmas mudanças de cor.

Lavoisier propôs, no final do século XVIII, identificar ácidos e bases considerando sua composição, e seus estudos sobre a combustão do carvão, do enxofre e do fósforo o levaram à obtenção dos ácidos carbônico, sulfúrico e fosfórico, respectivamente. Ele procurava relacionar a composição do material à acidez, em um raciocínio fundamentado no fato de que, para obter os óxidos (de carbono, enxofre e fósforo) – que em água dão origem a ácidos –, é preciso realizar reações de combustão e, para que elas ocorram, o oxigênio do ar é essencial. Os ácidos, portanto, seriam compostos oxigenados; ou seja, para Lavoisier, a presença de oxigênio (o nome **oxigênio**, de origem grega, significa "formador de ácidos") estava ligada à acidez.

Pesquisadores posteriores verificaram que o responsável pelo **caráter ácido** de uma substância é o **hidrogênio**, e não o oxigênio, ao constatar que existem ácidos, como o clorídrico (HCl), por exemplo, que não possuem oxigênio em sua composição.

A respeito desses conceitos químicos, vale destacar a publicação do brasileiro Vicente Coelho de Seabra Silva Telles (c. 1764-1804), graduado em Medicina e Filosofia pela Universidade de Coimbra, em Portugal. Adepto das ideias de Lavoisier, ele estabeleceu uma classificação das substâncias em dois grandes grupos: combustíveis (as que podem ser queimadas) e incombustíveis (as que não pegam fogo). No grupo das incombustíveis, estão os materiais de caráter básico (ou alcalino) e ácido, cujas propriedades podemos destacar; por exemplo, a capacidade de ácidos e bases de mudar a cor de extratos vegetais (ácidos avermelham extratos azulados e bases tornam verde o xarope de violetas). Essa mudança de cor provocada por um ácido pode ser restituída por uma base, assim como a mudança de cor provocada por uma base pode ser restituída por um ácido.

Fonte: COSTA, Antônio Amorim da. Vicente Coelho de Seabra Silva Telles. Disponível em: <http://www.spq.pt/files/docs/Biografias/Vicente%20Coelho%20de%20Seabra%20%20port.pdf>. Acesso em: 9 maio 2018.

1. Com base no que vimos até aqui, liste algumas propriedades de ácidos e de bases.

2. Que diferença você pode apontar entre o objetivo das pesquisas de Lavoisier e as de seus antecessores, no que se refere à compreensão do conceito de ácido?

Função química

Ao estudar um pouco da história dos conceitos de ácido e base, você deve ter notado a tentativa de agrupar as substâncias, de acordo com suas propriedades, a fim de facilitar seu estudo.

Nesta primeira parte do livro, estão sendo abordados conceitos químicos que valem para o conjunto das substâncias e, por isso, dizem respeito à **Química Geral**. Vale dizer que a maior parte dos exemplos usados nesta parte pertence à **Química Inorgânica**, isto é, ao campo de estudo das substâncias obtidas dos minerais existentes na natureza. Aparecem em menor número os compostos que pertencem à Química Orgânica – campo de estudo que se iniciou com substâncias presentes em organismos vivos, embora tenha se ampliado a partir de sínteses realizadas em laboratório –, o qual será aprofundado na parte 3 deste material.

Ácidos, bases e sais representam grupos de substâncias que têm certas características comuns, o que permite estudá-las em conjunto; esses grupos constituem as principais funções da Química Inorgânica.

À medida que outros conceitos forem estudados, o significado de **função química** será esclarecido.

Propriedades funcionais

Da mesma forma que, na Tabela Periódica, agrupamos os elementos químicos em famílias ou grupos, podemos agrupar as substâncias de acordo com algumas semelhanças entre suas propriedades, decorrentes de características estruturais comuns a tais substâncias.

Os ácidos servem de exemplo de função química com a qual temos contato em nosso cotidiano. Veja no quadro a seguir as principais **propriedades** dessas substâncias.

Algumas propriedades funcionais dos ácidos	
Condutibilidade elétrica	Bons condutores (solução aquosa).
Reatividade	Reagem com a maioria dos metais (como Fe, Zn, Ni, Al) liberando gás hidrogênio.
	Mudam a cor de certos corantes de origem vegetal.
	Reagem com carbonatos e bicarbonatos liberando gás.
	Neutralizam substâncias e soluções básicas.

Condutibilidade elétrica

A capacidade de conduzir corrente elétrica varia de uma substância para outra. Com base em testes de condutibilidade elétrica, podemos classificar as substâncias em bons e maus condutores.

Exemplos de **maus condutores**:
- não metais: iodo, $I_2(s)$, enxofre, $S(s)$, fósforo, $P_4(s)$;
- substância molecular: água, $H_2O(l)$, cloreto de hidrogênio, $HCl(l)$;
- substância iônica sólida: hidróxido de sódio, $NaOH(s)$, cloreto de sódio, $NaCl(s)$.

Vale lembrar:
l – líquida
s – sólida
aq – solução aquosa

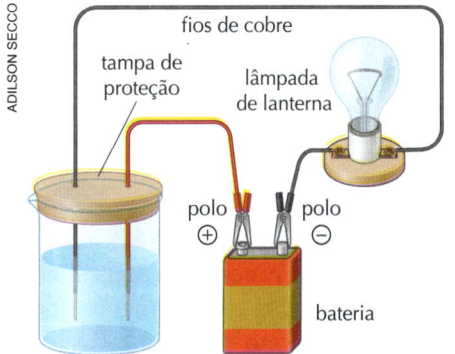

Representação de um teste de condutibilidade elétrica da água destilada. Observe que a lâmpada não acendeu, o que significa que essa substância não conduz eletricidade.

Capítulo 7 • Ácidos, bases e sais

Exemplos de **bons condutores**:
- metais: cobre, Cu(s), zinco, Zn(s), prata, Ag(s), ouro, Au(s);
- substâncias iônicas em solução: soluções aquosas de hidróxido de sódio, NaOH(aq), cloreto de sódio, NaCl(aq), sulfato de potássio, K_2SO_4(aq).

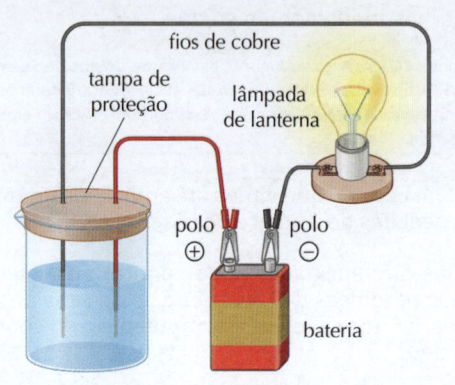

Representação de um teste de condutibilidade elétrica de uma solução aquosa de hidróxido de sódio. Observe que a lâmpada acendeu, indicando que a solução conduz corrente elétrica.

Dissociação iônica

O quadro abaixo sintetiza um teste de condutibilidade elétrica feito para sistemas que contêm somente água, H_2O(l), cloreto de sódio, NaCl(s), e cloreto de sódio em água, NaCl(aq). Analise-o tendo em mente as explicações teóricas para as diferenças apontadas; lembre-se de que a condução de corrente elétrica depende de partículas com cargas elétricas que apresentam mobilidade.

Teste de condutibilidade elétrica de NaCl(s), H_2O(l) e NaCl(aq)			
Sistema	Lâmpada do sistema	Condutibilidade elétrica	Como explicar?
H_2O(l)	Não acende	Má	Moléculas neutras
NaCl(s)	Não acende	Má	Íons quase fixos
NaCl(aq)	Acende	Boa	Íons com grande liberdade de movimento

No NaCl(s), as cargas elétricas (íons) quase não têm mobilidade: os íons estão "presos" no retículo cristalino. No caso da água, apesar da mobilidade das partículas de H_2O(l), elas são neutras.

Como você terá oportunidade de estudar durante seu curso de Química, apesar de a água ser um composto molecular, uma parte das moléculas de água que se encontram em um recipiente está na forma iônica (H^+ e OH^-). Entretanto, o número de íons em relação ao de moléculas é tão pequeno que, em geral, os equipamentos utilizados não conseguem acusar a condutibilidade elétrica do meio.

Como a água dissolve o cloreto de sódio?

A água (substância molecular) dissolve o NaCl (sólido iônico), gerando uma solução. Nesse processo, a água libera os íons Na^+ e Cl^-, que estavam ligados quimicamente, formando um retículo cristalino de cloreto de sódio.

Nas ligações covalentes da água, os átomos de oxigênio assumem caráter negativo – por serem mais eletronegativos que os de hidrogênio e atraírem mais o par eletrônico da ligação –; por isso os cátions sódio, Na^+, são atraídos por esses átomos. Algo semelhante ocorre entre os ânions cloreto, Cl^-, e os átomos de hidrogênio da água (que assumem caráter positivo por serem menos eletronegativos que os de cloro). Veja na representação a seguir:

Nas moléculas, o símbolo δ (delta) é usado para representar átomos que assumem caráter positivo ou negativo em uma dada ligação covalente.

É graças a interações de polaridades da água com os íons que ela dissolve o NaCl sólido, separando os íons Na^+ e Cl^-, que ficam cercados por moléculas de H_2O. A mobilidade dos íons explica a condutibilidade elétrica da solução formada.

Esse processo pode ser representado por uma equação química:

$$Na^+Cl^-(s) \xrightarrow{H_2O(l)} Na^+(aq) + Cl^-(aq)$$

cloreto de sódio → íons sódio + íons cloreto

A água provoca a **separação** dos íons que já existem na estrutura do Na^+Cl^- sólido. Tal fenômeno é denominado **dissociação iônica** ou, simplesmente, dissociação.

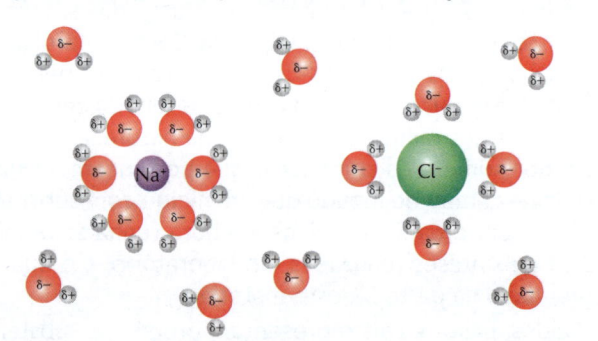

Representação esquemática da dissolução de uma unidade do cloreto de sódio em água.

Ionização

Como você sabe, quando a água está isenta de impurezas, ela é má condutora de eletricidade. O mesmo ocorre com o H_2SO_4. No entanto, a mistura desses dois maus condutores origina uma solução ácida que é boa condutora de eletricidade. Nesse processo, as substâncias moleculares H_2SO_4 e H_2O interagem, originando íons. Esse processo é denominado **ionização**.

antes | | depois
H_2SO_4(l) + H_2O(l) $\xrightarrow{ionização}$ H_2SO_4(aq)
(substância **molecular**) (substância **molecular**) solução aquosa de ácido sulfúrico (**íons móveis**)

Que modelo justifica a ionização?

Vamos analisar o processo de ionização verificando o que acontece com o cloreto de hidrogênio ou gás clorídrico, HCl(g), ao ser colocado em água. A ionização ocorre devido à interação entre as moléculas da água e do cloreto de hidrogênio.

Nas ligações entre hidrogênio e oxigênio na água, o par de elétrons da ligação fica mais próximo ao oxigênio (elemento mais eletronegativo), assumindo caráter negativo. Os átomos de hidrogênio (menos eletronegativos) assumem caráter positivo.

Na ligação entre cloro e hidrogênio, no cloreto de hidrogênio, HCl(g), o cloro, por ser mais eletronegativo, atrai mais fortemente o par de elétrons da ligação do que o hidrogênio, dando origem a uma carga parcial negativa (δ^-). A carga parcial positiva (δ^+) está no hidrogênio.

O que ocorre nessa interação?

Nessa interação, há atração entre a parte positiva da molécula de HCl e a parte negativa da molécula de H_2O. Isso provoca a quebra da ligação H — Cl: o átomo de H fica sem seu elétron, que passa a fazer parte do Cl. Dessa forma, o H fica com carga +1, e o cloro fica com carga −1.

O hidrogênio, H, que, antes dessa quebra, possuía 1 próton e 1 elétron, perde esse elétron e, para se estabilizar, utiliza o par disponível do oxigênio da água, ficando com 2 e^- na sua camada de valência. Como o H tinha carga positiva, quando se associa com a molécula de H_2O (neutra), forma um íon positivo, o cátion oxônio, H_3O^+, também chamado hidroxônio ou hidrônio.

Composição de prótons e elétrons dos átomos antes e depois da ionização

	Antes da ionização			Depois da ionização		
Moléculas	Constituintes	Partículas	Carga elétrica	Íons	Constituintes	Partículas	Carga elétrica
HCl gás clorídrico	Cl	17 p^+ / 17 e^-	0	Cl^- ânion	Cl	17 p^+ / 18 e^-	−1
	H	1 p^+ / 1 e^-	0		H	1 p^+	+1
H_2O água	H	1 p^+ / 1 e^-	0	H_3O^+ cátion	H	1 p^+ / 1 e^-	0
	H	1 p^+ / 1 e^-	0		H	1 p^+ / 1 e^-	0
	O	8 p^+ / 8 e^-	0		O	8 p^+ / 8 e^-	0

Esse processo é chamado de ionização porque, de moléculas neutras, HCl e H_2O, formam-se íons, Cl^- e H_3O^+.

A teoria de Arrhenius

A formulação da teoria de Arrhenius representa um marco para a Química. Ela permitiu explicar fatos experimentais e serviu de fundamento para estabelecer avanços em relação aos conceitos de ácido e de base propostos por seus antecessores. A *Viagem no tempo* a seguir dá uma ideia dessa importância.

Viagem no tempo

Um jovem que abalou uma crença

Em 1884, o sueco Svante August Arrhenius (1859-1927), então um jovem estudante de Química, elaborou uma teoria – que ficou conhecida como **teoria de Arrhenius** – capaz de explicar de modo coerente um fato que desafiava os cientistas da época.

Svante August Arrhenius, químico e físico sueco. Seu trabalho, no final do século XIX, foi fundamental para superar a concepção de indivisibilidade do átomo. Foto tirada em 1909.

Um fato experimental

Naquele período, já se havia verificado que, quando se dissolve um sólido, como a sacarose (açúcar comum), em água, a temperatura de solidificação da água diminui, ficando abaixo de 0 °C; quanto maior é a quantidade de sacarose em relação ao volume da solução, mais acentuada é a redução da temperatura de solidificação da água.

Havia, porém, um fato que intrigava Arrhenius: quando se preparam duas soluções, uma de sacarose e outra de cloreto de sódio, ambas com a mesma quantidade de unidades "moleculares" de soluto no mesmo volume de solvente, verifica-se que a de cloreto de sódio tem temperatura de solidificação inferior à da solução de sacarose.

Capítulo 7 • Ácidos, bases e sais

Como explicar essa diferença?

x moléculas de sacarose por litro de água
x "unidades" de NaCl por litro de água

banho de gelo-seco

A imagem acima representa o resfriamento de duas soluções aquosas: uma de sacarose (açúcar) e outra de cloreto de sódio.

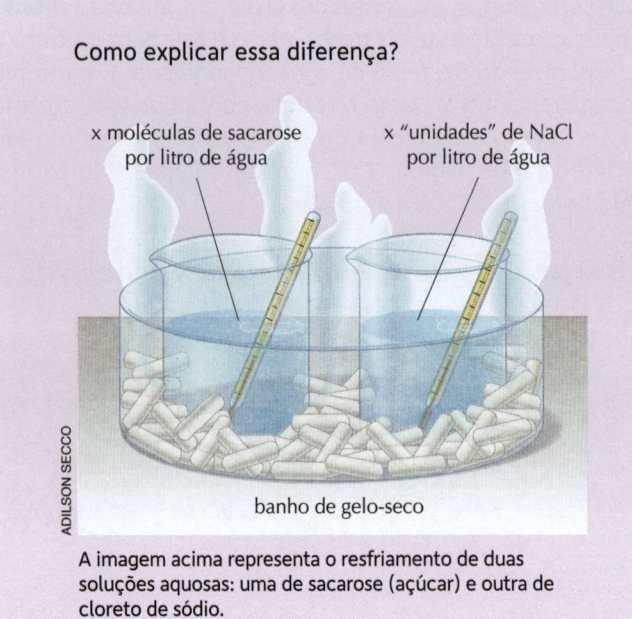

A explicação de Arrhenius

Arrhenius propôs que cada partícula de NaCl poderia se dividir em duas partículas com cargas elétricas opostas: os íons (o termo **íon** havia sido introduzido em 1821, por Michael Faraday, 1791-1867).

Assim, em 1884, Arrhenius apresentou a **teoria da dissociação iônica** à comunidade acadêmica, que lhe outorgou o título de Ph.D. (equivalente ao título de doutor). Essa conquista deveu-se muito mais ao caráter lógico de seu trabalho do que à aceitação de sua teoria. Ela não foi bem recebida porque punha em xeque a crença no átomo indivisível, considerada indiscutível pelos cientistas da época. As descobertas de Thomson no final do século XIX e início do XX – das quais tratamos no capítulo 4 – contribuíram para que a teoria de Arrhenius obtivesse credibilidade, e o cientista acabou recebendo o Prêmio Nobel de Química duas décadas depois, em 1903.

Foi graças a Arrhenius que se associou a presença de íons livres a soluções aquosas de ácido clorídrico, HCl(aq), e cloreto de sódio, NaCl(aq).

Ácidos

HCl, HNO_3 e H_2SO_4 são exemplos de substâncias que, segundo o conceito de Arrhenius, proposto em 1884, liberam íons com mobilidade na presença de água, ou seja, são eletrólitos.

> Podemos definir **eletrólitos** como substâncias que, ao se dissolverem em água, produzem uma solução condutora de corrente elétrica.

As substâncias iônicas solúveis em água, como brometo de potássio, KBr(aq), cloreto de cálcio, $CaCl_2$(aq), e hidróxido de sódio, NaOH(aq), são eletrólitos porque sofrem dissociação iônica, ou seja, as soluções aquosas dessas substâncias apresentam íons com mobilidade. Algumas substâncias moleculares, como ácido clorídrico, HCl(aq), ácido sulfúrico, H_2SO_4(aq), e ácido nítrico, HNO_3(aq), quando dissolvidas em água, sofrem ionização, ou seja, originam íons livres em solução e, por isso, também são eletrólitos.

Sabe-se hoje que, em água, os ácidos liberam íons hidroxônio, H_3O^+(aq).

Vamos ver um exemplo. O vinagre é uma solução aquosa formada por, aproximadamente, 6% em massa de ácido acético (isso significa que, de cada 100 g de vinagre, 6 g correspondem ao ácido acético). O ácido acético (puro) não é bom condutor de corrente elétrica, porém, na presença de água, torna-se bom condutor.

ácido acético + água → íons hidroxônio + íons acetato

$$CH_3COOH(l) + H_2O(l) \longrightarrow H_3O^+(aq) + CH_3COO^-(aq)$$

A equação anterior explica por que isso acontece. Na ausência de água, não há íons livres. Já na presença de água, ocorre ionização.

> **Observação**
>
> Enquanto a passagem de corrente elétrica por um metal não ocasiona alteração química, a que ocorre em uma solução eletrolítica ocasiona uma reação química: a **eletrólise**.

Conceito de ácido de Arrhenius

> Considerando a teoria da dissociação iônica de Arrhenius, podemos afirmar que **ácidos** são compostos que, em solução aquosa, fornecem um único tipo de cátion: o H_3O^+.

Podemos representar a ionização de um ácido qualquer HA por:

$$HA(l) + H_2O(l) \longrightarrow H_3O^+(aq) + A^-(aq)$$

Ou seja: todos os ácidos produzem H_3O^+(aq) em meio aquoso. Podemos, por simplificação, equacionar:

$$HA(l) \xrightarrow{\text{água}} H^+(aq) + A^-(aq)$$

Exemplificando:

$$HNO_3(l) \xrightarrow{\text{água}} H^+(aq) + NO_3^-(aq)$$

Atividades

1. "Não se deve lidar com eletricidade com as mãos molhadas." Essa é uma recomendação de segurança bastante conhecida. Por que isso seria perigoso, se a água destilada é má condutora de corrente elétrica?

2. Considere os seguintes compostos:
   - fluoreto de potássio, KF(s), usado em indústrias de cerâmica e vidrarias;
   - ácido perclórico, $HClO_4(l)$, usado como herbicida.
   a) Qual deles é iônico e, dissolvido em água, pode dissociar-se? Indique o processo por meio de equação.
   b) Qual deles é molecular e, em água, libera íons? Equacione o processo.

Ionização de poliácidos

Muitos ácidos têm mais de um átomo de H ionizável. É o caso do H_2SO_4, um diácido (tem dois átomos de hidrogênio ionizáveis):

$$H-O\diagdown SO_2 \diagup O-H + H_2O \xrightarrow{1^a \text{ etapa}} H_3O^+ + \begin{array}{c} O^- \\ SO_2 \\ H-O \end{array}$$

íons hidroxônio íons hidrogenossulfato $(HOSO_3)^-$

$$\begin{array}{c} O^- \\ SO_2 \\ H-O \end{array} + H_2O \xrightarrow{2^a \text{ etapa}} H_3O^+ + SO_4^{2-}$$

íons hidrogenossulfato $(HOSO_3)^-$ íons hidroxônio íons sulfato

Note que, em cada uma das etapas, apenas um dos átomos de hidrogênio de cada molécula de H_2SO_4 origina o íon hidroxônio.

Se somarmos as duas etapas de ionização, teremos:

$$H_2SO_4(l) + 2\,H_2O(l) \xrightarrow{\text{ionização global}} 2\,H_3O^+(aq) + SO_4^{2-}(aq)$$

íons hidroxônio íons sulfato

> **Observação**
> Só uma parte das moléculas que sofreram a primeira etapa de ionização sofrerá a segunda etapa.

Com base nesse raciocínio, a ionização total do H_3PO_4 pode ser equacionada por:

$$H_3PO_4(l) + 3\,H_2O(l) \xrightarrow{\text{ionização global}} 3\,H_3O^+(aq) + PO_4^{3-}(aq)$$

íons hidroxônio íons fosfato

Força de um ácido

Se a solução de um ácido **A** conduz a corrente elétrica melhor que a de um ácido **B**, é porque a solução de **A** contém, em um mesmo volume, uma quantidade de íons maior que a de **B**.

Constata-se experimentalmente que, em idênticas condições (mesma quantidade de moléculas de ácido e de água, temperatura, etc.), o ácido clorídrico conduz melhor a corrente elétrica que o ácido acético, portanto sua ionização produz um número de íons maior que a ionização do ácido acético, isto é, o HCl tem grau de ionização maior. Dizemos, então, que o ácido clorídrico é mais forte que o ácido acético. A força de um ácido está relacionada com sua condutibilidade elétrica, a qual é decorrente da porcentagem de moléculas do ácido que ioniza.

Grau de ionização (α)

A equação de ionização total de um ácido indica quantos íons se formam para cada molécula de ácido. No entanto, não são todas as moléculas de ácido que, dissolvidas em água, fornecem íons. Ou seja, o fato de a solução aquosa de ácido clorídrico apresentar condutibilidade maior do que a de ácido acético (presente no vinagre), sob mesmas condições, indica que o ácido clorídrico está mais ionizado, isto é, tem maior porcentagem de ionização.

Supondo que 100 moléculas de um ácido – genericamente representado por HA – sejam colocadas em água e somente 80 liberem íons, teríamos então:

$$\begin{array}{ccccccc} HA & + & H_2O & \longrightarrow & H_3O^+ & + & A^- \\ (80) & & \text{excesso} & & 80 & & 80 \end{array}$$

(ionizam-se) (íons formados)

Das 100 moléculas, 80 sofreriam ionização, originando 80 íons H_3O^+ e 80 íons A^-. Ficariam sem se ionizar 20 moléculas, que continuariam na forma HA.

Dizemos que, nesse caso, o **grau de ionização** – representado pelo símbolo α – foi de 80%:

$$\alpha = \frac{80}{100} \Rightarrow \alpha = 0,8 \text{ ou } \alpha = 80\%$$

> $$\alpha = \frac{n^o \text{ de moléculas que se ionizam}}{n^o \text{ de moléculas inicialmente dissolvidas em água}}$$

O **grau de ionização** pode ser expresso em número decimal ou em porcentagem.

Um ácido será tanto mais forte quanto maior for seu grau de ionização.

Simplificadamente, podemos dizer que:
- são **ácidos fortes** aqueles com $\alpha \geq 50\%$. Exemplos: ácido perclórico ($HClO_4$), ácido nítrico (HNO_3), ácido sulfúrico (H_2SO_4), ácido iodídrico (HI), ácido bromídrico (HBr), ácido clorídrico (HCl);
- são **ácidos fracos** aqueles com $\alpha < 5\%$. Exemplos: ácido carbônico (H_2CO_3), ácido cianídrico (HCN), ácido acético H (CH_3COO), ácido bórico (H_3BO_3);

Capítulo 7 • Ácidos, bases e sais

- são **ácidos moderados (ou médios)** aqueles com grau de ionização intermediário, entre o dos ácidos fortes e o dos fracos, ou seja, 5% < α < 50%. Exemplos: ácido fosfórico (H_3PO_4), ácido oxálico ($H_2C_2O_4$), ácido sulfuroso (H_2SO_3); ácido fluorídrico (HF).

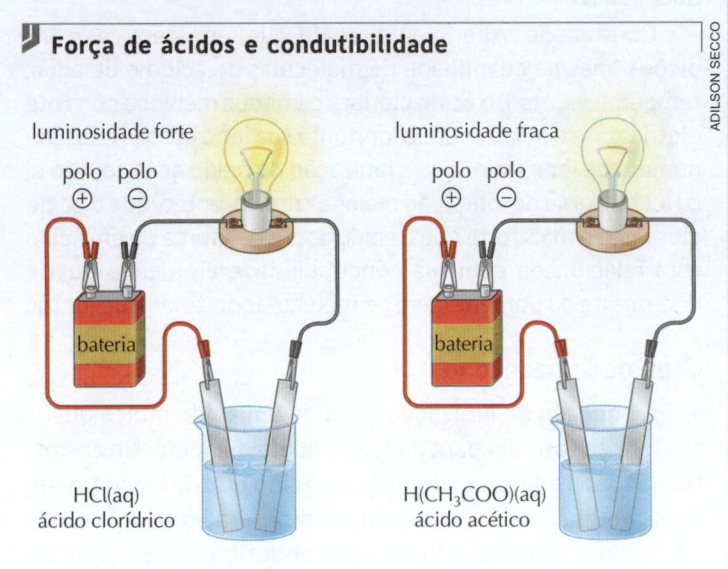

Força de ácidos e condutibilidade

luminosidade forte
polo + polo −
bateria
HCl(aq)
ácido clorídrico

luminosidade fraca
polo + polo −
bateria
H(CH₃COO)(aq)
ácido acético

Duas soluções nas quais foi colocado o mesmo número de moléculas de HA por litro de solução conduzem corrente elétrica tanto melhor quanto maior for o grau de ionização. O ácido clorídrico é um ácido mais forte do que o ácido acético, sendo, portanto, melhor condutor de corrente elétrica.

Observação

O grau de ionização α de um ácido depende da temperatura e da quantidade da substância dissolvida na solução, aspecto que será aprofundado mais adiante em seu estudo de Química.

Saiba mais

Força de um ácido e periculosidade

Nem sempre a força de um ácido é indicativa de sua periculosidade. O ácido cianídrico (HCN), por exemplo, é uma substância extremamente tóxica, embora seja um ácido fraco (α = 0,08). Ele foi utilizado por algum tempo, nos Estados Unidos, nas câmaras de gás para executar criminosos condenados à pena de morte. Em 2013, no incêndio de uma boate na cidade de Santa Maria (RS), o gás cianídrico foi o principal responsável pela morte de mais de 230 pessoas. A queima da espuma que recobria o teto do estabelecimento liberou esse gás, que intoxicou a maior parte das vítimas.

Alguns ácidos de importância comercial

Ácido sulfúrico: H_2SO_4(aq)

Excluída a água, o ácido sulfúrico é a substância mais empregada na indústria química. A quantidade desse ácido produzida pela indústria química de um país serve de indicador de seu índice de desenvolvimento econômico. Isso porque ele é matéria-prima para a fabricação de muitos materiais.

Entre seus usos, podemos citar:
- a obtenção do ácido fosfórico, que, por sua vez, é empregado no preparo de detergentes e fertilizantes;
- o emprego na indústria de petróleo;
- a obtenção do sulfato de alumínio, $Al_2(SO_4)_3$, substância utilizada na indústria de papel e no tratamento de água;
- a fabricação de baterias chumbo-ácido, usadas em veículos automotivos.

Em solução concentrada, o ácido sulfúrico é um excelente desidratante, isto é, retira água do meio em que se encontra (por essa característica, dizemos que ele é higroscópico). Quando se acrescenta água ao ácido sulfúrico, há grande liberação de calor (processo exotérmico).

O ácido sulfúrico concentrado, em contato com a pele, provoca sérias queimaduras. Isso explica por que se devem tomar cuidados especiais ao preparar uma solução aquosa mais diluída a partir dele:
- usar equipamento de proteção individual adequado (avental de mangas compridas, luvas de látex e óculos de proteção);
- **nunca adicionar água ao ácido**, e sim adicionar o ácido à água, lentamente e com agitação constante – a quantidade de calor liberada é proporcional à quantidade de ácido. A água ajuda a dispersá-lo. Por isso, é necessário garantir que, o tempo todo, a água esteja presente em maior quantidade.

Ácido nítrico: HNO_3(aq)

O HNO_3 é usado para fabricar fertilizantes, explosivos, corantes, derivados plásticos, nitrocelulose (substância usada em plásticos, revestimentos, filmes fotográficos, tintas, adesivos, etc.). Trata-se de uma substância volátil, bastante tóxica.

HNO_3 é usado no preparo de fertilizantes, como o que é aplicado no solo desta foto. A manipulação desse tipo de composto requer o uso de equipamentos de proteção individual (EPI), como óculos de proteção, luvas, máscara, botas etc., para evitar possíveis danos à saúde.

Ácido clorídrico: HCl(aq)

As soluções aquosas concentradas de ácido clorídrico, HCl(aq), são extremamente corrosivas e, por isso, devem ser manuseadas com cuidado.

O cloreto de hidrogênio, HCl(g), é um gás corrosivo que irrita o sistema respiratório e, por essa razão, deve ser manuseado com equipamentos de proteção individual. Se inalado em grandes quantidades, pode causar o estreitamento dos bronquíolos, levando ao acúmulo de líquido nos pulmões e, eventualmente, à morte.

O ácido clorídrico contendo impurezas é vendido no comércio com o nome de **ácido muriático**. É usado na limpeza de pedras e pisos, especialmente para remover resíduos de cimento ao término de obras de construção.

Esse ácido também está presente no suco gástrico e tem papel importante no processo digestório. Quando em excesso no estômago, provoca a sensação de azia e queimação (hiperacidez estomacal). Porém, a carência de ácido clorídrico no suco gástrico, aliada a outros fatores, pode tornar a digestão mais lenta.

RECRUTA ZERO

O excesso de acidez no estômago causa azia e queimação. O humor da tira se cria por uma troca: se uma cotação de quatro estrelas demonstraria a excelência da comida do quartel, a cotação de quatro tabletes de antiácido não deixa dúvidas sobre a falta de qualidade do lugar!

Atividades

1. Se colocarmos $5 \cdot 10^5$ moléculas de H_3PO_4 em água, constataremos que somente por volta de $1,35 \cdot 10^5$ sofrem ionização.
   a) Qual é o grau de ionização do H_3PO_4?
   b) Como se pode classificar esse ácido quanto à força?

2. Após a ionização completa da molécula de um ácido H_xA, obtêm-se ânions A^{x-}. O que se pode concluir sobre o número de hidrogênios ionizáveis do ácido?

3. A solução aquosa de ácido perclórico, $HClO_4(aq)$, é boa condutora de corrente elétrica. Como se comporta o $HClO_4(l)$ em relação à condutibilidade elétrica? Justifique.

4. Como poderemos diferenciar um ácido forte de um fraco, experimentalmente?

5. Praticamente não há moléculas de cloreto de hidrogênio (HCl) em certa solução de ácido clorídrico diluída. Justifique esse fato.

Bases ou hidróxidos

O principal constituinte da **soda cáustica**, material vendido no comércio para desentupir encanamentos obstruídos por gordura, é o **hidróxido de sódio**, NaOH. Essa substância pertence à função **base** ou **hidróxido**.

São outros exemplos de base:
- hidróxido de potássio, KOH, comercialmente chamado de potassa;
- hidróxido de cálcio, $Ca(OH)_2$, conhecido como cal extinta ou cal hidratada – é obtido por adição de água à cal e empregado em construções;
- hidróxido de alumínio, $Al(OH)_3$, e hidróxido de magnésio, $Mg(OH)_2$, usados como antiácidos.

Preste atenção nas fórmulas desses compostos. Com o que estudamos até aqui, você pode deduzir algumas das propriedades das bases.

Que generalizações podem ser feitas sobre as bases ou hidróxidos, segundo o conceito de Arrhenius? Observe a tabela abaixo.

Características de algumas bases			
Nome	Fórmula	Natureza	Estado físico (a 25 °C, 1 atm)
hidróxido de sódio	NaOH	iônico	sólido
hidróxido de potássio	KOH	iônico	sólido
hidróxido de cálcio	$Ca(OH)_2$	iônico	sólido
hidróxido de alumínio	$Al(OH)_3$	iônico	sólido

Entre as bases da tabela acima:
- todas são sólidas, o que é compatível com o fato de serem iônicas nas condições ambientes;
- todas têm o ânion OH^- (hidróxido).

Conceito de base de Arrhenius

Considerando a teoria da dissociação iônica de Arrhenius, podemos afirmar que:

> **Bases** são compostos que, em solução aquosa, fornecem um único tipo de ânion: o OH^-, chamado de hidróxido ou hidroxila.

O processo de dissociação iônica é o que ocorre com as bases ao serem colocadas em água; o meio formado como resultado dessa dissolução (total ou parcial) é, portanto, eletrolítico. A dissociação iônica do hidróxido de sódio, uma base bastante solúvel em água, é representada por:

$$Na^+OH^- \xrightarrow{H_2O} Na^+(aq) + OH^-(aq)$$
hidróxido de sódio — íons sódio — íons hidróxido

Pelo fato de se dissolver bem em água, a solução de hidróxido de sódio é boa condutora de corrente elétrica.

As bases dos demais metais alcalinos (grupo 1), todas bastante solúveis em água, e as de alguns metais alcalinoterrosos (grupo 2), embora menos solúveis que as dos metais alcalinos – como o $Ba(OH)_2$ e o $Ca(OH)_2$ –, são outros exemplos de bases que conduzem bem a corrente elétrica em solução aquosa.

Algumas bases de importância comercial

Hidróxido de amônio: NH₄OH

Ao contrário das demais bases – sólidos iônicos que sofrem dissociação em água liberando OH⁻ –, a solução conhecida comercialmente com o nome de amoníaco é obtida pela dissolução de NH₃(g), amônia ou gás amoníaco, em água.

A amônia é um gás extremamente irritante e corrosivo, podendo causar sérios danos às vias respiratórias se for inalado.

$$NH_3(g) + H_2O(l) \rightleftharpoons NH_4^+(aq) + OH^-(aq)$$
amônia — água — íons amônio — íons hidróxido

As duas setas (⇌) que aparecem na equação química indicam que as reações são reversíveis, isto é, alguns dos íons formados voltam a reagir, tornando a formar NH₃(g) e água.

O hidróxido de amônio, uma base, é muito usado:
- na preparação de fertilizantes agrícolas;
- como matéria-prima na obtenção de ácido nítrico;
- no preparo de produtos de limpeza;
- como gás refrigerante, atualmente empregado apenas em grandes indústrias.

Hidróxido de sódio: NaOH

Esta é uma das bases mais empregadas; comercialmente, é vendida com o nome de **soda cáustica**. Sua manipulação requer cuidados especiais e equipamentos de proteção individual porque se trata de uma substância corrosiva e desidratante, ou seja, higroscópica, que atrai as moléculas de água.

É usada na indústria têxtil, de papel e na preparação de sabões e detergentes, por exemplo.

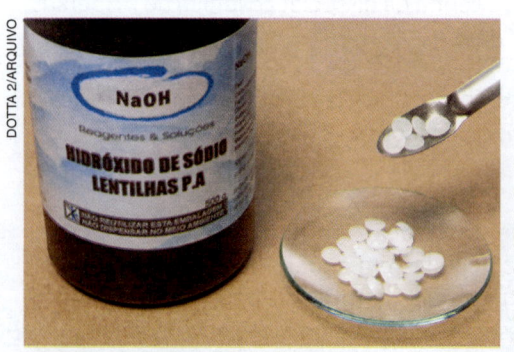

> **Atenção!** O NaOH é corrosivo.

O hidróxido de sódio, uma substância higroscópica, ataca a pele, o vidro e alguns metais, como o alumínio e o zinco.

Força das bases

O hidróxido de amônio é **impropriamente representado por NH₄OH**, pois, na verdade, não há como isolar uma substância que apresente essa composição. Em solução aquosa de gás amoníaco, NH₃(aq), a porcentagem de moléculas que reagem com a água e formam íons NH₄⁺(aq) e OH⁻(aq) é pequena. Por isso, o hidróxido de amônio é considerado uma **base fraca**, isto é, tem grau de ionização baixo.

Por simplificação, costuma-se representar o hidróxido de amônio por NH₃(aq) ou NH₄OH(aq). Fique atento, porém, ao fato de não existir NH₄OH puro, isto é, sem a presença de água.

Com exceção do hidróxido de amônio, NH₄OH, que é uma base fraca e bastante solúvel em água, as demais bases têm sua força vinculada à solubilidade em água, ou seja, as bases bastante **solúveis são fortes e as pouco solúveis são fracas**.

• Bases fortes

Bases de metais do grupo **1**: hidróxido de lítio, LiOH; hidróxido de sódio, NaOH; hidróxido de potássio, KOH; hidróxido de rubídio, RbOH; hidróxido de césio, CsOH. As bases do grupo 1 são as mais fortes por serem bastante solúveis em água.

Bases de metais do grupo **2**: hidróxido de cálcio, Ca(OH)₂; hidróxido de estrôncio, Sr(OH)₂; hidróxido de bário, Ba(OH)₂.

• Bases fracas

A maioria das bases é fraca; excetuam-se os hidróxidos dos metais dos grupos **1** e **2**. Exemplos de bases fracas: hidróxido de chumbo(II), Pb(OH)₂; hidróxido de zinco, Zn(OH)₂; hidróxido de ferro(III), Fe(OH)₃; hidróxido de cádmio, Cd(OH)₂; hidróxido de níquel(II), Ni(OH)₂; hidróxido de amônio, NH₄OH (fraca devido ao baixo grau de ionização do NH₃).

> **Observações**
> - Todas as bases são sólidas nas condições ambientes (têm alta temperatura de fusão), com exceção do hidróxido de amônio.
> - É frequente usarmos a expressão **solução alcalina** para fazer referência a uma solução básica. Ou seja, os termos **base**, **hidróxido** e **álcali** são sinônimos.

Atividades

As questões de **1** a **3** referem-se ao hidróxido de cálcio, Ca(OH)₂, e ao hidróxido de amônio, NH₄OH.

1. Ambos são considerados bases. Por quê?

2. Quando testamos a condutibilidade elétrica de soluções produzidas com a mesma quantidade de hidróxido de cálcio e de hidróxido de amônio, notamos uma diferença na intensidade de luz emitida pela lâmpada do equipamento. Explique a razão dessa diferença.

3. Represente em seu caderno, na forma de equação, a dissociação da base forte em água.

Considere as fórmulas dos compostos a seguir para resolver os exercícios de 4 a 6.

$$H_3C-O-H \qquad Al(OH)_3$$
(1) (2)

4. De acordo com Arrhenius, qual deles representa uma base?

5. Explique como você concluiu que um dos compostos não pode ser base, ainda de acordo com Arrhenius.

6. Um dos compostos é líquido nas condições ambientes. Qual é? Explique como chegou a essa conclusão.

> Você pode resolver as questões 3 e 12 da seção **Testando seus conhecimentos**.

Sais

Quando pensamos em representantes dessa função, com frequência nos vem à mente o sal de cozinha, formado, principalmente, por cloreto de sódio, NaCl. Mas existem muitos outros sais, como o carbonato de cálcio, $CaCO_3$, presente no mármore; o sulfato de bário, $BaSO_4$, sal praticamente insolúvel em água e usualmente ingerido para agir como contraste em radiografias do sistema digestório; o sulfato de cálcio, $CaSO_4$, substância presente no giz; o nitrato de potássio, KNO_3, usado como fertilizante; o fosfato de cálcio, $Ca_3(PO_4)_2$, também usado como fertilizante; além de outros, como os sais fotografados ao lado.

$CuSO_4 \cdot 5\ H_2O$
$CaCl_2 \cdot H_2O$
$CrCl_3 \cdot 6\ H_2O$
$Ni(NO_2)_2 \cdot 6\ H_2O$
$FeCl_3 \cdot 6\ H_2O$

Você pode observar que os sais são substâncias sólidas nas condições ambientes e podem ter colorações diferentes. Alguns apresentam moléculas de água em sua estrutura, sendo chamados de sais hidratados, como os da imagem acima.

Conceito de sal

Considerando a teoria da dissociação iônica de Arrhenius, podemos afirmar que:

> **Sais** são compostos iônicos que têm pelo menos um cátion proveniente de uma base e um ânion proveniente de um ácido.

No sulfato de bário, $BaSO_4$, por exemplo, pode-se considerar que o bário é proveniente do hidróxido de bário, $Ba(OH)_2$, e o sulfato é proveniente do ácido sulfúrico, H_2SO_4.

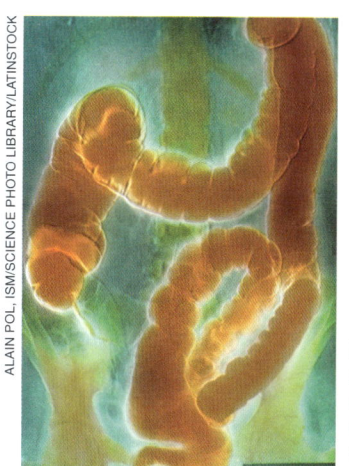

Radiografia do sistema digestório. A visibilidade de parte do sistema digestório é conseguida graças ao uso do sulfato de bário como contraste, um sal branco que foi colorizado nessa imagem.

Saiba mais

Sais utilizados na alimentação

Sal refinado, sal *light* e salgante são alguns dos sais utilizados como ingredientes na culinária. Você sabe qual é a diferença entre eles?

O sal refinado, também conhecido como sal de cozinha, pode ser obtido pela evaporação da água do mar, seguida de um processo de refinamento que elimina impurezas, adicionando-se, então, substâncias que deixam os grãos mais "soltos". Enquanto a composição do sal de cozinha é, principalmente, cloreto de sódio (NaCl), o sal *light* apresenta 50% de cloreto de sódio e 50% de cloreto de potássio (KCl); seu sabor é mais suave que o do sal refinado, e ele é utilizado por algumas pessoas para diminuir o consumo de sódio, elemento associado à hipertensão e às doenças cardiovasculares, entre outras.

O salgante não possui cloreto de sódio; seu componente principal é o cloreto de potássio. Esse sal deixa um sabor residual amargo na boca e não é recomendado para pessoas com problemas renais ou que consumam medicamentos que retêm potássio.

O que é neutralização?

Para aumentar a confiança do consumidor em um produto, um dos recursos das propagandas é usar termos da área das ciências ou da medicina. Assim, é possível que você já tenha visto propagandas – principalmente de certos medicamentos e de xampus – em que se emprega a expressão **neutralizar a acidez**.

Essa expressão se refere, nesses contextos, a uma propriedade das bases: a de reagir com ácidos formando água. Se a água do sistema for totalmente evaporada, obteremos um sal como resíduo.

Assim, podemos dizer que **sais** são compostos que podem ser obtidos pela reação de neutralização entre um ácido e uma base seguida da evaporação da água do sistema.

Observe atentamente algumas equações químicas que representam reações de neutralização:

$$NaOH(aq) + HCl(aq) \longrightarrow NaCl(aq) + H_2O(l)$$

hidróxido de sódio — cátion: Na^+ (base)
ácido clorídrico — ânion: Cl^- (ácido)
cloreto de sódio — Na^+Cl^- (sal)
água (água)

A água produzida na reação resulta da união dos íons H^+, provenientes do ácido, com os íons OH^-, fornecidos pela base.

Observe agora a equação ao lado, em que se obtêm 2 moléculas de H₂O para cada conjunto iônico do sal formado:

A proporção 2 : 2 equivale à proporção 1 : 1, o que quer dizer que para cada ânion OH^- há necessidade de um cátion H^+. Assim, a equação iônica que melhor representa a neutralização de um ácido por uma base é:

$$OH^-(aq) + H^+(aq) \longrightarrow H_2O(l)$$

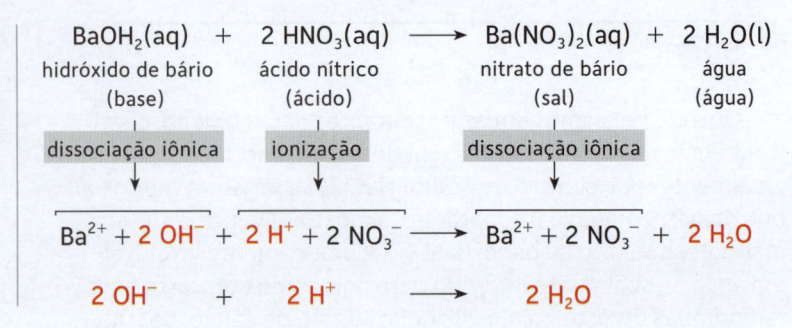

$$BaOH_2(aq) + 2\ HNO_3(aq) \longrightarrow Ba(NO_3)_2(aq) + 2\ H_2O(l)$$
hidróxido de bário (base) + ácido nítrico (ácido) → nitrato de bário (sal) + água (água)

dissociação iônica | ionização | dissociação iônica

$$Ba^{2+} + 2\ OH^- + 2\ H^+ + 2\ NO_3^- \longrightarrow Ba^{2+} + 2\ NO_3^- + 2\ H_2O$$

$$2\ OH^- + 2\ H^+ \longrightarrow 2\ H_2O$$

A neutralização, o pH e os indicadores

Em propagandas de produtos de higiene e beleza, também é comum o emprego da abreviação **pH** com a intenção de dar credibilidade ao que se diz sobre o produto.

Mas o que é pH? Podemos dizer, de modo simplificado, que pH é uma "medida" da acidez ou basicidade (alcalinidade) de um meio. Cada valor de pH está associado a certa concentração de íons $H^+(aq)$, ou seja, à quantidade desses íons por unidade de volume de solução.

Nas condições ambientes (25 °C e 1 atm), o pH = 7 indica que o meio é neutro; valores abaixo de 7 indicam que o meio é ácido (quanto mais baixo é o valor do pH, mais ácido é o meio), e valores acima de 7 indicam que o meio é alcalino (quanto maior é o valor de pH, mais básico é o meio).

O pH pode ser medido por meio de um aparelho (peagâmetro) ou pela análise das cores de tiras de papel poroso contendo um pigmento sensível à concentração de íons hidrogênio (os já mencionados indicadores ácido-base). Cada tom de cor do papel corresponde a determinado pH.

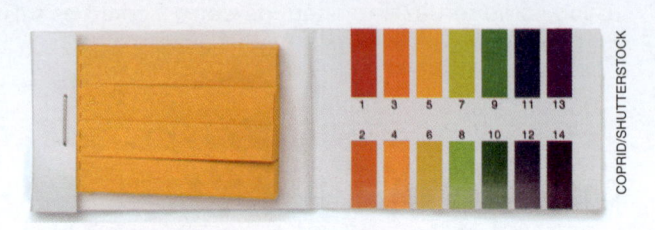

Fita indicadora universal com o padrão de cores correspondente aos valores de pH desse indicador. Qual valor você observa ao testar o pH do pedaço de laranja?

Teste de pH de um pedaço de laranja utilizando a fita indicadora universal. Note que o resultado indica que o meio é ácido.

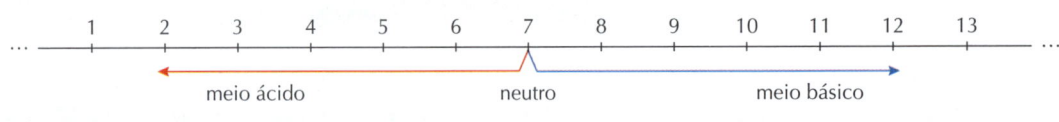

Escala de pH indicando as faixas correspondentes ao meio ácido e ao meio básico e o valor correspondente ao meio neutro.

Em pH = 7,0, a concentração de íons $H^+(aq)$ é igual à concentração de íons $OH^-(aq)$.

Se um meio é ácido (pH < 7,0), isso quer dizer que a concentração de íons $H^+(aq)$ é maior que a de $OH^-(aq)$. Quanto maior é essa diferença, mais ácido é o meio e menor o valor de pH.

Quando é acrescentada uma base – que fornece íons $OH^-(aq)$ – a uma solução ácida, os íons H^+ são total ou parcialmente neutralizados, o que faz o valor do pH aumentar:

$$H^+(aq) + OH^-(aq) \longrightarrow H_2O(l)$$

Observe ao lado a ilustração de um experimento realizado com uma solução aquosa de hidróxido de sódio, usando fenolftaleína como indicador, à qual se acrescentam gradativamente gotas de ácido clorídrico. A reação de neutralização que ocorre provoca uma repentina mudança na coloração do líquido, que passa de rosa a incolor, quando o pH chega a 8 (meio básico). Essa mudança visual é chamada de **viragem do indicador**.

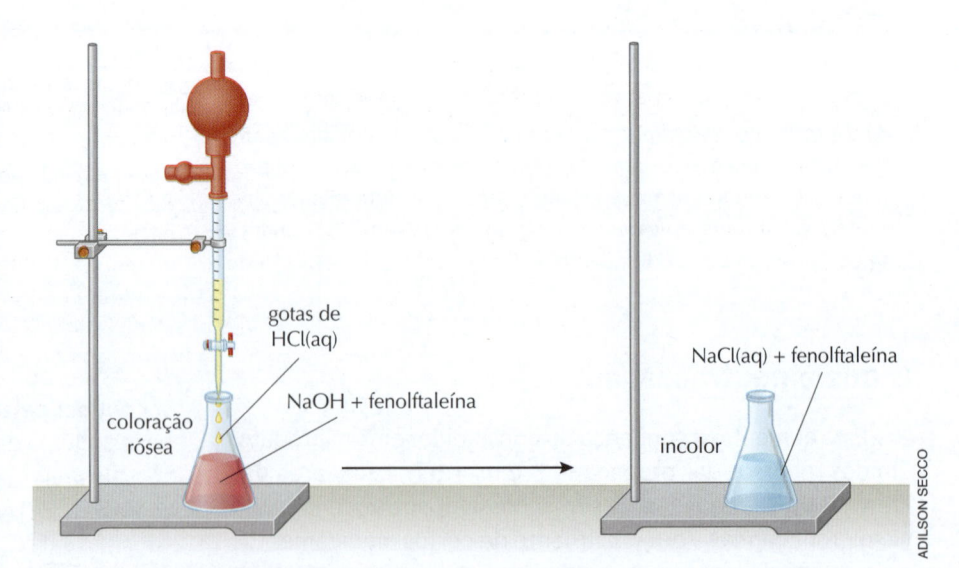

A presença de fenolftaleína na solução aquosa de hidróxido de sódio faz o líquido adquirir coloração rósea. A adição de solução aquosa de ácido clorídrico altera o pH do meio, fazendo com que o líquido passe a ser incolor.

Você pode resolver as questões 1, 2, 4, 6, 7, 8, 10 e 11 da seção Testando seus conhecimentos.

Conexões

Química e saúde – A reação de neutralização e o tabagismo

Ao longo do tempo, a indústria tabagista tem usado alguns recursos para que as pessoas se tornem mais rapidamente dependentes do cigarro. Vamos refletir sobre alguns deles, com base na leitura de dois fragmentos de matérias veiculadas pela imprensa.

Cigarro é mais viciante que cocaína e heroína, diz relatório

BRASÍLIA – Relatório preparado pela organização de controle do tabagismo Campanha Crianças Livres do Tabaco (CTFK) lançado nesta terça-feira, 2 [de setembro de 2014], no Brasil, mostra que cigarros estão mais viciantes e perigosos. [...] A mudança, afirma o documento, é resultado de estratégia adotada pelas companhias. Ao longo dos últimos 50 anos, assegura o relatório, os produtos passaram a apresentar um teor maior de nicotina, tiveram a inclusão em sua fórmula de amônia e açúcares, que aumentam seu efeito e tornam a fumaça mais fácil de ser inalada.

Documentos reunidos no relatório mostram que os teores de nicotina dos cigarros aumentaram 14,5% entre 1999 e 2011. [...] Pesquisadores afirmam no trabalho que a amônia acrescentada ao tabaco aumenta a velocidade com que a nicotina chega ao cérebro e a sua absorção, o que torna a sensação de prazer mais rápida e mais intensa. A amônia também torna a fumaça do cigarro mais suave, o que facilita a sua inalação pelos pulmões.

Ele ressaltou também que, principalmente nos Estados Unidos, cigarros passaram a ter uma concentração maior de nitrosaminas específicas do tabaco, uma substância carcinogênica. Essa última mudança, associada com a adoção de filtros ventilados – que levam a inalações mais profundas – torna o fumante mais vulnerável e exposto a substâncias, aumentando o risco de câncer provocado pelo consumo do cigarro. De acordo com o trabalho, apesar de fumarem menos, tanto homens quanto mulheres têm um risco muito maior de desenvolver câncer de pulmão e doença pulmonar obstrutiva crônica do que em 1964, quando foi divulgado o primeiro relatório produzido pelo governo americano sobre o impacto do tabagismo na saúde.

FORMENTI, Lígia. *O Estado de S. Paulo*, 2 set. 2014. Disponível em: <http://saude.estadao.com.br/noticias/geral,cigarro-e-mais-viciante-que-cocaina-e-heroina-diz-relatorio,1553676>. Acesso em: 9 maio 2018.

Açúcar e amônia podem sair da composição do cigarro

[...]

Maior exportador de tabaco do mundo, o Brasil envia para o exterior cerca de 675 toneladas de fumo por ano [...]. Desse montante, 15% são de tabaco tipo burley, uma qualidade do fumo mais amarga que precisa da adição de até 10% de açúcar para se tornar palatável ao consumidor. "Isso é feito com os olhos voltados ao público jovem, que começa a fumar cada vez mais cedo [...].

[...]

O segundo aditivo na mira da Convenção, a amônia, pode potencializar em até cem vezes os efeitos viciantes da nicotina no organismo. "Esse produto é usado com o único objetivo de deixar o consumidor viciado o mais cedo possível", diz o pneumologista Sérgio Ricardo Santos. Com a eventual retirada desses componentes da formulação do cigarro, espera-se que o produto se torne menos atrativo ao jovem e que haja uma diminuição nos danos causados à saúde do fumante.

YARAK, Aretha. *Veja*, São Paulo, 16 nov. 2010. Disponível em: <http://veja.abril.com.br/noticia/saude/acucar-e-amonia-podem-sair-da-composicao-do-cigarro/>. Acesso em: 9 maio 2018.

---

1. Qual é a fórmula da amônia? Que caráter tem a solução dessa substância em água?

2. Ambos os textos afirmam que a adição de amônia ao tabaco tem relação com o processo pelo qual o fumante se torna dependente do cigarro. Levando em conta que, no Brasil, o solo é, em geral, ácido, explique por que essa adição tem colaborado para aumentar o número de dependentes do cigarro.

3. De acordo com o primeiro texto, os cigarros estão mais viciantes e perigosos como resultado de "estratégia adotada pelas companhias". Um assunto como esse, sério e que tem impacto em nossa vida, exige que as pessoas se posicionem e, para isso, é preciso ter informações. Então pesquise em fontes confiáveis e registre os dados mais importantes:
   a) Que riscos à saúde o cigarro representa, independentemente da adição de açúcar e amônia?
   b) Quem pode fumar no Brasil e em que locais?
   c) Quais são as restrições em relação à propaganda desse produto?

A reação de neutralização e os tipos de sal

Considere as duas possibilidades de neutralização do ácido sulfúrico, $H_2SO_4(aq)$ – que é um diácido, isto é, um ácido constituído por 2 átomos de hidrogênio ionizáveis –, por hidróxido de potássio, $KOH(aq)$:

$$H_2SO_4(aq) + KOH(aq) \xrightarrow{\text{neutralização parcial}} KHSO_4(aq) + H_2O(l)$$
ácido sulfúrico — hidróxido de potássio — hidrogenossulfato de potássio (hidrogenossal) — água
H**H**SO₄(aq) — K**OH**(aq)

$$H_2SO_4(aq) + 2\,KOH(aq) \xrightarrow{\text{neutralização total}} K_2SO_4(aq) + 2\,H_2O(l)$$
ácido sulfúrico — hidróxido de potássio — sulfato de potássio (sal normal) — água
H**H**SO₄(aq) — K**OH**(aq) + K**OH**(aq)

Se ácido sulfúrico e hidróxido de potássio reagirem na proporção de 1 : 1, apenas um dos hidrogênios ionizáveis do ácido será neutralizado. Genericamente, o tipo de sal formado é chamado de **hidrogenossal**, por ainda conter hidrogênio ionizável.

Quando ocorre a neutralização total, como acontece na segunda possibilidade, há a formação de um sal que pode ser classificado como **sal normal**.

De modo semelhante, vamos analisar o que ocorre quando uma dibase, isto é, uma base que apresenta duas hidroxilas, como o hidróxido de cálcio, $Ca(OH)_2(aq)$, reage com um ácido como o ácido clorídrico, $HCl(aq)$. Se essas substâncias reagirem na proporção de 1 : 1, teremos um sal com o íon hidroxila.

$$Ca(OH)_2(s) + HCl(aq) \xrightarrow{\text{neutralização total}} Ca(OH)Cl(aq) + H_2O(l)$$
hidróxido de cálcio — ácido clorídrico — hidroxicloreto de cálcio (hidroxissal) — água

Ca(OH)(**OH**)

Isso porque somente um dos grupos hidróxido foi neutralizado.

Quando o sal apresenta íon(s) hidroxila(s) em sua composição, ele é classificado como **hidroxissal**.

De forma análoga ao que ocorre com o ácido sulfúrico, pode acontecer a neutralização total dos íons hidroxila:

$$Ca(OH)_2(s) + 2\,HCl(aq) \longrightarrow CaCl(aq) + 2\,H_2O(l)$$
hidróxido de cálcio — ácido clorídrico — cloreto de cálcio (sal normal) — água

Ca(**OH**)(**OH**)

Com base nas diversas possibilidades de neutralização, vamos classificar os principais tipos de sal.

- **Sais normais** são aqueles que podem ser obtidos pela neutralização total de um ácido por uma base. Eles não contêm grupo OH^- ou H^+. Exemplos: sulfato de potássio, K_2SO_4; fosfato de bário, $Ba_3(PO_4)_2$; carbonato de cálcio, $CaCO_3$.
- **Hidrogenossais** são aqueles que têm um só tipo de cátion e cujo ânion contém um ou mais hidrogênios ionizáveis. Os hidrogenossais formam-se quando apenas parte dos H ionizáveis de um poliácido é neutralizada por uma base. Exemplos: hidrogenossulfato de potássio, $KHSO_4$; monoidrogenofosfato de bário, $BaHPO_4$; hidrogenocarbonato de sódio, $NaHCO_3$.

> Antigamente, os hidrogenossais também eram chamados de sais ácidos, expressão que pode sugerir que suas soluções são ácidas, o que não é verdadeiro. Por isso, essa nomenclatura deve ser evitada. O $NaHCO_3$, hidrogenocarbonato de sódio, às vezes é chamado de carbonato ácido de sódio, no entanto sua solução **tem caráter básico** (ainda utilizado por muitos como antiácido estomacal). O $NaHCO_3$ é comercializado também com o nome de bicarbonato de sódio.

- **Hidroxissais** são aqueles que têm um só tipo de cátion e cujo ânion contém uma ou mais hidroxilas. Exemplos: hidroxicloreto de cálcio, $Ca(OH)Cl$; di-hidroxinitrato de alumínio, $Al(OH)_2NO_3$; hidroxissulfato de ferro(III), $Fe(OH)SO_4$.

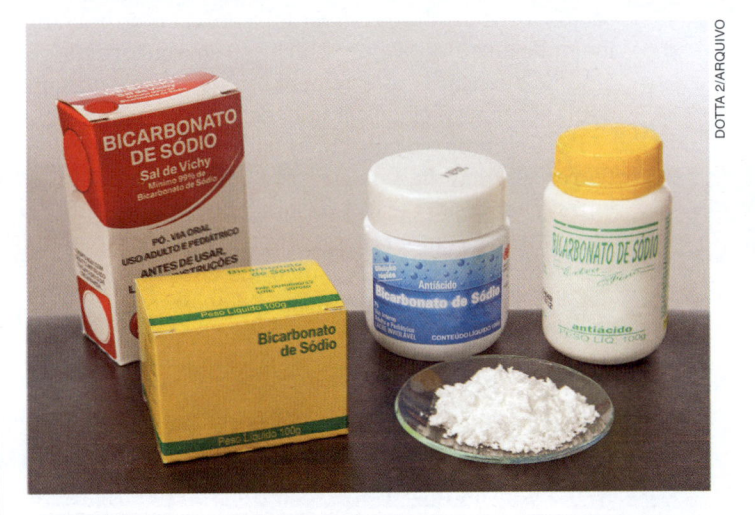

O monoidrogenocarbonato de sódio ou bicarbonato de sódio ($NaHCO_3$) é um sal muito utilizado na culinária, na confecção de pães e bolos. O fato de o $NaHCO_3$ ter caráter básico explica por que ainda hoje algumas pessoas o utilizam para combater a azia. Repare que no rótulo de uma embalagem de sal, em destaque acima, é mencionado o combate à acidez. (Vale lembrar que quem tem episódios frequentes de azia ou dor de estômago deve consultar um médico, e não se automedicar.)

148 Química - Novais & Tissoni

- **Sais duplos** são aqueles em que os cátions correspondem aos de duas bases ou em que os ânions correspondem aos de dois ácidos.
  - Sais duplos quanto ao cátion:

  $NaKSO_4$ | base: NaOH e KOH
  ácido: H_2SO_4 ⟶ **NaK**SO_4 sulfato duplo de sódio e potássio

  - Sais duplos quanto ao ânion:

  $CaBrCl$ | base: $Ca(OH)_2$
  ácidos: HBr e HCl ⟶ **Ca**Cl**Br** cloreto brometo de cálcio

Em qualquer um dos casos estudados, o total de cargas correspondente à fórmula do sal é zero, como podemos analisar no quadro abaixo.

Cargas presentes nos diversos tipos de sal			
Sal	Total de cargas positivas	Total de cargas negativas	Soma das cargas
normal $Ca_2P_2O_7$ pirofosfato de cálcio	Ca^{2+} ×2 → +4	$P_2O_7^{4-}$ ×1 → −4	+4 + (−4) = 0
hidrogenossal $CaH_2P_2O_7$ di-hidrogenopirofosfato de cálcio	Ca^{2+} ×1 → +2	$H_2P_2O_7^{2-}$ ×1 → −2	+2 + (−2) = 0
hidroxissal $Fe(OH)SO_4$ hidroxissulfato de ferro(III)	Fe^{3+} ×1 → +3	OH^- ×1 → −1 SO_4^{2-} ×1 → −2 −3	+3 + (−3) = 0
sal duplo $KMgF_3$ fluoreto de magnésio e potássio	K^+ ×1 → +1 Mg^{2+} ×1 → +2 +3	F^- ×3 → −3	+3 + (−3) = 0

Nomenclatura de ácidos, bases e sais

Agora que você já estudou ácidos, bases e sais, vamos começar a dar os nomes de alguns deles. Para nomear os **ácidos**, utilizamos a seguinte estrutura:

ácido (nome do ânion com a terminação alterada)

Terminação		Exemplos	
Ânion	Ácido	Ânion	Ácido
-eto	-ídrico	S^{2-} (sulf**eto**)	H_2S (ácido sulf**ídrico**)
-ato	-ico	BO_3^{3-} (bor**ato**)	H_3BO_3 (ácido bór**ico**)
-ito	-oso	NO_2^- (nitr**ito**)	HNO_2 (ácido nitr**oso**)

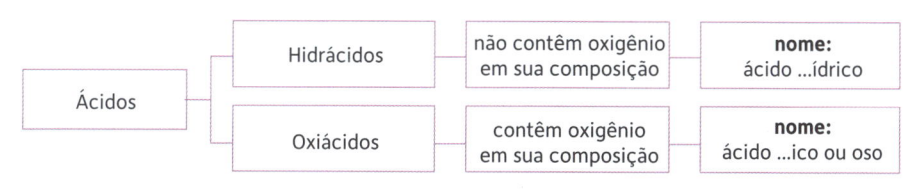

Ácidos
- Hidrácidos — não contêm oxigênio em sua composição — **nome:** ácido ...ídrico
- Oxiácidos — contêm oxigênio em sua composição — **nome:** ácido ...ico ou oso

A nomenclatura de oxiácidos de fósforo e enxofre apresenta uma pequena variação em relação à dos outros oxiácidos. Observe a tabela.

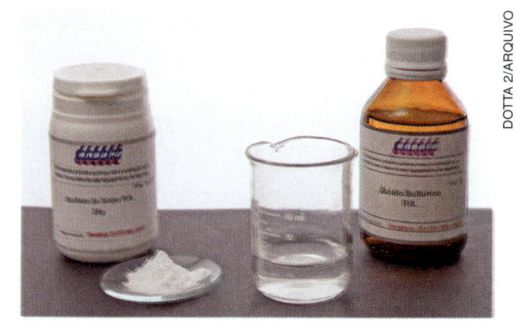

Exemplos	
Ânion	Ácido
SO_4^{2-} (sulfato)	H_2SO_4 (ácido sulf**úr**ico)
SO_3^{2-} (sulfito)	H_2SO_3 (ácido sulf**ur**oso)
PO_4^{3-} (fosfato)	H_3PO_4 (ácido fosf**ór**ico)
$H_2PO_2^-$ (hipofosfito)	H_3PO_2 (ácido hipofosf**or**oso)

O H_2SO_4 praticamente puro é um líquido viscoso (observe o conteúdo do béquer), bem diferente do sal Na_2SO_4 anidro, que é derivado desse ácido, um sólido cujos cristais são brancos, como se pode observar à esquerda na foto acima.

Para nomear as **bases**, utilizamos a seguinte estrutura:

hidróxido de _____(nome do cátion)_____

Se o cátion for de um elemento que pode apresentar várias cargas, indica-se a carga (ou valência) do cátion em algarismos romanos. Por exemplo:

Elemento	Cátion	Fórmula (base)	Nome (base)
Ferro	Fe^{2+}	$Fe(OH)_2$	hidróxido de ferro(II)
	Fe^{3+}	$Fe(OH)_3$	hidróxido de ferro(III)

Para nomear os **sais**, utilizamos a seguinte estrutura:

_____(nome do ânion)_____ **de** _____(nome do cátion)_____

Suponha que se queira saber qual é o nome do composto K_3PO_4. Consultando a tabela de cátions e ânions, temos:

ânion: PO_4^{3-} ⟶ (orto)fosfato ⎱ K_3PO_4
cátion: K^+ ⟶ potássio ⎰ (orto)fosfato de potássio

No caso de o cátion poder apresentar várias cargas (valências), usam-se algarismos romanos para indicá-las. Observe os exemplos:

Metal	Cátion	Ânion	Sal	Nome
Cobre	Cu^+	SO_4^{2-}	Cu_2SO_4	sulfato de cobre(I)
	Cu^{2+}	SO_4^{2-}	$CuSO_4$	sulfato de cobre(II)

Atividades

Consulte a tabela de cátions e ânions do final do livro para resolver as questões. Sempre que julgar necessário, examine também a Tabela Periódica.

1. Entre os ácidos de importância industrial, podemos mencionar:
   I. o ácido clorídrico: o principal componente da mistura vendida sob o nome comercial de ácido muriático;
   II. o ácido nítrico: sua solução é bastante corrosiva; quando misturado ao ácido clorídrico, constitui a água-régia, sendo capaz de reagir com o ouro, metal pouco reativo;
   III. o ácido fosfórico: usado como conservante de refrigerantes do tipo cola;
   IV. o ácido sulfúrico: substância que se dissolve em água com liberação de calor – por isso as soluções aquosas dessa substância precisam ser preparadas com uma série de precauções.

   Para os quatro ácidos acima mencionados:
   a) escreva a fórmula molecular;
   b) dê o nome e a carga dos ânions obtidos pela ionização total desses ácidos.

2. Considere as bases mencionadas a seguir e escreva a fórmula de cada uma delas.
   a) Hidróxido de sódio: importante em processos industriais, como a fabricação de papel;
   b) Hidróxido de cobre(II): pode ser usado na agricultura como fungicida;
   c) Hidróxido de ferro(II): usado em medicamentos veterinários para o tratamento da anemia provocada por deficiência de ferro.

3. Dê o nome das bases:
   a) $Al(OH)_3$: componente principal da gibbsita, uma das formas sob as quais o alumínio pode ser encontrado na natureza;
   b) $Ni(OH)_2$: usada em baterias recarregáveis de níquel-cádmio;
   c) $Ba(OH)_2$: pode ser usada para eliminar a acidez provocada por derramamentos de ácido.

4. Represente os cátions e os ânions que constituem os sais mencionados nos itens abaixo, bem como suas formulas, procedendo como no item a.
   a) O acetato de alumínio é um sal que, em solução aquosa, é usado como antisséptico (desinfetante).
      Cátion: Al^{3+} ânion $(CH_3COO)^-$
      $Al(CH_3COO)_3$

b) O sulfato de amônio é muito utilizado como fertilizante, pois, além de ser fonte de nitrogênio, corrige o pH do solo.

c) O sulfato de alumínio é um sal presente na composição de alguns papéis; esse sal é o responsável pelo amarelamento do papel.

d) O alquimista alemão Johann Rudolf Glauber (1604--1670) foi o responsável por obter, no século XVII, alguns sais muito empregados ainda hoje. É o caso do permanganato de potássio – muito usado em laboratório e em desinfecção de água e de vegetais – e do sulfato de sódio – muito empregado em vários processos industriais, inclusive no chamado processo Kraft (fabricação de papel a partir da polpa da madeira), em medicamentos, etc.

5. A acidez do solo é prejudicial ao cultivo de plantas devido à diminuição da disponibilidade de nutrientes e ao surgimento de íons tóxicos às plantas, como o cátion alumínio (Al^{3+}). A calagem – adição de cal – ou o uso de outros corretivos de acidez do solo são fundamentais para aumentar a produtividade e a eficiência de adubos. Considerando que um técnico analisou o pH de três amostras de solo distintas e obteve os resultados indicados a seguir, responda: em qual(is) amostra(s) será necessário o emprego de corretivos de acidez de solo?

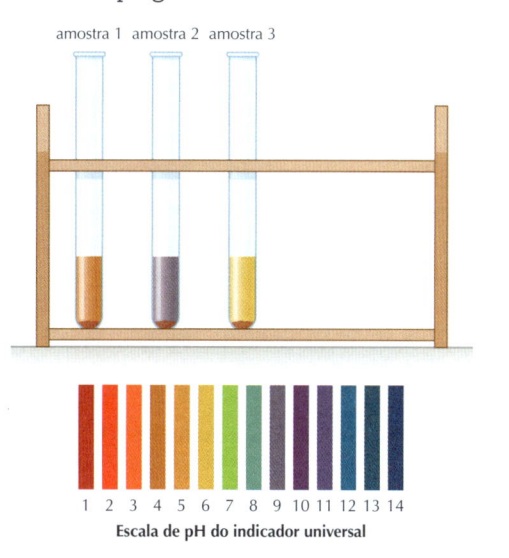

6. Leia o texto a seguir e responda às questões.

Excesso de sal pode causar doenças cardiovasculares

Apesar de ter papel importante no organismo e contribuir para um bom funcionamento do corpo, o consumo abusivo do sal de cozinha pode trazer problemas à saúde. **O excesso de sódio, principal componente do sal de cozinha**, está associado ao desenvolvimento da hipertensão arterial, de doenças cardiovasculares, renais e outras, que estão entre as primeiras causas de internações e óbitos no Brasil e no mundo.

O sódio é responsável pela regulação da quantidade de líquidos que ficam dentro e fora das células. Quando há excesso do nutriente no sangue, ocorre uma alteração no equilíbrio entre esses líquidos. O organismo retém mais água, que aumenta o volume de líquido, sobrecarregando o coração e os rins, situação que pode levar à hipertensão.

A pressão alta prejudica a flexibilidade das artérias e ataca os vasos, coração, rins e cérebro. Dados [...] do Ministério da Saúde revelam que 22,7% dos brasileiros já receberam diagnóstico de hipertensão.

Por dentro, os vasos são cobertos por uma fina camada, que é lesionada quando o sangue circula com pressão elevada. Com isso, eles se endurecem e ficam estreitos, podendo entupir ou romper com o passar dos anos. O entupimento de um vaso no coração pode levar a um infarto [...]. No cérebro, o entupimento ou rompimento levam ao Acidente Vascular Cerebral (AVC), conhecido como derrame [...]. Nos rins, podem ocorrer alterações na filtração do sangue e até a paralisação dos órgãos. Portanto, evitar a ingestão excessiva de sal é uma medida simples que pode prevenir vários problemas graves de saúde.

A recomendação de consumo máximo diário de sal pela Organização Mundial de Saúde (OMS) é de menos de cinco gramas por pessoa. O Instituto Brasileiro de Geografia e Estatística (IBGE) revela, no entanto, que o consumo do brasileiro está em 12 gramas diários, valor que ultrapassa o dobro do recomendado. [...]

Opção saudável

Uma das maneiras mais práticas de diminuir o consumo de sódio é observar as informações nutricionais no verso das embalagens ao comprar alimentos industrializados. Se a quantidade for superior a 400 mg em 100 g do alimento, é considerado um alimento rico no nutriente, sendo prejudicial à saúde. É recomendável sempre escolher aquele que apresentar menos sódio.

[...]

Para contribuir com a diminuição do consumo de sódio, o Ministério da Saúde firmou um acordo com a indústria alimentícia pela redução gradual do teor de sódio em alimentos processados. Desde 2011, o Governo Federal fechou três termos de compromisso para que várias categorias de alimentos sejam produzidas com menos sódio.

[...] Somados os três convênios, a previsão é de que até 2020, estejam fora das prateleiras mais de mil toneladas de sódio. [...]

PORTAL BRASIL. Excesso de sal pode causar doenças cardiovasculares. Disponível em: <http://www.brasil.gov.br/saude/2012/11/excesso-de-sal-pode-causar-doencas-cardiovasculares>. Acesso em: 9 maio 2018.

a) O trecho destacado no primeiro parágrafo do texto apresenta uma imprecisão do ponto de vista da Química. Reescreva o trecho, adequando-o.

b) O texto menciona uma maneira de diminuir o consumo de sódio: observar a quantidade desse nutriente nas informações nutricionais que aparecem no rótulo de alimentos. Pesquise essa informação em diferentes alimentos presentes em sua casa e construa uma tabela com esses dados, identificando os alimentos ricos em sódio segundo o padrão adotado no texto.

c) Em grupo de três ou quatro colegas, construa um painel, a ser apresentado na escola, sobre o consumo de sal e a saúde. Pesquisem em fontes confiáveis a importância do sal na alimentação (quando consumido moderadamente) e os prejuízos causados pelo consumo excessivo desse nutriente. Utilizem as informações coletadas por vocês e por seus colegas para responder ao item **b**. O painel deve ter textos curtos e claros, imagens com legendas explicativas e as fontes de pesquisa utilizadas.

Testando seus conhecimentos

Caso necessário, consulte as tabelas no final desta Parte.

1. (UPM-SP) Indicadores são substâncias que mudam de cor na presença de íons H⁺ e OH⁻ livres em uma solução. Justamente por esta propriedade, são usados para indicar o pH, ou seja, os indicadores "indicam" se uma solução é ácida ou básica. Esses indicadores podem ser substâncias sintéticas como a fenolftaleína e o azul de bromotimol, ou substâncias que encontramos em nosso cotidiano, como por exemplo, o suco de repolho roxo, que apresenta uma determinada coloração em meio ácido e uma outra coloração em meio básico. A tabela a seguir ilustra as cores características dessas substâncias nos intervalos ácido e básico.

Indicador	Coloração adquirida	
	Meio ácido	Meio básico
Fenolftaleína	Incolor	Róseo
Suco de Repolho Roxo	Vermelho	Verde
Azul de Bromotimol	Amarelo	Azul

Assim, um estudante preparou três soluções aquosas concentradas de diferentes substâncias, de acordo com a ilustração abaixo.

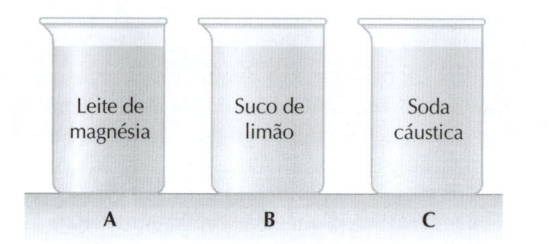

A - Leite de magnésia
B - Suco de limão
C - Soda cáustica

Após o preparo, o estudante adicionou ao recipiente **A** (fenolftaleína), ao **B** (suco de repolho roxo) e ao **C** (azul de bromotimol). Sendo assim, as cores obtidas, respectivamente, nos recipientes **A**, **B** e **C**, foram
a. róseo, vermelho e amarelo.
b. incolor, verde e amarelo.
c. incolor, verde e azul.
d. róseo, vermelho e azul.
e. incolor, vermelho e azul.

2. (Uerj) O cloreto de sódio, principal composto obtido no processo de evaporação da água do mar, apresenta a fórmula química NaCl. Esse composto pertence à seguinte função química:
a. sal
b. base
c. ácido
d. óxido

3. (Uerj) No século XIX, o cientista Svante Arrhenius definiu ácidos como sendo as espécies químicas que, ao se ionizarem em solução aquosa, liberam como cátion apenas o íon H⁺. Considere as seguintes substâncias, que apresentam hidrogênio em sua composição: C_2H_6, H_2SO_4, NaOH, NH_4Cl. Dentre elas, aquela classificada como ácido, segundo a definição de Arrhenius, é:
a. C_2H_6
b. H_2SO_4
c. NaOH
d. NH_4Cl

4. (Uerj)

> Utilize as informações a seguir para responder à questão:
>
> A aplicação de campo elétrico entre dois eletrodos é um recurso eficaz para separação de compostos iônicos. Sob o efeito do campo elétrico, os íons são atraídos para os eletrodos de carga oposta.

Considere o processo de dissolução de sulfato ferroso em água, no qual ocorre a dissociação desse sal. Após esse processo, ao se aplicar um campo elétrico, o seguinte íon salino irá migrar no sentido do polo positivo:
a. Fe^{3+}
b. Fe^{2+}
c. SO_4^{2-}
d. SO_3^{2-}

5. (Uerj) Para realização de movimentos de ginástica olímpica, os atletas passam um pó branco nas mãos, constituído principalmente por carbonato de magnésio. Em relação a esse composto, apresente sua fórmula química, sua função química inorgânica e o número de oxidação do magnésio*. Nomeie, também, a ligação interatômica que ocorre entre o carbono e o oxigênio.

---

* Nota dos autores: No caso, o número de oxidação mencionado é o mesmo que a carga do íon.

6. (Enem) A soda cáustica pode ser usada no desentupimento de encanamentos domésticos e tem, em sua composição, o hidróxido de sódio como principal componente, além de algumas impurezas. A soda normalmente é comercializada na forma sólida, mas que apresenta aspecto "derretido" quando exposta ao ar por certo período.

O fenômeno de "derretimento" decorre da
a. absorção da umidade presente no ar atmosférico.
b. fusão do hidróxido pela troca de calor com o ambiente.
c. reação das impurezas do produto com o oxigênio do ar.
d. adsorção de gases atmosféricos na superfície do sólido.
e. reação do hidróxido de sódio com o gás nitrogênio presente no ar.

7. (UFJF-MG) Um estudante foi ao laboratório e realizou uma série de experimentos para identificar um determinado composto químico. As observações sobre esse composto estão descritas a seguir:

Observação 1	Possuía propriedades corrosivas.
Observação 2	Possuía alta solubilidade em água.
Observação 3	O papel de tornassol ficou vermelho em contato com ele.
Observação 4	Apresentou condução de corrente elétrica quando dissolvido em água.

Baseado nas observações feitas pelo estudante, pode-se afirmar que o composto analisado é:

a. HCl
b. NaOH
c. NaCl
d. I_2
e. CH_4

8. (Enem) Um pesquisador percebe que o rótulo de um dos vidros em que guarda um concentrado de enzimas digestivas está ilegível. Ele não sabe qual enzima o vidro contém, mas desconfia de que seja uma protease gástrica, que age no estômago digerindo proteínas. Sabendo que a digestão no estômago é ácida e no intestino é básica, ele monta cinco tubos de ensaio com alimentos diferentes, adiciona o concentrado de enzimas em soluções com pH determinado e aguarda para ver se a enzima age em algum deles.

O tubo de ensaio em que a enzima deve agir para indicar que a hipótese do pesquisador está correta é aquele que contém

a. cubo de batata em solução com pH = 9.
b. pedaço de carne em solução com pH = 5.
c. clara de ovo cozida em solução com pH = 9.
d. porção de macarrão em solução com pH = 5.
e. bolinha de manteiga em solução com pH = 9.

9. (Uece) O quadro a seguir contém as cores das soluções aquosas de alguns sais.

Nome	Fórmula	Cor
Sulfato de cobre	$CuSO_4$	azul
Sulfato de sódio	Na_2SO_4	incolor
Cromato de potássio	K_2CrO_4	amarela
Nitrato de potássio	KNO_3	incolor

Os íons responsáveis pelas cores amarela e azul são respectivamente

a. CrO_4^{2-} e Cu^{2+}.
b. CrO_4^{2-} e SO_4^{2-}.
c. K^+ e Cu^{2+}.
d. K^+ e SO_4^{2-}.

10. (UTFPR) Muitas substâncias químicas são usadas no nosso cotidiano. Alguns exemplos são dados abaixo:

I. HNO_3 – é utilizado na fabricação de explosivos, como, por exemplo, a dinamite.
II. H_2CO_3 – é um dos constituintes dos refrigerantes e das águas gaseificadas.
III. NaOH – utilizado na fabricação de sabão.
IV. NH_4OH – usado na produção de fertilizantes.
V. $NaNO_3$ – usado na produção de fertilizantes e de pólvora.
VI. $NaHCO_3$ – usado em remédios antiácidos e extintores de incêndio.

Assinale a alternativa correta.
a. Os compostos I, II, V e VI pertencem à função óxidos.
b. Os compostos I, II e VI pertencem à função ácidos.
c. Os compostos II, V e VI pertencem à função sais.
d. Os compostos III e IV pertencem à função bases.
e. Os compostos I, II, III, IV, V e VI pertencem à função óxidos.

11. (Ifsul-RS) À reação entre o ácido sulfúrico e o hidróxido de sódio dá-se o nome de _____ e formam-se _____ e água.

As palavras corretas que preenchem as lacunas, de cima para baixo, são:
a. ionização – ácido.
b. salificação – óxido.
c. neutralização – sal.
d. dissociação – base.

12. (Ulbra-RS) **Instrução:** Leia o fragmento abaixo e responda à questão.

No capítulo Raios Penetrantes, Oliver Sacks relembra de um exame de úlcera do estômago que presenciou quando criança.

"Mexendo a pesada pasta branca, meu tio continuou: 'Usamos sulfato de bário porque os íons de bário são pesados e quase opacos para os raios X'. Esse comentário me intrigou, e eu me perguntei por que não se podiam usar íons mais pesados. Talvez fosse possível fazer um 'mingau' de chumbo, mercúrio ou tálio – todos esses elementos tinham íons excepcionalmente pesados, embora, evidentemente, ingeri-los fosse letal. Um mingau de ouro e platina seria divertido, mas caro demais. 'E que tal mingau de tungstênio?', sugeri. 'Os átomos de tungstênio são mais pesados que os do bário, e o tungstênio não é tóxico nem caro.'"

Analise as seguintes afirmações sobre os elementos citados no texto.

I. O bário forma o cátion Ba^{2+}, logo o íon, citado no texto, apresenta 56 prótons e 54 elétrons.
II. Chumbo, mercúrio e tálio pertencem à mesma família da tabela periódica, o que explica que apresentam propriedades semelhantes.
III. O tungstênio apresenta maior número atômico que o bário, logo, o raio atômico do tungstênio é maior que o raio atômico do bário.

Está(ão) correta(s):
a. I, II e III.
b. Somente a I.
c. I e III.
d. II e III.
e. Nenhuma das afirmações.

Mais questões: no livro digital, em **Vereda Digital Aprova Enem** e **Vereda Digital Suplemento de revisão e vestibulares**; no site, em **AprovaMax**.

CAPÍTULO 8

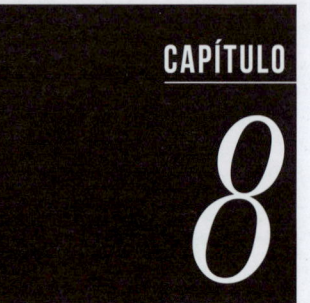

REAÇÕES QUÍMICAS: ESTUDO QUALITATIVO

Cerca de 280 mil toneladas de alimentos são comercializadas mensalmente na Companhia de Entrepostos e Armazéns Gerais de São Paulo (Ceagesp), em São Paulo (SP). Foto de 2015.

ENEM
C1: H2
C5: H17 e H18

Este capítulo vai ajudá-lo a compreender:
- o que é equação química;
- coeficientes de acerto das equações químicas;
- método das tentativas de balanceamento das equações;
- reações de síntese e decomposição;
- condições para que reações envolvendo eletrólitos ocorram;
- algumas reações químicas importantes em nossa vida.

Para situá-lo

Há mais de dois séculos, o economista inglês Thomas Robert Malthus (1766-1824) analisou dados de produção e preço dos produtos e concluiu que, enquanto a disponibilidade de alimentos aumentava anualmente em **progressão aritmética**, a população mundial crescia, no mesmo período, em **progressão geométrica**.

Se Malthus estivesse certo, de 1960 a 1970, por exemplo, a população teria pulado de cerca de 3 bilhões para 3 072 bilhões de pessoas! No entanto, em 1970, ela não chegava a 4 bilhões de indivíduos (<http://www.census.gov/population/international/data/worldpop/graph_population.php>, acesso em: 29 fev. 2016). Isso porque, para esse economista, os meios de subsistência aumentariam numa progressão de 1 : 2 (em um ano), de 2 : 3 (no ano seguinte), de 3 : 4 (no ano seguinte), e assim por diante; enquanto isso, o número de habitantes da Terra aumentaria na proporção de 1 : 2 (em um ano), de 2 : 4 (no ano seguinte), de 4 : 8 (no ano seguinte), e assim por diante.

Além de errar na projeção do crescimento populacional, Malthus não levou em conta a capacidade que a humanidade tem de gerar novas tecnologias para a produção de alimentos. Graças a essas novas tecnologias, que incluem o uso de fertilizantes e o desenvolvimento de sementes mais produtivas, a taxa de crescimento da produção de alimentos no mundo superou as previsões de Malthus.

> **Progressão aritmética:** sucessão em que se obtém cada termo somando um número constante ao precedente, como em 1, 2, 3, 4... Nesse exemplo, o número constante adicionado (razão) é 1 (1 + 1 = 2; 2 + 1 = 3; 3 + 1 = 4). Já a sequência 3, 6, 9, 12... constitui uma progressão aritmética de razão 3.
>
> **Progressão geométrica:** sucessão em que se obtém cada termo multiplicando um número constante ao precedente, como em 1, 2, 4, 8... Nesse exemplo, a sequência dos termos é obtida multiplicando-se cada um deles por 2. Já em 3, 9, 27..., a razão da progressão geométrica é 3, pois se multiplica cada número por 3 para obter o próximo.

Porém, isso não significa que toda a população mundial esteja bem alimentada. Segundo a Organização das Nações Unidas para a Alimentação e a Agricultura – FAO (dados de 2015), cerca de 800 milhões de pessoas passam fome no mundo. Para resolver a questão, é preciso não apenas que as pessoas tenham dinheiro para comprar alimentos, mas que os alimentos sejam produzidos em quantidade suficiente e adequadamente distribuídos entre os países.

O Brasil é um dos grandes fornecedores mundiais de produtos agrícolas, conforme podemos ler no texto a seguir.

[...] O Brasil está pronto para se tornar o principal fornecedor de produtos agrícolas capaz de atender a crescente demanda mundial, originada principalmente na Ásia. [...]

As exportações agrícolas do Brasil desempenham um papel importante nos mercados internacionais. O Brasil é o segundo maior exportador agrícola mundial e o maior fornecedor de açúcar, suco de laranja e café. [...]

Nos últimos vinte anos, o setor agrícola brasileiro cresceu rapidamente com base na produtividade, bem como na expansão e consolidação da fronteira agrícola nas regiões Centro-Oeste e Norte. Apesar de o mercado interno absorver a maior parte da produção agrícola, esse crescimento foi impulsionado principalmente pela expansão da produção de produtos destinados à exportação, especialmente soja, açúcar e aves. [...]

OCDE-FAO. *Perspectivas agrícolas no Brasil:* desafios da agricultura brasileira 2015-2024. Disponível em: <https://www.fao.org.br/download/PA20142015CB.pdf>. Acesso em: 11 maio 2018.

1. Que fatores socioculturais e econômicos podem ter contribuído para a queda da taxa de crescimento populacional?

2. Que avanços no conhecimento químico devem ter contribuído para que a produtividade agrícola venha se ampliando?

3. O Brasil é um grande produtor de grãos, no entanto seu solo é predominantemente ácido, o que comprometeria boa parte da produção agrícola. Que caráter (ácido, básico ou neutro) devem ter as substâncias usadas para tratá-lo?

4. Entre as substâncias hidróxido de cálcio, $Ca(OH)_2$, e ácido fosfórico, H_3PO_4, qual é a adequada para tratar solos ácidos? Explique.

Plantação de café no município de Manhuaçu (MG). Foto de 2015.

Neste capítulo, dedicado ao estudo das reações químicas, vamos analisar processos que permitiram melhorar a qualidade de vida das pessoas, como os que possibilitam o aumento da produção agrícola pelo controle da acidez dos solos. Também veremos reações químicas que envolvem eletrólitos e muitas outras; é o caso das que são empregadas na obtenção de energia, cujos impactos ambientais é preciso considerar para apontar algumas maneiras de minimizá-los.

Representando as reações

Para relembrar o conceito de reação, vamos representar a eletrólise da água. A palavra **eletrólise** tem origem grega (*eletro-*, "eletricidade", + *-lise*, "quebra") e indica a decomposição de uma substância por ação da corrente elétrica. Mas, como vimos, a água não é um bom condutor de eletricidade. Para que a corrente elétrica possa circular através dela, é preciso que ela contenha íons com mobilidade; para isso, a água pode ser levemente acidulada, mediante o acréscimo de algumas gotas de ácido sulfúrico ou ácido nítrico, por exemplo. Observe a imagem ao lado.

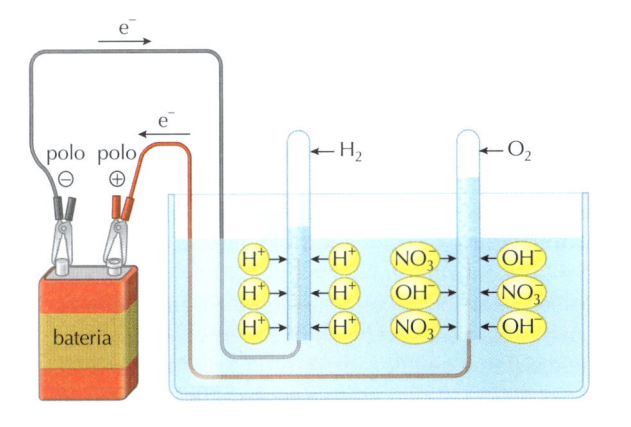

Essa transformação pode ser representada assim:

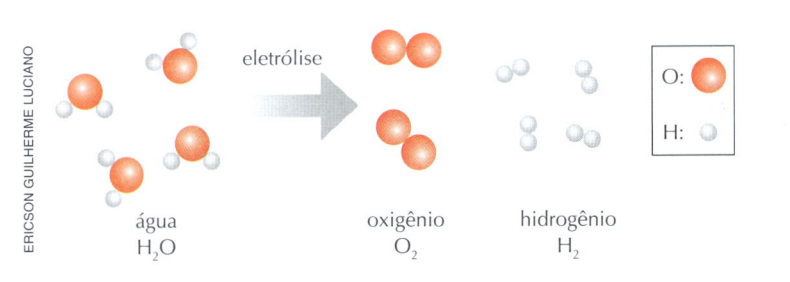

água H_2O → eletrólise → oxigênio O_2 + hidrogênio H_2

O: (vermelho)
H: (branco)

Representação esquemática da eletrólise da água. Os fios indicam a chegada e a saída de elétrons ao sistema em reação, o que é feito pela ligação desses fios a uma fonte de corrente contínua (a uma bateria, por exemplo).

Capítulo 8 • Reações químicas: estudo qualitativo **155**

Observando essa representação, é possível deduzir que, para cada 4 moléculas de água (H_2O), formam-se 2 moléculas de oxigênio (O_2) e 4 moléculas de hidrogênio (H_2). Os números 4, 2 e 4 indicam que nessa reação há uma proporção. Dessa proporção, subentende-se que, para cada duas moléculas de água (H_2O), formam-se 1 molécula de oxigênio (O_2) e 2 moléculas de hidrogênio (H_2).

Lembre-se:

| símbolos / fórmulas / equações químicas | representam | elementos químicos / substâncias / reações químicas |

Assim, a reação química de eletrólise da água pode ser representada pela equação:

$$\underbrace{2\ H_2O(l)}_{\text{(água)}} \xrightarrow{\text{eletrólise}} \underbrace{2\ H_2(g)\ +\ O_2(g)}_{\text{(hidrogênio) (oxigênio)}}$$

reagente (1º membro) → produtos (2º membro)

Essa representação indica a proporção entre o número de moléculas (ou conjuntos iônicos) de cada substância que reage e o número de moléculas de cada substância formada. Na decomposição da água, cada duas moléculas de H_2O formam duas moléculas de H_2 e uma de O_2.

Assim, em uma **equação química**, temos sempre estes componentes:

- **fórmulas das substâncias participantes**, isto é, dos reagentes e dos produtos;

- **coeficientes de acerto**, que indicam **a proporção numérica entre as moléculas** (ou conjuntos iônicos, no caso de compostos iônicos) de cada substância participante da reação. No caso da eletrólise da água, os coeficientes são, respectivamente, 2, 2 e 1. É importante ressaltar que o coeficiente 1 não precisa, necessariamente, ser escrito.

Conexões

Química, cotidiano e meio ambiente

Um dos gases produzidos na combustão da gasolina nos veículos automotores é o monóxido de carbono (CO). Uma das formas de reduzir a emissão de CO pelos veículos é a colocação de catalisadores nos canos de escapamento.

Os catalisadores aceleram a reação do monóxido de carbono com o oxigênio do ar transformando-o em dióxido de carbono, gás cuja toxicidade é bem menor que a do monóxido de carbono. Nesse processo, assim como em qualquer outro que utilize catalisadores, estes não são consumidos, ainda que algumas vezes seja preciso trocá-los por terem se tornado menos eficientes.

Embora todos os automóveis produzidos no Brasil desde a década de 1990 disponham de catalisadores, até o final de 2008 as motocicletas continuavam a ser fabricadas sem esse dispositivo. Essa é uma das razões pelas quais, nessa época, uma motocicleta, mesmo a de baixa cilindrada, chegava a emitir até seis vezes mais gases tóxicos do que um carro novo. Também contribuiu para a redução de emissão de poluentes ao longo do tempo, tanto em carros quanto em motos, a substituição dos antigos carburadores pelo sistema de injeção eletrônica de combustível.

Diante da exigência do Programa de Controle da Poluição do Ar por Motociclos e Veículos Similares (Promot), que, por etapas, obrigou que esses veículos reduzissem seus limites de emissão de poluentes, desde 2009 os catalisadores passaram a ser usados também em motos. As limitações referem-se a três tipos de poluente: monóxido de carbono, hidrocarbonetos e óxidos de nitrogênio. No caso da emissão de monóxido de carbono por motocicletas, o limite passou de 13 g/km rodado, em 2003, para 5,5 g/km, em 2005, e para 2 g/km, em 2009.

BRASIL. Ministério do Meio Ambiente. Programa de Controle da Poluição do Ar por Motociclos e Veículos Similares (PROMOT). Disponível em: <http://www.mma.gov.br/estruturas/163/_arquivos/promot_163.pdf>. 11 maio 2018.

Na combustão da gasolina forma-se CO. Apesar de essa substância ser combustível, não é suficientemente transformada em dióxido de carbono (CO_2) sem o catalisador. Graças a ele, quase todo o CO que seria emitido pelo veículo reage com o oxigênio do ar (O_2), originando CO_2.

Em 2009, os catalisadores tornaram-se obrigatórios também para as motos. Na foto, motos no trânsito de Brasília (DF), em 2015.

1. Represente por meio de fórmulas moleculares os reagentes e os produtos da reação do monóxido de carbono (CO) com o oxigênio do ar.

2. Utilizando o modelo atômico de Dalton, represente o número mínimo de moléculas necessário para formar o produto da combustão do CO.

3. De acordo com o Ministério do Meio Ambiente, o estabelecimento de normas para controlar a emissão de poluentes das motocicletas se deu por conta do "vertiginoso crescimento do segmento das motocicletas e veículos similares nos últimos anos no país e seu perfil de utilização, notadamente no segmento econômico de prestação de serviços de entregas em regiões urbanas".

a) A que trabalhadores se refere o trecho em que se fala do "segmento econômico de prestação de serviços de entregas em regiões urbanas"?

b) Por que você acha que esse segmento cresceu tanto nos últimos anos?

c) Faça uma pesquisa sobre os motivos que levam as pessoas a entrarem nessa profissão, suas condições de trabalho e os riscos envolvidos nesse tipo de atividade. Se você conhece alguém que exerça essa atividade, faça uma entrevista com ele sobre essas questões. Anote as respostas e apresente-as aos colegas.

Determinando coeficientes de acerto

Simulador de balanceamento

Considere a combustão do metano (CH_4), principal componente do gás natural, originando gás carbônico (CO_2) e água.

A representação dessa combustão, usando o modelo atômico de Dalton, é:

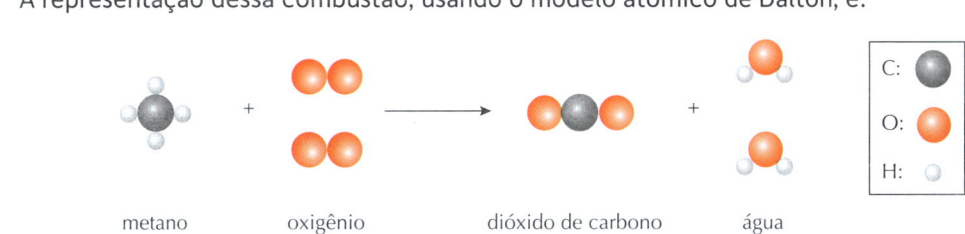

metano + oxigênio → dióxido de carbono + água

C: ●
O: ●
H: ○

Representação esquemática da combustão do metano.

A equação química da combustão do CH_4 é:

$$1\ CH_4(g) + 2\ O_2(g) \longrightarrow 1\ CO_2(g) + 2\ H_2O$$
metano — oxigênio — dióxido de carbono — água

ou

$$CH_4(g) + 2\ O_2(g) \longrightarrow CO_2(g) + 2\ H_2O(g)$$
metano — oxigênio — dióxido de carbono — água

Observação

Não tem sentido pensar em fração de molécula! Um coeficiente de acerto fracionário expressa uma relação de quantidade de moléculas em relação a outra espécie participante de uma reação.

Como vimos, os coeficientes de acerto 1, 2, 1, 2 indicam a proporção entre os números de moléculas das substâncias participantes. Assim, se tivermos 10 moléculas de CH_4, serão consumidas 20 de O_2 para formar 10 moléculas de CO_2 e 20 de H_2O.

No acerto dos coeficientes de uma equação, procura-se usar os menores números inteiros, embora, em algumas equações, possam também ser encontrados coeficientes fracionários. Assim, a combustão do CO pode ser representada por:

$$2\ CO(g) + O_2(g) \longrightarrow 2\ CO_2(g)$$
monóxido de carbono — oxigênio — dióxido de carbono

ou

$$CO(g) + \frac{1}{2} O_2(g) \longrightarrow CO_2(g)$$
monóxido de carbono — oxigênio — dióxido de carbono

Observe que a proporção **2 : 1 : 2** equivale a $1 : \frac{1}{2} : 1$.

É preciso ter método no balanceamento por tentativas

A maior parte das equações que serão objeto de nosso estudo pode ser balanceada pelo método das tentativas. Para as equações que não podem ter seus coeficientes acertados dessa forma, outro método será analisado no capítulo 10.

Para entender como balancear equações químicas, vamos equacionar a reação do propano (C_3H_8) – um dos combustíveis usados para acender as tochas olímpicas – com o oxigênio. Para isso, vamos supor que esse combustível, em contato com o oxigênio do ar, em condições adequadas, origine somente gás carbônico e água. Vale lembrar que essa reação também ocorre quando acendemos a chama de um fogão abastecido com GLP (gás liquefeito do petróleo, vendido em botijões), pois ele contém propano, que, ao chegar aos queimadores, se encontra no estado gasoso. Por ora, vamos explorar a combustão do propano.

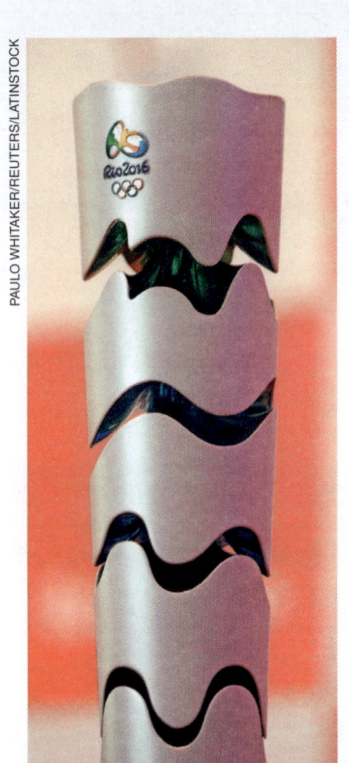

Tocha olímpica dos jogos realizados em 2016, no Rio de Janeiro, que passou por mais de trezentas cidades brasileiras durante cerca de noventa dias. O que mantém a tocha acesa? A combustão de duas substâncias, o gás propano (C_3H_8) e o butano (C_4H_{10}), contidos em um pequeno cilindro no interior da tocha.

Como devemos proceder para fazer o balanceamento da equação de combustão desse gás?

1. Primeiro, escrevemos as fórmulas das substâncias participantes, que, no caso da combustão do propano, são estas:

$$C_3H_8(g) + O_2(g) \longrightarrow CO_2(g) + H_2O(g)$$
   propano + oxigênio   dióxido de + água
                              carbono

   reagentes   produtos

2. Escolhemos, então, como ponto de partida o elemento químico que aparece em apenas um reagente e um produto. No exemplo, não seria uma boa escolha iniciar o balanceamento pelo O, uma vez que ele aparece em duas substâncias no lado dos produtos. Já o H e o C podem ser utilizados como ponto de partida, sendo mais fácil começar pelo H, que tem os índices mais altos: 8 átomos por molécula de C_3H_8 e 2 átomos no caso de H_2O.

3. Fixamos um número na frente de cada fórmula que contém o elemento escolhido, de modo que o número de átomos desse elemento no primeiro membro da equação seja igual ao número de átomos desse elemento no segundo membro. Esse procedimento está de acordo com a lei de Lavoisier: a massa e, consequentemente, o número de átomos de cada elemento permanecem inalterados em uma reação.

$$1\ C_3H_8(g) + O_2(g) \longrightarrow CO_2(g) + 4\ H_2O(g)$$
   1 · 8   4 · 2
   8 átomos de   8 átomos de
   hidrogênio   hidrogênio

4. Continuamos o balanceamento, sem perder de vista que, ao colocarmos um coeficiente de acerto diante de uma fórmula, outros coeficientes, em geral, podem ser determinados: o 1 na frente do C_3H_8 determina que há 3 C no lado dos produtos; por isso, temos de colocar 3 à frente do CO_2:

$$1\ C_3H_8(g) + O_2(g) \longrightarrow 3\ CO_2(g) + 4\ H_2O(g)$$
   1 · 3   3 · 1
   3 átomos   3 átomos
   de carbono   de carbono

5. Para saber que número deve ser colocado à frente do O_2, único coeficiente que falta ser completado, devemos nos perguntar: Qual é o número que, multiplicado por 2, dá 10 (há 6 átomos de O em CO_2 e 4 em H_2O)?

$$1\ C_3H_8(g) + 5\ O_2(g) \longrightarrow 3\ CO_2(g) + 4\ H_2O(g)$$

> **Observação**
>
> Nunca altere a fórmula das substâncias no momento de acertar os coeficientes. Escrever 3 C_2H_2 é bem diferente de escrever C_6H_6. O índice que aparece na fórmula de uma substância indica o número de átomos de um elemento que participa da constituição de uma molécula dessa substância. Por exemplo: 3 $H_2 \longrightarrow$ 3 moléculas constituídas por 2 átomos de H. Isso é bem diferente de: 1 molécula formada por 6 átomos de hidrogênio (essa molécula não existe).

Algumas dicas importantes

- Durante o balanceamento da equação, é útil que você escreva o número 1 na frente das substâncias cujo coeficiente de acerto já tenha sido definido como unitário. Desse modo, você fica sabendo que essas substâncias já foram balanceadas e não corre o risco de errar, trocando um coeficiente de acerto que já havia sido definido. Ao final, os coeficientes unitários podem ser dispensados.

- É possível chegar a coeficientes fracionários. Observe a equação parcialmente balanceada:

$$1\ C_3H_6(g) + O_2(g) \longrightarrow 3\ CO_2(g) + 3\ H_2O(g)$$
   propeno   oxigênio   dióxido de   água
                                    carbono

Se no segundo membro há 9 átomos de oxigênio (6 no CO_2 e 3 no H_2O), precisamos ter 9 átomos de oxigênio no primeiro membro. Qual é o número que multiplicado por 2 (índice do oxigênio no O_2) resulta em 9? É 4,5 ou $\frac{9}{2}$.

$$1\ C_3H_6(g) + \frac{9}{2}\ O_2(g) \longrightarrow 3\ CO_2(g) + 3\ H_2O(g)$$

Isso quer dizer que, para cada molécula do combustível, são gastas 4,5 de oxigênio. Ou:

$$2\ C_3H_6(g) + 9\ O_2(g) \longrightarrow 6\ CO_2(g) + 6\ H_2O(g)$$

Atividades

1. O hidrogênio (H_2) já é usado como combustível de veículos, sendo considerado uma opção ambientalmente sustentável para os veículos movidos a gasolina ou álcool, uma vez que sua combustão é limpa.

    a) Equacione a reação que representa essa combustão.
    b) Faça a "leitura" da equação, explicitando seu significado.
    c) Por que é costume dizer que a combustão do hidrogênio é "limpa"?

    O hidrogênio, combustível de uso nos programas espaciais, tem sido usado também em automóveis. O motor a hidrogênio não emite poluentes: o resultado de sua operação é apenas água.

2. Quimicamente, escrever O_2 é o mesmo que escrever 2 O? Explique.

3. Nos itens abaixo, faça o balanceamento das equações.

    a) O etileno (C_2H_4) é uma substância gasosa que pode ser obtida do petróleo e é matéria-prima para a fabricação do polietileno, plástico largamente empregado em nosso cotidiano. Trata-se de um gás combustível, cuja reação com o oxigênio do ar pode ser representada por:

    $$C_2H_4(g) + O_2(g) \longrightarrow CO_2(g) + H_2O(g)$$
    etileno   oxigênio   dióxido de carbono   água

    b) A equação da combustão do butano (C_4H_{10}), um dos componentes do gás de cozinha, é:

    $$C_4H_{10}(g) + O_2(g) \longrightarrow CO_2(g) + H_2O(g)$$
    butano   oxigênio   dióxido de carbono   água

    c) O fósforo (P), quando entra em combustão, origina pentóxido de difósforo, segundo a equação:

    $$P(s) + O_2(g) \longrightarrow P_2O_5(g)$$
    fósforo   oxigênio   pentóxido de difósforo

    d) O potássio metálico reage violentamente com a água. Nesse processo, uma pequena porção do metal movimenta-se rapidamente na superfície da água, sendo acompanhada por uma chama de cor arroxeada. Trata-se de uma reação que requer muito cuidado por parte de quem a executa, já que pode provocar sérias queimaduras.

    $$K(s) + O_2(g) \longrightarrow KOH(aq) + H_2(g)$$
    potássio   água   hidróxido de potássio   hidrogênio

    e) Combustão do sódio:

    $$Na(s) + O_2(g) \longrightarrow Na_2O(s)$$
    sódio   oxigênio   óxido de sódio

4. Se o óxido de sódio produzido na combustão do sódio (da questão 3e) reagir com solução de ácido fosfórico, $H_3PO_4(aq)$, dará origem a fosfato de sódio, Na_3PO_4, e água. Represente esse processo por meio de equação química.

5. Baseie-se nas equações dos itens **a** e **b** do exercício 3 e responda:

    a) Na reação de combustão do etileno, o número de moléculas dos reagentes é diferente do número de moléculas formadas nos produtos? E na reação do butano?
    b) O que não mudou em nenhuma das duas reações?

6. Cascas secas de laranja e limão costumam ser usadas para iniciar a combustão de madeira ou carvão. Os óleos essenciais contidos nessas cascas contêm 90% de limoneno, que é bastante inflamável. A fórmula dessa substância é $C_{10}H_{16}$.

    a) Explique por que as cascas têm de estar secas para serem usadas para esse fim.
    b) Escreva a equação de combustão completa do limoneno, originando CO_2 e H_2O.

*Você pode resolver as questões 1 a 5 e 17 da seção **Testando seus conhecimentos**.*

Reações de decomposição ou análise

Nas reações de decomposição ou análise de uma substância reagente, obtemos mais de um produto. É o que ocorre, por exemplo, na fermentação usada para produzir pães e bolos com fermento químico (hidrogenocarbonato de sódio).

$$2\ NaHCO_3(s) \xrightarrow{\Delta} Na_2CO_3(s) + CO_2(g) + H_2O(g)$$
hidrogenocarbonato de sódio   carbonato de sódio   dióxido de carbono   água

A seguir, veremos alguns tipos de reação de decomposição.

Vale Lembrar: Δ indica aquecimento.

Decomposição do azoteto de sódio

Em janeiro de 2014, todos os carros novos comercializados no Brasil passaram a ter obrigatoriamente dois equipamentos que melhoram a segurança de seus usuários: freios ABS, que evitam o travamento das rodas em frenagens bruscas, e *airbags* frontais, isto é, para o motorista e o passageiro dos bancos da frente.

Capítulo 8 • Reações químicas: estudo qualitativo

Airbag é um equipamento que protege motorista e passageiro, em caso de colisão violenta do veículo. Trata-se de uma bolsa feita de material resistente que infla rapidamente graças a reações que produzem um gás – o nitrogênio – que preenche todo o espaço interno da bolsa em frações de segundo. Normalmente, para esse fim, utiliza-se a decomposição do azoteto de sódio (NaN_3), substância sólida branca, também chamada de azida de sódio, extremamente tóxica. Veja abaixo a equação dessa decomposição:

$$2\ NaN_3(s) \longrightarrow 2\ Na(s) + 3\ N_2(g)$$
azoteto de sódio — sódio — nitrogênio

Quando o veículo reduz abruptamente a velocidade, sensores são acionados e provocam o conjunto de reações que produz o gás. Como ele se forma em velocidade muito alta, o *airbag* infla quase simultaneamente ao impacto sofrido pelo veículo, evitando que a cabeça do motorista ou do ocupante do banco ao lado se choque contra o volante, o painel ou o para-brisa.

Mas por que falamos anteriormente em "conjunto de reações"? Porque, além do azoteto de sódio (NaN_3), cuja decomposição é responsável pela produção do nitrogênio, há outros componentes no interior dessa bolsa. Um deles é o nitrato de potássio (KNO_3). Ele participa de uma reação secundária, cuja função é eliminar o risco representado pelo sódio – metal muito reativo que reagiria com a umidade do ar e atacaria a pele – formado na decomposição do NaN_3.

$$10\ Na(s) + 2\ KNO_3(s) \longrightarrow K_2O(s) + 5\ Na_2O(s) + N_2(g)$$
sódio — nitrato de potássio — óxido de potássio — óxido de sódio — nitrogênio

Como o óxido de sódio (Na_2O) e o óxido de potássio (K_2O) também devem ser eliminados, há ainda o dióxido de silício (SiO_2), componente da areia, que, ao reagir com essas substâncias, produz substâncias inofensivas às pessoas e ao ambiente.

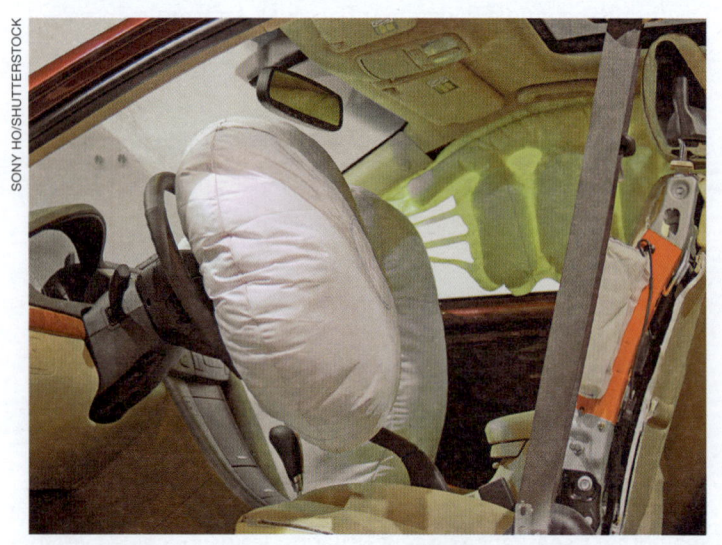

Airbags são equipamentos de segurança que protegem motoristas e passageiros do impacto de colisões; a redução abrupta da velocidade do veículo provoca reações que liberam nitrogênio gasoso, inflando o *airbag*.

Decomposição térmica do calcário

Decomposição térmica é o mesmo que **pirólise** (*piro-*, "fogo", + *-lise*, "quebra").

O carbonato de cálcio ($CaCO_3$), encontrado nas rochas calcárias, origina, por aquecimento, óxido de cálcio (CaO), que é a cal usada na construção civil, na metalurgia, na agricultura e na indústria, e gás carbônico (CO_2), o gás presente nas bebidas gasosas, como refrigerantes, por exemplo.

$$CaCO_3(s) \xrightarrow{\Delta} CaO(s) + CO_2(g)$$
carbonato de cálcio — óxido de cálcio — dióxido de carbono

A reação de decomposição do fermento químico, cuja equação você viu na página anterior, também é um exemplo de decomposição térmica.

Decomposição por ação da luz e da eletricidade

Quando uma decomposição ocorre por ação da luz, ela é chamada de **fotólise** (*foto-*, "luz", + *-lise*, "quebra"). É o que ocorre, por exemplo, com os sais de prata utilizados nos filmes das máquinas fotográficas tradicionais.

O cloreto de prata ($AgCl$), exposto à luz por algumas horas, transforma-se em prata (Ag) e cloro gasoso (Cl_2). Esse sal, inicialmente branco, vai adquirindo uma tonalidade escura devido à formação de prata metálica.

$$AgCl(aq) \xrightarrow{luz} Ag^0(g) + \frac{1}{2}Cl_2(g)$$
cloreto de prata — prata — cloro

A eletricidade também pode provocar reações químicas em substâncias que contêm íons móveis; por exemplo, ocorrem reações em todos os casos de condutibilidade elétrica vistos no capítulo 7. Essas reações são chamadas de eletrólise.

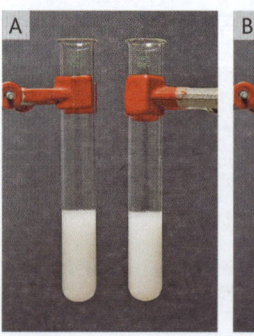

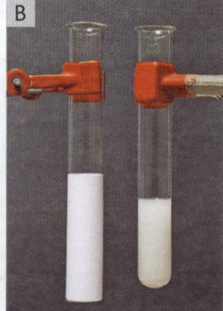

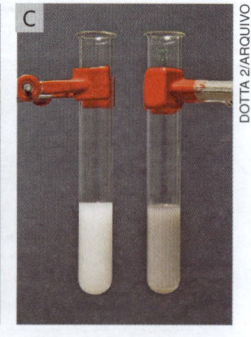

Na foto **A**, são mostrados dois tubos contendo água e cloreto de prata, substância pouco solúvel em água. Na foto **B**, vemos que o tubo à esquerda foi parcialmente recoberto com material opaco à luz. Na foto **C**, percebe-se que o cloreto de prata do tubo à direita, exposto à luz, escureceu, pois se decompôs formando prata metálica, em pó, de cor cinza-escuro, e gás cloro; o tubo que havia sido coberto não teve alteração na cor.

Reações de síntese ou adição

Há reações em que, de várias substâncias, chega-se a um único produto. Elas são chamadas de reações de síntese ou adição. Vamos analisar alguns exemplos a seguir.

Obtenção industrial do ácido clorídrico

Como vimos no capítulo anterior, o ácido clorídrico, HCl(aq) – solução aquosa de cloreto de hidrogênio, HCl(g) –, é bastante usado em indústrias e laboratórios. Para obter HCl(aq), inicialmente se produz HCl(g), que será recolhido em água. O método industrial para obter o cloreto de hidrogênio consiste na reação do gás hidrogênio com o gás cloro. Observe:

$$H_2(g) + Cl_2(g) \longrightarrow 2\ HCl(g) \qquad HCl(g) \xrightarrow{H_2O} HCl(aq)$$

hidrogênio (substância simples) — cloro (substância simples) — cloreto de hidrogênio (substância composta) — cloreto de hidrogênio — ácido clorídrico

Nesse caso, de duas substâncias, hidrogênio (H_2) e cloro (Cl_2), em condições apropriadas, obtém-se um único produto, o cloreto de hidrogênio (HCl), ou seja, ocorre a síntese desse gás. O ácido clorídrico é a solução aquosa do gás obtido.

A combustão do hidrogênio

A combustão do hidrogênio também é um exemplo de reação de síntese. Em certas condições especiais, o gás hidrogênio (H_2) e o gás oxigênio (O_2) reagem e formam água. Para ser iniciada, essa reação requer pequena quantidade de energia, obtida por meio da chama de um palito de fósforo ou de uma faísca, por exemplo.

$$2\ H_2(g) + O_2(g) \longrightarrow 2\ H_2O(g)$$

hidrogênio — oxigênio — água

Como, por combustão, o hidrogênio libera grande quantidade de energia, e o produto dessa combustão é a água, ele é considerado uma fonte potencial de energia limpa. Avanços tecnológicos vêm viabilizando o uso do hidrogênio como combustível para veículos; na forma líquida, ele é empregado como combustível de foguetes.

De 1981 a 2011, os Estados Unidos lançaram ônibus espaciais, usados pela Administração Nacional da Aeronáutica e Espaço (NASA) para colocar satélites em órbita ou enviar ao espaço missões tripuladas, como as responsáveis por reparar equipamentos em órbita. Na foto, o lançamento do ônibus espacial Atlantis em 8 de julho de 2011, no Centro Espacial John F. Kennedy, na Flórida (Estados Unidos). O lançamento dessas espaçonaves ocorre graças à energia liberada na combustão do $H_2(g)$.

Outros exemplos de reação de síntese

Observe as equações de outros exemplos de reação de síntese.

- Síntese do cloreto de amônio:

$$NH_3(g) + HCl(g) \longrightarrow NH_4Cl(s)$$

amônia — cloreto de hidrogênio — cloreto de amônio

- Síntese do dióxido de carbono ou combustão do monóxido de carbono:

$$2\ CO(g) + O_2(g) \longrightarrow 2\ CO_2(s)$$

monóxido de carbono — oxigênio — dióxido de carbono

Atividades

1. Quando se queima carvão para fazer churrasco, procura-se criar condições para que a combustão seja completa, com a formação de dióxido de carbono. No entanto, é difícil evitar a formação de monóxido de carbono (CO), um gás muito prejudicial ao nosso organismo.
   a) Equacione os dois processos mencionados, considerando que o carvão seja formado principalmente por carbono.
   b) Qual desses processos requer mais oxigênio?

2. O gás amoníaco, $NH_3(g)$, é matéria-prima importante na obtenção de fertilizantes usados na agricultura. Industrialmente, ele é obtido por reação de síntese, a partir de substâncias simples. Equacione essa reação de síntese.

3. O monóxido de carbono (CO) é um gás que foi bastante usado como combustível (gás de rua). Ele fazia parte da mistura obtida a partir da hulha, um tipo de carvão mineral. Equacione a reação de combustão desse gás, originando gás carbônico.

4. A queima do magnésio metálico origina o óxido de magnésio (composto binário de Mg e O). Equacione o processo.

5. Na obtenção industrial do ácido sulfúrico, podem ser usadas três reações de síntese, que você deve equacionar de acordo com as descrições a seguir:
   a) combustão de enxofre sólido (S), originando SO_2 gasoso (reação rápida);
   b) síntese do SO_3, por reação de SO_2 com oxigênio; por tratar-se de reação lenta, utilizam-se catalisadores – substâncias que, sem alterar os produtos da reação, a tornam mais rápida;
   c) transformação do trióxido de enxofre em ácido sulfúrico a partir da reação com água.

6. O metanol, substância irritante cujos vapores atacam a visão, tem importância na indústria, sendo usado principalmente como solvente. É possível obter o metanol (CH_3OH) de monóxido de carbono (CO) e hidrogênio (H_2) em determinadas condições. Equacione o processo.

Capítulo 8 • Reações químicas: estudo qualitativo

Condições para que reações envolvendo eletrólitos ocorram

Agora vamos analisar algumas reações que ocorrem espontaneamente, envolvendo ácidos, bases e sais.

Reações de neutralização

Como já vimos, ácidos e bases reagem entre si, em um processo que origina sempre um sal e água. As reações entre ácidos e bases podem ser chamadas de **reações de neutralização**.

Observe a equação de uma reação de neutralização:

$$2\ Al(OH)_3(s) + 3\ H_2SO_4(aq) \longrightarrow Al_2(SO_4)(aq) + 6\ H_2O(l)$$

hidróxido de alumínio	ácido sulfúrico	sulfato de alumínio (sal normal)	água
6 OH⁻	6 H⁺		6 H₂O

Note que, nessa reação, assim como em qualquer neutralização total, o número de íons hidróxido (OH^-) consumidos é igual ao número de íons hidrogênio (H^+) consumidos e ao número de moléculas de H_2O formadas:

$$x\ OH^- = x\ H^+ = x\ H_2O$$

Reações de precipitação

Ao analisar suas observações relativas ao experimento a seguir, no qual estão envolvidos compostos iônicos em solução aquosa, você perceberá outra possibilidade de ocorrência de reação entre dois eletrólitos em solução aquosa.

Química: prática e reflexão

A mistura de soluções contendo íons pode produzir sólidos pouco solúveis (ou praticamente insolúveis) que são denominados precipitados. Você acha que é possível prever esse tipo de reação? A mudança na ordem em que as soluções reagentes são colocadas em contato altera o resultado?

Cuidado!

Use óculos de segurança, luvas de látex e avental de mangas compridas.

Material necessário

- 2 estantes com 6 tubos de ensaio de 15 mm × 150 mm
- 4 conta-gotas
- 4 béqueres ou copos de vidro
- caneta marcadora de vidro
- soluções aquosas de:
  - sulfato de cobre(II), $CuSO_4$ (encontrado em lojas de produtos para aquários);
  - carbonato de sódio, Na_2CO_3 (encontrado em lojas de produtos para cerâmica);
  - cloreto de sódio, NaCl (pode ser utilizado o sal de cozinha);
  - cloreto de potássio, KCl (encontrado em farmácias ou no sal *light*).

Procedimentos

1. Numerem os tubos de ensaio de **1** a **12**.
2. Copiem no caderno a tabela abaixo.

	Mistura de soluções aquosas			
	cloreto de sódio	cloreto de potássio	sulfato de cobre(II)	carbonato de sódio
Fórmula química	/////	/////	/////	/////
carbonato de sódio	/////	/////	/////	/////
sulfato de cobre(II)	/////	/////	/////	—
cloreto de potássio	/////	/////	—	
cloreto de sódio	/////	—		

3. Coloquem cerca de 2 mL de solução aquosa de cloreto de sódio (NaCl) – cerca de 40 gotas – no tubo de ensaio 1. Com outro conta-gotas, acrescentem o mesmo volume de solução aquosa de carbonato de sódio (Na_2CO_3) nesse tubo de ensaio.

4. Observem o que ocorre e anotem na tabela o que veem: houve mudança? Qual?

5. Repitam os procedimentos acima para as misturas de soluções indicadas na tabela. Utilizem para isso os tubos de ensaio 2 a 6. Cuidado para não usar o mesmo conta-gotas em soluções diferentes.

6. Para os tubos de ensaio 7 a 12, repitam cada uma das adições feitas nos tubos anteriores, invertendo a ordem usada. Por exemplo, no tubo de ensaio 7, introduzam primeiro a solução de carbonato de sódio e depois a de cloreto de sódio.

7. Anotem na tabela o que observaram.

Descarte dos resíduos: As misturas contendo somente íons sódio e/ou potássio podem ser descartadas na pia; as misturas contendo íons cobre(II) podem ser misturadas e transferidas para um frasco com rótulo para eventual uso em outro experimento.

Analisem suas observações

1. De acordo com o que vocês observaram na atividade, a ordem em que os reagentes são postos em contato altera o resultado da reação?

2. Em qual mistura ocorreu uma reação química? Representem a equação química da reação indicando o precipitado formado.

3. A mistura de soluções aquosas de sulfato de sódio e carbonato de potássio reage formando um precipitado? Expliquem seu raciocínio.

4. Alguns íons metálicos são tóxicos e, por isso, misturas que os contenham não devem ser descartadas em rios, mares ou lagoas. As misturas contendo íons cobre utilizadas no experimento, por exemplo, não podem ser despejadas na pia. O sal sólido de cobre, no entanto, pode ser retirado da mistura por um método de separação. Descreva como vocês realizariam esse processo com os resíduos do experimento, explicando que método de separação poderia ser utilizado.

Ocorrência de reações e formação de precipitado

Como você estudou no capítulo 1, a formação de **precipitado** é um dos indícios da ocorrência de reação química. Se colocarmos uma solução contendo certos íons em contato com outra contendo íons diferentes dos iniciais, ocorrerá reação sempre que houver a possibilidade de se formar uma **base** ou **sal menos solúvel**, ou seja, um eletrólito mais fraco.

Lembre-se de que nas soluções aquosas de sais temos, na verdade, íons liberados por dissociação. Nas soluções mostradas nas fotos a seguir, existem os íons chumbo(II) (Pb^{2+}), nitrato (NO_3^-), potássio (K^+) e iodeto (I^-).

Os íons Pb^{2+} associados a I^- formam PbI_2, pouco solúvel em água e visível na forma de um precipitado amarelo. A indicação da formação de um composto pouco solúvel em água (precipitado) é feita com o símbolo (s), de sólido. Acompanhe a análise da reação entre as soluções aquosas de nitrato de chumbo(II) e iodeto de potássio.

$$Pb(NO_3)_2(aq) + 2\ KI(aq) \longrightarrow PbI_2(s) + 2\ KNO_3(aq)$$
nitrato de chumbo(II) (sal solúvel) + iodeto de potássio (sal solúvel) ⟶ iodeto de chumbo (sal precipitado) + nitrato de potássio (sal solúvel)

$$Pb^{2+}(aq) + \cancel{2\ NO_3^-(aq)} + \cancel{2\ K^+(aq)} + 2\ I^-(aq) \longrightarrow PbI_2(s) + \cancel{2\ K^+(aq)} + \cancel{2\ NO_3^-(aq)}$$

$$Pb^{2+}(aq) + 2\ I^-(aq) \longrightarrow PbI_2(s)$$

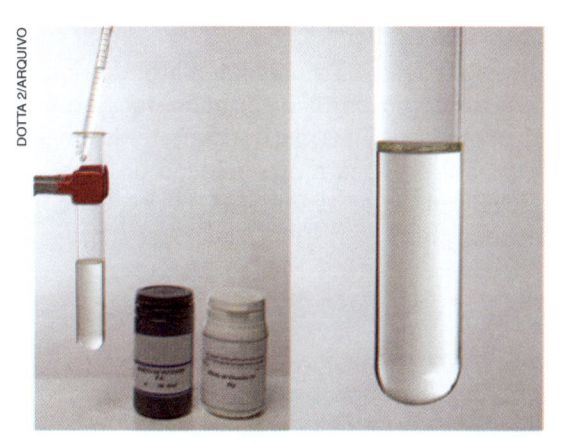

A solução incolor de iodeto de potássio (KI) contém os íons K^+ e I^-; a de nitrato de chumbo(II), $Pb(NO_3)_2$, contém íons Pb^{2+} e NO_3^-.

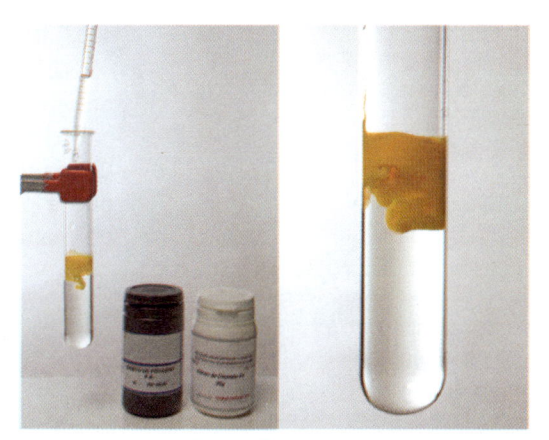

O precipitado amarelo de iodeto de chumbo(II) (PbI_2) é o produto da reação entre os íons $Pb^{2+}(aq)$ e $I^-(aq)$. Aos poucos, ele vai decantando e se deposita no fundo do tubo.

Cuidado!

O nitrato de chumbo(II) é tóxico. Não tente efetuar essa reação sem a supervisão de seu professor.

É possível prever se uma reação de precipitação ocorre sem realizar o experimento? Sim: se um dos possíveis produtos for uma substância pouco solúvel em água, isso significa que a reação é possível. Para conferir a solubilidade das substâncias, consulte uma **tabela de solubilidade** como a apresentada abaixo, o recurso mais adequado para fazer essa previsão. Essa consulta ajuda a prever a ocorrência ou não de reação entre, por exemplo, soluções aquosas de cloreto de bário, $BaCl_2$, e de sulfato de amônio, $(NH_4)_2SO_4$.

Tabela resumida da solubilidade de sais em água (a 25 °C)	
Compostos solúveis	Exceções
Quase todos os sais de Na^+, K^+, NH_4^+	
Haletos: sais de Cl^-, Br^- e I^-	Haletos de Ag^+, Hg_2^{2+} e Pb^{2+}
Fluoretos	Fluoretos de Mg^{2+}, Ca^{2+}, Sr^{2+}, Ba^{2+}, Pb^{2+}
Nitratos: NO_3^-	
Sulfatos	Sulfatos de Sr^{2+}, Ba^{2+}, Pb^{2+}, Ca^{2+}
Ácidos inorgânicos	
Sais de CO_3^{2-}, PO_4^{3-}, $C_2O_4^{2-}$ e CrO_4^{2-}	Sais de NH_4^+ e de cátions de metais alcalinos
Sulfetos	Sais de NH_4^+, Ca^{2+}, Sr^{2+} e de cátions de metais alcalinos
Hidróxidos e óxidos metálicos	Hidróxidos e óxidos de Ca^{2+}, Sr^{2+}, Ba^{2+} e dos cátions de metais alcalinos

Fonte: MOREIRA, C. I. F. Recursos digitais para o ensino sobre solubilidade. 2006. 131f. Dissertação de Mestrado. Universidade do Porto, Porto, 2006. Tabela 1, p. 19. Disponível em: <http://nautilus.fis.uc.pt/cec/teses/carina/docs/tesecompleta.pdf>. Acesso em: 11 maio 2018.

Os termos **solúvel** e **insolúvel** usados nas tabelas são pouco precisos. Por exemplo, classificamos o nitrato de prata ($AgNO_3$) e o carbonato de sódio (Na_2CO_3) como sais solúveis em água, mas isso não significa que não haja um limite para essa solubilidade ou que eles sejam igualmente solúveis em água.

Veja como podemos usar as informações da tabela de solubilidade para analisar o que ocorre quando soluções de cloreto de bário e de sulfato de amônio são colocadas em contato.

$$BaCl_2(aq) + (NH_4)_2SO_4(aq) \longrightarrow BaSO_4(s) + 2\ NH_4Cl(aq)$$

Produtos possíveis	Consultando a tabela
NH_4Cl, cloreto de amônio	cloretos → solúveis, e o de NH_4^+ não é exceção; ou seja, íons NH_4^+ ficam em solução.
$BaSO_4$, sulfato de bário	sulfatos → solúveis, e o de Ba^{2+} é exceção. Daí $BaSO_4$ depositar-se.

Saiba mais

Solubilidade: uma propriedade específica

A solubilidade de uma substância é expressa por um valor numérico que varia com a temperatura e com o solvente utilizado. Por exemplo: a solubilidade do nitrato de prata ($AgNO_3$), em água, é igual a 219 g/100 cm^3 de água, a 20 °C. Isso significa que, nessa temperatura, para cada 100 cm^3 de água, é possível dissolver totalmente 219 g de $AgNO_3$.

Cada substância tem um valor próprio de solubilidade. Existem tabelas nas quais podemos consultar o valor numérico da solubilidade em água – já determinado experimentalmente – de diversas substâncias. Nessas tabelas, encontramos, por exemplo, que a solubilidade do nitrato de potássio (KNO_3) a 20 °C é igual a 30 g/100 cm^3 de H_2O. Analisando os valores de solubilidade do $AgNO_3$ e do KNO_3, você pode perceber que, no mesmo volume de água, a 20 °C, é possível dissolver uma massa de $AgNO_3$ cerca de 7 vezes maior que a massa de KNO_3 que pode ser dissolvida.

Pode-se concluir que a reação ocorre porque um dos possíveis produtos dessa reação é o sulfato de bário ($BaSO_4$), substância pouco solúvel em água.

Na verdade, nessa reação, há a união de parte dos íons provenientes da dissociação do $BaCl_2(aq)$ com íons originados da dissociação do $(NH_4)_2SO_4(aq)$. O contato dos íons $Ba^{2+}(aq)$ com $SO_4^{2-}(aq)$ provoca a precipitação do $BaSO_4$, que é pouco solúvel em água; os íons $NH_4^+(aq)$ e $Cl^-(aq)$ permanecem em solução:

$$\underset{\text{íons bário}}{Ba^{2+}(aq)} + \underset{\text{íons sulfato}}{SO_4^{2-}(aq)} \longrightarrow \underset{\text{sulfato de bário}}{BaSO_4(s)}$$

A equação em que são indicados apenas os íons que participam da reação (e não as fórmulas das substâncias das quais esses íons fazem parte) é chamada de **equação na forma iônica**.

Conexões

Química e defesa do consumidor

Nos últimos anos, muitas matérias têm sido veiculadas na mídia, chamando nossa atenção para a presença de chumbo em brinquedos infantis e em tintas usadas na pintura de imóveis. Leia os trechos dos artigos a seguir, que tratam dessa questão.

Brinquedos com chumbo trazem sério risco à saúde das crianças

Brinquedos pintados com tintas à base de chumbo são um perigo para a saúde das crianças. Mas ainda assim esses brinquedos entram no Brasil ilegalmente. A Organização Mundial da Saúde (OMS) recomenda que esse tipo de produto seja proibido no mundo todo.

[...] O chumbo é um produto tóxico que em altas doses causa problemas no cérebro e no sistema nervoso central.

Todo ano, o chumbo mata 143 mil pessoas e provoca atraso mental em 600 mil crianças ao redor do mundo. A intoxicação acontece principalmente pelo contato com tintas à base de chumbo, usadas na pintura de casas, móveis e brinquedos.

"A tinta à base de chumbo é três vezes mais barata que a tinta comum. [...]", diz o químico Olívio Galão.

Brinquedos apreendidos por conter chumbo.

Esse tipo de tinta já deixou de ser fabricado em 30 países e a ideia é banir o produto em todo o mundo até 2020. No Brasil, uma lei de 2008 estabelece limites para o uso do chumbo. Mas o risco para as crianças ainda resiste no colorido dos brinquedos piratas.

Em um dos depósitos do Instituto de Pesos e Medidas do Paraná, as prateleiras estão lotadas de brinquedos que foram apreendidos porque não tinham o selo no Inmetro. A maioria foi importada da China, onde o chumbo continua sendo usado em peças e tintas que colorem jogos, bolas e bonecas.

[...]

PORTAL do Consumidor, 18 out. 2013. Disponível em: <http://www.portaldoconsumidor.gov.br/noticia.asp?id=24979>. Acesso em: 11 maio 2018.

Inmetro analisa concentração de chumbo em tintas imobiliárias

O Programa de Análise de Produtos do Instituto Nacional de Metrologia, Qualidade e Tecnologia (Inmetro), em parceria com o Ministério do Meio Ambiente (MMA) e com o Ministério do Desenvolvimento, Indústria e Comércio Exterior (MDIC), avaliou 17 marcas de tintas imobiliárias [...] visando avaliar a concentração de chumbo nos produtos, pelo perigo que a substância em níveis acima do permitido representa à saúde humana e ao meio ambiente. [...]

"[...] A exposição ao chumbo pode causar uma série de doenças, principalmente para crianças pequenas. Como a tinta com chumbo se deteriora ao longo do tempo, as pessoas podem inalar ou ingerir, por meio da poeira doméstica, lascas de tinta ou solo contaminado", destacou o assistente da Diretoria de Avaliação da Conformidade, Paulo Coscarelli.

A Aliança Global para a Eliminação da Tinta com Chumbo (Gaelp), da Organização Mundial da Saúde (OMS) e do Programa das Nações Unidas para o Meio Ambiente (PNUMA), já desenvolve campanhas em diversos países, com o objetivo de conscientizar sobre os riscos de exposição de crianças a tintas contendo chumbo e minimizar a exposição de pintores e usuários a esse produto.

INMETRO – Notícias e eventos, 5 out. 2015. Disponível em: <http://www.inmetro.gov.br/noticias/verNoticia.asp?seq_noticia=3735>. Acesso em: 11 maio 2018.

---

1. Em sua opinião, a maioria das pessoas sabe que tintas à base de chumbo são tóxicas? Sugira formas de fazer com que essa informação chegue ao conhecimento não só dos consumidores, mas também de trabalhadores que manipulam tintas (operários, pintores), para que evitem riscos à saúde.

2. Pirataria é crime, e os produtos piratas são baratos porque são produzidos sem preocupação com higiene, segurança e preservação ambiental. Além disso, os trabalhadores recrutados para sua fabricação não contam com garantias trabalhistas: não há salário mínimo, respeito à carga horária máxima de trabalho, segurança, etc. Converse com os colegas: o que leva as pessoas a comprar um produto pirata? Que medidas poderiam ser tomadas para resolver essa situação?

3. Com base no que leu, responda: que efeitos têm os íons de chumbo no organismo?

4. Segundo os textos, por que, apesar de sua toxicidade, a tinta à base de chumbo ainda é usada em diversos produtos?

5. "Para detectar a presença de chumbo [...] o brinquedo é banhado a 37 °C com água, depois imerso num recipiente com mistura aquosa com ácido clorídrico. Esse teste visa observar a reação do produto após possível ingestão."

    NOGUEIRA, Italo. Após novo *recall*, Inmetro fará teste de chumbo em brinquedo. *Folha de S.Paulo*, São Paulo, 7 set. 2007. Disponível em: <http://www1.folha.uol.com.br/fsp/dinheiro/fi0709200725.htm>. Acesso em: 11 maio 2018.

    Descreva o procedimento usado para testar a toxicidade das tintas de brinquedos. Qual a finalidade do uso de ácido clorídrico na detecção de chumbo nessas tintas?

6. Equacione na forma iônica o processo usado na detecção de chumbo.

Capítulo 8 • Reações químicas: estudo qualitativo

Atividades

1. Equacione as reações entre ácido e base que permitem obter, além da água, as substâncias abaixo. Indique-as também na forma iônica:
   a) sulfato de ferro(III)
   b) fosfato de sódio

2. Equacione as reações de precipitação possíveis, indicando com (aq) os participantes em solução aquosa e com (s) os precipitados.
   a) $NaOH + CuSO_4$
   b) $HCl + AgNO_3$
   c) $Pb(NO_3)_2 + H_2S$
   d) $Ca(OH)_2 + FeCl_3$

QUESTÃO COMENTADA

(Unicamp-SP) Uma solução contém cátions bário, Ba^{2+}, chumbo, Pb^{2+}, e sódio, Na^+. Os cátions bário e chumbo formam sais insolúveis com ânions sulfato, SO_4^{2-}. Dentre esses cátions, apenas o chumbo forma sal insolúvel com o ânion iodeto, I^-.

a) Com base nessas informações, indique um procedimento para separar os três tipos de cátion presentes na solução.

b) Escreva as equações das reações de precipitação envolvidas nessa separação.

Sugestão de resolução

a) Inicialmente, podemos adicionar um iodeto solúvel, que reagirá com íons Pb^+ formando um composto insolúvel. A adição de I^- deve ser feita até que a quantidade de precipitado fique constante.

$$Pb^{2+}(aq) + 2\,I^-(aq) \longrightarrow PbI_2(s)$$

O conjunto deverá ser filtrado de modo a reter no papel de filtro todos os íons Pb^+ na forma de sal insolúvel. No filtrado, adiciona-se excesso de sulfato solúvel, precipitando os íons Ba^+.

$$Ba^{2+}(aq) + SO_4^{2-}(aq) \longrightarrow BaSO_4(s)$$

Repetindo a filtração, os íons Ba^+ ficarão retidos no papel de filtro sob a forma de $BaSO_4$. No filtrado, estarão os íons Na^+ com todos os ânions presentes.

b) $Pb^{2+}(aq) + 2\,I^-(aq) \longrightarrow PbI_2(s)$
$Ba^{2+}(aq) + SO_4^{2-}(aq) \longrightarrow BaSO_4(s)$

Você pode resolver as questões 6, 12 e 16 da seção Testando seus conhecimentos.

Reações com formação de eletrólitos mais fracos e/ou voláteis

A seguir, você vai analisar reações em que o produto é um ácido mais fraco, ou uma base mais fraca, ou é mais volátil.

O produto é um ácido mais fraco

$$\text{ácido}_1\ (\text{forte}) + \text{sal}_1 \longrightarrow \text{ácido}_2\ (\text{fraco}) + \text{sal}_2$$

Exemplo:

$2\,HClO_4(aq) + Na_2S(aq) \longrightarrow H_2S(aq) + 2\,NaClO_4(aq)$
ácido perclórico (ácido forte) — sulfeto de sódio — ácido sulfídrico (ácido fraco) — perclorato de sódio

O produto é uma base mais fraca

$$\text{base}_1\ (\text{forte}) + \text{sal}_1 \longrightarrow \text{base}_2\ (\text{fraca}) + \text{sal}_2$$

Exemplo:

$KOH(aq) + NH_4Cl(aq) \longrightarrow NH_4OH(aq) + KCl(aq)$
hidróxido de potássio (eletrólito forte) — cloreto de amônio — hidróxido de amônio (eletrólito fraco) — cloreto de potássio

Ou:

$KOH(aq) + NH_4Cl(aq) \longrightarrow NH_3(g) + H_2O(l) + KCl(aq)$
hidróxido de potássio (eletrólito forte) — cloreto de amônio — amônia — água — cloreto de potássio

O produto é mais volátil

Você sabe o que significa a palavra **volátil**? De origem latina, ela quer dizer "que tem asas, que voa" e se aplica, na Química, a substâncias que vaporizam em pressão e temperatura ambientes.

Por exemplo, se deixarmos aberto um frasco contendo álcool, com o tempo o volume do líquido diminui. Dizemos, então, que o álcool é um líquido volátil, o que é consequência de sua baixa temperatura de ebulição. Os ácidos voláteis também têm essa característica, o que faz com que apresentem alta taxa de evaporação à temperatura ambiente.

Os ácidos podem ser voláteis ou fixos.

- **Ácidos voláteis:** são os ácidos que apresentam baixa temperatura de ebulição. O vinagre tem cheiro pronunciado devido à volatilidade do ácido acético, um de seus componentes. As moléculas desse ácido atingem nossos órgãos olfativos, produzindo a sensação (o cheiro) que associamos ao vinagre.

O ácido nítrico (HNO_3) e os ácidos que não apresentam oxigênio – como o ácido clorídrico (HCl), o ácido sulfídrico (H_2S), o ácido cianídrico (HCN) – são voláteis; por isso, em ambientes onde são efetuadas reações que produzem esses ácidos, as pessoas devem estar munidas de máscaras, uma vez que eles são tóxicos.

- **Ácidos fixos:** são os ácidos que apresentam alta temperatura de ebulição. Alguns dos ácidos mais usados em laboratórios e indústrias são o ácido sulfúrico (H_2SO_4) e o ácido fosfórico (H_3PO_4), ambos ácidos fixos. Alguns ácidos fixos, como o oxálico ($H_2C_2O_4$) e o fosforoso (H_3PO_3), são sólidos nas condições ambientes.

Mas por que mencionamos a classificação dos ácidos em voláteis e fixos?

Porque existe a possibilidade de ocorrer reação entre um ácido fixo (de alta temperatura de ebulição) e um sal, com a formação de um ácido volátil e outro sal.

$$\text{ácido}_1\ (\text{fixo}) + \text{sal}_1 \xrightarrow{\Delta} \text{ácido}_2\ (\text{volátil}) + \text{sal}_2$$

Para esse tipo de reação envolvendo ácido fixo, parte-se de um sal no estado sólido (sem dissolvê-lo em água). O aquecimento do sistema favorece a reação, facilitando o desprendimento do ácido volátil. Por exemplo:

$H_3PO_4(l) + 3\,NaCl(s) \xrightarrow{\Delta} 3\,HCl(g) + Na_3PO_4(s)$
ácido fosfórico (ácido fixo) — cloreto de sódio — cloreto de hidrogênio (ácido volátil) — fosfato de sódio

Química: prática e reflexão

A casca de ovo contém carbonato de cálcio, a mesma substância que existe na concha dos moluscos, no calcário e no mármore. O que ocorre quando esses materiais são inseridos em um meio ácido?

Material necessário

- casca de 1 ovo
- 1 colher de café
- 2 mL de vinagre (solução aquosa de ácido acético)
- 1 recipiente pequeno de vidro transparente

Procedimentos

1. Coloquem um fragmento de casca de ovo no recipiente de vidro. Usando um cabo de colher, procurem quebrar a casca em pedacinhos menores.
2. Acrescentem vinagre até cobrir o fragmento de casca de ovo.
3. Observem e registrem o que acontece.

Descarte dos resíduos: O resíduo do experimento deve ser armazenado em frasco rotulado para ser usado em futuras atividades.

Analisem suas observações

1. Descrevam o que observaram.
2. O que se pode dizer da solubilidade do sal $CaCO_3$ em água?
3. Tendo em vista que as bolhas que saem do frasco são de dióxido de carbono (CO_2), tentem equacionar a reação.
4. O ácido clorídrico, HCl(aq), comercializado com o nome de ácido muriático, é usado para fazer limpeza em construções ou reformas.
   a) Por que essa técnica de limpeza exige cuidados especiais? Que medidas de segurança devem ser tomadas?
   b) O ácido clorídrico pode ser usado para limpar mármore (material que contém carbonato de cálcio, $CaCO_3$)? Por quê?

Tipos de reação que merecem destaque

Carbonatos e hidrogenocarbonatos reagem com ácidos. O ácido carbônico formado (H_2CO_3) decompõe-se rapidamente em $CO_2(g)$ e $H_2O(l)$. Por isso, ao equacionar esse tipo de reação, é comum omitir a formação desse ácido.

- Veja o exemplo da reação de um carbonato com HCl:

$$K_2CO_3(s) + 2\ HCl(aq) \longrightarrow 2\ KCl(aq) + H_2O(l) + CO_2(g)$$

carbonato de potássio / ácido clorídrico / cloreto de potássio / água / dióxido de carbono

$\langle H_2CO_3 \rangle(aq)$ ácido carbônico

Na forma iônica, temos:

$$\cancel{2\ K^+(aq)} + CO_3^{2-}(aq) + 2\ H^+(aq) + \cancel{2\ Cl^-(aq)} \longrightarrow \cancel{2\ K^+(aq)} + \cancel{2\ Cl^-(aq)} + H_2O(l) + CO_2(g)$$

$$CO_3^{2-}(aq) + 2\ H^+(aq) \longrightarrow H_2O(l) + CO_2(g)$$

íons carbonato / íons hidrogênio / água / dióxido de carbono

Os compostos com o íon HCO_3^- (hidrogenocarbonato ou bicarbonato), como $NaHCO_3$ (hidrogenocarbonato de sódio ou bicarbonato de sódio), por exemplo, ao reagirem com ácidos, também formam H_2CO_3, que libera $CO_2(g)$ e $H_2O(l)$. É isso que explica a efervescência observada quando pingamos limão (material contendo um ácido orgânico – o ácido cítrico) sobre bicarbonato de sódio.

$$HCO_3^-(aq) + H^+(aq) \longrightarrow H_2O(l) + CO_2(g)$$

íons hidrogenocarbonato / íons hidrogênio / água / dióxido de carbono

- Já vimos que o hidróxido de amônio, $NH_4OH(aq)$, é, na verdade, uma solução de amônia, $NH_3(g)$, em água, $H_2O(l)$. Por isso, é melhor indicar $NH_3(g)$ e $H_2O(l)$ como produtos da reação, em vez de NH_4OH, especialmente se o processo for feito a temperatura elevada:

$$NaOH(aq) + NH_4Cl(s) \xrightarrow{\Delta} NaCl(aq) + NH_3(g) + H_2O(l)$$

hidróxido de sódio / cloreto de amônio / cloreto de sódio / amônia / água

O bicarbonato de sódio "reage" com o sumo de limão. A produção de bolhas é um indício de que algum tipo de material, inexistente no início, pode ter se formado.

Capítulo 8 • Reações químicas: estudo qualitativo

Atividades

1. Complete em seu caderno as reações possíveis, indicando quais ácidos e bases são fortes e quais são fracos.
   a) $HNO_3(conc) + KCN(s) \longrightarrow$ ////////////
   b) $NaOH(s) + NH_4Cl(s) \longrightarrow$ ////////////

2. Reproduza as equações no caderno, colocando as setas $\longrightarrow$ ou $\longleftarrow$, de acordo com o sentido da reação:
   a) $(NH_4)_2SO_4 + Ca(OH)_2$ //////////// $2\ NH_4OH + CaSO_4$
   b) $H_2S + 2\ KI$ //////////// $K_2S + 2\ HI$
   c) $NiCl_2 + 2\ NaOH$ //////////// $Ni(OH)_2 + 2\ NaCl$
   d) $BaSO_4 + 2\ NH_4OH$ //////////// $(NH_4)_2SO_4 + Ba(OH)_2$

3. a) Os íons Ba^{2+} são bastante tóxicos. No entanto, o sulfato de bário é usado como contraste por ser praticamente insolúvel em água. Consulte os dados necessários e diga se os compostos $BaCl_2$, $Ba(NO_3)_2$ poderiam ser usados para a mesma finalidade.
   b) Tendo em vista que em nosso aparelho digestório há uma concentração elevada de íons H^+, explique por que o $BaCO_3$ não poderia ser usado para a mesma finalidade.

4. Um professor de química pediu a seus alunos que obtivessem os compostos: carbonato de cálcio e ácido nítrico. Para isso forneceu a eles algumas soluções aquosas de: nitrato de chumbo, ácido clorídrico, cloreto de sódio, hidróxido de potássio, carbonato de potássio, nitrato de cálcio.
   a) Combine duas das soluções fornecidas para obter cada um desses produtos.
   b) Equacione os processos que justifiquem suas escolhas.

*Você pode resolver as questões 7 a 15, 18 e 19 da seção **Testando seus conhecimentos**.*

Resumindo:

É necessário que uma das condições analisadas anteriormente se verifique para que uma reação envolvendo dois compostos – ácidos, bases ou sais – ocorra espontaneamente. Elas podem ser assim resumidas:

- se houver uma neutralização (reação entre ácido e base):

$$\text{ácido} + \text{base} \longrightarrow \text{sal} + \text{água (sempre possível)}$$

- se ocorrer formação de eletrólito mais fraco:

$$\underset{\substack{\text{forte}\\\text{fixo}}}{\text{ácido}_1} + \underset{\text{solúvel}}{\text{sal}_2} \longrightarrow \underset{\substack{\text{fraco}\\\text{volátil}}}{\text{ácido}_2} + \underset{\substack{\text{pouco}\\\text{solúvel}}}{\text{sal}_1}$$

$$\underset{\substack{\text{solúvel}\\\text{forte}}}{\text{base}_1} + \underset{\substack{\text{solúvel}\\\text{solúvel}}}{\text{sal}_2} \longrightarrow \underset{\substack{\text{pouco solúvel}\\\text{solúvel}\\\text{fraca}}}{\text{base}_2} + \underset{\substack{\text{solúvel}\\\text{pouco}\\\text{solúvel}}}{\text{sal}_1}$$

Portanto, para saber se uma reação entre dois compostos pode ou não ocorrer espontaneamente, basta completar a equação química que corresponderia a ela e verificar se ela satisfaz uma das duas condições acima. Observe, por exemplo, a equação de uma suposta reação indicada a seguir; como nenhuma dessas condições é satisfeita, sabemos que a reação não ocorre espontaneamente.

$$\underset{\substack{\text{nitrato de potássio}\\\text{sal solúvel}}}{KNO_3(aq)} + \underset{\substack{\text{ácido acético}\\\text{ácido fraco volátil}}}{H(CH_3COO)(aq)} \not\longrightarrow \underset{\substack{\text{acetato de potássio}\\\text{sal solúvel}}}{KCH_3COO(aq)} + \underset{\substack{\text{ácido nítrico}\\\text{ácido forte volátil}}}{HNO_3(aq)}$$

No sentido contrário, porém, essa reação pode ocorrer espontaneamente. Vamos indicar os íons provenientes da dissociação dos sais solúveis que participam da reação acima:

$$\underset{\text{ácido forte}}{HNO_3(aq)} + \underset{\text{sal}}{KCH_3COO(aq)} \longrightarrow \underset{\text{ácido fraco}}{H(CH_3COO)(aq)} + \underset{\text{sal}}{KNO_3(aq)}$$

As reações e a redução do número de íons livres

Toda reação que envolve dois compostos pertencentes às funções ácido, base ou sal é espontânea no sentido em que há redução do número de íons livres no sistema. Retomemos os exemplos de equações iônicas (de neutralização, de precipitação e com formação de eletrólito mais fraco) para que isso fique mais claro.

- **Reação de neutralização:**

$$\underset{\text{ácido}}{\underset{\text{íons hidrogênio}}{\underset{\textbf{(íons livres)}}{H^+(aq)}}} + \underset{\text{base}}{\underset{\text{íon hidróxido}}{\underset{\textbf{(íons livres)}}{OH^-(aq)}}} \longrightarrow \underset{\text{água}}{\underset{\text{água}}{\underset{\textbf{(moléculas)}}{H_2O(l)}}}$$

- **Reação de precipitação:**

$$\underset{\text{íons prata}}{\underset{\textbf{(íons livres)}}{Ag^+(aq)}} + \underset{\text{íon cloreto}}{Cl^-(aq)} \longrightarrow \underset{\text{cloreto de prata}}{\underset{\textbf{(íons associados)}}{AgCl(s)}}$$

No caso da neutralização, para cada dois íons (um cátion H^+ e um ânion OH^-), forma-se uma molécula H_2O, o que reduz a quantidade de íons livres do sistema. Lembre-se de que os íons correspondentes ao ânion do ácido e ao cátion da base permanecem em solução. Algo semelhante ocorre no caso das reações de precipitação. Nelas, 1 cátion se une a 1 ânion para formar uma substância pouco solúvel que se deposita no fundo da solução. Os íons que formam o precipitado abandonam a solução, reduzindo o número de íons livres.

- **Reação com formação de eletrólito mais fraco:**

$$\underset{\substack{\text{ácido sulfúrico}\\ \text{forte}}}{H_2SO_4(aq)} + \underset{\text{acetato de potássio}}{2\ KCH_3COO(aq)} \longrightarrow \underset{\text{sulfato de potássio}}{K_2SO_4(aq)} + \underset{\substack{\text{ácido acético}\\ \text{fraco}}}{2\ H(CH_3COO)(aq)}$$

$$\underset{\substack{\text{predomínio de}\\ \text{íons livres}}}{2\ H^+(aq) + \cancel{SO_4^{2-}(aq)}} + \underset{\text{íons livres}}{\cancel{2\ K^+(aq)} + 2\ (CH_3COO)^-(aq)} \longrightarrow \underset{\text{íons livres}}{\cancel{2\ K^+(aq)} + \cancel{SO_4^{2-}(aq)}} + \underset{\substack{\text{predomínio de}\\ \text{moléculas}}}{2\ H(CH_3COO)(aq)}$$

$$\text{ou: } 2\ H^+(aq) + 2\ (CH_3COO^-)(aq) \longrightarrow 2\ H(CH_3COO)(aq)$$

No caso da formação de ácidos ou bases mais fracos, o que acontece é que o reagente é um eletrólito forte – como o $H_2SO_4(aq)$ –, por isso praticamente a totalidade de suas moléculas foi transformada em íons livres. Já o produto é um eletrólito fraco – no exemplo acima, o ácido acético tem pequena parte de suas moléculas ionizada. Ou seja, com a reação também ocorre uma redução do número de íons livres em solução. Veja outros exemplos:

$$\underset{\text{carbonato de sódio}}{Na_2CO_3(aq)} + \underset{\text{ácido clorídrico}}{2\ HCl(aq)} \longrightarrow \underset{\text{cloreto de sódio}}{2\ NaCl(aq)} + H_2O(l) + \underset{\text{gás carbônico}}{CO_2(g)}$$

$$\cancel{2\ Na^+(aq)} + CO_3^{2-}(aq) + 2\ H^+(aq) + \cancel{Cl^-(aq)} \longrightarrow \cancel{2\ Na^+(aq)} + \cancel{Cl^-(aq)} + H_2O(l) + CO_2(g)$$

$$\text{ou: } CO_3^{2-}(aq) + 2\ H^+(aq) \longrightarrow H_2O(l) + CO_2(g)$$

> **Vale Lembrar:**
> Dióxido de carbono (CO_2), dióxido de enxofre (SO_2) e amônia (NH_3) são compostos moleculares gasosos nas condições ambientes; por isso, nas equações, devem ser representados dessa forma.

Capítulo 8 • Reações químicas: estudo qualitativo

Atividades

1. Indique, por meio de equação iônica, os processos a seguir, considerando que ocorrem em solução aquosa:
   a) uma base adicionada a um sal de ferro(III), originando um precipitado gelatinoso cor de ferrugem;
   b) um sal de amônio em contato com uma base forte liberando gás amoníaco.

2. Leia os fragmentos extraídos, respectivamente, de uma matéria disponível na internet e de uma notícia de jornal.

Calagem para garantir um bom desenvolvimento da soja

Tem sido comum nesta safra, em função de **estiagens**, o aparecimento de manchas nas lavouras de soja. As manchas são amareladas; em outras [lavouras] a soja não se desenvolveu bem, outras ainda apresentam alguns sintomas de deficiências nutricionais. Esse conjunto de observações pode estar ligado a problemas decorrentes de calagem, em excesso, em falta ou até aplicada de forma desuniforme. [...]

O efeito mais marcante do calcário em solos ácidos talvez seja que, ao corrigir a acidez do solo, ele aumenta a eficiência das adubações. A não utilização de calcário ou a calagem malfeita são fatores mais fortes para a baixa eficiência das adubações, a baixa produtividade e/ou baixos lucros ou mesmo o prejuízo dos agricultores, em [...] um grande número de culturas no Brasil. [...]

LANTMANN, Áureo. Projeto Soja Brasil, 14 dez. 2014. Disponível em: <http://www.projetosojabrasil.com.br/artigo-calagem>. Acesso em: 11 maio 2018.

Calagem: adubação da terra com cal para corrigir a acidez do solo.
Estiagem: falta de chuvas, seca.

É hora de aplicar calcário no solo

[...] "Solos ácidos, caracterizados por baixos valores de pH (menor que 5,5), teores insuficientes de cálcio e excesso de alumínio e/ou manganês, são predominantes na maior parte do Brasil e limitam fortemente a produtividade das culturas, pois impedem absorção plena dos nutrientes pelas plantas", diz o pesquisador científico Cristiano Alberto de Andrade, do Instituto Agronômico (IAC-Apta), em Campinas (SP).

[...] A aplicação de calcário agrícola corrige essa acidez, permitindo que a adubação seja plenamente aproveitada. [...] três meses antes do início do plantio de verão, é o momento de fazer a calagem, sempre baseada, porém, na análise química do solo, realizada em laboratórios especializados.

[...] "A calagem deve ser feita três meses antes do plantio para que haja tempo suficiente para a reação do corretivo, com o início das chuvas." [...] O pesquisador explica que os principais danos às plantas provocados por solos ácidos estão relacionados ao desenvolvimento das raízes, já que a acidez elevada e o teor excessivo de alumínio prejudicam o crescimento do sistema radicular, reduzindo a absorção de água e nutrientes pela planta.

[...] "Entre os benefícios da calagem, os principais estão relacionados à elevação do pH a uma faixa adequada, normalmente entre 5,5 e 6,5, o que, além de reduzir ou eliminar a toxidez por excesso de alumínio ou manganês no solo, favorece a disponibilidade dos nutrientes e a atividade de micro-organismos no solo". [...]

YONEYA, Fernanda. O Estado de S. Paulo, 6 ago. 2008. Disponível em: <http://www.estadao.com.br/noticias/geral,e-hora-de-aplicar-calcario-no-solo,218382>. Acesso em: 11 maio 2018.

Calcário aplicado em terreno preparado para plantação. Gonçalves (MG), 2012.

a) Os dois textos tratam de um procedimento básico na agricultura brasileira para que uma plantação tenha bons resultados. Qual é?
b) O primeiro texto é de 2014. A que fatores seu autor atribui os maus resultados da safra de soja naquele ano?
c) O que informa o pesquisador, mencionado no segundo texto, sobre as características dos solos brasileiros?
d) Que consequências esse fato tem sobre as plantas?
e) Anteriormente já tratamos do principal constituinte do calcário. Qual é ele?
f) Por que ele é eficiente para reduzir a acidez do solo?
g) Equacione a reação do carbonato de cálcio com íons H^+ provenientes do solo.
h) No segundo texto, diz-se que "a calagem deve ser feita três meses antes do plantio para que haja tempo suficiente para a reação do corretivo, com o início das chuvas". Por que o autor destaca a ação das chuvas?

Testando seus conhecimentos

Caso necessário, consulte as tabelas no final desta Parte.

1. (PUCC-SP) No processo Haber-Bosch, obtém-se amônia, NH_3, partindo-se do nitrogênio, N_2, do ar, segundo a equação não balanceada:

$$N_2(g) + H_2(g) \rightleftarrows NH_3(g)$$

Completam corretamente essa equação, na ordem em que aparecem, os coeficientes estequiométricos:

a. 1, 2, 1
b. 1, 2, 2
c. 1, 3, 2
d. 2, 1, 2
e. 2, 3, 2

2. (FGV-SP) Assim como o ferro, o alumínio também pode sofrer corrosão. Devido à sua aplicação cada vez mais em nosso cotidiano, o estudo deste processo e métodos de como evitá-lo são importantes economicamente. A adição de uma solução "limpa piso" – contendo HCl – em uma latinha de alumínio pode iniciar este processo, de acordo com a equação:

$$x\ Al(s) + y\ HCl(aq) \rightleftarrows w\ AlCl_3(aq) + 3\ H_2(g)$$

Para que a equação esteja corretamente balanceada, os valores de x, y e w são, respectivamente,

a. 1, 6 e 1.
b. 1, 3 e 1.
c. 2, 2 e 6.
d. 2, 6 e 1.
e. 2, 6 e 2.

> **Nota dos autores:** No balanceamento da equação, considere os menores coeficientes de acerto inteiros.

3. (UFC-CE) Alguns compostos químicos são tão instáveis que sua reação de decomposição é explosiva. Por exemplo, a nitroglicerina se decompõe segundo a equação química abaixo:

$$x\ C_3H_5(NO_3)_3(l) \longrightarrow y\ CO_2(g) + z\ H_2O(l) + w\ N_2(g) + k\ O_2(g)$$

A partir da equação, a soma dos coeficientes $x + y + z + w + k$ é igual a:

a. 11.
b. 22.
c. 33.
d. 44.
e. 55.

4. (UFRG-RS) *Airbags* são hoje em dia um acessório de segurança indispensável nos automóveis. A reação que ocorre quando um *airbag* infla é

$$NaN_3(s) \longrightarrow N_2(g) + Na(s)$$

Quando se acertam os coeficientes estequiométricos, usando o menor conjunto adequado de coeficientes inteiros, a soma dos coeficientes é

a. 3.
b. 5.
c. 7.
d. 8.
e. 9

5. (Unesp) Diversos compostos do gás nobre xenônio foram sintetizados a partir dos anos 60 do século XX, fazendo cair por terra a ideia que se tinha sobre a total estabilidade dos gases nobres, que eram conhecidos como gases inertes. Entre esses compostos está o tetrafluoreto de xenônio (XeF_4), um sólido volátil obtido pela reação, realizada a 400 °C, entre xenônio e flúor gasosos. A equação química que representa essa reação é

a. $Xe^{4+}(g) + 4\ F^-(g) \longrightarrow XeF_4(s)$
b. $2\ Xe^{4+}(g) + 2\ F^{2-}(g) \longrightarrow 2\ XeF_4(s)$
c. $Xe(g) + F_4(g) \longrightarrow XeF_4(s)$
d. $Xe(g) + 2\ F_2(g) \longrightarrow XeF_4(s)$
e. $Xe_2(g) + 2\ F_2(g) \longrightarrow 2\ XeF_4(s)$

6. (UPE/SSA) Em sua primeira aula de química experimental, uma turma realizou o experimento ilustrado abaixo: a adição de uma solução de nitrato de chumbo a uma solução de iodeto de potássio. Observando o resultado da rápida reação, um estudante curioso perguntou se o produto formado era gema de ovo. Depois das risadas, o professor pediu a cinco outros estudantes que explicassem o fenômeno para o colega brincalhão.

Fonte: objetoseducacionais2.mec.gov.br

As respostas dos estudantes estão apresentadas a seguir:

Qual delas explica CORRETAMENTE o fenômeno observado?

a. A adição do nitrato de chumbo torna o sistema ácido, fazendo a coloração do sistema mudar.
b. A adição do nitrato de chumbo torna o sistema básico, fazendo a coloração do sistema mudar.
c. A adição do nitrato de chumbo resulta na formação de um sal duplo quanto ao cátion que assume a coloração amarela em meio aquoso.
d. Ocorre uma reação de dupla troca, com a formação de dois sais pouco solúveis, que provocam a mudança na coloração, ao serem solubilizados em água.
e. A adição do nitrato de chumbo resulta em uma reação de dupla troca, com a formação de um sal solúvel e de um sal insolúvel, este de coloração amarela, que precipita.

7. (UFTM-MG) O cheiro de ovo podre que se sente, não só no apodrecimento desse alimento, mas também ao redor de cursos de água poluídos, deve-se à produção do gás sulfeto de hidrogênio, resultante da atividade de microrganismos. Por outro lado, esse gás, extremamente tóxico, tem aplicações em análise química e, para tanto, é gerado em laboratório por meio da reação de um sulfeto metálico com ácido.

a) Escreva a fórmula eletrônica do sulfeto de hidrogênio, indicando os pares de elétrons compartilhados.
b) Escreva a equação química que representa a reação entre sulfeto de potássio e ácido clorídrico.

8. (IFBA) Uma mistura extremamente complexa de todos os tipos de compostos – proteínas, peptídeos, enzimas e outros compostos moleculares menores – compõe os venenos dos insetos. O veneno de formiga tem alguns componentes ácidos, tal como o ácido fórmico ou ácido metanoico, enquanto o veneno da vespa tem alguns componentes alcalinos. O veneno penetra rapidamente o tecido uma vez que você foi picado. Sobre o veneno dos insetos, pode-se afirmar que:

a. O veneno de formigas possui pH entre 8 e 10.
b. A fenolftaleína é um indicador de pH e apresenta a cor rosa em meio básico e apresenta aspecto incolor em meio ácido, no entanto, na presença do veneno da vespa esse indicador teria sua cor inalterada devido à mistura complexa de outros compostos.
c. O veneno da formiga, formado por ácido fórmico, de fórmula H_2CO_2, poderia ser neutralizado com o uso de bicarbonato de sódio.
d. Segundo a teoria de Arrhenius, o veneno de vespa, em água, possui mais íons hidrônio do que o veneno de formiga.
e. Os venenos de ambos os insetos não produzem soluções aquosas condutoras de eletricidade.

9. (Enem) As misturas efervescentes, em pó ou em comprimidos, são comuns para a administração de vitamina C ou de medicamentos para azia. Essa forma farmacêutica sólida foi desenvolvida para facilitar o transporte, aumentar a estabilidade de substâncias e, quando em solução, acelerar a absorção do fármaco pelo organismo.

As matérias-primas que atuam na efervescência são, em geral, o ácido tartárico ou o ácido cítrico que reagem com um sal de caráter básico, como o bicarbonato de sódio ($NaHCO_3$), quando em contato com a água. A partir do contato da mistura efervescente com a água, ocorre uma série de reações químicas simultâneas: liberação de íons, formação de ácido e liberação do gás carbônico – gerando a efervescência.

As equações a seguir representam as etapas da reação da mistura efervescente na água, em que foram omitidos os estados de agregação dos reagentes, e H_3A representa o ácido cítrico.

I. $NaHCO_3 \longrightarrow Na^+ + HCO_3^-$
II. $H_2CO_3 \rightleftarrows H_2O + CO_2$
III. $HCO_3^- + H^+ \rightleftarrows H_2CO_3$
IV. $H_3A \rightleftarrows 3H^+ + A^-$

A ionização, a dissociação iônica, a formação do ácido e a liberação do gás ocorrem, respectivamente, nas seguintes etapas:

a. IV, I, II e III
b. I, IV, III e II
c. IV, III, I e II
d. I, IV, II e III
e. IV, I, III e II

10. (Enem) A formação frequente de grandes volumes de pirita (FeS_2) em uma variedade de depósitos minerais favorece a formação de soluções ácidas ferruginosas, conhecidas como "drenagem ácida de minas". Esse fenômeno tem sido bastante pesquisado pelos cientistas e representa uma grande preocupação entre os impactos da mineração no ambiente. Em contato com oxigênio, a 25 °C, a pirita sofre reação, de acordo com a equação química:

$4 FeS_2(s) + 15 O_2(g) + 2 H_2O(l) \longrightarrow$
$\longrightarrow 2 Fe_2(SO_4)_3(aq) + 2 H_2SO_4(aq)$

FIGUEIREDO. B. R. *Minérios e Ambientes*. Campinas. Unicamp. 2000.

Para corrigir os problemas ambientais causados por essa drenagem, a substância mais recomendada a ser adicionada ao meio é o

a. sulfeto de sódio.
b. cloreto de amônio.
c. dióxido de enxofre.
d. dióxido de carbono.
e. carbonato de cálcio.

11. (Enem) Parte do gás carbônico da atmosfera é absorvida pela água do mar. O esquema representa reações que ocorrem naturalmente, em equilíbrio, no sistema ambiental marinho. O excesso de dióxido de carbono na atmosfera pode afetar os recifes de corais.

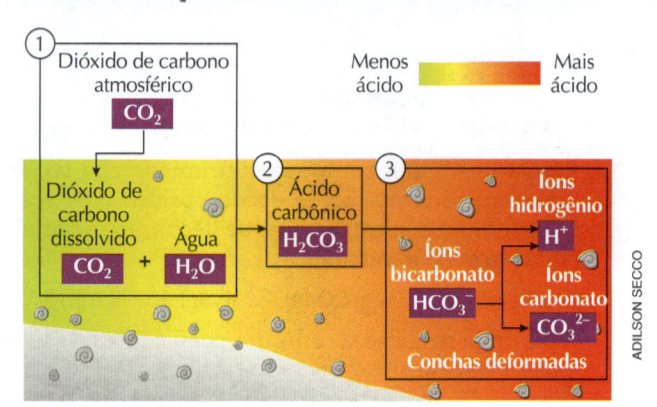

Disponível em: http://news.bbc.co.uk. Acesso em 20 maio 2014 (adaptado)

O resultado desse processo nos corais é o(a)

a. seu branqueamento, levando à sua morte e extinção.
b. excesso de fixação de cálcio, provocando calcificação indesejável.
c. menor incorporação de carbono, afetando seu metabolismo energético.
d. estímulo da atividade enzimática, evitando a descalcificação dos esqueletos.
e. dano à estrutura dos esqueletos calcários, diminuindo o tamanho das populações.

12. (Enem)

Em meados de 2003, mais de 20 pessoas morreram no Brasil após terem ingerido uma suspensão de sulfato de bário utilizada como contraste em exames radiológicos. O sulfato de bário é um sólido pouquíssimo solúvel em água, que não se dissolve mesmo na presença de ácidos. As mortes ocorreram porque um laboratório farmacêutico forneceu o produto contaminado com carbonato de bário, que é solúvel em meio ácido. Um simples teste para verificar a existência de íons bário solúveis poderia ter evitado a tragédia. Esse teste consiste em tratar a amostra com solução aquosa de

HCl e, após filtrar para separar os compostos insolúveis de bário, adiciona-se solução aquosa de H_2SO_4 sobre o filtrado e observa-se por 30 min.

TUBINO, M.; SIMONI, J. A. Refletindo sobre o caso Celobar.
Química Nova, n. 2, 2007 (adaptado)

A presença de íons bário solúveis na amostra é indicada pela

a. liberação de calor.
b. alteração da cor para rosa.
c. precipitação de um sólido branco.
d. formação de gás hidrogênio.
e. volatilização de gás cloro.

13. (Unicamp-SP) O hidrogeno carbonato de sódio apresenta muitas aplicações no dia a dia. Todas as aplicações indicadas nas alternativas abaixo são possíveis e as equações químicas apresentadas estão corretamente balanceadas, porém somente em uma alternativa a equação química é coerente com a aplicação. A alternativa correta indica que o hidrogeno carbonato de sódio é utilizado

a. como higienizador bucal, elevando o pH da saliva: $2\ NaHCO_3 \longrightarrow Na_2CO_3 + H_2O + CO_2$.
b. em extintores de incêndio, funcionando como propelente: $NaHCO_3 + OH^- \longrightarrow Na^+ + CO_3^{2-} + H_2O$.
c. como fermento em massas alimentícias, promovendo a expansão da massa: $NaHCO_3 \longrightarrow HCO_3^- + Na^+$.
d. como antiácido estomacal, elevando o pH do estômago: $NaHCO_3 + H^+ \longrightarrow CO_2 + H_2O + Na^+$.

14. (IFSP) Lamentavelmente, vem ocorrendo, com frequência maior do que a desejável, o tombamento de caminhões que transportam produtos químicos tanto em vias urbanas quanto em rodovias. Nesses acidentes, geralmente há vazamento do produto transportado, o que requer ações imediatas dos órgãos competentes para evitar que haja contaminação do ar, do solo e de cursos de água. Assim, a imediata utilização de cal (CaO) ou de calcário ($CaCO_3$) em quantidades adequadas é recomendada quando o produto transportado pelo caminhão que sofreu o acidente for

a. amônia, NH_3.
b. ácido clorídrico, HCl.
c. etanol, C_2H_5OH.
d. oxigênio, O_2.
e. hidrogênio, H_2.

15. (Udesc) O uso de água com altos teores de íons Ca^{2+}, HCO_3^- e CO_3^{2-} em caldeiras, nas indústrias, pode gerar incrustações nas tubulações, devido à formação do carbonato de cálcio, $CaCO_3$. A remoção das incrustações é realizada com ácido clorídrico, HCl. Os produtos resultantes da reação do $CaCO_3$ com o HCl são:

a. $CaCl_2$, CO_2 e H_2O.
b. $CaHCO_3$, CO_2 e H_2O
c. $CaCl_2$ e CO_2
d. NaC_2, CO_2 e H_2O.
e. CaO, CO_2 e H_2O.

16. (Udesc) Na primeira etapa do tratamento das águas para abastecimento público, ocorre a mistura de sulfato de alumínio e hidróxido de cálcio, para promover a coagulação de partículas na câmara de floculação. Os produtos de reação das substâncias químicas utilizadas nessa etapa do tratamento de água são:

a. AlOH e $CaSO_4$
b. Al_3OH e Ca_2SO_4
c. AlOH e CaS
d. $Al(OH)_3$ e Ca_2SO_4
e. $Al(OH)_3$ e $CaSO_4$

17. (Enem) As mobilizações para promover um planeta melhor para as futuras gerações são cada vez mais frequentes. A maior parte dos meios de transporte de massa é atualmente movida pela queima de um combustível fóssil. A título de exemplificação do ônus causado por essa prática, basta saber que um carro produz, em média, cerca de 200 g de dióxido de carbono por km percorrido.

Revista Aquecimento Global. Ano 2, n. 8. Publicação do Instituto Brasileiro de Cultura Ltda.

Um dos principais constituintes da gasolina é o octano (C_8H_{18}). Por meio da combustão do octano é possível a liberação de energia, permitindo que o carro entre em movimento. A equação que representa a reação química desse processo demonstra que:

a. no processo há liberação de oxigênio, sob a forma de O_2.
b. o coeficiente estequiométrico para a água é de 8 para 1 do octano.
c. no processo há consumo de água, para que haja liberação de energia.
d. o coeficiente estequiométrico para o oxigênio é de 12,5 para 1 do octano.
e. o coeficiente estequiométrico para o gás carbônico é de 9 para 1 do octano.

18. (UTF-PR) O agricultor corrige a acidez do solo usando calcário porque o $CaCO_3$ reage com os íons H^+. Não havendo calcário, o que o agricultor poderá usar para a mesma finalidade?

a. HCl
b. H_2O
c. $Ca(OH)_2$
d. H_2SO_4
e. SO_2

19. (UFMT) Uma simulação caseira do efeito de atmosferas ácidas sobre os mármores/calcários pode ser obtida pela ação do vinagre (solução diluída de ácido acético) sobre a casca de ovo. Indique a equação da reação que ocorre.

a. $2\ CH_3COOH + CaCO_3 \longrightarrow Ca(CH_3COO)_2 + H_2CO_3$
b. $CH_3COOH + NaHCO_3 \longrightarrow NaCH_3COO + H_2CO_3$
c. $2\ HCl + CaCO_3 \longrightarrow CaCl_2 + H_2CO_3$
d. $2\ HCOOH + CaCO_3 \longrightarrow Ca(COOH)_2 + H_2CO_3$
e. $2\ CH_3COOH + Na_2CO_3 \longrightarrow 2\ NaCH_3COO + H_2CO_3$

Mais questões: no livro digital, em **Vereda Digital Aprova Enem** e **Vereda Digital Suplemento de revisão e vestibulares**; no *site*, em **AprovaMax**.

CAPÍTULO 9
CÁLCULOS QUÍMICOS: UMA INICIAÇÃO

Aplicação de calcário para adequação do pH do solo em plantação de São Martinho da Serra (RS). Foto de 2015.

ENEM C5: H17

Este capítulo irá ajudá-lo a compreender:
- mol e constante de Avogadro;
- massa molar;
- cálculos envolvendo reações químicas;
- reagentes limitantes;
- concentração (g/L e mol/L).

Para situá-lo

Vamos refletir sobre duas situações nas quais diferentes profissionais precisam tomar decisões sobre o uso de produtos.

Vimos no capítulo anterior que uma das medidas necessárias para uma plantação ser produtiva e gerar alimentos com qualidade é a verificação do nível de acidez do solo. Para isso, ao preparar o terreno para o plantio, o agricultor deve retirar um pouco de terra do local em que vai plantar, misturá-la com água, agitando-a, para em seguida filtrá-la; esse filtrado deve ser submetido ao teste de acidez com indicadores ácido-base.

Se obtiver como resultado, por exemplo, um pH mais baixo do que o adequado ao tipo de plantio que deseja fazer e consultar técnicos agrícolas para saber como solucionar o problema, é possível que receba como sugestões: acrescentar ao solo certa quantidade de calcário (carbonato de cálcio) ou adicionar a ele cal hidratada (hidróxido de cálcio).

As duas substâncias são adequadas para proceder à calagem do solo, já que ambas consomem íons H^+ e fornecem íons cálcio ao solo. É preciso saber então qual é a vantagem econômica de cada substância. Como isso poderia ser feito?

Outra situação muito comum é o vazamento de produtos químicos que requerem ações imediatas, uma vez que representam riscos para os seres vivos e para o ambiente. Quando, por alguma razão, esses materiais vazam de caminhões ou de outros meios de transporte, atingindo estradas ou cursos de água, os órgãos responsáveis precisam saber que providências tomar para minimizar possíveis danos. Observe a foto ao lado e leia a legenda. Como seria possível saber a quantidade de ácido necessária para neutralizar a água da lagoa? Será que, se o ácido em questão for o sulfúrico ou o acético, haverá diferença na massa de ácido a ser usada?

Você já parou para pensar como os químicos escolhem os reagentes mais adequados para resolver as questões propostas nessas duas situações? Como eles escolhem a substância a ser usada e calculam a quantidade necessária? Reflita um pouco sobre isso e, em seguida, resolva as questões.

Tombamento de caminhão causa derramamento de soda cáustica em rodovia no município de Monte Alegre (RN), provocando a contaminação da Lagoa dos Cavalos. Foto de 2011.

1. Proponha equações para ambos os processos de calagem do solo descritos no texto.
2. Considere que ambos os produtos que poderiam ser usados no tratamento do solo tenham o mesmo valor por quilograma. Você saberia dizer qual dos dois produtos, $CaCO_3$ ou $Ca(OH)_2$, seria economicamente mais vantajoso? Justifique.
3. De que forma alguém poderia calcular a quantidade de ácido sulfúrico que deveria ser usada para neutralizar certa quantidade de soda cáustica que vazou de um caminhão-tanque? Reflita e tente elaborar um caminho para resolver a questão, apontando eventuais dados necessários para chegar à resposta. Qual lei ponderal pode fundamentar esse cálculo?
4. Pense agora no seguinte: duas pessoas carregam balões contendo massas iguais de dois gases: um é o oxigênio (O_2); o outro é o ozônio (O_3). Em qual deles deve haver maior número de moléculas?

É possível que você tenha concluído que, sem ter ideia da massa de cada molécula ou da massa de uma molécula em relação à massa de outra, é difícil responder a muitas das questões apresentadas. O conteúdo deste capítulo permitirá a você relacionar tudo o que aprendeu até aqui sobre processos químicos com as quantidades de substâncias necessárias para resolver os mais diversos desafios: desde alguns relativamente simples até os que envolvem as consequências de acidentes graves, muitas vezes causados por descuido ou despreparo dos motoristas quanto às normas de segurança. Aliás, as bases quantitativas do estudo da Química têm aqui seus fundamentos. Por tratar-se de algo tão importante, daqui em diante, durante todo o curso de Química, você fará cálculos baseados no conteúdo abordado neste capítulo.

Mol: unidade fundamental para a Química

Os cálculos químicos apresentam algumas particularidades. Uma delas é o uso de uma unidade de medida característica, o mol. Como você já estudou, uma unidade de medida é uma quantidade fixada, usada como referência para comparar grandezas da mesma espécie. Existem diferentes unidades de medida, como o metro, o quilograma, o segundo, unidades do Sistema Internacional de Unidades. **Mol** é a unidade de medida básica do SI, bastante utilizada em cálculos químicos.

Imagine que você tenha de contar o número de "grãos" existentes em uma porção de feijão, em uma de arroz e em uma de sal, como nas fotos ao lado. Qual porção seria mais fácil de contar?

Certamente, seria mais fácil contar os grãos de feijão, pois, quanto maior for a dimensão das unidades, mais simples será a contagem.

De acordo com o tipo de material, certas unidades de medida são mais usadas. Assim, compramos arroz e feijão por quilograma (kg), areia por metro cúbico (m³), flores e frutas por dúzia.

Se formos contar quantos grãos de arroz há em um saco de 5 kg, teremos de fazê-lo por cálculo aproximado, estimado a partir da contagem de uma amostra menor, por exemplo, 100 g.

Quantas unidades há na porção de feijão, na de arroz e na de sal? Seria possível contar os grãozinhos do sal?

Capítulo 9 • Cálculos químicos: uma iniciação

Assim, se em 100 g de arroz houver 1 000 grãos, em 5 kg (5 000 g) teremos:

100 g ———— 1 000 grãos de arroz $\begin{cases} x = 50\,000 \text{ grãos ou} \\ 5 \cdot 10^4 \text{ grãos} \end{cases}$
5000 g ———— x

Até agora, falamos em contar grãos, que, por menores que sejam, são perfeitamente visíveis. Agora pense: e se tivéssemos de "contar" o número de moléculas, átomos, íons ou elétrons presentes em determinada amostra de um material?

Seria necessário adotar uma unidade de medida compatível com a dimensão dessas partículas.

Imagine que fosse possível contar o número de moléculas e de átomos de cada elemento contido em uma amostra de etanol, cujas moléculas podem ser representadas pela fórmula molecular C_2H_6O. Considere a amostra de etanol representada abaixo.

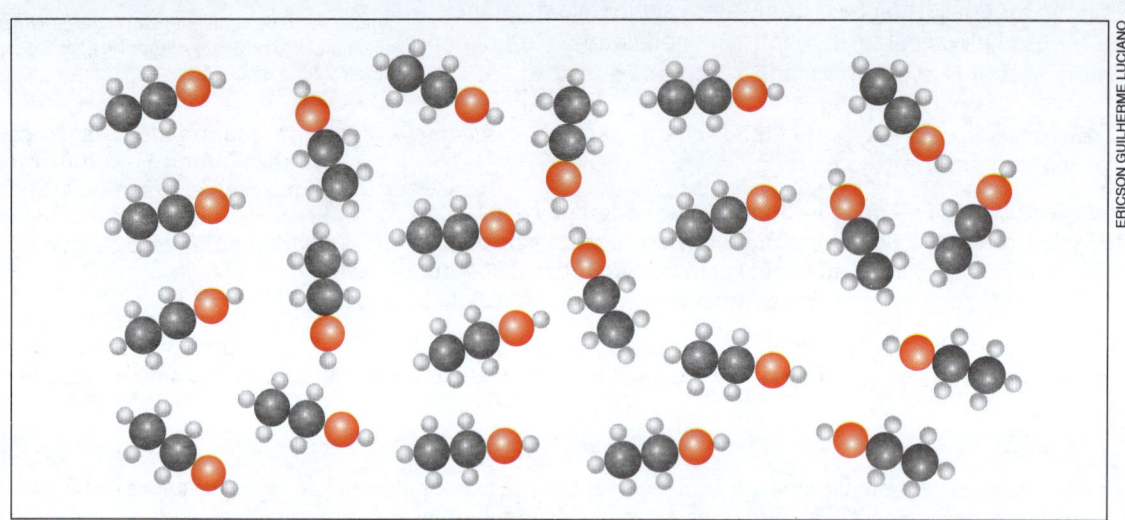

Representação de 22 moléculas de etanol (C_2H_6O). Ilustração produzida para este conteúdo.

Como nessa amostra estão representadas 22 moléculas de etanol e cada uma delas contém 2 átomos de C, 6 átomos de H e 1 átomo de O, podemos calcular:

22 moléculas de etanol ⟶ 44 átomos de C
132 átomos de H
22 átomos de O
———————————
198 átomos

Apesar de conter um número de átomos que pode nos parecer grande (quase 200), a massa dessa amostra é muito pequena: 0,00000000000000000000169 g, ou $1{,}69 \cdot 10^{-21}$ g. Trata-se, portanto, da representação de uma amostra bem menor do que uma gota de álcool, invisível mesmo que submetida a instrumentos ópticos.

Agora, imagine o número de moléculas e de átomos em uma amostra de 800 g de etanol (aproximadamente o equivalente ao conteúdo de um frasco de 1 L dessa substância).

É por isso que um profissional que tenha de fazer cálculos envolvendo processos químicos – seja ele farmacêutico, engenheiro, médico, técnico agrícola, entre outros – baseia seu raciocínio em conjuntos contendo um número extremamente grande de unidades do mundo submicroscópico (átomos, moléculas, aglomerados iônicos, entre outras), em vez de raciocinar em termos dessas unidades. De forma análoga, é o mesmo recurso que se adota ao comprar feijão por quilograma e não por grãos, ou ao contar a idade das pessoas em anos e não em segundos. Isso explica a adoção de uma unidade especial, o mol, que torna mais práticos os cálculos de número de átomos ou moléculas em amostras cujas massas podem ser medidas com instrumentos comuns, como uma balança.

> **Mol** é a unidade padronizada pela ciência para fazer referência à quantidade de matéria. Em 1 mol há 602 000 000 000 000 000 000 000 de unidades ou $6{,}02 \cdot 10^{23}$ unidades.

Veja os exemplos:
- 1 mol de moléculas de água equivale a $6{,}02 \cdot 10^{23}$ moléculas de H_2O.
- 1 mol de átomos de oxigênio equivale a $6{,}02 \cdot 10^{23}$ átomos de O.
- 1 mol de elétrons equivale a $6{,}02 \cdot 10^{23}$ elétrons.

O número $6{,}02 \cdot 10^{23}$ é chamado de **constante de Avogadro** e pode ser representado pela sigla N_A.

Para facilitar os cálculos, usaremos o valor aproximado da constante de Avogadro: $6{,}0 \cdot 10^{23}$.

Saiba mais

Dá para aproximar esse número de "nosso mundo"?

Suponha que uma pessoa viva 70 anos e tenha a capacidade de contar tudo o que está à sua volta, sem nenhum intervalo. Imagine que ela consiga a proeza de contar moléculas, uma por segundo. Quantas ela contaria até morrer? Para responder a essa pergunta, vamos calcular a quantos segundos equivalem 70 anos:

1 h = 3 600 s ⟶ 1 dia = 24 · 3 600 s
1 ano = 365 dias ⟶ 1 ano = 365 · 24 · 3 600 s
70 anos = 70 · 365 · 24 · 3600 s = 2 207 520 000 s

Setenta anos equivalem a 2 207 520 000 segundos; portanto, após esse período, a pessoa teria contado 2 207 520 000 moléculas.

Então, quantas pessoas com a mesma capacidade seriam necessárias para completar a contagem de 1 mol de moléculas? Vamos fazer uma estimativa:

$$6{,}0 \cdot 10^{23} \div 2{,}20752 \cdot 10^9 \approx 3 \cdot 10^{14}$$

Ou seja: seriam necessárias quase 300 000 000 000 000 (300 trilhões) de pessoas. Trata-se, portanto, de uma tarefa impossível, ainda que essa contagem fosse viável, pois, em meados de 2017, a Terra tinha cerca de 7,6 bilhões de habitantes. Se a população mundial conseguisse contar uma molécula por segundo, ao final de 70 anos teriam sido contadas aproximadamente $1{,}6 \cdot 10^{19}$ moléculas, o que representa cerca de 0,003% de 1 mol.

Reflita sobre estes outros exemplos:

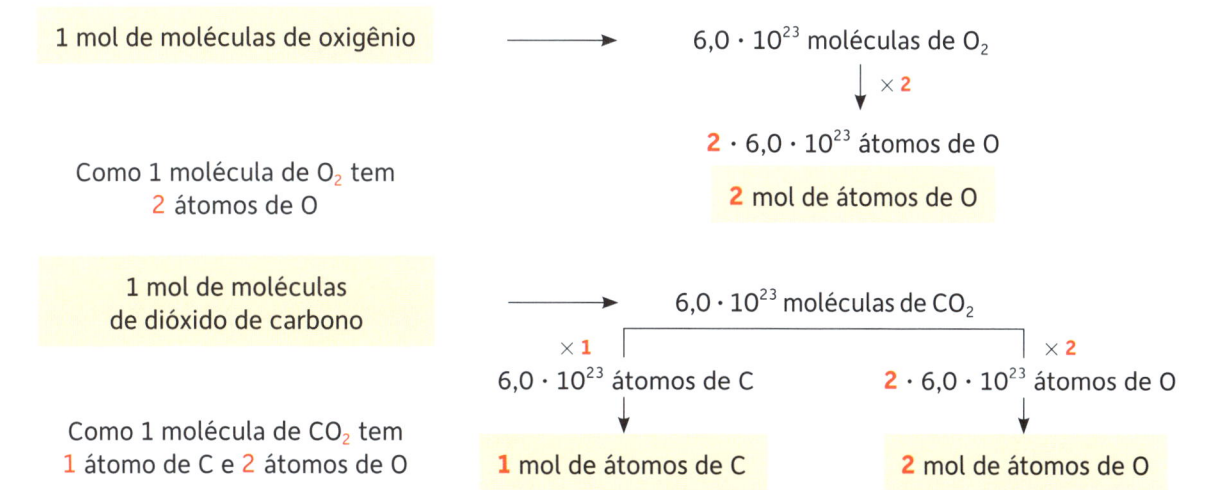

1 mol de moléculas de oxigênio ⟶ $6{,}0 \cdot 10^{23}$ moléculas de O_2
↓ ×2
$2 \cdot 6{,}0 \cdot 10^{23}$ átomos de O
2 mol de átomos de O

Como 1 molécula de O_2 tem 2 átomos de O

1 mol de moléculas de dióxido de carbono ⟶ $6{,}0 \cdot 10^{23}$ moléculas de CO_2
×1 ↙   ↘ ×2
$6{,}0 \cdot 10^{23}$ átomos de C $2 \cdot 6{,}0 \cdot 10^{23}$ átomos de O
1 mol de átomos de C   **2 mol de átomos de O**

Como 1 molécula de CO_2 tem 1 átomo de C e 2 átomos de O

Podemos estender nosso raciocínio para uma substância genérica, de fórmula molecular A_xB_y:

1 molécula de A_xB_y ⟶ { x átomos de A; y átomos de B }   1 mol moléculas de A_xB_y ⟶ { x mol átomos de A; y mol átomos de B }

sulfato de cobre pentaidratado $CuSO_4 \cdot 5\ H_2O$ — permanganato de potássio $KMnO_4$ — Ferro Fe — Mercúrio Hg — Etanol C_2H_5OH — Água H_2O

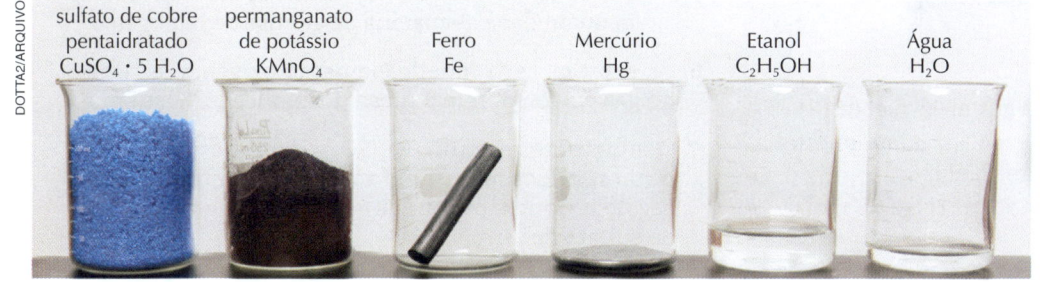

Um mol de várias substâncias. Essas amostras têm massas e volumes diferentes, no entanto, todas contêm $6 \cdot 10^{23}$ unidades constituintes da substância: átomos (mercúrio e ferro), moléculas (etanol e água), conjuntos iônicos (permanganato de potássio) e conjuntos iônicos hidratados (sulfato de cobre(II)) pentaidratado, $CuSO_4 \cdot 5\ H_2O$).

> **Observação**
>
> Em 1962, a IUPAC estabeleceu o mol como a unidade de quantidade de matéria (n), o que foi ratificado pela 14ª Conferência Geral de Pesos e Medidas, em 1971.
>
> Eventualmente, em vez de quantidade de matéria (em mol), você ainda poderá encontrar a antiga expressão "número de mols".
>
> Quando nos referimos a certa distância em metros, podemos dizer, por exemplo, 5 metros ou 5 m. Nesse caso, o símbolo m não é acrescido do s, indicativo de plural. No caso do mol, o símbolo dessa unidade coincide com o seu nome, por isso, podemos encontrar, por exemplo, 2 mols (unidade indicada por extenso) ou 2 mol (unidade indicada por seu símbolo). Podemos trabalhar com frações de mol (0,5 mol, 0,25 mol etc.), mas não com fração de molécula.
>
> Observe o exemplo:
>
> 0,25 mol de C_4H_{10}
> - equivale a $0{,}25 \cdot 10^{23}$ moléculas ou $1{,}5 \cdot 10^{23}$ moléculas de C_4H_{10}
> - contém:
>   - $(0{,}25 \cdot 4)$ mol de átomos de C = 1 mol de C
>   - $(0{,}25 \cdot 10)$ mol de átomos de H = 2,5 mol de H
>
> Isso significa que não faz sentido pensar em 0,25 molécula de C_4H_{10}; já em 0,25 mol de C_4H_{10}, há grande número de moléculas ($1{,}5 \cdot 10^{23}$ moléculas de C_4H_{10}).

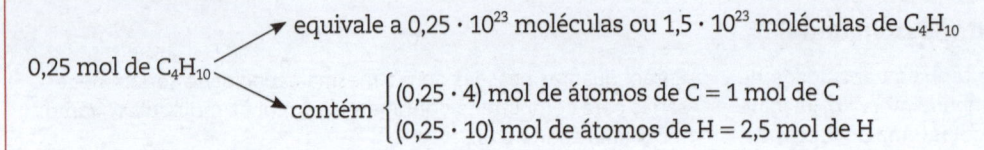

Atividades

1. Alexandre disse a Fábio: "Depois da aula de Química de hoje cheguei à conclusão de que, em uma colher de sopa, podemos colocar cerca de 0,8 mol de água". Fábio respondeu: "Você não entendeu o conceito de mol! Como é possível haver uma fração de mol?". Explique a confusão de Fábio.

2. Um professor de Química, ao corrigir a resposta de um aluno, apontou como erro a frase: "Em 9 g de água há meia molécula de H_2O". Apesar de não saber ainda qual é a massa de uma molécula de água, você pode apontar o erro da afirmação? Explique.

3. Com relação à questão anterior, o aluno confundiu um termo químico com outro. Em sua opinião, qual foi a confusão?

4. Leia o texto abaixo e responda às questões a seguir. Adote $N_A = 6{,}0 \cdot 10^{23}$ mol^{-1}.

   O gás metano

   Os hidrocarbonetos, substâncias constituídas apenas por carbono e hidrogênio, têm largo emprego como combustíveis. O metano (CH_4) é o mais simples desse grupo de compostos. Ele é encontrado, por exemplo, com outras substâncias, no gás natural, combustível que tem sido usado em usinas termelétricas brasileiras.

   met- é o prefixo usado na química orgânica para indicar 1 átomo de carbono.

   a) Quantas moléculas de metano há em 0,5 mol de CH_4?
   b) Que quantidade de matéria (em mol) há numa amostra de $1{,}2 \cdot 10^{23}$ moléculas de metano (CH_4)?
   c) Qual é o número de átomos de C e de H em 0,5 mol de CH_4?
   d) Qual é a quantidade de matéria (em mol), expressa em átomos de cada elemento, presente em 0,5 mol de metano?

5. Leia o texto abaixo e responda às questões a seguir.

   Digestão de ruminantes e produção de metano

   A digestão dos ruminantes é uma das fontes de gás metano, o que merece nossa atenção, já que o Brasil possui o segundo maior rebanho bovino do mundo, inferior apenas ao da Índia. Em 2016, o número de cabeças de gado atingiu 218,2 milhões de cabeças. Segundo a Embrapa, a emissão do gás pelos animais pode cair pela metade quando eles são criados em sistemas com elevada disponibilidade e valor nutritivo de forragem.

   REBANHO de bovinos tem maior expansão da série histórica. Disponível em: <https://agenciadenoticias.ibge.gov.br/agencia-noticias/2012-agencia-de-noticias/noticias/16994-rebanho-de-bovinos-tem-maior-expansao-da-serie-historica.html>. Acesso em: 22 maio 2018.

   Estima-se que cada cabeça de certo tipo de gado produza por dia 1 500 mol de metano.

   a) Quantas moléculas de metano esse animal produz por dia?
   b) Quantos átomos de hidrogênio há nesse gás eliminado pelo sistema digestório do animal? Traduza esse valor em quantidade de matéria de átomos de hidrogênio.

6. As expressões "1 mol do elemento oxigênio" e "1 mol do gás oxigênio" têm o mesmo significado? Justifique.

7. O sulfato de ferro(III), $Fe_2(SO_4)_3$, é muito usado para tratar resíduos industriais antes de serem lançados no esgoto. Quantos cátions, ânions e íons há em 0,5 mol de sulfato de ferro(III)?

Massa atômica e massa molar de um elemento

Vimos no capítulo 5 que Dalton introduziu o conceito de massa atômica (na época, peso atômico) tomando como padrão o hidrogênio, elemento ao qual atribuiu massa atômica 1.

Mesmo com as alterações posteriores do padrão de massa atômica, o elemento hidrogênio continuou tendo valores de massa atômica praticamente iguais a 1. Na verdade, mesmo o valor 1,01 que aparece em algumas Tabelas Periódicas é aproximado, já que apenas para os cientistas é importante usar os vários algarismos significativos conhecidos após a vírgula.

Mas qual é a relação entre a massa atômica e a massa molar de um elemento?

A massa molar (M) de um elemento corresponde à massa, em g, de 1 mol de átomos desse elemento. Numericamente, a massa molar coincide com a massa atômica. Entretanto, **a massa molar é expressa em grama/mol e a massa atômica é expressa em unidades de massa atômica, u**.

Massa atômica e massa molar de alguns elementos		
Elemento	Massa atômica (u)	Massa molar (g/mol)
Hidrogênio: H	1	1
Carbono: C	12	12
Oxigênio: O	16	16

Massa molar e seu uso em cálculos químicos

Para saber a massa de 1 mol de uma substância, temos que nos basear nos valores de massa atômica (na Tabela Periódica) dos elementos químicos que a constituem e em sua fórmula molecular. Por exemplo, a massa molar da substância hidrogênio (H_2) é igual a 2 · 1 g/mol, ou seja, 2 g/mol; a massa molar do ozônio (O_3) é igual a 3 · 16 g/mol, ou seja, 48 g/mol.

Vamos calcular a massa molar de outra substância:

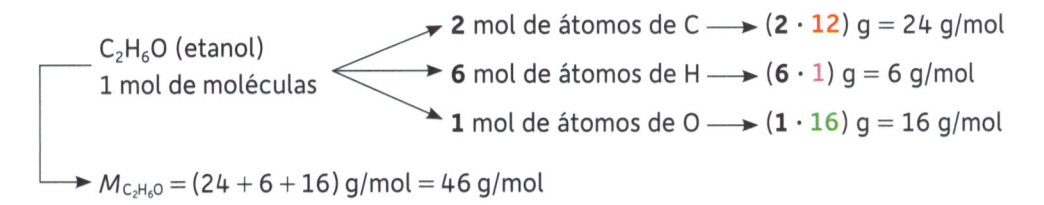

C_2H_6O (etanol)
1 mol de moléculas
- **2** mol de átomos de C ⟶ (**2 · 12**) g = 24 g/mol
- **6** mol de átomos de H ⟶ (**6 · 1**) g = 6 g/mol
- **1** mol de átomos de O ⟶ (**1 · 16**) g = 16 g/mol

$M_{C_2H_6O} = (24 + 6 + 16)$ g/mol $= 46$ g/mol

Atividades

1. Copie a tabela seguinte em seu caderno e complete-a. Preste atenção aos dados. Massas molares (g/mol): S-32, O-16, H-1, P-31.

	I	II	III			IV			V
	Quantidade de matéria da substância na amostra (mol)	Número de moléculas da substância na amostra	Número de átomos de cada elemento na amostra			Quantidade de matéria de cada elemento na amostra (mol)			Massa total da amostra (g)
A	1 mol de SO_3	/////	S: /////	O: /////		S: /////	O: /////		/////
B	0,5 mol de SO_3	/////	S: /////	O: /////		S: /////	O: /////		/////
C	1 mol de H_3PO_4	/////	H: /////	P: /////	O: /////	H: /////	P: /////	O: /////	/////
D	0,25 mol de H_3PO_4	/////	H: /////	P: /////	O: /////	H: /////	P: /////	O: /////	/////

Usando qualquer uma das informações com que preencheu a linha A, você poderá montar proporções para preencher vazios da linha B na tabela que copiou em seu caderno. Isso porque, na linha A, todos os dados se referem a 1 mol de SO_3 e, na linha B, referem-se a outra amostra da mesma substância SO_3. A mesma relação acontece entre as linhas C e D.

2. Observe o gráfico a seguir. Depois, tente resolver as questões abaixo.

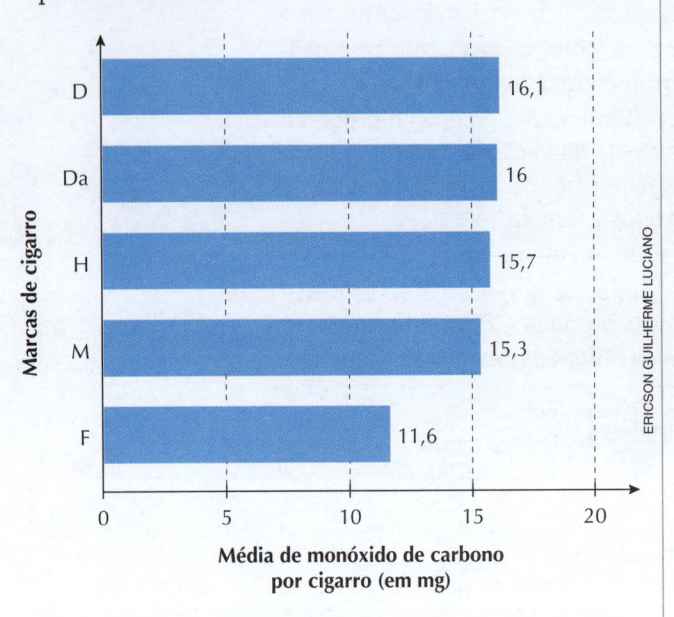

Marcas de cigarro / Média de monóxido de carbono por cigarro (em mg):
- D: 16,1
- Da: 16
- H: 15,7
- M: 15,3
- F: 11,6

ERICSON GUILHERME LUCIANO

Observações: Os níveis referem-se apenas ao que é absorvido pelo fumante. Quantidades até 3,7 vezes maiores são lançadas no ambiente a cada queima de cigarro. Um cigarro lança 43 mg de monóxido de carbono no ar.

Fonte: PANKOW, James F. (Org.). Nicotine Availability in Tobacco Smoke Enhanced by Ammonia. *American Society News Service*, jul. 1997.

a) Quantas moléculas de monóxido de carbono (CO) são absorvidas por uma pessoa ao fumar um cigarro F? Massa molar do monóxido de carbono: 28 g/mol.

b) Qual é a quantidade de matéria (em mol) de monóxido de carbono (CO) lançada ao ambiente para cada cigarro F queimado?

3. Os itens de **a** a **f** referem-se ao oxigênio, elemento que, como você sabe, está presente no ar, na forma de gás oxigênio. Esse gás, além de participar da respiração, é o comburente essencial para as combustões (queimas) que acontecem em nosso cotidiano. Em outra forma alotrópica, o oxigênio constitui o gás ozônio, O_3, um dos poluentes atmosféricos dos grandes centros urbanos. Dada a massa molar do O: 16 g/mol:

a) Qual é a massa de 1 mol de átomos de O? E de 0,5 mol de átomos de O?

b) Qual é a massa de $3,0 \cdot 10^{23}$ átomos de O?

c) Qual é a massa de 1 mol de gás oxigênio? E a massa de 1 mol de ozônio, O_3?

d) Quantas moléculas de ozônio (O_3) existem em uma amostra de 4,8 g de ozônio?

e) Quantos átomos existem em 4,8 g de gás oxigênio?

f) Compare o número de átomos de O em 4,8 g de ozônio e em 4,8 g de oxigênio. Explique o que você constata nessa comparação.

> Você pode resolver as questões: 1 a 6; 21, 22 e 23 da seção **Testando seus conhecimentos**.

Viagem no tempo

Massa atômica: um pouco sobre o percurso do hidrogênio ao carbono-12

Dalton adotou o hidrogênio como padrão de unidade de massa e obteve valores de massas atômicas bastante imprecisos. Posteriormente, Berzelius, que contava com poucos equipamentos de laboratório, elaborou uma tabela de massas atômicas dos elementos adotando como padrão o oxigênio, ao qual atribuiu massa atômica 100. Ao longo do tempo, outros pesquisadores determinaram massas atômicas mais confiáveis. Nesse processo, por várias razões, entre as quais a descoberta da existência de isótopos de um mesmo elemento, houve variações no padrão adotado como unidade de massa atômica. Na segunda metade do século XX, em 1961, o carbono-12 foi adotado como padrão e sua massa atômica foi fixada em 12. A partir daí, outras tabelas de massas atômicas dos elementos foram elaboradas.

Lembre-se de que o $^{12}_{6}C$, assim como qualquer átomo de C, tem número atômico igual a seis (Z = 6), contudo possui número de massa igual a 12 ($A = n_{n^0} + n_{p^+} = 12$).

A unidade usada como padrão de comparação foi chamada de unidade de massa atômica, com símbolo u e valor correspondente a $\frac{1}{12}$ da massa de um átomo de ^{12}C.

Dessa forma, quando dizemos que o sódio, ^{23}Na, tem massa atômica igual a 23, afirmamos que seus átomos têm massa 23 vezes $\frac{1}{12}$ da massa do ^{12}C, ou que esse elemento tem massa pouco menor que o dobro do átomo de ^{12}C.

Mas qual é a massa de 1 átomo de $^{12}_{6}C$? É 12 u.

> **1 u** corresponde aproximadamente à massa de um próton (ou de um nêutron).

A definição de mol, até há pouco, era associada a uma massa de ^{12}C; a partir de janeiro de 2018, foi assim formulada pela IUPAC:

O mol é a unidade de quantidade de matéria do SI. Um mol contém exatamente $6{,}02214076 \times 10^{23}$ entidades elementares.

Lembre-se de que o número associado à definição de mol é a Constante de Avogadro, N_A. Ele indica o número de unidades presentes em um mol.

Nota: No capítulo 26 (Parte 3) desta obra o conceito de massa atômica é retomado e melhor explicado; se ao estudá-lo você já estiver com seus conhecimentos básicos de Química bem estabelecidos, poderá entender de que forma os avanços no entendimento da estrutura da matéria influíram na substituição dos padrões de massa atômica ao longo do tempo.

1. O ^{12}C tem número de massa igual a 12. O que isso significa?
2. Levando em conta sua resposta anterior e o fato de o ^{12}C ter massa atômica 12, diga, de modo aproximado, qual é o valor da massa de:
   a) um próton em relação à massa de um átomo de ^{12}C;
   b) um nêutron em unidades de massa atômica.
3. A massa molar do C é 12 g/mol. Calcule o valor aproximado da massa, em g, de um átomo de carbono.
4. Com base nas informações das questões anteriores, qual é o valor da massa de um próton?
5. Na natureza, todos os átomos de F têm número de massa 19.
   a) Qual é a massa atômica do F, expressa em u?
   b) Qual é a massa de um átomo de F, expressa em g?

O mol e os cálculos por meio de reações

Agora, você vai se valer de tudo o que foi visto ao estudar as leis de Lavoisier e de Proust, as equações químicas e o significado dos coeficientes de acerto, aplicando esses conceitos à determinação das quantidades das substâncias envolvidas em uma transformação.

Atividade

Leia o trecho de notícia a seguir.

> Um cargueiro transportando 2 400 toneladas de ácido sulfúrico virou-se [...] no rio Reno, ao passar pela Alemanha. Dois membros da tripulação estão dados como desaparecidos. [...]
>
> PÚBLICO, 13 jan. 2011. Ciência. Disponível em: <http://publico.pt/ciencia/noticia/cargueiro-com-2400-toneladas-de-acidosulfurico-virouse-no-rio-reno-1475034>. Acesso em: 21 maio 2018.

Suponha que não foi possível conter o vazamento da carga do navio e que todo o volume de ácido tenha sido derramado no rio. Para neutralizar os efeitos decorrentes do aumento da acidez da água do rio, pode ser utilizada cal hidratada – hidróxido de cálcio, $Ca(OH)_2$. Consulte as massas atômicas dos elementos na Tabela Periódica da página 103 e responda:

a) Que quantidade de ácido sulfúrico, H_2SO_4, em mol, teria vazado nas águas do rio? A solução de ácido é muito concentrada. Para facilitar, considere que toda a massa em questão é de H_2SO_4.
b) Equacione a reação de neutralização do ácido sulfúrico com hidróxido de cálcio.
c) Interprete a equação química que você formulou com relação à proporção de moléculas (e/ou conjuntos iônicos) e à proporção de mol.
d) Expresse a proporção em mol da questão anterior em proporção em massa.
e) Que quantidade de matéria (mol) de $Ca(OH)_2$ foi consumida nessa neutralização? Determine a massa de hidróxido de cálcio gasta nesse processo.

Ao raciocinar para resolver as questões da página anterior, você deve ter se dado conta de que a interpretação de uma equação química devidamente balanceada e a utilização dos conceitos de mol e de massa molar são fundamentais para determinar as massas de reagentes e de produtos de uma reação química.

Vejamos um exemplo relativo a outro acidente.

Caminhão carregado com ácido fluorídrico tomba em Garça

Um caminhão carregado com 21 toneladas de ácido fluorídrico, um produto químico altamente tóxico, tombou [...]

Caminhão carregado com ácido fluorídrico tomba em Garça. Globo.com, 28 set. 2015. Disponível em: <http://g1.globo.com/sp/bauru-marilia/noticia/2015/09/caminhao-carregado-com-acido-fluoridrico-tomba-em-garca.html>. Acesso em: 21 maio 2018.

Se, para neutralizar os efeitos do ácido fluorídrico (HF), for usada cal, isto é, óxido de cálcio (CaO), pergunta-se: qual é a massa de CaO necessária? Qual é a massa de fluoreto de cálcio formado? Para facilitar, vamos considerar que só haja HF no interior do caminhão.

Como a informação dada (21 t de ácido) e as respostas pedidas referem-se a medidas de massa, vamos começar calculando as massas molares de reagentes e produtos da equação.

$$CaO(s) + 2\,HF(aq) \longrightarrow CaF_2(s) + H_2O(l)$$

óxido de cálcio — ácido fluorídrico — fluoreto de cálcio — água

$M_{CaO} = (40 + 16)$ g/mol
$M_{CaO} = 56$ g/mol

$M_{HF} = 2 \cdot (1 + 19)$ g/mol
$M_{HF} = 40$ g/mol

$M_{CaF_2} = 40 + (19 \cdot 2)$ g/mol
$M_{CaF_2} = 78$ g/mol

$M_{H_2O} = (1 \cdot 2) + 16$ g/mol
$M_{H_2O} = 18$ g/mol

Vamos também converter a unidade t em g:
21 t = 21 000 kg = 21 000 000 g = $2{,}1 \cdot 10^7$ g

Mas lembre-se: do balanceamento da equação podemos deduzir a proporção dos reagentes e produtos em moléculas e conjuntos iônicos. Essa proporção também indica proporção em mol das substâncias, conforme o exemplo abaixo.

Observando a resolução da questão que foi usada acima, podemos notar que todos os cálculos são coerentes com as leis de Lavoisier e de Proust.

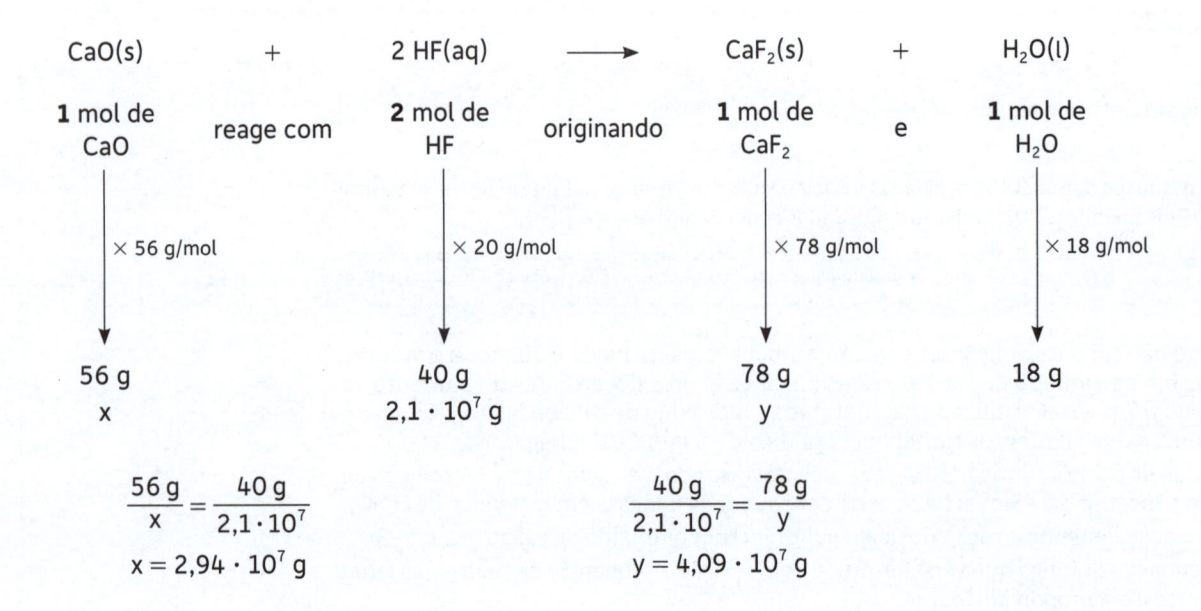

$$CaO(s) + 2\,HF(aq) \longrightarrow CaF_2(s) + H_2O(l)$$

1 mol de CaO reage com **2 mol de HF** originando **1 mol de CaF₂** e **1 mol de H₂O**

× 56 g/mol — × 20 g/mol — × 78 g/mol — × 18 g/mol

| 56 g | 40 g | 78 g | 18 g |
| x | $2{,}1 \cdot 10^7$ g | y | |

$$\frac{56\,g}{x} = \frac{40\,g}{2{,}1 \cdot 10^7} \qquad \frac{40\,g}{2{,}1 \cdot 10^7} = \frac{78\,g}{y}$$

$$x = 2{,}94 \cdot 10^7\,g \qquad\qquad y = 4{,}09 \cdot 10^7\,g$$

Os cálculos envolvendo as quantidades das substâncias participantes de uma reação são chamados de **cálculos estequiométricos**.

Conexões

Química e trabalho – O transporte de produtos perigosos

Você leu na página anterior um fragmento de notícia a respeito do tombamento de um caminhão que carregava um produto químico perigoso. São considerados produtos perigosos quaisquer materiais que possam representar riscos à saúde das pessoas, à segurança pública ou ao ambiente; muitas substâncias químicas se enquadram nessa categoria.

Leia no texto abaixo o modo como os profissionais com formação em química contribuem para o transporte seguro de produtos químicos e para a redução de danos em caso de acidentes.

No Brasil, existe um conjunto de leis e normas que regulamenta o transporte de produtos perigosos por meio terrestre (rodovias e ferrovias), aéreo ou aquaviário. Entre as exigências dessa legislação estão um veículo adequado e em boas condições, documentos da carga, sua correta identificação no meio de transporte e até a qualificação dos profissionais envolvidos em certos cursos. Os condutores, por exemplo, precisam fazer o curso de Movimentação de Produtos Perigosos. Já aos operadores de terminais de cargas é recomendado o curso de Transporte Aéreo de Artigos Perigosos. Respeitar todas as exigências legais ajuda a prevenir inúmeros acidentes.

[...]
Na área de transporte, por conhecer as propriedades e características dos produtos químicos, o profissional da química atua na orientação quanto à estocagem e quanto ao transporte propriamente dito, além de atuar na descontaminação dos tanques de carga e no tratamento de resíduos.

Os profissionais da química também atuam em campo, no trabalho de atendimento a emergências ocorridas durante o transporte de produtos perigosos. Eles são responsáveis pela identificação, neutralização e remoção de produtos derramados em consequência de acidentes, definindo quais as ações a serem tomadas para evitar danos à saúde da população e ao meio ambiente. Em alguns casos, eles podem determinar a construção de diques, para evitar que poluentes atinjam cursos d'água e a canalização de água potável, evitando assim acidentes ambientais que poderiam adquirir grandes proporções.

MENDA, M. *Transporte de produtos perigosos*. Conselho Regional de Química – IV Região. Disponível em: <http://www.crq4.org.br/quimicaviva_produtos_perigosos>. Acesso em: 4 jan. 2016.

Placas indicativas de transporte de produtos perigosos, segundo as normas estabelecidas pela lei.

1. Por que é importante que todos os profissionais envolvidos no transporte de produtos perigosos conheçam minimamente as características de diferentes substâncias químicas?

2. Em sua opinião, qual é a importância da correta identificação dos produtos perigosos presentes no veículo?

3. Faça uma pesquisa na internet sobre a porcentagem de acidentes envolvendo caminhões com cargas perigosas em seu estado. Com base nessa pesquisa, responda: quais podem ser as causas prováveis desses acidentes?

Atividades

Sempre que for necessário, consulte os valores de massas atômicas na Tabela Periódica na página 103.

1. Segundo o Instituto Brasileiro de Geografia e Estatística (IBGE), em 2010 o Brasil produziu 1,5 milhão de toneladas de amônia (NH_3), matéria-prima importante para a obtenção de fertilizantes agrícolas. Suponha que toda essa amônia fosse transformada em nitrato de amônio (NH_4NO_3) por meio da reação com ácido nítrico (HNO_3). Quantos quilogramas desse sal é possível obter? Equacione essa reação.

2. Observe a tabela a seguir, que contém algumas informações retiradas do relatório do Ministério do Meio Ambiente, relativas à emissão de monóxido de carbono (CO) por tipos de veículos no Brasil.

Emissões de CO por tipo de veículo no Brasil (2011)		
Tipo de veículo	Combustível	Emissão de CO (10^3 t ao ano)
automóveis	gasolina	331,9
automóveis	etanol	104,5
automóveis flex	gasolina	57,2
automóveis flex	etanol	117,2
motocicletas	gasolina	425,1
ônibus urbanos	diesel	37,5
Total		1073,4

Fonte: BRASIL. Ministério do Meio Ambiente. 1º Inventário nacional de emissões atmosféricas por veículos automotores rodoviários: relatório final, 2011, p. 99-100.

Notas: Os valores foram arredondados para facilitar a leitura.
O etanol a que a tabela se refere é o etanol hidratado, e a gasolina, a que contém cerca de 22% (em volume) de etanol.

Com base nos dados da tabela, faça as atividades seguintes.

a) Calcule a quantidade estimada, em mol, de CO emitido por automóveis em 2011.

b) Considere a quantidade de CO calculada na questão anterior. Suponha que esse gás reaja com o O_2 do ar, originando CO_2 por ação de um catalisador. Equacione tal reação.

c) Qual é a importância dessa reação para a qualidade do ar?

d) Qual é a quantidade de O_2, em mol, necessária para que tal transformação ocorra?

3. De cada 5 moléculas do ar, aproximadamente 1 é de oxigênio. Baseando-se nessa informação e em sua resposta ao item **b** da questão anterior, calcule a quantidade (em mol) de moléculas do ar envolvida na transformação do CO em CO_2.

4. Suponha que, nas condições ambientes, em um dia de calor, o volume molar (volume ocupado por 1 mol de qualquer gás) ocupe aproximadamente 27 L. Com base em sua resposta à questão anterior, calcule que volume de ar seria utilizado na transformação de CO em CO_2.

5. O documento que contém os dados reproduzidos na tabela da questão 2 faz a seguinte referência aos meios de transporte de cargas utilizados no Brasil:

....

[a] frota de veículos pesados reflete assimetrias profundas de uma logística baseada prioritariamente no transporte por caminhões, relegando a planos de menor expressão modais meios como o ferroviário e o aquaviário (incluindo o de cabotagem), que deveriam ter grande importância na distribuição de mercadorias e bens em um país com as dimensões do Brasil.

BRASIL. Ministério do Meio Ambiente. 1º Inventário Nacional de Emissões Atmosféricas por Veículos Automotores Rodoviários: relatório final, 2011, p. 99-100.

....

Segundo o texto, qual o meio de transporte de cargas mais utilizado no Brasil? Ele também predomina na região do país na qual você mora?

Reagentes em solução

Como vimos, muitas reações ocorrem em meio aquoso. Por isso vamos começar a analisar cálculos que envolvem reagentes dissolvidos em água (solução). Para isso, é importante entender o conceito de concentração de uma solução.

Concentração de uma solução

A atividade a seguir é bastante simples, mas vai ajudá-lo a entender o conceito de concentração.

Química: prática e reflexão

É possível que você tenha ouvido falar que determinado suco estava muito "aguado" ou que uma bebida estava muito doce. Em ambas as situações está implícito o conceito de concentração de uma solução. Como você faria para diferenciar um suco aguado de um suco concentrado, sem utilizar o paladar?

Material necessário

- 2 pacotes de suco em pó colorido do mesmo sabor (uva ou morango) para o preparo de 1 L de suco
- 3 copos-medida, usados em culinária, contendo marcas de volume de 100 mL até 500 mL
- Água
- Sal de cozinha
- 1 colher de sopa
- 1 batata pequena

Procedimento

1ª parte

- Coloquem cuidadosamente todo o conteúdo de um dos pacotes de suco em pó em um dos copos-medida e acrescentem água até a marca de 200 mL. Mexam com a colher para homogeneizar a mistura (mistura A).
- Coloquem todo o conteúdo do outro pacote de suco em pó em outro copo-medida e acrescentem 500 mL de água. Agitem com a colher até homogeneizar a mistura (mistura B).
- Comparem as duas misturas.

2ª parte

- No último copo-medida, dissolvam 1 colher rasa de sal de cozinha em 300 mL de água. Em seguida, introduzam a batata nesse copo.
- Após cerca de 30 segundos, retirem cuidadosamente a batata da água com a colher.
- Acrescentem mais duas colheres rasas de sal na mistura e agitem com a colher.
- Introduzam novamente a batata nesse copo.
- Observem o que ocorre e anotem no caderno.

Descarte dos resíduos: Os resíduos líquidos podem ser descartados diretamente no ralo de uma pia. A batata pode ser armazenada e utilizada em outras atividades experimentais.

Analisem suas observações

1. Qual mistura (A ou B) é a mais concentrada? Justifiquem a resposta.
2. Considerando as misturas A e B, quantos gramas de suco em pó estão dissolvidos por mL de solução?
3. O que vocês observaram na 2ª parte do experimento? Como explicariam esse resultado?
4. Houve diferença na concentração das soluções aquosas de sal? Se houve, indique quantas vezes, aproximadamente, a concentração de uma é maior que a da outra.

Note como em seu dia a dia você já entrou em contato com o conceito de concentração. Você conseguiria explicar com suas palavras o que é concentração de uma solução?

Mais adiante vamos estudar as unidades que podem ser usadas para expressar a concentração de um soluto em uma solução.

Agora vamos analisar um exemplo semelhante ao do experimento que você realizou.

Se considerarmos uma jarra contendo um suco feito com 120 g de pó para o preparo (soluto) e 1 L de água (solvente) e colocarmos 200 mL desse suco em um copo, teremos a mesma concentração tanto na jarra como no copo, embora o copo contenha menor quantidade de suco, isto é, menor quantidade de soluto e de solvente. Em outras palavras, em um copo com 200 mL, teremos menos soluto, porém a relação massa de soluto por litro de solução é a mesma.

120 g de soluto —— 1 L de água (solvente)
x —— 0,2 L ou 200 mL de água $x = 24$ g

No volume total de 1 L ou no volume de um copo (200 mL), a concentração é a mesma, 120 g/L. Veja:

120 g de soluto —— 1 L de solução
24 g de soluto —— 0,2 L de solução

$$\frac{120\ g}{1\ L} = \frac{24\ g}{0,2\ L} = 120\ g/L$$

Quer dizer, a concentração de soluto independe do volume da solução. Podemos perceber isso visualmente, pois a intensidade da cor no copo e na jarra é a mesma.

Considere que 120 g do pó para fazer suco são dissolvidos em água suficiente para se obter 1 L de solução. Supondo que esse pó seja constituído por apenas um soluto, podemos dizer que a concentração dessa solução é de 120 g /L. No copo, a concentração é exatamente a mesma que a da jarra.

Em décadas anteriores era comum expressar a concentração de uma solução por meio da molaridade ou concentração molar. Essas expressões, assim como a unidade de medida utilizada, molar (M), não são mais recomendadas pela IUPAC. Foram substituídas por **concentração em quantidade de matéria**, cuja unidade de medida é mol/L. No entanto, você ainda poderá encontrar em livros, *sites* e em exames de vestibulares as expressões antigas, bem como a unidade **molar**.

Capítulo 9 • Cálculos químicos: uma iniciação

Concentração em quantidade de matéria por litro (mol/L)

Suponha que se prepare uma solução de ácido sulfúrico concentrado, H_2SO_4(conc.), em que 196 g do ácido sejam usados para obter 2 L de solução. Agora, analise a proporção:

2 L de solução ——— 196 g de H_2SO_4
1 L de solução ——— x

$x = 98$ g de H_2SO_4 em 1 L de solução

Podemos dizer que a concentração dessa solução é 98 g/L.
Como exprimir essa concentração em mol/L?

1 mol de H_2SO_4 ——— 98 g de H_2SO_4
y ——— 196 g de H_2SO_4

$y = 2$ mol de H_2SO_4

2 L de solução ——— 2 mol de H_2SO_4
1 L de solução ——— z

$z = 1$ mol de H_2SO_4

Assim:
$C = 98$ g de H_2SO_4/L de solução
$c = 1$ mol de H_2SO_4/L de solução

Em que:
C: concentração em g/L
c: concentração em mol/L

Cuidado!
Não tente fazer este experimento sem a supervisão de seu professor.

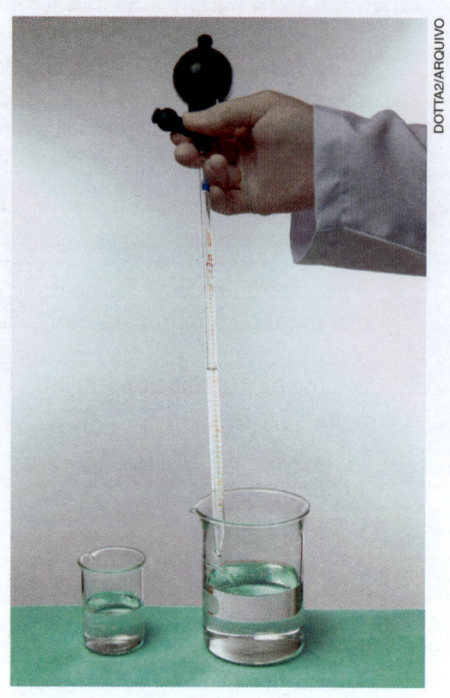

A diluição do ácido sulfúrico concentrado, H_2SO_4(conc.), requer cuidados. Nunca se deve verter a água no ácido; ao contrário, o ácido deve escorrer vagarosamente pelas paredes de um recipiente que já contenha água.

Reagente limitante

Para que você entenda o conceito de reagente limitante, vamos primeiro refletir sobre uma situação de seu cotidiano fazendo uma analogia, isto é, uma comparação, com os ingredientes de um sanduíche.

Atividades

Suponha os seguintes produtos disponíveis em uma lanchonete:
- 8 pães do tipo baguete
- 5 tomates (≈ 20 fatias)
- 1 pé de alface (≈ 20 folhas)
- 1 kg de queijo em fatias

Imagine que os funcionários dessa lanchonete, ao montar sanduíches, devem seguir rigorosamente a proporção fixada pela direção do estabelecimento, de modo que em cada baguete haja:
- 2 folhas de alface
- 4 fatias de tomate
- 100 g de queijo

1. Quantos sanduíches iguais poderão ser feitos com os ingredientes disponíveis?
2. Que ingredientes ficarão sobrando?
3. Apesar de 8 baguetes estarem disponíveis, não será possível montar 8 sanduíches. Por quê?
4. Para utilizar todos os ingredientes disponíveis, o que deve ser providenciado? Especifique a quantidade.
5. Nessa situação, poderíamos dizer que o tomate é um ingrediente limitante. Por analogia, explique o que, para uma reação química, deve ser um reagente limitante.

Atenção!
Nesta atividade recorremos a uma analogia. Ela é bem distante do que ocorre em uma transformação química.

Assim como na preparação de sanduíches a falta de um ou mais ingredientes pode nos impedir de montar todos os sanduíches de acordo com uma receita-padrão, também a falta de um reagente pode impedir que os demais participantes sejam totalmente consumidos em uma transformação química.

Como você sabe, as reações químicas envolvem proporções muito bem definidas. Com isso, se "faltar" um reagente, o outro não poderá ser totalmente consumido. A substância "em falta" é chamada de **reagente limitante**.

Considere a reação de precipitação do iodeto de chumbo(II), PbI_2:

$$2\ KI(aq)\ +\ Pb(NO_3)_2(aq)\ \longrightarrow\ PbI_2(s)\ +\ 2\ KNO_3(aq)$$

iodo de potássio — nitrato de chumbo — iodeto de chumbo(II) — nitrato de potássio

Imagine que volumes diferentes de uma solução aquosa de nitrato de chumbo, $Pb(NO_3)_2$, de concentração igual a 1,0 mol de $Pb(NO_3)_2$ por litro de solução, sejam adicionados a tubos de ensaio idênticos contendo 5 mL de solução aquosa de iodeto de potássio, KI, com concentração de 1,0 mol de KI por litro de solução e que se meça a altura do precipitado amarelo, $PbI_2(s)$, obtido após a decantação.

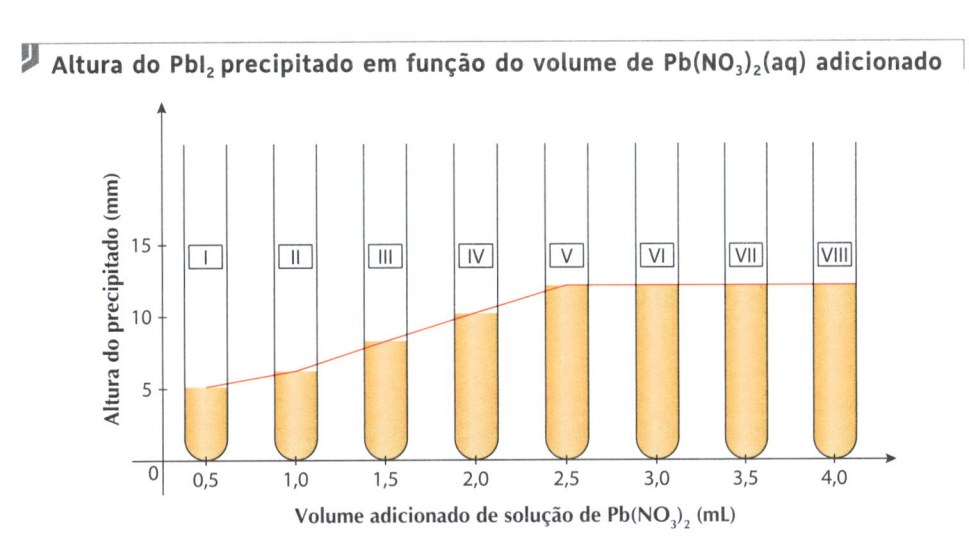

Altura do PbI_2 precipitado em função do volume de $Pb(NO_3)_2$(aq) adicionado

Representação esquemática das alturas do precipitado PbI_2 formado pela adição de diferentes volumes de uma solução aquosa de $Pb(NO_3)_2$ (1 mol/L) a 5 mL de solução aquosa de KI (1 mol/L). Os valores das alturas do precipitado, obtidos experimentalmente, podem variar, por exemplo, com a temperatura. Na ilustração não foi representado o líquido sobrenadante.

Fonte: HILL, G. C.; HOLMAN, J. S. *Chemistry in context*. 4. ed. Londres: Walton-on-Thames: Nelson, 1995. p. 11.

Repare que, após o acréscimo de 2,5 mL da solução aquosa de nitrato de chumbo, a altura do precipitado não se altera mais. Como podemos interpretar tal resultado?

Vamos analisar o que acontece em cada tubo de ensaio:

	2 KI(aq)	+	$Pb(NO_3)_2$(aq)	$\longrightarrow$	PbI_2(s)	+	2 KNO_3(aq)	Excesso
I	$5,0 \cdot 10^{-3}$ mol	reage com	$0,5 \cdot 10^{-3}$ mol	formando	$0,5 \cdot 10^{-3}$ mol	e	$1,0 \cdot 10^{-3}$ mol	$4,0 \cdot 10^{-3}$ mol de KI
II	$5,0 \cdot 10^{-3}$ mol	reage com	$1,0 \cdot 10^{-3}$ mol	formando	$1,0 \cdot 10^{-3}$ mol	e	$2,0 \cdot 10^{-3}$ mol	$3,0 \cdot 10^{-3}$ mol de KI
III	$5,0 \cdot 10^{-3}$ mol	reage com	$1,5 \cdot 10^{-3}$ mol	formando	$1,5 \cdot 10^{-3}$ mol	e	$3,0 \cdot 10^{-3}$ mol	$2,0 \cdot 10^{-3}$ mol de KI
IV	$5,0 \cdot 10^{-3}$ mol	reage com	$2,0 \cdot 10^{-3}$ mol	formando	$2,0 \cdot 10^{-3}$ mol	e	$4,0 \cdot 10^{-3}$ mol	$1,0 \cdot 10^{-3}$ mol de KI
V	$5,0 \cdot 10^{-3}$ mol	reage com	$2,5 \cdot 10^{-3}$ mol	formando	$2,5 \cdot 10^{-3}$ mol	e	$5,0 \cdot 10^{-3}$ mol	Não há excesso.
VI	$5,0 \cdot 10^{-3}$ mol	reage com	$3,0 \cdot 10^{-3}$ mol	formando	$2,5 \cdot 10^{-3}$ mol	e	$5,0 \cdot 10^{-3}$ mol	$0,5 \cdot 10^{-3}$ mol de $Pb(NO_3)_2$
VII	$5,0 \cdot 10^{-3}$ mol	reage com	$3,5 \cdot 10^{-3}$ mol	formando	$2,5 \cdot 10^{-3}$ mol	e	$5,0 \cdot 10^{-3}$ mol	$1,0 \cdot 10^{-3}$ mol de $Pb(NO_3)_2$
VIII	$5,0 \cdot 10^{-3}$ mol	reage com	$4,0 \cdot 10^{-3}$ mol	formando	$2,5 \cdot 10^{-3}$ mol	e	$5,0 \cdot 10^{-3}$ mol	$1,5 \cdot 10^{-3}$ mol de $Pb(NO_3)_2$

Dessa forma, podemos concluir que:

- nos tubos de I a IV o $Pb(NO_3)_2$ é o reagente limitante, havendo excesso de KI;
- no tubo V há $Pb(NO_3)_2$ suficiente para consumir todo o KI, sem excesso ou limitação de nenhum dos reagentes;
- nos tubos de VI a VIII há mais $Pb(NO_3)_2$ do que KI, havendo, portanto, excesso de $Pb(NO_3)_2$.

Capítulo 9 • Cálculos químicos: uma iniciação

Atividades

1. Uma solução contém 10,6 g de carbonato de sódio (Na_2CO_3). A ela se acrescentam 22,2 g de cloreto de cálcio ($CaCl_2$) em solução.
   a) Equacione a reação química indicada.
   b) Calcule a massa da substância em excesso.
   c) Qual é a massa de carbonato de cálcio precipitada na reação?

2. Leia o fragmento de notícia abaixo.

Caminhão carregado com toneladas de amônia tomba em Pindorama

Um caminhão com cerca de nove mil quilos de nitrato de amônia em gel tombou na Rodovia Washington Luiz, próximo a Pindorama (SP) [...] Por conta do risco de explosão, a área teve que ser isolada. "Em contato com outros produtos, a amônia pode gerar uma explosão ou incêndio."

Disponível em: <http://g1.globo.com/sao-paulo/sao-jose-do-rio-preto-aracatuba/noticia/2013/11/caminhao-carregado-com-toneladas-de-amonia-capota-em-pindorama.html>. Acesso em: 25 fev. 2018.

   a) O fragmento extraído de um *site* de notícias apresenta erros quanto à nomenclatura química e à terminologia de unidades de medida. Quais são? Explique.
   b) Os nitratos, de modo geral, são bastante usados como fonte indireta de oxigênio e, por isso, facilitam processos explosivos quando em contato com combustíveis – é o que acontece no caso da pólvora. No caso particular do NH_4NO_3, dependendo da temperatura e de outras condições, ele se decompõe, originando diferentes produtos, muitas vezes de modo explosivo. O aquecimento cuidadoso até cerca de 200 °C origina óxido nitroso (N_2O) e água. Com base nessas informações, reflita sobre o que informa o texto. O que você considera importante ressaltar a respeito?
   c) Equacione a reação de decomposição mencionada acima.
   d) Com base na informação contida na notícia, calcule a massa de óxido nitroso, N_2O, obtida por decomposição de todo o nitrato apreendido. Suponha que a informação se refira apenas ao produto, sem a massa do gel que deve ser acrescido ao nitrato para evitar maiores riscos durante o transporte. Lembre-se: nitrato de amônio é um sal, um sólido em pó.

3. Segundo a Lei n. 12.760, de 20 de dezembro de 2012, é crime "Conduzir veículo automotor com capacidade psicomotora alterada em razão da influência de álcool [...]"; "Qualquer concentração de álcool por litro de sangue [...] sujeita o condutor às penalidades [da lei]". Veja na tabela ao lado como o álcool afeta o motorista.
   a) Sendo a fórmula molecular do etanol (álcool comum) C_2H_5OH, qual é sua massa molar?
   b) Até a publicação dessa lei de 2012, o limite máximo de álcool permitido no sangue do motorista era de 0,6 g/L. Explique com suas palavras o significado desse valor.
   c) Expresse a concentração 0,6 g de etanol/L em mol de etanol/L.
   d) Que efeitos o condutor do veículo poderia sofrer se esse limite fosse atingido?
   e) Você conhece alguém que tenha provocado ou sofrido algum acidente por dirigir alcoolizado?
   f) Discuta com seus colegas e o(a) professor(a) a relação consumo de álcool × direção responsável. Que medidas podem ser tomadas para reduzir cada vez mais o número de acidentes causados por essa associação?

Efeitos do álcool (etanol) sobre um indivíduo de 70 kg	
Quantidade de álcool no sangue (g/L)	Efeitos
0,2 a 0,3	As funções mentais começam a ficar comprometidas. A percepção da distância e da velocidade fica prejudicada.
0,31 a 0,5	O grau de vigilância diminui, assim como o campo visual. O controle cerebral relaxa, dando a sensação de calma e satisfação.
0,51 a 0,8	Reflexos retardados, dificuldades de adaptação da visão a diferenças de luminosidade, superestimação das possibilidades e minimização de riscos, tendência à agressividade.
0,81 a 1,5	Dificuldades de controlar automóveis, incapacidade de concentração e falhas de coordenação neuromuscular.
1,51 a 2,0	Embriaguez, torpor alcoólico, visão dupla.
2,1 a 5,0	Embriaguez profunda.
> 5,0	Coma alcoólico.

Fonte: UFRRJ. Alcoolismo. Disponível em: <http://www.ufrrj.br/institutos/it/de/acidentes/etanol2.htm>. Acesso em: 25 fev. 2018.

Você pode resolver as questões: 8, 11, 12, 13, 16, 20, 24 e 28 da seção Testando seus conhecimentos.

Reagentes com impurezas

Como você já sabe, é praticamente impossível encontrar substâncias puras na natureza.

As rochas, por exemplo, são formadas por uma mistura de diversas substâncias. Quando uma rocha contém uma quantidade significativa de uma substância que possa ser extraída de forma economicamente viável e que possa ter aplicação prática direta ou indiretamente, ela é chamada de minério.

Bauxita é o nome do mais importante minério do alumínio, do qual é obtido o alumínio metálico. Seu principal componente é o óxido de alumínio (Al_2O_3). Além de Al_2O_3, há outras substâncias no minério, por isso, não devemos confundir bauxita com óxido de alumínio – substância "pura".

Qualquer minério consiste em uma mistura que contém teor significativo do componente economicamente importante. Por exemplo, no norte do Chile estão as mais importantes jazidas naturais de salitre desse país, o minério do qual se extrai o nitrato de sódio. Nesse minério, o $NaNO_3$ encontra-se misturado à matéria orgânica em decomposição.

Quando dizemos que o teor de $NaNO_3$ no salitre do Chile é de 80%, estamos querendo dizer que, de cada 100 g do minério, 80 g são de $NaNO_3$. Os 20% restantes correspondem a impurezas.

Muitas vezes um mesmo composto é encontrado em diferentes formações naturais. Por exemplo, o carbonato de cálcio ($CaCO_3$) é encontrado na forma de calcita, mármore e calcário. Este último é o principal componente das rochas calcárias, sendo o constituinte de estalactites e estalagmites.

Mineração de calcário em Rosário Oeste (MT). Foto de 2016.

Cálculos que envolvem reagentes impuros

Vamos analisar um problema com cálculos desse tipo.

QUESTÃO COMENTADA

(PUC-MG) De 5 g de óxido de ferro III extraímos 2,8 g de ferro puro. A porcentagem de pureza, nesse óxido de ferro, é igual a:

a) 29%
b) 35%
c) 44%
d) 56%
e) 80%

Sugestão de resolução:

O enunciado não deixa claro qual foi o processo químico adotado para obter o Fe. Porém, não há necessidade de qualquer equação química para deduzir que, como o composto de partida é uma substância que contém 2 átomos de ferro por conjunto (Fe_2O_3), podemos escrever:

$$1 \text{ mol de } Fe_2O_3 \longrightarrow \text{mol de átomo Fe}$$
$$160 \text{ g} \longrightarrow 2 \cdot 56 \text{ g}$$

Massas molares:

$M_{Fe} = 56$ g/mol

$M_{Fe_2O_3} = 160$ g/mol

Fique atento! Não podemos dizer que dispomos de 5 g de Fe_2O_3, pois o enunciado sugere que a amostra de 5 g contém impurezas, isto é, outras substâncias que não Fe_2O_3.

Mas sabemos que foram obtidos 2,8 g de ferro puro. Então, podemos escrever:

$$\left.\begin{array}{l} Fe_2O_3 \rightarrow Fe \\ 160 \text{ g} \rightarrow 2 \cdot 56 \text{ g} \\ x \rightarrow 2,8 \text{ g} \end{array}\right\} x = \frac{2,8 \text{ g} \cdot 160 \text{ g}}{2 \cdot 56 \text{ g}} = 4 \text{ g} (Fe_2O_3)$$

O que significa esse valor: $x = 4$ g de Fe_2O_3?

Apesar de a massa da amostra inicial ser 5 g, ela contém impurezas, de tal modo que somente 4 g são de Fe_2O_3. Assim:

$$\left.\begin{array}{l} 5 \text{ g} \rightarrow 100\% \\ 4 \text{ g} \rightarrow p \text{ (porcentagem de pureza)} \end{array}\right\} p = 80\%$$

Resposta: A porcentagem de pureza em óxido de ferro na amostra inicial é de 80% (ou: a amostra contém 20% de impurezas). Alternativa **e**.

> **Observação**
>
> - Quando montamos a proporção de uma **reação química**, usamos as massas referentes aos reagentes, e isso pressupõe **as substâncias, e não suas impurezas**.
> - Em alguns exercícios, você pode encontrar as expressões **teor** ou **grau de pureza**, em vez de **porcentagem de pureza**. O grau de pureza corresponde à porcentagem de pureza expressa em decimal, isto é, dividida por 100.
>
> Exemplo: uma amostra de 50 g de cal viva contém 40 g de óxido de cálcio. Qual é o grau de pureza desse óxido na cal?
>
> $\frac{40 \text{ g}}{50 \text{ g}} = 0,8$ (grau de pureza) $\Rightarrow$ porcentagem de pureza = 80%
>
> grau de pureza = $\frac{\text{massa de uma substância na amostra}}{\text{massa total de uma amostra}}$
>
> **Porcentagem de pureza** é a massa de uma substância pura em 100 unidades de massa de uma amostra (substância impura):
>
> porcentagem de pureza = grau de pureza $\times$ 100

Capítulo 9 • Cálculos químicos: uma iniciação

Atividades

1. (UFPE) 1,0 g de uma amostra de ferro de massa total 8,0 g foi convenientemente analisada, encontrando-se $7{,}525 \cdot 10^{21}$ átomos de ferro. A pureza no ferro dessa amostra é:

a) 70%
b) 30%
c) 90%
d) 85%
e) 60%

QUESTÃO COMENTADA

2. (Fuvest-SP) Uma amostra de um minério de carbonato de cálcio de massa 2,0 g, ao ser tratada com ácido clorídrico em excesso, produziu $1{,}5 \cdot 10^{-2}$ mol de CO_2. Equacione o processo e calcule a % em massa de $CaCO_3$ na amostra.

Sugestão de resolução:

A amostra do minério tem massa 2,0 g, da qual parte corresponde a impurezas.

Vamos supor que somente o $CaCO_3$ puro reage com ácido, de acordo com a equação:

$CaCO_3 + 2\ HCl \longrightarrow CaCl_2 + H_2O + CO_2$

1 mol —— 1 mol
x —— $1{,}5 \cdot 10^{-2}$ mol

$x = 1{,}5 \cdot 10^{-2}$ mol $CaCO_3$ reagiu com ácido.

Mas a massa molar do $CaCO_3$ é $(40 + 12 + 3 \cdot 16)$ g/mol

Portanto, $M_{CaCO_3} = 100$ g/mol.

$1{,}5 \cdot 10^{-2}$ mol $CaCO_3 \xrightarrow{\times\ 100\ g/mol} 1{,}5$ mol $CaCO_3$.

Como a amostra inicial tem massa 2,0 g (100%), podemos calcular a porcentagem de pureza da amostra:

$\left.\begin{array}{l}2{,}0\ g \longrightarrow 100\% \\ 1{,}5\ g \longrightarrow p\%\end{array}\right\} p\% = 75\%$

Resposta: A amostra corresponde a 75% de $CaCO_3$ (25% correspondem a outras substâncias, as impurezas).

3. (Fuvest-SP) A partir de minérios que contêm galena (PbS), pode-se obter chumbo. No processo, por aquecimento ao ar, o sulfeto é convertido em óxido (PbO), e este, por aquecimento com carvão, é reduzido ao metal.

a) Escreva as equações químicas que representam a obtenção de chumbo por este processo.
b) O minério da mina de Perau, no estado do Paraná, tem 9% em massa de chumbo. Calcule a massa de carvão necessária para obter todo o metal a partir de uma tonelada desse minério.

4. (UFC-CE) Uma amostra pesando 5,0 g de uma liga especial usada na fuselagem de aviões, contendo alumínio, magnésio e cobre, foi tratada com álcali para dissolver o alumínio e reduziu seu peso para 2,0 g. Este resíduo de 2,0 g, quando tratado com ácido clorídrico para dissolver o magnésio, reduziu-se a 0,5 g de cobre. Determine a composição centesimal desta liga especial.

Rendimento de uma reação

Pensando em fatos que você conhece, torna-se simples entender o significado de rendimento de uma reação. Reflita a partir do exemplo.

Imagine que uma pessoa vai fazer um bolo. Por mais cuidadosa que ela seja, e mesmo que não derrame ingredientes para fora da batedeira ou da assadeira, é impossível que não haja alguma perda em relação à quantidade de bolo que teoricamente poderia ser obtida. Não é mesmo?

Suponha uma receita que previa a obtenção de 1 kg de bolo. No entanto, quando ficou pronto, verificou-se que sua massa era de 950 g. No caso, a perda **absoluta** na preparação foi de 50 g; e o rendimento do processo, expresso em porcentagem, foi de 95%.

Reflita um pouco e formule algumas hipóteses que expliquem o fato de uma reação química ter rendimento inferior a 100%. Logo adiante vamos analisá-las.

Rendimento de uma reação química é um número que relaciona a quantidade do produto efetivamente obtido com a quantidade teoricamente calculada com base na equação química. Geralmente, tanto o rendimento quanto a pureza são expressos em porcentagem.

Se o rendimento da reação de carbonato de cálcio e ácido clorídrico for de 95%, isso significa que, para cada 1 mol de $CaCO_3$ empregado, obtemos 0,95 mol de $CaCO_2$, 0,95 mol de H_2O e 0,95 mol de CO_2. Observe:

$CaCO_3 + 2\ HCl \longrightarrow CaCO_2 + H_2O + Cl_2$

1 mol : 2 mol
→ 1 mol : 1 mol : 1 mol (teórico)
→ 0,95 mol : 0,95 mol : 0,95 mol (real (95% de rendimento))

Quantidade de produto	Rendimento	
1 mol	⟶ 100%	$x = 0{,}95$
x	⟶ 95%	

$$\text{quantidade obtida} = \frac{\text{rendimento}}{100}, \text{quantidade teórica}$$

Comumente, o rendimento de um processo químico não é 100%. Por quê?

As razões são variáveis. Veja a seguir as mais comuns.

- Em reações reversíveis, isto é, que se dão em dois sentidos, não há transformação total dos reagentes em produtos. Por exemplo:

$$H_2 + I_2 \underset{2}{\overset{1}{\rightleftarrows}} 2\,HI$$

Ocorre tanto a reação entre H_2 e I_2, sintetizando HI, quanto a decomposição do HI em H_2 e I_2. Na verdade, os processos 1 e 2 ocorrem simultaneamente, porém com intensidades diferentes. Por essa razão, depois de algum tempo de reação, teremos H_2, I_2 e HI. Veja o exemplo, considerando que se inicie a reação com 1 mol de H_2 e I_2:

	H_2 +	I_2 $\underset{2}{\overset{1}{\rightleftarrows}}$	2 HI
início	1 mol	1 mol	0
após algum tempo	0,22 mol	0,22 mol	1,56 mol

Em vez de obtermos 2 mol de HI, o que estaria de acordo com a proporção estequiométrica, chegamos a apenas 1,56 mol de produto, já que ocorre um equilíbrio químico.

- Produtos ficam em parte retidos nas aparelhagens de laboratórios ou nos equipamentos das indústrias.
- Produtos podem perder-se por evaporação ou na passagem de um frasco para outro.
- Produtos podem perder-se em consequência de falhas humanas, entre outras causas.

Reações em sequência

Muitos processos industriais envolvem várias reações químicas que são processadas em sequência.

Nesse caso, como faremos os cálculos estequiométricos?

É simples: basta prestar atenção aos coeficientes de acerto das substâncias que são comuns às várias reações.

Se quisermos **relacionar diretamente** uma substância que participa de uma das reações com outra que participa de outro processo químico (como reagente ou produto), teremos que **igualar os coeficientes de acerto** dessa substância, que é a participante **comum aos dois processos**.

No exemplo a seguir esse procedimento ficará mais claro.

QUESTÃO COMENTADA

(UFV-MG) Duas das reações que ocorrem na produção de ferro (Fe) a partir da hematita (Fe_2O_3) são:

$$2\,C + O_2 \longrightarrow 2\,CO$$
$$Fe_2O_3 + 3\,CO \longrightarrow 2\,Fe + 3\,CO_2$$

Sabendo que o CO formado na primeira reação é consumido na segunda, calcule a quantidade de O_2 necessária para produzir 100 kg de Fe.

Sugestão de resolução:

Repare que o CO produzido no primeiro processo é consumido no segundo. De acordo com o balanceamento das equações, o CO aparece com coeficiente 2 na primeira equação e 3 na segunda. Vamos igualar esses coeficientes do CO multiplicando cada equação por um número adequado:

$$(3\times)\ 2\,C + O_2 \longrightarrow 2\,CO$$
$$(2\times)\ Fe_2O_3 + 3\,CO \longrightarrow 2\,Fe + 3\,CO_2$$

Agora, veja como o CO produzido na primeira equação passa a ter coeficiente de acerto igual ao do CO consumido na segunda reação:

$$6\,C + 3\,O_2 \longrightarrow 6\,CO$$
$$2\,Fe_2O_3 + 6\,CO \longrightarrow 4\,Fe + 6\,CO_2$$

Dessa forma, podemos fazer diversas "leituras" das relações entre as substâncias participantes dos dois processos. Por exemplo:

$$6\text{ mol de C} \xrightarrow{\text{são necessários para obtermos}} 4\text{ mol de Fe}$$

Voltando à questão, vamos relacionar O_2 e Fe:

3 mol de O_2 ⟶ 4 mol de Fe   Massa molar:
$$\downarrow \times 56\text{ g/mol} \qquad Fe = 56\text{ g/mol}$$

3 mol de O_2 ⟶ $4 \cdot 56$ g
x ⟶ 10^5 g

$$x = \frac{3 \cdot 10^5}{4 \cdot 56}\text{ mol de } O_2 = 1\,339\text{ mol de } O_2$$

$100\text{ kg} = 10^5\text{ g}$

O enunciado não esclarece em que unidade a quantidade de O_2 deve ser expressa. Por isso, além da resposta em quantidade de matéria, mols de O_2, vamos calcular a massa correspondente a essa quantidade:

$$\begin{array}{cc} m_{O_2} & m_{Fe} \\ 3 \cdot 32 & \to 4 \cdot 56 \\ y & \to 100\text{ kg} \end{array} \Bigg\} \ y = \frac{100 \cdot 3 \cdot \cancel{32}^{4}}{\cancel{4 \cdot 56}_{7}}\text{ kg} = 42{,}8\text{ kg}$$

Resposta: Para produzir 100 kg de Fe são necessários 1 339 mol de O_2 ou 42,8 kg de O_2.

Atividades

1. (Ufla-MG) O ácido sulfúrico, em produção industrial, resulta de reações representadas pelas equações:

$$S + O_2 \longrightarrow SO_2$$

$$SO_2 + \frac{1}{2} O_2 \longrightarrow SO_3$$

$$SO_3 + H_2O \longrightarrow H_2SO_4$$

Calcular a massa de enxofre com 90% de pureza necessária para produzir uma tonelada de H_2SO_4, considerando-se no processo um rendimento igual a 100%.

2. (Uerj) Uma das principais causas da poluição atmosférica é a queima de óleos e carvão, que libera para o ambiente gases sulfurados. A sequência reacional abaixo demonstra um procedimento moderno de eliminação de anidrido sulfuroso, que consiste em sua conversão a gesso.

$$SO_2 + H_2O \longrightarrow H^+ + HSO_3^-$$

$$H^+ + HSO_3^- + \frac{1}{2} O_2 \longrightarrow 2 H^+ + SO_4^{2-}$$

$$2 H^+ + SO_4^{2-} + Ca(OH)_2 \longrightarrow \underset{\text{gesso}}{CaSO_4 \cdot 2 H_2O}$$

Calcule a massa de gesso, em gramas, que pode ser obtida a partir de 192 g de anidrido sulfuroso, considerando um rendimento de 100% no processo de conversão.

QUESTÃO COMENTADA

3. (UFMA) O processo de redução da hematita, que ocorre num alto-forno de uma indústria siderúrgica, pode ser representado pela equação química não balanceada:

$$Fe_2O_3 + C + O_2 \longrightarrow Fe + CO_2$$

Considerando que o teor de carbono no carvão utilizado seja de 90% e que o de óxido de ferro(III) na hematita seja de 85%, quantos quilogramas de carvão serão necessários para reduzir uma tonelada de hematita?

a) 141,9   c) 172,1   e) 212,5
b) 191,2   d) 238,2

Sugestão de resolução:

Vale destacar que a equação fornecida na questão é uma simplificação, pois o processo siderúrgico de obtenção de ferro, a partir de seu óxido, envolve várias transformações químicas. Ou seja, a "equação" fornecida é uma "soma" de várias outras,

$$Fe_2O_3 + 3 C + \frac{3}{2} O_2 \longrightarrow 2 Fe + 3 CO_2$$

$1t = 10^5 g$

100 g de hematita —— 85 g de Fe_2O_3

10^6 g de hematita —— x g de Fe_2O_3

$$x = 0{,}85 \cdot 10^6 \text{ g de } Fe_2O_3$$

Convertendo a massa de Fe_2O_3 em quantidade de matéria (dado $M_{Fe_2O_3} = 160$), tem-se $5{,}31 \cdot 10^3$ mol de Fe_2O_3. Dada a relação estequiométrica 3 C : 1 Fe_2O_3, são necessários $1{,}59 \cdot 10^4$ mol de C, que corresponde à massa de 191,2 kg.

Levando em conta a pureza de 90%, calcula-se:

$y \cdot 90\% = 191{,}2$ kg

$y = 212{,}5$ kg

Portanto, alternativa **e**.

Você pode resolver as questões: 7, 10, 17, 29, 30 e 31 da seção Testando seus conhecimentos.

Cálculos envolvendo fórmulas químicas

Tudo o que será examinado neste item tem relação direta com os conceitos que você aprendeu anteriormente. Não há grandes novidades. Quer ver?

Atividades

O magnésio é um elemento essencial aos vegetais verdes, já que é um dos constituintes da clorofila. Os vegetais retiram íons de magnésio do solo e dos fertilizantes que adicionamos a ele.

A deficiência em íons magnésio (Mg^{2+}) torna as folhas amareladas. Ela pode acontecer em decorrência de vários problemas do solo, entre os quais a acidez excessiva.

Uma possibilidade de solução para o problema seria acrescentar magnésia – nome comercial do óxido de magnésio – ao solo pobre.

Aplique seus conhecimentos para fazer alguns cálculos relativos a esse fato:

1. Qual a massa molar do MgO?

2. Qual a massa correspondente ao magnésio em 1 mol de MgO?

3. Em 100 g de MgO, qual a massa de Mg? E de O?

Respondendo à questão 3, você terá encontrado a composição centesimal ou fórmula porcentual do MgO.

4. Proponha uma definição de fórmula porcentual. Suponha que solucionássemos esse problema do solo recorrendo ao carbonato de magnésio.

5. Utilizando um raciocínio semelhante ao que você usou para resolver a questão 3, calcule a porcentagem de magnésio no MgCO$_3$.

6. Considere massas iguais de MgO e MgCO$_3$. Do ponto de vista da quantidade de magnésio, qual dessas amostras será mais interessante para suprir a falta desse elemento no solo?

7. Além de fornecer Mg^{2+} aos vegetais, MgO e MgCO$_3$ têm efeito sobre o pH do solo. Qual é esse efeito?

Você já conhece alguns tipos de fórmulas usadas para representar as substâncias. Vamos considerar a fórmula molecular do ácido oxálico, H$_2$C$_2$O$_4$.

Enquanto a fórmula molecular dessa substância indica o número de átomos de cada elemento que constituem cada uma de suas moléculas, a chamada **fórmula mínima** indica a **proporção** dos átomos de cada elemento nessa substância; ela deve ser expressa pelos menores números inteiros possíveis.

A determinação das fórmulas das substâncias foi um trabalho importante e complexo que envolveu muitos pesquisadores, especialmente ao longo do século XIX.

Em linhas bem gerais, podemos dizer que, quando um químico recebia uma amostra de uma substância para determinar sua fórmula, ele realizava dois tipos de trabalho:

- análise qualitativa, por meio da qual descobria quais elementos químicos participavam da substância;
- análise quantitativa, por meio da qual determinava a massa de cada elemento na amostra do composto.

A composição ou fórmula porcentual de uma substância, introduzida por Proust, é uma tradução imediata da análise quantitativa.

Fórmula porcentual ou **centesimal**: indica o número de unidades de massa de cada elemento em 100 unidades de massa do composto.

Com a fórmula centesimal de um composto é possível determinar a **fórmula mínima ou empírica***, como analisaremos mais à frente. No entanto, como atualmente podemos dispor de muito mais informações do que um químico do século XIX, vamos começar a propor exercícios com base no que você aprendeu até aqui (massa molar, massa de cada elemento em um mol do composto e suas relações).

* As **fórmulas mínimas** são também chamadas de **empíricas** porque, quando os pesquisadores do século XIX fizeram as primeiras análises quantitativas, essas foram as fórmulas obtidas diretamente da prática, isto é, empiricamente.

Conexões

Química e agricultura

Os fertilizantes nitrogenados

O aumento da população mundial que ocorreu ao longo da história humana foi o motor para a busca de recursos que ampliassem a produtividade agrícola. O consumo de fertilizantes faz parte dessa estratégia.

Além do gás carbônico e da água, indispensáveis ao processo de fotossíntese, as plantas necessitam de compostos que contenham nitrogênio, fósforo, potássio, cálcio, enxofre e magnésio. Os fertilizantes nitrogenados contêm sais na forma de nitratos, sais de amônio e outros compostos. As plantas conseguem absorver nitrogênio diretamente de nitratos presentes no solo. Já no caso do NH$_3$ e de sais de amônio, a absorção desse elemento só é possível graças à ação de bactérias existentes no solo. No quadro a seguir estão relacionadas algumas substâncias nitrogenadas usadas como fertilizantes.

Fertilizantes nitrogenados	
amônia	NH$_3$
nitrato de amônio	NH$_4$NO$_3$
sulfato de amônio	(NH$_4$)$_2$SO$_4$
di-hidrogenofosfato de amônio	NH$_4$H$_2$PO$_4$
ureia	(NH$_2$)$_2$CO

Nessa relação de substâncias, o porcentual em massa (ou teor) de nitrogênio é variável. Na verdade, na escolha de um fertilizante, além do teor de nitrogênio ou de outros elementos necessários ao vegetal, são considerados vários fatores, tais como o custo de obtenção, a facilidade de armazenamento e transporte, além da adequação do fertilizante às condições de absorção pela planta, entre as quais sua solubilidade em água.

1. Considere os fertilizantes relacionados na tabela acima. Para cada um deles calcule o teor de nitrogênio.

2. O nitrato de amônio é o fertilizante mais empregado no mundo; no entanto, ele não é o que contém maior porcentagem de nitrogênio. Formule algumas hipóteses que possam justificar o fato de ele ser tão importante.

Atividades

1. (Fuvest-SP) A dose diária recomendada do elemento cálcio para um adulto é de 800 mg. Suponha certo suplemento nutricional à base de casca de ostras que seja 100% $CaCO_3$. Se um adulto tomar diariamente dois tabletes desse suplemento de 500 mg cada, qual porcentagem de cálcio da quantidade recomendada essa pessoa está ingerindo?
   a) 25%
   b) 40%
   c) 50%
   d) 80%
   e) 125%

2. (PUCC-SP) A análise de uma substância desconhecida revelou a seguinte composição centesimal: 62,1% de carbono, 10,3% de hidrogênio e 27,5% de oxigênio. Pela determinação experimental de sua massa molar obteve-se o valor 58,0 g/mol. É correto concluir que se trata de um composto orgânico de fórmula molecular:
   a) $C_3H_6O_2$
   b) CH_6O_2
   c) $C_2H_2O_2$
   d) $C_2H_4O_2$
   e) C_3H_6O

QUESTÃO COMENTADA

3. A sacarose é o açúcar utilizado em nosso dia a dia. Tendo por base que 42,10% dessa substância são constituídos de carbono, determine o índice do carbono na fórmula molecular.
   Dado: Massa molar da sacarose = 342 g/mol.

   Sugestão de resolução:

   Massa molar de sacarose: 342 g/mol. Em 342 g, 32,10% são de carbono. Ou seja: 143,98 g.

   Mas: 143,98 g de C ⟶ 12 mol de C
   (pois 1 mol de C ⟶ 12 g)

   Em 1 mol de sacarose há 144 g de C ou 12 mol de C.

   Resposta: O índice do carbono é 12.

4. Um composto tem massa molecular 180. Sua proporção em átomos de C, H e O é, respectivamente, 1 : 2 : 1. Qual sua fórmula molecular?

5. Tem-se um composto cuja fórmula mínima é (CH). Se sua massa molar é 78 g/mol, determine sua fórmula molecular.

QUESTÃO COMENTADA

6. Em um hidrocarboneto, composto binário de C e H, o número de átomos de H é 3 vezes o de C. Determine para esse composto:
   a) a fórmula mínima;
   b) a fórmula centesimal.

   Sugestão de resolução:

   a) Consideremos o hidrocarboneto de fórmula molecular C_xH_y. De acordo com o enunciado, y = 3x. Então, a fórmula mínima do hidrocarboneto é CH_3.

   A fórmula molecular será C_nH_{3n}.

   b) Em 1 mol, temos: x mol de C   e   3x mol de H

   ↓ × 12 g/mol   ↓ × 1 g/mol

   12x g C   e   3x g H

   Então, de cada (12x + 3x) g de hidrocarboneto, 12x g são de C e 3x g são de H:

   12x + 3x —— 12x C
   100% —— p%

   $p\% = \dfrac{12 \cdot 100\, x}{15\, x} = 80\%$ de C

   Portanto, a porcentagem de H será 20%.

   Resposta: O hidrocarboneto tem 80% de C e 20% de H.

7. Um composto é formado de N e H. Sobre ele sabemos que:
   I. a massa de N é 7 vezes a de H;
   II. $1,5 \cdot 10^{23}$ moléculas do composto têm massa 8 g.
   a) Qual a fórmula molecular do composto?
   b) Qual a fórmula mínima dessa substância?

8. Um composto binário possui carbono e hidrogênio. Uma molécula dele tem massa $1,3 \cdot 10^{-22}$ g e contém $1,2 \cdot 10^{-22}$ g de carbono. Qual sua fórmula molecular?

Determinação da composição centesimal e da fórmula mínima de uma substância

Efetuar os cálculos que faremos agora é enfrentar um problema clássico do século XIX. Vamos supor a seguinte situação prática da pesquisa de um químico que teria vivido por volta de 1850:

Um químico analisou uma amostra de um composto, verificando que ele era formado de H, C e O. A amostra em questão tinha massa de 36,0 g e, por análise quantitativa, mostrou conter 14,4 g de C, 2,40 g de H e 19,2 g de O.

Vamos ver como, com base nesses dados, é possível calcular a **composição centesimal**, também chamada **fórmula centesimal**, do composto.

Cálculo da composição centesimal

A composição centesimal do composto é obtida pela determinação da massa de cada elemento em 100 g do composto:

composto	C
36 g	→ 14,4 g
100 g	→ x g

$$x = \frac{100 \cdot 14,4}{36} = 40$$

composto	H
36 g	→ 2,4 g
100 g	→ y g

$$y = 6,67$$

composto	O
36 g	→ 19,2 g
100 g	→ z g

$$z = 53,33$$

A fórmula centesimal desse composto nos indica que, em 100 g dessa substância, temos 40,00 g de C; 6,67 g de H; e 53,33 g de O. Podemos também interpretar essa fórmula centesimal do seguinte modo: de cada 100 kg do composto, 40,00 kg são de C; 6,67 kg são de H; e 53,33 kg são de oxigênio. Ela pode ser representada por:

40,00% de C; 6,67% de H; 53,33% de O

Observe a proporção entre os números que exprimem a fórmula centesimal dessa substância: 40,00 : 6,67 : 53,33. Ela é idêntica à existente na amostra de 36 g do composto (fornecida inicialmente): 14,4 : 2,4 : 19,2. Se isso não acontecesse, a Lei de Proust não seria válida! Verifique:

$$\frac{\text{massa de amostra}}{\text{massa de carbono}} = \frac{36 \text{ g}}{14,4 \text{ g}} = 2,5 \longrightarrow \frac{100,0 \text{ g}}{40,0 \text{ g}} = 2,5$$

$$\frac{\text{massa de carbono}}{\text{massa de hidrogênio}} = \frac{40,00 \text{ g}}{6,67 \text{ g}} = 6 \longrightarrow \frac{14,4 \text{ g}}{2,40 \text{ g}} = 6$$

$$\frac{\text{massa de carbono}}{\text{massa de oxigênio}} = \frac{40,00 \text{ g}}{53,33 \text{ g}} = 0,75 \longrightarrow \frac{14,4 \text{ g}}{19,2 \text{ g}} = 0,75$$

A **fórmula centesimal** de um composto nos dá a proporção em massa de cada elemento constituinte, mas não nos fornece, diretamente, informações sobre o número de átomos de cada um deles na molécula dessa substância.

Como calcular a fórmula mínima com base na centesimal

Para sabermos a proporção em átomos, precisamos calcular a quantidade de matéria (mol de átomos) ou o número de átomos de cada elemento em uma amostra da substância.

Para fazer esse cálculo, vamos fixar uma amostra de 100 g do composto (poderíamos fixar outra amostra com massa diferente, 36 g, 50 g, 90 g, por exemplo) e determinar a quantidade de matéria de cada um desses elementos (mols de átomos de cada um deles) que há nessa amostra. Assim, quantos

- **mols de átomos de C** há em 100 g do composto? Massa molar de C: 12 g/mol.

C	massa	
1 mol →	12 g	$a = \frac{40}{12} = 3,33$ mols de C
a →	40 g	em 100 g do composto

- **mols de átomos de H** há em 100 g do composto? Massa molar do H: 1 g/mol.

H	massa	
1 mol →	1 g	$b = \frac{6,67}{1} = 6,67$ mols de H
b →	6,67 g	em 100 g do composto

- **mols de átomos de O** há em 100 g do composto? Massa molar do O: 16 g/mol.

O	massa	
1 mol →	16 g	$c = \frac{53,33}{16} = 3,33$ mols de
c →	53,33 g	O em 100 g do composto

Com base na quantidade de matéria (de mols) de cada elemento determinada em uma massa prefixada do composto (100 g, por exemplo), podemos concluir facilmente que, nessa substância, a proporção em átomos é de 1 C : 2 H : 1 O.

Obtemos essa proporção dividindo os valores **a**, **b** e **c** calculados pelo que tem menor valor:

$$\frac{3,33}{3,33} = 1 \qquad \frac{6,66}{3,33} = 2 \qquad \frac{3,33}{3,33} = 1$$

Essa proporção corresponde à **fórmula mínima do composto:** CH_2O.

Note que, se tivéssemos feito nossos cálculos fixando a massa inicial do composto em 36,0 g, por exemplo, após determinar o número de átomos de cada elemento na amostra, teríamos chegado à mesma fórmula mínima. Confira.

Em 36,0 g do composto, temos: $\begin{cases} 14,4 \text{ g de C} \\ 2,40 \text{ g de H} \\ 19,2 \text{ g de O} \end{cases}$

Capítulo 9 • Cálculos químicos: uma iniciação

- **Cálculo do número de átomos de C em 36,0 g do composto:**

nº de átomos de C	massa de C
$6 \cdot 10^{23}$	12 g
x	14,4 g

  $x = 7,2 \cdot 10^{23}$ átomos de C

- **Cálculo do número de átomos de H em 36,0 g do composto:**

nº de átomos de H	massa de H
$6 \cdot 10^{23}$	1 g
y	2,40 g

  $y = 14,4 \cdot 10^{23}$ átomos de H

- **Cálculo do número de átomos de O em 36,0 g do composto:**

nº de átomos de O	massa de O
$6 \cdot 10^{23}$	16 g
z	19,2 g

  $z = 7,2 \cdot 10^{23}$ átomos de C

Note que a proporção em átomos **1** C : **2** H : **1** O é válida, pois, se dividirmos o número de átomos encontrado pelo menor valor, teremos:

$$\frac{7,2 \cdot 10^{23}}{7,2 \cdot 10^{23}} = 1 \qquad \frac{14,4 \cdot 10^{23}}{7,2 \cdot 10^{23}} = 2 \qquad \frac{7,2 \cdot 10^{23}}{7,2 \cdot 10^{23}} = 1$$

Fórmula mínima do composto: (CH_2O).

Repare que, independentemente da amostra do composto considerada (100 g ou 36,0 g), chegamos à mesma proporção em átomos (C : 2 H : O), isto é, à mesma fórmula mínima: (CH_2O). Além disso, a determinação da **fórmula mínima** não depende de termos transformado a participação de cada elemento (na amostra fixada no composto) em número de átomos ou em quantidade de matéria.

> **Observações**
>
> - Para calcular a fórmula molecular a partir da mínima, é indispensável determinar a massa molar (ou a massa molecular) da substância em questão, o que um químico pode fazer de diversas maneiras. Com base nesse dado, basta colocar em prática tudo o que você já aprendeu até aqui para chegar à fórmula molecular da substância.
> - Vale dizer que, para propor uma fórmula estrutural para um composto, já são necessárias outras informações, uma série de propriedades específicas, entre as quais seu comportamento químico.
> - A rigor, só deveríamos usar o termo fórmula molecular para substâncias moleculares, isto é, em que não há ligação iônica.
>
>   No entanto, é frequente o uso da expressão fórmula molecular para compostos iônicos. Por exemplo, fala-se da "fórmula molecular" do cloreto de cálcio, $CaCl_2$.
>
> - Os cálculos feitos para chegar às fórmulas mínima e molecular de um composto são coerentes com a Lei das Proporções Definidas (Proust). Assim, no exemplo analisado:
>
>   1 mol do composto
>   ↓
>   60 g
>
> | | |
> |---|---|
> | 24 g de C | → $(12 \cdot 2)$ g ou 40% de C |
> | 4 g de H | → $(1 \cdot 4)$ g ou 6,67% de H |
> | 32 g de O | → $(16 \cdot 2)$ g ou 53,33% de O |

Testando seus conhecimentos

Caso necessário, consulte as tabelas no final desta Parte.

1. (Uece) A Agência Nacional de Vigilância Sanitária — Anvisa — recomenda a ingestão diária de, no máximo, 3 mg do íon fluoreto, para prevenir cáries.

Doses mais elevadas podem acarretar enfraquecimento dos ossos, comprometimento dos rins, danos nos cromossomos, dentre outros males.

Para atender à recomendação da ANVISA, o composto utilizado para introduzir o flúor é o fluoreto de sódio, cuja massa é

a. 5,82 mg.
b. 4,63 mg.
c. 6,63 mg.
d. 3,42 mg.

2. (Enem)

....

O brasileiro consome em média 500 miligramas de cálcio por dia, quando a quantidade recomendada é o dobro. Uma alimentação balanceada é a melhor decisão para evitar problemas no futuro, como a osteoporose, uma doença que atinge os ossos. Ela se caracteriza pela diminuição substancial de massa óssea, tornando os ossos frágeis e mais suscetíveis a fraturas.

Disponível em: <www.anvisa.gov.br>. Acesso em: 1º ago. 2012 (adaptado).

....

Considerando-se o valor de $6 \cdot 10^{23}$ mol^{-1} para a constante de Avogadro e a massa molar do cálcio igual a 40 g/mol, qual a quantidade mínima diária de átomos de cálcio a ser ingerida para que uma pessoa supra suas necessidades?

a. $7,5 \cdot 10^{21}$.
b. $1,5 \cdot 10^{22}$.
c. $7,5 \cdot 10^{23}$.
d. $1,5 \cdot 10^{25}$.
e. $4,8 \cdot 10^{25}$.

3. (PUCC-SP) Fertilizantes do tipo NPK possuem proporções diferentes dos elementos nitrogênio (N), fósforo (P) e potássio (K). Uma formulação comum utilizada na produção de pimenta é a NPK 4-30-16, que significa 4% de nitrogênio total, 30% de P_2O_5 e 16% de K_2O, em massa. Assim, a quantidade, em mol, de P contida em 100 g desse fertilizante é de, aproximadamente,

Dados: massas molares (g · mol^{-1}) — O = 16   P = 31,0

a. 0,25.
b. 0,33.
c. 0,42.
d. 0,51.
e. 0,68.

4. (UPE) A composição química do grão de milho não é constante, podendo variar de acordo com o solo onde foi cultivado. O ferro é um dos minerais encontrados em sua composição química, na proporção de 56 mg/kg de milho. Admita que uma espiga de milho tenha 125 grãos rigorosamente iguais entre si e pese 62,5 g. Quantos átomos de ferro uma galinha que come um grão de milho, depois de digerido, acrescenta ao seu organismo aproximadamente? Massa atômica do Fe = 56 u

a. $3,0 \cdot 10^{17}$.
b. $2,8 \cdot 10^{8}$.
c. $3,0 \cdot 10^{23}$.
d. $1,5 \cdot 10^{17}$.
e. $2,0 \cdot 10^{5}$.

5. (Uerj) O volume médio de água na lagoa é igual a $6,2 \times 10^6$ L. Imediatamente antes de ocorrer a mortandade dos peixes, a concentração de gás oxigênio dissolvido na água correspondia a $2,5 \times 10^{-4}$ mol · L^{-1}. Ao final da mortandade, a quantidade consumida, em quilogramas, de gás oxigênio dissolvido foi igual a:

a. 24,8
b. 49,6
c. 74,4
d. 99,2

6. (IFSP) A abundância de deutério (^{2}H) na natureza é de apenas 0,013%. Isso significa que, a cada 100 000 átomos de hidrogênio, apenas 13 são de deutério. Sendo assim, quando alguém ingere 252 g de água (aproximadamente 1 copo), o número aproximado de átomos de deutério que entra em seu organismo é:

Massa molar da água = 18 g/mol

Constante de Avogadro = $6,0 \cdot 10^{23}$ mol^{-1}

a. $1 \cdot 10^{19}$.
b. $2 \cdot 10^{21}$.
c. $4 \cdot 10^{21}$.
d. $2 \cdot 10^{23}$.
e. $4 \cdot 10^{23}$.

7. (Enem) O cobre presente nos fios elétricos e instrumentos musicais é obtido a partir da ustulação do minério calcosita (Cu_2S). Durante esse processo, ocorre o aquecimento desse sulfeto na presença de oxigênio, de forma que o cobre fique "livre" e o enxofre se combine com o O_2 produzindo SO_2, conforme a equação química:

$$Cu_2S(s) + O_2(g) \xrightarrow{\Delta} 2\ Cu(l) + SO_2(g)$$

As massas molares dos elementos Cu e S são, respectivamente, iguais a 63,5 g/mol e 32 g/mol.

CANTO, E. L. *Minerais, minérios, metais: de onde vêm?, para onde vão?* São Paulo: Moderna, 1996 (adaptado).

Considerando que se queira obter 16 mols do metal em uma reação cujo rendimento é de 80%, a massa, em gramas, do minério necessária para obtenção do cobre é igual a

a. 955
b. 1018
c. 1590
d. 2035
e. 3180

8. (Enem) A varfarina é um fármaco que diminui a agregação plaquetária, e por isso é usada como anticoagulante, desde que esteja presente no plasma, com uma concentração superior a 1,0 mg/L. Entretanto, concentrações plasmáticas superiores a 4,0 mg/L podem desencadear hemorragias. As moléculas desse fármaco ficam retidas no espaço intravascular e dissolvidas exclusivamente no plasma, que representa aproximadamente 60% do sangue em volume. Em um medicamento, a varfarina é administrada por via intravenosa na forma de solução aquosa, com concentração de 3,0 mg/mL. Um indivíduo adulto, com volume sanguíneo total de 5,0 L, será submetido a um tratamento com solução injetável desse medicamento. Qual é o máximo volume da solução do medicamento que pode ser administrado a esse indivíduo, pela via intravenosa, de maneira que não ocorram hemorragias causadas pelo anticoagulante?

a. 1,0 mL.
b. 1,7 mL.
c. 2,7 mL.
d. 4,0 mL.
e. 6,7 mL.

Testando seus conhecimentos

9. (Fuvest-SP) Para estudar a variação de temperatura associada à reação entre Zn(s) e Cu^{2+}(aq), foram realizados alguns experimentos independentes, nos quais diferentes quantidades de Zn(s) foram adicionadas a 100 mL de diferentes soluções aquosas de $CuSO_4$. A temperatura máxima (T_f) de cada mistura, obtida após a reação entre as substâncias, foi registrada conforme a tabela:

Experimento	Quantidade de matéria de Zn(s) (mol)	Quantidade de matéria de Cu^{2+}(aq) (mol)	Quantidade de matéria total* (mol)	T_f (°C)
1	0	1,0	1,0	25,0
2	0,2	0,8	1,0	26,9
3	0,7	0,3	1,0	27,9
4	X	Y	1,0	T_4

*Quantidade de matéria total = soma das quantidades de matéria iniciais de Zn(s) e Cu^{2+}(aq).

a. Escreva a equação química balanceada que representa a transformação investigada.
b. Qual é o reagente limitante no experimento 3? Explique.
c. No experimento 4, quais deveriam ser os valores de X e Y para que a temperatura T_4 seja a maior possível? Justifique sua resposta.

10. (Enem) Para proteger estruturas de aço da corrosão, a indústria utiliza uma técnica chamada galvanização. Um metal bastante utilizado nesse processo é o zinco, que pode ser obtido a partir de um minério denominado esfalerita (ZnS), de pureza 75%. Considere que a conversão do minério em zinco metálico tem rendimento de 80% nesta sequência de equações químicas:

$$2\,ZnS + 3\,O_2 \longrightarrow 2\,ZnO + 2\,SO_2$$
$$ZnO + CO \longrightarrow Zn + CO_2$$

Considere as massas molares: ZnS (97 g/mol); O_2 (32 g/mol); ZnO (81 g/mol); SO_2 (64 g/mol); CO (28 g/mol); CO_2 (44 g/mol); e Zn (65 g/mol).

Que valor mais próximo de massa de zinco metálico, em quilogramas, será produzido a partir de 100 kg de esfalerita?

a. 25   b. 33   c. 40   d. 50   e. 54

11. (Uema) Numa programação de dieta alimentar foi recomendada a ingestão diária de 85 mg de vitamina C, substância quimicamente conhecida por ácido ascórbico, de fórmula molecular $C_6H_8O_6$. Um copo de 200 mL de suco de laranja-pera que contém 141 mg de ácido ascórbico é suficiente para ultrapassar a recomendação nutricional diária.

a. Estime a quantidade de moléculas da substância que deve ser ingerida para obedecer à programação de dieta de vitamina C.

Dados: massa molar de $C = 12\,g \cdot mol^{-1}$, $H = 1\,g \cdot mol^{-1}$, $O = 16\,g \cdot mol^{-1}$
$N = 6,0 \cdot 10^{23} \cdot mol^{-1}$.

b. Demonstre, por meio de cálculos, a concentração em número de mols de ácido ascórbico em 1 L de suco de laranja-pera.

12. (Uece) Estudantes de química da UECE prepararam uma solução 0,2 mol/L de uma substância de fórmula genérica $M(OH)_X$ dissolvendo 2,24 g do composto em 200 mL de solução. A fórmula do soluto é

a. NaOH.   b. KOH.   c. $Ca(OH)_2$.   d. $Mg(OH)_2$.

13. (UFPR) A bauxita, constituída por uma mistura de óxidos, principalmente de alumínio (Al_2O_3) e ferro Fe_2O_3 e $Fe(OH)_3$ é o principal minério utilizado para a produção de alumínio. Na purificação pelo processo Bayer, aproximadamente 3 toneladas de resíduo a ser descartado (lama vermelha) são produzidas a partir de 5 toneladas do minério. Com a alumina purificada, alumínio metálico é produzido por eletrólise ígnea.

Dados – $M(g\,mol^{-1})$: O = 16; Al = 27; Fe = 56.

A partir de 5 toneladas de minério, a quantidade (em toneladas) de alumínio metálico produzida por eletrólise ígnea é mais próxima de:

a. 1.   d. 0,1.
b. 0,5.   e. 0,05.
c. 0,2.

14. (Unesp-SP) A 20 °C, a solubilidade do açúcar comum ($C_{12}H_{22}O_{11}$; massa molar = 342 g/mol) em água é cerca de 2,0 kg/L, enquanto a do sal comum (NaCl; massa molar = 58,5 g/mol) é cerca de 0,35 kg/L. A comparação de iguais volumes de soluções saturadas dessas duas substâncias permite afirmar corretamente que, em relação à quantidade total em mol de íons na solução de sal, a quantidade total em mol de moléculas de soluto dissolvidas na solução de açúcar é, aproximadamente,

a. a mesma.   d. a metade.
b. 6 vezes maior.   e. o triplo.
c. 6 vezes menor.

15. (Unicamp-SP) Obtém-se um sal de cozinha do tipo *light* substituindo-se uma parte do sal comum por cloreto de potássio. Esse produto é indicado para pessoas com problemas de pressão arterial alta. Sabendo-se que a massa molar do sódio é menor que a do potássio, pode-se afirmar que, para uma mesma massa dos dois tipos de sal, no tipo *light* há

a. menos íons cloreto e mais íons sódio do que no sal comum.

b. mais íons cloreto e menos íons sódio do que no sal comum.

c. mais íons cloreto e mais íons sódio do que no sal comum.

d. menos íons cloreto e menos íons sódio do que no sal comum.

16. (UEFS-BA)

$$ClO^-(aq) + I^-(aq) + H^+(aq) \longrightarrow Cl^-(aq) + I_2(s) + H_2O(l)$$

Um dos métodos para determinar a concentração de íons hipoclorito na água sanitária envolve a reação de oxirredução representada de maneira simplificada pela equação iônica não balanceada.

Após o balanceamento da equação química com os menores coeficientes inteiros, é correto concluir:

a. O total da carga dos íons reagentes é menor do que a carga relacionada aos produtos, na equação química.

b. A reação entre 2,0 mol de íons hipoclorito com iodeto suficiente, em meio ácido, leva à produção de 254,0 g de iodo.

c. O íon iodeto atua como agente oxidante porque o estado de oxidação do iodo diminui no final do processo de oxirredução.

d. A quantidade aproximada de $3,6 \cdot 10^{23}$ íons cloreto obtida no processo de oxirredução revela a presença de 0,6 mol de íons hipoclorito em uma amostra analisada.

e. O valor da soma dos coeficientes dos ânions reagentes é maior do que a dos coeficientes dos produtos da equação de oxirredução.

17. (UPE/SSA) As lâmpadas incandescentes tiveram a sua produção descontinuada a partir de 2016. Elas iluminam o ambiente mediante aquecimento, por efeito Joule, de um filamento de tungstênio. Esse metal pode ser obtido pela reação do hidrogênio com o trióxido de tungstênio conforme a reação a seguir, descrita na equação química não balanceada:

$$WO_3(s) + H_2(g) \longrightarrow W(s) + H_2O(l)$$

Se uma indústria de produção de filamentos obtém 31,7 kg do metal puro a partir de 50 kg do óxido, qual é o rendimento aproximado do processo utilizado?

(Dados: H = 1 g/mol; O = 16 g/mol; W = 183,8 g/mol)

a. 20%   c. 70%   e. 90%
b. 40%   d. 80%

18. (Uece) O sulfato de cobre II penta-hidratado, utilizado como fungicida no controle da praga da ferrugem, quando submetido a uma temperatura superior a 100 °C, muda de cor e perde água de hidratação. Ao aquecermos 49,90 g desse material a uma temperatura de 110 °C, a massa resultante de sulfato de cobre desidratado, em relação à massa inicial, corresponde a

a. 20%.   c. 22%.
b. 25%.   d. 64%.

19. (Enem) A minimização do tempo e custo de uma reação química, bem como o aumento na sua taxa de conversão, caracterizam a eficiência de um processo químico. Como consequência, produtos podem chegar ao consumidor mais baratos. Um dos parâmetros que mede a eficiência de uma reação química é o seu rendimento molar (R, em %) definido como

$$R = \frac{n_{produto}}{n_{reagente\:limitante}} \times 100$$

em que n corresponde ao número de mols. O metanol pode ser obtido pela reação entre brometo de metila e hidróxido de sódio, conforme a equação química:

$$CH_3Br + NaOH \longrightarrow CH_3OH + NaBr$$

As massas molares (em g/mol) desses elementos são: H = 1; C = 12; O = 16; Na = 23; Br = 80.

O rendimento molar da reação, em que 32 g de metanol foram obtidos a partir de 142,5 g de brometo de metila e 80 g de hidróxido de sódio, é mais próximo de

a. 22%.   b. 40%.   c. 50%.   d. 67%.   e. 75%.

20. (UPE/SSA) Uma das etapas para a produção do gesso utilizado em construções e imobilização para tratamento de fraturas ósseas é a calcinação da gipsita por meio do processo descrito na equação da reação química a seguir:

$$2\:CaSO_4 \cdot 2\:H_2O(s) + Energia \longrightarrow$$
$$\longrightarrow 2\:CaSO_4 \cdot \frac{1}{2}\:H_2O(s) + 3H_2O(g)$$

Uma empresa do polo do Araripe produz blocos de gesso com 40 kg. Se ela utiliza mensalmente cerca de 324 toneladas de gipsita na produção, quantos blocos são fabricados por mês, aproximadamente?

(Dados: Ca = 40 g/mol; S = 32 g/mol; O = 16 g/mol; H = 1 g/mol).

a. 6000   c. 6800   e. 8000
b. 5000   d. 5500

21. (UFSC)

Jogos Olímpicos Rio 2016: o que é o pó que os ginastas passam nas mãos antes da competição? O pó branco utilizado pelos atletas nas mãos e pés em competições de ginástica artística é comumente conhecido como "pó de magnésio". Esse pó é, na realidade, o carbonato de magnésio, que possui ação antiumectante, utilizado para diminuir a sensação escorregadia durante as acrobacias. O pó atua absorvendo o suor e diminuindo os riscos de o ginasta cair e se machucar. Sem a utilização do "pó de magnésio", o risco de lesões seria maior, mas apenas os atletas utilizam, já que o pó desidrata a pele e pode causar manchas.

Disponível em: https://www.vavel.com/br/mais-esportes/647755-ginastica-artistica-tudo-o-que-voc-precisa-saber-para-o-rio-2016.html. [Adaptado]. Acesso em: 11 ago. 2016.

Sobre o assunto, é correto afirmar que:

01. o contato do carbonato de magnésio com o suor produzido nas mãos de um ginasta resulta na produção de íons Mg^{2-} e CO_3^{2+}.

Testando seus conhecimentos

02. na forma de íons Mg^{2+}, o magnésio possui dez elétrons distribuídos em dois níveis eletrônicos.
04. o magnésio é classificado como um metal de transição.
08. o magnésio na forma reduzida (Mg^0) não conduz eletricidade.
16. a ligação entre íons magnésio e íons carbonato possui elevado caráter covalente e, portanto, o carbonato de magnésio não se dissolve no suor do ginasta.
32. ao espalhar 8,43 g de carbonato de magnésio nas mãos, o ginasta estará utilizando 0,100 mol de magnésio e 0,100 mol de carbonato.
64. existem 243 g de magnésio em 10,0 mol de carbonato de magnésio.

22. (Fuvest-SP) A grafite de um lápis tem quinze centímetros de comprimento e dois milímetros de espessura. Dentre os valores abaixo, o que mais se aproxima do número de átomos presentes nessa grafite é

a. $5 \cdot 10^{23}$
b. $1 \cdot 10^{23}$
c. $5 \cdot 10^{22}$
d. $1 \cdot 10^{22}$
e. $5 \cdot 10^{21}$

Nota:
1) Assuma que a grafite é um cilindro circular reto, feito de grafita pura. A espessura da grafite é o diâmetro da base do cilindro.
2) Adote os valores aproximados de:
   2,2 g/cm³ para a densidade da grafita;
   12 g/mol para a massa molar do carbono;
   $6,0 \cdot 10^{23}$ mol^{-1} para a constante de Avogadro.

23. (IFPE) O Brasil é o maior produtor mundial de nióbio, respondendo por mais de 90% da reserva desse metal. O nióbio, de símbolo Nb, é empregado na produção de aços especiais e é um dos metais mais resistentes à corrosão e a temperaturas extremas. O composto Nb_2O_5 é o precursor de quase todas as ligas e compostos de nióbio.

Assinale a alternativa com a massa necessária de Nb_2O_5 para a obtenção de 465 gramas de nióbio. Dado: Nb = 93 g/mol e O = 16 g/mol.

a. 275 g.
b. 330 g.
c. 930 g.
d. 465 g.
e. 665 g.

24. (UEMG) O Diesel S-10 foi lançado em 2013 e teve por objetivo diminuir a emissão de dióxido de enxofre na atmosfera, um dos principais causadores da chuva ácida. O termo S-10 significa que, para cada quilograma de Diesel, o teor de enxofre é de 10 mg. Considere que o enxofre presente no Diesel S-10 esteja na forma do alótropo S_8 e que, ao sofrer combustão, forme apenas dióxido de enxofre.

O número de mols de dióxido de enxofre, formado a partir da combustão de 1000 L de Diesel S-10, é, aproximadamente,

Dado: Densidade do Diesel S-10 = 0,8 kg/L

a. 2,48 mol.
b. 1,00 mol.
c. 0,31 mol
d. 0,25 mol.

25. (PUC-SP) Um determinado metal queima ao ar para formar o respectivo óxido, um sólido de alta temperatura de fusão. A relação entre a massa do metal oxidado e a massa de óxido formado está representada no gráfico a seguir.

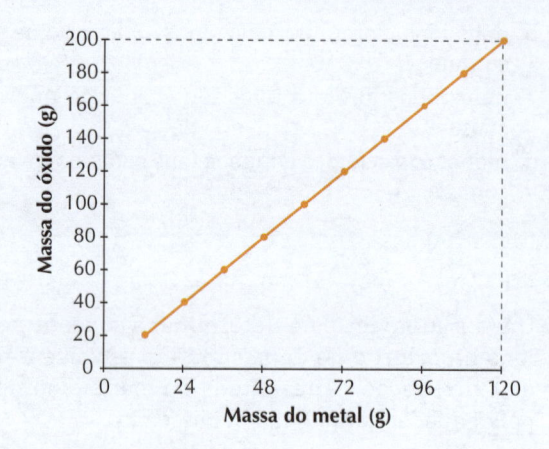

Durante um experimento, realizado em recipiente fechado, foi colocado para reagir 1,00 g do referido metal, obtendo-se 1,40 g do seu óxido. Considerando-se que todo o oxigênio presente no frasco foi consumido, pode-se determinar que a massa de oxigênio presente no sistema inicial é **x**. Em outro recipiente fechado, foram colocados 1,50 g do referido metal em contato com 1,20 g de oxigênio. Considerando que a reação ocorreu até o consumo total de pelo menos um dos reagentes, pode-se afirmar que a massa de óxido gerado é **y**. Sabendo que o metal em questão forma apenas um cátion estável e considerando que em todas as reações o rendimento foi de 100 %, os valores de **x** e **y** são, respectivamente,

a. 0,40 g e 2,70 g.
b. 0,40 g e 2,50 g.
c. 0,56 g e 2,50 g.
d. 0,56 g e 3,00 g.
e. 0,67 g e 2,70 g.

26. (Enem) A toxicidade de algumas substâncias é normalmente representada por um índice conhecido como DL50 (dose letal mediana). Ele representa a dosagem aplicada a uma população de seres vivos que mata 50% desses indivíduos e é normalmente medido utilizando-se ratos como cobaias. Esse índice é muito importante para os seres humanos, pois ao se extrapolar os dados obtidos com o uso de cobaias, pode-se determinar o nível tolerável de contaminação de alimentos, para que possam ser consumidos de forma segura pelas pessoas.

O quadro apresenta três pesticidas e suas toxidades.

A unidade mg/kg indica a massa da substância ingerida pela massa da cobaia.	
Pesticidas	DL_{50} (mg/kg)
Diazinon	70
Malation	1.000
Atrazina	3.100

Sessenta ratos, com massa 200 g cada, foram divididos em três grupos de vinte. Três amostras de ração, contaminadas, cada uma delas com um dos pesticidas indicados no quadro, na concentração de 3 mg por grama de ração, foram administradas para cada grupo de cobaias. Cada rato consumiu 100 g de ração.

Qual(ais) grupo(s) terá(ão) uma mortalidade mínima de 10 ratos?
a. O grupo que se contaminou somente com atrazina.
b. O grupo que se contaminou somente com diazinon.
c. Os grupos que se contaminaram com atrazina e malation.
d. Os grupos que se contaminaram com diazinon e malation.
e. Nenhum dos grupos contaminados com atrazina, diazinon e malation.

27. (Unicamp-SP) Quando uma tempestade de poeira atingiu o mar da Austrália em 2009, observou-se que a população de fitoplâncton aumentou muito. Esse evento serviu de base para um experimento em que a ureia foi utilizada para fertilizar o mar, com o intuito de formar fitoplâncton e capturar o CO_2 atmosférico. De acordo com a literatura científica, a composição elementar do fitoplâncton pode ser representada por $C_{106}N_{16}P$. Considerando que todo o nitrogênio adicionado ao mar seja transformado em fitoplâncton, capturando o gás carbônico da atmosfera, 1 (uma) tonelada de nitrogênio seria capaz de promover a remoção de, aproximadamente, quantas toneladas de gás carbônico?

Dados de massas molares em g mol^{-1}: C = 12; N = 14 e O = 16
a. 6,6
b. 20,8
c. 5,7
d. 1696

28. (Fuvest-SP) Um dirigível experimental usa hélio como fluido ascensional e octano (C_8H_{18}) como combustível em seu motor, para propulsão. Suponha que, no motor, ocorra a combustão completa do octano:

$$C_8H_{18}(g) + \frac{25}{2} O_2(g) \longrightarrow 8\, CO_2(g) + 9\, H_2O(g)$$

Para compensar a perda de massa do dirigível à medida que o combustível é queimado, parte da água contida nos gases de exaustão do motor é condensada e armazenada como lastro. O restante do vapor de água e o gás carbônico são liberados para a atmosfera.

Qual é a porcentagem aproximada da massa de vapor de água formado que deve ser retida para que a massa de combustível queimado seja compensada?
a. 11%
b. 16%
c. 39%
d. 50%
e. 70%

Note e adote:

Massa molar (g/mol): H_2O....18 O_2....32
CO_2...44 C_8H_{18}...114

29. (FICSAE-SP) Um resíduo industrial é constituído por uma mistura de carbonato de cálcio e sulfato de cálcio. O carbonato de cálcio sofre decomposição térmica se aquecido entre 825 e 900 °C e já o sulfato de cálcio é termicamente estável. A termólise do $CaCO_3$ resulta em óxido de cálcio e gás carbônico.

$$CaCO_3(s) \longrightarrow CaO(s) + CO_2(g)$$

Uma amostra de 10,00 g desse resíduo foi aquecida até 900 °C e não se observar mais alteração em sua massa. Após o resfriamento da amostra, o sólido resultante apresentava 6,70 g.

O teor de carbonato de cálcio na amostra é de, aproximadamente,
a. 33%.
b. 50%.
c. 67%.
d. 75%.

30. (FICSAE-SP) A pirita (FeS_2) é encontrada na natureza agregada a pequenas quantidades de níquel, cobalto, ouro e cobre. Os cristais de pirita são semelhantes ao ouro e, por isso, são chamados de ouro dos tolos. Esse minério é utilizado industrialmente para a produção de ácido sulfúrico. Essa produção ocorre em várias etapas, sendo que a primeira é a formação do dióxido de enxofre, segundo a equação a seguir.

$$4\, FeS_2(s) + 11\, O_2(g) \longrightarrow 2\, Fe_2O_3(s) + 8\, SO_2(g)$$

Na segunda etapa, o dióxido de enxofre reage com oxigênio para formar trióxido de enxofre e, por fim, o trióxido de enxofre reage com água, dando origem ao ácido sulfúrico.

Sabendo que o minério de pirita apresenta 92% de pureza, calcule a massa aproximada de dióxido de enxofre produzida a partir de 200 g de pirita.
a. 213,7 g.
b. 196,5 g.
c. 512,8 g.
d. 17,1 g.

31. (UFRGS-RS) Nas tecnologias de energias renováveis, estudos têm sido realizados com tintas fotovoltaicas contendo nanopartículas de dióxido de titânio, TiO_2. Essas tintas são capazes de transformar a energia luminosa em energia elétrica.

O dióxido de titânio natural pode ser obtido da ilmenita, um óxido natural de ferro e titânio minerado a partir das areias de praia. A reação de obtenção do dióxido de titânio, a partir da ilmenita, é representada pela reação abaixo já ajustada.

$$2\, FeTiO_3 + 4\, HCl + Cl_2 \longrightarrow 2\, FeCl_3 + 2\, TiO_2 + 2\, H_2O$$

A massa de dióxido de titânio que pode ser obtida, a partir de uma tonelada de areia bruta com 5% de ilmenita, é, aproximadamente,
(Dados: TiO_2 = 80 g · mol^{-1} e $FeTiO_3$ = 152 g.mol^{-1})
a. 16 kg.
b. 26,3 kg.
c. 52,6 kg.
d. 105,2 kg.
e. 210,4 kg.

32. (UEPG-PR) Um mol de um determinado composto contém 72 g de carbono (C), 12 mols de átomos de hidrogênio (H) e 12 · 10^{23} átomos de oxigênio (O). Sobre o composto acima, assinale o que for correto.

Dados: H = 1 g/mol, C = 12 g/mol e O = 16g/mol. Constante de Avogadro: 6 × 10^{23}.

01. A fórmula mínima do composto é C_3H_6O.
02. A massa molar do composto é 116 g/mol.
04. 2 mols do composto possuem 3,6 · 10^{23} átomos de carbono.
08. 58 g do composto possuem dois mol de oxigênio.
16. A combustão completa* do composto forma CO e H_2O.

* **Nota dos autores:** A combustão completa origina dióxido de carbono.

CAPÍTULO 10
REAÇÕES DE OXIRREDUÇÃO

Engrenagem de moenda antiga em que é possível notar inúmeros pontos de ferrugem. Município de Bonito (MS), 2013.

Este capítulo vai ajudá-lo a compreender:
- oxidação e redução;
- número de oxidação;
- reações de oxirredução;
- agente redutor e agente oxidante;
- reatividade dos metais;
- determinação dos coeficientes de acerto em equações de oxirredução.

ENEM
C5: H17
C7: H24

Para situá-lo

O ferro pode ser encontrado em diversas formas. Em uma barra de ferro, por exemplo, ele está presente na forma metálica; em medicamentos para combater a anemia (do tipo **ferropriva**), é encontrado como íon bivalente (Fe^{2+}); na ferrugem – como óxido de ferro(III) hidratado –, encontra-se na forma de íon trivalente (Fe^{3+}). Em cada uma dessas formas, ele tem propriedades características e, em alguns casos, é importante evitar que uma forma se transforme em outra. As barras empregadas como suporte de grandes construções, por exemplo, devem ser tratadas para evitar que o ferro metálico se transforme em ferrugem, como a que aparece na moenda da foto acima.

Ferropriva: diz-se do tipo de anemia causado por deficiência de ferro.

Com o cobre acontece algo semelhante: usado para recobrir esculturas, em objetos de decoração, panelas, tachos, ele sofre transformação química quando exposto ao ambiente, o que pode trazer consequências danosas. As tradicionais panelas e tachos de cobre, por exemplo, embora façam parte da cultura popular brasileira – especialmente em Minas Gerais –, representam risco à saúde.

O trecho a seguir vai ajudá-lo a entender o conflito entre alguns hábitos culturais e a prevenção de problemas de saúde.

Minas proíbe uso de panelas de cobre

[...] O verde vivo do figo em calda, a liga cremosa do doce de leite, a goiabada na consistência perfeita e a rapa de tudo isso no fundo de um tacho de cobre correm o risco de se tornar meras lembranças em Minas Gerais, para desespero dos amantes dos famosos quitutes mineiros. A Vigilância Sanitária Estadual, com base em resolução de 2007 da Agência Nacional de Vigilância Sanitária (Anvisa), proibiu o uso de utensílios de cobre na produção alimentícia, sob argumento de que a absorção excessiva do metal provoca desordens neurológicas e psiquiátricas, danos ao fígado, rins, nervos e ossos, além da perda de glóbulos vermelhos. [...]

EVANS, Luciane. *Estado de Minas*. Belo Horizonte, 17 ago. 2010. Disponível em: <https://guiame.com.br/noticias/sociedade-brasil/minas-proibe-uso-de-panelas-de-cobre.html>. Acesso em: 16 maio 2018.

Preparo de doce de abóbora e de figo em tachos de cobre.

1. Que informações o texto fornece sobre os danos ao organismo provocados pelo cobre?

2. A mesma notícia de jornal traz também o depoimento de uma doceira que é contrária à proibição das panelas e tachos de cobre:

[...] "O que as autoridades têm que fazer é ensinar a usar direito o tacho, a limpá-lo bem para não deixar dar o azinhavre (substância esverdeada, resultado da oxidação do metal), que é perigoso e venenoso."

a) O que, segundo a entrevistada, é perigoso e deve ser removido dos tachos de cobre? A que é atribuída a formação desse produto?

b) Considerando que, especialmente em Minas Gerais, muitas pessoas vivem da venda de doces feitos artesanalmente em tachos de cobre, o que você acha da proposta da doceira para resolver o problema? Dê um argumento para defender essa ideia e um argumento contrário a ela.

3. Depois de alguns dias exposta ao ar e à umidade, a palha de aço muda de aspecto. Que diferenças podem ser observadas na palha de aço antes e depois de enferrujar? Descreva-as.

4. Nesse processo, o ferro que está na palha de aço (Fe) transforma-se em íons de Fe(II) e Fe(III). O que ocorreu com os elétrons do ferro que possa explicar essa transformação?

Palha de aço enferrujada.

Neste capítulo, vamos estudar processos químicos semelhantes aos que ocorrem quando o ferro enferruja ou quando objetos de cobre se alteram, na cozinha ou em outros ambientes. Tais processos têm muita relevância, tanto do ponto de vista de nossa saúde quanto do econômico e ambiental.

Conceitos importantes: oxidação e redução

Vamos aproveitar uma série de conhecimentos que você já tem e o que observa em seu cotidiano para identificar processos químicos que envolvem oxidação ou redução.

A palavra **oxidação** era empregada originalmente para designar reações em que uma substância interage com o oxigênio (O_2) e até hoje é usada para indicar o processo que leva um metal a perder o brilho e outras características metálicas. O significado químico do termo, porém, se ampliou, como veremos mais adiante.

A ferrugem, evidente na estrutura metálica, é consequência da formação de íons Fe^{3+}.

Atividades

1. Todo metal perde o brilho quando exposto ao ar? Dê um exemplo que justifique sua resposta.

2. Diversos objetos de uso doméstico e hospitalar são feitos de aço. Que palavra utilizamos para indicar o aço que mantém permanentemente a cor e o brilho, apesar do uso? Qual é o significado dessa palavra?

Um exemplo de reação de oxidação e redução

Entre 1887 e 1949, aproximadamente, o *flash* das máquinas fotográficas era obtido por meio da oxidação do magnésio, devido à intensa luz gerada no processo. Essa transformação é representada pela equação química:

$$2\ Mg(s)\ +\ O_2(g)\ \longrightarrow\ 2\ MgO(s)$$
magnésio — oxigênio — óxido de magnésio

Para que o magnésio metálico, cuja carga elétrica é zero, se transforme em íon Mg^{2+}, presente no óxido de magnésio, é necessário que interaja com o O_2, de modo que perca 2 elétrons por átomo. Para isso, as moléculas de O_2 terão de receber elétrons. Vamos analisar esses dois processos separadamente:

$$Mg \longrightarrow Mg^{2+} + 2\ e^- \qquad O_2 + 4\ e^- \longrightarrow O^{2-} + O^{2-}$$

Nessa reação, cada átomo de magnésio perde 2 elétrons, formando o íon Mg^{2+}. Já a molécula de oxigênio, cuja carga elétrica é nula, ganha 4 elétrons (2 elétrons para cada átomo de oxigênio) e origina dois íons O^{2-}. Podemos representar esse processo utilizando a fórmula de Lewis:

$$Mg: \longrightarrow Mg^{2+} + \boxed{2\ e^-}$$

$$\ddot{\text{O}}::\ddot{\text{O}} + \boxed{4\ e^-} \longrightarrow :\ddot{\ddot{\text{O}}}:^{2-} + :\ddot{\ddot{\text{O}}}:^{2-}$$

E a reação global do processo pode ser representada por:

$$Mg: +\ \ddot{\text{O}}::\ddot{\text{O}} +\ Mg: \longrightarrow 2\ Mg^{2+} + 2\left[:\ddot{\ddot{\text{O}}}:\right]^{2-}$$

Note que, para que cada molécula de O_2 receba 4 elétrons, é necessário que 2 átomos de magnésio cedam cada um 2 elétrons.

> **Reações de oxirredução** são as transformações em que há **transferência de elétrons**, como a que vimos acima.

O termo **oxirredução** deriva de dois processos que ocorrem na transformação:

> A **oxidação** (que envolve a perda de elétrons) e a **redução** (que envolve o ganho de elétrons).

Assim, na transformação que vimos acima, o Mg se **oxida** (cede elétrons) e o O_2 se **reduz** (ganha elétrons).

A queima de magnésio metálico, metal cinzento e brilhante, é uma reação que libera grande quantidade de energia na forma de luz. Foi bastante usada nos *flashes* de máquinas fotográficas antigas quando se necessitava iluminar um ambiente para "bater a foto".

Cuidado!
Esta reação libera muita energia; não tente reproduzi-la!

Número de oxidação

O termo **oxidação**, que, como vimos, originalmente designava processos com participação do oxigênio do ar, acabou sendo aplicado também a outros processos que envolvem a transferência de elétrons, como o que veremos a seguir. É um exemplo de oxidação infelizmente bastante comum em grandes centros urbanos.

Muitas estruturas de ferro estão expostas à acidez da chuva. A chamada chuva ácida é rica em íons $H^+(aq)$. Que ação esses íons têm sobre o ferro metálico?

Numa primeira etapa, ocorre o processo abaixo equacionado. Analise a equação que o representa:

$$2\ Fe(s)\ +\ 6\ H^+(aq) \longrightarrow 2\ Fe^{3+}(aq)\ +\ 3\ H_2(g)$$
ferro metálico — íons hidrogênio — íons ferro(III) — hidrogênio

$$Fe(s)\ +\ 2\ H^+(aq) \longrightarrow Fe^{2+}(aq)\ +\ H_2(g)$$
ferro metálico — íons hidrogênio — íons ferro(II) — hidrogênio

Em contato com o oxigênio do ar e com a umidade, outras reações químicas ocorrem, resultando, no final do processo, na formação de íons Fe^{3+}.

Mas, para que o ferro metálico – um sólido praticamente insolúvel em água – se transforme em íons ferro(II) aquoso, $Fe^{2+}(aq)$, é necessário que ele perca elétrons. E para onde vão esses elétrons? Eles são transferidos para os íons $H^+(aq)$, presentes na água da chuva (leia o boxe **Chuva ácida**, no pé desta página).

Nesse processo não há participação do oxigênio e da água, ao contrário do que ocorre na formação da ferrugem. Apesar disso, o ferro metálico perde elétrons e se transforma em $Fe^{2+}(aq)$ e, posteriormente, em Fe^{3+}. Por extensão do conceito de oxidação inicialmente usado (quando um elemento perde elétrons diante do oxigênio), dizemos que quando o ferro, $Fe(s)$, se transforma em $Fe^{2+}(aq)$ ele se **oxidou** e, em consequência, o hidrogênio, na forma de íons $H^+(aq)$, **reduziu-se** a $H_2(g)$.

Tanto nessa oxidação do ferro quanto na do magnésio – que você viu anteriormente –, houve o surgimento de íons (respectivamente, Fe^{2+}, Fe^{3+} e Mg^{2+}). A carga desses íons, +2, +3 e +2, é chamada de **número de oxidação (Nox)**. Note que, nessas reações, também aparecem **substâncias simples, espécies sem carga elétrica**. No caso das substâncias metálicas (como Mg e Fe), cujas unidades constituintes são átomos (portanto, de carga elétrica 0), o número de oxidação é zero.

Nas **substâncias simples moleculares** (como O_2, H_2), os átomos que constituem as moléculas são do mesmo elemento e têm, portanto, idêntica eletronegatividade (não há formação de cargas elétricas, íons), o que explica atribuir-se a eles o Nox = 0. O mesmo raciocínio pode ser aplicado para as **substâncias simples constituídas de metais**, como $Fe(s)$, $Mg(s)$, $Al(s)$, $Ni(s)$, $Cu(s)$, que apresentam **Nox = 0**.

Com o passar do tempo, não só a noção de oxidação se ampliou; também o conceito de número de oxidação ganhou novos contornos e, no caso de processos que envolvem apenas substâncias moleculares, afastou-se da ideia de carga elétrica.

Vamos agora analisar a equação da combustão do metano (CH_4), gás combustível que pode ser obtido do lixo orgânico:

$$CH_4(g) + 2\,O_2(g) \longrightarrow CO_2(g) + 2\,H_2O(g)$$
metano   oxigênio   dióxido de carbono   água

Embora não haja íons participando dessa reação, toda reação de combustão é uma reação de oxirredução.

> Para as **substâncias compostas moleculares**, ou seja, constituídas por átomos de elementos químicos diferentes unidos por ligação covalente, o número de oxidação é teórico e calculado como a carga que o átomo iria adquirir se todas as ligações covalentes fossem "quebradas" e o(s) par(es) de elétrons compartilhado(s) ficasse(m) com o átomo mais eletronegativo.

Retome a tabela de eletronegatividade da página 126 e veja a seguir como podemos encontrar o Nox dos elementos que constituem as substâncias CH_4, H_2O e CO_2.

Chuva ácida

Devido à presença do dióxido de carbono na atmosfera, proveniente de diversas fontes – como a respiração de seres vivos, por exemplo –, a chuva é ligeiramente ácida, mesmo em locais onde o ar é isento de componentes lançados por ação humana. No entanto, a presença de poluentes atmosféricos, como o dióxido de enxofre (SO_2), que pode ser emitido por veículos, indústrias ou por vulcões, intensifica essa acidez, caracterizando a chamada "chuva ácida".

• **Metano (CH_4)**

Fórmula eletrônica	Balanço dos elétrons	Eletronegatividade C > H
H:C:H (com H acima e abaixo)	estrutura com elétrons destacados	$Nox_H = +1$ $Nox_C = -4$

Vamos refletir como se todas as ligações covalentes entre os átomos de carbono e hidrogênio fossem "quebradas" e os pares de elétrons das ligações ficassem com o átomo mais eletronegativo – no caso do metano, o carbono. Seu Nox seria −4, enquanto o do hidrogênio seria +1. Isso porque o átomo de carbono receberia 1 elétron de cada ligação C − H, e cada hidrogênio cederia 1.

• **Água (H_2O)**

Fórmula eletrônica	Balanço dos elétrons	Eletronegatividade O > H
H:Ö:H	H:Ö:H	$Nox_H = +1$ $Nox_O = -2$

Analogamente à explicação anterior, podemos dizer que, sendo o O mais eletronegativo que o H, é como se ele atraísse os elétrons da ligação entre ambos, ou seja, é como se cada átomo de H cedesse seu elétron ao O. Assim, na molécula de água, o Nox do H é +1 e o do O é −2.

• **Dióxido de carbono (CO_2)**

Fórmula eletrônica	Balanço dos elétrons	Eletronegatividade O > C
:Ö::C::Ö:	:Ö::C::Ö:	$Nox_C = +4$ $Nox_O = -2$

Seguindo o mesmo raciocínio, como o O é mais eletronegativo do que o C, é como se ele ficasse com os elétrons da ligação. Assim, na molécula de dióxido de carbono, o Nox do C é +4 e o do O é −2.

Retomando a combustão do metano (CH_4), podemos equacioná-la indicando o Nox de cada átomo:

$$\underset{CH_4(g)}{^{-4\ +1}} + \underset{2\,O_2(g)}{^{0}} \longrightarrow \underset{CO_2(g)}{^{+4\ -2}} + \underset{2\,H_2O(g)}{^{+1\ -2}}$$

metano   oxigênio   dióxido de carbono   água

Note que o átomo de carbono do metano se oxidou (de −4 a +4) e os átomos de oxigênio da molécula de O_2 se reduziram (de zero para −2).

A seguir, veja mais alguns exemplos de Nox de alguns átomos em outras substâncias.

Cloreto de hidrogênio (HCl)

Fórmula eletrônica	Balanço dos elétrons	Eletronegatividade Cl > H
H:C̈l:	H:C̈l:	$Nox_H = +1$ $Nox_{Cl} = -1$

Capítulo 10 • Reações de oxirredução

Ácido clórico (HClO₃)

Fórmula eletrônica

Eletronegatividade O > Cl > H
$Nox_H = +1$
$Nox_{Cl} = +5$
$Nox_O = -2$

Ácido sulfúrico (H₂SO₄)

Fórmula eletrônica

Eletronegatividade O > S > H
$Nox_H = +1$
$Nox_S = +6$
$Nox_O = -2$

Número de oxidação médio

Em alguns casos, em uma mesma substância, átomos de um mesmo elemento químico podem ter diferentes Nox. A equação a seguir representa uma reação muito comum, que ocorre quando uma bebida alcoólica é deixada exposta ao ambiente. Essa transformação é um exemplo de fermentação acética, processo pelo qual o etanol (C_2H_6O) é transformado em ácido acético (CH_3COOH), constituinte do vinagre, que é conhecido há milhares de anos.

etanol + oxigênio → ácido acético + água

Para encontrar o Nox de cada átomo de carbono no etanol e no ácido acético, seguimos a mesma linha de raciocínio usada nos exemplos anteriores. Cada traço da fórmula representa o compartilhamento de um par de elétrons (ligação covalente). Supondo que essas ligações fossem "rompidas" e o par de elétrons ficasse com o átomo mais eletronegativo, o que teríamos? O átomo de carbono do etanol, representado em vermelho, ligado a três átomos de hidrogênio, que são menos eletronegativos do que ele, tem, portanto, Nox igual a −3. Já o par de elétrons da ligação C − C não altera o valor do Nox do átomo de carbono, pois os dois são do mesmo elemento químico. No caso do átomo de carbono do etanol, representado em azul, como está ligado a um átomo mais eletronegativo (oxigênio) e a dois átomos menos eletronegativos (hidrogênio), terá Nox igual a −1.

Observe nas fórmulas do etanol e do ácido acético a seguir os números de oxidação de cada átomo.

etanol

ácido acético

Analisando as duas estruturas anteriores, podemos notar que um dos átomos de carbono – indicado pela cor vermelha – não apresentou alteração no Nox na transformação química, enquanto o outro átomo de carbono – destacado em azul – teve alteração do Nox de −1 para +3.

O Nox médio do carbono para cada substância corresponde à média aritmética dos Nox de todos os átomos de carbono. Assim, para os compostos envolvidos na reação, o Nox médio do carbono seria:

- no etanol: $\dfrac{(-3)+(-1)}{2} = -2$
- no ácido acético: $\dfrac{(-3)+(+3)}{2} = 0$

Atividades

1. O título da notícia abaixo e o texto que o segue mencionam um exemplo de oxidação. Leia-os.

Xixi põe em risco estruturas de viaduto e 5 passarelas em Salvador

Obras de reparo vão custar pelo menos R$ 500 mil para prefeitura baiana. Acidez de urina é responsável pela corrosão das ferragens dos pilares.

ARAÚJO, Glauco. Disponível em: <http://g1.globo.com/Noticias/Brasil/0,,MUL1084815-5598,00-XIXI+POE+EM+RISCO+ESTRUTURAS+DE+VIADUTO+E+PASSARELAS+EM+SALVADOR.html>. Acesso em: 16 maio 2018.

Corrosão do cimento e oxidação da estrutura metálica de pilar do viaduto Luiz Cabral, em Salvador (BA), causadas pela acidez da urina. Foto de 2008.

a) Escreva a equação química balanceada que representa o efeito da acidez da urina na corrosão de um dos constituintes do cimento, o carbonato de cálcio. Considere que a fórmula do ácido é HX.
b) A notícia relata um caso de degradação do patrimônio público decorrente de uma reação de oxirredução. Explique o processo.
c) O problema relatado trouxe custos à prefeitura de Salvador. De que forma problemas como esse poderiam ser evitados nas cidades brasileiras? No município em que você mora há algum tipo de problema semelhante?

2. Dê o Nox dos elementos nos compostos a seguir. Se necessário, consulte a tabela de eletronegatividade no capítulo 6, p. 126.
a) gás hidrogênio (H_2), o combustível limpo;
b) sulfeto de hidrogênio (H_2S), o gás que tem um característico cheiro de ovo podre;
c) amônia (NH_3), gás usado em refrigeração;
d) sulfato de sódio (Na_2SO_4), usado no processamento da polpa de madeira para fabricação de papel;
e) ácido nítrico (HNO_3), usado na produção de fertilizantes;
f) ácido fórmico, usado como fixador de corantes em tecidos.

Ácido fórmico

3. Considerando o Nox de todos os átomos do sulfato de sódio, que você calculou no item **d** da questão anterior, qual é a soma dos Nox?

Algumas generalizações sobre o cálculo do Nox

Nem sempre é indispensável analisar a fórmula estrutural de um composto para determinar o Nox médio dos átomos que o formam. Basta empregar alguns conhecimentos que você pode deduzir do que estudou até aqui:

- Em uma **substância simples**, metálica ou não metálica, o Nox dos átomos é sempre **zero**.

Nox: 0   0   0   0   0
     H_2 O_2 O_3 Fe   Zn
  hidrogênio oxigênio ozônio ferro zinco

- Nos compostos moleculares, o H se liga a átomos de elementos mais eletronegativos, e, nesse caso, seu Nox é +1:

Nox: +1 −1   Nox: +1 −2
     HCl H_2O
  ácido clorídrico   água

Porém, quando o H se liga a metais, formando hidretos metálicos, seu Nox será −1. Isso porque essas substâncias são iônicas – cátion do metal e ânion hidreto – e, portanto, o Nox do hidrogênio é igual à carga do íon:

Nox: +2 −1   Nox: +1 −1
    CaH_2 KH
  hidreto de cálcio   hidreto de potássio

- Com exceção do flúor, o oxigênio é o elemento mais eletronegativo. Isso explica o fato de que, em compostos que contenham esse elemento, os átomos de oxigênio completam seu octeto com dois elétrons, seja recebendo elétrons em uma ligação iônica, seja compartilhando elétrons com átomos de elemento(s) mais eletropositivo(s). Desse modo, seu Nox é quase sempre −2:

Nox: +1 −2 +1   Nox: +1 −2
     Cl — O — Cl Na_2O
   óxido de cloro   óxido de sódio

- Nos peróxidos, compostos em que ocorre a ligação O — O (que serão estudados no próximo capítulo), o Nox do O é −1. Isso porque uma das ligações do O é com outro O, o que não altera o Nox total do oxigênio, já que se trata de ligação com um elemento com idêntica eletronegatividade:

Nox: +1 −1 −1 +1   Nox: +1 −1
     H — O — O — H Na_2O_2
   peróxido de hidrogênio peróxido de sódio
   (água oxigenada)

- A soma algébrica dos Nox de todos os átomos de uma substância é sempre zero:

Nox: +1 −2
    H_2O
    água

Soma: $(+1) \cdot 2 + (-2) = 0$

Nox: +4 −2
    CO_2

Soma: $+4 + 2 \cdot (-2) = 0$

- Há elementos que podem apresentar diferentes Nox, conforme as ligações que estabelecem. Para saber qual é o Nox que um átomo assume em determinada substância, deve-se levar em conta que a soma dos Nox de todos os átomos que a compõem é zero. Assim, conhecendo o Nox dos demais componentes da substância, determina-se o Nox desse átomo. Veja:

Nox: +1 x −2
    HNO_3
  ácido nítrico

Soma: $+1 + x + 3 \cdot (-2) = 0$

$x = +5 \longrightarrow$ $\overset{+1\ +5\ -2}{HNO_3}$

Nox: +1 +x −2
    Na_2SO_4
  sulfato de sódio

Soma: $2 \cdot (+1) + x + 4 \cdot (-2) = 0$

$x = +6 \longrightarrow$ $\overset{+1\ +6\ -2}{Na_2SO_4}$

- Nos íons simples, isto é, cátions ou ânions constituídos por um só elemento, o Nox do elemento coincide com a carga do íon.

Nox: +2 −2   Nox: +1
    CaS Na_2SO_4
  sulfeto de cálcio   sulfato de sódio

Exemplos de Nox em alguns íons simples (íons monoatômicos)		
	Íons formados	Nox
Metais alcalinos (grupo 1)	$Li^+, Na^+, K^+, Rb^+, Cs^+$	+1
Metais alcalinoterrosos (grupo 2)	$Be^{2+}, Mg^{2+}, Ca^{2+}, Sr^{2+}, Ba^{2+}, Ra^{2+}$	+2
Halogênios (grupo 17) nos haletos	F^-, Cl^-, Br^-, I^-	−1
Enxofre (grupo 16) nos sulfetos	S^{2-}	−2

- Nos íons compostos, isto é, cátions ou ânions formados por mais de um elemento, a carga do íon coincide com a soma dos Nox dos elementos que o constituem. Assim:

Nox: x −2
    SO_4^{2-}
   íon sulfato

Soma: $x + 4 \cdot (-2) = -2$ (carga do SO_4^{2-})

$x = +6 \longrightarrow$ $\overset{+6\ -2}{SO_4^{2-}}$

Lembre-se: a carga −2, indicada no grupo sulfato, pertence ao conjunto iônico sulfato (um átomo de enxofre e quatro de oxigênio), e não, como podem pensar alguns, apenas ao O.

- Em compostos orgânicos, nos quais há vários átomos de carbono interligados, é frequente chegarmos a valores de Nox médios fracionários, uma vez que o C pode apresentar diferentes valores de número de oxidação. Para determinar esse valor médio, basta levar em conta a fórmula molecular do composto e o fato de a soma dos Nox de todos os elementos em qualquer substância ser zero. Assim:

Nox: x +1 −2   +1 −3   −2+1   ∥+2   −2+1   −3+1
    $C_5H_{10}O$ $H_3C — CH_2 — \overset{\overset{-2}{O}}{\underset{\|}{C}} — CH_2 — CH_3$
   pentan-3-ona   pentan-3-ona

Soma: $5(x) + 10(+1) + (-2) = 0 \Rightarrow x = -\dfrac{8}{5}$

Nox médio do $C: \dfrac{(-3) + (-2) + (+2) + (-2) + (-3)}{5}$

Nox médio do $C: -\dfrac{8}{5}$

Capítulo 10 • Reações de oxirredução

Atividade

Nas reações equacionadas abaixo, o carbono aumenta seu número de oxidação. Na equação (1), está representada a oxidação do etanol (álcool presente nas bebidas alcoólicas) a etanal – substância que causa a ressaca que tantas pessoas sentem depois de beber. Na equação (2), está representada a oxidação do etanol a ácido acético, o que ocorre na obtenção do vinagre.

(1) etanol + ½ O_2 → etanal + H_2O

(2) etanol + O_2 → ácido acético + H_2O

> Em Química Orgânica, o prefixo **et** indica a presença de 2 átomos de carbono.

a) Para cada processo, indique a variação de Nox no átomo que sofreu oxidação.
b) Para cada processo, identifique o elemento que reduziu seu Nox, especificando o valor inicial e final dos Nox que sofreram alteração.

Podem ser resolvidas as questões 1, 20 e 21 da seção Testando seus conhecimentos.

Reações de oxirredução: agente oxidante e agente redutor

Nas páginas anteriores, você viu alguns exemplos de reações de oxirredução. Para ampliar esse conceito, vamos utilizar como exemplo a reação entre uma placa de zinco metálico e uma solução aquosa de sulfato de cobre, representada nas fotos abaixo e pela equação que a segue:

O zinco da lâmina, $Zn^0(s)$, reage com o $CuSO_4(aq)$ fazendo a superfície da lâmina ficar escurecida pelo cobre, $Cu_0(s)$, que se deposita sobre ela (foto no centro). A foto à direita mostra duas placas: a obtida após a deposição de cobre em pó sobre a lâmina de zinco e, ao lado dela, uma placa de cobre polida, cuja cor é bastante característica. Repare que as partículas de cobre (em pó) que recobrem o zinco têm aspecto bem diferente do de uma placa polida de cobre metálico.

$$\overset{0}{Zn}(s) + \overset{+2}{Cu}SO_4(aq) \rightarrow \overset{0}{Cu}(s) + \overset{+2}{Zn}SO_4(aq)$$

zinco (barra) + sulfato de cobre (solução) → cobre (sólido em pó) + sulfato de zinco (solução)

Vamos analisar separadamente o processo de oxidação que envolve o zinco, Zn^0, e o de redução que envolve o íon cobre(II), Cu^{2+}. Repare que o íon sulfato, SO_4^{2-}, não participa da transferência eletrônica, permanecendo inalterado ao final da reação.

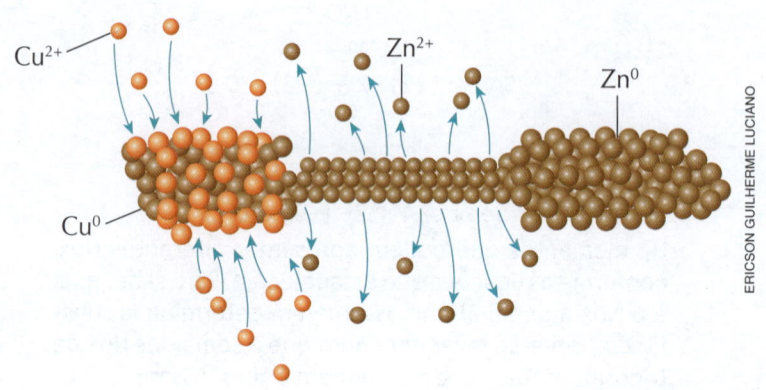

Representação esquemática do processo que ocorre em nível atômico: o Zn^0 se oxida (a barra do metal é corroída) a Zn^{2+}, e o Cu^{2+} se reduz (na superfície do Zn) a Cu^0.

Nesse processo, os elétrons são transferidos do zinco metálico para os íons cobre(II):

(I) $Zn^0(s) \xrightarrow{\text{oxidação}} Zn^{2+}(aq) + 2\,e^-$ (oxidação)

(II) $Cu^{2+}(aq) + 2\,e^- \xrightarrow{\text{redução}} Cu^0(s)$ (redução)

Como os elétrons cedidos pelos átomos de um metal (Zn^0) são recebidos pelos íons do outro metal (Cu^{2+}), o número de elétrons perdidos na oxidação e o número de elétrons recebidos na redução têm de ser iguais:

(I) $Zn^0(s) \longrightarrow Zn^{2+}(aq) + \cancel{2\,e^-}$ (semiequação de oxidação)

(II) $Cu^{2+}(aq) + \cancel{2\,e^-} \longrightarrow Cu^0(s)$ (semiequação de redução)

Equação iônica: $Zn^0(s) + Cu^{2+}(aq) \longrightarrow Zn^{2+}(aq) + Cu^0(s)$ (equação global)

Uma equação pode ser identificada como de oxirredução pela variação dos Nox de alguns átomos que fazem parte das substâncias envolvidas. No caso, o zinco se oxidou, ou seja, cedeu elétrons – o que corresponde ao **aumento do Nox** –, e o íon Cu^{2+} se reduziu, ou seja, recebeu elétrons – o que corresponde à **diminuição do Nox**.

Nessa reação, sem a presença de espécie que se oxide, no caso o Zn^0, não haveria a redução do Cu^{2+}. Por isso, o zinco é chamado de **agente redutor**. Por outro lado, sem a presença de espécie que se reduza, no caso os íons Cu^{2+}, o zinco não teria como se oxidar. Por isso, o Cu^{2+} é chamado de **agente oxidante**.

Podemos então definir:

- **Agente oxidante** é a espécie reagente responsável pela oxidação de outra espécie. O agente oxidante reduz-se; para isso, ganha elétrons (promovendo a oxidação de outra espécie).
- **Agente redutor** é a espécie reagente responsável pela redução de outra espécie. O agente redutor oxida-se; para isso, perde elétrons (promovendo a redução de outra espécie).

Atividades

Leia as informações a seguir para responder às questões.

O monitoramento da qualidade da água de lagos e represas usados no abastecimento das cidades é indispensável para manter as boas condições de saúde das pessoas que a utilizam. Para fazer a avaliação da qualidade da água, os técnicos controlam a concentração de oxigênio (O_2) nela dissolvido.

A concentração de oxigênio relaciona a quantidade de oxigênio, em massa ou mol, com o volume da solução aquosa em que ele se encontra.

1. A matéria orgânica despejada em lagos e represas, como restos de animais e plantas e o esgoto, com o tempo, é oxidada pelo oxigênio (O_2) dissolvido na água. Lembre-se de que a matéria orgânica é formada por compostos que contêm átomos de carbono. Esses átomos podem apresentar grande variação nos seus números de oxidação. O que ocorre com o oxigênio que oxida a matéria orgânica, quanto:
   a) ao número de oxidação?   b) à variação de elétrons?

2. Se em um rio, um lago, um açude ou uma represa forem lançados esgotos, a concentração de O_2 dissolvido na água vai se alterar consideravelmente.
   a) A concentração de O_2 vai aumentar ou diminuir? Por quê?
   b) O O_2 tem papel de oxidante ou de redutor?

c) Qual é a relação entre a água poluída por esgotos e a concentração de oxigênio nela dissolvido?

Na foto, tirada em maio de 2015 em Curitiba (PR), o esgoto a céu aberto evidencia a gravidade do problema de saneamento básico no Brasil.

3. É comum que o ar próximo a lugares poluídos por esgoto contenha altas concentrações de metano (CH_4) e de outras substâncias, como amônia (NH_3) e sulfeto de hidrogênio (H_2S), além de outros sulfetos, produtos da decomposição de matéria orgânica, que podem representar risco à saúde dos seres vivos.

Considerando as substâncias cujas fórmulas são citadas acima, determine o número de oxidação do C, do N e do S.

*Podem ser resolvidas as questões 2 até 12 e a questão 19 da seção **Testando seus conhecimentos**.*

Conexões

Algumas reações de oxirredução presentes no cotidiano

O O_2 do ar é um agente oxidante que participa de processos tão diversos quanto a formação da ferrugem, a combustão da gasolina, a putrefação dos alimentos, a respiração de nossas células. Ou seja: as reações de oxirredução participam direta ou indiretamente de inúmeros processos de grande importância em nossa vida.

Como vimos, o termo **oxidar** é comumente empregado quando nos referimos a processos em que um metal reage com componentes do ar. É o caso do escurecimento de objetos de prata, por exemplo.

Outro processo de oxidação frequente é o que ocorre, por ação do ar e da água, na formação de ferrugem, hidróxido de ferro(III) hidratado, em que o Nox do ferro passa de zero a +3. Impedir que essa transformação aconteça tem sido uma preocupação humana, já que inúmeros objetos se tornam inutilizáveis por causa dessa oxidação. Apesar de parcialmente substituído por compostos sintéticos, como os plásticos, em canalizações e parachoques, por exemplo, o ferro continua sendo largamente utilizado. Associado a outros metais e ao carbono, constitui os diversos tipos de aço, dos quais são feitos desde talheres até peças de navios e imensas estruturas de sustentação de prédios e pontes.

Para dificultar a formação da ferrugem, foram desenvolvidos, nas siderúrgicas, métodos de obtenção de aços especiais, que contêm crômio, níquel, molibdênio e cobre. Essas **ligas**, além de apresentarem maior resistência à corrosão, têm outras propriedades mais vantajosas que as do ferro, como maior resistência à tração, dureza e flexibilidade.

Existem reações de oxirredução cujos produtos são prejudiciais aos seres vivos. É o caso do ozônio (O_3), que, apesar de nas camadas superiores da atmosfera ser favorável à vida, absorvendo parte da radiação ultravioleta emitida pelo Sol, pode ser nocivo nas camadas inferiores, representando um dos problemas mais sérios de poluição de grandes centros urbanos, como a cidade de São Paulo (SP). O O_3 e outros **oxidantes fotoquímicos** formam-se de outros poluentes.

Em contato prolongado com o ar, objetos de prata escurecem.

As canalizações de ferro, com o tempo, se deterioram devido a processos de oxirredução. Por isso, vêm sendo substituídas pelas de plástico, material sintético bem menos reativo.

Oxidante fotoquímico: substância formada a partir de reações entre compostos produzidos por veículos e que polui o ambiente; para que esse poluente secundário se forme, é fundamental a ação da luz, o que explica o uso do adjetivo fotoquímico (o radical grego *foto* quer dizer "luz").

Na câmara de combustão de motores de veículos automotivos, determinadas quantidades de ar e combustível – a gasolina, por exemplo – são injetadas no cilindro, onde ocorre a explosão. Por causa da energia liberada na combustão, os gases N_2 e O_2, constituintes do ar, reagem, segundo as equações:

$$N_2 + O_2 \longrightarrow 2\ NO$$
$$2\ NO + O_2 \longrightarrow 2\ NO_2$$

O NO_2, por sua vez, reage com o O_2 formando moléculas de O_3:

$$O_2 + NO_2 \longrightarrow \underset{\text{ozônio}}{O_3} + NO$$

As manchetes a seguir evidenciam esse problema:

São Paulo com excesso de ozônio no ar

CLIMATEMPO.com, 15 jan. 2015. Disponível em: <https://www.climatempo.com.br/noticias/286458/sao-paulo-com-excesso-de-ozonio-no-ar/>. Acesso em: 16 maio 2018.

Ozônio se tornou o principal contaminante do ar na China

EXAME.com, 16 set. 2015. Disponível em: <https://exame.abril.com.br/mundo/ozonio-se-tornou-o-principal-contaminante-do-ar-na-china/>. Acesso em: 16 maio 2018.

Há também, entretanto, reações orgânicas de grande valia para nossa vida que são exemplos de oxidação. É o caso das fermentações e combustões utilizadas, por exemplo, na produção do álcool a partir da cana-de-açúcar e de oxidações que ocorrem em nosso organismo, permitindo-nos obter energia para viver. Vamos examinar alguns casos.

- As combustões são reações de oxirredução que nos permitem obter energia para múltiplas finalidades. Por exemplo, a combustão do etanol é utilizada para movimentar automóveis a álcool, para acender a chama de uma espiriteira, para iniciar a combustão do carvão usado no churrasco; a combustão do gás butano, componente do GLP contido nos botijões de gás liquefeito de petróleo, permite que muitos brasileiros cozinhem e tenham água quente no banho.

$$\underset{\text{etanol}}{\overset{-2\ -2}{C_2H_6O}} + \underset{\substack{\text{agente}\\\text{oxidante}}}{\overset{0}{3\ O_2}} \longrightarrow \underset{\text{reação exotérmica}}{\overset{+4\ -2}{2\ CO_2} + \overset{-2}{3\ H_2O}}$$

$$\underset{\substack{\text{gás butano}\\\text{(componente do}\\\text{gás de botijão)}}}{\overset{-2{,}5}{C_4H_{10}}} + \underset{\substack{\text{agente}\\\text{oxidante}}}{\overset{0}{\frac{13}{2} O_2}} \longrightarrow \underset{\text{reação exotérmica}}{\overset{+4-2}{4\ CO_2} + \overset{-2}{5\ H_2O}}$$

A energia liberada nas combustões pode ser transformada em energia mecânica, como a que faz o carro se movimentar.

Aparelhos de fermentação em fábrica em Canela (RS). Foto de 2013. A fermentação da glicose, obtida da cana-de-açúcar, origina etanol e gás carbônico: trata-se de uma reação de oxirredução.

Observe que, nas reações de combustão, os combustíveis têm papel de redutor e o O_2, de oxidante.

- Os processos de fermentação empregados na obtenção de álcool e bebidas alcoólicas envolvem reações de oxirredução. No Brasil, esse tipo de processo de fermentação se inicia pela obtenção do melaço a partir da cana-de-açúcar. A **sacarose** presente no melaço, por ação de uma **enzima**, vai originar outros açúcares: glicose e frutose. A oxidação dessas substâncias, também propiciada por ação enzimática, é que origina o etanol (álcool comum):

I) $\overset{0}{C_{12}H_{22}O_{11}} + H_2O \xrightarrow[\text{(invertase)}]{\text{enzima}} \overset{0}{C_6H_{12}O_6} + \overset{0}{C_6H_{12}O_6}$
  sacarose   glicose   frutose

II) $\overset{0}{C_6H_{12}O_6} \xrightarrow[\text{(zimase)}]{\text{enzima}} 2\ \overset{-2}{C_2H_6O} + 2\ \overset{+4}{CO_2}\uparrow$
   glicose ou frutose   etanol   gás carbônico

Sacarose: substância extraída da cana-de-açúcar e da beterraba, usada como adoçante.

Enzima: cada uma das proteínas produzidas por seres vivos e capazes de viabilizar reações químicas relacionadas com a vida, sem sofrer alterações em sua composição química.

- Inúmeras reações de oxidação ocorrem em células de organismos vivos, muitas delas essenciais à manutenção da vida. Para exemplificar, podemos representar a equação correspondente à respiração celular, um processo complexo; vale destacar que essa "equação" representa uma simplificação, pois corresponde à soma de vários processos:

$\overset{0\ -2}{C_6H_{12}O_6} + 6\ \overset{0}{O_2} \longrightarrow 6\ \overset{+4-2}{CO_2} + 6\ \overset{-2}{H_2O} + \text{energia}$
glicose   oxigênio
(redutor)   (oxidante)

É graças a essa reação exotérmica que nosso organismo pode obter a energia necessária para realizar as funções vitais.

- Há oxirreduções indesejáveis para nossa espécie, como as que provocam a putrefação dos alimentos. Tais processos podem ser minimizados de diversas formas. Uma delas, bastante comum, é o emprego de antioxidantes em alimentos industrializados, o que pode facilmente ser constatado pela análise de suas embalagens. No rótulo estão indicadas, na forma de siglas, as substâncias empregadas para retardar o processo de oxidação da matéria orgânica.

- Por fim, as pilhas e baterias, tão importantes em nosso cotidiano, são exemplos de fontes de energia elétrica obtida graças a reações de oxirredução.

---

1. Considere uma das etapas da produção de etanol: a hidrólise enzimática da sacarose ($C_{12}H_{22}O_{11}$), originando dois compostos de mesma fórmula molecular, $C_6H_{12}O_6$, a frutose e a glicose. Trata-se de uma oxirredução? Explique.

2. Respiramos uma das formas alotrópicas do elemento oxigênio, o gás oxigênio (O_2). A outra forma alotrópica desse elemento é o gás ozônio, que pode ser usado como bactericida e, ao mesmo tempo, representa um problema ambiental dos grandes centros urbanos. Considere os termos **oxidar, reduzir, oxidação, redução, agente oxidante** e **agente redutor**. Usando alguns desses termos, redija frases sobre:

   a) a formação do ozônio nos grandes centros urbanos;
   b) o papel do oxigênio em nosso metabolismo;
   c) o papel do ozônio quando age como poluente.

3. Neste boxe *Conexões*, você leu este título de notícia: "Ozônio se tornou o principal contaminante do ar na China". Leia a seguir um fragmento dessa notícia:

> Sete das 10 cidades mais poluídas da China no oitavo mês do ano estão na província de Hebei, que rodeia Pequim. [...]
> No mês de agosto, Pequim, que é habitualmente uma das cidades mais poluídas do país, desfrutou de incomuns céus azuis e ar mais puro, graças em parte às medidas tomadas para o Mundial de Atletismo (22-30 de agosto) e o desfile militar na Praça da Paz Celestial (3 de setembro).
> Essas medidas incluíram restringir em 50% o número de veículos em circulação e o fechamento de fábricas poluentes [...].
>
> EXAME.com, 16 set. 2015. Disponível em: <http://exame.abril.com.br/mundo/noticias/ozonio-se-tornou-o-principal-contaminante-do-ar-na-china>. Acesso em: 5 jan. 2016.

   a) Nas suas aulas de Geografia, você já deve ter visto propostas para diminuir a poluição causada por veículos sem apelar para medidas emergenciais como a proibição de que eles circulem. Cite duas propostas de que você se lembre.
   b) Alguma dessas propostas está sendo colocada em prática na cidade ou região onde você mora?

Capítulo 10 • Reações de oxirredução

Um tipo particular de oxirredução: substâncias simples com eletrólitos em solução

Vamos ver agora reações nas quais uma substância simples reage com uma composta, que pode ser ácido, base ou sal, originando duas novas substâncias, uma simples e outra composta. Vamos analisar duas possibilidades: reação em que a substância simples é um não metal e reação em que a substância simples é um metal.

A substância simples é um não metal

Observe as imagens de um experimento.

O elemento cloro tem maior tendência de formar o íon cloreto (Cl^-) do que o iodo de constituir um ânion iodeto (I^-). Por isso, na presença de Cl_2, o ânion iodeto transforma-se em I_2, uma substância molecular. Resumindo:

	Antes	Depois
Cl	Cl_2 (substância simples)	íon cloreto (Cl^-) (KCl: substância composta)
I	íon iodeto (I^-) (KI: substância composta)	I_2 (substância simples)

$Cl_2(aq) + 2\ KI(aq) \longrightarrow 2\ KCl(aq) + I_2(aq)$
cloro — iodeto de potássio — cloreto de potássio — iodo

À medida que o $Cl_2(aq)$, presente na água de cloro, reage com o $KI(aq)$, surge uma coloração amarelada.

$$Cl_2(aq) + 2\ KI(aq) \longrightarrow 2\ KCl(aq) + I_2(aq)$$

$$Cl_2(aq) + 2\ K^+(aq) + 2\ I^-(aq) \longrightarrow 2\ K^+(aq) + 2\ Cl^-(aq) + I_2(aq)$$

— redução —
$$Cl_2(aq) + 2\ I^-(aq) \longrightarrow 2\ Cl^-(aq) + I_2(aq)$$
— oxidação —

Nox = 0   Nox = −1   Nox = −1   Nox = 0

Nessa interação, o cloro reduz-se (recebe elétrons), enquanto o iodo se oxida (perde elétrons). Vamos representar ambos os processos separadamente, por meio de equações parciais (semiequações), utilizando a fórmula de Lewis:

$$:\!\ddot{Cl}\!\cdot\cdot\!\ddot{Cl}\!: \ + \ 2\ e^- \xrightarrow{\text{redução}} 2\ :\!\ddot{Cl}\!:^-$$

$$2\ :\!\ddot{I}\!:^- \xrightarrow{\text{oxidação}} 2\ e^- \ + \ :\!\ddot{I}\!\cdot\cdot\!\ddot{I}\!:$$

Equação iônica: $Cl_2(aq) + 2\ I^-(aq) \longrightarrow 2\ Cl^-(aq) + I_2(aq)$
(agente oxidante)   (agente redutor)

> Simplificadamente, podemos generalizar, dizendo o seguinte: um **não metal A** de uma substância simples reage com um **não metal B** do ânion de um composto, quando A tem mais tendência a ser ânion do que B, isto é, **A** deve ser mais eletronegativo do que **B**.

Observe abaixo a ordem de reatividade de alguns não metais:

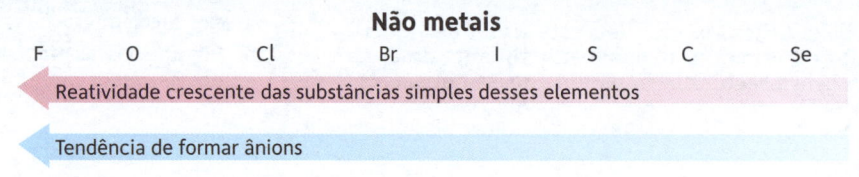

Não metais

F   O   Cl   Br   I   S   C   Se

← Reatividade crescente das substâncias simples desses elementos

← Tendência de formar ânions

Atividades

Para resolver as questões de **1** a **5**, baseie-se no texto abaixo.

Água e clorofórmio são líquidos incolores e praticamente imiscíveis, sendo o clorofórmio o mais denso. O brometo de potássio é um sal branco muito solúvel em água.

Quando adicionamos solução aquosa de cloro, $Cl_2(aq)$ (água de cloro), ou borbulhamos gás cloro em uma solução aquosa de brometo de potássio, $KBr(aq)$, observamos que ela passa de incolor a amarelada. Ao adicionarmos ao sistema obtido clorofórmio líquido, formam-se duas fases, sendo a aquosa a superior. Por agitação, a cor amarelada desaparece da fase aquosa ao mesmo tempo que a camada inferior se torna amarelo-alaranjada.

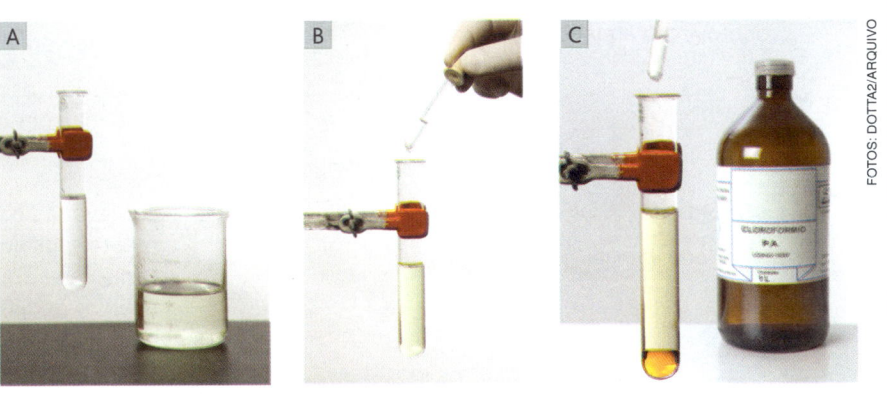

Sequência de fotos que mostra a adição de duas soluções aquosas incolores (**A**) de brometo de potássio, $KBr(aq)$, e de cloro, $Cl_2(aq)$, que resulta em uma mistura de cor amarelada (**B**). Após a adição de clorofórmio a esse sistema seguida de agitação, observa-se que a fase inferior formada muda de aspecto: de incolor para amarelo-alaranjado (**C**).

1. Equacione a reação global de cloro com brometo de potássio em solução aquosa.
2. Suponha que, em vez de brometo de potássio (KBr), usássemos brometo de sódio (NaBr). Haveria diferença visual? Por quê?
3. Equacione na forma iônica a reação correspondente às questões 1 e 2, indicando a espécie que se oxidou e a que se reduziu.
4. Que substância é responsável pela cor amarelada da fase aquosa?
5. Procure explicar o papel do clorofórmio. Trata-se de reação química?

Atenção!
O clorofórmio é uma substância volátil e tóxica. Só deve ser manuseado com equipamentos de segurança adequados (luvas, máscara, óculos de proteção e avental de mangas compridas).

A substância simples é um metal

Para analisar esse tipo de reação de oxirredução, comece a refletir com base em suas próprias observações experimentais.

Química: prática e reflexão

Conhecer a reatividade dos metais, ou seja, a tendência de eles se alterarem por meio de uma reação química de oxidação, é importante no exercício de diversas profissões, como as ligadas à engenharia civil, naval ou aeronáutica. Esse conhecimento também pode ser útil no dia a dia, já que metais e ligas metálicas estão presentes no cotidiano, em portões e janelas, panelas, talheres, moedas, chaves. Saber qual é a reatividade dos metais pode ajudar na tomada de algumas decisões. Por exemplo, uma pessoa que precisa comprar canos compara dois canos aparentemente idênticos, sendo, porém, um de ferro e o outro de cobre: em qual deles haverá tendência maior de ocorrer oxidação?

Cuidado!
Nunca coloque os materiais do laboratório na boca ou em contato com outra parte do corpo; não os aspire. **Material tóxico**: não jogue os resíduos na pia ou na lixeira.

Material necessário
- 2 estantes com 6 tubos de ensaio de 15 mm × 150 mm em cada uma
- Caneta marcadora de vidro
- 4 pedaços de fio de cobre (podem ser retirados de fios elétricos)
- 4 pregos de ferro
- 4 pedaços de alumínio (ou de papel-alumínio)
- 4 pedaços de magnésio (podem ser encontrados em lojas de material de solda ou em oficinas de conserto de rodas)
- 16 pedaços de barbante
- 5 béqueres ou copos de vidro contendo soluções aquosas de:
  - sulfato de cobre(II), $CuSO_4$ (pode ser adquirido em lojas de produtos para aquário);
  - sulfato de alumínio, $Al_2(SO_4)_3$ (pode ser adquirido em lojas de produtos para decantação de água de piscina);
  - cloreto de magnésio, $MgCl_2$ (pode ser adquirido em farmácias e casas de suplementos alimentares);

- sulfato de ferro(II), $FeSO_4$ (pode ser adquirido em farmácias);
- ácido clorídrico, HCl (pode ser adquirido em lojas de produtos para aquário).

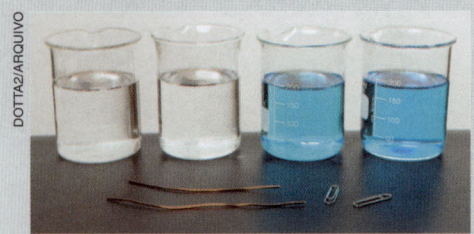

Alguns dos materiais utilizados no experimento.

4. Coloquem 2 mL – cerca de 40 gotas – de solução aquosa de sulfato de cobre(II) no tubo de ensaio **1**. Em seguida, introduzam nesse tubo o prego de ferro.
5. Observem o que ocorre e anotem o resultado na tabela.
6. Repitam os procedimentos anteriores para todos os metais e soluções da tabela.

Descarte dos resíduos: Os metais que não reagiram podem ser lavados e armazenados para outras atividades experimentais; os que reagiram podem ser lavados e lixados com palha de aço ou lixa comum e também guardados; os resíduos líquidos podem ser guardados em frascos com identificação ou diluídos para descarte na pia.

Procedimentos

1. Enumerem os tubos de ensaio de **1** a **12**.
2. Amarrem a ponta de cada um dos sólidos (cobre, magnésio, alumínio e ferro) com um pedaço de barbante, de modo que o sólido fique no fundo do tubo de ensaio e seja possível retirá-lo com facilidade (veja a figura ao lado).
3. Copiem no caderno a tabela abaixo.

	Soluções aquosas			
	Fe^{2+}	Cu^{2+}	Mg^{2+}	Al^{3+}
Prego de ferro				
Fio de cobre				
Pedaço de magnésio				
Alumínio ou papel-alumínio				

Analisem suas observações

1. Qual dos metais analisados é o mais reativo? E qual é o menos reativo? Como vocês chegaram a essa conclusão?
2. Voltem ao início desta atividade experimental e, com base nos resultados obtidos no experimento, respondam à questão proposta (sobre a tendência à oxidação dos dois canos, um de cobre e outro de ferro). A hipótese que vocês haviam levantado estava certa?
3. De acordo com o Ministério da Saúde, a água distribuída à população para consumo deve ser mantida na faixa de pH de 6,0 a 9,5. Considerando uma água levemente ácida, ou seja, com $pH \geqslant 6,0$ e $pH < 7,0$, o que seria esperado se ela percorresse encanamentos de ferro?

Agora que você comparou a reatividade do ferro com a do cobre, vamos analisar outro exemplo.

Se mergulharmos uma lâmina de zinco metálico, $Zn^0(s)$, em uma solução aquosa de nitrato de prata, $AgNO_3(aq)$, observaremos que o Zn^0 vai sendo corroído e aparece um pó escuro no fundo do recipiente. O que ocorre?

O Zn^0 se oxida por ter maior tendência de perder elétrons que a Ag^0. Nessa interação o zinco metálico, $Zn^0(s)$, oxida-se a $Zn^{2+}(aq)$, enquanto o $Ag^+(aq)$ se reduz a prata metálica, $Ag^0(s)$.

$$Zn^0(s) + 2\,AgNO_3(aq) \longrightarrow Zn(NO_3)_2(aq) + 2\,Ag^0(s)$$

$$Zn^0(s) + 2\,Ag^+(aq) + 2\,\cancel{NO_3^-(aq)} \longrightarrow Zn^{2+}(aq) + 2\,\cancel{NO_3^-(aq)} + 2\,Ag^0(s)$$

$$Zn^0(s) \xrightarrow{\text{oxidação}} Zn^{2+}(aq) + 2\,e^-$$

$$2\,Ag^+(aq) + 2\,e^- \xrightarrow{\text{redução}} 2\,Ag^0(s)$$

$$\overline{Zn^0(s) + 2\,Ag^+(aq) \longrightarrow Zn^{2+}(aq) + 2\,Ag^0(s)}$$

estado final

A placa de zinco metálico é corroída em contato com a solução de nitrato de prata, ou seja, o Zn^0 é oxidado a Zn^{2+}, enquanto os íons Ag^+ da solução se reduzem a Ag^0, depositando-se próximo à placa.

O zinco metálico, Zn^0, se oxida por ter tendência de perder elétrons maior que a da prata, $Ag^0(s)$. Simplificadamente, podemos dizer que: para que um **metal X** se oxide em contato com uma solução que contém íons de outro **metal Y** (Y^{y+}), é necessário que o elemento **X** tenha mais tendência a constituir um cátion do que o elemento **Y**.

> Para que um metal A de uma substância simples reaja com um metal B, na forma de cátion, é necessário que A seja mais eletropositivo do que B.

A fila de reatividade dos metais é resultado de trabalho experimental e poderá ajudá-lo a equacionar reações de oxirredução de metal com uma solução eletrolítica.

Metais

Cs Rb K Na Li Ba Sr Ca Mg Al Mn Zn Fe Co Ni Sn Pb H Bi Cu Hg Ag Pt Au

← Reatividade crescente das substâncias

← Tendência de formar cátions

Alguns pontos a destacar:

- Apesar de não ser metal, o hidrogênio é colocado na fila de reatividade dos metais, o que possibilita prever se um metal se oxida na presença de um ácido (que contém H^+) liberando gás hidrogênio – $H_2(g)$.
- Os metais que estão depois do H nessa fila são chamados de **metais nobres**. Por sua baixa reatividade, muitos deles (como ouro, platina, prata e cobre) são usados em objetos de adorno.
- Os metais mais reativos são os alcalinos (Li, Na, K, Rb, Cs) e os alcalinoterrosos (Ca, Sr, Ba, Ra). Quase todos reagem com água, produzindo hidróxido do metal e gás hidrogênio. Por exemplo:

$$\underset{0}{Na(s)} + \underset{+1}{HOH(aq)} \longrightarrow \underset{+1}{NaOH(aq)} + \frac{1}{2}\underset{0}{H_2(g)}$$

(oxidação / redução)

As fotos abaixo mostram o que ocorre quando se coloca sódio metálico em contato com água.

A reação de sódio com água é violenta, liberando grande quantidade de energia. Por isso, é comum que o fragmento desse metal se movimente rapidamente na superfície da água e se observe o surgimento de uma chama (foto da direita); o calor liberado provoca a queima do gás hidrogênio produzido na reação.

Cuidado!
A reação do sódio com a água é bastante perigosa e só pode ser realizada por quem tem conhecimento dos riscos e em condições especiais de segurança. Não tente reproduzi-la!

- O aspecto do ferro metálico (Fe^0) é bem diferente do dos compostos de ferro(III), Fe^{3+}. Observe na foto ao lado, embaixo, o ferro metálico pulverizado, à esquerda, e um sal de ferro(III), à direita. O mesmo vale para as espécies mostradas na parte superior da foto: cobre metálico (Cu^0) na forma de fios usados em eletricidade e íons Cu^{2+}, constituindo $CuSO_4 \cdot 5\,H_2O$, um sólido azul.
- Não se esqueça de que, ao representar a equação dessas reações de oxirredução (de um metal com um eletrólito em solução), assim como a de qualquer outro tipo de reação, é indispensável respeitar a fórmula das substâncias envolvidas. Somente depois é que se pode realizar o balanceamento da equação. Assim, por exemplo:

Cu^0 $CuSO_4 \cdot 5\,H_2O$

Fe^0 $FeCl_3 \cdot 6\,H_2O$

Reagentes: alumínio e ácido sulfúrico
$Al(s)$ $H_2SO_4(aq)$

Produtos: sulfato de alumínio e hidrogênio
$Al_2(SO_4)_3(aq)$ $H_2(g)$

Equação não balanceada:
$Al(s) + H_2SO_4(aq) \longrightarrow Al_2(SO_4)_3(aq) + H_2(g)$

Equação balanceada:
$2\,Al(s) + 3\,H_2SO_4(aq) \longrightarrow Al_2(SO_4)_3(aq) + 3\,H_2(g)$

Observação

Reações de deslocamento

As reações de substâncias simples (metálicas ou não metálicas) com eletrólitos em solução, do tipo das que analisamos, são tradicionalmente chamadas reações de deslocamento, nomenclatura que até aqui evitamos utilizar por questões didáticas.

Atividades

1. Considere as espécies Pb^0, Pb^{2+}, Ca^0, Ca^{2+}, H_2, H^+ e responda:
   a) Diante de uma espécie oxidante, qual das espécies acima tem maior tendência de se oxidar?
   b) Qual delas é a melhor oxidante?

2. Formule a equação iônica correspondente ao processo em que o alumínio metálico reage com o níquel de uma solução de sal de níquel(II).

*Podem ser resolvidas as questões 14 e 15 da seção **Testando seus conhecimentos**.*

Balanceamento de uma reação de oxirredução

As reações de oxirredução mais simples, como as que acabamos de analisar, podem ser balanceadas pelo método das tentativas. Para as mais complexas, podemos usar um método que envolve a análise do número de elétrons trocados entre o agente oxidante e o agente redutor: o **método de oxirredução**.

A base desse processo de balanceamento consiste em determinar a proporção entre o número de unidades (átomos, íons, moléculas) que se oxidam e o número de unidades que se reduzem, igualando o número de elétrons cedidos pelas espécies que se oxidam com o número de elétrons recebidos pelas espécies que se reduzem.

Ao balancear uma equação, procure sempre responder às perguntas a seguir, relativas à reação que essa equação representa:

   I. Átomos de que elemento perdem elétrons?
   II. Quantos elétrons são perdidos por átomo desse elemento?
   III. Átomos de que elemento ganham elétrons?
   IV. Quantos elétrons são ganhos por átomo desse elemento?
   V. Qual é o elemento que se oxida com a reação?
   VI. Qual é o elemento que se reduz com a reação?
   VII. Em valor absoluto, qual é a variação de Nox do elemento que se oxida, por molécula (ou íon)?
   VIII. Em valor absoluto, qual é a variação de Nox do elemento que se reduz, por molécula (ou íon)?

As respostas às questões II, IV, VII e VIII permitem igualar as variações de Nox relativas ao redutor e ao oxidante, o que significa igualar o número de elétrons transferidos de uma espécie a outra.

Vamos ver um exemplo de equação de oxirredução a ser balanceada:

$$KI(aq) + KMnO_4(aq) + H_2O(l) \longrightarrow I_2(aq) + MnO_2(s) + KOH(aq)$$

$$\underset{+1\ -1}{KI}(aq) + \underset{+1\ +7\ -2}{KMnO_4}(aq) + \underset{+1\ -2}{H_2O}(l) \longrightarrow \underset{0}{I_2}(aq) + \underset{+4\ -2}{MnO_2}(s) + \underset{+1\ -2\ +1}{KOH}(aq)$$

(oxidação: I → I₂; redução: Mn)

- Verificam-se as variações de número de oxidação (ΔNox).
  Variação de Nox do Mn por conjunto $KMnO_4$:

  $\Delta Nox_{Mn(KMnO_4)} = (+7) - (+4)$ $\Delta Nox_{Mn(KMnO_4)} = 3$

  Ou seja, nesse processo, cada átomo de Mn do conjunto $KMnO_4$ ganha 3 elétrons.
  Variação de Nox do I por conjunto KI:

  $\Delta Nox_{I(KI)} = 0 - (-1)$ $\Delta Nox_{I(KI)} = 1$

  Ou seja, nesse processo, cada átomo de I da molécula KI perde 1 elétron.
  Observe que ΔNox é sempre positivo, pois é obtido pela diferença, em módulo, dos valores de Nox; em termos práticos, é necessário sempre fazer a diferença entre o Nox maior e o Nox menor do elemento envolvido na transferência de elétrons.

- Para que o número de elétrons cedidos por uma espécie seja igual ao número de elétrons que a outra espécie ganha, igualam-se as variações de Nox (dos processos de oxidação e redução).

Para que as variações de Nox se igualem, temos que manter a proporção de:
3 KI para 1 KMnO$_4$, pois 1 · 3 = 3 · 1

A partir da determinação dos coeficientes de KI e de KMnO$_4$, os dos demais participantes da reação são balanceados pelo método das tentativas, conforme a indicação abaixo:

3 KI(aq) + 1 KMnO$_4$(aq) + H$_2$O(l) $\longrightarrow$ I$_2$(s) + MnO$_2$(s) + KOH(aq)

3 KI(aq) + 1 KMnO$_4$(aq) + 2 H$_2$O(l) $\longrightarrow$ $\frac{3}{2}$ I$_2$(aq) + 1 MnO$_2$(s) + 4 KOH(aq)

Se quisermos utilizar coeficientes inteiros, podemos multiplicar todos os coeficientes por 2:
6 KI(aq) + 2 KMnO$_4$(aq) + 4 H$_2$O(l) $\longrightarrow$ 3 I$_2$(s) + 2 MnO$_2$(s) + 8 KOH(aq)

Analise este outro exemplo de balanceamento mais complexo:

K$_2$Cr$_2$O$_7$(aq) + H$_2$SO$_4$(aq) + FeSO$_4$(aq) $\longrightarrow$ Fe$_2$(SO$_4$)$_3$(aq) + Cr$_2$(SO$_4$)$_3$(aq) + K$_2$SO$_4$(aq) + H$_2$O(l)

- Determinam-se todos os Nox, verificando que elementos sofrem mudança:

K$_2$Cr$_2$O$_7$ + H$_2$SO$_4$ + FeSO$_4$ $\longrightarrow$ Fe$_2$(SO$_4$)$_3$ + Cr$_2$(SO$_4$)$_3$ + K$_2$SO$_4$ + 1 H$_2$O

(redução: Cr de +6 para +3; oxidação: Fe de +2 para +3)

- Como pode acontecer de o índice de um elemento no reagente ser diferente do que ele tem no produto (por exemplo, o ferro no reagente tem índice 0 e, no produto, 2), para evitar obter coeficientes de acerto fracionários logo no início do balanceamento, podem-se calcular as variações de Nox total (ΔNox) por espécie.

Variação de Nox do Cr por conjunto K$_2$Cr$_2$O$_7$:

ΔNox$_{Cr}$ = +6 − (+3) = 3. Como há 2 Cr por conjunto, temos:

ΔNox$_{Cr(K_2Cr_2O_7)}$ = 3 · 2 = 6.

Variação de Nox do Fe por conjunto FeSO$_4$:

ΔNox$_{Fe(FeSO_4)}$ = +3 − (+2) = 1. Nesse caso, o índice do Fe é 1. Portanto:

ΔNox$_{Fe(FeSO_4)}$ = 1 · 1 = 1

- Igualam-se as variações de Nox:

ΔNox$_{oxidação}$ = ΔNox$_{redução}$

Ou, de modo prático:

ΔNox$_{Cr(K_2Cr_2O_7)}$ = 6 K$_2$Cr$_2$O$_7$ $\longrightarrow$ 1 · 6 = 6   ΔNox$_{Cr(K_2Cr_2O_7)}$ = 6 $\searrow$ 1 K$_2$Cr$_2$O$_7$

ΔNox$_{Fe(FeSO_4)}$ = 1 FeSO$_4$ $\longrightarrow$ 6 · 1 = 6   ΔNox$_{Fe(FeSO_4)}$ = 1 $\nearrow$ 6 FeSO$_4$

1 K$_2$Cr$_2$O$_7$ + H$_2$SO$_4$ + 6 FeSO$_4$ $\longrightarrow$ Fe$_2$(SO$_4$)$_3$ + 1 Cr$_2$(SO$_4$)$_3$ + K$_2$SO$_4$ + H$_2$O

- Completa-se o balanceamento por tentativa. No caso, já estão determinados os elementos K, Cr e Fe:

1 K$_2$Cr$_2$O$_7$ + 7 H$_2$SO$_4$ + 6 FeSO$_4$ $\longrightarrow$ 3 Fe$_2$(SO$_4$)$_3$ + 1 Cr$_2$(SO$_4$)$_3$ + 1 K$_2$SO$_4$ + H$_2$O

(2 Cr; 6 Fe; 6 Fe; 2 Cr; 2 K; 9 SO$_4^{2-}$; 3 SO$_4^{2-}$; 1 SO$_4^{2-}$; 6 SO$_4^{2-}$; 13 SO$_4^{2-}$)

K$_2$Cr$_2$O$_7$(aq) + 7 H$_2$SO$_4$(aq) + 6 FeSO$_4$(aq) $\longrightarrow$
$\longrightarrow$ 3 Fe$_2$(SO$_4$)$_3$(aq) + Cr$_2$(SO$_4$)$_3$(aq) + K$_2$SO$_4$(aq) + 7 H$_2$O(l)

> **Atenção!**
>
> Em etapas intermediárias do balanceamento, é útil que você escreva todos os coeficientes de acerto já estabelecidos, inclusive os que são iguais a 1. Isso porque o coeficiente igual a 1 geralmente é omitido no balanceamento de uma equação, e há o risco de você alterar o valor 1 (em branco) do coeficiente já determinado, como se ele ainda não estivesse balanceado.

Atividades

Consulte a Tabela Periódica sempre que necessário.

1. Considere a reação representada pela equação abaixo:

   $5\,Fe^{2+}(aq) + MnO_4^-(aq) + 8\,H^+(aq) \longrightarrow 5\,Fe^{3+}(aq) + Mn^{2+}(aq) + 4\,H_2O(l)$

   a) Qual é o íon oxidante e qual é o redutor?
   b) O que acontece com a espécie oxidante do ponto de vista dos elétrons?
   c) Para cada íon que se oxida, quantos elétrons são cedidos/recebidos? E para cada íon reduzido?

2. Balanceie as equações a seguir usando o que aprendeu neste capítulo.

   a) $FeCl_3 + SnCl_2 \longrightarrow SnCl_4 + FeCl_2$
   b) $HBr + H_2SO_4 \longrightarrow SO_2 + Br_2 + H_2O$
   c) $H_2S + HNO_3 \longrightarrow H_2SO_4 + NO_2 + H_2O$
   d) $As + HNO_3 \longrightarrow HAsO_3 + NO + H_2O$
   e) $Na_2S_2O_3 + I_2 \longrightarrow NaI + Na_2S_4O_6$

3. Balanceie as equações a seguir. Leve em conta que os coeficientes de acerto do H_2O_2 e do O_2 são iguais, visto que só o oxigênio do H_2O_2 se oxida a O_2.

   a) $KMnO_4 + H_2SO_4 + H_2O_2 \longrightarrow K_2SO_4 + MnSO_4 + H_2O + O_2$
   b) $KCr_2O_7 + H_2SO_4 + H_2O_2 \longrightarrow K_2SO_4 + Cr_2(SO_4)_3 + H_2O + O_2$
   c) $KI + H_2SO_4 + H_2O_2 \longrightarrow K_2SO_4 + H_2O + I_2$

4. Com relação aos itens da questão anterior, responda:

   a) Que substância presente nas três reações age ora como oxidante, ora como redutora? Qual é o papel dela em cada reação?
   b) Que mudanças ocorrem com o Nox do átomo quando a substância age como oxidante?
   c) Que mudanças ocorrem com o Nox do átomo quando a substância age como redutora?

Você pode resolver as questões 8, 13, 16, 17 e 18 da seção Testando seus conhecimentos.

5. Analise as substâncias $KMnO_4$ e $K_2Cr_2O_7$ nas equações das reações dos exercícios 1 e 2. Elas são agentes oxidantes ou redutores?

Conexões

Os bafômetros e as reações de oxirredução

A principal causa de acidentes de trânsito no Brasil é a falha humana, cometida por motoristas. Mas por que os motoristas cometem erros, muitas vezes com consequências trágicas?

Grande parte das vezes, isso acontece por estarem dirigindo sob influência de álcool, o que altera seus reflexos.

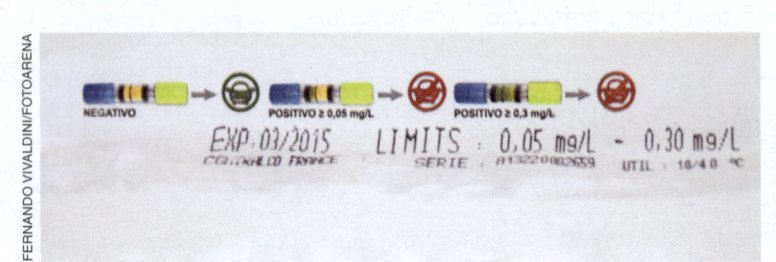

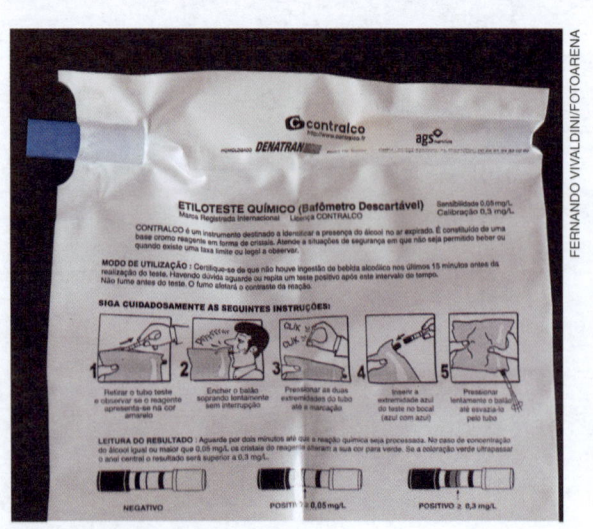

Bafômetro descartável (à direita) e indicação do significado das cores que podem surgir após o teste do teor alcoólico no ar exalado pelo motorista (acima). Não considerar as pontas azul e amarela; é na parte central da figura que está o resultado do teste.

Para verificar se alguém ingeriu etanol (C_2H_6O) – presente em bebidas alcoólicas –, podemos recorrer a um bafômetro (veja foto na página anterior). Os primeiros bafômetros tinham seu funcionamento baseado em uma reação de oxirredução: a mudança de cor do dicromato de potássio ($K_2Cr_2O_7$).

A partir de meados de 2008, por ocasião da entrada em vigor da chamada Lei Seca, ampliou-se o uso de bafômetros pelos policiais de trânsito. A consequência mais imediata dessa fiscalização foi a redução do número de vítimas de acidentes automotivos.

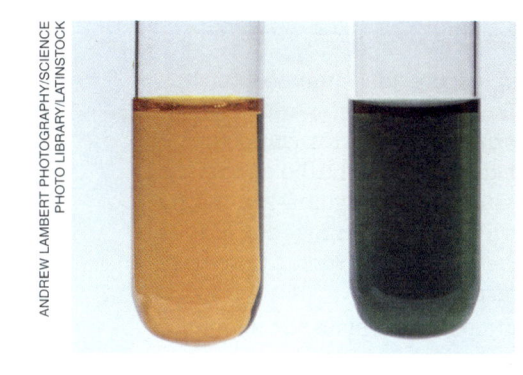

O dicromato de potássio ($K_2Cr_2O_7$) é um sal de coloração laranja em meio ácido. Ao ser atingido pelo ar exalado na respiração de quem ingeriu bebida alcoólica, ele origina uma substância verde devido aos íons $Cr^{3+}(aq)$. A intensidade da variação de cor pode ser usada para determinar a concentração de álcool no sangue. Daí o uso desse sal nos bafômetros.

1. Qual é o Nox do crômio no dicromato de potássio?
2. Ao mudar de laranja para verde, o cromo se transforma do ponto de vista eletrônico e de Nox? Explique.
3. Suponha que os reagentes usados no bafômetro sejam $K_2Cr_2O_7$ e H_2SO_4, além do etanol. Considere que na reação, além dos sulfatos de potássio e de crômio(III), formam-se água e ácido acético [$H(H_3CCOO)$]. Equacione a reação e balanceie a equação.
4. Nesse processo de oxirredução, o etanol é um agente oxidante ou redutor?

Equações de oxirredução na forma iônica

O método que acabamos de estudar pode ser usado também para balancear equações na forma iônica. Vamos a um exemplo:

$$MnO_4^-(aq) + H^+(aq) + H_2O_2(aq) \longrightarrow Mn^{2+}(aq) + H_2O(l) + O_2(g)$$

Repare que os índices do Mn na substância reagente e no produto são iguais. O mesmo vale para o O, considerando o H_2O_2 (reagente) e o O_2 (produto). Por isso, podemos raciocinar assim:

$\Delta Nox_{Mn} = 5 \cdot 1 = 5$ → coeficiente do MnO_4^- e Mn^{2+}
$\Delta Nox_O = 1 \cdot 2 = 2$ → coeficiente do H_2O_2 e O_2

índice do O no H_2O_2

$$2\ MnO_4^-(aq) + H^+(aq) + 5\ H_2O_2(aq) \longrightarrow 2\ Mn^{2+}(aq) + H_2O(l) + 5\ O_2(g)$$

Repare que, além do balanceamento de átomos de cada elemento químico, as cargas elétricas têm de estar acertadas. Isso permite que seja atribuído coeficiente ao H^+:

$$2\ MnO_4^-(aq) + 6\ H^+(aq) + 5\ H_2O_2(aq) \longrightarrow 2\ Mn^{2+}(aq) + H_2O(l) + 5\ O_2(g)$$

carga: −2 carga: +6 carga: 0 | carga: +4 carga: 0 carga: 0
Total: −2 + 6 + 0 = +4 | Total: 4 + 0 + 0 = +4

Acertam-se, na sequência, o número de átomos de hidrogênio na água e, por último, o número de átomos de oxigênio no O_2:

$$2\ MnO_4^-(aq) + 6\ H^+(aq) + 5\ H_2O_2(aq) \longrightarrow 2\ Mn^{2+}(aq) + 8\ H_2O(l) + 5\ O_2(g)$$

8 O

Observações

Em uma reação:
- o número de átomos de cada elemento se conserva;
- a massa se conserva (lei de Lavoisier);
- o número de elétrons cedidos pela espécie que se oxida é igual ao de elétrons recebidos pela que se reduz.
- a carga elétrica se conserva, pois os elétrons que são cedidos por uma espécie são recebidos por outra, de modo que, com a reação, o total de elétrons se mantém.

Atividades

1. Colheres de prata ficam escurecidas quando expostas ao ar por algum tempo. Isso acontece porque na superfície da prata se formam compostos como Ag_2S e Ag_2O. Uma das formas de devolver o brilho ao metal é recobri-lo com papel-alumínio e mergulhá-lo em uma solução contendo íons livres. O alumínio reduz os íons Ag^+, devolvendo à colher o brilho do metal. Com base nessas informações, responda:

   a) Qual metal é mais eletropositivo: a prata ou o alumínio?
   b) Entre as espécies Ag, Ag^+, Al, Al^{3+}, qual tem maior tendência a reduzir-se?
   c) Equacione a reação entre Ag^+ e Al, na forma iônica. Não se esqueça de equilibrar as cargas elétricas.
   d) Qual é o agente redutor na reação equacionada no item c?

2. Para entender a importância do tratamento dos resíduos industriais e gerados por outros processos de produção, leia os dois textos a seguir.

   Texto 1 – O selênio, em pequeníssimas concentrações, é nutriente para a maioria dos animais, e sua total ausência no organismo é responsável por doenças. Acima dessas concentrações baixíssimas, ele é tóxico para animais, incluindo seres humanos. Formas solúveis de selênio, como as que contêm íons selenato, SeO_4^{2-}(aq), podem atingir valores elevados em águas de regiões de mineração ou próximas a usinas termelétricas a carvão, por exemplo. Uma das formas de removê-lo da água é por meio de sua redução a selênio elementar (Se), usando-se para isso um bissulfito (HSO_3^-) em meio ácido, H^+(aq), que se transforma em ditionato ($S_2O_6^{2-}$).

   a) Indique os números de oxidação dos elementos envolvidos nessa oxirredução.
   b) Nesse processo, o íon bissulfito funciona como agente oxidante ou redutor?
   c) Equacione esse processo, sabendo que, além do Se, formam-se nesse processo ditionato, $S_2O_6^{2-}$, e água.
   d) De que forma o selênio elementar pode ser removido da mistura?

   Texto 2 – O processo de transformar a pele de animais no couro que é usado em sapatos, bolsas, móveis, etc. pode gerar resíduos tóxicos que são descartados com a água empregada ao longo das operações realizadas nos curtumes. Essa água com resíduos químicos, ao ser lançada no solo ou despejada em rios e mananciais, causa danos ao ambiente e à saúde humana.

   > **Curtume:** estabelecimento onde se curte (prepara) o couro.

   Um dos produtos presentes em concentração elevada na água proveniente dos curtumes é o crômio. Substâncias que contêm crômio são tóxicas, mas podem chegar a ser altamente tóxicas, caso esse elemento apresente número de oxidação +6.

   E por que os íons cromato (CrO_4^{2-}) são nocivos à saúde? Porque a disposição espacial dos átomos que constituem esses íons é semelhante à dos átomos dos íons sulfato (SO_4^{2-}), que podem atravessar as membranas celulares livremente, sem causar nenhum problema ao organismo. Em razão dessa semelhança, os íons cromato penetram nas células e afetam seu DNA, ocasionando alterações genéticas.

   No processo de tratamento de resíduos industriais com crômio de Nox +6, há basicamente duas etapas químicas:

   1ª) redução dos íons de crômio com Nox +6 a Cr^{3+};

   2ª) precipitação do $Cr(OH)_3$, feita por reação com bases.

   Suponha que a redução do CrO_4^{2-} ou $Cr_2O_7^{2-}$ tenha sido feita por meio de íons bissulfito HSO_3^-, em meio ácido (H^+). Nessas reações, além da formação de íons Cr^{3+}, obtêm-se íons sulfato (SO_4^{2-}) e água.

   e) O íon bissulfito funciona como agente oxidante ou redutor nesses processos?
   f) Compare o papel do bissulfito nos dois processos (na remoção da água do selênio solúvel – texto 1 – e do crômio de Nox +6).
   g) Equacione a reação, supondo que os íons presentes nos efluentes sejam os íons $Cr_2O_7^{2-}$.
   h) Equacione a reação, supondo que os íons presentes nos efluentes sejam os íons CrO_4^{2-}.
   i) Equacione, na forma iônica, a reação indicada acima, usada para remover os íons Cr^{3+}(aq) da solução por precipitação com íons OH^-(aq).

3. A hidrazina (N_2H_4) é uma substância usada como propelente, eficiente para posicionar em órbita satélites e sondas espaciais. Não se trata de combustível; sua capacidade de impulsionar foguetes não é consequência de processo de combustão – como é comum nesse tipo de mecanismo –, mas de um conjunto de reações que se inicia com a decomposição da hidrazina. Além de essas reações liberarem muito calor – são bastante exotérmicas –, produzem um volume de gases quentes que é relativamente grande, se comparado ao pequeno volume de hidrazina líquida usado. A decomposição de N_2H_4 é acelerada por ação de um catalisador e, em frações de segundo, a mistura chega a atingir 800 °C.

   As equações químicas que representam esse conjunto de reações são:

   $3 N_2H_4(l) \longrightarrow 4 NH_3(g) + N_2(g)$

   $N_2H_4(l) \longrightarrow N_2(g) + 2 H_2(g)$

   $4 NH_3(g) + N_2H_4(l) \longrightarrow 3 N_2(g) + 8 H_2(g)$

   Se somarmos essas equações, poderemos considerar que:

   $5 N_2H_4(l) \longrightarrow 5 N_2(g) + 10 H_2(g)$

No Brasil, os motores de foguete para satélites usando propelente líquido utilizam, além da hidrazina, o tetróxido de dinitrogênio, N_2O_4.

a) Como você pode notar, o nitrogênio aparece na constituição de diversas substâncias que participam de processos de lançamento de foguetes que empregam propelentes líquidos. Relacione as fórmulas dessas substâncias, indicando o Nox do N.

b) Quais das reações cujas equações são fornecidas servem de exemplo de reação de oxirredução?

c) Baseado em informações do texto e em seus conhecimentos, explique a afirmação de que a capacidade de impulsionar um foguete não é consequência de processo de combustão, como é comum nesse tipo de mecanismo.

4. Leia a seguir alguns fragmentos de *A Tabela Periódica*, do escritor e químico italiano Primo Levi (1919-1987). Note que a narrativa revela os conhecimentos do autor sobre metais e seu comportamento diante de ácidos e da água.

....

[...] Encontrei no porão um garrafão de benzeno técnico com 95 por cento de pureza: melhor do que nada, mas os manuais recomendavam **retificá-lo** e em seguida submetê-lo a uma última destilação em presença do sódio, para livrá-lo dos últimos vestígios de umidade.

[...]

"Nada pior que nascer pobre", estava eu a remoer, enquanto mantinha na chama de um bico de gás um lingote de estanho dos Estreitos. Pouco a pouco o estanho fundia, e as gotas caíam, chiando, na água de uma vasilha: no fundo desta se formava um enredo metálico fascinante, de formas sempre novas. [...]

Era preciso granular o estanho a fim de que ficasse mais fácil tratá-lo depois com ácido clorídrico. [...] Voar agora: querias ser livre, és livre; querias ser químico, és químico. Vamos, remexe entre venenos, batons e esterco de galinha; faz granular o estanho, verte-lhe ácido clorídrico, concentra, transvasa e cristaliza, se não queres morrer de fome, uma fome que conheces. Compra estanho e vende cloreto de estanho. [...].

[...]

[...] Não é que o ácido clorídrico seja propriamente tóxico: é um daqueles inimigos declarados que te atacam gritando desde longe e dos quais, portanto, é fácil defender-se. Tem um cheiro tão penetrante que quem pode não demora a pôr-se ao abrigo; e não podes confundi-lo com nenhum outro, porque, depois de tê-lo respirado uma vez, escapam-te do nariz dois curtos penachos de fumaça branca [...] e experimentas em teus dentes um sabor acre, como quando chupas um limão. A despeito de nossa capela tão zelosa, as emanações do ácido invadiram todos os aposentos: os papéis de parede mudavam de cor, as maçanetas e puxadores de metal tornavam-se opacos e ásperos ao tato, e de vez em quando nos sobressaltava um baque sinistro: um prego havia acabado de corroer-se, e um quadro, num canto qualquer da casa, tinha vindo ao chão. Emílio punha um prego novo e voltava a colocar o quadro em seu lugar. [...]

LEVI, Primo. *A tabela periódica*. Rio de Janeiro: Relume-Dumará, 1994. p. 62, 183 e 185.

....

a) Que mudanças ocorrem com o estanho ao ser aquecido na chama de um bico de gás e, depois, ao cair na água?

b) Segundo o texto, a personagem comprava uma substância e vendia outra. Quais eram elas? São substâncias simples ou compostas?

c) Qual é a reação química citada no texto? Equacione-a.

d) Que significado você atribui aos termos **concentra** e **cristaliza**, no segundo parágrafo desta página?

e) Qual é a função de concentrar e cristalizar, no contexto da narrativa?

f) O texto aponta algumas propriedades do gás que emana de uma solução de ácido clorídrico concentrado. Qual é o gás? Resuma as propriedades mencionadas.

g) Explique quimicamente a razão de alguns objetos se tornarem opacos e ásperos e de quadros caírem no laboratório onde o autor trabalhava.

h) Qual é a razão de o ácido clorídrico ser comparado a um inimigo declarado?

i) Nesse texto, fala-se de um líquido a ser purificado. Qual é?

j) Para purificar esse líquido, de acordo com o texto, devem-se usar um processo físico e outro químico. Quais são eles?

k) Explique por que o sódio é um **secante** eficiente e equacione a reação da qual ele participa, no processo de secagem de um líquido com o qual não reage.

l) Para a retirada de umidade, poderia ser utilizado níquel, em vez de sódio? Por quê?

m) Primo Levi, o autor de *A Tabela Periódica*, teve a vida marcada não só pela Química, como também pelo período em que foi prisioneiro em um campo de concentração, durante a Segunda Guerra Mundial (1939-1945). Faça uma pesquisa e produza um perfil biográfico curto desse escritor, apresentando os principais fatos de sua vida, em ordem cronológica, e suas principais obras.

Para ler

LEVI, Primo. *A tabela periódica*. Rio de Janeiro: Relume-Dumará, 2001.
Nesse livro, o autor narra sua infância, o surgimento de seu interesse pela Química, seus amores, a prisão em Auschwitz, durante a Segunda Guerra Mundial, e o regresso aos laboratórios do campo de concentração após a guerra.

Retificar: corrigir o que está incorreto ou inadequado; em Química, o termo tem o sentido de "purificar, destilar para retirar impurezas de uma substância líquida".

Secante: que retira água do meio onde se encontra.

Testando seus conhecimentos

Caso necessário, consulte as tabelas no final desta Parte.

1. (Uerj) Em estações de tratamento de água, é feita a adição de compostos de flúor para prevenir a formação de cáries. Dentre os compostos mais utilizados, destaca-se o ácido fluossilícico, cuja fórmula molecular corresponde a H_2SiF_6. O número de oxidação do silício nessa molécula é igual a:

a. +1   b. +2   c. +4   d. +6

2. (UEPG-PR) Dentre as equações abaixo, identifique aquela(s) que representa(m) reação(ões) de oxirredução e assinale o que for correto.

01. $Mg(OH)_2 \longrightarrow MgO + H_2O$
02. $SnCl_2 + 2\ FeCl_3 \longrightarrow SnCl_4 + 2\ FeCl_2$
04. $Fe_2O_3 + 3\ CO \longrightarrow 2\ Fe + 3\ CO_2$
08. $Cl_2 + 2\ NaBr \longrightarrow Br_2 + 2\ NaCl$
16. $Ca + 2\ H^+ \longrightarrow Ca^{2+} + H_2$

Dê como resposta a soma dos números correspondentes às alternativas corretas.

3. (Uece) A água é o principal componente do sangue. Não é à toa que profissionais de saúde aconselham que se beba 8 copos de água por dia. Assim, quanto mais água ingerida, mais líquido vermelho corre nas veias. Isso aumenta o transporte de nutrientes por todo o corpo, inclusive para o cérebro, que tem suas funções otimizadas. Isso se dá não só porque o cérebro recebe mais nutrientes por meio do sangue, mas também porque certas reações químicas que acontecem nele, entre elas, a formação da memória, também dependem da presença da água para acontecer. A água atua como agente oxidante na seguinte equação:

a. $2\ NaCl + H_2O \longrightarrow Na_2O + 2\ HCl$
b. $3\ H_2O + 2\ CO_2 \longrightarrow C_2H_6O + 3\ O_2$
c. $H_2O_2 + HNO_2 \longrightarrow HNO_3 + H_2O$
d. $2\ Na + 2\ H_2O \longrightarrow 2\ NaOH + H_2$

4. (Enem) Utensílios de uso cotidiano e ferramentas que contêm ferro em sua liga metálica tendem a sofrer processo corrosivo e enferrujar. A corrosão é um processo eletroquímico e, no caso do ferro, ocorre a precipitação do óxido de ferro(III) hidratado, substância marrom pouco solúvel, conhecida como ferrugem. Esse processo corrosivo é, de maneira geral, representado pela equação química:

$$4\ Fe(s) + 3\ O_2(g) + 2\ H_2O(l) \longrightarrow \underbrace{4\ Fe_2O_3 \cdot H_2O(s)}_{\text{Ferrugem}}$$

Uma forma de impedir o processo corrosivo nesses utensílios é

a. renovar sua superfície, polindo-a semanalmente.
b. evitar o contato do utensílio com o calor, isolando-o termicamente.
c. impermeabilizar a superfície, isolando-a de seu contato com o ar úmido.
d. esterilizar frequentemente os utensílios, impedindo a proliferação de bactérias.
e. guardar os utensílios em embalagens, isolando-os do contato com outros objetos.

5. (Uespi) O estanho é um metal caro que é conhecido desde a Antiguidade. Não é muito resistente ao impacto, mas é resistente à corrosão. Seu principal uso acontece na deposição eletrolítica, porém é utilizado também na produção de ligas metálicas, tais como o bronze (com cobre) e o peltre (com antimônio e cobre). O estanho ocorre principalmente como o mineral cassiterita, SnO_2, e é obtido pela reação com carbono a 1200 °C:

$$SnO_2(s) + C(s) \longrightarrow Sn(l) + CO_2(g)$$

Analisando esta reação, podemos afirmar que:

a. o SnO_2 é o agente redutor.
b. o carbono é o agente oxidante.
c. o Sn^{2+} sofre oxidação.
d. não há variação no número de oxidação do carbono.
e. 1 mol de SnO_2 recebe 4 mol de elétrons.

6. (PUC-RS) Vidros fotocromáticos são utilizados em óculos que escurecem as lentes com a luz solar. Esses vidros contêm nitrato de prata e nitrato de cobre I, que reagem conforme a equação:

$$Ag^+ + Cu^+ \underset{\text{sem luz}}{\overset{\text{com luz}}{\rightleftarrows}} Ag + Cu^{2+}$$

Em relação a essa reação, é correto afirmar que:

a. com luz a prata se oxida.
b. com luz o cobre se reduz.
c. com luz a prata é agente oxidante.
d. sem luz o cobre se oxida.
e. sem luz o cobre é agente redutor.

7. (PUC-SP) Dada a reação química balanceada, identifique a espécie que sofre redução, a espécie que sofre oxidação, o agente redutor e o agente oxidante e assinale a alternativa que apresenta a associação correta.

$$3\ Cu(s) + 8\ HNO_3(aq) \longrightarrow 3\ Cu(NO_3)_2(aq) + 2\ NO(g) + 4\ H_2O(l)$$

	sofre redução	sofre oxidação	agente redutor	agente oxidante
a.	HNO_3	Cu	HNO_3	Cu
b.	Cu	HNO_3	Cu	HNO_3
c.	Cu	HNO_3	HNO_3	Cu
d.	HNO_3	Cu	Cu	HNO_3

8. (Acafe-SC) A reação (não balanceada) dos íons permanganato com íons iodeto em meio alcalino pode ser representada por:

$$I^-(aq) + MnO_4^-(aq) + H_2O \longrightarrow I_2(aq) + MnO_2(s) + OH^-(aq)$$

Uma vez balanceada, a soma dos menores coeficientes estequiométricos inteiros dos reagentes é:

a. 12.   b. 6.   c. 4.   d. 25.

9. (UFV-MG) O acumulador de chumbo, uma das baterias mais utilizadas, principalmente para o fornecimento de energia em veículos automotores, opera no processo de descarga segundo a reação representada por:

$$Pb(s) + 2\ H_2SO_4(aq) + PbO_2(s) \longrightarrow 2\ PbSO_4(s) + 2\ H_2O(l)$$

Indique a afirmativa incorreta:
a. PbO_2 é o agente oxidante.
b. Chumbo metálico é oxidado a $PbSO_4$.
c. O ácido sulfúrico é o agente redutor.
d. A acidez da solução diminui.
e. O número de oxidação de chumbo no PbO_2 é igual a +4.

10. (UEG-GO) O escurecimento de talheres de prata pode ocorrer devido à presença de derivados de enxofre encontrados nos alimentos. A equação química de oxidação e redução que representa esse processo está descrita a seguir.

$$4\ Ag(s) + 2\ H_2S(g) + O_2(g) \longrightarrow 2\ Ag_2S(s) + 2\ H_2O(l)$$

Nesse processo, o agente redutor é
a. sulfeto de hidrogênio
b. oxigênio gasoso
c. sulfeto de prata
d. prata metálica
e. água

11. (PUC-MG) Para estudar o surgimento da ferrugem, um estudante utilizou cinco tubos de ensaios limpos e colocou, em cada um, um prego polido nas seguintes condições:

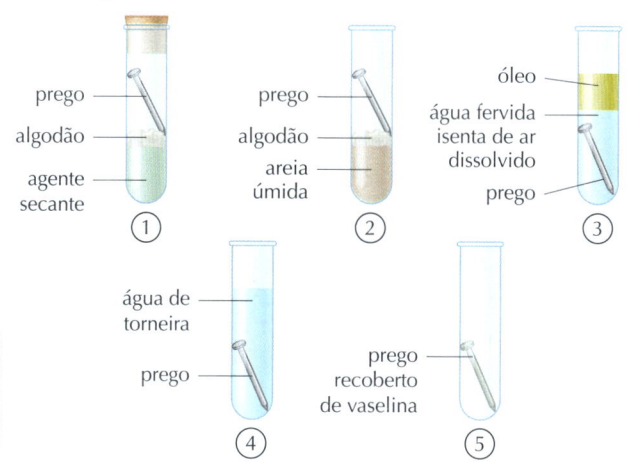

Tubo 1: o prego ficou em contato com o ar seco;
Tubo 2: o prego ficou em contato com ar úmido;
Tubo 3: o prego ficou em contato com água isenta de ar dissolvido;
Tubo 4: o prego ficou em contato com água e ar;
Tubo 5: o prego foi protegido por uma camada de vaselina.

Após alguns dias, o estudante observou a formação de ferrugem nos tubos de ensaio 2 e 4. Uma conclusão **correta**, proposta pelo estudante, com base apenas na experiência, é:
a. A ferrugem ocorre devido à oxidação do ferro pela areia e pela água.
b. A equação que representa à formação da ferrugem é

$$Fe(s) + \frac{1}{2}O_2(g) \longrightarrow FeO(s).$$

c. A ferrugem ocorre devido à oxidação do ferro pelo oxigênio do ar úmido.
d. A camada de vaselina reage com o oxigênio e a umidade protegendo o ferro.

12. (Fuvest-SP) O cientista e escritor Oliver Sacks, em seu livro *Tio Tungstênio*, nos conta a seguinte passagem de sua infância: "Ler sobre [Humpry] Davy e seus experimentos estimulou-me a fazer diversos outros experimentos eletroquímicos... Devolvi o brilho às colheres de prata de minha mãe colocando-as em um prato de alumínio com uma solução morna de bicarbonato de sódio [$NaHCO_3$]".

Pode-se compreender o experimento descrito, sabendo-se que:

- objetos de prata, quando expostos ao ar, enegrecem devido à formação de Ag_2O e Ag_2S (compostos iônicos).
- as espécies químicas Na^+, Al^{3+} e Ag^+ têm, nessa ordem, tendência crescente para receber elétrons.

Assim sendo, a reação de oxirredução, responsável pela devolução do brilho às colheres, pode ser representada por:

a. $3\ Ag^+ + Al^0 \longrightarrow 3\ Ag^0 + Al^{3+}$
b. $Al^{3+} + 3\ Ag^0 \longrightarrow Al^0 + 3\ Ag^+$
c. $Ag^0 + Na^+ \longrightarrow Ag^+ + Na^0$
d. $Al^0 + 3\ Na^+ \longrightarrow Al^{3+} + 3\ Na^0$
e. $3\ Na^0 + Al^{3+} \longrightarrow 3\ Na^+ + Al^0$

13. (PUC-SP) O dicromato de potássio ($K_2Cr_2O_7$) pode ser utilizado para a determinação do teor de carbono orgânico do solo. A reação não balanceada está representada a seguir:

$$Cr_2O_7^{2-} + CH_2O + H^+ \longrightarrow Cr^{3+} + CO_2 + H_2O$$

Sobre esse processo foram feitas algumas afirmações:
I. O ânion dicromato é o agente oxidante, possibilitando a oxidação da matéria orgânica a dióxido de carbono.
II. É necessário 0,5 L de solução aquosa de dicromato de concentração 0,20 mol · L^{-1} para oxidar completamente, em meio ácido, 4,50 g de matéria orgânica presente no solo.
III. Na reação para cada mol de dicromato ($Cr_2O_7^{2-}$) que reage são consumidos 8 mol de cátions H^+.

Sobre essas sentenças pode-se afirmar que
a. apenas a I é verdadeira.
b. apenas a II é verdadeira.
c. apenas a I e a III são verdadeiras.
d. apenas a II e a III são verdadeiras.
e. todas são verdadeiras.

14. (Cefet-MG) Para caracterizar o poder oxidante de Ag^+, Al^{3+}, Cu^{2+} e Pb^{2+}, cada um dos respectivos metais foi colocado em contato com uma solução aquosa de outro metal, sendo que os resultados obtidos foram descritos nas equações a seguir:

$Pb + Cu^{2+} \longrightarrow Pb^{2+} + Cu$
$2\ Al + 3\ Pb^{2+} \longrightarrow 2\ Al^{3+} + 3\ Pb$
$3\ Ag + Al^{3+} \longrightarrow$ não houve reação
$2\ Ag + Cu^{2+} \longrightarrow$ não houve reação

A sequência correta para a ordem crescente do poder oxidante desses cátions é

a. $Ag^+ < Cu^{2+} < Pb^{2+} < Al^{3+}$
b. $Al^{3+} < Pb^{2+} < Ag^+ < Cu^{2+}$
c. $Al^{3+} < Pb^{2+} < Cu^{2+} < Ag^+$
d. $Cu^{2+} < Ag^+ < Al^{3+} < Pb^{2+}$
e. $Pb^{2+} < Al^{3+} < Cu^{2+} < Ag^+$

15. (Fuvest-SP) Um método largamente aplicado para evitar a corrosão em estruturas de aço enterradas no solo, como tanques e dutos, é a proteção catódica com um metal de sacrifício. Esse método consiste em conectar a estrutura a ser protegida, por meio de um fio condutor, a uma barra de um metal diferente e mais facilmente oxidável, que, com o passar do tempo, vai sendo corroído até que seja necessária sua substituição.

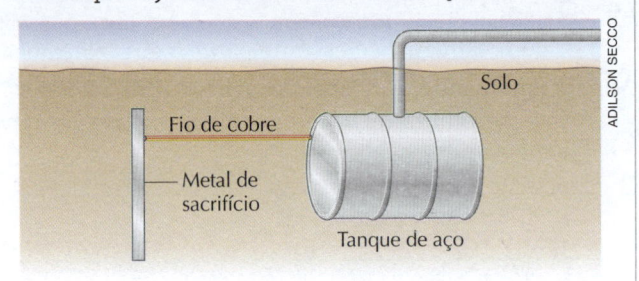

Burrows, et al. Chemistry, Oxford, 2009. Adaptado.

Um experimento para identificar quais metais podem ser utilizados como metal de sacrifício consiste na adição de um pedaço de metal a diferentes soluções contendo sais de outros metais, conforme ilustrado, e cujos resultados são mostrados na tabela. O símbolo (+) indica que foi observada uma reação química e o (–) indica que não se observou qualquer reação química.

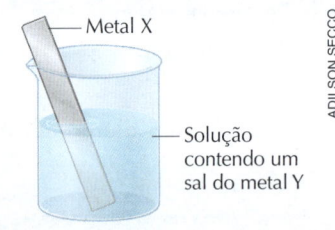

	Metal X			
Soluções	Estanho	Alumínio	Ferro	Zinco
$SnCO_2$	/////////	+	+	+
$AlCO_3$	–	/////////	–	–
$FeCO_3$	–	+	/////////	+
$ZnCO_2$	–	+	–	/////////

Da análise desses resultados, conclui-se que pode(m) ser utilizado(s) como metal(is) de sacrifício para tanques de aço:

a. Al e Zn.
b. somente Sn.
c. Al e Sn.
d. somente Al.
e. Sn e Zn.

16. (Unifesp) Um dos processos do ciclo natural do nitrogênio, responsável pela formação de cerca de 5% do total de compostos de nitrogênio solúveis em água, essencial para sua absorção pelos vegetais, é a sequência de reações químicas desencadeadas por descargas elétricas na atmosfera (raios), que leva à formação de NO_2 gasoso pela reação entre N_2 e O_2 presentes na atmosfera. A segunda etapa do processo envolve a reação do NO_2 com a água presente na atmosfera, na forma de gotículas, representada pela equação química:

$$x\,NO_2(g) + y\,H_2O(l) \longrightarrow z\,HNO_3(aq) + t\,NO(g)$$

a. O processo envolvido na formação de NO_2 a partir de N_2 é de oxidação ou de redução? Determine o número de mols de elétrons envolvidos quando 1 mol de N_2 reage.
b. Balanceie a equação química da segunda etapa do processo, de modo que os coeficientes estequiométricos x, y, z e t tenham os menores valores inteiros possíveis.

17. (EBM-SP) Os rótulos de alguns produtos de limpeza, a exemplo da água sanitária, trazem como advertência "não misturar com outros produtos". Por ser constituída por uma solução aquosa de hipoclorito de sódio, $NaClO(aq)$, a mistura da água sanitária com produtos à base de amônia, $NH_3(aq)$, leva a produção de hidrazina, N_2H_4, — uma substância química tóxica e corrosiva —, de acordo com a reação química representada de maneira simplificada pela equação.

$$NaClO(aq) + 2\,NH_3(aq) \longrightarrow N_2H_4(aq) + NaCl(aq) + H_2O(l)$$

Considerando-se as informações associadas aos conhecimentos de Química, é correto afirmar:

a. O agente redutor na reação química representada é o hipoclorito de sódio.
b. A amônia é uma substância química molecular na qual o nitrogênio apresenta seu menor número de oxidação.
c. A solução aquosa de amônia neutraliza a solução aquosa de hipoclorito de sódio que tem pH menor do que 7.
d. A hidrazina é um composto de caráter ácido, em solução aquosa, devido à presença de hidrogênio ionizável na molécula.
e. O estado de oxidação do cloro no ânion hipoclorito é menor do que o estado de oxidação desse elemento químico no íon cloreto.

18. (Aman-RJ) O cobre metálico pode ser oxidado por ácido nítrico diluído, produzindo água, monóxido de nitrogênio e um sal (composto iônico). A reação pode ser representada pela seguinte equação química (não balanceada):

$$Cu(s) + HNO_3(aq) \longrightarrow H_2O(l) + NO(g) + Cu(NO_3)_2(aq)$$

A soma dos coeficientes estequiométricos (menores números inteiros) da equação balanceada, o agente redutor da reação e o nome do composto iônico formado são, respectivamente,

a. 18; Cu; nitrato de cobre I.
b. 20; Cu; nitrato de cobre II.
c. 19; HNO_3; nitrito de cobre II.
d. 18; NO; nitrato de cobre II.
e. 20; Cu; nitrato de cobre I.

19. (Enem) A aplicação excessiva de fertilizantes nitrogenados na agricultura pode acarretar alterações no solo e na água pelo acúmulo de compostos nitrogenados, principalmente a forma mais oxidada, favorecendo a proliferação de algas e plantas aquáticas e alterando o ciclo do nitrogênio, representado no esquema. A espécie nitrogenada mais oxidada tem sua quantidade controlada por ação de microrganismos que promovem a reação de redução

O processo citado está representado na etapa

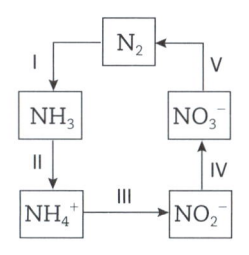

a. I.
b. II.
c. III.
d. IV.
e. V.

Diagrama: N_2 → NH_3 (I) → NH_4^+ (II) → NO_2^- (III) → NO_3^- (IV) → N_2 (V)

20. (UFRGS-RS) Postar fotos em redes sociais pode contribuir com o meio ambiente. As fotos digitais não utilizam mais os filmes tradicionais; no entanto os novos processos de revelação capturam as imagens e as colocam em papel de fotografia, de forma semelhante ao que ocorria com os antigos filmes. O papel é então revelado com os mesmos produtos químicos que eram utilizados anteriormente.

O quadro abaixo apresenta algumas substâncias que podem estar presentes em um processo de revelação fotográfica.

Substância	Fórmula
Brometo de prata	$AgBr$
Tiossulfato de sódio	$Na_2S_2O_3$
Sulfito de sódio	Na_2SO_3
Sulfato duplo de alumínio e potássio	$KAl(SO_4)_2$
Nitrato de prata	$AgNO_3$

Sobre essas substâncias, é correto afirmar que os átomos de

a. prata no $AgBr$ e no $AgNO_3$ estão em um mesmo estado de oxidação.
b. enxofre no $Na_2S_2O_3$ e no Na_2SO_3 estão em um mesmo estado de oxidação.
c. sódio no $Na_2S_2O_3$ estão em um estado mais oxidado que no Na_2SO_3.
d. enxofre no $Na_2S_2O_3$ estão em um estado mais oxidado que no Na_2SO_3.
e. oxigênio no $KAl(SO_4)_2$ estão em um estado mais oxidado que no $AgNO_3$.

21. (Unesp) O primeiro passo no metabolismo do etanol no organismo humano é a sua oxidação a acetaldeído pela enzima denominada álcool desidrogenase. A enzima aldeído desidrogenase, por sua vez, converte o acetaldeído em acetato.

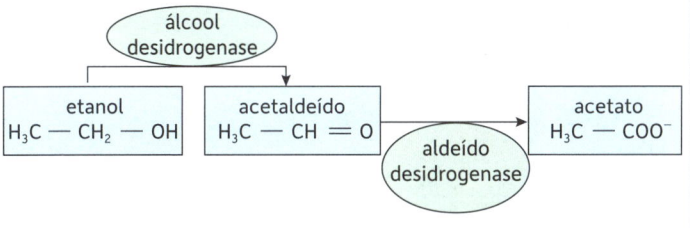

Esquema:
etanol H_3C-CH_2-OH —(álcool desidrogenase)→ acetaldeído $H_3C-CH=O$ —(aldeído desidrogenase)→ acetato H_3C-COO^-

(www.cisa.org.br. Adaptado.)

Os números de oxidação médios do elemento carbono no etanol, no acetaldeído e no íon acetato são, respectivamente,

a. +2, +1 e 0.
b. −2, −1 e 0.
c. −1, +1 e 0.
d. +2, +1 e −1.
e. −2, −2 e −1.

22. (Unicamp-SP) Na manhã de 11 de setembro de 2013, a Receita Federal apreendeu mais de 350 toneladas de vidro contaminado por chumbo no Porto de Navegantes (Santa Catarina). O importador informou que os contêineres estavam carregados com cacos, fragmentos e resíduos de vidro, o que é permitido pela legislação. Nos contêineres, o exportador declarou a carga corretamente – tubos de raios catódicos. O laudo técnico confirmou que a porcentagem em massa de chumbo era de 11,5%. A importação de material (sucata) que contém chumbo é proibida no Brasil.

a. O chumbo presente na carga apreendida estava na forma de óxido de chumbo II. Esse chumbo é recuperado como metal a partir do aquecimento do vidro a aproximadamente 800 °C na presença de carbono (carvão), processo semelhante ao da obtenção do ferro metálico em alto-forno. Considerando as informações fornecidas, escreva a equação química do processo de obtenção do chumbo metálico e identifique o agente oxidante e o redutor no processo.

b. Considerando que o destino do chumbo presente no vidro poderia ser o meio ambiente aqui no Brasil, qual seria, em mols, a quantidade de chumbo a ser recuperada para que isso não ocorresse?

(Ulbra-RS)

Instrução: Leia o fragmento abaixo e responda às questões 23 e 24.

No capítulo Fedores e Explosões, Oliver Sacks descreve o seguinte experimento:

"Fizemos juntos um vulcão com dicromato de amônio, ateando fogo em uma pirâmide de cristais alaranjados que se inflamou furiosamente, avermelhou-se e cuspiu uma chuva de centelhas para todo lado, inflando-se prodigiosamente, como um minivulcão em erupção."

23. O experimento descrito, conhecido como vulcão químico, pode ser representado pela seguinte equação química, não balanceada:

$$(NH_4)_2Cr_2O_7(s) \longrightarrow N_2(g) + Cr_2O_3(s) + H_2O(g)$$

Qual a massa aproximada do produto sólido formado, supondo um rendimento próximo de 100%, quando da utilização de 5 g de dicromato de amônio?

a. 1,0 g
b. 2,0 g
c. 3,0 g
d. 4,0 g
e. 5,0 g

24. A frase "O processo descrito é uma reação redox, pois o ____ sofre redução e o ____ sofre oxidação" fica correta, quando os espaços em branco são completados, respectivamente, pelas palavras:

a. hidrogênio; oxigênio.
b. cromo; hidrogênio.
c. oxigênio; cromo.
d. cromo; nitrogênio.
e. nitrogênio; cromo.

Mais questões: no livro digital, em **Vereda Digital Aprova Enem** e **Vereda Digital Suplemento de revisão e vestibulares**; no *site*, em **AprovaMax**.

CAPÍTULO 11

ÓXIDOS

Exemplos de minérios que contêm óxidos metálicos encontrados no Brasil.

ENEM
C7: H24, H26
C5: H17

Este capítulo vai ajudá-lo a compreender:

- o conceito de óxidos;
- o caráter ácido, alcalino ou neutro de óxidos importantes em nosso cotidiano;
- os óxidos relevantes em processos industriais e na poluição do ar;
- alguns óxidos relevantes no cotidiano.

Para situá-lo

Seria impossível imaginar nossa vida e nosso cotidiano sem a participação de óxidos. Mesmo antes de ter iniciado de modo mais detalhado o estudo desse tipo de substância, você provavelmente já teve contato com informações a respeito. Dióxido de carbono, monóxido de carbono, dióxido de enxofre, óxido de cálcio (presente na cal), óxido de ferro(III) (presente na hematita) são alguns exemplos de substâncias sobre as quais você já tem alguns conhecimentos.

Quase todos os metais e ligas metálicas são obtidos a partir de minérios. Após diversos processos que envolvem a separação dos materiais constituintes e transformações químicas, são obtidos os metais correspondentes. Muitos minérios contêm quantidades significativas de óxidos metálicos. É o caso, por exemplo, da bauxita – minério rico em óxido de alumínio (Al_2O_3) –, da pirolusita – minério rico em óxido de manganês(IV) (MnO_2) – e da hematita – minério rico em óxido de ferro(III) (Fe_2O_3).

O minério de ferro é a principal riqueza mineral brasileira. A importância do ferro e dos vários tipos de aço – ligas em que o ferro é o elemento predominante – explica sua relevância e inclusão entre os recursos econômicos gerados em nossa balança comercial pela exportação do minério de ferro.

Talvez você se pergunte: não seria melhor exportarmos aço, e não a matéria-prima essencial para obtê-lo? A verdade é que o Brasil vende a outros países o minério e importa uma parte do aço utilizado aqui, uma vez que a produção nacional não atende totalmente a demanda do país. Se as matérias-primas fossem processadas aqui, o Brasil poderia agregar maior valor aos produtos, tornando-os comercialmente mais lucrativos.

Local de extração de minério de ferro em Itabira (MG). Foto de 2014.

1. Detalhe o que sabe dos óxidos mencionados no texto, incluindo a informação sobre o caráter iônico ou molecular desses compostos; procure escrever as fórmulas de alguns deles. Se necessário, consulte a classificação periódica.

2. Na tabela a seguir, você pode observar os valores, em dólares estadunidenses (US$), e a massa, em milhares de toneladas, de minério de ferro exportado (não necessariamente apenas de hematita), de 2011 a 2013. Que aspectos chamam sua atenção?

Exportação brasileira de minério de ferro (2011-2013)	
10^6 toneladas	10^6 US$
2011	274,8	31,8
2012	275,4	23,8
2013	282,2	26

DNPM: DEPARTAMENTO NACIONAL DE PRODUÇÃO MINERAL. Sumário Mineral 2014. Brasília, 2014. Disponível em: <http://www.dnpm.gov.br/dnpm/sumarios/ferro-sumario-mineral-2014>. Acesso em: 16 maio 2018.

3. Com base no que estudou no capítulo anterior, você pode deduzir que o processo de obtenção do ferro, a partir do óxido de ferro(III), envolve reações de oxirredução. Nas siderúrgicas, o ferro iônico do óxido se transforma em metálico. O que tem de ocorrer em termos de elétrons para que isso aconteça? Esclareça usando uma semiequação.

Produção de aço em siderúrgica no Brasil. Foto de 2013.

Neste capítulo, vamos estudar a importância de diversos óxidos em processos industriais, como a produção de metais a partir de óxidos metálicos constituintes de minérios e alguns óxidos envolvidos com o agravamento da poluição atmosférica.

Introdução aos óxidos

O que são óxidos? Você já conhece exemplos de substâncias cujos nomes têm, como parte integrante, o termo **óxido** e é possível deduzir que esses compostos são binários – formados por dois elementos –, sendo um deles o oxigênio. Mas é preciso levar em consideração que esse conceito é válido apenas para compostos binários em que o oxigênio é o elemento mais eletronegativo.

Por essa razão, cabe lembrar que a substância que tem o oxigênio ligado ao flúor, o único elemento mais eletronegativo do que ele, não é considerada um óxido, e sim um fluoreto: OF_2, o fluoreto de oxigênio.

Diferentemente de grupos de compostos já estudados – como os ácidos e as bases –, **os óxidos não têm um conjunto de propriedades que os caracterizam como grupo de substâncias**. Assim, por exemplo, o óxido de bário (BaO) é um óxido iônico; já o dióxido de carbono (CO_2) é um óxido molecular.

De modo geral, quanto mais próximo do oxigênio na Tabela Periódica está o elemento ligado a ele, maior é o caráter molecular; quanto mais afastado, maior é o caráter iônico. Observe o esboço da Tabela Periódica, onde a posição do O está destacada:

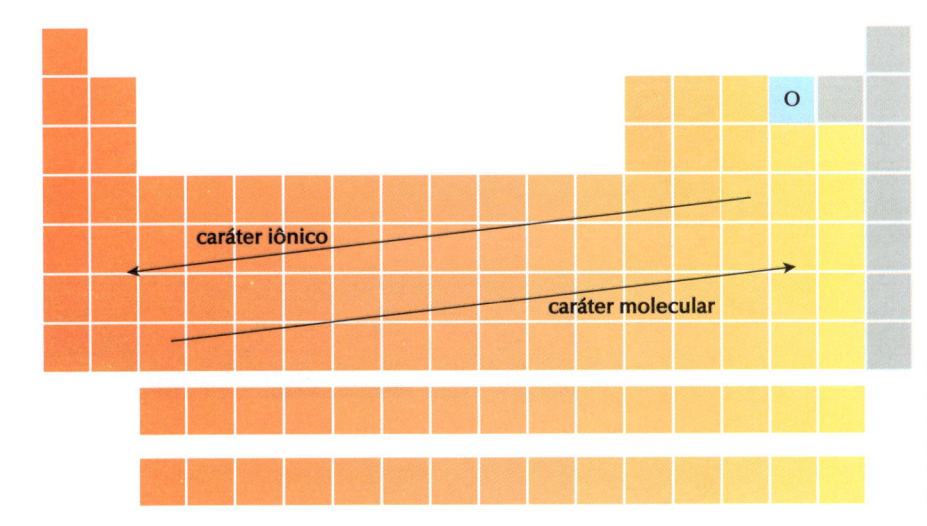

Os gases nobres foram excluídos do esquema porque apenas o xenônio (Xe), em condições especiais, forma óxido – o trióxido de xenônio (XeO_3). O flúor foi excluído porque o fluoreto de oxigênio (OF_2) não é um óxido.

Óxidos iônicos são sólidos que têm alta temperatura de fusão. O óxido de magnésio (MgO), por exemplo, funde a cerca de 2 800 °C; o óxido de alumínio (Al_2O_3), perto de 2 050 °C. No estado líquido, conduzem bem a corrente elétrica.

Óxidos moleculares, nas condições ambientes, podem ser:
- **gasosos:** dióxido de carbono (CO_2), monóxido de carbono (CO), monóxido de nitrogênio (NO), entre outros.
- **líquidos:** água (H_2O), peróxido de hidrogênio (H_2O_2), trióxido de enxofre (SO_3), entre outros.
- **sólidos:** pentóxido de difósforo (P_2O_5), dióxido de silício (sílica) (SiO_2), entre outros.

A areia é formada por dióxido de silício (SiO_2), um óxido molecular que é sólido.

Nomenclatura dos óxidos

Em termos gerais, os nomes dos óxidos de metais são formados do seguinte modo:

óxido de _____

Na_2O: óxido de sódio   ZnO: óxido de zinco
CaO: óxido de cálcio   MgO: óxido de magnésio

Essa forma simples de nomenclatura pode ser usada sempre que o elemento ligado ao oxigênio apresentar apenas um Nox, como no caso dos exemplos acima.

Se o metal apresentar mais de um Nox, este pode ser indicado por algarismo romano entre parênteses:

$\overset{+2}{Fe}O$: óxido de ferro(II) $\overset{+2}{Pb}O$: óxido de chumbo(II)

$\overset{+3}{Fe_2}O_3$: óxido de ferro(III) $\overset{+4}{Pb}O_2$: óxido de chumbo(IV)

No caso de **óxidos de não metais**, a nomenclatura mais comum segue a seguinte estrutura:

prefixo + óxido de _____
N_2O_5: **pent**óxido de **di**nitrogênio

prefixo + nome do elemento
CO_2: **di**óxido de (**mono**)carbono

Os prefixos – mono, di ou bi, tri, tetr(a), pent(a), hex(a), hept(a) etc. – referem-se ao número de átomos de um elemento na molécula. Esse último tipo de nomenclatura também é adotado para óxidos de metais. Por exemplo: PbO_2, dióxido de chumbo; MnO_2, dióxido de manganês.

> Vale destacar que muitos nomes antigos ainda são usados para designar óxidos. É o caso do emprego das terminações -oso (quando o número de oxidação do elemento ligado ao oxigênio é o mais baixo) e -ico (quando é o mais alto). Essa nomenclatura não representa dificuldade quando o elemento forma apenas dois óxidos. Por exemplo:
>
> $\overset{+2}{Fe}O$ – óxido ferroso $\overset{+2}{Cu}O$ – óxido cúprico
>
> $\overset{+3}{Fe_2}O_3$ – óxido férrico $\overset{+4}{S}O_2$ – óxido sulfuroso
>
> $\overset{+1}{Cu_2}O$ – óxido cuproso $\overset{+6}{S}O_3$ – óxido sulfúrico

Atividades

1. Localize na Tabela Periódica da página 103 os grupos em que se encontram os elementos que compõem estes quatro óxidos: óxido de ferro(III), Fe_2O_3; óxido de alumínio, Al_2O_3; óxido de manganês(IV), MnO_2, e óxido de cálcio, CaO.

2. Suponha que não houvesse informações sobre o estado físico nas condições ambientes desses quatro óxidos. Com base em sua resposta à questão 1 e no que você já sabe sobre ligações químicas, explique como seria possível deduzir qual é o estado físico desses óxidos nessas condições.

3. A coloração marrom-acinzentada no ar da cidade de São Paulo, visível na foto ao lado, é causada pelo dióxido de nitrogênio (NO_2). Outros poluentes do ar, como dióxido de enxofre (SO_2), monóxido de carbono (CO) e monóxido de nitrogênio (NO), também são óxidos gasosos, porém são incolores. Localize os grupos dos elementos constituintes desses óxidos na Tabela Periódica. Trata-se de óxidos iônicos ou moleculares?

A faixa marrom-acinzentada que recobre o horizonte de São Paulo e de outras metrópoles em certos períodos do ano é consequência da alta concentração de poluentes na atmosfera. Foto de 2015.

4. Considere o óxido de bário, o hidróxido de potássio, o dióxido de enxofre, o cloreto de hidrogênio e o carbonato de sódio. Quais conduzem corrente elétrica no estado líquido?

5. Nas condições ambientes, qual é o estado físico do BaO e do CO_2?

6. Escreva as fórmulas dos óxidos:
   a) tetróxido de dinitrogênio, usado como propelente de foguetes;
   b) pentóxido de difósforo, agente desidratante (que retira água de outras substâncias);
   c) trióxido de enxofre, uma das substâncias responsáveis pela chuva ácida.

7. Dê os nomes dos seguintes óxidos:
   a) N_2O, gás que pode se formar por decomposição de fertilizantes nitrogenados;
   b) SeO_2, usado como corante de vidro;
   c) SiO_2, óxido presente na areia.

Classificação dos óxidos

Um dos critérios de classificação dos óxidos é baseado em seu comportamento químico. Óxidos básicos, ácidos e neutros são alguns dos tipos de óxidos que vamos estudar, de acordo com esse critério.

Óxidos básicos

A cal é constituída principalmente de óxido de cálcio (CaO); trata-se de um óxido básico. Observe as equações que representam alguns comportamentos desse óxido:

$$CaO(s) + H_2O(l) \longrightarrow Ca(OH)_2(aq)$$
óxido de cálcio — água — hidróxido de cálcio

$$CaO(s) + 2\ HCl(aq) \longrightarrow CaCl_2(aq) + H_2O(l)$$
óxido de cálcio — ácido clorídrico — cloreto de cálcio — água

A cal é obtida por aquecimento do calcário ($CaCO_3$) em uma reação conhecida por calcinação:

$$CaCO_3(s) \xrightarrow{\Delta} CaO(s) + CO_2(g)$$
carbonato de cálcio — óxido de cálcio (cal virgem) — dióxido de carbono

Vale lembrar: Δ = aquecimento.

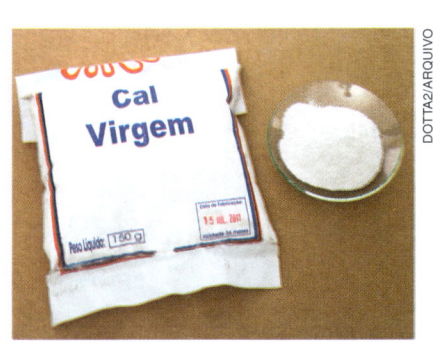

A reação de CaO – cal virgem ou viva – com água, empregada nas construções, produz $Ca(OH)_2$ – cal extinta, hidratada ou apagada. Nessa reação há liberação de calor. A cal tem uso também na agricultura, para a redução da acidez do solo.

Comercialmente, o CaO é chamado de cal virgem ou cal viva; o $Ca(OH)_2$, de cal hidratada, cal extinta ou cal apagada, e o $CaCO_3$, de calcário, também conhecido por calcita (principal componente do mármore).

> **Óxidos básicos** reagem com ácidos formando sal e água. Alguns deles reagem também com água formando bases, como o CaO.

A reação dos óxidos básicos com água só ocorre quando eles são derivados de bases fortes, ou seja, as que se dissolvem bem em água (correspondentes aos óxidos do grupo 1: Li_2O, Na_2O, K_2O, Rb_2O) e as parcialmente solúveis em água (caso do CaO, SrO, BaO). Os demais óxidos, como CuO, Ag_2O, MnO, praticamente não se dissolvem em água e não reagem com ela, embora reajam com ácidos:

$$Ag_2O(s) + H_2SO_4(aq) \longrightarrow Ag_2SO_4(aq) + H_2O(l) \quad | \quad Ag_2O(s) + H_2O(l) \not\longrightarrow \text{não ocorre}$$
óxido de prata — ácido sulfúrico — sulfato de prata — água | óxido de prata — água

$$CuO(s) + 2\ HCl(aq) \longrightarrow CuCl_2(aq) + H_2O(l) \quad | \quad CuO(s) + H_2O(l) \not\longrightarrow \text{não ocorre}$$
óxido de cobre(II) — ácido clorídrico — cloreto de cobre(II) — água | óxido de cobre(II) — água

Óxidos ácidos

São exemplos de óxidos ácidos: CO_2, SO_3, N_2O_5, Mn_2O_7. Todos são **moleculares**, sendo os três primeiros formados por não metais; o último também é molecular, apesar de metálico. Note que o número de oxidação do Mn é bem elevado: +7, e isso acontece com outros óxidos ácidos metálicos, como é o caso do CrO_3, no qual o Nox do Cr é +6.

Vale destacar que, para todo óxido ácido, há um ânion correspondente (e, portanto, um ácido) em que o elemento ligado ao O tem o mesmo Nox, e isso é uma boa referência para raciocinar sobre o comportamento químico de cada um deles. Observe os exemplos no quadro:

Ânion e ácido correspondente de alguns óxidos ácidos			
Óxido ácido	Nox do outro elemento	Ânion correspondente	Ácido correspondente
$\overset{+6}{S}O_3$ trióxido de enxofre	+6	$\overset{+6}{S}O_4^{2-}$ íon sulfato	$H_2\overset{+6}{S}O_4$ ácido sulfúrico
$\overset{+5}{N}_2O_5$ pentóxido de dinitrogênio	+5	$\overset{+5}{N}O_3^-$ íon nitrato	$H\overset{+5}{N}O_3$ ácido nítrico

A coincidência entre o Nox do elemento que constitui o óxido ácido e o que constitui o ácido pode ajudá-lo a entender a relação entre ambos.

> **Óxidos ácidos** são os que, ao reagirem com água, originam ácidos e, ao reagirem com bases, formam sal e água.

$$\overset{+6}{S}O_3(g) + H_2O(l) \longrightarrow H_2\overset{+6}{S}O_4(aq)$$

$$\overset{+6}{S}O_3(g) + 2\,NaOH(aq) \longrightarrow Na_2\overset{+6}{S}O_4(aq) + H_2O(l)$$

Nessas reações não há transferência de elétrons, ou seja, o número de oxidação do elemento ligado ao oxigênio é igual no ácido e no sal formado, especificamente em seu ânion.

O experimento apresentado nas imagens a seguir é usado para provar experimentalmente a presença de CO_2 (que é um gás inodoro e incolor). Costuma-se recolhê-lo em água de cal ou água de barita, respectivamente soluções aquosas de $Ca(OH)_2$ e $Ba(OH)_2$. Quando esses hidróxidos reagem com CO_2, formam-se carbonatos pouco solúveis: $CaCO_3$ ou $BaCO_3$.

$$\underset{\text{dióxido de carbono}}{CO_2(g)} + \underset{\text{hidróxido de cálcio}}{Ca(OH)_2(aq)} \longrightarrow \underset{\substack{\text{carbonato} \\ \text{de cálcio} \\ \text{(pouco solúvel)}}}{CaCO_3(s)} + \underset{\text{água}}{H_2O(l)}$$

A água de cal (solução incolor à esquerda) turva-se quando a assopramos, pois nela há uma base que reage com o $CO_2(g)$ de nossa expiração, formando $CaCO_3$, um sólido branco praticamente insolúvel em água (imagem à direita). A solução de $Ba(OH)_2$ é menos indicada para fazer o experimento porque tem o inconveniente de ser bastante tóxica devido à presença de íons Ba^{2+}, criando um problema para descartá-la.

Além da participação em processos naturais (veja o tópico seguinte), o CO_2 tem muitas outras utilidades, o que explica o fato de esse composto ser uma das 20 substâncias mais importantes produzidas pelas indústrias químicas. Sob pressão, por exemplo, é utilizado em refrigerantes e bebidas gaseificadas.

O gelo-seco é constituído de dióxido de carbono sólido, usado para manter eficientemente refrigerados sorvetes e outros alimentos e para obter café solúvel instantâneo.

O dióxido de carbono também é usado no combate a incêndios e na produção industrial de diversos materiais úteis em nosso cotidiano, como é o caso da ureia, importante componente de suplemento alimentar animal, fertilizante e matéria-prima para a produção de certos tipos de plástico.

Caráter ácido e básico de um óxido

O caráter básico de um óxido é tanto maior quanto maior for seu caráter iônico. Já o caráter ácido de um óxido é tanto maior quanto maior for seu caráter molecular, conforme a variação indicada na tabela da página 227. Os óxidos ácidos podem ser formados por não metais ou metais de alto valor de Nox, como MnO_3 e o Mn_2O_7.

O papel do dióxido de carbono no ambiente e na vida

O aumento da concentração de dióxido de carbono na atmosfera tem sido associado ao agravamento do efeito estufa pela maioria dos estudiosos das questões climáticas. No entanto, a vida não seria possível se ele não estivesse presente na atmosfera. O CO_2 produzido pela respiração dos seres vivos participa do processo de fotossíntese juntamente com o vapor de água, sendo transformado pelos vegetais verdes em carboidratos, como a glicose e o amido, por ação da energia solar:

Fotossíntese: $6\ CO_2(g) + 6\ H_2O(l) \xrightarrow{luz} \underset{\text{glicose}}{C_6H_{12}O_6(aq)} + 6\ O_2(g)$

Por meio da respiração é que todos os seres vivos obtêm a energia:

Respiração: $C_6H_{12}O_6(aq) + 6\ O_2(g) \longrightarrow 6\ CO_2(g) + 6\ H_2O(l)$

O carbono incorporado pelas células vegetais permite que seja produzida uma grande variedade de outras substâncias orgânicas (compostos que possuem uma estrutura constituída por átomos de carbono ligados entre si) que servem de alimento aos organismos vivos, como lipídios, proteínas e vitaminas.

Ao morrerem, as plantas e os animais têm os compostos de carbono que os constituem decompostos pela ação de microrganismos. Nesse processo há transformação dos compostos orgânicos em CO_2, que volta à atmosfera.

Há um equilíbrio dinâmico entre CO_2 atmosférico e os carbonatos presentes nos oceanos, nos lagos e nas rochas calcárias, que contêm $MgCO_3$ e $CaCO_3$.

A presença de CO_2 e de outros gases na atmosfera (como metano, CH_4, produzido, por exemplo, no processo de digestão de animais ruminantes e na decomposição de resíduos orgânicos) faz com que nela haja absorção de energia térmica. Isso contribui para que a atmosfera funcione como um "cobertor", impedindo a reflexão de parte da energia solar que atinge a superfície terrestre – que seria muito mais fria sem essa camada protetora. Esse efeito é conhecido como **efeito estufa**, em analogia com o que ocorre em estufas de vidro. A vida na Terra, tal como a conhecemos, seria inviável se não houvesse o efeito estufa.

Apesar de ser imprescindível em processos naturais, quando em excesso o CO_2 é um dos responsáveis por desequilíbrios ambientais. Em nossa civilização, a crescente demanda por energia – obtida principalmente por processos de combustão de petróleo, carvão e gás natural – vem provocando o aumento da concentração de CO_2 na atmosfera, que é associado à intensificação do efeito estufa.

No Brasil, as queimadas (e não a produção de energia) representam a maior causa do aumento da concentração de dióxido de carbono na atmosfera. Isso porque a maior parte de nossa energia é produzida em hidrelétricas, nas quais a passagem da água pelas turbinas gera energia mecânica, que é transformada em energia elétrica, diferentemente do que ocorre em países em que grande parte da energia é proveniente de termelétricas baseadas na queima de combustíveis fósseis – petróleo e carvão.

1. Parte da radiação solar que chega à Terra fica retida por ação da atmosfera (efeito estufa).

2. Parte da radiação solar volta ao espaço.

Representação simplificada do efeito estufa.
Fonte: Laboratório de Ecologia da Paisagem e Conservação – Universidade de São Paulo.

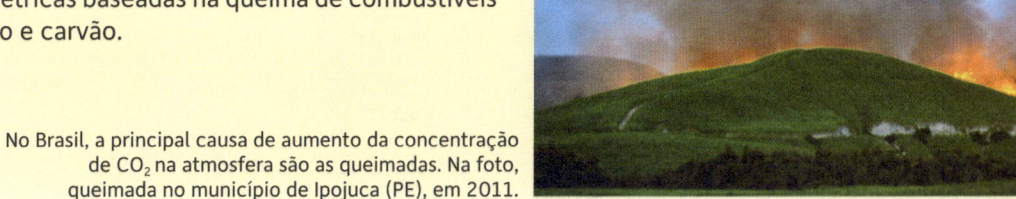

No Brasil, a principal causa de aumento da concentração de CO_2 na atmosfera são as queimadas. Na foto, queimada no município de Ipojuca (PE), em 2011.

Atividades

Se necessário, consulte a Tabela Periódica na página 103.

1. A combustão do potássio é uma reação perigosa que libera muito calor, formando óxido de potássio (K_2O). Quando se coloca o óxido de potássio em água contendo solução de fenolftaleína, observa-se o aparecimento de uma coloração rósea. Qual é o produto da reação que muda a cor da fenolftaleína? Equacione as reações mencionadas.

2. A combustão do magnésio metálico é uma reação associada a uma luz branca e intensa. Nela se forma um óxido que, quando colocado em água, forma uma substância que é um constituinte do leite de magnésia.
   a) Equacione a combustão do magnésio.
   b) Se o óxido formado for colocado em água com fenolftaleína, haverá uma mudança visível. Qual será? Equacione o processo que ocorre quando se coloca o óxido de magnésio em água.

QUESTÃO COMENTADA

3. (UFPB-PPS) Em viagens espaciais, o dióxido de carbono produzido pela respiração dos tripulantes precisa ser eliminado. Uma forma possível de eliminar o CO_2 é a partir da reação com o hidróxido de lítio, conforme equação a seguir:

$$2\,LiOH(s) + CO_2(g) \longrightarrow Li_2CO_3(s) + H_2O(l)$$

Nesse contexto, para a eliminação de 880 g de CO_2 produzidos diariamente por um astronauta, a quantidade necessária de hidróxido de lítio é: (massas atômicas: Li: 7; C: 12; O: 16)

a) 240 g   c) 480 g   e) 960 g
b) 440 g   d) 880 g

Sugestão de resolução

Sendo a massa molar do CO_2 44 g/mol, 880 g de CO_2 correspondem a 20 mol desse óxido.

Mas, segundo a equação, para cada mol de CO_2, são consumidos 2 mol de LiOH. Então, para eliminar 20 mol de CO_2, são necessários 40 mol de LiOH.

Como a massa molar do LiOH é 24 g/mol, 40 mol dessa base correspondem a 40 · 24 g = 960 g. Alternativa **e**.

4. Equacione os processos possíveis, indicando o ácido ou a base correspondente ao óxido:
   a) $BaO + H_3PO_4$;
   b) $CO_2 + KOH$.

5. Para que se possa ter uma ideia do papel do CO_2 como aquecedor da atmosfera, basta analisar a temperatura na superfície do planeta Vênus. Ela é sensivelmente maior do que a da superfície terrestre, atingindo até 482 °C; e maior também que a do planeta Mercúrio, o mais próximo ao Sol. Por quê? Analise os dados da tabela a seguir e tente responder.

Comparação de características de alguns planetas do Sistema Solar

Planeta	Distância média até o Sol (em milhões de km)	Atmosfera natural	Temperatura (°C)
Mercúrio	58	Praticamente inexistente. Não há CO_2.	Varia de −173 a 427.
Vênus	108	Muito densa em relação à da Terra. Contém aproximadamente 97%, em volume, de CO_2.	462 (média)
Terra	150	Rica em N_2 e O_2. Contém 0,03%, em volume, de CO_2.	Varia de −88 a 58.

Fontes: NASA Solar System Exploration. Disponível em: <http://solarsystem.nasa.gov/planets/>; O SISTEMA Solar. Centro de Divulgação da Astronomia da USP. Disponível em: <http://www.cdcc.usp.br/cda/aprendendo-basico/sistema-solar/>. Acessos em: 20 jun. 2018.

6. Explique a afirmação: Se a atmosfera da Terra não contivesse dióxido de carbono, a vida não seria possível. Se a concentração desse gás fosse muito mais alta, a vida também não seria possível.

7. Em alguns grandes centros urbanos há estações que monitoram o teor de monóxido de carbono (CO), de dióxido de enxofre (SO_2) e de outros poluentes presentes no ar; porém, não se faz o mesmo com relação ao CO_2. Por quê?

8. Quais os principais motivos da grande preocupação mundial com a concentração de dióxido de carbono na atmosfera?

9. Leia o texto e responda à questão a seguir:

> [...] queria contar a história de um átomo de carbono.
> Nosso personagem, pois, jaz há centenas de milhões de anos ligado a três átomos de oxigênio e a um de cálcio, sob a forma de rocha calcária: já possui uma longuíssima história cósmica atrás de si, mas vamos ignorá-la. Para ele o tempo não existe, [...]
> De fato, o carbono é um elemento singular: é o único que sabe ligar-se a si mesmo em longas cadeias estáveis sem grande dispêndio de energia, e para a vida na Terra (a única que até agora conhecemos) se necessita justamente de longas cadeias. Por isso, o carbono é o elemento-chave da substância viva: mas sua promoção, seu ingresso no mundo vivo não é cômodo, e ele deve seguir um caminho obrigatório, intrincado, clareado (e não ainda definitivamente) apenas nestes últimos anos. Se a conversão orgânica do carbono não se desenrolasse cotidianamente a nosso redor, na escala de bilhões de toneladas por semana, onde quer que aflore o verde de uma folha, caber-lhe-ia de pleno direito o nome de milagre. [...]
>
> LEVI, P. *A tabela periódica*. Rio de Janeiro: Relume-Dumará, 1994. p. 226-227.

O autor menciona a "conversão orgânica do carbono". O que isso significa? Qual é o papel da luz solar nessa conversão?

*Você pode resolver as questões: 1, 2, 4, 5; 7 a 10; 16 e 17 da seção **Testando seus conhecimentos**.*

Química: prática e reflexão

Uma das maneiras de combater um princípio de incêndio é usar um extintor de incêndio a dióxido de carbono ou gás carbônico. Vamos ver como produzir esse gás e usá-lo para apagar uma chama?

Atenção!

Tenha cuidado ao realizar este experimento!

Material necessário

- 1 garrafa PET com tampa
- 1 mangueira plástica de, aproximadamente, 20 cm de comprimento
- tesoura ou faca com ponta
- cerca de 50 g de bicarbonato de sódio, $NaHCO_3$ (adquirido em supermercados)
- 1 vela
- 1 caixa de fósforos
- 1 pires
- cerca de 100 mL de vinagre
- 1 colher (café)
- 1 funil (usado para coar café)
- balança (caso não seja possível, estimar a massa de bicarbonato de sódio pela embalagem)

Procedimento

1. Com a tesoura ou a faca, façam um orifício na lateral superior (próximo à boca) de uma garrafa PET. O orifício deve ter diâmetro compatível com a mangueira para que ela seja encaixada nessa abertura.
2. Coloquem aproximadamente 3 colheres (café) de bicarbonato de sódio sólido na garrafa.
3. Acendam uma vela e fixem-na no pires.
4. Usando o funil, adicionem aproximadamente 100 mL de vinagre na garrafa, tampando-a imediatamente.
5. Coloquem a extremidade livre da mangueira perto da chama da vela.
6. Observem e anotem o que ocorre.

Descarte do resíduo: O resíduo líquido do experimento pode ser descartado diretamente no ralo da pia.

Analisem suas observações

1. Equacionem a reação entre o ácido acético e o bicarbonato de sódio. Para facilitar, representem esse ácido por **H(H_3CCOO)**. **Nota**: na página 140 você encontra a fórmula estrutural do ácido acético e a explicação para o fato de ele ser um monoácido.
2. Qual é o produto dessa reação que combate a chama?
3. Para haver fogo, são necessários um combustível (material que se queima), um comburente (no caso do ar, o oxigênio) e calor. O conjunto desses três componentes é conhecido como **triângulo do fogo**. Qual desses componentes perde sua ação quando a chama é atingida pelo produto da reação que você executou? Por quê?
4. Pesquise:
   a) Quais são as maiores causas de incêndios e queimaduras acidentais na região em que você reside ou no país?
   b) Que cuidados se devem tomar para que esses acidentes sejam evitados?

Conexões

Química e ambiente – A chuva ácida

As frequentes notícias a respeito das chuvas ácidas, um dos problemas ambientais de nossa época, nos dão ideia da importância dessa questão.

A chuva ácida é responsável por danos à vegetação e à vida aquática, o que tem levado muitos países a fazer controles periódicos do teor de acidez de suas águas e a implementar medidas para impedir que a situação se agrave.

A água da chuva costuma ser levemente ácida, já que o CO_2, um óxido ácido, é um dos componentes do ar (mesmo do ar não poluído). No entanto, a expressão "chuva ácida" já era usada no século XIX, quando, com a crescente industrialização de algumas cidades, passou-se a lançar no ar gases que acentuavam a acidez natural da chuva.

O lançamento de grandes quantidades de SO_2 no ar afeta seriamente o meio ambiente. A chuva ácida, formada especialmente em consequência da presença do dióxido de enxofre no ar, corrói monumentos de mármore e estruturas metálicas, além de danificar o solo, prejudicando a fauna e a flora de ecossistemas terrestres e aquáticos.

Nas imagens, detalhes da fachada de um edifício do século XIX: a mais antiga, à esquerda e a de 2012, à direita. Elas evidenciam os efeitos da chuva ácida.

Entretanto, a produção de SO_2 e de outros gases responsáveis pela intensificação do caráter ácido da chuva – como os diversos óxidos de nitrogênio, NO_X, e o cloreto de hidrogênio, $HCl(g)$ – não é consequência apenas da intervenção humana. Há emissões naturais desses gases que contribuem para esse efeito, como as que ocorrem na erupção de vulcões.

1. Explique por que as chuvas ácidas destroem tanto estátuas de mármore (material rico em $CaCO_3$) como estátuas metálicas.

2. Como seria possível contornar o problema das chuvas ácidas? Faça sugestões que possam ser adotadas a curto prazo.

3. Por meio de alguns processos químicos, o SO_2, na presença de vapor de água, se converte em ácido sulfúrico. Ao analisarmos o que ocorre com o Nox do enxofre nesse processo, percebemos a falta de outro componente do ar capaz de justificar essa reação. Explique essa afirmação.

Óxidos neutros

Monóxido de carbono (CO), monóxido de nitrogênio ou óxido nítrico (NO) e monóxido de dinitrogênio ou óxido nitroso (N_2O) são exemplos de óxidos neutros.

Observe que eles são compostos moleculares, constituídos por não metais. Os não metais envolvidos apresentam, em geral, baixo Nox.

Óxidos neutros são aqueles que não reagem com água, ácidos ou bases. Antigamente eram chamados de indiferentes.

Será que o termo **indiferente** tem alguma lógica? Vejamos.

O monóxido de carbono (CO) é substância bastante frequente em seu curso de Ensino Médio, entre outras razões por ser um gás muito tóxico, que interrompe o processo respiratório, pois se liga mais fortemente à hemoglobina do sangue do que o oxigênio.

A capacidade de interagir com outras substâncias também é válida para os outros óxidos mencionados. O monóxido de nitrogênio (NO), por exemplo, é importante na memória de longo prazo, no aprendizado, na pressão sanguínea e na ereção masculina. A descoberta do mecanismo de ação desse gás foi o responsável pela fabricação de drogas usadas no tratamento da disfunção erétil. Além disso, é usado na defesa do organismo contra a ação de vírus.

Como você pode perceber, os óxidos neutros não são indiferentes.

Leia a seção *Conexões*, que trata de um dos usos do monóxido de dinitrogênio.

A hemoglobina e o óxido nítrico

Além da função de transportar o O_2 e o CO_2 dos pulmões às células dos vários tecidos e de trazê-los de volta aos pulmões, a hemoglobina tem ação mais ampla, identificada apenas há pouco mais de duas décadas: atua na distribuição de óxido nítrico (NO) no organismo, o gás responsável pela expansão e pela contração dos vasos sanguíneos.

Conexões

Química e Medicina – O gás hilariante: monóxido de dinitrogênio (N₂O)

Você é capaz de imaginar como seria nossa vida sem a descoberta da anestesia? Se um procedimento dentário mais doloroso ou uma simples sutura já representam certo sofrimento, imagine ser submetido a uma cirurgia de grande porte sem a ação de um anestésico.

A busca humana pelo alívio da dor é muito antiga, porém as experiências que levaram à anestesia tal como a conhecemos hoje se iniciaram em meados do século XIX, época em que foram feitas muitas descobertas importantes.

Leia um trecho extraído de matéria jornalística:

Hospitais usam "gás do riso" para aliviar dores do parto

Popularmente conhecido como "gás do riso", o óxido nitroso está ganhando espaço em hospitais dos Estados Unidos para aliviar as dores do parto.

[...]

HOSPITAIS usam "gás do riso" para aliviar dores no parto. *Bonde*. Portal de Notícias do Paraná, 28 jul. 2014. Disponível em: <http://www.bonde.com.br/?id_bonde=1-27--227-20140728>. Acesso em: 15 maio 2018.

O monóxido de dinitrogênio ou óxido nitroso (N_2O) é a mais antiga das substâncias anestésicas. Ficou conhecido como "gás hilariante" porque, em pequenas doses, tem leve efeito hipnótico e provoca sensação de euforia e riso. Esse gás foi usado pela primeira vez como anestésico pelo dentista Horace Wells (1815-1848) em 1844; ele comprovou esse efeito em si mesmo, quando teve um dente extraído sob efeito do óxido nitroso.

A descoberta dessa possibilidade de uso se deu por acaso, quando Wells assistia a uma apresentação circense em que uma pessoa que inalara esse gás, mesmo ferida em cena, não esboçou nenhum sinal de dor.

O gás havia sido descoberto em 1772 pelo inglês Joseph Priestley (1733-1804).

Monóxido de dinitrogênio – o óxido nitroso – sendo utilizado como anestésico em um procedimento médico.

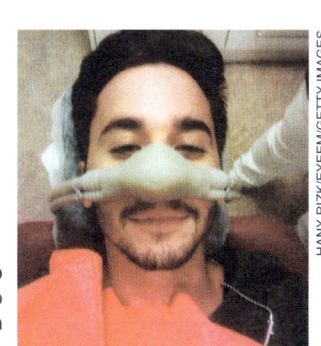

Peróxidos: um outro tipo de óxido

Fique atento aos seguintes exemplos de peróxidos:

H—Ö—Ö—H $[K^+]_2[:\ddot{O}-\ddot{O}:]^{2-}$ $Ba^{2+}[:\ddot{O}-\ddot{O}:]^{2-}$

peróxido de hidrogênio   peróxido de potássio   peróxido de bário

H—O—O—H $[K^+]_2(O-O)^{2-}$ $Ba^{2+}(O-O)^{2-}$

> **Peróxidos** são óxidos nos quais ocorre a ligação O — O.

Em consequência dessa ligação, ao contrário da maioria dos compostos oxigenados, o Nox do oxigênio é −1.

Excluído o peróxido de hidrogênio (H_2O_2), que é molecular, os demais peróxidos são iônicos e têm caráter básico, semelhante aos óxidos básicos. Por isso reagem com ácidos conforme a equação abaixo:

$$K_2O_2(s) + H_2SO_4(aq) \longrightarrow K_2SO_4(aq) + H_2O_2(aq)$$

peróxido de potássio   ácido sulfúrico   sulfato de potássio   peróxido de hidrogênio

O peróxido de hidrogênio (H_2O_2), um dos peróxidos mais usados em nosso dia a dia, é um composto molecular, líquido nas condições ambientes. Em solução aquosa, é comercializado sob o nome de água oxigenada.

Luz, bases ou catalisadores aceleram a decomposição desse peróxido:

$$H_2O_2(g) \longrightarrow H_2O(l) + \frac{1}{2}O_2(g)$$

peróxido de hidrogênio   água   oxigênio

Observações

- Os catalisadores são substâncias que aceleram uma reação sem alterar os produtos obtidos por meio dela. Os catalisadores de processos bioquímicos são chamados de enzimas. Entre os catalisadores da decomposição do peróxido de hidrogênio, destacam-se o dióxido de manganês, $MnO_2(s)$, e a catalase – enzima, isto é, um catalisador biológico, presente no sangue e nas batatas.

- A presença da catalase no sangue explica o grande uso que as soluções de água oxigenada tiveram na limpeza de ferimentos. Quando o sangue entra em contato com o peróxido de hidrogênio, o O_2 produzido mata as bactérias anaeróbias, isto é, as que não vivem em meio oxigenado. Atualmente, recomenda-se lavar bem o ferimento com muita água e sabão.

- No comércio, o peróxido de hidrogênio em solução aquosa – água oxigenada – é vendido com indicações do tipo: 10 volumes, 20 volumes. A indicação "x volumes" significa que, na pressão atmosférica ao nível do mar e a 0 °C, por decomposição de um volume dessa solução de água oxigenada, forma-se um volume x vezes maior de oxigênio gasoso. Ou seja: 1 mL de solução 10 volumes, por decomposição, produz 10 mL de $O_2(g)$ a 0 °C ao nível do mar; no caso de 20 volumes, o volume obtido será 20 vezes maior.

A catalase do sangue acelera a decomposição da água oxigenada gotejada sobre a carne; isso explica a grande quantidade de bolhas de gás oxigênio formadas em curto espaço de tempo

Atividades

1. Leia o texto abaixo e responda às questões.

Silicose

Entre alguns profissionais, como os que atuam em extração e beneficiamento de rochas, mineração, perfuração de poços, indústrias de cerâmica, de materiais de construção e muitas outras, é comum encontrar pessoas com problemas de saúde causados pela inalação de partículas de poeira, muitas vezes constituídas por óxidos, principalmente sílica – dióxido de silício (SiO_2). Sem as medidas de prevenção adequadas, esses trabalhadores podem ser vítimas de pneumoconioses, que, no caso da poeira contendo cristais de sílica, é chamada de **silicose**.

A exposição à poeira tem efeito cumulativo no organismo; por isso, se o trabalhador for submetido a essa condição por muito tempo, pode ter sua capacidade respiratória limitada.

A silicose começa com o englobamento das partículas de sílica por células de defesa do organismo, que são danificadas, provocando uma inflamação no local. Essa lesão pode causar a produção de óxido nítrico (NO) nessa região do corpo.

O processo fibrótico característico da silicose é resultado de uma interação complexa entre diferentes tipos de células. Depois de migrar para a área inflamada, células chamadas de fibroblastos secretam certos tipos de colágeno e outras proteínas que causam a redução da elasticidade dos pulmões e a perda de sua capacidade respiratória. Em consequência, há comprometimento cardíaco.

Atualmente, essa doença profissional, isto é, decorrente do trabalho, é irreversível e afeta principalmente os mineradores que trabalham em túneis e galerias. No Brasil, as vítimas de silicose têm direito a benefícios previdenciários. É importante salientar que, embora nas últimas décadas as legislações relativas à segurança no trabalho tenham sido ampliadas, a saúde de muitas pessoas que trabalham em atividades de mineração está comprometida.

Veja no quadro a seguir como é possível prevenir a silicose e o que prevê a lei no Brasil.

Como prevenir a silicose
É perfeitamente possível trabalhar sem ter que respirar sílica. Para isso as empresas devem:
• **Substituir** os materiais que têm sílica por outros (por exemplo, jateamento de areia pode ser substituído pelo jateamento com outros produtos ou água pura);
• **Umidificar** (molhar) a perfuração das rochas, torneamento, lixamento e outras operações a seco, impedindo que a poeira fique no ar;
• **Lavar ou limpar com aspirador**: não limpar piso, máquinas e bancadas com vassouras ou ar comprimido;
• **Instalar exaustores** para capturar a poeira no ponto em que ela se forma e impedir que o pó se espalhe pelo ar;
• **Separar** com paredes e vedações os locais que produzem poeira dos demais setores;
• **Isolar** a máquina ou aquela parte onde se produz poeira do resto do local de trabalho.

O que diz a lei
A Lei nº 1.670, de 1999, **proíbe o jateamento** com **areia** em qualquer material em todo o país.
A Portaria nº 43, de 11 de março de 2008, do Ministério do Trabalho e Emprego, **proíbe máquinas que cortam ou fazem acabamento de pedra a seco**. Todas devem ter água acoplada.
A Portaria nº 777, de 28 de abril de 2004, do Ministério da Saúde, exige que o médico notifique os casos de silicose e de câncer decorrentes do trabalho no SUS.
O trabalhador tem direito de ter o registro da Comunicação de Acidente de Trabalho (CAT) reconhecida como doença profissional (B91) no INSS.

Fonte: MINISTÉRIO da Saúde. Disponível em: <http://bvsms.saude.gov.br/bvs/folder/operacao_abaixo_poeira_silica.pdf>. Acesso em: 15 maio 2018.

a) Observe o gráfico a seguir.

Porcentagem de trabalhadores expostos à sílica em diversos setores econômicos

Fonte: MINISTÉRIO da Saúde. Disponível em: <http://bvsms.saude.gov.br/bvs/publicacoes/mapa_exposicao_silica_brasil.pdf>. Acesso em: 15 maio 2018.

Segundo o gráfico, entre 1985 e 2007, houve mudanças significativas na porcentagem de trabalhadores expostos à sílica no Brasil? Explique.

b) Explique a relação entre a mineração e a silicose.

c) Por que é importante que os médicos notifiquem ao SUS os casos de silicose?

d) Em sua opinião, empresas que não protegem a saúde de seus trabalhadores devem ser punidas? Como os profissionais, vítimas desse problema, devem ser "compensados"?

2. Após uma explosão na cozinha de um *shopping*, o engenheiro da empresa responsável pela distribuição do gás canalizado na cidade deu algumas instruções à população para evitar outros acidentes do mesmo tipo. Algumas delas foram:

"Deve-se ficar atento à cor da chama dos fogões e aquecedores e verificar se não há acúmulo de fuligem nos queimadores e nas chaminés. A maioria dos acidentes acontece pelo excesso de monóxido de carbono, que não pode ser notado porque não tem cheiro. O enxofre misturado ao gás faz do nariz o melhor instrumento de segurança".

Leia agora algumas informações sobre o gás natural, o principal componente do combustível distribuído por essa empresa:

O gás natural é uma mistura gasosa, incolor e sem cheiro. O componente predominante dessa mistura gasosa é o metano (CH_4). Para evitar que um vazamento passe despercebido, adicionam-se a ele compostos que têm cheiro intenso (as mercaptanas), constituídos de C, H, S. Quando o gás natural queima na presença de quantidade relativamente grande de O_2, dizemos que a **combustão é completa**, originando, exclusivamente, dióxido de carbono (CO_2) e água (H_2O); a chama produzida nessa queima é **azul**. Se o oxigênio não estiver presente em quantidade suficiente, poderão formar-se simultaneamente dois outros produtos no lugar do CO_2: monóxido de carbono (CO) e fuligem (carbono finamente dividido), e a chama fica amarelada. Nesses dois últimos tipos de reação, ocorrem **combustões incompletas**.

Agora faça o que se pede:

a) Equacione as três reações mencionadas. Atenção: são duas as reações de combustão incompleta: a que origina CO e a que forma fuligem.
b) Compare as quantidades de oxigênio necessárias nos três processos equacionados.
c) Qual é a cor da chama que produz fuligem?
d) Por que a chama azul é um indicador de segurança ao usuário?
e) Por que o engenheiro recomendou que se deve observar a cor da chama e se há acúmulo de fuligem?
f) Dado que o enxofre é um sólido pouco volátil, nas recomendações do representante da empresa há uma imprecisão química. Explique-a.
g) Considerando que o gás natural é bem menos denso do que o ar, se você estiver em um ambiente em que houve um vazamento relativamente grande desse gás, seria melhor procurar a saída se arrastando pelo chão ou andando normalmente?
h) Na tira abaixo, que produto de combustão fica evidente quando se observa o personagem Bidu?

3. Leia o texto abaixo e responda às questões a seguir.

O laboratório e seu sabor de aventura

"[...] Nosso objetivo era ver com nossos olhos, provocar com nossas mãos pelo menos um dos fenômenos que se encontravam descritos com tanta desenvoltura em nosso livro de química. Podia-se, por exemplo, preparar o óxido de nitrogênio, que [...] era ainda descrito com o termo pouco apropriado e pouco sério de gás hilariante. Faria mesmo rir?

O óxido de nitrogênio se prepara aquecendo cuidadosamente o nitrato de amônio. Este último, no laboratório, não havia: havia, porém, amoníaco e ácido nítrico. Misturamo-los, incapazes de fazer cálculos prévios, até conseguir uma reação neutra ao tornassol, de sorte que a mistura se aqueceu fortemente e emitiu abundante fumaça branca; logo decidimos fervê-la para eliminar a água. O laboratório foi tomado rapidamente por uma névoa irrespirável, que não tinha nada de hilariante; interrompemos a tentativa, por fortuna nossa, porque não sabíamos o que pode acontecer se se aquece este sal explosivo sem o devido cuidado. [...]"

LEVI, P. *A tabela periódica*. Rio de Janeiro: Relume-Dumará, 1994. p. 31-32.

a) Qual era o objetivo do uso do monóxido de dinitrogênio pelos personagens?
b) No texto, como foi obtido o nitrato de amônio? Equacione a reação.
c) A frase "Misturamo-los, incapazes de fazer cálculos prévios" é indicativa de que faltava aos personagens um tipo particular de conhecimento. Explique.
d) Por que eles queriam aquecer o sal?

4. Escreva a equação de decomposição do nitrato de amônio gerando o gás hilariante, N_2O, um dos óxidos de nitrogênio.

Resgatando o que foi visto

Nesta unidade você estudou vários grupos de substâncias (ácidos, bases, sais e óxidos). Também aprendeu sobre vários tipos de reações químicas e pôde analisar os aspectos quantitativos que envolvem as reações químicas. Retome as questões que constam da abertura da unidade, bem como as que fazem parte do *Para situá-lo* de cada capítulo. Você é capaz de respondê-las agora com mais facilidade do que ao início do estudo?

Testando seus conhecimentos

Caso necessário, consulte as tabelas no final desta Parte.

1. (UPE/SSA)

Chuva ácida faz com que rios da costa leste dos EUA fiquem alcalinos

Dois terços dos rios na costa leste dos Estados Unidos registram níveis crescentes de alcalinidade, com o que suas águas se tornam cada vez mais perigosas para a rega de plantios e a vida aquática, informaram cientistas esta segunda-feira.

Fonte: Portal G1 Notícias, em 26/08/2013

O aumento da alcalinidade ocorre porque

a. a chuva ácida, ao cair nos rios, deixa o meio mais alcalino.

b. a chuva ácida pode corroer rochas ricas em óxidos básicos e sais de hidrólise básica e deixar o meio mais alcalino.

c. a chuva ácida pode corroer rochas ricas em óxidos ácidos e sais de hidrólise ácida e deixar o meio mais alcalino.

d. a chuva ácida pode corroer a vegetação, arrastar matéria orgânica e deixar o meio mais alcalino.

e. o aumento da alcalinidade não se deve à ação da chuva ácida, sendo um processo natural de modificação do meio.

2. (Enem) Em um experimento, colocou-se água até a metade da capacidade de um frasco de vidro e, em seguida, adicionaram-se três gotas de solução alcoólica de fenolftaleína. Adicionou-se bicarbonato de sódio comercial, em pequenas quantidades, até que a solução se tornasse rosa. Dentro do frasco, acendeu-se um palito de fósforo, o qual foi apagado assim que a cabeça terminou de queimar. Imediatamente, o frasco foi tampado. Em seguida, agitou-se o frasco tampado e observou-se o desaparecimento da cor rosa.

MATEUS. A. L. *Química na cabeça.* Belo Horizonte. UFMG, 2001 (adaptado)

A explicação para o desaparecimento da cor rosa é que, com a combustão do palito de fósforo, ocorreu o(a)

a. formação de óxidos de caráter ácido.

b. evaporação do indicador fenolftaleína.

c. vaporização de parte da água do frasco.

d. vaporização dos gases de caráter alcalino.

e. aumento do pH da solução no interior do frasco.

3. (Aman-RJ) Conversores catalíticos (catalisadores) de automóveis são utilizados para reduzir a emissão de poluentes tóxicos. Poluentes de elevada toxicidade são convertidos a compostos menos tóxicos. Nesses conversores, os gases resultantes da combustão no motor e o ar passam por substâncias catalisadoras. Essas substâncias aceleram, por exemplo, a conversão de monóxido de carbono (CO) em dióxido de carbono (CO_2) e a decomposição de óxidos de nitrogênio como o NO, N_2O e o NO_2 (denominados NO_x) em gás nitrogênio (N_2) e gás oxigênio (O_2). Referente às substâncias citadas no texto e às características de catalisadores, são feitas as seguintes afirmativas:

I. a decomposição catalítica de óxidos de nitrogênio produzindo o gás oxigênio e o gás nitrogênio é classificada como uma reação de oxirredução;

II. o CO_2 é um óxido ácido que, ao reagir com água, forma o ácido carbônico;

III. catalisadores são substâncias que iniciam as reações químicas que seriam impossíveis sem eles, aumentando a velocidade e também a energia de ativação da reação;

IV. o CO é um óxido básico que, ao reagir com água, forma uma base;

V. a molécula do gás carbônico (CO_2) apresenta geometria espacial angular.

Das afirmativas feitas estão corretas apenas a

a. I e II.
b. II e V.
c. III e IV.
d. I, III e V.
e. II, IV e V.

* Nota dos autores: Apesar de desconhecer alguns termos usados no enunciado, você tem conhecimentos que permitem responder à questão.

4. (PUC-SP) Um óxido básico é um óxido iônico que reage com água tendo um hidróxido como produto.

São óxidos básicos todas as seguintes substâncias:

a. CO_2, SO_3, TiO_2.
b. CaO, Na_2O, K_2O.
c. $CaSO_4$, MgO, CO.
d. Li_2O, $Mg(OH)_2$, SiO_2.
e. KNO_3, CaO, $BaSO_4$.

5. (Enem) Os tubos de PVC, material organoclorado sintético, são normalmente utilizados como encanamento na construção civil. Ao final da sua vida útil, uma das formas de descarte desses tubos pode ser a incineração. Nesse processo libera-se HCl(g), cloreto de hidrogênio, dentre outras substâncias. Assim, é necessário um tratamento para evitar o problema da emissão desse poluente.

Entre as alternativas possíveis para o tratamento, é apropriado canalizar e borbulhar os gases provenientes da incineração em

a. água dura.
b. água de cal.
c. água salobra.
d. água destilada.
e. água desmineralizada.

6. (Enem) Há milhares de anos o homem faz uso da biotecnologia para a produção de alimentos como pães, cervejas e vinhos. Na fabricação de pães, por exemplo, são usados fungos unicelulares, chamados de leveduras, que são comercializados como fermento biológico. Eles são usados para promover o crescimento da massa, deixando-a leve e macia.

O crescimento da massa do pão pelo processo citado é resultante da

a. liberação de gás carbônico.
b. formação de ácido lático.
c. formação de água.
d. produção de ATP.
e. liberação de calor.

7. (Uece) Relacione corretamente os termos apresentados a seguir com suas características ou definições, numerando a coluna II de acordo com a coluna I.

Coluna I	Coluna II
1. Óxido básico	( ) Contém dois tipos de cátions diferentes de H^+.
2. Reação de análise	( ) Processo que envolve ácidos em solução aquosa.
3. Sal duplo	( ) Ocorre em uma reação ácido-base.
4. pH	( ) Um só reagente dá origem a dois ou mais produtos.
5. Neutralização	( ) Reage com a água produzindo uma base.
6. Ionização	( ) Medida da concentração de H_3O^+.

A sequência correta, de cima para baixo, é:

a. 1, 6, 2, 5, 3, 4.
b. 3, 4, 6, 2, 1, 5.
c. 3, 6, 5, 2, 1, 4.
d. 1, 5, 6, 4, 3, 2.

8. (PUC-PR) Sobre o lítio e seus compostos, é **correto** afirmar que:

a. Um átomo de lítio apresenta massa igual a 7 g.
b. Os halogenetos de lítio, quando estão no estado sólido, são ótimos condutores de eletricidade.
c. Trata-se de um metal alcalino que se combina com átomos de cloro por meio de ligações iônicas, formando um composto de fórmula LiCl.
d. O óxido de lítio é um composto molecular de fórmula Li_2O.
e. O lítio é um metal pouco reativo, não apresentando tendência em reagir com a água.

9. (UFRN) Os fertilizantes químicos mistos são utilizados para aumentar a produtividade agrícola. Eles são, basicamente, uma composição de três elementos químicos — nitrogênio, fósforo e potássio — denominada NPK. A proporção de cada elemento varia de acordo com a aplicação. A fórmula NPK é utilizada para indicar os percentuais de nitrogênio em sua fórmula elementar, de fósforo na forma de pentóxido de fósforo (P_2O_5) e de potássio sob a forma de óxido de potássio (K_2O).

Para diminuir a acidez de um solo, pode-se utilizar um NPK que possua uma maior quantidade de:

a. K_2O, por ser um óxido ácido.
b. K_2O, por ser um óxido básico.
c. P_2O_5, por ser um óxido básico.
d. P_2O_5, por ser um óxido ácido.

10. (Fuvest-SP) No seguinte trecho (adaptado) de uma peça teatral de C. Djerassi e R. Hoffmann, as esposas de três químicos do século XVIII conversam sobre o experimento feito com uma mistura de gases.

> "SENHORA POHL – Uma vez o farmacêutico Scheele estava borbulhando [a mistura gasosa] através de uma espécie de água.
> MADAME LAVOISIER – Deve ter sido água de cal.
> SENHORA PRIESTLEY – A água ficou turva, não ficou?
> MADAME LAVOISIER – É o mesmo gás que expiramos... o gás que removemos com a passagem através da água de cal.
> SENHORA POHL – Depois ele me pediu que colocasse no gás remanescente um graveto já apagado, apenas em brasa numa das extremidades. Já estava escurecendo.
> SENHORA PRIESTLEY – E o graveto inflamou-se com uma chama brilhante... e permaneceu aceso!"

Empregando símbolos e fórmulas atuais, podem-se representar os referidos componentes da mistura gasosa por:

a. CO_2 e O_2.
b. CO_2 e H_2.
c. N_2 e O_2.
d. N_2 e H_2.
e. CO e O_2.

11. (PUC-PR) A emissão de óxidos ácidos para a atmosfera vem crescendo cada vez mais nas últimas décadas. Eles podem ser emitidos através de fontes naturais, tais como a respiração vegetal e animal, erupções vulcânicas e decomposição de restos vegetais e animais. No entanto, o fator agravante é que alguns óxidos ácidos são liberados também na combustão de combustíveis fósseis, como os derivados do petróleo (gasolina, óleo diesel etc.).

FOGAÇA, J. Óxidos e chuva ácida. Brasil Escola. Disponível em: <http://brasilescola.uol.com.br/quimica/Oxidos-chuva-Acida.htm>. Acesso em 20 de fevereiro de 2018.

Sobre óxidos ácidos e suas implicações ambientais, é **correto** afirmar que:

a. o gás carbônico (CO_2) e o monóxido de carbono (CO) são exemplos de óxidos que reagem com a água, formando ácidos.
b. óxidos ácidos são substâncias moleculares, formadas, principalmente, pelo enxofre e pelo nitrogênio e que, ao entrarem em contato com a água, reagem formando ácidos, por exemplo, sulfuroso, sulfúrico, nítrico e nitroso.
c. óxidos ácidos são substâncias iônicas, formadas pela ligação de metais (principalmente alcalinos e alcalinos terrosos) com o oxigênio.
d. o trióxido de enxofre neutraliza o hidróxido de sódio na proporção molar de 1 : 1.
e. a chuva ácida é a responsável direta pelo fenômeno conhecido como efeito estufa, cujo agravamento eleva as temperaturas médias de nosso planeta.

12. (Fuvest-SP) Observe a imagem, que apresenta uma situação de intensa poluição do ar que danifica veículos, edifícios, monumentos, vegetação e acarreta transtornos ainda maiores para a população. Trata-se de chuvas com poluentes ácidos ou corrosivos produzidos por reações químicas na atmosfera.

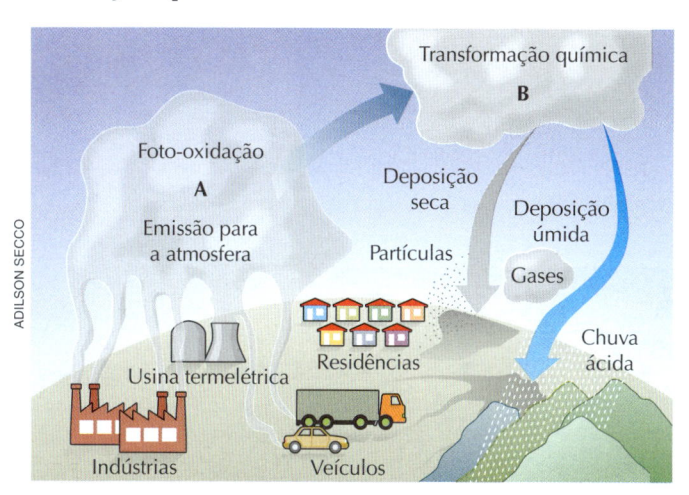

Com base na figura e em seus conhecimentos,
a. identifique, em A, dois óxidos que se destacam e, em B, os ácidos que geram a chuva ácida, originados na transformação química desses óxidos.
b. explique duas medidas adotadas pelo poder público para minimizar o problema da poluição atmosférica na cidade de São Paulo.

13. (Unicamp-SP) Uma das alternativas para o tratamento de lixo sólido consiste na tecnologia de reciclagem quaternária, em que o lixo sólido não perecível é queimado em usinas específicas. Nessas usinas, os resíduos oriundos da queima são retidos e não são emitidos diretamente para o meio ambiente. Um dos sistemas para retenção da parte gasosa dos resíduos apresenta um filtro que contém uma das seguintes substâncias: Na_2CO_3, $NaOH$, CaO ou $CaCO_3$.
    a. Considere a seguinte afirmação: essa tecnologia apresenta dupla vantagem porque, além de resolver o problema de ocupação do espaço, também gera energia. Responda, inicialmente, se concorda totalmente, concorda parcialmente ou se discorda totalmente dessa afirmação e, em seguida, justifique sua escolha.
    b. Durante a queima que ocorre no tratamento do lixo, os seguintes gases podem ser liberados: NO_2, SO_2 e CO_2. Escolha um desses gases e indique um filtro adequado para absorvê-lo, dentre as quatro possibilidades apresentadas no enunciado. Justifique sua escolha utilizando uma equação química.

14. (Uerj) A chuva ácida é um tipo de poluição causada por contaminantes gerados em processos industriais que, na atmosfera, reagem com o vapor d'água.
    Dentre os contaminantes produzidos em uma região industrial, coletaram-se os óxidos SO_3, CO, Na_2O e MgO. Nessa região, a chuva ácida pode ser acarretada pelo seguinte óxido:
    a. SO_3
    b. CO
    c. Na_2O
    d. MgO

15. (UEM-PR) Assinale o que for correto.
    01. As fórmulas dos óxidos de ferro III e de ferro II são Fe_2O_3 e FeO, respectivamente.
    02. O BaO é um óxido, e o BaO_2 é um peróxido.
    04. O CaO não é extraído diretamente da natureza; ele é produzido a partir da decomposição térmica do calcário, cuja fórmula é $CaCO_3$.
    08. No dióxido de enxofre, existem apenas ligações covalentes polares.
    16. O monóxido de manganês é um óxido ácido, e o trióxido de manganês é um óxido básico.

Leia o texto para responder à questão 16.

"Houston, we have a problem". Ao enviar essa mensagem, em 13 de abril de 1970, o comandante da missão espacial Apollo 13 sabia que sua vida e as dos dois companheiros estavam por um fio. Um dos tanques de oxigênio (O_2) tinha acabado de explodir. Apesar do perigo iminente dos astronautas ficarem sem O_2 para respirar, a principal preocupação da NASA era evitar que a atmosfera da espaçonave ficasse saturada do gás carbônico (CO_2), exalado pela própria equipe. Isso causaria diminuição do pH do sangue da tripulação (acidemia sanguínea), já que o CO_2 é um óxido ácido e, em água, ele forma ácido carbônico: $CO_2(g) + H_2O(l) \longrightarrow H_2CO_3(aq)$. A acidemia sanguínea deve ser evitada a qualquer custo. Inicialmente, ela leva a pessoa a ficar desorientada e a desmaiar, podendo evoluir até o coma ou mesmo a morte. Normalmente, a presença de CO_2 na atmosfera da nave não é problema, pois existem recipientes, adaptados a ventilação com hidróxido de lítio (LiOH), uma base capaz de absorver esse gás. Nada quimicamente mais sensato: remover um óxido ácido lançando mão de uma base, através de uma reação de neutralização.
(Adaptado de <http://tinyurl.com/heb78gk>. Acesso em: 10 mar. 2016.)

16. (Fatec-SP) A equação química que representa a reação que ocorre entre o óxido ácido e a base, mencionados no texto, é
    a. $CO + LiOH \longrightarrow LiC + H_2O$.
    b. $CO + H_2CO_3 \longrightarrow C_2CO_3 + H_2O$.
    c. $H_2CO_3 + 2 LiOH \longrightarrow Li_2CO_3 + H_2O$.
    d. $CO_2 + 2 LiOH \longrightarrow Li_2CO_3 + H_2O$.
    e. $CO_2 + LiOH \longrightarrow Li CO_3 + H_2O$.

17. (UFPA) Um dos parâmetros utilizados para avaliar a qualidade de um carvão é o "índice de alcalinidade" de suas cinzas. A alternativa que apresenta dois dos óxidos responsáveis por esta propriedade é a
    a. Fe_2O_3 e BaO.
    b. Mn_3O_4 e CaO.
    c. K_2O e TiO_2.
    d. K_2O e Na_2O.
    e. P_2O_5 e MgO.

Mais questões: no livro digital, em **Vereda Digital Aprova Enem** e **Vereda Digital Suplemento de revisão e vestibulares**; no *site*, em **AprovaMax**.

UNIDADE 4
ESTADO GASOSO

Capítulo 12
Gases: importância e propriedades gerais, 244

Nesta unidade, vamos estudar o estado gasoso, levando em conta quatro séculos de conhecimentos acumulados sobre leis físicas que explicam o comportamento de uma amostra gasosa e que permitiram desenvolver tecnologias que fazem parte de nossa vida. Também veremos as implicações desses e de outros estudos relativos a reações envolvendo substâncias gasosas que foram determinantes para compreender e elaborar teorias que estruturaram a Química como ciência.

- Por que se usa hélio em vez de ar em balões como os de monitoramento meteorológico e de segurança?
- O que ocorre com um gás quando é comprimido a temperatura constante? O que acontece com as moléculas que o constituem?

Locomotiva movida por máquina a vapor, em São João del-Rei (MG). A máquina a vapor, uma das mais importantes invenções humanas, responsável pela mecanização progressiva de uma série de tarefas ao longo do século XVIII, foi criada em 1777 pelo inglês James Watt (1736-1819).

CAPÍTULO 12

GASES: IMPORTÂNCIA E PROPRIEDADES GERAIS

Ponte sustentada por balões de gás hélio. Instalação do artista francês Olivier Grossetête, que fez parte da mostra Tatton Park Biennal, em Londres (Inglaterra), em 2012.

ENEM
C1: H2
C5: H17 e H18

Este capítulo vai ajudá-lo a compreender:
- a importância dos gases no cotidiano e nos conhecimentos sobre a estrutura da matéria;
- o princípio de Avogadro;
- as transformações gasosas;
- a equação de estado de um gás;
- as misturas gasosas e o conceito de pressão parcial;
- os cálculos estequiométricos envolvendo gases;
- os gases usados em balões;
- as trocas gasosas nos pulmões.

Para situá-lo

Brincadeiras que envolvem objetos que podem flutuar, movendo-se no ar, fascinam crianças e adultos. Balões infantis que, quando soltos, podem ganhar altura e pipas que, para subir aos céus, requerem de seus construtores habilidades artesanais e conhecimentos rudimentares de aerodinâmica são parte das boas lembranças da infância e também do lazer de muitos adultos. Enfim, fazer um objeto flutuar, como se fosse um pássaro, é algo que exerce fascínio sobre a maioria das pessoas.

Isso explica por que a construção de balões que pudessem ganhar os céus foi o objetivo de tantos dos que se aventuraram nesse exercício desde o século XVIII.

Já em 1783, os irmãos franceses Joseph-Michel (1740-1810) e Jacques-Étienne Montgolfier (1745-1799) aqueceram o ar que enchia um balão, conseguindo que ele subisse a uma altura de aproximadamente 500 metros e flutuasse, percorrendo uma distância de mais de 2 quilômetros. Esse mecanismo foi usado até algumas décadas atrás para fazer balões de papel voarem: eles subiam porque o ar de seu interior era aquecido por meio de uma tocha (embebida em álcool, por exemplo) – essa prática foi proibida por questões de segurança, uma vez que podia causar incêndios, algumas vezes de grandes proporções.

Depois de outras experiências, nas quais se observou que o gás hidrogênio era bem menos denso do que o ar, Jacques Alexandre César Charles (1746-1823) usou-o para encher um balão; no primeiro voo, apenas algumas semanas após o dos irmãos Montgolfier, acompanhado por seu irmão, ele alcançou cerca de 1 500 metros de altura. Nas décadas seguintes, os balões passaram a ser muito usados com propósitos científicos.

Em 1973, quatro anos após o ser humano chegar à Lua, o nome de Santos Dumont foi conferido a uma das crateras de nosso satélite natural.

O brasileiro Alberto Santos Dumont (1873-1932) construiu catorze dirigíveis entre 1894 e 1907; ele foi o primeiro balonista a conseguir voar voltando ao mesmo ponto de onde partira, em Paris, em 1898.

Os dirigíveis, contudo, foram utilizados durante a Primeira Guerra Mundial (1914-1918), vitimando muitas pessoas, o que, acredita-se, desencadeou em Santos Dumont a grave depressão que o levaria ao suicídio, em 1932.

Em 1919, aconteceu o primeiro voo transatlântico de um dirigível, entre a Escócia e os Estados Unidos. No final da década de 1920, o dirigível alemão *Zeppelin* realizou a primeira volta ao mundo, que durou 21 dias, levando 54 passageiros. Durante a década de 1930, houve voos regulares de zepelins entre cidades brasileiras. Em 1937, porém, o dirigível *Hindenburg* pegou fogo quando se preparava para pousar em New Jersey (Estados Unidos). O trauma causado por esse acidente fez com que os dirigíveis ficassem esquecidos por longo tempo.

Nos últimos anos, balões dirigíveis passaram a frequentar os céus de algumas regiões do Brasil. Além de se prestarem a passeios emocionantes, representam um excelente recurso publicitário, já que são verdadeiros *outdoors* que navegam entre as nuvens.

Para ler

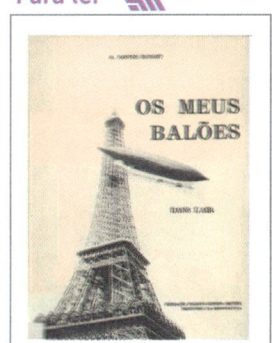

Capa do livro *Os meus balões* (*Dans l'air*), escrito por Alberto Santos Dumont em 1904. A foto na capa mostra o balão N-6, com o qual Santos Dumont ganhou um prêmio, em 1901, por ter percorrido um trajeto longo para a época, que durou cerca de 30 minutos.
Fez parte desse trajeto a volta em torno da torre Eiffel, em Paris (França).

1. Pense em algum exemplo de seu cotidiano que lhe permita concluir que o ar aquecido tende a subir. Por que, na sua opinião, isso acontece?

2. Como você explicaria a diferença mencionada no texto entre a eficiência do balão que utilizava ar e a do que utilizava hidrogênio? Lembre-se de que o ar é uma mistura de gases – de modo aproximado, pode-se dizer que cerca de 80% de suas moléculas são de nitrogênio e 20% de oxigênio.

3. Durante o século XX, o gás hélio substituiu o hidrogênio em muitos balões, apesar de ser um gás menos eficiente para fazer o balão ascender. Como você explicaria essa substituição?

Essas são apenas algumas das questões que serão tratadas neste capítulo, dedicado ao estudo dos gases. As pesquisas sobre o estado gasoso desenvolvidas por inúmeros cientistas ao longo do tempo permitiram avanços no conhecimento sobre a estrutura da matéria, além de terem sido fundamentais no surgimento de muitas aplicações tecnológicas: aviões, satélites e naves espaciais, entre outras.

Por que estudamos os gases?

Podemos imaginar os problemas que devem ter surgido ao longo do tempo por causa da dificuldade em determinar a presença de um gás tóxico e combustível no ar, como o monóxido de carbono (CO), já que ele é incolor. Além disso, como vimos nos capítulos iniciais, o estudo de processos envolvendo a combustão realizados nos séculos XVII e XVIII também requeria que se pesquisasse o comportamento dos gases mais profundamente. Nessa época, com o surgimento de instrumentos como o termômetro e o barômetro (aparelho que mede a pressão atmosférica), foram efetuados estudos envolvendo a relação entre pressão, volume e temperatura dos gases.

Ainda no século XVII, o cientista Robert Boyle (1627-1691) utilizou balões em suas pesquisas, motivado pelo estudo de fenômenos meteorológicos. A ascensão dos balões é consequência da baixa densidade da amostra gasosa usada para inflá-los.

Os conhecimentos acumulados sobre os gases foram essenciais, por exemplo, para compreender aspectos básicos relativos à **estrutura da matéria**.

Foi com o estudo das descargas elétricas em gases bastante rarefeitos que ocorreram importantes avanços nos modelos atômicos. É o caso dos experimentos realizados por Thomson, a partir dos quais ele propôs a existência de cargas elétricas no átomo. Conforme vimos no capítulo 4, desde a aceitação de seu modelo, os elétrons passaram a ser reconhecidos como partículas subatômicas e, portanto, constituintes de toda a matéria.

As **consequências tecnológicas** dos trabalhos de vários cientistas que estudaram essas descargas estão presentes em nosso cotidiano – em anúncios luminosos ou em lâmpadas fluorescentes, por exemplo. Gases a baixa pressão se ionizam ao receberem descargas elétricas. Os tubos dos antigos televisores e os aparelhos de raios X também resultam da aplicação tecnológica dessas pesquisas do final do século XIX e início do XX.

Outro exemplo da importância do estudo dos gases é a invenção da máquina a vapor, fundamental para a Revolução Industrial, no século XIX. O funcionamento dessa máquina é baseado na transformação da energia térmica armazenada no vapor de água em energia mecânica.

Comparando o estado gasoso com os demais estados

Observe, na tabela abaixo, as diferentes características macroscópicas da matéria em cada um dos estados físicos.

Características macroscópicas dos principais estados físicos da matéria			
	Sólido	Líquido	Gasoso
Forma	Constante	Varia com a forma do recipiente	Varia com a forma do recipiente
Volume	Constante	Constante	Varia com o volume do recipiente
Influência da pressão	Não provoca variações significativas de volume	"Praticamente" incompressível	Volume bastante variável; pode ser comprimido (diminui quando é pressionado) ou expandido (aumenta quando se reduz a pressão exercida sobre ele)
Influência da temperatura	Alterações de temperatura provocam alterações de volume relativamente pequenas	Alterações de temperatura provocam "ligeiras" alterações de volume, maiores do que no caso do sólido	Alterações relativamente pequenas de temperatura provocam mudanças de volume bem maiores que no estado líquido

Com base nessas características, podemos distinguir um sólido de um líquido ou de um gás, por exemplo, conforme a primeira figura da página 247.

Apesar de ser impossível enxergar as unidades constituintes das substâncias, podemos elaborar um primeiro modelo capaz de explicar por que os gases podem ser comprimidos ou expandidos com facilidade.

O estado gasoso corresponde àquele em que as partículas estão mais afastadas e têm maior liberdade de movimento, havendo, por isso, possibilidade de grande variação de volume, ao contrário do que acontece com sólidos e líquidos. No estado gasoso praticamente não há interação entre as moléculas, em oposição ao que ocorre no estado sólido.

A mesma quantidade de matéria no estado gasoso, mantida à mesma pressão e à mesma temperatura, ocupa volume diferente do que ocupava no estado líquido.

Considere uma amostra com 1 mL de água líquida que é aquecida até a temperatura de 100 °C (ao nível do mar). Enquanto ela permanecer no estado líquido, seu volume será mantido, mas, ao passar para o estado gasoso, seu volume será maior.

Massas iguais de uma mesma substância em estados físicos distintos têm volumes diferentes, até mesmo se estiverem na mesma temperatura. A segunda das figuras abaixo dá uma ideia aproximada dessas diferenças de volume.

A ilustração dá uma ideia da variação de volume entre os três principais estados da matéria. Vale destacar que ela é bastante limitada quanto à escala.

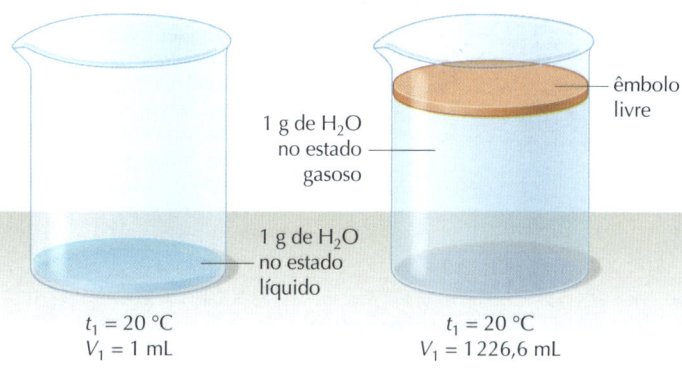

O volume de 1 g de água no estado gasoso (1 226,6 mL) é bem maior do que o volume da mesma amostra no estado líquido (1 mL), à mesma temperatura. No frasco à direita, a pressão foi reduzida, o que propiciou a mudança de estado.

O termo **gás** (do grego *cháos*) remete à ideia de desorganização, de caos, de maior liberdade das partículas quando se encontram nesse estado físico.

Atividade

Leia o texto e responda às questões.

Uma barra de ferro com 15 cm de comprimento se encaixa com perfeição em uma cavidade de igual formato de uma peça. Um usuário dessa peça esqueceu a barra exposta ao sol intenso por algumas horas; ao tentar inserir o objeto metálico novamente no local destinado a ele, não conseguiu fazê-lo; examinou bem a barra e não entendeu o que havia acontecido, já que ela aparentemente não tinha se alterado.

Essa pessoa observou também que um vendedor que carregava vários balões de gás, para vender em frente a uma escola infantil, sob sol intenso, perdeu alguns deles, que estouraram.

a) A que você atribui o fato de a pessoa não ter entendido o que aconteceu com a barra que não se encaixava mais na cavidade? Você supõe que essa pessoa, por outro lado, pode ter entendido o que aconteceu com os balões que estouraram? Compare essas situações.

b) Com base no que se pode observar, explique as diferenças na interação das unidades constituintes da barra e do gás no balão a respeito:
- do grau de liberdade de movimento que elas possuem;
- da organização dessas unidades.

Capítulo 12 • Gases: importância e propriedades gerais

Liquefação de um gás

Combustíveis gasosos extraídos do petróleo são bastante utilizados em nosso cotidiano. Imagine a dificuldade de usá-los caso fossem transportados no estado gasoso. Por exemplo, quantos botijões seriam necessários para termos 13 kg de gás de cozinha?

Que recurso é adotado para resolver esse problema?

Em certa temperatura, se aumentarmos a pressão de um gás, provocaremos a aproximação das partículas que o constituem. O aumento de pressão pode ser tal que o gás se **liquefaz** (ou se **condensa**). Observe a ilustração ao lado.

É isso o que ocorre com o combustível do botijão, tanto do gás de cozinha, chamado de gás liquefeito de petróleo (GLP), como do gás usado como combustível de automóveis, o chamado gás natural veicular (GNV).

Outra maneira de liquefazer um gás é diminuir sua temperatura, pois, com isso, há uma redução da velocidade média das moléculas que o constituem, o que possibilita que elas se aproximem e que a substância se liquefaça. Esse método é usado, por exemplo, para separar os componentes do ar: em uma primeira etapa o ar é liquefeito para depois, por meio da destilação fracionada, ter seus componentes separados. Mas será que sempre é possível liquefazer um gás por compressão ou por redução de temperatura?

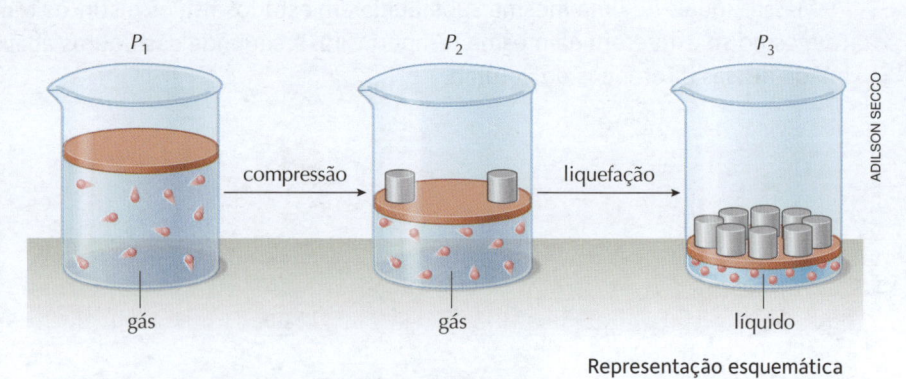

Representação esquemática da compressão de um gás até sua liquefação.
Fonte: RUSSELL, J. B. *Química geral*. 2. ed. São Paulo: Makron Books, 1994. v. 1. p. 203.

O GNV pode ser transportado em cilindros, como o da foto ao lado, porque está liquefeito; com isso, pode-se transportar uma quantidade bem maior do que se ele estivesse no estado gasoso.

Vapor e gás

Você ouve falar, por exemplo, em **vapor** de água e em **gás** hidrogênio. No entanto, nos dois casos trata-se de substâncias que estão no **estado gasoso**. Qual é a diferença entre gás e vapor?

Se precisarmos passar uma substância que está no estado gasoso para o estado líquido, podemos, simultaneamente, diminuir sua temperatura e aumentar sua pressão.

Dependendo da substância e da pressão em que se encontra, a liquefação do gás pode ser feita por simples resfriamento. Para isso, a amostra gasosa não pode estar a pressões muito baixas.

Outra possibilidade é a **compressão** da amostra gasosa e, para que isso seja viável, é indispensável que a temperatura da amostra não seja muito alta. Quando a liquefação pode ser feita por compressão, sem que se baixe sua temperatura, dizemos que a substância está na forma de vapor.

A temperatura acima da qual é impossível liquefazer uma amostra gasosa por aumento de pressão é chamada de **temperatura crítica**. Dizemos que uma substância é gás quando está acima dessa temperatura. Por exemplo: a temperatura crítica da amônia é de 132,4 °C. Então, rigorosamente, apenas acima de 132,4 °C teremos o gás amônia; abaixo desse valor, tem-se vapor de amônia.

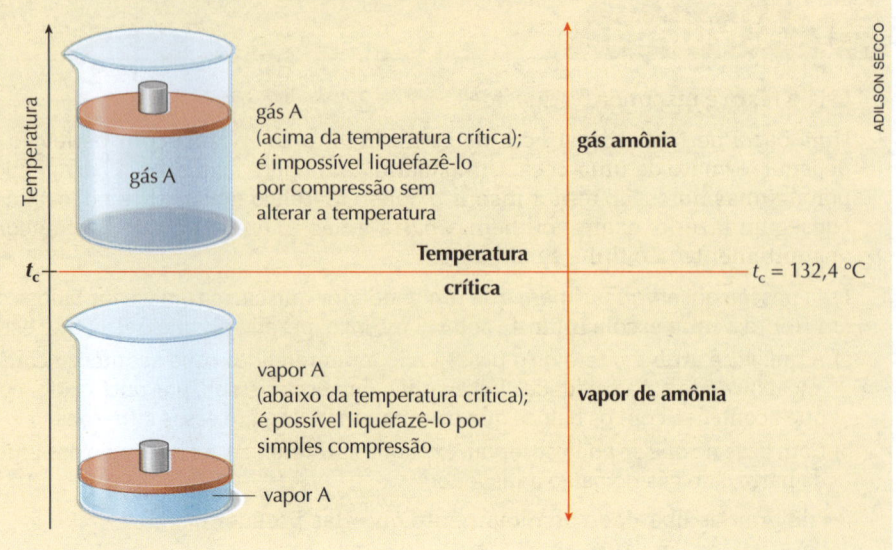

gás A (acima da temperatura crítica); é impossível liquefazê-lo por compressão sem alterar a temperatura

vapor A (abaixo da temperatura crítica); é possível liquefazê-lo por simples compressão

$t_c = 132,4$ °C

Variáveis de estado de um gás

Para termos uma ideia da quantidade de gás no interior de um recipiente de volume conhecido, não podemos omitir a temperatura e a pressão às quais o gás está submetido, já que seu **volume** (V) depende da **temperatura** (T) e da **pressão** (P).

V, T e P são as **variáveis de estado** de um gás.

O metro cúbico (m^3) é a unidade de volume do Sistema Internacional de Unidades (SI), mas outras unidades também são muito usadas:

$$1 \text{ L} = 1 \text{ dm}^3 = 10^3 \text{ mL}; \ 1 \text{ mL} = 1 \text{ cm}^3; \ 1 \text{ m}^3 = 10^3 \text{ L}$$

No caso da **temperatura**, adota-se a escala termodinâmica expressa em kelvin (K). A relação aproximada entre a **temperatura termodinâmica** (K) e a **temperatura em graus Celsius** (°C) é dada por:

$$T_{(K)} = t_{(°C)} + 273$$

Pressão de um gás

Imagine que uma pessoa pise por acidente, com o salto do sapato, no pé de outra em duas circunstâncias diferentes: em uma, o salto do sapato está em perfeitas condições; em outra, a ponta fina de um prego está exposta no salto. Em que caso o pisão causará mais dor? A dor será maior no segundo caso, já que o peso da pessoa será exercido sobre uma área menor, a pequena superfície da ponta do prego.

Ou seja, a redução da área sobre a qual exercemos determinada força (nesse caso, o peso da pessoa) aumenta a pressão que exercemos sobre ela. É por essa razão que, para injetar um medicamento em nosso organismo, exerce-se uma força sobre a pele, usando a ponta de uma agulha – uma superfície bem menor do que a da seringa de injeção que contém o medicamento.

A **pressão é uma grandeza escalar** (não vetorial, isto é, não está associada a uma direção e a um sentido) que relaciona a força com a área sobre a qual é exercida. No exemplo anterior, a pressão poderia ser calculada dividindo o peso da pessoa (massa, m, × aceleração da gravidade, g) pela área da ponta do prego.

$$P = \frac{|\vec{P}|}{S}$$

ou

$$P = \frac{|\overrightarrow{mg}|}{S}$$

P: pressão
$\vec{P}$: força peso
S: área em que a força peso é exercida
| |: módulo
m: massa
g: aceleração da gravidade

A unidade do Sistema Internacional (SI) de pressão é o pascal (Pa), uma relação entre o newton (N), unidade de força, e o metro quadrado (m^2), unidade de área.

$$1 \frac{N}{m^2} = 1 \text{ Pa}$$

Blaise Pascal (1623-1662), filósofo e pesquisador francês, deixou inúmeras contribuições nos campos da Matemática e da Física, algumas delas elaboradas quando ainda era bastante jovem. Sua importância no campo da Hidrostática (veja boxe *Conexões*, na página seguinte) explica por que ele foi homenageado com o nome da unidade de pressão do SI.

Pascal retratado por Philippe de Champaigne, obra de 1656-1657.

Os fluidos e o conceito de pressão

O conceito de pressão tem grande importância quando nos referimos a um fluido, isto é, a um líquido ou a um gás. Por exemplo, quando uma pessoa mergulha até o fundo de uma piscina, toda a coluna de água que a recobre exercerá uma pressão sobre ela, de tal modo que, quanto mais no fundo ela estiver, maior será essa pressão.

Agora, imagine que a pessoa mergulhe até a mesma profundidade, mas em um local cuja densidade do líquido em que se encontra seja maior do que a da água. Por exemplo, no mar Morto, devido ao elevado teor de sal na água, a densidade do líquido atinge valores superiores a 1,3 g/cm³, maior que a da água da piscina. A pressão sobre esse banhista será maior do que no caso da piscina porque o peso exercido pela "água" do mar Morto sobre a pessoa também será maior que o da água da piscina.

Para compreender melhor tudo isso, vamos estudar alguns conceitos próprios da **Hidrostática**, a parte da Física dedicada ao estudo de um líquido em repouso, isto é, em equilíbrio estático, em local de gravidade constante.

Conexões

Química e Física: Stevin e Pascal

No estudo dos gases, vamos utilizar as bases da Hidrostática, que foram estabelecidas nos séculos XVI e XVII, época em que muitas dúvidas que intrigavam os filósofos e estudiosos da Física foram esclarecidas. Uma dessas bases é o princípio de Stevin, estabelecido por Simon Stevin (1548-1620). Com base nesse princípio foi possível compreender o "**paradoxo** hidrostático", que pode ser percebido observando-se a ilustração abaixo.

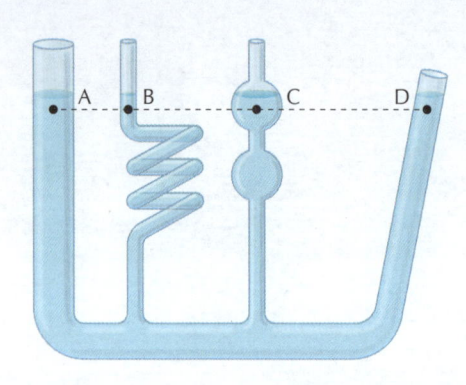

Sistema de vasos comunicantes. As letras A, B, C e D indicam pontos do líquido submetidos à mesma pressão.

> **Paradoxo:** aparente falta de lógica; contradição; raciocínio aparentemente bem fundamentado e coerente, mas que esconde contradições.

Em um sistema de vasos comunicantes (ou seja, vasos interligados por um canal ou tubo), o líquido contido permanece no mesmo nível, desde que os vasos estejam abertos à atmosfera, independentemente da forma de cada um deles. Ou seja, pontos de uma mesma horizontal de um líquido em repouso estão todos à mesma pressão.

Essa explicação baseia-se no **princípio de Stevin**, segundo o qual a pressão em um ponto de um líquido em repouso, com sua superfície livre em contato com a atmosfera, é dada por:

$$P = P_{atm} + dgh$$

P: pressão em um certo ponto do líquido
P_{atm}: pressão atmosférica
d: densidade
g: aceleração da gravidade
h: profundidade do ponto de pressão P

Ou seja: "A diferença entre as pressões de dois pontos de um fluido em equilíbrio é dada pelo produto resultante da densidade do fluido multiplicado pela aceleração da gravidade local e pela diferença entre as profundidades desses dois pontos" (veja o esquema no alto da página, à direita).

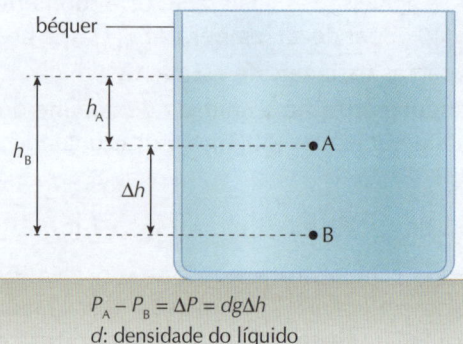

$$P_A - P_B = \Delta P = dg\Delta h$$

d: densidade do líquido
g: aceleração da gravidade
Δh: diferença de profundidade

É importante frisar que a pressão em qualquer ponto da horizontal de um líquido, em equilíbrio estático, é a mesma, independentemente da forma do recipiente que o contém; isso está de acordo com o que se observa com um líquido contido em vasos comunicantes, conforme ilustrado anteriormente: $P_A = P_B = P_C = P_D$.

Pode-se concluir, então, que a pressão exercida por uma camada de líquido depende da profundidade, da densidade do líquido e da gravidade local.

Outro princípio fundamental no estudo da Hidrostática é o de Pascal. Pense no seguinte: quando uma pessoa empurra o êmbolo de uma seringa na qual há um líquido, exerce uma pressão sobre a superfície desse fluido. Essa pressão é transmitida a todos os pontos do líquido e às paredes da parte da seringa que o contém. Essa é a essência do **princípio de Pascal**.

> O **princípio de Pascal** estabelece que a alteração de pressão produzida em um fluido em equilíbrio estático (repouso) transmite-se integralmente a todos os pontos do líquido e às paredes do recipiente que o contém.

Uma conhecida aplicação desse princípio é o uso em prensas hidráulicas para elevar veículos.

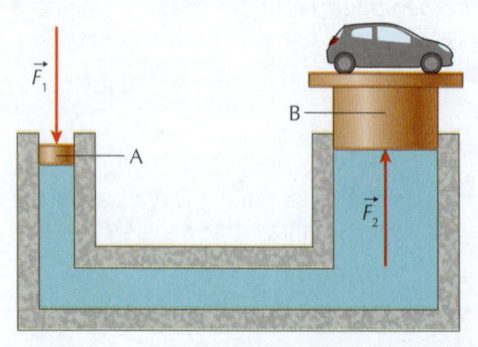

A variação de pressão ocasionada pela força exercida sobre o pistão de secção menor (à esquerda) em A é a mesma em todos os pontos do líquido no interior do equipamento e, portanto, no ponto B. Essa pressão transmitida ao pistão de maior secção, indicado à direita, ocasiona uma força de baixo para cima (F_2) bem maior que F_1. A força F_2 realiza o trabalho de levantar o veículo.

Torricelli e a medida da pressão atmosférica

Inspirados em Aristóteles, durante a Idade Média os cientistas acreditavam que "a natureza tem horror ao vácuo" (*vácuo* significa "vazio, sem matéria").

Galileu Galilei (1564-1642), um dos mais importantes estudiosos das ciências de todos os tempos, interessou-se pela questão do vácuo depois que um jardineiro lhe disse que sua bomba era incapaz de elevar a água acima de 10 metros. Um discípulo de Galileu, Evangelista Torricelli (1608--1647), resolveu investigar o limite de altura a que uma bomba podia elevar a água e concluiu que a água subia não para eliminar o vácuo, mas porque era empurrada pela pressão do ar.

Para testar sua hipótese, Torricelli usou, em vez de água, o mercúrio, líquido aproximadamente 13,5 vezes mais denso do que a água.

Nas figuras ao lado está esquematizado o experimento realizado por Torricelli em 1643.

O experimento nos sugere duas questões cujas respostas são aparentemente contraditórias.

Ao emborcarmos o tubo que contém mercúrio na cuba, o líquido desce. Por quê? O peso do mercúrio é o responsável por esse movimento.

Mas como explicar o fato de que **nem todo o líquido sai do tubo quando é emborcado na cuba**? Segundo Torricelli, há algo que consegue equilibrar a pressão exercida pelo peso do mercúrio. É a pressão que a atmosfera exerce sobre o mercúrio que está na cuba.

A pressão atmosférica não é a mesma em Brasília, no Rio de Janeiro e em Belo Horizonte, por exemplo, pois ela varia com a latitude e, especialmente, com a altitude.

A **pressão atmosférica** ou **barométrica**, ao nível do mar, vale **1 atmosfera**.

$$1 \text{ atmosfera (atm)} = 760 \text{ mmHg} = 76 \text{ cmHg}$$

Apesar da frequência com que são usadas essas unidades de pressão, o Sistema Internacional recomenda utilizar a unidade pascal:

$$\text{pascal (Pa) ou } \frac{\text{newton}}{\text{metro quadrado}} \text{ ou}$$

$$1 \text{ Pa} = \frac{1 \text{ N}}{\text{m}^2} \longrightarrow 1 \text{ atm} = 101\,325 \text{ Pa}$$

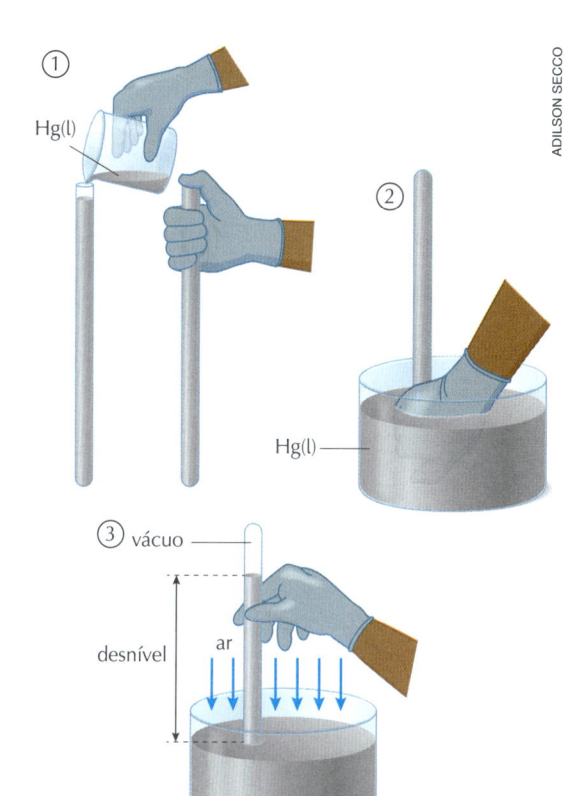

Representação esquemática do experimento de Torricelli. O tubo de vidro é preenchido com mercúrio e tapado com o polegar (**1**). Em seguida, é emborcado, ainda tapado com o polegar, em uma cuba de vidro que também contém mercúrio (**2**). Após retirar o polegar, o mercúrio escoa até certa altura do tubo, mantendo um desnível de 76 cm em relação à superfície externa, ao nível do mar, a 0 °C, e em um local em que a aceleração da gravidade seja de 9,8 m/s² (**3**).

Medida da pressão de um gás qualquer

A medida da pressão de um gás qualquer é feita em equipamentos chamados **manômetros.**

Observe as ilustrações a seguir, que representam dois manômetros de mercúrio, um aberto para a atmosfera e outro fechado.

$P_{gás} = x \text{ mmHg}$
manômetro fechado

$P_{gás} = P_{atm} + y \text{ mmHg}$
manômetro aberto

Atenção!

- Os vapores de mercúrio são tóxicos.
- O mercúrio é facilmente absorvido pelo organismo, no qual tem efeito cumulativo.
- Não tente reproduzir esse experimento!
- Não interprete o aumento sugerido nas ilustrações ao lado como se fosse a possibilidade de "enxergar" uma molécula.

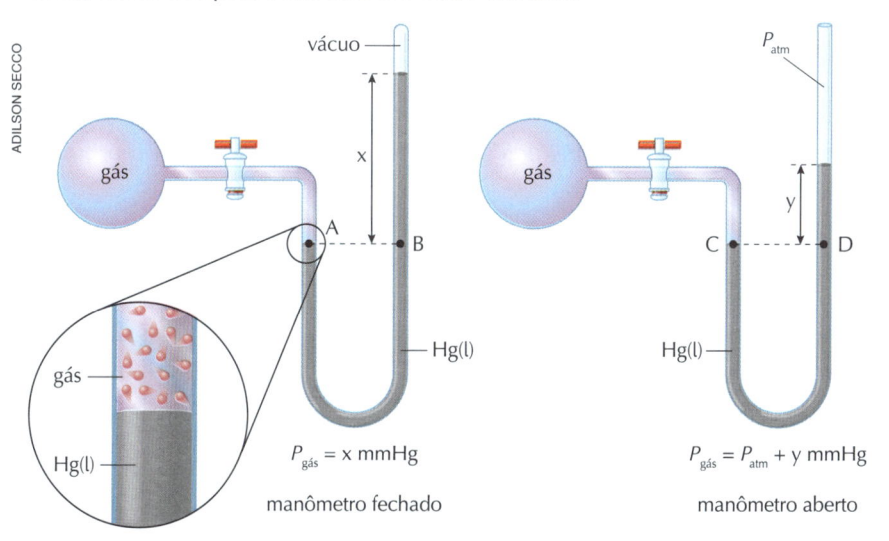

No manômetro fechado, a pressão do gás equivale à altura da coluna de mercúrio; já no manômetro aberto, acresce-se, à da coluna de mercúrio, a pressão atmosférica no cálculo da pressão do gás.

Fonte: KOTZ, J. C.; TREICHEL JR., P. *Chemistry & chemical reactivity*. 3. ed. Orlando: Saunders College Publishing, 1996. p. 549.

As inúmeras partículas do gás dentro do balão chocam-se com as paredes do recipiente que o contém, bem como com a superfície do mercúrio. Em ambas as figuras, os pontos **A** e **B**, **C** e **D** estão à mesma pressão, pois os líquidos estão parados. A pressão exercida pelo gás em **A** é igual à que o mercúrio exerce em **B**. Já no caso do gás representado à direita, a pressão nos pontos **C** e **D** corresponde ao desnível **y** da coluna de mercúrio acrescido da pressão atmosférica.

Saiba mais

Manômetros

O equipamento utilizado para medir a pressão atmosférica é denominado barômetro, enquanto o utilizado para medir a pressão de um gás qualquer é o manômetro. Os manômetros são utilizados em vários tipos de indústria: na alimentícia (de produção de bebidas, por exemplo), na petroquímica, na química, na de papel e celulose, entre outras. Engenheiros, desenhistas industriais, técnicos em manutenção, projetistas e bombeiros precisam entender o funcionamento dos manômetros porque pode fazer parte do trabalho deles a projeção e a manutenção desses equipamentos.

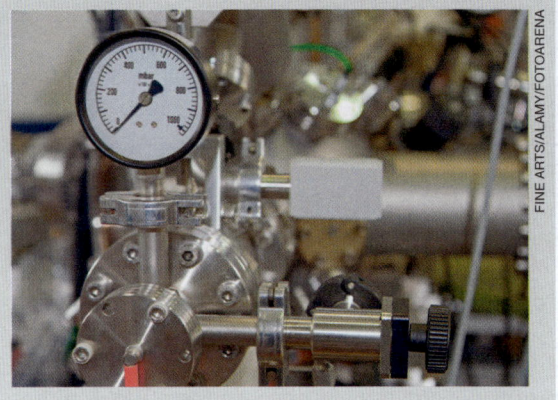

Manômetro em laboratório de materiais radioativos.

Lei volumétrica de Gay-Lussac

Como já vimos, o final do século XVIII e o início do século XIX foram importantes para o estabelecimento das bases que estruturaram a Química como ciência. São desse período as leis relativas às massas dos participantes de uma reação (ponderais) e a teoria atômica de Dalton, pesquisador que elaborou a primeira tabela de massas atômicas relativas dos elementos.

Nessa mesma época, Joseph Louis Gay-Lussac (1778-1850) fez experimentos com os volumes dos gases envolvidos numa reação sob as mesmas condições de pressão e temperatura. Com base nesse trabalho, foi possível avaliar as massas atômicas, como veremos adiante.

Vamos analisar os dados de um desses experimentos.

Analise a síntese do gás amônia:

Relação entre os volumes de hidrogênio, nitrogênio e amônia nas mesmas condições de temperatura e pressão				
	gás hidrogênio	+	gás nitrogênio	→	gás amônia
(1)	3 L		1 L		2 L
(2)	0,3 L		0,1 L		0,2 L
(3)	900 mL		300 mL		600 mL

Note que há uma proporção entre os volumes dos gases reagentes e o volume do produto gasoso, medidos à mesma pressão e temperatura:

$$3\,V : 1\,V : 2\,V\,(P,\,T\text{ constantes})$$

Com base nas constatações experimentais, Gay-Lussac concluiu:

> "Nas mesmas condições de temperatura e pressão, os volumes dos gases participantes de uma reação química mantêm relações que podem ser expressas por números inteiros e pequenos."

Numa reação entre gases pode ou não haver conservação de volume. Na síntese do amoníaco, por exemplo, para cada 4 volumes de reagentes – 3 volumes de gás nitrogênio (N_2) e 1 volume de gás hidrogênio (H_2) –, obtém-se 2 volumes de produto (gás amônia, NH_3). Nesse caso, a reação ocorre com contração de volume.

Princípio de Avogadro

A teoria atômica de Dalton não permitia que fossem explicados os resultados experimentais obtidos por Gay-Lussac. Em 1811, Lorenzo Romano Amedeo Carlo Avogadro, conhecido por Amedeo Avogadro (1776-1856), enunciou uma hipótese que conseguia justificar tais resultados, valendo-se da ideia de que as **unidades constituintes dos gases eram moléculas e que estas poderiam ser formadas por mais de um átomo**.

Vamos equacionar a **síntese da amônia**, lembrando que no início do século XIX ainda não se conhecia a composição das substâncias e, consequentemente, suas fórmulas. Ou seja, naquela época seria impossível equacionar uma reação química da forma como fazemos hoje.

A proporção entre os volumes gasosos tem relação com a equação. Estudando a hipótese então proposta por Avogadro, você poderá entender o porquê dessa relação.

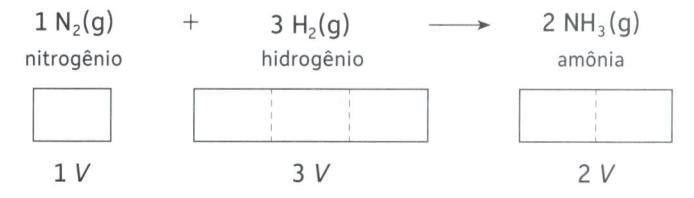

$$1\ N_2(g) + 3\ H_2(g) \longrightarrow 2\ NH_3(g)$$

nitrogênio — hidrogênio — amônia

$1\ V$ — $3\ V$ — $2\ V$

Lembre-se: em uma reação química, o volume total dos gases pode não se conservar, mas a massa sempre se conserva (lei de Lavoisier). No exemplo proposto, o volume dos reagentes ($1\ V + 3\ V$) é o dobro do volume dos produtos ($2\ V$); no entanto, o número total de átomos de nitrogênio e de hidrogênio se conserva após a reação e, portanto, a massa também.

O **princípio de Avogadro** (1811) explica os experimentos de Gay-Lussac:

> "Volumes iguais de quaisquer gases, submetidos a iguais condições de temperatura e pressão, contêm o mesmo número de moléculas."

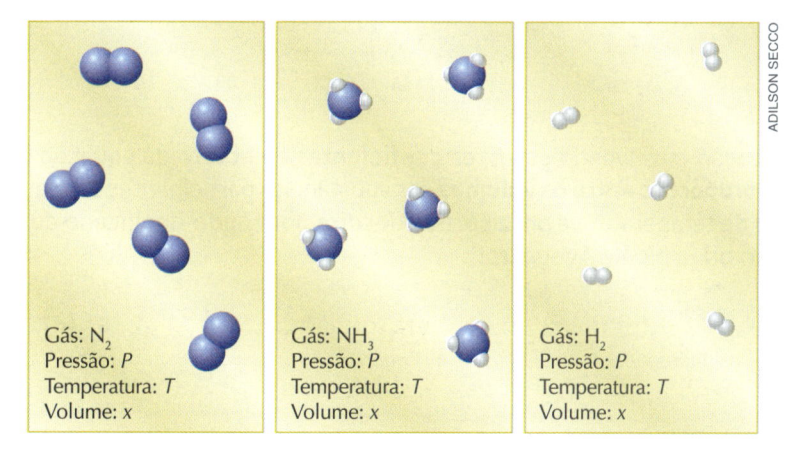

Gás: N_2 — Pressão: P — Temperatura: T — Volume: x

Gás: NH_3 — Pressão: P — Temperatura: T — Volume: x

Gás: H_2 — Pressão: P — Temperatura: T — Volume: x

As ilustrações acima têm apenas o objetivo de mostrar que três amostras de diferentes gases submetidos à mesma pressão e temperatura e ocupando o mesmo volume possuem o mesmo número de moléculas. É importante destacar, no entanto, que **qualquer amostra, por menor que seja, contém um número muito maior de moléculas do que as cinco representadas para cada gás. Além disso, as moléculas de um gás movimentam-se constantemente e estão muitíssimo afastadas umas das outras**. Para representar essas distâncias entre as moléculas mantendo a escala usada para indicar os diâmetros das moléculas, teríamos que usar dimensões bem maiores do que as das páginas deste livro. Para que isso fique mais claro, vamos fazer uma analogia: imagine dois automóveis, um em Brasília e outro no Rio de Janeiro. O de Brasília é um carro de luxo, bem maior que o carro pequeno que está no Rio de Janeiro.

A diferença de comprimento entre os dois automóveis (cerca de 1,5 m) é desprezível se comparada à distância entre as duas cidades (mais de 1 000 km), que é aproximadamente 700 mil vezes maior. Analogamente, as diferenças entre as dimensões das moléculas dos dois gases são insignificantes quando comparadas à distância entre as moléculas.

Consequências do princípio de Avogadro

Considerando que gases que ocupam o mesmo volume, à mesma pressão e temperatura, encerram o mesmo número de moléculas e pensando em termos de proporcionalidade, podemos concluir que:

- A proporção entre os números de moléculas que há em dois recipientes contendo gases à mesma pressão e temperatura é igual à proporção existente entre os volumes dos gases. Considere o exemplo:

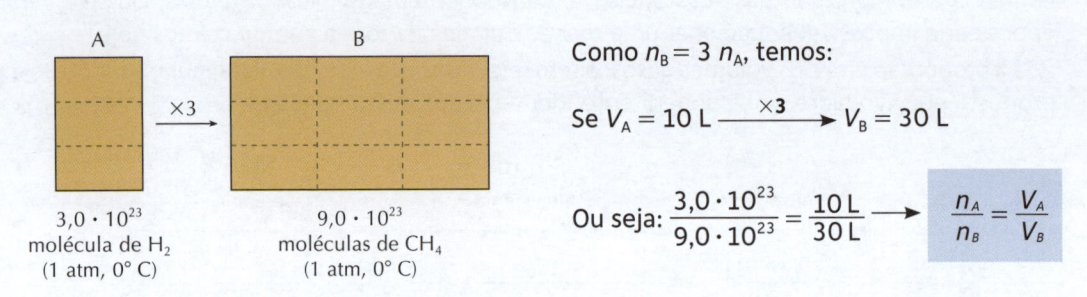

A
$3{,}0 \cdot 10^{23}$ molécula de H_2
(1 atm, 0° C)

×3

B
$9{,}0 \cdot 10^{23}$ moléculas de CH_4
(1 atm, 0° C)

Como $n_B = 3\, n_A$, temos:

Se $V_A = 10\text{ L} \xrightarrow{\times 3} V_B = 30\text{ L}$

Ou seja: $\dfrac{3{,}0 \cdot 10^{23}}{9{,}0 \cdot 10^{23}} = \dfrac{10\text{ L}}{30\text{ L}} \longrightarrow \boxed{\dfrac{n_A}{n_B} = \dfrac{V_A}{V_B}}$

- A proporção entre as quantidades de matéria é igual à proporção entre os volumes de gases medidos à mesma pressão e temperatura. Isso é decorrência do item anterior, uma vez que 1 mol corresponde a $6{,}0 \cdot 10^{23}$ unidades. Considere o exemplo:

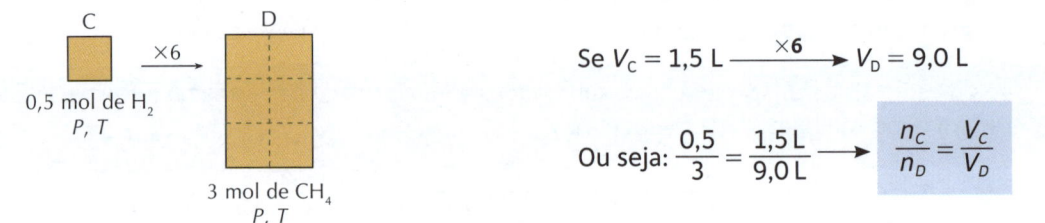

C
0,5 mol de H_2
P, T

×6

D
3 mol de CH_4
P, T

Se $V_C = 1{,}5\text{ L} \xrightarrow{\times 6} V_D = 9{,}0\text{ L}$

Ou seja: $\dfrac{0{,}5}{3} = \dfrac{1{,}5\text{ L}}{9{,}0\text{ L}} \longrightarrow \boxed{\dfrac{n_C}{n_D} = \dfrac{V_C}{V_D}}$

- Em uma reação envolvendo gases, os **coeficientes de acerto** da equação que a representa indicam a **proporção entre os volumes** das substâncias participantes da reação, em idênticas condições de temperatura e pressão. Isso decorre do próprio significado dos coeficientes de acerto e do princípio de Avogadro:

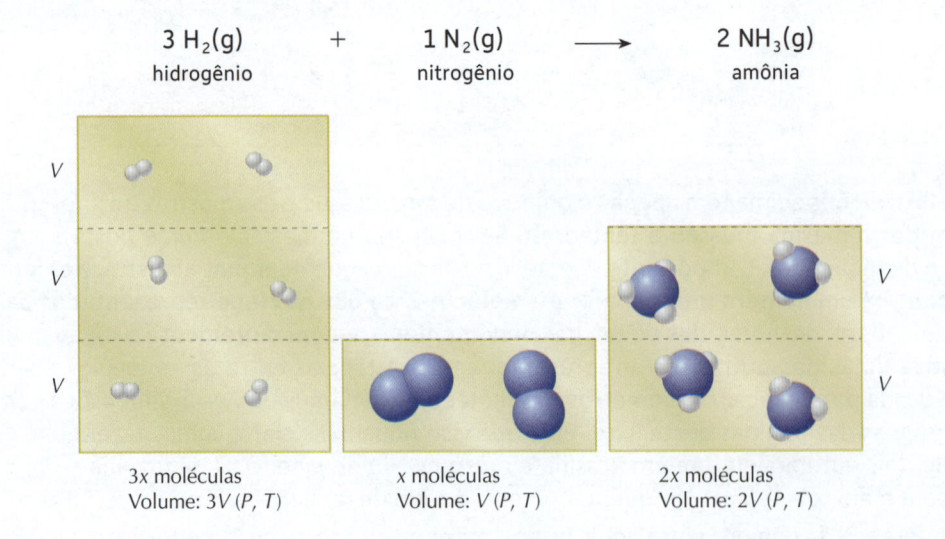

$$3\,H_2(g) + 1\,N_2(g) \longrightarrow 2\,NH_3(g)$$
hidrogênio + nitrogênio → amônia

3x moléculas
Volume: $3V$ (P, T)

x moléculas
Volume: V (P, T)

2x moléculas
Volume: $2V$ (P, T)

O exemplo evidencia que a proporção em moléculas expressa pelos coeficientes de acerto – 3 moléculas de H_2 para 1 molécula de N_2 para 2 moléculas de NH_3 – vale também para a proporção em volumes dos gases em idênticas condições de pressão e temperatura.

Viagem no tempo

Avogadro: um reconhecimento póstumo

Durante a primeira metade do século XIX, nenhum dos cientistas envolvidos com a determinação das massas atômicas dos elementos conseguiu chegar a bons resultados. Nem mesmo o químico sueco Berzelius – que, ao contrário de Dalton, havia aceitado os trabalhos de Gay-Lussac – foi capaz de fazer a fundamental distinção entre átomo e molécula.

Avogadro distinguia as "moléculas integrais" – que nos dias de hoje chamamos de moléculas – das "moléculas elementares" – atualmente denominadas átomos. Aliás, o termo **molécula**, por ele introduzido, vem do latim e significa "pequenas massas".

A hipótese proposta por Avogadro encontrou muitas resistências no meio científico. Foi o caso de seu contemporâneo, Berzelius, para quem só poderia haver ligação entre elementos de cargas contrárias. Assim, Berzelius não podia aceitar a possibilidade de existir ligação entre unidades do mesmo elemento, o que, como sabemos, acontece – é o caso das moléculas de hidrogênio (H_2) e oxigênio (O_2), por exemplo.

Apesar de a hipótese de Avogadro (1811) explicar a lei volumétrica de Gay-Lussac (1808), ela levou aproximadamente cinquenta anos para ser aceita, o que representou um longo período de confusão, tanto sobre a constituição das substâncias como sobre a determinação das massas atômicas. Por sua consistência na explicação dos processos químicos estudados ao longo de muito tempo, a hipótese passou a ser designada como princípio de Avogadro.

Volume molar de um gás

Vimos que, de acordo com o princípio de Avogadro, quantidades iguais de gases, independentemente de sua natureza, ocupam o mesmo volume quando estão em condições idênticas de temperatura e pressão.

> O volume ocupado por 1 mol de um gás qualquer é chamado de **volume molar (V_m)**.

Por isso, a P e T constantes, temos:
$V_m(H_2) = V_m(CH_4) = V_m(C_2H_6) = V_m(N_2) = V_m(O_2) = ...$

Volume molar nas CNTP e nas CPTP

Há muito tempo foram adotados como referência os valores de temperatura e pressão correspondentes a: $T = 273$ K (ou $t = 0$ °C) e $P = 1$ atm, 760 mmHg ou 101 325 Pa. Essas condições foram chamadas de condições normais de temperatura e pressão (**CNTP** ou **TPN**).

Assim:

$T = 273$ K
$P = 101\,325$ Pa $\longrightarrow$ $V_m = 22{,}4$ L/mol

A adoção do pascal como unidade de pressão pelo Sistema Internacional de Unidades levou a considerar-se 100 000 Pa ou 1 bar como pressão padrão. As condições padrão de temperatura e pressão (**CPTP**) são:

$T = 273$ K
$P = 100\,000$ Pa $\longrightarrow$ $V_m = 22{,}7$ L/mol

O Sistema Internacional de Unidades admite que a pressão atmosférica seja aproximada para 100 000 Pa. Fazendo-se essa aproximação, chega-se a um volume molar de 22,7 L/mol.

Vale ressaltar que, para evitar confusões, as condições adotadas para o valor do volume molar costumam ser mencionadas quando necessárias à resolução de questões.

Atividades

Sempre que necessário, consulte a Tabela Periódica na página 103 para obter valores de massas atômicas. São dadas as massas atômicas: H = 1; C = 12; O = 16.

1. O monóxido de carbono, gás extremamente tóxico, quando é queimado, dá origem a um gás que é produto natural de nossa respiração, o dióxido de carbono. Quanto a essa reação do CO(g) com o O_2(g), presente no ar, pergunta-se:
   a) Nela há conservação de número de átomos?
   b) E de moléculas?
   c) E de volume? Considere os três gases à mesma pressão e temperatura.
   d) Qual o volume de O_2 necessário para queimar 10 L de CO à mesma temperatura e pressão?

2. Considere a síntese do gás N_2O_5 a partir de N_2(g) e O_2(g). Equacione a reação. Qual o volume de O_2 gasto para reagir com 20 L de N_2, estando todos os gases na mesma pressão e temperatura?

3. Dois recipientes têm volumes idênticos. Um contém 3 g de gás hidrogênio e outro contém gás ozônio. As duas substâncias estão à mesma pressão e temperatura.
   a) O que se pode concluir sobre a quantidade de matéria em cada um dos recipientes?
   b) É possível tirar conclusão semelhante à da questão anterior para a quantidade de moléculas? E de átomos? Explique.
   c) Qual a massa de ozônio no segundo recipiente?

4. O volume molar do gás acetileno (C_2H_2) vale 18 L em uma pressão P e uma temperatura T.
   a) Qual é o número de moléculas de acetileno (C_2H_2) em 36 L do gás na mesma pressão e temperatura?
   b) Qual é a massa de metano (CH_4) gasoso contida em 18 L desse gás à pressão P e temperatura T?
   c) Quantos átomos há em uma amostra de 3,6 L de CO_2 à pressão P e temperatura T?

Leis dos gases

Nos séculos XVII e XVIII, diversos cientistas dedicaram-se ao estudo do comportamento do estado gasoso, realizando vários experimentos que os levaram à formulação de leis relacionando pressão, temperatura, volume e quantidade de matéria de um gás. Os experimentos a seguir o ajudarão a compreender algumas dessas relações.

Química: prática e reflexão

O que acontece com o volume de um gás quando ele é pressionado sem que a temperatura mude?

Material necessário
- 1 pequeno balão de aniversário
- 1 tesoura
- 1 pedaço de barbante
- 1 seringa de 20 mL (ou maior), sem agulha

Procedimentos
1. Assoprem uma pequena quantidade de ar no balão, amarrem-no com um barbante e cortem a parte do balão que "sobra" fora da parte amarrada, conforme mostram as fotos ao lado.
2. Coloquem o balão no interior da seringa e insiram o êmbolo.
3. Tapem o orifício com o dedo e, simultaneamente, puxem o êmbolo, observando o que acontece com o volume do balão.
4. Mantendo o orifício tapado com o dedo, empurrem o êmbolo e observem o que acontece com o volume do balão.

Analisem suas observações
1. Quando a pressão sobre o balão é reduzida, o que acontece com o volume do gás contido nele? E em caso contrário, o que acontece?
2. Apesar de terem feito apenas um experimento, vocês conseguiriam deduzir o que acontece quando se aumenta ou diminui a pressão sobre um gás, mantida a temperatura constante?

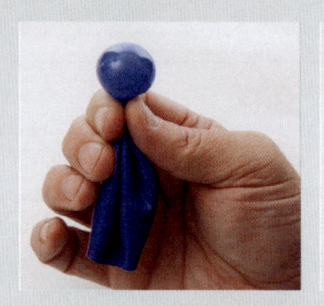

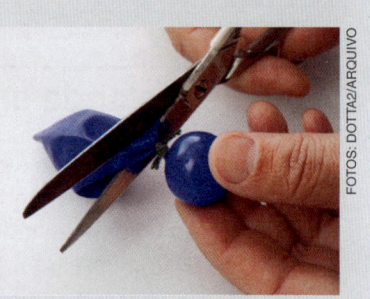

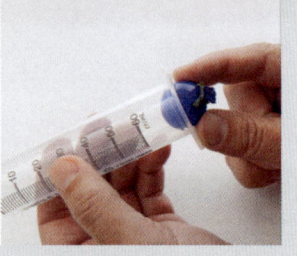

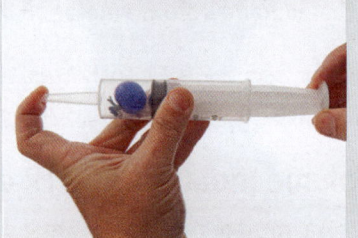

Química: prática e reflexão

O que acontece com o volume de um gás quando ele é aquecido ou resfriado, a pressão constante?

Material necessário
- 1 garrafa de refrigerante PET de 1 L ou 1,5 L com tampa
- 1 panela com capacidade para 2 L de água
- 1 funil
- 1 fonte de calor (fogão, bico de Bunsen ou lamparina, etc.)
- 1 balde plástico com capacidade de aproximadamente 10 L
- cerca de 8 L de água gelada

Cuidado!
Use óculos de segurança, avental de mangas compridas e luvas refratárias.

Procedimentos
1. Aqueça, aproximadamente, 1,5 L de água até que ela se aproxime da ebulição.
2. Usando o funil, despeje a água na garrafa. Em seguida, jogue a água fora e, imediatamente, feche bem a garrafa. Observe por alguns minutos.
3. Coloque água gelada no balde até que fique quase cheio e mergulhe a garrafa tampada nessa água. Observe o que ocorre.

Analisem suas observações
1. Descrevam o que observaram em ambos os casos.
2. O que teria acontecido com as moléculas do gás quando ele foi resfriado?

Lei de Boyle

As observações que você fez no experimento com a seringa e o balão de aniversário podem ser representadas no exemplo ao lado.

> Em uma transformação **isotérmica** (sob temperatura constante), a pressão e o volume de uma amostra gasosa são inversamente proporcionais.

Considere os valores que estão na figura ao lado. Supondo que a pressão do gás no estado 2 novamente dobre, o volume cairá pela metade (estado 3):

$$V_3 = 1{,}25 \text{ L} \qquad P_3 = 8 \cdot 10^5 \text{ Pa}$$

Diante de experimentos desse tipo, Robert Boyle concluiu que, à temperatura constante, P e V são inversamente proporcionais.

Essa lei, resultado dos trabalhos experimentais de Boyle (1660), é válida para uma amostra gasosa, cuja massa é constante e, portanto, a quantidade de matéria é constante (n); lembre-se: a T (temperatura termodinâmica) também é constante!

Assim:

$$\left. \begin{array}{l} n_1 = n_2 \\ V_1 = V_2 \end{array} \right. \longrightarrow \boxed{P_1 \cdot V_1 = P_2 \cdot V_2} \text{ transformação isotérmica}$$

O produto $P \cdot V$ é uma constante que depende da **quantidade de gás** na amostra (expressa em mol de moléculas) e da **temperatura fixada**.

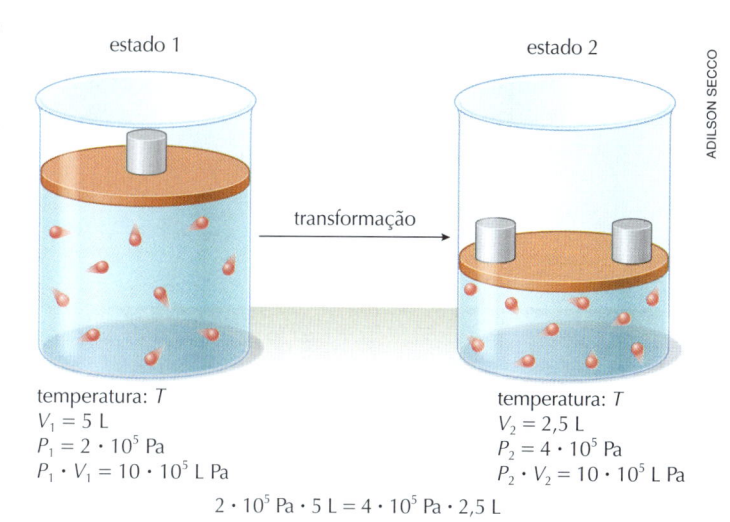

estado 1
temperatura: T
$V_1 = 5$ L
$P_1 = 2 \cdot 10^5$ Pa
$P_1 \cdot V_1 = 10 \cdot 10^5$ L Pa

estado 2
temperatura: T
$V_2 = 2{,}5$ L
$P_2 = 4 \cdot 10^5$ Pa
$P_2 \cdot V_2 = 10 \cdot 10^5$ L Pa

$$2 \cdot 10^5 \text{ Pa} \cdot 5 \text{ L} = 4 \cdot 10^5 \text{ Pa} \cdot 2{,}5 \text{ L}$$

A temperatura constante, o aumento da pressão implica diminuição do volume do gás.

Lei de Charles e Gay-Lussac

> Numa transformação **isovolumétrica** (sob volume constante), também chamada de **isocórica**, a pressão e a temperatura termodinâmica de um gás são diretamente proporcionais.

Veja o exemplo ao lado.

Se, em relação ao estado 2, a temperatura (K) cair pela metade, a pressão do gás também cairá pela metade (estado 3):

$$T_3 = 68{,}25 \text{ K} \qquad P_3 = 0{,}5 \cdot 10^5 \text{ Pa}$$

P e T são diretamente proporcionais.

Essa lei foi formulada a partir dos trabalhos experimentais de Charles (1787) e Gay-Lussac (1802). Assim:

$$\left. \begin{array}{l} n_1 = n_2 \\ V_1 = V_2 \end{array} \right. \longrightarrow \boxed{\dfrac{P_1}{T_1} = \dfrac{P_2}{T_2}} \text{ transformação isovolumétrica}$$

A relação $\dfrac{P}{T}$ é uma constante que depende da quantidade de matéria gasosa na amostra (n, em mol) e do volume fixado.

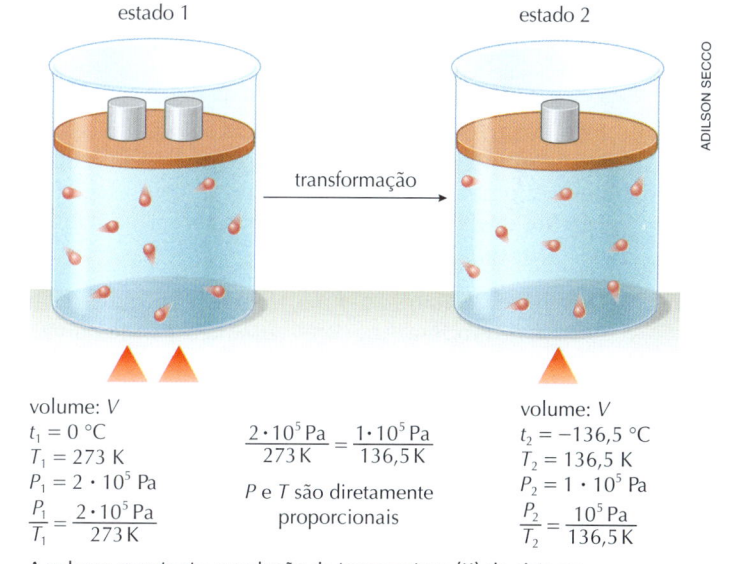

estado 1
volume: V
$t_1 = 0$ °C
$T_1 = 273$ K
$P_1 = 2 \cdot 10^5$ Pa
$\dfrac{P_1}{T_1} = \dfrac{2 \cdot 10^5 \text{ Pa}}{273 \text{ K}}$

$$\dfrac{2 \cdot 10^5 \text{ Pa}}{273 \text{ K}} = \dfrac{1 \cdot 10^5 \text{ Pa}}{136{,}5 \text{ K}}$$

P e T são diretamente proporcionais

estado 2
volume: V
$t_2 = -136{,}5$ °C
$T_2 = 136{,}5$ K
$P_2 = 1 \cdot 10^5$ Pa
$\dfrac{P_2}{T_2} = \dfrac{10^5 \text{ Pa}}{136{,}5 \text{ K}}$

A volume constante, a redução da temperatura (K) do sistema implica diminuição da pressão. Na imagem, os triângulos vermelhos representam a fonte de aquecimento.

Lei de Charles

Ao realizar o experimento com a garrafa PET, na página anterior, é possível notar que a variação de temperatura de um gás implica alteração de seu volume, se a pressão constante for mantida. Mas, fique atento: exprimir essa relação em proporcionalidade só é possível usando a temperatura termodinâmica, conforme a lei de Charles (1787), válida quando n e P são constantes:

$$\left. \begin{array}{l} n_1 = n_2 \\ P_1 = P_2 \end{array} \right. \longrightarrow \boxed{\dfrac{V_1}{T_1} = \dfrac{V_2}{T_2}} \text{ transformação isobárica}$$

A relação $\frac{V}{T}$ é uma constante que depende da quantidade de gás da amostra (n, em mol) e da pressão fixada.

> Numa transformação **isobárica** (a pressão constante), o volume e a temperatura termodinâmica de um gás são diretamente proporcionais.

Observe o exemplo ao lado.

A pressão constante, a diminuição da temperatura do sistema implica diminuição do volume de gás. Na imagem, os triângulos vermelhos representam a fonte de aquecimento.

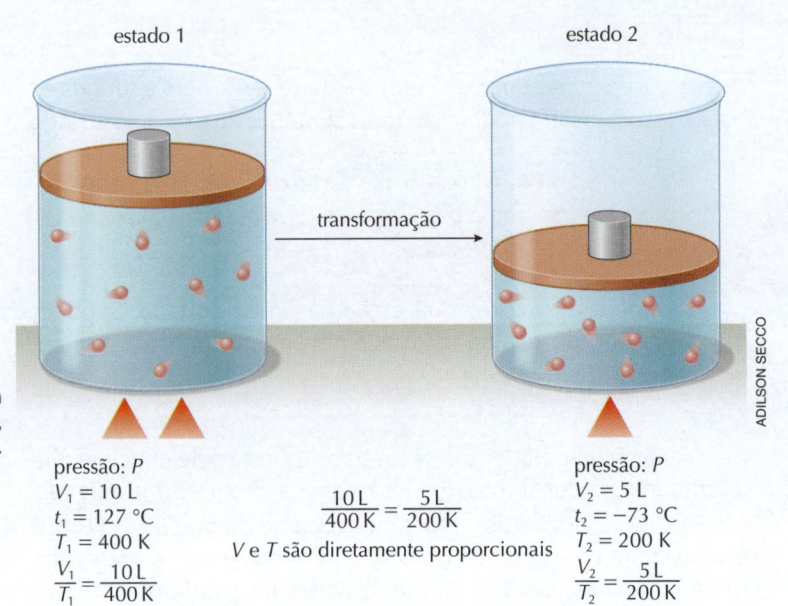

estado 1

transformação

estado 2

pressão: P
$V_1 = 10$ L
$t_1 = 127$ °C
$T_1 = 400$ K
$\frac{V_1}{T_1} = \frac{10\,L}{400\,K}$

$\frac{10\,L}{400\,K} = \frac{5\,L}{200\,K}$

V e T são diretamente proporcionais

pressão: P
$V_2 = 5$ L
$t_2 = -73$ °C
$T_2 = 200$ K
$\frac{V_2}{T_2} = \frac{5\,L}{200\,K}$

Atividades

1. Utilizando papel quadriculado ou um computador, construa os gráficos especificados abaixo. As curvas que você vai obter devem representar o comportamento de uma amostra de um gás perfeito qualquer.

   Volume × temperatura termodinâmica (K) (transformação isobárica)

   Pressão × temperatura termodinâmica (K) (transformação isovolumétrica)

   Pressão × volume (transformação isotérmica)

   Para traçar essas curvas, escolha os valores de volume, temperatura e pressão que quiser, tomando cuidado para que estejam de acordo com as leis estudadas. Procure explicar por que os pontos zero dessas curvas não têm sentido físico.

2. Com base no quadro abaixo, referente a uma amostra gasosa a temperatura constante, determine os valores de **x**, **y** e **z**:

Volume (L)	1	2	3	y	4
Pressão (atm)	6	3	x	4	z

QUESTÃO COMENTADA

3. (Unicamp-SP) Uma garrafa de 1,5 litro, indeformável e seca, foi fechada com uma tampa plástica. A pressão ambiente era de 1,0 atmosfera e a temperatura de 27 °C. Em seguida, essa garrafa foi colocada ao sol e, após certo tempo, a temperatura em seu interior subiu para 57 °C e a tampa foi arremessada pelo efeito da pressão interna.

   a) Qual era a pressão no interior da garrafa no instante imediatamente anterior à expulsão da tampa plástica?

   b) Qual é a pressão no interior da garrafa após a saída da tampa? Justifique.

   Sugestão de resolução

   O volume inicial da amostra gasosa era de 1,5 L (garrafa), a pressão era de 1 atm e a temperatura, 27 °C, ou seja, 300 K.

   Após o aquecimento, a temperatura passou a ser 57 °C, ou seja, 330 K.

   Nesse processo, o volume da amostra se manteve (1,5 L), uma vez que a garrafa é indeformável. Podemos resumir:

   $P_1 = 1{,}0$ atm $\quad P_2 = ?$
   $V_1 = 1{,}5$ L $\quad V_2 = 1{,}5$ L
   $T_1 = 300$ K $\quad T_2 = 330$ K

   $$\frac{1{,}0\,\text{atm} \cdot 1{,}5\,L}{300\,K} = \frac{P_2 \cdot 1{,}5\,L}{330\,K} \longrightarrow P_2 = 1{,}1\,\text{atm}$$

   a) Nesse instante imediatamente anterior à expulsão da tampa, a pressão do gás é de 1,1 atm.

   b) Depois de aberta a garrafa, a pressão no interior dela passa a ser igual à do ambiente, isto é, 1,0 atm.

4. A que temperatura (°C) deve ser aquecido um frasco aberto para que um terço do gás nele contido a 27 °C seja expulso?

5. Explique como a lei de Charles (transformação isobárica) justifica:

   a) o fato de um balão de gás murchar, quando fica por muito tempo em um ambiente a baixa temperatura;

   b) a recomendação existente em embalagens de aerossol para conservá-las em local com temperatura abaixo de 40 °C e para não jogá-las em incineradores.

Lei dos gases ideais

Até aqui, analisamos as leis decorrentes de experimentos em que eram mantidas a amostra gasosa (massa fixa) e uma das variáveis de estado de um gás. Mas, de acordo com o conteúdo apresentado, uma amostra gasosa de um gás qualquer difere de outra quanto à quantidade de matéria (n). Entretanto, como podemos relacionar a quantidade de matéria com as variáveis de estado de um gás?

Para facilitar nosso estudo, vamos partir de uma equação mais geral, resultante dos trabalhos experimentais de Robert Boyle (1660), Jacques Alexandre César Charles (1787) e Gay-Lussac (1802), que permitiram estabelecer relações entre as variáveis de estado de um gás, generalizadas pelo francês Benoît Paul Émile Clapeyron (1799-1864) na seguinte equação:

$$PV = nRT$$

P: pressão do gás
V: volume do gás
T: temperatura termodinâmica do gás (K)
R: constante universal dos gases
n: quantidade de matéria (mol)

Unidades das variáveis de estado	
	Unidades
Volume	m^3, L, mL, cm^3, etc.
Pressão	Pa, atm, mmHg, etc.
Temperatura	°C (grau Celsius) e K (kelvin) $T_{(K)} = t_{(°C)} + 273$ A temperatura termodinâmica é essencial no estudo dos gases.

Atividades

1. R é uma constante universal, por isso tem sempre o mesmo valor, independentemente do gás considerado. O valor numérico de R, porém, varia com as unidades adotadas. Assim:

   $R = 0{,}082$ atm L mol^{-1} K^{-1} (P em atm)

   $R = 62{,}3$ mmHg L mol^{-1} K^{-1} (P em mmHg)

   Calcule o valor da constante nas unidades atualmente adotadas pela IUPAC (P em Pa, T em K e V em dm^3). Lembre-se de que, nas condições padronizadas (CPTP), temos: $P = 10^5$ Pa e $P = 273$ K, portanto, o volume molar Vm = 22,7 L.

2. Considere um gás à temperatura de 27 °C e pressão de 1 atm.
   a) Qual é o valor do volume molar?
   b) Qual é o volume de 0,25 mol de CO?

   Sempre que necessário, consulte a tabela de massas atômicas e considere a constante dos gases $R = 0{,}082$ atm · L · K^{-1} · mol^{-1}.

3. Uma residência é abastecida basicamente por gás butano (C_4H_{10}). Se o volume consumido por essa residência for de 50 m^3, à temperatura de 27 °C e sob pressão de 1 atmosfera, calcule a massa de butano que é consumida nessa casa.

4. Um extintor de incêndio contém 4,4 kg de dióxido de carbono. Se todo esse dióxido for liberado na atmosfera a 27 °C e 1 atm, qual será o volume desse composto no estado gasoso?

Considere dois balões, A e B, que contêm, respectivamente, os gases oxigênio e hidrogênio. A relação $\frac{PV}{T}$ é idêntica em A e B, sendo T a temperatura termodinâmica (K).

5. Qual é a relação entre as quantidades de matéria em A e B?

6. Quantas vezes a massa de oxigênio em A é maior do que em B?

7. Se, em B, há $1{,}8 \cdot 10^{24}$ moléculas, quantos átomos de O existem em A?

Você pode resolver as questões 1, 2, 3 e 15 da seção Testando seus conhecimentos.

Equação de estado e transformações gasosas

Vamos nos valer de um exemplo numérico para que você entenda essa relação.

Dois recipientes contendo gases estão à mesma temperatura. O primeiro contém 56 g de CO (gás 1) a $1 \cdot 10^5$ Pa. O segundo, cujo volume é o dobro do primeiro, contém CH_4 (gás 2) a $0,5 \cdot 10^5$ Pa. Qual é a massa de metano no último?

Como R é constante, podemos escrever:

$$R = \frac{P_1 \cdot V_1}{n_1 \cdot T_1} = \frac{P_2 \cdot V_2}{n_2 \cdot T_2} \longrightarrow \frac{1 \cdot 10^5 \cdot \cancel{V}}{n_1 \cdot \cancel{T}} = \frac{0,5 \cdot 10^5 \cdot 2\cancel{V}}{n_2 \cdot \cancel{T}}$$

Ou seja: $n_1 = n_2$

Lembrando que há 56 g de CO no recipiente menor, então:

1 mol de CO ———— 28 g
n_1 ———— 56 g
$n_1 = 2$ mol

Como $n_1 = n_2$, em ambos os recipientes há 2 mol de gás.

1 mol de CH_4 ———— 16 g
2 mol de CH_4 ———— m
$m = 32$ g

Portanto, no segundo balão haverá 32 g de CH_4.

CO
$P_1 = 1 \cdot 10^5$ Pa
$V_1 = V$
$T_1 = T$

CH_4
$P_2 = 0,5 \cdot 10^5$ Pa
$V_2 = 2V$
$T_2 = T$

Lei dos gases (combinada)

Recorrendo à equação de estado, vamos considerar um gás X que sofre uma transformação, como indicado a seguir:

Estado inicial
gás X
P_1, V_1, T_1
$P_1V_1 = n_1RT_1$
$\frac{P_1V_1}{T_1} = n_1R$

Estado final
gás X
P_2, V_2, T_2
$P_2V_2 = n_2RT_2$
$\frac{P_2V_2}{T_2} = n_2R$

Nessa transformação, a amostra gasosa se mantém $n_1 = n_2$, ou:

$$\frac{P_1V_1}{T_1} = \frac{P_2V_2}{T_2}$$

A relação $\frac{PV}{T}$ é uma constante que depende da quantidade de matéria da amostra gasosa.

Atividades

Para resolver as questões a seguir, baseie-se no esquema abaixo.

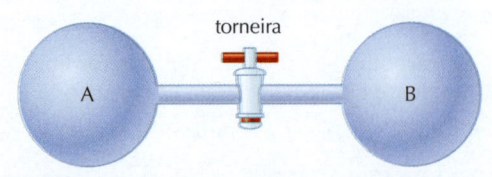

torneira
A   B

Nele estão representados dois balões de igual volume, unidos por um tubo cujo volume é desprezível se comparado ao dos dois balões e no qual há uma torneira.

1. Inicialmente, os dois balões estão em ambientes de mesma temperatura e, no balão **A**, há um gás a pressão de 1 atm. O balão **B** está vazio. Quando se abre a torneira, qual é a pressão do gás em **A**? E em **B**?

2. Em outra situação, em ambos os balões há um gás a 27 °C, à pressão de 1 atm. O conjunto é levado a um ambiente a 127 °C. Qual é a pressão no interior do sistema?

Como explicar o comportamento dos gases?

As leis dos gases são importantes porque permitem fazer previsões quantitativas sobre o comportamento de um gás. Mas, a partir dessas leis, como podemos fazer deduções a respeito do que ocorre com as unidades constituintes do gás?

O fato de os gases terem comportamentos semelhantes nas diferentes transformações gasosas sugeriu que deviam existir semelhanças no comportamento de suas moléculas.

Assim, da mesma forma que as leis ponderais das reações conduziram Dalton à criação da teoria atômica, as leis dos gases foram explicadas por meio da **teoria cinética dos gases**, um modelo desenvolvido durante o século XIX por vários cientistas, entre os quais os físicos Ludwig Boltzmann (1844-1906) e James Clerk Maxwell (1831-1879).

Vamos resumir os pressupostos dessa teoria:

- Um gás é constituído de moléculas (ou átomos), separadas umas das outras por distâncias significativamente maiores do que suas próprias dimensões. Por isso pode-se considerar que os volumes das moléculas em relação ao volume da amostra gasosa sejam desprezíveis.
- As moléculas de um gás estão em constante movimento em todas as direções e podem chocar-se umas com as outras. Essas colisões são elásticas, isto é, não provocam alteração no total de energia cinética das moléculas que colidem (não há transformação da energia cinética em outras formas de energia).
Apesar disso, a energia pode ser transferida de uma molécula a outra, de modo que o total de energia do sistema permaneça constante.
- As unidades constituintes de um gás não exercem atração nem repulsão significativas entre si.
- A energia cinética média das moléculas de um gás é proporcional à temperatura termodinâmica (K) da amostra.

Falamos em energia cinética média, pois as moléculas têm velocidades diferentes (tanto em módulo como em direção e sentido), que são alteradas a cada colisão.

Como você sabe, toda teoria ou modelo é formulada para explicar uma série de conclusões experimentais. A teoria cinética dos gases, desenvolvida na segunda metade do século XIX, foi capaz de explicar as leis de Boyle, Charles, Dalton e Gay-Lussac, além de ser coerente com os estudos sobre calor e temperatura desenvolvidos por James Prescott Joule (1818-1889) e William Thomson (Baron Kelvin, 1824-1907).

A abordagem desta coleção está voltada somente para os pressupostos essenciais dessa teoria, sem os aprofundamentos quantitativos que envolvem cálculos complexos. Ainda assim, é possível compreender que ela é capaz de explicar as leis anteriormente abordadas.

Representação do movimento das moléculas de um gás como esferas. Lembre-se: as dimensões das moléculas e as distâncias entre elas estão completamente fora da proporção real.
Fonte: RUSSELL, J. B. *Química geral*. 2. ed. São Paulo: Makron Books, 1994. v. 1. p. 198.

Explicando a transformação isotérmica (lei de Boyle)

Quando reduzimos o volume de um gás, sem alterar a temperatura, a energia cinética média das moléculas não muda, porém as moléculas ficam mais próximas umas das outras.

Como a densidade é a relação entre massa e volume, em um volume menor, teremos a mesma massa (o mesmo número de moléculas), o que explica o aumento da densidade do gás.

Esse aumento da concentração de moléculas do gás tem como consequência um maior número de choques das moléculas contra as paredes do recipiente. Mais choques por unidade de tempo significam aumento da pressão exercida pelo gás contra a superfície do recipiente que o contém.

Explicando a transformação isovolumétrica

Quando a temperatura de um gás sobe, de acordo com a teoria cinética dos gases, há aumento da energia cinética média de suas moléculas. Porém, a energia cinética de um corpo depende da massa (que, no caso das moléculas de uma substância, não muda) e da velocidade. Veja a expressão matemática da energia cinética:

$$E_c = \frac{1}{2} mv_2$$

Assim, o aumento da temperatura do gás faz aumentar a velocidade (v) de suas moléculas. Consequentemente, haverá maior número de colisões dessas unidades contra as paredes do recipiente, ou seja, haverá aumento de pressão. Observe as ilustrações:

$T_1 > T_2$
$P_1 > P_2$

Quando elevamos a temperatura de um gás sem alterar seu volume, a energia cinética das moléculas do gás aumenta, aumentando o número de colisões contra a parede do recipiente, o que explica a elevação de pressão.

Explicando a transformação isobárica

Se aquecermos um gás, de acordo com a teoria cinética dos gases, a velocidade de suas moléculas aumentará. Mas, se não houver aumento do volume desse gás, elas manterão a mesma distância média entre si e, consequentemente, haverá aumento da pressão. Para que a pressão se mantenha constante, deve haver o mesmo número médio de colisões por unidade de área, o que só será possível se o volume do gás aumentar. No exemplo representado na figura ao lado, como o êmbolo está livre, a pressão do gás durante o aquecimento fica constantemente igual à pressão atmosférica do local.

Se resfriarmos um gás, para que a pressão se mantenha constante, ocorrerá redução de seu volume. Quando a distância média entre as moléculas diminui, o gás deixa de seguir perfeitamente a proporcionalidade $V \times T$ (não é mais gás perfeito, e sim real). Devido ao surgimento de interações intermoleculares, poderá ocorrer a sua liquefação.

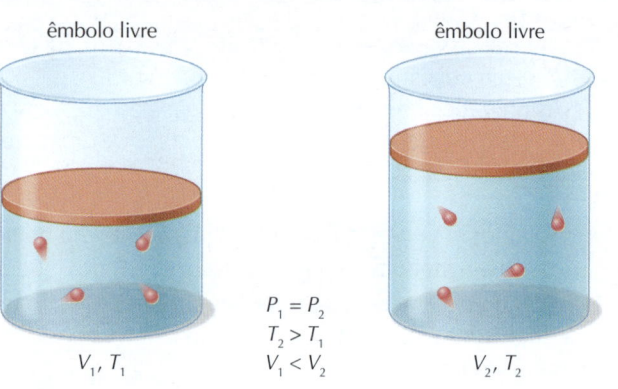

$P_1 = P_2$
$T_2 > T_1$
$V_1 < V_2$

Quando aumentamos a temperatura de um gás sem aumentar a pressão, deve haver o mesmo número médio de colisões das moléculas de gás por unidade de área das paredes do recipiente, o que explica o aumento do volume de gás.

Explicando o princípio de Avogadro

Segundo Avogadro, se o volume de dois gases, em condições iguais de T e P, é o mesmo, é porque eles têm igual número de moléculas. Como isso se explica pela teoria cinética dos gases? Se a temperatura é a mesma, a energia cinética média das moléculas dos gases também é a mesma, independentemente de sua natureza. E, se os gases têm o mesmo volume, é porque contêm o mesmo número de moléculas. Assim, o número médio de colisões das moléculas desses gases por unidade de área das paredes dos recipientes que os contêm é idêntico e, consequentemente, a pressão de ambos os gases é idêntica.

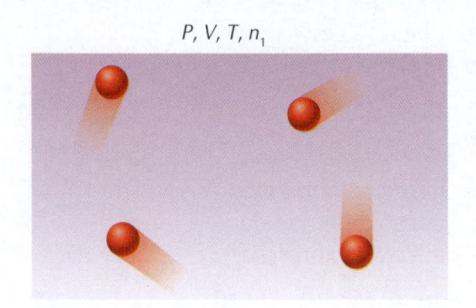

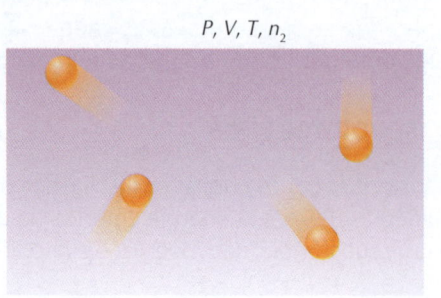

Transformações dos gases

P, V, T, n_1 P, V, T, n_2

Se P, V e T são iguais, então: $n_1 = n_2$.

Para que dois gases apresentem o mesmo volume, em condições iguais de pressão e temperatura, eles devem ter o mesmo número de moléculas.

Atividades

1. Partindo dos pressupostos da teoria cinética dos gases, explique:
  a) por que os gases são compressíveis;
  b) por que, numa transformação isotérmica, pressão e volume são inversamente proporcionais (lei de Boyle);
  c) o princípio de Avogadro.

2. Segundo a teoria cinética dos gases, o que há em comum entre gases que estão a uma mesma temperatura? É possível dizer que a velocidade média de suas moléculas é a mesma? Por quê?

3. O aumento da quantidade de matéria de um gás em um balão provoca o aumento da pressão, desde que a temperatura se mantenha constante. Como você explicaria esse fato à luz da teoria cinética dos gases?

QUESTÃO COMENTADA

4. Em uma ampola de vidro são acondicionados 30 g de um gás. Nessas condições, a pressão dentro da ampola é de 4 atm. Porém, a ampola quebra em um local cuja pressão barométrica é 1 atm. Suponha que a temperatura se mantenha constante e responda:

  a) O que acontecerá com o gás?
  b) Que alteração ocorrerá na massa do gás? Qual a diferença em massa?
  c) Que mudança haverá na quantidade de material (em mol) dentro da ampola?

Sugestão de resolução

Enquanto a ampola estiver fechada, a pressão do gás será 4 de atm. No entanto, quando ela for aberta, a pressão do gás passará a ser 1 atm. Vale ressaltar que não seria possível usar a equação de estado dos gases porque a amostra gasosa não se conserva. Inicialmente teríamos 30 g ou $\frac{30}{M}$ mol. Ao final, a massa será menor, equivalente a $\frac{x}{M}$ mol. Note que M é o mesmo em ambas as situações porque o gás é o mesmo. O volume da ampola e a temperatura do gás também não variam.

Podemos recorrer à expressão $PV = nRT$, igualando R nas duas situações:

$P_1 = 4$ atm $P_2 = 1$ atm

$V_1 = V$ $V_2 = V$

$n_1 = \frac{30}{M}$ $n_2 = \frac{x}{M}$

$R = \frac{P_1 V_1}{n_1 T_1} = \frac{P_2 V_2}{n_2 T_2}$

$\frac{4 \text{ atm} \cdot V}{\frac{30 \text{ g}}{M} \cdot T} = \frac{1 \text{ atm} \cdot V}{\frac{x \text{ g}}{M} \cdot T}$

$4 \cdot \frac{x}{M} = 1 \cdot \frac{30}{M}$

$4x = 30$ $x = 7,5$ g

  a) Parte do gás escapa, pois sua pressão ficará menor.
  b) Saem da ampola: 30 g − 7,5 g = 22,5 g.
  c) A quantidade de matéria passará a ser $\frac{1}{4}$ da inicial.

5. (ITA-SP) Dois balões esféricos de mesmo volume são unidos por um tubo de volume desprezível, provido de torneira. Inicialmente o balão A contém 1,00 mol de um gás ideal e em B há vácuo.

Os dois balões são mantidos às temperaturas indicadas no desenho abaixo. A torneira é aberta durante certo tempo.

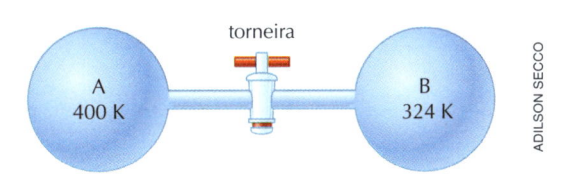

Voltando a fechá-la, verifica-se que a pressão em B é 0,81 do valor da pressão em A. Quanto do gás deve ter sobrado no balão A?

  a) 0,20 mol
  b) 0,40 mol
  c) 0,50 mol
  d) 0,60 mol
  e) 0,80 mol

Densidade absoluta

Você já conhece o conceito de densidade ou massa específica de uma substância. Esse conceito é válido para uma substância em qualquer estado físico. Por que, então, estudaremos em particular a densidade dos gases? Vamos refletir, começando por responder às questões a seguir.

Atividades

1. Um balão de festa (bexiga) cheio de gás está numa geladeira e o gás que ele contém tem densidade d. O que ocorre com a densidade do gás se o balão for levado para um local a 30 °C? Explique.

2. Quando um pistão comprime um gás à temperatura constante, o que ocorre com a densidade desse gás?

Você deve ter concluído que particularizamos a densidade de um gás porque ela varia bastante com a temperatura e com a pressão, o que não ocorre com substâncias em outros estados físicos.

> **Densidade absoluta de um gás** é a relação entre a massa de uma amostra desse gás e o volume por ela ocupado em certa pressão e temperatura.
>
> $$d_{(P,T)} = \frac{M}{V}$$

Como se calcula a densidade de um gás qualquer?

Sem conhecer a massa e o volume ocupado por uma amostra de um gás, é possível calcular sua densidade em dadas pressão e temperatura?

- Suponha que se queira calcular a densidade de um gás como o hidrogênio (H_2) a $1 \cdot 10^5$ Pa e 0 °C.

Como o volume de 1 mol (V_m) vale 22,7 L, a 10^5 Pa e 0 °C, e a massa molar do H_2 é 2 g/mol, pode-se determinar a d_{H_2} nessas condições:

$$d_{H_2} = \frac{2\,g}{22,7\,L} = 0,88\,g/L\,(10^5\,Pa, 0°C)$$

$$d_{H_2} = 0,09\,g/L\,(10^5\,Pa, 0°C)$$

Ou a 1 atmosfera, isto é, 101 325 Pa e 0 °C, V_m = 22,4 L, o que genericamente significa:

$$d_{x\,(101325\,Pa,\,0°C)} = \frac{M_x\,g}{22,4\,L}$$

- Para uma condição qualquer, de temperatura (T) e pressão (P), podemos usar a equação de estado para calcular a densidade de um gás:

$$P \cdot V = n \cdot R \cdot T, \text{ em que } n = \frac{m}{M}$$

$$P \cdot V = \frac{m}{M} \cdot R \cdot T \Rightarrow P \cdot M = \frac{m}{V} \cdot R \cdot T \Rightarrow P \cdot M = d \cdot R \cdot T$$

$$d = \frac{P \cdot M}{R \cdot T}$$

Repare que a densidade é diretamente proporcional à massa molar de um gás. Isso explica o fato de o hidrogênio (H_2), que possui a menor massa molar, ter sido o primeiro gás a ser usado em dirigíveis. Por ser combustível, entretanto, vários acidentes ocorreram, fazendo com que fosse substituído por hélio (M_{He} = 4 g/mol), um gás nobre, não reativo.

Como a densidade de um gás varia com a pressão e com a temperatura?

O que acontece com o volume de uma amostra gasosa quando se aumenta sua pressão a temperatura constante?

Nessas condições, seu volume diminui. Mas, se a densidade relaciona a massa de uma amostra com seu volume, na medida em que o volume diminui, a densidade aumenta. Ou seja, a densidade de um gás, a temperatura constante, é diretamente proporcional à sua pressão.

O que acontece, então, com a densidade de um gás, à pressão constante, quando se aumenta sua temperatura?

A temperatura termodinâmica (K) é diretamente proporcional ao volume de uma amostra gasosa, à pressão constante. Se a massa da amostra é constante e o volume aumenta, a relação massa/volume se torna menor. Ou seja, a densidade de um gás, à pressão constante, é inversamente proporcional à temperatura termodinâmica (K).

Essas conclusões podem ser deduzidas com base na expressão: $\quad d = \dfrac{PM}{RT}$

Como R e M são constantes para um mesmo gás, podemos escrever:

$$d = \frac{P \cdot M}{R \cdot T} = \frac{P}{T} \cdot K \text{ ou } \frac{P_1}{d_1 \cdot T_1} = \frac{P_2}{d_2 \cdot T_2}$$

A temperatura constante (transformação isotérmica):

$$T_1 = T_2 \Rightarrow \frac{d_1}{d_2} = \frac{P_1}{P_2}$$

A pressão constante (transformação isobárica):

$$P_1 = P_2 \Rightarrow d_1 T_1 = d_2 T_2$$

Densidade relativa dos gases

A **densidade relativa** é a razão entre as densidades de dois gases, em idênticas condições de pressão e temperatura.

Seja $d_{A,B}$ a densidade de um gás A em relação à de um gás B: $d_{A,B} = \dfrac{d_A}{d_B}$.

Mas $d_A = \dfrac{P \cdot M_A}{R \cdot T}$ e $d_B = \dfrac{P \cdot M_B}{R \cdot T}$. Então: $\dfrac{d_A}{d_B} = \dfrac{M_A}{M_B}$.

A relação entre as densidades de dois gases é igual à relação entre as suas massas molares.

Por exemplo: o gás SO_2 (M = 64 g/mol) tem densidade igual ao dobro da densidade do gás O_2 (M = 32 g/mol), nas mesmas condições de temperatura e pressão.

A densidade relativa é um número puro, isto é, sem unidades.

Atividades

1. Os dirigíveis usados no início do século XX utilizavam gás hidrogênio. Como o hidrogênio é combustível, ele foi substituído por gás hélio. Qual é a razão especial de terem sido esses, e não outros gases, os escolhidos para serem usados em balões e dirigíveis?

2. Qual é a densidade do H_2 à pressão de 0,5 atm e à temperatura de 27 °C?

3. Quantas vezes o monóxido de carbono é mais denso que o hidrogênio, nas mesmas condições de temperatura e pressão?

4. Calcule a massa de $1,8 \cdot 10^{24}$ moléculas de um gás X cuja densidade em relação ao H_2 é 32.

5. O gás hélio, em determinada temperatura e pressão, tem densidade de 0,16 g/L. Outro gás, nas mesmas condições, tem densidade 1,28 g/L. Qual é a massa molar desse gás?

6. Como se explica a ascensão dos balões usados antigamente em festas juninas? Após algum tempo, eles caíam, o que fez com que fossem proibidos. Por quê?

7. (Fuvest-SP) Uma balança de dois pratos, tendo em cada prato um frasco aberto ao ar, foi equilibrada nas condições ambientes de pressão e temperatura. Em seguida, o ar atmosférico de um dos frascos foi substituído, totalmente, por outro gás. Com isso, a balança se desequilibrou, pendendo para o lado em que foi feita a substituição.

   a) Dê a equação da densidade de um gás (ou mistura gasosa), em função de sua massa molar (ou massa molar média).
   b) Dentre os gases da tabela, quais os que, não sendo tóxicos nem irritantes, podem substituir o ar atmosférico para que ocorra o que foi descrito? Justifique.

Gás	H_2	He	NH_3	CO	ar	O_2	CO_2	NO_2	SO_2
M/g mol^{-1}	2	4	17	28	29	32	44	46	64

Nota dos autores: A massa molar do ar, 29, na verdade é uma média dos valores de M (g/mol) dos gases em mistura no ar.

Misturas gasosas

Pressão parcial de um gás

Imagine que os gases nitrogênio (N_2) e oxigênio (O_2) – balões **1** e **2**, respectivamente – sejam misturados nas condições indicadas na figura abaixo.

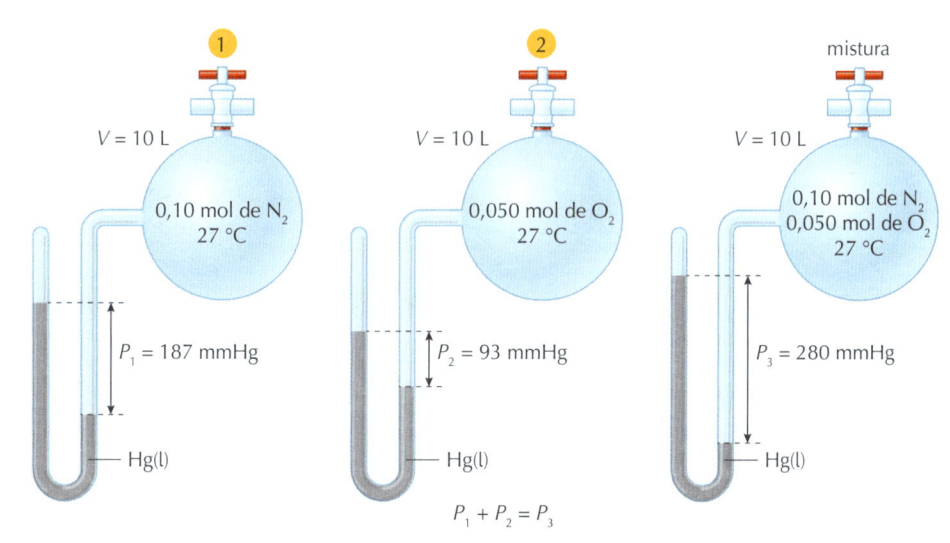

Balão 1: V = 10 L; 0,10 mol de N_2; 27 °C; P_1 = 187 mmHg

Balão 2: V = 10 L; 0,050 mol de O_2; 27 °C; P_2 = 93 mmHg

Mistura: V = 10 L; 0,10 mol de N_2; 0,050 mol de O_2; 27 °C; P_3 = 280 mmHg

$P_1 + P_2 = P_3$

Ilustração produzida com base em: KOTZ, J. C.; TREICHEL JR., P. *Chemistry & chemical reactivity*. 3. ed. Orlando: Saunders College Publishing, 1996. p. 568.

Repare que a pressão total dos gases na mistura é a soma das pressões que os gases exercem quando estão sozinhos num balão de mesmo volume e mesma temperatura. Dalton constatou experimentalmente esse fato. A partir de suas observações, em 1801, ele formulou a lei de Dalton.

Pressão parcial (p) de um gás, numa mistura gasosa, é a pressão que ele exerceria se ocupasse sozinho todo o volume da mistura, na mesma temperatura.

Vamos pensar em outra situação.

Imagine que três gases constituintes de uma mistura são separados e transferidos para balões com **volume V** igual ao da mistura e com **temperatura T** idêntica a ela.

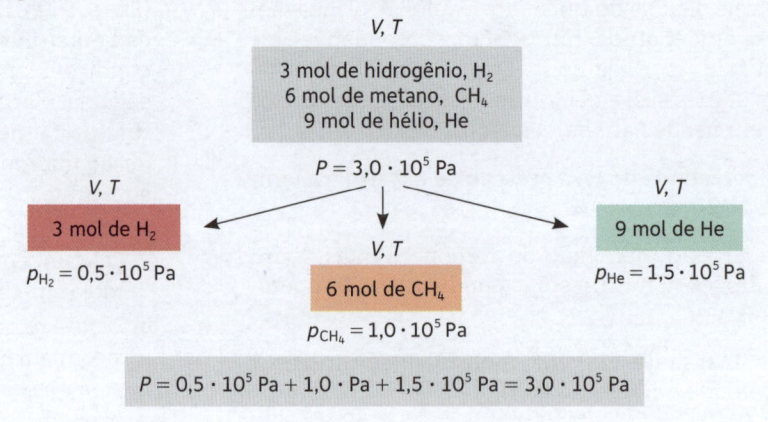

V, T
3 mol de hidrogênio, H_2
6 mol de metano, CH_4
9 mol de hélio, He
$P = 3{,}0 \cdot 10^5$ Pa

V, T — 3 mol de H_2 — $p_{H_2} = 0{,}5 \cdot 10^5$ Pa

V, T — 6 mol de CH_4 — $p_{CH_4} = 1{,}0 \cdot 10^5$ Pa

V, T — 9 mol de He — $p_{He} = 1{,}5 \cdot 10^5$ Pa

$P = 0{,}5 \cdot 10^5$ Pa $+ 1{,}0 \cdot$ Pa $+ 1{,}5 \cdot 10^5$ Pa $= 3{,}0 \cdot 10^5$ Pa

Note que a pressão parcial do He é três vezes a do H_2, e a do CH_4 é duas vezes a do H_2. Tal fato decorre de o He ter o triplo da quantidade de matéria do H_2, e o metano, o dobro, consequência direta do princípio de Avogadro.

Podemos deduzir que a pressão exercida pela mistura gasosa P se deve à contribuição proporcional de cada um dos gases componentes, o que pode ser assim representado:

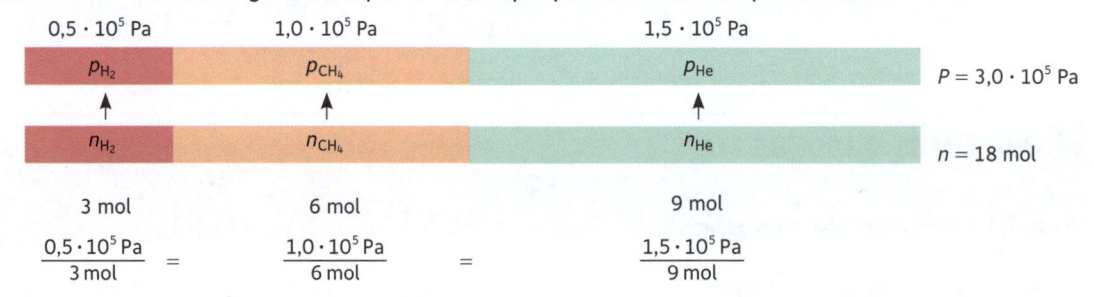

$0{,}5 \cdot 10^5$ Pa	$1{,}0 \cdot 10^5$ Pa	$1{,}5 \cdot 10^5$ Pa	
p_{H_2}	p_{CH_4}	p_{He}	$P = 3{,}0 \cdot 10^5$ Pa
n_{H_2}	n_{CH_4}	n_{He}	$n = 18$ mol
3 mol	6 mol	9 mol	

$$\dfrac{0{,}5 \cdot 10^5 \text{ Pa}}{3 \text{ mol}} = \dfrac{1{,}0 \cdot 10^5 \text{ Pa}}{6 \text{ mol}} = \dfrac{1{,}5 \cdot 10^5 \text{ Pa}}{9 \text{ mol}}$$

Desse modo, quando existe apenas H_2 no recipiente, a pressão é $0{,}5 \cdot 10^5$ Pa, o que corresponde à sua participação na pressão total da mistura. Ou seja, a pressão parcial do H_2 (p_{H_2}) vale $0{,}5 \cdot 10^5$ Pa.

Em todo o raciocínio desenvolvido no exemplo, são válidas as duas expressões fundamentais para os cálculos que envolvem pressões parciais mencionadas a seguir, (**1**) e (**2**). Elas estão destacadas para chamar sua atenção:

(**1**) $\boxed{P = p_A + p_B + p_C + ...}$ (expressão da lei de Dalton)

Em que p_A, p_B e p_C indicam a pressão parcial de cada gás em uma mistura; são genericamente representados por p.

Lei de Dalton: "Numa mistura gasosa, a pressão total (P) é a soma das pressões parciais (p) de seus componentes".

(**2**) $\boxed{\dfrac{p_A}{P} = \dfrac{n_A}{n}}$

Em que:
P – pressão total da mistura
n_A – quantidade de matéria do gás **A** (mol)
n – quantidade total de matéria (mol)

A expressão (**2**) indica que, para uma mistura gasosa, tanto as pressões parciais como a pressão total são proporcionais às quantidades de matéria.

A **fração em quantidade de matéria do gás A**, X_A, é a relação entre n_A e n:

$$X_A = \dfrac{n_A}{n}$$

Portanto, (**2**) $\boxed{p_A = P X_A}$

Como vimos, pressões (parcial e total) e quantidade de matéria são diretamente proporcionais.

Veja, na representação esquemática a seguir, um exemplo numérico de uma mistura de três gases quaisquer que procura esclarecer as relações que acabamos de analisar:

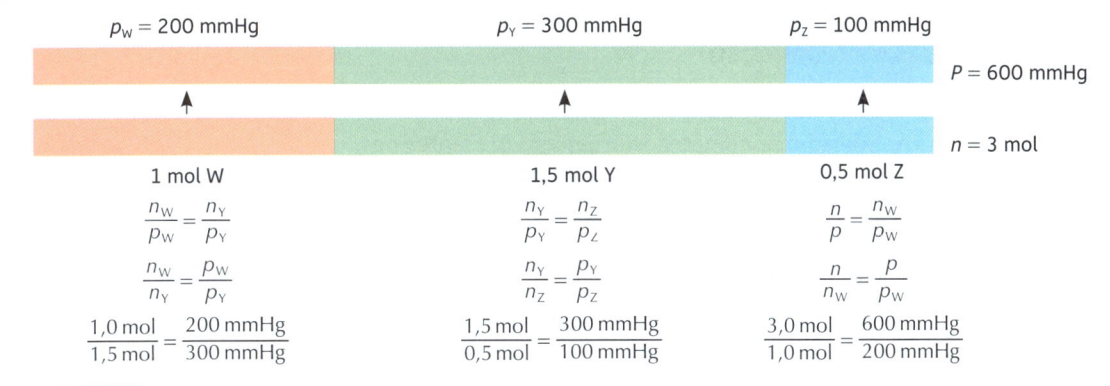

$p_W = 200$ mmHg $p_Y = 300$ mmHg $p_Z = 100$ mmHg

$P = 600$ mmHg

$n = 3$ mol

1 mol W   1,5 mol Y   0,5 mol Z

$$\frac{n_W}{p_W} = \frac{n_Y}{p_Y} \qquad \frac{n_Y}{p_Y} = \frac{n_Z}{p_Z} \qquad \frac{n}{p} = \frac{n_W}{p_W}$$

$$\frac{n_W}{n_Y} = \frac{p_W}{p_Y} \qquad \frac{n_Y}{n_Z} = \frac{p_Y}{p_Z} \qquad \frac{n}{n_W} = \frac{p}{p_W}$$

$$\frac{1{,}0 \text{ mol}}{1{,}5 \text{ mol}} = \frac{200 \text{ mmHg}}{300 \text{ mmHg}} \qquad \frac{1{,}5 \text{ mol}}{0{,}5 \text{ mol}} = \frac{300 \text{ mmHg}}{100 \text{ mmHg}} \qquad \frac{3{,}0 \text{ mol}}{1{,}0 \text{ mol}} = \frac{600 \text{ mmHg}}{200 \text{ mmHg}}$$

Observação

Todas as leis apresentadas são válidas para os gases ditos **perfeitos ou ideais**, ou seja, elas têm aplicação limitada a gases nos quais as moléculas estão bem distantes umas das outras, de forma que a atração entre elas seja desprezível. Se o gás é submetido a pressões elevadas e a temperaturas baixas, suas moléculas têm suas distâncias médias reduzidas, isto é, ficam mais próximas, e, nesse caso, seu comportamento se afasta do previsto pelas leis dos gases perfeitos. Dizemos então que se trata de um gás real, e essas leis têm que ser corrigidas, o que foge aos objetivos do Ensino Médio. Quando a proximidade das moléculas fica muito grande (pressões altas e temperaturas baixas), pode ocorrer a liquefação dos gases.

gás ideal ou perfeito

A dimensão das moléculas é desprezível quando comparada com a distância média (e_1) entre elas.

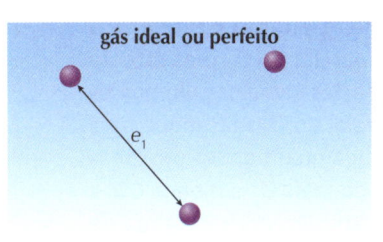

$e_1 \ldots e_2$, em que e é a distância entre as partículas

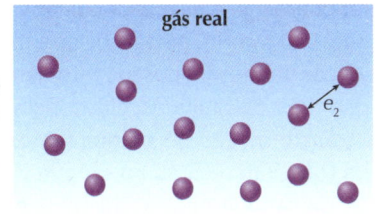

gás real

A dimensão das moléculas não é desprezível quando comparada com a distância média (e_2) entre elas.

Atividades

QUESTÃO COMENTADA

1. (Fuvest-SP) Na respiração humana o ar inspirado e o ar expirado têm composições diferentes. A tabela abaixo apresenta as pressões parciais, em mmHg, dos gases da respiração em determinado local.

Gás	Ar inspirado	Ar expirado
Oxigênio	157,9	115
Dióxido de carbono	0,2	x
Nitrogênio	590,2	560,1
Argônio	7	6,6
Vapor de água	4,7	46,6

Qual o valor de x em mmHg?

a) 12,4   b) 31,7   c) 48,2   d) 56,5   e) 71,3

Sugestão de resolução

A pressão do ar nos pulmões tem que se manter, ou seja, a pressão do ar inspirado tem que ser igual à do ar expirado. Todas as pressões parciais dos gases inspirados foram fornecidas e, portanto, ao somá-las, teremos o valor da pressão total do ar nos pulmões.

$P = (157{,}9 + 0{,}2 + 590{,}2 + 7 + 4{,}7)$ mmHg $= 760$ mmHg

Fazendo um raciocínio análogo para a mistura gasosa expirada, podemos deduzir o valor de x:

$P = 760$ mmHg $= (115 + x + 560{,}1 + 6{,}6 + 46{,}6)$ mmHg
$x = 31{,}7$ mmHg

Alternativa **b**.

2. (UFRGS-RS) Se o sistema representado abaixo for mantido a uma temperatura constante e se os três balões possuírem o mesmo volume, após se abrirem as válvulas A e B, a pressão total nos três balões será:

a) 3 atm.   d) 9 atm.
b) 4 atm.   e) 12 atm.
c) 6 atm.

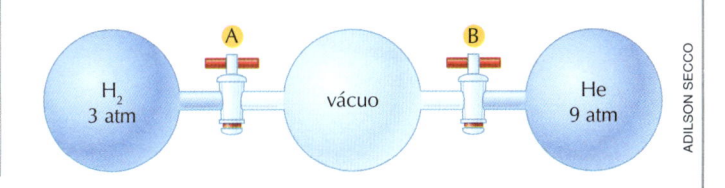

[Balão com H_2 a 3 atm — válvula A — balão em vácuo — válvula B — balão com He a 9 atm]

*Você pode resolver as questões 4, 6, 8, 10, 11, 16, 17, 19 e 20 da seção **Testando seus conhecimentos**.*

Conexões

Química e Biologia – Trocas gasosas na respiração

Como você sabe, em nosso organismo, o oxigênio (O_2) do ar tem o papel fundamental de oxidante capaz de, em termos simplificados, transformar compostos orgânicos presentes nos nutrientes em dióxido de carbono (CO_2) e água (H_2O). Por meio desse processo é que o organismo obtém energia para múltiplas finalidades.

A respiração é o processo por meio do qual inspiramos o O_2, substância que o sangue carrega dos pulmões aos tecidos das diversas partes do organismo. Por meio do sangue, também o CO_2 resultante do metabolismo celular é levado aos pulmões, sendo então expirado. Os gases CO_2 e O_2 dissolvem-se no fluido sanguíneo.

Vale frisar que a solubilidade de um gás em um líquido é proporcional à pressão que o gás exerce no líquido. Além disso, os gases fluem de uma pressão mais alta para outra mais baixa.

Então vejamos, de forma geral, como a respiração funciona. Em um indivíduo sadio, o sangue venoso chega aos pulmões carregando gás CO_2 dissolvido em uma concentração que equivale a uma pressão parcial aproximada de 45 mmHg. O sangue venoso carrega também gás O_2 não utilizado pelo organismo, que exerce uma pressão de 40 mmHg a 45 mmHg.

O sangue venoso contendo esses gases dissolvidos chega aos pulmões por meio dos capilares dos alvéolos pulmonares. Já o ar que chega aos pulmões pela respiração contém O_2 a pressão parcial maior que 100 mmHg, portanto superior à pressão parcial do O_2 presente no sangue venoso que atingiu os pulmões. Consequentemente, o O_2 passa dos alvéolos pulmonares para o sangue venoso que flui nos capilares, elevando a pressão parcial do O_2 no sangue para 100 mmHg; ou seja, há transformação do **sangue venoso** (que carrega quantidades próximas de CO_2 e O_2) em **arterial** (que, em relação ao sangue venoso, carrega mais O_2 e menos CO_2). Há transferência de CO_2 do sangue para os alvéolos pulmonares também por diferença de pressão, o que permite que o CO_2 deixe o sangue e atinja os pulmões, sendo então expirado.

O sangue arterial, que se enriqueceu de O_2 nos alvéolos, flui dos pulmões em direção às células de todas as partes do organismo, onde a pressão parcial do O_2 é de, no máximo 30 mmHg, e a do CO_2 é da ordem de 50 mmHg (lembre-se de que o O_2 é utilizado pelas células para obter energia). Como no sangue arterial a pressão parcial do O_2 é da ordem de 100 mmHg, portanto superior à do O_2 das células, há transferência do O_2 do sangue arterial para as células.

Representação esquemática das trocas gasosas nos alvéolos pulmonares, a hematose pulmonar.

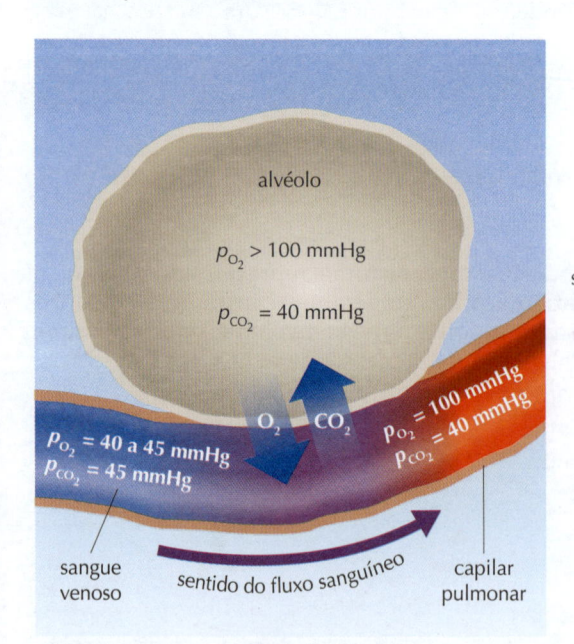

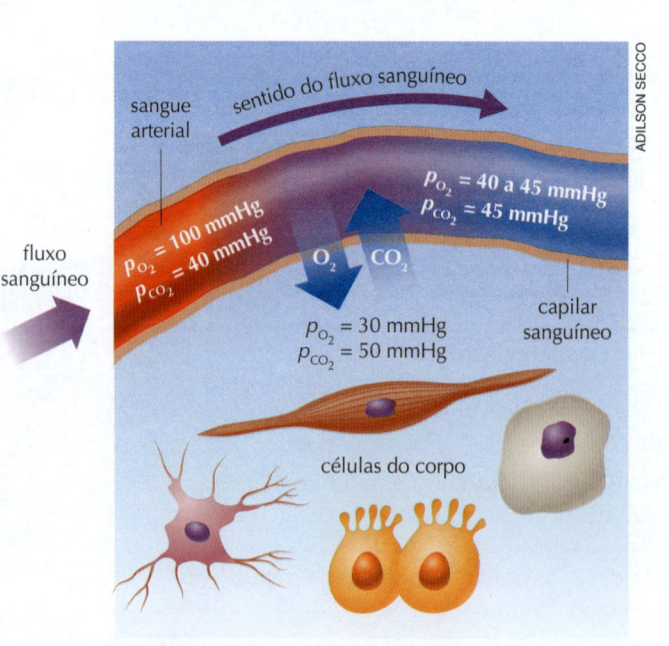

Representação esquemática das trocas gasosas nos tecidos do organismo.

1. No sangue que circula em nosso organismo, em que partes a pressão parcial do CO é a máxima?

2. Como esse valor máximo de pressão do CO_2 contribui para o funcionamento de nosso organismo?

3. A pressão parcial do O_2 é mais alta no sangue arterial ou no venoso?

4. Qual é a pressão parcial do O_2 que inalamos, supondo que a pressão atmosférica local seja 760 mmHg (nível do mar)? (Admita que o ar contém aproximadamente 20% de O_2.)

5. Imagine que você vai viajar para um local em que a pressão atmosférica é inferior a 700 mmHg. Nesse caso, a transformação do sangue venoso em arterial será mais fácil ou mais difícil que ao nível do mar? Por quê?

6. O monóxido de carbono (CO) é um gás extremamente tóxico, capaz de dificultar o transporte de O_2 pelo sangue, visto que se liga com maior intensidade à hemoglobina que o O_2. Quando uma pessoa corre risco de vida por conta da exposição a altas concentrações de CO, um recurso possível é colocá-la em uma câmara hiperbárica, na qual a pressão do O_2 é da ordem de 2 atm. Por que esse recurso pode salvar o indivíduo?

Cálculos em reações químicas das quais participam gases

Tudo o que foi visto neste capítulo pode ser aplicado em cálculos envolvendo reações químicas, das quais participam um ou mais componentes no estado gasoso. Vamos utilizar uma questão proposta em um exame de seleção a uma universidade para exemplificar o que foi dito.

QUESTÃO COMENTADA

(PUC-RS) Os hidretos de metais alcalinoterrosos reagem com água para produzir hidrogênio gasoso, além do hidróxido correspondente. Considerando que a constante universal dos gases é 0,082 atm·L/mol·K, a massa de hidreto de cálcio (CaH_2) necessária para produzir gás suficiente para inflar um balão com 24,6 litros a 27 °C e pressão de 1 atm é, aproximadamente:

a) 21 g b) 42 g c) 50 g d) 63 g e) 80 g

Sugestão de resolução

Inicialmente, vamos calcular a quantidade de matéria de gás hidrogênio que deverá ser produzida. Para isso, vamos utilizar a equação geral dos gases perfeitos: $PV = nRT$.

$P = 1$ atm; $V = 24,6$ L; $R = 0,082 \dfrac{atm \cdot L}{mol \cdot K}$;

$T = 27\ °C = 300$ K

$n = \dfrac{PV}{RT} = \dfrac{1\ atm \cdot 24,6\ L}{0,082\ atm \cdot L \cdot (mol \cdot K)^{-1} \cdot 300\ K}$

$n = 1$ mol

Agora, vamos aplicar os conhecimentos que você já tem dos cálculos envolvendo reações químicas. Para isso, vamos equacionar a reação:

$CaH_2(s) + 2\ H_2O(l) \longrightarrow Ca(OH)_2(aq) + 2\ H_2(g)$

1 mol   2 mol

x   1 mol

x = 0,5 mol de hidreto de cálcio

Mas a massa molar do CaH_2: (40 + 2) g/mol.

Se
1 mol $CaH_2 \longrightarrow$ 42 g,
0,5 mol corresponde a 21 g.
Resposta: alternativa **a**.

> **Observação**
>
> Em questões de vestibular, quando apenas há menção à CN, CNTP, TPN, supõe-se t = 0 °C e P = 1 atm. Nessas condições, o volume molar é 22,4 L.

Você pode resolver as questões 5, 7, 9, 12, 14 e 18 da seção Testando seus conhecimentos.

Atividades

1. Em um balão, há uma mistura de CH_4 e He à pressão de 1 atm. Se a pressão de He é 4 vezes a do CH_4, calcule:
   a) as pressões parciais dos dois gases na mistura;
   b) a relação entre as massas de CH_4 e He.

QUESTÃO COMENTADA

2. (UFSM-RS) Combustão do ácido láctico é representada pela seguinte equação:

$$C_3H_6O_3(s) + 3\ O_2(g) \rightleftharpoons 3\ CO_2(g) + 3\ H_2O(g)$$
ácido láctico

Para realizar a combustão completa de 9 g de ácido láctico em um cilindro de 1 L de volume, sabendo-se que deve ser usado um excesso de 11% de oxigênio e considerando-se a constante universal dos gases igual a 0,082 atm · L · mol^{-1} K^{-1}, a pressão necessária de $O_2(g)$ a 27 °C será, aproximadamente, de:

a) 2,73 atm
b) 5,46 atm
c) 8,20 atm
d) 54,60 atm
e) 82,00 atm

Sugestão de resolução

Vamos começar calculando, com base na equação química, a quantidade de matéria (n) de gás oxigênio necessária para proceder à combustão do ácido láctico. Sendo a massa molar do ácido láctico:

$M_{C_3H_6O_3} = (3 \cdot 12 + 6 \cdot 1 + 3 \cdot 16)$ g/mol = 90 g/mol

$C_3H_6O_3(s) + 3\ O_2(g) \rightleftharpoons 3\ CO_2(g) + 3\ H_2O(g)$

1 mol —— 3 mol
90 g —— 96 g
9 g —— x

x = 9,6 g

Massa correspondente a 11%, em massa, de oxigênio:

9,6 g —— 100%
y —— 11%

y = 1,1 g

Massa total de oxigênio: 9,6 g + 1,1 g = 10,7 g

$$PV = \frac{(m)}{(M)}RT$$

$$P \cdot 1\ L = \left(\frac{10,7\ g}{32,0\ g\ mol^{-1}}\right) 0,082\ atm \cdot L \cdot K^{-1}\ mol^{-1} \cdot 300\ K$$

P = 8,20 atm

Alternativa **c**.

3. O ozonizador é um aparelho utilizado para, por meio de descargas elétricas, transformar o oxigênio do ar em gás ozônio. Esse processo é usado em várias circunstâncias, como esterilização de água e de ambientes contaminados, desinfecção da pele após limpeza de pele, evitando infecções por bactérias anaeróbias em locais feridos no procedimento, etc. Se 4,8 kg de gás oxigênio forem transformados em ozônio por esse processo, calcule a massa do gás ozônio formado e o volume de O_3 a temperatura e pressão normais.

4. O hidrogenocarbonato de sódio, o bicarbonato de sódio, tem diversos usos; entre eles, é constituinte do fermento químico, empregado no preparo de pães e bolos. Quando uma massa preparada com esse ingrediente é aquecida no forno, o composto se decompõe, liberando dióxido de carbono e água, ambos no estado gasoso. Considerando que um forno seja mantido à temperatura de 227 °C e tenha volume de 44,8 L, calcule a pressão parcial de cada um dos gases, supondo que eles sejam produzidos apenas na decomposição de 4,2 g desse sal. Massa molar do hidrogenocarbonato de sódio = 84 g/mol.

5. Leia estes fragmentos de notícias e responda às questões a seguir.

Explosão de botijão de gás hélio fere dois

Uma das vítimas foi encaminhada em estado grave com risco de morte para o Hospital Universitário

[...]

No local funciona uma fábrica de gás hélio, utilizado em balões para festas. Um dos botijões de gás explodiu, atingindo as duas vítimas. [...]

VIEIRA, Neide. *CGN* – Cascavel, 19 abr. 2016. Disponível em: <https://cgn.inf.br/noticia/105420/explosao-de-botijao-de-gas-helio-fere-dois>. Acesso em: 16 maio 2018.

Especialistas reforçam riscos no uso de gás ilegal em balões infantis

[...] Parte dos balões de festas infantis ou os metalizados, vendidos nas ruas de Brasília, são preenchidos com uma substância perigosa: [A]. Isso transforma inocentes bexigas em verdadeiras bombas. Em busca de mais lucro na venda dos produtos, ambulantes ou até empresas de festas usam receitas da internet para encher as bexigas. A mistura química ensinada por populares é perigosa e pode provocar casos como o de Marcos P. S. R., 26 anos, que teve a casa destruída.

O faturista usou um cilindro para armazenar soda cáustica, pó de alumínio e água. O objeto não suportou a pressão do gás formado e devastou o apartamento. [...]

ALCÂNTARA, Manoela. *Correio Braziliense*, 12 maio 2014. Disponível em: <https://www.correiobraziliense.com.br/app/noticia/cidades/2014/05/12/interna_cidadesdf,427069/especialistas-reforcam-riscos-no-uso-de-gas-ilegal-em-baloes-infantis.shtml>. Acesso em: 16 maio 2018.

PE: explosão de gás hélio deixa mutilados e feridos em parque

Os visitantes e funcionários do Parque de Dois Irmãos, localizado no bairro de mesmo nome em Recife, Pernambuco, testemunharam uma tragédia [...]. Um vazamento no cilindro de gás, supostamente hélio, causou uma explosão em frente ao zoológico deixando quatro pessoas feridas. Entre as vítimas estão os dois vendedores de balões que utilizavam o gás e acabaram perdendo as duas pernas no acidente.

[...] a manipulação do gás hélio não é permitida dentro do parque, porém barracas instaladas em frente ao zoológico fazem uso desse material para encher balões de festa para comercialização. [...]

Mais PB, 19 abr. 2012. Disponível em: <http://www.maispb.com.br/53232/explosao-de-cilindro-de-gas-em-frente-a-parque--deixamutilados.html>. Acesso em: 16 maio 2018.

a) Analise os títulos das três notícias: em qual(is) dele(s) se percebem inadequações em relação aos conhecimentos básicos de Química?

b) Na segunda notícia, o nome da "substância perigosa" a que o texto se refere foi substituído pela letra A. Qual é esse nome?

c) O texto a seguir refere-se ao acidente ocorrido no Parque de Dois Irmãos, em Recife, e traz o depoimento de um engenheiro:

Cilindros para encher balões devem ser alaranjados e passar por testes

[...]
De acordo com o engenheiro, o gás correto para encher balão é o hélio. "É um gás inerte, ou seja, não apresenta nenhuma reação, não é tóxico, não tem cor e não tem nenhum cheiro", comentou. No local da explosão, foram encontradas limalha de alumínio e soda cáustica, o que pode indicar um dos motivos do acidente [...].

G1 – PE, 15 out. 2012. Disponível em: <http://g1.globo.com/pernambuco/noticia/2012/10/cilindros-para-encher-baloes-devem-ser-alaranjados-e-passar-por-testes.html>. Acesso em: 16 maio 2018.

- A descrição do hélio está correta?
- Em outro trecho desse texto, o engenheiro fala a respeito do que foi encontrado no local da explosão: "[...] isso é um indício de que ocorreu uma mistura de produtos que gerava o gás hidrogênio, que também é mais leve que o ar, mas é extremamente inflamável". Nessa fala, há algumas imprecisões do ponto de vista científico. Reescreva o trecho, eliminando tais imprecisões.

d) Na segunda notícia, é feita menção às substâncias que foram usadas para obter o gás empregado para encher as bolas. Para entender o processo, baseie-se no seguinte:

O alumínio e o zinco são metais que reagem com bases fortes em solução aquosa. Ao reagir com hidróxido de sódio em água, o alumínio origina aluminato de sódio, $NaAlO_2$, de acordo com a equação, não balanceada:

$$NaOH + Al + H_2O \longrightarrow NaAlO_2 + H_2$$

Balanceie a equação, indicando a oxidação, a redução e o agente redutor.

e) Como você explicaria o fato de o cilindro citado na segunda notícia ter explodido?

f) Em sua opinião, os fabricantes de "gás hélio" e os vendedores ambulantes mencionados nas notícias sabiam que sua forma de trabalhar era tão arriscada? De que forma você poderia usar essas notícias para conscientizar as pessoas sobre a importância dos conhecimentos químicos adquiridos na escola?

6. Em um aterro sanitário, ocorrem processos de decomposição anaeróbia da matéria orgânica, que levam à produção de uma mistura gasosa, o biogás, em que predomina o metano. Suponha um volume de 300 m^3 de biogás, no qual há cerca de 60% em volume de metano (CH_4).

a) Se a pressão no interior do aterro for de 2 atm, calcule a pressão parcial do metano.

b) Se a temperatura no interior do aterro é de 27 °C, qual deve ser a massa de metano produzida no aterro?

São dados: R = 0,082 atm · L mol^{-1} K^{-1}; massa molar do CH_4: 16 g/mol.

Resgatando o que foi visto

Nesta unidade, você teve a oportunidade de estudar vários conceitos envolvendo o estado gasoso, o que deve ajudar a compreender tanto aquilo que você observa no cotidiano como conceitos estudados anteriormente. Volte ao início do capítulo e responda novamente às questões feitas na seção *Para situá-lo*. Você acha que agora tem mais clareza sobre o assunto, percebe se as respostas que havia dado precisam ser revistas ou complementadas? Entre os conceitos e leis que estudou na unidade, anote os que considerou mais relevantes para sua aprendizagem sobre o assunto, explicando o que entende por cada um deles.

Testando seus conhecimentos

Caso necessário, consulte as tabelas no final desta Parte.

1. (Uerj) Quatro balões esféricos são preenchidos isotermicamente com igual número de mols de um gás ideal. A temperatura do gás é a mesma nos balões, que apresentam as seguintes medidas de raio:

Balão	Raio
I	R
II	$\frac{R}{2}$
III	2R
IV	$\frac{2R}{3}$

A pressão do gás é maior no balão de número:
a. I   b. II   c. III   d. IV

2. (Fuvest-SP) A tabela abaixo apresenta informações sobre cinco gases contidos em recipientes separados e selados.

Recipiente	Gás	Temperatura (K)	Pressão (atm)	Volume (L)
1	O_3	273	1	22,4
2	Ne	273	2	22,4
3	He	273	4	22,4
4	N_2	273	1	22,4
5	Ar	273	1	22,4

Qual recipiente contém a mesma quantidade de átomos que um recipiente selado de 22,4 L, contendo H_2, mantido a 2 atm e 273 K?

a. 1.   b. 2.   c. 3.   d. 4.   e. 5.

3. (Enem) Sob pressão normal (ao nível do mar), a água entra em ebulição à temperatura de 100 °C. Tendo por base essa informação, um garoto residente em uma cidade litorânea fez a seguinte experiência:
- Colocou uma caneca metálica contendo água no fogareiro do fogão de sua casa.
- Quando a água começou a ferver, encostou cuidadosamente a extremidade mais estreita de uma seringa de injeção, desprovida de agulha, na superfície do líquido e, erguendo o êmbolo da seringa, aspirou certa quantidade de água para seu interior, tapando-a em seguida.
- Verificando após alguns instantes que a água da seringa havia parado de ferver, ele ergueu o êmbolo da seringa, constatando, intrigado, que a água voltou a ferver após um pequeno deslocamento do êmbolo. Considerando o procedimento anterior, a água volta a ferver porque esse deslocamento.

a. permite a entrada de calor do ambiente externo para o interior da seringa.
b. provoca, por atrito, um aquecimento da água contida na seringa.
c. produz um aumento de volume que aumenta o ponto de ebulição da água.
d. proporciona uma queda de pressão no interior da seringa que diminui o ponto de ebulição da água.
e. possibilita uma diminuição da densidade da água que facilita sua ebulição.

4. (FCM-PB) Em uma mistura de 3 gases ideais, 30% é representado pelo gás A, o gás B tem uma pressão parcial de 100 mmHg, qual o percentual e a pressão parcial do gás C sendo a pressão total da mistura 200 mmHg?

a. 15% e 30 mmHg   d. 5% e 10 mmHg
b. 10% e 20 mmHg   e. 1% e 2 mmHg
c. 20% e 40 mmHg

5. (Unifesp-SP) Amostras dos gases oxigênio e dióxido de enxofre foram coletadas nos frascos idênticos A e B, respectivamente. O gás trióxido de enxofre pode se formar se ocorrer uma reação entre os gases dos frascos A e B, quando estes são misturados em um frasco C.

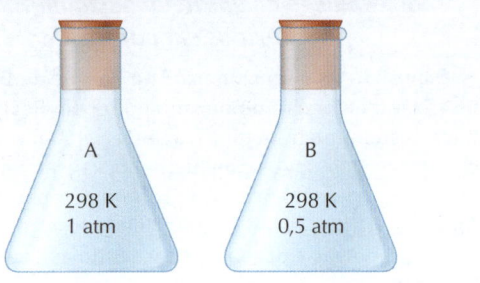

A: 298 K, 1 atm
B: 298 K, 0,5 atm

Sobre esses gases, são feitas as seguintes afirmações:
I. O frasco A apresenta o dobro de moléculas em relação ao frasco B.
II. O número de átomos do frasco B é o dobro do número de átomos do frasco A.
III. Ambos os frascos, A e B, apresentam a mesma massa.
IV. Considerando que a reação ocorreu por completo, o frasco C ainda contém gás oxigênio.

São corretas as afirmações
a. I, II, III e IV.   d. I, III e IV, somente.
b. I, II e III, somente.   e. II, III e IV, somente.
c. I, II e IV, somente.

6. (EBM-SP) A Organização Mundial da Saúde, OMS, considera que a poluição do ar constitui, na atualidade, o maior risco ambiental à saúde porque ocasiona, dentre outras doenças, problemas pulmonares, problemas cardíacos e acidentes vasculares cerebrais. Portanto, o controle e o monitoramento da qualidade do ar são importantes para a saúde da população, principalmente, nas regiões com fontes poluentes, a exemplo de automóveis, termelétricas e indústrias.

A análise de uma amostra do ar atmosférico, de uma localidade, armazenado em um recipiente fechado com capacidade para 5,0 L, a pressão de 2,0 atm e temperatura de 27°C, isenta de poluentes, revela a presença de 78,00% de nitrogênio, $N_2(g)$, 21,00% de oxigênio, $O_2(g)$, e 0,04% de dióxido de carbono, $CO_2(g)$, em volume, além de vapor de água e argônio.

Com base nessas informações e admitindo que os gases se comportem como ideais, é correto afirmar:
a. A quantidade total de matéria contida na mistura gasosa analisada é de 4,5 mol aproximadamente.

b. A pressão exercida pelo oxigênio, gás essencial para o processo respiratório, na amostra analisada, é de 1,6 atm.
c. O resfriamento do ar atmosférico contribui para a dispersão de partículas e gases poluentes no ambiente.
d. O uso do gás natural, constituído por metano, como combustível evita a emissão do monóxido de carbono, um gás poluente.
e. O número de moléculas de dióxido de carbono no recipiente fechado é de, aproximadamente, $1,0 \cdot 10^{20}$ moléculas.

7. (UEL-PR) Por meio da combustão, é possível determinar a fórmula molecular de uma substância química, o que é considerado um dos grandes avanços da química moderna. Mais de 80 milhões de substâncias já foram registradas, sendo a maioria substâncias orgânicas, o que é explicado pela capacidade do átomo de carbono de se ligar a quase todos os elementos. Em um experimento de combustão, um composto orgânico é queimado e os produtos formados, CO_2 e H_2O liberados, são coletados em dispositivos absorventes.

Considere que a queima de 14,7 g de um composto orgânico (C_xH_y) gasoso puro que ocupa 8 L a 1 atm e 300 K com comportamento ideal produza aproximadamente 24 g de H_2O e 44 g de CO_2.

(Dado: R = 0,08 atm L/K)

Assinale a alternativa que apresenta, corretamente, a fórmula molecular desse composto orgânico.
a. C_2H_4 b. C_2H_6 c. C_3H_6 d. C_3H_8 e. C_4H_8

(UPE/SSA) O texto a seguir será utilizado na questão 8.

Os biodigestores são equipamentos que reaproveitam resto de alimentos e excrementos de animais, misturados com uma pequena quantidade de água. Essa matéria orgânica é decomposta pela ação de bactérias anaeróbicas, levando à produção de biofertilizantes e de biogás. O biogás é constituído, principalmente, por metano (CH_4) e gás carbônico (CO_2), além de conter traços de nitrogênio (N_2), oxigênio (O_2) e gás sulfídrico (H_2S). Esse produto é um importante combustível gasoso. Quando queimado, libera uma considerável quantidade de energia.

Aproveitando-se da demanda de matéria orgânica e a simplicidade do processo de fabricação, foi construído um biodigestor em uma pequena granja. O equipamento forneceu energia para a produção de fertilizante, utilizado nas plantações de milho e feijão, e de biogás, empregado para aquecer os ovos nas incubadoras.

8. Considerando-se que o biogás produzido na granja apresenta uma proporção de 70% de metano e de 30% de gás carbônico, tendo sido coletado em um recipiente de 200 L, com pressão total de 80 atm, qual é a pressão parcial do metano na mistura?

(Dados: H = 1 g/mol; C = 12 g/mol; O = 16 g/mol; S = 32 g/mol)
a. 22,4 atm   c. 56,0 atm   e. 35,0 atm
b. 28,0 atm   d. 70,0 atm

9. (UFSC)

Jogos Olímpicos Rio 2016: piscina com água verde

Após quase uma semana de tentativas de resolver o problema, o Comitê Organizador decidiu trocar toda a água (3,725 milhões de litros) de uma das piscinas para a prova de nado sincronizado. O problema ocorreu no dia da Cerimônia de Abertura dos Jogos, quando 80 litros de peróxido de hidrogênio foram colocados na água. O peróxido de hidrogênio, quando diluído em uma piscina que contém íons hipoclorito, inibe a ação deste último no combate à matéria orgânica que gera a turbidez da água, permitindo a proliferação de micro-organismos como as algas. A reação entre o hipoclorito de cálcio e o peróxido de hidrogênio é mostrada, de maneira simplificada, abaixo:

$Ca(ClO)_2(aq) + 2\,H_2O_2(aq) \longrightarrow CaCl_2(aq) + 2\,H_2O(l) + 2\,O_2(g)$

Disponível em: http://g1.globo.com/jornal-nacional/noticia/2016/08/piscina-de-saltos-ornamentais-continua-com-agua-verde.html. [Adaptado]. Acesso em: 11 ago. 2016.

Sobre o assunto, é correto afirmar que:

01. no peróxido de hidrogênio, o número de oxidação do oxigênio é –1.
02. considerando o volume de água mencionado no enunciado, seriam requeridos 7,45 kg de $Ca(ClO)_2$ para que a concentração desse sal na piscina atingisse 2,00 mg/L.
04. entre o hipoclorito de cálcio e o peróxido de hidrogênio ocorre uma reação de oxidação-redução.
08. considerando que a piscina contenha apenas água pura e hipoclorito de cálcio, pode-se estimar que o pH da solução formada seja menor que 7,0.
16. para cada 143,1 g de $Ca(ClO)_2$, seriam requeridos 34,0 g de para que a reação entre ambos fosse dada como completa.
32. no hipoclorito de cálcio, o número de oxidação do cloro é –1.
64. em um dia quente de verão com temperatura da água de 30,0 °C, a decomposição completa de 2,862 kg de $Ca(ClO)_2$ em uma piscina mantida no nível do mar (1,00 atm) a partir da reação com excesso de H_2O_2 produziria 497 L de oxigênio gasoso.

Nota dos autores: Quando um sal é derivado de ácido forte e base fraca ou ao contrário, o eletrólito mais forte imprime à sua solução aquosa o seu caráter (ácido ou básico).

10. (PUC-PR) A atmosfera é uma camada de gases que envolve a Terra, sua composição em volume é basicamente feita de gás nitrogênio (78%), gás oxigênio (21%) e 1% de outros gases, e a pressão atmosférica ao nível do mar é de aproximadamente 100 000 Pa. A altitude altera a composição do ar, diminui a concentração de oxigênio, tornando-o menos denso, com mais espaços vazios entre as moléculas; consequentemente, a pressão atmosférica diminui. Essa alteração na quantidade de oxigênio dificulta a respiração, caracterizando o estado clínico conhecido como hipóxia, que causa náuseas, dor de cabeça, fadiga muscular e mental, entre outros sintomas. Em La Paz, na Bolívia, capital mais alta do mundo, situada a 3 600 metros acima do nível do mar, a pressão atmosférica é cerca de 60 000 Pa e o teor de oxigênio no ar atmosférico é cerca de 40% menor que ao nível do mar. Os 700 000 habitantes dessa região estão acostumados ao ar rarefeito da Cordilheira dos Andes e comumente mascam folhas de coca para atenuar os efeitos da altitude. Em La Paz, a pressão parcial do gás oxigênio, em volume, é aproximadamente de:

a. 10 200 Pa   c. 16 000 Pa   e. 24 000 Pa
b. 12 600 Pa   d. 20 000 Pa

11. (Unicamp-SP) Pressão parcial é a pressão que um gás pertencente a uma mistura teria se o mesmo gás ocupasse sozinho todo o volume disponível. Na temperatura ambiente, quando a umidade relativa do ar é de 100%, a pressão parcial de vapor de água vale $3,0 \cdot 10^3$ Pa. Nesta situação, qual seria a porcentagem de moléculas de água no ar?

a. 100%.   b. 97%.   c. 33%.   d. 3%.

Dados: a pressão atmosférica vale $1,0 \cdot 10^5$ Pa. Considere que o ar se comporta como um gás ideal.

12. (Fuvest-SP) Um teste caseiro para saber se um fermento químico ainda se apresenta em condições de bom uso consiste em introduzir uma amostra sólida desse fermento em um pouco de água e observar o que acontece. Se o fermento estiver bom, ocorre uma boa efervescência; caso contrário, ele está ruim. Considere uma mistura sólida que contém os íons dihidrogenofosfato, $H_2PO_4^-$, e hidrogenocarbonato, HCO_3^-.

a. Considerando que o teste descrito anteriormente indica que a mistura sólida pode ser de um fermento que está bom, escreva a equação química que justifica esse resultado.
b. Tendo em vista que a embalagem do produto informa que 18 g desse fermento químico devem liberar, no mínimo, $1,45 \times 10^{-3}$ m^3 de gases a 298 K e 93 000 Pa, determine a mínima massa de hidrogenocarbonato de sódio que o fabricante deve colocar em 18 gramas do produto.

Dado: R = 8,3 Pa m^3 mol^{-1} K^{-1}.

13. (Fuvest-SP) O Brasil produziu, em 2014, 14 milhões de toneladas de minério de níquel. Apenas uma parte desse minério é processada para a obtenção de níquel puro.

Uma das etapas do processo de obtenção do níquel puro consiste no aquecimento, em presença de ar, do sulfeto de níquel (Ni_2S_3), contido no minério, formando óxido de níquel (NiO) e dióxido de enxofre (SO_2). O óxido de níquel é, então, aquecido com carvão, em um forno, obtendo-se o níquel metálico. Nessa última etapa, forma-se, também, dióxido de carbono (CO_2).

a. Considere que apenas 30% de todo o minério produzido em 2014 foram destinados ao processo de obtenção de níquel puro e que, nesse processo, a massa de níquel puro obtida correspondeu a 1,4% da massa de minério utilizada. Calcule a massa mínima de carvão, em quilogramas, que foi necessária para a obtenção dessa quantidade de níquel puro.
b. Cada um dos gases produzidos nessas etapas de obtenção do níquel puro causa um tipo de dano ambiental.

Explique esse fato para cada um desses gases.

Note e adote:
Massa molar (g/mol):
Ni 58,8
C 12,0
O 16,0

14. (FCMAE-SP) Foi realizada a combustão do gás butano em reator fechado. Inicialmente, a pressão parcial de gás butano era de 100 mbar, enquanto a pressão parcial de gás oxigênio era de 500 mbar.

Considerando que todo butano e oxigênio foram consumidos e que os únicos produtos formados foram água, dióxido de carbono e monóxido de carbono, pode-se afirmar que a relação entre a pressão parcial de CO e a pressão parcial de CO_2, após o término da reação, é aproximadamente igual a

a. 3.   b. 2.   c. 1.   d. $\frac{1}{2}$.

15. (Fuvest-SP) Um laboratório químico descartou um frasco de éter, sem perceber que, em seu interior, havia ainda um resíduo de 7,4 g de éter, parte no estado líquido, parte no estado gasoso. Esse frasco, de 0,8 L de volume, fechado hermeticamente, foi deixado sob o sol e, após um certo tempo, atingiu a temperatura de equilíbrio t = 37 °C, valor acima da temperatura de ebulição do éter. Se todo o éter no estado líquido tivesse evaporado, a pressão dentro do frasco seria

a. 0,37 atm.   c. 2,5 atm.   e) 5,9 atm.
b. 1,0 atm.   d. 3,1 atm.

Note e adote:
No interior do frasco descartado havia apenas éter.
Massa molar do éter = 74 g
K = °C + 273
R (constante universal dos gases) = 0,08 atmL/(mol K)

16. (UEM-PR) Considere uma mistura gasosa formada por 8 g de H_2 e 32 g de O_2 que exerce uma pressão total igual a 50 kPa em um recipiente de 40 litros e assinale o que for correto.

01. A fração, em mols, de hidrogênio é 0,8.
02. A pressão parcial do oxigênio é 10 kPa.
04. O volume parcial do hidrogênio é 32 litros.
08. A porcentagem, em volume, do oxigênio é 20%.
16. A pressão parcial do hidrogênio é 45 kPa.

17. (UFT-PR) O gás natural não purificado é uma mistura de diversos gases. Embora a composição varie com a origem, uma composição típica em volume é:

Metano (CH_4) = 80%   Etano (C_2H_6) = 6%
Propano (C_3H_8) = 3%   Butano (C_4H_{10}) = 4%
Dióxido de carbono (CO_2) = 2%   Nitrogênio (N_2) = 2%
Sulfeto de hidrogênio (H_2S) = 3%

Se o gás sai da terra a uma pressão de $5{,}07 \cdot 10^5$ Pa, assinale a alternativa que apresenta a pressão parcial do butano. Dado: 1 kPa = $1 \cdot 10^3$ Pa.

a. 20,28 kPa
b. 202,8 kPa
c. 507 kPa
d. 5,07 kPa
e. 0,507 kPa

18. (Enem) No Japão, um movimento nacional para a promoção da luta contra o aquecimento global leva o *slogan*: **1 pessoa, 1 dia, 1 kg de CO_2 a menos!** A ideia é cada pessoa reduzir em 1 kg a quantidade de CO_2 emitida todo dia, por meio de pequenos gestos ecológicos, como diminuir a queima de gás de cozinha.

Um hamburguer ecológico? É pra já!

Disponível em: http://lqes.iqm.unicamp.br.
Acesso em: 24 fev. 2012 (adaptado).

Considerando um processo de combustão completa de um gás de cozinha composto exclusivamente por butano (C_4H_{10}), a mínima quantidade desse gás que um japonês deve deixar de queimar para atender à meta diária, apenas com esse gesto, é de

Dados: CO_2 (44 g/mol); C_4H_{10} (58 g/mol)

Nota dos autores: A combustão completa é aquela em que se formam apenas co_2 e h_2o.

a. 0,25 kg.
b. 0,33 kg.
c. 1,0 kg.
d. 1,3 kg.
e. 3,0 kg.

19. (UFSC) No organismo humano, os pulmões são responsáveis pelo suprimento do oxigênio necessário às células dos diferentes tecidos do corpo e pela eliminação do dióxido de carbono produzido a partir do metabolismo das células. Considere as informações fornecidas no quadro a seguir:

Parâmetro	Especificação
Número de ciclos de expansão e contração (em repouso)	20 por minuto
Volume pulmonar máximo (total para os dois pulmões)	5,50 L
Volume de ar em uma inspiração	500 mL
Composição aproximada do ar (percentual em volume)	78,1% N_2 20,9% O_2

NEEDHAM, C. D.; ROGAN, M. C.; MCDONALD, I. Normal standards for lung volumes, intrapulmonary gas-mixing, and maximum breathing capacity. *Thorax*, v. 9, p. 313, 1954. [Adaptado].

Sobre o assunto, é correto afirmar que:

01. a conversão de O_2 em CO_2 no organismo caracteriza uma reação de oxidação-redução.
02. considerando a pressão atmosférica (1,00 atm), em um dia de verão com temperatura do ar em 37,5 °C, um indivíduo inspiraria $1{,}18 \times 10^{23}$ moléculas de oxigênio em um único ciclo.
04. se os pulmões de um indivíduo forem preenchidos com ar até seu volume máximo, a massa de N_2 presente no interior dos pulmões será menor que a massa de oxigênio.
08. ao inspirar 500 mL de ar em um dia de inverno com temperatura do ar em 14,0 °C a 1,00 atm, um indivíduo estará preenchendo seus pulmões com 0,142 g de O_2.
16. em cinco ciclos de inspiração e exalação de ar, a massa total de N_2 que passará pelos pulmões será de 2,22 g, considerando pressão de 1,00 atm e temperatura do ar em 27,0 °C.
32. se um indivíduo inspirar ar em um dia com temperatura ambiente em 0 °C, o ar será comprimido nos pulmões, já que a temperatura corpórea é de aproximadamente 36,5 °C.

20. (Fuvest-SP) Uma pessoa que vive numa cidade ao nível do mar pode ter dificuldade para respirar ao viajar para La Paz, na Bolívia (cerca de 3600 m de altitude).

a. Ao nível do mar, a pressão barométrica é 760 mmHg e a pressão parcial de oxigênio é 159 mHg. Qual é a pressão parcial de oxigênio em La Paz, onde a pressão barométrica é cerca de 490 mmHg?
b. Qual é o efeito da pressão parcial de oxigênio, em La Paz, sobre a difusão do oxigênio do pulmão para o sangue, em comparação com o que ocorre ao nível do mar? Como o sistema de transporte de oxigênio para os tecidos responde a esse efeito, após uma semana de aclimatação do viajante?

21. (FCMAE-SP) Alguns balões foram preenchidos com diferentes gases. Os gases utilizados foram o hélio, o gás carbônico, o metano e o hidrogênio. A massa molar aparente do ar é 28,96 g/mol e, segundo a Lei de Graham, a velocidade com que um gás atravessa uma membrana é inversamente proporcional à raiz quadrada de sua massa molar.

Assinale a alternativa CORRETA do gás presente no balão que não irá flutuar em ar e do gás presente no balão que murchará primeiro, respectivamente.

a. metano e hidrogênio.
b. hélio e gás carbônico.
c. metano e hélio.
d. gás carbônico e hidrogênio.

Nota dos autores: A fórmula do metano é CH_4.

RESPOSTAS

SEÇÃO TESTANDO SEUS CONHECIMENTOS

CAPÍTULO 1 — Química: que ciência é essa?
1. e.
2. b.
3. a.
4. d.
5. c.
6. b.
7. e.
8. c.
9. b.
10. a.
11. d.
12. d.
13. c.
14. c.
15. e.
16. d.
17. d.
18. c.

CAPÍTULO 2 — Leis das reações químicas e teoria atômica de Dalton
1. b.
2. b.
3. c.
4. a.
5. e.
6. a.
7. d.
8. c.
9. c.
10. b.
11. $\dfrac{massas_{exp.1}}{massas_{exp.2}} = \dfrac{5 \text{ g de mercúrio}}{10 \text{ g de mercúrio}} =$
$= \dfrac{0,8 \text{ g enxofre}}{1,6 \text{ g enxofre}} =$
$= \dfrac{5,8 \text{ g de sulfeto de mercúrio}}{11,6 \text{ g de sulfeto de mercúrio}} = \dfrac{1}{2}$
12. b.
13. c.
14. e.

CAPÍTULO 3 — Substâncias e misturas
1. a.
2. c.
3. A substância A se funde mais rapidamente. O processo mais adequado é o da destilação fracionada.
4. d.
5. Gráfico II.
6. A fusão é um processo endotérmico (ocorre com absorção de calor do ambiente).
7. a.
8. c.
9. c.
10. d.
11. e.
12. c.
13. c.
14. e.
15. b.
16. c.
17. b.
18. c.
19. d.
20. b.
21. a.
22. d.

CAPÍTULO 4 — Estrutura atômica: conceitos fundamentais
1. c.
2. d.
3. c.
4. a.
5. 01 + 02 + 08 = 11.
6. e.
7. e.
8. c.
9. d.
10. c.
11. a.
12. a.
13. c.
14. b.
15. d.
16. c.
17. b.
18. c.
19. b.
20. d.

CAPÍTULO 5 — Classificação periódica dos elementos químicos
1. c.
2. a.
3. d.
4. b.

5. a.
6. c.
7. c.
8. a().

9. d.
10. d.
11. e.

CAPÍTULO 6 — Ligações químicas: uma primeira abordagem

1. a.
2. 02.
3. d.
4. b.
5. d.
6. e.
7. c.
8. c.
9. b.
10. b.
11. I. e; II. b.
12. e.
13. b.
14. a.
15. c.
16. b.

CAPÍTULO 7 — Ácidos, bases e sais

1. d.
2. a.
3. b.
4. c.
5. Carbonato de magnésio: $MgCO_3$. Número de oxidação do magnésio: 2+.
6. a.
7. b.
8. b.
9. a.
10. d.
11. c.
12. b.

CAPÍTULO 8 — Reações químicas: estudo qualitativo

1. c.
2. e.
3. c.
4. c.
5. d.
6. e.
7. d.
8. c.
9. e.
10. e.
11. e.
12. c.
13. d.
14. b.
15. a.
16. e.
17. d.
18. c.
19. c.

CAPÍTULO 9 — Cálculos químicos: uma iniciação

1. c.
2. b.
3. c.
4. a.
5. b.
6. b.
7. c.
8. d.
9. a. $Zn(s) + CuSO_4(aq) \longrightarrow Cu(s) + ZnSO_4(aq)$
   b. Sulfato de cobre.
   c. 0,5 mol.
10. c.
11. a. $2{,}89 \cdot 10^{20}$ moléculas de ácido ascórbico.
    b. 0,0048 mol de ácido ascórbico/L.
12. b.
13. a.
14. d.
15. d.
16. d.
17. d.
18. d.
19. d.
20. c.
21. $02 + 32 + 64 = 98$.
22. c.
23. e.
24. d.
25. c.
26. d.
27. b.
28. e.
29. d.
30. b.
31. b.
32. $01 + 02 + 08 = 11$.

CAPÍTULO 10 — Reações de oxirredução

1. c.
2. 02 + 04 + 08 + 16 = 30.
3. d
4. c.
5. e.
6. c.
7. d.
8. b.
9. c (incorreta).
10. d.
11. c.
12. a.
13. e.
14. $Al^{3+} < Pb^{2+} < Cu^{2+} < Ag^{+}$.
15. a.
16. a. É de oxirredução. Nele, o nitrogênio oxida-se de zero (gás nitrogênio) a +4 (NO_2), perdendo 8 mols de elétrons por mol de N_2 e 4 mols de elétrons para cada mol de átomos de nitrogênio envolvido.

b. 2 N (NO_2) oxida-se de +4 para +5 (HNO_3); 1 N (NO_2) reduz-se de +4 para +2 (NO).

$\Delta Nox_{oxidação} = 1$; $\Delta Nox_{redução} = 2$

$$3\ \overset{+4}{NO_2}(g) + 1\ H_2O(l) \longrightarrow 2\ \overset{+5}{HNO_3}(aq) + 1\ \overset{+2}{NO}(g)$$

17. b.
18. Soma: 20. Agente redutor: Cu. Composto iônico formado: $Cu(NO_3)_2$.
19. e.
20. a.
21. b.
22. a.
$$2\ \overset{+2}{PbO}(s) + 1\ \overset{0}{C}(s) \longrightarrow 2\ \overset{0}{Pb}(s) + 1\ \overset{+4}{CO_2}(g)$$

O carbono é oxidado, portanto atua como agente redutor.

b. $1{,}94 \cdot 10^5$ mol de chumbo

23. c.
24. d.

CAPÍTULO 11 — Óxidos

1. b.
2. a.
3. a.
4. b.
5. b.
6. a.
7. c.
8. c.
9. b.
10. a.
11. b.
12. a. Os principais gases produzidos nos processos industriais, termelétricos ou da combustão em veículos são SO_3, NO_2, CO_2. Em água, eles originam ácidos conforme as reações equacionadas abaixo:

$$SO_3 + H_2O \longrightarrow H_2SO_4$$
$$2\ NO_2 + H_2O \longrightarrow HNO_3 + HNO_2 \text{ (no caso, uma reação de oxirredução.)}$$

b. Para reduzir danos causados por combustíveis fósseis, podemos citar: a restrição à circulação de veículos (rodízio); o incentivo ao uso do transporte coletivo e à adoção de biocombustíveis, como o etanol e o gás metano; o uso de carros elétricos. No caso de processos industriais, podemos citar as leis que regulam a emissão de gases poluentes por indústrias e a efetiva fiscalização do cumprimento delas.

13. a. Em parte, pois o processo é viável para a produção de energia (na combustão há liberação de energia). Boa parte dos produtos da incineração é gasosa, o que diminui o volume de lixo, minimizando o problema do espaço ocupado pelos detritos. É importante o uso de filtros com reagentes adequados para eliminar, ao menos em parte, produtos gasosos poluentes que poderiam ser lançados na atmosfera.

b. Dentre as reações possíveis entre os gases apresentados e as substâncias do filtro, podemos equacionar:

$$SO_3 + 2\ NaOH \longrightarrow Na_2SO_4 + H_2O$$
$$SO_2 + CaO \longrightarrow CaSO_3$$

14. a.
15. 01 + 02 + 04 = 07.
16. d.
17. d.

CAPÍTULO 12 — Gases: importância e propriedades gerais

1. b.
2. c.
3. d.
4. c.
5. d.
6. e.
7. d.
8. c.
9. 01 + 02 + 04 = 07.
10. b.
11. d.
12. a. $H_2PO_4^-(aq) + HCO_3^-(aq) \longrightarrow HPO_4^{2-}(aq) + CO_2(g) + H_2O(l)$

b. 4,58 g.

13. a. Serão gastos, aproximadamente, $6 \cdot 10^3$ t (6 milhões de kg) de carvão.

b. A emissão de CO_2 causa agravamento do efeito estufa, enquanto a emissão de SO_2 para a atmosfera é responsável pelo fenômeno da chuva ácida.

14. a.
15. d.
16. 01 + 02 + 04 + 08 = 15.
17. a.
18. b.
19. 01 + 08 + 16 = 25.
20. a. 102,5 mmHg

b. Em La Paz a difusão de oxigênio do pulmão para o sangue diminui por causa de sua menor disponibilidade no ar atmosférico. O número de hemácias na circulação sanguínea aumenta, de modo a favorecer o transporte do oxigênio para os tecidos.

21. d.

TABELAS PARA CONSULTA

Principais ânions

Halogênios	
F^-	Fluoreto
Cl^-	Cloreto
Br^-	Brometo
I^-	Iodeto
ClO^-	Hipoclorito
ClO_2^-	Clorito
ClO_3^-	Clorato
ClO_4^-	Perclorato
BrO_3^-	Bromato
IO_3^-	Iodato

Carbono	
CN^-	Cianeto
CNO^-	Cianato
H_3C-COO^-	Acetato
CO_3^{2-}	Carbonato
$C_2O_4^{2-}$	Oxalato

Outros	
H^-	Hidreto
O^{2-}	Óxido
O_2^{2-}	Peróxido
OH^-	Hidróxido
CrO_2^{2-}	Cromato
$Cr_2O_7^{2-}$	Dicromato
MnO^{4-}	Permanganato
Mn_4^{2-}	Manganato
AlO^{2-}	Aluminato
ZnO_2^{2-}	Zincato
SiO_4^{4-}	(Orto)silicato
AsO_4^{3-}	Arseniato
BO_3^{3-}	Borato

Nitrogênio	
NO_2^-	Nitrito
NO_3^-	Nitrato

Fósforo	
$H_2PO_2^-$	Hipofosfito
HPO_3^{2-}	Fosfito
PO_4^{3-}	(Orto)fosfato

Enxofre	
S^{2-}	Sulfeto
SO_3^{2-}	Sulfito
SO_4^{2-}	Sulfato
$S_2O_2^{2-}$	Tiossulfato

Principais cátions

Monovalentes		Bivalentes				Trivalentes		Tetravalentes	
H^+ ou H_3O^+	Hidroxônio	Be^{2+}	Berílio	Hg^{2+}	Mercúrio(II)	Al^{3+}	Alumínio	Sn^{4+}	Estanho(IV)
NH_4^+	Amônio	Mg^{2+}	Magnésio	Fe^{2+}	Ferro(II)	Bi^{3+}	Bismuto(III)	Pb^{4+}	Chumbo(IV)
Li^+	Lítio	Ca^{2+}	Cálcio	Co^{2+}	Cobalto(II)	Cr^{3+}	Crômio(III)	Mn^{4+}	Manganês(IV)
Na^+	Sódio	Sr^{2+}	Estrôncio	Ni^{2+}	Níquel(II)	Au^{3+}	Ouro(III)	Pt^{4+}	Platina(IV)
K^+	Potássio	Ba^{2+}	Bário	Sn^{2+}	Estanho(II)	Fe^{3+}	Ferro(III)		
Rb^+	Rubídio	Ra^{2+}	Rádio	Pb^{2+}	Chumbo(II)	Co^{3+}	Cobalto(III)		
Cs^+	Césio	Zn^{2+}	Zinco	Mn^{2+}	Manganês(II)	Ni^{3+}	Níquel(III)		
Ag^+	Prata	Cd^{2+}	Cádmio	Pt^{2+}	Platina(II)				
Cu^+	Cobre(I)	Cu^{2+}	Cobre(II)	Cr^{2+}	Crômio(II)				
Hg_2^{2+}	Mercúrio(I)								
Au^+	Ouro(I)								

Tabela periódica dos elementos químicos

Grupo / Família																		
1 / 1A	2 / 2A	3 / 3B	4 / 4B	5 / 5B	6 / 6B	7 / 7B	8 / 8B	9 / 8B	10 / 8B	11 / 1B	12 / 2B	13 / 3A	14 / 4A	15 / 5A	16 / 6A	17 / 7A	18 / 8A

Legenda do símbolo:
- P: número atômico (periodo)
- Símbolo
- nome do elemento
- massa atômica

Legenda de cores: metais / não metais

Período 1:
- 1 H Hidrogênio 1,0
- 2 He Hélio 4,0

Período 2:
- 3 Li Lítio 6,9
- 4 Be Berílio 9,0
- 5 B Boro 10,8
- 6 C Carbono 12,0
- 7 N Nitrogênio 14,0
- 8 O Oxigênio 16,0
- 9 F Flúor 19,0
- 10 Ne Neônio 20,2

Período 3:
- 11 Na Sódio 23,0
- 12 Mg Magnésio 24,3
- 13 Al Alumínio 27,0
- 14 Si Silício 28,1
- 15 P Fósforo 31,0
- 16 S Enxofre 32,1
- 17 Cl Cloro 35,5
- 18 Ar Argônio 40,2

Período 4:
- 19 K Potássio 39,1
- 20 Ca Cálcio 40,1
- 21 Sc Escândio 45,0
- 22 Ti Titânio 47,9
- 23 V Vanádio 50,9
- 24 Cr Crômio 52,0
- 25 Mn Manganês 54,9
- 26 Fe Ferro 55,8
- 27 Co Cobalto 58,9
- 28 Ni Níquel 58,7
- 29 Cu Cobre 63,6
- 30 Zn Zinco 65,4
- 31 Ga Gálio 69,7
- 32 Ge Germânio 72,6
- 33 As Arsênio 74,9
- 34 Se Selênio 79,0
- 35 Br Bromo 79,9
- 36 Kr Criptônio 83,8

Período 5:
- 37 Rb Rubídio 85,5
- 38 Sr Estrôncio 87,6
- 39 Y Ítrio 88,9
- 40 Zr Zircônio 91,2
- 41 Nb Nióbio 92,9
- 42 Mo Molibdênio 96,0
- 43 Tc Tecnécio
- 44 Ru Rutênio 101,1
- 45 Rh Ródio 102,9
- 46 Pd Paládio 106,4
- 47 Ag Prata 107,9
- 48 Cd Cádmio 112,4
- 49 In Índio 114,8
- 50 Sn Estanho 118,7
- 51 Sb Antimônio 121,8
- 52 Te Telúrio 127,6
- 53 I Iodo 126,9
- 54 Xe Xenônio 131,3

Período 6:
- 55 Cs Césio 132,9
- 56 Ba Bário 137,3
- 57-71 La-Lu
- 72 Hf Háfnio 178,5
- 73 Ta Tântalo 180,9
- 74 W Tungstênio 183,8
- 75 Re Rênio 186,2
- 76 Os Ósmio 190,2
- 77 Ir Irídio 192,2
- 78 Pt Platina 195,1
- 79 Au Ouro 197,0
- 80 Hg Mercúrio 200,6
- 81 Tl Tálio 204,4
- 82 Pb Chumbo 207,2
- 83 Bi Bismuto 209,0
- 84 Po Polônio
- 85 At Astato
- 86 Rn Radônio

Período 7:
- 87 Fr Frâncio
- 88 Ra Rádio
- 89-103 Ac-Lr
- 104 Rf Rutherfórdio
- 105 Db Dúbnio
- 106 Sg Seabórgio
- 107 Bh Bóhrio
- 108 Hs Hássio
- 109 Mt Meitnério
- 110 Ds Darmstádtio
- 111 Rg Roentgênio
- 112 Cn Copernício
- 113 Nh Nihônio
- 114 Fl Fleróvio
- 115 Mc Moscóvio
- 116 Lv Livermório
- 117 Ts Tennesso
- 118 Og Oganessônio

Série dos lantanídeos:
- 57 La Lantânio 138,9
- 58 Ce Cério 140,1
- 59 Pr Praseodímio 140,9
- 60 Nd Neodímio 144,2
- 61 Pm Promécio
- 62 Sm Samário 150,4
- 63 Eu Európio 152,0
- 64 Gd Gadolínio 157,3
- 65 Tb Térbio 158,9
- 66 Dy Disprósio 162,5
- 67 Ho Hólmio 164,9
- 68 Er Érbio 167,3
- 69 Tm Túlio 168,9
- 70 Yb Itérbio 173,0
- 71 Lu Lutécio 175,0

Série dos actinídeos:
- 89 Ac Actínio
- 90 Th Tório 232,0
- 91 Pa Protactínio 231,0
- 92 U Urânio 238,0
- 93 Np Netúnio
- 94 Pu Plutônio
- 95 Am Amerício
- 96 Cm Cúrio
- 97 Bk Berquélio
- 98 Cf Califórnio
- 99 Es Einstênio
- 100 Fm Férmio
- 101 Md Mendelévio
- 102 No Nobélio
- 103 Lr Laurêncio

Fonte: IUPAC. Versão da Tabela Periódica dos Elementos publicada em 8 jan. 2016. Disponível em: <http://iupac.org/fileadmin/user_upload/news/IUPAC_Periodic_Table-8Jan16.pdf>. Acesso em: 4 maio 2018.

Notas: De acordo com a União Internacional da Química Pura e Aplicada (cuja sigla em inglês é IUPAC), não são expressos os valores de massa atômica para elementos cujos isótopos não são encontrados em amostras naturais terrestres. Na fonte original, são indicados intervalos de massa atômica para os elementos H, Li, Mg, B, C, N, O, Si, S, Cl, Br e Tl. Os elementos químicos de número atômico 113, 115, 117 e 118 foram reconhecidos pela IUPAC no final de 2015 e assim foram traduzidos para o português em 2018: nihônio, Nh, moscóvio, Mc, tennesso, Ts, oganessônio, Og.